W0063444

Druck & Medien Technik

Helmut Teschner

Druck & Medien Technik

Informationen gestalten, produzieren, verarbeiten

Rechtliche Hinweise

Druck & Medien Technik
(geänderter Titel; vormals Offsetdrucktechnik)
12. Auflage 2005

Gesamtherstellung:
Fachschriften-Verlag GmbH & Co. KG

Gedruckt auf Inapa Bavaria matt, 75 g/m², exklusiv von der Papier Union, Art.-Nr. 356
Veredelung durch die Achilles-Firmengruppe Celle

70736 Fellbach, Telefon 07 11/52 06-1, Telefax 07 11/52 06-307
buecherdienst@fachschriften.de

ISBN 3-931436-88-8

36–40 Tsd. 2005

Über dieses Buch

In einer modernen Informationsgesellschaft nimmt das Bildungswesen eine zentrale Stellung ein. Gerade weil die Qualität Mühe hat, mit der Quantität mithalten zu können, schließt eine umfassende Allgemeinbildung heute das Beherrschen zahlreicher überfachlicher Kompetenzen (Schlüsselqualifikationen) ein wie selbstständiges Lernen sowie vernetztes, divergierendes, abstrahierendes, kombinierendes und problemlösendes Denken.

Ebenso gehören die Fähigkeit und Bereitschaft zum Teamwork, zur Kooperation, Konfliktfähigkeit und zur Kommunikation sowie Interesse, Eigeninitiative, Sorgfalt, Ausdauer, Durchhaltevermögen, Flexibilität und Belastbarkeit dazu.

„In der Wirtschaft des 21. Jahrhunderts organisiert sich Arbeit neu. Sie findet in Zukunft weniger an Plätzen statt, sondern immer mehr als Projekt, Prozess und Problemlösung“, so der Zukunftsforscher Matthias Horx und bringt damit auch die veränderten Anforderungen an die arbeitenden Menschen auf den Punkt. Gefragt sind Mitarbeiterinnen und Mitarbeiter, die selbstständig Sachverhalte erkennen und im Team arbeiten können, die Problemlösungsstrategien besitzen und entscheidungsfreudig sind: Menschen mit Handlungskompetenz.

„Wir arbeiten in Strukturen von gestern mit den Methoden von heute an Problemen von morgen vorwiegend mit Menschen, die die Strukturen von gestern gebaut haben und das Morgen innerhalb der Organisation nicht mehr erleben werden“, so analysierte es bereits vor mehreren Jahren Kurt Bleicher, Professor für Betriebswirtschaftslehre und Vorsitzender der Direktion des Instituts für Betriebswirtschaftslehre an der Hochschule St. Gallen.

Ein Risiko scheint es zu sein, sich dem Neuen zu öffnen und damit das Gewohnte und bisher Sichere zu verlassen. Fortschritt kann aber nur dann entstehen, wenn dieser Schritt gewagt wird. Es muss die Angst vor Fehlern und Irrtümern genommen werden, um Verkrustungen aufzubrechen und ein angstfreies, vorwärts gerichtetes selbstständiges Denken und Handeln zu ermöglichen.

Es sollte in unserem eigenen Handeln und in der Wirtschaft zu einer „Kultur der Erkenntnis“ werden, bei erkannten Fehlern nicht primär allein die Schuldfrage zu klären, sondern alle Fehler als Erkenntnisquelle für das weitere Handeln zu nutzen.

Ziel einer völligen Neubearbeitung des Fachbuches *Offsetdrucktechnik – Informationsverarbeitung, Technologien und Werkstoffe in der Druckindustrie* war es, trotz des rasanten Wandels im gesamten Printmedienbereich ein aktuelles, grundlegendes, gleichzeitig umfassendes und leicht verständliches Fachbuch zu den wichtigsten Technologien und Entwicklungen für Lernende und auch Lehrende, für Schüler und Studierende, für Mitarbeiterinnen und Mitarbeiter in der Praxis und für alle Interessierte zu erarbeiten.

Die *Offsetdrucktechnik* bildete seit vielen Jahren die bundesweit anerkannte fachliche Basis für die Ausbildung, die Weiterbildung und auch das Fachstudium im Berufsfeld Druck.
Und das soll in dieser Neuauflage auch so bleiben!

Die umfassende Neubearbeitung erforderte eine gründliche Analyse der komplexen neuen Strukturen in den Medienunternehmen, der neuen Ausbildungsberufe sowie der Qualifizierungen in der Fort- und Weiterbildung und im Studium.

Medienberatung mit Geschäftsprozessen, Mediengestaltung, Medienoperating mit Text, Bild, Grafik und Computer-to-Systemen in der Ausgabe, Drucktechnologien und Druckpraxis, Qualitätssteuerungen im Produktionsprozess, Materialien und die Druckweiterverarbeitung mussten zielgerecht erarbeitet und in dem neuen Konzept umgesetzt werden.

Informationen, ein Fachlexikon und umfassendes Stichwortregister ergänzen und erschließen das neue Fachbuch.

Und dann musste eine Entscheidung im Verlag fallen: Der bisherige, seit vielen Jahren eingeführte Titel *Offsetdrucktechnik* entsprach nun erst recht nicht mehr dem Inhalt dieses Buches.

Daher entschieden Autor und Verlag, den Titel und den Untertitel zur 11. Auflage aktuell zu ändern:

Druck & Medien Technik
Informationen gestalten,
produzieren, verarbeiten

Auch das neue Fachbuch *Druck & Medien Technik* soll als Lehrbuch und Nachschlagewerk weiterhin die umfassende Basis zur beruflichen Qualifikation in der gesamten Druck- und Medienbranche sein.

Ziel war es, ein gut lesbares und das gesamte Berufsfeld umfassendes, aktuelles Buch zu erarbeiten. Daran „schafften“ erstmals Kollegen und auch Damen und Herren aus der Wirtschaft mit.

Ein grundlegendes Fachbuch kann jedoch nicht als Ziel haben, die top-modernsten Techniken und letzten technologischen Neuheiten zu berücksichtigen – dafür sind vor allem die Fachzeitschriften mit ihren aktuellen Informationen geeignet.
Trotz intensiven Arbeitens und Recherchierens:
Nichts ist vollkommen!

Deshalb bittet der Autor um eine konstruktive Kritik und um Anregungen zu weiteren Verbesserungen.

Das Buch entsteht . . .

Der Autor

***Helmut Teschner**, Studiendirektor*
Gelernter Drucker, Industriemeister Druck.
Studium an der Fachhochschule für Druck Stuttgart, Diplom-Ingenieur (FH) in der Fachrichtung Verfahrenstechnik Druck, Reproduktion und Druckverarbeitung.
Nach mehrjähriger Industrietätigkeit und berufspädagogischem Studium arbeitet der Autor seit 30 Jahren im beruflichen Schuldienst in Biberach, Ulm, Reutlingen, Ravensburg sowie derzeit an der Elektronikschule Tettnang.
Lehrauftrag an der Berufsakademie Ravensburg im Studiengang Medien- und Kommunikationswirtschaft.

Helmut Teschner ist seit über 10 Jahren Studiendirektor und Fachberater für Druck und Medien beim Oberschulamt Tübingen sowie dem Ministerium für Kultus und Sport Baden-Württemberg in Stuttgart.

Aufgabenbereiche u. a.: Rahmen-Lehrplanarbeiten für die Berufe der Druckindustrie auf Bundesebene, Landeslehrpläne und Handreichungen Drucktechnik, Organisation, Koordination und Leitungen von Lehrerfortbildungen im Land Baden-Württemberg für das gesamte Berufsfeld Medien- und Drucktechnik.

Seit vielen Jahren ist der Autor Mitglied im ZFA zur Erstellung von Aufgaben für die Abschlussprüfung der Drucker.

Wichtige Mitwirkende

Wilfried Kusterka, Oberstudienrat
Gelernter Reproduktionsfotograf,
Studium an der Fachhochschule für Druck Stuttgart, Diplom-Ingenieur (FH) in der Fachrichtung Verfahrenstechnik Druck, Reproduktion und Druckverarbeitung. Das Studium zum Berufsschullehrer für Drucktechnik absolvierte er an der TH Darmstadt.

Seit 1983 unterrichtet Wilfried Kusterka die Berufe der Druckvorstufe an der Landesberufsschule für Medien und Drucktechnik an der Walther-Lehmkuhl-Schule in Neumünster in Schleswig-Holstein.

1994, 1995 und 1998 war Wilfried Kusterka in den KMK-Rahmenlehrplan-Ausschüssen als Lehrervertreter an der Konzeption der Rahmenlehrpläne der Berufe Reprohersteller, Werbe-und Medienvorlagenhersteller sowie der aus diesen beiden Berufen hervorgegangenen Ausbildung zu Mediengestalter/in für Digital- und Printmedien beteiligt.

Seit mehren Jahren ist Wilfried Kusterka im ZFA-Ausschuss zur Erstellung von Prüfungsaufgaben für die Mediengestalter tätig.
Wilfried Kusterka ist Autor des Kapitels
8. Medienproduktion: Von der Bildvorlage zum Reproduktionsprodukt

Hans Walk, Studiendirektor
Gelernter Schriftsetzer,
Studium an der Fachhochschule für Druck Stuttgart, Diplom-Ingenieur (FH) in der Fachrichtung Wirtschafts- und Betriebstechnik.
Hans Walk unterrichtet an der Johannes-Gutenberg-Schule Stuttgart,
Fachleiter für die Technikerschule (Fachschule für Druck- und Medientechnik), Fachschule für Meister und das Berufskolleg für Grafik-Design.

Er unterrichtet die gesamte Vorstufentechnik sowie den Fachbereich Betriebliches Rechnungswesen in der Meister- und Technikerschule.
Hans Walk ist – in Zusammenarbeit mit Helmut Teschner – Autor der Kapitel
3. Informationstechnik,
6. Mediengestaltung: Mediendesign
und
7. Medienproduktion: Vom Text zum Satz.

Dank an alle freundlichen Helferinnen und Helfer und den Verlag

Einen herzlichen Dank auch an alle Personen und Unternehmen, die die umfangreiche Arbeit an diesem Buch aktiv unterstützten.

Ohne eine solche tatkräftige Unterstützung vieler freundlicher Helferinnen und Helfer kann ein solches Fachbuch nicht entstehen! (siehe hierzu Kapitel 17.7)

Mein Dank richtet sich auch an den Verlag, der den Mut hatte, eine sehr aufwendige Neubearbeitung in dieser Zeit des rasanten Wandels zu genehmigen und das Projekt mit allen gewünschten Veränderungen durchzuführen.

Besonderer Dank

Einen ganz besonderen Dank richte ich an meine Frau, die nicht nur sehr viele Stunden in mehr als zwei Jahren Bearbeitungszeit auf eine gemeinsame Zeit mit ihrem Partner verzichtet hat, sondern darüber hinaus auch noch viele Korrekturen für dieses umfangreiche Buch gelesen hat.

TECHKON
SD 620
TECHKON SD 620

PAS

Inhaltsverzeichnis

6 Mediengestaltung: Mediendesign

7 Medienproduktion: Vom Text zum Satz

8 Medienproduktion: Von der Bildvorlage zum Reproduktionsprodukt

9 Medienproduktion: Druckformherstellung

10 Druckverfahren

11 Offsetdruck: Druckmaschinen

12 Druckpraxis – Schwerpunkt Offsetdruck

13 Qualität im Produktionsprozess

1. Druckindustrie und neue Kommunikationsmedien

1. Druckindustrie und neue Kommunikationsmedien

1.1 Kommunikation, Information, Medien

Den Austausch von Ideen, Meinungen, Nachrichten und weiteren Informationen bezeichnet man als Kommunikation. Bedeutendstes Kommunikationsmittel ist die Sprache, mit der Informationen von einem Menschen, dem „Sender" zu einem anderen Menschen, dem „Empfänger", vermittelt werden.

Sprache verläuft bei einer Rede in ihrer Wirkungsrichtung einseitig vom Sender zu dem Empfänger. Bei einem Gespräch ist die Wirkung wechselseitig: Die Gesprächspartner können sowohl Sender als auch Empfänger sein.

Nun kann man aber nicht immer ein direktes Gespräch führen, weil Menschen, die sich etwas zu sagen haben, nicht immer zur gleichen Zeit am gleichen Ort sind. Deshalb hat der Mensch schon immer danach getrachtet, Raum- und Zeitunterschiede in der Kommunikation zu überwinden. Er hat sich dafür im Laufe der Zeit die vielfältigsten technischen Hilfsmittel geschaffen, angefangen von Rauchzeichen und Buschtrommeln über Flaggen und Morsetelegrafen bis hin zum Fernsprechen, Fernschreiben und neuen Telekommunikationstechniken.

Kulturgeschichte der Kommunikation

Vor 1,5 oder 2 Millionen Jahren: Mutation des Urmenschen, Findung von Sprache und Werkzeugen. Kommunikationstechniken: Gestik, Mimik, Urlaute, artikulierte Sprache. In der Steinzeit bis um rund 10 000 v. Chr.: Rauch- und Feuerzeichen, akustische Signale mit Holzinstrumenten und Buschtrommeln. Diese Techniken haben sich ausnahmslos bis ins 20. Jahrhundert in den überlebenden Kulturen der Steinzeit erhalten, am Amazonas, in Neuguinea, in Teilen Afrikas.

Schrift
Um 10 000 v. Chr. entstanden die ersten Hochkulturen im Niltal, in Mesopotamien und im Tal des Gelben Flusses.

Kommunikationstechniken zwischen dem 3. Jahrtausend und 1000 bis 800 v. Chr.: Alle einfachen bekannten Kommunikationsmöglichkeiten – primär die Sprache – und nun auch die Schrift!

In der Bronze- und Eisenzeit entstehen die Bilderschrift, die Keilschrift, die Silbenschrift und das Alphabet. Mit der Schrift konnten erstmals Gedanken und Sprache sichtbar auf einem Medium gespeichert werden.

In der Antike erfand *63 v. Chr.* Tiro, der Schreibsklave, später Freigelassener und Freund des römischen Redners Cicero, die Stenografie. Bis zum Ende der Antike waren die Medien der Schrift Stein, Lehmziegel, Metalltafeln, Tierhäute, Pergament. Papyrusrollen, Papyrusblätter bzw. Pergamentblätter ergaben als gebundener Stapel das erste „Buch", den Codex (Klotz), im Gegensatz zu der bis dahin bekannten Schriftrolle.

Buchdruck
Ab 1450: Gutenbergs Erfindung des Buchdrucks bewegt die Welt. Die Bibel erscheint als gedrucktes Buch, erstmals „mechanisch" vervielfältigt, in höchster Vollendung.

Telegrafie
Ab 1760: Die erste industrielle Revolution. Erfindung der Dampfmaschine, des mechanischen Webstuhls, Verwendung der Kohle als wichtigste Energiequelle. Kommunikationstechniken: Zusätzlich ein optischer Telegraf von Chappe *ab 1792* und elektrischer Telegraf ab *1837*. Samuel B. Morse, ein Kunstmaler und Blindenlehrer, erfindet dazu auch das Morsealphabet. In der gleichen Zeit: Ein gewaltiges Anwachsen der Bevölkerung und ein Aufschwung in der Wirtschaft.

Rundfunk, Telefon
Ab 1880-1890 etwa kam es zur industriellen Nutzung der Elektrizität, wurden die Hertzschen Wellen entdeckt, veränderten Erdöl, Verbrennungsmotor, Auto und Flugzeug die Welt. Dies war die zweite industrielle Revolution.

Neue Kommunikationstechniken: Radiotelegrafie, Hörfunk, Belinogramm (telegrafische Bildübertragung) und Kinofilm. Schon *1861* erfand Philipp Reis aus Frankfurt das Telefon, *1876* dann der erste vollständige Satz am Telefon: Alexander Graham Bell zu seinem Assistenten in einem benachbarten Zimmer: „Mr. Watson, kommen Sie her, ich brauche Sie!" Ab *1873* gab es die Schreibmaschine, am Ende des Jahrhunderts den Fernschreiber. Die 1898 erfundene Braunsche Röhre führte zu den ersten regulären Fernsehübertragung in den Jahren 1935/36.

Telematik
Etwa seit Ende des 2. Weltkrieges (1945) findet eine neue, die dritte technisch-industrielle Revolution statt. Kunststoffe, Atomspaltung, der erste Schritt eines Menschen auf dem Mond. Computertechnik (Informatik), Telematik (Telekommunikation plus Informatik), Elektronik, Mikroelektronik und Mikroprozessoren verändern die technische Welt. Neue Kommunikationstechniken: Fernsehen, Mobilfunk, Digitalisierung, Netzwerke, Endgeräte mit Tastatur und Bildschirm, Internet, Mobiltelefon, Multimedia.

Durch die Erfindung der Schrift und später die Erfindung des Buchdrucks hatte man schon früh die Möglichkeit, Raum- und Zeitunterschiede zu überwinden. Die Schrift fixiert Gedanken und Sprache

Kulturgeschichte der Kommunikation im Überblick

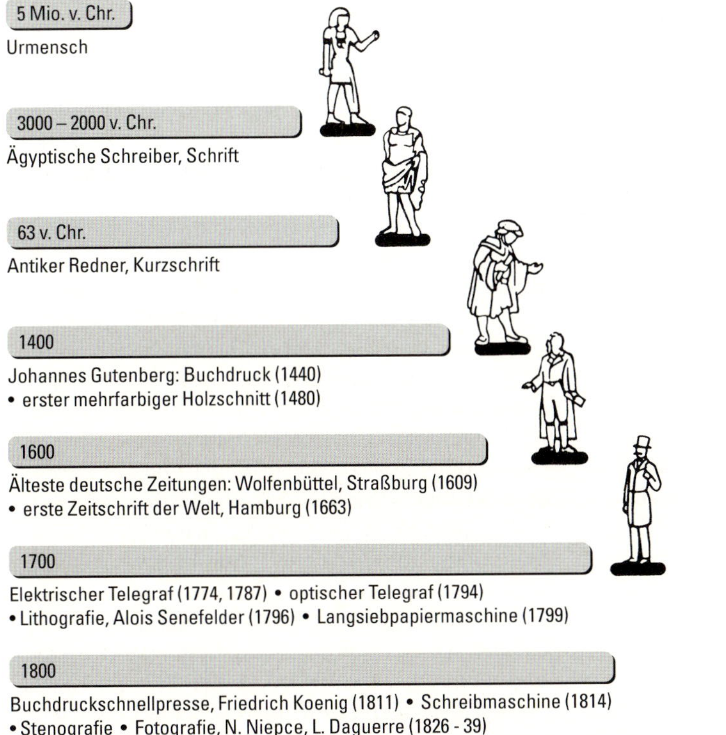

5 Mio. v. Chr.
Urmensch

3000 – 2000 v. Chr.
Ägyptische Schreiber, Schrift

63 v. Chr.
Antiker Redner, Kurzschrift

1400
Johannes Gutenberg: Buchdruck (1440) • erster mehrfarbiger Holzschnitt (1480)

1600
Älteste deutsche Zeitungen: Wolfenbüttel, Straßburg (1609) • erste Zeitschrift der Welt, Hamburg (1663)

1700
Elektrischer Telegraf (1774, 1787) • optischer Telegraf (1794) • Lithografie, Alois Senefelder (1796) • Langsiebpapiermaschine (1799)

1800
Buchdruckschnellpresse, Friedrich Koenig (1811) • Schreibmaschine (1814) • Stenografie • Fotografie, N. Niepce, L. Daguerre (1826 - 39)

1850
Fernsprecher, J. P. Reis (1861) • Autotypie, G. Meisenbach (1881) • Linotype Setzmaschine, O. Mergenthaler (1884) • Funktelegrafie (1897)

1900
Bildtelegrafie (1904) • Rundfunk (1920) • Fernsehen (1925) • programmgesteuerte Rechenmaschine, K. Zuse (1934) • elektronische Rechenanlagen, USA (1943 - 46)

1950
Elektronenrechner in Deutschland (1953) • Nachrichtensatelliten, • Farbfernsehen (1967) • Personalcomputer, • Autotelefon • digitales Telefonnetz • Teletex, Bildschirmtext, Videotext • digitale Datenübertragung

2000
Glasfaserkabel • Digitalisierung • Breitband-Informationssysteme • digitaler Mobilfunk • Multimedia • Internet • Intranet • digitale Fotografie • Home-Banking • Home-Shopping • Digitaldruck • Printing-on-Demand • vernetzte Systeme • E-Book ...

Kommunikation
Mitteilung, Verbindung, Austausch von Informationen durch Individual- und Massenkommunikation

Information
Inhalt einer Nachricht; Übertragung von Wissen, Gefühl oder Willen

Nachricht
Zusammenstellung von Zeichen oder Zuständen wie Buchstaben, Ziffern, Farbwerte und Töne, die zur Übermittlung einer Information dienen

Signal
Physikalische (z. B. elektrische, akustische, optische) Darstellung einer Nachricht

sichtbar auf einem Medium, z. B. Papier. Dadurch sind Gedanken, Sprache und Wissen zu speichern, weiterzuleiten und auch bei Bedarf zu jeder Zeit wieder abzurufen. Technische Medien zur Übermittlung, Verbreitung, Speicherung und Verarbeitung von Informationen waren und sind die Grundlagen der geistigen Bildung und des wissenschaftlichen Denkens. Steigendes Bildungsbedürfnis, durch die Erfindung des Buchdrucks erstmals durch ein technisches Medium zu befriedigen, führte in unserer Zeit zu einer Vielzahl miteinander im Wettbewerb stehenden technischen Medien.

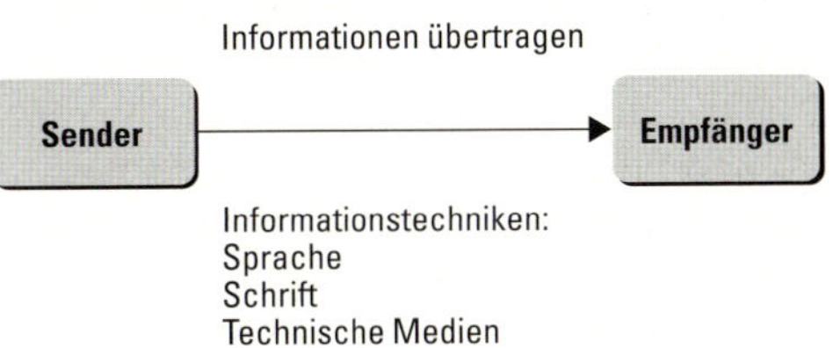

Nach wissenschaftlichen Aussagen verdoppelt sich das menschliche Wissen heute mengenmäßig alle fünf Jahre, der Zyklus wird allerdings immer kürzer.

Information und Kommunikation sind zu einem beherrschenden Faktor der menschlichen Gesellschaft geworden, die unseren Alltag, die Arbeitswelt, den Haushalt und die Freizeit unterstützen und beeinflussen. Presse, Rundfunk und Fernsehen vermitteln uns in kürzester Zeit das Gegenwartsgeschehen aus aller Welt. Zeitungen, Rundfunk- und Fernsehsendungen ermöglichen es dem Menschen, sich schnell, umfassend und vielseitig zu informieren. Weil Millionen von Lesern, Hörern und Sehern Informationen durch diese Medien aufnehmen können, nennt man diese mediengebundenen Kommunikationsmittel *Massenmedien.*

Informationsspeicherung und Informationszugang selbst bei gewaltigen Informationsmengen stellen heute sowohl technisch wie auch ökonomisch kein Problem mehr dar. Informiertsein des einzelnen Menschen bedeutet jedoch nicht nur die Möglichkeit, Zugang zu den verschiedensten Informationen zu haben, sondern auch, diese Informationen geistig verarbeiten zu können. In der heutigen Zeit sprechen wir wie selbstverständlich von Medien verschiedenster Art: Bücher, das Telefon, das Radio, das Fernsehgerät, der Videorekorder und selbst modernste Techniken wie Videotext, Mobiltelefon und Satellitenfernsehen sind vielen Menschen bereits eine Selbstverständlichkeit. Hinzu kommen zwei umfassende neue Begriffe: *Internet* und *Multimedia.*

Alle Medien haben eine wesentliche Gemeinsamkeit: sie sind Informationsübermittler.

Medien stehen also „in der Mitte" zwischen einem Menschen, der eine Nachricht, eine Botschaft oder eine Mitteilung sendet (Sender) und einem anderen Menschen, der diese Information empfängt (Empfänger). Sie sind der Transportweg, der „Kanal", mit dem die Information weitergeleitet wird. Die Kommunikation zwischen Mensch und Mensch erfolgt direkt durch Sprache, Gestik, Mimik, Zeichen oder andere primäre „Kanäle". Verwendet der Sender zur Übermittlung seiner Informationen z. B. einen Brief, so kommunizieren Sender und Empfänger indirekt miteinander. Ein unmittelbarer Austausch von Gedanken ist dabei nicht möglich, andererseits ist aber mit diesem sekundären Medium Kommunikation gespeichert und zeit- und ortsunabhängig verfügbar.

1.2 Neue Medien

Durch den Einsatz der Elektronik wurden die Strukturen der Industrie und auch die Produktionstechniken vieler Teilbereiche in der Druckindustrie erheblich verändert. Dieser technologische Wandel ist in seinen Konsequenzen noch nicht abzusehen. Wenn von der Presse (Zeitungen, Zeitschriften und auch im weiteren Sinne Bücher), vom Film sowie von Rundfunk und Fernsehen, deren Programme über Funkwellen verbreitet werden, gesprochen wird, meint man damit die „klassischen" alten Medien. Rundfunk und Fernsehen werden dabei von öffentlich-rechtlichen und privaten Rundfunkanstalten ausgestrahlt.

Für neue Kommunikationstechnologien hat sich als übergeordneter Begriff die Bezeichnung *Neue Medien* durchgesetzt. Hierzu zählen alle elektronischen Medien wie z.B. Videotext, Kabelrundfunk, Satellitenrundfunk, Telekommunikation, Datenfernübertragung, Internet und – als umfassend neues Medium – Multimedia. Zentraler Informationsträger ist dabei der Bildschirm. Hinzu kommt eine weitere Technik, die sich sehr rasch mit immer neuen Möglichkeiten den Markt erobert: der Mobilfunk.

Wird das Buch der Zukunft ein E-Book sein, das nur noch aus Bits und Bytes, den digitalen Bausteinen der Computertechnik besteht, die über Datenleitungen weltweit abgerufen werden können?

Videorekorder und -kassetten, Bildplatten, CD-ROM, Photo-CD und andere Speicher- und Wiedergabesysteme stellen Weiterentwicklungen oder neue Nutzungsmöglichkeiten dar, deshalb soll im folgenden darauf nicht näher eingegangen werden. Das Neue an den genannten Medien bezieht sich nicht auf den Inhalt, sondern auf die neuartigen elektronischen Verarbeitungs-, Speicher- und Übertragungsmöglichkeiten. Texte und einzelne Bilder, Töne und Filme können mit diesen Medien in einer solchen Vielzahl sicht- und hörbar gemacht werden, dass von einer elektronischen Revolution auf dem Bildschirm gesprochen wird. Die Chancen und Risiken der Neuen Medien werden stark kontrovers diskutiert.

Es sind aber nicht nur interessante technische Entwicklungen und sinkende Kosten, sondern auch bedeutende strukturelle, gesellschaftliche, politische und bildungspolititsche Probleme zu erkennen.

Stufen der Kommunikation	**Kommunikationsmedien = Kanal**	**Hilfsmittel für den Sender**	**Hilfsmittel zur Informationsaufnahme für den Empfänger**
1. direkt = primäre Medien	Sprache, Körpersprache	nicht erforderlich	nicht erforderlich
2. indirekt = sekundäre Medien	Schrift, Bild, Grafik, Druckprodukte	Schreib-/Zeichenmaterial	technische Hilfsmittel nicht erforderlich
3. indirekt = tertiäre Medien	Telegrafie, Telefon, Fernschreiber Schallplatte, Tonband, Rundfunk Fernsehen, Videotechnik, Fernkopieren, Bildschimtext, Videotext, Kabelrundfunk, Satellitenrundfunk, Telekommunikation, Mobilfunk, Intenet u.v.a.	Geräte mit z. T. Speichermedien (Hardware, Software) sowie Energie erforderlich	Geräte mit z. T. Speichermedien (Hardware, Software) sowie Energie erforderlich

Zu diesen sekundären Medien gehören auch sämtliche Druckprodukte: Eine vervielfältigte Kommunikation, deren Informationen senderunabhängig genutzt werden können.

Die eigentliche Kommunikationsexplosion begann erst in unserer Industriegesellschaft. Basis für diese rasante Entwicklung waren immer kleiner und leistungsstärker werdende elektronische Bausteine, die Mikroprozessoren. Es wurden Geräte entwickelt, die zur Kommunikation sowohl beim Sender wie auch beim Empfänger vorhanden sein müssen. Bei diesen tertiären „Kanälen" ist je nach Technik eine einseitige Kommunikation (Rundfunk, Fernsehen u. a.) und auch eine wechselseitige Kommunikation (von Telefon und Telegrafie bis zu weltweiten Netzen und dem Internet) möglich.

**Der Bildschirm:
Das zentrale Medium
in unserer Zeit**
Faktoren, charakterisierende Merkmale, Einflüsse

Medienarten
- Primäre Medien
- Sekundäre Medien
- Tertiäre Medien

Medien
- Sprache
- Telefon
- Zeitung
- Zeitschrift
- Buch
- Radio
- Kino
- Video
- CD-ROM
- Fernsehen (Kabelfernsehen, Videotext, Pay-TV)
- Online-Medien

Printmedien, Nonprintmedien
- Wettbewerb
- Perspektiven

Online-Medien
- Internet
- E-Mail
- Suchmaschinen
- Homepage
- Hotline
- Datenautobahn
- Videokonferenz
- Marketing
- Shopping

Mediendesign
- Printdesign
- Screendesign
- Lesbarkeit
- Farbe

Medienökonomie
- Projektmanagement
- Marketing
- Präsentation
- Kosten, Wirtschaftlichkeit

Berufe u. a.
- Mediengestalter für Digital- und Printmedien
- Mediengestalter Bild und Ton
- Grafik-Designer
- Informatiker
- Systemtechniker

Kommunikation, Öffentlichkeit
- persönlich
- unpersönlich
- Massenkommunikation

Medien im Vergleich
- Zielpublikum
- Zielgruppengerechte Information
- Emotionen, Wirkungen
- Art der Darbietung
- Aktualität
- Tiefe der Informationen
- Vielfalt der Informationen
- Gestaltung, Lesbarkeit
- Energieverbrauch

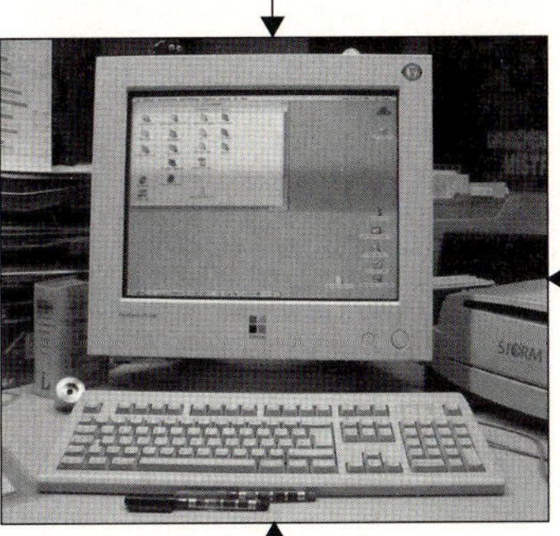

Lesen und Verstehen
- Wahrnehmung
- Fantasie
- Kombination
- Strukturen
- Denken
- Information

Soziologie, Psychologie. Lernpsychologie, Lernen
- soziale Kontakte
- Kommunikationsprozesse
- Bildschirmarbeitsplatz
- Computerspiele
- „Surfer-Krankheit“
- Vereinsamung
- Mediendidaktik
- Wissen, Verstehen, Lernen
- Farbpsychologie
- Telelearning
- Telearbeit (Teleworking)
- Bildschirmarbeitsplatz
- Computer-Based-Training (CBT)
- Web-Based Training (WBT)

Zusammenwachsen von
- Medien
- Telekommunikation
- Informationstechnologie
- Entertainment

Medienproduktion
- Ziel, Zielgruppe, Adressaten
- Konzeption
- Realisierung

Digitale Informationen: Bild
- Standbild, Bewegtbild
- Wahrheit oder Manipulation?
- Bildmanipulation (Ausschnitt, Retusche, Bildkombination)
- Virtuelle Realität
- Darstellung in Echtzeit
- Mimiktracker, Cyberhelm
- Blaues Studio

Multimedia
- Didaktik
- Dramaturgie
- Interaktion
- Werkzeuge

Produktionselemente
- Digitale Daten
- Datenspeicherung
- Crossmedia
- Digitalfotografie
- Einzelbild
- Interaktivität
- Ton (Audio, Sound)
- Animation
- Video
- Text
- Multitasking

Technik
- IT-/Systemtechnik
- Hardware
- Software
- Dateiformate
- Netzwerke
- Datentransfer
- Datenbanken
- Online-Hotline

Datenschutz, (Medien-) Recht
- Urheberrecht
- Verwertungsgesellschaft Bild/Text
- Fernmeldegesetz
- Gesetze zum öffentlichen Recht u. a.

Die Druckindustrie muss sich den Herausforderungen durch die neuen Medien stellen, um am Markt der Zukunft noch bedeutend zu sein.

Zu beantwortende Fragen zu den neuen Medien, vor allem des Internet sind u. a.
- die Auswirkungen insbesondere auf Kinder und Jugendliche sowie deren psychischer und sozialer Entwicklung,
- Integration neuer Medien in das Bildungssystem,
- Werbung, Beinflussung,
- unbeschränkte, unkontrollierbare Eingabe und der Zugang zu weltweit empfangbaren Informationen und Angeboten aller Art.

Videotext

Bislang nicht genutzte Bildzeilen des normalen Fernsehbildes, die sogenannte Austastlücke, werden zur Übertragung von Texten und einfachen grafischen Zeichen genutzt. Eine Bildschirmseite enthält maximal 24 farbige Zeilen zu je 40 Buchstaben, die gleichzeitig mit dem Fernsehbild gesendet wird. Insgesamt können etwa 100 Seiten Informationen gesendet werden. Über Zusatztasten an der Fernbedienung können aktuelle gesendete oder gespeicherte Informationen wie Programminformationen, Wetterbericht, Toto- und Lottozahlen, Fußball- und sonstige Sportergebnisse, Pressemeldungen, Börsenberichte u. a. abgerufen werden. Für den Empfang dieser Dienstleistungen ist lediglich ein geeignetes Fernsehgerät mit einem Zusatzdecoder erforderlich.

Da Videotext ähnlich der Tageszeitung Informationen vermittelt, wurde es auch Bildschirmzeitung genannt. Ein Dialog zwischen Sender und Empfänger ist nicht möglich. Technisch ist es möglich, die gesendeten Informationen als (Papier-)Kopie auszugeben. Man glaubte anfangs, Videotext könne eine Konkurrenz für die Tageszeitung werden. Inzwischen hat durch Online-Medien diese Techologie die ihr zugedachte Bedeutung verloren.

Kabelrundfunk

Kabelrundfunk schließt den Hörfunk, das Fernsehen wie auch andere Informationsdienste über ein Breitbandsystem ein. Anstelle der bisherigen Haus- oder Gemeinschaftsantenne, dem direkten Empfang aus der Steckdose, erfolgt die Verteilung der Hörfunk- und Femsehprogramme über Kabelnetze. Eine zentrale Gemeinschaftsantenne empfängt eine Vielzahl deutscher und ausländischer Programme, die mit normalen Antennen nicht zu empfangen sind.

Vorteil dieser Technik ist ein technisch brillanter Empfang. Darüber hinaus besteht die Möglichkeit, ganz spezielle Programme für individuelle Zielgruppen zu senden, die dafür eine bestimmte Gebühr (Pay-TV) berechnet bekommen.

Diese Vielfalt öffentlich-rechtlicher und privater Sender mit riesigen Auswahlmöglichkeiten für Hörer und Zuschauer verursacht sowohl publizistische, gesellschaftliche wie auch politische Probleme.

Diese Technik ist zu erweitern zu
- Kabelrundfunk bzw. -fernsehen mit eigenem Lokalprogramm (der sogenannte „Offene Kanal")
- Kabelrundfunk bzw. -fernsehen mit Rückkanal.

Der Offene Kanal bietet grundsätzlich Einzelpersonen und Gruppen die Möglichkeit, sich aktiv an der Programmgestaltung zu beteiligen. Kabelstationen überlassen den Interessenten Studio und technische Anlagen und beraten bei der Aufnahme und Übertragung. Dieses lokale Programm bietet regionale Informationen mit gemeindepolitischen und gesellschaftlichen Ereignissen ähnlich dem Lokalteil der örtlichen Tageszeitung. Daher steht der Offene Kanal bei einer flächendeckenden Einführung in unmittelbarer Konkurrenz zur örtlichen Presse. Eine Finanzierung ist nur über Werbeeinnahmen oder Zuschüsse interessierter Träger (Gemeinden, Kirchen, Unternehmen, Privatpersonen) möglich.

Beim Kabelrundfunk mit Rückkanal hat der Teilnehmer die Möglichkeit, Informationen an die Sendezentrale zu geben. Damit können Urteile über eine Sendung oder Sendewünsche eingegeben, aber auch Bestellungen oder Notrufe übermittelt und Blitzumfragen beantwortet werden.

Telekommunikation

Die Telekommunikation umschließt grundsätzlich alle Formen der Kommunikation zwischen räumlich weit entfernten Teilnehmern mit Hilfe von Fernsprechanlagen. Dabei werden Informationen über Sprache, Text, Bild oder einer Kombination dieser Mittel ausgetauscht. Dieses Kommunikationsnetz der Bundespost heißt in der Fachsprache kurz *ISDN* (die englische Abkürzung für: Integrated Services Digital Network = Dienst-integrierendes digitales Fernmeldenetz). Die Bundespost bietet über dieses Netz und einen einzigen Teilnehmeranschluss eine Vielfalt von Diensten „aus der Steckdose" an. ISDN übermittelt Informationen in einer mehr als zehnfachen Übertragungsleistung als ein analoger Anschluss.

Das entscheidend Neue an der Digitalisierung des Telefonnetzes durch ISDN ist:
- ISDN als Universalnetz für die Übermittlung von Sprache, Text, Daten und Bilder bietet umfassende, universelle Kommunikation mit den verschiedenen Endgeräten.
- ISDN bietet parallele Kommunikation über nur einen Anschluss.
- ISDN bietet eine hohe Leistung in der Datenübertragung über den Universalanschluss mit 64 kbit/s.
- Dienstmerkmale beim Telefon u. a.: Anklopfen, Anrufumleitung, Rückfrage, Makeln, Gebührenermittlung und -anzeige, Mehrfachrufnummern, Datum und Uhrzeit

Durch die inzwischen angebotene *T-DSL-Breitbandtechnologie* ist das Empfangen und Senden großer Datenmengen für den privaten Nutzer möglich: Die Übertragungsleistung von bis zu 768 Kbit/s zum Download ist zwölfmal schneller als bei einem ISDN-Anschluss mit 64 Kbit/s. Beim Upload stehen bis zu 128 Kbit/s zur Verfügung.

Kommunikationsnetze neuerer Generation

Optische Netze
Das weltweite Wachstum des Datenverkehrs stellt hohe Anforderungen an die Netzinfrastruktur bis in den Zugangsbereich der Nutzer. Das Internet wird die kommunikationstechnische Basis der zukünftigen Informationsgesellschaft und damit eine wesentliche Voraussetzung für die Leistungsfähigkeit einer Industriegesellschaft im globalen Wettbewerb. Aufgrund des starken Wachstums des Internetverkehrs tritt der Telefonverkehr in den nächsten Jahren von seinem Volumen her zunehmend in den Hintergrund.

Das hat grundlegende Auswirkungen auf die Netzwerktechnik. Durch die Integration von Sprach- und Datendiensten in ein gemeinsames Netz ist eine Veränderung der klassischen verbindungsorientierten zu einer paketvermittelnden Netzstruktur zu erkennen. Das Internet wird zunehmend auch die Funktionalität klassischer Sprachkommunikationsnetze bieten. Leistungsfähige, an die neuen Anforderungen angepasste Kommunikationsnetze sind die Voraussetzung für die Funktionsfähigkeit zukünftiger interaktiver Multimedia-Anwendungen.

Große photonische Netze mit sehr großer Kapazität werden zur Zeit entwickelt. Ziel ist es, bei der Übertragungsgeschwindigkeit in den Terabitbereich (das entspricht 1000 Gbit/s) vorzustoßen. Dabei ist jedoch der uneingeschränkte Zugang zu einem Breitbandinternet für jedermann an jedem Ort und zu jeder Zeit von entscheidender Bedeutung. Für die derzeitige Netzinfrastruktur bedeutet dies, dass das Glasfasernetzkabel zukünftig bis zum Hausanschluss vordringen muss.

Funknetze
Breitbandige Mobilkommunikationssysteme, die zu jeder Zeit und an jedem Ort Zugriff auf multimediale Dienste zulassen, werden ein wesentlicher Faktor im Wettbewerb zukünftiger Informations- und Kommunikationsdienste sein. Das europaweit eingeführte Funknetz der *GSM-Norm* (Global System for Mobile Communiation) orientiert sich in seinen Diensten am ISDN und bietet neben Sprachdiensten auch Datendienste an. Damit künftig die mobile Nutzung aller interaktiver Dienste möglich sind, müssen nutzerfreundliche, effiziente System-, Übertragungs- und Endgerätekonzepte entwickelt werden. Flexibilität, Mobilität, Daten- und Systemsicherheit sowie extrem schnelle Übertragung sind notwendige Eigenschaften von Breitbandsystemen der Zukunft.

Das *Universal Mobile Telecommunications System* (*UMTS*) gilt als Netz für den Mobilfunk der dritten Generation. Es erlaubt eine drahtlose weltweite Kommunikation mit einer Vielzahl von Diensten.

1.3 Multimedia – eine neue Technologie in der Kommunikation?

Über ein halbes Jahrhundert nach Gutenberg hat sich die Welt der Medien Schritt für Schritt verändert. Beispielsweise kam 1829 die Fotografie hinzu, der drahtlose Telegraph 1897, der erste Rundfunk in Deutschland 1923, das Tonbandgerät 1950, das Fernsehen in deutschen Haushalten 1954, das Satelliten-TV 1971, der Personalcomputer (PC) 1981 und der digitale Mobilfunk 1990. Multimedia, in den neunziger Jahren entwickelt, bringt von alledem ein bisschen ein. Das Neue daran ist eigentlich nur, dass bereits bekannte Medien durch eine neue Technik miteinander verknüpft werden.

Der Begriff Multimedia ist zu einem Synonym für den Aufbruch in ein neues Zeitalter von Information und Kommunikation geworden: Verknüpfung von Text, Grafik, Bild, Sprache und Ton sowie Bewegtbild (Film, Video), mit der Möglichkeit der Interaktivität. Die Zusammenführung verschiedener Kommunikationsformen eröffnet vielfältige neue Möglichkeiten, die unterschiedlichen Inhalte kreativ aufzubereiten und zu gestalten. Informationen zu gewinnen, zu speichern, zu verarbeiten, zu vermitteln, zu verbreiten und zu nutzen wird in völlig neuen Dimensionen möglich. Die modernen Techniken machen das Wissen ohne zeitliche und räumliche Schranken transportierbar.

Technische Voraussetzungen dazu sind im wesentlichen die Digitaltechnik, die Miniaturisierung der Bauelemente, höhere Speicherkapazitäten auf Datenträgern, leistungsfähigere Netze, der Einsatz von Datenkompressionsverfahren und eine gewaltige Steigerung der Leistungsfähigkeit elektronischer Bauelemente. Dabei beruhen die komplexen technischen Abläufe auf einer ganz einfachen (Grund-) Struktur, nämlich der Abfolge von Nullen und Einsen im digitalen System. Hierdurch wird ein einheitlicher technischer Standard möglich, durch den alle Informationen über globale Kommunikationsnetze weltweit verteilt, genutzt und gehandelt werden und damit in jedem Haushalt oder Büro, in jedem Unternehmen an einem beliebigen Arbeitsplatz, in der Wissenschaft und Wirtschaft verfügbar sein können.

Technische Basis

Neben rechtlichen Rahmenbedingungen erfordern Multimedia-Anwendungen eine leistungsfähige, kostengünstige Hardware sowie entsprechende Softwaretechnologien. Die Chip-Produktion ermöglicht durch eine immer stärkere Miniaturisierung der Bauelemente die Speicherung einer unvorstellbar hohen Datenmenge: Je kleiner der Mikrochip ist, desto mehr Daten passen auf eine Siliziumscheibe und desto niedriger ist der Preis. Gleichzeitig nimmt auch die Rechengeschwindigkeit zu. Eine weitere Möglichkeit zur Kostensenkung ist die Verwendung größerer Siliziumscheiben. Neben Silizium, dem Standardmaterial für die Chipherstellung, gelang es auch, neue Materialien wie Galliumarsenid erfolgreich einzusetzen. Die rasante Entwicklung elektronischer Bauelemente ermöglicht auch völlig neue digitale Übertragungsverfahren hoher Qualität und eine immer kostengünstigere Produktion von entsprechenden Endgeräten.

Im Mittelpunkt dieser Entwicklungen stehen dabei einerseits Kompressionsverfahren, mit denen die gewaltigen Datenmengen, die bei hochwertiger Bildverarbeitung und vor allem bei Audio- und Videoproduktionen anfallen, ohne Qualitätsverlust verringert werden können und Flachbildschirme, die in Zukunft auch eine großformatige Wiedergabe selbst im privaten Bereich möglich machen werden.

Einige dieser Übertragungsverfahren, die ohne die Mikroelektronik nicht denkbar wären, sind bereits im Einsatz:

- ISDN (Integrated Service Digital Network): Diese Technik wird zunehmend genutzt, um alle Arten von Informationen (Sprache, Bilder und beliebige Daten) in digitaler Form über das Telefonnetz zu schicken.
- GSM (Global System for Mobile Communication): Europaweit eingeführte Übertragungstechnik beim Mobilfunk.
- UMTS (Universal Mobile Telecommunications System): Mobilfunk der dritten Generation.
- WAP (Wireless Application Protocol): Standard für drahtlose Informationsdienste mit digitalen Endgeräten (Mobiltelefon, Terminals), überträgt Informationen aus dem Internet, E-Mail und FTP-Dienste.
- DAB (Digital Audio Broadcasting): Digitaler Hörfunk mit zusätzlichen qualitativen und technischen Merkmalen.

Die Mikroelektronik schafft zusammen mit der Übertragungstechnik die hardwaremäßige Grundlage für den Aufbau von neuen Informationsnetzen. Ihre Produkte sind Informationen verarbeitende und speichernde Einheiten.

Die Ziele der Mikroelektronik sind klar definiert. Neben einer Strukturverkleinerung stehen besonders die Steigerung der Verarbeitungsgeschwindigkeit und die Verringerung des Energieverbrauchs im Vordergrund.

In den nächsten Jahren werden die technologischen und technischen Voraussetzungen geschaffen sein, die Computer, Telefon und Fernseher zu einem universellen Multimediasystem zusammen wachsen zu lassen.

Entwicklung der Medienmärkte

Die rasanten, fast revolutionären technischen Veränderungen im Medienbereich werden tiefgreifende Konsequenzen im politischen, wirtschaftlichen, sozialen und kulturellen Leben nach sich ziehen. Es wird darauf ankommen, die vielfältigen Chancen dieser neuen Entwicklungen zu nutzen und ihre Risiken zu kontrollieren und zu begrenzen.

Eine beachtenswerte Aussage von *Bill Gates*: „Spätestens zur Jahrtausendwende steht auf jedem Büroschreibtisch ein Multimedia-PC, der alle Kommunikationsmedien vereint und an ein weltweites Datennetz angeschlossen ist.“

Medienunternehmen sind Unternehmen, die Informationen im weitesten Sinne anbieten und diese über ein Medium, den Informationsträger, verbreiten.

Die Druckindustrie – ein immer noch bedeutender Teil der Medienindustrie – muss alle Entwicklungen sehr genau beobachten und rechtzeitig am Markt agieren. Die Multimedia-Technik wird die Produktions-, Arbeits- und Organisationsformen wesentlich verändern. Videokonferenzen werden eine Dienstreise überflüssig machen und Bestellungen über einen elektronischen Katalog erfolgen.

Über das Internet werden zum Ortstarif Informationen in Schrift, Bild und Ton versandt und ggf. auch dezentral weiterverarbeitet. Es entstehen neue, elektronisch vernetzte Unternehmen mit regional selbstständigen Firmen, die Kostenvorteile von verschiedenen Standorten ausnutzen.

Industrien werden immer stärker zusammenwachsen: Computerindustrie, Medienunternehmen (Print, Nonprint), Telekommunikation, Unterhaltungselektronik. Die Informationstechnologie wird zu einem neuen Produktionsfaktor, zu einem neuen Rohstoff für Innovationen.

Information als neuer Produktionsfaktor

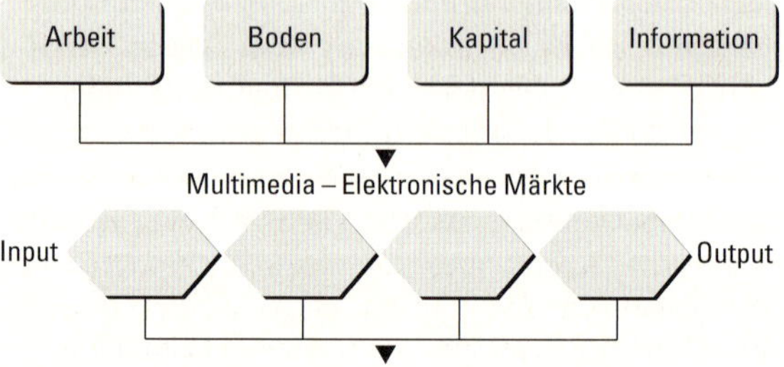

Digitalisierte Informationen können über verschiedene Wege vom Sender zu einem Empfänger transportiert werden. Grundsätzlich unterscheidet man zwischen den Offline-Medien wie z.B. Disketten, CD-ROM und Online-Medien wie Kabel, Mobilfunk und Satellit. Die Offline-Medien funktionieren im Grundsatz wie die traditionellen Medien Zeitung oder einfach ein Brief. Man öffnet sie – jetzt allerdings in einem Computer – und entnimmt die Informationen. Die Online-Medien ermöglichen einen direkten interaktiven Dialog zwischen Sender und Empfänger bzw. dem Fragenden und dem Antwortenden. Hierzu gehören z.B. das Internet und E-Mail. Wer diese Kommunikationsmöglichkeiten nutzen will, muss sich einen multimediafähigen Computer anschaffen und ihn direkt per ISDN oder Modem an das weltweite Netz anschließen.

1.4 Zukunft der Druckindustrie

Printprodukte wird es nach Meinung von allen Experten immer geben – aber der Markt wird sich verändern. Neue Produktionsverfahren, Produkte und Dienstleistungen beeinflussen den Leistungserstellungsprozess. Der Kunde – früher nur der Lieferer von Informationen – ist selbst immer stärker aktiv in den Produktionsprozess eingebunden.
Daraus ergeben sich Fragen an das Management:

- Mit welcher Dienstleistung ist mein Unternehmen auch zukünftig ein gefragter Partner am Markt?
- Wird es Rückgänge bei meinem Produktionsangebot durch neue Medien geben? Wenn dies zutrifft: In welchen Bereichen und in welchem Ausmaß wird dies mein Unternehmen beeinflussen? Wie kann ich meine Kunden in das Netzwerk meines Unternehmens einbinden?
- Welche Auswirkungen haben in meinem Unternehmen Printing-on-demand, Digitalisierung der gesamten Druckvorstufe sowie die Computer-to-Technologien und der Digitaldruck?
- Was ist zu tun, um medienneutrale Daten aufzubereiten, zu verarbeiten, zu archivieren, zu pflegen und für verschiedene Medienprodukte des Kunden einzusetzen?
- In welche Technologie und Technik ist für die Zukunft meines Unternehmens zu investieren?
- Wie kann dieser Wandel in den Strukturen der Unternehmen, des Marketings, der Ausbildung und Schulung der Mitarbeiter begleitet werden?
- Wo geht die digitale „Reise" hin?

Zusammenwachsen der Medien > 2000

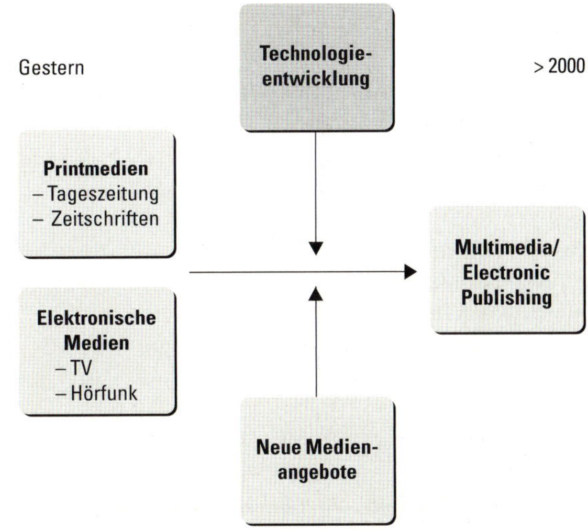

Die Druckindustrie muss als der klassische Printmedien-Produzent, der den Umgang mit digitalen, statischen Daten beherrscht, ihre Kompetenz auch in multimediale Produkte und Dienstleistungen einbringen. Dabei sind dynamische Medien (Video, Audio, Animationen) und interaktive Elemente (durch den Anwender steuerbare Schaltungen) in einem multimedialen Informationssystem mit den bekannten statischen Medienformen (Text, Grafik, Bild) zu kombinieren. Am Markt aktive Medienunternehmen bieten Informationen im weitesten Sinne an und verbreiten diese über einen Informationsträger.

Es bieten sich daher auch zukünftig für flexible Printmedien-Unternehmen – allein oder aber im Verbund mit geeigneten, leistungsfähigen Partnerunternehmen – als Mediendienstleister eine Vielzahl von neuen Chancen und Potentialen in verschiedenen Feldern an:

- neue Informationsprodukte
- neue Informationskanäle
- neue Informationsinhalte

Chancen in der Multimedia-Anwendungen

Anwendung im Electronic Publishing
- Ersatz klassischer Verlagsprodukte
- Ergänzung klassischer Verlagsprodukte
- Digitale Bibliothek
- Datenbanken

Multimedia im Marketing
- Marktforschung

Multimedia: Wie die Inhalte zum Verbraucher kommen

Inhalte/Mehrwertdienste ▶	Netze/Transportebene ▶	Bauteile/Komponenten ▶	Verbraucherebene/ Endeinrichtungen
• Multimedia CD-ROM • Spiele (CD-ROM/ Cardridges) • TV-Kanäle – öffentlich – privat – Pay-TV • Software • IT-Services/Dienste • Filmproduktionen • Videocassetten • Online-Dienste/Electronic Commerce • Call Center	• Telefonie, z. B. – Festnetz/Sprache – Festnetz/Daten – Mobilkommunikation • Internet und Online – Service Provisioning • TV-Kabelbetreiber • LAN/Intrans • Vermittlungsstellen, z. B. – Switches (analog und digital) – ATM-Switches etc. • Transmissionstechnik, z. B. – Router – Glasfasernetze	• Elektronische Bauteile aktive, z. B. – Bildröhren – LCDs/Flachbildschirme – Speicher- und Logikchips passive z. B. – Widerstände – Spulen – Kapazitäten sonstige – Datenträger – Laufwerke	• Consumer Electronics z. B. – TV Geräte – Videogeräte – Videospielkonsolen – Kiosk-Systeme – TK-Endgeräte • IT-Hardware z. B. – Personalcomputer – Server – Laptop – Drucker • Telekommunikations-Endgeräte

- Werbung
- Verkauf
- Service

Multimedia in der Ausbildung
- Selbstlernen
- Fernunterricht
- Experimente und Simulationen

Multimedia im Unternehmen
- Kommunikation
- Videokonferenzen
- Datenbank für Wissen und Technologie
- Teleworking

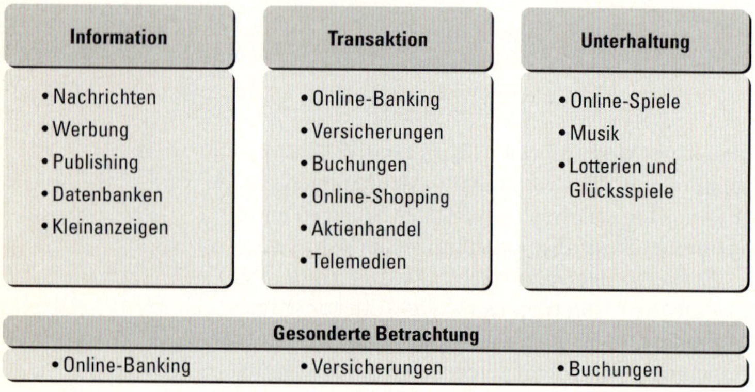

Information	Transaktion	Unterhaltung
• Nachrichten • Werbung • Publishing • Datenbanken • Kleinanzeigen	• Online-Banking • Versicherungen • Buchungen • Online-Shopping • Aktienhandel • Telemedien	• Online-Spiele • Musik • Lotterien und Glücksspiele

Gesonderte Betrachtung		
• Online-Banking	• Versicherungen	• Buchungen

Neue Chancen oder eine Bedrohung für die Druckindustrie

Die Druckindustrie ist ein bedeutender Teil der gesamten Kommunikationsindustrie. Durch die rasante Entwicklung der Elektronik und elektronischer Medien wird aber immer wieder nach den Chancen der Druckindustrie im zukünftig härteren Wettbewerb mit „Neuen Medien“ (Nonprintmedien) gefragt.

Die Druckindustrie liefert Informationen in visueller Form in beliebiger Menge. Unsere heutige Welt ist ohne die Druckmedien nicht vorstellbar. Nach der Meinung anerkannter Wissenschaftler sind die Druckmedien auch in der Zukunft unersetzlich, da sie optimale Informationsspeicher für das menschliche Wahrnehmungssystem sind und einen beliebigen, zeit- und ortsunabhängigen Zugriff gestatten.

„Wenn es schon alle elektronischen Medien gäbe, nicht aber Papiermedien, dann müßte man diese schleunigst erfinden.“ (Prof. Steinbuch)

Die Druckprodukte werden vor allem dort an Bedeutung verlieren, wo die Speicherung sehr hoher Datenmengen und höchste Aktualität gefordert sind. Über riesige Entfernungen lassen sich mit elektronischen Medien in Sekunden Millionen von Daten auf den Bildschirm übertragen. Alle Datenbanken sind problemlos, rasch und kostengünstig zu aktualisieren. Dabei können unvorstellbar große Datenmengen auf kleinstem Raum gespeichert sein. Zentraler Arbeitsplatz bei elektronischen Medien ist der Bildschirm.

Eine Prognose für die Chancen der Druckindustrie im Wettbewerb mit den elektronischen Medien ist wegen einer Vielzahl von Einflussfaktoren nicht möglich.

Trotzdem die Vorteile der „Neuen Medien“ auf den ersten Blick beeindruckend sind, hat die Druckindustrie beim Druck von Büchern, Zeitschriften und Zeitungen bedeutende Vorteile:
- Druckmedien speichern Informationen sichtbar auf einem Bedruckstoff. Der Empfänger, z. B. der Leser einer Tageszeitung oder eines Buches, kann die Informationen zu beliebigen Zeiten, mit individuellem Tempo und in gewünschter Reihenfolge aufnehmen. Schnelles, verweilendes oder betrachtendes Lesen ist möglich. Bei lernender Informationsaufnahme hängt der Lernfortschritt vorwiegend von der Aufnahmefähigkeit des Empfängers ab.
- Verschiedenste Druckmedien (Bücher, Zeitungen, Zeitschriften, wissenschaftliche Werke usw.) zwingen nicht zu geistigem Eintopf und einer Uniformierung des Denkens, sondern ermöglichen die intensive Auseinandersetzung mit den gebotenen Informationen sowie eine große Auswahl unter kontroversen Denkweisen.
- Druckmedien stehen ständig zur Verfügung. Für die Aufnahme der Informationen ist kein Wiedergabegerät, keine Technik und keine Energie erforderlich.
- Bei der Vervielfältigung von Informationen in größeren Mengen sind die Druckmedien den elektronischen Medien deutlich in der Leistungsfähigkeit überlegen.
- Die Qualität der Wiedergabe einer Vorlage ist in den Druckmedien erheblich besser als in den elektronischen Medien. Eine weitere Steigerung ist sogar noch möglich.
- Eine sehr gute Lesbarkeit, die den Informationsfluss zum Leser erleichtert, sowie eine Vielzahl von grafischen und typografischen Gestaltungsmöglichkeiten bieten reizvolle Gestaltungsvariationen für die verschiedensten Druckprodukte.

Die vorhergehenden Betrachtungen lassen den Schluss zu, dass den gedruckten Medien eine gesunde Basis im Rahmen der Kommunikationsindustrie verbleibt. Zu beachten ist auch die enorme Vielfalt gedruckter Produkte, z. B.: Vom einfachen Flugblatt zur Zeitung, von einer Informationsschrift zum Bildband, von Familien- und Akzidenzdrucksachen zu hochwertigen Image-Broschüren und Prospekten, von einfachen Transportumhüllungen zu hochwertigen, veredelten Verpackungen.

Die Diskussion über eine papierlose Gesellschaft ist nach derzeitigem Stand zumindest bis weit über das Jahr 2010 zurückzustellen.

Die elektronischen Medien werden sich jedoch in einem rasanten Tempo weiterentwickeln, ihr Erfolg wird um so größer sein, je mehr sie den tatsächlichen Bedürfnissen der Nutzer entsprechen, eine bestimmte

Qualitätsnorm erreichen, leicht zu handhaben und zu nutzen sowie zudem noch kostengünstig sind.

Außerdem hat sich gezeigt, dass durch diese Evolution neue Chancen geboten werden: Verlage geben immer neue Fachzeitschriften heraus und legen Datenbanken an, Druckereien liefern die begleitenden Dokumentationen dazu. Die gesamte Informationsindustrie entwickelt sich demnach auf ein Miteinander von gedruckten und elektronischen Medien hin.

1.5 Perspektiven

Bei aller Euphorie gibt es auch nachdenkliche Stimmen zu der Entwicklung neuer Medien, speziell zu Multimedia-Anwendungen.

Informationen im Übermaß – macht das Internet dumm? Wissenschaftler warnen vor der enormen Informationsvielfalt und Informationsflut im weltweiten Netz, die nicht mehr bewältigt werden können. Es besteht die Gefahr, dass die Maßstäbe für Wichtiges und Vernachlässigbares, für Nähe und Ferne, für eigene Betroffenheit und Individualität verloren gehen. Der visuelle Eindruck verliert an Nachweis an Authenzität immer mehr an Bedeutung, der Anteil des durch eigene Erfahrung abgesicherten Wissens wird immer geringer.

Angesichts der Manipulierbarkeit digitaler Daten wird Information immer weniger überprüfbar, die Realität läuft Gefahr, immer mehr durch virtuelle Welten verdrängt zu werden. Man denke hier nur an die Manipulierbarkeit digitaler Bilddaten:
Kein Mensch kann später zwischen Original und bearbeitetem Bild unterscheiden.

Die Gefahr ist deshalb so groß, weil sich wahrscheinlich kaum ein Mensch mehr die Mühe macht oder auch machen kann, zu prüfen, ob dieses Bild der Wahrheit entspricht.

Nicht umsonst sagte Bill Gates: *„Wer die Bilder hat, besitzt die Köpfe."*

Die zunehmende Verbreitung des Internet führe, so sagen kritische Wissenschaftler, zu einem gravierenden Wissensverlust der Menschen. Trotz eines immer besseren Zugangs zu Datenbanken könne der normal gebildete Mensch einen Teil seines Wissens verlieren. Das Problem zeige sich durch die immer größer werdende Datenmenge, die im weltweiten Netz zu finden sei. Daher brauche der Einzelne immer weniger Informationen abrufbereit im Kopf „gespeichert" zu haben.

Die enormen Langzeitfolgen für den Menschen würden derzeit zu wenig diskutiert, kritisierte ein Wissenschaftler für angewandte Philosophie. Ein gravierendes Problem sei es, dass man das Wissen in den Datenbanken nicht mehr findet. Die Halbwertszeit von Geschriebenem werde immer kürzer. Fachleute der Wirtschaft und auch Wissenschaftler, Wirtschaftsexperten, Politiker und Journalisten hätten bereits den Überblick über die ständig anschwellenden Datenmengen in ihrem eigenen Fachgebiet verloren. Die Fähigkeit, die wachsenden Angebote zu selektieren, erreiche ihre Grenzen. Unternehmen der Informationstechnologie bekämen dadurch immer mehr Macht.

Mit Suchmaschinen und Internet-Diensten für einzelne Branchen und Wissenschaften machten sie das Internet für viele Anwender erst nutzbar. Der Wissenszugang kann dabei selbstverständlich manipuliert werden.

Informationsspeicher der Zukunft: Datenbanken

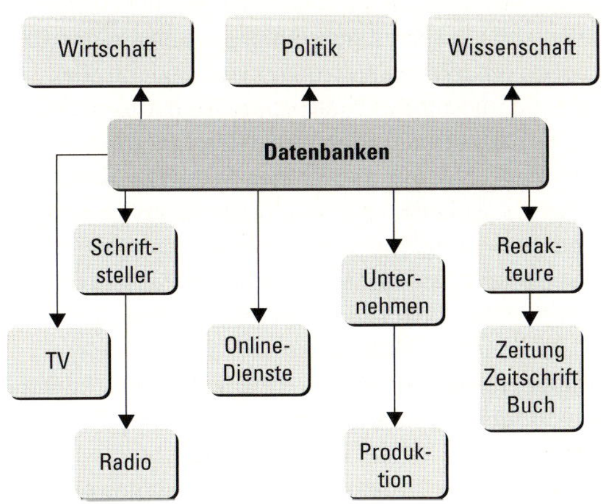

Computer als Zeitvernichter?

Prof. Arno Rolf, Hamburger Wirtschaftsinformatiker gibt zu bedenken: „Täglich kämpft der Büromensch mit seinem angelernten Computerhalbwissen. Viele Programmfunktionen sind hochkomplex. Fachleute schätzen, dass ca. achtzig Prozent der angebotenen Funktionen eines Office-Programms von dem durchschnittlichen Nutzer gar nicht gebraucht werden.

Selbst eingefleischte Profis kommen mit neuen Programmversionen ins Schwitzen, weil altbekannte Funktionen des Programms nicht mehr so wie zuvor funktionieren. E-Mails haben eine völlig neues Problem geschaffen: den alltäglich eintreffenden Informationsmüll.

Das Internet ist in letzter Zeit viel benutzerfreundlicher geworden, aber das gezielte Suchen von Informationen kostet immer noch zu viel Zeit. Suchmaschinen treten mit dem Anspruch auf, das Wissen der Welt im Griff zu haben.

Der Nutzer, der bestimmte Anworten zu Fragen sucht, bekommt beim Eingeben eines Schlagwortes eine Flut völlig anderer Sichtweisen und Kontexte präsentiert. Der logische Aufbau und die Präzision, die er erwartet und von einem Buch gewohnt ist, kann ihm die Suchmaschine nicht bieten. So entsteht oft Frust, auch über verlorene Zeit.

Gerade die Informatik muss die Auswirkungen ihres Tuns überdenken und Gott sei Dank tut sie dies auch. Es geht dabei nicht darum, das Rad der Technik zurückzudrehen. Es geht um die vorher nicht bedachten Auswirkungen, die jede neue Technik nach sich zieht."

Lehren und Lernen in Zeiten von Internet und Multimedia

Die neuen Informations- und Kommunikationstechnologien sind dabei, unsere Gesellschaft und damit auch unser Bildungssystem tiefgreifend zu verändern. Aus einfachen Homecomputern entstehen Multimediaarbeitsplätze, wo Fernsehen, Radio, Audio- und Videotechnik, Kommunikationstechnik und Datenverarbeitung zusammenfließen.

Neue Kommunikationsformen wie z. B. Videokonferenzen ersetzen Geschäftsreisen und Konferenzen an einem bestimmten Ort. Die elektronische Kontoführung ersetzt den Gang zur Bank. Obwohl das Schreiben von Briefen und der Versand mit der „Gelben Post" bei Jugendlichen „out" ist, gibt es einem Boom beim Versenden von E-Mails. In jeder freien Minute sitzen viele junge „Freaks" am Rechner beim „Chat". Jeder, der einen Internetanschluss besitzt, kann mit jedem Partner weltweit über das Netz in Kontakt treten und ebenso einfach unmittelbar auf Informationsdienste zugreifen.

Sollte diese Möglichkeit einmal nicht zur Verfügung stehen, ist das Handy der Ersatz für einen Chat im Netz. Dabei werden die Möglichkeiten des Handy zukünftig um ein Vielfaches zu Kommunikationszentren erweitert.

Ebenso wie heute schon im privaten Bereich und in der Wirtschaft werden die neuen Informations- und Kommunikationstechnologien auch für das Lehren und Lernen an unseren Schulen, Hochschulen und bei der betrieblichen Ausbildung eine Schlüsselrolle einnehmen. Die Nutzung des Computer und des Internets im Unterricht wird in kürzester Zeit genauso selbstverständlich sein, wie heute die Verwendung des Taschenrechners.

Von den Schülern, Auszubildenden und Studenten werden neue Kompetenzen gefordert, die mit den bisherigen Strukturen und Formen des Unterrichtens nicht mehr zu erreichen sein werden. Tiefgreifende Veränderungen der Lehr- und Lernprozesse sind erforderlich, will man dem neuen Anforderungen für die Zukunft gerecht sein.

Für den Umgang mit den neuen Medien und vor allem die sinnvolle Nutzung der unendlich vielen Möglichkeiten, der Medienkompetenz also, müssen Jugendliche – und derzeit auch Erwachsene und insbesondere Lehrende – vorbereitet werden.

Dabei geht es nicht primär darum, Bildungseinrichtungen mit PC´s und Netzanschluss auszustatten.

„Wissen entsteht nicht auf der Festplatte oder in Computernetzen. Wissen entsteht erst durch den kreativen Umgang mit Informationen. Dabei geht es um Verstehen, Beurteilen und Verarbeiten der medialen Möglichkeiten. Auch hier gilt: Der Mensch muss im Mittelpunkt stehen, nicht die Technik!" so die Bundesbildungsministerium Bulmahn bei der Eröffnung der LEARNTEC 2000 in Karlsruhe.

Neben den bisherigen Kulturtechniken Lesen, Schreiben und Rechnen ist die Vermittlung einer weiteren erforderlich: der Medienkompetenz.

Medienkompetenz hat entscheidend mit Urteilsvermögen zu tun und deshalb auch mit dem elementaren Kern der Bildung: Nämlich mit Allgemeinbildung und Orientierungswissen.

Hierzu sind geeignete pädagogische Konzepte zu entwickeln. Lehrende müssen die neuen Medien erfahrend erarbeiten und verarbeiten lernen, um diese Kompetenz – neben anderen wesentlichen Zielen des Unterrichtens wie Fachkompetenz, Sozialkompetenz und Methodenkompetenz – Lernenden vermitteln zu können. Konkret heißt dies:

- Der Lehrende muss bereits in seiner Ausbildung neben pädagogischen und fachlichen Kenntnissen Erfahrungen sammeln und umsetzen können und dadurch seine Medienkompetenz erwerben.
- Nur in einem ständigen Prozess als Fortbildung der Lehrenden und mit den erforderlichen Freiräumen können diese den täglichen Anforderungen jetzt und erst recht in Zukunft gerecht werden.
- Bildung erfordert als Voraussetzung Gebildete: Der Staat, die Wirtschaft und unsere Gesellschaft müssen den Stellenwert der Lehrerbildung als eine Grundvoraussetzung für die positive Entwicklung unserer Kultur sehen.

Gerade in unserer sehr medial geprägten Welt sind aber auch andere sehr wesentliche Kompetenzen in der gesamten Bildung als pädagogische Aufgabe im Lernprozess nicht zu vernachlässigen, zum Beispiel Sozialkompetenz, Teamfähigkeit, Kommunikationsfähigkeit und Fachkompetenz sowie Methodenkompetenz und die Fähigkeit zum selbstorganisierten Lernen (d. h. ein Management des eigenen Lernens).

Nur eine Vision – oder einmal Wirklichkeit?

Eine Vision der Zukunft erschien bereits zur Didacta 1981 in Basel in einem Aufsatz von Lehrern: „Spätestens im Jahr 2222 werden Kinder, Jugendliche und Erwachsene jeder Mühe enthoben sein, zu lernen und zu üben. Einmal im Jahr wird sich jedermann in einer Bildungsklinik einzufinden haben, die Kenntnisse und Fertigkeiten eines neuen Jahrgangs über Kopfelektroden in die Gehirne eingibt. Zugleich wird die Bevölkerung alles an Wissen abliefern, was mittlerweile überholt ist. Die Hirnkliniker werden bei dieser – selbstverständlich schmerzlosen – Behandlung die Plomben an den beiden winzigen Kopfelektroden lösen, die im Jahr 2222 jeder mit sich herumtragen wird. Die Elektroden werden an den Jahrgangscomputer angeschlossen. In wenigen Sekunden wird die Informationsübertragung ins menschliche Großhirn beendet sein. Die Speisung aus dem allgemeinen Wissenstrunk hat viele Vorteile: Das Hirn wird nur mit dem Wissen belastet, das man tatsächlich braucht, es ist zugleich immer auf den neuesten Stand gebracht. Die Kommunikation ist perfekt, denn alle verfügen über das gleiche Wissen."

Der *Nürnberger Trichter* ist Wirklichkeit geworden.

1.6 Crossmedia – nach Gutenberg die zweite Revolution in der Druckgeschichte

Ein Beitrag von Alexander Schorsch,
Präsident des Bundesverbandes Druck und Medien,
Wiesbaden

„Drucken" – dieses Wort hatte im Jahr 2000 eine ganz besondere Bedeutung. In diesem Jahr feierte die Öffentlichkeit nicht nur den 600. Geburtstag von Johannes Gutenberg, laut TIME der „Mann des Jahrtausends", es war auch der Beginn einer neuen Epoche für die Druckindustrie: Die bisher getrennt voneinander arbeitenden Medienbereiche wie Unterhaltungselektronik, Telekommunikation, Computer und Druck wachsen mehr und mehr zusammen. Printmedien, die Klassiker der Informationsverbreitung, verschmelzen mit CD-ROMs und Online-Diensten zu medienübergreifenden Informationsangeboten.

Die Mehrfachnutzung digitaler Daten und effiziente Produktionsprozesse für neue Medien bilden inzwischen den Brennpunkt des Geschäftes der heutigen Druckindustrie.

Der Schlüsselbegriff für diese neue Vielfalt lautet *Crossmedia.*

Crossmedia bedeutet, dass aus den digitalen Datenbeständen unterschiedliche Medien wie klassische Printprodukte, aber auch neue Medien wie Internet und CD-ROM produziert werden.
Daraus ergeben sich eine Reihe von Fragen.

- Wie revolutioniert Crossmedia die Druck- und Medienindustrie?
- Welche Auswirkungen hat Crossmedia auf die Produktionsformen der Unternehmen?
- Wie wird Crossmedia von den Kunden genutzt?
- In welchem globalen, gesellschaftlichen und wirtschaftlichen Kontext steht Crossmedia?

1.6.1 Die Ausgangslage

Am Anfang stehen Fragen:

- Produzieren Druckereien klassische und damit überholte Medien?
- Das Internet, die PC-Welt und die CD-ROM lösen in rasanten Schritten das gedruckte Wort ab?
- Und das papierlose Büro kommt unweigerlich näher?

Ein Blick auf den gegenwärtigen Trend zeigt das Gegenteil: Die Märkte der Druckindustrie wachsen. Die Nachfrage nach Papier ist derzeit weltweit so groß, dass die schnelle Beschaffung bestimmter Papiersorten für Druckereien immer schwieriger wird. Die Preise für Papier steigen. Im Laufe des Jahres 2000 stiegen die Papierpreise vereinzelt um bis zu 60 %.

Im Durchschnitt waren Druckpapiere auf der Erzeugerstufe in Deutschland zuletzt (Juli 2000) um neun Prozent teurer als im Jahr zuvor.

Ein Blick auf die Zeitungs- und Zeitschriftenlandschaft verdeutlicht zudem, dass die Zahl der Titel steigt. Daneben entstehen neue originäre Printprodukte, Kundenzeitschriften und Newsletter.

Alle diese werden oft verknüpft mit Online-Medien, Hörfunk, TV und Video. Insgesamt also eine pluralistische Medienlandschaft.

Und der Baustein für diese Medienlandschaft der Zukunft ist das Crossmedia-Publishing der Druck- und Medienindustrie.

Doch auch wenn Crossmedia die Branche und Produktionswege der Branche verändert, Print ist immer noch das Kerngeschäft der Unternehmen und gemessen am Umsatz der stärkste Bereich des Industriezweiges:

- In Deutschland sind derzeit in rund 14 000 Betrieben etwa 200 000 Personen beschäftigt, die 1999 einen Produktionswert von 34,9 Milliarden Mark erwirtschafteten, davon allein mit Druckerzeugnissen 31 Milliarden Mark.

Dieser verteilt sich wie folgt auf die einzelnen Produktgruppen:

35,8 %	Kataloge/Werbedrucksachen
17,0 %	Geschäftsdrucksachen
13,1 %	Zeitschriften
12,5 %	Zeitungen/Anzeigenblätter
9,5 %	Sonstiges
7,1 %	Bücher und Landkarten
5,0 %	Etiketten

Auch im Werbemarkt ist Print das Werbe- und Kommunikationsmittel Nummer eins: Die deutsche Druck- und Medienindustrie produzierte im Jahr 1999 Werbedruckschriften im Wert von elf Milliarden Mark. Das sind 35,8 Prozent des Produktionswertes aller Druck-Erzeugnisse (31 Milliarden DM).

Der Inlandsverbrauch von Werbedruckschriften betrug 1999 10,5 Milliarden Mark. Zählt man noch die Streukosten der Direktwerbung (Portokosten) hinzu, kommt man auf eine Summe von 17 Milliarden Mark.

Gemessen an der Summe aller Werbeumsätze in Deutschland (53,7 Milliarden Mark) sind die Werbedruckschriften mit einem Anteil von 31,6 Prozent damit der größte nationale Werbemarkt. Auf die elektronischen Medien entfallen lediglich 19,2 Prozent. Ein klarer Vorsprung für Print!

Fazit: Crossmedia ist also derzeit nicht das Kerngeschäft der Branche. Aber er ist ein Bereich, der sich rasant entwickelt. Ein Segment mit sehr hohen Wachstumszahlen, das neue Geschäfts- und Betriebsformen generiert. Und: Es ist die Zukunft der Druck- und Medienindustrie.

1.6.2 Von Druck zu Crossmedia

Diese gute Zukunftsperspektive hat ihren Ursprung in der Vergangenheit und der Tradition der Branche. Denn schon immer war die Druckindustrie eine innovative, technisch orientierte Branche. Die Bereitschaft, IT-Technologien für den Markt einzusetzen, bildet die Basis für den Wandel zum Crossmedia-Publisher. Technisch gesehen waren die vergangenen zwanzig Jahre der Branche geradezu revolutionär. Erst in den 70er-Jahren verdrängte der Fotosatz den Bleisatz. Die Entwicklung danach folgte Schlag auf Schlag. Hand in Hand mit den Innovationen in der Computertechnologie veränderte sich das Gesicht der Druck- und Medienindustrie.

In den 80er-Jahren setzte sich Desktop-Publishing (DTP) in der Druckvorstufe durch. Leistungsfähige Computer waren erstmals in der Lage, die anfallenden riesigen Datenmengen ausreichend schnell zu verarbeiten. Text und Bild konnten nun gemeinsam auf dem Bildschirm bearbeitet werden: Es wurden Farbkorrekturen vorgenommen, Bild- und Textgrößen festgelegt, das Layout elektronisch verändert und Farbauszüge vorbereitet.

Anfang der 90er-Jahre kamen dann die neuen digitalen Verfahren und sogenannte „Computer-to-Technologien". Sie machten die Printproduktion noch schneller. Von der Digitalfotografie bis zum Druck sind nun alle Produktionsschritte digital möglich.

Die stärkste technische Entwicklung findet im Bereich der Druck- und Medienvorstufe statt – die Digitalisierung hat aber alle Bereiche der Druckindustrie erfasst. Dadurch kann die Produktionszeit immens verkürzt werden. Ganze Prozess-Schritte entfallen somit. Die Daten können direkt vom Computer auf den Film, auf die Druckplatte oder sogar auf das Papier übertragen werden.

Die Wertschöpfungskette verlängert sich, die technischen und wirtschaftlichen Schnittstellen zwischen Druckindustrie und ihren Kunden verschieben sich.

Bei den herkömmlichen Druckmaschinen wird die Elektronik ebenfalls verstärkt eingesetzt. Die Rüstzeiten werden kürzer, und die Maschinen laufen schneller. Die Elektronik steuert und regelt zunehmend die Druckprozesse, wodurch eine gleich bleibend hohe Qualität des Gedruckten sichergestellt wird.

Die Modernisierung hört nicht beim Druck auf. Ständige Produkt- und Prozessinnovationen finden auch danach statt, in der Druckweiterverarbeitung, beim Versand etc. Der Trend geht zu einer stärkeren integrierten Produktion, d. h. vorher getrennte Bereiche wie Medienvorstufe, Druck und Druckweiterverarbeitung werden immer besser und stärker miteinander verknüpft.

Die Folge: Kürzere Produktionszeiten, verbesserter Workflow, schnellerer Service für den Kunden. Mailings, die in unzähligen Varianten mit Etiketten, Werbegeschenken, Cards ausgestattet werden und deren Personalisierung oftmals direkt hinter dem Druckvorgang stattfindet, sind Beispiele für diese integrierte Produktion.

Betrachtet man das Innovationstempo und die komplette Digitalisierung der Produktionswege in der Druck- und Medienindustrie, so ist die umfassende Crossmedia-Produktion der nächste logische Schritt.

Das Know-how zum Crossmedia-Publishing, zur Informationsverarbeitung und zum Datenhandling, ist in der Druck- und Medienindustrie seit Langem vorhanden. Selbst führende Soft- und Hardwareunternehmer sind von der Medienkompetenz der Branche überzeugt. Jeff Martin, der Chefentwickler von Apple und ein typischer Vertreter der „New Economy" betont die Fähigkeit der Druckindustrie, crossmediale Produkte herzustellen, in dem er sagt: „Es gibt keine bessere Industrie als die Druckindustrie (...), diese Branche hat die meisten Qualitäten, die man für das Internet nutzen kann."

1.6.3 Datenbankgestützte Produktion als Herzstück von Crossmedia-Publishing

Neben dem Know-how sind auch technische Faktoren die Voraussetzung für modernes Crossmedia-Publishing: Das Herzstück dazu ist die Datenbank. Sie dient als medienneutraler Grundstock und entpuppt sich als eine „Bank" im wahrsten Sinne des Wortes. Wie funktioniert das? Alle Bilder und Texte, die in der Datenbank abgelegt werden, können wie auf einem Konto verwaltet und vom Kunden oder vom Mediendienstleister abgerufen, miteinander verbunden und für verschiedene Medien zusammengestellt werden. Da findet sich ein und dasselbe Foto wieder, sei es auf dem Display, im Prospekt oder im Internet.

Dabei hat der Kunde über das Internet jederzeit Zugriff auf seine Bestände und kann am gesamten Produktionsprozess teilhaben. Er hat die Möglichkeit, seine Druckdokumente mit bestimmten Kommentaren zu versehen, welche die Weiterverarbeitung betreffen und bei der Produktion berücksichtigt werden. Über den Stand der Bearbeitung seiner Druckdokumente wird er bis unmittelbar vor dem Druck auf dem Laufenden gehalten, indem er zum Beispiel per E-Mail eine aktuelle Version seines Druckjobs erhält. Will der Kunde weitere Kommentare, Sprachnotizen oder elektronische Notizzettel an die Druckerei zurückübermitteln, kann er dies ebenfalls erledigen.

Ein Druckobjekt, wie zum Beispiel ein umfangreicher Katalog, kann nicht nur leicht aktualisiert und neu aufbereitet werden – man kann aus den vorhandenen Daten direkt weitere Medien produzieren. So wird aus dem anvisierten Druckobjekt zusätzlich ein elektronischer Katalog auf CD-ROM oder ein Online-Shop im Internet. Sprich: Der klassische Druckprozess hat sich zu einer optimal handhabbaren Fundgrube von Perspektiven entwickelt. Dieser Prozess ist „crossmedial" – d.h. quer durch die Medien Print, CD-ROM und Internet. Der Drucker von einst ist daher Mediendienstleister von heute. Er weiß mit den Datenbeständen umzugehen und aus ihnen diese Medien zu erzeugen.

Digitaler Mehrwert

Diese digitale Kommunikationstechnik sieht auf einmal unendlich viele Mittel und Wege vor, um

Informationen jeder Art marktgerechter, kundennäher und weit greifender zu produzieren, als es in der Vergangenheit möglich war. Wo früher analog und auf Papier gedruckt wurde, geschieht dies heute mit Daten. Diese Daten sind digital. Und sobald Dokumente in digitaler Form den Computer verlassen, können daraus Lösungen für unterschiedliche Medien generiert werden.

Die Druckerei ist nicht mehr ausschließlich an Druckprodukte gebunden. Sie ergänzt ihr Geschäft durch digitale Produkte im Internet und auf der CD-ROM – und offeriert ihren Kunden damit eine weitere Dienstleistung, die zu Mehrwert führt.

1.6.4 Praxisbezogene Erfolgsbeispiele

Aufgrund dieser Vorteile hat sich Crossmedia bei den führenden Unternehmen und Organisationen in Wirtschaft, Wissenschaft und Politik durchgesetzt. Es gibt zahlreiche positive Beispiele, wie Crossmedia-Publishing branchenübergreifend von Unternehmen und Organisationen genutzt wird.

Crossmedia heißt aber nicht nur das Nebeneinander unterschiedlicher Medien. Neue Kombinationen und Marketinglösungen sind auf einmal möglich. Datenbanken, E-Mail, Online-Vernetzungen und der Digitaldruck sind nur einige technische Elemente. Je nach Anforderung des Kunden kann daraus ein spezifisches, innovatives Medien-Mix geschaffen werden. Print-on-Demand, Personalisierung, One-to-One-Kommunikation sind Stichworte dazu.

Und genau hier wird es für den Kunden spannend. Die *crossmediale* Umsetzung von Kommunikations-Botschaften ist nämlich nur der Anfang. Der Höhepunkt: Man kombiniere zwei digitale Dienstleistungen zu einer. Was kommt dabei heraus?

Zum Beispiel ein Katalog „on-Demand", der „1:1" auf die Bedürfnisse des Empfängers maßgeschneidert ist, oder zum Beispiel ein „Ortsverteiltes Drucken": Die Unterlagen für einen Kongress in Chicago braucht man nicht mehr mitzunehmen. Die Daten werden vom Mediendienstleister in englischer Sprache aufbereitet und online zum amerikanischen Kollegen im mittleren Westen geschickt, der sie vor Ort ausdruckt und auf die Messe bringt.

Eine weitere Möglichkeit: Ein virtuelles Prospektlager, aus dem immer genau das gedruckt werden kann, was man gerade braucht – sowohl was die Auflage, als auch den Inhalt angeht.

Es können aber auch Visiten- oder Postkarten per E-Mail, hochwertige Print-on-Demand-Produkte in unterschiedlichem Druck- und Materialmix sein, die pünktlich zu einem bestimmten Termin personalisiert im Briefkasten des Kunden liegen.

So ist Crossmedia ein wichtiger Bestandteil des zukünftigen Beziehungsmarketings zwischen Unternehmen und Kunden.

Beispiel Tourismus:

Die Reservierung der Ferienwohnung muss nicht mehr im Reisebüro erfolgen, sondern kann vom Computer aus dem Wohnzimmer getätigt werden. Der Surfer kann sich per Mausklick seine Traumwohnung im Internet ansehen und mittels einer Eingabemaske die Anfrage spezifizieren, gleich buchen oder auch den entsprechenden Katalog bestellen.

Hinter dem Auftritt steht eine Druckerei, der Mediendienstleister.

Er bietet crossmediale Dienstleistung an: Den Katalog, ganz herkömmlich gedruckt auf Papier, und den Auftritt im Internet.

Die Basis für beide Versionen sind digitale Daten, die er professionell verwaltet, auf der Datenbank. Der Auftritt ist somit identisch. Und die Touristik-Information spart Kosten und Zeit, denn sie hat nur noch einen Ansprechpartner, der alles in gleich bleibender Qualität zur Verfügung stellt.

Beispiel Energieversorger:

Die Werbekampagne eines Energieversorgers wird ebenso fast komplett am Computer geplant. Die Stabsstelle des Konzerns, die Unternehmenskommunikation, macht mit ihrer Werbung praktisch nichts anderes als mit ihrem Rohstoff.

Sie liefert ihn ihren Kunden, den lokalen Energiedienstleistungsunternehmen, die ihn wiederum an die Haushalte verteilen. Genauso funktioniert es mit der Kommunikation. Jedes Unternehmen bekommt eine Dachkampagne mit einem individuellen Auftritt.

Die Motive entstammen einer national von der Muttergesellschaft gestalteten Produktkampagne, die auf die individuellen Bedürfnisse des lokalen Anbieters zurechtgeschnitten werden.

Das Besondere daran: Der gesamte Prozess erfolgt via Internet im direkten Gespräch zwischen dem jeweils zuständigen Kundenberater und dem lokalen Marketingverantwortlichen. Digitale Projektplanung per E-Mail nennt sich dieses innovative Konzept.

Dieses Prinzip funktioniert nur, weil das Unternehmen einen Druckbetrieb gefunden hat, der sich als Mediendienstleister versteht und für seinen Kunden eine passende, individuelle Lösung gefunden hat. Denn dieses Medienhaus digitalisiert alle Motive der Kampagne und legt sie strukturiert in einer Objektdatenbank ab. Dort liegen auch die Logos der Kunden digitalisiert und archiviert.

Alle Motive der laufenden Kampagne sind für den potenziellen Zugreifer verfügbar und können unter Verwendung eines Passworts vom Kundenberater von jedem Ort aus per Laptop oder PC ausgewählt werden.

Hierbei ist es egal, ob sich der Kundenberater vor Ort beim Kunden aufhält oder mit ihm per Internet verbunden ist. Wird die Website des Unternehmens angeklickt, erscheint der Titel der aktuellen Dachkampagne. Gemeinsam mit dem örtlichen Energiedienstleister wird wie aus einem modularen Bausteinprinzip der lokale Werbeauftritt entwickelt.

So können nicht nur verschiedene Motive frei ausgewählt werden, sondern es stehen auch verschiedenen Farbvarianten zur Verfügung.

Selbst der Text kann von dem lokalen Dienstleister eigens bestimmt und eingegeben werden. So kann z. B. in einer Werbekampagne direkt auf die lokalen Ereignisse eingegangen werden. Aktueller und zeitnaher geht es nicht. Dann werden alle ausgewählten Informationen per E-Mail an den Drucker bzw. Mediendienstleister gesendet. Dieser baut sie fachgerecht zusammen und leitet sie weiter an den lokalen Drucker, der einen Prospekt druckt, oder an den regionalen Zeitungsverlag für eine Anzeige.

Erhöhter Kundennutzen
Der Vorteil dieses Produktionsvorganges liegt auf der Hand: Print, CD-ROM- und Online-Medien werden aus einem Datenbestand heraus produziert, und die digitale Abwicklung zwischen Produktmanagern, Kreativen und Druckspezialisten vereinfacht und verkürzt die Produktion dieser innovativen Medien. Das moderne Geschäftsleben erhält ein neues Tempo.

Durch die digitale Projektplanung wird nicht nur Geld gespart, sondern sie führt auch zu einer wesentlich effektiveren Betreuung der Kunden. Die Produktivität bei der Beratung steigert sich, aufwendige Korrekturgänge fallen weg und Fehlerquellen werden eliminiert.

Ergänzung statt Verdrängung
Die Beispiele zeigen, Printprodukte werden durch Online-Medien nicht verdrängt, vielmehr ergänzen sie sich. Diese Ergänzung führt häufig auch zu einer höheren Nachfrage nach Druckprodukten.

Als gesichert gilt, dass das Internet als Werbeträger an Bedeutung gewinnen wird. Auch dafür sind die Crossmedia-Publisher der Branche gerüstet.

1.6.5 Rahmenbedingungen für Crossmedia

Wissensgesellschaft begünstigt Crossmedia
Zahlreiche gesellschaftliche Strömungen begünstigen ebenfalls die Entwicklung von Crossmedia auch in der Zukunft. Der Zukunftsforscher Matthias Horx spricht als Trend für das 21. Jahrhundert von einem Aufbruch zur Wissens-Ökonomie. Das Zeitalter des Wissens löst das Industriezeitalter ab. In der Wissensökonomie wird die Information und das Handling der Information zur entscheidenden Voraussetzung.

Information und Bildung sind die wichtigsten Rohstoffe, die wichtigsten Güter sind Wissen und technologische Neuerungen. Globalisierung und Vernetzung sind weitere Kennzeichen der zukünftigen Gesellschaft. Auch die zukünftigen Arbeitsweisen in der Wissensgesellschaft - dezentral, vernetzt und global – zeigen, wie wichtig Crossmedia für interne Unternehmensabläufe und Kommunikationsprozesse wird.

Horx spricht von neuen Arbeitsmarktstrukturen: Von Strukturen, bei denen die Grenzen zwischen Beruf und Freizeit fallen und von High-Skill-Tele-Workern, die sich je nach Projekt zusammensetzen. Voraussetzung für diese Unternehmensabläufe sind crossmediale Vernetzungen, wie sie die Druck- und Medienindustrie mit ihrem Know-how schafft.

Qualifikation in der Mediengesellschaft
Diese Zukunftsszenarien werfen die Frage auf:

- Welche Qualifikationen brauchen sowohl Nutzer als auch die Produzenten von Crossmedia in Zukunft?
- Die Antwort lautet: „Medienkompetenz".

Für die Nutzer bedeutet Medienkompetenz den verantwortungsvollen Umgang mit den unterschiedlichen Medien und die technische Kompetenz des Handlings.

Aus Sicht der Druck- und Medienunternehmer ist Medienkompetenz der Mitarbeiter die eigentliche Voraussetzung für Crossmedia. Medienkompetenz ist der Erfolgsfaktor, um im Wettbewerb der Medienmärkte zu bestehen.

Die Druckindustrie hat rechtzeitig die Weichen gestellt. Ihre bisherigen Erfolgsstrategien – das Beherrschen komplexer Produktions- und Technikprozesse von der Medienvorstufe, Druck bis zur Weiterverarbeitung und Logistik – bilden die Basis auch für zukünftige Innovationen.

Nur wer über kompetentes, motiviertes Personal verfügt, wird die Chancen der Zukunft wahrnehmen können.

Wichtige Bedeutung kommt daher der dualen Ausbildung und der Ausbildung an Universitäten zu. Zur klassischen Ausbildung gehört eine übergreifende Medienausbildung, die den Bedürfnissen der Unternehmen entspricht. Deutschland braucht diese Kompetenz für die wachsenden Beschäftigungsfelder in der Informationstechnologie.

Der Mangel an Fachkräften auf allen Ebenen gehört zu den wichtigsten Hemmnissen bei der Neuorientierung in Richtung Crossmedia. Ein Blick auf den derzeitigen Arbeitsmarkt zeigt: Medienexperten haben erstklassige Chancen auf dem Arbeitsmarkt. Und gleichzeitig können sie, wenn sie in den Betrieben ihre Arbeit aufnehmen, dort wiederum zum Motor der Crossmedia-Bewegung werden.

Für junge Menschen gehört der Umgang mit den modernen Medien zu den Kulturtechniken wie Lesen, Schreiben und Rechnen. Und damit haben alle jungen Menschen, die Crossmedia als Berufsperspektive wählen, die Chance, Begeisterung in der Praxis zu erwecken, andere Menschen mitzureißen und so aktiv an den Fundamenten einer neuen Branche mitzuarbeiten.

Die Sozialpartner in der Druck- und Medienindustrie, also der Bundesverband Druck und Medien gemeinsam mit der Gewerkschaft VERDI (früher IG-Medien), begleiten diese Entwicklung durch neue Rahmenbedingungen in der Ausbildung und Weiterbildung. Bereits im Sommer 1998 entwickelten sie das Berufsbild des Mediengestalters für Digital- und Printmedien. Allein die Ausbildungszahlen reflektieren den Erfolg und die Notwendigkeit dieses neuen Berufes.

In dem Ausbildungsjahr 1999/2000 wurden insgesamt 3 977 neue Ausbildungsverträge abgeschlossen.

Dies bedeutet ein Plus von 61,7 % gegenüber dem Vorjahr. Der Zuwachs aller Berufe in der Druck- und Medienindustrie betrug im laufenden Ausbildungsjahr 16,1 %, wohingegen die gesamte Industrie und das Handwerk nur ein Plus von sechs Prozent bei Neuverträgen vorlegen konnten.

Hier zeigt sich nicht nur die „Ausbildungsfreudigkeit" der Druck- und Medienindustrie, sondern auch die Attraktivität eines seit Jahrzehnten dynamischen Industriezweiges.

Im Mittelpunkt der dreijährigen Berufsausbildung zum Mediengestalter für Digital- und Printmedien steht die Aufbereitung von Daten.

Die Jugendlichen lernen Crossmedia in der Praxis, d. h. das korrekte „Datenhandling" für die Produktion unterschiedlicher Informationsmedien, wie z. B. Kataloge, CD-ROMs, Online-Dienste oder Internetauftritte. Bei der Umsetzung dieser zukunftsträchtigen Medienformen sind die Kompetenzen des Mediengestalters für Digital- und Printmedien besonders gefragt. Der modulare Aufbau der Lerninhalte sichert Flexibilität und – wenn notwendig – eine rasche Modifizierung des Ausbildungsprofils.

Auch alle anderen Berufsbilder der Druckindustrie schaffen die Voraussetzung für permanente Innovation in der Ausbildung.

Im Mai 2000 hat der Bundeswirtschaftsminister die neuen Ausbildungsordnungen für Drucker- und Siebdrucker erlassen. Hier wurden die Ausbildungsinhalte den heutigen Bedürfnissen der Unternehmen angepasst. So umfasst die Ausbildung z. B. neue Qualifikationseinheiten im Bereich des digitalen Workflows, also Kenntnisse, die aus einem modernen Druckereibetrieb nicht mehr wegzudenken sind.

Herausforderung für Universitäten
Den Universitäten wird im Zeitalter der Wissens-Ökonomie eine neue Bedeutung zu kommen. Die Begriffe „Wissen" und „Ökonomie" symbolisieren, wie wichtig künftig eine Verknüpfung von Lehre und Forschung sowie die Umsetzung in der Praxis sein wird. Universitäten bilden die Elite des Medienzeitalters aus. Sie vermitteln theoretische Kenntnisse, die durch praktische Erfahrungen optimal ergänzt werden. Das gilt für die Technik genauso wie für die Betriebswirtschaft. Ihre Ausbildung muss „interdisziplinär" sein. Denn die Druckindustrie benötigt Führungskräfte, die in der Lage sind, Innovationen zu begleiten, einzusetzen und weiterzuentwickeln.

Neue Aufgaben für die Verbände
Auch für die Verbände der Druck- und Medienindustrie resultieren aus diesen Trends neue Aufgaben. Sie sind wichtige Begleiter für die „New Economy".

Als Arbeitgeber- und Wirtschaftsverbände bilden sie die Schnittstelle zwischen Unternehmen, Politik und Gesellschaft. Sie sind Interessenvertreter und verstehen sich heute als Unternehmensberater, um in den Betrieben die technologischen und wirtschaftlichen Voraussetzungen für Crossmedia zu schaffen.

Auch extern erfordern Wirtschaft und Politik in Deutschland und Europa eine starke unternehmerische Interessenvertretung durch die Verbände. In Sozial-, Bildungs-, Wirtschafts- und Umweltpolitik haben die Verbände im bis heute die Weichen für bessere Rahmenbedingungen der Unternehmen gestellt. Technologisch, betriebswirtschaftlich und in der Unternehmenskommunikation der Betriebe stellen die Verbände den Unternehmen die Mittel für eine erfolgreiche Unternehmensführung zur Verfügung.

Die Kompetenzerweiterung der Branche zum Crossmedia-Publishing manifestiert sich daher in der Namensänderung des Bundesverbandes Druck. Seit dem 1. April 2000 tritt der Verband unter der Firmierung Bundesverband Druck und Medien (bvdm) auf und kommuniziert so das neue Selbstverständnis des Industriezweiges.

1.6.6 Zukunftsszenarien
Dieser praktische Überblick zeigt, was „Wandel" in der Druck- und Medienindustrie bedeutet. Namhafte Zukunftsforscher und Wissenschaftler haben sich in den Kongressen des Bundesverbandes Druck und Medien mit den weiteren Trends und Zukunftsszenarien beschäftigt.

Experten aus Forschungsinstituten und Praktiker sind sich darin einig,

1. dass sich durch Crossmedia grundsätzlich der Inhalt (Content) vom eigentlichen Medium trennt. Konkret: Auch die traditionelle Wertschöpfungskette eines Verlages oder eines Medienproduzenten verändert sich. Durch Crossmedia löst sich die Redaktion von der Medienproduktion. Redaktionen produzieren Inhalte unabhängig vom zu veröffentlichten Medium.
2. Crossmedia bedeutet aber auch Zusatznutzen für die Leser und Medienrezipienten. Verlage und Druckunternehmen bieten durch Crossmedia einen Fullservice. Neben dem Magazin gibt es die Online-Zeitung, das Recherchemedium und vieles mehr.
3. Crossmedia hat damit direkten Einfluss auf die Organisationsstrukturen der Unternehmen. Durch geschickte Schnittstellen schafft Crossmedia-Publishing neue effizientere Produktionsabläufe.

Umfrage zu Perspektiven
Auch die Unternehmen selbst sind von der wachsenden Bedeutung von Crossmedia überzeugt. Eine Analyse bei 700 Unternehmen der Medienindustrie, durchgeführt vom Fraunhofer-Institut für Systemtechnik und Innovationsforschung (FhG.ISI) in Karlsruhe, hat die Bedeutung von Computer-to-Technologien und Crossmedia für die Druck- und Medienunternehmen spezifiziert.

Das Institut befragte Druckereien nach ihrer Einschätzung, wie sich die Umsätze in den einzelnen

Produktsegmenten in den nächsten drei Jahren verändern. Danach erwarten die Unternehmer keine Einbrüche in ihrem traditionellen Segment, dafür aber starke Wachstumspotenziale bei den digitalen Dienstleistungen, d. h. die Bedeutung der Crossmedia-Produktion und ihr Anteil am Gesamtumsatz wird weiter steigen.

Wachstum der Werbeausgaben
Auch die Entwicklung der Werbewirtschaft wird Crossmedia weiter forcieren. Denn, ein entscheidender Faktor für die Zukunft der Druckindustrie sind nicht nur die technischen Szenarien, sondern auch die künftige Entwicklung der Werbung. Fast zwei Drittel des Umsatzes hängen von den Werbeausgaben der Wirtschaft ab.

Die Druckindustrie konnte im vergangenen Jahrzehnt von wachsenden Werbeausgaben von Wirtschaft, Staat und anderen Institutionen profitieren. Auch in Zukunft wird die Werbewirtschaft eine dynamische Branche bleiben. Auch wenn sich hier ebenfalls das Verhältnis zwischen Fernseh-, Hörfunk-, Print- und Onlinewerbung verschieben wird, rechnet die Branche in den kommenden Jahren mit einem durchschnittlichen jährlichen realen Wachstum der Produktion um zwei bis drei Prozent.

Entwicklung von Online-Umsätzen
Für die Hersteller von Gütern und Anbietern von Dienstleistungen werden Online-Dienste als Werbeträger zunehmend wichtiger. Immer mehr Menschen, die das Internet einschalten, nutzen es auch zum Einkauf von Waren. Innerhalb des Jahres 1999 ist die Zahl der Internet-Nutzer in Deutschland von 16,9 auf 24,2 % angewachsen – das entspricht einer absoluten Zahl von 15,9 Millionen Menschen. Die Zahl der Online-Käufer verdoppelte sich im gleichen Zeitraum von 3,7 % auf 7,1 % das sind 1,14 Millionen Personen. Dieser Trend hat natürlich Auswirkungen auf die Verteilung der Werbeausgaben der Wirtschaft.

E-Commerce und Print
Wurden 1998 nur 0,4 Milliarden DM in Deutschland im Netz umgesetzt, werden es 2001 voraussichtlich 27, 8 Milliarden DM sein.

Schon 2002 sollen allein 34 Prozent aller Reisen über das Internet vertrieben werden.

Doch was bedeutet dieser Trend für die Druckindustrie?

Und noch viel wichtiger: Was bedeutet dieser Trend für die Kunden der Branche?

Das moderne Unternehmen kann sich in der Zukunft diesem Wandel nicht verschließen. Der Kunde möchte bequem von zu Hause aus, ohne auf lästige Öffnungszeiten zu achten, die gewünschte Ware bzw. Dienstleistung bestellen.

Das Gleiche gilt für den Business-to-Business-Bereich. Und um diesen Bedürfnissen entsprechen zu können, braucht der Betrieb der Zukunft, und das gilt auch für den Mittelstand, einen innovativen Partner, der die Produktion des gesamten Spektrums moderner Kommunikationsmittel beherrscht. Und die Druckindustrie ist wie keine andere Branche für diese Rolle prädestiniert.

1.6.8 Ausblick

Die Trends zeigen, die Druck- und Medienwirtschaft kann sich auf spannende Zukunft freuen. Sie ist ein wesentlicher Teil der Informations- und Kommunikationswirtschaft; einer Branche, in der auch in Zukunft rasante wirtschaftliche und technische Veränderungen zu erwarten sind.

Wesentliche Einflussfaktoren sind die Informations- und Kommunikationsbedürfnisse, speziell das Medienverhalten der Bevölkerung und das Werbeverhalten der Wirtschaft sowie die Entwicklung der Informations- und Kommunikationstechniken und ihre Nutzung im privaten und geschäftlichen Bereich.

Eines ist sicher:
Der Informations- und Kommunikationssektor ist und bleibt einer der wichtigsten Wachstumsmärkte in Deutschland, denn der Informations- und Kommunikationsbedarf einer langfristig weiter wachsenden Wirtschaft wird stark steigen.

2. Geschichtliche Entwicklung

Schwarze Kunst

2. Geschichtliche Entwicklung

2.1 Schrift

Schrift macht Gedanken und Wissen sichtbar: Informationen können fixiert und gespeichert werden, die andere Menschen zu beliebiger Zeit abrufen können. Dazu ist ein gemeinsam bekanntes und interpretierbares Zeichensystem in Form bestimmter Schriftzeichen erforderlich. Alle Buchstaben unseres heutigen Alphabetes sind abstrahierte Zeichen, d.h. Symbole für artikulierte Laute. Die verwendeten grafischen Zeichen könnten jedoch genauso gut anders aussehen. Den Beweis dazu liefern die verschiedensten Schriften in der ganzen Welt.

Die Schrift ist, wie die bildenden Künste einer Epoche, ein Abbild der Kultur eines Volkes. Wer die charakteristische Form der Darstellung, die Eigenart und Entwicklung einer Schrift erfassen und erfahren will, muss erkennen, dass Denken, Geisteshaltung und Lebensbereiche einer Epoche sich durch charakteristische Ausdrucksweisen und -formen ausprägt. Dieser ganz bestimmte Stil einer Zeit zeigt sich besonders im künstlichen Schaffen, z.B. der Musik, der Baukunst, der Bildhauerei, der Malerei und auch der Schrift. Die Kunst unserer Vorfahren ist – auch in der Gestaltung unserer Gegenwart – als kulturelles Erbe lebendig. Wer heute Typografie macht, hat Schrift nicht als ein abstraktes technisches Zeichensystem, sonders als gewachsenes Ganzes einer Epoche zu erkennen. Nur so kann mit Sachverstand gestaltet und Schrift typografisch richtig eingesetzt werden.

Wenn wir die Entwicklung der Schrift von unserem alphabetischen System zurückverfolgen, so lassen sich die folgenden wesentlichen Entwicklungsstufen erkennen.

1. Gegenstandsschriften:
   Vorstufen der Schrift
2. Bilderschriften:
   Piktogramme, Ideogramme
3. Lautschriften: Phonogramme mit
   Wortbildschriften,
   Silbenschriften,
   Buchstabenschriften.

Gegenstandsschriften

Alle Schriften sind aus dem Bild entstanden, aus der bildlichen Darstellung sichtbarer Dinge und sinnlich wahrnehmbarer Handlungen. Die ersten bildhaften Darstellungen finden sich bereits in der Steinzeit als Zeichen und Zeichnungen an Felsen und in Höhlen. Neben diesen bildhaften Darstellungen kannten bereits die Menschen der Frühzeit Gedächtniszeichen und -hilfen in Form von Gegenstandszeichen. Es waren zum Beispiel geknüpfte Stricke bei den Inkas, die durch verschiedene Knoten in dünnen, unterschiedlichen langen und verschiedenfarbigen Schnüren, Informationen über Krieg, Vorräte an Gold und Getreide, Viehbestand und ähnliches enthielten.

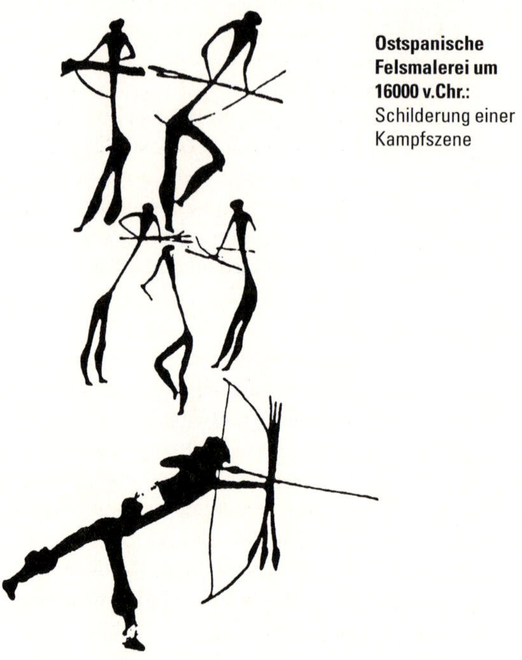

Ostspanische Felsmalerei um 16000 v.Chr.: Schilderung einer Kampfszene

Diese Knotenschriften dienten also der Verständigung oder waren eine Erinnerungshilfe. Wurde etwas ausgehandelt, sollte also etwas bestätigt und notiert werden, so wurden in eine Schnur Knoten nach bestimmten Gesetzmäßigkeiten geknüpft. Diese galten in je einer Ausfertigung für die Partner als eine ehrliche Abmachung. Auch heute noch sind ähnliche Gegenstandszeichen als Erinnerungshilfen bekannt: Gebetsriemen religiöser Gemeinschaften, der Rosenkranz in der katholischen Kirche und – in einfachster Form – der Knoten im Taschentuch.

Knotenschrift

Bis vor wenigen Generationen erfüllte ein einfacher Gegenstand einen ähnlichen Zweck wie die Knotenschnur: das Kerbholz. Käufer und Verkäufer schnitten als Schuldner und als Gläubiger Kerben in zwei nebeneinander liegende Holzstäbe. Jeder der beiden Vertragspartner erhielt einen solchen Stab. Die Kerben waren ein untrüglicher Beweis, denn neue Kerben oder Tilgungen konnten nur erfolgen, wenn beide Stäbe nebeneinander lagen, Wenn also bei Vertragspartner anwesend waren. Heute noch gilt eine gebräuchliche Redewendung für jemanden der eine Schuld auf sich geladen hat, er habe „etwas auf dem Kerbholz". Eine solch einfache Form der Markierung sind einfache Striche als Merkzeichen auf einem Bierdeckel. Zu diesen einfachen Vorstufen der Schrift gehören beispielsweise auch Wegemarkierungen, Tätowierungen und Muschelketten.

Bilderschriften

Einige Tausend Jahre v. Chr. wurde das Bild mehr und mehr zu einem Bildzeichen vereinfacht und abstrahiert und damit letztlich zu einem Symbol.

Piktogramme

Eine symbolhafte „primitive", besser einfache Bilderschrift, die Gegenstände oder Sachverhalte darstellt. Bilderschriften sind unabhängig von der gesprochenen Sprache, sie entsprechen also nicht bestimmten Lauten der gesprochenen Sprache, noch haben sie eine ganz bestimmte Wortbedeutung. Ohne Kenntnis der Sprache symbolisieren sie –ähnlich den heutigen Verkehrszeichen – bestimmte Forderungen, informieren bereits in der frühen Zeit durch primitive, mit wenigen Strichen gezeichnete Bildzeichen. Piktografische Zeichen begegnen uns heute wieder verstärkt für eine schnelle, einfache und international verständliche Information als Verkehrszeichen, als Hinweistafeln auf Flughäfen, Bahnhöfen und Autobahnen, bei Messen und sportlichen Großveranstaltungen wie Weltmeisterschaften, Olympiaden u.a.

Ideogramme

Begriffe repräsentierende Zeichen. Ideogramme lassen sich wie Piktogramme nicht eindeutig lautsprachlich übersetzen. Es werden Begriffe und keine Sachverhalte, Hinweise oder allgemeine Informationen und auch noch keine bestimmten Laute dargestellt. Ideogramme unterscheiden sich von Piktogrammen durch das Fehlen einer durch das Bild klar gesteuerten Assoziation und stärkere Abstrahierung. Mit der Entwicklung der Kultur erwarb der Mensch die Fähigkeit, abstrakt zu denken. Mit piktografischen Zeichen war die Fixierung abstrakter Begriffe wie lieben, kalt, schlau oder Gott, Himmel und Freude nicht darzustellen. Die Entwicklung begann damit, geeignete Zeichen mit Doppel- oder Nebenbedeutungen zu versehen. So wurde mit einem Bildzeichen „Frau" der Begriff „lieben", „kalt" durch das Bildzeichen „Wasser" dargestellt. Das Ideogramm „Stern" stellte als Bildzeichen sowohl den Stern als auch Gott und Himmel dar, die „Sonne" sowohl den Begriff Sonne als auch hell.

Im Laufe der Zeit wurden diese Ideogramme (also Zeichen für Ideenübertragungen) weiter verändert und vereinfacht. Trotzdem war das Lernen und Lesen solcher Bildzeichen sehr schwierig durch die Vielzahl der Doppel- und Mehrfachbedeutungen eines Zeichen und durch die große Anzahl solcher Zeichen (in der Problematik vergleiche: Chinesische Schrift).

Zeichen dieser Art müssen bereits gelernt werden, da durch ein Bildzeichen ein ganz bestimmter Begriff „gelesen" wird. Ideogramme heutiger Zeit finden wir in der Kartographie, bei der Seefahrt, im Eisenbahnbetrieb, als Sicherheitszeichen usw.

Vom Laut zum Buchstaben – Lautschriften

Sprache lässt sich eindeutig und präzise nur durch eine Lautschrift wiedergeben. Dies trifft nicht nur auf abstrakte Begriffe zu. Ein weiterer nicht zu unterschätzender Vorteil ist das schnelle Erlernen der Schriftzeichen entsprechend der in der Sprache verwendeten Laute und das rasche ökonomische Schreiben. Jedes Schriftzeichen repräsentiert einen ganz bestimmten Laut. Diese Verbindung eines symbolhaften Schriftzeichens mit einem Laut nennt man Phonetisierung der Schrift.

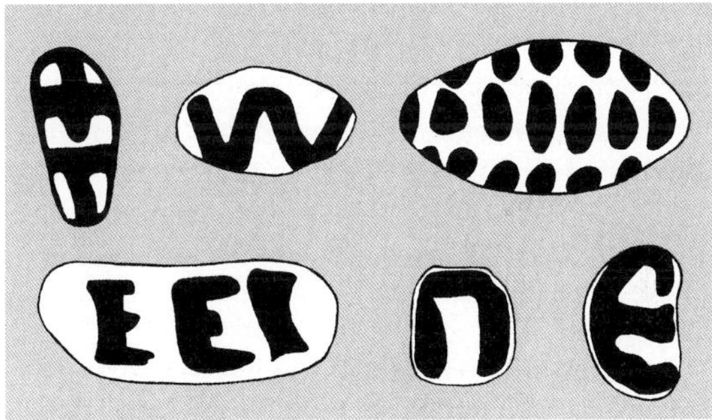

Merkzeichen aller Art können buchstabenartige Formen aufweisen, ohne eigentlich Schrift zu sein. Mögen die abgebildeten Kiesel aus der Steinzeit Zahlzeichen, Symbole oder anderes bedeuten – Buchstaben sind die mit dem Finger darauf gemalten Zeichen nicht. Diese sind erst auf einer höheren Kulturstufe anzutreffen.

Die Entwicklung unserer heute bekannten Buchstabenschrift begann mit *Wortbildschriften*: Ein Zeichen stellt eindeutig ein ganz bestimmtes Wort dar.

Wortbildschriften finden wir bereits im 4. Jahrtausend vor Chr. als Hieroglyphen (= heilige Kerben). In Stein gemeißelt oder als Wandmalerei ist diese altägyptische Schrift mit ihrer schönen, ausdrucksvollen Bildgestalt noch bis in die heutige Zeit bewahrt geblieben. Unabhängig von unserem Kulturkreis entwickelten die Chinesen eine Wortbildschrift, die aus über 50 000 Zeichen bestand. In den ersten Jahren waren Meißel und Pinsel das Schreibzeug ägyptischen Schriftschreiber, später kam das Schreibrohr hinzu. Auf einem neuen Beschreibstoff, dem Papyrus, und mit leichter zu handhabendem Schreibwerkzeug entwickelte sich die Urform der Hieroglyphen zu der stärker abstrahierten hieratischen Schrift. Deutlich weniger Zeichen bildeten bereits ganze Silben eines Wortes.

Die Sumerer entwickelten etwa 3000 v. Chr. ebenfalls eine Silbenschrift, die Keilschrift. Die Schrift ist benannt nach dem keilförmigen Eindruck eines Rohrgriffels in den weichen Ton der später getrock-

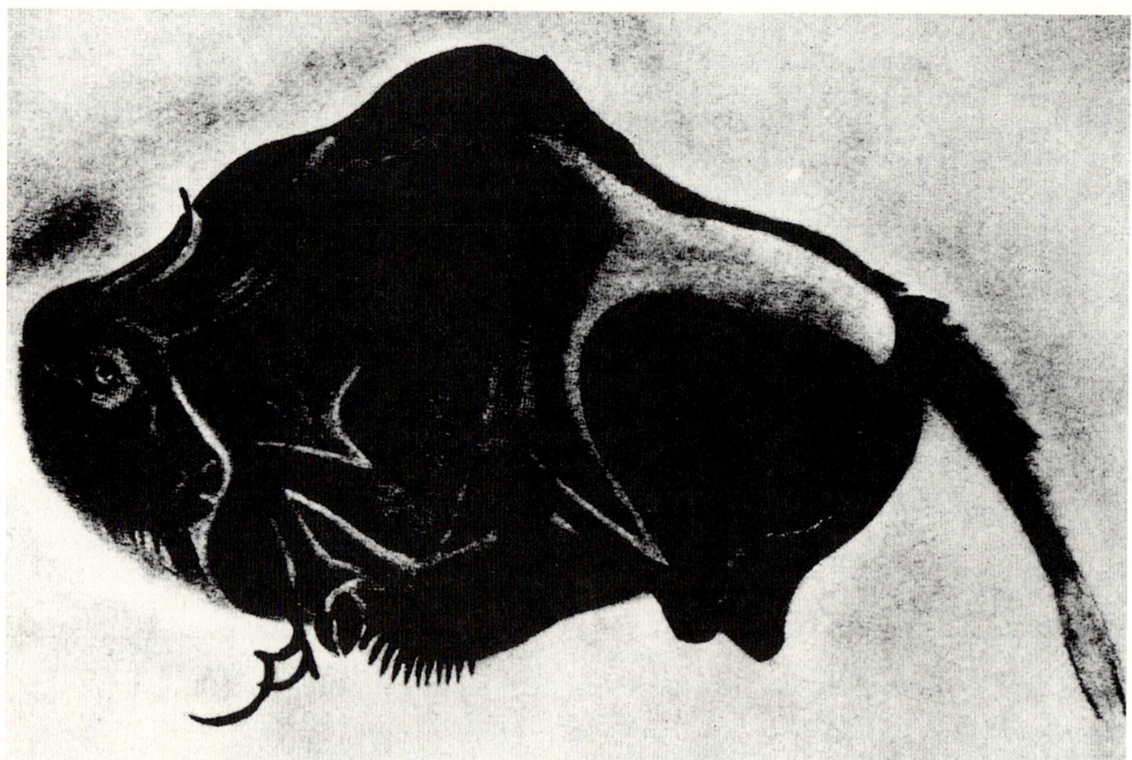

Die Entwicklung der Schrift entspringt dem Wunsch nach Bewahrung und Mitteilung von Ereignissen oder Vorstellungen. Deuten wir diese lebensnahe Malerei aus einer Höhle der Steinzeit als Ausdruck der Erregung beim Erlegen eines Tieres, als Denkmal einer erfolgreichen Jagd, so ist sie eine frühe Form von „Schrift" im weitesten Sinne.

neten oder gebrannten Schreibtafel. Aus ursprünglich etwa 2000 verschiedene Zeichen entwickelte sich die eigentliche Keilschrift mit rund 5000 Zeichen; eine spätere Form der babylonischen Keilschrift bildete mit 30 Zeichen bereits die Vorstufe unserer Buchstabenschrift.

Spätform der ägyptischen Hieroglyphen ist die demotische Schrift, die, noch weiter vereinfacht und abstrahiert, bereits Zeichen für Laute (Konsonanten) kannte. Bis zum 19. Jahrhundert konnten die ägyptischen Hieroglyphen nicht gelesen werden, da uns die Bedeutung der einzelnen Wortbilder nicht bekannt war. Dem Franzosen Champollion gelang es nach 15-jährigen Forschungsarbeiten 1822 einen bei der ägyptischen Stadt Rosette gefundenen Stein zu entziffern. Der sogenannte „Drei-Sprachen-Stein" zeigt den gleichen Text in der Ursprungsform der Hieroglyphen, in spätägyptischer demotischer Schrift sowie in griechischer Schrift. Der „Stein von Rosette", wie er heute allgemein genannt wird, befindet sich im britischen Museum in London.

Ein Handels- und Seefahrervolk, die Phönizier, entwickelten unter Verwendung der Schriftformen des vorderasiatischen Kulturraumes und der ägyptischen Hieroglyphen im 13. Jahrhundert v.Chr. die erste *Buchstabenschrift*, eine reine Konsonantenschrift. Zum Schreiben drückte man ein scharf geschnittenes Holz in feuchten Ton. Durch ihre Reisen im gesamten Mittelmeerraum verbreitete sich diese eindeutigere, schneller und leichter zu schreibende Lautschrift bei allen Kulturvölkern dieses Raumes.

Hieroglyphen der Ägypter

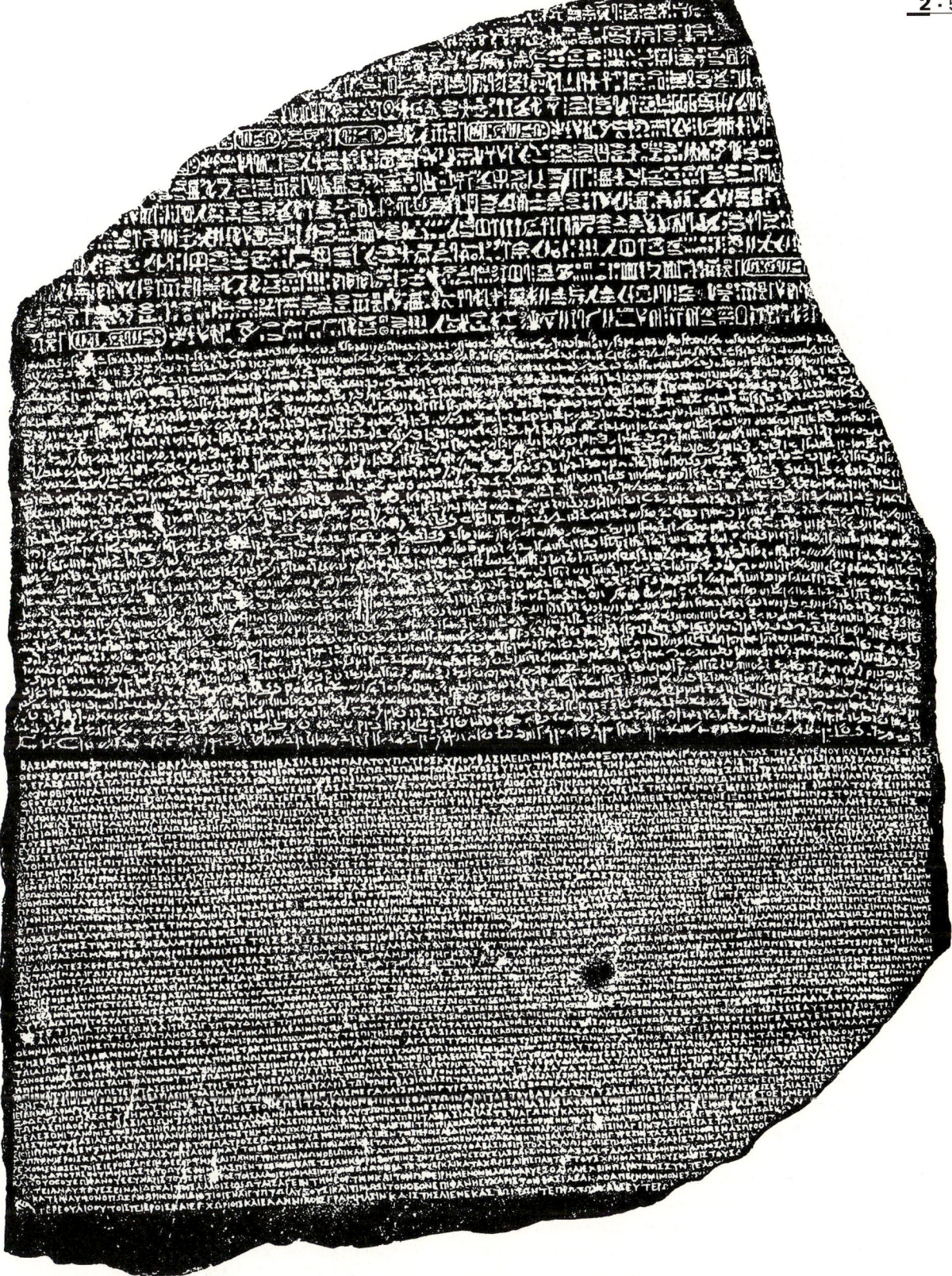

Rosette ist eine ägyptische Hafenstadt am westlichen Mündungsarm des Nils. Dort wurde der hier abgebildete „Rosette-Stein" 1799 gefunden. Dieser dreisprachige Gedenkstein zeigt zwischen den oberen Hieroglyphen und der unteren griechischen Übersetzung die „demotische Schrift". Bei dieser Verkehrsschrift, die sich aus den Hieroglyphen durch schnelles Schreiben mit der Rohrfeder und Tusche in starken Abkürzungen entwickelte, ist kaum noch eine Verwandtschaft mit den deutlichen Bildzeichen der Hieroglyphen zu erkennen.

Diesem Stein ist die Entzifferung der Hieroglyphen durch den Franzosen J. F. Champollion (1790 - 1832) zu verdanken. Er entdeckte, dass in den drei Schriftarten und auch Sprachen das Wort „Kleopatra" und „Ptolemäus" vorkam. Anhand dieser Entdeckung wurde ihm die Entzifferung der Hieroglyphen möglich.

Griechische Schrift, beginnend etwa 900 v.Chr.

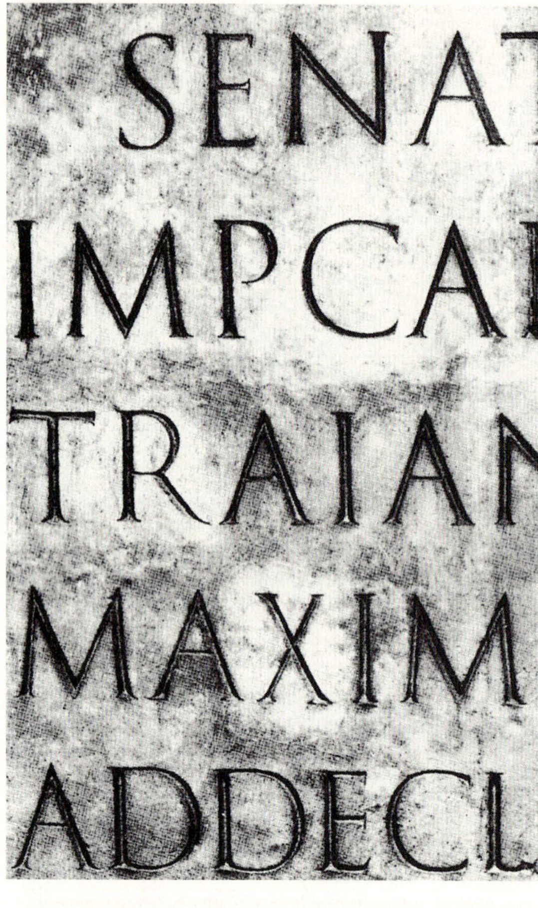

Römische Kapitalschrift: Capitalis Monumentalis Die Abbildung zeigt einen Ausschnitt aus der Inschrift der Trajanus-Säule in Rom, entstanden um 114 n.Chr.

Die Griechen, das Volk mit der damals höchsten Kulturstufe im Mittelraum, übernahmen das phönizische Alphabet, ergänzten die fehlenden Vokale und schufen ein Alphabet mit nur 24 Buchstaben.

Vor allem bei den älteren griechischen Inschriften ist die klare Konstruktion aus den geometrischen Formelementen Kreis, Dreieck und Rechteck zu erkennen; für die vorderasiatischen und westlichen Kulturen der damaligen Zeit unübertroffen klar und einfach, Ursprünglich wurde in Griechenland von oben nach unten sowie von rechts nach links und umgekehrt geschrieben.

Durch Verwaltungsbeschluss wurde 403 v. Chr. das griechische Alphabet und die Rechtsläufigkeit der Schrift eingeführt.

Durch die regen Beziehungen zwischen der abklingenden griechischen Hochkultur und den aufsteigenden römischen Imperium kam die griechische Schrift nach Rom. Die Römer verstanden es meisterhaft, die teilweise noch flüchtigen Schriftzeichen durch strenge geometrische Formen, Klarheit und übersichtliche Anordnung in eine harmonische Ordnung zu bringen.

Für die Entwicklung der Schriftcharaktere waren drei Einflussfaktoren maßgebend:
- das Material, der Werkstoff, auf dem geschrieben wurde,
- das Werkzeug, mit dem geschrieben wurde,
- die Haltung des Werkzeuges, also wie geschrieben wurde.

Während die Griechen ihre Buchstaben mit dem Schreibrohr auf das aus Ägypten stemmende Papyrus schrieben, zeichneten die Römer anfangs die Schrift mit einem Flachpinsel auf Stein und arbeiteten die Buchstaben mit Hammer und Meißel aus. Sie schufen das unübertroffene Vorbild unserer abendländischen Schriften, die Capitalis monumentalis, eine reine Majuskelschrift. Diese klassische Monumentalschrift beweist ein hochentwickeltes Gefühl für Linie, Rhythmus und Raumaufteilung, für Klarheit und Schönheitsempfinden.

Die aus der Capitalis monumentalis entwickelte Schreibschrift, die Capitalis quadrata, wurde in ihrem Charakter stark beeinflusst durch das Schreibwerkzeug, eine breite Rohrfeder. Die Buchschrift wurde schneller und flüssiger geschrieben, doch Wortabstände und Satzzeichen fehlten immer noch. Es folgten die Capitalis rustica, eine Schrift, die zwischen drei Linien geschrieben und nicht mehr so breit lief, eleganter wirkte und einfacher zu schreiben war.

Für Briefe und Urkunden verwendeten die Römer Papyrus, auf das mit beachtlicher Schnelligkeit eine leicht schrägliegende, flüchtig wirkende Kursive geschrieben wurde. Einzelne Zeichen, die wir heute als ältere römische Kursive bezeichnen, zeigten bereits Verlängerungen nach oben und unten, die Anfänge heute gebräuchlicher Ober- und Unterlängen der Schriftzeichen. Die jüngere römische Kursive war eine Handschrift für schnelle Mitteilungen des täglichen Lebens. Sie wurde überwiegend mit einem „Stilos" (Griffel) in Wachstäfelchen geschrieben.

Die Unziale, die frühchristliche Buchschrift des 4. und 5. Jahrhunderts, machte ein Anzahl dieser rein zufälligen Verlängerungen mancher Buchstaben in Ober- und Unterlängen zu einem ausgeprägten Bestandteil der Schrift. Das Schriftbild wirkte runder, gedrungener als die römischen Vorläufer. Die Halbunziale ist die leichtere Form Unziale mit deutlich ausgearbeiteten Ober- , Mittel- und Unterlängen. Sie bildet den Übergang zur Minuskel-(Kleinbuchstaben-)schrift. Die anderen europäischen Völker nahmen die Schrift sehr rasch auf, es entwickelten sich im Laufe der Geschichte eine Vielzahl von ausgeprägten Nationalschriften mit unterschiedlichsten Charakteren.

Karl dem Großen gelang eine bedeutende Reform der stark uneinheitlich gewordenen Schrift in seinem Reich. Seine politische Weitsicht gab dazu den Anlass. Sein riesiges Reich mit den vielfältigen Nationalschriften konnte nur durch gute Verkehrswege beherrscht und mit einheitlicher Sprache und Schrift verwaltet werden. Karl der Große veranlasste die Klöster von Tours, Aachen und St. Gallen eine einheitliche Schrift zu schaffen. Aus der Halbunziale entstand die karolingische Minuskel, die unter Karl dem Großen bald überall in Europa eingeführt wurde und die Nationalschrift verdrängte. Deutlich ausgearbeitete Einzelzeichen und getrennt geschriebene Wörter dieser Kleinbuchstabenschrift ließen sich mit der Feder schnell und deutlich schreiben. Diese neue Schrift blieb für Jahrhunderte die beherrschende europäische Buchschrift. Sie bildete die Grundformen unserer heute verwendeten Kleinbuchstaben. Ebenso steht sie in der Entwicklung der Schriftformen am Beginn einer Formverzweigung; der runden, lateinischen Schriften und der gebrochenen Schriften.

Im 14. Jahrhundert wird im nördliche Europa auf Rundungen der Schrift mehr und mehr verzichtet, Endungen werden gebrochen und rautenförmig ausgearbeitet. Schließlich wird auf Rundungen fast ganz verzichtet. Dem gotischen Stil entsprechend wird die Schrift eng und aufragend. Die Textura, eine eckig und scharf ausgebildete, die Senkrechte betonende Schrift entsteht. Die Streckung der Buchstabenhöhen, Straffung der Rundungen zu Geraden und Brechung der Form führt in Duktus und Proportion zu einem Schriftbild, das dem charakteristischen Vertikalismus der Gotik entspricht. Strichstärke und Zwischenräume sind gleich groß, die Schrift wirkt feierlich und dunkel. Die Lesbarkeit ist allerdings durch die Enge der Form nicht gut.

In Italien und Spanien entfernte man sich in der Schriftform nicht so weit von der karolingischen Minuskel. Man entwickelte die Rotunda (rundgotisch) in Anlehnung an die frühgotische und karolingische Form. Die Rotunda mit der breitgeschnittenen Feder geschrieben, ist weniger spitz, besitzt durchaus kräftige Rundungen und wirkt dadurch nicht so streng. Gutenberg fand die hochgotische Textura vor und entwickelte daraus die erste Druckschrift.

Der Kunststil der Gotik und der Renaissance, insbesondere der Baustil, formte weitere Entwicklungen in der gebrochenen Verkehrsschrift und der Buchstaben-(druck-)schrift. Die Schwabacher, eine im Gegensatz zur Textura breitere und gefälliger wirkende Schrift und die feinere, elegantere Fraktur entstehen.

Inzwischen war von den italienischen Humanisten eine lange vergessene Schrift, die karolingische Minuskel, wiederentdeckt worden. Im Glauben, es handele sich hier um die Schrift des römischen Altertums, nannte man die Schrift „Antiqua". Die Drucker übernahmen aus Ehrerbietung der Antike gegenüber diese Schrift und entwickelten im 15. Jahrhundert die Renaissance-Antiqua in der venezianischen und später der französischen Form. Die Antiquaschrift geht auf die Kleinbuchstabenformen der humanistischen Minuskel, die im Duktus und in der Form der karolingischen Minuskel entspricht, und die Großbuchstabenformen der römischen Capitalis zurück. Haar- und Grundstriche der Schrift unterscheiden sich kaum, die Achse der Rundungen ist stark nach links geneigt, der Übergang der Serifen ist flach und ausgerundet.

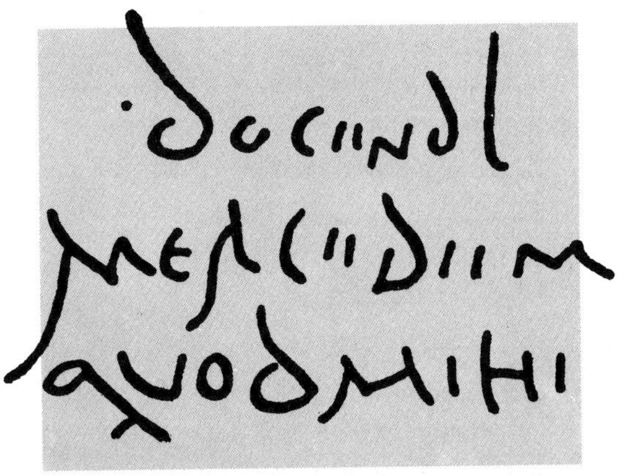

Während im deutschsprachigen Raum die Fraktur in der Zeit des Barocks (1600 bis 1750) weiterhin die bedeutende Druckschrift blieb, entwickelte sich in Italien und Frankreich die Barock-Antiqua. Den Baustil der Zeit kennzeichnen Pracht, Glanz und übertriebener Prunk. Aber auch die Technik des Kupferstichs beeinflusst bereits die Entwicklung der Schrift: Sie weist größere Unterschiede in den Strichstärken auf, die Achse der Rundungen steht fast senkrecht und die Serifen sind nur schwach oder gar nicht mehr ausgerundet. Die Zeit des Rokoko (1730 bis 1780) hinterlässt kaum erkennbare Spuren in der Schriftentwicklung.

Römische Schreibschrift um 50 - 70 n.Chr. Aus dieser Schrift entstanden den Groß- und Kleinbuchstaben.

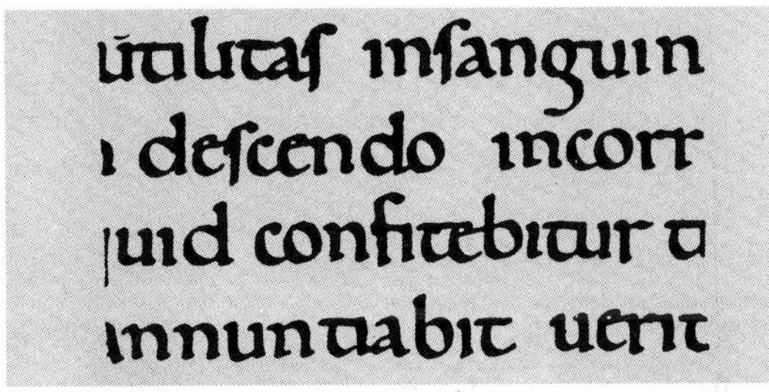

Karolingische Minuskel

Gotik: Textura

Ägyptische HIEROGLYPHEN
vom 4. Jahrtausend v. Chr. an, in Stein gehauen, in Holz geschnitten, auf Papyrus geschrieben

Etwa 500 Hieroglyphen bildeten die Grundlage der ägyptischen Bilderschrift. Aus ursprünglich naturalistischen Abbildern der Natur entwickelten sich in Jahrtausenden abstrakte Zeichen, die bereits Wörter und schließlich Buchstaben darstellten. Die bildmäßige und lautliche Schreibweise wurde gemeinsam angewendet.

PHÖNIZISCHE SCHRIFT
vom 2. Jahrtausend v. Chr. an, in Stein gehauen, auf Papyrus geschrieben

Die von den Ägyptern eingeleitete phonetische Schreibweise wurde von den Phöniziern, einem Handelsvolk der östlichen Mittelmeerküste, vervollkommnet. Sie übernahmen eine Anzahl Zeichen und stellten diese zu einem reinen Konsonantenalphabet zusammen.

Griechische LAPIDARSCHRIFT
ab 9. Jahrhundert v. Chr., auf Stein geschrieben, in Stein gehauen, auf Pergament und Papyrus geschrieben, mit Griffeln in Wachs geritzt

Die Griechen ergänzten die von den Phöniziern übernommenen Lautzeichen durch Vokale und stellten mit ihnen ein vollständiges Alphabet zusammen. Jeder Laut bekam ein bestimmtes Zeichen. Das Bild dieser Buchstaben kann als die Urform aller abendländischen Schriftzeichen bezeichnet werden.

Römische KAPITALSCHRIFT
ab 6. Jahrhundert v. Chr. bekannt, ab 2. Jahrhundert voll ausgebildet, in Stein gehauen

Die Römer übernahmen das griechische Alphabet zunächst unverändert; sie vervollständigten im Laufe der Zeit die äußere Form der Buchstaben durch Anbringen von Serifen und Verfeinerungen der Proportionen. Die Schönheit dieser in Stein gehauenen Schriftzeichen ist bis heute vorbildlich.

Römische CAPITALIS QUADRATA
ab 1. Jahrhundert v. Chr. auf Pergament und Papyrus geschrieben

Römische CAPITALIS RUSTICA
ab 2. Jahrhundert n. Chr. auf Pergament und Papyrus geschrieben

Neben den in der vorhergehenden Abbildung gezeigten monumentalen Steininschriften entwickelten sich in den ersten Jahrhunderten unserer Zeitrechnung ausgesprochene Buchschriften, die mit der Rohrfeder geschrieben wurden und je nach Federstellung ihr Ausehen veränderten.

UNZIALE
vom 4. Jahrhundert an, ausgesprochene Federschrift

Die Buchschrift erhielt eine immer größere Bedeutung. In der Unziale machte sich bei den meisten Zeichen ein ganz allmählicher Übergang zu Minuskelformen bemerkbar; außer der Veränderung einzelner Buchstaben (a, e usw.) entstanden die Ober- und Unterlängen (d, p usw.).

Die Architektur des Klassizismus (1750 bis 1850) besinnt sich auf klassische Vorbilder griechischer und römischer Kultur. Die stilbildenden Kräfte des Barock und Rokoko mit ihrem Prunk und graziösverspielten Formen sind erschöpft. Klare streng gegliederte Formen bestimmen die Gesamtkonzeptionen. Auch die Klassizistische Antiqua ist sichtbar eine Rückbesinnung auf die einfache, klare, unverschnörkelte Form der Antike, sie orientiert sich an der Capitalis monumentalis der Römer. Der Einfluss des Kupferstich ist stark ausgeprägt. Haar- und Grundstriche unterscheiden sich sehr stark, die Achse der Rundungen ist senkrecht, Serifen sind rechtwinklig als feine Linien angesetzt. Die Schrift bietet wie die Architektur ein kontrastreiches, präzises und elegantes Bild.

Unter dem Einfluss der Industrialisierung und eines rationalen Zweckdenkens entwickelt sich im 19. Jahrhundert aus den Formen der Klassizistischen Antiqua durch Verstärken der Serifen die serifenbetonte Linear-Antiqua (Egyptienne). Alle Strichstärken wirken optisch gleichstark, Serifen sind rechtwinklig angesetzt. In gleicher Zeit entsteht die erste serifenlose Linear-Antiqua, die damals wegen ihrer nüchternen, neuartigen Form Grotesk genannt wurde.

Neue Drucktechniken und Schreibwerkzeuge führten zu unterschiedlichsten, vielfach leichtfertig vorgenommenen Abwandlungen vorhandener Schrif-

emoſyna. fide

Die Entwicklung zu einer Minuskelschrift wurde fortgesetzt und hat sich in den meisten Buchstabenformen vollendet. Daneben gab es auf ähnlicher Entwicklungsstufe, aber mit anderem Bild, eine Reihe von sogenannten Nationalschriften. Von einer Einheitlichkeit der Schrift konnte keine Rede sein.

HALBUNZIALE
5. Jahrhundert,
Buchstaben zusammen gezogen, Federschrift

tiſunt paneſ accipe

Nach dem Bild der Halbunziale wurde in den Schreibstuben Karls des Großen eine neue Einheitsschrift, die karolingische Minuskel, geschaffen. Die Majuskeln früherer Schriften fanden für Auszeichnungen und als Initiale weiterhin Verwendung. Die Trennung der Wörter durch größere Abstände wurde erstmalig durchgeführt

KAROLINGISCHE MINUSKEL
vom 8. Jahrhundert an, niedrige Mittellängen, weiter Zeilenabstand, Federschrift

in lege domini volūta

Beeinflusst durch den gotischen Baustil zeigte die Schrift einen allmählichen Aufschwung zur Höhe; schließlich trat eine Brechung aller Buchstabenformen ein. Die Majuskeln und Initiale machten die Brechung nur zögernd mit. Auch diese Schrift kann noch als Kleinbuchstabenschrift bezeichnet werden.

GOTISCHE MINUSKEL
ab 12. Jahrhundert,
höhere Mittellängen,
geringer Zeilenabstand,
Schreib- und Druckschrift

a der König ſich her wandt

Unter dem Einfluss einer Abart der gotischen Schrift, der in Italien entstandenen Rotunda, entwickelte sich in Deutschland aus der gotischen die Schwabacherschrift. Diese wurde insbesondere als Drucktype zur Schrift des Volkes. Die gemeinsame Verwendung von Groß- und Kleinbuchstaben setzte sich durch.

SCHWABACHERSCHRIFT
ab Ende des 15. Jahrhunderts,
Schreib- und Druckschrift

eus Abrahā. Deus Yſaa

Die Stilform des Barock ließ die Fraktur zur bedeutensten Druckschrift werden. Ihr besonderes Kennzeichen ist der Elefantenrüssel (der s-ähnliche Haken in den Großbuchstaben). Der Großbuchstabe erfüllt nicht nur den Zweck der Auszeichnung, er ist zum festen Bestandteil der Schrift geworden.

FRAKTURSCHRIFT
ab Ende des 15. Jahrhunderts,
mit der Feder geschrieben,
gezeichnete und für den Druck geschnittene Type

piendi ſignificare. Abſ

Neben den beiden zuletzt genannten Schriften wurde auf Drängen der Humanisten eine neue Schrift geschaffen, deren Kleinbuchstaben leicht veränderte karolingische Minuskeln darstellten, und deren Großbuchstaben der römischen Kapitalschrift entnommen wurden. Alle neueren Schriften sind Abwandlungen der hier gezeigten Schriften.

HUMANISTISCHE MINUSKEL
(Mediäval), ab 15. Jahrhundert,
mit der Feder geschrieben,
gezeichnete und für den Druck geschnittene Type

ten in Form und Duktus, ohne den Charakter und die stilgeschichtliche Ausprägung der Schrift zu beachten. Der einsetzende Schriftverfall in der Mitte des 19. Jahrhunderts wurde erst durch Impulse des Jugendstils verringert. Das Bauhaus, eine von Walter Gropius 1919 in Weimar gegründete Hochschule für Gestaltung, schuf handwerklich-künstlerische Grundprinzipe der Gestaltung. Ziel war die Einheit von Kunst, Handwerk und Technik. Zweckmäßigkeit, Materialgerechtigkeit, Klarheit und Schönheit wurden zum Modell für die Gestaltung industrieller Produkte und auch der Schrift. Das Konzept der „Elementaren Typografie" entwickelte sich zum Maßstab für Schriftschöpfer bis in unsere Zeit.

Die 1964 geschaffene Deutsche Industrie-Norm (DIN) 16518 ordnet die verschiedenen Druckschriften nach bestimmten Merkmalen der Stilgeschichte und teilweise auch nach Formgesichtspunkten jeweils einzelnen Gruppen zu. Diese Gruppen sind der von der Association Typographique Internationale (ATYPI) aufgestellten Klassifikation grundsätzlich angeglichen. Ziel war es, eine einheitliche Benennung der Schriftgruppen zu schaffen und die Vielfalt der Druckschriften in eine überschaubare Ordnung zu bringen. Die Druckschriften sind nach DIN 16518 in elf Gruppen eingeteilt (Einteilung siehe Kapitel „Druckvorstufe: Text). Die DIN-Norm ist seit einigen Jahren in einer strukturellen Bearbeitung.

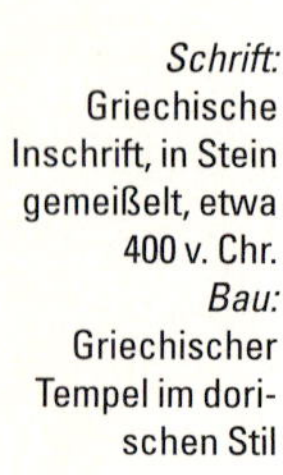

Schrift:
Griechische Inschrift, in Stein gemeißelt, etwa 400 v. Chr.
Bau:
Griechischer Tempel im dorischen Stil

Schrift:
Gemeißelte römische Inschrift, 200 n. Chr.
Bau:
Triumphbogen des Titus, 100 n. Chr.

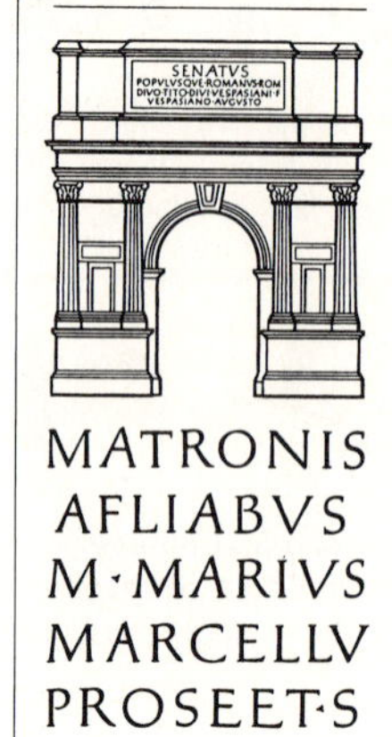

Schrift:
karolingische Minuskel (Breitfeder)
Bau:
Schnitt durch die Kapelle Karls des Großen in Aachen

Schrift:
Griechische Inschrift, in Stein gemeißelt, etwa 400 v. Chr.
Bau:
Griechischer Tempel im dorischen Stil

Schrift:
Gotische Minuskel (Breitfeder), um 1400 in Frankreich.
Bau:
Freiburger Münster, um 1300 erbaut

Schrift:
Humanistische Antiqua (Breitfeder) um 1500 in Italien.
Bau:
Augsburger Zeughaus, erbaut 1602 bis 1607

6 RENAISSANCE
cantent hoc psal-
terium: et possi-
debunt regnu
Dem Allerdurchle
Fürsty vnd Herre

Schrift:
Französische Kursive (Breitfeder), um 1680 und spanische Schrift (Spitzfeder), um 1650.
Bau:
Frauenkirche in Dresden, erbaut 1726 bis 1738

7 BAROCK u ROKOKO

Quelle nouvelle force ce-
Bastiment, qui ne paroi-
ssoit destiné que pour la
Maestro Joseph

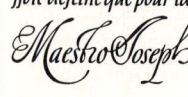

Schrift:
Bodoni Antiqua und Kursive, geschnitten 1790.
Bau:
Berliner Schauspielhaus, erbaut 1819 bis 1821

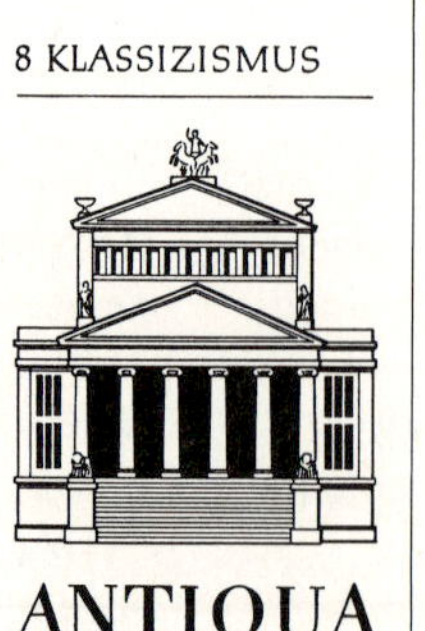

8 KLASSIZISMUS
ANTIQUA
OMNIUM·SCR
ibturarum nobi-
lissima, vocatur e
etiam mater et re

Schrift:
Serifenlose Linear-Antiqua, klassizistische Antiqua, serifenlose Linear-Antiqua, serifenbetonte Linear-Antiqua
Bau:
Lever-Hochhaus 1951

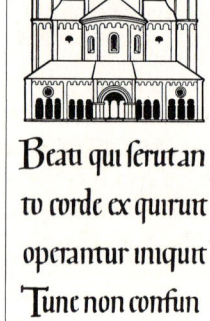

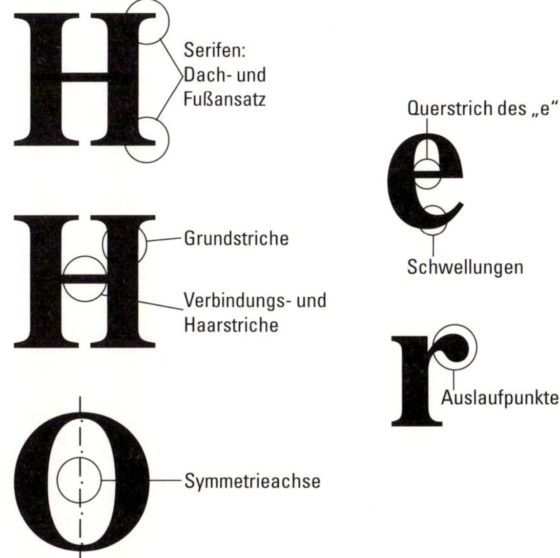

Grundsätzlich werden zur Zeit unterschieden:
Gruppen I bis IX = Antiqua- bzw. runde Schriften
Gruppe X a – e = gebrochene Schriften
Gruppe XI = fremde Schriften

Den Antiqua-Schriften sind verschiedene Schriftschnitte (normal, mager, halbfett, fett) sowie kursive Formen zugeordnet. Für die Einteilung der Antiqua-Schriften zu den einzelnen Gruppen gelten die folgenden Unterscheidungsmerkmale.

- Serifen:
  An- und Abstriche im Kopf und Fuß eines Buchstabens (Dach- und Fußansatz)
- Grund- und Verbindungs-(Haar-)striche:
  Verbindungen zwischen den Senkrechten
- Symmetrieachse
  Schwellungsschwerpunkt bei Rundungen, z.B. stark nach links geneigt, senkrecht
- Querstrich
  Linienführung beim Buchstaben „e"

Daneben gelten weitere individuelle Merkmale innerhalb einer Gruppe, die den Duktus der Schrift prägen. Der Duktus ist der charakteristische Schriftzug einer Schrift; die Führung und Art des Schreibgerätes (Pinsel, Feder sowie Linienführung, Richtung, Auslaufpunkte, Unterbrechungen, Ansätze, Anschwellungen u.a.) sind entscheidende Merkmale, die die Schrift aus dem Stil der Zeit heraus beeinflussten.

2.2 Druck

Die Geschichte des Druckens beginnt nicht erst mit der genialen Erfindung Gutenbergs. Vervielfältigungen von Abbildungen durch einfache Abreibeverfahren waren in vielen Kulturländern der Frühzeit bereits bekannt. Gutenberg gelang es jedoch, einzelne Techniken weiter zu entwickeln, zu vervollkommnen und zu einer genialen Erfindung zusammenzufügen: dem „künstlichen Schreiben". Gutenberg wird die verschiedenen Techniken des Vervielfältigens im einzelnen kaum gekannt haben. er kombinierte längst bekannte Verfahren und vorhandene Werkstoffe zu einer bislang nicht gekannten Vollendung:
- ein (Druck-)Schriftsystem,
- den Schriftguss,
- das Setzen und
- das Drucken.

Vorstufen des Druckens

Die älteste uns bekannt gewordenen Werkzeuge zur Vervielfältigung von Abbildungen und auch Schriftzeichen sind die bereits im 3. Jahrtausend v.Chr. im Vorderen Orient benutzten Platten- und Rollsiegel.

Rollsiegel waren in Mesopotamien, Assyrien, Nordarabien, Persien und auf Zypern zum Beglaubigen von Urkunden und zum Bestätigen von Eigentumsrechten bekannt. Verschieden weiche, später harte Materialien in zylindrischer Form durchbohrte man in der Längsachse, so dass das Siegel an einer Schnur getragen werden konnte. In die glatte Oberfläche wurden Figuren von Göttern, Menschen und Tieren und auch bekannte Schrift vertieft eingegraben. Beim Abrollen des Siegels auf weichem Ton entstanden erhabene Figuren und Schriftzeichen. Durch mehrfaches Abrollen konnten Abbildungen und Schriftzeichen bereits über 4000 Jahre vor Gutenberg vervielfältigt werden.

Gutenberg verwendete eine ähnliche Technik zum Herstellen seiner einzelnen Buchstaben: Er fertigte Matrizen aus Metall mit vertieft liegenden Schriftzeichen, nach dem Ausgießen mit einer Bleilegierung entstanden erhabene Buchstaben. Die alten Griechen und Römer verwendeten sogenannte Töpferstempel, die aus den Plansiegeln entwickelt wurden. Mit Stempel aus Holz, Metall oder weichem Stein, in die vertieft oder erhaben Personen- oder Legionsnamen graviert waren, bezeichnete man Waren (Ziegelbacksteine, Tongefäße) und Werkstoffe. Bekannt sind Abdrücke in Holz, Leder, Metall; sogar Brot wurde in römischen Legionen gekennzeichnet.

Im griechischen Nationalmuseum in Athen ist ein bedeutender Fund aus dem 17. Jahrhundert zu sehen: der „Diskos von Phaistos". Die fast kreisrunde Scheibe aus gebranntem Ton mit einem Durchmesser von ca. 16 Zentimetern ist auf beiden Seiten mit vertieft sitzenden Bildzeichen geschmückt. Man fand sie 1908 bei Ausgrabungen im Palast von Phaistos auf Kreta. Eine Seite enthält 121 Stempelungen in 31 Zeichengruppen, die andere Seite 119 Stempelungen in 30 „Wörtern" in spiralförmiger Anordnung. Der Text konnte bis heute nicht entziffert werden. Wegen der absoluten Gleichmäßigkeit der Zeichen desselben Bildes, vermutet man, dass der Eindruck der Schriftzeichen durch Holzstempel erfolgt ist.

Buchstabenpunzen zum Einschlagen von Beschriftungen in Schmuck, Waffen und Geräte waren in dieser Zeit ebenfalls bekannt. Punzen zum Einschlagen von Schrift und Bildzeichen verwendete man zur Herstellung von Münzen von 700 v.Chr. (Kleinasien) bis ins Mittelalter.

Schriftentwicklung	Darstellungscharakter	Darstellungsform/ Abstrahierungsgrad	Schriftarten	Hinweise: Verwendung, Gebiet, Zeit, Bedeutung
Gegenstandsschriften	● Vorstufen der Schrift: bildliche Darstellungen	● gegenständliche Zeichen und Zeichnungen	• Felszeichnungen • Höhlenmalereien • bemalte Kieselsteine • Steinmale	• Verwendung als Gedächtnishilfen zu Jagd- oder Kriegsszenen, kultischen und religiösen Handlungen • >20000 v. Chr. • Mitteilung von Erfahrungen oder Vorstellungen ohne Wortbedeutung.
	Gegenstandszeichen	● Markierungen als Gedächtniszeichen	• Botenstäbe • Kerbhölzer • Knotenschnüre • Muschelketten • Tätowierungen • Gebetsriemen • Rosenkranz heute z.B.: Bierdeckelzeichen	• Afrika • Afrika, Asien, auch in Europa eingesetzt • Persien, Mexiko • Nordamerika • Tibet, Indien, China • Europa
Bilderschriften	● Piktogramme	● abstrakte Bildzeichen in Symbolform	• Symbole mit festgelegter Bedeutung, heute als Hinweiszeichen, Eigentumszeichen, Sicherheitszeichen, Firmenzeichen	• seit etwa 8000 v. Chr. bis heute in verschiedenen Formen eingesetzt • schematische, einprägsame Darstellung von Gegenständeern, Vorgängen, Sachverhalten; ohne Kenntnis der Sprache zu deuten, d.h. unabhängig von einer gesprochenen Sprache • heute mit internationaler wichtiger Bedeutung, z.B.: Hinweistafeln mit grafischen Zeichen (Totenkopf ≙ Gift), Verkehrszeichen, Sportarten
	● Ideogramme	● abstrakte Ideenzeichen, Begriffsschrift	• eindeutige Bildzeichen stellen konkrete Begriffe oder Begriffszusammenhänge dar	• seit etwa 5000 v. Chr. bekannt • Beispiele: Berg ^∧^, Wasser ≈ Stern ✦
Lautschriften	● Phonogramme:			• Beginn der Phonetisierung durch Verbindung von sichtbaren Bildzeichen und gesprochenen „Ton“-Zeichen (Lauten); die Entwicklung verläuft fließend
	Wortbildschriften	● stärkere Abstrahierung der Zeichen: ein Bildzeichen ≙ ein Wort, fortschreitende Phonetisierung mit deutlicher Verringerung der Zeichenzahl	• Hieroglyphen, Frühform • Keilschrift, sumerisch • chinesische Schrift	• seit etwa 4000 v. Chr.; „heilige“, gemeißelte Zeichen, Ägypten • seit etwa 4000 v. Chr. (sumerische Form); Dreikantgriffel wird in weichen Ton gedrückt; über 1000 Zeichen • Frühform mit über 5000 Zeichen
	Silbenschriften	● weitere Abstrahierung der Zeichen: ein Bildzeichen ≙ eine Silbe	• Hieroglyphen, hieratisch • Keilschrift, babylonisch-assyrisch • chinesische Schrift	• seit etwa 2500 v. Chr., einfachere Form mit weniger Zeichen, Priesterschrift • seit etwa 3500 v.Chr., etwa nur noch 500 Zeichen • Vereinfachung der Zeichen und Reduzierung der Zeichenzahl
	Buchstabenschriften	● einfache klare Formen: von Bildzeichen zu abstrakten Lautzeichen	● Entwicklung in zwei Stufen: 1. Reine Konsonantenschriften: – Hieroglyphen, demotisch	• nur lesbar, wenn die Sprache bekannt ist; durch einzelne Zeichen (Buchstaben) ist erstmals die optische Wiedergabe der Sprache durch phonetische Lautzeichen möglich • seit etwa 1000 v. Chr.; • weiter vereinfachte Verkehrs-/Volksschrift mit weniger als 500 Bildzeichen und 24 Einzellautzeichen für Konsonanten

Schrift-entwicklung	Darstellungs-charakter	Darstellungsform/ Abstrahierungsgrad	Schriftarten	Hinweise: Verwendung, Gebiet, Zeit, Bedeutung
Lautschriften (Fortsetzung)	Buchstaben-schriften	● einfache, klare Formen: von Bildzeichen zu abstrakten Lautzeichen	– semitische Schriften: dazu gehören arabisch, hebräisch, phönikisch	– Schriften einer Sprachgemeinschaft, nicht jedoch einer Volksgruppe oder Rasse, ab 2000 v. Chr. in Vorderasien, Palästina, Indien, Hochasien, vielfältige Entwicklungen – noch heute lebende Schriften mit dem Ursprung: ägyptische Hieroglyphen – Phöniker schaffen ≈ 1300 v. Chr. mit etwa 30 Zeichen aus Konsonanten und Hilfsvokalzeichen die Grundlage des griechischen Alphabetes
			2. Schriften mit Konsonanten und Vokalen: – griechische Schriften	– Schrift mit gleich hohen Buchstaben (Kapitalschrift), seit etwa 1000 v. Chr. bekannt – seit 403 v. Chr. unveränderte Schrift mit 24 Zeichen – das griechische, klassische Alphabet ist die Grundlage der romanischen, slawischen und germanischen Schriften, aber auch nicht-europäische Völker übernahmen das Alphabet
		● allmählicher Übergang von gemeißelter zu geschriebenen Schrift ● Reife zur Schlichtheit und Vollendung in strenger, einfacher Formgebung ● bei geschriebenen Schriften grundsätzlich keine neuen Fomen sondern nur verschiedene Ausprägungen in Strichführung, Strichstärke und Serifen ● aus geschriebenen Schriften entwickeln sich Druckschriften	– slawische Schriften – lateinische Schriften	– noch heute lebende russische und bulgarische Schriften – älteste Schriftfunde aus dem 6. Jh. v.Chr. – ursprünglich reine Kapitalschrift (Majuskeln = Großbuchstaben), erst 1500 zusätzliche Minuskelschrift – aus den klassischen römischen Schriften entwickelten sich alle europäischen Schriften (ausgenommen griechische Nachfolgeschriften) – wichtigste Schriftformen, die wesentlich durch das Schreibwerkzeug in ihrer Form geprägt wurden: Kapitalis Monumentalis: Meißel – Stein, Quadrata: Breitfeder – Papyrus, Rustika: Rohrfeder und Pinsel – Papyrus, Römische Kursive: schmale Rohrfeder – Papyrus oder Griffel – Wachstäfelchen – 1450, Gutenberg, Schrift: Textura – gebrochene Schriften: Gotisch, Schwabacher, Fraktur – Antiqua-(runde)Schriften: Renaissance-Antiqua Klassizistische Antiqua Serifenbetonte und serifenlose Linear-Antiqua

Stempeldrucke zur Verzierung kostbarer Einbände von Hand geschriebener Bücher sind bis zum späten Mittelalter bekannt. Darstellungen in Münzen wurden nicht nur mit Punzen eingeschlagen, sondern bereits im 4. Jh. v.Chr. aus Metall gegossen.

Gegossene Schriftzeichen sind seit dem 13. Jahrhundert ebenfalls zur Herstellung von Inschriften auf Glocken bekannt. In Europa benutzten reiche Römer im 8. Jh. v.Chr. bereits Einzelbuchstaben aus Elfenbein oder Gold für ihre Kinder, um ihnen das Lesen und Schreiben zu lehren. Diese Buchstaben wurden jedoch nicht zur Vervielfältigung von Schriften eingesetzt.

Im 11. Jh. modellierte der chinesische Schmied Pi Sheng Schriftzeichen in Ton, die er nach dem Einbrennen zu Texten zusammenfügte und auf Papier abdruckte. In Korea wurden sogar gegossene Schriftzeichen aus Kupfer hergestellt. In Seoul gab es bereits um 1400 eine Druckerei, die jedoch nur innerhalb ihrer Grenzen eine gewisse Bedeutung erlangte. Textilien, Karten und Bilder wurden lange vor Gutenberg bereits von Holztafeln gedruckt. Nachdem in China eine lange Tradition des Stempeldrucks vorangegangen war, schnitten um das Jahr 0 unserer Zeitrechnung die Chinesen Bilder und Schriftzeichen erhaben und seitenverkehrt in Holztafeln ein und fertigten Drucke davon an. Bereits im 7. Jh. erreichte der Druck von Holztafeln eine hohe Blüte. Das älteste von Holztafeln gedruckte Buch aus dieser Zeit fand man in einem buddhistischen Tempel in Zentralasien.

Der Form schneider.

Ich bin ein Formen schneider gut/
Als was man mir für reissen thut/
Mit der federn auff ein form bret
Das schneid ich denn mit meim geret/
Wenn mans dẽ druckt so find sichs scharff
Die Bildnuß/wie sie der entwarff/
Die steht/denn druckt auff dem papyr/
Künstlich denn auß zustreichen schier.

Für den Zeugdruck auf Textil setzten vermutlich bereits die Ägypter um 80 n.Chr. Holzmodel ein. In Deutschland ist der Zeugdruck mit diesem Verfahren seit dem Jahr 1000 bekannt. Andachtsbilder, die in den Klöstern zu Beginn des 14. Jahrhunderts aufkamen und dort zuerst einzeln von Hand gemalt wurden, lieferten die ersten Motive für den Druck von Holzschnitten. Bilderdrucker übernahmen die Technik der Zeugdrucker als der Bedarf an Bildern nicht mehr durch die Handmalerei befriedigt werden konnte.

Mit Holzdruckstöcken wurde die Zeichnung gedruckt – weitere Farben malte man von Hand ein. Nachweisbar sind aus dieser Zeit Drucke von Bildern mit Schriften u.a. 1398 in Ulm und in Nürnberg.

Es folgte das Drucken größerer Einblattdrucke. Der Druck von Büchern bereitete jedoch große Schwierigkeiten. Große Holztafeln in der gesamten Fläche eines Buchformates konnten von Hand nicht einwandfrei auf Papier gedruckt werden. Daher drückte man mit einem Lederballen, dem Reiber, das Papier auf die ausgeschnittene und eingefärbte Holztafel. Durch das starke Anreiben und Einpressen in das Holzrelief zerknitterte die Rückseite des Papiers. Da der Reiber zudem mit Fett oder Seife zur Erhöhung der Geschmeidigkeit getränkt war, konnte die unansehnliche Rückseite des Papiers nicht bedruckt werden. Um trotzdem ein sauberes Buch ohne unbedruckte weiße Seiten zu erhalten, klebte man die Rückseiten der Druckbogen zusammen. Bücher dieser Art nannte man Blockbücher.

Klosterschreibstube

Hergestellt wurden Blockbücher für die volkstümliche und religiöse Literatur. Eine enge Verbindung von Bildern und Texten sollte auch der Bevölkerung, die in überwiegender Zahl Analphabeten waren, die Benutzung des Buches ermöglichen. Bekannt sind aus dieser Zeit die sogenannten Armenbibeln.

Das Anfertigen hochwertiger Holztafeln (mit seitenverkehrter Schrift) und Drucke war zeitraubend und sehr kostspielig. Nur sehr reiche Personen konnten sich den Luxus leisten, die auf diese Weise hergestellten Bücher zu erwerben. In nahezu allen Fällen waren Klöster, Kirchenfürsten, kaiserliche und königliche Höfe die Auftraggeber oder Käufer.

Maßstab für die Qualität war bis ins späte Mittelalter die Handschrift. Durch Mönche handschriftlich vervielfältigte Bücher wurden vor allem zum Gottesdienst und Studium benutzt. Durch die Meisterschaft der schriftkundigen Mönche entstanden Prachtwerke, deren unvergleichliche Schönheit noch durch den Reichtum eines Einbandes aus edlen Materialien gesteigert wurde. An den Einband wertvoller Bücher befestigte man eine Kette, mit denen Bibliotheken ihre kostbaren Schätze sicherten.

Erfindungen der Buchdruckerkunst

Im 13. Jahrhundert begann etwas Unfassbares für die Mächtigen der Zeit: gebildete, selbstbewusst gewordene Bürger dachten und handelten anders, als es die kirchliche Obrigkeit vorschrieb. Kirchliches Recht, Überliefertes und Alltägliches durch etwas Neues zu verändern oder gar zu ersetzen war undenkbar und galt als Frevel. Mit Beginn der Renaissance (14. Jahrhundert), die weite Teile Europas erfasste, änderte sich die geistige Haltung grundlegend. Im Abendland begann ein ungeheurer geistiger Umbruch, die Suche nach Neuem, nach Freiheit, nach Bildung und Wissen.

In der Mitte des 15. Jahrhunderts gelang eine der bedeutendsten Erfindungen der Menschheitsgeschichte - die Erfindung der Buchdruckerkunst. Bis zu dieser Zeit wurden Informationen in Büchern ausschließlich durch Abschreiben vervielfältigt. Für die Abschrift der Bibel benötigte ein Mönch etwa ein Jahr. Den Menschen der damaligen Zeit musste es unheimlich vorgekommen sein, in welch kurzer Zeit ein Buch mit dem neuen Verfahren vervielfältigt werden konnte. Die Schnelligkeit und besonders die Schönheit prägten für den Buchdruck den Namen „Schwarze Kunst“.

Gutenberg

Johannes Gutenberg, als Sohn eines Patriziers 1397 in Mainz geboren, lebte wegen Kämpfen zwischen den Mainzer Patriziern und den Zünften von 1434 bis 1444 in Straßburg. Gutenberg beschäftigte sich in Straßburg mit vielen handwerklichen Tätigkeiten: er ist als Goldschmied, Edelsteinschleifer und Spiegelmacher tätig. Urkundliche Angaben lassen vermuten, dass er bereits in Straßburg versuchte, Einzeltypen aus Metall herzustellen, diese zu einem Satz zusammenzusetzen und auf einer Druckpresse zu drucken.

1448 wieder in Mainz richtete Gutenberg eine Druckerwerkstatt ein. Das benötigte Geld dazu, es waren 800 Gulden, lieh er sich in einer ersten Anleihe von dem Kaufmann Johannes Fust. Als Pfand für den Kredit galt das mit diesem Geld geschaffene Gerät. In den Jahren 1452 und 1453 gab Fust Gutenberg nochmals insgesamt 800 Gulden für das „Werk der Bücher". Mit diesem Kapital konnten der Satz und der Druck der Bibel begonnen werden.

In der Zeit von 1453 bis 1454 druckte Gutenberg sein Hauptwerk, die 42zeilige Bibel. Sie besteht aus zwei Bänden, dem Alten und dem Neuen Testament und umfasst 1282 Seiten. Von diesem Werk sind heute noch 6 auf Pergament und 17 auf Papier gedruckte Exemplare vorhanden.

Obwohl dieses Buch am Beginn des „mechanischen Schreibens" entstanden ist, gilt es bis heute immer noch als das unerreicht schöne Vorbild des gedruckten Buches. Seit Gedanken niedergeschrieben werden, versucht man, dem Text eine schöne, geschlossene Form zu geben. Die Schönheit wird wesentlich bestimmt vom Bild der Schrift, von der Form und Größe der beschriebenen oder bedruckten Fläche und deren Verhältnis zu den freien Flächen. Stein- oder Tontafeln, Papyrusrollen, Pergamentrollen und -blätter sind ein Beweis für typografisches Schönheitsempfinden.

Die besten handschriftlich hergestellten Bücher galten Gutenberg als Vorbild für den Schriftguss, das Setzen und das Drucken. Sein Ziel war es, diesem Idealbild nahezukommen. Und doch war seine Aufgabe ganz neu: Er musste bisher geschriebene Formen der Schrift auf ein unveränderlich großes Stück gegossenes Blei bringen.

Für ihn entfielen also alle Möglichkeiten, die dem Schriftschreiber mit leichten Abwandlungen in der Form und in der Breite eines jeden Buchstabens gegeben waren. Wie Gutenberg diese technisch und typografisch schwierige Aufgabe löste, ist ein Schlüssel zum Verständnis seiner bedeutenden Erfindung. Gutenberg wählte als Schrift für den Druck der Bibel die schönste Buchschrift seiner Zeit, die Textura. Diese hochgotische Schrift ist gekennzeichnet durch eine sehr große Regelmäßigkeit. Um die optische Schönheit der Handschrift zu erreichen, musste Gutenberg ein spezielles Schriftsystem mit neuartigen Formen entwickeln:

1. Hauptformen der Buchstaben
2. abgefeilte Anschlussbuchstaben
3. spitzköpfige Anschlussbuchstaben
4. Nebenformbuchstaben
5. Ligaturen (Buchstabenverbindungen)
6. überhängende Buchstaben
7. Abbreviaturen (Abkürzungen)
8. selbständige Kürzungs- und Satzzeichen.

Henne Gensfleisch zur Laden, genannt Johannes Gutenberg. Das älteste bekannteste Bildnis. Kupferstich aus dem im Jahre 1584 in Paris erschienenen Werk „Vrais protraits et vies des hommes illustres" von A. Thevet.

Das Alphabet der damaligen Zeit wies nur je 25 Buchstaben für Versalien (Großbuchstaben) und Gemeine (Kleinbuchstaben) auf. Bei der Vielzahl dieser speziellen Formen ist es verständlich, dass Gutenberg die 42zeilige Bibel mit 290 verschiedenen Typen herstellte. Von den 290 Buchstaben waren 243 Gemeine und nur 47 Versalien. Diese musste er entwerfen, in Stahl schneiden und in einem von ihm entwickelten Gießinstrument mit einer richtigen Metalllegierung aus Blei, Antimon und Zinn mit Hilfe eines eisernen Gießlöffels ausgießen. Diese Entwicklungen sind sicherlich die entscheidendsten Leistungen Gutenbergs.

Für seine Arbeit fand Gutenberg eine günstige Voraussetzung vor: das Papier. Papier hatte das sehr teuere Pergament als Beschreibstoff abgelöst. Bereits 1390 gab es in Deutschland die erste Papierfabrik. Es war die Gleismühle in Nürnberg.

Gutenberg konstruierte eine Druckerpresse, vermutlich waren die in seiner Heimat bekannten Weinpressen dazu das Vorbild. Farben zum Drucken waren bekannt. Allerdings erfüllten diese die Anforderungen nur unzureichend, sie waren nicht gleichmäßig

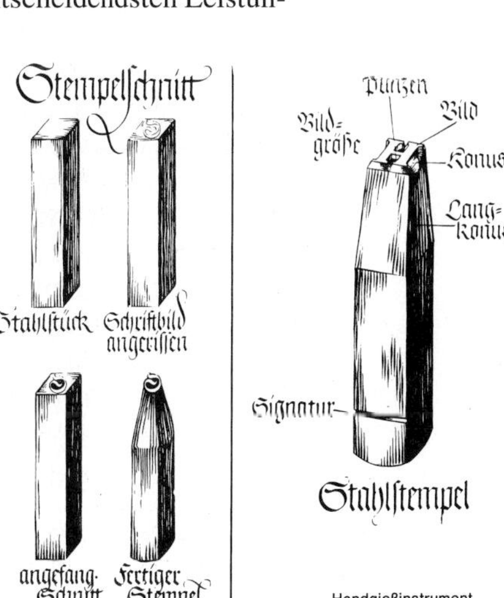

Handgießinstrument

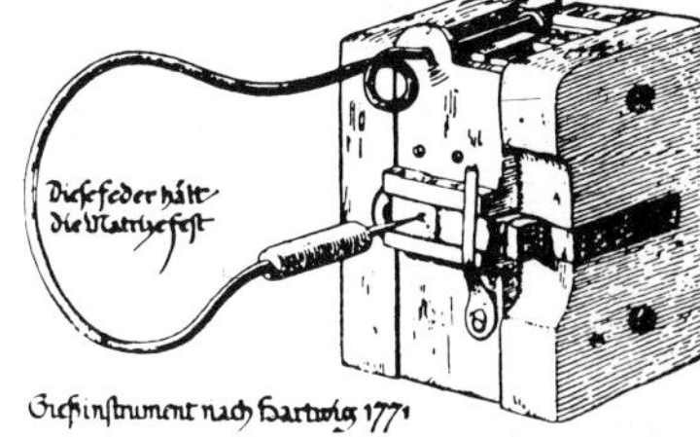

quādo inter se dicūtur: Nā in octavo
⁊ tricesimo anno temporibꝫ ptolomei
euergetis regis postq̄ꝫ pueni i egiptū:
et cum multū tēporis ibi fuissē inueni
ibi libros relictos nō parue neqꝫ conte-
mnēde doctrine: Itaqꝫ bonū et necessa-
riū putaui et ipse aliquā addere dili-
gentiā ⁊ laborē interp̄tandi librū istū:
⁊ multa vigilia attuli doctrinā i spa-
tio tēporis ad illa q̄ ad finē ducunt li-
brum istū dare: et illis q̄ volūt animū
intendere et discere queadmodū opor-
teat instituere mores qui secūdum legem domini proposuerint vitam agere.

Explicit prologus. Incipit liber ecclesiastici.

Omnis sapiētia a do-
mino deo ē: ⁊ cū illo
fuit semper: ⁊ est an-
te euum. Arenam
maris ⁊ pluuie gut-
tas ⁊ dies sc̄li: q̄s di-
numerauit? altitudinē celi ⁊ latitu-
dinē terre ⁊ p̄fūdū abissi: q̄s dimēsus
est sapientiam dei p̄cedentem omnia:
q̄s inuestigauit prior omniū creata
est sapiētia: et intellectus prudentie ab
euo: Fons sapientie verbū dei in excel-
sis: et ingressus illius mādata eterna.
Radix sapientie cui reuelata ē? et astu-
tias illiꝰ q̄s agnouit? Disciplina sapientie cui reuelata est ⁊ manifestata:
et multiplicationem ingressus illius
quis intellexit? Unus est altissimus
creator omniū omnipotēs ⁊ rex potēs
et metuendus nimis: sedens sup thro-
num illius: ⁊ dominās deus. Ipse cre-
auit illā in spiritu sancto: ⁊ vidit ⁊ di-
numerauit et mēsus ē. Et effudit illā
sup omnia opera sua: et sup omnem
carnē secūdum datū suū: ⁊ p̄bet illam
diligentibꝫ se. Timor domini gloria
⁊ gloriatio: ⁊ leticia ⁊ corona exultatiōis.

Timor domini delectabit cor: et dabit
leticiā ⁊ gaudiū in longitudinē dierꝫ.
Timenti deū bene erit in extremis: ⁊ in
die defunctionis sue benedicetur. Dilectio
dei honorabilis sapiētia: quibꝫ autē
apparuerit i visu diligūt eā: i visione
⁊ i agnitiōne magnaliū suorꝫ. Initiū
sapientie timor domini: ⁊ cū fidelibꝫ
in vulua concreatus est: ⁊ cum electis
feminis graditur ⁊ cum iustis ⁊ fidelibꝫ
agnoscitur: Timor domini scientie
religiositas. Religiositas custodiet et
iustificabit cor: iocūditatē atqꝫ gaudi-
um dabit: Timenti deū bene erit in extremis et in diebꝫ cōsolationis illius
benedicetur. Plenitudo sapientie timere
deum: et plenitudo a fructibus illius.
Omnē domū illiꝰ implebit a generati-
onibus: et receptacula a thesauris illius. Corona sapientie timor domini:
replens pacem et salutis fructum: ⁊ vidit et dinumeravit eam: Utraque
autē sunt dona dei: Scientiā et intel-
lectū prudentie sapientia cōpartietur:
et gloriā tenentiū se exaltat: Radix sa-
piētie ē timere deū: rami enī illiꝰ longe-
ui: In thesauris sapientie intellectꝰ et
sciētie religiositas: execratio autē pecca-
toribꝫ sapientia. Timor domini expel-
lit peccatū: Nam qui sine timore est
non poterit iustificari: iracūdia enim
animositatis illius subuersio eius ē
Usqꝫ in tempus sustinebit patiens: ⁊
postea redditio iocūditatis: Bonꝰ sen-
sus. usqꝫ i tempꝰ abscōdet verba illiꝰ:
et labia multorū enarrabūt sensū illiꝰ.
In thesauris sapientie significatio di-
scipline: execratio autē peccatori cultu-
ra dei: Fili cōcupiscēs sapientiā cōser-
ua iusticiā: ⁊ deus p̄bebit illā tibi. Sapiētia enī et disciplina timor domini:
⁊ qđ beneplacitū ē illi fides ⁊ mālsuetudo:

cõmemoratione amittebãt: ut q̄ dee-
rant tormẽtis repleret puniciõ: et ipsi
quidem tuus mirabilit' transiret: illi
autẽ novã mortẽ invenirẽt. Omis enĩ
creatura ad suũ gen⁹ ab initio refigu-
rabat' deserviẽs tuis p̄ceptis: ut pueri
tui custodirentur illesi. Nã nubes ca-
stra eoꝝ obũbrabat: ⁊ ex aqua q̄ ante
erat terra arida apparuit: ⁊ ex mari ru-
bro via sine impedimẽto: ⁊ camp⁹ ger-
minans de profundo nimio: per quẽ
omnis natio transivit. q̄ tegebat' tua
manu videtes tua mirabilia et mon-
stra. Tanquã equi enim depaverunt
escam: et tanquã agni exultaverunt
magnificãtes te domine qui liberasti
illos. Memores enĩ erãt adhuc eorũ
que in incolatu illoꝝ facta fuerãt: quẽ-
admodũ p nacione animaliũ edux-
it terra muscas: et p piscibz eructavit
fluvius multitudinẽ ranaꝝ. Novissi-
me autẽ viderũt novã creaturã aviũ:
cum abducti cõcupiscencia postulave-
runt escas epulacionis. In allocutio-
ne enĩ desiderij ascendit illis de mari
ortigometra: et vexationes peccatori-
bus supvenerũt non sine illis q̄ ante
facta erãt argumẽtis p vim fluminũ.
Iuste enim patiebãtur scdm suas ne-
quitias. Eteni indetestabilẽ hospitali-
tatẽ instituerũt. Alij quidem ignotos
non recipiebãt advenas. Alij autem
bonos hospites in servitutem redige-
bant: Et non solum hoc: sed ⁊ alius
quidem respect⁹ illorũ erat: q̄m inviti
recipiebãt extraneos. Qui autem cum
leticia receperũt hos qui eisdẽ usi erãt
institutis: sevissimis afflixerunt dolo-
ribz. Percussi sunt autem cecitate: sicut
illi in foribus iusti: cũ subitaneis co-
perti essent tenebris: Unusquisq; transitũ
hostij sui querebat. In se enĩ elementa

dũ cõvertũtur sicut i organo q̄litatis
sonus immutat': et omĩa suũ sonum
custodiũt. Unde estimari ex ipso visu
certo potest. Agrestia enĩ in aquatica
cõvertebant': et q̄cumq; erãt natãtia i
terra transiebãt. Ignis i aqua valebat
supra suã virtutẽ: ⁊ aqua extinguẽtis
nature obliviscebat'. Flãme ecõtrario
corruptibiliũ animaliũ nõ vexaverũt
carnes coãbulãtiũ: nec dissolvebant
illã que facile dissolvebat' sicut glaci-
es bonã escam. In omnibz enim ma-
gnificasti ꝓplm tuũ domine. ⁊ honora-
sti: et nõ despexisti i omni tpe et i omĩ
loco assistẽs eis. Explicit lib' sapie.
Incipit prolog' ihu filij syrach i li. eccl.

Multoꝝ nobis ⁊ magnoꝝ
p legem ⁊ ꝓphetas aliosq;
qui secuti sunt illos sapientia demõstrata ẽ: i quibz
oportet laudare israhel doctrine ⁊ sapientie causa: quia nõ solum ipsos lo-
quentes necesse est esse peritos: sed eciã
extraneos posse et discentes et scriben-
tes doctissimos fieri. Avus me⁹ ihes⁹
postq̄ se amplius dedit ad diligẽtiã
lectionis legis ⁊ ꝓphetarũ ⁊ aliorũ li-
brorũ qui nobis a parentibz nostris
traditi sunt voluit ⁊ ipse scribere aliq̄d
hoꝝ q̄ ad doctrinã ⁊ sapientiã ptinẽt:
ut desiderãtes discere et illoꝝ periti fieri
magis magisq; attendant animo: et
cõfirmẽtur ad legitimã vitã. Hortor
itaq; venire vos cum benivolencia et
attenciori studio lectionẽ facere: ⁊ veni-
am habere in illis in quibz videmur
sequentes imaginem sapientie: ⁊ defi-
cere in verboꝝ cõpositione. Nã defici-
unt verba hebraica: quãdo fuerũt trans
lata ad aliã linguã. Nõ autẽ solum
hec: sed ⁊ ipsa lex et ꝓphete ceteraq; alio-
rum libroꝝ nõ parua habẽt differẽtiã

in ihrer Schwärzung, wirkten vielfach blass und schlugen bis auf die Rückseite des Papiers durch. Gutenberg mischte eine für seine Zwecke geeignete „Druckerschwärze" aus Wachs, Seife und Kienruß, die ein tiefschwarzes, lange haltbares Druckbild ergab. Zum Einfärben entwickelte er einen Druckballen. Neben der Bibel druckte Gutenberg ein Reihe kleiner Schriften: liturgische Psalter, Ablassbriefe, astronomische Kalender und die „Mahnung der Christenheit wider die Türken", eine Art politisches Flugblatt.

Druckzeichen von Fust und Schöffer. Das erste Druckerzeichen der Welt, zum ersten Mal verwendet in der Wiener Ausgabe des Mainzer Psalters von 1457. Das Zeichen zeigt die an einem Ast aufgehängten Familienwappen von Fust und Schöffer.

Als Fust 1455 sein Kapital zuzüglich der Zinsen zurück verlangte, kam es zu einem Rechtsstreit, den Gutenberg verlor. Er musste seine Druckerei mit sämtlichen Einrichtungen an Johannes Fust übergeben. Fust betrieb mit Gutenbergs Gesellen Peter Schöffer die Druckerei weiter. Ein sowohl drucktechnisch und künstlerisch hervorragendes Psalterium wurde 1460 herausgebracht.

Die Kunst des Buchdrucks konnte nicht lange geheim gehalten werden und verbreitete sich sehr rasch in Deutschland und in ganz Europa. Bald hatten alle wichtigen Städte des Mittelalters eine oder gar mehrere „Druckereyen", um 1500 waren es sogar bis zu 30 in einer Stadt. Damalige Kulturzentren wie beispielsweise die Stadt Venedig hatten in dieser Zeit sogar etwa 150 Druckereien.

Gedruckt wurden vor allem kirchlich-religiöse Bücher, bald danach folgten aber auch Werke antiker Autoren, naturwissenschaftliche und medizinische Werke sowie Romane, Novellen und Kalender. Die meisten Bücher erschienen zunächst in lateinischer Sprache, aber bald danach folgten Veröffentlichungen in den jeweiligen Landessprachen. Bald wurden alle erreichbaren Schriften gedruckt.

Initial
Großer Anfangsbuchstabe bei Kapitelanfängen. Beispiel: Holzschnitt aus dem Jahr 1493, Straßburg

Gutenbergs Erfindung kam gerade recht, um den Hunger der Menschen nach Information und Bildung zu stillen. Die Stürme geistiger Entfaltung, die im 15. und 16. Jahrhundert über ganz Europa hinweg fegten sowie auch die Reformation mit ihren weitreichenden Folgen, sind ohne Papier, Schrift und Druck nicht denkbar.

In der Frühzeit der Druckkunst entstanden eine Vielzahl sehr schöner, harmonisch wirkender vollkommener Druckarbeiten. Solche noch vereinzelt erhalten gebliebene Kostbarkeiten der frühen Druckkunst bis 1500 bezeichnet man heute als Früh- oder Wiegendrucke. Hervorragende Initialen wurden zwar immer noch von Hand koloriert, aber für Buchmalereien setzte sich der Holzschnitt immer mehr durch, teilweise farbig ausgemalt. In der Folgezeit entwickelte sich die Holzschneidekunst zu wahrer Meisterschaft, die erst im 16. und 17. Jahrhundert durch den Kupferstich verdrängt wurde. Illustrierte Bücher waren bald so begehrt, dass Werke ohne Bilder kaum mehr Abnehmer fanden. Dass ein „Schwarzkünstler" lesen und schreiben können musste, bedeutete in der damaligen Zeit sehr viel. Die Druckerzunft galt wegen der guten Bildung der Mitglieder lange Zeit als die angesehenste und auch strengste aller damaligen Handwerkszünfte. Auf Jahrmärkten und bei Volksfesten tauchten Buchhändler auf, die ihre Waren anboten und dadurch neue Leserkreise erschlossen.

Satz und Druck um 1500

Bücher wurden nach und nach auch für das gemeine Volk erschwinglich, die Kunst des Lesens und des Schreibens verbreitete sich dadurch sehr rasch. Bereits im folgenden Jahrhundert war es undenkbar, dass Menschen in gehobener Stellung nicht schreiben und lesen konnten.

Das Drucken großer Auflagen und das Lesen erweiterten den geistigen Horizont des Einzelnen um eine gesellschaftspolitisch kaum zu überschätzende Möglichkeit, die gesamte Bevölkerung mit dem Wissen der Vergangenheit und neuen Erkenntnissen zu konfrontieren.

Angetriebene Druckmaschine von Koenig & Bauer von 1814 Würzburg. Werkfoto Nr 11677

Weitere Entwicklung der Drucktechniken

Fast 350 Jahre blieb die Erfindung Gutenbergs nahezu unverändert. Zwar wurden einzelne Bereiche verbessert und weiter mechanisiert, doch entscheidende Neuerungen in der Satzherstellung und im Drucken ergaben sich nicht.

Eine völlig neue Vervielfältigungstechnik erfand 1797 Alois Senefelder in München mit dem ersten Flachdruckverfahren. Die Druckformherstellung, von Senefelder Lithografie (Steinzeichnung) genannt, und der Steindruck wurden in einer solchen Vollkommenheit erarbeitet, dass diese Technik auch heute noch in künstlerischer Form in gleicher Weise ausgeübt wird. (Näheres zu Lithografie und Steindruck siehe spezielles Kapitel.)

Der Buchdruck galt aber immer noch als das wichtigste Druckverfahren für die Buchherstellung. Die bedeutendste Erfindung in diesem Verfahren gelang nach Gutenberg Friedrich Koenig. Bei den bisher eingesetzten Handpressen drucken zwei Flächen gegeneinander: die Druckform und der den Anpressdruck ausübende Drucktiegel. Dieses Druckprinzip erforderte eine sehr hohe Kraft, verursachte zudem mancherlei drucktechnische Schwierigkeiten und erforderte einen hohen Zeitaufwand beim Einfärben und Drucken. Koenig ersetzte 1811/1812 den flachen Drucktiegel durch einen Druckzylinder. Wegen der wesentlich höheren Leistung der Flachform-Zylinder-Druckmaschine erhielt die neue Konstruktion den Namen „Schnellpresse“.
Die „Times” in London wurde erstmals auf einer solchen Druckmaschine gedruckt.

Die Technik des Druckens wurde durch die einsetzende Industrialisierung rasch weiter verbessert und mechanisiert. Bereits 1858 konstruierte William Bullock die erste Rotations-Druckmaschine. Bei diesem Druckprinzip sind sowohl die Druckform wie auch der Druckkörper Zylinder. Der Druckformzylinder und der Druckzylinder rollen beim Druckprozess mit einem gewissen Anpressdruck gegeneinander ab. Damit wurde es möglich, kurzlebige, aktuelle Druckarbeiten, vor allem Tageszeitungen, schneller zu drucken.

Erst 1886 gelang es Ottmar Mergenthaler, den bis dahin ausschließlich eingesetzten Handsatz zu mechanisieren. Mergenthaler konstruierte die erste Bleisetzmaschine, die Linotype. Mit einer Tastatur konnten Matrizen mit Buchstabenformen zu Zeilen zusammengesetzt und automatisch zu einer kompletten Zeile ausgegossen werden. Nach dem Guss der Zeile transportierte das System die Matrizen automatisch wieder zurück ins das entsprechende Magazinfach. Somit konnten die Matrizen fortlaufend wieder verwendet werden. Ein bis dahin nicht für möglich gehaltener Schritt zur Mechanisierung des Setzen von Schriften war Wirklichkeit geworden.

Lithografie und Steindruck

Die Erfindung und vollkommene Weiterentwicklung der Lithografie ist das Werk des 1771 in Prag geborenen, später in München lebenden Alois Senefelder. Dieser war ursprünglich Bühnenschriftsteller, hatte jedoch wegen seiner misslichen Finanzlage Schwierigkeiten, einen Drucker für seine literarischen Er-

Alois Senefelder (1771 - 1834)
Jurastudent und Bühnenschriftsteller, suchte einen Weg, seine eigenen Theaterstücke preiswert zu vervielfältigen. Versuche führten 1796/97 zu einer „alternativen“ Drucktechnik: Lithografie und Steindruck. Senefelder nannte sein neues Druckverfahren die „Chemische Druckerey“.

zeugnisse zu finden. Aus dieser Notlage heraus stellte er Versuche an, um auf möglichst billige Weise die Vervielfältigungen seiner Werke selbst vorzunehmen. Diese Bemühungen führten im Jahre 1796 zu der Erfindung der Lithografie.

Anfänglich versuchte Senefelder, die Zeichnung nach Art des Kupfertiefdrucks in den Kalkstein zu ätzen; er überzog die Steinoberfläche mit Ätzgrund, kratzte die Schrift mit einer Stahlfeder ein und ätzte die freigelegten Stellen tief.

Bald darauf beschritt er den umgekehrten Weg, indem er mit einer selbst angefertigten Fett-Tusche auf den geschliffenen Stein schrieb und die zeichnungsfreien Stellen ätzte; er erreichte, dass die Schrift nun leicht erhöht auf dem Stein stand und davon nach Art des Hochdrucks Abzüge gemacht werden konnten. Als Senefelder schließlich entdeckte, dass er auf das Hochätzen verzichten konnte, wenn er die Steinoberfläche vor dem Einfärben mit Wasser benetzt hatte und dadurch die bildfreien Stellen keine Farbe annahmen, hatte er das Prinzip des Flachdrucks gefunden. Trotz modernster Maschinen und Verfahren bildet der Gegensatz zwischen sich gegenseitig abstoßenden Flüssigkeiten heute noch die Grundlage des Flachdrucks.

Senefelder wirkte in München, wo er im Jahre 1799 vom Kurfürsten von Bayern das Privileg zur Ausübung seiner Erfindung auf die Dauer von 15 Jahren erhielt. Zeit seines Lebens beschäftigte sich Senefelder mit der Weiterentwicklung und Verbesserung seiner Erfindung. So konstruierte er bereits 1797 die erste Steindruckpresse. 1805 wurden von Senefelder schon die ersten Druckversuche von Metallplatten gemacht und 1826 stellte er die ersten Mehrfarbendrucke auf der Steindruckpresse her. In dem von Senefelder 1818 veröffentlichten Lehrbuch über die Lithografie sind bereits die verschiedenen lithografischen Techniken, soweit sie handwerklicher Art sind, ausführlich erläutert.

Vom Zeitpunkt der Erfindung bis in die Gegenwart haben sich bedeutende Künstler dieser ausdrucksstarken Technik gern bedient. Die Reihe führt von den Franzosen Delacroix 1798-1863 und H. Daumier 1808-1879 über Schadow 1764-1850 und Adolf Menzel 1815-1905 zu Kokoschka * 1886 und Picasso 1881-1973. Als bedeutender Schöpfer von farbigen Lithografien sei noch der Franzose Toulouse-Lautrec, 1864-1901, erwähnt, der mit seinen Plakaten für das berühmte „Moulin Rouge“, einem Pariser Nachtlokal, und seinen Lithografen aus dem Milieu der Pariser Halbwelt, um die Jahrhundertwende Bedeutendes leistete.

Lithografiestein

Der Lithografiestein ist chemisch zu 98 % Calciumcarbonat ($CaC0_3$), mit Verunreinigungen von Ton, Sand, Kieselsäure, Magnesiumsalzen und Eisenoxiden. Der beste für lithografische Arbeiten geeignete Stein ist im fränkischen Jura in den Steinbrüchen um Solnhofen im Altmühltal zu finden. Dieser Stein

Die Künstlerin Irmela Röck zeichnet auf den Original-Stein

besitzt ein gleichmäßiges Korn und feinste Poren in Form von Kapillaren. Diese Struktur macht den Solnhofener Kalkstein für drucktechnische Arbeiten besonders geeignet, da sich darin die zum Lithografieren (zeichnen mit Feder, Kreide u. a.) verwendete Fett-Tusche einerseits gut durch Adsorption verankert, andererseits die Kapillarkraft fettfreier Poren eine sehr gute hygroskopische (wasseranziehende) Eigenschaft besitzt.

Entsprechend dem Anteil an Eisenoxid ist der Stein unterschiedlich gefärbt. Diese Farbe wiederum ist ein Erkennungsmerkmal für die Härte des Steins. Entsprechend dem Verwendungszweck für unterschiedliche lithografische Techniken ist der geeignete Stein auszuwählen. In der Regel sind weißlich-gelbe Kalksteine weich, gelblich-graue Steine mittelhart und grau-blaue Steine hart.

Grundsätzlich gilt: Je feiner und detailreicher die Zeichnung auf dem Stein auszuführen ist, desto härter muß der Stein sein.

Bevor ein solcher Kalkstein als Lithografiestein zu verwenden ist, muss er gründlich mit einer Mischung aus Bimsstein, Sand und Wasser geschliffen werden.

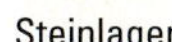

Steinlager

Ein Stein wird geschliffen

Ein Stein wird für den Andruck eingewalzt

Der erste Abzug auf der Handpresse

Auflagendruck vom Original-Stein in der Steindruck-Schnellpresse

Ist die Steinoberfläche völlig kratzerfrei und absolut eben, ist die Oberfläche gründlich mit Wasser abzuwaschen und mit einer Alaunlösung zu entfetten. Der schwammartig saugfähige Lithografiestein erhält dadurch eine alkalisch reagierende, fein poröse Schicht, die vor Fingerabdrücken, Fett u. ä. Verunreinigungen zu schützen ist, da sie sofort haften bleiben. Die lithografische Arbeit kann nun direkt mit einer speziellen Fett-Tusche oder -Kreide auf den Stein gezeichnet werden.

Diese lithografische Tusche oder Kreide besteht im Wesentlichen aus drei Komponenten:

- Talg, ein festes Fett, welches mit dem Calciumcarbonat des Steins schwer lösliche Seifen (Salze der Fettsäure) bildet,
- Wachse und Harze, die die erforderliche Festigkeit der Zeichnung nach dem Trocknen und eine gewisse Widerstandsfähigkeit gegen „Ätzen" (Säuren) geben, und aus
- Ruß, der zum Anfärben der Fetttusche dient.

Diese Mischung verbindet sich mit dem kohlensauren Kalk zu einem fettsauren Kalk, der hydrophob (wasserabstoßend) reagiert. Alle zeichnungsfreien Stellen bleiben hydrophil (wasseranziehend). Die Zeichnung wird mit Säure auf dem Stein fixiert.

Wesentlich für das Funktionieren des Flachdruckprinzips sind die Fettsäure-Ionen mit zwei polaren Enden: eine negativ geladene hydrophile Gruppe hängt an einer langen, hydrophob wirkenden Kohlenstoffkette. Das hydrophile Ende verbindet sich leicht mit der alkalischen Oberfläche des Lithografiesteins, das andere Ende ragt mit seinem hydrophoben Teil senkrecht aus der Oberfläche heraus. Wird der Stein gefeuchtet, benetzt Wasser prinzipiell zeichnungsfreie Stellen des Steins. Die Zeichnung selbst stößt mit ihrer hydrophoben Oberfläche die Feuchtigkeit ab. Da sich sämtliche Fettsäuren, selbst Spuren von Fett an den Fingern, auf dem fettfrei gereinigten, leicht alkalisch reagierenden Lithografiestein absetzen und haften bleiben, ist es unbedingt erforderlich, einen haltbaren Feuchtigkeitsträger an allen Nichtbildstellen (zeichnungsfreie Stellen) zu schaffen.

Um diesen Feuchtigkeitsträger haltbar aufzubauen, setzt man eine Mischung von Wasser, Salpetersäure und – besonders wichtig – Gummiarabicum ein. Das Gummiarabicum (chemisch: Salze der Arabinsäure) ist das Harz tropischer Akazienbäume. Es wirkt stark hygroskopisch, das heißt, es zieht Wasser begierig an und quillt dadurch auf. Als feine Lösung auf den Stein aufgetragen, haftet Gummiarabicum nach dem Trocknen durch Adsorption sehr fest in den Kapillaren. Auch durch das Auswaschen des Steins vor dem Druck lösen sich die Gummiarabicumteilchen nur teilweise aus den Kapillaren.

Vor dem Einfärben ist – wie die Druckform bei allen Flachdruckverfahren – der Stein zu feuchten. Bei dem leichten Feuchten saugen die kleinen Gummiarabicum-Moleküle das Wasser begierig an und verhindern so beim anschließenden Einfärben ein Anlagern von Druckfarbe an den zeichnungsfreien Stellen des Steins. Die fetthaltige Druckfarbe wird jedoch an den Bildstellen gut angenommen, da hier das hydrophobe Ende der Fett-Tusche heraus ragt. Ein leichtes Ätzen mit einem Gemisch aus Wasser und Salpetersäure in Verbindung mit Gummiarabicum baut die hydrophile Reaktion zeichnungsfreier Stellen immer wieder neu auf.

Vor dem Druck ist der Lithografiestein mit Asphalttinktur auszuwaschen und mit Wasser gründlich abzuwaschen. Nach dem Feuchten und Einfärben mit Federfarbe kann ein Abzug auf einer Reiberpresse gedruckt werden.

Lithografische Techniken

Federzeichnung: Auf einem möglichst harten, glatt geschliffenen Stein wird die Zeichnung mit einer spitzen Feder aufgetragen.

Punktierzeichnung: Diese Technik ist wie die Federzeichnung mit gleichen Mitteln auszuführen. Anstelle von Linien wird die Zeichnung jedoch durch einzelne Punkte mit unterschiedlicher Größe und variablem Abstand zueinander dargestellt. Diese Technik wird häufig mit anderen Techniken gemeinsam eingesetzt.

Kreidezeichnung: Diese Technik (früher Kreidemanier genannt) erfordert einen harten Stein mit einer gekörnten Oberfläche, die durch einen speziellen Schleifprozess mit Wasser und feinem, scharfen Quarzsand zu erreichen ist. Je feiner und spitzer die Kornbildung auf dem Stein ist, desto brillanter wird auch die Zeichnung. Der Lithograf zeichnet mit einer Fettkreide, die es in verschiedenen Härtegraden (ähnlich heutiger Bleistifte!) gibt, auf dem gekörnten Stein. Nach Art der Bleistiftzeichnung lassen sich Tonwertabstufungen wiedergeben, die von der vollen schwarzen Fläche über verschiedenste Zwischentöne bis zu den feinsten hellen Tönen reichen.

Steinlavierung: Ähnlich einem Aquarell wird mit einem Pinsel und flüssiger Fett-Tusche auf einem gekörnten Stein gezeichnet. Es lassen sich auch großflächige Darstellungen erzielen, die mit lithografischer Kreide ergänzt oder mit Schaber oder Nadel effektvoll bearbeitet werden können.

Tangiermanier: Flächen innerhalb einer Zeichnung lassen sich mit eingefärbten Fellen, die ein bestimmtes Muster besitzen, ausfüllen. Dadurch wird ein langwieriges Ausarbeiten mit der Federzeichnung erspart.

Spritzmanier: Ähnlich wie bei der Tangiermanier lassen sich Flächen rasch mit einer gewünschten Struktur versehen. Sollen begrenzte Flächen gespritzt werden, so sind die wegfallenden Teile mit Gummiarabicum oder einer Schablone abzudecken. Für das Spritzen benutzt man flüssige Fett-Tusche, die mit einer Bürste und einem Sieb aufgetragen wird.

Chromolithografie: Die farbige Lithografie erfordert umfassende Erfahrung, Konzentration und Geschick, um bei komplizierten Chromolithografien mit bis zu 20 Druckfarben jede einzelne Farbe zu erfassen, auszuarbeiten und passergenau auf den Stein zu übertragen. Das handwerkliche Können setzt zudem künstlerisches Empfinden voraus.

Chromolithografie

Wenn wir eine mehrfarbige Vorlage durch Übereinanderdrucken verschiedener Farben wiedergeben wollen, bedienen wir uns heute des Rasters. Im Steindruck wurde statt dessen hauptsächlich die Chromolithografie angewendet; es war eine Technik, die von seiten des ausübenden Lithografen ein hohes Maß handwerkliches Können, gepaart mit künstlerischem Empfinden, voraussetzte.

Zunächst musste von der zu druckenden Vorlage eine Konturenzeichnung angefertigt werden, die man entsprechend der Zahl der vorgesehenen Druckfarben auf ebenso viele Originalsteine übertrug. Die Konturen sollten nicht mit drucken, sondern lediglich dem Lithografen als Anhalt für die herauszuarbeitenden Farben dienen. Dieser musste nun, um die Tonverläufe in den einzelnen Farben wiederzugeben, mit Feder und Tusche Pünktchen neben Pünktchen aneinander setzen, ähnlich wie es heute bei der fotografischen Aufrasterung geschieht. Da im Mehrfarben-Steindruck eine Skala von 16 Farben keine Seltenheit war, hatte ein Lithograf oft wochenlang an einem Auftrag zu tun. Die vom Lithografen fertiggestellten Originalsteine kamen zum Andrucker, der die Steine ätzte, einwalzte und gummierte, um dann die Arbeit farbig auszudrucken. In vielen Fällen waren nach dem Andruck noch Farbkorrekturen oder Kundenwünsche zu berücksichtigen, die eine nochmalige Überarbeitung erforderlich machten.

Der hohe Zeitaufwand und die mühsame Arbeit, die eigentlich nur von Könnern von der Vorlage bis zum fertigen Druck ausgeführt werden konnten, ergaben Druckerzeugnisse von hoher Qualität. Hauptanwendungsgebiete der Chromolithografie waren: Etiketten aller Art, wertvolle Packungen, wie sie besonders für Süßwaren und Kosmetikartikel verwendet wurden, Plakate, Landkarten usw. Nachdem aber 1882 Meisenbach die Autotypie, das Rastern von Bildinformationen für Buchdruckplatten, erfunden hatte, nahm der Mehrfarbendruck einen gewaltigen Aufschwung. Die fotografische Herstellung der Farbauszüge und die damit verbundene kürzere Farbskala ermöglichten eine billigere Herstellung von mehrfarbigen Arbeiten im Buchdruck, dem der Steindruck nichts ähnliches entgegenzusetzen hatte.

Umdruck auf den Stein: Mit der neuen lithografischen Technik wurden neben Bildern auch Schriften und Noten gedruckt. Damit Buchstaben, Bilder und Noten jedoch seitenrichtig gedruckt werden konnten, muss seitenverkehrt auf den Stein gezeichnet werden. Diese mühevolle Arbeit schaltete Senefelder durch die Erfindung des Umdruckverfahrens aus. Mit einer aus Leinöl, Seife und Ruß bestehenden Tusche zeichnete er alle Zeichnungsteile auf gering saugfähiges Umdruckpapier. Dieses Blatt kam dann mit der Bildseite auf den vorbereiteten Stein. Es wurde durch Druck auf den Stein übertragen und stand nun seitenverkehrt darauf. Nun musste das übertragene Bild zwar noch nachgezogen werden, der Arbeitsgang war jedoch wesentlich einfacher als das seitenverkehrte Zeichnen auf dem Stein.

Eine spezielle Möglichkeit der Umdrucktechnik ist es, die Zeichnung von dem Originalstein, evtl. sogar zu mehreren Nutzen, auf den Maschinenstein zu übertragen. Vom Umdrucker wird hierbei ein hohes Maß an Geschicklichkeit verlangt. Zunächst wird der Originalstein mit einer strengen Federfarbe, die mit einem Fünftel Blattgoldfirnis angerieben wird, eingewalzt. Die Zügigkeit der Farbe ergibt gestochen scharfe Abzüge, die in der Reiberdruckpresse auf Umdruckpapier gemacht werden. In einem weiteren Arbeitsgang, der etwa der Filmmontage in der Offsetdruckkopie entspricht, müssen die Umdruckabzüge auf einem Einteilungsbogen aufgestochen werden. Dieses Aufstechen erfolgt mit einer Metallnadel und soll bewirken, dass der Umdrucknutzen zwar fest auf dem Einteilungsbogen haftet, sich aber beim Übertragen auf den Maschinenstein leicht von der Einteilung löst. Die Umdrucke dürfen während der ganzen Arbeitsgänge nicht mit den Händen auf der präparierten Seite berührt werden, denn die geringsten Fettspuren treten nach dem Übertragen und Fertigmachen als Schmutzstellen zutage.

Das Übertragen des aufgestochenen Umdrucks auf den Maschinenstein geschieht in der sogenannten Überziehpresse, die ähnlich wie eine Abziehpresse mit Reiberdruck arbeitet. Nach mehrmaligem Durchziehen unter Druck kann der Einteilungsbogen entfernt und nach abermaligem Durchziehen das Umdruckpapier mit warmen Wasser gelöst werden. Die Zeichnung steht jetzt deutlich sichtbar auf dem Stein und dieser kann durch Einwalzen und Ätzen der Zeichnung druckreif gemacht werden.

Druckmaschinen

Bis Mitte des 19. Jahrhunderts druckte man im Steindruck auf Handpressen, die im Prinzip schon Senefelder erfunden hatte. Auf allen Gebieten der Technik wurden zu dieser und in der darauf folgenden Zeit große Fortschritte gemacht. Zahlreiche Erfindungen, insbesondere in der Eisenbearbeitung, veränderten die wirtschaftliche Struktur grundlegend. Das Zeitalter von Eisen, Stahl und Elektrizität begann und damit sich nahezu überstürzende Neuerungen.

Galgen- oder Stangenpresse, mit der Senefelder druckte

1851 erfand der Berliner Maschinenbauer Sigl die erste Steindruck-Schnellpresse, eine Flachform-Zylinderdruckmaschine. Die Grundkonstruktion einer Steindruck-Schnellpresse ist mit einer Buchdruck-Schnellpresse zu vergleichen. Die Druckmaschine wird mit einer Kurbelwelle angetrieben, die den Vor- und Rücklauf dieses Karrens mit der darauf liegenden Druckform besorgt.

Der in der Mitte der Druckmaschine gelagerte Druckzylinder druckt nur beim Rücklauf dieses Karrens von dem Maschinenstein, der auf dem Fundament der Druckmaschine mit Holzkeilen befestigt ist. Am vorderen Teil der Druckmaschine ist das Farbwerk mit Verreibe- und Auftragswalzen angebracht, im hinteren Teil das Feuchtwerk mit zwei „Wischwalzen" zum Feuchten der Druckform. Für einen Flächendruck lässt sich die Druckmaschine auf einen sogenannten Doppelgang mit doppelter Feuchtung und Einfärbung einstellen.

Anfangs musste das Anlegen und Abnehmen der Druckbogen von je einer Hilfskraft erledigt werden. Erst ab 1906 wurde der von Gustav Keim erfundene automatische Bogenanleger auch an Steindruck-Schnellpressen angebaut. Da der Steindruck aber schon bald nach der Erfindung des Offsetdrucks von dieser neuen Flachdrucktechnik überholt wurde, waren größere technische Verbesserungen an den Steindruck-Schnellpressen danach uninteressant geworden.

2.3 Bild

Holzschnitte, Kupferstiche und auch Stahlstiche dienten bis zum 18. Jahrhundert zur Illustration von Büchern. Ein neuer Zeitgeist verlangte besonders bei aktuellen Druckprodukten wie Zeitungen und Zeitschriften nach neuen Möglichkeiten in der Bildwiedergabe. Erst Ende des 18. Jahrhunderts verdrängte

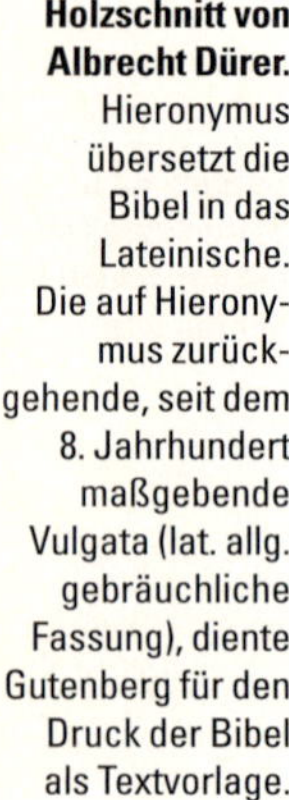

Holzschnitt von Albrecht Dürer. Hieronymus übersetzt die Bibel in das Lateinische. Die auf Hieronymus zurückgehende, seit dem 8. Jahrhundert maßgebende Vulgata (lat. allg. gebräuchliche Fassung), diente Gutenberg für den Druck der Bibel als Textvorlage.

die von Thomas Bedwick entwickelte Holzstichtechnik, Xylografie genannt, teilweise die bisher bekannten Verfahren. Im Gegensatz zum Holzschnitt, der längs der Holzfaser bearbeitet wird, arbeitet der Xylograf beim Holzstich quer zur Faser im harten Hirnholz. Viele Künstler bekamen durch den detailreicheren Charakter in der Bildwiedergabe neue Impulse.

Weitere manuelle Verfahren des Hochdrucks, Tiefdrucks und Flachdrucks brachten zwar interessante neue Illustrationsmöglichkeiten, es gelang aber nicht, die Kosten und die Zeit der Herstellung zu senken. Der bedeutende Durchbruch zur Verbilligung und zur rascheren Herstellung von Illustrierten gelang erst durch den Einsatz der Fotografie und der Reproduktionsfotografie. Der Begriff Fotografie ist der altgriechischen Sprache entnommen, übersetzt bedeutet er sinngemäß: mit Licht zeichnen. Es wurde erstmals möglich, Abbildungen mit der Fotografie auf einem lichtempfindliche Material ohne manuelles Tun herzustellen.

Der Ursprung der fotografischen Kamera geht auf die sogenannte „camera obscura“ zurück, mit der sich Leonardo da Vinci bereits in der zweiten Hälfte des 15. Jahrhunderts beschäftigte. Die „camera obscura“ ist ein lichtdichter Kasten mit einer kleinen runden Öffnung auf einer seiner sechs Seiten, durch die Lichtstrahlen eintreten. Die in diesen Kasten einfallenden Lichtstrahlen kreuzen sich in der Öffnung und laufen geradlinig weiter. Auf der dem Loch gegenüber liegenden Wand entsteht ein auf dem Kopf stehendes Bild. Ein deutlicher Beweis dafür, dass sich das Licht geradlinig ausbreitet.

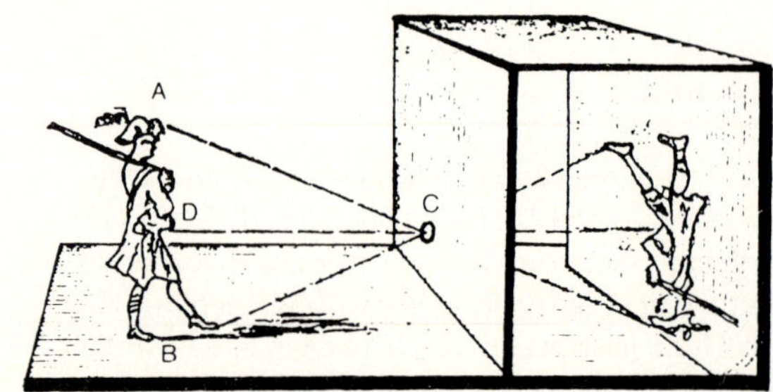

Lochkamera (camera obscura) Die Strahlen A, B und D gehen von verschiedenen Punkten durch das Loch C in der camera obscura. Sie setzen sich geradlinig fort und gelangen an die Rückwand. Dort entsteht ein kopfstehendes Bild, das man mit dem Zeichenstift „auffangen“ kann.

Bereits im klassischen Altertum kannte man die Lochkamera. Aristoteles beschreibt sie, allerdings nicht im Zusammenhang mit der Fotografie. Als Instrument zum Einfangen von Zeichenmotiven finden wir die Lochkamera bei Renaissancekünstlern wieder: Leonardo da Vinci ist einer der berühmten Maler, die sich der Lochkamera bedienten. Schließlich stand sie Pate bei Erfindungen zur Fotografie.

Die Lochkamera ist der einfachste Apparat, der nach dem Prinzip der geradlinigen Lichtausbreitung arbeitet und mit dem sich eine Abbildung erreichen lässt. Sie erzeugt von einem vor der Öffnung befindlichen Gegenstand auf der Mattscheibe ein umgekehrtes Bild. Dabei ist es natürlich wesentlich, dass der Gegenstand vor der Öffnung Licht ausstrahlt oder Licht reflektiert. Dieses umgekehrte Bild auf der Mattscheibe wird um so größer, je kleiner der Abstand zwischen dem Gegenstand und der Öffnung ist und je größer der Abstand zwischen der Mattscheibe und der Öffnung ist. Es empfiehlt sich also, den Kasten so zu konstruieren, dass man die Rückseite mit der Mattscheibe nach vorn und hinten bewegen kann.

Voraussetzung für die Fotografie war jedoch nicht nur eine Kamera. Bedeutend wichtiger waren die Erkenntnisse über die Lichtempfindlichkeit verschiedener Materialien und über die chemischen Vorgänge, wie ein Bild auf lichtempfindlichem Material haltbar gemacht werden konnte.

Johann Heinrich Schulze, ein deutscher Arzt und Gelehrter, entdeckte 1727 die Lichtempfindlichkeit der Silbersalze. Aber es dauerte noch etwa 100 Jahre, bis diese Entdeckung zu der Erfindung der Fotografie auf der Grundlage der Silbersalze führte. Diese entscheidenden Entwicklungsschritte machten in der Zeit von 1822 bis 1850 Nicephore Niepce und Louis Daguerre. Sie entdeckten die Asphalt- und später die Jodsilberkopie und fanden in Quecksilberdämpfen einen geeigneten Entwickler, der das latente (unsichtbare, aber vorhandene) Bild sichtbar machte. Mit einer Kochsalzlösung fixierten sie ihre Aufnahmen und machten sie haltbar.

Während Niepce noch etwa zehn Stunden für eine Belichtung der Asphaltschichten benötigte, erreichte Daguerre mit der Jodsilberkopie bereits Belichtungszeiten um 15 Minuten. Anstelle von Jod verwendete man später Brom um die Silberplatten lichtempfindlich zu machen. Dabei verringerte sich die Belichtungszeit auf etwa zwei Minuten.

Daguerre stellte seine ersten fotografischen Aufnahmen mit der camera obscura her, lange bevor es eine Kamera im heutigen Sinne gab. An der Entwicklung der Fotografie war auch der Kamerabau, insbesondere die Herstellung geeigneter Optiken mit feinst geschliffenen Linsen und Kombinationen zu Linsensystemen maßgeblich beteiligt.

Mit der Lochkamera Leonardo da Vincis erhielt man nur schemenhafte, unscharfe Abbildungen. Erst Kombinationen verschiedenster Linsen zu einer Optik ergaben scharfe, originalgetreue Abbildungen. Maßgeblich gelang dies den Deutschen Abbe, Zeiss und Schott.

Landschaftsfotograf aus dem vorigen Jahrhundert

Bereits 1861 hatte James Clark Maxwell die Aussonderung einzelner Farben mit Farbfiltern entdeckt. Dem deutschen Vogel gelang es 1873, das Aufnahmematerial für farbige Lichtstrahlen empfindlich zu machen.

Fotografie und Reproduktionsfotografie sind in der Entwicklung eng miteinander verknüpft. Reproduktion bedeutet grundsätzlich die Wiedergabe der fotografischen Vorlage für die technische Herstellung von Druckformen. Die Strichätzung zur Wiedergabe von Schwarzweiß-Vorlagen ohne Halbtöne wurde 1867 in Paris erfunden.

Für die Drucktechnik von größter Bedeutung war die Erfindung der Autotypie durch Georg Meisenbach 1882. (Autotypie: auto = selbst, typie = Type, Druckelement; frei übersetzt also: selbsttätig Druckelemente bildend. Die Bezeichnung wird auch für eine Rasterdruckplatte für das Buchdruckverfahren verwendet). Meisenbach gelang es, durch das Vorschalten eines Linienrasters Graustufen, sogenannte Halbtöne einer Vorlage in flächenvariable Rasterpunkte zu zerlegen.

Helle Bildstellen bestehen bei diesem Verfahren aus kleinen, dunkle Bildstellen aus flächenmäßig größeren Rasterpunkten. Nun war es auch möglich, fotografische Vorlagen durch ein fotomechanisches Verfahren nahezu naturgetreu im Druck rasch und kostengünstig wiederzugeben.

Rasche Entwicklungen in der Fotografie förderten die Verbesserung und Beschleunigung der Bildherstellung in der Reproduktion. Bald wurde es möglich, farbige Drucke herzustellen, die in der Bildqualität der Fotografie ähnlich oder gar gleichwertig waren.

2.4 Beschreib- und Bedruckstoffe

Das Papier hat sich in unserer modernen Zivilisation zum unentbehrlichen Bedarfsartikel entwickelt. Man braucht nur die vielen Gebrauchsgegenstände im täglichen Leben zu betrachten, in denen uns das Papier in den vielfältigsten Formaten auf Schritt und Tritt begegnet. Hier interessiert in erster Linie die Funktion des Papiers als Werkstoff des Druckers. Zum besseren Verständnis der Materie ist es notwendig, kurz auf die Geschichte und Vorgeschichte der Papierherstellung einzugehen.

Schon aus den ältesten Kulturen der Menschheit ist bekannt, dass man sich bemühte, Gedanken und Mitteilungen durch Bild- oder Schriftzeichen zu fixieren. So wie sich die Kultur im Laufe der Zeit aus den primitivsten Anfängen des Denkens und Sprechens bis zur höchsten geistigen Blüte entwickelte, so führte ein weiter Weg von den einfachsten Felszeichnungen, die wir zum Teil heute noch bewundern können, bis zur ausgebildeten Buchstabenschrift auf einem handlichen Beschreibstoff. Die Völker des Altertums verwendeten als solchen die Materialien, die ihnen die Naturbot. Wir wissen, dass die Assyrier und Babylonier ihre Keilschrift Tontafeln anvertrauten, die Chinesen schrieben auf Bambustafeln und die Inder auf Palmblätter.

Viele Völker des Altertums benützten Baumrinden, Tontafeln, Wachstäfelchen und Papyrus, um Gedanken niederzulegen und weiterzureichen. Auch heute werden bei archäologischen Grabungen immer wieder Tontafeln, die 3000 bis 5000 Jahre alt sind, in großer Zahl gefunden. Erst in jüngster Zeit wurde das älteste Buch (etwa 3500 Jahre alt) in Form von Tontafeln ausgegraben. Es ist ein hethitisches Lehrbuch über das Reiten und den Umgang mit Pferden am Streitwagen.

Je nach Verderblichkeit oder Zerbrechlichkeit der ehemaligen Beschreib- und Bedruckstoffe überdauerten sie Jahrzehnte, Jahrhunderte – ja Jahrtausende. Auch heute noch wird Pergament bei besonders wertvollen Urkunden und Bucheinbänden verwendet.

Papyrus

Lange vor dem Pergament war durch die Ägypter (seit etwa 3000 v.Chr.) in den Mittelmeerländern der Papyrus als Beschreibstoff bekannt. Die Ägypter kultivierten die Sumpfpflanze Papyrus, ein Riedgras, die eine Höhe von ca. 4,50 m erreicht, eigens zur Papyrusherstellung. Das Mark der Papyrusstengel wurde in dünne, schmale Streifen geschnitten, geklopft, kreuzweise übereinander gelegt, gepresst und geklebt.
Schon damals wurden solche Papyrusblätter mit farbigen Flüssigkeiten beschrieben

Papyrusrolle

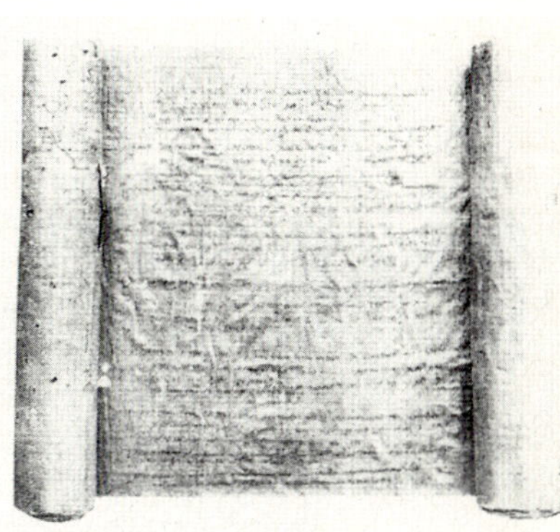

(Totenbücher aus den Gräbern vieler Pharaonen, z.B. Tut-ench-amon, Ramses, hoher Staatsbeamter u.v.a.). Die Ägypter verstanden es, mit dieser Fabrikation von Beschreibstoffen eine echte Monopolstellung zu schaffen und damit einen weltweiten Handel zu betreiben. Allerderdings hatte der natürliche Beschreibstoff einen wesentlichen Nachteil im Vergleich zu dem später erfundenen Papier: Papyrus war bei längeren Texten nur in Rollen zu verarbeiten, da es sich ohne zu brechen weder falzen noch heften ließ. Trotzdem lebt Papyrus heute noch fort: Das Wort „Papier" hat seinen Namen von der Papyruspflanze.

Ich kauff Schaffell/Böck/vñ die Geiß/
Die Fell leg ich denn in die beyß/
Darnach firm ich sie sauber rein/
Spann auff die Ram jeds Fell allein/
Schabs darnach/mach Permennt darauß/
Mit grosser arbeit in mein Hauß/
Auß ohrn vnd klauwen seud ich Leim/
Das alles verkauff ich daheim.

Pergament

Der Papyrus wurde schließlich völlig vom Pergament verdrängt, das zuerst im 2. Jahrhundert v.Chr. in dem Ort Pergamon in Kleinasien bekannt wurde. Pergament wurde aus Tierhaut gewonnen und eignete sich vorzüglich als Beschreibstoff. An der kulturellen Entwicklung des Abendlandes im Mittelalter hat das Pergament einen wesentlichen Anteil. Noch im ausgehenden Mittelalter wurden besonders kostbare Schriftstücke und Bücher auf Pergament geschrieben bzw. gedruckt, obwohl die Papierherstellung in Europa bereits bekannt war und mit Erfolg ausgeübt wurde. Pergament ist ungegerbte, durch Schaben und Schleifen geglättete Tierhaut (Kalb, Esel, Ziege, Schaf, Schwein). Der Ursprung des Pergaments ist etwa um 280 - 130 v. Chr. in Pergamon zu suchen, einer altgriechischen Stadt in Mysien an der kleinasiatischen Westküste.

Pergament war nahezu zwei Jahrtausende einer der Beschreib- und Bedruckstoffe, um Schriftrollen, Schriftstücke und Bücher herzustellen.

Papier

Der Ursprung des Papiers geht auf eine chinesische Erfindung zurück, die dem Ackerbauminister Tsai-Lun um das Jahr 105 n. Chr. zugeschrieben wird.

Als Rohstoff dienten Hanffasern, auch Hanfhadern, Chinagras und Bambusschößlinge. Das Geheimnis der Papiermacherei wurde in China jahrhundertelang sorgfältig gehütet. Erst 500 Jahre später wurde die Papierherstellung in Japan bekannt und im 8. Jahrhundert drang sie nach Westen in das damals Persische Samarkand in Zentralasien vor. Die Araber brachten in ihrem Siegeszug das Verfahren über Nordafrika nach Sizilien und Südspanien. Ihnen gebührt somit das große Verdienst, Mittler des Kulturfaktors Papier von China ins Abendland gewesen zu sein. Eine der ersten nachweisbaren Papiermühlen Europas finden wir um 1275 in Fabriano bei Ancona in Italien. In Oberitalien gelangte das Gewerbe der Papiermacherei schnell zu hoher Blüte, so dass über längere Zeit die meisten europäischen Länder ihren Papierbedarf aus Italien deckten.

Die Gleismühle vor den Toren Nürnbergs um das Jahr 1400

Die erste urkundlich nachgewiesene Papiermühle in Deutschland war die im Jahre 1390 von dem Nürnberger Patrizier und Kaufmann Ulman Stromer zur Papiermühle umgebaute Gleismühle bei Nürnberg. Weitere Papiermühlen entstanden in rascher Folge in Ravensburg, Straßburg und anderen Städten, wobei dem Ravensburger Papier lange Zeit eine Vormachtstellung zukam. Mit der Erfindung der Buchdruckerkunst wuchs der Papierbedarf enorm. Immer mehr Menschen lernten lesen und schreiben. Humanismus und Renaissance weckten den Bildungshunger breiter Bevölkerungsschichten und die Reformation brachte eine Flut von Druckschriften im Kampf um die politische und religiöse Auffassung. So kam es, dass man um das Jahr 1600 in Deutschland über 200 Papiermühlen zählte.

Den einzigen Rohstoff für die Papierbereitung bildeten ursprünglich Hadern, deren Beschaffung in der gewünschten Menge immer schwieriger wurde. Da von der Beschaffenheit der Lumpenfaser der Ausfall des Papiers abhängig war, spiegelte sich in der Papierqualität der Wohlstand eines Landes wider und so kam es, dass während des Dreißigjährigen Krieges die holländischen Papiere die besten in Europa waren.

Herstellung des Papiers

Die gesammelten Hadern wurden gründlich sortiert und gereinigt. Stampfhämmer, die das Rohmaterial unter Hinzugabe von Wasser zu Brei verarbeiteten, wurden durch ein Mühlrad angetrieben. Dieser Brei, Halbzeug genannt, war für die Verarbeitung zu Papier noch nicht fein genug. Er wurde, nachdem er einige Zeit gelagert hatte, nochmals 24 Stunden gestampft. Das Ergebnis war das „Ganzzeug", das man in eine einen Meter tiefe Bütte schüttete. Die Dicke dieses Stoffes war für die Stärke des Papiers maßgebend.

Die eigentliche handwerksmäßige Tätigkeit

„Der Papyrer" aus dem Ständebuch von Jost Ammann

Historische Papierherstellung

Sammeln pflanzlicher Faserrohstoffe, Bambustriebe beschneiden und in Wasser einweichen.

Bambusstengel in einer Lösung aus Wasser und gelöschtem Kalk kochen: Lösen des Faserverbandes.

Schöpfen des Faserbreis mit einem Sieb aus Bambus. Durch das Abfließen des Wassers verfilzen die Fasern.

Der nasse Papierflies wird auf dicken Filztüchern gepresst, überschüssiges Wasser wird entzogen.

Weiteres Trocknen der Papierbogen duch Aushängen.

und auch der schwierigste Teil der Papiermacherei bestand in dem Schöpfen, das der Büttgesell mit dem Sieb besorgte. Er hob damit eine dünne Schicht des Papierstoffes heraus und bewegte sie durch sanftes Schütteln derart, dass eine gleichmäßige Verfilzung eintrat. Das meiste Wasser entwich während des Arbeitsvorganges durch die Maschen des Siebes. Zum weiteren Abtropfen lehnte der Geselle das Sieb an einen besonders angebrachten Stab, den Esel, von wo der Gautscher das noch feuchte Blatt Papier abnahm. Das feuchte Papierblatt wurde beim Gautschen auf einen feuchten Wollfilz abgedrückt und dann wieder mit einem Filz bedeckt, auf den der nächste Bogen gegautscht wurde. Durch abwechselndes Übereinanderschichten von Papierblättern und Filzen erhielt man einen Stoß von 180 Bogen und 181 Filzen, die man „Bauscht" nannte. Der Stoß wurde gepresst, dann die Papierblätter von den Filzen getrennt und schließlich einer zweiten Pressung ohne Filz unterzogen. Durch Aufhängen in Trockenböden wurden die Papierblätter wie Wäsche getrocknet. Danach erfolgte die Leimung. Im Gegensatz zur Arbeitsweise der alten orientalischen Papiermacher, die dem Faserbrei in den Schöpfbütten einen aus Reisabsud hergestellten Leimstoff zusetzten, also schon die Stoffleimung kannten, war bei den deutschen Papiermachern im Mittelalter die Oberflächenleimung üblich. Der Leim wurde aus tierischen Abfällen in der Papiermühle selbst hergestellt. Die Bogen wurden in Bündeln in die Leimflüssigkeit getaucht und zum Trocknen aufgehängt. Wasserzeichen sind schon seit den Anfängen der Papiermacherei als Erkennungs- und Gütezeichen der Papiere üblich. Die Figur des Wasserzeichens wurde aus Draht geformt und auf das Sieb aufgenäht. An diesen erhöhten Stellen blieb der Papierstoff beim Schöpfen etwas dünner liegen und das Wasserzeichen erschien in der Durchsicht als helle Figur im Papier.

Die industrielle Papierherstellung wurde durch die Erfindung der Langsiebpapiermaschine 1799 durch den Franzosen Louis Robert eingeleitet. Diese Erfindung war die wichtigste Voraussetzung für die Befriedigung einer stark gestiegenen Papiernachfrage für den Druck seit der Aufklärung und der Französischen Revolution. Die alten Papiermühlen, in denen immer noch Papier mit der Hand geschöpft wurde, mussten wegen dieser Produktionsmenge nach und nach ihren Betrieb einstellen.

Mit weiter wachsendem Papierbedarf und höheren Leistungen der in England Anfang des 19. Jahrhunderts weiterentwickelten Papiermaschine wurde die Rohstoffbeschaffung für die Papierherstellung immer schwieriger. Man verwendete in Europa bis dahin fast ausschließlich Hadern als Faserstoff. Diese Lumpen, also getragene Kleider, hergestellt aus Leinen, Flachs und Baumwolle, reichten jedoch als Faserrohstoff nicht aus.

Die Suche nach neuen Rohstoffen führte 1844 zur Erfindung des Holzschliffs durch den sächsischen Weber Friedrich Gottlob Keller. Keller gelang es, Holz durch Abschleifen von Holzprügeln auf einem rotierenden Schleifstein unter Wasserzugabe zu einem dickflüssigen Faserbrei zu verarbeiten. Diesen neuen Rohstoff mischte Keller mit einem Teil Hadern und stellte ein brauchbares Papier her. Da dieser Holzschliff im Vergleich zu den Hadern über eine wesentlich geringere Festigkeit und schlechtere optische Eigenschaften (niedrigerer Weißgrad) verfügte, suchte man nach weiteren Wegen, aus diesem neuen Rohstoff Holz einen noch besseren Faserstoff zu gewinnen. Dazu musste aus dem Holz eine möglichst reine Zellstoff-Faser herauszulösen sein. Insbesondere das im Holz vorhandene Lignin verringerte die Qualität und so versuchte man, mit Chemikalien das Holz aufzuschließen und reinen Zellstoff zu gewinnen. Der erste chemische Aufschluss des Holzes gelang den Engländern Burgess und Watt im Jahre 1853 mit dem alkalischen Natronverfahren. In den folgenden Jahren wurde von dem Amerikaner Tilghman und dem Deutschen Mitscherlich ein saures Aufschlussverfahren zur Zellstoffgewinnung aus Holz entwickelt.

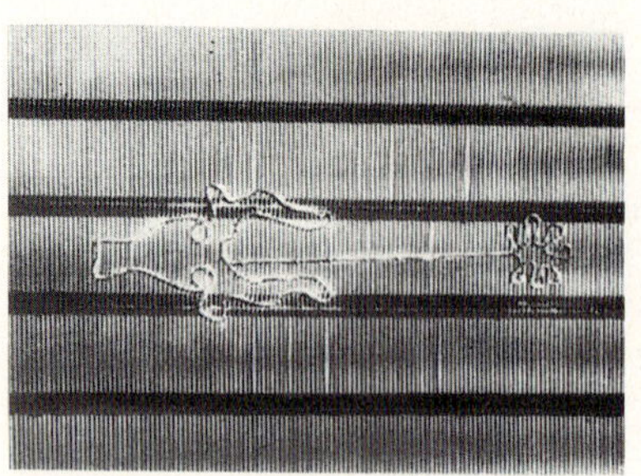

Wasserzeichen auf ein Schöpfsieb aufgenäht

Dieses Verfahren führte zum Sulfitzellstoff, der in dieser Aufschlusstechnik heute noch in der Bundesrepublik Deutschland produziert wird. In der Folgezeit entwickelte sich bis heute die Papierherstellung in Deutschland sowohl in der technischen Fertigung als auch in der Qualität verschiedenster Papiersorten zu einer Industrie mit großer Bedeutung auf dem Weltmarkt.

Das vielfältige Produktionsprogramm der Papierindustrie umfasst heute über 3000 Sorten.
Die Verwendungsbereiche haben dabei etwa folgende Anteile an der gesamten Produktion:
44 % Graphische Papiere, 27 % Verpackungspapiere, 18 % Karton und Pappe für Verpackungszwecke, 6 % Hygiene-Papiere sowie 5 % Technische Papiere und Pappen.

2.5 Buchbinderei

Betrachtet man die Kulturen der Völker, so stößt man immer wieder auf schriftliche Wiedergaben des Gedankengutes in einer verarbeiteten oder bereits gebundenen Form: das Buch oder einen der Vorläufer.

Der erste Bucheinband mag eine Schnur gewesen sein, mit dem beschriftete Holz- oder Bambustäfelchen im ostasiatischen Raum aneinandergereiht wurden. Seit über 3000 Jahren sind ägyptische Papyrusrollen bekannt, die ein hohes handwerkliches Können verlangten. Papyrus war nur in Rollen zu verarbeiten, da es sich weder falzen noch heften ließ.

Als Vorläufer unserer heutigen Buchform gelten die Papyrusrollen im alten Ägypten. Je nach Umfang des Textes erreichten sie Längen von einem, zwei, drei Metern und sogar bis über zwanzig Metern. Auch andere Völker kannten diese Buchform: Inder, Chinesen, Griechen und Römer verwendeten dazu Pergament, Seide und andere Beschreibstoffe.

Ich bind allerley Bücher ein/
Geistlich vnd Weltlich/groß vnd klein/
In Perment oder Bretter nur
Vnd beschlags mit guter Clausur
Vnd Spangen/vnd stempff sie zur zier/
Ich sie auch im anfang planier/
Etlich vergüld ich auff dem schnitt/
Da verdien ich viel geldes mit.

Holzschnitt aus dem Ständebuch von Jost Amman, 1567

Die Schriftrolle hat sich bis heute als einfache und praktische Gebrauchsform über Jahrtausende behauptet. Sie heute noch als Thora-Rolle aus Pergament in der jüdischen Religion zu finden.

Die heute bekannte Buchform geht in ihren Grundzügen auf die Griechen und die Römer zurück. Sie verwendeten anfangs mit Wachs überzogene Holztäfelchen, in das durch Einritzen geschrieben wurde. Zwei, drei oder auch mehrere solcher Täfelchen (Diptychon, Triptychon oder Polyptychon genannt), durch Riemen oder Ringe miteinander verbunden, bildeten ein „Buch" mit leicht erhöhten Rändern. Geschrieben wurde mit einem Metallgriffel, dem Stilos. Dabei diente das spitze Ende des Griffels zum Einritzen der Buchstaben, das andere flache Ende zum Glätten oder Löschen der Buchstaben. Somit konnte das Wachstäfelchen beliebig oft wieder verwendet werden.

Man nimmt an, dass bereits im 4. Jahrhundert in der Verwaltung, der Dichtkunst und des religiösen Lebens Wachstäfelchen eingesetzt wurden.

Abgelöst wurde diese „Buchform" durch das beidseitig zu beschreibende und sogar zu falzende, widerstandsfähige Pergament, das durch chemische Behandlung der leicht verderblichen Tierhaut gewonnen wurde. Durch Verbinden mehrerer solcher Pergamentlagen zwischen zwei Holzdeckeln (mit Leder u. a. bezogen) entstand der „Codex". Auch die römischen Gesetzbücher, die „Codices", wurden in dieser Form geschrieben und gebunden.
Die bedeutendste Sammlung dieser Gesetze ist das „Corpus juris civilis", eine von dem römischen Kaiser Justinian 1. (534 n. Chr.) veranlasste Sammlung des römischen Rechts.

Wie das Schreiben, so war auch das Binden der Bücher bis zum Mittelalter ausschließlich eine klösterliche Arbeit.

In erhaltenen Urkunden wird der Mönch Dagäus im Jahr 587 n. Chr. bereits als Buchbinder beurkundet. Auch in früherer Zeit entstanden kostbare, juwelengeschmückte Einbände (Codex aureus aus dem 9. Jahrhundert u.a.), deren schwere Holzdeckel dem

Der Buchdrucker

Der Formschneider

Der Goldschlager

Der Schriftgießer

Abbildungen aus dem Ständebuch von Jost Amman: Gedruckt zu Frankfurt am Mayn. M.D.LXVII

Buch einerseits eine stabile und kostbare Gebrauchsform geben sollten, andererseits dazu dienten, das leicht wellig werdende Pergament niederzupressen. Deshalb sind die frühen Einbände zumeist schwere, mit Metallschließen oder Riemenschnallen verschlossene Lederbände mit reicher Verzierung.

Neben diesen wertvollen gebundenen Büchern entstanden auch einfache gebundene Werke, mit denen reisende Buchhändler im Mittelalter durch ganz Europa zogen und ihre Produkte auf Märkten anboten. Es entwickelte sich ein eigenständiges Handwerk, dessen Zunftordnung 1533 in Augsburg festgelegt wurde.

Im 15. und 16. Jahrhundert erreichte das buchbinderische Kunstschaffen seine höchste Blüte: prachtvolle Einbände aus den verschiedensten Materialien, in vielfältigen Techniken gebunden, schmückten die handgeschriebenen und gedruckten Bücher. Die Bücher erreichten einen so hohen Wert, dass zur Sicherheit Ketten, Ringe und Schlösser in den Einband eingearbeitet wurden.

Bücher verbreiteten rasch die neuen Ideen der Gelehrten und auch der Kritiker. Das Denken war anders geworden. Die Aussagen der Kirche verloren ihre absolute Bedeutung für alles, was die Menschen betraf. Die Aussagen der Bibel wurden nicht mehr wortwörtlich genommen.

Man lernte fragen: Warum? Wie? Was? Wozu? Die Fragen und der Wunsch nach Erkenntnissen nahm zu.

Physikalisch-mathematische Naturwissenschaften geben erste Antworten auf die Fragen. Herausragende Vertreter dieser neuen Wissenschaften waren Nikolaus Kopernikus (1473 - 1543), Johannes Kepler (1571 - 1630), Galileo Galilei (1564 - 1642).

Das neue Weltbild, Zahlen, Schiffe, Reisen und mutige Männer prägten das neue Zeitalter. Das religiös bestimmte Weltbild begann sich zu zersetzen.

In Basel erscheint die Anatomie des Andreas Vesalius, ein vollständiges medizinisches Lehrwerk.

Die ersten farbigen Atlanten, wie der „Weltatlas“ von Abraham Ortelius von 1570 erscheinen in großer Auflage.

1585 erscheint „De Thiende“, ein kleines Buch mit nur 36 Seiten. Es publizierte die Ideen des Dezimalsystems, die allerdings erst über 200 Jahre später umgesetzt wurden. Auch die schriftlich niedergelegten Gedanken von Kopernikus brauchten viele Jahre, bis sie zum Allgemeingut der Menschen wurden.

Johannes Gutenberg druckte die Bibel ebenso wie Peter Schöffer das Psalterium in der gotischen Schrift Textura. Die Mainzer Ablassbriefe erschienen dagegen in der Schwabacher, einer kräftiger und runder wirkenden Schrift. Im 16. und 17. Jahrhundert wird als Druckschrift die Fraktur verwendet. So erschei-

Wie Tewrdannckh durch Fürwittig aber in ein geferlichait mit einem Löwen gefürt ward:

16

Eines tags da fürt Fürwittig
Den Helden mit Im velschigklich
Umb spatziren durch ein gassen
Darinn ein Leo ausdermassen
Groß unnd freissam gefanngen lag
Als pald den Fürwittig ersach

„Theuerdank" Versepos von Kaiser Maximilian

nen das Gebetbuch Kaiser Maximilians und sein Versepos „Theuerdank" wie vor allem die kunsttheoretischen Werke Albrecht Dürers (1471 - 1528) in der Fraktur.

Die Auflagen der Bücher bewegten sich in der zweiten Hälfte des 15. Jahrhunderts bereits zwischen 200 und 1800 Exemplaren, sie steigen aber rapide im Laufe des 16. Jahrhunderts auf 1000 bis 3000 an. Trotzdem wird die hervorragende Ausstattung und buchkünstlerische Gestaltung nicht vernachlässigt.

Erst der Einsatz von Maschinen zur Buchherstellung führte im 18. Jahrhundert zu einfachsten, billigen Einbänden und damit dem Niedergang des kunstbuchbinderischen Schaffens.

Das 19. Jahrhundert brachte neben politischen Umwälzungen und wirtschaftlichen Revolutionen neue Erkenntnisse in den Natur- und Geisteswissenschaften. Der technische und auch medizinische Fortschritt berührte mehr und mehr den einzelnen Menschen und wurde von ihm genutzt. Das Schulwesen wurde erneuert. Lesen wurde zum Ausdruck innerer Freiheit und führte zur Emanzipation des Bürgers. Die gerade erfundenen Setz- und Druckmaschinen sowie neue Verfahren der Papier- und Bildherstellung wurden zuerst von Zeitungen genutzt, führten dann aber auch zu hohen Buchauflagen. Die einstigen Prachtexemplare buchbinderischer Kunst sind heute größtenteils zu Massenartikeln und Handelsobjekten der Verlage geworden, die in einer kaum übersehbaren Flut sowohl die Werke der Weltliteratur als auch die Literatur der jungen Generation, Fach- und Sachbücher, Lexikas usw. auf den Buchmarkt bringen.
Der immer noch andauernde Bildungshunger in allen Volksschichten verlangt zwar nach einem preisgünstigen Buch (z.B. einer Broschur mit einem Kartonumschlag als „Taschenbuch"), aber auch ein in Leinen, Halbleder oder Leder gebundenes Buch hat noch seinen Wert.

Der Arbeitsbereich der Büchermacher hat sich entsprechend der Wandlungen im Druck – vom grafischen Gewerbe zur Druckindustrie – verändert. Mit dem Drucken der Papierbogen sind selbst kurzlebige Produkte noch nicht zur Auslieferung fertig.

Dazu sind, wie es heute genannt wird, verschiedene Aufmachungsarbeiten notwendig: Zuschneiden, Falzen, Beschneiden, Kontrollieren, Zählen und Verpacken. Da diese Arbeiten mit dem eigentlichen Büchermachen nur wenig gemeinsames besitzen, hat die Druckindustrie dafür die Bezeichnung Druckweiterverarbeitung eingeführt.

Nach wie vor gibt es auch noch eigenständige Buchbindereien, die – je nach Charakter ihrer Fertigung – in handwerkliche, kunsthandwerkliche und industrielle Buchbindereien einzuteilen sind.

Ein heute immer wichtiger werdender Aufgabenbereich kunsthandwerklicher Buchbindereien ist die Restaurierung wertvoller Bücher aus privaten Sammlungen oder Bibliotheken.

3. Informationstechnik

Bits & Bytes

3. Informationstechnik

Moderne Medien vermitteln uns täglich unzählige Informationen über aktuelles Zeitgeschehen aus Politik, Wirtschaft und Kultur, aus Forschung, Wissenschaft, Umwelt und Gesellschaft. Informationen aus allen Gebieten vervielfachen sich in einem unvorstellbar raschen Tempo, so dass es dem einzelnen kaum mehr möglich ist, selbst die wichtigsten technischen Entwicklungen und Erkenntnisse des eigenen beruflichen Bereiches laufend zu erfassen, zu speichern und auch noch ständig zur Verfügung zu haben. Und diese Informationsflut wächst rasant weiter.

Diese Tatsache führt zu folgender Erkenntnis: Ein Erfassen, Verarbeiten und Speichern riesiger Informationsmengen in einem komplexen Zusammenhang sowie ein schneller Zugriff zu den gespeicherten Informationen ist allein mit geistiger Arbeit, manuell geschriebenen Aufzeichnungen (Schrift) und mit herkömmlichen Printmedien (Notizen, Formularen, Karteien, Zeitschriften, Bücher) nicht in ausreichender Schnelligkeit und Sicherheit sowie rationell und wirtschaftlich zu leisten.

Jeder Mensch benötigt für diese geistige Arbeit Hilfsmittel und ein spezielles technisches Werkzeug, das diese Leistungen erbringt. Schon immer war es ein Traum der Menschen, Rechenvorgänge und komplexe, exakt beschreibbare Aufgaben mit Hilfe eines maschinellen Werkzeuges zu lösen. Das Werkzeug ist der Computer, der durch ein Programm gesteuert, aufbereitete Informationen (Daten) nach eindeutigen logischen Regeln (Algorithmen) verarbeitet.

Vor über 50 Jahren wurden der erste elektronische Rechner, heute allgemein nur Computer genannt, konstruiert. Die Geräte hatten riesige Ausmaße, benötigten eine sehr hohe Energie, arbeiteten langsam und unzuverlässig und waren zudem für die allgemeine Anwendung in den verschiedenen Lebensbereichen zu teuer. Erst durch die Entwicklung winziger, sicher arbeitender Mikrocomputer mit Digitaltechnik gelang der große Durchbruch.

Durch den Einsatz von Mikrocomputern mit steigender Speicherkapazität konnten wesentlich kleinere Computer mit sehr hoher Leistung entwickelt werden, die kostengünstig sehr große Informationsmengen schnell und sicher verarbeiten sowie speichern können.

Computer werden nicht nur in speziellen Datenverarbeitungsanlagen, in Personalcomputern oder Großrechnern eingesetzt. Einsatzbereiche der Computer sind überall zu finden. Dazu einige Beispiele aus der Technik:

Computer
- verarbeiten Texte, Grafiken und Bilder in der gesamten Bürokommunikation sowie für Print- und Nonprintmedien,
- ermöglichen die Speicherung unvorstellbar großer Datenmengen in Datenbanken,
- ermöglichen eine weltweite Kommunikation,
- lösen mathematische, technische und wirtschaftliche Probleme.
- steuern Werkzeugmaschinen,
- zeichnen Konstruktionen,
- unterstützen die Fertigungstechnik,
- als Industrieroboter übernehmen sie komplexe Fertigungsprozesse und ersetzen Arbeitsplätze,
- schaffen neue Arbeitsplätze in der Informationstechnik und in der Multimediaproduktion.

Inzwischen sind Mikrocomputer in vielfältigster Weise selbst in einfachsten Geräten für den Haushalt und die Freizeit, in Fahrzeugen und Maschinen aller Art so integriert, ohne dass Steuerungen und Regelungen durch den Computer direkt zu erkennen sind.

Aus der Computerwissenschaft, der Informatik, entwickelte sich in den 60er Jahren in Deutschland ein eigener Wissenschaftszweig auf der Basis der Mathematik und Elektrotechnik. Während anfangs die Hard- und Software-Entwicklung im Vordergrund stand, beschäftigt sich heute die Informatik wissenschaftlich mit der automatischen Verarbeitung von Informationen.

• *Informatik = Informationen + Automatik*

Die Informationstechnik beeinflusst nicht nur alle Wirtschaftszweige, die gesamte Berufswelt und letztlich jeden einzelnen Arbeitsplatz, sondern auch das Bildungswesen und unsere privaten Lebensbereiche. Der rasche Strukturwandel ist seit einiger Zeit auch in der Druckindustrie wirksam.

Die „*Schwarze Kunst*“ hat sich in Jahrhunderten zum „*Graphischen Gewerbe*" entwickelt. Erst in den letzten dreißig Jahren erfolgte durch den Einsatz der Mikroelektronik und Mikrocomputer ein immer schneller werdender Wandel von traditionell handwerklichen Arbeitsverfahren zu automatisierter, technischer Produktion zur „*Druckindustrie*". Und bereits jetzt ist durch eine in der Innovation und Schnelligkeit kaum zu überschauenden Entwicklung in der Informationstechnik ein weiterer Wandel erforderlich:
- von der Druckindustrie zur Medienindustrie,
- vom „Drucker" zum Mediendienstleister.

Die gesamte Druckvorstufe benutzt heute im wesentlichen das gleiche Hardware-System. Lediglich durch eine spezielle Software und das unbedingt erforderliche fachliche Wissen und Können des Mitarbeiters (z.B. dem Mediengestalter für Digital- und Printmedien in den Fachrichtungen Medienberatung, Mediendesign, Medienoperating und Medientechnik sowie dabei spezifisch produzierend für Print- oder Nonprintmedien) unterscheiden sich diese integrierten Bereiche noch.

Chancen und Risiken neuer Technologien und ihre beruflichen und gesellschaftlichen Auswirkungen sind von jedem einzelnen sorgfältig zu beobachten. Früher reichte eine berufliche Erstausbildung für das gesamte Berufsleben aus. Heute erfordern veränderte berufliche Anforderungen und Techniken laufend angepasste Qualifikationen.

Dies ist bereits in der beruflichen Erstausbildung bei neuen Berufen berücksichtigt: Neue Berufsbilder sind offen und produktbezogen und nicht arbeitstechnisch detailliert formuliert.

Entscheidend ist das zu erreichende Ziel: das Endprodukt. Das Werkzeug, mit dem eine Arbeitsaufgabe zu lösen ist und ebenso der Weg zur Lösung sind nicht entscheidend – diese sind in einem ständigen Wandel. Dadurch gewinnt aber auch die berufliche Weiterbildung für alle eine noch stärkere Bedeutung als bisher: Auszubildende, Mitarbeiter und auch Vorgesetzte müssen permanent Neues lernen, Strukturen und Entwicklungen erkennen und in ihren eigenen Prozessen umsetzen.

Angst vor neuen Technologien braucht nur derjenige zu haben, der nicht bereit ist, sich flexibel und permanent auf die veränderten Strukturen und Anforderungen einzustellen.

Information und Kommunikation

Unsere Gesellschaft wird heute durch revolutionäre Entwicklungen der Informationstechniken geprägt. Der Weg führt von der Industriegesellschaft zur Informationsgesellschaft. In Zukunft werden immer mehr Menschen mit dem Sammeln, Verarbeiten und Verteilen von Informationen beschäftigt sein.

Moderne Kommunikationstechnik und die Computertechnik bzw. Informatik verarbeiten denselben Stoff: Informationen.

Der Begriff *Information* (lat. Nachricht, Auskunft, Belehrung) kann aus verschiedenen Blickwinkeln beschrieben werden. In der Informationstheorie ist Information die Kenntnis von Ereignissen, Tatsachen, Abläufen und ähnlichem. Stark vereinfacht lässt sich Information – technisch betrachtet – als eine Folge physikalischer *Signale* definieren, die immer an ein Medium, ein Transportmittel, gebunden ist. Information ist danach in physikalisch erfassbaren Signalen, z.B. Schall, elektrische Spannung, Lichtintensität, enthalten. Signale sind die physikalische Darstellung einer Nachricht, also ihr technisch-physikalisches Abbildung. Eine *Nachricht* ist in diesem Sinne die Zusammenstellung von Zeichen oder kontinuierlichen Funktionen, die auf Grund bekannter oder unterstellter Abmachungen der Übermittlung von Informationen dienen, in einem Signal.

Der Begriff Informationstechnik umfasst dabei vielfach die gesamten Kommunikations- und Computertechniken.

Die Informationstechnik hat eine erhebliche Bedeutung für unsere Gesellschaft, da sie alle menschlichen Tätigkeitsbereiche intensiv durchdringt, beeinflusst und auch im starken Maße verändert.

Die Kommunikation zwischen Menschen und ihrer Umwelt erfolgt über die Sinne. Am Übergang zwischen der äußeren Welt und der inneren Welt stehen die Sinnesorgane (Sensoren). Solange Menschen aktiv sind, nehmen sie mit ihren Sinnesorganen Informationen aus der Umwelt auf. Im Gehirn werden die Informationen verarbeitet und gespeichert, neue Fakten werden mit anderen Daten verknüpft, Erlebnisse zu Erinnerungen verarbeitet und in Form von Erzählungen weitergegeben, wenn dazu ein Bedürfnis besteht oder eine Frage beantwortet werden soll. Verarbeitete und aufbereitete Ergebnisse gibt der Mensch in Form der Sprache oder der Schrift aus.

Dasselbe Prinzip findet sich auch bei der Informationstechnik durch den Computereinsatz. Die Informationstechnik verarbeitet in einer eigenen „Sprache" elektronisch Daten. Diese Daten sind nichts anderes als aufbereitete Informationen. Im engeren Sinne sind diese Daten Buchstaben, Ziffern und Sonderzeichen.

Buchstaben nennt man alphabetische Zeichen und Ziffern nummerische Zeichen. Die Gesamtheit aller Datendarstellungen wird alphanummerische Zeichen genannt.

Alphanummerische Zeichen sind z. B.

Buchstaben:	A, B, C, D .... Z, a, b, c, d .... z
Ziffern:	1, 2, 3, 4, 5, 6, 7, 8, 9, 0
Sonderzeichen:	+, -, !, ?, <, #, @, ®, ©, ™, .

Besteht der Zeichenvorrat aus zwei Elementen, so sind mit ihm nur Dualziffern darzustellen. Ein sogenanntes (Daten-)Wort ist eine Folge von Zeichen, die in einer Nachricht als eine Einheit betrachtet werden. Durch eine Codierung wird einem Zeichen eindeutig ein Zeichen eines anderen Zeichensatzes zugeordnet.

Prinzipiell ist das Grundschema zur Lösung aller Aufgaben beim Menschen und bei der Informationstechnik gleich:

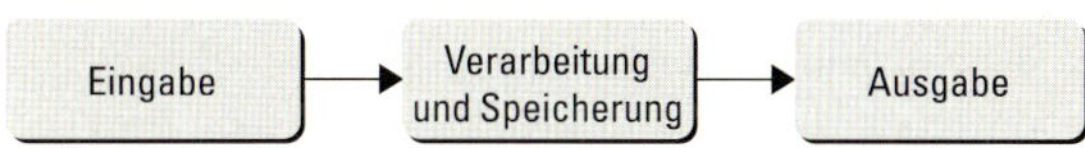

3.1 Digitalisierung

Um Daten in einen Computer eingeben, verarbeiten, speichern und ausgeben zu können, müssen sie digitalisiert werden. Denn nur in dieser Form kann eine Informationsverarbeitung stattfinden. Die digitale Darstellung ist besonders für technische Systeme geeignet, deren Bauteile zwei Zustände annehmen können, z.B. Strom ein – Strom aus.

Bei einem digitalen Signal besteht das physikalische Abbild der Information aus einer beschränkten Anzahl von Elementen, einem Binärsignal. So setzen sich alle Informationen aus zwei Grundwerten zusammen: 0 und 1. Die Informationsübertragung geschieht durch das Aneinanderreihen in verschiedenen Kombinationen.

Bei magnetisierbaren Datenträgern, wie Diskette oder Magnetplatte, werden zur Speicherung zwei unterschiedliche Magnetisierungsformen eingesetzt, um 0 oder 1 darzustellen. Eine solche Speicherstelle als kleinste Speichereinheit der Datenverarbeitung wird Bit genannt.

Das *Bit* ist die Grundlage der binären Verschlüsselung von Zeichen. Um das zu verdeutlichen, soll untersucht werden, wieviele Kombinationen drei Bits ergeben.
Drei Bits ergeben 8 Kombinationen

1. 000	3. 010	5. 100	7. 110
2. 001	4. 011	6. 101	8. 111

Erhöht man die Zahl der nebeneinander stehenden Bits, so erhöht sich auch die Zahl der möglichen Kombinationen.

Acht Bits ergeben 2^8 (= 2 x 2 x 2 x 2 x 2 x 2 x 2 x 2) = 256 Bitkombinationen. Die Folge von 8 Bits nennt man ein *Byte*.

Diesen Bit-Kombinationen wird erst durch die Verschlüsselung ein Informationsgehalt gegeben. Deshalb ordnet man den Bitkombinationen eine Ziffer, einen Buchstaben, ein Satzzeichen oder ein Steuerzeichen für die Zentraleinheit zu.

Dieses Verschlüsselungssystem für die Umsetzung bezeichnet man auch als *Code*. Da für die Darstellung wissenschaftlicher Texte und aufgrund des weltweiten Datenaustausches sehr viele Sonderzeichen benötigt werden, haben sich Codes mit 8 Bits durchgesetzt.

Diese acht Datenbits werden bei Datenübertragungen und Speicherungen in der Regel durch ein *Prüfbit* (Parity-Bit) ergänzt. Dieses zusätzliche Bit schafft die Möglichkeit, Übertragungsfehler festzustellen. Das System ergänzt automatisch die Datenbits mit dem Prüfbit, so dass die Datenbits zusammen mit dem Prüfbit je nach Vereinbarung eine gerade oder ungerade Anzahl von binären Einsen je Byte ergeben.

Ist von dem Gerätehersteller eine gerade Parität vorgegeben worden, so würde eine ungerade Zahl von binären Einsen bedeuten, dass ein Fehler durch die Veränderung eines oder dreier Bits aufgetreten ist. Innerhalb der Zentraleinheit und auch bei peripheren Geräten wird dieses Verfahren benutzt, um maschinentechnisch bedingte Fehler bei der Eingabe und Ausgabe sowie bei der Speicherung von Daten herauszufinden und eine nochmalige Übertragung eines Datenpakets zu veranlassen.

Einem Byte kann in der Texterfassung und Textverarbeitung entweder ein Buchstaben oder ein Sonderzeichen oder wahlweise eine Ziffer mit Vorzeichen oder 2 Ziffern zugeordnet werden.

Wichtige 8-Bit-Codes in der Textverarbeitung sind der erweiterte ASCII-, ANSI- und EBCDI-Code.

Bytes können nicht nur zur Codierung von Schriftzeichen eingesetzt werden, sondern ebenso auch zur Beschreibung der Zeichenkonturen von Buchstaben und Sonderzeichen sowie zur Darstellung von Strich-, Halbton- und Rasterbilder, Farben; ebenso auch für Sprache und Laute.

In der Bildverarbeitung werden einem Byte ein Grauwert oder Farbton zugewiesen. So ermöglicht ein 8-Bit-Code entweder die Darstellung von 256 Grauwerten oder von 256 Farbtönen.

Maßeinheiten
Als Maßeinheiten für die Kapazität von Datenspeichern werden die Größen Kilobyte, Megabyte, Gigabyte und Terabyte verwendet.
2^{10} Bytes = 1 Kilobyte (KB oder KByte),
2^{10} Kilobyte = 1 Megabyte (MB oder MByte),
2^{10} Megabyte = 1 Gigabyte (GByte),
2^{10} Gigabyte = 1 Terabyte (TByte).

Die „amtlichen" Vorsätze Kilo, Mega, Giga und Tera bedeuten jeweils das Eintausendfache der vorhergehenden Einheit. In der Datenverarbeitung ergibt jedoch die Informationsmenge (binäre Darstellung) von 1 KB insgesamt 1024 addressierbare Speicherstellen (Speicherkapaziät):
1 KB
= 2^{10} Byte
= 2 x 2 x 2 x 2 x 2 x 2 x 2 x 2 x 2 x 2
= 1024 Byte.

Diese Umrechnung gilt für alle anderen Vorsätze ebenso:
– 2^{10} ergibt jeweils 1024 Einheiten.
Beispiel:
– 1 Megabyte = 1.024 Kilobyte = 1.048.576 Byte

Vielfach werden diese korrekten Werte allerdings dezimal abgerundet:
1.000 Byte für 1 Kilobyte,
1.000.000 Byte für 1 Megabyte,
1.000.000.000 Byte für 1 Gigabyte und
1.000.000.000.000 Byte für ein 1 Terabyte.

3.2 Hardware

Hardware ist ein Sammelbegriff für die Gesamtheit aller elektronischen und mechanischen Bauteile eines Computer-Systems. Das sind alle Teile der Anlage, die im bildlichen Sinne „hart", also zum Anfassen sind. Die verschiedenen Komponenten der Hardware gliedern sich prinzipiell in
– Zentraleinheit,
– periphere Geräte,
– Zubehörteile
sowie
– Datenträger.

Periphere Geräte sind alle um die Zentraleinheit angeordneten Ein- und Ausgabegeräte. Dazu gehören auch die externen Speicher, die meist über feste Anschlüsse mit der Zentraleinheit verbunden sind.

3.2.1 Eingabegeräte

Damit Daten verarbeitet werden können, müssen der Zentraleinheit von außen Daten, Programme und andere Informationen verfügbar gemacht werden. Für die Dateneingabe, auch *Input* genannt, werden die folgende Geräte eingesetzt:

– Tastatur mit Maus,
– Scanner als Trommel- oder Flachbettscanner,
– CD- und DVD-Laufwerk,
– Sensorbildschirm (Touchscreen),
– Video- und Digitalkamera sowie
– Sensoren aller Art, z. B. Datenhandschuh.

Der Input kann auch über ein lokales oder externes Netzwerk erfolgen,

Manche Eingabegeräte sind gleichzeitig auch Speichergeräte wie beispielsweise Laufwerke für Disketten, DVDs, magneto-optische Platten und Magnetbandkassetten. Diese Geräte werden im folgenden Abschnitt behandelt.

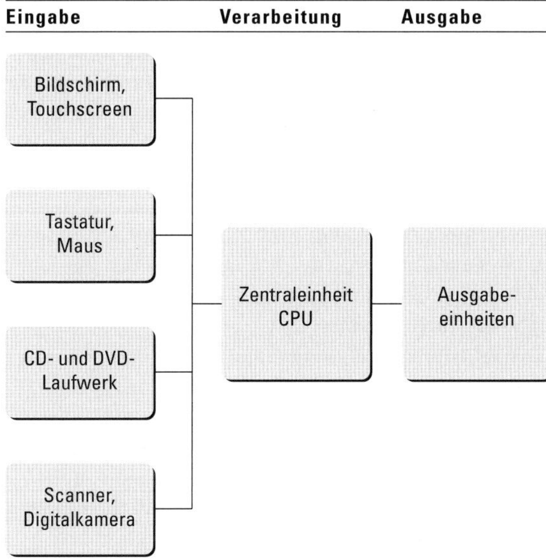

Tastatur, Maus

Die Tastatur und die Maus sind die wichtigsten manuellen Eingabegeräte eines Personal Computers (PCs). Hierüber lassen sich Befehle an die Betriebssoftware und die Anwendungssoftware (Buchstaben, Ziffern, Sonderzeichen) eingeben.

Tastaturen lassen sich in zwei Bereiche gliedern, den Bereich der
– alphanumerischen Zeichen
  und den Bereich der
– Funktionstasten,
  mit denen z.B. typografische Anweisungen und Steuerbefehle eingegeben werden.

Um die Vielfalt der in der Textverarbeitung benötigten Zeichen abzudecken, sind häufig die Tasten für alphanumerische Zeichen mit bis zu vier verschiedenen Zeichen in mehreren Ebenen belegt.

In der ersten Ebene liegen im allgemeinen die Kleinbuchstaben, in der zweiten die Versalien, die durch ein zusätzliches Drücken der Versaltaste (Shift) aktiviert werden.

Durch die Tastenkombination der Versal- und alt-Taste lässt sich die dritte Ebene erreichen, durch Drücken der alt- und ctrl-Taste die vierte Ebene. In der dritten und vierten Ebene sind häufig Sonderzeichen abgelegt.

Als Maus wird ein bewegliches Handsteuergerät bezeichnet, das an der Unterseite eine Rollkugel besitzt und über Kabel oder Funkverbindung mit der Zentraleinheit des PCs verbunden ist.

Die Maus kann in Verbindung mit einer entsprechenden Menütechnik die Tastatur teilweise, bei Grafikprogrammen auch ganz ersetzen. Ein versierter Bediener erreicht allerdings eine wesentlich schnellere Steuerung des Systems durch Kurzbefehle. Durch Bewegen der Maus werden laufend Steuerimpulse übertragen; der Cursor am Bildschirm bewegt sich synchron. Ist ein Piktogramm des Bildschirmmenüs erreicht, so kann durch Drücken einer Taste auf der Maus (Maustaste) dieser Programmteil aktiviert werden. Ein Piktogramm ist ein einprägsames Bildzeichen, das Gegenstände oder Sachverhalte darstellt, vergleichbar einem Verkehrszeichen.

CD-ROM-Laufwerk

Die CD (Compact Disk) ist eine Entwicklung der Firmen Phillips und Sony. Sie hat seit ihrer Einführung im Jahr 1982 nicht nur den gesamten Musikmarkt mit Schallplatten und Magnetbändern revolutioniert, sondern auch für Anwender von Personalcomputern das Arbeiten mit umfangreichen Programmen und Multimediaanwendungen erstmals ermöglicht.

Eine CD ist optische Speicherplatte. Im allgemeinen handelt es sich dabei um eine runde Scheibe aus Polycarbonat mit einem Durchmesser von 120 mm (4,75 Zoll) und einer Dicke von 1,2 mm. Darauf aufgetragen ist eine sehr dünne Datenträgerschicht mit ca. 50 bis 100 µm. Im Vergleich zu magnetischen Datenträgern ergeben sich erhebliche Vorteile:
– hohe Speicherkapazität,
  ca. 700 MByte oder 80 Minuten digitalisierter Musik.
– hohe Nutzungsdauer,
  keine magnetische Entladung
– minimaler Platzbedarf
– geringe Störanfälligkeit
– kostengünstig.

In einer spiralförmigen Spur werden die Daten in einer Breite von 0,5 µm von innen nach außen „eingebrannt“ (gespeichert). Die Daten sind in einem Muster von winzigen Pits (Gruben) mit dazwischen liegenden Lands (Länder, Stege) gespeichert vor.

Mit einem CD-ROM-Laufwerk werden optisch gespeicherte Informationen von der CD-ROM mit einem Laserstrahl (Wellenlänge 780 nm) erfasst, in elektrische Impulse umgewandelt und eingelesen.

Die CD-ROM-Laufwerke ermöglichen dabei eine Datenübertragungsrate von bis zu 4 Megabyte pro Sekunde (rund 4 Millionen Zeichen pro Sekunde). Auf dieser optischen Speicherplatte können Spiele, komplette Programme, Schrift- oder Bilddatenbanken, aber auch Töne und Bewegtbilder gespeichert werden. Ist eine CD-ROM einmal (vom Hersteller) beschrieben, kann sie nur noch gelesen werden, aber das beliebig oft.

Eingesetzt werden heute drei verschiedene Arten optischer Speicherplatten:
- CD-ROM (Compact Disk Read Only Memory) Gespeicherte Daten sind vom Anwender nur lesbar.
- CD-R (Compact Disk Recordable) Die CD-R ist einmal beschreibbar („brennbar").
- CD-RW (Compact Disk ReWritable). Die CD-RW ist komplett zu löschen und danach wiederbeschreibbar.

DVD-ROM-Laufwerk

Im September 1995 schlossen sich neun Hersteller zusammen, um einen einheitlichen Standard für den Nachfolger der CD-ROM festzulegen, die DVD-ROM.

DVD-ROM ist die Kurzbezeichnung für Digital Versatile Disk-Read Only Memory. Auch mit einem DVD-ROM-Laufwerk, werden gespeicherte Daten von einer DVD-ROM mit einem Laserstrahl gelesen. Die DVD hat die Abmessungen einer normalen CD-ROM. Der Abstand zwischen Scheibenoberfläche und Datenspur ist aber um 50 % geringer.

Der Laserstrahl, der die Informationen abtastet, kann somit auf eine kleinere Fläche fokussiert werden. Damit können die in Form winziger Vertiefungen gespeicherter Daten noch enger zusammengepackt und somit mehr Informationen auf der gleichen Plattenfläche untergebracht werden.

Wird die Platte in dieser Form einseitig beschrieben, so ist die Speicherkapazität etwa 4,7 Gigabyte, bei zweiseitig beschriebenen Platten entsprechend 9,4 Gigabyte.

Die Kapazität dieser neuen Scheiben lässt sich noch einmal stark erhöhen, wenn unter der ersten Speicherschicht eine zweite aufgebracht wird. Dann besteht die erste Schicht aus einem Spezialkunststoff, der unter UV-Licht aushärtet. Der Laserstrahl wird nun so gesteuert, dass er von der ersten Schicht teilweise reflektiert wird und dabei die dort gespeicherten Informationen abliest. Gleichzeitig muss der andere Teil des Strahls durch die erste Schicht strahlen, um die Informationen der zweiten Schicht ablesen zu können. Wird die Platte mit zweifachen Schichten einseitig beschrieben, so ist die Speicherkapazität ca. 8,5 Gigabyte; bei zweiseitig beschriebenen Platten entsprechend 17 Gigabyte.

Von den Abmessungen her sind die CD und DVD-ROM kompatibel. Da jedoch der Aufbau der Scheiben anders ist, kann man die gespeicherten Informationen nicht mit dem gleichen Lasersystem ablesen. Deshalb benötigt man ein Abtastsystem, das beide Scheibenversionen liest. Die ersten DVD-ROM-Laufwerke, die auch normale CD-ROMs lesen können, werden schon seit Frühjahr 1997 angeboten. Diese Laufwerke werden die CD-ROM-Laufwerke als universellere Lesegeräte ablösen.

Scanner

Mit einem *Flachbettscanner* lässt sich eine Vorlage mit Hilfe einer Lichtquelle und CCD-Zeilensensoren linienförmig (zeilenweise) abtasten. Die Software-gesteuerte Steuerung des Scannvorgangs erfolgt über Eingaben mittels Tastatur oder Maus am angeschlossenen Personal Computer.

Ziel des Abtastvorgangs ist die Umwandlung des von der Vorlage remittierten Lichtes in elektrische Ladungspakete, die durch Zahlen dargestellt werden. Diesen Vorgang bezeichnet man als Digitalisierung.

Mit Flachbettscannern lassen sich auch mehr oder weniger starre Aufsichtsvorlagen reproduzieren, die auf dem Trommelscanner oft nur schwer oder gar nicht in die zylindrische Form der Abtasttrommel zu bringen sind.

Beim Abtastvorgang von einfarbigen Halbtonvorlagen werden je nach Scannertyp 2^8 (= 256) oder auch mehr Graustufen ermittelt; bei Strichvorlagen nur die Schwarz-Weiß-Werte, die sich durch zwei Wertigkeiten darstellen lassen.

Von mehrfarbigen Vorlagen können Farbauszüge hergestellt werden. CCDs wie auch die Fotomultiplier in den Trommelscannern können nur Helligkeitsunterschiede, nicht aber Farben erkennen. Deshalb ist es notwendig, die von der Vorlage remittierten Lichtfarben Rot, Grün und Blau (RGB) den CCD-Zeilen getrennt zuzuführen.

Wenn die Informationen der drei Farben mit einer Datentiefe für jede Farbe von 8 Bit (2^8) vorliegen, können maximal 16.777.216 Farbtonwerte dargestellt werden.

Die meisten Flachbettscanner lassen sich auch in Verbindung mit einem Programm zur Zeichenerkennung, das im Personal Computer gespeichert sein muss, als Lesemaschine für große Textmengen einsetzen. Mit unterschiedlichen Methoden wird versucht, Zeichen fehlerfrei in den Computer einzulesen, was mit den *OCR-Programmen* von Update zu Update immer besser gelingt. Dieses Verfahren der Zeichenerkennung wird OCR-Technik bezeichnet. OCR steht für Optical Character Recognition.

Beim *Trommelscanner* werden die auf dem Abtastzylinder befestigten flexiblen Aufsichts- oder Durchsichtsvorlagen Punkt für Punkt und Linie für Linie abgetastet. Während die Trommel mit hoher Umdrehungszahl rotiert, bewegt sich der Abtastkopf zur Signalerfassung entlang der Vorlage und der Trommelachse. Das von der Vorlage kommende Licht wird aufgeteilt und über Farbauszugs- oder Interferenzfilter in rote, grüne und blaue Lichtanteile zerlegt, die jeweils einem Sensor, dem Fotomultiplier, zugeleitet werden.

Fotomultiplier, im technischen Sinne Elektronenvervielfacher, wandeln das auftreffendes Licht in elektrische Signale um.

Ein vierter Fotomultiplier erfasst das Umfeld des Abtastlichtes. Fotomultiplier erreichen theoretisch eine wesentlich höhere Dichte als die CCD-Zeilensensoren der Flachbettscanner.

Die digitalisierten Daten lassen sich als Farbbilder wieder am Bildschirm darstellen, bearbeiten und auf Datenträger speichern.

Optische Zeichenerkennung: Erfassen oder Einlesen?

Beim traditionellen Erfassen von Texten unterlaufen zwangsläufig Fehler. Man kann zwischen zwei Fehlerarten differenzieren: Es sind dies die echten Tippfehler und die sogenannten intellektuellen Fehler, die auf einer geistigen Eigenleistung der Erfasser beruhen. Selbst bei einer Doppelerfassung der Texte und anschließendem elektronischen Vergleich der Ergebnisse kann man nicht absolut sicher sein, dass Abschrift und Original identisch sind.

Fehler kann man mit letzter Sicherheit nur durch aufmerksame Parallellektüre von Originaltext und Abschrift aufspüren. Die Mühen einer solchen wortvergleichenden Korrektur sind immens. Jeder Korrektor weiß das.

Alternativ zur manuellen Erfassung kann man Programme zur optischen Zeichenerkennung, sogenannte OCR-Programme, einsetzen. Mit solchen Programmen ist es möglich, in kurzer Zeit große Mengen von Informationen auf Papier in elektronisch verwertbare Formen zu überführen.

– OCR (Optical Character Recognition)

OCR-Programme können aus grafisch erfassten Mustern Schriftzeichen identifizieren und in dem von den (Standard-)Programmen lesbaren Code im Computer abspeichern. Ein solches System besteht aus einem Computer mit mindestens 2-MB-Hauptspeicher, einem Scanner, der die Vorlage als Bildmuster erfasst und auf die Festplatte des Computers ablegt, und dem eigentlichen OCR-Programm.

Zeichenerkennungsprogramme werden zum Teil schon bei Handscannern sehr günstig angeboten. Für umfangreiche Arbeiten mit OCR-Programmen ist aber der Anschaffungspreis sekundär. Entscheidend ist, wieviel Zeit anschließend für die Abwicklung von Projekten benötigt wird. Entscheidend ist das Verhältnis korrekt erkannter Buchstaben zur Gesamtheit der zu erkennenden Buchstaben.

– Wiedererkennungsrate

Dieses Verhältnis von erkannten zu nicht erkannten Zeichen nennt man Wiedererkennungsrate. Auf den ersten Blick beeindruckt eine Erkennungsquote von 99 Prozent.

Ein einfaches Rechenexempel zeigt, dass diese Erkennungsquote aber bei weitem nicht genug ist:

– Wenn eine Seite zu lesender Text 50 Zeilen zu je 80 Buchstaben enthält, dann werden bei einer Erkennungsquote von 99 Prozent nur 3960 Zeichen identifiziert. Man muss also 40 Buchstaben pro Seite nacharbeiten.

Berechnet man die zum Korrekturlesen und das anschließende Korrigieren erforderliche Zeit und addiert sie zu den sonstigen Zeitkomponenten, die für OCR erforderlich sind, so ist der Text oft schneller neu erfasst. Dies bedeutet, dass eine optische Zeichenerkennung erst bei fast 100 Prozent Erkennungsquote für große Textmengen interessant wird.

– Das beste und sicherste Zeichenerkennungssystem ist das menschliche Auge

Für den menschlichen Informationsverarbeiter ist es kein Problem, einen Buchstaben als solchen eindeutig zu identifizieren. Das menschliche Auge nimmt einen Buchstaben ganzheitlich als Gestalt wahr. Der Computer aber nicht.

Das Auge des Computers ist bei OCR-Systemen der Scanner. Er liefert ein Rasterbild, das deutlich von der Normalform abweicht. Intern ist der Rechner nicht in der Lage, dieses Buchstabenbild als „Bild" zu sehen. Für ihn ist es eine Folge von digitalen Codierungen, die noch nicht erkennen lassen, um welche Buchstaben es geht.

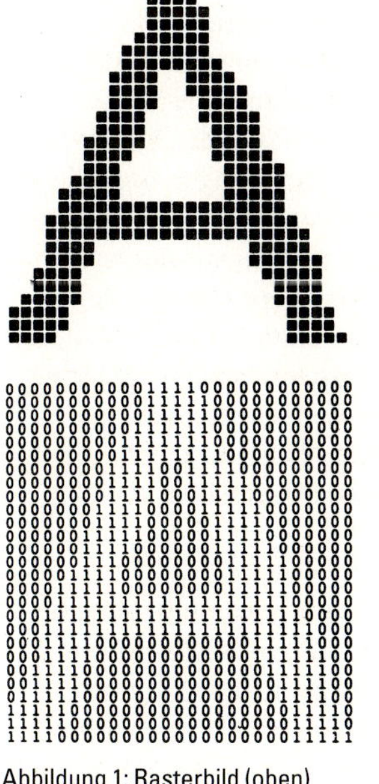

Abbildung 1: Rasterbild (oben) und Codierung im Rechner (unten)

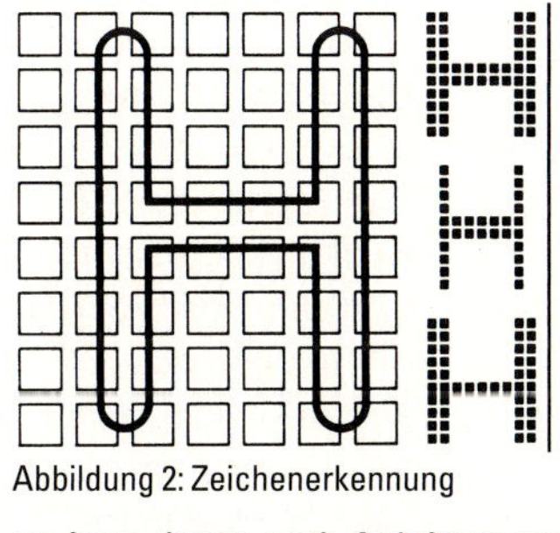

Abbildung 2: Zeichenerkennung

In principio creavit Deus cœlum et terram.

Im Anfang schuf Gott Himmel und Erde.

Na počátku stvořil Bůh nebe a zemi.

Ἐν ἀρχὴ ἐποίησε ὁ θεὸς τὸν οὐρανὸν καὶ τὴν γῆν.

В начале сотворил Бог небо и землю.

בראשית ברא אלוהים את השמים ואת הארץ.

Abbildung 3: Alphabet- und Fontunterschiede müssen eindeutig erkannt werden

```
es kann jetzt noch leichter gearbeitet werden
__ ____ _____ ____ _________ __________ ______
e_ ____ _e___ ____ _e_____e_ _e___e__e_ _e__e_
es ____ _e___ ____ _e_____e_ _e___e__e_ _e__e_
es k___ _e___ ____ _e_____e_ _e___e__e_ _e__e_
es ka__ _e___ ____ _e_____e_ _ea__e__e_ _e__e_
es kann _e___ n___ _e_____e_ _ea__e__e_ _e__en
es kann je___ n___ _e_____e_ _ea__e__e_ _e__en
es kann jet_t n___ _e___te_ _ea__e_tet _e__en
es kann jetzt n___ _e___te_ _ea__e_tet _e__en
es kann jetzt no__ _e___te_ _ea__e_tet _e__en
es kann jetzt noc_ _e_c_te_ _ea__e_tet _e__en
es kann jetzt noch _e_chte_ _ea__e_tet _e__en
es kann jetzt noch le_chte_ _ea__e_tet _e__en
es kann jetzt noch leichte_ _ea__eitet _e__en
es kann jetzt noch leichter _ear_eitet _er_en
es kann jetzt noch leichter gear_eitet _er_en
es kann jetzt noch leichter gearbeitet _er_en
es kann jetzt noch leichter gearbeitet wer_en
es kann jetzt noch leichter gearbeitet werden
```

Abbildung 4: Der Ablauf des Trainings

Damit der Buchstabe als Teil eines Textes weiterverarbeitet werden kann, muss er zuerst erkannt und dann nach einer Standardmethode codiert werden. Am Ende steht dann für ein A im ASCII-Code in einer Datei:

	binär		hexadezimal		dezimal
A =	01000001	=	41H	=	65

Wie interpretiert der Computer dieses Rasterbild? Er muss Anhaltspunkte für die Eigenschaften der Buchstabengestalt haben. Bei einem H sind dies zwei senkrechte Linien links und rechts und eine waagerechte verbindende Linie in der Mitte (siehe Abbildung 2).

Es kann aber auch ein als H identifiziertes Muster vorliegen. Das wesentliche Problem der optischen Zeichenerkennung ist aber, dass kaum ein H genau wie das zweite aussieht. Der Buchstabe muss deshalb in irgendeiner Form normalisiert werden, d. h. auf ein bestimmtes Grundmuster zurückgeführt werden.

– Eigenschaftsgestützte Erkennung
Bei der eigenschaftsgestützten Erkennung erfolgt dies durch sogenannte Skelettierungs-Algorithmen, die Buchstabenlinien herauspräparieren.

Vereinfacht ausgedrückt: In solchen Programmen liegen Eigenschaftsbeschreibungen für jeden Buchstaben des Alphabetes vor. Das Programm vergleicht die eingescannten Rasterbilder mit den gespeicherten Eigenschaftsbeschreibungen der Buchstaben und identifiziert diese.

Zwei wesentliche Nachteile kennzeichnen aber dieses Verfahren:

- Was lateinische Buchstaben charakterisiert, gilt z.B. für hebräische Buchstaben noch lange nicht (3 · 7, Abbildung 3).
- Eine echte Schriftmarkierung ist nicht möglich. Weil ein A in Garamond, in Bodoni oder Times die gleichen Eigenschaften aufweist, wird es zwar durchgehend erkannt, aber es kann nicht als A in unterschiedlichen Fonts erkannt werden.

Deutlich werden diese Probleme anhand von folgenden Beispielen. Da findet sich beispielsweise in einem Telefonbuch ein Telefonsymbol. In einem Lexikon stößt man auf einen Verweispfeil. Ein Reiseführer enthält häufig ein kleines Haus als Symbol. Was tun Programme, wenn sie mit diesem erweiterten Zeichenvorrat, der über den üblichen ASCII-Zeichensatz hinausgeht, konfrontiert werden?

Im schlimmsten Fall setzen sie ähnlich aussehende Buchstaben an die Stelle dieser Symbole.

Im nächstschlimmsten Fall setzen sie ein „Nichterkannt"-Symbol an die Stelle der Zeichen außerhalb des ASCII-Zeichensatzes. Das wäre dann vertretbar, wenn das „Nichterkannt"- Symbol eindeutig wäre, das heißt immer nur für genau ein Zeichen stünde.

Da dies nur selten der Fall ist, wird eine Nachbearbeitung von Zeichen unausweichlich.

Es geht also um mehr als nur um Zeichenerkennung. Beispielsweise können Eigennamen in Kapitälchen gesetzt sein. Zitate erscheinen in Kursiv. In allen derartigen Fällen geht es nicht darum, die Buchstaben als solche zu erkennen. Vielmehr gilt es auch, die im Gestaltungswechsel der Schriftform enthaltene Zusatzinformation in die Weiterverarbeitung der Texte zu übernehmen. Ein gutes OCR-System muss deshalb solche Strukturinformationen auch festhalten.

– Trainierbare Systeme
Abhilfe bieten trainierbare Systeme, die bestimmte Zeichen speichern können. Sie merken sich, welche Gestalt ein Buchstabe hat. Diese Information bildet genau ab, zu welchem Font eine Zeichengestalt gehört. Folglich kann bei der Wiedererkennung jede Zeichengestalt einem Font zugeordnet werden.

Damit ist das Ziel erreicht, nicht nur Buchstaben wiederzuerkennen, sondern auch die im Schriftartenwechsel enthaltenen Strukturinformationen aufzubewahren. Kennzeichnend für solche trainierbaren Systeme ist, dass keine Eigenschaftsbeschreibungen von Buchstaben vorliegen, sondern dass in einer Trainierphase Buchstaben „erlernt“ werden.

– Scannerparameter
Der erste Schritt bei der Bearbeitung von Textseiten ist die pixelweise Abtastung mit dem Scanner. Das OCR-Programm überträgt die Seiten zunächst ohne weitere Bearbeitung in den Hauptspeicher. Dadurch ist sichergestellt, dass die Vorlage während des Trainingsvorganges dem Benutzer vorliegt und nicht im Scanner verbleiben muss.

Auch können größere Mengen von Seiten auf Vorrat gescannt und anschließend ohne Benutzereingriffe bearbeitet werden. Die Einstellung der Scannerparameter erfolgt über ein Einstellungsmenü.

– Die Trainingsphase
In dieser Phase hält das Programm bei jedem noch unbekannten Buchstaben an und ersucht den Benutzer um eine Zuordnung des angezeigten Musters. Bereits in der Trainingsphase beginnt die automatische Erkennung: Jedes Zeichen, das aufgrund einer vorhergehenden Eingabe erkannt werden konnte, wird nicht erneut abgefragt. Abbildung 4 zeigt die tatsächlichen Stopps im Text einer Vorlage. Es wird offenkundig, dass sich die Anfragen auf die ersten Zeilen konzentrieren und dann sehr schnell nachlassen, so dass bereits nach 20 Zeilen nur noch ein oder zwei Anfragen pro Zeile auftreten beziehungsweise die Anzahl der fehlerfreien Zeilen ohne Anfrage stetig zunimmt. Dadurch geht die Trainigsphase sehr schnell in die produktive Lesephase über.

– Speichern des Textes
Der eingelesene, ggf. durch Programmunterstützung korrigierte Text, wird nach dem Lesen der zu verarbeitenden Seiten als einzelnes oder als gesamtes Dokument in der gewünschten Dateiform gespeichert. Alle Layoutprogramme können diese Text laden und in entsprechende Anwendungen integrieren.

Sensorbildschirm

Moderne Systemsteuerungen verwenden heute zur Dateneingabe und dem Aktivieren von Programmfunktionen einen Sensorbildschirm (Touchscreen). Ein Fingerkontakt auf die Bildschirmmaske löst bei diesem berührungsempfindlichen Bildschirm die gewünschten Funktionen im Rechner aus.

Digitalkamera

Eine Digitalkamera ist eine filmlose Kamera, die auch Scannerkamera genannt wird. In der Digitalfotografie befinden sich zur Zeit verschiedene Systeme im Einsatz.

Zum einen gibt es Kameras, die wie normale Fotoapparate aussehen, bei denen jedoch die Rückwand, in der bisher der Film eingelegt war, durch einen CCD-Chip ersetzt wurde. Dieser speichert die Daten der digitalisierten Bilder z.B. auf eine auswechselbare Magnetkarte auf, die dann in einen Computer eingelesen und verarbeitet werden können.

Der zweite Kameratyp kommt aus der TV- bzw. Videowelt. Die Kamera ist durch ein Kabel direkt mit dem Computer verbunden. Die Farbbilddaten werden deshalb sofort in den Computer gespeichert. Die Beurteilung der Aufnahme erfolgt direkt auf einem angeschlossenen Kontrollmonitor und selbst das Auslösen des Kameraverschlusses geschieht vom PC aus.

Im Gegensatz zur erstgenannten Kamerakategorie, die universell einsetzbar ist, kann diese Kamera nur in Studios verwendet werden.

Für Digitalkameras ist neben der PC-Card jetzt vor allem Compactflash als Speichermedium von Bedeutung. Zu unterscheiden sind:

- Typ-I-Compactflash (abgekürzt CF) und
- Typ-II-Compactflash (CF+ oder CF-Pro).

Die ältere CF-Norm beruht auf den Abmessungen 42,8 mm x 36,4 mm x 3,3 mm, während CF+ bei gleicher Breite und Höhe 5,0 mm stark ist.

Die im Vergleich zu PC-Card-Medien deutlich geringeren Abmessungen ermöglichen den Einsatz in sehr kompakten Digitalkameras. Die CF-Version ist aufwärtskompatibel zu CF-Pro. Die Kapazitäten erreichen heute maximal 4 GB. Gängig sind derzeit die CF-Medien mit 32 MB bis 1 GB.

In der Kategorie der CF-Pro-Medien sind Kapazitäten von mehreren hundert Megabyte im Handel erhältlich. Um die Daten in einen Rechner einlesen zu können, werden dazu die entsprechenden Laufwerke benötigt.

Videokamera

Mit einer Videokamera werden Bewegtbilder magnetisch auf Videobänder aufgezeichnet, wobei die Auflösungsfeinheit meist sehr groß ist, so dass qualitativ gute Darstellungen möglich sind. Die Aufzeichnungen können über Video-Recorder und Fernsehgerät sichtbar gemacht werden.

Für die Bildschirmdarstellung an PCs müssen die vielfach noch analog vorliegenden Informationen digitalisiert werden.

Um farbige, hochaufgelöste Bewegtbilder am Bildschirm eines PCs darstellen zu können, werden sehr große Speichervolumen im Computer benötigt; zudem noch leistungsfähige Leitungssysteme, um die riesige Datenmenge vom Speicher zum Bildschirm zu transportieren.

Als Speicher für Bewegtbilder werden neben herkömmlichen Videobänder immer häufiger optische Speicherplatten eingesetzt.

PCMCIA-Speicherkarte

Die PCMCIA-Speicherkarte, Kurzbezeichnung PC-Card, war ursprünglich nur als Standard für Speicherkarten gedacht. PCMCIA ist die Kurzbezeichnung für Personal Computer Memory Card International Association. Dieses Gremium hat sich zum Ziel gesetzt, Einschubschächte, Pinbelegungen, Dateiformate und Protokolle so zu normieren, dass weitgehende Kompatibilität erreicht wird und die Karten ohne Probleme in anderen Systemen einzusetzen sind. PC-Cards eignen sich aufgrund ihres geringen Stromverbrauchs vor allem für den Einsatz in tragbaren Geräten wie Notebooks und Pentops.

Fast alle tragbaren Computer besitzen eine als *PCMCIA* bezeichnete PC-Card-Schnittstelle. Da auch viele Digitalkameras eine bestimmte Form der PC-Cards verwenden, lassen sich diese Karten über ein entsprechendes Kartenlaufwerk von jedem Computer aus wie eine normale Festplatte ansprechen und so zur Bilddatenübertragung verwenden.

PC-Cards benötigen entsprechende Lesegeräte, um auf PCMCIA-kompatible Medien zugreifen zu können. Man teilt PCMCIA-Karten in die Varianten Typ I, II sowie III ein. Der wesentliche Unterschied liegt in den Abmessungen der Karten.

Alle Karten sind in ihrer Breite und Länge identisch (85,6 mm x 54 mm), aber unterschiedlich dick. Den größten Speicher haben auf Grund ihres Formats die Typ-III-Karten. Bei dieser Variante liegen die Kapazitäten bei 260, 340 oder sogar 520 Megabyte.

Sensoren

Sensoren sind Empfangsorgane oder – technisch betrachtet – Messwertfühler, die Signale der „äußeren" Welt für einen Übergang in eine „innere" Welt verarbeiten. In diesem Sinne sind es Sinnesorgane wie Augen, Ohren, mechanische Rezeptoren (Tastsinn) und chemische Rezeptoren (Geruchssinn).

Mit physikalischen Sensoren, das heißt elektronischen Bauelementen, als Messwertfühler und Eingabegeräte werden nichtelektrische Größen aus der Umwelt aufgenommen, in elektrische Informationen (Signale) umgewandelt und danach einem (Prozess-) Rechner zugeführt.

Die vom Computer verarbeiteten Informationen werden als Ausgangssignale zur Steuerung von digital arbeitenden Aktoren (Signalverarbeiter), z.B. zu einem Rechenvorgang, zur Bewegung von Stellmotoren, zum Ein- und Ausschalten von Geräten oder zur Steuerung von Maschinen weitergeleitet.

Thermometer, Mikrophone, Feuchtigkeitsmesser, Reflexionsdensitometer, Spektralfotometer, Fotowiderstände und Reflexlichtschalter sind Beispiele für solche Sensoren. Mit ihnen kann z.B. in Regelkreisen der aktuelle Stand einer physikalischen Größe (Aufnahme des Istwertes) gemessen werden, der im Prozessrechner mit einem gewünschten Vorgabewert (Sollwervorgabe) verglichen wird und eine Regelung für das Angleichen an den vorgegebenen Sollwert auslöst. Je nach Ausgangsgröße werden dazu verschiedene Aktoren benötigt.

3.2.2 Verarbeitung und Speicherung

In diesem Teil des Computers werden die von den Eingabegeräten gelieferten Daten verglichen, geordnet, gezählt, verknüpft, sortiert, gerechnet und ausgewertet sowie bei Bedarf kurzfristig, aber auch längere Zeit gespeichert.

Zentraleinheit

Das eigentliche Kernstück eines Computers ist die Zentraleinheit, auch CPU (Central Processing Unit) genannt. Sie bestimmt hauptsächlich dessen Leistung. Die zwei Hauptbestandteile der Zentraleinheit sind der bzw. die Mikroprozessoren als Hauptkomponente und die internen Speicher. Die Geschwindigkeit, mit der der Rechner Daten und Befehle verarbeiten kann, wird Arbeitstakt genannt, sie wird in der physikalischen Einheit Megahertz (MHz) angegeben. Dabei entspricht 1 MHz einer Geschwindigkeit von 1 Million Schaltimpulsen pro Sekunde (Abk.: MIPS = Millionen Instruktionen pro Sekunde).

Um Ein- und Ausgabegeräte sowie externe Speicher an die Zentraleinheit anschließen zu können, werden Schnittstellen (Interfaces) benötigt.

Mikroprozessoren

Mikroprozessoren in Personal Computers (PCs) werden häufig auch als CPU bezeichnet, doch sie vollziehen nur die Funktionen des Steuer- und Rechenwerks. Auf diesem zentralen Baustein eines Mikrocomputers in der Größe von etwa 70 mm^2, sind das Rechenwerk und das Steuerwerk mit den entsprechenden Daten-, Adress- und Steuerleitungen untergebracht.

Die Schaltkreise auf einem solchen Chip bestehen aus Tausenden von elektronischen Schaltelementen, die nach einem vorgegebenen Programm gesteuert werden.

Um das winzige Siliziumscheibchen vor mechanischen Beschädigungen zu schützen, wird es in ein Kunststoff- oder Keramikgehäuse gepackt. Die am Gehäuse angebrachten Anschlussbeinchen stellen die Verbindung mit anderen elektronischen Bauteilen her.

Über das Steuerwerk des Mikroprozessors erfolgt die Steuerung des Programms sowie die Ein- und Ausgabe mit Befehlen, die sich im Arbeitsspeicher befinden. Die in codierter Form vom Arbeitsspeicher kommenden Befehle werden zuerst im Befehlsregister (Zwischenspeicher) festgehalten.

Programmbefehle wie zum Beispiel „addiere zwei Zahlen", „übertrage das Ergebnis in den Arbeitsspeicher" werden interpretiert, und es wird für deren Ausführung in der vorgeschriebenen Reihenfolge gesorgt.

Mikrocomputer sind sehr kleine Computer, die aus wenigen integrierten Schaltungen aufgebaut sind. Es gibt aber auch schon komplette Mikrocomputer, die auf einem einzigen Silizium-Kristall integriert sind. Der prinzipielle Aufbau mit den wichtigsten Grundelementen ist in dem folgenden Blockschaltbild dargestellt.

Blockschaltbild eines Mikrocomputers
{nur Grundelemente dargestellt}

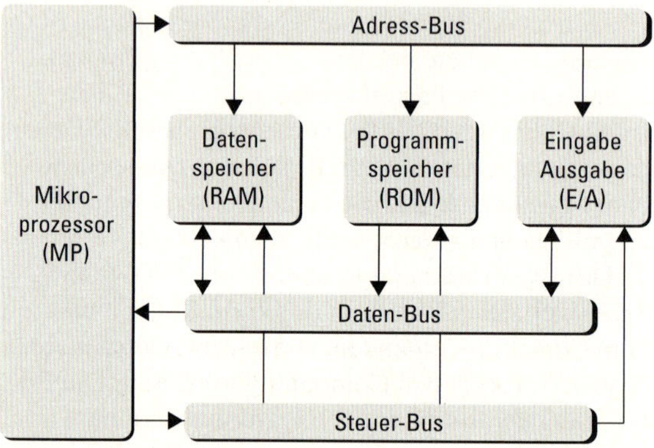

Arbeitsweise eines Mikrocomputers – vereinfacht dargestellt:

1. Der Mikroprozessor (MP) holt vom Programmspeicher einen neuen Befehl
2. Der MP erfährt durch den Befehl,
   - welche mathematische Operation auszuführen ist (z. B. Addition),
   - wo die erforderlichen Daten gespeichert sind (z.B. im Arbeitsspeicher, in einem Peripheriegerät) und
   - was mit dem Ergebnis geschehen soll (z.B. Weitergabe an die Eingabe-/Ausgabeeinheit)
3. Der MP holt die benötigten Daten ein und speichert sie.
4. Der MP führt mit den Daten die angewiesenen Operationen aus und liefert das Ergebnis z.B. an die Ausgabeeinheit ab.
5. Der Mikrocomputer holt vom Programmspeicher den nächsten Befehl ab. Der gesamte Vorgang wiederholt sich fortlaufend, bis der letzte Befehl nach Anweisung durch das Programms abgearbeitet ist.

Der Mikroprozessor führt alle Steuer- und Rechenfunktionen in der Computerschaltung aus. Er ist die Zentraleinheit bei allen Computern.

Der Programmspeicher enthält eine spezifische Folge von Befehlen, die dem Mikroprozessor angeben, welche Teiloperationen hintereinander auszuführen sind und wo er die benötigten Daten dazu im Datenspeicher findet.

Der Datenspeicher hält die Daten für die Bearbeitung bereit. Ein kombinierter Baustein für die Ein- und Ausgabe (I/O-Baustein = Input/Output) der Daten verbindet den Mikrocomputer beispielsweise mit der Tastatur und dem Bildschirm.

Der geordnete Transport der Daten innerhalb des Mikrocomputers wird auf dem sogenannten Bus-System abgewickelt. Dabei handelt es sich um ein Mehrfach-Leitungssystem, das die einzelnen Elemente des Mikrocomputers verbindet und die Informationen überträgt. Der Adressen-Bus wählt eine bestimmte Stelle im RAM- oder ROM-Speicher aus oder steuert die Ein-/Ausgabe an. Der Daten-Bus überträgt Daten zwischen dem Mikroprozessor und den anderen Bausteinen. Der Steuer-Bus ordnet den Datenbetrieb. Er bestimmt, wann der nächste Befehl geholt wird, teilt mit einer anderen Leitung dem Arbeitsspeicher mit, ob aus ihm gelesen oder auf ihm gespeichert werden soll.

Rechenwerk
Das Rechenwerk des Mikroprozessors ist dafür zuständig, die vom Steuerwerk gewünschten arithmetischen und logischen Operationen durchzuführen. Das bedeutet: Im Rechenwerk erfolgt je nach Aufgabenstellung die Verarbeitung von Daten, Texten, Bildern und auch Ton.

Arithmetische Operationen sind die Durchführung von Berechnungen aller Art sowie arithmetische Vergleiche. Der arithmetische Vergleich zweier Zahlen kann beispielsweise folgende Ergebnisse haben: Beide Zahlen sind gleich groß oder die erste Zahl ist größer als die zweite.

Bei dem logischen Operationen werden Daten miteinander verglichen und logische Verknüpfungen durchgeführt. Beim logischen Vergleich werden beispielsweise zwei gleich große Datenfelder untersucht, die keine Zahlen, sondern beliebige Zeichen enthalten. Das Ergebnis eines solchen logischen Vergleichs könnte sein: Die Feldinhalte sind gleich oder die Feldinhalte sind ungleich, weil sie aus unterschiedlichen Zeichen bestehen.

Die Daten für die gewünschten arithmetischen und logischen Operationen werden aus dem Arbeitsspeicher dem Rechenwerk zugeführt und die Ergebnisse wiederum werden im Arbeitsspeicher zwischengespeichert.

Um einen Mikrocomputer zu bauen, muss der Mikroprozessor durch Arbeitsspeicher, Festwertspeicher, Ein- und Ausgabebausteine, Taktgenerator und Zusatzlogikbaustein ergänzt werden.

Heute werden fast ausschließlich 32-Bit-Mikroprozessoren in PCs und Workstations verwendet; 64-Bit-Mikroprozessoren und darüber werden in den nächsten Jahren erwartet.

Bei den 32-Bit-Mikroprozessoren laufen nicht nur die Rechenoperationen, sondern auch die Adressierung mit 32 Bit ab. Der Einsatz dieser Mikroprozessoren machte zwangsläufig auch größere und schnellere Speicherbausteine notwendig. Beide sind voneinander abhängig, denn je schneller beide zusammenarbeiten, desto leistungsfähiger sind der Mikrocomputer und die auf ihm laufenden Programme.

Neben den traditionellen CISC-Mikroprozessoren werden heute verstärkt auch RISC-Prozessoren eingesetzt. CISC ist die Abkürzung für Complex Instruction Set Computer, RISC für Reduced Instruction Set Computer.

RISC-Prozessoren wie beispielsweise die G5-Mikroprozessoren von Motorola, die in Apple-Rechnern verwendet werden, haben im Vergleich zu CISC-Prozessoren einen deutlich geringeren Befehlssatz und können bei gleicher Taktung mehr Befehle ausführen. Das bedeutet, dass CISC-Prozessoren eine komplexe Anweisung, etwa einen Befehl, in mehrere Anweisungen zerlegen müssen.

Bekannte CISC-Prozessoren sind beispielsweise der Pentium 4 E und Pentium 4 C von Intel.

Vergleicht man aber die Megahertz-Taktung des zur Zeit schnellsten CISC-Prozessors von Intel (3,8 Gigahertz) mit der des schnellsten RISC-Prozessors von Motorola (2 Gigahertz), so muss der oben genannte Vorteil des RISC-Prozessor relativiert werden. Die höhere Megahertz-Taktung des Pentium 4-Prozessors gleicht den Nachteil aus und verschafft ihm vor allem im 3D- und Spielebereich Vorteile.

Manche Mikrocomputer sind zusätzlich noch mit einem Co-Prozessor ausgestattet. Dieser unterstützt den normalen Mikroprozessor bei aufwendigen Rechenoperationen, beispielsweise bei wissenschaftlichen Berechnungen, der elektronischen Bildverarbeitung oder der Umwandlung von Halbtonwerte in Rasterpunktwerte. Voraussetzung ist aber, dass das Anwenderprogramm die entsprechenden Daten an den Co-Prozessor zuweist. Ansonsten ist keine Leistungssteigerung zu erzielen.

Interne Speicher
Alle internen Speicher lassen sich unterteilen in
– Arbeitsspeicher (RAM),
– nichtflüchtiger Speicher (ROM) und
– Schnellpufferspeicher (Cache).

Der *Arbeitsspeicher* ist der von der Programmierung her wichtigste Bestandteil des internen Speichers. Seine Funktion ist die Aufnahme der Programme und Daten, die unmittelbar im Mikroprozessor verarbeitet werden sollen.

Zu diesem Zweck ist der Arbeitsspeicher adressierbar, das heißt, jede kleinste ansprechbare Speichereinheit des Arbeitsspeichers ist über eine Adresse unmittelbar erreichbar.

Um den direkten oder wahlfreien Zugriff auf Daten zu ermöglichen, werden Halbleiterbauteile eingesetzt, die als *RAM* (Random Access Memory) bezeichnet werden. Diese Schreib-Lese-Speicher werden auch flüchtige Speicher genannt.

Die Kapazität der miniaturisierten Speicher ist gewaltig: Fingernagel kleine Speicherchips in einer „Größe" von 16 mm x 25 mm nehmen die Daten von von fast 72.000 Schreibmaschinenseiten auf.

Durch die Adressierbarkeit kann der Inhalt einer Speicherstelle, der Operand genannt wird, abgerufen, geändert und gelöscht werden. Eine Löschung erfolgt durch das Abspeichern neuer Daten in eine Speicherstelle, aber auch durch das Zusammenbrechen oder Abschalten der Stromspannung.

Der *Festwertspeicher*, dient der Aufnahme von Festprogrammen, die die internen Abläufe innerhalb der Zentraleinheit steuern, wie beispielsweise die systembedingten Abläufe wie Eingabe, Ausgabe und Rechenoperationen. Da bei Festprogrammen in der Regel kein Bedarf zur Änderung der Abläufe besteht, wird diese Form der Speicherung gewählt, damit weder ungewollt noch absichtlich in das Programm eingegriffen werden kann. Dazu werden Halbleiterbauteile eingesetzt, die allgemein kurz als *ROM* (Read Only Memory) bezeichnet werden.

Diese Nur-Lese-Speicher, die nicht veränderbar sind, müssen bei fehlerhafter Programmierung durch fehlerfreie Exemplare ersetzt werden. Die im ROM eingegebenen Inhalte können mit normalen Mitteln nicht mehr verändert werden und bleiben auch beim Zusammenbruch der Versorgungsspannung erhalten. Der Inhalt der Speicherbausteine kann beliebig oft abgerufen werden.

Ergänzend gehören zum internen Speicher noch *Schnellpufferspeicher* (*Cache*). Er dient als CPU-Cache der Beschleunigung der Datenübertragung zwischen RAM und dem Mikroprozessor.

Im CPU-Cache werden Daten oder Befehle abgelegt, die wahrscheinlich während der Verarbeitung als nächste bzw. nochmals benötigt werden. Eine intelligente Logik sucht diese Daten und Befehle und legt sie „vorsorglich" im Cache ab.

Weitere Caches ermöglichen als Puffer einen schnellen Zugang zum Arbeitsspeicher, sie sind aber vom Programm her nicht adressierbar. Ihr Einsatz dient dem Zeitausgleich zwischen dem schnell arbeitenden Arbeitsspeicher und den peripheren Geräten, die wesentlich geringere Schaltgeschwindigkeiten aufweisen.

Schnittstellen

Schnittstellen an Zentraleinheiten sind Steckanschlüsse, die für eine Vielzahl von anschließbaren Geräten vorgesehen sind.
Zu unterscheiden sind

- serielle Schnittstellen, die Daten Bit für Bit weitergeben, und
- parallele Schnittstellen, die gleichzeitig 8, 16 oder 32 Bits pro Takt weiterleiten.

Wenn nichtkompatible Geräte verbunden werden, muss ein Interface dazwischengeschaltet werden. Mit diesem Interface sind bei der Ein- und Ausgabe von Daten unterschiedliche Geschwindigkeiten, Verarbeitungsweisen und Spannungswerte einander anzupassen. Festplatten mit hohen Übertragungsraten verwenden häufig die parallele SCSI-Schnittstelle; denn sie ermöglicht bis zu 40 MByte/s.

Von Bedeutung ist auch die von Intel, Microsoft und anderen Herstellern 1995 entwickelte serielle USB-Schnittstelle. Der USB (Universal Serial Bus) bietet einen Datendurchsatz von 12 MByte/s trotz serieller Technik, weshalb dort alle Hardware-Komponenten angeschlossen werden können. Über das vierpolige Kabel werden die angeschlossenen Geräte auch mit Strom versorgt.

Externe Speicher

Sie sind direkt an die Zentraleinheit über Schnittstellen angeschlossen und erfüllen sowohl Eingabe- als auch Ausgabefunktionen, je nachdem ob gespeicherte Daten in die Zentraleinheit eingelesen oder ausgegeben werden. Diese Speicher verfügen über eine große Speicherkapazität, die weit größer ist, als die des Arbeitsspeichers. Sie dienen der Bereitstellung von Programmen und Daten aller Art, die gerade nicht im Arbeitsspeicher benötigt, aber doch in kürzeren Zeitabständen bearbeitet werden.

Die wichtigsten externen Speicher bei Personal Computer sind die Festplatte sowie die Laufwerke für Disketten, Wechselplatten und magneto-optische Speicherplatten sowie Speicherkarten. Für eine umfassende Datensicherung (Backup) werden häufig Magnetbandkassetten (Streamer) eingesetzt.

Festplatte

Festplatten sind nicht auswechselbare Magnetplatte in Personalcomputern. Häufig sind in einem Laufwerk auch mehrere übereinander angeordnete kreisrunde Aluminiumplatten, die beidseitig mit einem magnetisierbaren Material beschichtet sind. Die starren Metallplatten erlauben im Gegensatz zu Disketten eine wesentlich höhere Aufzeichnungsdichte. Festplatten für PCs verfügen je nach Spurdichte und Plattenanzahl über Speicherkapazitäten von vier bis zu 32 Gigabyte.

Heute enthalten die PCs meist kleine Magnetplatten mit 5,25 Zoll Durchmesser, kleine tragbare PCs haben auch schon Platten mit 1,8 oder 1,3 Zoll Durchmesser.

Die Zugriffszeit ist trotz der enormen Speicherkapazität der Platten zehnmal kürzer als bei Disketten. Ein Grund dafür ist die hohe Umdrehungsgeschwindigkeit der Platten, die 5000 Umdrehungen pro Minute betragen kann. Diese hohe Umdrehungszahl wird erreicht, weil im Gegensatz zu einer Diskette hier keinerlei Reibung mit der Plattenoberfläche und dem Schreiblesekopf besteht. Der Abstand des Kopfes zu der Magnetplatte beträgt weniger als ein tausendstel Millimeter.

Die Schreib-Lese-Geschwindigkeit kann in Abhängigkeit von der Drehzahl und der Speicherdichte 10 Millionen Zeichen pro Sekunde erreichen.

Disketten-Laufwerk

Das Disketten-Laufwerk dient zur Dateneingabe, aber auch zur Datenausgabe. Die Hülle der Diskette steckt fest im Laufwerk; die magnetisierbare Scheibe dreht sich darin. Die Diskette hat heute als auswechselbares Medium ihre Bedeutung verloren.

Die Diskette wurde nach dem Vorbild der Magnetplatte entwickelt und hat organisatorisch dieselben

Merkmale wie diese. Sie ist ein Direktzugriffsspeicher. Es besteht daher ein direkter schneller Zugriff zu den gesuchten Daten.

Die Aufzeichnung eines Zeichens in Form von acht Datenbits erfolgt hintereinander auf einer geschlossenen Spur. Diese Aufzeichnungsform wird bitseriell genannt.

Beim Lesen und Schreiben hat der Schreib-Lese-Kopf im Gegensatz zur Magnetplatte physischen Kontakt mit der Magnetschicht. Dadurch kommt es vor allem bei der Magnetschicht nach einiger Zeit zu Verschleißerscheinungen. Heute sind 3,5-Zoll-Laufwerke (9 cm) mit einer Speicherkapazität von 1,4 Megabyte üblich. Die magnetisierbare Schicht dieser Diskette ist in einer festen Kunststoffhülle eingeschlossen, deren Öffnungen mit Schutzverschlüssen aus Metall versehen sind.

Die durchschnittliche Zugriffszeit auf gesuchte Daten beträgt etwa 200 Millisekunden. Die Schreib-Lese-Geschwindigkeit kann 100.000 Zeichen pro Sekunde erreichen. Disketten verlieren immer mehr an Bedeutung. Gründe sind u.a. die zu geringe Speicherkapazität und Datensicherheit.

Wechselplatten

Laufwerke für Wechselplatten können die zur Verfügung stehende Speicherkapazität beliebig erweitern. Eine solche Wechselplatte, besteht meist aus einer Magnetplatte, die einschließlich Schreib-Lese-Mechanismus in einer geschlossenen Kapsel untergebracht ist und insgesamt ausgewechselt werden kann.

Die heute üblichen Laufwerke haben 3,5-Zoll-Magnetplatten, die bis zu 270 MByte speichern können. Die Einsatzgebiete der Wechselplatten sind vor allem die Datensicherung (Backup), die Archivierung und der Datentransport.

Neuere Laufwerke dieses Typs ermöglichen eine Datenübertragungsrate von 4 MByte/s und eine mittlere Zugriffszeit von 11 Millisekunden. Die dazugehörende Wechselplatte hat eine Speicherkapazität von bis zu 2 Gigabyte.

Magneto-optische Speicherplatte

Eine magneto-optische Speicherplatte ist ein Massenspeicher, der im Gegensatz zu den bisherigen optischen Speicherplatten (CD-ROM) mehrmals wieder beschreibbar ist. Die Kurzbezeichnung ist MOD (Magneto-optische Disk).

Im Unterschied zu einer Diskette erfolgt beim magneto-optischen Speicher das Schreiben, Lesen und Löschen berührungslos mit einem Laserstrahl, der im Laufwerk integriert ist. Die einzelnen Bits der Daten werden mit einem Laser in die magnetische Schicht geschrieben. Nur im Brennpunkt des Laserstrahls bei etwa 200 ^{0}C, verliert das Material seine bisherige Form der Magnetisierung, so dass ihm beim Abkühlen vom Laufwerk-Magneten eine neue Magnetisierungsrichtung gegeben werden kann. Eine solche Stelle lässt sich also nur verändern, wenn der Laser und das Magnetfeld gleichzeitig wirksam sind.

Im übrigen ist die magnetische Aufzeichnungsschicht unempfindlich gegen starke äußere Felder, anders als die recht empfindlichen Disketten und Magnetplatten. Das Auslesen der gespeicherten Daten erfolgt optisch bei beträchtlich verringerter Laserleistung unter Nutzung des Kerr-Effekts. Das besagt, dass die Ebene, in der das Licht schwingt, bei der Reflexion eines aufgezeichneten Bits an einer magnetischen Oberfläche gedreht wird, je nach Richtung des Magnetfeldes nach links oder rechts. Diese Drehung der Schwingungsebene des Laserlichtes wird, obwohl sie sehr klein ist, mit Hilfe einer speziellen Optik festgestellt und so das Datensignal, eine binäre Eins oder Null, erkannt.

Zum Neubeschreiben benötigen diese Platten meist eine oder zwei zusätzliche Umdrehungen, um den Datenträger vor dem erneuten Beschreiben löschen zu können. Der Laser ermöglicht auf der beidseitig beschreibbaren 5,25-Zoll-Platte eine Speicherkapazität von bis zu 1,3 Gigabyte.

Neue Entwicklungen bieten eine Speicherkapazität von 2,6 Gigabyte bei einer sehr schnellen Zugriffsrate von 34 Millisekunden und einen Datentransfer von bis zu 4,7 MByte/s.

Streamer

Als Streamer werden meist Magnetband-Kassetten-Laufwerke bezeichnet, die für die schnelle Duplizierung von Daten zur Datensicherung und zum Datenaustausch entwickelt wurde. Während früher zur Aufzeichnung vor allem das Magnetband eingesetzt wurde, werden heute in Verbindung mit PCs vor allem Magnetbandkassetten verwendet. Solch eine Kassette besteht aus zwei in einem Gehäuse verankerten Spulen, auf denen ein magnetisierbares Band aufgewickelt ist.

Bei Kassetten wird grundsätzlich sequentiell gespeichert, dies führt zu einer relativ langen Zugriffszeit für einzelne Jobs.

Der Streamer zeichnet die Daten nahezu kontinuierlich auf. Damit lassen sich sehr große Datenbestände zur Datensicherung in kurzer Zeit abspeichern. So kann beispielsweise eine solche Magnetband-Kassette von 171 m Länge und 1,27 cm Breite in 18 Spuren etwa 15 Kilobyte/cm speichern. Das Band hat deshalb eine Speicherkapazität von über 200 Megabyte; es kann in etwa 90 Sekunden gelesen oder beschrieben werden.

CD-Writer

Mit dem CD-Writer können Daten auf CD-Rohlinge (CD-R) vom Anwender selbst gespeichert werden. CD-Rohlinge gibt es mit Kapazitäten von ca. 700 MB für weniger als 1 Euro.

Eine CD-R ermöglicht ein einmaliges Beschreiben und bietet die Option, eine nicht komplett beschriebene Platte weiterzubeschreiben, also Daten anzuhängen, bis die Maximalkapazität erreicht ist. Durch einen Laserstrahl werden in die CD Vertiefungen (Pits) mit einer Breite von etwa 400 nm (Nano-

Speicherart und -bezeichnung	Typ des Speichers/Eigenschaften
Interne Speicher	
ROM = Read Only Memory	Programmierte Daten stehen immer zur Verfügung. Sie gehen auch bei Abschalten der Betriebsspannung nicht verloren. Informationen können weder geändert noch gelöscht werden.
PROM = Programmable ROM	Wie ROM, jedoch einmal durch den Anwender zu programmieren.
EPROM = Erasable PROM	Programmierte Daten sind mit UV-Licht zu löschen: der Speicher kann neu programmiert werden.
Externe Speicher	
Magnetplatte, Festplatte	Magnetisierte Leichtmetallplatte für mechanisch-magnetische Aufzeichnung. Hohe Kapazität, schneller Zugriff, relativ teuer.
Cartridge, Wechselplatte	Mobile Magnetplatte mit entsprechendem Laufwerk. Technik wie Magnetplatte.
Diskette	Magnetische flexible Kunststoffplatte für mechanisch-magnetische Aufzeichnung. Begrenzte Kapazität, schneller Zugriff, preiswert. Nur noch geringe Bedeutung.
Magnetband	Magnetisiertes Band (vgl. Tonband) für mechanisch-magnetische Aufzeichnung. Hohe Kapazität, Massenspeicher, kostengünstig. Lange Zugriffszeiten, da alle Speicherstellen nicht direkt, sonder seriell (nacheinander) abgearbeitet werden, bis die gesuchte Stelle gefunden ist.
Magnetplattenstapel	Magnetplatten werden zu auswechselbaren Magnetplattenstapeln mit 6 bis 12 Platten zusammengestellt. Sehr hohe Kapazität mit besonders schnellem, direktem Zugriff (Zugriffkamm mit Schreib-Lese-Kopf).
Optische Platten	CD-ROM: Nur lesbare Speicherplatte, leichte Handhabung, relativ unempfindlich, hohe Speicherkapazität mit ca. 700 MByte CD-R: Ähnlicher Aufbau wie CD-ROM, gleich gute Eigenschaften, einmal mit Daten zu beschreiben („brennen") CD-RW: Ähnlicher Aufbau wie CD-ROM, gleich gute Eigenschaften. Daten sind komplett zu löschen, danach kann die CD-RW wieder neu beschrieben werden. DVD: Prinzipiell ähnlicher Datenträger wie CD, jedoch höhere Speicherkapazität, ebenso beschreibbare und wiederbeschreibbare Medien; verschiedene DVD-Versionen bieten unterschiedliche Speicherkapazitäten.

meter) und einer Tiefe von 100 nm eingebrannt. Das Einbrennen der Informationen auf die CD wird umgangssprachlich auch „Toasten" genannt.

Diese gespeicherte Informationen können wiederum mit einem Laserstrahl berührungsfrei gelesen werden. Eines der Hauptmerkmale eines CD-Writers ist seine Schreibgeschwindigkeit, denn sie bestimmt die Durchsatzrate eines Systems.

Damit die Daten fehlerfrei aufgezeichnet werden können, ist ein konstanter Datenstrom von der Festplatte oder einem anderen Datenträger nötig, der die Schreibgeschwindigkeit des CD-Writers nicht unterschreiten darf.

Die Arbeit mit CD-Writern steht und fällt mit der Qualität der verwendeten CD-R-Software. Von diesem Programm wird nicht nur die korrekte Steuerung des Kopiervorgangs verlangt, sondern ein hohes Maß an Zuverlässigkeit bei der Datenorganisation und dem Übertragungsvorgang.

Ein CD-Rohling kostet ca. 1 Euro. Diese geringen Kosten machen die CD bei etwa 80 Minuten Recordingzeit auch als Archivmedium interessant.

Auf CD-R können alle Datenformate geschrieben werden, sofern die entsprechende Hard- und Software dafür vorhanden ist.

Jede CD-R hat maximal 2352 Byte pro Sektor verfügbar, die jedoch nur von Audio-CDs voll genutzt werden. Für Datenzugriffe von Rechnern sind die Sektoren in logische Blöcke aufgeteilt, die 512, 1024 oder 2048 Byte umfassen können.

Im CD-ROM-Bereich werden üblicherweise 2048 Byte pro logischem Block genutzt. Allein die sogenannten generischen (individuellen) Datenformate können eigene Blockgrößen definieren.

Datensicherung

Erfasste und gespeicherte Daten in einem Produktionsbetrieb aber auch Daten privater Anwender sind unbedingt zu schützen. Immer schnellere Systeme und größere Datenmengen können bei einem Datenverlust einen unermesslichen Schaden verursachen. Die stark zunehmende Abhängigkeit der Wirtschaft, der Politik und aller anderen Bereiche von gespeicherten Daten erfordert eine umfassende Risikoanalyse und eine dementsprechende Sicherheitsstrategie. Wesentliche Gründe für einen Datenschutz und eine umfassende, gründliche Datensicherung:

- Sicherung von Datenverlusten bei Systemfehlern
- Sicherung der Daten vor unberechtigtem Zugriff, Lesen, Ändern oder vor unberechtigtem oder versehentlichem Löschen,
- Sicherung vor externem Zugriff auf Daten (Hacker) oder die Zerstörung von Daten (Viren).

Magnetplatten sind in den Electronic Publishing Systemen zur Zeit noch das zentrale Speichermedium zur Datensicherung. Zusammen mit dem File-Server bilden sie den Kern des Systems.

Auf den Magnetplattenspeichern befinden sich zunächst alle System- und Anwenderprogramme und alle sonstigen ständig benötigten Systemdaten. Hinzu kommt die zentrale Speicherung und Verwaltung der aktuell zu bearbeitenden Daten.

Alle erfassten Texte, digitalisierte Abbildungen und Daten stehen hier für die weitere Verarbeitung zur Verfügung.

Die Datensicherung erfolgt einmal durch die Abspeicherung in mehreren Versionen, beispielsweise Originaltext, letzte Version, vorletzte Version.

Daneben können alle Daten parallel auf einem zweiten Magnetplattenspeicher abgelegt werden. Bei

Ausfall eines Magnetplattenspeichers ist somit die Produktion nicht eingeschränkt.

Zusätzlich zu den vorher beschriebenen Maßnahmen wird als weitere Stufe der Datensicherung meist am Ende eines Arbeitstages der vollständige Magnetplatteninhalt auf eine Streamer-Magnetbandkassette (Standard-Cartridges) übertragen.

Vorher wird in der Regel der Reorganisationslauf durchgeführt. Bei diesem Verfahren werden ausgebrauchte Texte gelöscht, auseinandergerissene Texte zusammengefügt und sogenannter Stehsatz (für spätere Verwendung zu speichernder Text) ausgelagert. Dann erst erfolgt die Übertragung auf die Kassette. Sie wird als besonders schnelles Medium für die Sicherung großer Datenbestände verwendet.
Möglichkeiten der Datensicherung:

- technisch:
  Blitzschutz, Notstromaggregate, Alarmanlagen. Türsicherungen,
- programmtechnisch:
  Passwort-Kontrolle, Virenscanner, Schreibschutz für die Software,
- personell:
  Zugriffsberechtigungen, Datenschutzbeauftragter,
- organisatorisch:
  Backup, periodisches Duplizieren der Daten, Zugriffskontrollen, Aufzeichnung des Zugriffs.

3.2.3 Datenbanken

Die Produktion von Print- und Nonprintmedien ist heute fast ausschließlich ein digitaler Prozess. Dabei steigt die Menge der zu verarbeitenden und zu speichernden Daten bei allen Mediendienstleistern stetig an. Für die Archivierung und Verwaltung der Daten eignen sich Datenbanken, in denen die Daten leicht zu finden und beliebig oft für unterschiedliche Anwendungen abgerufen werden können.

Gerade die Mehrfachnutzung der Daten erfordert Flexibilität hinsichtlich unterschiedlicher multimedialer Produkte wie auch der Produktionsabläufe.

Datenbankanwendungen für die Vorstufe reichen von der Katalogproduktion (Database-Publishing) über Bilddatenbanken, Internet-Anwendungen bis hin zu Systemen zur Unterstützung und Automatisierung der Produktion einschließlich der Anbindung von Druckmaschinen (mit digitaler Bebilderung oder für den Digitaldruck).

Der besondere Vorteil der Datenbanken liegt darin, dass digitale Arbeitsvorlagen (Texte, Bilder u. a. sowie Grob- und Feindaten für OPI-Fertigung) einfach und mit hoher Geschwindigkeit durchsucht, geordnet, verknüpft und auch ausgewertet werden können.

Ein früher durchaus übliches Suchen von Filmen und anderen Auftragsunterlagen ist heute unmöglich. Die Verarbeitung digitaler Daten in einem wirtschaftlichen Produktionsprozess zwingt zu einer optimalen Organisation. Kurze Definition einer Datenbank: „Eine Datenbank ist ein System zur Beschreibung, Speicherung und Wiedergewinnung von umfangreichen Datenmengen, die von mehreren Anwendungsprogrammen genutzt werden. Es besteht aus der Datenbasis und dem Datenbankmanagementsystem."

Rechnergestützte Datenbanken ermöglichen eine platzsparende, kostengünstige Informationsspeicherung mit schnellem, flexiblen Zugriff. Sie sind damit die Basis für die Archivierung, Verwaltung und Steuerung von sehr großen Datenmengen, z. B. für:

- Bild- und Textdatenbanken
- Database-Publishing
  Datenbankgestützte und automatisierte Produktion von Kommunikationsmedien
- Cross-Media-Publishing
  Erstellen verschiedenster Print- und Nonprintprodukte aus einem Datenbestand
- Anbindung an Warenwirtschaftssysteme.

Über einen Online-Anschluss können externe Nutzer über ein Passwort die Daten simultan nutzen.

Datenbankprogramme organisieren die Zusammenhänge und bestimmen damit, welche Daten in welcher Weise miteinander verknüpft werden können. Man unterscheidet u.a. folgende Datenbankmodelle:

- hierarchisches Datenbankmodell:
  Das Datenbankmodell ist durch eine Baumstruktur gekennzeichnet. Mit einem Ordnungsbegriff wird auf einen Datensatz zugegriffen, der intern mit anderen Sätzen verknüpft ist. Nachteil dabei ist, dass untergeordnete Datensätze mit übergeordneten Sätzen verbunden und nur über diese abgefragt werden können. Der Zugriff ist eindimensional.
- relationales Datenbankmodell:
  Die Verknüpfung erfolgt nicht auf einer Satzebene sondern auf Feldebenen. Eine Reihe von Datenfeldern aus unterschiedlichen Sätzen und Dateien bilden sogenannte Attribute (vgl. Schlüsselbegriffe) oder auch Relationen. Diese Relationen werden grundsätzlich in Tabellen mit Spalten bestimmter Schlüsselfelder erfasst, Zeilen bilden Datensätze. Relationale Datenbanken haben sich inzwischen weitgehend durchgesetzt.

Datenbankbegriffe im Vergleich zu Karteikarten

- Eine Karteikarte ist aus der Sicht einer Datenbank ein Datensatz.
- Die einzelnen Felder einer Karteikarte werden als Datenfelder bezeichnet. Formal spricht man aber üblicherweise von Attributen.
- Karteikästen beinhalten mehrere Karteikarten. Datenbanken sind diese (visuellen) „Behälter", die Tabellen. Auch hier heißt der formale Begriff aus der Datenbanktheorie Relation.
- Jeder Datensatz besteht aus mehreren Datenfeldern bzw. Attributen. In der tabellarischen Darstellung sind dies die einzelnen Spalten. Der Name des Attributs entspricht der Spaltenüberschrift. Die einzelnen Zeilen der tabellarischen Darstellung sind die Datensätze (einzelne Karteikarten eines konventionellen Systems).

Anwendungen von Datenbanken in der Medienproduktion werden im Kapitel 5 erläutert.

3.2.4 Netzwerke

Ein Netzwerk (engl. Network) ist ein System zur elektronischen Datenübertragung. Dabei sind je nach Einsatzbereich Aufgabenstellung prinzipiell verschiedene Strukturen zu unterscheiden:

- lokale Netzwerke für die innerbetriebliche Datenkommunikation (engl. Local Area Network. kurz: LAN genannt)
- überregionale Fernvernetzungen bzw. weltweit arbeitende Kommunikationssysteme (engl. Wide Area Network, kurz: WAN).

Je mehr Rechner in einem Unternehmen eingesetzt werden, um so notwendiger ist es, diese für den Datenaustausch zu vernetzen. Dazu dient ein System von Übertragungswegen für Daten, ein innerbetriebliches Netzwerk, das auch *LAN* (Local Area Network) genannt wird.

Vorteil dieser Netzwerke ist es, dass Speichermedien, Laserbelichter und Drucker von allen Teilnehmern des Netzes genutzt werden können.

Ein wichtiger Grund ist auch die zentrale Speicherung von Daten, meist auf der Festplatte eines File-Servers. Immer dann, wenn viele Anwender auf gleiche Dateien zugreifen müssen und diese außerdem noch aktuell sein sollen, bietet sich diese zentrale Datenverwaltung an.

Mehrplatz-Lizenzen für Anwenderprogramme in Netzwerken sind erheblich preisgünstiger als Einzelplatzversionen.

Satz-, Grafik- und Bildbearbeitungsprogramme stehen im Netz allen Anwendern zur Verfügung. Dateien, die mit diesen Programmen erstellt werden, lassen sich ohne großen Aufwand in ihren verschiedenen Fertigungsstufen von unterschiedlichen Anwendern aufrufen, bearbeiten und wieder speichern.

Die Attraktivität von LANs liegt nicht nur in der gemeinsamen Nutzung von sämtlichen Datenbeständen, Programmen und peripheren Geräten, sondern auch darin, dass dem Anwender gewünschte Informationen immer gleich an seinem Arbeitsplatz zur Verfügung stehen, unabhängig davon, wo sie innerhalb des Netzes gespeichert sind.

Um in einem Netzwerk Daten austauschen zu können, benötigen die PCs in der Regel bestimmte Treiberprogramme und eine Netzwerkkarte. Sie wird in den PC eingebaut und ermöglicht über ein spezielles Kabel die physikalische Verbindung zum Netz. Die Karte dient zur Übertragung und den Empfang aller Netznachrichten.

Alle Kommunikationsprotokolle sind vollständig auf der Netzwerkkarte integriert. Solch eine Netzwerkkarte übersetzt dem PC die meist seriellen Signale des Netzwerkkabels in bitparallele Informationen für den PC und umgekehrt. Außerdem üben sie eine Verstärkerfunktion aus und kontrollieren die Zugriffe auf die Übertragungsmedien.

Für die Funktionalität und Leistungsfähigkeit des Netzwerks ist das Netzwerk-Betriebssystem verantwortlich. Dieses Programm ergänzt in der Regel das Betriebssystem (Systemprogramme) des PCs. Das eigentliche Netzwerk-Betriebssystem ist meist auf dem File-Server installiert.

Zu den wichtigsten Eigenschaften des Netzwerk-Betriebssystems zählt die Geschwindigkeit, mit der Anforderungen der Anwender bearbeitet werden können. Weitere Anforderungen sind u.a.:

- Alle peripheren Geräte, Speicher- und Rechnerkapazitäten müssen allen Benutzern zur Verfügung gestellt werden können.
- Durch Passwortzugang, Benutzerbeschränkung, Fehler- und Anwendungsprotokolle muss ausreichender Datenschutz möglich sein. Datensicherheits-Funktionen bei Systemausfällen müssen vorhanden sein.
- Es soll modularen Aufbau haben, um es leichter neuen Anforderungen und Bedingungen anpassen zu können; meist genügt es, nur ein Softwaremodul auszutauschen.

Netzwerkkabel verbinden die einzelnen Stationen in einem lokalen Netzwerk. Zur Zeit kommen drei verschiedene Kabelarten in Frage:

- Koaxialkabel,
- verdrillte Kupferkabel und
- Glasfaserkabel.

Die Wahl des richtigen Kabels hängt von den Anforderungen ab, die an das Netzwerk gestellt werden.

Schichtenmodell

Für den Austausch von Daten sind die von der ISO definierten Regeln des OSI-7-Schichten-Referenzmodell bei der Festlegung von Schnittstellen einzuhalten. Die Empfehlung X.2000 der CCITT ist nahezu wortgleich.

Dieses OSI-Schichtenmodell spezifiziert eine universal einsetzbare logische Struktur, die alle Anforderungen an die Datenkommunikation zwischen sogenannten offenen Systemen umfasst. Diese logische Struktur dient als Referenz bei der Entwicklung neuer Datenübertragungs-Dienstleistungen sowie bei der Definition der entsprechenden Protokolle. Auch existierende Protokolle werden heute im Hinblick auf dieses Modell interpretiert.

Die Kommunikation zwischen den EDV-Systemen besteht nicht nur aus der Übertragung von Daten, sondern auch aus der Verarbeitung von Signalen und Zeichen.

In dem hierarchisch gestuften Schichtenmodell der ISO wird deshalb zwischen reinen Transportkomponenten und Verarbeitungskomponenten innerhalb der Kommunikation unterschieden, und die dafür erforderlichen Schnittstellentypen werden definiert.

Schicht 1: Physikalische Schicht (Physical Layer). Sie beschreibt den Standard bei der Herstellung physikalischer Verbindungen zwischen verschiedenen Geräten innerhalb eines Netzwerks. Der Standard bezieht sich vor allem auf das Signalniveau, die Signalbedeutung und die Steckerbelegung, d.h. es muss gewährleistet sein, dass eine gesendete binäre Eins auf der Empfängerseite auch als Eins und nicht als

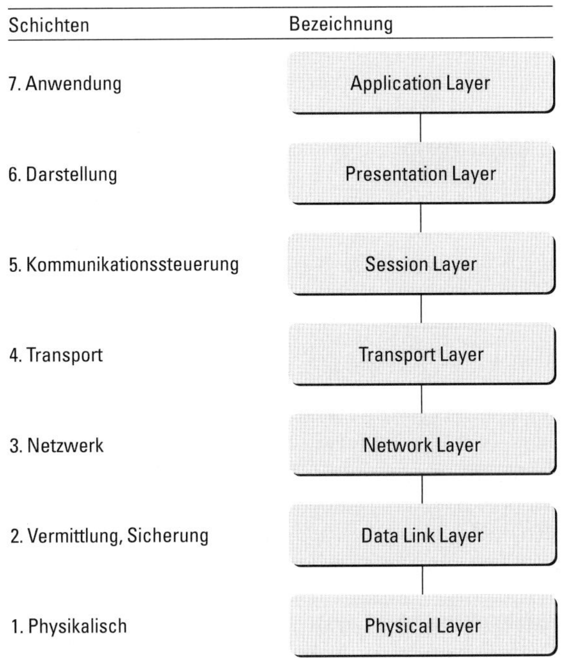

Null empfangen wird. Ferner ist festgelegt wie eine Verbindung aufgebaut und wie die Verbindung am Ende einer Übertragung abgebrochen wird sowie welche Funktionen die Kontaktstifte (Pins) des Netzabschlusssteckers haben.

Schicht 2: Leitungsschicht (Data Link Layer).
Sie baut auf die physikalische Schicht auf und arbeitet der Vermittlungstechnik zu, indem sie mögliche Übertragungsfehler erkennt und korrigiert. Dies wird erreicht, indem auf der Senderseite die Daten zu Datenpaketen von einigen hundert Bits zusammengefasst werden. Diese Datenpakete werden sequentiell übertragen und vom Empfänger durch Steuerzeichen quittiert. Da eine Störung in der Leitung Datenpakete vollständig zerstören kann, muss die Data-Link-Layer-Software in der Lage sein, diese Gefahr zu erkennen und unmittelbar die entsprechenden Daten erneut übertragen.

Durch die mehrfache Übertragung des gleichen Datenpakets entsteht zwangsläufig die Problematik doppelt übertragener Datenpakete. So könnte beispielsweise ein Datenpaket doppelt übertragen werden, wenn das Steuerzeichen für die Quittierung der korrekt übertragenen Daten des Empfängers auf seinem Weg zum Sender einer Störung zum Opfer fiele. Die Leitungsschicht befasst sich mit der Problematik zerstörter, verlorengegangener oder doppelter Datenpakete und mit entsprechenden Protokollen der Fehlererkennung und Fehlerbehebung nach der Datenübertragung zwischen zwei Datenendeinrichtungen.

Schicht 3: Netzwerkschicht (Network Layer)
Sie kontrolliert die Arbeitsweise des Netzes. Dabei werden insbesondere die ankommenden bzw. abgehenden Datenpakete verwaltet. Eine ihrer Aufgaben ist das sogenannte Routing, das den Weg der Daten vom Sender zum Empfänger festlegt. Diese Routen können statisch in Tabellen festgelegt werden, sie können jedoch auch dynamisch für jede Verbindung, aber auch für jedes Datenpaket neu ermittelt werden. Eine Problematik, die sich im Zusammenhang mit dem Routing ergibt, ist die Kontrolle von Überlastungen, die auch in der Zuständigkeit der Netzwerkschicht liegt. In einem Netzwerk eingesetzte Router arbeiten immer auf dieser Schicht.

Schicht 4: Transportschicht (Transport Layer)
Sie stellt die Verbindung zwischen den Systemschichten 1 bis 3 und den Anwendungsschichten 5 bis 7 her. Dies geschieht, indem die Informationen zur Adressierung und zum Ansprechen der Datenendgeräte hinzugefügt werden. In dieser vierten Schicht wird die benötigte Verbindung aufgebaut und die Datenpakete werden entsprechend der Adressierung weitergeleitet. Somit ist diese Schicht auch für Multiplexing und Demultiplexing der Daten verantwortlich. Unter Multiplexing versteht man die Übertragung mehrerer Nachrichten über ein Leitungssystem. Dafür wird ein Steuergerät eingesetzt, das in der Lage ist, Nachrichten, die es von unterschiedlichen Absendern erhält, auf ein Leitungssystem zu übertragen bzw. die aus einem Leitungssystem austretenden unterschiedlichen Nachrichten zu zerlegen (Demultiplexing) und gesondert an die Empfänger weiterzugeben.

Dies ist der Grund dafür, dass diese Schicht die meiste Logik sämtlicher Schichten enthält. Mit der vierten Ebene endet die Gruppe der Vereinbarungen (Protokolle), die sich mit dem Datentransport befassen. Für diese vier Ebenen liegt die Zuständigkeit bei öffentlichen Netzen bei der Deutschen Telekom. Ab der fünften Schicht werden die Leistungen beschrieben, die von den Teilnehmern der Kommunikation selber erbracht werden müssen.

Schicht 5: Schicht der Kommunikationssteuerung (Session Layer)
Diese Schicht koordiniert die Zusammenarbeit zwischen verschiedenen miteinander kommunizierenden Anwenderprozessen. So muss beispielsweise im Zusammenhang mit einigen Protokollen gewährleistet sein, dass beide Seiten nicht im selben Moment die gleiche Operation ausführen. Sofern es bei einer Übertragung zu einem Fehler oder zu einer Unterbrechung kommt, wird dies von dieser Schicht abgefangen und entsprechend ausgewertet.

Die Auswertung kann sich beispielsweise auf die Passwörter, die Stationsnamen oder auf die Verbindungs-Synchronisation und den Wiederaufbau einer Verbindung nach einem Ausfall in den unteren vier Ebenen beziehen.

Schicht 6: Darstellungsschicht (Presentation Layer)
Während alle bisher angesprochenen Schichten nur mit einer möglichst zuverlässigen Übermittlung der

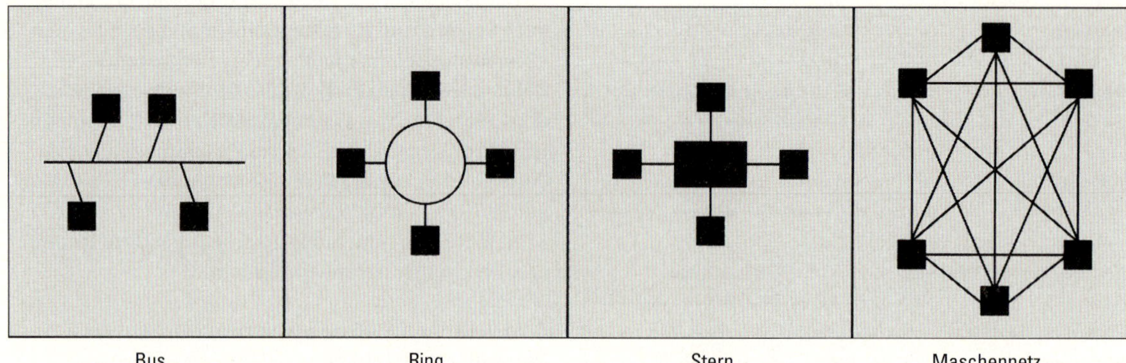

Bus Ring Stern Maschennetz

Bits vom Sender zum Empfänger zu tun haben, befasst sich die Darstellungsschicht mit der Semantik (Bedeutung von Zeichen und Symbolen) und der Syntax (Zusammenfügung) der zu übertragenden Information. So werden beispielsweise die Bitmuster für Geldbeträge und Namen durch entsprechende Datentypen und Datenstrukturen repräsentiert.

Die Aufgabe dieser Schicht ist es, diese abstrakten Datenstrukturen so umzuwandeln, dass die erhaltenen Daten für den Benutzer lesbar und verständlich werden. Diese Darstellungsschicht bietet dem Benutzer eine Vielzahl von Protokollen, beispielsweise Protokolle zum Versenden von Daten (Dateitransfer) und Protokolle zum Versenden und Ausführen von Aufträgen auf anderen Anlagen (Jobtransfer).

Schicht 7: Anwendungsschicht (Application Layer)
Sie ist die oberste Schicht im Modell und hat keine Grenze zu höheren Schichten. In ihr befinden sich alle Anwendungsprozesse, wie beispielsweise Anwenderprogramme, Datenbanksysteme. Sie regelt den Ablauf der Mensch-Maschine-Kommunikation. Das ist beispielsweise die Identifikation des Kommunikationspartners, die Autorisierungsprüfung und die Plausibilitätskontrolle. Die Standardisierung auf der letztgenannten Ebene bereitet die größten Schwierigkeiten und ist nur anwenderspezifisch möglich.

Netzwerkformen

Auf der Grundlage des OSI-7-Schichten-Referenzmodells kann eine Einteilung der Netzwerke in unterschiedlicher Weise erfolgen. So unterscheidet man einmal das Peer-to-Peer-Netzwerk und das Client-Server-Netzwerk.

Peer-to-Peer-Netzwerk
Beim Peer-to-Peer-Netzwerk kann jeder Rechner als Arbeitsplatzrechner und Server arbeiten. Da alle Server benötigt. Zweck ist ein Datenaustausch und die Nutzung gemeinsamer Ressourcen.

So kann beispielsweise ein Arbeitsplatzrechner die Dienste eines anderen Rechners nutzen, der einen Drucker angeschlossen hat, um Dokumente auszudrucken.

Andererseits stellt er allen anderen Rechnern im Netzwerk bestimmte Dateien zur Verfügung, die alle anderen Netzwerkteilnehmer interessieren. Dadurch, dass jeder Rechner etwas anbieten und alles nutzen kann, entsteht ein großer Verwaltungsaufwand, denn es muss jeweils dokumentiert werden, wer was nutzen darf. Dieser Aufwand ist ab 10 Rechnern so groß, dass kein sinnvolles Arbeiten mehr möglich ist.

Client-Server-Netzwerk
Beim Client-Server-Netzwerk sind Rechner meist unterschiedlicher Hersteller und Leistungsklassen miteinander verbunden. An einer Transaktion sind immer mindestens zwei Computer beteiligt, der Client und der Server. Beide nehmen unterschiedliche Aufgaben war. Der Server ist Lieferant von Informationen oder/ und Dienstleistungen, der Client ist der Besteller. Der Client erzeugt die Transaktion und übergibt sie dem Server zur Überarbeitung.

Netzwerkarchitektur

Eine weitere Unterscheidungsmöglichkeit ist die Form der Netzwerkarchitektur (Netzwerktopologie).

Zu unterscheiden sind das Stern-Netzwerk, das Bus-Netzwerk, das in sich geschlossene Ring-Netzwerk und das Maschen-Netzwerk. Alle vorgenannten Netzarten können nach Bedarf miteinander kombiniert werden. Beim LAN haben sich drei Netzwerk-Grundstrukturen durchgesetzt:
- Stern-Netzwerk
- Bus-Netzwerk
- Ring-Netzwerk.

Stern-Netzwerk
Bei dieser Netzwerkarchitektur sind alle Geräte sternförmig über eigene Leitungen an einem zentralen Knoten angeschlossen, der ein Hub oder Switch sein kann. Bei kleineren Stern-Netzwerken oder Netzwerken mit vermischten Architekturen werden häufig Hubs eingesetzt.

Ein aktiver Hub ist ein Netzwerkknoten, der in sternförmigen Netzwerken als Verteiler und Verstärker dient, während ein passiver Hub nur die Verteilung regelt.

Bei einem Standard-Hub sind alle Leitungen miteinander verbunden. Jedes Datenpaket wird an alle Stationen zugleich gesendet. Diese lesen das Paket und erkennen die darin enthaltene Adresse, aber nur der adressierte Rechner nimmt das Paket auch an. Versuchen nun zwei Stationen gleichzeitig zu senden, führt das im Netz zu einer Datenkollision. In diesem Fall brechen beide Stationen die Übertragung ab und versuchen es nach einer zufallsgesteuerten Zeit noch einmal. Besonders dieser Effekt mindert die effektive Übertragungsleistung kräftig. Schon ab 20 Teilnehmer kann ein Netz allein dadurch nur noch ein Viertel seiner Nennleistung erreichen.

Ein *Switching Hub*, kurz *Switch* genannt, kann einzelne PCs aber auch Teilnetzwerke ähnlich wie beim Telefonnetz zur Übertragung von Daten miteinander verbinden. Mehrere parallele Datenübertragungen zwischen unterschiedlichen Stationen beeinflussen sich dabei nicht. Häufig wird ein Switch zwischen einem Server und schnellen Ein- und Ausgabegeräten geschaltet. Werden beispielsweise vom Server zum Switch Daten mit 1 Gigabit/s übertragen, so kann der Switch bis zu 16 Stationen ohne Datenkollision jeweils 10 bzw. 100 Megabit/s zur Verfügung stellen.

Größere Betriebe, z.B. bei der Zeitungsproduktion, haben Netzwerke mit mehreren Servern und auch Switches. Server übernehmen dabei für andere PCs Spezialaufgaben, beispielsweise als *File-Server*.

Seine Aufgabe ist es unter anderem alle Datenbestände, Magnetplattenkapazitäten und periphere Geräte für sämtliche angeschlossene Teilnehmer zu verwalten. In den meisten Fällen ist er der leistungsstärkste Rechner im Netzwerk. Von ihm hängen nämlich in der Regel Komfort, Schnelligkeit und Sicherheit für die Arbeiten im Netzverbund ab.

Auf dem File-Server läuft auch das zentrale Netzwerk-Betriebssystem, das erst die Kommunikation der einzelnen Stationen, die mit einer Netzwerkkarte ausgerüstet sind, ermöglicht.

File-Server koordinieren jedoch nicht nur die Kommunikation zwischen den einzelnen Netzwerk-Komponenten, sondern sie verwalten auch die gemeinsam genutzten Dateien der Netzwerkbenutzer.

Der File-Server ist nicht nur Motor im Netz und zentraler Datenverwalter, sondern er hält auch alle allgemein zugänglichen Anwenderprogramme bereit und führt regelmäßig ein zentrales Backup der dezentralen Daten durch. File-Server sind meist mit leistungsstarken Festplatten ausgerüstet, die über eine sehr hohe Speicherkapazität verfügen und kurze Zugriffszeiten haben. Sie verhindern dadurch, dass bei vielen Datenzugriffen Staus im Datenverbund entstehen, die zu Wartezeiten für einzelne Arbeitsabläufe führen.

Bei dem hohen Datenvolumen, das naturgemäß bei der Bildverarbeitung anfällt, empfiehlt sich neben der mächtigen Festplatte der Einsatz eines externen Massenspeichers mit Kapazitäten im Giga-Byte-Bereich.

Ein *OPI-Server* hat die Aufgabe, die zentralen Feinbilddaten zu verwalten sowie Text und Bild zu integrieren. Dieser OPI-Server erstellt von der Bilddatei ein niedrig aufgelöstes Layoutbild mit minimalem Datenvolumen. Diese minimierten Bilddaten werden dann zur Seitengestaltung verwendet.

Die große Datenmenge für ein digitalisiertes Farbbild, die 40 MB umfassen kann, braucht dann nicht mehr am Gestaltungsrechner verarbeitet zu werden.

Bei der Ausgabe können die niedrigaufgelösten Bilddaten für Stand- bzw. Formproofs verwendet werden. Erst unmittelbar bevor die Datei vom OPI-Server zum Highend-Ausgabesystem (Computer-to-Film, Computer-to-Plate, Computer-to-Press u.a.) geschickt wird, erfolgt der automatische Austausch der niedrig aufgelösten gegen die hoch aufgelösten Bilddaten. Dies geschieht automatisch im Server ohne Eingriffe des Anwenders. Die physikalische Text-Bild-Integration wird zu einem Hintergrundprozess im Netzwerk.

Ein weiterer Rechner im Netzwerk, der spezielle Aufgaben übernimmt, ist der *Print-Server*.

An ihn werden dann alle Dateien übertragen und dort zwischengespeichert, wenn der Laserdrucker oder das Ausgabesystem belegt sind. Auf diese Weise muss der Benutzer nicht warten, bis sein Dokument ausgegeben ist, sondern kann unmittelbar nach dem Übertragen des Jobs an den Print-Server mit seiner weiteren Arbeit fortfahren.

Zur Steuerung von Multimedia-Anwendungen mit Ton- und Videosequenzen sind wegen des enormen Datenflusses kollisionsfreie Stern-Netzwerke besonders geeignet, da zwischen Sender und Empfänger die Daten ungestört fließen müssen. Bus-Netzwerke sind hierzu weniger geeignet.

Bus-Netzwerk.
Bei diesem Netzwerk wird auf den zentralen Knoten verzichtet; die Netzwerkkontrolle wird auf alle angeschlossenen Stationen verteilt. Dies ist die technisch und wirtschaftlich einfachste Form eines Netzes. Sämtliche Stationen, das heißt Personal Computer, Drucker, Magnetplattenspeicher und Highend-Ausgabesysteme, sind linear an einer Leitung angeschlossen. Bevor aber eine Station Daten senden kann, muss sie prüfen, ob nicht gerade eine andere Station sendet. Bei starkem Übertragungsverkehr besteht die Gefahr, dass es relativ lange dauert, bis eine Nachricht in das Netz gegeben werden kann.

Zusätzlich muss jede Station ständig darüber wachen, ob eine Nachricht für sie gesendet wird, damit sie diese aus dem Netz nimmt.

Bei einem Fehler im Leitungssystem kommt es zum Absturz des ganzen Systems. Fällt dagegen nur eine Station aus, hat dies weder Auswirkungen auf die Funktionsfähigkeit des Netzes noch auf die Arbeit der anderen Netzwerkbenutzer.

Eine der älteren, immer wieder verbesserten Verkabelungsarten des Bus-Netzwerkes ist das Ethernet. Zu unterscheiden ist das klassische Ethernet (Thick-Ethernet), bei dem grundsätzlich ein gelbes, wenig biegsames Kabel verwendet wird und dem später entwickelten Thin-Ethernet (Cheapernet), das mit einem dünnen, billigeren Koaxialkabel arbeitet.

Das LAN mit einer Übertragungsrate von maximal 10 MBit/s wird in der Regel mit Koaxialkabel aufgebaut. Versuchen zwei oder mehrere Stationen gleichzeitig eine Übertragung im Netz, so kommt es zu einer Datenkollision, die aber von allen Sendern festgestellt wird. Der Übertragungsversuch wird abgebrochen und zu einem späteren Zeitpunkt neu versucht.

Damit nicht mehrere Teilnehmer immer wieder zur gleichen Zeit einen erneuten Versuch unternehmen und zurückgewiesen werden, werden die Intervalle zwischen zwei Übertragungsversuchen zufällig und insgesamt immer größer ausgewählt.

Dieses Verfahren der Mehrfachzugriffs- bzw. Kollisionserkennung wird als CSMA/CD (Carrier Sense Multiple Access with Collision Detection) bezeichnet. Normalerweise wird eine Kollision vom Benutzer nicht bemerkt. Ist das Netzwerk jedoch stark belastet, so kann das aufgrund von Wartezeiten vom Anwender bemerkt werden.

Je mehr Stationen senden, desto häufiger kommt es zu Kollisionen und Wartezeiten. Die einfache Struktur bei relativ großer Leistung und vielen Anschlussmöglichkeiten hatte vor Jahren zu einer großen Verbreitung des Bus-Netzwerkes in Satzbetrieben geführt. Doch seit sich Satzbetriebe zu Vorstufenbetrieben mit Text- und Bildverarbeitung entwickelten, entstehen bei einem reinen Bus-Netzwerk mit vielen Stationen Übertragungsprobleme.

Die hierbei zu verarbeitende Datenmengen soll exemplarisch ein *Rechenbeispiel* zeigen:

Ein Farbbild im Format 20 cm x 30 cm kann ohne weiteres 40 MByte Speicherplatz bzw. Datenübertragungs-Kapazität beanspruchen. Diese Datenmenge kann nach wenigen Minuten vom Scanner geliefert werden. Um diese Datenmenge bei der Texterfassung zu erreichen, muss eine Schreibkraft bei einer Leistung von 10.000 Anschläge pro Stunde (3 Anschläge pro Sekunde) und 7 Stunden tägliche Arbeitszeit über 570 Tage arbeiten.

Die gewaltige Bedarfszunahme an Übertragungs-Kapazität erzwang eine Abkehr vom reinen Bus-Netzwerk. Um die Kostenvorteile des einfach aufgebauten Bus-Netzwerkes zu nutzen, werden beispielsweise mehrere kleinere Bus-Netzwerke mit Übergängen oder ein Mischsystem aus Bus- und Stern-Netzwerk-Komponenten geschaffen.

Ring-Netzwerk
In diesem Netzwerk sind die Stationen ringförmig miteinander verbunden.

Ein spezielles Ring-Netzwerk ist der Token Ring von IBM, der den Nachteil der geringen Ausfallsicherheit normaler Ring-Netzwerke ausgleicht. Beim Token-Ring gibt es neben der Ring-Hauptleitung noch eine Ersatzleitung.

Die einzelnen PCs sind nicht mehr direkt miteinander verbunden, sondern durch einen Ringleitungsverteiler (Multistation Access Unit = MAU). Dieser Verteiler bildet das Zentrum für ein kleines Stern-Netzwerk. Fällt beispielsweise eine Station im Netz oder eine Kabelverbindung zu einer Station aus, schließt der Ringleitungsverteiler den Ring automatisch wieder, und das Netz läuft ohne Unterbrechung weiter. Der Token-Ring von IBM kombiniert die Stärken eines herkömmlichen Ring-Netzwerks mit der hohen Ausfallsicherheit und Geschwindigkeit eines Stern-Netzwerks.

In diesem Netz kreist ein Token, ein sogenanntes Datentaxi, das belegt oder frei sein kann. Um eine Nachricht versenden zu können, muss ein PC auf ein freies Token warten. Wird dann das freie Token vom PC genutzt, so wandelt es sich in ein Belegtzeichen. Wenn die Nachricht abgeschickt wird, gibt es im gesamten Ring kein freies Token mehr. Alle am Netz anliegenden PCs vergleichen die Zieladresse des belegten Tokens mit der eigenen und kopieren bei Übereinstimmung den Inhalt des Nachrichtenblocks in ihren Pufferspeicher und hängen eine „Erfolgreich-kopiert"-Nachricht an. Kommt nun dieses Token wieder beim Absender an, weiß dieser, dass die Übertragung erfolgt ist, löscht das belegte Token und generiert bei Bedarf ein neues. Auf diese Weise werden im Netz Datenkollisionen vermieden.

An jeden Ringleitungsverteiler lassen sich bis zu 16 Stationen anschließen. Die Token-Ring-Architektur lässt theoretisch jede Übertragungsrate zu.

Vor- und Nachteile der Netzwerke
Jedes der Netzwerke hat Vor- und Nachteile. Daher ist vor Hard- und Software-Investitionen sowie organisatorischen Anpassungsvorgängen eine möglichst genaue Analyse der geplanten Anwendungen und Arbeitsabläufe erforderlich. Häufig werden deshalb zwei oder mehrere Netzwerk-Grundstrukturen miteinander zu einen Netz kombiniert, um Vorteile zu verstärken und Nachteile zu minimieren. Dabei ist auch zu untersuchen, wie kompatibel das lokale Netz für die überregionale Kommunikation ist.

Intranet
Firmennetze im Internet-Standard werden Intranet bezeichnet. Besonders größere Unternehmen, die an mehreren Standorten vertreten sind, haben ein Intranet eingerichtet.

Entscheidende Motive für den Aufbau dieses Netzwerks ist einmal die Möglichkeit, Computersysteme unterschiedlicher Betriebssysteme zu integrieren und zum anderen die günstigen Kosten. Außerdem ist es möglich, einfache, aber auch komplexe Anwendungen, in denen Produktions-, Archivierungs- und betriebswirtschaftliche Lösungen zusammengeführt werden, mit einem einheitlichen Browser zu nutzen.

Anwendungssoftware, die nicht über einen Browser bedienbar sind, lassen sich nur mit sehr hohem Aufwand mit anderen Programmen koppeln.

Dagegen ist die Unterstützung von Browsern ein wichtiges Merkmal bei Neuinvestitionen, um nicht von einem Hersteller abhängig zu werden. Telefonkosten werden, ob analog oder digital, normalerweise nach der Entfernung berechnet. Beim Internet dagegen zahlt man für die globale Verteilung der Daten nur den kurzen, lokalen Telefontarif zum nächsten Provider. Auch deshalb lassen sich global tätige Unternehmen mit allen Filialen übers Internet vernetzen.

Sie schützen ihre Server durch *Firewalls* (englisch: Feuerwand; hier: digitaler Schutzwall), so dass nur berechtigte Firmenangehörige global, aber zum lokalen Telefontarif miteinander Daten austauschen, im Fall von akustischen Daten sogar miteinander telefonieren können.

Neben der betriebsinternen Kommunikation mit einem LAN hat die weltweite Kommunikation mit externen Rechnersystemen inzwischen eine sehr hohe Bedeutung gewonnen.

Internet

Das Internet ist ein weltweit angelegtes Netzwerk, bei dem Tausende von Computernetze miteinander verbunden sind. Rund um die Uhr werden abrufbereite Informationen bereitgestellt und weltweit mittels dem TCP/IP-Übertragungs-Protokoll verbunden. Anwender benötigen dazu einen Computer, einen ISDN-Anschluss oder ein Telefon-Modem, die entsprechende Software und einen Einwählpunkt zum Internet.

Für die eigentliche Internet-Benutzung zahlt man dann nur noch Telefongebühren, um sich bei dem nächstgelegenen Knoten einzuwählen und Gebühren an einen Provider (engl.: Lieferant).

Diese Einwählknoten gibt es (fast) in jeder Stadt, so dass nur der Ortstarif zu zahlen ist. Elektronische Post (E-Mail) zu verschicken und zu erhalten ist derzeit noch der größte Nutzwert des Internets.

Das Informationsangebot ist kaum zu überblicken und für unerfahrene Computerbesitzer nur schwer zugänglich. Mit Suchhilfen wird dies vereinfacht. Man sucht mit ihnen nicht im Internet, sondern in eigens erstellten, riesigen Datenbanken, die von sogenannten Suchmaschinen erstellt wurden.

Das World Wide Web (WWW) ist ein System, das verschiedenste alte und neue Dienste des Internets auf visuell anspruchsvolle Weise darstellt. Die Zeiten der ausschließlich textorientierten Informationen im Internet sind mit der breiten, weltweiten Unterstützung des WWW endgültig vorbei.

WWW arbeitet mit einer grafischen Benutzeroberfläche ähnlich der Oberflächen von Macintosh- und Windows-Rechnern. Selbst multimediale Elemente wie Bild, Ton oder Video sind für das System kein Problem. Die zur Verfügung gestellten Web-Dokumente sind mit einem Web-Browser aufzurufen und zu öffnen

Viele Anbieter nutzen schon heute diese Möglichkeiten der aktuellen, sehr schnellen Informationsverbreitung. Die Spanne reicht von der Vorstellung eines Unternehmens, der Veröffentlichung von Pressemitteilungen bis zu Darstellung eines kompletten Angebotsspektrums.

So entstehen virtuelle elektronische Warenhäuser, in denen am Computerbildschirm Waren angesehen und auch bestellt werden können.

Durch sogenannte Hyperlinks auf WWW-Seiten ist es möglich, durch Anklicken eines Buttons nicht nur Audiodaten oder Videofilme abspielen zu lassen, sondern auch andere Seiten dieses Anbieters oder anderer Anbieter zu aktivieren.

Durch dieses Verknüpfen der Seiten wird automatisch die Verbindung zu dem Rechner aufgebaut, auf dem die entsprechende Seite abgelegt ist. Dies kann auch ein Rechner in einem anderen Land sein; und das alles zum Preis eines Ortsgesprächs.

3.2.5 Ausgabegeräte

Um das Ergebnis der Eingabe von Daten und deren Verarbeitung in der Zentraleinheit visuell sichtbar machen zu können, benutzt man folgende Geräte bzw. Systeme:
- Bildschirm,
- Drucker (Basis: Laser-, Tintenstrahl- u.a. Drucker),
- Plotter und
- Highend-Ausgabesysteme (Computer-to-Film, Computer-to-Plate und andere Systeme).

Hinzu kommen zur immateriellen Speicherung und Archivierung aufbereiteter Daten komplexe, gut organisierte *Datenbanken*.

Eine immer größere Bedeutung bekommen Datenfernübertragungssysteme. Sie ermöglichen die Übertragung von Daten an beliebig entfernte Datenempfangsstationen.

Eingesetzt werden solche Systeme beispielsweise für
- geringe Datenmengen
  z.B. als Anhang an eine E-Mail
  bis zu
- komplexe, druckfertig umbrochenen Seiten
  z.B. Tageszeitung, Illustrierte, dezentrales Drucken im Digitaldruck.

Bildschirm

Der Bildschirm ermöglicht den Dialog zwischen dem Anwender und dem Computer. Er ist somit das wichtigste Ausgabegerät für die Arbeit an einem PC, auf dem Daten und Bilder für eine relativ kurze Zeit sichtbar gemacht werden. Zur optischen Ausgabe der Daten unterscheidet man drei Arten der Bilderzeugung:
- Kathodenstrahlröhrenbildschirm
- Flüssigkristallbildschirm
- Plasmabildschirm.

Bildschirme mit einer *Kathodenstrahlröhre* (CRT-Bildschirm; Abk. für Cathode Ray Tube) sind heute immer noch überwiegend im Einsatz. Im Gegensatz zu einem Fernsehbildschirm sind die technischen Leistungsmerkmale der ComputerBildschirme dem Einsatzbereich mit den besonderen Darstellungsformen sowie den ergonomischen Erfordernissen angepasst.

Bildschirme mit *Flüssigkristallanzeige* (LCD-Bildschirm = Liquid Crystal Display) haben sich insbesondere bei mobilen Computern und (Klein-) Rechnern wie Laptops und Notebooks durchgesetzt.

Ein *Plasmabildschirm* benötigt eine sehr geringe Bautiefe, hat aber den Nachteil, dass für den Betrieb derzeit noch eine sehr hohe Energie benötigt wird.

Bildschirme mit einer Kathodenstrahlröhre und Plasmabildschirme erzeugen ein selbstleuchtendes Bild. Man nennt sie deshalb auch aktive Bildschirme.

Flüssigkristallbildschirm, vielfach noch passive Bildschirme, benötigen zur Bildwiedergabe eine separate Lichtquelle, die hinter dem Bildschirm eingebaut ist. Mehr und mehr werden jedoch bereits Aktiv-Displays, sogenannte TFT-Displays, die mit Dünnfilmtransistoren arbeiten, eingesetzt.

Wichtige Merkmale und Qualitätskriterien sind
- Bildschirmgröße
- Anzahl darstellbarer Farben
- Bildschirmauflösung
- Bildschärfe
- Bildwiederholfrequenz und
- Strahlungsarmut.

Als Größe der Bildschirme wird immer nur die Diagonale angegeben. Derzeit eingesetzte Bildschirme haben eine Diagonale von 14 Zoll (355 mm) bis zu 21 Zoll (533 mm).

Für die Gestaltung von Produkten, die sowohl als Printmedium wie auch Nonprintmedien hergestellt werden, ist das Seitenverhältnis in der „Ausgabe" besonders zu beachten. Im Printbereich wird überwiegend auf DIN-basierten Formaten produziert, dagegen erfolgt die Visualisierung im Nonprintbereich auf einem Monitor.
Das Verhältnis der Breite zur Höhe beträgt dabei im Vergleich bei einem
- Printprodukt: $1 : \sqrt{2} = 1 : 1{,}414 = 4 : 5{,}6$
- Monitor: 4 : 3.

Ähnlich wie bei einem Fernsehgerät wird der Elektronenstrahl einer Kathodenstrahlröhre, die immer noch die beste Bildqualität liefert, entsprechend der digitalisierten Bild- und Schriftbildinformation elektronisch gesteuert.

Die einfachsten Bildschirme sind Monochrom-Bildschirme, die nur eine Farbe darstellen können. Sie haben allerdings kaum mehr eine Bedeutung.

Heute werden meist Farbbildschirme (RGB) verwendet, die mit speziellen Farb- bzw. Grafikkarten ausgerüstet sind und je nach Farbtiefe mehr oder weniger Farben darstellen können. Die Farbtiefe gibt die Bits pro Pixel an, mit der ein einzelner Bildpunkt dargestellt und gespeichert wird.

Mit einer Farbtiefe von 8-Bit ist es möglich, insgesamt 2^8 (= 256) verschiedene Farbwerte darzustellen, dafür wird im Speicher pro Bildpunkt (Pixel) ein Byte belegt.

Ein Bildschirm mit 24-Bit-Farbtiefe (8 Bit für jeweils eine der drei Teilfarben RGB) dagegen ermöglicht es, mit 16,7 Millionen Farbwerten zu arbeiten. Diese so ausgerüsteten Farbbildschirme verarbeiten RGB-(Rot-Grün-Blau-)Signale, die eine bestimmte Farbe erzeugen, d.h. aus diesen drei RGB-Farben mit unterschiedlichen Intensitäten lassen sich durch additive Farbmischung eine Vielzahl von Farben in einem bestimmten Farbraum darstellen.

Neben der Anzahl der Farben ist die Anzahl der Punkte (Pixel) wichtig, die ein Bildschirm wiedergeben kann. Die Grafikkarte setzt alle Binärsignale in Bildsignale um, die einzelne Informationen auf dem Bildschirm in Bildpunkten darstellen.

Alle Zeichen werden durch eine Punktmatrix dargestellt. Je mehr Punkte für die Matrix verwendet werden, desto besser ist die Genauigkeit und Lesbarkeit der Zeichen. Der Bildschirm kann aber nicht unendlich viele Punkte wiedergeben. Für einen Monitor mit 20-Zoll-Diagonale ergeben sich bei sichtbarer Bildschirmbreite von 400 mm und einer Höhe von 300 mm 1600 Pixel x 1280 Pixel.

Um eine flimmerfreie Darstellung zu erreichen ist bei Farbbildschirmen eine Bildwiederholfrequenz von > 70 Hz notwendig, das bedeutet, dass mindestens 70 Bilder pro Sekunde am Bildschirm aufgebaut werden müssen. Diese Frequenz kann das menschliche Auge normalerweise nicht mehr wahrnehmen. Aus ergonomischen Gründen wird eine Bildwiederholfrequenz von mindestens 85 Hz gefordert.

Ein weiteres ergonomisches Merkmal ist eine möglichst geringe elektromagnetische Strahlung, die auf den menschlichen Organismus bei Dauerbeschäftigung möglichst keine körperliche Belastung ausübt. Die meisten Bildschirm sind heute nach der schwedischen Norm TCO (u.a.) mit einem Prüfsiegel als strahlungsarm eingestuft.

In Laptops und ähnlichen transportablen Rechnern sind meist ein LCD-Bildschirm (Liquid Crystal-Display) und die Tastatur in einem aufklappbaren Gerät integriert. Um Zeichen oder Abbildungen am Bildschirm darzustellen zu können, werden viele kleine Bildpunkte zusammengefügt und je nach Bedarf auf hell oder dunkel geschaltet. Dazu muss an jedes Flüssigkristall, das einen solchen Bildpunkt darstellt, nur eine Spannung ein- oder ausgeschaltet werden, um den Flüssigkristall entweder undurchsichtig oder transparent zu machen.

Ein derartiger Bildpunkt besteht aus Eingangsfilter, Glas, Elektrode, Wandschicht, Flüssigkristall, zweiter Wandschicht, zweiter Elektrode, Glas und Ausgangsfilter. Ein gutes Anzeigenfeld im DIN-A5-Format besteht aus ungefähr 120 000 Bildpunkten. Farbtöne entstehen, indem jeder Bildpunkt in drei separat ansteuerbare Felder aufgeteilt wird, denen jeweils ein Filter für die Grundfarben Rot, Grün und Blau vorgeschaltet ist.

Drucker

Drucker sind ein weitere wichtige Ausgabegeräte. Vor allem für das Electronic Publishing werden sogenannte digitale Drucker (Laser, Inkjet) eingesetzt, die Schriftzeichen, Linien, Grafiken und sonstige Abbildungen aus einzelnen Punkten in einer hohen Qualität zusammensetzen.

Bei der Anschaffung eines Druckers beeinflussen u.a. folgende Merkmale die Entscheidung:

– Anschaffungskosten
– laufende Betriebskosten
– Drucktechnik
– Schrift- und Bildqualität, Auflösung
– Ansteuerung (z.B. PostScript)
– Druckgeschwindigkeit
– Papiergröße
– Schnittstellen
– Druckgeräusch.

Für die Ausgabe werden heute ausschließlich anschlaglos arbeitende, sogenannte „Non-Impact-Drucker" eingesetzt. Dabei unterscheidet man folgende Drucktechniken:
– Laser-,
– Tintenstrahl-,
– Thermo-Sublimations- und
– Thermo-Transferdrucker.

Alle Drucker ermöglichen Variationen in der Gestaltung der Schriftzeichen, so dass verschiedene Zeichensätze, Sonderzeichen und Grafiken in wählbarer Größe ausgedruckt werden können.

Die Auflösung, d. h. die Anzahl der verwendeten Bildpunkte pro Zentimeter bzw. Dots per inch (dpi), erzeugt ein mehr oder weniger ausgefranstes oder ein randscharfes Schriftbild. Sie ist deshalb ein wichtiges Qualitätsmerkmal.

Um eine produktionsidentische Ausgabe von Texten sowie Strich- und Rasterabbildungen zu erreichen, müssen Drucker eingesetzt werden, die mit einer Seitenbeschreibungssprache arbeiten.

Eine Seitenbeschreibungssprache ist eine Programmiersprache, mit der die Elemente einer Seite, das heißt Zeichen, Flächen, Abbildungen und Linien, für die Ausgabe beschrieben werden.

Die wichtigsten Seitenbeschreibungssprachen sind zur Zeit *PostScript* und *PDF*.

Vor der Ausgabe mit einem Digitaldrucker muss die Seite in einem RIP digital aufbereitet werden.

RIP ist die Kurzbezeichnung für einen Raster Image Prozessor, den man auch Pixelflächenrechner bezeichnen kann. Dieser spezielle Rechner hat die Aufgabe, alle Bestandteile einer am PC gestalteten Seite in winzige, ansteuerbare und damit ausgabefähige Bildpunkte (Pixel) zu zerlegen.

Der RIP-Prozess muss nicht unbedingt in einem speziellen Rechner (Hardware-RIP) erfolgen, sondern kann auch im PC (Software-RIP) durchgeführt werden. Neben monochromen Digitaldruckern, die nur mit der Farbe Schwarz arbeiten, sind heute preiswerte Farbdrucker im Einsatz, die mit den Farben Cyan, Gelb, Magenta und Schwarz drucken.

Laserdrucker

Der Ausdruck eines Laserdruckers entspricht dem Ausgabeergebnis auf Fotomaterial oder Druckformen, allerdings nicht in der gleich guten Qualität.

Eine schlechtere Kantenschärfe, ungenügende Dichte sowie eine Auflösungsfeinheit von 300 dpi (ca. 120 Linien/cm) bis 600 dpi beschränken ihren Einsatz zumeist auf die Herstellung von Korrekturbelegen und Drucken mit geringeren qualitativen Anforderungen in geringer Stückzahl. Inzwischen gibt es auch schon Druckermodelle mit einer Auflösung von mehr als 600 dpi.

Vor dem Drucken muss eine Seite mit Hilfe eines Software-RIPS und der Seitenbeschreibungssprache PostScript oder PDF digital aufbereitet werden. Die ganze Seite wird dabei in kleinste Bildpunkte (Pixel) zerlegt, die entweder schwarz oder weiß sind. Die Bildpunkte können Teile eines Rasterpunktes, einer Linie oder eines Zeichens sein.

Zu Beginn des Übertragungsprozesses wird die Fotoleitertrommel im Laserdrucker durch elektrostatische Aufladung lichtempfindlich gemacht. Der vom RIP gesteuerte Laserstrahl überträgt die Information durch linienweises Belichten auf die Trommel.

Die Stellen, die Licht erhalten haben, ändern ihre elektrostatische Ladung. Es entsteht ein latentes elektrostatisches Bild. Beim nächsten Arbeitsschritt springen infolge elektrostatischer Wechselwirkung die Tonerteilchen von einer Magnetbürste auf die Stellen der Fotoleitertrommel, auf denen sich die elektrostatische Ladung durch die Lichteinwirkung (Bebilderung) verändert hat. Das seitenverkehrte Bild wird sichtbar.

Da die Übertragungscorona ein stärkeres elektrisches Feld ausweist als die Fotoleitertrommel, springen die Tonerpartikel auf den Druckträger über und werden dort vorerst elektrostatisch festgehalten.

In der nachfolgenden Fixierstation werden mit Wärme und Druck die übertragene Information auf dem Material (z. B. Papier) wischfest und dokumentenecht gemacht.

Nach dem Reinigen der Fotohalbleiter-Trommel ist der Drucker für eine neue Belichtung bereit. Als Bedruckstoff können Normalpapiere, aber auch Karton und Folien verwendet werden.

Tintenstrahldrucker

Tintenstrahldrucker erzeugen winzige Rasterpunkte mit 24, 48 oder 64 Düsen, die flüssige Tinte auf den Bedruckstoff (Papier, Folie u.a.) „schießen". Diese Technik ist soweit ausgereift, dass inzwischen sogar Proofqualitäten bei entsprechender Software (Software-RIP, ColorManagement) erreicht werden können. Die Schriftqualität ist mit der des Laserdruckers zu vergleichen.

Geringe Anschaffungs- und Betriebskosten und damit die Möglichkeit zu einem kostengünstigen Farbdruck auch für private Nutzer haben dieser Drucktechnik zu einem sehr hohen Marktanteil verholfen.

Belichter

Belichtungseinheiten für eine Film- und heute fast ausschließlich die Druckplattenbebilderung sind die wichtigsten Ausgabegeräte der Druckindustrie. In der Regel werden Belichter eingesetzt, bei denen die Informationsübertragung mit Hilfe eines Laserlichts erfolgt. Hauptbestandteile eines Laserbelichters sind der Raster Image Prozessor (RIP) und die Aufzeichnungseinheit (Recorder).

Dabei sind drei Arten von Belichtungseinheiten zu unterscheiden:

- Flachbettbelichter
  Er arbeitet mit einem kontinuierlichem Vorschub des zu belichtenden Materials während der Belichtung. Da bei Flachbettbelichtern der Weg des Laserstrahls zum Fotomaterial stets unterschiedlich ist, müssen Verzerrungen der Zeichen durch Korrekturoptiken verhindert werden.
- Innentrommelbelichter
  Bei ihm befindet sich das Fotomaterial oder eine Offsetdruckplatte und das optische System innerhalb der Trommel. Beim Belichtungsvorgang wird das darin befindliche Material nicht bewegt. Nur der modulierte Laserstrahl wird mit Hilfe optischer Einrichtungen in das Zentrum der Trommel gelenkt und dann durch einen Spiegel spiralförmig auf das lichtempfindliche Material projiziert.
- Außentrommelbelichter
  Bei ihm befindet sich das zu belichtende Material und der Schreibkopf außerhalb der Trommel. Bedingt durch die Größe und Masse der Trommel ist nur eine Geschwindigkeit von etwa 600 Umdrehungen/Minute möglich. Der Schreibkopf des Belichters enthält viele parallel angeordnete Glasfaserkabel, deren Licht durch die vom RIP gesteuerten Modulatoren einzeln ein- und ausschaltbar sind. Während der Zylinderrotation bewegt sich dieser Schreibkopf parallel zur Zylinderachse.

Plotter

Ein Plotter ist ein Ausgabegerät, das digital gespeicherte Zeichnungen mit Hilfe von Tuschestiften auf Papier überträgt. Ein Plotter verfügt über einen Vorrat verschiedenfarbiger Stifte, die programmgesteuert ausgewechselt werden. Beim sogenannten Trommelzeichner ist das Blatt auf der rotierenden Trommel befestigt. Der Schreibstift, der abgehoben oder angedrückt wird, bewegt sich quer zur Trommel. Bei einem Flachbettzeichner (Tischzeichner) wird dagegen auf eine feststehende Unterlage gezeichnet. Der Plotter ist das einzige Ausgabegerät, das Grafiken nicht in Form kleiner Bildpunkte (Pixel), sondern als Vektorgrafik (gezeichnete Linien) ausgibt. Er wird hauptsächlich zur Ausgabe von technischen Zeichnungen eingesetzt, die mit einem CAD-Programm angefertigt wurden. Auch bei der Herstellung von Stanzformen für Verpackungsmittel sowie zum Ausschneiden von Schriften und digitalsierten Formen werden Plotter verwendet.

3.3 Software

Der englische Begriff Software umfasst alles, was nicht Hardware ist und was ein Computer zum Arbeiten braucht. Software ist demnach alles, was im und für den Computer programmiert ist, kurz:

- Die Gesamtheit der Programme und ihrer Eigenschaften.

Sämtliche benötigten oder eingesetzten Programme lassen sich vereinfacht in zwei Kategorien unterteilen:

- Programme des Betriebssystems, die Systemprogramme
- Anwender- oder Benutzerprogramme.

Zum grundlegenden Verständnis der Struktur und der Funktionen einer Software sollen kommunikationstechnische Begriffe sowie Schaltungen und Zahlensysteme beschrieben werden.

3.3.1 Kommunikationstechnische Vorgänge und Funktionen

In der Kommunikations- und Informationstechnik sind grundlegende Begriffe zu unterscheiden.

Nachrichten im technischen Sinne (DIN 44300) sind Träger von Informationen, die aus Zeichen oder Zuständen bestehen können. Hierzu gehören Buchstaben, Ziffern, Töne, Farbwerte u. a.

Informationen sind die Inhalte einer Nachricht, die für den Menschen oder ein nachrichtenverarbeitendes System eine Bedeutung ergibt.

In diesem Sinne sind beispielsweise

- der Notenschlüssel, die Noten und sonstige musikalischen Zeichen die Nachricht,
- das Musikstück ist die Information.

Ein *Signal* ist die technisch-physikalische Darstellung einer Nachricht. Diese kann elektrisch, optisch oder akustisch erfolgen.

Die Übertragung von Nachrichten erfolgt in analoger oder in digitaler Technik.

- Analoge Übertragungstechnik bedeutet, dass eine Nachricht durch ein elektrisches Signal übertragen wird, welches dem Ursprungssignal (beispielsweise eine Schwingung durch Sprache oder Musik) nach der Stärke (Amplitude) und Schwingungszahl (Frequenz) entspricht.
  Das heißt: Ein Analogsignal ist ein physikalisches Signal, das einen kontinuierlichen Vorgang ebenso kontinuierlich abbildet.
- Digitale Übertragungs- und Verarbeitungstechnik bedeutet, dass nur diskrete (einzelne, getrennte) Signalwerte einer Nachricht übertragen und verarbeitet werden.
  Die kleinste Einheit in der Digitaltechnik ist ein binäres Zeichen mit zwei logischen Zuständen. Ein zweistufiges Codeelement ist binär, es besteht z. B. aus zwei binären Signalen mit dem Kennzustand Null oder Eins.

Für den raschen Wandel zur Mikroelektronik ist der Wechsel von der analogen zur digitalen Informationsverarbeitung entscheidend gewesen. In der Vergangenheit erfolgte die Verarbeitung von Signalen überwiegend analog. Analog bedeutet soviel wie „entsprechend“, d.h. bei einer analogen Darstellung wird die anzuzeigende Größe durch eine entsprechende physikalische Größe dargestellt.

Ein bekanntes Beispiel dazu ist die Anzeige der Zeit auf einer „normalen“ Uhr: Stunden und Minuten werden durch einen entsprechenden Winkel auf dem

Ziffernblatt analog dargestellt. Der Winkel ist „abzulesen" und zeigt die Uhrzeit an.

Bei einer „Digitaluhr" sind dagegen Stunden und Minuten in konkreten Ziffern abzulesen.

Ein weiteres von vielen Beispielen ist der Wandel von analoger Informationsverarbeitung zur digitalen Technik beim Telefonieren. Die vom sprechenden Teilnehmer erzeugten Schallwellen werden von einem Mikrophon in analoge, das heißt in Spannung und Frequenz den Schallwellen entsprechende elektrische Signale umgesetzt und in dieser Form über Kabel transportiert. Beim Empfänger werden die elektrischen Schwingungen durch elektronische Bauteile wieder in modulierte Schallwellen zurückgewandelt. Die Sprache ist zu hören und sogar die Stimme zu erkennen. Bei der digitalen Telefontechnik wird kein „modulierter" Strom übertragen, der in seiner Höhe dem jeweiligen Schallpegel entspricht: Eine Impulsfolge festgelegter (Binär-)Daten gibt die nummerischen Werte des jeweiligen Schalldrucks an. Trotz völlig anderer Übertragungstechnik ist das Ergebnis hörbar das gleiche.

Vorteil der Digitaltechnik gegenüber analoger Informationsverarbeitung ist eine wesentlich höhere Genauigkeit und Störsicherheit. Signalverfälschungen treten nur bei extremen Mängeln auf. Durch Software sind Operationen (Arbeitsabläufe) zur Informationsverarbeitung beliebig zu programmieren.

Die Digitaltechnik benutzt zur Übertragung, Verarbeitung und Speicherung der Informationen (Daten) als kleinstes Informationselement Binärzeichen, die aus nur zwei verschiedenen Werten bestehen.

Diese Grundeinheit wird „Bit" (binary digit) genannt. Das in der elektronischen Datenverarbeitung übliche Binärsystem verwendet nur die zwei Kodierungszeichen 0 oder 1. Sämtliche Daten (Buchstaben, Ziffern, Sonderzeichen) und Befehle werden nur durch bestimmte Kombinationen dieser beiden Binärzeichen 0 und 1 zahlenmäßig dargestellt. Man nennt Zahlenfolgen mit nur zwei Zeichen *Dualsystem.*

Binäre Zustände sind ebenfalls elektrisch darzustellen:
– Stromfluss oder kein Stromfluss,
– Spannung oder keine Spannung.

Für die Digitaltechnik ist eine solche sprunghafte Änderung der Eingangs- und Ausgangsinformationen unbedingte Voraussetzung. Zwischenwerte (ein wenig Strom fließt doch, u. ä.) gibt es nicht.

Es gelten nur eindeutige zweiwertige Aussagen wie Ja oder Nein, 0 oder 1, wahr oder falsch, Strom oder kein Strom.

Grundschaltungstypen
Logische Funktionen zur Lösung verschiedener Aufgaben lassen sich in der Digitaltechnik aus nur drei elektronischen Grundschaltungstypen UND, ODER sowie NICHT aufbauen, die zu komplexen logischen Schaltkreisen verknüpft werden. Diese Schaltungen, sogenannte Gatter, sperren den ankommenden Strom oder sie lassen ihn durch.

Operationen (= Arbeitsfolgen) innerhalb eines Computers erfolgen in einer Vielzahl kleinster Schritte in Gattern, die durch Taktimpulse gesteuert werden. Damit werden binäre Signale innerhalb des logischen Schaltnetzes verknüpft, um ganz bestimmte elektrische Abläufe zu steuern.

Die verschiedenen Grundschaltungen sind zur Lösung bestimmter Aufgaben beliebig zu kombinieren (Schaltalgebra). Die Funktion einer Grundschaltung ist in sogenannten Wahrheitstabellen zusammengestellt. Eine wahre, zutreffende Aussage erhält das binäre Signal 1, eine falsche oder nicht zutreffende Aussage eine 0.

1. Logisches UND (engl. AND) Schaltzeichen:

Funktion:
Führen beide Eingänge A und B Strom (Wert 1), so führt auch der Ausgang C Strom (Wert 1). Die UND-Schaltung kann auch mehrere Eingänge haben; der Ausgang hat den Wert 1, wenn alle Eingänge ebenfalls den Wert 1 haben.

Wahrheitstabelle:	**Eingang**		**Ausgang**
	A	B	C
	0	0	0
	0	1	0
	1	0	0
	1	1	1

Beispiele:
• Die Tischlampe brennt, wenn der Stecker in der Steckdose des Stromnetzes ist
u n d
der Schalter eingeschaltet ist.
• Wir machen eine Radtour, wenn mein Freund kommt
u n d
sein Fahrrad mitbringt.
• Die Druckmaschine läuft, wenn sämtliche Sicherungseinrichtungen geschlossen sind
u n d
die Druckmaschine durch Knopfdruck eingeschaltet wird.

Für eine „Funktion" müssen in jedem Fall beide Voraussetzungen erfüllt bzw. wahr sein.

2. Logisches ODER (engl. OR) Schaltzeichen:

Funktion:
Führen beide Eingänge A und B oder auch nur einer der Eingänge Strom (Wert 1), so führt auch der Ausgang C Strom (Wert 1).

Die ODER-Schaltung kann ebenfalls mehrere Eingänge haben.

Wahrheitstabelle:	**Eingang**		**Ausgang**
	A	B	C
	0	0	0
	0	1	1
	1	0	1
	1	1	1

Beispiele:
- Die Lampe im Raum brennt, wenn Schalter A
  o d e r
  Schalter B geschlossen sind.
- In einem Zweifamilienhaus funktioniert die elektrische Öffnung der Haustür, wenn Mieter A
  o d e r
  Mieter B die Öffnungsanlage betätigt.
- Die Druckmaschine läuft, wenn vom zentralen Steuerstand
  o d e r
  von der Auslage die Schaltung „EIN" betätigt wird.

Für eine „Funktion" muss die eine *oder* die andere Voraussetzung erfüllt sein.

3. Logisches NICHT (engl. NOT) Schaltzeichen:

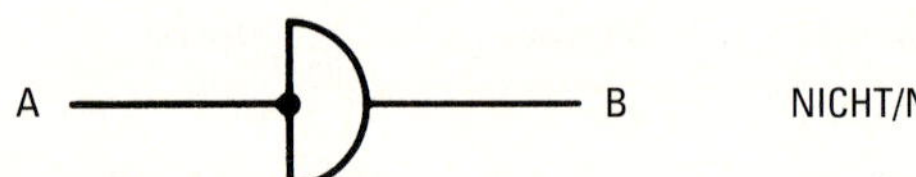

Funktion:
Der Ausgang B ist immer die Umkehrung (Negation) des Eingangs A.

Wahrheitstabelle:	**Eingang**		**Ausgang**
	A	B	C
	0	0	0
	0	1	0
	1	0	0
	1	1	1

Beispiele:
- Ist die Druckmaschine gesichert, kann sie
  n i c h t
  in Betrieb gesetzt werden.
- Wenn es regnet, gehe ich
  n i c h t
  spazieren.

3.3.2 Rechnen mit dem Computer: Zahlensysteme

Im täglichen Leben wird von uns ein Zahlensystem mit der Basis 10 verwendet: das Dezimalsystem.
Die Reihenfolge der Ziffern beginnt bei Null (0) und endet bei Neun (9). Eine besondere Bedeutung kommt der Null als Ziffer zu: sie bestimmt den Wert der links vor ihr stehenden Ziffern(n). Um die auf 9 folgende Zahl schreiben zu können, setzt man sie aus den zwei Ziffern 1 und 0 zusammen und schreibt den Zahlenwert 10.

Dezimales System
Um Zahlen überschaubar zu machen, fasst man sie in Gruppen oder Stellen zusammen. Die Stelle mit dem geringsten Wert steht bei einer Zahl immer ganz rechts. Jede weitere Stelle ist um zehnmal mehr wert als ihr rechter Nachbar. Um diese Zahlen zu kennzeichnen, benutzt man Namen, und zwar Begriffe wie Einer, Zehner, Hunderter, Tausender usw. So setzt sich beispielsweise die Zahl 1478 aus folgenden Stellen zusammen:

1 Tausender	= 1 x1000	= 1000
4 Hunderter	= 4 x 100	= 400
7 Zehner	= 7 x 10	= 70
8 Einer	= 8 x 1	= 8
		1478

Die Zahl 1000 kann auch anders dargestellt werden, beispielsweise 10 x 10 x 10 oder 10^3.
Bei 10^3 wird in verkürzter Schreibweise dargestellt, wie oft die Zahl 10 bei dieser Multiplikation beteiligt ist. Man nennt diese Rechenart Potenzieren.
Bei der Zahl 100 ist die Potenzschreibweise 10^2, das heißt 10 x 10.

Bei der Potenzschreibweise tauchen stets zwei Zahlen auf:
- erstens eine Zahl, die mit sich selbst multipliziert wird, die Basiszahl,
- zweitens eine Hochzahl, auch Exponent genannt, die angibt, wie oft die Basiszahl an der Multiplikation beteiligt ist.

Nun kann das obige Beispiel auch in anderer Form dargestellt werden:

1 x 10^3	= 1000 = 1 (10 x 10 x 10)
4 x 10^2	= 400 = 4 (10 x 10)
7 x 10^1	= 70 = 7 (10)
8 x 10^0	= 8 = 8 (1)
	= 1478

Die mathematische Aussage, dass jede Basiszahl mit dem Exponenten 0 dem Wert 1 entspricht, soll hier nicht weiter untersucht werden.

Um das Dezimalsystem mit anderen Zahlensysteme vergleichen zu können, werden die Zahlen der Zahlensysteme mit je einem Index gekennzeichnet, beispielsweise haben Dezimalsysteme deshalb eine tiefstehende 10, zum Beispiel 1478_{10}.

Duales System
Von besonderer Bedeutung ist heute das Zahlensystem mit nur zwei Ziffern, der 1 und der 0, das duale Zahlensystem. Denn diese Darstellungsform von Zahlen jeder Größe mit nur zwei Ziffern ist Grundlage der Speicher- und Arbeitsweise von EDV-Anlagen.

Das Prinzip soll beispielsweise an einem Lochband deutlich gemacht werden, das bekanntlich gelochte und ungelochte Stellen hat.
– Ein gestanztes Loch entspricht dem Wert „Eins",
– eine ungestanzte Stelle dem Wert „Null".

Häufig werden die Dualzahlen auch als Binärzahlen bezeichnet. Doch das ist grundsätzlich so nicht korrekt:

- Der Begriff *dual* bezieht sich auf die Darstellung von Zahlen im Dualsystem.
- *Binär* dagegen bezeichnet die Eigenschaft einer Speicherstelle, einen von zwei möglichen Werten oder Schaltzuständen anzunehmen.

Um nun größere Werte als 1 darzustellen, benutzt man wie im Dezimalsystem Stellen, denen unterschiedliche Wertigkeiten zugrunde liegen. Auch hier werden die Stellenwerte durch Potenzieren gebildet, doch im dualen System ist die Basiszahl eine 2.

So hat die links stehende Ziffer immer den zweifachen Wert der rechten Nachbarziffer. Dies soll durch die nachstehende Übersicht verdeutlicht werden.

Stellenzahl	8	7	6	5	4	3	2	1
Stellenwert	2^7	2^6	2^5	2^4	2^3	2^2	2^1	2^0
Stellenwert	128	64	32	16	8	4	2	1

Eine Dualzahl lässt sich auf beliebig viele Stellen ausdehnen. Addiert man beispielsweise die 8 Stellenwerte 128, 64, 32, 16, 8, 4, 2 und 1, so erhält man den Wert 255.

Die duale Schreibweise dafür ist 11111111_2, eine achtstellige Einserfolge.

In Verbindung mit der Null lassen sich demnach mit 8 Stellen 256 Werte darstellen.

Diesen 256 Bitmustern können in der Datenverarbeitung 256 verschiedene visuelle Zeichen aber auch Grau- oder Farbwerte sowie akustische Signale (Laute, Töne) zugeordnet werden.

Wie schon erwähnt, nennt man die kleinste darzustellende Einheit in der EDV ein Bit. Dieses englische Wort ist die Abkürzung von «binary digit«, was binäre Ziffer bedeutet. So ein Bit kann entweder durch eine Eins oder eine Null dargestellt werden. Eine Einheit von 8 Bits bildet ein Byte, das bedeutet, dass ein Byte deshalb 256 verschiedene Bitmuster hat.

Soll eine Zahl mit einem höheren Wert dargestellt werden, so erhöht man dazu die Anzahl der Stellen.

die 9. Stellenzahl entspricht	2^8 =	256
die 10. Stellenzahl entspricht	2^9 =	512
die 11. Stellenzahl entspricht	2^{10} =	1024
die 12. Stellenzahl entspricht	2^{11} =	2048
die 13. Stellenzahl entspricht	2^{12} =	4096
die 14. Stellenzahl entspricht	2^{13} =	8192
die 15. Stellenzahl entspricht	2^{14} =	16384
die 16. Stellenzahl entspricht	2^{15} =	32768

Die Dualzahl mit 16 Einsern entspricht der Dezimalzahl 65 535 = 2^{16}. Diesen Wert erreicht man, wenn man die Stellenwerte 2^0 bis 2^{15} addiert.

Ein sogenanntes 16-Bit-Wort besitzt dagegen einschließlich der Null 65 536 darstellbare Bitmuster.

In der Datenverarbeitung werden je nach System alle Dualzahlen auf 8, 16 oder 32 Stellen mit Nullen ergänzt, beispielsweise 0000 0001 bei einem Byte.

In der nachfolgenden Übersicht soll nun das Dualsystem mit dem Dezimalsystem verglichen werden.

Dezimalzahlen (Basis 10)	Dualzahlen (Basis 2)	
0	0000 0000	
1	0000 0001	
2	0000 0010	
3	0000 0011	
4	0000 0100	
5	0000 0101	
6	0000 0110	
7	0000 0111	
8	0000 1000	Sprechweise
9	0000 1001 =	null-null-null-null-eins-
10	0000 1010	null-null-eins
11	0000 1011	
12	0000 1100	
13	0000 1101	
14	0000 1110	
15	0000 1111	
16	0001 0000	
17	0001 0001	
18	0001 0010	
35	0010 0011	
65	0100 0001	
99	0110 0011	

Umrechnen in Dezimalzahlen

Muss eine Dualzahl in eine Dezimal umgerechnet werden, so benutzt man eine Tabelle, die nur Zweierpotenzen, also Bitwertigkeiten enthält. Als Beispiel soll die Dualzahl 1111 0011 in eine Dezimalzahl umgewandelt werden.

Stellenzahl	8	7	6	5	4	3	2	1
Stellenwert	2^7	2^6	2^5	2^4	2^3	2^2	2^1	2^0
	128	64	32	16	8	4	2	1
Dualzahl	1	1	1	1	0	0	1	1

Nun werden – von rechts beginnend – die Wertigkeiten der einzelnen Stellen aufaddiert.

$1 \times 2^0 = 1$
$1 \times 2^1 = 2$
$0 \times 2^2 = 0$
$0 \times 2^3 = 0$
$1 \times 2^4 = 16$
$1 \times 2^5 = 32$
$1 \times 2^6 = 64$
$1 \times 2^7 = 128$

243_{10}

Hexadezimales System

Der Arbeitsspeicher und auch das Rechenwerk der Zentraleinheit können nur verschlüsselte Daten in den Werten Eins und Null verstehen. Aus den bisherigen Erläuterungen war aber zu erkennen, dass die Darstellung von Zahlen im Dualsystem zu recht großen und schwer lesbaren Ausdrücken führt.

Für einen Dialog mit der Zentraleinheit wird darum häufig eine „Kurzschrift“ eingesetzt, nämlich das hexadezimale Zahlensystem.

Man fasst vier Stellenwerte einer Dualzahl zu einer 4-Bit-Gruppe zusammen und ordnet ihr die jeweilige Ziffer des Hexadezimalsystems zu. Diese Methode führt zu deutlich weniger Schreibstellen.

Da aber die 4 Bits nur die Darstellung von 16 einstelligen Zahlen erlauben, verwendet man die Ziffern 0 bis 9 und für die Dezimalzahlen 10 bis 15 die Hilfszahlen A bis F. Auch hier werden die Stellenwerte durch Potenzieren gebildet, doch die Basiszahl dieses Systems ist die 16.

Für das hexadezimale Zahlensystem gilt:

Stellenzahl	4	3	2	1
Stellenwert	16^3	16^2	16^1	16^0
	4096	256	16	1

Die Zuordnung von hexadezimalen Zahlen zu den entsprechenden dezimalen bzw. dualen Zahlen zeigt folgende Tabelle.

Dezimal	Hexadezimal	Dual
0	0	0000 0000
1	1	0000 0001
2	2	0000 0010
3	3	0000 0011
4	4	0000 0100
5	5	0000 0101
6	6	0000 0110
7	7	0000 0111
8	8	0000 1000
9	9	0000 1001
10	A	0000 1010
11	B	0000 1011
12	C	0000 1100
13	D	0000 1101
14	E	0000 1110
15	F	0000 1111
16	10	0001 0000
17	11	0001 0001
16	12	0001 0010
25	19	0001 1001
26	1A	0001 1010
27	1B	0001 1011
233	E9	1110 1001

Vergleicht man die Hexadezimalzahl mit der entsprechenden Dualzahl so ist zu erkennen, dass eine Hexadezimalziffer jeweils vier Dualziffern beschreibt. Die rechts stehende Hexadezimalziffer beschreibt die rechts stehenden vier Dualzahlen und die links stehende Hexadezimalziffer des weiteren vier Dualziffern. Dies sollen die nachfolgenden Beispiele verdeutlichen.
Zeichenvorrat: 0, 1, 2, 3, 4, 5, 6, 7, 8, 9, A, B, C, D, E, F
Mögliche unterschiedliche Zeichen pro Stelle: 16
Kennzeichnung: Index 16 oder H (hexadezimal)

Hexadezimal	Dual	Dezimal
11	0001 0001	17
22	0010 0010	34
31	0011 0001	49
55	0101 0101	85
88	1000 1000	136
98	1001 1000	152

Die Umwandlung von einer zweistelligen Hexadezimalzahl in eine Dezimalzahl geschieht in folgender Weise:

$$98_{16} = 9 \times 16 = 144$$
$$8 \times 1 = 8$$
$$152_{10}$$

Die Umwandlung von einer Dezimalzahl in eine Hexadezimalzahl geschieht wie folgt:

$$152_{10} : 16 = 98_{16}$$
$$144$$
$$8$$

Der Rest 8 wird rechts zur 9 gestellt.
Das Ergebnis: 98_{16}.

3.3.3 Computercodes

Das Wort Code ist in der elektronischen Datenverarbeitung sinngemäß mit den Begriffen Schlüssel oder Schlüsselsystem zu übersetzen. Grundsätzlich handelt es sich um ein Verfahren, mit dem alle Zeichen eines Zeichenvorrates den Zeichen eines anderen Zeichenvorrates zugeordnet werden.

Wichtige 8-Bit-Codes sind der erweiterte ASCII-, ANSI- und EBCDI-Code.

Der *Unicode* dagegen arbeitet mit 16 Bit und ermöglicht die Darstellung von maximal 65.536 Zeichen (16^2 = 65.536). In ihm sind die Zeichensätze der Welt sowie einige wichtige asiatische Schriftzeichen enthalten. Der Unicode wird zur Zeit von aktuellen Betriebssystemen wie Windows XP und Mac OS X, aber auch von einigen Anwendungsprogrammen, wie beispielsweise InDesign, unterstützt.

ASCII ist die Kurzbezeichnung für American Standard Code for Information Interchange.

ASCII ist ein amerikanischer Normcode, mit dem alphanumerische Zeichen und Kontrollzeichen verschlüsselt werden. Die deutsche DIN-Norm 66003 ersetzt 8 Zeichen des USA-Codes durch die Deutschland gebräuchliche Umlaute und die Zeichen ß und §.

Durch Anhängen eines achten Datenbits ist die Anzahl der darstellbaren Zeichen von 128 auf 256 erweitert worden.

Dieses Format dient zur Speicherung von Texten. Alle gängigen Textverarbeitungsprogramme benutzen diese Datenstruktur zusätzlich zu ihrem Datenformat. So kann z. B. ein Text, der beispielsweise im Programm MS-WORD erfasst worden ist, im MS-WORD-Datenformat gespeichert werden, aber auch im ASCII- oder RTF-Datenformat.

Der Vorteil dieses Datenformats ist, dass sich die Codierungsmuster der Zeichen auf den Standardcode beziehen, der keinerlei programmspezifischen Steuerzeichen enthält, wie etwa Tabulatoren, verschiedene Schriftgrößen und Schriftschnitte.

Dies bedeutet, dass alle ausgezeichneten Texte ihre Formatierung verlieren. Dies wird häufig gewünscht, besonders dann, wenn die Texte eine andere Form der Auszeichnung erhalten sollen.

Deshalb ist das ASCII-Datenformat auch derzeit ideal geeignet für die Bereitstellung von Informationen in Online-Diensten.

RTF ermöglicht einen plattformunabhängigen Datenaustausch (PC – MAC).

ANSI ist die Kurzbezeichnung für das American National Standard Institut, eine amerikanische Normengesellschaft, entsprechend dem Deutschen Normenausschuss. Der von der ANSI genormter 8-Bit-Zeichensatz besteht aus 256 Zeichen. Für jedes der Zeichen wurde eine Nummer festgelegt, die zur Codierung des Zeichens dient.

Der ANSI-Zeichensatz wird vor allem von Windows und Windows-Programmen zur Zeichendarstellung verwendet.

Ansonsten verwendet man im Electronic Publishing zur Zeichendarstellung den ASCII-Zeichensatz. In beiden Zeichensätzen sind die Zeichen mit den Nummern 33 bis 127 identisch.

EBCDIC (*EBCDI-Code*) ist die Kurzbezeichnung für Extended Binary Coded Decimal Interchange Code = Erweiterter BCD-Universal-Code. Verbreitet ist dieses Datenformat vor allem bei Großrechnern, die in der kommerziellen Datenverarbeitung eingesetzt werden. Der Code ist so aufgebaut, dass er für jede Dezimalziffer, die einzeln gelesen wird, ein komplettes Byte verwendet.

Beim EBCDIC sehen beispielsweise die Buchstaben W und A in der Maschinensprache wie folgt aus:

W: 1110 0110
A: 1100 0001

Für Menschen ist die Maschinensprache eine verwirrende Folge von Nullen und Einsen. Im Computer ist dies jedoch eine relativ einfach zu realisierende Impulsfolge von eindeutigen elektrischen Null- und Eins-Signalen.

3.3.4 Systemprogramme: Programme des Betriebssystems

Eine EDV-Anlage ist mit ihrer Hardware allein noch nicht arbeitsfähig. Programme des Betriebssystems, sogenannte Systemprogramme, sind für den Betrieb einer solchen Anlage unbedingt erforderlich. Diese Programme steuern und überwachen die Ein- und Ausgabe der Daten, den Ablauf des Anwenderprogramms, sie verwalten die Daten des Arbeitsspeichers und der externen Speicher.

Abhängig vom Einsatzgebiet des Computers sind hier Systemprogramme zusammengefasst, die sonst jedem Anwenderprogramm separat beigefügt werden müssten.

Das Systemprogramm wird häufig nach seinem Speichermedium benannt, auf dem Teile der Systemprogramme ausgelagert werden. Hierbei handelt es sich um Programmteile, die selten gebraucht werden und zur Entlastung des Arbeitsspeichers oder wegen Speicherplatzmangel auf einem externen Speicher ausgelagert sind. Als externen Speicher wird heute fast ausschließlich die Festplatte eingesetzt.
Bekannte Systemprogramme sind beispielsweise
- Windows 95, 98, 2000, NT und XP von Microsoft,
- OS/2 von IBM,
- Mac OS 9.2 und Mac OS X von Apple
- LINUX
- UNIX von AT & T,

und UNIX-Varianten wie beispielsweise Sinix UNIX von Siemens, Solaris UNIX von Sun Microsystems und HP-UX UNIX von Hewlett-Packard.

Die Programmstrukturen der Betriebssysteme sind aufgrund der jeweils unterschiedlichen Hardware recht differenziert. Es ist jedoch eine allgemeingültige Grundstruktur erkennen – obwohl die einzelnen Systemprogramme ihre Aufgaben unterschiedlich lösen. Solche Grundbestandteile sind Organisations-, Übersetzungs- und Dienstprogramme.

Organisationsprogramme
Wichtigster Bestandteil ist das Hauptorganisationsprogramm. Es überwacht alle anderen Programme und ist zuständig für die Ablaufsteuerung aller Vorgänge in der Zentraleinheit. Weitere Organisationsprogramme helfen mit, die Anlagenteile untereinander zu steuern und die auf der Festplatte gespeicherten Daten und Programme zu verwalten.

Übersetzungsprogramme
Die Anwenderprogramme werden in der Regel nicht in der Maschinensprache, sondern in einem künstlichen Sprachsystem geschrieben. Die Maschinensprache, mit der eine Zentraleinheit arbeitet, besteht nur aus den binären Werten Eins und Null und erschwert aufgrund ihrer Abstraktion die Programmierung. Deshalb wurde neben der Maschinensprache eine stark vereinfachte Kunstsprache entwickelt, deren Sprachelemente meist der natürlichen englischen Sprache entlehnt sind und vom Menschen leicht erlernt werden können. Diese Programmiersprachen haben jeweils eine definierte Menge von Zeichen und Wörter zum Schreiben eines Programms.

Übersetzungsprogramme wandeln das in dem künstlichen Sprachsystem geschriebene Programm (Primärprogramm, Quellenprogramm) in das Maschinenprogramm (Objektprogramm) um. Als Übersetzungsprogramme werden Compiler oder Interpreter eingesetzt.

Compiler erzeugen aus dem Quellprogrammcode sofort lauffähige Programme.

Interpreterprogramme benötigen zur Lauffähigkeit immer auch den *Interpreter*. Dieser übersetzt den Programmcode bei jedem Programmaufruf Zeile für

Zeile in den Maschinencode und führt diesen sogleich aus.

Programmiersprachen
Programmiersprachen lassen sich in maschinen- und problemorientierte einteilen. Maschinenorientierte werden von den Mikroprozessoren verstanden für die sie geschrieben wurden. Hierzu gehören vor allem die assembler-nahen Programmiersprachen, aber auch die Programmiersprachen C und C++ sowie Java. Solche Sprachen sind für den Anwender schwer zu erlernen, in der Programmausführung aber extrem schnell. Vor allem Systemprogramme werden in diesen Sprachen entwickelt.

Problemorientierte Programmiersprachen dagegen erleichtern das Programmieren, da die Befehle aus einer natürlichen Sprache entstammen.
Problemorientierte Sprachen gibt es für
- kaufmännische Anwendungen, beispielsweise COBOL, PL/1,
- mathematisch-naturwissenschaftliche Anwendungen, beispielsweise FORTRAN, ALGOL, APL,
- universelle Anwendungen, beispielsweise PASCAL, C, C++, Visual BASIC, COMAL, JAVA und
- künstliche Intelligenz, beispielsweise PROLOG, LISP, SMALLTALK.

Dienstprogramme
Dienstprogramme unterstützen die Arbeit des Programmierers und Anwenders. Dabei handelt es sich um Programmteile für häufig wiederkehrende Arbeiten wie beispielsweise Mischen, Sortieren und Kopieren von Dateien und die standardisierte Übertragung von einem Speichermedium auf ein anderes. Diese Programmteile, die dies ermöglichen, können vom Programmierer bei Bedarf aufgerufen werden. Sie verringern den Programmieraufwand.

Weitere Dienstprogramme dienen beispielsweise der Schriften-, Datei-, Speicher- und Adressverwaltung und ermöglichen die Online-Datenkomprimierung.

Andere Programme machen das Löschen von Dateien oder das Formatieren einer Festplatte rückgängig oder reparieren Dateien bei Beschädigung des Datenträgers.

3.3.5 Anwenderprogramme

Anwenderprogramme haben die Aufgabe, spezielle betriebliche Probleme zu lösen, beispielsweise die Kalkulation von Druckprodukten oder den Umbruch von Zeitungsartikeln. Sie werden selten vom Anwender oder Benutzer selbst programmiert.

Häufig werden Standardprogramme eingesetzt, die von Software-Herstellern entwickelt werden und eine Problemlösungen für gleichartig auftretende Anwendungen und Aufgabenstellungen bieten z. B.
- Textverarbeitung
- Grafikerstellung
- Bildbearbeitung
- Layouterstellung

Diese Standardprogramme können durch ergänzende Programmierung und/oder aufgrund eines modularen Aufbaus der Programme den betrieblichen Besonderheiten angepasst werden.

Ein modular aufgebautes Programm setzt sich aus einzelnen Bausteinen (Modulen) zusammen.

So sind beispielsweise Programme für die verschiedensten Bereiche lieferbar:
- Vorkalkulation,
- Angebotswesen,
- Auftragsbearbeitung, Disposition
- Nachkalkulation,
- Abonnentenverwaltung,
- Lohn- und Gehaltsabrechnung,
- Materialwirtschaft,
- Statistik,
- Anzeigensatz und -abrechnung,
- Formelsatz,
- Börsen- und Sporttabellen.

3.3.6 Programmentwicklung

Die Programmentwicklung gliedert sich meist in folgende Phasen: Problemanalyse, Programmbeschreibung und Datenflussplan, Erstellen eines Programmablaufplanes, Programmierung, Programmeingabe, Testen des Programms.

Problemanalyse.
Im Rahmen der Problemanalyse wird zuerst der Ist-Zustand eines Problems erfasst; beispielsweise die Bedingungen, nach denen die Kalkulation eines Druckprodukts bisher erfolgte.

Man stützt sich dabei auf schriftliche Unterlagen, Beobachtungen und Befragungen. Daraus entwickelt

Erstellen eines Programms

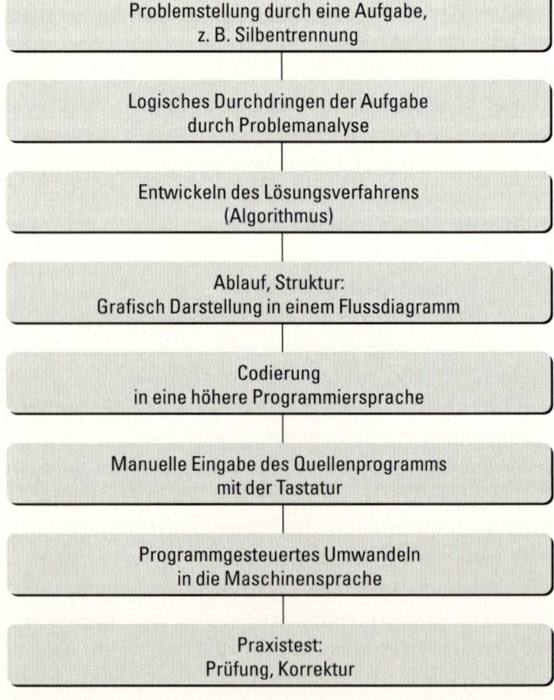

man eine Soll-Vorgabe, die aufzeigt, wie beispielsweise künftig mit Hilfe des Computers die Kalkulation durchgeführt werden soll. Entsprechend der Zielsetzung und des vorhandenen oder geplanten Computersystems wird ein Konzept entworfen.

In einem sogenannten *Pflichtenheft* sollten möglichst genau alle Eigenschaften beschrieben werden, die das fertige Programm leisten soll.

Dieses Konzept muss auch mit angrenzenden Aufgabenstellungen, zum Beispiel der Terminplanung, abgestimmt werden, damit das neu zu schaffende Programm mit allen anderen Anwenderprogrammen zusammenarbeitet. Diese Problemanalyse ist die wichtigste Voraussetzung für eine optimale Programmierarbeit, denn daraus erarbeitet man die Programmbeschreibung.

Programmbeschreibung und Datenflussplan

In der Programmbeschreibung wird der Aufbau des Programms im Detail dargestellt. Dabei ist zu beachten, dass der Programmierer häufig die zu lösende Aufgabenstellung fachlich nicht immer beurteilen kann, beispielsweise Beachtung des Greiferrandes bei der Bestimmung des Druckbogenformats. Deshalb müssen einzelne Programmschritte eindeutig und vollständig präzisiert werden. Nur dann ist der Programmierer in der Lage, das Programm aufgabengerecht aufzubauen.

Zur besseren Darstellung des Informationsflusses im Betrieb erarbeitet man einen Datenflussplan. Dabei werden u. a. die Art der Datenträger, notwendige Arbeitsprozesse und die beteiligten Programme im Zusammenwirken in einer Übersicht aufgezeigt. Die dazu verwendeten Programmsymbole werden durch erläuternde Texte ergänzt.

Programmablaufplan

Während der Datenflussplan nur den organisatorischen Ablauf in groben Zügen dargestellt, zeigt der Programmablaufplan in grafischer Darstellung detailliert die einzelnen Arbeitsschritte eines Programms. Zuerst wird vom Programmierer ein Grobdiagramm entworfen, das nach und nach zu einer genauen Festlegung aller Einzelschritte des Programms führt.

Die grafische Darstellung kann durch ein Struktogramm erfolgen. Dies führt in der Regel zu einer besser strukturierten Form des Programms. Die dabei verwendeten Sinnbilder sind auf die drei Grundformen der Programmstrukturen zugeschnitten:
- die Reihung,
- die Auswahl und
- die Wiederholung.

Die Grundformen können aufgrund der Aufgabenstellung wiederum zu großen Strukturblöcken zusammengestellt werden. Dadurch bleibt alles sehr übersichtlich und hat zudem eine strukturierende Wirkung auf das Programm.

Die Übersichtlichkeit der Struktogramme hilft, logische Fehler schon im Ansatz zu vermeiden, und der Plan ist vor allem änderungsfreundlich. Der fertige Programmablaufplan dient nach einer inhaltlichen Fehlerkontrolle, dem sogenannten Schreibtischtest, als Basis der Programmierung.

Programmierung

Die Programmbefehle, die sich aus den Einzelabschnitten des Programms ergeben, können dem Computer nicht in einer Umgangssprache erteilt werden.

Die Mehrdeutigkeit einzelner Begriffe bereitet dem Rechner unüberwindliche Schwierigkeiten. Andererseits ist es dem Programmierer auch nicht zumutbar, die Maschinensprache des jeweiligen Rechners zu lernen.

Diese Maschinensprache besteht – wie erläutert – aus den binären Werten Null und Eins und ist für den Menschen nicht einfach umsetzbar. Deshalb hat man neben dieser Maschinensprache stark vereinfachte Kunstsprachen entwickelt, deren Sprachelemente häufig aus der englischen Sprache kommen und die deshalb vom Menschen leicht erlernt werden können.

Diese Programmiersprachen unterscheiden sich in maschinenorientierte und problem- oder prozedurorientierte Sprachen.

Je nach Leistungsfähigkeit verfügen Computer über einen Vorrat von etwa 50 bis 350 verschiedenen Befehlen, die im Computer Maschinenoperationen auslösen. Dabei unterscheidet man folgende Befehlsarten:
- Arithmetische Befehle:
  Addieren, Subtrahieren, Multiplizieren, Dividieren usw.
- Logische Befehle:
  Vergleichen, Verknüpfen usw.
- Transportbefehle:
  Übertragen, Verschieben usw.
- Ein- und Ausgabebefehle:
  Lesen, Drucken, extern Speichern usw.

Mit der Unterstützung von Programmwerkzeugen, auch Programm-Entwicklungssysteme genannt, und Programm-Modulbibliotheken lassen sich umfangreiche Programme heute einfacher entwickeln.

Mit dieser speziellen Software ist ein geschulter Programmierer in der Lage, individuelle Anwenderprogramme mit sehr viel weniger Aufwand herzustellen, als dies mit einer klassischen Programmiersprache, wie beispielsweise BASIC, möglich ist.

Zudem gibt es noch Tabellen-Kalkulationssysteme, mit denen PC-Anwender eine Reihe von Problemlösungen selbst entwickeln können, beispielsweise ein einfaches Programm zur Erstellung von Kundenrechnungen.

Programmeingabe

Die Umwandlung eines eingegebenen Primärprogramms in den Maschinencode geschieht durch Übersetzungsprogramme des Betriebssystems. Nur in dieser Form ist das Programm, auch Objektprogramm genannt, im Rechner arbeitsfähig. Diese Programme unterscheidet man nach ihrer Arbeitsweise und der Art der Programmiersprache in Compiler, Assembler und Interpreter.

Testen des Programms
Beim Umwandeln des Primärprogramms in die Maschinensprache des Rechners werden Formfehler auf-gezeigt und nach Möglichkeit sofort beseitigt. Trotzdem können noch Fehler im Programm enthalten sein.

Durch die Eingabe von Testdaten, muss das Programm unter echten Arbeitsbedingungen erprobt werden. Die Ergebnisse des Testlaufs zeigen noch vorhandene logische Fehler. Unter Umständen müssen mehrere Stufen der Programmierung neu durchdacht werden.

Diese Tests werden so lange durchgeführt, bis sich das Programm als fehlerfrei erweist. Dass nun das Programm völlig fehlerfrei ist, ist damit aber nicht gewährleistet. Es besteht immer die Gefahr, dass die Testdaten unvollständig sind oder Tests bestimmte Teile des Programms nicht durchlaufen haben, in denen immer noch Fehler stecken. Erst in der täglichen Praxis werden bei bestimmten Datenkonstellationen solche versteckten Fehler auftreten und dann beseitigt werden müssen.

Ist das Programm fehlerfrei, erfolgt die technische Dokumentation, das heißt die exakte Beschreibung des Programms und Aufbewahrung aller Unterlagen, die zur Entwicklung des Programms erarbeitet wurden. Dadurch ist eine schnelle Einarbeitung in dieses Programm bei erforderlichen Änderungen oder Erweiterungen möglich.

3.4 Rechnergestützte Produktion

Die Druckindustrie setzt immer mehr Datentechnik an einzelnen Arbeitsplätzen, Maschinen und Systemen ein. Für ein industrielles Produzieren ist es aber wirtschaftlich sinnvoll, die einmal erfassten Daten nicht immer wieder aufs Neue zu erfassen oder umständlich als „Insellösungen" bei einzelnen Arbeitsplätzen zu belassen, sondern eine rechnergesteuerte Produktion über ein Netzwerk einzurichten.

Starker Termindruck, höchste Qualitätsforderungen, das Einhalten kurzfristiger Termine, wirtschaftlichere Produktion u. a. zwingen die Druckindustrie zu neuen Strukturen in der Datenkommunikation. Datenleitungen, sogenannte Netzwerke, verbinden dabei die einzelnen Arbeitsplätze mit dem Zentralrechner.

Basis für die Einführung einer integrierten rechnergestützten Produktion sind entsprechende Datenbanken, geeignete Netzwerke und festgelegte Standards zur gemeinsamen Kommunikation.

Als Übersicht zu dieser umfangreichen Thematik. die im Kapitel 11. Druckmaschinen anwendungsbezogen beschrieben wird, sollen die wichtigen Begriffe zur Prozessautomatisierung hier kurz beschrieben werden.

CIM: Computer Integrated Manufacturing
Integrierte, rechnergestützte Fertigung. CIM beschreibt den alles umfassenden Einsatz der Datenverarbeitungstechnik in den technischen und organisatorischen Funktionen der Produktherstellung. CIM umfasst danach CAD, CAM, CAP, CAQ und PPS.

CAD: Computer Aided Design
Rechnergestützte Entwicklung von Konstruktionen, Zeichnungen, Layouts, Schriften oder Modellen.

CAE: Computer Aided Engineering
Übergreifender Rechnereinsatz im technischen Bereich

CAT: Computer Aided Testing
Rechnergestütztes Messen und Prüfen

CAP: Computer Aided Planning
Rechnerunterstützte Arbeits- und Fertigungsplanung. Planung der Arbeitsvorgänge und der Arbeitsablauffolgen, das Erstellen von Daten für die Steuerung der Betriebsmittel (CAM). Arbeitsvorgaben für Schneide-, Falzmaschinen u. a.

CAM: Computer Aided Manufacturing
Rechnerunterstützte Steuerung und Überwachung der Betriebsmittel, z. B. Systeme der Text-, Grafik- und Bildverarbeitung, Programmsteuerungen in der Druckformherstellung (Montagesysteme), die Farbsteuerung an Druckmaschinen, die Programmsteuerung der Schneide- und Falzmaschinen.

CAQ: Computer Aided Quality Assurance Rechnerunterstützte Qualitätssicherung. Hierzu gehören z.B. das Erstellen von Prüfplänen und Programmen für Mess- und Prüfverfahren sowie der gesamte Bereich der Qualitätssicherung.

PPS: Production Planning and Steering
Produktionsplanung und -steuerung über den gesamten Fertigungsprozess von der Angebotsbearbeitung bis zur Auslieferung.

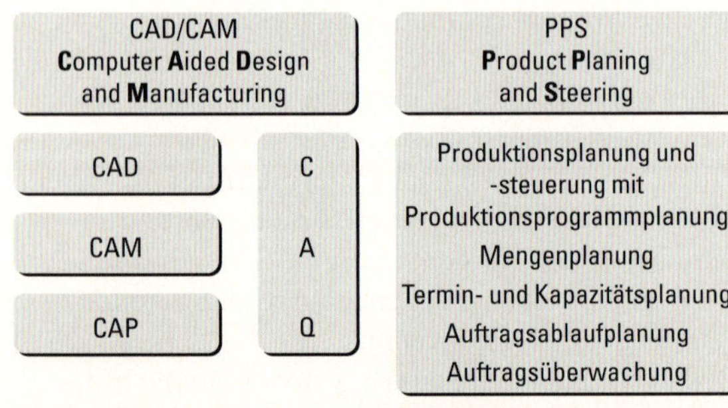

CIM: Zusammenwirken einzelner Komponenten

4. Optik, Licht und Farbe

4.
Optik, Licht und Farbe

Betrachtet man Licht und Farbe aus technischer Sicht, so ist die Optik, ein Teilgebiet der Physik. Sie ist die Lehre für das grundlegende Verständnis zu den Erscheinungen und Reaktionen. Der Begriff Optik kommt aus dem Griechischen (optos = zum Sehen geeignet).

Farbe ist jedoch ein umfassenderes Phänomen, das nicht nur physikalisch-technisch betrachtet werden kann:

- Farbe ist eine Erscheinung des Lichts, das heißt das sichtbare Spektrum elektromagnetischer Wellen,
  – hat also mit der Physik zu tun,
- Farbe ist Stoff, das heißt Materie, mit der wir sie darstellen können,
  – hat also mit der Chemie zu tun,
- Farbe ist Wahrnehmung, das heißt ein Vorgang der in unserem Auge stattfindet,
  – hat also mit der Physiologie zu tun,
- Farbe ist Empfindung, das heißt das, was unser Gehirn aus der Wahrnehmung fühlt, assoziiert und im Kontext der persönlichen Erfahrungen empfindet, dabei kann jeder Mensch subjektiv eigene Gefühle und Eigenschaften mit den Farben verbinden,
  – hat also mit der Psychologie zu tun.

4.1 Licht

Das Licht ist ein Urphänomen, das dem Menschen seine Umwelt sichtbar erleben lässt.

Das Auge ist das Sinnesorgan des Menschen, durch das die Umwelt in verschiedenen Formen, Helligkeiten und Farben u erkennen ist. Aus Erfahrung wissen wir, dass bei völliger Dunkelheit weder

„Nachts sind alle Katzen grau." Erst durch Licht sehen wir Farben.

Formen noch Farben von Gegenständen zu erkennen und zu unterscheiden sind. Im Morgengrauen erleben wir, wie aus der Dunkelheit mehr und mehr unsere Umwelt sichtbar wird. Erst bei „normalem" Tageslicht erscheinen dem Betrachter Gegenstände und Körper aller Art in der „richtigen" Helligkeit und Farbe.

– Grundvoraussetzung für das Sehen der Umwelt ist also das Licht.
– Sehen heißt: Es fällt Licht in unser Auge.

Jeder Gegenstand in unserer Umwelt ist erst sichtbar, wenn er selbst leuchtet (Strahlung aussendet) oder wenn er beleuchtet wird und Licht von ihm reflektiert, diese Strahlung in unser Auge gelangt und eine Empfindung auslöst.

Für das Sehen ist also Licht erforderlich. Man unterscheidet grundsätzlich:

- Selbstleuchter, selbstleuchtende Lichtquellen, Körper, die ein selbst erzeugtes Licht aussenden (emittieren) und
- Nichtselbstleuchter,
  beleuchtete Körper, Gegenstände (Stoffe, Oberflächen), die Licht einer Lichtquelle zurückwerfen (reflektieren).

Lichtquellen
Lichtquellen lassen sich in natürliche (primäre) und künstliche (sekundäre) Lichtquellen unterteilen.

Natürliche Lichtquellen sind vor allem die Sonne, durch die das Sehen bei Tage überhaupt möglich ist sowie auch Fixsterne, Blitze, Lichtenergie durch Verbrennung (Kerze, Holz, Kohle) u.a.

Die von der Sonne ausgehende Strahlung bewegt sich in alle Richtungen mit Lichtgeschwindigkeit fort. Die ca. 150 Millionen km entfernte Sonne liefert der Erde jährlich 175 Milliarden Megawatt Wärmeenergie. Dabei erzeugt die Sonne eine elektromagnetische Strahlung, die wir Menschen zu einem Teil als Licht wahrnehmen. Die Sonne ist die wichtigste Quelle für alles Licht auf unserem Planeten.

Die allerersten künstlichen Lichtquellen waren Fackeln, Öllampen und Kerzen, später entstanden Petroleum- und Gaslampen und schließlich elektrische Glühlampen, Gasentladungslampen und Laser.

Viele dieser genannten Lichtquellen sind Temperaturstrahler, die Wärmeenergie in Lichtenergie umwandeln. Je heißer also diese Lichtquellen sind, um so heller ist das abgestrahlte Licht.

Eine andere Gruppe von Lichtquellen sind Kaltstrahler (auch Luminiszenzstrahler), die chemische oder elektrische Energie ohne Erwärmung in Licht umwandeln. Hierzu gehören beispielsweise Leuchtstofflampen.

Laser (Abkürzung für: Light amplification by stimulated emission of radiation = Lichtverstärkung durch eine erzwungene Aussendung von Strahlung) erzeugen ein

- monochromatisches
  – gleiche Wellenlänge und Schwingungsart,
- kohärentes
  – extrem scharf gebündeltes Licht.

Man unterscheidet nach Art des aktiven Lasermaterials zwischen Festkörper-, Gas-, Flüssigkeits- und Halbleiterlaser.

Lasersysteme bilden in der Druckindustrie heute die wichtigste Lichtquelle zur Informationsübertragung bei verschiedensten Bebilderungsprozessen, z.B. Computer-to-Plate-Systemen.

In der Druckindustrie werden die verschiedenen Lichtquellen für spezielle Bereiche eingesetzt. Für einen optimalen Einsatz in der Reproduktion und der Bebilderungstechnik sind vor allem – abgestimmt auf die Sensibilität der Informationsträgerschicht – die abgestrahlte Lichtfarbe, spektrale Energieverteilung und wirksame Energie sowie auch die Wärmeentwicklung, der Wartungsaufwand und die laufenden Kosten entscheidend.

Lichtgeschwindigkeit

Erste Messungen zur Lichtgeschwindigkeit führte bereits 1676 der dänische Astronom Olaf Römer durch. Er entdeckte durch Beobachtungen der Monde des Planeten Jupiter, die sich in unterschiedlichen Zeitabständen verfinsterten, dass sich das Licht mit einer Geschwindigkeit von etwa 300 000 km/s im Vakuum ausbreitet.

Moderne Messmethoden haben diesen Wert der Lichtgeschwindigkeit (physikalisches Zeichen: c) nur unwesentlich auf 299 792 458 m/s korrigieren müssen.

Zu dieser unvorstellbar hohen Geschwindigkeit einige Beispiele und messtechnische Daten:

- Der Lichtstrahl von der Sonne zur Erde würde weniger als 9 Minuten benötigen.
- Der Lichtstrahl würde – wenn man ihn um die Erde senden würde – in einer Sekunde 7,5 mal um die Erde rasen, wenn man den Erdumfang am Äquator mit 40 000 km annimmt.
- Die mittlere Entfernung vom Mond zur Erde, eine Strecke von etwa 384 000 km, legt das Licht in nur 1,3 s zurück.
- Eine Lichtminute ist die Strecke, die der Lichtstrahl in 60 Sekunden zurücklegt, also ca. 18 Millionen Kilometer.
- Eine Lichtstunde ist die Strecke, die das Licht in 60 mal 60 Sekunden, also in einer Stunde zurücklegt. Das sind 1 Milliarde und 80 Millionen km.

Wesen des Lichts

Es ist schwierig, sich unter dem Wesen des Lichts etwas Genaueres vorzustellen. Das Wesen des Lichts ist schon seit Hunderten von Jahren ein fundamentales Problem der Naturwissenschaften.

Im Jahr 1690 bezeichnete der Niederländer Christian Huygens (1629-1695) das Licht als eine Wellenbewegung des für die damalige Zeit rätselhaften Stoffes „Weltäther". Huygens erstellte die Wellentheorie, auch Ondulationstheorie genannt (lat. onda = Welle, vergl. auch das sogenannte Ondulieren bei einem Friseur , d. h. Wellen in das Haar legen).

Die Wellenbewegung soll auf unser Auge einwirken und im Gehirn die Empfindung Licht hervorrufen, ähnlich wie die Schallwellen auf unsere Ohren wirken und die Empfindung Ton hervorrufen.

Neben der Auffassung von Huygens gab es aber noch eine andere Theorie. Diese stammte von dem Engländer Isaac Newton (1643–1727) und wurde bereits im Jahre 1675 veröffentlicht. Newton beschrieb das Licht als einen Strom winziger Teilchen, die von der Lichtquelle ausgesendet werden. Die einzelnen Lichtteilchen (Korpuskeln) seien die Photonen, d. h. mikroskopisch kleine und unwägbare Körperteilchen. Newton nannte seine Theorie die Korpuskulartheorie oder auch die Emissionstheorie (lat. emittere = aussenden).

Lange Zeit standen beide Theorien im Gegensatz zueinander. Beide Ansichten hatten jedoch richtige Erkenntnisse erbracht, die nachzuweisen waren:

- Licht verhielt sich einerseits tatsächlich wie bei der Wellentheorie durch Huygens beschrieben,
- andererseits war aber auch bekannt, dass kleinste Energieteilchen (Quanten bzw. Photonen) ausgesendet werden.

Diesen Widerspruch hat die moderne Wissenschaft so aufgelöst, indem sie erkannte:

- Licht ist Stoff und Welle zugleich.

Damit gelten sowohl Huygens wie auch Newton als die Stammväter der Optik.

Der deutsche Physiker Max Planck (1858–1947) griff die von Newton angenommene Teilchentheorie wieder auf. Für seine umfassenden Untersuchungen (Begründung der Quantentheorie) erhielt er 1918 den Nobelpreis für Physik.

Elektromagnetische Wellen

Elektromagnetische Wellen (Sinuswellen) werden durch die

- Wellenlänge,
- Frequenz (Anzahl der Schwingungen in Sekunden) und
- Amplitude (Ausschlag, Ausleitung in Wellenberge und -täler) beschrieben.

Man kann Wellen allgemein über ihre Länge oder über die Anzahl der Schwingungen pro Sekunde beschreiben, da folgender Zusammenhang besteht:

$$\text{Wellenlänge} = \frac{\text{Lichtgeschwindigkeit}}{\text{Frequenz}}$$

Wellenlängen werden in üblichen Längeneinheiten wie Kilometer, Meter, Zentimeter, Millimeter, Nanometer und kleinere Einheiten angegeben. Wie eine Wasserwelle besteht eine Lichtwelle aus einem Wellenberg und einem Wellental.

- Die Wellenlänge ist der Abstand zweier aufeinander folgender Schwingungsmaxima einer Welle, anders ausgedrückt: Ein Wellenberg und ein Wellental ergeben eine Wellenlänge.
- Der maximale Ausschlag der Welle in eine Richtung ist die Amplitude.

Die Anzahl der Auf- und Abschwingungen einer Welle in einer Sekunde ist die Frequenz. (Der Begriff kommt aus dem Lateinischen: frequens = häufig.)

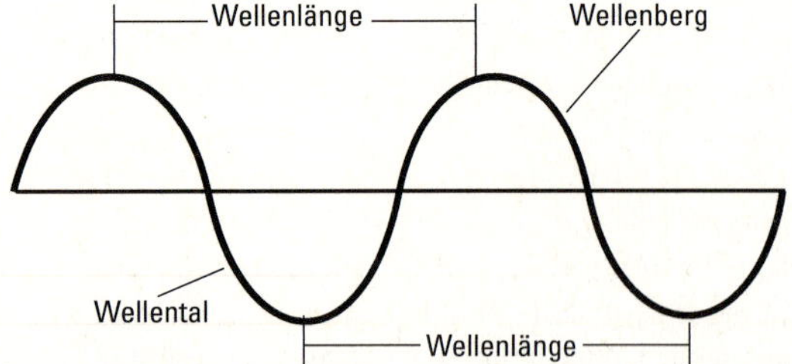

Die Einheit der Frequenz ist das Hertz (Hz). Diese Maßeinheit wurde nach dem Physiker Heinrich Hertz benannt, der von 1857 bis 1894 lebte und als erster elektromagnetische Schwingungen im Experiment erzeugte.

1 Hertz (Hz) = 1 Schwingung pro Sekunde = $1/s = 1\ s^{-1}$
1 Kilohertz (kHz) = 1000 Schwingungen pro Sekunde
1 Megahertz (MHz) = 1.000.000 Schwingungen pro Sekunde.

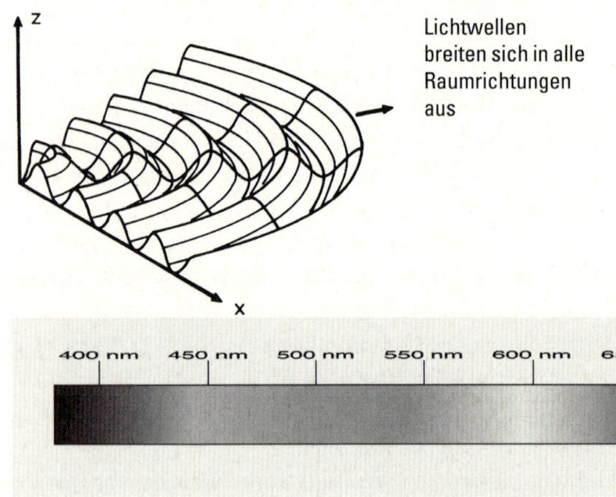

Drei Wellen mit der gleichen Wellenlänge bzw. Frequenz, aber unterschiedlichen Amplituden und Phasen

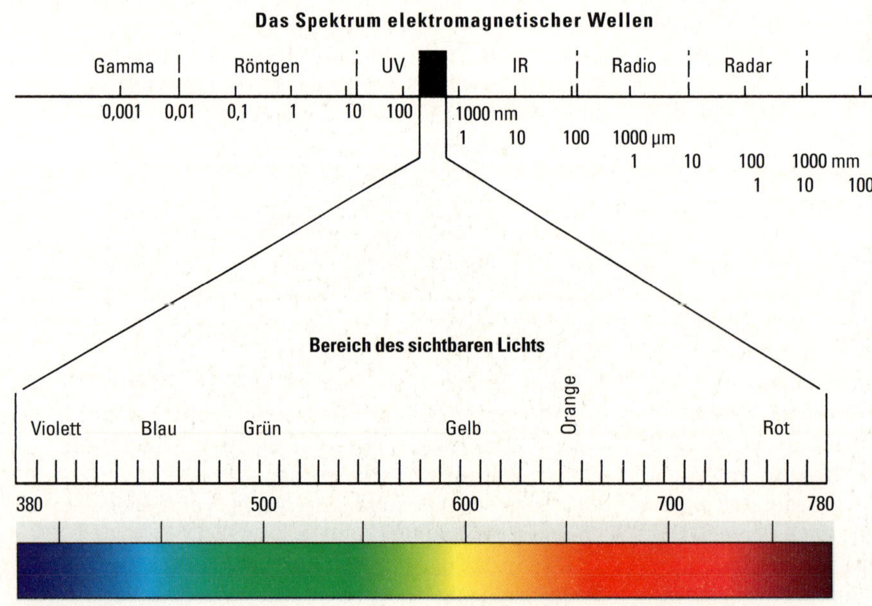

Die Farben des Regenbogens entstehen durch die spektrale Zerlegung des weißen Lichts

Zum Vergleich der Zusammenhänge ein Hinweis zu Schallwellen: Musikinstrumente erzeugen Schallwellen, deren Länge an der Größe der Musikinstrumente ablesbar ist. Orgelpfeifen gibt es zum Beispiel in einer Länge von wenigen Zentimetern bis zu mehreren Metern Länge. Eine Bassgeige gibt tiefe Töne von sich, wenn eine Seite in Schwingungen versetzt wird. Dagegen erzeugt eine Piccoloflöte bei hoher Frequenz und kurzer Wellenlänge ihre Töne:

– tiefe Töne = große Wellenlänge – geringe Frequenz
– hohe Töne = kurze Wellenlänge – hohe Frequenz

Das Empfängerorgan des Menschen, das Auge, kann nur einen sehr kleinen Wellenbereich als Reiz wahrnehmen. Dieser sichtbare Bereich elektromagnetischer Wellen liegt zwischen 380 nm (blaues Licht, an der Grenze zum ultravioletten Licht) und 780 nm (rotes Licht an der Grenze zum infrarotem Licht).

Licht ist nur ein winziger Bereich aus dem riesigen Spektrum elektromagnetischer Wellen im Weltall. Verschieden lange Wellenbereiche haben unterschiedliche Eigenschaften. Sie leiten beispielsweise Schiffe durch den Neben (Radar), ermöglichen den Empfang von Rundfunkprogrammen (Radiowellen), ermöglichen ein Sehen bei Nacht (Infrarot), bräunen den Körper (Ultraviolette Strahlen), bilden die Knochen im Körper ab (Röntgen) oder ermöglichen Forschungen in der Natur (Gammastrahlen). Alle genannten Strahlen sind in der Natur vorhanden, aber mit dem Auge nicht wahrzunehmen.

Lichtmessung

Wichtige Einheiten der Lichtmessung sind die Lichtstärke (Basiseinheit), der Lichtstrom und die Beleuchtungsstärke.

Lichtquellen unterscheiden sich in ihrer Lichtstärke. Die *Lichtstärke* ergibt sich aus der Intensität, in der eine Lichtquelle in eine betrachtete Richtung strahlt. Sie ist der Quotient aus dem Lichtstrom, der von der Lichtquelle in eine bestimmte Richtung ausgestrahlt wird, und dem von ihm durchstrahlten Raumwinkel. Die SI-Einheit der Lichtstärke (I) ist die Candela (cd). Die Bezeichnung Candela ist abgeleitet aus dem Lateinischen und bedeutet Kerze.

1 Candela (cd) ist 1/60 einer 1 cm^2 großen Öffnung eines Ofens, dessen Inneres die Temperatur des schmelzenden Platins (1773,6 °C) besitzt und einen „schwarzen Strahl" senkrecht zur Oberfläche abstrahlt.

Lichtstärken einiger Lichtquellen

Kerzenflamme (ca. 4 cm)	1 cd
Glühlampe (35 W)	50 cd
Kopierlampe	1600 cd
Sonne	ca. 2 x 10^{25} cd

Eine normale Kerze strahlt beispielsweise 1 cd ab. Werden zwei oder auch mehrere Kerzen angezündet, bleibt der Lichtstrom, der von jeder Kerze abgestrahlt wird, konstant. Doch mit jeder weiteren Kerze geht in einer bestimmten Zeiteinheit die zwei- oder mehrfache Lichtmenge aus.

Die Lichtmenge, die eine Lichtquelle in einer bestimmten Zeit (als Photonen) ausstrahlt, ist der *Lichtstrom.* Der Lichtstrom wird in Lumen (lm) gemessen.

Die *Beleuchtungsstärke* ist der auf die beleuchtete Fläche bezogene senkrecht auftreffende Lichtstrom. Die Einheit der Beleuchtungsstärke ist Lux (lx).

Beispiele für Beleuchtungsstärken

Vollmond ca.	0,3 lx
Sonnenlicht im Hochsommer bis	100 000 lx
Sonnenlicht im Winter bis	9 000 lx
Tageslicht bei bedecktem Himmel	
– im Hochsommer	bis 20 000 lx
– im Winter	bis 2 000 lx
Arbeitsplatz für grobe Arbeit	50 - 100 lx
Arbeitsplatz zum Lesen	100 - 300 lx
Arbeitsplatz für Feinarbeit, z. B.	
Druckerei, Feinmontage, Zeichnen	1000 - 5000 lx

Die *Beleuchtungsstärke* ist nicht zu verwechseln mit der *Lichtstärke*, wenn auch beide Begriffe zusammenhängen. Die Beleuchtungsstärke ist wesentlich von drei Faktoren abhängig.

– Stärke der Lichtquelle
– Neigung der beleuchteten Fläche zur Lichtquelle. Je stärker eine Fläche geneigt ist, um so größer muss sie sein, um die gleiche Lichtmenge aufzufangen. Anders ausgedrückt: Die auf die Fläche auftreffende Leuchtdichte wird geringer, wenn bei gleicher Lichtstärke die Fläche größer wird. Die Fläche wird für den Lichtstrahl aber größer, wenn sie geneigt wird.
– Entfernung der Lichtquelle
  Je weiter man sich mit der Lichtquelle vom Beleuchtungsobjekt entfernt, desto geringer wird die wirksame Beleuchtungsstärke. Die Abnahme der Beleuchtungsstärken vollzieht sich nach einem bestimmten Gesetz, das die Abbildung darstellt.

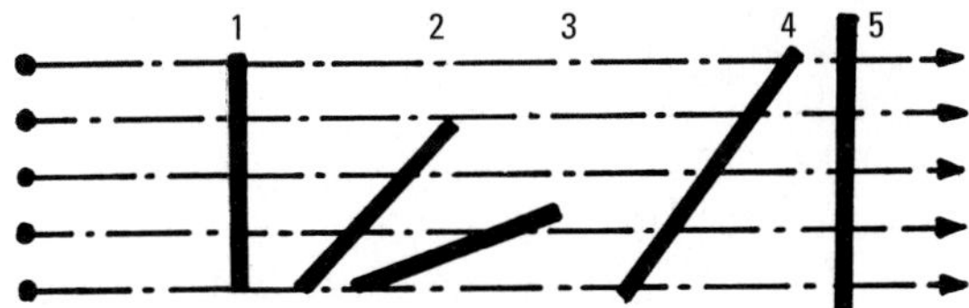

Darstellung unterschiedlicher Beleuchtungsstärke bei verschiedenartiger Neigung der beleuchteten Fläche. Die Lichtstrahlen berühren die Fläche 1, wenn diese senkrecht steht. Wird sie gekippt (2 und 3), dann empfängt sie nicht mehr die gleiche Lichtmenge. Im gekippten Zustand empfängt die größere Fläche (4) die gleiche Lichtmenge, wie die senkrecht sehende Fläche 1. Dabei ist die Fläche 4 wesentlich größer als die Fläche 1, nämlich so groß wie unter 5 dargestellt.

Abnahme der Beleuchtungsstärke

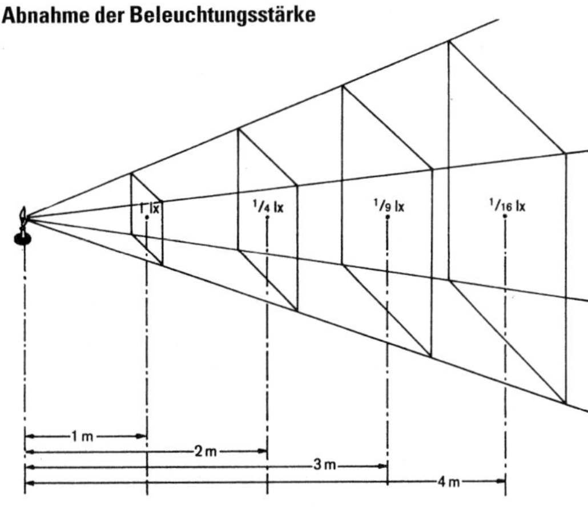

Auf dieser Abbildung ist dargestellt, dass die Beleuchtungsstärke bei zunehmender Entfernung immer geringer wird. Der Abstand von der Lichtquelle zum ersten Quadrat sei 1 m, der Abstand zum zweiten Quadrat sei 2 m, der Abstand zum dritten Quadrat sei 3 m und der Abstand zum vierten Quadrat sei 4 m. Jedes Quadrat wird von der gleichen Strahlenmenge getroffen. In der Zeichnung sind nur die vier äußeren Eckstrahlen enthalten, die natürlich nur stellvertretend für viele Strahlen sind. Im zweifach größeren Abstand von der Lichtquelle verteilt sich die gleiche Strahlenmenge auf eine viermal größere Fläche. Die Beleuchtungsintensität wird also viermal oder 2^2 Mal geringer.

Ist der Abstand dreimal so groß, wird die Beleuchtung neunmal oder 3^2 mal geringer. Ist der Abstand viermal so groß, dann wird die Beleuchtungsstärke sechzehnmal (4^2) geringer.

Daraus ergibt sich eine für die Belichtungszeitrechnung sehr wichtige Regel:

– Die Stärke der Beleuchtung nimmt mit dem Quadrat der Entfernung von der Lichtquelle ab.
– Die Beleuchtungsstärke ändert sich entgegengesetzt proportional zum Quadrat der Lampenentfernung.

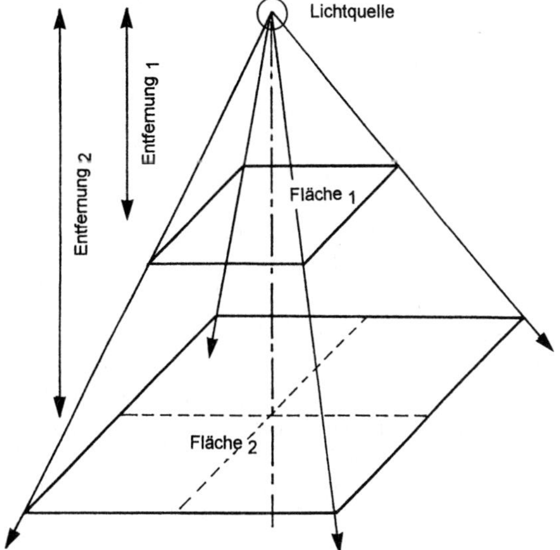

Fotometrisches Entfernungsgesetz

Einheit der Beleuchtungsstärke ist das Lux (lx). 1 Lux ist die Beleuchtungsstärke, die eine Lichtquelle von 1 cd auf eine senkrecht beleuchtete weiße Fläche in einem Abstand von 1 m ergibt.

$$\text{Beleuchtungsstärke} = \frac{\text{Lichtstärke}}{\text{Entfernung}^2}$$

Beispiel 1:
Bei einem Lampenabstand von 1 m muss 8 Sek. belichtet werden. Wie lange ist zu belichten, wenn die Lampe 2 m von der Belichtungsebene entfernt ist?
Lösung: Die Lampe steht in doppelter Entfernung zum Kopierrahmen. Da die Beleuchtungsstärke im Quadrat der Entfernung abnimmt, beträgt sie nur den vierten Teil. Da die Beleuchtungsstärke nur den vierten Teil beträgt, muss in unserem Fall das Vierfache von 8, also 32 Sekunden belichtet werden.

Aus der veränderten Entfernung kann der Belichtungsfaktor (t) errechnet werden.
Dies erfolgt nach der Formel:

$$t = \left(\frac{\text{Neuer Abstand}}{\text{Alter Abstand}}\right)^2$$

Beispiel 2:
Bei einem Lampenabstand von 1,5 m wird 24 Sekunden belichtet. Wie lange muss man belichten, wenn der Lampenabstand um einen Meter vergrößert wird?

$$t = \left(\frac{2{,}5}{1{,}5}\right)^2 = \left(\frac{5}{3}\right)^2 = \frac{25}{9} = 2{,}7$$

Die vorhandene Belichtungszeit, in diesem Fall 24 Sekunden, wird nun mit 2,7 malgenommen. So entsteht die neue Belichtungszeit von ca. 65 Sekunden.

Beispiel 3:
Bei einem Lampenabstand von 2,25 m wird 1 Minute belichtet. Wie lange ist zu belichten, wenn der Lampenabstand um einen halben Meter verringert wird?

$$t = \left(\frac{1{,}75}{2{,}25}\right)^2 = \left(\frac{7}{9}\right)^2 = \frac{49}{81}$$

$$\text{neue Belichtungszeit} = \frac{49}{81} \text{x } 60 \triangleq 36{,}5 \text{ Sekunden}$$

4.2 Einführung in die Optik

Ein Stoff, in dem sich das Licht fortpflanzt, ist ein optisches Medium (vom lateinischen medium = Mittel). Dabei unterscheidet man drei verschieden Arten von optischen Medien:

• *Durchsichtige Medien*
Diese Medien lassen das Licht so durch, dass man beim Hindurchblicken die Form und die Gestalt des Licht aussendenden Gegenstandes genau erkennen kann. Wenn man vor einem Schaufenster steht, dann müssen die ausgestellten Gegenstände klar erkennbar sein. Schaufensterglas ist demnach ein durchsichtiges Medium, ebenso wie klares Wasser und Luft sowie viele Kunststoff-Folien.

• *Durchscheinende Medien*
Die Medien lassen zwar das Licht hindurch, jedoch ist die Gestalt der Lichtquelle oder des Licht aussendenden Gegenstandes nicht mehr klar erkennbar. In besonders starken Fällen kann die Form des Licht aussendenden Körpers überhaupt nicht mehr festgestellt werden. An Wohnungstüren werden gefärbte Struktur- oder Milchglasscheiben angebracht. Man will damit erreichen, dass zwar Licht durch das Glas eindringt, aber nicht in die Wohnung hineingesehen werden kann. Getrübtes Wasser, Seidenpapier, matte Folien oder Pergament sind Medien, die zwar Licht hindurch lassen, bei denen man jedoch die Konturen des dahinter Licht aussendenden Gegenstandes nicht mehr (genau) erkennen kann.

• *Undurchsichtige Medien*
Diese Medien lassen kein Licht mehr hindurch und verdecken die hinter ihnen liegenden leuchtenden oder beleuchteten Körper und Gegenstände. Holz, Metall und die meisten Mineralien sind undurchsichtige Medien. Aber auch durchsichtige und durchscheinende Medien können, wenn sie in großen Dicken auftreten, undurchsichtig werden. Man denke dabei an die lichtlose Tiefsee! Auch können grundsätzlich undurchsichtige Medien, wenn sie in sehr dünner Form vorkommen, durchscheinend oder gar durchsichtig werden. Beispiele sind hauchdünne Metallfolien oder aufgedampfte Metallbeläge.

Lichtbrechung
Die Lichtgeschwindigkeit ist je nach der Dicke des zu durchdringenden Stoffes unterschiedlich. Abgesehen vom luftleeren Raum ist das optisch dünnste Medium die Luft. Glas ist ein dichteres Medium als

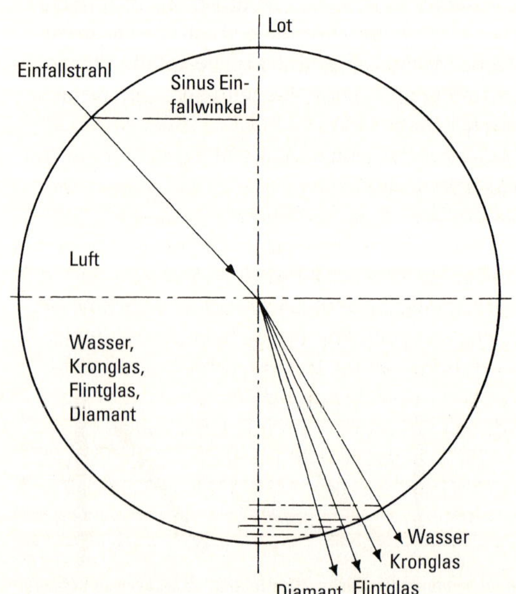

So werden die Brechungszahlen für die verschiedenen Medien ermittelt. Die Grenzfläche ist dort, wo der Lichtstrahl von der Luft in das dichtere Medium eintritt. Je dichter das Medium, um so stärker wird der Lichtstrahl abgelenkt. Das Verhältnis zwischen Sinus Einfallswinkel und Sinus Brechungswinkel ergibt die Brechungszahl.

Luft und Wasser. Wasser wiederum ist dichter als Luft. Diese optische Dichte hat einen Einfluss auf die Lichtgeschwindigkeit.

Beim Übertritt von einem in ein anderes optisches Medium wird der Lichtstrahl abgelenkt. Man nennt diesen Vorgang Lichtbrechung. Dabei ist es zunächst gleichgültig, ob der Lichtstrahl von einem dünneren in ein dichteres Medium tritt, z. B. von Luft in Wasser oder umgekehrt von einem dichteren in ein dünneres (von Wasser in Luft). In beiden Fällen wird der Lichtstrahl gebrochen. Die Art der Brechung ist allerdings unterschiedlich, wie aus den beiden Darstellungen der Abbildung ersichtlich ist.

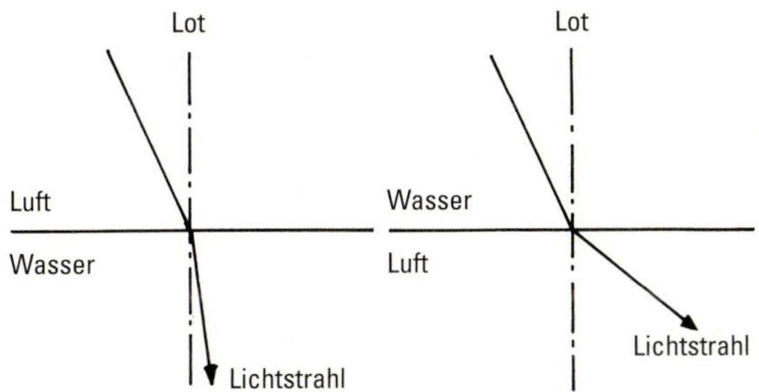

Tritt der Lichtstrahl von einem dünneren Medium (hier Luft) in ein dichteres Medium über (Wasser), dann wird er zum Lot hin gebrochen. Dieser Sachverhalt ist in der oberen Abbildung dargestellt. Tritt der Lichtstrahl dagegen von einem dichteren Medium in ein dünneres über, dann wird der Lichtstrahl vom Lot hinweg gebrochen. Das Lot ist eine gedachte Hilfslinie, die senkrecht zur Grenzfläche zwischen den beiden Medien verläuft. Es wird dort angebracht, wo der Lichtstrahl die Grenzfläche berührt.

4.2.1 Ausbreitung des Lichtes

Der optisch sichtbare Weg, den das Licht beschreibt, besteht aus einer Vielzahl einzelner Lichtpunkte. Dicht aneinandergereiht ergeben diese Lichtpunkte einen Lichtstrahl. In gleichen optischen Medien, z. B. in Luft, in Wasser oder in Glas, breitet sich das Licht geradlinig aus. Diese Tatsache ist durch direkte Beobachtung in einer hellen Umgebung nicht zu erkennen.

Mit einem einfachen Versuch in einem verdunkeltem Raum ist die physikalische Tatsache jedoch zu beweisen. Eine Glühlampe wird in einen allseitig lichtdichten Kasten nach außen „abgeschirmt". Hat dieser Kasten eine winzige Öffnung (vergleichbar mit der Blende eines Fotoapparates) ist ein aus der Öffnung austretender Lichtstrahl zu beobachten, der sich geradlinig im Raum fortsetzt.

Ein deutlicher Beweis dafür, dass sich das Licht geradlinig ausbreitet, kann mit der *camera obscura*, der Lochkamera, erbracht werden. Die Lochkamera ist ein Kasten aus undurchsichtigem Material, in dessen Vorderwand sich eine kleine Öffnung befindet. Auf der Rückseite ist eine Mattscheibe angebracht. Bereits im klassischen Altertum kannte man die Lochkamera. Aristoteles beschreibt sie, allerdings nicht im Zusammenhang mit der Fotografie.

Als Instrument zum Einfangen von Zeichenmotiven finden wir die Lochkamera bei Renaissancekünstlern wieder: *Leonardo da Vinci* ist einer der

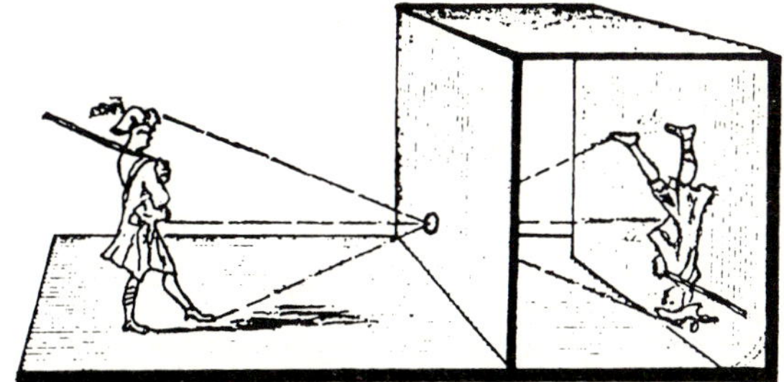

Darstellung der Lochkamera (camera obscura)
Die Strahlen A, B und D gehen vor verschiedenen Punkten durch das Loch C in der camera obscura. Sie setzen sich geradlinig fort und gelangen an die Rückwand. Dort entsteht ein kopfstehendes Bild, das man entweder mit dem Zeichenstift oder mit einem fotografischen Film aufzeichnen kann.

berühmten Maler, die sich der Lochkamera bedienten. Und schließlich stand die Lochkamera Pate bei der Erfindung der Fotografie.

Der Franzose Louis Daguerre stellte seine ersten fotografischen Aufnahmen mit der camera obscura her, lange bevor es eine Kamera in unserem heutigen Sinne gab.

Die Lochkamera ist der einfachste Apparat, der nach dem Prinzip der geradlinigen Lichtausbreitung arbeitet und mit dem sich eine Abbildung der Natur erreichen lässt. Sie erzeugt von einem vor der Öffnung befindlichen Gegenstand auf der Mattscheibe ein umgekehrtes Bild. Dabei ist es natürlich wesentlich, dass der Gegenstand vor der Öffnung Licht ausstrahlt oder Licht reflektiert. Dieses umgekehrte Bild auf der Mattscheibe wird um so größer, je kleiner der Abstand zwischen dem Gegenstand und der Öffnung ist und je größer der Abstand zwischen der Mattscheibe und der Öffnung ist. Es empfiehlt sich also, einen Kasten so zu konstruieren, dass man die Rückseite mit der Mattscheibe nach vorn und hinten bewegen kann.

Das Bild wird um so kleiner, je größer der Abstand des Gegenstandes von der Öffnung ist und je kleiner der Abstand der Mattscheibe von der Öffnung ist. Man wird diese Tatsachen nochmals im Zusammenhang mit den Abbildungsgesetzen kennenlernen. Festzuhalten ist: Alles, was über die camera obscura erläutert wurde, ist durch die geradlinige Ausbreitung des Lichts begründet.

Ein weiterer Beweis für die geradlinige Ausbreitung des Lichts ist die Methode, nach der die alten Ägypter die Höhe ihrer Bauwerke, z. B. der Pyramiden, ermittelten: Zu einer bestimmten Tageszeit wurde der Schatten eines Stabes mit fester Größe gemessen. Angenommen, der Stab sei 1 m hoch.

Je nach Tageszeit ist der Schatten des Stabes nun länger oder kürzer. Zur gleichen Zeit, beim gleichen Stand der Sonne also, maß man den Schatten der Pyramide.

Der Schatten der Pyramide bewegte sich nun zur Höhe der Pyramide im gleichen Verhältnis wie der Schatten des Stockes zur Höhe des Stockes. Mit der Verhältnisgleichung ließ sich die Höhe der Pyramide ermitteln.

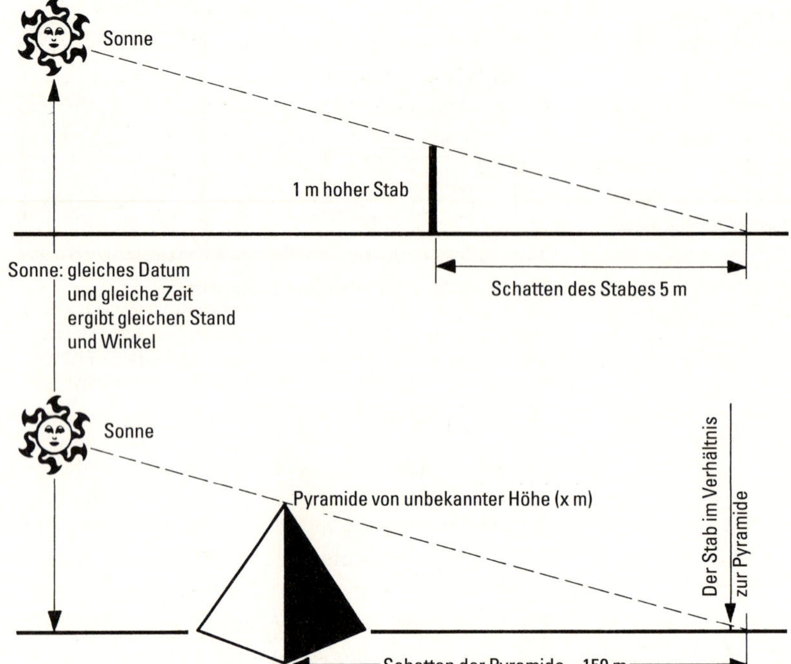

Nehmen wir an, der Schatten des 1 m langen Stockes sei 5 m. Der Schatten der Pyramide beträgt dagegen 150 m. Wir setzen die Werte nun zueinander ins Verhältnis und kommen zu folgender Gleichung:
1 m : 5 m = x m :150 m.
Die Höhe der Pyramide ist demnach 30 m.

Bedeutung in der fotografischen Reproduktion
Durch die geradlinige Ausbreitung des Lichtes entstehen bei der Beleuchtung eines Gegenstandes Schatten. Hinter dem Gegenstand entsteht ein Kernschatten, d. h. ein Bereich, in den kein Licht gelangt.

Wird der Gegenstand durch zwei nahe beieinander liegende Lichtquellen beleuchtet, so entstehen drei unterschiedliche Helligkeitsbereiche:
- Kernschatten ohne Helligkeit,
- Halbschatten mit einer mittleren Helligkeit und
- schattenfreie, beleuchtete Zentren mit höchster Helligkeit.

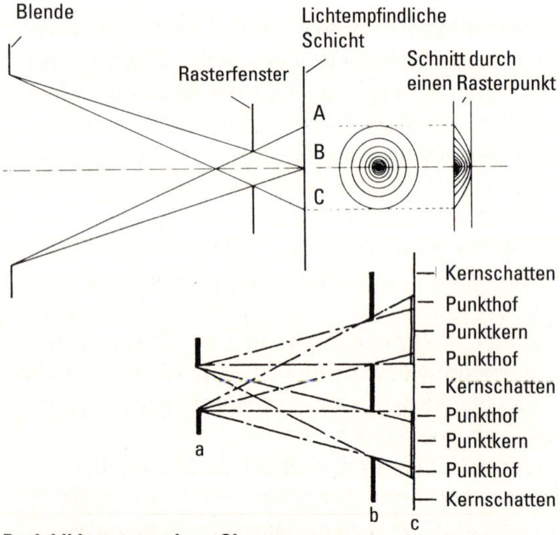

Punktbildung unter einem Glasgravurraster
a Blendenöffnung (hier gleichzusetzen mit einer Streulichtquelle);
b Distanzraster;
c Fotomaterial
Bei diesen Darstellungen wurden nur die Randstrahlen verwendet. In Wirklichkeit gehen von jedem Punkt der Streulichtquelle (hier Blende) Strahlen aus. Sollten diese alle erfasst werden, würde die Darstellungen unübersichtlich.

Der Vorgang war in der Reproduktionstechnik mit Distanzrastern bedeutend.

Ein kleiner Rückblick in die Historie des Rasterreproduktion: Kern- und Halbschatten kamen in der Praxis der Rasterfotografie auf Filmmaterial vor. Der Punkt, der sich hinter einem Glasgravurraster bildet, besteht aus Kern- und Halbschatten. Die beiden Bestandteile müssen im richtigen Verhältnis zueinander stehen, wenn der Punktaufbau brauchbar sein soll.

Der Rasterpunkt baut sich auf aus dem Punktkern und den Halbschatten. Der Kernschatten bildet die Öffnung, durch die das Licht beim Umkopieren vom Negativ zum Positiv hindurch. Der Rasterpunkt wurde beim chemischen Abschwächen vom Farmerschen Abschwächer an den Halbschattenstellen schneller abgebaut als an den Stellen, an denen er voll durchbelichtet wurde.

Das Verhältnis zwischen Punkthof und Punktkern ändert sich jeweils bei der Variation einer der vier folgenden Faktoren:
- Kameraauszug,
- Rasterabstand,
- Blendenöffnung,
- Rasterfeinheit (Rasterweite).

Geometrische Optik
Die geometrische Optik, auch Strahlenoptik genannt, ist die Lehre von den Lichtstrahlen. Ein Lichtstrahl ist die geradlinige Bahn, in der sich das Licht fortpflanzt. Bei dieser Betrachtung bleibt die Wellennatur des Lichts unberücksichtigt.

Jede von einer Lichtquelle ausgehende Linie ist ein Lichtstrahl. In Wirklichkeit jedoch gibt es keinen einzelnen Lichtstrahl. Dort, wo Licht sich ausbreitet, sind immer unendlich viele Lichtstrahlen (Strahlenmengen) im Spiel. Es sind Strahlenbündel (räumliche

Gebilde) oder Strahlenbüschel (ebene Gebilde). Dabei unterscheidet man drei Arten:

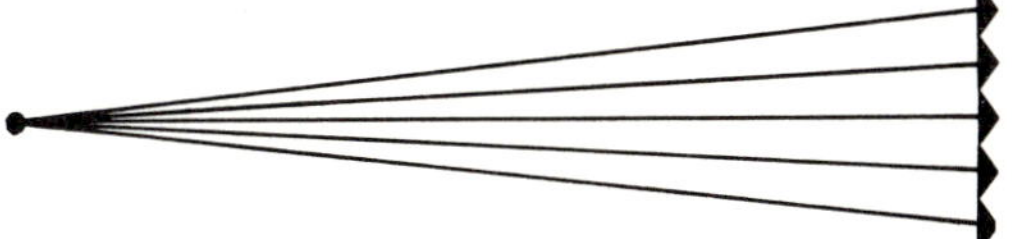

Divergent verlaufende Strahlen. Sie gehen von einem Punkt aus und laufen auseinander (sie divergieren).

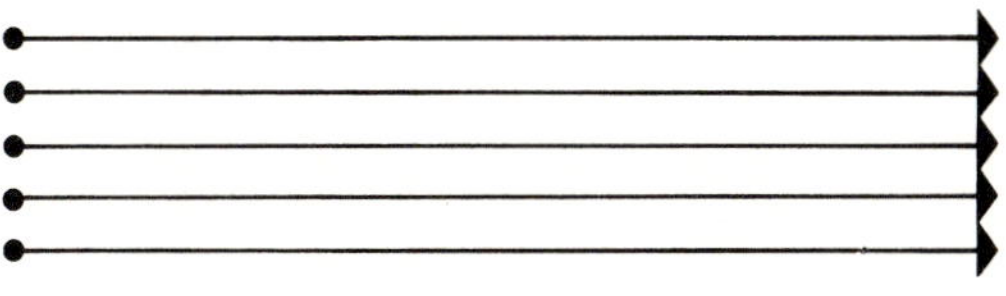

Parallel verlaufende Strahlen.

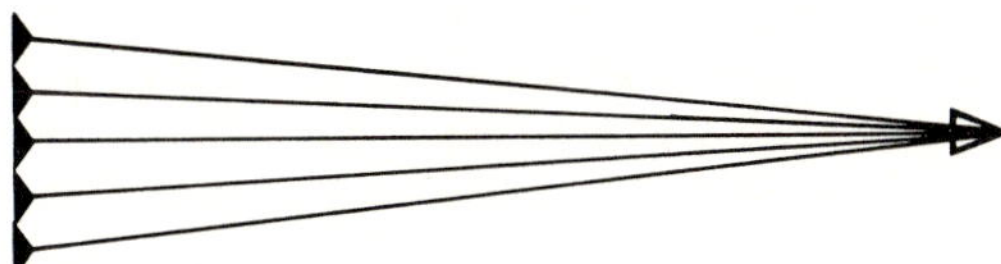

Konvergent verlaufende Strahlen. Sie laufen zu einem Fixpunkt (z. B. zu einem Brennpunkt) hin.

4.2.2 Optische Grundgesetze

Werden Körper in den Weg, in dem das Licht verläuft, gebracht, gibt es Störungen bei der Ausbreitung des Lichts. Auf dieser Tatsache beruhen die drei optischen Grundgesetze:

- Das Gesetz von der Änderung der Lichtmenge, d.h. bestimmte Anteile des Lichts werden absorbiert oder verschluckt: *Absorptionsgesetz.*
- Das Gesetz von der veränderten Verlaufsrichtung des Lichts: *Reflexionsgesetz.*
- Das Gesetz von der veränderten Lichtgeschwindigkeit, die verbunden ist mit einer Richtungsänderung. Man spricht hier auch von Lichtbrechung oder Refraktion: *Refraktionsgesetz.*

Das Absorptionsgesetz

Alle optischen Medien halten von dem einfallenden Licht einen mehr oder minder großen Anteil zurück, d. h. sie absorbieren bestimmte Lichtwellenlängen. Das Absorptionsgesetz lautet grundsätzlich:

- Jeder Körper absorbiert einen mehr oder weniger großen Anteil des Lichts, das auf ihn fällt.

Das Reflexionsgesetz

Wenn Licht auf einen Körper fällt, dann wird es an dessen Oberfläche zu einem bestimmten Teil zurückgeworfen (reflektiert). Dieses zurückgeworfene Licht macht dunkle Körper, sogenannte Nichtselbstleuchter, für das menschliche Auge sichtbar. Dabei verhält sich das Licht an spiegelnden Flächen anders als an rauhen Flächen.

Spiegelnde Flächen werfen den Lichtstrahl in dem Winkel zurück, in dem er auf die Fläche aufgefallen ist. Das Lot der spiegelnden Fläche heißt Einfallslot. Das Lot ist eine gedachte Hilfslinie, die senkrecht zur spiegelnden Fläche steht. Der Winkel des einfallenden Strahls mit dem Lot ist der Einfallswinkel. Der Winkel zwischen dem Lot und dem reflektierten Strahl ist der Reflexionswinkel.

Das Reflexionsgesetz an sehr glatten oder spiegelnden Flächen lautet:

- Einfallswinkel = Ausfalls- bzw Reflexionswinkel.

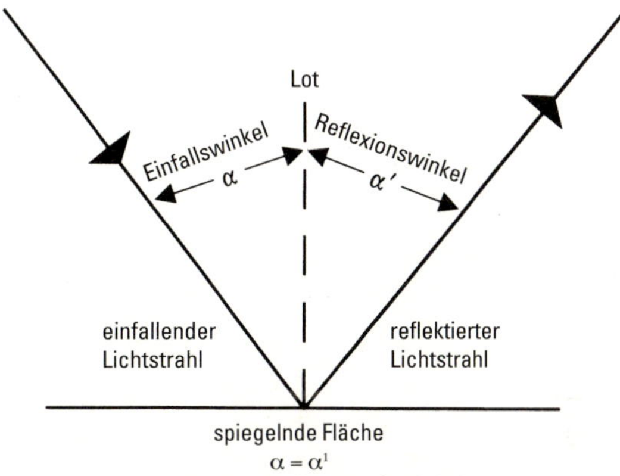

spiegelnde Fläche

$\alpha = \alpha^1$

Einfallswinkel = Reflexionswinkel

Trifft Licht auf eine raue Fläche, dann werden die Strahlen nicht in eine bestimmte Richtung reflektiert, sondern in verschiedene Richtungen gestreut. Man nennt diese Erscheinung Diffusion.

Durch diese diffuse Reflexion entsteht die allgemeine Tageshelligkeit. Das Licht wird an Staub- und Wasserteilchen gestreut, die in der Luft schweben. Diese Lichtstreuung in der Atmosphäre bewirkt, dass es am Tage hell ist, und dass auch die Gegenstände sichtbar werden, die nicht unmittelbar von der Sonne beschienen werden.

Auf ungestrichenes Papier auftreffendes Licht wird im allgemeinen an der Oberfläche gestreut und diffus reflektiert. Man nennt diese Erscheinung in der Fachsprache remittieren bzw. eine Remission.

4.2.3 Objektive

In der Fotografie spielt das Glas eine wichtige Rolle für Linsen, Spiegel und Prismen. Glas ist uralt, schon die alten Ägypter kannten es. Man fand es in der Form von Schmuck in ägyptischen Gräbern. Im römischen Imperium gab es eine beachtliche Glasfabrikation. Die Römer haben die Technik der Glasherstellung dann zu uns gebracht. Ausgangsstoff für die Herstellung von Glas ist Sand und zwar ein bestimmter Sand, das Siliziumdioxid.

Eine besonders reine Form von Siliziumdioxid heißt Quarz. Wenn man Quarz unter bestimmten Temperaturen einschmilzt, entsteht Glas, auch wenn keine Zusatzstoffe zugegeben werden. Die meisten Glassorten enthalten jedoch Zusatzstoffe, etwa Soda, Glaubersalz, Pottasche, Kalkstein etc.

Diese Substanzen werden zugegeben, damit der Glasstoff besser fließt. Dazu kommt der Vorteil, dass man beim Einschmelzen des Quarzes nicht so hohe

Linsenformen

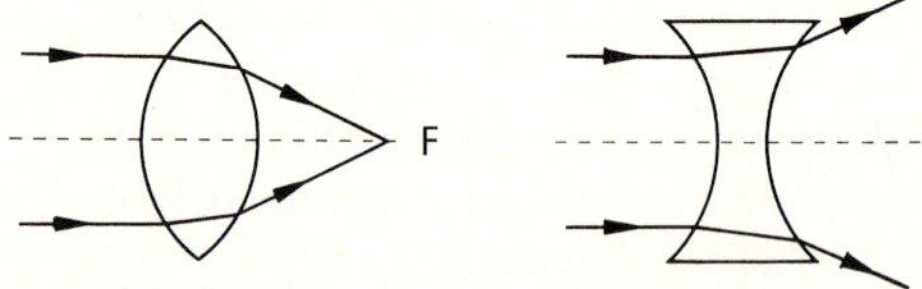

Links ist die Wirkungsweise der Sammellinse (Konvexlinse) und rechts die Wirkungsweise der Zerstreuungslinse (Konkavlinse) dargestellt. Die Sammellinse heißt im Volksmund auch Brennglas, weil der Brennpunkt Licht konzentriert. Dadurch entsteht Wärme, die z. B. Papier zum Entflammen bringen kann.

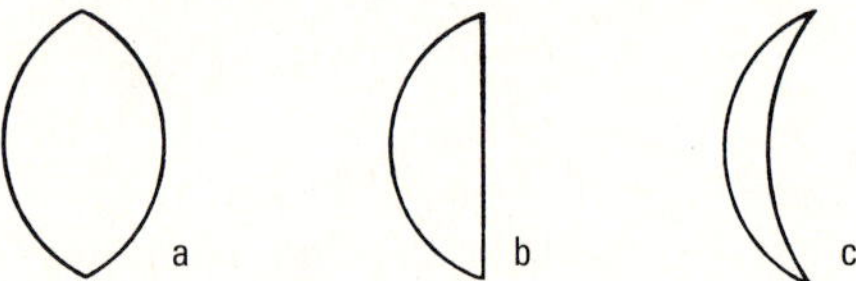

Formen der Sammellinse:
a) bikonvex (bi = zwei). Die Linse ist nach zwei Seiten konvexförmig.
b) plankonvex (plan = eben). Die Grundform der Linse ist konvex (Sammelfunktion), doch ist die Linse an einer Seite eben.
c) konkavkonvex: die stärkere Krümmung bestimmt die Grundform. Diese ist hier konvex (sammelnd). Die andere Linsenseite ist nach innen gewölbt, also konkav. Der Grundcharakter der Linse wird immer durch den zweiten Wortbestandteil bestimmt.

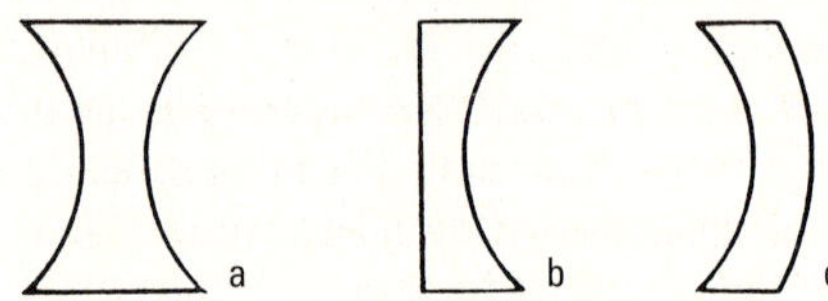

Zerstreuungslinsen (Konkavlinsenformen):
a) bikonkav, b) plankonkav, c) konvexkonkav.
Auch hier bestimmt der zweite Teil des Fachwortes den Charakter der Linse als bikonkav, plankonkav, konvexkonkav.

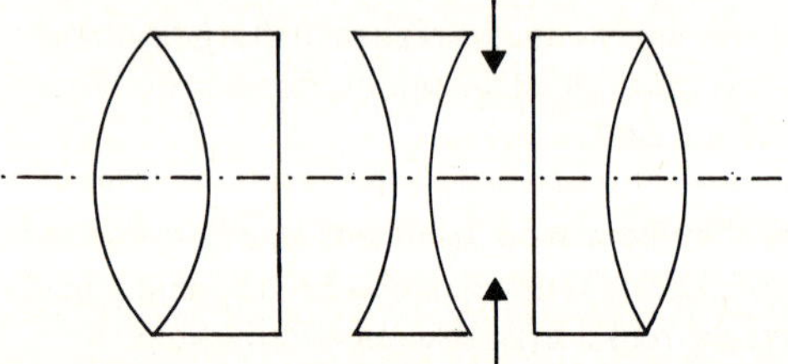

Schnitt durch das Apo-Skopar von Voigtländer. Das Apo-Skopar war ein bedeutendes Reproduktionsobjektiv. Zu sehen sind die verschiedenen Bestandteile von links nach rechts: eine Bikonvexlinse, eine Plankonkavlinse, eine Bikonkavlinse mit unterschiedlicher Seitenkrümmung, eine weitere Plankonkavlinse und wieder eine Bikonvexlinse.

Temperaturen benötigt, wenn man die genannten Stoffe beigibt.

Das gewöhnliche Fensterglas entsteht aus einem Gemenge von Quarzsand, Kalkstein und Soda. Man schmilzt das Gemenge bei etwa 1300 °C ein. Daraus bildet sich das flüssige Silikat. Kühlt das Silikat ab, bildet sich eine durchsichtige Masse. Weil der Übergang von flüssiger in feste Form eine gewisse Zeit dauert, kann man das Silikat auch in beliebige Formen bringen. Moderne Glasbläsereien arbeiten vollautomatisch. Sehr kompliziert ist es, Glas für optische Zwecke herzustellen, weil optische Gläser völlig fehlerfrei sein müssen. Der Hersteller optischer Gläser verwendet besondere Rezepte. Er kommt dabei mit den obengenannten elementaren Zutaten allein nicht aus.

Die bekanntesten optischen Gläser sind Kronglas und Flintglas, Krongläser sind leichter als Flintgläser. Sie haben ein geringeres Brechungsvermögen. Hauptbestandteil der Krongläser sind Kalium- oder Kaliumsilikate, denen Fluorverbindungen beigegeben werden. Dazu kommen dann noch Phosphorstoffe, Bariumoxyd u. a.

Flintgläser haben eine höhere Brechungszahl, d.h. das Licht wird beim Übertritt von Luft in Flintglas stärker gebrochen als beim Übertritt von Luft in Kronglas. Flintglas enthält Bleizusätze, so dass es schwerer als Kronglas ist.

Besonderes Augenmerk muss der Hersteller optischer Gläser auf die Abkühlung des Glasbreis legen. Flüssiges Glas enthält Gasblasen. Kühlt das Glas ab, dann verbleiben die Gasblasen innerhalb der Glasmasse. Sie stören den optischen Vorgang derart, dass das Glas nicht verwendbar ist. Um die Gasblasen aus dem flüssigen Brei zu vertreiben, setzt der Glashersteller sog. Läutermittel, Arsen- oder Antimonverbindungen, zu. Das Gas entweicht dann langsam aus dem Brei. Die blasenfreie Masse wird nun zu Blöcken gegossen. Hinterher muss der Brei sehr langsam abgekühlt werden, um zu vermeiden, dass in dem Glasblock Oberflächenspannungen entstehen. Der Abkühlungsvorgang zieht sich über mehrere Tage hin. Trotz der Zugabe von Läutermitteln ist es nicht gesagt, dass alle Glasblöcke einwandfrei sind. Immer wieder findet der kritische Prüfer Blasen und Schlieren. Nur die absolut einwandfreien Blöcke werden quadratisch zugeschnitten, in einen Tiegel gelegt und unter Hitze zu linsenförmigen Presslingen gepresst. Nur völlig einwandfreie Presslinge können den hohen Anforderungen gerecht werden, die fortan an sie gestellt werden. Die Presslinge aus denen optische Linsen gefertigt werden, werden so lange geschliffen und poliert, bis sie die Krümmung erreicht haben, die vorher errechnet wurde und die dem Verwendungszweck entspricht.

Alle optischen Gläser sind vergütet. Zunächst wird durch die Vergütung vermieden, dass die Linse zu viel Licht reflektiert. Bei einem optischen Vorgang darf verständlicherweise so wenig als möglich Licht verloren gehen. Ferner schützt die Vergütung vor chemischen und mechanischen Beschädigungen. Der bläuliche Belag der Vergütung besteht aus aufgedampften Fluorsalzen, z. B. aus Magnesiumfluor oder Aluminiumfluor. Man spricht hier von Hartvergütung.

Eine einzelne Linse in einer Fassung ergäbe noch kein brauchbares Objektiv. Die Einzellinsen haben Fehler, die erst durch mühsame Berechnungen korrigiert werden können. Mehrere korrigierte Linsen miteinander zu einem System kombiniert, ergeben dann ein brauchbares Objektiv.

Glas hat die Eigenschaft Licht zu brechen, d. h. Licht von seiner ursprünglichen Bahn abzulenken. Wird Glas in einer ganz bestimmten Form geschliffen, dann gelingt es, alle durchtretenden Lichtanteile in einem Punkt, dem sogenannten „Brennpunkt" zu vereinen. Ein Glas, das die Lichtstrahlen sammelt, bezeichnet man als Sammellinse. Der Fachmann spricht von der Konvexlinse und der Volksmund vom Brennglas.

Eine andere Möglichkeit Glas zu schleifen ist das Gegenteil zur Sammellinse, die Zerstreuungslinse. Der Fachmann nennt die Zerstreuungslinse auch Konkavlinse. Auch hier werden die durchtretenden Lichtstrahlen von ihrer ursprünglichen Bahn abgelenkt. Sie werden allerdings nicht gesammelt, sondern zerstreut.

Fotoobjektive sollen ein scharfes, an allen Stellen unverzeichnetes Bild wiedergeben. Im Brennpunkt des Objektivs dürfen also keine Abweichungen auftreten. Solche Abweichungen heißen Linsenfehler. Die moderne Foto- und Kameraindustrie hat in langer Versuchsarbeit einwandfrei arbeitende Objektive entwickelt, indem sie die beiden Grundformen von Linsen miteinander kombiniert hat. Jede der beiden Grundformen, Sammellinse und Zerstreuungslinse, wird in drei Möglichkeiten unterteilt:

Die Sammellinse (Konvexlinse) unterteilt man in die bikonvexe Form, in die plankonvexe Form und in die konkavkonvexe Form.

Die Zerstreuungslinse (Konkavlinse) wird unterteilt in die bikonkave Form, in die plankonkave Form und in die konvexkonkave Form.

Zur Herstellung eines korrigierten Objektives werden von diesen Linsenarten 2, 3, 4, 5 oder 6 so miteinander kombiniert, dass eine randscharfe und unverzeichnete Abbildung entsteht. Die einzelnen Linsenbestandteile werden vom Optiker genau berechnet und dann zusammengekittet.

Entweder schleift man die Linsen aus dem bleifreien Kronglas mit einem geringeren Brechungsindex oder aus bleihaltigem Flintglas, das stärker bricht.

Je nach den Anforderungen, die an das Objektiv gestellt werden, entscheidet man sich für die eine oder andere Glassorte. Selbstverständlich können die einzelnen Linsenarten in ihren konvexen oder konkaven Krümmungsradien flacher oder steiler geschliffen werden.

4.2.4 Optische Begriffe und Berechnungen

In kurzer Form sollen optische Begriffe erläutert werden, mit denen der Reproduktionstechniker bei Kameraarbeiten umgehen muss(te).

Brennweite

Die Brennweite bestimmt die äußere Größe und die Leistung eines Objektivs. Unter der Brennweite versteht man den Abstand von der Objektivmitte bis zum Brennpunkt, d. h. bis zu dem Punkt, in dem sich die Strahlen vereinen und ein scharfes Bild ergeben.

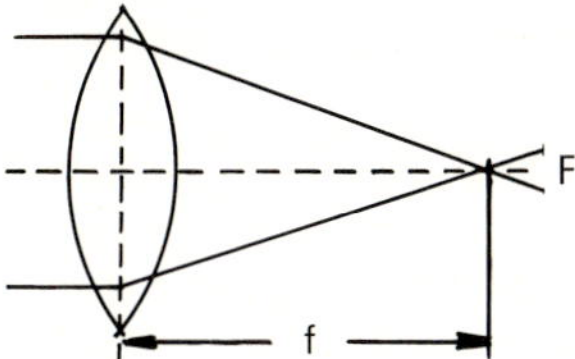

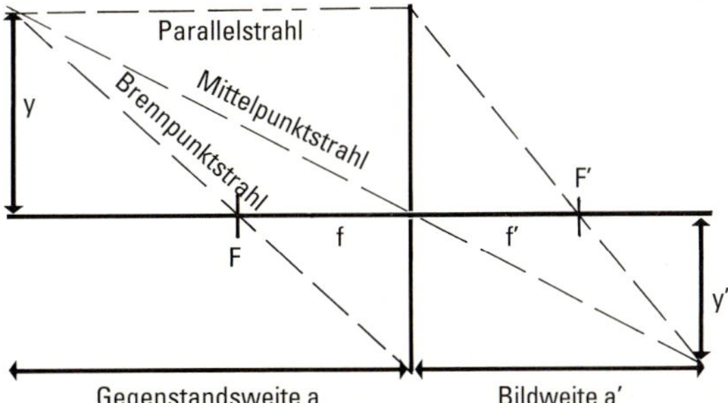

Gegenstandsgröße y ≙ Reprovorlage
Brennpunkt F, Brennweite f
Bildgröße y' ≙ Reproduktion
Bildweite a' ≙ Kameraauszug

Die Länge der Brennweite, die bei den verschiedenen Objektiven sehr unterschiedlich sein kann, wird bestimmt durch den Schliff des Glases und durch die Anzahl der verwendeten Linsen sowie durch die Glassorte.

Lichtstärke

Die Lichtstärke ist abhängig von der Beschaffenheit des Objektivs, von der maximalen Öffnung des Objektivs und sehr wesentlich auch von der Art der Kittung, durch die Licht verlorengeht.

Die Lichtstärke wird ermittelt aus dem Kehrwert von Brennweite und größter Kameraöffnung. Dazu ein Beispiel:

Brennweite des Objektivs = 10 cm
größte Blendenöffnung = 4 cm

Lichtstärke = Verhältnis zwischen Blendenöffnung und Brennweite,
also 4 : 10 oder 1 : 2,5.

Das Objektiv hat die Lichtstärke 2,5!

Je länger der Kameraauszug bei einer Vergrößerung wird, desto mehr Licht geht bei der Belichtung verloren. Auch hier gilt das Gesetz, dass das Licht im Quadrat der Entfernung abnimmt.

Abbildungsgesetz

Das Abbildungsgesetz legt fest, dass die kürzeste Entfernung, in der eine scharfe Abbildung entsteht, die einfache Brennweite ist. Wird im Abbildungsmaßstab 1 : 1 reproduziert, beträgt die Entfernung vom Original zum Objektiv zwei Brennweiten und die Entfernung vom Objektiv zum Aufnahmematerial ebenfalls zwei Brennweiten. Die Vorlage befindet sich dann vier Brennweiten vom Aufnahmematerial entfernt.

Je mehr eine Vorlage verkleinert wird, desto mehr muss sie vom Objektiv entfernt sein, desto kürzer wird also auch der Kameraauszug.

Objektiv und Blende

Durch das Objektiv ist ein scharfes, unverzeichnetes Bild zu reproduzieren.

Die Blende
- begrenzt den lichtdurchlässigen Querschnitt des Objektivs und
- steuert die Lichtmenge,
- begrenzt die Randstrahlen und
- verbessert die Tiefenschärfe.

- Gegenstandsgröße y
  Die Gegenstandsgröße ist die Größe der Vorlage.

- Bildgröße y´
  Die Bildgröße ist die Größe der reprotechnischen Aufnahme. DerAbbildungsmaßstab V ergibt sich aus dem Verhältnis Bildgröße zu Gegenstandsgröße.

- Gegenstandsweite a
  Die Gegenstandsweite ist die Entfernung zwischen Gegenstand (Vorlage) und der Hauptebene des Objektivs (Objektivmitte).

- Bildweite a´
  Die Bildweite ist die Entfernung zwischen der Hauptebene des Objektivs und der Aufnahmeebene (Kamerarückwand mit Film bzw. Mattscheibe).

- Brennpunkt F
  Der Brennpunkt ist der Punkt, in dem sich achsenparallele Lichtstrahlen durch Brechung an Sammellinsen treffen.

- Brennweite f
  Die Brennweite ist die Entfernung zwischen der Hauptebene des Objektivs und dem Brennpunkt.

- Reprotechnisches Grundgesetz
  Die Entfernungen Vorlage zu Objektivmitte und Objektivmitte zu Bildgröße (Abbildungsgröße) stehen in einem direkten Verhältnis zueinander. Ebenso im gleichen Verhältnis stehen die Vorlagengröße und die Bildgröße. Daraus folgt:

$$\frac{y}{y'} = \frac{a}{a'}$$

Sind Gegenstandsgröße y und y´ bzw. Gegenstandsweite a und a´ gleich groß, so ist der Abbildungsmaßstab V 1 : 1 oder 100 %

Verkleinerung: – größere Gegenstandsweite
– kleinerer „Kameraauszug“

Vergrößerung: – kleinere Gegenstandsweite
– größerer „Kameraauszug“

- Symbole nach DIN 1335

V	Abbildungsmaßstab
y	Gegenstandsgröße (Vorlagengröße)
y´	Bildgröße (Abbildungsgröße)
a	Gegenstandsweite
a´	Bildweite (Kameraauszug)
f	Brennweite
F	Brennpunkt

Beispiele für Ableitungen der Grundformeln

$$V = \frac{y'}{y}$$

$$\text{Abbildungsmaßstab} = \frac{\text{Abbildungsgröße}}{\text{Vorlagengröße}}$$

$$V = \frac{a'}{a}$$

$$\text{Abbildungsmaßstab} = \frac{\text{Bildweite (Kameraauszug)}}{\text{Gegenstandsweite}}$$

$$a = \frac{a'}{V}$$

$$\text{Gegenstandsweite} = \frac{\text{Bildweite (Kameraauszug)}}{\text{Abbildungsmaßstab}}$$

$$a' = V \cdot a$$

Bildweite (Kameraauszug) =
Abbildungsmaßstab · Gegenstandsweite

$$y = \frac{a \cdot y'}{a'}$$

$$\text{Gegenstandsgröße} = \frac{\text{Gegenstandsweite} \cdot \text{Abbildungsgröße}}{\text{Bildweite (Kameraauszug)}}$$

$$y' = \frac{a' \cdot y}{a}$$

$$\text{Abbildungsmaßstab} = \frac{\text{Bildweite (Kameraauszug} \cdot \text{Vorlagengröße)}}{\text{Gegenstandsweite}}$$

Beispielrechnung:
Eine Vorlage im Format 12 cm x 16 cm soll auf ein Format von 36 cm x 48 cm vergrößert werden. Zwischen dem Vorlagenhalter und dem Objektiv ist der Abstand 30 cm groß.

gegeben: $y = 16$ cm, $y' = 48$ cm, $a = 30$ cm — gesucht: a′

Formel: $a' = \frac{a \cdot y'}{a}$ $a' : a = y' : y$

Lösung: $a' = \frac{30 \cdot 48}{16}$

$a' = 90$ cm

- Tiefenschärfe

Nimmt man verschiedene im Raum befindliche Gegenstände mit unterschiedlicher Gegenstandsweite auf, so kann man nur auf einen ganz bestimmten Punkt scharf einstellen. Unter Tiefenschärfe (auch teilweise Schärfentiefe genannt) versteht man die an allen Bildpunkten scharf wiedergegebene Aufzeichnung eines Körpers, der nicht zweidimensional auf einer Ebene liegt. Der Tiefenschärfebereich nimmt zu:
- je weiter der aufzunehmende Gegenstand entfernt ist
- je kürzer die Brennweite des Objektivs ist
- je kleiner die verwendete Blende ist.

4.3 Licht und Farbe

Wir leben in einer farbigen Welt. Farbe ist ein alltägliches und selbstverständliches Erlebnis:
Farbe informiert, Farbe schmückt, Farbe beeinflusst, Farbe signalisiert, Farbe schreit, Farbe gliedert.

Immer wirken jedoch Form und Farbe unmittelbar zusammen. Zu einem bestimmten Fahrzeugtyp passt eine Farbe, die bei einem anderen Fahrzeugtyp weniger attraktiv wirkt. Ähnlich verhält es sich mit den Farben in der Mode oder auch in der Werbung für bestimmte Produkte, Verpackungen u.ä.

– Die Form ist der Körper der Farbe,
die Farbe ist die Seele der Form.

Lesen Sie die folgenden drei Worte schnell und ohne nachzudenken, dann spüren Sie den Kampf zwischen dem Verstand, der die erlernten Buchstaben wiedergeben will, und dem Gefühl, das sagen will, was es sieht und empfindet.

rot grün blau

Farbe ist eine subjektive Erscheinung. Sie ist eng mit unseren Erfahrungen und Gefühlen verbunden. Diese können in unserer unmittelbaren Umwelt und erst recht den verschiedenen Kulturen eine höchst unterschiedliche Bedeutungen haben.

Unsere farbige Welt

Farbe ist eine optische Erscheinung, d. h. ein durch die Augen und das Gehirn vermittelter Sinneseindruck.

Alle Gegenstände der Natur sind an sich farblos, sie erhalten ihr farbiges Aussehen erst durch Licht. Anders ausgedrückt: Farbe ist Licht. Im Dunkeln ist jeder Gegenstand farblos.

Das scheinbar weiße Sonnenlicht besteht in Wirklichkeit aus verschiedenen Farben (Spektralfarben).

Lichtbrechung an einem Glasprisma

Durch ein Prisma lassen sich die einzelnen Farbanteile voneinander trennen: Es entsteht ein Spektrum mit den Farben Rot, Orange, Gelb, Grün, Blau, Dunkelblau und Violett.

In einem Punkt gesammelt, ergeben alle Spektralfarben zusammen wieder Weiß.

Farbe „entsteht" somit erst, wenn Licht auf einen Körper oder Gegenstand fällt. Wir sagen: Die Tomate *ist rot*, der Ball *grün*, die Banane *gelb*, der Himmel *blau*. Doch unsere bunte Welt ist trügerisch. Farben, die wir diesen Dingen oder Gegenständen in unserer Umwelt zuordnen, haften nicht an ihnen.

Erst wenn weißes Licht auf die Tomate, die Blume, den Ball, die Banane, den Löwen oder den Himmel fällt *und* bestimmte Strahlen in unserer Auge gelangen, erscheint die Umwelt oder der Gegenstand rot, grün, gelb oder blau.

Kein Stoff oder kein Ding ist von sich aus farbig. Erst durch das Licht und das menschliche Auge sowie ein Verarbeiten der Strahlen im Gehirn bekommt unsere Welt Farbe.

Ein Gegenstand (damit auch jede Körperfarbe), erscheint uns immer in der Farbe, die er reflektiert. Rot aussehende Körper oder Stoffe reflektieren nur die roten Lichtstrahlen, alle anderen werden absorbiert; grün aussehende Körper oder Stoffe reflektieren nur die grünen Lichtstrahlen usw.

Wie entstehen Weiß und Schwarz? Weiß reflektiert alle Lichtstrahlen und Schwarz absorbiert alle auftreffenden Lichtstrahlen.

Alle Farben können je nach Betrachtungsweise verschiedene Bedeutungen haben.
Für die einen Menschen ist Farbe
- eine physikalische Größe, die zu definieren und zu berechnen ist,

für andere Menschen dagegen
- eine Sinneswahrnehmung mit einer psychologischen Wirkung (vielleicht als ein modisches Attribut oder ein künstlerisches Ausdrucksmittel).

4.3.1 Farbe als physikalische Größe

Licht besteht aus dem sichtbaren Bereich elektromagnetischer Wellen, die nach Wellenlänge oder Frequenz (Schwingungen pro Sekunde) zu unterscheiden sind. Sichtbar aus dem gesamten Bereich der elektromagnetischen Wellen ist nur ein sehr kleiner Teil.
Er reicht ca. von 400 nm bis 700 nm (1 nm = 10^{-9} m). Sind Wellenlängen des gesamten Bereichs in gleicher Intensität vorhanden, so entsteht in unserem Gehirn die Farbempfindung Weiß.

Farbe ist also ein Sinneseindruck durch sichtbare Strahlung, Farbe ist demnach ohne Licht nicht vorhanden.
- Ohne Licht ist keine Farbe sichtbar!
  Licht – also sichtbare Energie als farbige Erscheinung – kann nur wahrgenommen werden, wenn Strahlungen in das Auge fallen.
- Weißes Licht ist durch ein Prisma in ein farbiges Band, das den einzelnen Wellenlängen entspricht, zu zerlegen.

Lichtquelle	Auge	Gehirn
Sender sichtbarer Strahlen	Visuelle Wahrnehmung	Sinneseindruck
↓	↓	↓
Farbreize (Physik)	Farbvalenz (Physiologie)	Farbempfindung (Psychologie)

- Weißes Licht ist durch die Hauptfarben des Spektrums zu erzeugen!
- Körper werden sichtbar, wenn sie auftreffende Lichtstrahlen reflektieren.

Eine Lichtquelle ist ein Körper, der Licht aussendet. Erzeugt eine Lichtquelle selbst das Licht, so ist sie Selbstleuchter oder Primärstrahler. Ein beleuchtetes Objekt, das auftreffendes Licht reflektiert, ist ein Sekundärstrahler. Dem Licht, welches von einem Sekundärstrahler reflektiert wird, sind im allgemeinen Teile des Spektralbereiches entzogen. Die in unserem Auge empfangenen Farbreize signalisieren dem Gehirn eine Empfindung, die als Farbe dieses Objekts oder Körpers empfunden wird. Diese Farben sind sogenannte Körperfarben.

Lichtquellen senden im allgemeinen ein Gemisch verschiedener Wellenlängen aus, die das Auge jedoch undifferenziert addiert und als eine bestimmte Lichtfarbe annimmt.

Da die Beschreibung einer Vielzahl von einzelnen Wellenlängen zur Beschreibung einer Lichtquelle umfangreich und somit auch unübersichtlich ist, wird die Strahlung in ein Diagramm eingetragen. Auf der Abszisse (waagerechte Achse) werden die vorhandenen Wellenlängen, auf der Ordinate (senkrechte Achse) die Abstrahlungsintensitäten zu jeder Wellenlänge eingetragen.

Beispiel: spektrale Energieverteilung einer Xenonlampe

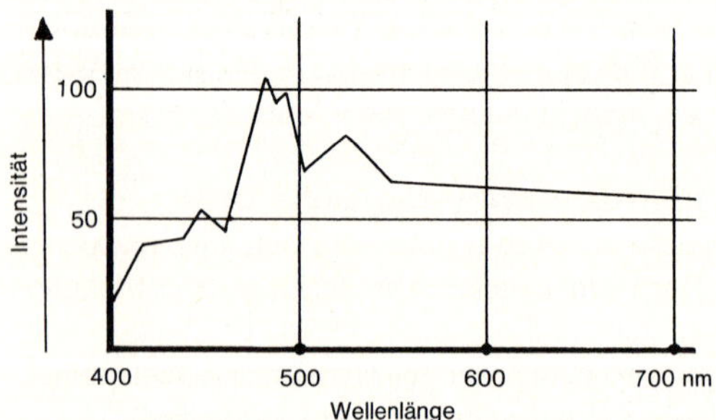

Dieser „Steckbrief" der Lichtquelle stellt die spektrale Energieverteilung (auch Strahldichteverteilung genannt) dar.

Bei vielen Lichtquellen wird die Strahlung durch die Erhitzung eines Materials erzeugt (Glühlampe). Strahler dieser Art werden auch Temperaturstrahler genannt.

Farbtemperatur

Lichtquellen strahlen im allgemeinen nicht nur eine gleichartige Strahlungsenergie ab. Die Zusammensetzung der Wellenbereiche kann sehr unterschiedlich sein, sie hängt von verschiedenen Faktoren ab. Um aber die Farbzusammensetzung allgemeiner angeben zu können, ordnet man einer ganz bestimmten farbigen Erscheinung eine umfassende Maßeinheit zu. In der Druckindustrie wird dieses Maß, die sogenannte Farbtemperatur einer Lichtquelle in Kelvin (K) angegeben.

Die Farbtemperatur ist der wirksame Farbeindruck der Gesamtstrahlung einer Lichtquelle.

Ursächlich besteht tatsächlich zwischen der Temperatur und der Farbe ein Zusammenhang. Eine Kerzenflamme zeigt hierzu bereits ein bekanntes Bild: deutlich sind in den verschiedenen Temperaturzonen der Flamme verschiedene Farben zu sehen. In der Zone größter Hitze ist ein Blau zu sehen, über Weiß, Gelb, Hellrot bis vielleicht zum Dunkelrot sind unterschiedliche Hitzezonen gefärbt. Experimentell erhitzt man einen absolut schwarzen Körper, die abgestrahlte Wärme erzeugt mit steigenden Temperaturen Licht in ganz bestimmter Farbe (prinzipiell wie im Beispiel der Kerzenflamme).

Jeder Farbe ist daher exakt eine bestimmte Temperatur zuzuordnen. Die Farbtemperatur des Tageslichtes beträgt zum Beispiel im Mittel 5000 K. Ist der Blau-Anteil im Tageslicht höher, so steigt der Wert über 5000 K. Dabei kann die Farbtemperatur sogar über 15.000 K steigen!

Die Farbtemperatur definiert die Farbart (Farbvalenz) einer Strahlung. Sie sagt jedoch nichts aus über die spektrale Energieverteilung (Strahldichteverteilung) einer Lichtquelle in einzelnen Wellenlängen.

Wie kommt man nun zu diesem Begriff Farbtemperatur? Wird ein Körper stark erhitzt, so beginnt er zu glühen. Man könnte sagen: die Temperatur wird sichtbar! Bei steigender Temperatur verändert sich die Farbe der abgestrahlten Energie deutlich. Dies ist beispielsweise zu sehen an den unterschiedlich farbigen Temperaturzonen eines Kerzendochtes, bei glühendem Eisen oder brennenden Kohlen.

Definitionsgemäß erhitzt man einen sogenannten absolut „schwarzen Körper" und ordnet der Temperatur eine bestimmte Farbart zu. Die Farbtemperatur wird in Kelvin (K), der absoluten Temperatur angegeben. 1 K entspricht -273 ^{0}C.

Körper und Licht

Fällt Licht auf einen Körper, so sind drei Erscheinungen möglich, die eine wesentliche Bedeutung in der Reproduktionstechnik besitzen:
- Auftretendes Licht wird von der Oberfläche des Körpers zurückgeworfen (reflektiert). Der Fachausdruck für diesen Sachverhalt: Reflexion.
- Auftreffendes Licht durchdringt den Körper: Transmission.
- Auftreffendes Licht wird von der Oberfläche des Körper „verschluckt": Absorption.

4.3.2 Farbe als Sinneswahrnehmung

Das menschliche Farbensehen basiert in der Analyse, Bewertung und Kodierung der Informationen, welche das Auge aus Farbreizen gewinnt. Erst durch eine

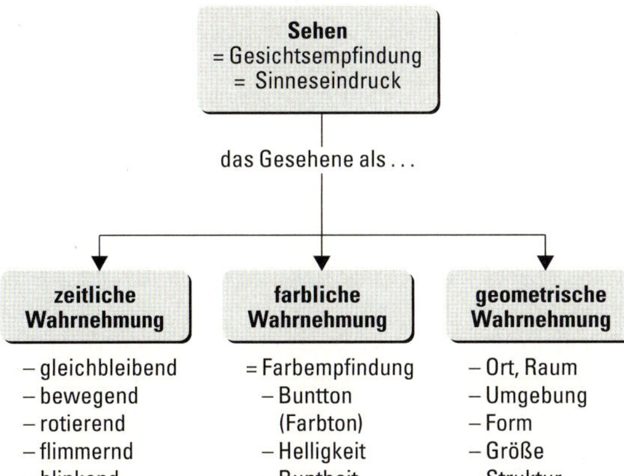

weitere Verarbeitung der Reize werden die aufgenommenen Informationen zu einer Farbempfindung.

Unser Auge als Empfängerorgan reagiert auf Licht und damit auch auf Farben durch Reizwirkungen in winzigen Zellen auf der Netzhaut.

Die Netzhaut in unseren Augen besteht aus zwei Arten lichtempfindlicher Zellen (Rezeptoren):

- rund 120 Millionen Zellen, sogenannte Stäbchen, für die Wahrnehmung der Helligkeit von Schwarz über alle Grautöne bis zum Weiß
- rund 6 Millionen Zellen, sogenannte Zapfen, für die Wahrnehmung von Farben.

Ein leuchtender oder beleuchteter Gegenstand wird wie ein Mosaik von den Empfangszellen des Auges, den Stäbchen und Zapfen, abgetastet. Die ausgesandten und empfangenen Farbreize werden in Nervenreize umgewandelt (kodiert) und an das Gehirn weitergeleitet. Dort werden die verschiedenen Reize wieder addiert und ergeben den Sinneseindruck: Das Abbild des betrachteten Gegenstandes in Form und Farbe.

Die winzigen Stäbchen sind sehr hoch lichtempfindlich, sie können nur unterschiedliche Helligkeitswerte (Grauwerte zwischen hell und dunkel) unterscheiden. Durch eine hohe Lichtempfindlichkeit ist es möglich, auch sehr schwach beleuchtete Gegenstände zu erkennen. Allerdings erscheinen uns diese Gegenstände mehr oder weniger grau!

Es gibt drei Arten von farbempfindlichen Zellen, die auf drei verschiedene Wellenlängen reagieren:

- Blau:
  Reaktion der Zapfen auf den Wellenbereich von ca. 400 bis 500 Nanometer
- Grün:
  Reaktion der Zapfen auf den Wellenbereich von ca. 500 bis 600 Nanometer
- Rot:
  ca. Reaktion der Zapfen auf den Wellenbereich von 600 bis 700 Nanometer

Die Zapfen sind überwiegend Farbempfänger. Sie empfangen und verarbeiten die Wellenbereiche Blau, Grün und Rot und kombinieren daraus Nervenreize für alle beliebigen Farben (Wellenlängen), die an das Gehirn gesandt werden. Diese Signale ergeben eine optische Farbenmischung und die Fähigkeit des Menschen, mehrere Millionen Farben empfinden und unterscheiden zu können.

Im Zusammenwirken von Stäbchen, Zapfen und Gehirn sehen wir – subjektiv, da immer eine individuelle Bewertung zu beachten ist – unsere Umwelt in verschiedenen Helligkeitsstufen und Farben.

Licht verursacht optische und auch fotochemische Wirkungen.

Eine Lichtquelle ist der Sender sichtbarer Strahlen (Farbreize). Visuell nehmen wir über unser Auge diese Strahlen wahr (Farbvalenz), dadurch entsteht im Gehirn ein ganz spezifisches Farbempfinden.

Farbreize entstehen durch physikalische Eigenschaften einer Strahlung. Diese sind jedoch nur bedingt für das farbige Aussehen eines Gegenstandes entscheidend. Physiologische Wirkungen im Auge des Betrachters und psychologische Einflüsse prägen das Farbempfinden und Unterschiede beim Sehen von Farben.

Wirkungskette des Sehvorgangs

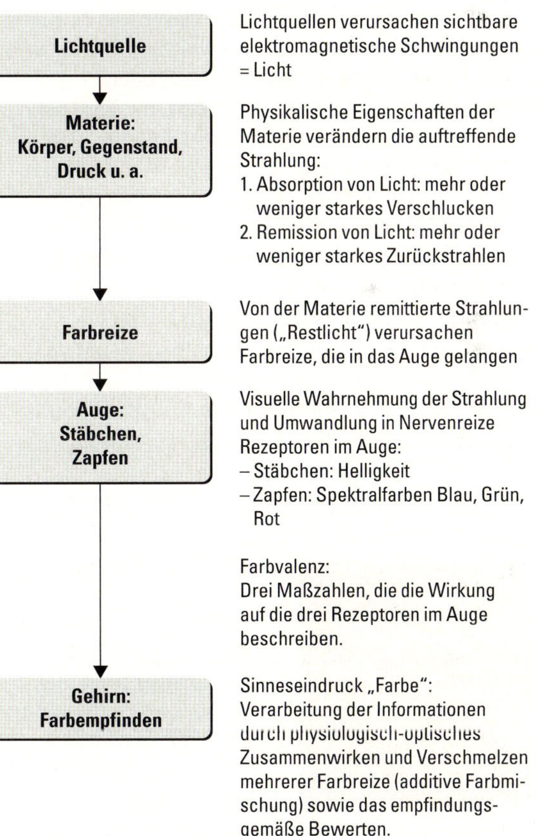

Die Farbwahrnehmung ist also keine absolute Sinnesgröße, sondern ein subjektives Empfinden, das von vielen Faktoren beeinflusst wird. Während wir Farbunterschiede zwischen zwei nebeneinander liegenden Farben sehr gut erkennen können, fällt es uns schwer, uns an gesehene Farben genau zu erinnern und diese sicher wieder zu erkennen.

Farbunterschiede und Farbschwankungen in der Reproduktion und im Druckprodukt fallen uns beispielsweise in sehr bunten Bildern (z.B. auf einem Rummelplatz) kaum auf. Dagegen bemerken wir feinste Farbunterschiede – weniger die Abweichungen in der Helligkeit – in Bildern mit neutralen Grautönen (z.B. graue, olivfarbene u.ä. Modefarben, Fassaden, eine Schafherde) sehr leicht.

Daher gilt für eine konstante Bildwiedergabe in der Produktion:

- Es ist notwendig, Farben zu messen, damit Farben unabhängig vom visuellen Eindruck durch (Maß-) Zahlen exakt bestimmt, reproduziert und gedruckt werden können.

Wenn weißes Licht auf einen Gegenstand trifft, tritt einer der folgenden Fälle ein:

- Alles Licht wird absorbiert: Wir empfinden diesen Gegenstand als Schwarz.
- Alles Licht wird reflektiert: Wir empfinden diesen Gegenstand als Weiß.
- Alles Licht wird durch den Körper (Stoff) einwandfrei hindurchgelassen: Die Farbe des Lichts ändert sich grundsätzlich nicht.
- Ein Teil des Lichts wird absorbiert, der Rest wird reflektiert: Wir empfinden eine Farbe, deren Buntton (Farbton) davon abhängt, welche Wellenlängen reflektiert und welche absorbiert werden.
- Ein Teil des Lichts wird absorbiert, der Rest wird durchgelassen: Wir empfinden eine Farbe, deren Buntton (Farbton) davon abhängt, welche Wellenlängen absorbiert und welche durchgelassen werden.
- Ein Teil des Lichts wird reflektiert, der Rest hindurchgelassen: Es verändert sich sowohl die Farbe des reflektierten als auch des hindurchgelassenen Lichts.

Welcher dieser Fälle jeweils auftritt, hängt von den Eigenschaften des Gegenstandes bzw. Stoffes ab, auf den das Licht trifft. Das Licht bzw. der Lichtanteil, der danach in unser Auge fällt, verursacht im Gehirn das Farbempfinden.

Beispiel: Warum sehen wir die Tomate „rot"?
Das auftreffende weiße Licht, bestehend aus den Grundfarben Blau, Grün und Rot, trifft auf die Tomate auf. Der blaue und der grüne Wellenbereich werden absorbiert, der rote wird reflektiert und gelangt in unser Auge. Im Gehirn entsteht das Farbempfinden: Rot.

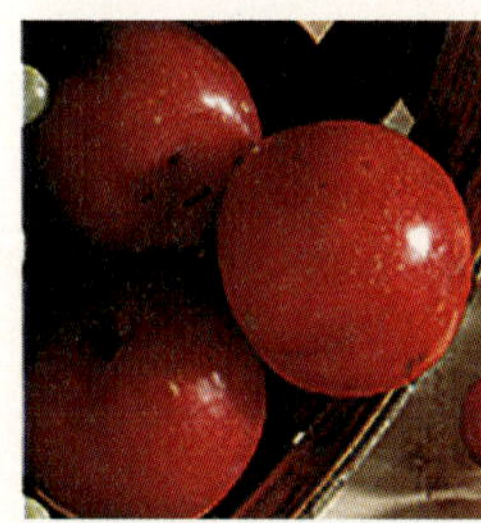

4.4 Farbmischungen

Bei Farbmischungen ist zu beachten: Handelt es sich um das Mischen von farbigem Licht oder um das Mischen materiellen Stoffen (Druckfarbe, Malerfarbe)?

4.4.1 Additive Farbenmischung

Bei der additiven Farbmischung wird Licht gemischt! Sind alle Farben des Spektrums in gleicher Intensität sichtbar, so signalisieren Farbreize über unser Auge dem Gehirn die Farbempfindung Weiß.

Die gleiche Farbempfindung entsteht, wenn

- sich alle drei Grundfarben Rot, Grün und Blau überlagern oder
- von einem Körper alle auftreffenden Lichtstrahlen (des mittleren Tageslichtes) reflektieren.

In unserer Umwelt ist diese 100 %ige Reflexion kaum möglich. Ein mehr oder weniger großer Teil wird absorbiert, so dass die Reflexion geringer wird. Durch immer geringere Reflexion entsteht eine sogenannte Grauleiter vom Weiß bis zum Schwarz (100 %ige Absorption).

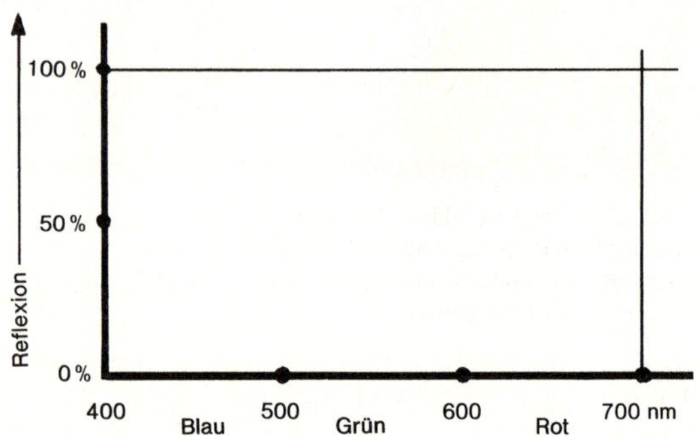

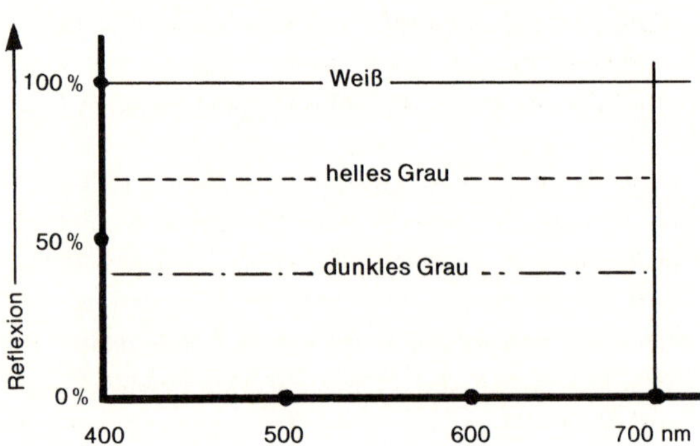

Das menschliche Auge sieht drei Farbbereiche des sichtbaren Lichtes aus dem elektromagnetischen Spektrum:

- den Rot-Bereich, ca. von 600 – 700 nm,
- den Grün-Bereich, ca. von 500 – 600 nm und
- den Blau-Bereich, ca. von 400 – 500 nm.

- *Die Farben Rot (R), Grün (G) und Blau (B) sind die Hauptspektralfarben und die Grundfarben der additiven Farbenmischung.*

Bei der additiven Farbenmischung empfängt das Auge mindestens zwei Farben des Spektrums gleichzeitig.

Von einer additiven Farbenmischung wird immer dann gesprochen, wenn Farben optisch gemischt werden. Diese Farbmischung ist beispielsweise in folgenden Fällen wirksam:

- Übereinanderprojektion farbiger Lichter, d.h. alle Mischungen von Licht.
- Betrachten verschiedenfarbig gedruckter kleinster Rasterpunkte, die nebeneinander liegen und nicht einzelnen durch das Auge gesehen werden können.

Die Abbildung zeigt die additive Farbenmischung wie sie entsteht, wenn sich Farblichter überlagern. Die additive Farbmischung wird auch wegen der Reaktion und des Verhaltens unserer Augen als optische Farbmischung bezeichnet.

– Drehen eines Farbkreisels, der mit verschiedenen Farben bedeckt ist.

Die additiven Grundfarben Rot, Grün und Blau sind sogenannte Eindrittelfarben, weil sie jeweils ein Drittel des Spektrum repräsentieren.

Spektraler Verlauf der additiven Grundfarben
Mischt man additive Grundfarben in gleichen Anteilen und mit gleicher Intensität, so addieren sich die Wellenbereiche zu einer neuen Farbe.

Grün + Rot = Gelb
Blau + Grün = Cyan
Rot + Blau = Magenta
Rot + Blau + Grün = Weiß

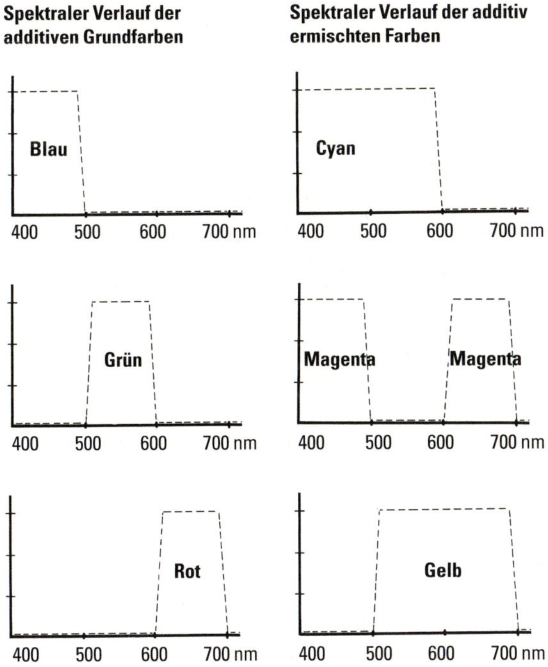

Wird kein Licht abgestrahlt, sehen wir nichts. Wir nennen diese Empfindung Schwarz.

Um die Mischung von farbigem Licht durch Projektion von Rot- und Grün-gefiltertem Licht farbmetrisch vereinfacht darzustellen, zeichnet man eine kleine Grafik:

Rot und Grün sind Grundfarben, Gelb dagegen ist eine Mischfarbe aus Rot und Grün. In der Grafik liegt die Mischfarbe aus gleichen Anteilen in der Mitte auf der Verbindungsgeraden.

Durch Abblenden des einen Projektors wird die Intensität dieser Grundfarbe verändert. So kann der Buntton (Farbton) der Mischfarbe in die eine oder andere Richtung beeinflusst werden.

Die Reduktion der Grün-Intensität unter Beibehalten der Rot-Intensität verursacht z. B. das Entstehen eines Orange-Farbtons. Der Farbort der gemischten Farbe wandert in diesem Fall auf der Verbindungsgeraden in Richtung der Grundfarbe Rot.

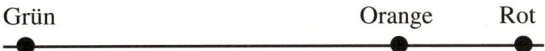

Wird zu zwei Grundfarben auch der dritte, noch fehlende Spektralbereich in gleicher Intensität hinzu addiert, so entsteht wieder weißes Licht! Aus den drei additiven Grundfarben können so durch verschiedene Kombinationen alle Farben gemischt werden.

Die Grafik ist bei der Mischung von drei Grundfarben nicht mehr durch eine Verbindungsgerade darzustellen, sondern erhält die Form eines Farbendreiecks.

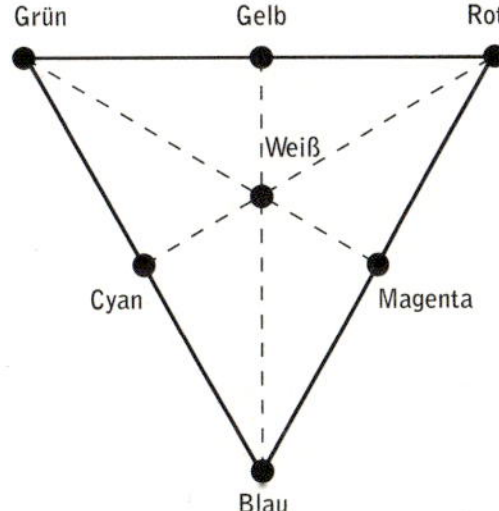

In diesem Farbendreieck liegen die Mischfarben Cyan (C), Magenta (M) und Gelb (Y) in der Mitte der geraden Verbindungslinien zwischen den Grundfarben Rot, Grün und Blau. Farbmetrisch bedeuten danach Änderungen des Bunttons nach dem Gesetz der additiven Farbmischung das Wandern von Farborten (Positionen) auf den Dreieckseiten.

Da aber neben Farbmischungen von zwei oder drei Grundfarben mit gleichen Intensitäten auch alle Variationen in den Mischungen durch unterschiedliche Intensitäten darstellen lassen sollen, ist eine Darstellung in einem Farbraum erforderlich. (Siehe hierzu das Kapitel 4.6 Farbordnungen.)

4.4.2 Subtraktive Farbenmischung

Aus dem weißen Licht werden bestimmte Farbanteile entfernt (subtrahiert). Werden sogar alle Farbanteile entnommen, entsteht Schwarz, d. h. es ist kein Licht mehr vorhanden.

Die Abbildung zeigt die subtraktive Farbenmischung, wie sie entsteht, wenn sich materielle Farben überlagern.

Subtraktive Mischung bezeichnet das Mischen von Körperfarben, also von Nichtselbstleuchtern.

Die Mischung materieller Stoffe ist beispielsweise wirksam bei dem

- Hintereinanderschalten farbiger Filter,
- Mischen von farbigen Pigmenten,
- Mischen von farbigen Lösungen.

• *Grundfarben der subtraktiven Farbmischung sind: Cyan (C), Gelb (Y) und Magenta (M).*

Diese Farben sind sogenannte Zweidrittelfarben, da sie jeweils zwei Drittel des sichtbaren Spektrums wiedergeben.

Wir sagen in der Umgangssprache: Wir drucken eine gelbe Farbe und ich sehe eine gelbe Fläche.

Präziser – was aber in der Umgangssprache nicht sinnvoll ist – müsste formuliert werden: Ich sehe eine Fläche oder einen Stoff, von dem rote und grüne Wellenbereiche reflektiert werden.
Begründung: Der Stoff an sich ist ja nicht farbig, er absorbiert und reflektiert aber bestimmte Wellenbereiche, die in unserem Gehirn ein Farbempfinden hervorrufen.

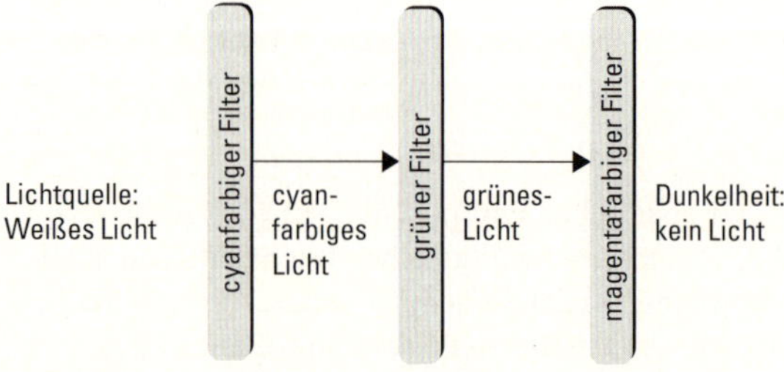

Absorbiert beispielsweise eine Druckfarbe den blauen Wellenbereich, so gelangen der rote und der grüne Wellenbereich durch Reflektion in das Auge. Wir sehen die Druckfarbe Gelb.

Bei der subtraktiven Farbmischung entstehen durch Übereinanderdruck von Cyan, Magenta und Gelb in gleichen Anteilen die Mischfarben:

Cyan + Magenta = Blau
Cyan + Gelb = Grün
Gelb + Magenta = Rot
Gelb + Magenta + Cyan = Schwarz

Ein weißes Papier reflektiert alle auftreffenden Wellenbereiche: Wir sehen demnach Weiß.

Die Zusammenhänge bei additiven oder subtraktiven Mischungen sind aus der Übersicht zu ersehen. Danach ist zu begründen, warum mit mit subtraktiven Grundfarben ein Vierfarbdruck entstehen kann.

Art der Mischung	Additive Mischung durch Übereinanderprojektion	Mischung durch Hintereinanderschalten von Filtern
Additive Grundfarben		
Blau + Grün	Cyan	Schwarz
Blau + Rot	Magenta	Schwarz
Rot + Grün	Gelb	Schwarz
Rot + Grün + Blau	Weiß	Schwarz
Subtraktive Grundfarben		
Cyan + Gelb	Grün	Grün
Cyan + Magenta	Blau	Blau
Magenta + Gelb	Rot	Rot
Magenta + Gelb + Cyan	Weiß	Schwarz

4.4.3 Autotypische Farbmischung

Vierfarbdrucke im Offsetdruck, Flexodruck, Siebdruck und anderen Druckverfahren werden mit den lasierenden Druckfarben Cyan (C), Gelb (Y), Magenta (M) sowie Schwarz (K) gedruckt. Die neben den Prozessfarben C, M, und Y eingesetzte schwarze Druckfarbe ist zur Verbesserung der Tiefenzeichnung und Schärfe des Druckbildes erforderlich.

Die farbige Bildwiedergabe der Tonwerte erfolgt vielfach durch eine autotypische Rasterung (AM-Raster) mit flächenvariablen Rasterpunkte.

Druckfarbe und Größe der Rasterpunkte bestimmen wesentlich, welche Teile des Lichtes von einem weißen Papier reflektieren bzw. absorbieren, das heißt welcher Farbton gesehen wird.

Zwischentöne entstehen durch unterschiedliche Rasterpunktgrößen im Zusammenwirken mit dem Papierweiß durch Absorption und Reflexion der betreffenden Wellenbereiche.

Auf den Betrachter eines Vierfarbdrucks wirken bei entsprechender Distanz sowohl additive als auch subtraktive Farbmischgesetze!

In einer Offsetdruckmaschine wird ein Vierfarbdruck mit transparenten Druckfarben gedruckt. Der Druck zeigt beispielsweise das Rasterdiapositiv als Farbauszug in der Druckfarbe Cyan auf einem weißen Papier gedruckt .

Wie kommt es, dass der Mensch das Papier Cyan-farbig bedruckt sieht?

Man muss sich die einzelnen Rasterpunkte als winzige Filter vorstellen, die von weißem Licht (Papierton) umgeben sind. Auftreffendes Licht wird durch die bedruckte Fläche beeinflusst:

- Cyan ist die Komplementärfarbe (die im Farbkreis gegenüberliegende Ergänzungsfarbe) zu Rot.

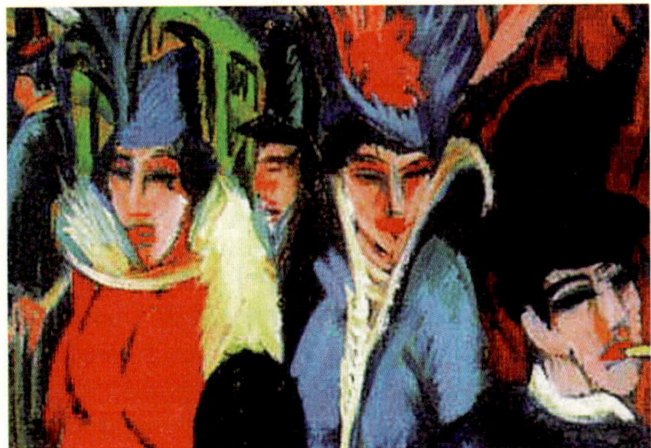

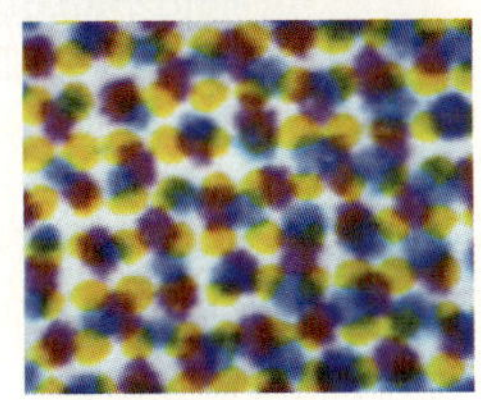

Die autotypische Farbmischung des mehrfarbigen Rasterdrucks: Mit einer Lupe erkennt man die subtraktiven Farbanteile der Rasterstruktur. Ohne Lupe sieht man das addditive Bild. (E.L. Kirchner, Berliner Straßenszene, 1913, Details; Abb.: Techkon)

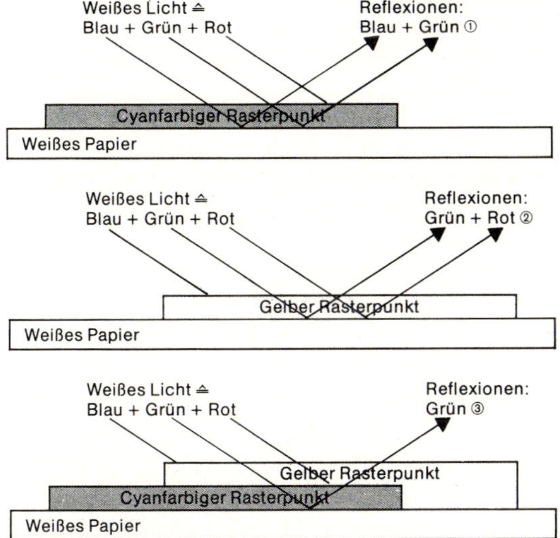

- Farbeindruck bei eng nebeneinanderliegenden Rasterpunkten: additive (optische) Farbmischung:
  ┌①┐ ┌②┐
  Blau + Grün + Rot + Grün = Grün ③
  └ weißes Licht┘
- Farbeindruck bei übereinander liegenden Rasterpunkten: subtraktive Farbmischung: Grün ③

Der Rot-Bereich wird also an der Oberfläche des Filters absorbiert, Grün und Blau durchdringen das transparente Cyan und werden von dem weißen Papier reflektiert.

- Grün und Blau mischen sich additiv zum Cyan.
- Die bedruckte Fläche erscheint optisch also Cyanfarbig bedruckt.

Wird nun eine weitere Farbe, zum Beispiel Gelb darüber gedruckt, dann liegen die Rasterpunkte teilweise über- und nebeneinander.

Im nebeneinanderstehenden Feld wird von der gelben Druckfarbe Blau absorbiert, Rot und Grün durchdringen die bedruckte Rasterfläche und reflektieren die Wellenbereiche in unser Auge zurück. Man sieht an dieser Stelle:

- Rot + Grün = Gelb (additiv).

Welche Erscheinung entsteht jedoch in den übereinander liegenden Rasterflächen?

- Weißes Licht – bestehend aus den Grundfarben Grün + Rot + Blau – trifft auf die gelbe Rasterfläche.
- Dabei werden blaue Lichtstrahlen absorbiert.
- Rot und Grün durchdringen die transparenten gelben Rasterpunkte und treffen auf die Cyan-farbigen Rasterpunkte. Von diesem wird auch noch das Rot absorbiert!
- Nur das Grün durchdringt das Cyan und wird von dem weißen Papier wieder reflektiert.
- Nachdem auch noch der gelbe Rasterpunkt durchdrungen ist, wird *subtraktiv Grün* (durch Lichtentnahme, Subtraktion) gesehen.

Betrachtet man noch einmal die eng nebeneinander liegenden Rasterpunkte, hat man folgendes Ergebnis:

- Vom Cyan reflektieren: Blau + Grün
- Vom Gelb reflektieren: Grün + Rot

Der farbige Gesamteindruck ergibt sich aus der additiven Farbmischung:

$$\left.\begin{array}{r}(\text{Blau} + \text{Grün} + \text{Rot}) + \text{Grün} = \\ (\text{Weiß}) \quad + \text{Grün} = \end{array}\right\} \text{Grün}$$

Die additiven Grundfarben Blau, Grün und Rot addieren sich zu Weiß, der darüber hinausgehende Wellenbereich ergibt die Farbempfindung durch zusätzliche Intensität.

Wird eine Druckfarbenskala verwendet, die zu den additiven Grundfarben komplementär ist, so ergibt sich sowohl additiv wie auch subtraktiv dasselbe Farbempfinden.

4.4.4 Spezielle Bezeichnungen bei Körperfarben

Jede Farbempfindung ist farbmetrisch einwandfrei mit den drei Größen Buntton (Farbton), Buntheit (auch Sättigung genannt) und Helligkeit zu bestimmen. Durch eine spektralfotometrische Farbmessung ist der Farbort durch Zahlenwerte in einem Farbenraum exakt zu definieren. (vgl. Kapitel 4.6 und 13)

Buntton

Der Buntton (Farbton) ist die Eigenschaft, die eine bunte Farbe von einer unbunten Farbe unterscheidet. Je nach visuellem Farbempfinden unterscheidet man Farben mit Bezeichnungen wie Cyan, Rot, Grün, Blau, Gelb, Orange u. a.

Buntheit

Grad der Buntheit (auch: Sättigung) einer Farbe im Vergleich zu einem optisch gleichhell wirkenden Unbunt (vgl. dazu einen Graukeil von Weiß zu Schwarz).

Eine voll gesättigte Farbe verliert an Intensität der Farbigkeit, wenn eine gleich helle unbunte Farbe (vgl. Grauskala) dazugemischt wird. Damit nimmt der Buntanteil ab, der Unbuntanteil zu.

Helligkeit
Die Helligkeit ist die Stärke einer Lichtempfindung. Bei gleichem Buntton erscheint die Farbe je nach Lichtreflexion heller oder dunkler.
Beispiele: Eine Körperfarbe wird mit weißem Licht beleuchtet. Bei abnehmendem Licht verringert sich die Helligkeit, die Farbe verschwärzlicht bis zum Schwarz. Ein Braun ist beispielsweise ein beliebiges Rot bzw. ein Oliv ein grünliches Gelb mit einer geringeren Helligkeit.

Mischungen von Körperfarben

Die Grundfarben der subtraktiven Farbmischung sind nicht aus Kombinationen anderer Druckfarben zu ermischen. Prinzipiell sind aber alle anderen bunten Farben aus diesen drei Grundfarben zu mischen oder durch Übereinanderdruck lasierender Farbschichten optisch zu erzeugen. In der Praxis ist dies nicht für alle Farbbereiche möglich, da reale Pigmente für Druckfarben keine idealen (optimalen) Absorptions- und Remissionseigenschaften besitzen.

Farbbezeichnungen

- Primärfarben (Erstfarben):
  Cyan, Magenta, Gelb
- Sekundärfarben 1. Ordnung:
  Mischung von zwei Primärfarben zu gleichen Anteilen. Es ergeben sich drei Mischmöglichkeiten:
  Cyan + Magenta = Blau
  (auch Blau-Violett genannt)
  Cyan + Gelb = Grün
  Gelb + Magenta = Rot
  (auch Rot-Orange genannt)
- Sekundärfarben 2. Ordnung:
  Mischung von zwei Primärfarben in beliebigen Mischungsanteilen. Es ergeben sich beliebig viele Mischungsmöglichkeiten, die entweder zu der einen oder anderen Primärfarbe (Farbrichtung) tendieren. Beispiele dazu:
  Orange, grünliches Blau, rötliches oder grünliches Gelb.
- Tertiärfarben:
  Mischung von drei Primärfarben mit beliebigen Mengenanteilen. Es er geben sich ebenfalls beliebig viele Mischungsmöglichkeiten, z. B. Braun, Oliv. Jede Tertiärfarbenmischung führt zu einer Verschwärzlichung, d.h. einer Änderung des Bunttons in Richtung zum Schwarz.
- Komplementärfarben:
  Farbe, die einer Farbe im Farbenkreis direkt gegenüber liegt. Die Mischung ergibt immer eine Tertiärfarbe. Bei der Mischung gleicher Anteile entsteht bei subtraktiver Farbenmischung Schwarz. Dies gilt prinzipiell nur bei idealen Farben. In der Praxis entsteht durch reale Druckfarben ein sehr dunkles Braunschwarz. (Hinweis: Bei additiver Mischung entsteht Weiß.)
- Gebrochene Farbe:
  Grundfarbe, die mit der ihrer Komplementärfarbe in beliebigen Anteilen gemischt wurden.
- Gedunkelte Farben:
  Grundfarben, die mit Schwarz gemischt wurden.
- Aufgehellte Farben:
  Farben, die mit Weiß (Deckweiß, Mischweiß oder Lasurweiß) gemischt wurden.
  Die optische Farbwirkung ändert sich dadurch, die Helligkeit der Farbe nimmt zu. (Hinweis: Prinzipiell ist ein Aufhellen einer vollen Druckfarbe auch durch Aufrastern dieser Fläche möglich. Dabei wirkt die höhere Remission des weißen Bedruckstoffes als Lichtreflektor.) Deckweiß enthält weiße Pigmente und Bindemittel. Es stumpft den Buntton ab. Lasurweiß enthält lediglich Bindemittel jedoch keine Pigmente. Der Buntton wird lediglich heller. Mischweiß besteht aus Deckweiß und Lasurweiß.
- Unbunte Farben:
  Weiß, Schwarz (Ein Schwarz, dass nicht durch andere Druckfarben ermischt oder erzeugt worden ist, sondern aus reinen Pigmenten besteht.)
- Geschöntes Schwarz:
  Schwarzsorte, die zur Erhöhung der Farbtiefe mit Blau oder Cyan gemischt ist.
- Grauskala:
  Tonwerte von Weiß bis Schwarz in beliebiger Anzahl von einzelnen Stufen. Beispiel: 10-stufige Grauskala. Im Gegensatz zur Grauskala verlaufen bei einem Graukeil die Tonwerte von Weiß bis Schwarz stufenlos.
- Ideale und reale Farben:
  Ideale subtraktive Primärfarben (Optimalfarben) gibt es nicht. Diese hätten, bei messtechnischer Erfassung der Remission und Absorption, rechtwinklige Sprungstellen in der grafischen Darstellung, d.h. sie enthielten keinerlei Nebenfarben.
  In der Praxis verhalten sich die realen Druckfarben so, als seien ihnen eine gewisse Menge Weiß und Schwarz sowie Anteile der anderen Buntfarben beigemischt worden. Die Remissionskurven weisen daher erhebliche Nebenfarbenanteile (Remissionen und Absorptionen in fremden Wellenbereichen) auf. Sie wirken verschwärzlicht. (vgl. Grafik 4·21)

Mischungen von Druckfarben

Der 12teilige Farbenkreis soll nur Richtungen der Bunttöne, ausgehend von den subtraktiven Grundfarben sowie der Sekundärfarben (l. Ordnung) aufzeigen. Alle Zwischentöne sind in beliebiger Vielzahl einzufügen und zu benennen. Präzise Farbbezeichnungen sind aber mit Worten (d. h. Begriffen) nicht zu geben. Eine solche exakte Beschreibung eines Bunttones ist nur durch messtechnische Angaben (z. B. Farbmetrik) oder farbliche bzw. ziffernmäßige Zuordnungen (z. B. Hickethier-Farbtafeln) möglich.

Für Mischungen beliebiger Sekundärfarben oder Tertiärfarben sind Farben zum Mischen einzusetzen, die im Farbenkreis nahe zu der zu mischenden Druckfarbe stehen. Besonders eignen sich dazu die HKS- oder Pantone-Farbmischserie oder DIN-Skala 16 520. Je nach Richtung des Bunttones sind die Mengen der Ausgangsfarben zu variieren.

Beispiel für die Remissionen realer Druckfarben

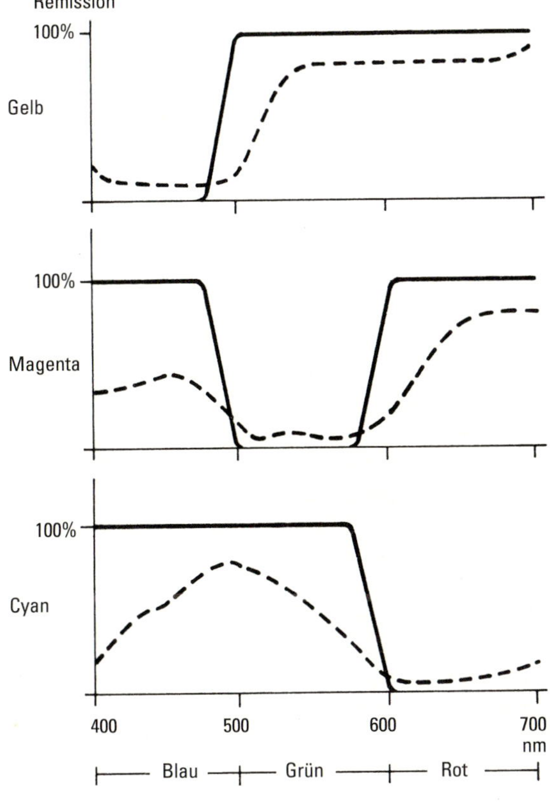

Beispiele für Farbmischungen:

reines Grün	= grünliches Gelb + grünliches Cyan
reines Rot	= rötliches Gelb + gelbliches Rot
Violett	= rötliches Blau + bläuliches Rot
reines Blau	= rötliches Cyan + bläuliches Magenta
rötliches Braun	= rötliches Gelb + bläuliches Magenta
	und auch andere Mischungen

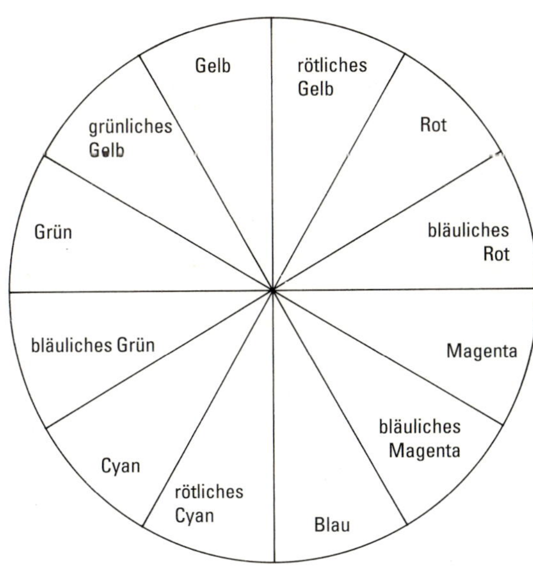

4.5 Grundlagen der Farbreproduktion

Ziel jeder drucktechnischen Vervielfältigung ist es, sämtliche Informationen einer farbigen Vorlage in der geforderten Qualität drucktechnisch optimal zu übertragen und sie wirtschaftlich vertretbar herzustellen. In der Reproduktion und im Druck ist bereits eine so hohe Qualität erreicht, dass weitere Steigerungen nur noch produktbezogene Detailverbesserungen bieten können. Nur für sehr spezielle Anforderungen ist es sinnvoll, einen noch höheren Standard, z.B. durch den Einsatz weiterer Druckfarben, zu fordern.

Farbreproduktionen sind heute Standardarbeiten in der Medienproduktion (Reproduktion). Dabei werden Farbvorlagen reproduktionstechnisch in Teilfarbenbilder für den Druck mit den genormten subtraktiven Grundfarben Cyan, Magenta und Gelb sowie zusätzlich Schwarz zerlegt (Farbselektion).

Es entsteht ein sogenannter *Farbsatz* mit dem Anteil der für einen bestimmten Farbton jeweils benötigten Rasterpunktgröße (bzw.-fläche) im Druckprozess. Die einzelnen *Farbauszüge* werden im *Vierfarbdruck* drucktechnisch wieder zu einem der Vorlage entsprechenden Farbbild „additiv" zusammengefügt.

Im Gegensatz zu einem Vierfarbdruck, der in einer genormten Farbskala mit bestimmten Druckfarben gedruckt wird, ist ein *farbiger Druck* ein Druck mit beliebigen bunten Farben in der gewünschten Zahl, z.B. Tonunterdruck (unterlegte Fläche), echter und unechter Duplexdruck, Plakat mit farbigen Flächen, farbiger Briefbogen, Irisdruck. Die einzelnen Druckfarben sind entsprechend der gewünschten Farbtöne auszuwählen oder bei Bedarf zu mischen.

Bei bestimmten farbigen Gestaltungen reicht der Vierfarbdruck nicht aus, alle Farbtönungen der Vorlage optimal wiederzugeben: Dann sind zusätzliche Farben zu drucken. Dies kann beispielsweise bei

- sehr reinen Farben,
- Farben die außerhalb des druckbaren Farbraums liegen,
- speziellen Schmuckfarben,
- firmenspezifischen Hausfarben,
- Tonfarben,

– bestimmten Modefarben und
– der Reproduktion von Aquarellen
erforderlich sein.

Im folgenden Kapitel werden Grundlagen des Vierfarbdrucks vereinfacht erläutert. Ein Verständnis für die Zusammenhänge ist wichtig, um reproduktions- und drucktechnische Vorgänge und Verfahren sowie optische Wirkungen beurteilen zu können.

Für den Vierfarbdruck sind in den vorhergehenden Kapiteln beschriebene Grundbegriffe von Bedeutung. Es wird mit standardisierten Grundfarben (Bunttönen) einer sogenannten Farbskala gedruckt.

Eine unterschiedliche Buntheit (Sättigung) wird durch reprotechnisches Aufrastern und den Druck auf weißes Papier erreicht: Je kleiner die Rasterpunkte, desto stärker hellt das Papierweiß optisch den Buntton der Druckfarbe auf. Die Buntheit der jeweiligen Prozessfarbe – gedruckt als Vollton – nimmt ab. Bei der densitometrischen Messung dieser gerasterten Fläche verringert sich dementsprechend die Dichte. Auch eine geringere Farbführung im Druck mit einer dünneren Farbschicht verringert ebenfalls die Sättigung und damit die Dichte.

Eine unterschiedliche Helligkeit im Vierfarbdruck wird durch den Übereinanderdruck einer Druckfarbe mit Schwarz oder der entsprechenden Komplementärfarbe erreicht. Je geringer der Anteil des Volltons (der unveränderten, nicht gemischten Druckfarbe) beim Übereinanderdruck, desto geringer ist die Helligkeit. Die gleiche Erscheinung ist auch beim Nebeneinanderdrucken feiner Rasterpunkte zu beobachten. Dabei wirken Buntheit und Helligkeit zusammen und verändern den Buntton.

Farbiger Druck
– Tonunterdruck

– Einfarbiger Druck
– Duplexdruck

Der Vierfarbdruck beruht auf den optischen Grundgesetzen der additiven und subtraktiven Farbenmischung. Art und Oberfläche des Bedruckstoffes und gerasterte Teilbilder der Farbvorlage, gedruckt mit den entsprechenden Druckfarben der Farbskala in einer bestimmter Schichtdicke, bewirken Strahlungsänderungen des Lichtes. Die optische Farbmischung des abgewandelten, modulierten Lichtes im Auge führt zu verschiedenen Tonwerten und einem bestimmten Farbempfinden im Gehirn des Betrachters.

Da bei der flächenvariabler Rasterungstechnik im Vierfarbdruck sowohl additive wie auch subtraktive Gesetzmäßigkeiten gelten, spricht man von autotypischer Farbenmischung.

Wesentlich für die drucktechnische Wiedergabe und visuelle Wirkung der verschiedensten Ton- und Farbwerte der Farbvorlage ist, wie eingangs erläutert, das Licht:
– Lichtremission
  Optische Eigenschaften des Papiers
– Lichtabsorption
  Buntton der Druckfarben (Farbskala).
  Größe der Rasterpunkte jeder Druckfarbe.
  Schichtdicke (Farbauftrag) und Lasur der Druckfarben.
  Drucktechnische Wechselwirkungen, u. a. Farbannahme beim Übereinanderdruck, Lichtfang, Feuchtmittelführung, Temperatur im Farbwerk während des Druckprozesses.

Beide Bereiche beeinflussen sich gegenseitig, daher ist ein Trennen nur aus systematischen Gründen sinnvoll.

Lichtremission
Der Bedruckstoff ist in seiner Oberflächenfärbung als die Urfarbe Weiß zu sehen.

Alle auftreffenden Lichtstrahlen werden an der Oberfläche remittiert, d. h. diffus zurückgestrahlt.

Je rauer die Oberfläche bzw. je geringer der Weißgrad des Bedruckstoffes ist, desto weniger Licht wird remittiert. Ton- und Farbwertwiedergabe, Brillanz und Kontrast werden dadurch qualitativ verringert.

Qualitativ hochwertige Druckprodukte erfordern daher gestrichene Bilderdruck- oder höchsten Qualitätsanforderungen Original-Kunstdruckpapiere mit einer gleichmäßig geschlossenen, hochweißen Oberfläche.

Lichtabsorption
Im Offsetdruck und auch den meisten anderen Druckverfahren entsteht durch flächenvariable Rasterung optisch ein Bild mit unterschiedlichen Ton- und Farbwerten.

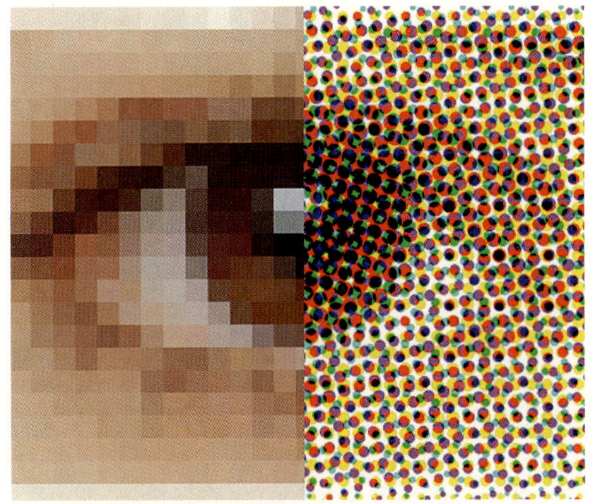

Die kleinen Rasterpunkte, gedruckt mit lasierenden (transparenten) Druckfarben (Prozessfarben Cyan, Magenta und Gelb sowie zusätzlich Schwarz), wirken wie Farbfilter, die für bestimmte Wellenlängen des Lichtes transparent, für andere opak (lichtundurchlässig) sind. Die Größe der Rasterpunkte und die Druckfarbe des Teilbildes eines Farbauszuges bestimmen wesentlich, welche Teile des Lichtes remittieren bzw. absorbieren und damit, welcher Buntton gesehen wird.

Eine Vielzahl von Zwischentönen entsteht durch die unterschiedliche Größen der Rasterpunkte und Kombinationen der lasierenden Druckfarben durch autotypische Farbmischung auf dem Papierweiß.

4.5.1 Idealer Farbauszug

Durch die subtraktiven Grundfarben Cyan, Gelb und Magenta lassen sich prinzipiell alle Farbtöne drucktechnisch wiedergeben. Die Theorie des idealen Farbauszuges dient als Modell, bei dem alle Parameter der Reproduktion und des Vierfarbdrucks optimalen Ansprüchen genügen. Im folgenden Kapitel werden die realen, praxisgerechten Bedingungen erläutert.

Für die Herstellung eines Farbauszuges werden spezielle Farbselektionsfilter Rot, Grün und Blau benötigt. Bei der früher eingesetzten fotomechanischen Reproduktion wurde zur Bilddatenerfassung ein panchromatisches Filmmaterial, empfindlich für alle Wellenlängen des Lichtes, benötigt. Heute werden die erfassten Bildinformationen elektronisch aufgezeichnet und digitalisiert.

Gedruckt wird mit genormten Prozessfarben nach ISO 2846-1, Skalenfarbe für den Offsetdruck (früher Europa-Skala DIN 16539), die jeweils ein Drittel des auftreffenden weißen Lichtes absorbieren und zwei Drittel remittieren.

Jeder Farbeindruck, der wahrgenommen wird, besteht aus bestimmten Wellenlängen des Lichtes. Bei der Verfahrensbeschreibung geht man vereinfacht von einem Wellenlängenbereich des sichtbaren, weißen Lichtes zwischen 400 nm und 700 nm aus.

Farbvorlage ⟶ Farbselektionsfilter ⟶ Farbauszug

Farbfilter sind für Wellenlängen des eigenen Farbbereiches transparent, alle anderen Wellenlängen werden absorbiert. Bei einer reprotechnischen Aufnahme einer Farbvorlage lässt ein optimales Farbfilter nur eigenen Wellenlängen ungehindert passieren. Diese Informationen werden elektronisch erfasst und digitalisiert. Absorbierte Wellenlängen verursachen keine Strahlung und somit auch keine Informationsübertragung.

Es klingt paradox und ist doch korrekt – wie in den vorhergehenden Kapiteln erläutert:

- Ein Rotfilter ist nicht Rot!
- Weißes Licht, welches durch ein Rotfilter fällt, sehen wir nur deshalb Rot, weil nur Wellenlängen des roten Bereiches als Farbreize in unser Auge gelangen.

Das Rotfilter lässt also nur die roten Anteile des Lichtes, das von der Bildvorlage reflektiert, passieren. Wellenlängen des blauen und grünen Bereiches werden durch die Farbstoffe des Filters absorbiert. Daher werden diese Bereiche auch nicht elektronisch aufgezeichnet.

Für den Farbauszug einer subtraktiven Grundfarben wird jeweils die komplementärfarbige Filterfarbe benötigt.

Farbbegriffe

Die Zuordnung eines Filters für einen Farbauszug in der entsprechenden Druckfarbe ist mit dem sechsteiligen Farbenkreis sehr einfach: Es ist diejenige Filterfarbe zu wählen, die der gewünschten Auszugsfarbe im sechsteiligen Farbkreis gegenüberliegt. Dies ist die sogenannte Komplementärfarbe.

Subtraktive Grundfarbe = Farbauszug		**Komplementärfarbe** = Filter
Cyan	⟶	= Rot
Gelb	⟶	= Blau
Magenta	⟶	= Grün

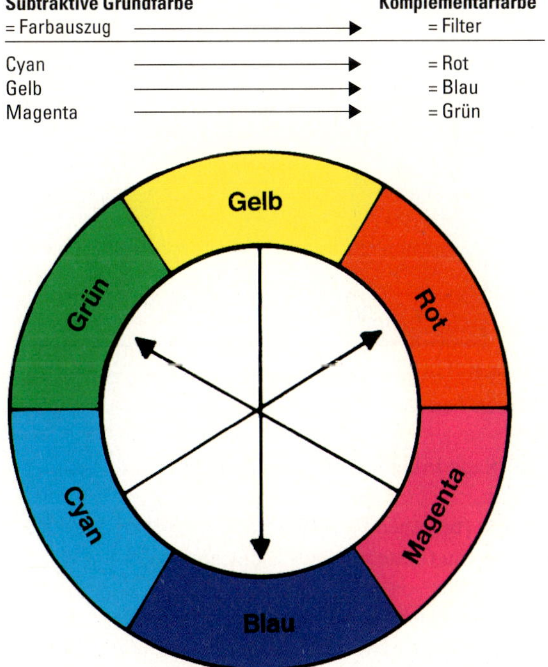

Schema eines sechsteiligen Farbkreises
Die Pfeile zeigen von der Auszugsfarbe zur Filterfarbe. Auszugs- und Filterfarbe liegen im Farbkreis gegenüber. Sie subtrahieren sich jeweils zu Schwarz.

Bei einem Farbauszug werden die zu selektierende subtraktive Grundfarbe sowie die im Farbkreis jeweils links und rechts neben dieser Grundfarbe liegenden Farben

- *Schwarzfarben*, alle anderen (gegenüber liegenden) Farben
- *Weißfarben* genannt. Bei einem positiven Druckbild ergeben alle Schwarzfarben die Bildstellen (druckende Elemente) und die Weißfarben Nichtbildstellen (nichtdruckende Elemente).

Exemplarische Beispiel zur Herstellung eines idealen Farbauszuges

In der Abbildung ist die spektrale Remission der idealen gelben Druckfarbe dargestellt. Sie umfasst den Wellenbereich von 500 nm bis 700 nm.

Für den Gelb-Auszug wird das Filter Blau (Komplementärfarbe) benötigt, das für den Wellenbereich von 400 nm bis 500 nm transparent (lichtdurchlässig) ist und den Wellenbereich von 500 nm bis 700 nm absorbiert.

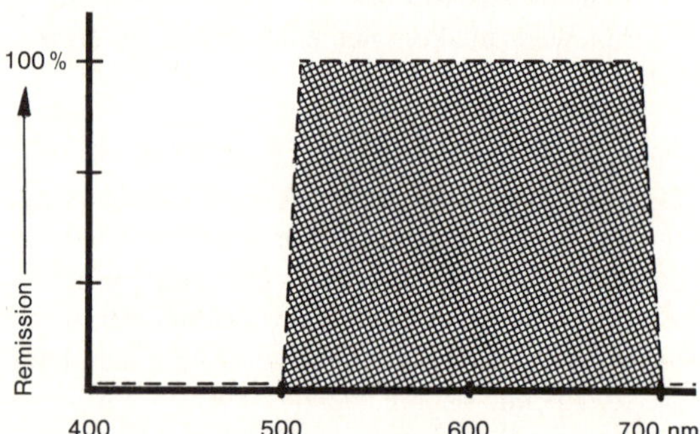

Spektrale Remission der idealen gelben Druckfarbe

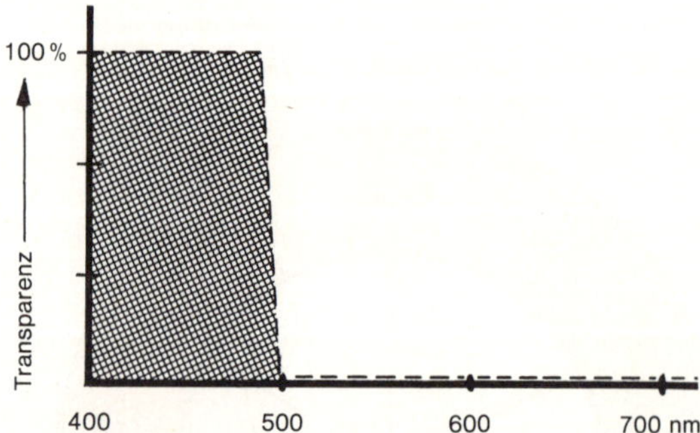

Spektrale Transparenz des idealen Blaufilters

Das blaue Filter lässt die Wellenlängen der Farben

- Blau,
- Cyan (bestehend aus Lichtfarben Grün und Blau),
- Magenta (bestehend aus Lichtfarben Rot und Blau) sowie das von
- weißen Flächen remittierte Licht (bestehend aus den additiven Grundfarben Grün, Rot und Blau) hindurch.

Reprotechnisch wird ein Negativ des Gelbauszuges hergestellt. Durch elektronisches „Umkopieren" bekommt man das Gelb-Positiv des Farbsatzes, das in seinen Tonwerten dem positiven Druckbild entspricht. Der gleiche Vorgang gilt für das Ausfiltern der anderen Teilfarben mit den entsprechenden Farbfiltern.

Beispiel: Aufnahme durch das Blaufilter

Durch das Blaufilter wird der Farbauszug für die gelbe Druckfarbe reproduziert. Die positive Kopiervorlage, das Gelb-Positiv, muss bei der Ausgabe alle Bildteile gut gedeckt zeigen, die mit der Gelb-Druckplatte gedruckt werden müssen.

Durch das Blaufilter gelangen nur die kurzwelligen blauen Anteile des Lichtes, alle anderen Teile werden absorbiert. Das gelbe Feld enthält keinen kurzwelligen Anteil. Von diesem Feld remittierte Lichtstrahlen werden durch das Filter absorbiert. Da kein Licht an dieser Stelle auf den Film trifft, erfolgt keine Schwärzung. Die Stelle bleibt im Filmnegativ transparent.

Magenta und Cyan enthalten ebenso wie das Blau selbst einen kurzwelligen Anteil. Der Blauanteil des Lichtes gelangt durch das Filter und trifft auf den Film: Der Film wird belichtet und bei der Verarbeitung geschwärzt. Das weiße Feld remittiert alle Wellenlängen, deshalb durchdringt auch an dieser Stelle der Blauanteil des Lichtes das Filter und es entsteht eine Schwärzung.

Das grüne und rote Feld besitzen einen anderen Wellenbereich (mittel- und langwellig), daher lässt das Blaufilter an diesen Stellen kein Licht durch. Schwarz absorbiert bereits alle Wellenbereiche des Lichtes. An allen drei Feldern gelangt kein Licht auf den Film. Diese Felder bleiben – hier exemplarisch betrachtet – im Filmnegativ transparent.

Prinzipiell werden die Farbauszüge für Cyan und Magenta durch Vorschalten des komplementärfarbigen Filters bei der Aufnahme in gleicher Weise hergestellt. Der Schwarzauszug entsteht durch eine Belichtung mit allen drei Filtern hintereinander. Damit werden alle Farbanteile und Weiß im Negativ belichtet. Im Positiv steht nur das schwarze Feld.

Für das Herstellen eines Farbauszugs gelten für ein prinzipielles Verständnis einfache Regeln:
- Komplementärfarbe zu einer subtraktiven Grundfarbe = Farbauszugsfilter
- Die Filterfarbe sowie die jeweils benachbarten Farben und Weiß übertragen Informationen, alle anderen Farben und Schwarz dagegen nicht.
- Das positive Bild besteht aus entgegengesetzten Informationen: Die gewünschte Farbauszugsfarbe sowie die beiden benachbarten (Sekundär-)Farben und Schwarz besitzt aktive Informationen. Diese bilden auf der Druckplatte Druckelemente in der jeweiligen Druckfarbe des Farbauszuges.
- Der Zusammendruck zweier subtraktiven Grundfarben ergibt immer die im Farbkreis dazwischen liegende Druckfarbe (Sekundärfarbe: aus zwei Grundfarben bestehend).

4.5.2 Realer Farbauszug

So ideal ist in der Praxis weder die Reproduktion der Farbauszüge noch der Vierfarbdruck. Die Farbwiedergabe einer ohne bestimmte (elektronische) Korrekturen reproduzierten und gedruckten Farbvorlage gibt ein enttäuschendes Ergebnis:
- Die Farben wirken verschmutzt.
- Es gibt keine reinen, klaren Farben.
- Alle Farbtöne weichen zu einer anderen Farbe ab.

Verursacht werden diese Farbabweichungen vor allem durch unzureichende Reflexions- und Absorptionseigenschaften der Druckfarben.

Weitere Einflussfaktoren sind der Bedruckstoff, die Art der Bildvorlage, die verwendeten Filter, die Aufzeichnungsqualität (z.B. Filmmaterial, Datenspeicherung), die Rasterung u.a.

Druckfarben absorbieren einen bestimmten Teil des Lichtes. Optimal ist dies ein genau zu definierender Farbbereich, der in einem Koordinatensystem der Wellenlängen in Abhängigkeit zur Remission rechtwinklig wiederzugeben ist (Sprungstellen 0.0 zu 1.0 ohne Zwischenwerte = Optimalfarben).

Theoretisch müssten Cyan, Gelb und Magenta je ein Drittel des Spektralbereiches absorbieren und zwei Drittel reflektieren.

Für Druckfarben und alle anderen Körperfarben gibt es jedoch keine idealen Pigmente. Dadurch zeigen die tatsächlichen Remissionskurven der Druckfarben gegenüber den Optimalfarben Mängel an Sättigung in der Eigenfarbe (Wirkung: Verweißli-

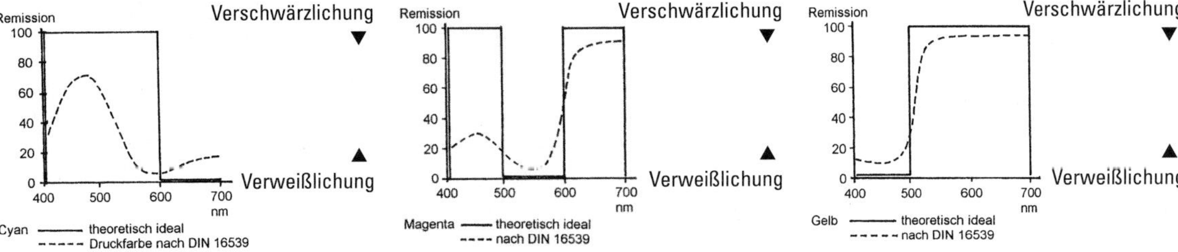

Vergleich der realen Remissionskurven der Druckfarben nach DIN 16539 mit denen von idealen Druckfarben entsprechend der Theorie

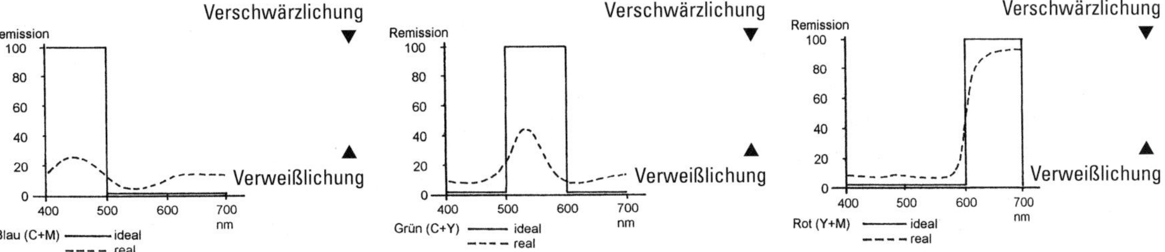

Ideale und reale Remissionskurven beim Übereinanderdruck von zwei Druckfarben

chung) und ein Zuviel an Nebenfarbendichten (Wirkung: Verschwärzlichung). Bei einer subtraktiven Optimalfarbe müssten zwei Drittel des Spektralbereiches in gleicher Stärke remittieren. Unterschiedliches Remittieren führt zu Farbverschiebungen.

Hauptsächliche Ursache für optisch wirksame Mängel der realen Druckfarben gegenüber Optimalfarben sind sogenannte Nebenfarbendichten, d. h. die Absorptionen in Spektralbereichen, in denen Druckfarben völlig remittieren sollten.

Diese Mängel sind in den Remissions- und Absorptionskurven der Druckfarben zu erkennen.

Es treten durch diese Mängel Verweißlichungen wie auch Verschwärzlichungen auf.

- Verweißlichung
  - Pigmentmängel: Fehlerhafte Remission (bzw. unzureichende Absorption) in anderen Wellenbereichen.
  - Optische Wirkung: Mängel an Sättigung im eigenen Wellenbereich der Farbe, d. h. Licht wird fehlerhaft in einem fremden Wellenbereich remittiert. Der Weißanteil nimmt durch das Remittieren aller drei spektralen Farbbereiche zu, es verringert sich der Buntton der Farbe. Die Farbe wirkt optisch geringer gesättigt – so, als sei sie mit geringen Mengen Weiß gemischt.
- Verschwärzlichung:
  - Pigmentmängel: Unzureichende, bzw. eine zu geringe Remission im eigenen Wellenbereich.
  - Optische Wirkung: Licht wird im eigenen Wellenbereich absorbiert. Die Druckfarbe wirkt dunkler, als sei sie mit geringen Mengen Schwarz gemischt.

Die Absorptionskurven der Druckfarben zeigen, dass die gelbe Druckfarbe relativ rein ist, Cyan wirkt dagegen sehr stark durch Nebenfarbendichten verunreinigt. Alle Druckfarben weisen fehlerhafte Remissionen auf.

Ein Druck ohne Farbkorrekturen mit den realen Druckfarben wäre enttäuschend:
- Es fehlt der Kontrast und Farbigkeit,
- Farben wirken schmutzig und gebrochen,
- Farbwerte sind verfälscht,
- Bildtiefen wirken kraftlos und flau.

Bedruckstoff
Jeder Bedruckstoff ist grundsätzlich als Lichtreflektor zu sehen. Ein ideal weißes, glattes Papier würde alle auftreffenden Lichtstrahlen reflektieren. In der Praxis gibt es keine solchen idealen Papiere. Die eingesetzten Papiere ergeben unzureichende Reflexionen oder Streulicht z. B. durch stoffliche Zusammensetzungen, Art und Glätte der Oberfläche.

Bei der Medienberatung, der Gestaltung und bei der Reproduktion der Bildvorlagen ist die spezifische Reaktion des Papiers zu beachten.

Unterschiedliche Bedruckstoffe führen bei einem Vierfarbdruck zu erheblichen Änderungen der Ton- und Farbwerte.

Weitere Materialien und Prozessparameter wirken sich daneben ebenfalls auf die Qualität der repro- und drucktechnischen Informationsübertragung aus: Bildvorlage, Rasterart und Rasterfrequenz, Druckform, Druckmaschine und Drucktechnik. Alle diese Mängel sind nach der Herstellung der Farbauszüge nicht oder nur noch gering zu beeinflussen. Daher muss bei der Reproduktion nach Standards gearbeitet werden, ggf. sind alle erforderlichen Korrekturen bereits in dem reprotechnischen Ausgabeprodukt durchzuführen.

4.5.3 Variationen im Vierfarbdruck

In der Zeit fotomechanischer Reproduktion entstanden alle Farbreproduktion und damit Bildwiedergaben durch den sogenannten Buntaufbau:

Sämtliche bunten Farben (Primär, Sekundär- und vor allem Tertiärfarben) eines Bildes wurden durch die drei Prozessfarben Cyan, Magenta und Gelb drucktechnisch wiedergeben. Basis der Farbreproduktion war der Dreifarbenaufbau. Das Schwarz diente im Wesentlichen nur zur Erhöhung der Tiefenzeichnung und des Kontrastes.

Kleinste Schwankungen beim Druck der Prozessfarben machten sich insbesondere bei schwierigen Motiven mit Tertiärfarben oder in den Graubereichen (Graubalance) sehr schnell bemerkbar. Besonders in neutralen Graubereichen sind Farbschwankungen sofort mit bloßem Auge sichtbar.

Vierfarbige Bildreproduktionen werden heute mit den Möglichkeiten der elektronischen Reproduktion kaum mehr in reinem Buntaufbau, sondern mit verschiedenen Variationen hergestellt. Probleme bei der drucktechnischen Wiedergabe haben dazu geführt, von der bisher gewohnten reprotechnischen Methode des Buntaufbaus abzuweichen und Alternativen mit höherer Produktionssicherheit und konstanterer Qualität im Druck zu entwickeln.

Varianten im Aufbau des Vierfarbsatzes sind vor allem durch die elektronischen Reproduktion (Hardware und Software) technisch möglich worden.

Im Druck sind bunte und unbunte Farben der Vorlage wiederzugeben. Unbunt sind alle neutralen Farbnuancen vom Schwarz über verschiedene Grauabstufungen (Rastertonwerte) bis zum (Papier-)Weiß. Einzelne Druckfarben der Farbskala oder beliebige Kombinationen ergeben bunte Farben. Werden alle drei bunten Druckfarben mit vollen Flächen übereinander gedruckt, entsteht theoretisch Schwarz. Grautöne lassen sich durch gleiche Anteile der drei bunten Druckfarben oder durch Schwarz erzeugen.

Die Primärfarben Cyan, Gelb und Magenta entstehen im Druck, wenn eine Druckfarbe im Vollton alleine auf das weiße Papier gedruckt wird. Werden zwei Druckfarben der Farbskala übereinander gedruckt, entstehen die Sekundärfarben Blau, Grün und Rot. In beiden Fällen ist das Ergebnis eine reine, bunte Farbe. Tertiärfarben entstehen durch den Übereinanderdruck von drei bunten Druckfarben in einem beliebigem Mischungsverhältnis (Vollton, Raster) oder durch den Zusammendruck mindestens einer bunten Druckfarbe und dem – unbunten – Schwarz.

Prinzipiell ist es möglich, mit verschiedenen Variationen im Farbaufbau der Farbreproduktion eine Farbvorlage im Vierfarbdruck wiederzugeben.

Grundlegende Verfahren dazu sind der Buntaufbau und der Unbuntaufbau. Da beide Techniken jedoch Extreme darstellen und gewisse repro- und drucktechnische Schwierigkeiten oder Mängel aufweisen, sind verschiedene Zwischenstufen als Varianten in der Praxis eingeführt. Angestrebtes Ziel der verschiedenen Varianten ist eine vorlagenbezogene, druckgerechte Reproduktion.

Buntaufbau
Im Buntaufbau werden Primärfarben durch eine, alle Sekundärfarben durch zwei bunte Druckfarben einer Farbskala wiedergegeben.

Tertiärfarben sollten in einem reinen Buntaufbau ausschließlich durch Teilmengen aller drei Buntfarben gedruckt werden. Es würde kein Schwarz im neutralen und im farbigen Bildbereich benötigt. Der Anteil von Schwarz wäre demnach gleich Null.

Alle unbunten Farbwerte vom hellen Grau bis zum Schwarz kämen dadurch zustande, dass sich der Zusammendruck aller drei Buntfarben zu einer unbunten Farbe neutralisierte. Farbsätze in reinem Buntaufbau werden kaum mehr hergestellt.

Skelett-Schwarz, drucktechnische Probleme
Mängel in der Remission aller bunter Druckfarben erfordern zusätzlich ein skelettartiges Schwarz in den Dreivierteltönen und Tiefen des Bildes zur Unterstützung der Zeichnung und des Kontrastes.

Trotz des Einsatzes von Schwarz entstehen Dreivierteltöne (Schattenbereiche) und Tiefen prinzipiell durch die drei bunten Druckfarben. Auch im modifizierten Buntaufbau ist jeder einzelne Farbton nach bestimmtem, festen Mischungsverhältnis der bunten Farben und Schwarz aufgebaut.

Dieser Vorteil eines klar definierten Aufbaus bietet jedoch wenig Möglichkeit, Lösungen für drucktechnische Schwierigkeiten anzubieten wie Farbannahmeverhalten, Farbschwankungen, Graustabilisierung, Trocknungsprobleme u. a. Daher wurde nach weiteren Variationen des Buntaufbaus gesucht.

Modifizierter Buntaufbau mit UCR
UCR ist die Abkürzung für Under Color Removal, das heißt eine sogenannte Unterfarbenreduzierung.

In neutralen, dunklen Bildbereichen können bei dieser Reproduktionstechnik theoretisch 300 bis maximal 400 % Flächendeckung (jede Druckfarbe mit Vollfläche bei den Bildtiefen oder Schwarz) gedruckt werden.

Besonders im Nass-in-Nass-Druck in Mehrfarben-Offsetdruckmaschinen kann es dabei zu erheblichen Farbannahmeproblemen und damit Farbschwankungen sowie Qualitätsminderungen kommen.

Beim Drucken mit Hilfe der Unterfarben-Reduzierung werden die Anteile von Gelb, Magenta und Cyan in den neutralen dunklen Bildbereichen vermindert. Die maximale Wirkung liegt dabei in den Bildtiefen, in denen Schwarz die erforderliche Tiefe bringt. Ein Auslaufen der Unterfarbenreduzierung in der Grauachse verhindert Tonwertabrisse.
Vorteile der Unterfarbenreduzierung sind:
– Verringerung der Farbmenge, dadurch geringere Farbannahmeprobleme und raschere Farbtrocknung
– Geringere Kosten für die Druckfarben.

Modifizierter Buntaufbau mit UCR und Graustabilisierung
Durch eine Graustabilisierung werden sämtliche Unbuntwerte vom Licht bis zur Tiefe teilweise oder

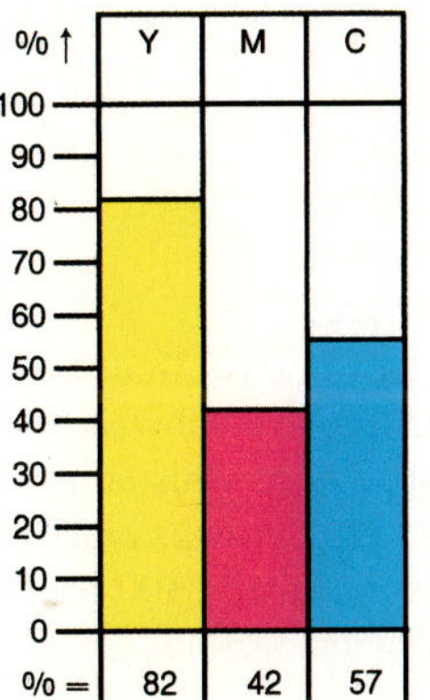

Dreifarbenaufbau

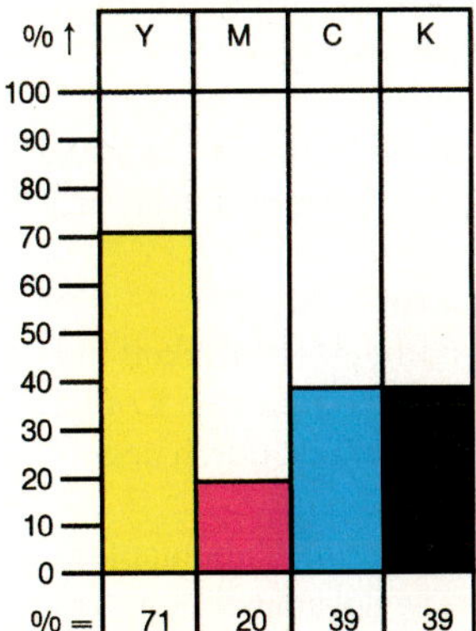

Vierfarbenaufbau

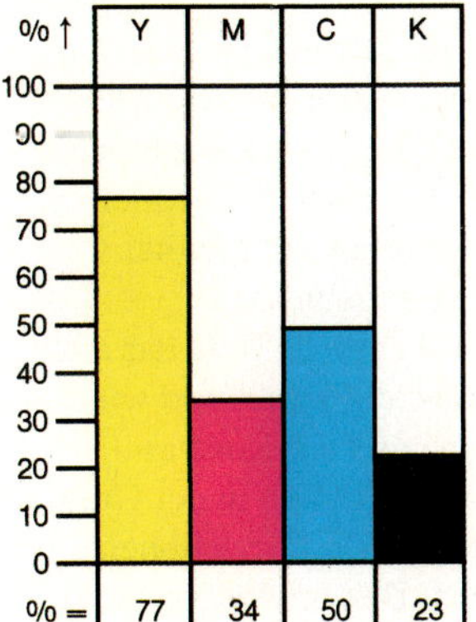

Vierfarbenaufbau
Gleicher Farbeindruck bei unterschiedlichen Mischungsverhältnissen

Die Aufgabe eines Scanners besteht unter anderem darin, von diesem Dia Farbauszüge zu erstellen. Dabei werden mindestens Auszüge von drei Farben benötigt. Das sind Gelb (Y), Magenta (M) und Cyan (C). Zur Unterstützung der bunten Druckfarben in den Bildtiefen wird zusätzlich die unbunte Druckfarbe Schwarz (key = K) eingesetzt.

Im dreifarbigen Aufbau besteht für jede Farbe bzw. Mischfarbe ein festes Verhältnis zwischen den drei Druckfarben. Durch Einführung der Hilfsfarbe Schwarz zur Erhöhung des Kontrasts und der Zeichnung geht die eindeutige Zuordnung des dreifarbigen Aufbaus verloren.

Das bedeutet: Der gleiche Farbeindruck kann durch feste Mischungsverhältnisse der drei Druckfarben oder durch variable Mischungsverhältnisse von vier Druckfarben erreicht werden.

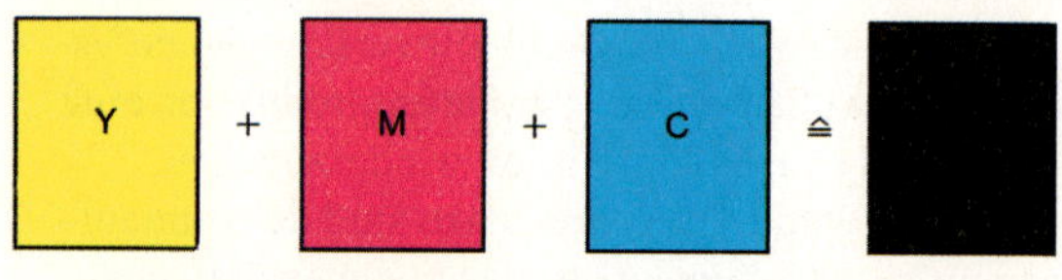

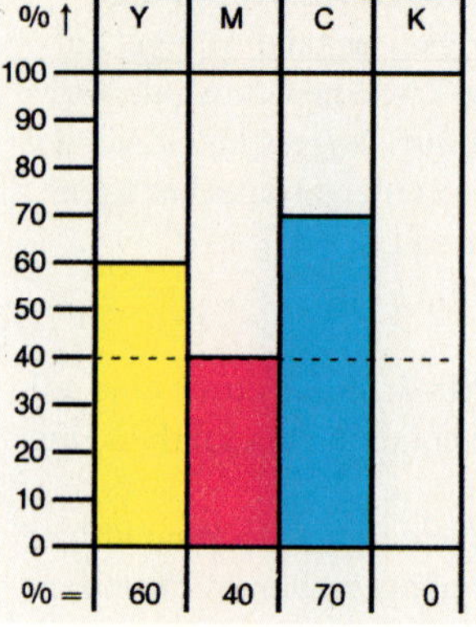

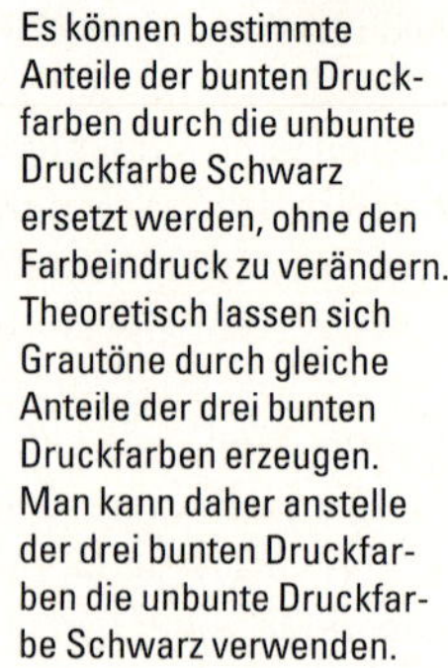
Es können bestimmte Anteile der bunten Druckfarben durch die unbunte Druckfarbe Schwarz ersetzt werden, ohne den Farbeindruck zu verändern. Theoretisch lassen sich Grautöne durch gleiche Anteile der drei bunten Druckfarben erzeugen. Man kann daher anstelle der drei bunten Druckfarben die unbunte Druckfarbe Schwarz verwenden.

Dieses beschränkt sich nicht nur auf Grautöne, sondern gilt auch für den farbigen Bildbereich. Der jeweils in der Mischfarbe enthaltene Grauanteil kann also durch Schwarz ersetzt werden.

Der in der Mischfarbe enthaltene Grauanteil wird als Unbuntwert (Komplementärfarbanteile) bezeichnet. Der Rest der bunten Druckfarben wird Buntwert (Eigenfarbanteil) genannt.

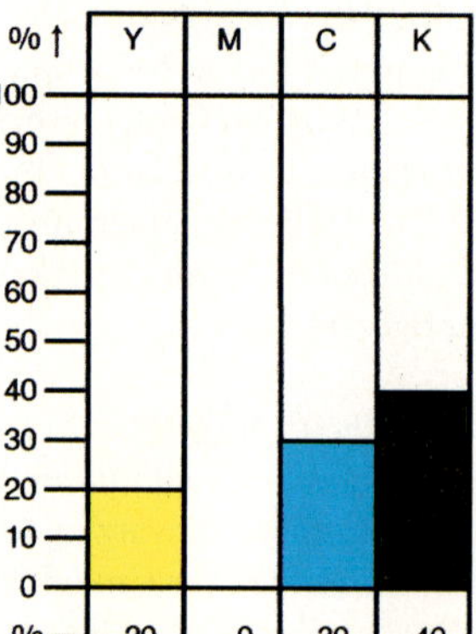

sogar vollständig durch Schwarz unterstützt oder ersetzt Es wird ein sogenanntes „langes“ Schwarz gedruckt.

Unbuntaufbau

Der unbunt-aufgebaute Farbsatz unterscheidet sich von bunt-aufgebauten Farbsätzen in den Tertiärfarben und in Graubereichen. Im reinen Unbuntaufbau werden sämtliche verschwärzenden Farbanteile in dem gesamten Bild maximal durch Teilmengen von zwei Buntfarben und durch Schwarz aufgebaut. An der Wiedergabe einzelner Farben ist das Prinzip des Unbuntaufbaus zu verdeutlichen:

- Primärfarben:
  Wiedergabe durch *eine* bunte Druckfarbe, Flächendeckung maximal 100 %.
- Sekundärfarben:
  Wiedergabe durch zwei Buntfarben, Flächendeckung maximal 200 %.
- Tertiärfarben:
  Wiedergabe durch Teilmengen von zwei Buntfarben. Die Teilmenge der dritten, zur Verschwärzlichung notwendigen Druckfarbe, wird vollständig durch eine weitere Teilmenge von Schwarz ersetzt. Teilmengen aller Farben müssen dabei < 100 % sein, so dass die maximale Flächendeckung unter 200 % liegt.
  In der Praxis wird die Buntfarbe entfernt, die den geringsten Farbanteil hat. Diese wird durch einen berechneten Schwarzwert ersetzt .
- Schwarz:
  Bei einem reinen Unbuntaufbau wird ein Schwarz ausschließlich durch die Druckfarbe Schwarz wiedergegeben,
  Flächendeckung daher maximal 100 %.
  Ebenso erfolgt jede Reduktion der Helligkeit in verschiedene Graustufen nicht durch eine Komplementärfarbe sondern ausschließlich durch den Druck von Schwarz.

Drucktechnisch zeigt dieser reine Unbuntaufbau theoretisch erhebliche Vorteile gegenüber dem (reinen) Buntaufbau. In der Praxis ergeben sich aber sowohl reprotechnisch als auch drucktechnisch Probleme.

Problem der Reproduktionstechnik ist eine optimale Farbtrennung. Beispielsweise erkennen verschiedene Scannertypen tertiäre, dunkle Farbtöne nicht gleich und reagieren daher unterschiedlich. Bereits kleine Einstellfehler führen zu qualitativ mangelhaften Reproduktionsergebnissen.

Im Druckprozess reicht als größte Tiefe das allein gedruckte Schwarz nicht aus: das Druckbild wirkt kraftlos, es fehlt die Brillanz und der Kontrast.

Ein besonderes Problem ergibt sich in der Grauachse von hellen Tonwerten zu Dreivierteltönen und sehr dunklen Farbbereichen: Der Tonwert reißt ab, es entstehen sichtbare Tonwertsprünge.

In helleren neutralen Tonwerten ist eine höhere Farbschichtdicke festzustellen. Dominierende Farbe ist das Schwarz. Um Farbschwankungen zu vermeiden, erfordern dunkle Tertiärfarben eine gleichmäßige Farbführung im Schwarz.

Unbuntaufbau mit Buntfarbenaddition (BA)
Geringe Teilmengen der Buntfarben unterstützen in neutralen Bildtiefen und Dreivierteltönen durch einen Grauton aus Buntfarben das Schwarz. Die genannten Probleme des Unbuntaufbaus sind dadurch nicht völlig auszuschließen.

Programmierter Unbunt-/Buntaufbau
Bei diesem Kombinations-Farbaufbau sind Variationen vom absolut reinen Unbuntaufbau bis zum vollständig reinen Buntaufbau elektronisch zu realisieren.

Vorlagenart und -beschaffenheit, Scannertechnik, Drucktechnik (Bogendruck, Rollendruck, Druckfarben, Trocknungssystem), Bedruckstoff (Bedruckbarkeit, Oberflächenqualität) und geforderte Qualität ermöglichen einen variablen, produktbezogenen Bildaufbau.

Die verschiedensten Ausführungsvarianten lassen sich bereits jetzt an modernen Scannern programmieren und so unproblematisch den gewünschten Bedingungen anpassen.Für diese neue Varianten des Farbaufbaus – erstmals durch die Scannertechnik zu realisieren – ist bisher kein einheitlicher Fachbegriff gefunden worden.

Harald Küppers prägte erstmals den Begriff „Unbunt-Aufbau" und setzte sich stark für dessen Umsetzung ein. Die möglichen und erforderlichen Varianten sind auch durch ergänzende Bezeichnung wie „Unbuntaufbau mit Buntfarbenaddition" technisch nicht vollständig und präzise zu erfassen.

Unternehmen der Druckvorstufe und auch Scannerhersteller haben für diese Farbauszugstechnik des Unbuntaufbaus mit möglichen Zwischenstufen verschiedene Begriffe geprägt wie z.B.:

- Abgestufter Buntaufbau mit passender Schwarzgradation (Inno Eder, Druckvorstufenunternehmen)

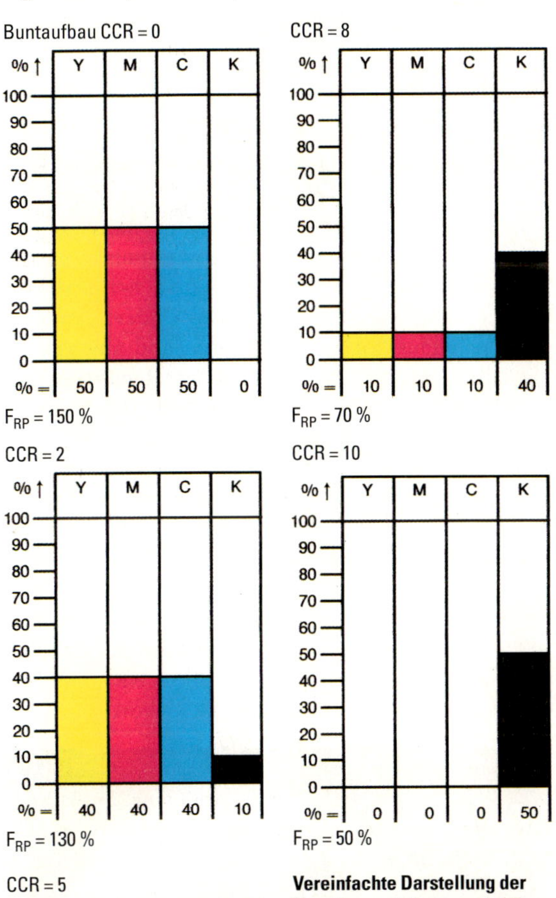

CCR = 5

% ↑	Y	M	C	K
% =	25	25	25	25

F_{RP} = 100 %

Vereinfachte Darstellung der Komplementärfarbenreduktion (CCR)
Die Funktion CCR ermöglicht alle Reproduktionsvarianten zwischen Bunt- und Unbuntaufbau. Das bedeutet: Buntaufbau und Unbuntaufbau sind Extremfälle der Funktion CCR: CCR = 0 = Buntaufbau, CCR = 10 = Unbuntaufbau. Dazu Beispiele für einen Grauton.

Das gleiche Ergebnis wäre auch mit der Funktion UCR erreichbar, und zwar durch Farbrücknahme im Bereich der Grauachse. Das wesentliche Merkmal von CCR liegt jedoch darin, dass es im gesamten Farbraum wirksam ist. Zu beachten ist die Änderung der Flächendeckungssumme.

Farbiger Bereich: vereinfachte Darstellung für einen Rotbraun-Ton

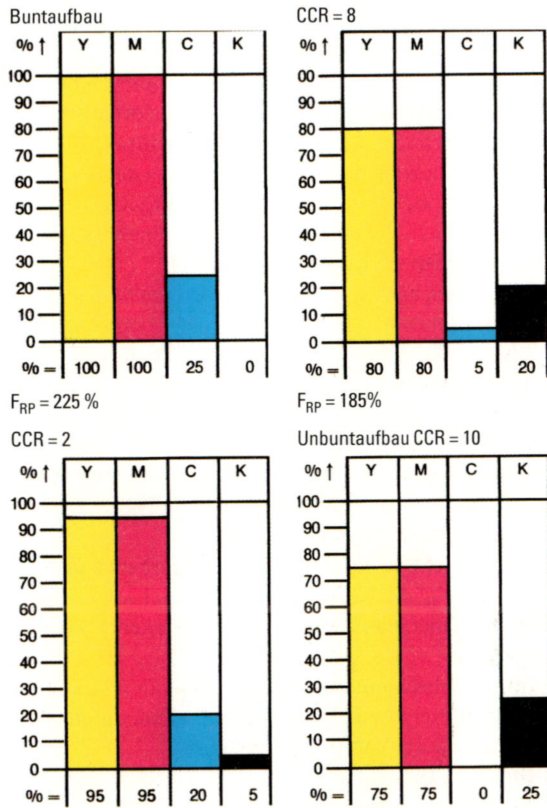

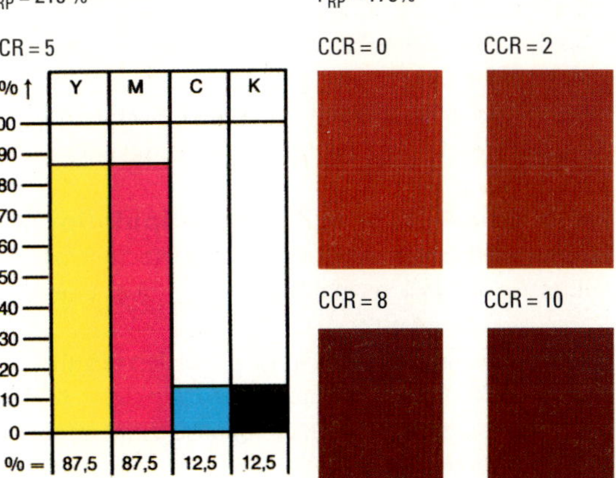

- CCR (= Complementary Color Reduction, eine Bezeichnung ursprünglich aus dem Hause Hell)
- ICR (= Integrated Colour Removal, bei Dainippon Screen)
- PCR (= Polychromatic Colour Removal, aus dem Unternehmen Crosfield)

oder

- achromatischer Farbaufbau (Agfa-Gevaert).

Hinweise zu einem Farbsatzaufbau
Wenn man den konventionellen Buntaufbau betrachtet, wird beispielsweise eine braune Farbe aus bestimmten Anteilen von Magenta und Gelb sowie einer kleineren Menge Cyan aufgebaut. Cyan hat dabei die Aufgabe, dass durch Magenta und Gelb gebildete Rot zum Braun zu „verschmutzen".

Bei dem reinen Unbuntaufbau dagegen wird das Cyan völlig weggelassen und durch einen berechneten Schwarzanteil ersetzt. Für die drucktechnische Wiedergabe von Braun sind dann nur Gelb, Magenta und Schwarz in bestimmten Anteilen erforderlich.

Beim Betrachten der Wiedergabe neutraler Grautöne sieht man, dass diese Töne bei der traditionellen Methode des Buntaufbaus so aufgebaut sind, dass sich Gelb, Magenta und Cyan in einem fast labil zu nennenden Gleichgewicht befindet.

Das Gleichgewicht der Grautönen muss aber auch bei schwankendem Farbauftrag, wie er beim Drucken prozessbedingt auftritt, erhalten bleiben, um einen *Farbstich* (Bunttonfehler) zu vermeiden.

Bei unbuntem Farbaufbau werden alle Grautöne hauptsächlich durch Schwarz wiedergegeben. Durch schwankenden Farbauftrag kann nur bei der wichtigsten Farbe, nämlich Schwarz, die Dichte variieren, nicht aber das Farbgleichgewicht.

Wenn der Grauton einen leichten Farbstich aufweist, erfolgt die Korrektur nicht mit Schwarz, sondern mit einer oder zwei der Farben Magenta, Gelb und Cyan.

Im Vergleich mit einem konventionellen Buntaufbau hat dieser modifizierte Unbuntaufbau durchaus beachtenswerte Vorteile für den Druck:
- Stabilere Graubalance
- Einfachere, problemlosere Farbführung und Stabilisierung des Fortdrucks
- Geringerer Farbverbrauch in neutralen Bildtiefen
- Höhere Druckgeschwindigkeit
- Weniger Probleme beim Trocknen der Druckfarbe
- Geringerer Bedarf an Druckbestäubungspuder.

4.5.4 Korrekturen und Bildmanipulationen

Korrekturen sind in der Reproduktionstechnik auch zukünftig nicht zu vermeiden. Dafür gibt es eine Reihe von Gründen:
- Verarbeitungstechnisch bedingt werden bei allen Reproduktionsarbeiten immer wieder kleine technische Mängel auftreten, die heute elektronisch zu beseitigen sind.
- Ideale Bildvorlagen, die allen Wünschen gerecht werden, wird es auch in Zukunft nicht geben.
- Der Kunde kann Ton- und Farbwertänderungen an der Vorlage wünschen oder eine exakte farbgetreue Wiedergabe eines gegebenen Originals (z. B. Stoffmuster und nicht der Bildvorlage) verlangen.
- Bildvorlagen, Reproduktionsprodukte und auch Druckergebnisse lassen sich ggf. messtechnisch objektiv beurteilen, andererseits spielt aber sehr stark das Empfinden und damit die subjektive Beurteilung durch den Auftraggeber (Kunde) eine entscheidende Rolle. Die von ihm geforderte subjektive Qualität mag dabei von der reproduktions- und drucktechnischen Qualität abweichen.

Selbst eine hochmoderne digitale Reproduktion kommt – zum Beispiel bei oft gegensätzlichen Vorstellungen und Wünschen des Kunden – nicht ohne korrigierende Eingriffe in den Arbeitsablauf aus.

Diese Korrekturen sind bereits vor dem eigentlichen Reproduktionsprozess entsprechend der Vorlage, der Arbeitsbedingungen oder der gewünschten Produkte zu berücksichtigen und sachgerecht umzusetzen. Nur dadurch lassen sich Enttäuschungen über die vermeintlich schlechte Qualität, technische Probleme und unnötige Kosten vermeiden.

Das Erstellen einer produktionsgerechten Arbeitsanweisung an die Reproduktionstechnik ist somit eine wesentliche Aufgabe der Arbeitsvorbereitung.

Zum anderen handelt es sich um um spezielle Ton- und Farbwertkorrekturen in einem standardisierten Prozess, der die Kennlinien des Druckprozesses berücksichtigt (näheres dazu vgl. hierzu im Kapitel: Qualität, Messtechnik und Standardisierung)

Bildmanipulationen – Mit Pixeln lügen?
Das Bild als Nachricht, als Medium der Information beherrscht heute die Übertragungsmechanismen. Ihre synthetische Herstellung durch einen rechnergestützen Mitteleinsatz erlaubt radikale Manipulationen. Es ist in den seltensten Fällen auszumachen, ob ein Bild „richtig" oder „falsch" ist. Das Bilder manipuliert und dadurch in ihrer Bedeutung und Aussage verändert werden können, ist bei digitalen Prozessen – erst recht, wenn diese „Manipulation" gut gemacht ist – nur sehr schwer oder gar nicht zu erkennen.

Bildmanipulationen haben eine lange Tradition. Und das gilt nicht nur für das gedruckte Bild in einem Printmedium. Man ist aber trotzdem immer noch gewohnt, einem Bild eine hohe Glaubwürdigkeit zu unterstellen.

Bildern (*„Ich habe es selbst gesehen!"*) vertraut jeder Mensch immer noch mehr als Worten!

Kann nicht dadurch sogar ein Bild mehr lügen und damit beeinflussen als ein gedrucktes Wort?

Unwahrscheinlich: Mohn am Löwenzahn
Elektronische Bildmontage, perfekt ausgeführt – alles ist möglich. (Abb.: Mareis, Weißenhorn)

4.6 Farbenordnungssysteme

Das Bemühen, die Farben in ein rationales System zu bringen, geht bis in die Antike zurück. Aber erst mit dem Beginn der exakten Naturwissenschaften im 17. Jahrhundert entstehen gegliederte Modelle.

Johann Wolfgang von Goethe (1749–1832), der berühmteste deutsche Dichter und Universalgelehrte, beschäftigte sich auch mit Farben und ihren Beziehungen. Lange Zeit wurden diese Arbeiten sehr zwiespältig betrachtet – sie standen in einem besonderen Gegensatz zu den Erkenntnissen Newtons.

Die salomonische Erkenntnis in diesem „Streit": Newton und Goethe gingen – gemäß ihrer Veranlagung – von einem gänzlich verschiedenen Standpunkt aus und fassten das Problem von unterschiedlichen Seiten an. Newton, der Physiker, experimentierte mit dem Licht als neutraler wissenschaftlicher Beobachter. Goethe dagegen, eine empfindsame Künstlernatur, ging vom Menschen und seinen subjektiven Empfindungen aus.

Auch heute ist es noch problematisch, über Farben verbal und eindeutig zu kommunizieren.

Ein Verständigungssystem mit eindeutigen Angaben zu verschiedenen Farben und Farbnuancen suchten Künstler, Physiker, Mathematiker und auch andere Wissenschaftler. Man versuchte, die Ordnung der Farben zueinander und das harmonische Zusammenwirken als objektive Gesetzmäßigkeit zu erforschen und in einem farbtheoretischen Modell darzustellen.

Die Entwicklung führte zu geometrischen zweidimensionalen Formen und dreidimensionalen Körpern, von den einige erläutert werden sollen. Zu beachten ist, dass bei älteren Farbenordnungen andere Farbtöne – bedingt durch die damals vorhandene Pigmente – verwendet wurden und auch andere Farbbezeichnungen gültig waren.

4.6.1 Zweidimensionale Farbenordnungen

– Farbendreieck

Bei einem Farbendreieck stehen die Grundfarben an den Eckpunkten. Sekundärfarben liegen als Mischfarben zwischen diesen Primärfarben auf der gleichen Achse. Die Innenflächen bilden Tertiärfarben, die zum Mittelpunkt des Dreiecks hin durch ein weiteres Mischen der drei Grundfarben immer dunkler werden. Mit diesem System beschäftigte sich bereits in der Mitte des 18. Jahrhunderts Tobias Mayer.

Die weitere Entwicklung führte zu dem „Harmonischen Dreieck", dessen Angaben auch heute noch ihre Gültigkeit bei der harmonischen Auswahl von Farben besitzen.

– Farbenkreise

In umfassenden, grundlegenden Arbeiten beschäftigte sich Johann Wolfgang von Goethe (1749 –1832) mit der Farbenlehre. Seine Arbeiten galten für ihn als eines seiner Hauptwerke. Systematisch untersuchte er ästhetische, physiologische, psychologische und auch chemische (hier: gegenständliche Qualität) Wirkungen und stellte diese umfassend dar.

Der Schweizer Maler und Kunstpädagoge Johannes Itten (1888–1967), entwickelte als Lehrer in Stuttgart und am Bauhaus (1919–1923) systematische Studien zur Farbenlehre und Farbharmonie. Sein Werk „Kunst der Farbe" ist heute noch ein Standardwerk für Grafiker und Designer sowie das Kunst- und Farbstudium. Itten erweiterte den Farbenkreis Goethes bis zu einem zwölfteiligen Ring mit einem Farbenstern, der grundsätzliche Beziehungen der bunten Farben zu Weiß und Schwarz zulässt. Damit war der Weg zur umfassenderen Dreidimensionalität in einem Farbenraum (Kugel u.a. Körperformen) gefunden.

In der Druckindustrie ist der sechsteilige Farbenkreis (Abb. Seite 4·23) das einfachste der bestehenden Farbenordnungssysteme, das jedoch für eine Kommunikation über objektive, farbmetrische Erscheinungen von Farben ungeeignet ist. Es ist aber ein gutes Hilfsmittel zur Erkenntnis von Gesetzmäßigkeiten, z.B. bei einem Farbauszug.

Den Grundfarben liegen entsprechend der Farbmischgesetze die Sekundärfarben komplementär gegenüber.

Die Mischung einer Grundfarbe mit einer Komplementärfarbe (Ergänzungsfarbe) ergibt
– bei subtraktiver Farbmischung Schwarz,
– bei additiver Farbmischung Weiß.

Prinzipielle additive und subtraktive Mischgesetze sowie Zuordnungen von Farbfiltern bei der Reproduktion, Schwärzungen im Film bei Farbauszügen und der densitometrischen Messung u. a. lassen sich einfach ablesen.

4.6.2 Dreidimensionale Farbenordnungen

Mediengestalter und Druckfachleute, Grafik-Designer, Maler u. a. kommen in der Praxis nicht mit den zweidimensionalen System zur exakten Beschreibung von Farben aus.

Die Farben Gelb, Magenta, Cyan, Rot, Blau und Grün – selbst diese sind grundsätzlich nicht als Basis-pigmente vorhanden – bilden nur Eckpfeiler einer Vielzahl von Farben in unterschiedlichsten Nuancierungen.

Umgangssprachlich verwendete Bezeichnungen wie Lila, Hellgrün, Olivgrün, Smaragdblau, Hellrot, Rosa, Orange, Zitronengelb usw. sind nur zweifelsfrei zu interpretieren, wenn alle möglichen Farbrichtungen exakt beschrieben werden können.

Voraussetzung für eine eindeutige Kommunikation sind dreidimensionalen Farbenordnungen, sogenannte Farbkörper, die den gesamten Farbenraum erfassen.

Dazu wurden verschiedenste dreidimensionale Farbenordnungssysteme, aufbauend auf den Formen Kugel, Kegel, Würfel und Rhomboeder entwickelt. Einige bedeutende Farbenordnungssysteme sind:
– die Farbenkugel nach dem Maler Otto Runge (1777 - 1810),
– der Farbendoppelkegel nach dem Chemiker Wilhelm Ostwald (1923)

– der Farbenwürfel nach Alfred Hickethier (1940)
– der Farbenkörper nach Manfred Richter (1962), die Basis für das später entwickelte DIN-System und
– der Farbenkörper als Rhomboeder nach Harald Küppers (1970)

Durchgesetzt hat sich zur Kommunikation in der Praxis seit langem ein einfaches System, der Farbenwürfel nach Alfred Hickethier. Dieser Farbenwürfel geht von den drei Primärfarben des Druckprozesses C, M, und Y aus und berücksichtigt die Rasterung von farbigen Bildern oder Flächen.

Mit diesem anschaulichen System ist es möglich, mit einem optischen Vergleich 1000 Farben durch einen dreistelligen Zifferncode annähernd genau zu benennen.

Auch wenn die Basis dieses Systems reale Druckfarben sind, die keine optimalen Absorptions- und Remissionseigenschaften aufweisen, ermöglicht das System für die Reproduktions- und Druckindustrie eine anschauliche Verständigung.

Farbtafeln der Farbenhersteller, die in der Farbreproduktion, bei Grafikern und im Druck verwendet werden, sind jeweils Scheiben aus diesem Würfel. Sie gestatten eine gewisse Kommunikation und sind die Basis für bestimmte Ton- und Farbwertkorrektur in gerasterten Bildern zu verwenden. Bei diesen Farbtafeln bzw. Farbmischfächern wird jedoch das Schwarz als zusätzliche Farbe verwendet.

An den acht Eckpunkten des Farbenwürfels liegen
– die Unbuntfarben Schwarz, Weiß,
– die Primärfarben Gelb, Cyan, Magenta und
– die Sekundärfarben Rot, Blau und Grün.

Den Primärfarben liegen über den Mittelpunkt des Würfels die Komplementärfarben gegenüber. Dem Weiß steht das Schwarz gegenüber, so dass in der Würfelmitte ein mittleres Grau liegt.

Alle Farbenmischungen liegen auf äußeren oder beliebigen inneren Punkten. Der Weißanteil ist nicht materiell der bestimmten Farbe hinzuzumischen, sondern ergibt sich durch das Aufrastern des entsprechenden Volltons.

Hickethier Farbenwürfel
An den Eckpunkten liegen sich subtraktive Grundfarben und deren Komplementärfarben gegenüber. Das gleiche gilt für die beiden unbunten Extremwerte Weiß und Schwarz. In der Mitte des Würfels liegt der Neutralgrauwert 555.

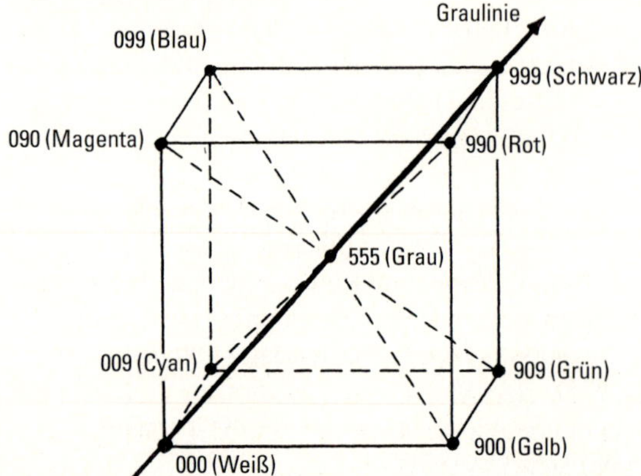

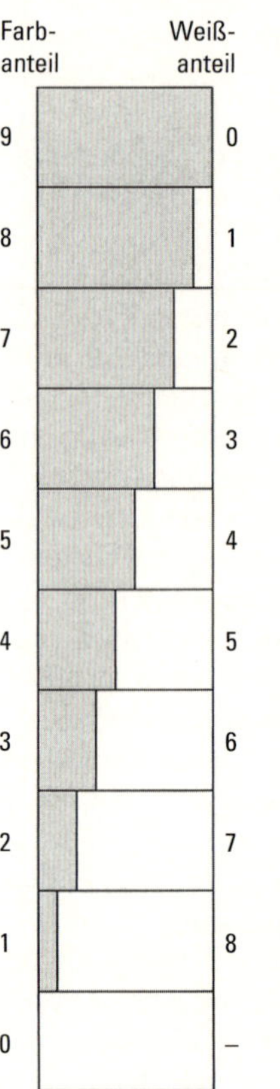

Die drei Ziffern des Zahlencodes bezeichnen jeweils eine Grundfarbe sowie deren Anteil an der Farbmischung
– erste Ziffer: Gelb,
– zweite Ziffer: Magenta,
– dritte Ziffer: Cyan
und in der Buntheit (Sättigung)
– mit der Ziffer 9 die höchste Sättigung, d.h. den nicht gerasterten Vollton der Farbe und
– mit der 0 keinen Farbanteil dieser Farbe.

Die Zwischenwerte bilden 10 Sättigungsstufen, d. h. Mischungen mit Weiß durch das Aufrastern (Wirkung durch Papierweiß). Das Schwarz ergibt sich durch das Hinzufügen der jeweiligen Komplementärfarbe.
Der Versuch, mit Worten Farben zu bestimmen oder dem Zahlencode einen Namen zuzuordnen, ist problematisch.

Systematik des Farbwürfels

Basisfarbe	Zifferncode	Basisfarbe	Zifferncode
Weiß	000	Rot	990
Gelb	900	Grün	909
Magenta	090	Blau	099
Cyan	009	Schwarz	999

Beispiele für den Zahlencode und mögliche verbale Farbbezeichnungen:

777	dunkles Grau
555	mittleres Grau
222	helles Grau
645	grünliches Grau
909	Grün
606	helles Grün
905	gelbliches Grün (Lindgrün)
809	bläuliches Grün
746	grünliches Oliv
642	Hautton
960	gelbliches Rot (Orange)
095	blaustichiges Magenta (Violett)
033	helles Blau

Die Komplementärfarbe zu einer Farbe ergibt sich durch die Differenz des Zahlencodes zu 999. Dies gilt auch für Mischfarben.

Farbe	Komplementärfarbe	Zifferncode max.
900 (Gelb)	+ 099 (Blau)	= 999
090 (Magenta)	+ 909 (Grün)	= 999
009 (Cyan)	+ 990 (Rot)	= 999
358	+ 641	= 999
942	+ 057	= 999

In der Praxis analysiert der Medienoperator einen Farbton, der im Vierfarbdruck entstehen soll, ggf. mit solchen Hilfstabellen. Diese Farbtontabellen enthalten das Farbmuster und Angaben über die Zusammensetzung aller 1000 Farbwerte. Der Anwender sucht den entsprechenden Ton- und Farbwert in der Tabelle und liest dazu die entsprechende Zusammensetzung ab.

Zur Veranschaulichung des Systems ein Beispiel: Ein Mediengestalter sucht die nicht genau zu bestimmenden Farbwerte für einen Hautton. Er möchte wissen, durch welche Druckfarbenanteile dieser Farbwert entsteht. Auf der Farbtabelle findet er den gesuchten Tonwert im Vergleich mit der Bildvorlage unter der Kennziffer 642.

Daraus schließt der Mediengestalter, dass sich der Hautton aus den Anteilen
- 66 % Gelb,
- 44 % Magenta und
- 22 % Cyan

zusammensetzt und in diesen Rastertonwerten gedruckt werden kann.

4.6.3 Farben und Farbenräume

Das Farbempfinden ist individuell verschieden und von äußeren Umständen abhängig. Für eine eindeutige Kommunikation müssen aber Farben so exakt beschrieben werden, dass kein Irrtum möglich ist.

Bei aller Subjektivität können Farben aber auch objektiv miteinander verglichen werden. Hierzu sind standardisierte, messtechnisch auswertbare Bedingungen zu schaffen (vgl. Kapitel 8 und im Kapitel 13 das spektralfotometrische Messen von Farben. Literatur: Color Management, Linotype-Hell).

Vom Farbendreieck zum Farbenraum

Beim Betrachten von Farbe sind drei wichtige Merkmale zur eindeutigen Definition entscheidend:
- Buntton
- Buntheit
- Helligkeit.

Der Begriff *Buntton* (umgangssprachlich Farbton genannt) bezeichnet die grundsätzliche Farbe eines Objekts, wie z.B. Gelb, Grün, Rot oder Blau. Er ist unser erstes farbliches Unterscheidungskriterium, wenn wir etwas betrachten.

Der Begriff *Buntheit* bezieht sich auf die spektrale Reinheit der Farben. Beispiel: Wenn zu dem aus den additiven Grundfarben (Lichtfarben) Rot und Grün gemischten Gelb sukzessive Blau hinzugegeben wird, entstehen Gelbabstufungen von geringerer Reinheit. Diese sind dann weniger bunt:

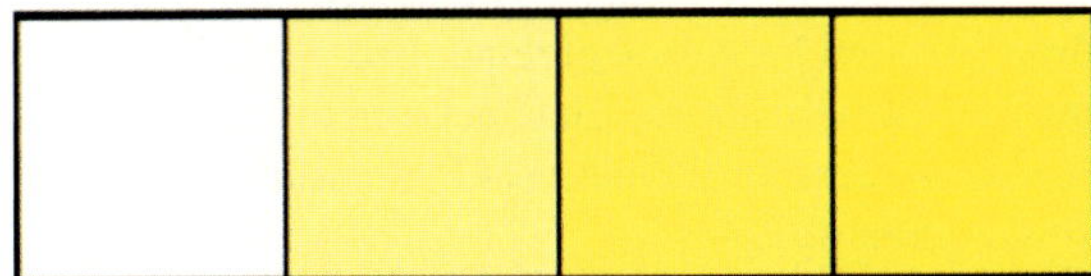

Farben unterschiedlicher Buntheit haben den ursprünglichen Buntton, da das Verhältnis der Farbwerte Rot und Grün nicht verändert worden ist. In dem Farbendreieck wandern sie z.B. auf der Verbindungsgeraden vom Farbort Gelb in Richtung Blau:

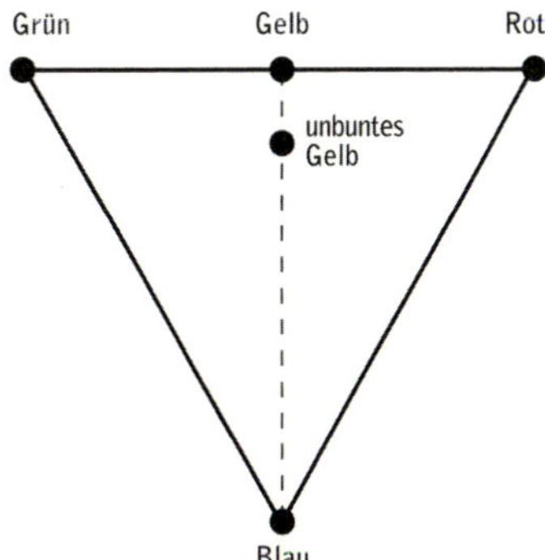

Weitere Zugabe der dritten Grundfarbe bis zu dem Punkt, an dem alle drei Grundfarben gleiche Anteile aufweisen, ergibt Weiß. Die Buntheit ist dann gleich Null. Im Farbendreieck liegt der unbunte Bereich in der Mitte:

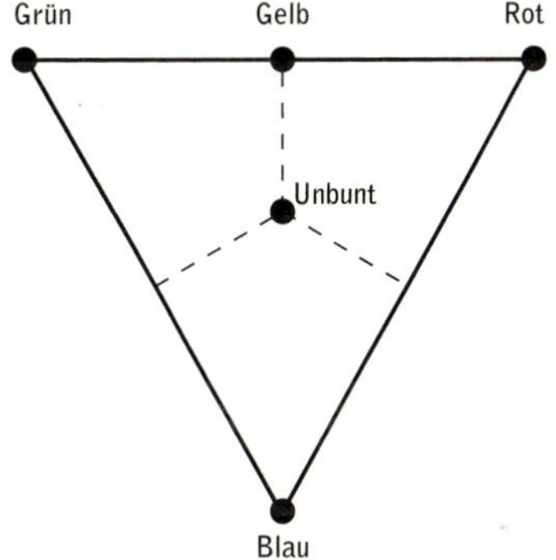

Alle übrigen aus den drei Grundfarben additiv mischbaren Farben liegen innerhalb der Fläche dieses Farbendreiecks. Je weiter sie zum Rand des Dreiecks gelagert sind, desto höher ist ihre Buntheit.

Eine Mischung hat eine hohe Buntheit, wenn sie einen geringeren Anteil ihrer dritten Komponente aufweist. so haben alle Farben, die nur aus zwei Grundfarben gemischt sind, maximale Buntheit.

Reduziert man in einer Kombination aus drei Grundfarben alle drei Farbanteile gleichzeitig unter Beibehaltung des Mischungsverhältnisses, bleibt der Buntton unverändert. Die Farbe verliert jedoch an Helligkeit.

Würden alle drei Grundfarben auf den Wert Null absinken, ist die resultierende Farbe Schwarz. Es hat wie das Weiß die Buntheit Null.

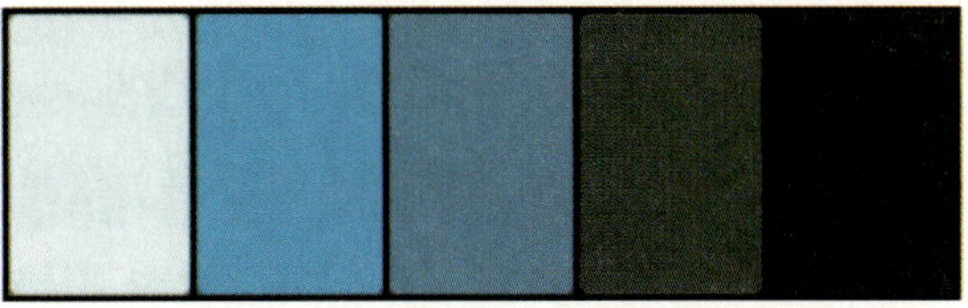

Im Farbendreieck sind sowohl der Buntton als auch die Buntheit zu definieren. Somit sind die Farben in ihrer Farbart bestimmt und bilden dann ein sogenanntes Farbartendreieck.

Alle Farben in diesem Farbartendreieck sind nur durch ihren Buntton und ihre Buntheit, nicht jedoch durch ihre Helligkeit definiert; diese kann beliebig sein.

Um die Helligkeit in die grafische Darstellung zu integrieren, muss man aus dem zweidimensionalen Farbartendreieck in eine räumliche Darstellung, den Farbraum, übergehen.

Dadurch entsteht ein dreidimensionales Koordinatensystem mit den Koordinaten für die Farben Rot, Grün und Blau.

Das zwischen den Koordinaten aufgespannte Dreieck stellt das Farbartendreieck dar. Ein Farb-

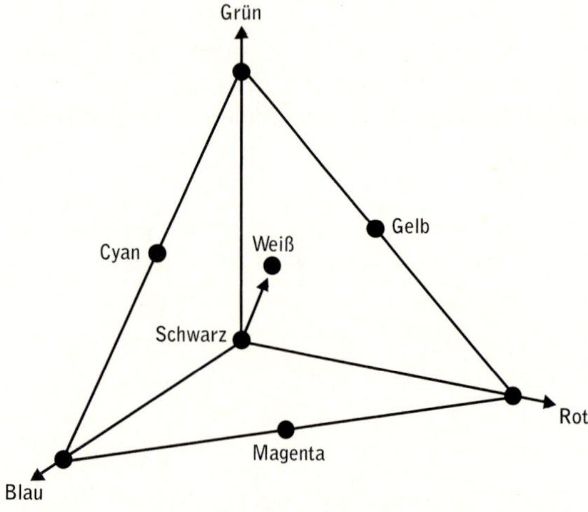

ort im Farbraum ist durch die drei Farbvektoren bestimmt, die jeweils Anteile der Grundfarben darstellen. Diese Anteile heißen Farbwerte.

Hierzu ein Beispiel: Aus 0,6 Rot und 1,1 Grün sowie 0,4 Blau entsteht ein wenig buntes Gelbgrün:

Der Durchstoßpunkt des resultierenden Vektors stellt die Farbart Gelbgrün, der Endpunkt des Vektors die Farbe Gelbgrün unter Einschluss ihrer Helligkeit dar.

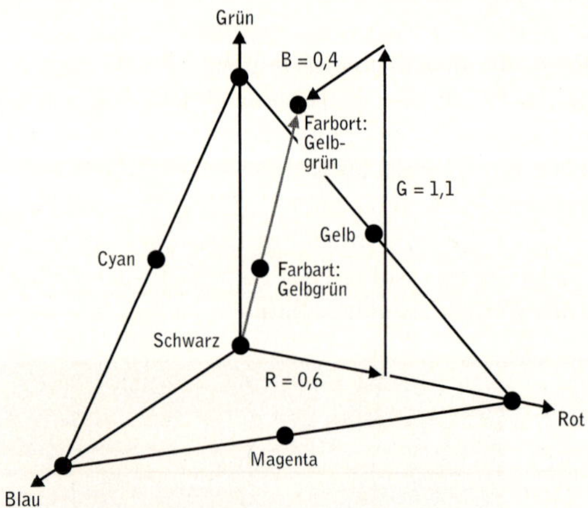

Je weiter die Farborte der Grundfarben vom Nullpunkt entfernt liegen, desto größer ist das Volumen des so gebildeten quaderförmigen Farbkörpers und damit die Qualität des auf ihm basierenden Farbreproduktionssystems.

Alle Farben, die innerhalb dieses Farbkörpers liegen, sind von einem Reproduktionsystem , das auf diesen Grundfarben basiert (z.B. ein Farbmonitor) reproduzierbar. Farben, die außerhalb des Farbraums liegen, können von diesem System nicht dargestellt werden. Die Grundfarben eines Farbraums sind im wesentlichen durch das Gerät, in dem sie erzeugt werden, bestimmt.

Die Bedeutung des Auges bei der Entwicklung zu einem Farbraum

Beachten wir nochmals zusammenfassend Merkmale, die das Phänomen Farbe charakterisieren:

- Farbe ist ein Sinneseindruck, der nicht mit physikalischen Größen beschrieben werden kann.
- Für die Entstehung des Sinneseindrucks Farbe braucht es zwei Voraussetzungen, nämlich sichtbare Strahlung und das Auge als Empfangsorgan.
- Zur Beschreibung von Farben sind drei Größen notwendig und hinreichend: der Buntton, die Buntheit und die Helligkeit.
- Eine zahlenmäßige Beschreibung von Farben ist nur möglich, indem die Funktion des Auges bei der Bewertung einbezogen wird.

Der letzte Punkt bedarf einer ergänzenden Erläuterung: Schon seit über 100 Jahren ist bekannt, dass das menschliche Auge drei farbempfindliche Sensoren, sogenannte Farbrezeptoren, aufweist, die je auf grüne, rote und blaue Strahlung reagieren.

Diese drei Farbkanäle des Auges werden in der Farbenlehre mit den Buchstaben X, Y, Z bezeichnet.

Wenn man feststellen will, wie das Auge sichtbare Strahlung bewertet, so hat man mit einem Messgerät die drei Farbkanäle XYZ zu simulieren. Die einfachste Methode, dies zu tun, ist die Verwendung von drei Filtern, die die drei Augenempfindlichkeitskurven XYZ simulieren.

Die Sinnesempfindung Farbe ist nun jedoch nicht identisch mit den drei Farbwerten XYZ.

Empfindungsmäßig klassiert man nämlich Farben nicht nach ihren Rot-, Grün- und Blauanteilen, sondern mit den Größen

- Buntton,
- Buntheit und
- Helligkeit.

Im Gehirn werden somit die drei Werte XYZ transformiert, wobei aber noch weitere Parameter diese Umrechnung beeinflussen.

Vor allem spielt das Umfeld der betrachteten Farbe eine Rolle: Es ist beispielsweise bekannt, dass ein Grün in rotem Umfeld viel reiner und gesättigter empfunden wird als das gleiche Grün in einem blauen oder grauen Umfeld. Dieses Phänomen nennt man Simultankontrast.

Ferner wird Weiß auch dann noch als Weiß empfunden, wenn die beleuchtete Lichtart gelblich oder bläulich ist. Dieses Phänomen nennt man Farbumstimmung.

Die vom Auge registrierten Farbwerte XYZ werden zudem je nach der Lage in dem Farbraum unterschiedlich gewichtet.

So werden Unterschiede in sehr gesättigten und dunklen Farben weniger stark gewichtet als solche in hellen oder unbunten Farben.

Für die praktische Farbbewertung ist die Feststellung wichtig, dass es kein einzelnes Rechenmodell gibt, das allen vorgenannten Phänomenen der Farbempfindung gleichermaßen Rechnung trägt.

Anstelle dessen existieren mehrere Formen und Transformationen, um von den Anzeigegrößen des Auges XYZ zu den empfindungsgemäßen Größen Buntton, Buntheit und Helligkeit zu gelangen.

Aufbau von Farbsystemen

Da jede Definition der Farbempfindung drei Größen benötigt, sind Systeme, die der Ordnung von Farben dienen, notwendigerweise dreidimensional und können daher auch als Farbräume bezeichnet werden.

Nicht jedes Farbsystem muss allerdings eine Farbordnung und damit eine räumliche Darstellung der Farben beinhalten, denn zur Veranschaulichung von Farben kann auch eine unsystematische Sammlung von Farbmustern genügen.

Eine solche Sammlung ist beispielsweise die RAL-Farbensammlung, die vom Deutschen Institut für Gütesicherung und -kennzeichnung geschaffen wurde.

Bei den eigentlichen Farbenordnungssystemen kann man vom Aufbau her vier Fälle unterscheiden, nämlich Systeme basierend auf
- der Farbmischung
- der Funktion des Auges
- dem Farbkreis
- Farbdifferenzformeln.

Klassifikation der wichtigsten Farbsysteme

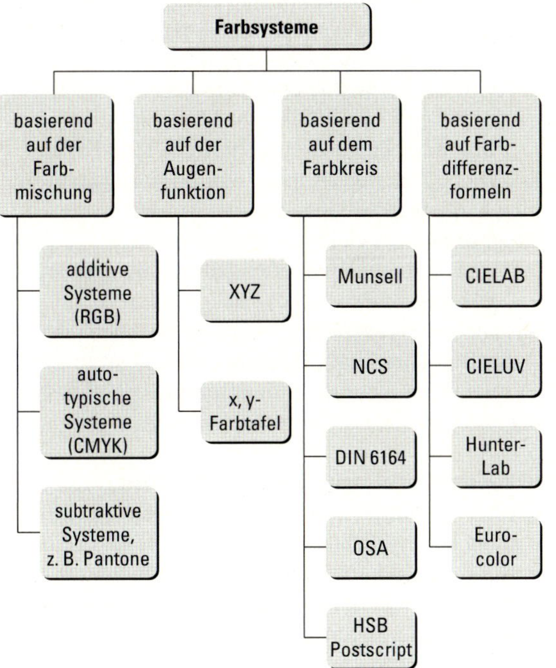

Eine Klassierung der bekanntesten Systeme, aufgeschlüsselt nach diesen vier Fällen, zeigt die vorhergehende Klassifikation.

Für eine prozessbezogene Definition von Farben in der digitalen Bildverarbeitung spielen vor allem folgende Systeme eine wichtige Rolle:
- XYZ
- xy-Farbtafel
- CIELUV
- CIELAB
- RGB
- HSB (PostScript)
- CMYK

XYZ-System

Wie bereits erläutert, besitzt das menschliche Auge drei Farbrezeptoren mit unterschiedlichen spektralen Empfindlichkeiten. Da diese Empfindlichkeitskurven

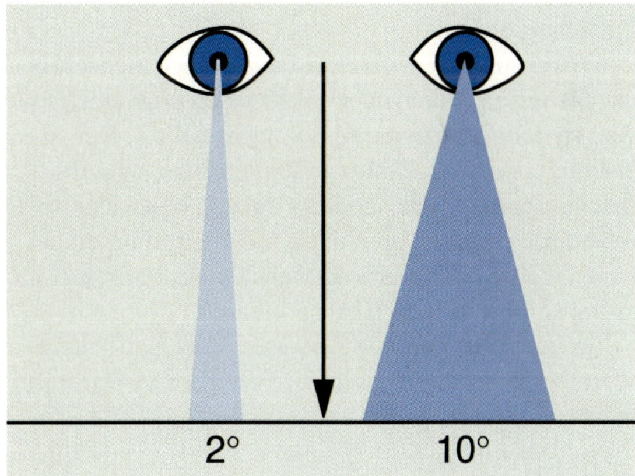

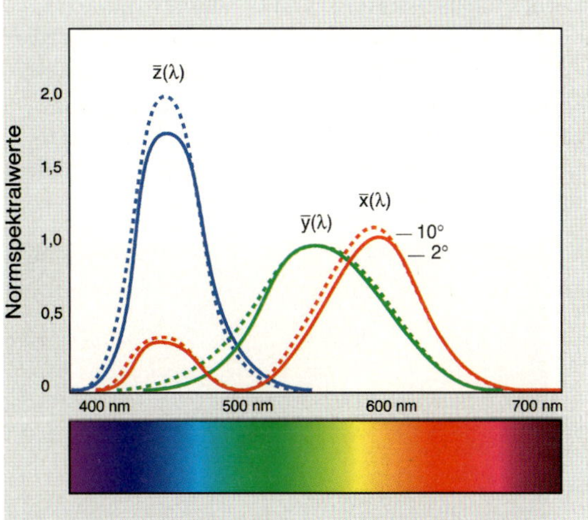

von Mensch zu Mensch leicht unterschiedlich sind, hat man bereits 1931 von der CIE (Commission Internationale de l´Eclairage) durch Test an (nur wenigen!) Personen Standardempfindlichkeitskurven für einen 2^0-Normalbeobachter definiert, 1964 folgte der gleiche Test für den 10^0-Normalbeobachter.

Das Ergebnis dieser Untersuchungen sind sogenannte Normspektralwertfunktionen für den jeweils definierten Normalbeobachter, der das durchschnittliches Farbwahrnehmungsvermögen repräsentiert.

Diese Empfindlichkeitskurven sind national und international durch Normen festgelegt und bilden die Grundlage jeder Farbmessung.

Die CIE hat den 2^0- und den 10^0-Normalbeobachter definiert, weil wir kleine Objekte, die wir unter einem kleinen Winkel ansehen, farblich etwas anders wahrnehmen als größere Objekte, die wir unter einem Winkel von 10^0 und größer betrachten. Betrachtet wurde in einem 1 m Abstand bei einem Gesichtsfeld von

– 2^0 der Durchmesser einer Fläche von 35 mm und
– 10^0 der Durchmesser einer Fläche von 175 mm.

Farben werden dabei also nicht so bewertet, wie sie der einzelne Beobachter sieht, sondern wie sie eine Person mit normierten Augenempfindlichkeiten sehen würde.

Dieser normierte Beobachter heißt CIE-Normalbeobachter. Die Werte XYZ wurden so gewählt, dass für das ideale Weiß in allen drei Kanälen die Zahl 100 resultiert.

Will man wissen, ob zwei Farben vom menschlichen Auge als gleich oder verschieden bewertet werden, so genügt dazu die Messung von XYZ. Der Nachteil des XYZ-Systems ist allerdings, dass die Beschreibung mit diesen Koordinaten unanschaulich ist. Selbst Fachleute, die mit XYZ-Werten oft zu tun haben, haben Mühe, das Aussehen einer Farbe aufgrund solcher Werte zu beschreiben.

Im Bestreben, die XYZ-Werte in anschaulichere Werte zu überführen, ist in der Folge die xy-Farbtafel entstanden.

xy-Farbtafel

Bewertet man eine Reihe von Grautönen mit XYZ, so stellt man fest, dass zwar die Größe der XYZ-Werte unterschiedlich ist, dass aber das Verhältnis zwischen diesen Werten stets gleich ist. Daraus kann man vermuten, dass das Verhältnis der Werte untereinander eine Information über den Buntton und die Buntheit (Sättigung) beinhalten könnte.

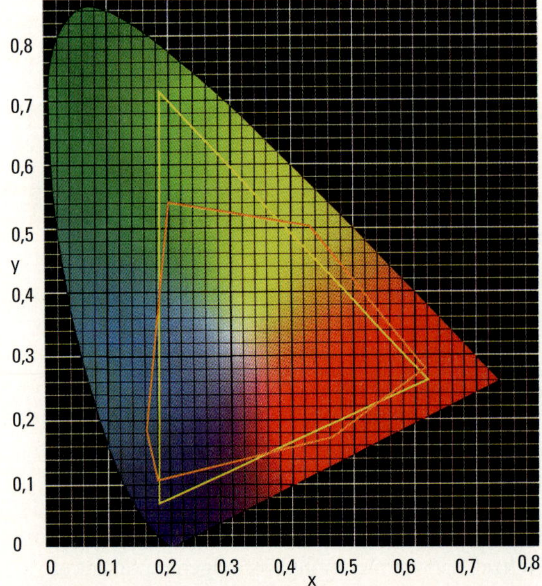

Um dieses Verhältnis zahlenmäßig zum Ausdruck zu bringen, hat man folgende weitere Größen definiert:

$$x = \frac{X}{X+Y+Z}$$

$$y = \frac{Y}{X+Y+Z}$$

$$z = \frac{Z}{X+Y+Z}$$

Da x + y + z = 1 ergibt, ist es nicht notwendig, alle drei berechneten Größen zu verwenden, sondern es genügen zwei davon. Man ist übereingekommen, die Werte xy zu benützen und z wegzulassen. Dies gibt die Möglichkeit, Farben in einem zweidimensionalen Diagramm darzustellen.

Wenn man dies mit einer genügend großen Zahl von Farben macht, stellt man folgendes fest:

– Die Werte xy beinhalten zusammen eine Information über den Buntton und die Buntheit nicht aber über die Helligkeit.
– Additive Mischungen von eingezeichneten Farben liegen in diesem Diagramm auf geraden Verbindungslinien.
– Da die Helligkeit nicht einbezogen wird, liegen alle Werte zwischen Weiß und Schwarz auf einem einzigen Punkt, genannt Unbuntpunkt. Für das ideale Weiß besitzt dieser Punkt die Koordinaten x = 0.333 und y = 0.333.
– Je weiter ein Farbort vom Unbuntpunkt entfernt ist, um so größer ist die Buntheit.
– Aus der winkelmäßigen Lage eines Farbortes zum Unbuntpunkt ergibt sich eine Information über den Buntton.

Da man jede Farbe als eine additive Mischung von Spektralfarben betrachten kann, liegt die Gesamtheit der möglichen Farben innerhalb eines Kurvenzuges, welcher durch die xy-Werte der Spektralfarben gebildet wird. Dieser Kurvenzug ist in der Abbildung dargestellt und wird CIE-Farbendreieck genannt.

Ein schwerwiegender Nachteil des CIE-Farbendreiecks ist, dass Farben, die empfindungsgemäß als gleich unterschiedlich betrachtet werden, in diesem Diagramm nicht gleiche Abstände besitzen.

Vergleicht man konkret Farbabstände im Grün- und Blaubereich, so zeigt es sich, dass diese im Grünbereich viel größer sind als im Blaubereich.

Im Bemühen, das CIE-Farbendreieck so zu transformieren, dass es empfindungsgemäß gleichabständig wird, ist die u'v'-Farbtafel entstanden.

u'v'-Farbtafel und CIELUV-System

Die u'v'-Farbtafel ist eine mathematisch lineare Verzerrung der xy-Farbtafel. Dies bedeutet, dass additive Farbmischungen immer noch auf Verbindungsgeraden zwischen den gewählten Ausgangsfarben liegen.

Dank dieser Eigenschaft eignet sich das u'v'-Diagramm hervorragend zur Darstellung von Zusam-

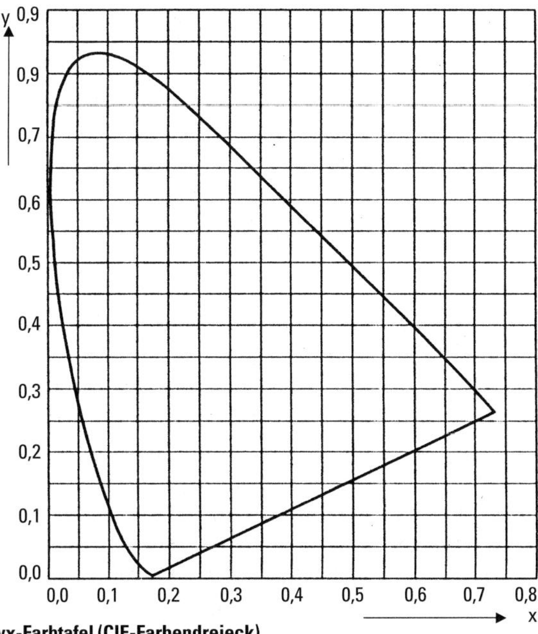

yx-Farbtafel (CIE-Farbendreieck)

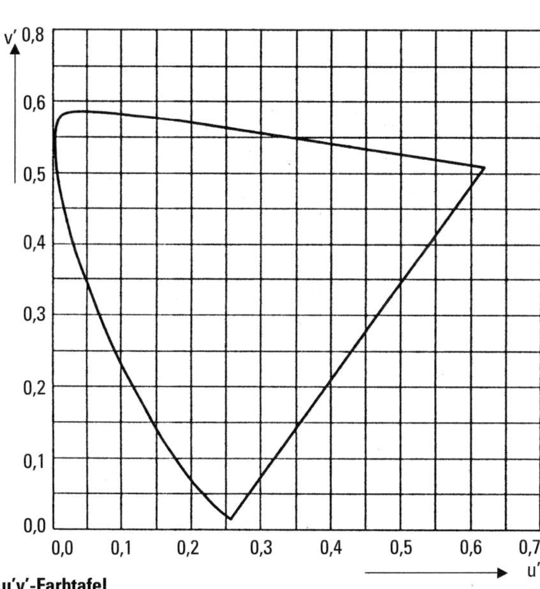

u'v'-Farbtafel

menhängen, die die additive Farbmischung betreffen. In erster Linie sei hier die Darstellung von Farbumfängen im Mehrfarbendruck und im Farbfernsehen erwähnt.

In diesem Zusammenhang sei betont, dass sich zur Darstellung von Farbumfängen das a*b*-Diagramm des CIELAB-Systems nicht eignet, und daher nur das u'v'-Diagramm (neben der xy-Farbtafel) für diesen Zweck in Frage kommt.

Die u'v'-Farbtafel ist ein Bestandteil des CIE-LUV- Systems, was erklärt, weshalb dieses System für die Verwendung in der grafischen Industrie sehr empfohlen wird. Die CIELUV-Koordinaten errechnen sich aus den u'v'-Werten unter Einbezug des Helligkeitswertes. Das CIELUV-System eignet sich auch zur Beschreibung von Farbunterschieden, steht aber in dieser Anwendung mit dem CIELAB-System in Konkurrenz.

CIELAB-System

Das CIELAB-System ist entstanden, um Farbunterschiede empfindungsgemäß richtig beschreiben zu können.

Da zur Feststellung von Farbunterschieden Farbkoordinaten notwendig sind, ist das CIELAB-System auch ein Farbenordnungssystem. Es basiert auf den Koordinaten a*und b*, die den Farbkreis bilden, und auf der Größe L*, die die Helligkeitsachse symbolisiert.

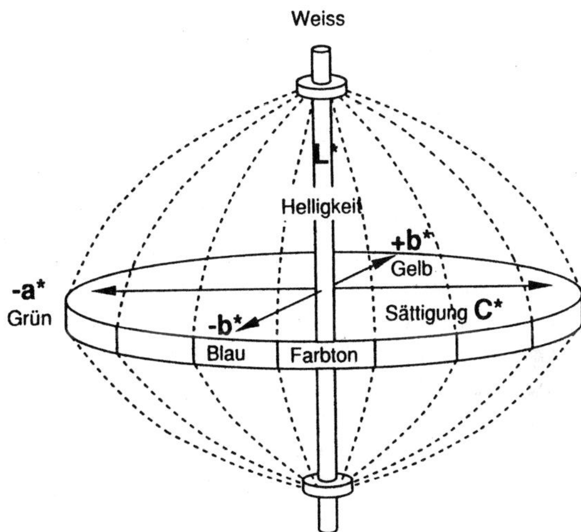

CIELAB-Farbraum

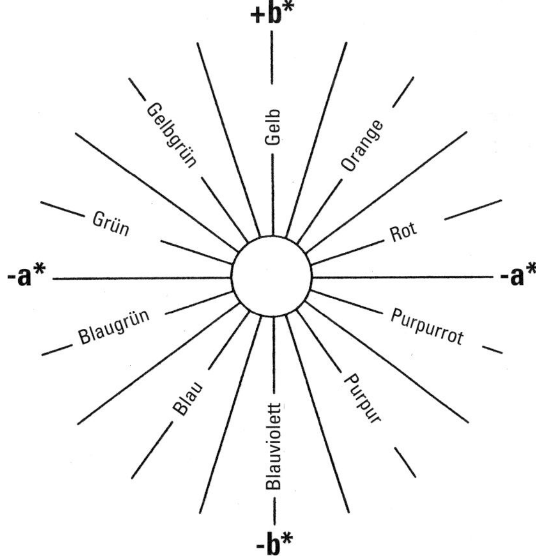

Abstufung der Farbtöne im CIELAB-Farbkreis

Im Gegensatz zu einem fast klassischen Farbenordnungssystem wie Munsell (Farbbaum, entwickelt von dem Künstler Albert H. Munsell, 1905), wurde beim CIELAB-System nicht primär eine möglichst gute Gleichabständigkeit angestrebt, sondern eine einfache Umrechnung aus dem XYZ-System. Die visuelle Gleichabständigkeit lässt denn auch einige Wünsche offen, vor allem im Gelbbereich.

Die CIE-Farbnormung geht von imaginären Grundfarben mit der Bezeichnung XYZ aus, welche physikalisch nicht realisierbar sind. Sie werden rein rechnerisch erzeugt und sind daher unabhängig von einem gerätebezogenen Farbkörper wie z. B. RGB oder CMYK. Diese virtuellen Farben sind jedoch so ausgewählt, dass die Gesamtheit aller vom menschlichen Auge erfassten Farben innerhalb dieses Farbraums liegt.

Da das System auf den XYZ-Werten des Normalbeobachters der CIE basiert, ist auf diese Weise die farbmetrische Erfassung von Farben objektiviert.

Zur Bestimmung von Farbunterschieden ist das CIELAB -System am weitesten verbreitet.

Aufgrund der großen Verbreitung werden Spezifikationen über Farbtoleranzen zumeist auf der Basis von CIELAB-Werten vereinbart.

Die CIELAB-Werte werden praktisch auch auf allen Farbmessgeräten angezeigt, wogegen die vorerwähnten CIELUV-Werte nur bei einer kleinen Zahl von Farbmessgeräten abgerufen werden können.

RGB-System

Wenn Farben auf einem Farbmonitor dargestellt werden, ist es sinnvoll und bequem, die Farben so zu beschreiben, wie sie auf dem Monitor entstehen, nämlich als das Mischungsverhältnis der drei selbstleuchtenden additiven Grundfarben Rot, Grün und Blau. Die Eckpunkte des RGB-Farbenraumes haben folgende Koordinaten:

Farbkoordinaten im RGB-Farbenraum

Farbe	R	G	B
Rot	255	0	0
Grün	0	255	0
Blau	0	0	255
Cyan	0	255	255
Magenta	255	0	255
Gelb	255	255	0
Weiß	255	255	255
Schwarz	0	0	0

Anmerkung: Bei der digitalen Bildverarbeitung wird mit einer Datentiefe von 2^8 bit gearbeitet. Demzufolge können je Farbkanal 256 Farbwerte verarbeitet werden. Anstelle der in der Tabelle eingesetzten maximalen Zahl 100 ist dazu bei einer Darstellung des Farbraums die Zahl 255 (Farbwerte von 0 bis 255 ergeben 256 Informationen).

Die RGB-Koordinaten sind dann aussagefähig, wenn man die Grenzen des darstellbaren Farbraums kennen will. Soll beispielsweise ein möglichst gesättigtes Grün dargestellt werden, ist es klar, dass die maximale Buntheit mit den Koordinaten G = 100, R = 0, B = 0 erreicht wird.

Im Gegensatz zu den bisher besprochenen Farbsystemen ist zu beachten, dass das RGB-System jedoch keine absolute Farbkennzeichnung ermöglicht, da nicht alle Farbmonitore herstellerbedingt die gleichen spektralen Werte der Grundfarben besitzen.

Dies bedeutet, dass selbst Farben mit gleichen RGB-Werten auf verschiedenen Farbmonitoren unterschiedlich aussehen können.

Im speziellen weiß man, dass der Farbumfang auf Fernsehbildschirmen anders ist als jener von Monitoren, die in der Bildverarbeitung verwendet werden.

Für Farbmonitore, die im Farbfernsehen verwendet werden, gibt es allerdings einen Standard, der aber in USA und in Europa unterschiedlich ist.

Für Monitore, die in der Bildverarbeitung verwendet werden, ist bis heute jedoch noch kein Standard eingeführt worden.

HSB-System nach PostScript

Im Bestreben, dem Benützer von RGB-Koordinaten eine Klassierung der Farben nach Buntton (Farbton), Buntheit (Sättigung) und Helligkeit zu ermöglichen, wurde in der PostScript-Sprache das HSB-System definiert, das z.B. auch in Adobe Programmen wie Photoshop oder Illustrator zu nutzen ist.

Das System basiert auf dem menschlichen Wahrnehmungsvermögen, die Buchstaben HSB stehen für

H = Hue (Farbton, heute Buntton)
S = Saturation (Sättigung, heute Buntheit)
B = Brightness (Helligkeit)

Die HSB-Werte liegen zwischen 0 und 1. Weiß besitzt z. B. die Werte H = O, S = 0, B = 1.

Die drei Grundfarben RGB haben die gleichen Werte bezüglich der Sättigung und der Helligkeit, nämlich S = 1, B = 0.33.

Wie man leicht erkennen kann, wird damit keine empfindungsgemäß gleichabständige Abstufung der Farben erreicht, denn Grün besitzt empfindungsgemäß eine wesentlich höhere Helligkeit als Rot oder Blau.

Das Hauptziel, das mit dem HSB-Farbraum angestrebt wurde, war eine möglichst einfache Umrechnung von RGB in empfindungsmäßige Koordinaten, ohne dem Anspruch der Gleichabständigkeit genügen zu wollen.

Wenn HSB aus geräteabhängigen RGB-Werten berechnet wird, sind die HSB-Werte natürlich auch geräteabhängig.

CMYK-System

Mit den Buchstaben CMYK werden die Grundfarben (Prozessfarben) des Mehrfarbendrucks bezeichnet. (Eine Erläuterung bedarf der Buchstabe K: Er steht für Schwarz, da im englischen Sprachgebrauch der Anfangsbuchstabe von Black bereits für Blau reserviert ist.)

Die Koordinaten im CMYK-Farbraum sind die Flächenbedeckungen, mit welchen die Grundfarben gedruckt werden. Hier ist ggf. zu definieren, ob die Flächenbedeckungen im Druck oder jene im Film bzw. auf der Druckform gemeint sind.

Der CMYK-Farbenraum ist in seinen Eckpunkten durch eindeutige Koordinaten definiert (vgl. Tabelle folgende Seite).

Da ein Farbenraum durch vier Grundfarben überbestimmt ist, ist bei jedem CMYK-Farbraum zu definieren, wie die Grundfarbe Schwarz definiert ist.

Farbkoordinaten im CMYK-Farbenraum

Farbe	C	M	Y	K
Cyan	100	0	0	0
Magenta	0	100	0	0
Gelb	0	0	100	0
Rot	0	100	100	0
Grün	100	0	100	0
Blau	100	100	0	0
Weiß	0	0	0	0
Schwarz	0	0	0	100

Die eindeutigste Definition ergibt sich, wenn keine Mischfarbe durch mehr als drei Farben definiert ist, nämlich entweder durch drei Buntfarben oder durch zwei Buntfarben und Schwarz.

Dies ist bekanntlich Basis des reinen Unbuntaufbaus, der aber in der Praxis keine Bedeutung besitzt.

Wenn Schwarz zusätzlich zu den drei Buntfarben gedruckt wird, gibt es sozusagen beliebig viele Möglichkeiten, wie Schwarz und die drei Buntfarben in ihren Anteilen partizipieren können.

Der CMYK-Farbraum ist daher nur dann definiert, wenn das Verhältnis von Schwarz zu den Buntfarben ebenfalls definiert wird. Leider gibt es aber hierfür noch keinen allgemein akzeptierten Standard.
Zu diesem Nachteil kommt ein zweiter Nachteil, der bereits beim RGB-Farbraum erwähnt wurde, nämlich die Tatsache, dass auch die Grundfarben CMYK von Fall zu Fall optisch sehr verschieden wirken können.

Zwar gibt es in Europa einen farbmetrischen Standard für die Prozessfarben, nämlich die Europaskala nach DIN 16539 bzw. ISO 2846-1, Skalenfarben für den Offsetdruck.

Je nachdem aber, auf welchem Papier und mit welcher Farbführung (Schichtdicke) die Prozessfarben jedoch gedruckt werden, resultieren dann aber andere farbmetrische Eckpunkte.

Es gibt somit mindestens soviele CMYK-Farbräume, wie es unterschiedliche Kombinationen von Papier und Druckbedingungen gibt. In diesem Sinne sind auch die CMYK-Werte als „device-dependent colours“ zu bezeichnen. Auch hier wäre anzustreben, dass man den Farbraum CMYK „device-independent“ definieren würde.

Vergleich der Systeme

An ein System zur Definition von Farben sind in der digitalen Bildverarbeitung grundsätzlich folgende Anforderungen zu stellen:

- Das System soll visuell gleichabständig sein.
- Die Farben sollen entsprechend der Farbempfindung definiert sein, d. h. auf der Basis der Kriterien Buntton, Buntheit und Helligkeit.
- Die Farbkennzeichnung soll auf dem CIE-Normalbeobachter basieren.
- Das System soll alle drei Dimensionen des Farbenraums einbeziehen.
- Es soll die Möglichkeit bestehen, den Farbumfang von additiven Reproduktionssystemen darzustellen.
- Das System soll die Steuergrößen des angewandten Reproduktionsprozesses definieren, d. h. im Falle des Mehrfarbendrucks und der Herstellung von Hardcopys die Flächenbedeckungen CMYK.

Diese letzte Anforderung steht im Widerspruch mit der Forderung, dass die Kriterien Buntton, Buntheit und Helligkeit verwendet werden sollen.

In der Tabelle ist vergleichend dargestellt, wie die vorgenannten Anforderungen von den verschiedenen Systemen erfüllt werden. Es wäre aber falsch, den idealen Farbraum für die digitale Bildverarbeitung allein aufgrund der Anzahl der Ja- oder Nein-Antworten abzuleiten. Nach diesem Vorgehen würde der CMYK-Farbraum nicht sehr attraktiv sein.

Die Möglichkeit, Farben genau so zu definieren, wie sie im Reproduktionsprozess verwendet werden, ist jedoch ein Vorteil, der manche Nachteile kompensiert. Will man beispielsweise einen Hintergrundton definieren, bei dem die Anforderung besteht, dass er nur aus zwei Grundfarben zusammengesetzt sein soll, deren Flächenbedeckung zwischen 10 und 90 % liegen soll, so ist diese Aufgabe nur mit CMYK-Werten lösbar, nicht aber in einem andem Farbraum.

Idealerweise sollte eine Bildverarbeitungs-Software mindestens zwei Farbräume anbieten, nämlich CMYK für die Definition der Prozessgrößen und ein weiteres System, das auf dem CIE-Normalbeobachter basiert. Weniger geeignet sind dazu das RGB- oder HSB-System.

Vergleich von Systemen zur Definition von Farben in der digitalen Bildverarbeitung

Änderung	XYZ	xy-Tafel	CIELUV	CIELAB	RGB	HSB PostScript	CMYK
visuell gleichabständig	nein	nein	ja	ja	nein	nein	nein
basierend auf Farbton, Sättigung, Helligkeit	nein	ja	ja	ja	nein	ja	nein
basierend auf dem CIE-Normalbeobachter	ja	ja	ja	ja	nein	nein	nein
dreidimensional	ja	nein	ja	ja	ja	ja	ja
Farbumfänge darstellbar	nein	ja	ja	nein	nein	nein	ja
definiert die Prozessgrößen des Mehrfarbendruckes	nein	nein	nein	nein	nein	nein	ja

Farbraum-Transformationen

Wenn Farben auf einem Farbmonitor dargestellt werden und anschließend auf einem Drucker als Hardcopy ausgegeben werden, muss – für den Gerätebenutzer unsichtbar – eine Umrechnung von RGB nach CMYK erfolgen.

Werden die Farben auf dem Farbmonitor zusätzlich noch in einem andem Farbsystem angezeigt, muss auch diese Umrechnung sichergestellt sein. Auch wenn der Benutzer den Ablauf der Farbraumtransformation nicht kennen muss, ist es für ihn interessant zu wissen, mit welcher Genauigkeit und Geschwindigkeit diese Transformation möglich ist. Hier gibt es drei Fälle zu unterscheiden:

- Transformation von RGB in XYZ und umgekehrt: Diese Transformation ist exakt und mit einfachen Mitteln durchführbar.
- Transformation von RGB oder XYZ in CIELUV oder CIELAB oder HSB: Auch hier ist eine exakte Umrechnung möglich, wobei die Umrechnungsformeln im Einzelfall komplizierter sind.
- Die Transformation von CMYK in alle übrigen Farbräume und umgekehrt: Diese Umrechnung ist in keinem Falle exakt möglich und erfordert bei einer brauchbaren Genauigkeit einen relativ hohen mathematischen Aufwand. Unter brauchbarer Genauigkeit sei verstanden, dass die Fehler in der errechneten Flächenbedeckung im Durchschnitt kleiner als 5 % und im Einzelfall nicht größer als 10 % sein sollen.

Weitergehende Informationen zu den in der Praxis heute eingesetzten Lab-, LCH-Farbräumen sowie die Farbmesstechnik werden im Kapitel 8 und13 behandelt. (Kapitel nach: Prof. Dr. K. Schläpfer, Farbmetrik, und Color Management, Linotype-Hell)

4.7 Unsere farbige Welt – Relative Farbwirkungen

Eine Farbe wird nach Buntton, Buntheit und Helligkeit farbmetrisch bestimmt. Diese drei Begriffe bezeichnen die unmittelbar messtechnisch wahrzunehmenden Merkmale jeder Farbe.

Für den Künstler, Maler, Modeschöpfer, Grafiker und Mediengestalter ist Farbe aber mehr als Physik:

- Farbe ist eine optische Erscheinung, d.h. ein durch das Gehirn vermittelter Sinneseindruck.
- Farbe wird nach ästhetischen Gesichtspunkten, nach psychologischen und symbolischen Wirkungen auf den Menschen, nach der Akzeptanz, dem Produkt und vielem anderen subjektiv beurteilt, bewertet und eingesetzt.
- Durch Farbe entdecken wir die Umwelt, nehmen sie wahr, orientieren uns. Ein und dieselbe Farbe ist aber nichts Absolutes, immer Gleiches.
- Eine Farbe wirkt in einer farblosen oder farbigen Umgebung, wirkt durch Kontraste. Sie wird meist nicht so erlebt, wie sie physikalisch wirklich ist. Die wahrzunehmenden Farbnuancen entsprechen deshalb sehr oft nicht den objektiv gegebenen Verhältnissen.

Ursache dieser Scheinwirkung kann einmal die biologische Beschaffenheit des menschlichen Auges sein, das in mehreren Teilen Abweichungen von der Idealform aufweist, und zum anderen die gegenseitige Beeinflussung der Farben durch Simultan-, Nachbild- und Kontrasterscheinungen.

Der scheinbare Einfluss, den die Farben auf ihre Umgebung ausüben und den die Umgebung auf die Farben ausübt, ist für jeden Meidengestalter, aber auch für jeden anderen, der in irgendeiner Weise mit Farben umgeht, von großer Wichtigkeit.

Wenn wir hier von Farben sprechen, so sind immer die farbigen Erscheinungen, Farbe als Farberlebnis, Farbe zwischen Licht und Finsternis u. ä. gemeint.

Es werden damit nicht die materiellen Stoffe, wie Druckfarbe, Leimfarbe, Lackfarbe angesprochen.

Es wird ebenfalls auch *nicht die Physik* der Farbe, *sondern das visuelle Phänomen und das Erleben von Farbe* betrachtet.

Nur durch Vergleiche und Kontraste können wir zu eindeutigen Wahrnehmungen kommen.

- Helligkeit wird nur dann empfunden, wenn Dunkelheit dagegen steht.
- Größe nur dann, wenn sie mit etwas Kleinem verglichen werden kann.
- Eine Farbe leuchtet um so intensiver, je gegensätzlicher ihre Umgebung ist.
- Sie verliert an Tonwert, wenn verwandte Farben in unmittelbarer Nachbarschaft mitleuchten.

Die folgenden Informationen und Beispiele sind für den praktischen Umgang mit den farbigen Erscheinungen gedacht. Außerdem sollen sie helfen, das Farbgefühl und die Farbbeobachtungsgabe der in der Ausbildung stehenden weiter zu entwickeln sowie tiefere Einsichten in die umfassenden Zusammenhänge der Farberscheinungen zu vermitteln.

Abb.1 Gleicher Farbring in verschiedenen Quadraten

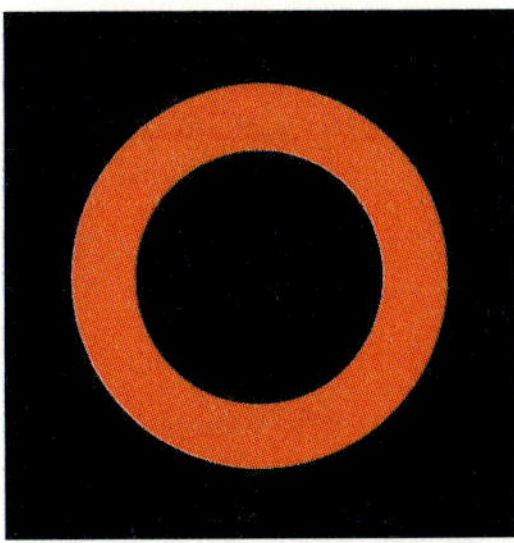

Zu Abb.1
Der orangerote Farbring wirkt z. B. in den fünf farbigen Quadraten sehr verschieden: Auf Weiß dunkelste Wirkung (der Farbring zeigt sich in seinem vollen Gewicht), auf Gelb karminartig, auf Rot schwächste Wirkung (vergraut), auf Blau stärkster Farbkontrast (Gegenfarbe), auf Schwarz hellste Wirkung (der Farbring leuchtet aus dunkler Umgebung).

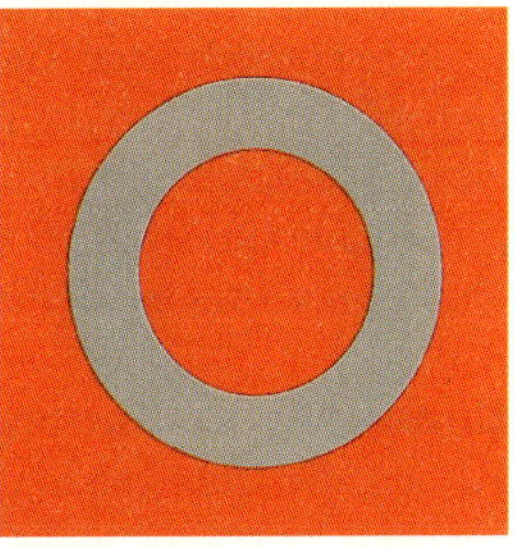

Abb. 3
Legt man auf die beiden grauen Kreisringe je ein Stück Seidenpapier, dann erscheint der graue Kreisring auf dem roten Untergrund grünlich und auf dem grünen rötlich. Diese Erscheinung wird als gleichzeitiger (Simultan-)Kontrast bezeichnet.

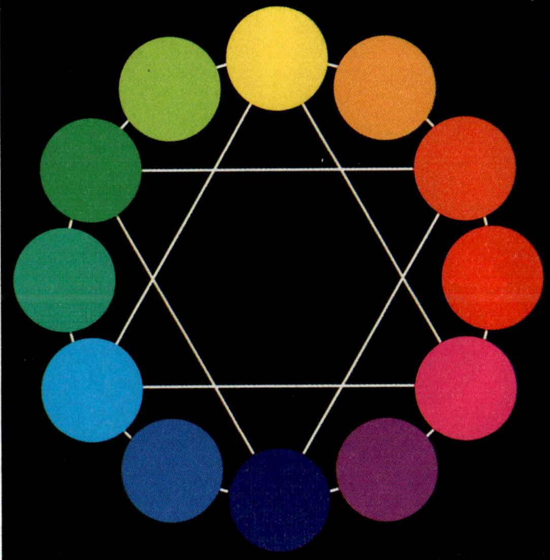

Abb. 2
Farbnuancen, die sich im Farbkreis gegenüberliegen, werden Gegenfarben genannt.

Der Farbkreis

Der Farbkreis ist die einfachste Ordnungsmöglichkeit der reinbunten Farben. Das sind die Farben, die weder Weiß noch Schwarz noch Grau enthalten.

An den Eckpunkten der aufrechtstehenden gleichseitigen Dreiecke liegen die drei Farben Gelb, Cyan und Magenta.

Das umgekehrt eingezeichnete Dreieck bezeichnet uns die Lage der Farben Rot, Blau und Grün. Dazwischen liegenden Mischfarben mit Tendenzen zu der einen oder anderen Grundfarbe.

Betrachten wir den so entstandenen Farbkreis, können wir feststellen, dass die unmittelbar benachbarten Farben sich noch sehr ähnlich sind – sich aber immer unähnlicher werden, je weiter sie auf dem Farbkreis auseinanderliegen, bis sie schließlich – wenn sie sich genau gegenüberliegen – die größte Verschiedenartigkeit erreicht haben.

Farben, die sich im Farbkreis gegenüberliegen, werden Gegenfarben (psychologische Gegenfarben) genannt. Die Bezeichnung Komplementärfarben ist hier nur bedingt richtig.

Der Simultankontrast

Der Simultankontrast ist nicht der Unterschied, sondern der wechselseitige Einfluss gleichzeitiger Farbempfindungen. Zu einer gegebenen Farbnuance erzeugt unser Auge immer gleichzeitig, also simultan, deren Gegenfarbe, wenn diese auch objektiv fehlt. Das heißt, die simultan erzeugte Gegenfarbe entsteht als eine (subjektive) Farbempfindung erst im Gehirn des Betrachters. Der Simultankontrast wird durch einen einfachen Versuch in Abbildung 3 gezeigt.

Der Sukzessivkontrast

Der Sukzessivkontrast ist auf eine ähnliche Erscheinung zurückzuführen wie der Simultankontrast.

Jeder Reiz prägt sich eine Zeitlang im Gehirn ein und schlägt dann bei Ermüdungserscheinungen des Auges ins Gegenteil um. Bei diesen Nachbildern tritt ein Wechsel der Farben in die Gegenfarben (physiologische Gegenfarben) ein.

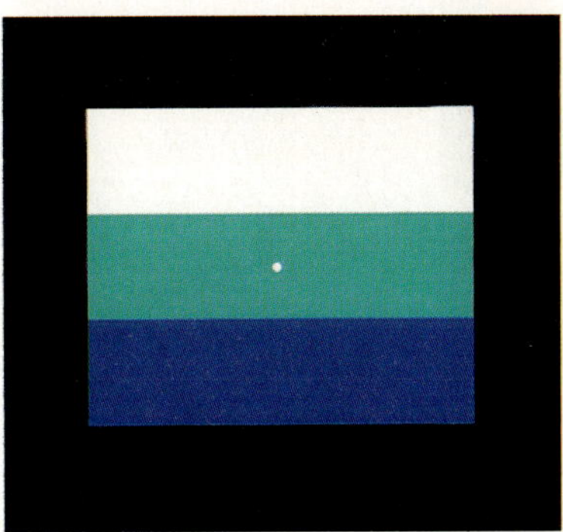

Abb. 4
Sukzessivkontrast

An einem einfachen Beispiel lässt sich dieses Phänomen leicht demonstrieren. Starrt man so lange auf den Punkt in der türkisblauen Fläche, bis das Auge ermüdet ist und deckt man dann die Abbildung mit einem weißen Blatt Papier schnell ab, so sieht man plötzlich an dessen Stelle in einem Nachbild die Bundesflagge, wobei die Nachbildfarbe stets aufgelichteter - einer Aquarellfarbe vergleichbar - als das Vorbild erscheint.

Auf diese Weise sind immer zwei Farben gegensätzlichen Charakters miteinander verknüpft.

Nachbildfarben, also Farben, die im sogenannten Sukzessivkontrast auftreten, werden exakter nicht als Gegenfarben, sondern als Kontrastfarben bezeichnet.

Simultan- und Sukzessiv-Kontrast sind fast überall wirksam, nicht nur bei den reinen Farben, sondern ebenso bei den mehr oder weniger stark gebrochenen Farben.

Jede Farbe erzeugt simultan die Gegenfarbe, und so beeinflussen sich die Farben gegenseitig. Durch entsprechende Maßnahmen kann die Wirkung des Simultankontrastes voll zur Geltung kommen oder aber abgeschwächt werden.

Simultane Veränderungen der Farben

Farben, die nicht genau Gegenfarben sind, beeinflussen sich simultan gegenseitig.

Abb. 5
Der orangerote Kreisring wird auf dem gelbgrünen Untergrund in seinem Rotcharakter noch Rotviolett hin verändert.

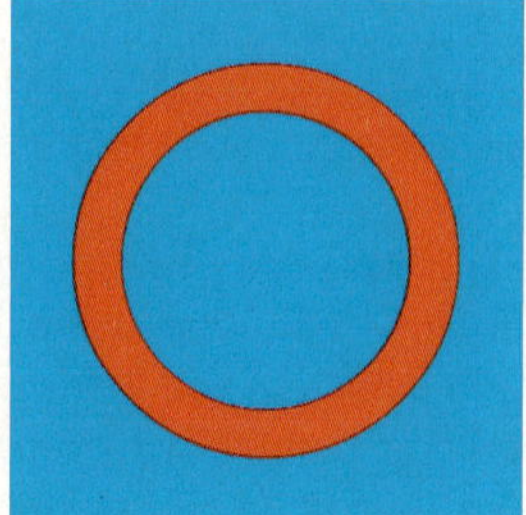

Abb. 6
Auf dem gegenfarbigen Blau entsteht keine simultane Veränderung der Farbnuance. Dafür ist aber die Farbwirkung des orangeroten Kreisringes am stärksten.

Abb. 7
Auf Violett dagegen wird der gleiche Kreisring in seiner Wirkung noch Orange hin gedrängt.

Abb. 8
Der schwarze Kreisring auf dem violetten Untergrund wird simultan verändert. Die Gegenfarbe von Violett ist Gelb. Diese summiert sich zum schwarzen Kreisring, und die Wirkung ist grünlich (Gelb und Schwarz = Oliv). Völlig anders wirkt der gleiche schwarze Kreisring, wenn die geforderte Gegenfarbe (Gelb) hinzugefügt wird.
Das vorhandene, zum Violett gegenfarbige Gelb verhindert eine simultane Veränderung des schwarzen Kreisringes.

Abb. 9
Eine andere Möglichkeit, die Simultanwirkung auszuschließen ist, dem Schwarz etwas von der Gegenfarbe des Violetts, also Gelb, beizumischen.

Je nach Farbnuance und Intensität leuchten sie verändert und in neuen Wirkungen auf. Zwischen einer reinen Farbe und einer Farbe, die nicht genau die Gegenfarbe der anderen ist, kommt die simultane Veränderung der Farbnuance am stärksten zur Geltung.

Die weiteren Beispiele sollen zeigen, welche Veränderungen der Farbnuancen der Simultankontrast hervorrufen kann (Abb. 10, Abb. 11, Abb. 12).

Abb. 10
Der blassrote Kreisring wirkt auf rotem Untergrund durch die simultane Veränderung (optische Zumischung von Grün) vergraut. Die Wirkung ist schwach, auf Grün aber wird der gleiche Kreisring zur stärksten Wirkung gesteigert.

Abb. 11
Der graue Kreisring wird auf dem roten Untergrund simultan noch Grün hin verändert, auf dem grünen Untergrund dagegen wirkt er rötlich.

Abb. 12
Der schwach grüne Kreisring erscheint auf rotem Untergrund wesentlich intensiver als auf dem grünen Untergrund.

Gegenfarben

Hier handelt es sich immer um Farben gegensätzlichen Charakters. Der Begriff der Gegenfarben kann unter verschiedenen Gesichtspunkten auftreten, so dass zur Klärung jeweils eine Erläuterung notwendig ist.

• *Psychologische Farben*

Gegenfarben sind sich am unähnlichsten und liegen sich im Farbtonkreis genau gegenüber. Zu jeder Farbe gibt es also immer eine andere, die ausgesprochen

Abb. 13
Der blaue Kreisring erscheint auf dem gegensätzlichen Orange wesentlich stärker als auf dem verwandten Grün.

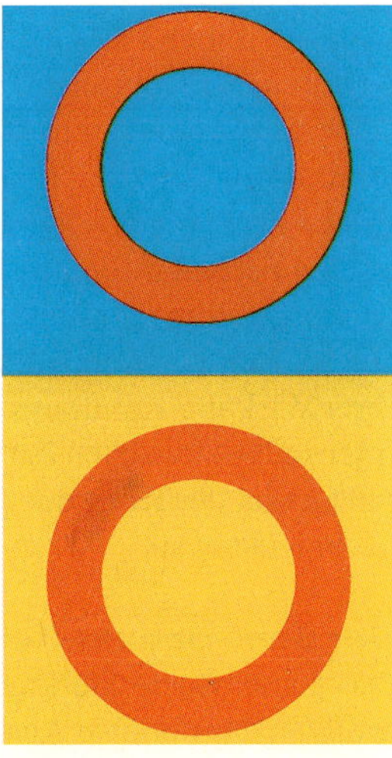

Abb. 14
Der orangefarbene Kreisring erscheint auf dem gegensätzlichen Blau wesentlich stärker als auf dem verwandten Gelb.

Abb. 15
Die Abbildung zeigt zwei reine Farbnuancen in äußerster Kontrastierung der Farbwirkung. Dadurch entsteht ein Flimmerkontrast.

gegensätzlich ist. Wegen dieser psychologischen Definition werden diese Farben auch psychologische Gegenfarben genannt (siehe Abschnitt Farbkreis).

• *Kontrastfarben*

Physiologische Gegenfarben sind Farben, die als Nachbildfarben auftreten. Die Kontrastfarben sind nach den Erkenntnissen Goethes physiologischen Ursprungs. Sie treten im sogenannten Simultan- und Sukzessiv-Kontrast auf (siehe vorherigen Abschnitt).

Psychologische und physiologische Gegenfarben sind sich sehr ähnlich, aber nicht immer miteinander identisch.

• *Kompensationsfarben*

Unter farbmetrischen Gegenfarben verstehen wir Farben gegensätzlichen Charakters, Spektralfarben und Körperfarben, die sich in einem bestimmten Verhältnis additiv zu Unbunt mischen lassen, zum Beispiel Mischung auf drehenden Scheiben (Farbkreisel) oder optisches Mischen im Druckverfahren (feinste Rasterpunkte). Als erreichbares Unbunt ist stets nur Grau, nicht aber Weiß, zu erzielen. Weiß als Unbunt lässt sich nur erreichen, wenn die Mischung nicht anteilig, wie beim Farbkreisel, sondern durch summierende Übereinanderprojektion (additive Farbmischung) mit Hilfe von Projektoren und farbigem Licht geschieht.

• *Komplementärfarben*

Ergänzungsfarben sind physikalische Gegenfarben. Innerhalb des Spektrums nennen wir die Lichtarten komplementär (ergänzend), die sich gegenseitig zum Weiß des vollen Spektrums ergänzen, zum Beispiel Gelb und Blau (umgangssprachlich ein Ultramarin), denn sie ergeben bei der additiven Mischung Weiß, also ein Unbunt. Da sich zwei Komplementärfarben bei additiver Mischung zu Unbunt vereinigen, sind sie gleichzeitig Kompensationsfarben besonderer Art, d. h. eindeutig physikalisch bestimmt.

Gegenfarben vertragen keine Mischung miteinander, sie verlieren dadurch an Farbigkeit.

Es gibt zwar ein gelbliches oder bläuliches Rot, aber es gibt kein grünliches Rot, kein rötliches Grün, kein bläuliches Gelb usw.

Benachbarte Farben steigern sich stets in Richtung auf ihre Gegenfarben. Sie steigern sich um so mehr, je gegensätzlicher, stärker und leuchtender sie sind.

Die Farbringe in den Abbildungen 13 bis 15 zeigen außerdem noch eine unterschiedliche Hell-Dunkel-Wirkung. Die Beispiele zeigen sehr deutlich, wie unterschiedlich die Farbwirkungen sein können und dass das Verhältnis der Farben zueinander stets relativ zu werten ist.

Werden zur Farbgestaltung Gegenfarben in gleicher Helligkeit bzw. Dunkelheit eingesetzt, dann entsteht oft ein Flimmerkontrast. Dadurch, dass die beiden Farbnuancen in der Dunkelstufe (Helligkeit) etwa gleich sind, wird im Auge des Betrachters ein Funken und Blitzen hervorgerufen. Sieht man lange darauf, dann entsteht eine sinnverwirrende Unruhe, deren Wirkung für sensible Menschen unerträglich werden kann.

Durch Aufhellen oder Verdunkeln der einen Farbe lässt sich der Flimmerkontrast ausschalten.

Der Warm-Kalt-Kontrast

Für das farbige Gestalten ist dies einer der wichtigsten Kontraste, der sich jedoch in vielen Fällen mit dem Gegenfarbenkontrast deckt. Die Farben der

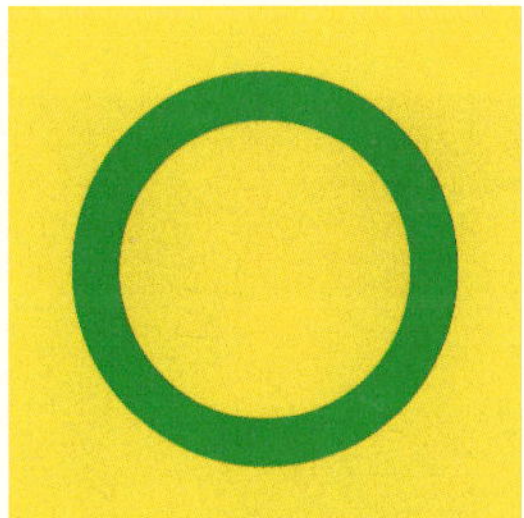

Abb. 16
Auf dem gelben Untergrund wirkt der gleiche grüne Kreisring kälter (bläulicher), als er in Wirklichkeit ist. Auf dem blauen Untergrund wirkt der gleiche grüne Kreisring wärmer (gelblicher), als er in Wirklichkeit ist. Außerdem ist noch ein Helligkeitsunterschied sichtbar. Links sieht der grüne Kreisring dunkler und rechts heller aus.

oberen Hälfte des Farbkreises (von gelblich Grün bis Rot) werden als warm und die der unteren Hälfte (von Blau, Violett bis fast zum Grün) werden als kalt empfunden.

An den Übergängen neigen die Farben in ihrer Wirkung zu beiden Möglichkeiten. Die am wärmsten wirkende Farbe des Farbkreises ist ein Rotorange, die kälteste ein Blaugrün. Der Gegensatz wird aber auch in jeder Farbrichtung selbst empfunden.

Es gibt wärmeres und kälteres Gelb: Kadmiumgelb und Chromgelb; wärmeres und kälteres Rot: Kadmiumrot und Purpur; wärmeres und kälteres Blau: Ultramarin und Coelin.

Farben können nur dann zum vollen Blühen gebracht werden, wenn die Gegensätze des Warm-Kalt-Kontrastes anwendet werden.

Der stärkste Warm-Kalt-Kontrast tritt in Erscheinung, wenn eine warme Farbe in kleiner Menge zwischen breit ausgedehnten kalten Farben auftritt oder umgekehrt und wenn dabei große Hell-Dunkel-Unterschiede vermieden werden. Die Farben erhalten dadurch eine große Leuchtkraft.

Durch Aufhellen mit Weiß oder Verdunkeln mit Schwarz verliert eine reine Farbe an Wärme. Ein reines Rot oder Rotorange wirkt wärmer als ein Rosa oder Rotbraun. Kalte Farben wirken, wenn sie mit Schwarz gedunkelt werden, etwas wärmer.

Je nach ihrer Kontrastierung mit wärmeren oder kälteren Farben erscheint die gleiche Farbnuance unterschiedlich.

Der Intensitätskontrast – rein : trüb

Damit ist der Unterschied zwischen reinen und trüben Farben gemeint. Reine Farben und hochgesättigte Farben lassen sich leicht von weniger reinen, die aufgehellt, gedunkelt oder getrübt sind, unterscheiden.

Seine stärkste Wirkung erreicht der Intensitätskontrast, wenn zwischen breit ausgedehnten trüben Farbnuancen plötzlich eine reine Farbe auftritt. Die vereinzelte Farbe hat dadurch Seltenheitswert, ein wichtiges Element im Farbenspiel, bekommen. Selten auftretende Kontraste werden auch als Kontaktpunkte oder Gegenakzente bezeichnet.

Eine Farbkomposition, die vorwiegend mit trüben Farben gestaltet wurde, erhält durch Hinzufügen von wenigen reinen Farben eine Steigerung. Reine Farben leuchten dann zwischen den trüben wie Edelsteine.

Wie bei allen Kontrasten ist auch beim Intensitätskontrast die Wirkung relativ. Eine Farbe kann neben trüben Farbnuancen leuchtend, neben anderen leuchtenden Farbnuancen aber trüb erscheinen.

Aufgehellte, verdunkelte oder getrübte Farbnuancen werden von reinen und starken Farbnuancen in ihrer Wirkung simultan verändert. Die Wirkung der intensitätsschwachen Farbnuancen hängt im wesentlichen von der Kraft der sie umgebenden leuchtenden Farbnuancen ab.

Der Bunt-Unbunt-Kontrast

Das gemeinsame Merkmal von Schwarz, Grau und Weiß ist das unbunte Aussehen. Werden zu den unbunten Farben eine oder auch mehrere bunte Farben hinzugenommen, dann wird dieser Kontrast wirksam.

Neutrales Grau, aus Schwarz und Weiß gemischt, ist eine sehr leicht beeinflussbare Farbe, die durch Hell-Dunkel- oder Farbkontraste simultan in der Wirkung verändert wird. Durch die Nachbarfarben, die es zu farbigem Leben erwecken, verliert es seinen unbunten Charakter.

Abb. 17
Die orange Farbnuance kommt zwischen den getrübten Farbnuancen zur vollen Wirkung, während sie zwischen gleichstark leuchtenden Farbnuancen untergeht.

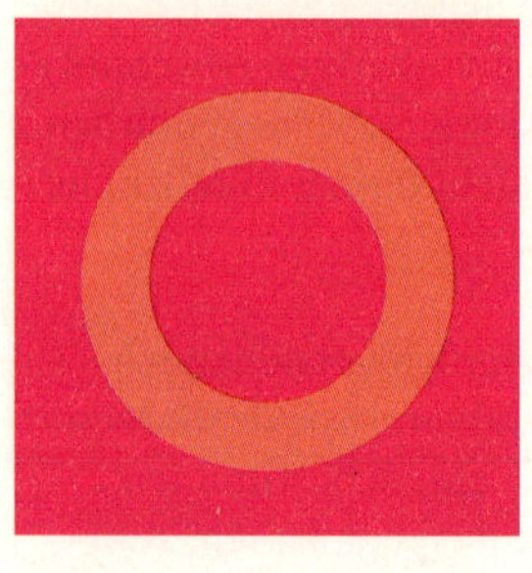

Abb. 18
Der hellrote Kreisring, obwohl immer gleich, wirkt auf allen fünf Quadraten verschieden. Es scheint, als ob den Kreisringen die Gegenfarbe des Untergrundes hinzugefügt worden ist. Auf Weiß dunkelste Wirkung, auf Gelb wird der Kreisring scheinbar zum Violett hin verändert, auf Rot zum Grün, und da die Mischung aus Rot und Grün ein Unbunt ergibt, ist die Wirkung auch die farbschwächste (vergraut), während der Kreisring auf Blau eine Steigerung zum Orangerot erfährt, auf Schwarz hellste Wirkung.

Weiß und helle Farben dehnen sich scheinbar über die Maße ihrer Grenzen hinaus aus. Sie erscheinen größer als gleich große dunkle Teile.

Stellt man zwei gleich große Flächen, die eine in weißer, die andere in schwarzer Farbe, je auf gegenfarbigen Untergrund, so erscheint die weiße Fläche größer als die schwarze. Das gleiche trifft auch zu bei heller Farbe gegen dunkle Farbe.

Soll optische Gleichheit erzielt werden, müssen weiße und helle Farbflächen etwas kleiner gehalten werden. Eine weiße Schrift auf schwarzem Grund erscheint deshalb auch größer als die gleich große

Abb. 20
Der schwarze Kreis auf weißem Untergrund wirkt kleiner als der gleich große weiße Kreis auf schwarzem Untergrund.

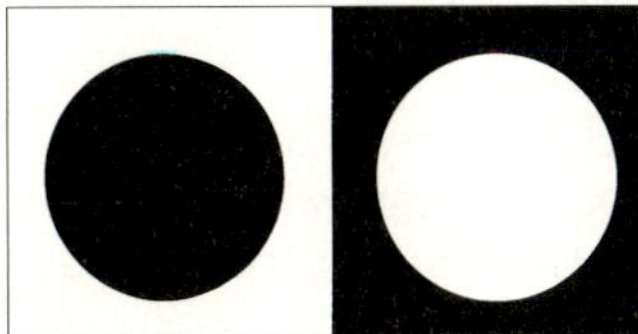

Abb. 19
Der graue Kreisring wirkt auf den verschiedenfarbigen Untergründen auch sehr unterschiedlich. Als erstes fällt ein wesentlicher Hell-Dunkel-Unterschied auf: auf Weiß dunkler als auf Schwarz. Weiter ist noch ein Unterschied der Farbnuance sichtbar. Auf dem gelben Untergrund wirkt der graue Kreisring bläulich, auf dem roten grünlich und auf dem blauen Untergrund gelblich.

Abb. 21
Die weißen Streifen erscheinen infolge der Kontrastwirkung gegen den schwarzen Hintergrund heller, als sie in Wirklichkeit sind. An den Kreuzungspunkten fehlt der Kontrast. Deshalb sehen wir die Kreuzungspunkte in ihrer wahren Nuance. Die Kreuzungsstellen der weißen Streifen zeigen graue Flecken. Fixiert man eine Kreuzungsstelle, dann ist der graue Fleck nicht mehr sichtbar

Soll in einer Farbgestaltung der unbunte Charakter einer grauen Farbe in seiner Wirkung nicht wesentlich verändert werden, dann müssen die bunten Farben in einer anderen Helligkeit als der grauen Farbnuance eingesetzt werden. Ganz auszuschalten wird aber die simultane Veränderung selbst dann nicht sein.

Eine andere Möglichkeit besteht darin, der unbunten Farbe etwas von der geforderten Gegenfarbe beizumischen. Dadurch kommt die graue Farbnuance im Zusammenklang mit den bunten Farben in der Wirkung einer neutralen Farbnuance sehr nahe.

Der Hell-Dunkel-Kontrast

Weiß und Schwarz sind die beiden Pole, zwischen denen sich das Hell-Dunkel-Spiel der Farben – nicht nur der mit Weiß, Schwarz oder Grau gebrochenen, sondern auch der reinbunten – abspielt.

Im Farbkreis ist Gelb die hellste und Blau die optisch dunkelste Farbe. Zwischen diesen beiden Farbnuancen liegt der stärkste Hell-Dunkel-Kontrast.

Der Hell-Dunkel-Kontrast kommt da zur vollen Wirkung, wo die Helligkeit in geringer Menge von großer Dunkelheit umgeben ist. Sie leuchtet dann wie Licht aus der Finsternis.

Die aktive Helligkeit verlangt zum harmonischen Ausgleich wesentlich mehr an passiver Dunkelheit. Der Maler Rembrandt hat zum Beispiel in vielen seiner Bilder einer geringen Helligkeit 3/4 bis 4/5 Dunkelheit entgegengesetzt.

Abb. 22
Ein Beispiel für die Relativität der Hell-Dunkel-Werte ist der graue Kreisring auf den fünf Feldern des Untergrundes. Obwohl dieser Kreisring auf allen Feldern von gleicher Farbstärke ist, wird er sehr unterschiedlich empfunden.
Er scheint mit der Zunahme an Dunkelheit des Untergrundes heller zu werden.

Abb. 23
Der gleiche gelbgrüne Kreisring wirkt auf dem hellen, gelben Untergrund wesentlich dunkler als auf dem dunklen, blaugrünen Untergrund. Außer diesem Heiligkeitsunterschied ist noch eine simultane Veränderung der Nuance festzustellen. Links sieht der gelb-grüne Kreisring bläulicher (kälter) und rechts gelblicher (wärmer) aus.

Schrift schwarz auf weißem Grund. Diese optische Scheinwirkung wird auch als Irradiation bezeichnet.

Jede Umgebungsänderung verändert die betroffenen Farben in ihrer Erscheinung. Je nach ihrer Kontrast mit helleren oder dunkleren Farben ist die Farbwirkung nur relativ hell oder dunkel.

Ein Beispiel für die Relativität der Hell-Dunkel-Werte ist der graue Kreisring auf den fünf Feldern des Untergrundes. Obwohl dieser Kreisring auf allen Feldern von gleicher Farbstärke ist, wird er sehr unterschiedlich empfunden. Er scheint mit der Zunahme an Dunkelheit des Untergrundes heller zu werden. Die scheinbare Helligkeitsänderung erfolgt also im Gegensinn zum Untergrund.

Farben wollen leuchten

Entscheidend für die Leuchtkraft einer Farbe ist der Heiligkeitsabstand, den die reine Farbe zum unbunten Partner hat. Gelb auf Schwarz hat den größtmöglichen Helligkeitsabstand zwischen einer reinen Farbe, und Violett auf Schwarz leuchtet kaum noch. Viermal der gleiche rote Farbring: Auf Weiß wirkt er sehr dunkel. Seine Leuchtkraft kommt nicht zur Geltung. Dagegen leuchtet er auf Schwarz wie strahlende Wärme. Auf dem verwandten Rot verblasst er zusehends, und auf dem gegensätzlichen Blau tritt seine Farbigkeit am stärksten in Erscheinung.

Der Quantitätskontrast

Der Quantitätskontrast ist das Größenverhältnis von zwei oder mehreren Farbflächen zueinander. Es kommen die Gegensätze „groß : klein“ und „viel : wenig“ zur Wirkung.

Alles Gestalten wird entscheidend vom Mengenanteil der einzelnen Teile zueinander und zum Ganzen bestimmt. Gleiche Teile wirken meist starr und unlebendig, während ein ungleiches Mengenverhältnis die kontrastierenden Kräfte sichtbar macht und der Gestaltung erst die schönsten Ausdruckswerte verleiht.

Aber auch hier ist die Größenwirkung einer Form, einer Farbfläche oder eines Gegenstandes, wie bei allen Kontrasten, nur relativ. Je nach der Formnachbarschaft, die aus größeren oder kleineren Formen, engen oder weiten Abständen usw. bestehen kann, wird ein und dieselbe Form oder Farbfläche immer verschieden wirken.

Leuchtkraft und Ausdehnung (Ausdehnung, Größe einer Farbfläche) bestimmen die Wirkungskraft einer Farbe. Vergleicht man die reinen und gesättigten Farben des Farbkreises miteinander, dann lassen sich leicht Unterschiede in der Intensität der Farbwirkung feststellen.

Gelb zum Beispiel empfinden wir wesentlich leuchtender und lichtstärker als Blau oder ein Violett.

Goethe hat in seiner bekannten Farbenlehre für die Lichtwerte der Farben die folgenden Zahlenverhältnisse aufgestellt, die wir für unsere Arbeit als ungefähre Werte übernehmen können:
Gelb 9, Orange 8, Rot 6, Grün 6, Blau 4, Violett 3.

Danach hat das reine Gelb eine dreimal so starke Leuchtkraft wie das reine Violett, das reine Orange leuchtet etwa doppelt so stark wie das Blau; Rot und Grün leuchten gleich stark. Soll nun bei einer farbigen Gestaltung ein harmonischer Ausgleich der Farben erreicht werden, dann sind die Zahlen in umgekehrter Reihenfolge einzusetzen:
Gelb 3, Orange 4, Rot 6, Grün 6, Blau 8, Violett 9.

Die Zahlenverhältnisse sind natürlich nur dann zutreffend, wenn alle Farben in ihrer höchsten Leuchtkraft genutzt werden.

Werden reine Farben aufgehellt, verdunkelt oder getrübt, dann verlieren sie an Leuchtkraft, und dementsprechend ändern sich auch, wenn der Quantitätskontrast harmonisch sein soll, die Flächengrößen. Eine gelbe Farbe benötigt, um sich behaupten zu können, zwischen hellen Farben eine größere Fläche als zwischen dunkleren Farben, weil zwischen den dunklen Farben ihre Leuchtkraft sehr stark zur Wirkung kommt.

Alle anderen Kontraste können durch den Quantitätskontrast in ihrer Wirkung verändert werden. So wirkt zum Beispiel ein in geringer Menge vorhandenes Blau auf einem vielfachen und gegenfarbigen Orange-Untergrund sehr intensiv und farbkräftig, weil es simultan zur vollen Leuchtkraft gesteigert wird.

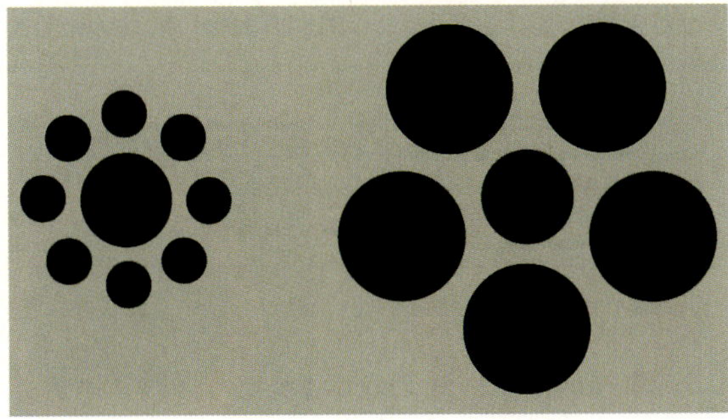

Abb. 24
Der von kleinen Kreisen umgebene Kreis scheint wesentlich größer als der von größeren Kreisen umgebene zu sein. In Wirklichkeit sind sie beide gleich groß. Die größeren Kreise wirken so, als würden sie den Mittelkreis fast erdrücken.

Abb. 25
Die Abbildung zeigt, dass bei einem ausgewogenen Verhältnis der Farben Violett eine dreimal so große Fläche einnimmt wie Gelb, Blau eine doppelt so große Fläche wie Orange und Rot und Grün etwa gleichen Flächenanteil haben.

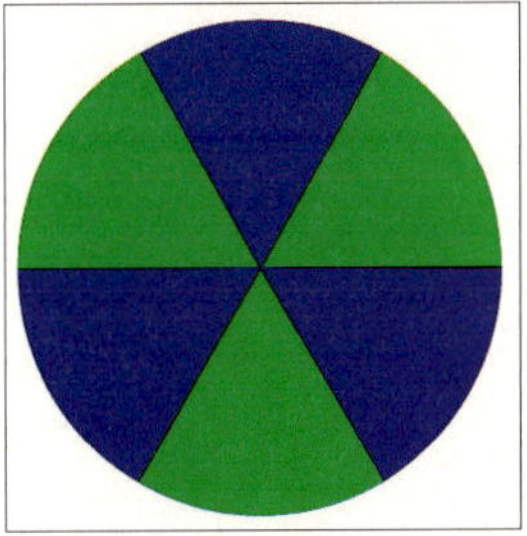

Abb. 26
Wenn man diese grün-blaue Scheibe auf einem Kreisel sehr schnell drehen würde, entstünde auf der Netzhaut des Auges der Eindruck einer einheitlich Cyan-farbigen Fläche.

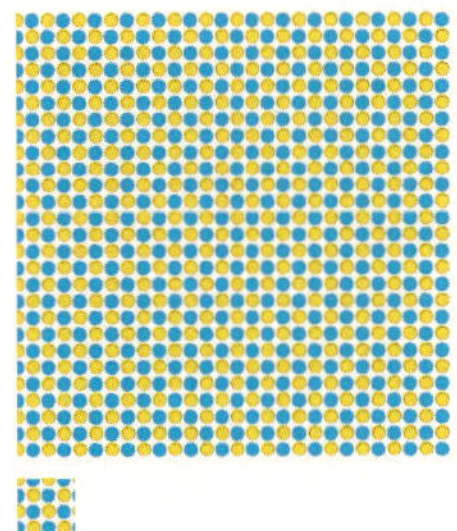

Abb. 27
Werden gelbe und Cyan-farbige Punkte dicht nebeneinander gedruckt, so erscheinen sie, in extremer Verkleinerung, für unser Auge bzw. im Gehirn in einem einheitlichen Grün.

Additives und subtraktives Farbmischen

Gestalter und Drucker haben es sowohl mit additiver als auch mit subtraktiver Farbmischung zu tun. Daher sollen hier die verschiedenen Phänomene, die unter dem Begriff der additiven und subtraktiven Farbmischung auftreten können, kurz erläutert werden.

Additives Farbenmischen heißt: Helligkeit durch Farben aufbauen. Licht wird zu Licht addiert.

- Auf einem einfachen Spielzeugkreisel bringen wir eine Pappscheibe mit 6 Sektoren, je drei blaue und grüne, an. Bei rascher Drehung des Kreisels entsteht eine optische Farbmischung. Dabei treffen die beiden Farbreize in so rascher Folge auf die gleichen Netzhautstellen unserer Augen, dass die einzelnen Farbreize nicht getrennt werden können und zu einer einheitlichen Farbwahrnehmung (Cyan) verschmelzen.
- Werden beispielsweise sehr kleine gelbe und cyanfarbige Farbpunkte dicht nebeneinander gedruckt, dann kann unser Auge diese nicht mehr trennen, und sie erscheinen als einheitliche grüne Farbe. Bei einem Mehrfarben-Rasterdruck wirken sowohl die additive als auch die subtraktive Farbenmischung. Beim Farbfernsehen leuchten im Bildschirm die drei Grundfarben nebeneinander. Erst im Auge des Betrachters verschmelzen sie bei ausreichendem Abstand zu den gewünschten Mischfarben.
- In einem verdunkelten Raum richten drei mit Farbfiltern versehene Projektoren ihre Strahlenkegel auf eine weiße Wand. Als Farbfilter werden drei

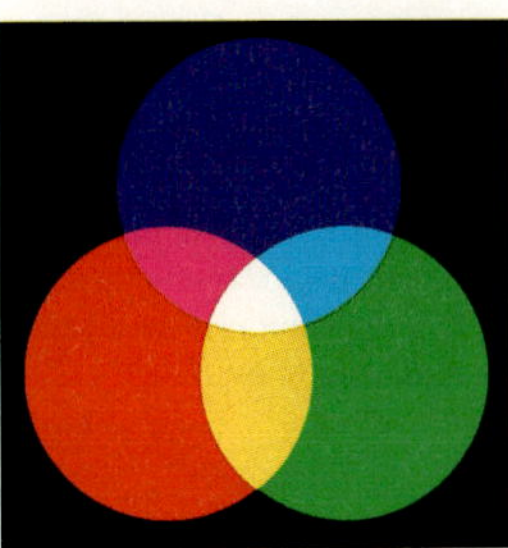

Abb. 28
Die Abbildung zeigt in schematischer Weise die additive Farbmischung, wie sie entstehen würde, wenn sich Farblichter überlagern.
Die additive Farbmischung wird auch wegen der Reaktion und des Verhaltens unserer Augen auch optische Farbmischung genannt.

Grundfarben der additiven Farbenmischung Rot, Grün und Blau verwendet.
Überlagern sich zwei Strahlenkegel, dann wird Licht zu Licht addiert. Es entstehen die Farben Gelb, Magenta oder Cyan. Treffen alle drei Lichter zusammen, dann entsteht ein leicht getrübter heller Farbton. Bei reinen Spektralfarben und unter idealen Bedingungen würde Weiß entstehen.

Subtraktives Farbenmischen heißt: Helligkeit durch Farben abziehen

- Subtraktive Mischungen entstehen, wenn trockene, flüssige oder pastöse Färbemittel vermischt werden (Körperfarbenmischung).
  Die Helligkeit (d. h. die Lichtreflexion) wird verringert.
  Mischt man zum Beispiel die Farben Blau und Grün zu gleichen Teilen, dann verlieren beide ihren Buntcharakter. Im Gegensatz zu der additiven Farbenmischung, bei der Cyan entsteht, ergibt diese Mischung eine getrübte, schmutzige Farbe.

Abb. 29
Die Abbildung zeigt in schematischer Weise die subtraktive Farbenmischung wie sie entsteht, wenn sich Körperfarben überlagern.

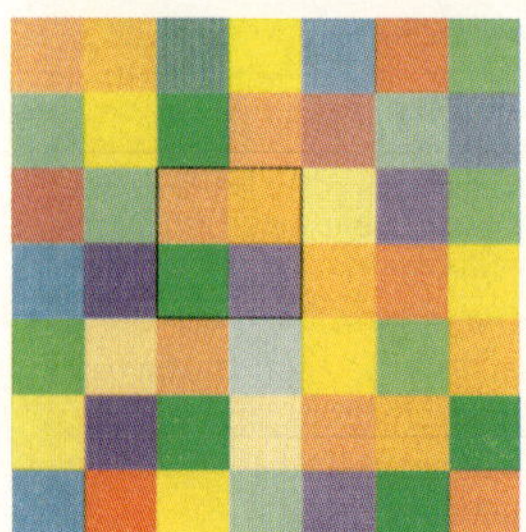

Abb. 30
Die Vergrößerung aus unten stehendem Bild (Ausschnitt) zeigt, wie beim Mehrfarben-Rasterdruck durch additive und subtraktive Farbmischung die unterschiedliche Farbnuancierungen entstehen.

- Durch Übereinanderdrucken mehrerer Farbschichten (Schichtmischung). Die drei Grundfarben der subtraktiven Farbmischung sind die Sekundärfarben der additiven Mischung: also Gelb, Magenta und Cyan. Durch das Übereinanderdrucken von zwei Grundfarben entstehen Rot, Grün und Blau. Werden alle drei Grundfarben übereinandergedruckt, dann entsteht – theoretisch mit den idealen Körperfarben – Schwarz. Mit realen Pigmenten, d. h. bedingt durch unzureichendes Reflektions- und Absorptionsverhalten der Druckfarben, entsteht jedoch nur ein tiefes Braunschwarz.

- Bei einem Vierfarb-Rasterdruck ergeben Gelb, Magenta und Cyan im Übereinanderdruck fast alle Ton- und Farbwerte. Schwarz kommt im Offsetdruck zur Kontraststeigerung zu den drei Grundfarben hinzu.

- Durch Vorsetzen von Farbfiltern vor einen Projektor. Ohne Farbfilter erscheint auf der weißen Wand eine sehr helle Kreisfläche. Setzt man nun einen oder mehrere Farbfilter vor den Projektor, so wird je nach Zahl und Farbe der Filter immer mehr Helligkeit verschluckt, bis ein kaum noch wahrnehmbares Licht auf der Wand zu sehen ist.

Die subtraktive Farbmischung ist eine materielle Farbmischung, weil hierfür die Wirkung durch das materielle Verhalten der Stoffe maßgeblich wirkt. (Kapitel 4.7: Bearbeiteter Nachdruck mit freundlicher Genehmigung der Siegwerk Druckfarben AG).

5. Medienberatung: Geschäftsprozesse

5. Medienberatung: Geschäftsprozesse

Neue Technologien und Medien verlangen einen Beruf mit Medienkompetenz: Mediengestalterinnen und Mediengestalter für Digital- und Printmedien.

Ob Anzeigen, Prospekte, Kataloge, Plakate, Verpackungen, Zeitungen und Zeitschriften, CD-ROMs oder Internetseiten – alles muss professionell geplant, gestaltet und letzlich zur Zufriedenheit des Kunden ausgeführt werden.

Die Vielfalt der Aufgaben erfordert Kompetenz in der Beratung, Gestaltung, Realisierung und Produktion unterschiedlichster Print- und Nonprintprodukte.

Oberstes Ziel aller Handlungen in einem Unternehmen muss die Kundenzufriedenheit sein. Mehr denn je ist eine vertrauensvolle, partnerschaftliche Kommunikation („Der gute Draht") zwischen dem Kunden und der Produktfertigung bei der Planung, Gestaltung und Produktion für einen Erfolg entscheidend. Hier einige Bereiche und exemplarische Merkmale dazu:

- Kommunikation und Kompetenz am Markt
  - Marketing
  - Produktangebot
  - Produktkompetenz
  - Flexibilität
  - Produktionsprogramm
  - Produktion: Eine Dienstleistung für den Kunden!
  - Kooperation mit anderen Dienstleistern
- Kommunikation Kunde – Produktionsunternehmen
  - Kann der Mitarbeiter sich in die Wünsche und Bedürfnisse des Kunden hinein versetzen?
  - Kompetenz
  - Service, Betreuung
  - Zuverlässigkeit
  - Qualität
  - Terminsicherheit
  - Kosten
- Kommunikation und Kompetenz innerhalb eines Unternehmens
  - Management
  - Visionen, Zielsetzungen
  - Mitarbeiter: Teamarbeit, Aufgaben, Vertrauen, Kompetenz und Verantwortung
  - Betriebsklima
  - Organisation

Der rasante Wandel von handwerklichem Handeln des Druckens zu multimedialen Prozessen, d.h. von einfachen Geräten zu komplexen Systemen, vom „Turnschuhnetz" zum Internet, vom Einzelkämpfer zum Team-Mitarbeiter, vom Warten auf einen Auftrag zu einer aktiven Kundenberatung und -aquirierung erfordern kreatives, gemeinschaftliches Handeln, technisches und betriebswirtschaftliche Know-How und Perspektiven für die Zukunft.

Ein Unternehmen, in dem sich das Management und alle Mitarbeiter den täglichen und den kommenden Herausforderungen permanent stellen, hat Erfolg. Eine Formel für den Erfolg könnte lauten:

3 x K = E
Kommunikation x Kreativität x Kompetenz = Erfolg

Die Aufgaben einer kompetenten Medienberatung in einem Unternehmen sind vielfältig:
- Verkaufsinnendienst, Projektmanagement, Kalkulation von Medienprodukten
- Verkaufsaußendienst, Kundenberatung und Kundenaquirierung
- Beratung: Konzeptionen, Projektmanagement, Gestalterische Beratung für die Umsetzung in ein Medienprodukt unter technischen, produktorientierten und wirtschaftlichen Aspekten

Über die erforderliche Handlungskompetenz verfügt, wer als Mitarbeiter die Aufgabenstellungen

Arbeits-/Aufgabenbereiche in der Medienberatung und Mediengestaltung

Software
in der Medienberatung und Mediengestaltung

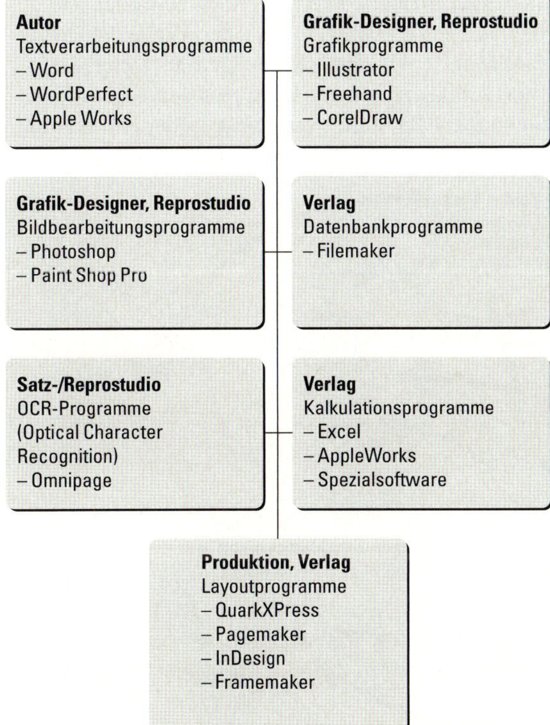

seines Bereiches vollständig beherrscht. Dies erfordert u.a. vernetztes Denken, analytisches Denkvermögen, mündliches Ausdrucksvermögen, Problemlösefähigkeit, Kreativität und Organisationsfähigkeit.

Dazu kommen soziale Kompetenzen wie Teamfähigkeit, Selbstständigkeit, Konfliktfähigkeit und Verantwortungsbewusstsein.

Aufgabenbereiche im täglichen Handeln:

- Informieren
  Problem/Aufgabenstellung erkennen!
  Welches Ziel bzw. welcher Zweck soll erreicht werden?
  Was muss dazu getan werden?
- Planen
  Wie kann/muss ich vorgehen? (Arbeitsplanung)
- Entscheiden
  Welcher Weg ist geeignet?
  Für welchen Arbeitsablauf entscheide ich mich?
  Welche Mittel/Ressourcen benötige ich dazu?
- Ausführen
  Wie setze ich den Arbeitsplan unter den gegebenen Bedingungen um?
  Welche Vorgaben sind dazu erforderlich?
- Kontrollieren
  Wird bzw. ist der Auftrag sachlich, fachlich und kundengerecht ausgeführt?
- Bewerten
  Analyse des gesamten Prozesses und kritische Prüfung und Bewertung: Ist das Ziel erreicht?
  Prozess und Ergebnisse dokumentieren.
  Was kann/muss bei einem ähnlichen Auftrag verbessert werden? (Verbesserungsvorschläge)

5.1 Kommunikationswege zur Werbemittelherstellung

Unproduktiver Informationsfluss und aufwändige suche nach Kommunikationsinhalten führen zu hohem Zeit-, Kosten und Nervenaufwand. Operative Hektik und Überlastungen in Zeiten der Produktion verbrauchen unnötige Ressourcen und versperren den Blick für das Wesentliche. Wichtig sind deshalb

- Optimierung der Konzepte für die Produktion von Werbemitteln
- Integration der Unternehmenskommunikation schon heute in den digitalen Workflow von morgen.

5.1.1 Kommunikationswege zur Werbemittelherstellung mit Workflow-Optimierung

Die Lösung für innovative Mediendienstleister:

- Das ein-mal-für alle-mal-Prinzip = 1-mal erfasst, x-mal produziert!

Im Mittelpunkt einer CrossMedia-Communication steht ein Datenbank-gestütztes Produkt-Informationssystem. In diesem System fließen alle Daten zusammen, die für die Unternehmenskommunikation benötigt werden. Egal ob Texte, Zahlen, Bilder, Videos oder Töne – eine Ausgabe-neutrale Datenbank sichert die Produktbeschreibungen, Artikelnummern, Preise, Maße, Zeichnungen u.a. – eben alles, was der Kunde des Mediendienstleisters seinen Kunden mitteilen will – egal über welches Werbemittel.

Sämtliche Daten werden ein einzige Mal digitalisiert, aufbereitet und strukturiert in einem auf die individuellen Wünsche des Kunden zugeschnittenene und programmierten Datenbank-System.

Allem am Produktionsprozess Beteiligten stehen somit sämtliche produktrelevanten Informationen zur Verfügung, die zur Erstellung von Printmedien, CD-ROMs oder Online-Medienprodukte benötigt werden (vgl. hierzu Kapitel 5.4).

Workflow-Optimierung – es beginnt beim Kunden

Informationen für die Unternehmenskommunikation fließen in der Regel aus unterschiedlichen Abteilungen eines Unternehmens zusammen.

In der Warenwirtschaft befindet sich die Artikel-Verwaltung mit allen dazugehörenden Daten.

Das Produktmanagement (des Kunden) entscheidet über Sortimente, Waren- und Dienstleistungsangebote und ist für die beschreibenden Teile zuständig.

Einkauf und Verkauf führen Gespräche mit Kunden und Lieferanten und entscheiden über die entsprehenden Preise und Konditionen.

Die Produktion liefert die entsprechenden Informationen, Bilder und Zeichnungen.

Die Marketing- und Werbeabteilung entwickelt Konzepte und Strategien zur Vermarktung, koordiniert und produziert schließlich die entsprechenden Werbemittel.

Zu Beginn eines CrossMedia-Projektes bei einem Mediendienstleister werden in einem gemeinsamen

Workshop mit dem Kunden die Ziele und Konzeptionen festgelegt. Am Ende definiert ein Pflichtenheft das Anforderungsprofil.

Entwicklung von Datenbanken
Nach dem Pflichtenheft setzen Informatiker das Anforderungsprofil des Kunden für die Praxis um. Dabei ist darauf zu achten, dass die Datenbank auf der Basis aktueller Technologien zukunftssicher ist und über offene Schnittstellen verfügt. Nach umfassenden Testläufen mit Echtdaten kann der Kunde die Datenbank nutzen. Alle Fachabteilungen des Unternehmens füllen und pflegen die CrossMedia-Datenbank für eine vollständige Unternehmenskommunikation.

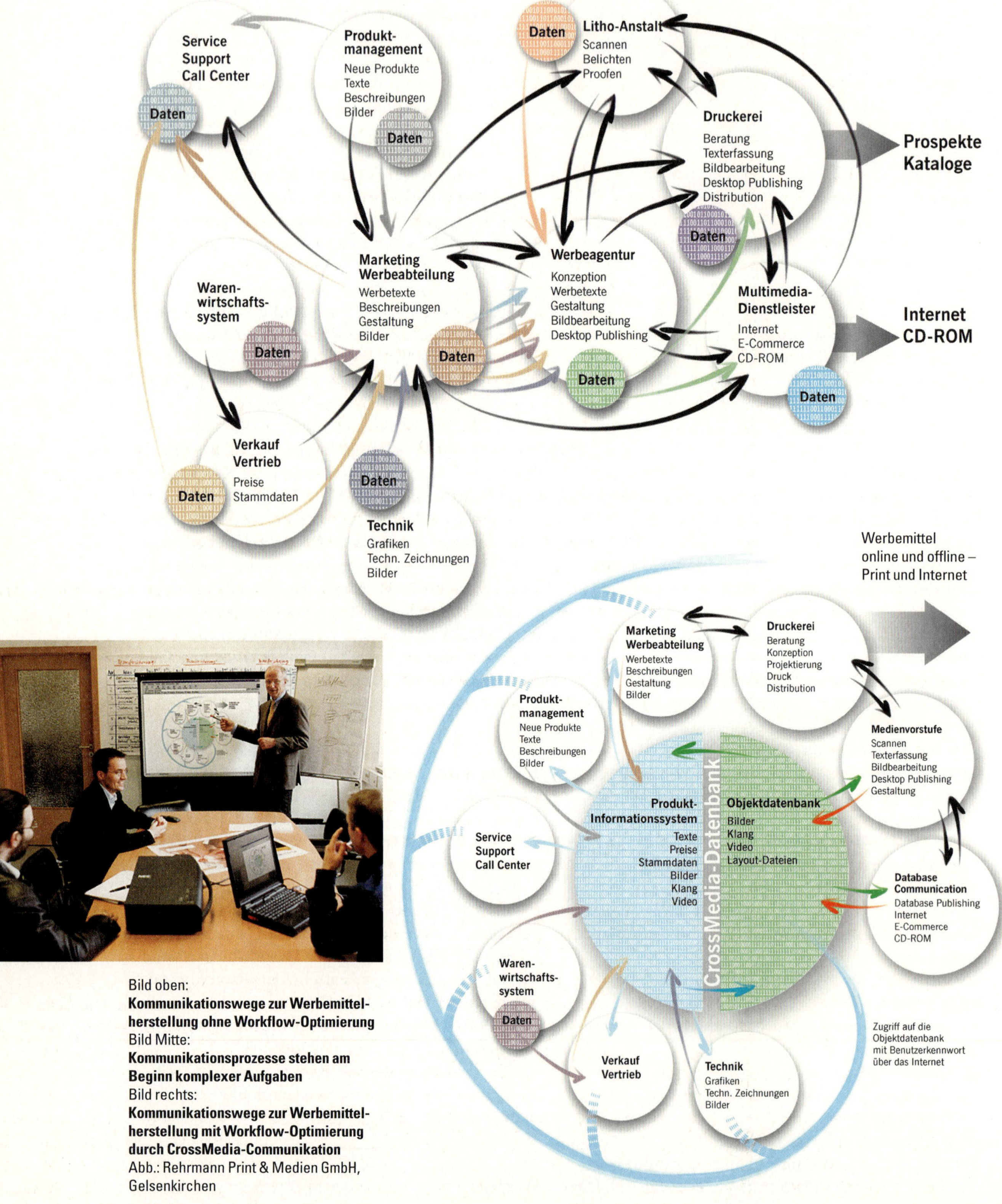

Bild oben:
Kommunikationswege zur Werbemittelherstellung ohne Workflow-Optimierung
Bild Mitte:
Kommunikationsprozesse stehen am Beginn komplexer Aufgaben
Bild rechts:
Kommunikationswege zur Werbemittelherstellung mit Workflow-Optimierung durch CrossMedia-Communikation
Abb.: Rehrmann Print & Medien GmbH, Gelsenkirchen

5.2 Nautilus – Der Erlebnispark im Rheingau/Taunus: Ein Marketing- und Kommunikationskonzept

Grundlegende Fragen an einen Mediendienstleister: Woran erkennt man ein professionelles Medienprodukt?
– Am Einsatz innovativer Technik?
– An der handwerklich guten Umsetzung?
– Oder der kreativen Idee?
Alle Komponenten tragen sicherlich zum Erfolg des Projektes bei. Doch entscheidend bleiben letztlich die Fragen:
– Erfüllen Print- und Non-Print-Erzeugnisse ihren Zweck?
– Kommt die Botschaft beim Kunden an?
– Sind die dafür verwendeten Mittel sinnvoll eingesetzt?

Im Marketing- und Kommunikationskonzept für den Kunden werden dazu die Grundsteine gelegt. Der „Medienberater" plant das Projekt und konzipiert das Medienprodukt. Das konkrete Produkt kann ein Print- oder Non-Print-Erzeugnis sein.

In diesem Kapitel werden exemplarisch ein Kommunikationskonzept am Beispiel eines Freizeitparkes beschrieben und die Kernpunkte einer erfolgreichen Konzeption erläutert .

Die Aufgabe

Die Immobilienholdinggesellschaft Riesling Event & Partner plant im Rheingau/ Taunus einen Freizeit- und Erlebnispark.

Auf 60 Hektar Gesamtfläche sollen hochmoderne Sportanlagen, ein Wasserpark, ein Nautikcenter mit verschiedenen Bade- und Saunalandschaften, eine Großarena für Open-Air-Veranstaltungen sowie eine Diskothek, ein Multiplexkino, ein Tagungszentrum, Hotel, Fitnessklub geschaffen werden. Restaurants und Geschäfte runden das Angebot ab.

Im Jahr 2003 soll der Park eröffnet werden. Die Veranstalter erwarten pro Jahr 250 000 Besucher aus einem Einzugsgebiet von etwa 200 Kilometern Umkreis. Das gesamte Investitionsvolumen beträgt rund 100 Millionen Mark (50 Millionen Euro).

Für Marketing und Kommunikation stehen für die Jahre 2002 und 2003 insgesamt ein Etat von zehn Millionen Mark (5 Mill. Euro) zur Verfügung.

Der Veranstalter bittet mehrere Media-Unternehmen zur Präsentation eines Konzeptes und einer Kampagne. Eine kurze Expertise über die Situation, den Markt für Freizeitanlagen, mögliche Wettbewerber, die Inhalte der Werbekampagne und eine erste Analyse der Zielsetzung soll erreichen, dass das Konzept auf die Bedürfnisse und Wünsche des Kunden ausgerichtet ist und Missverständnisse vermieden werden. Diese ersten Informationen, die vom Kunden an den Medienberater gegeben werden, nennt man das *Briefing*.
Das *Briefing* ist die Information, die das Unternehmen dem mediengestaltenden Unternehmen (Werbeagentur oder Druckerei) zukommen lässt. Das Unternehmen gibt die ersten notwendigen Hintergrundinformationen (Produktbeschreibung, Zielsetzung, Zielgruppen, Etat und Timing) für die Planung des Konzeptes.

Erster Schritt: Das Briefing

Das Briefing besteht aus
– Produktbeschreibung
– Hintergrundinformationen
  Marktsituation, Konkurrenzunternehmen, -kommunikation, Trends
– Zielsetzung
  Was soll mit dem Kommunikationskonzept erreicht werden? Mehr Bekanntheit für das Unternehmen? Steigerung der Verkaufszahlen? Ein besseres Image?
– Zielgruppenbeschreibung
  Welche Personengruppen sollen umworben und informiert werden?
– Etat
  Wieviel Geld steht für das Kommunikationskonzept zur Verfügung?
– Timing
  In welchem Zeitrahmen soll das Projekt verwirklicht werden?

Hintergrundinformationen

Bevor ein Kommunikationskonzept gestartet wird, ist es also wichtig, sich genau über die Wettbewerbslage und die Rahmenbedingungen zu informieren.
– Ist das Angebot und Programm des Parks unverwechselbar?
– Ist der Standort ideal, welche Besucherkreise können angesprochen werden?
– Was machen die Mitbewerber? Haben sie Sonderaktionen für bestimmte Zielgruppen? Welche Medien setzen sie in ihrer Kommunikation ein?

Ein gutes Kommunikationskonzept ist so Teil einer umfassenden Marketingstrategie.

Marktsituation & Trends

Freizeitgroßanlagen, Animation und Gesamterlebnisse stehen hoch im Kurs. Kaum jemand möchte heute „nur" schwimmen gehen, das Gesamterlebnis von Sport, Fitness, Einkaufen und Restaurantbesuche ist gefragt.

Der Verband Deutscher Freizeitunternehmen verzeichnete im Jahr 1999 insgesamt 22,4 Millionen Besucher in deutschen Freizeit- und Erlebnisparks. Die Tendenz ist steigend. 55 Parks in Deutschland mit jeweils mehr als 100 000 Gästen jährlich meldet der Verband. Sieben Parks können sogar mehr als eine Millionen Besucher begrüßen, an der Spitze der Europa-Park, Rust (über 3 Millionen Besucher).

Zielsetzung: Welche Schritte sind zu tun?

Basis eines Mediakonzeptes ist ein konsequenter Kommunikationsplan. Die Kommunikationsstrategie muss geplant und die Ziele definiert werden. Erst dann können die daraus notwendigen Maßnahmen abgeleitet werden. Die vom Unternehmen verfolgten Ziele müssen deshalb in Kommunikationsziele umgesetzt werden. Überlegungen sind dazu:

- Welche kurz-, mittel- und langfristigen Ziele will die Immobilienholdinggesellschaft mit ihren künftigen Medienmaßnahmen erreichen? Will sie die Besucherzahlen steigern? Die Bekanntheit und Beliebtheit des Parks aufbauen? Die Kundenbindung intensivieren und die Verweildauer in den Parks stärken? Spezielle Programme für Senioren, Jugendliche oder Kinder anbieten? Das Image eines Erlebnisparks in bestimmten Bevölkerungsschichten verändern?

Besucherentwicklung in deutschen Freizeit- und Erlebnisparks von 1986 bis 1999

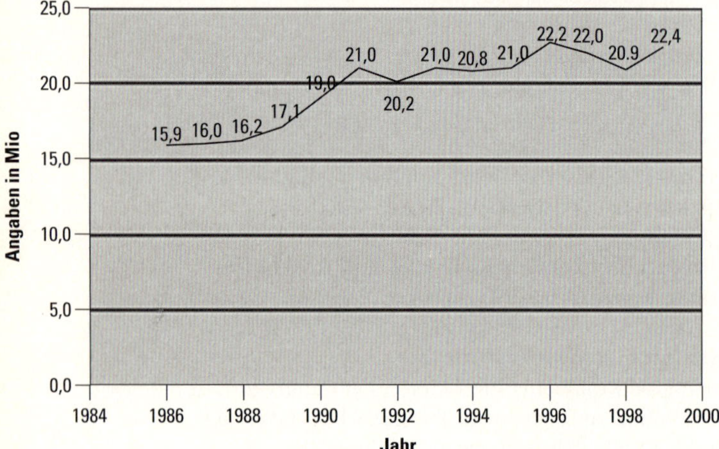

Langfristiges Ziel der Geschäftsführung ist es, nach einer Startphase ein rentables, gut bekanntes und gut besuchtes Unternehmen zu führen. Außerdem sollen die Besucher zum Wiederkommen animiert werden. Geplant sind saisonale Veranstaltungen und Events, um Mehrfachbesuche zu sichern und die Vor- und Nachsaison zu bewerben.

Eine Studie zeigt, dass mehr als 50 Prozent der Besuche auf die Hauptsaison fallen. 48 Prozent dagegen nur auf Vor- und Nachsaison. Außerdem soll eine starke Kundenbindung zur Bevölkerung in der näheren Umgebung aufgebaut werden.

Vor der Eröffnung soll der Park die notwendige Popularität in den Medien erhalten. Damit der Park nicht nur in der Region bekannt ist, sondern auch bei verschiedenen Fachpublika, sollen bundesweit Großunternehmen und Reiseveranstalter regelmäßig informiert werden.

Die Kommunikationsziele - Gesamterlebnisse schaffen

- Die Riesling Event & Partner - Holding will den Park als eine Marke aufbauen und einen hohen Bekanntheitsgrad in ganz Deutschland erreichen.
- Um den Vorabverkauf der Eintrittskarten zu sichern und eine gute Planungsbasis zu gewährleisten, soll der Park schon vorab in der Touristikbranche und bei den Unternehmen bekannt gemacht werden.
- Durch spezielle Events und Informationssysteme soll eine hohe Kundenbindung erreicht werden.
- Das Unternehmen möchte eine breite Akzeptanz des Parks bei allen Bevölkerungsschichten und beim Fachpublikum.
- Die Besuche in der Vor- und Nachsaison sollen speziell gefördert werden.
- Kommuniziert werden sollen vor allem das Gesamterlebnis, die Einmaligkeit der Anlage und ein umfassendes Erholungsprogramm. Je nach Zielgruppe stehen unterschiedliche Leistungsmerkmale der Anlage im Mittelpunkt: z.B. für
  - Familien und Kinder: Adventure und Abenteuer, Spiel und Spaß;
  - Jugendliche: Fun, Sport, Gruppenevents.
  - Senioren: Entspannung und Wellnes, Natur, Kultur und Kulinarisches;
  - Tagungsgäste: Incentives (Anreize) und Tagungsqualität.

Zielgruppenanalyse

Eine Analyse der Ziele zeigt, dass unterschiedliche Zielgruppen im Kommunikationskonzept eine Rolle spielen. Jugendliche haben andere Informationsbedürfnisse als Senioren, und Journalisten benötigen andere Informationen als Unternehmen.

Ein gutes Kommunikationskonzept geht daher auf die unterschiedlichen Informationsbedürfnisse der einzelnen Gruppen ein und sucht je nach Typ das maßgeschneiderte Kommunikationsmittel. So nutzen unterschiedliche Zielgruppen auch unterschiedliche Medien. Während beispielsweise Senioren bevorzugt die regionale Tageszeitung lesen, stehen bei Jugendlichen Hörfunk und Internet hoch im Kurs.

Zielgruppenbestimmung und Mediaplanung gehen Hand in Hand.

Eine Zielgruppenanalyse beinhaltet eine genaue Untersuchung der Nutzer. In der Medienforschung bestimmt man Zielgruppen meist nach klassischen personenbezogenen Merkmalen. Man unterscheidet vor allem nach

- geographischen Merkmalen
  z.B. Länder/Städte/Wohngebiete, Nielsengebiete,
- demographischen Merkmalen
  Alter, Geschlecht, Familienstand etc.
- soziographischen Merkmalen
  Einkommen, Kaufkraft, Bildung, Berufstätigkeit etc. und
- psychografischen Merkmalen
  Motive, Einstellungen, Life-Style, Werte, Präferenzen, Persönlichkeitsmerkmale.

Wer gehört zur Zielgruppe des potenziellen Freizeitparks?

- die gesamte Bevölkerung der Region bis zu 200 Kilometern Umkreis
- Unternehmen, Reisebüros und Touristik-Unternehmen, Schulen in ganz Deutschland
- Meinungsmultiplikatoren wie Journalisten, Politiker und Entscheider in der Wirtschaft.

Zusammensetzung der Besucher in deutschen Freizeit- und Erlebnisparks

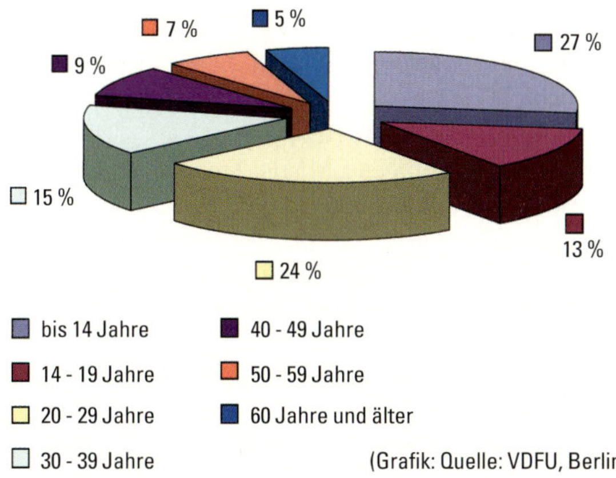

(Grafik: Quelle: VDFU, Berlin)

Eine Analyse der Altersstruktur der Freizeitparks zeigt, dass mehr als 80 % der Besucher Erwachsene sind, gefolgt von Kindern bis 14 Jahren.

In den letzten Jahren ist die Gruppe der 14- bis 29-jährigen stark gewachsen. Ihr Interesse gilt besonders den Technikparks. Jugendliche und junge Erwachsene im Alter zwischen 14 und 29 Jahren sind extrem markenorientiert und geben ein Großteil ihres zur Verfügung stehenden Einkommens für die Freizeit aus. Sie lieben sportliche Aktivitäten und Gruppenerlebnisse und entscheiden häufig auch das Kaufverhalten ihrer Eltern mit.
So setzen sie die zu berücksichtigen Trends.

Senioren sind weitgehend unterrepräsentiert. Dabei sind diese ein Publikum mit besonders hoher Kaufkraft und ausgeprägtem Freizeitverhalten.

Für eine dritte interessante Zielgruppe haben Trendforscher den Begriff "EMMIs" geprägt. EMMIs bedeutet „Engagierte Multimedia-Innovatoren" und meint junge Erwachsene, Online-Pioniere mit hohem Einkommen und überdurchschnittlicher Bildung. Sie sind Nutzer qualitativ hoch stehender Zeitschriften, sie haben ein breites Interessenspektrum und ausgeprägte Konsumneigungen.

Fazit: Trendies (Trendbewusste Jugendliche und junge Erwachsene zwischen 14 und 29 Jahren), „EMMIs" und die „Oldies" (kaufkräftige Senioren) sind neben Familien entscheidende Zielgruppen für den Freizeitpark.

Saisonverteilung

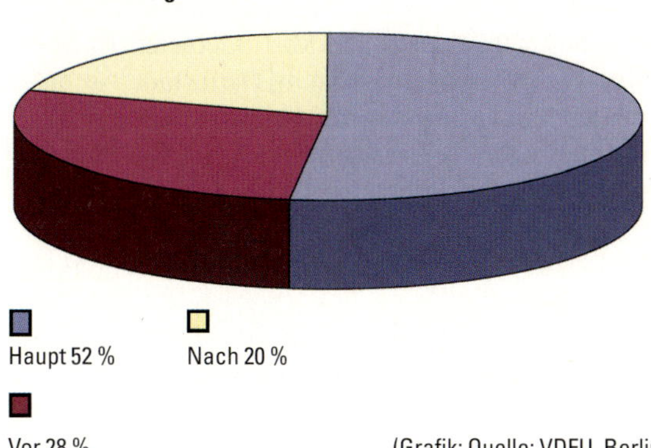

(Grafik: Quelle: VDFU, Berlin)

Alle diese Kundengruppen sollen durch spezielle Themen über bestimmte Medien angesprochen werden. Aber auch die Mitarbeiter des Erlebnisparks dürfen im Kommunikationskonzept nicht vernachlässigt werden. Sie repräsentieren den Park nach außen und sind die direkten Ansprechpartner der Kunden.

Die Zeitachse

Da der Park bisher über keinerlei Bekanntheit verfügt, ist vorab eine intensive, überregionale Einführungswerbung (von 2002 - 2003) notwendig.

In der Startphase des Parks (bis etwa Mitte 2003) müssen Bekanntheit gesteigert werden und gezielte Events als Publikumsanreize geschaffen werden.

In einer weiteren Phase (Mitte 2003 und später) können zusätzlich verschiedene Kundenbindungs- und Informationsinstrumente eingesetzt werden. Außerdem soll zusätzlich verstärkt in der besucherschwachen Vor- und Nachsaison geworben werden, um die Auslastung des Parkes zu verbessern.

Zweiter Schritt: Erstellung der Kommunikationsstrategie

Nach diesen grundlegenden Vorüberlegungen beginnt die eigentliche Phase der Kommunikationsstrategie. Damit ist gemeint:

- Welche Aussagen soll in der Kommunikation betont werden?
- Und welche Medien transportieren die Botschaft?

Das klassische Kommunikationsmix besteht aus: Werbung, Public Relations (Öffentlichkeitsarbeit), Verkaufsförderung, Events und persönlichem Verkauf.

Zusätzlich können andere Methoden wie Sponsoring und Merchandising berücksichtigt werden.

Sponsoring stärken

Der Park verfügt bisher über keinen Bekanntheitsgrad, d.h. für die Einführungswerbung ist der vorgesehene Etat fast zu gering. Die erste Empfehlung an den Veranstalter lautet daher:
„Suchen Sie Sponsoren und Werbekooperationen!"
Die anvisierte Zielgruppe verfügt über ein hohes Markenbewußtsein. So genannte „Brandparks" sind derzeit äußerst erfolgreich (Beispiel „Legoland" und „Ravensburger Spieleland").

Werbekooperationen mit Sportwarenherstellern wie Nike, adidas, Chiemsee, und mit Brands aus dem Konsumsektor wie Coca-Cola, Langnese, Mövenpick etc. schaffen zusätzlich Aufmerksamkeit und Attraktivität. Sie erhöhen die Effizienz der Kommunikation und den Werbeetat.

Synergien durch Merchandising

Die Umsätze in den deutschen Freizeitparks zeigen, dass Merchandising eine wichtige zusätzliche Einnahmequelle der Parks darstellen. Durch gezieltes Merchandising können Synergien geschaffen und die Bekanntheit des Parks und das Images gestärkt werden.

Merchandising bedeutet, dass zusätzliche Produkte und Waren wie T-Shirts, Figuren (z.B. Mainzelmännchen), Tassen, zum Kauf angeboten werden. Diese Produkte sind gleichzeitig auch Werbeträger.

Auswahl der Medien

Jedes Medium hat unterschiedliche Vorteile und ist für bestimmte Zielgruppen geeignet. Aus der unendlichen Fülle von Zeitschriften, Zeitungen, Hörfunk, Fernsehen, Online-Medien, Plakate, Infoscreens und den kreativen Möglichkeiten mit Anzeigen, Direct-Mails, Imagefolder, Hörfunk- und Fernsehspots, Plakate, Online-Magazinen müssen jetzt die geeigneten Werbeträger und -mittel herausgefiltert werden.

Notwendig dazu sind weitere Informationen über die Werbewirkung verschiedener Werbeträger und Nutzung, Nutzungsdauer, Reichweite etc., um mit dem richtigen Medium ins Schwarze zu treffen.

Eine Studie von Youngcom, München, kommt für die Zielgruppe „Jugend" zu dem Ergebnis: „In den Printmedien führt bei den Jugendlichen das Buch, gefolgt von Zeitschriften und Tageszeitungen. Im Fernsehen bevorzugen sie Spielfilme und Serien. An dritter Stelle stehen die Musiksender. Bei der Werbung akzeptieren die Jugendlichen witzige Spots und Anzeigen. Langweilige Werbung strafen sie mit Kaufverweigerung."

Das Internet spielt für diese Zielgruppe eine herausragende Rolle.

Die Werbeträgerauswahl erfolgt nach den spezifischen Werbezielen und nach Kosten/Nutzen-Aspekten. Zur Beurteilung können beispielsweise verschiedene Kriterien wie der Tausenderkontaktpreis, Kontaktqualität, Kontaktvolumen benutzt werden.

- Tausenderkontaktpreis:
  Er besagt, wie teuer es ist, 1000 Personen mit einem Medium anzusprechen. (Berechnung: Preis je Anzeigenseite x 1000 : Auflage)
- Kontaktvolumen:
  Es gibt an, wie viele Leser zum Beispiel mit einer Anzeige bzw. einem Direct-Mailing erreicht werden.
- Kontaktqualität:
  Wirkungsgrad und -intensität eines Werbe- und Kommunikationsmittels.

Mit CrossMedia Kunden erreichen

Zur Erreichung aller Werbe- und Kommunikationsziele wird auf ein ausgefeiltes Cross-Media-Konzept gesetzt. Werbestudien zeigen: EMMis und Trendies verlangen nach innovativen Medien. Die anzusprechenden Zielgruppen lesen viel, hören Radio und nutzen als Trendsetter ausgesprochen häufig Online-Medien zur Information.

Ein modernes Medienmix setzt daher auf Printmedien (vor allem auf innovative Printprodukte), Hörfunk und Online. Aus der Kombination von Print- und Onlinemedien ergeben sich gegenseitige Impulse.

- *Cross-Media:*
  Aufbereitung von Texten und Bildern für die verschiedenen Medienformen wie Printprodukte, CD-ROMs, Internet oder Online-Systeme.

Ansprache der Zielgruppe

Für unsere Zielgruppen EMMIs, Trendies und Oldies gilt das Marketing-Prinzip:
„Wer aus dem Standard ausbricht, fällt auf."

Entscheidendes Kriterium für die Etablierung des Freizeitparks als Marke ist der Name. Dazu wurde die Agentur vorab beauftragt, Vorschläge zu unterbreiten. Der gesuchte Name soll einmalig, unverwechselbar, einprägsam sein und Erlebnis, Adventure, Spaß und Zeitgeist ausdrücken. Eine emotionale Ansprache ist dabei entscheidend. Ein pfiffiger Slogan ergänzt den Namen in diesem Sinne.

Dieser Name ist Programm:

- **Nautilus**
  einfach abschalten und genießen
  (Oldies und EMMis)
- **Fun, Freizeit & Fitness**
  (Trendies und EMMis)

In einer vorhergehenden Marktforschungsstudie wurde die Wirkung verschiedener Namensvorschläge repräsentativ für alle Bevölkerungsschichten getestet. Befragt wurden 400 Personen im Rheingau/Taunus. Das Ergebnis ist ein einprägsamer Name mit hoher Akzeptanz über alle Zielgruppen hinweg. Je nach Zielgruppenansprache wird er mit einem Slogan unterschiedlich ergänzt.

Das Kommunikationskonzept:
Die Einführungswerbung

Mit Printmedien Reichweite erzielen

Mit der Einführungswerbung soll vor allem eine möglichst große Reichweite (wie viel Prozent der Gesamtbevölkerung von einem Medium erreicht werden) und eine hohe Kontaktdichte erzielt werden. Hierzu werden in mehreren Zeitschriften, den regionalen Tageszeitungen und einigen überregionalen Tageszeitungen und Wochenmagazinen Anzeigenserien geschaltet.

Belegt werden Anzeigenserien in auflagenstarken Publikumsblättern, die vor allem auch von den Oldies gelesen werden. In den regionalen Tageszeitungen werden die regionalen Meinungsführermedien im Einzugsgebiet des Rhein/Main-Gebietes, Köln, Bonn, Trier, Worms, Mannheim, Darmstadt, Aschaffenburg, Giessen ausgewählt, bei den überregionalen Tageszeitungen die Frankfurter Allgemeine Zeitung, die Süddeutsche Zeitung, der Spiegel und zur Ansprache der Unternehmen Zeitschriften wie die Wirtschaftswoche, Incentive Congress Journal, Travel-Magazin etc.

Hörfunk - das auditive Medium transportiert Fun

Jugend und Info-Elite hören Radio. Begleitend zur Printwerbung machen kurze Hörfunkspots in den öffentlich-rechtlichen und privaten Sendern neugierig auf die Eröffnung und das Startprogramm des Parks. Zur Realisierung wird die Zusammenarbeit mit einem spezialisierten Programmanbieter für den Hörfunk gesucht.

Megaposter an allen Marktplätzen der Kommunikation
Trendies und EMMis setzen auf Außergewöhnliches. Megaposter in den Innenstädten und digitale Infoscreens an Bahnhöfen und Flughäfen transportieren ein jugendlich, dynamisches Image und erzielen Reichweite.

Direct-Mails und Broschüren vermitteln „Hardcore-Informationen"
Neben der anonymen Massenwerbung sollen auch Meinungsmultiplikatoren in der Touristikbranche und Reisebüros sowie einige Großunternehmen und die Bevölkerung direkt informiert und beworben werden. Dazu ist ein dreistufiges Direct-Mailing geplant, das in der ersten Stufe Neugierde weckt, in der zweiten Stufe auf das Eröffnungsevent hinweist und drittens Themen und Programme liefert.

Für die Bevölkerung in der Region sind zudem bereits in der Bauphase Infoblätter geplant, um bei den Nachbarn die notwendige Akzeptanz und Toleranz während der Bauarbeiten zu erreichen.

Direkte Verkaufsimpulse durch Verkaufsförderung
Für den Vorabverkauf der Tickets werden den Reisebüros spezielle „Give aways" und Prospektmaterial zur Verfügung gestellt. Hier sind Kooperationen mit Sponsoren denkbar.

Give aways: Kleine Geschenke (wie Buttons oder Aufkleber) und kostenlose Zugaben, die den Kunden an das Unternehmen erinnern und Aufmerksamkeit erzielen.

Fakten, Hintergründe und Information: die Pressearbeit
Unterstützt werden die Werbemaßnahmen durch eine regelmäßige Pressearbeit. Die Planung von Pressekonferenzen, Journalisten-Hintergrundgespäche, Exklusiv-Interviews gehören zur Basis der Kommunikationsarbeit.

Je nach Thema müssen Lokalpresse, Tagespresse und Fachpresse unterschiedlich tief informiert werden. In einer Pressekonferenz „zum Spatenstich" wird Nautilus der Öffentlichkeit vorgestellt.

Public Relations und Pressearbeit sind die wirkungsvollsten und kostengünstigsten Kommunikationsinstrumente. Ihr Vorteil: Sie sind glaubwürdig, informativ und erreichen oft hohe Kontaktquoten.

Public Relations:
Öffentlichkeitsarbeit, mit dem Ziel, Image und Vertrauen in das Unternehmen zu stärken.

Folgewerbung: Neukundenwerbung und Kundenbindung

Unvergessliche Events schaffen
Die Eröffnungsveranstaltung von Nautilus muss ein Publikumsmagnet werden. Die Formel für dieses

Werbeträger & Kommunikationsmaßnahmen	2003 Einführungswerbung + PR				2004 Folgewerbung + PR			
	1. Quartal	2. Quartal	3. Quartal	4. Quartal	1. Quartal	2. Quartal	3. Quartal	4. Quartal
Tageszeitungen Anzeigen, 1/2 S., 4c – Überregionale TZ und 11 regionale TZ			X	X	X	X		
Zeitschriften Anzeigen 1/1 S.,4c z. B. EMMIs: Börse Online, Spiegel, Focus, Entscheider: Wirtschaftswoche, Travel- und Incentive-Magazine				X			X	X
Hörfunkspot (30 Sek. SWR 3, HR 3, FFH)					X	X	X	
Megaposter & Infoscreens Bahnhöfe Frankfurt, Mainz, Köln + Flughafen FFM				X		X		
Direktwerbung (3-stufiges Direkt-Mail für Reisebüros, Großunternehmen und Bevölkerung der Region)	X			X	X			
Verkaufsförderung		X		X		X		X
Kundenmagazin 20 Seiten, 4c, Auflage: 60 000					X	X	X	X
Online-Magazin					X	X	X	X
Events Premierenevent und Veranstaltungen für Vor-und Nachsaison					X	X	X	X
Pressearbeit	X	X	X	X	X	X	X	X

Eventmarketing lautet: je kreativer, einmaliger und überraschender desto besser.

Eine Eventagentur sollte dazu ein spezielles Kommunikationskonzept erarbeiten.

Kundenbindung schaffen mit ...

- dem Nautilus-Magazin
  Für die Folgewerbung und die Kundenbindung ist eine vertiefende Kommunikationsarbeit notwendig. Nautilus, die regelmäßige vierteljährlich erscheinende Kundenzeitschrift, ist das ideale Dialogmedium. Statt einer Einbahnstraßen-Kommunikation werden Response-Elemente integriert, welche die Kommunikation mit dem Kunden stärken.
  Dazu gehören Fax-Antworten, Postkarten, Einladungen, Preisausschreiben, Kundenporträts oder Leserbriefe.
- der Online-Chatbox
  Eine Online-Chatbox und die Online-Version des Nautilus-Magazins spricht die Multimedia-Pioniere an. E-Mail, Internet-Homepage und eine multimediale Datenbank fördern den schnellen Informationsfluss und den engen Kontakt mit den Zielgruppen. Kunden können sich Terminkalender und Themenpläne zu Aktionswochen herunterladen, andere Kunden kennen lernen oder verschiedene Merchandising-Produkte online zum Vorzugspreis bestellen.
- dem „Virtuell-Nautilus-Park"
  Ein Online-Streifzug durch den Park, virtuell die Niagara-Wasserfälle hinunterstürzen oder durch den Grand Canyon fliegen - die "Virtuelle-Nautilus-World" macht kurze Online-Freizeit-Erlebnisse möglich. Mehrfachnutzer können dabei Bonuspunkte sammeln und Eintrittskarten gewinnen.
- dem Nautilus-Club
  Er setzt nicht auf „Vereins-Meierei", sondern will Gruppen-Erlebnisse und Kontakte zu Gleichgesinnten schaffen. Sie treffen sich beispielsweise im virtuellen und realen Entertainment-Center des Parks. Die Medien des Clubs sind das Nautilus-Magazin und die Online-Chatbox.

Mitarbeiterkommunikation und Personal-PR

Nicht nur die Kommunikation nach außen ist elementar wichtig, auch die Mitarbeiter des Nautilus-Parks müssen über Unternehmensziele und Neuerungen informiert werden. Effektive Mitarbeiterkommunikation fördert nicht nur die Identifikation mit dem Unternehmen, sie trägt auch entscheidend zur Motivation und Mitarbeiterbindung bei.

Per Intranet und neuen, interaktiven Kommunikationsforen können die internen Informationsflüsse optimiert werden.

Das Nautilus-Magazin ist auch hier das Dialog-Medium Nummer eins.

Der Zeitplan

Ein erster Zeitplan zeigt den Einsatz der unterschiedlichen Medien und Kommunikationsmaßnahmen.

Werbeträger und Kommunikationsmaßnahmen

Gesamtetat 5 Millionen Euro	Etatverteilung
Tageszeitungen	40 %
Zeitschriften	10 %
Hörfunkspots	5 %
Megaposter & Infoscreens	5 %
Direktwerbung	10 %
Verkaufsförderung	10 %
Eröffnungsevent	7 %
Kundenmagazin	5 %
Online-Magazin	5 %
Public Relations/Pressearbeit	3 %

Ein detaillierter Media- und Belegungsplan folgt in einer zweiten Planungsphase.

Dritter Schritt: Die Präsentation vor dem Kunden

Das fertige Kommunikationskonzept wird nun dem Kunden vorgestellt. Dies geschieht meist im Wettbewerb mit anderen Werbe- und Mediaagenturen. Der Kunde entscheidet sich dann nach einiger Bedenkzeit für das Konzept, das ihm am besten gefällt und seine Kommunikationsziele erfüllen kann.

Möglicherweise zieht er ein Marktforschungsinstitut zu Rate und lässt die Konzepte testen. Durch Befragungen von möglichen Kunden findet er heraus, wie die Kampagne auf die Zielgruppe wirkt. Ist sie erfolgversprechend, erteilt der Kunde die Freigabe. Nun kann an die konkrete Umsetzung gegangen werden.

Vierter Schritt: Die Realisierung des Kommunikationskonzeptes

Jetzt werden Medienplaner und -gestalter aktiv. Es folgt die Phase der Umsetzung. Sie sind dafür verantwortlich, dass die Konzepte in konkrete Kommunikationsmittel (Anzeigen, Spots, Trailer) umgesetzt werden – ohne niemals den Zeit- und Kostenrahmen aus den Augen zu verlieren. Gestalter und Medientechniker entwerfen Onlinemedien, Broschüren und Flyer. Medienplätze müssen eingekauft werden, zum Beispiel Anzeigenseiten in Zeitungen und Schaltsekunden im Fernsehen rechtzeitig gebucht werden. Auch hier ist darauf zu achten, dass das vom Kunden gegebene Budget nicht überschritten wird.

Die Etatverteilung gibt einen ersten Überblick über die Verteilung der Kosten. Über Sponsoring, Werbekooperationen sowie Anzeigenschaltung und Bannerwerbung im Print - und Online-Kundenmagazin können zusätzliche Mittel zur Finanzierung auf-

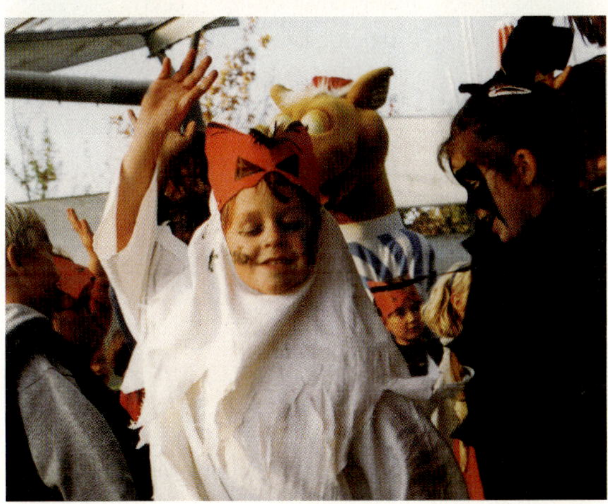

Abb.: Ravensburger Spieleland

gebracht werden. Print- und Onlinemagazine finanzieren sich so größtenteils über Werbeeinnahmen. Auch die Verkaufsförderungsmaßnahmen und das Eröffnungsevent werden durch zusätzliche Kooperationspartner finanziell unterstützt. Ein genauerer Kostenplan empfiehlt sich erst nach detailliertem Mediaplan mit Schaltzeiten und -häufigkeiten.

Fünfter Schritt: Die Erfolgskontrolle

Erfolgskontrolle: Messungen, ob das Marketing- und Kommunikationskonzept erfolgreich war und gewirkt hat.

Die Kampagne läuft seit einem Jahr. Nun muss ihre Wirksamkeit nochmals überprüft werden. Im Falle des Nautilus-Parks hieße das:

- Ist das Kommunikationskonzept erfolgreich?
- Welches Image und welche Bekanntheit hat der Park in der Öffentlichkeit?
- Sind die Gäste mit dem Abgebot zufrieden?
- Ist die Werbebotschaft angekommen?

Mit sozialwissenschaftlichen Instrumenten wie beispielsweise der Befragungen und Methoden zur Beschwerdeforschung können Kundenbedürfnisse und Defizite analysiert werden. Inhaltsanalysen für die Auswertung der Berichterstattung, Befragungen der Öffentlichkeit und der Kunden, Marktstudien und Experimente geben Aufschluss über den Erfolg der Presse- und Kommunikationsarbeit und informieren über zukünftige Anforderungen.

Qualitative Erfolgskontrollen schaffen die vorgeschlagenen Kundenbefragungen durch Response-Elemente beispielsweise auf der Rückseite der Eintrittskarte. Beim Verlassen des Parks können Faktoren wie Zufriedenheit, Verbesserungsmöglichkeiten etc. kurz abgefragt werden. Ein Gewinnspiel animiert die Besucher zum Mitmachen.

Auch die Kundenzeitschrift und das Online-Magazin bieten Möglichkeiten zur Erfolgskontrolle.

Über Preisrätsel und Clipping-Anzeigen wird die Bekanntheit des Parks getestet.

Die Presseresonanz kann über Zeitungsausschnittdienste und elektronische Pressespiegel analysiert werden.

Bei den Online-Medien werden die Visits und Pageviews statistisch ausgewertet.

Visits: Anzahl der Besuche auf einer Homepage.
Pageviews: Gibt an, wie häufig eine Seite dieser Homepage angesehen wurde.

(Autorin Kapitel 5.2: Gabi Schermuly-Wunderlich, going publicRelations, Weilburg)

5.3 Vom Briefing zum Medienprodukt

Anwendung	grün	gelb	blau
Pantone	370	123	293
HKS	66	5	39
C-M-Y-K	70-0-100-32	0-33-100-0	100-50-0-0
RAL	120 60 60	080 80 80	270 30 45
Scotchcal	100-719	100-25	100-17

Projekt in einer Werbeagentur:
Marketingauftritt zu „Stadtbus Tettnang"

- **Konzept und Realisation der Einführungswerbung – ein Modell**

Basis und Ausgangspunkte zu einer reizvollen Kommunikationsaufgabe waren

1. die planvolle, systematische Vorgehensweise (Erste Kontaktaufnahme: 9 Monate vorher)
2. die Akzeptanz eines „runden" d. h. umfassenden Aktivitätenkataloges
3. die kooperative, positive Zusammenarbeit und das entgegengebrachte Vertrauen,
   die unproblematische, schnelle Art und Weise, mit der ein gemeinsamer Nenner für die Corporate Communication, d. h. die Inhalte der Publikationen, erreicht wurde.

Partner bei der Erstellung des gesamten Marketingkonzeptes zur Einführung eines Stadtbus:

- Stadt Tettnang
- Mach Werbeagentur, Bad Waldsee

5.3.1 Briefing

Aufgabe war das Erstellen einer Gesamtkonzeption für neue Stadtbuslinien in Tettnang. Bevor überhaupt ein komplettes Kommunikationskonzept erstellt wurde, war die Gestaltung der drei geplanten Stadtbusse ein Thema. Verschiedene Entwürfe wurden präsentiert. Die Farbphilosophie fand sehr schnell Anklang.

Ob das bereits vorhandene Tettnang-Logo im Stadtbus-Auftritt integriert werden soll, wurde zur Diskussion gestellt. Im Detail wurde solange gefeilt, bis das nebenstehende „Finish" erreicht war.

5.3.2 Farben

3 Busse – 3 Linien

Überlegung: Wieso sollen alle Linien gleich gestaltet sein? Bringt nicht eine bewusste farbliche Zuordnung als Ordnungsfaktor mehr an Informationen als nur die Bezeichnung Linie 1, 2 oder 3. Die Überlegungen führen zu einer Entscheidung: Für jeden Bus, d. h. für jede Linie, wird eine bestimmte Farbe gewählt.

Zwei der gewählten Farben wurden abgestimmt auf das vorhandene Tettnang-Logo.

Als dritte Farbe wurde eine harmonische Komplementärfarbe gewählt.

Bei der Farbdefinition wurden gleich die einzelnen Bereiche: Print, Lack und Folien berücksichtigt.

Klare Kennzeichnung der einzelnen Linien durch farblich unterschiedliche grundlackierten Busse (links beim Ausliefern ab Neoplan-Werk) mit einheitlicher Beklebung.

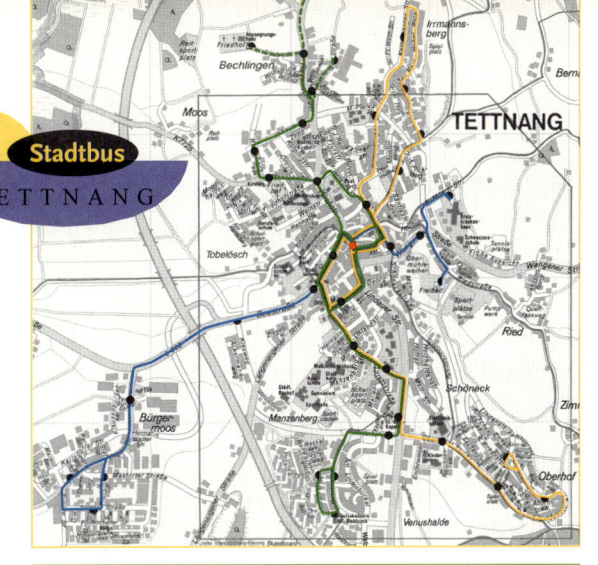

5.3.3 Linienpläne

Dem vorliegendem Endergebnis sieht niemand mehr an, welche strukturellen Überlegungen und welche Arbeit im Detail bei der Umsetzung dahinter stecken.

Eine der schwierigsten Arbeiten war es, einen stilisierten Linienplan zu erstellen, der grafisch reduziert alle notwendigen Informationen birgt.

Änderungen an der ursprünglichen Streckenführung, erforderliche Haltestellenverlegungen usw. waren zusätzliche kreative Herausforderungen an die grafische Gestaltung.

Plan mit realer Streckenführung für die Erstinformation

5.3.4. Haltestellen

Auch beim Haltestellen-Outfit greift die Farbphilosophie. Die einzelnen Linien werden durch die Farbkennzeichung klar unterschieden: Der Fahrgast weiß sofort, auf welcher Linie er sich befindet.

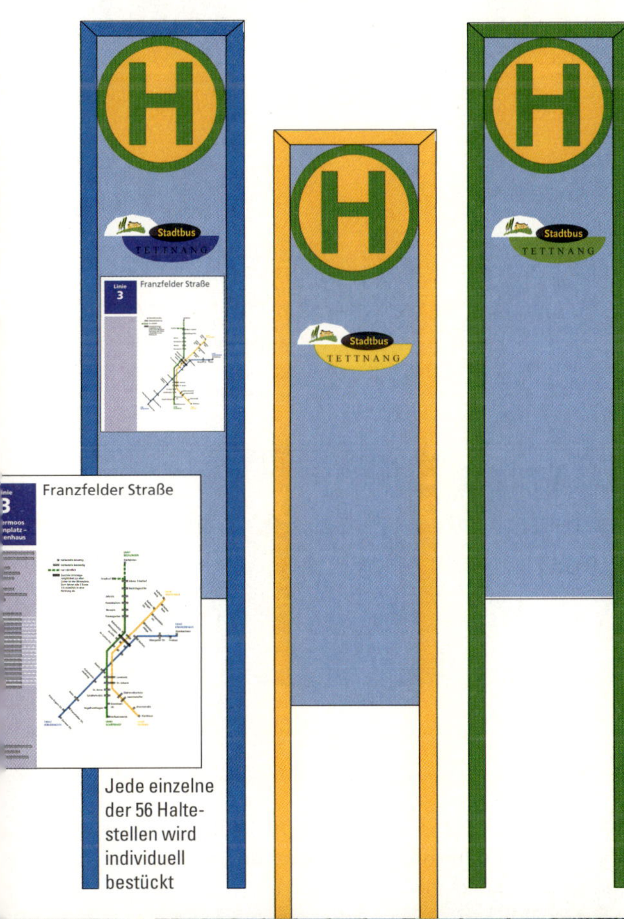

Jede einzelne der 56 Haltestellen wird individuell bestückt

Stilisierter Plan

Das Kommunikationskonzept beinhaltet noch viele weitere Print- und Nonprintprodukte, wie z. B. der nebenstehend abgebildete Taschenfahrplan im Format 80 mm x 140 mm, mehrere Zeitungsbeilagen, Folder („Sparschein") mit Einführungs-Ticketangeboten, eine Flash-Animation für die Präsentation auf einem Bürgerforum, Bestückung eines Infostandes für Regionalmesse.

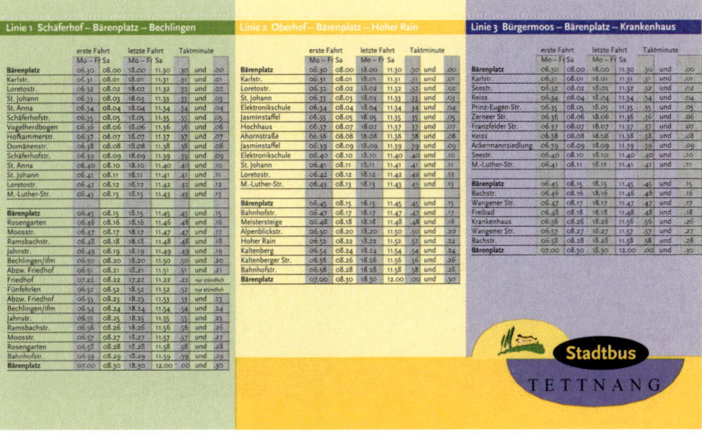

Linie 1 Schäferhof – Bärenplatz – Bechlingen

	erste Fahrt Mo – Fr	erste Fahrt Sa	letzte Fahrt Mo – Fr	letzte Fahrt Sa	Taktminute		
Bärenplatz	06.30	08.00	18.00	11.30	.30	und	.00
Karlstr.	06.31	08.01	18.01	11.31	.31	und	.01
Loretostr.	06.32	08.02	18.02	11.32	.32	und	.02
St. Johann	06.33	08.03	18.03	11.33	.33	und	.03
St. Anna	06.34	08.04	18.04	11.34	.34	und	.04
Schäferhofstr.	06.35	08.05	18.05	11.35	.35	und	.05
Vogelherdbogen	06.36	08.06	18.06	11.36	.36	und	.06
Hofkammerstr.	06.37	08.07	18.07	11.37	.37	und	.07
Domänenstr.	06.38	08.08	18.08	11.38	.38	und	.08
Schäferhofstr.	06.39	08.09	18.09	11.39	.39	und	.09
St. Anna	06.40	08.10	18.10	11.40	.40	und	.10
St. Johann	06.41	08.11	18.11	11.41	.41	und	.11
Loretostr.	06.42	08.12	18.12	11.42	.42	und	.12
M.-Luther-Str.	06.43	08.13	18.13	11.43	.43	und	.13
Bärenplatz	06.45	08.15	18.15	11.45	.45	und	.15
Rosengarten	06.46	08.16	18.16	11.46	.46	und	.16
Moosstr.	06.47	08.17	18.17	11.47	.47	und	.17
Ramsbachstr.	06.48	08.18	18.18	11.48	.48	und	.18
Jahnstr.	06.49	08.19	18.19	11.49	.49	und	.19
Bechlingen/ifm	06.50	08.20	18.20	11.50	.50	und	.20
Abzw. Friedhof	06.51	08.21	18.21	11.51	.51	und	.21
Friedhof	07.22	08.22	17.22	11.22	.22	nur stündlich	
Fünfehrlen	06.52	08.52	18.52	11.52	.52	nur stündlich	
Abzw. Friedhof	06.53	08.23	18.23	11.53	.53	und	.23
Bechlingen/ifm	06.54	08.24	18.24	11.54	.54	und	.24
Jahnstr.	06.55	08.25	18.25	11.55	.55	und	.25
Ramsbachstr.	06.56	08.26	18.26	11.56	.56	und	.26
Moosstr.	06.57	08.27	18.27	11.57	.57	und	.27
Rosengarten	06.58	08.28	18.28	11.58	.58	und	.28
Bahnhofstr.	06.59	08.29	18.29	11.59	.59	und	.29
Bärenplatz	07.00	08.30	18.30	12.00	.00	und	.30

Linie 2 Oberhof – Bärenplatz – Hoher Rain

	erste Fahrt Mo – Fr	erste Fahrt Sa	letzte Fahrt Mo – Fr	letzte Fahrt Sa	Taktminute		
Bärenplatz	06.30	08.00	18.00	11.30	.30	und	.00
Karlstr.	06.31	08.01	18.01	11.31	.31	und	.01
Loretostr.	06.32	08.02	18.02	11.32	.32	und	.02
St. Johann	06.33	08.03	18.03	11.33	.33	und	.03
Elektronikschule	06.34	08.04	18.04	11.34	.34	und	.04
Jasminstaffel	06.35	08.05	18.05	11.35	.35	und	.05
Hochhaus	06.37	08.07	18.07	11.37	.37	und	.07
Ahornstraße	06.38	08.08	18.08	11.38	.38	und	.08
Jasminstaffel	06.39	08.09	18.09	11.39	.39	und	.09
Elektronikschule	06.40	08.10	18.10	11.40	.40	und	.10
St. Johann	06.41	08.11	18.11	11.41	.41	und	.11
Loretostr.	06.42	08.12	18.12	11.42	.42	und	.12
M.-Luther-Str.	06.43	08.13	18.13	11.43	.43	und	.13
Bärenplatz	06.45	08.15	18.15	11.45	.45	und	.15
Bahnhofstr.	06.47	08.17	18.17	11.47	.47	und	.17
Meistersteige	06.48	08.18	18.18	11.48	.48	und	.18
Alpenblickstr.	06.50	08.20	18.20	11.50	.50	und	.20
Hoher Rain	06.52	08.22	18.22	11.52	.52	und	.22
Kaltenberg	06.54	08.24	18.24	11.54	.54	und	.24
Kaltenberger Str.	06.56	08.26	18.26	11.56	.56	und	.26
Bahnhofstr.	06.58	08.28	18.28	11.58	.58	und	.28
Bärenplatz	07.00	08.30	18.30	12.00	.00	und	.30

Linie 3 Bürgermoos – Bärenplatz – Krankenhaus

	erste Fahrt Mo – Fr	erste Fahrt Sa	letzte Fahrt Mo – Fr	letzte Fahrt Sa	Taktminute		
Bärenplatz	06.30	08.00	18.00	11.30	.30	und	.00
Karlstr.	06.31	08.01	18.01	11.31	.31	und	.01
Seestr.	06.32	08.02	18.02	11.32	.32	und	.02
Reiss	06.34	08.04	18.04	11.34	.34	und	.04
Prinz-Eugen-Str.	06.35	08.05	18.05	11.35	.35	und	.05
Zerneer Str.	06.36	08.06	18.06	11.36	.36	und	.06
Franzfelder Str.	06.37	08.07	18.07	11.37	.37	und	.07
Reiss	06.38	08.08	18.08	11.38	.38	und	.08
Ackermannsiedlung	06.39	08.09	18.09	11.39	.39	und	.09
Seestr.	06.40	08.10	18.10	11.40	.40	und	.10
M.-Luther-Str.	06.41	08.11	18.11	11.41	.41	und	.11
Bärenplatz	06.45	08.15	18.15	11.45	.45	und	.15
Bachstr.	06.46	08.16	18.16	11.46	.46	und	.16
Wangener Str.	06.47	08.17	18.17	11.47	.47	und	.17
Freibad	06.48	08.18	18.18	11.48	.48	und	.18
Krankenhaus	06.56	08.26	18.26	11.56	.56	und	.26
Wangener Str.	06.57	08.27	18.27	11.57	.57	und	.27
Bachstr.	06.58	08.28	18.28	11.58	.58	und	.28
Bärenplatz	07.00	08.30	18.30	12.00	.00	und	.30

5.3.5 Außenwerbung

• *Produkt: Goßflächenplakate*

Über zwei Dekaden wurden alle zur Verfügung stehenden Großflächen belegt. Dazu wurden alle drei Motive wurden nacheinander plakatiert.

Realisiert wurden die relativ kleinen Auflagen im Digitaldruck.

Jetzt Bus doch mal!
Stadtbus
TETTNANG

Rendezvous am Bärenplatz.
Steigen Sie jetzt zu. Machen auch Sie die Stadtluft reiner, unsere City noch attraktiver. Weniger Autos, mehr Leute. Kurze Takte, gute Fahrt.

3 Linien – 1/4-stündlich ab Bärenplatz. Der neue Stadtbus Tettnang bringt Rhythmus in die City. Weniger Autos, mehr Leute, bessere Luft.

Infos unter:
Tel.: …

Tettnang – im 1/4-Takt!
3 Linien – 1/4-stündlich ab Bärenplatz. Der neue Stadtbus Tettnang bringt Rhythmus in die City. Weniger Autos, mehr Leute, bessere Luft.
Infos unter:
Tel.: 510-290
Stadtbus
TETTNANG
Infos bei: Stadtbus Tettnang
Stadt Tettnang, Montfortplatz 7, 88069 Tettnang
Tel. (0 75 42) 510-290, Fax 510-44 290
Email: stadtbus@tettnang.de, www.tettnang.de/stadtbus

Feiern Sie mit uns die Einweihung der neuen Stadtbusse. Ab 5. Mai wird die Stadtluft besser.

Infos unter:
Tel.: …

Maifest, dein Fest,
Busfest!
5. Mai
Jubel, Trubel
Leichtigkeit
Bungee Jumping
Bungee Trampolin
Air Brush Tatoos
Fallschirmsprung
Bull Riding
Kinderprogramm
Zauberei und Stelzenlauf
Walk Acts
Live Bands: The Pearls und Orquesta Nueva Salsita
Tel.: 510-290
Stadtbus
TETTNANG

• *Straßen- und Infostandtransparente*
Produkt: Folien auf Planenmaterial

600 cm
Maifest, dein Fest,
Busfest! 5. Mai
Stadtbus
TETTNANG
200 cm
Stadtbus
TETTNANG
80 cm

- *Plakate 100 cm x 70 cm*
  Auf die Wahlplakatständer der gerade abgehaltenen Landtagswahl wurden sechs Motive geklebt. Vier Motive davon 1-farbig, zwei 4-c-farbig.

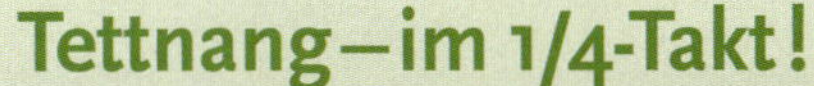

Tettnang – im 1/4-Takt!
Rendevouz am Bärenplatz – viertelstündlich. Für alle, die bequem, umweltfreundlich und „Parkplatzlos"
Tettnang erobern wollen.

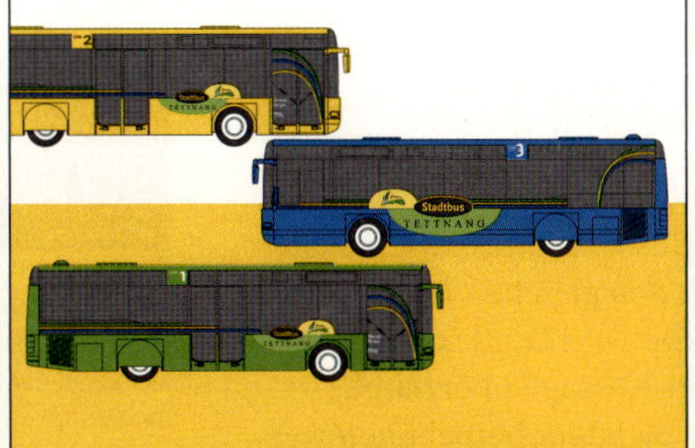

- *DIN A2-Plakat für das Busfest*

5.3.6 Fahrkarten

Gestaltung und Produktion von Einzel- und Fünfertickets auf Rolle, 1-farbig bedruckt, Monats-, Azubi- und Jahresticket 5-farbig (inkl. Silber aus Fälschungs-/Sicherheitsgründen)

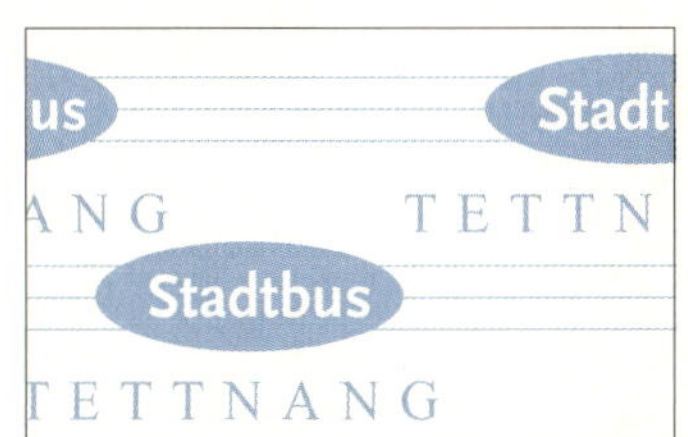

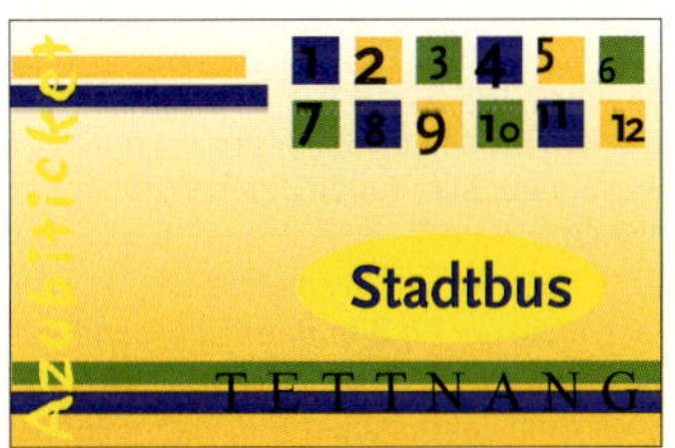

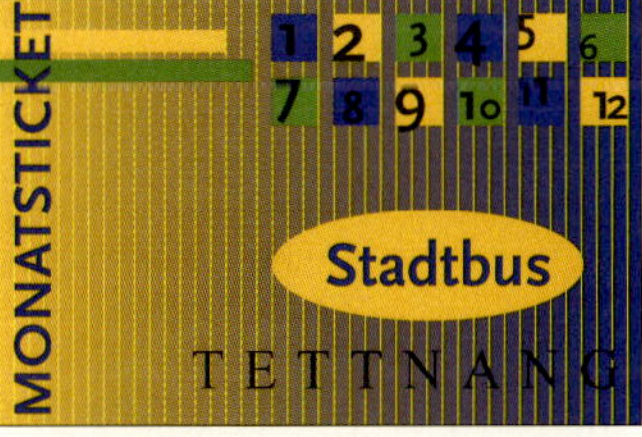

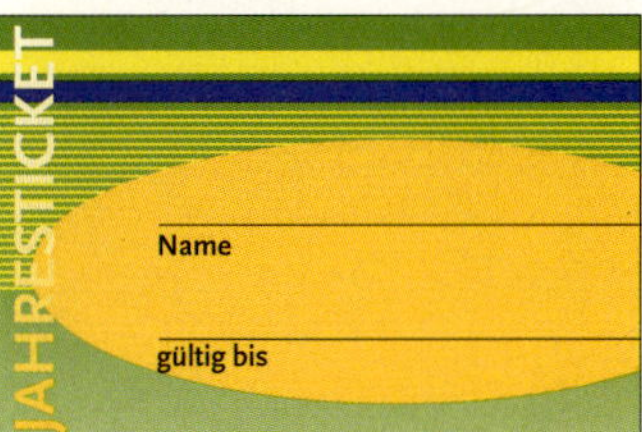

5.3.7 Anzeigenkampagne

„Die Anzeige ist die Königin der Werbung."
Eine alte Marketingweisheit, die in diesem Fall wieder einmal voll zutrifft. In Tettnang gibt es eine Tageszeitung, die den Großteil der Zielgruppe abdeckt. In der Regionalausgabe wurde deshalb ein eher unkonventioneller Auftritt platziert: 1/2-seitige Anzeigen mit Unikatsmotiven, jeweils mit zwei Zusatzfarben im Wechsel.

Zusätzlich zu den Zeitungsanzeigen wurde die Einführungskampagne doppelseitig im Amtsblatt geschaltet. Auch hier war die Farbe ungewöhnlich und deshalb sehr auffallend.

Nach Einweihung der Busse ist eine Anschlusskampagne geplant, die mit den gleichen Konstanten arbeitet, jedoch mit jeweils einem Duplex-Portrait eines Tettnangers und einer Aussage überzeugt.

Der freche Textstil soll auch hier beibehalten werden, um die Leser auch für das folgende Motiv zu motivieren.

Startmotiv ohne vollständiges Logo zum Interesse wecken.

Am 5. Mai passierts!
Die Montfortstadt verändert sich. An 56 „Stellen" im Städtle wird man direkt mit der Nase drauf stoßen und sich fragen: Halt – sollte ich nicht auch davon profitieren?

Drei Farben spielen bei Tettnangs neuer Errungenschaft eine Rolle. Neugierig? Wenn Sie nächste Woche wieder hier reinschauen, wird mehr verraten.
Wenn Sie nicht solange warten wollen: Tel.: 510-290

Ab 5. Mai ist es soweit. Tettnangs City wird ökologischer. Mehr Luft, weniger Autos. Die 3 neuen Stadtbusse fahren vom Zentrum aus in ganze „6 Himmelsrichtungen".
Einsteigen in die neue Ära mit weniger Stress, ohne Parkplatzsuche, ohne 1500 m-Kaltstarts und mehr Überblick. Umsteigen auf die bequeme Art im Städtle einkaufen oder bummeln. Moderne Niederflurbusse, in die man mühelos Kinderwagen, Rollstühle oder diverse Sport- und Fungeräte mitnehmen kann. Eine der 56 Haltestellen wird sicher auch vor Ihrer „Nase" stehen.
Informieren Sie sich über die starken 5er- Monats- und Jahrestickets.

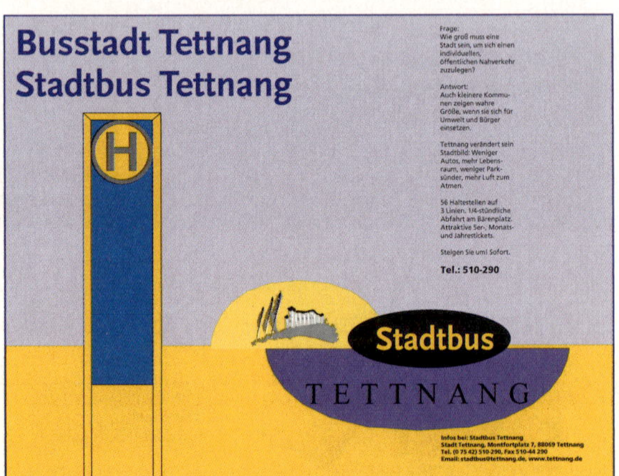

Frage:
Wie groß muss eine Stadt sein, um sich einen individuellen, öffentlichen Nahverkehr zuzulegen?
Antwort:
Auch kleinere Kommunen zeigen wahre Größe, wenn sie sich für Umwelt und Bürger einsetzen.
Tettnang verändert sein Stadtbild: Weniger Autos, mehr Lebensraum, weniger Parksünder, mehr Luft zum Atmen.
56 Haltestellen auf 3 Linien. 1/4-stündliche Abfahrt am Bärenplatz. Attraktive 5er-, Monats- und Jahrestickets. Steigen Sie um! Sofort.

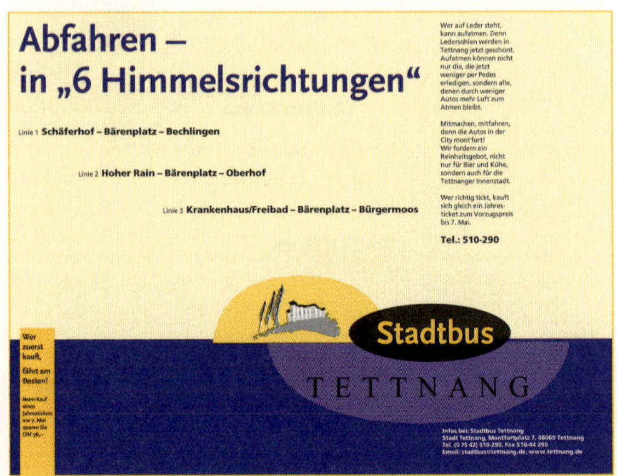

Wer auf Leder steht, kann aufatmen. Denn Ledersohlen werden in Tettnang jetzt geschont. Aufatmen können nicht nur die, die jetzt weniger per Pedes erledigen, sondern alle, denen durch weniger Autos mehr Luft zum Atmen bleibt.
Mitmachen, mitfahren, denn die Autos in der City montfort!
Wir fordern ein Reinheitsgebot, nicht nur für Bier und Kühe, sondern auch für die Tettnanger Innenstadt.
Wer richtig tickt, kauft sich gleich ein Jahresticket zum Vorzugspreis bis 7. Mai.

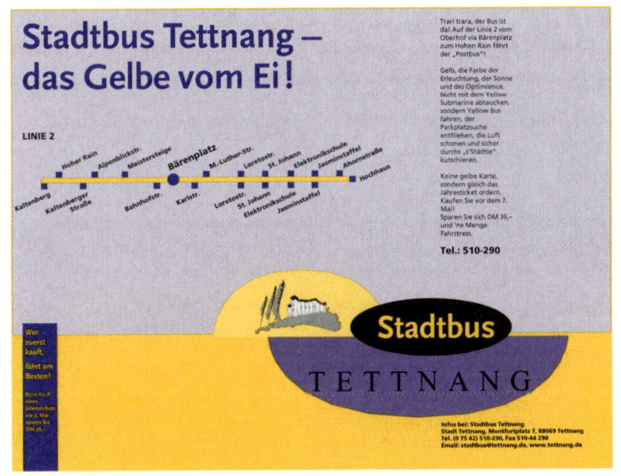

Trari trara, der Bus ist da! Auf der Linie 2 vom Oberhof via Bärenplatz zum Hohen Rain fährt der „Postbus“!
Gelb, die Farbe der Erleuchtung, der Sonne und des Optimismus.
Nicht mit dem Yellow Submarine abtauchen, sondern Yellow Bus fahren, der Parkplatzsuche entfliehen, die Luft schonen und sicher durchs „s'Städtle“ kutschieren.
Keine gelbe Karte, sondern gleich das Jahresticket ordern. Kaufen Sie vor dem 7. Mai!
Sparen Sie sich DM 36,– und 'ne Menge Fahrstress.

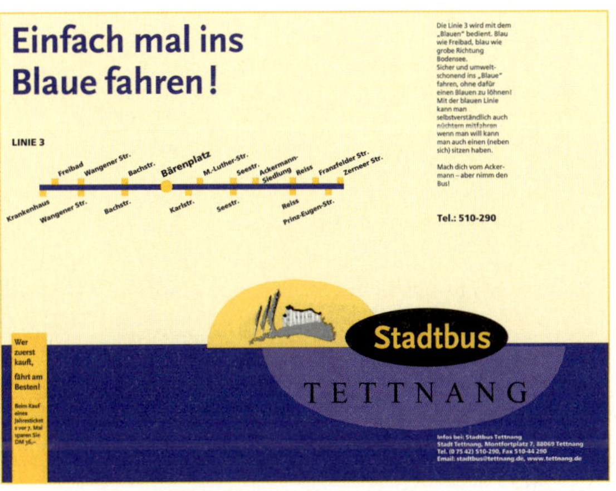

Die Linie 3 wird mit dem „Blauen“ bedient. Blau wie Freibad, blau wie grobe Richtung Bodensee.
Sicher und umweltschonend ins „Blaue“ fahren, ohne dafür einen Blauen zu löhnen! Mit der blauen Linie kann man selbstverständlich auch nüchtern mitfahren – wenn man will kann man auch einen (neben sich) sitzen haben.

Mach dich vom Acker-mann – aber nimm den Bus!

Insgesamt wurden 18 Anzeigenmotive als Unikatkampagne geschaltet. Wöchentlich in der Tageszeitung 1/2 seitig und im Amtsblatt 2/1 seitig.

Die Testimonial-Kampagne erscheint dann nach dem Busfest 14-tägig 6-spaltig bzw. 1/2-seitig 1-farbig im Amtsblatt.

Ein starkes Entrée, viel Spaß und eine Menge Leute, die wahrhaftig Luftsprünge gemacht haben – denn endlich sind sie da, die 3 Großraum-Taxis zum Minimalpreis.

Am Besten das ganze Jahr auskosten, mit dem silbernen Jahresticket für nur DM 33,– monatlich (übertragbar).

Ja, so ist es nun mal. Jeder bzw. jede hat ganz persönliche Gründe auf den Bus umzusteigen.
Ist uns eigentlich auch schnurzegal. Hauptsache der Stadtbus wird gut angenommen und die Autos minimieren sich in der City.

Am Besten das ganze Jahr mit dem silbernen Jahresticket für nur DM 360,– (übertragbar).

5.3.8 Internetauftritt

Die Programmierung im Programm Flash lässt Animationen wie z. B. einen fahrenden Bus zu.

www.tettnang.de/stadtbus

Weitere Infos zu dieser Einführungskampagne im Internet unter www.machwerbung.de

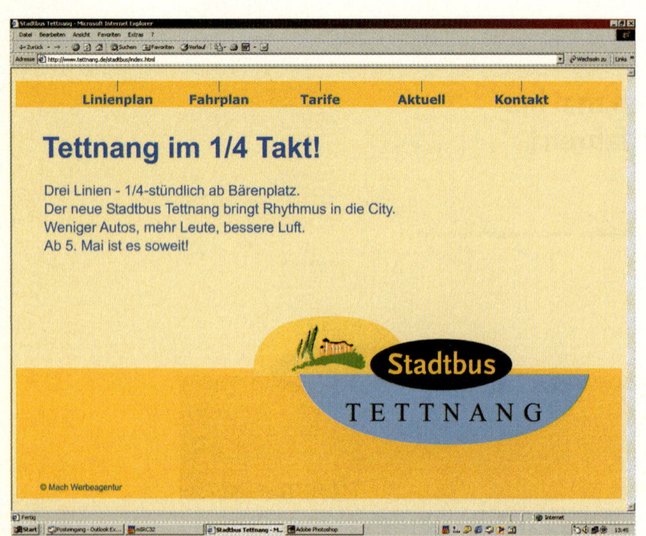

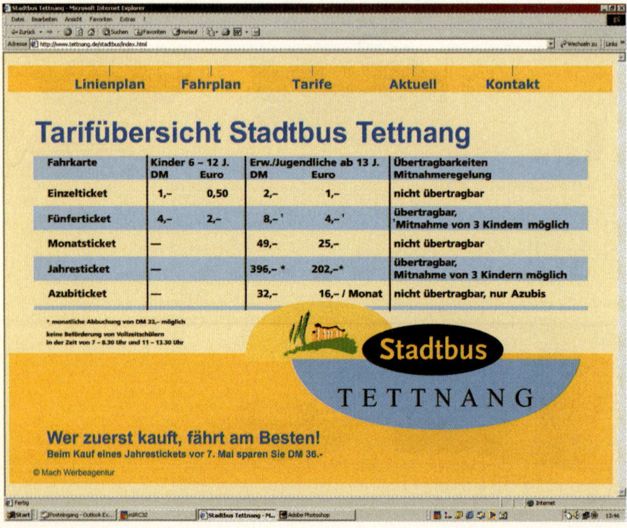

Fahrkarte	Kinder 6 – 12 J. DM	Euro	Erw./Jugendliche ab 13 J. DM	Euro	Übertragbarkeiten Mitnahmeregelung
Einzelticket	1,–	0,50	2,–	1,–	nicht übertragbar
Fünferticket	4,–	2,–	8,–[1]	4,–[1]	übertragbar, [1]Mitnahme von 3 Kindem möglich
Monatsticket	—		49,–	25,–	nicht übertragbar
Jahresticket	—		396,– *	202,–*	übertragbar, Mitnahme von 3 Kindern möglich
Azubiticket	—		32,–	16,– / Monat	nicht übertragbar, nur Azubis

* monatliche Abbuchung von DM 33,– möglich
keine Beförderung von Vollzeitschülern in der Zeit von 7 – 8.30 Uhr und 11 – 13.30 Uhr

5.4 Vom Rasterpunkt-Erzeuger zum IT- und Medien-Dienstleister

Unternehmen bieten Lösungen für die Wirtschaft. Beispiel: Laudert, Vreden – Hamburg – Paris

Kundenbindung und -gewinnung durch erweiterte Dienstleistungen: Datenbank- und Internet-Technologien
Mit der wachsenden Zahl digitaler Daten stellt sich für große Kunden früher oder später die Frage, wie diese Informationen sinnvoll strukturiert und auf Bedarf abrufbar bereitgehalten werden können.

Datenbanklösungen, Media-Asset-Management-Systeme, Cross-Media-Publishing-Lösungen ... Die Bezeichnungen sind so vielfältig wie die Anbieter und deren Systeme. Doch ebenso vielfältig sind die Anforderungen und Bedürfnisse jedes einzelnen Unternehmens bei der Werbemittelproduktion.

5.4.1 Herkömmliche Bildarchive

In der Vergangenheit gab es Bildarchive, in deren Ablagesystemen man mit entsprechender Disziplin und einer gut funktionierenden Struktur seine Dias und andere Vorlagen wieder finden konnte.

Die Suche in solchen Archiven war meist langwierig und funktionierte nur nach dem vorgegebenen Ordnungssystem. Zusätzliche Suchkriterien konnten nicht oder nur mit sehr großem Aufwand einbezogen werden.

So konnte man ein Dia zum Beispiel entweder nach der Artikel-Nummer des abgebildeten Produktes oder nach der Katalogseite, auf der das Bild zuletzt erschienen war, ablegen. Beides gleichzeitig wäre nur über das Anlegen einer Tabelle möglich gewesen, in der das zweite Suchkriterium dem ersten zugeordnet worden wäre.
Die Pflege solcher zusätzlicher Tabellen ist jedoch sehr aufwändig und in der Praxis deshalb selten zum Einsatz gekommen. Es liegt auf der Hand, dass die Suche in derartigen Bildarchiven sehr zeitaufwändig war, besonders dann, wenn ein Dia entnommen und nicht oder falsch wieder abgelegt wurde.

Ordnung von Bildvorlagen nach

a) Artikel-Nummern | b) Katalog-Seiten

Art.-Nr.	= Dia/Vorlage	Seite	enthält Artikel-Nr.
14325 a	Jacke rot als Legeware	0905-024	14325
b	Jacke rot Model		14326
14326	Jacke grün		18322
14327	Handtasche schwarz	0905-025	14327
14328	Handtasche weiß		14328

Beispiele möglicher Ordnungssysteme in analogen Bildarchiven: die hier verwalteten Bildvorlagen können grundsätzlich nur nach einem festgelegten, linearen System abgelegt und wiedergefunden werden. Zusätzliche Suchkriterien, wie z. B. Schlagworte oder Hersteller, lassen sich nur mit sehr hohem Aufwand berücksichtigen.
Im obigen Beispiel könnten die Bildvorlagen also entweder nur nach der verwendeten Seitenzahl oder der Artikel-Nummer gesucht werden. Eine Umkehrung wäre nur durch zusätzliche Hilfsmittel möglich.

5.4.2 Digitale Datenbanken und Internet-Technologien

Digitale Datenbanken bieten den Vorteil, Informationen strukturiert miteinander zu verknüpfen und bei sehr kurzen Zugriffszeiten für den Abruf bereitzustellen. Damit wird es beispielsweise möglich, einer Bilddatei unterschiedliche Informationen und Kriterien zuzuordnen, nach denen diese später gesucht werden kann. Etwa
- die Artikel-Nummer des abgebildeten Produktes,
- die Katalogseiten, auf denen das Bild eingesetzt wurde,
- weitere Artikel, die auf der Aufnahme abgebildet sind,
- die Produktgruppe,
- beschreibende Schlagworte,
- weitere Informationen zu dem Produkt, z. B. Preise, erläuternde Texte, Größen, Marke etc.

Das Spektrum solcher Datenbanken erstreckt sich von sehr einfachen Lösungen für kleine Aufgabenstellungen bis hin zu sehr komplexen für anspruchsvollere Anforderungen. Datenbanklösungen in der Medienvorstufe zählen meist zu den eher aufwändigen Anwendungen.

Mit Hilfe von Internet-Technologien können die Inhalte von Datenbanken über Standardtools – wie z. B. Browser auf üblichen Rechnern mit Internetzugang – für einen größeren Nutzerkreis verfügbar gemacht werden und zwar in der Regel plattformunabhängig.

Somit sind die Daten nicht mehr nur am Standort des Datenbankservers und des dortigen Netzwerks, sondern praktisch weltweit für jeden autorisierten Anwender nutzbar.

Komplexe, so genannte Asset-Management-Systeme verknüpfen dabei Datenbanken mit Workflows und Automatismen zur sinnvollen Einbindung in die Produktionsabläufe eines jeweiligen Kunden. Möglich ist so die Vernetzung aller im Prozess der Werbemittel-Herstellung Involvierten: Vom Einkauf beim Kunden bis zum E-Commerce-Verantwortlichen.

Weiterhin können Daten durch den bidirektionalen Abgleich – von der Datenbank ins Layoutdokument und umgekehrt – auch kurz vor Druck noch aktualisiert und z. B. umfassende Preiskorrekturen vorgenommen werden. „Time to Market" ist DAS Schlagwort bei der Werbemittelproduktion – möglich, dank individueller Produktionsdatenbanken.

5.4.3 Die Entstehung einer Datenbanklösung

Doch wie entsteht eine solche Datenbanklösung für die Medienvorstufe?
Schnell stellt sich die Frage, ob die Anforderungen für so ein Produkt in unserer Branche letztlich nicht immer mehr oder weniger gleich sind. Die Praxis zeigt jedoch, dass die Anforderungen von Kunde zu Kunde sehr unterschiedlich sein können. Zwar gibt es an einigen Stellen und innerhalb bestimmter Branchen, wie zum Beispiel dem Handel, gelegentlich

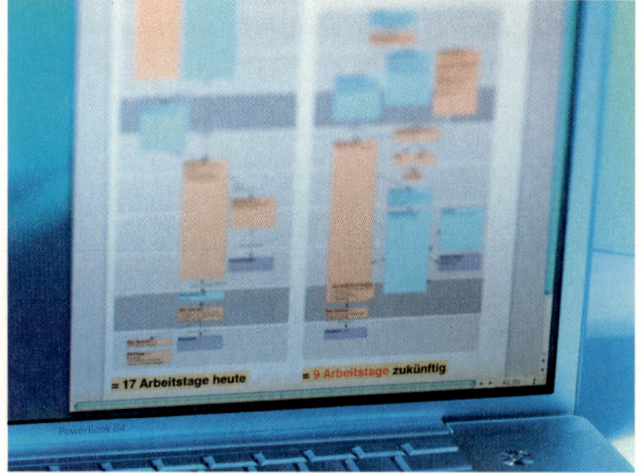

Überschneidungen, das fertige Produkt sieht jedoch meist individuell anders aus.

Im Folgenden soll die Vorgehensweise bei der Erstellung einer Datenbanklösung erläutert und parallel am konkreten Beispiel einer Systemlösung für den Handel praxisbezogen verdeutlicht werden.

5.4.3.1 Bedarf und Konzept

Am Beginn der Entstehung einer Datenbanklösung steht häufig die Vorarbeit des zuständigen Kundenberaters, der weiß, wo seinen Kunden der Schuh drückt und der bei Bedarf sozusagen den Stein ins Rollen bringt. Vielleicht kommt der Kunde auch direkt mit einer konkreten Anfrage auf ihn zu.

Das IT-Projekt-Team übernimmt die Anfrage und klärt in ersten Gesprächen den grundsätzlichen Bedarf. In einem Grobkonzept wird dieser Bedarf skizziert und es wird dargestellt, welche Leistungen der beauftragte Dienstleister bzw. seine Lösung für den Kunden erbringen kann. Die Darstellung des Kundenbedarfs beschränkt sich in dieser Dokumentation auf die Angabe von Zielen, die mit der Einführung einer derartigen Lösung erreicht werden sollen, auf zu beachtende Schnittstellen und weitere, sehr grobe Anforderungen, z. B.:

- Sollen in der zu erstellenden Datenbank „nur“ Bilddaten oder Bild-, Text- und sonstige Daten verwaltet werden?
- Um wie viele Datensätze wird es sich in etwa handeln?
- Welche Datenmengen sind zu erwarten?
- Ist die Anbindung an ein Warenwirtschaftssystem geplant?
- Soll das Projekt ggf. in mehrere Projektphasen aufgesplittet werden?

In dieser Phase lässt sich häufig bereits feststellen, ob ein Standard-Datenbank-Produkt (wie z. B. Cumulus) verwendet werden kann oder ob eine individuelle Lösung sinnvoll ist.

Wird das Grobkonzept für positiv befunden, sollte der Kunde im Falle einer individualisierten Lösung ein Lastenheft erstellen. Darin werden detailliert alle Wünsche und Anforderungen an seine Datenbank beschrieben. Diese Dokumentation befasst sich ausschließlich mit der Frage „Was soll gemacht werden?“. Das „Wie“ wird an dieser Stelle nicht berücksichtigt.

Von dieser theoretischen Vorgehensweise weicht die praktische Erfahrung häufig ab. Oftmals fehlt dem Kunden die Erfahrung, seinen Bedarf zu formulieren, der Blick für das Notwendige, Sinnvolle und Machbare.

Daher wird das Lastenheft in der Praxis häufig in einem gemeinsamen Workshop mit dem Kunden und IT- sowie Workflow-Experten des Dienstleisters erarbeitet. Die vorhandene Infrastruktur muss dabei genauso eine Rolle spielen, wie die ggf. zu optimierenden Produktionsabläufe, Art und Struktur der zu verwaltenden Media-Assets etc.

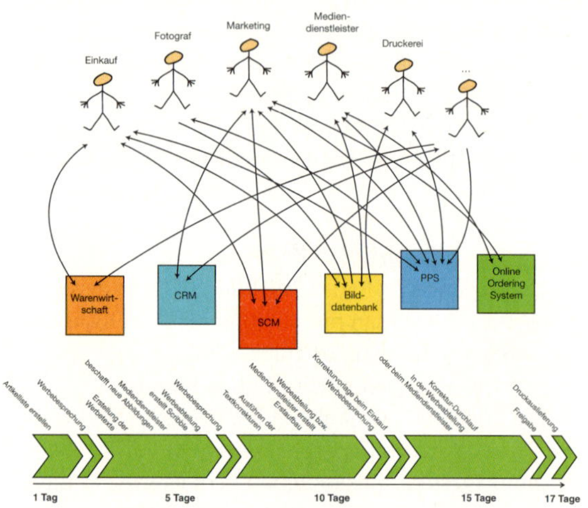

Beispielhafter Workflow ohne zentrale Systemlösung

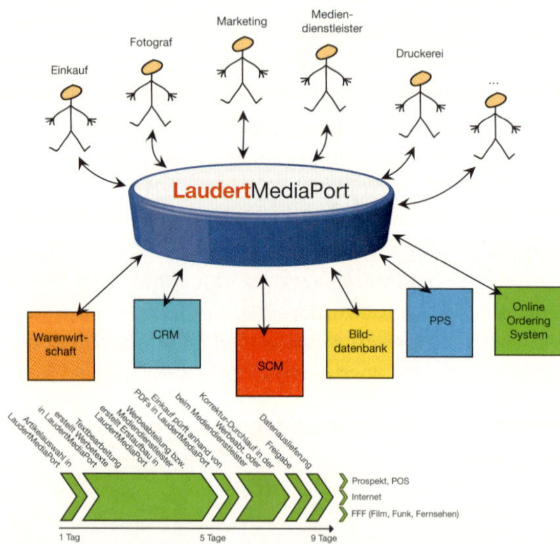

Beispielhafter Workflow mit zentraler Systemlösung

Als ein wichtiges Kriterium ist an dieser Stelle die Frage nach der Medienneutralität der zu verwaltenden Daten hervorzuheben. Sollen die Daten bei ihrer späteren Nutzung in unterschiedlichen Zusammenstellungen und in verschiedenen Druckverfahren, evtl. auch digitalen Medien eingesetzt werden, dann empfiehlt es sich, diese in einem medienneutralen Format – also unabhängig von einem bestimmten späteren Ausgabemedium – abzuspeichern.

Bei Textdaten wird eine medienneutrale Verwaltung durch die Strukturierung in SGML bzw. XML ermöglicht.

Bilddaten werden zunächst neutral in einem standardisierten RGB-Farbraum bearbeitet. Je nach Verwendung der Bilder erfolgt dann die Umrechnung mittels ICC-Profilen in den jeweiligen Ausgabe-Farbraum (z. B. CMYK nach dem Druckstandard der Tiefdruckerei XY).

Voraussetzung dazu ist jedoch, dass alle beteiligten Dienstleister in der Lage sind, mit profiliertem RGB und ICC-Profilen umzugehen. Die neutrale Bearbeitung der Daten ist anspruchsvoller, lohnt sich aber bereits bei Verwendung zweier unterschiedlicher Ausgabe-Farbräume.

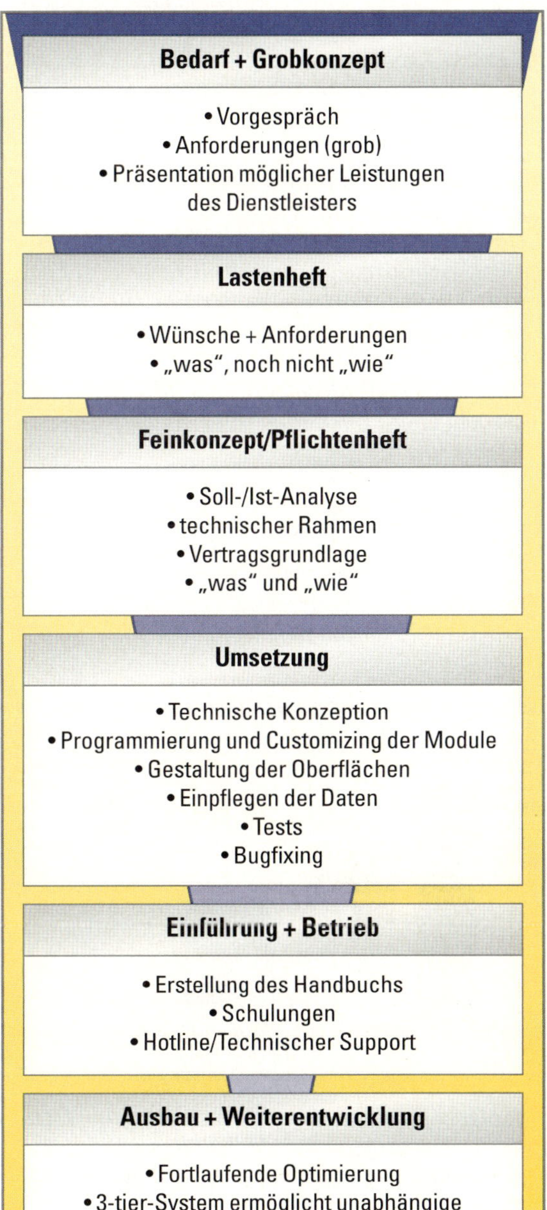

Ablaufschema einer Datenbankproduktion

Konkret am Beispiel der „Handelslösung" von Laudert:

Die Idee zur Entwicklung einer speziellen Datenbank-Lösung für die Bedürfnisse des Handels entstand im Laufe mehrerer Gespräche mit Werbeverantwortlichen in Handelsunternehmen. Das pünktliche und korrekte Erscheinen der so genannten „Schweinebauchseiten" hat hier eine ganz besondere Bedeutung, da es sich häufig um leicht verderbliche Produkte handelt, die zwingend zu einem bestimmten Termin verkauft werden müssen. Das enge Zusammenspiel von Einkauf, Werbeabteilung und Mediendienstleister ist aus diesem Grund von großer Bedeutung. Die Produktionszeit ist knapp bemessen.

Eine Handelslösung sollte daher den gesamten Workflow berücksichtigen:

- *die Produktauswahl des Einkaufs*
- *die Bildauswahl inkl. der Händler-Abbildungen*
- *die Einbindung der Warenwirtschaft, auf Wunsch auch über eine bidirektionale Schnittstelle*
- *die Umsetzung kurzfristiger Text- und Preisänderungen (durch eine bidirektionale Schnittstelle zwischen Warenwirtschaft und Layoutprogramm)*
- *das automatische Layouten von Seiten, aber auch die individuelle Gestaltung auf Basis vorplatzierter Elemente*
- *digitales Scribble*
- *leichtes Erstellen von Tabellen*
- *die Einbindung der Druck- und Medienpartner*
- *die Generierung von POS-Plakaten und die Umsetzung für weitere Medien wie das Internet*

5.4.3.2 Feinkonzept

Bis zu diesem Punkt haben Kunde und Dienstleister notwendige Vorarbeit geleistet. Doch erst mit der Erstellung des detaillierten Feinkonzepts (auch Pflichtenheft genannt) wird die spätere Datenbank konkret. Denn in dieser Dokumentation werden die Fragen nach dem „Was“ und „Wie“ zum schlüssigen Konzept zusammengefügt.
Dazu werden die folgenden Punkte erarbeitet:

- Festlegung der Zielsetzung der Datenbanklösung
  Dies gewährleistet, dass Dienstleister und Kunde in die gleiche Richtung arbeiten und die erwarteten Vorteile der fertigen Lösung im Blickfeld bleiben.
- Erstellung einer Soll-Ist-Analyse
  Soll: Festlegung der konkreten Inhalte, Eigenschaften (z. B. Medienneutralität) und Funktionalitäten der Datenbank. Dabei werden auch bereits geplante Ausbaustufen für die Zukunft berücksichtigt.
  Ist: Klärung der Startvoraussetzungen, wie bereits existierende Datenbestände, Schnittstellen zu anderen Systemen (z. B. Warenwirtschaft), Workflows (Arbeitsabläufe) beim Kunden und allen beteiligten Dienstleistern inklusive Druckereien etc.
- Festlegung der technischen Rahmenbedingungen
  Es wird definiert, was von technischer Seite berücksichtigt werden muss, um die Anforderungen an die Anwendung zu erfüllen.
- Erstellung verbindlicher Arbeitsrichtlinien für alle Beteiligten und Benennung der Verantwortlichen. Nur durch verbindliche Absprachen kann eine optimale Nutzung der Datenbank mit ihren Vorteilen erfolgen. Bei Nichteinhaltung der Richtlinien kann es zu zusätzlichen Arbeitsgängen, Nachbearbeitungen, Suchläufen und damit Zeitverlusten, im schlimmsten Fall sogar zu Lücken im Datenbestand kommen.

Da die spätere Änderung des Feinkonzeptes als Arbeitsgrundlage unter Umständen zu einem hohen zeitlichen und finanziellen Aufwand führen kann, muss dieses mit absoluter Sorgfalt ausgearbeitet und detailliert mit dem Kunden besprochen werden. Es dient gleichermaßen als Basis zur Angebotskalkulation und auch als Vertragsgrundlage.

5.4.3.3 Umsetzungsphase

Auf der Grundlage der verabschiedeten Feinkonzeption wird die technische Konzeption der Datenbank schriftlich festgehalten und anhand dieser Dokumentation programmiert. Die einzelnen Module werden individuell an die vorhandene Infrastruktur des Kunden angepasst (customized). Für die Arbeitsoberfläche entsteht ein „Frontend-Design“ mit den entsprechenden Ein- und Ausgabemasken etc., die der spätere Anwender am Bildschirm sehen wird. Das Screen-Design wird optisch an das Corporate Design des Kunden angeglichen. Gegebenenfalls erfolgt eine Anpassung der Sprache an die Landessprache(n).

Die einzelnen Module werden von den Programmierern individuell an die Bedürfnisse des Kunden angepasst, verknüpft und mit den Kundendaten gefüllt.

Konkret am Beispiel der „Handelslösung“ von Laudert:

Anhand der Anforderungen der Handelsunternehmen wurden folgende Module entsprechend der Bedürfnisse zusammengestellt und individualisiert:

1. Benutzerverwaltung
- *Login über Benutzernamen und individuell gewähltes Passwort*
- *Umfassende Benutzerinformationen können hinterlegt werden.*
- *Einrichtung verschiedene User-Gruppen mit individuellen Rechten*

2. Verwaltung des Werbeartikelstamms
- *Der Werbeartikelstamm beinhaltet aktuelle Daten aus der Warenwirtschaft. Diese sind – wenn gewünscht – vor Veränderung geschützt.*
- *Die Aktualisierung der Daten im System kann über eine Schnittstelle mit der Warenwirtschaft zeitlich gesteuert werden.*
- *Suche anhand von vordefinierten und frei wählbaren Suchparametern*
- *Die Verwaltung mehrerer Mustertexte innerhalb eines Werbeartikelstamms ist möglich.*
- *FPO-Abbildungen (engl. for position only) dienen als Platzhalter für zukünftig zu verwendende Abbildungen.*
- *Über ausgefeilte Mechanismen werden Abbildungen und Logos komfortabel und automatisiert dem Werbeartikelstamm zugeordnet.*

3. Werbemittelplanung
- *Durch die Einteilung des gesamten Objektes in Kapitel kann die Zuständigkeit übersichtlich auf verschiedene Personen verteilt werden.*
- *Arbeitsanweisungen zu jeder Seite werden digital hinterlegt.*

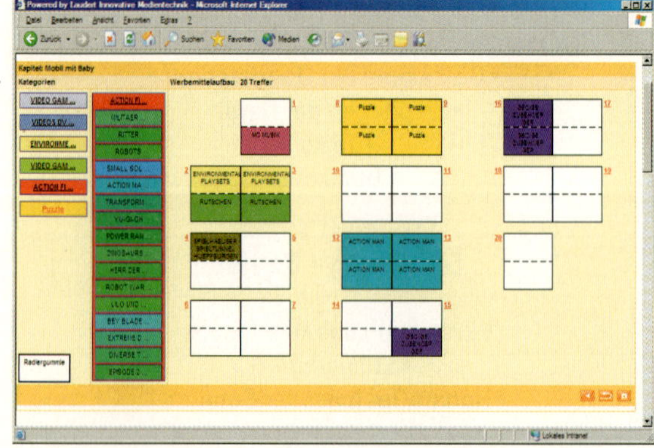

- *Per Drag & Drop können die Anwender ihre Planseiten einzelnen Sparten des jeweiligen Prospekts zuordnen und so auf einfache Weise inhaltlich strukturieren.*
- *Status-Verwaltung inkl. E-Mail-Workflow zur Benachrichtigung aller Involvierten über fällige Aufgaben, Freigaben etc.*
- *Verwaltung von Sprachversionen*

4. Werbemittelverwaltung

- *Neben dem festgelegten Umfang, Titel etc. werden auch wichtige Termine wie Deadlines usw. verwaltet.*
- *Die aus dem Werbeartikelstamm generierten Werbeartikel können zunächst dem Werbemittel allgemein oder bereits einer speziellen Arbeitsseite zugeordnet werden.*
- *Zu jeder Arbeitsseite werden die verwendeten QuarkXPress-Dokumente sowie die erstellten Endseiten-PDFs oder -TIFFs verwaltet. Eine Vorschau gewährleistet eine schnelle Visualisierung jeder Arbeitsseite.*

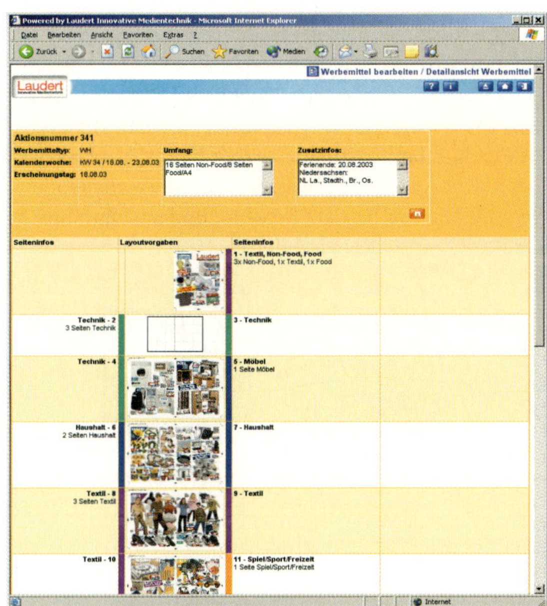

5. QuarkXPress-/Indesign-Export

- *Nach Zuordnung der gewünschten Werbeartikel automatischer oder halbautomatischer Erstaufbau im Layout-Programm*
- *Der Seitenaufbau basiert auf den individuellen Gestaltungsvorgaben eines Unternehmens. Abhängig vom Werbemitteltyp werden spezifische Musterseiten verwendet.*
- *Auf Wunsch werden Gestaltungsraster für einen vollautomatischen Aufbau unterstützt.*

6. QuarkXPress-/Indesign-Layout-Workflow

- *Die Inhalte des Layout-Dokumentes und der Handelslösung werden miteinander abgeglichen (in eine oder beide Richtungen möglich).*
- *Zur schnellen Übersicht der Änderungen können Updates im Layout-Dokument markiert werden.*

7. Digitales Scribble

- *Einfache, grafische Anordnung der zugeordneten Werbeartikel mittels Drag & Drop im Webbrowser, inklusive Anpassung der Größenverhältnisse.*
- *Anordnung sowie Größenverhältnisse werden beim Export nach QuarkXPress übertragen.*
- *Auf Wunsch automatische Ausrichtung anhand eines Gestaltungsrasters*

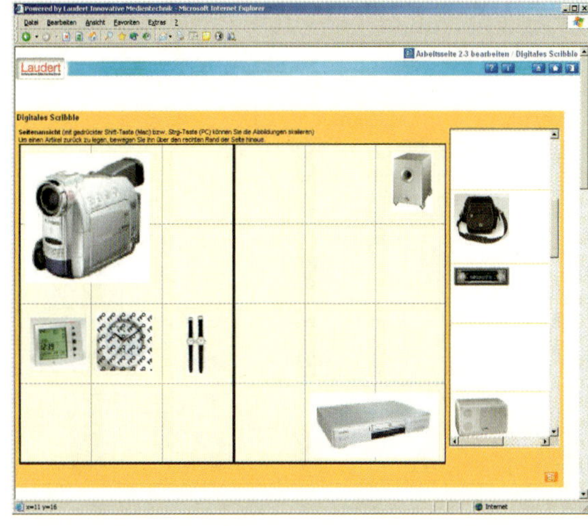

8. Werbematerial on-the-fly

- *Anhand eines individuell vorgegebenen Layouts wird automatisiert und dynamisch Werbematerial eines Werbeartikels erzeugt (z. B. ein Preisplakat). Die so erzeugten PDF-Dokumente stehen umgehend zum Download oder Druck bereit.*

9. Web-Export

- *Export aller textlichen Informationen beispielsweise als CSV- oder XML-Datei. Dies ermöglicht die Übernahme der Daten in ein anderes System mit geeigneten Schnittstellen.*
- *Logos und Abbildungen werden für das Internet aufbereitet und zur Verfügung gestellt.*
- *Eine direkte Anbindung an ein Online-Shop-System ist möglich.*

10. Online-Produktionsverfolgung

11. Online-Korrektur-Workflow

- *Korrekturanweisungen können online (im PDF oder in einer browserbasierten Darstellung) angegeben und übermittelt werden.*

12. Rohdatenpool

- *Sammlung angelieferten Bildmaterials (z. B. Herstellerabbildungen, Logos etc.) mit einer Filterung nach individuellen Qualitätsparametern*
- *Manuelle und automatische Verschlagwortung zur einfachen Recherche*
- *Exportfunktion zur Überführung in den Werbeartikelstamm*

13. Datenabruf

- *Sämtliche Abbildungen sowie Endseiten-PDFs und -TIFFs können in Warenkörben zusammengestellt werden .*
- *Download des Warenkorbs in einer komprimierten Datei oder*
- *Automatisiertes Brennen und Zusendung der gewünschten Daten auf CD/DVD*
- *Direkt-Download einzelner Abbildungen und Endseiten-Daten zu jeder Zeit und an jedem Ort*

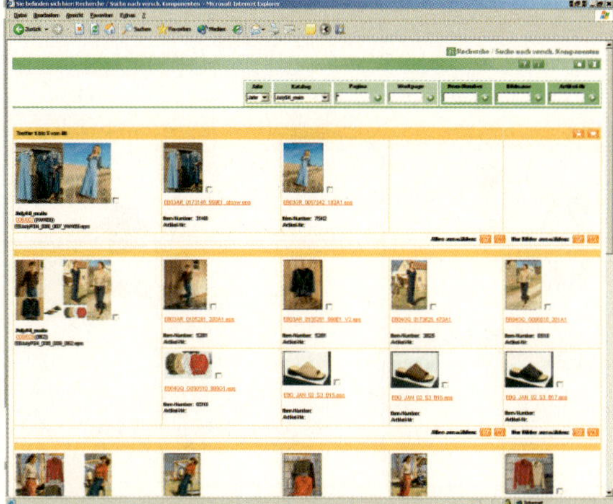

14. Statistiken

15. Verkaufsanalyse

....

Anschließend beginnt die Testphase, in der die Datenbank zunächst intern und im zweiten Schritt gemeinsam mit dem Kunden und repräsentativen weiteren Dienstleistern auf ihre korrekte Funktion überprüft wird. An dieser Stelle können neben dem so genannten „Bugfixing" (Behebung von Softwarefehlern) noch kleinere Korrekturen vorgenommen werden.

Wenn die festgelegten Anforderungen erfüllt sind, erteilt der Kunde die Freigabe und die Datenbank kann in Betrieb gehen.

In der Regel finden zu diesem Zeitpunkt auch Einweisungen und Schulungen für den Kunden und andere beteiligte Dienstleister statt, um das richtige Arbeiten mit der Datenbank zu gewährleisten und auch den einzelnen praktischen Anwender in die Handhabung und die getroffenen Absprachen einzuweisen. Ein Handbuch erleichtert und sichert die Arbeit über die Einführungsphase hinaus.

5.4.3.4 Betrieb und laufende Pflege

Die Grundlage ist jetzt gelegt und hier beginnt die tägliche Arbeit mit der Datenbank. Zu Beginn ist die Datenbank – abgesehen von den Testinhalten – noch leer und es müssen jetzt zwei große Gruppen von Daten eingespeist werden:

1. die (kurzfristige) Ersteinpflege des bereits vorhandenen Materials
2. das kontinuierliche Einpflegen der laufenden Produktionen

In beiden Fällen ist bereits bei der Konzeption zu klären: Wer macht's? Der Kunde selbst oder der Dienstleister? Prinzipiell ist beides möglich und hängt letztlich von den Ressourcen, den technischen Gegebenheiten und den jeweiligen Workflows ab.

In den meisten Fällen wird der Kunde froh sein, sich um die laufende Pflege und die Bereitstellung der enormen Datentransfer- und Speicher-Kapazitäten nicht kümmern zu müssen und diese in guten Händen zu wissen.

Denn das Handling großer Datenmengen erfordert kostenintensives technisches Equipment,
- über das der Dienstleister ohnehin verfügen muss,
- in das beim Kunden jedoch extra investiert werden muss.

In diesem Zusammenhang sind ebenfalls Verantwortlichkeiten zu klären: Wer soll für welche Leistung zur Pflege der Datenbank zuständig sein?

Wer kümmert sich beispielsweise um das Aussortieren veralteter Daten, die gelöscht werden können?

5.4.3.5 Ausbau und Weiterentwicklung

Mit der Nutzung der Datenbank werden sich im Laufe der Zeit die Anforderungen seitens Produktion oder Technik weiterentwickeln oder ändern.

Es können dann entsprechende Anpassungen oder auch Erweiterungen vorgenommen werden, so dass das Produkt langfristig einsetzbar bleibt. Voraussetzung dafür ist eine von Anfang an vorausschauende Planung und der Einsatz flexibler und ausbaufähiger Hard- und Software-Module.

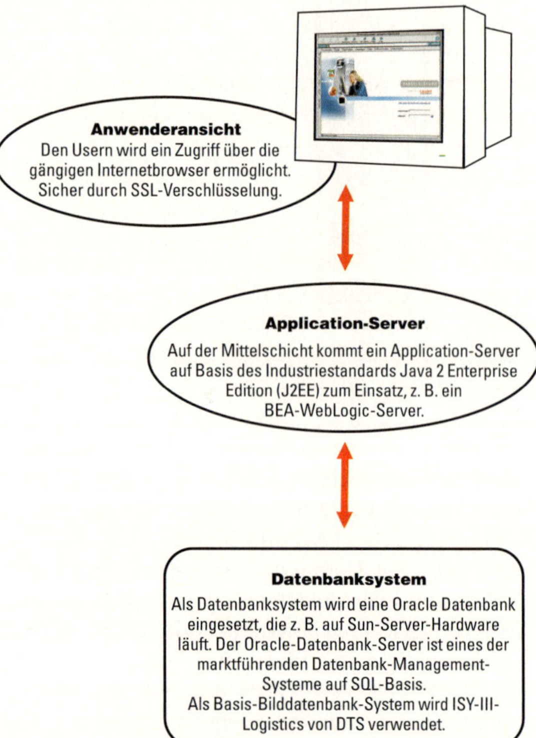

Anwenderansicht
Den Usern wird ein Zugriff über die gängigen Internetbrowser ermöglicht. Sicher durch SSL-Verschlüsselung.
Application-Server
Auf der Mittelschicht kommt ein Application-Server auf Basis des Industriestandards Java 2 Enterprise Edition (J2EE) zum Einsatz, z. B. ein BEA-WebLogic-Server.
Datenbanksystem
Als Datenbanksystem wird eine Oracle Datenbank eingesetzt, die z. B. auf Sun-Server-Hardware läuft. Der Oracle-Datenbank-Server ist eines der marktführenden Datenbank-Management-Systeme auf SQL-Basis.
Als Basis-Bilddatenbank-System wird ISY-III-Logistics von DTS verwendet.

Technik und 3-Schicht-System der Handelslösung

Aus diesem Grund kommen beim Einsatz komplexer Systemlösungen 3-tier-Systeme zum Einsatz. Die 3-Schicht-Lösung besteht z. B. aus einem Datenbank-Server auf der dritten Schicht, einem Applikationsserver auf J2EE-Basis (zweite Schicht) sowie einer Präsentationsschicht auf Basis von Standard-Internet-Browsern. In diesem Szenario greifen also die Anwender mit normalen Web-Browsern über HTTP oder auch verschlüsselt über HTTPS auf die Anwendung zu. Durch die scharfe Trennung von Anwendungs- und Präsentationslogik ist eine relativ unabhängige Entwicklung der drei Teilbereiche möglich. Außerdem ergibt sich der Vorteil einer problemlosen Skalierbarkeit.

Der Einsatz modernster, zukunftsfähiger Hardware und Programmiersprachen versteht sich dabei als selbstverständliche Grundvoraussetzung.

5.4.4 Qualifiziertes Projektmanagement

Von der Bedarfs-Aufdeckung bis zur Einführung solch komplexer Datenbanklösungen können viele Monate vergehen. Daher ist es unbedingt erforderlich, dass jedes Projekt durch qualifiziertes Projektmanagement begleitet und überwacht wird. Sowohl beim Kunden vor Ort als auch beim Dienstleister sollte je ein zentraler Ansprechpartner und Projekt-Verantwortlicher die termingerechte Umsetzung überwachen und gewährleisten, dass die im Feinkonzept festgelegten Anforderungen entsprechend realisiert werden. Nur durch den intensiven und partnerschaftlichen Austausch zwischen Dienstleister und Kunden kann eine optimale Lösung entwickelt, umgesetzt und eingeführt werden, mit der der Kunde die definierten Ziele erreichen wird.

5.4.5 Zielgruppenspezifische Kundenansprache

Seit Mitte der Neunziger Jahre bietet der Digitaldruck völlig neue Wege zur Kundenansprache: Klein- und Kleinstauflagen sind auch kostengünstig möglich und die Auflage 500 x 1 ist ebenso schnell gedruckt wie 1 x 500.

Dass diese „neuen“ Möglichkeiten in der Vergangenheit noch wenig genutzt wurden, liegt zum einen daran, dass Kunden das Potential des Digitaldrucks nicht bekannt war bzw. das Know-how fehlte, zum anderen aber sicherlich auch an fehlenden Tools zur Nutzung.

Bewiesen wurde in den vergangenen Jahren gleich mehrfach, dass Direct-Mailings mit zielgruppenspezifischer Ansprache eine wesentlich höhere Responsequote erzielen. Dieses kann zum Beispiel auf den höheren Nutzwert, wie das auf eine Lebenssituation zugeschnittene Angebot zurückzuführen sein oder auch auf unterschwellig ausgelöste Impulse. Letzteres erzielt man z. B. bereits durch variierende Bildmotive:

- weibliches/männliches Modell
- Jugendliche/Senioren
- Freizeitbeschäftigungen, die der jeweiligen Altersgruppe entsprechen
- regional typische Wahrzeichen
- usw.

Das Wissen um den Vorteil und die Effizienz solch individualisierter Printprodukte ist beim Kunden angekommen. Die erhöhte Nachfrage brachte die notwendige Entwicklung mit sich, Tools zu konzipieren, die die Herstellung der individuellen Druckdaten vereinfachen.

5.4.5.1 Die besondere Herausforderung von Filialunternehmen

So vielfältig wie die Filialunternehmen am Markt sind, so vielfältig sind ihre Anforderungen an die Werbemittelproduktion. Eines haben sie gemeinsam: Unternehmen mit vielen Niederlassungen, Büros oder Filialen benötigen Werbemittel, die einerseits professionell erstellt und entsprechend dem Corporate Design gestaltet sein müssen, andererseits individuell an lokale Märkte angepasst werden sollen.

Beispielhaft sollen hier die Anforderungen einer deutschlandweit agierenden Versicherungsagentur dargestellt werden:

1. Die Zielgruppe umfasst Jugendliche, Erwachsene und Senioren in unterschiedlichen
   - Lebenssituationen (Familie, ledig ...)
   - Vermögensverhältnissen
   - Lebensumfeldern (Stadt, Land, Eigenheim ...)
   - Bildungsvoraussetzungen usw.

   → Die Bedürfnisse jedes einzelnen Kunden sind also sehr unterschiedlich.
2. Die jeweilige Niederlassung hat mehrere Mitarbeiter, die dem Kunden persönlich vorgestellt werden sollen.
3. Regionale Märkte der jeweiligen Niederlassungen unterscheiden sich stark.
4. Angebotstexte müssen schnell an aktuelle Ereignisse angepasst werden können.
5. Die Mitarbeiter sind mit der Produktion von Werbemitteln nicht vertraut.

Standardisiert und doch individuell

Auf Basis der zuvor beschriebenen Anforderungen entwickelte Laudert ein webbasierendes Tool, das es auch Ungeübten ermöglichst, individuelle Werbemittel auf Basis vorgegebener Layouts zu erstellen.

Hierzu kreiert die zentrale Werbeabteilung der Versicherungsagentur diverse Plakate, Flyer und Broschüren, die bei der Kundenansprache zum Einsatz kommen. Diese Basisversionen garantieren die Wahrung des Corporate Designs und geben dem Nutzer des Tools einen ersten Eindruck davon, wie sein Werbemittel am Ende aussehen wird.

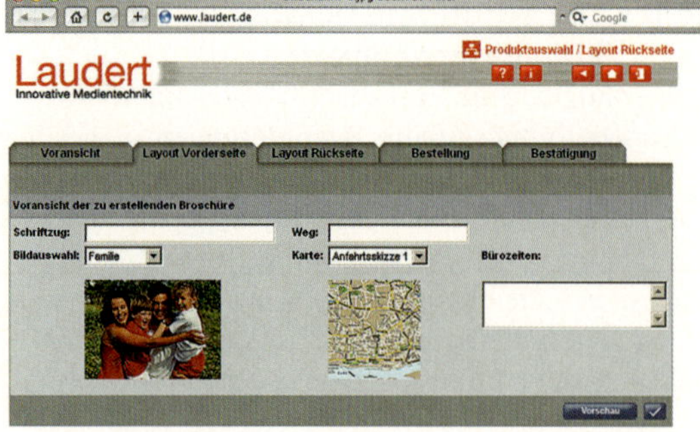

Sobald der Nutzer sich für ein Basisobjekt entschieden hat, kann er freigegebene Bestandteile nach eigenen Vorstellungen und Anforderungen variieren. Aus einer Bilddatenbank können z. B. der Zielgruppe entsprechende Abbildungen ausgewählt werden. Zur Wahrung der Qualität erfolgt das Einpflegen sämtlicher Bilder zentral nach erfolgter Qualitätsprüfung und -optimierung.

Weiterhin wechselt der Nutzer Überschriften und Fließtexte entsprechend seiner geplanten Werbeaktion aus und wählt zum Beispiel das Foto eines bestimmten Beraters seiner Niederlassung aus.

Gleiches gilt für Anfahrtsbeschreibungen, Kontaktdetails etc. Den Gestaltungsbereichen sind keine Grenzen gesetzt.

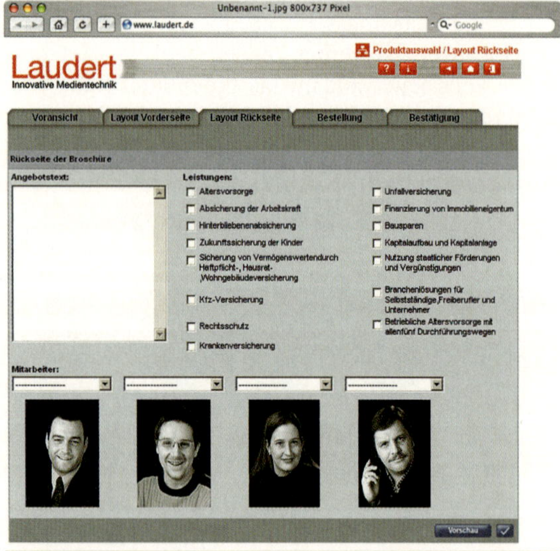

Die Nutzerführung ist sehr intuitiv und einfach. Durch das Arbeiten in einem dynamischen PDF auf der Web-Oberfläche sieht der Nutzer stets 1:1 das Ergebnis seines „Werkes“.

Sobald er das Werbemittel finalisiert hat, wählt er nur noch die gewünschte Stückzahl aus und verschickt über einen Bestell-Button den Druckauftrag an seinen Druck-Dienstleister.

Dieser kann sich über seinen Zugang zum Tool das fertige Druck-PDF herunterladen und den Auftrag ausführen.

Bereits am nächsten Tag können die Werbemittel in der Versicherungsagentur oder direkt beim Kunden eintreffen.

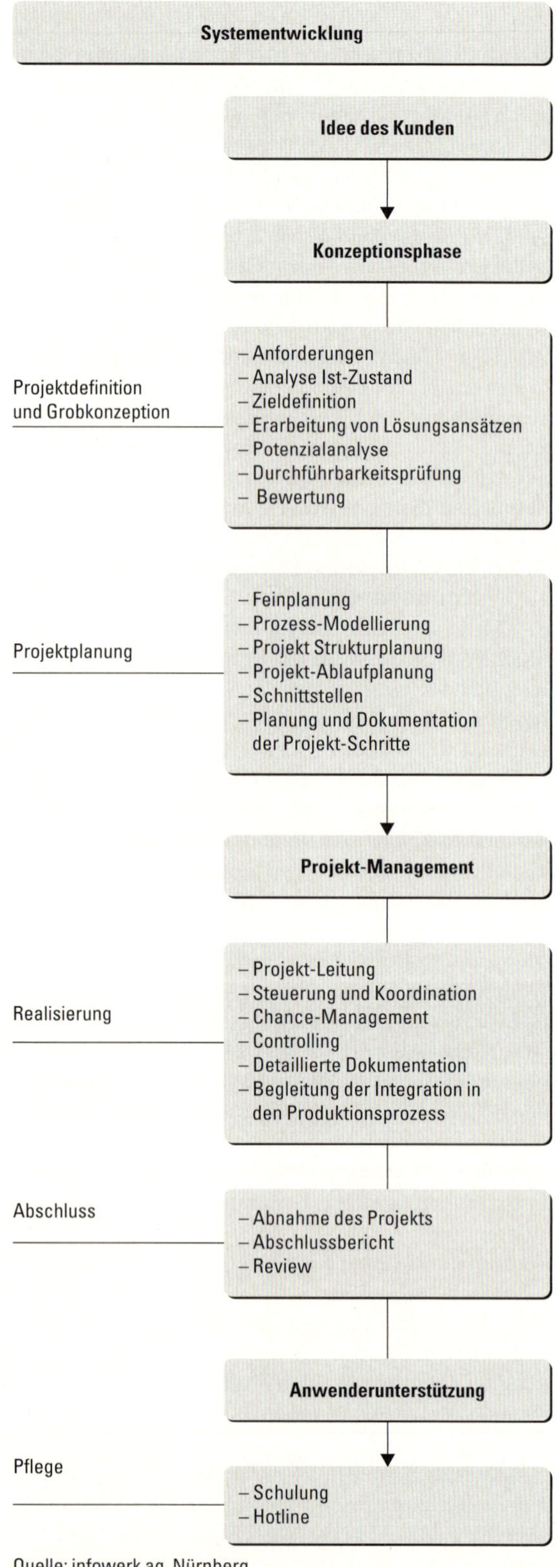

Quelle: infowerk ag, Nürnberg

5.5 Qualitätsmanagement: Ablaufdiagramme, Checklisten

Aus der Kunden- und Produktionsstruktur der Vorstufenunternehmen ergeben sich unterschiedliche Anforderungen in bezug auf Organisation, Arbeitsabläufe, Technik und Infrastruktur. Mit Hilfe von Qualitätsmanagementmethoden ist es möglich, die unterschiedlichen Anforderungen und Prozessbedingungen zu berücksichtigen. (Weitergehende Informationen im Kapitel 13: Qualität im Produktionsprozess)

Eine ausführliche Dokumentation zum Thema „Qualitätsmanagement in der Druckvorstufe“ bietet der FOGRA-Forschungsbericht Nr. 69.001. Der nachfolgende Übersichtsteil basiert als kurzer Auszug auf diesem Forschungsbericht.

Ein wesentlicher Aspekt bei Anwendung eines Qualitätsmanagementsytems ist die Terminprüfung bzw. Termintreue, die ein wesentliches Qualitätsmerkmal darstellen. Die Terminprüfung gehört zum Bereich der Organisation, sie ist deshalb der Auftragsbearbeitung bzw. dem Verkaufsinnendienst zuzuordnen. Folgende Faktoren sind zu beachten:
- Auslastung
- Personalverfügbarkeit
- Materialverfügbarkeit
- Lieferzeiten
- Zulieferarbeiten (beigestellte Produkte).

Auftrags-Checklisten (intern)

1. Vergleich von Angebot und Auftrag
   - Objektbezeichnung mit Auftragsnummer
   - Umfang des Objekts
   - Anzahl der Lieferungen
   - Liefer- und Zahlungsbedingungen
   - Sonderleistungen
   - Preise, Zusatzkosten und Provisionen

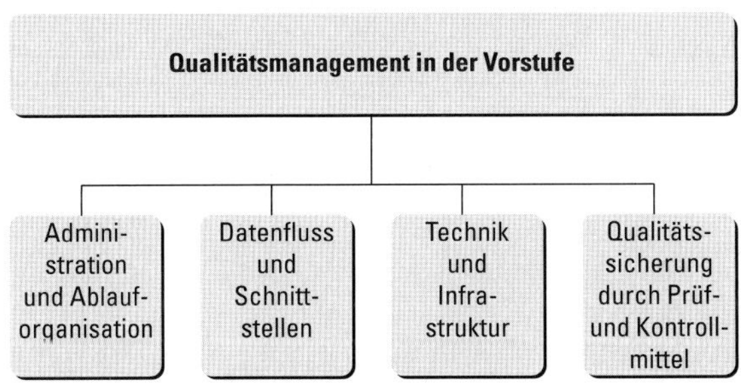

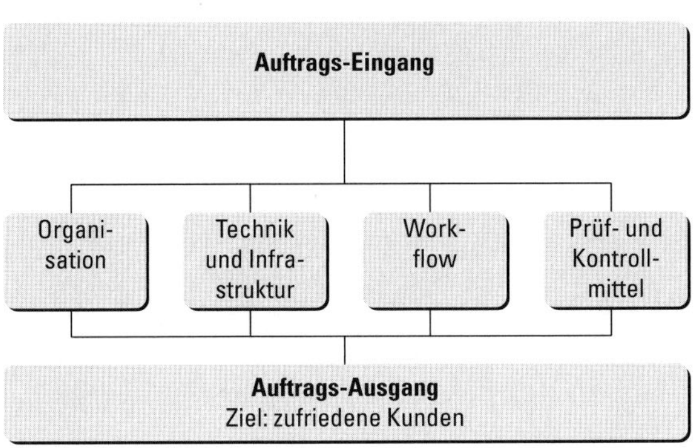

2. Sind Fremdleistungen bestellt?
   - Angebot für Fremdleistungen erstellen
   - Termin und Preis festlegen
   - Per Fax oder E-Mail bestäigen
   - Bei Datenübernahme (Lieferung) von Fremdleister auf Software- und Hardwarekompatibilität achten
3. Sind verbindliche Muster für das gesamte Objekt vorhanden?
   - Layout
   - Text
   - Farbe
   - Bilddaten, Ausschnitt, Größe mit Genehmigungsvermerk
4. Sind die vom Kunden gelieferten Speichermedien kompatibel?
   - Vergleich mit interner Checkliste (Hardware)
5. Sind die vom Kunden gelieferten Daten kompatibel?
   - Vergleich mit interner Checkliste (Software)
6. Sind die vom Kunden gelieferten analogen Vorlagen reproreif bzw. reprofähig?
   - Kontrolle der Vorlagen durch Abteilungsleiter
7. Handelt es sich um Periodika oder um einen Einzelauftrag?
   - Bei Periodika Bilder in Bilddatenbank ablegen
   - Hinweis auf Speicherzeit bei Einzelaufträgen
8. Sollen die erfassten Bilder in die Bilddatenbank aufgenommen werden?
   - Welche Verschlagwortung ist durch den Kunden gewünscht?
9. Sind die vom Kunden gelieferten Materialien geprüft?
   - Überpüfung der Materialien nach Spezifikationen durch den Abteilungsleiter.

In der Regel erfolgt vom Kunden eine Anfrage zu einem zu erstellenden Produkt. Dazu ist es sinnvoll, vor einem Angebot mit Hilfe einer auftrags- und produktspezifischen Checkliste alle wichtigen Einzelheiten zu erfassen und zu prüfen.

Angebots-Checkliste (intern)

1. Handelt es sich um einen Neukunden oder einen bestehenden Kunden?
   - Bei Neukunden: kundenspezifische Datenerfassung.
   - Bei bestehenden Kunden (Alt-Kunden): erfasste Daten überprüfen.
2. Sind kundenspezifische Daten vollständig und erfasst?
   - Kundenanschrift
   - Angebotsnummer, Stichwort
   - Lieferanschrift (ggf. Angabe der Entfernung)
   - Liefertermin
   - Provisionsansprüche Dritter
   - Rechnungsempfänger
   - Zahlungsmodalitäten
3. Wurde der Auftrag in gleicher oder ähnlicher Form bei uns im Unternehmen erstellt?
   - Alte Auftragsnummer prüfen.

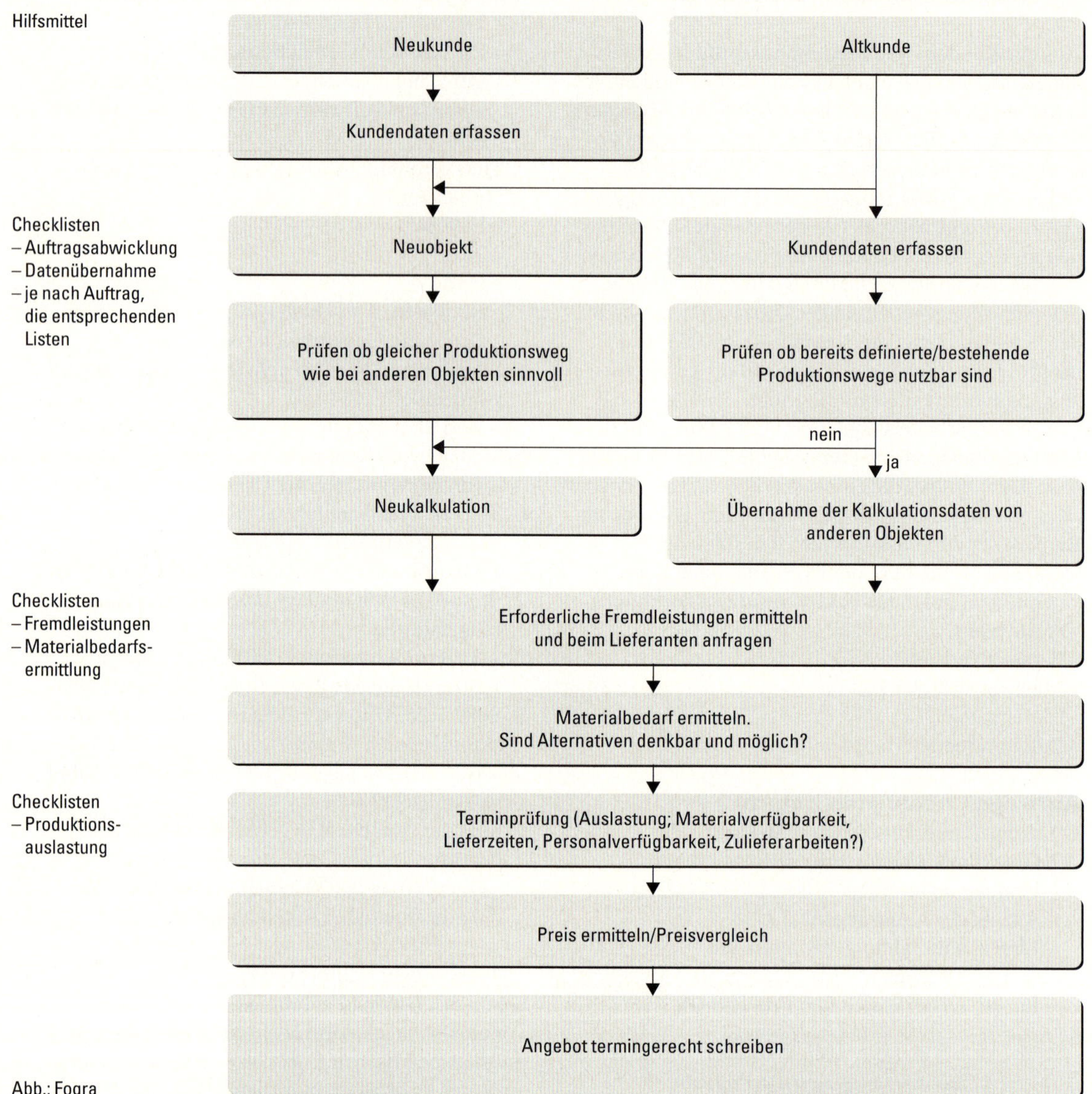

Abb.: Fogra

4. Sind analoge Filme vorhanden, werden welche vom Kunden gestellt?
   – Digitalisieren der vorhandenen Unterlagen möglich?
5. Sind digitale Datenbestände aus einem Altauftrag vorhanden?
   – Werden Datenbestände vom Kunden gestellt?
   – Neuerstellung von Daten oder Datenbestände ändern?
6. Kann das Objekt im Hause komplett gefertigt werden oder sind Fertigungsstufen bei anderen Unternehmen erforderlich?
   – Schnittstellen bei Datenübernahme prüfen
7. Objektinformationen prüfen:
   – Mengen / Anzahl der Seiten
   – Anzahl der Farben / Sonderfarben
   – Anzahl der Nutzenfilme
   – Bei Andruck/Proof: Papiersorte, benötigte Menge, Format, Verfügbarkeit, Preis
8. War die bisherige Produktionsweise sinnvoll?
   – Können bei neuen Objekten andere oder rationellere Produktionswege angewendet werden?
9. Sind Besonderheiten bei Versand und Verpackung zu beachten?
10. Angebot prüfen, u. a.:
   – Technische Spezifikationen (Hardware-, Software-Schnittstellen) zum Kunden
   – Preise, evtl. Rabatt, Bonus
   – Zahlungsbedingungen,
   – kundenfreundliche Zahlungsalternativen
   – Zahl der Lieferungen
   – Zusatzleistungen
   – Datenbestände vorhanden, teils vorhanden, gestellt oder sind Zusatzarbeiten erforderlich
   – Aufwand für Nachbesserungen
   – Referenzen für Auftrag, wie Papier-, Farb-, Druckmuster, Scribble, Layout oder sonstige Sonderwünsche

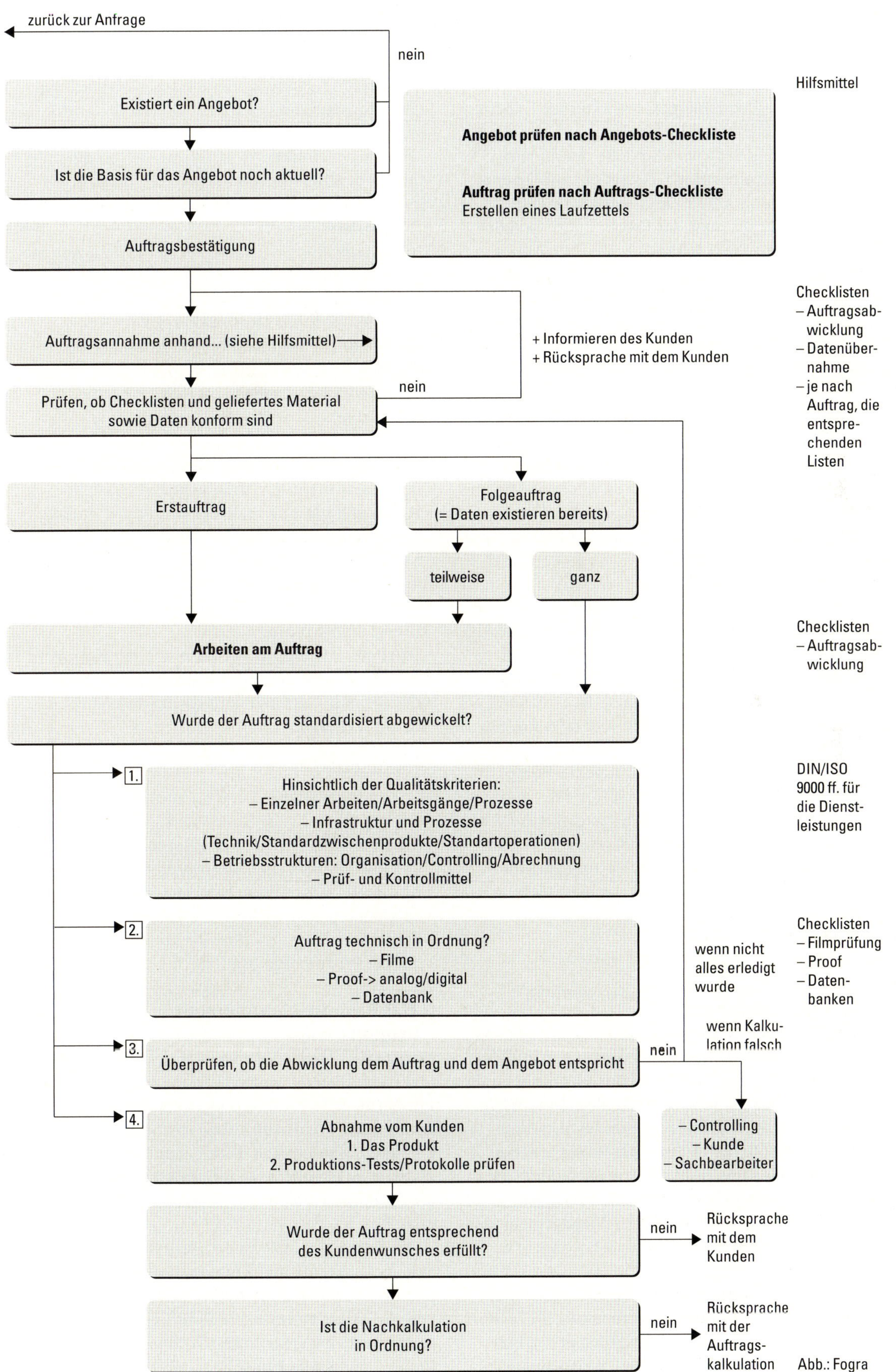

Hilfsmittel

Checklisten
– Auftragsabwicklung
– Datenübernahme
– je nach Auftrag, die entsprechenden Listen

Checklisten
– Auftragsabwicklung

DIN/ISO 9000 ff. für die Dienstleistungen

Checklisten
– Filmprüfung
– Proof
– Datenbanken

Abb.: Fogra

5.6 Projekt-Management komplexer Medienprodukte

5.6.1 Grundlagen

• Einleitung

Multimedia-Auftragsproduktion entsteht durch die Zusammenarbeit von internen und externen Experten verschiedener Fachdisziplinen.

Die Forderung nach dem Produkt „aus einem Guss" bzw. „aus einer Hand" setzt demzufolge ein großes Verständnis aller Beteiligten sowohl für die Problemstellung als auch das Produkt voraus. Jeder Mitarbeiter muss deshalb in der Lage sein, Aufgabengebiete so zu formulieren, dass sie für die anderen in den Produktionsprozess eingebundenen Abteilungen verständlich und umsetzbar sind. Nur so gelingt es, Schnittstellenreibungsverluste – intern und extern – zu reduzieren bzw. zu vermeiden.

Denn diese Reibungsverluste können in einem nicht unerheblichen Umfang dazu beitragen, die Kalkulation auf den Kopf zu stellen. Um dies zu verhindern, ist ein effizientes Projekt-Management notwendig. Nur so lässt es sich ermöglichen, Antworten auf folgende Fragen zu geben:

– Tun wir die richtigen Dinge?
– Tun wir die Dinge richtig?
– Wie verändern wir die Dinge?

Schon immer gab es in Unternehmen die Notwendigkeit, bestimmte Vorhaben in Projektform abzuwickeln. Für die Durchführung als Projekt bieten sich alle Aktivitäten an, die in zahlreiche Arbeitspakete zerlegbar sind und an denen mehrere Mitarbeiter, Teams, Stellen, Abteilungen, Bereiche oder Firmen beteiligt sind. In der Gegenwart gewinnt das Projekt-Management im Rahmen der Multimedia-Produktion zunehmend an Relevanz.

Die Realisierung des Projekt-Managements lässt unterschiedliche Ausprägungen zu, die vorwiegend durch die Kriterien für den Projekterfolg bestimmt werden. Die Erfolgskriterien sind insbesondere:

– Sachziele
– Terminziele
– Kostenziele.

• Führungsaufgaben

Zunächst ist dafür zu sorgen, dass die erforderlichen „projektfreundlichen" Kontextbedingungen im Betrieb vorhanden sind. Diese Funktion ist eine zentrale Aufgabe der Führungsebene. Sie hat die Kompetenz und Befugnis zur Schaffung solcher Voraussetzungen. Da der Erfolg der Multimedia-Projekte neben inhaltlichen Aspekten insbesondere auch durch die Art der Projektarbeit bestimmt wird, benötigen die Multimedia-Projekte ein spezielles Management, das den besonderen Anforderungen – insbesondere der Kunden – gerecht wird.

Man kann es als ein Konzept zur zielorientierten Durchführung von Multimedia-Produktionen verstehen. Innerhalb dieses Konzepts werden neben Führungsaufgaben auch Aufgaben der Projektorganisation und des Einsatzes von Methoden zur Führung der Mitarbeiter auf das Projektziel hin benötigt.

Projekt-Management umfasst dabei:

– Führungsaufgaben
  Zielsetzung, Planung, Steuerung, Überwachung
– Führungsaufbau
– Projektorganisation
– Führungstechniken
– Methoden/Instrumente.

• Vorteile

Die Vorteile eines effizienten Projekt-Managements lassen sich wie folgt zusammenfassend darstellen:

- Schnelles Agieren auf neue Markt- und Kundenanforderungen im Multimediasektor.
- Ganzheitliche Betrachtung von Aufgaben zur Erledigung eines Auftrags.
- Ganzheitliche Lösungen lassen sich besser realisieren.
- Statt isolierten und linearen Betrachtungen dominiert vernetztes Denken – bezogen auf das Produkt und die involvierten Abteilungen.
- Kreativität hat außerhalb der Hierarchie größere Chancen sich zu entfalten.
  Mitarbeiter und Führungskräfte werden intellektuell stärker gefordert.
- Jeder Projektbeteiligte lernt den „Schrecken der Eigenverantwortung" kennen.
- Ständiger Zwang zur Verbesserung der Kommunikation im Team und mit den beteiligten Abteilungen.
- Die formale Autorität wird ersetzt durch neue Erfolgskriterien:
  – Persönlichkeitskompetenz
  – Wissenskompetenz
  – Sozialkompetenz
  – Unternehmerische Kompetenz.
- Mitarbeiter werden als Mitunternehmer gefordert und übernehmen schneller Verantwortung.
- Konstruktive Konflikte beleben die Projektarbeit und können neue Lösungen erzeugen.
- Funktionale Organisationsstrukturen verbinden sich mit der Prozessorganisation.

5.6.2 Projekt-Management

• Projekt-Planung

Gerade bei einem Multimediaprojekt ist zwischen unterschiedlichen, genau aufeinander abgestimmten Phasen zu differenzieren. Vielfach sind im Rahmen der Planung und Realisierung sowohl verschiedene Personen, Abteilungen des eigenen Unternehmens als auch jene der Kooperationspartner beteiligt, falls die Produktion bestimmter Teile externe Dienstleister erstellen.

Wichtig ist deshalb in der Planungsphase die exakte Abstimmung und Koordination einzelner Projektschritte, um eine zielorientierte Realisierung zu gewährleisten. Die Qualität der Projekt-Management-Instrumente hat erheblichen Einfluss auf den Erfolg. Wenn Planung die Kunst ist, „sich zu kratzen bevor es einen juckt", dann gilt dies im besonderen Maße für die Steuerung von Multimedia-Produktionen.

Die Projektziele – abgeleitet aus dem Multimedia-Produkt – werden unterschieden in:

• Systemziele
  Diese umfassen alle Forderungen und Wünsche, die am Ende erfüllt sein sollen wie
  – Termine
  – Kosten
  – Qualität
  – Leistung.
• Vorgehensziele
  Diese treten während des Projekt-Ablaufs auf und betreffen bspw.:
  – Meilensteine
  – Auflagen bzgl. Umfeld und Mitteleinsatz
  – Teamklima.

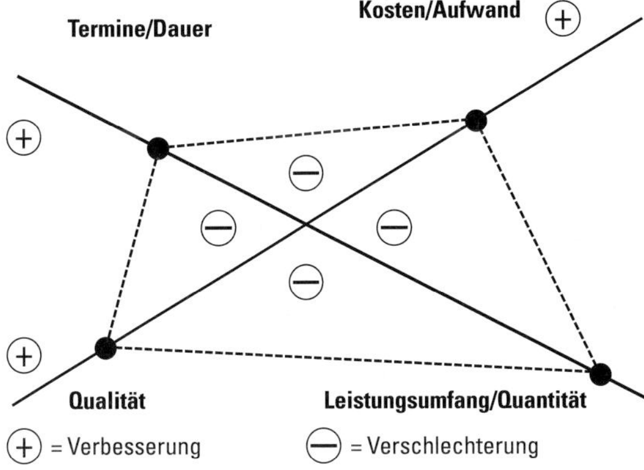

Abb. 1: Teufelsquadrat (Quelle: Nagel 1999)

Aus Abb.1 „Das Teufelsquadrat", geht die komplexe Problematik von
- zeitlicher Dauer/Termine
- Kosten/Aufwand
- Qualität
- Leistungsumfang/Quantität

eines Multimedia-Projekts/ Produkts hervor. Es verdeutlicht, dass eine Optimierung von Prozessen nicht isoliert durchführbar ist, sondern alle vier Aspekte beachten muss.

Die Planung ist notwendig, um:
- sicher zu sein, dass die Ziele erreichbar sind
- darzustellen, wie die Ziele erreicht werden sollen
- vorher zu sehen, was das Unternehmen erwartet
- den gesamten Aufwand zu erfassen (Mitarbeiter, Ressourcen)
- die Zusage dafür von allen Beteiligten zu bekommen
- die Abhängigkeit innerhalb und außerhalb des Projekts zu identifizieren
- eine Basis zu haben, nach der das Projekt gesteuert und kontrolliert werden kann.

• Erfolgsfaktoren

Im Rahmen dieser Phase gilt es zwei Erfolgsfaktoren zu beachten:
- Bestimmung des Projektleiters/Projektmanagers
- Zusammenstellung eines Projektteams.

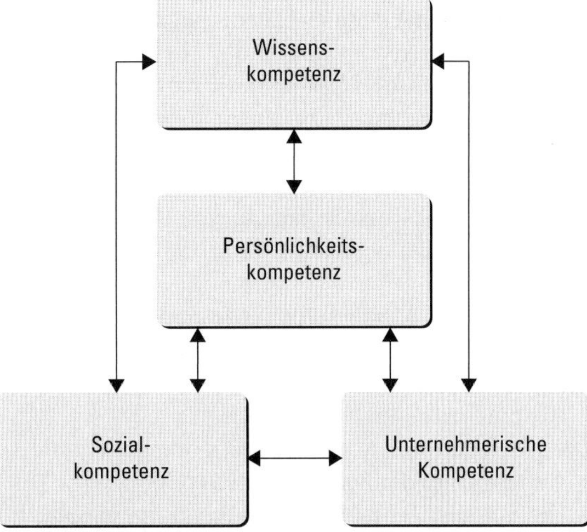

Abb. 2: Anforderungsprofilelemente eines Projektleiters
(Quelle: Nagel 1999)

Projektleiter
Das Anforderungsprofil setzt sich aus folgenden Elementen zusammen (Abb.2):
- Persönlichkeitskompetenz
- Wissenskompetenz
- Sozialkompetenz
- Unternehmerische Kompetenz.

Welche Inhalte verbergen sich hinter diesen zentralen Kompetenzkategorien?

Persönlichkeitskompetenz
Zu den Basisvoraussetzungen eines guten Projektleiters gehören:
- unternehmerisches Denken und Agieren
- Bereitschaft, Verantwortung zu übernehmen und für Entscheidungen geradezustehen
- wohlfühlen in einer Umgebung, die sich durch einen hohen Grad an Ungewissheit und Dynamik kennzeichnet
- Eigenschaften eines „Spielmachers" und „visionären Fahnenträgers"
- problem- und zielorientiertes Arbeiten und Freude bei der Lösung von Problemen und Konflikten
- positive, optimistische Grundeinstellung
- Verhandlungsgeschick und Durchsetzungsvermögen
- die Qualifikation, das Projektteam für das gemeinsame Ziel zu begeistern, um so Motivations- und Energiepotentiale freizusetzen
- sich auszeichnen durch Beharrlichkeit und Hartnäckigkeit in der Zielverfolgung

Dieser Katalog ist individuell anzupassen.

Wissenskompetenz
Der Projektleiter ist verantwortlich, dass folgende Sachaufgaben realisiert werden:
- Projektziele und Meilensteine klar definieren und abstimmen (intern/extern)
- Projekt-Organisation (Ablauf-/Aufbauorganisation) effizient realisieren
- Projekt-Struktur-Plan ausarbeiten und dem Team kommunizieren

– angemessenes Planungs-, Steuerungs- und Informationssystem einführen
– delegierbare Arbeitspakete festlegen und vergeben
– Risiken einschätzen, Konzepte erarbeiten
– Kosten-/Nutzenanalysen durchführen und die richtigen Schlussfolgerungen ziehen können
– Personal- und Ressourcenplan erstellen/umsetzen
– Lösungsalternativen aufbereiten und zur Entscheidung bringen
– Terminpläne, Meilensteine, Kostenentwicklungen/-strukturen überwachen
– regelmäßig Statusbesprechungen durchführen, Absprachen festhalten und umsetzen
– laufende Information und Abstimmung mit dem Auftraggeber der Multimedia-Produktion
– Veränderungen bzgl. Ziel und Inhalt intern und extern (Kunde) abstimmen und dokumentieren
– Projekt termingerecht und fehlerfrei übergeben.

Sozialkompetenz
Hierzu zählen insbesondere:
– Führungseigenschaften, Führungserfahrung
– kann delegieren, anleiten, etwas anstoßen
– kann zuhören, nimmt sich Zeit für Gespräche, zeigt Verständnis
– besitzt die Fähigkeit, Mitarbeiter zu begeistern, zu motivieren
– Kontaktfähigkeit
– geht auf andere zu
– bringt anderen Vertrauen entgegen
– Sensibilität für Menschen und ihre Probleme
– nimmt Rücksicht auf die Gefühle und Bedürfnisse anderer
– überschätzt sich selber nicht
– ist kommunikationsfähig
– kommt gut mit Menschen zurecht
– Emotionale Intelligenz
– Erkennung eigener Emotionen sowie das Verstehen deren Bedeutung
– Handhabung eigener und fremder Potentiale
– Empathie – zu wissen, was andere Personen (z. B. Mitarbeiter, Kunden) in bestimmten Situationen (bspw. Projektbesprechung mit dem Kunden) fühlen
– Umgang mit Beziehungen
– Kompromiss-/Kooperationsfähigkeit.

Unternehmerische Kompetenz
Die zentralen Facetten dieser Kompetenzdimension sind Zielorientierung, Kreativität, Wirtschaftlichkeit.

Teamzusammenstellung
Hierbei sollten folgende Regeln Beachtung finden:
– Die Teamgröße muss der gestellten Aufgabe adäquat sein (soviel wie erforderlich, aber nicht mehr als notwendig).
– Die Entscheidungen, Kompetenz- und Verantwortungsbereiche gilt es klar abzugrenzen.
– Das Kernteam muss für die gesamte Projektdauer vorhanden sein.

Checkliste Teamarbeit

❍ Die Teammitglieder ergänzen sich fachlich gegenseitig

❍ Mitglieder äußern ihre Kritik frei und offen

❍ Vom Wissen und den Erfahrungen anderer können alle profitieren

❍ Alle Teammitglieder wissen über die angewendeten Arbeitsmethoden bescheid

❍ Die Projektphasen und Ziele sind sinnvoll festgelegt und die Zielerreichung wird permanent überprüft. Jeder muss wissen, wo das Multimediaprojekt zum gegenwärtigen Zeitpunkt steht

❍ Die Gruppenmitglieder besitzen möglichst das gleiche Qualitätsniveau

❍ Alle Teammitglieder treffen die Entscheidung über das weitere Procedere weitgehend gemeinsam – im Konfliktfall entscheidet der Projektleiter

❍ Überzeugen statt Überreden lautet die Devise – denn nur überzeugte Mitarbeiter sind zu motivieren

❍ Ein Team muss alle benötigten Informationen erhalten und in das Gesamtobjekt integriert sein

❍ Die Gruppe muss in der Lage sein, Meinungsverschiedenheiten auf der Sachebene zu klären, einander zuhören zu können und unproduktive Streitigkeiten zu vermeiden

Abb. 3: Teamarbeit (Quelle nach Franz/Franz 1998)

Um harmonisch über die Gesamtprojektdauer hinweg zusammenzuarbeiten, gilt es die in Abb. 3 dargestellten Aspekte in der Planungsphase zu beachten.

Die zentralen Eigenschaften und Qualifikationen des Projektleiters aus Sicht der Teammitglieder sind:
– Er kann Gruppen effizient führen
– besitzt Wissens-/Fachkompetenz, ist aber nicht der beste Experte
– hat den Blick für das Wesentliche – insbesondere im Hinblick auf die Problemanalyse
– ist ein exzellenter Stratege und Planer
– verfügt über ein scharfsinniges Denken und bewährt sich als guter Analytiker
– ist in der Lage, klare Vereinbarungen nach innen und außen auszuhandeln
– besitzt das notwendige Selbstvertrauen – ist nicht arrogant oder überheblich
– verfügt über einen hohen Identifikationsgrad bzgl. des Projekts
– ist ein guter Moderator, bindet Teammitglieder ein und motiviert sie
– hat die Fähigkeit, Fortschritte und Erfolge deutlich zu machen
– kann das Projekt intern und extern gut „verkaufen"
– kann Wir-Gefühl und positive Einstellung zum Projektziel und Projekterfolg vermitteln
– ist in der Lage, Konflikte anzusprechen und zu managen.

Die Unterschiede im Hinblick auf
– Persönlichkeitskompetenz
– Wissenskompetenz
– Sozialkompetenz
– Unternehmerische Kompetenz

Unterschiede bezüglich Kompetenzkategorien (Projektleiter vs.Teammitglieder)

Ausprägung / Kompetenzkategorien	gering	mittel	hoch
Persönlichkeitskompetenz			
– Einsatzfreude			❍ ❑
– Selbstdisziplin		❍	❑
– Entscheidungsfähigkeit		❍	❑
Wissenskompetenz			
– Fachkenntnisse		❑	❍
– Fachkönnen		❑	❍
– Beurteilungsvermögen	❍		❑
Sozialkompetenz			
– Kooperationsbereitschaft			❍ ❑
– Führungsverhalten	❍		❑
– Motivationsfähigkeit		❍	❑
Unternehmerische Kompetenz			
– Zielorientierung			❍ ❑
– Kreativität			❍ ❑
– Wirtschaftlichkeitsdenken		❍	❑
❑ Projektmanager **❍ Teammitglieder**			

Abb. 4: Kompetenzkategorien (Quelle: Nagel 1999)

zwischen Projektleiter und den Teammitgliedern verdeutlicht die obenstehendeAbb. 4. Sie zeigt, dass alle vier Qualifikationsfelder miteinander verbunden sind.

• Planungsinhalte

Im Rahmen der Planungsphase ist die Konzeption eines realistischen Projektzeitplans von besonderer Bedeutung. Wird der Multimediaauftrag von einem größeren Team ausgeführt, muss der Hersteller sicherstellen, dass die im Vorfeld definierten Meilensteine abgeleitet oder orientiert an den Hauptprozessen bzw. dem Pflichtenheft – erreichbar sind. Insbesondere gilt es einzuplanen:

- Wartezeiten
  z.B. kann sich die Materialanlieferung für die Produktion verzögern oder Abklärung von Rechten an Bildern mehr Zeit als erwartet in Anspruch nehmen.
- Technikprobleme
  z.B. bei der Installation neuer Hard- und Software, Ausfall von Produktionsequipment.
- Personalkapazitäten
  hierunter lassen sich Faktoren subsumieren, die die Produktivität/Kreativität der Mitarbeiter beeinträchtigen: z.B. Krankheit, Urlaub, Seminare, Schulungen, Arbeitsplatzwechsel.
- Arbeitskapazität
  zu beachten sind – beim Auftraggeber und/oder Kooperationspartnern – Feiertage, Betriebsurlaub u.ä.

Jede Planung von Multimedia-Produkten muss, um praktikabel zu sein, den folgenden Anforderungen genügen:

- Der ausgearbeitete Zeitrahmen sollte – sowohl im eigenen als auch im Interesse des Kunden – realistisch sein.
- Der dargestellte Umfang an Detailinformationen muss zu den Zielsetzungen des Projektplans in einem vernünftigen Verhältnis stehen.
- Bei komplexen Produktionen sollte die Planerstellung vorzugsweise auf der Basis eines Netzplans erfolgen, damit
  - Tätigkeiten in einer logischen, realisierbaren Abfolge angegeben
  - Prioritäten anhand der Netzplanzeitanalyse quantifizierbar sind.
- Die Einteilung hat eine flexible Struktur aufzuweisen, damit sie angesichts des Projektfortschritts und/oder bei Veränderungen leicht auf den aktuellen Stand gebracht werden kann.

Termine sowie temporale Abläufe stellt man bei weniger komplexen Multimedia-Produktionen in Form einer Terminübersicht oder eines Balkendiagramms (z.B. Gantt-Diagramm) dar; bei komplexen und stark verzweigten Projekten – etwa aufgrund mehrerer Kooperationspartner – als Netzplan oder in Strukturplänen.

Um die Planungsarbeit zu erleichtern, bietet sich die Anwendung entsprechender Projekt-Managment-Softwareprogramme an. Computerprogramme eröffnen die Möglichkeit, Übersichten dergestalt zu filtern, dass sie lediglich Meilensteinaktivitäten darstellen.

Dies ist sehr hilfreich für die Einschätzung der Projektentwicklung – z.B. durch das Projekt-Controlling – einerseits sowie hinsichtlich der Zeitkomponente und der Kosten andererseits.

Fernerhin bieten solche visuellen Darstellungen Hilfen bezogen auf
- das Projekt-Berichtswesen
- die Projektleitung
- den Kunden.

Der Kunde möchte vielfach eine schnelle Auskunft, in welchem Stadium der Realisierung sich sein „Multimedia-Produkt" befindet. Der Projektmanager/-leiter muss während der Gesamtdauer jederzeit zwei einander ergänzende Fragen beantworten können:
Wo befindet sich das Projekt
- laut Meilensteinplan zum gegenwärtigen Zeitpunkt
- augenblicklich tatsächlich auf dem Plan.

• Planungsphasen

Im Rahmen der Planungsentwicklung sollte man darauf achten, sich nicht in Details zu verlieren, sondern Schritt für Schritt vorzugehen. Hierzu bietet sich nachfolgendes Phasenschema als Orientierungsraster an; eine Anpassung an den Einzelfall ist natürlich möglich und sinnvoll.

Aufgabenstellung des Kunden
Im Rahmen der Auftragserteilung hat der Kunde u.U. schon eine Anforderungsliste vorgelegt. Sollte dies nicht geschehen sein, ist die Aufgabenstellung exakt zu ermitteln und für das Projektteam aufzubereiten sowie diesem auszuhändigen.

Zielsetzung des Kunden
Ferner gilt es, die Zielsetzung des Kunden zu recherchieren. Die zentralen Fragen sind:
- Welche Ziele verfolgt der Kunde?
- Wie möchte er diese erreichen?
- Was ist seine grundlegende Aussage und Kernbotschaft?
- Wo positioniert sich der Kunde?

Zielsetzung des Multimedia-Unternehmens
Am Anfang eines Projekts sollte Klarheit bestehen über die Ziele des Teams und jedes einzelnen Teammitglieds.

Ist-Zustand
Hier gilt es zu klären: An welchem Punkt beginnt die Projektarbeit. Welche Materialien stehen zur Verfügung, wie sieht das Umfeld aus? Erfahren, was der Kunde vielleicht schon mit anderen Medien unternommen hat, um seine Ziele zu realisieren.

Soll-Zustand
Welchen Stand soll das Projekt nach Ablauf des gesetzten Zeitrahmens haben?

Einteilung der großen Arbeitsschritte
Welche großen Arbeitsbereiche fallen bei der Bewältigung der Aufgabe an? Neben den klassischen Bereichen Analyse und Konzeption, Grafik-Design, Programmierung, Qualitätssicherung, Mastering oder laufende Pflege einer Website können je nach Projekt andere wichtige Bereiche hinzukommen.

Herunterbrechen der großen Arbeitsschritte – Lösungsmodelle
Welche wesentlichen Schritte sind in den einzelnen großen Arbeitsschritten enthalten?

Im Bereich Grafik-Design könnten das bspw. die Abschnitte Layoutentwicklung, Navigationskonzept, Steuerungselemente, 3D-Grafiken, animierte Grafiken, Streckenproduktion usw. sein.

Sind einzelne Aspekte nicht mit Routineverfahren umsetzbar, sollten Flowcharts der geforderten Funktionalität angefertigt und mögliche Lösungsalternativen entwickelt werden.

In diesem Fall bietet es sich u.U. an, eine gesonderte Runde nur im Kreis der Entwickler einzuberufen.

Zuordnung der Ressourcen
Dieser Schritt erfordert die volle Aufmerksamkeit des ganzen Teams. Insbesondere gilt es folgende Fragen abzuklären:
- In welchem Umfang sind Grafiker, Texter, Konzepter, Programmierer in welchen Projektphasen voraussichtlich einzusetzen?
- Sind diese im Unternehmen vorhanden oder müssen für Engpässe und Spezialaufgaben externe Kräfte hinzugezogen werden?
- Sind die vorgesehenen Personen des Teams den geplanten Aufgaben gewachsen?

Voraussichtliche Zeitplanung
Natürlich können in dieser frühen Phase keine genauen Angaben zu Manntagen für einzelne Arbeitsabschnitte gemacht werden, aber eine grobe Vorstellung der Schwerpunkte im Ressourcenaufwand und der voraussichtliche Zeitaufwand sollten aus diesem Planungsschritt hervorgehen. Aus diesen Angaben lässt sich dann ein voraussichtlicher Projektzeitplan erstellen, der den Beteiligten mehr Klarheit und Übersichtlichkeit in der Zeiteinteilung verschafft.

Definition der Abhängigkeiten
Liegen die einzelnen Arbeitsschritte fest, sind wechselseitigen Beziehungen zueinander zu untersuchen.
- Welcher Abschnitt ist Voraussetzung für den Beginn eines anderen?
- Welche Prozesse können unabhängig bzw. parallel zueinander laufen?
- Wie können hier Ressourcen geschickt eingesetzt werden?

Arbeitsplatzprozesse
Zu diesem Punkt zählen die Festlegung der Ansprechpartner und deren jeweiligen Verantwortlichkeiten. Weiterhin ist der Kommunikations- und Informationsprozess für das Projektteam und gegenüber dem Kunden zu verabreden. Die Termine und Häufigkeit der Abstimmungsmeetings gilt es festzulegen.

Die Form des Datenaustausches, die Struktur sowie der Zugang zu zentralen Informationen ist allen Beteiligten mitzuteilen.

Technische Machbarkeitsprüfung und Risikoanalyse
Schon in der Planungsphase des Projekts sollte man bewusst auf mögliche Risikofaktoren bzw. Komplikationen bei der technischen Umsetzung achten.

Welche Punkte sind kritisch im Projektablauf? Diese sind z.B. in Form einer Checkliste zusammenfassend darzustellen.

Konsens
Zugegebenermaßen ein fast unerreichbarer Zustand. Sind jedoch im Team gegen die besprochenen Pläne und Vorgehensweise ernsthafte Widerstände zu spüren, sollten diese nicht unterdrückt, sondern offen diskutiert werden.

• Projekt-Realisierung, Ablaufgestaltung
Nach Abschluss der Planungsphase gilt es, das Projekt – z.B. ein elektronisches Vertriebsunterstützungssystem – gemäß dem Meilensteinplan umzusetzen. Hierfür ist ein Realisierungskonzept zu entwickeln, welches nachfolgende Grobstruktur aufweist:
- Prozesskatalogerstellung (Abb. 5), unterteilt in
  - Hauptprozesse
  - Teilprozesse
  - Aktivitäten
- Ressourcen-/Terminplanung für Haupt- und/oder Teilprozesse (Abb. 6)
- Prozessorientierte Preiskalkulation.

Multimedia-Prozess-/Aktivitäten-Ermittlungsschema

Projektbezeichnung		Kunde Nr.		Projektbeginn	Projektende	Projektleitung		
Hauptprozesse		Teilprozesse (TP)		Aktivitäten (A)		Komplexitätsfaktorenprofil		
HP-Nr.	Bezeichnung	TP-Nr.		Nr.	Bezeichnung	I	II	III

Abb. 5: Multimedia-Prozess-/Aktivitäten-Ermittlungsschema (Quelle: Leidig/Meyer-Kohlhoff/Sommerfeld 1999

Ressourcen-/Terminplanungs-Schema

Projektbezeichnung		Kunde Nr.		Projektbeginn	Projektende	Projektleitung		
Hauptprozesse		Teilprozesse (TP)		Aktivitäten (A)		Prozeßphasen-Zeitbedarf T/W		Sa. Zeitbedarf
HP-Nr.	Bezeichnung	TP-Nr.		Nr.	Bezeichnung	Eigenleistung	Fremdleistung	Eigen-/Fremdl.

Abb. 6: Ressourcen-/Terminplanungs-Schema (Quelle: Leidig/Meyer-Kohlhoff/Sommerfeld 1999

Eigenfertigung vs. Fremdleistung

Hauptprozesse	Teilprozesse	Aktivitäten	Eigenfertigung	Fremdfertigung	Fertigstellungstermin
Akquisition					
Konzeptphase					
Projekt-Management					
Produktion					
Test-Phase					
Rechte/Lizenzen					

Abb. 7: Eigenfertigung vs. Fremdleistung (Quelle: Nach Leidig 1998)

Fernerhin muss in dieser Phase die Entscheidung fallen, welche Prozessstufen in eigener Regie hergestellt oder als Fremdleistung einzukaufen sind.

Auch im Hinblick auf derartige „Make-or-Buy-Entscheidungen" hat die hier vorgeschlagene Kalkulations-Systematik einen hohen Flexibilitätsgrad (Abb. 7). Dies ist insofern von Bedeutung, da das Druckunternehmen nicht alle Aktivitäten bzw. Hauptprozesse selbst umsetzen muss/kann, obwohl es als Full-Service-Anbieter am Markt auftritt.

• Inhaltsgestaltung Pflichtenheft

Fehler – auch vermeintlich kleine – in der Anfangsphase eines Multimedia-Projekts führen oftmals zu hohen Kosten, wenn die erstellte Anwendung sich im Nachhinein als Kurzfristlösung erweist.

Wird das Multimedia-Projekt nicht schon zu Beginn der Planungs- und Konzeptionsphase in einen übergeordneten strategischen Kontext gesetzt, in dem der Anforderungs- und Situationsanalyse sowie der darauf basierenden Beratung durch den Multimedia-Dienstleister ein bedeutender Stellenwert eingeräumt wird, bleiben für den Kunden Medien-Synergien zumeist ungenutzt und der erwünschte Erfolg stellt sich trotz des hohen Aufwands oftmals nicht ein.

Auch auf der Seite des Anbieters führt die Vielzahl der erforderlichen Anpassungen von Konzeption und Programmierung, die im ursprünglichen Angebot nicht berücksichtigt wurden, nicht nur zu einer Schmälerung der Projektrentabilität, sondern oftmals müssen auch Qualität der Anwendung sowie die gesamte Kundenbeziehung leiden.

In mehreren detaillierten Gesprächsrunden mit dem Kunden sollten daher die Vorstellungen und Bedürfnisse des Kunden, der resultierende Beratungsbedarf sowie die Komplexität und die Problemfelder des

Projekts im einzelnen eruiert werden, bevor die Erstellung einer umfassenden Angebotskalkulation und eines validen Pflichtenhefts erfolgen kann.

Das Pflichtenheft bildet die Grundlage der Produktion. Basierend auf den Angaben/ Beschreibungen können die Aufgaben, die einzelnen Teammitgliedern zugeordnet werden, mit den entsprechenden Hinweisen zu Ablieferungstermin, Materiallieferung etc. entnommen werden.

Die Erstellung eines Pflichtenhefts kann u.U. mit einem hohen personellen – aber auch monetären – Aufwand verbunden sein. Die Erfahrung zeigt jedoch, dass man es auch für kleinere Multimedia-Projekte erstellen sollte.

Im Rahmen von größeren Projekten kann die Erarbeitung Tage bzw. Wochen in Anspruch nehmen. Dabei ist zusätzlich ein Zeitpuffer für Korrekturen und Abstimmungen zwischen Kunden und Projektteam einzuplanen.

Es ist oftmals auch Bestandteil bzw. Anhang eines Einzelvertrags, da hier die Leistungen, die der Auftragnehmer zu erbringen hat, exakt festgehalten sind.

Für das herstellende Unternehmen hat das Pflichtenheft auch eine Art „Versicherungscharakter".

Bei der Erstellung gilt es nachfolgende Aspekte zu beachten:
- Transparente Aufgabenbeschreibung auch für „technische Laien".
- Klare Zuordnung von Verantwortlichkeiten für Termine bzw. Materiallieferungen.
- Zurückhaltung bei Zusagen, wo aufgrund von technischen Unwägbarkeiten noch keine Sicherheit besteht.
- Definitive Festlegung von Funktionalitäten, die zu entwickeln sind.
- Potentielle Risiken und Alternativen aufzeigen.
- Kein übertriebener Perfektionismus: Die Entwicklung eines Pflichtenheftes sollte nicht die Produktionsdauer übersteigen.

Die zentralen Punkte, die in einem Pflichtenheft abzuarbeiten sind, veranschaulicht Abb.8.

Zentrale Aspekte des Pflichtenhefts

Situationsanalyse zur Zielfindungsphase
- Definition übergeordneter Projektziele
- Untersuchung des derzeitigen Medienmix
- Indentifikation der Zielgruppen
- Festlegung des Zeitrahmens und Terminierung der einzelnen Projektphasen
- Veranschlagung eines angemessenen Budget-/Kostenrahmens
- Spezielle Anforderungen an die Multimedia-Anwendung
- Indentifikation der zu berücksichtigenden strategischen Aspekte
- Definition der Testphase
- Gestaltung der Testphase

Design- und Entwicklungsphase
- Informationsphase
- Interaktionsdesign
- Präsentationsdesign/ Gestaltung

Abb. 8: Pflichtenheft
(Quelle: Leidig/Meyer-Kohlhoff/Sommerfeld 1999)

• Projekt-Controlling

Gerade das Projekt-Controlling (Abb. 9) besitzt eine Schlüsselfunktion: In der Angebotskalkulation geht es um eine Grobplanung der Kosten sowie die Erstellung eines ersten Kalkulationsplans.
Die Realitätsnähe einer derartigen Kalkulation hängt von zwei Primärfaktoren ab:
- Qualität der Definition der Haupt- und Teilprozesse sowie der Aktivitäten
- Erfahrungswerten aus der Vergangenheit.

Hier kann das Projekt-Controlling wertvolle Hilfestellungen bieten.

In der Projektarbeit ist generell ein ausgewogenes Verhältnis zwischen Controlling – im Sinne von Steuerung, Planung, Koordination – und den Risikopotentialen anzustreben. Denn aufgrund von Erfahrungen aus der Praxis zeigt sich, dass mit einem sehr hohen Aufwand von Controllinginstrumenten, bei gleichzeitig steigenden Gesamtkosten, die Risikopotentiale lediglich in einem unbedeutenden Umfang reduzierbar sind.

Damit also die Gesamtkosten nicht unnötig ansteigen, gilt als Faustregel, dass bei einem vertretbaren, kalkulierbaren Risiko der Aufwand für Controllingmaßnahmen zu begrenzen ist. Die Konzentration auf das Wesentliche sowie die Früherkennung von Risikofeldern ist der zentrale Entscheidungsfaktor.

• Zielsetzung

Projekt-Controlling verfolgt das Ziel sicherzustellen, dass geforderte Resultate – hier das Multimedia-Produkt – in einem vorgegebenen Zeitraum (gemäß Projektplan) mit den zugeteilten personellen und finanziellen Ressourcen realisiert werden.

Der aktuelle Status eines Multimedia-Projekts sollte deshalb in festgelegten, regelmäßigen Intervallen mit der ursprünglichen Aufgabenstellung, Zeitplanung sowie der gesamten Zielsetzung verglichen und überprüft werden. Zeigen sich im Rahmen dieses Abgleichungsprozesses Differenzen, so sind zusammen mit dem betroffenen Teammitarbeiter und Projektleiter die Ursachen für diese Abweichungen zu untersuchen.

Einzelne Problemfaktoren können auf diese Weise isoliert werden, um sie zu eliminieren, bevor sie auf das Gesamtprojekt ausstrahlen.
Das Projekt-Controlling übernimmt folgende Funktionskreise:
- Die Transparenz des Projektverlaufs zu verbessern und Problemfelder frühzeitig zu erkennen.
- Die Projektleitung im Rahmen der Situationsanalyse, Maßnahmenbeurteilung sowie Entscheidungsfindung erfolgreich zu unterstützen.
- Das Projekt zu dokumentieren, um daraus Erkenntnisse für Folgeprojekte abzuleiten.

• Aufgabenfelder

Diese lassen sich in drei Bereiche einteilen:
- Kosten-Controlling
  Hier liegt das Hauptaugenmerk auf der Struktur

Multimedia-Projekt-Controlling-Schema

Projektbezeichnung		Kunde Nr.		Projektbeginn		Projektende				Abweichungsursache		Projektleitung	
				Plan	Ist	Plan		Ist					
Hauptprozesse		Teilprozesse (TP)		Zeitbedarf pro HP/TP				Summe Zeitbedarfe		Summe Gesamtkosten		Plan-/Ist-abweichung	
HP-Nr.	Bezeichnung	TP-Nr.	Bezeichnung	Eigenleistung Plan	Eigenleistung Ist	Fremdleistung Plan	Fremdleistung Ist	Plan	Ist	Plan	Ist	Zeit bedarfe	Gesamtkosten

Abb. 9: Controlling-Schema (Quelle: Leidig/Meyer-Kohlhoff/Sommerfeld 1999)

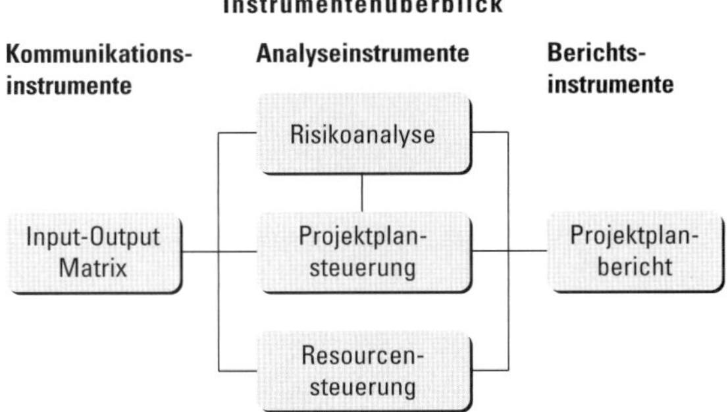

Abb. 10: Instrumentenüberblick
(Quelle: Nach Briner/Kasahara/Peterhans 1998

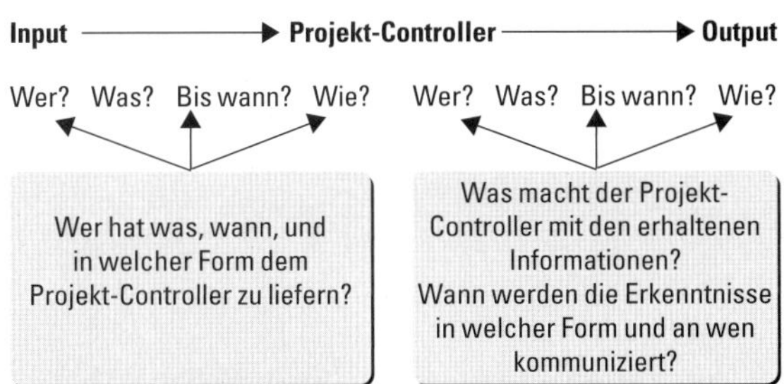

Abb. 11: Input-Output-Matrix
(Quelle: Nach Briner/Kasahara/Peterhans 1998

und der Entwicklung der Projektkosten, die die Erstellung eines Mulimedia-Produkts erzeugt.

- Effizienz-Controlling
  Das zentrale Gewicht liegt auf der Überwachung, Analyse und Optimierung des Ressourceneinsatzes.
- Effektivitäts-Controlling
  Hier steht die Definition von Erfolgsmaßstäben, ihre Evaluierung und das Hinwirken auf ein erfolgsbezogenes, zukunftsgerichtetes Projekt-Management im Vordergrund.

• Instrumente, Überblick

Um vorgegebene Ziele zu erreichen, stehen dem Projekt-Controller verschiedene Instrumentenbündel (Abb. 10) zur Verfügung:
- Kommunikationsinstrumente
- Analyseinstrumente
- Berichtsinstrumente.

Als Kommunikationsinstrument dient eine Input-Output-Matrix (Abb. 11).

Gerade im Rahmen von Multimedia-Projekten spielt die optimale Kommunikation zwischen Kunde, Projektteam und Controlling eine zentrale Rolle. Kommunikation in Verbindung mit Feedback führt dazu, dass sich die Beteiligten ihrer Verhaltensweisen bewusst werden: Sie lernen, wie ihr Verhalten auf andere Personen wirkt.

Inhaltsdarstellung
Der Schwerpunkt nachfolgender Ausführung liegt auf der Darstellung der instrumentellen Bearbeitung des Analysefelds.

- Risikoanalyse
  Dieses Instrument zielt auf eine effiziente Steuerung kritischer Faktoren eines Multimedia-Projekts. Der Controller – dies kann auch ein Mitglied des Projektteams sein, das diese Funktion in Personalunion mit anderen Aufgaben wahrnimmt – hat die Funktion, die Risikofaktoren sowohl zu identifizieren als auch im Hinblick auf die Eintrittswahrscheinlichkeit zu bewerten.
  Die so ermittelten „kritischen Projektfaktoren" lassen sich in einer Risikomatrix (Abb. 12) anschaulich verdichten.

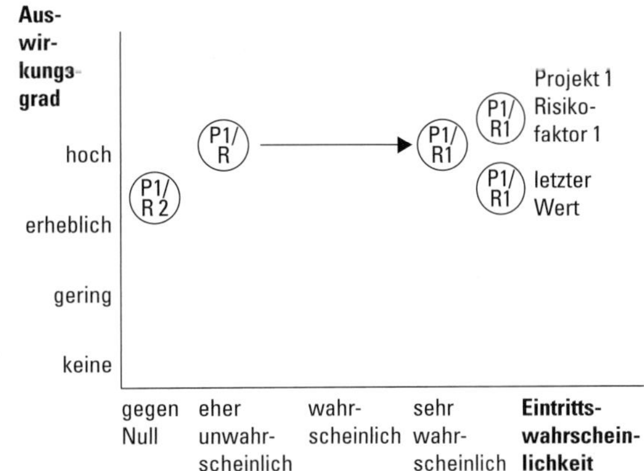

Abb. 12: Risikomatrixstruktur
(Quelle: Nach Briner/Kasahara/Peterhans 1998

Checkfragen Projektplan

- Stimmt der Projektplan mit den schriftlichen Vereinbarungen überein?
- Ist die Terminplanung in den einzelnen Phasen realistisch?
- Bestehen mehrere Teilpläne und sind diese aufeinander abgestimmt?
- Ist der kritische Pfad bekannt und werden Abweichungen von diesem sofort gemeldet?
- Ist den beteiligten Personen bekannt, ob sie Aktivitäten auf dem kritischen Pfad durchführen?
- Gibt es Aktivitäten, deren Umfang noch nicht bekannt ist?
- Sind Pufferzeiten und Reserven eingerechnet bei Aktivitäten, deren Umfang noch unsicher ist?
- Bestehen Widersprüche und Unklarheiten im Projektplan?
- Sind die drei zeitkritischten Aktivitäten bekannt?

Checkfragen Meilensteinplan

- Wurden im Projektplan genügend Meilensteine gesetzt?
- Sind die Meilensteine mit messbaren Resultaten verknüpft?
- Können gewisse (Teil)-Systeme bereits nach der Erreichung des Meilensteins eingeführt werden?
- Ist die Verantwortung für die Erreichung der Meilensteine innerhalb der Projektorganisation zugewiesen?
- Ist die Verantwortung für die Abnahme der Meilensteine festgelegt?
- Ist das Verfahren für die Abnahme der Meilensteine geregelt?
- Wer unterschreibt, dass der Meilenstein erfüllt wurde?
- Ist das Verfahren der Verzugsfristregelung bei Nichterreichung der Meilensteine geregelt?
- Ist die Kommunikation der Meilensteinabnahme standardisiert (Teilschritt; erreicht oder nicht; Konsequenzen bei Nichterreichung; Name; Unterschrift)?

Abb. 13: Checkfragen Projektsteuerung (Quelle: Nach Briner/Kasahara/Peterhans 1998

Projektbericht: Gliederung, Elemente

1. Übersicht und Anträge	Angaben zum Projekt	Management Summary	Anträge an die Projektführung
2. Steuerungsdimensionen	Risikofaktoren im Projekt	Projektstand (Ergebnisse/Zeit)	Projektressourcen (Kosten/Personal)
3. Ergänzende Angaben	Kurzbeschreibung	Abschließende Bemerkungen	

Abb. 14: Berichte (Quelle: Nach Briner/Kasahara/Peterhans 1998)

- Projektplansteuerung
  Hier handelt es sich um ein Instrument zur frühzeitigen Erkennung von Zeitverzögerungen – und gerade Termintreue ist ein wichtiger Erfolgsfaktor. Der Projekt-Controller eruiert die temporalen Abweichungen und die daraus möglicherweise resultierenden Folgewirkungen für das Gesamtprojekt bzw. die Erreichung von Meilensteinen. Darauf aufbauend erarbeitet er für die Projektleitung einen Maßnahmenkatalog, der konkrete Vorschläge zur Gegensteuerung zum Inhalt hat. Die wichtigsten Checkfragen, die sich der Controller im Rahmen dieses komplexen Vorgangs stellen sollte, enthält Abb. 13.
- Ressourcensteuerung
  Sie zielt primär auf die Steuerungseffizienz personeller und/oder finanzieller Ressourcenpotentiale, da es sich hier um hochwertige und knappe Güter handelt. Nicht vorhandene bzw. ausreichende Kapazitäten in diesen Potentialsektoren können zu Terminabweichungen oder auch zum Scheitern des Multimediaprojekts führen – beides nicht wünschenswerte Szenarien: Es entstehen i.d.R. erhebliche Zusatzkosten, die in der Angebotskalkulation nicht enthalten sind; fernerhin ist ein Imageverlust beim Kunden zu erwarten.
- Projektbericht
  Dieser dient zur Kommunikation gewonnener Erkenntnisse an die Projektleitung resp. das -team, und zwar sowohl im Hinblick auf das derzeit aktuelle, sich in der Realisierungsphase befindliche Projekt, als auch mit Bezug zu gleichen oder ähnlichen Folgeaufträgen. Den Aufbau eines Projektberichts veranschaulicht Abb. 14.

In der Projektarbeit ist generell ein ausgewogenes Verhältnis von Kontrolle und Risiko anzustreben. Die Konzentration auf das Wesentliche ist im Rahmen des Controlling ein wichtiger Aspekt. (Autor: Dr. Guido Leidig, BVDM)

6. Mediengestaltung: Mediendesign

6. Mediengestaltung: Mediendesign

Der gesamte Bereich der Druckvorstufe hat sich in den letzten Jahren so rasant und umfassend verändert, dass kaum vorauszusehen ist, wie die Technologie der nächsten 10 Jahre aussehen wird. Während vor wenigen Jahren noch die Satzherstellung, die Druckvorlagenherstellung (Reproduktion) und die Druckformherstellung als eigenständige Bereiche gesehen werden konnten, so sind diese inzwischen – wenn auch in einigen Teilbereichen noch differenziert – in einen gemeinsamen Fertigungsprozess integriert.

Innovationszyklen von 4 bis 6 Jahren sind heute insbesondere bei Software-Produkten auf weniger als ein Jahr geschrumpft. Englische Abkürzungen von neuen Techniken oder „kreative" Wortschöpfungen geben neuen Trends in der Technologie einen Namen und grenzen diese von anderen Produkten ab.

Insgesamt handelt es sich jedoch um Technologien, die die klassischen Systembereiche Satzherstellung, Druckvorlagenherstellung und Druckformherstellung in einem gemeinsamen System zusammenfasst.

Mit der Entwicklung der Personal-Computer (PC) wurden Werkzeuge geschaffen, mit denen es möglich ist, die Text- und Bilderdatenerfassung sowie die Text- und Bildbearbeitung auf kleinstem Raum durchzuführen, wobei der Kreativität kaum noch Grenzen gesetzt werden. Die Setzerei, Reproanstalt und Druckerei auf dem Schreibtisch wurde zur Realität; der Begriff „Desktop Publishing", abgekürzt DTP, war hierfür die treffende Bezeichnung.

Dadurch haben sich in den letzten Jahren die Produktionstechniken in der Druckvorstufe gravierend verändert. Die Hard- und Software der Werbeagenturen und sonstigen Druckereikunden gleicht denen der Betriebe der Druckindustrie. Man kann heute auf einem PC Texte erfassen, Grafiken erstellen oder diese aus Datenbanken generieren, Halbtonbilder retuschieren oder Ton- und Videosequenzen einspielen. Lediglich die zur Verfügung stehende Software entscheidet, in welcher Schnelligkeit und Einfachheit Informationen aufbereitet und zu einem Ganzen integriert werden können. Ob das Ergebnis dieses Gestaltens als Print- oder Nonprint-Produkt in die Medienwelt einfließt, ist dabei technisch fast unerheblich.

Der schnell erlernbare Umgang mit einem PC und dessen Programme verführte dazu, von der Text- und Bilddatenerfassung bis zur fertigen Druckvorlage alles selbst herzustellen. Doch schnell folgte eine Ernüchterung, weil die gestalteten Ergebnisse in ihrem Aussehen, ihrer Funktionalität und Lesefreundlichkeit oftmals unbefriedigend waren.

Deshalb gab und gibt es eine große Nachfrage, vor allem durch „Quereinsteiger", um sich mit Hilfe von Gestaltungskursen und Gestaltungsbüchern die notwendigen Kenntnisse in der Gestaltung von Druckprodukten zu erarbeiten.

Aufgabe des Mediengestalters in der Fachrichtung Mediendesign (früher Grafik-Designer Schriftsetzer u.a.) ist es beim Umgang mit Texten, produkt- und zielgerecht

- Texte typografisch zu gestalten

und

- produktionstechnisch zu verarbeiten.

In der Praxis ist heute keine absolute Trennung in den Aufgabenbereichen Mediendesign und Medienoperating für Printprodukte üblich. Es wird gestaltet, in digitalen Prozessen gesetzt, reproduziert, in ein Layout umgesetzt, geprooft, gespeichert und produktionsgerecht vorbereitet.

Grundlegende Aufgaben der Typografie
Es werden Informationen als „optische Botschaften" typografisch so aufbereitet, dass sie die Zielsetzung, also die beabsichtigte Kommunikationswirkung des Druckproduktes durch eine optisch ästhetische Gestaltung unterstützen.

Durch kreative Typografie kann das Druckprodukt
- sachlich informierend,
- werbend,
- beeinflussend,
- originell,
- anregend oder
- unterhaltend wirken.

Das Produkt ist für die Gestaltung entscheidend: Appellative Texte der Werbung sollen Aufmerksamkeit erregen und in das Bewusstsein des Lesers eingehen, Fachtexte sollen dagegen übersichtlich und optimal lesbar gestaltet sein.

Typografie ist die Gestaltung einer Druckseite nach ästhetischen Gesichtspunkten, anders ausgedrückt:

Typografie ist kreative Informationsaufbereitung!
Was auch immer auf einer gedruckten Seite mitgeteilt werden soll: Typografie verstärkt die „optische Botschaft", die visuelle Kommunikation.

Die Typografie befasst sich mit dem Gestalten durch Schriften und anderen Zeichen, bei der Lesefreundlichkeit, Funktionalität und ästhetischer Eindruck eine Einheit bilden sollen.

Die Anordnung der typografischen Gestaltungsmittel ist eine kreative Arbeit, bei der bestimmte Gestaltungsregeln zu beachten sind.

Wer sicher mit Schriften umgehen will, braucht ein ästhetisches Schriftbewusstsein; denn zwischen
- der Aussageabsicht (Intention) eines Textes, dem Geistigen einer Mitteilung

und

- der Anmutungsqualität (visuelles Erscheinungsbild) der Schrift sollte eine optimale Übereinstimmung bestehen, um ein optimales typografisches Erscheinungsbild zu erreichen.

Sender: Mediendesign	Informationsträger: Bedruckstoff	Empfänger: Leser
Eingabe von Text, Grafik, Bild, Material	Übermittlung der Information: Prozess	Informationsaufnahme der Botschaft
– Design: Schrift, Grafik, Bild – grafische und typografische Gestaltung des Produktes unter Berücksichtigung der Ziele, der Zielgruppe, der Lesbarkeit und psychologischer Erkenntnisse	Störungen durch Mängel im Design und durch Prozessparameter – Auswahl der Schrift – Gestaltung, Format, Farbe – unzureichende Druckqualität – ungeeigneter Bedruckstoff	Erleichterung der Aufnahme durch – produkt- und zielgruppengerechte Gestaltung, die die Gewohnheiten des Lesers, Lesbarkeitseigenschaften u. a. berücksichtigt – einen geeigneten Druckprozess

Auch der „Zeitgeschmack", der kreative und künstlerische Trend, spielt bei der Gestaltung von Druckprodukten wie auch bei Nonprint-Produkten eine wichtige Rolle. Trotz aller Veränderungen im Zeitgeist haben sich die elementaren Mittel der Gestaltung nicht verändert, sie werden allerdings zeitgemäß – von Fachleuten – variiert. Die gestalterische Kunst ist es, mit diesen Mitteln und Werkzeugen „virtuos" umzugehen.

Die Vielzahl der heute angebotenen Schriften und die umfassenden Möglichkeiten der elektronischen Gestaltung verleiten typografische Laien leider zum Einsatz unterschiedlichster Schriften und Gestaltungselemente auf einer Seite, die jedes ästhetische Empfinden zum „Schönen", zu einem „Ganzen", zu einem Produkt mit „Gestalt" vermissen lassen. Die Möglichkeiten der Informationsgesellschaft schaffen nicht automatisch auch dieses visuell Wertvolle.

Mikrotypografie und Makrotypografie
Fachleute unterscheiden in der Typografie formal zwischen Mikrotypografie und Makrotypografie. Die Mikrotypografie, auch Detailtypografie oder Feinsatz genannt, beschäftigt sich mit Form, Stellung und Kombinationen, d.h. mit

• Buchstaben,
• Ziffern und Zeichen,
• Laufweite einer Schrift,
• Wortbilder,
• Wortabstand,
• Zeilenbreite und
• Zeilenabstand.

Die Makrotypografie (Layouttypographie) dagegen beschäftigt sich mit der gesamten Gestaltung und dem Gesamteindruck des Druckproduktes, z.B.

• Bedruckstoff,
• Format,
• Falzart,
• Satzspiegel,
• Flächenaufteilung,
• Kontrast,
• Farbe,
• Gliederungen und
• Platzierung von Überschriften, Textgruppen, Abbildungen und Bildunterschriften.

Zielsetzung (Informationsempfänger, Zielgruppe) und Gestaltung des Produktes müssen eine harmonische Einheit bilden. Der Einsatz und die Anordnung der typografischen Gestaltungsmitel ist eine kreative, produktbezogene Arbeit, bei der bestimmte Gestaltungsregeln zu beachten sind. Diese (Grund-)Regeln entstanden und entstehen durch ästhetisches Empfinden, durch Erfahrung und Gewöhnung.

6.1 Ideenfindung

Um anderen Menschen etwas mitzuteilen, wird sehr häufig die schriftliche Form benutzt. Dies kann in Form eines Briefes geschehen, aber auch durch ein Druckprodukt. Wer ein Druckprodukt plant, muss sich grundsätzlich darüber Gedanken machen, mit welchen Mitteln und welchem textlichen und bildlichen Inhalt er das Ziel und die gewünschte Zielgruppe erreichen kann. Was sind mögliche Ziele?

Die Zielformel AIDA:
• A = attention: Aufmerksamkeit erregen
• I = interest: Interesse wecken
• D = desire: Wünsche wecken
• A = action: Handlung auslösen

Zielgruppen sind zum Beispiel:
• bestimmte Personen wie
  Kinder, Jugendliche, junge Paare, Senioren, Männer, Frauen
• bestimmte Gruppen nach Merkmalen wie sozial, kulturell, Bildungsstand, Beruf, Freizeitverhalten
• ein bestimmter Personenkreis mit entsprechender Wirtschafts- bzw. Kaufkraft.

Mediendesign gestaltet entsprechend der Ziele und der Zielgruppe ein Erscheinungsbild des Produktes nach verschiedenen Kriterien und spezifischer Ausprägung unter Berücksichtigung technischer und wirtschaftlicher Aspekte:
• Funktionalität
  – Gliederung
  – Leseablauf
  – Erfassbarkeit
  – Verwendbarkeit
  – Animation
• Formalität
  – Schriftart
  – Schriftgröße
  – Schriftschnitt
  – Schriftkontrast

– Schriftmischung
– Bildgröße, -ausschnitt, -anordnung
– Grafikgröße, - anordnung
– Flächenkontrast
– Farbenharmonie und -kontrast.
- Inspiration
  – Ideen, Varianten
  – Konzeption
  – Layout
- „Transpiration“
  – Ziel und Zielgruppe erreicht
  – Mängel an der Idee erkennen
  – Mängel beseitigen
  – Kosten, Budget: Gestaltung und Produktion
  – Ist der Kunde zufrieden?

Wenn die Vorstellungen des Auftraggebers über die Zielgruppe und dem Zweck des Druckproduktes vorliegen, beginnt die Arbeit des Mediengestalters. Eine Kriterium für die Gestaltung ist die Frage, ob ein Druckprodukt aus nur einem Blatt oder aus mehreren beidseitig bedruckten Blättern besteht.

- Druckprodukte, die nur aus einem Blatt bestehen, sind beispielsweise Briefbogen, Rechnungen und Handzettel.
- Druckprodukte, die aus mehreren Blättern bestehen, sind unter anderem Bücher, Broschüren, Zeitschriften, Zeitungen, mehrseitige Prospekte.

Bei allen mehrseitigen Produkten ist die optische Abstimmung zweier gegenüberstehenden Seiten im Bund ein wichtiges Gestaltungsmerkmal. Sie müssen harmonisch zueinander passen. Dies schließt aber nicht aus, dass beispielsweise bei einer anspruchsvollen Zeitschrift jedes Seitenpaar individuell gestaltet

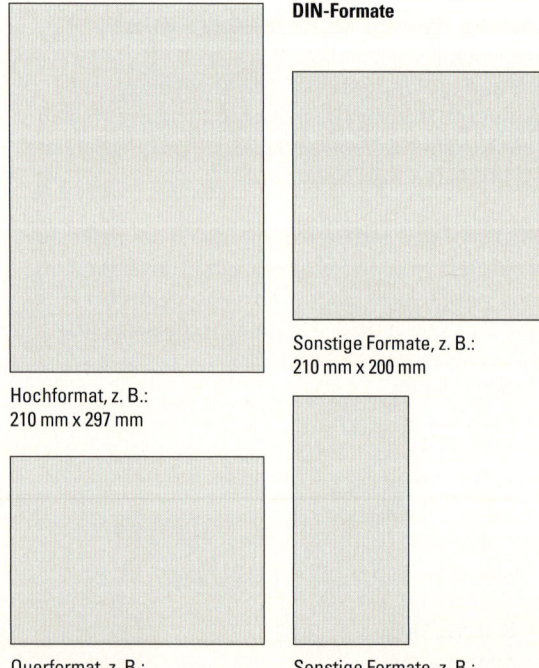

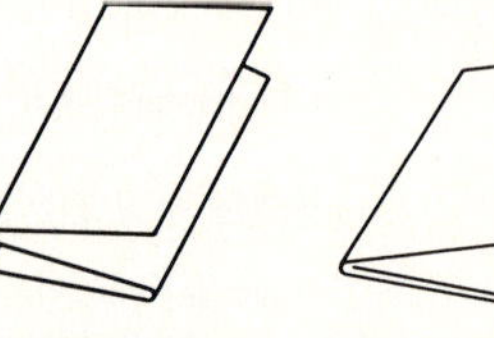
Zickzack- oder Leporellofalz

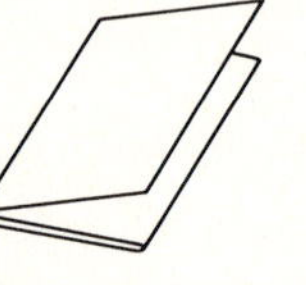
Wickelfalz

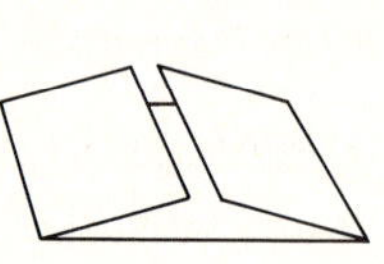
Fensterfalz

werden kann. Dabei müssen auch vorgeschriebene Seitenbestandteile, wie beispielsweise Anzeigen, in die Gestaltung mit einbezogen werden.

Die Auswahl des richtigen *Papierformats* und der richtigen *Papiersorte* durch den Gestalter unterstützt im hohen Maße die erwünschte Wirkung des Druckprodukts. Werden zudem noch farbige Papiersorten eingesetzt, kann die Wirkung noch gesteigert werden.

Die gängigsten Papierformate für eine Vielzahl von Druckprodukten sind die Formate der DIN A-Reihe, beispielsweise das Format DIN A4. In manchen Fällen kann sich aufgrund des Inhalts auch ein Querformat oder ein Sonderformat (z.B. 210 mm x 200 mm) als nützlich oder wirkungsvoll anbieten.

Beim Querformat ist die waagerechte Kante länger als die senkrechte. Da beim Seitenformat stets die Breite zuerst genannt wird, kennzeichnen z.B. die Maße 297 mm x 210 mm das Querformat DIN A4.

Eine besondere Aufmerksamkeit lässt sich auch durch ein ausgefallenes Papierformat erzielen. Entscheidend ist stets der Verwendungszweck und der optische Reiz, der erzielt werden kann.

Zu beachten ist, dass bei einem Postversand die entsprechenden Umschläge zur Verfügung stehen müssen und durch die Auswahl des passenden Papiergewichts die Portokosten minimiert werden können.

Als weiteres Gestaltungsmittel kann die *Falzart* eingesetzt werden. In mehrseitigen Druckprodukten teilt sie eine größere Fläche in kleinere Flächen auf. Sie wirkt einerseits, vergleichbar einer Linie oder Papierkante als Flächenbegrenzung, kann aber auch die Funktion einer Gestaltungslinie übernehmen, an der sich Texte und Bilder orientieren können.

Grundsätzlich sollte ein Falz nie einen Text oder ein Bild durchlaufen. Dies zwingt den Gestalter schon beim Entwurf, die Falze zu berücksichtigen. Neben den beiden wichtigsten Falzarten

- Kreuz- und Parallelfalz,

sind vor allem der

- Wickel-, Leporello- und Fensterfalz

von Bedeutung.

Bereits in dieser Phase werden alle Ideen als Scribbles (Ideenskizzen) visualisiert. Der Gestalter gibt in Umrissen die Schriftarten sowie deren Größe und die Verteilung der Texte und Abbildungen auf dem festgelegten Papierformat an.

Schon bei den ersten Überlegungen muss auch die technische und wirtschaftliche Seite berücksichtigt werden. Die besten Ideen sind wertlos, wenn sie sich nicht angemessen realisieren lassen.

Dem Scribble folgt das Layout, bei dem die Details bedacht und festgelegt werden.

6.2 Vom Scribble zum Layout

Um eine Idee zu visualisieren, wird ein Scribbles (Ideenskizze) angelegt. In verkleinerter Form, aber schon richtig in den Proportionen, wird in Skizziertechnik das mögliche Aussehen des Druckprodukts aufgezeichnet.

Die Schriftzeilen werden als breite Striche dargestellt, durchgehend oder mit Unterbrechungen für Wortabstände. Auszeichnungen hebt man optisch hervor, fette Schriften beispielsweise durch stärkere Schwärzung, kursive durch schräge Strichanfänge und Strichenden.

Hilfreich sind Bleistifte verschiedener Härtegrade, Farb- und Filzstifte. Das schreibende Skizzieren oder die Strich-neben-Strich-Technik bei dem der Schriftcharakter nur angedeutet wird, erfordert einen erheblich größeren Zeitaufwand. Deshalb wird es nur bei geringem Textumfang sowie bei mittleren und größeren Schriftgrößen genutzt. Es vermittelt aber dem Betrachter ein genaueres Bild des späteren Satzprodukts.

Aus diesen Scribbles sollten
• die Stellung der Satzgruppen auf der Seite,
• die Randverhältnisse,
• die Gliederung der Texte,
• die Satzanordnung und
• die Schriftabstufungen
ersichtlich sein.

Aus mehreren unterschiedlichen Ideenskizzen wird die beste – vom Kunden – ausgesucht und in Originalgröße zu einem Layout weiterentwickelt. Der Begriff Layout stammt aus dem Englischen und bedeutet ausstellen, auslegen oder Entwurf.

Das Layout zeigt jetzt deutlich den verbindlichen Stand von Texten, grafischen Elementen und Bildern auf einer Druckseite; bei Texten den Satzspiegel, die Satzbreite (Spalten), die Schriftgröße, den Schriftschnitt und den Zeilenabstand.

Der Gestalter kann drei unterschiedliche Techniken einsetzen, um ein Layout zu erarbeiten:

• Beim Skizzieren werden die Teile einer Seite durch Striche platziert. Die Strichbreite der skizzierten Zeilen entspricht der Größe der Gemeinen (Kleinbuchstaben) ohne Unter- und Oberlänge, das heißt, eine 10-pt-Schrift wird mit etwa 5 pt Strichbreite dargestellt. Der Nachteil dieser Technik ist, dass am skizzierten Stand eines Seitenteils kaum Korrekturen vorgenommen werden können. Jede Standänderung zwingt häufig dazu, ein neues Layout zu skizzieren.
• Der Klebeentwurf wird dann eingesetzt, wenn Zeilen, Textgruppen und Bilder schon bereitliegen. Oft werden dafür die notwendigen Texte abgesetzt, mit dem Laserdrucker ausgegeben und dann ausgeschnitten. Diese Technik hat den Vorteil, dass die vorgesehenen Teile beliebig auf der Seite verschoben werden können, bis die Lösung befriedigt. Dann werden die Seitenteile aufgeklebt. Der Entwurf wird standrichtig abgesetzt, ausgedruckt und bei Bedarf am Bildschirm wieder korrigiert.

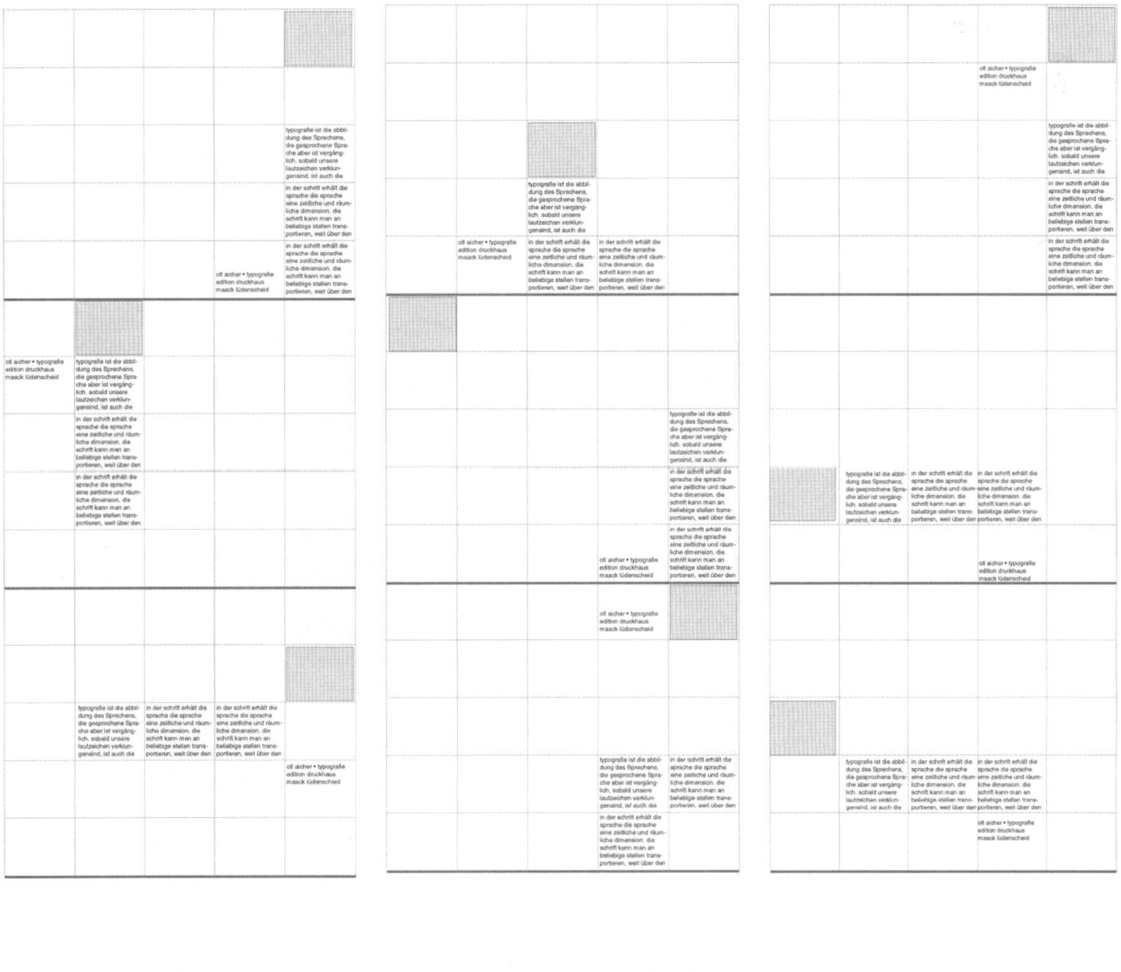

Ideenskizzen im Gestaltungsraster

- Meist wird heute das Layout gleich am Bildschirm erarbeitet. Die Satzgruppen können dort so lange hin und hergeschoben werden, bis sie nach Meinung des Gestalters die optimale Position erreicht haben. Am Ausdruck über einen Laserdrucker können dann alle Details beurteilt und Verbesserungsvorschläge markiert werden. Je erfahrener der Mediengestalter ist, desto kreativer und effektiver ist dieses Verfahren.

6.2.1 Gestaltung einer Fläche

In den folgenden Beispielen sollen mit elementaren Formen Bewegung und Kontrast auf einer Fläche dargestellt werden. (Die Darstellungen gehen auf eine Arbeit von A. Ganz, erschienen im „Druck ABC", ZFA Heidelberg, zurück.)

Linien

- 1) Kontrast Kurz-Lang, Dick-Dünn
  Ein starker Kontrast (Gegensatz) entsteht durch ausgeprägt kurze zu langen Linien oder übermäßig dicke zu dünnen Linien.

- 2) Kontrast Hoch-Niedrig, Breit-Schmal.

- 3) Winkel
  Ein extrem spitzer Winkel bildet einen auffallenden Unterschied zu einem stumpfen Winkel.

- 4) Kontrast Freie und gebundene Linie
  Die freie Linie ist unbegrenzt und fortlaufend. Die gebundene Linie ist begrenzt, von einem Punkt ausgehend, und in einem bestimmten Punkt endend.

- 5) Zentrale Geraden
  Zentrale gebundene Geraden, durch einen Mittelpunkt gehend, teilen die Fläche symmetrisch (Kandinsky). Sie schneiden sich in einem Konzentrationspunkt.

- 6) Azentrale Geraden
  Azentrale freie aber begrenzte Geraden ergeben eine spannungsvolle Flächenaufteilung. Dieses Beispiel zeigt 24 Vierecke, wovon nicht eines einem anderen gleicht. Dadurch entstehen viele Spannungspunkte.

Flächen

- 7) Kontrast Hell-Dunkel
  Das wichtiges Gestaltungselement ist die Teilfläche. Sie teilt die Grundfläche in hell und dunkel. Der Kontrast ist um so größer, je größer der Unterschied zwischen Heil und Dunkel ist. F. H. Ernst Schneidler schreibt über diesen Kontrast: „Jedes Bild, das schwarzweiße wie das bunte, ist im Kern auf den Gegensatz von Hell und Dunkel aufgebaut. Das Hell-Dunkel bestimmt entschiedener als irgend etwas anderes Klarheit und Eindeutigkeit der Bildwirkung."

- 8) Der Viel-Wenig-Kontrast
  Ist eine Teilfläche größer als die andere, so erzielen wir einen weiteren Kontrast, nämlich Viel-Wenig. Die Gleichmäßigkeit wird aufgehoben, es entsteht zwischen der größeren und der kleineren Teilfläche eine Spannung, die um so größer ist, je größer der Unterschied im Flächeninhalt der beiden Flächen ist.

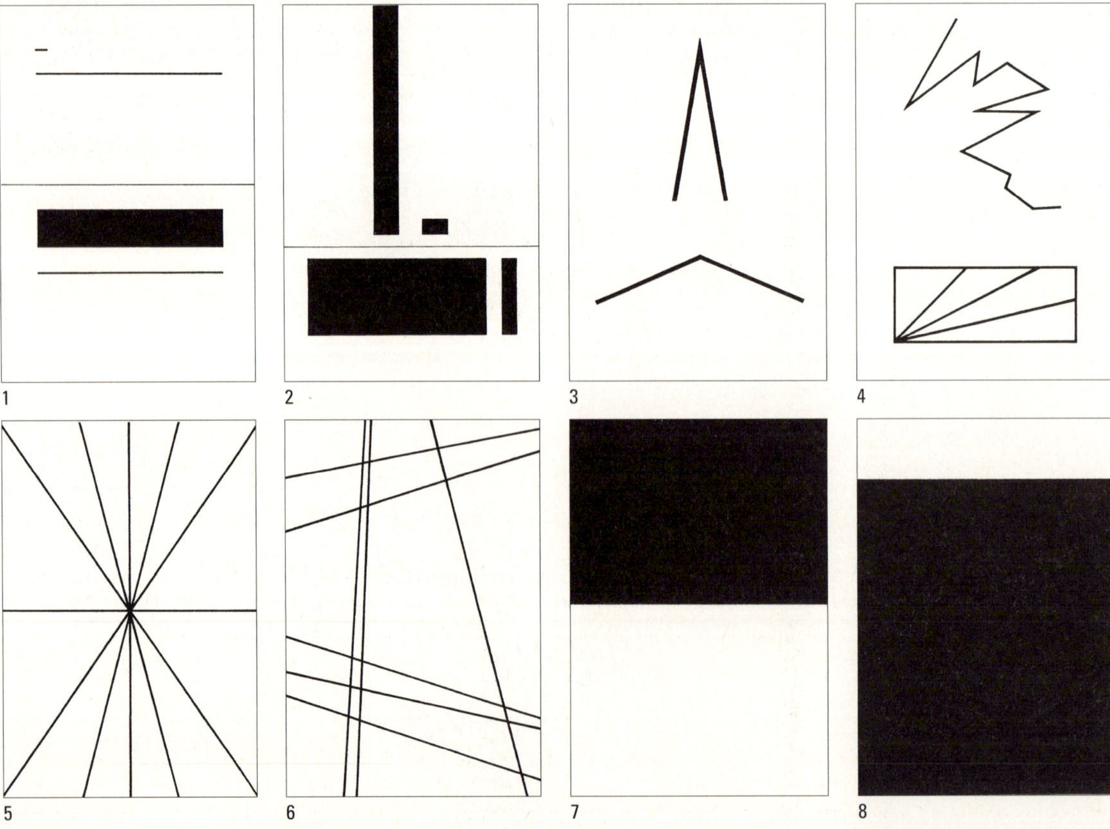

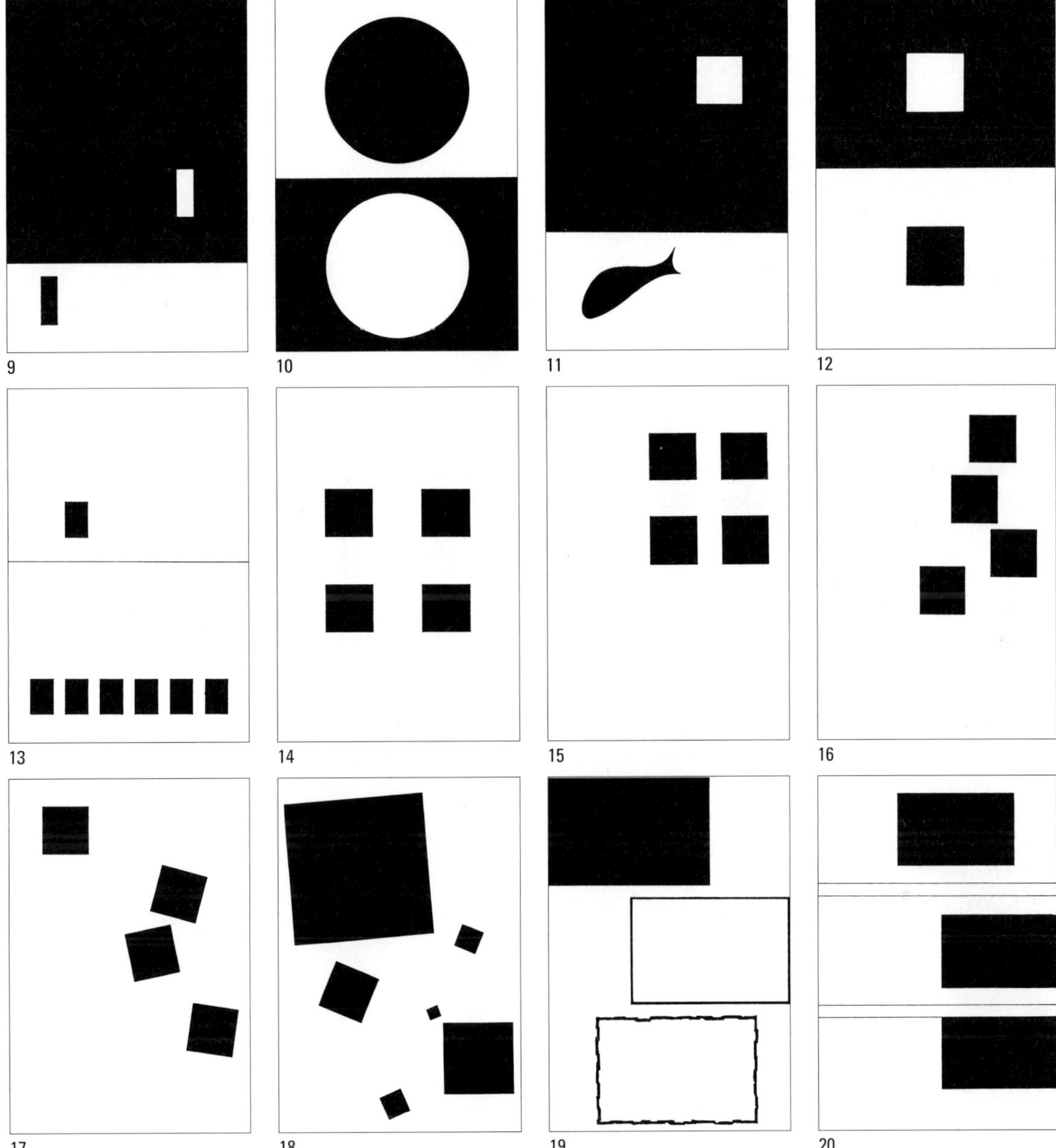

• 9) Der Positiv-Negativ-Kontrast
Zeichnen wir in jede der beiden Teilflächen eine kleinere Fläche in dem Hell-Dunkel-Wert der anderen Teilfläche, so erhalten wir den Kontrast Positiv-Negativ.

• 10) Fläche-Gegenfläche
"Jede Form, die auf eine Fläche aufgebracht wird, erzeugt zugleich die Flächengegenform. Es ist das einfache Spiel des Positiv-Negativ (Schachbrett)." Ein schwarzer Kreis auf einer rechteckigen Fläche bildet die restliche weiße Fläche um den Kreis zur Flächengegenform.

• 11) Kontrast Starr-Bewegt
Hat eine der beiden positiv-negativ-Flächen eine strenge Form, die andere jedoch eine lebhafte, so bilden diese beiden Flächen den Kontrast Starr-Bewegt.

• 12) Kontrast Optische Täuschung
Das weiße Quadrat im schwarzen Feld erscheint größer als das schwarze Quadrat im weißen Feld. Adolf Hölzel sagt dazu: „Dunkelheit saugt auf, repräsentiert Schwere, Gewicht und Ruhe. Licht ist lebendig, strahlt aus, tritt hervor." Schon eine geringe Menge Licht hält einer großen Menge Dunkelheit das Gleichgewicht.

• 13) Kontrast Einzahl-Mehrzahl
Durch die Gegenüberstellung einer einzelnen Fläche und mehreren Flächen entsteht der Kontrast Einzahl-Mehrzahl.

• 14) Symmetrie
Eine in der Mitte gleichmäßig geteilte Fläche nennen wir symmetrisch. Spiegelgleich ist eine Figur, die links und rechts (oben und unten) der Symme-

trieachse gleiche Hälften hat. Gleichmäßige Zwischenräume und Abstände geben der Bildanordnung eine strenge Note.

• 15) Asymmetrie
Die asymmetrische Stellung der Teilflächen und ungleiche Zwischenräume und Abstände erhöhen die Spannung.

• 16) Unregelmäßige Stellung der Teilflächen und verschieden große Zwischenräume und Abstände beleben den Bildaufbau.

• 17) Unterschiedliche Richtung der Teilflächen
Kommt zu den vorher gegangenen Gestaltungsvarianten noch eine unterschiedliche Schräglage der Teilflächen, so sind die Gestaltungsmöglichkeiten mit diesen einfachen geometrischen Flächenformen wesentlich erweitert.

• 18) Unterschiedliche Größe der Teilflächen
Wenn wir Teilflächen in der Größe unterscheiden, ergeben sich zusätzliche Gestaltungsmöglichkeiten.

• 19) Kontur (Umrisslinie)
Ist eine ganze zur Verfügung stehende Fläche gleichmäßig getönt, so sprechen wir von einer Vollform. Im Kontrast zur Vollform steht die Fläche, die mit einer glatten oder rauhen Kontur umrandet ist.

• 20) Freistehend und abfallend
Stößt eine Teilfläche nicht an den Rand der Gesamtfläche, so ist sie freistehend. Stößt sie an eine Seite der Begrenzung, so ist die Teilfläche einseitig angeschnitten oder abfallend. Stößt sie an zwei oder mehr Seiten der Begrenzung, so ist sie mehrseitig angeschnitten.

• 21) Regelmäßige Teilflächen
Die Teilflächen können regelmäßig sein, wie Quadrat, Kreis, Dreieck, Rechteck, Vieleck.

• 22) Unregelmäßige Teilflächen
Diese Abbildung zeigt Beispiele für unregelmäßige Teilflächen.

• 23) Kontrast Rund-Eckig
Der Kontrast kommt am stärksten bei den Flächen Kreis und Dreieck zum Ausdruck.

• 24) Kontrast Senkrecht-Waagerecht

• 25) Kontrast Punkt-Linie
Der Punkt wirkt statisch, die Linie dynamisch. Auch das Größenverhältnis wirkt mit.

• 26) Kontrast Punkt-Fläche

• 27) Kontrast Linie-Fläche

• 28) Kontrast Voll-Leer
Ist ein Teil der Grundfläche mit Bildelementen gefüllt, der andere jedoch leer, so haben wir den wichtigen Kontrast Voll-leer.

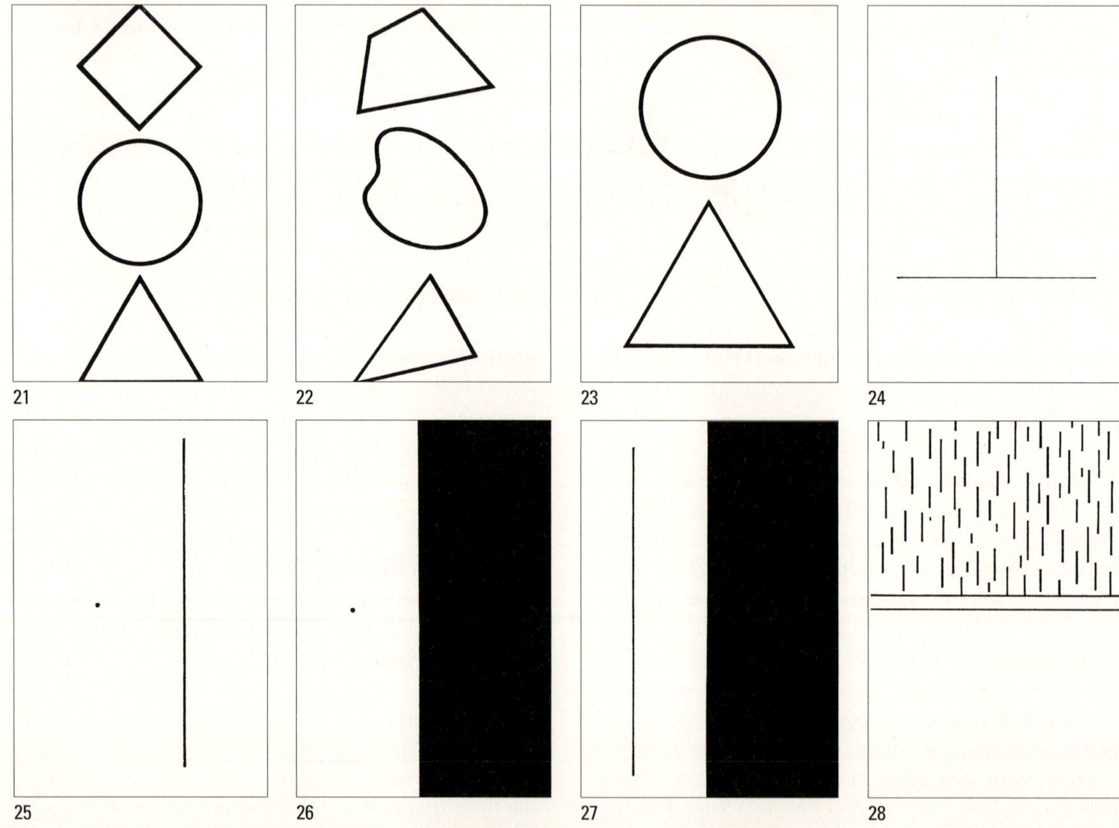
21 22 23 24
25 26 27 28

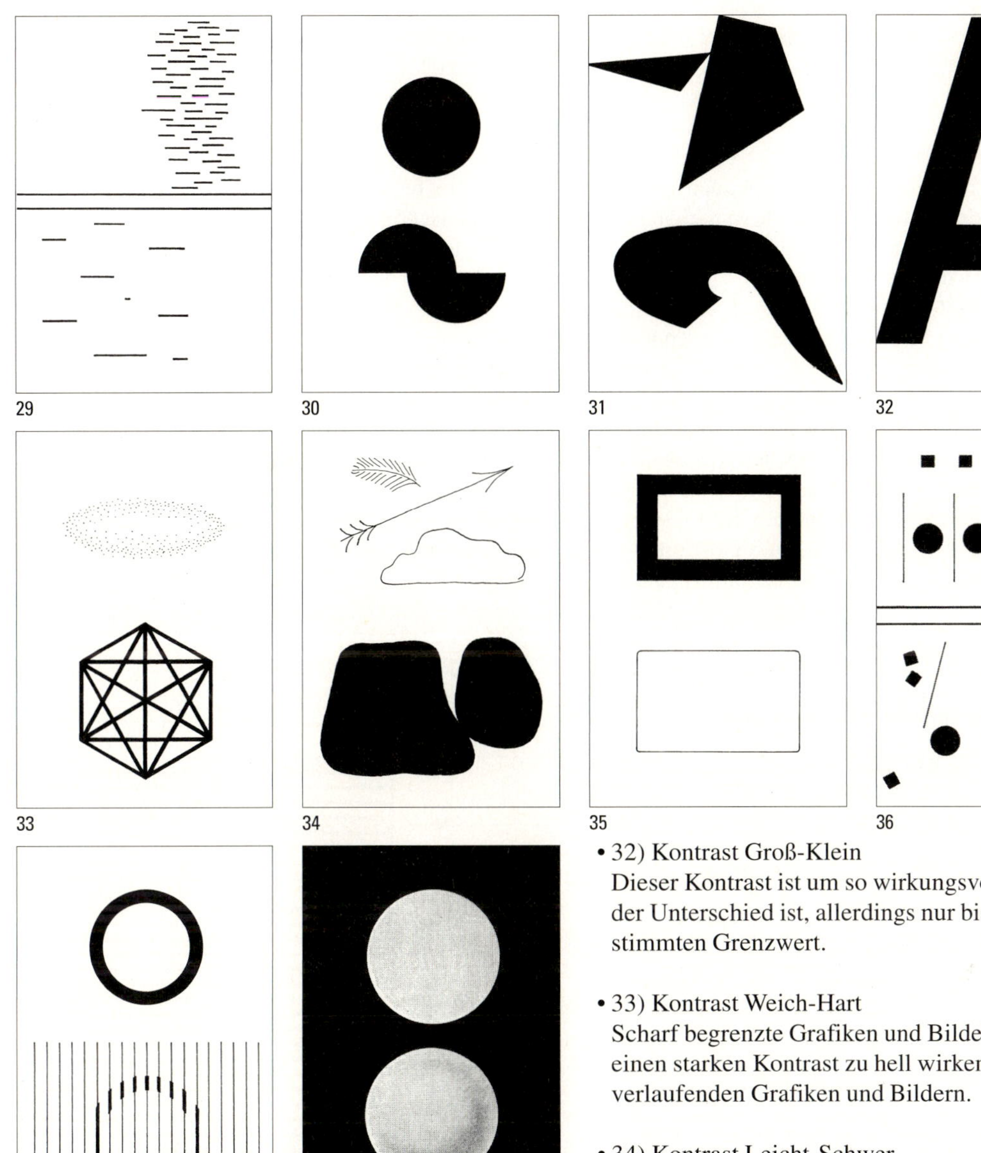

29 30 31 32 33 34 35 36 37 38

• 29) Kontrast Dicht-Locker
Stehen die Bildelemente an einer Stelle der Fläche dicht beisammen, an dem anderen Teil der Fläche jedoch weit verstreut, so entsteht der Kontrast Dicht-Locker.

• 30) Vollkommene und deformierte Flächen
Durch die Gegenüberstellung einer vollkommenen, regelmäßigen Form und einer deformierten, geteilten oder zertrümmerten Flächenform entsteht ein reizvoller Kontrast Vollkommen-Deformiert.

• 31) Komposition von Teilflächen
Die Form von Teilflächen kann man finden entweder durch Zusammensetzen von Grundformen oder durch Aussparen von Formteilen aus größeren Flächen. Die Vielfalt der daraus entstehenden Flächen kennt keine Grenzen.

• 32) Kontrast Groß-Klein
Dieser Kontrast ist um so wirkungsvoller, je größer der Unterschied ist, allerdings nur bis zu einem bestimmten Grenzwert.

• 33) Kontrast Weich-Hart
Scharf begrenzte Grafiken und Bildelemente bilden einen starken Kontrast zu hell wirkenden, weich verlaufenden Grafiken und Bildern.

• 34) Kontrast Leicht-Schwer
Schwer lastende, unbeholfene, dunkle Teilflächen kontrastieren zu zarten, beweglichen, hellen Teilflächen.

• 35) Kontrast Streng-Mild
Eine dunkle, kräftige Kontur wirkt streng gegenüber einer dünnen Kontur.

• 36) Kontrast Geordnet-Ungeordnet

• 37) Kontrast Klar-Verschwommen

• 38) Kontrast reine Fläche-körperhafte Darstellung (Imitation)
Durch Schattierung wird eine körperhafte Wirkung erzielt. Diese Schattierung kann in Halbtönen, Linien oder Punkten ausgeführt sein.

6.2.2 Layouterstellung: Satzspiegel und Gestaltungsraster

Gestaltungsgrundlage bei mehrseitigen Satzarbeiten ist der *Satzspiegel*. Darunter versteht man die mit Text und Abbildungen bedruckte Rechteckfläche einer Seite, die in einem ästhetisch ansprechenden Verhältnis zum Seitenformat des Druckprodukts stehen soll. Der Satzspiegel hebt sich optisch als „Graufläche" von der Papierfläche (Papierformat) ab.

Zum Satzspiegel einer Druck- bzw. Buchseite zählen außer dem Grundtext und den dazugehörenden Abbildungen noch Rubriken, der lebende Kolumnentitel und Fußnoten.

Außerhalb des Satzspiegels stehen der tote Kolumnentitel und Marginalien, da sie optisch außerhalb des Rechtecks stehen und die Grauwirkung der Druckfläche nicht wesentlich beeinflussen.

Für die typografische Qualität eines Druckproduktes ist der Satzspiegel und sein Verhältnis zu der Papierfläche im Werksatz ein entscheidendes Merkmal. Die Größe des Satzspiegels in der Breite und Höhe wird dabei sowohl von ästhetischen Gesichtspunkten als auch von auftragsbezogenen, zweckmäßigen Vorgaben bestimmt.

Zu berücksichtigen sind u. a.

- Art des Buches,
  z. B. poetische Texte, Gebrauchstexte
- Menge des Textes,
- gewünschter Umfang (Seitenzahl)
- besondere Wünsche des Auftraggebers.

Die Bestimmung der Satzspiegelbreite steht am Beginn der typografischen Arbeit. Hiervon leitet sich die Satzspiegelhöhe – in der Regel nach optischen Gesichtspunkten – ab: Papierränder vergrößern sich dabei von innen (Bund) nach oben (Kopf), nach außen (Außenrand) und nach unten (Fuß). Zu beachten ist, dass die Satzspiegelhöhe auf Grundschriftzeilen ausgehen muss, damit die Zeilen der Vorder- und Rückseite registerhaltend gedruckt werden können.

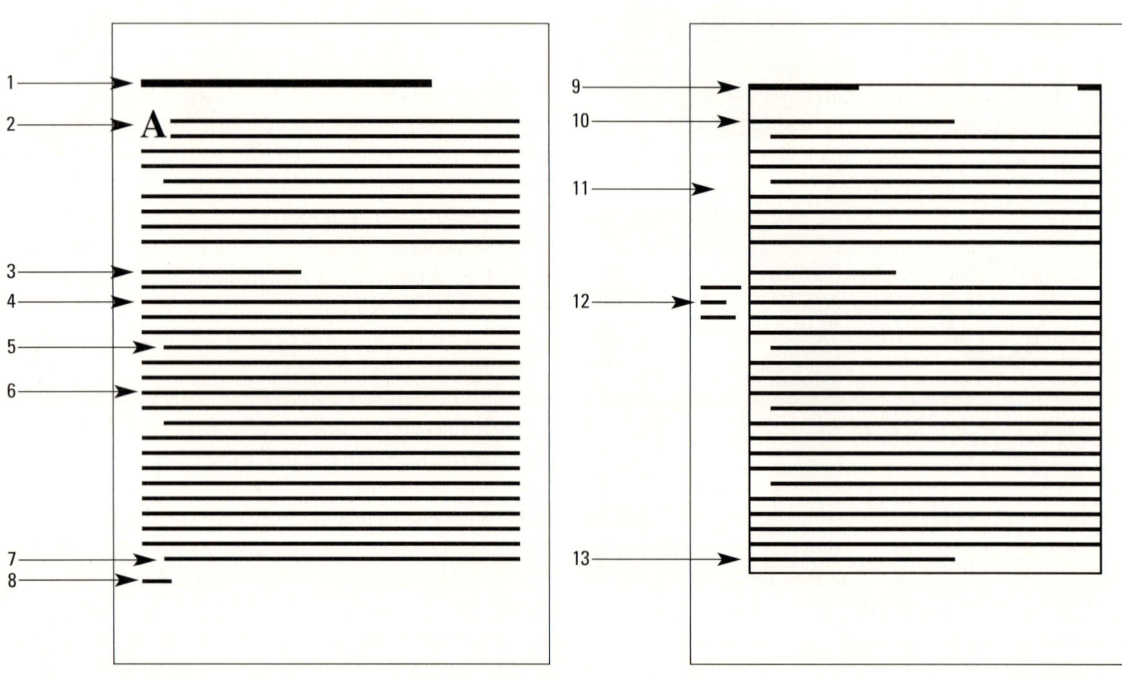

1. Hauptüberschrift (Rubrik)
   Thema bzw. Titel des gesamten Textes

2. Initial
   Betont hervorgehobener Anfangsbuchstabe

3. Kapitelüberschrift (Zwischenrubrik)
   Hervorgehobene Schriftzeile für das Kapitel

4. Fließtext ohne Einzug
   Text in der Grundschrift. In der Regel wird nach Überschriften der neue Absatz ohne Einzug begonnen.

5. Fließtext mit Einzug
   Text in der Grundschrift. Die erste Zeile wird von der Satzspiegelkante zur besseren Übersichtlichkeit aus eingerückt. Die Breite des Einzugs entspricht im Werksatz in der Regel dem Geviert des Schriftgrades, d. h. Schriftgrad 10 pt = Einzug 10 pt.

6. Grundschrift
   Schrift, die für den laufenden Text verwendet wird.

7. Schusterjunge
   Die erste Zeile eines neuen Absatzes, die als letzte Zeile einer Spalte oder einer Seite gesetzt wird. Dieser Umbruchfehler ist z. B. durch ein Ändern von Absätzen oder Einfügen von Leerzeilen zu vermeiden.

8. Toter Kolumnentitel
   Seitenzahl; auch Pagina, Kolumnenziffer

9. Lebender Kolumnentitel
   Kolumnenziffer mit einem zusätzlichen Hinweis zum Text des Absatzes oder Kapitels.

10. Hurenkind
    Die letzte Zeile eines Absatzes oder Kapitels, die in einer neuen Spalte oder auf einer neuen Seite „alleine" steht.

11. Satzspiegel
    Bedruckte Fläche einer Seite als optisch wirkende „Graufläche".

12. Marginalien
    Randbemerkungen oder Texthinweise auf dem Rand außerhalb des Satzspiegels.

13. Fußnoten
    Anmerkungen bzw. Hinweise zu einer bestimmten Textstelle.

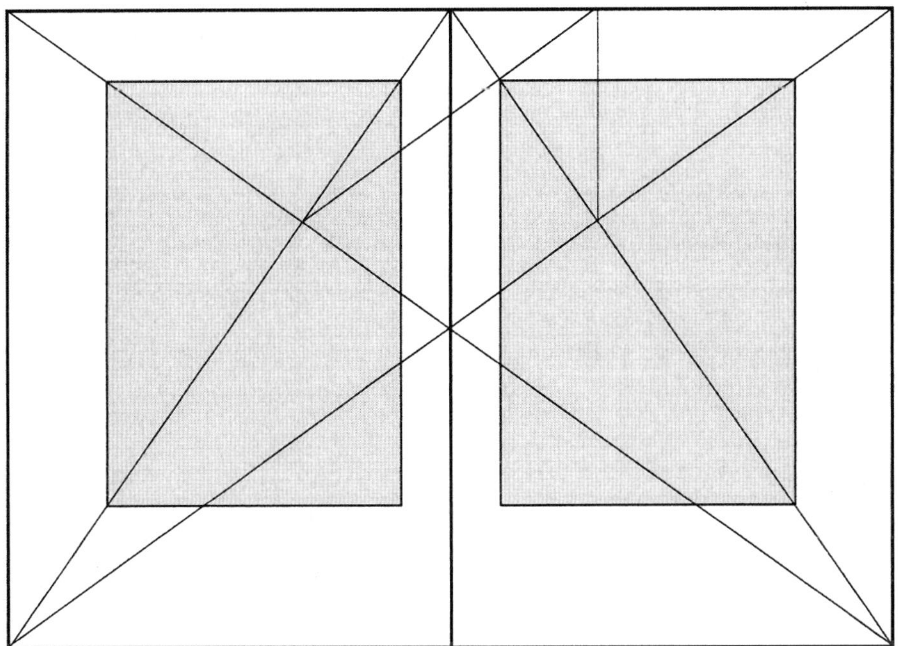

Klassische Konstruktion eines Satzspiegels
Rekonstruktion spätmittelalterlicher Buchseiten durch Jan Tschichold:
Bei Proportionsgleichheit von Papierformat und Satzspiegel ergibt sich ein Randverhältnis von 2:3:4:6

Ein harmonischer (optimaler) Satzspiegel wird durch die Satzspiegelkonstruktion über die Diagonalen von den Papierrändern aus festgelegt. Dabei stehen das Papierformat und das Satzspiegelformat im gleichen Verhältnis. Die Satzbreite entspricht dabei zwei Drittel der Papierbreite. Dies ist aus vielerlei Gründen nicht immer möglich.

Andere Möglichkeiten ergeben sich rechnerisch aus dem Verhältnis Satzbreite : Papierbreite.
Beispiele:

1. Verhältnis Satzbreite : Papierbreite = 3 : 4
   Verhältnis der Papierränder
   - Bund 2 Teile
   - Kopf 2,5 Teile
   - Außen 3 Teile
   - Fuß 4-5 Teile
2. Verhältnis Satzbreite : Papierbreite = 2 : 3
   Verhältnis der Papierränder
   - Bund 2 Teile
   - Kopf 3 Teile
   - Außen 4 Teile
   - Fuß 5-6 Teile

Grundlagen zum Gestaltungsraster
Bei mehrseitigen Publikationen wie Zeitungen, Zeitschriften, Bücher und Prospekten ist ein Gestaltungsraster hilfreich. Mit diesem Grundschema lassen sich Texte (Grundschriften, Überschriften, Zwischenüberschriften, Bildunterschriften), Bilder und grafische Elemente übersichtlich und einheitlich zu einem gleichartigen Erscheinungsbild anordnen – eine optische Verbindung der einzelnen Seiten.

Der Gestaltungsraster ist dabei wie ein Baukasten zu betrachten, der garantieren soll, dass in einem Druckwerk alle Elemente, Text, Zeilen, Spalten, Abbildungen, Fotos und Zeichnungen zu einem Ganzen zusammengefügt werden können. Die einzelnen Elemente müssen nach ihren Maßen so aufeinander abgestimmt sein, dass sie wie in einem Baukasten frei und beliebig kombinierbar sind – so wie der Sinnablauf und die ästhetische Zielvorgabe es vorschreibt.

Technisch betrachtet: Schriften und Bildformate müssen grundsätzlich Register halten.
Ein Beispiel dazu ist die Anordnung von verschiedenen Texten und Bildern in diesem Buch. Es wird üblicherweise nur die Grundschrift an dem Grundlinienraster ausgerichtet.

Der Gestaltungsraster bestimmt die Zahl der Spalten und die Länge der Zeilen. Die Höhe der Spalten wird aus Einheiten (Units) aufgebaut, die gleichzeitig als Bausteine der Bildformate zu verstehen sind. In einem Element kommt die Zahl der Zeilen mit dem kleinsten Element der Bildformat zur Deckung. Alle Bildformate, ob ein- oder mehrspaltig, sind ein Vielfaches dieser Units.

Die Fläche des Satzspiegels wird in gleich große Quadrate oder Rechtecke aufgeteilt, beispielsweise drei Rechtecke in der Breite und fünf Rechtecke in der Höhe. Mit Hilfe dieser Gliederung bestimmt man die Position des Textes, den Stand und die Größe der Abbildungen sowie den Rhythmus der Bildgruppierungen. Der Gestaltungsraster wirkt wie ein Baukastensystem: Die einzelnen Elelemte auf der Seite müssen so bemessen sein, dass sie austauschbar sind. Erst so gewinnt man einen optimalen Grad an Freiheit in der Gestaltung.

Das freie Spiel auf der Satzspiegelfläche scheint oft reizvoller zu wirken, doch der Gestaltungsraster ermöglicht auf einem schnellen Weg Struktur und Ordnung in die Gestaltungsaufgabe zu bringen. Dabei kann jede Seite in einem Druckprodukt anders gestaltet sein und trotzdem wirkt ein einheitlicher, in sich stimmiger Gesamteindruck.

Corporate Design und Schrift: ein Kompromiss

Der Gestaltungsraster

Form: Jede Schrift besitzt eine Anmutungsqualität. Schriften wirken edel, vornehm, urban, stämmig, zerbrechlich, außergewöhnlich oder stinknormal. Die Empfindung darüber ist weitgehend bei allen Lesern gleich, sie folgen den visuellen Gesetzmäßigkeiten, die hier aus Platzgründen nicht erklärt werden können. Gestaltung ist größtenteils nicht Geschmackssache, und es gibt neben einem subjektiven Empfinden auch ein objektives, welches für die Allgemeinheit steht. Mit Anmutungsqualität ist das Design

Der Aufbau eines Gestaltungsrasters für einen Satzspiegel ergibt sich nicht zufällig. Er orientiert sich

- horizontal am Zeilenregister, das heißt, an einer bestimmten Anzahl von Grundschriftzeilen, die auf einer Seite vorgesehen sind,
- vertikal an den Spaltenbreiten, das heißt an der Spaltenbreite, der Anzahl der Spalten und dem Spaltenabstand.

Der horizontale Zeilenraster richtet sich nach der Schriftgröße (Versalhöhe) und dem Zeilenabstand. Bei einem Schriftgrad von 10 pt beträgt der normale Zeilenabstand 12 pt (Schriftgröße + 20 %), demnach von Grundlinie zu Grundlinie 4,233 mm. Da bei der obersten Textzeile nur die Versalhöhe und nicht der gesamte Zeilenabstand zu berücksichtigen ist, ergeben sich bei einer gewünschten Satzspiegelhöhe von 250 mm insgesamt 59 Zeilen.

Durch das Rastersystem in Zeilen und Spalten ist es möglich, immer wiederkehrende Seitenteile klar zu positionieren, beispielsweise die Hauptüberschriften, Texte, Bilder und Bildtexte. Aber auch alle anderen Elemente können abhängig von der horizontalen und vertikalen Linienführung des Rasters variantenreich angeordnet werden.

Registerhaltigkeit
Ein wichtiger Grund, das Zeilenregister zu beachten, ist die Registerhaltigkeit. Diese ist ein typografisches Qualitätsmerkmal für ein gut gestaltetes Produkt, bei dem die Grundschriftzeilen auf einer Seite sowie der Rückseite genau auf denen der Vorderseite stehen.

Enthalten die Seiten außer Grundschriftzeilen auch noch Überschriften und Fußnoten in anderen Schriftgrößen und Zeilenabständen, so müssen die Abstände so gewählt werden, dass für die Grundschriftzeilen die Registerhaltigkeit erhalten bleibt. Bei größeren Schriftgraden kann beispielsweise jede zweite Rasterzeile genutzt werden, bei kleineren Schriftgraden liegt ggf. jede dritte Zeile auf dem Grundlinienraster.

Wird beispielsweise vom Auftraggeber eine Überschrift im einem größeren Schriftgrad gewünscht, so wählt man eine Schriftgröße, die 1,5 mal so groß ist wie die Grundschriftzeile. Über der Überschrift kann dann eine ganze Leerzeile, unter der Überschrift eine halbe Leerzeile eingefügt werden.

Manche Satzprogramme richten auf Kommando automatisch die Grundschriftzeilen an einem vorgegebenen Register aus. Beispielsweise ist es im Programm QuarkXPress der Befehl: *Am Grundlinienraster ausrichten.*

6.2.3 Aus der Praxis: Flächenaufteilung nach einem Gestaltungsraster

Ein kluger Mann hat einmal scherzhaft gesagt: „Die schönste Fläche ist die unbedruckte Fläche.“ Die saubere weiße Fläche ist ein noch unverdorbenes Ganzes, das nur zu leicht durch schlechtes, unbedachtes Bezeichnen und Beschriften verdorben und zu einer langweiligen, konzeptlosen Zusammenwürfelung unterschiedlichster Gestaltungselemente werden kann.

Erst durch das Berücksichtigen wichtiger Gesetzmäßigkeiten bei der Anordnung auf einem Format kann eine Spannung zwischen Bild, Text und freier Fläche und somit eine ausgewogene, harmonische Flächenaufteilung erzielt werden.

Solche Gesetzmäßigkeiten sind zum Beispiel die Aufteilung einer Fläche nach dem Goldenen Schnitt oder die Schaffung von Kontrasten innerhalb einer Fläche.

Die wesentlichsten Gesichtspunkte bei der Gestaltung einer Fläche im weitesten Sinne erlernt der Anfänger am besten beim Aufbau eines Layouts. Dazu sollen an einer Reihe von Gestaltungsrastern (Rasterspiegeln) einige Möglichkeiten zur Flächenaufteilung nach Grundregeln aufzeigt werden.

Ein Gestaltungsraster ist für grundlegende Übungen eine Aufsichtsvorlage in der Bilder und Texte nach bestimmten Gesetzmäßigkeiten aufgebaut sind. Der Text kann als Blindtext oder als Rasterfläche erscheinen, wobei letztere das Schriftbild ersetzt.

Die folgenden Übungen sind auch mit einem Layoutprogramm durchzuführen. Hier wird jedoch von einem Klebeumbruch ausgegangen.

Alle Gestaltungsraster gehen von dem Aufbau innerhalb eines Satzspiegels aus. Den Stand des Satzspiegels auf dem Gesamtformat genau fest zulegen, ist eine unvorteilhafte Einengung. Er richtet sich nach Aufbau und Größe der Vorlage und kann im Goldenen Schnitt, nach dem Verhältnis 2 : 3 : 4 : 5 für Bund-, Kopf-, Außen- und Fußsteg oder nach anderen beliebigen Angaben, wie bei den folgenden Beispielen, erfolgen.

Faltprospekt nach einem neunteiligen Gestaltungsraster

Erste Übungen beginnen mit der einfachsten Form, dem sechsteiligen Gestaltungsraster (zweispaltig, zweimal unterteilt). Drei Bildmotive und ein Rasterfeld müssen auf einem DIN-A4-Format angeordnet werden.

Als nächstes folgt ein Faltprospekt, zweimal gefalzt auf 1/3 DIN A4, zweimal unterteilt, mit vier Bildmotiven und einem Rasterfeld (Abb. 1 als Aufriss, Abb. 2 als Anordnung). Jeder, der seine Vorlagen auf diesem Format unterbringen will, empfindet diese Festlegung als Einschränkung und würde gern einen eigenen Aufbau wählen. Wichtig aber ist, dass der Übende durch diese Vorgaben die Klarheit und Systematik eines Gestaltungsraster erkennt und begreift. Dann erst wird er in der Lage sein, schwierigere Aufteilungen gekonnt durchzuführen.

1. Grundschema für einen neunteiligen Gestaltungsraster

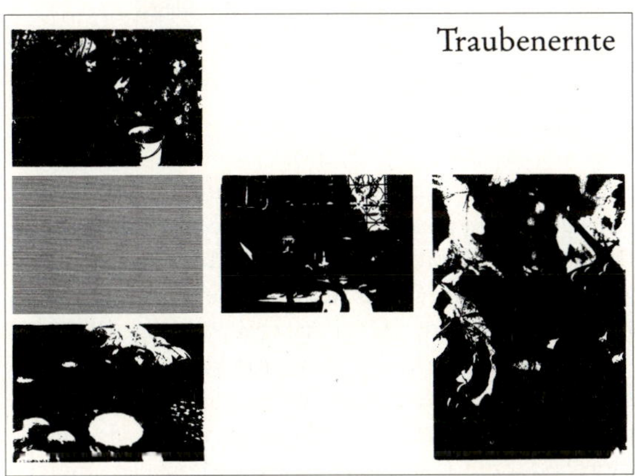

2. Faltprospekt im Gestaltungsraster

Die wichtigste Aufgabe ist die Bildung eines ausgewogenen Verhältnisses zwischen bedruckter und unbedruckter Fläche. Der Klebespiegel darf nicht kopflastig, fußlastig oder einseitig übergewichtig wirken. Dabei wird der Stand eines Bildmotivs durch seinen Charakter (leichte Konturenzeichnung oder kräftige Farbabbildung) eine große Rolle spielen.

Mitentscheidend ist, dass die Anordnung von Bild, Text und freier Fläche nicht symmetrisch und gradlinig, sondern rhythmisch erfolgt, weil nur dadurch eine Fläche lebendig wird.

3. Gestaltungsraster, sechszehnteilig, Seitenformat 21 cm x 20 cm, Titelseite und zwei Innenseiten

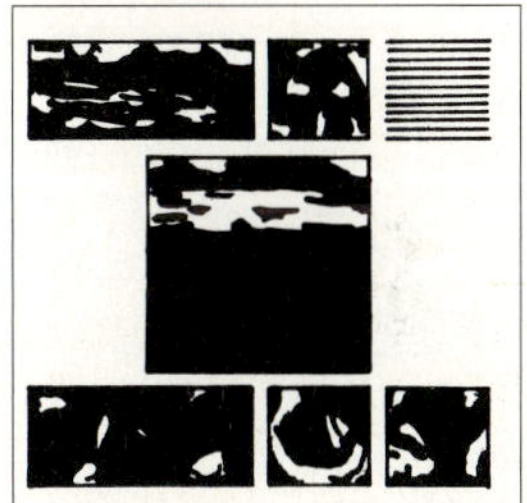

4. Gestaltung in symmetrischer, langweilig wirkender Anordnung

Titel und Innenseiten nach einem sechzehnteiligen Gestaltungsrastern

Die Erkenntnis soll an einem Gestaltungsraster mit sechzehnteiligem Aufbau (Abb. 3) verdeutlicht werden. Durch die ungleichmäßige, rhythmische Aufteilung der bedruckten Flächen entsteht ein spannungsreicher Aufbau. Würden wir zum Beispiel auf den Innenseiten die Rasterflächen der rechten Seite unten links und oben rechts anordnen und das neben den Rasterflächen liegende Bild mittig auf der rechten Seite plazieren, so erhielten wir einen symmetrischen, langweiligen Aufbau (Abb. 4).

Die Anordnung des Textes wie auch der Headline (Kopfzeile, Überschrift) ist ein wichtiger Faktor bei der Gestaltung einer Fläche.

Gestaltungsraster mit frei-rhythmischem Aufbau

Die Erkenntnis, dass der rhythmische Aufbau innerhalb einer Fläche von großer Bedeutung ist, führt zur

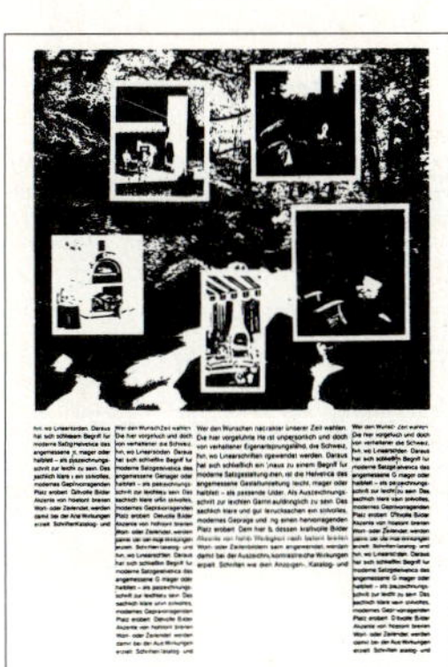

5. Gestaltungsraster, Format DIN A4, Bildanordnung asymmetrisch frei-rhythmisch, Tetxt fünfspaltig

nächsten Aufgabe: Aufbau eines Rasterspiegels mit zwei Prospektinnenseiten, jede im DIN-A4-Format. Der Bildteil ist frei-rhythmisch aufgebaut, während der Text fünfspaltig gehalten ist (Abb. 5).

In den Bildteilen sind zwei unterschiedliche Anordnungen zu erkennen:

1. die verschachtelte Anordnung von unterschiedlichen Motiven,
2. die asymmetrische Anordnung von Abbildungen auf einem Motiv, das als Hintergrund wirkt. Die Trennlinien sind nicht vorgeschrieben, wir verzichten aber bei dieser Aufgabe auf den freien Raum.

Prospekt mit Titel und einer Innenseite

Die nächste Version ist freirhythmischer Art: Ein Gestaltungsraster besteht aus zwei DINA4-Seiten als Titel- und Innenseite eines Prospektes (Abb. 6).

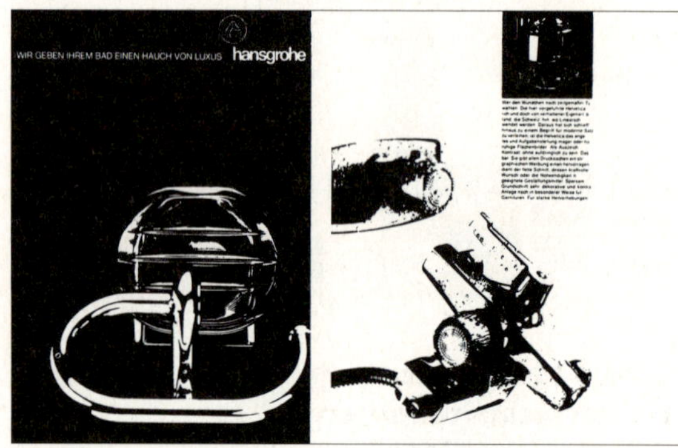

6. Prospekttitel und -innenseite im DIN-A4-Format, Grafiken angeschnitten

Ein zusätzliches Spannungselement ist hier das Anschneiden der Abbildungen. Beachtung verdient auch der Aufbau der Innenseite: Die Anordnung der Bildteile ergibt ein Dreieck - eine gute Möglichkeit, eine Fläche interessant aufzuteilen.

Prospekt mit Gestaltungselement Linie

Außer der Flächenaufteilung nach Gestaltungsrastern bildet die Linie ein weiteres Gestaltungselement, das neben einer Trennung (siehe Abb. 5) auch als Rahmen oder Anschlusslinie eine verbindende Funktion ausüben kann (Abb. 7).

7. Prospekttitel und -innenseiten im Format 21 cm x 20 cm unter Verwendung von Linien als Gestaltungsmittel

Anzeige und Etikett

Abschließend sollen noch zwei Beispiele als weitere Anregungen für eine gute Flächenaufteilung dienen: eine Anzeige und ein Etikett (Abb. 8 und 9).

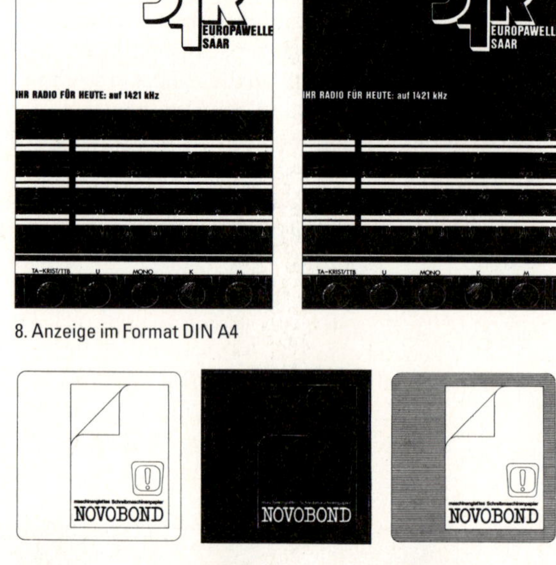

8. Anzeige im Format DIN A4

9. Etiketten, angelegt mit den Gestaltungsmitteln Linie, Fläche und Raster

Beide Beispiele zeigen die Anordnung der Aussageträger in Dreiecksform, wobei die Typografie hier betont ist. Das starke Übergewicht der Skala in der Anzeige wird durch das Schriftsignet, das im freien Raum stehend einen Gegenpol bildet, ausgeglichen.

Das Etikett wirkt erst durch die Verschiebung des Bildmotivs nach rechts hin interessant. Im allgemeinen sollte beachtet werden, dass entweder das Bildmotiv oder die Typografie in der Vorlage dominiert, denn die Gegensätze machen – wie schon erwähnt – eine Fläche lebendig.

Das Einfache ist stets das Beste

Alle aufgezeichneten Beispiele sollen nur Anregungen sein. Eine gute Gestaltung und eine ganzheitliche Qualität kann nicht nur nach Formeln erlernt werden. Sie erfordert einen guten Geschmack. Voraussetzungen dazu sind eine gewisse Begabung im Anwenden von Form und Fläche, Grafik und Bild, Schrift und Farbe sowie ein durch viel Übung geschultes Auge. Für einen Lernenden gilt: Das Einfachste ist stets das Beste.

6.3 Die Schrift

Um Gedanken und Mitteilungen zu fixieren und zu übermitteln, wird ein festgelegtes System von grafischen Zeichen benutzt. Bei phonetisierten Schriften werden durch solche Zeichen Laute dargestellt.

Schriften können durch ihre Formensprache beim Leser bestimmte Gefühle auslösen und dadurch positiv oder negativ wirken. Die Wahl der Schrift ist deshalb wichtig für die jeweilige Aussagekraft des Textinhaltes.

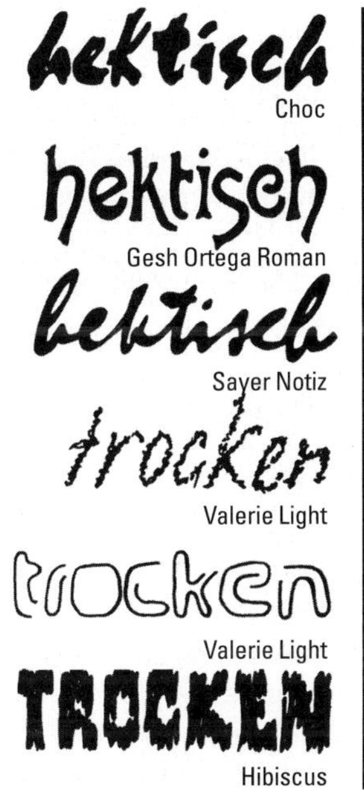

Wer das Inhaltsbild der Sprache über typografische Mittel visuell verstärken möchte, nutzt den großen Schriftvorrat für Headlines.

Der Anmutungswert (ästhetische Formensprache) einer Schrift kann nur dann verglichen werden, wenn ein gleicher Text mit verschiedenen Schriften abgesetzt wird und stets die gleiche Schriftgröße, Zeilenbreite, Zeilenabstand verwendet werden und der Druck im gleichen Verfahren mit gleicher Druckfarbe und Farbführung sowie gleichen Randverhältnissen auf das gleiche Papier erfolgt.

Jede Veränderung eines dieser Elemente bewirkt eine Veränderung der *Anmutung*; denn jedes ist von jedem abhängig.

Es gibt heute eine Riesenauswahl an verschiedenen Schriftarten und Schriftschnitten.

Manche sind beliebter als andere; das muss aber nicht an ihrer ästhetischen Qualität liegen, sondern häufig am Trend oder auch an der Gewohnheit. Die meisten Gestalter verwenden aus dem Riesenangebot von über 20.000 Schriften nur wenige.

Der Bekanntheitsgrad der Schriften spielt eine große Rolle. Grundsätzlich wird immer das ausgesucht, was man bereits kennt und bekannte Zeichenformen besser lesbar sind als unbekannte. So kommt es, dass man etwa ein Dutzend Schriften immer wieder bei unterschiedlichen Produkten einsetzt.

Vor allem sind dies:
- Times,
- Helvetica,
- Futura,
- Garamond,
- Baskerville,
- Optima,
- Univers.

Lesbarkeit
Schriften müssen zu einer optimalen Informationsübertragung gut lesbar sein. Dies gilt insbesondere für umfangreiche Texte und die dabei verwendende Grundschrift (Schrift für den fließenden Text).

Die Lesbarkeit spielt bei der Gestaltung vieler Produkte, z.B. Prospekte, Werbung, Bücher, technische Dokumentationen, Illustrierte, Formulare u.v.a. eine entscheidende Rolle. Das Auge wehrt sich gegen zu klein gedruckte Texte: Einzelne Zeichen oder eingeprägte Wortbilder sind nicht gut zu erkennen.

Insofern hat die Typografie die Aufgabe, dem Auge Informationen schmackhaft, d.h. gut lesbar anzubieten. Dabei ist es ein großer Unterschied, ob man Schrift nach ihrer formalen Schönheit des Alphabetes oder in ihrem Gebrauch, in ihrer Anwendung etwa für ein Buch, eine Zeitung, ein Plakat oder Beipackzettel für ein Medikament beurteilt.

Wenn man beim Lesen die einzelnen Worte und Sätze optimal erfassen kann, sind nicht nur die einzelnen Buchstaben als Informationseinheit entscheidend, wir brauchen neben diesen Bildzeichen auch Nichtbildzeichen als Zwischenräume: Wortabstände und Zeilenabstände.

Untersuchungen über die Lesbarkeit von Texten haben interessante Ergebnisse erbracht, die bei der typografischen Gestaltung beachtet werden müssen.

So ist für ein normalsichtiges Auge eine Schriftgröße von 8 pt die untere Grenze optimaler Lesbarkeit. Bei kleineren Schriften ermüdet das Auge schnell.

Mehrere Zeilen mit größerem Zeilenabstand, die durch Absätze aufgelockert sind, lassen sich besser lesen als kompresser Satz ohne Absätze.

Die jeweilige Fläche zwischen den Zeilen soll deshalb größer sein als der Wortabstand, damit das Auge die Zeile als solche deutlich erkennt und so der Lesefluss unterstützt wird.

Texte in Groß- und Kleinbuchstaben, also in Versalien und in Gemeinen, lesen sich stets schneller als Texte, die nur aus Gemeinen oder nur aus Versalien bestehen.

Setzt man zudem noch eine Schrift mit kräftiger Strichstärke ein, so ist die Lesbarkeit dieser Texte deutlich besser als bei mageren oder fetten Schriften.

Wahl der Schriftgröße
Für die Auswahl der Schriftgröße sind entscheidende Faktoren:
- die Art des Druckproduktes,
  z.B. Buch, Kinderbuch, Telefonbuch, Lexikon, Plakat

- der Leseabstand,
  z. B. Prospekt, Zeitung, Buch, Plakat
- die Bedeutung und Zielsetzung des Textes,
  z. B. Grundschrift in einem Buch, Überschriften in einer Zeitung, Plakatschrift
- der maximale Umfang des Textes und die gewünschte Seitenzahl z. B. Fachbuch, Fachzeitschrift, Prospekt.

Typografisch gesehen unterscheidet man grundsätzlich drei Bereiche von Schriftgrößen.

1. Konsultationsgrößen:
   Schriftgrößen zwischen 6 pt und 8 pt, d. h. 2,1 mm bis 3,0 mm. Die Schriftgrößen eignen sich für umfangreiche Texte bei Lexikas, Nachschlagewerken, Stichwortregistern, Telefonbüchern u. ä., aus denen kurze Informationen gelesen werden sowie für alle den Text ergänzenden Fußnoten.
2. Lesegrößen:
   Schriftgrößen zwischen 9 pt und 12 pt, d. h. ca. 3, 1 mm bis 4,5 mm; sie eignen sich zum Lesen längerer Texte bei einem normalen Leseabstand. Diese Größen sind für alle umfangreiche Texte zu empfehlen.
3. Schaugrößen:
   Schriftgrößen über 5 mm, eingesetzt für Überschriften im Akzidenz-, Werk-, Zeitschriften- u. Zeitungsdruck; alle Schriftgrade über 10 mm Höhe eignen sich für besondere Schlagzeilen und für Plakate.

6.3.1 Schriftgruppen, Schriftklassifikation

Grundsätzlich wird in der Praxis allgemein zwischen gebrochenen und runden Schriften unterschieden.

Zu den gebrochenen Schriften werden die Schriftgattungen Gotisch (Textura), Rundgotisch (Rotunda), Schwabacher, Fraktur und Fraktur-Varianten gezählt. Diese Schriften werden gegenwärtig nur noch selten verwendet – gelegentlich jedoch bei Glückwunsch- und Einladungskarten, Bier- und Wein-Etiketten und ähnlichen Druckprodukten.

Gebrochene Schrift

Runde Schrift

Runde Schrift

Beispiel einer gebrochenen und einer runden Schrift

Zu den runden Schriften zählen alle Antiquaschriften mit Ausnahme der Schreibschriften. Die Antiquaschriften in ihren unterschiedlichen Formen sind heute die aktuellen Schriften. Sie lassen sich in

- Klassische Antiqua-Schriften,
- Klassizistische Antiqua-Schriften,
- Serifenlose Antiqua-Schriften und
- Serifenbetonte Antiqua-Schriften

unterscheiden.

Derzeit gilt noch die Schriftklassifikation nach DIN 16 518. Ein neue Klassifikation ist in Arbeit.

Die spezifische Eigenart einer Druckschrift, der sogenannte Schriftcharakter, zeigt sich in typischen Merkmalen wie

- Strichführung (Duktus)
- Strichstärken (Grund- und Verbindungsstriche)
- Serifen (Kopf- und Fußansätze an Grundstrichen)
- Symmetrieachse runder Buchstabenformen
- Kontrast (Gegensätze im Schriftbild).

Serifen bilden den Abschluss von Buchstabenformen in einigen Antiquaschriften

Serifen sind waagrechte, senkrechte, aber auch schräge Abschluss-Striche oder Begrenzungen an den Grundstrichen von Schriften, die in den meisten Schriftgruppen zu finden sind.

Renaissance-Antiqua

Hbg

Zur Schriftgruppe Klassische Antiqua, früher auch Mediäval genannt, werden sowohl die Renaissance-Antiqua als auch die Barock-Antiqua gezählt.

Das handschriftliche Vorbild der Renaissance-Antiqua wurde mit der schräg geschnittenen Breitfeder im Wechselzug geschrieben.

Während Gutenberg für sein Werk eine gotische (gebrochene) Schrift, die Textura, verwendete, bildete sich in Venedig schon 1470 die Antiqua als Druckschrift auf der Basis der römischen Schriften heraus.

Die Unterschiede in den Strichstärken der Renaissance-Antiqua sind gering. Es wechseln nur die an- und abschwellenden Formen.

Ein wichtiges Kennzeichen sind schrägen Anstriche und die gerundeten Übergänge an den Serifen. Die senkrechte Achse der Rundungen ist nach links geneigt. Typische Beispiele für eine Renaissance-Antiqua sind die Schriften *Garamond, Palatino* und *Bembo*.

Barock-Antiqua

Hbg

Bei der Barock-Antiqua gibt es größere Unterschiede in der Strichdicke als bei den Schriften der Renaissance-Antiqua, die Serifen sind wenig oder gar nicht ausgerundet, die Achse der Rundungen ist fast senkrecht. Typische Beispiele für eine Barock-Antiqua sind die Schriften *Baskerville, Imprimatur* und *Times*.

Klassizistische Antiqua

Hbg

Die Schriften dieser Schriftgruppe Klassizistische Antiqua entsprechen dem strengen Stil der Einfachheit, der die kurze Stilepoche des Klassizismus von 1750 bis 1850 beherrschte. Ähnliche Formen hatten die Schriften der Kupferstecher. Die Symmetrieachse der Schrift ist senkrecht, die sehr feinen Serifen sitzen waagrecht und im allgemeinen ohne Ausrundung an den Grundstrichen.

Dadurch entsteht eine Anmutung von Zurückhaltung, verbunden mit einer gewissen Kühle. Es ist daher kein Zufall, dass diese Schriftart vor allem in wissenschaftlichen Werken bevorzugt eingesetzt wurde und wird. Typische Beispiele für eine Klassizistische Antiqua sind die Schriften *Bodoni* und *Walbaum*.

Serifenbetonte Linear-Antiqua

Hbg

Die Serifenbetonte Linear-Antiqua entstand wie die Serifenlose Linear-Antiqua Anfang des 19. Jahrhunderts. Sie lässt sich in drei Gruppen unterteilen: Egyptienne, Italienne und Schriften, die als nachklassisistisch bezeichnet werden können.

Bei der Egyptienne sind die Ansätze und die Serifen blockartig betont in meist optisch gleicher Stärke wie die Grundstriche. Die Serifen bilden mit den Grundstrichen einen rechten Winkel.

Der Name Egyptienne mag daher kommen, dass die starke Betonung der Serifen an die Fußstellung uralter ägyptischer Figuren erinnert, als zu Beginn des 19. Jahrhunderts Ägypten in aller Munde war. Zu dieser Untergruppe gehören die Schriften *Beton* und *Rockwell.*

Jahre später entwickelte sich daraus die *Italienne,* bei der die Ansätze, Serifen und querliegenden Striche wesentlich dicker sind als die senkrechten. Die Schrift wird nur als Auszeichnungsschrift eingesetzt.

Zu dieser Gruppe gehören auch Schriften, bei denen die Betonung der Serifen bei mageren und zarten Schriftschnitten nicht ohne weiteres erkennbar ist, dagegen aber bei den halbfetten und fetten Schnitten. Zu dieser Untergruppe gehören die Schriften *Clarendon*, *Volta* und *Candida*.

Serifenlose Linear-Antiqua

Hbg

Die Serifenlose Linear-Antiqua, allgemein Grotesk genannt, haben Buchstaben, bei denen die An- und Abstriche sowie die Serifen fehlen. Die Schrift wirkt deshalb zweckbetont und technisch klar. Sie besteht aus optisch gleichstarken Strichen. Bemerkenswerte Schriften dieser Gruppe sind beispielsweise die *Helvetica*, *Futura* und die *Univers*.

Schreibschriften

Eine große Gruppe der Druckschriften sind die Schreibschriften. Die zu dieser Gruppe zählenden Schriften sind aus sogenannten lateinischen Schul- und Kanzleischriften entstanden, teilweise aber auch aus individuellen Handschriften und künstlerischen Schriftentwürfen.

Das ursprüngliche Schreibwerkzeug kann eine Breit-, Rund- oder Spitzfeder, ein Pinsel oder eine Kreide sein. Daneben gibt es aber auch konstruierte Schreibschriften.

Der deutliche Unterschied zu den Renaissance-, Barock- und Klassizistische Antiqua-Schriften zeigt sich vor allem bei den Versalien. Die Versalien der Schreibschriften weisen meist Zierschwünge auf, die sich häufig über die nachfolgenden Kleinbuchstaben ausdehnen. Zu dieser Gruppe werden beispielsweise die Schriften *Diskus, Boulevard*, *Englische Schreibschrift*, *Künstlerschreibschrift, Palette*, *Signal* und *Zapf Chancery* zugeordnet.

Handschriftlichen Antiqua

Hbg

ABCDEFGHIJKLM
Serenadenkonzerte

Der Unterschied zwischen Schreibschriften und der Handschriftlichen Antiqua ist oft gering. Die Buchstaben der Handschriftlichen Antiqua zeigen eine überwiegend senkrechte Strichführung (Duktus) und haben keine verbindenden Übergänge zueinander. Oft fehlen die Serifen oder sie sind originell verändert. Es gibt keine einheitlichen Merkmale. Schriftbeispiele aus dieser Gruppe sind *Post-Antiqua* und *Delphin*.

Zu jeder Schriftgruppe gehört eine große Anzahl gering voneinander abweichenden Schriften, die jedoch jeweils gemeinsame Stilmerkmale aufweisen. Digitalisierte und Bleisatz-Schriften mit gleicher Bezeichnung unterscheiden sich manchmal geringfügig, weil im Computer Publishing die Möglichkeit der elektronischen Vergrößerung und Verkleinerung gegeben sein muss, ohne dass das Buchstabenbild dadurch Einbußen erleidet.

Entwurf einer neuen Klassifikation der Schriften

Gruppe 1	Gruppe 2	Gruppe 3	Gruppe 4	Gruppe 5
Gebrochene Schriften	**Römische Serifenschriften**	**Lineare Schriften**	**Serifenbetonte Schriften**	**Geschriebene Schriften**
1.1 Gotische	2.1 Renaissance-Antiqua	3.1 Grotesk	4.1 Egyptienne	5.1 Flachfederschrift
1.2 Rundgotische	2.2 Barock-Antiqua	3.2 Anglo-Grotesk	4.2 Clarendon	5.2 Spitzfederschrift
1.3 Schwabacher	2.3 Klassizismus-Antiqua	3.3 konstruierte Grotesk	4.3 Italienne	5.3 Rundfederschrift
1.4 Fraktur	2.4 Varianten	3.4 Geschriebene Grotesk	4.4 Varianten	5.4 Pinselschrift
1.5 Varianten	2.5 Dekorative	3.5 Varianten	4.5 Dekorative	5.5 Varianten
1.6 Dekorative		3.6 Dekorative		5.6 Dekorative

Gruppe 1 Gebrochene Schriften

1.1 Gotische

Wilhelm-Klingspor-Gotisch

Weitere Schriften sind:
Tiemann-Gotisch, Jessenschrift, Notre Dam, Manuskript-Gotisch, Trump-Deutsch, Claudius, Ganz grobe Gotisch, Caslon-Gotisch

1.2 Rundgotische

Wallau

Weitere Schriften sind:
Weiß-Rundgotisch

1.3 Schwabacher

Alte Schwabacher

Weitere Schriften sind:
Renata, Ehmke-Schwabacher, Schneidler-Schwabacher

1.4 Fraktur

Fette Fraktur

Weitere Schriften sind:
Zentar-Fraktur, Leibnitz-Fraktur, Unger-Fraktur, Walbaum-Fraktur, Breitkopf-Fraktur Wittenberger Fraktur, Lutherische Fraktur

1.5 Varianten

Rhapsodie

1.6 Dekorative

Duc de Berry

Weitere Schriften sind:
Linotext, Kanzlei-Fraktur

Gruppe 2 Römische Serifen-Schriften

2.1 Renaissance-Antiqua

Bembo

Weitere Schriften sind:
Weiß-Antiqua, Comenius, Centauer, Seneca, Vendome

2.2 Barock-Antiqua

Baskerville

Weitere Schriften sind:
Janson, Caslon, Van Dijck

2.3 Klassizismus-Antiqua

Bodoni

Weitere Schriften sind:
Didot, Walbaum

2.4 Varianten

Augustea

Weitere Schriften sind:
Madison, Zapf Book, Franklin-Antiqua, Corvinus

2.5 Dekorative

Arnold Boecklin

Weitere Schriften sind:
Contura, Pierrot, Elvira, Thalia

Gruppe 3 Lineare Schriften

3.1 Grotesk

Univers

Weitere Schriften sind:
Akzidenz-Grotesk, Helvetica

3.2 Anglo-Grotesk

Franklin-Gothic

Weitere Schriften sind:
Kabel, Gill, News Gothik

3.3 Konstruierte Grotesk

Avantgarde

Weitere Schriften sind:
Futura, ITC Bauhaus

3.4 Geschriebene

Poppl-Laudatio

Weitere Schriften sind:
Optima, Post-Atiqua, Syntax, Pascal, Fiz Quadrata

3. 5 Varianten

VAG Roundet

Weitere Schriften sind:
Benguiat Gothic, Antique-Olive, Peignot, Lydian

3. 6 Dekorative

Futura Black

Weitere Schriften sind:
Futura Display, ITC Goudy Sans,
Art Deco, Paperline

Gruppe 4 Serifenbetonte Schriften
In dieser Gruppe sind alle Schriften enthalten, deren Serifen mit den Grundstrichen optisch gleichwertig oder überbetont sind

4. 1 Egyptienne

Rockwell

Weitere Schriften sind:
Lubalin Graph, Memphis, Stymie, Beton, City

4. 2 Clarendon

Clarendon

Weitere Schriften sind:
Egizio, Schadow, Impressum, Volta

4. 3 Italienne

Weitere Schriften sind:
Expo, Old Town

4. 4 Varianten

Latin

Weitere Schriften sind:
Melior, Media

4. 5 Dekorative

Vineta

Weitere Schriften sind:
Thunderbird, Nubian, Egyptienne Filee,

Gruppe 5 Geschriebene
In dieser Gruppe sind alle Schriften zusammengefaßt, die handschriftlichen Charakter haben, auch wenn sie keine Anschlüsse zeigen.
Die vertikale Klassifizierung erlaubt eine differenzierte Einordnung nach formalen Kriterien.

5. 1 Breitfederschrift

Zapf Chancery

Weitere Schriften sind:
Diskus, Legende, Solemnis, Ondine, El Greco, Arabella, Gavotte, Derby

5. 2 Spitzfederschriften

Künstlerschreibschrift

Weitere Schriften sind:
Englische Schreibschrift, Bernhard Schönschrift, Boulevard, Lithographia

5. 3 Rundfederschrift

Poppl-College

Weitere Schriften sind:
Lateinische Ausgangsschrift,
Signal,

5. 4 Pinselschrift

Mistral

Weitere Schriften sind:
Brush, Palette, Impuls, Stop 2, Champion, Choc, Picadilly-Script, Poppl-Stretto, Balsac, Salto

5. 5 Varianten

Manessa

Weitere Schriften sind:
Symphonie, Rainer-Script

5. 6 Dekorative

POMPIJANA

Weitere Schriften sind:
Pompijana, Treasury, Lilith

Außerdem haben verschiedene Hersteller von Schriften voneinander abweichende Buchstabenformen unter gleicher Bezeichnung herausgebracht, besonders bei gängigen Schriften wie Bodoni, Times, Garamond usw. Andererseits findet man auch nahezu gleich aussehende Schriften, die sich aber im Namen unterscheiden, z.B. Zürich oder Switzerland für nachempfundene Helvetica-Schriften.

Seit Jahren gelingt es nicht mehr, neue Schriften nach der alten historisch-chronologischen Ordnung und Gruppeneinteilung zuzuordnen. So kam es, dass die Klassifikation der Schriften nach DIN 16518 (August 1964) in der Praxis eine immer geringere Bedeutung bekam. Der Grundgedanke der neuen Ordnung ist eine Unterteilung in Haupt- und Untergruppen, die eine kompakte horizontale und eine feinere vertikale Unterteilung ermöglicht. Die vertikale Unterteilung ist nach unten offen und ermöglicht eine weitergehende Feinunterteilung, die dazu dienen soll, die immer umfangreicher werdende Schriftenbibliothek besser vergleichbar und praktikabler zu machen.

Die voraussichtliche Klassifikation (Entwurf: eine Einspruchsfrist endete bereits am 31. 12. 1998) ordnet die Schriften tabellarisch nach bestimmten Kriterien:

- horizontale Einteilung
  fünf große, stilistisch eindeutig nach formalen Merkmalen definierte Schriftgruppen,
- vertikale Einteilung
  differenzierte Merkmale der Schriftgruppen, zu denen auch entsprechende Varianten und Dekorative zugeordnet werden können.

6.3.2 Schriftfamilie und Schriftschnitt

Unter einer Schriftfamilie versteht man die Gesamtheit aller Schriftschnitte, die für eine Schrift geschaffen wurden.

Ein Schriftschnitt ist deshalb eine bestimmte Version innerhalb der Schriftfamilie, die sich von anderen Versionen unterscheidet: durch die Schriftlage, beispielsweise kursiv oder geradestehend, aber auch durch die Strichstärke und Schriftbreite.

Von fast allen Schriften werden mehrere Schriftschnitte angeboten, so zum Beispiel leicht, kursiv, kräftig, halbfett, schmalfett, breitfett, rounded, fett.

Bei einigen Schriftfamilien gehören noch Kapitälchen dazu. Dies sind Versalbuchstaben in Mittellängenhöhe.

Beispiele aus der Schriftfamilie Univers:
Univers 45 Light
Univers 45 Light Oblique
Univers 47 CondensedLight
Univers 47 CondLight Obli
Univers 55
Univers 55 Oblique
Univers 57 Condensed
Univers 57 CondensedOblique
Univers 65 Bold
Univers 65 BoldOblique
Univers 67 CondensedBold
Univers 67 ConBoldOblique
Univers 75
Univers 75 BlackOblique

Der Gesamtbereich der *Strichstärken* wird in vier Einzelbereiche unterteilt, in den mageren, normalen, halbfetten und fetten Bereich.
Dazu gibt es zwei Hauptbezeichnungsarten, und zwar
- die numerische Bezeichnung, beispielsweise bei der Schrift Univers die Serien 45, 55, 65, 75 sowie
- die sprachliche Bezeichnung, die zur Strichstärkenklassifizierung am häufigsten verwendet wird.

Die Strichstärken werden in deutscher, englischer und auch französischer Sprache angegeben. Doch sind die Angaben teilweise verwirrend, weil für dieselben Strichstärken unterschiedliche Bezeichnungen verwendet werden. Man unterscheidet die Bezeichnungen (deutsch oder auch englische Angaben):
- im mageren Bereich ultra-leicht, hairline, light, thin, leicht, zart und mager,
- im normalen Bereich plain, Buch, Roman, normal,
- im halb- bis dreiviertelfetten Bereich halbfett, Medium, dreiviertelfett und semibold und
- im fetten Bereich bold, fett, ultra-black, heavy, extra fett, compact und ultra-fett, black.

Die *Schriftlage* bezeichnet Schriftschnitte wie
- Normal (Regular) und
- Kursiv (Italic, Oblique).

Kursivschnitte werden häufig als Auszeichnungen eingesetzt. Sie sind nach rechts geneigt und haben Merkmale von Schreibschriften, jedoch keine verbindenden Anschlüsse, so dass die Buchstaben isoliert stehen.

Kursivschriften haben einen eigenen Schriftschnitt und dürfen nicht mit schrägen Schriften, d. h. nur elektronisch modifizierten Schriften, verwechselt werden.

Beispielsweise kann die bekannte Druckschrift „Garamond normal" durch Modifikation schräg gestellt werden. Doch diese Version gleicht keinesfalls der echten „Garamond kursiv" in ihren Strichstärken. Deshalb spricht man in diesem Zusammenhang von echten und unechten Kursivschriften.

Die *Schriftbreite* wird allgemein mit Adjektiven charakterisiert:
- extra schmal,
- schmal (condensed),
- normal,
- breit (extended) und
- extra breit

Extrem schmallaufende Schriften können bei gleicher Strichstärke und Schriftgröße bis zu 50 % weniger Platz beanspruchen als die Normalversion, was jedoch zu Lasten der Lesbarkeit geht. Sie sind jedoch teilweise für umfangreiche Tabellen einzusetzen.

Die optimale Lese- und Erkennungsfähigkeit wird bei der normalen Schriftbreite erreicht.

Breite Schriftformen bewirken eine Verstärkung des Signalwertes der Zeichen. Ihre raumgreifende Ausformung vermindert die Informationsdichte und verlangsamt dadurch den Lesefluss.

Kapitälchen sind Versalien in Antiquaschriften in der Höhe der Mittellängen von Kleinbuchstaben. Sie bieten eine elegante Möglichkeit zur Auszeichnung.

Echte Kapitälchen haben die gleiche Strichstärke wie die entsprechenden Groß- und Kleinbuchstaben in dieser Schriftgröße.

Unechte Kapitälchen sind lineare Verkleinerungen und haben somit eine dünnere Strichstärke.

Auszeichnungen
Verschiedene Formvarianten einer Schriftfamilie werden auch verwendet, um Wörter oder Textteile aus der Grundschrift (Schrift des laufenden Textes) hervorzuheben und Texte zu gliedern. Auszeichnungen bewirken also einen Kontrast zum allgemeinen Text und steigern die Informationsaufnahme.

Linien werden für Tabellen, als Spaltenlinien, zum Unterstreichen und als Gestaltungselement verwendet. Schmuck und typografische Zeichen dienen ebenfalls zum Auszeichnen, sie werden darüber hinaus zum ausschmückenden Gestalten und als grafisches Symbol eingesetzt.

Die folgenden Beispiele zeigen mögliche Auszeichnungen am Beispiel der Univers:

1. kursiv
Der *Schriftkünstler* ordnet allen Buchstaben und Zeichen eine ideale Breite zu, um ein ästhetisches Gesamtbild des gesetzten Textes zu gestalten. Damit ist der optimale Abstand der einzelnen Zeichen festgelegt.

2. fett
Der **Schriftkünstler** ordnet allen Buchstaben und Zeichen eine ideale Breite zu, um ein ästhetisches Gesamtbild des gesetzten Textes zu gestalten. Damit ist der optimale Abstand der einzelnen Zeichen festgelegt.

2. fett-kursiv
Der ***Schriftkünstler*** ordnet allen Buchstaben und Zeichen eine ideale Breite zu, um ein ästhetisches Gesamtbild des gesetzten Textes zu gestalten. Damit ist der optimale Abstand der einzelnen Zeichen festgelegt.

3. Kapitälchen
Der SCHRIFTKÜNSTLER ordnet allen Buchstaben und Zeichen eine ideale Breite zu, um ein ästhetisches Gesamtbild des gesetzten Textes zu gestalten. Damit ist der optimale Abstand der einzelnen Zeichen festgelegt.

In der Regel wird aus typografischen Erwägungen ein möglichst harmonisches Schriftbild angestrebt. Dabei zeigt eine Textseite optisch eine gleichmäßige Grauwirkung ohne einen zu starken oder gar störenden Kontrast.

Je nach Art und Zielsetzung des Druckproduktes ist die geeignete Auszeichnung zu wählen.

Kursive Schriften – sehr häufig eingesetzt – und Kapitälchen stören eine gleichmäßige Grauwirkung im Schriftbild kaum. Sie wirken harmonisch, d. h. der Leser nimmt sie erst während des Lesens wahr.

Größere Schriftgrade, fettere Schriften, sperren, unterstreichen oder Worte und Zeilen farbig stellen, verändern dagegen die optisch gleichmäßige Grauwirkung stärker.

Für kurze Textauszeichnungen eignen sich Kapitälchen, sie werden nur bei einigen guten Buchschriften angeboten.

Versalien eignen sich speziell für Überschriften, innerhalb eines Textes stören sie jedoch den Lesefluss erheblich. Aus dem gleichen Grund wird bei Antiquaschriften auf das Sperren verzichtet.

Bei einer originellen Auszeichnung, z. B. für ein Werbeplakat, wird auf die gleichmäßige optische Wirkung bewusst verzichtet, um die Aufmerksamkeit zu steigern. Grundsätzlich gilt:

- Mit möglichst wenig verschiedenen Auszeichnungen arbeiten. Auszeichnungen müssen der Zielsetzung des Druckproduktes entsprechen.

6.3.3 Schriftmodifikationen

Durch eine elektronische Modifikation kann die vom Schriftkünstler geschaffene Schrift verändert werden. Die ursprünglich vorgesehene Breite der einzelnen Zeichen lässt sich durch Befehle verändern; die Zeichen können komprimiert oder gedehnt werden.

Diese Manipulation ändert jedoch das Schriftbild, weil dadurch unterschiedliche Stärken horizontaler und vertikaler Striche entstehen.

Mit Hilfe von Grafikprogrammen sind die Zeichen bis zur Unkenntlichkeit zu deformieren, dabei kann ihnen eine rein grafische Funktion gegeben werden.

Die folgenden Beispiele zeigen Modifikationen der Times bei normaler Laufweite:

1. normal
Der Schriftkünstler ordnet allen Buchstaben und Zeichen eine ideale Breite zu, um ein ästhetisches Gesamtbild des gesetzten Textes zu gestalten. Damit ist der optimale Abstand der einzelnen Zeichen festgelegt. Computergesteuerte Satzsysteme ermöglichen eine Änderung der vorgegebenen Laufweite in den Plus- und Minusbereich.

2. fett
Der Schriftkünstler ordnet allen Buchstaben und Zeichen eine ideale Breite zu, um ein ästhetisches Gesamtbild des gesetzten Textes zu gestalten. Damit ist der optimale Abstand der einzelnen Zeichen festgelegt. Computergesteuerte Satzsysteme ermöglichen eine Änderung der vorgegebenen Laufweite in den Plus- und Minusbereich.

3. kursiv
Der Schriftkünstler ordnet allen Buchstaben und Zeichen eine ideale Breite zu, um ein ästhetisches Gesamtbild des gesetzten Textes zu gestalten. Damit ist der optimale Abstand der einzelnen Zeichen festgelegt. Computergesteuerte Satzsysteme ermöglichen eine Änderung der vorgegebenen Laufweite in den Plus- und Minusbereich.

4. fett kursiv
Der Schriftkünstler ordnet allen Buchstaben und Zeichen eine ideale Breite zu, um ein ästhetisches Gesamtbild des gesetzten Textes zu gestalten. Damit ist der optimale Abstand der einzelnen Zeichen festgelegt. Computergesteuerte Satzsysteme ermöglichen eine Änderung der vorgegebenen Laufweite in den Plus- und Minusbereich.

In Satzprogrammen ist darauf zu achten, dass die gewünschten Schriftschnitte direkt angewählt werden, beispielsweise PalaIta für Palatino Italic oder PalaBol für Palatina Bold und nicht eine Systemauszeichnungen Italic (Kursiv) oder Bold (Fett).

Die Wahl einer Systemauszeichnung (z.B. an der Kontrollpalette) erzeugt normalerweise eine künstlich veränderte Pseudo-Version des Schriftschnittes, der von dem Originaldesign der Schrift abweicht.

Inhalt und Schriftcharakter	stimmen überein	stimmen nicht überein
Bleisatzlettern	Times Roman	Arnold Boecklin
Kupferstich	Bodoni	Helvetica
Kaffeefahrt	Arnold Boecklin	Fette Fraktur
Leichte Tänze	Künstler-Script	Rockwell
Techn. Hochschule	Avant Garde	Zapf Chancery

6.3.4 Kriterien zur Schriftauswahl

Das Erscheinungsbild einer Druckschrift ist etwas Komplexes, das heißt Form, Duktus und Rhythmus (und also Proportionen Zurichtung usw.) sind nicht voneinander zu trennen. Bei allen formalen Beziehungen, bei allen Relationen handelt es sich um optische Phänomene, die jenseits mathematischer Gesetzmäßigkeiten liegen und nur visuell-sensitiv ermittelt und festgelegt werden können. Das gilt für die Einzelheiten innerhalb einer Schriftgarnitur wie für die Abstimmung der Garnituren aufeinander.

Sind Form- und Stilgefühl die einzig verlässlichen Grundlagen für den Entwurf eines Alphabetes, so sind für die Ausarbeitung bis zur fertigen Satzschrift eine Vielzahl an Kenntnissen und Erfahrungen notwendig, um ein optimales Gesamtbild zu realisieren.

Jede Druckschrift hat ihre spezifischen Gesetzmäßigkeiten. Kriterien, die für die formalen und funktionalen Eigenschaften einer Schrift gelten, haben nicht notwendigerweise auch Gültigkeit für andere.

Ein wichtiges Auswahlkriterium ist, ob das betreffende Druckprodukt viel oder wenig Text aufweist, denn bestimmte Schriften bzw. Schriftgruppen sind für Mengentexte ungeeignet. So können beispielsweise Serifenbetonte Linear-Antiqua-Schriften mit sehr kräftigen Serifen (Egyptienne, Italienne) für kurze Überschriften und kleine Textblöcke in technischen Prospekten eingesetzt werden, nicht aber für Mengentexte, z. B. bei Romanen.

Auch eine Serifenlose Linear-Antiqua ist nur mit Einschränkung für Mengentexte geeignet, obwohl die Lesbarkeit gegenüber der Egyptienne oder Italienne wesentlich besser ist. In technischen Prospekten und ähnlichen Druckprodukten kann sie verwendet werden, denn technische Prospekte liest man in der Regel eher intensiv und konzentriert als flott.

Schneller und angenehmer lassen sich alle Druckprodukte lesen, in denen Renaissance-Antiqua- oder Barock-Antiqua-Schriften eingesetzt werden. Solche Druckprodukte sind vor allem Bücher, Broschuren, Zeitungen und Zeitschriften.

Bei einem klassischen Schmuckprospekt sollte man unbedingt einer Renaissance-, Barock- oder Klassizistischen Antiqua gegenüber einer serifenlosen Antiqua den Vorzug geben.

Gegenüberstellung der Lesefreundlichkeit verschiedener Schriften

• Römische Serifen-Schriften

Garamond

Für die Auswahl der Schriften sind grundsätzlich das (Druck-)Produkt, die spezifischen Eigenart und der Verwendungszweck entscheidend. Die sprachliche Aussage des Textes muss dabei mit der stilistischen Aussage des Schriftcharakters übereinstimmen. Schriften müssen zu einer optimalen Informationsübertragung gut lesbar sein. Dies gilt besonders für umfangreiche Texte und die dabei verwendete Grundschrift. Außerdem ist die Zielgruppe zu beachten. Für den Briefbogen einer Maschinenfabrik ist sicher keine elegante Schreibschrift, für die Werbung eines Juweliers keine fette

Times

Für die Auswahl der Schriften sind grundsätzlich das (Druck-)Produkt, die spezifischen Eigenart und der Verwendungszweck entscheidend. Die sprachliche Aussage des Textes muss dabei mit der stilistischen Aussage des Schriftcharakters übereinstimmen. Schriften müssen zu einer optimalen Informationsübertragung gut lesbar sein. Dies gilt besonders für umfangreiche Texte und die dabei verwendete Grundschrift. Außerdem ist die Zielgruppe zu beachten. Für den Briefbogen einer Maschinenfabrik ist sicher keine elegante Schreibschrift, für die Werbung eines Ju

Walbaum

Für die Auswahl der Schriften sind grundsätzlich das (Druck-)Produkt, die spezifischen Eigenart und der Verwendungszweck entscheidend. Die sprachliche Aussage des Textes muss dabei mit der stilistischen Aussage des Schriftcharakters übereinstimmen. Schriften müssen zu einer optimalen Informationsübertragung gut lesbar sein. Dies gilt besonders für umfangreiche Texte und die dabei verwendete Grundschrift. Außerdem ist die Zielgruppe zu beachten. Für den Briefbogen einer Maschinenfabrik ist sicher keine elegante Schreibschrift, für die Werbung ei-

• Serifenlose Schriften

Univers 55
Für die Auswahl der Schriften sind grundsätzlich das (Druck-)Produkt, die spezifischen Eigenart und der Verwendungszweck entscheidend. Die sprachliche Aussage des Textes muss dabei mit der stilistischen Aussage des Schriftcharakters übereinstimmen. Schriften müssen zu einer optimalen Informationsübertragung gut lesbar sein. Dies gilt besonders für umfangreiche Texte und die dabei verwendete Grundschrift. Außerdem ist die Zielgruppe zu beachten. Für den Briefbogen einer Maschinenfabrik ist sicher keine elegante Schreibschrift, für die Werbung eines Juweliers keine fette serifenlose Antiqua

Rotis Sans Serif
Für die Auswahl der Schriften sind grundsätzlich das (Druck-)Produkt, die spezifischen Eigenart und der Verwendungszweck entscheidend. Die sprachliche Aussage des Textes muss dabei mit der stilistischen Aussage des Schriftcharakters übereinstimmen. Schriften müssen zu einer optimalen Informationsübertragung gut lesbar sein. Dies gilt besonders für umfangreiche Texte und die dabei verwendete Grundschrift. Außerdem ist die Zielgruppe zu beachten. Für den Briefbogen einer Maschinenfabrik ist sicher keine elegante Schreibschrift, für die Werbung eines Juweliers keine fette serifenlose Antiquaschrift geeignet.

Helvetica
Für die Auswahl der Schriften sind grundsätzlich das (Druck-)Produkt, die spezifischen Eigenart und der Verwendungszweck entscheidend. Die sprachliche Aussage des Textes muss dabei mit der stilistischen Aussage des Schriftcharakters übereinstimmen. Schriften müssen zu einer optimalen Informationsübertragung gut lesbar sein. Dies gilt besonders für umfangreiche Texte und die dabei verwendete Grundschrift. Außerdem ist die Zielgruppe zu beachten. Für den Briefbogen einer Maschinenfabrik ist sicher keine elegante Schreibschrift, für die Werbung eines Juweliers keine fette serifenlose Antiquaschrift geeignet.

Syntax
Für die Auswahl der Schriften sind grundsätzlich das (Druck-)Produkt, die spezifischen Eigenart und der Verwendungszweck entscheidend. Die sprachliche Aussage des Textes muss dabei mit der stilistischen Aussage des Schriftcharakters übereinstimmen. Schriften müssen zu einer optimalen Informationsübertragung gut lesbar sein. Dies gilt besonders für umfangreiche Texte und die dabei verwendete Grundschrift. Außerdem ist die Zielgruppe zu beachten. Für den Briefbogen einer Maschinenfabrik ist sicher keine elegante Schreibschrift, für die Werbung eines Juweliers keine fette

• Serifenbetonte Schriften

Rockwell
Für die Auswahl der Schriften sind grundsätzlich das (Druck-)Produkt, die spezifischen Eigenart und der Verwendungszweck entscheidend. Die sprachliche Aussage des Textes muss dabei mit der stilistischen Aussage des Schriftcharakters übereinstimmen. Schriften müssen zu einer optimalen Informationsübertragung gut lesbar sein. Dies gilt besonders für umfangreiche Texte und die dabei verwendete Grundschrift. Außerdem ist die Zielgruppe zu beachten. Für den Briefbogen einer Maschinenfabrik ist sicher kein elegante Schreib-

American Typewriter
Für die Auswahl der Schriften sind grundsätzlich das (Druck-)Produkt, die spezifischen Eigenart und der Verwendungszweck entscheidend. Die sprachliche Aussage des Textes muss dabei mit der stilistischen Aussage des Schriftcharakters übereinstimmen. Schriften müssen zu einer optimalen Informationsübertragung gut lesbar sein. Dies gilt besonders für umfangreiche Texte und die dabei verwendete Grundschrift. Außerdem ist die Zielgruppe zu beachten. Für den Briefbogen einer Maschinenfabrik ist sicher keine elegante Schreibschrift, für die Werbung

• Geschriebene Schriften

Zapf Chancery
Für die Auswahl der Schriften sind grundsätzlich das (Druck-) Produkt, die spezifischen Eigenart und der Verwendungszweck entscheidend. Die sprachliche Aussage des Textes muss dabei mit der stilistischen Aussage des Schriftcharakters übereinstimmen. Schriften müssen zu einer optimalen Informationsübertragung gut lesbar sein. Dies gilt besonders für umfangreiche Texte und die dabei verwendete Grundschrift. Außerdem ist die Zielgruppe zu beachten. Für den Briefbogen einer Maschinenfabrik ist sicher keine elegante Schreibschrift, für die Werbung eines Juweliers keine fette

Arnold Böcklin
Für die Auswahl der Schriften sind grundsätzlich das (Druck-) Produkt, die spezifischen Eigenart und der Verwendungszweck entscheidend. Die sprachliche Aussage des Textes muss dabei mit der stilistischen Aussage des Schriftcharakters übereinstimmen. Schriften müssen zu einer optimalen Informationsübertragung gut lesbar sein. Dies gilt besonders für umfangreiche Texte und die dabei verwendete Grundschrift. Außerdem ist die Zielgruppe zu beachten. Für den Briefbogen einer Maschinenfabrik ist sicher keine elegante Schreibschrift, für die Werbung eines Juweliers keine fette serifenlose Antiqua-

6.3.5 Zeichenumfang einer Schrift

Der Standard-Zeichenumfang einer Schrift verfügt über Klein- und Großbuchstaben, Akzentzeichen, Ligaturen, Ziffern, Interpunktionszeichen und Sonderzeichen.

Zu den Kleinbuchstaben bzw. Gemeinen gehören die 26 Buchstaben des Alphabets und im deutschen Sprachbereich die Umlaute ä, ö und ü sowie das ß.

Zu den Großbuchstaben, Versalien genannt, zählen ebenfalls die 26 Buchstaben und die Umlaute Ä, Ö und Ü.

Akzentzeichen sind Betonungszeichen über oder unter bestimmten Buchstaben. Zu unterscheiden sind die echten und fliegenden Akzente.

ABCDEFGHIJKLMNOPQ
RSTUVWXYZ
abcdefghijklmnopqrstuvwxyz
1234567890
$£ÆŒØæœøß†§*&‰/%
+–=·-—¡!?¿{}»«›‹’.,:;„“
ÅÁÇÍÎÌÓÛÙ¥
åç¢fifl

Bei den echten Akzentzeichen besteht der Buchstabe aus dem Zeichen und dem entsprechenden Akzent, beispielsweise å oder Å. Die in europäischen Sprachen am häufigsten vorkommenden Akzente sind im allgemeinen als echte Akzente auf den Schriftfonts (digitalisierte Schriften) enthalten.

Fliegende Akzente sind einzelne Akzentzeichen, die über den betreffenden Buchstaben auf die optische Mitte angeordnet werden. Dadurch lassen sich einige Sonderzeichen einsparen. Akzenttasten auf der Tastatur werden auch als tote Tasten (Dead Keys) bezeichnet, weil sich bei deren Betätigung keine sichtbare Wirkung zeigt. Erst mit dem nächsten Tastenanschlag wird dann der entsprechende Akzent über das Zeichen gesetzt. Für einige seltenere Akzente sind besondere Schriftfonts erforderlich.

Ligaturen sind meist Doppelbuchstaben, mit deren Hilfe man versucht, optisch gleichmäßige Buchstabenabstände zu erhalten. Sie waren im Bleisatz auf einer Drucktype oder einer Matrize vereinigt.

Bei Antiquaschriften sind dies meist nur die Buchstabenkombinationen fi, fl, ft, ff, ch und ck als Ligaturen vorhanden.

Gebrochene Schriften haben häufig noch weitere Doppelbuchstaben beispielsweise sch, tz, st, si und ss.

Nur in wenigen digitalisierten Schriften sind alle nötigen Ligaturen berücksichtigt. Für viele Antiqua-Schriften sind Expert-Fonts erhältlich, welche alle Spezialzeichen wie echte Kapitälchen, Mediävalziffern und Ligaturen enthalten. Eine Ligatur darf nur gesetzt werden, wenn die Ligatur die Buchstaben zusammenfasst, die im Wortstamm zusammengehören. Deshalb sind Ligaturen falsch angewandt bei Wörtern wie höflich und Hoftor.

Interpunktionszeichen sind Satzzeichen, die zur gegliederten Wiedergabe von Gedanken in geschriebener oder gedruckter Form notwendig sind. Für den laut Lesenden waren sie Atem- und Modulationszeichen. Heute dienen sie als Gliederungs-, Wert- und Ordnungszeichen.

Zu den Interpunktionen zählen: Punkt, Komma, Semikolon (Strichpunkt), Doppelpunkt (Kolon), Frage- und Ausrufezeichen, runde und eckige Klammern (Parenthesen), Gedankenstrich, Anführungszeichen, Apostroph und Divis.

Bei Strichpunkt, Doppelpunkt, Frage- und Ausrufezeichen muss darauf geachtet werden, dass falls in der Schrift nicht vorgesehen – vor den genannten Zeichen stets ein kleiner Abstand einzufügen ist.

Mit An- und Abführungszeichen werden beispielsweise wörtliche Rede, wörtlich wiedergegebene Zitate, zitierte Buchtitel oder doppelsinnig gemeinte Wörter und Redewendungen gekennzeichnet.

Zu unterscheiden sind deutsche ‚einfache’ und „doppelte” An- und Abführung sowie die französische >einfache< und »doppelte« An- und Abführung. In französischen Texten zeigen die Spitzen der Zeichen im Gegensatz zu deutschen Texten meist von der Anführung «weg».

„Deutsch doppelt“
‚Deutsch einfach‘
»Französisch doppelt«
›Französisch einfach‹
Apostroph’

Einfache An- und Abführungszeichen werden dann angewendet, wenn innerhalb der wörtlichen Rede ein Satzteil noch einmal angeführt werden muss.

In englischen Texten werden nur (obenstehende) Anführungszeichen verwendet. Es sollten aber typografische, d.h. „geschwungene” Anführungszeichen sein. Das von der Schreibmaschine her gewohnte gerade Anführungszeichen ist das Symbol für die Maßeinheit Zoll.

Der *Gedankenstrich* ist im Gegensatz zum Divis wesentlich breiter. Sind zwei Ausführungen von Gedankenstrichen vorhanden, so ist aus optischen Gründen die kürzere auf Halbgeviertbreite und nicht die auf Geviertbreite zu verwenden. In der Regel ist vor und nach dem Gedankenstrich ein Abstand zu setzen.

Manche *Sonderzeichen* sind auf der üblichen Tastatur anwählbar. Sie sind den Formenmerkmalen des jeweiligen Schriftschnitts angepasst. Dazu gehören beispielsweise §, $, & % @, ‰ und ©.

Damit aber alle Zeichen gesetzt werden können, müssen Expert-Fonts eingesetzt werden. Expert-Fonts gibt es mathematische, biologische, meteorologische, physikalische und chemische Zeichen, Piktogramme, Musiknoten und Schachfiguren.

Ziffern und Zahlen
Die „1" ist eine Ziffer. Durch das Aneinanderreihen von Ziffern erhält man eine Zahl. Grundsätzlich unterscheidet man arabische und römische Ziffern. Die arabischen Ziffern wiederum lassen sich in Normalziffern, Tabellenziffern, Mediävalziffern (gemeine Ziffern) und Bruchziffern gliedern.

Die Breite der Normalziffern sind der Breite des jeweiligen Schriftschnitts angepasst. Zusätzlich ist die „1" in der Regel schmaler als die „8".

Deshalb werden Normalziffern im laufenden Text verwendet, weil sie sich im Gegensatz zu den Tabellenziffern optisch besser in die Zeile einfügen.

Tabellenziffern sind Ziffern, die innerhalb einer Schriftgröße stets gleich breit und gleich hoch sind und sich deshalb für den Tabellensatz besonders eignen. Die Ziffernbreite entspricht jeweils einem halben Geviert, das heißt,

- bei einer 8-pt-Schrift ist die Ziffernbreite 4 pt (= 1,4 mm),
- bei einer 12-pt-Schrift entsprechend 6 pt (= 2,1 mm).

Ist die Breite von Zahlenkolonnen im Tabellenfuß zu berechnen, so muss nur die Anzahl der Stellen mit der Breite der Tabellenziffer multipliziert werden. Dabei ist noch zu beachten, dass vier- und mehrstellige Zahlen durch Festwerte, beispielsweise ein Achtelgeviert, in Zahlengruppen zu je drei Ziffern von links nach rechts gegliedert werden.
Beispiele: 3 000, 30 000, 300 000.

1234567890

Mediävalziffern, auch gemeine Ziffern genannt, haben im Gegensatz zu Tabellenziffern Ober- und Unterlängen, aber auch verschiedene Breiten. Ihr Schriftbild gleicht deshalb dem der Gemeinen (Kleinbuchstaben). Gemeine Ziffern werden aufgrund guter Lesbarkeit im Akzidenz- und Werksatz eingesetzt.

Die Darstellung von *Bruchziffern* erfolgt in zwei Varianten, und zwar mit schrägem und waagrechtem Bruchstrich. Die Bruchziffern sind in der Höhe etwa halb so klein wie Normalziffern.

Häufig werden Bruchziffern durch Verkleinern der Grundschrift erzeugt. Dabei wird auch die Strichstärke der Bruchziffern verringert. Beim Setzen ist darauf zu achten, dass Zähler und Nenner einschließlich des Bruchstrichs der Versalhöhe entsprechen.

Werden schräge Bruchstriche verwendet, so sind die Ziffern aus optischen Gründen über bzw. unter

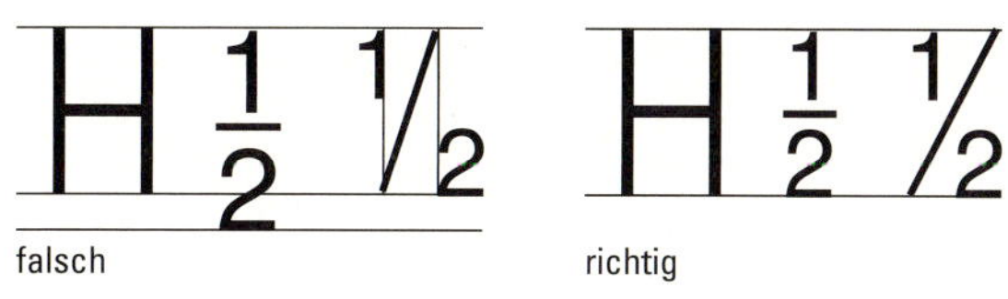

den Bruchstrich zu stellen. Nur beim Vorhandensein von echten Bruchziffern ist die gleiche Strichstärke wie bei der Grundschrift gewährleistet.

Bei *römischen Ziffern* werden die Werte in Versalbuchstaben dargestellt. Im Gegensatz zum arabischen Zahlensystem werden nicht 10 sondern nur sieben Ziffernzeichen verwendet. Die (Grund-) Zeichen des römischen Zahlensystems sind:

I	=	1	C	=	100	IX	=	9
V	=	5	D	=	500	XL	=	40
X	=	10	M	=	1000	XCIX	=	99
L	=	50	VIII	=	8	CI	=	101

Höhere Zahlen werden jeweils aus den größtmöglichen Zahlzeichen zusammengesetzt, wobei die einzelnen Werte zusammengezählt werden. Mehr als drei gleiche Zeichen dürfen nicht neben einander stehen. Mehrstellige Zahlen werden so gelesen, dass ein links vom großen Wert stehender kleinerer Wert abgezogen wird.

Grundsätzlich darf nur *ein* Wert (z.B. IL = 49) vom größeren abgezogen werden; also für 48 nicht IIL, sondern XLVIII. Weitere Bespiele: 18 = XVIII, 19 = XIX, 1986 = MCMLXXXVI.

Römische Zahlen werden heute nur noch für bestimmte Jahreszahlen, in Urkunden, Festschriften u.ä. benutzt; im Werksatz für Bandangaben, Kapiteltitel und für Seitenzahlen in Titelbogen.

6.4 Das typografische System

Der typografische Punkt (p) als die Basiseinheit des typografischen Maßsystems darf nach der geltenden Ausführungsverordnung zum Gesetz über Einheiten im Messwesen vom 26. Juni 1970 für satztechnische Längenangaben im Druckereigewerbe im geschäftlichen und amtlichen Verkehr seit 31. Dezember 1977 nicht mehr verwendet werden.

Zur innerbetrieblichen Verständigung allerdings wird es – der Ausführungsverordnung entsprechend – geduldet.

Daher werden noch innerhalb der Satzbetriebe trotz Anwendungsverbot die Schriftgrößen noch weitgehend in typografischen Maßen angegeben. Wenn aber immer noch die Angabe der Schriftgröße

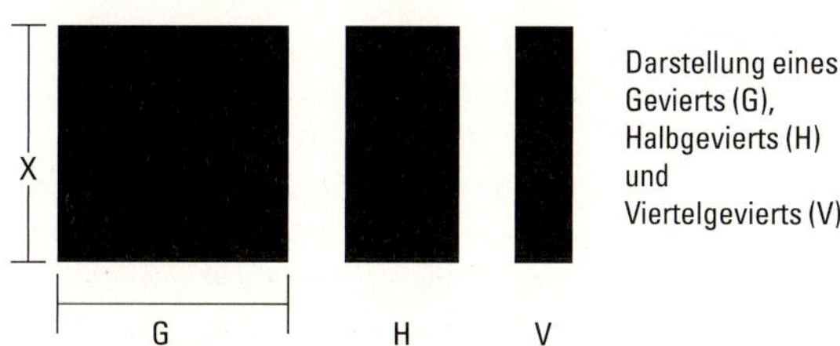

Darstellung eines Gevierts (G), Halbgevierts (H) und Viertelgevierts (V)

in typografischen Punkten erfolgt, so dürfte dies ein Zugeständnis an Satzhersteller und Verlagshersteller sein, die mit den einzelnen Werten dieses Maßsystems vertraut sind.

Beispielsweise können sich alle Fachleute eine Schriftgröße von 10 p gut vorstellen; schlechter allerdings die Versalhöhe von 2,7 mm.

Für die Zeilenbreiten, Zeilenabstände und sonstigen Abmessungen ist aber längst auch das metrische Maßsystem selbstverständlich.

Typografisches Maßsystem

Die typografischen Maße basieren auf Körpermaßen. Beide Maßsysteme, sowohl der angelsächsische Pica Point (pt) als auch der französische Didot-Punkt (p), entstanden im 18. Jahrhundert und wurden für die Schriftgrößenbestimmung anhand der Vertikalhöhe der Bleiletter benutzt.

Als erster definierte der Pariser Schriftgießer Pierre Simon Fournier 1737 ein typografisches Maßsystem auf der Grundlage des englisch-amerikanischen Fußes = 304,8 mm:

- der 12. Teil eines Fußes = Zoll,
- der 12. Teil eines Zoll = 1 Linie,
- der 6. Teil einer Linie = 1 Punkt.

Diese Festlegung wurde 1785 von dem Schriftgießer Francois Ambrois Didot und seinem Sohn Firmin Didot aufgegriffen. Sie aber verwendeten als Bezugsgröße die Länge des französischen Fußes:
1 Fuß = 324,9 mm.

Im Jahr 1879 stimmte der Berliner Schriftgießer Hermann Berthold im Auftrag aller deutschen Schriftgießereien das typografische Maßsystem auf das metrische System ab.
Seit dieser Zeit galten folgende Verhältnisse:

1 mm	= 2,66 p
1 p	= 0,376 mm
1 Cicero (12 p)	= 4,513 mm

1979 hat der Bundesverband Druck – insbesondere damals für den Fotosatz wichtig – gerundete Umrechnungswerte vorgeschlagen, bei denen die Millimeterstellen auf 0 und 5 enden. Danach gilt:

1 p = 0,375 mm
1 Cicero (12 p) = 4,5 mm

Alle aus den USA kommende computergesteuerten Setz- bzw. DTP-Systeme arbeiten mit dem DTP-Punkt, dem 72. Teil eines Inch.

1 inch	= 6 Pica	= 25,4 mm
1 Pica	= 12 pt	= 4,233 mm
1 Point (pt)		= 0,35277 mm

Eine ähnliche Größe hat der ebenfalls aus den USA stammende Pica-Point mit 0,351 mm. Die kleine Differenz kann aber vernachlässigt werden.

Um die beiden unterschiedlichen Punktsysteme nicht zu verwechseln, wird der Didot-Punkt nur mit „p", der DTP-Punkt mit „pt" gekennzeichnet.

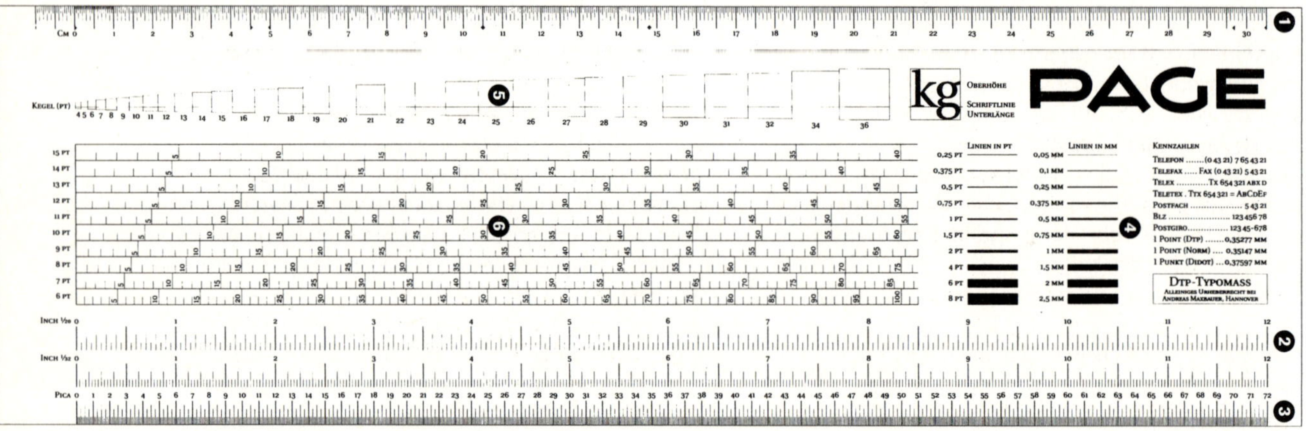

6.4.1 Typometer

Um eine Schriftgröße, einen Zeilenabstand oder eine Linienstärke bestimmen zu können, benutzt man einen Typometer. Diese linealförmige, zumeist transparente Mess-Skala in einer Länge von etwa 30 cm, stellt die Maßverhältnisse zwischen typografischen Punkten und Millimeter dar.

Typometer ermöglichen die Ermittlung der Schriftgröße in typografischen Punkten anhand der Versalhöhe, der Oberhöhe oder der hp-Höhe, außerdem die Linienstärke anhand von Linienbeispielen.

Den größten flächenmäßigen Umfang nehmen die Skalen mit verschiedenen Zeilenabständen in Millimeter oder typografischen Punkten ein. Da die meisten Computerprogramme mit amerikanischen Maßen arbeiten, haben die aktuellen Typometer überwiegend das DTP-Punktsystem.

6.4.2 Fachbegriffe zur Schriftgröße

Das kleinste Element bei der Entstehung eines Wortes ist das Schriftzeichen, historisch auch Buchstabe (Buchenstäbchen) genannt. Jedes Zeichen hat seine eigene Gestalt und gestaltet aus sich heraus.

Zur Bearbeitung spezieller Satzaufgaben, z. B. wissenschaftlichen Satz, mussten die herkömmlichen Figurenverzeichnisse vieler Schriften über die Normalausstattung hinaus mit Sonderzeichen (z. B. mathematische, physikalische, chemische und meteorologische Zeichen) ergänzt werden.

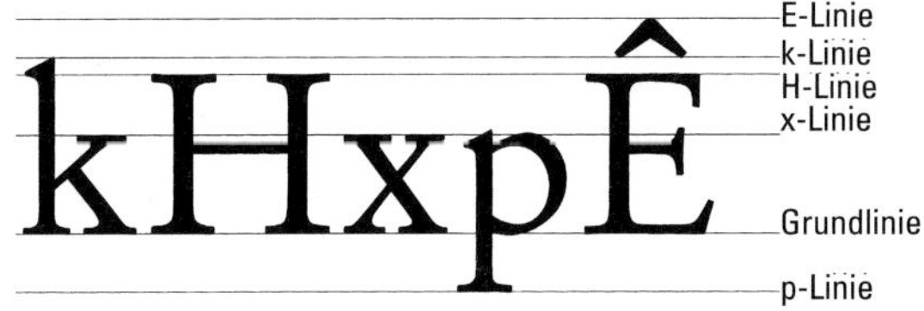

Alle Schriftzeichen orientieren sich an der Grundlinie, auch Schriftlinie oder Schriftgrundlinie genannt. Sie ist eine gedachte Linie, auf die Schriften unterschiedlicher Schriftgröße automatisch von Setzsystemen gesetzt werden.

Die Schriftlinie bildet gleichzeitig optisch die unterste Begrenzungslinie der Versalien sowie der Gemeinen ohne Unterlängen. Damit alle Zeichen liniengleich wirken, müssen aber Spitzen und Rundungen ein wenig unter die Schriftlinie gezogen werden.

Bei der Arbeitsvorbereitung und Texteingabe erfolgt die Positionierung der Zeichen und Zeilenanfänge durch Zahlenangaben nach dem Koordinatensystem, wobei Schriftlinie und linke Buchstabenkante den Bezugspunkt bilden.

Neben den sichtbaren Zeichenformen spielen die nicht sichtbaren Flächen zwischen den einzelnen Zeichen eine wichtige Rolle für die Lesbarkeit der Zeichen.

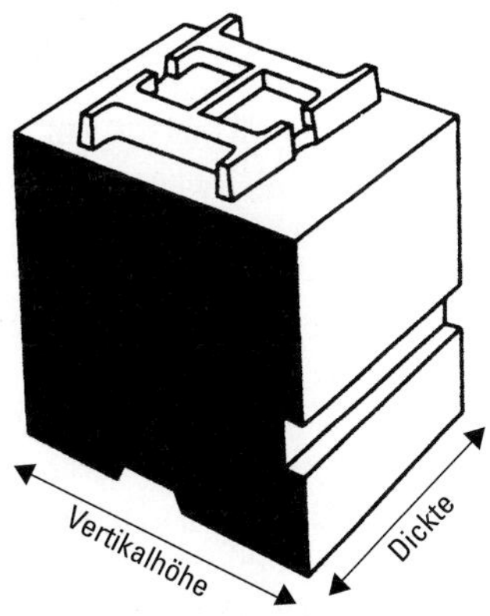

Vertikalhöhe der Bleiletter, auch Schriftgrad oder Kegel genannt

Im Bleisatz war die vom Schriftkünstler vorbestimmte Breite jeder (festen) Bleiletter festgelegt. Der Zeichenabstand konnte deshalb nur noch durch sogenanntes Spationieren erweitert werden.

Bei digitalisierten Schriften können allerdings die Dickten (Breiten) der Zeichen bis zum gewünschten Maß verringert, aber auch erweitert werden.

Die Dickte eines Zeichens umfasst also die Breite eines Schriftzeichens mit einer Vor- und Nachbreite, um den nötigen Abstand zum benachbarten Buchstaben zu gewährleisten. So ist beispielsweise die Nachbreite beim Buchstaben N größer als beim T. Bei Schreibschriften kann die Nachbreite auch negativ sein, wenn der nachfolgende Buchstabe unter einem überhängenden Teil des ersten Buchstabens platziert werden muss.

Neben der Dickte eines Zeichens gibt es noch weitere Fachbegriffe, die einzelne Teile eines Buchstabens beschreiben. Diese Begriffe dienen zur besseren Verständigung bei der Satzherstellung und erleichtern die Angaben bei der Schriftpositionierung.

Begriffe der vertikalen Schriftzeichenausdehnung:
- Versalhöhe (H-Höhe)
- Oberhöhe (k- bzw. H-Höhe)
- Oberlänge
- Mittellänge (x-Höhe)
- Unterlänge (p-Höhe)
- kp-Höhe

Als Versalhöhe (H-Höhe) bezeichnet man die vertikale Ausdehnung des Buchstabens H.

Die Oberhöhe (k- bzw. H-Höhe) ist meist mit der Versalhöhe identisch; doch vor allem bei den meisten Renaissance-Antiqua-Schriften überragen die Oberlängen der Kleinbuchstaben die Versalien.

Die k-Höhe ist die vertikale Ausdehnung des Buchstabens k von der Grundlinie zu der parallel zur Grundlinie laufenden k-Linie. Nach dem Normentwurf DIN 16507 ist die Oberhöhe die Messgröße zur Ermittlung der Schriftgröße.

Als Oberlänge wird der über die Mittellänge hinausragenden Teil bei Kleinbuchstaben bezeichnet. Oberlängen haben die Buchstaben b, d, f, h, k, l, t.

Die Mittellänge oder x-Höhe umfasst die Höhe der Kleinbuchstaben ohne Ober- und Unterlängen. Die Kleinbuchstaben bilden das optische Gerüst einer Zeile. Schriften mit kleinen Mittellängen benötigen weniger Zeilenabstand, da durch die verhältnismäßig großen Ober- und Unterlängen ausreichend Weißfläche entsteht. Schrifttypen mit großen Mittellängen sollten einen größeren Zeilenabstand erhalten.
Je größer die Mittellängen einer Schrift sind, desto besser ist die Lesbarkeit bei kleinen Schriftgrößen.

Als Unterlänge (p-Höhe) wird der untere Teil der Buchstaben bezeichnet, der sich unter der Grundlinie ausdehnt. Unterlängen haben die Buchstaben p, g, j, q und y.

Die kp-Höhe bezeichnet die vertikale Ausdehnung vom obersten Punkt bis zum untersten Punkt der Schrift, wobei Versalbuchstaben mit einem oben platzierten Akzent dabei nicht berücksichtigt werden.

6.4.3 Schriftgrößenbestimmung

Im Gegensatz zur Ermittlung des Zeilenabstandes, ist es mit einem normalen Lineal schwierig, die Schriftgröße zu bestimmen. Um nun die Schriftgröße einer gedruckten Zeile bestimmen zu können, muss diese mit einem Schriftmuster verglichen werden, die Größenangaben enthalten. Mit einem Typometer kann mit Hilfe der Oberhöhe- oder kp-Höhe die Schriftgröße im Millimeter und in DTP- oder Didot-Punkten ermittelt werden.

Die Schriftgröße orientiert sich an der Kegelgröße beziehungsweise Vertikalhöhe von Bleisatzlettern. Sie berücksichtigt die Höhe eines Kleinbuchstabens mit Oberlänge (Oberhöhe) sowie den nichtdruckenden Teil unterhalb der Schriftlinie, der für Kleinbuchstaben mit Unterlängen reserviert ist.

Nach dem DIN-Entwurf wird die Vertikalhöhe der imaginären Bleisatzletter durch die Grundlinie in einem stets gleichen Verhältnis von 72 : 28 unterteilt.

Alle Schriften gleicher Größe besitzen die gleiche Oberhöhe. Während der obere Bereich durch die Messgröße Oberhöhe immer vollständig ausgefüllt ist, wird der untere Bereich unterschiedlich genutzt. Bei Zeichen mit Unterlängen wird aufgrund unterschiedlicher Proportionen und in Abhängigkeit davon dieser Bereich ganz oder nur teilweise ausgefüllt sein.

Als Schriftgrad bezeichnet man eine Reihe festgelegter, bevorzugter Schriftgrößen, z.B. 10 pt, 12 pt. Der Schriftgrad ist ein Nennmaß zur Bezeichnung der Schriftgröße.

Die Größenangabe erfolgt noch häufig in Didot-Punkten (p) oder systembezogen in Points (pt), sehr selten in Millimeter.
Ein Beispiel soll dies verdeutlichen:
- Die Oberhöhe eines Zeichen beträgt 3,0 mm.
- Die Oberhöhe beträgt nach DIN-Entwurf 72 % der Schriftgröße.

Die Schriftgröße in Millimeter und Didot-Punkten errechnet sich:

$$\frac{3{,}0 \text{ mm} \times 100\,\%}{72\,\%} = 4{,}167 \text{ mm}$$

$$\frac{4{,}167 \text{ mm}}{0{,}35277 \text{ mm/pt}} = \text{gerundet } 12 \text{ pt}$$

Ein Zeichen mit einer Oberhöhe von 3,0 mm hat die Schriftgröße von 12 pt.

Leider wird diese DIN-Empfehlung von Schriftenherstellern nicht konsequent beachtet. Beim Vergleich der Messlehren verschiedener Hersteller zur Ermittlung der Oberhöhe und des jeweils dazugehörenden Schriftgrades zeigen sich doch kleine Unterschiede.

6.4.4 Zeichenabstand

Um einen optisch gleichmäßigen Zeichenabstand zu erhalten, wird für jedes Zeichen eine typische Vor- und Nachbreite durch den Schriftkünstler festgelegt. Diese Tätigkeit nennt man Schriftzurichtung.

Die Grundlage bildet das Geviert, die rechnerische Breite des breitesten Buchstabens einer Schrift. Das Geviert ist je nach Anwenderprogramm in eine unterschiedliche Anzahl von Einheiten aufgeteilt und hat meist einen rechteckigen Grundriss.

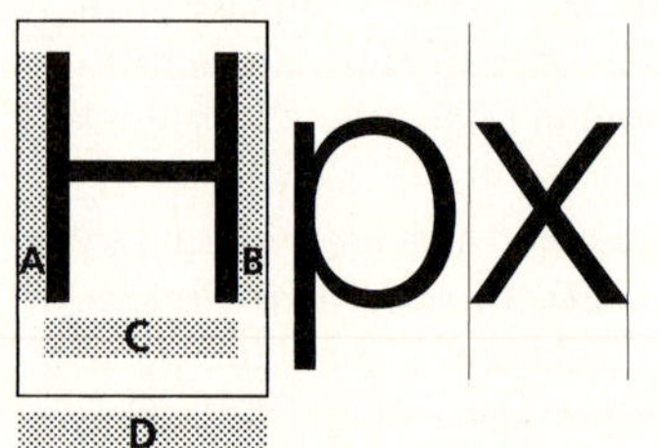

Stand des Buchstabens in seinem Kegel.
A = Vorbreite
B = Nachbreite
C = Buchstabenbreite
D = Dickte des Kegels

Neigung und Krümmung der Grundstriche beeinflussen die Vor- und Nachbreite

Das Satzprogramm QuarkXPress berücksichtigt bei einer normalbreiten Schrift bei einem M etwa 200 Einheiten. Diese Einheiten sind für die computergesteuerte Satzherstellung die Grundlage zur Ermittlung der Zeichen- und Wortabstände. Je feiner ein Geviert unterteilt ist, desto genauer lassen sich die Zeichenbreiten und Zeichenabstände bestimmen.

Die Dicktenwerte können je nach Form des Zeichens voneinander abweichen. So hat ein „i“ etwa halb so viel Einheiten wie ein „b“.

Traditionell reiht man die Zeichen wie Perlen auf einer Schnur aneinander, so dass sich die Abstände aus den Vor- und Nachbreiten ergeben, die fest mit den Buchstaben verbunden sind. Diese Art des Setzens ist ein Kompromiss, denn der Zwischenraum zum nächsten Buchstaben richtet sich eigentlich nach der Form des gerade gesetzten und der des nachfolgenden Zeichens.

Individuelles Unterschneiden

Für ein ansprechendes Schriftbild eines Wortes oder einer Zeile müssen die Abstände der Zeichen untereinander stimmen. Die Abstände sollte man deshalb für jede Buchstabenkombination korrigieren. Dies wird als individuelles Unterschneiden bezeichnet.

Die digitale Textbearbeitung benutzt dafür sogenannte Kerning-Tabellen, in denen die Unterschneidungswerte vorliegen. Diese Tabellen sind ein Teil des Ästhetikprogramms, bei dem der Anwender weitere sogenannte „Zeichenpärchen” eintragen und bei vorhandenen Zeichenpärchen die Unterschneidungswerte verändern kann.

Solche Zeichenpärchen sind beispielsweise AT, Va, Vo, We, Wi, LA, Tr, Ts.

Ziel dieser Tabelle ist es, stets optisch gleichmäßige Buchstabenabstände für jede Schriftart zu erreichen. Vollständige Kerning-Tabellen müssten dazu 200 Zeichen einen Umfang von 40 000 Werten aufweisen. Als Zugeständnis an Speicherplatz und Performance haben die meisten Schriften nur Tabellen mit zirka 300 Einträgen.

Ausgleichen von Versalien

Wörter oder Zeilen, die nur aus Versalien bestehen, sind ohne individuelle Anpassung schwer lesbar. Beim Ausgleichen der Zeichenabstände versucht man den optisch kleinste Weissraum dem optisch größten, unveränderbaren Weissraum anzupassen. Solche optisch großen, unveränderbaren Weissräume entstehen bei den Buchstabenpärchen LA, LS und RA.

Dieses Ausgleichen kann durch Erweitern oder durch eine Kombination von Erweitern und Verringern erfolgen.

Je nach Art des Ausgleichens erhält die Versalzeile einen jeweils anderen Ausdruck. Ergänzend kommt noch hinzu, dass bei jedem Schriftcharakter andere Regeln und Werte für das Ausgleichen zu beachten sind. Bei einer Schrift mit Serifen kann unter Umständen das Ineinanderlaufen der Serifen nicht störend wirken.

6.5 Laufweite

Die Normallaufweite wird nach dem Kriterium der optimalen Lesbarkeit vom Schriftkünstler festgelegt. Diese vorgesehene Normallaufweite ist für jedes Zeichen in Einheiten festgelegt. Daraus errechnet sich dann Länge eines Wortes oder Alphabets bei einer bestimmten Schrift und Schriftgröße. Die Normallaufweite kann man individuell bei einzelnen Buchstabenpaaren, aber auch für alle Zeichen durch einen Unterschneidungs- oder Sperrwert verändern.

Durch eine Laufweitenjustierung kann die vom Hersteller festgelegten Laufweite bei starker Vergrößerung bzw. Verkleinerung des Basisschriftgrades korrigiert werden. In der Regel ist die Laufweite nur für eine Schriftgröße von etwa 12 p ausgelegt. Daher stimmt die Laufweite theoretisch nur für diese Größe. Bei allen übrigen Schriftgrößen ist sie vom Mediengestalter zu korrigieren.

Bei größeren Schriftgraden muss sie wegen des Spationiereffekts verringert, bei kleineren vergrößert werden. Diese Korrektur der Normallaufweite ist bei manchen Setzsystemen Teil des Ästhetikprogramms. Eine Reduzierung der Buchstabenabstände bzw. der Laufweite wird als Unterschneiden bezeichnet. Mit einem Unterschneidungswert kann ein Anwender seine individuellen Vorstellungen bezüglich des Schriftbildes für den gesamten Text realisieren.

Das Erweitern der vorgegebenem Laufweite durch manuelle Eingabe eines Einheitenwertes wird als Spationieren oder Sperren bezeichnet. Im Bleisatz wurden die Buchstabenabstände eines Wortes oder einer Zeile erweitert, indem man Metallstücke, sogenannte Spatien, zwischen die Lettern steckte.

Die Laufweite einer Schrift

Die Laufweite einer Schrift

Die Laufweite einer Schrift

Die Laufweite einer Schrift

Die Laufweite einer Schrift

Die Laufweite bei unterschiedlichen Schriftgrößen

Schriften müssen zu einer optimalen Informationsübertragung gut lesbar sein. Dies gilt besonders umfangreiche Texte und die dabei verwendete Grundschrift. Außerdem ist die Zielgruppe zu beachten. Für Briefbogen einer Maschinenfabrik ist sicher keine elegante Schreibschrift, für die Werbung eines Juweliers keine fette serifenlose Antiquaschrift geeignet.

Gleiche Schriftgröße: Laufweite normal

Schriften müssen zu einer optimalen Informationsübertragung gut lesbar sein. Dies gilt besonders umfangreiche Texte und die dabei verwendete Grundschrift. Außerdem ist die Zielgruppe zu beachten. Für Briefbogen einer Maschinenfabrik ist sicher keine elegante Schreibschrift, für die Werbungeines Juweliers keine fette serifenlose Antiquaschrift geeignet.

Gleiche Schriftgröße: Laufweite unterschnitten

Schriften müssen zu einer optimalen Informationsübertragung gut lesbar sein. Dies gilt besonders umfangreiche Texte und die dabei verwendete Grundschrift. Außerdem ist die Zielgruppe zu beachten. Für Briefbogen einer Maschinenfabrik ist sicher keine elegante Schreibschrift, für die Werbungeines Juweliers keine fette serifenlose Antiquaschrift geeignet.

Gleiche Schriftgröße: Laufweite erweitert

6.5.1 Wortabstand

Optimaler Wortabstand heißt ein dem jeweiligen Schriftcharacter und seinen Proportionen angepasster Wert. Die Schriftgröße und der Wortabstand stehen in enger Beziehung zueinander. Die Wortabstände sollten so ausgeglichen sein, dass sie weder zu eng sind und die Worte dadurch zusammenfließen, noch dürfen sie zu weit sein, so dass sich Löcher im Textbild ergeben, von denen der Blick abgelenkt wird.

Die Größe des Wortabstandes ist etwa ein Viertelgeviert bis ein Drittelgeviert, je nach Schriftschnitt, Schriftart und Schriftgröße.

Beispielsweise hat bei einer 12-pt-Schrift ein Viertelgeviert die Breite von etwa 1,1 mm, ein Drittelgeviert von etwa 1,4 mm.

Häufig orientiert man sich auch an der Breite des Buchstabens „i" oder an der Innenraumbreite des Buchstabens „n", um den optimalen Wortabstand festzulegen.

Der Wortabstand ist also keine feste Größe, sondern ein relatives Maß. Bei Überschriften werden meist die durch Buchstabenform und Interpunktionen bedingten, optisch verschieden breit wirkenden Wortabstände durch Verringern oder Erweitern ausgeglichen; in der Regel ist vor den Buchstaben A, V, W und T der Wortabstand zu reduzieren.

Beim Blocksatz werden die Wortabstände durch ein Minimum und Maximum von Einheiten festgelegt, und innerhalb dieser Werte werden die Zeilen normalerweise ausgeschlossen (auf volle Breite gebracht). Als Minimum bzw. Mindestwortabstand benutzt man beim normalen Blockssatz 75 % als Maximum 150 % des normalen Wortabstandes.

Bei schmalen Satzspalten im Blocksatz, mit weniger als 50 Buchstaben pro Zeile, ist meist ein größerer Spielraum nötig; etwa im Minimum 60 %, im Maximum 180 %.

Um beispielsweise die Wortabstände innerhalb einer Blocksatzzeile optisch gleichmäßig zu halten, muss beim Verringern, sei es manuell oder mittels

Für die Auswahl der Schriften sind grundsätzlich das (Druck-)Produkt, die spezifischen Eigenart und der Verwendungszweck entscheidend. Die sprachliche Aussage des Textes muss dabei mit der stilistischen Aussage des Schriftcharakters übereinstimmen. Schriften müssen zu einer optimalen Informationsübertragung gut lesbar sein. Dies gilt besonders für umfangreiche Texte und die dabei verwendete Grundschrift. Außerdem ist die Zielgruppe zu beachten. Für den Briefbogen einer Maschinenfabrik ist sicher keine elegante Schreibschrift, für die Werbung eines Juweliers keine fette serifenlose Antiquaschrift geeignet.

Für die Auswahl der Schriften sind grundsätzlich das (Druck-)Produkt, die spezifischen Eigenart und der Verwendungszweck entscheidend. Die sprachliche Aussage des Textes muss dabei mit der stilistischen Aussagedes Schriftcharakters übereinstimmen. Schriften müssen zu einer optimalen Informationsübertragung gut lesbar sein. Dies gilt besonders für umfangreiche Texte und die dabei verwendete Grundschrift. Außerdem ist die Zielgruppe zu beachten. Für den Briefbogen einer Maschinenfabrik ist sicher keine elegante Schreibschrift, für die Werbung eines Juweliers keine

Für die Auswahl der Schriften sind grundsätzlich das (Druck-)Produkt, die spezifischen Eigenart und der Verwendungszweck entscheidend. Die sprachliche Aussage des Textes muss dabei mit der stilistischen Aussage des Schriftcharakters übereinstimmen. Schriften müssen zu einer optimalen Informationsübertragung gut lesbar sein. Dies gilt besonders für umfangreiche Texte und die dabei verwendete Grundschrift. Außerdem ist die Zielgruppe zu beachten. Für den Briefbogen einer Maschinenfabrik ist sicher keine elegante Schreibschrift,

Zeilenlänge: Bei einem einspaltigen Satz in Büchern oder ähnlich umfangreichen Texten werden für eine optimale Lesbarkeit in der Regel 55 bis 60 Zeichen pro Zeile empfohlen. Grundsätzlich ergeben sich im Blocksatz harmonischere, regelmäßigere Wortabstände, je mehr Wörter in einer Zeile gesetzt werden können.

computergesteuertem Satzprogramm, folgende Reihenfolge eingehalten werden:

- Wenn nicht schon während des Setzens aus optischen Gründen kleinere Wortabstände gewählt worden sind, ist zuerst vor Großbuchstaben mit Fleisch (A, J, T, V, W, Y), zwischen Ziffern und Begriffswörtern (II. Teil) und nach Abkürzungspunkten (Dr. M. Schmid) zu verringern.
- Dann erfolgt ein Verringern hinter Kommas, weil sie optisch viel freie Fläche aufweisen, vor Großbuchstaben ohne Fleisch, weil sie optisch mehr wirken, vor Kleinbuchstaben mit Oberlängen, dann mit Unter- und Mittellängen, hinter Doppelpunkt und Semikolon sowie hinter Punkt, Ausrufezeichen und Fragezeichen.

Erweitert wird in umgekehrter Folge. Beim Flattersatz sollten die Wortabstände optisch gleich sein.

Diese Ausschließregeln können im Computer Publishing System nur bedingt angewendet werden.

Die Wortabstände werden in den Setzsystemen geometrisch einheitlich festgelegt, ohne optische Gesetzmäßigkeiten zu berücksichtigen, es sei denn, das Ästhetikprogramm berücksichtigt die Formen der Buchstaben am Ende und Anfang eines Wortes.

6.6 Zeilenlänge

Die optimale Lesbarkeit einer Zeile hängt nicht nur von deren Schriftart ab, sondern auch von der Zeilenbreite, Schriftgröße und Satzanordnung sowie vom richtigen Wort- und Zeilenabstand.

Die Zeilenlänge nennt die horizontale Distanz, die für den Text vorgesehen ist. Innerhalb der Zeilenbreite kann der Text auf volle Breite, zentriert oder nach links oder rechts angeordnet werden.

Mehrere untereinander auf volle Zeilenbreite gesetzte Zeilen werden als Blocksatz bezeichnet. Innerhalb einer Zeile sind die Wortabstände gleich groß, doch von Zeile zu Zeile unterschiedlich.

Der optimale Wortabstand kann nur bei links- und rechtsbündigem Flattersatz sowie beim Satz auf Mitte (Mittelachsensatz) und bei freiem Zeilenfall erreicht werden.

Bei der Wahl der Zeilenlänge ist zu beachten, dass zu lange Zeilen mit zu vielen Lesesprüngen ermüden und häufig die folgende Zeile beim Lesen schlecht zu finden ist.

Kurze Zeilen erfordern häufige Worttrennungen, die sich lesehemmend auswirken; zudem ermüden kurze Zeilen auf Grund zu geringer Lesesprünge pro Zeile.

Bei Nachschlagewerken sind zu kurze Zeilen weniger problematisch, da in ihnen keine großen Textmengen gelesen werden müssen. Typografische Praktiker für den deutschsprachigen Satz empfehlen 50 bis 60 Zeichen pro Zeile. (Die Wortabstände werden dabei als Zeichen mitgezählt).

Das bedeutet: Je größer die Schriftgröße, um so größer kann die Zeilenbreite sein.

Um bei großformatigen Druckprodukten, wie beispielsweise Zeitungen, Zeitschriften, Prospekten und Bücher, eine optimale Lesbarkeit zu erreichen, muss die Satzspiegelbreite in mehrere Spalten unterteilt werden.

Ein gutes Bespiel dafür sind Nachschlagewerke. Hat der Satzspiegel mehrere Spalten so sind etwa 40 bis 45 Zeichen pro Zeile empfehlenswert. Blocksatzspalten mit 25 und weniger Zeichen führen zu häufigen Trennungen und sehr unregelmäßigen Wortabständen. An manchen Stellen ist der Wortabstand kaum vom Spaltenabstand zu unterscheiden.

6.7 Festlegen der Grundschriftgröße

Wenn sich der Gestalter für eine Schriftart entschieden hat, muss er sich überlegen, welche Schriftgröße er für die Grundschrift einsetzt. Als Grundschrift wird die Schrift bezeichnet, in der der überwiegende Textteil eines Satzprodukts gesetzt wird. Dabei handelt es sich meist um magere Schriftschnitte oder um eine Buchschrift in den Schriftgrößen zwischen 9 und 14 Punkt.

Bei der Festlegung der Grundschriftgröße sind auch die weiteren Bestandteile der Seiten zu beachten. Beispielsweise sind dies Überschriften, Marginalien, Fußnoten und Bildunterschriften, die sich an der Grundschriftgröße orientieren

Bei der Auswahl der Grundschriftgröße nach vorhandenem Platz sollte man berücksichtigen, dass freie Flächen innerhalb der Seite auch als Gestaltungsmittel eingesetzt werden können. Zu viel Text auf einer Seite führt eher zum Weglegen eines Druckprodukts als zum Lesen. Dies kann nicht der Sinn des typografischen Aufwands und des Produkts sein.

In welchem Verhältnis der Gestalter die Schrift zur freien Fläche setzt, hängt unter anderem von dessen Formgefühl ab.

Grundsätzlich sind aber bei der zweckorientierten Auswahl der Grundschriftgröße einige Erkenntnisse zu beachten:

- Bücher für 6- bis 10-jährige Kinder dürfen keineswegs kleinere Grundschriftgrößen haben als 12 Punkt.
- Bei Erstklässlern können auch Grundschriftgrößen von 20 Punkt eingesetzt werden. Dadurch ist ein Anreiz gegeben, dass der Text auch gelesen wird.
- Das Lesen von Romanen und ähnlicher Literatur soll für Jugendliche und Erwachsene entspannend sein. Folglich muss ein Schriftgrad zwischen 9 und 12 Punkt gewählt werden.

Letztlich entscheidend für die Grundschriftgröße ist neben den wirtschaftlichen Erwägungen, beispielsweise der Seitenumfang des Buches, das Schriftbild und die Lesbarkeit der gewählten Schrift.

Bei Zeitungen und Zeitschriften werden im redaktionellen Teil für die Grundschrift 8 bis 10 Punkt eingesetzt. Ziel dieser Objekte ist es, möglichst viele Informationen auf einer begrenzten Papierfläche unterzubringen. Trotz aller Sparzwänge sollte gute Lesbarkeit auch für kurzlebige Produkte oberstes Gebot sein.

Bei Werbedrucksachen ist neben der guten Lesbarkeit die Werbewirksamkeit ein wichtiges Anliegen. Deshalb wird man im Gegensatz zu den Zeitschriften einen etwas größeren Grundschriftgrad wählen. Doch nicht zu groß, damit sich Überschriften und Headlines deutlich abheben können.

Lesefreundlichkeit wird durch die richtige Auswahl der Schriftart und Schriftgröße unterstützt. Im Einklang mit diesen Faktoren ist aber auch der Zeilenabstand als weiteres Kriterium für gute Lesbarkeit zu sehen.

6.8 Zeilenabstand

Der Zeilenabstand, abgekürzt ZAB, wird von Schriftlinie zu Schriftlinie in Millimeter oder in Punkt (pt) gemessen. Der normale, voreingestellte Zeilenabstand „Auto" (automatisch) in einem Layoutprogramm beträgt 120 % der Schriftgröße; eine Schriftgröße von 10 pt hat demnach einen Zeilenabstand von 12 pt.

Zeilenlänge

Typografische Begriffe:
Dieser kurze Absatz wurde
gesetzt, um die Begriffe
Zeilenlänge, Zeilenabstand
und Wortabstand zu zeigen.

Zeilenabstand

Wortabstand

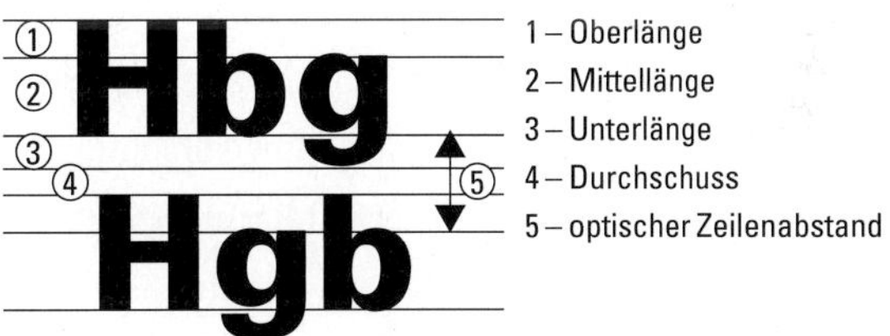

Jede Schriftzeile benötigt einen ganz bestimmten Grundabstand zu der folgenden Zeile, damit die Unterlängen der oberen Zeile nicht mit den Oberlängen der unteren Zeile zusammenstoßen. Die Bezeichnung *Durchschuss* stammt noch aus der Bleisatzzeit: Durch Regletten (Metallstreifen) wurden die Abstände und damit der Weißraum zwischen den Zeilen vergrößert.

Grundsätzlich unterscheidet man allgemein nach dem Zeilenabstand:

– kompresser Satz
Schriftgröße und Zeilenabstand sind identisch
– durchschossener Satz
der Zeilenabstand ist größer als die Schriftgröße
– optischer Zeilenabstand
Abstand zwischen der Schriftlinie und der Mittellänge der folgenden Schriftzeile.

Ein kompresser Satz ist nur selten gut lesbar. Das Auge wird nicht bei siesem sehr geringen Abstand nicht mehr sicher geführt, die Zeilen verschwimmen ineinander.

Der *optische Zeilenabstand* bestimmt die optimale Grauwirkung der gesamten Textfläche und damit auch die Lesbarkeit. Unterschiedliche Mittellängen bei verschiedenen Schriften ergeben einen unterschiedlichen Weißraum zwischen den Zeilen. Für einen optimalen Zeilenabstand gilt als eine Grundregel etwa das eineinhalbfache der Mittellängenhöhe der Schrift.

Dieses optische Maß kann in bestimmten Fällen über- und unterschritten werden. Eine starre Regel

Für die Auswahl der Schriften sind grundsätzlich das (Druck-)Produkt, die spezifische Eigenart und der Verwendungszweck entscheidend. Die sprachliche Aussage des Textes muss dabei mit der stilistischen Aussage des Schriftcharakters übereinstimmen.

10 Punkt mit 9 Punkt Zeilenabstand

Für die Auswahl der Schriften sind grundsätzlich das (Druck-)Produkt, die spezifische Eigenart und der Verwendungszweck entscheidend. Die sprachliche Aussage des Textes muss dabei mit der stilistischen Aussage des Schriftcharakters übereinstimmen.

10 Punkt mit 10 Punkt Zeilenabstand

Für die Auswahl der Schriften sind grundsätzlich das (Druck-)Produkt, die spezifische Eigenart und der Verwendungszweck entscheidend. Die sprachliche Aussage des Textes muss dabei mit der stilistischen Aussage des Schriftcharakters übereinstimmen.

10 Punkt mit 12 Punkt Zeilenabstand

Für die Auswahl der Schriften sind grundsätzlich das (Druck-)Produkt, die spezifische Eigenart und der Verwendungszweck entscheidend. Die sprachliche Aussage des Textes muss dabei mit der stilistischen Aussage des Schriftcharakters übereinstimmen.

10 Punkt mit 16 Punkt Zeilenabstand

Für die Auswahl der Schriften sind grundsätzlich das (Druck-)Produkt, die spezifische Eigenart und der Verwendungszweck entscheidend. Die sprachliche Aussage des Textes muss dabei mit der stilistischen Aussage des Schriftcharakters übereinstimmen.

10 Punkt mit 20 Punkt Zeilenabstand

für den optimalen Zeilenabstand lässt sich nicht aufstellen, da die Strichführung der Schriftzeichen, die unterschiedlichen Größen der Ober-, Unter- und Mittellängen sowie die Laufweite auch beachtet werden müssen.

Auch die Zeilenbreite kann den Zeilenabstand mit beeinflussen. Denn je schmaler die Zeilenbreite, um so geringer kann der Zeilenabstand gewählt werden. Der Grund ist: Bei kurzen Zeilen muss das Auge weniger große Sprünge in vertikaler Richtung ausführen als bei langen Zeilen.

Obwohl bei der Festlegung des Zeilenabstandes die bestmögliche Lesbarkeit im Vordergrund stehen sollte, muss auch die ökonomische Seite Beachtung finden. Ein etwas geringerer Zeilenabstand verringert den Gesamtumfang eines Werkes. Dies führt zu geringerem Verbrauch an Papier, Farbe und Druckformen sowie zur Einsparung von Kosten für den Druck und die buchbinderische Verarbeitung.

6.9 Satzanordnung

Die Anordnung von Zeilen auf einer Seite kann in unterschiedlicher Weise erfolgen und zwar als Blocksatz, links- und rechtbündiger Flattersatz, Mittelachsensatz und freier Zeilenfall sowie Figurensatz.

Der *Blocksatz,* bei dem alle Zeilen auf die gleiche Breite ausgeschlossen sind, nutzt den Satzspiegel am besten aus. Ein typografisch einwandfrei gesetzter Blocksatz hat mindestens 45 bis 50 Zeichen pro Zeile, wobei die Wortabstände als Zeichen mitgerechnet werden. 70 bis 80 sollten nach Möglichkeit nicht überschritten werden, weil sonst Ermüdungserscheinungen beim Lesen auftreten. Innerhalb einer Zeile

Für die Auswahl der Schriften sind grundsätzlich das (Druck-)Produkt, die spezifischen Eigenart und der Verwendungszweck entscheidend. Die sprachliche Aussage des Textes muss dabei mit der stilistischen Aussage des Schriftcharakters übereinstimmen. Alle Schriften müssen zu einer optimalen Informationsübertragung gut lesbar sein.

Blocksatz

Für die Auswahl der Schriften sind grundsätzlich das (Druck-)Produkt, die spezifischen Eigenart und der Verwendungszweck entscheidend. Die sprachliche Aussage des Textes muss dabei mit der stilistischen Aussage des Schriftcharakters übereinstimmen. Schriften müssen zu einer optimalen Informationsübertragung gut lesbar sein.

Erzwungener Blocksatz

Für die Auswahl der Schriften sind grundsätzlich das
(Druck-)Produkt, die spezifischen Eigenart und der
Verwendungszweck entscheidend. Die sprachliche
Aussage des Textes muss dabei mit der stilistischen
Aussage des Schriftcharakters übereinstimmen.
Schriften müssen zu einer optimalen Informations-
übertragung gut lesbar sein.

Flattersatz linksbündig

Für die Auswahl der Schriften sind grundsätzlich das
(Druck-)Produkt, die spezifischen Eigenart und der
Verwendungszweck entscheidend. Die sprachliche
Aussage des Textes muss dabei mit der stilistischen
Aussage des Schriftcharakters übereinstimmen.
Schriften müssen zu einer optimalen Informations-
übertragung gut lesbar sein.

Flattersatz rechtsbündig

Für die Auswahl der Schriften sind grundsätzlich
das (Druck-)Produkt, die spezifischen
Eigenart und der Verwendungszweck entscheidend.
Die sprachliche Aussage des Textes muss dabei
mit der stilistischen Aussage des Schriftcharakters
übereinstimmen.
Schriften müssen zu einer optimalen Informationsübertragung gut lesbar sein.

Mittelachsensatz

sind die Wortabstände gleich groß, doch von Zeile zu Zeile unterschiedlich.

Charakteristisch für den *Blocksatz* ist die strenge, feste Formbegrenzung und der einheitliche geschlossene Grauwert. Jede Zeile hat den gleichen Lesebeginn und das gleiche Leseende. Dadurch ergibt sich ein streng systematischer Lesefluss. Der größte Teil der Satzproduktion erfolgt heute im Blocksatz.

Bei einem *erzwungenen Blocksatz* werden nicht nur die Wortabstände erweitert oder verringert, sondern auch die Zeichenabstände. Unter Typografen wird diese Form des Blocksatzes abgelehnt.

Beim *linksbündigen Flattersatz* werden die Zeilen auf eine linke imaginäre Senkrechte (Satzkante) ausgerichtet und rechts frei auslaufend gesetzt. Die Wortabstände sind gleich groß. Idealerweise wechseln kurze und längere Zeilen ab. Die Rhythmik der auslaufenden Zeilen und der stets gleiche Zeilenbeginn stellen eine positive Leseunterstützung dar.

Trennungen können innerhalb einer festgelegten Flatterzone unterdrückt werden.

Bei mehrspaltig umbrochenen Flattersatz kann der Spaltenabstand geringer gehalten werden als beim Blocksatz. Das Aufeinanderfolgen mehrerer kurzer Zeilen, sogenannte Löcher, ist zu vermeiden. Durch einige zusätzliche Trennungen lässt sich die Rhythmik im Zeilenfall wieder herstellen.

Im Gegensatz zum linksbündigen Flattersatz werden die Zeilen beim *rechtsbündigen Flattersatz* auf die rechte Satzkante hin ausgeschlossen. Rechtsbündiger Flattersatz sollte nur für kleine Textmengen eingesetzt werden, da der unterschiedliche Zeilenbeginn den Lesefluss hemmt. In Verbindung mit Blocksatz kann der rechtbündige Flattersatz die Funktion einer Marginalie (Randbemerkung) übernehmen. Außerdem ermöglicht seine Verwendung eine klare Zuordnung zu Bildern oder anderen Texten.

Einen sogenannten *Rausatz* (früher: Rauhsatz) erzielt man, wenn die Flatterzone sehr klein gehalten wird. Erforderliche Worttrennungen werden hierbei wie beim Blocksatz vorgenommen. Dadurch kommt es zu keiner Umfangserweiterung.

Wer die Satzkanten beim Block- und Flattersatz kritisch betrachtet, erkennt Lücken. Durch einen Randausgleich kann eine optisch gleichmäßige vertikale Satzkante erzielt werden. Bei hochwertigem Satz wird dies erreicht, indem man Punkturen und Teile von Versalien über die Satzkante hinausragen lässt. Manche Ästhetikprogramme ermöglichen diesen Ausgleich automatisch. Andernfalls ist ein beachtlicher Tastaufwand dazu erforderlich.

Der *Mittelachsensatz* ist eine typografische Gestaltungsart, die auch symmetrische oder axiale Satzanordnung genannt wird. Die unterschiedlich langen Zeilen werden in ihrer rechnerischen Mitte auf einer Senkrechten untereinander angeordnet.

Idealerweise sollten die kurzen Zeilen nicht weniger als die Hälfte der Länge der längsten Zeile betragen. Eine gut ausgewogene Satzfigur bei Headline-Zeilen im Kurz-lang-Rhythmus, die den Gesamtzusammenhang innerhalb der Seite berücksichtigt, muss Ziel des Gestalters sein.

Die Unterschiedlichkeit von Zeilenbeginn und Zeilenende beeinträchtigt den Lesefluss. Deshalb ist

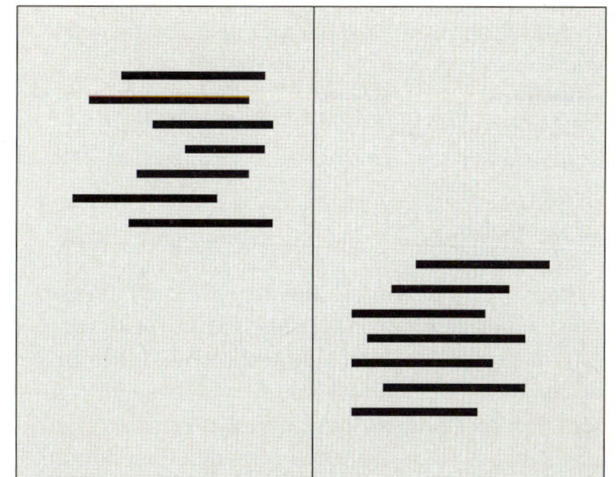

Der freie Zeilenfall kennt keine eindeutige Satzfigurenform

Der Fließsatz wird durch übergeordnete syntaktische Maßnahmen zum Figurensatz
Die sogenannte Spitzkolumne stellt eine traditionelle Figurensatzart im Werksatz dar.
Heute wird der Figurensatz nur in sehr eigenwilligen Designerentwürfen als dramatisierendes Mittel verwendet.

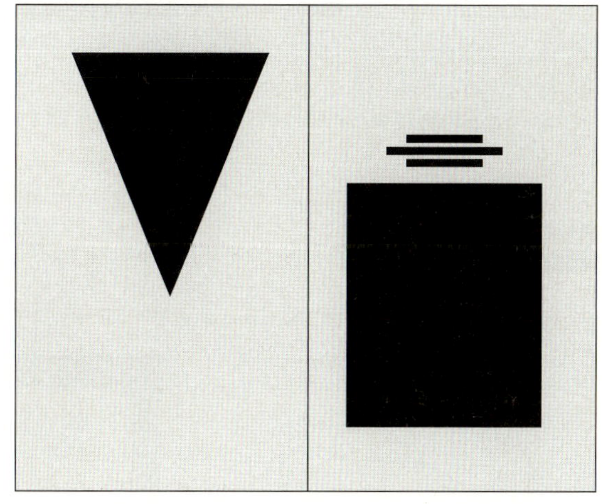

der Mittelachsensatz nur bei geringen Textmengen empfehlenswert, beispielsweise bei
• Buchtiteln,
• Plakaten,
• Anzeigen,
• Urkunden und
• Dokumenten.

Beim *freien Zeilenfall* sind die einzelnen Zeilen meist in unterschiedlicher Länge auf der Seite verteilt, ohne sich dabei auf eine senkrechte Achse zu beschränken. Der freie Zeilenfall wird besonders in der Lyrik als Textgestaltungsmittel eingesetzt. Die inhaltliche Aussage kann den formalen Gesichtpunkten eindeutig übergeordnet sein. Durch die Eigenständigkeit der einzelnen Zeilen wird die Bedeutung der sprachlichen Aussage zusätzlich gegliedert.

Der *Figurensatz* ist auf wenige Anwendungsbereiche begrenzt und kann einerseits selbst zur Figur werden oder seine Form kann durch Bildformen bestimmt werden. Er kann den Textinhalt durch seine äußere Form unterstützen, aber auch den Text durch seine besondere Form als eigenständiges Element in die Gestaltung einbeziehen. Der Figurensatz wird meist nur in sehr eigenwilligen Entwürfen als dramatisierendes Stilmittel verwendet.

6.10 Linien

Dieses Gestaltungsmittel wird eingesetzt, um zu ordnen, zu trennen und zu unterstützen. Es gibt Linien in vielfachen Formen und Stärken. Neben der einfachen geraden Linie gibt es noch andere Formen, beispielsweise punktierte Linien, doppelte Linien, Englische Linien, Azuree- und Moirélinien.

Die Linienstärke, auch als Linienbild bezeichnet, wird in den meisten Satzprogrammen in Millimetern oder DTP-Punkten eingegeben, beispielsweise von 0,05 mm an in 0,01 mm-Abstufungen aufwärts.

Haarlinien werden in vielen Anwendungsprogrammen nur mit einem Pixel definiert. Dies sieht zwar auf einer Ausgabe mit einem Laserdrucker, der mit 300 oder 600 dpi arbeitet, gut aus.

Bei einem Belichter mit einer Auflösung von 2540 dpi ist diese Linie nur noch etwa 0,01 mm stark und bricht meist bei der Belichtung der Druckplatte weg. Besser ist es daher, eine Linienstärke von 0,05 mm oder größer zu wählen.

Wenn Linien positioniert werden, ist darauf zu achten, wie sich die Linienbreiten aufbauen. Beim Satzprogramm QuarkXPress beispielsweise werden die Linien stets zentriert, das heißt, die Breite verteilt sich in gleichen Werten links und rechts von der Bezugslinie.

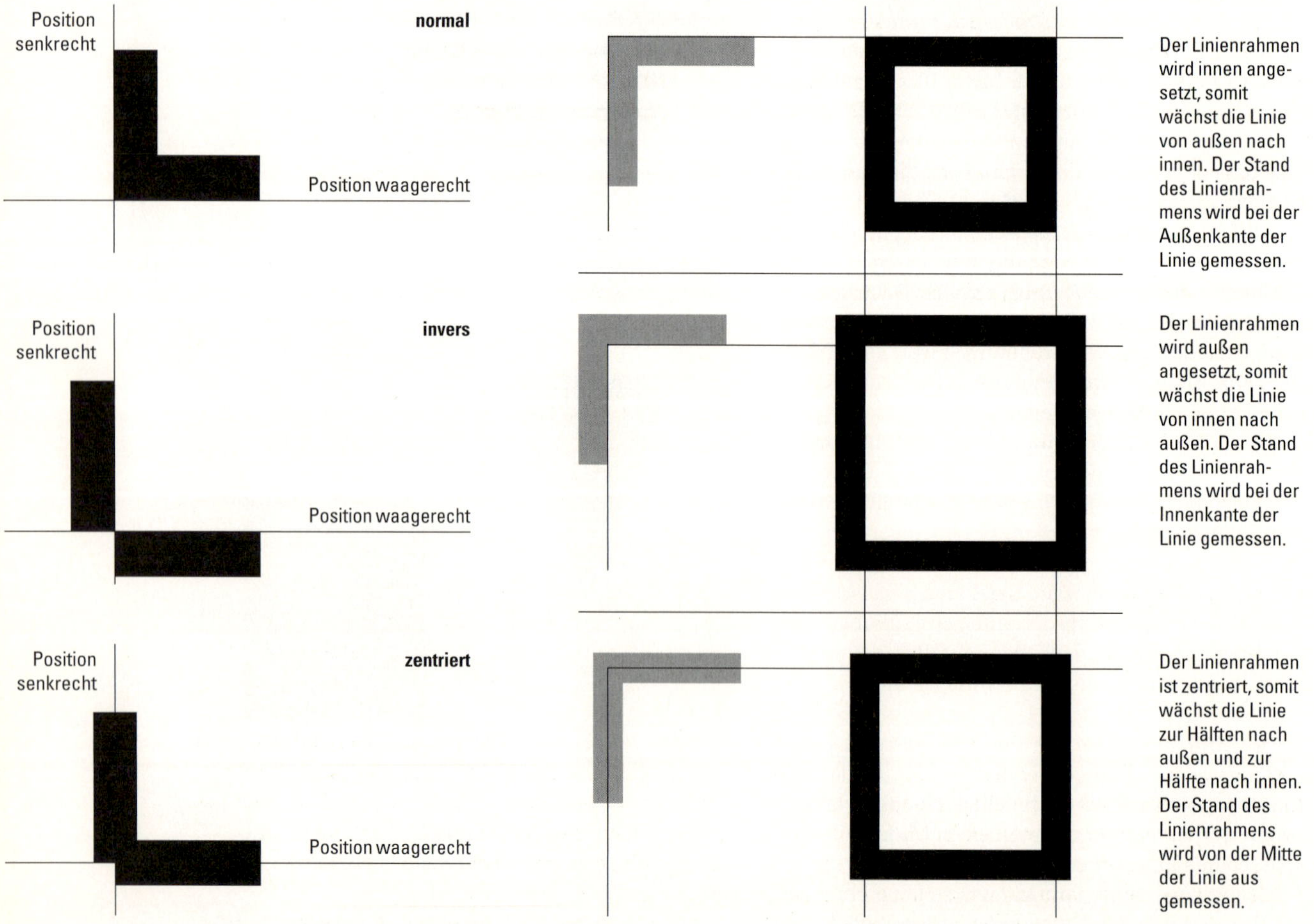

Position senkrecht
normal
Position waagerecht
Position senkrecht
invers
Position waagerecht
Position senkrecht
zentriert
Position waagerecht
Der Linienrahmen wird innen angesetzt, somit wächst die Linie von außen nach innen. Der Stand des Linienrahmens wird bei der Außenkante der Linie gemessen.
Der Linienrahmen wird außen angesetzt, somit wächst die Linie von innen nach außen. Der Stand des Linienrahmens wird bei der Innenkante der Linie gemessen.
Der Linienrahmen ist zentriert, somit wächst die Linie zur Hälften nach außen und zur Hälfte nach innen. Der Stand des Linienrahmens wird von der Mitte der Linie aus gemessen.

Positionierung von Linien

6.10.1 Linienrahmen

Sie werden vor allen bei Urkunden, Diplomen, Programmen, Prospekten, Plakaten und Anzeigen eingesetzt, um Texte hervorzuheben oder zu begrenzen. Rahmen sollten nicht mit einzelnen Linien hergestellt werden, da es schwierig ist, am Bildschirm einen exakten Linienanschluss zu definieren. Besser ist es, die Rahmenfunktion zu nehmen, die von den meisten Programmen angeboten werden.

Werden Texte hervorgehoben, sollten Linie und Schrift in ihrer Strichstärke entweder gleich sein, was häufig schwer zu erreichen ist, oder aber einen starken Kontrast bilden. Besteht die Umrandung aus zwei unterschiedlichen Linienstärken, so kann sich die Strichstärke der Schrift entweder an der einen oder der anderen Linienstärke orientieren oder beide in sich vereinen.

Der Abstand zwischen Text und Linie sollte etwa der Breite des Buchstabens „m" entsprechen, bei mehrspaltigem Satz aber nicht kleiner sein als der Spaltenabstand. Aus optischen Gründen wird man den unteren Abstand etwas größere wählen als die anderen Abstände.

Bei Linienrahmen gibt es meist drei verschiedene Möglichkeiten, wie sich die Linienstärken aufbauen:

- Die Linien wachsen ausgehend von den Bezugslinien von außen nach innen.
- Die Linien werden zentriert. Ausgehend von den Bezugslinien wachsen die Linien zur Hälfte nach außen und zur Hälfte nach innen.
- Die Linien wachsen ausgehend von den Bezugslinien von innen nach außen.

6.11 Otl Aicher: das zeichen 'druckhaus maack'

(Vorbemerkung: Der Text wurde, wie nachfolgend wiedergegeben, von Otl Aicher verfasst. Aicher verwendete dabei keine Versalien. Interessant ist neben dem Künstlerisch-Kreativen die Lesbarkeit des Textes in dieser Form.)

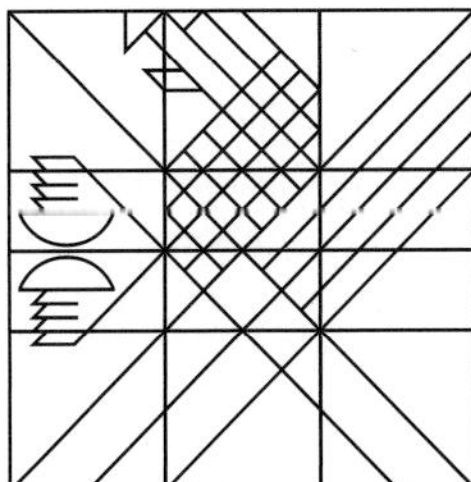

das zeichen 'druckhaus maack'

für das druckhaus maack wurde vom büro aicher 1982 ein neues zeichen entworfen. die aufgabenstellung war so, daß das traditionelle emblem für das druckgewerbe als semantische einheit auftauchen sollte. zugleich sollte eine syntaktische struktur gefunden werden, die es erlaubt, das zeichen im kontext der typografie zu verwenden, die in unserer schriftkultur durch horizontale und vertikale bestimmt ist.

das semantische zeichen besteht aus einem funktionellen hinweis, nämlich den beiden stempelballen, wie sie in der handwerklichen ära der drucktechnik gebräuchlich waren und einem heraldischen hinweis in form eines greifen.
der inhaltliche hinweis in form von stempelballen und greif ist nahezu bedeutungslos, kaum jemand nimmt den rückgriff auf die vergangenheit wahr.
dagegen ist die emblematische figur, das signet, von belang. es verbirgt sich dahinter ein zunftzeichen, das einen anspruch auf handwerkliche qualität, wie sie im drucken einst üblich war, signalisiert.

die syntax des zeichens.
das zeichen basiert auf einem quadrat. das quadrat gilt heute insofern als die vollkommenste figur, als es jeweils um sich selbst nach allen vier seiten multiplizierbar ist. aus dem quadrat entsteht dann ein netz, eine form wird transponiert in eine struktur.

struktur ist ein erst heute richtig erkanntes ästhetisches und funktionelles system höherer ordnung, welches das denken in formen und damit die herkömmliche auffassung von kunst aufgelöst und erweitert hat. die antike dachte noch in formen. so verwundert es auch nicht, daß aristoteles den kreis als die vollkommenste form bezeichnet hat: eine figur, die von ihrem mittelpunkt immer denselben abstand hat.
ein kreis ist autonom, solitär, nur durch sich selbst bestimmt.
das quadrat ist sowohl form wie element, sowohl subjekt wie objekt und hat damit eine höhere geltungsweise. es ist form und element einer struktur.

so gesehen lag es nahe, für das zeichen des druckhaus maack ein quadrat und nicht einen kreis zu wählen. als quadrat nimmt das zeichen beziehungen zum umfeld auf, das in der typografie immer von orthogonal begrenzten flächen bestimmt ist. so wird das zeichen zum beispiel gesteigert, wenn neben ihm bis zum nächsten textfeld ein leeres quadrat, eine leerfläche im umfang des zeichen quadrates steht.

das quadrat des zeichens ist unterteilt. mit der teilung betreten wir das feld der zahl. das quadrat ist vertikal geteilt in zwei teile, horizontal in drei teile.

mit diesen beiden teilungsarten, nämlich teilen 'durch' zwei und teilen 'durch' drei ist die basis der proportionslehre wiedergegeben.

wir erleben heute in der typografie den übergang von einem zwölfersystem in ein dezimalsystem. an die stelle der zwölferskala, die dem didotschen punktsystem zugrunde lag, tritt ein millimetersystem nach zehnerteilungen. die zahl zehn verdrängt die zahl zwölf.
das zehnersystem ist ein antromorphes system, leitet sich ab von den zehn fingern und zehen. das zwölfer-

system ist ein kosmisches, ist gegeben durch die jahreseinteilungen nach dem erscheinen des mondes. es war offenbar die absicht der französischen revolution, den menschen, das individuum in den mittelpunkt der weltbetrachtung zu stellen und ihn zu befreien - auch symbolisch - von den überirdischen kosmischen mächten.

man hat dabei Übersehen, daß die zahl zwölf gegenüber der zahl zehn einen axiomatischen vorteil hat:
sie läßt sich sowohl durch zwei wie durch drei teilen.
zehn dagegen kann man nur durch zwei teilen, wenn man bei ganzen zahlen bleibt.
die teilung von zehn ergibt
10 : 5
die teilung von zwölf ergibt
12 : 6 : 3 und
12 : 4 : 2
das zwölfersystem gibt durch einfache teilungen alle verhältnisse frei, die durch die zahlen 2, 3, 4, 5, 6, 7 ... bestimmt sind, das zehnersystem bleibt auf eine 5 beschränkt. (angenommen werden einfache teilungen und auch einfache additionen wie 2 + 3 = 5).
das hat mathematische bedeutung aber auch pragmatische.
ein zeichner, ein architekt oder ein typograf denkt dauernd in proportionen und tut am leichtesten, wenn er in teilungs- und additionsprozessen entwerfen kann.
im zehnersystem gibt es praktisch keine teilungskette, die man durch halbieren und dritteln ersetzen kann. wer im zehnersystem entwirft, hat keinen kodex der zuordnung mehr, er braucht absolute maße von außen, die er nach dem zentimetermaßstab überträgt.

mit dem zehnersystem geht die welt der proportionen unter, damit die welt der zuordnungen, der ordnung überhaupt. es gilt was gilt, aber nicht mehr was sich ableiten oder in beziehung setzen läßt.

gegen diesen immensen kulturverlust, der nicht laut von statten geht, sondern heimlich wie eine epidemie, geht das zeichen des druckhaus maack an, indem es seine referenz vor der zahl zwölf erweist, als der kleinsten zahl, die sich sowohl durch drei wie durch zwei teilen läßt.

das netz, das durch zwei- und dreiteilung eines quadrates entsteht, ist der ordnungsfaktor und der proportionsfaktor, damit der ästhetisch schlüssel für das semantische zeichen des druckenden greifen. der druckende greif wird eingesetzt in die proportionssyntax wie eine sprachliche aussage in das versmaß eines gedichtes oder ein song in einen takt. er wird nicht naturalistisch dargestellt sondern nach maßgabe eines zweier- und dreierrasters.
das bild, also die bedeutung des zeichens manifestiert sich nur in der struktur. nur im syntaktischen gerüst.
das zeichen tut so, als wisse es bescheid über die errungenschaften der modernen semiotik. diese läßt kommunikation nur gelten, wenn semantik und syntax, wenn bild und struktur zur deckung kommen.
semantik ohne syntax ist wie fleisch ohne knochen und syntax ohne semantik, die eigentliche sünde des 20. jahrhundert – ist wie gesetz ohne leben, wie ordnung ohne initiativen, wie befehl ohne wille, wie geleise ohne züge, wie schrift ohne mitteilung.

das zeichen des druckhaus maack ist also nicht nur ein protest gegen das dezimalsystem und die auslöschung einer analogen kultur zugunsten der digitalen, es ist auch ein bekenntnis zur sprache, die weder syntax noch semantik, weder inhalt und form ist, sondern beides.
und beides zusammen so unzertrennlich, daß zum beispiel eine architektur der syntax die gegen funktionalität opponiert oder eine malerei, die als konkrete malerei auf mitteilungen verzichtet, ihrem eigenen ende überlassen werden können.

noch etwas steckt in dem zeichen des druckhaus maack.

es ist nicht nur gegliedert in vertikale und horizontale, sondern auch in diagonale. die diagonale ist ein stiefkind unserer zeichenkultur. aber dieses unscheinbare geschöpf hat eine große zukunft vor sich. dies sei an einem beispiel erläutert.

viele elektronische zeichnungen, speziell auf dem bildschirm, erscheinen als eckige zinnenbilder. konturen werden zu zick-zack-leitern. das ist das abbild des cartianischen koordinatensystems.
die rechner bedienen sich der koordinaten.

aber deskartes hat dieses koordinationssystem ja nicht eingeführt um koordinatenwerte festzulegen, sondern um schräge kurven, das heißt tendenzlinien bestimmen zu können. die kleinste einheit einer kurve war damit nicht durch einen koordinatenwert bestimmt, sondern durch zwei. eine linie ist die verbindung von zwei punkten, gleichgültig wo diese im raum liegen.

der rechner der nächsten generation wird also in der lage sein, in seinem netz auch schrägliegende linien zu bestimmen durch die angabe von zwei werten.
gäbe es in der heutigen plotterzeichnung nicht nur orthogonale und vertikale, sondern auch diagonale, hätte eine zeichnung zweierlei kriterien:
sie ist realistisch, gibt wirklichkeitsnahe bilder.
sie ist in jedem punkt berechnet. übersetzbar in computersprache.

die diagonale eines quadrates hat in diesem jahrhundert einmal eine ganz besondere rolle gespielt.
dies war als das druckgewerbe pate stand bei der ersten deutschen industrienorm, bei der DIN 1. es ging darum, papierformate zu standardisieren und zwar so, daß jedes format durch die halbe fläche das

nächst kleinere ergibt ohne daß das verhältnis von breite und höhe sich ändert.
man nahm ein quadrat, zog eine diagonale und definierte das gesuchte format folgendermaßen:
die breite zu höhe habe das verhältnis wie eine quadratseite zur diagonalen des formats, wobei der flächeninhalt gleich einem quadratmeter sein soll.
das war das format DIN A 0.
heute sind die DIN formate allgemeingut der typografie und der drucktechnik.
sie sind nicht unproblematisch, haben sich aber zu recht durchgesetzt. am anfang dieser normierung steht ein quadrat und seine diagonale.

auch dafür will das zeichen des druckhaus maack seine referenz erweisen.

(Text im Original nach Otl Aicher; mit freundlicher Erlaubnis: Druckhaus Maack, Lüdenscheid)

6.12 Entwurf einer Faltschachtel aus der Sicht des Mediengestalters

Wir kennen aus dem täglichen Gebrauch kaum noch Artikel, die nicht in irgendeiner Weise verpackt sind. Es kann ein einfaches Einwickelpapier sein, eine Kunststoff- oder Metallfolie, ein Karton, eine Tüte, eine Einstück-Faltschachtel oder gar eine komplizierte mehrteilige Faltschachtel mit Doppelwandung, Futteral, Klarsichtfenster, Schutzlack und Aufstellvorrichtung. Die Reihe kann beliebig erweitert werden.

Nachfolgend wird nur auf eine einfache Einstück-Faltschachtel eingegangen, da kompliziertere Formen umfassende Kenntnisse über Verpackungstechnik und -design erfordern.

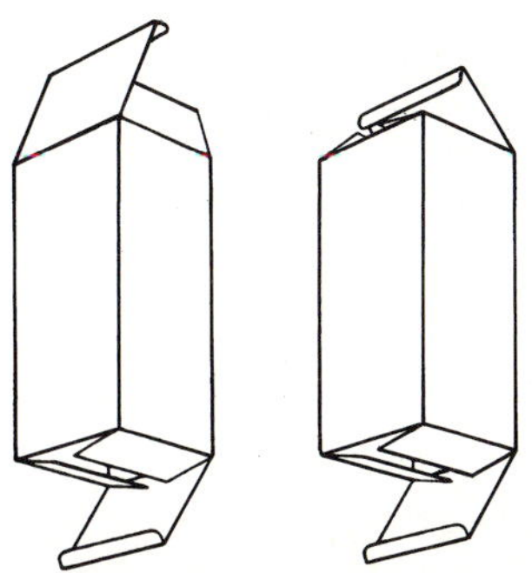

Die Verpackung eines Artikels und somit auch die Faltschachtel dient hauptsächlich drei Aufgaben:
- Schutz vor Beschädigungen,
- Erläuterungen zum Artikel,
- verkaufsfördernde Aufmachung.

Der Schutz eines Artikels ist das eigentliche Ziel für die Erstellung einer Verpackung.

Das kann der Schutz vor dem unhygienischen Anfassen von Lebensmitteln, aber auch Transport- oder Lagersicherung bei zerbrechlichen oder empfindlichen Gegenständen sein. Der Artikel ist oft extremen Belastungen durch Temperatur, Feuchtigkeit, Licht oder Druck ausgesetzt. Deshalb spielt das für die Verpackung verwendete Material eine große Rolle.

Ist ein Artikel verpackt, so muss die äußere Aufmachung der Verpackung etwas über den Inhalt aussagen. Sie muss notwendige oder wünschenswerte Informationen liefern. Dazu können neben dem Namen, Verwendungszweck, Hersteller und Registrierstreifen auch Gebrauchsanweisungen gehören.

Es wäre unrentabel, eine Verpackung herzustellen, die das Produkt nicht werbewirksam unterstützt. Bei der Herstellung einer Verpackung sind deshalb neben den in den ersten beiden Punkten erwähnten technischen und informativen Angaben die verkaufsfördernde Verwendung von Farben und Bildmotiven sowie flächengestalterische und typografische Gesichtspunkte zu beachten. Voraussetzung für eine gelungene Aufmachung sind allerdings das Vorschalten und Auswerten werbepsychologischer Maßnahmen, auf die wir hier nicht eingehen können.

In der Berufsausbildung kann die Gestaltung einer Faltschachtel einen wichtigen Teil der Abschlussprüfung für den Mediengestalter der Fachrichtung Mediendesign darstellen. Sie kann aber auch einen peripheren Teil der Fachrichtung Medienberatung ausmachen. Unter den dort geforderten Bedingungen soll die Herstellung einer Faltschachtel behandelt werden. Die Klärung folgender Fragen soll bei der Aufgabestellung helfen:
- Welcher Art ist der Artikel, wie kann man bei der Gestaltung dem Inhalt gerecht werden?
- Welche Hilfsmittel stehen zur Verfügung?
- Welche Möglichkeiten zur Erzielung einer Mehrfarbigkeit haben wir?
- Wieviel Gestaltungselemente (z. B. Bildmotiv, Headline, ...) sind zu verwenden, und worauf ist dabei zu achten?

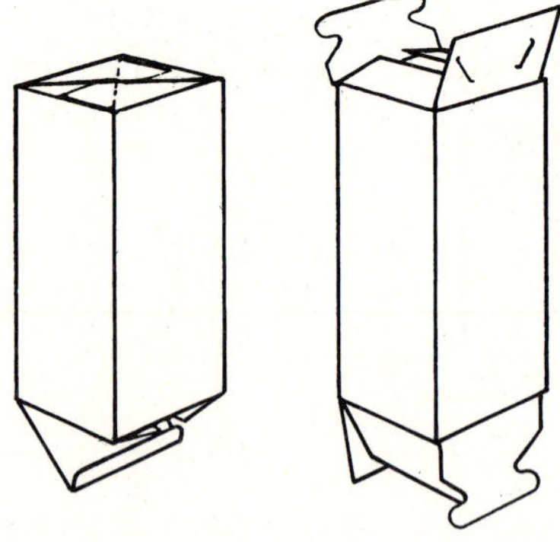

Die Faltschachtel muss von der technischen Ausführung her dem Produkt entsprechen.

Eine Parfümflasche benötigt einen geklebten oder gesicherten Faltboden, da sie sonst leicht herausfallen könnte; die Schachtel wird nur oben geöffnet.

Ein Stück Seife wird üblicherweise seitlich aus der Verpackung genommen, es wird ein beidseitiger Klappverschluss gewählt.

Während die Faltschachtel für die Parfümflasche formstabil und unter Umständen noch innen gefüttert ist, damit die Flasche stoßsicher lagert, kann die Seifenverpackung aus leichterem Material bestehen.

Ferner wird die Flasche normalerweise hingestellt, während die Seife oft liegend angeboten wird; darauf ist bei der Anordnung von Bild und Text zu achten.

Faltschachteln werden gestanzt; dazu liegt eine Stanzform vor, deren Form und Größe für die Gestaltung bindend sind. Ist eine Stanzform noch nicht vorhanden, so wird sie nach einer Stanzformzeichnung angefertigt.

In einem Layoutprogramm wird nach vorgegebener Stanzform die Faltschachtel gestaltet. Die Vorlage kann als flächiger Ausdruck oder als gefaltetes Muster (Dummy) präsentiert werden. (Anmerkung: Die Art der Präsentationsvorlage wird z. B. in den Prüfungsaufgaben der Mediengestalter festgelegt. Die Größe der Vorlage beträgt in der Regel 100 %.)

Keine Faltschachtel, wenn sie interessant aufgemacht und das Produkt ansprechend präsentieren soll, ist ohne Farbe und ggf. sogar auch zusätzliche Veredelungen in der heutigen Zeit denkbar.

Für informative und werbewirksame Aufdrucke auf Faltschachteln, z. B. für die pharmazeutische und kosmetische Industrie und vor allem für exklusive Geschenkverpackungen, ist eine produktbezogene, kreative Gestaltung und Farbigkeit unverzichtbar.

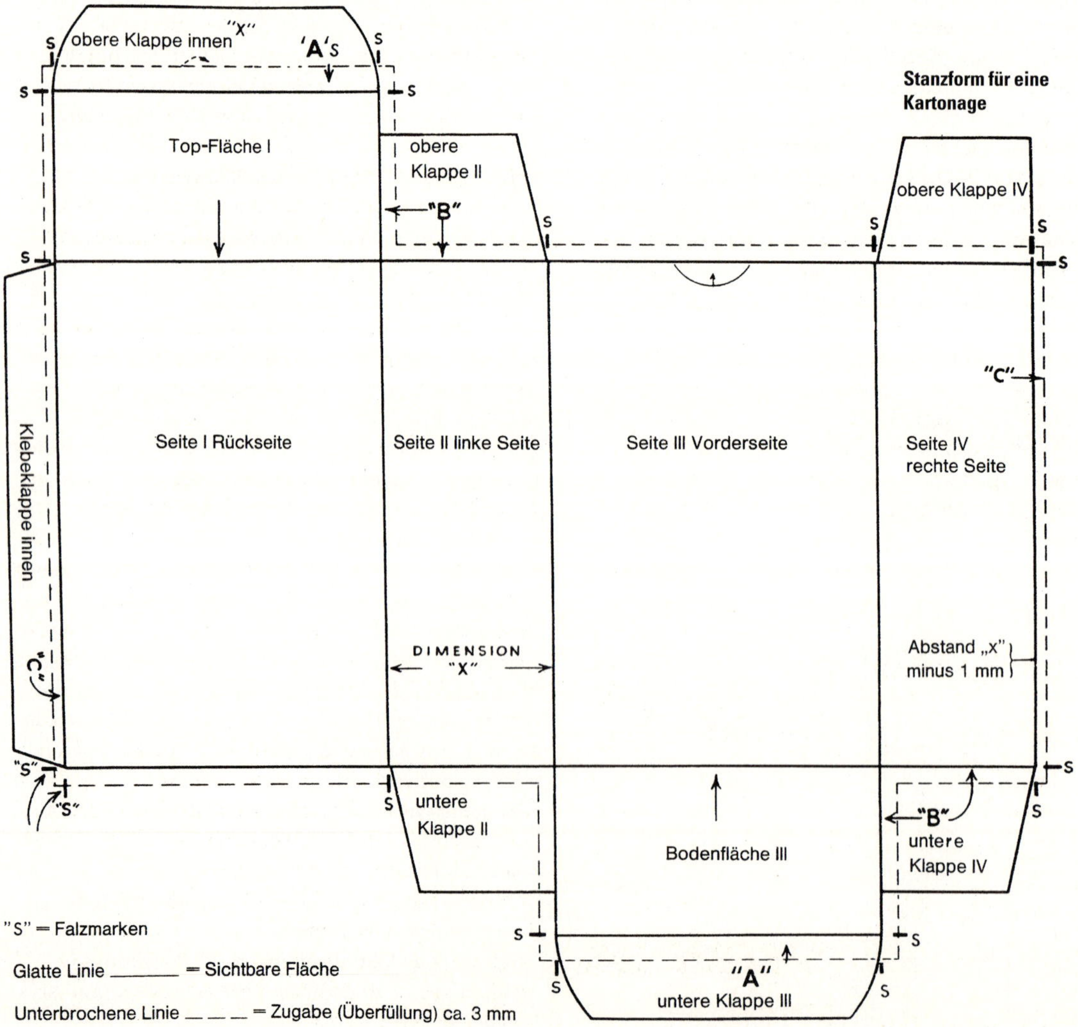

Stanzform für eine Kartonage

obere Klappe innen "X"
'A's
Top-Fläche I
obere Klappe II
"B"
obere Klappe IV
Klebeklappe innen
"C"
Seite I Rückseite
Seite II linke Seite
Seite III Vorderseite
Seite IV rechte Seite
"C"
DIMENSION "X"
Abstand „x" minus 1 mm
"S"
untere Klappe II
Bodenfläche III
"B"
untere Klappe IV
"A"
untere Klappe III

"S" = Falzmarken

Glatte Linie ______ = Sichtbare Fläche

Unterbrochene Linie _ _ _ = Zugabe (Überfüllung) ca. 3 mm

Der Gestalter ist also gezwungen, mit diesen Farben auszukommen. Trotzdem gibt es Möglichkeiten, mit wenigen Farben eine Farbvielfalt zu erzielen:

- Durch Übereinanderdrucken lasierender Farben können neue Farben erreicht werden. Zum Beispiel: Cyan und Gelb übereinandergedruckt ergeben Grün.
- Durch Aufrasterung einer Farbe kann ein hellerer Farbton erzielt werden.

Zusätzlich können diese beiden Möglichkeiten noch kombiniert werden.

Zum Beispiel: Ein 50 % aufgerastertes Cyan und ein echtes Gelb ergeben ein helles Grün, während aus einem echten Cyan und einem 50 % Gelb ein Blaugrün wird.

Zu beachten ist dabei, dass die Tonwertunterschiede deutlich sichtbar sind und die Rasterweite der Größe der Faltschachtel und der gestalteten Farbflächen entspricht. Auch wird eine zu große Buntheit der Faltschachtel in ihrer Wirkung eher schaden als nützen.

Den Vorgaben und damit den Kundenwünschen ist Folge zu leisten. Wird ein Bildmotiv und eine Headline für die Vorderseite gewünscht, so können nur der Stand und die Größe – wenn diese nicht bindend angegeben sind – frei gewählt werden. Auch besteht die Möglichkeit, diese Motive auf den übrigen Seiten der Faltschachtel anzuordnen.

Zur Gestaltung der Vorderseite sollten folgende Gedanken berücksichtigt werden:
Ein Bildmotiv soll einen Blickfang darstellen und über den Inhalt der Faltschachtel Aufschluss geben. Es soll so groß angelegt sein, dass es den Blick des Betrachters auf sich zieht, ohne ihn durch überproportionierte Wirkung erschlagen zu wollen. Es soll auf einem Hintergrund stehen, der die Bildwirkung verstärkt und nicht (z. B. durch zu schwere Farbe) das Motiv untergehen lässt.

Die zeichnerische Ausführung des Bildes muss die gewünschte Größe berücksichtigen und das Wesentliche der Abbildung sofort erkennbar werden lassen.

Die Headline hat in erster Linie Informationswert. Die Schrift soll gut leserlich sein und in ihrem Charakter das Motiv unterstützen. Für Parfüm oder Seife beispielsweise kann eine elegante geschwungene Schrift wirkungsvoll sein, während für einen technischen Gegenstand eine sachliche Schrift besser geeignet ist.

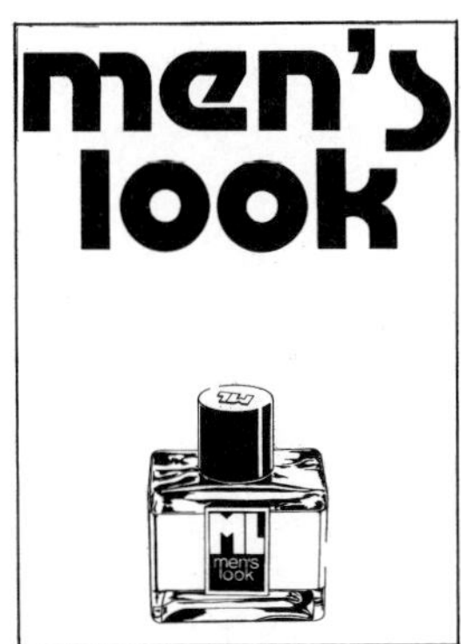

Gestaltungsvarianten

Die Headline sollte durch ihre Gewichtung nicht das Bildmotiv zurückdrängen. Eine kräftige Schrift am Kopf und ein kleines Bild im unteren Teil der Vorderseite würde zu einer unangenehmen Kopflastigkeit der Faltschachtel führen.

Bei der Anordnung der Headline in eine gerasterte Fläche ist Vorsicht geboten: Wenn der Raster zu grob ist, zerstört er die feinen Konturen der Schrift und beeinträchtigt die Lesbarkeit.

Grundsätzlich sollte bei der Gestaltung der Faltschachtel noch folgendes beachtet werden: Die Begrenzung der Flächen auf den Falzlinien ist gefährlich, da geringe Falzungenauigkeiten oder Passerdifferenzen zu Farbüberlappungen führen und als unschöne Randstreifen sichtbar werden, dies gilt besonders bei kontrastreichen Farbflächen.

An allen Stellen, an denen die Farbe bis an den Rand der Fläche läuft ist – wie bei allen Drucksachen – Beschnitt (3 mm) zuzugeben. Auf den Klebelaschen verringert sich der Beschnitt auf etwa die Hälfte, da farbige und eventuell lackierte Flächen eine schlechte Klebewirkung haben. Flächen, die zum Kleben vorgesehen sind, dürfen bei der Farbgestaltung nicht einbezogen werden.

Das Schöne beim Entwurf einer Faltschachtel ist, dass gestalterische Fähigkeiten und technisches Empfinden untrennbar miteinander verbunden sind und hierin eine reizvolle Aufgabe für jeden guten Mediendesigner steckt.

Informationen: www.budget-belize.com
Xibalba
Die Unterwelt der Mayas
Wenn du dich traust, tritt ein in die Welt der alten Mayas, welche die Priester und Schamanen als „das Königreich der Götter", „Eingang in die Unterwelt" oder in ihrer Sprache „Xibalba" nannten.
Fern jeglicher Zivilisation kannst du den Fußstapfen der alten Maya-Schamanen in die unendliche Höhlenwelt von Belize folgen. Auf Expeditionen durch beeindruckende Höhlensysteme findest du zwischen über 5 Millionen Jahre alten Tropfsteingebilden und Kristallkammern immer wieder alte Zeremonien-Plätze der Mayas, Feuerstellen, alte Gebrauchsgegenstände und Schmuck.
Heiligtümer der alten Mayas – ein lebendes Museum.

6.13 Entwurf eines Plakates

Ein Plakat zum 1. Internationalen Berufswettbewerb der Druckindustrie im Jahr 2003.

- Aufgabe:
  Gestalten Sie ein Plakat, das zum Besuch der Unterwelt der Mayas anregt.
- Titel:
  Xibalba - die Unterwelt der Mayas

Das Plakat von *Rebecca Schellhorn* wurde von der internationalen Jury aus der Schweiz und Deutschland in die Kategorie „Ausgezeichnet" eingruppiert (115 mal). Weitere Kategorien waren bei dem Wettbewerb „Sehr gut" (229 mal) und „Gut" 201 mal). Knapp 200 Arbeiten erhielten von der Jury nicht die genügende Punktzahl.

Die Schülerin besucht derzeit die Fachklasse der Mediengestalter, Fachstufe I, an der Gewerblichen Schule in Ravensburg. Ausbildungsbetrieb ist die Druckerei Senn in Tettnang.

Über den Wettbewerb informieren:

- www.viscom.ch,
  Schweizerischer Verband für visuelle Kommunikation oder
- www.bildung-bw.de,
  Bildungswerk der Druckindustrie in Baden-Württemberg.

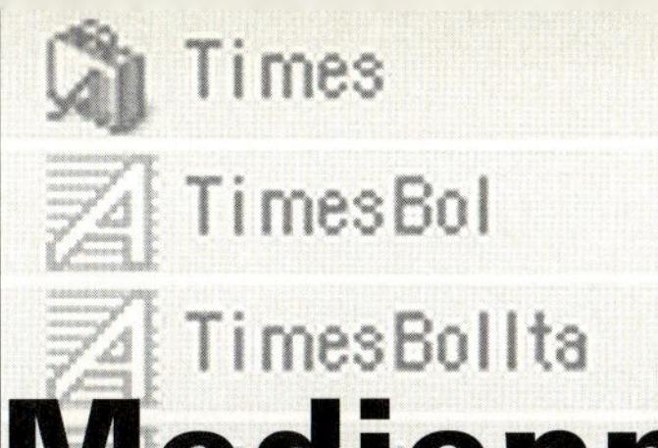

7. Medienproduktion: Vom Text zum Satz

7. Medienproduktion: Vom Text zum Satz

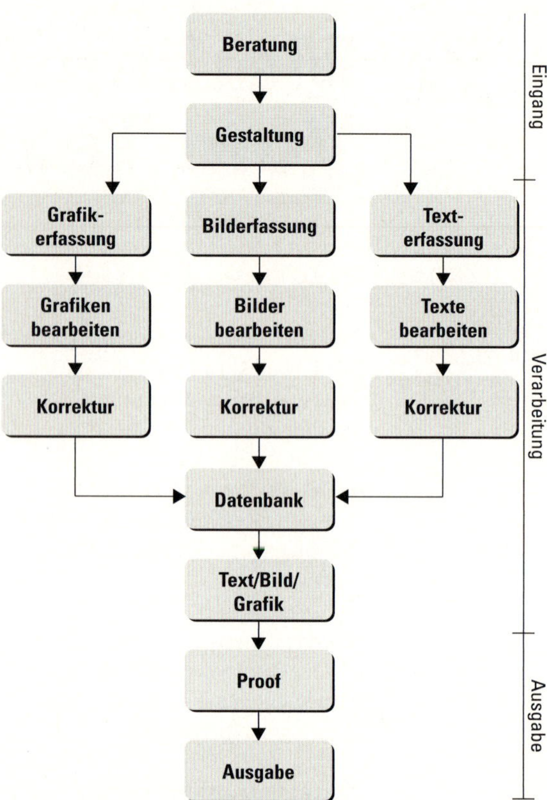

Zur Vorstufe für die Produktion von Printmedien gehören alle Arbeitsbereiche, die eingehende oder erstellte Vorlagen vorbereiten und für die Produktion fertigstellen. Technisches und wirtschaftliches Ziel ist ein vollständiger digitaler Workflow in allen Prozess-Stufen von der Arbeitsvorbereitung bis zur fertigen Druckform.
Hierzu gehören im Wesentlichen:

- Prüfen der eingehenden Vorlagen für Texte und Bilder, ggf. das Überarbeiten und Korrigieren
- Texteingabe bzw. -erfassung und layoutgerechte Verarbeitung
- Bilddatenerfassung und -verarbeitung
- Erfassen von Grafikdaten, Erstellen von Grafiken und Verarbeitung
- ggf. medienneutrale Datenaufbereitung und Speicherung (Datenbank)
- Seitengestaltung nach Layout
- Herstellen von Proofs
- Korrekturlesen
- Korrekturen an Texten und Bildern
- Bereitstellen der Daten für das gewünschte Ausgabesystem (Computer-to-Systeme)
- Herstellen der Druckform (z.B. Druckplatte).

7.1 Texterfassung, Texteingabe

Basis für zu verarbeitende Texte ist das vom Kunden oder Autoren erarbeitete Manuskript. Wichtig Voraussetzung für ein fehlerfreies, wirtschaftliches Arbeiten ist die Eindeutigkeit und Fehlerfreiheit. Diese Texte können durch den Auftraggeber in verschiedenen Formen an die Produktion weitergegeben werden. Man unterscheidet prinzipiell:

- Texterfassung
  (Ab-)Schreiben des Textes nach einem vom Kunden gelieferten materiellen Manuskript. Buchstaben, Zeichen, Ziffern u. a. werden über die Tastatur des Computers in das System übertragen und dort bzw. auf einem Datenträger gespeichert.
- Texteingabe
  Der Kunde liefert die benötigten Texte auf einem Datenträger oder mit einer Datenfernübertragung.

Eine noch nicht ganz ausgereifte Form ist die maschinelle Erkennung gesprochener Worte durch eine geeignete Software zur Spracherkennung.

Probleme bereiten u.a. ein eingeschränkter Wortschatz und das eindeutige Erkennen bei einer Sprachmodulation.

Texterfassung
Die „klassische“ Texterfassung von einem von Hand oder mit der Schreibmaschine geschriebenen Manuskripts ist der langsamste und kostenintensivste Teil der Satzherstellung. Der Kunde oder Autor erstellt eine maschinengeschriebene Reinschrift des Manuskripts. Die Druckvorstufe erhält dieses Manuskript möglichst mit einem Ausdruck, auf dem der Kunde ggf. Anmerkungen zu Auszeichnungen und Formatierungen macht.

In der Druckvorstufe werden Texte und Befehle erstmalig auf einem maschinell lesbaren Datenträger oder – heute überwiegend – direkt im Arbeitsspeicher eines Rechners erfasst.

Trotz stets verbesserter Texterfassungssysteme ist doch letztlich der Mensch am Erfolg und Misserfolg der Arbeit entscheidend beteiligt. Fehler, die sich bei der Texterfassung einschleichen und nicht erkannt werden, bedeuten immer einen zusätzlichen Aufwand im weiteren Produktionsprozess. Um die Texterfassung so effektiv wie möglich zu machen, benötigt man technisch einfach zu bedienende Geräte mit einem sinnvollen Zeichenvorrat und einem komfortablen Programm.

Texteingabe
In Verwaltungen, Werbeagenturen, Verlagen und bei Autoren wird die Texterfassung häufig schon am Entstehungsort mit Hilfe von PCs vorgenommen.

Während früher die Manuskripte den satzherstellenden Betrieben gebracht wurden, werden heute oft sogenannte Rohdaten entweder auf Datenträger oder direkt über ISDN zur Verfügung gestellt.

Auftragsvorstufe, Arbeitsvorbereitung

1. Texte	Autoren, Redakteure, Kunde – Texterfassung im PC nach Vorgaben der Produktion, ggf. mit gleichzeitigem Erfassen von Auszeichnungs- bzw. Satzbefehlen zur Gestaltung
2. Bilder	Fotograf, Zeichner, Reproduktioner – liefert manuell, fotografisch oder elektronisch erstellte Bildvorlagen
3. Arbeitsvorbereitung	– Dateneingangskontrolle – Umfangsberechnungen (Text), Satzanweisung – Reproanweisung, Größenberechnungen (Bild), Reprogrößen von Vorlagen und Bildausschnitten festlegen – Zeitplanungen, Disposition u. a.
4. Layout	Gestaltung durch Mediengestalter oder Grafik-Designer – Gestaltungsraster = Grundschema für die Aufteilung der Druckseite/des Satzspiegels Der Satzspiegel wird mit – Zeilenlänge – Zeilenzahl/Zeilenabstand, ggf. auch – Spalten exakt gezeichnet. Einsetzen von Blindtext in der vorgegebenen Schrift zur optischen Information Layout = Verbindliche Anordnung für den Stand von Texten und Bildern auf der Druckseite. Das Layout gibt dem Kunden genaue Vorstellungen zum „Erscheinungsbild“ des späteren Druckprodukts Dazu gehören Angaben zu Schrift und Bild – Schriftcharakter/Schriftarten – Schriftgrößen – Überschriften und Untertitel – Fließtexte (Grundschrift) – Zwischentitel und Bildunterschriften – Bildgrößen, Bildfreistellungen, Bildausschnitte, Bildkombinationen

Produktion: Druckvorstufe

5. Texterfassung und satztechnisches Bearbeiten	„Elektronisches Manuskript“, d. h. Texterfassung mit einem Personalcomputer – Personalcomputer, z. B. Apple-Macintosh mit Textverarbeitungssoftware ggf. mit Druckformaten bzw. Stilvorlagen – Ablegen/speichern in speziellen „Ordnern“ im Rechner – evtl. Einlesen von maschinengeschriebenen oder gedruckten Texten im Scanner mit Texterkennungsprogramm (OCR) – Typografisches Bearbeiten zur Druckseite
6. Bilddatenerfassung und -bearbeitung: Scanner, DTP-System	Je nach Vorlage Grafiken, Strichvorlagen bzw. Bilder – im Flachbett- oder Trommelscanner einlesen („scannen“) und auf Datenträger abspeichern – Grafiken ggf. erstellen mit Grafik-Programm – Bearbeiten von Bildern mit Bildverarbeitungsprogramm
7. Seitengestaltung, DTP-System	Vorgabe: Layout (Vor-)Skizzen zur Gestaltung: Scribble Programme: Pagemaker, InDesign, QuarkXPress u. a. – Format auswählen – Gestaltungsraster der Seite(n) einrichten – Text einfließen lassen – „Register“, Zeilenabstände u. ä. verlangen ggf. manuelle Korrektureingriffe – Bilder elektronisch „einfließen“ lassen, exakt positionieren
8. Korrekturlesen, Korrekturen	– Korrekturabzug mit einem Laserdrucker – Korrektur durch die Produktion, ggf. durch Autor/Kunden – Korrekturen am PC ausführen – Farbverbindlicher Proof – Druckfreigabe
9. Ausgabe	Vor der Ausgabe erfolgt eine Berechnung der gesamten Seite durch einen Raster-Image Processor (RIP). Ausgabe als Daten für Computer-to-Systeme

Für das Erstellen der Textdaten ist eine konkrete Vereinbarung zu datentechnischen Details (z.B. Fließtext, Ablauf, Dateiformat) mit dem Kunden zu treffen. Bei größeren Textmengen ist es sinnvoll, eine Probedatei (z.B. auf Diskette) und einen Probeausdruck mit einigen Seiten an die Produktion zu liefern.

Vielfach erweist es sich als günstig, wenn der Kunde nur einen Fließtext erfasst, ohne dabei Auszeichnungen oder Gestaltungen (Umbruch, Blocksatz u.a.) vornimmt. Besonders problematisch sind durch den Kunden gestaltete Tabellen oder in ein Textverarbeitungsprogramm integrierte Clips u.ä. weiterzuverarbeiten. Hinzuweisen ist auch auf sinnvoll eingesetzte Formatierungen (Formate, Stilvorlagen).

Immer häufiger werden vom Kunden auch schon vollständig umbrochene Seiten geliefert. Eine rationelle Weiterverarbeitung in der Produktion erfordert eine gründlich Abstimmung.

Systemtechnik

Zur Texterfassung werden sowohl in Druckvorstufenbetrieben als auch bei Kunden meist Mikrocomputer mit den Standardbetriebssystemen Windows (Microsoft) und MacOS (Apple) eingesetzt. Die heute angebotenen Geräte besitzen 32-Bit-Mikroprozessoren und häufig eine Arbeitsspeicherkapazität von 128 bis 256 Megabyte (MB), die aufwendige Programme in kürzester Zeit abarbeiten können.

Ergänzt wird die Zentraleinheit des Rechners durch Tastatur, Maus, Bildschirm, Festplattenspeicher, Diskettenlaufwerk, gegebenenfalls zusätzlich durch Zip-, Jaz-, DVD- und/oder CD-Laufwerk bzw. einen Flachbettscanner.

Codierung

Zur Codierung der erfassten Zeichen wird sowohl der ANSI- als auch der ASCII-Zeichensatz eingesetzt. Das American National Standard Institute (vergleichbar mit dem DIN-Institut) hat im Bereich der Datenverarbeitung wichtige Normen erlassen, die weltweit zu einem Standard geworden sind.

Der ANSI-Zeichensatz ist ein 8-Bit-Zeichensatz, der alphanumerische Zeichen und Kontrollzeichen verschlüsselt und unter dem Betriebssystem Windows verwendet. Für jedes Zeichen wurde eine Nummer festgelegt, die zur Codierung dient.

Ansonsten verwendet man im Electronic Publishing zur Zeichendarstellung den ASCII-Zeichensatz. In beiden Zeichensätzen sind die Zeichen mit den Nummern 33 bis 127 identisch.

ASCII ist ein amerikanischer Normcode. (ASCII: Abk. für American Standard Code for Information Interchance).

Die DIN-Norm 66003 ersetzt 8 Zeichen des USA-Codes durch die Zeichen ß und § sowie die deutsche Umlaute A, ä, Ö, ö, Ü und ü. Alle gängigen Textverarbeitungsprogramme benutzen diese Datenstruktur zusätzlich zu ihrem Datenformat.

Der Vorteil dieses Datenformats ist, dass sich die Codierungsmuster der Zeichen auf den Standardcode beziehen, der keinerlei programmspezifische Steuerzeichen enthält, wie beispielsweise Tabulatoren, verschiedene Schriftgrößen und Schriftschnitte.

Dies bedeutet, dass alle ausgezeichneten Texte ihre Formatierung verlieren. Besonders wenn die Texte eine andere Form der Auszeichnung erhalten sollen, wird dies gewünscht. Deshalb ist das ASCII-Datenformat auch ideal für die Bereitstellung von Informationen in Online-Diensten geeignet.

Wichtige Kriterien, die die Leistung bei der Texterfassung beeinflussen, sind vor allem Erschwernisse, die sich aus der Manuskriptbeschaffenheit, der Art des Textes und der Seitengestaltung ergeben.

In den Kosten- und Leistungsrichtlinien für Klein- und Mittelbetriebe der Druckindustrie, herausgegeben vom Bundesverband Druck und Medien e.V., erfolgt eine Unterteilung der leistungsbeeinflussenden Kriterien in
- Produktgruppe,
- Strukturklasse,
- Textklasse und
- Manuskriptklasse.

Die Produktgruppe gliedert sich in
- Akzidenz,
- Tabelle,
- Formular,
- Fließtext und
- Bildseiten.

Jede der Produktgruppen ist untergliedert in drei Strukturklassen (typografische Schwierigkeit) von
(A) einfach strukturiert über
(B) mittelmäßig strukturiert bis
(C) stark strukturiert.

Durch die Textklasse werden Textart und Textinhalt definiert. Hierfür werden vier Schwierigkeiten genannt:
(1) allgemein verständliche Texte,
(2) Satz mit Ziffern und Text gemischt, Fachausdrücke im Text, spezielle Fachtexte, Adressbücher, Namen- und Artensatz in Aufzählungen einschließlich Zahlenkolonnen, Mundart, Ziffernsatz.
(3) Lexika-Satz, schwieriger Namen- und Artensatz mit Fremdsprachen, englischsprachiger Satz,
(4) Fremdsprachensatz.

Die Manuskripte sind je nach Beschaffenheit in zwei Klassen einzuordnen, wobei
- die Klasse 1 gedruckte Manuskripte, maschinengeschrieben oder gut kopiert, gut lesbare handschriftliche Manuskripte, Kleinschreibung, mit wenigen Ergänzungen/Korrekturen umfasst;
- die Klasse 2 dagegen problematische Manuskripte, beispielsweise ein kopiertes Manuskript mit großen Kontrastunterschieden, mit vielen Ergänzungen/Korrekturen, nicht so gut lesbares handschriftliches Manuskript, schlechte Kopie.

7.2 OCR-Technik

OCR ist die englische Kurzbezeichnung für Optical Charakter Recognition (optische Zeichenerkennung). Die meisten Flachbettscanner lassen sich mit Hilfe dieses OCR-Programms, das im Personal Computer gespeichert und aktiviert sein muss, als Lesemaschine einsetzen.

Die Einsatzmöglichkeiten der OCR-Technik im Vorstufenbetrieb sind überwiegend auf einfach strukturierte, umfangreiche Texte beschränkt. Beim Lesevorgang im Flachbettscanner wird die Textvorlage mit einer Lichtquelle und mit CCD-Zeilensensoren linienweise abgetastet. Bei diesem Vorgang wird das von der Vorlage remittierte Licht in elektrische Ladungspakete umgewandelt, die durch die Zahlen Null und Eins dargestellt werden. Dann werden mit Hilfe des Programms die einzelnen Spalten, Absätze, Zeilen und zuletzt die einzelnen Zeichen untersucht.

Der Vorgang der maschinellen Erkennung von Zeichen gliedert sich in drei Grundoperationen:
- Abtastung der Zeichen,
- Gewinnung von Erkennungskriterien und
- Vergleich der erhaltenen Erkennungskriterien mit gespeicherten Erkennungskriterien.

Mit drei unterschiedlichen Methoden wird versucht, die jeweiligen Zeichen zu erkennen:

Bei der *analytischen Methode* erfolgt ein Matrix-Vergleich, das heißt, das Programm vergleicht die durch Abtastung gewonnenen Bildpunkte mit gespeicherten. Es ermittelt dabei die Anzahl der übereinstimmenden beziehungsweise nicht übereinstimmenden Bildpunkte. Die höchste Prozentzahl führt zur Entscheidung, welches Zeichen als erkannt weitergegeben und gespeichert wird.

Bei der *Extraktion von Charakteristika* misst das Programm die Zeichen. Die Unterscheidung erfolgt durch geschickt platzierte gerade und schräge Linien. Die Zahl der Schnittpunkte pro Linie und deren Abstände zueinander entscheidet über die Zuordnung.

Die *strukturelle Formenanalyse* unterteilt das Buchstabenfeld in Teilbereiche und analysiert die darin enthaltenen Buchstabenteile beispielsweise nach Geraden, Kurven, Linienenden und geschlossenen Bögen. Im Ergebnis kommt die strukturelle Formenanalyse der Arbeitsweise des menschlichen Auges und Gehirns am nächsten. Dies ist derzeit die

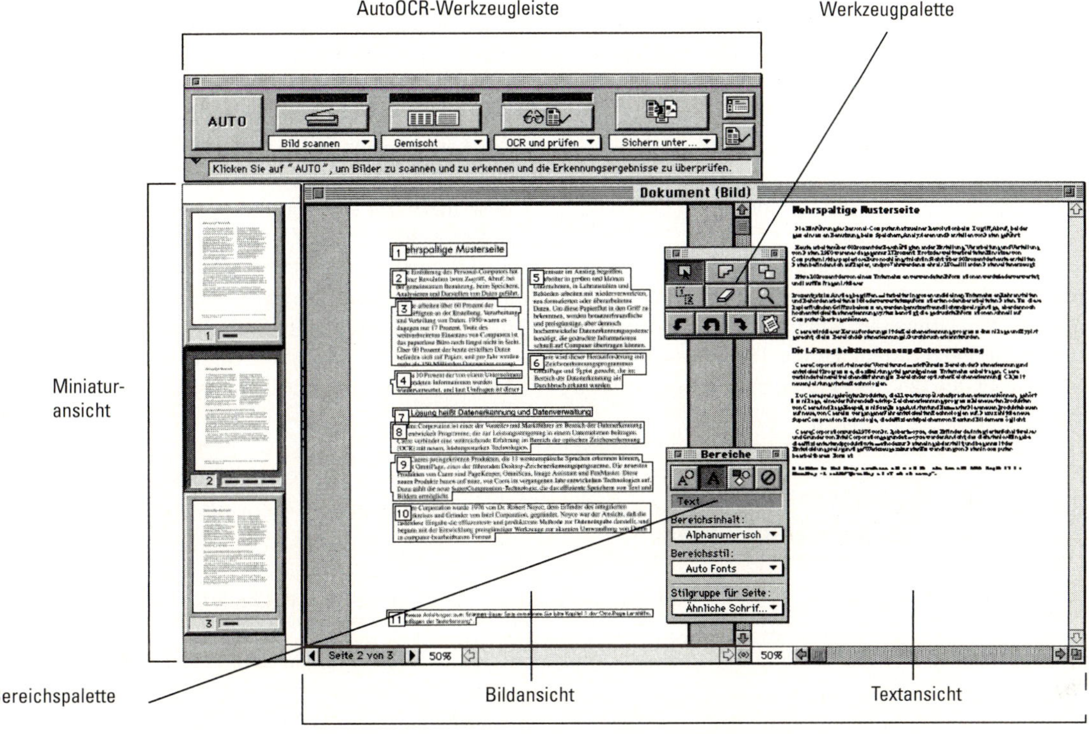

Taste AUTO

Taste Bild

Taste Bereich

Taste OCR

Taste Exportieren

Taste Einstellungsfenster

Taste OCR-Proofreader

AUTO

Bild scannen

Gemischt

OCR und prüfen

Sichern unter...

Klicken Sie auf "AUTO", um Bilder zu scannen und zu erkennen und die Erkennungsergebnisse zu überprüfen.

Die Statuszeile zeigt den aktuellen oder den Vorgang an, der als nächstes durchgeführt werden kann.

beste Methode, allerdings mit der Einschränkung, dass sie im Vergleich mit den anderen Verfahren die Schriftzeichen am langsamsten erkennt.

In der Praxis ist keine der Methoden fehlerfrei. Durch eine sinnvolle Dosierung aller Methoden wird deshalb versucht, eine optimale Trefferquote zu erreichen.

Trefferquote

Das wichtigste Kriterium bei der Entscheidung für ein OCR-Programm ist die erzielbare Trefferquote bei der Erkennung. Die Hersteller sprechen in diesem Zusammenhang oft von Trefferquoten über 99 %. Solche Versprechen sind jedoch mit Vorsicht zu bewerten, weil derart gute Ergebnisse nur mit optimalen Vorlagen erzielt werden können.

Die besten Ergebnisse, fast 100 %, erreichen Programme bei einer sauber geschriebenen Seite, die mit der Schreibmaschinenschrift Courier beschrieben wurde.

Bei der Erkennung eines Textes in einer Zeitungsseite, bei der meist eine 10 Punkt große „Serifenbetonte Linear-Antiqua“ verwendet wird, müssen je nach Programm Fehlerquoten von 0,3 bis 2 % in Kauf genommen werden. Auf die Fehlerquote wirkt sich ggf. auch die Papieroberfläche aus.

Wird die Zeitungsseite durch einen anderen Ausschnitt mit kursiven und schmallaufenden Schriften ersetzt, so wird die Trefferquote generell schlechter.

Praktisch unbrauchbare Ergebnisse liefern die meisten Programme bei Texten mit vielen Sonderzeichen oder Outline-Schriften, aber auch mit Unterstreichungen, die die Unterlängen der Buchstaben berühren.

Für die Texterfassung im Satzbereich ist eine Trefferquote unter 99,5 % in der Regel nicht ausreichend. Obwohl solche Programme unterschiedliche Schriftarten, Schriftschnitte, Schriftgrößen und auch schräg angeordnete Zeilen erkennen können, ist die Beseitigung von mehr als 5 Fehlern auf 1000 Zeichen relativ zeitaufwendig und damit kostenintensiv.

Durch lernfähige OCR-Programme ist in der Regel eine bessere Trefferquote zu erzielen. Zeichen einer bestimmten Schrift, die nach einem Probelauf vom Programm falsch oder nicht erkannt wurden, können für die weitere Arbeit festgelegt werden.
Es ist zu erwarten, dass in den nächsten Jahren die Fehlerquote noch weiter verringert wird. Eine nachträgliche Textkontrolle mit einem Programm zur Rechtschreibprüfung ist wegen der oft versteckten, nicht sofort erkennbaren Fehler unerlässlich.

Die OCR-Technik wird in Vorstufenbetrieben und Verlagen vor allem dann eingesetzt, wenn gedruckte Broschüren und Bücher neu aufgelegt werden sollen und die dafür notwendigen Datenträger, Filme oder Druckplatten nicht mehr vorhanden sind.

In der Regel sind diese Vorlagen zur Zeichenerkennung optimal und die durchschnittliche Fehlerrate liegt unter 0,2 Prozent.

Leistungsfähige Standardprogramme sind u. a.: OmniPage, Recognita, Capture, TextBridge.

Gelegenheitsanwender von OCR-Programmen, die das Zehnfingersystem auf der Tastatur nicht beherrschen, sind in der Regel mit den Leseergebnissen zufrieden.

Korrektur und Ausgabe

Nach der Zeichen- und Wortidentifikation ist es möglich, direkt eine Korrektur nicht eindeutig erkannter oder fehlerhafter Wörter anzeigen zu lassen. Das Wort kann – wenn es korrekt ist – bestätigt oder – wenn fehlerhaft – korrigiert werden.

Die meisten Programme sind „lernfähig", d.h. bestimmte Zeichen oder Zeichenkombinationen einer Schrift können gespeichert und bei weiteren Erfassungen automatisch korrigiert werden. Gelesene Seiten lassen sich automatisch zwischenspeichern und in einem gewünschten Format (ASCII, WORD, RTF u.a.) als gesamte Datei abspeichern.

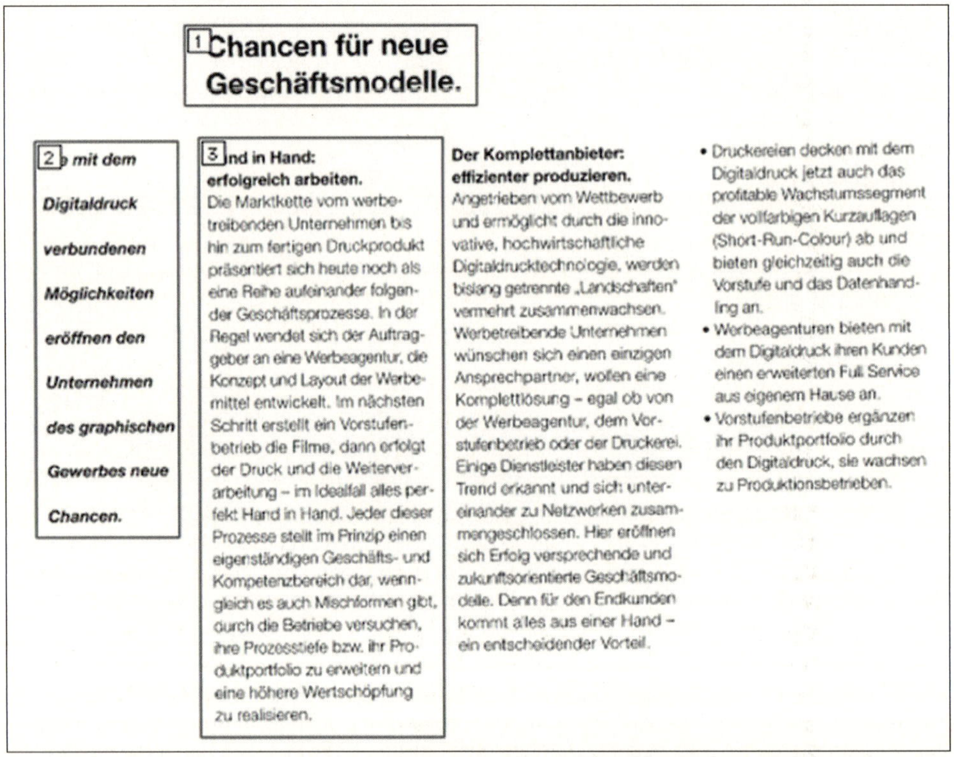

OCR-Programm
– Eingelesener Text mit manuell ausgewählten Bereichen
– Erfasster Text, ist als WORD-Datei zu speichern

Trainings-Datei

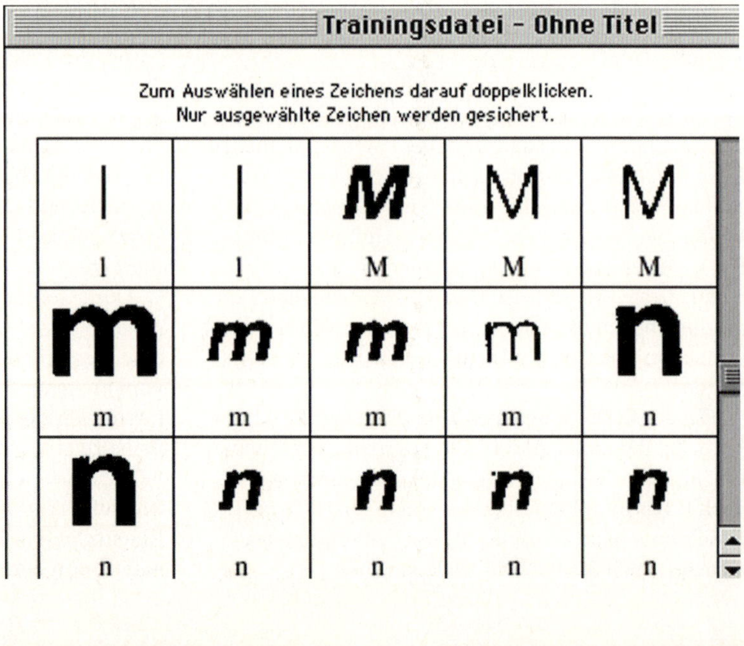

7.3 Ganzseitenumbruch

Mit Hilfe der Netzwerke ist es problemlos möglich, alle notwendigen Teile einer Seite von verschiedenen Speichermedien direkt abzurufen und am Bildschirm des PCs sichtbar zu machen. Dies ist eine der Grundbedingungen für einen kostengünstigen Ganzseitenumbruch von Werken (Bücher, Broschuren), Katalogen, Prospekten, Zeitschriften und Zeitungen.

Der Ganzseitenumbruch mit Text sowie digitalisierten Strich- und ein- und mehrfarbigen Halbtonvorlagen ist schon seit einigen Jahren technisch möglich. Dabei werden die erfassten Texte von den Datenspeichern abgerufen und am Bildschirm des PCs anhand eines Umbruchlayouts Absatz für Absatz oder Artikel für Artikel platziert.

In den Bildfreiräumen werden dann die Abbildungen sichtbar gemacht, bei Bedarf bearbeitet und genau platziert. Die Bearbeitung der Bilder kann beispielsweise eine Formatänderung, ein Beschnitt einer Seite oder eine Umrandung sein.

Eine „inhaltliche" Bildbearbeitung, wie beispielsweise eine Ton- und Farbkorrektur, ist an einem Umbruch-PC nicht möglich, weil für den Seitenumbruch der OPI-Server von der Bilddatei nur ein niedrig aufgelöstes Layoutbild mit minimalem Datenvolumen zur Verfügung stellt. Erst unmittelbar bevor die Datei vom OPI-Server zum Laserbelichter geschickt wird, erfolgt der automatische Austausch der niedrig aufgelösten Bilddaten gegen die hoch aufgelösten durch den OPI-Server.

Die Technik der Ganzseitenausgabe wird sich erst dann vollkommen durchsetzen, wenn alle Teile einer Seite digitalisiert vorliegen.

Immer noch liefern Kunden und Werbeagenturen ihre Abbildungen und Anzeigen in Form von Filmen. Deshalb müssen die gelieferten Filme durch Scannen wieder digitalisiert werden.

Ziel dieser Maßnahme ist, eine voll digitalisierte Vorstufenproduktion durchführen zu können. Dann erst ist es möglich, vollständig digitale Seiten herzustellen und diese Seiten mit Hilfe spezieller Programme zu Bogen auszuschießen. Dadurch können großformatige Filme zur Druckplattenkopie (Computer-to-Film) oder auch Offsetdruckplatten direkt belichtet werden (Computer-to-Plate). Eine manuelle Seiten- und Bogenmontage wird dadurch eingespart.

Layout-Programme
Ein weit verbreitetes Satzprogramm ist XPress von Quark. Dieses Seitenumbruch- und Seitengestaltungsprogramm gibt es sowohl für PCs mit dem Betriebssystem Windows 95 und höher wie auch für den Macintosh.

QuarkXPress arbeitet rahmenorientiert: Für Headlines, Fließtext, Grafiken und gescannte Bilder müssen zunächst jeweils Rahmen aufgezogen werden, in die die entsprechende Datei einfließt. Die Rahmen können zur Platzierung auf der Seite entweder mit der Maus an die gewünschte Stelle bewegt oder über Positionieranweisungen bis auf 0,001 mm genau platziert werden, so dass neue oder bereits vorhandene Layoutangaben schnell und präzise erfüllt werden können.

Mit diesem professionellen Layoutprogramm lassen sich beispielsweise Texte, Grafiken und Bilder integrieren. Es beinhaltet eine Textverarbeitung zur Erfassung und zum Editieren von längeren Texten, inklusive Suchen- und Ersetzen-Funktionen, Rechtschreibprüfung und Silbentrennung. Texte können beliebig dargestellt werden. Laufweiten und Buchstabenbreiten sind frei einstellbar. Der Text, Grafik und gescannte Bilder können beliebig rotiert werden. Immer wiederkehrende Stilvorlagen (Makros) lassen sich beliebig definieren.

Das Programm importiert alle gängigen Text- und Grafikformate. Des weiteren erlaubt QuarkXPress lineare Farbverläufe zwischen Prozessfarben, Aufrasterung gescannter Bilder, Bildumrahmungen selbst zu editieren, automatische Vermeidung von Hurenkindern und Farbseparationen vorzunehmen.

Kerning-Tabellen, Trennausnahmen und spezielle Voreinstellungen lassen sich mit den Dokumenten zusammen abspeichern.

Ein Grundlinienraster, an dem Texte registerhaltig ausgerichtet werden können, kann als Arbeitshilfe sichtbar gemacht werden.

Wer schon mit den Programmen Adobe Pagemaker, Photoshop oder Illustrator gearbeitet hat, wird schnell mit der Adobe-Benutzeroberfläche von InDesign vertraut sein. Diese Programme enthalten die gleichen Befehle, Werkzeuge, Tastaturbefehle und Paletten. Außerdem nutzen InDesign, Illustrator und Photoshop gemeinsame Kerntechnologien, um eine konsistente Verarbeitung von Design-Elementen zu gewährleisten, beispielsweise Farbe und Schrift.

Dieses Seitenumbruch- und Seitengestaltungsprogramm, seit 1999 auf dem Markt, gibt es sowohl für Rechner mit dem Betriebssystem Mac OS wie auch für PCs mit dem Betriebssystem Windows 98, Windows NT 4.0 und höher. Es scheint, dass InDesign für QuarkXPress eine ernstzunehmende Konkurrenz werden kann.

7.4 Datenfernübertragung

ISDN ist die Kurzbezeichnung für Integrated Service of Digital Network, dem digitalen Dienste-integrierenden Netzwerk. Dieses Netzwerk ermöglicht alle Kommunikationsformen über einen Basisanschluss, das heißt, die Übertragung von Sprache, Text, Bild und Daten.

Ein Basisanschluss (Bass) besteht aus zwei Basiskanälen (B-Kanälen), die eine Übertragungsrate von je 64 KBit/s ermöglichen, und einen zusätzlichen Steuerkanal (D-Kanal). Dieser Steuerkanal stellt eine Verbindung zwischen dem Endgerät und der ISDN-Vermittlungsstelle her und dient dazu, Steuer- und Kontrollinformationen mit dem ISDN-Netz auszutauschen. Der D-Kanal erstreckt sich nur vom Anwender zur Ortvermittlungsstelle, nicht jedoch als durchgängiger Kanal zwischen Endeinrichtungen über das gesamte Netz. Der D-Kanal-Standard umfasst Protokolle für die sichere Übertragung der Daten, für den Auf- und Abbau der Verbindung sowie für die Anforderung von zusätzlichen Dienstemerkmalen.

Grundsätzlich sind zwei Anschlusstypen mit unterschiedlicher Kapazität und verschiedenen Schnittstellen zu unterscheiden. Der Basisanschluss mit der Schnittstelle S_0 verfügt über zwei B-Kanäle und einen D-Kanal (B + B + D16), der Primärmultiplexanschluss S_{2M} über 30 B-Kanäle und einen D-Kanal (30 x B + D64).

An den Basisanschluss als Mehrgeräteanschluss kann man bis zu 12 Kommunikationssteckdosen anschließen und daran mit bis zu acht Endgeräten arbeiten, davon bis zu vier ISDN-Telefone. Die einzelnen Endgeräte sind über verschiedene Rufnummern direkt von außen anwählbar; eine Rufnummer kann einem oder auch mehreren Endgeräten zugeordnet werden. An eine Telekommunikationsanlage (Tk-Anlage) lassen sich mehrere Basisanschlüsse anschließen.

Seit Sommer 1994 hat die Deutsche Telekom alle bestehenden ISDN-Vermittlungsstellen aufgerüstet und stellt ihren ISDN-Kunden Euro-ISDN-Anschlüsse zur Verfügung.

Mit ISDN ist erstmals auch eine sinnvolle Vernetzung entfernt stehender PCs möglich.

Eine Voraussetzung, um einen Filetransfer mit einem Partner über ISDN abzuwickeln, ist das gleiche Filetransfer-Protokoll. Während die Teledienste (Telefon, Fax und Datex-P) eine garantierte End-zu-End-Kompatibilität sicherstellen, stellt der Filetransfer eine reine Netzleistung dar, also die Verfügbarkeit ohne ein festgelegtes Protokoll.

Heute wird eine große Anzahl von ISDN-Karten von verschiedenen Herstellern angeboten. Solche Adapterkarten werden von einer Anwendungs-Software (ISDN-Applikation) gesteuert, die den Defacto-ISDN-Standards CAPI berücksichtigen.

Grundsätzlich kann man mit einem Computer nur Daten an einen anderen ISDN-Nutzer übermitteln, wenn dieser eine ISDN-Karte und ein kompatibles Kommunikationsprogramm besitzt. Macintosh-Computer arbeiten meist mit einer Leonardo-Karte und dem entsprechenden Protokoll, während sich auf dem PC das Euro-File-Transfer-Protokoll durchgesetzt hat.

Um Probleme zu vermeiden, die sich aus den verschiedenen Plattformen MacOS und Windows ergeben, haben viele Vorstufenbetriebe für das jeweilige Betriebssystem einen eigenen Rechner zum Datenempfang vom Kunden bereitgestellt.

Der Datenaustausch zwischen Kunden, Vorstufenbetrieben und Druckereien über ISDN kann auf zweierlei Art und Weise erfolgen. Normalerweise muss der Empfänger der Daten vor der Übermittlung angerufen und gebeten werden, den Computer mit ISDN-Karte einzuschalten und das benötigte Kommunikationsprotokoll zu aktivieren, damit die Daten zum Computer des Empfängers gesendet werden können.

Wer ständig erreichbar und einen ungestörten und sauberen Empfang der ISDN-Übertragungen haben will, setzt innerhalb seines Netzwerkes einen speziellen Server ein. Dafür genügen in der Regel ältere Rechner-Modelle. Dieser Rechner bleibt Tag und Nacht empfangsbereit, und alle Partnerfirmen können jederzeit ihre Daten auf diesen Server übermitteln.

Im Empfangsordner findet der Empfänger die gesendeten Dateien und kann sie dann den einzelnen Kunden zuordnen. Obwohl mit der ISDN-Übertragung ein weitaus größerer Datentransfer möglich ist als mit einem Telefon-Modem, bleibt die Übertragung von Bilddaten sehr zeitaufwendig. So können die Übertragungszeiten für einige wenige Bilddateien durchaus einige Stunden benötigen. Deshalb werden häufig die Dateien vorher komprimiert, um die Übertragungszeiten und -kosten zu reduzieren.

Für viele Vorstufenbetriebe und Verlage ist diese Datenübertragung per ISDN viel zu langsam.
Die Deutsche Telekom hat darauf reagiert und bietet neue Dienste mit schnelleren Übertragungsraten an.
Es stehen zwei verschiedene Anschlusstypen zur Verfügung:
– Typ 1:
T-ATM-dsl-Anschlüsse mit Übertragungsgeschwindigkeiten von 2, 4 oder 6 MBit/s für den Empfang sowie 0,2, 0,4 oder 0,6 MBit/s für den Versand von Daten. Dies ist ein sogenannter asymmetrischer Anschluss.
– Typ 2:
Der T-ATM-Anschluss mit 2 MBit/s für Empfang und Versand von Daten wird als symmetrischer Anschluss bezeichnet.

Bei beiden Anschlusstypen werden die Daten zunächst auf dem Publishing-Server zwischengespeichert, um danach vom Empfänger abgerufen zu werden.

T-ATM nutzt die kostengünstige ADSL-Technologie. Hinter der Abkürzung verbirgt sich der Begriff Asymmetric Digital Subscriber Line, übersetzt asymmetrische digitale Anschlussleitung. Das vorhandene vieradrige Kupferkabel in der Telefondose kann für ADSL eingesetzt werden, da im Gegensatz zur Sprachübertragung (300 bis 3400 Hz) ein wesentlich höherer Frequenzumfang genutzt wird.

Über diese Telefonleitung wird eine zusätzliche Datenverbindung aufgebaut, die unterschiedliche (asymmetrische) Bandbreiten von Vermittlungsstelle zum Kunden (downstream) bzw. vom Kunden zur Vermittlungsstelle (upstream) erlaubt. Das Besondere an ADSL ist, dass parallel zur Datenverbindung telefoniert werden kann. Derzeit wird nur etwa 1 % des Frequenzbereichs der Telefonleitung genutzt, deshalb stehen die restlichen 99 % der ADSL zur Verfügung.

7.5 Dateneingangskontrolle

Immer häufiger werden von Verlagen und Werbeagenturen, aber auch von sonstigen Kunden, Texte und Abbildungen, oft auch vollständig umbrochene Seiten und Anzeigen den Vorstufenbetrieben zur weiteren Verarbeitung und Produktion übergeben. Vorteil ist es, dass (Text-)Daten nicht noch einmal erfasst werden müssen und dabei auftretende mögliche Fehler (z.B. bei Fremdsprachen-Texten) vermieden werden.

In der Regel müssen aber die gelieferten Daten noch überarbeitet oder fehlende Dateien angefordert werden, denn bei der Ausgabe können eine Reihe von Problemen auftreten, beispielsweise durch

- fehlende Schriftfonts und Logos,
- falsche Farbdefinitionen,
- fehlerhafte Überfüllungen in Grafik-Dateien oder
- nicht zu öffnende Bilddateien.

Wenn die zu übernehmenden Daten schlecht oder fehlerhaft aufbereitet sind, hat dies oft lange Nachbearbeitungszeiten zur Folge. Die Frage ist letztlich, wer die Kosten dafür zu übernehmen hat.

Eine präzise Abstimmung aller Beteiligten, wenn möglich vor Beginn der Datenerfassung, ist dringend erforderlich.

Aufgrund vieler negativer Erfahrung mit der Übernahme von Kundendaten führen immer mehr Betriebe eine mehr oder weniger umfangreiche Dateneingangkontrolle durch.

Ziel der Produktion ist ein zufriedener Kunde. Dazu ist eine partnerschaftliche und auch eindeutige Kommunikation zwischen Kunden und Medienberatung eine wesentliche Voraussetzung. Viele Mediendienstleister erstellen Checklisten für ihre Kunden, die Hinweise und Vorgaben für eine problemlose und damit auch wirtschaftliche Datenübernahme enthalten. Dies ist insbesondere bei größeren Datenmengen zu empfehlen.

Prüfpunkte bei der Dateneingangkontrolle können je nach Auftrag sein:

- Allgemeines, Vollständigkeit
  - Sind die Angaben und Listen vollständig?
  - Angabe des gewünschten Druckverfahrens
  - Liste aller Dateien und Verzeichnisse mit Angaben über den Inhalt
  - Liste aller Scan-Vorlagen und digitaler Bilder
  - Liste aller Manuskripte/Textvorlagen
  - Liste aller Entwürfe
  - Liste aller fehlenden Unterlagen mit Abgabetermin.
- Die Angabe
  - auf welchem Betriebssystem die Ausgabedaten gespeichert werden sollen
  - wohin die Ausgabedaten gesendet werden sollen
  - der Art der Proofausgabe (schwarzweiß oder Farbe)
  - der Anzahl der Layoutproofs
  - der Anzahl der Analogproofs
  - der Art des Bedruckstoffs für den Proof
  - der Anzahl der Andrucke
  - der Art des Bedruckstoffs für den Andruck
  - bis wann die Daten im Archiv bleiben sollen
  - ob der Preis für die Archivierung mit Kunden abgesprochen ist
  - ob mit Kunden abgesprochen ist, wer EAN-Codes erzeugt
  - ob mit Kunden abgesprochen ist, wer Drucknummern erzeugt und wie dies erfolgen soll
  - ob mit Kunden abgesprochen ist, wer die Korrektur von Farben, Montage, Satz übernimmt.
- Die allgemeine Prüfung der Dateien ob
  - die Datei auf dem Betriebssystem erstellt wurde, das im eigenen Betrieb eingeführt ist
  - die Versionsnummer der Erstellungssoftware mit dem des eigenen Betrieb übereinstimmt
  - die Dateien verarbeitbar sind (keine PostScript-Endlosschleifen)
  - das die verbindliche Version der Datei ist
  - die Arbeit an den Dateien abgeschlossen ist, d.h. ob Inhalte nicht mehr verändert werden
  - die Datei-Maximalgröße und die Kosten für die Bearbeitung großer Dateien mit dem eigenen Betrieb abgesprochen wurde
  - bei einer Datenkompression das Kompressionsprogramm bekannt ist und das Vorstufen-Betriebssystem die Datei öffnen kann
  - alle Zeichensätze im eigenen Betrieb vorhanden sind
  - die Zeilenendzeichen dem Betriebsystem, mit dem die Dateien weiterverarbeitet werden, angepasst sind.
- Die Prüfung der Dateinamen ob
  - die Dateinamen für sich sprechen
  - die Datei DOS-kompatibel ist
  - die Endung mit Datenformat übereinstimmt
  - bei segmentierten Dateien die Nummern im Namen fortlaufend sind.
- Die Prüfung der Datenträger ob
  - der Datenträger vom eigenen Betrieb lesbar ist
  - alle notwendigen Dateien, und nur diese gespeichert sind (keine alten Versionen)
  - dieser Datenträger die Kopie und das Original beim Kunden ist
  - der Datenträger vor dem Beschreiben frisch formatiert wurde
  - der Datenträger schreibgeschützt ist
  - der Datenträger eine transportsichere Verpackung hatte
  - der Datenträger virenfrei ist
  - der Datenträger beschriftet ist mit: Firma, Auftrag, Dokumente, Datenträger-Nummer, der Anzahl zusammengehörender Datenträger
  - bei eingebetteten EPS-Dateien die Originaldokumente in einem separaten Verzeichnis mitgeliefert wurden.

Die Prüfung der Dateien aus Textverarbeitungsprogrammen ob

- Absatzendzeichen nicht als Zeilenendzeichen missbraucht wurden

– Trennungen vom Satzsystem übernommen werden (keine manuellen Trennungen)
– Zeichen: O, 0, 1, I, l richtig verwendet wurden
– Umlaute und Akzente die gewünschte Form haben
– Einzüge mit Absatzformatierung oder Tabulator gesetzt wurden
– Tabellen mit einem Tabellenprogramm oder Tabulator gesetzt wurden
– festgelegte Wortabstände zu beachten sind
– auf bestimmten Seiten ein manueller Seitenumbruch gewünscht wird
– die Art und Form der Seitenzahlen abgesprochen wurde
– Absatzformate verwendet oder mitgeliefert wurde
– eine Referenzdatei beiliegt
– ein Referenzausdruck beiliegt.

• Die Prüfung der Dateien aus Layout-Programmen ob
– leere Seiten im Dokument sind
– nur die benötigten Elemente mitgeliefert wurden
– versteckte oder überdeckte Elemente im Layout sind
– verschachtelte EPS-Dateien geliefert wurden
– die Preview-Darstellung von Bildern mitgeliefert wurden
– Freistellungen gekennzeichnet wurden
– Bilder vom Druck ausgeschlossen wurden
– der verwendete PostScript-Level verarbeitet werden kann
– seitenübergreifende Elemente eingesetzt wurden.

• Die Prüfung der Anforderungen an die Ursprungsprogramme der Dateien ob im eigenen Betrieb
– die verwendeten Extensions und Plug-ins vorhanden sind
– die Trennalgorithmen übereinstimmen
– die Eintragungen im Ausnahmenwörterspeicher übereinstimmen
– die Sprachversion des Programms (deutsch, englisch) dieselbe ist.

• Die Prüfung bei Bilddateien ob
– das Dateiformat beim Vorstufenbetrieb bekannt ist
– Bildausschnitte festgelegt sind
– das gewünschte Bildformat jeweils ohne Verzerrung erreichbar ist
– die Skalierung schon bei der Bilddatenerfassung (Scannen) beachtet wurde
– die Rasterparameter mit dem Vorstufenbetrieb abgestimmt wurden
– Grobdatenbilder und Platzhalter als solche gekennzeichnet wurden
– absichtliche Verzerrungen im Proof gekennzeichnet sind
– jede Bilddatei nur ein Bild enthält
– der Rahmen nur ein Bild enthält
– Bilder in der Endgröße gescannt wurden
– die Auflösung aller Bilder im Dokument gleich ist
– die Feindatenbilder in CMYK separiert sind
– eine Tonwertzunahme mit Vorstufenbetrieb abgestimmt ist
– die Bilddateien für den UCR- oder Unbuntaufbau angelegt wurden.

• Die Prüfung der Auflösungsfeinheit der Bilder ob
– der Wert der Auflösungsfeinheit bei Halbtonbildern 1,5- bis 2-mal der Rasterweite entspricht
– die Auflösungsfeinheit bei Strichbildern groß genug ist

• Die Prüfung der Linien ob
– Haarlinien eingesetzt wurden
– Rahmen aus einzelnen Linien zusammengesetzt wurden
– Rahmen als Bitmap hergestellt wurden
– Kurven nur die nötigen Stützpunkte haben
– sich Linien überlappen
– Strichbilder vektorisiert sind.

• Die Prüfung der Schriften ob
– alle verwendeten Schriften und nur diese mitgeliefert oder eingebettet wurden
– die im Dokument verwendeten Schriften, aber nicht als Fonts mitgelieferten Schriften benannt wurden mit Namen, Hersteller, Versionsnummer und für welches Betriebssystem
– die Unterschneidungstabellen der jeweiligen Schriften mitgeliefert wurden
– die benötigten Type-1- oder TrueType- oder Open-Type-Fonts vorhanden sind
– nur mit Type-1-Fonts gearbeitet werden kann
– kleine Schriftelemente (Logos) vektorisiert vorliegen
– alle für die Sonderzeichen nötigen Schriften mitgeliefert oder eingebettet wurden
– Spezialfonts als solche gekennzeichnet und mitgeliefert wurden
– schwarze Schriften in Bildern als eigene Farbe vorliegen
– Schriftschatten als selbstständige, definierbare Elemente vorliegen
– konturierte Schriften im Illustrations-Programm erzeugt und als EPS-Datei gespeichert wurden
– die Schriftgrößen bei Mehrfarbendruck nicht zu klein sind
– die Schriftgrößen bei negativen Antiqua-Schriften nicht zu klein sind.

• Die Prüfung bei Fremdsprachenschriften ob
– Tastaturbelegung beiliegt
– Schriftdatei beiliegt.

• Die Prüfung bei Vorlagen für den Tief- oder Flexodruck ob
– die positive Schrift eine Minimaldicke von 0,18 bis 0,2 mm hat
– die negative Schrift eine Minimaldicke von 0,25 bis 0,3 mm hat.

• Die Prüfung bei farbigen Druckaufträgen ob
– alle verwendeten Farben und nur diese mitgeliefert wurden
– einzelne Farben als Sonderfarben oder Skalenfarben festgelegt wurden
– bei Sonderfarben die Farbseparation in der Datei ausgeschaltet wurde
– für jede Teilfarbe ein eigener Laserproof vorliegt
– eine Angabe vorliegt, wer Überfüllungen vornimmt
– eine Angabe vorliegt, welche Überfüllungen bereits vorgenommen wurden

Checkliste für die Datenübernahme

Allgemein

Alle Datenträger müssen beschriftet sein:
- Kunde
-Ansprechpartner
-Stichwort/Auftragsnummer
-Verzeichnisse
-Zu bearbeitende Dateien
-Datum

Bei der Datenübergabe ist folgendes mitzuliefern

- Aktuelle Ausdrucke aller Daten
- Bei Farbtrennung werden separierte Ausdrucke benötigt
- Importierte Grafik- und Bilddateien im EPS- und TIFF-Format
- Bei komprimierten Dateien, das verwendete Komprimierungs-Programm
- Ausschließlich kopierte Dateien, keine Originale
- Profile

Betriebssystem

[ ] Mac OS
[ ] UNIX
[ ] DOS (+Windows)
[ ] Windows NT
[ ] Windows 95
[ ] NEXT
[ ] Sonstige

Datenträger

[ ] Disketten 3,5" HD — Anzahl ____
[ ] Shuttle — Anzahl ____
[ ] externe Festplatten (SCSI) — Anzahl ____
[ ] CD-ROM — Anzahl ____
[ ] Wechselplatten [ ] 5,25" [ ] 3,5"
44 / 88 / 200 / 270 MB — Anzahl ____
[ ] MOD [ ] 5,25" [ ] 3,5"
230 / 600 MB / 1,3 GB — Anzahl ____
[ ] Sonstige

Netzwerkübertragung und DFÜ

Netzwerk Protokoll-Format
[ ] TCP / IP
[ ] IPX
[ ] AppleTalk
[ ] Modem Protokoll ____
[ ] ISDN Protokoll ____
ISDN Karte ____
Name des DFÜ-Ordners ____

Schriften

In den Dokumenten enthaltene Schriftfonts müssen auf den Datenträgern mitgeliefert werden, auch importierte Dateien. Die Verantwortlichkeit für die Schriftnutzung liegt beim Druckkunden.
Anzahl der Schriften ____
Schriftbezeichnung ____

Erstellungssoftware

BILDBEARBEITUNG	[ ] Photoshop	Version ____	[ ] Deutsch	[ ] Englisch
	[ ] CorelPaint	Version ____	[ ] Deutsch	[ ] Englisch
	[ ] sonstige ____	Version ____	[ ] Deutsch	[ ] Englisch
TEXT	[ ] Word für Mac	Version ____	[ ] Deutsch	[ ] Englisch
	[ ] Winword	Version ____	[ ] Deutsch	[ ] Englisch
	[ ] sonstige ____	Version ____	[ ] Deutsch	[ ] Englisch
LAYOUT	[ ] QuarkXPress	Version ____	[ ] Deutsch	[ ] Englisch
	[ ] PageMaker	Version ____	[ ] Deutsch	[ ] Englisch
	[ ] sonstige ____	Version ____	[ ] Deutsch	[ ] Englisch
GRAFIK	[ ] Freehand	Version ____	[ ] Deutsch	[ ] Englisch
	[ ] Illustrator	Version ____	[ ] Deutsch	[ ] Englisch
	[ ] CorelDraw	Version ____	[ ] Deutsch	[ ] Englisch
	[ ] sonstige ____	Version ____	[ ] Deutsch	[ ] Englisch

Datei-Inhalt / Format

[ ] Text — Format ____
[ ] Strich — Format ____
[ ] Graustufen (Pixel) — Format ____
[ ] Bilder Farbe (Pixel) — Format ____
[ ] Vektor-Grafiken — Format ____
[ ] Pixelgrafiken — Format ____

Daten

Komprimiert [ ] ja [ ] nein
Software ____
Version ____ [ ] Deutsch [ ] Englisch
(Die Verantwortlichkeit für die Nutzung liegt beim Druckkunden)
Auflösung der Daten ____

– ein Color-Management-System zwischen Druckerei und Kunden festgelegt wurde
– Spezialfarben (Metallic) und/oder Drucklack mit Vorstufenbetrieb abgesprochen wurde
– eine Farbreihenfolge mit dem Drucker abgesprochen wurde, z.B. eine Angabe vorliegt, ob Schwarz mit Cyan überdruckt werden darf
– Spezialfarben aus einem bestimmten Farbmusterbuch gewählt wurden
– eindeutige Farbbezeichnungen verwendet werden
– Rastertonwerte unter 5% liegen
– die maximale Farbauftragsdichte für das gewählte Druckverfahren nicht überschritten wird
– Rasterart, -besonderheiten und Rasterparameter mit dem Vorstufenbetrieb abgestimmt wurde.

• Die Prüfung der Farbverläufe ob
– der Verlauf nur von Skalenfarbe zu Skalenfarbe erfolgt
– nicht mehr als 10 Verläufe pro Datei vorliegen
– die Art der Verläufe mit dem Vorstufenbetrieb besprochen wurden.

Einen Teil dieser Kontrolle können Prüfprogramme, sogenannte PreFlight-Checker übernehmen. In Detail kontrollieren PreFlight-Tools beispielsweise Datentyp, Daten-, Seiten- und Ausgabe-Informationen, Farbsysteme, Überfüllungen, Bildhintergründe und Xtensions.

Manchmal fehlen die benötigten Schriften, aber auch die Feinbilddaten mancher Farbbilder. Probleme mit Dateien bzw. Daten werden dadurch sofort sichtbar und nicht erst, wenn die Produktion läuft. Innerhalb dieser Eingangskontrolle ist eine Korrektur der fehlerhaften Datei meist möglich. Sind Korrekturen nicht durchführbar, die Auftragsdaten defekt oder unvollständig, gelangen diese Daten erst gar nicht in die Produktion. Der Auftraggeber wird auf den Mangel hingewiesen und gebeten, die Fehler selbst zu beheben oder gegen Kostenerstattung durch den Dienstleister (eigenes Unternehmen) beheben zu lassen.

Ein optimaler Arbeitsablauf zwischen Kunden, Vorstufenbetrieb und Druckerei ist dann gewährleistet, wenn die Daten mehrmals mit geeigneten PreFlight-Werkzeugen geprüft werden:
– Vom Auftraggeber, beispielsweise dem Verlag oder der Werbeagentur, bevor er die Daten übergibt,
– von der Druckvorstufe nach der Entgegennahme und
– noch einmal vor der Weitergabe in die Produktion.

Das Prüfprogramm, das der Kunde einsetzt, ist in der Regel nicht so umfangreich wie das des Vorstufenbetriebs. Die Vollversion setzt meist umfangreiche Kenntnisse und Erfahrung voraus.

Beispiele für solche Programme sind derzeit: CheckUp, FlightCheck, PreFlight Pro, LaserCheck und ePScript.

Probleme bei der Ausgabe (Computer-to-System) entstehen dadurch, dass beispielsweise ein PostScript-Code Anweisungen enthält, die beschreiben, wie die Elemente einer Seite aufgebaut werden sollen.

PostScript-Dateien enthalten keine Anweisungen, die darstellen, wie die Dokumente aufgebaut sind, wie etwa bei einem Pixelbild. Hier liegt die Hauptursache für die Probleme, die es mit dem PostScript-Standard gibt. Erst bei der Ausgabe interpretiert das PostScript-RIP den PostScript-Code. Erst dann wird entschieden, ob ein Punkt belichtet werden soll oder nicht.

Wenn beispielsweise Befehle aus dem Layoutprogramm QuarkXPress ein Dokument beschreiben und ein Belichter-RIP interpretiert dieses Dokument im Rahmen unzureichender Möglichkeiten, kann dies zu Missverständnissen führen. Und diese Missverständnisse sind durch die Eingangskontrolle auszumerzen.

Abschlussbesprechungen nach Auftragsdurchführung
Die Technologie der Druckvorstufe wandelt sich ständig. Besprechungen nach Abschluss eines größeren Auftrages oder mit einem neuen Kunden sind ein nützlicher Weg, um von Problemen beim Auftragsdurchlauf zu lernen.

Sie ermöglichen, die Art der Zusammenarbeit zu überprüfen und die Einführung neuer Techniken oder Arbeitsabläufe zu besprechen. Viele Dinge, die früher der Drucker oder Vorstufenbetrieb machen musste, werden heute vom Grafiker oder Layouter gemacht, und die Verantwortlichkeiten sind unklarer geworden. Das Beheben eines Fehlers in einer Datei ist für eine Vorstufenabteilung absolut unprofitabel, besonders dann, wenn der Fehler erst auf dem Film oder auf der Druckplatte sichtbar wird. Es muss nicht nur der Fehler behoben werden, sondern der ganze Produktionsprozess ist zu wiederholen.

Vorstufenabteilungen werden wohl auch weiterhin mit zeitraubenden Problemen konfrontiert werden und versuchen, diesen Zeitaufwand dem Kunden in Rechnung zu stellen, der wiederum dafür wenig Verständnis zeigt.

Teile einer Seite, die der Drucker eines Grafikers ausdruckt, müssen nicht unbedingt auch nach der Ausgabe in der Vorstufenabteilung in gleicher Weise sichtbar sein.

Partnerschaftlich und korrekt durchgeführt ist eine solche Vor- und Abschlussbesprechung eine hilfreiche Zweiweg-Kommunikation, die das Verhältnis Kunde und Druckerei festigen kann. Oft ergeben diese Treffen zeit- und geldsparende Tipps für zukünftige Aufträge.

Grafiker können dabei von der Erfahrung der Vorstufenabteilung profitieren und bei ihren nächsten gestalterischen Aufgaben zum Nutzen des Kunden berücksichtigen.

Die Abschlussbesprechung sollte ein persönliches Treffen aller Beteiligten sein, auch wenn manchmal eine Konferenzschaltung am Telefon genügen würde. Wichtig ist eine offene Diskussion, in der jeder sich frei fühlt, seine Fragen zu stellen. Es ist absolut kontraproduktiv, eine solche Abschlussbesprechung mit Anklagen wegen gemachter Fehler zu beginnen.

Nach einem besonders schwierigen Auftrag sollten sich alle Beteiligten treffen, (weiter s. Seite 7·14)

Grundregeln:
Fehler im Text sind eindeutig und möglichst farbig zu kennzeichnen. Jedes eingetragene Korrekturzeichen ist am rechten Rand zu wiederholen.
Die erforderliche Änderung wird neben dem Korrekturzeichen eingetragen, soweit dieses eine Ergänzung erfordert.

1. Falscher oder fehlender Buchstabe
Gute Typogrofie ist ein Qualitätsmrkmal der Sachherstellung. — a me tz

2. Überflüssiges oder fehlendes Zeichen
Typografie verstärkt, die optische Botshaft an den Leser — sc r.

3. Fehlendes oder überflüssiges Wort
Typografie geht der Drucktype aus, daher ist die die Schrift... — von

4. Falsches Wort
Durch die Entdeckung der beweglichen Letter durch Johannes Gutenberg... — Erfindung

5. Fehlende Wörter, fehlender Text
Textvorlage Satzherstellung ist das Manuskript. Anstelle geliefert. — für die s. Ms.

6. Zu großer Wortabstand
Kommunikation ist der Austausch von Informationen.

7. Fehlender Wortabstand, Zusammenschreibung
Einzelne Buchstaben undZeichen sind zu einem Wort zusammen zustellen.

8. Falsche Reihenfolge der Wörter
Einzelne Buchstaben Zeichen und sind zusammenzustellen zu einem Wort. — 1 - 9

9. Verstellte Buchstaben oder Zahlen
Die dezimale Zahl 234 ist im daulen System die Zahlenfolge 10100011. — 243 ua 11110011

10. Falsche Silbentrennung
Die Daten werden im Magnetplattens-peicher aufgezeichnet. — sp

11. Andere Schrift wird verlangt
Durch satztechnisches Auszeichnen sind wesentliche Wörter hervorzuheben. — kursiv

12. Zeilenabstand zu gering
Für die Texterfassung mit einem Personal-computer ist eine genaue Absprache zwischen dem Autor und der Satzherstellung erforderlich.

13. Zeilenabstand zu groß
Für die Texterfassung mit einem Personal-

computer ist eine genaue Absprache zwischen

14. Neuer Absatz erforderlich
Schriften müssen zu einer optimalen Informationsübertragung gut lesbar sein. Die Lesbarkeit der Schrift wird durch Serifen grundsätzlich verbessert.

15. Ein Absatz soll entfallen
Subtraktive Grundfarben sind Cyan, Magenta und Yellow,
Komplementärfarben sind Rot, Grün und Blau.

16. Ein Einzug soll entfallen, linksbündig beginnen
Die Schrift ist ein visuelles Zeichensystem zur Übertragung von Informationen.

17. Fehlender oder zu geringer Einzug
Die Schrift ist ein visuelles Zeichensystem zur Übertragung von Informationen.

18. Irrtümlich angezeichnete Korrektur
Der Zeilenabstand ist die Länge von Grundlinie zu Grundlinie bei aufeinander folgenden Zeilen. — beim

Korrigierter Text

Während die Völker des Altertums ihre Schriftzeichen in Wände, Steine, Ziegel, Tonplatten und Hölzer gemeißelt, geritzt oder gebrannt haben, ist es den Ägyptern gelungen, den ersten praktischen, leichten Werkstoff als Bild- und Schriftträger herzustellen. Von diesem Stoff „papyros" oder Papyrus stammt der Name Papier. Es ist der Name einer Sumpfpflanze, *Cyperus papyrus,* die in großen Mengen im tropischen Afrika wächst und auch in der Nähe von Syrakus auf Sizilien vorkommt. Die bis armdicken, dreikantigen Stengel der Pflanze werden in dünne, lange Streifen geschnitten, die auf einem Brett nebeneinandergelegt werden. Quer darüber reiht sich eine zweite Schicht solcher Streifen. Das so entstandene Blatt wird zusammengepresst, wobei der stärkehaltige Saft der Pflanze als Bindemittel wirkt. Papyrus wurde meistens in Form langer Bänder hergestellt, die dann aufgerollt wurden.
Solche Papyrusrollen findet man in den ägyptischen Pharaonengräbern. Die ältesten sollen bis auf das Jahr 3500 vor Christi Geburt zurückgehen.

Nicht korrigierter Text

Beispiel für Korrekturen im Text

Während die Völker des Altertums ihr Schriftzeichen in Wände, Steine Ziegel, Tonplaten und Hölzer gemeisselt, geritzt oder gebrannt haben, ist es den Ägyptern gelungen, den ersten praktischen, leichten Werkstaff als Bild- und Schriftträger herzustellen Von diesem Stoff „papyros oder Papyrus stammt der Name Papier. Es ist der Name einer Sumpfblanze, Cyperus papyrus, die in großen Mengen im tropischen Amerika wächst und auch in der Nähe von Syrakus auf Sizilien vorkommt. Die armdicken, dreikantigen Stengel der Pflanze werden in dünne, lange Streifen geschnitten, die auf einem Brett nebeneinandergelegt werden. Quer darüber reiht sich zweite Schicht solcher Streifen. Das so entstandene Blatt wird wird zusammengepreßt, wobei der stärke haltige Saft der Pflanze als Bindemittel wirkt. Papyrus wurde meistens langer Bänder in Form hergestellt, die dann aufgerollt wurden. Solche Papyrusrollen findet man in den ägyptischen Pharaonengräbern. Die ältesten sollen bis auf das Jahr 5300 vor Christi Geburt zurückgehen.

re · e, tt · ß · o n. · s" · pf · kursiv · f · bis · eine · ss · 35

ihre Fragen stellen und lernen, wie ähnliche Aufträge zukünftig besser und problemloser durchgeführt werden können. Anstatt einen Kunden durch einen schwierigen Auftrag zu verlieren, wird die Druckerei zu einem partnerschaftlichen Dienstleister, der die Probleme des Kunden erkennt, den Kunden berät und seine Aufgaben löst.

7.6 Satzkorrektur

Bei der Textverarbeitung sind Übertragungsfehler auf dem Weg vom Manuskript zur Druckform nicht auszuschließen. Manchmal werden auch nachträgliche Manuskriptänderungen und Autorkorrekturen durchgeführt. Folglich sind immer wieder Kontrollen bei jedem neuen Arbeitsergebnis notwendig. Der Korrektor kontrolliert die Rechtschreibung, die Zeichensetzung, das Einhalten der Satzanweisungen sowie den Stand der gedruckten Texte und Bilder. Der Texterfasser hat die Korrekturen nach seiner Anweisung auszuführen. Vor dem Fortdruck erfolgen in der Druckerei weitere Nachprüfungen, sogenannte Revisionen. Der Revisor prüft die zusammengestellte Druckform auf Vollständigkeit, die richtige Anordnung der Seiten und das einwandfreie Ausdrucken aller Teile.

Korrekturablauf

Folgende Korrektur- und Revisionsstufen sind zu unterscheiden:

1. Vorauskorrektur:
   Die grammatische, orthografische und stilistische Manuskriptbearbeitung erfolgt vor der Texterfassung.
2. Hauskorrektur:
   In der Vorstufenabteilung wird anhand von Korrekturabzügen der gesetzte Text mit dem Manuskript verglichen: Setzfehler, falsch platzierte Abbildungen und sonstige Gestaltungs- und Montagefehler werden gekennzeichnet.
3. Autorenkorrektur:
   Der Autor erhält vor der Drucklegung Korrekturabzüge von den umbrochenen Seiten; er kann noch Änderungen oder Ergänzungen vornehmen.
   Durch seine Unterschrift gibt er seine rechtsverbindliche Druckreif-Erklärung, die sogenannte Imprimatur.
4. Zwischenkorrekturen:
   Diese sind nach jeder Textänderung, jedem Umbruch bzw. jeder Montage erforderlich.
5. Satzrevision:
   Bei mehrfach korrigiertem Text empfiehlt sich eine letzte Überprüfung des Textes vor der Weitergabe an die Druckformherstellung; die gesamte Arbeit wird noch einmal gelesen und auf Textvollständigkeit und Ausführung sämtlicher Korrekturen überprüft.
6. Maschinenrevision:
   Überprüfung der Druckform anhand des ersten guten Maschinenabzugs; überprüft werden vor allem der Stand der einzelnen Seiten und Bilder sowie der saubere Druck aller Bildelemente.
7. Nachrevision:
   Auf einem weiteren Maschinenabzug wird die Berichtigung mit der Maschinenrevision verglichen; letzte Korrekturmöglichkeit vor dem Fortdruck.

Für die Textkorrektur gelten grundsätzlich die genormten Korrekturzeichen nach DIN 16511, die ursprünglich für den Bleisatz entwickelt wurden. Dabei gelten folgende Hauptregeln:

1. Deutlich lesbar geschriebene Korrektur.
2. Grundsätzlich wird jede Korrektur durch zwei identische Zeichen markiert. Ein Zeichen steht an der zu korrigierenden Textstelle, das zweite steht am Rand neben der Zeile, in der sich der Fehler befindet. Dahinter steht die Richtigstellung.
3. Die Randnotizen sollen die gleiche Reihenfolge haben wie die Korrekturzeichen innerhalb der Textzeile.

Da es noch keine genormten Korrekturzeichen für das Electronic Publishing gibt, werden ergänzend die Korrekturzeichen nach DIN 16549 und 16511 für die Reproduktionstechnik verwendet (Beispiel: 7 · 13).

Hier stehen beispielsweise die Korrekturzeichen für Kontern, Umdrehen eines Teils und unsauberen Rand. Häufig wird auch ein in Doppelklammern versehener Vermerk an den Rand geschrieben.

Programme zur Rechtschreibprüfung

Stand der Technik sind Programme, die Wort für Wort die richtige Schreibweise eines Text prüfen, selten oder nie die sprachlich/grammatischen Regeln, wie beispielsweise

- den richtigen Sinngehalt des Wortes *(Ich hohle Bier),*
- die richtige Sinnverwendung des Wortes *(Ich zahle steuern),*
- die richtige Beugung eines Wortes *(Er war rücksichtslose),*
- den richtigen Fall *(Rettet dem Dativ),*
- den richtigen Satzbau *(Geld kann essen man nicht)* und
- die Kombination mehrere Fehler *(Bitte Rücken auf Sie, wen es zu eng Wirt).*

Wenn auch einzelne Programme die Prüfung der Großschreibung berücksichtigen, ist dies doch keine allzu große Hilfe, denn unzählige Begriffe können sowohl klein als auch groß geschrieben werden, beispielsweise

- alle Katzen sind nachts/des Nachts grau;
- der Preis, preisgeben, gebe ich nicht preis.

So kann fälschliche Klein- und Großschreibung nicht erkannt, richtige Klein- und Großschreibung vielfach zu Unrecht bemängelt werden.

Die vorstehenden Beispiele zeigen, dass es ein Irrglaube ist, man könne beim Einsatz von Rechtschreibhilfen auf Korrektoren verzichten. Die Programme sind nur dazu geeignet, einen kleinen Teil der Fehler bereits bei oder nach der Erfassung zu beseitigen.

Besonders wichtig ist die Rechtschreibprüfung nach einer Texterfassung mit Flachbettscanner und OCR-Software, denn hier tauchen oft versteckten Fehler auf, die ein Korrektor nie erwartet, beispielsweise fiir (für), ver6ringen (verbringen), Oamen (Damen).

Durch das Programm wird der Korrektor jedoch von Routinearbeit entlastet – er kann sich auf Wesentliches konzentrieren.

Korrekturverfahren

Um Fehler in den einzelnen Seiten zu beseitigen, bedient man sich unterschiedlicher Korrekturtechniken:

– Korrektur am Bildschirm:
Die zu korrigierenden Texte, die zur Datensicherung auf Datenträger abgespeichert wurden, werden dort abgerufen und auf dem Bildschirm sichtbar gemacht. Mit dem Cursor wird die fehlerhafte Textstelle angefahren. Je nach Bedarf können durch den Anschlag der entsprechenden Tasten die zu korrigierenden Zeichen durch neue ersetzt, aber auch Zeichen, Wörter, Zeilen und Absätze gelöscht werden.

Auch ist es in der Regel problemlos möglich, Textteile umzustellen oder einzufügen und bestimmte Zeichen und Befehle suchen und ersetzen zu lassen. Auch lässt sich ohne Probleme der Stand einzelner Zeilen und Abbildungen verändern. Durch die interaktive Arbeitsweise der Rechner kann das Ergebnis der Korrektur sofort überprüft werden. Eine einwandfreie Korrektur ist eine zwingende technische und wirtschaftliche Voraussetzung für alle Computer-to-Systeme.

– Manuelle Filmkorrektur:
Kleinere Korrekturen an Filmen erfolgen durch Schaben, Schneiden und Kleben. Fehlerhafte Zeilen werden herausgeschnitten; ein neuer Filmstreifen mit fehlerfreiem Text wird eingesetzt.

Diese Form der Korrektur wird aus qualitativen und wirtschaftlichen Gründen nur noch in Ausnahmefällen durchgeführt.

7.7 Digitalisierung der Schrift

Die Entwicklung der Satztechnik ist eng mit einem Wechsel der Schriftbildträger verbunden.

Im Bleisatz gab es einen Schriftkörper, die Bleiletter; im optomechanischen Fotosatz war es die Schriftscheibe, das Grid, das Schriftlineal oder der flexible Filmfont.

Mit dem Übergang von der projektiven Belichtung (analoge Technik) des Schriftzeichens zur punktförmigen Zeichenübertragung (digitale Technik) wurde auch ein völlig neuer „Schriftbildträgertyp" benötigt, das immaterielle, nicht mehr „greifbare", digitale Schriftzeichen, das während der Belichtung als Folge von Bits aus dem Speicher eines Rechners ausgelesen wird.

Zeichenfertigung
Ein einzelnes Zeichen kann, abhängig vom technischen System, auf vielfältige Weise erzeugt werden.
Die grafischen Darstellungen zeigen Techniken der Zeichenfertigung.

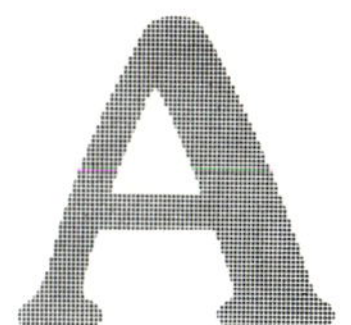

Jeder Buchstabe wird digitalisiert, also in x-y-Koordinaten umgesetzt. Diese „Pixel" (kleinste Bildeinheiten) werden benutzt, um die Kontur des vollen Buchstabens für die spätere Umsetzung zu definieren.

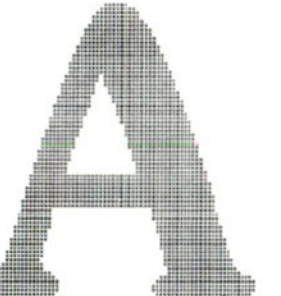

Elektronische Drucker erzeugen Zeichen durch kontrollierte Platzierung auf winzige Punkte, mindestens 120-160 Punkte pro cm.

Hier der Originalbuchstabe, vom Designer mit dem letzten Schliff versehen und ins Alphabet eingepasst.

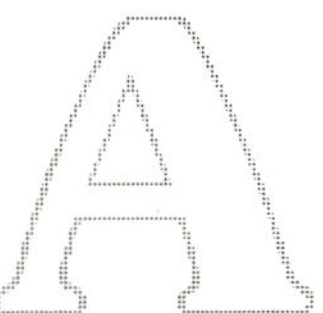

Die x-y-Daten werden in Vektoren oder Konturenform umgesetzt, und zwar durch einen algorythmischen Datenverknappungsprozess, um den Speicherraum zu minimieren und die Gesamtkapazität zu erhöhen.

Punktmatrixdrucker benutzen eine gröbere Punktgröße. Nadeldrucker formen die Zeichen mit einer Matrix, die eine Serie von Punkten erzeugt.

Das komplette, fertige Zeichen wird zur Urform für künftige Umsetzungen in verschiedene Systeme.

Durch computergesteuerte Systeme wird das Zeichen mit Hilfe mathematischer Umrissprogramme wiedergegeben. Die Binnenfläche des Buchstabens wird dabei durch einen Lichtstrahl „ausgemalt".

Zeichen für den Bildschirm werden meist mit weniger als 1000 Punkten pro Inch oder mit einem groben 5 x 7 -Raster erzeugt.

Auf welche Weise gelangen nun diese Bits in den Rechner? Welche Methoden der Schriftdigitalisierung gibt es?

Methoden der Schriftdigitalisierung

Ausgangspunkt einer Schriftbildträgerherstellung ist immer der Entwurf eines Schriftkünstlers. Auf der Basis dieses Entwurfs wurde im Bleisatz der Stahlstempel geschnitten und davon eine Gießmatrize erstellt. Im optomechanischen Fotosatz kam man über eine fotografische Reproduktion der Reinzeichnung zum negativen Schriftbildträger aus Glas oder Kunststoff.

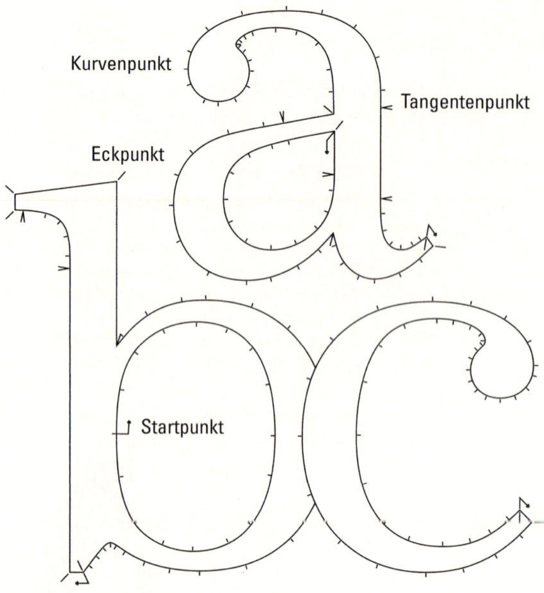

Beispiel zur Digitalisierung von Buchstaben

Zeichenübertragung

Analoge Zeichenübertragung

Lichtquelle

Schrift-bildträger (Negativ)

Kennzeichen:
- alle Punkte gleichzeitig
- lange Belichtungszeit möglich
- materieller Schriftbildträger

Digitale Zeichenübertragung

00000000000
00110001100
00110001100
00111111100
00110001100
00110001100
00000000000

Laser

Steuersignal aus an aus an aus

Schreibsignal 00110001100

Zeittakte

Kennzeichen:
- alle Punkte nacheinander
- nur sehr kurze Belichtungszeit möglich
- immaterieller Schriftbildträger

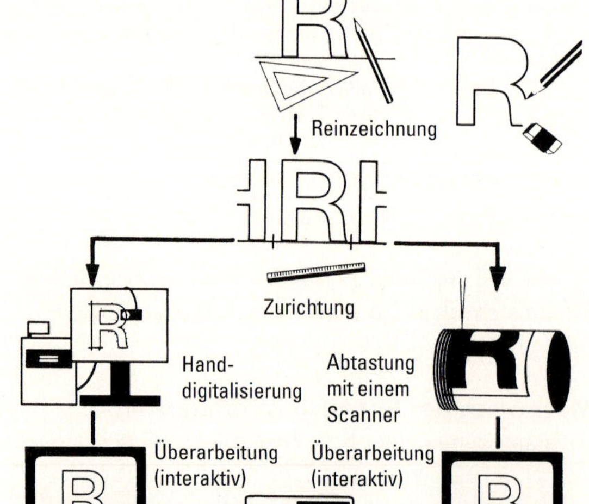

Die Reinzeichnung des Künstlerentwurfs – eine höchst aufwendige Arbeit – steht auch am Anfang der Schriftdigitalisierung.

Zunächst wird diese Reinzeichnung auf einer Schriftlinie ausgerichtet, Vor- und Nachbreite werden festgelegt, und das Zeichen wird mit weiteren typografischen Daten versehen. Danach erfolgt der eigentliche Digitalisierungsvorgang: die Umwandlung der gezeichneten Information in maschinenlesbare Daten. Hierzu gibt prinzipiell zwei Verfahren:
- Abtasten der Vorlagen mit einem Scanner
- Abgreifen der Umrisslinie (Outline) eines Schriftzeichens mit Hilfe eines Digitalisierungstabletts.

Einsatz des Scanners
Beim Abtasten mit dem Scanner werden Bildlinie für Bildlinie die Schwarz- und Weißwerte erfasst und so eine Bitmap des Schriftzeichens im Speicher des Rechners abgelegt. Ergebnis einer solchen Abtastung ist ein Rohscan, der danach am Bildschirm korrigiert werden kann.

Manuelle, rechnerunterstützte Digitalisierung
Diese Art der Digitalisierung verlangt zunächst eine gesonderte Markierung der Digitalisierungspunkte an der Buchstabenkonturenlinie, wie die angabe des Startpunktes und die Kennzeichnung der Kurvenextrem-, der Stütz-, der Wende- und sonstiger Zwischenpunkte.

Die Digitalisierung selbst geschieht in der Weise, dass zunächst der Koordinatennullpunkt festgelegt wird. Dann erfolgt die Eingabe der Vor- und Nachbreite des Buchstabens. Mit dem Anklicken des Anfangspunktes beginnt, die eigentliche Aufzeichnung der Umrisslinie eines Buchstabens. Diese Kontur wird Punkt für Punkt in einer festen Reihenfolge mit einem Sensor abgefahren.

Dem schließt sich eine Überarbeitung des Schriftzeichens am Bildschirm an.

Beendet wird der Digitalisierungsvorgang mit der Abspeicherung der Konturendaten und weiterer schriftenspezifischen Daten, wie z.B. Dicktentabelle, Unterschneidungswerte usw. auf einem Datenträger. Gespeicherte „Schriftdaten" können vom Anwender in seine digitale Schriftbibliothek (z.B. Ordner „Zeichensätze") eingelesen und für eine Verwendung abgerufen werden kann.

In welcher Form erhält nun der Anwender die Schriftdaten?

Bitmap-Format
Die einfachste Form wäre das Abspeichern eines Schriftzeichens als Bitmap, die dann für das Ausgabesystem (Bildschirm, Belichter, Drucker) abgerufen wird. Ein solches Verfahren ist aber sehr speicherintensiv, denn jedes einzelne Pixel ist mit seinen Koordinatenwerten zu erfassen und abzuspeichern.

Außerdem müssten für die unterschiedlichen Schriftgrößen unterschiedliche Bitmaps zur Verfügung stehen. Aus diesen Gründen wird dieses Verfah-

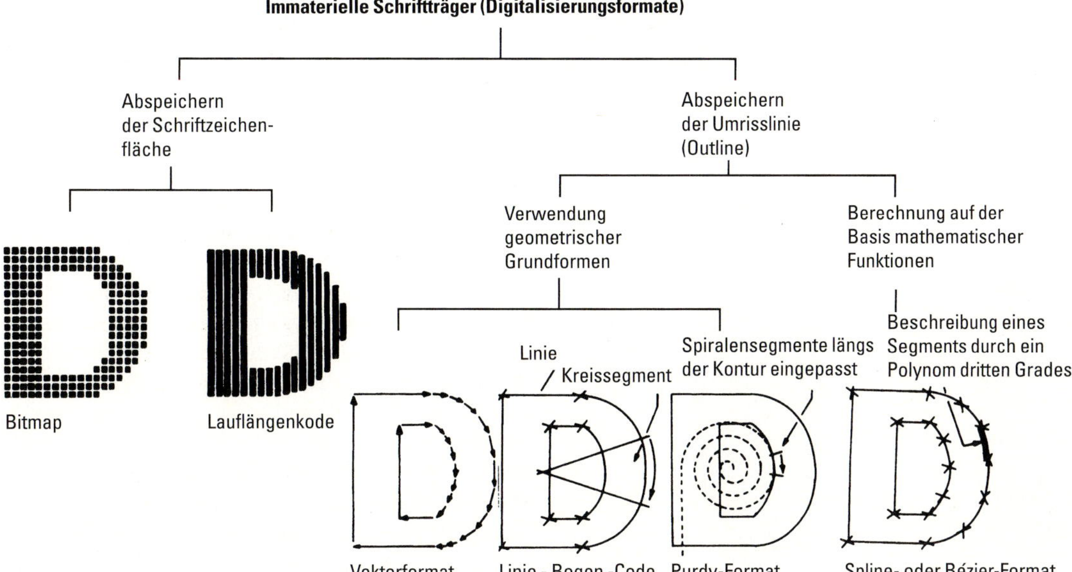

ren heute nur noch in der Bildschirmdarstellung von Schriftzeichen angewandt, das heißt, bis zu einer bestimmten Schriftgröße liegen die Buchstaben als Bitmusterzeichensätze vor. Bei größeren Schriftgraden greift man dann auf Vektorzeichensätze zurück.

Lauflängen-Code

Betrachtet man den Aufbau einer Bitmap genauer, erkennt man, dass es möglich ist, die übereinander liegenden Bits in einer Abtastlinie zusammenzufassen, also nur die vertikalen beziehungsweise horizontalen Lauflängen (Anzahl der Bits) zu speichern. Bei der Lauflängencodierung nimmt man nun an, dass die Linie außerhalb des Buchstabens startet und somit die erste Lauflänge immer mit der Farbe Weiß belegt werden kann. Dann wechseln Schwarz mit Weiß an den sogenannten Übergängen (transitions) ab. Auf diese Weise entfällt eine besondere Farbcodierung für Schwarz und Weiß.

Gegenüber der Bitmap-Technik ergibt sich ein erheblicher Vorteil: Es wird ein erheblich geringerer Speicherplatz benötigt.

Vektor-Code

Die bisher genannten Techniken beschreiben ausschließlich die Schriftzeichenfläche. Es ist jedoch sinnvoller, auf die Konturenlinien eines Schriftzeichens zurückzugreifen, da sie das Wesentliche eines Schriftzeichens ausmachen.

Dieses Ziel verfolgt bereits die einfachste Form der Umrisscodierung, der Vektor-Code. Dieser versucht eine Annäherung an die Outline eines Schriftzeichens durch einzelne Linienstücke, eben den Vektoren.

Hierzu sind für den Start- und Endpunkt eines Vektors jeweils zwei Koordinaten anzugeben. Für die Zwischenpunkte ergibt sich der Vorteil, dass der Endpunkt eines Vorgängervektors oftmals der Startpunkt für den Nachfolgevektor ist.

Unterschieden wird beim Vektorformat zwischen einem offenen und einem geschlossenen Datenformat.

Bei einem offenen Datenformat liegen Start- und Zielpunkt getrennt vor, beim geschlossenen Format kehren die Vektoren auf den Startpunkt zurück.

Buchstaben bestehen im allgemeinen aus zwei in sich geschlossenen Outlines, so dass es unerheblich ist, an welcher Stelle die Startpunkte für die Linienzüge liegen. Da geschlossene Formate keine offenen Stellen in ihrer Beschreibung aufweisen, sind sie elektronisch drehbar oder beliebig verformbar, eine nicht zu unterschätzende Eigenschaft gegenüber dem offenen Vektorformat.

Vektoren

Der Vektor ist in der Mathematik ein geometrischer Begriff wie der Punkt, der Winkel und die Gerade.

Er wird als Pfeil gezeichnet, versehen mit einem Angriffspunkt (A), einem Zielpunkt (Z), einer bestimmten Richtung und einem bestimmten Betrag (α), der durch die Länge des Pfeils ausgedrückt wird. Zur Berechnung von Vektoren gibt es in der Mathematik entsprechende Rechengesetze.

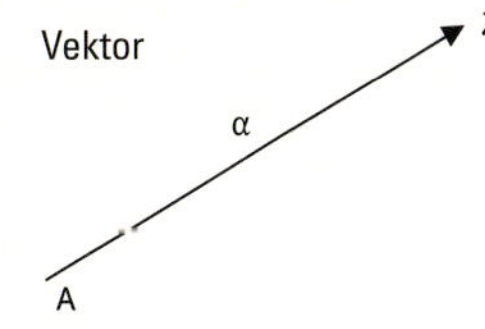

Die Physik nutzt das Pfeilsymbol zur Darstellung von physikalischen Größen wie Kräfte und Geschwindigkeiten, die neben ihrem tatsächlichen Betrag auch eine Richtung haben, um so relativ einfach Berechnungen durchführen zu können.

Weitere Umrisscodierungen

Vergrößert man Schriftzeichen, die im Vektorformat generiert und belichtet wurden, lassen sich an den Rundungen die einzelnen Linienstücke erkennen.

Für eine ästhetisch anspruchsvolle Umrisscodierung mit tatsächlichen Rundungen und Kurven ist es

Vergrößerte Umrisslinie eines Schriftzeichens, das im Vektor-Code digitalisiert wurde.

Klothoide (grch. von klothein = spinnen), eine ebene Kurve mit stetig kleiner werdendem Krümmungsradius nach der Formel $a^2 = R \times L$ (a = Parameter, R = Radius, L = Bogenlänge). Im modernen Straßen- und Autobahnbau und bei der Schriftengestaltung werden Übergangsbogen von Geraden in Kurven in Form einer Klothoide erstellt.

notwendig, diese in eine komplizierte mathematische Funktion umzuformen, die stetig ist (nächste Stufe einer Datenreduktion).

Hierzu haben die Schriftenhersteller unterschiedliche Ansätze gewählt und weiterentwickelt:
- Verwendung von Geraden und Kreiselementen
- Einsatz einer Spirale
- Verwendung von Spline-Funktionen
- Benutzung von Bezier-Funktionen

Gerade und Kreiselemente
In diesem Format besteht die Outline eines Schriftzeichens aus Geraden für die waagerecht oder die senkrecht verlaufenden Abschnitte der Konturenlinie und aus einer Kette von tangential ineinander übergehenden Teilkreisen in den Kurven.

Optisch gut wirken diese Rundungen, wenn man ihnen die Form einer Klothoide gibt. Als typisches Beispiel für einen klothoiden Kurvenverlauf gilt die Krümmung einer Autobahnausfahrt, die eine abrupte Steuerung des Autos vermeidet.

Spiralen- oder Purdy-Format
Es wurde bereits darauf hingewiesen, dass die Rundungen der Buchstabenränder in Form einer Klothoide ineinander übergehen. Damit ergibt sich die Möglichkeit, Outlines aus den Teilstücken einer Spirale zusammenzusetzen. Die Vorgehensweise ist hierbei ähnlich dem Zeichnen einer Kurve mit Hilfe eines Kurvenlineals und kann in der Schriftendigitalisierung direkt am Bildschirm erfolgen. Leider besitzen diese Schriften nur geringe Möglichkeiten zur Schriftenverformung.

Bezier- und Spline-Funktionen
Bezier- und Spline-Funktionen sind der Versuch, durch Polynome (Funktionen) dritten Grades die Umrisslinien als durchgehende (stetige) Kurvenfunktionen auszudrücken.

Für die Speicherung der Umrisslinien wird eine geringere Kapazität benötigt, die Belichtung dagegen dauert unter Umständen etwas länger, da die Schriftzeichenfläche, im RIP auf der Basis dieser Funktionen erst berechnet werden muss.

Viele Grafikprogramme, zum Beispiel CorelDraw und Freehand, arbeiten mit solchen Bezier-Funktionen. In diesen Programmen lassen sich die einzelnen Schriftzeichen und Grafiken relativ einfach modifizieren, indem man die zu jeder Bezier-Kurve gehörenden Kontrollpunkte oder den Knoten verschiebt. Diese Funktionen haben daneben den weiteren Vorteil, dass sie ein Konturieren, Schattieren oder ähnliche Modifikationen von Schriften erlauben.

Bezier-Funktionen sind komplizierte mathematische Funktionen, die der französische Mathematiker Bezier zur Berechnung von Schiffsrümpfen entwickelt hat. Sie zeichnen sich wie Spline-Funktionen dadurch aus, dass ihre Funktionsvariablen in 1., 2. und 3. Potenz vorliegen.

Aus der Mathematik sind Funktionsausdrücke wie $y = x^2$ und $y = ax + b$ bekannt.
Hierbei unterscheidet man zwischen Funktionen, die in einer grafischen Darstellung im üblichen Koordinatensystem (x- und y-Achse) entweder eine Gerade ergeben (z. B.: $y = 2x$; $y = x + 2$) oder zu einer Kurve führen (z. B.: $y = x^2$; $y = x^2 + 2$).

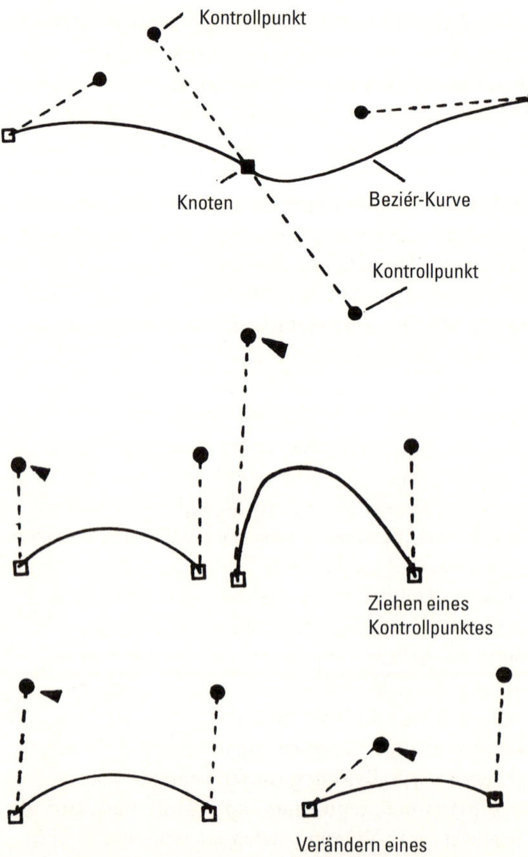

Bezier- und Spline-Funktionen verwenden nun, sehr vereinfacht ausgedrückt, einen Funktionsausdruck (Polynom) folgender Art: $y = ax + bx^2 + cx^3$. Für jeden einzelnen Abschnitt einer Schriftoutline lässt sich dann eine Funktion ermitteln, deren Verlauf genau der gewünschten Konturenlinie entspricht.

Ausgangspunkt einer Schriftdigitalisierung ist immer eine Reinzeichnung des Künstlerentwurfs, die entweder gescannt oder von Hand digitalisiert wird. Hierbei ergeben sich zwei gegensätzliche Datenformate:

- Formate, welche die Schriftzeichenfläche zur Grundlage haben,

und solche, die

- die Umrisslinie des Zeichens beschreiben.

Letztere benötigen weniger Speicherplatz, lassen sich leichter modifizieren und sehr gut an die unterschiedlichsten Ausgabeauflösungen (Drucker, Belichter, Computer-to-Systeme) anpassen.

Gemeinsam ist beiden Formattypen, dass während der Belichtung im vorgeschalteten Raster Image Processor (RIP) auf jeden Fall eine vollständige Bitmap erstellt werden muss, sei es durch Abruf bereits bestehender Schriftzeichensätze aus dem Cache-Speicher oder der Berechnung auf der Basis mathematischer Funktionen

7.7.1 Einsatz digitalisierter Schriften

Um Schriften auf einem Laserbelichter ausbelichten oder auf einem Tintenstrahl- bzw. Laserdrucker ausgeben zu können, werden digitalisierte Schriften benötigt, die auf Disketten, Magnetplatten oder CDs gespeichert sind. Um Schriften in digitaler Form zu erhalten, werden die einzelnen Zeichen in codierten Zahlenwerten oder Formeln beschrieben.

Bitmap-Schriften

Die Bitmap-Schrift ist die älteste Form der Schriftdigitalisierung, hergestellt durch das Scanlinien- bzw. Bildlinienverfahren. Zeichen sind durch in vertikale Bildlinien unterteilt. Fast jede Linie besteht aus weißen und schwarzen Teilstücken, allein die Bildlinien für die Vor- und Nachbreite haben nur weiße Quadrate. Mit Hilfe eines Scanners wird die Vorlage abgetastet und alle Teile des Buchstabens Punkt für Punkt bzw. Pixel für Pixel gespeichert.

Es entstehen dabei Rasterfelder, die ausgefüllt oder nicht ausgefüllt sind. Runde und schräge Linien können daher nur treppenförmig dargestellt werden. Es entsteht ein unschöner Sägezahneffekt, der besonders bei Vergrößerung des Buchstabens deutlich sichtbar wird. Dieser Effekt wird Aliasing bezeichnet. Er ist durch Interpolation (Anti-Aliasing) zu verringern.

Um einen größeren Schriftgrößenbereich optimal abdecken zu können, muss die benötigte Schrift in mehreren Digitalisierungsstufen abgespeichert sein. Das führt zu einem enormen Speicherbedarf. Einsatzgebiet dieser Bitmap-Schriften ist heute vor allem der Büro- und Privatbereich.

PostScript-Schrift
- Koffer mit Bildschirm-Zeichensätzen
- PostScript-Zeichensätze

Vektorschriften

Eine bessere, aber rechnerisch aufwendigere Form ist die Konturenbeschreibung mit Vektoren (gerichtete Geraden) und Kurvenlinien. Als Kurvenlinien werden beispielsweise Bézier-Funktionen und Splines verwendet. Diese Form der Schriftdigitalisierung wird heute überwiegend eingesetzt.

Das *Type 1-Schriftformat* wurde von Adobe entwickelt und 1990 freigegeben, so dass jeder Type 1-Schriften erzeugen kann, ohne Patentrechte zu verletzen. Es basiert auf der Seitenbeschreibungssprache PostScript und ist zur Zeit das bedeutendste Schriftfont-Format der Satzherstellung. Die Unternehmen Linotype, Agfa, URW und viele andere verkaufen ihre Schriften in diesem Format. Type 1-Format benötigten noch vor Jahren zusätzlich Screen-Fonts in den Schriftgrößen 8, 10, 12, 14, 18, und 24 pt für die Bildschirmdarstellung.

Die Zeichen dieser Screen-Fonts werden in Form einer Bitmap dargestellt. Zwischengrößen werden vom Computer umgerechnet, was den Schrifttyp in seinem Aussehen häufig stark beeinträchtigt. Dadurch gibt es auch häufig Unterschiede zwischen der Bildschirmdarstellung und dem Ausgabeprodukt bezüglich der Zeichenbreite und der Laufweite einzelner Zeilen. Das Symbol für ein Screenfont ist ein Koffer, auf dem ein kursives „A" abgebildet ist.

Die Schrift für das Ausgabesystem (Computer-to-System, Drucker) wird je nach Hersteller unterschiedlich dargestellt.

Schriften von Linotype haben beispielsweise ein quadratisches Symbol mit einem kursivem „A", dessen Hintergrund mehrere waagrechte Striche hat.

Bei den Belichterfonts werden die Geraden mit Vektoren, die Kurven mit Bézierfunktionen beschrieben.

Die Type 1-Schriften, die in Verbindung mit dem Adobe Type Manager (ATM) eingesetzt werden, lassen sich am Bildschirm genauso darstellen wie auf dem Ausgabeprodukt. Mit dem ATM wird nur noch ein Screenfont in einer Schriftgröße benötigt, um die gewünschte Schrift am Bildschirm aktivieren zu

Ausgabe einer PostScript-Datei auf einem digitalen Ausgabesystem

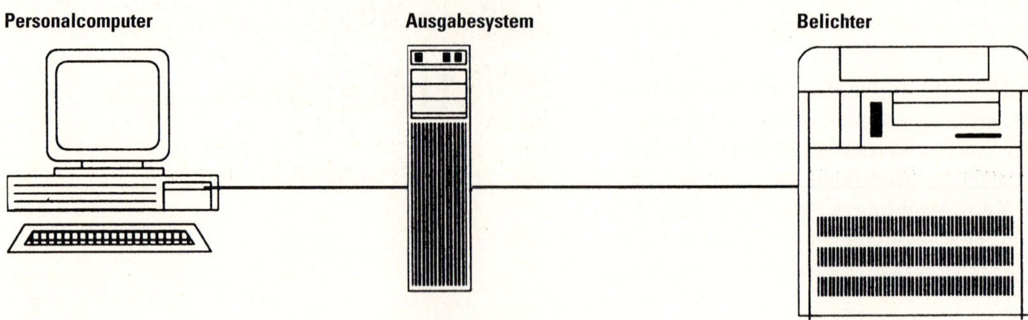

PostScript-Konvertierung
Umsetzung der Programm-internen Dateistruktur (zum Beispiel von InDesign) in das PostScript-Programm, das die Beschreibung aller Seitenelemente enthält.

Rechenprozess
Zerlegung der zu belichtenden Datei in einzelne Bildelemente (Pixel) nach Vorgabe der Seitenbeschreibung (PostScript-Programm). Die Anzahl der Bildelemente ist abhängig von der gewählten Belichterauflösung.

Aufzeichnung
Empfang der Daten vom Raster-Image-Prozessor und Steuerung des Laserstrahls entsprechend der vorgegebenen Auflösung

können. Schriften im Type 1-Format haben im Gegensatz zum Type 3-Format sogenannte Hints.

Hints definieren die exakte Festlegung der einzelnen Buchstabenteile, verhindern das „Verklumpen" von Zeichen kleinerer Schriftgrößen, sorgen für ausgeglichene Strichstärken und ermöglichen den korrekten Stand auf der Schriftlinie. Hints helfen letztlich, schriftgrößenabhängige Anpassungen an eine ästhetisch bessere Schriftausgabe zu erreichen. Mit Hints ist es nun wieder möglich, diese im Bleisatz übliche Schriftqualität annähernd mit einem einzigen Schriftfont für einen großen Schriftgradbereich zu erreichen.

Das *Type 3-Schriftformat* entspricht dem Type 1-Format, hat aber keine Hints. Das Type 3-Format wurde von Adobe zur freien Verwendung publiziert und von einigen Schriftenhersteller für ihre PostScript-Schriften benutzt, um keine PostScript-Lizenz zahlen zu müssen.

Nachdem Adobe 1990 auch das Type 1-Format samt Hints offen legte, hat dieses Font-Format an Bedeutung verloren. Mit Hilfe der Programme Font Monger, Metamorphosis Professionell, Fontographer und Fontstudio sind aus Type 3-Schriften nachträglich ATM-kompatible Type 1-Schriften zu machen.

Das *TrueType-Schriftformat* wurde 1989 von Apple und Microsoft als Konkurrenzprodukt zum Type 1-Format entwickelt.

Bei Macintosh-Rechnern wird ein TrueType-Font mit einem Rechteck, auf dem der Buchstabe „A" hintereinander stehend dreimal abgebildet ist, dargestellt. Die TrueType-Schriften verwenden dieselben Befehle für die Bildschirmdarstellung und Ausgabe.

Im Gegensatz zum Type 1- und Type 3-Format werden bei TrueType-Schriften die Kurven nicht durch Bézier-Funktionen, sondern durch Splines beschrieben. Auch TrueType-Schriften werden durch Hints (Hinting) schriftgrößenabhängig in ihrem Aussehen den typografischen Erfordernissen angepasst.

Von älteren PostScript-RIPs werden die TrueType-Schriften nicht direkt unterstützt. Deshalb müssen die Fonts vor dem Belichten umgewandelt oder im Raster Image Prozessor (RIP) emuliert werden. Sie verursachen dadurch oft Belichtungsprobleme.

Da bei der Systeminstallation von Rechnern mit den Betriebsystemen Windows und Macintosh automatisch TrueType-Fonts mit installiert werden, werden diese Fonts oft ungewollt benutzt.

Die *Multiple Master Fonts* (MM-Fonts) sind eine Weiterentwicklung der PostScript-Schrifttechnologie, die es Anwendern ermöglicht, selbst Schriftvarianten herzustellen. Multiple Master(MM)-Fonts sind ein Schriftprogramm, das es erlaubt, aus einem Grundschnitt viele Zwischenschnitte zu erzeugen, die über einstellbare Interpolationsachsen gesteuert werden. So kann der Anwender nicht nur die üblichen Varianten verwenden, sondern in einem vorgegebenen Wertebereich mit einer Vielzahl von Schnitten experimentieren. Diese Schnitte müssen nicht als separate Fonts vorliegen, sie entstehen vielmehr durch Berechnung von Zwischenwerten aus zwei oder mehreren Design-Achsen, die alle im Font enthalten sind. Üblicherweise gibt es Designachsen für die Zeichenbreite, Strichstärke und die optische Größe; eine Designachse für den Stil ist eher selten.

So ermöglicht beispielsweise die Adobe-Schrift MinionMM mit den Designachsen
- Strichstärke (= Weight von 345 bis 620) und
- Zeichenbreite (= Width von 450 bis 600) und die
- optische Größe (= optical Size von 6 bis 72) mehrere Millionen Variationen.

Die optische Größe ist eine interessante Designachse. Durch diese ist es wie beim Bleisatz wieder möglich, kleinere Schriftgrade mit einer größeren Zeichenbreite und einer höheren Mittellänge zu versehen. Zudem können die Serifen kräftiger und die Grund- und Haarstriche weniger kontrastreich gestaltet werden, um so Probleme bei der Druckformherstellung zu vermeiden.

Neben den Designachsen Strichstärke, Zeichenbreite und optische Größe gibt es auch MM-Fonts, die noch die Stilachse besitzen. Diese kann von serifenlos bis serifenbetont variiert werden.

Die MM-Schriften stellen im Gegensatz zu Type 1- und TrueType-Schriften kein festes, unveränderliches Gefüge mehr dar, sondern ein modellierbares Rohmaterial, das sich an den wechselnden Ansprüchen der Benutzer orientiert und sich je nach Bedarf verarbeiten lässt. Die Komprimierung einer gesamten Schriftfamilie auf eine einzige Schrift bringt den Vorteil, dass nur eine Schrift gekauft werden muss und dadurch die Datenverwaltung vereinfacht wird.

Zunächst wurden MM-Schriften kaum eingesetzt. Sie erhielten jedoch eine größere Bedeutung durch die Acrobat-Programme von Adobe für den plattformübergreifenden Datenaustausch. Die im Originaldokument verwendeten Schriften werden im Falle des Nichtvorhandenseins durch MM-Schriften so gut wie möglich nachgebildet.

Dokumente lassen sich daher auf jedem Rechner darstellen, ohne dass die verwendeten Schriften installiert sind. Als Voraussetzung müssen dafür natürlich genügend MM-Fonts vorhanden sein, um möglichst das gesamte Schriftenspektrum zu umfassen. Auch bei der Font-Substitutions-Technologie im SuperATM und ATM Deluxe kommen MM-Fonts zum Einsatz.

7.8 Verarbeitungsprozesse

Um eine Seite belichten zu können, muss vorher die umbrochene Seite zum Raster-Image-Prozessor (RIP) online übertragen werden. Der RIP ist ein wichtiger Bestandteil von Laser-Ausgabesystemen und Laserdruckern.

Dieser spezielle Rechner hat die Aufgabe, mit Hilfe einer Seitenbeschreibungssprache alle Bestandteile der am Rechner gestalteten Seite wieder zu

Ausgabe einer PostScript-Datei auf einem Belichter

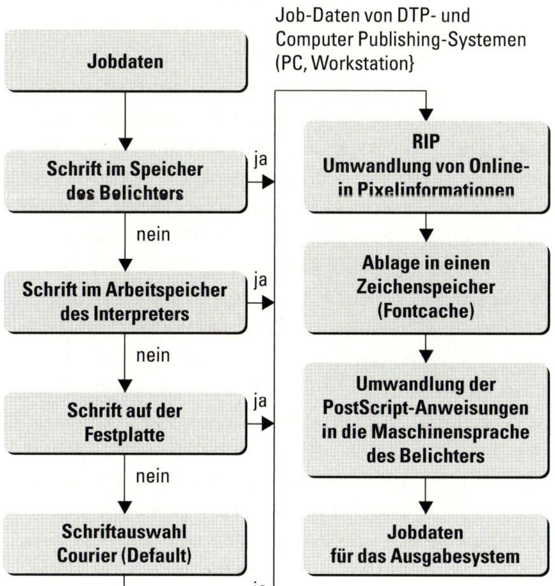

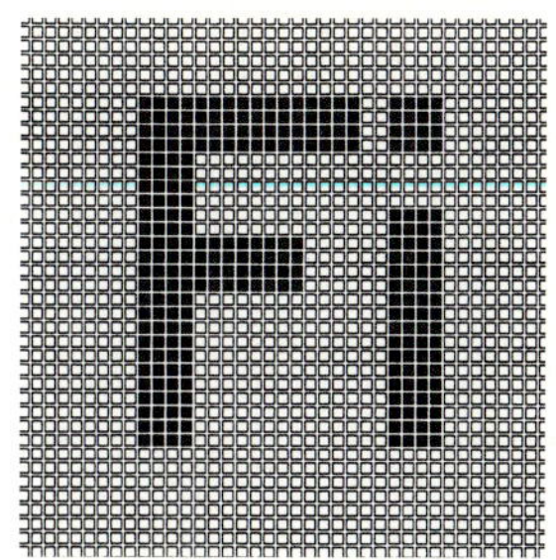

Bitmap
Schriftzeichen werden in Form einer Bitmap dargestellt, also gerastert (englisch: Rasterized).
Die einzelnen Punkte (nicht zu verwechseln mit einem autotypischen Raster) nennt man Bildpunkte oder Pixel

positionieren und in winzige Pixel für das Ausgabesystem zu zerlegen.

Bestandteile dieser Seite können sowohl Zeichen und Linien, aber auch Strichabbildungen und gerasterte Abbildungen sein, die alle nur in digitalisierter Form verarbeitet werden können. Die Schriftzeichen sind in der Regel nach dem Prinzip der Konturenbeschreibung (Outline-Verfahren) digitalisiert.

7.8.1 PostScript

Die Seitenbeschreibungssprache PostScript mit den entsprechenden RIPs wird bei allen Herstellern von Laserbelichtern berücksichtigt.

PostScript besitzt alle Möglichkeiten einer üblichen Programmiersprache und hat zusätzlich eine besonders umfangreiche Auswahl an Grafikoperatoren. Seit Ihrer Einführung im Jahre 1985 hat sich PostScript zum Standard im elektronischen Druck- und Dokumentationswesen entwickelt. Ihre Befehle definieren Bestandteile einer Seite, sogenannte Objekte, die angeben, was ihnen zugewiesen wird und wo sie auf der Seite zu stehen haben.

Ein solches Objekt kann sowohl ein Grafikelement sein, beispielsweise eine Linie oder ein Kreis, aber auch ein Schriftzeichen oder eine aus einzelnen Punkten (Pixel) bestehende digitalisierte Abbildung. Die zugewiesenen Attribute enthalten Linienstärken, Radien, Durchmesser, Schriftart usw. Wo das Objekt schließlich auf der Seite stehen soll, wird als X-Y-Koordinate mitgeteilt. Die Umsetzung der Befehle dieser Seitenbeschreibungssprache laufen im allgemeinen im Software- oder Hardware-RIP des Laserdruckers oder eines Laserbelichters ab, nicht im Rechner, in dem der Job hergestellt wurde. Das heißt, die aufwendigen Rechenvorgänge für die Darstellung der Grafik werden in die Ausgabeeinheiten verlagert. Abgesehen von der Effizienz bei der Übertragung vom Server in die Ausgabeeinheit, realisiert PostScript auch jede Änderung auf der Ebene des Eingabegeräts viel einfacher als bei herkömmlichen Programmen.

Ob zum Beispiel ein Linienrahmen, ein Quadrat oder ein Zeichen größer oder kleiner sein soll: Durch das Programm werden nur einige simple Attributwerte verändert. Der Bediener an der Eingabeeinheit hat keinen Einblick in die Befehlsstruktur. Er aktiviert das Objekt und gibt die gewünschte Änderung über die Maus oder die Tastatur ein. Nahezu jede denkbare Manipulation ist möglich.

PostScript ist so konzipiert, dass Formen und Figuren völlig unabhängig vom späteren Ausgabegerät beschrieben werden. Deshalb liefert ein PostScript-Programm, abgesehen von der Ausgabequalität, identische Ergebnisse, ob nun die Seite auf einem Nadeldrucker, einem Laserdrucker oder Laser-Belichter ausgegeben wird.

PostScript Level 2 hat eine Reihe neuer Befehle, mit denen man Aktionen zusammenfassen kann, die früher umständlich aus mehreren Kommandos zusammengesetzt werden mussten.
Wesentliche Neuheiten sind:
- der verbesserte Aufbau digitalisierter Schriften,
- ein neuer Rasteralgorithmus, der für Moiré-freie Belichtung sorgt, eine Rasterwinkelung bis 0,001^0 erlaubt und eine größere Anzahl von Rasterweiten ermöglicht,
- die Datenkomprimierung mit dem JPEG-Standard,
- die dynamische Speicherverwaltung
- die Möglichkeit der Definition, Speicherung und Ausgabe von Formularen sowie Repetierfunktion.

Durch Display PostScript bietet Adobe zusätzlich die Möglichkeit, die Bildschirmausgabe durch PostScript zu steuern.

PostScript Level 3 ist eine nochmals verbesserte und erweiterte Form der Seitenbeschreibungssprache.
Wesentliche Verbesserungen sind:
- schnellerer Durchsatz,
- Separation von Farbbildern-Dateien im RIP,
- Verlaufsraster ohne Streifenbildung,
- Unter- oder Überfüllen von Farbflächen (Trapping) im RIP,
- optimierte und vereinfachte Maskierungen für Freistellungen,
- bessere Unterstützung von Sonderfarben,
- Verschmelzen verschiedener Jobs im RIP und
- mehr Tonwertstufen pro Rasterzelle.

Durch eine sogenannte Idiomerkennung wird erreicht, dass beispielsweise ein PostScript 3-RIP einen mit PostScript Level 2 erstellten Verlaufsraster erkennt und automatisch das PostScript 3-Konzept verwendet, um eine bessere Qualität zu erzielen.

Ein Problem von PostScript ist, dass die Seitenbeschreibungssprache zu umfangreich geworden ist und die Verarbeitung von überaus komplexen Bildern erlaubt. Solche Bilder können zu sehr langen RIP-Rechenzeiten führen oder von manchem RIP gar nicht verarbeitet werden. Wenn beispielsweise Anwender zu viele Bilder übereinander legen, dann muss der RIP unnötige Informationen entfernen, die nicht sichtbar werden sollen, und das kann den RIP stoppen oder den dafür notwendigen Speicherplatz aufbrauchen.

Aus diesem Grund haben einige Anbieter Wege entwickelt, um das Problem zu lösen. Sie konvertieren PostScript-Dateien in andere Datenformate und geben diese aus.

Probleme bei der Ausbelichtung entstehen auch dadurch, dass der PostScript-Code Anweisungen enthält, die beschreiben, wie die Elemente einer Seite aufgebaut werden sollen. PostScript-Dateien enthalten keine Anweisungen, die darstellen, wie die Dokumente aufgebaut sind, wie etwa bei einem Pixelbild. Hier liegt die Hauptursache für die Probleme, die es mit dem PostScript-Standard gibt.

Erst bei der Ausgabe interpretiert das PostScript-RIP den PostScript-Code. Erst dann wird entschieden, ob ein Punkt belichtet werden soll oder nicht.

Wenn beispielsweise Befehle aus dem Satzprogramm QuarkXPress ein Dokument beschreiben und ein Belichter-RIP interpretiert dieses Dokument im Rahmen seiner Möglichkeiten, kann dies zu Missverständnissen führen. Und diese Missverständnisse sind durch eine Eingangskontrolle auszumerzen, vor allem bei von Kunden gelieferten Dateien.

7.8.2 PDF

Das Portable Document Format (PDF), das ursprünglich von Adobe Systems für die Bürokommunikation entwickelt wurde, gewinnt immer mehr an Bedeutung. Dieses Datenformat basiert auf der Seitenbeschreibungssprache PostScript und wurde zur Überbrückung von Betriebssystem-, Hardware- und Software-Grenzen geschaffen. PDF ist lizenzfrei. Anwender können PDF-Dokumente betrachten und drucken, unabhängig vom eingesetzten Rechnertyp, von den verwendeten Schriftarten, ohne die Original-Grafikdateien und ohne dass ein Zugriff auf das Programm erforderlich wäre, in dem die Dokumente ursprünglich erstellt wurden. Alle erforderlichen Informationen sind in das PDF-Dokument eingebettet und konnten bisher in keiner Weise geändert oder manipuliert werden. Aufgrund dieser Zielsetzung war das PDF zuerst nur für die Ausgabe am Bildschirm und auf Laserdrucker optimiert. Für die Belichtung von Seiten mit Farbseparationen fehlten aber die notwendigen Befehle.

Auf Drängen der Druckindustrie erweiterte Adobe die PDF-Spezifikationen kontinuierlich. Die PDF-Version 1.3, die mit Adobe Acrobat 4.0 eingeführt wurde, enthält nun alle wichtigen Informationen, die für den modernen Workflow-Prozess benötigt werden. Dazu wurde ein neues Datenformat geschaffen, das *PJTF (Portable Job Ticket Format)*, das im Aufbau dem PDF ähnlich ist. Auch beim PJTF werden die Informationen als hierarchisch gegliederte Objekte gespeichert, auf die direkt zugegriffen werden kann. Durch die Trennung von Seiteninhalt und Verarbeitungsbefehlen wird eine größere Flexibilität in der Produktion erreicht. Bei nachträglichen Änderungen, beispielsweise der Papierqualität, müssen nicht mehr einzelne Seiten geöffnet werden, statt dessen werden nur noch die Angaben im Job Ticket geändert, beispielsweise andere Werte für den Punktzuwachs und die Rasterweite.

In einem Portable Job Ticket können beispielsweise folgende Informationen gespeichert werden: Kunden- und Lieferdaten, Termine, Ausschieß- und Trapping-Regeln, Rasterweiten und Rasterwinkel, Auflösungsfeinheit, Eigenschaften der eingesetzten Materialien, CIP4-Informationen wie beispielsweise die Voreinstellungen für die Farbzonen, Anweisungen für die buchbinderische Weiterverarbeitung.

Vorteile des PDF
PDF hat gegenüber PostScript große Vorteile: PDF ist im Gegensatz zu PostScript ein reines Datenformat, das nur die für die Ausgabe notwendigen Informationen enthält. Deshalb ist die Ausgabesicherheit bei PDF-Dateien bedeutend höher als bei PostScript. Diese ist nicht nur eine Seitenbeschreibungssprache, sondern auch eine Programmiersprache und jedes PostScript-Dokument ist ein Programm, das auf dem RIP interpretiert werden muss. Dadurch enthalten PostScript-Dateien oft gerätespezifische Befehle, die nicht jeder RIP versteht.

Der größte Unterschied ist aber der Umstand, dass PDF-Dateien weniger umfangreich und dazu objektorientiert sind. Das bedeutet, dass man einzelne Seiten einer PDF-Datei bei Bedarf problemlos löschen oder austauschen kann. Dagegen erschwert die lineare Anordnung der Seiten einer PostScript-Dateien den wahlfreien Zugriff auf eine beliebige Seite. Es ist daher schwierig, Seiten aus einer PostScript-Datei zu löschen oder auszutauschen. Diese Probleme tauchen beim Einsatz von Ausschießprogrammen auf, deren Aufgabe darin besteht, die einzelnen Seiten der PostScript-Datei in anderer Reihenfolge auf den verschiedenen Druckbogen anzuordnen. In solchen Fällen kann es nützlich sein, die PostScript-Datei mit Hilfe des Distillers in PDF zu konvertieren und die PDF-Datei anschließend mit Hilfe von Acrobat wieder in eine PostScript-Datei zu exportieren. Das dann generierte saubere PostScript-Dokument kann von jedem Ausschießprogramm gelesen werden. Enthält aber eine PostScript-Datei einen Syntaxfehler, dann bricht der Distiller die Verarbeitung mit der gleichen Fehlermeldung ab wie ein PostScript-RIP.

PDFWriter
PDF-Dateien können auf unterschiedliche Weise generiert werden. Der einfachste Weg bietet der PDF-Writer, der sich als Druckertreiber im Mac- oder Windows-Betriebssystem einklingt und viele Satz- und Layoutprogramme PDF-fähig macht. Im Gegensatz zum Distiller basiert der PDFWriter nicht auf PostScript, sondern auf der Grafikschnittstelle des jeweiligen Systems, nämlich auf QuickDraw (Macintosh) und GDI (Windows).

Da dieser PDF-Treiber keine PostScript-Dateien interpretieren kann, bettet er nur die Bildschirmvorschau, also die Bitmap-Variante der Grafik, in die erzeugte PDF-Datei ein. Diese Vorschau hat aber aufgrund der Bitmap-Struktur mit geringer Auflösung meist keine akzeptable Qualität. Es gibt spezielle Check-Programme, die PDF-Dateien daraufhin überprüfen, ob für die Erstellung der PDF-Writer benutzt wurde und somit die Datei für die Highend-Ausgabe wertlos ist.

Generell empfiehlt es sich bei der Dateneingangskontrolle durch die Druckvorstufe ein gutes Check- oder Preflight-Programm einzusetzen, um sich auf solche und andere Probleme beim Empfang von PDF-Dateien hinweisen zu lassen.

Highend-PDF
Um ein Highend-PDF zu generieren, setzt man den Acrobat Distiller ein. Ein Highend-PDF ist eine PDF-Datei, die für einen hochauflösenden Belichter geeignet ist. Der sicherste Weg ist zur Zeit noch der Umweg über eine PostScript-Datei, die dann der Distiller in PDF konvertiert.

Bei der Erzeugung von PostScript-Dateien sollte ein Druckertreiber eingesetzt werden, der einen PostScript-3-Code erzeugt. Empfehlenswert ist, die benutzten Schriften schon in die PostScript-Datei einzubetten, um Problemen durch eine spätere Schriftensubstitution aus dem Wege zu gehen. Nach Möglichkeit sind PostScript Type 1- Fonts zu verwenden. Werden TrueType-Schriften eingesetzt, so lassen sich diese als Softfonts oder als Type 1-Outline in die PostScript-Datei schreiben.

Bei der Umsetzung ins PDF-Format kann die Art und Weise der Datenkompression von Texten, Grafiken und Bildern beeinflusst und die Anlage von Miniaturseiten (Thumbnails) der Seiten angewiesen werden. Diese Dateien können von allen Programmen stammen, die PostScript-Dateien schreiben können. Da der Distiller nicht nur zur Erzeugung von Highend-PDF, sondern zur Erstellung von PDF für Internet-Seiten dient, kommt der richtigen Einstellung der Distiller-Optionen große Bedeutung zu.

Acrobat Distiller 4.0

Allgemeine Einstellung
Bei der allgemeinen Einstellung muss bei Distiller 4.0 darauf geachtet werden, dass die Kompatibilität auf Acrobat 4.0 eingestellt ist. Erst mit PDF-Version 1.3, die mit dem Distiller 4.0 erzeugt wird, können die für die Belichtung wichtige Fakten in die PDF-Datei übernommen werden.

Mit dem Distiller ist es möglich, die Größe der PDF-Datei abhängig von der gewählten Einstellung mit geringem oder ohne Detail- und Präzisionsverlust wesentlich zu verringern.

Die Komprimierung wird für Farb-Bitmap-Bilder, Graustufen-Bitmap-Bilder und Schwarzweiss-Bitmap-Bilder (auch Farb-Strich) getrennt eingestellt. Der Distiller verwendet die ZIP-Komprimierung für Text und Vektorgrafiken, die ZIP- oder JPEG-Komprimierung für Farb- und Graustufen-Bitmap-Bilder und die ZIP-, CCITT-Group 4- oder Run-Lenght-Komprimierung für Schwarzweiss-Bitmap-Bilder.

Das JPEG-Verfahren ist ein intelligentes Kompressionsverfahren, bei der diejenigen Daten zusammengefasst werden, die das menschliche Auge nicht unterscheiden kann. Das ZIP-Verfahren arbeitet ohne Datenverlust. Die CCITT-Group 4-Komprimierung ist ein Verfahren, das bei den meisten Schwarzweiß-Bildern gute Ergebnisse erzielt.

Im Distiller 4.0 stehen fünf verschiedene Qualitätsstufen zur Verfügung. Für ein belichtungsfähiges PDF empfiehlt sich die Einstellung „Hoch".

Es gibt im Distiller drei Einstellungen, um eine hohe Auflösungsfeinheit herunterzurechnen: die

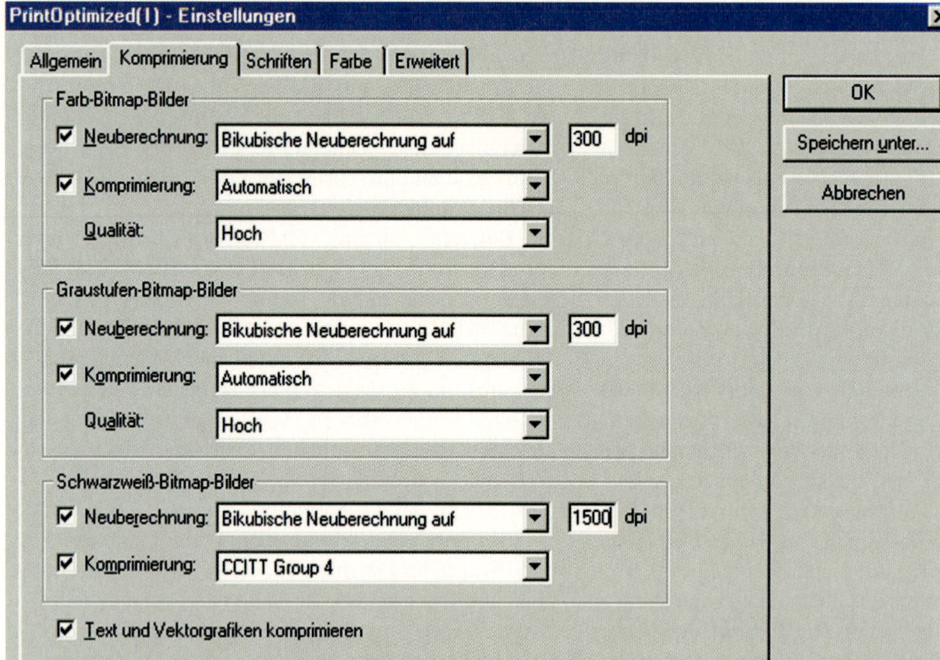

Komprimierungs-Einstellungen beim Acrobat Distiller 4.0: Dadurch können die Auflösungsfeinheit und Bilddatengröße erstaunlich gut reduziert werden und ohne dass dabei die Ausgabequalität sichtbar leidet.

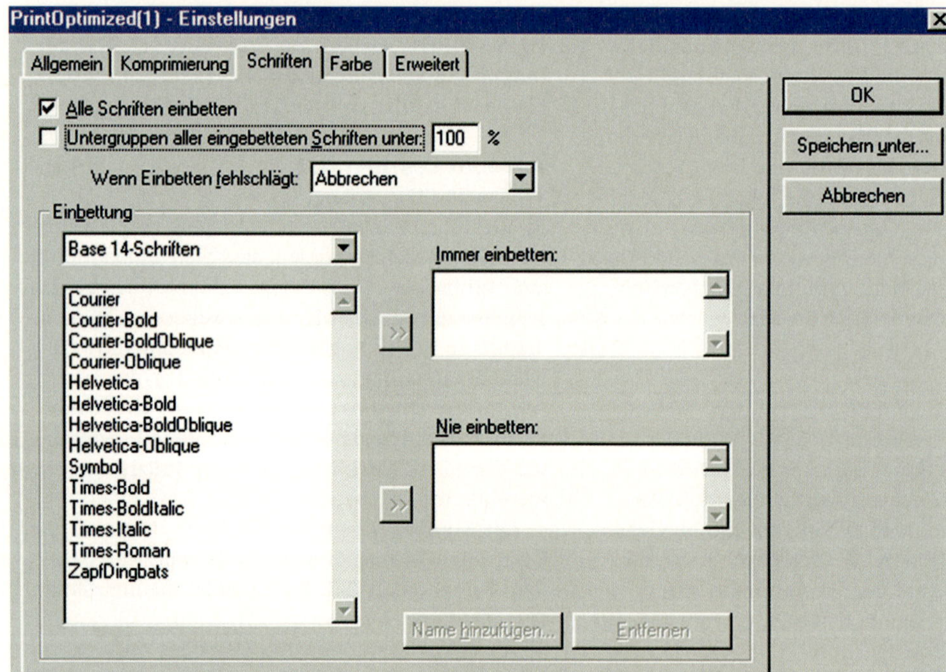

Einstellungen der Schriften beim Acrobat Distiller 4.0: Durch diese Einstellung wird erreicht, dass die Schriften ganz in die PDF-Datei eingebettet werden.

„Kurzberechnung“, die „Durchschnittliche Neuberechnung“ und die „Bikubische Neuberechnung“. Die „Bikubische Neuberechnung“ ist die langsamste, aber exakteste Methode, die die weichsten Farbabstufungen erzielt. Hierbei wird ein gewichteter Durchschnitt verwendet, um die Pixelfarbe zu ermitteln, was im allgemeinen bessere Ergebnisse als die einfache Durchschnittsberechnung erzielt.

Bei der Einstellung „Automatisch“ bestimmt der Distiller selbst die beste Komprimierungsmethode für die Farb- und Graustufenbilder.

Die gewünschte Auflösungsfeinheit ist von der Rasterweite der späteren Belichtung abhängig. Als Richtwerte gelten für die Halbtonbilder 250 bis 300 dpi für den Offsetdruck, 150 bid 200 dpi für den Zeitungsdruck und bei Strichbildern (Schwarzweiss-Bitmap) 1200 bis 1800 dpi.

Eine Komprimierung der Bilddaten im Distiller findet nur statt, wenn die Bildauflösung in der PostScript-Datei mindestens 50 % höher ist als die angestrebte Auflösung. Damit soll in der PDF-Datei ein unerwünschter Qualitätsverlust verhindert werden.

In eine PDF-Datei können die in einem Dokument verwendeten Schriften eingebettet werden. Dadurch ist gewährleistet, dass bei der Belichtung die glei-

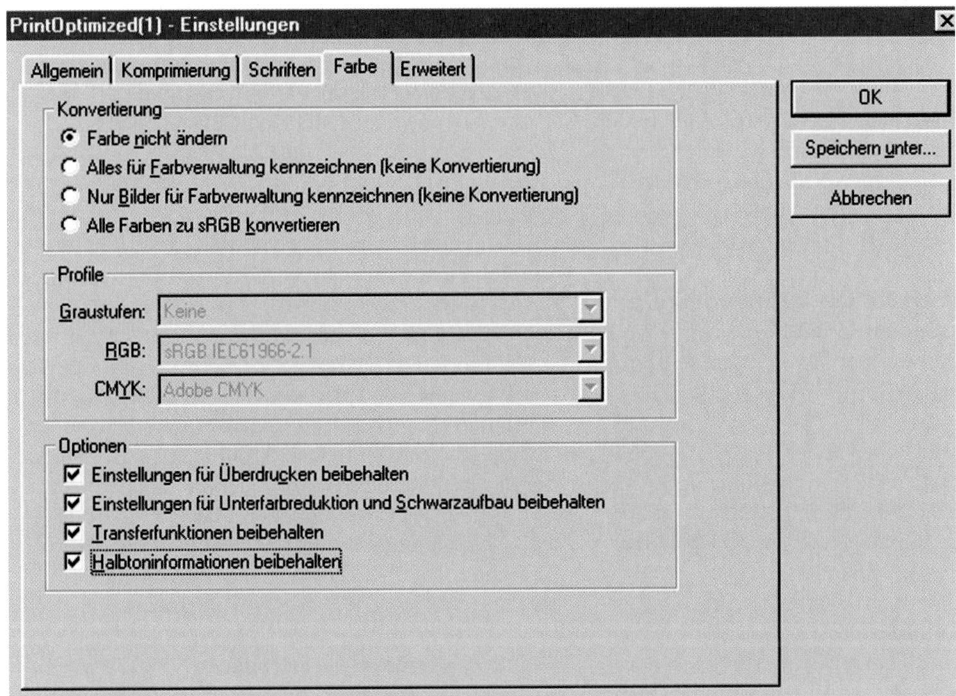

Einstellungen der Farbe beim Acrobat Distiller 4.0:
In diesem Menü wird die Behandlung der Farbe definiert.

chen Schriften benutzt werden wie bei der Seitengestaltung. Der Distiller kann Type 1- und TrueType-Schriften einbetten, wenn diese in der PostScript-Datei enthalten oder in einem vom Distiller überwachten Schriftordner verfügbar sind.

Empfehlenswert ist, Type 1- und keine TrueType-Schriften zu verwenden, da bei TrueType-Schriften das Einbinden der Schrift vom Hersteller untersagt werden kann. Dieses Verbot wird vom Distiller 4.0 respektiert. Er zeigt in einem Fenster eine entsprechende Warnung an.

Bei der Einstellung „Untergruppen" werden nur die Zeichen in die PDF-Datei übernommen, die im Dokument tatsächlich gebraucht werden. Dies kann zu Problemen führen, wenn bei nachträglichen Korrekturen einzelne Zeichen gebraucht werden, die nicht eingebettet wurden. Um in diesem Fall Textkorrekturen durchführen zu können, muss die Schrift nachträglich über das Programm ATM oder Suitcase geladen werden. Deshalb ist es empfehlenswert, stets alle Schriften voll einzubetten und keine Untergruppen zuzulassen.

Mit dem Distiller 4.0 werden die Farben nicht mehr verändert, sondern nur mit Profilen gekennzeichnet. Die gewünschten Ausgabeprofile lassen sich getrennt für Graustufen- RGB- und CMYK-Bilder angeben. Die Option „Alles für die Farbverwaltung kennzeichnen (Keine Konvertierung)" lässt alle Farbinformationen unverändert, sorgt aber durch das Einbetten von ICC-Profilen dafür, dass Farben bei der Weiterverarbeitung der PDF-Datei eindeutig beschrieben werden. Die bereits in der PostScript-Datei enthaltenen ICC-Profile werden übernommen; für Seitenelemente ohne ICC-Profile gelten je nach Farbmodus die Profile der Distiller-Voreinstellung. Werden die Farbprofile schon in anderen Programmen definiert, so ist im Distiller die Option „Farbe nicht ändern" auszuwählen.

Die Konvertierung zu sRGB (Standard-RGB fürs Internet) ist nur sinnvoll, wenn die PDF-Datei für das Internet oder nur für die Bildschirmdarstellung verwendet wird.

Die „Optionen" im unteren Teil des Menüs erlauben, Befehle aus der PostScript- in die PDF-Datei zu übernehmen. Sie haben auf das PDF-Dokument keine Auswirkung und werden erst bei einer Rückumwandlung in PostScript wieder wirksam. Eine Ausnahme bildet die Option „Halbtoninformationen beibehalten". Sie ist zu aktivieren, wenn vorseparierte PostScript-Dateien in PDF konvertiert werden und die Rasterwinkelinformation der einzelnen Farbauszüge erhalten bleiben sollen.

Letzte Korrekturen im PDF-Dateien

Müssen an einer PDF-Datei nachträglich letzte Korrekturen oder Änderungen durchgeführt werden, so gibt es dazu folgende Möglichkeiten:
Mit *PitStop* von Enfocus Software lässt sich eine geöffnete PDF-Datei bearbeiten. PitStop ist ein Plug-in für Acrobat Exchange, welches PDF-Objekte direkt bearbeitet und nur die Änderungen in die Original-PDF-Datei zurückspeichert. Es kann auch dazu genutzt werden, Schriften nachträglich in ein PDF-Dokument einzubetten oder Schriftinformationen zu ändern. Ebenso können auf Objektebene Farben modifiziert oder in anderen Farbräume (auch RGB in CMYK) konvertiert werden.

Einzelseiten lassen sich aus einer PDF-Datei auch mit dem Programm Illustrator 6.x oder höher öffnen und eingeschränkt bearbeiten. Es kann aber nur innerhalb einer Textzeile eine Änderung durchgeführt werden, das bedeutet, ein Zeilenumbruch ist nicht möglich. Es lassen sich beispielsweise falsche Telefonnummern ändern, Unterschneidungen und Sperrungen korrigieren.

Bei größeren Änderungen ist es notwendig, in die Originalprogramme zurückzugehen, beispielsweise QuarkXPress, und die Änderungen dort vorzunehmen. Dann wird über den Umweg über eine PostScript-Datei eine neue PDF-Datei generiert.

PDF/X-3: Standard für die Druckvorstufe

Seit 2001 entwickelte sich das PDF zu einem wichtigen Standard für den Austausch von Daten in der Druckbranche. Leider eignen sich nicht alle PDF-Dateien für diesen Zweck.

PDF-Dokumente können neben Text und Abbildungen auch interaktive Elemente enthalten, beispielsweise Formularfelder, Schaltflächen, Verknüpfungen, Video- oder Audio-Sequenzen; PDF-Dokumente können aber auch verschlüsselt sein. Besonders ärgerlich ist die unerwünschte Ausgabe von Anmerkungen. Im Acrobat lässt sich der Druck von Anmerkungen manuell ausschalten, aber viele der Prepress-Programme und Workflow-Systeme kennen solche Optionen nicht. PDF-Dokumente für das Internet enthalten niedrig aufgelöste RGB-Abbildungen und sind daher für die Belichtung unbrauchbar.

Damit eine PDF-Datei sich als Druckvorlage eignet, müssen bestimmte Voraussetzungen erfüllt sein. Ende der 90er Jahre begann deshalb das amerikanische Committee for Graphic Arts Technologies Standards (CGATS) damit, einen PDF-Standard für die Druckvorstufe zu entwickeln. Der Entwurf wurde 1999 als Standard mit der Bezeichnung PDF/X-1:1999 von der ANSI anerkannt. Die Weiterentwicklungen sind unter der Bezeichnung PDF/X-1:2001 und PDF/X-1a:2001 inzwischen internationale ISO-Norm. Die auf der Version PDF 1.3 basierende Norm PDF/X-1a wird zur Zeit in den USA genutzt, um Anzeigen im PDF-Format an Druckbetriebe weiterzugeben.

Die PDF-Version 1.4 wird noch selten eingesetzt, da nur wenige Ausgabegeräte diese Version verarbeiten können.

Wegen seiner Einschränkungen und seiner formalen Mängel stieß PDF/X-1 und PDF/X-1a auf massive Kritik der Europäer. Erlaubt sind nur CMYK, Graustufen, Sonderfarben, jedoch keine RGB-, LAB- und ICC-Farbräume.

Auf Initiative verschiedener europäischer Verbände und Einzelpersonen entstand ein Gegenentwurf, der für die Nutzung von Farbmanagement in PDF-Dokumenten auch RGB-, LAB- und CMYK-Objekte mit und ohne ICC-Profilen in beliebiger Kombination erlaubt. Der mehrfach überarbeitete europäische Entwurf basiert auf der PDF-Version 1.3 und ist seit 2002 als PDF/X-3 (ISO 15930-3) eine wichtige ISO-Norm. Auf der Basis des ISO-Standards PDF/X-3 wurde im Auftrag des Bundesverbandes Druck und Medien ein kostenloses Prüfprogramm, der PDF/X-3 Inspector, für Kunden und Dienstleister entwickelt. PDF/X-3 Inspector ist ein Acrobat-Plugin, der Dateien in der PDF-Version 1.3-Format auf mögliche Ausgabefehler untersucht. Er ermöglicht auch die Konvertierung „normaler" Dateien nach PDF/X-3; Voraussetzung ist aber, dass die PDF-Datei den Anforderungen der ISO-Norm 15930 (PDF/X-3) genügt.

Fachverbände in einigen europäischen Ländern empfehlen den Einsatz von Certified PDF von der Firma Enfocus. Dieses Prüfprogramm basiert nicht auf dem Qualitätsstandard PDF/X-3, sondern es ist eine proprietäre Methode zur Definition von Regeln zur Erzeugung und Prüfung von PDF-Dateien. Mit diesem Programm lassen sich Profile für ganz unterschiedliche Anwendungen definieren, beispielsweise für das Internet, für Archive oder die Druckvorstufe. Die Verwendung von Certified PDF garantiert deshalb noch keine einwandfreie Druckvorlage. Es ist aber möglich, die Profile so zu definieren, dass sie den Regeln der PDF/X-3-Norm entsprechen.

7.8.3 RasterImageProzessor

Dem RasterImageProzessor (RIP) werden die mit PostScript oder PDF beschriebenen Seiten zur weiteren Verarbeitung online übertragen. RIPs gibt es als Hard- und Software-RIPs.

Ein *Hardware-RIP* ist ein Spezialrechner, der im Gegensatz zu einem Software-RIP meist teurer ist, aber in der Regel meist einen höheren Datendurchsatz hat. Aufrüstungen mit leistungssteigernden Komponenten sind nur begrenzt möglich. Bei Störungen gibt es nur einen Ansprechpartner, denn der Hardware-RIP und der Recorder (Belichter) sind meist von einem Hersteller.

Die Tendenz geht aber in Richtung *Software-RIPs* auf der Basis von Standard-Betriebssystemen, wie beispielsweise Windows NT oder UNIX. Ein *Software-RIP* ist letztlich ein leistungsstarker Rechner mit einer RIP-Software. Oft wird die Standardhardware durch eine Beschleunigerkarte ergänzt. Die RIP-Software lässt sich bei Bedarf auf neue, leistungsfähigere Rechner laden, sofern die Systemprogramme des Betriebssystems identisch sind. Der bisherige Rechner kann dann als Erfassungs- und Bearbeitungsplatz weiter genutzt werden.

Moderne RIPs besitzen die Fähigkeit, den Umwandlungsprozess von PostScript- bzw. PDF-Befehlen in eine Bitmap-Struktur in mehreren Schritten durchzuführen. Einmal gerippte Daten können dann auf den unterschiedlichsten Ausgabemedien wie Film- oder Druckplattenbelichter, aber auch auf Digitaldruckern ausgeben werden, ohne den zeitintensiven RIP-Prozess wiederholen zu müssen.

Beim ersten Schritt werden alle Seitenbeschreibungsbefehle interpretiert und ein neues Datenformat (Zwischenformat) erzeugt, eine sogenannte Bit-Bytemap. Die Schriftzeichen, Linien, technische Raster und Farbflächen haben schon die hochaufgelöste Bitmap-Form, die Halbtoninformationen sind aber noch vorhanden.

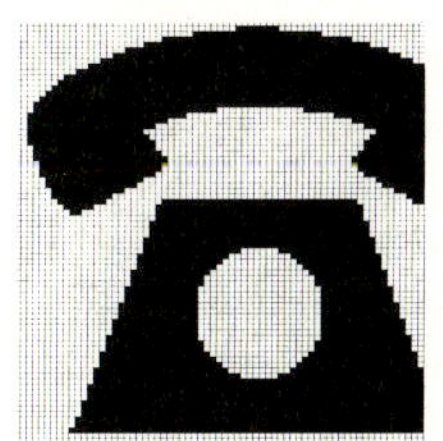

Jedes Zeichen wird in weiße und schwarze Bildpunkte zerlegt.
Der Buchstabe M setzt sich in der Standardauflösung aus ca. 6000 Bildpunkten zusammen und in der Feinauflösung aus ca. 12000 Bildpunkten.
Auf die gleiche Weise werden Signets, Markenzeichen, Strichzeichnungen, Diagramme usw. wiedergegeben.

Dann erfolgt im einem zweiten Schritt die Umsetzung der Halbtoninformationen in Rasterzellen bzw. Rasterpunkte und die Belichtung der Seiten. Bei der Wiederholung einer Plattenbelichtung muss nur noch das Zwischenformat angewählt werden.

So wird beispielsweise auch bei der DeltaTechnologie von Heidelberg PrePress gearbeitet. Der erste Rechner (DeltaWorkstation mit Tower) empfängt die in unterschiedlichen Programmen erstellten Jobs, baut die Displayliste nach PostScript Level 3 auf und erstellt eine DeltaListe als Grundlage für die Ansteuerung des Belichters, aber auch eines Farb- oder Tintenstrahldruckers oder für die Archivierung.

Als DeltaListe sind die Jobs stark komprimiert und besitzen ein neues Datenformat.

In diesem Datenformat können bestimmte Vorgaben wie Ausschießen oder Über- oder Unterfüllung von Tonflächen besser durchgeführt werden als im PostScript.
Weitere Vorteile der DeltaListe sind:
– überlagerungsfreie Daten und
– kürzere Korrekturzeiten.

In einem weiteren Schritt erfolgt dann durch einen zweiten Rechner (DeltaTower) die Umsetzung der Halbtoninformationen der Bit-/Bytemap (DeltaDocument) in Rasterzellen in der gewünschten Auflösung (dpi).

Da die DeltaListe für alle Ausgabegeräte identisch sind, zeigen beispielsweise die Druckerausgaben nicht nur verbindlich die Farben, sondern decken bereits eventuelle PostScript-Fehler auf. Da-gegen sind bei einer Ausgabe über einen Proofer-RIP und einen technisch abweichenden Belichter-RIP unliebsame Überraschungen nicht auszuschließen.

Berechnung, Leistung
Arbeitet der Laserbelichter beispielsweise mit einer Aufzeichnungsfeinheit von 1 000 Punkten/cm, dann muss der RIP für einen Quadratzentimeter
1 000 Punkte x 1 000 Punkte
= 1.000.000 Ein-/Aus-Informationen aufbauen, bei einer DIN A4-Seite sind dies 600 Millionen solcher Schaltungs-Informationen. Selbst ein sehr schneller Mikroprozessor braucht dazu seine Zeit.

Die Aufzeichnung der Seite erfolgt stets flächenorientiert. Das bedeutet, dass die zu belichtende Seite auf voller Breite mit horizontalen Bildlinien von oben nach unten aufgezeichnet wird. Die Schriftzeilen und Rasterpunkte entstehen so erst nach mehreren Bildlinien. Unterschiedliche Schriftarten, Schriftgrößen, Zeilenabstände und Schriftlinienpositionen in den Spalten sind ohne Bedeutung.

Der RIP steuert den Fest- bzw. Halbleiterlaser oder den Modulator des Gaslasers so, dass alle zu belichtenden Teile, die auf einer gemeinsamen Y-Koordinate liegen, punkt- oder linienweise aufgezeichnet werden.

7.9 Laser in Ausgabesystemen

Der Begriff Laser entstand aus den Anfangsbuchstaben der englischen Bezeichnung
- Light Amplification by Stimulated Emission of Radiation.

Übersetzt bedeutet dies
– Lichtverstärkung durch angeregte Strahlenemission.

Zu unterscheiden sind Gaslaser, Festkörperlaser und Halbleiterlaser, auch Laserdioden genannt.

Gaslaser
Gaslaser bestehen aus folgenden Elementen:
1. Einem runden Glasrohr mit verspiegelten Enden. Am einem Ende befindet sich im Zentrum der Verspiegelung ein Lichtdurchlass.
2. Einem Gas der Sorten He-Ne, He-Cd, Ar oder Kr, mit dem das Rohr gefüllt ist. Von der Art des Gases ist die Wellenlänge des Laserlichts abhängig.
3. Einer Xenonröhre, die das Gasrohr spiralförmig umgibt.

Die Entstehung des Laserlichts geschieht in folgender Weise:
Ein Xenonblitz löst in den Atomen oder Molekülen des Gases Elektronensprünge aus, das bedeutet, Elektronen springen von äußeren Bahnen auf kernnähere. Der Bahnwechsel ist mit der Emission von Lichtquanten (Lichtabstrahlung) verbunden. Jeder der emittierten Lichtquanten (Energieteilchen) stößt unmittelbar auf eins der angeregten Atome oder Moleküle in der Nachbarschaft und verursacht ein Zurückspringen des Elektrons, das seine Bahn verlassen hat. Dabei wird jeweils wieder ein Lichtquant durch stimulierte Emission abgestrahlt.

Da gleichzeitig viele Atome betroffen sind, setzt sich dieser Vorgang lawinenartig fort. Die emittierten Lichtquanten vervielfachen sich scheinbar gleichzeitig. Die Lichtabstrahlung wird verstärkt. Zusätzlich wird Lichtemission durch die Reflexion des Laserlichts an den Verspiegelungen angeregt und zusätzlich forciert.

Durch den Lichtdurchlass tritt Licht, das sich in der Rohrachse befindet, als paralleler Strahl hoher Lichtintensität aus. Durch weitere Xenonimpulse wird die Laserlichterzeugung aufrechterhalten. Die in den Belichtungseinheiten verwendeten Argonionen- und Helium-Neon-Laser werden während des Belichtungsvorgangs nicht ein- und ausgeschaltet, sondern der Strahl wird durch einen Modulator entsprechend der erforderlichen Bildlinie kurzfristig abgelenkt und dadurch unterbrochen.

Die häufig anzutreffenden Helium-Neon-Laser emittieren rotes Licht mit 633 nm (Nanometer). Das

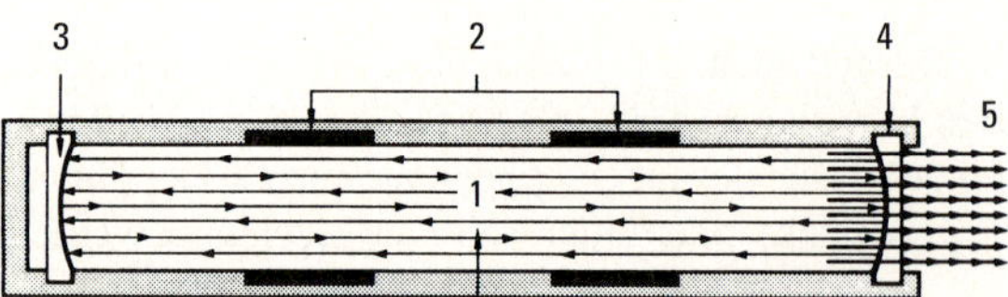

Schnittbild eines Gaslasers. Zwischen den beiden sphärischen Spiegeln bildet sich kohärentes Licht, das aus dem teildurchlässigen Spiegel als paralleler Strahl austritt.

1 = Helium-Neon-Gasgemisch
2 = Elektroden
3 = Reflexionsspiegel
4 = Teildurchlässiger Spiegel
5 = Austretender Laserstrahl

bedeutet, dass das Belichtungsmaterial im roten Spektralbereich empfindlich sein muss.

Seltener sind Helium-Neon-Laser, die grünes Licht mit 543 nm abstrahlen und ein orthochromatisches Material benötigen.

Der Argon-Ionen-Laser strahlt eine Wellenlänge von 488 nm ab. Auch er erlaubt den Einsatz von orthochromatischem Material. Die Leistungen von Gaslasern liegen zwischen wenigen Milliwatt und einigen Kilowatt.

Festkörperlaser

Für Festkörperlaser werden neben einem Rubin eine Reihe weiterer Materialien eingesetzt. Der Rubin-Laser arbeitet mit einer Wellenlänge von 694 nm. Ein anderer häufig eingesetzter Festkörperlaser ist der Nd:YAG-Laser, bei dem das Element Neodym (Nd) aus der Reihe der Seltenen Erden in Yttrium-Aluminiumoxid ($Y_3Al_5O_{12}$) eingebaut ist. Durch die besondere Schreibweise wird dies deutlich gemacht.

Für Yttrium-Aluminiumoxid wird die Kurzbezeichnung YAG verwendet, eine Abkürzung für die amerikanische Bezeichnung Yttrium-Aluminiumoxid-Garnet. Daher werden solche Laser auch YAG-Laser bezeichnet.

Weitere alternative Bezeichnungen sind auch FD-Laser, Nd-Laser, Neodym-Laser und YAG:Nd-Laser. Der Laser strahlt bei 532 nm im Grünbereich, bei Verwendung des Nd3+-YAG-Kristalls bei 1062 nm im Infrarotbereich.

Aufgrund der hohen Leistungsfähigkeit werden diese Laser auch für Computer-to-Plate (CTP) eingesetzt.

Zur Zeit wird die Bezeichnung Nd:YAG-Laser für Laser mit 532 nm und YAG-Laser für Laser mit 1064 nm verwendet. Festkörperlaser benötigen wie Gaslaser einen Modulator zur Steuerung des Laserstrahls bei der Film- bzw. Druckplattenbelichtung.

Halbleiterlaser, Laserdioden

Halbleiterlaser oder Laserdioden bestehen jeweils zur Hälfte aus positiv und negativ geladenen Halbleiterkristallen. Fließt durch diesen Halbleiter Strom, dann bewegen sich negative Ladungsträger (Elektronen) und positive Stellen, Löcher genannt, aufeinander zu.

Wenn die Elektronen mit den positiven Stellen zusammentreffen, dann verbinden sie sich miteinander. Hierbei entsteht Lichtenergie. Dieses Licht trifft an der Kontaktstelle, die sich in der Mitte des Halbleiters befindet, auf reflektierende Schichten. Dadurch wird das Licht mehrfach hin- und hergespiegelt, wodurch weitere Lichtabstrahlung angeregt wird. Gleichzeitig entsteht durch fortgesetztes Zusammentreffen von positiven Stellen und Elektronen immer neue Lichtemission.

Der ganze Vorgang schaukelt sich auf, das interne Licht im Halbleiterkristall wird verstärkt und durchdringt ab einer bestimmten Intensität die teildurchlässige Außenfläche als Lichtstrahl.

Vorteile dieser Laserdioden gegenüber den Gaslasern sind neben der geringen Abmessungen der geringe Preis, die niedrige Eingangsspannung (1,4 V), die lange Lebensdauer und die einfache Modulation mit Hilfe einer angelegten Spannung.

Im Gegensatz zu Belichtungseinheiten mit Gas- oder Festkörperlasern wird kein teurer Modulator benötigt. Die Wellenlänge des erzeugten Lichts hängt vom verwendeten Halbleitermaterial ab und liegt im langwelligen Rot- und Infrarotbereich, aber auch im Violettbereich. Handelsübliche Laserdioden haben eine Emission im nahen Infrarotbereich bei 780 nm; Rot-Laserdioden strahlen im sichtbaren Bereich bei 670 nm, Violett-Dioden bei 405 nm.

Weitere Informationen siehe Kapitel 9. Medienproduktion: Druckformherstellung.

8. Medienproduktion: Von der Bildvorlage zum Reproduktionsprodukt

8. Medienproduktion: Von der Bildvorlage zum Reproduktionsprodukt

Umfassende Kenntnisse aller Prozesse von der Bildvorlage zum Medienprodukt sind die Grundlage für eine kompetente Beratung des Kunden. Entscheidend ist für jede Prozessstufe zudem der gesamte Workflow des Unternehmens, der in alle Planungen einbezogen werden muss.

8.1 Publishing-Vorlagen

Druckseiten bestehen in der Regel aus Text, Bild und Grafik. Bilder und Grafiken werden als materielle Publishing-Vorlagen in Form von Fotos, manuell hergestellten Grafiken oder als digitale Vorlagen von Auftragebern angeliefert. „Ein Bild sagt mehr als tausend Worte", sagt ein Sprichwort. Für Printprodukte gilt der Wahrheitsgehalt dieses Sprichworts heute mehr denn je – auch wenn durch Manipulationsmöglichkeiten an Bildern inzwischen nicht mehr zwischen Original und Fälschung zu unterscheiden ist.

Bilder werden in kürzester Zeit visuell erfasst und können Emotionen auslösen, indem sie Stimmungen transportieren. In Werbeanzeigen kommt dem fotografischen Bild deshalb ganz besondere Bedeutung zu.

Grafiken in Form von grafischen Darstellungen können der Visualisierung von Inhalten dienen und damit den Text illustrieren. Die gedanklichen Informationen können dadurch von unserem Gehirn besser verarbeitet und länger behalten werden, weil mehrere Sinne an der Informationsaufnahme beteiligt sind. Bildern und Grafiken kommt in Printprodukten daher immer größere Bedeutung zu.

Einen Überblick zu Publishing-Vorlagen, die von Auftraggebern geliefert werden, zeigt die Übersicht.

Publishing-Vorlagen			
materiell		digital	
Halbton	**Strich**	**Bild**	**Vektorgrafik**
Farbdia Colorprint Schwarzweiß-Fotoabzug Manuelle Grafik	Federzeichnung gedruckter Text ungerastertes Druckbild Feinstrich	Digitalfotografie KODAK-Foto-CD Screenshot Cliparts	Illustrator Freehand Corel Draw Cliparts

Bild 1: Einteilung der Publishing-Vorlagen

Die Form und die Art der angelieferten Publishing-Vorlagen entscheidet maßgeblich über den technischen Produktionsablauf von der Vorlage bis zum Printprodukt. Vorlagen können in materieller Form oder als digitale Vorlagen vorhanden sein.

8.1.1 Materielle Vorlagen

Von materiellen Vorlagen sprechen wir, wenn sich die Bildinformationen auf einem materiellen Träger wie Papier, Folie oder Film befinden. Hier lassen sich die Bildvorlagen weiter untergliedern in Durchsichtsvorlagen und Aufsichtsvorlagen.

Das Farbdia gehört zu den Durchsichtsvorlagen, während es sich bei einem Colorprint (Fotoabzug) oder einer Federzeichnung – eine manuelle Grafik – um Aufsichtsvorlagen handelt.

Werden Farbdias als Vorlagen angeliefert, so muss auch ein Scanner vorhanden sein, mit dem es möglich ist, Durchsichtvorlagen zu scannen. Nicht alle Scanner aus dem Low-cost-Marktsegment sind heute dazu in der Lage.

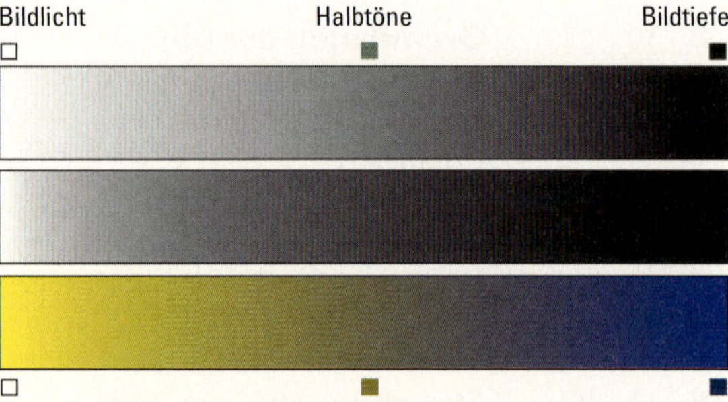

Bild 2: Drei modellhafte Halbtonvorlagen mit unterschiedlichen Tonwertverläufen

Materielle Durchsichts- und Aufsichtsvorlagen sind ferner in Halbton- und Strichvorlagen unterscheidbar. Dieses Unterscheidungsmerkmal bezieht sich auf den Charakter der Bildinformation. Zu den Halbtonvorlagen gehören alle Fotografien, ob sie nun farbig sind oder schwarzweiß, Aufsicht oder Durchsicht. Materielle Halbtonvorlagen zeichnen sich dadurch aus, dass sie zwischen der hellsten und dunkelsten Bildinformation theoretisch unendlich viele Helligkeitsstufen aufweisen.

Dazu ein Modell im Bild 2: Zur einfacheren Veranschaulichung dienen hier Tonwertverläufe als modellhafte Sonderformen von Halbtonvorlagen. Von wirklichen Fotografien unterscheiden sie sich nur darin, dass sie keinerlei inhaltliche Bildinformationen aufweisen. Tonwertverläufe beginnen mit der hellsten Bildstelle, dem Bildlicht. Von hieraus nehmen die Helligkeiten kontinuierlich ab bis zur Bildtiefe, also dem dunkelsten Punkt der Halbtonvorlage.

Der Begriff Halbtonvorlage leitet sich aus den Tonwerten ab, die zwischen Bildlicht und Bildtiefe liegen. Diese Halbtöne werden in gut belichteten Fotografien visuell als absolut kontinuierlich und differenziert wahrgenommen. Damit ist gemeint, dass das Auge nicht in der Lage ist, die Grenze zwischen einem Tonwert und dem unmittelbar benachbarten helleren oder dunkleren Tonwert zu erkennen.

Die Abstufungen zwischen Bildlicht und Bildtiefe sind in Halbtonvorlagen theoretisch unendlich klein. Theoretisch deshalb, weil es von der Messgenauigkeit der Geräte abhängt, mit der diese Tonwerte gemessen werden. Messgeräte haben ihre Endlichkeit in der Genauigkeit ihrer Messanzeige. Kein Messgerät kann mit unendlich vielen Stellen hinter dem Komma Tonwerte messen. Von einem Tonwert zum anderen gibt es also beliebig viele Zwischenwerte. Dies bezieht sich aber stets auf die Grenzen zwischen Bildlicht und Bildtiefe (vgl. Kapitel 8.5.4).

Gradationsbeurteilung von Halbtonvorlagen

Gute Halbtonvorlagen sollten hinsichtlich ihrer Gradation korrekt aufgebaut sein. Unter der Bildgradation ist bei Halbtonbildern der Charakter des Tonwertverlaufs zwischen Bildlicht und Bildtiefe zu verstehen. Wie die beiden grauen Verläufe in Bild 2 zeigen, können diese in durchaus unterschiedlicher Art vom Bildlicht zur Bildtiefe ansteigen.

Damit Halbtonvorlagen hinsichtlich ihres Gradationsverlaufs präziser beurteilt werden können, unterteilt man die Tonwerte zwischen Bildlicht und Bildtiefe in Vierteltöne, Mitteltöne und Dreivierteltöne. Es handelt sich dabei um Tonwertbereiche, die fließend ineinander übergehen.

Bild 3 visualisiert diese Einteilung der Gesamtgradation eines Bildes grafisch. Halbtonvorlagen lassen sich mit dieser Begrifflichkeit hinsichtlich ihrer Tonwertwiedergabe präziser beurteilen.

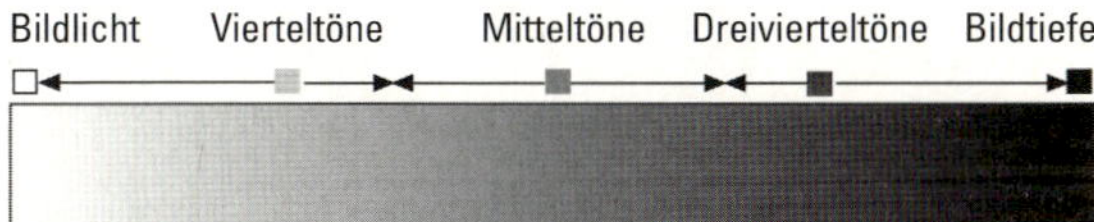

Bild 3: Aufteilung der Gradation einer Halbtonvorlage in Tonwertbereiche zwischen Bildlicht und Bildtiefe

Visuell bewerten wir Bilder nach ihrer Helligkeit und ihrem Kontrast. So können Fotografien hinsichtlich ihrer Helligkeit überbelichtet oder unterbelichtet sein. Hinsichtlich ihres Motivs können sie kontrastreich oder kontrastarm wirken. Beispiele für über- bzw. unterbelichtete Fotos zeigen die folgenden Bilder 4a und 4c im Vergleich zu 4b.

Das überbelichtete Bild weist in den Vierteltönen und Mitteltönen ausgeblichene Farben und vergleichsweise geringe Bildmodulation auf. Die weißen Wolken heben sich beispielsweise kaum noch von dem blauen Himmel ab.

Dies ist auf den zu geringen Kontrast zwischen Himmel und Wolken als Folge der Überbelichtung zurückzuführen.

Die Tonwertbereiche in den Dreivierteltönen im Torbogen der Vorlage wirken im Vergleich zur richtig belichteten Aufnahme leichter und gefälliger, weil sie heller sind. Dadurch wirkt die Bildmodulation im gesamten Dreivierteltonbereich besser.

Die unterbelichtete Vorlage in Abb. 4c weist demgegenüber vergleichsweise wenig Bildmodulation in den Dreivierteltönen auf, was in allen Schattenpartien des Bildes zu beobachten ist. Die im Viertel- und Mitteltonbereich angesiedelten Wolken vor dem blauen Himmel wirken für sich betrachtet dagegen sehr viel plastischer, weil kontrastreicher.

Bild 4a: Überbelichtete Halbtonvorlage

Bild 4b: Normal belichtete Halbtonvorlage

Bild 4c: Unterbelichtete Halbtonvorlage

Das normal belichtete Bild in Abbildung 4 b stellt sozusagen den Kompromiss zwischen Überbelichtung und Unterbelichtung dar. Im überbelichteten Bild wirken die Tiefen zwar heller und damit angenehmer, aber insgesamt wirkt das Bild verblasst.

In dem unterbelichteten Bild dagegen wirkt der Himmel sehr plastisch, aber insgesamt macht das Bild einen viel zu dunklen Eindruck. Im richtig belichteten Bild ist schließlich zwischen beiden der richtige Kompromiss gefunden. Das Bild wirkt nicht zu hell und nicht zu dunkel.

Bildmotive, die im Gegenlicht aufgenommen wurden, weisen in der Natur einen extrem hohen Kontrast auf, der vom fotografischen Film nicht überbrückt werden kann. Die Folge davon sind schlechte Tonwertverläufe in den Schatten, die wenig Tonwertdifferenzierung aufweisen. Sie sind bei Gegenlichtaufnahmen eine Folge der Unterbelichtung der Schatten. Ein Beispiel dafür zeigt Bild 5. In diesem Beispiel wird der Kontrast gestalterisch eingesetzt, um damit die Abendstimmung dem Betrachter zu vermitteln.

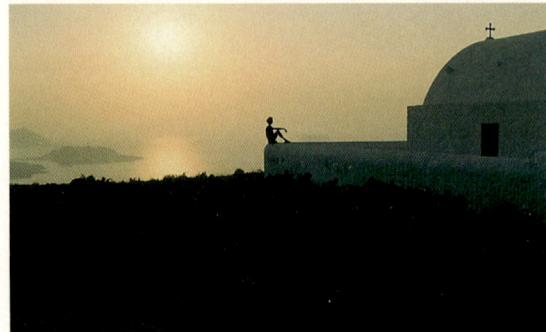

Bild 5: Kontrastreiche Halbtonvorlage

Sonderformen von Halbtonvorlagen sind sogenannte Low-key- und High-key-Bilder.

High-Key- Bilder weisen keine richtig dunkle Bildtiefe auf. Ein Beispiel dafür zeigt Bild 6. Hier liegt motivbedingt der Gradationsschwerpunkt eindeutig in den Vierteltönen.

Bei den Low-Key-Bildern ist es umgekehrt. Eine Low-Key-Bildvorlage zeigt Bild 7. Hier liegt der Schwerpunkt der Tonwertverläufe in den Dreivierteltönen und der Bildtiefe. Die wenig vorhandenen Vierteltöne weisen kaum Verläufe auf, sondern sind eher flächig und motivbedingt nicht bildbestimmend. Sie verleihen dem Bild eine hohe Kontrastwirkung. Mitteltöne sind hier so gut wie nicht vertreten.

Bild 6: High-Key-Halbtonvorlage

Bild 7: Low-Key-Halbtonvorlage

Strichvorlagen

Von Strichvorlagen sprechen wir, wenn der Informationsgehalt materieller und digitaler Bildvorlagen aus nur zwei Tonwerten aufgebaut ist. Strichvorlagen weisen im Unterschied zu Halbtonvorlagen also keine Zwischentöne auf. Eine Federzeichnung vom Grafiker zu Papier gebracht, ist eine solche Strichzeichnung. Bild 8 zeigt ein Beispiel für eine einfarbige Strichvorlage.

Um Strichvorlagen handelt es sich immer dann, wenn keine Tonwertabstufungen von einer einzigen Farbe existieren. Das schließt aber nicht aus, dass mehrere Farben in einer Vorlage ohne Tonwertabstufungen vorhanden sein können. Folglich gibt es auch farbige Strichvorlagen. Wird die obige Strichvorlage mit Volltonfarben, also ohne Aufrasterung gedruckt, so kann sie als farbige Strichvorlage erneut reproduziert werden. Bild 9 zeigt die einfarbige Strichvorlage von Bild 8 als farbige Strichvorlage.

Bild 8: Strichvorlage

Bild 9: Farbige Strichvorlage

Feinstrichvorlagen enthalten besonders feine Details. Bei der Bilddigitalisierung muss exakt gearbeitet werden, um alle Details vorlagentreu wiederzugeben. Bild 10 zeigt ein Beispiel für eine solche Vorlage.

Bild 10: Feinstrichvorlage

Für Strichvorlagen gilt, dass sie im Unterschied zu Halbtonvorlagen technisch anders digitalisiert werden müssen. Aus diesem Grunde ist die Unterscheidung zwischen den beiden Vorlagenarten von Bedeutung. Die Bedingungen, unter denen sich die Reproduktion von Halbtonvorlagen gegenüber Strichvorlagen unterscheidet und was dabei praktisch zu beachten ist, wird in dem Kapitel 8.5 ff näher erläutert.

Eine Sonderstellung unter den materiellen Vorlagen nehmen gerasterte Drucke ein. Sie lassen sich dem Einteilungskriterium Halbton oder Strich nicht eindeutig zuordnen.

Gerasterte einfarbige Vorlagen können wegen ihrer Rasterstruktur einerseits als Feinstrichvorlagen aufgefasst werden, andererseits simulieren die Rasterpunkte unterschiedliche Tonwerte zwischen Bildlicht und Bildtiefe.

Auch farbige gerasterte Vorlagen lassen sich als Feinstrichvorlagen auffassen. Da eine eindeutige Zuordnung gerasterter Bildvorlagen aber problematisch ist, bilden gedruckte gerasterte Vorlagen neben den Halbton- und Strichvorlagen eine eigene Kategorie. Gerasterte Bildvorlagen erfordern verfahrenstechnische Besonderheiten bei der Bilddigitalisierung. Werden sie nicht als Feinstrich reproduziert, müssen sie zur Vermeidung von Moire (siehe 8·65) beim Scannen entrastert werden. Die meisten Scanner bieten dafür eine entsprechende Funktion an.

8.1.2 Digitalisierung: Vektorgrafik oder Pixelbild

Im Allgemeinen versteht man unter einer Fotografie ebenso wie unter einer gezeichneten Grafik ein Bild. Seit es DTP gibt, wird aber stets zwischen Bild und Grafik streng differenziert.

Die Digitalisierung materieller Bildvorlagen erzeugt stets Pixelbilder. Anders ist dies bei digital erstellten Zeichnungen in einem Grafikprogramm. Hier wird eine Vektorgrafik erzeugt, die sich technisch ganz grundlegend von einem gescannten Pixelbild unterscheidet.

Wenn ein Grafiker heute eine Grafik als materielle Bildvorlage, beispielsweise als Airbrush-Grafik anliefert, so wird unter reprotechnischen Gesichtspunkten daraus ein Pixelbild. Zeichnet er hingegen die Grafik in einem Grafikprogramm wie Illustrator, Freehand oder Corel Draw, so erstellt er in diesem Falle eine digitale Grafik, also eine Vektorgrafik. Worin liegt nun der prinzipielle Unterschied?

Grafiken werden heute nur noch selten manuell mit Airbrush, Pinsel, Farbstiften usw. hergestellt. Stattdessen werden sie digital direkt am Computer in Grafikprogrammen erzeugt. Wir sprechen dann auch von digitalen im Unterschied zu manuell erstellten Reinzeichnungen .

Davon zu unterscheiden sind Bildbearbeitungsprogramme wie Photoshop. Sie werden dann eingesetzt, wenn es um die Bearbeitung digitalisierter Vorlagen aller Art geht. Dazu gehören unter anderem gescannte Bilder, Bilder aus der Kodak Foto CD oder einer Digitalkamera.

Grafikprogramme und Bildbearbeitungsprogramme verarbeiten und speichern die jeweiligen Bild- oder Grafikdaten auf vollkommen unterschiedliche Weise. Bildbearbeitungsprogramme arbeiten pixelorientiert, während Grafikprogramme objekt- oder vektororientiert ausgerichtet sind. Daraus resultieren unterschiedliche digitale Dateien. Während Bildbearbeitungsprogramme Bytemap-Dokumente erzeugen, bezeichnet man das Ergebnis aus einem Grafikprogramm als objektorientiertes Dokument oder als Vektorgrafik. Betrachten wir zunächst die Bytemap-Dokumente (Pixelbilder).

Unter einem Bytemap-Dokument versteht man die Zerlegung eines Bildes in quadratische Pixel. Ähnlich wie bei einer Landkarte (engl. map) befindet sich jedes Pixel an einer eindeutig definierten x/y-Koordinate des Bildes und speichert hier einen Bildpunkt als kleinste Bildinformationseinheit.

Für jedes Pixel wird pro Farbkanal heute mindestens 1 Byte Speicherplatz benötigt. Daher die Bezeichnung Bytemap. Es handelt sich sinnbildlich übersetzt also um eine Art Landkarte der Bytes eines digitalen Bildes.

Bild 11 zeigt den vergrößerten Ausschnitt eines Bytemap-Bildes. Deutlich sichtbar ist die Pixelstruktur an den Rundungen und schrägen Linien des Bildmotivs zu sehen. Die in der Vergrößerung sichtbaren Pixel sind die Folge der erforderlichen Bilddigitalisierung von fotografisch erzeugten Bildern.

Bild 11: Bytemap-Struktur einer digitalen Bildvorlage (Ausschnittsvergrößerung)

Die Bezeichnung *Pixel* leitet sich von *picture elements* ab.

Ihre typische treppenförmige Struktur entsteht bei der Darstellung von schrägen Linien und Rundungen. Diesen Treppenstruktureffekt nennt man *Aliasing*. Mit größeren Pixeln vergrößert sich zunehmend auch der Aliasing-Effekt.

Die Größe der Pixel ist ihrerseits von der Bildauflösung abhängig. Hohe Bildauflösung verringert folglich den Aliasing-Effekt, weil die Pixel dabei kleiner werden. (vgl. Kapitel 8.2)

Digitalfotografie
Die Digitalfotografie macht es heute zunehmend möglich, dass Publishing-Vorlagen nicht mehr als materielle Farbdias oder Colorprints angeliefert werden, sondern direkt mit einer Digitalkamera erstellt wurden. Hierbei handelt es sich stets um Pixelbilder. Digitalkameras verwenden, statt des sonst üblichen lichtempfindlichen Films, sogenannte CCD-Sensoren (Kap. 8.3.5), die das Bild erfassen und auf einem in der Kamera befindlichen Datenträger speichern.

Es handelt sich bei digitaler Fotografie um RGB-Dateien. Um ein Pixel farbig darstellen zu können, wird gemäß der additiven Farbmischung ein roter, grüner und blauer Farbanteil benötigt. Man bezeichnet dies als ein dreikanaliges Bild.

Professionelle Digitalkameras verwenden pro Farbkanal mehr als ein Byte Speicher. Sollen digitale Fotografien jedoch für die Printproduktion verwendet werden, so ist es heute noch erforderlich, diese Datenmengen zu reduzieren.

Die Anlieferung von Digitalfotos erspart technisch die sonst erforderliche Bilddigitalisierung materieller Bildvorlagen mit Hilfe von Scannern. Digitale Fotografien verfügen jedoch unter Umständen gegenüber dem Druck über einen weitaus höheren Farbumfang, der reduziert werden muss. Die Verwendung digitaler Fotografien als farbverbindliche Publishing-Vorlagen ist deshalb kaum möglich. Farbdias oder Colorprints liegen in ihrem Farbumfang dem Druck meist schon sehr viel näher und sind deshalb in dieser Hinsicht unproblematischer (vgl. Kapitel 8.8).

8.1.3 KODAK Photo CD

Bei digitalen Vorlagen, die sich auf einer Kodak Photo CD befinden, handelt es sich um fotografische Pixelbilder, die in dem von KODAK entwickelten speziellen PCD Bildformat vorliegen.

Ausgangspunkt für eine Foto-CD können materielle Bildvorlagen in Form von Farbdias sein.

Die Fotos für die Kodak Photo CD werden mit speziellen KODAK-Scannern eingescannt und mit entsprechender Software auf CD in komprimierter Form im YCC-Farbraum gespeichert. Schreiben kann das PCD-Format nur das Kodak Conversion System.

Es handelt sich bei PCD-Bildern nicht um RGB-Farbbilder. Kodak verwendet den YCC-Farbraum, der zusammen mit Phillips 1991 entwickelt wurde. Dieser Farbraum ist farbmetrisch exakt definiert und damit vollkommen medienneutral.

YCC beschreibt nicht nur einen medienneutralen Farbraum, sondern zugleich eine standardisierte Aufnahmesituation, bei der insbesondere die spektrale Empfindlichkeit der Aufnahmesensoren sich an den Möglichkeiten moderner elektronischer Bildwandler orientiert. YCC basiert auf dem internationalen Standard der ITU-Rec BT.709-2 für HDTV (High definition TV). Darin enthalten sind die farbmetrischen Festlegungen der RGB-Primärvalenzen, die Festlegung des Weißpunktes sowie der Übertragungsfunktion (Gammakorrektur). YCC lehnt sich stark an den CIELab-Farbraum an (vgl. Kapitel 8.8.1) und ist in diesen verlustfrei konvertierbar.

In beiden Farbräumen sind die reinen Helligkeitsinformationen von den Farbinformationen getrennt.

Was im CIELab-Farbraum dem „L“ als codierter Helligkeitsinformation entspricht, ist dem „Y“ im YCC-Farbraum vergleichbar. Im Unterschied zu dem CIELab-Farbraum verwendet Kodak jedoch eine nichtlineare Transformation von RGB zu YCC, die dadurch eine gegenüber dem CIELab-System bessere Farbauflösung ermöglicht.

Grundlage der modifizierten Farbraumtransformation bildeten bei der Konzeption des Farbraums die Farben, die speziell in fotografischen Filmen vorkommen und im YCC-Farbraum damit besser wiedergegeben werden können. Dadurch ist es möglich, mehr Farben zu codieren als die bisher bekannten Medien wieder zu geben in der Lage sind.

Digitale Publishing-Vorlagen auf Kodak Photo CD sind nicht einfach digitale RGB-Bilder, die auf eine CD gespeichert wurden. Das Öffnen von Bildern im PCD-Format setzt deshalb voraus, dass das Bildverarbeitungsprogramm dieses Format erkennt und von YCC in RGB konvertieren kann. Dies ist in Photoshop ohne weiteres möglich.

Bild 12 zeigt die Auswahloptionen, die sich beim Öffnen eines Bildes im PCD-Format zeigen. Die in dem Screenshot angeklickte Option „Pixelgröße“

Das komplette System besteht aus einem Filmscanner, Mac-Computer, der Software, CD Writer und Printer.
Erst beim Laden der digitalisierten Bilder werden die YCC-Farbdaten in die RGB-Farben konvertiert.

Das PCD-Bildformat basiert auf drei Säulen:
- Farbkodierung im KODAK YCC-Farbraum
- Multiresolution von jedem Bild als Image Pac
- Datenkompression.

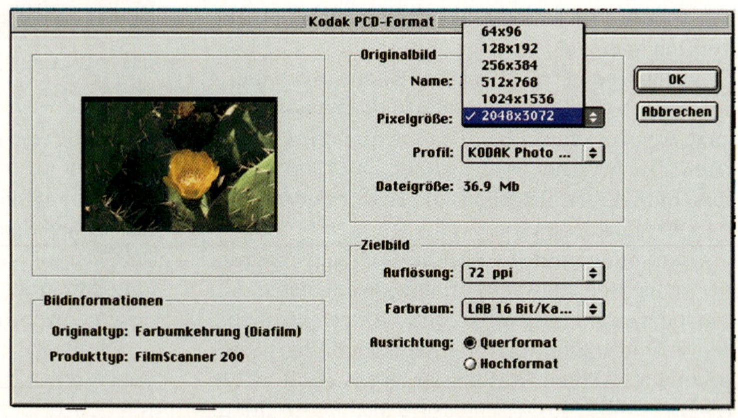

Bild 12: Auswahloptionen in Photoshop beim Öffnen einer KODAK PHOTO CD

weist auf die zweite Säule der Kodak Photo CD hin: die Image Pacs.

Jedes im PCD-Format digitalisierte Farbdia liegt auf einer Kodak Photo CD in 6 bis 7 verschiedenen Auflösungvarianten vor, die von Kodak als Image Pac bezeichnet werden.

Die Auflösungsangaben der Image Pacs beziehen sich auf die Anzahl der Pixel in der Breite und der Höhe des digitalisierten Farbdias. Die Anwahl einer Auflösung zeigt unter „Dateigröße" gleichzeitig den im RAM erforderlichen Speicherplatzbedarf der dekomprimierten Datei an.

Wie in dem Screenshot (Bild 12) zu erkennen ist, lassen sich je nach Verwendungszweck – in diesem Falle sechs – unterschiedliche Image Pacs auswählen. Auf der KODAK Foto CD pro sind bis zu 7 Image Pacs speicherbar. Die folgende Übersicht zeigt alle 7 möglichen Image Pacs aller Kodak Photo CD-Speicherformate und ihre möglichen Verwendungszwecke.

Image Pac	Pixelzahl	Verwendung	Kompression
64 x Base	4096 x 6144	Druck 60er Raster bis A 3	Huffmann + CSS
16 x Base	2048 x 3072	Druck 60er Raster bis A 4	Huffmann + CSS
4 x Base	1024 x 1536	Druck 60er Raster bis A 5	Huffmann
Base Image	512 x 768	Bildschirmdarstellung	keine
Base/4	256 x 384	Preview	keine
Base/16	128 x 192	Hard Disk/Datenbank	keine
Base/64	64 x 96	Internet	keine

Bild 13: Image Pacs der Kodak Photo CD und ihre Verwendung

Ausgehend vom „Base Image" mit 512 x 768 Pixel liegen die Image Pacs „4 x Base", „16 x Base" und „64 x Base" in einer 4, 16 und 64 mal höheren Bildauflösung vor. Dieser Faktor bezieht sich auf den Speicherplatzbedarf der dekomprimierten Datei. Das Image Pac „Base 4" weist in der Bildhöhe und Bildbreite gegenüber dem „Base Image" eine doppelt so große Anzahl Pixel auf, woraus sich eine Vervierfachung des Speicherplatzbedarfs aus $2^2 = 4$ ergibt.

Entsprechend weist Image Pac „Base 16" gegenüber dem „Base Image" vier mal soviele Pixel auf, woraus sich bei 8 Bit/Pixel eine um den Faktor 16 vergrößertes Dateivolumen ergibt, denn $4^2 = 16$.

Bei den Image Pacs „Base/4" und „Base/16" beispielsweise ist es umgekehrt. Sie haben 1/4 oder 1/16 so großes Dateivolumen.

Entsprechend der höheren Bildauflösungen ergeben sich die Einsatzbereiche, für die diese Image Pacs der Kodak Photo CD jeweils verwendet werden können. (vgl.: 8.2 Grundlagen der Bilddigitalisierung).

Unter „Farbraum" in Bild 12 kann in den Auswahloptionen zum Laden eines PCD-Bildes in Photoshop RGB oder CIELAB als Zielfarbraum angewählt werden. Beim Öffnen der Datei werden die Bilddaten dann von YCC in RGB oder CIE-L*a*b* transformiert. Die Konvertierung kann mit einer Pixeltiefe von 8 Bit oder 16 Bit pro Farbkanal erfolgen.

Bei dem in Bild 12 gezeigten Beispiel ist LAB 16 Bit angewählt, was den Speicherplatz gegenüber 8 Bit verdoppelt. Bei der gleichzeitig gewählten Auflösung von 3072 x 2048 Pixel (Bild 12) ergibt sich ein erforderlicher Speicherplatzbedarf von 36,0 MB, der im Optionsfenster unter „Dateigröße" angezeigt wird. Diese Datenmenge ergibt sich rechnerisch aus

• 3072 x 2048 = 6 291 456 Pixel x 2 Byte/Pixel
  = 12 582 912 Byte x 3 Farbkanäle
  = 36864 KB : 1024 = 36,0 MB

Korrekt muss bei der Umrechnung von KB in MB nach dem dualen System durch 1024 und nicht durch 1000 dividiert werden, was dem dezimalen System entspricht. Photoshop in der Version 6.0 enthält aber augenscheinlich diese Unkorrektheit, weil sonst genau 36 MB und nicht 36,9 MB angezeigt werden müssten. Öffnet man das Bild in Photoshop 6.0, dann wird der Speicherplatzbedarf dort auch korrekt mit 36 MB angezeigt.

Die dritte Säule der Kodak Photo CD ist die Datenkompression, in der die Bilder auf der CD gespeichert werden. Nur durch diese Kompression ist es möglich, dass auf eine Kodak Photo CD bis zu 600 Bilder gespeichert werden können.

Image Pac	Pixelzahl	Dateigröße (unkomprimiert)	Dateigröße (komprimiert)	Kompression
64 x Base	4096 x 6144	72 MB	18 MB	Huffmann + CSS
16 x Base	2048 x 3072	18 MB	4,5 MB	Huffmann + CSS
4 x Base	1024 x 1536	4,5 MB	1,2 MB	Huffmann
Base Image	512 x 768	1,125 MB	1,125 MB	keine
Base/4	256 x 384	0,3 MB	0,3 MB	keine
Base/16	128 x 192	72 KB	72 KB	keine
Base/64	64 x 96	18 KB	18 KB	keine

Bild 14: Unkomprimierte und durchschnittlich komprimierte Dateigrößen der Kodak Image Pacs im Vergleich

Bild 14 stellt die unkomprimierten Dateigrößen der Image Pacs den komprimierten Dateigrößen (Durchschnittswerte) gegenüber.

Kodak verwendet zur Datenkompression das Color-Subsampling Verfahren und die Huffmann-Kompression. (Das Huffmann-Kompressionsverfahren wird im Kapitel 8.9.5 Datenkompression auf der Seite 8 • 124 näher beschrieben.)

Beim Color-Subsampling werden zu vier Luminanzwerten (Y) des YCC Farbraumes jeweils nur eine Chroma (C) Information gespeichert. Darüberhinaus werden auch nur die Differenzen zu den interpolierten Werten der nächstniedrigeren Auflösung gespeichert und Huffmann-codiert. Die Kombination beider Kompressionsverfahren lässt folglich Verluste bei den reinen Farbinformationen, nicht aber bei den Helligkeitsinformationen der Pixelwerte zu. Huffmann ist ein verlustfreies Kompressionsverfahren.

Kodak Photo CD-Bilder können mit dem Kodak Conversion System inzwischen in unterschiedlichen Formaten gespeichert werden. Einen Überblick dazu gibt die Übersicht im Bild 15.

Die Kodak Photo CD gibt es als Photo CD Master, Photo CD Portfolio und Export Online als normale CDR. Wie aus der Übersicht hervorgeht, ist die Portfolio CD und die Export Online auch für andere gängige Dateiformate offen. Die für den Prepress geeigneten Base x 64 ist nur auf der Portfolio und Export

Funktion/ Spezifikation	Photo CD Master	Photo CD Portfolio	Export online
Filmformate	Kleinbild	alle Filmformate	alle Filmformate
Datenformate	Image PAC: Base/16 Base/4 Base Base x 4 Base x 16	Image PAC: Base/16 Base/4 Base Base x 4 Base x 16 Base x 64 Flash Pix TIFF JPEG andere	Image PAC: Base/16 Base/4 Base Base x 4 Base x 16 Base x 64 Flash Pix TIFF JPEG
Dateivolumen	1,2 bis 18 MB	1,2 bis 72 MB definiert	1,2 bis 72 MB
Image Pfad	CD Nr./ Bild Nr.	CD Nr./ Bild Nr.	Folder, Benutzer
zusätzl. Content	ICC Profile	ICC Profile ISO Daten Text, Audio	ITPC Header (mit JPEG)
Hardware	PCD Scanner 1000 35 mm Film	PCD Scanner 1000 PCD Scanner 4050 PlugIn kompatible Scannersysteme u. Digitalkameras	
Bildbearbeitung	Farbbalance Kontrast Farbsättigung Helligkeit	Farbbalance Kontrast Farbsättigung Helligkeit	

Bild 15: Speicherformen der KODAK Conversion System

Online verfügbar. Während auf der Master CD nur bis zu 100 Bilder gespeichert werden können, finden auf der Portfolio CD bis zu 600 Bilder ihren Platz. Für die Archivierung materieller Bilder in digitalisierter Form und digitaler Bilder ist dies eine ideale Form.

8.1.4 Screenshots und Cliparts

Eine ganz andere Art pixelorientierter digitaler Bildvorlagen sind Screenshots. Mit einer geeigneten Software, die zum Teil in den Betriebssystemen von Computern integriert ist, werden von der jeweiligen Bildschirmdarstellung „Schnappschüsse" gemacht und in einem üblichen Dateiformat für Bilder wie zum Beispiel TIFF abgespeichert. Mit dem Programm „Capture" auf dem Macintosh oder „SnapIt" für Windows lassen sich beliebig große Bildschirmausschnitte ausschneiden und abspeichern.

Screenshots weisen zumeist wegen der groben Auflösung des Monitors keine besonders gute Qualität auf und bedürfen deshalb noch oft der Nachbearbeitung in einem Bildbearbeitungsprogramm.

Eingesetzt werden derartige digitale Bildvorlagen zumeist in Büchern, Bedienungsanleitungen für Software oder anderen Publikationen, in denen es um Computertechnik oder Softwareanwendungen geht. Auch in diesem Kapitel wurden Screenshots verwendet, beispielsweise im Bild 12.

Cliparts sind käuflich zu erwerbende kleine Bilder oder Grafiken, die in Form von Symbolgrafiken in Grafikbibliotheken zusammengefasst und in thematisch sortierter Form angeboten werden. Themenrubriken können z. B. Menschen, Flaggen, Einrichtungsgegenstände, Geschäftsgrafiken, Tiere sein. Cliparts gibt es als Pixelbilder und Vektorgrafik.

Hintergrundbilder für Fonds werden zuweilen ebenfalls als Cliparts bezeichnet. Hierbei handelt es sich jedoch um teilweise sehr hochwertige Pixelbilder.

8.1.5 Vektorgrafik: Punkte zum Anfassen

Bei einer Vektorgrafik handelt es sich um eine sogenannte *objektorientierte Grafik.* Diese Bezeichnung resultiert aus der Form der Speicherung grafischer Elemente, die diese Dateien aufweisen.

Objektorientiert heißt, es werden die geometrische Elemente einer Grafik wie Linie, Kreis, Dreieck, Kurve oder Rechteck als einzelne Objekte betrachtet und abgespeichert.

Eine vollständig digitale Reinzeichnung aus einem Grafikprogramm ist also aus einer Vielzahl solcher Elemente zusammengesetzt. Darin unterscheidet sich eine objektorientierte Grafik ganz grundlegend von einem Bytemap-Dokument, bei dem alle Pixel gleichwertig behandelt werden und zu einem einheitlichen Ganzen verschmolzen sind. In Bytemap-Dokumenten lassen sich einzelne Elemente nur mit dazu geeigneten Bildbearbeitungswerkzeugen vereinzeln. Hierzu zählen Freistellwerkzeuge unterschiedlicher Art.

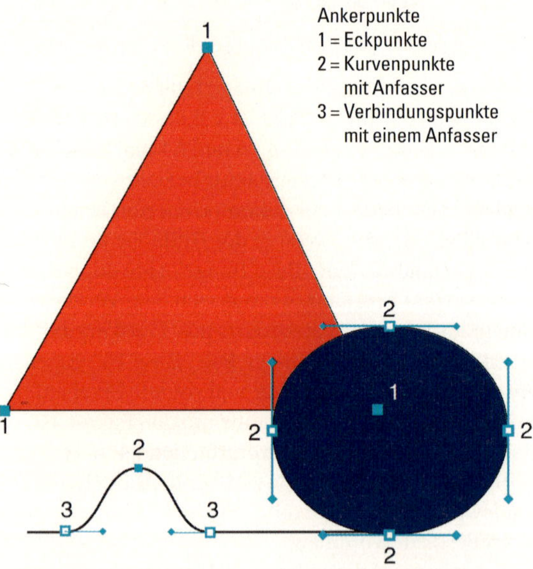

Bild 16: Einfache Vektorgrafik mit Eck-, Kurven- und Verbindungspunkten als Ankerpunkte

Die Bezeichnung Vektorgrafik bezieht sich auf die Art der Speicherung dieser einzelnen Objekte. Ein rot gefülltes Dreieck, wie im Bild 16 gezeigt, wird in einem Grafikprogramm nicht in Form der einzelnen roten Pixel gespeichert. Stattdessen werden in einer Vektorgrafik die x/y-Koordinaten der sogenannten Ankerpunkten gespeichert.

Das zwischen zwei Ankerpunkten eine Linie gezeichnet werden soll, ist in Form eines Befehls in der Datei vorhanden. Linienstärke, Linienfarbe und Farbfüllung des Dreiecks sind ebenfalls in Form von

Befehlen vorhanden, die erst zur Anzeige auf dem Monitor oder zur Druckausgabe ausgeführt werden. Zur Speicherung des blauen Kreises in Bild 16 werden die x/y-Koordinaten von 4 Ankerpunkten benötigt, da zwischen diesen Ankerpunkten keine Linien gezeichnet werden sollen, sondern ein Kurvenverlauf.

Aus diesem Grunde handelt es sich bei dieser Art von Ankerpunkten um Kurvenpunkte und nicht um Eckpunkte, wie dies bei dem Dreieck der Fall ist. Sie verfügen zusätzlich über Tangenten, deren Länge und Richtung vom Anwender verändert werden können. Es sind also Punkte zum Anfassen.

Die Richtung und Länge der Tangenten der Kurvenpunkte bestimmen den Kurvenverlauf zwischen zwei Ankerpunkten. Verbindungspunkte sind Ankerpunkte, die eine Verbindung zwischen einem Liniensegment und einem Kurvensegment herstellen.

Die Tangenten werden auch als Vektoren, Griffe oder Anfasser bezeichnet. Deren Aussehen in Grafikprogrammen wird im blauen Kreis in Bild 16 dargestellt. Sie geben diesen digitalen Vorlagen ihren Namen. Vektoren sind in der Mathematik Größen, die nicht nur durch ihre Länge, sondern zusätzlich durch ihre Richtung eindeutig bestimmt sind.

Der Kurvenverlauf zwischen zwei Kurvenpunkten mit zwei Tangenten wird als *Beziér-Kurve* bezeichnet.

Die Länge und Lage der Tangenten bestimmen den Kurvenverlauf mit Hilfe einer Näherungsrechnung.

Die mathematischen Grundlagen dazu wurden von Beziér gelegt, nach dem diese Kurven benannt wurden. Bild 17 zeigt an einem Beispiel wie bei gleicher Lage der beiden Ankerpunkte, aber veränderter Länge und Richtung des rechten Anfassers, sich der Kurvenverlauf zwischen den beiden Ankerpunkten ändert. Die Ausführung geschieht erst bei der Ausgabe der Datei auf dem Drucker oder Monitor. In der Datei selbst sind nur die Anweisungen zum Zeichnen der Kurven, die notwendigen Koordinaten und die Attribute der Kurven gespeichert. Streng genommen existieren Vektorgrafiken auf Datenträgern also nur in Form gespeicherter Koordinaten, Punkte und Anweisungen . Ein ganz wesentliches Merkmal ist die geräteunabhängige Form dieser Speicherung.

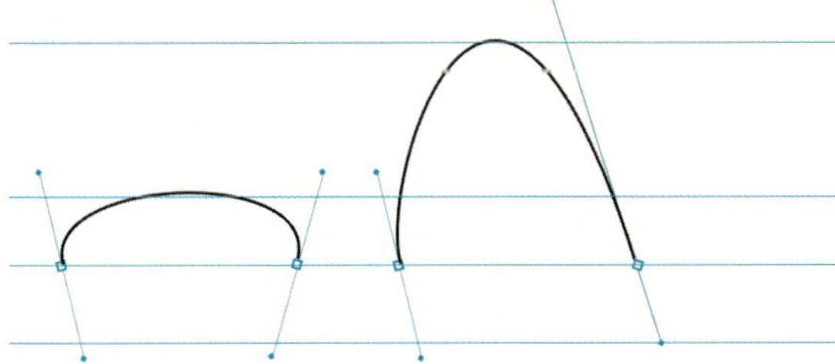

Bild 17: Beziér-Kurve zwischen zwei Ankerpunkten gleicher Lage, aber mit veränderter Richtung und Länge des rechten Anfassers

Ausgabegeräte geben alle digitalen Daten in den allermeisten Fällen als Bytemaps oder Bitmaps aus. Dabei kann es sich um einen Laserdrucker, einen Belichter, den Monitor oder digitale Farbausgabesysteme handeln. Immer haben diese Geräte eine bestimmte physikalische Auflösung, die beispielsweise bei 72 dpi (Monitor), 600 dpi (Laserdrucker) oder 3600 dpi (Belichter) liegen kann.

Wie können die geräteunabhängig gespeicherten Daten einer Vektorgrafik nun auf unterschiedlichen Geräten ausgegeben werden?

Alle Koordinaten von Vektorgrafiken sind in einem virtuellen Koordinatensystem mit einem Nullpunkt, aber ohne Seitenbegrenzung definiert.

Vektorgrafiken lassen sich aus diesem virtuellen Koordinatensystem während der Ausgabe in jedes andere Koordinatensystem mit geringerer oder höherer Auflösung transformieren.

Die Einteilung des virtuellen Koordinatensystems erfolgt in der x- und y-Achse in 1/72 inch großen Einheiten. Die Abbildung 18 veranschaulicht schematisch die Koordinatentransformation.

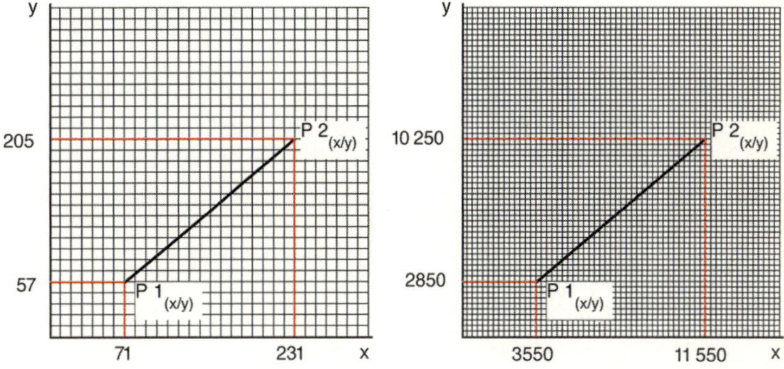

Bild 18: Transformation einer Linie als Vektorgrafik vom virtuellen Koordinatenkreuz der gespeicherten Vektordatei in das physikalische reale Koordinatenkreuz eines Belichters mit 3600 dpi.

Dazu ein rechnerisches Beispiel: In Bild 18 ist zu diesem Zweck eine schräg verlaufende Linie dargestellt worden. Das linke Koordinatenkreuz repräsentiert das virtuelle System der gespeicherten Vektordatei.

Durch die zwei Koordinatenpunkte P 1 und P 2 ist der Richtungsverlauf und die Länge der Linie eindeutig mit den beiden Koordinaten P 1 = 71 als x- und 57 als y-Koordinate definiert . P 2 hat die Koordinaten x = 231 und y = 205. Demzufolge ist P 1 = 25 mm vom linken Rand und 20,1 mm von unten entfernt.

Dies ergibt sich rechnerisch aus der Tatsache, dass eine Achseneinheit im virtuellen Koordinatensystem 1/72 inch groß ist. Ein inch = 2,54 cm. Rechnung:

- 1 : 72 = 0,1388889 inch x 2,54 = 0,03527778 cm.
  = 0,3527778 mm.
  Das ist die Größe einer Achseneinheit.
- Folglich entsprechen 71 Einheiten
  71 x 0,3527778 mm = 25 mm und
  57 Einheiten 57 x 0,3527778 mm = 20,1 mm.

Für den oberen Koordinatenpunkt der Linie gilt die Rechnung analog.

Diese im digitalen Datenbestand definierte Linie soll nun auf einem Belichter mit 3600 dpi in gleicher Position, Länge und Richtung, aber mit wesentlich höherer Auflösung ausgegeben werden. Dazu ist es nur erforderlich, die Koordinaten in die feiner untergliederte Belichtermatrix zu transformieren.

Bei einem 3600 dpi Belichter ist das kleinste ansteuerbare Recorderelement (Rel)

- 1 : 3600 = 0,000277778 inch x 2,54 x 10 = 0,007055556 mm groß.

Das Koordinatensystem der Belichtermatrix ist damit 0,3527778 mm : 0,007055556 mm = 50 mal feiner unterteilt.

Der Belichter hat also gegenüber dem digitalen Datenbestand der Vektorgrafik eine um den Faktor 50 höhere Auflösung. Soll die digitalisierte Linie der Vektorgrafik in die reale Belichtermatrix transformiert werden, so müssen die Koordinatenpunkte neu berechnet werden. Dies geschieht mit der Multiplikation des Faktors 50 mit jedem Koordinatenpunkt.

P 1 erhält dadurch die neue Koordinate 3550 für x und 2850 für y. Für P 2 gilt die analoge Rechnung.

Wie Bild 18 veranschaulicht, gelingt es auf diese einfache Weise, alle in einer Vektorgrafik gespeicherten Koordinaten vom virtuellen Koordinatensystem in die jeweils dem Ausgabegerät entsprechende feinere oder gröbere Belichtermatrix verlustfrei zu transformieren.

Digitale Vorlagen, die als Vektorgrafik in einem Grafikprogramm wie Freehand, Illustrator oder Corel Draw erstellt und im EPS-Format gespeichert wurden, lassen sich aus diesem Grunde auch verlustfrei skalieren und benötigen gegenüber Pixelbildern wesentlich weniger Speicherplatz. Das sind die beiden außerordentlichen Vorteile, die Publishing-Vorlagen in Form von Vektorgrafiken gegenüber Pixelbildern aufweisen.

Die beschriebene Transformation des virtuellen Koordinatensystems einer Vektorgrafik in das physikalisch tatsächliche Koordinatensystem des Ausgabegerätes, die erst bei der Datenausgabe erfolgt, ist das wesentliche Geheimnis von Vektorgrafiken.

Das unterscheidet sie ganz wesentlich von digitalen Bildvorlagen. Hier führt die nachträgliche Skalierung einmal digitalisierter Pixelbilder immer dann zu Qualitätsverlusten, wenn die Skalierung erhebliche Ausmaße annimmt. Das ist bei Vektorgrafiken nicht der Fall. Aus der völlig anderen Struktur von Bilddaten im Sinne von Fotos verbietet es sich jedoch von selbst, fotografische Bilder vektorisieren zu wollen.

Vektorisieren

Strichabbildungen, die als materielle Vorlagen oder als digitale Bitmap-Vorlagen angeliefert werden, können hingegen unter Umständen in Vektordaten umgewandelt werden. Möglich und sinnvoll ist dies jedoch nur dann, wenn die Strichvorlagen keine allzu feinen Details enthalten. Feinstrichvorlagen sind also nicht sinnvoll umwandelbar.

Die Umwandlung von Bitmap- in Vektordateien wird als *Tracing* bezeichnet oder als Vektorisieren. Es gibt dazu Programme wie Streamline, die darauf spezialisiert sind. Auch Grafikprogramme verfügen über automatische Funktionen zum Tracen oder Vektorisieren. Je nach Vorlage müssen automatisch vektorisierte Dateien noch überarbeitet werden. Manchmal lohnt sich das automatische Vektorisieren dann nicht. In einem solchen Fall sollte das Bild manuell in einem Grafikprogramm nachgezeichnet, also manuell vektorisiert werden.

Wichtig für die Beurteilung der technischen Qualität von Vektordateien ist die Anzahl der gesetzten Kurvenpunkte. Unregelmäßige Kurvenverläufe werden aus einzelnen Kurvensegmenten zusammengesetzt. Zwischen zwei Ankerpunkten auf der Kurve befindet sich jeweils ein Kurvensegment. Je höher die Anzahl der Kurvensegmente einer Kurve ist, desto länger ist die Rechenzeit bei der Ausgabe der Grafik, weil jedes Kurvensegment gesondert berechnet werden muss.

8.2 Grundlagen der Bilddigitalisierung

Im Prepress unterscheiden sich die Verfahrenswege zwischen der Erzeugung von Grafiken und der Reproduktion von Bildern ganz wesentlich.

Digitale Publishing-Vorlagen werden einerseits in Form von Bildvorlagen und andererseits in Form von Vektorgrafiken angeliefert oder erstellt. Auf die wesentlichen Unterschiede zwischen diesen beiden Vorlagenarten wurde bereits näher eingegangen. In diesem Kapitel geht es ausschließlich um die Grundlagen der Bilddigitalisierung, also um Pixelbilder.

Während die Grafik in einem Grafikprogramm am Computer erstellt wird, müssen Bilder, die in Form von Fotografien, manuell erstellten Strichzeichnungen oder Airbrush-Grafiken vom Kunden angeliefert werden, mit Hilfe eines Scanners digitalisiert werden.

Mit dem Aufkommen der Digitalfotografie 1996 wird zunehmend die Bildaufzeichnung mit Fotoemulsionsverfahren von der Digitalfotografie abgelöst. Scanner zur Digitalisierung materieller Publishing Vorlagen sind bei diesem Verfahrensweg der Bilddigitalisierung nicht mehr erforderlich.

Die Grundlagen zur Bilddigitalisierung, wie sie in diesem Kapitel behandelt werden, beziehen sich nicht nur auf gescannte Vorlagen, sondern auch auf die Digitalfotografie.

Fotografisch erstellte Bilder können nur in digitalisierter Form in einer elektronischen Seitenmontage gemäß Layout am Computer integriert werden. Zur Bilddigitalisierung werden heute Trommel-, Flachbettscannern und Digitalkameras eingesetzt.

Die Datenerfassung und Technik der Scanner wird im Kapitel 8.3 erläutert.

8.2.1 Wie kommt das Bild in den Computer?

Wie können Computer das Bild sehen? Um diese Frage zu beantworten, müssen die optischen Signale genauer betrachtet werden, die das Auge empfängt, auswertet und als farbige Bilder über das Gehirn zur

Sinneswahrnehmung werden lässt . Anschließend müssen wir einen Weg finden, wie diese optischen Wahrnehmungen unseres Auges in die binäre Sprache des Computers übersetzt werden kann.

Die farbige Bilderwelt, die unser Auge dem Gehirn zur Verfügung stellt, ist eine analoge Welt. Ob wir gerade die Natur betrachten oder Fotografien als dauerhafte Abbildungen eben dieser Natur, immer handelt es sich um *analoge Signale*. Das Licht spielt dabei die Rolle als *Informationsträger*. Ganz ohne Licht stehen wir orientierungslos im Dunkeln.

Die Bildinformationen bestehen aus nahezu unendlich vielen Helligkeits- und Farbunterschieden, die ins Blickfeld unseres Auges fallen. Betrachten wir eine einheitlich graue Fläche oder den klaren, wolkenlosen blauen Himmel, so nehmen wir keine Informationen wahr, die wir als Bildinformationen bezeichnen würden, weil einheitliche Flächen vollkommen gestaltlos sind.

Auf der Netzhaut unseres Auges wird nichts abgebildet, was wir als Gegenstand, Landschaft, Person oder dergleichen identifizieren könnten.

Gestalthafte Abbildungen bestehen hingegen aus ganz unterschiedlichen Helligkeiten und Farben, die über die gesamte Fläche verteilt sind. Aus der Struktur dieser Helligkeits- und Farbverteilungen erkennen wir die Gegenstände oder Personen und geben dadurch dem Abbild auf unserer Netzhaut einen Sinn.

Wenn von analogen Signalen gesprochen wird , so interessiert aus dieser Perspektive nicht die Sinnhaftigkeit von Abbildungen, sondern einzig und allein die Form dieser optischen Signale.

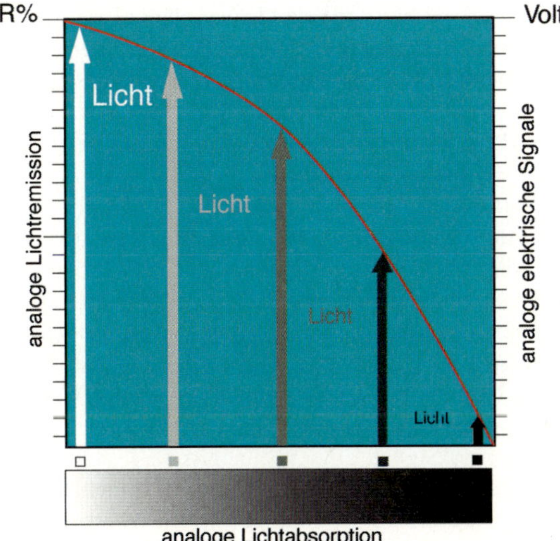

Bild 19: Analoge Bildsignale

Der Charakter analoger Bildsignale

Machen wir uns den Charakter analoger Bildsignale modellhaft klar. Betrachten wir zur Vereinfachung einen kontinuierlich erscheinenden Tonwertverlauf von hell nach dunkel, wie in Bild 19 dargestellt. In dem Maße, wie das emittierte (ausgestrahlte) Licht einer Lichtquelle von nicht selbst leuchtenden Körpern absorbiert wird, verringert sich die remittierte (zurückgeworfene) Lichtmenge oder transmittierte (durchgelassene) Lichtmenge *analog zur Absorption*. Die absorbierte Lichtmenge verschwindet dabei nicht, das würde gegen den Energieerhaltungssatz in der Natur sprechen. Die chemische Zusammensetzung des mit Licht bestrahlten Stoffes wandelt vielmehr Teile die-ser Lichtenergie um und gibt sie in Form von unsichtbarer Wärmestrahlung wieder ab. Wir können absorbierte Wärme fühlen, wenn wir in einem schwarzen Auto im Sommer in der Sonne im Stau stehen.

Der rote Kurvenverlauf in Abbildung 19 soll deutlich machen, dass zwischen dem hellsten und dunkelsten Tonwert des Verlaufs die Absorptionen in theoretisch unendlich kleinen Schritten vor sich gehen. Unser Auge ist zumindest nicht in der Lage, die Grenze zwischen einem Tonwert und dem nächst dunkleren Tonwert visuell genau zu erkennen. Die Zwischenwerte können also theoretisch unendlich viele Dezimalstellen hinter dem Komma haben. Praktisch sind sie natürlich endlich. Unser Auge ist nur nicht so sensibel, um dies zu registrieren. Wir können dies auch mit dem Stundenzeiger einer analogen Uhr vergleichen. Seine Bewegung erfolgt ganz kontinuierlich, aber in so kleinen Schritten, dass wir die Bewegung nicht unmittelbar beobachten können.

Bei der Bilddatenerfassung mit Scannern oder der Digitalkamera werden die nicht absorbierten analogen Lichtremissionen zunächst in analoge elektrische Signale in Form von Spannungen oder elektrischen Ladungen gewandelt, bevor sie anschließend digitalisiert werden.

Mit der Wahrnehmung von *analogen Farbwerten* verhält es sich ähnlich wie mit den analogen Helligkeiten. Auf unserer Netzhaut befinden sich rot-, grün- und blauempfindliche Zapfen, die auf unterschiedliche Wellenlängenbereiche des sichtbaren Lichtes mit Reizungen reagieren. Werden alle drei Zapfen zu gleichen Anteilen gereizt, so empfinden wir Weiß, neutrales Grau oder Schwarz.

Ändert sich hingegen durch die materielle Beschaffenheit des nicht selbstleuchtenden Körpers das Verhältnis der blauen, grünen und roten Lichtremissionen zueinander, weil einige Wellenlängen stärker absorbiert werden, so wird unsere visuelle Wahrnehmung farbig. Wir sprechen dann von *Farbreizen*. Ein analoger Farbverlauf von Weiß nach Magenta lässt sich durch die zunehmende kontinuierliche Absorption von Grünanteilen aus den Lichtemissionen der Lichtquelle darstellen. Bild 20 verdeutlicht diesen Prozess.

Wird Grün zunehmend absorbiert, so werden nur die blauen und roten Spektralbereiche des weißen Lichtes unvermindert remittiert. Diese Farbreize erreichen das Auge. Die blauen und roten Farbreize bewirken auf unserer Netzhaut eine *Farbvalenz*, die vom Gehirn als Magenta *Farbempfindung* transformiert wird. Farbvalenzen sind Wirkungen von Farbreizen, die diese auf der Netzhaut hinterlassen und zur Farbempfindung an das Gehirn weitergeleitet werden. In der Abbildung 20 werden die Farbreize

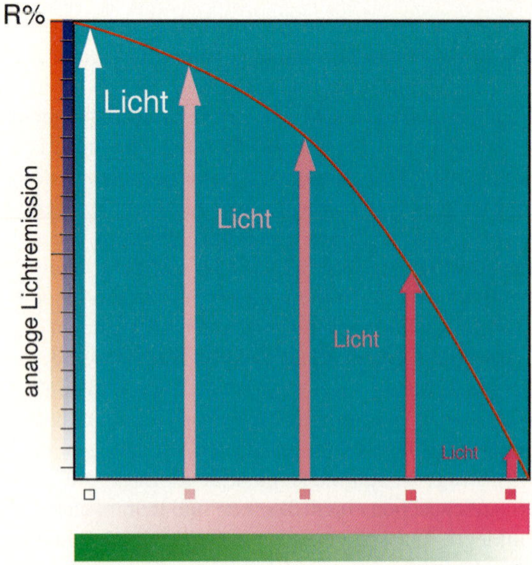

Bild 20: Analoge farbige Bildsignale

dadurch verdeutlicht, dass auf der y-Achse die analogen Lichtremissionen von blau und rot stetig zunehmen.

Den Zusammenhang zwischen Licht, Farbreizen, Farbvalenzen und Farbempfindung veranschaulicht Abbildung 21. Wenn die Bildvorlage durch ein Farbverlauf von Weiß bis Magenta repräsentiert wird, vermindert sich der Grünanteil in dem gleichen Maße in den Farbreizen, wie der Verlauf von Weiß bis Magenta zunimmt. Der grüne Farbreiz verläuft in Bild 21 deshalb in entgegengesetzter Richtung des Farbverlaufs.

Gemäß der additiven Farbmischung entstehen auf der Netzhaut aus den remittierten Farbreizen Farbvalenzen, bei denen in diesem Beispiel die blauen und roten Zapfen zunehmend, die grünen dagegen abnehmend beteiligt sind. Im Gehirn wird uns dadurch die Farbempfindung Magenta als Sinneswahrnehmung signalisiert.

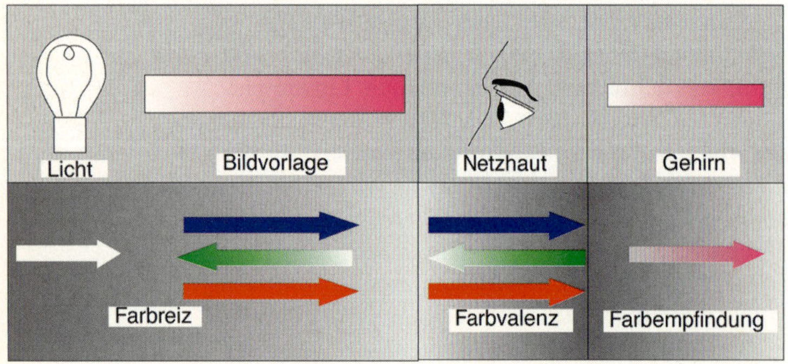

Bild 21: Wirkungskette zwischen Licht, Farbreiz, Farbvalenz und Farbempfindung am Beispiel einer Farbe

Das Licht als Informationsträger ist also in doppelter Hinsicht an der Modulation (Übertragung) der Bildinformation beteiligt. Einmal in Form unterschiedlicher Lichtintensitäten oder Helligkeiten und zum anderen durch die unterschiedlichen Intensitätsverhältnisse der roten, grünen und blauen Farbreize zueinander. Das Licht schafft aber nur die äußeren Bedingungen, damit wir Farbe empfinden können. Die Farbreize bestehen aus farblosen Wellenlängen. Farbe entsteht erst im Kopf: zuerst als Farbvalenz auf der Netzhaut und dann als Farbempfindung im Gehirn.

Die Augen des Computers

Scanner oder Digitalkameras sind die Augen eines Computers. Flachbettscanner verfügen intern über ein Objektiv, das mit der Augenlinse verglichen werden kann. Aufgefangen bzw. erfasst wird dieses Bild von einem optoelektronischen Bildwandler, der in der Lage ist, analoge Lichtenergien in elektrische Ladungen umzuwandeln. Diese optoelektronischen Bildwandler sind der Netzhaut unseres Auges vergleichbar.

Bei der Bilddigitalisierung mit Flachbettscannern wird die Vorlage von einer Lichtquelle beleuchtet und auf optische Weise nacheinander zeilenweise erfasst. Als optoelektronische Sensoren kommen in Flachbettscannern ebenso wie in Digitalkameras sogenannte *CCD-Chips* (Charge Couplet Device) zum Einsatz. Dabei handelt es sich um ladungsgekoppelte Halbleiterelemente. Während Scanner Zeilen-CCD-Chips verwenden, kommen bei Digitalkameras meist Flächen-Chips zum Einsatz.

Trommelscanner benutzen im Unterschied zu Flachbettscanner sogenannte *Fotomultiplier,* die die Vorlage mit Hilfe eines Punktes spiralförmig abtasten (vgl. Kapitel 8.3.7).

Trommelscanner lassen sich mit einem Betrachter vergleichen, der sich mit einer starken Lupe ein Bild betrachtet. Die Abtastoptik des Trommelscanners fokussiert einen Bildpunkt, der seriell die gesamte Vorlage abtastet. Anstelle der CCD-Chips übernimmt der Fotomultiplier die Funktion der Netzhaut.

8.2.2 Sampling der Bildsignale bei der Bilddigitalisierung

Die optischen Helligkeiten einer Graustufen- bzw. Halbtonvorlage werden bei allen optoelektronischen Wandlern in elektrische Spannungswerte oder elektrische Ladungen umgewandelt. In Bild 19 im Kapitel 8.2.1 ist deshalb auf der rechten y-Achse elektrische Spannung als zweite Achse eingezeichnet.

Es handelt sich bei der optoelektronischen Wandlung weiterhin um analoge Signale.

Analoge Signale sind, wie bereits dargestellt, dadurch gekennzeichnet, dass innerhalb einer bestimmten Bandbreite beliebige Zwischenwerte auftreten können. So repräsentiert beispielsweise die Stromspannung von 5 Volt die hellste Bildstelle der Vorlage (Bildlicht), während 0 Volt die dunkelste Bildstelle repräsentiert (Bildtiefe). Die Bandbreite liegt also zwischen 0 und 5 Volt.

Zwischen diesen beiden Spannungswerten können nun – je nach Beschaffenheit der Vorlage – beliebige Zwischenwerte von beispielsweise 2,451 Volt oder 4,895 Volt auftreten. Die Höhe der Stromspannung repräsentiert den analogen Grauwert oder analogen

Farbwert des gerade abgetasteten Vorlagenpunktes. Die Stromspannung oder elektrische Ladung verändert sich analog zur Helligkeit des Bildpunktes. Daraus leitet sich auch hier die Bezeichnung analog ab.

Die Bildvorlage, also das Foto, besteht ebenfalls aus analogen Lichtsignalen (vgl. Kapitel 8.1). Analoge Signale haben einen *kontinuierlichen Signalverlauf*. Während des Scanvorgangs entsprechen den abgetasteten elektrischen Spannungswerten analog dazu die optischen Bildhelligkeiten der Vorlage.

Analoge Bildsignale sind nicht dauerhaft speicherbar. Sie stehen nur in dem Moment ihrer unmittelbaren Erfassung zur Verfügung. Um alle abgetasteten Bildsignale, zu ihrer späteren Verarbeitung speichern zu können, müssen sie digitalisiert werden. Scanner und Digitalkameras verfügen aus diesem Grunde intern über Analog/Digitalwandler (A/D Wandler) in Form elektronischer Schaltungen, die diesen Vorgang technisch realisieren.

Während Scanner den digitalen Datenstrom auf die Festplatte des Computers übertragen, speichern Digitalkameras die digitalen Daten auf speziellen Wechselspeichermedien in der Kamera selbst.

Zu jeder Bilddigitalisierung muss das analoge Bild in kleinste Informationseinheiten eingeteilt werden, die eine örtliche Zuordnung der abgetasteten Helligkeits- und Farbwerte jederzeit möglich machen. Man nennt diesen Vorgang Sampling.

Sampling kommt aus dem Englischen und bedeutet soviel wie Stichprobenerhebung.

Bei der Bilddigitalisierung wird das Bild dazu durch Teilung in x- und y-Richtung in kleinste quadratische und zunächst noch virtuelle Bildpunkte zerlegt. Diese virtuellen Bildpunkte werden als Picture elements (Pels) bezeichnet.

Jedem dieser Pels wird die entsprechende Helligkeit beziehungsweise der Spannungswert in digitaler Form zugeordnet.

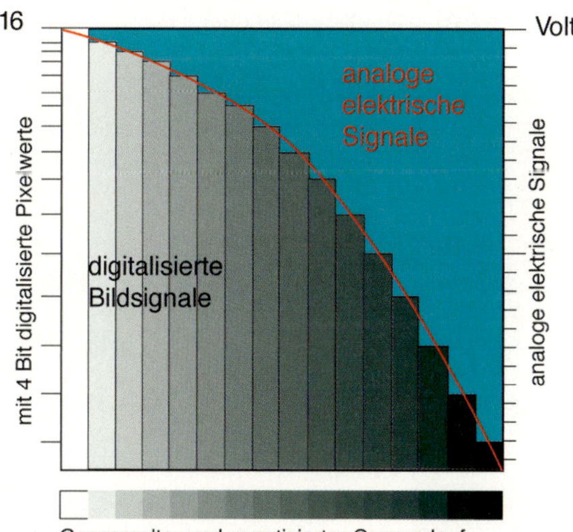

Bild 22: Schematische Darstellung eines mit 16 Samples und 4 Bit Pixeltiefe modellhaft gesampelten analogen Graustufenverlaufs.

Unter dem Sampling versteht man, in welcher Schrittweite in x- und y-Richtung von dem analogen Signal eine „Probe“ genommen wird.

In der Praxis ist dies bei Flachbettscannern und Digitalkameras von der Anzahl der CCD-Elemente pro Längeneinheit abhängig, über die die verwendeten CCD-Chips verfügen. Man spricht von der optischen Auflösung der CCD-Chips, die bei Scannern in dpi (dots per inch) angegeben wird (vgl. 8.3.3).

Je häufiger ein Bild pro Längeneinheit gesampelt wird, umso näher kann das digitale Signal an dessen analogen Kurvenverlauf angeglichen werden. Die Samplingrate bestimmt die Bildauflösung digitalisierter Bilder. Sie wird in ppi angegeben (Pixel per Inch). Unter einem Pixel verstehen wir die kleinsten gespeicherten Bildinformationseinheiten eines digitalisierten Bildes. Die Pels enthalten im Unterschied zu den Pixeln diese Informationen noch nicht. Sie stellen nur das virtuelle Netz dar, mit dem das analoge Bild zur Bilddigitalisierung überzogen wird.

Bild 22 macht die durch das Sampling bedingten Informationsverluste deutlich. Sie sind in der Treppenstruktur erkennbar, mit der sich die digitalen Signale von dem analogen roten Kurvenverlauf unterscheiden. Die Samplingrate ist in der Abbildung modellhaft auf 16 Samples reduziert worden.

Die *Samplingrate* hat einen entscheidenden Einfluss auf die Güte der Bilddigitalisierung. Mit stei-

Bild 23, 24, 25: Visualisierung der Bildinformationsverluste bei zu geringer Samplingrate bzw. Bildauflösung in ppi

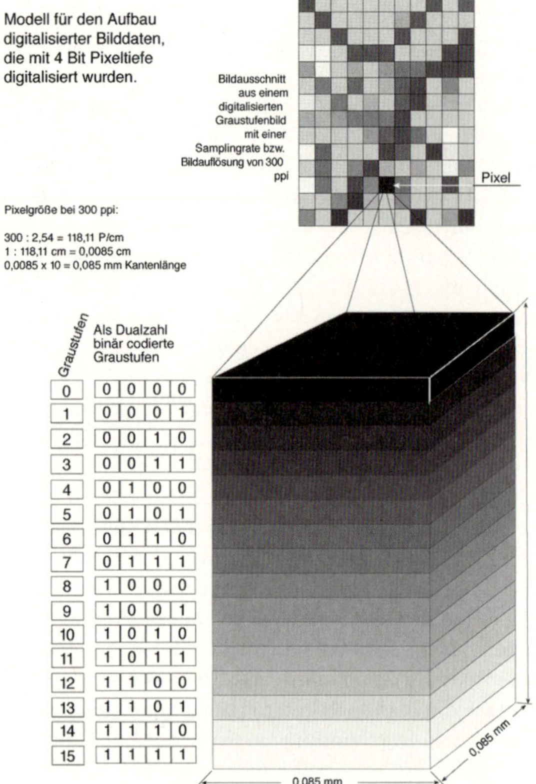

Bild 26: Dreidimensionales Pixelmodell eines Bildpixels von 300 ppi Samplingrate oder Bildauflösung und theoretischen 4 Bit

gender Samplingrate sinkt in gleichem Maße der durch das Sampling unvermeidliche Fehler bei der Bilddigitalisierung.

Die Bilder 23 bis 25 zeigen die auftretenden Informationsverluste eines Bildes bei zu geringen Samplingraten. Bei einer zu geringen Samplingrate wird die Pixelstruktur digitalisierter Bilddaten sichtbar und stört. Dies ist ein *Samplingfehler.*

8.2.3 Quantisierung der Bildsignale

Ein weiterer Digitalisierungsfehler tritt bei der Quantisierung auf. Damit die analogen Bildsignale innerhalb eines jeden Pixels gespeichert werden können, müssen sie digitalisiert werden. Diesen Vorgang nennt man Quantisierung der Vorlage.

Bei der Quantisierung analoger Bildsignale handelt es sich um eine Kodierung der Bildinformationen in eine binäre Form. Sie ist erforderlich, weil der Computer nur diese binäre Sprache versteht. Jedem analogen Grauwert muss ein eindeutiges Bitmuster von Nullen und Einsen zugeordnet werden.

Diese Grundwerte werden in der Datentechnik mit dem Kunstwort Bit (binary digit) bezeichnet.

Ein Bit ist die kleinste speicherbare Informationseinheit eines Computers. Da mit einem Bit nur zwei Zustände (0 oder 1) gespeichert werden können, vereinigt man mehrere Bits zu einem Datenwort. Verwendet man eine Datenwortbreite von beispielsweise 4 Bit, so lassen sich damit $2^4 = 16$ unterschiedliche eindeutige Kombinationen aus Nullen und Einsen realisieren. Bild 26 zeigt diese 16 Kombinationsmöglichkeiten zusammen dem Modell eines Pixels. Das binäre Kodierungsmuster entspricht dabei der Umrechnung von dezimalen Zahlenwerten in duale Zahlenwerte. Die kleinsten Einheiten digitalisierter Pixelinformationen sind gemäß Bild 26 dreidimensional vorzustellen. Sie haben in Abhängigkeit von ihrer Samplingrate eine Breite und eine Höhe.

Zusätzlich bestimmt die Anzahl der Bits, die bei der Quantisierung zu einem Datenwort für ein Pixel zusammengefasst werden, über die Pixeltiefe. Sie wird in Bit/Pixel angegeben und zuweilen auch als Datentiefe bezeichnet. Sie definiert den Grad der Quantisierung. In Bild 26 ist die Breite und Höhe des Pixels mit 0,085 mm angegeben. Dieser Wert errechnet sich aus einer angenommenen Samplingrate von 300 ppi.

Der Überschaubarkeit wegen wurde für das Modell eine Quantisierung von 4 Bit/Pixel Pixeltiefe gewählt.

Scanner und Digitalkameras quantisieren heute mit bis zu 16 Bit Pixeltiefe. Damit können $2^{16} = 65536$ Tonwerte pro Pixel codiert werden.

In der Weiterverarbeitung digitaler Bilddaten für die Printproduktion wird heute jedoch meist nur mit lediglich 8 Bit Pixeltiefe gearbeitet. Das entspricht

Bild 27: Bild mit 8 Bit/Pixel = 256 Tonwerten quantisiert

Bild 28: Bild mit 6 Bit/Pixel = 64 Tonwerten quantisiert

Bild 29: Bild mit 5 Bit/Pixel = 32 Tonwerten quantisiert

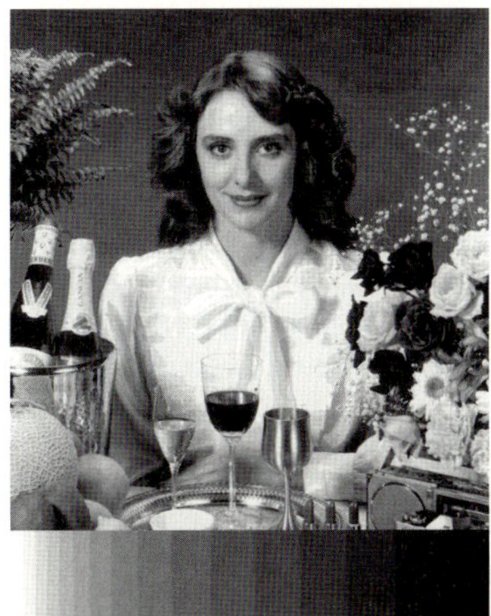

Bild 30: Bild mit 4 Bit/Pixel = 16 Tonwerten quantisiert

Bild 31: Bild mit 3 Bit/Pixel = 8 Tonwerten quantisiert

Bild 32: Bild mit 2 Bit/Pixel = 4 Tonwerten quantisiert

$2^8 = 256$ binären Kombinationsmöglichkeiten und damit codierbaren Tonwerten. Da der erste Tonwert Null ist, entspricht bei 8 Bit Pixeltiefe der höchste Wert 255. Das entspricht der Dualzahl 1 1 1 1 1 1 1 1.

Digitale Signale können, im Unterschied zu analogen Signalen, keine beliebigen Zwischenwerte anneh-men. Sie bestehen demnach aus fest definierten Werten. Im Unterschied zu den digitalen Werten, können die analogen Spannungswerte hinter dem Komma beliebig viele Dezimalstellen aufweisen. Eine Beschränkung besteht lediglich durch die Genauigkeit der Messtechnik. Digitale Pixelwerte sind ganzzahlig. Zwischen dem digitalisierten Pixelwert 127 und 128 gibt es beispielsweise keinen Pixelwert 127,5.

Die analogen Spannungswerte müssen während der Bilddigitalisierung also in feste „Schubladen“ einsortiert werden. Hierbei geht die Genauigkeit eindeutig verloren. Wir haben also mit Informationsverlusten bei der Quantisierung der analogen Bilddaten während der Bilddigitalisierung zu rechnen. Die Abbildungen 27 bis 32 verdeutlichen die Bildveränderung bei abnehmender Pixeltiefe und dem dabei auftretenden *Quantisierungsfehler*.

8.2.4 Digitalisierung farbiger Bildvorlage

Die Digitalisierung farbiger Bildvorlagen mit Hilfe eines Scanners oder einer Digitalkamera macht neben dem Sampling und der Quantisierung der analogen Tonwerte noch eine Farbzerlegung aller Farben in ihre roten, grünen und blauen Bestandteile erforderlich. Die digitale Farbbilderfassung folgt hier wieder dem Beispiel des Auges. Wie bereits dargestellt, zerlegt das Auge mit Hilfe roter, grüner und blauer Zapfen auf der Netzhaut die analogen Farbreize, um sie anschließend wieder mit Hilfe des Gehirns nach dem Prinzip der additiven Farbmischung zu Farbempfindungen zusammenzusetzen. Aus den Farbvalenzen auf der Netzhaut transformiert das Gehirn anschließend die Farbempfindung als Sinneswahrnehmung.

Scanner und Digitalkameras verfügen über entsprechend eingefärbte rote, grüne und blaue Farbfilter. Mit deren Hilfe wird technisch das realisiert, was unser Auge mit Hilfe der roten, grünen und blauen Zapfen ebenfalls leistet.

Das Prinzip der Farbtrennung mit Hilfe von Farbfiltern wird in den Bildern 33 bis 35 dargestellt. Um das Grundprinzip auch hier schneller durchschaubar zu machen, wird in den Abbildungen von idealisierten Bildvorlagen ausgegangen. Dazu dient ein Farbkeil mit 8 Farbfeldern als Farbvorlage.

Über der Farbvorlage (1) sind in der Abbildung die Farbreize der Farbfelder in vereinfachter Weise dargestellt worden. Sie werden zusätzlich durch die roten, grünen und blauen Pfeile in der Abbildung symbolisiert. In Bild 33 wird die Wirkung des Rotfilters auf die Farbreize gezeigt. Nur rote Farbreize können den Rotfilter transmittieren. Blaue und grüne Farbreize werden vom Rotfilter absorbiert. Befindet sich nun über den CCD-Elementen eines Flachbett-

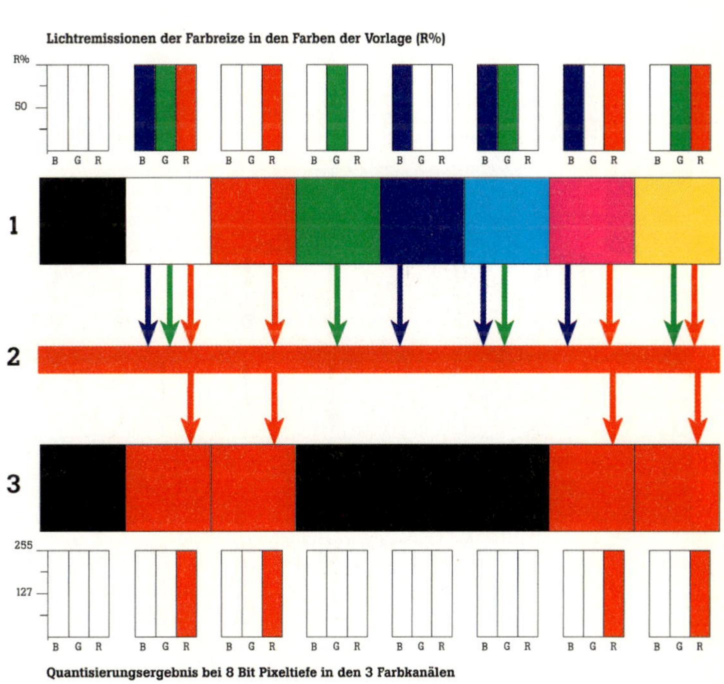

1 = Farbvorlage 2 = Rotfilter 3 = Rotanteile der Vorlagenfarben in der RGB-Datei
Bild 33: Farbtrennung aller Rotanteile mit Rotfilter aus einer idealisierten Farbvorlage

scanners oder einer Digitalkamera ein Rotfilter, so können auf dem CCD-Chip nur rote Farbreize entsprechend ihrer Intensität analoge Lichtenergie in elektrische Ladungen wandeln und anschließend digitalisieren. Erfolgt die Quantisierung des analogen Farbsignals mit 8 Bit, ergibt dies unten im Bild 33 das Quantisierungsergebnis aller 8 Vorlagenfarben.

Wie zu erkennen ist, erscheint in den drei RGB-Kanälen (3) immer nur der Rotkanal mit dem Höchstwert 255, weil der Rotfilter nur die volle Lichtintensität der roten, nicht aber der grünen und blauen Farbreize transmittieren lässt. Weil alle anderen Farbreize von dem Farbfilter absorbiert werden, haben alle Farben, die über keine roten Farbreize verfügen in allen drei Farbkanälen den Wert „0“. Auf diese Weise gelingt es beim Scannen und in der Digitalfotografie mit Hilfe eines Rotfilters aus allen Farben einer Vorlage die Rotanteile von den beiden anderen Spektralanteilen des Lichtes zu trennen. Dieser Vorgang wird *Farbtrennung* genannt. Zur Betrachtung des digitalisierten Bildes am Monitor werden diese getrennten Farben wieder zu einem Farbbild zusammengeführt (vgl. Kapitel 8.6)

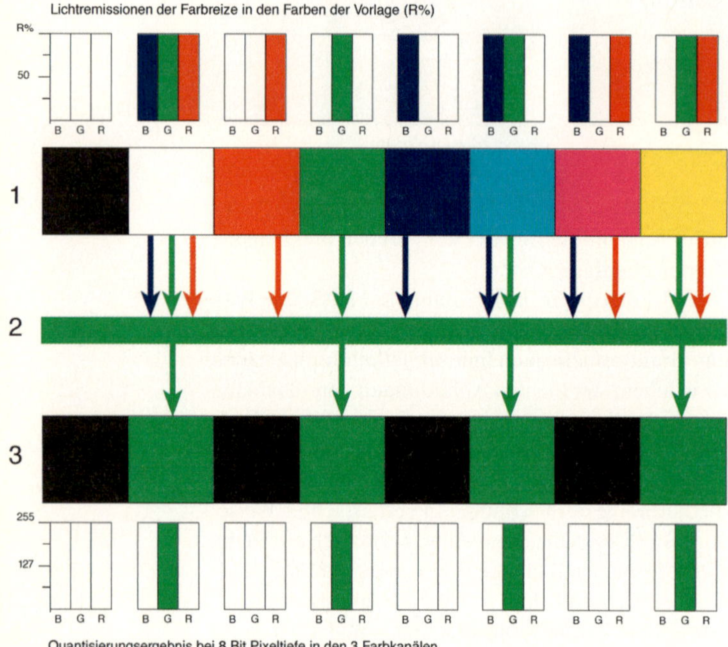

1 = Farbvorlage 2 = Grünfilter 3 = Grünanteile der Vorlagenfarben in der RGB-Datei

Bild 34: Farbtrennung aller Grünanteile mit Grünfilter aus einer idealisierten Farbvorlage

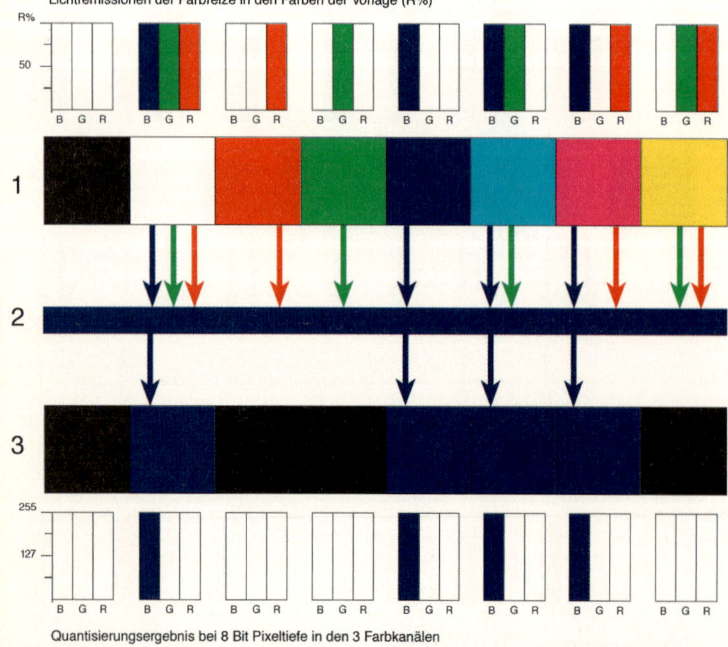

1 = Farbvorlage 2 = Blaufilter 3 = Blauanteile der Vorlagenfarben in der RGB-Datei

Bild 35: Farbtrennung aller Blauanteile mit Blaufilter aus einer idealisierten Farbvorlage

Die Grün- und Blauanteile des Bildes werden mit Hilfe eines Grünfilters und eines Blaufilters auf genau gleiche Weise getrennt. Dies wird schematisch in den Abbildungen 34 und 35 dargestellt.

Der Farbverlauf von Weiß nach Magenta, der uns weiter oben als Beispiel diente, sieht nach der Farbtrennung und der Digitalisierung ähnlich aus. Die analoge Absorption der grünen Farbreize zeigt sich in den digitalisierten Bilddaten der RGB-Datei wie in Bild 36 schematisch dargestellt wird. In gleicher Weise wie die grünen Farbreize der Vorlage zunehmend absorbiert werden, sinkt auch der Grünanteil im digitalisierten Datenbestand der RGB-Datei. Die Quantisierung der Farbwerte muss dabei hoch genug erfolgen, um keine sichtbaren Quantisierungsfehler zu erhalten. 8 Bit Pixeltiefe pro Farbkanal sind hier absolutes Minimum.

Zur Digitalisierung von farbigen Bildern ist eine Farbtrennung mit Farbfiltern erforderlich. Für die Printproduktion ist dies jedoch nur der erste Schritt. RGB-Dateien können zwar am Monitor unmittelbar betrachtet werden, weil hier die Farben nach demselben Farbmodell additiv aus Rot, Grün und Blau als Grundfarben gemischt werden. In der Printproduktion und bei allen digitalen Farbausgabesystemen kommt jedoch das subtraktive Farbmischprinzip zur Anwendung, weil dies physikalisch nicht anders möglich ist.

Aus diesem Grunde ist nach der Farbtrennung in die roten, grünen und blauen spektralen Farbanteile eine *Farbseparation* erforderlich. Diese sorgt für eine Farbraumtransformation von dem RGB-Farbraum in den CMYK-Farbraum.

Die Zusammenhänge werden im Kapitel 8.7.3 „Ausgabe digitalisierter Bilddaten unter dem Gesichtspunkt Farbe“ näher erläutert.

8.2.5 Was ist die Farbtiefe?

Bei der Quantisierung analoger Helligkeitswerte ist bereits der Zusammenhang zwischen Pixeltiefe und Anzahl binär codierbarer Helligkeitswerte beschrieben worden. Zu beachten ist der Zusammenhang zwischen *Pixeltiefe* und *Farbtiefe*.

Nach der Farbtrennung besteht jedes digitalisierte Farbbild im ersten Schritt zunächst aus einem dreikanaligen RGB-Bild. Gegenüber einem einkanaligen Bild wird dafür folglich dreimal soviel Speicherplatz erforderlich, denn in jedem dieser drei Farbkanäle werden die Pixel mit mindestens 8 Bit Pixeltiefe quantisiert. Bild 37 veranschaulicht in vereinfachter Form eine solches dreikanaliges RGB-Bild.

Wird eine RGB-Datei am Monitor betrachtet, so entsteht ein einziges Farbpixel des Bildes aus der Kombination des roten, grünen und blauen Pixelwertes in der Datei. Ähnlich wie das menschliche Auge Farbvalenzen aus den roten, grünen und blauen Anteilen nach dem additiven Farbmischgesetz auf der Netzhaut ermischt, werden auch alle Farben am Monitor angezeigt. Dies wird an Farbbeispielen in der Abbildung 37 verdeutlicht.

Der cyan-blaue Himmel, der im linken Bild zu sehen ist, wird in den RGB-Dateien aus den stark vertretenen grünen und blauen Pixelwerten erzeugt.

Der rote Pixelwert zeigt dagegen 0 und ist daher Schwarz. Bei der weißen Segelspitze links sind alle drei RGB-Anteile gleichermaßen stark beteiligt, denn additiv entsteht aus R + G + B = Weiß.

Die additive Farbmischung hat daher auch ihren Namen. Schwarz ist die Voraussetzung für ihr Funktionieren. Nacheinander werden die Grundfarben Rot, Grün und Blau zu diesem Schwarz hinzuaddiert. Alle drei Grundfarben sind – ebenso wie Schwarz – innerhalb dieses Mischsystems nicht zu ermischen.

Die Grundfarben entsprechen den Spektralanteilen des weißen Lichtes, die wir nur deshalb wahrnehmen, weil die Zapfen auf die entsprechenden Wellenlängen des sichtbaren Lichtes unterschiedlich reagieren und daraus diese Farbempfindungen erzeugen.

Werden die Augen geschlossen, sind auch unsere Zapfen inaktiv und signalisieren Schwarz.

Additive Farbmischung kann man sich wie das ungleichzeitige Aufwecken unserer Zapfen auf der Netzhaut vorstellen. Wird zuerst Rot „aufgeweckt“, sieht der Mensch „Rot“. Wird nur Grün aktiv, sieht man auch nur „Grün“. Ebenso ist es bei Blau.

Werden Blau und Grün gleichzeitig aktiv, ist der Gesamteindruck des Sehens Cyan, demnach entsteht bei Rot und Grün der Farbeindruck Gelb, bei Blau und Rot der Farbeindruck Magenta.

Wird – um in diesem Bild zu bleiben – der dritte Zapfen erst „aufgeweckt“, wenn die zwei anderen bereits aktiv sind, dann entsteht immer Weiß.

Die „Schlafmütze“ und die zwei „Frühaufsteher“ stehen immer komplementär zueinander.
Komplementärfarbenpaare sind Farbenpaare, die sich additiv zu Weiß ergänzen.
Komplementär zueinander stehen also die Farben
- Magenta und Grün,
- Cyan und Rot,
- Gelb und Blau.

Nach diesem Farbmischprinzip arbeiten der Monitor und das Fernsehgerät. In Bild 37 ist das reine Rot, Grün und Blau im Schiffssegel aus jeweils nur einem farbigen Pixelwert der RGB-Dateien erzeugt worden. Für das Gelb und Magenta sind hingegen zwei farbige Pixelwerte der RGB-Datei notwendig.

Für das etwas heller erscheinende blaue Wasser, sind zur Aufhellung zusätzlich zum Blau mit geringen Anteilen auch Grün und Rot vertreten. Bei dem Orange sind die Rotanteile stärker als die Grünanteile vertreten. Blau ist an Orange hingegen nicht beteiligt.

Zur Betrachtung eines RGB-Bildes am Monitor werden also pro Pixel 3 gespeicherte Farbinformationen miteinander kombiniert, um eine Farbe darzustellen (vgl. Kapitel 8.6).

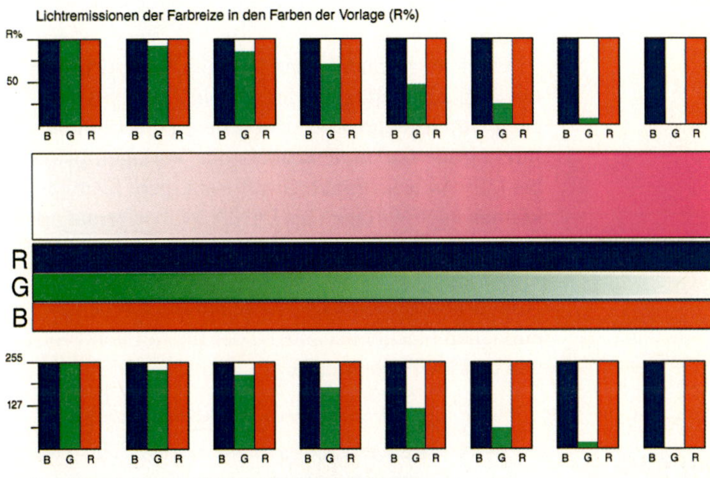

Bild 36. Farbverlauf von Weiß bis Magenta nach der Farbtrennung als RGB-Datei (idealisiert).

Bild 37: Durch die Farbtrennung erzeugte dreikanalige RGB-Datei nach der Zusammenführung am Monitor (links) und einzeln (rechts).

Da jede dieser drei Farbinformationen digital bei einer Pixeltiefe von mindestens 8 Bit in 256 Abstufungen codiert worden ist, lassen sich daraus die Anzahl der möglichen Farben berechnen:
- 256 x 256 x 256 = 16777216 Farben.

Da für die Kodierung von Farben nicht nur 8 Bit, sondern 3 x 8 = 24 Bit zur Verfügung stehen, spricht man von einer Farbtiefe von 24 Bit, d. h. 2^{24} ergibt ebenfalls rund 16,7 Mio digitalisierbare Farben, die in einer RGB-Datei zu codieren sind.

Erhöht man die Pixeltiefe bei der Quantisierung der analogen Farbwerte auf 10, 12 oder 14 Bit, so erhöht sich natürlich auch die Farbtiefe.

Bei 14 Bit x 3 = 42 Bit Farbtiefe sind rund 4,3 Billiarden Farben zu codieren.

Diese Farbenvielfalt ökonomisch weiterzuverarbeiten gelingt beim heutigen Stand der Computertechnik jedoch noch nicht.

8.3 Eingabegeräte zur Bilddigitalisierung

Alle materiellen Bildvorlagen werden mit Flachbett- oder Trommelscannern und einer geeigneten Software im Rechnersystem erfasst und gespeichert.

8.3.1 Bildabtastung mit Flachbettscanner

Zur Erfassung materieller Bildvorlagen werden heute überwiegend Flachbettscanner eingesetzt, die für die optoelektronische Bildwandlung CCD-Zeilen einsetzen.

Flachbettscanner können je nach Bauart entweder nur Aufsichtsvorlagen oder sowohl Aufsichts- als auch Durchsichtsvorlagen abtasten. Hinsichtlich ihrer Größe sind viele Scanner auf Vorlagenformate bis DIN A4 beschränkt. Großformatigere Scanner können auch Vorlagen bis DIN A 3 Überformat aufnehmen.

Bild 38 veranschaulicht den Lichtweg von der Bildvorlage bis zur CCD-Zeile am Beispiel eines einfachen Flachbettscanners, der für Aufsichtsvorlagen und Dias geeignet ist.

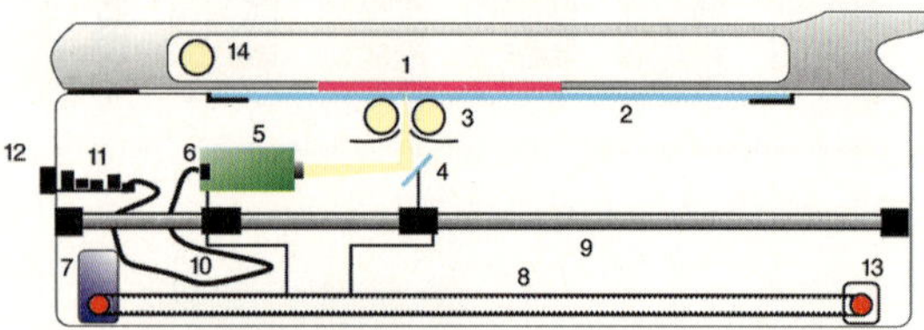

Bild 38: Lichtweg in einem Flachbettscanner

Die Aufsichtsvorlage (1) liegt mit der Bildseite nach unten auf der Glasplatte (2) des Scanners. Die beweglichen Leuchtstoffröhren (3) beleuchten die Vorlage. Das von der Vorlage remittierte Licht wird über den Umlenkspiegel (4) zum Objektiv einer CCD-Zeilenkamera (5) geführt. An deren Rückwand befindet sich der CCD-Chip (6). Das Objektiv projiziert das remittierte Licht auf die CCD-Zeile. Deren Anzahl an CCD-Elementen bestimmt, in wieviele Pels (Picture elements) die Bildzeile maximal in x-Richtung gesampelt werden kann.

In y-Richtung wird die Samplingrate durch die Abtasttaktung und den Steppermotor (7) bestimmt, der den Zahnriemen (8) in y-Richtung bewegt. Der Zahnriemen ist mit der Führungsstange (9) verbunden, auf dem der Scanschlitten bewegt wird. Der CCD-Chip ist mit einem flexiblen Flachbandkabel (10) mit der Elektronik des Scanners (11) verbunden.

Über dieses Kabel werden die auf dem CCD-Chip erzeugten elektrischen Signale zur Elektronik geschickt. Hierauf befindet sich der A/D-Wandler, der die analogen elektrischen Signale in binäre Signale quantisiert. Die Güte des A/D-Wandlers entscheidet über die Güte der Quantisierung und damit über die Pixeltiefe bzw. die Farbtiefe.

Die Schnittstelle (12) ermöglicht es, die digitalisierten Daten anschließend zeilenweise zum Computer zu übertragen. Professionelle Scanner verfügen heute überwiegend über SCSI, IEEE 1394 (Fireware) oder USB-Schnittstellen. Nach erfolgtem Scannen sorgt die Umlenkrolle (13) wieder dafür, dass der Scanschlitten sich in seine Ausgangsposition zurück bewegt.

Für Durchsichtsvorlagen beleuchtet anstelle der Leuchtstoffröhren (2) die Leuchtstoffröhre (14) die zu digitalisierenden Dias.

8.3.2 Farbtrennung im Flachbettscanner: Die Netzhaut des Computerauges

Zur technischen Realisierung der erforderlichen Farbtrennung gibt es unterschiedliche Verfahren. Das qualitativ beste Verfahren besteht in der Verwendung eines *Triple-Color-CCD-Chips*. Dieser stellt quasi die Netzhaut des Computerauges dar.
Die Farbtrennung erfolgt dabei mit Hilfe von drei übereinander angeordneten Reihen der lichtempfindlichen CCD-Elemente. Eine Reihe ist über den CCD-Elementen mit einem Rotfilter bedampft, die andere mit einem Grünfilter und die dritte mit einem Blaufilter.

Bild 39: Schematische Abbildung einer Farb-CCD mit 3 lichtempfindlichen Sensorreihen (Draufsicht)

Schematisch stellt dies Abbildung 39 dar. Die Farbtrennung kann in einem Scandurchgang erfolgen. Man nennt diese Scanner deshalb *One-Pass-Scanner.*

Eine Farbtrennung mit einer *monochromen CCD-Zeile* kann auf unterschiedliche Weise geschehen. Three Pass-Scanner tasten die Vorlage in drei Durchgängen ab, einmal mit rotem, ein zweites Mal mit grünem und schließlich mit blauen Licht oder jeweils mit zwischengeschalteten Farbfiltern. Das dauert lange und ist auch nicht besonders präzise. Derartige Scanner sind selbst für den Consumer-Markt nicht mehr im Handel.

Bei einer dritten Art von Farbtrennung sorgt ein rotierendes Filterrad während des Scanvorgangs dafür, dass nacheinander rotes, grünes und blaues Licht die Vorlage abtasten.
Das Grundprinzip dieser Art von Farbtrennung zeigt Abbildung 40.

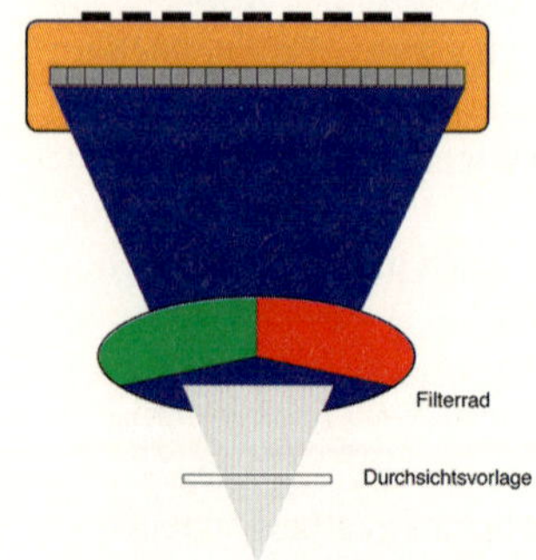

Bild 40: Schematische Darstellung der Farbtrennung durch ein Filterrad und nur einer CCD-Zeile

Wegen der geringen Kosten für CCD-Zeilen ist auch diese Technik heute kaum noch im Einsatz. Die Verwendung von monochromen einzeiligen CCD-

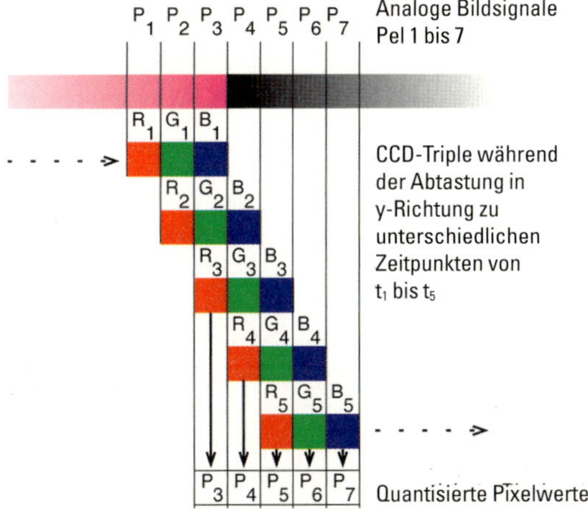

Bild 41: Eine Triple-CCD Zeile tastet die Bildsignale während des Abtastvorgangs zum gleichen Zeitpunkt an örtlich versetzten Pels ab. Dies wird ausgeglichen, indem die orts- und nicht die zeitgleichen quantisierten RGB-Pixelwerte in den jeweiligen 3 Kanälen richtig zugeordnet werden.

Sensoren hat allerdings den Vorteil, dass alle drei Farbkanäle von denselben CCD-Elementen erfasst werden. Da es nur schwer zu gewährleisten ist, alle CCD-Elemente in ihrem optoelektronischen Wandlungsverhalten gleichermaßen konstant zu halten, war dieses Verfahren in den Anfängen der CCD-Technologie auch ein qualitativer Gesichtspunkt, der zu berücksichtigen war.

Bei einer Farbtrennung mit rotierenden Filtern werden die analogen Bildsignale zu zeitlich unterschiedlichen Momenten von der CCD-Zeile erfasst. Da dieser zeitliche Versatz durch die Rotationsbewegung genau konstant ist, können die örtlich richtig zusammengehörigen digitalisierten Pixel nachher wieder richtig zugeordnet werden.

Beim Tripel-Color-CCD-Chip entsteht ein ähnliches Problem, weil zwischen den drei Reihen der CCD-Elemente zum genau gleichen Zeitpunkt t_1 nicht genau die identischen Bildpunkt der Vorlage (Pels) gesampelt werden können. Der dadurch entstehende Versatz beim Sampeln der Vorlage, muss nach der Digitalisierung ausgeglichen werden. Scanner aus dem unteren Preissegment können dies nicht.

Hier kann es dann in ungünstigen Fällen zu Farbsäumen beim Scannen kommen. Dies macht modellhaft Abbildung 41 deutlich. Die Abbildung zeigt schematisch die Entstehung von Farbsäumen und macht gleichzeitig erkennbar, wie dies verhindert werden kann.

Werden zum Zeitpunkt t_1 die analogen Bildsignale R_1, G_1 und B_1 aus allen drei CCD-Reihen gleichzeitig abgetastet, so befinden sich zum Zeitpunkt der Taktung der blaue Abtastwert in Pel 3 der Vorlage, während sich gleichzeitig der grüne in Pel 2 und der rote in Pel 1 befinden. Alle drei Pixelwerte zusammen empfangen etwas unterschiedliche Abstufungen des Tonwertverlaufs von Weiß nach Magenta, aber es entsteht noch kein Farbsaum. Dieser entsteht aber, wenn zum Zeitpunkt t_2 der blaue Abtastwert B_2 aus Pel 4 schon einen Wert gegen 0 aus Schwarz erhält, während die grünen und roten Abtastwerte sich noch im Magenta befinden. Da Magenta kaum Grünanteile enthält und sich der blaue CCD-Sensor schon im Schwarz befindet, würde aus den drei Abtastwerten R_2, G_2 und B_2 am Übergang von Magenta zu Schwarz eine roter Farbsaum entstehen. Verhindert wird dies, indem nach der Quantisierung der Abtastwerte, die Farbinformationen für die einzelnen Pixelwerte für die RGB-Dateien nicht aus den zeitgleichen Abtastwerten R_1, G_1, und B_1 zusammensetzt werden, sondern jeweils aus den ortsgleichen Abtastwerten B_1, G_2, und R_3, B_2, G_3, R_4 usw. (Bild 41). So entstehen die quantisierten Pixelwerte.

Auf diese Weise wird bei guten Scannern, die mit Triple-Color-CCD arbeiten, der optische Versatz der abgetasteten Pels nach der Quantisierung der Abtastwerte wieder ausgeglichen.

8.3.3 Die optische Auflösung des Flachbettscanners

Die optischen Auflösung eines CCD-Scanners ist das kleinstmögliche Pel (picture elements), in die dieser ein Bild zerlegen kann, um ein analoges Bild zu sampeln. Sie bestimmt die optische „Sehschärfe“ des Scanners maßgeblich und damit die Detailgenauigkeit der Abtastung. Sie wird begrenzt durch die Hardwareauflösung der CCD-Zeile.

Die optische Auflösung steht im Unterschied zur interpolierten Auflösung.

Bei der *interpolierten Auflösung* errechnet der Scanner aus einem tatsächlich abgetasteten und quantisierten Bildpunkt und dem nächst folgenden Bildpunkt einen Zwischenwert.

Errechnete, also hochgerechnete Werte zwischen zwei tatsächlich abgetasteten Werten können natürlich nie dieselbe Qualität haben. Es hängt hier von der Güte des verwendeten Interpolationsalgorithmus ab, von welcher Qualität diese Werte sind.

Mit den interpolierten, also hochgerechneten Auflösungen ist es vergleichlich wie mit Wahlen zu den Parlamenten. Die Hochrechnung von Wahlergebnissen ist nie dasselbe wie das amtliche Wahlergebnis selbst. Auch die Güte der Hochrechnungsverfahren bei Wahlen ist unterschiedlich.

Entscheidend für die Qualität eines CCD-Scanners ist also dessen optische und nicht dessen interpolierte Auflösung. Diese optische Auflösung ist abhängig von zwei wesentlichen Faktoren:
- die verwendete CCD-Zeile
- das optische System

Jeder CCD-Scanner muss ein optisches System benutzen, um die analogen Bildsignale über optische Projektion auf die CCD-Zeile zu projizieren. In dieser Hinsicht gleicht ein CCD-Scanner vollkommen einer Digitalkamera. Nur die Trommelscanner machen hier eine Ausnahme.

Die Hardware-Auflösung der CCD-Zeile des Flachbettscanners hat einen entscheidenden Einfluss auf das optische Auflösungsvermögen des Scanners.

Zu den technischen Angaben eines jeden Scanners gehört die Angabe dieser Auflösung in dpi, beispielsweise 600 dpi oder 1200 dpi. Je höher diese ist, desto genauer kann das Bild gesampelt werden.

Der Entwicklungsstand der CCD-Technologie schreitet hier beständig fort, insbesondere bei den CCD-Chips für Digitalkameras im Foto- und Videobereich. Waren 1987 CCD-Chips mit 12 µm Kantenlänge im Quadrat der aktuelle Entwicklungsstand, so gab es im Jahr 2000 bereits CCD-Chips mit einer Kantenlänge von 3,45 µm.

Scanner der heutigen Mittelklasse verfügen über CCD-Zeilen, deren Hardware-Auflösung beispielsweise 3048 dpi beträgt. Eine solche CCD-Zeile sampelt das durch das Objektiv projizierte Licht mit Pels, deren Kantenlänge 8,3 µm breit ist.
Diese ergibt sich rechnerisch aus:
- 3048 dpi : 2,54 = 1200 d/cm
  1 cm : 1200 d/cm = 0,000833333 cm x 10000
  = 8,3 µm

Von der Hardware-Auflösung oder der physikalischen Auflösung einer Scanzeile in dpi ist die Samplingrate in ppi zu unterscheiden, in die der Scanner die Vorlage ohne Interpolation sampeln kann. Die Bildauflösung hängt neben der physikalischen Auflösung der Scanzeile zusätzlich vom maximalen Vorlagenformat des Scanners und vom verwendeten optischen System ab.

Verfügt der Scanner über ein starres optisches System mit fester Brennweite, so berechnet sich die optische Bildauflösung aus der maximalen Scanbreite und der Anzahl der CCD-Elemente, mit der diese Breite gesampelt wird. Üblich sind heute CCD-Zeilen mit 10500 CCD-Elementen, was den Pels entspricht. Bei einer 3048 dpi Scanzeile wäre diese ca. 8,7 cm lang.

Wird bei einem DIN A4-Scanner die maximale Vorlagenbreite von 21 cm auf eine CCD-Zeile mit beispielsweise 10500 CCD-Elementen projiziert, so berechnet sich die Samplingrate mit folgender Rechnung:
- 10500 Pels : 21 cm = 500 P/cm x 2,54 = 1270 ppi

Samplingrate, die ohne Interpolation bei diesem Scanner möglich ist.

Bei kleineren Vorlagenformaten ändert sich die Samplingrate nicht, weil dabei immer nur ein Teil der gesamten Breite der CCD genutzt werden kann.

An dieser Stelle setzt der Vorteil von Kleinbildscannern an. Sie sind im Vorlagenformat auf kleine Formate von 35 mm beschränkt, können dadurch aber stets die *gesamte* CCD-Zeile zum Sampeln der Vorlagenbreite nutzen. Dadurch sind mit diesen auf Kleinformate spezialisierten Scannern stets alle CCD-Elemente nutzbar. Verfügt die CCD-Zeile beispielsweise über nur 5500 CCD-Elemente so berechnet sich die Samplingrate wie folgt:
- 5500 : 3,5 cm = 1571,4 Pels/cm x 2,54 = 3991 ppi ≈ 4000 ppi Samplingrate.

Bei dieser Samplingrate können die Bilddaten bei einem Qualitätsfaktor von 2 verlustfrei bis zu einem Abbildungsmaßstab von 1313 % für Rasterweiten bis 152 Lpi vergrößert werden:
- 3991 ppi : 304 ppi x 100 = 1313 %

Professionelle Flachbett-Scanner verfügen über ein variables optisches System, das in der Lage ist, die Breite der Vorlage stets auf die Breite der CCD-Zeile zu projizieren (siehe Kapitel 8.3.4).

Bei einer CCD-Zeile mit beispielsweise 8000 Elementen berechnet sich hier die vorlagenbezogene Samplingrate in gleicher Weise.

Beschränkt wird die höchst mögliche optische Bildauflösung durch die optischen Gesetzmäßigkeiten. Sie ermöglichen es nicht, eine beliebig kleine Vorlagenbreite auf die gesamte Breite der CCD-Zeile zu projizieren. Bei ca. 4 cm Breite ist hier meist das Minimum erreicht. Als größte Vorlagen können diese Scanner jedoch bis zum Format DIN A 3 scannen.

Der Topaz-Scanner von Heidelberg gehört zu dieser Art Scanner ebenso wie der Nexscan F 4200 von Heidelberg. Diese arbeiten mit CCD-Zeilen, die mit 6000 (Topaz) bzw. 8000 (Nexscan) CCD-Elementen pro Farbkanal die Vorlagenbreiten sampeln können.
Beim Nexscan können die Vorlagen mit folgenden Samplingraten in ppi gesampelt werden:
- 8000 : 4 cm = 2000 P/cm x 2,54 = 5080 ppi
- 8000 : 21 cm = 380,95 P/cm x 2,54 = 967 ppi

Das ermöglicht verlustfreie Skalierungen ohne Interpolation für alle Rasterweiten von 152 Lpi von 1671 % für Kleinbild-Format bis 318 % für DIN-A3-Vorlagen.

Für die Redigitalisierung gerasterter Farbauszugsfilme verfügt der Nexscan zusätzlich über eine monochrome CCD mit 12000 Elementen.

Für Flachbettscanner geben die Scannerhersteller oft die optische Auflösung in y-Richtung mit einem doppelt so hohen Wert an wie in horizontaler x-Richtung. Möglich ist dies, weil in y-Richtung, also in Richtung der Bewegung des Scanschlittens die Auflösung allein durch die Samplingrate bestimmt wird, also die Häufigkeit der Abtastungen, die während der Scanbewegung erfolgen.

Bei doppelter Auflösung in y-Richtung wird die Breite eines Rels folglich zweimal abgetastet. Aus diesen beiden rechteckigen Rels (d. h. 1 Rel-Breite in der x-Richtung und zwei Halbe Rels in y-Richtung) wird anschließend ein Durchschnittswert berechnet. Auf diese Weise erhöht sich die tatsächliche optische Auflösung also keinesfalls. Die optische Auflösung eines CCD-Scanners richtet sich stets nur nach seiner horizontalen Auflösungsfähigkeit.

Ein Sampling der Vorlage mit doppelter Frequenz in y-Richtung geschieht nur, um die bei der Quantisierung auftretenden Ungenauigkeiten der CCD-Sensoren etwas auszugleichen (vgl. Kapitel 8.3.5).

8.3.4 Das optische System im Flachbett-scanner

Aus den bisherigen Ausführungen ist zu erkennen, dass in x-Richtung die notwendige Verwendung von Objektiven Vorteile mit sich bringt, wenn man an die Samplingrate denkt, in die sich das auf die CCD-Zeile projizierte Bild maximal sampeln lässt.

Diesem Vorteil stehen aber auch Nachteile gegenüber, wenn man CCD-Scanner mit Trommelscannern vergleicht. Es gibt kein fotografisches Objektiv, das die Bildinformationen absolut verlustfrei projizieren kann. Daher hat das im Flachbettscanner verwendete optische System einen entscheidenden Einfluss auf die Bildqualität.

In den üblichen technischen Angaben zu Flachbettscannern findet man bei den Scannerherstellern darüber meist wenig oder keine Informationen. Trotzdem gibt es hier unterschiedliche Lösungen.

Die einfachste Lösung besteht in der Verwendung von Objektiven mit fester Brennweiten.

Um die Qualitätsverluste durch das optische System möglichst gering zu halten, haben die Scannerhersteller im Laufe der Entwicklung unterschiedliche Alternativen entwickelt.

Linotype-Hell brachte ca. 1990 den S 2000 Scanner auf den Markt, der mit zwei monochromen Zeilensensor-Kameras ausgestattet war. Dieser Scanner war für Vorlagenformate bis DIN A 3 geeignet.

Während die eine der beiden Zeilenkameras die Bildwinkel der kleinen Vorlagenformate abdeckte, deckte die zweite Kamera die Bildwinkel für die großformatigen Aufsichtsvorlagen ab. Bild 42 zeigt eine schematische Zeichnung dieses Scanners.

Auf diese Weise konnte mit unterschiedlich optimierten Objektiven ein großer Bereich an Bildwinkeln erfasst werden.

Wie im Bild 42 zu sehen ist, markieren die rot und grün eingezeichneten Erfassungsbereiche der Zeilenkameras die abdeckbaren Bildwinkel. Auf diese Weise war es möglich, mit weniger aufwendigem optischen System die Qualität der Bildwiedergabe zu verbessern. Erforderlich waren aber selbstverständlich zwei monochrome CCD-Sensoren. Zur Farbtrennung wurden bei diesem Scanner rotierende Farbfilter eingesetzt.

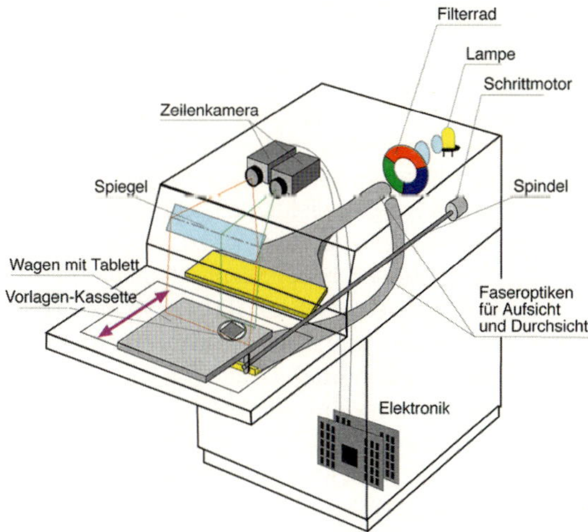

Bild 42: Schemazeichnung des älteren Linotype-Hell-Scanners S 2000 mit zwei CCD-Zeilenkameras für unterschiedliche Vorlagenformaten, rotierendem Filterrad zur Farbtrennung und Faseroptiken zur Vorlagenabtastung

Eine Besonderheit dieses Scanners bestand darin, Glasfaser-Optiken zur Beleuchtung der Aufsichts- und Durchsichtsvorlagen einzusetzen. Das von einer Halogenlampe erzeugte Licht wurde also zuerst in rotes, grünes und blaues Licht nacheinander zerlegt um dieses so gefilterte Licht mit Hilfe der Glasfaser-Optik auf die gesamte Breite der Vorlage zu projizieren. An diesem Scanner sind wichtige Entwicklungsschritte der Scannertechnologie zu verfolgen:

- die technische Umsetzung der Farbtrennung mit Hilfe von rotierenden Farbfiltern
- der Versuch, die technischen Unzulänglichkeiten optischer Systeme bei der Erfassung von Vorlagen im Format DIN A3 bis hin zum Kleinbildformat mit möglichst wenigen Qualitätsverlusten in der Optik zu realisieren.

Derselbe Hersteller Linotype-Hell brachte jedoch wenige Jahre nach dem S 2000 Scanner den Topaz-Scanner auf den Markt, der in Bezug auf das optische System und die Farbtrennung zwei Verbesserungen der Technologie mit sich brachte.

Der Topaz war der erste Flachbettscanner der Firma Linotype-Hell mit Tricolor-Farb-CCD und einem besonderen variablen Optiksystem, das mit einer festen Brennweite auskam. Dieses wird Vario-Lens-System genannt und beruht darauf, die Entfernung der Gegenstandsweite und der Bildweite des Objektivs zu verändern.

Zur technischen Realisierung dieses Systems wird das gesamte optische System, ähnlich einer alten Reproduktionskamera, auf einer feinen Spindel vor und zurück bewegt. Eine Schemazeichnung zeigt Abbildung 43.

In diesem Scanner kommt also ein qualitativ hochwertiges optisches System zum Einsatz, das durch Veränderung der Gegenstandsweite zur Bildweite stets die Vorlagenbreite in gewissen Grenzen auf die volle Breite der CCD-Zeile projizieren kann. Der Nexscan von Heidelberg verfügt über ein vergleichbares optisches System.

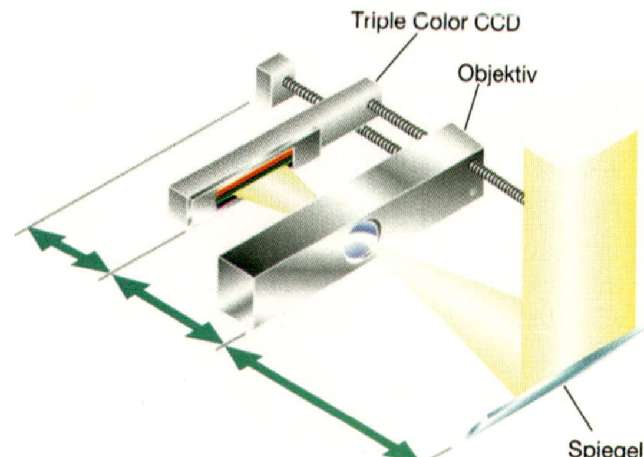

Bild 43: Das Vario-Lens-System im Topaz-Scanner von Linotype-Hell

8.3.5 Dynamik der CCD-Sensoren: Güte der Quantisierung

CCD-Elemente sind Silizium-Halbleiter, bei denen immer dann, wenn sie von Photonen, also kleinsten Lichtteilchen, getroffen werden, Elektronen aus der Grenzschicht geschlagen und in einer Art Vorratsbehälter (MOS-Kondensator) gespeichert werden.

Diese Vorratsbehälter sind mit Potenzialtöpfchen vergleichbar, in denen ein unterschiedlich hohes Ladungspotenzial gespeichert werden kann. Je mehr Photonen auf die Silizium-Halbleiter einströmen, desto höher füllen sich die Potenzialtöpfchen mit Elektronen. Dies geschieht weitgehend linear und solange, bis sie voll sind. Strömen dann noch weitere Elektronen in sie hinein, können sie überlaufen und ihre Elektronen in benachbarte Töpfchen abgeben. Dieser negative Effekt wird *Blooming* genannt.

Die Dynamik einer CCD-Zeile richtet sich maßgeblich nach der geringsten und der größten Elektronenanzahl, die durch Licht in den Potenzialtöpfchen zu erzeugen sind.

Es entsteht dabei ein Problem, die kleinste Anzahl Elektronen in einen messbaren Strom zu verwandeln, um sie im A/D-Wandler noch quantisieren zu können. Dabei ist zu beachten, dass jeder photoelektronische Verstärker über ein sogenanntes *Grundrauschen* verfügt, das in Abhängigkeit von der Temperatur stärker wird. Die aus den dunkelsten Bildstellen, also der Bildtiefe erzeugten Bildsignale müssen also auf der CCD-Zeile noch soviel Elektronen erzeugen können, dass sie oberhalb des Grundrauschens liegen.

Man bezeichnet dieses Grundrauschen auch als *Verstärkerrauschen.*

Im Bild 44 wird der notwendige Rausch-Signalabstand veranschaulicht. Je größer dieser Abstand ist, desto größer ist der *Dynamikumfang* des CCD-Sensors. Der Dynamikumfang bezeichnet das Verhältnis zwischen dem höchsten und dem geringsten verstärkbaren Ladungszustand. Man spricht auch vom Verstärkungsfaktor.

In der Elektronik wird der Dynamikumfang in dB (Dezibel) angegeben.

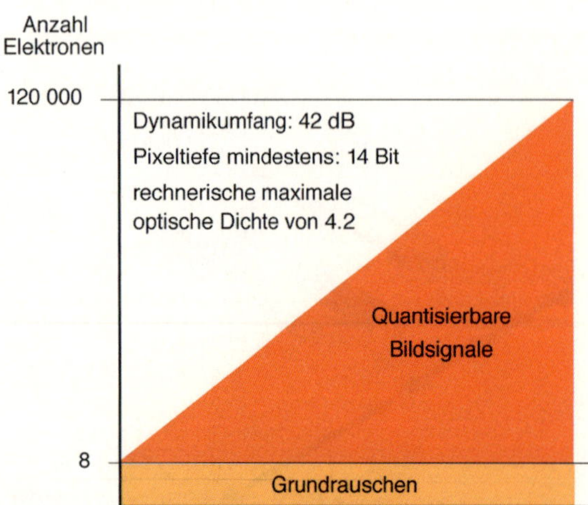

Bild 44: Dynamikumfang eines CCD-Sensors

Dazu ein Beispiel:
Werden vom CCD-Sensor bei den geringsten messbaren Signalen beispielsweise 8 Elektronen gebildet und beim größten Signal 120 000 Elektronen, so beträgt das Verhältnis zwischen geringstem und größten Signal

- $8 : 120000 = 0{,}6 \times 10^{-4}$

also einem Unterschied von 4 Zehnerpotenzen.
Logarithmiert man diesen Wert, so erhält man

- $\log (0{,}6 \times 10^{-4}) = 4{,}2$ Bel.

Multipliziert mit 10 ergeben sich daraus 42 dB.

Bei der Quantisierung von Bildsignalen wird der kleinsten quantisierbaren Elektronenanzahl die *Bildtiefe* und der maximalsten Anzahl das *Bildlicht* einer Vorlage zugewiesen.

Den maximal 120 000 Elektronen entspräche in unserem Beispiel also das Bildlicht und den 8 Elektronen die Bildtiefe.

Da unser Auge Helligkeiten, die um den Faktor 10 zunehmen in mittleren Tonwerten als etwa doppelt so hell oder halb so dunkel empfindet, wählt man als Maß für den Dynamikumfang die logarithmische Einheit Dezibel (dB).

Da auch unser Hörempfinden Lautstärkeunterschiede in dieser logarithmischen Weise empfindet, ist die Einheit Dezibel eher als ein Maß für die Lautstärke bekannt. Zur Übertragung von Ton- und Bildsignalen muss der Signal-Rauschabstand für eine rauschfreie Übertragung groß genug sein. Er wird für die Tonübertragung mit 30 dB und für die Bildübertragung mit 40 dB angegeben.

Da bei der Bilddigitalisierung die Anzahl der messbaren Elektronen nicht immer zugänglich ist, wird der Dynamikumfang der CCD-Sensoren bei Scannern nur selten in dB angegeben.

Stattdessen erfolgt diese Angabe in optischer Dichte (D). An die Stelle der Anzahl der Elektronen werden die von der Bildvorlage ausgehenden Lichtströme (Φ_1) mit den emittierten analogen Lichtströmen (Φ_0) ins Verhältnis gesetzt und anschließend logarithmiert:

- $D = \log (\Phi_0 : \Phi_1)$

Dabei wird in der Bildverarbeitung in der Regel nur von der relativen Dichte ausgegangen. Das bedeutet, dass nicht die tatsächlichen Lichtströme (Φ) bekannt sind, sondern nur deren prozentuale Anteile.

Das ausgesandte Licht der Scannerlichtquelle beispielsweise wird einfach als $100\,\% = \Phi_0$ gesetzt.

Das von der Vorlage gemessene remittierte Licht (Aufsicht) oder transmittierte Licht (Dia) wird als Φ_1 in die Formel zur Berechnung der Dichte eingesetzt. Das Verhältnis von ($\Phi_0 : \Phi_1$) wird als Opazität (O) bezeichnet, was mit Lichtundurchlässigkeitsgrad gleichgesetzt werden kann.

Der rechnerische Kehrwert davon ist der Transmissionsgrad (τ) oder Lichtdurchlässigkeitsgrad. Die Dichte kann deshalb verkürzt auch als $D = \log O$ oder $D = \log 1/\tau$ ausgedrückt werden.

Die Dichte, die Opazität und der Transmissionsgrad haben keine Dimension, da sie alle aus der Division zweier Größen mit gleichen Dimensionen berechnet werden. Dabei kürzen sich die Dimensionen weg (vgl. zur optischen Dichte Kapitel 8.4.1).

Bei den technischen Angaben der Scannerhersteller sollte darauf geachtet werden, dass es sich beim Dynamikumfang der CCD-Zeile auch wirklich um tatsächlich gemessene Werte und nicht nur um den aus der Pixeltiefe rechnerisch ermittelten Dynamikumfang handelt.

Rein rechnerisch kann der Dynamikumfang nämlich aus der Pixeltiefe pro Farbkanal ermittelt werden. Dazu ein Beispiel:
Ein messtechnisch festgestellter Dynamikumfang von 4,2 dB erfordert eine Quantisierung der analogen Bildwerte mit mindesten 14 Bit Pixeltiefe, weil sich mit 14 Bit Pixeltiefe $2^{14} = 16384$ Tonwertstufen quantisieren lassen.

Tatsächlich auftreten können 120 000 : 8 = 15 000 messbare Stufen. Mit nur 13 Bit wären davon nur 8192 quantisierbar.

Aus dem Verhältnis der ersten zur letzten quantisierbaren Tonwertstufe lässt sich der Dynamikumfang nun auch rein rechnerisch wie folgt ermitteln:
- 1 : 16 384 = $0{,}6 \times 10^{-4}$ und log ($0{,}6 \times 10^{-4}$) = 4.2 optische Dichte.

Bei einer Pixeltiefe von nur 8 Bit wird eine Dynamik von lediglich log (1 : 256) = 2.41 Dichte erreicht. Scanner mit einer so geringen Dynamik sind schon rein rechnerisch nicht in der Lage, Farbdias zu digitalisieren. In den Tiefen weisen Farbdias nämlich ohne weiteres Dichten von 3.0 und höher auf.

Bei Aufsichtsvorlagen verhält sich dies etwas anders. Hier liegen die maximalen Schwärzungen bei 2.10. Berücksichtigt man jedoch zusätzlich die Ungenauigkeit der einzelnen CCD-Elemente, so liegt die maximal tatsächlich digitalisierbare Dichte noch weiter unterhalb von 2.41 Dichte.

Mit 10 Bit Pixeltiefe lässt sich rechnerisch eine maximale Dichte von 3.0, mit 12 Bit von 3.60 und mit 14 Bit von 4.20 Dichte erreichen.

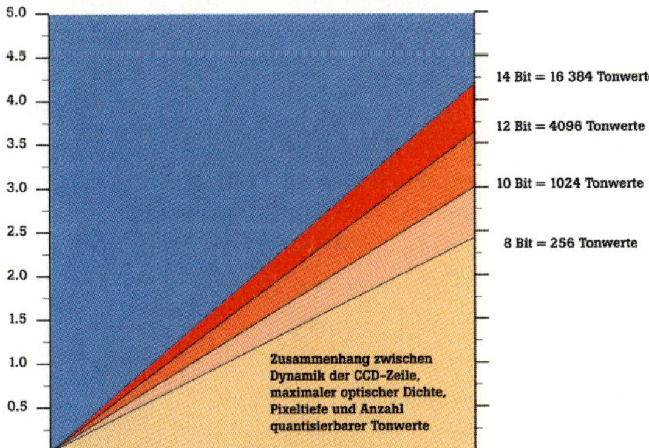

Bild 45: Zusammenhang zwischen optischer Dichte, Pixeltiefe und der Anzahl quantifizierbarer Tonwerte: Dynamikumfang einer CCD-Zeile

Die Abbildung 45 zeigt grafisch den rechnerischen Zusammenhang zwischen optischer Dichte, Pixeltiefe und quantisierbaren analogen Tonwerten von Halbtonvorlagen.

Wie aus der Abbildung auch erkennbar ist, vervierfacht sich die Anzahl der quantisierbaren Tonwertstufen mit Zunahme von je 2 Bit Pixeltiefe. Dieser Vervierfachung entspricht auf der Seite der Dichte eine Zunahme von 0.60 Dichte, was ebenfalls einer Vervierfachung entspricht, denn $10^{0.60} \approx 4$.

Dieser Wert ist die *Opazität*. Da es sich bei der Dichte um einen logarithmischen Wert, bei der Opazität hingegen um einen nummerischen Wert handelt, entspricht ein logarithmischer Abstand von 0.60 dem nummerischen Faktor von 4. (Siehe dazu Exkurs: „Das Geheimnis des Logarithmus“ in Kapitel 8.4.1)

Der so nur rechnerisch ermittelte Dynamikumfang lässt nur eine Aussage über die Güte des Analog/Digitalwandlers zu, keinesfalls aber über den tatsächlichen Dynamikumfang der verwendeten CCD-Zeile. Bei Marktübersichten für Scanner ist immer dann Skepsis angebracht, wenn die Angabe zur Dichte genau der Angabe entspricht, die sich aus der Pixeltiefe rechnerisch ermitteln lässt. Liegt die Dichteangabe hingegen darunter, kann man davon ausgehen, dass es sich bei der Dichte um einen gemessenen Dynamikumfang handelt. Viele Hersteller machen zur Dichte auch überhaupt keine Angabe.

8.3.6 Praxistest der Scannerqualität

Es gibt eine grobe, aber schnell durchzuführende Methode, die Güte der Quantisierungseigenschaften der CCD-Zeilen zweier Scanner in der Praxis zu vergleichen.

Zur Überprüfung wird ein 20-stufiger Graustufenkeil standardmäßig mit hoher optischer Auflösung auf beiden Scannern gescannt. Beide Graustufenkeile werden anschließend im Programm Photoshop aufgerufen und ganz stark mit der Lupe vergrößert. Meist erscheinen bei weniger guten Scannern die glatten Grautöne in den Mitteltönen und vor allem in den Dreivierteltönen etwas unruhiger.

Die digitalisierten Pixelwerte haben innerhalb des glatten Tons der Halbtonvorlage keine einheitlichen Werte, was meist daran erkennbar ist, dass bei der starken Vergrößerung die Grenzen zwischen den einzelnen Pixeln visuell sichtbar sind. Bei besseren Scannern sind die Streuungen innerhalb eines glatten Grauwertes dagegen sehr viel kleiner.

Um diesen Unterschied schwankender Pixelwerte genauer zu ermitteln, zieht man mit dem Auswahlwerkzeug von Photoshop innerhalb eines glatten Tonwerts eine Auswahl in der Größe von beispielsweise 8 x 8 Pixeln. Anschließend ruft man im Menü „Bild“ / „Histogramm“ auf. Die Bilder 46 und 47 zeigen dafür ein Beispiel.

Im Bild 46 handelt es sich um das Histogramm eines Lowcost-Scanners mit 10 Bit Pixeltiefe und im Bild 47 um einen Scanner der Mittelklasse mit 14 Bit Pixeltiefe.

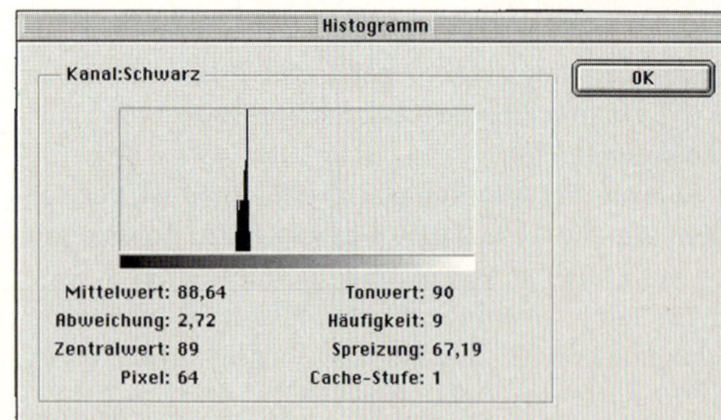

Bild 46: Histogramm von 8 x 8 Pixeln im glatten Tonwert eines Graustufenkeils, der mit einem Lowcost-Scanner 10 Bit Pixeltiefe/Kanal gescannt wurde

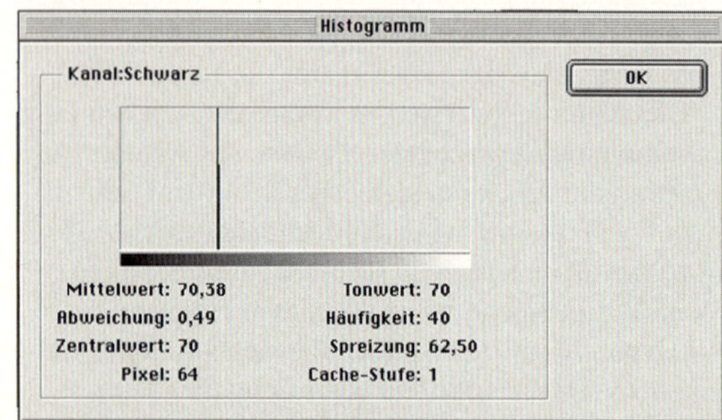

Bild 47: Histogramm von 8 x 8 Pixeln im glatten Tonwert eines Graustufenkeils, der mit einem Mittelklasse-Scanner 14 Bit Pixeltiefe/Kanal gescannt wurde.

Die Histogramme zeigen jeweils die Häufigkeitsverteilungen der Pixelwerte innerhalb von 8 x 8 = 64 Pixeln. Sie befinden sich alle innerhalb einer einheitlichen Graukeilstufe der Halbtonvorlage.

Es ist zu erkennen, dass in Bild 46 innerhalb dieser 64 Pixel wesentlich mehr unterschiedliche Pixelwerte vertreten sind als im Histogramm von Bild 47. Fährt man in Photoshop mit der Maus im Histogramm entlang der x-Achse, so können hier von 0 bis 255 die Häufigkeiten aller vertretenden Pixelwerte genau abgelesen werden.

In der Bild 46 ist der Tonwert 90 beispielsweise 9 mal vertreten, was die höchste Häufigkeit darstellt. In Bild 47 ist der Tonwert 70 mit einer Häufigkeit von 40 vertreten. Die anderen 24 Pixelwerte verteilen sich auf den zweiten vertretenen Tonwert.

Schließlich ist die Streuung der 64 Pixelwerte bei beiden Scannern auch zahlenmäßig bei der *„Abweichung“* im Histogramm ablesbar. Sie beträgt 2,72 beim Lowcost-Scanner gegenüber von 0,49 beim Scanner der Mittelklasse.

Theoretisch müsste nur ein Pixelwert vertreten sein, dann wäre die Abweichung 0.

Die Streuungen der Pixelwerte resultieren aus der ungleichmäßige Quantisierung der einzelnen CCD-Elemente und der unterschiedlichen Pixeltiefe. Man kann diesen Effekt deshalb auch als Quantisierungsrauschen bezeichnen. Eine Erhöhung der Pixeltiefe im A/D-Wandler hilft, diesem *Quantisierungsrauschen* entgegenzuwirken, kann aber keinesfalls starke Schwankungen in den CCD-Sensoren ausgleichen.

Die verwendeten CCD-Zeilen müssen deshalb immer gut auf den A/D-Wandler abgestimmt sein, um auch wirklich bessere Ergebnisse erzielen zu können. Anders ausgedrückt: Eine schlechte Dynamik einer CCD-Zeile kann nicht durch einen A/D-Wandler mit hoher Pixeltiefe ausgeglichen werden.

8.3.7 Bildabtastung mit Trommelscanner

Das Abtastprinzip eines Trommelscanners ist ein vollkommen anderes als bei Flachbettscannern. Lange bevor es Flachbettscanner gab, wurden zu Beginn der siebziger Jahre die Trommelscanner im Markt eingeführt. Da zu diesem Zeitpunkt noch keine CCD-Chips als optoelektronische Bildwandler bekannt waren, verwendeten die Trommelscanner Fotomultiplier. Dabei handelt es sich um Röhren, bei denen Lichtenergie auf eine Photokathode auftreffen, die ihrerseits, analog zur Lichtenergie, Elektronen frei setzt.

Dieser entstehende Elektronenstrom wird zu mehreren Dynoden wie in einem Staffellauf weitergeleitet. Dynoden sind Elektroden mit hoher Emission von Sekundärelektronen. An jeder der *Dynoden* wird dadurch der Elektronenfluss verstärkt. Je mehr Staffelstationen in einem Fotomultiplier vorhanden sind, umso mehr ist er in der Lage, auch geringste Lichtintensitäten in einen Elektronenfluss umzuwandeln. Aus diesem Vorgang leitet sich auch die Bezeichnung Sekundärelektronenverstärker (SEV) ab, wie Fotomultiplier auch genannt werden.

In der Fähigkeit zur Verstärkung selbst geringster elektrischer Energien liegt auch heute noch ein Vorteil der Fotomultiplier gegenüber der CCD-Technologie. Sie verfügen noch immer über einen etwas höheren *Dynamikumfang*. Dadurch sind sie immer noch etwas besser in der Lage, in sehr dunklen Bildpartien eines Farbdias die Tiefenzeichnung sehr gut wiederzugeben. Durch die fortschreitende Entwicklung der CCD-Elemente ist dieser Vorteil jedoch immer weniger qualitativ zu bemerken.

Das grundsätzliche Abtastprinzip eines Trommelscanners verdeutlicht Bild 48. Die Vorlage wird auf einer transparenten Acrylglas-Walze mit Klebeband befestigt.

Zur Abtastung eines Farbdias beleuchtet ein Diaarm mit einer Lichtquelle aus dem Innenraum der Trommel die Vorlage. Das Licht wird durch eine im Diaarm befindliche Linse geschickt, bevor es auf die Vorlage trifft. Dadurch ist das Licht zu einem Lichtpunkt vom Diaarm bereits vorfokussiert.

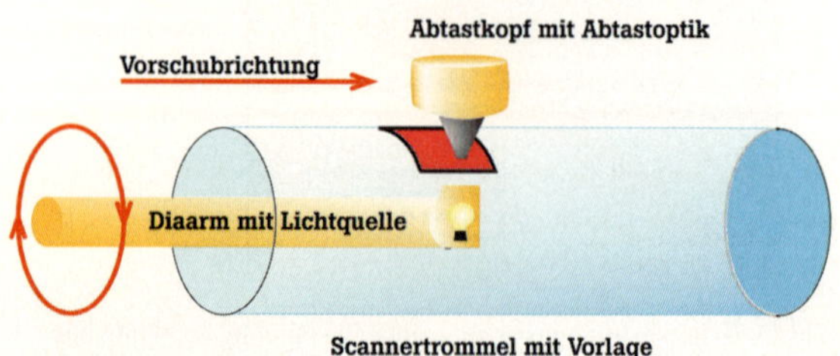

Bild 48: Abtastprinzip eines Trommelscanners

Anschließend durchläuft dieser Lichtpunkt die Vorlage und wird von der Abtastoptik des unmittelbar darüber befindlichen Abtastkopfes aufgefangen. Die Abtastoptik fokussiert den Lichtpunkt ein weiteres Mal und lässt durch manuelles Scharfstellen eine gestochen scharfe Abbildung des vom Abtastfleck erfassten Teils der Vorlage zu. Zur Bildabtastung rotiert die Abtastwalze mit der Vorlage am Abtastkopf vorbei, während sich gleichzeitig Diaarm und Abtastkopf vom Startpunkt der Vorlage ausgehend, langsam in Vorschubrichtung bewegt. Dadurch werden alle Bildinformationen durch eine schraubenförmige ununterbrochene leicht versetzte Scanlinie erfasst.

Während des Scanvorgangs wird in bestimmten sehr schnellen Zeittakten der Inhalt der Bildinformationen gesampelt. Man nennt dies beim Trommelscanner *Abtastfrequenz* oder *Abtasttaktung*.

8.3.8 Optische Auflösung, Farbtrennung und USM bei Trommelscannern

Der Durchmesser des Abtastlichtpunktes wird bei einem Trommelscanner durch die Abtastlinienbreite bestimmt. Diese wird gesteuert über die Vorschubgeschwindigkeit. Je langsamer die *Vorschubgeschwindigkeit* ist, desto kürzer ist der nach einer Umdrehung zurückgelegte Weg in Vorschubrichtung, was mit einer schmaleren Scanlinie und folglich höherer Scanauflösung in Vorschubrichtung verbunden ist.

Am Abtastkopf einzustellende Abtastblenden (vgl. Bild 49, Nr 4) fokussieren zusätzlich die Scanlinienbreite auf die geforderte Feinheit. Bei einer feineren Scanlinie muss die Abtastfrequenz in Rotationsrichtung entsprechend erhöht werden, um die Vorlage auf diese Weise am Trommelscanner in die Pels zu sampeln. Das Sampeln des Bildes am Trommelscanner ist durch ein Zahlenbeispiel zu verdeutlichen.

Angenommen der Durchmesser des Abtastlichtpunktes ist 83,3333 µm groß, so entsteht eine Breite des Pels von 83,3333 µm. Um nun in Rotationsrichtung die dazu passende Samplingrate zu erhalten, muss 1 cm Scanlinie in Umfangsrichtung mit einer Abtastfrequenz von 120 Pels/cm abgetastet werden, denn
- 1 cm = 10000 µm;
  10000 µm : 83,3333 µm Pel-Höhe = 120 Pels/cm.

Kennt man die Rotationsgeschwindigkeit des Trommelscanners, so lässt sich die Abtastfrequenz auch auf die Zeit beziehen. Bei einer Rotationsgeschwindigkeit von beispielsweise 10 m/s ergibt sich dann:
- 1000 cm/s x 120 Pels/cm
  = 120 000 Pels/Sekunde.

Pro Sekunde werden unter dieser Voraussetzung in Rotationsrichtung folglich 120 000 Bildpunkte abgetastet. Da die Pels bei einem Trommelscanner durch die schraubenlinienförmige Abtastung keine exakt glatten Quadrate, sondern leichte Rauten sind, muss dies noch ausgeglichen und zu quadratischen Pixeln generiert werden.

Die Auflösung eines Trommelscanners hängt maßgeblich davon ab, in welcher Feinheit der Abtastkopf des Scanners in Vorschubrichtung bewegt werden kann und mit welcher maximalen Abtastfrequenz in Rotationsrichtung das Sampling der Scanlinie erfolgen kann. Dies muss genau abgestimmt sein mit der Güte des optischen Systems der Abtastoptik.

Klassische Trommelscanner erreichten hier früher schon ohne Not optische Auflösungen von 6096 dpi. Moderne Trommelscanner wie z. B. der Tango von Heidelberg erreichen 11000 dpi optische Auflösung.

Das optische Auflösungvermögen eines Trommelscanners ist nicht einfach mit dem optischen Auflösungvermögen in CCD-Scannern vergleichbar.

Bei Trommelscannern wird damit die Breite des Abtastlichtpunktes definiert, bei CCD-Scannern hingegen die Anzahl der Pels, in die ein durch die Optik des CCD-Scanners projiziertes Bild aufgelöst werden kann.

Bei klassischen Trommelscannern, die das Bild synchron sowohl auf der Schreibeinheit und zugleich auch elektronisch gerastert aufzeichneten, ergab sich die optische Auflösung aus dem maximalen möglichen Abbildungsmaßstab bei einer gegebenen Rasterweite. Konnte ein klassischer Reproscanner beispielsweise bis zu 2000 % bei einer Rasterweite von 60 L/cm scannen, so ergab sich die optische Auflösung des Scanners aus (vgl. hierzu Kapitel 8.5.1):
- 60 L/cm x 2 x 20 x 2,54 = 6096 dpi.

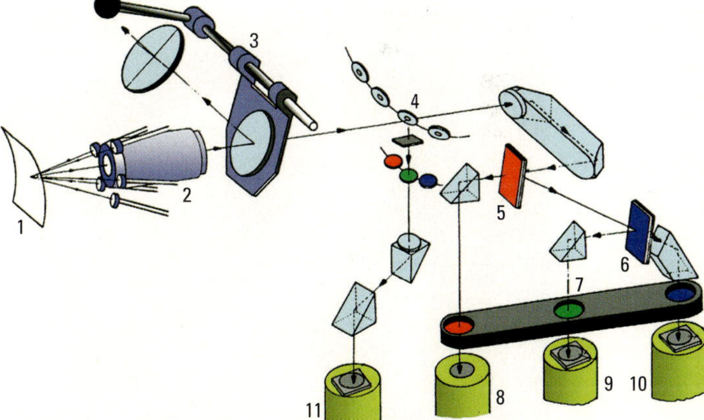

Bild 49: Strahlengang im Abtastkopf eines klassischen Trommelscanners

Bei der Abtastung von Aufsichtsvorlagen übernehmen beim Trommelscanner rings um die Abtastoptik angeordnete Lichtquellen die Beleuchtung der Vorlage. Dies wird in der Abbildung 49 deutlich, die den Strahlengang des Lichtes im Abtastkopf eines klassischen Reproscanners zeigt. Die Abtasttrommel wird in dieser Abbildung mit 1 bezeichnet. Bei der Position 2 handelt es sich um die Abtastoptik mit den dort sichtbaren kleinen Lichtquellen für die Aufsichtsabtastung. Zur Scharfstellung der Abtastoptik auf die Vorlage und zur Betrachtung der Vorlage, konnte bei diesem klassischen Reproscanner durch einklappen des Spiegels (3) der abgetastete Bildpunkt betrachtet werden.

Der abgetastete Lichtpunkt trifft durch die Bildblende (4) und wird anschließend in einem Prisma umgelenkt und auf ein rotes Interferenzfilter geleitet. Das rote Interferenzfilter lässt den roten Spektralanteil des abgetasteten Lichts transmittieren, reflektiert aber den grünen und blauen spektralen Anteil. Während der rote Spektralanteil auf den Photomultiplier (8) geleitet wurde, nachdem er vorher den eigentlichen roten Farbauszugsfilter passiert hatte, wurden die grünen und blauen Spektralanteile auf eine blaues Interferenzfilter (6) geleitet. Hier transmittiert der blaue spektrale Anteil den zweiten Interferenzfilter und wird nach passieren des blauen Farbauszugsfilters auf den Fotomultiplier (10) geleitet.

Der reflektierte grüne Spektralanteil des abgetasteten Lichts wird schließlich ebenfalls über ein Prisma auf den grünen Farbauszugsfilter und schließlich auf den Fotomultiplier (9) geleitet. In diesen drei Fotomultipliern werden schließlich die farbgetrennten analogen Lichtsignale in elektrische Signale umgewandelt und verstärkt. Diese im Abtastkopf so erzeugten Signale werden an den Farbrechner weitergeleitet.

Bild 50: Klassischer Trommelscanner DC 380 T

Der vierte Fotomultiplier in den früheren Trommelscannern war für die Erzeugung eines analogen USM-Signals zuständig. Dazu bestand die Abtastblende zusätzlich aus einer sogenannten Umfeldblende, die aus einem Spiegel um die eigentliche Bildblende bestand.

Die Abtastblende kann man sich sozusagen als ein Spiegel mit Loch vorstellen. Das vom Spiegel reflektierte Licht hatte dadurch stets einen gegenüber der Bildblende größeren Durchmesser. Das gespiegelte Licht der Umfeldblende wurde auf den vierten Fotomultiplier gelenkt und von dort in den analogen Schärferechner des Scanners gebracht.

Der durch den größeren Blendendurchmesser bedingte flachere Verlauf des Umfeldblendensignals wurde hier mit dem steiler verlaufenden Bildblendensignal der drei Fotomultiplier verrechnet und führte zu einer Detailkontrastverstärkung oder elektronischen Schärfung des Bildsignals USM. (Da eine analoge USM, wie sie in diesem Scanner erfolgt ist, heute nicht mehr angewandt wird, wird auf eine Schärfesignalerzeugung im Schärferechner an dieser Stelle verzichtet.)

Die *Unscharfmaskierung (USM)* ist heute eine Funktion im Programm Photoshop und läuft digital ab. Auch hier basiert eine elektronische Bildschärfung (USM) stets auf einem Trick, mit dem das Auge getäuscht wird. Der bessere Schärfeeindruck des Bildes basiert dabei nur auf einer Kontrasterhöhung zwischen helleren und dunkleren Bildpixeln.

Die dunklen Bildpixel werden in der Übergangszone noch dunkler und die hellen Bildpixel noch heller gesetzt. So entsteht an allen Bilddetails eine feine weiße und schwarze Konturlinie, die uns optisch den Eindruck von mehr Schärfe vermittelt, in Wirklichkeit aber nichts weiter als höherer Kontrast ist.

Bilder können deshalb auch elektronisch „überschärft“ werden.

Die klassischen Reproscanner gibt es seit Beginn der siebziger Jahre. Noch bevor in den 80er-Jahren die EBV-Technologie eingeführt wurde, arbeiteten die klassischen Reproscanner als *Standalone-Scanner*. Sie verfügten also nicht nur über eine Abtast-, sondern zugleich auch eine Schreibeinheit, auf der „on the fly“ die skalierten, farbseparierten, farbkorrigierten und elektronisch gerasterten Farbauszügen unmittelbar synchron zum Abtastvorgang auf lichtempfindliches Filmmaterial mit einem Laser aufgezeichnet wurden. Klassische Reproscanner sind also Scanner und Belichter in einem gewesen.

Bild 50 zeigt den DC 380 T von Linotype-Hell beispielhaft als einen Vertreter dieser Technologie, die Mitte der 80er Jahre auf den Markt kam.

Mit dem Blockdiagramm in Bild 51 soll auf die Funktionsweise dieses Scanners näher eingegangen werden, weil daran der viel zitierte schnelle Wandel der Reproduktionstechnik von den 80er-Jahren bis heute exemplarisch und konkret verdeutlicht werden kann. Es sei dazu vorweggenommen, dass alle Funktionen, die der Farbrechner des DC 380 T übernommen hat, kein „Schnee von gestern“ sind.

Diese Funktionen werden heute nur an anderer Stelle auf andere Weise und mit anderer Hard- und Software durchgeführt. Hier wird auf die nähere Bedeutung dieser Einstellparameter des Farbrechners nicht näher eingegangen (vgl. dazu Kapitel 8.7).

Um seine vielfältigen Aufgaben erfüllen zu können, verfügte der DC 380 T über eine sehr aufwendige Mechanik und Elektronik. Ein Maßstabsrechner sorgte für die Skalierung der Vorlage bei der Ausgabe (im Blockdiagramm nicht dargestellt), ein Farbrechner übernahm die erforderliche Farbseparation, also die Umwandlung der RGB-Signale in CMYK-Signale mit allen notwendigen Einstellparametern zur Gradations- und Farbkorrektur.

Diese Einstellparameter wurden direkt am Scanner eingegeben, konnten aber meist nicht in einem Prescan visuell vorher beurteilt werden.

Nachdem der Scanner die schraubenlinienförmig abgetasteten Bildsignale im Abtastkopf des Scanners in die RGB-Farben getrennt hat, wurden während des Abtastvorgangs die RGB-Signale in einer Logarithmierstufe dem nichtlinearen Helligkeitsempfinden des menschlichen Auges angepasst und gelangten als RGB-Dichte-Signale in den Farbrechner (in Abbildung 51 orange unterlegt). Im Abtastkopf, der in Bild 49 zu sehen ist, fand auch die analoge Erzeugung des Signals für die USM, also die Unscharfmaskierung oder elektronische Bildschärfung statt. Die dazu erforderlichen Signale gelangten über den 4. Fotomultiplier und die Umfeldblende in den Schärferechner (im Blockdiagramm von Bild 51 nicht dargestellt), wo das Schärfesignal erzeugt und dem Bildsignal in der Addierstufe aufaddiert wurde. Die Trennung des Schärfesignals vom Bildsignal zeigt Bild 49.

In der Addierstufe erfolgte die Übernahme der vom Scanneroperator manuell eingestellten Werte für Bildlicht und Bildtiefe der Vorlage.

Mit der Basisfarbkorrektur wurde die grundsätzliche Farbraumtransformation vom RGB in den CMYK-Farbraum definiert. Die selektive Farbkorrektur und Feinbereichskorrektur gaben dem Scanneroperator die Möglichkeit, vorlagenbezogene Farbkorrekturen durchzuführen. Bei den Auszugsgradationen konnte aus etlichen gespeicherten Grundgradationen eine geeignete ausgewählt werden, die bei den Gradationsänderungen dann individuell, entsprechend der Vorlage, verändert werden konnte. Im Block „Schreibdichte Bildlicht und Bildtiefe“ wurden schließlich die Einstellwerte für die Rasterprozentwerte in Bildlicht und Bildtiefe bei der Ausgabe auf Film übernommen.

Die Einstellungen zur Neutralgradation ermöglichten es dem Scanneroperator auf die Grauachse des Farbbildes gesondert Einfluss zu nehmen. Schließlich wurde zum Schluss die Graubalance in die Daten eingerechnet.

Heutige professionelle Scansoftware für die Bilddigitalisierung enthalten diese und noch weitere Einstellfunktionen. Sie können im Unterschied zu damals aber unter Sichtkontrolle am Computer durchgeführt werden.

Alle Einstellparameter für den Scan konnten vom Scanneroperator lediglich über einen Datenbildschirm kontrolliert werden. Dazu musste mit dem Abtastkopf des Scanners der gewünschte Bildpunkt der Vorlage – zum Beispiel eine bestimmte Farbe, Bildlicht oder Bildtiefe – angefahren werden, um am Bildschirm den abgetasteten RGB-Dichtewert und den CMYK-Farbwert bei der Ausgabe auf dem Film ablesen zu können. Das visuelle Aussehen der Farben bei der Ausgabe konnte ohne zusätzlich angeschlossenem Previewer nicht kontrolliert werden. Farbsicherheit bei der Beurteilung von Farben war für den Scanneroperator der damaligen Zeit eine absolute Voraussetzung. Mit dem Drücken der Starttaste begann der Abtastvorgang, bei dem alle vorher einstellten Parameter des Farbrechners auf das Schärfesignal aufgerechnet wurden.

Der Rasterrechner sorgte schließlich für die elektronische Rasterung der abgetasteten Farbsignale und die Steuerung des Lasers, der aus einer Laserlichtharke mit mehreren Lichtleitfasern den Film belichtete. (Näheres zur elektronischen Rasterung siehe Kapitel 8.7.2 ff)

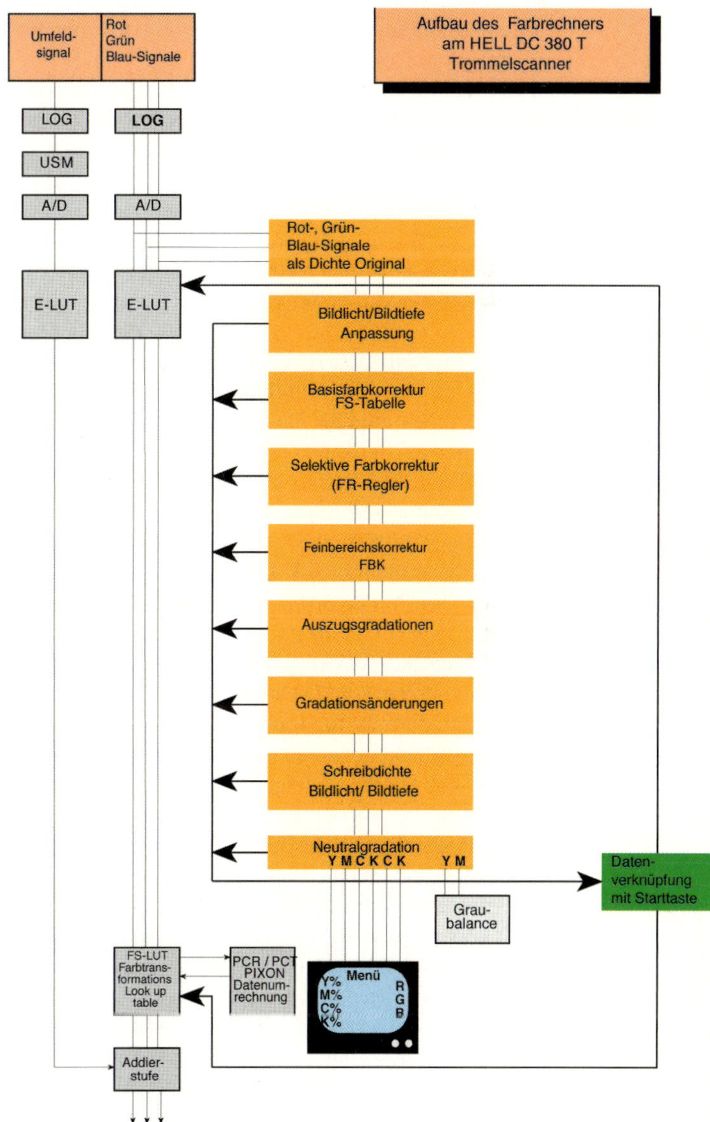

Bild 51: Blockdiagramm des klassischen Reproscanners DC 380 T von Linotype-Hell

8.4 Tonwertübertragung von der Vorlage zum Computer

Die standardisierte Prozesskette von der Beurteilung der Bildvorlage über die Erfassung, Verarbeitung und Ausgabe der Bilddaten ist das Ziel einer rationellen, wirtschaftlichen und qualitativ hochwertigen Arbeit in der Reproduktion. Medienstandards, Mess- und Kontrollelemente, Prozess-Standards für die Druckproduktion sowie geeignete Messgeräte bilden heute die Basis dazu.

8.4.1 Messung von Helligkeiten: Tonwerte nach Augenmaß

Alle Printprodukte werden mit den Augen wahrgenommen. Die Wahrnehmungsfähigkeit des Auges ist deshalb das wesentlichste Kriterium für die Tonwertübertragung von der Bildvorlage zum Printprodukt. „Augenmaß" wird hier wörtlich genommen. Aus den Wahrnehmungseigenschaften des Auges wird in der Tat ein Maß für die Messung der analogen Tonwerte einer Halbtonvorlage abgeleitet.

Die zahlenmäßige Festlegung digitalisierter Tonwerte sind die Pixelwerte. Rastertonwerte (F %) sind für die Kontrolle der Tonwerte auf dem Film sehr gut geeignet.

Für den Druckprozess entscheidend ist es nun, die Tonwertübertragung von der Vorlage zum digitalen Datenbestand in den Griff zu bekommen. Dazu wird ein Maßsystem gleich dem „Augenmaß" benötigt.

Im Unterschied zu optoelektronischen Sensoren werden ansteigende Helligkeiten vom Auge nicht linear wahrgenommen. Das ist der Grund dafür, dass es sich bei den optischen Dichtewerten um logarithmische Werte handelt.

Die Unterschiedsempfindlichkeit des menschlichen Auges für Helligkeiten ist dem Logarithmus nur ähnlich, aber nicht gleich. Der logarithmische Anstieg von Tonwerten repräsentiert aber die Helligkeitsempfindung besser als prozentual linear ansteigende Maßzahlen.Da Messwerte auch praktisch handhabbar sein müssen, sind Dichtewerte nach wie vor die geeignete Maßzahl für Tonwerte.

Graustufenkeile, deren Grauwerte logarithmisch als optische Dichte ansteigen, können dazu dienen, die lineare Umsetzung der Tonwerte durch den Scanner zu überprüfen (siehe S. 8 ·32).

Ein Scanner ist das „Auge des Computers", der die Tonwerte wie unser Auge erkennen muss.

Im ersten Annäherungsschritt müssen die absolut linear arbeitetenden optoelektronischen Sensoren eines Scanners an den logarithmischen Anstieg der Tonwerte angepasst werden. Dabei muss an dieser Stelle gleich ausdrücklich noch einmal darauf hingewiesen werden, dass das Auge Helligkeitsunterschiede nur annähernd, keineswegs aber genau logarithmisch wahrnimmt.

Im zweiten Schritt müssen deshalb diese Dichtewerte an die Hellempfindlichkeitskurve des Auges ein weiteres Mal angepasst werden.

Der erste Schritt wird *Scannerlinearisierung* genannt und ist einer Grobanpassung des Scanner-Auges an unser menschliches Auge vergleichbar.

Der zweite Schritt entspricht der feinere Anpassung des Scanners an das nichtlineare Helligkeitsempfinden des menschlichen Auges.

Vor den praktischen Konsequenzen dazu ein Rückblick in die Mathematik zu den Logarithmen.

Sind diese bekannt, sind die beiden folgenden Exkurse als Wiederholung anzusehen. Wenn nicht, sollen sie helfen, die mathematischen Kenntnisse aufzufrischen.

Exkurs 1: Geheimnis des Logarithmus

Bei Logarithmen handelt es sich um Exponenten, die zu einer bestimmten Basis gehören. Beispiel:

- Bei 2^5 ist die Basis „2" und der Exponent „5". Der Exponent gibt an, wie oft die Basis 2 mit sich selbst multipliziert werden muss, um den sogenannten Potenzwert zu erhalten. Dazu ist eine Potenzrechnung auszuführen:
- $2 \times 2 \times 2 \times 2 \times 2 = 32$
  Der gesuchte Potenzwert ist demnach 32.

Bei der Logarithmenrechnung ist genau umgekehrt zu verfahren. Hier sind der Potenzwert und die Basis gegeben. Gesucht wird nun der Exponent zu dieser Basis. In der Logarithmenrechnung wird danach gefragt, wie oft eine gegebene Basis mit sich selbst multipliziert werden muss, um einen bestimmten Potenzwert zu erhalten.

Logarithmen sind stets *Exponenten* und damit keine normalen Dezimalzahlen. Um Logarithmen von Dezimalzahlen zu unterscheiden, wird der Potenzwert bei der Logarithmenrechnung Numerus genannt.

Allgemein ausgedrückt erhält der Logarithmus den Buchstaben „A", die Basis den Buchstaben „a" und der Numerus den Buchstaben „N". Die Logarithmenrechnung erhält dann die allgemeine Form:

$A = \log_a N$	A = Logarithmus (Exponent)
	a = Basis
	N = Numerus (Potenzwert)

Die Aufgabe lässt sich nun folgendermaßen umformulieren:

$A = \log_2 32$

Wieviel beträgt der Logarithmus zur Basis 2 von 32?

$A = \log_2 32 = 5$,

denn $2^5 = 32$.

Alle Logarithmen mit gleicher Basis bilden ein sogenanntes Logarithmensystem. Die beiden gebräuchlichsten Logarithmensysteme sind der dekadische Logarithmus (log) mit der Basis 10 und der natürliche Logarithmus (ln) mit der Basis e = 2,71828.

Für die optische Dichte wird nur der dekadische Logarithmus (log) mit der Basis 10 benötigt. Dazu die folgenden Beispiele:

- $\log_{10} 100 = 2$,
  $10^2 = 10 \times 10 = 100$
- $\log_{10} 1000 = 3$,
  $10^3 = 10 \times 10 \times 10 = 1000$
- $\log_{10} 10000 = 4$,
  $10^4 = 10 \times 10 \times 10 \times 10 = 10000$
- $\log_{10} 100000 = 5$,
  $10^5 = 10 \times 10 \times 10 \times 10 \times 10 = 100000$

Problematischer erscheint diese Rechnung:
$\log_{10}$ 32 = ?
$\log_{10}$ 320 = ?
$\log_{10}$ 3200 = ?

Es ist aus diesen Aufgaben schnell zu erkennen, dass es nicht schwierig ist, die Logarithmen für 100, 1000 usw. im Kopf zu berechnen. Der Logarithmus zur Basis 10 für diese Numeri ergibt sich aus:
– Stellenzahl des N - 1 = A

Bei den Werten 32, 320 und 3200 ist dies jedoch schon schwieriger. Hier ist die Frage zu beantworten, wie oft die 10 mit sich selbst zu multiplizieren ist, um 32, 320 oder 3200 zu erhalten.

Diese Berechnung können wir nur mit Hilfe eines Taschenrechners oder einer Logarithmentafel durchführen. Da Taschenrechner heute in den meisten Fällen über diese mathematische Funktion verfügen, können wir uns den Umgang mit Logarithmentafeln sparen, da sie längst nicht mehr zeitgemäß sind.

Auf Taschenrechnern ist die „log-Taste“ für den dekadischen Logarithmus und die „ln-Taste“ für den natürlichen Logarithmus zu finden. Da es aus den unterschiedlichen Abkürzungen klar wird, um welches Logarithmensystem es sich jeweils handelt, können wir nachfolgend auf die Angabe der Basis verzichten.

Sind log 32, log 320 oder log 3200 zu berechnen, so sind diese Zahlen jeweils in den Taschenrechner einzugeben und durch das Drücken der „log-Taste“ zu berechnen. Die Ergebnisse sind:
– log 32 = 1.505149978,
$10^{1.505149978} = 32$
– log 320 = 2.505149978,
$10^{2.505149978} = 320$
– log 3200 = 3.505149978,
$10^{3.505149978} = 3200$

Da es sich bei diesen Logarithmen um Exponenten zur Basis 10 und nicht um Dezimalzahlen handelt, werden gebrochene Exponenten durch einen Punkt und nicht durch ein Komma getrennt. Vor dem Punkt steht die sogenannte *Kennzahl*. Hinter dem Punkt steht die *Mantisse*. Aus der Kennzahl lässt sich auf die Stellenzahl des Numerus schließen. Der Grund dafür ist aus den Aufgaben zu erkennen, weil die Mantissen Null waren:
– Stellenzahl des Numerus = Kennzahl + 1
$^{\text{Kennzahl}}1.\ 505\ 1799^{\text{Mantisse}}$

Die Mantissenwerte für Logarithmen mit gleicher Zahlenfolge unterscheiden sich nicht. Ändert sich die Zahlenfolge nicht, sondern lediglich die Stellenzahl, so verändert sich nur die Kennzahl des Logarithmus, nicht aber die dahinter stehende Mantisse.

Logarithmentafeln dienten früher nur dazu, die vier fünf sechs oder siebenstelligen Mantissenwerte zu einer Zahlenfolge zu finden. Die Kennzahl musste man selbst bestimmen.

Die Rückrechnung von einem logarithmischen Wert auf den Numerus erfolgt auf dem Taschenrechner entweder mit der Invers-Funktion (INV) oder der „10^x-Taste“.

In allgemeiner Form lässt sich die Rückrechnung von einem logarithmischen Wert „A“ in den numerischen Wert „N“ durch folgende Gleichung darstellen:

$N = 10^A$	N = Numerus
	A = dekadischer Logarithmus

Exkurs 2: Logarithmische Regeln
Zu berechnen sind:
– 70,79457844 : 2,238721139 = 31,6227766
und
– log 70,79457844 – log 2,238721139 = 1.50
– $10^{1.50}$ = 31,6227766

Wenn mit logarithmischen Werten gerechnet wird, so sind andere Rechenregeln anzuwenden.

Diese Regeln sind mathematisch begründet: Bei logarithmischen Zahlenwerten handelt es sich um Exponenten, danach folgen die Rechenregeln auch den Regeln der Potenzrechnung.

In der Potenzrechnung gilt:
Potenzen gleicher Basis werden dividiert, in dem man die Exponenten subtrahiert. Beispiel:
– $10^5 : 10^2 = 10^{5-2} = 10^3 = 1000$
– 100000 : 100 = 1000

Da es sich bei dekadischen Logarithmen um Exponenten zur Basis 10 handelt, ist es erklärlich, dass die Division zweier numerischer Werte dasselbe Ergebnis bringt, wie die Subtraktion der logarithmierten Werte und deren anschließende Entlogarithmierung.

Für die Multiplikation von Potenzen miteinander gilt:
– Potenzen gleicher Basis werden miteinander multipliziert, indem man ihre Exponenten addiert.
Beispiel:
– $10^5 \times 10^2 = 10^{5+2} = 10^7$ = 10000000, denn
– 100 000 x 100 = 10 000 000.

Aus diesen logarithmischen Grundregeln und den Potenzgesetzen lassen sich noch weitere Zusammenhänge klären.

Dazu gehört, dass in einem Logarithmensystem der logarithmische Wert von 0 dem nummerischen Wert 1 entspricht.
Beispiele dazu:
– $34^0 = 1$
– $4235^0 = 1$
– $0{,}567^0 = 1$.

Die Potenzgesetze verdeutlichen dies beispielhaft:
– $34^3 : 34^3 = 34^{3-3} = 34^0 = 1$,
denn
– 34^3 = 39304 und
39304 : 39304 = 1

Danach gilt:
- Jede Zahl mit dem Exponenten Null ist immer 1, weil Null als Exponent immer dann vorkommt, wenn eine Zahl durch sich selbst dividiert wird.

Neben den positiven gibt es auch negative Logarithmen. Die Begründung lässt sich ebenfalls aus den einfachen Potenzgesetzen herleiten. Dazu dient folgendes Beispiel:
- $10^4 : 10^6 = 10^{4-6} = 10^{-2}$
- $10000 : 1000000 = 0{,}01$

Danach gilt:
- Die Kennzahl negativer Exponenten gibt bei dekadischen Logarithmen die Stellenzahl hinter dem Komma an.

Die mathematische Bedeutung dieser Erkenntnisse soll nun auf den Dichtewert als Maßzahl für Tonwerte angewendet werden.

8.4.2 Lineare Maßzahlen: Lichtmengen in ein Verhältnis gesetzt

Warum erscheint eine graue Fläche dunkler als eine weiße? Die Erklärung hat mit Reaktionen des auftreffenden Lichts zu tun.

Trifft Licht auf eine graue Fläche, so wird ein Teil des auftreffenden Lichtes absorbiert. Der nicht absorbierte Teil des Lichtes wird remittiert. In jedem Fall ist das remittierte Licht immer weniger als das auftreffende Licht. Auch weiße Flächen absorbieren ein Teil des Lichtes. Maximal aber kann nur soviel remittiert werden wie durch die Lichtquelle ausgesendet (emittiert) wurde.

Im Bild 52 wird dieser Vorgang verdeutlicht. Die remittierte Lichtmenge ist darin mit einem grauen Pfeil gekennzeichnet. Die auftreffende Lichtmenge wird mit Φ_0 abgekürzt. Die remittierte Lichtmenge mit Φ_1. Bei transparenten Vorlagen transmittiert das Licht die Vorlage (Dia) und wird deshalb transmittierte Lichtmenge genannt. Das zeigt Abbildung 53. Die transmittierte Lichtmenge ist ebenfalls als grauer Pfeil gezeichnet. Sonst ändert sich nichts.

Um eine Maßzahl für Tonwerte zu entwickeln, lag es nahe, das prozentuale Verhältnis zwischen der auftreffenden und remittierten Lichtmenge zu berechnen oder zu messen und unmittelbar als Maßzahl zu verwenden. Damit gewinnt man ein relatives Maß für Tonwerte.

Relativ deshalb, weil dabei die auftreffende Lichtmenge als 100 % festgelegt und die remittierte Lichtmenge relativ dazu ins Verhältnis gesetzt wird.

Das hat den Vorteil, dass wir immer ein gleiches Maß für die Tonwerte erhalten. Ob eine Fläche mit einer schwachen Taschenlampe oder die gleiche Fläche mit einer 100-Watt-Birne beleuchtet wird, das Ergebnis ist stets dasselbe, weil die 100 %-Basis einmal die Taschenlampe und das andere Mal die 100-Watt-Birne darstellt. Die remittierte Lichtmenge wird jeweils gleichermaßen zur auftreffenden ins

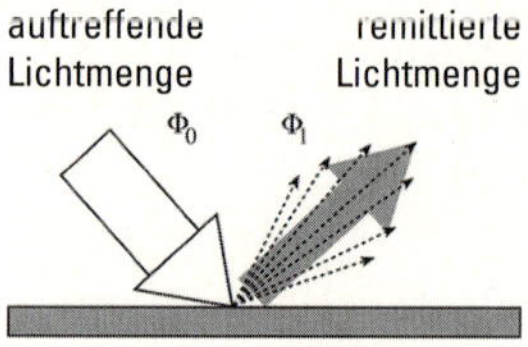

auftreffende Lichtmenge Φ_0 — remittierte Lichtmenge Φ_1

Bild 52: Auftreffende Lichtmenge von 100 % (Φ_0) und die geringere remitterte (diffus reflektierte) Lichtmenge (Φ_1) an einer grauen Fläche

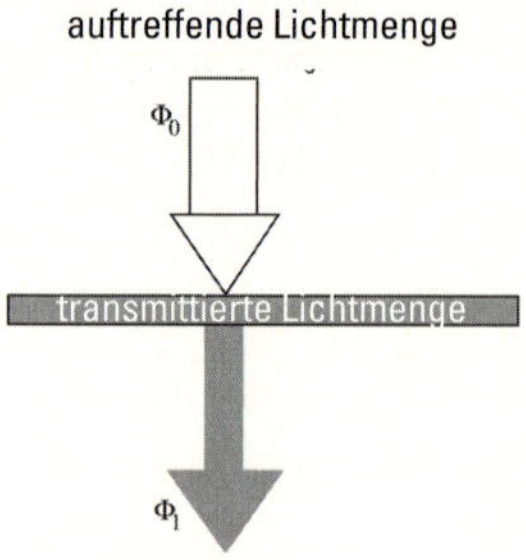

auftreffende Lichtmenge Φ_0 — transmittierte Lichtmenge Φ_1

Bild 53: Auftreffende Lichtmenge von 100 % (Φ_0) und die geringere transmitterte (Φ_1) an einer grauen transparenten Fläche

Verhältnis gesetzt. Wir nennen eine solche Maßzahl Remissionsgrad.
Die Formel dafür lautet:

$$\beta = \frac{\Phi_1}{\Phi_0}$$

Φ_0 = auftreffende Lichtmenge (immer 100 %)
Φ_1 = remittierte Lichtmenge (in %)

- Beliebige Tonwerte können mit dieser Formel als Remissionsgrad β zahlenmäßig festgelegt werden. Ist der Remissionsgrad β bekannt, so lässt sich daraus die prozentuale remittierte Lichtmenge Φ durch einfaches Umstellen der Formel berechnen.

Handelt es sich anstelle von Aufsichtsvorlagen um transparente Vorlagen wie Dias, so wird von der transmittierten Lichtmenge gesprochen und dementsprechend vom Transmissionsgrad τ (vgl. Bild 53).

Die Formel für die Berechnung des Transmissionsgrades ist analog anzuwenden, indem lediglich die Bezeichnungen geändert werden. Die Formel für die Berechnung des Transmissionsgrades τ lautet:

$$\tau = \frac{\Phi_1}{\Phi_0}$$

Φ_0 = auftreffende Lichtmenge (immer 100 %)
Φ_1 = transmittierte Lichtmenge (in %)

- Remissionsgrad und Transmissionsgrad sind lineare Maßzahlen für die Lichtremission beziehungsweise die Lichtdurchlässigkeit. Mit zunehmender Helligkeit der Tonwerte nehmen auch die Remissions- beziehungsweise Transmissionsgrade zu.

Dazu ein Beispiel:
Werden von einer Fläche 25 % Licht remittiert, so berechnet sich der Remissionsgrad gemäß der Formel durch die Division 25 : 100 = 0,25.
Werden von einer Fläche 60 % Licht transmittiert, so ist der Transmissionsgrad 0,6.

Hellere Tonwerte führen beim Remissions- und Transmissionsgrad also zu höheren Werten. Der maximale Wert ist 1, der minimale 0.

Die Verwendung von Transmissions- und Remissionsgrad als Maßzahl für Tonwerte widerspricht der

Logik. Bei Grauwerten erscheint es plausibler, wenn sich für dunklere Graustufen ansteigende Maßzahlen ergäben. Dieses „logische" Ziel wird erreicht, in dem vom Remissions- beziehungsweise Transmissionsgrad jeweils der Kehrwert gebildet wird, die sogenannte Opazität O.
Als Formel ausgedrückt:

$$O = \frac{\Phi_0}{\Phi_1}$$

Φ_0 = auftreffende Lichtmenge (immer 100 %)
Φ_1 = remittierte Lichtmenge (in %)

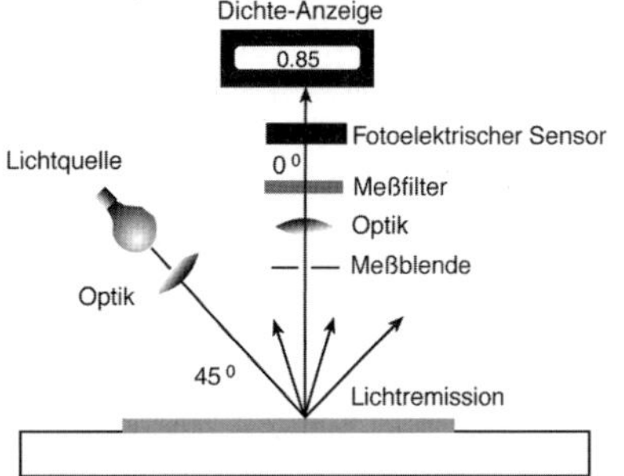

Bild 54: Messprinzip eines Densitometers. Das Licht wird im Winkel von 45° zur Messprobe aufgestrahlt. Gemessen wird im Winkel von 0°.

Die Opazität ist der Lichtundurchlässigkeitsgrad. Der Transmissionsgrad hingegen ist der Lichtdurchlässigkeitsgrad.

Bei der Opazität wird keine weitere Unterscheidung zwischen Aufsichts- und Durchsichtsvorlagen vorgenommen. Die Opazität ist der Kehrwert des Remissions- beziehungsweise Transmissionsgrades. Daher gilt:

$$O = \frac{1}{\beta} = \frac{1}{\tau}$$

8.4.3 Die optische Dichte

Zur Messung von Tonwerten wird die Dichte verwendet. Die Dichte ist der Logarithmus der Opazität. Die Verwendung der optischen Dichte hat 3 Vorteile:

- Die optische Dichte als Maßzahl für ungerasterte Tonwerte repräsentiert besser die nicht lineare Wahrnehmungsfähigkeit des menschlichen Auges, weil es sich dabei um eine logarithmische Größe handelt.
- Optische Dichtewerte entsprechen besser dem Verständnis als die dazugehörigen linearen Opazitäten, wenn Tonwerte visuell gleichmäßig ansteigen sollen.
- Mit der Dichte lässt sich eine sehr große Bandbreite von Tonwerten mit sehr kompakten Zahlenwerten darstellen.

Die Berechnung der Dichte und deren Rückrechnung erfolgt nach folgenden Formeln:

$$D = \log O; \qquad O = 10^D$$

Da die Opazität das Verhältnis der auftreffenden zur remittierten oder transmittierten Lichtmenge darstellt, lässt sich auch sagen, dass die Dichte der Logarithmus des Verhältnisses zwischen der auftreffenden zur remittierten oder transmittierten Lichtmenge ist.

Das Messprinzip aller zur Dichtemessung eingesetzten Densitometer basieren auf dieser Grundlage. Das Messprinzip zeigt Bild 54.

Das Licht wird im Winkel von 45° aufgestrahlt. Gemessen wird die Lichtremission im Winkel von 0°. Dadurch können Lichtreflexe an glänzenden Oberflächen das Messergebnis nicht verfälschen. Optiken sorgen für die Fokussierung des Lichtes auf eine ausreichend kleine Größe. Ein fotoelektrischer Sensor wandelt die Lichtenergie in elektrische Energie um und bringt das Ergebnis zur Messanzeige.

Jedes Densitometer muss vor der erstmaligen Messung auf Null geeicht werden. Bei Auflichtdensitometern geschieht dies auf dem weißen Papier, bei Durchlichtdensitometern ohne eine Messvorlage, sofern die Dichte von Halbtonvorlagen gemessen wird.

Bei der Rastertonwertmessung auf dem Blankfilm, weil hier nur die Erhöhung der optischen Dichte gemessen werden soll, die ausschließlich durch die Flächendeckungen der Rasterpunkte entsteht und nicht durch die Lichtabsorptionen des Blankfilms.

Mit jeder Nulleichung eines Densitometers wird die auftreffende Lichtmenge und damit die Basis für 100 % Lichtmenge (Φ_0) festgelegt. Die Messprobe kann nie mehr als diese 100 % erreichen. In der Messanzeige erscheinen Dichtewerte, die das logarithmierte Verhältnis der auftreffenden zur remittierten oder transmittierten Lichtmenge darstellen. Die Information über die Größe der remittierten oder transmittierten Lichtmenge erhält das Densitometer über den fotoelektrischen Sensor.

Ein Densitometer misst ausschließlich Dichtewerte. Die Rastertonwerte, die mit modernen Densitometern heute gemessen werden können, sind nicht das Ergebnis einer anderen Messart, sondern werden aus dem angezeigten Dichtewert unmittelbar berechnet.

Jeder gerasterte Tonwert kann auch als Dichtewert ausgedrückt werden. Dieser Wert wird *integrale Dichte* genannt. Bei der Messung von integralen Dichten und Rastertonwerten muss beachtet werden, dass im Densitometer eine genügend große Messblende vorhanden ist. Dies ist erforderlich, damit eine ausreichende Anzahl von Rasterpunkten in die Messung einbezogen werden kann.

Für die Messung von Rastertonwerten bei einer Rasterweite von 60 L/cm sollte eine Messblende von mindestens 2 mm verwendet werden.

Bei sehr groben Rasterweiten sind Messblenden von mindestens 3 mm zu verwenden. Für die Messung von Halbtonvorlagen genügen Densitometer mit 1 mm Messblendendurchmesser.

Zur Messung von Farbdichten und Tonwertzunahmen im Druck oder Proof werden in den dazu geeigneten Densitometern komplementäre Farbfilter eingesetzt, die aus der Farbe einen Grauwert machen. Für die Messung von Cyan wird ein Rotfilter, für die

Messung von Magenta ein Grünfilter und für Yellow ein Blaufilter verwendet. Durch die Zwischenschaltung eines komplementären Farbfilters handelt es sich bei der Farbdichtemessung in Wirklichkeit um eine Grauwertmessung. Je höher die Farbdichte auf dem Papier liegt umso höher wird die Dichte oder bei gerasterten Flächen die optisch wirksame Flächendeckung (vgl. Kapitel 13).

Densitometer mit automatischer Farberkennung stellen bei jeder zu messenden Farbe selbsttätig den richtigen Farbfilter ein. Dazu wird vor der Ausgabe des Messwerts in der Messwertanzeige jede Farbe mit allen drei Farbfiltern gemessen und intern gespeichert. Die Messung mit dem höchsten Dichtewert wird zur Messanzeige gebracht, weil nur der Filter mit der komplementär zur Farbe stehende Färbung einen deutlich höheren Messwert zeigt.

8.4.4 Scannerlinearisierung

Im Kapitel „Bildabtastung mit Flachbettscannern" wurde bereits erläutert, dass optoelektronischen Bildwandler Licht proportional zu ihrer Helligkeit linear umsetzen. Unser Auge nimmt Helligkeiten dagegen nicht linear wahr.

Daher sind im Zusammenhang mit der Tonwertübertragung von der Vorlage bis zum Druck zwei unterschiedlichen Sachverhalte zu klären:

- Setzt der Scanner die analogen Tonwerte einer Vorlage korrekt um?

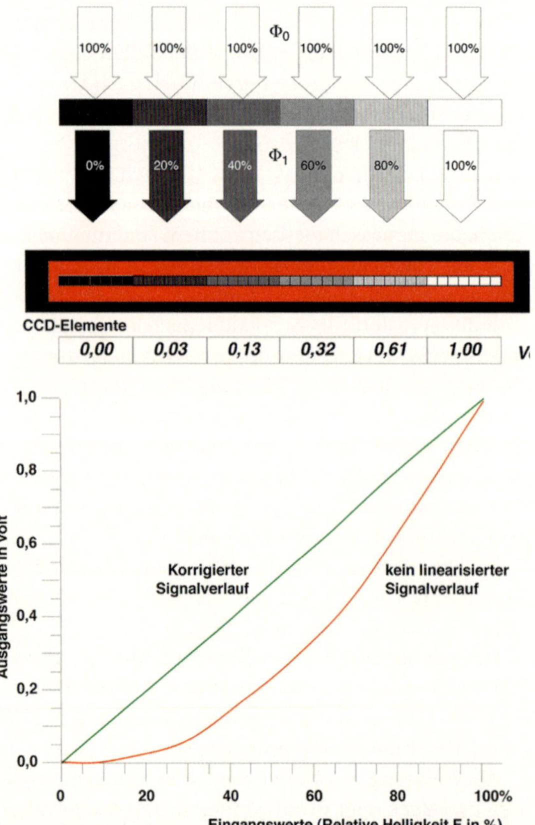

Bild 55: Die CCD-Elemente eines Scanners müssen linear ansteigende prozentuale Helligkeiten auch linear in analoge elektrische Spannungen umsetzen.

- Werden die Tonwerte im Printmedium genauso wahrgenommen wie im Original?

Um Fehler bei der Tonwertübertragung später genau lokalisieren zu können, sollte die Umsetzung der Lichtintensitäten in elektrische Ladungen durch die optoelektronischen Wandler der CCD-Zeilen oder der Fotomultiplier korrekt erfolgen. Man nennt dies: Der Scanner arbeitet linear.

Damit ist gemeint, dass die analogen prozentualen Helligkeitswerte einer Halbtonvorlage linear umgesetzt werden.

Die Linearisierung eines Scanners setzt bei der Umwandlung der Lichtsignale in elektrische Signale an. In dem Maße, wie die abgetasteten Helligkeiten einer Vorlage unterschiedliche prozentuale Lichtmengen remittieren oder transmittieren, müssen die optoelektronischen Sensoren das Licht im genau gleichen Verhältnis in elektrische Spannungen umgesetzen und digitalisieren. Ist dies nicht der Fall, muss der Scanner linearisiert werden. Schematisch zeigt dies Bild 55.

Der Graustufenkeil als Kalibrationsvorlage

Das Grundprinzip der Scannerkalibration bzw. -linearisierung besteht in einem Vergleich zwischen Soll- und Ist-Werten. Für die Soll-Werte wird ein genormter Graustufenkeil verwendet, der von Stufe zu Stufe um 0.10 optische Dichte in 20 Stufen ansteigt (Bild 56). Verwendet werden auch Grauverlaufskeile, deren Dichte von 0.0 bis 3.0 kontinuierlich ansteigt.

Visuell betrachtet wirkt der Anstieg der Graustufen eines solchen Graustufenkeils in den Vierteltönen bis Mitteltönen vergleichsweise linear. Da es sich bei den Dichtewerten jedoch um logarithmische Werte handelt, steigen die Prozentwerte der Lichtremissionen oder -transmissionen in allen Tonwerten exponential, also nicht linear an.

Zur Linearisierung des Scanners müssen die Dichtewerte eines solchen Graustufenkeils zunächst mit dem Densitometer genau ausgemessen werden. Die Nulleichung des Densitometers erfolgt dabei auf dem weißen Feld des Graustufenkeils. Anschließend müssen aus den Dichtewerten die remittierten Lichtmengen Φ_1 berechnet werden.

Aus den remittierten Lichtmengen lassen sich dann die digitalisierten Soll-Pixelwerte berechnen.

Anschließend wird der Graukeil gescannt. Jetzt werden die Soll-Werte mit den Ist-Werten verglichen und in der Treiber-Software des Scanners gegebenenfalls korrigiert. Eine solche Möglichkeit der Scannerlinearisierung durch den Anwender lassen allerdings bei weitem nicht alle Scanner zu. HighEnd-Scanner führen diese Kalibration oftmals automatisch durch.

Ein Beispiel soll den Vorgang veranschaulichen: Eine mit dem Densitometer gemessene Graukeilstufe weist auf dem Halbtongraukeil eine optische Dichte von 0.90 aus. Welchem digitalisiertem Grauwert (G) entspricht dieser Dichtewert (Sollwert) theoretisch, wenn der Scanner diesen Wert linear umsetzen soll?

Bild 56: Genormter Graustufenkeil mit 20 Stufen und einem Dichteanstieg von 0.10 Dichte in jeder Stufe

Aus der optischen Dichte ist die Opazität zu berechnen:

- $10^{0.90} = 7{,}943282347$.

Aus der Opazität ist die remittierte Lichtmenge Φ_1 zu berechnen:

- 100 % : 7,943282347 = 12,58925412 %

Aus dieser Lichtmenge kann nun der theoretische Sollpixelwert bei 8 Bit Pixeltiefe mit einer einfachen Verhältnisgleichung berechnet werden. Es ist zu beachten, dass bei 8 Bit Pixeltiefe dem Weiß mit 100 % Lichtmenge der Pixelwert 255 entspricht. Daraus folgt:

- 255 : 100 % = x : 12,589 %
  100 x = 12,589 • 255
  x ≈ 32

Der linearen Umsetzung des Dichtewerts 0.90 durch die CCD-Zeile entspräche bei einer auf 8 Bit konvertierten Pixeltiefe also dem Pixelwert 32, bei 10 Bit hingegen dem Pixelwert 129, bei 12 Bit 516 und bei 14 Bit 2063. Zur Berechnung müssen dazu statt 255 nun 1023, 4095 beziehungsweise 16383 in die Gleichung eingesetzt werden.

Aus der tabellarischen Übersicht Bild 57 ist zu erkennen, dass mit zunehmender Pixeltiefe die Möglichkeit zur Wiedergabe quantisierter Pixel deutlich ansteigt. Die Tabelle zeigt jeweils die Ergebnisse der rechnerischen Umsetzung der optischen Dichtewerte eines analogen Halbtonverlaufskeils in die entsprechend linear umgesetzten Pixelwerte.

Die im obigen Beispiel für den Dichtewert 0.90 durchgeführte Beispielrechnung lässt sich in den notwendigen Rechenschritten auch mit folgender Formel zusammenfassend rechnen:

- $G = (100/10^{D}) \cdot (G_{max}/100)$

Das „G“ ist dabei der berechnete Grauwert oder Pixelwert, der dem Dichtewert der Halbtonvorlage entspricht. Für G_{max} muss, entsprechend der Pixeltiefe, jeweils der dafür höchste digitalisierbare Grauwert oder Pixelwert eingesetzt werden. Dieser berechnet sich jeweils aus 2^8, 2^{10}, 2^{12} oder 2^{14} minus 1.

Indem man die Pixeltiefe als Exponent zur Basis 2 setzt und ausrechnet, erhält man damit die maximal möglichen codierbaren Grauwerte oder Pixelwerte.

Da der erste codierbare Wert mit 0 beginnt, ist der letzte codierbare Wert immer eins weniger als der maximale. Deshalb also minus 1.

Beispiel: Bei 8 Bit Pixeltiefe ergeben sich maximal 256 codierbare Grauwerte, der höchste mit 8 Bit codierbare Wert ist aber 255, denn er entspricht der Dualzahl 11111111, dies ist umgerechnet 255.

Dichte	Opazität	Φ_1,%	G_8	G_{10}	G_{12}	G_{14}
0.00	1,0	100	255	1023	4095	16383
0.15	1,4125	70,79	181	724	2899	11598
0.30	1,9952	50,20	128	513	2052	8211
0.45	2,8184	35,48	91	363	1453	5813
0.60	3,9811	25,12	64	257	1027	4115
0.75	5,6234	17,78	45	182	728	2913
0.90	7,9433	12,59	32	129	516	2063
1.05	11,2202	8,91	23	91	365	1460
1.20	15,8489	6,31	16	65	258	1034
1.35	22,3872	4,47	11	46	183	732
1.50	31,6278	3,16	8	32	129	515
1.65	44,6684	2,23	6	23	92	367
1.80	63,0957	1,58	4	16	65	260
1.95	89,1251	1,12	3	12	46	184
2.10	125,8925	0,79	2	8	33	130
2.25	177,8279	0,56	1	6	23	92
2.40	251,1886	0,398	1	4	16	65
2.55	354,8134	0,2818	1	3	12	46
2.70	501,1872	0,1995	0	2	8	37
2.85	707,9458	0,1413	0	1	6	23
3.00	1000,0	0,1000	0	1	4	16
3.15	1412,5375	0,0708	0	0	3	12
3.30	1995,2623	0,0512	0	0	2	8
3.45	2818,3829	0,0355	0	0	1	6
3.60	3981,0717	0,0251	0	0	1	4

Bild 57: Tabelle mit rechnerischer Umsetzung der logarithmischen optischen Dichtwerte in linear umgesetze Pixelwerte bei unterschiedlichen Pixeltiefen

Zur binären Darstellung der Zahl 256 wird schon ein Bit mehr benötigt.

Aus der Tabelle in Bild 57 ist aus dem Vergleich der rechnerischen Umsetzung der optischen Dichtewerte in lineare Prozentwerte zu erkennen, dass eine lineare Umsetzung hoher Dichtewerte für einen Scanner mit 8 Bit Pixeltiefe rein rechnerisch nicht möglich ist.

In der Tabelle wird dies mit den rot unterlegten Bereichen markiert.

Mit der Güte des A/D-Wandlers steigt somit auch die Güte der quantisierbaren Daten. Auch wenn nach dem Scanvorgang die Pixeltiefe für die spätere Weiterverarbeitung bei heutigem Stand meist wieder auf 8 Bit Pixeltiefe konvertiert wird, ist die höhere Pixeltiefe beim Einscannen außerordentlich bedeutungsvoll.

Sind nämlich beim Einscannen in den Dreivierteltönen Tonwertunterschiede nicht mehr vorhanden, so lassen sich diese durch nachträgliche Veränderung der Gradationskurve auch nicht mehr verstärken.

Unterscheiden sich also zwei unterschiedliche analoge Tonwerte nach dem Scannen im digitalen Datenbestand nicht mehr oder nur durch einen Unterschied von 1 Pixelwert, so sind diese Tonwerte und damit die Modulation im Bild für immer verschwunden.

8.4.5 Anpassung der Dichte an die Helligkeitsempfindung des menschlichen Auges

Optischen Dichtewerte entsprechen nicht genau dem Verlauf der Hellempfindlichkeitskurve des menschlichen Auges. Sie sind aber ein praktikables und leicht zu handhabendes Mittel, um analoge Tonwerte angenähert der Hellempfindung des Auges zu messen und die Linearität eines Scanners zu überprüfen.

Der Scanner soll im Prozess der Tonwertübertragung aber auch das Auge des Computers sein. Aus diesem Grund hat nach der Linearisierung des Scanners die Feinabstimmung auf das Helligkeitsempfinden des menschlichen Auges zu erfolgen. Grundlegend ist zu untersuchen, wie es gelingt, die analogen Tonwerte der Halbtonvorlage visuell möglichst richtig im Printmedium zu übertragen.

Zu beachten ist eine entscheidende Schwierigkeit: Printmedien sind nicht in der Lage einen Tonwertumfang von 3.0 oder 3.5 Dichte wiederzugeben.

Der Tonwertumfang einer Digitalkamera, die mit 14 Bit Pixeltiefe arbeitet, kann einen Tonwertumfang von 4.2 durchaus digitalisieren. Spätestens aber, wenn dieses Bild im Printmedium erscheinen soll, ist dieser Kontrast nicht mehr reproduzierbar. Hier erreichen wir unter optimalen Bedingungen einen reproduzierbaren Tonwertumfang von 2.0 und weniger.

Schlechte Papiere erreichen Tonwertumfänge, die weit darunter liegen. Das hat seinen Grund darin, dass der Farbauftrag auf dem Bedruckstoff ab einer gewissen Farbschichtdicke nicht mehr zu höheren Tonwerten führt. Da es sich bei Printprodukten in der Regel um Aufsicht handelt, spielt hier nämlich derselbe Effekt eine Rolle, wie bei Aufsichtsvorlagen auch. Ab einer gewissen Sättigung remittiert auch das schwärzeste Schwarz von Körpern Licht von der Oberfläche. Wieviel Licht von einem schwarzen Körper remittiert wird, hängt maßgeblich von der Oberflächenbeschaffenheit des Körpers ab.

Im Falle der Printmedien ist das die Oberflächenbeschaffenheit des Papiers. Raue Oberflächen remittieren das Licht stärker als glänzende Oberflächen. Folglich erreicht man auf gestrichenen Papieren eine höhere Kontrastwiedergabe als auf Naturpapieren. Hochglanzfotos haben aus demselben Grund einen besseren Kontrast als matte.

Für die Frage nach der tonwertrichtigen Wiedergabe in Printmedien ist also zu bedenken, dass die Tonwerte der Vorlage unter Umständen auf den Tonwertumfang des Drucks komprimiert werden müssen. Die Tonwertumfangskompression sollte aber so geschehen, dass dies auf eine dem visuellen Helligkeitsempfinden des Auges möglichst angepasste Weise geschieht.

Diese Tonwertumfangskompression vollzieht sich bei der heutigen Technik zum Teil schon im Scanner oder der Digitalkamera. Wenn ein Bild, dass mit 10, 12 oder 14 Bit Pixeltiefe digitalisiert wurde, zur späteren digitalen Bildbearbeitung heute aber auf 8 Bit konvertiert wird, so muss schon intern im Scanner oder der Digitalkamera eine solche Tonwertumfangskompression stattfinden. Daraus ist auch zu folgern, dass die Güte der Bildwiedergabe von Scannern oder Digitalkameras auch von der dem Auge angepassten Tonwertumfangskompression abhängt. Dies ist eine Frage der Software, mit der gearbeitet wird.

Wie diese empfindungsgemäße Tonwertübertragungsfunktion genau auszusehen hat, darüber hat es im Verlaufe der Entwicklung sehr viele unterschiedliche Ansichten gegeben.

Zwar gelten die grundsätzlichen Erkenntnisse der Physiologie des Sehens als gesichert, unterschiedliche Auffassungen bestehen aber noch immer über die Abhängigkeit der Unterschiedsempfindlichkeit von der Reizstärke der Lichtemissionen oder -transmissionen. Damit ist gemeint, in welchen Tonwertbereichen das Auge Helligkeitsunterschiede besser oder weniger gut wahrnimmt. Die Helligkeitsreihe nach DIN 6164 und die Munsell-Value gehören dieser Art von Theorie an.

Beide Theorien knüpfen an die von Weber und Fechner aufgestellten Gesetzmäßigkeiten an, die von einem nahezu logarithmischen Helligkeitsunterschied ausgehen. Andere Denkansätze fordern eine hohe Unterschiedsempfindlichkeit im Bereich der Vierteltöne und der Mitteltöne. Zu diesen Ansätzen gehören die Arbeiten von R. L. Wiliams, J. Bertin, G. F. Jenks und D. S. Knos.

Forschungsergebnisse der FOGRA haben eigene Ansätze zur tonwertrichtigen Übertragungsfunktion von Unterschiedsempfindlichkeiten durchgeführt. Sie stellen eine modifizierte Form der Munsell Value dar. Dieser Ansatz zur empfindungmäßig richtigen Kompression des Tonwertumfangs der Vorlage auf den erreichbaren Tonwertumfang des Drucks soll hier näher betrachtet werden.

Munsell geht bei seinem Vorschlag davon aus, dass die Unterschiedsempfindlichkeit des Auges in den Dreivierteltönen und Schatten gegenüber den anderen Tonwertbereichen stärker ausgeprägt ist.

Die Munsell-Skala modifiziert den Anstieg der logarithmischen Dichtewerte deshalb in der Form, wie dies in Bild 58 dargestellt wird. Zahlenmäßig gleiche Dichteunterschiede in den Dreivierteltönen und Schatten erhalten zum Ausgleich dafür auf der Munsell-Skala kleinere Unterschiede, während mit ansteigender Helligkeit die Unterschiedswerte auf der

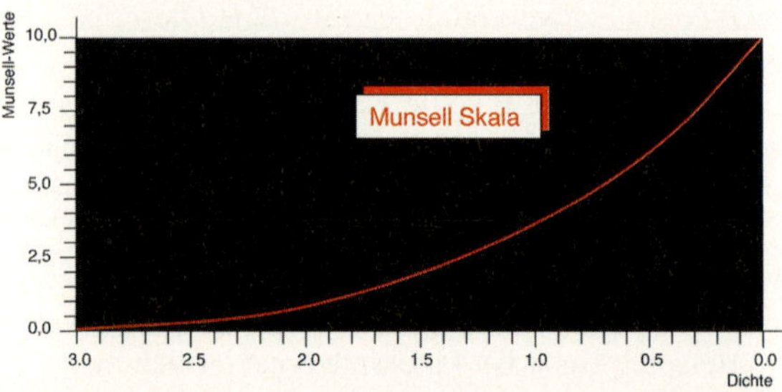

Bild 58: Zusammenhang zwischen logarithmischen Dichtewerten und Munsell-Skala zur Unterschiedsempfindlichkeit des Auges bei unterschiedlichen Reizstärken des Lichtes

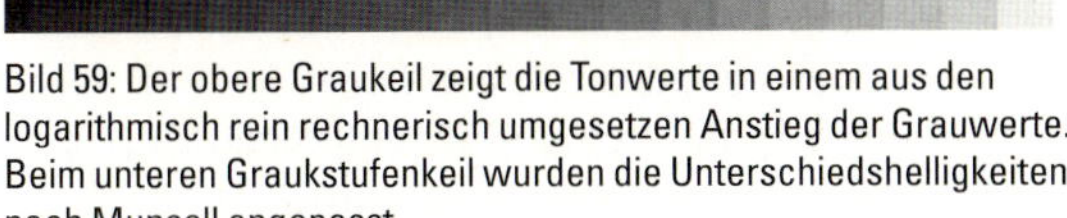

Bild 59: Der obere Graukeil zeigt die Tonwerte in einem aus den logarithmisch rein rechnerisch umgesetzen Anstieg der Grauwerte. Beim unteren Graukstufenkeil wurden die Unterschiedshelligkeiten nach Munsell angepasst.

Munsell-Skala ebenfalls ansteigen. Die zwei im Bild 59 gezeigten Graustufenkeile zeigen den Unterschied. Beim oberen Graukeil wurden die Dichtewerte eines mit 0.10 Dichte ansteigenden Graustufenkeils in Pixelwerte bei 8 Bit Pixeltiefe umgerechnet. Bei dem unteren Graukeil wurde der im Druck reduzierte Tonwertumfang berücksichtigt und die Abstufungen von Tonwert zu Tonwert nach Munsell vorgenommen.

Der Unterschied ist offensichtlich, er verdeutlicht visuell, was in Bild 58 als Funktionskurve zwischen Dichtewerten und Munsell-Werten veranschaulicht wird.

Die FOGRA hat aufbauend auf der Munsell-Skala ein Diagramm zur empfindungsgemäßen Abstufung der Reproduktion entwickelt (Bild 60).

Die x- und y-Achse dieses Diagramms wird von den Dichtewerten zwischen 0.0 und 3.0 gebildet. Darunter beziehungsweise links daneben ist die Munsell-Value angeordnet, deren Skala von 0 bis 10 reicht.

Der exponentiale Zusammenhang zwischen den logarithmischen Dichtewerten und der Munsell Value aus Bild 58 wurde durch eine entsprechende ungleichmäßig ansteigende Einteilung der Einheiten auf der x-Achse ausgeglichen. Dadurch kann der nichtlineare Zusammenhang zwischen beiden Werten linear dargestellt werden.

Nach Empfehlungen der FOGRA sollte im Unterschied zu Munsell die Kompression der Tonwerte auf die zu erreichende maximale Druckdichte in einer Art erfolgen, bei der die Mitteltöne verflachen, während die Viertel- und Dreivierteltöne im Kontrast etwas aufgesteilt werden sollte.

Die FOGRA geht davon aus, dass die Unterschiedsempfindlichkeit des Auges in den Mitteltönen weniger als in den Viertel- und Dreivierteltönen ausgeprägt ist. Zur Ermittlung des empfindungsmäßig richtigen Tonwertanstiegs zwischen Licht und Tiefe bei einer gegebenen maximalen Druckdichte kann dieses Diagramm nach Munsell oder nach FOGRA folgendermaßen verwendet werden. Man trägt das Papierweiß und die maximal erreichbare Druckdichte im Vollton an der y-Achse ein und verbindet beide Punkte zu einer Geraden.

Im eingezeichneten Beispiel in Bild 60 ist das Papierweiß mit einer Dichte von 0.05 eingezeichnet worden, während für die maximal erreichbare Druckdichte eine Dichte von 1.55 eingezeichnet wurde. Der Kontrast der Vorlage nimmt Bezug auf eine maximale Dichte von 2.5. Es findet in diesem Beispiel also eine Kompression des Dichteumfangs der Vorlage von 2.5 auf den Druckdichteumfang von 1.55 statt.

Die im Diagramm eingezeichnete rote Linie stellt die bereits erwähnte Kompression der Tonwerte nach dem Vorschlag der FOGRA dar. Für alle Tonwerte zwischen Bildlicht und Bildtiefe können mit Hilfe des Diagramms die Soll-Dichtewerte im Druck in allen Tonwertbereichen auf der y-Achse abgelesen werden. In Abbildung 60 wird dies beispielhaft mit den grünen Pfeilen dargestellt. Alternativ zu den Dichtewerten können auch gleich die Munsell-Werte abgelesen werden.

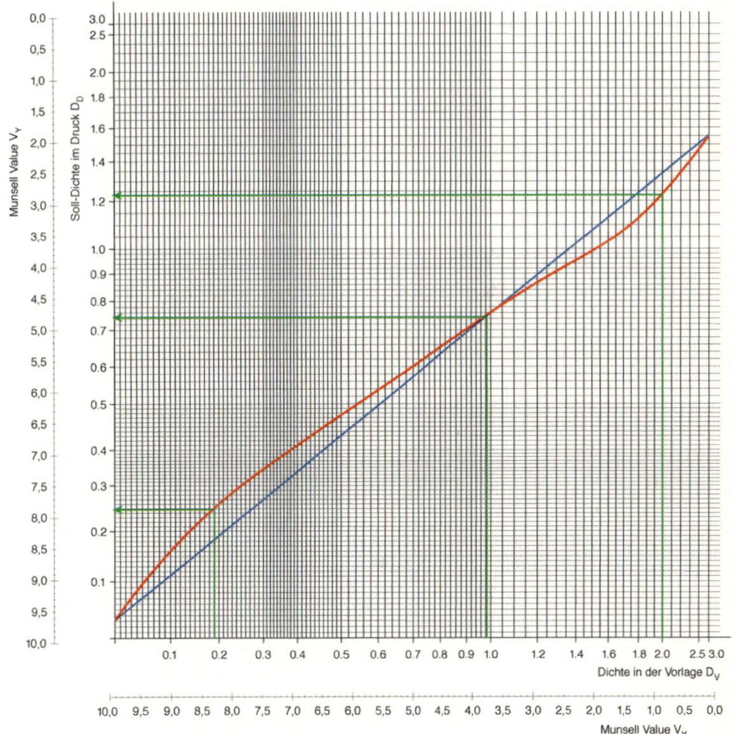

Bild 60: Diagramm zur Ermittlung der empfindungsmäßigen Abstufung von Tonwerten in Bildreproduktionen.Ermittlung der Kompressionskurve vom Dichtumfang der Vorlage auf den Solldichteumfang im Druck ohne Berücksichtigung der Tonwertzunahme im Druck.

Verwendet man die blaue Gerade anstelle der roten Linie zur Ermittlung der Soll-Dichten, so folgt man der Tonwertumfangskompression nach Munsell, also ohne die Modifikationen der FOGRA.

Aus den Munsell-Werten können dann auf einfache Weise die Soll-Pixelwerte bei beispielsweise 8 Bit Pixeltiefe nach folgender Rechnung ermittelt werden:

Für die im Beispiel von Bild 60 eingezeichnete Dichte der Vorlage von 0.90 ergibt sich ein Munsell-Wert von 5. Da die Munsell-Werte von 0 bis 10 skaliert sind, kann man nun den entsprechenden Soll-Pixelwert berechnen:

• 255 x 0,5 = 128.

Die rein rechnerische Umsetzung einer Dichte von 0.90 in den Sollpixelwert für die Scannerlinearisierung hätte hier den Pixelwert 32 ergeben. (vgl. Tabelle in Bild 57). Zwischen der Scannerlinearisierung und der Anpassung des „Auges“ unseres Computers auf das menschliche Auge bestehen ganz gravierende Unterschiede. Das Diagramm zur empfindungsmäßigen Umsetzung der Tonwerte in der Reproduktion kann bei richtiger Umsetzung ein guter Anhaltspunkt für die Gradationsbearbeitung (vgl. Kapitel 8.5.4) von Bildern sein.

Um Missverständnissen vorzubeugen: Die Kompressionskurve ist nicht mit der ebenfalls notwendigen Kompensation der Tonwertzunahme im Druck zu verwechseln. Diese muss in einem daran anschließenden Schritt zusätzlich erfolgen.

Der gesamte Tonwertübertragungsprozess von den Tonwerten der Vorlage bis zum Druck lässt sich als Reprozirkel darstellen, wie er rein schematisch in Bild 61 gezeigt wird. Die grafische Darstellung zeigt die Tonwertübertragung von der Vorlage bis zur Ermittlung des empfindungsmäßig angepassten Tonwertverlaufs zwischen Bildlicht und Bildtiefe in der Gradationskurve des Bildes.

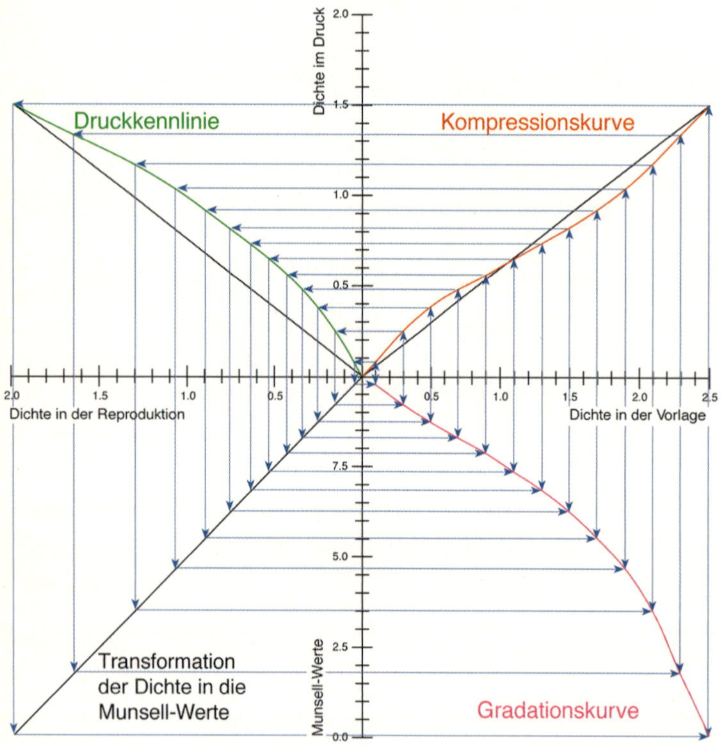

Bild 61: Reprozirkel zur Ermittlung der empfindungsmäßig abgestuften Tonwerte in der Bildgradationskurve inklusive der Kompensation der Tonwertzunahme im Druck (Druckkennlinie).

Wie daraus zu erkennen ist, wird im ersten Quadranten die Kompressionskurve festgelegt. In Quadrant 2 links daneben wird mit Hilfe der im Druck ermittelte Druckkennlinie die Tonwertzunahme kompensiert. Damit ist gemeint, dass in dem Maße, indem die Tonwerte in den einzelnen Tonwertbereichen auf unterschiedliche Weise druckbedingt zunehmen, hier ein Ausgleich in die Gradation eingerechnet wird.

Die Tonwertübertragung wird also in gleichem Maße hier aufgehellt, wie sie im späteren Druck dunkler wird.

Im 3. Quadranten darunter werden die bis dahin beibehaltenen Dichtewerte in empfindungsgemäß abgestufte Munsell-Werte transformiert. Aus diesen so erhaltenen Werten lassen sich leicht die Sollpixelwerte berechnen, die bestimmte Tonwerte der Vorlage im Druck später aufweisen sollten.

Bei genauerer Betrachtung kommt in der Praxis eine Kompression der Tonwerte dreimal vor.

Die Tonwertumfänge in der Natur sind in der Regel um ein Vielfaches größer als sie von einer Digitalkamera oder dem fotografischen Film bei konventioneller Fotografie wiedergegeben werden können. Auf die Art der Kompressionkurve kann hier nur bei professionellen Digitalkameras aus dem Studiobereich wirklich Einfluss genommen werden.

Eine zweite Kompression erfolgt, wenn bei der Kompression von einer höheren Pixeltiefe beim Scannen oder in der Digitalfotografie auf die für die Weiterverarbeitung notwendige Pixeltiefe auf 8 Bit pro Kanal konvertiert wird. Wie bereits dargestellt wurde, entspricht dies einer Dynamik von 2.40 Dichte.

Die dritte Kompression wird erforderlich, wenn von der Dichte 2.40 auf die maximal erreichbare Druckdichte noch einmal eine Tonwertkompression durchgeführt werden muss.

Mit dieser Gesamtdarstellung des Tonwertübertragungprozesses sind die Grundlagen geschaffen, die es in der Praxis ermöglichen, klare Anhaltpunkte für die richtige Tonwertübertragung von der Halbtonvorlage bis zum Druck zu ermitteln.

Die Güte von Scannern und Digitalkameras wird nicht nur durch ihre optische Auflösung, die Dynamik der photoelektronischen Sensoren und das optische System, sondern außerdem auch durch die Tonwertübertragungfunktion im A/D-Wandler bestimmt und der Softwareroutine, die zur Konvertierung von höherer zu niedrigerer Pixeltiefe eingesetzt wird. Die Diskussion um die richtige Kompression des Tonwertumfangs ist aber noch nicht endgültig abgeschlossen.

Folglich wird es in der Praxis unterschiedliche Ansätze geben, diese Kompression durchzuführen. Das von Kodak bereits erwähnte PCD-Format der Kodak Photo CD wendet hier einen anderen Ansatz an.

8.5 Scanpraxis

Um die Ton- und Farbwerte der Bildvorlage prozessgerecht erfassen zu können, sind Grundbedingungen für den Produktionsprozess Print zu beachten.

8.5.1 Wieviel Auflösung braucht ein Bild und wieviel das Ausgabesystem?

Für die Bilddatenerfassung ist die Auflösung zu beachten. Ein Beispiel für ein Scannereinstellmenü, in dem die Auflösung eingestellt wird, zeigt Bild 62.

Andere Scannereinstellmenüs sind vergleichbar. Abbildungsmaßstab und Rasterfrequenz in lpi oder L/cm sind die Mindestvorgaben, die hier eingestellt werden müssen. Die Größe des Originals ergibt sich aus dem Ausschnitt, den man im Prescan des Bildes festlegt.

Im unteren Drittel der Abbildung des Scannereinstellmenüs ist in diesem Falle eine Auflösung von 200 ppi eingestellt. Die Scansoftware gibt unkorrekterweise 200 dpi an.

Die *Auflösungsfeinheit* bei der Bilddigitalisierung muss von zwei Gesichtspunkten aus betrachtet und entschieden werden:

- Qualität
  Unter Qualitätsgesichtspunkten gilt: Möglichst hohe Auflösungsfeinheit. Je größer nämlich die Anzahl der Pixel des Bildes ist, desto genauer können die Details der Bildvorlage wiedergegeben werden.
- Speicherplatz
  Unter diesem Gesichtspunkt gilt die umgekehrte Forderung. Möglichst geringe Auflösungsfeinheit, denn bei einer Verdoppelung der Bildauflösung von 150 auf 300 ppi vervierfacht sich der Speicherplatzbedarf, weil sich die Verdoppelung in der Breite und Höhe des Bildes auswirkt.
  Bei einer Verdreifachung der Auflösungsfeinheit verneunfacht sich demzufolge die Anzahl der Pixel.

Auf die Bildausgabe kommt es an

Schon beim Einscannen des Bildes ist entscheidend, was mit dem Bild später geschehen soll.

Ist es für den späteren Offset-, Tiefdruck oder Siebdruck bestimmt, soll es in einer Multimedia-Anwendung oder im Internet verwandt werden, soll es auf einem Tintenstrahldrucker ausgegeben werden oder soll es für Layoutzwecke eingesetzt werden. Was auch immer damit geschehen soll, die Berücksichtigung der Leistungsfähigkeit des endgültigen Ausgabemediums und der Skalierungsfaktor des Bildes sind zwei wichtige Kriterien zur Bestimmung der richtigen Bildauflösung bei der Bilddigitalisierung.

Im Bild 62 sind die Ausgabebedingungen näher definiert:

- Einstellung „Raster“: Rasterweite 52 L/cm
- Abbildungsmaßstab: Skalierung 100 %
- Höhe und Breite des Originals sind durch den im Prescan festgelegten Ausschnitt festgelegt.

Die Software berechnet automatisch entsprechend des eingestellten Skalierungsfaktors die Höhe und Breite des Bildes. Bleibt noch zu fragen, was der Q-Faktor für eine Bedeutung hat. Hierbei handelt es sich um den sogenannten *Qualitätsfaktor*, der auch als *Samplingfaktor* bezeichnet wird. Mit diesem Faktor wird die Rasterweite multipliziert und ergibt die notwendige *Samplingrate*, wenn das Bild nicht weiter vergrößert werden soll. Bei Vergrößerungen erhöht sich die *Samplingrate* durch nochmalige Multiplikation mit dem Skalierungsfaktor. Der Qualitäts- oder Samplingfaktor sollte zwischen 1,4 und maximal 2 liegen. Ein gerastertes Bild sollte also im vergrößerten Zustand stets eine Auflösung in ppi aufweisen, die minimal um den Faktor 1,4 und maximal

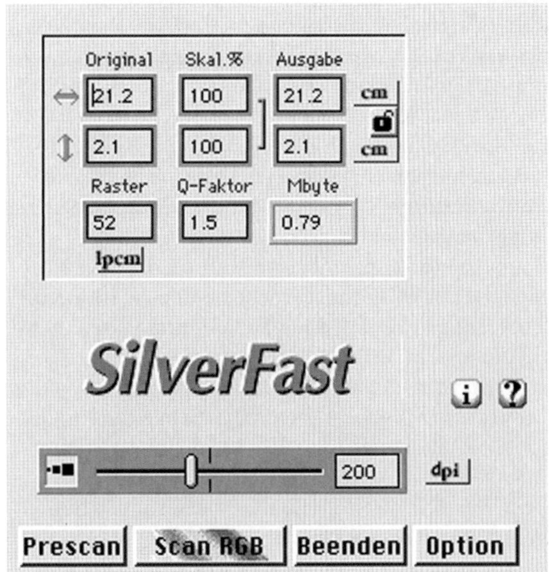

Bild 62: Scannereinstellmenü der Scansoftware Silverfast (Ausschnitt) zur Einstellung der Bildauflösung.

dem doppelten der Rasterweite entspricht. Um die Bedeutung des Samplingfaktors zu verstehen, sollen die Hintergründe dazu ausgeführt werden.

Das „Überziehen“ eines Bildes mit einer Rasterstruktur hat in gewisser Weise Ähnlichkeit mit dem virtuellen Überziehen einer Halbtonvorlage mit einer Rel-Struktur (vgl. Kapitel 8.2.2). Ist das *Pixel* die kleinste gespeicherte Informationseinheit eines digitalisierten Bildes, so ist der *Rasterpunkt* die kleinste Informationseinheit eines gedruckten Bildes. So gesehen können wir die Rasterweite auch als Auflösungsfeinheit des jeweils verwendeten Printmediums betrachten.

Die *Rasterweite* bzw. *Rasterfrequenz* mit der in den Printmedien gedruckt werden kann, ist sehr unterschiedlich. Die Feinheit des Rasters wird von dem Druckverfahren und innerhalb des Druckverfahrens vom Bedruckstoff maßgeblich beeinflusst.

Im Siebdruck sind wegen der Eigenschaften des hier verwendeten Siebes lediglich Rasterweiten von 24 L/cm bis 36 L/cm üblich.

Im Offsetdruck ist eine Rasterweite von 60 L/cm der Standard. Auf guten Papiersorten ist aber auch das Drucken eines Rasters mit 80 L/cm oder sogar 120 L/cm möglich.

Zeitungen werden im Offsetdruck wegen des groben Papiers oft nur im 48- oder 54er Raster gedruckt.

Da sich der *Samplingfaktor* auf die Rasterweite bezieht, ist also eine Kenntnis der Rasterweite für die Bestimmung der richtigen Bildauflösung wichtig.

Aus den digitalisierten Bildpixeln müssen während der Rasterung im RIP (RasterImageProzessor) unterschiedlich große Rasterpunktflächen berechnet werden. Um bei der elektronischen Rasterung prozessbedingte Informationsverluste zu vermeiden, muss die *Samplingrate* auf jeden Fall höher sein als die Rasterweite. Man spricht in diesem Zusammenhang vom Nyquest- oder Shannon-Theorem. Diesem Theorem zufolge treten keine sichtbaren Informationsverluste als Aliasing auf, wenn die Auflösungsfeinheit der digitalisierten Bildpixel das Doppelte der Rasterfeinheit beträgt. Wir müssen die jeweilige Rasterweite mit dem Faktor 2 multiplizieren, um die Scanauflösung zu berechnen, bei der die beste verlustfreiste Qualität entsteht. Daher gilt dafür auch die Bezeichnung Qualitätsfaktor.

Soll ein Bild später beispielsweise mit einer Rasterweite von 60 L/cm gedruckt werden, so ist diesem Theorem zufolge mit einer Samplingrate von 60 L/cm • 2 P(ixel)/L = 120 P/cm oder 305 ppi zu scannen.

Nach dem Nyquest-Theorem ist ein Samplingfaktor > 2 vollkommen unnötig, weil damit zwar mehr Informationen gespeichert werden, diese aber zu keinerlei sichtbaren Qualitätsverbesserungen des gerasterten Bildes führen.

Zur Einsparung von Speicherplatz kann demgegenüber durchaus auch ein Samplingfaktor zwischen 1,4 und 2 noch zu Ergebnissen führen, die keine nennenswerten Qualitätsverluste mit sich bringen. Kleiner sollte der Samplingfaktor jedoch nicht sein.

Verdeutlichen wir uns das Größenverhältnis zwischen Pixelgröße und Rasterzellengröße bei einem Samplingfaktor von 2 noch einmal an einem schematischen Beispiel. Dies ist im Bild 63 dargestellt.

Bei einem Qualitätsfaktor von 2 sind pro Längeneinheit doppelt soviele Pixel wie Rasterzellen vorhanden. Daraus folgt, dass ein Pixel gegenüber der Rasterzelle nur die Hälfte der Breite und die Hälfte der Höhe aufweist. Folglich passen in eine Rasterzelle 4 digitalisierte Pixel. Die Fläche eine Pixels beträgt also nur ein Viertel der Fläche einer Rasterzelle.

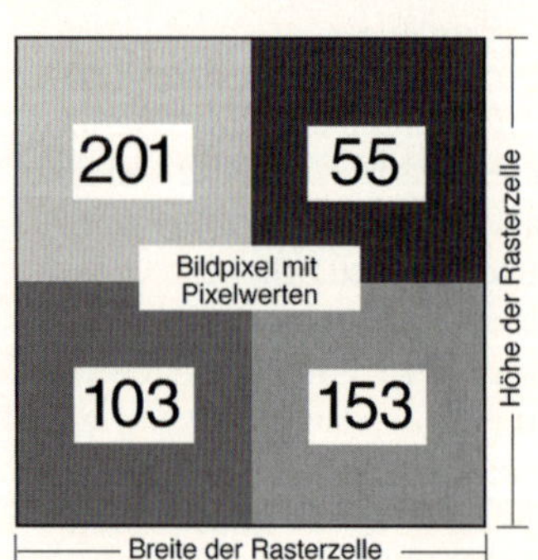

Bild 63: Die Größe von vier gesampelten und quantisierten Pixelwerten passt in die Fläche einer Rasterzelle, wenn mit dem Samplingfaktor 2 gescannt wurde.

Zur Berechnung eines Rastertonwertes wird im RIP aus vier quantisierten Pixelwerten der Rasterprozentwert eines einzelnen Rasterpunktes berechnet. Aus dem Durchschnittswert dieser vier quantisierten Pixelwerte wird also der Flächendeckungsgrad oder Rastertonwert des entsprechenden Rasterpunktes in diesem Bildpunkt berechnet. Im Beispiel aus Abbildung 63 sieht diese Rechnung folgendermaßen aus:

- 201 + 55 + 103 + 153 = 512.
  512 : 4 ≈ 128
  255 : 128 = 100% : x
  255x = 128 • 100
  x = 50,1%
  100% – 50,1% = 49,9 ≈ 50% Rastertonwert

Der Abbildungsmaßstab beeinflusst die Scanauflösung

Der Kunde liefert eine Halbtonvorlage in dem Format 6 cm x 6 cm. Diese soll auf 385% vergrößert werden.

Soll das Theorem von Nyquest und Shannon erfüllt sein, so muss die Datei in der *endgültigen* Größe eine Bildauflösung von 120 P/cm aufweisen, wenn sie mit einer Rasterweite von 60 L/cm gedruckt wird.

Dazu reicht es nicht, die Vorlage bei einer Breite von 6 cm mit 6 cm x 120 P/cm = 720 Pixel aufzulösen. Nach der Vergrößerung von 385% werden in der daraus resultierenden Bilddatei nämlich 23,10 cm. Die Länge von 23,10 cm wäre demnach in 720 Pixel aufgeteilt. Dies entspräche einer Samplingrate der vergrößerten Datei von

- 720 Pixel : 23,1 cm = 31,2 Pixel/cm

Die sich daraus ergebene Auflösung ist erheblich zu gering. Um eine Verringerung der Bildauflösung bei einer Vergrößerung zu vermeiden, muss die Rasterweite nicht nur mit dem *Samplingfaktor*, sondern zusätzlich mit dem *Skalierungsfaktor* multipliziert werden. Der Skalierungsfaktor entspricht dem durch 100 dividierten Abbildungsmaßstab in %. In dem Beispiel bedeutet dies folgende Einstellung:

- 60 L/cm • 2 PL • 3,85 = 462 P/cm Samplingrate

Die Vorlage wird dann in der Breite und in der Höhe in 6 • 462 = 2772 Pixel aufgeteilt.

Die 23,1 cm haben in der vergrößerten Bilddatei eine Samplingrate von:

- 2772 Pixel : 23,1 cm = 120 Pixel/cm.

Damit ist das Nyquest-Theorem auch in der vergrößerten Bilddatei erfüllt. Wird vom Faktor 2 als Samplingfaktor abgewichen, kann diese Rechnung analog zum veränderten Faktor angewandt werden.

Daraus ist die grundlegende Formel für die Berechnung der Samplingrate abzuleiten:
Samplingrate
= Rasterweite • Samplingfaktor • Skalierungsfaktor

Nach dieser Formel arbeitet vielfach die Scansoftware automatisch. Das Prinzip ist aber überall gleich. Auch große Trommelscanner arbeiten nach diesem Prinzip.

8.5.2 Belichterauflösung: Pels sind nicht gleich Rels

Zur Generierung eines elektronisch erzeugten Rasterpunktes werden vier digitalisierte Pixelwerte herangezogen, wenn ein Samplingfaktor 2 gewählt wird.

Welche Bedingungen muss das Ausgabegerät erfüllen, damit innerhalb einer Rasterzelle 256 quantisierte Graustufen dargestellt werden können?

Rasterpunkte werden bei Laserdruckern und Laserbelichtern aus sogenannten *Recorderelementen (Rels)* aufgebaut, in die der Rasterpunkt als Bitmap eingetragen wird. Dies wird in Bild 64 dargestellt. Eine Bitmap besteht im Unterschied zu einer Byte-

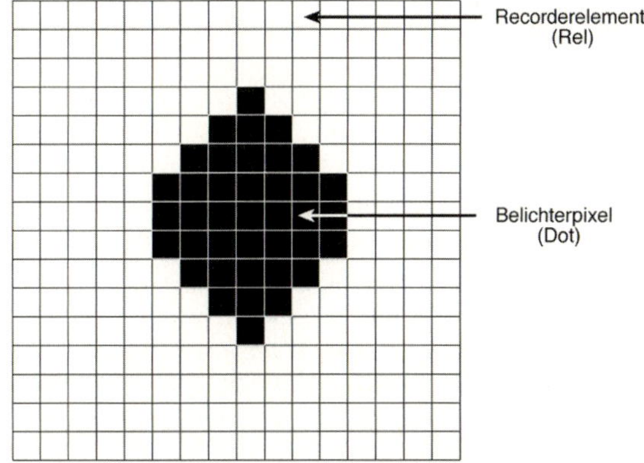

Bild 64: Eine Rasterzelle muss beim Belichter in 16 x 16 Rels unterteilt werden können, damit 256 quantisierte Grauwerte in 256 Rastertonwerte generiert werden können.

map nur aus 1 Bit Pixeltiefe. Hier können nur zwei Zustände, 0 oder 1 dargestellt werden.

Recorderelemente stellen die kleinste ansteuerbare Einheit eines Laserbelichters oder Laserdruckers dar. Ein *„Belichterpixel"* wird auch *„Dot"* genannt. Es ist das kleinste Element, aus dem sich ein elektronisch erzeugter Rasterpunkt zusammensetzt.

Wenn 256 digitalisierte Graustufen als Rasterprozentwerte im Belichter darstellbar sein sollen, muss sich eine Rasterzelle im Belichter stets aus einer Matrix von 16 x 16 Recorderelementen aufbauen lassen: 16 x 16 = 256 Recorderelemente.

Jedem Recorderelement, das vom Laser belichtet wird, kann dann ein Belichterpixel als 1% Rastertonwert theoretisch zugeordnet werden. Auf diese Weise wird jedem der 256 digitalisierten Grauwerte ein fest definierter Rastertonwert zugeordnet und belichtet.

Im Bild 64 ist das Beispiel für einen 15 %igen Rastertonwert dargestellt. Von den 256 Recorderelementen müssen dazu 15 % als Belichterpixel geschwärzt sein. Das entspricht ≈ 39 Dots.

Zur Generierung eines Rasterpunktes in einer Rasterzelle werden vier Scanpixel benutzt, wenn mit dem Samplingfaktor 2 eingescannt wurde. In dem obigen Rechenbeispiel entstand dabei ein digitaler Durchschnittswert von 128, was einem 50%igen Rastertonwert in der Belichtermatrix entsprechen würde.

Theoretisch kann der Belichter nicht nur 256 sondern 257 Graustufen belichten, wenn die Rasterzelle in 16 x 16 Rels aufgeteilt ist, weil auch der Wert 0 (kein Rel wird belichtet) einem Rastertonwert entspricht. Dies ist aber nur theoretisch der Fall, weil bei 8 Bit Datentiefe nur 256 Graustufen digitalisiert werden können, denn 2^8 ist 256 und nicht 257.

Anforderungen an die Auflösungsfeinheit von Belichtern

Soll mit einem Belichter eine Bilddatei mit einer Rasterweite von 60 L/cm oder 152 Lpi belichtet werden, bei der alle 256 Graustufen auch in Rasterprozentwerten vom Belichter umsetzbar sind, so werden an den Belichter hinsichtlich seiner Auflösung gewisse Mindestanforderungen gestellt. Er muss in der Lage sein, bei einer Rasterweite von 60 L/cm jede der 60 Rasterzellen, die sich auf einem Zentimeter verteilen, in nochmals 16 Recorderelemente aufteilen können.

Die hardwareseitige Belichterauflösung wird üblicherweise in dots per inch (dpi) angegeben.

Um herauszufinden, ob die Auflösung eines Belichters ausreicht, einen 60er Raster mit 256 Graustufen belichten zu können, muss man die Belichterauflösung in dpi durch die Rasterweite in lpi dividieren. Kommt bei der Division mindestens 16 heraus, so ist der Belichter dazu in der Lage. Dazu ein Beispiel:

Ein Belichter hat eine Auflösung von 2540 dpi. Es soll ein Raster mit 150 Lpi belichtet werden.

- 2540 dpi Belichterauflösung : 150 Lpi Rasterweite = 16,9 Rels.

In diesem Beispiel ist es also möglich, bei der Belichtung alle 256 digitalisierten Graustufen in Rastertonwerte umzusetzen.

Bei einer Rasterweite von 203 lpi könnte die gesamte Rasterzelle in der Breite und Höhe nur in 12 ganze Rels aufgeteilt werden. Bei dieser Rasterweite wären dann auf einem Belichter mit 2540 dpi nur 12^2 = 144 Graustufen generierbar. Das würde zu denselben Tonwertabrissen in Tonwertverläufen führen, die sich auch bei einer zu geringen Pixeltiefe bei der Quantisierung der analogen Bildsignalen ergeben würden.

8.5.3 Scanauflösung bei Strichvorlagen: Viele Pixel, wenig Tiefe

Alle bisherigen Ausführungen zur Bildauflösung bezogen sich auf Halbtonvorlagen, die eingescannt und gerastert für Printmedien verwendet werden sollen.

Strichvorlagen werden nicht gerastert. Daher sind beim Einscannen andere Bedingungen zu beachten. Die Wahl der richtigen Bildauflösung hängt bei materiellen Strichvorlagen (engl.: Linework oder einfach Line) von zwei wesentlichen Parametern ab:

- Feinheit der Details der Vorlage
- Auflösung des verwendeten Ausgabegerätes.

Vorlagen mit feinen Details sind beispielsweise Federzeichnungen, Holzstiche oder Feinstrichvorlagen. Bei derartigen Vorlagen können nur mit hinreichend feiner Samplingrate alle Details der Vorlage exakt erfasst werden. Dabei steigt natürlich die Dateigröße bei Strichvorlagen im Quadrat zur Auflösung an. Dies ist jedoch nicht ganz so dramatisch, weil es sich bei Strichvorlagen um sogenannte Bitmaps und nicht wie bei digitalisierten Halbtonvorlagen um Bytemaps handelt. Bitmaps verfügen im Unterschied zu Bytemaps nur über 1 Bit Pixeltiefe, da ja nur zwei Zustände (schwarz oder weiß) vorkommen können. Bytemaps verfügen hingegen über 8 Bit pro Pixel.

Die feinen Details von Feinstrichvorlagen sind mit einer möglichst hohen Auflösung einzuscannen. Begrenzt wird die Auflösungsfeinheit lediglich durch das verwendete Ausgabegerät, wenn die Bilder nicht für hochauflösende Belichter gedacht sind.

Erfolgt der Ausdruck im Laserdrucker mit 600 dpi, so ist eine Scanauflösung von mehr als 600 dpi auch

Bild 65: Die Treppenstruktur (Aliasing) ist in Bitmaps deutlicher sichtbar als in Bytemaps.

nicht erforderlich, weil die Möglichkeiten des Laserdruckers damit ohnehin überfordert wären.

Strichvorlagen, die keine Feinstrich-Vorlagen sind, sollten ebenfalls mit möglichst hoher Auflösung eingescannt werden. Dies begründet sich aus der Eigenart von Bitmaps, die gegenüber gerasterten Vorlagen eine außerordentlich hohe Kantenschärfe aufweisen.

Da es sich um digitalisierte Pixel handelt, die bei der Ausgabe wie ein Mosaik zu einem Gesamtbild zusammengesetzt werden, erhalten runde oder diagonal verlaufende Linien und auch Flächenbegrenzungen zwangsläufig eine Treppenstruktur, die als Aliasing bezeichnet wird. Dieses Aliasing zeigt Bild 65.

Mit gröberer Auflösung nimmt diese Treppenstruktur sichtbar zu. Durch die Kantenschärfe von Bitmaps tritt dies hier wesentlich deutlicher hervor als bei Halbtonbildern mit wesentlich weicheren Kanten. Hier liegen zwischen den Treppenstufen noch graue Pixel, die dafür sorgen, dass wegen des dadurch bedingten geringeren Kontrastes die Treppenstruktur bei gleicher Auflösung weit weniger auffällt.

In Bytemaps ist außerdem eine Antialiasingfunktion (Glättfunktion) anwendbar, die darauf beruht, bei zu kontrastreichen Übergängen Mittelwerte zwischen Hintergrund und Vordergrund zu berechnen, um damit die Übergänge weicher erscheinen zu lassen. Dies ist in Bitmaps nicht möglich, weil bei 1 Bit Pixeltiefe keine Zwischenwerte generiert werden können.

Der Vergleich zweier Strichabbildungen in Bild 66 und 67, die mit 100 ppi beziehungsweise 300 ppi gescannt wurden, macht den Unterschied deutlich. Beide Abbildungen wurden auf einem 300 dpi-Laserdrucker ausgedruckt. Würde man die Abbildung 67 auf einem Filmbelichter mit beispielsweise 2540 dpi belichten, so würde sich auch hier die Treppenstruktur zeigen.

Bild 66: Strichvorlage mit 100 ppi eingescannt

Bild 67: Strichvorlage mit 300 ppi eingescannt

Bei Filmbelichtern, die Auflösungen von 3500 dpi und mehr haben, ist es nun keineswegs erforderlich Strichvorlagen mit derartig hohen Auflösungen zu scannen. Bei einer Auflösung von ca. 1500 ppi wird die Treppenstruktur meist so klein, dass sie visuell kaum noch wahrgenommen werden kann.

Zur Einsparung von Speicherplatz und Rechenzeiten ist eine solche Auflösung bei guter Qualität für Strichscans durchaus vertretbar.

Soll eine Strichvorlage vergrößert gescannt werden, so gilt auch hier, dass die Auflösung mit dem Skalierungsfaktor multipliziert werden muss.

8.5.4 Die sechs Schritte der Tonwertübertragung mit einem Scanner

Um die Zusammenhänge in der Scannerpraxis umzusetzen, sind sechs Schritte zu berücksichtigen:
- Scannerlinearisierung
- Anpassung der Tonwerte an empfindungsmäßige Abstufungen
- Prescan
- Einstellung von Bildlicht und Bildtiefe
- Festlegung von Bildlicht und Bildtiefe für die Ausgabe
- Festlegung der Gradation zwischen Bildlicht und Bildtiefe

Bei CCD-Lowcost-Scannern ebenso wie bei CCD-Scannern der Mittelklasse sind die Schritte 1 bis 4 heute weitgehend zusammengefasst. Es gibt keine echte Trennung zwischen Scannerlinearisierung und bildbezogener Gradationseinstellung.

Bei den traditionellen Trommelscannern war dies anders. Die *ersten beiden Schritte* sollen deshalb am Beispiel eines solchen Trommelscanners erläutert werden.

In dem abgebildeten Blockdiagramm im Bild 51 ist oben die Logarithmierstufe zu sehen. Traditionelle Trommelscanner eichen den logarithmischen Verlauf zwischen Bildlicht und Bildtiefe durch die Grundeichung in der Logarithmierstufe.

Die Logarithmierstufe passt bei der Grundeichung des Scanners den Verlauf zwischen der hellsten und dunkelsten Bildstelle an, indem ein Grauverlaufskeil, der in Dichtewerten logarithmisch ansteigt, während der Grundeichung in den Strahlengang des Scanners geschwenkt wird. Dieser dient als Referenz für den gekrümmten logarithmischen Verlauf der abgetasteten Bildsignale zwischen Bildlicht und Bildtiefe.

Auf diese Weise wird noch rein analog die Grundlinearisierung des Scanners durchgeführt. Die Logarithmierstufe arbeitet meist zweistufig.

Die nachgeschaltete *zweite Stufe* sorgte für die Feinabstimmung des Scanners an die empfindungsmäßige Tonwertabstufung, zum Beispiel nach Munsell oder einer anderen, dem Anwender meist verborgenen Funktionskurve. Diese Anpassung erfolgt jeweils innerhalb des maximalen Dynamikbereiches der Fotomultiplier. Wegen der unterschiedlichen maximalen Dichteumfänge geschieht diese Anpassung jedoch getrennt nach Durchsicht und Aufsicht. Auf diese Grundeichung baut der anschließende Weißabgleich auf. Dieser Vorgang sorgt dafür, dass die drei Fotomultiplier gleichermaßen zueinander in allen drei Farbkanälen die analogen Lichtwerte in analoge Spannungswerte umsetzen.

Heutige HighEnd-Trommelscanner arbeiten auch weiterhin nach einem solchen oder ähnlichen Prinzip.

Bei CCD-Scannern übernimmt die eingesetzte Scansoftware unbemerkt vom Anwender mehr oder weniger diese Funktion. Wie gut dies geschieht hängt von der eingesetzten Software ab.

Jeder Scanvorgang beginnt heute für den Anwender mit einem sogenannten *Prescan*. Bei mancher Scansoftware, wie beispielsweise Linocolor von Heidelberg wird noch zwischen Overview und Prescan unterschieden. Beim Flachbettscanner wird mit dem Overview die gesamte Vorlagenfläche in grober Auflösung abgetastet. Das Overview dient lediglich dazu, die Vorlage oder die Vorlagen auf dem Scanner am Bildschirm sichtbar zu machen. Über das zu scannende Bild oder den Bildausschnitt wird dann mit der Maus ein Rahmen gezogen. Breite und Höhe dieses Rahmens bestimmen die Breite und Höhe des Originals und damit die Basis für die Berechnung der späteren Dateigröße des digitalisierten Bildes.

Nach dem Overview wird der eigentliche Prescan durchgeführt. Von dem anschließend anzufertigenden Feinscan unterscheidet sich ein Prescan in jedem Scanprogramm grundsätzlich durch seine geringere Auflösung. Entscheidend für die Güte der Scansoftware ist die Qualität der Bildwiedergabe des Prescans. Der Prescan hat die Aufgabe, alle Bildeinstellungen für den Feinscan hinsichtlich der Gradationseinstellung und der Farben am Bildschirm trotz der kleineren Datenmenge möglichst identisch zu simulieren. Ideal wäre es also, wenn der Prescan dem Feinscan am Bildschirm wie ein Ei dem anderen gleichen würde. Mit professioneller Scansoftware, wie beispielsweise Linocolor, wird dieses Ziel durchaus erreicht. Sehr gute Ergebnisse werden auch mit der Scansoftware Silverfast erreicht.

Die Güte des Prescans ist deshalb so bedeutungsvoll, weil alle notwendigen Bildeinstellungen bereits vor dem Scanvorgang möglichst optimal durchgeführt werden sollten. Auch wenn Bildbearbeitungssoftware wie Photoshop ebenfalls über alle notwendigen Werkzeuge zur Gradationsbearbeitung und Farbkorrektur verfügt, ist es sinnvoller dies so weit wie möglich vor dem Feinscan im Scanmenü durchzuführen. Dies begründet sich aus den in Kapitel 8.3.5 dargestellten Sachverhalten.

Nahezu alle auf dem Markt befindlichen Scanner verfügen selbst im Lowcost-Segment über eine Farbtiefe von mindestens 30 Bit, was einer Pixeltiefe von 10 Bit pro Farbkanal entspricht. Werden Gradationskorrekturen im Prescan bereits vorgenommen, so stehen bei der Zuordnung der digitalen Kodierung aller analogen Tonwerte bei 10 Bit 1024, bei 12 Bit 4096, bei 14 Bit 16384 und bei 16 Bit 65536 „Schubladen" zur Verfügung, in die die gradationsmäßig veränderten Tonwerte codiert werden können. Dazu werden im Scanprogramm die Scannereinstellungen in einer Look up table (LUT) gespeichert.

Bevor die Pixelwerte von 10, 12, 14 oder 16 Bit Pixeltiefe auf 8 Bit Pixeltiefe für die Ausgabe konvertiert werden, durchlaufen sie die LUT und verändern noch innerhalb des größeren Tonwertumfangs des Scanners die Gradation.

Führt man die Gradationsänderungen erst *nach* dem Scan in Photoshop durch, so stehen hier nur noch 8 Bit Pixeltiefe und damit 256 Tonwertstufen pro Kanal zur Verfügung. Da man jede Gradationsänderung auch als eine reine Umverteilung vorhandener Tonwerte auffassen kann, kommt es bei diesem geringeren Tonwertumfang schneller zu sichtbaren Quantisierungsfehlern.

Der *vierte Schritt* beim Einscannen von Bildern besteht darin, die hellste und dunkelste Bildstelle im Prescan zu analysieren. An den früheren Reproscannern geschah dies ganz manuell, indem mit dem Abtastkopf Bildlicht und Bildtiefe gesucht und fixiert wurden. Bevor dies durchgeführt wurde, fand am Trommelscanner noch der Weißabgleich statt. Für Durchsichtsvorlagen erfolgte dieser auf dem neutralen Glas der Abtastwalze. Für Aufsichtsvorlagen wurde der weiße Rand des Fotos dafür verwendet oder ein entsprechender Streifen mit weißem Fotopapier.

Das Aufsuchen von Bildlicht und Bildtiefe vollzieht sich heute weitgehend automatisch im Prescan. Die Scansoftware sucht selbständig nach dem hellsten und dunkelsten Punkt innerhalb des Prescans. Voraussetzung für professionelle Ergebnisse ist auch hier wieder die Güte des Prescans.

Im *fünften Schritt* müssen dem gefundenen hellsten und dunkelsten Tonwert der Vorlage entsprechende Rastertonwerte für Bildlicht und Bildtiefe zugewiesen werden.

Um Zeichnungsverluste in den Vierteltönen und Dreivierteltönen durch die spätere Tonwertzunahme zu vermeiden, darf im Offsetdruck der erste druckbare Punkt bei bester Papierqualität nicht unter 3% Rastertonwert liegen. Die Einstellung der Bildtiefe sollte nicht höher als 97% sein.

Bei schlechteren Papierqualitäten müssen diese Werte angepasst werden.

Im *sechsten Schritt* schließlich wird der Gradationsverlauf zwischen Bildlicht und Bildtiefe festgelegt. Entscheidenden Einfluss auf die richtige Einstellung des Gradationsverlaufs zwischen Bildlicht und Bildtiefe haben:

- der Dichteumfang der Vorlage
- der erreichbare Dichteumfang im Druck
- die Gradation der Vorlage
- die Tonwertzunahme im Druck (Druckkennlinie)

Beim intuitiven Scannen werden alle 4 Einflussfaktoren berücksichtigt, in dem der Prescan visuell am Bildschirm beurteilt wird. Für professionelle Arbeitsweise muss davon aber strikt abgeraten werden, wenn mit unkalibrierten Monitoren gearbeitet wird. Unter einer Monitorkalibration wird hier die genaueste Abstimmung des Monitorbildes auf das entsprechende Druckergebnis verstanden.

Es muss also in einer durchgeführten Monitorkalibration sichergestellt werden, dass die Monitordarstellung mit dem später zu erzielenden Druckergebnis hinsichtlich Gradation und Farbe genau identisch ist.

Es muss außerdem gewährleistet sein, dass der Monitor sich in stets gleichem Umgebungslicht befindet und überhaupt genau kalibrierbar ist.

In vielen Fällen, bei denen Bildbearbeitung an Standardmonitoren durchgeführt wird, sind diese Bedingungen nur unzureichend gegeben. Eine nur visuelle Bildbeurteilung sollte deshalb sicherheitshalber immer mit den Messwerten im digitalen Datenbestand gegenkontrolliert werden. Kontrollwerte für die Gradationseinstellung sind aus dem in Kapitel 8.4.5 beschriebenen Reprozirkel zu erhalten.

8.5.5 Gradationseinstellung und die Folgen

Das Bild 68 zeigt das Einstellmenü für die Bildgradation von Silverfast. So oder ähnlich sind auch andere Gradationsbearbeitungstools in der Scannersoftware oder in den Bildbearbeitungsprogrammen aufgebaut.

Bei der Gradationseinstellung im Scanprogramm ebenso wie bei der nachträglichen Gradationseinstellung muss man sich darüber bewusst sein, dass das mit der Gradationsänderung beabsichtigte Ziel immer eine unbeabsichtigte und vielleicht auch unerwünschte zusätzliche Folge hat. Ob diese unbeabsichtigten Folgen auch in Kauf genommen werden können, hängt vom Tonwertaufbau der jeweiligen Bildvorlagen ab. Dazu sollen die Möglichkeiten der digitalen Gradationsveränderung und ihrer Folgen systematisch am Beispiel von Photoshop und Silverfast betrachtet werden.

Helligkeit und Kontrast

Es ist zunächst zwischen linearen und nichtlinearen Gradationsveränderungen zu unterscheiden. Helligkeit und Kontrast zählen zu den linearen Gradationsänderungen. Im Bild 68 dient der oberste Regler mit dem geteilten Kreissymbol der Kontrasteinstellung des Bildes. Hier kann das Gesamtbild kontrastreicher oder kontrastärmer eingestellt werden.

Der mit der Sonne gekennzeichnete Gradationsregler dient der Helligkeitseinstellung. Die mit einem weißen und schwarzen Dreieck gekennzeichneten Regler dienen zur Einstellung von Bildlicht und Bildtiefe. Die Einstellung dieser Werte beeinflussen ebenfalls den Gradationsverlauf, da hiermit die Grenzen zwischen dem hellsten und dunkelsten Punkt der Vorlage und dem der Ausgabe festgelegt werden.

Alle *linearen* Gradationsveränderungen wirken grundsätzlich immer auf die Veränderung von Bildlicht und Bildtiefe.

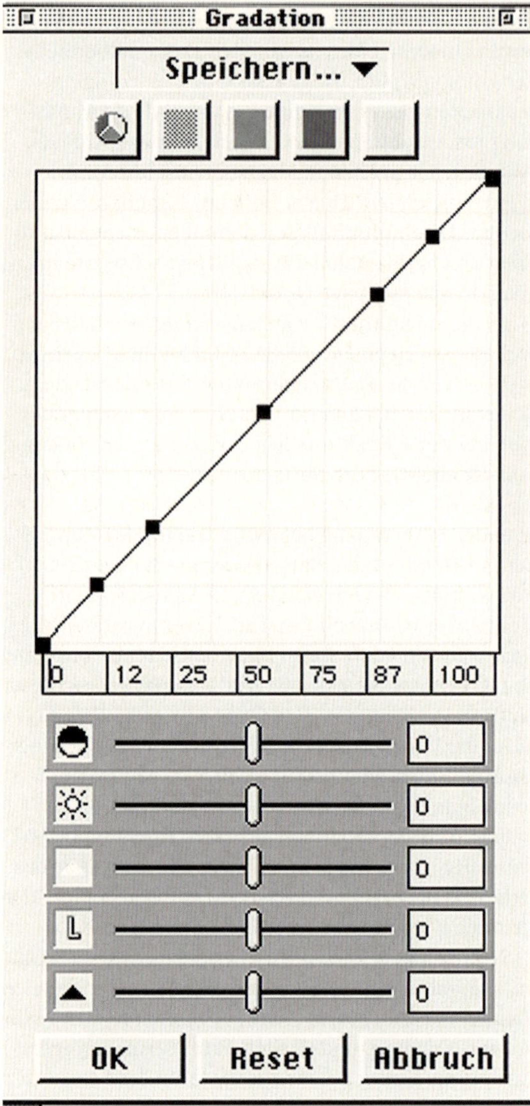

Bild 68: Gradationsregler in der Scansoftware Silverfast

Daraus folgt auch umgekehrt, dass mit einer veränderten Einstellung von Bildlicht und Bildtiefe eine lineare Gradationsänderung bewirkt wird. Dazu soll die Wirkungsweise des Kontrastreglers genauer erläutert werden.

Das Bild 69 zeigt das Gradationsdiagramm, dessen x-Achse von den Eingangswerten und dessen y-Achse von den Ausgangswerten gebildet wird. Alle Werte können in der Scannersoftware oder in Bildbearbeitungsprogrammen entweder als Rasterprozentwerte, wie im Falle der Abbildung, oder in den Pixelwerten von 0 bis 255 angezeigt werden.

Die so aufgebauten Gradationsdiagramme sind genaugenommen nur Gradationsveränderungsdiagramme. Sie zeigen nicht den funktionellen Zusammenhang zwischen Dichtewerten der Vorlage und deren Ausgangswerten, sondern lediglich den Zusamenhang zwischen den Eingangswerten und den Ausgangswerten.

Man erhält also bei der gradationsmäßigen Bearbeitung digitalisierter Bilder keinerlei Aussage über den Ist-Zustand des Bildes, welches gerade bearbeitet wird.

Wird ein Bild in seiner bestehenden Gradation nicht verändert, so zeigt sich eine im Winkel von 45 Grad verlaufende Gerade. Dies repräsentiert in der Abbildung 69 die schwarze Gerade. An deren Anfangspunkt befindet sich das Bildlicht (weißes Dreieck) und deren Ende bildet die Bildtiefe (das schwarze Dreieck).

Geht man von einem beliebigen Rastertonwert auf der x-Achse aus nach oben bis zu dieser Geraden und von dort waagerecht nach links zur y-Achse, so wird dort genau der gleiche Rastertonwert abgelesen. Das bedeutet, keine Gradationsänderung, weil Eingangs- und Ausgangswerte dieselben sind.

In der Abbildung 69 zeigt die rote Gradationskurve eine Kontraststeigerung, während die grüne Gradationskurve eine Kontrastverminderung anzeigt. Nach diesem Prinzip arbeitet der Kontrastregler in einer Scannersoftware ebenso wie der vergleichbare Kontrastregler im Bildbearbeitungsprogramm Photoshop.

Ob Kontraststeigerung oder Kontrastminderung eingestellt wird, die Gradation des Bildes verändert sich stets ganz linear, was daran zu erkennen ist, dass die rote und grüne Gradationskurve wie mit einem Lineal gezeichnet aussieht.

Der Unterschied zwischen beiden Gradationskurven ist der Winkel. Genau das ist das Maß für die Stärke des Kontrastes. Ein Winkel von 45^0 bedeutet keinerlei Kontrastveränderung.

Mit ansteigendem Winkel steigt auch der Kontrast an. Das bedeutet, dass die Unterschiede zwischen zwei Tonwerten auf der y-Achse gegenüber der x-Achse größer werden. Dies wird in Abbildung 69 bei den mit einer blauen Linie markierten Tonwerten von 65% und 75% auf der x-Achse und ihrem jeweiligen Tonwertunterschied auf der y-Achse deutlich.

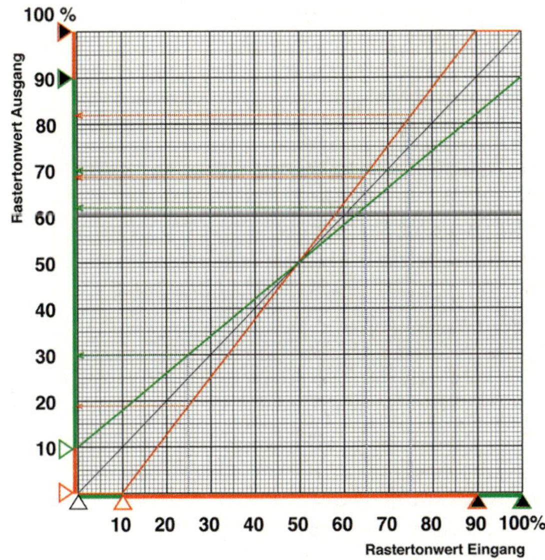

Bild 69: Wirkungsweise der Bildkontraststeigerung (rote Gradationskurve) und Bildkontrastverminderung (grüne Gradationskurve)

Zur Bestimmung eines Kontrastes werden also mindestens zwei Tonwerte benötigt. In der Praxis bedeutet diese Kontraststeigerung, dass Bilddetails jetzt deutlicher sichtbar werden als vorher.

Die lineare Kontrasterhöhung der roten Gradationskurve hat aber auch entscheidende unliebsame Folgen. Je steiler die Kurve verläuft, desto mehr Eingangstonwerte werden auf der x-Achse abgeschnitten, weil ihr Kontrast dort gleichzeitig Null wird.

Im gezeigten Beispiel in Abbildung 69 werden alle Tonwerte auf der x-Achse zwischen 0 und 10 % auf der y-Achse gleichmäßig mit 0 % wiedergegeben. In diesem Bereich verläuft die rote Gradationskurve genau parallel zur x-Achse. Sie verfügt damit in diesem Bereich über einen Winkel von 0^0. Der Kontrast ist folglich ebenfalls Null. Die Tonwerte sind nach der Gradationsänderung nicht mehr zu sehen. Nur die Tonwerte, die auf der x-Achse mit einem roten Streifen markiert sind, können nach der Gradationsänderung erhalten bleiben.

Das weiße Dreieck mit dem roten Rand markiert nun die neue Lage des Bildlichtes, das schwarze Dreieck mit dem roten Rahmen zeigt die neue Bildtiefe.

Auch in dem Tonwertbereich von 90 % bis 100 % werden alle dazwischen liegenden Tonwerte des Bildes abgeschnitten. Diese Tonwerte werden auf der y-Achse alle gleichermaßen mit 100 % Rastertonwert wiedergegeben. Auch hier verläuft die Gradationskurve parallel zur x-Achse. Kontrast daher auch hier gleich Null. Auf der Seite der y-Achse bleibt der gesamte maximale Tonwertumfang zwischen 0 % und 100 % erhalten.

Im Extrem lässt sich die Gradationskurve bis zu einem Winkel von 90^0 in ihrem Kontrast steigern. Dann können nur noch zwei Tonwerte wiedergegeben werden: Weiß und Schwarz. Dies ist typisch für eine Strichumsetzung.

Genauso kann man sich den Wandel eines Graustufenbildes in ein Strichbild vorstellen. Der Tonwert, bei dem der Wechsel von Weiß nach Schwarz stattfinden soll, wird als Schwellwert bezeichnet. In der Abbildung 69 ist dies durch die orangene Linie gekennzeichnet.

Bei einer Kontrastminderung verhält es sich nun genau umgekehrt. Die grüne Gradationskurve macht dies deutlich. Die gesamte Gradationskurve verläuft nun linear in einem gegenüber 45^0 kleineren Winkel. Die Tonwertabstände auf der y-Achse werden gegenüber vergleichbaren Abständen auf der x-Achse nun kleiner, der Kontrast sinkt also. Im Unterschied zu einer Kontraststeigerung wird bei einer Kontrastminderung jedoch der Tonwertumfang bei der *Ausgabe* eingeschränkt.

Die neue Lage von Bildlicht (weißes Dreieck mit grünem Rahmen) und Bildtiefe (schwarzes Dreieck mit grünem Rahmen) macht dies deutlich. Auf der x-Achse bleiben hingegen alle Tonwerte des Bildes erhalten. Sie werden bei der Ausgabe nur mit geringerem Kontrast wiedergegeben.

Die extremste Kontrastminderung wäre eine Gradationskurve, die absolut parallel zur x-Achse verliefe. Alle Eingangstonwerte werden dann als gleiche Tonwerte ausgegeben. Das Ergebnis wäre ein glatter Ton, der das Bild zum Verschwinden gebracht hat.

In welcher Höhe der y-Achse die waagerechte Gradationskurve verläuft, bestimmt die Helligkeit dieses Tonwertes.

Kontraständerung

Am Beispiel der Bildbearbeitungssoftware Photoshop soll genauer betrachtet werden, wie Kontrasteinstellungen zu berechnen sind. Andere Software führt dies in vergleichbarer Weise durch.
Für die Berechnung des Kontrastes wird die folgende Formel angewandt:

$$G_{Aus} = (G_{Ein} - G_{Mittel}) \times K) + G_{Mittel}$$

G_{Aus} = Graustufenwert des Pixels nach der Kontraständerung
G_{Ein} = Graustufenwert des Pixels vor der Kontraständerung
G_{Mittel} = Mittlerer Graustufenwert des Bildes
K = Kontrastfaktor (eingestelltes Ausmaß der Kontraständerung)

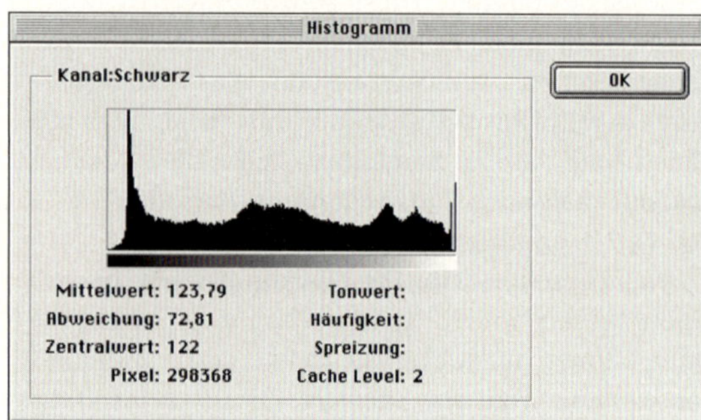

Bild 70: Aus einem Histogramm kann die Häufigkeitsverteilung aller Pixelwerte eines Bildes und deren Mittelwert G_{Mittel} abgelesen werden.

Zu jedem Eingangswert können mit Hilfe der obigen Formel die Ausgangswerte nach der Kontraständerung berechnet werden. Als Graustufenwerte müssen dazu grundsätzlich die digitalen Pixelwerte und *nicht* die Rastertonwerte eingesetzt werden. Bei der Betrachtung von Gradationskurven ist deshalb stets zu beachten, dass einem hohen Pixelwert ein geringer F %-Wert entspricht und umgekehrt. Die Formel zur Umrechnung der Rastertonwerte F % in die Pixelwerte „G" wird in der Abbildung 71 gezeigt.

Rechnerisch soll nachvollzogen werden, wie mit dem Programm Photoshop bei einer Kontraständerung die neuen Pixelwerte berechnet werden.

Dazu benötigen wir G_{Mittel} und den Kontrastfaktor „K". Je nach Bildbeschaffenheit eines Bildes liegt der Mittelwert aller vorhandenen Pixelwerte nicht stets bei 127. Vielmehr wird eine genaue bildbezogene Mittelwertberechnung aller vorhandenen Pixelwerte durchgeführt. Auf diese Berechnung wird von Photoshop anschließend die Kontrastberechnung angewandt. G_{Mittel} richtet sich also stets nach der Beschaffenheit der digitalen Bilddaten.

Zur Ermittlung dieses bildbezogenen mittleren Grauwertes im Pull-down-Menü von Photoshop ist bei „Bild" auf „Histogramme" zu klicken. Hier ist der mittlere Grauwert G_{Mittel} abzulesen, mit dem Photoshop rechnet.

Bild 70 zeigt dieses Histogramm. Bei diesem Bild ist ein Mittelwert G_{Mittel} von 123,79 angezeigt.

Nun fehlt noch der Kontrastfaktor „K", um die Formel zur Kontrastberechnung zu durchschauen. Auf den Kontrastfaktor nimmt der Anwender unmittelbar Einfluss, wenn er in der Scansoftware oder im Bildbearbeitungsprogramm den Schieberegler für mehr oder weniger Kontrast einstellt. Sie bestimmen als Anwender damit den Anstiegswinkel α der Gradationskurve.

Damit sich die Pixelwerte berechnen lassen, wird anstelle des Winkels der Tangens dieses Winkels herangezogen. Die Ermittlung des Kontrastfaktors ist mit Hilfe von Abbildung 71 zu verdeutlichen.

Der Kontrastfaktor wird durch die zwei Streckenabschnitte zwischen G_{Mittel} und G_{Aus} – das entspricht dem Abschnitt auf der y-Achse – und G_{Mittel} und G_{Ein} – das entspricht dem Streckenabschnitt auf der x-Achse – berechnet. Als G_{Ein} fungiert jeder Pixelwert des Bildes. Wie Abbildung 71 verdeutlicht, lässt sich aus diesen beiden Streckenabschnitten auf der x- und y-Achse ein rechtwinkliges Dreieck bilden. Zu beachten ist dabei, die Rastertonwerte F % auf der x- und y-Achse der Gradationskurven zuvor in Pixelwerte „G" umzurechnen.

Der Winkel α des rechtwinkligen Dreiecks in Abbildung 71 entspricht dem Anstiegswinkel der Gradationskurve. Innerhalb dieses rechtwinkligen Dreiecks kann die Tangensfunktion angewandt werden. Mit ihr kann der Winkel α als das Streckenverhältnis der Ankathete zur Gegenkathete alternativ angegeben wer-

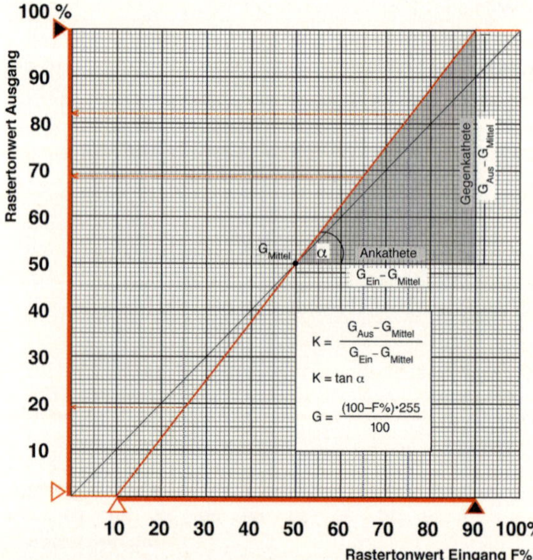

Bild 71: Die Berechnung des Winkels für die Kontrastveränderung leitet sich aus dem Tangens des α Winkels ab

den. Der Ankathete entspricht der Streckenabschnitt G_{Ein} minus G_{Mittel}, während der Gegenkathete der Streckenabschnitt G_{Aus} minus G_{Mittel}, entspricht.

Gemäß der Tangensfunktion, die besagt, dass der Quotient aus der Länge der Gegenkathete dividiert durch die Länge der Ankathete der Tangens des Winkels α ist, leitet sich die Formel zur Berechnung des Kontrastfaktors ab:

$$K = \frac{G_{Aus} - G_{Mittel}}{G_{Ein} - G_{Mittel}}$$

Will man im Programm Photoshop zum besseren Verständnis die Kontrastberechnung von Pixelwerten selbst einmal durchführen, so müssen dazu noch die Indexwerte, die Photoshop in dem Regler zur Kontrasteinstellung verwendet, in den Kontrastfaktor „K" umgerechnet werden. Den Zusammenhang zwischen diesen Indexwerten und dem Winkelanstieg α der Gradationskurve zeigt Abbildung 72.

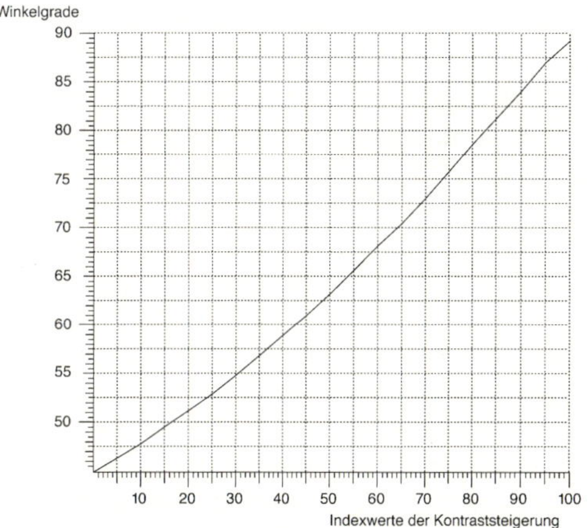

Bild 72: Diagramm zur Ermittlung der Indexwerte zur Kontrasteinstellung in Photoshop und dem Winkel α der Gradationskurve. Der Tangens dieses Winkels entspricht dem Kontrastwert K

Es handelt sich dabei um einen *nichtlinearen* Zusammenhang zwischen dem Anstieg des Winkels α der Gradationskurve und den Indexwerten. Berechnet man von dem im Diagramm ermittelten Winkel den Tangens auf dem Taschenrechner, so erhält man den Kontrastfaktor K, der in die Formel einzusetzen ist. Dazu ein Beispiel:

Bei einer eingestellten Kontraststeigerung von + 20 kann im Diagramm ein Winkel von $51{,}5^0$ abgelesen werden. Der Tangens dieses Winkels ist 1,235. Dieser Wert ist als Kontrastfaktor „K" in die Formel zur Ermittlung der Pixelwerte nach einer Kontraständerung einzusetzen.

Die Kontraststeigerung endet, wenn ein Winkel von 90^0 erreicht wurde. In diesem Falle sind alle Tonwerte kleiner als G_{Mittel}. Schwarz und alle anderen Tonwerte erreichen den Grauwert 255 für Weiß. Daraus kann man erkennen, dass eine Kontraststeigerung dazu führt, dass von den 256 Graustufen sich zunehmend weniger im Bild befinden. Diese steigen aber in schnelleren Schritten von 0 – 255 an.

Bei der Kontrastminderung sieht es genau umgekehrt aus. Für die Berechnung wird dieselbe Formel angewendet. Als Kontrastfaktor muss jedoch der rechnerische Kehrwert in die Formel eingesetzt werden.

Praktische Konsequenzen

Das „Schneebild Original" in Bild 73 zeigt das Bild vor einer Kontraststeigerung. Der rechte Teil des Bildes enthält einen Graustufenkeil, der oben von 0 % Rastertonwert nach unten in 5 %-Schritten bis 100 % von Stufe zu Stufe linear ansteigt. Bildlicht und Bildtiefe sind mit einem weißen beziehungsweise schwarzen Dreieck gekennzeichnet.

Bild 73: Schneebild Original. Ausgangsbild vor der Kontraststeigerung

Bild 73a: Schneebild nach der Kontraststeigerung +20 in Photoshop

Dieses Bild soll nachfolgend als Testbild verwendet werden, um die Wirkungsweise der Gradationseinstellungen in der praktischen Anwendung besser verstehen zu können. Dabei hilft der Graustufenkeil, die Veränderung der Tonwerte im Viertel-, Halbton- und Dreivierteltonbereich sowie von Bildlicht und Bildtiefe systematischer zu beobachten.

Diese Wirkungen machen sich zusätzlich auch im Bildmotiv bemerkbar, sind dort jedoch, je nach Tonwertbereich, manchmal weniger gut erkennbar.

Der linke Graukeil ist logarithmisch aufgebaut und steigt von unten nach oben in Dichteschritten von 0.10 Dichte von Stufe zu Stufe an.

Abbildung 73a zeigt das Schneebild Original nach einer Kontraständerung von +20 mit Hilfe des Kontrastreglers in Photoshop. Es handelt sich bei dieser Gradationsveränderung um eine sehr starke Gradationseinstellung, die aber die Auswirkung auf das Bild deutlicher erkennen lässt.

Die Tonwertverluste oberhalb des im Graustufenkeil nach unten verschobenen Bildlichts und die Tonwertverluste der im Graustufenkeil nach oben verschobenen Bildtiefe sind deutlich erkennbar. Im Bildmotiv können diese Veränderungen in den Vierteltönen des Schnees und den Dreivierteltönen innerhalb der Tannen beobachtet werden.

Für drei Graukeilstufen sind die Veränderungen der Kontraststeigerung, wie sie sich vor dem Abspeichern der Gradationsänderung in der Informationspa-

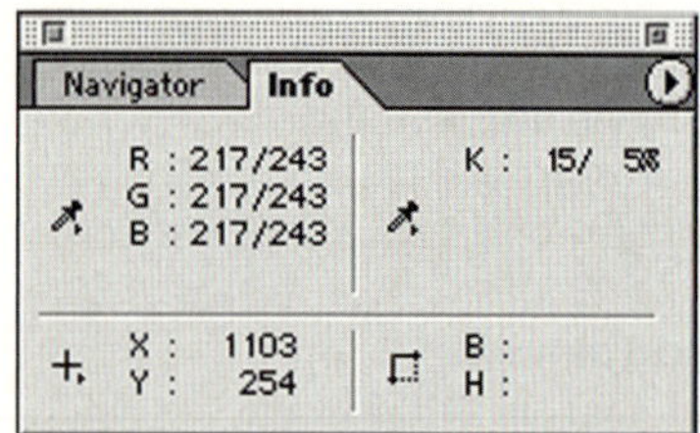

Navigator
Info
R : 230/255
G : 230/255
B : 230/255
K : 10/ 0%
X : 1109
Y : 209
B :
H :

Navigator
Info
R : 38/ 19
G : 38/ 19
B : 38/ 19
K : 85/ 93%
X : 1103
Y : 1157
B :
H :

Bild 74 bis 76: Informationspalette aus Photoshop mit unterschiedlichen G_{Ein}-Werten im rechten Graukeil des Schneebild Original vor einer Kontrastverstärkung auf +20. Die linke Pixelwerte zeigen den unveränderten Pixelwert, der rechte den veränderten.

lette zeigen, herausgegriffen worden, um die Berechnung dieser Werte durch Photoshop mit Hilfe der bereits erläuterten Formel noch einmal nachzuvollziehen. Diese Werte sind in den Abbildungen 74 bis 76 dargestellt.

Im Histogramm für das Schneebild Original kann ein Wert von 112,6 für G_{Mittel} entnommen werden.

Dem Photoshop-Indexwert von +20 als Kontrasterhöhung entspricht einen Winkel von $51{,}5^0$. Dieser Wert kann dem Diagramm von Abbildung 72 entnommen werden.

Der Tangens dieses Winkels ist 1,234897, was dem Kontrastfaktor „K“ entspricht. Damit sind alle notwendigen Angaben zur Berechnung des G_{Aus} zusammen gestellt, um nach dem neuen Wert die Kontraständerung von $G_{Ein} = 217$ nach Bild 74 zu berechnen.

Mit der folgenden Rechnung wird G_{Aus} nach einer Kontraständerung von +20 berechnet.
Die Rechnung dazu lautet:

$$G_{Aus} = ((G_{Ein} - G_{Mittel}) \bullet K) + G_{Mittel}$$
$$G_{Aus} = ((217 - 112{,}6) \bullet 1{,}2572) + 112{,}6$$
$$G_{Aus} \approx 243$$

Nach der Kontraständerung verändert sich der Pixelwert 217 auf den Pixelwert 243. In Bild 75 wird diese Veränderung in der Informationspalette von Photoshop angezeigt.

Auf gleiche Weise können die Vorschauanzeigen derselben Kontraststeigerung in Bild 75 und 76 nachgerechnet werden. Leichte Rundungsunterschiede zwischen der Rechnung mit dieser Formel und Photoshop können dabei durchaus vorkommen. Die Ablesegenauigkeit des Winkels in Abhängigkeit von den Photoshop-Indexwerten führt dabei ebenfalls zu Ungenauigkeiten.

Aus der Rechnung ist ebenso deutlich wie aus der Gradationskurve zu erkennen, dass Eingangspixelwerte, die im „Schneebild Original“ noch vorhanden waren, nach der Kontraständerung verschwunden sind.

In dem berechneten Beispiel bedeutet dies, dass ein Rastertonwert von vorher 15 % nun nur noch 5 % aufweist. Aber schon der Rastertonwert von 10 % wird wie alle nachfolgenden zu 0 %. Diese verlorenen Tonwerte im Viertelton und ebenso im Dreiviertelton sind unwiederbringlich weg.

Dies ist eine wichtige Erkenntnis, weil ein zu kontrastreiches Einscannen der Vorlage oder eine nachträgliche zu kontrastreiche Bildbearbeitung mit dem linear arbeitetenden Kontrastregler nicht mehr zu retten ist. Es gelingt also nicht, sie mit einer nachträglichen Kontrastminderung wieder rückgängig zu machen. Zwar reduziert sich dann der Kontrast rein rechnerisch wieder, die Bildmodulation bleibt jedoch unverändert schlecht. Die Eingangswerte in den Vierteltönen und Dreivierteltönen sind aber nach der Kontrasterhöhung bis zum Bildlicht und der Bildtiefe alle gleich.

Daraus ist abzuleiten: Jede Einschränkung des Tonwertumfangs auf der x-Achse der Gradationskurve durch *lineare* Kontraststeigerung führt unweigerlich zu unwiederbringlichen Tonwertverlusten in der Lichter- und Tiefenzeichnung oder mindestens in einem von beiden, wenn sich der Tonwertumfang der Eingangswerte auf tatsächlich vorhandene Bilddaten im Bild bezieht. Ob dies der Fall ist, erkennt man im Histogramm von Photoshop daran, dass die Regler für Bildlicht und Bildtiefe jeweils direkt am Anfang bzw. Ende des Verteilungsgebirges stehen. Dies wird bei standardmäßigen Scannen heute meistens der Fall sein, weil Bildlicht und Bildtiefe der Scansoftware automatisch eingestellt wird.

Erlaubt das Scanprogramm die Einstellung von Bildlicht und Bildtiefe für die Ausgabe auf die 3% Rastertonwert bzw. 97 % einzustellen, so wird hier der Tonwertumfang von 0 bis 255 durch eine leichte Kontrastminderung nicht mehr voll ausgenutzt. Er darf in diesem Falle aber auch nicht mehr über die Kontrastregler ausgedehnt werden, weil dann der erste druckbare Rasterpunkt im Druck wegbrechen würde, beziehungsweise die Tiefe zu früh flächig druckt.

Den Kontrastregler in Richtung zu mehr Kontrast zu ziehen hat nur dann Sinn, wenn es sich um Vorlagen handelt, die *Spitzlichter*, also Glanzlichter oder ähnliches aufweisen. Spitzlichter weisen keine Zeichnung auf. Wird hier etwas kontrastreicher gescannt, bekommt dies der Gesamtgradation eines solchen Bildes meistens ganz gut.

Bei einer Verminderung des Kontrastes besteht die Gefahr, dass unwiederbringliche Modulationsverluste auftreten weniger. Ein beim Einscannen zu kontrastarm gescanntes Bild kann deshalb ohne nennenswerte Zeichnungsverluste nachträglich wieder kontrastreicher eingestellt werden. Dies liegt daran, dass bei einem linear eingestellten geringen Kontrast der Tonwertumfang nicht auf der Seite der Eingangs- sondern der Ausgangswerte eingeschränkt wird.

Exemplarisch gilt dazu im Bild 69 die grüne Gradationskurve: Kontrastreduzierung bedeutet, dass der gesamte nutzbare Tonwertumfang von 0 bis 100 % nicht voll ausgenutzt wird und die Tonwerte sich deshalb in gleicher Anzahl aber kleinerer Strecke auf der y-Achse verteilen müssen.

Eine nachträgliche erneute Erhöhung dieses Kontrastes ist deshalb möglich, solange der Kontrast nicht auf einen einheitlich gleichmäßigen Ton reduziert wurde, was in der Praxis vollkommen unrealistisch ist.

8.5.6 Linearer Bildhelligkeitsregler bei der Bildeinstellung

Die Funktionsweise der Bildhelligkeitsregler für die Gradationseinstellung wird in der Software Silverfast (Bild 68, S. 8·42) mit einer Sonne gekennzeichnet.

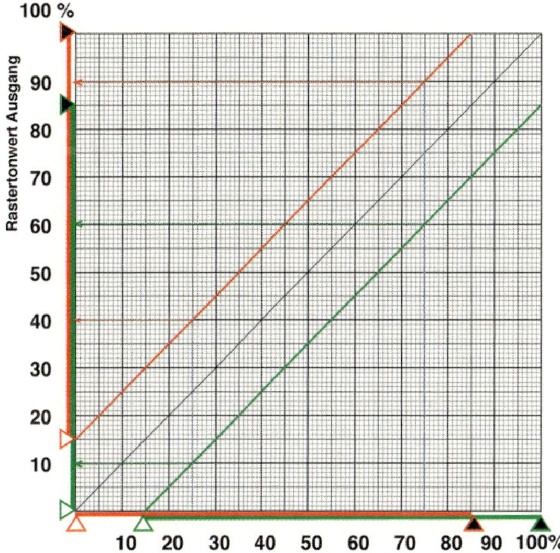

Bild 77: Gradationsänderung mit den linearen Helligkeitsreglern. Rote Gradationskurve zeigt Helligkeitsverminderung, grüne Gradationskurve lineare Bildaufhellung

Die lineare Helligkeitsregulierung in der digitalen Bildverarbeitung vollzieht sich nach dem Gießkannenprinzip. Was damit gemeint ist, wird ebenfalls am Beispiel von Photoshop verdeutlicht. Wird der Helligkeitsregler auf beispielsweise +15 eingestellt, so werden zu allen digitalen Graustufen gleichermaßen 15 digitale Stufen dazu addiert.

Aus der Stufe 25 beispielsweise wird nach der Helligkeitsänderung Stufe 40, die Stufe 193 ändert sich auf Stufe 208 usw. Im Gradationsdiagramm stellt die Helligkeitsänderung eine lineare Gradationsänderung dar, wie dies im Bild 77 deutlich wird. Auch hier gilt natürlich, dass die digitalen Pixelwerte in Rastertonwerte umzurechnen sind (vgl. Formel im Bild 71).

Da sich digitale Pixelwerte und Rastertonwerte genau umgekehrt zueinander verhalten, entspricht eine Erhöhung der Pixelwerte einer Bildaufhellung (255 = Weiß). In der auf Rastertonwerten bezogenen Gradationskurve entspricht diese Aufhellung aber einer Verminderung der Rastertonwerte (grüne Gradationskurve im Bild 77), weil Rastertonwerte die Prozentwerte der *absorbierten* und nicht der *remittierten* Lichtmenge angeben.

Vermindert man die Helligkeit auf –15, so wird das Bild nach demselben Prinzip abgedunkelt. Dies stellt die rote Gradationskurve im Bild 77 dar. Die Grenzwerte 0 für Schwarz und 255 für Weiß, beziehungsweise F % = 100 % für Schwarz und F% = 0% für Weiß werden dabei niemals unter- beziehungsweise überschritten. Das hat zur Folge, dass bei einer *linearen* Bildaufhellung das Bildlicht auf der x-Achse nach rechts verschoben wird und dadurch der Tonwertumfang auf der x-Achse, also der Eingangswerte, einschränkt wird.

Beispielhaft wird dies in der grünen Gradationskurve von Abbildung 77 dargestellt. Gleichzeitig schränkt sich bei einer Bildaufhellung der Tonwertumfang auf der y-Achse ein.

Werden die Tonwerte linear dunkler geregelt, so verhält es sich gerade umgekehrt. Wie an der roten Gradationskurve in Bild 77 verfolgt werden kann, wird der Tonwertumfang auf der x-Achse nun von den Tiefen her eingeschränkt und auf der y-Achse in den Vierteltönen.

Auch bei dieser Gradationseinstellung gilt, dass die abgeschnittenen Tonwerte auf der x-Achse grundsätzlich unwiederbringlich verloren sind und durch entgegengesetzte Gradationsänderungen nicht rückgängig gemacht werden können.

Bei den Helligkeitsreglern handelt es sich stets um *lineare* Veränderungen der Gradationskurve. Sie sollte nur zu speziellen Zwecken angewandt werden. Die lineare Helligkeitsregelung verändert die Einstellung von Bildlicht und Bildtiefe ganz entscheidend.

Dazu ein Beispiel: Die Stufe 240, in der sich zuvor noch ein Rastertonwert von 5 % befand, erhält nach der Helligkeitsveränderung von +15 den Wert 255 und wird zu 0 % Rastertonwert. Alle dazwischenliegenden Tonwerte verschwinden.

Bei der Verringerung der Helligkeit geschieht ähnliches in der Tiefe. Lineare Tonwertveränderungen führen also schnell zu Tonwertverlusten in der Lichter- oder Tiefenzeichnung, weil die Helligkeitsänderungen gleichmäßig über alle Tonwerte verteilt werden.

Bild 78: Linear mit Helligkeitsregler um +15 aufgehelltes Bild im Vergleich zu Abbildung 73

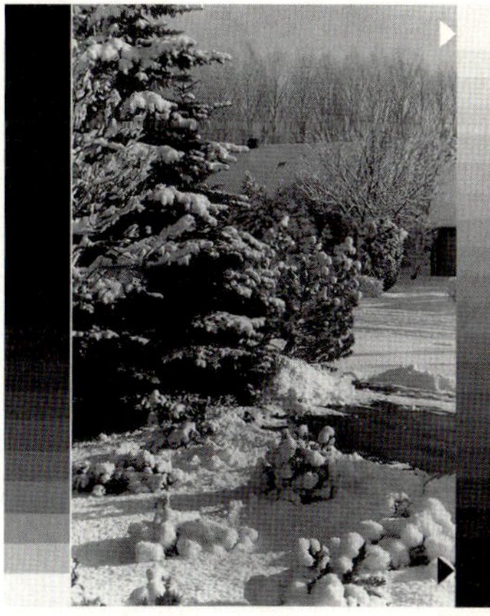

Bild 79: Linear mit Helligkeitsregler um -15 in der Helligkeit reduziertes Bild im Vergleich zu Abbildung 73

Gut geeignet ist die Helligkeitsregelung dagegen, wenn ein Bild beispielsweise abgesoftet werden soll, um es als Hintergrundbild in einer Grafik zu verwenden. Da die Helligkeitsregelung eine lineare Gradationsveränderung ist, bleibt der Neigungswinkel α des Tonwertanstiegs unbeeinflusst. Der Kontrast ändert sich dabei also nicht.

Die Bildbeispiele machen die Wirkungsweise der linearen Helligkeitsregler am Beispiel einer linearen Bildaufhellung von +15 in Bild 78 und einer Helligkeitsreduktion von –15 in Bild 79 deutlich. Zum Vergleich sollte hier das „Schneebild Original" in Bild 73 herangezogen werden.

8.5.7 Gammakorrektur

Werden Vorlagen eingescannt, so sollte eine notwendige Bildaufhellung nicht mit dem linearen Helligkeitsregler, sondern mit der Gammakorrektur durchgeführt werden. Dies entspricht dem mit „L" bezeichnete Regler in der Software Silverfast in Bild 68 (Kapitel 8.5).

Dieser ermöglicht die Einstellung eines nichtlinearen Gradationsverlaufs zwischen Bildlicht und Bildtiefe. Nichtlineare Gradationseinstellungen haben also ganz allgemein die Gemeinsamkeit, die einmal eingestellten Werte für Bildlicht und Bildtiefe beizubehalten. Durch ihren jeweils unterschiedlich gekrümmten Tonwertverlauf bringen sie jedoch in den einzelnen Tonwertbereichen auch unterschiedliche, gegensätzliche Kontraständerungen mit sich.

Bei der Helligkeits- und Kontrastregulierung ist zu erkennen, dass es sich hierbei jeweils um lineare Gradationsänderungen handelt, die Bildlicht und Bildtiefe sehr stark verändern. Diese Art der Gradationsbeeinflussung war auch in der fotografischen Halbtontechnik möglich.

In der digitalen Bildverarbeitung gibt es darüber hinaus die Möglichkeit, Bildlicht und Bildtiefe nahezu unverändert zu lassen und gleichzeitig den Tonwertverlauf zwischen beiden Bildpunkten beliebig zu

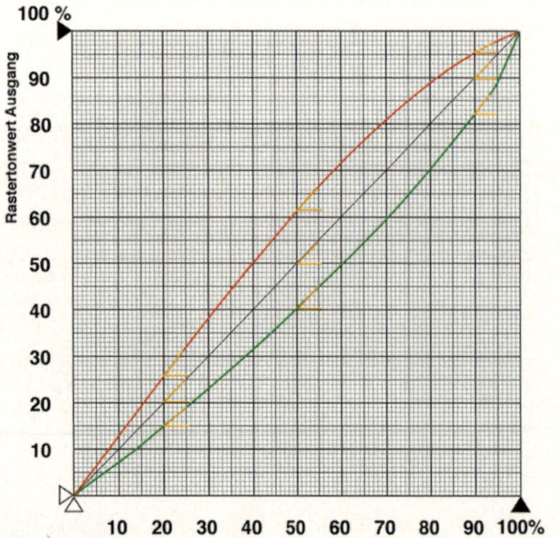

Bild 80: Wirkungsweise der Gammakorrektur für eine nicht lineare Bildaufhellung mit einem Gamma von 1.35 (grüne Gradationskurve) und einer nicht linearen Helligkeitsverminderung von 0.74 (rote Gradationskurve

verändern. Dies kann manuell im Gradationskurven-Dialog geschehen oder mit Hilfe der Gammakorrektur.

Bei der Gammakorrektur, die im Programm Photoshop als Tonwertspreizung bezeichnet wird, handelt es sich um eine der visuellen Wahrnehmung des menschlichen Auges angepasstere Form der Bildaufhellung.

Das Bild 80 veranschaulicht die prinzipielle Wirkungsweise der Gammakorrektur.

Die grüne Gradationskurve zeigt die Wirkungsweise einer *nicht linearen* Bildaufhellung mit dem Gammawert von 1,35.

Die rote Kurve zeigt eine *nicht lineare* Verminderung der Bildhelligkeit mit einem Gammawert von 0,74.

Insgesamt werden durch die Gammakorrektur von 1,35 alle Pixelwerte zwischen Bildlicht und Bildtiefe heller (grüne Kurve). Im Unterschied zu der linearen Erhöhung der Bildhelligkeit vollzieht sich hier die Aufhellung in den Tonwertbereichen in unterschiedlichem Ausmaß, also *nicht linear*. Dadurch werden die Kontraste in den Vierteltönen bis zum Mitteltonwert kleiner.

Im Bild 80 wird dies durch die gelb eingetragenen Gradienten verdeutlicht. Gradienten sind Steigungswinkel in einem bestimmten Punkt einer Kurve. Im Viertelton der grünen Gradationskurve hat dieser Gradient gegenüber der schwarzen Geraden einen etwas kleinerem Winkel, das heißt hier ist weniger Kontrast. In der roten Kurve mit einem Gammawert von 0,74 verhält sich dies gerade umgekehrt. Der Winkel ist vergleichsweise größer. Das bedeutet Kontrastverbesserung und damit bessere Zeichnungswiedergabe in den Vierteltönen.

Im Halbtonbereich sind die Winkel der Gradienten gegenüber der schwarzen Geraden genau identisch. Hier haben wir es also mit keinerlei Kontrastveränderungen, sondern mit Helligkeitsveränderungen zu tun. Im Dreivierteltonbereich zeigen die Winkel der Gradienten genau die umgekehrte Tendenz, wie im Vierteltonbereich.

Bei der Bildaufhellung (grüne Gradationskurve im Bild) steigt der Kontrast in den Dreivierteltönen an, während bei der roten Gradationskurve die Kontraste vergleichsweise geringer werden und damit die Bildmodulation in diesen Tonwertbereichen schlechter wird.

Es handelt sich bei dieser Gammakorrektur also um eine Bildaufhellung, die Kontrastverbesserungen in dem einen Tonwertbereich und Kontrastverluste in dem anderen Tonwertbereich mit sich bringt, Bildlicht und Bildtiefe aber weitest gehend unverändert lässt.

Für die Gammakorrektur wird folgende Formel für die Berechnung der Pixelwerte angewandt:

$$G_{Aus} = \left(\frac{G_{Ein}}{G_{max}}\right)^{\frac{1}{\gamma}} \cdot G_{max}$$

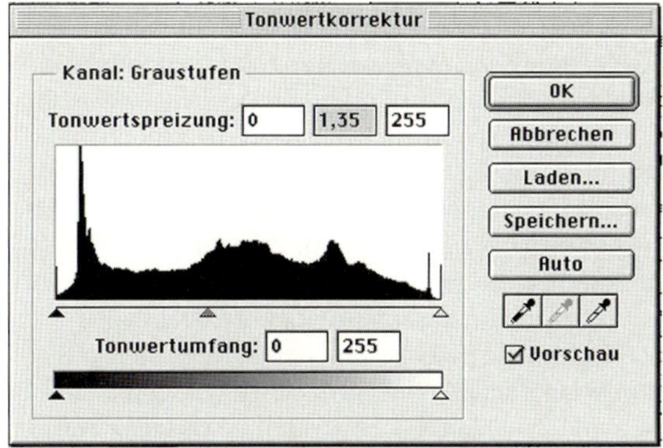

Bild 80a: Menüfenster ›Tonwertkorrektur‹ im Programm Photoshop mit eingestellter Gammakorrektur (Tonwertspreizung).

Im Programm Photoshop wird diese Gradationsänderung im Menü „Bild" unter „Tonwertkorrektur" durchgeführt. Das Dialogfenster zeigt Bild 80 a.

Die Gammakorrektur wird eingestellt, indem ein Zahlenwert in das mittlere obere Eingabefeld bei Tonwertspreizung eingetragen wird oder der mittlere Schieberegler bewegt wird.

Der Wert 1 bedeutet, dass keine Gammakorrektur durchgeführt wird. Die Werte über 1 führen zu einer Bildaufhellung, Gammawerte unter 1 wirken entgegengesetzt.

Die Gamma-Formel zeigt, dass mit dem Gamma (γ) der Kehrwert des Exponenten in dieser Formel verändert wird. Hierzu ein rechnerisches Beispiel:

- Wie verändert sich der Pixelwert G_{Ein} von 82 bei einer Gammakorrektur von 1,35?

$$82 : 255 = 0{,}3215686275$$

$$0{,}3215686275 : \frac{1}{1{,}35} = 0{,}4341176471$$

$$0{,}4341176471 \cdot 255 = 110{,}7.$$

Wird der Gammawert auf 1,35 eingestellt, so verändert sich der Pixelwert $G_{Ein} = 82$ auf $G_{Aus} = 110$. Dies entspricht einem helleren Pixelwert.

Die Abbildung 81 zeigt die Auswirkungen dieser Bildveränderungen auf das „Schneebild Original".

Hier wird die Bildaufhellung mit einem Gammawert von 1,35 gezeigt, während die Abbildung 82 die nicht lineare Verminderung der Bildhelligkeit mit einem Gammawert von 0,74 zeigt.

Bei einem Gamma von 1 bleibt der Pixelwert am Eingang rechnerisch unverändert, weil der gesamte Exponent 1 wird.

Praktische Anwendung

Der Vergleich zwischen Bild 78 mit 81 und 82 zeigt die Auswirkung einer Gammakorrektur auf das Bild. Die Aufhellung eines Bildes mit den Helligkeits- und Kontrastreglern bringen keine überzeugenden Ergebnisse.

Bildaufhellungen sollten mit der Gammakorrektur durchgeführt werden, weil sie unserer *nicht linearen* Sehphysiologie wesentlich besser entspricht.

Alternativ kann die Bildaufhellung auch in den Gradationskurven-Dialog direkt durchgeführt werden. Dabei ist jedoch zu berücksichtigen, dass die Gammakorrektur nicht symmetrisch verläuft. Um dasselbe Ergebnis im Gradationskurven-Dialog zu erhalten, müssten mindestens zwei Punkte ausgewählt werden.

Die Einstellung der Gammakorrektur ist wesentlich schneller und einfacher reproduzierbar einzustellen.

Gamma-Korrektureinstellungen kommen in der digitalen Bildverarbeitung bei der Monitorkalibration ebenso vor wie bei Einstellungssoftware von Silverfast. Die Gammakorrektur für die Monitorkalibration wirkt jedoch umgekehrt. Ein höheres Gamma bewirkt hier eine dunklere Bildwiedergabe (vgl. Kap. 8.6.4).

Bei welchem Gamma eine gewünschte Aufhellung der Pixelwerte eintritt, ist mit der folgenden Formel zu berechnen:

$$\gamma = \frac{\log G_{Ein} - \log G_{max}}{\log G_{Aus} - \log G_{max}}$$

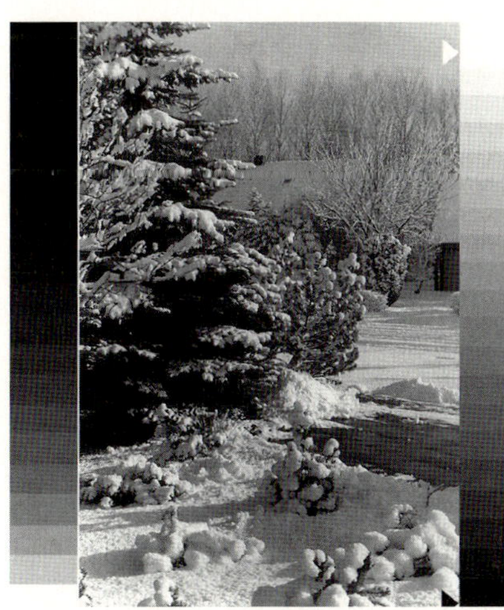

Bild 73: Schneebild Original. (vgl. Seite 8 · 45)

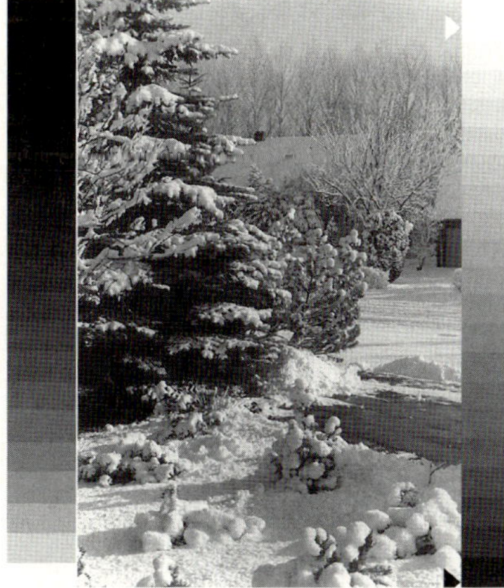

Bild 81: Schneebild Original nicht linear aufgehellt mit der Gammakorrektur. Gammawert 1,35

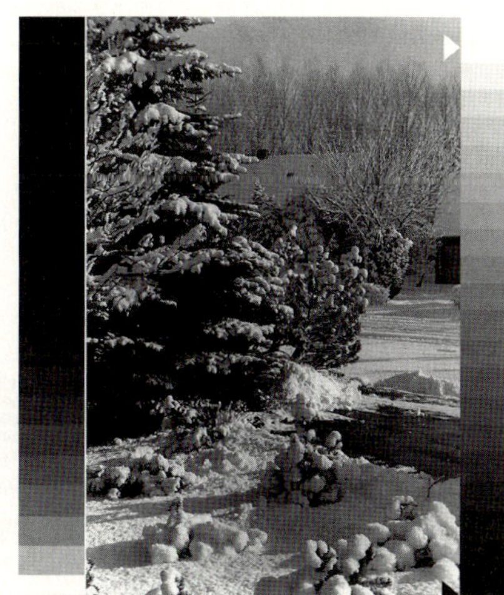

Bild 82: Schneebild Original nicht linear abgedunkelt mit der Gammakorrektur. Gammawert 0,74

8.6 Monitorausgabe digitalisierter Bilddaten

Das erste Ausgabemedium nach der Bilddigitalisierung ist der Monitor. Alle grafischen Darstellungen wie Text, Bild und Vektorgrafik, müssen zum Zweck der Monitoranzeige in die gerätespezifischen Monitorpixel zerlegt werden.

8.6.1 Prinzip des Monitors: Analoge Bildpixel

Aus der englischen Bezeichnung „Screen“ wird dieser Vorgang des Zerlegens schon vom Wort her deutlich bezeichnet, denn „screen“ bedeutet soviel wie durchleuchten, rastern. Dieser Vorgang ist nicht mit der für Printmedien erforderlichen autotypischen Rasterung zu verwechseln.

Eine monitorgerechte Rasterung von Vektorgrafik und Schrift ist die Zerlegung aller grafischen Informationen in Bytemaps. Pixelbilder liegen schon in dieser Form vor. Hier müssen die Pixel der Bilddatei lediglich an die gerätespezifischen Pixel des Monitors angepasst werden.

Einen Blick auf den grundsätzlichen Vorgang zur Erzeugung eines Monitorbildes zeigt Bild 83 in dem notwendigen Zusammenspiel zwischen der *Grafikkarte* des Computers und dem *Monitor*. Beide bilden ein untrennbares Team bei der Bildschirmdarstellung.

Die Grafikkarte speichert in einem ersten Schritt alle zur Bildschirmdarstellung notwendigen digitalisierten Bilddaten im Video-RAM, der heute meist aus SDRAM-Bausteinen besteht.

Anschließend sorgt ein Digital-Analog-Converter (DAC) für die Umwandlung der digitalen Daten in analoge Signale. Diese steuern die Intensität von drei Elektronenstrahlen, die in schneller Folge das Monitorbild mit einer Bildwiederholrate von 70 bis 100 mal pro Sekunde (Hz) zeilenweise neu aufbauen.

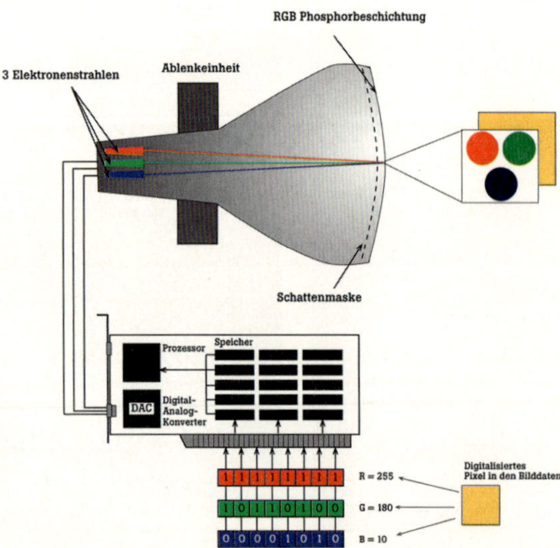

Bild 83: Zusammenspiel zwischen Grafikkarte und Monitor am Beispiel der Monitordarstellung eines gelben Pixelwertes

Dabei werden die 3 Elektronenstrahlen durch eine sogenannte *Schattenmasken* so fokussiert, dass der für die roten Dots zuständige Elektronenstrahl auf die roten Phosphore, der grüne auf die grünen und der blaue auf die blauen Phosphore trifft, die unmittelbar hinter der Mattscheibe liegen.

Auf diese Weise bringen die einzelnen Elektronenstrahlen die roten, grünen und blauen Phosphore in unterschiedlicher Intensität zum Leuchten.

Ein Monitorpixel besteht demzufolge stets aus drei nebeneinander angeordneten unterschiedlich farbigen Dots. Diese sind so klein, dass unser Auge sie nicht getrennt wahrnehmen kann und die von ihnen ausgehenden Farbreize nach dem *additiven Farbmischsystem* mischt.

Wenn wie im Beispiel von Bild 83 ein warmer Gelbton angezeigt werden soll, der in der Datei aus den Farbwerten 255 Rot, 180 Grün und 10 Blau zusammensetzt ist, so werden diese drei digitalisierten Farbwerte in den Speicher der Grafikkarte geschrieben. Von dort holt sie im zweiten Schritt der auf der Grafikkarte befindliche Prozessor und befördert diese in den Digital-Analog-Konverter, der diese digitalen Farbwerte in einem dritten Schritt in analoge Spannungswerte rückverwandelt. Diese steuern anschließend über die Schnittstelle zwischen Computer und Monitor im vierten Schritt die Intensität der drei zuständigen Elektronenstrahlen der Kathodenstrahlröhre (CRT = Cathode Ray Tube).

Auf diese Weise strahlen zur Monitoranzeige des gelben Pixels aus Bild 83 der rote Dot des Monitorpixels ganz intensiv (Wert 255), der grüne etwas weniger (Wert 180) und der blaue ganz wenig (Wert 10).

Nach dem additiven Farbmischgesetz werden diese Farbreize als warmer Gelbton wahrgenommen.

- Leuchten alle drei Dots aller Monitorpixel mit gleicher vollen Intensität, so nimmt unser Auge wegen der geringen Größe der Dots diese als homogene weiße Fläche wahr.
- Leuchtet keiner der Dots sehr intensiv, so nehmen wir grau oder schwarz wahr.

Moderne Monitore lassen sich inzwischen auch digital von der Grafikkarte ansteuern.

Die Größe eines Monitorpixels wird maßgeblich durch die Größe der Schattenmaske bestimmt. Diese wird in Dot-Pitches angegeben. Unter einem Dot-Pitch versteht man den Abstand zwischen zwei gleichfarbigen Bildpunkten. Die englische Bezeichnung pitch ist hier im Sinne von „Teilung“ zu verstehen.

Je nach verwendeter Bildröhre können diese Bildpunkte aus Streifen, Schlitzen (Slots) oder Löchern bestehen.

Die Lochmaske ist die älteste Technik. Sie besteht wie bei der Schlitzmaske aus einer ganz feinen Metall- oder Keramikplatte. Dagegen sorgen bei der Streifenmaske feine Drahtgitter für die Strahlenteilung. Dies verdeutlichen die Abbildungen 84 bis 86.

Bei Monitoren mit Lochmaske wird wegen der Anordnung der runden Dots die Größe des Pitch

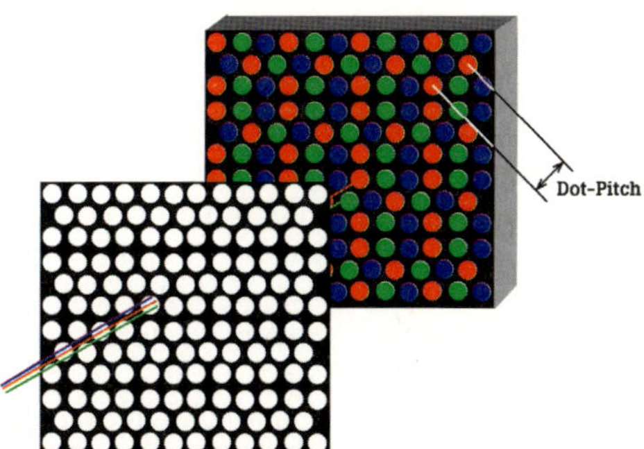

Bild 84: Schematische Darstellung eines Monitors mit Lochmaske (Ausschnitt)

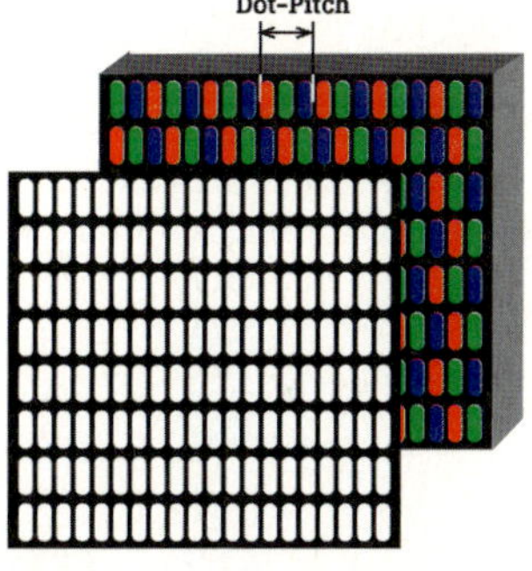

Bild 85: Schematische Darstellung eines Monitors mit Schlitzmaske (Ausschnitt)

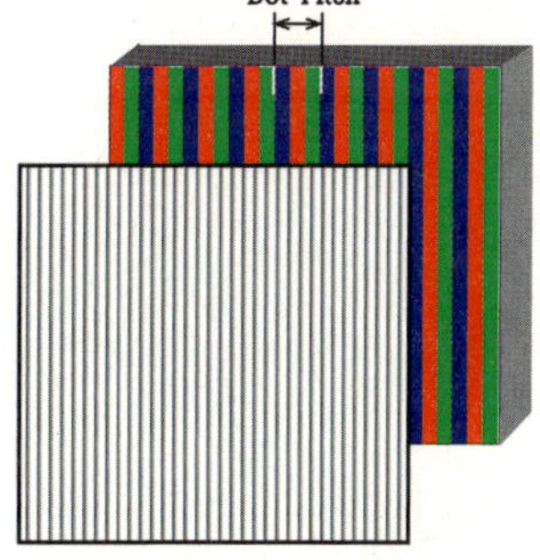

Bild 86: Schematische Darstellung eines Monitors mit Streifenmaske (Ausschnitt)

diagonal gemessen, während bei Streifen- und Schlitzmasken der horizontale Abstand zwischen zwei gleichfarbigen Dots angegeben wird. Ein Vergleich der Pitch-Abstände zwischen Lochmasken und den anderen Maskenarten ist daher schwer möglich.

Bildschirme mit einer Lochmaske sollten einen Dot-Pitch von weniger als 0,27 mm aufweisen, Streifenmasken-Monitore nicht mehr als 0,26 mm.

Lochmasken-Monitore haben den Vorteil einer höheren Auflösung, weil ihr Punktabstand durch die Anordnung der Punkte kleiner ist. Sie weisen deshalb mehr Detailschärfe auf.

Dem steht der Nachteil gegenüber, dass Lochmasken-Monitore häufiger zu Konvergenzfehlern neigen. Konvergenzfehler entstehen, wenn der Elektronenstrahl nicht mit absoluter Genauigkeit durch das Lochmaskengitter trifft, d. h. der Elektronenstrahl beleuchtet dann nur einen Teil der Phosphore.

Der Vorteil von Streifenmasken besteht in einer brillanteren Bilddarstellung, die dadurch verursacht wird, dass hier statt einer Metallplatte feine Drähte ohne horizontale Unterbrechung eingesetzt werden. Dadurch wird weniger Licht absorbiert.

Monitore mit Streifenmaske können aus diesem Grunde stärker getöntes Glas verwenden, was wiederum für einen besseren Bildkontrast sorgt. Zur Stützung der feinen Drähte der Streifenmaske müssen jedoch besondere Stützfäden eingesetzt werden, die bei einer Streifenmaske stets sichtbar sind.

Nachteil von Streifenmasken ist die Neigung zu einer ungleichmäßigeren Ausleuchtung.

Lochmasken erzeugen dagegen saubere Ecken und scharfe Diagonalen. Sie sind deshalb vor allem für die Textverarbeitung gut geeignet.

Streifenmaske sind wegen ihrer erhöhten Helligkeit und des besseren Kontrastes vor allem für die Bildverarbeitung und Grafik besonders gut geeignet.

Seit der Einführung der 19-Zoll-Monitore hat sich auch die Röhrentechnologie weiter entwickelt. Zu Beginn dieser Entwicklung kam hier die von Hitachi entwickelte FST-Röhre (Flat Square Tube) mit Lochmaske zum Einsatz, so wurde später die von Sony entwickelte FD-Trinitron-Röhre mit Streifenmaske in 19-Zoll-Monitoren verwendet. Durch ihren Einsatz wurde die Bildschirme flacher in ihrer Wölbung.

Erste Produkte der flachen CRT-Modelle erzeugten jedoch beim Betrachter eine etwas konkave Bildverzerrung. Diese wird durch die Lichtbrechung des Glases hervorgerufen.

Heutige Bildschirme wirken dem entgegen, indem das Innere des Bildschirms gekrümmt ist und auf diese Weise wie eine korrigierende Linse der konkaven Verzerrung entgegenwirkt. Mitsubishi brachte erst sehr viel später eine der Trinitron-Technologie vergleichbare Art von CRT-Flachbildschirmen auf den Markt, die als Natural Flat Diamondtron (NF Diamondtron) bezeichnet wird.

Trinitron-Röhren sind wegen ihrer spezifischen Vorteile gegenüber Lochmasken im Prepress häufiger im Einsatz. Dafür spricht auch, dass Trinitron-Röhren durch die Verwendung von Streifenmasken gegenüber Lochmasken nicht anfällig gegen Verzug durch Hitze sind, weil sie kaum Angriffsflächen für die Elektronenstrahlen bieten, diese zu erhitzen. Das ist bei den Lochmasken und auch Schlitzmasken anders. Hinzu kommt, dass bei der Trinitron-Röhre ein gleichmäßig scharfer Fokus bis in die Ecken realisiert wird. Damit wird der prinzipielle Nachteil von Streifenmasken bei der Trinitron-Röhre ausgeglichen.

Dafür sorgt eine dynamische Vierpollinse (DQL = Dynamic Quadropole Lens). Sie gewährleistet, dass die Punktform der Elektronenstrahlen auf dem gesamten Bildschirm immer gleich ist, egal ob sich der Elektronenstrahl am äußersten Rand oder in der Mitte befindet. Die dynamischen Fokussierlinse (DFL Dynamic Focus Lens) fokussieren den Elektronenstrahl so, dass er trotz seines weiteren Weges zum Außenrand des Monitors hier mit gleicher Punktform und Intensität das Bild darstellen kann.

Einen weiteren wichtigen Einfluss auf die Ausgabequalität des Bildes auf Monitoren hat dessen physikalische Größe und die eingestellte Auflösung.

Die physikalische Größe wird heute üblicherweise als Bildschirmdiagonale angegeben, während die eingestellte Auflösung als Anzahl der Pixel in der Breite und Höhe angegeben und am Computer verändert werden kann. Welche Auflösungen einstellbar sind, richtet sich maßgeblich danach, welche Auflösungsstandards die Grafikkarte in Verbindung mit dem Monitor und verwendeten Betriebssystem des Computers unterstützt.

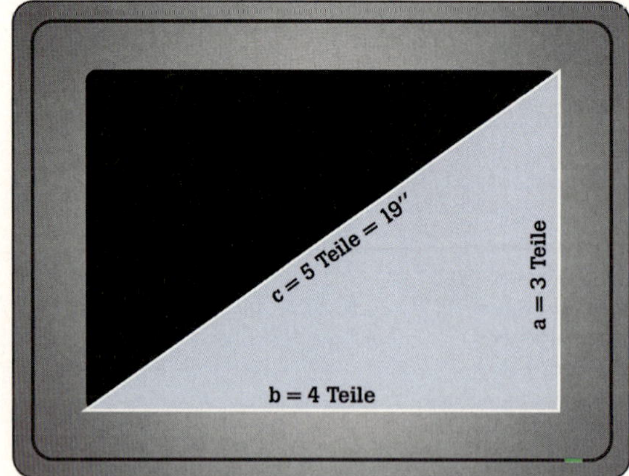

Bild 87: Anwendung des Pythagoras-Satzes zur Berechnung der Seitenlängen eines 19"-Monitors. Sichtbare Bilddiagonale: 18"

Ein Beispiel soll den Zusammenhang zwischen der physikalische Größe des Monitors und der eingestellten Auflösung verdeutlichen. Die Größe eines Dot-Pitches beträgt bei einem 19-Zoll-Monitor mit Lochmaske beispielsweise 0,26 mm. Sein Seitenverhältnis entspricht dem Standard von 3 : 4. Die eingestellte Monitorauflösung sollte nun auf die Größe der Dot-Pitches des verwendeten Monitors abgestimmt sein. Daraus ergibt sich:

Aus dem gegebenen Seitenverhältnis von 3 : 4 ist zunächst der Anteil zu berechnen, den die Diagonale darin einnimmt. Bekannt ist davon eine Maßangabe in Zoll. Zur Berechnung ist der Satz des Pythagoras einzusetzen. Als Formel ausgedrückt lautet der Satz des Pythagoras:

• $c^2 = a^2 + b^2$

Wenn für „a" das Seitenverhältnis von 3 und für „b" das Seitenverhältnis 4 eingesetzt wird, so ist mit „c" der Anteil der Bildschirmdiagonalen zu den beiden Seiten zu berechnen:

• $c = \sqrt{a^2 + b^2}$
$c = \sqrt{3^2 + 4^2}$
$c = \sqrt{25}$
c = 5 Anteile

Den berechneten Anteilen ist die Länge der Bildschirmdiagonale zuzuordnen. Dabei muss jedoch darauf geachtet werden, dass die von den Herstellern angegebene Bildschirmdiagonle meist das Ausmaß der Röhre ist. Davon ist jedoch nur ein Teil tatsächlich sichtbar. Ein 19-Zoll-Bildschirm hat eine sichtbare Diagonale von 18 Zoll. Das entspricht einer Länge von 45,7 cm. Die wirklich sichtbare Bildschirmdiagonale eines Monitors findet man in den technischen Angaben im Handbuch des Monitors.

Die Höhe und Breite des Bildschirms in cm ist danach zu berechnen:

• 45,7 cm : 5 Teilen = x cm : 3 Teilen
5 x = 3 · 45,7
x = 27,42 cm Höhe des Monitors

• 45,7 cm : 5 Teilen = x cm : 4 Teilen
5 x = 4 • 45,7
x = 36,56 cm Breite des Monitors.

Bei einem Dot-Pitch von 0,26 mm ergeben sich in der Breite

• 365,6 mm : 0,26 mm/Pixel ≈ 1406 Monitorpixel

und in der Höhe

• 247,2 mm : 0,26 mm/Pixel ≈ 950 Monitorpixel.

Diese berechnete Monitorauflösung sollte in diesem Falle nicht überschritten werden, weil die Bildqualität dabei stark abnimmt.

Damit zu den Monitoren von unterschiedlichen Herstellern auch Grafikkarten passen, die von anderen Herstellern angeboten werden, hat man sich auf standardisierte *Grafikmodi* geeinigt, die von den Herstellern unterstützt werden.

Die folgende Tabelle gibt einen Überblick über diese Standards der Grafikmodi für PC und Mac.

640	x	480	1152	x	870
800	x	600	1280	x	960
832	x	624	1280	x	1024
1024	x	768	1600	x	1200
1152	x	864			

Für den beispielhaft berechneten Monitor wäre also eine eingestellte Auflösung von 1024 x 768 oder 1152 x 864 auf jeden Fall akzeptabel

Die Abbildung 88 zeigt für einige dieser Grafikmodi den Zusammenhang zwischen *Monitorgröße* (Bilddiagonale) und eingestellter *Monitorauflösung*.

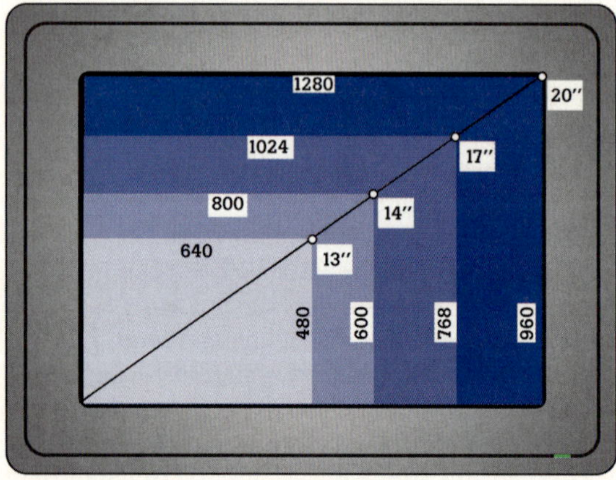

Bild 88: Zusammenhang zwischen Bildschirmdiagonalen und Auflösungsstandards einiger Grafikkarten für PCs

Entsprechend ist die Monitorauflösung in dpi zu berechnen. Bei einer Einstellung von 1024 x 768 ergibt sich bei dem gewählten 19-Zoll-Monitor eine Auflösung in dpi von:

• 36,56 cm : 2,54 cm/inch = 14,394 inch
1024 Pixel : 14,394 inch = 71,14 dpi ≈ 72 dpi

Wenn Monitore unterschiedlicher Bildschirmdiagonalen auf die für diese Monitore optimale Auflösung eingestellt sind, so ergeben sich in der Regel Bildschirmauflösungen zwischen 72 und 100 dpi.

Die Monitorauflösung der festen 72 dpi von früher sind also inzwischen variabel geworden.

Die hier berechnete Monitorauflösung der Hardware darf nicht verwechselt werden mit der Monitorauflösung, die in der Software als Standard unterstellt werden muss, um die Schriftgröße für die Monitordarstellung in Monitorpixel umzurechnen. Hier wird bei MacOS-Betriebssystemen standardmäßig von einer Monitorauflösung von 72 dpi ausgegangen. Bei PCs mit Windows-Betriebssystemen dagegen von 96 dpi. Dadurch wird eine 12 Punkt große Schrift am Mac in anderer Größe als am PC dargestellt.

Es soll darauf aufmerksam gemacht werden, dass man im Zusammenhang mit der Monitorauflösung zwar stets von Dot per inch spricht, aber genaugenommen damit immer die Dot-Pitches gemeint sind, die drei farbige Dots enthalten. Folglich müsste es richtiger heißen Dot-Pitch/inch.

Wegen der gegenüber der Monitorauflösung meist höheren Bildauflösung des digitalen Datenbestandes, sind die Monitorpixel sehr viel größer als die digitalisierten Pixel.

Pixel ist also keineswegs gleich Pixel. Der Größenunterschied zwischen beiden verhält sich genauso zueinander wie sich die Auflösungen voneinander unterscheiden. Nur wenn die Bildauflösung in ppi genau der Monitorauflösung in dpi entspricht, gibt es keinen Größenunterschied.

Horizontal- und Vertikalfrequenz
Der Bildaufbau bei einem Monitor geschieht zeilenweise in schneller Folge immer wieder neu. Die vom Elektronenstrahl getroffenen Phosphore leuchten nur den Bruchteil einer Sekunde auf. Folglich kann ein stehendes Bild nur durch eine schnelle Wiederholung des Schreibvorgangs dargestellt werden.

Die *Bildwiederholfrequenz*, die auch als *Vertikalfrequenz* oder *Refresh-Rate* bezeichnet wird, gibt an, wieviele Bilder pro Sekunde am Monitor während der Bildanzeige aufgebaut werden. Die Vertikalfrequenz beeinflusst maßgeblich die Flimmerfreiheit der Bildschirmdarstellung. Sie sollte nicht unter 50 Hz liegen.

Heutige Monitore erlauben es, Vertikalfrequenzen zwischen 60 Hz und 100 Hz einzustellen. Die einstellbare Vertikalfrequenz ist von der *Horizontalfrequenz* des Monitors abhängig, die auch als Zeilenfrequenz bezeichnet wird. Durch das Anlegen einer Kippspannung an die Horizontalablenkung wird der Elektronenstrahl von der linken oberen Ecke mit konstanter Geschwindigkeit zum rechten Bildrand geführt. Dort erfolgt ein abrupter Rücksprung zum Zeilenanfang der nächst tieferen Zeile.

Während des Zeilenrücksprungs wird der Elektronenstrahl dunkelgetastet. Anschließend wird die nächste Zeile aufgebaut. Beim Erreichen des Bildendes in der rechten unteren Bildecke wird der Elektronenstrahl ebenfalls dunkelgetastet und läuft diagonal wieder zurück zum Bildanfang des nächsten Bildes in die obere linken Ecke.

Die Zeilenfrequenz gibt in kHz an, wieviele Zeilen der Monitor pro Sekunde anzeigen kann. Dies ist eine wichtige Kenngröße eines Monitors, weil sich daraus die Vertikalfrequenz f_v berechnet.

Die Horizontalfrequenz ist unmittelbar abhängig von der eingestellten Monitorauflösung. Ein Monitor mit einer eingestellten Auflösung von beispielsweise 1600 x 1200 Pixeln benötigt bei einer Vertikalfrequenz von 75 Hz eine Horizontalfrequenz von

- 1200 · 75 Hz = 90 000 Hz oder 90 kHz.

Die für den Rücklauf des Elektronenstrahls benötigte Zeit schränken die maximale Horizontalfrequenz f_{Hmax} des Monitors bis zu 8% ein.

Die Vertikalfrequenz f_v wird bei Monitoren durch die maximale Horizontalfrequenz begrenzt.
Sie berechnet sich nach:

$$f_v = \frac{f_{Hmax}\,[Hz] - 8\%}{\text{Zeilenzahl}}$$

Dabei ist zu berücksichtigen, dass Abweichungen davon dadurch entstehen können, dass es sich bei den 8% um einen großzügig bemessenen Wert handelt.

Bildauflösung für die Monitordarstellung
Digitalisierte Bilder, die ausschließlich für die Monitordarstellung gedacht sind, wie dies in der Nonprint-Produktion oder für Layoutdarstellungen im Printbereich der Fall ist, benötigen auch im digitalen Datenbestand keine gegenüber dem Monitor höheren Auflösungen in ppi, weil der Monitor nicht mehr darstellen kann. Was passiert aber nun, wenn ein Bild, das für die Printproduktion benötigt wird und eine Bildauflösung von 300 ppi aufweist, an einem Monitor mit 72 dpi angezeigt werden soll?

Soll jedes digitalisierte Bildpixel 1 : 1 am Monitor dargestellt werden, so wird das Bild in seiner physikalischen Größe am Monitor in dem Verhältnis größer dargestellt, wie die Monitorauflösung gegenüber der Bildauflösung gröber ist. Für das genannte Beispiel bedeutet dies:

- 300 ppi Bildauflösung : 72 dpi Monitorauflösung = 4,1667.

In der Monitoranzeige würde das Bild also etwa viermal größer erscheinen.

Bei einer Bildbreite von 15 cm ist mit über 60 cm Bildbreite die physikalische Größe des Monitors schon weit überschritten. Folglich kann das Bild nur in einem kleineren Zoomfaktor dargestellt werden, wenn es in seiner Gesamtheit betrachtet werden soll. Ein Zoomfaktor von beispielsweise 50 % hat jedoch zur Folge, dass bezogen auf die Bildhöhe und Bildbreite nur jedes zweite Bildpixel des digitalen Datenbestandes am Monitor angezeigt wird. Das macht eine zuverlässigen Bildbeurteilung unmöglich.

Wegen der gegenüber der Monitorauflösung meist höheren Bildauflösung des digitalen Datenbestands, sind die Monitorpixel meist sehr viel größer als die digitalisierten Pixel.

Pixel ist also keineswegs gleich Pixel. Der Größenunterschied zwischen beiden verhält sich genauso zueinander, wie sich die Auflösungen voneinander unterscheiden. Nur wenn die Bildauflösung in ppi genau der Monitorauflösung in dpi entspricht, gibt es keinen Größenunterschied.

8.6.2 Farbtiefe am Monitor: 256 Farben, High Color oder TrueColor?

Welche Farbtiefe der Monitor anzeigen kann, hängt wesentlich von der Grafikkarte ab. Hier muss der Speicher auf der Grafikkarte groß genug sein, um auch bei höchster einstellbarer Auflösung des Monitors alle erforderlichen Pixelwerte speichern zu können. Außerdem muss der Grafiktreiber der Grafikkarte in der Lage sein, die volle Farbtiefe von 24 Bit zu übertragen.

Es haben sich für Grafikkarten einige Standards entwickelt, die meist variabel eingestellt werden können. Es handelt sich dabei um die Modi 256 Farben, HighColor und TrueColor.

Auf den für Printproduktionen vollkommen unbrauchbaren Farbmodus von 256 Farben ist hier nicht näher einzugehen. Dieser ist nur für indizierte Farbbilder für Nonprint-Medien geeignet und gilt selbst dafür kaum noch als sinnvoll einsetzbarer Standard.

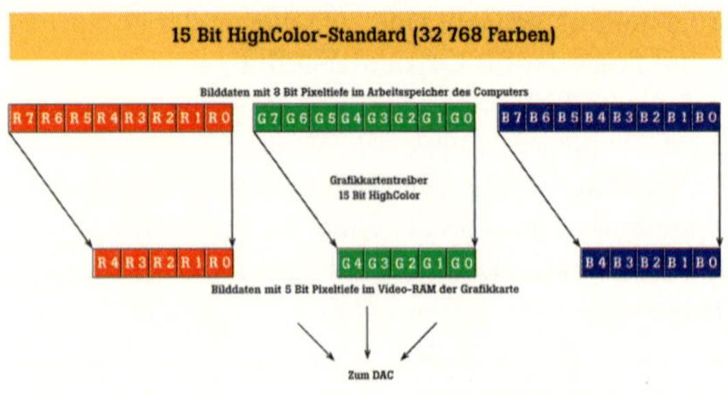

Bild 89: 15-Bit HighColor-Standard für Grafikkarten

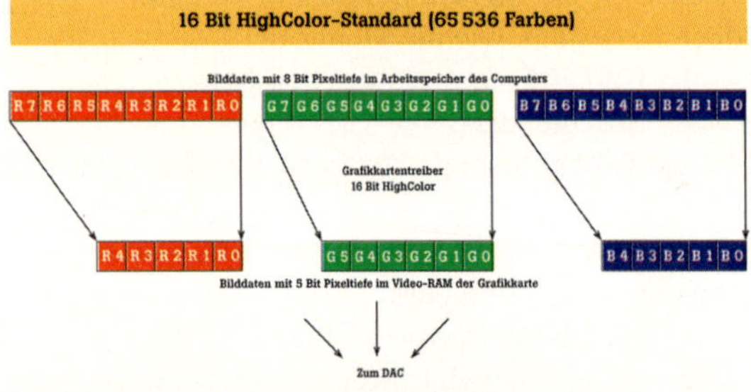

Bild 90: 16-Bit HighColor-Standard für Grafikkarten

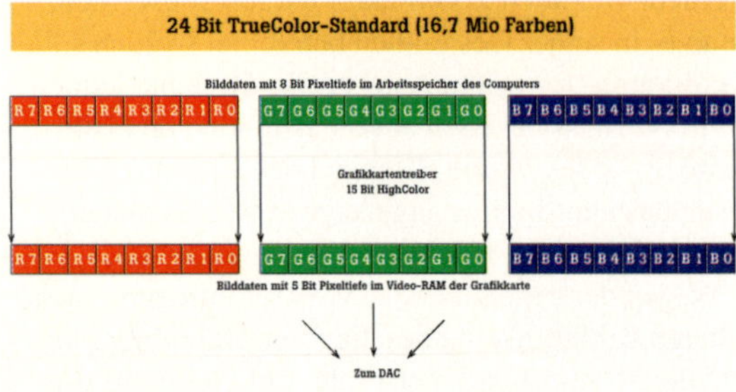

Bild 91: 24-Bit TrueColor-Standard für Grafikkarten

Es ist bei diesem Modus nicht von 256 Farben pro Pixel die Rede, sondern von 256 Farben insgesamt, die aus einer in 16 x 16 Felder aufgeteilten Farbpalette entnommen werden.

Windows-Systeme und MacOS verwenden hier unterschiedlich aufgebaute Systempaletten. Farben, die nicht in der Farbpalette enthalten sind, werden über Dithering versucht zu ermischen. Zum Dithern werden zwei oder mehr Farben, die der Zielfarbe am ähnlichsten sind, aus der Farbpalette nebeneinander am Monitor angezeigt, um sich der Zielfarbe besser anzunähern. Das hat aber zur Folge, dass das gesamte Farbbild bei der Bildschirmanzeige eine sehr unruhige Struktur in Verläufen und Flächen erhält. Die qualitative Begutachtung eines digitalisierten Bildes mit 24 Bit Farbtiefe ist damit völlig unmöglich.

Beim sogenannten HighColor-Standard handelt es sich um eine Farbtiefe von 15 Bit oder 16 Bit. Die Abbildungen 89 und 90 visualisieren das Prinzip dieser beiden Modis.

Beim 15 Bit HighColor-Standard, der bei MacOS häufig zu finden ist, werden die Farbdaten zur Anzeige auf dem Monitor von 24 Bit-Farbtiefe auf 15 Bit reduziert. Das bedeutet 5 Bit Pixeltiefe pro Farbkanal. Damit lassen sich 2^{15} = 32768 Farben codieren.

An Windows-Systemen wird meist ein HighColor-Modus von 16 Bit Farbtiefe verwendet. Wie im Bild 90 zu sehen ist, wird hier der Grünanteil mit einem Bit mehr codiert. Daraus ergeben sich 2^{16} = 65 536 Farben. Das gerade der Grünanteil in diesem Standard ein Bit mehr zugeordnet bekommen hat, liegt daran, dass Grün am Helligkeitseindruck von Farben den größten Anteil hat. Die Auffüllung auf 16 Bit wiederum erklärt sich aus der besseren Ausnutzung des Datenbusses von 16 Bit, der früher üblich war.

Eine professionelle Farbildverarbeitung für Printprodukte erfordert den TrueColor-Farbstandard in der Grafikkarte. Abbildung 91 stellt diesen Standard dar.

Beim TrueColor-Standard werden die gesamten 24 Bit Farbtiefe des digitalisierten Bildes auch im ganzen Umfang mit 16,7 Mio Farben am Monitor angezeigt.

Neben diesem 24 Bit TrueColor-Farbstandard haben moderne Grafikkarten einen Modus von 32 Bit-TrueColor. Die 32-Bit-Technologie bei Grafikkarten wurde nun nicht dazu eingeführt, um Farben mit einer Farbtiefe von 2^{32} anzeigen zu können , denn soviele Farben werden heute kaum von Anwendungen unterstützt.

Ein sinnvoller Einsatz ist für solche Grafikkarten liegt heute im 3D-Bereich. 32-Bit Grafikkarten verfügen über einen Speicherplatz von mindestens 8 MB auf der Grafikkarte. Damit ist es möglich, bei einer Auflösung von 1600 x 1200 Pixel pro Monitorpixel 4 Byte Speicherplatz zur Verfügung zu stellen. Dadurch wird bei 3 D-Animationen die Farbübertragung beim Rendering erheblich beschleunigt.

Auch 32-Bit Grafikkarten geben also nur 16,7 Mio Farben wieder und entsprechen damit dem TrueColor-Standard.

Die Größe des Speichers auf der Grafikkarte steht in unmittelbarem Zusammenhang mit der eingestellten Auflösung des Monitors und somit der Monitorgröße. Für einen 19-Zoll-Monitor hat sich eine Auflösung von 1024 x 768 als günstig erwiesen. Um die Farben im TrueColor-Modus auch anzeigen zu können, werden auf der Grafikkarte mindestens 2,3 MB benötigt, denn:

- 1024 x 768 = 786432 Pixel.

Da jedes Monitorpixel im TrueColor-Modus 8 Bit (= 1 Byte) Pixeltiefe benötigt ist die Anzahl der Pixel gleich der Anzahl der Bytes pro Farbkanal zu setzen. Demnach ist weiter zu berechnen:

- 786 432 Byte x 3 Farben = 2 359 296 Bytes : 1024^2 = 2,3 MB

Bei der Division durch 1024^2 handelt es sich um die Umrechnung von Bytes in MB, denn 1 Kilobyte = 1024 Bytes und 1 MB = 1024 Kilobytes, weil sich „Kilo" hier von 2^{10} = 1024 ableitet.

Bei einer Auflösung von 1600 x 1200 sollte bei TrueColor ein Speicherplatz von mindestens 5,7 MB auf der Grafikkarte vorhanden sein, bei 16 Bit genügen dagegen 3,8 MB.

Reicht der Speicherplatz auf der Grafikkarte für den TrueColor-Modus bei einer gewählten hohen Auflösung nicht aus, so schaltet die Grafikkarte automatisch in den High-Color-Modus um.

8.6.3 Bildbeurteilung am Monitor

Die Beurteilung eines Bildes am Monitor wird von vier wichtigen Faktoren beeinflusst, die berücksichtigt und unter Kontrolle gehalten werden müssen:

- äußere Lichtverhältnisse am Arbeitsplatz
- Gammaeinstellung des Monitors
- eingestellte Simulation der Druckbedingungen bei CMYK-Bildern
- Farbwerte der RGB-Grundfarben des Monitors

Die *äußeren Lichtverhältnisse* am Arbeitsplatz sollten stets konstant sein. Damit dies gewährleistet ist, darf der Bildschirm möglichst nicht vom ständig wechselnden Tageslicht beeinflusst werden.

Die künstliche Raumbeleuchtung sollte indirekt sein und der Farbtemperatur des Tageslichtes entsprechen. Normlichtquellen wären also ideal. Mischlicht, also Leuchtstoffröhren und Glühlampenlicht gleichzeitig, sollten unbedingt vermieden werden. Die Helligkeit eines beleuchteten Blatt Papiers und die Monitorhelligkeit sollten in etwa gleich sein.

Um den Monitor vor direkter Lichteinwirkung zu schützen, kann eine Monitorblende verwendet werden, die diese verhindert, wenn andere Abhilfe nicht möglich ist. Lichtreflexe auf dem Bildschirm sollten verhindert werden.

Das Monitorbild sollte nicht durch dominante Farben in der Raumumgebung beeinträchtigt werden. Stattdessen sind möglichst neutrale Farben im Raum zu verwenden.

Digitalisierte Bilddaten werden vom Monitor ohne ein Mindestmaß an Kalibration nicht richtig wiedergegeben. Jeder Monitor lässt sich in Helligkeit, Kontrast und Gamma unterschiedlich einstellen. Hinzu kommt, dass die RGB-Pigmente eines jeden Monitors andere spektrale Werte aufweisen, was die Farbwiedergabe stark beeinflusst.

Entscheidend ist die Frage nach dem Maß für die Kontrolle der richtigen Gradations- und Farbwiedergabe digitalisierter Bilder am Monitor. Auf dem Weg dorthin gibt es eine Vielzahl von Einflüssen.

Nach der richtigen Helligkeits- und Kontrasteinstellung des Monitors, ist zur korrekten Bilddarstellung der Gammawert des Monitors zu prüfen.

Hier haben sich ungünstigerweise für Apple-Mac und PCs unterschiedliche Standards entwickelt.

Während bei Apple-Mac lange Zeit ein Gamma von 1.8 Standard war , gilt für PCs ein standardmäßiges Gamma von 2,2. Diese Werte bedeuten, dass die digitalen Bilddaten im Speicher der Grafikkarte um diesen Gammawert aufgehellt werden, bevor sie am Bildschirm zur Anzeige kommen. Diese Aufhellung hat jedoch keinerlei Einfluss auf die gespeicherten Daten in der Bilddatei.

Mit einer einfachen *Monitorkalibration* über den bei Photoshop mitgelieferten *Adobe Gamma Assistent* lässt sich eine Feinjustage dieses Gammawertes durchführen.

Hiermit wird ein einfaches ICC-Profil für den Monitor erstellt, das auch die äußeren Lichtbedingungen berücksichtigt. Bild 91 a zeigt das erste Menüfenster dazu.

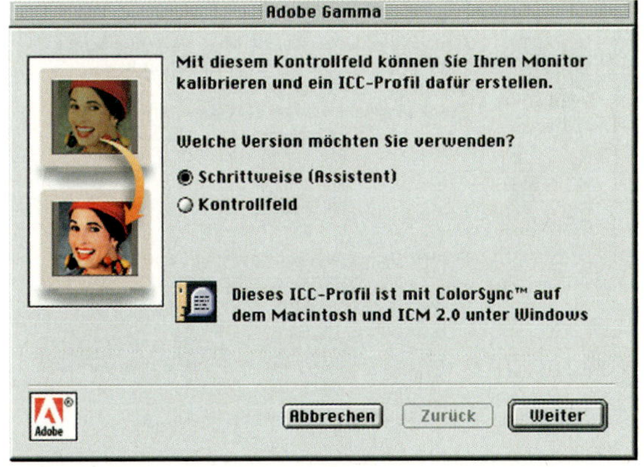

Abbildung 91a: Adobe Gamma Assistent

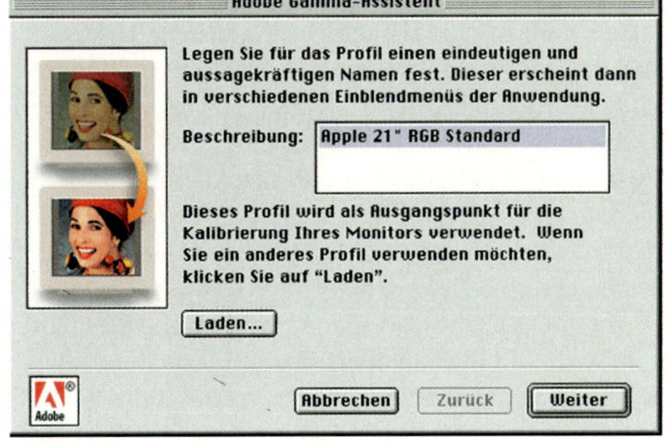

Bild 91b: ICC-Profilauswahl im Adobe Gamma Assistent

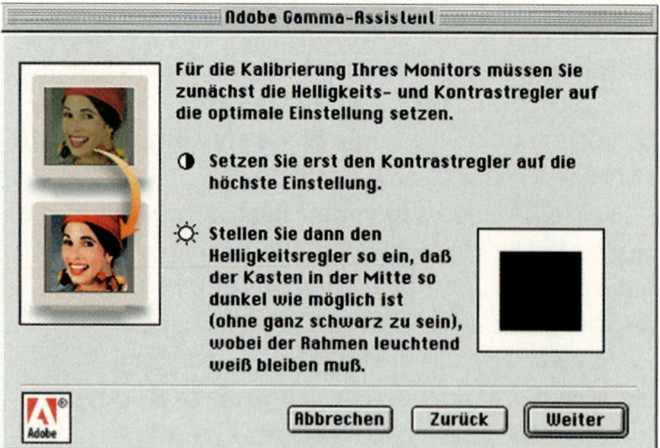

Bild 91c: Helligkeits- und Kontrasteinstellung im Adobe Gamma Assistent

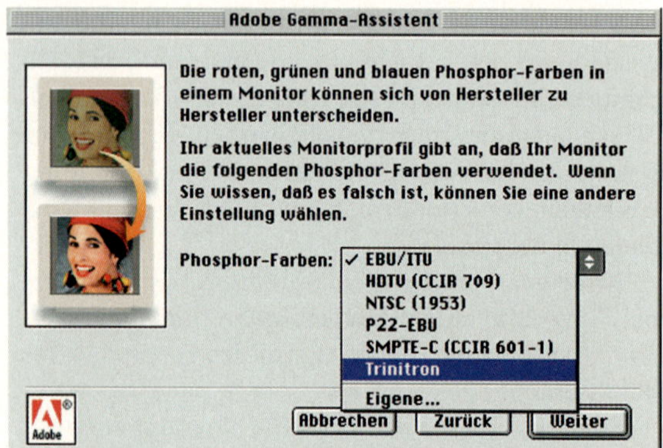

Bild 91d: Auswahl der RGB-Phosphor-Farben im Adobe Gamma Assisten

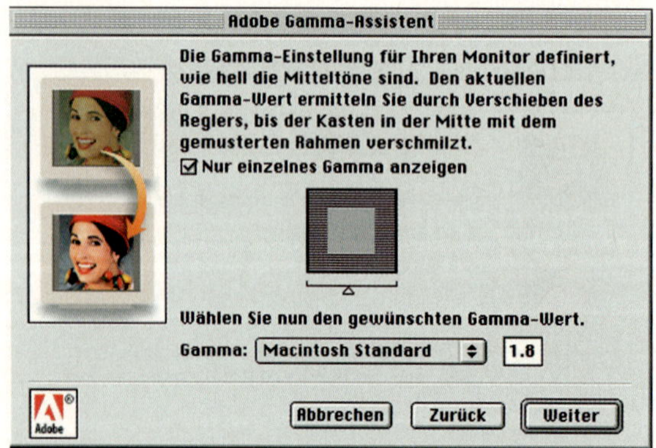

Bild 91e: Auswahl der RGB-Phosphor-Farben im Adobe Gamma Assistent

Im ersten Schritt kann aus einer Liste mitgelieferter Standardprofile für unterschiedliche Monitore ausgewählt werden (Bild 91 b). Auf dieses ausgewählte Profil wird im zweiten Schritt das individuelle neue Profil aufgebaut.

Im dritten Schritt muss der Helligkeits- und Kontrastregler visuell am Monitor korrekt eingestellt werden. Dies zeigt Bild 91 c. Damit werden die beiden linearen Gradationen der Monitorbilddarstellung festgelegt (vgl. Kapitel 8.5.5).

Im vierten Schritt werden farbmetrische Standards für die drei RGB Phosphorfarben ausgewählt (vgl. Kapitel 8.8.1). Diese Auswahl beeinflusst die Farbwiedergabe. Auswahlmöglichkeiten der unterschiedlichen Normen zeigt Abbildung 91 d.

Im fünften Schritt schließlich erfolgt die Festlegung des Gammawertes nach visueller Beurteilung. Dies zeigt Bild 91e. Entscheidend für die Festlegung des Gammawertes nach visueller Beurteilung sind die in Bild 91e sichtbaren ineinander verschachtelten zwei Quadrate.

Das äußere Quadrat ist gleichmäßig aus Linien aufgebaut, die wechselweise den Wert 255 haben, wenn sie weiß sind und den Wert 0, wenn sie schwarz sind. Visuell entspricht das einem Gesamteindruck eines 50 %igen Grauwertes mit dem Pixelwert 127.

Das mittlere kleine Quadrat besteht aus einer einheitlichen Fläche, deren Helligkeit über die Veränderung des Gammawertes variiert wird.

Ziel ist es nun, visuell die Helligkeiten beider Quadrate genau aufeinander abzustimmen. Dazu ist es erforderlich, die verschachtelten Quadrate aus größerem Abstand zu betrachten und mit den Augen etwas zu blinzeln, damit die Streifen des großen Quadrates möglichst nur als Helligkeitseindruck wahrgenommen werden. Auf diese Weise kann visuell der Gammawert des Monitors eingestellt werden. Ob dieser dann noch genau bei dem Standardwert von 1,8 oder 2,2 liegt ist natürlich ungewiss.

Ändern sich die äußeren Lichtbedingungen, ändert sich auch der visuelle Eindruck. Hieraus ist schon zu sehen, dass der Monitor kein einfaches System ist, auf den man sich bei der Bildbeurteilung blind verlassen sollte.

Worum es sich beim Gammawert eigentlich handelt, wurde im Kapitel 8.5.6 bereits erläutert.

Zu beachten ist, dass bei der Einstellung des Monitorgammas im Adobe Gamma Assistent ein höherer Gammawert das Bild dunkler und nicht heller erscheinen lässt, wie dies dargestellt wurde. Der Grund für dieses umgekehrte Verhalten soll dazu kurz erläutert werden.

Zeigt es sich beim Vergleich des mittleren mit dem äußeren Quadrat, dass statt eines Pixelwertes von 127 der Pixelwert 173 benutzt werden muss, um visuelle Gleichheit beider Quadrate zu erreichen, so berechnet sich ein Monitorgamma von 1,8 nach folgender Formel:

- log 127 – Log 255 : log 173 – log 255 = 1,8

Der Zähler repräsentiert in dieser Formel das äußere Quadrat mit den Linien.

Der Nenner repräsentiert das innere Quadrat mit dem vom Adobe Gamma Assistent intern ermittelten Pixelwert, bei dem visuelle Gleichheit zwischen beiden Quadraten erzielt wurde.

Alle Monitore neigen dazu, Bilder dunkler darzustellen als sie wirklich sind. Der Monitorgammawert kompensiert diesen Monitorfehler, der ja unabhängig vom digitalen Bilddatenbestand ist. Um dies deutlich voneinander zu trennen, ist der Monitorgammawert genau umgekehrt, also quasi als Kehrwert des Gammawertes der Bildgradation definiert. Die Gammawerte für den Monitor variieren nur zwischen 1,0 und 3,0. 1,0 steht dabei für die stärkste Aufhellung, wäh-

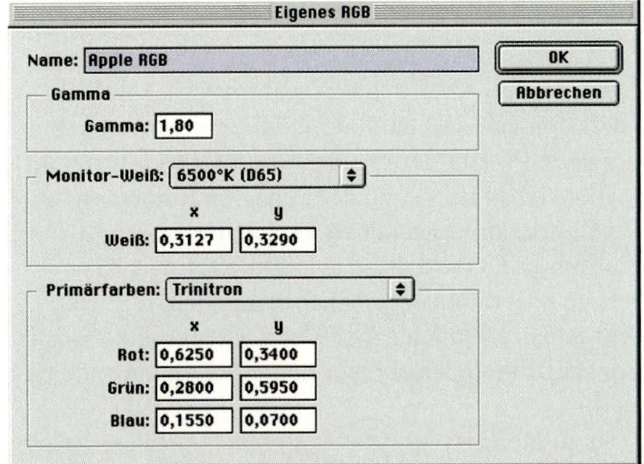

Bild 91f: Auswahl der Zielgammas und Veränderungsmöglichkeit der farbmetrischen Eckwerte der RGB Primärfarben in Photoshop 6.0

rend 3,0 das dunkelst mögliche kleinere Quadrat erzeugt.

Der Ausgleich des Monitorfehlers als umgekehrt definierte Kompensationskurve ist sinnvoll, weil in den Bildbearbeitungsprogrammen die Bilddarstellung auf Monitoren mit unterschiedlichen Gammawerten simuliert werden muss, um vergleichbare visuelle Eindrücke zu erhalten.

Das kann mit der Notwendigkeit zur Simulation der Tonwertzunahme im Druck verglichen werden, die entsprechend im digitalen Datenbestand kompensiert werden muss.

Für die Simulation unterschiedlicher Monitorgamma-Einstellungen muss beispielsweise in Photoshop das Zielgamma eingestellt werden. Dies wird in Bild 91f dargestellt. Auch die farbmetrischen Eckwerte des Monitor-Weiß und der RGB-Primärfarben sind hier definiert.

Wird nun ein Bild betrachtet, dessen Gamma auf 1,8 am Apple-Mac kalibriert wurde, so kann mit der Veränderung des Zielgammas auf beispielsweise 2,2 visuell angezeigt werden, um wieviel das Bild auf einem Windows PC dunkler dargestellt wird.

Mit der entgegengesetzt arbeitetenden Gammakorrektur im Menü Tonwertkorrektur von Photoshop ließe sich das Bild in genau gleichem Maße aufhellen, um so am Windows PC mit höherem Monitorgamma denselben Helligkeitseindruck vom Bild zu erhalten wie am Apple-Mac mit einem niedrigeren Gamma des Monitors. Ist das zu bearbeitende Bild für die Printproduktion gedacht, so ist eine Gradationskorrektur in dem eben beschriebenen Sinn allerdings völlig sinnlos und falsch, denn das Bild soll im gedruckten Medium erscheinen und nicht auf unterschiedlichen Monitoren.

Die Berücksichtigung des Monitorgammas und sein eventueller gradationsmäßiger Ausgleich hat nur für Nonprint-Anwendungen seine wirkliche Bedeutung. Folglich ist in der Prepress-Produktion darauf zu achten, dass die Monitoreinstellungen überall gleich sind. Das hat zumindest für die Betrachtung von RGB-Bildern eine wichtige Bedeutung.

Für die Prepress-Produktion muss statt des Zielgammas die Gradations- und Farbwiedergabe des Printmediums mit den entsprechenden Druckbedingungen möglichst exakt am Monitor simuliert werden. Aus diesem Grunde ist die Simulation des Zielgammas auch nur bei Bildern im RGB-Modus wirksam.

Farbseparierte CMYK-Bilder reagieren auf entsprechende Veränderungen des Zielgammas nicht. Hier wird von Photoshop stattdessen auf die eingestellten Druckbedingungen für die Farbseparation zurückgegriffen.

Von entscheidender Bedeutung für die Monitordarstellung des CMYK-Bildes ist eine korrekte Simulation des gedruckten Bildes mit allen dort vorkommenden Einflussfaktoren. Das ist ein weiteres Problem, das nicht übersehen werden darf.

Der Monitor wird deshalb auch als Softproof bezeichnet, weil die Software dazu dienen soll, das spätere Erscheinungsbild in der Prepress-Produktion genau zu simulieren. In wieweit und ob dies überhaupt gelingt, ist eine Frage der eingesetzten Software und des Einsatzes von Colormanagement-Systemen (vgl. Kapitel 8.8).

8.6.4 Monitorkalibration mit einfachen Mitteln

Ist kein Colormanagement-System vorhanden, so lässt sich mit folgendem Verfahren die Zuverlässigkeit des Monitors bei der Farbwiedergabe von Printprodukten einschätzen und mit den Mitteln des Adobe Gamma Assistant etwas optimieren.

Benötigt wird dazu eine Bilddatei mit möglichst vielen Farben im Primär-, Sekundär und Tertiärbereich sowie neutralen Tönen, Lichterzeichnung und Tiefenzeichnung. Es können auch mehrere Bilder zu einer Vorlage zusammengestellt sein.

Die Bilder sollten im digitalen Datenbestand gradationsmäßig optimal sein und als RGB-Datei vorliegen.

Von dieser Datei ist unter den üblichen Bedingungen eine Farbseparation in Photoshop herzustellen. Die Parameter der Farbseparation (vgl. Kapitel 8.7.3 ff) sollten vorher auf die Druckbedingungen möglichst optimal abgestimmt sein.

Diese Datei wird belichtet und anschließend unter den vorher eingestellten Druckbedingungen unter Verwendung von Druckkontrollstreifen gedruckt. Der Druckkontrollstreifen dient im fertigen Druck dazu, noch einmal die Einhaltung der Druckbedingungen zu überprüfen.

Dieser Testdruck dient nun als Kalibrationsvorlage für den Monitor. Dazu wird das CMYK-Bild in Photoshop mit den eingestellten Farbseparationsparametern aufgerufen und im Zoomfaktor 1:1 dargestellt. Gleichzeitig ist der Adobe Gamma Assistant zu öffnen. Der Ablauf ist genauso wie vorher beschrieben durchzuführen. Statt aber den Gammawert mit Hilfe der ineinander verschachtelten Quadrate zu optimieren, ist das Testbild zu verwenden.

Mit dem Schieberegler ist die Einstellung solange zu verändern, bis die Gradation des Monitorbildes möglichst nahe an das Druckbild herankommt. Es ist

Bild 91g: Gammaeinstellung der RGB-Primärfarben im Adobe Gamma Assistent

dabei unbedingt darauf zu achten, dass die Helligkeit des Umgebungslichtes, mit dem das Druckbild betrachtet wird, mit dem Weiß des Monitors vergleichbar ist. Eine separate Normlichtquelle, die das Monitorbild absolut unbeeinflusst lässt, ist hier zu empfehlen.

Um bei dieser Art von Monitorkalibration auch auf die Farben Einfluss nehmen zu können, sind die Gammawerte der einzelnen RGB-Farben mit Hilfe der Schieberegler zu verändern. Dazu muss vorher die Option „Nur einzelnes Gamma anzeigen" deaktiviert werden (Bild 91g). Es ist zu versuchen, die Farben im gedruckten Bild mit den Farben in der Monitordarstellung in eine möglichst große Übereinstimmung zu bringen. Eine absolute Übereinstimmung ist mit dieser Methode allerdings nicht zu erreichen. Dies ist auch dann nicht der Fall, wenn das Umgebungslicht stets gleich bleibt.

Diese Methode hilft jedoch, die Eigenheiten des Monitors bei der Farbsimulation besser kennenzulernen, d.h. zu sehen, welche Farben besonders schlecht und welche ganz gut simuliert werden. Dies bewahrt vor blindem Vertrauen in den Monitor und vermeidet Fehler in der Bildbeurteilung und daraus resultierenden falschen Farb- und Gradationskorrekturen.

Bessere Ergebnisse erhält man mit professionellen Colormanagement-Systemen, die zur Ermittlung der tatsächlichen Monitorfarben Spektralfotometer auf die Monitorscheibe aufsetzen. Diese ermöglichen dann die Erstellung eines ICC-Monitorprofils nach messtechnischen Werten.

8.7 Ausgabe digitalisierter Bilddaten für Printmedien

8.7.1 Integration von Text, Bild und Grafik

Desktop Publishing ist ohne PostScript nicht denkbar. Es handelt sich bei PostScript um eine Programmiersprache, die speziell dazu entwickelt wurde, die Bestandteile einer Druckseite, also Text, Bild und Grafik gemeinsam in einer einheitlichen Programmiersprache für die Datenausgabe zu beschreiben.

PostScript wird aus diesem Grunde als Seitenbeschreibungssprache bezeichnet. Text-, Bild-, Grafik- und Linienelemente lassen sich mit entsprechenden PostScript-Anweisungen erzeugen und in beliebiger Kombination auf der Seite positionieren, skalieren, verzerren und drehen. Folglich lassen sich auch digitalisierte Pixelbilder in einer Druckseite integrieren.

PostScript ist also in der Lage, Vektordateien und Pixelbilder miteinander zu vereinen.

Verwendet wird diese als Industriestandard etablierte Programmiersprache zur Ansteuerung von Ausgabegeräten aller Art. Vom Laserdrucker bis zum hochauflösenden Belichter oder der Digitaldruckmaschine.

In digitalen Workflow-Systemen wird PostScript heute allerdings zunehmend durch das PDF-Format (Portable Dokument Format) abgelöst. Dabei handelt es sich aber lediglich um die kleinere, aber wesentlich flexiblere Tochter von PostScript. Gegenüber PostScript benötigt die daraus erzeugte PDF-Datei wesentlich weniger Speicherplatz, ist vielfältiger anwendbar und zudem auch noch plattformunabhängig. Der Unterschied zwischen beiden wird weiter unter noch näher erläutert.

Erst mit der Einführung von PostScript als Seitenbeschreibungssprache konnte Mitte der 80er Jahre das gesamte Desktop Publishing (DTP) eingeführt werden.

Die Ära geschlossener EBV-Systeme der siebziger Jahre ging damit rasant ihrem Ende entgegen. Zuerst wurden die Satzsysteme der damaligen Zeit durch PCs ersetzt, später wurde auch Farbbildverarbeitung auf standardisierter PC- oder Apple-Mac-Hardware möglich.

PostScript ermöglichte erstmals zwei völlig neue Prozesse:

- Zum einen wurde es mit Hilfe dieser Programmiersprache möglich, Vektor- und Pixelgrafik gemeinsam zu beschreiben. Das ermöglichte mit entsprechender Layoutsoftware eine elektronische Montage von Text, Bild und Grafik am Computer, was zuvor in getrennten Arbeitsabläufen nur möglich war. Das Zauberwort der damaligen Zeit hieß in diesem Zusammenhang „Text-Bild-Integration".
- Zum anderen wurde mit PostScript eine Geräteunabhängigkeit erreicht. Diese bezieht sich nicht nur auf die Herstellerunabhängigkeit von Ausgabegeräten, sondern auch auf die unabhängige Beschreibung aller grafischen Elemente einer Seite von den Geräteeigenschaften.

Geräteunabhängigkeit

PostScript besorgt die Darstellung aller grafischen Elemente einer Druckseite auf rasterorientiert arbeitenden Ausgabegeräten wie Drucker oder Belichter. Dies geschieht geräteunabhängig. Das bedeutet, dass die Druckseite mit den gesamten grafischen Elementen ohne die Eigenschaften eines bestimmten Gerätes hinsichtlich Seitengröße, Auflösung, Farbtiefe etc. beschrieben wird. PostScript arbeitet geräteneutral. Nur auf diese Weise ist es möglich, eine PostScript-Datei auf verschiedenen Geräten mehr oder weniger identisch auszugeben. Gäbe es keine geräteunabhängige Seitenbeschreibungssprache, so wäre es unmöglich, Probeausdrucke auf einem 300 dpi Laserdrucker zu erzeugen und dieselben Daten später für die Belichtung auf einem 3600 dpi Belichter zu benutzen (vgl. Kapitel 8.1.2 und 8.1.5).

Die speziellen Funktionen und Eigenschaften der Ausgabegeräte sind in den PPD-Dateien beschrieben, die dazu dienen, die geräteabhängigen PostScript-Parameter zu erzeugen. In den PPD-Dateien sind beispielsweise die Auflösungsfeinheit des Ausgabegerätes, Seitenformat, Papierzufuhr des jeweils verwendeten Ausgabegerätes enthalten.

Mit PostScript lassen sich neben Laserdruckern auch Belichter und Digitalproof-Geräte ansteuern.

Unabhängigkeit vom Betriebssystem
Bei PostScript-Dateien handelt es sich um einfache Textdateien, die den ASCII-Zeichensatz benutzen und auf jedem gängigen Betriebssystem erstellt werden können. Dabei ist es jedoch wichtig zu bemerken, dass sich der ASCII-Zeichensatz nur auf die verwendeten PostScript-Anweisungen bezieht und nicht auf die auszugebenden Texte. Diese können mit beliebigen Zeichensätzen erstellt werden. Dafür sorgt eine flexible Zuordnungsmöglichkeit des Zeichensatzes zu den Schriften.

Die flexible Behandlung von Zeichensätzen gehört zum zentralen Bestandteil der Schriftenbehandlung unter PostScript.

PostScript interpretiert Schrift wie andere Grafikelemente. Schrift lässt sich drehen, einfärben oder skalieren. Dadurch ist für eine hohe typografische Qualität gesorgt.

Erzeugen von PostScript-Daten

Wenn eine Druckseite in einem Layoutprogramm zusammengestellt werden soll, müssen PostScript-Anweisungen erstellt werden. Das Anwendungsprogramm ist dafür zunächst nicht zuständig. Das schließt nicht aus, dass die meisten Anwenderprogramme auch PostScript beherrschen.

Natürlich ist es möglich, dass der Anwender eine Druckseite mit Hilfe von PostScript-Anweisungen selbst programmiert und von einem PostScript-Drucker drucken lässt.

Ähnlich verhält es sich derzeit bei der Programmierung von HTML-Seiten für das WWW. Vorraussetzung dazu ist lediglich, dass die PostScript-Programmiersprache beherrscht wird oder HTML.

Um PostScript-Dateien zu erzeugen, benötigt man heute jedoch keine Programmierkenntnisse.

Wenn ein Layoutprogramm wie QuarkXPress, InDesign oder PageMaker genutzt wird, so wird dabei in der Regel zunächst ein normales QuarkXPress-, InDesign- oder PageMaker-Dokument (Datei) hergestellt.

Es erscheint auf dem Bildschirm das Programm-Symbol als Icon. Daran ist zu erkennen, dass es sich dabei noch nicht um eine PostScript-Datei handelt.

Erst in dem Augenblick, wo damit begonnen wird, die Seite zu drucken, beginnt die Prozedur zur Erzeugung der PostScript-Anweisungen.

Dies erledigt der Druckertreiber, der vom jeweiligen Anwenderprogramm beim Öffnen des Druckermenüs aufgerufen wird. Der Druckertreiber wird in der Mac-Umgebung auch als Laserwriter bezeichnet. Alternativ kann dazu auch „AdobePS" verwendet werden.

Je nach dem verwendeten Ausgabegerät, der Anwendungssoftware und der verwendeten Betriebssystemumgebung öffnet sich beim Aktivieren des Druckermenüs ein jeweils unterschiedlich gestaltetes Dialogfenster. Hier können, entsprechend der dazugehörigen PPD-Datei, Optionen des jeweiligen Ausgabegerätes gewählt werden.

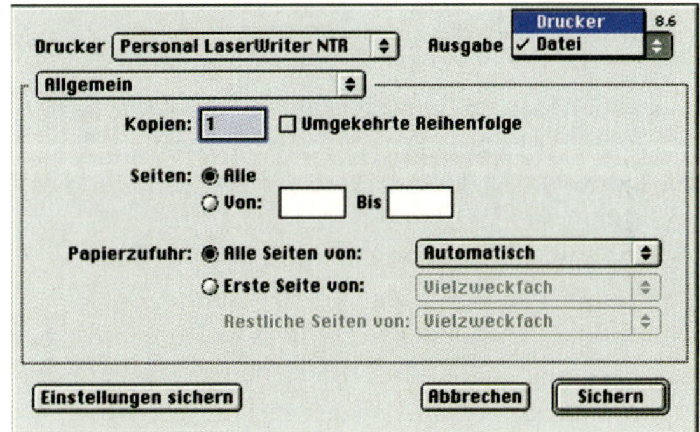

Bild 92: Druckermenü unter Apple Laserwriter 8.6

Bild 92 zeigt ein Beispiel für ein solches Druckermenü in der Apple-Macintosh-Umgebung.

In diesem Zusammenhang ist die Option Ausgabe von entscheidender Bedeutung. Wählt man unter dieser Option „Datei" statt „Drucker" , so wird eine PostScript-Datei erzeugt, die alle PostScript-Anweisungen enthält, mit denen sich das Dokument des Layoutprogramms beschreiben lässt.

Das Gleiche geschieht, unsichtbar für den Anwender, wenn diese Datei zum „Drucker" geschickt wird. Auch hier werden vom Drucktreiber zunächst die Anweisungen des Layoutprogramms in PostScript-Anweisungen übersetzt und in dieser Form zum Drucker oder Belichter geschickt.

Im Drucker oder Belichter befindet sich ein PostScript-Interpreter, der in der Lage ist, die PostScript-

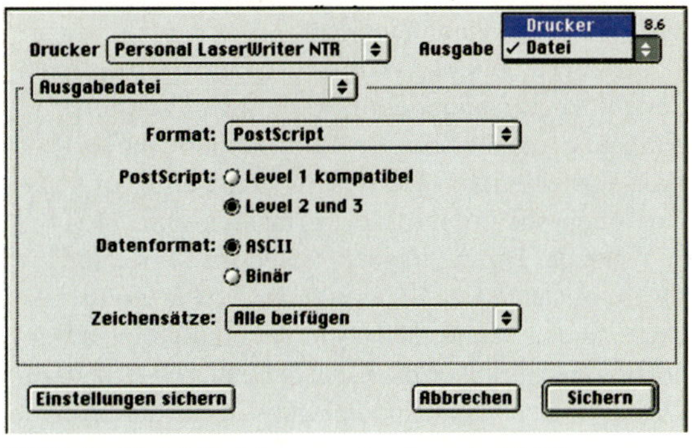

Bild 93: PostScript-Einstellungen unter „Ausgabedatei" im Apple Laserwriter 8.6

Anweisungen zu interpretieren und damit den Laser des Ausgabegerätes zu steuern. Das Bild 93 zeigt, wie sich innerhalb dieses Menüs die Ausgabedatei noch beeinflussen lässt. Klickt man auf den im Bild 92 gezeigten Button „Allgemein“, so kommt darunter die Option „Ausgabedatei“, die ausgewählt werden kann.

Da PostScript verschiedene Entwicklungen durchgemacht hat, mit denen der Funktionsumfang stetig erweitert wurde, kann hier der PostScript Level 1, 2 oder 3 gewählt werden. Level 3 ist der derzeitig aktuelle Stand. Wählen Sie hier PostScript Level 3, so muss gewährleistet sein, dass das Ausgabegerät diesen Level auch interpretieren kann.

Bild 94: Icon für eine PostScript-Datei

In der Mac-Umgebung verändert sich beim Erzeugen einer PostScript-Datei mit dem Druckertreiber das Dateisymbol. Dies zeigt das abgebildete Icon in Abbildung 94.

PS-Dateien lassen sich mit üblichen Anwenderprogrammen nicht öffnen oder betrachten. Diese Dateien sind nur für die Ausgabe auf einem Ausgabegerät geeignet. In der Mac-Betriebssystemumgebung eignet sich dazu beispielsweise das Laserwriter-Dienstprogramm oder andere Software-Tools.

Ghostscript ist eine Shareware, mit der sich PS-Dateien betrachten, aber nicht bearbeiten lassen.

Übertragen der Druckdaten

Der PostScript-Treiber übergibt die erzeugten PS-Daten an den Spooler, der sie im Netzwerk weiterleitet. Der Spooler unterhält für jedes Ausgabegerät eine eigene Warteschlange, damit mehrere Benutzer sich ein Gerät teilen können. Bei unvollständigen PostScript-Dateien erkennt der Spooler fehlende Fonts und baut diese in die PostScript-Datei ein. Geräteabhängige PostScript-Codes werden vom Spooler ersetzt, wenn das Dokument an einen anderen Drucker geschickt wird.

Die Abbildung 95 zeigt den grundsätzlichen Ablauf, der beim Drucken einer Datei aus einem Layoutprogramm abläuft. Neben dem gesetzten Text können Grafiken und Bilder beispielsweise als EPS- oder TIF-Dateien eingebunden sein.

Aus der Abbildung ist die besondere Behandlung des Textes gegenüber der Bild- und Grafikeinbindung zu erkennen. Zum Ausdruck einer QuarkXPress-Datei müssen die Schriften entweder auf dem Computer oder im Drucker vorhanden sein.

Nach der Erzeugung der PostScript-Anweisungen für die gesamte Datei übergibt der Druckertreiber die Datei an den Spooler. Der Spooler erhält die geräteabhängigen Druckerdaten aus der PPD-Datei. Diese Daten vergleicht der Spooler mit den Anforderungen des Dokuments und erkennt Dateien, die auf ungeeigneten Druckern ausgegeben werden sollen.

Bei unvollständigen Dateien erkennt der Spooler, welche Schriften im Dokument benötigt werden und baut diese Schriften in die jeweils geforderten Stellen des Dokuments ein. Dies erledigt ein Download-Prozess der Schrift vom Computer, wenn die Schrift im Drucker oder Belichter nicht vorhanden ist. Hier ist vor allem der Druckerfont wichtig.

Eine Bilddatei kann als EPS-Datei innerhalb des Layoutprogramms mit den PostScript-Anweisungen vollständig beschrieben vorliegen. Sie ist dann in der gesamten Datei eingekapselt (eingekapselt = encapsulated). Man spricht deshalb von EPS.

Digitalisierte Pixelbilder können aber auch als TIF-Dateien vorliegen.

Das dem Spooler nachgeordnete Backend ist für die Kommunikation mit dem Drucker zuständig. Hier ist das Übertragungsprotokoll implementiert. Vom Backend werden Steuerzeichen gesendet und empfangen, die für eine korrekte Datenübertragung notwendig sind. Zu den beiden wichtigsten Steuerinformationen gehören die Synchronisation der Datenübertragung und die Kennzeichnung von Anfang und Ende der Datei. Das Backend nimmt außerdem Fehlermeldungen des Druckers entgegen.

Während des gesamten Prozesses greifen Druckertreiber, Spooler und Backend stets auf die PPD-Datei zu und holen sich von hier die jeweils benötigten gerätespezifischen Daten des Druckers oder Belichters.

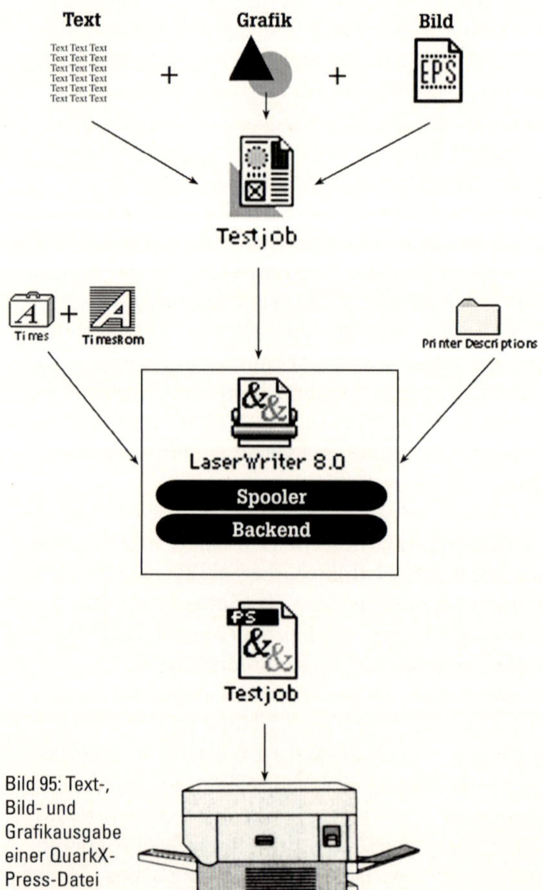

Bild 95: Text-, Bild- und Grafikausgabe einer QuarkXPress-Datei über PostScript

Der RIP des Ausgabesystems muss über einen PostScript-Interpreter verfügen, der in der Lage ist, die PostScript Befehle zu interpretieren und damit den Drucker oder Belichter zu steuern.

Unterschied zwischen PostScript und PDF

PostScript und das PDF-Datenformat sind miteinander verwandt, sie basieren auf demselben Grafikmodell. Die Entwicklung von PostScript Anfang der achtziger Jahre diente damals dazu, den noch wenig leistungsfähigen Computern die Ausgabe von komplexen Seiten auf Laserdruckern und Belichtern zu ermöglichen.

Zur Entlastung der damals noch nicht besonders leistungsstarken Computer wurden viele der dazu erforderlichen Verarbeitungsschritte in den Computer des Ausgabegerätes, also den RIP verlagert.

Das Rippen von PostScript-Daten lässt sich in drei interne Schritte gliedern (Bild 96).

Nach der Erzeugung des PostScript-Codes werden die PostScript-Anweisungen im Interpreter des PostScript-Druckers oder Belichters übersetzt. Diese Interpretation ist der erste Schritt.

Die PostScript-Anweisungen können entweder Elemente einer Seite beschreiben oder Berechnungen durchführen. Der PostScript-Interpreter baut aus diesen PostScript-Anweisungen eine interne Darstellung der Seite auf.

Diese interne Darstellung wird als Display-Liste bezeichnet. Im Bild 96 wird der RIP-Prozess schematisch dargestellt.

In dieser Display-Liste sind alle Elemente einer Seite in einer interpretierten und kompakten Form beschrieben. Ihre Erstellung erfolgt in einem internen Zwischenformat.

Im zweiten Schritt werden auf der Grundlage dieser Display-Liste die darin beschriebenen grafischen Objekte gerendert.

Beim Rendering werden die Vektordateien und der Text einer Seite in einzelne Bildpunkte (Pixel) zerlegt. Dies geschieht in Abhängigkeit von der Belichter- oder Druckerauflösung. Pixelbilder brauchen nicht gerendert zu werden, da sie bereits über Bildpunkte mit einer festgelegten Auflösung verfügen.

Als Ergebnis des Renderings wird die Bytemap erzeugt. Bild, Text und Grafikinformationen liegen jetzt in der gleichen Datenform vor. Bei der Bytemap handelt es sich noch um binäre Halbtoninformationen mit 8 Bit Pixeltiefe.

Im dritten Schritt sorgt das Screening für die Erzeugung der Bitmap. In dieser Phase werden die binären Halbtoninformationen in Rasterinformationen mit 1 Bit Pixeltiefe gerastert. Näheres dazu wird in Kapitel 8.7.2 erläutert.

Die Bitmap beschreibt Text, Bild und Grafik in Form von Rasterpunkten, deren Größe dem Recorderelement (Rel) des Ausgabegerätes entspricht. Das Screening erzeugt die Rasterung von Bildern und farbigen Flächen beziehungsweise Verläufen einer Grafik. Verfügt der RIP über eine InRIP-Separation, dann findet hier auch die Farbseparation statt (vgl. Kapitel 8.7.3)

Im Anschluss an diese drei internen Schritte erfolgt auf der Grundlage der erzeugten Bitmap das Imaging, also die Belichtung der Datei. Die Bitmap-Informationen bilden die Grundlage für die Steuerung des Lasers im Belichter oder Drucker.

Dazu ein vergleichbarer technischer Arbeitsablauf über PDF, der die Ähnlichkeit zwischen PostScript und PDF ebenso verdeutlicht, wie auch den Unterschied zwischen beiden aufzeigt.

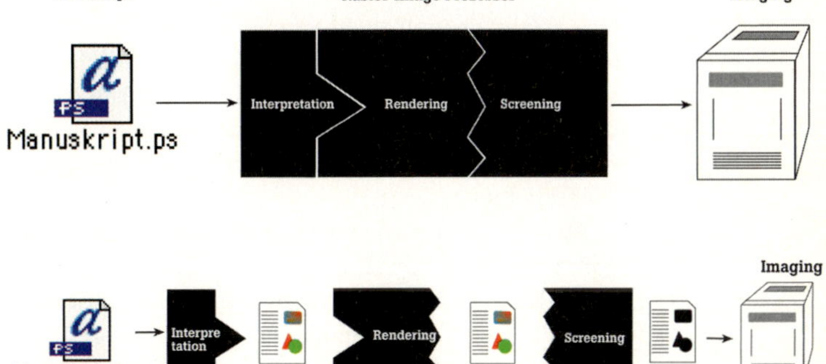

Bild 96: Der RIP-Prozess innerhalb eines PostScript-RIPs erfolgt intern in drei Schritten

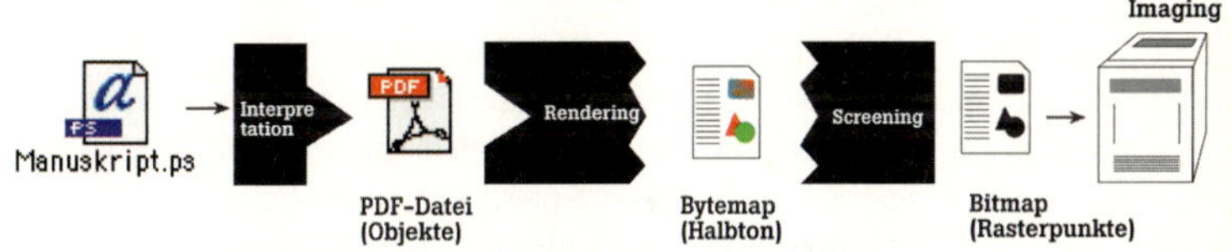

Bild 97: Bilddatenausgabe über PDF-Workflow

Basisdatei einer PDF-Datei ist PostScript. Eine PS-Datei wird im ersten Schritt erzeugt, indem über den Druckertreiber aus einer beliebigen Applikation heraus ein Druckauftrag in eine Datei geschrieben wird, statt sie zum Drucker zu schicken. Es entsteht die PS-Datei.

Im zweiten Schritt wird nun der Unterschied zu PostScript deutlich werden. Der Anwender greift nun in den bei PostScript-internen technischen Ablauf ein. Mit Hilfe der Acrobat Distiller-Software wird diese PS-Datei interpretiert. Das bedeutet, dass es sich beim Acrobat Distiller um nichts anderes als einen vollständigen PostScript-Interpreter handelt, über den auch jedes PostScript-fähige Ausgabegerät verfügen muss. Ab Acrobat 4.0 handelt es sich um ein PostScript-Level-3-Interpreter.

Anstelle einer Display-Liste im internen Datenformat des RIPs, gibt der Distiller eine für den Anwender zugängliche PDF-Datei aus. Gemeinsam ist der PDF-Datei mit der Display-Liste, dass alle grafischen Elemente als Objekte beschrieben sind.

Da der Distiller keine Bitmaps generieren muss, benötigt er gegenüber einem kompletten Software-Postscript-RIP für einen Belichter weit weniger Speicher und Rechenleistung.

Mit Hilfe des Acrobat Readers kann diese interpretierte PDF-Datei am Bildschirm betrachtet und mit Acrobat 5.0 (Acrobat Exchange) begrenzt korrigiert, kommentiert und bearbeitet werden.

Heute bieten dazu spezielle Tools (z. B. PitStop als PlugIn) wesentlich erweiterte Möglichkeiten.

Die PDF-Datei ist vom Datenvolumen her wesentlich kleiner als eine PS-Datei, weil sie nur noch die Beschreibung der Objekte enthält und nicht mehr den gesamten Programmcode, daher stammt auch der Name Distiller. Hier werden alle für die Darstellung der Seite überflüssigen Programmcodes heraus distilliert. Hinzu kommt, dass die einzelnen Seitenelemente zusätzlich komprimiert werden können. Die Vorteile von PDF-Dateien werden dadurch deutlich.

Eine PDF-Datei ist eine interpretierte PostScript-Datei. Auftretende PostScript-Fehler sind also schon in dieser Phase zu erkennen und nicht erst während der Belichtung.

PDF-Dateien können wegen ihres geringen Datenvolumens besser als PS oder EPS-Dateien an Kunden weitergereicht oder per E-Mail verschickt werden.

Im Unterschied zur reinen PostScript-Belichtung sind beim PDF-Workflow die PostScript-Interpretation der Daten und das Rendering zeitlich und räumlich voneinander getrennt. Der Prozess des Renderings und des Screenings erfolgen erst kurz vor der Datenausgabe im Drucker oder Belichter.

Da eine PDF-Datei geräteunabhängig sein soll, kann sie auch keine Geräte-Steuerbefehle enthalten, wie dies bei einer PostScript-Datei der Fall sein kann. Dies ist in der PDF-Spezifikation nicht vorgesehen.

Da für einen kompletten digitalen Workflow diese zusätzlichen Informationen zur Datenausgabe aber unerlässlich sind, wurde von Adobe zusätzlich das Portable Job Ticket Format (PJTF) entwickelt.

In seinem Aufbau ähnelt dieses Format dem PDF-Format. Die Trennung von Seiteninhalt und Verarbeitungshinweisen ermöglichen eine größere Arbeitsflexibilität im digitalen Workflow.

Soll der Druckauftrag beispielsweise auf einem anderen Bedruckstoff gedruckt werden, so ist es nicht erforderlich, den gesamten Druckauftrag in der Applikation zu öffnen, es genügt stattdessen die Änderungen wie Tonwertzuwachs, Rasterweite und Überfüllung lediglich im Job Ticket zu ändern.

In einem Job Ticket lassen sich beispielsweise die folgenden Produktionsparameter speichern:
- Anweisungen zur Verarbeitung der Seiten (Ausschießschema, Trapping-Regeln)
- Ausgabeparameter (Rasterweiten, Rasterwinkel, Auflösung)
- Material (Bezeichnung, Größe, Gewicht, Farbigkeit)
- CIP 3-Informationen (Voreinstellungen für die Farbzonen der Druckmaschine)
- Weiterverarbeitung (Anweisungen zum Falzen, Schneiden, Binden etc.)
- Lieferdaten (Adresse, Anzahl der Exemplare)
- Planung (Termine der Produktion)
- Administration (Kunde, Kundennummer, Auftrag, Auftragsnummer, Sachbearbeiter).

Aufbauend auf dem PDF- und dem PJTF-Format wurde von Adobe eine neue Architektur zur Automatisierung der Arbeitsabläufe bei der Ausgabe der Seiten entwickelt.

„Adobe Extreme“ ist eine solche Architektur, die 1998 mit dem Namen „Extreme for Graphic Arts and Production Printing“ speziell für den digitalen Workflow mit CTP-Systemen entwickelt wurden.

Aufbauend auf dieser Architektur wurden von unterschiedlichen Herstellern digitale Workflow-Systeme entwickelt. Prinergy von Heidelberg und Apogee von Agfa sind Beispiele dafür.

8.7.2 Notwendigkeit der Rasterung von Pixelbilder

Mit Pixelbildern sind in diesem Zusammenhang digitalisierte Halbtonbilder gemeint. Halbtonbilder sind tonwertmäßig ein Gegensatz zu Strichabbildungen.

Sie weisen zwischen dem hellsten und dunkelsten Tonwert unterschiedliche Zwischentöne (Graustufen) auf, Strichabbildungen verfügen dagegen nur über zwei Tonwerte.

Um Halbtonvorlagen aller Art für den Druck aufzubereiten, müssen die Grauwerte einer schwarzweißen Fotografie oder die Vielzahl der Farben eines Farbfotos aufgerastert werden. Keines der vier Hauptdruckverfahren – eine Ausnahme bilden der Lichtdruck und im gewissen Sinne auch der Tiefdruck – ist heute in der Lage, die analogen Halbtöne einer Vorlage auch analog wiederzugeben.

In allen anderen Druckverfahren müssen zur Wiedergabe unterschiedlicher Tonwertstufen die digitalisierten Halbtoninformationen in Rasterpunkte unterschiedlicher Größe umgewandelt werden. Diesen Vorgang bezeichnet man als *autotypische Rasterung*.

Aus den analogen Halbtoninformationen der Vorlage werden auf diese Weise Informationen für den Druck, bei denen nur zwei, also binäre Zustände vorkommen können:
- eingefärbte Elemente oder
- nicht eingefärbte Elemente.

Die unterschiedlichen Grauwerte verwandeln sich in Punkte mit unterschiedlich großer Flächenausdehnung der Rasterpunkte.

Bild 98 zeigt einen vergrößerten Bildausschnitt aus einem autotypisch gerasterten Bild. Bedingt durch die geringe Größe der autotypischen Rasterpunkte kann das menschliche Auge beim Betrachten von Drucken diesen Charakter oftmals nicht mehr erkennen. Das mit einem feinen Raster gedruckte Bild wird demnach wie ein Halbtonbild mit analogen Bildsignale wahrgenommen. Gerasterte Bildinformationen werden deshalb (fälschlicherweise) auch als unechte Halbtöne bezeichnet.

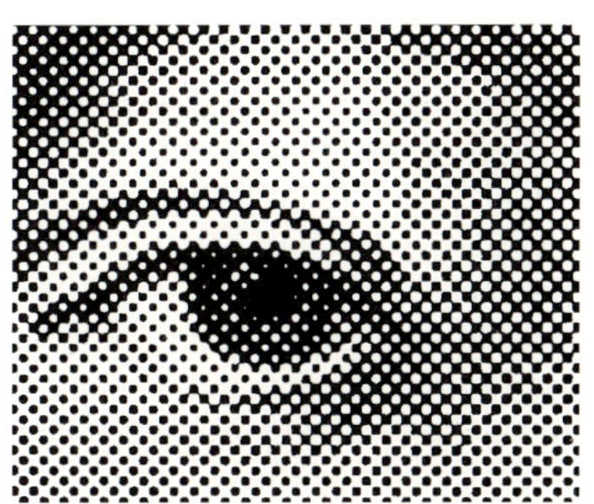

Bild 98: Ausschnitt aus einem autotypisch gerasterten und vergrößerten Bild

Durch die geringe Größe der Rasterpunkte werden die analogen Bildsignale also nur simuliert. Die Simulation gelingt, weil das Auflösungvermögen des menschlichen Auges begrenzt ist.

Im Zeitungsdruck ist wegen der geringeren Papierqualität ein sehr grobes Raster zu verwenden. Aus diesem Grunde kann hier die Rasterstruktur in gedruckten Bildern sichtbar sein.

Offsetdruck, Flexodruck und Siebdruck können die Druckform lediglich gleichmäßig mit Druckfarbe einfärben (vgl. Kapitel 10). Die Stärke dieses Farbauftrags kann zwar variiert werden, diese Variation bezieht sich aber lediglich auf die gesamte Druckfläche und nicht auf einzelne Teile des Bildes.

Der Tiefdruck macht hier eine gewisse Ausnahme. In diesem Druckverfahren gelingt es, helle Bildstellen mit geringerem und dunkle Bildstellen mit höherem Farbauftrag zu drucken. Dies wird jedoch nicht durch die Druckmaschine gesteuert, sondern ist durch die Beschaffenheit der Druckform vorher festgelegt. Aus diesem Grunde kann der Tiefdruck halbtonähnlich drucken. Dies gilt jedoch nur bezüglich der kleinsten Druckelemente des Tiefdrucks (Näpfchen), denn auch für dieses Druckverfahren gilt, dass die Halbtöne der Vorlage gerastert werden müssen, um sie drucktechnisch reproduzieren zu können. Da die Bedeutung dieses Rasterungsprozesses im Tiefdruck sich gegenüber den anderen Druckverfahren unterscheidet, nennt man die Druckelemente (Bildstellen) im Tiefdruck nicht Rasterpunkte, sondern Näpfchen.

Halbton- bzw. Graustufenbilder, die für die Printmedien reproduktionstechnisch verarbeitet werden, müssen im Offsetdruck durch
– Rasterpunkte mit unterschiedlicher Fläche
und im Tiefdruck z. B. durch
– Näpfchen unterschiedlicher Fläche und Tiefe
simuliert werden (vgl. Kapitel 10).

Die Parameter: Rastertonwert, Rasterpunktform, Rasterweite, Rasterwinkel

Bei einer autotypischen Rasterung sind Rasterpunkte die kleinsten druckenden Elemente eines gedruckten Bildes.

Die unterschiedlichen Graustufen eines Halbtonbildes werden im Druck nur durch unterschiedliche *Flächendeckungsgrade* der *Rasterpunkte* simuliert. Das heißt, die Fläche der Rasterpunkte variiert je nach dem Tonwert der Bildvorlage.

Rasterpunkte mit relativ großer Fläche führen zu dunklen Tonwerten und kleine zu hellen, weil bei letzteren mehr vom Papierweiß in das Auge des Betrachters fällt. Wir bezeichnen dies als *Rastertonwert* oder *Flächendeckungsgrad*.

Der Rastertonwert wird in Prozent bedruckter Fläche ausgedrückt und reicht von 0 bis 100 % (Vollton, Vollfläche).

Von dem Rasterprozentwert, der im Druck die Zwischenwerte zwischen Schwarz und Weiß simuliert, ist die *Rasterweite* (auch *Rasterfrequenz*) streng zu unterscheiden.

Die Rasterweite bestimmt die Feinheit des Rasters. Sie wird heute üblicherweise in Linien pro cm (L/cm) oder Lines per inch (lpi) angegeben.

Die Rasterweite definiert die Häufigkeit, mit der sich die Rasterpunkte pro Längeneinheit wiederholen. Man bezeichnet dies auch als *Rasterfrequenz*.

Je feiner die Rasterweite oder Rasterfrequenz ist, umso kleiner sind die Rasterpunkte mit gleichen Flächendeckungsgraden. In jeder Rasterweite gibt es also Rastertonwerte zwischen 0 und 100 %.

Die Wahl der Rasterfeinheit hängt vom Bedruckstoff ab. Papiersorten mit rauerer Oberfläche müssen mit gröberen Rastern gedruckt werden als hochwertige glatte Papiersorten (vgl. Kapitel 15).

Diese Art der Rasterung wird autotypische oder amplitudenmodulierte Rasterung genannt. Hier liegen die Rastermittelpunkte in gleichmäßigen Abständen voneinander in einer bestimmten Winkellage.

Ein standardgemäßer Raster für gestrichenes Papier hat 60 Linien/cm und eine Winkellage von 45^0. Diese Rasterweite entspricht 152 lpi.

Die Angabe der Rasterweite in *Linien* pro cm oder inch, statt in Rasterpunkten ist historisch bedingt. Da es sich bei dieser Angabe um eine Länge handelt, ein Bild jedoch naturgemäß aus einer Fläche besteht, befinden sich auf $1 cm^2 = 60 \times 60 = 3600$ Rasterpunkte.

Der Raum, in dem sich ein amplitudenmodulierter oder autotypischer Rasterpunkt maximal ausbreiten kann, nennt man *Rasterzelle*.

Die Abbildung 99 zeigt 16 Rasterzellen in einer Winkellage von 45^0 mit einer quadratischen Punktform und 50 % Rastertonwert. Die Größe der Rasterzelle hängt von der Rasterweite ab. Bei einem Raster mit 60 L/cm Rasterweite kann eine Rasterzelle maxi-

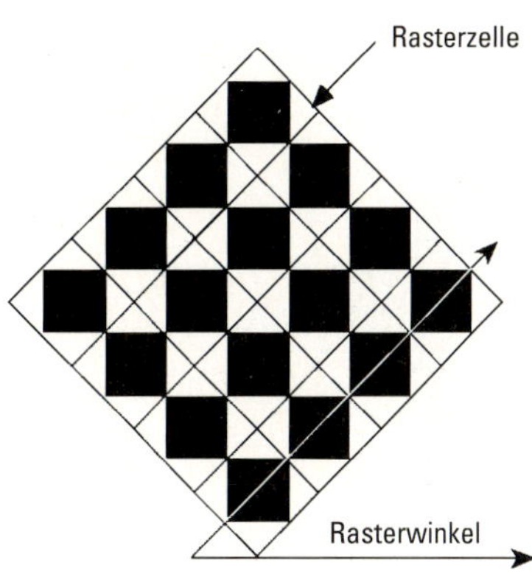

Bild 99: 16 Rasterzellen in 45^0 Rasterwinkellage mit quadratischer Punktform und 50 % Rastertonwert

mal 1/60 cm Kantenlänge aufweisen. Das sind demnach 0,01667 cm.

Die Fläche, mit der sich ein Rasterpunkt maximal ausbreiten kann, beträgt danach 0,02778 mm^2. Dies entspricht einem Flächendeckungsgrad oder Rasterprozentwert von F % = 100%.

Der Rastertonwert gibt also die prozentuale Flächendeckung der Rasterzelle an, die schwarz ist. Im Bild 99 haben die Rasterpunkte einen Rastertonwert von 50%, weil die Hälfte der Rasterzelle schwarz und die jeweils andere Hälfte weiß ist.

Jeder autotypische Raster hat eine bestimmte Winkellage. Der Raster in Abbildung 99 hat eine *Rasterwinkellage* von 45^0. Die Rasterwinkellage wird entlang der sogenannten *Vorzugsrichtung* eines Rasters gemessen. Unter der Vorzugsrichtung versteht man die Richtung, in der benachbarte Rasterpunkte den geringsten Abstand aufweisen. Nur so lässt sich die Rasterwinkellage eindeutig definieren.

Einfarbige Rasterdrucke werden mit einer Winkellage von 45^0 gedruckt, weil die diagonale Winkellage auf das Auge am wenigsten störend wirkt.

Senkrechte und waagerechte Strukturen wirken dagegen wesentlich störender.

Beim Übereinanderdruck mehrerer Farben im Vierfarbdruck ist für jede Farbe eine andere Winkellage zu wählen, weil sonst ein störendes Muster entsteht, das in der Fachsprache Moiré genannt wird.

Zur Bestimmung der Rasterweite eines Bildes wird die Anzahl der Rasterpunkte entlang der Vorzugsrichtung des Rasters gemessen.

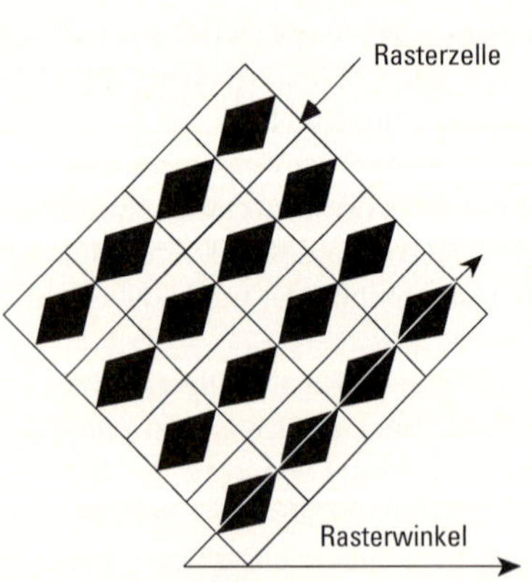

Bild 100:
16 Rasterzellen in 45 Grad Rasterwinkellage mit elliptischer Punktform

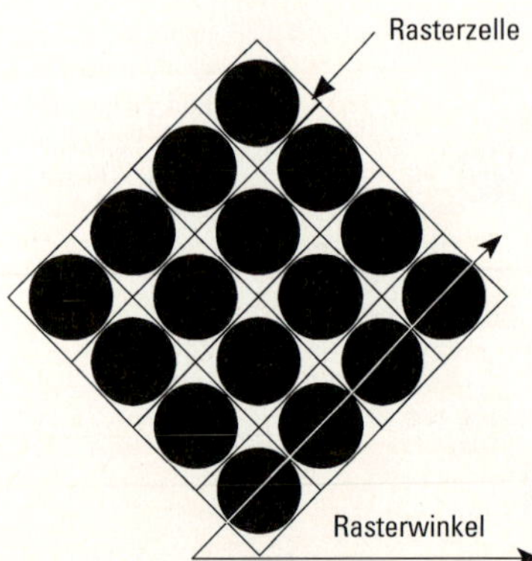

Bild 101:
16 Rasterzellen in 45 Grad Rasterwinkellage mit runder Punktform

Für autotypische Rasterpunkte ist die quadratische bzw. runde Punktform nicht unbedingt die beste Form für die Tonwertübertragung. Neben diesen konventionellen Formen gibt es noch die elliptische Rasterpunktform. Abbildung 100 und 101 zeigen zwei Rasterpunktformen.

Bei der elliptischen Rasterpunktform zeigt sich die Rasterwinkellage am deutlichsten, weil diese Rasterpunktform im mittleren Tonwertbereich eine Rasterkette bildet. Am Richtungsverlauf der Rasterkette ist die Rasterwinkellage schnell erkennbar.

Die periodische Wiederholung der Rasterpunkte ist ein Kennzeichen amplitudenmodulierter Rasterverfahren.

Im Unterschied zum amplitudenmodulierten steht das *frequenzmodulierte Rasterungsverfahren*. Hier wiederholen sich die kleinsten druckenden Elemente nicht periodisch, sondern werden nach einem Zufallsprinzip gleichmäßig in der Rasterzelle verteilt. Die Größe der kleinsten Druckelemente bleibt immer gleich.

Unterschiedliche Helligkeiten der Tonwerte im Bild werden bei diesem Verfahren durch die *Häufigkeit* gesteuert. In dunklen Bildtönen befinden sich wesentlich mehr zufällig verteilte kleinste Druckelemente als in helleren Bildtönen.

Das frequenzmodulierte Rasterungsverfahren kennt keine Rasterweite und keine Rasterfrequenz und deshalb auch keine Rasterwinkel und kein Moiré. Weitere Erläuterungen dazu folgen weiter unten. Befindet sich an einem Computer ein Tintenstrahldrucker als Ausgabesystem, so kann hier häufig die Funktion „streuen" statt „rastern" bei der Ausgabe angewählt werden. Die Wiedergabe von Bild und Grafik ähnelt dabei der frequenzmodulierten Rasterung. Das Verfahren ist gut für Präsentationsfolien oder ähnlichen Aufträgen geeignet.

Anfänge der Rasterungstechnik

Die Anfänge der Bildreproduktion waren aufs engste mit der Rasterungstechnik verknüpft. Georg Meisenbach gelang es um 1882 erstmalig mit Hilfe eines Glasgravurrasters auf fotografische Weise ein Halbtonbild in autotypische Rasterpunkte zu zerlegen. Der verwendete Kreuzlinienraster bestand aus zwei

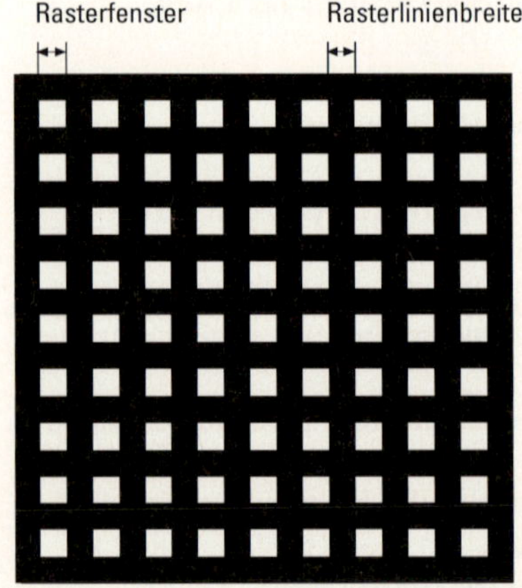

Bild 102:
Klassischer Kreuzlinienraster

aneinander gekitteten Glasscheiben, in die zuvor in bestimmten Abständen schwarze Linien eingraviert und gefärbt wurde (Abbildung 102). Daher rührt die Bezeichnung L/cm für die Rasterweite ursprünglich her. Beide Glasscheiben wurden 90^0 zueinander verdreht zusammengefügt. Dadurch entstanden Rasterfenster. Durch diese traf das Licht und bildete die Rasterpunkte auf dem dahinter befindlichen lichtempfindlichen Film.

Vom digitalisierten Pixel zum Rastertonwert

Die Rastertonwerte können zwischen 0 % und 100 % schwanken. Dabei soll die hellste Bildstelle einer Bildvorlage in Reproduktionen für den Offsetdruck mindestens eine Rasterprozentwert von 3% aufweisen. Bei schlechteren Papierqualitäten kann dieser Wert auch höher liegen.

Die dunkelste Bildstelle sollte bei guter Papierqualität 97 % bis 98 % Rastertonwert nicht überschreiten.

Digitalisierte Pixelwerte können Werte zwischen 0 und 255 annehmen. Aus diesen Pixelwerten müssen für die Ausgabe auf einem Laserdrucker oder Belichter im RasterImageProzessor (RIP) Rastertonwerte generiert werden.

Die Zuordnung der digitalisierten Pixelwerte zu einem entsprechenden Rastertonwert ist an dem folgenden Rechenbeispiel zu erläutern.

Im Programm Photoshop wird mit dem Pipettenwerkzeug ein Pixel, das einen Graustufenwert von 147 aufweist, gemessen. Welchen Rastertonwert wird der RIP daraus als Rasterpunkt generieren?

Da die digitalisierten Pixelwerte Werte von 0 bis 255 und die Rastertonwerte maximal von 0 bis 100 % ansteigen können, lässt sich der Rastertonwert mit folgender Verhältnisgleichung berechnen:

• 255 : 147 = 100 % : x
  255 x = 147 • 100 %
  = 57,647 %

Da die digitalisierten Pixelwerte mit 0 = Schwarz und 255 = Weiß definiert sind, die Rastertonwerte aber mit 0 = Weiß und 100 % = Schwarz, ist nun noch zu rechnen:

• 100 % – 57,647 % = 42,35 % ≈ 42 %

In der Informationspalette von Photoshop, die in Abbildung 103 zu sehen ist, erfolgt gemäß dieser Rechnung die Zuordnung des digitalisierten Pixelwertes zum entsprechenden Rastertonwert, der später im RIP daraus generiert wird. In Bild 103 ist der digitalisierte Grauwert und der Rastertonwert (K) gleichzeitig in der Anzeige sichtbar.

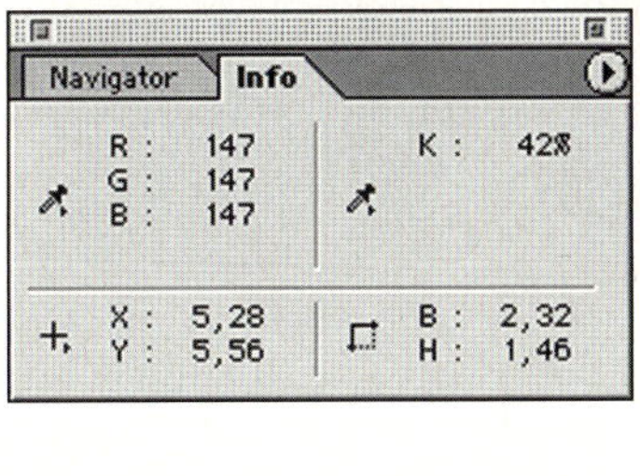

Bild 103: Informationspalette in Photoshop. Dem Pixelwert 147 entspricht der Rastertonwert 42 %

Das Moiré: Störende Strukturen

Ein Moiré ist ein störendes Muster, das bei der Überlagerung (Interferenz) gleichmäßiger Strukturen entsteht.

Die Erscheinungen eines Moirés sind nicht nur in der Drucktechnik bekannt, sie treten z. B. auch in der Fernsehtechnik auf, wenn sich die Zeilenstruktur des Fernsehbildes beispielsweise mit dem Streifenmuster der Kleidung des Fernsehmoderators ungünstig überlagert und so zu einem Farbspiel führt.

In der Drucktechnik gibt es drei unterschiedliche Bedingungen, die zu einem Moiré führen können. Die Ursachen müssen voneinander unterschieden werden, um Moirés wirksam zu verhindern.
Sie entstehen z. B. durch

- ungünstige Überlagerung gleichmäßiger amplitudenmodulierter Rasterstrukturen
- Überlagerung einer amplitudenmodulierten Rasterstruktur mit einem ebenfalls gleichmäßig strukturierten Motivteil eines Bildes wie Dachziegel, Lautsprechergitter, Stoffstrukturen o.ä. (Motivmoiré).
- Scannen bereits gerasterter Vorlagen.
- Dejustierte Belichter. Hier kommt es zur Überlagerung eines Belichterstreifens mit der Rasterstruktur.

Vielfach entsteht motivbedingt im Vierfarbdruck ein Moiré durch eine ungünstige Anordnung der Rasterwinkel der vier Prozessfarben zueinander.

Motivbedingten Moirés kann oft nur schwer begegnet werden. Manchmal genügt jedoch eine leichte Drehung des Motivs oder auch – wenn möglich – ein etwas anderer Maßstab.

Handelt es sich bei der Vorlage um ein gerasterten Druck, so versucht man hier durch die Entrasterungsfunktion, über die moderne Scanner verfügen, die gleichmäßige Struktur auf elektronische Weise zu minimieren. Das gelingt nicht immer perfekt.

An Trommelscannern ist durch leichte unscharfe Einstellung der Abtastoptik ein Moiré zu verhindern, was sich allerdings auch sichtbar auf die Schärfe des Motivs auswirken kann.

Moirés, die durch dejustierte Belichter entstehen, verhindert man natürlich durch eine exakte Justage des Lasers.

Durch welche günstigen Winkellagen der vier Farben zueinander ein Moiré zu verhindern ist, wurde durch viele Versuche getestet. Naheliegend wäre es, wenn alle Rasterpunkte in genau gleicher Winkellage übereinandergedruckt werden könnten. Das ist theoretisch zwar möglich, aber kleinste Abweichungen im Druckprozess würden zu großen Moireérscheinungen führen. Daher werden amplitudenmodulierte Raster in unterschiedlicher Winkelung übereinander gedruckt.

Ein Moiré-freies Bild ist auf diese Weise genaugenommen auch nicht möglich. Man kann durch die geeignete Zuweisung der Rasterwinkel zu den Farben die Moirébildung auf ein kleinstmögliches, nicht mehr auffälliges gleichmäßiges Muster reduzieren.

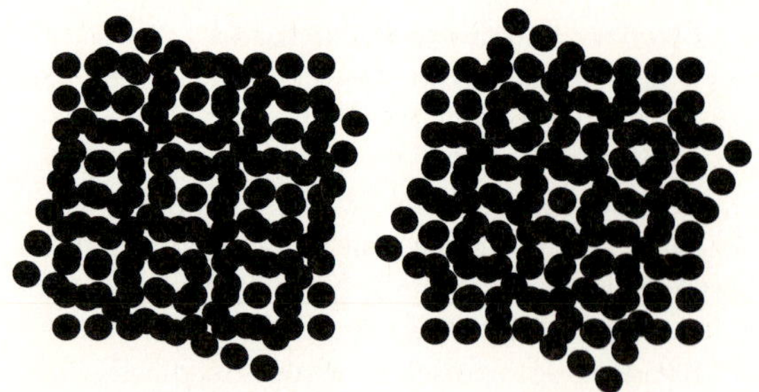

Bild 104: In der Abbildung links ist ein deutliches Moiré, rechts ein minimiertes Moiré zu erkennen

Das Bild 104 zeigt in stark vergrößerter Form links ein Moiré aus der Überlagerung von zwei Rasterstrukturen. Rechts ist die Moirébildung dagegen minimiert.

Man erkennt links, dass eine grobe Gitterstruktur die Punktstrukturen zusätzlich zu überlagern scheint. Rechts ist diese Gitterstruktur zwar auch erkennbar, sie ist aber kleiner und gleichmäßiger. Gesucht wurde nach Erkenntnissen über den optimalen Überlagerungswinkel

Die Frage nach der Entstehung der Moirébildung ist anschaulicher an Linienrastern zu verfolgen. Was hieran festgestellt werden kann, ist auf Punktraster entsprechend zu übertragen.

Wie entsteht ein Moiré?

Die Ursache für die Entstehung eines Moirés ist darin zu sehen, dass in einer glatten Rasterfläche, die aus mehreren Farben aufgebaut ist, Rasterpunkte sowohl nebeneinander als auch übereinander liegen bzw. drucken.

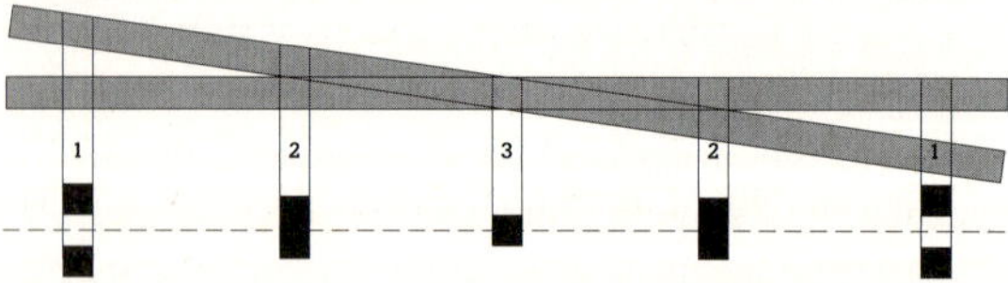

Bild 105: Modell zur Entstehung von Moiré bei zwei sich überschneidenden Linien im Winkel von 8^0

Die dabei auftretende Erscheinung kann an Linienrastern sehr deutlich gemacht werden. Das Bild 105 zeigt modellhaft, was bei der Überlagerung von zwei Linien im Winkel von 8^0 passiert.

Solange beide Linien noch nebeneinander sind, absorbiert jede Linie gemäß ihrer Breite einen gewissen Anteil Licht. In der Abbildung 105 ist dies ganz links und ganz rechts bei der Position 1 der Fall.

Kommen sich beide Linien so nahe, dass sie ohne Zwischenraum nebeneinander liegen, so verschmilzt die Absorption beider Linien. Dies ist in der Abbildung links und rechts bei der Position 2 der Fall. Die Absorption konzentriert sich hier und lässt visuell an dieser Stelle einen dunkleren Eindruck entstehen.

Erst in dem Moment, wo beide Linien sich zu überschneiden beginnen, wird stetig weniger Licht absorbiert. In der Mitte reduziert sich die Absorption auf die Lichtmenge, die von einer Linie allein absorbiert wird. In der Abbildung entsteht deshalb bei Position 3 der hellste visuelle Eindruck. In unserem Modell reduziert sich in diesem Punkt die Absorption auf die Hälfte, weil hier durch die Überschneidung nur noch soviel Licht absorbiert wird wie von einer Linie.

In der Abbildung 106 wird aufgezeigt, wie sich dies visuell bemerkbar macht. Erkennbar ist, wie die

Bild 106: Moiréerscheinung bei zwei sich im Winkel von 8^0 überschneidenden Linienrastern

Bild 107a: 5^0 verwinkelt

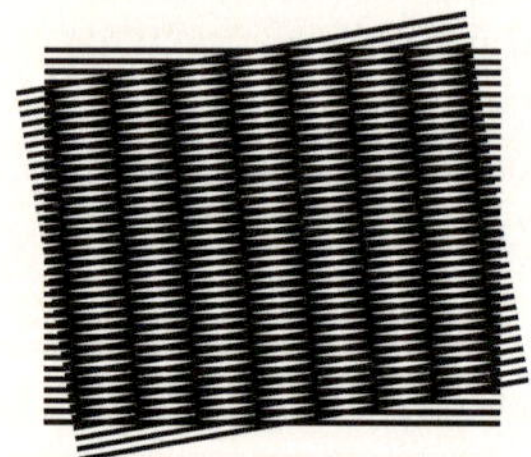

Bild 107b: 10^0 verwinkelt

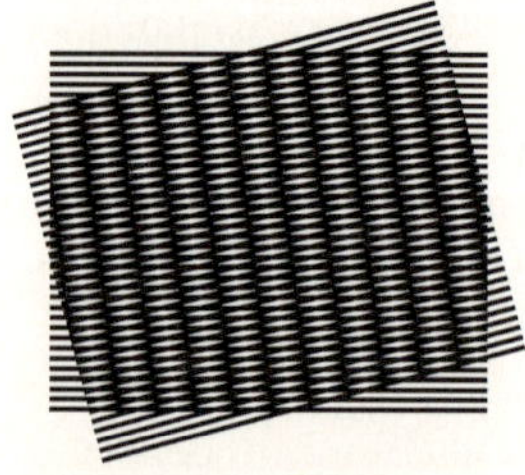

Bild 107c: 15^0 verwinkelt

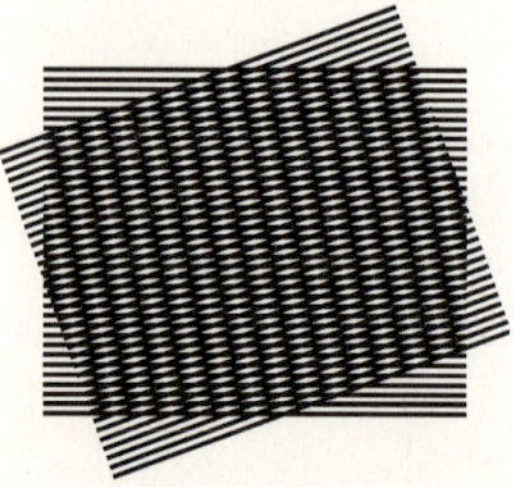

Bild 107d: 20^0 verwinkelt

Bild 107e: 25^0 verwinkelt

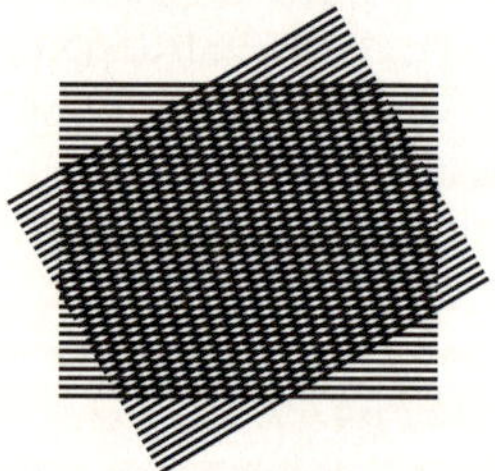

Bild 10 f: 30^0 verwinkelt

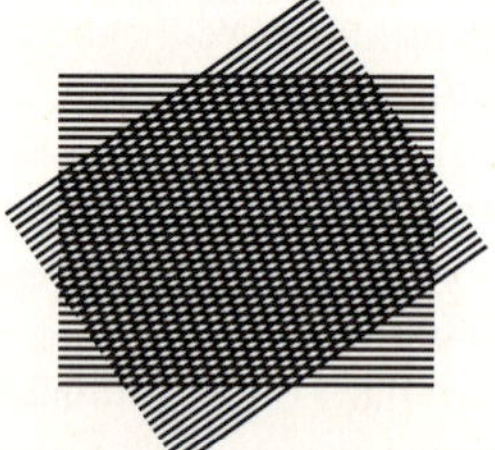

Bild 107g: 35^0 verwinkelt

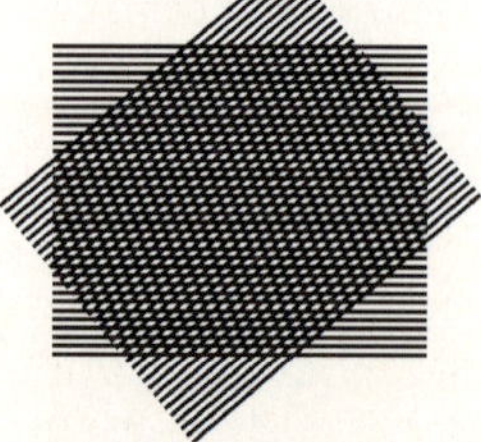

Bild 107h: 40^0 verwinkelt

dunklen und hellen Zonen in leicht nach links geneigter Schräglage die waagerechten gleichmäßigen Linienstrukturen störend überlagern.

Verwinkelt man nun beide Linienraster mit einem kleineren Winkel zueinander, so wird das Moiré stärker. Vergrößert man jedoch die Verwinkelung, so reduziert sich das störende Muster.

Anschaulich wird dies bei Abbildungen 107 a bis h. Die Abbildungen machen deutlich, wie mit zunehmendem Winkelabstand das Moiré abnimmt.

Bei einer Verwinkelung von 35^0 bis 40^0 ist es nicht mehr als unregelmäßig störendes Muster erkennbar.

Rasterwinkelungen: Optimierte Drehungen

Bei der Überlagerung von vier und nicht nur zwei gleichmäßigen Rasterstrukturen ist man in der Auswahl der Verwinkelungen (Winkelage in Grad) zueinander stark eingeschränkt. Das gilt insbesondere für symmetrische Rasterstrukturen wie der quadratische oder runde Rasterpunkt.

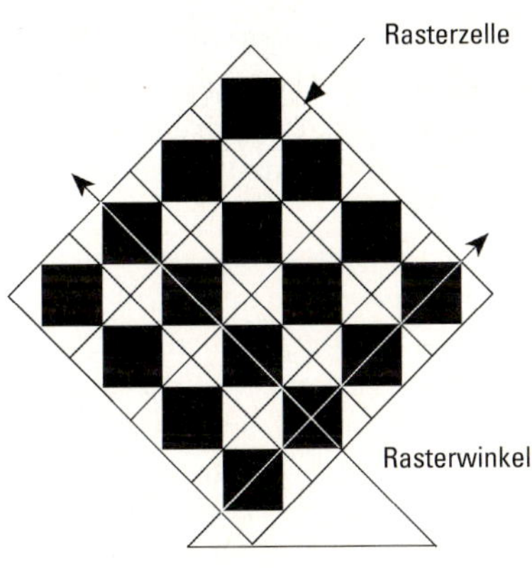

Bild 108: Bei symmetrischen Rasterpunktformen wie dem quadratischen Punkt bilden sich ab einem Rastertonwert von 50 % zwei 90^0 zueinander stehende Rasterpunktketten, die eine Rasterwinkelung der vier Farben zueinander innerhalb von 90^0 einschränken

Ab einem Rastertonwert von 50 % entstehen zwei im Winkel von 90^0 zueinanderstehende Rasterpunktketten. Die ist in Abbildung 108 zu sehen.

Die Richtungsverläufe beider 90^0 zueinander stehenden Rasterpunktketten sind durch die weißen Linien gekennzeichnet. Folglich müssen bei symmetrischen Rasterpunktformen die Verwinkelungen der vier Farben innerhalb von 90^0 erfolgen.

Dieser Gedanke stand bei der DIN-Normung 16547 für die optimalen Rasterwinkel der Farben zueinander im Vordergrund. In der Abbildung 109 ist die Winkellage der vier Farben mit quadratischen Punktformen innerhalb von 90^0 dargestellt. Stehen nur 90^0 zur Verfügung, so wäre eine Verwinkelung von 30^0 der Farben zueinander bei Punktrastern als ideal anzusehen.

Da dies jedoch bei vier Farben nicht möglich ist, müssen zwei Farben mit einer Verwinkelung von nur 15^0 zueinander liegen.

Wie aus Abbildung 107 c zu erkennen ist, erreicht man mit einer Verwinkelung von 15^0 keineswegs eine Moiréfreiheit. Der Kompromiss der DIN 16547 hat nun vorgesehen, der optisch unauffälligsten Farbe, nämlich Gelb (Y), die auffälligste Rasterwinkellage zuzuordnen. Das ist die 0^0-Winkelung.

Zu dieser unauffälligsten Farbe wird Magenta oder alternativ auch Cyan mit einer nur 15^0-Winkelung gelegt. Die nicht Moiré-freie Rasterwinkellage steht demnach nahe zu der optisch am wenigsten auffälligen Farbe Gelb.

Ob Magenta oder Cyan auf die ungünstigste Winkellage von 15^0 gesetzt wird, ist abhängig vom Motiv. Hauttöne enthalten sehr viele Gelb- und Magentaanteile, dagegen aber wenig Cyananteile. Hier kann es sich als vorteilhaft erweisen, dem Cyan die 15^0-Winkelung zuzuordnen und Magenta auf 75^0 zu setzen.

Nach DIN 16547 erhält Schwarz als die deutlich auffälligste Farbe die visuell unauffälligste, optimale Rasterwinkelung von 45^0. Gegebenenfalls kann aber auch das Magenta bei Druckarbeiten mit Hauttönen diese Position einnehmen. Schwarz und Magenta werden dann nur in der Winkellage getauscht.

Asymmetrische Rasterpunktformen, wie der elliptische Punkt lassen auch andere Rasterwinkellagen zu. In den früheren Reproscannern wurden diese Rasterwinkelungen für elliptische Punktformen auch angewandt. Eine von mehreren Möglichkeiten wird in Abbildung 109 gezeigt. Die mit elliptischen Rasterpunktformen gekennzeichneten Rasterwinkellagen sind außerhalb der DIN-Norm.

Asymmetrische Rasterpunkformen lassen auch eine Verwinkelung von 60^0 zu, bei der eine besonders gute Moiréfreiheit erreichbar ist.

In der in Abbildung 109 gezeigten Alternative wurde Schwarz ebenso wie in DIN 16547 die 45^0-Winkelung zugeordnet. Gelb wurde auf 60^0, Magenta auf 105^0 und Cyan auf 165^0 gelegt.

Auch andere Alternativen innerhalb dieser Rasterwinkellagen wurden angewandt.

In RIPs für HighEnd-Belichter ist dies auch heute möglich. Durch die mit PostScript eingeführten elek-

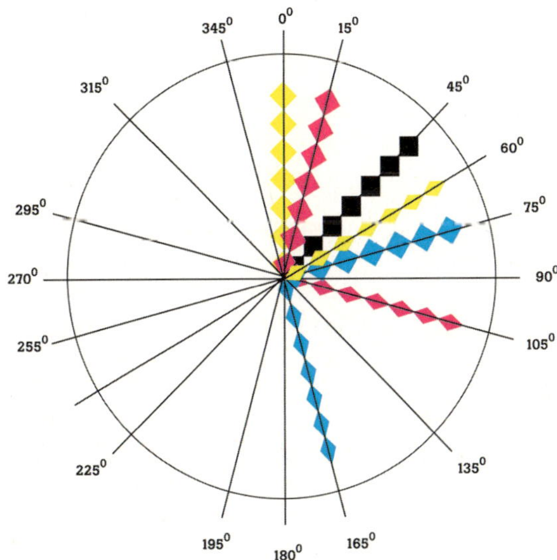

Bild 109: Rasterwinkellagen nach DIN 16547 sind mit quadratischem Rasterpunkt gekennzeichnet. Rasterwinkelungen mit asymmetrischen Punktformen waren früher üblich. PostScript schränkt hier ein.

Bild 110: Die „clear centered Rosette" beim Verwinkeln von 4 Farben. Zur besseren Verdeutlichung einfarbig dargestell

Bild 111: Die „dot centered Rosette" beim Verwinkeln von 4 Farben. Zur besseren Verdeutlichung einfarbig dargestellt

tronischen Rasterungsverfahren findet man diese Winkellagen heute eher weniger. Der Grund liegt in dem Verfahren zur Erzeugung von Rasterwinkelungen bei der elektronischen Rasterung mit PostScript (vergl. Informationen weiter unten).

Ein typisches Merkmal des Offsetdrucks ist die Rosettenstruktur von Rasterpunkten in den neutralen Dreivierteltönen vierfarbig aufgebauter Abbildungen.

Je nach Rasterverfahren ist zwischen einer „clear cetered Rosette" und einer „dot cetered Rosette" zu unterscheiden. Die Abbildungen 110 und 111 zeigen diesen Unterschied.

Während die „clear centered Rosette" das kleinstmögliche Moiré darauf begrenzt, einen Kreis von Rasterpunkten zu bilden, enthält die „dot centered Rosette" in die Mitte dieses Kreises noch einen Punkt.

Zur Wiedergabe der Tiefenzeichnung ist die „clear cetered Rosette" etwas besser geeignet, weil die im Druck unweigerlich vorhandene Tonwertzunahme hier weniger dazu neigt, die Tiefen frühzeitig zulaufen zu lassen. Welche Form auch immer die Rosette hat: Sie zeigt stets das kleinste und damit visuell unauffällige Moiré bei amplitudenmodulierten Rasterverfahren.

Verringert man, wenn dies drucktechnisch möglich ist, die Rasterweite auf eine Rasterweite von beispielsweise 80 L/cm, so erreicht man zusätzlich eine Minimierung dieses Problems.

Nur frequenzmodulierte Rasterverfahren haben dieses Moiréproblem grundsätzlich nicht, weil diesen Verfahren die regelmäßige Struktur fehlt.

Rasterungsverfahren

Amplitudenmodulierte Rasterungsverfahren		Frequenzmodulierte Rasterungsverfahren	
Fotografisch	Elektronisch	konventionell	Elektronisch
Distanzraster	RT-Screening	Lithografie	Diamond -Screen.
Kontaktraster	Mit Superzelle	Mezzotinto	Crystal-Raster
	☞ AGFA-Balance - Screening	Fotografie	Mezzodot
	☞ Adobe Accurate-Screening		
	☞ Linotype-HELL-HQS-Screening		
	IR-Screening		

Bild 112: Überblick über einige Bildreproduktionsverfahren

Rasterungsverfahren

Seit Erfindung der Bildreproduktionsverfahren mit einer Rasterung durch Georg Meisenbach 1882 wurden zur Wiedergabe fotografischer Abbildungen im Druck amplitudenmodulierte Rasterungsverfahren eingesetzt. Meisenbachs Erfindung wurde damals Autotypie genannt. Die Bezeichnung kommt aus dem Griechischen und bedeutet „Selbstdruck".

Technisch genauer bezeichnet ist die Autotypie eine Netz- oder Rasterätzung, bei der Fotografien durch einen Raster belichtet und als Punkte unterschiedlicher Größe auf der Druckplatte mit Hilfe eines Kopier- und chemischen Ätzverfahrens wiedergegeben werden konnten. Als Raster wurden bei diesen fotografischen Verfahren anfangs Glasgravurraster und später auch fotografisch hergestellte Kontaktraster auf Film verwendet.

Man spricht bis heute von *autotypischer Rasterung*. Die Beibeihaltung dieses Begriffs ist sinnvoll, um diese Art der Rasterung vom Sampeln bei der Erzeugung digitaler Bilddaten zu unterscheiden, denn auch hierbei handelt es sich um eine Art Rasterung, um Bilder am Monitor (Screen) darzustellen.

In der Tabelle 112 wird ein Überblick über die Bildreproduktionsverfahren gegeben, die unter drucktechnischen Gesichtspunkten nach amplitudenmodulierten und frequenzmodulierten Rasterungsverfahren unterschieden werden.

Die amplitudenmodulierten Rasterungsverfahren mit einer *festen Rasterfrequenz* und unterschiedlich *Flächenausdehnungen der Rasterpunkte (Amplituden)* lassen sich in fotografische und elektronische Rasterungsverfahren einteilen.

Die fotografischen Rasterungsverfahren sind heute nur noch von historischem Interesse und werden nicht mehr verwendet. Auf eine Erläuterung der Rasterpunktentstehung bei diesen Verfahren wird deshalb verzichtet.

In der Farbreproduktion mussten zur Vermeidung von Moirè alle fotografischen Rasterungsverfahren die Rasterwinkel einhalten. Die DIN-Norm 16547 stammt aus einer Zeit, in der nur die fotografischen Rasterungsverfahren bekannt waren.

Durch entsprechende Drehung der runden Glasgravurraster oder entsprechend gewinkelt hergestellte Kontaktrastersätze, konnten die Rasterwinkel in den fotografischen Techniken exakt eingesetzt werden. Probleme traten erst mit den ersten Versuchen der elektronischen Erzeugung von Rasterpunkten auf.

Das *RT-Screening* gilt als das erste elektronische Rasterungsverfahren und wurde schon in Reproscannern Ende der siebziger Jahre eingesetzt.

Dieses Verfahren versuchte nur sehr unvollkommen, auf elektronische Weise die genauen Rasterwinkellagen der DIN 16547 einzuhalten. Der Name RT-Screening leitet sich von Rationaler Tangens ab und weist darauf hin, dass der Tangens des Rasterwinkels immer eine rationale Zahl sein musste.

In den achtziger Jahren wurde in den Reproscannern dieses Verfahren verbessert. Mit dem *IR-Scree-*

ning waren die Reproscanner der achtziger Jahre bereits exakt in der Lage, die Rasterwinkel nach DIN 16547 elektronisch zu erzeugen und darüberhinaus asymmetrische Rasterpunktformen auch mit 60^0-Verwinkelung zu generieren (vgl. Bild109)

Die Firma Hell, später Linotype-Hell und heute Heidelberg hatte die Patentrechte auf diese Art der elektronischen Rasterungstechnik.

Mit dem Aufkommen von DTP-Systemen Ende der achtziger Jahre ging es nun darum, diese elektronischen Rasterungsverfahren in die PostScript-Belichter zu implementieren. Hier wurde nicht das am weitesten entwickelte Rasterungsverfahren, nämlich das IR-Screening, in die ersten PostScript-RIPs übernommen.

PostScript Level 1 beherrschte nur das RT-Screening und war damit für die Farbausgabe nur bedingt geeignet, weil das Moiré durch nur annähernd erreichbare Rasterwinkel unzureichend unterdrückt werden konnte. Die Firma Linotype als einer der damals führenden Hersteller von RIPs und Belichtern entwickelte kurz vor der Fusion mit dem damals führenden Hersteller von proprietären Reprosystemen HELL, 1991 das *HQS-Screening* ein. HQS stand für High-Quality-Screening und gehört in der Tabelle 112 in die Gruppe von elektronischen Rasterungsverfahren, die mit Superzellen-Technologie arbeiten.

Hiermit gelang es, die Rasterwinkel der DIN 16547 auf eine Genauigkeit von drei Stellen hinter dem Komma zu erreichen.

Mit PostScript Level 2 wurde es möglich, derartige Rasterungsverfahren in die PostScript-Welt zu implementieren.

Andere Hersteller brachten Varianten dieser Superzellentechnologie auf den Markt. Das *Adobe Accurate Screening* und das von Agfa etablierte *Balance Screening* sind bekannte Varianten dieser Technik zur Erzeugung amplitudenmodulierter elektronischer Rasterungsverfahren.

Mit dem RIP 60 von Linotype-Hell wurde schließlich auch das IR-Screening in die PostScript-Welt eingeführt.

Neben diesen Entwicklungen zur Verbesserung der Rasterwinkelung bei amplitudenmodulierten Rasterungsverfahren wurde von den Herstellern zu Beginn der neunziger Jahre auf Entwicklungen der *frequenzmodulierter Rasterungsverfahren* aus den siebziger Jahren zurückgegriffen und diese weiterentwickelt.

Schließlich sind die frequenzmodulierten Rasterungsverfahren der konsequenteste Versuch, dem Moiréproblem bei der elektronischen Erzeugung von Rasterpunkten zu entfliehen.

Regelmäßige Strukturen, die sich überlagern müssen, treten hierbei nicht auf, folglich kann auch kein verfahrenstechnisch bedingtes Moiré entstehen.

In den siebziger Jahren konnten Verfahren zur frequenzmodulierten Rasterung wegen der zu gering entwickelten Rechnertechnologie nicht zur Marktreife gebracht werden.

Von der Wortbedeutung erscheint die Bezeichnung frequenzmoduliertes Rasterungsverfahren unverständlich, weil der Begriff Rasterung ganz wesentlich mit dem Vorhandensein einer gleichmäßigen Struktur verbunden ist. Blickt man jedoch auf das Verfahren zur Erzeugung der Tonwerte, so muss auch hier ein Algorithmus angewandt werden, der die digitalisierter Pixel – wie bei der amplitudenmodulierten Rasterung – in eine Art Rasterzelle zerlegt, um den zu erzeugenden Tonwert zu ermitteln.

Im Unterschied zum amplitudenmodulierten Rasterungsverfahren wird der Tonwert nun jedoch nicht als einheitlicher Rasterpunkt mit bestimmter Punktform, einem bestimmten Flächendeckungsgrad und Rasterwinkelung innerhalb dieser Rasterzelle generiert, sondern einheitlich in gleich große Elemente werden mit einem Zufallsgenerator innerhalb dieser Rasterzelle vollkommen gleichmäßig verteilt.

Die Größe der kleinsten druckenden Elemente bleibt zwischen 7 µm und 20 µm dabei stets gleich, ihre Häufigkeit steigt jedoch mit höherem Tonwert an.

Eine höhere Flächendeckung wird beim frequenzmodulierten Rasterungsverfahren also dadurch erreicht, dass die Häufigkeit druckender, gleich großer Elemente ansteigt. Je dunkler also ein Tonwert wird, umso häufiger entsteht innerhalb der Rels einer Rasterzelle ein Wechsel von hell zu dunkel (Frequenz).

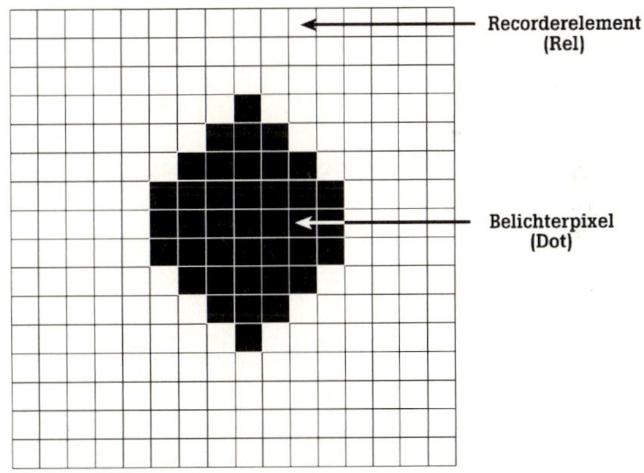

Bild 113: Rasterzelle eines 15 % Rastertonwertes in amplitudenmodulierter Rasterungstechnik bei 0^0 Rasterwinkelung

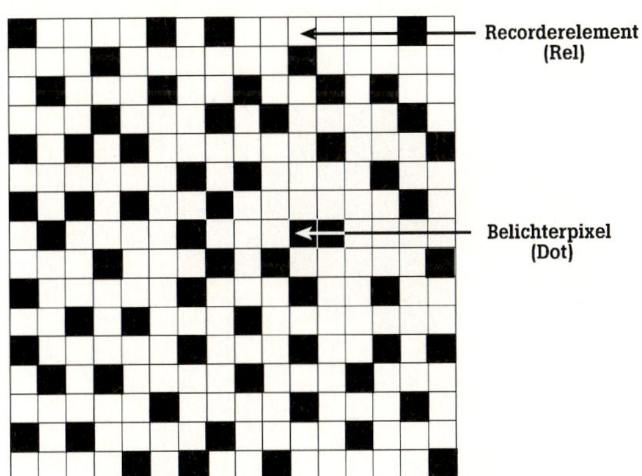

Bild 114: Rasterzelle eines 15 % Rastertonwertes in frequenzmodulierter Rasterungstechnik. Die gleiche Anzahl Rels ist nach dem Zufallsprinzip in der Rasterzelle verteilt.

Daraus leitet sich der Begriff frequenzmodulierte Rasterung ab.

Die Abbildungen 113 und 114 veranschaulichen den Unterschied zwischen einer amplitudenmodulierten Rasterung und einer frequenzmodulierten Rasterung am Beispiel eines 15 prozentigen Tonwerts. Die Tonwertinformationen können in beiden Fällen aus jeweils 4 digitalisierten Pixeln gewonnen werden.

Bilder, die für die frequenzmodulierte Rasterung eingescannt werden, benötigen deshalb keine höhere Samplingrate in ppi als für Scans, die mit 60 L/cm im amplitudenmodulierten Raster später gedruckt werden sollen.

In der Übersicht 112 sind die frequenzmodulierten Rasterungsverfahren ebenfalls in konventionelle und elektronische Verfahren aufgeteilt.

Das Verfahren zur Frequenzmodulation ist viel älter als das der Amplitudenmodulation. Bereits die alte Lithografie basierte prinzipiell darauf. Die feine Rauigkeit der Lithografie-Steine aus Solnhofener Kalksandstein wirkt in einer Lithografie wie zufällig verteilte druckende Elemente. Auch das Mezzotinto kann als künstlerisches Druckverfahren in diese Kategorie eingeordnet werden. Schließlich ist auch die Fotografie mit ihren mikroskopisch kleinen belichteten und zufällig verteilten Silberhalogenidkristallen eine frequenzmodulierte Bildinformation. Zuweilen sprach man im Zusammenhang mit frequenzmodulierter Rasterung auch vom „fotografischen Offsetdruck".

RT-Screening – Ein Springer im Schach?

Zunächst soll auf das RT-Screening in diesem Kapitel eingegangen werden. Dies geschieht nicht deshalb, weil es heute noch eine Relevanz hat, sondern weil daran die Problemstellung, auf elektronische Weise Rasterwinkelungen von 15⁰ und 75⁰ zu erzeugen besonders deutlich wird.

Aus dieser Problemstellung heraus lassen sich dann die Entwicklungen der Superzellen-Technologie verstehen, die letztendlich auch nichts anderes als eine verbesserte Technologie der rationalen Rasterungstechnik darstellt. Ohne das Verständnis dieser beiden elektronischen Rasterungstechnologien ist das gänzlich andere Konzept des IR-Screenings nicht zu erkennen.

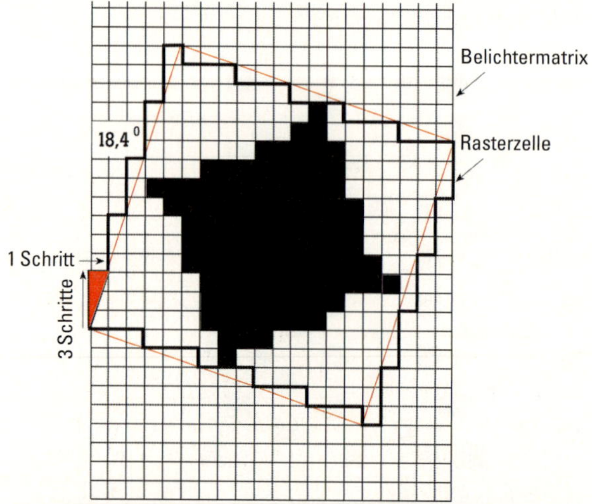

Bild 115: Bildung einer Rasterzelle mit einer Rasterwinkelung von 18,4⁰ beim RT-Screening.

Im Kapitel 8.5.2 wurde bereits erläutert, dass zur Generierung von 256 digitalisierten Tonwertstufen im Belichter die Erzeugung einer Matrix von 16 x 16 Rels für jede einzelne Rasterzelle erforderlich ist.

Im Bild 113 ist dies noch einmal für einen Rasterpunkt mit quadratischer Punktform, einem Flächendeckungsgrad von 15 % und 0⁰ Rasterwinkelung dargestellt. Der so erzeugten Rasterpunkt muss in den nach DIN 16547 festgelegten Winkelgraden gedreht werden.

Die Problemstellung wird anschaulich im Schachspiel: Dem Schachbrett vergleichbar ist die 16 x 16 Rels große Belichtermatrix der Rasterzelle.

Die Schachfiguren dürfen sich nur in bestimmten Schrittfolgen über das Schachbrett bewegen.

Die Dame hat dabei die Möglichkeit sich in 0⁰, 90⁰ und 45⁰ entlang der Senkrechten, Waagerechten oder Diagonalen der Schachbrettfelder fortzubewegen.

Der Läufer ist hier mit 45⁰ nach links oder 45⁰ nach rechts schon eingeschränkter.

Lediglich der Springer macht hier eine besondere Ausnahme. Er darf sich ein Feld in diagonaler Richtung und zwei Felder in senkrechter oder waagerechter Richtung fortbewegen. Das entspricht einem Winkel von 56,3⁰ beziehungsweise von 33,6⁰.

Diese Winkellage sind natürlich weit von den nach DIN 16547 geforderten Rasterwinkellagen entfernt. In der Rasterungstechnik hat man aber den Vorteil, an die Regeln des Schachspiels nicht gebunden zu sein. Folglich baute man bei der rationalen Rasterungstechnik eine Schrittfolge von 3 Rels nach oben und 1 Rel nach rechts auf. Aus dieser Schrittfolge ergibt sich eine Rasterwinkellage der Rasterzelle von 18,4⁰ (vgl. Bild 115).

In der Abbildung ist der Richtungsverlauf für die äußere Begrenzung der Rasterzelle rot eingetragen. Die dicke Linie markiert die Rasterzelle innerhalb der Belichtermatrix.

Die Berechnung des Rasterwinkels erfolgt, indem der Tangens der Schrittfolge erst 3 Rels nach oben und dann 1 Rel nach rechts berechnet wird. Das sich daraus ergebene rechtwinklige Dreieck für die Berechnung des Rasterwinkels ist im Bild 115 ebenfalls rot eingezeichnet.

Ist die Senkrechte der Belichtermatrix 0⁰, so ergibt sich der Tangens des Rasterwinkels aus der Division der Gegenkathete des rechtwinkligen roten Dreiecks (= 1 Schritt oder 1 Rel) durch die Länge der Ankathete (= 3 Schritte oder 3 Rels). Der Tangens des Winkels ist 0,3333 oder als Bruch 1/3, also eine rationale Zahl. Hieraus leitet sich die Bezeichnung RT-Screening ab.

Berechnet man aus diesem rationalen Tangens nun auf dem Taschenrechner den Rasterwinkel, so erge-

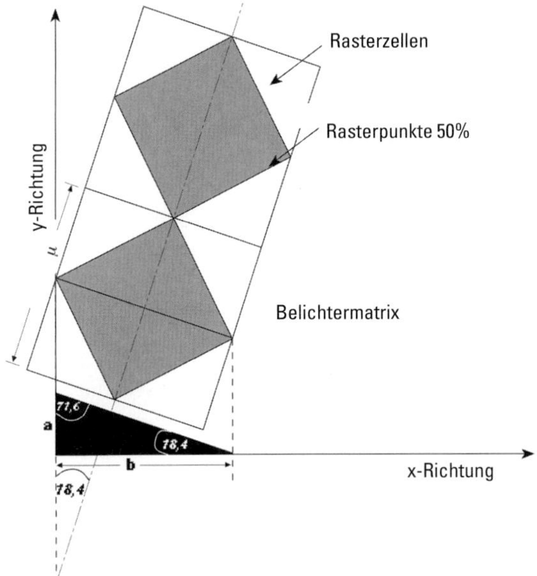

Bild 116: Modell zur Verdeutlichung der eingeschränkten Realisierung einer vorgegebenen Rasterweite bei der Rasterwinkelung von 18,4° im RT-Screening

ben sich 18,4°, statt der geforderten 15°. Kehrt man die Schrittfolge um und baut die Rasterzelle auf, indem zuerst 3 Schritte seitwärts und dann 1 Schritt hoch gegangen wird, so ergibt sich ein rationaler Tangens von 3, was einem Winkel von 71,6° entspricht, statt der geforderten 75°.

Mit den nach DIN 16547 geforderten Winkellagen von 0° und 45° gibt es (wie aus dem Läufer und der Dame des Schachspiels schon zu erkennen war) keine Probleme der Realisierung.

Eine Zusammenfassung aus diesen Überlegungen und Berechnungen: Statt der nach DIN 16547 geforderten Rasterwinkel von 0°, 15°, 45° und 75° lassen sich beim RT-Screening nur Rasterwinkel mit einem rationalen Tangens bilden, was einer Winkelung von 0°, 18,4°, 45° und 71,6° entspricht.

Aus den Erkenntnissen ist abzuleiten, dass eine optimale Moiréfreiheit nicht zu erreichen war.

Eine weitere Einschränkung brachte diese Rasterungstechnik aus den Anfängen des DesktopPublishing mit PostScript Level 1 mit sich. Durch Drehung der einzelnen Rasterzelle innerhalb der Belichtermatrix war es nicht möglich, die gewählten Rasterweiten bei allen Rasterwinkeln genau einzuhalten. Die Problematik zeigt Bild 116.

Die Rasterzelle für eine Rasterweite von 60 L/cm hat eine Kantenlänge von 166,667 µm, denn:

- 1 cm : 60 = 0,0166667 cm • 10 000
  = 166,667 µm

Da der Aufbau des Rasterpunktes in einem Belichter aber nur in x- und y-Richtung waagerecht und senkrecht erfolgen kann, steht für den Aufbau der Rasterzelle nur die in Abbildung 116 eingezeichnete Strecke b auf der x-Achse der Belichtermatrix zur Verfügung. Daraus lässt sich ein rechtwinkliges Dreieck bilden, dessen Richtungsverlauf der Seite c durch die Winkellage von 18,4° der Rasterzelle bestimmt wird. Mit Hilfe des Kosinus lässt sich nun die Länge b des gebildeten Dreiecks berechnen, da der Winkel α mit 18,4° bekannt ist und die Länge von c den berechneten 166,667 µm entspricht.

- cos α = b : c
  b = cos α • c
  b = cos 18,4° • 166,667 µm
  b = 158,146 µm

Bei einem Belichter mit einer Belichterauflösung von 2540 dpi (= 1000 L/cm) ist die Größe eines Rels 10 µm groß. Kleinere Einheiten können bei einem solchen Belichter nicht angesteuert werden. Wird nun die berechnete Strecke ›b‹ durch die Kantenlänge des Rels dividiert, so ergibt sich:

- 158,146 µm : 10 µm = 15,8 Rels.

Da nur ganze Rels ansteuerbar sind, muss auf 16 Rels aufgerundet werden. Ein Abrunden auf 15 Rels wäre zwar möglich, hätte aber den Nachteil, dass nur noch 15^2 und damit 225 Tonwertstufen realisierbar wären. Durch die Rundungsproblematik muss also die Strecke b in 16 statt in 15,8 Rels eingeteilt werden.

Das entspricht einer Länge von 160 µm statt der vorher berechneten 158,146 µm, denn:

- 16 Rels · 10 µm = 160 µm

Es lässt sich nun wieder auf die tatsächlich realisierbare Rasterweite zurückrechnen:

- 160 µm : cos 18,4° = 168,6205553 µm
  = 0,01686205 cm/Rasterzelle
- 1 cm : 0,01686205 cm/Rasterzelle
  = 59,3048 L/cm Rasterweite, statt 60 L/cm.

Bei der Rasterwinkelung von 71,6° ergibt sich ebenfalls diese Rasterweite. Bei einer Rasterwinkelung von 45° ergibt sich nach der gleichen Rechnung eine Rasterweite von 58,926 L/cm. Nur bei einer 0°-Winkelung bleibt die Rasterweite von 60 L/cm exakt erhalten.

Die Superzellen-Technik – ein Schachspiel mit vielen Schachbrettern

Die in heutigen RIPs größtenteils verwendeten elektronischen Rasterungsverfahren gehören der Superzellen-Technologie an. Wie in Abbildung 113 gezeigt gehören dazu

- das HQS-Screening von Linotype-Hell (heute von Heidelberg),
- das Balance-Screening von AGFA und
- das Accurate-Screening von Adobe.

Allen genannten Rasterungsverfahren gemeinsam ist, dass sie die Einschränkungen des RT-Screenings hinsichtlich der Ungenauigkeit in der Rasterwinkelung und den Rasterweiten durch Bildung von sogenannten Superzellen zwar nicht entgehen, sie aber zumindest erheblich minimieren. Erreicht wird dies mit einer *Superzelle*.

Beim RT-Screening kann eine einzelne Rasterzelle mit einem Schachbrett verglichen werden.

Bei der Superzellen-Technik werden nun mehrere Schachbretter zu einem Superschachbrett zusammengefasst und für die Spielfiguren neue Regeln der Fortbewegung entwickelt.

Galt beim RT-Screening die Regel 3 Schritte vor und 1 Schritt seitwärts oder 1 Schritt seitwärts und 3 Schritte vor, um die Rasterzellen in die Belichtermatrix zu integrieren, so eröffnen sich viel mehr Möglichkeiten, wenn mit mehreren Schachbrettern gespielt wird.

Eine Superzelle wird in dieser Rasterungstechnologie aus mehreren Rasterzellen gebildet, die als Subzellen bezeichnet werden.

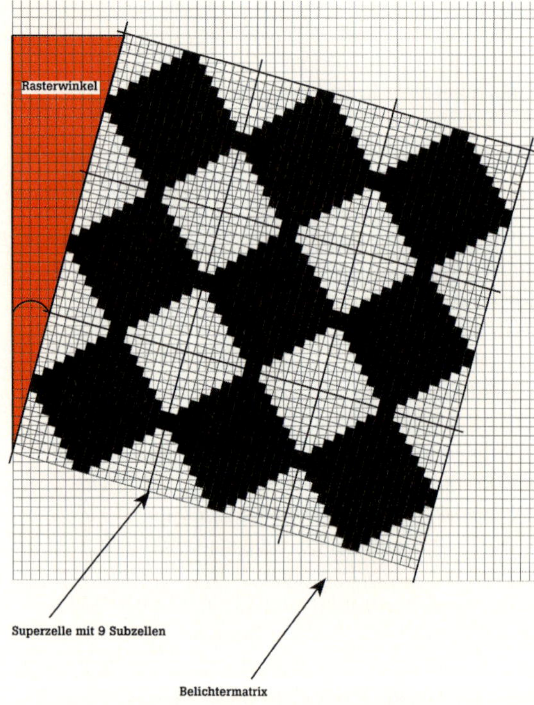

Bild 117: Aufbau der Rasterzellen in der Superzellen-Rastertechnologie mit Hilfe von mehreren Subzellen

In Bild 117 wird dieser Zusammenhang deutlicher. Hier wurden modellhaft 9 Rasterzellen zu einer Superzelle zusammengefasst. Eine Superzelle besteht also in diesem Falle aus 9 Subzellen.

Grundlage für die Berechnung der Rasterwinkellage ist nun nicht mehr eine einzelne Rasterzelle, sondern die Superzelle, wie sie in der Abbildung 117 durch das rote Dreieck für den Rasterwinkel veranschaulicht wird.

Die Bildung von Superzellen bietet die Möglichkeit, andere Schrittfolgen als die von 3 und 1 zum Aufbau der Superzelle zu verwenden, um sie in die Belichtermatrix einzupassen.

Je größer die Superzelle ist, umso kleiner wird die Abweichung von den nach der DIN 16547 geforderten Rasterwinkeln.

Die Tabelle in Abbildung 118 zeigt einige mögliche Schrittfolgen und die entsprechende Annäherung an die Rasterwinkelgenauigkeit.

Schritt 1	Schritt 2	Tangens	Winkelgrad
1	3	0,3333	18,4349
1	4	0,2500	14,0362
3	11	0,2727	15,2551
4	15	0,2667	14,9314
11	41	0,2683	15,0184
15	56	0,2679	14,9951
41	153	0,2680	15,0013

Bild 118: Die Tabelle zeigt den Zusammenhang zwischen möglichen Schrittfolgen der Rels und den erreichbaren Winkelgraden zum Aufbau der Superzelle

Es wird innerhalb dieser Rastertechnologie jedoch nie gelingen, die Rasterwinkelgenauigkeit mit 100 % zu treffen. In den angeführten Rastertechnologien, die nach dem Superzellen-Verfahren arbeiten und erwähnt wurden, sind Rasterwinkel möglich von:

– 0^0
– $15{,}0013^0$
– 45^0
– $74{,}9987^0$

Auch die Superzellentechnologie hat zudem die Einschränkung, die Rasterweiten nicht genau einhalten zu können. Im Unterschied zum RT-Screening sind diese Abweichungen der Farben zueinander jedoch noch unbedeutender. Sie liegen, bezogen auf eine gewünschte Rasterweite von 60 L/cm mit 58,8 Linien/ cm für die 0^0-Winkelung und 58,9 Linien/cm für alle anderen Rasterwinkel sehr nahe beieinander.

Dem Vorteil einer gegenüber dem RT-Screening erheblich moiréfreieren Ausgabe von Farbauszügen steht jedoch ein erhöhter Rechenaufwand als Nachteil gegenüber. Die Rasterpunktgrößen innerhalb der Subzellen der Superzellen müssen nämlich zuerst im RIP vorberechnet werden, bevor sie mit der Belichtermatrix verrechnet werden können. Je größer die gebildeten Superzellen sind, umso länger dauert dieser Prozess. Diese Notwendigkeit besteht beim IR-Screening nicht.

IR-Screening: Rasterpunktgrößen im RIP

Das IR-Screening verfolgt gegenüber den anderen beiden Rastertechnologie ein völlig anderes Konzept. Hier werden die Rasterpunkgrößen nicht direkt in die Belichtermatrix geschrieben. Die Einschränkung der rationalen Rasterungstechnologie kann damit vollkommen überwunden werden. Die Unabhängigkeit der Generierung von Rasterpunktgrößen von der Belichtermatrix wird beim IR-Screening über die im RIP gespeicherte *Rasterberginformation* erreicht.

Diese Rasterberginformationen sind einer großen „Tüte“ voll Rasterpunktgrößen zu vergleichen, in der die Bitmapinformationen für alle Rasterpunktgrößen zwischen 0% und 100% Flächendeckungsgrad gespeichert sind. Jede Rasterpunktform hat dafür eine eigene „Rastertüte“.

Die Auflösung der Rasterpunktinformationen in x-und y-Richtung ist gegenüber der Belichtermatrix dabei sehr viel höher. Auch in der Höhe des Rasterberges liegen die Flächendeckungsgrade in feineren

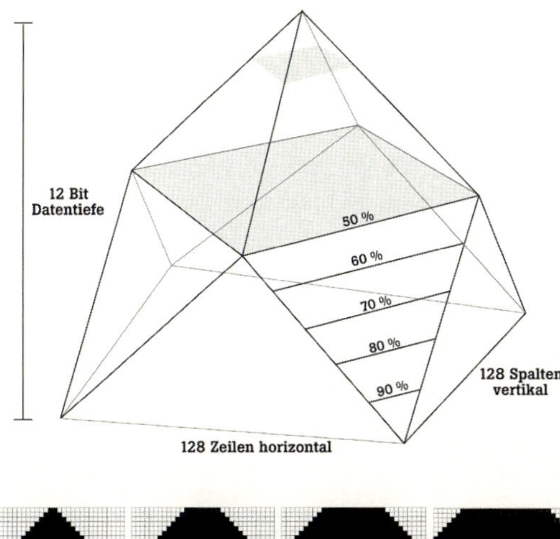

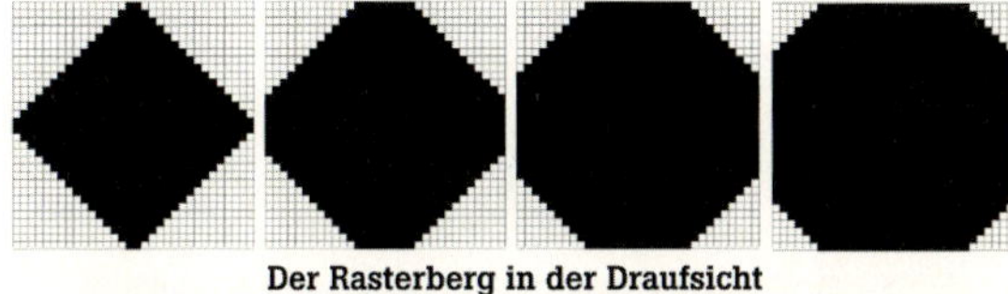

Der Rasterberg in der Draufsicht

Bild 119: Modellhafter Rasterbergaufbau im RIP zur Erzeugung der Rasterpunktgrößen und Rasterwinkellagen beim IR-Screening

Abstufungen vor als sie von ihrer Pixeltiefe her im digitalen Datenbestand quantisiert sind.

Das Bild 119 zeigt modellhaft, wie man sich diese Rasterberginformationen vorstellen kann.

Für eine quadratische Punktform zeigt der Rasterberg ein pyramidenähnliches Gebilde. In der horizontalen x-Richtung und der vertikalen y-Richtung ist die Grundfläche des Rasterbergs in 128 Zeilen x 128 Spalten aufgeteilt. In der Höhe stehen 12 Bit zur Verfügung. Damit sind $2^{12} = 4096$ Bitmap-Ebenen generierbar. In jede dieser Ebenen ist das Aussehen der Flächendeckung einer Rasterpunktgröße gespeichert.

Das pyramidenartige Aussehen des Rasterberg-Modells im Bild 119 ergibt sich, wenn man von dem kleinsten generierbaren Rasterpunkt in der Spitze der Pyramide ausgeht und die Ecken der in diesem Falle quadratischen Rasterpunktformen unterschiedlicher Flächendeckungsgrade in den verschiedenen Rasterbergebenen weiterzeichnet. Es sind also nur die Umrisslinien der von Ebene zu Ebene stetig zunehmeden Rasterpunktgrößen eingetragen. Jede Ebene besteht immer aus 128 x 128 Bits.

Bei der Ebene von 50 % Flächendeckung im Bild 119 erhält der Rasterberg seine pyramidenmäßige Grundform. Betrachtet man den Rasterberg nun senkrecht von oben, so ergibt sich der 50 %ige Rastertonwert in 0^0-Winkelung, wie er in der von links betrachtet ersten Abbildung unter dem Rasterberg im Bild 119 dargestellt ist.

Wächst der Rasterpunkt über 50 % hinaus weiter an, so verändert sich der Rasterpunkt in der Weise, wie das von oben betrachtet die drei rechts daneben stehenden Abbildungen zeigen. Es sei hier angemerkt, dass die Grundfläche dieser vier Bitmaps der Darstellbarkeit wegen nur aus 32 x 32, statt aus 128 x 128 Bits aufgebaut sind.

Aus dieser Veränderung der Flächendeckung des quadratischen Rasterpunktes über 50 % hinausgehend, erklärt sich die nur pyramidenähnliche Form des gespeicherten Rasterberges oder der „Tüte“ mit wohlgeordneten Rasterpunktgrößen einer bestimmten Rasterpunktform im RIP.

Der zur Speicherung dieser Rasterberginformation notwendige Speicherplatz beträgt 8 MB.
Er berechnet sich aus:
• 128 • 128 = 16384 Bits • (2^{12}) = 67108864 Bits : 8
= 8388608 Bytes : 1024^2 = 8 MB.

Der entscheidende Gedanke zur Erzeugung absolut genauer Rasterwinkel unter Beibehaltung der Rasterweiten besteht beim IR-Screening im Wesentlichen darin, dass die Rasterwinkelung mit Hilfe der Rasterberginformationen grundsätzlich von der vorgegebenen Belichtermatrix getrennt wird. Dies geschieht, indem aus den digitalisierten Pixelwerten zuerst der entsprechende Rastertonwert (Flächendeckungsgrad) berechnet wird.

Im zweiten Schritt wird nun die dem Flächendeckungsgrad entsprechende Ebene des Rasterbergs ausgewählt, der die entsprechende Bitmap-Informationen enthält.

Diese Bitmap wird nun im dritten Schritt entsprechend der erforderlichen Rasterwinkelung von 0^0, 15^0, 45^0 oder 75^0 exakt zur Belichtermatrix gedreht. Der Rasterrechner hat nun die Aufgabe, eine Koordinatentransformation von der viel feiner aufgeteilten Matrix der Bitmap-Informationen in die Belichtermatrix vorzunehmen.

Dazu ein Beispiel: Bei der Generierung einer Rasterweite von 60 L/cm bei unterschiedlichen Rasterwinkeln wird beim IR-Screening eine Belichterauflösung von 960 Rels/cm gewählt. Dies entspricht einer Adressiergenauigkeit von 10,4167 µm.

Bei einer Rasterwinkelung von 0^0 entspricht dies exakt einer Rasterzellenbreite von 166,667 µm, denn:
• 960 Rels/cm : 16 = 60 Rasterzellen/cm,
mit denen 256 digitalisierte Tonwertstufen darzustellen sind.
• 1 cm : 60 Rasterzellen/cm = 166,6667 µm.

Zur Realisierung des Rasterwinkels von 15^0 stehen nach der vorhergehend durchgeführten Berechnung (vgl. dazu auch vorhergehende Kapitel mit Berechnungen) bei einer Rasterwinkelung von 15^0 nun 160,9876377 µm zu Verfügung:

$\cos \alpha = b : c$
$b = \cos \alpha \cdot c$
$b = \cos 15° \cdot 1666{,}667$ µm
$b = 160{,}9878$ µm

160,9878 µm : 10,416 µm = 15,5 Rels.

Im Unterschied zu dem RT-Screening wird beim IR-Screening nicht auf volle Rels aufgerundet.

Die Trennung der Rasterberg-Information von der Belichtermatrix ermöglicht es nun zwei Rasterzellen der Belichtermatrix mit 15 Rels zu generieren und die nächsten zwei mit 16 Rels.

Das ergibt 62 Rels für 4 Rasterzellen. 62 Rels : 4 = 15,5 Rels/Rasterzelle.

Bei einem Winkel von 45^0 müsste die Rasterzelle aus 117,85 µm generiert werden:

- 166,667 µm : $\sqrt{2}$ = 117,85 µm.
- 117,85 µm : 10,4 µm = 11,33 Rels.

In diesem Falle erfolgt die Transformation auf die Belichtermatrix durch zwei Rasterzellen zu 11 Rels und eine weitere zu 12 Rels. Das ergibt 34 Rels : 3 Rasterzellen = 11,33 Rels/Rasterzelle.

Auf diese beschriebene Weise kann durch die Trennung der Rasterberginformation von der Belichtermatrix die nach DIN 16534 geforderten Winkel ebenso realisiert werden wie die genaue Einhaltung der Rasterweiten.

Das IR-Screening ist die ausgefeilteste elektronische Rasterungstechnologie, die in HighEnd-Systeme implementiert ist. Mit dieser Technologie ist es auch möglich Rasterweiten von 0^0, 45^0, 105^0 und 165^0 u.a. zu realisieren.

Schon die damaligen Reproscanner verfügten über diese Technologie. Hier erfolgte die Belichtung nicht nur über einen Laserstrahl, sondern über Lichtharken mit 6 später auch mit 13 parallelen Laserstrahlen. Es handelte sich bei den Recordern der Scanner stets um Außentrommelbelichter. Ein Rasterpunkt wurde dabei grundsätzlich aus mindestens zwei Umdrehungen zusammengesetzt. Bedingt durch die Laserharke war es möglich, auch gebrochenen Umdrehungszahlen wie beispielsweise 2,83 Umdrehungen zu realisieren und auf diese Weise Rasterwinkelung und Rasterweite genaustens einzuhalten.

Das Bild 120 veranschaulicht dieses Verfahren. Um die Anschaulichkeit der prinzipiellen Rasterungstechnik zu gewährleisten, wurde in der Abbildung der Rasterberg auf eine Grundfläche von 64 x 64 Bits und einer Datentiefe von 10 Bit reduziert. Als Laserharke werden nur Laser mit 6 Fasern (F_n) gezeigt. In der Art wurde das IR-Screening noch am HELL DC 380 Trommelscanner realisiert.

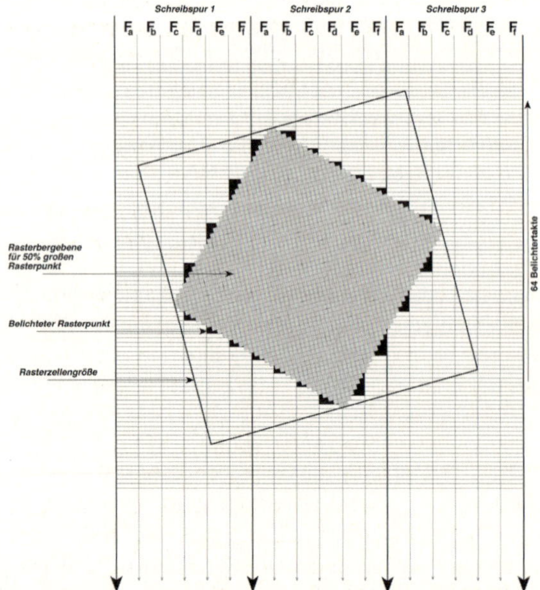

Bild 120: Realisierung einer 15^0-Winkelung mit Rasterberg und Laser-Lichtharke mit 6 Laserlichtfasern am klassischen Trommelscanner

8.7.3 Ausgabe digitalisierter Bilddaten unter dem Gesichtspunkt Farbe

Bild 121 zeigt die erforderlichen Schritte von der Bilddigitalisierung einer farbigen Vorlage bis zur fertigen Aufbereitung der Bilddaten für die Printproduktion unter dem Gesichtspunkt Farbe.

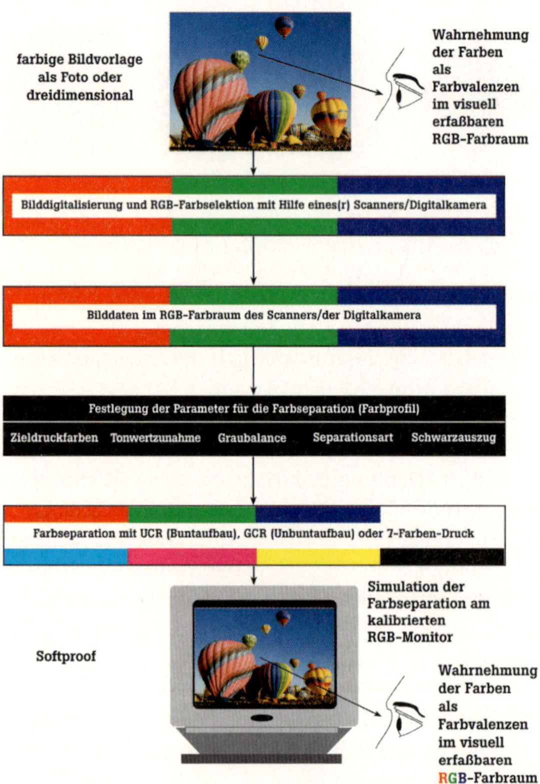

Bild 121: Von der Bilddigitalisierung der Vorlage bis zur farbseparierten Datei.

Nach der Farbtrennung im Scanner oder der Digitalkamera (vgl. Kapitel 8.3.2, 8.3.8 u. a.) ist es erforderlich, die Bilddaten in den CMYK-Farbraum des Printmediums zu transformieren. Das ist erforderlich, weil hier die Farben nach dem subtraktiven bzw. autotypischen Farbmischsystem und nicht nach den additiven Gesetzmäßigkeiten erzeugt werden.

Der Vorgang der Farbraumtransformation vom RGB-Farbraum in den CMYK-Farbraum wird als Farbseparation bezeichnet. Hierbei sind eine Reihe von Einflussfaktoren festzulegen, die sich allesamt aus den späteren Druckbedingungen ergeben und in ihrer Gesamtheit als Farbprofil bezeichnet werden.

Im Bild 121 sind die Faktoren unter dem Gesichtspunkt „Festlegung der Parameter für die Farbseparation“ (Farbprofil) zu fünf Bereichen zusammengefasst.

Die Zieldruckfarben beschreiben die farbliche Charakteristik der Grundfarben, mit denen später gedruckt werden soll und auf die, die Farbseparation abgestimmt sein muss.

Tonwertzunahme und Graubalance können als korrigierende Maßnahmen bezeichnet werden, die im digitalen Datenbestand schon das korrigieren müssen, was im späteren Druck auftritt, dort aber nicht mehr korrigierbar ist.

Die Separationsart und der Schwarzauszug hängen eng miteinander zusammen. Hier wird definiert, in welchem Ausmaß die vierte Farbe Schwarz an der Mischung der Tertiärfarben beteiligt sein soll, wenn es sich um einen 4-C-Druck handelt.

Als Separationsart kann heute aber auch mit mehr als 4 Farben gedruckt werden. Wir sprechen dann vom 7-Farben-Druck, wenn zu den vier Druckfarben noch Rot, Grün und Blau als zusätzliche Grundfarben hinzugenommen werden.

Nach erfolgter Farbseparation werden die Bilddaten im CMYK-Farbraum am Monitor betrachtet. Der Monitor muss zusammen mit der Software nun den Farbraum der Zieldruckfarben mit seinen RGB-Farben möglichst identisch simulieren, um eine zuverlässige Farbbeurteilung des späteren Druckbildes am Monitor zu ermöglichen und gegebenenfalls Farbkorrekturen durchzuführen.

Der Monitor wird dann als Softproof bezeichnet (vgl. Kap. 8.6.3 und 8.6.4). Zusätzlich sollte jedoch ein farbverbindlicheres Proof als Analog-Proof oder Digitalproof angefertigt werden. In den folgenden Kapiteln werden Hintergründe für die Berücksichtigung der Parameter der Farbseparation ausführlicher erörtert.

Grundlagen der Farbseparation: Von der Addition zur Subtraktion der Farben

Der Farbseparation geht die Farbtrennung voraus, wenn es sich um die Digitalisierung farbiger materieller Bildvorlagen handelt. Auf das Prinzip der Farbtrennung wurde bereits in Kapitel 8.2.3 eingegangen.

Unter der Farbseparation versteht man nun grundsätzlich eine Farbraumtransformation von dem additiven RGB-Farbraum in den subtraktiven CMY-Farbraum. In beiden Farbräumen werden den drei Grundfarben Rot, Grün und Blau bzw. Cyan, Magenta und Gelb jeweils die drei Dimensionen Breite, Länge und Höhe zugeordnet. Innerhalb dieser Farbräume können auf diese Weise alle Mischfarben als dreidimensionale Koordinaten auf der x-, y- und z-Achse dargestellt werden. Die Abbildungen 122 und 123 zeigen den Aufbau dieser einfachen RGB- und CMY-Farbräume als Würfelmodelle.

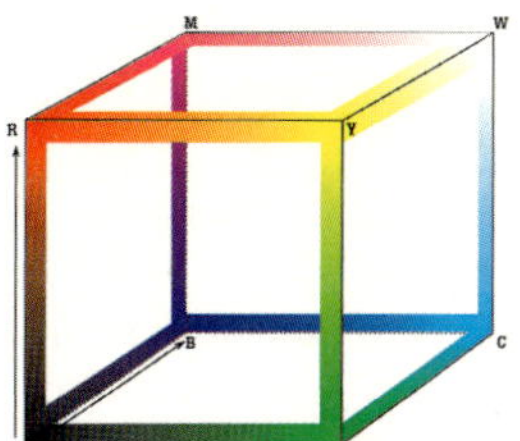

Bild 122: Der RGB-Farbraum hat in Schwarz seinen Ursprung. Von hier weisen die 3 RGB-Grundfarben in die 3 räumlichen Dimensionen, deren Richtungen durch die Pfeile angedeutet werden.

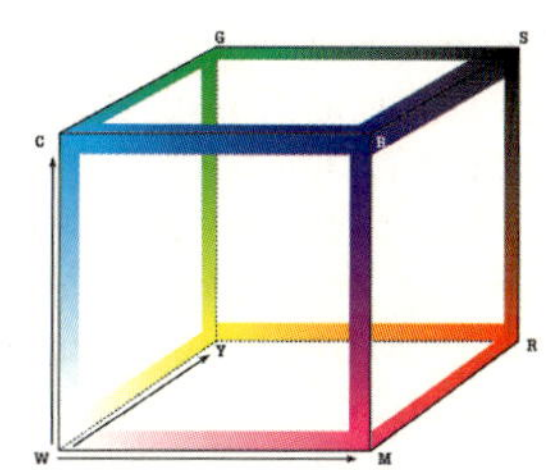

Bild 123: Der CMY-Farbraum hat in Weiß seinen Ursprung. Von hier weisen die 3 Grundfarben CMY in die 3 räumlichen Dimensionen, deren Richtungen durch die Pfeile angedeutet werden.

Farbseparation bedeutet, alle Farben des additiven RGB-Würfels in die Farben des subtraktiven CMY-Würfels umzuwandeln, ohne sie dabei in ihrem Aussehen zu verändern. Das gelingt in der Praxis nicht immer. Die Gründe dafür werden später in diesem Kapitel erläutert.

Um die Grundlagen der Farbseparation besser verstehen zu können, wird zunächst auf die Darstellung der Bedeutung der vierten Druckfarbe Schwarz verzichtet. Die Betrachtung beschränkt sich demnach auf den dreifarbigen CMY-Farbraum.

Bevor die Farbseparation näher erörtert wird, soll die Notwendigkeit dieser Farbraumtransformation kurz begründet werden. Dazu sind zwei prinzipielle Fragen zu stellen: Aus welchem Grund

- kann der Monitor sein Bild nicht gleich im CMY-Farbraum darstellen,
- ist bei der Produktion der Printmedien nicht mit RGB-Farben zu drucken.

Das Beantworten dieser Fragen erfordert Kenntnisse der Farbenlehre (vgl. Kapitel 04 u. a.).

Alle *Printmedien*, auch digitale Farbausgabesysteme, setzen einen *weißen Bedruckstoff* voraus.

Weiß ist für das *subtraktive Farbmischsystem* eine unverzichtbare Voraussetzung. Immer dann, wenn von Weiß ausgehend Farben gemischt werden, handelt es sich um ein subtraktives Farbmischsystem.

Anders ist dies beim Monitor. Ausgegangen wird von Schwarz, das heißt keines der roten, grünen und blauen Phosphore leuchtet.

Dies ist im menschlichen Auge nicht anders. Ist es vollkommen dunkel, werden keine der roten, grünen oder blauen Zapfen gereizt, um Farbvalenzen hervorzurufen. Wir empfinden Dunkelheit, d. h. Schwarz.

Additive Farbmischsysteme haben das Schwarz als additiv nicht ermischbare Grundfarbe ebenso zur Voraussetzung, wie *subtraktive Farbmischsysteme* Weiß als subtraktiv nicht ermischbare Grundfarbe benötigen.

In Abbildung 122 hat der additive Farbraum seinen Ursprung deshalb in *Schwarz*. Diesem Schwarz werden sukzessive die drei spektralen Grundfarben Rot, Grün und Blau hinzuaddiert. Sie ergeben in der Addition Weiß.

Bei dem subtraktiven Farbwürfel in der Abbildung 123 ist es genau umgekehrt. Der Würfel hat seinen Ursprung in *Weiß*. Seine Grundfarben stehen genau komplementär zu den additiven Grundfarben. Durch sukzessives Hinzufügen der drei Grundfarben Cyan, Magenta und Yellow entstehen alle subtraktiven Sekundär- und Tertiärfarben und am Ende Schwarz. Das heißt: Von Weiß wird immer mehr subtrahiert durch Hinzugabe von Farben. Auf der Raumdiagonalen beider Farbwürfel liegen alle unbunten Farben, Schwarz, die neutralen Grautöne und Weiß, nur in jeweils umgekehrter Reihenfolge.

Die Grundfarben der subtraktiven Farbmischung müssen nun in der Lage sein, vom Weiß nacheinander

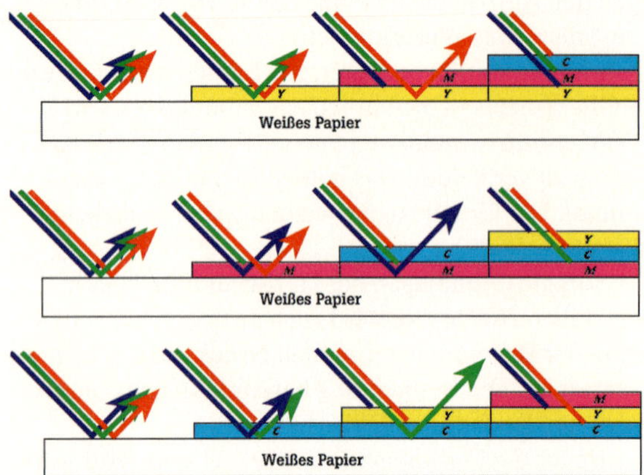

Bild 124: Der Übereinanderdruck von ungerasterten lasierenden Volltonfarben im Druck entspricht dem subtraktiven Farbmischsystem, bei dem die Grundfarben durch Filterwirkung jeweils einen spektralen Anteil des weißen Lichtes absorbieren (subtrahieren)

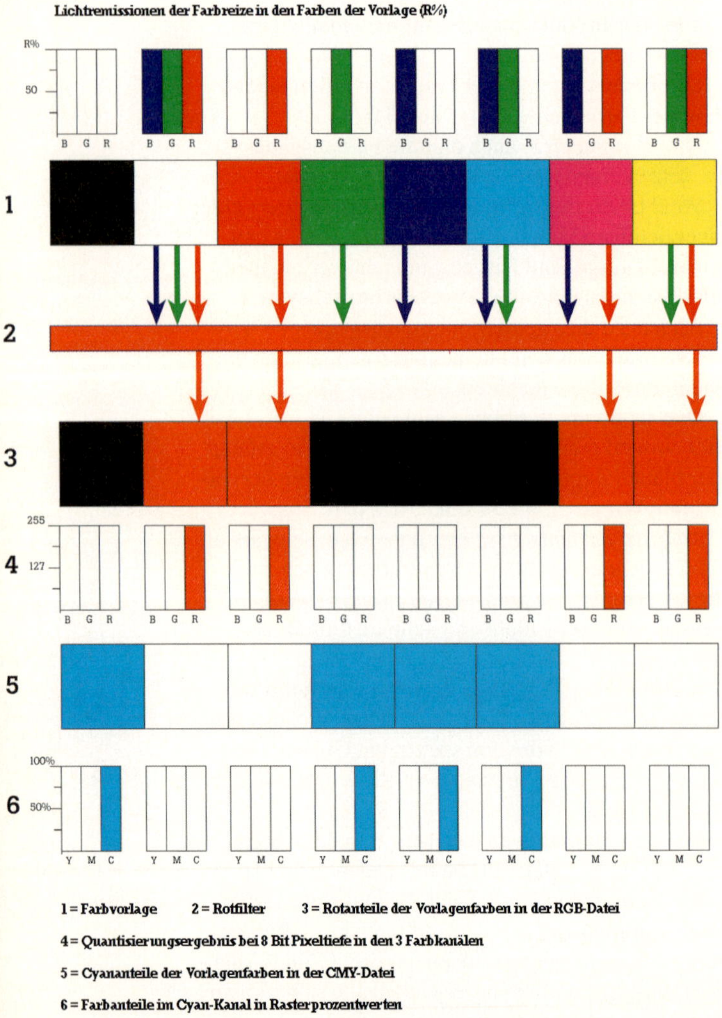

Lichtremissionen der Farbreize in den Farben der Vorlage (R%)

1 = Farbvorlage 2 = Rotfilter 3 = Rotanteile der Vorlagenfarben in der RGB-Datei

4 = Quantisierungsergebnis bei 8 Bit Pixeltiefe in den 3 Farbkanälen

5 = Cyananteile der Vorlagenfarben in der CMY-Datei

6 = Farbanteile im Cyan-Kanal in Rasterprozentwerten

Bild 125: Von der Farbtrennung zur Farbseparation im Cyan-Kanal

der jeweils einen Spektralanteil pro Grundfarbe durch *Absorption* zu *subtrahieren.* Daher kommt der Name dieser Farbmischung.

Das gelingt nur dann, wenn jede der verwendeten subtraktiven Grundfarben zwei Drittel des Lichtspektrums remittiert und ein Drittel absorbiert. Das ist mit Cyan, Magenta und Yellow der Fall. Jede der drei subtraktiven Grundfarben absorbiert gerade den spektralen Anteil, der komplementär zu ihr steht.

Zu Cyan steht das Rot, zu Magenta das Grün und zu Yellow das Blau komplementär.

Diese komplementären Farbenpaare ergänzen sich bei ihrer Mischung subtraktiv zu schwarz und additiv zu weiß.

Mit den additiven Grundfarben gelingt diese beschriebene Subtraktion nicht. Würden Rot, Grün und Blau als Grundfarben im Druck verwendet werden, so wären nach dem Druck der ersten Grundfarbe gleich zwei spektrale Anteile vom Weiß absorbiert.

Wird Rot als erste Farbe auf das weiße Papier gedruckt, so wird der grüne und blaue Spektralanteil bereits absorbiert. Nur noch rote Farbreize erzeugen die entsprechende Farbvalenz im Auge.

Wird dann Grün oder Blau darüber gedruckt, so ergibt sich Schwarz, weil weder die grünen noch blauen Spektralanteile mehr vorhanden sind. So, wie eine Farbe am Monitor oder über unser Auge „erzeugt“ wird, kann im Druck nicht vorgegangen werden, da das Weiß des Bedruckstoffes der Ausgangspunkt ist und nicht Schwarz wie beim Monitor.

Es ist also im Druck umgekehrt zur additiven Farbmischung vorzugehen.

Wenn das *additive* Farbmischsystem, ausgehend von Schwarz, die Grundfarben nacheinander addiert und daraus schließlich Weiß entsteht, sind im Druck von Weiß ausgehend, dieselben Spektralanteile Rot, Grün und Blau durch die drei subtraktiven Grundfarben und deren Filterwirkung durch Absorption wieder *abzuziehen* (*subtrahieren*).

An einem einfachen Beispiel des Übereinanderdrucks von ungerasterten Volltonflächen im Druck in Abbildung 124 ist das subtraktive Farbmischsystem zu erklären.

Von der unbedruckten weißen Papierfläche werden alle spektralen Anteile des weißes Lichtes remittiert. Wird Yellow als lasierende Druckfarbe auf das Papier gedruckt, so wirkt die gelbe transparente Druckfarbe (Y) wie ein Filter und absorbiert den blauen Anteil des weißen Papiers.

Die roten und grünen Farbreize, die remittiert werden, bewirken im Auge eine gelbe Farbvalenz, denn die additive Mischung von Rot und Grün ergibt im Gehirn den Farbeindruck Gelb.

Wird über die gelbe Druckfarbe Magenta gedruckt, so absorbiert Magenta den Grünanteil des weißen Lichts. Der blaue Spektralanteil kann das Magenta passieren, wird aber vom darunter liegenden Yellow absorbiert. Lediglich der rote Spektralanteil kann durch Magenta und Gelb transmittieren, weil beide Grundfarben diesen Spektralanteil selbst enthalten.

Das weiße Papier remittiert somit nur noch den roten Spektralanteil. Subtraktiv ist auf diese Weise aus Yellow + Magenta = Rot ermischt worden. Es entsteht der Farbeindruck Rot.

Der rote Spektralanteil des weißen Lichts wird schließlich vom Cyan absorbiert, wenn dieses auch noch als dritte Druckfarbe darüber gedruckt würde.

Wird die Druckreihenfolge geändert und der Druck beginnt mit Magenta, wie in der zweiten Reihe dargestellt, so wird Grün zuerst absorbiert. Das darüber gedruckte Cyan absorbiert den Rotanteil und es entsteht aus Magenta + Cyan = Blau.

Dieser Blauanteil wird schließlich von der dritten Druckfarbe Gelb absorbiert.

Beginnt der Druck zuerst mit der Druckfarbe Cyan, so wird von Cyan der rote spektrale Anteil absorbiert. Cyan + Yellow ergeben die subtraktive Mischfarbe Grün, weil Yellow zusätzlich den Blauanteil absorbiert. Das Magenta absorbiert als dritte Farbe beim Überdruck den Grünanteil.

Die Farbseparation: Getrenntes wird wieder zusammengefügt

Ausgangspunkt für die Farbseparation ist die vorher erfolgte Farbtrennung oder Farbzerlegung der Vorlage in die roten, grünen und blauen Farbanteile eines jeden Bildpunktes (Kapitel 8.2.3). Ergebnisse dazu sind der Rotauszug, Grünauszug und Blauauszug, die als Farbkanäle bezeichnet werden.

Das ganz vereinfachte Prinzip der Farbseparation besteht in seinem Wesen aus zwei Parametern:

- Den drei Farbkanälen Rot, Grün und Blau wird jeweils die Komplementärfarbe als Farbkanal zugewiesen. Das bedeutet, dass der Rot-Kanal zum Cyan-Kanal, der Grün-Kanal zu Magenta- und der Blau-Kanal zum Gelb-Kanal umgewandelt werden.
- Umkehrung aller Tonwerte. Was in den RGB-Kanälen Schwarz oder dunkel war, wird im CMY-Kanal Weiß oder hell. Hoher Farbanteil in den RGB-Kanälen entspricht also geringem Anteil in den CMY-Kanälen.

Die Anwendung dieser zwei Prinzipien der vereinfachten Farbseparation für jede einzelne Farbe wird exemplarisch in den Abbildungen 125 bis 127 dargestellt.

Die Grundfarben der additiven und subtraktiven Farbmischung stehen komplementär zueinander, weil die additive Farbmischung von Schwarz und die subtraktive Farbmischung von Weiß ausgeht.

Das vereinfachte Prinzip der Farbseparation ist sozusagen nichts weiter als die Umkehrung des additiven Farbmischsystems in das subtraktive. Zur Überprüfung der Richtigkeit der Farbseparation kann nun wieder das subtraktive Farbmischsystem zur Hilfe genommen werden.

Das linke Feld der Vorlage (Nr. 1) in den Bildern 125 bis 127 ist Schwarz. Subtraktiv entsteht Schwarz durch den Übereinanderdruck aller drei Druckfarben. In den Separationsergebnissen ist dies der Fall.

Das schwarze Feld weist in allen 3 Farbkanälen (Nr. 6) Farbanteile auf. Das daneben befindliche weiße Feld weist in keinem CMY-Kanal Farbanteile auf.

Rot ist subtraktiv eine Mischfarbe aus Magenta und Gelb. In beiden Farbkanälen sind entsprechende Farbanteile vertreten. Der Cyankanal, der komplementär zu Rot steht, weist keinerlei Farbanteile im roten Feld der Vorlagenfarbe auf.

Nicht anders ist es mit Grün, das sich subtraktiv aus Cyan und Yellow ermischt. Beide subtraktiven Grundfarben sind im Grün vertreten, nicht aber das komplementär dazu stehende Magenta.

Ebenso verhält es sich mit der Mischfarbe Blau, die subtraktiv aus Cyan und Magenta ermischt wird, zu der aber Gelb wiederum komplementär steht und deshalb im Blau keine Farbanteile aufweist.

Die Vorlagenfarben Cyan, Magenta und Gelb sind ihrerseits jeweils nur in den jeweiligen Farbkanälen Cyan, Magenta und Yellow einmal vertreten und sonst nirgends.

Man teilt die Farben der separierten Teilfarben C, M und Y auch in die sogenannten *Schwarzfarben* und *Weißfarben* ein.

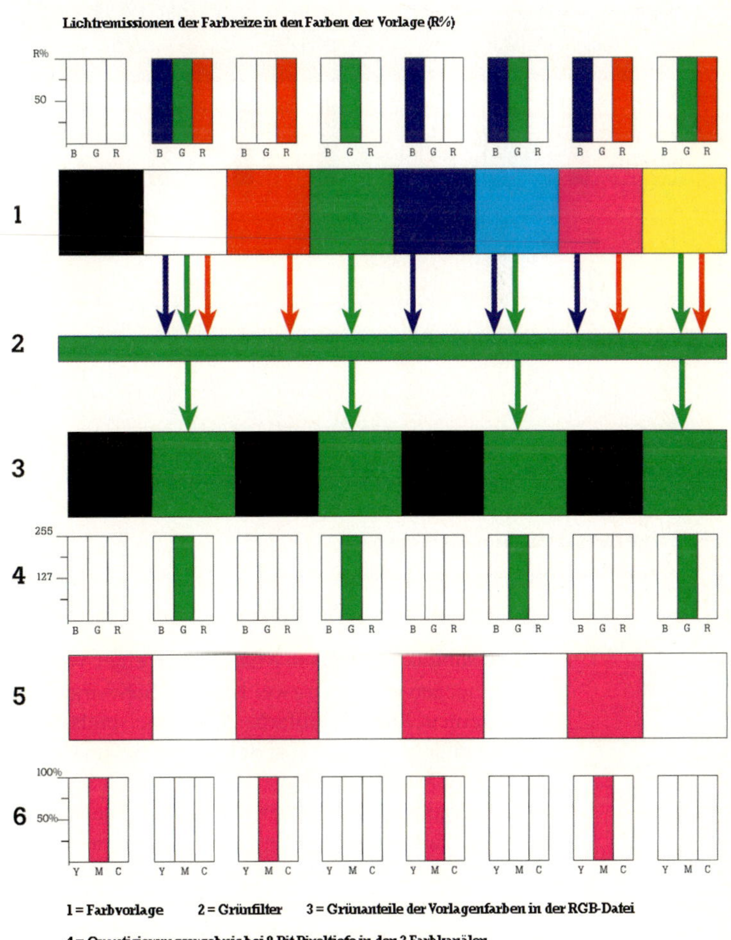

Bild 126: Von der Farbtrennung zur Farbseparation im Magenta-Kanal

Schwarzfarben sind alle diejenigen Farben der Vorlage, die in einem Farbkanal druckend sind, also wie Schwarz vorhanden sein müssen.

Weißfarben sind die nichtdruckenden Farben dieses Farbkanals. Das reine Cyan, Magenta und Gelb in einer Vorlage sind beispielsweise nur im Cyan-, Magenta- und Gelb-Kanal später Schwarzfarbe.

Cyan ist aber im Magenta- und Gelbkanal Weißfarbe, genauso wie die Vorlagenfarbe Magenta im Cyankanal und Gelb-Kanal Weißfarbe ist.

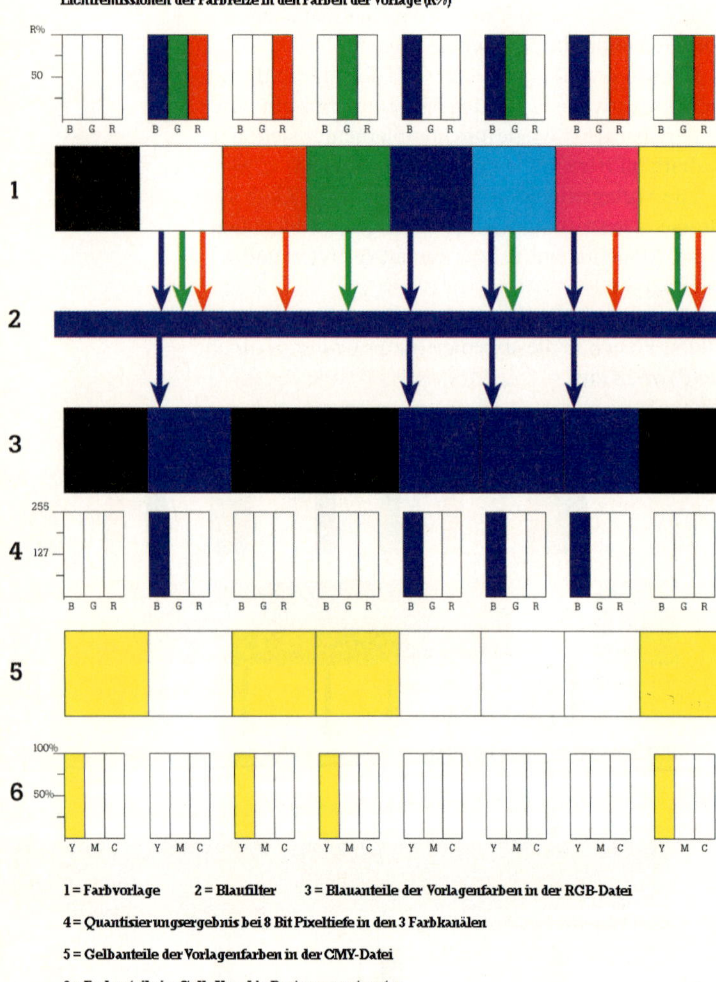

Bild 127: Von der Farbtrennung zur Farbseparation im Gelb-Kanal

Die subtraktiven reinen Mischfarben einer Vorlage sind hingegen jeweils in zwei Kanälen Schwarzfarbe und in einem Kanal Weißfarbe. Rot ist beispielsweise im Magenta- und Gelbkanal Schwarzfarbe, im Cyan-Kanal aber Weißfarbe usw.

Das Ergebnis: Alle Farben der Vorlage, die vorher durch die Farbtrennung in einzelne Farben zerlegt worden sind, können nach diesem Grundprinzip der Farbseparation im anschließenden Druck in der Druckmaschine mit den Prozessfarben nach dem subtraktiven Mischprinzip wieder richtig zusammengefügt werden.

Die separierten Teilfarben Cyan, Magenta sowie Yellow weisen überall die richtigen Schwarzfarben und Weißfarben auf.

Anschaulich wird die Farbseparation an einem vereinfachten Farbbeispiel einer RGB-Mischfarbe und ihrem unveränderten Wandel in eine YMC-Mischfarbe in den Bildern 128 und 129

Die linke RGB-Farbe setzt sich aus 188 Rot (74 %), 220 Grün (86 %) und 77 Blau (30 %) zusammen. Es handelt sich dabei um einen nicht vollkommen gesättigten, leicht grünlichen aufgehellten Gelbton.

Im rechten Teil der Abbildung 128 sind die Farbanteile dieser RGB-Farbe genauer analysiert:

- Zu 30 % sind bei dieser Farbeinstellung alle drei Grundfarben an der Farbmischung beteiligt.
  Der dritte am geringsten vertretene Farbanteil der drei Grundfarben steht stets komplementär zu dem Farbton und macht diesen Farbton deshalb unbunter.
  Additiv wirkt sich dies wie eine Verweißlichung (77 W = 30 %) aus.
- Außerdem sind mit 44 % Grün und Rot (111 Y = 44 %) an der Farbmischung beteiligt.

Additiv ermischt sich aus diesen roten und grünen Farbreizen eine gelbe Farbvalenz.

Folglich besteht die Farbe aus 44 % Gelbanteilen. Die grüne Grundfarbe ist aber noch zu 12 % (32 G = 12 %) mehr an diesem Gelb beteiligt. Folglich ist es eher ein Zitronengelb und weniger ein Postgelb.

Die beiden am stärksten in einer Farbe vertretenen Grundfarbanteile sowie ihr Mengenverhältnis zueinander bestimmen den Farbton dieser Farbe.
Die Helligkeit einer Farbe wird durch den maximalsten Farbanteil bestimmt. Dieser ist in unserem Beispiel im Bild 128 bei keiner Grundfarbe erreicht, deshalb enthält diese Farbe noch 14 % Schwarz (35 S = 14 %) und wirkt damit dunkler.

Alle erwähnten Farbanteile zusammen ergeben 100 %.

Der Buntwert dieser Farbe wird durch 44 % Yellow + 12 % Grün = 66 % Buntwert bestimmt.

Der Unbuntwert dieser Farbe wird durch 30 % Weiß bestimmt.

Die Sättigung der Farbe wird durch das Verhältnis des Unbuntwertes am Buntwert bestimmt.
In dem genannten Beispiel bedeutet dies:

– 220 G : 100 % = 77 W : x
220 x = 77 • 100 %
x = 35 % Unbuntanteil am Buntanteil, also 65 % Sättigung.

Die Abbildung 129 zeigt dieselbe Farbe wie im Bild 128 als separierte CMY-Farbe. Der prozentuale Grundfarbenanteil der subtraktiven Grundfarben berechnet sich in diesem vereinfachten Modell der Farbseparation wie folgt:

- 100 % – 30 % Blau = 70 % Gelb.
- 100 % – 86 % Grün = 14 % Magenta.
- 100 % – 74 % Rot = 26 % Cyan

Wie aus dem Bild 129 zu erkennen ist, enthält die CMY-Farbe die genau gleichen Farbanteile. Der einzige Unterschied ist die umgekehrte Anordnung der Farbanteile, deren Begründung aus den bisherigen Ausführungen zur Farbseparation hervorgeht.

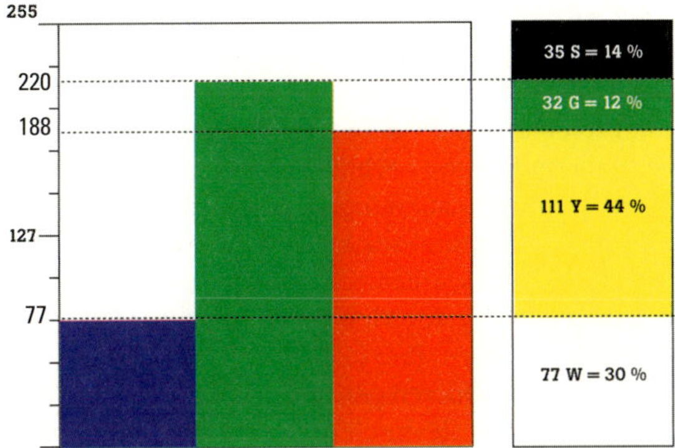

Bild 128: RGB-Farbe mit Farbanteilen vor der Farbseparation.

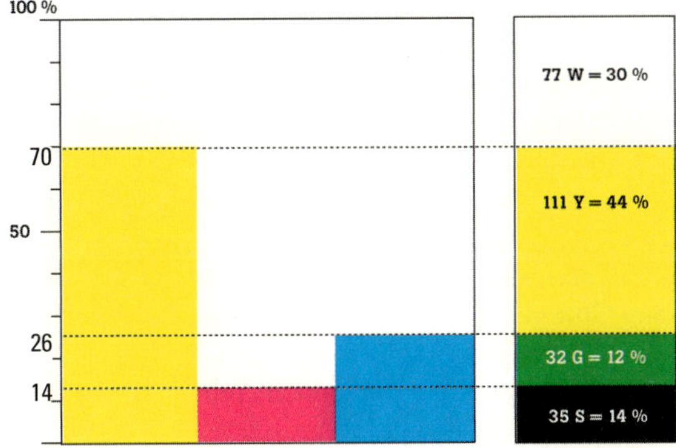

Bild 129: CMY-Farbe mit Farbanteilen nach der Farbseparation.

Da die Farbanteile gleich bleiben, verändern sich auch der Farbton, die Sättigung und die Helligkeit bei unserem vereinfachten Modell der Farbseparation nicht.

Bis hierher ist die Farbseparation, wie es vielleicht scheint, keine komplizierte Sache. Es ist die Frage zu klären, warum dazu noch die Farbmetrik und aufwendige Colormanagement-Systeme benötigt werden?

Gäbe es Körperfarben, die sich so idealisiert verhalten, wie das in der bisher vereinfachten Darstellung unterstellt wird, wäre die Farbwiedergabe in Print- und Nonprint-Medien eine vergleichsweise einfache Sache.

Sechs Tatsachen machen die Farbseparation und Farbreproduktion komplizierter, als sie auf den ersten Augenblick scheint:

1. Farbabstufungen müssen zu ihrer Darstellung im Druck gerastert werden. Es handelt sich folglich nicht um eine reine subtraktive Farbmischung.
2. Es gibt in der Natur keine spektral reinen Körperfarben, die jeweils 100% ihrer Spektralbereiche remittieren und gleichzeitig 100% der Spektralbereiche absorbieren, die zu ihrem Absorptionsbereich gehören. Alle Körperfarben weisen spektrale Mängel auf.
3. Im Druck sind in der Regel keine so großen Tonwertumfänge wie dies in Farbdias beispielsweise der Fall ist, zu erreichen.
4. Im Druck verändern sich alle Ton- und Farbwerte noch maßgeblich durch die Tonwertzunahme
5. Das zu bedruckende Papier ist in den wenigsten Fällen wirklich neutral Weiß. Jeder kleinste Farbstich, z. B. ein Gelbstich, verändert dadurch das Aussehen aller Farben.
6. Das Betrachtungslicht hat einen entscheidenden Einfluss auf die Farbvalenz und damit die Farbempfindung beim Betrachten von Farben.

Subtraktive ist nicht gleich autotypische Farbmischung

Wie im Kapitel 8.7.2 bereits erläutert, können Halbtöne von den Printmedien in der Regel nur durch amplitudenmodulierte oder frequenzmodulierte Druckpunkte unterschiedlicher Größe oder unterschiedlicher Häufigkeit reproduziert werden.

Bei Farbreproduktionen in amplitudenmodulierter Rasterungstechnik kommt hinzu, dass zur Vermeidung auffälliger Moirés die vier Farben zueinander verwinkelt gedruckt werden müssen.

Alle gerasterten Drucke sind deshalb kein reines Beispiel für die subtraktive Farbmischung, denn der Farbreiz entsteht bei Rasterdrucken keineswegs allein durch die Absorption der Farbreize auf Grund der Filterwirkung. Dieses Absorptionsprinzip von Wellenlängenbereichen aus dem gesamten Lichtwellenspektrum gehört aber zum essentiellen Wesensmerkmal der subtraktiven Farbmischung. Der fotografische lichtempfindliche 3-Schichten Farbfilm erfüllt diese Bedingung schon eher und kann deshalb als reine Anwendung des subtraktiven Farbmischsystems angesehen werden. Nicht aber gerasterte Drucke.

Gerasterte Drucke folgen dem Prinzip der *autotypischen Farbmischung*. Im Druck handelt es sich nur dort um ein rein subtraktives System, wo sich die Farbflächen der Grundfarben überdecken. Bedingt durch die notwendige Rasterung und die Rasterwinkelung liegen Rasterpunkte im Rasterbild aber sowohl *übereinander* als auch *nebeneinander*.

Das führt dazu, dass es vorkommen kann, dass der im Auge ankommende Farbreiz eines Bildpunktes nicht nur aus einer Grund- oder Mischfarbe besteht, sondern bis zu acht Farben aufweisen kann, die nebeneinander ein ganzes Bündel von Farbreizen darstellen.

Weiße Farbreize sind dort vorhanden, wo keinerlei Rasterpunkte das Papierweiß decken. Nicht überlappende Rasterpunkte senden cyan-, magentafarbene oder gelbe Farbreize aus. In den Überlappungszonen der Rasterpunkte können subtraktiv ermischte rote, grüne, blaue und schwarze Farbreize vorhanden sein.

Die Ermischung all dieser möglichen Farbreize erfolgt in der autotypischen Farbmischung nicht außerhalb des Auges durch Absorptionen von Wellenlängenbereichen wie bei der subtraktiven Farbmischung, sondern durch die Unmöglichkeit des Auges, diese Farbreize getrennt wahrzunehmen.

Die geringe Größe der Rasterpunkte ist die Ursache dafür, dass das Auge aus der Summe der Farbreize durch sein demgegenüber vergleichsweise zu geringes Auflösungsvermögen eine einheitliche Farbvalenz erzeugt. Folglich ist das Auge die eigentliche Ursache für die Farbmischung, weshalb die autotypische Farbmischung auch als *optische Farbmischung* bezeichnet wird.

Zu einer Umrechnung der RGB-Farbwerte in die CMY-Farbwerte genügt das Schema deshalb nicht, wie oben vereinfacht gezeigt wurde. Vielmehr ist es erforderlich, von den durchschnittlich vorhandenen Flächenüberdeckungen auszugehen und aus diesen in die CMY-Anteile umzurechnen.

Um aus den gegebenen Rasterprozentwerten einer im subtraktiven System definierten CMYK-Farbe die Flächenbedeckungen der vier Grundfarben CMYK zu berechnen wurden von Neugebauer folgende 16 Gleichungen entwickelt:

Weiß	: (f 1)	$= (1 - C)(1 - M)(1 - Y)(1 - K)$
C	: (f 2)	$= C(1 - M)(1 - Y)(1 - K)$
M	: (f 3)	$= M(1 - C)(1 - Y)(1 - K)$
Y	: (f 4)	$= Y(1 - C)(1 - M)(1 - K)$
K	: (f 5)	$= K(1 - C)(1 - Y)(1 - Y)$
M + C	: (f 6)	$= MC(1 - Y)(1 - K)$
M + Y	: (f 7)	$= MY(1 - C)(1 - K)$
M + K	: (f 8)	$= MK(1 - C)(1 - Y)$
Y + C	: (f 9)	$= CY(1 - M)(1 - K)$
Y + K	: (f 10)	$= YK(1 - C)(1 - M)$
C + K	: (f 11)	$= CK(1 - M)(1 - Y)$
C + M + Y	: (f 12)	$= CMY(1 - K)$
C + M + K	: (f 13)	$= CMK(1 - Y)$
C + Y + K	: (f 14)	$= CYK(1 - M)$
M + Y +	: (f 15)	$= MYK(1 - C)$
C + M + Y + K	: (f 16)	$= CMYK$

Auf die praktische Bedeutung dieser Gleichungen bei der Umrechnung von RGB in CMYK-Werten und umgekehrt soll an dieser Stelle nicht weiter eingegangen werden. Die Anführung dieser Gleichungen dient an dieser Stelle nur dem Zweck, einen tieferen Einblick in die tatsächliche Problematik der Farbseparation zu bekommen.

Spektrale Mängel der Körperfarben: Schlechter Abklatsch von Spektralfarben

Ein weiterer wesentlicher Grund erschwert die Farbseparation. Unsere Welt erscheint uns sehr bunt. Faszinierend sind immer wieder ein Sonnenuntergang, die Farben eines echten Regenbogens oder Spektrums. Kein Medium ist bisher in der Lage uns dieses Farberlebnis in der Natur auch wirklich festzuhalten. Die Fotos vom Sonnenuntergang in der Karibik aus unserem letzten Urlaub vermögen uns selbst bei bester Belichtung nun doch nicht mehr so richtig zu begeistern.

Der fotografierte Regenbogen zeigt auch nichts mehr von seiner tatsächlichen Farbenpracht. Das ist ein Phänomen.

Die meisten Farben, die uns tagtäglich umgeben, sind natürliche oder künstliche *Körperfarben*, deren Farbigkeit dadurch entsteht, dass von emittiertem Licht bestimmte Wellenlängen absorbiert werden. Es gehört zu den natürlichen Eigenschaften von Körperfarben, dass sie ihre spektralen Anteile nie zu 100 % remittieren und auch nicht zu 100 % absorbieren, wo sie es ihrem Farbton nach idealerweise tun sollten.

Die Farbpigmente fotografischer lichtempfindlicher Materialien sind solche Körperfarben, ebenso wie unsere Druckfarben.

Die Phosphore des Monitors sind letztendlich auch Körperfarben. Ihre Leuchtkraft kann jedoch gegenüber der anderen genannten Körperfarben viel größer sein, weil sie durch Anregung der Elektronenstrahlröhre Licht emittieren und nicht remittieren. Weil sie aber ebenfalls Körperfarben sind, kommen auch Monitorfarben nicht an die Farbsättigung reiner Spektralfarben heran.

Welche Bedeutung haben die spektralen Mängel der Körperfarben bei der Farbseparation? Diese soll nachfolgend erläutert werden.

Das aus Abbildung 128 und 129 gewählte Beispiel zur vereinfachten Berechnung einer RGB-Farbe in eine separierte CMY-Farbe hätte in dieser Form nur dann Gültigkeit, wenn die verwendeten Grundfarben Cyan, Magenta und Yellow des Drucks genau jeweils 100% ihrer zwei Spektralbereiche remittieren und den komplementären Anteil zu 100 % absorbieren würden.

Alle Farben in dieser Qualität wären sogenannte *Optimalfarben* mit rechtwinkligen Sprungstellen, die es aber nur theoretisch gibt. Wie die *realen genormten Druckfarben* die Spektralanteile jedoch tatsächlich remittieren, zeigen die nachfolgenden Abbildungen 130 bis 132.

Das Bild 130 zeigt die Remissionskurve der realen Druckfarbe Cyan nach DIN-ISO 12647-2. Gedruckt wurde auf einem gestrichenen Papier.

Remissionskurven zeigen die spektralen prozentualen Lichtremissionen von Farben in Abhängigkeit von den Wellenlängen des sichtbaren Lichts zwischen ca. 400 nm und 700 nm. Gemessen werden Remissionskurven mit einem Spektralfotometer.

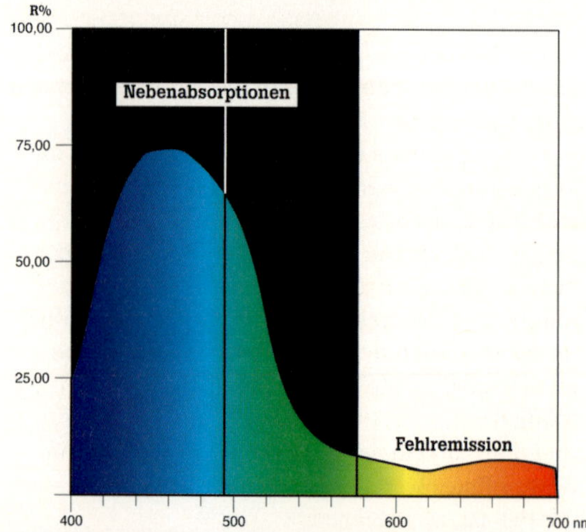

Bild 130: Remissionskurve der realen Druckfarbe Cyan nach DIN-ISO 12647-2

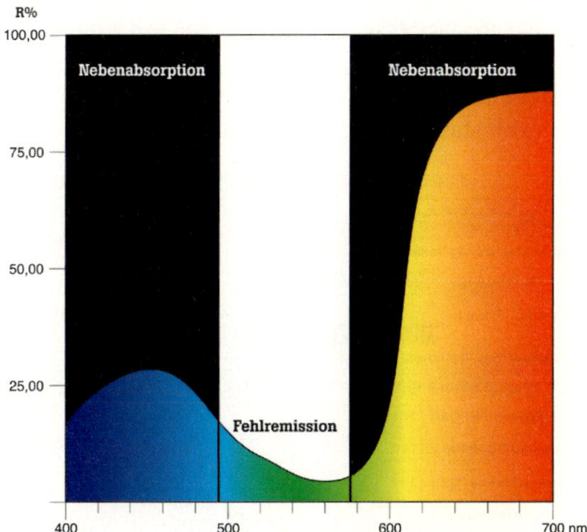

Bild 131: Remissionskurve der realen Druckfarbe Magenta nach DIN-ISO 12647-2

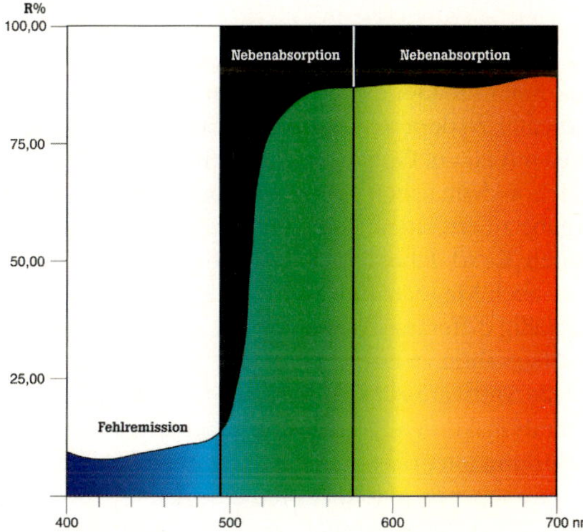

Bild 132: Remissionskurve der realen Druckfarbe Gelb nach DIN-ISO 12647-2

Aus der Remissionkurve des Cyan ist deutlich zu erkennen, dass die reale Druckfarbe weit entfernt davon ist, der idealen *Optimalfarbe* (mit rechtwinkligen Sprungstellen) zu entsprechen. Der in der Abbildung 130 schwarz markierte Bereich macht die sogenannten *Nebenabsorptionen* der realen Druckfarbe Cyan im Vergleich zu ihrer Optimalfarbe deutlich. Die zwei senkrechten Linien in der Remissionskurve markieren darin die optimalen Sprungstellen vom blauen Spektralbereich zum grünen Spektralbereich und vom grünen zum roten Spektralbereich, aus denen sich das weiße Licht zusammensetzt.

Eine ideales Cyan müsste 100 % im gesamten blauen Spektralbereich remittieren und 100 % im gesamten grünen Spektralbereich. In allen Wellenlängen des Spektrums, in denen diese 100 % nicht erreicht werden, weist das Cyan Nebenabsorptionen auf.

Nebenabsorptionen sind Lichtabsorptionen, die neben dem Hauptabsorptionsbereich der Druckfarbe Cyan, nämlich im Rot, auch in den anderen zwei Spektralbereichen auftreten.

Aber auch im *Hauptabsorptionsbereich* der realen Druckfarbe Cyan treten Remissionen auf, die eigentlich nicht erwünscht sind. Man spricht deshalb im Vergleich zur optimalen Druckfarbe von *Fehlremissionen.*

Jede reale Körperfarbe verfügt im Vergleich zu ihrer Optimalfarbe über spektrale Mängel, die sich in Nebenabsorptionen und Fehlremissionen einteilen lassen.

Die Nebenabsorptionen lassen die realen Körperfarben im Vergleich zu ihrer Optimalfarbe dunkler und zum Teil farbverschoben erscheinen. Wie sich in Abbildung 130 zeigt, ist die reale Druckfarbe Cyan wesentlich bläulicher als ihre Optimalfarbe, weil die Nebenabsorptionen im Grünbereich wesentlich stärker als im Blaubereich sind.

Aus diesem Grunde sieht ein auf dem Bildschirm erzeugtes Cyan aus 255 Blau, 255 Grün und 0 Rot gegenüber dem realen Cyan wesentlich grünlicher aus. Es erscheint fast türkis.

Die bei allen Druckfarben vergleichsweise geringen Fehlremissionen führen gegenüber der Optimalfarbe zu einem ungesättigteren Farbeindruck.

Zu einem Problem bei der Farbseparation werden diese spektralen Mängel, weil sie in den Druckfarben in unterschiedlicher Intensität auftreten. Dies zeigen die Abbildungen 131 und 132.

Aus dem Vergleich der Abbildungen 130 bis 132 ist zu erkennen, dass die prozentualen Nebenabsorptionen im blauen, roten und grünen Spektralbereich recht ungleich verteilt sind.

Genau darin liegt eine der wesentlichsten Grundproblematiken für die Farbseparation.

Bei genauerer Betrachtung weist der rote Spektralbereich im Gelb und Magenta vergleichsweise wenig Nebenabsorptionen auf. Der grüne Spektralbereich im Gelb und Cyan hat dagegen schon wesentlich höhere Nebenabsorptionen.

Die Nebenabsorptionen im blauen Spektralbereich von Magenta sind recht extrem und auch im Cyan recht stark. Berechnet man die durchschnittlichen Nebenabsorptionen und Fehlremissionen der Druckfarben jeweils in den drei Spektralbereichen, so remittiert der rote Spektralbereich am stärksten, gefolgt vom grünen und schließlich dem blauen Spektralbereich.

Dieses Ungleichgewichtigkeit der Nebenabsorptionen und Fehlremissionen ist die Ursache dafür, dass der Übereinanderdruck von drei gleichen Teilmengen von 50 % Cyan, 50 % Magenta und 50 % Yellow kein neutrales Grau, sondern einen bräunlichen Farbton ergibt.

Abbildung 133 zeigt im oberen Teil 5 Felder mit Tonwerten, die aus jeweils drei gleichen Anteilen von

Bild 133 : Der Übereinanderdruck drei gleicher Teilfarbanteile von Cyan, Magenta und Gelb ergibt wegen der Nebenabsorptionen und Fehlremissionen in der Praxis keine neutralen Tonwerte, sondern Brauntöne. Die unteren 5 Felder zeigen die neutralen Abstufungen im Vergleich dazu.

20 %, 50 %, 70 %, 90 % und 95 % Cyan, Magenta und Yellow übereinandergedruckt wurden. Die bräunliche Färbung ist eindeutig. Im Vergleich dazu wurden die Farbanteile von Cyan, Magenta Yellow und Schwarz in den unteren 5 Feldern so gewandelt, dass sich vergleichbare neutrale Tonwerte der fünf Abstufungen ergeben.

Daraus ist abzuleiten: Die Braunfärbung beim Übereinanderdruck drei gleicher Teilfarben ist nur eine Folge der spektralen Mängel der Körperfarben. Daraus ergibt sich eine weitere Konsequenz: Die ermischten Sekundärfarben Blau Rot und Grün sind in ihrem Remissionsverhalten noch eingeschränkter, weil sich hier die spektralen Mängel der Primärfarben gewissermaßen addieren.

Die Sekundärfarben wirken nicht nur gegenüber ihren theoretischen Optimalfarben wesentlich verschmutzter, ungesättigter und farbverschoben, sondern auch gegenüber Körperfarben, die aus reinen blauen, roten und grünen Farbpigmenten ohne autotypische beziehungsweise subtraktive Farbmischung ermischt wurden. Dadurch wird der wiedergebbare Farbraum des konventionellen 4-C-Drucks drastisch eingeschränkt. Möglichkeiten, um diese Grenzen zu erweitern, bieten der Siebenfarbendruck oder auch Varianten des 4-C-Drucks.

Die Graubalance: Grautöne ausbalancieren, Tonwertzuwächse kompensieren

Für jede Farbseparation muss, wegen der beschriebenen spektralen Mängel der realen Druckfarben, die *Graubalance* richtig eingestellt werden.

Unter einer Graubalance wird eine Gradationseinstellung der drei Teilfarben Cyan, Magenta und Gelb zueinander verstanden, mit der erreicht wird, dass alle neutralen Grautöne im späteren Druck auch wirklich neutral erscheinen. Wie in Abbildung 133 zu sehen war, ist dies keineswegs automatisch der Fall.

Diese Farbverschiebungen machen sich nicht nur in den neutralen Grautönen bemerkbar, sondern in allen Mischfarben.

Von Graubalance wird gesprochen, weil die Farbstiche in den neutralen Grautönen dem Auge sofort auffallen und deshalb auch dort kontrolliert werden. Farbverschiebungen in den bunten Mischfarben fallen dem Auge weniger stark auf, sind aber in gleichem Ausmaß vorhanden.

Zur richtigen Einstellung der Graubalance muss Cyan in seiner Gradation gegenüber Magenta und Yellow, auf den Mittelton bezogen, mit einem rund 10 % höheren Flächendeckungsgrad separiert werden.

Dazu wird die Gradation von Magenta und Yellow bei der Farbseparation in dem entsprechenden Ausmaß aufgehellt. Erst dann stehen die Teilfarben nach der Farbseparation in Graubalance.

Ohne eine solche Einstellung der Graubalance werden keinesfalls vertretbare Separationsergebnisse erreicht. Der angegebene Wert von 10 % dient nur als ganz grobe Faustregel.

In der Praxis muss die Graubalance mit entsprechenden Testformen auf unterschiedlichen Papiersorten und unter unterschiedlichen Druckbedingungen genau getestet werden. Der Tendenz nach wird dabei

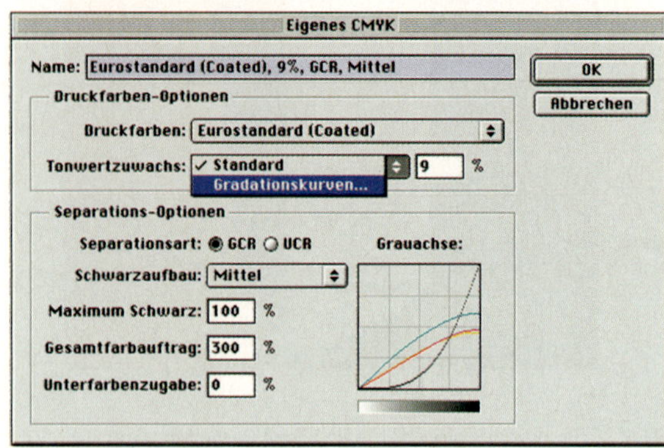

Bild 134: Popup-Menü „Eigenes CMYK" im Programm Photoshop für die Erstellung eines eigenen Farbprofils für die Farbseparation.

jedoch Cyan gegenüber den anderen beiden Teilfarben immer dunkler drucken müssen, weil Cyan komplementär zu dem stets entstehenden Braunton steht. Ob es mit einem Gradationsunterschied von 10 % im Mittelton denn schon gelingt, eine neutrale Farbwiedergabe zu erreichen, kann nur durch Test ermittelt werden. Es ist dabei dann auch nicht ungewöhnlich, wenn auch Magenta und Yellow zueinander gradationsmäßig differenziert werden müssen, um wirkliche Neutralität zu erreichen.

Jede Software zur Farbseparation hat in ihren Separationskurven Standardwerte zur Graubalance-einstellung integriert. Je hochwertiger diese Software ist, umso eher ist gewährleistet, dass damit in den meisten Anwendungsfällen eine gute Graubalance erreicht wird.

Wenn Photoshop zur Farbseparation eingesetzt wird, so findet man ab Photoshop 6.0 im Menü „Bearbeiten" / „Farbeinstellungen" (Bild 134) die Möglichkeit, ein Farbprofil für die Farbseparation selbst zu erstellen.

Die Einstellungen der Graubalance ist ein Teil eines Farbprofils, auf das von der Software bei der Berechnung der CMYK-Werte aus den RGB-Werten zurückgegriffen wird. Die standardmäßige Berücksichtigung der Graubalance wird in Photoshop im Popup-Menü „Eigenes CMYK" im unteren Teil des Menüfensters unter „Grauachse" gezeigt. Es ist zu sehen, wie die Gradation von Cyan deutlich über der von Magenta und Gelb liegt.

Die zusätzliche sehr steil nach oben gehende Gradationskurve zeigt die Schwarzgradation, auf deren Bedeutung später eingegangen wird.

Ist mit den Standardvorgaben von Photoshop hinsichtlich der Graubalanceeinstellung kein befriedigendes Druckergebnis zu erreichen, sind diese Einstellungen individuell anzupassen. Dazu ist es erforderlich, im Menü „Eigenes CMYK" unter „Tonwertzuwachs" die Option „Gradationskurven" auszuwählen. Es öffnet sich ein neues Popup-Menü,

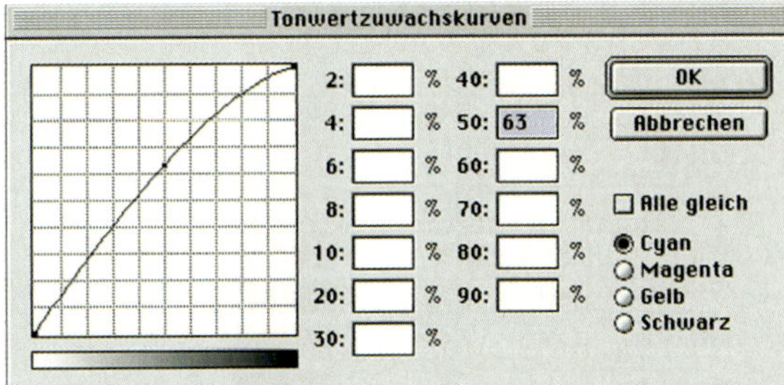

Bild 135: Popup-Menü ›Tonwertzuwachskurven‹ im Programm Photoshop für die Erstellung eines eigenen Farbprofils für die Farbseparation

Druckbedingungen

Tonwertzunahme im Druck	Farbmetrische Eigenschaften der Druckfarben CMYK	Reduzierter Tonwertumfang
Einflussfaktoren	**Standards**	**Einflussfaktoren**
– Papierart	– Euroskala Offset	– Papierart
– Papierqualität	– SWOP-Skala (USA)	– Papierqualität
– Druckverfahren	– Toyo-Skala (Japan)	– Druckverfahren
– Druckmaschine	– Hausstandard (Tiefdruck)	– Farbgebung (Offset)
– Farbkonsistenz		– Druckfarbe

Bild 136: Einflussfaktoren der Druckbedingungen auf die Farbseparation

wie es in Abbildung 135 abgebildet ist. Hier können für alle Teilfarben getrennt Gradationsänderungen vorgenommen werden. Verändert man hier die Voreinstellung der Cyan-Gradation zu den anderen Farbgradationen, so kann die Graubalance damit individuellen Wünschen angepasst werden.

Wie aus der Bezeichnung *Tonwertzuwachskurven* zu sehen ist, wird diese Menüfenster nicht nur dazu benutzt, um auf die Graubalanceeinstellung korrigierend einzuwirken, sondern auch um den Tonwertzuwachs im Druck zu kompensieren.

Dazu ist zu beachten, dass es sich bei den Tonwertzuwachskurven von Photoshop nicht um dieselben Gradationskurven handelt, wie dies im Kapitel 8.5.4 beschrieben wurde.

Mit der Veränderung der Tonwertzuwachskurven werden hier die Kompensationskurven beeinflusst, die bei der Umrechnung von RGB in CMYK während der Farbseparation erzeugt werden.

In Abbildung 135 steht für die Cyan-Gradation bei 50 % Rastertonwert der Standardwert von 63 %. Das bedeutet, dass bezogen auf einen RGB-Wert von 127 R, nicht 50 % Cyan berechnet werden, sondern 47 %. Es werden an dieser Stelle also 63 % – 50 % = 13 % abgezogen, um die Tonwertzunahme im späteren Druck zu kompensieren.

In Yellow und Magenta werden gemäß der Graubalance-Einstellung entsprechend höhere Werte kompensiert. Die Gradation wird also im digitalen Datenbestand nicht dunkler, sondern heller, um damit der späteren unvermeidlichen Tonwertzunahme im Druck entgegenzuwirken.

Die Zieldruckfarbe und andere Druckbedingungen

Abbildung 136 zeigt eine Übersicht über alle Druckbedingungen, die bei der Erzeugung eines Farbprofils für die Farbseparation berücksichtigt werden müssen.

Als erstes muss die Zielfarbe (zum Beispiel „Euroskala") und die gewünschte Art des Schwarzauszugs festgelegt werden. Da alle realen Körperfarben spektrale Mängel aufweisen, gibt es viele unterschiedliche Farben, die wir als Cyan, Magenta oder Gelb bezeichnen würden. So gibt es ein rötliches Magenta oder ein bläuliches Magenta ebenso wie ein rötliches Gelb oder ein grünliches Gelb. Auch das Cyan kann bläulicher oder grünlicher sein.

Da es sich bei der Wahl dieser Farben um die subtraktiven Grundfarben handelt, aus denen alle anderen Farben ermischt werden sollen, hängt das Mischergebnis natürlich von der Art der Grundfarben ab. Folglich sind die Druckfarben in ihren farbmetrischen Eckwerten als XYZ-Werte spektralfotometrisch normiert. Das Bild 136 zeigt unter der Rubrik *Farbmetrische Eigenschaften der Druckfarben* einige heute übliche Standards.

Für die Farbseparationen des 7-Farb-Drucks gibt es noch keine Standards. Hierzu ist spezielle Separations-Software erforderlich.

Die *Euroskala* war der Standard der Zieldruckfarben für 4-C-Separationen im Offsetdruck. Sie wurde durch die internationale Norm DIN-ISO 12647-2 ersetzt. Die farbmetrischen Eckwerte der alten Euroskala unterscheiden sich von dem alten amerikanischen *SWOP-Standard* und dem in Japan und anderen asiatischen Staaten üblichen *Toyo-Standard.*

Für die Farbseparation ist der Zielfarbraum entscheidend. Es kann also nicht gleichgültig sein, wenn bei der Durchführung der Farbseparation im digitalen Datenbestand eine rötliches Magenta als subtraktive Grundfarbe unterstellt wird, sich im späteren Druck aber ein bläuliches Magenta in der Druckmaschine befindet.

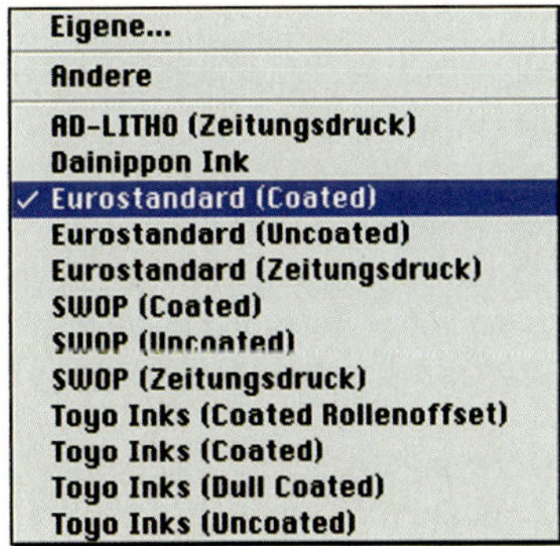

Bild 137: Einstelloptionen für die farbmetrischen Eckwerte der Druckfarben im Programm Photoshop

Im Bildbearbeitungsprogramm Photoshop wählt man die Zieldruckfarbe in dem bereits in Abbildung 134 gezeigten Menü aus. Hier sind alle in Abbildung 136 aufgelisteten Standards mit Ausnahme des Hausstandards für den Tiefdruck anwählbar. Dies zeigt Abbildung 137.

Die Standards der wichtigsten Farbskalen sind mindestens dreifach, zum Teil sogar vierfach vorhanden. Dies hat seinen Grund in den unterschiedlichen

Papiersorten, auf denen gedruckt werden kann sowie im Druckverfahren.

In der Abbildung 136 sind in der Rubrik ›Tonwertzunahme im Druck‹ unterschiedliche Einflussfaktoren aufgelistet.

So haben gestrichene Papiere (coated) einen besseren Weißgrad und eine bessere Oberfläche als ungestrichene Naturpapiere (uncoated).

Die Oberflächenqualität des Papieres hat einen wesentlichen Einfluss auf die Tonwertzunahme, die bei der Farbseparation zu kompensieren ist. Kommen gar Zeitungspapiere zum Einsatz, dann handelt es sich um stark gelbliche Papiere, wodurch sich auch die farbmetrischen Eckwerte bei unterschiedlichen Papiersorten und Papierqualitäten neben den unterschiedlichen Tonwertzunahmen ändern. Beim Zeitungsdruck werden im Mittelton beispielsweise Tonwertzunahmen von 30 % Flächendeckungsgrad erreicht, während auf gestrichenen Papiersorten und guter Maschineneinstellung auch 10 % Tonwertzunahme durchaus unterschritten werden können.

Im Rollen-Offsetdruck ist das Verhalten der Tonwertzunahme anders als im Bogen-Offsetdruck. Mit der Wahl eines entsprechenden farbmetrischen Standards werden die Farbseparationskurven inklusive einer darin enthaltenen Kompensation der Tonwertzunahme ausgewählt. Es versteht sich von selbst, dass es nützlich ist vor der Farbseparation zu wissen, unter welchen Druckbedingungen später gedruckt werden soll.

Soll die Farbseparation für den Tiefdruck erfolgen, dann stehen keinerlei Standards zur Verfügung. Der Tiefdruck macht hier weltweit eine Ausnahme. Allgemein anerkannte Standards für den Tiefdruck sucht man in Photoshop oder anderer Separationssoftware meist vergeblich. Jede Tiefdruckerei fährt hier ihren eigenen Hausstandard. Das hat zur Folge, dass Tiefdruckereien vielfach, die nach allgemeinen Standards hergestellten Farbseparationen in die eigenen Hausstandards transformieren müssen.

Für jede dieser Zieldruckfarben sind die farbmetrische Eckwerte der Primär- und Sekundärfarben in sogenannten „Look up Tables“ gespeichert. Hierbei handelt es sich um Farbtabellen, auf die bei der Berechnung der Farbseparation zugegriffen wird. In den „Farbeinstellungen“ von Photoshop können die farbmetrischen Eckwerte eingesehen und individuell verändert werden. In der Abbildung 138 sind diese Werte dargestellt. Geöffnet wird diese Einstellmöglichkeit über das in Abbildung 137 gezeigte Pulldown Menü, wenn hier „Eigene...“ gewählt wird.

Mit diesen „Look up tables“ wird der *RGB-Farbraum* in den CMYK-Farbraum transformiert. Die farbmetrischen Eckwerte können als *CIE L*a*b**-Werte oder als *CIE xyY-Farbwerte* (vgl. Kap. 8.8.1) angezeigt und verändert werden.

Es ist zu erkennen, dass es sich bei der Farbseparation von RGB in CMYK um eine Farbraumtransformation handelt, die über eine Art Brückenfarbraum abläuft.

Druckfarben

	L*	a*	b*
C:	55,9	-21,9	-47,9
M:	48,4	67,0	-5,4
Y:	88,6	-11,8	89,6
MY:	46,9	59,3	40,7
CY:	47,5	-64,5	32,3
CM:	24,6	25,7	-40,8
CMY:	20,7	-1,5	6,5
W:	94,4	0,3	-2,4
K:	14,1	-0,6	-1,6

OK

Abbrechen

☑ L*a*b*-Koordinaten

☐ Überdrucken schätzen

Bild 138: Menüfenster in Photoshop zur Veränderung der farbmetrischen Eckwerte der Primär- und Sekundärfarben, auf die bei der Farbseparation zurückgegriffen wird.

CIE L*a*b* und CIE yxY Farbwerte haben ihre Gemeinsamkeit in den CIE XYZ-Normfarbwerten. XYZ-Normfarbwerte beschreiben eine Farbe unter Berücksichtigung der spektralen Remissionen (Transmissionen) der Pigmente, der Lichtart unter der sie betrachtet wird und der Farbvalenz des menschlichen Auges.

Aus diesen Normfarbwerten lassen sich die Farben in Koordinaten umrechnen, die den Farbort in prozessunabhängige Farbräumen zeigen.
CIE L*a*b* und CIE xyY sind solche Koordinaten in einem prozessunabhängigen Farbsystem und werden im Kapitel 8.8.1 genauer behandelt. Sie dienen in der Farbseparation heute insofern als Brückenfarbräume, weil sie alle den RGB Farbraum des Bildschirms, den CMYK-Farbraum der Druckverfahren und den auf sieben Druckfarben erweiterten Farbraum des Drucks oder die Farbräume digitaler Farbausgabesysteme in sich abbilden können. Auf diese Weise gelingt es mit mathematischer Hilfe, von einem Farbraum in den anderen zu transformieren.

Die *Farbseparation* ist so gesehen eine *Farbraumtransformation* mit Hilfe eines *prozessunabhängigen Brückenfarbraums*. Wichtig ist, dass mit der Anwahl der Zieldruckfarbe die Separation von RGB in CMYK im Menü „Modusänderung“ des Programms Photoshop ganz wesentlich beeinflusst wird.

Zur Anzeige digitaler Bilder wird außerdem auf diese Einstellungen zurückgegriffen, um den CMYK-Farbraum im RGB-Farbraum des Monitors zu simulieren (vgl. Kapitel 8.6.3 und 8.6.4).

Formen der Farbseparation: Die Bedeutung des Schwarzauszugs

Grundsätzlich wird zwischen zwei unterschiedlichen Formen des Farbaufbaus von 4C-Bildern unterschieden. Entscheidend für die Form der Farbseparation ist die Art des Schwarzauszugs, der bei der Farbseparation als zusätzliche Datei berechnet wird.

Die klassische Art der Farbseparation wird *Buntaufbau* genannt, weil die drei Buntfarben die dominierende Rolle beim Bildaufbau spielen, während der

Schwarzauszug lediglich Hilfsfunktionen hat. Der Schwarzauszug im Buntaufbau dient zur

- Kontraststeigerung,
- Zeichnungsverbesserung des Bildes und
- Unterstützung der Graubalance in den Mittel- und Dreivierteltönen.

Eine andere Form der Farbseparation ist der *Unbuntaufbau.* Hier spielt der Schwarzauszug eine wesentlich bedeutendere Rolle. Die unbunte Druckfarbe Schwarz ist hier zusätzlich an der Mischung aller Tertiärfarben maßgeblich beteiligt.

In Photoshop wird der Unbuntaufbau als GCR (Grey Component Replacement) bezeichnet. UCR (Under Color Removal) bezieht sich dagegen auf den Buntaufbau.

Bedeutung der vierten Druckfarbe Schwarz im normalen Buntaufbau
Beim üblichen *Buntaufbau* entstehen die Unbuntwerte im gedruckten mehrfarbigen Bild grundsätzlich durch den komplementär zur Mischfarbe stehenden dritten Farbanteil. Das ist immer der Farbanteil der drei Primärfarben, der am geringsten vertreten ist. Wurde beispielsweise aus Magenta und Yellow die Mischfarbe Rot erzeugt, so führen zusätzliche Cyan-Anteile zu einer Verschwärzlichung der Mischfarbe Rot.

Dieser Anteil sorgt in den Schattenpartien eines Bildes für die Bildmodulation oder Zeichnung. So werden Schattenpartien eines grünen Kleidungsstückes im Buntaufbau durch höhere Magentaanteile gebildet, weil Magenta komplementär zu Grün steht.

Zusätzlich wird im Buntaufbau die Bildmodulation in den Schattenpartien durch die Druckfarbe Schwarz unterstützt. Wählt man dazu ein sogenanntes *Skelettschwarz,* so ist Schwarz nur in den Tiefen und dunklen Dreivierteltönen am Farbaufbau beteiligt, um dem Bild Kontrast zu verleihen. Ein sogenanntes *„langes Schwarz“* wirkt darüber hinaus auch weit in den Mitteltonbereich hinein und unterstützt die Graubalance.

Schwarz wird für den Buntaufbau theoretisch nicht benötigt. Da sich die realen Druckfarben von den Optimalfarben jedoch drastisch unterscheiden und im Druck nur vergleichsweise geringe Tonwertumfänge reproduziert werden können, wird im Buntaufbau die vierte Druckfarbe Schwarz vor allem als Hilfsdruckfarbe eingesetzt, um den Bildkontrast und die Zeichnung zu steigern. Sie dient außerdem maßgeblich dazu, die Graubalance zusätzlich zu unterstützen.

Für den Druck von Texten ist die vierte Druckfarbe Schwarz ohnehin erforderlich.

Technisch ist es nicht möglich, vollkommen ohne Farbführungsschwankungen in den Druckwerken einer Druckmaschine zu drucken.

Neutralgraue Bildpartien sind im Buntaufbau aus CMYK-Anteilen aufgebaut.

Jede Farbgebungsschwankung in einem der drei CMY-Druckwerke führt zu einem *Farbstich.* Das Auge reagiert auf Farbstiche in neutralgrauen Tönen sehr empfindlich. Werden graue Farbtöne des Bildes stärker durch die vierte Druckfarbe Schwarz unterstützt, ist es leichter, den Druck in der Graubalance zu halten.

Die Färbungsschwankungen im Offset-Auflagendruck können z. B. nach dem ProzessStandard BVD/FOGRA bis zu 4 % der Sollfarbdichte nach oben und unten abweichen (vgl. hierzu Kapitel 13).

Die drei bunten Druckfarben, aus deren Teilmengen alle Unbuntwerte gebildet werden, können getrennt und gegenläufig diesen Farbschwankungen unterliegen. Auch für diesen Zweck ist die Verwendung einer vierten Druckfarbe nützlich.

Gesamtfarbauftrag im Buntaufbau
Im Buntaufbau können in den Tiefen alle vier Druckfarben mit 100 % übereinanderliegen. Die maximale Summe der Flächendeckung (Gesamtfarbauftrag) beträgt demnach 400 %.

Ein Gesamtfarbauftrag von 400 % ist im Druck an schnell laufenden Druckmaschinen erheblich zuviel. Da es sich beim Offsetdruck um einen *Nass-in-Nass-Druck* handelt, führt ein derartig hoher Gesamtfarbauftrag zu Farbannahmeprobleme und zum Ablegen der frisch gedruckten Farbschichten.

Farbannahmeprobleme äußern sich darin, dass frische (nasse) Farbe, die in eine noch nasse Farbe gedruckt werden muss, zu einer schlechteren Deckung führt als beim Druck auf trockene Oberflächen.

An schnell laufenden Druckmaschinen und insbesondere im Rollen-Offsetdruck wird deshalb bei der Farbseparation eine Variante des Buntaufbaus eingesetzt, die als UCR bezeichnet wird.

UCR (Under Color Removal) bedeutet, dass in neutralen Bildtiefen und neutralen Dreivierteltönen bunte Druckfarbe reduziert wird, die man dort in dem Maße nicht braucht. Als Unterfarben bezeichnet man dabei die drei bunten Teilmengen YMC, die in den neutralen Bildtiefen und Dreivierteltönen zusätzlich unter Schwarz liegen.

Reduziert man beispielsweise die bunte Druckfarbe in den Bildtiefen auf je 70 % und fügt zusätzlich 90 % Schwarz zu, dann erhält man in der Summe 300 % Gesamtfarbauftrag anstatt der vorher genannten 400 %.

- 3 x 70 % je Buntfarbe = 210 % + 90 % Schwarz = 300 % Flächendeckung

Man begegnet auf diese Weise den Farbannahmeproblemen beim NiN-Druck. UCR ist also nur eine Variante des Buntaufbaus. In Photoshop gibt sie jedoch diesem Buntaufbau ihren Namen.

Am Beispiel des Programms Photoshop soll die UCR-Einstellung bei der Farbseparation gezeigt werden. Das Menüfenster aus Abbildung 139 ermöglicht diese Einstellung im unteren Teil unter „Gesamtfarbauftrag“.

Bei dem Arbeiten mit Photoshop ist in diesem Menü unter „Separations-Optionen“ die Option

„UCR“. Hier wird eine Farbseparation im Buntaufbau gewählt.

Die Separationsart „GCR“ separiert die Farbauszüge hingegen nach dem Unbuntaufbau.

In der UCR-Option sind die Einstelloptionen „Schwarzaufbau“ und „Unterfarbenzugabe“ nicht zu aktivieren. Hierbei handelt es sich um Varianten des Unbuntaufbaus, auf die später eingegangen wird.

Mit der Einstellung „Gesamtfarbauftrag“ wird die Größe der gewünschten Unterfarbenreduktion (UCR) eingestellt. Bei einem Gesamtfarbauftrag von 400 % wird keine UCR vorgenommen. Die Unterfarben bleiben zu 100 % erhalten. Im Gradationsdiagramm des Dialogfensters von Abbildung 139 kann die Art der Separation an den Gradationskurven für die vier Farben grob abgelesen werden.

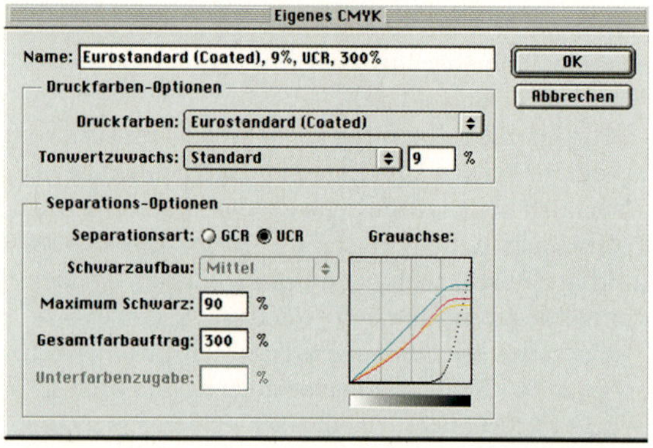

Bild 139: Menüfenster in Photoshop mit UCR-Separationseinstellung von 300 % Gesamtfarbauftrag und 90 % Schwarz als Maximum in der Tiefe.

Die oben verlaufende Gradationskurve stellt *Cyan* dar. Die darunter befindlichen Gradationskurven beschreiben Magenta und Gelb. Das Abknicken aller drei Gradationskurven im Dreivierteltonbereich zeigt die Wirkung der UCR-Einstellung an.

In dem deutlich anderen Gradationsverlauf von M und Y gegenüber C äußert sich hingegen die Wirkung der Graubalance. Die steil verlaufende gestrichelte Kurve zeigt die Schwarzgradation. Sie endet entsprechend der gewählten UCR-Einstellung, in diesem Fall bei 90 % Flächendeckung.

Wird in der Farbseparation eine Unterfarbenreduktion (UCR) vorgenommen, die den Gesamtfarbauftrag wie im Bild 139 auf 300 % reduziert und die Bildtiefe des Schwarzauszugs auf 90 % begrenzt, so endet die Bildtiefe im Cyan bei 70 % Fächendeckung. Yellow und Magenta weisen entsprechend der eingestellten Graubalance hier noch eine etwas geringere Flächendeckung auf.

Der Einsatzpunkt für den Beginn der UCR-Wirkung ist im Programm Photoshop vom Anwender nicht einzustellen.

Professionellere Software der Farbseparation wie beispielsweise NewColor 7000 von Heidelberg lassen auch eine Veränderung des Einsatzpunktes für die UCR-Wirkung zu. Die UCR-Wirkung lässt sich dann zur Graustabilisierung ausweiten.

Von *Graustabilisierung* spricht man, wenn in sämtlichen neutralen grauen und schwarzen Bildstellen, also auch in den hellen Grauabstufungen, Teilmengen der bunten Druckfarbe reduziert und durch Teilmengen der unbunten Druckfarbe Schwarz ersetzt werden.

Dadurch wird die Graubalance unempfindlicher gegen Farbführungsschwankungen der einzelnen bunten Druckfarben. Auch die Graustabilisierung ist eine Variante des Buntaufbaus.

Farbseparation im Unbuntaufbau

Beim Unbuntaufbau entstehen die Unbuntwerte aller Tertiärfarben im gedruckten mehrfarbigen Bild prinzipiell nur durch die Druckfarbe Schwarz. Die neutralen Bildtiefen werden folglich ausschließlich allein durch Schwarz aufgebaut.

Neutrale Grauwerte entstehen durch entsprechende Abstufungen der Druckfarbe Schwarz.

Alle Tertiärfarben eines 100% unbunt aufgebauten Farbsatzes bestehen aus Mischungen von maximal zwei bunten Druckfarben und der unbunten Druckfarbe Schwarz. Dabei entstehen im Unterschied zum Buntaufbau nicht nur ein Farbwürfel, sondern drei Farbwürfel als Farbraummodelle.

Den Vergleich zwischen dem CMY-Farbraum im Buntaufbau und den drei Farbräumen im Unbuntaufbau zeigt Abbildung 140. Die darin grau unterlegten drei Farbwürfel stellen das Farbmodell des Unbuntaufbaus (GCR) dar.

Folgenden Farbkombinationen bewirken in einem absolut reinen, also 100 %igen Unbuntaufbau die Farbmischung aller Farben in allen Helligkeitsabstufungen:

– C + M + S = Blautöne
– C + Y + S = Grüntöne
– M + Y + S = Rottöne

Entsprechend dieser Farbmischkombinationen ergeben sich die drei in Abbildung 140 gezeigten Farbwürfel als räumliches Farbmodell des Unbuntaufbaus.

Zusätzlich zu den Helligkeitsabstufungen aller Mischfarben entstehen durch die systematische Hinzumischung von Schwarz in jedem Farbwürfel auch alle Helligkeitsabstufungen der beiden Primärfarben.

Die neutralen Grautöne verlaufen bei jedem Würfel von Weiß nach Schwarz senkrecht nach unten. Ganz oben auf der obersten Ebene aller drei Farbwürfel liegen alle reinen Sekundärfarben. Darunter liegen in jedem der drei Würfel jeweils die entsprechenden Tertiärfarben in unterschiedlichen Abstufungen.

Am äußersten Rand der Würfel liegen, ausgehend von Weiß zu den beiden Primärfarben unter der obersten Ebene, alle Helligkeitsabstufungen der jeweils beteiligten Primärfarben. Alle Primär- und Sekundärfarben nehmen von oben nach unten in ihren Helligkeiten durch die Hinzumischung von Schwarz stetig ab. Dadurch entstehen in diesem vergrößerten Farb-

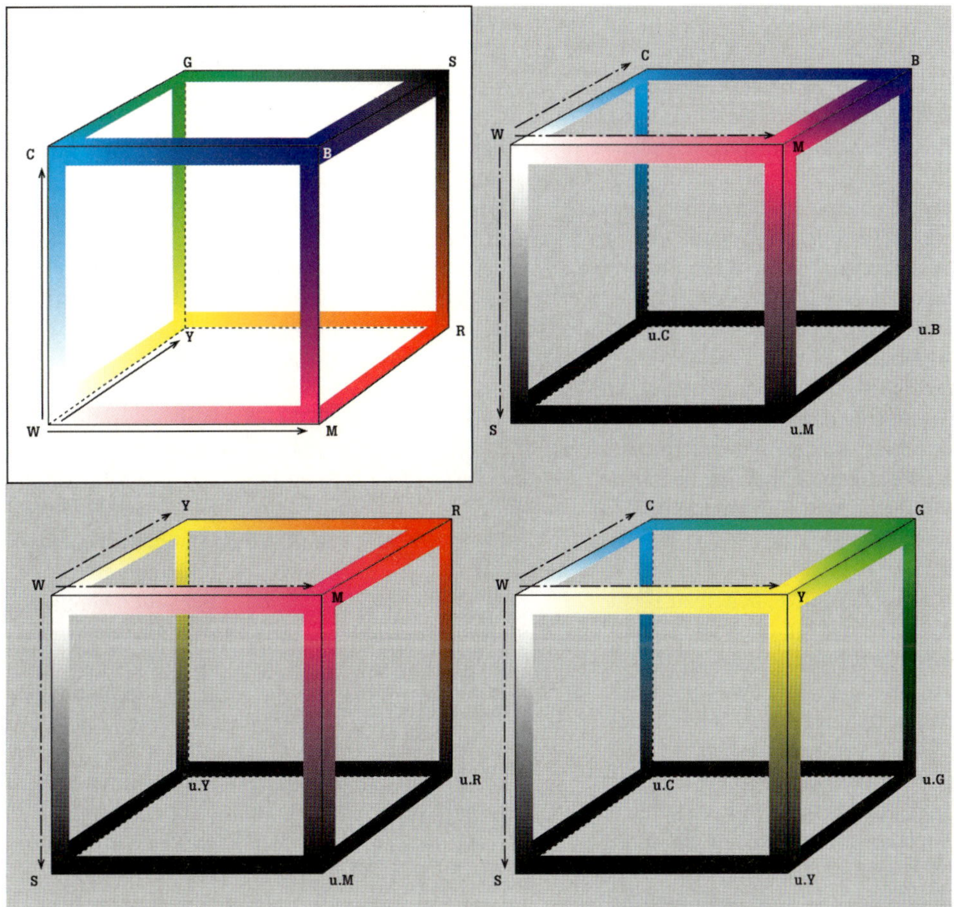

Bild 140: Vergleich zwischen dem CMY-Farbraum im Buntaufbau (Würfel links oben) und den drei Farbräumen im Unbuntaufbau (Würfel mit grauem Hintergrund).

raum des Unbuntaufbaus nicht ganz dreimal soviele eindeutig definierbare Tertiärfarben.

Ein Farbatlas mit den Farbtafeln für den Unbuntaufbau ist deshalb gegenüber einem CMY- Farbatlas wesentlich umfangreicher.

Den Unterschied zwischen einer Farbseparation im Buntaufbau und der im Unbuntaufbau (GCR) zeigt Abbildung 140 a. Der Unterschied wird im zweiten Streifen der beiden Bilder besonders deutlich. Dieser Streifen zeigt das Bild jeweils im Übereinanderdruck der drei bunten Primärfarben ohne Schwarz.

Wie man im ganz rechten Streifen erkennen kann, ist der Schwarzaufbau im Unbuntaufbau erheblich stärker. Im Übereinanderdruck aller vier Farben, der im ganz linken Bildstreifen jeweils zu sehen ist, sieht man diese Unterschiede nicht mehr.

Zwei Wege führen so zum selben Ziel. Welche Vorteile ergeben sich daraus?

Wird ein RGB-Farbbild für den Unbuntaufbau nach GCR farbsepariert, so ist für die gesamte Bildmodulation nur eine Druckfarbe verantwortlich. Beim Buntaufbau wird dagegen die Bildmodulation zusätzlich durch die jeweils komplementäre bunte Druckfarbe und Schwarz unterstützt.

Im Unbuntaufbau wird also in einem grünen Kleidungsstück die Tiefenzeichnung in den Schatten allein durch die unbunte Druckfarbe Schwarz erzeugt. Dadurch, dass sämtliche neutralen Grautöne nur durch die Druckfarbe Schwarz entstehen, gibt es in der Druckmaschine weniger Probleme die Graubalance stabil zu halten.

Bild 140a: Vergleich zwischen einer Farbseparation im Buntaufbau (links) und im Unbuntaufbau (rechts)

Farbführungsschwankungen im Druckprozess führen hier in geringerem Maße zu unerwünschten und gefürchteten Farbstichen in den neutralen Tönen.

Schwankt die Farbführung der Schwarzform, so wird der neutrale Grauton nur heller oder dunkler.

Farbstiche insbesondere in neutralen Farbtönen fallen dem Auge hingegen viel stärker auf. Auch bei kritischen Farben, wie Schokoladen-Braun, Loden-Grün oder Dunkelblau führen Färbungsschwankungen im Druck weniger zu unangenehmen Farbabweichungen. Unbunt aufgebaute Farbsätze haben vor allem dort ihren Vorteil, wo es um die Reproduktion schwieriger Tertiärfarben geht.

Der Unbuntaufbau bietet aber noch weitere Vorteile. Beim unbunt aufgebauten Farbbild können an einer Bildstelle maximal Teilmengen von drei Druckfarben zusammenkommen, nämlich von Schwarz und zwei bunten Druckfarben. Die maximale Summe der Flächendeckung im Unbuntaufbau ist demnach 300 %. UCR-Einstellungen wie beim Buntaufbau sind hier nicht erforderlich.

Den Vorteilen stehen aber auch Nachteile gegenüber. In der Praxis werden Farbsätze, denen zu 100% der komplementäre Farbanteil entzogen und durch Schwarz ersetzt wurde nur selten hergestellt.

Bildstellen mit viel Zeichnung leiden dabei unter Zeichnungsverlusten, weil nur eine schwarze Farbschicht nicht denselben Kontrast bewirken kann, wie die komplementäre bunte Teilmenge plus Schwarz.

Aus diesem Grund reduziert man den komplementären Buntfarbenanteil beispielsweise nur um 60 % statt 100 % und behält so noch Restmengen der komplementären Farbanteile im Bild. Dadurch werden auch Tonwertabrisse in Farbverläufen im allgemeinen vermieden.

Die Unterfarbenzugabe oder Buntfarbenaddition
Zum Ausgleich der Nachteile des Unbuntaufbaus, die sich aus der geringeren Durchzeichnung der Bildmodulation ergeben, gibt es eine weitere Variante des Unbuntaufbaus.

Diese Variante heißt Unterfarbenzugabe (UCA = Under Color Addition) oder nach der BVD/FOGRA-Terminologie Buntfarbenaddition.

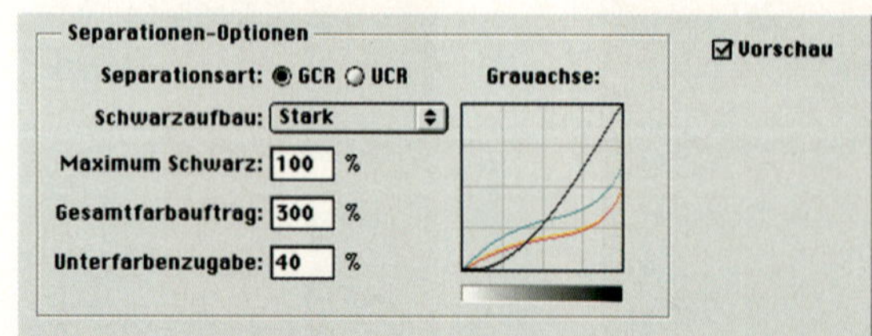

Bild 141: GCR-Einstellung in Photoshop für eine Farbseparation mit maximalem Unbuntaufbau und 40% Unterfarbenzugabe (UCA).

Bei dieser Variante werden in der neutralen Grauachse und allen sehr dunklen Tertiärfarben Unterfarben wieder hinzuaddiert. Hier geschieht scheinbar also genau das Gegenteil, was der Unbuntaufbau bewirkt. Die Zugabe der reduzierten komplementären Farbanteile erfolgt in der Buntfarbenaddition aber ausschließlich in der *neutralen Grauachse* der Farben und nicht im gesamten Bild.

Im Programm Photoshop wird die *Buntfarbenaddition* als *Unterfarbenzugabe* bezeichnet. Abbildung 141 zeigt ein Beispiel für einen extremen Unbuntaufbau. Im Diagramm „Grauachse" ist deutlich sichtbar, wie die Farbgradationen weit unterhalb der Schwarzgradation verlaufen.

Die Unterfarbenzugabe macht sich in den Dreivierteltönen dort bemerkbar, wo die Gradationskurven deutlich steiler nach oben verlaufen.

Mit der Art des Schwarzaufbaus wird in Photoshop das Ausmaß definiert, mit dem die Unbuntwerte aller Farben durch Schwarz ersetzt werden.

Anderer Ordner
Keiner
3M Rainbow
DS Offset Euro pos
Japan neg +10%mid
Japan neg +5%high
Japan neg +5%mid
Japan neg -10%mid
Japan neg -5%mid
Japan neg Standard
Newspaper
Newspaper SkelKey
Offset Euro pos Direct
Offset Euro pos GCR50
Offset Euro pos GCR70
Offset Euro pos GCR85 UCR300
✓ Offset Euro pos K85
Offset Euro pos ShortKey
Offset SWOP neg Direct
Offset SWOP neg FullK UCR370
Offset SWOP neg GCR50 UCR370
Offset SWOP neg GCR80 UCR370
Offset SWOP neg ShortKey
Offset SWOP neg ShortKey UCR310
Offset SWOP neg ShortKUCR280
Tektronix Phaser III
Tektronix Phaser IISD
Tektronix480
150-Line (Pantone)
Allgemeines CMYK Profil
CLC500A7.ICM
Color LW 12/600 PS Profile
Color LW 12/660 PS Profile
eucmyk06.pf
eucmyk50.pf
Eurostandard (Coated), 9%, .icm
gncmyk04.pf
gncmyk50.pf
jpcmyk06.pf
jpcmyk50.pf
SWCL32A7.ICM
SWNM26A7.ICM
SWOPM18.ICM
SWUL28A7.ICM
TPIIIPX7.ICM

Bild 142
Farbseparationskurvenauswahl in Linocolor

Andere Bildbearbeitungsprogramme, die die Farbseparation für 4-C-Bilder erlauben, verfügen über mehrere Möglichkeiten voreingestellte Farbseparationsarten im Bunt- und Unbuntaufbau zu wählen.

Zu dieser Art Software gehört unter anderem LinoColor und NewColor 7000 von Heidelberg. Mit dieser Software werden vielfältige Möglichkeiten bereitgestellt die Farbseparation zu parametrieren. Die Abbildung 142 zeigt die auswählbaren Farbseparationskurven in der im DTP weitverbreiteten Software Linocolor.

Farbseparation für den Siebenfarbendruck
Der wieder zu gebende Farbenraum der Printmedien ist sehr eingeschränkt. Das gilt insbesondere für die Sekundärfarben Blau, Grün und Rot. Es hat nicht an Versuchen gefehlt, die Grenzen dieser Einschränkungen zu erweitern. Eine reale Möglichkeit diesem Ziel näher zu kommen ist der 7-Farbendruck.

Die Grundlagen dazu entwickelte Harald Küppers bereits 1985. Im Jahr 1988 präsentierte das Reprounternehmen *eder Repro* die technische Realisierung von 7-Farben-Repros.

Ab 1993 arbeiteten KODAK, DuPont, Pantone und Linotype-Hell an der Entwicklung von Software zur Erzeugung von 7-Farbauszügen.

Bild 143
Der Farbenraum der 7-Farben-Separation im Siebenfarbendruck

Beim Siebenfarbendruck kommen neben Cyan, Magenta, Yellow und Schwarz zusätzlich noch Rot, Grün und Blau als ergänzende Primärfarben zum Einsatz. Die Erweiterung des Farbraums hat insbesondere dort eine wichtige Bedeutung, wo es um die Reproduktion von farbintensiven Gemälden wie die von Chagall oder Nolde geht.

Auch die Farben vieler Verkaufsprodukte weisen insbesondere bei Blau-, Grün- und Rottönen eine sehr hohe Leuchtkraft auf, die mit den vier Prozessfarben der Euroskala nicht zu erreichen sind.

Die Reproduktion leuchtender Farben von Sportartikeln und der gesamte Verpackungsdruck sind weitere Beispiele für den sinnvollen bzw. sogar erforderlichen Einsatz von mehr als vier Farben.

Beim 7-Farben-Druck erweitert sich der Farbraum definierbarer Farben noch erheblich.

Hat der Unbuntaufbau schon eine Verdreifachung fest definierbarer Farben im Farbenraum mit sich gebracht, so versechsfacht sich dies im 7-Farben-Druck, weil nun 6 Farbenräume entstehen.

Wie in der Abbildung 143 zu erkennen ist, kommen folgende Farbkombinationen in der 7-Farben-Separation vor:

- Y + R = Orange
  + S = unbunte Farbnuancen von Y, R und O
- Y + G = grünliches Gelb
  + Schwarz = unbunte Farbnuancen von Y, G und grünlichem Gelb
- C + B = bläuliches Cyan
  + Schwarz = unbunte Farbnuancen von C, B und bläulichem Cyan
- C + G = grünliches Cyan
  + Schwarz = unbunte Farbnuancen von C, G und grünlichem Cyan
- M + R = rötliches Magenta
  + Schwarz = unbunte Farbnuancen von M, R und rötlichem Magenta
- M + B = bläuliches Magenta
  + Schwarz = unbunte Farbnuancen von M, B und bläulichem Magenta.

Als Primärfarben kommen besonders leuchtende bunte Farben zum Einsatz. Nach einer Untersuchung der FOGRA eignen sich für den Siebenfarbendruck ein gegenüber den üblichen alten Normdruckfarben nach DIN 16539 (Euroskala) grünlicheres und bunteres Gelb, ein bläulicheres Magenta und ein helleres, grünlicheres Cyan. Hinzu kommen Rot Grün und Blau mit möglichst hoher Buntheit.

Wie aus den 6 Farbräumen der 7-Farben-Separation zu erkennen ist, erfolgt die Farbseparation nach dem Prinzip des Unbuntaufbaus.

Die Sekundärfarben entstehen immer nur aus maximal zwei bunten Farben und Schwarz. Das hat den Vorteil, dass man in der 7-Farben-Separation mit nur drei Rasterwinkeln auskommt. Eine Problem mit dem Moiré entsteht dadurch nicht. Ganz im Gegenteil: Auf die 15⁰-Winkelung kann sogar verzichtet werden.

Dies ist möglich, indem die Druckfarben Cyan, Magenta und Yellow auf einer Winkellage liegen. Mischfarben, in denen zwei dieser Farben zusammen als Primärfarben auftreten, kommen nicht vor, wie Abbildung 143 zeigt. Rot, Grün und Blau erhalten gemeinsam die zweite Winkellage. Schwarz wird schließlich mit der dritten Winkellage 30⁰ zu den anderen Farben verwinkelt.

Da bei der 7-Farben-Separation nur 3 Winkellagen erforderlich sind, ist eine optimale Verwinkelung der übereinanderdruckenden Farben von 30⁰ zueinander hier möglich. Weil die 7-Farben-Separation nach dem Prinzip des Unbuntaufbaus durchgeführt wird, benötigt man auch keine UCR, wie beim Buntaufbau, da es nur zu Flächendeckungsgraden von maximal 300% kommen kann.

Der größte Vorteil der 7-Farben-Separation im Vergleich zur 4C-Separation liegt im größeren reproduzierbaren Farbraum. Nach einer Untersuchung der FOGRA vergrößert sich der Farbumfang im Siebenfarbendruck um 30%.

Das Bild 143a zeigt den Unterschied zwischen dem RGB-Farbraum des Monitors, mit einer roten Linie gekennzeichnet, und dem CMY-Farbraum des Offsetdrucks nach alter Euroskala als farbige Fläche. Der im Siebenfarbendruck erreichbare Farbraum ist als graue Linie markiert. Als Brückenfarbraum zur Darstellung der Farborte der Primär und Sekundärfarben dient hier der CIE L*a*b*-Farbraum.

Diese Darstellung bezieht sich auf das von eder Repro entwickelte Multi Color Separation-System (MCS). Diese Software läuft auf Apple Macintosh-

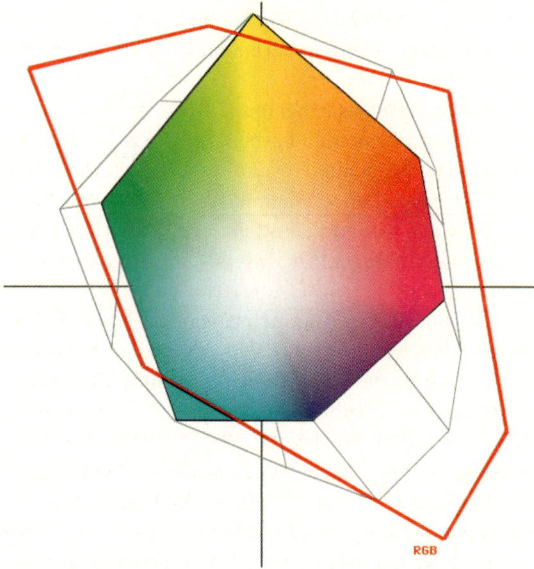

Bild 143 a Vergleich der Farbumfänge von RGB-Monitor, Vierfarbendruck und Siebenfarbendruck

Computern und ist in der Lage, auch Farbseparationen nach dem Prinzip 4C + X herzustellen. Das X steht dabei für Vierfarbseparationen, die zusätzlich zwischen ein und drei Primärfarben separieren können.

Nicht immer sind alle drei zusätzlichen Farben Rot, Grün und Blau vom Verwendungszweck her erforderlich. Mit dem MCS-System ist es auf diese Weise auch möglich, dem größten Nachteil des Siebenfarbendrucks besser zu begegnen.

Der Nachteil des Siebenfarbendrucks liegt eindeutig in den deutlich höheren Druckkosten. Es müssen Druckmaschinen mit sieben Druckwerken zum Einsatz kommen und die stehen nicht überall zur Verfügung und verursachen entsprechend hohe Kosten.

Kommt es dem Kunden nun darauf an, seine Markenfarbe in der Bildreproduktion besonders leuchtend darzustellen oder Produktabbildungen mit vielleicht nur zwei leuchtenden Farben abzubilden, so ist es mit der MCS-Software jederzeit möglich, Farbseparationen aus 4C+1 oder 4C + 2 anzufertigen. Als zusätzliche Farbe können nur Blau, Grün oder Rot oder Kombinationen von zwei dieser Farben verwandt werden. Das senkt die Druckkosten, ermöglicht aber trotzdem die Vorteile des Farbendrucks mit erweitertem Farbraum bedarfsorientiert zu nutzen.

Zur Herstellung einer 7-Farb-Separation mit dem *eder MCS-System* ist es nicht erforderlich, die Bildvorlagen erneut zu scannen. Basis für den Prozess können fertig separierte CMYK-Daten sein, die von der CMS-Software in 4C-X-Farbseparationen umgerechnet werden.

HexWrench von Pantone benutzt RGB-Bilddaten als Ausgangspunkt. HexWrench ist als ein PlugIn für Photoshop konzipiert.

Pantone nennt sein Farbsystem Hexachrome. Gedruckt wird hier mit entsprechenden Hexachrome-Pantone Farben. Im Prepress ist die Herstellung von Farbseparationen für den Siebenfarbendruck mit entsprechender Software von den genannten und anderen Herstellern möglich.

Der werbliche Vorteil des Siebenfarbendrucks ist unbestritten. Die Farbtöne erregen die Aufmerksamkeit, weil die Leuchtkraft und Buntheit dieser Farben nicht unseren Sehgewohnheiten beim Betrachten gedruckter Produkte entspricht und dadurch ein neues Farberlebnis entsteht.

Setzt man zusätzlich zur 7-Farben-Separation noch die frequenzmodulierte Rasterung (FM-Rasterung) statt einer amplitudenmodulierten Rasterung (AM-Rasterung) ein, so können damit Printprodukte produziert werden, die dem höchsten heute erzielbaren Qualitätsansprüchen gerecht werden.

Sowohl das eder MCS-System als auch das von Pantone entwickelte HexWrench haben die Option, die 7-Farben-Separation in AM-Rasterung oder FM-Rasterung auszuführen.

Von der amerikanischen Firma Davis Inc. wurde für den Siebenfarbendruck der Begriff HiFi-Color und für die FM-Rasterung der Begriff HiFi-Screening geprägt und zum Teil in Deutschland übernommen.

8.8 Colormanagement

Farben sind Sinneseindrücke, die von vielen Faktoren beeinflusst werden. Wenn Werbefachleute eine Markenfarbe kreiert haben, so besteht ein berechtigtes Interesse daran, diese Farbe in allen Medien gleich aussehen zu lassen; ob auf einem Plakat, in der Anzeige einer Illustrierten oder einem LFP-Printer-Ausdruck eines großformatigen Tintenstrahl-Plots. Gleiches gilt für das Internet oder eine CD-ROM-Präsentation. Mit Produktabbildungen in Prospekten Katalogen oder beim Online-Shopping verhält es sich nicht anders.

Wer aber entscheidet verbindlich darüber, ob zwei Farben wirklich identisch sind, wenn die Beurteilung von Farben allein ein subjektiver Sinneseindruck ist?

So wie unterschiedliche Menschen mit unterschiedlicher Ausprägung gehörte Klänge voneinander unterscheiden können, verhält es sich auch mit dem Sehen von Farben.

Das Auge und die Sinne müssen zu der Beurteilung feinster Farbunterschiede geschult sein. Farbsichere Fachleute sind deshalb in der Prepress-Produktion noch immer sehr gefragt.

Geräte für die Bilddigitalisierung und der Farbausgabe müssen ebenso fein die Farbinformationen erfassen und verarbeiten. Ob Scanner, Monitor und andere Geräte dies leisten ist zu prüfen.

Der Monitor stellt die Farben nach dem selben additiven System wie das menschliche Auge dar.

Im Druck sind längst nicht alle Farben darzustellen, die wir am Monitor erzeugen bzw. mit unseren Augen wahrnehmen können. Ob sich mit den Druckbedingungen für die darstellbaren Farben aber wirklich das Optimum erreichen lässt, ist zweifelhaft.

Das Colormanagement tritt mit dem Anspruch auf, all diese Fragen mit einem Schlag zu lösen.

Dieser Anspruch ist plakativ und sicher vollkommen übertrieben: Statt der farbtüchtigen Fachkraft werden exakt arbeitende Spektralfotometer und eindeutige Messwerte eingesetzt, mit denen auch die „farbenblinde" Fachkraft Farben sicher beurteilen kann.

Die Geräte zur Bilddigitalisierung werden mit technischen Verfahren auf ihre Farbfehlsichtigkeit hin überprüft und bekommen ein ICC-Profil als farbkorrigierende „Brille" verschrieben.

Auch der Monitor und die Farbausgabesysteme werden spektralfotometrisch vermessen. Sie bekommen ebenfalls mit einem ICC-Profil ihre grundlegende Basis. Alles zusammen bewirkt eine Software, das Colormanagement (CMS).

Ganz soweit und damit optimal sind die CM-Systeme noch nicht. Anspruch und Wirklichkeit müssen noch optimiert werden.

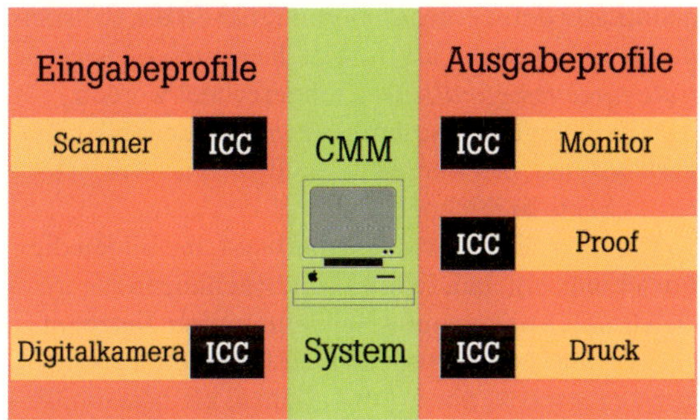

Bild 144: Prinzipieller Ablauf eines CMM-Systems

Die Abbildung 144 zeigt zunächst das Prinzip eines CMS-Systems auf.

Grundlage von CM-Systemen sind die Erkenntnisse der Farbmetrik, die in ihren Anfängen schon über 70 Jahre alt sind und von der CIE (Commission Internationale de l' Eclairagé) gelegt wurden.

Basis für die definierten CIE-Farbräume bildeten Untersuchungen zur spektralen Empfindlichkeit des menschlichen Auges. Deren Ergebnisse führten dazu, Farben in geräte- und prozessunabhängige XYZ-Normfarbwerten zu beschreiben.

Aus diesen Normfarbwerten lassen sich Farben in beliebige Farbkoordinaten prozessunabhängiger Farbräume wie das CIExyY-System und das CIE-LAB-Farbsystem umrechnen.

Diese Farbräume gelten heute im Prepress als weltweit anerkannte Standards und dienen als Brückenfarbräume zur Farbraumtransformation und als Basis der CM-Software.

Das wesentliche Verständnis von CM-Systemen hängt demzufolge maßgeblich vom Verständnis der Farbmetrik ab.

Die farbmetrischen Grundlagen der CM-Systeme werden deshalb im nächsten Kapitel näher beschrieben.

8.8.1 Farbmetrische Grundlagen des Colormanagements

Farbe ist ein subjektiver Eindruck, der von unserem Auge erfasst und im Gehirn als Farbempfindung erzeugt wird.

Verantwortlich dafür sind Farbreize, die auf unserer Netzhaut Farbvalenzen erzeugen. Farbvalenzen beschreiben die Wirkungen von Farbreizen auf die drei Reizzentren des menschlichen Auges. Sie werden mit drei Maßzahlen beschrieben. Diese Farbvalenzen wertet das Gehirn nach einem noch recht unerforschten Schema aus und erzeugt daraus eine Farbempfindung, die untrennbar mit der Farbvalenz verbunden ist.

Farbsysteme sollen eine systematische und objektive Beschreibung von Farben ermöglichen.

Wenn in der Praxis von einem grünen Pullover gesprochen wird, ist das eine genauso unpräzise Farbbeschreibung wie eine Auskunft „Es ist nicht sehr weit zum Bahnhof". Farbbeschreibungen sind scheinbar zu präzisieren mit zusätzlichen Angaben wie olivegrün, blattgrün, blaugrün, mint, froschgrün, grasgrün, dunkelgrün, hellgrün usw. Trotzdem sind dies dadurch keine präziseren Farbangaben.

Erst systematisch geordnete Farbmodelle erlauben es, nach festgelegten Kriterien die Vielfalt der Farben exakt zu ordnen und anstelle von Farbnamen mit Zahlenwerten zu operieren.

Farben lassen sich als Mischungsverhältnis der daran beteiligten Grundfarben zahlenmäßig angeben. Dies können Rasterprozentwertangaben von Cyan, Magenta und Gelb sein oder die zwischen 0 und 255 gestuften RGB-Anteile.

Daraus lassen sich Farbsysteme als räumliche Darstellung entwickeln. Derartige Farbsysteme werden auch als Farbmodelle oder Farbenräume bezeichnet. Aus einer Farbtafel, wie sie als Hilfsmittel bei der Farbkorrektur verwendet wird, lässt sich ein solcher Farbenraum konstruieren.

Das Ziel derartiger Farbmodelle besteht in der systematischen Ordnung der Vielfalt von Farben mit allen Farbabstufungen. So wie in einer Bibliothek die Vielzahl von Büchern nach einem festen Ordnungsprinzip einsortiert werden, um dem Benutzer das Auffinden von Büchern zu ermöglichen, so hilft beispielsweise der CMY- und RGB-Farbraum dabei, Ordnung in die Vielzahl der Mischfarben zu bringen.

Es ist jedoch zu prüfen, ob ein solches Farbsystem ausreicht, alle Farben objektiv zu beschreiben (wie beispielsweise die Länge eines Weges).

Der CMY-Farbwürfel hat keinerlei Bezug zur Betrachtungslichtquelle. Wie aus der Farbenlehre bekannt ist, verändert sich der visuelle Eindruck einer Farbe beim Wechsel der Lichtart. Das gedruckte Farbbild oder die Farbtafel wirken unter dem Glühlampenlicht ganz anders als unter Tageslichtbedingungen.

Der außerhalb unseres Auges definierte Farbreiz ist das Produkte aus:

- *Farbreiz*
= spektrale Emission x spektrale Remission der Farbfläche

Farbreize werden in der Physik als Wellenlängen, Frequenzen und als Energie beschrieben. Sie sind farblos. Sie bewirken erst auf der Netzhaut unseres Auges Farbvalenzen, also Reizungen der roten, grünen und blauen Zapfen und werden dadurch erst im Gehirn zu Farben.

Sollen Farben objektiv beschrieben werden, wie die Länge eines Weges zu messen ist, so ist es erforderlich, den Farbreiz und die Farbvalenz in die Beschreibung der Farbe mit einzubeziehen.

Zur eindeutigen Kommunikation zwischen dem Kunden, der Druckerei, dem Druckvorstufenbetrieb und der Werbeagentur ist ein Farbsystem wünschenswert, mit dessen Hilfe es gelingt, Farben annähernd so zu beschreiben und zu messen, wie sie von normalsichtigen Menschen auch empfunden werden.

Ein solches Farbsystem ist zudem eine Erleichterung bei der Farbreproduktion im Prepress, weil es hier als Brückenfarbraum für die Farbseparation und das CMS eingesetzt werden kann.

Mit diesem Problem befasst sich die Farbmetrik. Ein Farbsystem kann dann als objektiv bezeichnet werden, wenn es die Farbvalenzen unter Berücksichtigung der Farbreize in einem entsprechenden Farbenraum systematisch beschreibt. Die von der Farbmetrik entwickelten CIE-Farbsysteme gehören dazu.

Einteilung der Farbsysteme

Bevor der Aufbau und die Entwicklung objektiver Farbsysteme näher betrachtet wird, soll zunächst ein Überblick und damit auch eine Abgrenzung von anderen im Prepress gebräuchlichen Farbsystemen gegeben werden. In der Übersicht 145 sind die Farbsysteme in zwei Gruppen unterteilt worden:

- prozess- bzw. geräteabhängige Farbsysteme
- prozess- bzw. geräteunabhängige Farbsysteme

Prozessunabhängige Farbsysteme

Farbsysteme, die den Farbreiz und die Farbvalenz in ihrem System berücksichtigen und normieren, werden als prozessunabhängige Farbsysteme bezeichnet. Die Bezeichnung rührt daher, dass hier in die Beschreibung von Farben alle Bedingungen, die Einfluss auf den Farbreiz haben, zahlenmäßig berücksichtigt werden. Unser eigenes Auge wird dadurch zum Farbsystem.

Die Beschreibung der Farbe wird unabhängig von den Prozess- und Gerätebedingungen:

- Art der verwendeten Grundfarben, z. B. der Prozessfarben im Druck und im Proofsystem oder den Farben am Monitor,
- Prozessbedingungen, z. B. der Tonwertzunahme im Offsetdruck, dem verwendeten Bedruckstoff, der Gammaeinstellung am Monitor,
- gerätetechnische Eigenschaften von Digitalproofs in Verbindung unterschiedlicher Proofsysteme und Eigenarten der Farbwiedergabe.

Farbsysteme

basierend auf der Farbmischung	basierend auf dem Farbkreis	basierend auf der Augenfunktion	basierend auf Farbdifferenzformeln
additive Systeme (RGB)	HSB PostScript	CIE-XYZ	CIELAB
autotypische Systeme (CMYK)	HSI	CIE-xy Farbtafel	CIELUV
	HSV		Hunter-Lab
subtraktive Systeme (Fotografie, HKS, Pantone)	Munsell		Eurocolor
	NCS		
prozess- bzw. geräteabhängige Farbsysteme		**prozess- bzw. geräteunabhängige Farbsysteme**	

Bild 145: Überblick über die Farbsysteme

Mit derartigen Farbsystemen lassen sich Farben objektiv und das heißt auch weitgehend unabhängig von der subjektiven Farbbeurteilung des Betrachters quantitativ definieren. Dies gelingt, weil die vollständig beschriebenen Farbreize in die *normierte spektrale Augenempfindlichkeit* eingerechnet werden.

Hierin liegt das Wesentliche prozessunabhängiger Farbsysteme. Sie werden deshalb auch als *Normvalenzsysteme* bezeichnet.

Die Grundlage für solche Farbsysteme bilden die Forschungsergebnisse über Untersuchungen der spektralen Augenempfindlichkeit unserer Netzhaut. Darauf aufbauend wurden in der Farbmetrik Farbsysteme entwickelt, die es ermöglichen, kleinste empfindungsmäßige Farbunterschiede ähnlicher Farben in Zahlenwerten zu erfassen. Zu diesen Farbsystemen gehört das CIELAB-System. Es wird deshalb in die Gruppe der Farbsysteme einsortiert, die auf Farbdifferenzformeln basieren (vgl. Übersicht 145).

Prozess- bzw. geräteunabhängige Farbsysteme, die auf der spektralen Augenempfindlichkeit basieren, sind durch mathematische Transformationen mit den Systemen kompatibel, die auf Farbdifferenzformeln basieren.

Prozessabhängige Farbsysteme

Prozess- oder geräteabhängige Farbsysteme beruhen auf bestimmten Farbmischungen oder dem Farbenkreis. Hierbei handelt es sich in erster Linie um Farbordnungssysteme. Das CMY-Farbsystem beruht auf der subtraktiven, das RGB-Farbsystem auf der additiven Farbmischung. Bei den optischen Wirkungen im Druckprozess handelt es sich um eine autotypische Farbmischung.

Diese Farbsysteme (bzw. Farbordnungssysteme) beschreiben die Vielfalt erzielbarer Farbmischungen aus mindestens drei Grundfarben. Die HKS-Farben werden beispielsweise aus 9 Grundfarben ermischt, die Pantone Farben aus 13.

Alle diese Farbsysteme gehören zu den prozess- oder geräteabhängigen Farbsystemen, weil ihre Mischergebnisse von der jeweils gewählten Art der

Grundfarben, den Prozessbedingungen und den Geräteeigenschaften abhängig sind, mit denen die Farbmischungen erzeugt werden.

Farbtafeln oder Farbmusterbücher für die Druckindustrie sind nichts anderes als ein auseinandergelegter würfelförmiger Farbenraum.

Der Breite des Würfels wird Magenta zugeordnet, das in der Farbtafel von links nach rechts ansteigend in 10 %- oder 5 %-Schritten zunimmt.

Der Länge wird Cyan zugewiesen, das in der Farbtafel von unten nach oben in ebenso großen Schritten ansteigt.

Die dritte räumliche Dimension (Höhe) wird von Gelb gebildet. Da Farbtafeln nur zweidimensional sind, steigt Gelb von Farbtafel zu Farbtafel in 10 %-Schritten auf jeder Seite der Farbtafeln an. Gelb liegt als Fläche mit einheitlichem Rastertonwert unter allen anderen Farben.

Visueller Eindruck der Farben
Der visuelle Eindruck der Farben hängt davon ab, mit welchen Grundfarben, auf welchem Papier, mit welcher Art von Druckfarben und unter welchen Druckbedingungen sie gedruckt wurden. Erst wenn alle diese Einflussfaktoren in der nachgestellten Farbe genau gleich sind und beide Farbproben unter genau gleicher Betrachtungslichtquelle beurteilt werden, ist auch der Farbreiz präzise beschrieben und wird zu einer gleichen Farbvalenz und damit Farbempfindung führen. Aus diesem Grunde handelt es sich auch bei diesem Farbmischsystem um ein prozessabhängiges System, denn der visuelle Eindruck der Mischergebnisse ist immer abhängig von den jeweils verwendeten Grundfarben und dem Druckprozess. Auch HKS- oder Pantone-Farben wirken auf verschiedenen Papiersorten unterschiedlich.

Farbfotografie
Die Farbfotografie ist ein treffendes Beispiel für ein subtraktives Farbmischsystem. Hier entstehen im Unterschied zum Druck die Mischfarben allein durch die Filterwirkung der drei Farbschichten Cyan, Magenta und Gelb, aus denen der Dreischichtenfarbfilm besteht. Die darin verwendeten Farbpigmente, die an die belichteten Silbersalze während des chromogenen Entwicklungsprozesses angelagert werden, bestimmen die Mischergebnisse der drei Grundfarben.

Der Farbenraum der Farbenfotografie ist damit ebenfalls prozessabhängig. Hier ist es der fotografische Entwicklungsprozess und die Art der verwendeten Farbpigmente von denen der visuelle Eindruck der Mischergebnisse unmittelbar abhängt.

Der Farbenraum der Fotografie ist nicht mit dem Farbenraum des Drucks deckungsgleich, da beide Farbmischsysteme nicht die gleichen Pigmente für ihre Grundfarben verwenden.

Additive Systeme
Das additive Farbmischsystem verwendet Rot, Grün und Blau als Mischfarben, es wird im Farbmonitor verwendet. Auch additive Farbsysteme gehören zu den prozessabhängigen Farbsystemen. Hier sind es die Art der verwendeten roten, grünen und blauen Phosphore, die von den drei Elektronenstrahlen der Kathodenstrahlröhre des Monitors zum Leuchten gebracht werden. Ihre spektrale Zusammensetzung entscheidet letztendlich über den Farbreiz, der beispielsweise bei 127 Rot, 236 Grün und 22 Blau in unserem Auge eine Farbvalenz erzeugt. Dies kann selbst bei gleichem digitalen Datenbestand auf unterschiedlichen Monitoren zu sehr unterschiedlichen Ergebnissen führen. Eine Kalibration der Monitore (Kap.8.6) und die Verwendung eines farbkorrigierenden ICC-Profils im CM-System ist daher in der täglichen Arbeit unerlässlich.

Auf dem Farbkreis basierende Farbsysteme
In der Software für die digitale Farbbildverarbeitung werden heute häufig auf dem Farbkreis basierende Farbmodelle verwendet. Zum Farbenraum werden diese Farbsysteme, in dem die empfindungsgemäßen Kriterien, Farbton (Hue), Sättigung (saturation) und Helligkeit (Brightness) statt der RGB Mischungsverhältnisse verwendet werden. Die daraus resultierenden körperlichen Gebilde können unterschiedliche Formen aufweisen.

Zu dieser Art von Farbsystemen gehören beispielsweise das HSB- (Hue, Saturation, Brightness) und das HSI-Farbmodell (Hue, Saturation, Intensity).

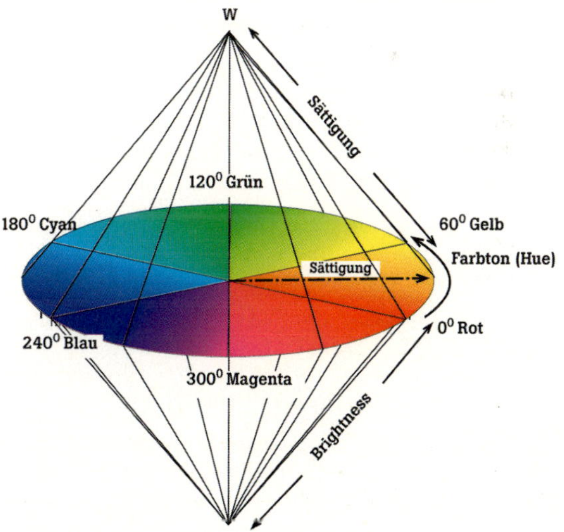

Bild 146: HSB-Farbmodell von Photoshop

Der Farbraum des HSB-Farbmodells besteht aus einem Doppelkegel. Die mittlere Kreisebene mit dem größten Durchmesser enthält alle Farben, die 100 % Brightness (Helligkeit) aufweisen.. Das ist immer dann der Fall, wenn mindestens ein Farbkanal den Wert 255 (= 100 %) aufweist.

Aus dem Verhältniss der beiden größten Farbkanäle wird der Farbtonwinkel berechnet.

Eine Farbe mit 100 % Brightness wird *entsättigt*, indem man einer Sekundärfarbe den komplementären Farbanteil hinzumischt. Die Farbe verweißlicht dann.

Oberhalb der mittleren Grundfläche des HSB-Farbmodells entsteht dadurch der immer spitzer zugehende Kegel, weil durch die Verringerung der Sättigung der Radius der Kreisdurchmesser der darüber befindlichen Farbkreise stetig abnimmt (Bild 146a).

Nach oben entstehen so Kreisebenen mit immer kleineren Radien, die alle Farben mit 100 % Brightness, aber abnehmender Sättigung enthalten. Die Farben verweißlichen bis hin zum Kreismittelpunkt. Hier herrscht in allen Ebenen 0 % Sättigung. Oberhalb der Grundfläche entsteht im Kreismittelpunkt immer Weiß.

Die *nach unten* gerichtete Kegelspitze wird durch abnehmende Helligkeit der Farbe in ihrem Radius eingeschränkt. Dies erklärt sich dadurch, das die Sättigung *relativ* zur Helligkeit definiert ist. Hat eine Farbe beispielsweise 128 als höchsten Farbwert, so ist die Helligkeit nur 50 %. Ist kein komplementärer Farbanteil vorhanden, so kann die Farbe 100 % Sättigung aufweisen. Setzt man nun die Sättigung herab und verweißlicht die Farbe zusätzlich, so kann der komplementäre Anteil nur von 0 auf maximal 128 statt 255 ansteigen, weil dann die Farbe bei unveränderter Helligkeit von 128 (= 50% Helligkeit) nun 0% Sättigung aufweisen würde.

Die RGB-Einstellung wäre R = 128, G = 128 und B = 128. Das entspräche einem neutralen Grau von 50% Brightness.

Senkrecht nach unten verringert sich der Radius der Kreisebenen also durch die Verringerung der Helligkeit. Eine Verringerung der Sättigung führt hier nicht zu Weiß, sondern je nach Ebene zu unterschiedlichen Grauwerten bis hin zu Schwarz.

Schematisch verdeutlicht Bild 146a Helligkeit und Sättigung in einem von der Seite betrachteten Doppelkegel.

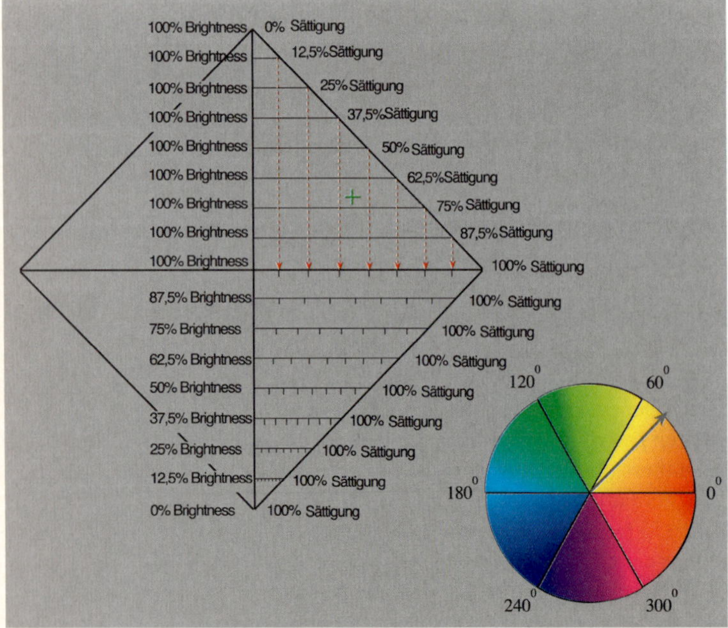

Bild 146 a Helligkeit und Sättigung in einem von der Seite betrachteten Doppelkegel.

Das in der Übersicht 145 aufgeführte Munsell- und NCS-System gehört zu den älteren Formen dieser Art von Farbsystemen.

Gemeinsam ist diesen Farbsystemen, dass sie die Farben nach empfindungsgemäßen Kriterien systematisch ordnen. Statt der drei Grundfarben werden Farbton, Sättigung und Helligkeit den drei räumlichen Dimensionen zugeordnet und bilden einen Farbenraum. Die Farbtöne sind dabei kreisförmig angeordnet und können in der Regel als Winkel des Kreises zahlenmäßig angegeben werden.

Farbsysteme, die zu ihrem Aufbau empfindungsgemäße Kriterien benutzen, erleichtern es dem Laien Farben zu bearbeiten. Eine prozess- und geräteunabhängige Beschreibung einer Farbe können diese Systeme hingegen nicht leisten.

Was dem HSB-Farbmodell fehlt, ist die Berücksichtigung der Wirkung systematisch geordneter Farben auf das Auge. Anders ausgedrückt kann man auch sagen, dass diese Farbsysteme zwar die Farbreize systematisch nach empfindungsgemäßen Kriterien ordnen können, aber über die daraus resultierenden Farbvalenzen treffen sie keine Aussage.

Prinzip der spektralfotometrischen Berechnung der Normfarbwerte XYZ

Vor über 70 Jahren beschäftigte man sich damit, Farben so zu beschreiben, dass sie die Wirkung der Farbreize, also die Farbvalenzen systematisch in ein Farbsystem mit einbeziehen. Grundlegende Arbeit dazu leistete die CIE, das ist die Commission Internationale de l' Eclairagé. Frei übersetzt ist es die internationale Beleuchtungskommission.

Sie erarbeitete schon 1931 einen internationalen Standard, der die spektrale Augenempfindlichkeit des sogenannten statistischen CIE-Normalbeobachters beschreibt. Darauf aufbauend wurden Farbsysteme entwickelt, die als prozessunabhängige Farbsysteme bezeichnet werden können. Dazu gehören alle Farbsysteme, die mit CIE beginnen.

Grundlage für alle CIE-Systeme bilden die CIE-XYZ-Normfarbwerte. Unmittelbar daraus abgeleitet ist die CIE-x/y-Normfarbtafel (vgl. Übersicht 145).

Aufbauend auf diesen Normfarbwerten wurden weitere Farbsysteme geschaffen, die es ermöglichen, empfindungsgemäße Farbunterschiede zwischen zwei sehr ähnlichen Farben quantitativ zu bewerten. Solche Farbunterschiede nennt man *Farbabstand*.

Derartige Farbsysteme basieren auf einer Farbabstandsformel. Hierzu gehören CIELAB, CIELUV Hunter-Lab und Eurocolor.

Wirklich bedeutungsvoll und eingesetzt werden im gesamten Prepress-Workflow die CIE-XYZ-Normfarbwerte, die CIE-x/y-Normfarbtafel und das CIELAB-Farbsystem.

Diese Basis hat sich in CM-Systemen und in der digitalen Bildbearbeitung zum internationalen Standard durchgesetzt. Sie werden in allen Software-Werkzeugen für die Farbildverarbeitung und der Farbmessung im Druck eingesetzt. Diese Farbsysteme bilden die Grundlage für die ICC-Farbprofilerstellung in Color-Management-Systemen.

Grundlegend ist die Berechnung einer Farbe als CIE-XYZ-Normfarbwerte. Ausgangspunkt für diese Berechnung ist die Messung einer Farbe mit dem Spektralfotometer, dessen technisches Prinzip nachfolgend veranschaulicht wird (Bild 147).

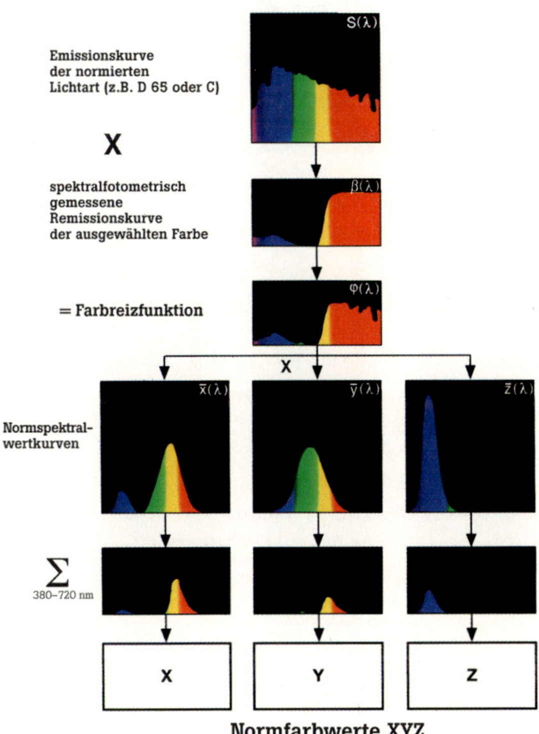

Bild 147: Prinzip der spektralfotometrischen Berechnung der XYZ-Normfarbwerte

Der erste Schritt zur Berechnung der Normfarbwerte einer Farbe ist die Berücksichtigung einer normierten Lichtart.

- Farbe ist ohne Licht nicht denkbar.

„Nachts sind alle Katzen grau", heißt es in einem alten Sprichwort treffend. Das Licht ist entscheidend.

Es macht auf den Farbreiz, der das Auge erreicht, einen erheblichen Unterschied, unter welchem Licht eine Farbe betrachtet wird.

Unter einer roten Lichtquelle wirkt Cyan fast wie Schwarz, weil Cyan nur die blauen und grünen spektralen Anteile remittiert, die roten aber absorbiert.

Da eine rote Lichtquelle aber kaum grüne und blaue Spektralanteile emittiert, können diese auch nicht vom Cyan remittiert werden, denn es kann immer nur das remittiert werden, was auch emittiert wurde. Folglich wird die rote Lichtemission fast vollständig absorbiert und das Cyan erscheint fast Schwarz.

Welche spektralen Anteile von einem Farbstoff nun remittiert oder transmittiert werden und welche Anteile ganz oder teilweise absorbiert werden, das kann unser Auge nicht visuell wahrnehmen. Hier wird als Farbempfindung immer nur die Summe aus allen unterschiedlich intensiven Farbreizen als Farbvalenz an das Gehirn gesendet und eine einheitliche Farbempfindung daraus transformiert.

Spektrale Emissionen der Lichtquellen

Entsprechende Spektralfotometer sind nun in der Lage, die spektralen Emissionen in Abhängigkeit von den Wellenlängen zwischen 380 und 720 nm zu erfassen. Die spektralen Emissionen werden als spektrale Energieverteilung bezeichnet und haben das Symbol S(λ).

Emissionskurven stellen diese charakteristischen spektralen Energieverteilungen von Lichtquellen dar. Sie kennzeichnen wie Fingerabdrücke die typischen Emissionen der Lichtquellen. Bild 148 zeigt die Emissionskurven von Neonröhren als Normlichtquellen mit einer Farbtemperatur von 6500 Kelvin (D 65). Nach ISO 3664 gilt heute 5000 Kelvin als Standard für die Farbtemperatur von Betrachtungslichtquellen.

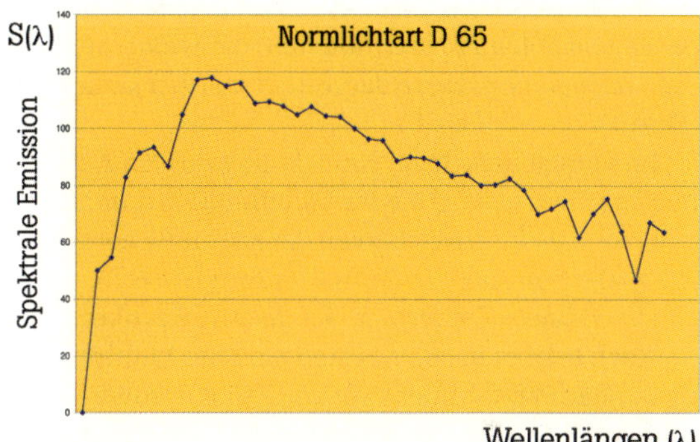

Bild 148: Spektrale Energieverteilungskurven (Emissionskurven) von Leuchtstoffröhren mit Normlichtart D 65

Es ist unmöglich, bei der Berechnung der Normvalenz einer Farbe alle vorkommenden „Fingerabdrücke" einer Lichtquellen einzurechnen. Daher wurden die Emissionskurven einiger Lichtquellen normiert und als Normlichtarten bezeichnet.

Die Normlichtart C beschreibt in der Emission das natürliche Tageslicht als normierte spektrale Energieverteilungskurve. Mit dem natürlichen Tageslicht ist die Lichtemission bei einem mittleren Tageslicht um 12 Uhr mittags bei bedecktem Himmel definiert.

Die Normlichtart A beschreibt ein normiertes Glühlampenlicht und die Normlichtart D 65 (Daylight) eine Kunstlichtquelle mit einem Normlicht von 6500 Kelvin.

Die Gültigkeit der Normfarbwerte XYZ ist an die Betrachtungsbedingungen der Lichtquelle geknüpft. Wird also im ersten Schritt der Berechnung die Normlichtart D 65 als Emissionskurve eingerechnet, so muss die Farbe auch unter dieser Lichtquelle betrachtet werden, wenn die Normfarbwerte eine objektive Aussagefähigkeit besitzen sollen.

Remissionskurven

Die spektralen Lichtremissionen einer Farbe, die im zweiten Schritt der Berechnung eingerechnet werden, sind das Ergebnis einer spektralfotometrischen Messung dieser Farbe. Remissionskurven zeigen die prozentualen Lichtremissionen der Farbe in Abhängigkeit der Wellenlängen zwischen 380 und 720 nm. (Das Funktionsprinzip der spektralfotometrischen Messung wird im nächsten Kapitel erläutert.)

Remissionskurven (vgl. Normdruckfarben in den Bildern 130 bis 132) beschreiben den zweiten Teil des Farbreizes. Sie allein sind vollkommen unabhängig von der Lichtart. Diese Möglichkeit, die Remissionseigenschaften einer Farbe völlig unabhängig von der Emission einer Lichtquelle zu beschreiben, wird im Zusammenhang mit der spektralfotometrischen Messung von Farben später näher erläutert.

Zur Beschreibung einer Farbe als XYZ-Normfarbwert werden im dritten Schritt die Emissionskurve der Lichtquelle mit der spektralfotometrisch gemessenen Remissionskurve der Farbprobe miteinander verrechnet. Hierbei handelt es sich um eine Multiplikation der Emissionswerte mit den Remissionswerten bei jeder Wellenlänge. Als Ergebnis erhält man die sogenannten *Farbreizfunktion,* die wiederum als *Farbreizfunktionskurve* dargestellt werden kann (Bild 147).

Im vierten Schritt zur Berechnung der XYZ-Normfarbwerte wird die Farbreizfunktionskurve mit den *Normspektralwertkurven* der ebenfalls normierten spektralen Augenempfindlichkeit der roten, grünen und blauen Zapfen der Netzhaut verrechnet.

Auch hierbei handelt es sich um eine Multiplikation der Farbreizfunktionswerte mit den normierten spektralen Augenempfindlichkeitskurven der drei Zapfenarten auf der Netzhaut des menschlichen Auges. Deren Herleitung wird im Abschnitt „Normspektralwertkurven: Spektrale Augenempfindlichkeit“ erläutert, denn diese Augenempfindlichkeitskurven sind maßgeblich die Ursache dafür, dass die Normfarbwerte XYZ geräte- und prozessunabhängig sind.

Das Ergebnis der Multiplikation mit den Augenempfindlichkeitskurven wird im letzten Schritt über alle Wellenlängenbereiche bei allen drei Kurven zwischen 380 und 720 nm aufaddiert.

Das Ergebnis dieser drei Additionen ergibt die *XYZ-Normfarbwerte.* Das X steht dabei für den Rotanteil, das Y für den Grünanteil und das Z für den Blauanteil dieser Farbe.

Die spektralfotometrischen Messung einer Remissionskurve geht im zweiten Schritt der Berechnung der XYZ-Normfarbwerte in die Berechnung ein und hängt von den jeweils individuellen spektralen Absorptionen des Farbstoffes ab.

Messprinzip eines Spektralfotometers

Die Remissionskurve ist dem „Fingerabdruck“ einer beliebigen Farbe vergleichbar, genauso wie die Emissionskurve dem „Fingerabdruck“ einer Lichtquelle vergleichbar ist. An der Prinzipskizze von Abbildung 149 soll das Grundprinzip einer spektralfotometrischen Messung erläutert werden.

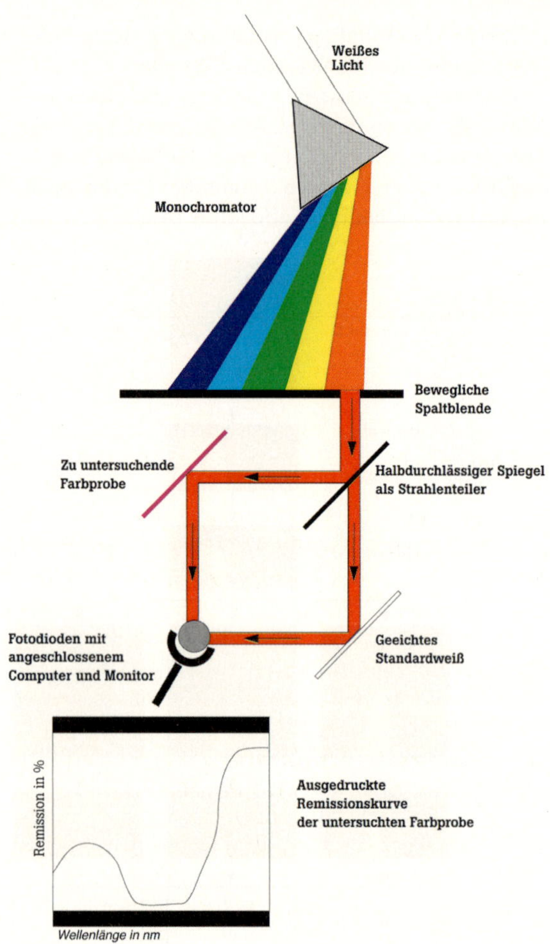

Bild 149: Grundsätzliches Messprinzip eines Spektralfotometers

Zur Messung einer Remissions- oder Transmissionskurve einer beliebigen Körperfarbe wird im Spektralfotometer möglichst neutral weißes Licht mit einer Lichtquelle erzeugt.

In einem Monochromator wird dieses weiße Licht in seine spektralen Anteile zerlegt. Als Monochromator kann ein Prisma, Interferenzfilter oder Beugungsgitter eingesetzt werden.

Mit einer beweglichen Spaltblende oder ähnlicher Einrichtungen wird aus dem Spektrum in 5 nm oder 10 nm Schritten ein kleiner Teil ausgefiltert und über einen halbdurchlässigen Spiegel einmal über die Farbprobe und ein anderesmal über eine geeichtes Standardweiß geleitet.

Je nach Beschaffenheit der Farbprobe absorbiert diese im Vergleich zum Standardweiß mehr Lichtenergien. Treffen grüne Wellenlängen auf Magenta, so wird von der Farbprobe mehr Licht absorbiert als wenn mit roten Wellenlängen die Messung durchgeführt wird.

Das neutrale Standardweiß remittiert hingegen alle Wellenlängenbereiche in gleichem Maße und wird als Referenz genommen. Jedes moderne Spektralfotometer wird auf ein solches Standardweiß in Form einer Keramikkachel geeicht. Dieser Eichwert gilt als maximale Lichtmenge.

Die von der Farbprobe remittierten Lichtmengen werden dazu in ein prozentuales Verhältnis gesetzt. Heutige Spektralfotometer speichern diesen Eichwert und benötigen deshalb keine Strahlenteiler, wie in Abbildung 149 zur Verdeutlichung des Prinzips dargestellt ist. Während der Monochromator des Spektralfotometers die x-Achsen-Werte der Remissionskurve repräsentiert, entstehen die dazugehörigen y-Achsen-Werte durch die entsprechenden prozentualen Remissionswerte der Farbprobe. Als 100%-Basis gilt dabei jeweils der Referenzwert des Standardweiß.

Eine Fotodiode registriert die Lichtenergien der Farbprobe. Auf diese Weise wird in 5 nm oder 10 nm Schritten das gesamte Farbspektrum nacheinander auf die Farbprobe gestrahlt und gemessen. Daraus entsteht die entsprechende Remissionskurve. Sie geht im zweiten Schritt der Berechnung der XYZ-Normfarbwerte ein (vgl. vorhergehenden Abschnitt).

Da zur spektralfotometrischen Messung *mit den einzelnen Wellenlängen des Lichts* die Messungen durchgeführt werden, ist jede Remissionskurve *unabhängig* von der Lichtart.

Normspektralwertkurven: Spektrale Augenempfindlichkeit

Grundlegend für das Verständnis aller prozess- und geräteunabhängigen Farbsysteme ist die Einsicht in den experimentellen Aufbau, der zur Ermittlung der spektralen Augenempfindlichkeit des CIE-Normalbeobachters führte. Die CIE führte 1931 an nur 17 Testpersonen Versuche durch, die grundlegend für die heutige Festlegung der sogenannten Normspektralwertkurven wurden. Spätere Versuche haben die damaligen Ergebnisse immer wieder bestätigt.

Die Ergebnisse des Experiments führten zunächst zu den Spektralwertkurven wie sie in Abbildung 150 dargestellt sind.

Der 2^0- und 10^0-CIE-Normalbeobachter

Zur Ermittlung der spektralen Augenempfindlichkeit benutzte die CIE den ebenfalls in Bild 150 gezeigten Versuchsaufbau. Auf der einen Seite wurde mit einem Prisma ein Spektrum erzeugt, aus dem sich mit einer Spaltblende jeweils ein enges Spektralband herausfiltern ließ. Daneben wurde rotes, grünes und blaues spektrales Licht von drei jeweils regulierbaren Primärstrahlern auf einen Schirm übereinanderprojiziert.

Die Lichtemissionen dieser drei Primärstrahler wurden genau als Wellenlängen festgelegt. Das erzeugte schmale Spektralband des Prismas wurde genau daneben projiziert. Die Testpersonen hatten nun dic Aufgabe, die Intensitäten der drei Primärstrahler jeweils so einzustellen, dass nach ihrem individuell visuellem Farbempfinden eine *Gleichheit* zwischen beiden Farbprojektionen herrschte. War für das erste schmale Spektralband (z. B. 400 nm) von der Testperson *Farbgleichheit* hergestellt, notierte man die rgb-Einstellung der Primärstrahler und das nächste schmale Spektralband wurde eingestellt.

Wieder musste die Testperson versuchen, Farbgleichheit herzustellen.

So wiederholten sich diese Messungen über das gesamte sichtbare Wellenlängenspektrum von 380 nm bis 720 nm. Die bei jeder Wellenlänge notierten rgb-Einstellungen repräsentieren die daraus resultierenden *Farbvalenzen.*

Aus den Ergebnissen aller Testpersonen wurden Mittelwerte berechnet. Um zu verdeutlichen, dass es sich hierbei um statistisch ermittelte Durchschnittswerte handelt, schreibt man $\bar{r}$, $\bar{g}$ und $\bar{b}$ jeweils mit einem Strich über dem Buchstaben. Diese Mittelwerte wurden in den sogenannten Spektralwertkurven festgehalten, wie sie im Bild 150 gezeigt werden. Sie verdeutlichen den funktionellen Zusammenhang zwischen Farbreizen in Form von *Spektralfarben* und den daraus resultierenden *Farbvalenzen*, die in den Testpersonen erzeugt wurden.

Man spricht daher auch von Spektralfunktionen im reellen Primärvalenzsystem. Diese drei Spektralwertkurven repräsentieren den statistischen CIE-Normalbeobachter.

Der Blickwinkel des CIE-Normalbeobachters, mit dem dieser auf die zu beurteilenden Farbproben geschaut hat, wurde ebenfalls normiert. Er wurde bei den ersten Versuchen so gewählt, dass die Farbproben auf die Fovea der Netzhaut fielen.

Die Fovea liegt in der Mitte der Netzhaut. Hier herrscht eine besonders hohe Konzentration der Zapfen, die für das Farbensehen verantwortlich sind. Zum Rand hin nimmt die Anzahl der Stäbchen zu. Damit die Farbreize der Farbproben nur auf die Fo-

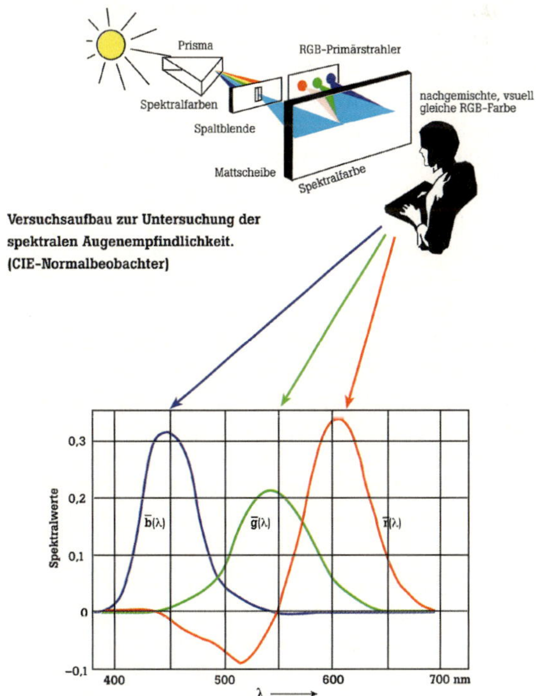

Bild 150: Versuchsaufbau zur Ermittlung der spektralen Augenempfindlichkeit und den daraus resultierenden Spektralwertkurven

vea der Netzhaut treffen, musste ein Blickwinkel von 2^0 gewählt werden.

Um dies zu realisieren, war die Farbprobe nicht größer als etwa ein 2 Cent Stück (17 mm im Durchmesser). Sie wurde aus 25 cm Leseabstand beurteilt.

In späteren Versuchen vergrößerte man den Blickwinkel auf 10^0. Aus diesem Grunde spricht man heute von einem normierten 2^0-und 10^0-CIE-Normalbeobachter.

Einschränkungen des additiven Farbmischsystems
Aus dem dargestellten Versuchsaufbau ist zu ersehen, dass die Ergebnisse dieser Untersuchungen – also die Spektralwertkurven – maßgeblich von der Wahl der Primärstrahler abhängig sind. Daher ist es nicht gleichgültig, welches spektrale Rot, Grün und Blau als jeweilige Primärfarbe für die Nachmischung der vorgegebenen Spektralfarbe benutzt wird (Bild 150).

Alle Mischfarben sind stets von der einmal festgelegten Farbart der Primärfarben abhängig. Darin besteht die erste Einschränkung eines jeden RGB-Systems.

Da es der CIE darum ging, eine internationale Normierung zu finden, musste man die Art der Primärstrahler verbindlich normieren. Man einigte sich auf die folgende drei reelen Primärstrahler:

- R (Rot) = 700,0 nm
- G (Grün) = 546,1 nm
- B (Blau) = 435,8 nm

Mit diesen normierten reellen Primärstrahlern wurden die Versuchsreihen durchgeführt. Sie repräsentieren nun die Primärvalenzen, mit denen das Auge alle anderen Farbvalenzen „ermischt“. Darauf beziehen sich die in Bild 150 dargestellten Kurvenverläufe.

Die Abkürzungen $\bar{r}(\lambda)$, $\bar{g}(\lambda)$ und $\bar{b}(\lambda)$ stellen darin die Durchschnittswerte der roten grünen und blauen Spektralwerte dar, die bei den jeweiligen Wellenlängen von den Testpersonen eingestellt wurden. Diese Buchstabensymbole werden deshalb überstrichen dargestellt.

Die *Spektralwertkurven* zeigen die *spektrale Empfindlichkeit*, mit der unsere Netzhaut auf Farbreize in Form von Wellenlängen reagiert.

Wird eine Strahlung von 600 nm wahrgenommen, ergibt dies für den 2^0-CIE-Normalbeobachter -0,001 blaue, 0,060 grüne und 0,350 rote Spektralwerte.

Diese drei Werte beschreiben die Farbvalenz für Farbreize mit einer Wellenlänge von 600 nm.

Diese Werte sind an der y-Achse der Spektralwertkurven abzulesen . Man geht dazu auf der x-Achse bei 600 nm senkrecht nach oben bis zu den Schnittpunkten mit der roten, grünen und blauen Spektralwertkurve. Von diesen Schnittpunkten ziehen wir eine Verbindung zur y-Achse, auf der dann die Spektralwerte abzulesen sind.

In den Kurven in Abbildung 150 fällt auf, dass in den meisten Spektralwerten von 400 bis 600 nm mindestens einer der drei Spektralwerte negativ ist.

Darin kommt ein sehr wesentliches experimentelles Ergebnis zum Ausdruck:
Es gelang nicht, mit Hilfe der Primärstrahler alle spektralen Farben identisch nachzumischen. Bei allen Spektralwerten, die ein negatives Vorzeichen aufweisen, musste die nachzumischende Vergleichsfarbe mit Hilfe einer der Primärstrahler *entsättigt* werden, um sie visuell identisch nachmischen zu können. Dies gilt insbesondere für die blauen bis grünen Spektralfarben. Warum dabei negative Einstellwerte entstehen, ist zu verdeutlichen, wenn eine Farbvalenz als Gleichung dargestellt wird.

Dazu ein vereinfachtes Beispiel: Ein Cyan ist bei einer Wellenlänge von 495 nm zu erkennen. Cyan setzt sich additiv zusammen aus:

- Cyan = Blau + Grün

Das Cyan, das nur mit dem blauen und grünen Primärstrahlern ermischt wurde, empfand der CIE-Normalbeobachter jedoch gegenüber der zu vergleichenden Spektralfarbe als weniger gesättigt.

Es gelang also nicht, aus den drei Primärstrahlern additiv die visuell gleiche Spektralfarbe nachzumischen.

Eine Gleichheit zwischen beiden Farbproben konnte erst hergestellt werden, als der spektralen Vergleichsfarbe mit Hilfe einer vierten Lichtquelle etwas von der roten Primärfarbe des Primärstrahlers hinzufügt wurde. Damit wurde die Vergleichsfarbe Cyan entsättigt.
Für die Gleichung bedeutet diese Veränderung:

- Cyan + *Rot* = Blau + Grün

Wird diese Gleichung umgestellt, damit Cyan wieder auf einer Seite allein steht, dann ergibt sich folgerichtig:

- Cyan = Blau + Grün – *Rot*

Auf diese Weise lässt sich die Entstehung negativer Spektralwerte in den Spektralwertkurven veranschaulichen.

Hieraus leitet sich eine zweite Einschränkung der additiven Farbmischung ab: Es lassen sich nicht alle Spektralfarben mit Hilfe der additiven Farbmischung nachstellen. Das ist vollkommen unabhängig von der Wahl der Primärfarben. Immer wird es erforderlich, bei einigen Spektralfarben diese mit einem zusätzlichen Primärstrahler zu entsättigen.

Aufbau des CIE-Farbenraumes mit reellen Primärvalenzen

Beliebige Farbvalenzen (Symbol *F*) lassen sich mit den reellen Primärvalenzen *RGB* in vektoriellen Grundgleichungen beschreiben,

- $F = \mathrm{R}R + \mathrm{G}G + \mathrm{B}B$

Die Farbgleichung ist eine Vektorgleichung. Vektoren sind Größen, zu deren vollständiger Beschreibung neben dem zahlenmäßigen Wert, also dem Betrag, noch die Angabe der Richtung erforderlich ist.

Der Betrag eines Vektors wird in Normalschrift gekennzeichnet, seine Richtung hingegen kursiv. Das kursive „*R*" gibt folglich die Primärvalenz als Vektor der Primärfarbe Rot an, während „R" den zahlenmäßigen Betrag angibt, mit dem diese Primärfarbe in den Summenvektor und damit die Mischfarbe aus den drei Primärfarben eingeht.

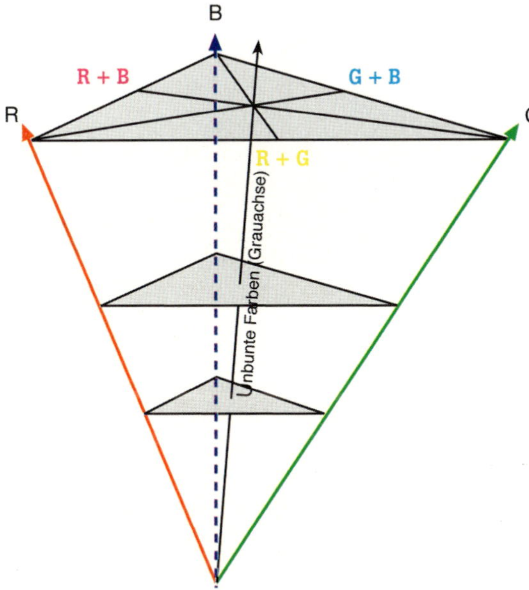

Bild 151: Vektorielle Farbdarstellung

Vektoren lassen sich zeichnerisch darstellen. Sie werden durch Pfeile dargestellt, die im entsprechenden Richtungsverlauf gezeichnet werden.

Die Länge des Pfeiles bestimmt den Betrag des Vektors. In dieser Form lassen sich die Vektoren der reelen Primärfarben als Farbenraum darstellen, dessen Grundfläche von einem Dreieck gebildet wird, wie dies in Abbildung 151 dargestellt ist.

An den Eckpunkten des Dreiecks befinden sich die reellen Primärfarben.
Im gemeinsamen Ursprung der Vektoren liegt Schwarz. Weiß bildet sich im geometrischen Schwerpunkt des Dreiecks.

Der Vektor, der sich als direkte Linie von Schwarz nach Weiß zeichnen lässt, enthält alle unbunten Farben. Diese nehmen in ihrer Helligkeit von unten nach oben zu.

An den Grenzlinien der stetig größer werdenden Dreiecke liegen jeweils die am stärksten gesättigten Farben. Auf der Hälfte der Seitenlängen zwischen den Primärfarben liegen die Farbwerte der Sekundärfarben

- R + G = Yellow
- G + B = Cyan und
- R + B = Magenta.

Es handelt sich hierbei um die Beträge, mit denen die Primärfarben in das Mischergebnis eingehen. Aus diesem Grunde werden R, G und B hier in Normalschrift dargestellt.

Innerhalb der Dreiecksfläche liegen alle Mischfarben, die sich mit den drei reellen Primärfarben erzielen lassen und daher positive Vorzeichnen haben. Um die Spektralwerte in ein Koordinatensystem bringen zu können, werden sie in die sogenannten *Spektralwertanteile* gemäß der nachfolgenden Formel umgerechnet.

$$r(\lambda) = \frac{\bar{r}(\lambda)}{\bar{r}(\lambda) + \bar{g}(\lambda) + \bar{b}(\lambda)}$$

$$g(\lambda) = \frac{\bar{g}(\lambda)}{\bar{r}(\lambda) + \bar{g}(\lambda) + \bar{b}(\lambda)}$$

$$b(\lambda) = \frac{\bar{b}(\lambda)}{\bar{r}(\lambda) + \bar{g}(\lambda) + \bar{b}(\lambda)}$$

Die so berechneten *Spektralwertanteile* bilden die Koordinaten der spektralen Farbvalenzen im RGB-Farbendreieck aus Abbildung 151.

Mit diesen Spektralwertanteilen ist es nun möglich, die ermittelten Versuchsergebnisse des CIE-Normalbeobachters statt in den Spektralwertkurven als *Koordinaten* in einem Farbenraum mit dreieckiger Grundfläche darzustellen.

Werden alle Spektralwerte des CIE-Normalbeobachters mit Hilfe der Formel in die Spektralwert*anteile* umgerechnet, sind die Spektralwertkurven als *Spektralfarbenzug* in einem Farbraum darzustellen. Dieser Spektralfarbenzug enthält die Farbvalenzen aller reinen Spektralfarben als Farborte (Bild 152).

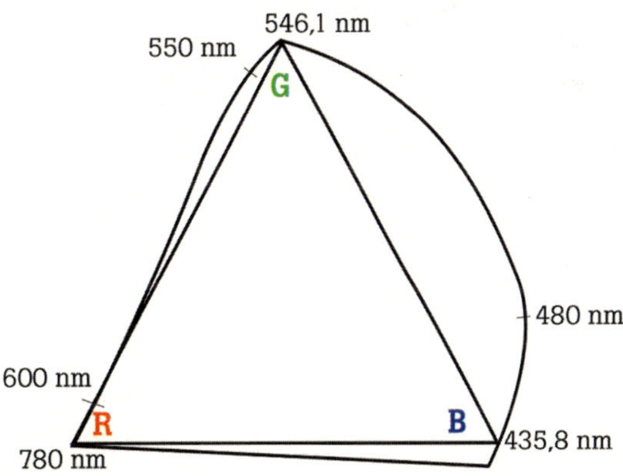

Bild 152: Spektralfarbenzug im reellen Primärvalenzsystem

Die Spektralfarben liegen als gesättigste Farben genau auf diesem Spektralfarbenzug, weil es sich beim Versuchsaufbau für den CIE-Normalbeobachter ja um die visuelle Nachstellung von Spektralfarben handelte.

Da es bei den Spektralwerten des CIE-Normalbeobachters zu negativen Werten kam, liegen alle im Versuch ermittelten negativen Spektralwertanteile außerhalb der Fläche des RGB-Dreiecks.

Der sogenannte Spektralfarbenzug, der sich außen um das Dreieck legt, enthält die Spektralanteile mit negativen Vorzeichen. Man bezeichnet dies in der Farbmetrik deshalb auch als *äußere Farbmischung*.

Im Unterschied dazu werden allen Farbmischungen mit positiven Vorzeichen *innere Farbmischung* genannt. Diese Mischungen lassen sich mit reellen Primärstrahlern herstellen und liegen im Inneren des RGB-Dreiecks.

Alle Farborte, die sich innerhalb des Spektralfarbenzugs befinden, beschreiben Farben, die wir sehen können, auch dann, wenn sich die Farborte außerhalb des Dreiecks befinden.

Die Verbindungslinie zwischen 380 nm und 780 nm wurde willkürlich gezogen. Auf dieser sogenannten *Purpurgerade* liegen alle Farborte von Magenta. Weil Magenta in dem natürlichen Spektrum nicht vorkommt, haben alle Magentatöne auch keine eigene Wellenlänge.

Die negativen Spektralwerte erwiesen sich als störend für den Aufbau eines anschaulich und praktisch handhabbaren Farbraums für ein Farbvalenzsystem. Man entwickelte deshalb in der CIE ein *virtuelles* Primärvalenzsystem.

Von reellen Primärvalenzen zu virtuellen Normvalenzen

Zur Vermeidung negativer Farbwerte geht die Konzeption des CIE XYZ-Normvalenz-Systems nicht von *reellen*, sondern von *virtuellen* Primärvalenzen aus. Virtuelle Primärvalenzen existieren nur rechnerisch und können mit physikalischen Lichtquellen nicht erzeugt werden.

Ausgangspunkt für diese virtuellen Normvalenzen ist das wirklich verwendete Primärvalenztripel RGB. Die neu berechneten Normvalenzen erhielten die Symbole XYZ.

X steht dabei für den roten, *Y* für den grünen und *Z* für den blauen Normfarbvalenzvektor.

Rechnerisch sind sie über die folgende Matrizen-Gleichung mit den reellen RGB-Primärvalenzen miteinander verbunden:

$X = +2{,}36460\,R -0{,}51515\,G +0{,}00520\,B$
$Y = -0{,}89653\,R +1{,}42640\,G -0{,}01441\,B$
$Z = -46807\,R + 0{,}08875\,G +1{,}00921\,B$

Auf eine mathematische Erläuterung dieser Umrechnung der reellen Primärvalenzen in die virtuellen Primärvalenzen wird hier verzichtet.

Die zahlenmäßigen Beträge zu diesen Vektoren sind die Normfarbwerte. Sie werden mit den Versalbuchstaben XYZ in der Normalschrift dargestellt.

Die oben gezeigten Umrechnungsfaktoren vom reellen RGB-Primärvalenz- in das XYZ-Normvalenzsystem wurden so ausgewählt, dass es nur positive Normfarbwerte XYZ gibt.

Die Normvalenzen *XYZ* unterscheiden sich von den bisher besprochenen reellen Primärvalenzen *RGB* lediglich dadurch, dass es sich bei den Normvalenzen um rein rechnerisch erzeugte und deshalb virtuelle Primärvalenzen handelt.

Die Spektralwertkurven, die mit reellen Primärstrahlern erzeugt und in Abbildung 150 dargestellt werden, verändern sich durch diese Umrechnung: Aus den Spektralwerten $\bar{r}\bar{g}\bar{b}$ werden nun die Normspektralwerte $\bar{x}\bar{y}\bar{z}$.

Die negativen $\bar{r}\bar{g}\bar{b}$-Werte aus Abbildung 150 sind dadurch in positive $\bar{x}\bar{y}\bar{z}$- Werte umgerechnet worden.

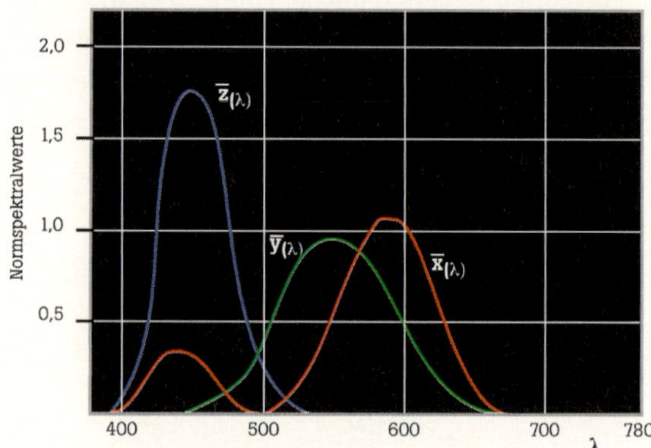

Bild 153: Normspektralwertkurven

Dies zeigt sich vor allem im Kurvenverlauf der roten Normspektralwertkurve $\bar{x}$. Sie weist einen typischen Buckel im blauen Spektralbereich auf (Bild 153).

Die Normvalenzen wurden von der CIE gezielt so gewählt, dass die Normfarbwerte X und Z keinen Beitrag zur Helligkeit der Farbvalenz liefern. Dies ist nur mit virtuellen Farbvalenzen möglich und folglich physikalisch nicht realisierbar. Der Grund für diese Festsetzung wird weiter unten erläutert.

Bei der Wahl der Normvalenzen wurde außerdem noch berücksichtigt, dass der Spektralfarbenzug ein gleichseitiges Dreieck mit *XYZ* als dessen Eckpunkten möglichst eng umschließt (Bild 154).

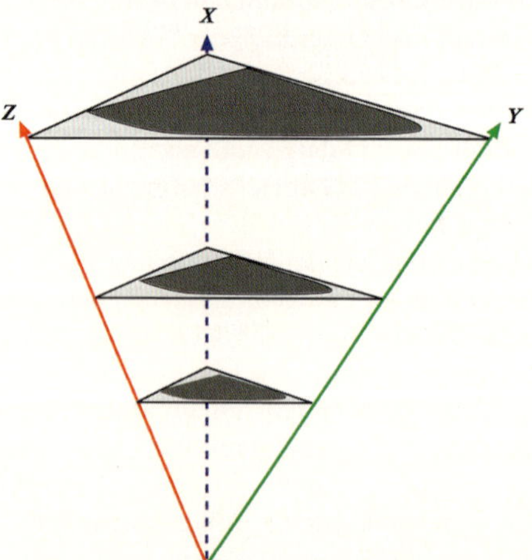

Bild 154: Spektralfarbenzug im virtuellen Primärvalenzsystem

Mit diesen Vorgaben entstand das CIE-Dreieck mit den sogenannten Dreieckskoordinaten *XYZ*, wie es in Abbildung 154 als dreidimensionaler Farbenraum (Farbtüte) dargestellt ist.

XYZ in Normalschrift stellen wiederum die zahlenmäßigen Beträge der Normvalenz *XYZ* dar. Aus der Abbildung 154 ist im Vergleich zu Abbildung 152 zu erkennen, dass es durch die Normierung der virtuellen Primärvalenzen der CIE gelungen ist, den gesamten Spektralfarbenzug des sichtbaren Spektrums innerhalb der Dreieckskoordinaten darzustellen.

Jede Ebene dieser dreidimensionalen Dreieckskoordinaten stellt eine „*Schuhsohle*" mit Farben gleicher Helligkeit dar.

Die Koordinaten xyz sind *Normfarbwertanteile*, die sich aus den Normspektralwerten berechnen lassen. Hierzu dient die folgende Formel:

$$x(\lambda) = \frac{\bar{x}(\lambda)}{\bar{x}(\lambda) + \bar{y}(\lambda) + \bar{z}(\lambda)}$$

$$y(\lambda) = \frac{\bar{y}(\lambda)}{\bar{x}(\lambda) + \bar{y}(\lambda) + \bar{z}(\lambda)}$$

$$z(\lambda) = \frac{\bar{z}(\lambda)}{\bar{x}(\lambda) + \bar{y}(\lambda) + \bar{z}(\lambda)}$$

Durch diese Umrechnungsformel ist die Summe aus x + y + z stets 1.

Die Normfarbwertanteile stellen die Farbkoordinaten im dreidimensionalen Farbenraum dar. Da ihre Summe stets 1 ergibt, lassen sich die Farbkoordinaten in ein gleichseitiges Einheitsdreieck eintragen.

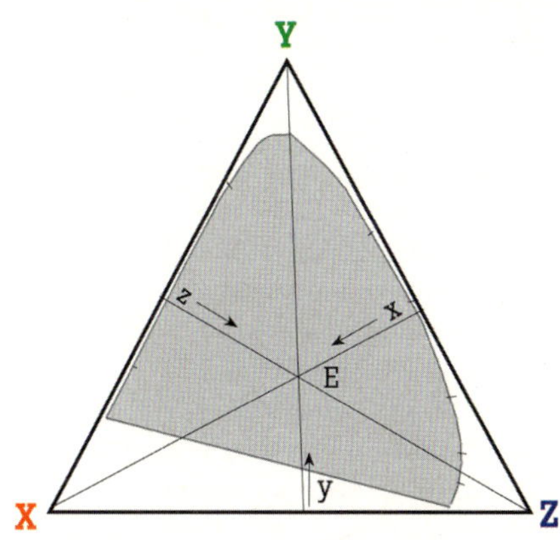

Bild 155: CIE Einheitsdreieck mit Dreieckskoordinaten

Da dreidimensionale Darstellungen wie die CIE-Farbtüte zu unpraktisch sind, wurde das CIE Einheitsdreieck geschaffen (Bild 155). Die Normfarbwertanteile x, y und z werden hier an den Winkelhalbierenden des CIE-Dreiecks abgelesen. Das ist recht schwierig.

Im Schnittpunkt der Winkelhalbierenden des Dreiecks liegt der Unbuntpunkt E. Seine Dreieckkoordinaten sind 0,333 x; 0,333 y und 0,333 z.
Es ist sehr umständlich, mit Dreieckskoordinaten zu arbeiten. Darüberhinaus ist es auch nicht notwendig, da sich aus zwei Koordinaten die dritte jeweils zu 1 ergänzt. Ist x und y bekannt, berechnet sich z ganz einfach nach der Formel:

- z = 1 – x – y.

Die CIE-x/y-Normfarbtafel

Die CIE-x/y-Normfarbtafel ist nur aus den x- und y-Normfarbwertanteilen aufgebaut. Es handelt sich dabei um die Transformation des CIE-Einheitsdreiecks (Farbtüte aus Abbildung 154) in ein rechtwinkliges Koordinatensystem, wie dies in der Abbildung 156 gezeigt wird.

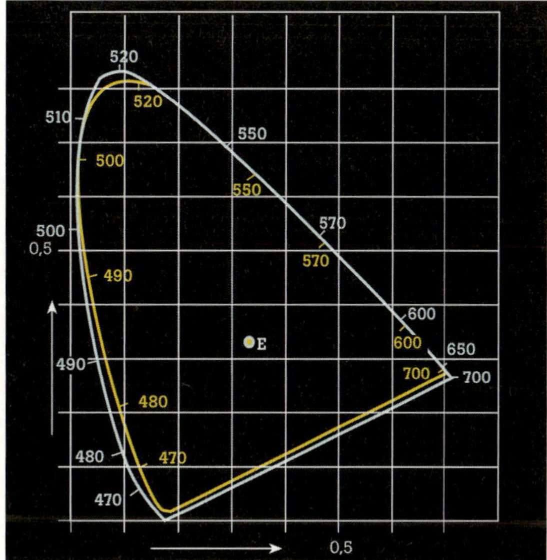

Bild 156: CIE xy-Farbraum der Normfarbtafel nach Rösch

Die blauen Normfarbwertanteile x werden auf der x-Achse abgetragen, die grünen Normfarbwertanteile y auf der y-Achse. Dadurch entsteht aus den Normspektralwertkurven im Bild 153 und der Umrechnung der Normspektralwerte in Normspetralwert*anteile* der Spektralfarbenzug (die sogenannte „Schuhsohle") in der CIE-x/y-Normfarbtafel.

Die beiden Spektrumsenden des Spektralfarbenzugs werden mit einer Geraden verbunden. Sie wird als *Purpurgerade* bezeichnet. Hier liegen die Farborte von Magenta, das im natürlichen Lichtwellenspektrum bekanntlich nicht vorkommt.

Der Schwerpunkt des rechtwinkligen Dreiecks ist der Farbort für die Mittelpunkt-Farbart E, also der Unbuntpunkt. Abbildung 156 zeigt den Spektralfarbenzug für den 2^0-und 10^0-CIE Normalbeobachter.

Da die Farbtafel zweidimensional ist, lassen sich auch nur zwei Eigenschaften einer Farbe daran unmittelbar ablesen:

- der Farbton, farbmetrisch die Farbart, und
- die Buntheit.

Die Farbkoordinaten aller voll gesättigten Farbarten liegen auf dem Rand des Spektralfarbenzuges.

Eine Verbindungslinie, ausgehend vom Unbuntpunkt „E", über den Farbort bis zum Schnittpunkt mit dem Spektralfarbenzug ermöglicht auf dem Spektralfarbenzug die Farbart in Form der *farbtongleichen Wellenlänge* abzulesen. Je näher der Farbort am Unbuntpunkt „E" liegt, desto unbunter ist die jeweilige Farbart.

Der Spektralfarbenzug, den man wegen seiner Form oftmals als *Schuhsohle* bezeichnet, lässt sich aus den Zahlenwerten der umgerechneten Normspektralwertkurven konstruieren. Dazu werden aus den

Normspektralwerten zunächst die Normspektralwert-*anteile* xyz nach der oben aufgeführten Formel berechnet. Anschließend werden davon die x- und y-Koordinaten für jede Wellenlänge in ein Koordinatenkreuz eingetragen. Alle zusammen ergeben die Schuhsohle, beziehungsweise den Spektralfarbenzug in der CIE-x/y-Normfarbtafel.

Der Spektralfarbenzug repräsentiert die spektrale Augenempfindlichkeit des CIE-Normalbeobachters in einem virtuellen Farbenraum.

Die Helligkeit in der CIE-x/y-Normfarbtafel

Die Helligkeit in der CIE-Normfarbtafel wird mit Y angegeben.Die virtuellen Normvalenzen XYZ sind so festgelegt, dass X und Z keinen Beitrag zur Helligkeit leisten. Die Folge dieser Festlegung ist die einfache Handhabbarkeit der Helligkeit in der x/y-Normfarbtafel. Y kann auf diese Weise mit der Helligkeit – farbmetrisch Hellbezugswert „A" – gleichgesetzt werden. Der Grund für die Wahl von Y, statt X oder Z, erklärt sich aus der Tatsache, dass Grün, welches durch das Y repräsentiert wird, den weitaus stärksten Anteil am Helligkeitseindruck aller Farben hat.

Die Normfarbwertanteile xyz sind über die Normfarbwerte XYZ durch die folgenden Gleichungen zu berechnen.

$$x = \frac{X}{(X+Y+Z)}$$

$$y = \frac{Y}{(X+Y+Z)}$$

$$z = \frac{Z}{(X+Y+Z)}$$

Die Berechnung der Normfarbwerte X,Y und Z einer beliebigen Farbe wurden bereits beschrieben. Jeder der drei Normfarbwerte X, Y und Z kann dabei 100 als größten Wert annehmen. Dies wurde bei der Festlegung der Normvalenzen so normiert.

Durch Umstellung der Gleichungen lassen sich aus den Normfarbwertanteilen die Normfarbwerte auf einfache Weise mit folgender Formel berechnen.

$$Y = A$$

$$X = \frac{x}{y} \cdot A$$

$$Z = \frac{z}{y} \cdot A$$

Auch die CIE-x/y-Normfarbtafel ist ein dreidimensionaler Farbenraum, der durch Y als Helligkeit der Farben von 0 bis 100 bestimmt wird und dessen x/y-Koordinaten die äußeren Begrenzungen des Farbenraumes bilden. Den CIE-x/y-Farbenraum der Normfarbtafel zeigt die Abbildung 157.

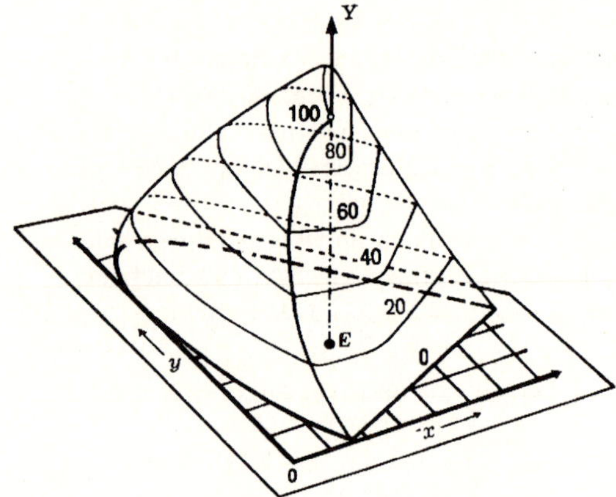

Bild 157: CIE xy-Farbraum der Normfarbtafel nach Rösch

Den Farbenraum der CIE x/y-Normfarbtafel kann man sich am einfachsten aus einem großen Stapel unterschiedlich großer Normfarbtafeln vorstellen. Am äußersten Rand dieser Farbtafeln liegen jeweils die gesättigsten Farben mit gleichem Hellbezugswert. Man kann sie sich als Höhenlinien vorstellen, die auf die Grundfläche der Farbtafel projiziert werden.

Mit dem Hellbezugswert wird dem Umstand Rechnung getragen, dass die Verringerung der Sättigung einer Farbe additiv gleichzeitig eine Aufhellung mit sich bringt.

Durch die Verbindung zwischen dem roten und blauen Spektralbereich – also der Purpurgeraden, auf der alle Magentatöne liegen – erhält die CIE-x/y-Normfarbtafel die Form der Schuhsohle. Im inneren Bereich dieser Schuhsohle liegen alle Farben, die das menschliche Auge wahrnehmen kann.

Anwendung der CIE x/y-Normfarbtafel

Die CIE-x/y-Normfarbtafel wird heute bevorzugt zur Darstellung geräte- oder prozessabhängiger Farbenräume verwendet. Diese stellen immer nur einen Teilausschnitt aus dem gesamten sichtbaren Farbenraum dar, den der Mensch wahrnehmen kann.

Alle prozessabhängigen Farbenräume sind in der Normfarbtafel darstellbar. Auf diese Weise lassen sich zum Beispiel die x/y-Koordinaten der nach DIN-ISO 12647-2 normierten Druckfarben Cyan, Magenta und Gelb sowie der Mischfarben Rot, Grün und Blau spektralfotometrisch messen und in die Normfarbtafel einzeichnen.

Im Bildbearbeitungsprogramm Photoshop werden die spektralfotometrischen Eckwerte mit diesen Farbkoordinaten eingegeben (vgl. Kapitel 8.7.3 ff).

Das CIELAB-Farbsystem

Im CIE-XYZ-Normvalenzsystem erfolgt die Kennzeichnung von Farben über die CIE-Normfarbwerte X,Y,Z. Aus diesen CIE-Normfarbwerten lassen sich die Normfarbwertanteile x und y berechnen, die als Koordinaten in der CIE-Normfarbtafel den Farbort bestimmen.

Der Normfarbwert Y stellt die Helligkeitskomponente der Farbe dar und bildet die dritte Dimension des Farbenraums der CIE- x/y-Normfarbtafel.

Ein Nachteil der CIE x/y-Normfarbtafel besteht darin, dass eine zahlenmäßig gleiche Differenz Δx, Δy, und ΔY zweier Farben nicht den gleichen *visuellen* Empfindungsunterschieden entspricht. Damit ist gemeint, dass ein Koordinatenunterschied Δx von beispielsweise 3,5 im Grünbereich visuell als ein geringerer Unterschied bewertet wird als derselbe Koordinatenunterschied von 3,5 im Rotbereich.

In langen Untersuchungsreihen hat der Amerikaner D. L. MacAdam die empfindungsgemäße Ungleichabständigkeit der Farbempfindung innerhalb der CIE-Normfarbtafel untersucht. In der Abbildung 158 sind diese Unterschiede dargestellt.

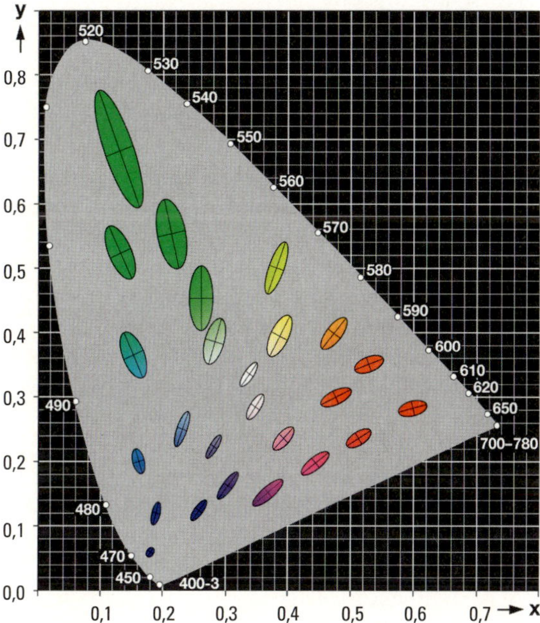

Bild 158: MacAdam-Ellipsen

Die Ellipsen, die man sich dreidimensional vorstellen muss, zeigen die Erkennbarkeitsschwellen von sehr ähnlichen Farben in unterschiedlichen Farbbereichen. Alle Farborte innerhalb einer Ellipse werden vom Auge visuell als gleich wahrgenommen.

Die größeren Ellipsen im Grünbereich beispielsweise, zeigen, dass hier Grüntöne mit wesentlich weiter auseinanderliegenden Koordinaten als visuell gleich wahrgenommen werden, als das vergleichsweise im roten oder blauen Spektralbereich der Fall ist. Hier sind die Ellipsen wesentlich kleiner.

Die geometrischen Farbortunterschiede ermöglichen in der CIE x/y-Normfarbtafel damit keine praktikable Aussage über den empfindungsgemäßen Unterschied zweier ähnlicher Farben.

Daher wurden auf der Grundlage des CIE-XYZ-Farbsystems verschiedene Systeme entwickelt, bei denen die Farbabstände der Koordinaten der Farborte auch den visuell empfundenen Farbunterschieden entspricht.

In diesen Farbenräumen ist es möglich, über Farbabstandsformeln die Farbunterschiede zweier Farben quantitativ zu beschreiben.

Derartige Farbabstände werden in der Messtechnik ΔE-Werte (Delta E) genannt.

Das CIELAB-Farbsystem basiert auf solchen Farbabstandsformeln. Beim CIELAB-Farbenraum handelt es sich um einen visuell gleichabständigen Farbenraum. Man erhält diesen Farbenraum durch eine mathematische Transformation von den CIE-XYZ-Normfarbwerten in die CIE L*a* b*-Koordinaten. Die Transformation hat gleichabständige Farbkoordinaten zum Ziel. Den Aufbau dieses Farbenraums zeigt die Abbildung 159.

Die Buchstaben der CIE L*a*b*-Koordinaten haben folgende Bedeutungen:

- L* kennzeichnet für die Helligkeit,
- a* stellt die Rot-Grün-Farbachse und
- b* stellt die Blau-Gelb-Farbachse dar.

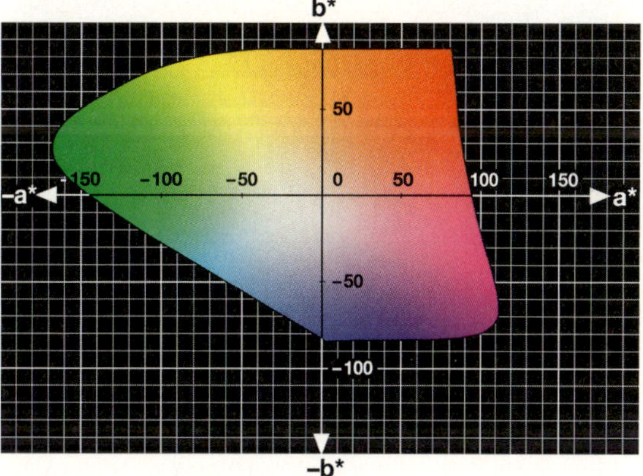

Bild 159: CIELAB-Farbenraum

Die a*- und b*-Koordinaten können je nach Farbe positive oder negative Vorzeichen haben. Der jeweilige Stern in der Koordinatenbezeichnung soll daran erinnern. Sind beide Koordinaten gleich 0, so ist absolute Farbneutralität gegeben. Die Koordinaten L = 50, a = 0 , b = 0 entsprächen einem absolut neutralen mittlerem Grauton.

Bezugssystem für die LAB-Helligkeit ist der CIE-Normalbeobachter. Die LAB-Helligkeit lässt sich verändern, ohne dabei die Farbtonkoordinaten a* und b* zu verändern.

Aus dem CIELAB-Farbsystem lassen sich die anderen empfindungsgemäßen Farbbeurteilungskriterien Farbton H (Hue) und Buntheit C (Chroma) berechnen. Das CIELAB-Farbsystem ist mit den Koordinaten der Normfarbtafel kompatibel (vgl. Bild 160).

In der Abbildung werden die Koordinaten des CIELAB-Farbsystems innerhalb des der CIEx/y-Normfarbtafel dargestellt.

Grundlage für die Berechnung der Farbkoordinaten einer beliebigen Farbe im CIELAB-Farbsystem stellen die XYZ-Normfarbwerte dar. Sind diese bekannt, so berechnen sich die L*a*b*-Koordinaten nach den folgenden Formeln für die drei Normlichtarten A, C und D65 sowie den 2^0 oder 10^0-CIE-Normalbeobachter:

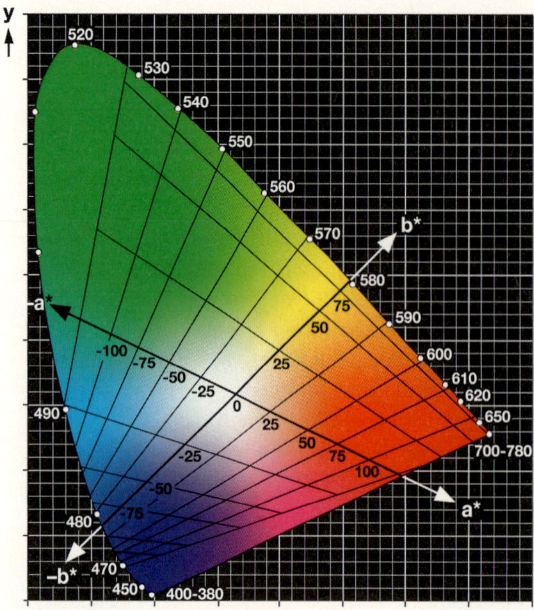

Bild 160: Lage der a*- und b*-Achse des CIELAB-Farbenraums in der x/y-Farbtafel

Normlichtart	$X_{2,n}$	$Y_{2,n}$	$Z_{2,n}$
A	109,85	100,00	35,58
C	98,07	100,00	118,23
D 65	95,04	100,00	108,89

Normlichtart	$X_{10,n}$	$Y_{10,n}$	$Z_{10,n}$
A	111,15	100,00	35,20
C	97,28	100,00	116,14
D 65	94,81	100,00	107,33

Die Berechnung erfolgt nach folgenden Formeln:

$L^* = 116 \bullet \sqrt[3]{(Y/Y_n)} - 16$

$a^* = 500 \bullet [\sqrt[3]{(X/X_n)} - \sqrt[3]{(Y/Y_n)}]$

$b^* = 200 \bullet [\sqrt[3]{(Y/Y_n)} - \sqrt[3]{(Z/Z_n)}]$

Die Werte für X_n, Y_n und Z_n in den Formeln müssen entsprechend der gewählten Normlichtart und dem gewählten CIE-Normalbeobachter aus der obigen Tabelle ausgewählt und eingesetzt werden.

Nach diesen Formeln berechnet ein Spektralfotometer, ausgehend von den ermittelten Normfarbwerten (vgl. Bild 147), die L*a*b*-Koordinaten und zeigt diese digital an.

Es werden nicht nur in der CIE x/y-Farbtafel die Koordinaten aus den Normfarbwerten XYZ gewonnen, sondern auch die L*a*b*-Koordinaten des CIELAB-Farbsystems.

Sind nur die x/y-Farbkoordinaten einer Farbe bekannt, so lassen sich mit Hilfe der Formel zur Berechnung der XYZ-Normfarbwerte aus den x/y-Normspektralwertanteilen die entsprechenden Normfarbwerte berechnen.

Die z-Koordinate ergibt sich dabei aus $z = 1 - x - y$. Anschließend können aus diesen Normfarbwerten die L*a*b*-Koordinaten nach den obigen Formeln berechnet werden.

LCH statt L* a* b*

Aus den CIE-L*a*b*-Koordinaten lassen sich mit weiteren einfachen Formeln die empfindungsgemäßen LCH-Koordinaten für L = Helligkeit, C = Buntheit (Chroma) und H = Farbton (Hue) berechnen. Berechnet werden müssen nur die Buntheit und der Farbtonwinkel, die Helligkeit L bleibt unverändert erhalten. Die Scansoftware Linocolor beispielsweise ermöglicht es, in diesem Farbraum die Bilddigitalisierung durchzuführen.

Es wird in der Farbmetrik bewusst nicht von der *Sättigung,* sondern von der *Buntheit* gesprochen, weil beide Begriffe zwar vergleichbar, aber eben nicht gleich sind.

In den *prozessabhängigen Farbsystemen* wird von Sättigung nicht aber von Buntheit gesprochen. Die Sättigung wird dabei als *relative* Buntempfindung an der Stärke der Gesamtempfindung einer Farbe definiert. Anders ausgedrückt:

- Die Sättigung beschreibt das Verhältnis des Buntwertes einer Farbe zur Helligkeit der selben Farbe.

Am HSB-Farbmodell ist die charakteristische Bedeutung des Begriffes Sättigung nochmals zu verdeutlichen.

Die prozentuale Sättigung der Farbe bezieht sich hier stets relativ auf den Farbkanal, dessen Wert am höchsten ist. Dieser Kanal definiert zugleich die prozentuale *Helligkeit.*

Eine Farbreglerstellung von 255 Rot, 127 Grün und 127 Blau führt im HSB-Farbmodell zu

- einer Helligkeit von 100 %, weil 255 der höchste Wert ist und
- einer Sättigung von 50 %, weil die beiden anderen Farbanteile die Hälfte der Reglerstellung von 255 einnehmen.

Eine Farbreglerstellung von 127 Rot, 64 Grün und 64 Blau führt im HSB-Farbmodell zu

- 50 % Helligkeit und ebenfalls zu
- 50 % Sättigung.

Relativ zur Helligkeit beträgt also in beiden Fällen die Sättigung 50 %.

Mit der *Buntheit* (Chroma C) bei den LCH-Koordinaten ist dies anders.

- Die Buntheit beschreibt die Stärke der Buntempfindung in einer Farbe mit beliebiger Helligkeit.

Sie ist also nicht relativ zur Helligkeit definiert, sondern unabhängig davon. Im CIELAB-Farbraum findet das darin seinen Ausdruck, dass alle Farben gleicher Buntheit in allen Helligkeitsebenen von 0 bis 100 den gleichen Abstand vom Kreismittelpunkt a = 0 und b = 0 aufweisen. Dies ist im HSB-Farbmodell nicht möglich, daher die Form des Doppelkegels in diesem Farbraum.

Die Buntheit C* berechnet sich im CIELAB-System nach der Formel:

- $C^{*ab} = (a^{*2} + b^{*2})^{1/2}$

Die unterschiedlichen Farbtöne sind auf einem Farbenkreis angeordnet. Farbtöne können deshalb auch im CIELAB-System als Farbtonwinkel angegeben werden.

Der Farbtonwinkel h_{ab} berechnet sich nach der Formel:

- $h_{ab} = \arctan (b^*/a^*)$

Durch Umrechnungen ergeben sich LCH-Koordinaten, bei denen der Farbton ähnlich wie im HSB-Farbmodell als Farbtonwinkel angegeben wird.

Wesentlicher Unterschied ist jedoch die andere Anordnung der Farbtonwinkel im CIELAB-Farbraum. Diese unterstreicht die vollkommen andere Herkunft des CIELAB-Farbraums.

Der Unterschied beider Farbkreise besteht darin, dass die Farben im HSB-Farbraum so angeordnet sind, dass sich die *Komplementärfarben* genau gegenüber liegen. Gegenüber der prozessabhängigen Farbe Rot, die den Farbtonwinkel 0^0 erhält, liegt das reine Cyan mit genau 180^0 (vgl. Abb. 146).

Dies ist im CIELAB-System nicht so. Gegenüber von Rot, das hier ebenfalls mit 0^0 definiert ist, liegt das Grün.

HSB-Modell – prozessabhängiges Farbmischsystem
Während dem HSB-Farbkreis die prozessabhängigen Farbmischsysteme der additiven und subtraktiven Farbmischung zugrunde liegen, beschreibt der LCH-Farbkreis die Farbempfindungen.

Das Prinzip der additive Farbmischung ist gut dazu geeignet, das Farbmodell des RGB-Monitors zu beschreiben. Es ist auch dazu geeignet nach dem Dreifarbenmodell die relativen Farbvalenzen, die auf unserer Netzhaut sich auf Grund von Farbreizen bilden mit einem groben Modell zu beschreiben.

Das subtraktive Farbmischsystem steht genau komplementär dazu.

Folglich ist es hier sinnvoll einen Farbkreis als Farbordnungssystem zu verwenden, bei dem die Komplementärfarben das Ordnungsprinzip sind.

LCH-Modell – visuelles Farbempfinden
Dem LCH-Farbenkreis liegen im Gegensatz dazu die visuelle *Farbempfindungen* von Spektralfarben zu Grunde. Dies geht aus dem Versuchsaufbau zur Ermittlung der spektralen Augenempfindlichkeit des CIE-Normalbeobachters hervor.

Der Farbenkreis des LCH-Farbkreises ist daher vorstellbar als ein zu einem Kreis (statt einer Schuhsohle wie bei der Normfarbtafel) zusammengefügtes Wellenlängenspektrum:
Anfang und Ende des Wellenlängenspektrums sind zu einem Kreis zusammengeschlossen worden. Dies ist in der Abbildung 161 zu erkennen. Hier liegen sich nun nicht die Komplementärfarben gegenüber, sondern die davon zu unterscheidenden Gegenfarben.

Gegenfarben sind Farben, die sich empfindungsmäßig ausschließen. Das ist etwas anderes als Komplementärfarben, die sich zu unbunt ergänzen.

Gegenfarbenpaare sind:
- Rot und Grün
- Blau und Gelb
- Schwarz und Weiß

Unsere *subjektive Farbempfindung* kann sich diese Farben (Farbrichtungen) nicht vorstellen:
- ein rötliches Grün oder ein grünliches Rot oder
- ein gelbliches Blau oder ein bläuliches Gelb.

Eine solche Farbbeschreibung irritiert, weil sie sich unserer unmittelbaren *subjektiven Farbempfindung* als Sinneswahrnehmung entzieht.

Gedanklich, also nicht als subjektiv unmittelbare Empfindung, gibt es zu einem rötlichen Grün dann eine Vorstellung, wenn dies auf das Modell der additiven Farbmischung bezogen wird:
- Einer rein grünen Farbvalenz, der zusätzlich Rotanteile beigemischt werden, könnte als rötliches Grün gegenüber einem Grün bezeichnet werden, dem diese Rotanteile nicht beigemischt wurde.

Als *Farbempfindung* transformiert unser Gehirn aus dieser *Farbvalenz* aber nach der additiven Farbmischung ein gelbliches Grün.

Einer roten Farbvalenz, der noch Grün beigemischt wird, empfinden wir nicht als grünliches Rot, sondern als gelbliches Rot oder Orange.

Gegenfarben gehen auf die Gegenfarbtheorie von Ewald Hering (1834 – 1918) zurück. Nach dieser Theorie lässt sich jeder Farbeindruck mit den folgenden Farbanteilen empfindungsmäßig bewerten:
- Rotanteil
- Grünanteil
- Blauanteil
- Gelbanteil
- Weißanteil
- Schwarzanteil

Das gleichzeitige Auftreten der bereits genannten gegenfarbigen Farbanteile schließt sich dabei *empfin-*

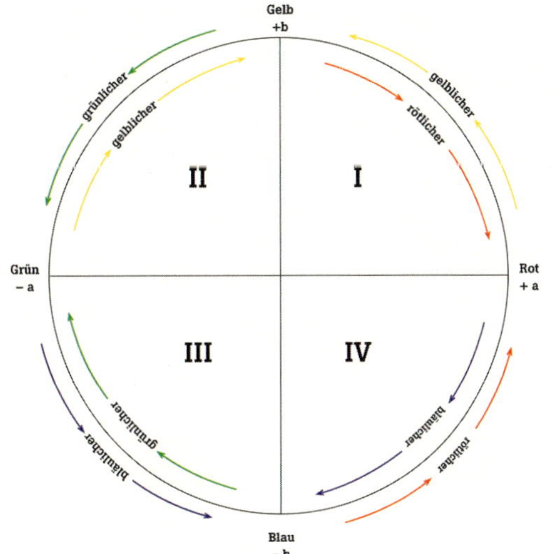

Bild 161: Der empfindungsmäßige Farbkreis des LCH- beziehungsweise des CIELAB-Farbsystems

dungsgemäß aus. Danach werden Farbtöne als subjektive Farbempfindungen in folgenden Richtungen subjektiv bewertet:

- rötlicher oder bläulicher
- rötlicher oder gelblicher
- grünlicher oder gelblicher
- grünlicher oder bläulicher

Mit dieser Basis, die aus der Gegenfarbentheorie stammt, ist das Prinzip des LCH-Farbkreises, der auf dem CIELAB-Farbsystem basiert, zu interpretieren (vgl. Bild 161).

Ist die Ausgangsfarbe das Rot, so sind nimmt im ersten Quadranten in Richtung zu der + b-Achse der Gelbanteil von Rot zu. Hier liegen alle gelblicheren Rottöne bis Orange.

Wird von + b Gelb in Richtung + a ausgegangen, ergeben sich zunehmend rötlichere Gelbtöne. Dazwischen liegt der Übergang von einem rötlichen Gelb zu einem gelblichen Rot.

Magenta als ein bläuliches Rot liegt im Quadranten IV zwischen + a und – b.

Cyan befindet sich im Quadranten III, während im Quadranten II alle Variationen von Grüntönen liegen.

Diese Darstellung zeigt deutlich den Unterschied zwischen den auf dem Komplementärfarbenprinzip aufgebauten Farbkreis und dem LCH-Modell.

Die Interpretation dieses Farbkreises hilft, um die Farbabstände ΔE, die im CIELAB-System zwischen zwei Farben berechnet werden können, zu verstehen.

Der Farbabstand ΔE

Der Farbabstand Δ E zweier unterschiedlicher Farben berechnet sich nach der Farbabstandsformel:

$\Delta E^*_{ab} = (\Delta L^{*2} + \Delta a^{*2} + \Delta b^{*2})^{1/2}$

Die Delta-Werte für L*, a* und b* sind dabei jeweils die *Differenzen* zwischen den zwei zu vergleichenden Farbkoordinaten. Werden die Quadrate aller Differenzen addiert und daraus die Wurzel gezogen, so ergibt dies den ΔE-Wert als zahlenmäßige Beschreibung des empfindungsgemäßen Unterschieds zwischen zwei Farben. Die Abbildung 162 zeigt grafisch den Farbabstand im CIELAB-Farbsystem.

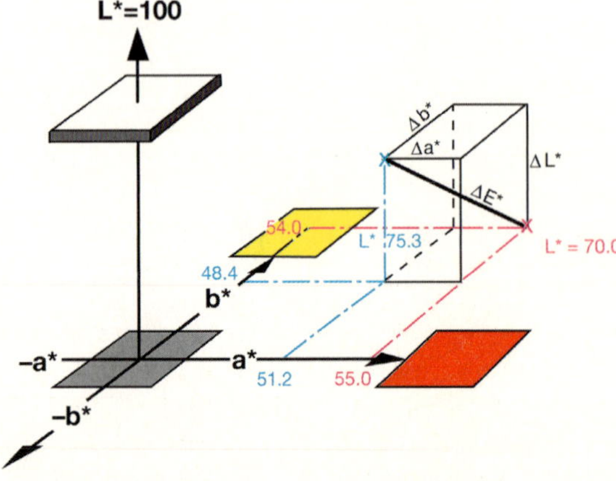

Bild 162: Farbabstandsberechnung ΔE im CIELAB-Farbraum

ΔE*-Werte von < 0,2 werden dabei nicht als Farbunterschied wahrgenommen. Für größere Werte gilt grundsätzlich:

0,2 bis 0,5	= sehr geringer Unterschied
0,5 bis 1,5	= geringer Unterschied
1,5 bis 3,5	= deutlicher Unterschied
3,5 bis 5,0	= starker Unterschied
über 5,0	= sehr starker Unterschied

Aus der Farbabstandsformel ist zu erkennen, dass ΔE-Werte den Farbunterschied zwischen zwei Farben als Gesamtergebnis beschreiben.

In der Praxis ist es bei der Farbmessung zur Qualitätskontrolle oft wichtig zu wissen, worauf sich dieser Unterschied im Detail gründet.

Ein Helligkeitsunterschied zwischen zwei Farben wird im allgemeinen weniger störend (bzw. sichtbar) als ein Farbunterschied empfunden.

Aus diesem Grunde sollten zusätzlich zur Summe die ΔL*, Δa* und Δb*-Werte einzeln betrachtet und bewertet werden.

Entsprechend der Lage der Farbkoordinaten in den vier Quadranten des LCH-Farbkreises können die Farbtonunterschiede

- im ersten Quadranten rötlicher oder gelblicher sein,
- im zweiten Quadranten gelblicher oder grünlicher,
- im dritten Quadranten bläulicher oder grünlicher und
- im vierten Quadranten rötlicher oder bläulicher.

Aus der Lage der Farbunterschiede in der Höhe des Farbraums (L) ergibt sich der Helligkeitsunterschied.

Die CIE-Farbräume als Brückenfarbraum für die Farbseparation

Die Farbmischergebnisse prozessabhängiger Farbsysteme wie das additive RGB- und das subtraktive CMY-Farbsystem hängen entscheidend von den farbmetrischen Eckwerten der Farben ab.

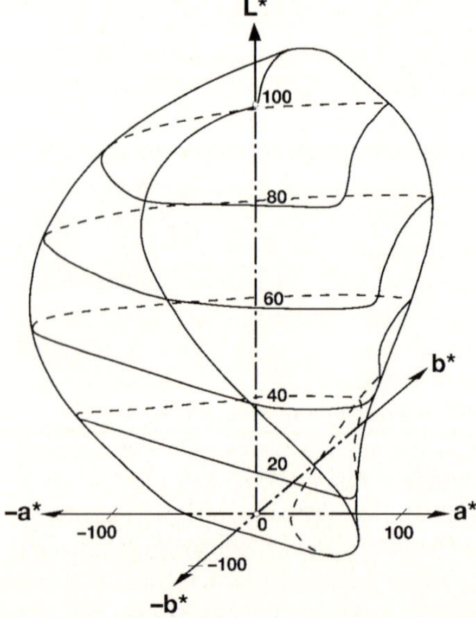

Bild 163: Farbenraum der Körperfarben im CIELAB-Farbraum

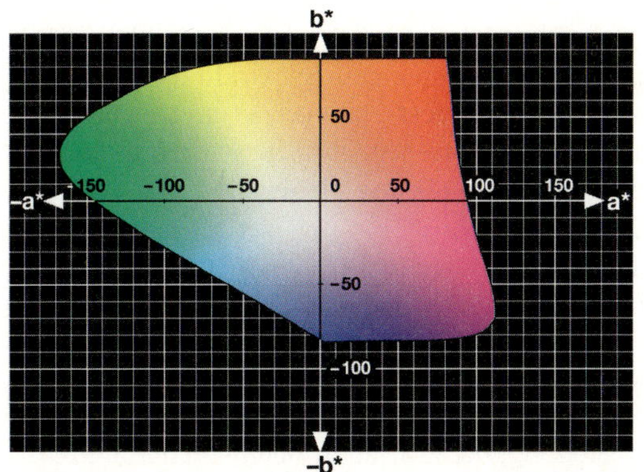

Bild 164: Ebene L = 50 im Farbenraum der Körperfarben im CIELAB-Farbraum

Bei der Farbseparation muss deshalb der Zielfarbraum bekannt sein.

Die Grund- und Mischfarben der Druckfarben im Offsetdruck nach der alten Europaskala und der neuen DIN-ISO 12647-2 Norm sind als Normfarbwerte XYZ definiert. Daraus lassen sich ihre CIE x/y-Koordinaten und die CIE-L*a*b*-Koordinaten berechnen.

Die spektralen Mängel der Körperfarben schränken den Farbraum der Normdruckfarben beträchtlich ein. Die Abbildung 163 zeigt den CIELAB-Farbraum für Körperfarben. Abbildung 164 zeigt die Ebene mit einer Helligkeit von L = 50 dieses Farbraums innerhalb des CIELAB-Farbraums.

Zur Darstellung der farbmetrischen Eckwerte der Zieldruckfarben wird zum Teil auch die CIE x/y-Normfarbtafel verwendet.

Die Farborte der Primär- und Sekundärfarben des Zieldruckfarbenraums für den Vierfarben- und den Siebenfarbendruck zeigt Bild 165 (vgl. Bild 139).

Der Farbenraum des Vierfarbendrucks wird durch die Farbseparation für den Siebenfarbendruck erheblich erweitert. Für die Farbraumtransformation von

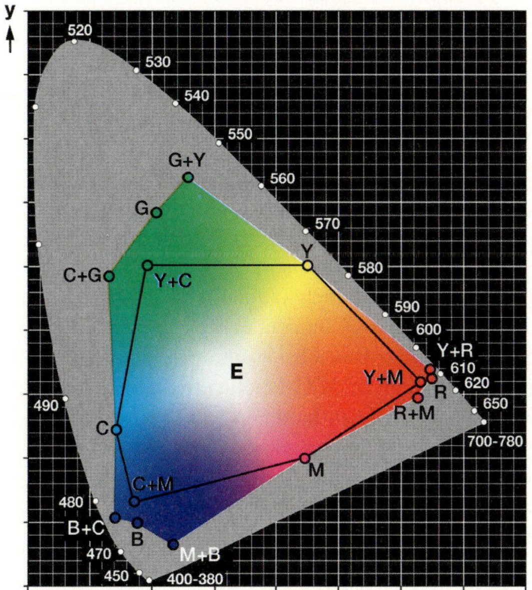

Bild 165: Farborte der Primär- und Sekundärfarben des Vierfarben- und Siebenfarbendrucks

RGB in den Farbenraum des Siebenfarbendrucks ist die CIE x/y-Normfarbtafel als Brückenfarbraum zu nutzen, da auch die farbmetrischen Eckwerte der RGB-Farben des Monitors hier abbildbar sind. Zu beachten ist, dass es nicht die prozessunabhängigen Farbräume selbst sind, die als Brückenfarbräume dienen, sondern die ihnen zu Grunde liegenden XYZ-Normfarbwerte der prozessabhängigen Farben.

8.8.2 Colormanagement in der Praxis

1993 hat die ICC (International Color Consortium) den Aufbau und Inhalt von ICC-Farbprofilen innerhalb von Colormanagementsystemen international standardisiert.

ICC-Farbprofile beschreiben die geräte- und prozess-spezifischen Farben aller Eingabe- und Ausgabegeräte der Medienproduktion in einem einheitlichen geräte- und prozessunabhängigen Farbraum. Basis dafür bildet das CIE XYZ-System mit seinen Möglichkeiten, Farben im CIELAB oder CIE xyY-System als Farbkoordinaten einheitlich zu beschreiben und weiterzureichen.

Bild 166 zeigt ein Colormanagementsystem mit ICC-Farbprofilen im Überblick.

Die grundsätzliche Aufgabe eines Colormanagements besteht in der einheitlichen Beschreibung der Farben für alle in der Printproduktion daran beteiligten Geräte und Verfahren. Diese Beschreibung erfolgt mit Hilfe von ICC-Eingabe- und Ausgabeprofilen, die in die Bilddateien eingebettet werden können.

Die Farbwiedergabe gleicher Farben weicht bei Eingabegeräten wie Scannern oder Digitalkamera durch die verwendete Lichtquelle, die Art der Farbfilter und den reproduzierbaren Farbumfang der Geräte deutlich voneinander ab. Durch diese Einflussfaktoren werden gleiche Farben in ganz unterschiedliche geräteabhängige RGB-Farbwerte umgesetzt.

Aufgabe eines Eingabeprofils ist es, diese Bedingungen zu erfassen und in einem Referenzfarbraum zu beschreiben. Jedes gescannte Bild wird zusammen mit dem eingebetteten ICC-Farbprofil an das Bildverarbeitungsprogramm weitergereicht. Zur Betrachtung des Bildes am Monitor wird nun ein *Arbeitsfarbraum* für die RGB-Datei und ein *Monitorprofil* für den individuell verwendeten Monitor benötigt (siehe Bild 166), das dessen Monitorcharakteristik enthält.

Schließlich benötigt man für die endgültige Ausgabe der Farbdaten ein ICC-Ausgabeprofil, das die charakteristischen Farbeigenschaften des Ausgabemediums beschreibt. Im Falle des Offsetdrucks wird mit Hilfe dieses ICC-Farbprofils die Bedingung der Farbseparation von RGB zu CMYK genau festgelegt. Da die Druckverfahren viele Bedingungen wie Tonwertzunahme, verwendete Druckfarben, Bedruckstoff, Druckmaschine usw. aufweisen, die einen Einfluss auf die Farbwiedergabe haben, gibt es für die Printmedien eine Vielzahl unterschiedlicher Farbprofile, die unter den bestimmten Bedingungen zu farbrichtigen Ergebnissen führen. Wie in Bild 166 angedeutet ist, gehören dazu auch die Art des Farbaufbaus. Entweder Buntaufbau mit Unterfarbenreduktion in den neutralen Tonwerten des Bildes (UCR) oder Unbuntaufbau mit Reduktion des komplementären Farbanteils in allen Farben der Vorlage (GCR). Ebenso müssen in einem Ausgabeprofil für

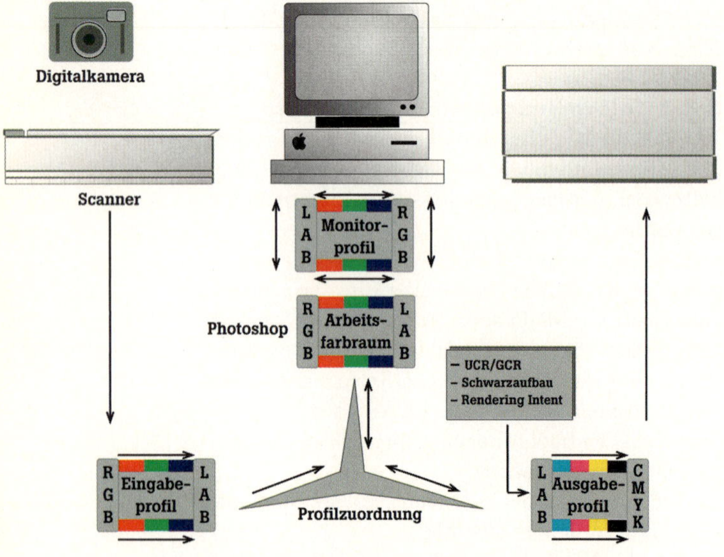

Bild 166: Colormanagementsystem mit ICC-Farbprofilen im Überblick

den Druck die „Regeln" für die Erzeugung der vierten Datei, also den Schwarzaufbau, zusätzlich definiert sein. Damit wird festgelegt von welchen Tonwerten an Schwarz bei der Mischung der Tertiärfarben mit beteiligt sein soll. Meist ist Schwarz erst ab den Mitteltönen enthalten.

Schließlich muss für ein Ausgabeprofil auch das *Rendering Intent* festgelegt werden. Hierbei geht es darum, zu entscheiden, nach welcher Art und Weise die Farben vom Quellfarbraum in den Zielfarbraum transformiert werden sollen. Rendering Intent wird als *Wiedergabeart* übersetzt.

Der Farbumfang, den die Sättigungsgrenzen einschließen, nennt man *Gamut*. Die Farbraumtransformation wird hingegen als *Gamut-Mapping* bezeichnet. Das Rendering Intent bestimmt damit die Art und Weise des Gamut-Mapping.

Das Gamut des RGB Bildes einer Digitalkamera ist meist größer als der Zielfarbraum für den Offsetdruck. Das Rendering Intent legt fest, in welcher Form das Gamut des Quellfarbraums an den des Zielfarbraums angepasst werden soll.

Das Farbmanagement für den PDF-Workflow mit ICC-Farbprofilen ist seit 2002 durch die ISO-Norm 15930-3 international standardisiert. Bekannter ist diese Norm als PDF/X-3.

Erzeugung eines ICC-Scannerprofils

Grundlage für die ICC-Profilerstellung am Scanner sind standardisierte früher so genannte IT 8 -Test Charts, die heute nach der ISO-Norm 12641 normiert sind. Ein solches Test Chart wird in Bild 167 gezeigt.

Diese Test Charts sind in den sichtbaren Farbfeldern farbmetrisch mit einem Spektralfotometer vermessen. Zu jedem Test Chart gehört ein Datenträger, auf dem alle gemessenen farbmetrischen Werte gespeichert sind. Ohne diese Messwerte ist das Test-Chart wertlos.

Da es große Unterschiede zwischen den Diamaterialien der unterschiedlichen Hersteller von Fotomaterialien gibt, stehen derartige Vorlagen für Kleinbilddias, Duplikatmaterialien und Aufsichtvorlagen der verschiedenen Film- und Fotopapiermaterialien zur Verfügung. Für alle unterschiedlichen Materialien ist es notwendig, ein ICC-Profil zu erstellen.

Die gemessenen farbmetrischen Werte des Test-Charts dienen bei der Herstellung eines ICC-Eingabeprofils als Bezugsgröße und sind als CIE-L*a*b*-Koordinaten bzw. XYZ-Normfarbwerte gespeichert.

Für die Digitalfotografie existieren vergleichbare Farbkarten, die unter definierten Lichtbedingungen aufgenommen werden und nur unter diesen Lichtbedingungen zu dafür gültigen ICC-Profilen führen. Weichen die Lichtbedingungen mit mehr als 500 Kelvin Farbtemperatur davon ab, so muss ein neues Farbprofil angefertigt werden. Normierte Farbkarten für die Digitalfotografie gibt es zur Zeit jedoch noch nicht.

Zur Farbkalibration des Scanners wird im ersten Schritt das Test Chart gemäß ISO 12641 mit den Grundeinstellungen des Scanners eingescannt und gespeichert. Anschließend wird die Software zur Erzeugung eines ICC-Profils aufgerufen. ScanOpen von Heidelberg ist beispielsweise eine solche Software. Dieses Programm erstellt ein ICC-Eingabeprofil für den Scanner, indem eine LUT (Look up Table) zwischen den farbmetrischen Bezugswerten des Test Charts und den gescannten RGB-Werten des Scanners erstellt wird. Diese Umrechnungstabelle zwischen den geräteabhängigen RGB-Werten und den farbmetrischen Bezugswerten stellt den wesentlichen Bestandteil des ICC-Profils dar.

ICC-Profile werden bei Macintosh-Systemen im ColorSync-Ordner abgespeichert. Bei Windows-Systemen ist dafür ab WIN 98 ICM 2.0 (Image Color Matching) zuständig. In beiden Fällen handelt es sich um ein CMM, also ein Color Matching Modul. Wozu dient dieses Modul?

Da ein ICC-Profil meist nicht viel größer als 500 K ist, können darin auch kaum alle 16.7 Mio Farben enthalten sein. Das Colormatching Modul (CMM) sorgt nun auf der Betriebssystemebene dafür, die Farben, die nicht im ICC-Profil enthalten sind, auf der Basis der darin enthaltenen Farben zu interpolieren. Hierzu sollte bei standardisiertem Workflow stets die gleiche Umrechnungsmethode gewählt werden.

ICM 2.0 und ColorSync verwenden inzwischen die gleiche Umrechnungsmethode. Andere Methoden können in Photoshop 6.0 ausgewählt werden. Dazu gehören beispielsweise Same CMM Component, Heidelberg CMM, Apple CMM oder Adobe (ACE).

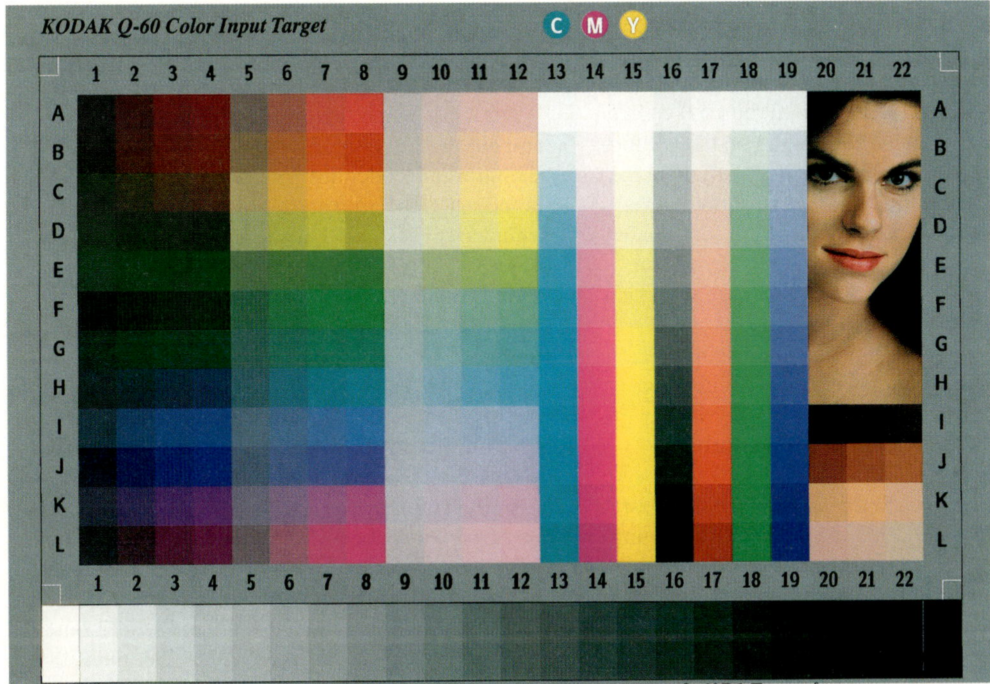

Bild 167: IT8-Testchart

Wird das CMM gewechselt, kann das dazu führen, dass bei gleichem ICC-Profil unterschiedliche Ergebnisse erzielt werden. Für den standardisierten PDF/X-3-Workflow wurde hier das Adobe (ACE)-Modul ausgewählt.

Geräteunabhängige Farbräume dienen im Colormanagement als Brückenfarbraum. Das bedeutet, dass im Falle des Eingabeprofils es nun möglich ist, alle Farben der Bilddatei in einem geräteunabhängigen CIELAB-Farbsystem virtuell zu wandeln.

Virtuell heißt, dass die RGB-Bilddaten unverändert bleiben, durch das ICC-Profil aber trotzdem korrigiert angezeigt werden können.Der Farbraumwandel bleibt also nur temporär erhalten.

Eine permanente Veränderung der Bilddaten würde sich erst dann vollziehen, wenn diese, über Modusänderung in Photoshop, beispielsweise in den CIELAB-Farbraum konvertiert werden würden. Eine Bearbeitung von Bilddaten im CIELAB-Farbraum wird heute noch nicht angewendet, obwohl sie sehr sinnvoll erscheint. Der Grund liegt einmal darin, dass der CIELAB-Farbraum alle Farben des menschlichen Auges beschreibt und damit sehr viel größer ist als irgend ein Medium wiedergegeben kann. Weil außerdem von Photoshop der LAB-Modus nur mit 8 Bit Datentiefe pro Kanal unterstützt wird, würden im LAB-Modus zu viele überflüssige Farben quantisiert werden. Dadurch stünden für die wirklich wichtigen, reproduzierbaren Farben nicht genügend Differenzierungsmöglichkeiten zur Verfügung. Das hätte zur Folge, dass im LAB-Modus Tonwertverläufe schnell Quantisierungsfehler aufweisen, die sich als sichtbare Tonwertstufen bemerkbar machen würden.

Photoshop unterstützt zudem im LAB-Modus nicht alle seine Bildbearbeitungswerkzeuge. Folglich bleibt es zunächst noch dabei, Farbprofile in die Bilddateien einzubetten und erst am Schluss die Konvertierung in den Zielfarbraum vorzunehmen.

Eine Konvertierung bedeutet stets eine Einrechnung und damit eine dauerhafte Veränderung der Bilddaten.

Der Arbeitsfarbraum

Bevor ein Konvertierung in den Zielfarbraum geschieht, wird das Bild in der Regel am Monitor angezeigt. Im Hinblick auf eine medienneutrale Bildverarbeitung sollten die notwendigen Farbkorrekturen in der RGB-Datei durchgeführt werden. Damit eine standardisierte Arbeitsweise hier möglich ist, wäre ein *einheitlicher* Arbeitsfarbraum im Bildverarbeitungsprogramm hilfreich. In der PDF/X-3-Spezifikation ist hierfür das von der European Color Initiative (ECI) vorgeschlagene ICC-Profil vorgesehen. Bild 168 zeigt die Eckwerte dieses Farbprofils.

Der Arbeitsfarbraum stellt gewissermaßen eine Art standardisierter Monitor dar, der unabhängig vom tatsächlich verwendeten Monitor ist. Photoshop

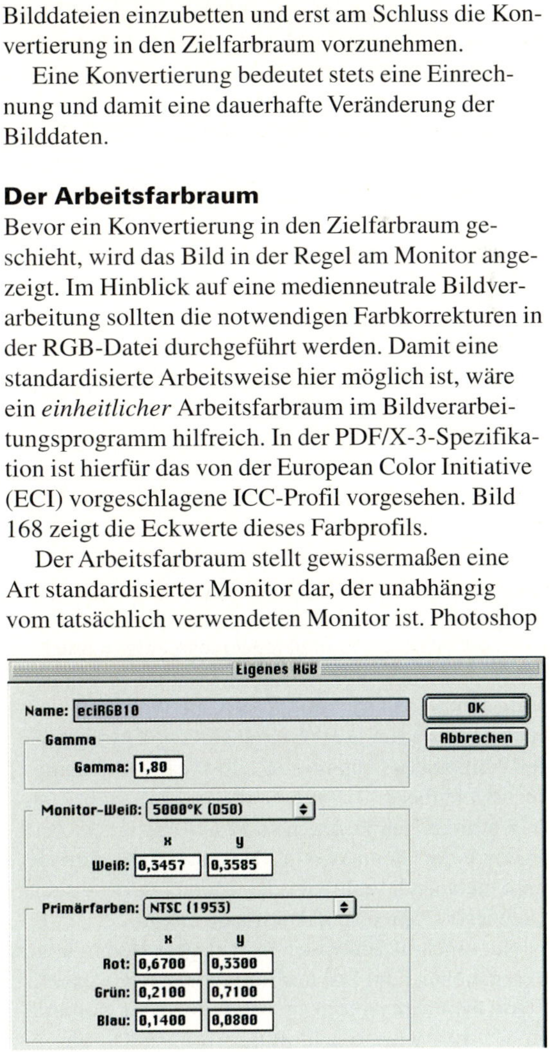

Eigenes RGB
Name: eciRGB10
OK
Abbrechen
Gamma
Gamma: 1,80
Monitor-Weiß: 5000°K (D50)
x y
Weiß: 0,3457 0,3585
Primärfarben: NTSC (1953)
x y
Rot: 0,6700 0,3300
Grün: 0,2100 0,7100
Blau: 0,1400 0,0800

Bild 168: Einstellungen im ECI-Arbeitsfarbraum

bietet ein breites Sammelsurium verschiedenster Arbeitsfarbräume an. Für die Druckvorstufe am interessantesten ist der mit der Bezeichnung › Adobe RGB (1998)‹. Bis zur Photoshop Version 4.0 war der ›Apple RGB‹ der Standardfarbraum von Photoshop. Nicht für die Druckvorstufe geeignet, weil nicht für diese gedacht, ist der sRGB-Arbeitsfarbraum. Das ›s‹ steht darin nicht für ›Standard‹, sondern für ›small‹ und bildet den kleinsten gemeinsamen Nenner an Farbraum, um eine annähernd farbrichtige Farbdarstellungen im Web zu ermöglichen.
Allen RGB-Arbeitsfarbräumen gemeinsam ist
– Festlegung eines Gammawertes als Zielgamma,
– Weißpunkt des Monitors,
– Farbmetrische Festlegung der Primärfarben, (siehe Bild 168)

Die Wahl eines geeigneten Arbeitsfarbraums ist notwendig, weil dieses Quellprofil zur Verrechnung mit dem gerätespezifischen Monitorprofil einerseits und dem Ausgabeprofil als eigentliches Zielprofil andererseits dient.

Monitorkalibration

Für die farbrichtige Darstellung der Farben am individuell vorhandenen Monitor sorgt in der Druckvorstufe das Monitorprofil eines kalibrierten Monitors.

Zur Erzeugung eines ICC-Monitorprofils wird ein Dreibereichs-Spektralfotometer (Colorimeter) benötigt, das mit Saugknöpfen auf dem Bildschirmglas befestigt werden kann. Eine entsprechende Kalibrationssoftware erzeugt nun, nach richtiger Grundeinstellung des Monitors hinsichtlich Helligkeit und Kontrast, die Primär- und Sekundärfarben des Monitors. Diese werden mit dem Dreibereichs-Spektralfotometer jeweils gemessen.

Ähnlich wie beim Eingabeprofil des Scanners dienen die gemessenen spektralfotometrischen Farbwerte als Bezug und werden mit den jeweiligen geräteabhängigen RGB-Einstellungen des Monitors beziehungsweise der Grafikkarte in Beziehung gesetzt. Zusätzlich muss bei einem Monitorprofil der Weißpunkt definiert werden, weil sichWeiß aus der Mischung der drei Farbanteile ergibt. Ein farbmetrisch neutrales Weiß ist nach ISO 3664 bei Betrachtungslichtquellen mit einer Lichtart von 5000 K (Grad Kelvin) Farbtemperatur als D 50 festgelegt worden (nach alter Norm 6500 K, D 65). Folglich ist es sinnvoll auch für den Monitor 5000 K als Weißpunkt mit einer Lichtart von D 50 festzulegen.Die Festlegung des Weißpunktes beeinflusst selbstverständlich alle anderen Farben.

Weiterhin gehört zu einem Monitorprofil die Festlegung eines Gammawertes dazu, der die Helligkeitsverschiebung der mittleren Töne eines Bildes zu den Dreivierteltönen oder Vierteltönen angibt.

Nur unter diesen beiden festgelegten Bedingungen haben die mit dem Spektralfotometer gemessenen Werte dann ihre Gültigkeit. Mit Hilfe einer Kalibrationssoftware wie etwa ViewOpen von Heidelberg, werden dann interpolierte Zwischenwerte für die anderen Farben berechnet, um damit den Farbraum mit geometrisch gleichabständigen Farben zu füllen. Man bezeichnet dies als *Linearisierung*.

Zur kalibrierten Anzeige eines Bildes am Monitor wird aus den jeweiligen CIELAB-Werten des Arbeitsfarbraums oder des eingebetteten Scannerprofils für jeden RGB-Farbwert intern gegebenenfalls ein veränderter CIELAB-Farbwert zugewiesen. Aus diesen CIELAB-Farbwerten wird zur Anzeige am Bildschirm durch das Monitorprofil wieder ein diesem CIELAB-Wert entsprechender RGB-Wert zugewiesen.

Erzeugung eines ICC-Ausgabeprofils für den Offsetdruck

Das Ausgabeprofil dient zur richtigen Darstellung der Farben im Druckprodukt oder Proof. Zur Erzeugung eines Ausgabeprofils für den Offsetdruck wird ein Test-Chart nach ISO 12640 benötigt. Dabei handelt es sich um eine Datei mit 928 CMYK-Farbfeldern. Diese ist in prozessabhängigen CMYK-Daten angelegt. Diese Datei wird belichtet und unter standardisierten Bedingungen gedruckt.

Anschließend werden diese Farbfelder farbmetrisch mit einem Spektralfotometer gemessen. Auch hier werden anschließend wiederum die prozessabhängigen CMYK-Werte zu den spektralfotometrisch gemessenen CIELAB-Werten in einer Umrechnungstabelle in Beziehung gesetzt.

Neben einem Spektralfotometer gehört eine Software, wie beispielsweise PrintOpen zur Voraussetzung der eigenen ICC-Farbprofilerstellung für das Ausgabeprofil.

In dieser Software ist es auch möglich die schon vorher erwähnten zusätzlichen Bedingungen wie UCR oder GCR, Art des Schwarzauszugs und Tonwertzunahme mit in das Profil einrechnen zu lassen.

Schließlich muss im Ausgabeprofil noch die Wiedergabeart festgelegt werden. Hierunter wird das bereits erwähnte Rendering Intent verstanden, das für vier unterschiedliche Verfahrensweisen von der ICC definiert wurde.

Die Rendering Intents oder Wiedergabearten legen fest, in welcher Weise die Farben des Quellprofils an die des Zielprofils angepasst werden sollen. Das ist insbesondere dann von Bedeutung, wenn das Gamut des Zielprofils kleiner ist als das des Quellprofils.

Die ICC hat vier Wiedergabearten definiert:
- Wahrnehmung/perzeptiv/fotografisch (perzeptual)
- relativ farbmetrisch (relativ colorimetric)
- absolut farbmetrisch (absolut colorimetric)
- Sättigung/Grafiken (saturation)

Die Begriffe sind von der ICC nicht verbindlich definiert worden. Dadurch werden in der deutschen

Übersetzung unterschiedliche Synonyme verwendet, die in der Liste jeweils mit Slash getrennt aufgeführt sind. In Klammern stehen die englischen Begriffe.

Wahrnehmung/perzeptiv/fotografisch

Dieses Rendering passt die Farben des Quellprofils so an, dass diese im Zielprofil visuell möglichst originalgetreu erscheinen. Handelt es sich beim Quellfarbraum um einen gegenüber dem Zielfarbraum größeren Farbraum, dann verändern sich die Farbkoordinaten *aller* Farben im Zielfarbraum so, dass der visuelle Farbunterschied zwischen den Farben untereinander möglichst erhalten bleibt und eben nur kleiner wird. Da es im Prepress in der Regel darum geht, von einem größeren RGB-Farbraum in den kleineren CMYK-Farbraum des Drucks zu transformieren, ist dieses Rendering Intent dafür am besten geeignet.

Relativ farbmetrisch

Bei der Wahl dieses Rendering Intents entscheidet man sich dazu, alle Farben des Quellprofils, die im Zielprofil farbmetrisch identisch abbildbar sind, genau beizubehalten. Farben hingegen, die außerhalb des Zielprofils liegen, werden gewissermaßen abgeschnitten. Die Farbwiedergabe dieser Farben wird dadurch stark verändert. Dieses Rendering Intent ist für eine Farbraumtransformation von einem Quellprofil mit größerem Gamut in ein Zielprofil mit kleinerem Gamut ungeeignet.

Anwendung kann diese Wiedergabeart hingegen finden, wenn von einem kleineren Gamut in ein größeres transformiert werden soll. Das ist beispielsweise bei den Digitalproofsystemen oder beim Softproof der Fall.

Im Falle von Proofs sollte diese Wiedergabeart jedoch nur dann verwendet werden, wenn der Proof auf dem Auflagenpapier oder auf Materialien, die dieses Auflagenpapier simulieren hergestellt wird, denn nur relativ zu dem Weiß des verwendeten Auflagenpapiers werden die Farben bei dieser Wiedergabeart dann richtig transformiert.

Absolut farbmetrisch

Wie der Name dieses Rendering Intents bereits andeutet, bleiben hier die Farben des Quellprofils absolut identisch im Zielfarbraum erhalten.Dieses Rendering Intent ist dem der Wiedergabeart „relativ farbmetrisch" sehr vergleichbar. Im Unterschied zu dieser wird hier jedoch der Weißpunkt des Bedruckstoffes mit berücksichtigt. Das ist besonders dann sinnvoll, wenn auf hochweißen Proofmaterialien und nicht auf dem Auflagenpapier geprooft wird. Auch dieses Rendering ist wenig dazu geeignet, von einem größeren in ein kleines Gamut zu transformieren.

Sättigung/Grafiken

Die letzte von der ICC standardisierte Wiedergabeart spielt im Prepress kaum eine Rolle. Bei dieser Wiedergabeart wird versucht, die Sättigung der Farben ohne Rücksicht auf eine möglichst farbidentische Wiedergabe zu erhalten. Ihr Einsatz ist dort sinnvoll, wo es um die Herstellung von Business-Grafiken geht, bei denen mehr der Erhalt der Leuchtkraft der Farben wesentlich ist und weniger die möglichst originalgetreue Farbwiedergabe.

Einbindung von ICC-Profilen in Photoshop 6

ICC-Ausgabeprofile können bei der Arbeit ab Photoshop 6 unter dem Menü „Bearbeiten"/ „Farbeinstellung" als Quell- und Zielprofil jedem Bild zugeordnet werden.

Als Arbeitsfarbraum kann dazu beispielsweise das ECI-RGB-Farbprofil gewählt worden, wie dies bei den Photoshop-Einstellungen in Bild 169 geschehen ist. Gleich darunter befindet sich ein CMYK Zielprofil mit der Bezeichnung „ASV_ZTG 42G 6.7.00". Dieses Zielprofil dient gleichzeitig als Arbeitsfarbraum für bereits separierte CMYK-Dateien und als Zielprofil für die Softproof-Darstellung von RGB-Bildern.

Die Farbmanagement-Richtlinien in den Einstellmöglichkeiten von Photoshop in Bild 169 bestimmen, dass die eingebetteten Profile beibehalten werden sollen. Sind andere Profile eingebettet, so wird dies unter „Profilfehler" von Photoshop registriert und es können die richtigen Profile beim Öffnen der Datei zugeordnet werden.

Wird in Photoshop bis zur Farbkonvertierung in den CMYK-Farbraum mit RGB-Dateien gearbeitet,

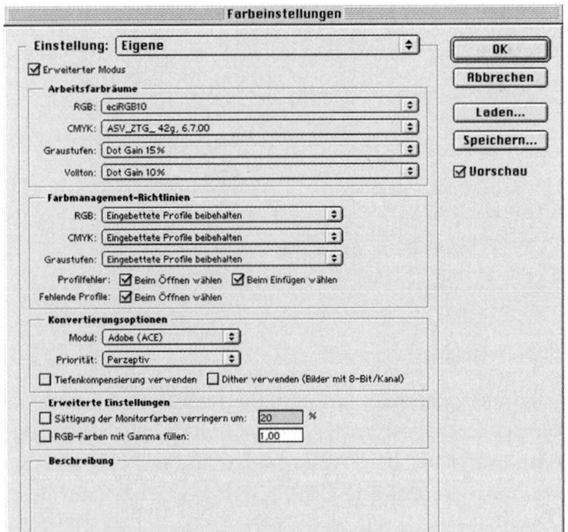

Bild 169: Profilmanagement in Photoshop 6

so möchte man das Ergebnis im Druck schon vorher beurteilen können. Dazu bietet Photoshop im Menü „Ansicht" die Option „Proof einrichten" und „Farb-Proof". Dieses zeigt Bild 170.

Unter Proof einrichten kann das für die spätere Farbseparation verwendete ICC-Zielprofil als eigenes Profil geladen werden. Ist zusätzlich die Option „Farb-Proof" aktiviert, so simuliert Photoshop das spätere CMYK-Druckergebnis am Monitor. Der kalibrierte Monitor wird auf diese Weise zum Soft-

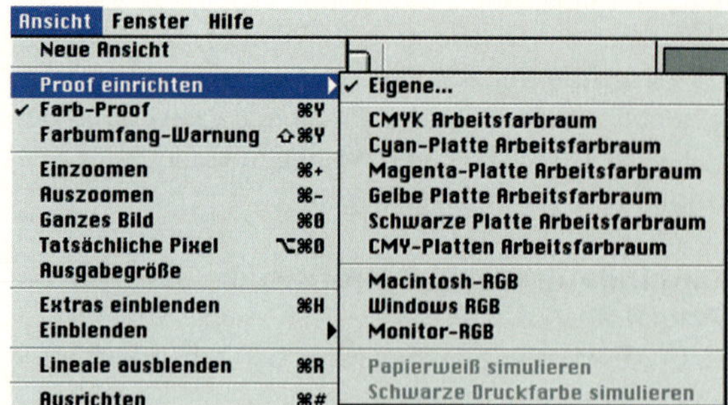

Bild 170: Softproof-Möglichkeit in Photoshop

proof. Die bearbeiteten Bilddaten bleiben davon noch unberührt. Mit diesem Softproof ist es jederzeit möglich, sich die Farbwirkung auch unter anderen Ausgabebedingungen zu betrachten, wenn dafür ICC-Farbprofile vorhanden sind. Es handelt sich um eine Profilverknüpfung zweier Farbprofile zur Simulation des späteren Druckergebnisses am Bildschirm (Softproof).

In vergleichbarer Weise können auch die ICC-Profile des Offsetdrucks mit dem ICC-Profil des verwendeten Proofverfahrens miteinander verknüpft werden.

Nach abgeschlossener Bildbearbeitung im RGB-Modus kann dann die eigentliche Farbseparation von RGB in CMYK als *Farbraumkonvertierung* stattfinden. In Photoshop 6 ist zu diesem Zweck unter dem Menüpunkt „Bild" / „Modus" die Option ›In Profil konvertieren‹ vorgesehen. Wählt man diese Option an, so zeigt sich das in Bild 171 dargestellte Popup-Menü.

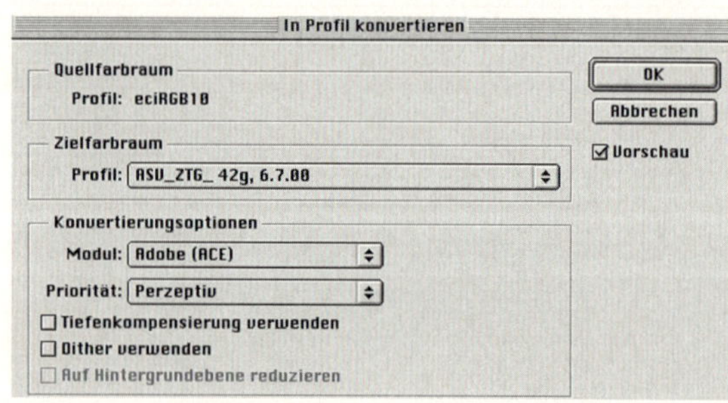

Bild 171: Profilkonvertierung

Hier findet die Umrechnung der Bilddaten vom Gamut des Quellprofils in das Gamut des Zielprofils endgültig statt. Nach dieser Bilddatenkonvertierung ist die so hergestellte CMYK-Datei nur noch für den Zweck tauglich, für den sie von RGB in CMYK separiert wurde. Eine Rücktransformation ist zwar möglich, sollte aber vermieden werden, weil sie mit Verlusten verbunden ist, denn in der Regel ist das CMYK-Gamut kleiner als das RGB-Gamut.

Eine verlustfreie Rückrechnung von CMYK in RGB ist nicht möglich. Die ursprüngliche RGB-Datei sollte folglich als Master-Datei stets beibehalten werden, um von dort mit Hilfe unterschiedlicher ICC-Profile dieselbe Datei in die jeweiligen Druckbedingungen in CMYK zu separieren.

Eine Konvertierung von RGB in CMYK kann, je nach verwendetem Workflow, auch InRip erfolgen.

8.9 Speicherung von Bilddaten

8.9.1 Datenformat, Dateiformat: Form und Inhalt

Die Begriffe Papierformat oder Bildformat sind allgemein bekannt. Beide Begriffe beschreiben das Seitenverhältnis der Breite zur Höhe eines Papierbogens oder Bildes. Papier und Bildformate können beliebig oder genormt sein. Zu den genormten Papierformaten gehören die DIN-Formate und die Fotoformate. Über den Inhalt von Bildern oder bedruckten Papierbogen sagt das Format bekanntlich nichts aus. Das Format betrifft lediglich die Form.

Der Begriff „Format" ist seit dem 16. Jahrhundert ein Fachwort aus dem Buchdruck. Es bezeichnet dort das nach Länge und Breite genormte Größenverhältnis speziell von Papierbogen. Später wird dieser Begriff auf Bildformate übertragen. So gibt es genormte Fotoformate wie 13 cm x 18 cm oder 30 cm x 40 cm, die sich durch die DIN-Formate durch ein anderes Seitenverhältnis auszeichnen.

Was aber haben DIN- und Bildformate mit Daten- und Dateiformaten gemeinsam?

Die Antwort ist in der ursprünglichen Bedeutung des Begriffes „Format" zu finden.

Format ist vom Lateinischen Formatum abgeleitet, was soviel wie „das Geformte, das Genormte" bedeutet; eine andere Ableitung stammt von „formare", was soviel wie formen, gestalten, ordnen bedeutet.

In dieser Hinsicht haben Papier- und Bildformate in der Tat eine Gemeinsamkeit, mit den Daten- und Dateiformaten in der Computertechnik. Wird in dem einen Fall das Seitenverhältnis von Papierbogen oder Bildern geformt und geordnet, handelt es sich in der Datenverarbeitung um die *Ordnung und Formung* von *Daten oder Dateien*.

Die Daten, die ein Computer verarbeitet, bestehen nur aus einer unzähligen Ansammlung binärer oder hexadezimal codierter Zeichen. Computer können Daten nur ihrer Form nach unterscheiden, weil sie den Sinn der Daten nicht erfassen können. Ob es sich bei der hexadezimalen Darstellung „#42" beispielsweise um den Buchstaben „B" als ASCII-Text, dem Teil eines Programmbefehls, dem dezimalen Operanden „66" in einer Rechenaufgabe oder dem Pixelwert einer Bilddatei handelt, kann der Computer nur an formalen Festlegungen erkennen.

Computer sind eben „dumm". Folglich orientieren sie sich ausschließlich am *Daten- und Dateiformat*, um den Inhalt zu erschließen.

Jedes Anwenderprogramm erwartet seine Dateien in einem bestimmten Dateiformat. Eine gespeicherte Bilddatei kann man sich wie eine Kartei vorstellen, die zusammenhängende Daten vereint. Das Alphabet bildet in üblichen Karteikästen meist das Ordnungsprinzip. Dabei werden lateinische und nicht beispielsweise kyrillische Buchstaben verwendet.

Die Art der Buchstaben kann mit dem *Datenformat* innerhalb einer Datei verglichen werden.

Das *Dateiformat* einer Datei ist in diesem Falle dem *Datenformat* übergeordnet. Dieses kann mit dem Ordnungsprinzip einer Kartei verglichen werden.

Eine Adresskartei sieht anders aus als die Karteien einer öffentlichen Bibliothek. In Bibliotheken können die gesammelten Bücher alphabetisch nach Autor gesucht werden oder man sucht in Stichwortdateien nach Büchern zu einem bestimmten Sachgebiet.

Eine Stichwortkartei hat einen vollkommen anders strukturierten Aufbau als eine Autorenkartei. Deren Strukturen müssen bekannt sein, wenn gezielt nach einem Buch gesucht wird.

Das Ordnungsprinzip einer Kartei ist den Anwenderprogrammen vergleichbar. Das Anwenderprogramm muss den strukturellen Aufbau der gespeicherten Bilddaten genau kennen, um das Dateiformat lesen zu können.

Die Buchsignatur von Bibliotheksbüchern kann man schließlich mit einer Kodierung von Daten vergleichen.Eine Entschlüsselung der Buchsignatur gibt Aufschluss über das Sachgebiet, zu dem es gehört.

Wie die Daten innerhalb einer Datei codiert sind, ist wiederum ein *Datenformat* und kein *Dateiformat.* Innerhalb von Bilddateien können die einzelnen Pixelwerte in bestimmten Dateiformaten entweder binär codiert sein oder nach ASCII, wenn sie nicht komprimiert sind.

Zur Einsparung von Speicherplatz können sie aber auch in einem komprimierten *Datenformat* zum Beispiel als LZW, RLE oder JPEG vorliegen.

Das Ordnungsprinzip der Daten innerhalb einer Datei erkennt der Computer am Dateiformat.

Dateiformate dienen dazu, einzelne Dateien, je nach Aufgabe und Funktion, zu unterscheiden. Unter Windows werden Dateiformate an den Dateiendungen erkannt, die durch einen Punkt getrennt hinter dem Dateinamen steht. Dateiendungen haben maximal drei Buchstaben.
Beispielsweise: Gruppenbild.tif.

An dieser Dateiendung erkennt der Computer, welches seiner vorhandenen Programme die TIF-Datei lesen kann und startet dieses Programm.

Dateiformate gibt es unzählige. In diesem Kapitel sollen nur Dateiformate behandelt werden, die sich für digitalisierte Pixelbilder zum Standard entwickelt haben und von allen Bildbearbeitungsprogrammen gelesen werden können.

Solange sich ein digitalisiertes Bild im Arbeitsspeicher des Computers befindet, wird kein Dateiformat benötigt. Das Bildbearbeitungsprogramm sorgt selbst im Zusammenspiel mit dem Betriebssystem des Computers und der Grafikkarte für die Verwaltung und Anzeige der Pixel am Monitor.

Erst zur Speicherung der Bilddaten auf die Festplatte oder einem anderen Datenträger muss ein Dateiformat gewählt werden. Erforderlich wird dies, weil in der Datei alle Pixelwerte eines Bildes hintereinander ohne Punkt und ohne Komma als Hex-Werte in die Datei geschrieben werden. Soll das Bild zu einem späteren Zeitpunkt wieder aufgerufen und in den Arbeitsspeicher geladen werden, so muss das Bildbearbeitungsprogramm genaue Informationen darüber haben, nach welchen Regeln die Millionen von Pixelwerten im Arbeitsspeicher wieder zusammengesetzt werden sollen.

Zu solchen Mindestangaben gehören u. a.
- die Bildbreite und die Bildhöhe in Pixeln,
- die Samplingrate in ppi,
- die Pixeltiefe,
  ob es sich um ein Gaustufenbild, RGB- oder CMYK-Bild handelt,
- Angaben über die Kodierung (komprimiert oder nicht komprimiert)
- die Adresse, bei der die Bilddaten beginnen.

Bei der Arbeit in Photoshop kann zur Sicherung der Bilddatei das Photoshop-Dateiformat gewählt werden. Dieses Dateiformat ist so angelegt, dass alle Photoshop-Funktionen darin auch gesichert sind. So kann Photoshop beispielsweise ein Bild in mehreren Ebenen aufbauen, verwalten und auch in seinem eigenen Dateiformat sichern.

Layoutprogramme wie QuarkXPress oder Pagemaker beherrschen diese Funktionen jedoch nicht. Aus diesem Grunde ist es zur Zeit nicht möglich, in einem Layoutprogramm das *PSD-Format* von Photoshop zu integrieren. Zur Speicherung ist daher ein Dateiformat zu verwenden, das diese Programme auch lesen können.

Eine Grafik in einem Grafikprogramm ist im Unterschied zu einem Pixelbild eine Vektorgrafik (vgl. Kapitel 8.1.2). Diese Programme haben ihre eigenen Dateiformate.

Als Austauschformat für Vektordateien wird das *EPS-Format* (Encapsulated Postscript-Format) verwendet. Da es sich bei PostScript nicht nur um ein Dateiformat, sondern um eine Programmiersprache handelt, die Vektordaten und Pixeldaten unter sich vereinigen kann, lassen sich auch Pixelbilder als EPS-Dateien absichern.

Die nächsten Kapitel beschäftigen sich mit dem inneren Aufbau und der Anwendung des TIF-Dateiformats. Anschließend wird das für Printanwendungen im Web-Publishing verbreitete GIF-Dateiformat behandelt, um begründen zu können, dass dieses Dateiformat für Printanwendungen untauglich ist.

8.9.2 Aufbau einer TIF-Datei

Die Bezeichnung TIFF steht für „Tag Image File Format". Bei einem Tag (engl.: Kofferanhänger, Preisschild) handelt es sich in diesem Falle um verschlüsselte Informationen zum Bild. Aus den Tags entnimmt das Bildbearbeitungsprogramm alle notwendigen formalen Vorschriften zum Aufbau der Bildinhalte im Arbeitsspeicher des Computers.

Der Grundaufbau einer TIF-Datei gliedert sich ganz allgemein in zwei Teile:
- Vorspann,
- Bilddaten.

Bild 172:
Aufbau einer TIF-Datei

Der Vorspann einer TIF-Datei besteht aus
- der Magic Number,
- dem Header und
- dem IFD (Image File Directory).

Anschließend folgen die eigentlichen Bilddaten in Form der Pixelwerte. Den Grundaufbau einer TIF-Datei veranschaulicht Bild 172.

Der Vorspann enthält in den ersten 2 Bytes die sogenannte *Magic Number*, aus der das Programm die Herkunft der TIF-Datei erkennen kann.

Nach der Magic Number beginnt der *Header* der Datei. Der Header ist genau sechs Byte lang. In den ersten zwei Byte des Headers ist die Versionsnummer eingetragen. Sie ist bei TIF-Dateien konstant #002A hexadezimal. Dezimal entspricht dies der Zahl 42. Das dritte bis sechste Byte des Headers bezeichnet den Anfang des Bildverzeichnisses. Hier ist in der Regel „8“ eingetragen. Also: #00 00 00 08.

Magic-Number und Header zusammen bilden die ersten acht Bytes einer TIF-Datei. Sie haben das folgende Aussehen:
- 4D4D 002A 00 00 00 08

Die Magic Number im ersten und zweiten Byte kennzeichnet die Datei als TIFF für Mac oder TIFF für den PC. Handelt es sich um eine TIF-Datei für den PC, so steht in der Magic-Number der ersten zwei Bytes
- #4949

Mit dieser Festlegung wird neben dem Dateiformat auch das Datenformat festgelegt. Die in Macintosh-Computern eingesetzten Prozessoren legen die Datenbytes anders ab als die Prozessoren der PCs. Beim Mac wird zuerst das höherwertige Byte (High Byte) und anschließend das niederwertige Byte (Low Byte) abgelegt. Also: HB LB.

PC-Prozessoren verfahren in umgekehrter Reihenfolge. Hier gilt die Formvorschrift: LB HB.

Die ersten acht Byte einer TIF-Datei für den PC heißen deshalb im Unterschied zum Mac in der vollständigen Darstellung:
- #4949 2A00 08 00 00 00

Nach den ersten acht Bytes einer jeden TIF-Datei folgt das *Image File Directory* (IFD), das als Bildverzeichnis bezeichnet wird und die TAG´s enthält. Erst im Anschluss an dieses IFD folgen die eigentlichen Bilddaten in Form der Pixelwerte.

In der IFD stehen alle Informationen über den Aufbau der Bilddatei. Hierzu zählen unter anderem die folgenden Informationen über das Bild:
- Breite und Höhe des gespeicherten Bildes
- Art des Bildes:
  Farbe, Graustufen, monochromes Bitmap
- Bildauflösung
- Adresse für den Beginn der Bilddatei
- Kompression.

Tag (2 Byte)
Datentyp (2 Byte)
Anzahl (4 Byte)
Wert o. Offset (4 Byte)

Bild 173:
Aufbau eines Tags

Die Tags innerhalb des TIF-Formats sind Anhängern gleichzusetzen, die wie ein Kofferanhänger, Aufschluss über die Merkmale der Bilddaten geben.

Das Bildverzeichnis enthält in den ersten zwei Bytes den *Eintragszähler.* Das Bildbearbeitungsprogramm erkennt daran, wieviele Tags des IFD interpretiert werden müssen, um alle Bildmerkmale für den nachfolgenden Aufbau des Bildes im RAM des Computers zu erkennen.

Sind z. B. 14 Bildeinträge vorhanden, so hat der Eintragszähler beim Mac das Aussehen #00 0E. In hexadezimaler Kodierung entspricht dies dem dezimalen Wert „14“. Im Anschluss an diesen zwei Byte langen Eintragszähler folgen die eigentlichen Tags.

Ein Tag besteht innerhalb einer TIF-Datei stets aus einem 12 Byte langen Feld. Die Tags liegen im Bildverzeichnis sortiert nach Größe vor. Der Tag mit der kleinsten Zahl beginnt.

Jedes Feld enthält folgende Informationen:
1. Tag-Nummer im ersten und zweiten Byte,
2. Datentyp im dritten und vierten Byte,
3. Anzahl der Daten, die zu diesem Tag gehören im fünften bis achten Byte und
4. Daten oder Adresse, wo die Daten stehen im neunten bis dreizehnten Byte

Der Aufbau der Tags ist dem nachfolgenden Beispiel eines Hex-Dumps zu entnehmen.

Beispiel eines HEX-Dumps

Tag	Typ	Datenanzahl		Wert o. Adresse		
00FE	0004	0000	0001	0000	0000	New Subfile Type
0100	0003	0000	0001	01F4	0000	Bildbreite (Image Width)
0101	0003	0000	0001	0320	0000	Bildhöhe (Image Lenght)
0102	0003	0000	0001	0008	0000	Pixeltiefe (Bits per sample)
0103	0003	0000	0001	0001	0000	Compression
0106	0003	0000	0001	0001	0000	Photometric Interpretation
0111	0004	0000	0001	0000	01D6	Adresse für Bilddatenbeginn
0115	0003	0000	0001	0001	0000	Samples per Pixel (Farbe oder s/w)
0116	0003	0000	0001	0320	0000	Rows per Strip (Pixel in der Höhe)
0117	0004	0000	0001	0006	1A80	Strip Bytes Counter (Pixel insges.)
011A	0005	0000	0001	0000	00B6	Offset für X Resolution
011B	0005	0000	0001	0000	00BE	Offset für Y Resolution
0128	0003	0000	0001	0003	0000	Auflösungseinheit (2 = inch, 3 = cm)
8649	0001	0000	0000			Ende der Einträge

Im Dateiformat TIFF 6.0 sind zur Zeit 73 Tags definiert. Jeder Tag ist als Schlüsselzahl in den ersten zwei Bytes eines Feldes eingetragen. Er steht für eine Bildeigenschaft oder Vorschrift zum Aufbau der Bilddaten.

Mögliche Datentypen

0001	Byte	vorzeichenloser 8-Bit-Wert (1 Byte)
0002	ASCII	7-Bit-ASCII-Code mit Null = 8 Bit (1Byte)
0003	Short	vorzeichenloser 16-Bit-Wert (2 Byte)
0004	Long	vorzeichenloser 32-Bit-Wert (4 Byte)
0005	Rational	vorzeichenloser Bruch, aus 2 Long-Werten bestehend; der erste Wert gibt den Zähler, der zweite den Nenner an; 64 Bit (8 Byte)
Anzahl		32 Bit-Wert, der die Anzahl der Datenwerte angibt, die durch ›Wert‹ beschrieben werden.
Wert		32-Bit-Wert, der die Daten des Feldes enthält. Bei größeren Werten als 8 Byte enthält ›Wert‹ einen Zeiger (Offset), unter dem die mit diesem Feld beschriebenen Daten zu finden sind (vergl. dazu Tag 011A und 011B).

Unter Datentyp wird das Datenformat des Wertes oder der Adresse dieses Feldes, also der letzten vier Bytes näher gekennzeichnet.
Die definierten Typen von Datenformaten einer TIF-Datei sind der tabellarischen Übersicht „Mögliche Datentypen" zu entnehmen. Die Bedeutung der im vorhergehenden Beispiel vorkommenden Tags kann der Auflistung der Tag-Bedeutung entnommen werden.
Mit Hilfe der beiden tabellarischen Übersichten kann nun der zweite Tag des Beispiels eines Hex-Dumps interpretiert werden:

0100 0003 0000 0001 01F4 0000

Der Tag hat die Nummer #0100. Das entspricht dem Dezimalwert 256. Dieser Tag ist die Verschlüsselung für die Bildbreite (Image Width) der TIF-Datei. Aus dem Datentyp lässt sich erkennen, dass die Wertangabe aus 2 Bytes besteht.

Die nachfolgenden Bits #0000 0001 geben Auskunft über die Anzahl der Datenwerte. Im diesem Beispiel handelt es sich um einen Datenwert. Die letzten zwei Bytes zeigen den Wert für die Breite des Bildes an. Da die Bildbreite in diesem Fall in 2 Bytes darzustellen ist, enthalten Byte 9 und 10 den hexadezimal verschlüsselten Wert für die Bildbreite und keinen Offset.

Wird der Wert unmittelbar eingetragen, so geschieht dies links justiert, das heißt er wird mit nachgestellten Leerstellen eingetragen. Der Offset wird hingegen rechts justiert eingetragen.

Die Umrechnung der hexadezimalen Zahl #01F4 zeigt uns die Bildbreite des Bildes in Pixel. Es sind

Auflistung der Tag-Bedeutungen

Tag 254 (#00FE)	Mit diesem Tag wird ein neues Bildverzeichnis eröffnet
Tag 256 (#100)	Der Eintrag bestimmt die Breite des Bildes in Pixel oder die Anzahl der Spalten der Bild-Matrix.
Tag 257 (#101)	Dieser Tag enthält die Höhe des Bildes oder anders ausgedrückt die Anzahl der Zeilen der Bild-Matrix.
Tag 258 (#102)	Dieser Tag legt die Anzahl der Bit pro Eintrag fest. Bei RGB-TIFFs stehen hier beispielsweise 3, bei monochromen Bitmaps 1.
Tag 259 (#103)	Dieses Tag wird für jeden Eintrag erstellt. Damit werden unterschiedliche Komprimierungsarten möglich. 1 = keine Komprimierung 2 = RLE (run length encoding - Lauflängencodierung) 2 = RLE (run length encoding - Lauflängencodierung) 3 = Group 3 Fax 4 = Group 4 Fax 5 = LZW 6 = JPEG
Tag 262 (#106)	Dieser Tag dient zur Interpretation der Pixelwerte 0 = kleinster Pixelwert ist Weiß, größter Schwarz 1 = bedeutet größter Pixelwert ist Schwarz, kleinster ist weiß 2 = RGB Datei in der Reihenfolge Rot, Grün, Blau.
Tag 273 (#111)	Der Streifen-Offset gibt die Startadresse an. Das Byte nach dem eingetragenen Offset ist das erste Bilddatenbyte.
Tag 277 (#115)	Anzahl der Einträge pro Pixelpunkt. 1 für monochrome Daten, 3 für Farbdaten.
Tag 278 (#116)	Mit diesem Wert wird den Streifen eine einheitliche Höhe zugewiesen. Dieser Eintrag korrespondiert mit Tag 101h.
Tag 279 (#117)	Dieser Tag enthält die Bytes und damit den Speicherplatzbedarf in Bytes für alle Bildpixel
Tag 282 (#11A)	Offset zur Speicherung der Anzahl der Pixel pro Auflösungseinheit in X-Richtung. Es ist nicht gesagt, dass das Bild auch in der festgelegten Breite dargestellt wird. Dies hängt vom jeweils verwendeten Applikationsprogramm ab.
Tag 283 (#11B)	Offset zur Speicherung der Anzahl der Pixel pro Auflösungseinheit in Y-Richtung. Gleiche Einschränkung wie bei Tag 282.
Tag 296 (#128)	Hier sind 3 Einträge möglich: 1 = keine absolute Größe definiert 2 = inch 3 = cm

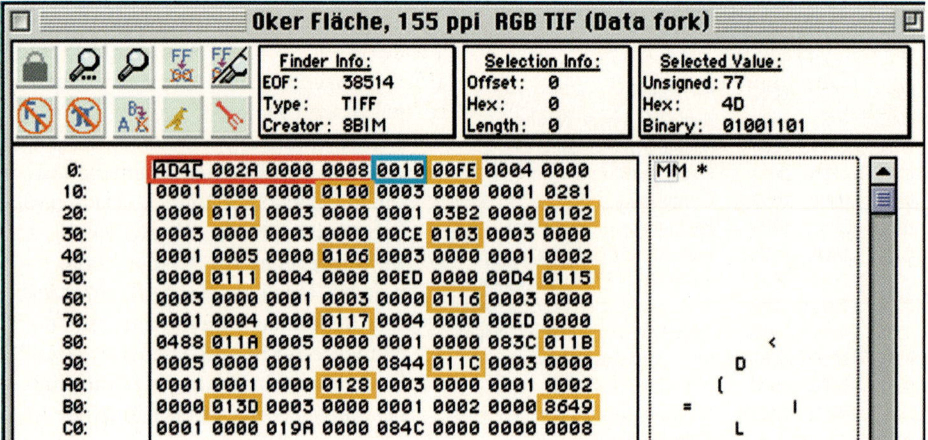

Bild 174: Vorspann und IFD einer TIF-Datei mit Magic Number, Header, Eintragszähler und Tags aus der Sicht des Computers, betrachtet mit der Shareware „BrainHex"

hier 500 Pixel. Die Bildhöhe kann in gleicher Weise aus dem Tag #0101 oder dezimal 257 entnommen werden. Mit Hilfe eines Shareware Programms wie z. B. „BrainHex" lassen sich Dateien in ihrem hexadezimalen Aussehen aus der Sicht des Computers betrachten und auch bearbeiten. Mit dieser Software ist es möglich, die innere Struktur zu erkennen und aus der Perspektive des Computers begreifen zu lernen (Bild 174).

Die senkrechte Zahlenreihe ganz links stellt die jeweils erste Adresse des ersten Bytes der Zeile dar. Ein Byte besteht jeweils aus einer zweistelligen Hexadezimalzahl. Jedes Byte erhält eine Adresse.

Die zweite Zeile beginnt daher mit der Adresse #10, was der Adresse 16 in einer dezimalen Form entspricht.

In einer Zeile befinden sich immer 16 Bytes. Diese zeilenweise Darstellung erscheint in dieser Form aber lediglich zur Betrachtung im Programm Brain Hex, in der Datei sind die Bytes in einer unendlichen Reihe hintereinander gespeichert.

Die Abbildung zeigt rot umrandet den Vorspann einer TIF-Datei einschließlich der Magic-Number und dem Header.

Blau umrandet ist der Eintragszähler. Aus dem hexadezimalen Wert ›#00 10‹ des Eintragszählers ist zu erkennen, dass es sich um 16 Tags handelt, die für dieses Bild definiert wurden. Die Tags sind in der Abbildung gelb umrandet.

Mit dem Tag #00 FE wird das IFD einer TIF-Datei stets eingeleitet. Er bildet der Anfangs-Tag. Die daran anschließenden 15 Tags im IFD definieren die Bildeigenschaften. Die Bedeutungen einiger Tags sind in der vorhergehenden Aufstellung aufgelistet.

Aus den in Abbildung 174 vorkommenden Tags ist zu entnehmen, dass es sich um ein Bild mit einer Breite von 641 Pixel (#02 81) handelt. Dies ist in dem Tag #0100 verschlüsselt.

Die Bildhöhe von 946 (#03 B2) Pixel findet man in Tag #0101 gespeichert.

Tag #0102 legt die Pixeltiefe für die drei Farbkanäle fest. Unter diesem Tag ist eine ›0003‹ als Datenanzahl eingetragen. Das bedeutet, dass drei Einträge zu diesem Tag gehören. Jeder Kanal wird in diesem Falle mit seiner Pixeltiefe einzeln gespeichert. In Tag #0102 ist deshalb rechts zentriert der Offset #00CE eingetragen, unter dem das erste der drei Pixeltiefen zu finden sind.

Das Byte mit der Adresse #CE befindet sich in der letzten Zeile von Abbildung 174 als vorletztes Byte. Zusammen mit dem letzten Byte dieser Zeile ist die Pixeltiefe hier mit 8 Bit/Pixel definiert.

Die Pixeltiefen der anderen zwei Kanäle folgen mit ebenfalls #0008 dahinter und sind in der Abbildung nicht mehr zu sehen.

Zählt man nach dem Tag #0103 sieben Bytes weiter, so ist dort #0005 eingetragen. Aus der Auflistung der Bedeutungen der Tags kann entnommen werden, dass dieser Tag die unterschiedlichen Kompressionsarten verschlüsselt. Der Eintrag #0005 bedeutet in diesem Falle, dass die Bilddaten in LZW-komprimierter Form vorliegen.

Das siebte und achte Byte hinter dem Tag #0106 enthält den Eintrag #0002. Hier kann aus der Auflistung der Tag-Bedeutungen entnommen werden, dass es sich in diesem Falle um eine RGB-Datei handelt.

Der Tag #0111 definiert den Streifen-Offset. Daraus kann das Bildbearbeitungsprogramm entnehmen, dass die komprimierten Daten in Blöcken abgelegt sind. Die Einträge #00ED und #00D4 geben jeweils die Anfangsadressen dieser Datenblöcke an.

Soweit beispielhaft eine Interpretation von Tags. Schließlich bildet der Tag #86 49 den Abschluss-Tag für das IFD. Alle diesem Tag nachfolgenden Einträge werden vom Programm ignoriert, sofern sie nicht als Offset definierte Sprungadressen enthalten.

Es folgt nun das Dekomprimieren und nachfolgende Einlesen der Bilddatenblöcke durch das Bildverarbeitungsprogramm. Die Adresse der Blöcke ist im Tag #0111 gespeichert. Das korrekte Einlesen der Bilddaten in den Arbeitsspeicher kann beginnen.

Wie aus der Auflistung einiger weniger Tags zu erkennen ist, erlaubt der Tag #0103 TIF-Dateien mit ganz unterschiedlichen Kompressionsverfahren zu komprimieren. Im Photoshop ist für die Absicherung einer Datei im TIF-Dateiformat nur die LZW-Kompression als Option wählbar.

Das TIF-Dateiformat lässt mehr Möglichkeiten zu, als von den Anwendungsprogrammen davon auch tatsächlich unterstützt werden, d.h. Anwendungsprogramme müssen die Regeln des TIF-Dateiformates auch kennen. Diese Regeln werden in die Anwenderprogramme implementiert.

8.9.3 Aufbau einer GIF-Datei

Das Dateiformat GIF (Graphics Interchange Format) wurde speziell für das Web-Publishing des Online-Dienstes Compuserve 1987 entwickelt.

Im Juli 1989 erhielt dieses Dateiformat einige Erweiterungen und heißt nun in dieser Version statt GIF 87a nunmehr GIF 89a.

Es handelt sich bei GIF um ein Bytemap-Dateiformat für geräteunabhängige Bilder. Neben JPEG gehört GIF zu den am meisten verbreiten Dateiformaten für Grafik im Internet. Zunehmend wird GIF und JPEG von dem neuen Dateiformat PNG verdrängt.

Web-Publishing und Farbe

Um die Dateioptionen des GIF-Dateiformates zu verstehen, sind wesentliche Besonderheiten beim Web-Publishing gegenüber der Printproduktion zu klären:

- Die Bildqualität beim Web-Publishing hängt entscheidend von den Ausgabesystemen der Internet-Nutzer ab. Die angezeigten Farben werden vom Betriebssystem, dem Monitor, der verwendeten Grafikkarte und dem Web-Browser maßgeblich beeinflusst. Alle drei Komponenten sind bei den Internet-Nutzern aber selten genau gleich.
- Im Web-Publishing können grafische Effekte erzeugt werden, die in der Printproduktion nicht möglich sind, z. B. animierte Grafik.
- Bytemap-Grafiken sind besonders speicherplatzintensiv. Da im Internet alle Daten über heute noch vergleichsweise schmalbandige Datenleitungen zum Internet-Nutzer übertragen werden müssen, ist es wichtig, die Dateien möglichst klein zu halten.

Diese Besonderheiten im Vergleich zur Printproduktion führen vor allem dazu, dass alle schlecht optimierten Pixelbilder entweder unverhältnismäßig hohe Ladezeiten haben oder in ihrer Farbdarstellung beim Empfänger qualitativ unzureichend aussehen.

Aus diesem Grunde wurden Dateiformate für das Web-Publishing entwickelt, die es über zusätzliche Optionen ermöglichen, die Bilder daraufhin zu optimieren oder den Funktionsumfang zu erweitern.

Um die Daten für die Datenübertragung möglichst gering zu halten, kommt der Datenkompression im Web-Publishing eine ganz besondere Bedeutung zu. Hier gibt es verschiedene Verfahren der Datenkompression, deren Unterschiede im Kapitel 8.9.5 näher betrachtet werden.

Eine GIF-Datei wird stets nach dem sogenannten LZW-Verfahren komprimiert. Bei einer TIF-Datei ist demgegenüber die LZW-Kompression optional.

Wichtig ist es, sich bei dem GIF-Dateiformat mit den besonderen Möglichkeiten der Bild-Optimierung für das Web zu beschäftigen.

In der Printproduktion ist man daran gewöhnt, dass 16,7 Mill Farben in RGB-Dateien vorhanden sind, bevor diese in den CMYK-Farbraum konvertiert werden. Voraussetzung dafür ist, dass jede Farbe mit 8 Bit pro Pixel gespeichert wird. Dabei entsteht eine große Datenmenge. Diesem Problem könnte man dadurch begegnen, dass man die Dateien entsprechend hoch komprimiert.

Kompressionsverfahren, die hier befriedigende Resultate bringen, arbeiten jedoch nicht immer verlustfrei (vgl. Kapitel 8.9.5). Außerdem wären beim Web-Publishing damit drei weitere Probleme noch nicht gelöst:

- Der Nutzer kann diese Menge der Farben nur an einen Monitor mit einer Grafikkarte sehen, die 16,7 Mill. Farben darstellen kann.
- Wesentlich ist zudem die individuelle Einstellung des Monitors bei jedem Internet-Nutzer, die sich dem Einfluss eines Web-Publishers entzieht.

GIF arbeitet mit Farbtabellen: CLUT

Im Web-Publishing können Farben zur Einsparung von Speicherplatz mit sogenannten Farbtabellen (CLUT = Color Look up table) dargestellt werden, um einerseits die Datenmenge auch ohne Datenkompression zu reduzieren und andererseits den kleinsten gemeinsamen Nenner für die Farbdarstellung zu schaffen. Es sind Bilder mit sogenannten indizierten Farben (Fachjargon: Paletten-Bilder).

Mit diesen Paletten-Bildern wird auch der eingeschränkten Farbdarstellung schlechter Grafikkarten Rechnung getragen, die ihre Farben ebenfalls mit CLUTs darstellen.

Bilder mit Farbtabellen schränken zwar die darstellbare Farbqualität stark ein, ermöglichen aber andererseits wenigstens eine gewisse Kontrollierbarkeit der Bildqualität auf anderen Systemen. Den Aufbau einer Farbtabelle zeigt die Abbildung 175.

Die Farbtabelle besteht aus maximal 16 x 16 = 256 Farben. In dieser Tabelle werden alle Farben der Reihe nach von links oben bis rechts unten durchnummeriert (indexiert).

In der Farbtabelle selbst ist jede Farbe mit maximal 3 x 8 Bit einmalig gespeichert. In den Bilddaten der GIF-Datei selbst ist hingegen lediglich ein Index der entsprechenden Farbe gespeichert. Der Index verweist auf die Tabelle. Jedes farbige Pixel benötigt auf diese Weise nur 1 Byte statt 3 Byte. Die Farbtabelle selbst benötigt 256 x 3 = 768 Byte. Wird der Speicherplatz für die Farbtabelle vernachlässigt, reduziert sich bei der Verwendung einer CLUT der Speicherplatzbedarf um ein Drittel.

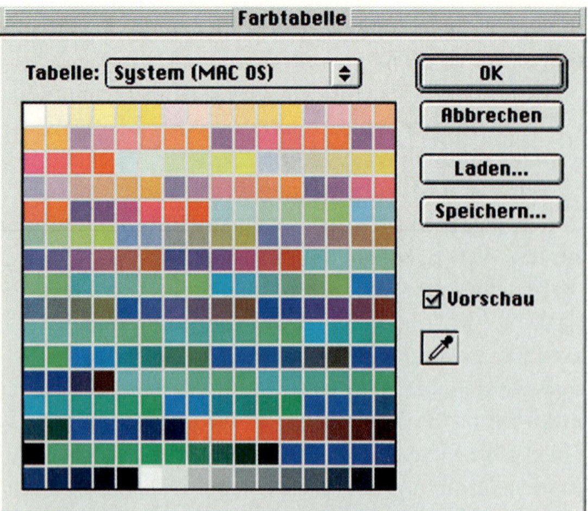

Bild 175: Aufbau der MacOS-Farbtabelle für ein Bild mit indizierten Farben, wie sie im GIF-Dateiformat gespeichert werden.

Natürlich reduziert sich dadurch auch die Farbqualität für den Fall, das es sich um Dateien handelt, die aus mehr als 256 Farben bestehen.

Dies ist bei den meisten fotografischen Bildern der Fall. Diese enthalten in der Regel mehr oder weniger starke Farbverläufe, die natürlich nur aus einer großen Zahl von unterschiedlichen Farbwerten in möglichst feinen Abstufungen aufgebaut werden können.

Weniger problematisch ist dies hingegen bei flächig angelegten Grafiken, die in einem Grafikprogramm erstellt wurden. Hier sollte sich der Gestalter bei der Farbwahl an die im Web-Publishing problemlos darstellbaren Farben orientieren.

Das GIF-Dateiformat eignet sich also auch im Web meist nur für Grafiken, die als Bytemap angezeigt werden und nicht so sehr für Bilder, die besser mit JPEG komprimiert werden.

Indizierte Farben: Farbpalette des „GIF-Malers“
Die Anzahl und die Art der Farben, die in einer Farbtabelle aufgenommen werden können, ist im GIF-Dateiformat flexibel einzusetzen. Das ist auch sinnvoll. Enthält ein Bild beispielsweise überwiegend Blautöne, so kann die Farbtabelle so generiert werden, dass vor allem unterschiedliche Blautöne darin indexiert werden.

Verfügt eine Grafik hingegen über nur wenige Farben und keine Farbverläufe, so reichen zum Teil auch weniger als 256 Farben, um diese Grafik sogar unverfälscht als GIF-Datei zu speichern.

Der Web-Publisher muss erkennen, mit welcher Farbtabelle und bei welcher Anzahl von Farben das Bild den geringsten Speicherplatz bei möglichst optimaler Qualität benötigt.

Photoshop ab der Version 5.5 bietet dafür ein Vorschau-Tool. Hier können nicht nur GIF-Dateien unter Sichtkontrolle optimiert werden, auch für das JPEG- und PNG-Dateiformat ist dies möglich. Die Ergebnisse auch unterschiedlicher Dateiformate können dabei miteinander verglichen werden.

Als Farbpaletten stehen mehrere Alternativen standardmäßig zur Verfügung
- MacOS-Systempalette
- Windows-Systempalette
- adaptiv
- perzeptiv
- selektiv
- Web.

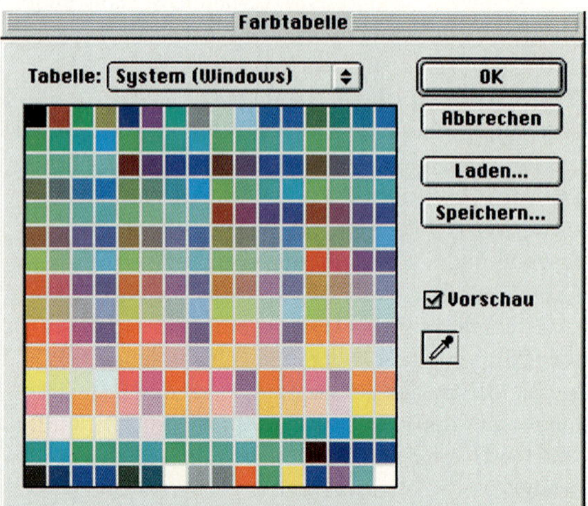

Bild 176: Aufbau der Windows-Farbtabelle für ein Bild mit indizierten Farben, wie sie im GIF-Dateiformat gespeichert werden.

Die Betriebssysteme MacOS und Windows verfügen selbst über eigene System-Farbtabellen. Diese unterscheiden sich sehr stark voneinander. Die Windows-Farbtabelle wird in Bild 176 gezeigt und kann mit der MacOS-Farbtabelle aus Bild 175 verglichen werden.

Die Paletten „adaptiv“, „perzeptiv“ und „selektiv“ sind verschiedene Varianten zur Erzeugung einer Farbpalette, die sich an den Farben des Bildes orientieren. Lediglich die für das Web-Publishing bedeutungsvollste Web-Farbtabelle soll hier in ihrem Aufbau erläutert werden.

Die Darstellung der Farben wird auch vom Browser beeinflusst .

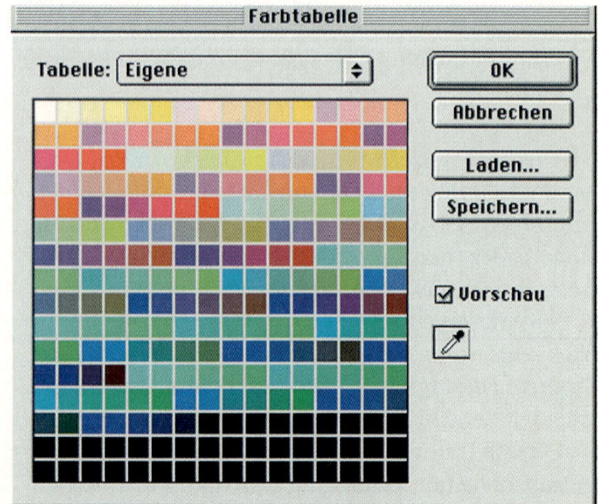

Bild 177: Aufbau der Web-Farbtabelle mit den 216 websicheren Farben für Grafiken im Internet

Netscape mit dem „Netscape Communicator“ und Microsoft mit dem „Internet Explorer“ benutzen in ihren Browsern ein Farbmodell, bei dem die Primärfarben aus den hexadezimalen Zahlen #00, #33, #66, #99, #CC und #FF bestehen. Das entspricht den dezimalen Zahlen 0, 51, 102, 153, 204 und 255. Aus diesen Grundwerten ergeben sich 6 x 6 x 6 = 216 Farben.

Alle Farben, die in ihren roten, grünen und blauen Mischungsanteilen jeweils einen dieser 6 Werte aufweisen, werden von den Browsern genau indentisch dargestellt. Weist eine Datei also nur Farben wie # 33 FF 66 oder # CC 00 99 auf, so braucht sich der Web-Publisher über systembedingte oder browserbedingte Farbverfälschungen keine Sorgen zu machen. Eine solche Web-Farbtabelle mit ihren 216 Farben zeigt Bild 177.

Dithering: Palettenmischung von Farben
Nun gibt es Farben in der Datei, die nicht in der Farbtabelle definiert sind.

Wie vorgegangen wird bestimmt in einem solchen Fall der Web-Publisher:
Entweder er lässt diese Farben wegfallen, dann entsteht aber schnell das Problem von extrem stufigen Verläufen und unansehnlichen Tonwertsprüngen, die schnell zu unvertretbaren Qualitätseinbußen führen, oder es ist als Alternative das *Dithern* zuzulassen.

Die Technik des Ditherings ist vom Prinzip her recht einfach. Besteht eine Farbfläche beispielsweise aus einem Rot-Ton, der in der Farbpalette nicht definiert ist, so wird beim Dithering dieses Rot aus zwei anderen Rottönen zusammengesetzt, die in der Farbpalette definiert sind. Dazu erhalten beispielsweise jeweils 2 x 2 Pixel diese beiden fest definierten Farbwerte. Dadurch sind zwar keine glatten Farbflächen zu erzeugen, aber die Farbdarstellung ist nicht mehr unkontrolliert zu verändern, weil ein erneutes Dithering im System des Benutzers entfallen kann.

Lässt der Web-Publisher das Dithering nicht zu, so werden die fehlenden Farben von dem System des Anwenders mit Hilfe der Systempaletten gedithert. Geditherte GIF-Dateien sind wegen ihrer unruhigen Strukturen noch weniger für die Printproduktion geeignet.

Interlacing, Transparenz und Animation
GIF unterstützt das sogenannte Interlace, ein Verfahren zum Laden der Datei im Web-Browser. Dabei wird die Datei in Phasen heruntergeladen. Zuerst erscheint dabei ein grobaufgelöstes Bild, das den Bildinhalt schon schemenhaft erkennen lässt. In der nächsten Phase erhöht sich dann die Auflösung bis das Bild vollständig angezeigt wird.

Dadurch kann der Internet-Nutzer schon frühzeitig erkennen, worum es sich bei dem Bild handelt. Das verkürzt subjektiv die Wartezeit des Ladens.

Im GIF-Dateiformat ist es auch möglich, eine bestimmte Farbe als transparent zu definieren. An transparenten Stellen wird dann der jeweils andere Hintergrund sichtbar. Die Wirkung ist mit einer figürlichen Freistellung zu vergleichen, was von gestalterischen Nutzen für den Web-Designer sein kann.

In gewissen Grenzen lässt das GIF-Dateiformat auch eine Animation zu. Bei einer Animation werden mehrere ähnliche Bilder erzeugt und anschließend hintereinander abgespielt. Auf diese Weise entsteht ein Bewegungsablauf. Diese Animationen sind von ihrem Effekt her mit dem sogenannten „Daumenkino“ zu vergleichen.

Bei dem GIF-Dateiformat handelt es sich um ein Dateiformat, dass den speziellen Anforderungen des Internet gerecht werden soll.

Für Printanwendungen sind GIF-Dateien wegen des extrem eingeschränkten Farbraums, der meist auch auf 72 ppi reduzierten Auflösung und dem möglicherweise angewandten Dithering in der Regel völlig unbrauchbar.

8.9.4 Das EPS-Dateiformat in Photoshop

Zu dem im Prepress wichtigsten Dateiformat gehört das EPS (Encapsulated PostScript Format), welches in der Entwicklung eng mit der Programmiersprache PostScript verbunden ist. Da die Welt des Prepress zu Beginn eine PostScript-Welt war, lag es nahe, digitalisierte Bilddateien gleich in dieser Sprache abzuspeichern, weil zur Datenausgabe ohnehin alle Dateien in PostScript umgewandelt werden.

EPS-Dateien haben gegenüber einer TIF-Datei den Vorteil, in sich vollkommen abgeschlossen (encapsulated) zu sein. Das gibt Layoutprogrammen keine Möglichkeit, unter Umständen, für den Anwender unkontrolliert, in die Dateistruktur einzugreifen und diese zu verändern, wie dies beim TIF-Format durchaus der Fall ist.

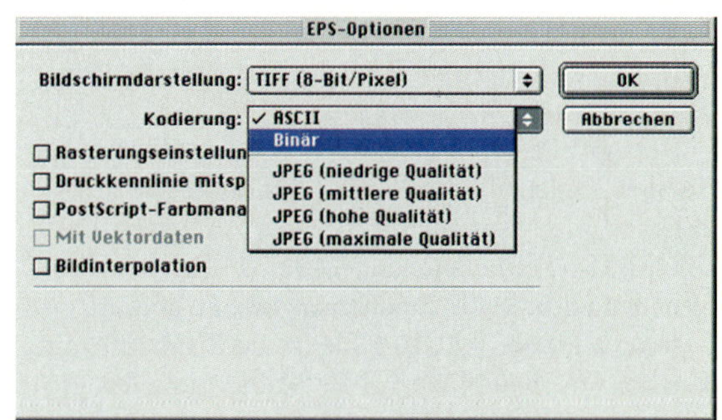

Bild 178: Einstellbare EPS-Optionen in Photoshop 6.0

Die Abbildung 178 zeigt die EPS-Optionen, die vor dem Sichern einer Bilddatei als „Photoshop-EPS“ eingestellt werden können.

EPS-Dateien werden als eingekapselte Dateien normalerweise erst bei der Belichtung oder dem Ausdruck in den Postscript-Datenstrom integriert.

Damit bei der Platzierung einer EPS-Datei im Layoutprogramm nicht nur eine graue Fläche mit dem Namen der Datei erscheint, muss in der Option Bildschirmdarstellung ein entsprechendes Dateiformat dafür ausgewählt werden.

In dem in Bild 178 gezeigten Screenshot wurde für die Bildschirmdarstellung das TIF-Dateiformat mit 8 Bit Pixeltiefe gewählt. Als Alternative dazu kann zur Einsparung von Speicherplatz auch eine Pixeltiefe von 1 Bit gewählt oder als JPEG komprimiert dargestellt werden. Letzteres ist aber nicht im TIF-Format, sondern nur in dem Macintosh eigenen PICT-Format möglich. Im PICT-Format kann die Bildschirmdatei ebenfalls mit 8 Bit und 1 Bit Pixeltiefe im Layoutprogramm angezeigt werden.

Das Bild für die Monitordarstellung liegt in allen Fällen in einer Grobauflösung (LowRes) von 72 ppi vor. Auf die hochaufgelösten HighRes- (High Resolution) Daten hat die Bildschirmdarstellung keinerlei Einfluss. Nur die Bildschirmdatei wird im Layoutprogramm integriert und kann dort skaliert gedreht und beschnitten werden. Bei der Belichtung werden diese so veränderten Bilddaten gegen die Originaldaten ausgetauscht. Die Veränderungen werden dabei berücksichtigt.

Unmittelbar auf die Bilddaten bezieht sich hingegen bei der EPS-Option die Einstellung „Kodierung“ (Bild 178), die sich auf die einzelnen Bildpixel in der Datei bezieht.

Die einzelnen Pixelwerte liegen als zweistellige Hexadezimalwerte in Bilddateien vor (vgl. Kapitel 8.9.2). Ein hexadezimaler Pixelwert von #3A entspricht umgerechnet dem dezimalen Pixelwert 58. Dies ist in der EPS-Bilddatei nicht anders als in der TIF-Datei. Wenn in der EPS-Option unter Kodierung „binär“ ausgewählt ist, so erfolgt die Kodierung in der eben beschriebenen Weise als hexadezimaler Wert.

Mit einem Byte, das der zweistelligen Hexadezimalzahl entspricht, lassen sich in der binären Kodierung alle 256 möglichen Tonwerten eines Bytes als Dualzahl kodieren. Dem höchsten darstellbaren hexadezimalen Wert „#FF“ entspricht der dezimale Wert „255“.

Bei der EPS-Option „ASCII“ werden die hexadezimalen Zahlen als *Text* kodiert. Da diese wie im Beispiel „#3A“ aus Buchstaben und Ziffern bestehen, werden beide Zeichen jedes Pixelwertes entsprechend der ASCII-Zeichensatztabelle kodiert.

Im erweiterten ASCII-Code ist die Ziffer „3“ mit dem hexadezimalen Wert „#33“ kodiert und das große „A“ mit dem hexadezimalen Wert „#41“. In der ASCII-Kodierung wird deshalb der hexadezimale Pixelwert „#3A“ zu „#33“ und „#41“ umkodiert.

Da es sich bei allen Pixelwerten um *zwei* Zeichen handelt, die kodiert werden müssen, sind in der ASCII-Kodierung nun pro Pixel zwei Bytes erforderlich. Die EPS-Bilddatei verdoppelt sich damit in ihrem Dateivolumen. Da Bilddateien ohnehin schon sehr umfangreich sind, sollte man diese EPS-Option nur dann wählen, wenn das Ausgabegerät wegen seines hohen Alters nur in der Lage ist, die ASCII Kodierung zu interpretieren. Das dürfte heute nur noch selten der Fall sein. Die binäre Kodierung sollte folglich der Standard sein.

Wie in den weiteren EPS-Optionen zu sehen ist, können die Pixelwerte auch mit JPEG komprimiert werden. Hierbei handelt es sich um ein sehr effektives, aber verlustbehaftetes Kompressionsverfahren (vgl. Kapitel 8.9.5).

Die bei JPEG auftretenden Verluste können bei der Sicherung der Datei mit dieser EPS-Option nicht kontrolliert werden. Hinzu kommt die Gefahr, dass manche Ausgabegeräte diese Kodierung nicht verstehen und damit die Datei nicht ausdrucken können. Bei dieser EPS-Option ist aus den genannten Gründen also Vorsicht geboten.

Eines der wichtigsten Einsatzgebiete für das EPS-Format ist die Möglichkeit, Bilder problemfrei zu speichern, die mit einem Beschneidungspfad in Photoshop freigestellt wurden.

Um Objekte in einem Pixelbild freizustellen wird mit Hilfe von Beziér-Kurven (vgl. Kapitel 8.1.5) ein Pfad gezeichnet, der das freizustellende Objekt oder Bildteil definiert. Dieser Pfad muss in Photoshop als Beschneidungspfad gesichert worden sein. Verwandelt man einen Arbeitspfad in einen Beschneidungspfad, so muss dazu ein Wert für die Kurvennäherung eingetragen werden.

Mit diesem Eintrag wird definiert, wie genau PostScript den Pfad in die Recorderelemente (Rels) des Belichters (vgl. Kapitel 8.5.2) oder Druckers eintragen soll.

Es ist dazu wichtig zu wissen, dass PostScript Beziér-Kurven aus einzelnen Geradenstücken zusammensetzt werden.

Je genauer der Pfad in die Rels des Belichters „eingezeichnet“ werden sollen, umso mehr Ankerpunkte müssen dabei generiert werden. Der Kurvenverlauf wird dadurch zwar genauer, benötigt aber bei der Ausgabe auch mehr Zeit.

Bei PostScript Level 1-Geräten ist die Anzahl der Ankerpunkte für einen Pfad sogar auf 1 500 begrenzt. Ist die Anzahl zu hoch, erzeugt das Gerät einen Limitcheck-Fehler und bricht die Belichtung ab.

Als Standardwert für die Kurvennäherung sollte hier 1 eingesetzt werden. Für Ausgabegeräte mit einer Ausgabeauflösung von weniger als 1200 dpi reichen auch Werte zwischen 5 und 10 aus.

Ab der Photoshop-Version 6.0 ist es in Photoshop auch möglich, Text als Vektordaten zu erhalten.

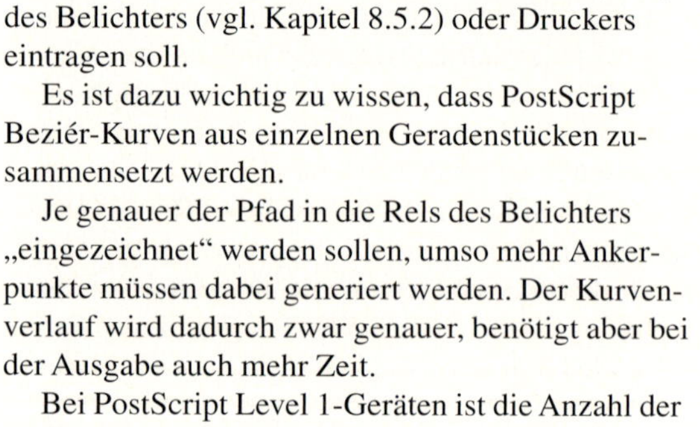

Bild 179: Einstellbare Rasterparameter, die als EPS-Optionen in Photoshop 6.0 in der EPS-Datei gesichert werden können.

Technisch gesehen wird der Text dann wie ein Beschneidungspfad behandelt.

Das Photoshop EPS-Format lässt auch die Speicherung von Rastereinstellungen mit allen notwendigen Rasterparametern für die autotypische Rasterung zu. Die Einstellungen der Rasterparameter erfolgen in Photoshop in „Seite einrichten“ unter „Papierformat“. Hier stellt Adobe Photoshop die Optionen zur Rastereinstellung unter dem Button „Rasterung“ zur Verfügung.

Das Screenshot Bild 179 zeigt das Einstellmenü für die Rasterungsparameter.

Für jede Druckfarbe kann in diesem Menüfenster die Rasterweite (Rasterfrequenz), Rasterwinkelung und Rasterpunktform verändert werden. Dazu ist es jedoch erforderlich, die Option „Rastereinstellungen des Druckers verwenden“ zu deaktivieren. Andernfalls bleiben die Einstelloptionen grau unterlegt und damit unveränderbar. Es werden dann die Rastereinstellungen des RIPs verwendet.

Das wird in der Praxis auch stets der Normalfall sein, weil die in Photoshop veränderte Rastereinstellungen dann ausschließlich für dieses Bild ihre Gültigkeit haben. Auch dies gilt nur dann, wenn das Bild als EPS-Datei gesichert wird und in dem Einstellmenü EPS-Optionen die Option „Rastereinstellungen sichern“ angeklickt wurde.

Die Nutzung dieser Option kann dann sinnvoll eingesetzt werden, wenn auf einer Druckseite Bilder mit unterschiedlichen Rastereinstellungen gedruckt werden sollen, um beispielsweise die Wirkungsweise verschiedener Rasterweiten oder Rasterwinkelungen zu visualisieren.

Bildet sich in einem bestimmten Bild der Druckseite ein Moiré mit Teilen des Motivs (Dachziegel, Lautsprechergitter o.ä.), ist durch eine veränderte Winkellage der Farben eventuell eine Minimierung des Fehlers möglich.

Auch zur Erzeugung von Effektrastern kann diese EPS-Option eingesetzt werden. Einige Punktformen sind dafür von Photoshop vorgegeben, sie sind unter „Rastereinstellungen“ (vgl. Bild 179) auszuwählen.

Unter der dort auch sichtbaren Option „Eigene“ können beliebige Effektraster eingegeben werden. Voraussetzung dazu ist, dass die Eingabe in der Programmiersprache PostScript erfolgt. Um einen Eindruck davon zu bekommen, wie ein solche PostScript-Prozedur aussieht, sei das folgende Beispiel angeführt:

- { 85 100 div 1 exch sub mul 180 cos exch 180
- mul cos add 2 div}

Gibt man diese Postscript-Prozedur unter „Eigene“ in Photoshop ein, so wird eine Rasterpunktform mit einem regulierbaren Kettenpunkt erzeugt. Der erste Wert 85 bestimmt die Verzerrung des Rasterpunktes in Prozent. Wird hier statt 85 der Wert 100 eingegeben, so entsteht ein runder Punkt. Niedrigere Werte verschmälern die Rasterpunktform von der Ellipse bis hin zu einem Linieraster. Beispiele für die

Bild 180: Rasterpunktform: runder Punkt

Bild 181: Rasterpunktform: Linienraster

Wirkung dieser Rasterpunktformen zeigen die Bilder 180 und 181.

Eine weitere Möglichkeit von EPS-Dateien besteht darin, mit Hilfe einer zusätzlichen Transferkurve die Tonwerte bei der Datenausgabe gradationsmäßig zu verändern. Diese kann dazu genutzt werden, um Tonwertübertragungsfehler von Ausgabegeräten zu korrigieren. Im normalen Belichtungsprozess verfügen Belichter intern über ihre eigene Kalibration die dafür sorgt, dass die in der Datei definierten Rasterpunktgrößen auch in der Ausgabe, z. B. auf einem Film erscheinen.

Laserdrucker oder andere Ausgabesysteme, die über solche Funktionen nicht verfügen, lassen sich hingegen hiermit korrigieren. Die Bilddaten der EPS-Datei bleiben dabei unverändert.

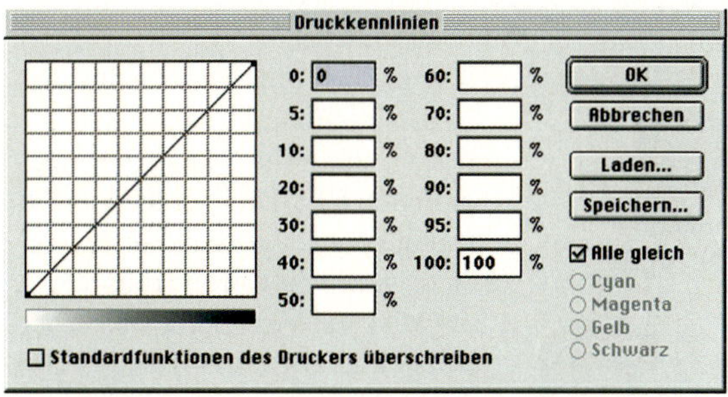

Bild 182: Eingabefenster zur Eingabe der Druckkennlinie zur Kompensation der Tonwertzunahme bei nicht kalibrierten Laserdruckern in Photoshop

Um diese Funktion nutzen zu können, muss eine korrigierende Druckkennlinie erstellt und in Photoshop im entsprechenden Menü (Bild 182) eingegeben werden. Zur Ermittlung der Druckkennlinie einfacher Ausgabegeräte wird mit Hilfe eines Graustufenkeils ein Testdruck durchgeführt. Befriedigt dieser in seiner Wiedergabe der Tonwerte nicht, so kann die Gradation bei der Ausgabe in Photoshop über die Option „Druckkennlinie“ aufgehellt werden. Man erreicht diese unter der Einstellung „Rasterung“ unter „Papierformat“ von Photoshop.

Hat man eine optimale Gradationswiedergabe des Ausgabegerätes erreicht, so wird diese Kennlinie abgespeichert und kann zur Ausgabe von optimierten EPS-Bildern auf einem einfachen Laserdrucker als Kalibrationsdatei immer wieder zugeordnet werden.

Zur Ausgabe der EPS-Bilder auf bereits intern kalibrierten Belichtern werden die EPS-Bilder erneut aufgerufen und ohne Druckkennlinie gesichert.

Das DCS 1.0 und DCS 2.0 Format

Für farbseparierte CMYK-Bilder ist das DCS-Format das wichtigste Dateiformat der Druckvorstufe. DCS steht für Desktop Color Separation und ist eine Sonderform der EPS-Datei. In früheren Photoshop-Versionen tauchten die DCS-Optionen erst während der Absicherung einer farbseparierten CMYK-Datei auf. Ab Photoshop 5.0 sind die DCS 1.0 und DCS 2.0-Formate gesondert in der Option „Speichern unter" aufzurufen.

Merkmale einer DCS-Datei 1.0 im Vergleich zu einer normalen EPS-Datei

Farbseparierte EPS-Dateien, die nicht im DCS-Format gespeichert werden, enthalten alle 4 Farbkanäle zusätzlich zur LowRes-Bildschirmdatei als hochaufgelöste HiRes-Bilder kompakt gespeichert. Zusammen mit den zusätzlich notwendigen PostScript-Operatoren kommen hier einige Megabytes zusammen.

Weil es sich um eingekapselte Bilddaten handelt, können nur die gesamten Bilddaten in den Datenstrom zur Belichtung der Datei eingefügt werden.

Da von den Belichtern aber jeweils immer nur eine Farbform zur Zeit belichtet werden kann, müssen bei jedem Vorgang alle vier Farbkanäle zum Belichter geschickt werden, obgleich jeweils nur ein Farbkanal zur Zeit benötigt wird.

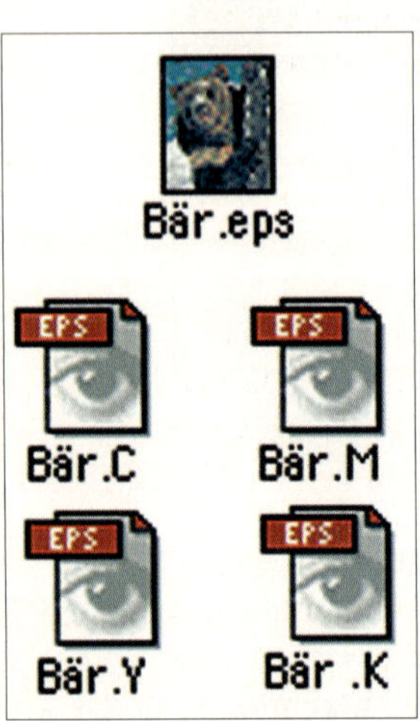

Bild 183: Der Masterfile und seine „Gehilfen" im DCS 1.0 Format

Alle drei anderen Farbkanäle sind zu diesem Zeitpunkt überflüssig. Das hat zur Folge, dass bei farbseparierten EPS-Dateien die ganzen Daten kompakt viermal über das Netz geschickt werden müssen, obgleich ein Viertel der Daten bei der Belichtung eines Kanals völlig ausreichend ist.
Dieses Problem löst das DCS-Format 1.0.
Hier wird ein Master-File erzeugt und dazu vier „Helfer".
Die Gehilfen sind die HiRes Farbkanäle, die nun als .C, .M, .Y und .K hinter dem Dateinamen als einzelne Farbauszüge gespeichert werden (Bild183).

Der Masterfile enthält wie normal die Bildschirmdarstellung (Gesamtbild). Zusätzlich sind darin nun aber optional eine LowRes-Version des Originalbildes mit 72 ppi als Druckversion speicherbar (Bild 184). Diese Version kann wahlweise als

- Graustufenbild für Laserdrucker (Graustufen-Composite mit 72 Pixel/inch) oder
- CMYK-Bild für Layoutprints (Farbcomposite-Bild 72 Pixel/inch) mit Farbdruckern erfolgen.

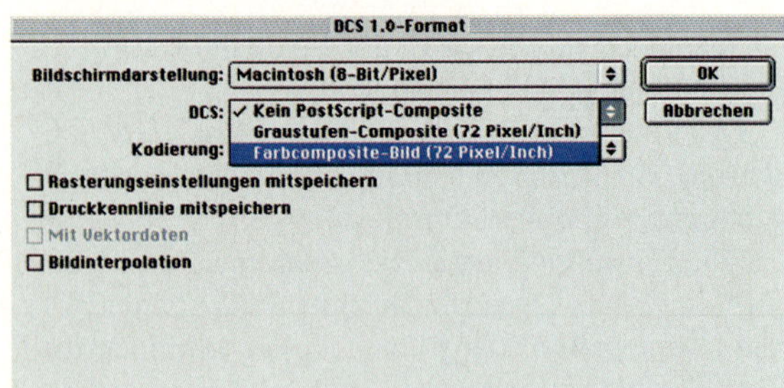

Bild 184: Der Masterfile und seine „Gehilfen" im DCS 1.0 Format

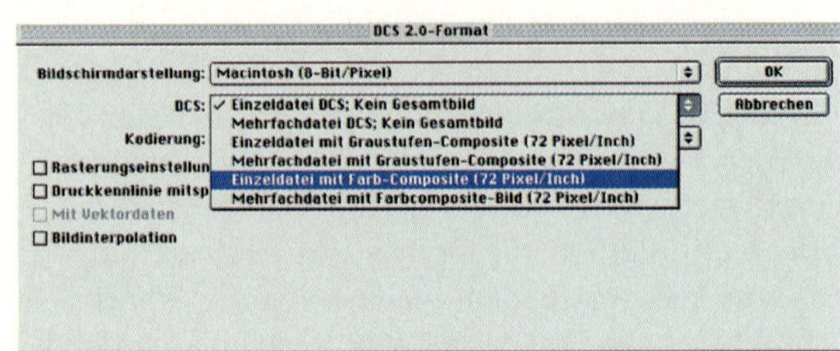

Bild 185: Einstelloptionen im DCS 2.0 Format im Programm Photoshop

Diese Optionen werden unter „DCS" auswählbar und beziehen sich ausschließlich auf den Masterfile. Zusätzlich ist die Bildschirmdarstellung in den selben Optionen wie bei einem normalen EPS einstellbar. Die HiRes-Bilder sind im Masterfile nicht vorhanden. Sie stehen dem Master aber unmittelbar zu seiner Verfügung, indem im Header ein Verweis auf die HiRes-Bilder verzeichnet ist. Alle fünf Dateien sollten sich deshalb im selben Ordner oder Verzeichnis mit den gleichen Dateinamen befinden.

Ab Photoshop-Version 5.0 wurde das DCS 2.0 eingeführt. Während mit der DCS-Version 1.0 wie eben beschrieben gearbeitet werden kann, ermöglicht DCS 2.0-Version auch die Speicherung der einzelnen CMYK-Farbauszüge innerhalb nur einer „Einzeldatei". Das erleichtert die Dateiverwaltung, bringt aber auch keine Speicherplatzverringerung.

Wie im Optionsfenster des DCS 2.0-Formates in Bild 185 zu ersehen ist, ist die Datei auch als „Mehrfachdatei" wie im DCS 1.0-Format mit den Variationen der Masterdatei zu speichern. Zusätzlich ist es nur im DCS 2.0-Format möglich, einen Alpha-Kanal und Volltonkanäle zu speichern. Durch diese Neuerung ist das DCS 2.0-Format auch dazu in der Lage Farbseparationen für den 7-Farbendruck zu speichern.

8.9.5 Datenkompression

Der Speicherplatzbedarf für Bilddateien ist allgemein sehr groß und die Speicherkapazität auf Festplatten oder Servern scheint immer viel zu gering zu sein. In der Praxis sind die Festplatten immer zu 90% voll. Aus diesem Grunde sind Verfahren bedeutend, bei denen kleinere Dateigrößen entstehen. Insbesondere bei der Datenfernübertragung über ISDN oder Internet, sowie der Archivierung von Bilddateien hilft die Datenkompression Geld zu sparen.

Es gibt unterschiedliche Verfahren zur Datenkompression, die in den verschiedenen Dateiformaten integriert werden können.

Bei näherer Untersuchung ist festzustellen, dass gleiche Kompressionsverfahren bei unterschiedlichen Bilddaten nicht immer zum gewünschten gleichen Erfolg führen. Andere Kompressionsverfahren weisen nach ihrer Dekompression Verluste im Bild auf. Daher ist es wichtig, die Kompressionsverfahren in ihrer Wirkungsweise zu untersuchen. Ein Grundverständnis hilft, in der praktischen Anwendung Sicherheit zu bekommen.

Nimmt man den Begriff „Kompression" wörtlich, so müsste es sich um eine „Verdichtung" von Daten handeln. Der Begriff Datenkompression ist hier nicht wörtlich zu nehmen. Er wird nur im übertragenen Sinne gebraucht: Eine erfolgreiche Datenkompression führt zu einem geringeren Datenvolumen.

Dies geschieht jedoch nicht durch eine Verdichtung wie das in der Physik bei bestimmten Stoffen möglich ist, sondern durch

- Vermeidung von redundanten Informationen
- rationellerer Speicherung
- mathematische Optimierungsverfahren

Manche Datenkompressionsverfahren wenden auch eine Mischung aus verschiedenen Möglichkeiten an.

Die RLE Kompression

Die einfachste Form der Datenkompression ist das RLE-Verfahren (RLE = Run lengt encoding). Man bezeichnet dieses Verfahren auch Lauflängenkodierung. Es beruht darauf, redundante (überreichliche) Informationen in digitalisierten Bildern zu vermeiden.

Für Bitmaps mit 1 Bit Pixeltiefe (Strich) ist dieses Verfahren sehr effektiv. In Strichabbildungen können alle Pixel nur den Wert 0 oder 1 annehmen. Folglich besteht eine Strichgrafik nur aus einer Folge von zwei unterschiedlichen Werten.

Besteht der Bitstrom aus beispielsweise 46 weißen, gefolgt von 89 schwarzen Pixeln, so werden in unkomprimierter Form dafür 135 Bits (46 + 89) benötigt. Da sich alle wiederholenden gleichen Bits als redundante Informationen erweisen, besteht hier die Möglichkeit zur Kompression, indem nach dem ersten Bit nur noch die Anzahl der gleichartigen Bits angegeben wird, die dahinter folgen.

Das RLE-Verfahren besitzt durch seine Einfachheit auch eine sehr hohe Geschwindigkeit:

Beim Komprimieren werden so lange Bytes eingelesen, bis der Wert des gerade gelesenen Bytes von den vorhergehenden abweicht.

Ist dies der Fall, werden entsprechend der Anzahl gleichartiger Bytes, entweder ein Einzelwert oder ein Wertepaar aus Pixelwert und Anzahl gebildet.

Die Dekompression ist ebenso einfach: Einen Wert oder ein Wertepaar lesen und die entsprechende Anzahl von Datenbytes ausgeben.

Wegen dieser Einfachheit wird RLE häufig für wenig komplexe Bilder eingesetzt. So gibt es zwei sehr bekannte Dateiformate, die RLE verwenden:

- Das ist das PCX-Format, das von der Firma ZSoft als Dateiformat für das Programm „PC-Paintbrush" entwickelt wurde. Mittlerweile hat PCX aber größere Verbreitung erfahren und ist eines der Standard-Dateiformate.
- Außerdem können die von Microsoft Windows verwendeten BMP-(„Bitmap")Dateien wahlweise auch RLE-kodiert gespeichert werden.

Diese Methode ist für Bitmap-Dateien geeignet, aber uneffektiv bei Graustufenbildern. Das liegt daran, dass sich in Graustufenbildern kaum genau gleiche Pixelwerte wiederholen. In Farbbildern ist dies noch weniger der Fall. Im ungünstigsten Fall kann sich die Bilddatei nach der Kompression dabei vergrößern. Bei Textdateien ist der Erfolg nicht besser, aber hier wird das Datenvolumen kaum vergrößert.

Dass RLE im Extremfall seinen Zweck völlig verfehlt und Dateien eher vergrößert als verkleinert, liegt darin begründet, dass in der komprimierten Datei die Wertepaare unterschieden werden müssen: Welcher Wert stellt die Anzahl dar und welcher den Pixelwert?

Der Decoder muss diese Informationen exakt und zweifelsfrei erhalten, damit Pixelwerte und Anzahlwerte korrekt verarbeitet werden können. Folglich mussten Methoden gefunden werden, diese Wertepaare in ihrer Unterschiedlichkeit zu kennzeichnen.

BMP verpackt dazu die Wertepaare in drei Bytes: Zuerst kündigt das Byte #FF was dem „Escape-Zeichen" entspricht, ein Wertepaar an. Dahinter folgt das Datenbyte des entsprechenden Pixelwertes und im dritten Byte ist die Anzahl der Wiederholungen enthalten. Es kommt jedoch der Fall vor, dass der Pixelwert „FF" in den Bilddaten enthalten ist. Dann muss der Encoder diesen 1 Byte großen Wert durch drei Einzelbytes darstellen: 255, 255, 1. Auf diese Weise wird die Verwechslung mit einer neuen Ankündigung eines Wertepaares vermieden.

Bei PCX werden auch grundsätzlich Einzelwerte gespeichert. Wertepaare werden dadurch gekennzeichnet, dass der Wiederholungswert plus 192, gefolgt vom Datenbyte, in die Datei geschrieben wird. Der Decoder erkennt nun an jedem eingelesenen Wert größer als oder gleich 192, dass es sich um eine Anzahl handelt und kann entsprechend agieren. Diese Methode verbirgt aber die Schwierigkeit in sich, dass Einzelwerte über 191 immer zwei Bytes belegen.

Diese Grundproblematik, zusätzliche Bytes speichern zu müssen, um die Rekonstruktion der Daten im Decoder eindeutig zu gewährleisten, ist nicht nur bei RLE vorhanden, sondern in allen verlustfrei arbeitenden Kompressionsverfahren.

Huffmann-Kodierung

Die Huffmann-Kodierung verfolgt gegenüber dem RLE-Verfahren einen anderen Ansatz: Datenwerte, die mit größerer Häufigkeit vorkommen, werden umkodiert, um sie platzsparender abzuspeichern.

Am Beispiel eines ASCII-Textes ist das Prinzip der Huffmann-Kodierung zu verdeutlichen:

Jeder Buchstabe benötigt in der ASCII-Kodierung 1 Byte Speicherplatz. Ein Text enthält die Buchstaben aber mit unterschiedlicher Häufigkeit. So ist z. B. das „e" und „n" in der deutschen Sprache wesentlich häufiger vorhanden als etwa „q" und „y". Trotzdem wird jedem Buchstaben im ASCII jeweils 1 Byte zugeteilt. Für die Kodierung eines einzigen Zeichens genügt jedoch theoretisch 1 Bit.

Die Huffmann-Kodierung geht davon aus, Zeichen mit größerer Häufigkeit mit den geringsten Bits zu kodieren. Sinkende Häufigkeit der Zeichen führt demnach zu einer steigenden Anzahl von Bits. Kommt in einem Text der Buchstabe „e" am häufigsten vor, so werden diesem Buchstaben nur zwei Bit zur Kodierung zugewiesen. Das entspricht, bezogen auf den Buchstaben „e", einer Speicherplatzeinsparung um den Faktor 4!

In dem ersten Schritt zur Datenkompression einer Bilddaten-Datei nach Huffmann werden die gesamten Pixelwerte nach ihrer vorkommenden Häufigkeit ausgezählt.

In einem zweiten Schritt werden diese Pixelwerte umkodiert. Dazu ist ein technisches Problem zu lösen: Woher weiß der Decoder, welches Zeichen am häufigsten vertreten ist?

Die Lösung beginnt bildlich ausgedrückt mit einem Bäumchenspiel mit Häufigkeiten. Das bedeutet: Es wird ein Binärbaum aufgebaut, indem man von den beiden am wenigsten vertretenen Pixelwerten ausgeht. Diese werden zu einem sogenannten Knoten zusammengefasst, der die Häufigkeitsangabe als Summe aus den beiden Ursprungswerten enthält.

Zur Veranschaulichung soll dieses Grundprinzip am Beispiel eines Wortes demonstriert und visualisiert werden. Es geht um das Wort:

- BESENREINHEITSGEBOT

Die Speicherung dieses Wortes in unkomprimierter Form erfordert 19 Byte. Die Häufigkeitsverteilung der vorkommenden Buchstaben zeigt das Bild 186.

BESENREINHEITSGEBOT

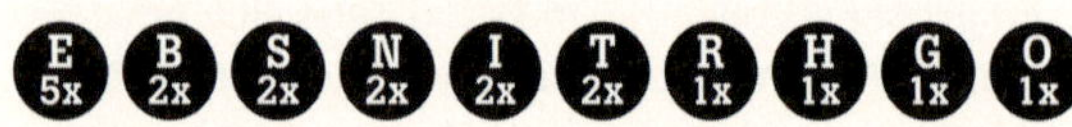

Bild 186: Häufigkeitsverteilung der Buchstaben in dem Wort Besenreinheitsgebot.

Die Buchstaben „O", „G", „H", und „R" weisen von rechts nach links mit einer Anzahl von jeweils 1x die geringsten Häufigkeiten auf. Bei gleichen Häufigkeiten stehen die zuerst auftretenden Zeichen links und die späteren rechts davon. Die beiden geringsten Häufigkeiten „G" und „O" werden zu einem Knoten zusammengefasst. Als Summe wird in den Knoten die Summe beider Häufigkeiten, also 2, eingetragen.

Im Bild 187 wird diese Verfahren in einer Baumstruktur dargestellt: Das „Bäumchenspiel" beginnt ganz unten rechts.

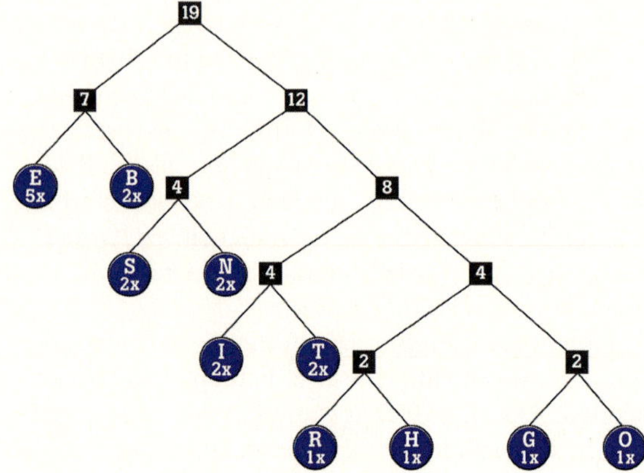

Bild 187: Aus Häufigkeitsverteilungen entsteht bei Huffmann eine Baumstruktur.

Die nächsten zwei Häufigkeiten von „R" und „H" werden ebenfalls zu einem Knoten mit einer „2" als Summe zusammengefasst.

Die Buchstaben „I" und „T" werden mit einer Häufigkeit von *jeweils* 2 x zu einem Knoten *mit der Summe „4" zusammengefasst.*

Auf der gleichen Ebene werden die beiden Knotenpunkte mit der Summe von jeweils „2" zu einem darüberliegenden Knotenpunkt mit der Summe von ebenfalls „4" zusammengefasst.

Die Häufigkeitsverteilungen der Buchstaben „S" und „N" werden zu einem weiteren Knoten mit der Häufigkeitssumme „4" zusammengefasst.

Gemeinsam mit den beiden zur Knotensumme von „8" vereinten Knoten bilden diese einen gemeinsamen Koten mit der Knotensumme „12".

Schließlich bilden die Buchstaben „B" mit einer Häufigkeit von „2" zusammen mit dem Buchstaben „E" mit einer Häufigkeit von „5" einen Knoten mit der Häufigkeitssumme „7".

Die Knoten „4" und „8" werden zu dem Knoten „12" zusammengefasst. Die Vereinigung der Knotensummen „7" und „12" zur Knotensumme „19" bildet schließlich die Wurzel des Baumes und damit das Ende des „Bäumchenspiels".

Das System beruht demnach auf einem binären Baum: Allen Verzweigungspunkten wird dabei nach links eine „0" und nach rechts eine „1" zugewiesen. Aus dem „Bäumchenspiel" ist ein Binärbaum geworden, der die 19 Buchstaben in umkodierter Form enthält (Bild 188).

Der Binärbaum ist mit einer Wegbeschreibung oder Landkarte zu einem kodierten Zeichen zu vergleichen. Start ist die Wurzel ganz oben. Auf dem Weg zum kodierten Zeichen werden mehrere Knotenpunkte mit Verzweigungen passiert.

Eine Verzweigung nach links ist repräsentiert durch eine binäre „0", eine Verzweigung nach rechts durch eine binäre „1".

Die Wegbeschreibung zum Buchstaben „E" verläuft kurz und lautet: „0 0".

Das „B" ist jetzt mit „0 1" kodiert. Die beiden häufigsten Buchstaben benötigen in der Umkodierung also nur noch jeweils 2 Bit, statt 8.

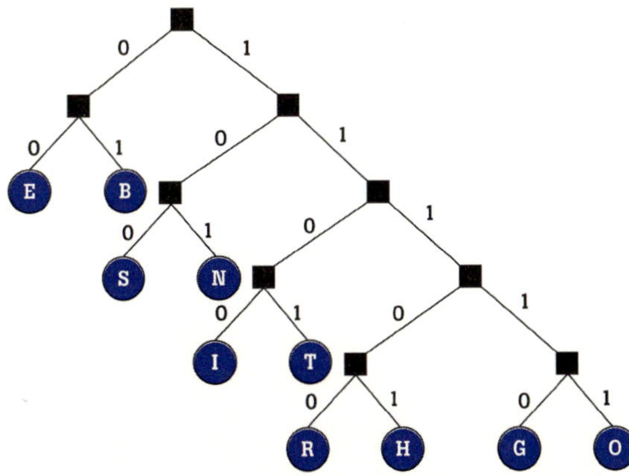

Bild 188: Binärbaum mit den nach Huffmann umkodierten Zeichen als „Wegbeschreibung"

Ein weniger häufiger Buchstabe wie das „G" beispielsweise hat die Kodierung „1 1 1 1 0", benötigt nach der Umkodierung also auch nur 5 Bit statt 8.

Nach dem Bäumchenspiel haben die 19 Zeichen statt mit 8 Bit ASCII nun die folgenden neuen Codes:

– B = 0 1
– E = 0 0
– S = 1 0 0
– E = 0 0
– N = 1 0 1
– R = 1 1 1 0 0
– E = 0 0
– I = 1 1 0 0
– N = 1 0 1

H = 1 1 1 0 1
E = 0 0
I = 1 1 0 0
T = 1 1 0 1
S = 1 0 0
G = 1 1 1 1 0
E = 0 0
B = 0 1
O = 1 1 1 1 1
T = 1 1 0 1

Für die Kodierung des gesamten Wortes werden nun netto 62 Bits benötigt. Unkomprimiert mussten 152 Bits (19 Zeichen x 8 Bit) aufgewendet werden. Das entspricht bei einem so kurzen Wort einer beachtlichen Kompressionsrate

Das komprimierte Datenvolumen beträgt netto nur noch 41 % des ursprünglichen Volumens.

Tatsächlich werden solche Kompressionsraten aber nicht erreicht. Zu diesen Nettowerten muss z. B. der Speicherplatz hinzugezählt werden, der für die Speicherung des Binärbaums benötigt wird, der nicht nur die Wegbeschreibung, sondern auch die Zeichen selbst gespeichert hat.

Der Kompressionserfolg hängt bei diesem Verfahren ferner davon ab, dass Daten mit besonders hoher Häufigkeit gegenüber den anderen Daten auftreten. Das ist bei Bilddaten eher selten der Fall. Textdaten sind hingegen viel eher so strukturiert. Ein weiterer Nachteil besteht darin, dass die Quelldatei zweimal eingelesen werden muss.

Die Huffmann-Kodierung in Verbindung mit einer modifizierten Form der Lauflängenkodierung wird in Kompressionsverfahren für das Fax angewendet.

Zu solchen Kompressionsverfahren gehören CCIR Group 3 und CCIR Group 4. Diese werden hauptsächlich für die Kompression von Bitmaps mit einem Bit Pixeltiefe sinnvoll angewandt.

Das Huffmann-Verfahren hat sich als Packverfahren allein nicht richtig durchsetzen können, wohl aber als sogenannter Postprozessor. Damit ist gemeint, dass die Huffmann-Kodierung erfolgreich ist, wenn andere Kompressionsverfahren die Daten schon so vorstrukturiert haben, dass eine Huffmann-Kodierung als nachgeschaltetes Kompressionsverfahren weitere Erfolge bringt. Die Huffman-Kodierung kommt innerhalb des JPEG-Kompressionsverfahrens als Postprozessor zum Einsatz.

Die LZW-Kodierung: Kompression durch Mustererkennung

Die LZW-Kodierung wurde nach den drei Erfindern Abraham Lempel, Jacob Ziv und Terry Welch benannt. Grundlage der LZW-Kompression bildeten das 1977 entwickelte LZSS-Verfahren, dass zusammen mit James Storer und Thomas Szymanski entwickelt wurde und das LZP-Verfahren (Lempel Ziv with Prediction). Terry Welch hatte 1978 einen wesentlichen Anteil an der Verbesserung dieser vorher bestehenden Verfahren. Als LZW-Kompression wird das Verfahren in Dateiformaten wie beispielweise TIF und GIF (vgl. Kapitel 8.9.2 und 8.9.3) zur Speicherung digitaler Bilddaten eingesetzt.

Zunächst ein zusammenfassender Überblick zu dem Ansatz der Datenkompression von LZW - zu RLE und Huffmann.

RLE setzt darauf, die Wiederholung von gleichen Zeichen kompakter abzuspeichern und Redundanzen damit zu vermeiden.

Huffmann setzt demgegenüber darauf, Zeichen mit größerer Häufigkeit zu erkennen und diese platzsparender zu kodieren.

Bei der LZW-Kodierung geht es nun darum, eine sich wiederholende Zeichenfolge in eine Art „Wörterbuch" abzulegen und anstelle dieser lediglich einen Verweis (Offset) auf dieses Wörterbuch zu speichern. Der Verweis zeigt auf die Stelle im Wörterbuch wo diese Zeichenfolge zu finden ist.

Das Wörterbuch wird bei der LZW-Kompression als *Code-Tabelle* bezeichnet und der Verweis als *LZW-Code*. Bei der Dekomprimierung wird jeder Verweis durch die im Wörterbuch befindliche Zeichenfolge ersetzt.

Auf diese Weise werden alle redundanten Zeichenfolgen nur einmal abgespeichert und somit Speicherplatz gespart. Die sich wiederholenden Zeichenketten bilden ein Bytemuster.

Die LZW-Kompression ist danach eine Art Bytemuster-Erkennung.

Ablauf der Kompression

Ähnlich wie bei der Huffmann-Kodierung gelingt auch die LZW-Kompression nur in zwei Schritten.

Der erste Schritt besteht darin, die Code-Tabelle zu initialisieren und die gesamte Datei zu lesen. Alle vorkommenden einzelnen Zeichen werden jetzt einmalig in die Code-Tabelle eingetragen. Bei einer Bilddatei können dies die Pixelwerte 0 bis 255 maximal sein.

Alle diese einzelnen Zeichen erhalten einen LZW-Code, also einen Verweis, wo in der Code-Tabelle sie zu finden sind. Anschließend wird das erste Zeichen, das in der Code-Tabelle vorkommt als Präfix gesetzt.

Das folgende Zeichen der Datei wird als Suffix angehängt. Präfix und Suffix zusammen werden als Muster bezeichnet. Nun wird verglichen, ob sich dieses Muster bereits in der Code-Tabelle befindet.

Ist dies der Fall, ist dieses Muster der neue Präfix, dem das nächste Zeichen der Datei als Suffix hinzugefügt wird.

Ist dies nicht der Fall, wird dieses Muster in die Code-Tabelle eingetragen. Hier erhält es einen neuen LZW-Code, der ausgegeben wird. Anschließend wird das nächste Zeichen gelesen.

Dieser soeben beschriebene Vorgang, der bei jeder LZW-Komprimierung abläuft, wird als LZW-Algorithmus bezeichnet. Der Ablauf dieses beschriebenen Algorithmus zeigt Bild 189.

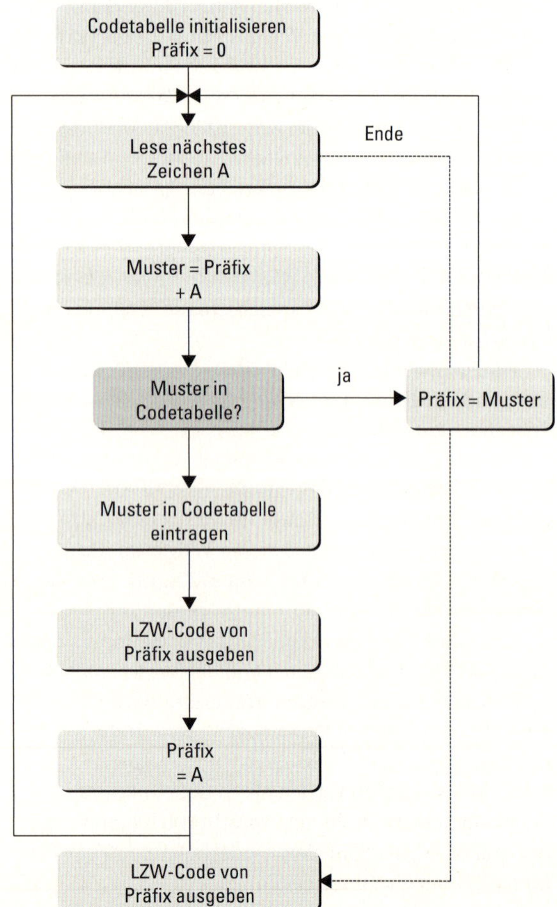

Bild 189: Der Algorithmus zur LZW-Kompression

Um den Ablauf der LZW-Kompression verständlicher werden zu lassen, wird für die folgende Zeichenkette schematisch eine LZW-Komprimierung durchgeführt:

- ABCABCABCABCD

Im ersten Schritt werden in die leere Code-Tabelle alle in der Datei enthaltenen einzelnen unbekannten Zeichen eingetragen und mit einem Code versehen. Für unser sehr kurzes Beispiel hat diese dann folgenden Inhalt:

Zeichen	Code
A	0
B	1
C	2
D	3

Im zweiten Durchgang wird nun die Datei wieder vom ersten Zeichen an gelesen und Zeichen für Zeichen mit dem Inhalt der Code-Tabelle verglichen.

Das erste Zeichen „A“ kommt in der Code-Tabelle bereits vor und braucht nicht eingetragen zu werden. Alle in der Code-Tabelle vorkommenden Zeichen werden zum Präfix.

Das nächste Zeichen in der Datei, das nach dem bekannten Präfix folgt, wird zum Suffix. In unserem Beispiel wäre dies das „B“. Somit wird ein Muster aus „AB“ gebildet und geprüft, ob dieses Muster „AB“ in der Code-Tabelle bereits vorhanden ist.

In dem genannten Beispiel ist dies nicht der Fall. Das Muster wird in die Code-Tabelle eingetragen und erhält den LZW-Code 4.

Da das letzte bekannte Zeichen der Code-Tabelle „A“ gewesen ist, wird nun das dem „A“ folgende Zeichen „B“ in der Datei zum Präfix. Dies ist als Einzelzeichen bekannt. Folglich wird das darauf folgende „C“ zum Suffix. Das Muster „BC“ ist in der Code-Tabelle noch nicht vorhanden und wird deshalb mit dem LZW-Code 5 in die Code-Tabelle eingetragen. Das letzte bekannte Zeichen in der LZW-Tabelle war „B“. Nun wird das „C“ der Datei zum Präfix und das dem „C“ folgende „A“ zum Suffix. Als ebenfalls unbekanntes Muster wird es in die Code-Tabelle eingetragen und erhält den LZW-Code 6.

Dem „C“ als letztes bekanntes Einzelzeichen folgt nun ein „A“, das zum neuen Präfix wird und dem als bekanntes Zeichen das nachfolgende „B“ als Suffix gesetzt wird.

Das Muster „AB“ ist als LZW-Code 4 in der Code-Tabelle bereits vorhanden. Nun wird Muster „AB“ zum Präfix, dem das nachfolgende Zeichen „C“ der Datei als Suffix angehängt wird. „ABC“ wird nun als neues Muster mit dem LZW-Code 7 in die Code-Tabelle eingetragen. Da das Muster „AB“ bereits in der Code-Tabelle bekannt gewesen ist, wird nun „C“, das diesem bekannten Muster in der Datei folgt, zum neuen Präfix.

Das ihm folgende „A“ wird als Suffix angehängt und bildet das Muster „CA“. Auch dieses Muster ist bereits mit dem LZW-Code 6 in der Code-Tabelle eingetragen. Folglich wird ihm das nächste Zeichen der Datei „B“ als Suffix angehängt. Das unbekannte Muster „CAB“ wird in die Code-Tabelle mit dem LZW-Code 8 eingetragen. Weil das Muster „CA“ das letzte bekannte Muster gewesen ist, wird nun das in der Datei diesem bekannten Muster folgende „B“ zum neuen Präfix.

Das nachfolgende „C“ wird zum Suffix und ist als Muster „BC“ bereits unter dem LZW-Code 5 bekannt. Folglich wird dem bekannten Muster „BC“ das nachfolgende „A“ als Suffix angehängt und wiederum mit dem LZW-Code 9 in die Code-Tabelle eingetragen.

Weil „BC“ das letzte bekannte Muster gewesen ist, wird das daran anschließende Zeichen „A“ wieder zum neuen Präfix und „B“ zum Suffix.

Da dieses Muster bereits bekannt ist, wird daraus das Muster „ABC“. Auch dieses Muster ist unter dem LZW-Code 7 bereits bekannt. Nun kann „ABC“ als Präfix fungieren und das nachfolgende Zeichen „D“ als Suffix. Das Muster ABCD erhält schließlich den LZW-Code 10. Damit sind alle Zeichen und Muster der Datei kodiert. Als LZW-Code wird nun in der Datei gespeichert:

– 0 1 2 4 6 5 7 3

Da es sich hierbei nur um Indexwerte in der LZW-Code-Tabelle handelt, hängt die Größe der LZW-komprimierten Datei entscheidend auch von der Größe der LZW-Code-Tabelle ab, die generiert werden muss. In dem einfachen Beispiel hat die Code-Tabelle folgendes Aussehen:

– Zeichen	Code
A	0
B	1
C	2
D	3
AB	4
BC	5
CA	6
ABC	7
CAB	8
BCA	9
ABCD	10

Der Erfolg des LZW-Kompressionsverfahrens hängt maßgeblich von der Wiederholung gleicher Bytemuster ab. Dies ist dort der Fall, wo Farbbilddaten mit vielen glatten und einheitlichen Tonwerten dargestellt werden, z. B. in Grafiken mehr als in fotografischen Bildern . Folglich ist es auch nachvollziehbar, dass dieses Kompressionsverfahren im GIF-Dateiformat selbstverständlich eingesetzt wird.

Im TIF-Dateiformet ist diese Kompression optional anwendbar. Bilddateien mit extrem unstrukturierten Daten können nach der LZW-Bilddatenkompression durchaus zu höheren Speicherdaten führen als ohne Komprimierung. Wenn sich bei der LZW-Kompression keine Wiederholung von Bytemustern ergeben, wird die LZW-Code-Tabelle aufgebläht ohne nennenswerte Kompressionserfolge zu erzielen.

Wird in Photoshop eine RGB-Datei mit einem bunten Farbton angelegt und dieser mehrfach mit dem Störungsfilter überzogen, so wird bei einer Speicherung als TIF-Datei mit LZW-Kompression mehr Speicherplatz benötigt als ohne. Das ist sicherlich die Ausnahme, aber bei Kompressionsverfahren dieser Art auch nicht zu vermeiden. Ähnlich ist es auch bei der RLE-Kompression.

JPEG-Verfahren: Kompressionsverfahren in Reihe geschaltet

Eine nach dem JPEG-Verfahren komprimierte Datei führt zu den effektivsten Kompressionsraten. Der Name dieses Kompressionsverfahrens ist von dem Gremium abgeleitet, das dieses Verfahren entwickelt hat: *Joint Photographer Expert Group*.

Im Unterschied zu den bisher besprochenen Kompressionsverfahren treten beim JPEG-Verfahren mehr oder weniger Informationsverluste auf.

Die JPEG-Kompression wurde 1991 durch eine ISO-Norm zum internationalen Standard erklärt. JPEG unterstützt Graustufenbilder mit 8 Bit Pixeltiefe und farbige Bytemap-Dateien mit 24 Bit Farbtiefe. Es ist dagegen nicht für monochrome Bitmap-Dateien mit 1 Bit Pixeltiefe einzusetzen.

Beim JPEG-Kompressionsverfahren handelt es sich um eine „Lossy-Compression“. Darunter versteht man Kompressionsverfahren, bei deren Dekomprimierung der Daten Verluste auftreten können. Anders als bei der LZW, RLE oder der Huffmann-Kodierung werden die Bilddaten nach der Dekomprimierung nicht mehr genau identisch rekonstruiert.

Der Grad des Datenverlustes steht dabei in unmittelbarem Verhältnis zur Kompressionsrate der Bilddatei: Hohe Kompressionsrate führt zu niedrigerer Bildqualität und umgekehrt.

Der Anwender entscheidet, welche Kompressionsrate gewählt werden soll. Das JPEG-Verfahren lässt Einstellungen zwischen „0“ für hohe Kompression und geringste Qualität und 12 für kleine Kompression und höchste Qualität zu.

Datenverluste, die im JPEG-Verfahren durch die Kompression auftreten, müssen nicht in jedem Fall visuell auffällig sein. Geringe Kompressionsraten führen beispielsweise zu objektiv feststellbaren Veränderungen der Bilddaten, das heißt die Pixelwerte der dekomprimierten Datei sind nicht mehr dieselben wie in der unkomprimierten Datei. Je nach Bildstruktur können diese Unterschiede jedoch unterhalb der Wahrnehmbarkeitsschwelle des Auges liegen.

Der sehr komplizierte Kompressionsalgorithmus des JPEG-Verfahrens sorgt jedoch dafür, dass die auftretenden Datenverluste visuell nur geringfügig auffallen. Die visuelle Auffälligkeit ist dabei stark vom Bildmotiv abhängig. Es ist deshalb sinnvoll Tests mit unterschiedlichen Bildmotiven und Kompressionsraten durchführen, um ein sicheres Gefühl für den Kompromiss zwischen Speicherplatzeinsparung einerseits und Bildqualität andererseits zu bekommen.

Dabei ist selbstverständlich auch stets der Verwendungszweck der Bilddaten zu berücksichtigen. Ist das Bild für das Internet gedacht, so ist eine hohe Kompressionsrate wesentlich wichtiger als bei einer späteren Verwendung in Printmedien, wo der Erhalt der Bildqualität von hoher Bedeutung ist.

Das JPEG-Kompressionsverfahren besteht nicht nur aus einem einzigen Kompressionsalgorithmus, JPEG- ist ein mehrstufiges Verfahren.

Das unterscheidet dieses Verfahren grundlegend von der LZW oder RLE-Kompression.

Ein weiteres Unterscheidungsmerkmal besteht darin, dass die Bilddaten nicht in ihrer Gesamtheit einer Kompression unterzogen werden. Stattdessen werden die Daten zunächst in 8 x 8 große Pixelblöcke aufgeteilt. Diese 64 Pixelwerte werden dann in 5 aufeinanderfolgenden Schritten komprimiert.

Nach erfolgter Kompression des ersten Blocks wird der folgende Block komprimiert.

Bild 190 zeigt die fünf Schritte zur Kompression jedes einzelnen Pixelblocks als Schaubild.

Im ersten Schritt werden die Farben vom RGB oder CMYK-Farbraum in den YUV-Farbraum transformiert und komprimiert.

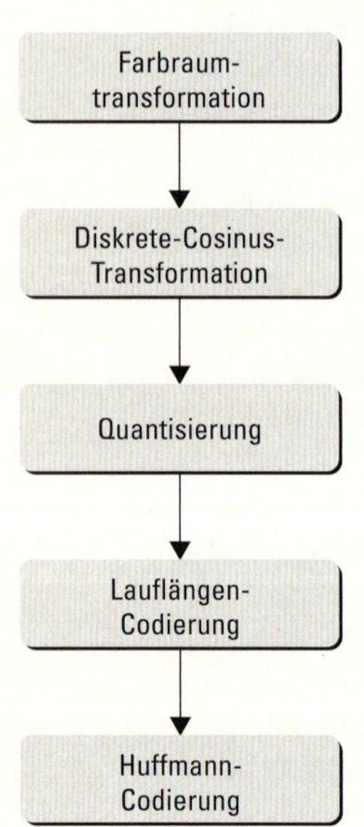

Bild 190: Die Schritte zur JPEG-Kompression einer Bilddatei

Im zweiten Schritt sorgt die DCT dafür, dass die Bilddaten nach wichtigen und weniger wichtigen Bilddaten sortiert werden. Eine Datenkompression findet in diesem Schritt noch nicht statt.
Im dritten Schritt werden die Voraussetzungen für den zweiten Kompressionsschritt endgültig geschaffen.
Hier wird der gewählte Kompressionsfaktor berücksichtigt.
Durch die anschließende RLE- und Huffmann-Kompression im vierten und fünften Schritt finden zwei weitere Datenkompressionen statt.
Bei der folgenden näheren Betrachtung werden die komplizierten mathematischen Einzelheiten dabei außer Acht gelassen.
Das wesentliche Ziel ist es, die Wirkungsweise der JPEG-Kompression zu veranschaulichen.

Farbraumtransformation
Die RGB-Dateien benötigen bei einer Pixeltiefe von 8 Bit/Pixel bekanntlich 24 Bit oder 3 Byte Speicherplatz, um 16,7 Mio Farben (TrueColor) speichern zu können.

Der JPEG-Kompressionsalgorithmus transformiert die Farbdaten im ersten Schritt in einen anderen Farbraum, der eine visuell kaum auffällige Datenkompression ermöglicht. Es handelt sich dabei um den sogenannten YUV-Farbraum, der aus der amerikanischen NTSC-Norm für die Videotechnik stammt und hier für die Übertragung der Farbdaten verwendet wird. Das YUV-Signal besteht aus einer Helligkeitskomponente (Y) und einer aus „U“ und „V“ berechenbaren Farbkomponente (Chrominanz).

Aus der Farbmetrik ist bekannt, dass der Grünanteil jeder Farbe den stärksten Einfluss auf die Helligkeitsempfindung ausübt. Der Blauanteil übt dagegen den geringsten Einfluss aus, Rot liegt in der Mitte. Diese Farbanteile ergeben sich aus der Helligkeits-Empfindlichkeitskurve des menschlichen Auges.

Die Helligkeitskomponente des YUV-Farbmodells berechnet sich daher nach der folgenden Formel:
– Y = 0,59 x G + 0,30 x R + 0,11 x B

Aus der Formel ist zu erkennen, dass Grün zu fast 2/3, Rot zu fast 1/3 und Blau zu gut 1/10 in die Helligkeitskomponente einfließen.

Der Chrominanz-Anteil „U“ und „V“ berechnet sich nach folgenden Formeln:
– U = R – Y
– V = B – Y

Mit dem YUV-Farbmodell ist es gelungen, den Chrominanz-Anteil von der Helligkeitsinformation zu trennen. Da das Auge auf die Helligkeitsinformationen wesentlich empfindlicher als auf die Farbinformationen reagiert, sind die Chrominanz-Anteile in ihrem Datenvolumen zu reduzieren, ohne den visuellen Bildeindruck merklich zu verschlechtern.

Die Kompression der Farbdaten erfolgt nach der Farbraumtransformation von der 4 : 4 : 4 -Darstellung in die 4 : 2 : 2 oder 4 : 1 : 1-Darstellung.

Ausgegangen wird stets von 4 Y-Werten. Diesen 4 Y-Werten lagen demnach ursprünglich 4 RGB-Werte zugrunde. Der dafür erforderliche Speicherplatzbedarf beträgt 4 x 3 Byte = 12 Byte.

In der 4 : 4 : 4-Darstellung ist zwar der RGB-Farbraum in den YUV-Farbraum transformiert worden, eine Datenreduktion hat jedoch noch nicht stattgefunden.

4 : 4 : 4 bedeutet, dass 4 Y-Werten jeweils auch 4 U-Werte und 4 V-Werte zugeordnet werden. Da zu jedem Y-Wert zwei Chrominanz-Werte gehören, die jeweils 1 Byte Speicherplatz benötigen, werden für die YUV-Werte jeweils 3 Byte benötigt. Das entspricht 4 x 3 Byte = 12 Byte.

Damit gibt es hinsichtlich der Datenmenge keinen Unterschied zwischen einem 4 : 4 : 4 YUV Bild und einem RGB-Bild. 4 : 4 : 4 entspricht einer Datenmenge von 100%.

Die Datenreduktion erfolgt erst dadurch, dass beim 4 : 2 : 2-Verfahren nur für jeden zweiten Helligkeitswert „Y“ die beiden Chrominanz-Werte „U“ und „V“ gespeichert werden. Dadurch ergibt sich die folgende Speicherplatzersparnis:

Y	Y	Y	Y	= 4 x 1Byte =	4 Byte = 32 Bit
U		U		= 2 x 1 Byte =	2 Byte = 16 Bit
V		V		= 2 x 1 Byte =	2 Byte = 16 Bit
Speicherplatzbedarf:					8 Byte = 64 Bit

8 Byte : 12 Byte = 0,666 = 66%.

Das entspricht einer Speicherplatzeinsparung von 34% allein durch die Farbraumtransformation im ersten Schritt der JPEG-Datenkompression. Sie basiert auf Datenreduktion, die dem Auge aber nicht besonders auffallen, weil sie nur in den Farbwerten und nicht in den Helligkeitswerten stattfinden.

Bei dem 4 : 1 : 1-Verfahren entsteht eine noch größere Datenreduktion, die sich daraus ergibt, dass 4 Helligkeitswerten jeweils nur ein „U" und ein „V-Wert" zugeordnet wird.

Y Y Y Y	= 4 x 1Byte =	4 Byte = 32 Bit
U	= 1 x 1 Byte =	1 Byte = 8 Bit
V	= 1 x 1 Byte =	1 Byte = 8 Bit
Speicherplatzbedarf:		6 Byte = 48 Bit

6 Byte : 12 Byte = 0,5
= 50% Speicherplatzeinsparung.

Im JPEG-Verfahren wird das 4 : 2 : 2 -Verfahren angewendet, weil es bei dem 4 : 1 : 1-Verfahren zu visuell merklichen Veränderungen im komprimierten Bild kommen kann.

Es ist zu beachten, dass 34% Speicherplatzeinsparung allein schon im ersten Schritt der JPEG-Datenkompression erreicht werden können.

Diskrete Cosinus Transformation (DCT)
Bei der DCT handelt es sich um ein mathematisches Verfahren, dass auch als Fourier-Transformation bezeichnet wird.

Zur Durchführung der DCT werden 8 x 8 großen Datenblöcke mit 64 DCT-Koeffizienten multipliziert, die als gespeicherte Werte vorliegen.

Bei der Multiplikation dieser 64 x 64 Werte handelt es sich um eine Matrixrechnung. Das bedeutet, dass die Zeilen der ersten Matrix mit den Spalten der zweiten Matrix multipliziert und die Ergebnisse addiert werden.

Als Beispiel eine einfache Multiplikation von zwei 3 x 3 großen Matrizen:

$$\begin{matrix} 1 & 0 & 2 \\ -1 & 1 & 2 \\ 0 & 1 & 0 \end{matrix} \quad x \quad \begin{matrix} 2 & 1 & 0 \\ 1 & 2 & 1 \\ 0 & 1 & 1 \end{matrix} \quad = \quad \begin{matrix} 2 & 3 & 2 \\ -1 & 3 & 3 \\ 1 & 2 & 1 \end{matrix}$$

Die Ergebnisse der ersten Zeile 0 der Ergebnismatrix „E" errechnen sich hier wie folgt:

$E_{0,0} = (1 \text{ x } 2) + (0 \text{ x } 1) + (2 \text{ x } 0) = 2;$
$E_{0,1} = (1 \text{ x } 1) + (0 \text{ x } 2) + (2 \text{ x } 1) = 3;$
$E_{0,2} = (1 \text{ x } 0) + (0 \text{ x } 1) + (2 \text{ x } 1) = 2;$

Die Wirkungsweise der Datenkompression soll an den folgenden Daten näher verdeutlicht werden. Gegeben ist ein unkomprimierter 8 x 8 großer Datenblock mit folgenden Pixelwerten:

95	88	88	87	95	88	95	95
143	144	151	151	153	170	183	181
153	151	162	166	162	151	126	117
143	144	133	130	143	153	159	175
123	112	116	130	143	147	162	189
133	151	162	166	170	188	166	128
160	168	166	159	135	101	93	98
154	155	153	144	126	106	118	133

Entsprechend dem JPEG-Algorithmus wird von allen Pixelwerten zunächst der Wert 128 abgezogen, um dadurch die Pixelwerte auf einen Wertebereich von +128 bis –127 zu skalieren.

Im nächsten Schritt werden die so veränderten 64 Pixelwerte einmal mit der transponierten DCT-Matrix und anschließend mit der DCT-Matrix multipliziert. Die Koeffizienten beider DCT-Matrizen beginnen alle mit 0,... und weisen 6 Stellen hinter dem Komma auf. Beispiel: 0,353553. Einige dieser Werte haben negative Vorzeichen.

Diese beiden Matrix-Multiplikationen, die hier nicht im einzelnen dargestellt werden sollen, ergeben folgende neue Werte:

91	3	– 5	– 6	2	0	0	1
– 38	– 57	9	17	– 2	2	4	2
– 80	58	0	– 18	4	3	– 4	4
– 52	– 36	– 11	13	– 9	3	– 2	0
– 86	– 40	44	– 7	17	– 6	– 2	4
– 62	64	– 13	– 1	3	– 8	– 1	0
– 16	14	– 35	17	– 11	2	3	– 1
– 53	32	– 9	– 8	22	0	0	2

Auf die konkrete Darstellung dieser beiden Matrix-Multiplikationen soll hier aus Gründen der Übersichtlichkeit verzichtet werden. Für das Verständnis der JPEG-Kompression ist dies unerheblich.

Die Ergebnisse dieser beiden Matrix-Multiplikationen zeigen noch nicht den Sinn dieser Operationen, denn Speicherplatz kann danach sicher nicht eingespart werden. Zu erkennen ist jedoch, dass diese Rechenoperationen dazu geführt haben, dass die neuen Werte von links oben nach rechts unten stark abnehmen. Zwar liegt keine genau abfallende Sortierung vor, aber die Tendenz ist deutlich erkennbar.

Genau dies ist auch der Sinn der Rechenoperationen gewesen. Die oben erhaltene Matrix zeigt nicht mehr die *räumliche Verteilung* der Pixelwerte, sondern die *Verteilung der Frequenzen* innerhalb dieser Matrix. Links oben befinden sich die bildwichtigsten Frequenzen, rechts unten die am wenigsten wichtigen Frequenzen. Sehr vereinfacht ausgedrückt hat die zweifache DCT also dazu geführt, dass bildwichtige Bildfrequenzen von weniger wichtigen Bildfrequenzen in einer geordneten Reihenfolge präsentiert werden. Damit ist es möglich, mit der eigentlichen Datenkompression zu beginnen.

Diese Kompression findet im nächsten Schritt des JPEG-Algorithmus statt. Dieser Schritt ist die Quantisierung.

Quantisierung
Bei der Quantisierung handelt es sich um den zweiten Schritt, der zur Reduktion der Bilddaten führt. In diesem Schritt beeinflusst der Anwender durch die Wahl des Qualitätsfaktors zwischen 0 und 12 indirekt diesen Rechenvorgang.

Es geht bei der Quantisierung darum, wieviele der rechts unten stehenden unwichtigeren Frequenzen weggelassen werden sollen, die sich nach Anwendung der DCT ergeben haben.

Dies wird durch die Wahl des Qualitätsfaktors bei der Datenkompression bestimmt. Wird hier eine hohe Kompressionsrate und damit geringe Qualität eingestellt, so werden sehr viele dieser „unwichtigen“ Frequenzen bei der Quantisierung „weggerechnet“ – bei einem hohen Qualitätsfaktor dagegen weniger.

Für dieses „Wegrechnen“ von Frequenzen bei jeder Wahl eines Qualitätsfaktors für die Kompression wird im JPEG-Algorithmus eine bestimmte Tabelle mit Quotienten aufgerufen.

Für einen sehr niedrigen Qualitätsfaktor hat diese Tabelle das folgende Aussehen:

3	5	7	9	11	13	15	17
5	7	9	11	13	15	17	19
7	9	11	13	15	17	19	21
9	11	13	15	17	19	21	23
11	13	15	17	19	21	23	25
13	15	17	19	21	23	25	27
15	17	19	21	23	25	27	29
17	19	21	23	25	27	29	31

Durchgeführt wird nun die Quantisierung, in dem jeder Quotient der Matrix durch jeden entsprechenden Wert der gewählten Ausgangsmatrix dividiert wird, die nach der DCT-Transformation gegeben ist. In dem Beispiel hieße das für die beiden Werte in Zeile 0 und Spalte 0, dass folgende Werte dividiert werden:

– 91 : 3 = 30.

Die Ergebnisse werden immer nur als ganze Zahl eingetragen. Die Stellen nach dem Komma fallen weg. Es werden alle Zeilen- und Spaltenwerte gleicher Position durcheinander dividiert.

Das Ergebnis dieser Divisionen zeigt die nächste Matrix:

Nun haben sich die Pixelwerte nach dieser Quantisierung entscheidend verändert. Deutlich werden die Datenverluste, die dabei auftreten. So hohe Datenverluste treten bei einer hohen Datenkompression auf.

Je geringer die vom Anwender gewählte Kompressionsrate ist, umso mehr unterschiedliche Frequenzen bleiben in den 8 x 8 großen Blöcken erhalten.

In dem nun im nächsten Schritt mit Hilfe der Lauflängenkodierung und der Huffmann-Kompression noch weitere Kompressionen durchgeführt werden, liegt der Grund für die enorme Effektivität des JPEG-Verfahrens. Damit diese nächsten Schritte ebenfalls sehr effektiv durchgeführt werden können, wird im JPEG-Verfahren eine Umsortierung der quantisierten Frequenzdaten nach einem genau festgelegten Schema vorgenommen (Bild 191).

Diese Umsortierung dient dem Ziel, möglichst viele Nullfolgen hintereinander zu bekommen. Dies ermöglicht die effektive Anwendung der Lauflängenkodierung, die im nächsten Schritt des JPEG-Algorithmus erfolgt.

30	0	0	0	0	0	0	0
–7	–8	1	1	0	0	0	0
–11	6	0	–1	0	0	0	0
–5	–3	0	0	0	0	0	0
–7	–3	2	0	0	0	0	0
–4	4	0	0	0	0	0	0
–1	0	–1	0	0	0	0	0
–3	1	0	0	0	0	0	0

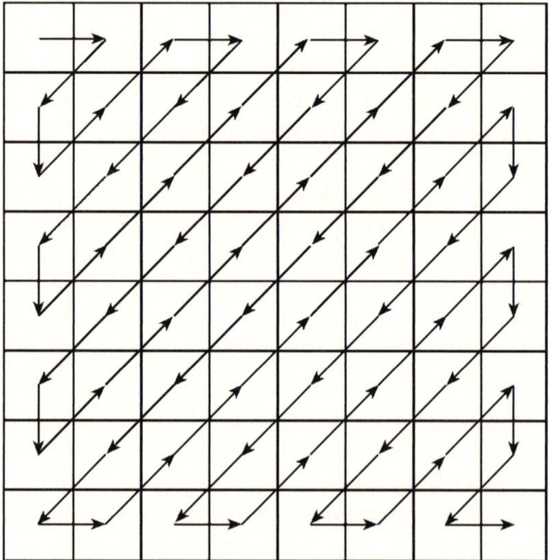

Bild 191: Weg der Umsortierung der Frequenzen innerhalb der 8 x 8 Pixelblöcke bei JPEG nach der Quantisierung

Das Ergebnis der Umsortierung ist eine Zeichenkette aus 64 Werten mit dem folgenden Aussehen:
30, 0, –7, –11, –8, 0, 0, 1, 6, –5, –7, –3, 0, 1, 0, 0, 0, 1, 0, –3, –4, –1, 4, 2, 0, 0, 0, 0, 0, 0, 0, 0, 0, 0, 0, –3, 1, 1, 0, 0, 0, 0, 0,
0, 0, 0, 0, 0, 0, 0, 0, 0, 0, 0, 0, 0, 0, 0, 0, 0, 0, 0, 0, 0.

Eine Lauflängenkodierung bringt danach einen Erfolg. Mit höherer Beibehaltung der Qualität wird bei der JPEG-Kompression jedoch der Erfolg der Lauflängenkodierung auch abnehmen, weil mehr unterschiedliche Frequenzen in den Pixelblöcken übrig bleiben.

Deshalb besteht der letzte Schritt der JPEG-Kompression in der abschließenden Huffmann-Kodierung, der jetzt erfolgreich als Postprozessor eingesetzt werden kann. Damit ist das JPEG-Kompressionsverfahren endgültig abgeschlossen.

Zur Dekodierung der Daten wird der ganze Algorithmus von hinten begonnen.

9. Medienproduktion: Druckformherstellung

9. Medienproduktion: Druckformherstellung

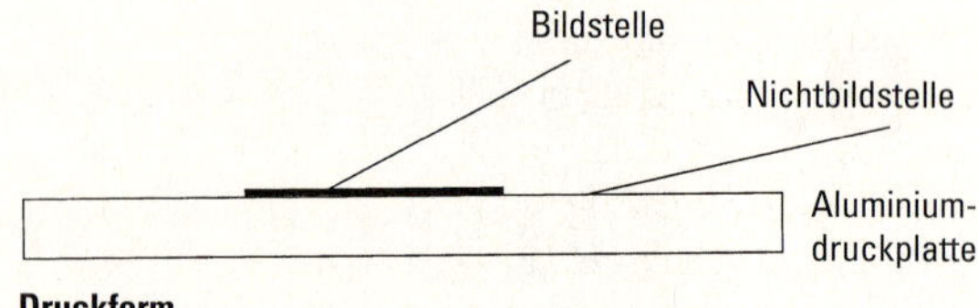

Druckform

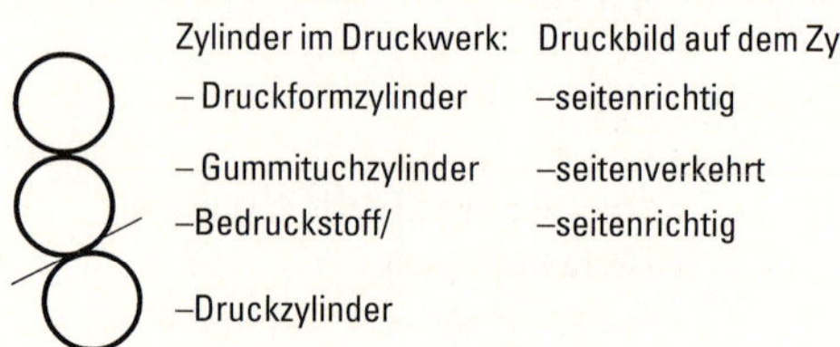

Informationsübertragung im Druckprozess

Jedes Druckverfahren benötigt eine spezielle kopiertechnisch, durch Gravur oder Lasertechnik hergestellte Druckform für die drucktechnische Produktion.

Manuelle Herstellungstechniken, z. B. Radierung, Kupferstich, Lithographie, Holzschnitt, Linolschnitt und Serigraphie werden nur noch als künstlerisches Ausdrucksmittel eingesetzt.

Lediglich manuell hergestellte Schablonen für den Siebdruck haben für einfache geometrische Formen noch eine geringe Bedeutung.

9.1 Prozesstechnik für den Offsetdruck

Druckformen für den Offsetdruck, den Tiefdruck, den Flexodruck und andere Druckverfahren werden heute durch technische Prozesse gefertigt.

Bei Verfahren der Montage aller Seitenelemente zu einer Ganzform sowie bei der Informationsübertragung in der Druckformherstellung unterscheidet man
- analoge Verfahren
- digitale Verfahren.

Der technologische Wandel in der Druckindustrie verlangt eine Optimierung des gesamten Arbeitsflusses vom Eingang der Texte, Bilder, Illustrationen und technischer Vorgaben bis zum fertigen Produkt mit durchgängig digitalen Prozessen. Dieser digitale Workflow löst auch sämtliche analoge Verfahren in der Druckformherstellung in den nächsten Jahren ab.

Informationsübertragung im Offsetdruck: Systematik der Druckform

In der Druckvorstufe (heute: Medienoperating) sind Texte, Bilder und Grafiken für die Druckformherstellung nach den prozessbezogenen Anforderungen aufzubereiten. Die Druckform ist der Druckbildspeicher, der alle für die Wiedergabe von Texten, Bildern und Grafiken erforderliche Informationen enthält.

Im Offsetdruck sind dazu binäre Informationen auf der Druckform erforderlich, d. h. es werden nur zwei wirksame Signale gespeichert und bei der drucktechnischen Vervielfältigung von Texten und Bildern durch Druckfarbe auf den Bedruckstoff übertragen:
- Bildstellen
  = druckende Elemente
- Nichtbildstellen
  = nichtdruckende Elemente

Eine drucktechnische Wiedergabe von Helligkeitsunterschieden durch echte Halbtöne, wie sie von der Fotografie her bekannt sind, ist grundsätzlich nur durch Umwandlung der unterschiedlichen Tonwerte einer Graustufenvorlage in binäre Informationen durch Rastern möglich. Prinzipiell sind beim Rastern zwei Verfahren zu unterscheiden:
- amplitudenmoduliertes Rastern (AM-Rasterung)
- frequenzmoduliertes Rastern (FM-Rasterung).

Unterschiedliche Helligkeitswerte bedecken auf dem Bedruckstoff eine mehr oder weniger große Fläche (Flächendeckung).
Das Auge erfasst den Gesamteindruck aus dem durch Rasterpunkte absorbierten und dem von der Oberfläche des Bedruckstoffes reflektierten Lichts und sieht so unterschiedliche Grauwerte. Eine optimale Übertragung reproduzierter Rasterpunkte auf die Druckform ist ein entscheidender Faktor für die Qualität des Druckproduktes.

Bei der amplitudenmodulierten Rasterung einer Graustufenvorlage sind die Mittelpunkte aller Rasterelemente gleich weit von einander entfernt. sie sind jedoch unterschiedlich groß und bedecken so einen mehr oder weniger flächenmäßig großen Anteil des Bedruckstoffes (Papierweiß).

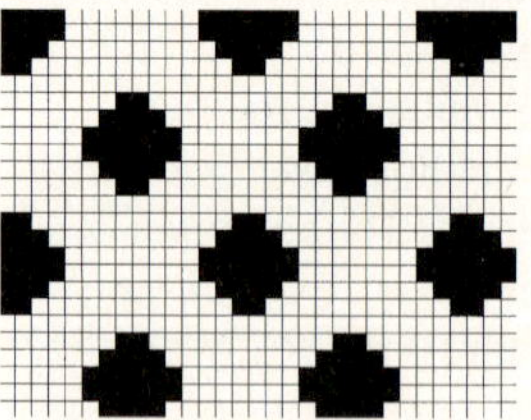

Die Rasterpunkte bestehen aus Gruppen von Belichter-Spots

Beim CristalRaster folgt die Platzierung der Mikropunkte keiner Struktur, sondern sie werden zufällig angeordnet

25%-Raster mit 200 lpi bei 20-facher Vergrößerung. Die konventionelle Rasterung „zerlegt" ein Bild in einzelne Raster

25%-Raster bei 20-facher Vergrößerung. Bei CristalRaster bleiben alle Daten für fotorealistische Bilder erhalten

Je größer der mit Rasterpunkten bedeckte Flächenanteil ist, desto mehr Licht wird absorbiert. Dadurch wird partiell die Helligkeit im Druckbild verringert. Mit diesem Verfahren können so die unterschiedlichen Helligkeiten der Bildvorlage optisch „simuliert" werden, denn das Auge erkennt bei entsprechender Feinheit die Rasterpunkte nicht mehr als einzelne Elemente. Es sieht nur die Gesamtwirkung als Bild.

Die optische Wirkung ist bei der Bildwiedergabe durch die frequenzmodulierten Rasterung prinzipiell gleich, jedoch werden die Bildelemente mit einer anderen Methode erzeugt. Alle Rasterelemente sind aus einer Vielzahl sehr kleiner, feinst verteilter Punkte aufgebaut, die alle gleich groß sind. Variabel ist bei diesem Verfahren die Menge und der Abstand der einzelnen Rasterpunkte. Mit zunehmender optischer Dichte wird die Zahl der Rasterpunkte größer bis sie sich bei einer hohen Flächendeckung (dunkler Ton) gegenseitig berühren und zusammenwachsen.

Die Informationsübertragung dieser feinen Druckelemente auf die Druckplatte erfordert höchste Präzision. Geringste Fehler wie z. B. ein unzureichender Kontakt bei der filmbezogenen Druckformherstellung ergeben Unterstrahlungen und verursachen sichtbare Mängel im Druckbild.

Eine Informationsübertragung ist daher sicherer mit digitalen Verfahren möglich.

Herstellungsverfahren für Druckformen des Offsetdrucks:

- analoge bzw. filmbezogene Druckformherstellung
  - Computer-to-Film
- digitale bzw. rechnerbezogene Druckformherstellung
  - Computer-to-Plate
  - Computer-to-Press

Analoge Druckformherstellung
Eine Kopiervorlage (Durchsichtsvorlage auf Film) mit den binären Informationen Bildstelle oder Nichtbildstelle wird mit einer geeigneten Lichtquelle auf die lichtempfindliche Schicht der Druckplatte kopiert. Nach der Verarbeitung sind auf der Druckplatte die Bildstellen der Kopiervorlage statisch (fest, nicht zu verändern) gespeichert und drucktechnisch wiederzugeben.

Dieses konventionelle, filmbezogene Verfahren eignet sich für alle Produktionsbereiche im Akzidenzdruck, Werkdruck, Verpackungsdruck. Die Bedeutung nimmt aber durch die Digitalisierung des gesamten Workflows in der Druckvorstufe rasch ab.

Digitale Druckformherstellung
Die Druckform wird direkt – also ohne den Zwischenschritt der Filmherstellung – mit sämtlichen elektronisch gespeicherten Daten im gesamten Druckformat bebildert. Es entsteht eine dauerhafte (permanente, statische) Druckform. Die Bebilderung durch Laser erfolgt in zwei Verfahrenstechniken:

– extern,
d. h. außerhalb der Druckmaschine,
Verfahrensbezeichnung: Computer-to-Plate oder
– intern,
d. h. innerhalb der Druckmaschine,
Verfahrensbezeichnung: Computer-to-Press.

9.2 Prozessvorbereitung für die Druckformherstellung: Montage

Die Arbeitsbereiche eines Druckereiunternehmens lassen sich in einzelne Arbeitssysteme einteilen. Die der Bogenmontage vorgelagerten Arbeitssysteme Arbeitsvorbereitung und Auftragsbearbeitung sowie Erfassung und Verarbeitung der Text- und Bilddaten in der Druckvorstufe beeinflussen die Bogenmontage. Die Arbeitsvorbereitung legt die wirtschaftlichste Maschinenbelegung (Art/Format der Druckmaschine) fest, berechnet die Nutzen und das erforderliche optimale Bogenformat und erstellt gegebenenfalls das Ausschießschema.

Die wesentlichen Einflüsse im Offsetdruckprozess

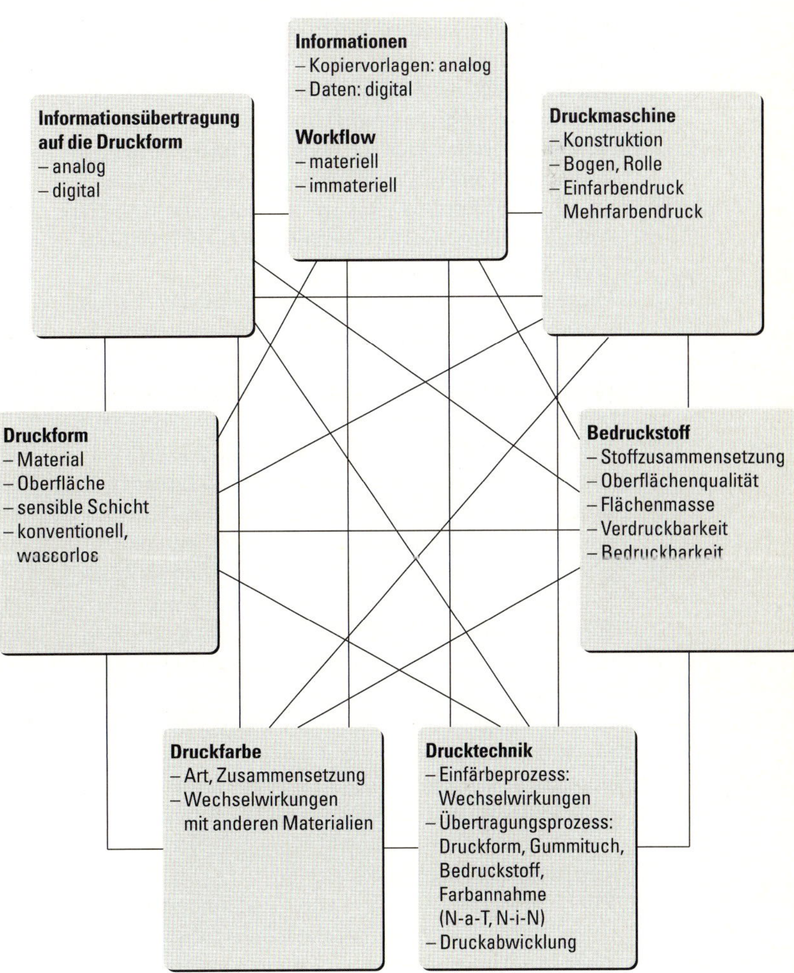

Eine einwandfreie exakte Arbeit in der Bogenmontage ist eine wesentliche Vorbedingung für eine gute Qualität des Druckproduktes und eine wirtschaftliche Produktion.

Unsachgemäßes Arbeiten führt zu technischen Schwierigkeiten und Zeitverlusten in der Druckplattenkopie. Werden Fehler nicht bereits bei der Qualitätskontrolle nach der Druckformherstellung oder spätestens vor dem Druckbeginn festgestellt, kann die gesamte Auflage zur Makulatur werden. Jeder Fehler verursacht Kosten.

Einzelne Text-, Bild- und Grafik-Elemente der Druckseite sind dazu zu erfassen, produktionsgerecht zu bearbeiten und dem Layout entsprechend zu positionieren. Montiert werden diese einzelnen Elemente zu einer (Druck-)Seite.

Die kompletten Seiten müssen danach zu einer produktionsgerechten Form zusammengeführt werden, d. h. die einzelnen Seiten müssen so positioniert werden, wie sie auf dem zu druckenden Bogen stehen müssen.

Seitenmontage

• manuelle Seitenmontage

Bis zum Ende der 80-er Jahre waren das Erfassen und Verarbeiten der Textinformationen und der Bildinformationen jeweils eigenständige, fotografisch orientierte Teilgebiete der Druckvorstufe. Produkte der jeweiligen Ausgabe, die Endprodukte der Fertigung eines jeden Arbeitsprozesses, waren einzelne Filme. Diese einzelnen Teile wurden danach erst in weiteren Verarbeitungsstufen manuell zu einer Ganzseite montiert und vielfach nochmals fotografisch zusammen kopiert. Produkt war ein materieller Datenträger auf Filmmaterial, der als materielle Kopiervorlage für die Druckformherstellung benötigt wurde.

• digitale Seitenmontage

Diese material- und zeitaufwendige Arbeitsweise mit materiellen Datenträgern ändert sich rasch durch elektronisch arbeitende Druckvorstufen-Systeme mit immaterieller Erfassung und Verarbeitung von Text- und Bilddaten. In der digitalen, integrierten Text- und Bildverarbeitung auf einem gemeinsamen Druckvorstufensystem (Macintosh oder PC mit geeigneter Software sowie Scanner, Drucker u. a.) gab es erstmals die Möglichkeit, Texte, Bilder und Grafiken gemeinsam mit einem Layoutprogramm (QuarkXPress, Pagemaker u. a.) zu einer kompletten Seite auf dem Bildschirm zu positionieren und auf Film als einzelne Ganzseite ohne manuelle Montage auszugeben.

Bogenmontage

• materielle Bogenmontage

Bei diesem konventionellen Verfahren werden einzelne Seiten manuell im Druckbogenformat positioniert und auf einer transparenten Montagefolie befestigt.

• immaterielle Bogenmontage

Mit rechnergesteuerten Systemen und einer geeigneten Software sind die einzelnen Seiten digital zu einer Druckbogenmontage zusammenzustellen und komplett ausgeschossen in großformatigen Belichtern als Kopiervorlage im Druckbogenformat auszugeben.

Arbeitsabläufe in der Druckformherstellung

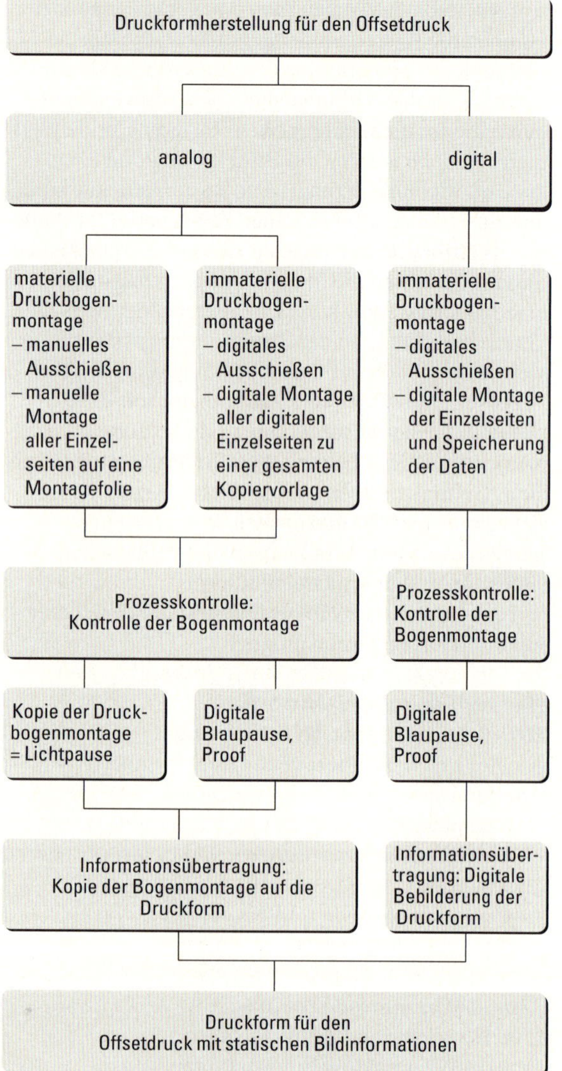

9.2.1 Materielle Bogenmontage

Bei einer materiellen Bogenmontage, heute immer weniger eingesetzt, werden einzelne Druckseiten (Film) zu einer Ganzform (Film) im Druckbogenformat zusammengeführt und exakt positioniert.

Die Bogenmontage erfolgt also materiell, d. h. die einzelnen analogen Kopiervorlagen der Seiten werden von Hand standgerecht nach einem Einteilungsbogen mit Klebstoff (z. B. transparenter Klebefilm) auf eine transparente Montagefolie montiert.

Nach dem Anbringen von zusätzlichen Hilfszeichen für die Kopie, den Druck und die Druckweiterverarbeitung sowie einer Montagekontrolle (z. B. durch die Kopie einer Lichtpause) werden die analogen Informationen durch Kopie auf die Druckplatte kopiert.

Um die übertragenen Informationen dauerhaft zu speichern, ist die Druckplatte manuell oder maschinell zu entwickeln und prozessgerecht weiterzuverarbeiten.

Montage für die Rahmenkopie
Voraussetzung für rationelles, einwandfreies Arbeiten ist eine gründliche Arbeitsvorbereitung, die sämtliche Arbeitsunterlagen vollständig und einwandfrei zur Verfügung stellen muss:
- Auftragstasche mit genauen Arbeitsanweisungen, z. B. Papierformat, Druckformat, Druckmaschine, Wendeart des Druckbogens bei beidseitigem Druck, Verfahren der Druckweiterverarbeitung
- Ausschießschema
- Kopiervorlagen: Texte und Bilder als Ganzseitenfilme oder bereits im Bogenformat ausgeschossen
- Montagevorgaben, z. B. Layout, Skizze des Einteilungsbogens (Arbeitsskizze).

Aus wirtschaftlichen Gründen wird das Druckformat maximal ausgenutzt. Dazu sind mehrere gleiche oder verschiedene Nutzen (z. B. Seiten) standgerecht für den Druck und die Druckweiterverarbeitung in der Bogenmontage zusammenzustellen.

Diese Bogenmontage wird bei der Rahmenkopie durch eine Belichtung auf die Druckplatte kopiert.

Bei der maschinellen Kopie in einer Kopiermaschine werden einzelne Ganzseiten-Kopiervorlagen oder zusammenmontierte Sammelnutzen (Montagen einzelner Segmente / Teile) durch mehrere Belichtungen auf die Druckplatte kopiert.

Der Begriff Montage bezeichnet einerseits den Herstellungsvorgang und andererseits das hergestellte Produkt z. B.:
- Herstellungsvorgang: Kopiervorlagen werden nach einem festgelegten Stand auf einer transparenten Unterlage (Montagefolie) zu einer kopierfähigen Form zusammengefügt.
- Produkt: Kopierfähige Form, d. h. transparente Montagefolie mit allen aufmontierten Kopiervorlagen und Hilfszeichen.

Arten der materiellen Montage
Kopierschichten der Offsetdruckplatten reagieren auf Lichteinwirkung der Kopierlampen je nach Art und Zusammensetzung unterschiedlich:
- schichthärtend oder
- schichtzersetzend.

Durch die chemische Wirkung bei der Informationsübertragung unterscheidet man demnach positiv arbeitende und negativ arbeitende Kopierschichten. Dementsprechende sind Bogenmontagen mit positiven oder negativen Kopiervorlagen auszuführen.

- Positivmontage
  = Voraussetzung für das Positivkopierverfahren auf Offsetdruckplatten

- Negativmontage für Negativkopie
  = Voraussetzung für das Negativkopierverfahren auf Offsetdruckplatten

Technische Einrichtungen und Hilfsmittel

Eine gute Ausstattung, ordentliches Werkzeug und vielfältige Hilfsmittel ermöglichen ein rationelles, qualitativ gutes Arbeiten in der Montage.
Im folgenden werden kurz die wesentlichen Voraussetzungen an den Raum, die Geräte, die Werkzeuge und Arbeitsmittel aufgeführt.

Raum, Arbeitsplatzumgebung
Absolute Grundvoraussetzung ist die Sauberkeit im Raum und am Arbeitsplatz. Zu vermeiden sind starke Temperaturschwankungen und eine direkte Sonneneinstrahlung. Die Einrichtung und Lage des Raumes soll ein konzentriertes Arbeiten ermöglichen:
- helle, gleichmäßige, reflex- und blendfreie Beleuchtung (Tageslicht oder künstliche Beleuchtung)
- leicht zu reinigender Boden mit geschlossener Oberfläche und antistatischen Eigenschaften
- staubfreier Raum, keine Zugluft
- gleichmäßiges Klima bei 18 - 24 °C, 50 - 60 % relative Luftfeuchtigkeit

Geräte, Werkzeuge, Materialien
Die benötigten Geräte richten sich nach den Arbeitsanforderungen und speziellen Aufgaben. Zur Grundausstattung gehören:
- Leuchttische
- Montagetische, z. B. mit Linier- oder Programmeinrichtung, absenkbarem Kreuzwinkel, Winkelmesser und feststehenden Anlegemarken

Eine optimale Montagearbeit erfordert einwandfreie und ausreichende Werkzeuge und Arbeitsmittel wie Montagefolien, glasklar und kratzerfrei, Abdeckfolien für Negativmontagen, Stahllineal mit Millimetereinteilung, Fadenzähler, Klebefilme (transparent, hellblau und braun) auf Abrollern mit glatt schneidendem Abtrennmesser, flüssiger Filmkleber.

Besonders wichtig sind Schneidegeräte für einen gratfreien Schnitt. Scheren sind dazu nur eingeschränkt geeignet, da der Schnitt immer einen Grat aufweist. Filmschneidegeräte besitzen ein Gitternetz mit Millimetereinteilung, dies erleichter ein maßgenaues Schneiden. Filme werden durch ein rotierendes Kreismesser (leicht schräg angeordnet) und einem linealartigen Untermesser exakt gratfrei geschnitten.

Für ein rationelles Arbeiten sollen Hilfszeichen auf Film, z. B. Seitenmarken-, Schneide- und Falzzeichen, Flattermarke vorbereitet sein.

Vorbereitungen der Montage

Vor dem Beginn aller Montagearbeiten ist die Aufgabenstellung gründlich zu erfassen. Sämtliche Fragen sind vor allen weiteren Arbeiten zu klären. Dazu ist es erforderlich, alle Kopiervorlagen und sonstige Auftragsunterlagen auf Vollständigkeit und Qualität zu prüfen.

Bei Farbsätzen sind die Filme formen- und farbenweise zusammenzustellen und möglichst in beschrifteten Klarsichthüllen oder Taschen abzulegen. Falls erforderlich, sollten die Filme bereits mit einem Filmschneidegerät gratfrei auf das erforderliche Maß geschnitten werden. Ein präzises Beschneiden, z. B. bei über zwei Seiten laufenden Bildern ist erst bei der endgültigen Montage der Filme zweckmäßig.

Der *Einteilungsbogen* ist die exakte Standvorlage für die manuelle Montage aller Kopiervorlagen sowie der Hilfszeichen für den Druck und die Druckweiterverarbeitung.

Der Druckformhersteller fertigt vor Beginn der Arbeit zweckmäßigerweise eine *Arbeitsskizze* für die jeweilige Bogenmontage an, aus der er alle Maße und Angaben zum Stand ablesen und danach den Einteilungsbogen sicher und rationell zeichnen kann. Diese Skizze muss nicht maßhaltig gezeichnet sein, wichtig sind klare Angaben. Nur bei einfachen Arbeiten oder bei entsprechender Erfahrung ist auf die Herstellung des Einteilungsbogen zu verzichten. In diesen Fällen ist eine Millimeterfolie und die Arbeitsskizze als Montagegrundlage ausreichend.

Eine solche Arbeitsskizze kann auch bereits durch die Arbeitsvorbereitung hergestellt sein.

Für das Anfertigen einer Arbeitsskizze genügt ein Blatt DIN A 4, auf dem das Druckformat und die Seitenanzahl mit freier Hand eingezeichnet werden.

In die Seiten sind bei zu falzenden Produkten die Kolumnenziffern entsprechend dem Ausschießschema sowie alle Trennschnitte und Beschnittflächen einzutragen.

Nach dem Druckformat, dem beschnittenen Endformat sowie den Erfordernissen des Drucks und der Druckweiterverarbeitung ist der Beschnitt zu berechnen. Für die Aufteilung des Beschnitts sind besonders zu beachten:

- der benötigte Greiferrand der Druckmaschine,
- angeschnittene (randabfallende) Bilder, Grafiken und Flächen (der Greiferrand an der Bogenanlage ist zu beachten),
- die Wendeart des Druckbogens bei beidseitigem Druck und
- die buchbinderische Verarbeitung

Angeschnittene Bilder und Flächen sind grundsätzlich an allen randabfallenden Seiten 3 mm größer. Damit ist auch bei geringen Falz- oder Schneidedifferenzen ein einwandfrei angeschnittenes Bild ohne Blitzer gewährleistet. Stehen solche Abbildungen am Druckbeginn, so ist der notwendige Greiferrand der Druckmaschine zusätzlich zu berücksichtigen.

Sind Druckbogen beidseitig zu bedrucken, so ist die Art des Wendens (vgl. Ausschießen) im Fortdruck zu beachten.

Umschlagen

Bogenwendung in der Druckmaschine: Vorderanlage bleibt an der gleichen Seite, Seitenmarke wechselt.

Beim Umschlagen eines Druckbogens bleibt beim Druck der Rückseite, dem sogenannten Widerdruck, die gleiche Papierkante an den Vordermarken. Der

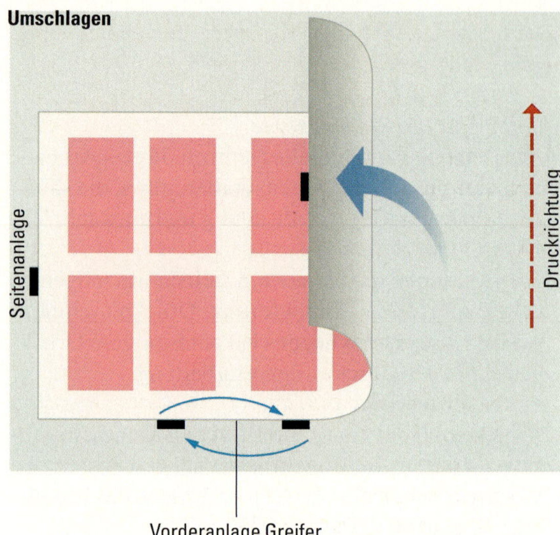

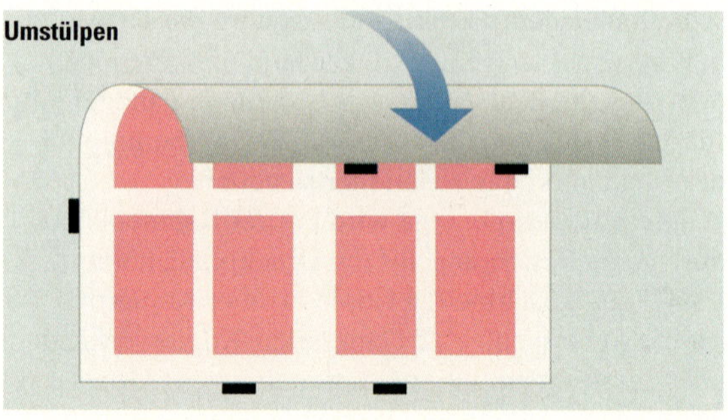

Druckbogen wird um die rechtwinklig zu den Vordermarken stehende Achse (Mittelsenkrechte des Bogens zur Laufrichtung in der Druckmaschine) gewendet. Die Seitenanlage bleibt an der gleichen Bogenseite. Dazu wird die Seitenmarke im Widerdruck ebenfalls gewechselt.

Beschnittflächen von der Mittellinie jeweils nach außen sind deshalb gleich groß zu halten.

Der Druckbogen benötigt einen Winkelschnitt an den Anlageseiten (Vordermarken, Seitenmarke), um einen gleichmäßigen Stand zu gewährleisten.

Umstülpen

Bogenwendung in der Druckmaschine: Vorderanlage wechselt, Seitenmarke bleibt an der gleichen Seite.

Der Druckbogen wird beim Umstülpen um die Mittellinie parallel der Vorderanlage gewendet. Die hintere Bogenkante liegt nach dem Umstülpen an den Vordermarken und ist jetzt die Greiferkante.

Ein absolut exaktes Ausrichten im Stand auf die lange Mittelachse des Druckbogens ist sowohl in der Bogenmontage als auch im Druck in Ein- und Mehrfarben-Offsetdruckmaschinen zwingend erforderlich, um einen registerhaltigen Druck zu ermöglichen. Der Druckbogen ist mindestens an den beiden langen Seiten und an der Seitenanlagenseite zu beschneiden. Das exakte Maß des Druckbogens ist bei der Bogenmontage genauestens zu beachten.

Jeder beidseitig in umstellbaren Schön- und Widerdruckmaschinen zu bedruckende Bogen wird beim

Druck immer umstülpt. Bei auf Format geschnittenen Druckpapieren reicht ein Winkelschnitt an der Anlage für ein registerhaltiges Drucken aus. Wendesysteme, die den Druckbogen in der Druckmaschine umstülpen, gleichen Differenzen der Bogenlänge im Zylinderumfang bis ca. 2 mm ohne Registerschwankungen aus. Der Greiferrand ist bei einer leicht schwankenden Papierlänge mehr oder weniger groß. Sind die Toleranzen größer, so ist an drei Seiten wie beim Umstülpen für einseitig druckende Offsetdruckmaschinen zu beschneiden.

Bei der Bogenmontage sind die Maschinentechnik (Wendetechnik, Greiferränder an beiden langen Bogenseiten) und das Ausschießen zu beachten.

Einteilungsbogen

Nach der Arbeitsskizze kann der Einteilungsbogen als Grundlage für die manuelle Bogenmontage schnell und sicher gezeichnet werden. Rationell wird der Einteilungsbogen rechtwinklig auf einem Liniertisch gezeichnet. Auch wenn der Einteilungsbogen in der Praxis an Bedeutung verloren hat, sind grundlegende Kenntnisse auch für die digitale Montage wichtig.

Aus dem Einteilungsbogen sind alle erforderlichen Angaben zu ersehen:
- Druckbogengröße,
- Beschnitt,
- Trennschnitt (= Durchschnitt)
- Zwischenschnitt
- Satzspiegel
- Stand von Texten, Grafiken und Bildern im Satzspiegel
- Stand auftragsbezogener Zeichen, Marken, Testkeilen u. ä.

Der Einteilungsbogen wird auf einen standfesten, möglichst verzugsfreien Karton oder eine transparente oder mattierte Kunststoffolie gezeichnet.

Zeichnen der Einteilung nach der Arbeitsskizze

Arbeitsablauf beim Zeichnen	Bedeutung und Arbeitshinweise zur Arbeitsskizze und dem Einteilungsbogen
Grundlinie:	Waagerechte Basislinie. – Die Grundlinie entspricht der Druckbogenvorderkante parallel zum Greiferrand. Von dieser Null-Stellung werden alle Maße in Richtung des Zylinderumfanges der Druckmaschine abgetragen. – Der Abstand von der Vorderkante des Einteilungsbogens zur Grundlinie ist vom Druckplatten-Einspannkanal, d. h. der Plattenkante bis zum Druckbeginn, abhängig. Die Breite ist aus dem Maschinenbuch der jeweiligen Druckmaschine zu entnehmen.
Mittellinie:	Senkrechte zur Grundlinie. – Rechtwinklig zur Grundlinie über den ganzen Bogen gezogene Linie auf der Druckplattenmitte, von der alle Maße in axialer Richtung (Bogenbreite) abgetragen werden.
Druckbogenformat:	Roh-Format des Druckbogens. – Alle Maße werden von der Grundlinie und der Mittellinie abgetragen.
Greiferrand:	Fläche von der Bogenvorderkante bis zum Druckanfang. – Der Druckbogen wird durch Greifer des Druckzylinders durch die Druckzone geführt. Dieser Greiferrand ist nicht zu bedrucken. Er beträgt je nach Druckmaschine 8 mm bis 12 mm. – Der Greiferrand ist gestrichelt einzuzeichnen. Er ist grundsätzlich nur dann wichtig, wenn innerhalb dieses Bereiches gedruckt werden muss, z. B. bei angeschnittenen Flächen oder Bildern.
Unbeschnittene Seitengröße:	Rohformat der einzelnen Seiten bzw. Nutzen. – Nach der Arbeitsskizze sind die Linien von der Grundlinie und der Mittellinie abzutragen.
Beschnitt, Seitengröße:	Genaues Format der einzelnen Seiten bzw. Nutzen. – Endformat unter Berücksichtigung des für die Druckweiterverarbeitung notwendigen Beschnitts. – Die Wendeart des Bogens in der Druckmaschine ist bereits beim Erstellen der Arbeitsskizze zu beachten: Bei zum Umschlagen zu druckenden Bogen ist der Beschnitt von der Mittellinie nach links und rechts außen jeweils gleich breit. Wird umstülpt, ist die Wendeachse des Bogens in der Mitte parallel zur Grundlinie. Demnach ist von dieser Linie der Beschnitt nach vorn bzw. hinten jeweils gleich breit. – Der Beschnitt ist in der Regel mindestens 3 mm breit. Bei zu falzenden Druckprodukten ist der Beschnitt ggf. nach den Vorgaben des Buchbinders zu berücksichtigen. – Die Klebebindung benötigt je Seite 3 mm „Beschnitt" als Fräsrand im Bund!
Satzspiegel:	Stand der Texte und Bilder nach Layout. – Zur besseren Übersicht ist die Zeichnung möglichst in anderer Farbe, z.B. rot, auszuführen. – Bei Werkdruck, Blocksatz u. ä. ist das Zeichnen eines Winkels im Fuß an der Schriftlinie (ggf. auch im Kopf bei entsprechender Kolumne) und dem Bund ausreichend. – Das Registerhalten des Satzspiegels und Kolumnenziffern ist dabei zu beachten. – Ist Flattersatz zu montieren, so ist der Winkel stets an der bündigen Seite einzuzeichnen. – Besteht die zu montierende Seite nicht aus einem Ganzseitenfilm, sondern aus mehreren Kopiervorlagen, so ist für jedes Filmteil ein Winkel einzutragen. – Zweckmäßig ist es, die parallel mit den Zeilen laufenden Linie des Winkels im Fuß der Schrift einzutragen, weil hier eine eindeutig definierte Linie sichtbar ist. Unterlängen der Schrift sind dabei nicht zu berücksichtigen.
Hilfszeichen:	Stellung von Zeichen für Kopie, Druck und Druckweiterverarbeitung: – Markierung der Druckplattenmitte und anderer Zylinderzeichen, z. B. Druckbeginn – Seitenmarkenzeichen an der Bogenkante – Passkreuze bei Farbdrucken – Druckkontrollstreifen, Testkeile – Schneide- und Falzzeichen – Flattermarke, Bogensignatur und Bogennorm bei Werkdruck

Der Arbeitsablauf bei der manuellen Montage für einfarbig zu druckende Aufträge gilt grundsätzlich auch für mehrfarbige Druckprodukte. Spezielle Techniken für diese Arbeiten werden in den folgenden Kapiteln erläutert.

Aufbau des Einteilungsbogens

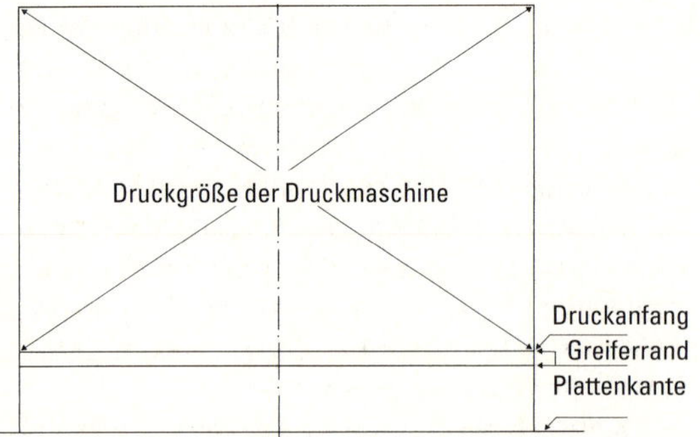

Wie aus der Skizze ersichtlich, sind dies die Basisangaben, die für jede Montage von Bedeutung sind. Einige Maschinenhersteller liefern deshalb für jeden Maschinentyp fertige Montagebogen mit diesen Angaben und einer zusätzlichen Millimetereinteilung.

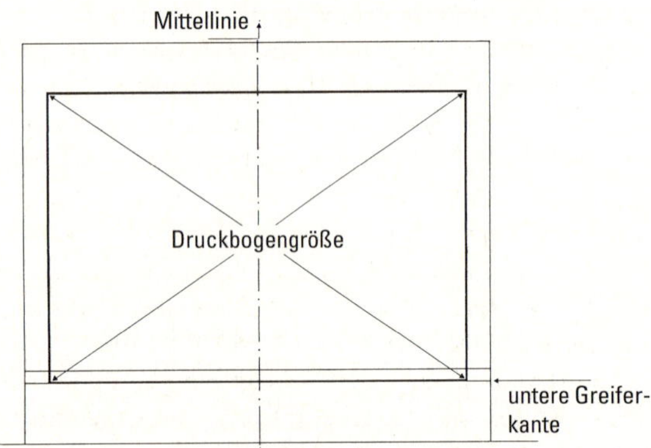

Der nächste Schritt ist das Einzeichnen der Druckbogengröße oder das Auflegen eines Druckbogens. Dabei ist darauf zu achten, dass von der unteren Greiferkante ausgegangen wird

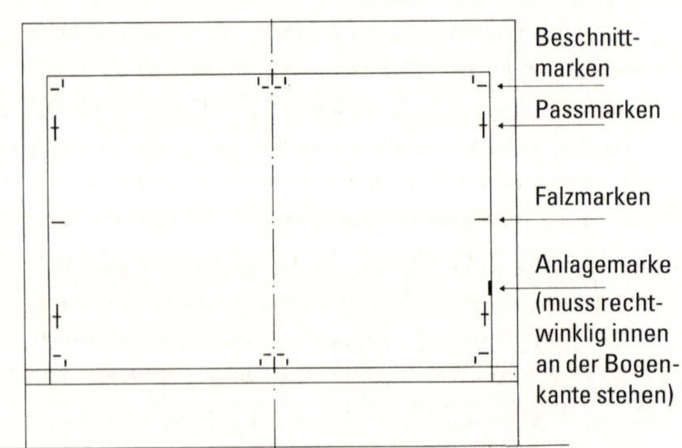

Die Beschnittmarken sollten so beschaffen sein und angebracht werden, dass möglichst wenig Korrekturen in der anschließenden Druckplattenkopie erforderlich sind.

Das Format des Einteilungsbogen ist praktischerweise gleich groß wie das Druckplattenformat. Ist die Montagefolie ebenfalls gleich groß, sind für die Belichtung der Druckplatte – wenn kein Registersystems eingesetzt wird – lediglich die Vorder- und Seitenkanten der Montage und der Druckplatte deckungsgleich übereinander zu legen, um einen einwandfreien Stand auf der Druckplatte zu erreichen. Präziser für einen genauen Stand ist jedoch immer der Einsatz eines Registersystems, mit dem Einteilungsbogen, Montage und Druckplatten gelocht und exakt positioniert werden. Die genaue Positionierung verkürzt die Rüstzeiten an der Druckmaschine.

Die seitenverkehrt herzustellende Montage für den Offsetdruck erfordert ein seitenverkehrtes Zeichnen der Einteilung mit allen Angaben. Sämtliche Zeichnungselemente müssen maßgenau eingetragen sowie dünn und gleichmäßig gezeichnet sein, um ein exaktes, standgenaues Montieren zu ermöglichen.

Als Zeichengeräte eignen sich entsprechend dem Zeichenmaterial (Karton, Folie)
- harte Bleistifte,
- Kugelschreiber mit Feinstrichminen in verschiedenen Farben,
- Tuschefüller (mit max. ca. 0,2 mm Linienbreite).

Beidseitig bedruckte Bogen müssen im Fortdruck einwandfrei Register halten, das heißt Vorder- und Rückseite müssen standgenau aufeinander stehen. Ebenso müssen beim Schneiden oder Falzen alle Seiten standgenau, deckungsgleich und rechtwinklig auf einer Druckseite stehen.

Unbedingte Voraussetzung dazu ist das rechtwinklige Zeichnen der Einteilung.

Angaben auf dem Einteilungsbogen (Ausschnitt)

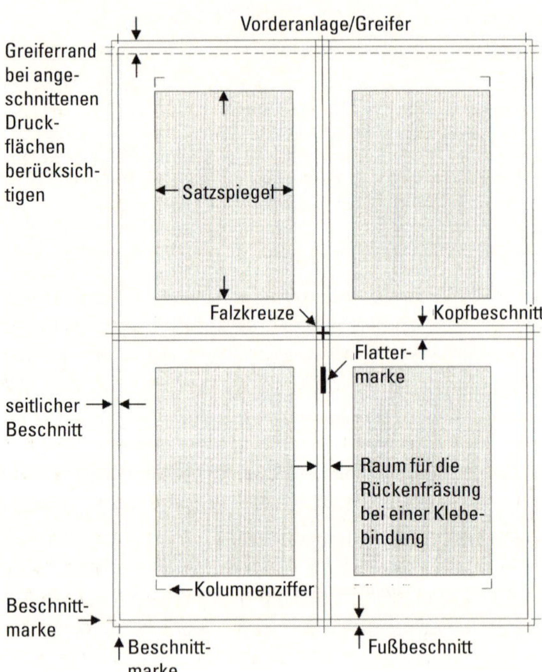

Aufbau des Einteilungsbogens

Jeder Einteilungsbogen baut auf der Grundlinie und der Mittellinie (rechtwinklig zu Grundlinie) auf. Alle Maße werden von diesen beiden Linien ausgehend zum Bogenende (Zylinderumfangsrichtung = radial) sowie zu der linken und rechten Bogenseite (Zylinderbreite = axial) abgetragen. Der minimale Beschnitt beträgt 3 mm. Der Einteilungsbogen ist mit der Auftragsnummer und der Auftragsbezeichnung zu beschriften.

Grundregeln für das Zeichnen der Einteilung in Stichpunkten:
- Zeichenmaterial: standfester Karton oder Kunststofffolie

– Zeichentechnik: unbedingt exakt rechtwinklig und maßgenau
– Linienarten: gleichmäßig feine Linien, Stärke ca. 0,20 mm, möglichst mit verschiedenen Farben
– Zeichenbasis: alle Maßeintragungen bauen auf der Grundlinie (waagerecht) und der Mittellinie (senkrecht) auf.

Allgemeine Montagegrundlagen

Für die Montage wird der Einteilungsbogen auf Mitte ausgerichtet auf dem Leuchttisch befestigt. In der Regel ist es sinnvoll, zusätzlich eine Millimeterfolie für das Montieren zu verwenden. Die Montagefolie ist der Träger aller einzelnen Filme, Zeichen, Markierungen und Kontrollelemente.

Montagefolie

Als Montageträgermaterial ist eine saubere, kratzerfreie Montagefolie zu verwenden. Bewährt haben sich Polyesterfolien. Diese besitzen eine einwandfreie Planlage, eine gute Maß- und Chemikalienbeständigkeit, sind sehr flexibel, reißfest und relativ unempfindlich gegenüber statischer Aufladung.

Die Kopiervorlagen werden standgerecht nach dem Einteilungsbogen positioniert und auf der Montagefolie befestigt. Ein beispielsweise mit roten Linien gezeichneter Stand der zu montierenden Elemente hebt sich auf dem beleuchteten Montagetisch deutlich von allen anderen Linien ab und erleichtert das Einpassen.

Beschneiden

Kopiervorlagen müssen gratfrei beschnitten sein. An einem Grat lagern sich sonst leicht Staubteilchen und Schmutz, die Filmkanten auf der Druckplatte bilden. Diese wiederum erfordern zeitaufwendige Korrekturen an den Druckplatten.

Weitgehend vermeiden lässt sich ein Grat durch Schneiden mit einem Skalpell auf einer sehr harten Unterlage (Glasplatte). Die Schichtseite des Films muss beim Schneiden nach oben liegen.

Optimal ist das Beschneiden mit einem Filmschneidegerät. Solche Geräte arbeiten mit Kreismessern (Rollmessern). Der Schnitt ist absolut gratfrei. Deshalb können bei Bedarf auch Bildstellen direkt angeschnitten werden. Es ist auch möglich, mehrere Kopiervorlagen (z. B. einen Farbsatz) zusammen zu beschneiden.

Klebemittel und Einsatzbereiche

Klebefilm:	einseitig klebende Folie. Einsatz für alle Montagearbeiten mit Filmen. Kopiervorlagen benötigen großen bildfreien Rand zum Befestigen. 1. für die Positivmontage: Klebefilm glasklar transparent oder hellblau 2. für die Negativmontage: Klebefilm dunkelbraun
Filmkleber:	flüssiger Montagekleber, Spray. Einsatz für alle Montagearbeiten mit Filmen, bei denen kein ausreichender Kleberand vorhanden ist.

Arbeiten mit Klebefilm

Für das Befestigen verschiedener Kopiervorlagen eignen sich verschiedene Klebemittel. Üblicherweise wird ein dünner, hochtransparenter Klebefilm, der speziell für Montagezwecke geeignet ist, verwendet. Bei der Montage ist zu beachten:
– Verschiedene Filmteile dürfen sich nie überlappen.
– Um Unterstrahlungen zu vermeiden, ist zwischen Klebefilm und Bildelementen ein Abstand von ca. 3 bis 5 mm zu beachten.

Zum Positionieren und Befestigen der einzelnen Filme sollte bei der Montage immer nach einem bestimmten Schema gearbeitet werden. Dadurch ist ein gleichmäßiges Ergebnis zu erwarten: es werden keine Filmteile und erforderliche Hilfszeichen vergessen, Filmteile werden systematisch befestigt, Klebe- oder Montagefehler werden vermieden.

Arbeiten mit flüssigem Filmkleber

Ist kein ausreichend breiter bildfreier Rand an der Kopiervorlage vorhanden, ist mit flüssigem Filmkleber zu arbeiten. Exakt beschnittene Kopiervorlagen lassen sich mit diesem Klebemittel unmittelbar aneinander montieren. Der Klebestoff wird mit einem sauberen Pinsel hauchdünn und streifenfrei auf der Filmträgerseite aufzutragen. Der Film ist leicht zu positionieren, da der Klebstoff nicht sofort fest anzieht. Nach leichtem Antrocknen muss deshalb der Film nochmals angedrückt werden.

Es ist darauf zu achten, dass der flüssige Kleber nicht zu nahe an den Rändern der Kopiervorlage aufgetragen wird, da hierdurch leicht Schmutz haften bleibt. Dies ist besonders bei Klebern in Sprayform zu beachten, die bei unsachgemäßer Handhabung auch auf die Montagefolie oder Glasplatte des Montagetisches gelangen und Verschmutzungen bei der Kopie verursachen.

Um Unterstrahlungen zu vermeiden, soll der Filmkleber nicht in hellen Bilddetails eingesetzt werden.

Zeichen und Markierungen

Sind alle Filmteile exakt und standgenau montiert, werden die benötigten Hilfszeichen, Kontrollmarken und Testkeile befestigt.

Hilfszeichen für die Kopie und den Druck:
– Mittenzeichen am Greiferrand und am Druckbogenende
– Anlegezeichen (Seitenmarke)
Passkreuze bei allen Farbarbeiten
– Testkeile bzw. Druckkontrollstreifen
– Zylinderpasszeichen (je nach Druckmaschine)
– Angaben zu: Auftragsbezeichnung, Druckfarbe der Montage bzw. Druckplatte

Hilfszeichen für die Druckweiterverarbeitung:
- allgemein:
  - Schneidezeichen
  - Falzzeichen
- Verpackungen:
  - Stanzzeichen
- Werkdruck:
  - Flattermarke
  - Bogensignatur (Nummer des Falzbogens)
  - Bogennorm (Kurzbezeichnung des Werkes)

Bei allen zu montierenden Zeichen muss die Schichtseite bei der Montage oben liegen. Andernfalls würden feine Linien unterstrahlt. Alle Hilfszeichen sollten in ausreichender Menge ständig griffbereit sein. Für Zwischenschnitte ist zu empfehlen, Linien in Abständen von 3 mm bis 10 mm vorzubereiten. Mit diesen Linienpaaren lassen sich fast alle Zwischenschnitte mit nur einmaligem Kleben exakt montieren.

Für den äußeren Beschnitt werden Winkel verwendet, die im Scheitel nicht geschlossen sein dürfen. Der offene Scheitel zeigt immer von außen nach innen zu dem zu schneidenden Endformat. Bei möglichen Schneidedifferenzen erscheinen dadurch keine Teile des Linienbildes im Druckprodukt.

Manuelle Montagetechniken für mehrfarbige Druckarbeiten

Arbeitsablauf

Einteilungsbogen
→ Grundmontage
→ Montagen der weiteren Farben: einpassen mit …
→ Standmontage | Anhaltskopie
→ indirekte Montage auf Montagefolie | indirekte Montage auf Montagefolie | indirekte Montage auf Anhaltskopie
→ Druckplattenkontrolle
→ Druckplattenkopie

Montagehinweise

Exakte Standvorlage für die Montage: Texte, Bilder, Zeichen

Basis: Kopiervorlagen mit optimaler Zeichnung und gutem Kontrast

Grundmontage als Standmontage, d. h. Einpassen ohne Farbkontrast

Anhaltskopie als Farbkontrast zum Einpassen der folgenden Farben:
- positiv oder negativ
- blau oder rot

Indirekte Montage: Anhaltskopie dient nur als Standvorlage; sehr gutes Einpassen

Direkte Montage: Anhaltskopie ist der Montageträger; optimales Einpassen

Lichtpausen zur Prüfung von Stand, Texten, Bildern, Farbe

Rahmenkopie: Informationsübertragung durch eine Belichtung

Montagekontrolle

Zur Kontrolle der Montage fertigt der Montierer eine Lichtpause an. Der genaue Stand aller Elemente ist durch Auslinieren zu prüfen. Ebenso ist der korrekte Seitenaufbau (Text, Bild u. a. in der jeweiligen Druckfarbe) zu prüfen.

In der Druckproduktion erfolgt lediglich eine Maschinenrevision und kein detailliertes Korrekturlesen mehr. Hier ist deshalb die letzte Möglichkeit, ohne große wirtschaftliche Einbußen nochmals die Korrekturen zu lesen bzw. zu prüfen und sämtliche Zuordnungen (Seiten, Text und Bild, Farbe) zu kontrollieren.

Positivmontage für ein- und mehrfarbige Druckprodukte

Ein entscheidendes Merkmal der Qualität im Mehrfarbendruck ist ein exakter Passer. Voraussetzung dazu sind planliegende, maßgenaue Filme und ein genaues Arbeiten in der manuellen Bogenmontage.

Kleinste Mängel im Passer der einzelnen Farben eines Farbsatzes lassen sich ggf. bei der Montage ausgleichen. Dazu sind die einzelnen Filme des Farbsatzes im wesentlichen nach bildwichtigen Details einzupassen. Sichtbare größere Differenzen führen zu Reklamationen. Deshalb werden höchste Anforderungen an die Qualität der Kopiervorlagen und die Genauigkeit der Montagearbeit gestellt.

Für ein sicheres Arbeiten sind seitenglatte Filme (Ganzseitenausgabe mit Text und Bild) zu verwenden. Einzelteile pro Seite vergrößern die Gefahr von Fehlern in der Montage. Nach der Druckplattenkopie ggf. zu beseitigender Filmkanten erfordern viel Zeit.

Eine fehlerhafte Korrektur in einer Bildstelle macht zudem die Druckplatte unbrauchbar.

Die Vorbereitung der Montage erfordert:
- Lesen und kontrollieren der Auftragsunterlagen
- Visuelles Prüfen der Qualität aller Kopiervorlagen
- Prüfen des Auftrags auf Vollständigkeit (Montageunterlagen, Filme u. a.) und
- Sortieren der Kopiervorlagen nach Druckfarben und Anzahl oder anzufertigenden Bogenmontagen.

Montagetechniken für mehrfarbige Druckarbeiten
- Montage nach einer Stand- bzw. Grundmontage
- Montage nach Anhaltskopie, indirekt
- Montage nach Anhaltskopie, direkt

Montage nach einer Grundmontage
Die einfachste Methode ist das Montieren der weiteren Farben nach einer Grundmontage (Standmontage). Mit den Farbauszugsfilmen einer Farbe, die die besten Details in der Zeichnung wiedergibt, wird eine standbestimmende Grundmontage hergestellt. Diese Grundmontage dient als Vorlage für das Montieren der folgenden Farben, die jeweils auf eine neue Montagefolie montiert werden.

Das Verfahren ist kostengünstig und benötigt einen geringen Zeitaufwand. Es sind aber wesentliche Nachteile zu beachten: Die gerasterten Kopiervorlagen aller Farbauszugsfilme sehen im Farbkontrast gleich aus, da sie nur aus gedeckten (lichtundurchlässig geschwärzten) Bildstellen und transparenten Nichtbildstellen bestehen. Daraus ergibt sich das Problem, dass die unten liegenden Filme nicht deutlich in ihren bildwichtigen Details zu erkennen sind. Die Folge ist ein unsicheres Montieren und dadurch mögliche Passerschwierigkeiten.

Um einen gewissen Kontrast zu erreichen, wird vielfach über die Grundmontage eine Mattfolie gelegt. Filme der Grundmontage erscheinen dadurch leicht grau und heben sich so von den zu montierenden Kopiervorlagen ab.

Nachteil diese Verfahrens ist jedoch der größere Abstand zwischen den Kopiervorlagen der Grundmontage und den zu montierenden Filmen. Wird dann nicht genau senkrecht beim Einpassen geschaut, treten Passerfehler durch Parallaxenverschiebung auf. Diese treten immer dann auf, wenn zwei auseinander liegende Objekte (hier die Schichtseiten der Filme) unter verschiedenen Sehwinkeln betrachtet werden. Die Erscheinung ist umso größer, je weiter die Objekte auseinander liegen. Deshalb sollten die zu montierenden Schichten möglichst nah zusammenliegen.

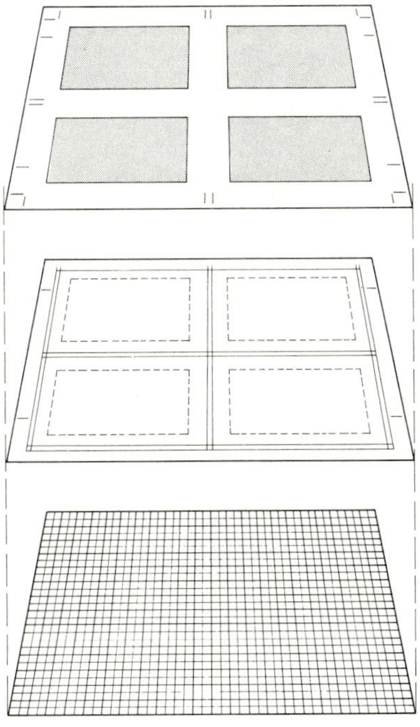

Grundmontage

Einteilung

Millimeterfolie

Montage nach einer Anhaltskopie
Für höhere Qualitätsanforderungen im Passer sowie schnelles und sicheres Montieren eignen sich Montagen nach farbigen Anhaltskopien (Farbfolien).

Für das Anfertigen dieser Anhaltskopie wird eine Grundmontage wie im vorhergehenden Verfahren hergestellt. Eventuell können aber auch Filme verschiedener Farben verwendet werden, wenn dies zum Einpassen erforderlich ist. Die Grundmontage ist nur für das Herstellen der Anhaltskopie und nicht für eine Druckplattenkopie zu verwenden.

Von der Grundmontage wird eine positive oder negative Kopie auf eine lichtempfindlich, farbig vorbeschichtete Kunststofffolie hergestellt.

Als Kontrastfarbe wird bei diesen Folien Blau oder ein bläuliches Rot gewählt. Beide Farben sind für das UV-Licht der Kopie absolut lichtdurchlässig.

Die Montagearbeiten mit Farbfolien als Standvorlage ergeben durch den deutlichen Farbkontrast zu den Kopiervorlagen ein leichteres, sicheres Montieren.

Bei positiver Anhaltskopie ist die positive Kopiervorlage deckungsgleich einzupassen. Bei der negativen Anhaltskopie werden positive Kopiervorlagen so eingepasst, dass kein weißer Blitzer sichtbar ist.

Auch ohne Fadenzähler sind Farbsätze sicher zu montieren. Der Blick für das gesamte Motiv ermöglicht, bildwichtige Details zu erfassen und auch leicht verzogene Filme bestmöglich einzupassen.

Gebrauchte Anhaltskopie können entschichtet und gereinigt werden. Sie sind danach als klare Montagefolien zu verwenden.

Montage mit Anhaltskopie: indirekte Methode
Bei der indirekten Methode werden die Filme jeder zu druckenden Farbe auf je eine separate transparente Montagefolie montiert. Standvorlage für das Einpassen ist die farbige Anhaltskopie.

Zu beachten ist, dass die Anhaltskopie seitenrichtig ist. Sie wird zur Montage umschlagen auf den Leuchttisch gelegt. Damit liegt die Schichtseite auf der Glasplatte. Wird nun zusätzlich die neue Montagefolie aufgelegt und die Kopiervorlage mit der Schichtseite nach oben montiert, so befinden sich drei Folienschichten zwischen der Schicht der Anhaltskopie und der Kopiervorlage (siehe Abbildung). Die Gefahr von Einpassfehlern bei nicht exaktem senkrechten Betrachten durch Parallaxe ist zu beachten. Je geringer der Abstand zwischen den Schichten der Anhaltskopie und der Kopiervorlage ist, desto weniger Schwierigkeiten sind zu erwarten.

Montage mit Anhaltskopie: direkte Methode
Diese Methode ist besonders für schwierige Montagearbeiten mit sehr hohem Passeranspruch geeignet.

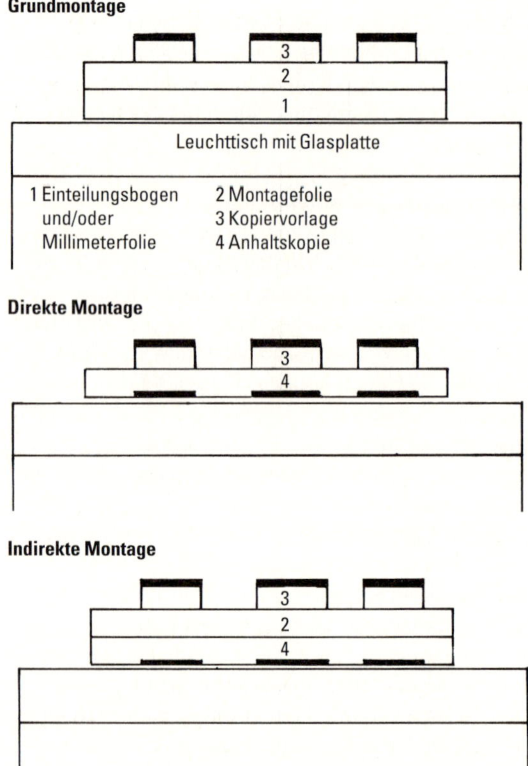

Von der Grundmontage werden bei einem Vierfarbsatz drei Positive oder negative Anhaltskopien hergestellt. Damit steht für jede zu montierende Farbe eine blaue Anhaltskopie zur Verfügung. Es wird unmittelbar auf die Farbfolie montiert und davon die Druckplatte kopiert. Die Einfärbung der Anhaltskopie lässt kopierwirksames UV-Licht ungehindert durch. Die Belichtungszeit ist geringfügig zu verlängern. Dies ist durch einen Test zu ermitteln.

Negativmontage

Bei Negativkopierverfahren werden die Tonwerte der Kopiervorlagen in entgegengesetzten Helligkeitswerten auf der Druckplatte wiedergegeben. Negativkopierverfahren haben in Eurpopa nie einen hohen Stellenwert – trotz einiger Vorteile – erlangt.

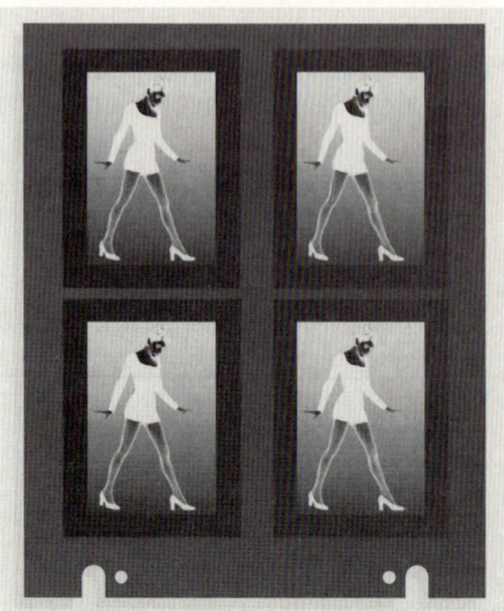

Bei der Positivmontage sind Film- oder Klebekanten auf der belichteten Druckplatte nicht auszuschließen. Sie können nur durch eine Streufolienbelichtung minimiert oder durch zusätzliches Ausbelichten vermieden werden.

Auch kleinste Staubpartikel verursachen Fehlstellen auf der Druckplatte. Dies erfordert zeitaufwendige und ggf. schwierige, kostenintensive Korrekturen.

Bei einer Negativmontage sind alle nicht zum Druckbild gehörenden Montageflächen oder -teile mit einer für UV-Licht undurchlässigen Folie abgedeckt. Die gesamte Fläche der Montage wird dazu auf der Rückseite (entgegen der Schichtseite der Kopiervorlagen) abgedeckt.

Die Abdeckfolie ist auf dem Leuchttisch durchsichtig, so dass die Bildstellen der Kopiervorlagen und die Konturen der Filmränder gut zu erkennen sind. Die Fläche der Bildstellen ist leicht in der erforderlichen Größe aus der Abdeckfolie randscharf herauszutrennen und bildet ein für UV-Licht durchlässiges „Belichtungsfenster“. Demnach können keinerlei Fehlstellen durch Filmkanten o. ä. auf der Druckplatte erscheinen. Besonders kostengünstig ist die Negativmontage und -kopie, wenn direkt vom Aufnahmenegativ kopiert werden kann.

Die Negativmontage ist für alle einfarbigen Druckprodukte sehr gut geeignet. Nachteil gegenüber der Positivmontage ist das schwierigere Einpassen von Bildern für Vierfarbdrucke. Eine Hilfe zum Einpassen sind positiv arbeitende Anhaltskopien. Stehen Texte und Bilder sehr eng aneinander, ist das Abdecken schwierig. Es ist in solchen Fällen besser, für Texte und Strichzeichnungen sowie Rasterbilder je eine separate Montage herzustellen. Die Montagen sind dann mit einer Registerstanze zu lochen und nacheinander auf die ebenfalls mit einer Registerstanzung versehene Druckplatte zu kopieren.

Für die Negativmontage sind seitenverkehrte, negative Kopiervorlagen als Strich- oder Rasterfilm erforderlich.

Für die gespeicherten Informationen auf dem Film gelten folgende technische Anforderungen:

- Bildstellen müssen einwandfrei transparent, klar, lichtdurchlässig mit max. 0.05 log Dichte sein,
- Nichtbildstellen müssen einwandfrei geschwärzt, minimal 2.5 log Dichte sein.
- Alle bildfreien Stellen und druckfreien Bereiche in der Negativmontage sind lichtundurchlässig abzudecken.

Rechnergesteuerte Montage- und Kopiersysteme

Eine technische Alternative zu der manuellen Bogenmontage und Druckplattenkopie bieten rechnergesteuerte Kopiermaschinen, vor allem für den Druck vieler Nutzen, z. B. im Verpackungs- und Etikettendruck. Inzwischen hat durch den digitale Workflow in der gesamten Druckvorstufe diese Technik ihre Bedeutung stark verloren.

Die manuelle Bogenmontage erfordert sehr viel Zeit für viele einzelne Arbeiten und höchste Präzision, insbesondere bei Arbeiten für farbige Druckaufträge mit mehreren Druckseiten. Ein hoher Material- und Personaleinsatz ist die Folge.

Die Entwicklung führte zu Kopiermaschinen, die alle Informationen der Kopiervorlagen 1 : 1 und exakt in Gradation, Rasterpunktform und -größe auf die Druckplatte kopieren. Diese Anlagen eignen sich für gleiche oder auch unterschiedliche Mehrfachnutzen-Belichtungen (Etiketten, Verpackungen u. ä.) auf eine Druckplatte. Sie eignen sich auch als Montage-Repetier-Kopiermaschinen für Akzidenz-, Zeitschriften- und Werkdruck mit unterschiedlichen Kopiervorlagen.

Montage- und Kopiersysteme arbeiten computergestützt und mit Mikroprozessorsteuerungen, um bei sehr hoher Passerqualität kürzeste Produktionszeiten zu erreichen und damit einen wirtschaftlichen Einsatz zu gewährleisten.

Eine Bogenmontage ist für die Kopie nicht erforderlich. Als Kopiervorlagen sind einzusetzen:
- einzelne Kopiervorlagen,
- Sammelkopiervorlagen (sogenannte Sammeldias) oder auch
- mehrere verschiedene Kopiervorlagen.

Kopiert wird auf Offsetdruckplatten, aber auch auf Holzplatten für Stanzformen, auf Glas oder Kunststofffolien. Spezielle Repetier-Kopiermaschinen eignen sich für das Belichten mehrerer Nutzen auf Filmmaterial.

Druckaufträge mit einer größeren Zahl gleicher Nutzen, wie es besonders im Verpackungs- und Etikettendruck der Fall ist, erfordern bei der Rahmenkopie erhebliche Kosten für das Anfertigen von Nutzenfilmen sowie umfangreiche, schwierige Montagearbeiten. Diese Nachteile zeigen sich besonders bei mehrfarbigen Druckarbeiten im Mittel- und Großformat, bei denen höchste Passergenauigkeit gefordert ist. Kosten, Zeitaufwand und Qualität sprechen eindeutig für den Einsatz der maschinellen Kopie.

Im Etiketten- und Verpackungsdruck sowie für den Druck von Faltschachteln werden Repetier-Kopiermaschinen seit langem anstelle der manuellen Bogenmontage eingesetzt.

Wesentliche Vorteile ihres Einsatzes sind höchste Genauigkeit im Stand der einzelnen Nutzen und Rationalisierung durch geringere Material- und Personalkosten. Die Einsparung von Filmmaterial ist besonders deutlich bei einer großen Zahl gleicher, mehrfarbiger Nutzen auf einem Druckbogen. Durch die maschinelle Kopie ist eine höhere Qualität der Druckform und eine schnellere Herstellung umfangreicher, farbiger Druckprodukte als durch manuelle Bogenmontage zu erreichen:
- bestmögliche Passergenauigkeit selbst bei größten Druckformaten,
- exakt gleiche Nutzenqualität auf der Druckplatte und
- kürzere Herstellzeit der Druckplatten durch maschinelle Montage und Druckplattenkopie.

Der automatische Arbeitsablauf schließt auch einen Wechsel notwendiger Abdeckmasken und ein Drehen versetzt stehender Etiketten und sonstiger Nutzen ein. Das Kopieren versetzt angeordneter Faltschachteln ist durch Festlegen der Mittelwerte der Nutzen und das Errechnen der Längs- und Querwerte durch Programme einfach zu lösen.

Außerdem ist bei einer maschinellen Montage zu berücksichtigen, dass viele Nebenarbeiten, die bei der manuellen Montage erforderlich sind, wegfallen, z.B.:
- Zeichnen des Einteilungsbogens
- Beschneiden der einzelnen Nutzenfilme
- Abdecken der Filmkanten auf der kopierten Druckplatte.

Selbst bei hohen Investitionen sind die Vorteile der Montage-Kopiermaschinen bei entsprechenden Aufträgen gegenüber manuellen Montagen beachtlich:
- Eine gleichbleibende Passergenauigkeit ist auch bei vielen kleinen Nutzen garantiert.
- Die bei der manuellen Montage möglichen Parallaxenfehler sind bei maschineller Montage und Kopie auszuschließen.
- Kopiervorlagen sind nicht zu beschneiden.
- Die Montage von Passzeichen und Druckkontrollstreifen ist nur einmal auszuführen.
- Korrekturen an belichteten Druckplatten sind bei der Positivkopie nicht erforderlich, da Filmschnittkanten nicht mitkopiert werden können.
- Überfüllungen, Ränder und Schnittkanten sind durch Masken abgedeckt.
- Masken sind so angelegt, dass die Seiten im Bund nahtlos aneinanderstehen können. Dies ist besonders vorteilhaft bei Prospekten und Zeitschriften.

Durch die Digitalisierung und einen durchgängigen digitalen Workflow haben heute rechnergesteuerte Kopiermaschinen – trotz Computersteuerung und Mikroprozessorentechnologie – ihre Bedeutung im Etiketten- und Verpackungsdruck verloren.

9.2.2 Immaterielle Bogenmontage

Bei der immateriellen Bogenmontage werden einzelne digital gespeicherte Seiten an einem Rechner (PC, Macintosh) zu einer ganzen Form zusammengeführt und produktionsgerecht positioniert. Die Ausgabe erfolgt digital in einem Computer-to-System:
- Computer-to-Film
- Computer-to-Plate
- Computer-to-Press.

Die Informationsübertragung der digitalen Seiten zu einem Ganzbogenfilm oder auf eine Druckform erfordert ein Ausschießprogramm zur Positionierung der Druckseiten. Diese Software erzeugt druck- und weiterverarbeitungsgerecht ausgeschossene Bogen per Mausklick nach gespeicherten Ausschießschemata.

Basismaterial für die immaterielle Bogenmontage sind digitale Daten aus der Druckvorstufe, die nach einer Seitenkontrolle über einen Proof für den Druck verbindlich freigegeben sind.

Für einen reibungslosen Workflow spielen Datenformate eine erhebliche Rolle. Angeliefert werden können grundsätzlich zwei Arten

- Application-Files, das sind Datenfiles, die mit Anwenderprogrammen (engl. application) wie QuarkXPress, InDesign, Pagemaker, Photoshop, Freehand, Illustrator oder Word erstellt worden sind und ein programmspezifisches Datenformat benutzen,
- Files in Datenaustauschformaten, das sind spezielle Formate, die unabhängig von einem Anwenderprogramm einen Datenaustausch ermöglichen, z. B. PostScript, PDF, EPS, TIFF, PICT.

Daten in Form von Application-Files erfordern zu einer Übernahme das entsprechende Programm in einer kompatiblen Version und mit allen Programmerweiterungen (X-Tensions, Additions, Plug-Ins). Ist dieses vorhanden, können die Daten jederzeit editiert (bearbeitet) werden. „Last-minute-Korrekturen“ sind daher möglich - vorausgesetzt, die Mitarbeiter beherrschen das gelieferte Programm.

Ein wesentlicher Vorteil ist das hausinterne Erstellen von PostScript- oder PDF-Dateien entsprechend dem eigenen Standard.

Datenformate wie TIFF, EPS, PICT können über programmeigene Import- oder Exportfilter genutzt werden. Für das Editieren von PostScript-, PDF- oder EPS-Dateien sind dagegen spezielle Editierprogramme einzusetzen.

Kontrolle eingegangener Daten

Unbedingt erforderlich ist eine Kontrolle der eingegangenen Daten nach verschiedenen Gesichtspunkten, z. B.:

- Vollständigkeitskontrolle
  - Sind alle erforderlichen Daten für den Auftrag angeliefert?
  - Sind freigegebene Proof vorhanden?
- Lesbarkeit, Bearbeitung
  - Sind Laufwerke für die angelieferten Datenträger vorhanden?
  - Sind alle angelieferten Daten mit der vorhandenen Software lesbar?
  - Können gelieferte Daten ggf. bearbeitet werden?
- Verfahrenstechnik
  - Sind bei OPI die Daten mit niedriger Auflösung (Low-Res-Daten) durch hochaufgelöste Daten (High-Res-Daten) ersetzt worden?
  - Wurden die gelieferten Daten farbsepariert für CMYK?
  - Wurde die korrekte Rasterungsart und Rasterfrequenz verwendet?
  - Ist die Rasterwinkelung korrekt?
  - Mit welchen Parametern bzw. Einstellungen wurden die Daten vorbereitet, z. B. Druckverfahren, Druckkennlinie, UCR, Trapping (Über- bzw. Unterfüllung)?
  - Wurde bereits druck- und weiterverarbeitungsgerecht ausgeschossen?

Zur datentechnischen Kontrolle sind Programme zum sogenannten Preflight-Check heute ein „Muss“ für eine rationelle, fehlerfreie Produktion.

Der Leistungsumfang beinhaltet eine Anzeige von allgemeinen Angaben zum Dokument wie

- die zur Erstellung verwendete Programmversion,
- Seitenzahl und
- Dateigröße

sowie weitere Informationen zur Vermeidung von Fehlern bei der Informationsübertragung wie

- Bildverknüpfungen,
- Dateiformate bei Bildern,
- angelegte Farben und Überfüllungen
- verwendete Schriftarten.

Die verwendeten Schriften im Dokument lassen sich mit den installierten Schriften und Bildverweise mit den vorhandenen Bilddateien abgleichen.

Sollten Daten im PDF-Format angeliefert werden, werden viele Fehlerquellen wie beispielsweise nicht mitgelieferte Schriften ausgeschlossen.

Unbedingt sinnvoll ist es, dem Ersteller von Druckseiten rechtzeitig vor seinem Arbeitsbeginn konkrete Angaben zu Datenformaten und zu Einstellungen (z. B. PDF-Herstellung) als Checklisten zu liefern. Dies setzt eine gute Kommunikation in der Beziehung Kunde-Unternehmen und innerhalb des Unternehmens zwischen Auftragsaußendienst, Arbeitsvorbereitung und Produktion voraus.

Angelieferte Filme im digitalen Workflow

Die derzeitige Situation im Workflow der Druckvorstufe ist geprägt durch die Existenz zweier nebeneinander genutzter Technologien. Ein wichtiger Punkt ist daher immer noch die Anlieferung von analogen Daten (Filme) und deren Integration in den digitalen Workflow des Unternehmens.

Um diese Daten zu nutzen, ist eine Re-Digitalisierung der Filme über einen Scanner und mit entsprechender Software erforderlich. Man unterscheidet dabei grundsätzlich drei Verfahren:

- CopyDot
- Descreening
- Mixed Mode.

Das *CopyDot-Verfahren* eignet sich zur Erstellung eines Faksimile-Scans. In hoher Auflösung wird dabei eine direkte digitale Kopie des Original-Films im

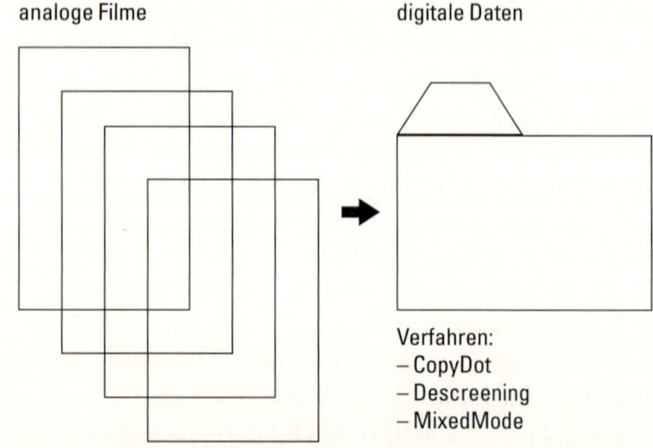

Format 1 : 1 reproduziert, die danach für die Bogenmontage zur Verfügung steht.

Dieses Verfahren eignet sich besonders für den Offsetdruck: Es entsteht eine exakte Kopie des Original-Films als Bitmap-Daten mit hoher Konturenschärfe in Strich und Raster. Die durchschnittlich zu erzielenden Tonwerte liegen bei einem Raster mit 60 L/cm zwischen 1 bis 99 %, bei einem Rastern mit 80 L/cm zwischen 2 bis 98 %.

Eventuell erforderliche Korrekturen lassen sich mit professionellen Bildverarbeitungsprogramm, z. B. Photoshop, bis zu einem gewissen Grad durchführen. Auch Maßstabsveränderungen lassen sich – je nach Qualitätsanforderungen und vorhandener Rasterfrequenz – zwischen 50 und 150 % vornehmen.

Nicht zu verändern sind die Rasterfrequenz (Rasterweite) und die Rasterwinkelung, da nur Bitmap-Daten vorliegen. Da diese Daten nicht in der Gradation und der Tonwertzunahme zu beeinflussen sind, ist eine Standardisierung des Arbeitsablaufes notwendig.

Ein besonderer Nachteil ist die sehr große Datenmenge durch die hohe Auflösung beim Scannen.

Das *Descreening-Verfahren* eignet sich vor allem für Bildvorlagen ohne Texte bzw. Textbereiche über Rasterflächen. Bei diesem Verfahren wird der Film beim Scannen vollständig entrastert und steht danach als Graustufenbild (als sogenanntes Halbtonbild) für die weitere Verarbeitung zur Verfügung.

Die Vorteile des Verfahrens liegen in der Möglichkeit zur Änderung der Rasterfrequenz und Rasterwinkelung sowie der Verwendung der Daten für beliebige Anwendungen im Print- und Nonprintbereich. Durch die Möglichkeit der Kompression entstehen relativ kleine Dateigrößen. Graustufenbilder lassen beliebige Tonwertkorrekturen und Maßstabsveränderungen zu.

Nachteilig sind eine leichte Unschärfe im Bild sowie eine spätere Aufrasterung aller Bildelemente, also auch von Strichabbildungen.

Der *Mixed-Mode* kombiniert beide Verfahren und deren Eigenschaften. Alle drei Prozessfarben CMY werden im Descreening-Verfahren reproduziert. Der Schwarz-Auszug, der meistens die Schrift-, Strich- oder sonstige Zeichnungselemente enthält wird dagegen im CopyDot-Verfahren erzeugt.

Grundsätzlich ergeben sich dadurch Vorteile: Der Schwarzauszug ist in seinen Rasterpunkt- und Strichelementen sehr konturenscharf, die Buntfarben können dagegen relativ leicht in Ton- und Farbwerten korrigiert werden.

Nachteilig ist besonders, dass Texte in Buntfarben bei dem Prozess gerastert werden müssen. Besonders Texte in kleinen Schriftgraden sind daher nur noch bedingt lesbar.

9.3 Kopiervorlagen

Filme speichern die Bildinformationen (z. B. Text, Bilder, Grafiken) einer Druckseite. Man bezeichnet diese als Kopiervorlagen, wenn sie ohne zusätzliche Bearbeitung auf die Druckform kopiert werden können. Das heißt:

- Kopiervorlagen sind für die Druckformherstellung des Offsetdrucks geeignete positive oder negative Filme mit bestimmten technischen und tonwertbezogenen Eigenschaften.

Technische Eigenschaften

Technische Eigenschaften beziehen sich auf die Art der Wiedergabe von Text- und Bildvorlagen durch die Kopiervorlage.

Schrift, Strichzeichnungen und Halbtonvorlagen sind nur durch binäre Informationen (zweiwertige Signale) als Bildstelle oder Nichtbildstelle drucktechnisch wiederzugeben. Die qualitative Eignung der Kopiervorlagen für die Informationsübertragung auf die Druckplatte zeigt sich an mehreren Eigenschaften.

- Tonwertrichtige Informationsübertragung erfordert Kopiervorlagen in Strich oder Raster.

Strich- oder Rasterkopiervorlagen bestehen nur aus zwei gegensätzlichen (binären) Bildelementen: Jedes Bild wird durch transparente und lichtundurchlässige Elemente wiedergegeben. Daraus leiten sich weitere Eigenschaften ab.

- Die Kopiervorlagen können positiv oder negativ sein.

Die Kopierschichten arbeiten positiv oder negativ. Eine positiv arbeitende Kopierschicht gibt Tonwerte der Kopiervorlage in gleichen Tonwerten auf der Druckplatte wieder. Eine negativ arbeitende Kopierschicht kehrt die Tonwerte auf der Druckplatte um und gibt sie entgegengesetzt wieder. Je nach Kopiervorlagenart ist der entsprechende Druckplattentyp zu wählen.
Grundsätzlich gilt für die Informationsübertragung:

Art der Kopiervorlage	Reaktion der + Kopierschicht	Art des = Druckbildes
positiv	+ positiv arbeitend	= positiv
negativ	+ positiv arbeitend	= negativ
negativ	+ negativ arbeitend	= positiv
positiv	+ negativ arbeitend	= negativ

Das Druckbild soll in der Regel positiv im Druck wiedergegeben werden. Erforderlich sind:

- positive Kopiervorlagen für die Positivkopie und
- negative Kopiervorlagen für die Negativkopie
- Mindestdichte von 2.5 log, Transparenz in allen klaren, bildfreien Stellen max. 0.05 log Dichte, hohe Randschärfe an Kanten der Bildstellen.

Der kopiertechnische Übertragungsprozess erfordert eine bestimmte Lichtenergie. Ist die Dichte in geschwärzten Teilen der Kopiervorlage nicht ausreichend, so sind diese Elemente nicht „haltbar" und tonwertrichtig auf die Druckplatte zu übertragen. Nur durch eine schleierfreie Transparenz sind Mängel bei der Informationsübertragung zu vermeiden. Je höher die Randschärfe einer Bildstelle ist, desto präziser ist eine kopiertechnische Übertragung auf die Druckplatte. Die geforderten Eigenschaften werden am Beispiel einer positiven Kopiervorlage erläutert:

- Bildstellen: Schriftzeichen, Linien, Rasterpunkte; Mindestdichte 2.5 log.
- Nichtbildstellen (alle transparenten Stellen einer positiven Vorlage) mit schleierfreier Transparenz und einer Dichte von max. 0.05 log Dichte.

Für die negative Kopiervorlage gilt prinzipiell die gegenteilige Forderung.

- Die Kopiervorlage muss seitenverkehrt sein.

Der Offsetdruck ist ein indirekt arbeitendes Druckverfahren, d. h. die Informationen der Druckform werden auf ein Gummituch und erst von dort auf den Bedruckstoff gedruckt.

Eine Grundregel für alle Kopierverfahren ist bei Reproduktionen und der Bogenmontage zu beachten:

- Alle Informationsübertragungen von der Kopiervorlage bis zum Druckprodukt erfolgen Schicht-auf-Schicht.
- Daraus folgt: Die Seitenlage der folgenden Produkte ändert sich von seitenverkehrt in seitenrichtig und umgekehrt. (Beispiel: Das „Drucken" mit einem Stempel. Die Schrift auf dem Stempel ist seitenverkehrt. Das Schriftbild wird direkt Schicht-auf-Schicht auf Papier übertragen: Das Schriftbild steht nun seitenrichtig lesbar auf dem Papier.)

Eine Kopiervorlage bzw. ein Film ist dann seitenverkehrt, wenn

- die Schichtseite zum Betrachter gewandt ist und
- Schrift nicht normal lesbar ist bzw. Bilder spiegelbildlich zu sehen sind. (Vgl.: Eine bedruckte Seite entspricht der Schichtseite eines Films.)

Da das Druckprodukt seitenrichtig sein muss und für jeden Übertragungsprozess bis zur Kopiervorlage eine Seitenumkehrung gilt, folgt daraus: Die Kopiervorlage muss seitenverkehrt sein.

Nur durch einen unmittelbaren, dichten Kontakt zwischen der Schichtseite der Kopiervorlage und der Schichtseite der Druckplatte ist eine exakte kopiertechnische Übertragung der Informationen (feinste Strichelemente, Rasterpunkte u. a.) möglich.

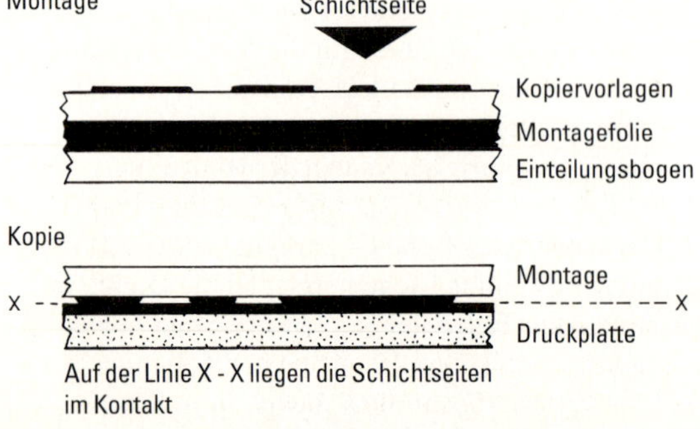

Auf der Linie X - X liegen die Schichtseiten im Kontakt

Bogenmontage-technik	Kopiervorlage Strich, Raster	Kopier-verfahren	Bildstellen auf der Druckplatte
Positiv-montage	positiv, seitenverkehrt	Positiv-kopie	positiv, seitenrichtig
Negativ-montage	negativ, seitenverkehrt	Negativ-kopie	positiv, seitenrichtig

Formale Bedingungen für problemloses Arbeiten:

Der bildfreie Arbeitsrand neben Bildinformationen auf der Kopiervorlage soll mindestens 5 mm breit sein, um ein sauberes Befestigen mit Klebefilm ohne Unterstrahlungen von Bildstellen bei der Kopie zu ermöglichen.

Kopiervorlagen müssen sauber und ohne mechanische Beschädigungen sein und für den Farbdruck eine eindeutige Angabe der jeweiligen Druckfarbe haben.

Tonwertbezogene Eigenschaften

Der Informationsgehalt eines Bildes mit unterschiedlichsten Ton- und Farbwerten ist auf einer Kopiervorlage durch feinste Rasterpunkte gespeichert. Auch Linien (Schrift, Illustrationen) geben Bildstellen einer Vorlage wieder.

Eine exakte kopiertechnische und drucktechnische Informationsübertragung aller Ton- und Farbwerte der Kopiervorlage ist wegen einer Vielzahl von Wechselwirkungen und Einflüssen nicht möglich.

Die wesentlichsten Einflussfaktoren sind aus der Übersicht 9·3 zu ersehen. Alle Parameter verändern die tonwertbezogene Informationen der Kopiervorlage. Da diese Einflüsse weitgehend bekannt sind, ist es möglich, diese durch gezielte Steuerung bei der Bilddatenerfassung und -verarbeitung zu berücksichtigen.

Damit ist keine individuelle Steuerung für unterschiedliche Bedingungen bei der Informationsübertragung, sondern eine standardisierte, auf den Kopier- und Druckprozess bezogene Herstellung der Reproduktionen und Verarbeitung zu verstehen.

9.4 Ausschießen

Bei mehrseitigen Druckprodukten wie Akzidenzen (Prospekte, Flyer, Programme) und Werke (Broschüren, Bücher) werden so viele Seiten zu einer Druckform zusammengestellt, wie sie im Druckformat der Produktionsmaschine rationell und wirtschaftlich gedruckt werden können.

Würden diese Druckseiten auf dem Druckformat beliebig angeordnet, so wäre keine sinnvolle Weiterverarbeitung zu einem Endprodukt möglich. Deshalb sind die einzelnen Seiten nach einem bestimmten System anzuordnen, das heißt sie sind auszuschießen.

Ausschießen bedeutet:

- Das Anordnen der einzelnen Seiten eines Druckbogen bei der Druckformherstellung, dass nach dem Drucken und Falzen die Seiten fortlaufend in richtiger Reihenfolge hintereinander stehen.

Das Ausschießen ermöglicht also eine rationelle Druckproduktion und Druckweiterverarbeitung. Da der Arbeitsablauf des Falzens durch die Arbeitsweise der Falzmaschinen – im Rollen-Rotationsdruck durch den Falzapparat – bestimmt wird, ist das Falzschema, die Ablauffolge in der Falzmaschine, maßgebend für das Ausschießen der Druckseiten in der Montage.

Die Arbeitsvorbereitung legt das Ausschießschema fest und berücksichtigt dabei produktbezogene, drucktechnische und verarbeitungstechnische Parameter, zwischen denen enge Wechselbeziehungen bestehen. Zu beachten ist:

– Das Ausschießen der Druckseiten für den digitalen Workflow erfolgt heute mit einer geeigneten Software, die unter Berücksichtigung aller Parameter des Auftrags das Ausschießschema rechnergestützt für alle Computer-to-Technologien herstellt.

Wichtige Einflussfaktoren für das auftragsbezogene Ausschießen und die Bogenmontage:

- Produkt:
  - Art: Akzidenz, Werk, Zeitung, Zeitschrift
  - Formate: Hochformat, Querformat
  - Seitenumfang: Anzahl der Seiten
- Drucktechnik
  - Druckformat: Rohbogengröße
  - Wendeart des Druckbogens für den beidseitigen Druck: Umschlagen, Umstülpen
  - Druckformen für beidseitigen Druck: Druck mit einer Druckform, Druck mit zwei Druckformen
  - Druckmaschine: Druckmaschine für einseitigen Druck, umstellbare Schön- und Widerdruckmaschine
  - Druckanlage: Vorgabe durch die Falzanlage
- Druckweiterverarbeitung:
  - Falzbogen: Verarbeitungsformat
  - Falzschema: Falzfolge, Arbeitsweise der Falzmaschine
  - Sammelverfahren der Falzbogen: Zusammentragen zu einem mehrlagigem Produkt, Einstecken (= Sammeln) zu einem einlagigem Produkt
  - Heft- bzw. Bindetechnik: Rückstich-Drahtheftung, Fadenheftung, Klebebindung

9.4.1 Grundbegriffe

Für eine problemlose Kommunikation ist eine einheitliche Terminologie erforderlich.

Druckbogenformate
In der Regel werden DIN-Formate bzw. Rohformate verwendet. Dadurch ist eine fortlaufende Halbierung des Bogens bei immer gleichem Seitenverhältnis möglich. Bei einem Bogen im DIN-Format ist dies das Seitenverhältnis 1: 1,414.

Zu beachten ist bei allen Druckarbeiten der erforderliche Beschnitt an gefalzten Druckbogen, der an den zu beschneidenden Seiten mindestens 3 mm breit sein muss.

Das fortlaufende Falzen in der Mitte der langen Seite des Bedruckstoffes ergibt immer eine Verdoppelung der Seitenzahl (vgl. 2^0, 2^1, 2^2, 2^3 Blatt):

Anzahl der Falze		Blatt	Seiten
0 ohne Falz	=	1 Blatt =	2 Seiten
1 Falz	=	2 Blatt =	4 Seiten
2 Falze	=	4 Blatt =	8 Seiten
3 Falze	=	8 Blatt =	16 Seiten
4 Falze	=	16 Blatt =	32 Seiten

Diese Verdoppelung ist unbedingt bei der Nutzenberechnung zu beachten! Bei einem vorgegebenen Druckformat ist es nie möglich, zum Beispiel 3, 5, 7, 9, 10 oder 11 Blatt als Endprodukt zu falzen.

Durch entsprechendes Ausschießen und Falzen sind bei bestimmten Produkten im Akzidenzdruck oder Restbogen für den Werkdruck 6, 12 oder 24 Seiten zu verarbeiten.

Für die Kommunikation im Produktionsprozess ist eine einheitliche Terminologie eine wesentliche Voraussetzung.
Dazu einige grundlegende Begriffe:

Bund
Kante einer Druckseite, an der die Bindung oder Heftung erfolgt.

Hochformat

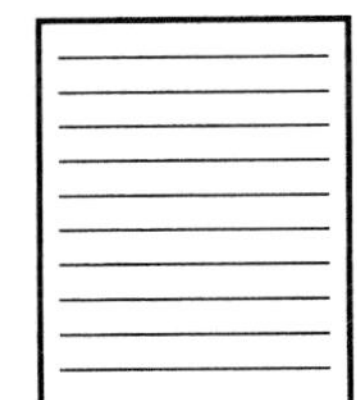

Der Text läuft bei einem Hochformat parallel zur kurzen Seite, der Bund ist an der langen Seite.

Liegend ausgeschossen (Hochformat)
Der Bund der Seiten einer Druckform liegt parallel zur Druckzylinderachse bzw. zum Greiferrand an der Vordermarken.

Stehend ausgeschossen (Hochformat)
Der Bund der Seiten einer Druckform liegt senkrecht (rechtwinklig) zur Druckzylinderachse bzw. zum Greiferrand an den Vordermarken.

Querformat

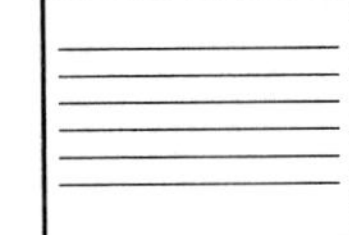

Der Text läuft bei einem Querformat parallel zur langen Seite, der Bund ist an der kurzen Seite.

Bruch
Ein einzelner Falz. Ein einmal gefalzter Bogen ergibt einen 1-Bruch-Falz, ein zweimal gefalzter Bogen einen 2-Bruch-Falz usw.

Falzschema
Grafische Darstellung der Falzfolge. Jeder Bruch wird durch eine Linie dargestellt.

Falzfolge und Falzschema bei einem Druckbogen mit 16 Seiten Hochformat

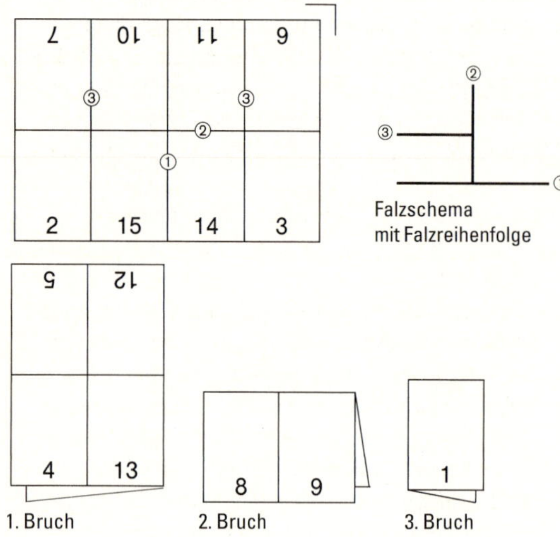

Mittenkreuzfalz
Der folgende Falz steht senkrecht (rechtwinklig) zum ersten bzw. vorhergehenden Falz. Dabei erfolgt der Falz jeweils auf der Mitte.

Parallelfalz
Der folgende Falz steht parallel zum ersten bzw. vorhergehenden Falz. Hierzu gehören: Parallel-Mittenfalz, Zickzackfalz und Wickelfalz.

Richtungsänderung
Jede Richtungsänderung wird durch den Zusatz „Kreuz" bei der Falzbezeichnung angezeigt.

Falzanlage
Anlageseiten des Falzbogens in der Falzmaschine. Die Anlage des Druckbogens muss mit der Falzanlage identisch sein, damit keine Falzdifferenzen auftreten. Für die Falzanlage gelten folgende Grundregeln.

Druckbogen mit	**Falzanlage bei Hochformat an den Seiten**	**Falzanlage bei Querformat den Seiten**
4 Seiten	3 + 4	3 + 4
8 Seiten	3 + 4	3 + 4
16 Seiten	5 + 6	3 + 4
32 Seiten	3 + 4	5 + 6

Nutzen
Anzahl der Exemplare oder Blattzahl eines Produktes auf dem Druckbogen.

Druckbogengrößen
- Der Druckbogen ergibt einen Nutzen, d. h. 1 Exemplar des Druckproduktes mit 2 (Papier) Seiten (z. B. Werbeblatt, Plakat).
- Der Druckbogen ergibt mehrere Nutzen, d. h.
  a) mehrere Exemplare des gleichen Produktes (z. B. Werbeblätter, Briefbogen, Etiketten) oder
  b) mehrere Seiten beim Druck zum Umschlagen oder Umstülpen mit zwei Druckformen (z. B. bei mehrseitigen Produkten wie Prospekte, Broschüren, Bücher)

Druck mit zwei Druckformen
Für den Druck der Vorderseite und der Rückseite des Druckbogens wird jeweils eine Druckform benötigt. Auf der „äußeren Form" steht die erste Seite des jeweiligen Druckbogens, auf der „inneren Form" steht dementsprechend die zweite Seite. Beim Ausschießen ist am einfachsten ein Ausschießmuster für alle Seiten zu erstellen. Jede Bogenseite bildet eine Druckform. Die Seitenziffern der inneren und äußeren Druckformen sind auch nach folgenden Verfahren zu ermitteln (Beispiel: 16seitiger Druckbogen).

Äußere Druckform	Innere Druckform
1	2
4	3
5	6
8	7
9	10
12	11
13	14
16	15

Äußere Druckform

1	2	3	4
5	6	7	8
9	10	11	12
13	14	15	16

Innere Druckform

Sollen bei einem 16seitigen Druckbogen, gedruckt jeweils in zwei Druckformen, die Seiten des 5. Bogens bestimmt werden, so sind bereits 4 Bogen zu je 16 Seiten gedruckt sind. Demnach sind 4 x 16 Seiten = 64 Seiten gedruckt. Jeder neue Bogen beginnt mit einer ungeraden Seite. Der 5. Bogen beginnt demnach mit der ungeraden Seite 65 und endet bei Seite 80. Das Verfahrens des Zuordnens ist dann, wie oben beispielhaft dargestellt, einzusetzen.

Für Druckberechnungen bei einfarbigem Druck gilt:
- Druckbogen
  = Druckauflage + Zuschuss
- Druckzahl
  = Druckbogen x 2 Druck pro Druckbogen (Vorder- und Rückseite)

Druck mit einer Druckform
Für den Druck der Vorderseite und Rückseite des Druckbogens wird die gleiche Druckform verwendet. Gedruckt wird auf einem doppeltgroßen Druckbogen. Alle Vorder- und Rückseiten stehen also auf einer Druckform.

Die sogenannte äußere Druckform steht auf der einen, die innere Druckform (vgl. Übersicht) auf der anderen Hälfte des Druckbogens.

Nach beidseitigem Druck wird der Druckbogen vor dem Falzen in der Bogenmitte mit einem Trennschnitt in zwei Hälften auf das Falzformat geschnitten.

Wird dann eine der beiden Hälften umschlagen, so sind beide Produktteile identisch.
- Das heißt: Aus dem Druckbogen entstehen durch den Trennschnitt zwei gleiche Nutzen.

Für einen einfarbigen, einseitigen Druck auf einen Bogen gilt:

- Druckbogen = $\dfrac{\text{Druckauflage + Zuschuss}}{\text{2 Nutzen/Bogen}}$
- Druckzahl = Druckbogen x 2 Druck/Bogen

Wendearten des Druckbogens
Für den Druck der Vorder- und Rückseite ist der Druckbogen nach dem Druck der ersten Seite zu wenden. Es ist zu unterscheiden:

– Umschlagen
=Wenden um die kurze Achse des Druckbogens. Die Vordermarken bleiben an der gleichen Bogenkante, die Seitenanlage des Druckbogens wechselt zur gegenüberliegenden Druckmaschinenseite. Damit ist der gleiche Anlagewinkel gewährleistet. Es kann mit einer Druckform oder mit zwei Druckformen gedruckt werden.

– Umstülpen
=Wenden um die lange Achse des Druckbogens. Die Vordermarken wechseln von einer langen Bogenkante zur anderen, die Seitenanlage des Druckbogens bleibt an der gleichen Bogenkante. Der Anlagewinkel wechselt. Um ein gleichmäßiges Register zu erhalten, ist der Bedruckstoff exakt in der Länge senkrecht zur Vorderanlage, deren Mitte die Wendeachse ist, und am Anlagewinkel zu beschneiden.

Wird in einer Schöndruckmaschine gedruckt, kann mit *einer Druckform* oder mit *zwei Druckformen* gedruckt werden.

In umstellbaren Schön- und Widerdruckmaschinen wird ausschließlich zum Umstülpen mit zwei Druckformen gedruckt. Die Vorderkante des Druckbogens wechselt dabei.

Bogensignatur und Bogennorm
Die laufende „Nummer" des betreffenden Falzbogens in der Reihenfolge des Zusammentragens und der Kurztitel des Buches.

Beispiele von Kreuz- und Parallelfalzungen in neuer Terminologie
Die Abbildungen zeigen jeweils den Druckbogen mit der Falzanlage (buchbinderische Anlage) und das gefalzte Produkt.
Für die manuelle Bogenmontage der Seiten im Offsetdruck ist das Falzmuster seitenverkehrt zu übertragen:
– Die Falzanlage des Falzmusters liegt auf dem Grundschema des Druckbogens (zum Beispiel auf dem Einteilungsbogen).
– Die zu übertragenden Seiten des Falzmusters liegen nach unten.
– Die untenliegenden Seiten werden auf das Grundschema übertragen. Ungerade Seiten liegen danach links vom Bund.

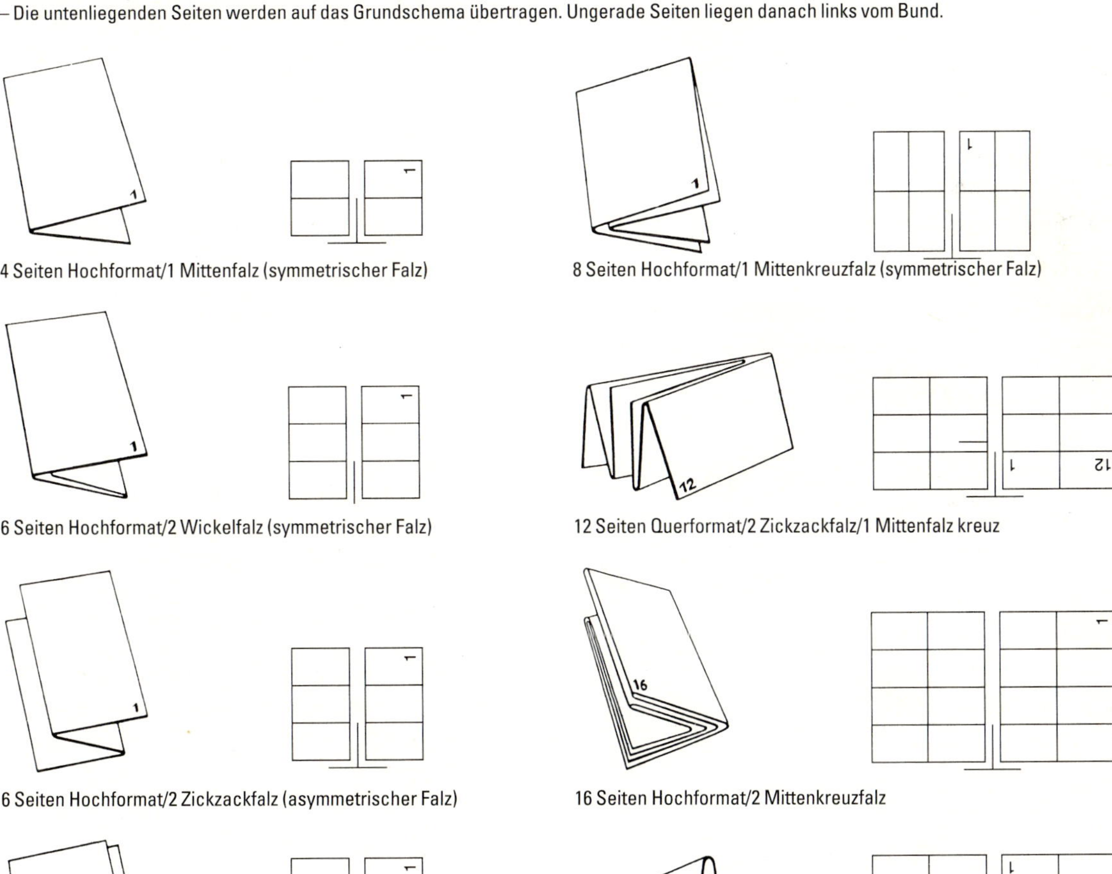

4 Seiten Hochformat/1 Mittenfalz (symmetrischer Falz)

8 Seiten Hochformat/1 Mittenkreuzfalz (symmetrischer Falz)

6 Seiten Hochformat/2 Wickelfalz (symmetrischer Falz)

12 Seiten Querformat/2 Zickzackfalz/1 Mittenfalz kreuz

6 Seiten Hochformat/2 Zickzackfalz (asymmetrischer Falz)

16 Seiten Hochformat/2 Mittenkreuzfalz

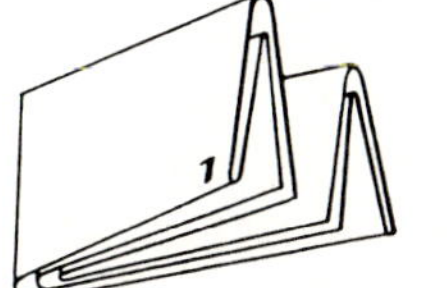

8 Seiten Hochformat/2 Mittelparallelfalz (symmetrischer Falz)

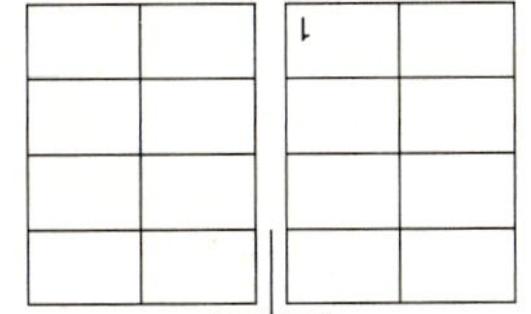

16 Seiten Querformat/2 Mittenparallelfalz/1 Mittenfalz kreuz

Flattermarke
Kurzes Linienstück im Bund zwischen der ersten und letzten Seiten eines jeden Falzbogens, das fortlaufend von einem zum nächstfolgenden Bogen um ein entsprechendes Stück nach unten versetzt wird. Dadurch ist bei richtigem Zusammentragen des Buchblocks eine gleichmäßige Stufung von rechts oben nach links unten zu sehen.

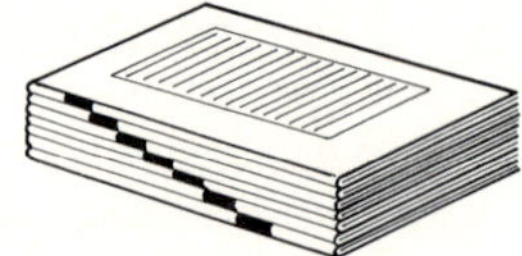

Zusammengetragene Bogen mit Flattermarken am Rücken für Fadenheftung oder Klebebindung

Eingesteckte Bogen mit Flattermarken am Kopf

Zusammentragen
Das Zusammentragen ergibt ein mehrlagiges Produkt. Mehrere gefalzte Bogen, sogenannte Lagen, werden hintereinander gelegt und zu einem Buchblock oder ähnlichem Endprodukt zusammengefügt.

Dementsprechend ist jeder Bogen in den Seitenzahlen fortlaufend auszuschießen.
Beispiel: Falzbogen 16 Seiten. Der erste Bogen hat die Seiten von 1 - 16, der zweite die Seiten von 17 - 32 und der dritte die Seiten von 33 - 48, usw.

Einstecken oder Sammeln
Das Sammeln ergibt ein einlagiges Produkt. Die Falzbogen werden jeweils im Bund geöffnet und ineinandergesteckt. Bei automatischer Verarbeitung in Sammelheftanlagen erfolgt das Sammeln und nachfolgende Heften des Produkte automatisch in einer Sammelheftmaschine.

Viertelbogen umgelegt

Zusammengetragene Bogen

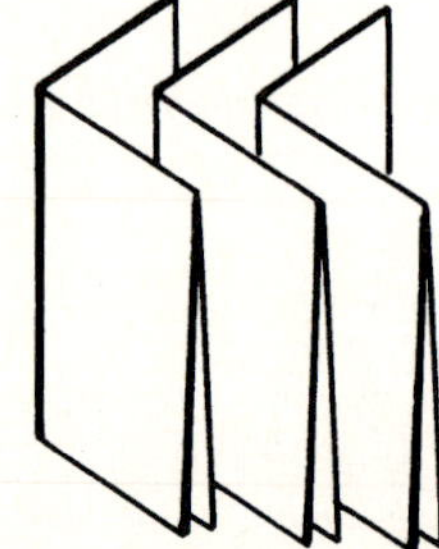

Einstecken bzw. Sammeln von zwei oder mehreren Bogen

Beispiel: Bei einem 20seitigen Heft, das mit 2 x 8 Seiten und 1 x 4 Seiten gedruckt wird, stehen auf dem ersten (äußeren) Bogen die Seiten 1 und 2 sowie 19 und 20, auf dem zweiten Bogen die Seiten 3 bis 6 und 15 bis 18 und auf dem dritten, dem innen liegenden Bogen, die fortlaufenden Seiten 7 bis 14.

Beim Sammeln unterschiedlicher Bogenteile wird der Bogen mit der größeren Seitenzahl immer in den Bogen mit der geringeren Seitenzahl eingesteckt.

Beispiel: Es sind 24 Seiten zu drucken, d. h.16 Seiten werden in den 8-seitigen Bogen eingesteckt.

Seitenzahlen des äußeren Bogens				**Seitenzahlen des inneren Bogens**							
1	2	3	4	5	6	7	8	9	10	11	12
24	23	22	21	20	19	18	17	16	15	14	13

9.4.2 Ausschießmuster

Das Ausschießschema wird durch die Falzfolge der Falzmaschine vorgegeben. Dementsprechend fertigt man sich des Ausschießens ein Ausschießmuster an.

Bei schwierigen und besonderen Falzprodukten ist unbedingt eine Abstimmung mit der Druckverarbeitung erforderlich.

Aus üblichen Falzungen sind allgemein gültige Regeln abzuleiten, mit denen ausgeschossen oder das Ausschießschema überprüft werden kann.
Einige dieser Regeln sind:

1. Maßgebend für das Falzen ist das Falzschema der Falzmaschine. Der letzte Falz ist immer der Bundfalz.
2. Die Montage für den Offsetdruck ist seitenverkehrt auszuführen. Ungerade Seiten stehen im gedruckten (seitenrichtigen) Produkt rechts vom Bund, bei der Montage immer links vom Bund.
3. Die erste und letzte Seite eines Druckbogens stehen immer im Bund nebeneinander.
4. Seiten, die im Bund nebeneinander stehen, ergeben in der Addition der Seitenzahlen immer die gleiche Summe, wie die Addition der ersten und letzten Seitenzahl des Druckbogens.
5. Die Falzanlage ist grundsätzlich an den Seiten 3 und 4 des Druckbogens. Ausnahmen sind: Die Falzanlage ist an den Seiten 5 und 6 bei Hochformat mit 16 Seiten und bei Querformat mit 32 Seiten.
6. Im Kopf der ersten Seite des Druckbogens steht die „bogenhalbierende" Seite. Sie ist auch bei Druckbogen umfangreicher Produkte einfach zu bestimmen:

$$\text{„Bogenhalbierende" eines Druckbogens} = \frac{\text{erste und letzte Seitenzahl -1}}{2}$$

7. Immer vier Seiten bilden eine Drehrichtungsgruppe. Die Drehrichtung wechselt danach jeweils in die entgegengesetzte Richtung.
8. Vier Seiten, die im Bund zusammenstehen, stehen Kopf-an-Kopf.

Ausschießschema für Hoch- und Querformate

Wichtige Hinweise: Bei der elektronischen Montage und auf dem Druckbogen liegen die Seiten an dem angegebenen Stand.
Für DIN- und DIN-ähnliche Formate wird „gewöhnlich" ausgeschossen.
Möglich ist auch ein Ausschießen in außergewöhnlichen Druckbogenformaten, z. B. in Streifen.
Die Winkel ⌐¬ kennzeichnen die buchbinderische Anlage. Sind beide Winkel auf dem Schema eingetragen, so ist der Druckbogen in der Mitte vor dem Falzen zu trennen; es entstehen zwei gleiche Falzbogen (Nutzen).

Seitenzahl	Format	Druckbogenformat, Wendeart	Druckformen	Falzschema, ggf. Falzart	Ausschießschema auf der Druckform und Lage der Seiten auf dem Druckbogen = seitenrichtig
2	Hochformat	gewöhnlich, Umschlagen	1	entfällt, nur Trennschnitt	2 1
4	Hochformat	gewöhnlich, Umschlagen	1	—	4 3 / 1 2
4	Hochformat	Streifen, Umschlagen	1	—	2 3 4 1
4	Querformat	gewöhnlich, Umstülpen	1	—	1 4 / 2 3
6	Hochformat	gewöhnlich, Umstülpen	1	2 Wickelfalz (asymmetrisch)	1 6 5 / 2 3 4
6	Hochformat	Streifen, Umschlagen	2	2 Wickelfalz (asymmetrisch)	2 3 4 / 5 6 1
8	Hochformat	gewöhnlich, Umschlagen	1	2 Mittenkreuzfalz	5 4 3 6 / 8 1 2 7
8	Hochformat	gewöhnlich, Umschlagen	2	2 Mittenkreuzfalz	Innere Form: 5 4 / 8 1; Äußere Form: 3 6 / 2 7

Seitenzahl	Format	Druckbogenformat, Wendeart	Druckformen	Falzschema, ggf. Falzart	Ausschießschema auf der Druckform und Lage der Seiten auf dem Druckbogen = seitenrichtig
8	Querformat	gewöhnlich, Umschlagen	2		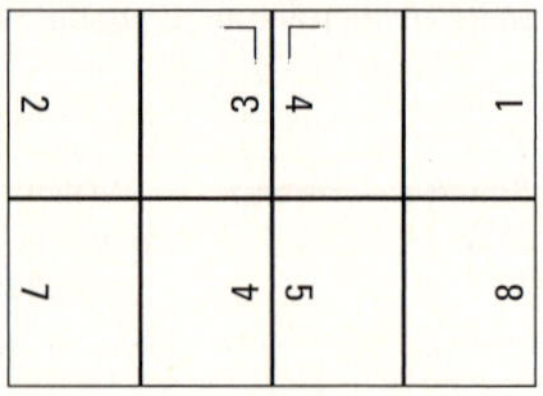 2, 3, 4, 1 / 7, 4, 5, 8
12	Hochformat	außergewöhnlich, Umschlagen	1	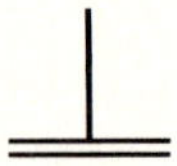 2 Wickelfalz/ 1 Mittenfalz kreuz	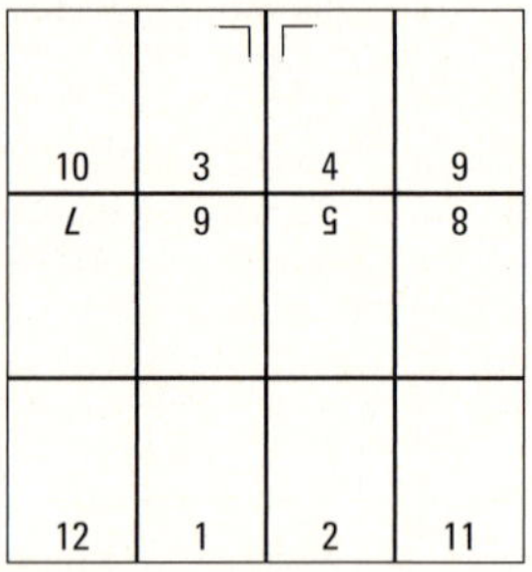 10, 3, 4, 9 / 7, 6, 5, 8 / 12, 1, 2, 11
12	Hochformat	außergewöhnlich, Umschlagen. Der Bogen wird getrennt und in 2 Teilen gefalzt; der ganze Bogen wird in den halben Bogen gesteckt.	1		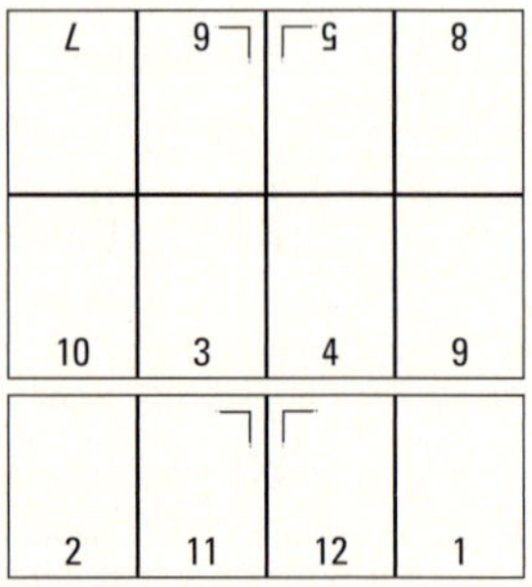 7, 6, 5, 8 / 10, 3, 4, 9 / 2, 11, 12, 1
12	Querformat	außergewöhnlich, Umschlagen	1	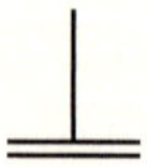 2 Wickelfalz/ 1 Mittenfalz kreuz	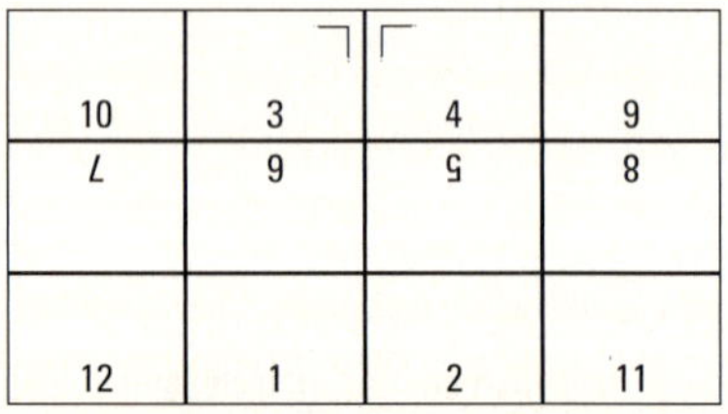 10, 3, 4, 9 / 7, 6, 5, 8 / 12, 1, 2, 11
16	Hochformat	gewöhnlich, Umschlagen	1	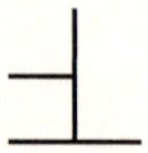 3 Mittenkreuzfalz	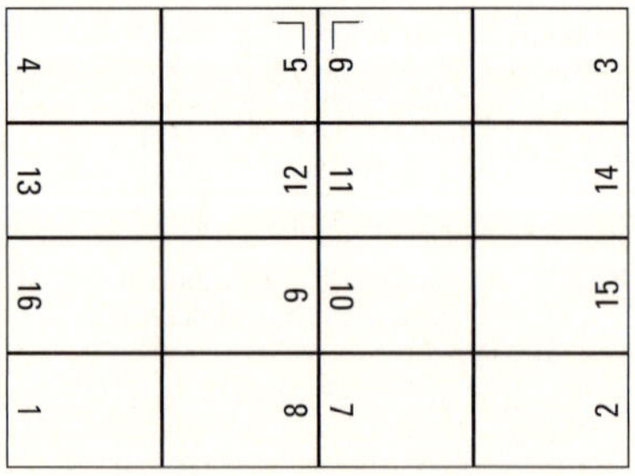 4, 5, 6, 3 / 13, 12, 11, 14 / 16, 9, 10, 15 / 1, 8, 7, 2

Seitenzahl	Format	Druckbogenformat, Wendeart	Druckformen	Falzschema, ggf. Falzart	Ausschießschema auf der Druckform und Lage der Seiten auf dem Druckbogen = seitenrichtig
16	Hochformat	gewöhnlich, Umschlagen	2	 3 Mittenkreuzfalz	Äußere Form 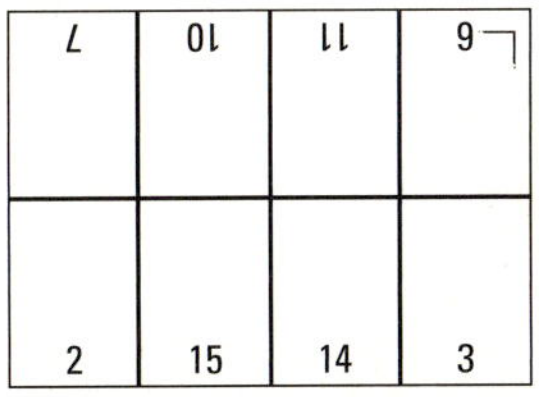 / Innere Form 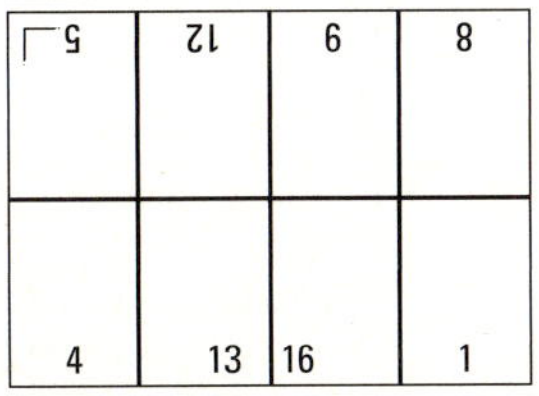

Äußere Form

7	10	11	6
2	15	14	3

Innere Form

5	12	9	8
4	13	16	1

Seitenzahl	Format	Druckbogenformat, Wendeart	Druckformen	Falzschema, ggf. Falzart	Ausschießschema auf der Druckform und Lage der Seiten auf dem Druckbogen = seitenrichtig
16	Querformat	gewöhnlich, Umschlagen	1	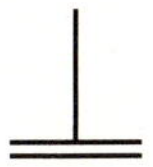	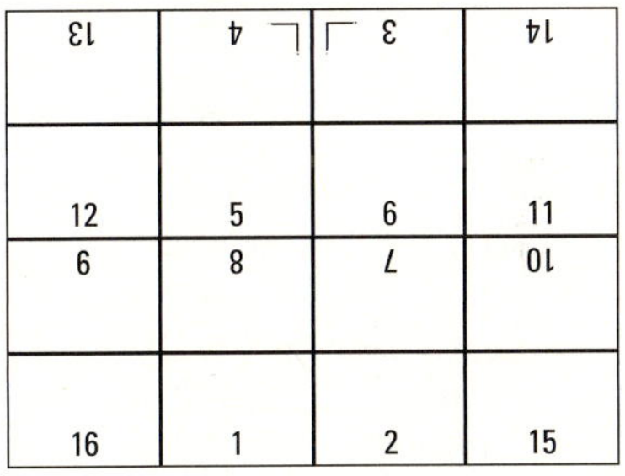

13	4	3	14
12	5	6	11
9	8	7	10
16	1	2	15

Seitenzahl	Format	Druckbogenformat, Wendeart	Druckformen	Falzschema, ggf. Falzart	Ausschießschema auf der Druckform und Lage der Seiten auf dem Druckbogen = seitenrichtig
16	Querformat	gewöhnlich, Umschlagen	2	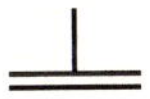	Äußere Form 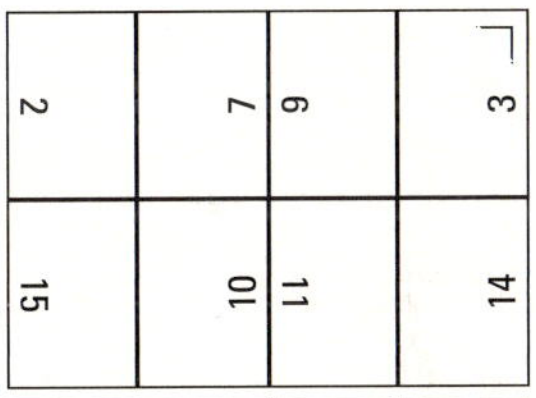 / Innere Form 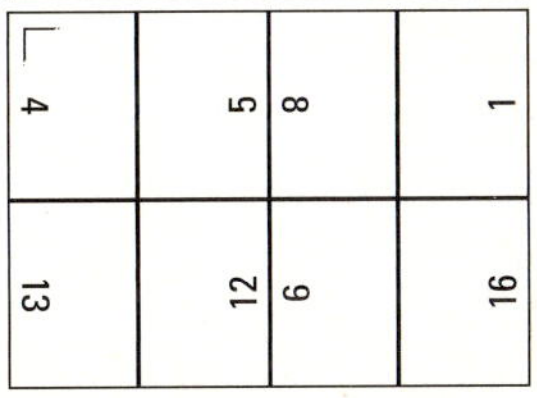

Äußere Form

2	7	6	3
15	10	11	14

Innere Form

4	5	8	1
13	12	9	16

Seitenzahl	Format	Druckbogenformat, Wendeart	Druckformen	Falzschema, ggf. Falzart	Ausschießschema auf der Druckform und Lage der Seiten auf dem Druckbogen = seitenrichtig
16	Hochformat	gewöhnlich, Umstülpen in umstellbarer Schön- und Widerdruckmaschine	2		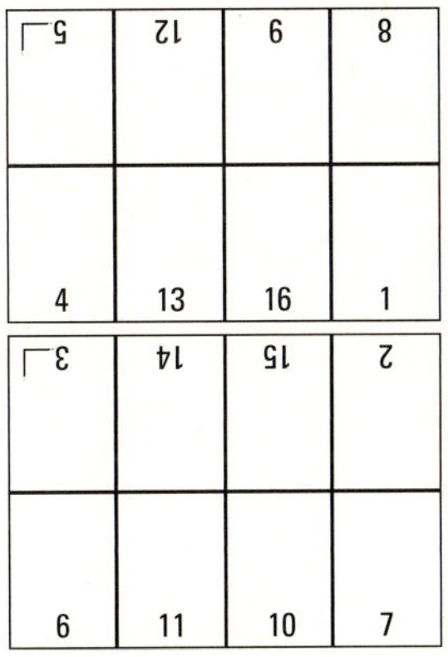

5	12	9	8
4	13	16	1

3	14	15	2
6	11	10	7

Seitenzahl	Format	Druckbogenformat, Wendeart	Druckformen	Falzschema, ggf. Falzart	Ausschießschema auf der Druckform und Lage der Seiten auf dem Druckbogen = seitenrichtig
24	Hochformat	außergewöhnlich, Umschlagen Falzart: 24 Seiten/ 2 Zickzackfalz/ 2 Mittenfalz kreuz	2	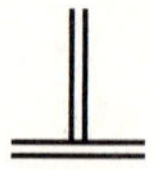	12 13 24 1 2 23 14 11 9 16 21 4 3 22 15 10 8 17 20 5 6 19 18 7
24	Hochformat	außergewöhnlich, Umschlagen Der Bogen wird getrennt und in 2 Teilen gefalzt, der Bogen (5 - 20) wird in den halben Bogen eingesteckt	1	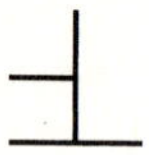	11 14 15 10 9 16 13 12 6 19 18 7 8 17 20 5 2 23 22 3 4 21 24 1
32	Hochformat	gewöhnlich, Umschlagen	1	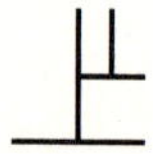 4 Mittenkreuzfalz	5 28 29 4 3 30 27 6 12 21 20 13 14 19 22 11 9 24 17 16 15 18 23 10 8 25 32 1 2 31 26 7
32	Querformat	gewöhnlich, Umschlagen	1		4 13 12 5 6 11 14 3 29 20 21 28 27 22 19 30 32 17 24 25 26 23 18 31 1 16 9 8 7 10 15 2

9.5 Analoge Druckformherstellung

Die traditionelle Informationsübertragung der Text- und Bilddaten zur Druckformherstellung für den Offsetdruck erfolgt durch analoge Verfahren. Manuell zu einer Bogenmontage zusammengestellte Kopiervorlagen oder elektronisch montierte Druckseiten werden durch Kopie (Belichtung und Verarbeitung) auf eine vorsensibilisierte Offsetdruckplatte übertragen.
– analoge Druckformherstellung
= filmbezogene Arbeitsprozesse bei der Informationsübertragung auf die Druckform.

Die Informationsübertragung fordert technische Einrichtungen für die Kopie und die Verarbeitung, lichtempfindlich vorbeschichtete Druckplatten und entsprechende Verarbeitungschemikalien. Qualitative und wirtschaftliche Standards des Markt fordern eine standardisierte Druckformherstellung und ein systematisches, rationelles Arbeiten.

9.5.1 Räume, technische Einrichtungen

Die Lage der Räume, die Anordnung der Geräte und Einrichtungen sowie die Arbeitswege sollten einen rationellen Arbeitsfluss gewährleisten.

Wie in der Bogenmontage sind staubfreie, leicht zu reinigende Räume erforderlich. Sehr günstig ist ein säurefester Bodenbelag aus Kunststoff, keramischen Fliesen oder ähnliches Material. Entsorgungseinrichtungen für Altmaterial, Putz- und Reinigungsmaterial oder Chemikalien müssen den Bestimmungen des Umweltschutzes entsprechen.

UV-Lichteinstrahlungen sind zu verhindern, da Kopierschichten für diesen Wellenbereich empfindlich sind. Die Beleuchtung der Räume soll durch ein gelbes Kunstlicht oder durch UV-gedämpftes Tageslicht erfolgen. Ideal ist die Lage der Räume nach Norden. Ist dies nicht gegeben, sind verstellbare Jalousien einzusetzen, die ein Öffnen der Fenster gestatten.

Für eine ausreichende, zugfreie Be- und Entlüftung ist zu sorgen. Ideal ist eine Klimaanlage, die eine gleichmäßige Temperatur von 20 bis 22 °C und konstante relative Luftfeuchtigkeit zwischen 50 und 65 % garantiert. Dies ist eine wichtige Voraussetzung für ein gleichmäßiges Arbeitsergebnis in der Druckformherstellung: Starke Schwankungen im Klima verursachen Dimensionsveränderungen der zu verarbeiten Kopiervorlagen bzw. Bogenmontagen und können zu Veränderungen in der Kopierschicht führen. Bei zu geringer relativer Luftfeuchtigkeit werden Montagefolien und Filme elektrostatisch aufgeladen. Sie ziehen dadurch Schmutzteilchen sehr leicht an, die nur schwer wieder zu entfernen sind.

Eine laufende Kontrolle des Klimas durch ein Thermometer und ein Hygrometer, besser noch durch einen Thermohygrographen mit automatischer Aufzeichnung der Temperatur und der relativen Luftfeuchtigkeit, muss daher zur Ausstattung der Druckformkopie gehören.

Kopiergeräte

Kopiergeräte für die Offsetdruckkopie gibt es für verschiedene Druckplattenformate als offen arbeitende Kopierrahmen oder als Kopierboxen.

Bei den Kopierrahmen unterscheidet man je nach Lichtweg Vertikal- und Horizontalkopiergeräte. Heute werden ausschließlich vertikale Anlagen eingesetzt.

Auf dem Grundgestell des Kopierrahmens liegt über einer in der Mitte leicht aufgewölbten Federplatte eine Vakuum-Gummidecke. Durch die Wölbung baut sich das erforderliche Vakuum von der Mitte her auf. Die Bildung von Lufteinschlüssen in mittleren Bereichen wird dadurch verringert oder völlig ausgeschaltet.

Der Oberrahmen besitzt eine Kristallglasscheibe, die im Gegensatz zu Fensterglas für UV-Licht transparent ist. Die Kristallglasscheibe ist unbedingt peinlich sauber zu halten und vor allen mechanische Beschädigungen zu schützen. Kratzer auf der Oberfläche führen zu Belichtungsfehlern.

Für das Kopieren liegt die zu belichtende Druckplatte mit der Rückseite auf der Gummidecke.

Die Bogenmontage wird mit der Schichtseite der Kopiervorlagen auf die Schichtseite der Druckplatte gelegt.

Für die Kopie ist ein einwandfreier Kontakt zwischen der Schichtseite der Kopiervorlagen und der lichtempfindlichen Kopierschicht der Druckplatte erforderlich, um eine tonwertrichtige Informationsübertragung zu erreichen.

Bei einem geschlossenem Oberrahmen sorgt ein Vakuumsystem für ein Absaugen der eingeschlossenen Luft. Wichtig ist ein gleichmäßiges Vakuum ohne Lufteinschlüsse, die Luftinseln bilden. An diesen Stellen ist die Luft nur unzureichend abgesaugt, es besteht daher kein ausreichender Kontakt zwischen den Kopiervorlagen und der Druckplatte.

Dies führt unweigerlich zu Unterstrahlungen von Bildstellen und damit zu Informationsverlusten (Fehlkopien).

Die FOGRA hat einen speziellen „Kontakt-Kontrollstreifen“ entwickelt, mit dem die Neigung zu Hohlkopien bestimmter Druckplattentypen oder eines gesamten Kopiersystems messbar und vergleichbar zu machen ist.

Besonders bei großen Druckformaten ist die Struktur der Gummidecke, die Rauigkeit (z. B. Mikropigmentierung) in der Oberfläche der Druckplatte und ein langsam aus der Mitte heraus aufbauendes Vakuum für einen intensiven Kontakt wichtig.

Alle Kopierrahmen sind mit einem Vakuummeter ausgerüstet, auf dem das erreichte Vakuum abgelesen werden kann. In der Regel sind Werte um 80 % ausreichend. Das Erreichen des eingestellten Vakuumwertes ist bei modernen Kopieranlagen stufenweise aufbauend zu programmieren.

Ein verfahrensspezifischer Nachteil der Positivkopie ist durch die Verwendung eines gerichteten Punktlichtes bedingt: Filmränder können teilweise auf der kopierten Druckplatten als feine Linien sichtbar sein. Diese können erhebliche Kosten durch zeitaufwendige manuelle, schwierige Korrekturen verursachen.

Das Problem tritt nur bei manuellen Montagen auf, die aus mehreren einzelnen Kopiervorlagen bestehen und die Filme nicht gratfrei geschnitten sind.

Solche Korrekturen sind zu vermeiden, wenn bei der Belichtung über die Glasscheibe des Kopierrahmens eine Streufolie gelegt wird. Modernere Kopieranlagen verwenden eine programmgesteuerte Streufolienautomatik, die für einen Teil der Belichtung oder die gesamte Dauer über die Glasplatte herausgefahren werden kann. Das Punktlicht der Kopierlampe wird durch den Streueffekt abgelenkt und belichtet die Filmränder aus. Dieser Streueffekt muss jedoch auf ein Minimum beschränkt bleiben, da auch feinste Rasterpunkte und ähnliche Bilddetails durch Unterstrahlung verloren gehen.

Vielfach wird daher nur die halbe Belichtungszeit mit einer Streufolie belichtet. Es ist unbedingt ein Test mit Kontrollstreifen (Testkeile mit Kreis- oder Linienfeldern z. B. von FOGRA, UGRA, Brunner) zur Ermittlung der richtigen Belichtungszeit sowie der Wirkung des Streueffektes erforderlich!

Wird nach „Prozess-Standard Offsetdruck" (vgl. BVDM) gearbeitet, sind die entsprechenden Vorgaben für die analoge Kopie einzuhalten.

Vakuum-Kopierrahmen

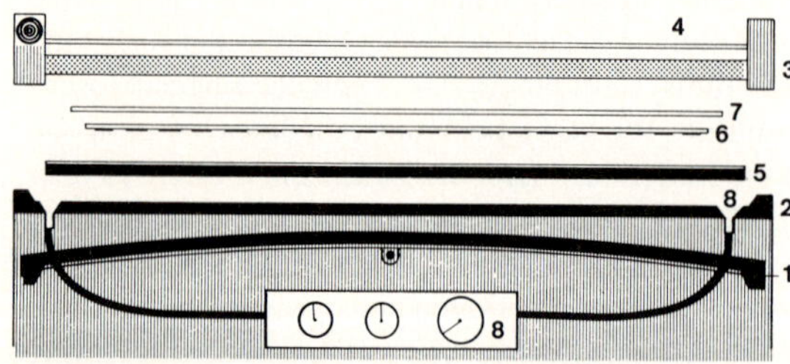

1 Elliptische Federplatte als Kopierunterlage **2** Noppengummi als Vakuumdecke **3** Vakuumkopierrahmenscheibe **4** Streufolie (Streufolienautomatik) **5** Zu belichtende Druckplatte **6** Kopiervorlage **7** Montageunterlage **8** Vakuumsystem

Vakuum-Aufbau

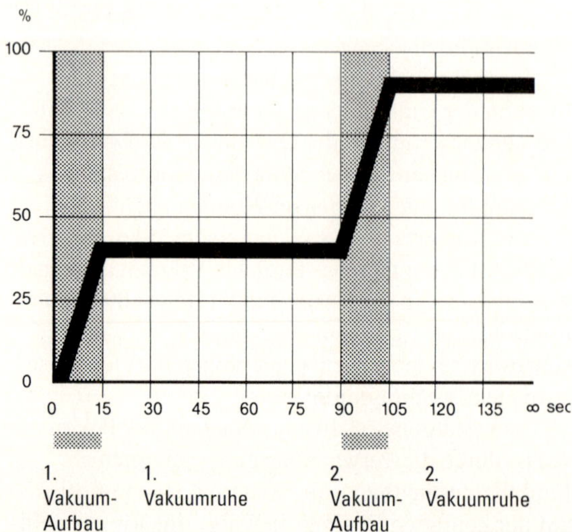

Eine optimale Lösung, Filmkanten vollständig zu vermeiden, ist die Verwendung von passgerechten Masken für alle Bildstellen. Alle Bildinformationen werden durch diese zweite Montage lichtundurchlässig abdeckt. Sind beide Montagen und die Druckplatte mit einer Registerstanzung versehen, ist durch eine zweite Belichtung eine filmkantenfreie Druckplatte ohne Tonwertverluste zu kopieren.

Diese Verfahren ist jedoch zeitaufwendig in der Montage; es erfordert zudem zwei Belichtungen auf die Druckplatte.

Vollautomatische Kopieranlagen steuern über Mikroprozessoren den programmierten Kopierablauf:
– Schließen des Kopierrahmens
– Aufbau des Vakuums
– Lichtdosierung über eine Fotozelle
– Hauptbelichtung
– Streufolienbelichtung
– Belüften und
– Öffnen des Kopierrahmens.

Entfernung Lichtquelle - Kopierfläche

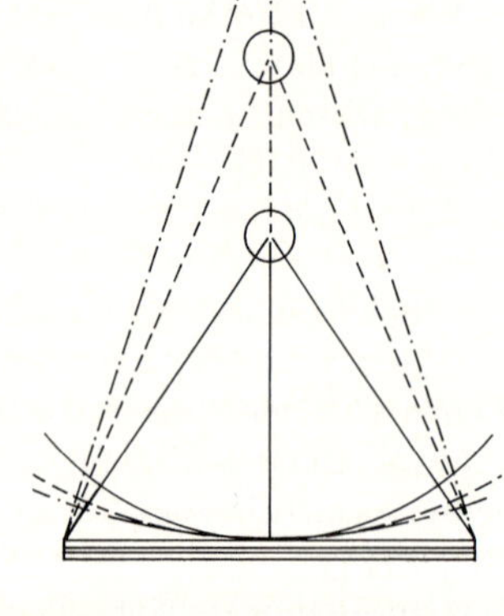

Der Abstand der Lichtquelle zum Kopiergut richtet sich nach dem auszuleuchtenden Format.
Für die richtige Wahl der Entfernung zwischen Lichtquelle und Druckplatte dient allgemein die Diagonale des Plattenformates als Richtlinie, d. h.,
Diagonale Druckplatte = Entfernung Brennerkopf zur Druckplatte.
Wenn diese Entfernung eingehalten werden kann, ist in der Regel nicht zu befürchten, dass der an den Rändern auftretende Intensitätsverlust zu einer ungleichmäßigen Belichtung und damit zu Tonwertverlusten an den Formaträndern führt.
Ein vergrößerter Lampenabstand wirkt sich naturgemäß auf die Belichtungszeit aus. Da bekanntlich die Intensität der Strahlung sehr stark vom Lampenabstand abhängig ist, müssen zur Vermeidung überlanger Belichtungszeiten entsprechend dem Kopierformat stärkere Kopierlampen eingesetzt werden.
Die Abbildung veranschaulicht die Abhängigkeit der Ausleuchtung vom Lampenabstand.

Berechnung der neuen Belichtungszeit bei verändertem Lampenabstand

$$\text{neue Belichtungszeit} = \frac{\text{neuer Abstand}^2}{\text{alter Abstand}^2} \cdot \text{bekannte Belichtungszeit}$$

Das Verhältnis Mittelstrahl zum Außenstrahl bei unterschiedlichem Abstand der Lichtquelle.

Linie	Verhältnis
—·—·—·—·—·—	1 : 1.05
- - - - - - - - - -	1 : 1.10
———————	1 : 1.20

Die Ausleuchtung ist abhängig von Formatgröße zum Lampenabstand. Das Verhältnis der Mittelstrahllänge zur äußeren Einstrahlung auf die Druckplatte verändert sich entsprechend des Lampenabstandes. Je kürzer der Abstand der Lampe zum Kopiergut, um so größer der Unterschied der Strahllänge, bzw. umgekehrt: je größer der Lampenabstand zum Kopiergut, um so größer die Annäherung der Mittelstrahllänge zur seitlichen bzw. äußeren Einstrahlung.

Eine alphanumerischer Anzeige zeigt alle Daten des eingestellten Programms an. Fehler im Kopierablauf sind bei modernen Anlagen praktisch ausgeschlossen.

Lichtquellen

Die für eine tonwertrichtige Informationsübertragung geeigneten Lichtquellen müssen ein gerichtetes Licht (Punktlicht) abstrahlen.

Um die gesamte Kopierfläche gleichmäßig auszuleuchten, wird direkt und indirekt über einen Reflektor Licht zur Kopierebene abgestrahlt. Die Lichtquelle darf dabei einen Streuungsbereich von weniger als 1/10 des Abstandes der Lichtquelle (einschließlich Reflektor) zur Kopierebene aufweisen.

Kopierschichten für die Offsetdruckkopie sind vor allem im kurzwelligen UV-Bereich zwischen 300 und 450 nm empfindlich. Die Kopierwirksamkeit der Lichtquelle, die sogenannte Aktinität, muss diesen Empfindlichkeitsbereich möglichst genau erreichen, um mit kurzen Belichtungszeiten und geringer Energie (Kosten!) arbeiten zu können.

Früher eingesetzte Kohlen-Bogenlampen mit offen brennendem Lichtbogen, Xenon-Impulslampen, Quecksilberdampflampen und andere Lichtquellen erfüllten nicht die geforderten aktinischen Eigenschaften; das heißt, die abgestrahlte spektrale Energie (Emission) stimmte nur teilweise mit der Sensibilität der Kopierschichten der Offsetdruckplatten überein. Heute werden in Rahmenkopiergeräten ausschließlich Metall-Halogenidlampen (MH-Lampen) eingesetzt, deren Emissionsmaximum (Abstrahlung) im Bereich von 360 nm bis 450 nm liegt und somit hochwirksam für die Kopierschichten ist.

Im Vergleich zu anderen Lichtquellen ist mit MH-Lampen bei geringerer Betriebsleistung (z. B. 4000 Watt im Vergleich zu 8000 Watt anderer Lampen) eine höhere Kopierwirksamkeit und damit eine kürzere Belichtungszeit zu erreichen.

Ein häufiges Ein- und Ausschalten der MH-Lampe schadet dem Brenner und ist zu vermeiden. Bei Arbeitsbeginn ist deshalb der Brenner, wie die Lampenanlage genannt wird, auf Standenergie einzuschalten. Ein elektromagnetisch gesteuerter Verschluss schirmt die entstehende Strahlung vom Arbeitsbereich ab. Der Verschluss öffnet sich für die Belichtung erst dann, wenn der Brenner mit voller Energie abstrahlt. Zu beachten ist, dass sich im Laufe der Zeit der abgestrahlte Emissionsbereich (360 bis 450 nm) ändert. Dadurch ändert sich zwangsläufig die aktinische Wirkung der Lichtquelle auf die Kopierschicht.

Standardisiert wird grundsätzlich nicht mehr nach Zeit, sondern nach einwirkender Lichtintensität belichtet. Die wirksame Lichtintensität wird mit einem Lichtdosiergerät - auch Lichtsummenzähler genannt - in der Kopierebene erfasst. Eine Fotozelle mit einem Spezialfilter, welches nur wirksame Strahlungen im Bereich von 360 bis 450 nm durchlässt, steuert nach Lichteinheitswerten, sogenannten Takten, die Dauer der Belichtung.

Durch dieses Verfahren sind auch Emissionsänderungen, auftretende Stromschwankungen oder unterschiedliche Lampenabstände auf das Kopierergebnis unwirksam. Bei einem größeren Lampenabstand ist die wirksame Energie in der Kopierebene auf der Druckplatte geringer; dementsprechend wird eine schwächere Lichtintensität von der Fotozelle erfasst. Bei gleicher Taktzahl ist somit die Belichtungszeit lediglich länger. Sie ergibt aber das gleiche Kopierergebnis wie ein Vergleich am Halbton-Testkeil, an Linien- oder Kreisfelder zur Kopierkontrolle, zeigt.

Ein früher notwendige Berechnen der erforderlichen Belichtungszeit bei geändertem Lampenabstand oder bei Emissionsänderungen der Kopierlampe ist durch die Fotozelle nicht mehr erforderlich.

Der Betrieb von Lichtquellen mit UV-Strahlung erfordert das Einhalten bestimmter Sicherheitsvorschriften. Längeres direktes Einwirken kann auf der Haut Verbrennungen und auf der Bindehaut des Auges Bindehautentzündungen hervorrufen. Es darf daher nie direkt in den voll betriebenen Brenner gesehen werden.

Emmissionskurven von Lichtquellen

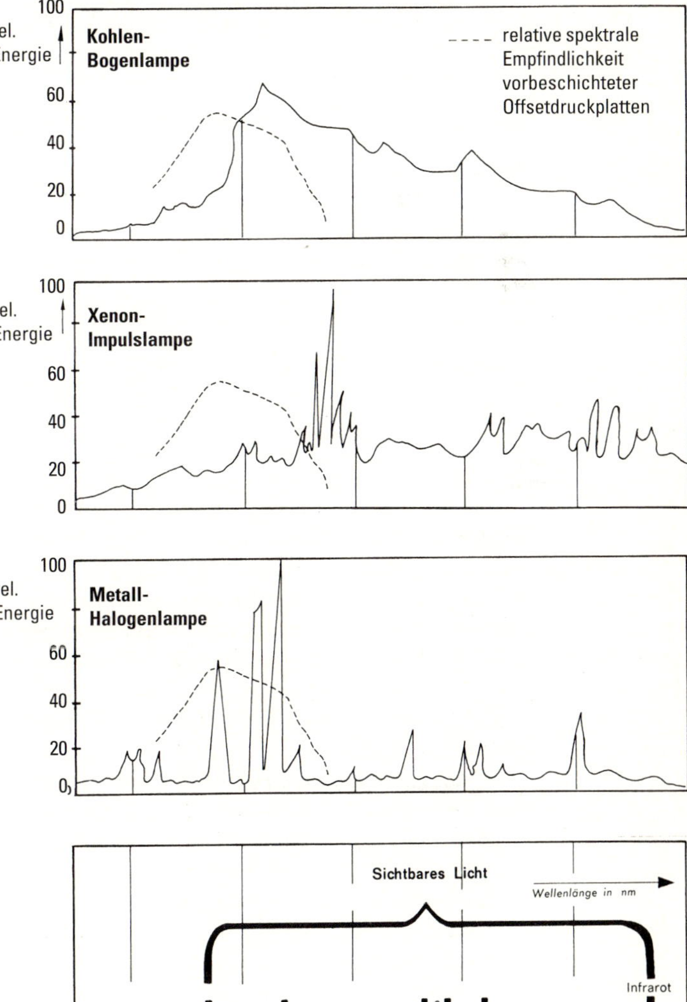

Belichtungs-Steuerungssystem

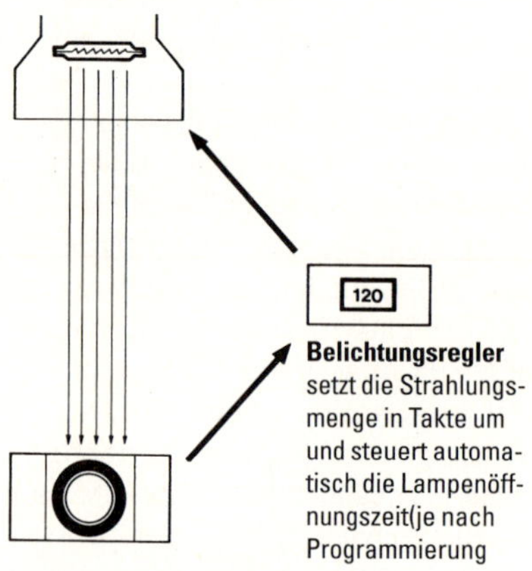

120
Belichtungsregler
setzt die Strahlungsmenge in Takte um und steuert automatisch die Lampenöffnungszeit(je nach Programmierung

Fotozelle mit Spezialfilter misst die Menge der UV-Strahlen zwischen 360 und 450 nm, also genau in dem Bereich, in dem Offsetdruckplatten empfindlich sind.

MH-Lampe produziert Strahlen im aktinischen Bereich mit der größten Abstrahlung zwischen 360 und 450 nm.

MH-Lampe am Kopierrahmen mit technischen Einzelheiten

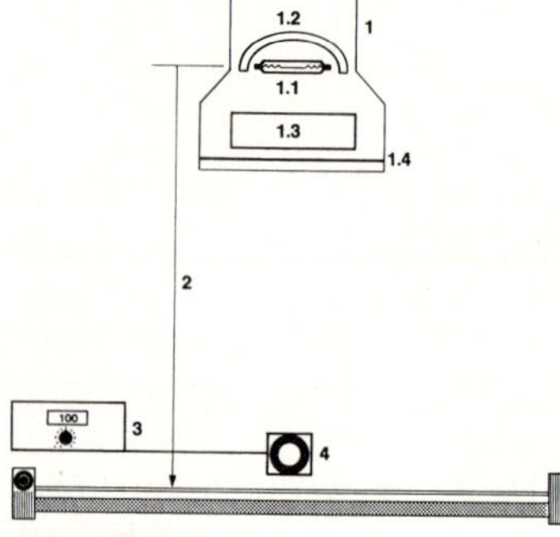

1. MH-Lampe
   1.1 Brenner
   1.2 Parabolreflektor
   1.3 Hilfsreflektor
   1.4 Schutzscheibe (kurzwellige UV-Strahlen)
2. Lampenabstand (Brenner zur Kopiervorlage)
3. Belichtungsregler
4. Fotozelle mit Spezialfilter

Exakte Ausleuchtung der Druckplatte

Parabolreflektor
Brenner
Hilfsreflektor
Lampenabstand (Brenner zur Kopiervorlage)
Einlegefläche

In manchen Kopiersystemen sind MH-Lampen durch eine Schutzscheibe abgeschirmt, die nur Strahlungen ab ca. 330 nm durchlassen. In den höheren Wellenbereichen ist im allgemeinen die Hautempfindlichkeit des Menschen geringer.

- Zur eigenen Sicherheit gilt grundsätzlich: Der Kopierbereich ist bei der Belichtung mit einem Vorhang abzuschirmen.

Verarbeitungsgeräte

Viele Arbeitsgänge in der Druckformkopie werden in kleineren Unternehmen immer noch manuell ausgeführt. Überlegungen zur Kostensenkung, Qualitätssteigerung und Standardisierung sowie zum Umweltschutz haben dazu geführt, Arbeitsabläufe möglichst zu automatisieren. Erste Anfänge dazu waren bereits vor vielen Jahren einfache Entwicklungsbehälter (Küvetten).

Stand der Technik in den Unternehmen sind heute komplette Anlagen zur maschinellen druckfertigen Verarbeitung der belichteten Druckplatten.

Diese halb- oder auch vollautomatisch arbeitenden Anlagen sind in ihren Leistungen entsprechend dem Anforderungsprofil des Kunden in verschiedenen Systemen auf dem Markt. Durch diese Anlagen ist der Chemikalien- und Spülwasserverbrauch erheblich zu reduzieren.

Das manuelle Entwickeln der belichteten Druckplatten mit einem Tampon wird nur noch sehr selten eingesetzt, da das Verfahren absolut unwirtschaftlich und zudem nicht umweltgerecht ist:
- hoher Verbrauch an Entwickler und Wasser = Kosten, Umweltbelastung
- zeitaufwendiges Handling = Kosten
- nicht zu standardisierende Arbeitsabläufe = Prozess-Sicherheit, Qualität.

Entwicklung

Der Entwickler entfernt lösliche Schichtstellen auf der Druckplatte selbsttätig. Ein mechanisches Einwirken ist dazu nicht erforderlich. Spezifisch schwere Bestandteile in der Lösung sinken nach unten. Wenn nur geringe Mengen Luftsauerstoff auf den Entwickler einwirken, bleibt die Wirksamkeit über lange Zeit erhalten. Ein absolut gleichmäßiges Entwickeln trägt zur Qualitätsverbesserung und zur Standardisierung der Druckformkopie bei.

Verarbeitungsanlagen

Für die Entwicklung und Verarbeitung der belichteten Druckplatte reicht das Angebot von einfachen Verarbeitungsgeräten bis zu mikroprozessorgesteuerten Verarbeitungssystemen mit abrufbaren Programmen für unterschiedliche Kopierschichten.

Der Arbeitsablauf ist bei Geräten und Systemen automatisch gesteuert, Endprodukt ist die druckfertige Druckform, die ggf. noch von Fehlstellen (Filmkanten u. ä.) korrigiert werden muss. In den automatisch arbeitenden Anlagen wird die Druckplatte
- entwickelt (entschichtet),
- gespült,
- ggf. gummiert und
- getrocknet.

Bei heutigen Anlagen wird der Entwickler temperiert, genau dosiert und mit Sprüh- und Bürstentechnik aufgetragen. Filter entfernen bei gebrauchtem Entwickler Schmutzteilchen oder Schichtreste. Die Wassermenge für das Spülen ist programmierbar.

Für positiv arbeitende Druckplatten, die ggf. zu korrigieren sind, ist ein separater Einlauf zum Spülen, Gummieren und Trocknen vorhanden. Mit solchen Anlagen ist ein Optimum an Sicherheit im Verarbeitungsprozess und damit in der Qualität der analogen Druckformherstellung zu erreichen.

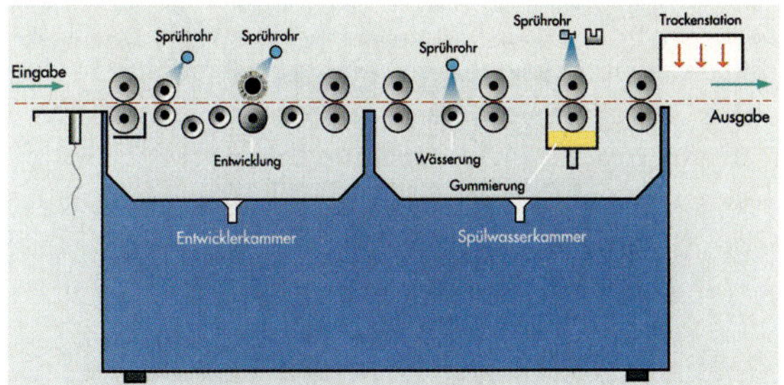

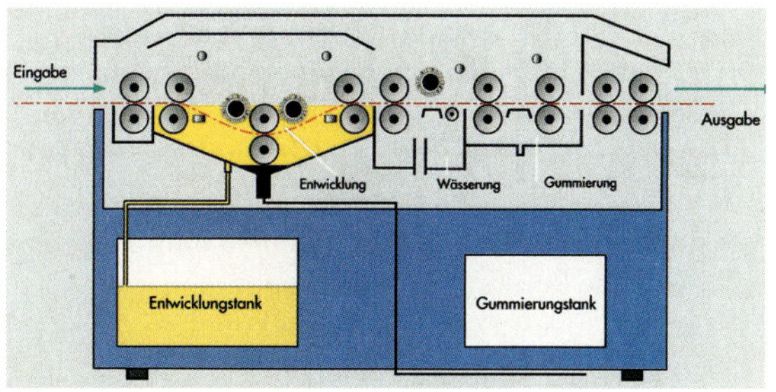

Verarbeitungssystem ®Ozasol
Druckplatten-Verarbeitungssystem von Agfa. Lieferbar sind Modellvarianten für Positiv- und Negativ-Platten in Breiten von 85 u.135 cm. Die Anlage ist ausgelegt für hohen Plattendurchsatz; sie wird gesteuert von modernster Mikroprozessortechnik, die erstmals das Programmieren von Verfahrensparametern wie Durchlaufgeschwindigkeit, Entwicklertemperatur, Gummierungsmenge und Trocknungsleistung usw. ermöglicht. Neun Plattenverarbeitungs-Programme sind mit Knopfdruck wählbar. Eine Sperre schützt die gespeicherten Programme. Alle Funktionen werden durch die Folientastatur eines nach ergonomischen Gesichtspunkten gestalteten und plazierten Bedienungstableaus ausgelöst.

Aus der Technik einige Beispiele:
- Die in Ruhestellung angehobenen Walzen werden bei Platteneingabe automatisch angepresst.
- Doppelseitige Warmlufttrocknung mit zusätzlichem Auslaufwalzenpaar und stufenweise programmierbarer Heizleistung.
- Die Füllstandskontrolle schließt die Vorratsbehälter für Gummierung, Entwicklung und Regenerat ein.

In der Verarbeitungsanlage werden die Platten in einem Durchlauf entwickelt, gespült, gummiert und getrocknet. Es wird eine unter standardisierten Bedingungen verarbeitete Druckform fertig zum Aufspannen auf den Druckzylinder ausgegeben.

Druckbildstabilisierung Thermodur- Verfahren:
Bei vorbeschichteten Offsetdruckplatten von dem nach der Verarbeitung auf der Druckplatte verbleibenden Kopierschichtrest gedruckt. Diese Druckschicht ist - je nach Kopierschicht und Druckplattentyp - nur für eine begrenzte Druckauflagen geeignet. Um die Auflagenfestigkeit, die sogenannte Standzeit, zu erhöhen, ist es möglich, die entwickelte und von Belichtungsfehlern korrigierte Druckplatte – ungummiert oder mit einer speziellen Gummierung versehen – in einem sogenannten Thermodur-Verfahren einzubrennen.

Je nach Druckplattentyp wird bei etwa 230 ^{0}C die Druckplatte 5 bis 8 Minuten in einem Einbrennofen eingebrannt. Die Druckschicht wird dadurch extrem gehärtet und weitgehend resistent gegen Chemikalien (Alkali, handelsübliche Auswasch- und Lösungsmittel) und Korrekturmittel.

Vor allem aber wird die Druckplatte mechanisch wesentlich abriebfester. Die Standzeit der Druckplatte ist dadurch um das 2- bis 3fache zu steigern.

9.5.2 Offsetdruckplatten

Offsetdruckplatten sind Informationsspeicher mit Bildstellen und Nichtbildstellen in der Form binärer Signale für den Druckprozess.

Für die Informationsübertragung werden analoge und digitale Verfahren eingesetzt.

Alle Offsetdruckplatten sind flexible Ganzformen, auf denen sämtliche Informationen wie Texte, Grafiken und Bilder und druckfertig positioniert sind.

Beim Offsetdruck spielen physikalische Reaktionen an Grenzflächen für das Einfärben und Drucken eine wesentliche Rolle. Dabei sind gegensätzliche Zustände zwischen nichtdruckenden und druckenden Schichten sowie zwischen den Schichten und Feuchtmittel bzw. Druckfarbe prozessentscheidend:
- oleophil und oleophob
- hydrophil und hydrophob
- farbführend und farbabstoßend
- feuchtigkeitsführend und feuchtigkeitsabstoßend.

Heute werden fast ausschließlich Einmetall-Offsetdruckplatten aus Aluminium (Al) als Träger der Bildinformationen (Monometall) eingesetzt. Für den kleinformatigen Offsetdruck und spezielle Aufgabenbereiche eignen sich außerdem spezielle Folien oder spezialbeschichtete Papiere.

Früher eingesetzte Mehrmetall-Offsetdruckplatten haben seit vielen Jahren keine Bedeutung in der Produktion mehr. In dem folgenden Kapitel sollen diese Druckplatten jedoch aus entwicklungstechnischen Gründen kurz mit behandelt werden.

Einmetall-Offsetdruckplatten bestehen heute ausschließlich aus fast reinem Aluminium. Dieses besitzt durch entsprechende Behandlung die im Offsetdruck erforderlichen hydrophilen (wasserfreundlichen) Eigenschaften. Die Oberfläche des Aluminiums erfordert zur Verankerung der Bildstellen und zu einer optimalen Führung des Feuchtmittels eine sehr feine, mikroporöse Struktur mit hohen Festigkeitseigenschaften.

Mehrmetall-Offsetdruckplatten bestanden aus mindestens zwei Metallschichten, von denen eine hydrophile (wasserfreundliche), die andere lipophile (fett- bzw. farbfreundliche) Eigenschaften besaß. Die Eigenschaften ergeben sich aus unterschiedlichen Oberflächenspannungen an den Grenzflächen.

Prinzipiell gilt:
- hydrophil reagierende Metalle:
  Zink, Aluminium, Chrom, rostfreier Stahl
- lipophil reagierende Metalle:
  Kupfer, Messing, Gold.

Von Offsetdruckplatten werden eine gute Druckqualität, ein sicheres, standardisiertes Verarbeiten, eine hohe Auflagenbeständigkeit und geringe Kosten gefordert. Diese pauschalen Forderungen an die Offsetdruckplatten beinhalten einen umfassenden Katalog, der betriebsspezifisch und produktbezogen zu wichten und bei der Auswahl einer Offsetdruckplatte verschiedenen Bereichen zuzuordnen ist. Dabei sind auch mehrfache Zuordnungen möglich.

- Allgemeine Forderungen
  - Geringe Investitionen und Druckplatten-Herstellungskosten
  - Keine oder geringstmögliche Umweltbelastungen durch Verarbeitungschemikalien. Idealerweise sollte die Druckplatte nach der Bebilderung druckfertig sein (prozesslose Druckplatte).
  - Wirtschaftliche Nutzung technischer Einrichtungen für die Informationsübertragung (z. B. Kopiertechnik, Computer-to-Plate-System).
  - Verfahrenstechnische Sicherheit, z. B. Alterungsbeständigkeit der Druckplatten-Kopierschicht, Haltbarkeit bei Archivierung für Nachauflagen.
- Kopiertechnische Forderungen
  - Tonwertrichtige Informationsübertragung
  - Schnelle, sichere, standardisierte Herstellung der Kopie
  - Programmierbarer Arbeitsablauf
  - Optimales, schnell zu erreichendes Vakuum, keine Hohlkopien
  - Hohe Lichtempfindlichkeit, kurze Belichtungszeiten
  - Hoher Kontrast zwischen Bildstellen und Nichtbildstellen
  - Sichere Möglichkeit zur Qualitätskontrolle vor dem Druck
  - Mechanische gering empfindlich, z. B. Knickunempfindlichkeit
- Drucktechnische Forderungen
  - Hohe Auflagenbeständigkeit (= Standzeit)
  - Geringstmöglicher Feuchtigkeitsbedarf für einen kontrastreichen, farbkräftigen Druck
  - Rasches Freilaufen der Nichtbildstellen bei Störungen der Einfärbung
  - Unempfindlich gegen mechanische und chemische Einflüsse im Fortdruck
  - Hohe Einreißfestigkeit beim Einspannen

Einmetall-Offsetdruckplatten

Monometall-Druckplatten aus Aluminium werden heute im Offsetdruck überwiegend eingesetzt. Das Trägermetall aller einmetallischen Offsetdruckplatten besitzt sehr gute hydrophile Oberflächeneigenschaften , d. h. es lässt sich durch mit Feuchtmittel gut benetzen und bildet so die Nichtbildstellen.

Bildstellen, also die farbführenden, oleophilen Elemente auf der Druckplatte, bestehen aus einer nach der Kopie und Verarbeitung auf der Druckplatte verbleibenden Restkopierschicht. Es wird also „von der Schicht gedruckt".

Im Gegensatz zum ursprünglich eingesetzten Trägermaterial im Flachdruck, dem Lithografiestein, besitzen alle Metalle keine mikroporöse Struktur in der Oberfläche. Eine mikrofein strukturierte Rauigkeit vergrößert die Oberfläche des Metalls und ist die entscheidende drucktechnische Voraussetzung für

- eine gleichmäßige Benetzung mit dem drucktechnisch erforderlichen Feuchtmittel,
- eine optimale Verankerung der Kopierschicht und der Bildstellen,
- eine tonwertrichtige Informationsübertragung der Bildstellen (hohes Auflösungsvermögen).

Die Oberfläche aller einmetallischen Offsetdruckplatten muss deshalb speziell mikrofein gekörnt (aufgeraut) werden, um die notwendige Kapillarkraft und Benetzungsfähigkeit zu erreichen. Das Verfahren der Körnung ist ein wesentliches Qualitätsmerkmal einer Offsetdruckplatte. Das dadurch beeinflusste Auflösungsvermögen liegt, je nach Oberfläche und Kopierschicht, bei 4 bis 12 μm, das heißt, feinste Teile (Linien und Spalten eines Testkeils) können auf der Druckplatte differenziert wiedergegeben werden.

Erste Metalldruckplatten: Zinkplatten
Für die ersten brauchbaren Metallplatten im Offsetdruckverfahren setzte man das altbekannte Zink ein. Zink ist ein bläulich-weißes, sprödes Schwermetall mit einem grob-kristallinen Metallaufbau. Es bildet beim Einwirken von Luft und Feuchtigkeit an der Oberfläche sehr rasch einen basisch reagierenden Niederschlag. Die Zinkplatte zeigte im praktischen Einsatz erhebliche drucktechnische Mängel, so dass weder ein qualitativ guter einfarbiger Offsetdruck, noch eine problemlose, sichere Druckproduktion (Standzeit bzw. Auflagenbeständigkeit der Druckplatte) möglich waren.

Aluminiumplatten
1956 brachte die deutsche Firma Eggen die erste Offsetdruckplatte aus Aluminium auf den Markt. Es war die Mikral-Platte.

Die Bezeichnung leitete man von der Art der Körnung ab: *mikrofein* gekörntes *Aluminium.*

Aluminium-Druckplatten verdrängten wegen erheblicher drucktechnischer Vorteile bald die Zinkplatten.

Aluminium ist ein Leichtmetall mit einem wesentlich gleichmäßigerem kristallinen Aufbau (Metallstruktur) als Zink. Dadurch ist eine feinere Körnung der Plattenoberfläche mit gleichmäßigerer Rauigkeit zu erreichen. Zudem ist Aluminium härter und widerstandsfähiger; zwei Faktoren, die entscheidend für die Auflagenbeständigkeit einer Offsetdruckplatte sind.

Die verbesserte Druckplattenoberfläche ermöglichte erstmals eine tonwertgerechte Informationsübertragung von Kopiervorlagen mit feineren Strich- und Rasterabbildungen. Durch erheblich geringeren Feuchtigkeitsbedarf (damals bis zu 60 % weniger!) erreichte der Offsetdruck eine erhebliche höhere Farbkraft und Brillanz, wie sie bis dahin nur im Buchdruck möglich war.

Es wurde möglich, auf die „lange Farbskala“ mit sechs, acht und mehr Druckfarben für einen farbigen Druck zu verzichten und auch Vierfarbdrucke in der Qualität des Buchdrucks zu drucken.

Chemisch-physikalischer Steckbrief des Aluminiums

Chemisches Zeichen:	Al
Periodensystem:	III. Hauptgruppe (Erdmetall)
Wertigkeit:	3
Atomgewicht:	26,9
Ordnungszahl:	13
Schmelzpunkt:	658 °C
Spezifische Dichte:	2,7 g/cm^3 (Leichtmetall)
Härte nach Mohs (Al):	2,9 (sehr weich)

Wichtigster Rohstoff für die Gewinnung von Aluminiumoxid (reine Tonerde) ist das Bauxit. Reines Aluminium (Al) ist durch elektrolytische Zersetzung aus Tonerde zu gewinnen. Aluminium ist sehr weich, dehnbar, geschmeidig. Durch Zusätze von anderen Metallen ist die Festigkeit und Härte wesentlich zu erhöhen.

Reines Aluminium besitzt eine hohe Affinität zu Sauerstoff. An der Luft überzieht sich deshalb das Metall sofort mit einer sehr dünnen schützenden Oxidschicht, die von wenigen Molekülschichten allmählich bis zu 0,05 µm stark wird.

Das Aluminiumoxid (Al_2O_3) ist fest mit dem Metall verbunden, sehr hart und porenfrei. Diese hauchdünne Luftoxidschicht schützt das Aluminium wie eine dünne Glasur vor verschiedensten Einflüssen, die das Metall nach und nach zerstören würden. Ist die Oxidschicht durch mechanische Einwirkungen verletzt oder zerstört, bildet sich unmittelbar wieder eine neue Oxidschicht. Die dünne Luftoxidationsschicht schützt das Aluminium jedoch nicht vollständig vor Korrosionen durch verschiedenste chemische Einwirkungen.

Durch chemische und elektrolytische Verfahren ist die natürliche Oxidschicht zu verstärken. Auch ein Anfärben des Aluminiums für dekorative Zwecke ist bei diesem Verfahren möglich.) Damit wird ein wesentlich besserer Korrosionsschutz erreicht.

Für die Druckplattenherstellung des Offsetdrucks ist interessant, dass durch eine gezielte künstliche Oxidation (Eloxalverfahren = elektrolytische Oxidation des Aluminiums) eine mikroporöse, äußerst widerstandsfähige und extrem wasserfreundliche Druckplattenoberfläche herzustellen ist.

Verfahren der Oberflächenveredelung

Um die für den Offsetdruck erforderlichen drucktechnischen Eigenschaften des Aluminium zu erreichen, werden verschiedene Verfahren der Oberflächenveredelung (Körnung) eingesetzt. Sie unterscheiden sich durch die Art des Verfahrens und den erforderlichen technischen Aufwand. Die Art der Oberflächenveredelung ist ein wesentlicher Faktor für die drucktechnische Qualität und Standzeit der Offsetdruckplatte.

Prinzipiell sind verschiedene Körnungsverfahren einzusetzen, die teilweise kombiniert werden:

- Mechanische Verfahren
  - Kugelkörnung
  - Trockenbürsten
  - Nassbürsten
- Chemische Verfahren
  - elektrochemische Aufrauung
  - elektrolytische (anodische) Oxidation.

Offsetdruckform-Oberflächen bei Monometallplatten

Kugelkörnung

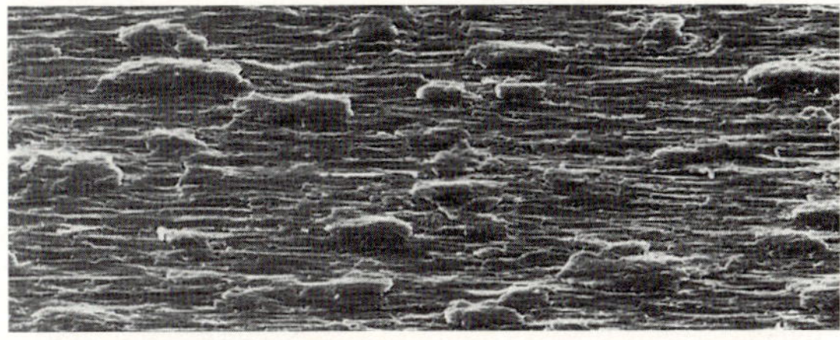

Trockenbürstung
– quer zur Bürstrichtung

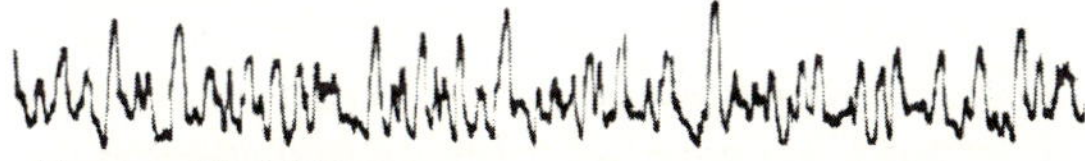

– längs zur Bürstrichtung

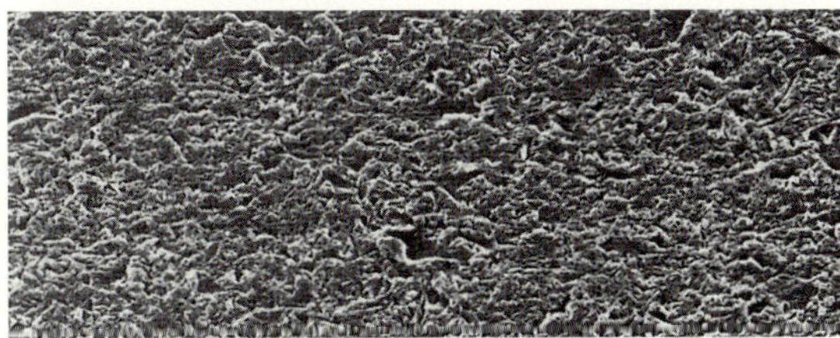

Nassbürstung

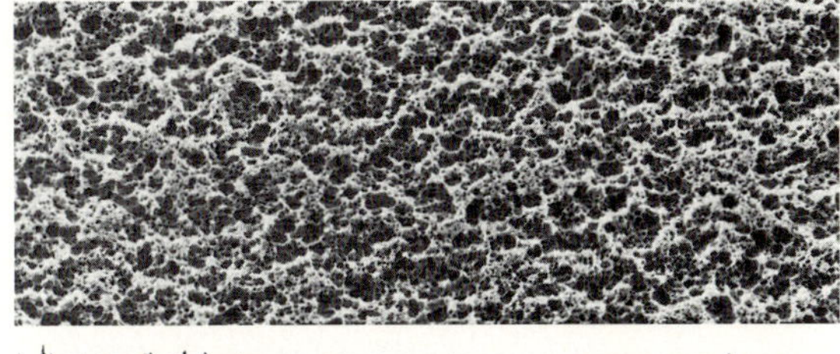

Elektrochemische Aufrauung

Mechanische Verfahren
Das Verfahren der Kugelkörnung brachte erstmals eine brauchbare Plattenoberfläche, die sich für den Offsetdruck eignete. In einer Schüttelmaschine wurde durch „Abtrommeln“ von Kugeln unter Zugabe von feinem, angefeuchtetem Schleifsand eine brauchbare, aber nicht sehr gleichmäßige Körnung erreicht. Die Kugelkörnung konnte mit einfachsten Mitteln selbst in den Druckereien ausgeführt werden. Sie eignete sich jedoch nur für eine Einzelplattenfertigung und nicht für eine industrielle Band-Produktion und wirtschaftliche Fertigung mit gleichbleibender Qualität. Daher wird das Verfahren heute nicht mehr eingesetzt.

Trockenbürsten und Nassbürsten konnten sich dagegen eine längere Zeit durchsetzen, haben aber inzwischen an Bedeutung verloren.

Mit beiden Verfahren ist eine gleichmäßigere Oberfläche zu erzeugen. Die Verfahren eignen sich auch für eine mechanisierte Verarbeitung am gewalzten Aluminiumband.

Beim Trockenbürsten wird das durchlaufende Aluminiumband durch rotierende und oszillierende Stahldrahtbürsten mechanisch aufgeraut. Die Bürsten erzeugen eine relativ flache, grob aufgeraute Oberfläche mit deutlich erkennbarer Bürstrichtung. Dieser Druckplattentyp erfüllt heutige Qualitätsanforderungen und die gefordert Auflagenbeständigkeit nicht mehr.

Nassgebürstet wird mit rotierenden Kunststoffbürsten und einer wässrigen Schleifmittelsuspension. Die Metalloberfläche ist mit diesem Verfahren gleichmäßiger, feiner und ohne Richtungsorientierung aufzurauen. Dadurch haftet die Kopierschicht besser in der Metalloberfläche, die Informationsübertragung der Bildstellen und die Feuchtmittelführung werden verbessert.

Beide Verfahren haben als alleinige Körnungsverfahren durch prozessgesteuerte elektrochemische Verfahren ihre Bedeutung verloren.

Eine wesentlich gleichmäßigere Oberfläche ist mit der elektrochemischen Aufrauung zu erreichen. Durch elektrische Ströme mit hoher Stärke wird in einem elektrolytischen Bad mit spezieller Zusammensetzung das gereinigte Aluminiumband in der Oberfläche chemisch aufgeraut. Partiell wird dabei Metall aus der Oberfläche herausgelöst. Es bildet sich dabei eine richtungslose, feinporöse und schwammähnliche Mikrostruktur, die allerdings relativ weich und kratzempfindlich ist. Durch die feinen, schwammähnlichen Poren besitzt die Oberfläche sehr hohe Kapillarkraft, die für
- die Benetzung mit Wasser (hydrophile Wirkung: optimale Wasserführung),
- die Informationsübertragung der Bildstellen (kopier- und drucktechnische Wirkung: hohes Auflösungsvermögen) und
- die Verankerung der Kopierschicht (mechanische Wirkung: für hohe Haltbarkeit und gegen Abrieb)

entscheidend wichtig ist.

Für die Verwendung als Offsetdruckplatte ist die elektrochemisch aufgeraute Platte durch elektrolytische Anodisierung mit einer dünnen, extrem harten Aluminiumoxidschicht zu überziehen. Im Gegensatz zum Galvanisieren wird hierbei kein weiteres Metall aufgebracht, sondern aus dem Metall heraus aufgebaut. Diese Offsetdruckplatten erreichen eine sehr hohe Auflagenbeständigkeit, die durch Einbrennen der Schicht im Thermodurverfahren noch zu steigern ist.

Veredelung (Anodisierung)

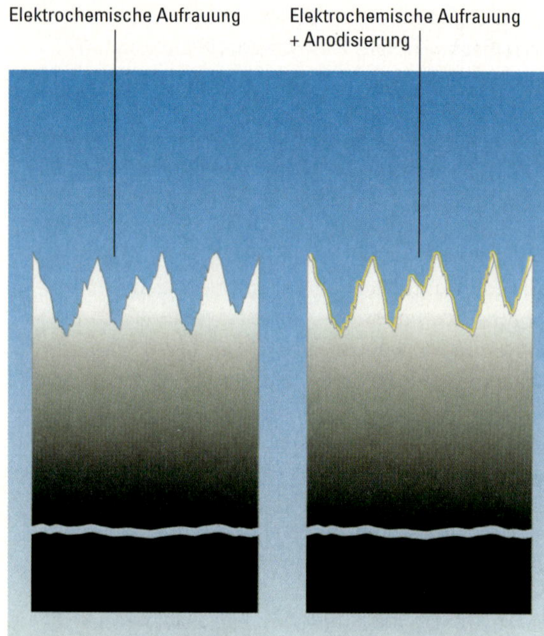

Durch die Anodisierung wird ein nicht sichtbarer, harter Überzug auf der Oberfläche erzeugt. Natürlich können auch mechanisch aufgeraute Oberflächen anodisiert werden.

Prinzip des Eloxalverfahrens
Durch das Eloxal-Verfahren wurde wohl die bedeutendste Verbesserung in der Körnung von Aluminiumplatten erreicht. Es handelt sich hierbei um ein Verfahren, mit dem die natürliche Oxidschicht des Aluminiums durch Elektrolyse verstärkt wird. Verfahren dieser Art sind im Prinzip seit langem in der Technik bekannt. Sie dienen unter anderem dazu, Aluminium z. B. witterungsbeständiger zu machen und es anzufärben. Der Begriff „Eloxal“ ist eine Abkürzung der Arbeitsweise dieses Verfahrens: Elektrolytische Oxidation des Aluminiums.

Die in diesem Verfahren erzielte Schicht ist außerordentlich hart und chemisch sehr schwer anzugreifen. In tiefen, äußerst dicht nebeneinander liegenden Kapillaren haften Kopierschicht, Feuchtigkeit und Druckfarbe hervorragend. Die besten Ergebnisse bringen kleine, dünnwandige und großporige Oxidschichten, die zu einer ausreichenden Feuchtung nur eine sehr geringe Menge Feuchtmittel benötigten.

Eloxiert wird in einem schwach angesäuerten Bad. In diesem befinden sich zwei Gleichstromelektroden: die Anode und die Kathode. Die Aluminiumplatte ist als Anode geschaltet, Kathode ist eine Kohleelektrode.

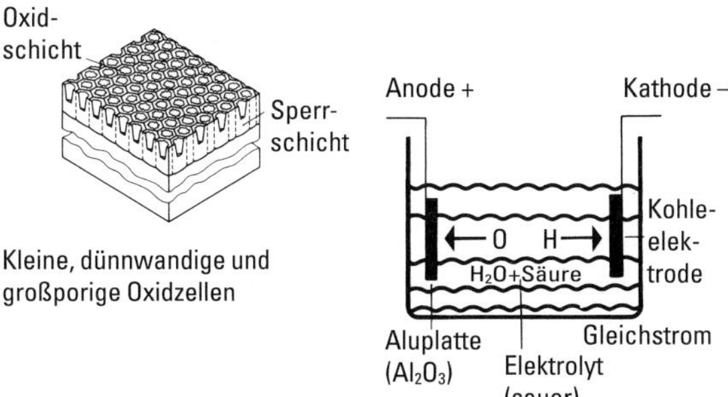

Durch den elektrischen Strom findet in dem angesäuerten Bad eine Elektrolyse statt. An der Kohleelektrode (Kathode) entsteht Wasserstoff, an der Aluminiumplatte (Anode) reiner Sauerstoff. Der Sauerstoff verbindet sich mit dem Aluminium zu Aluminiumoxid. Dadurch wird die natürliche Grundoxidschicht des Aluminiums, die nur etwa 0,04 µm stark ist, wesentlich verstärkt.

Die bis zu 50 µm starke Hauptschicht besitzt eine sehr hohe Oberflächenhärte und Verschleißfestigkeit bei hervorragender Haftung auf dem Grundmetall; sie bietet außerdem einen guten Korrosionsschutz. Versuche haben ergeben, dass Oxidschichten bis 0,5 µm drucktechnisch die besten Ergebnisse bringen.

In einer Bandfabrikation ist diese gewünschte Stärke weitgehend konstant zu erreichen.

Die Rauigkeit der Plattenoberfläche entscheidet über mehrere Eigenschaften einer Offsetdruckplatte:
- die Haftung der Kopierschicht ,
- die Benetzung der Nichtbildstellen mit Feuchtmittel und
- die Auflagenbeständigkeit.

Durch die gezielte Eloxierung der Aluminiumoberfläche wird die Oberfläche wesentlich vergrößert. Dadurch wird die Benetzung durch Kapillarwirkung wesentlich verbessert. Benetzungsfördernde Mittel wie Gummiarabicum unterstützen diese Eigenschaft. Im Anschluss an die Entwicklung der kopierten Druckplatte wird im allgemeinen eine hauchdünne Schicht derartiger Kolloide auf die Platte aufgetragen.

Dabei ist zu beachten: Zu dick aufgetragene Konservierung mit kolloidalen Mitteln kann die Aluminiumoberflächen beschädigen. Das Mittel trocknet sehr stark und reißt die Kopierschicht auf.

Bei Arbeitspausen sollte die Druckplatte ebenfalls konserviert werden. Damit wird verhindert, dass Farbpartikeln und die im Feuchtmittel mitgeführten Bindemittelanteile der Druckfarbe sowie Feuchtmittelrückstände (Verunreinigungen, Salze, u. a.) in die Kapillaren der Plattenoberfläche eindringen und das Benetzungsverhalten stören können.

Das Trocknen einer stärkeren Feuchtmittelmenge ohne Konservierung kann ebenfalls zu Störungen in der gleichmäßigen Oxidschicht führen und dadurch chemisch ungünstige Wechselwirkungen (Druckschwierigkeit: Tonen) verursachen.

Eloxierte Offsetdruckplatten

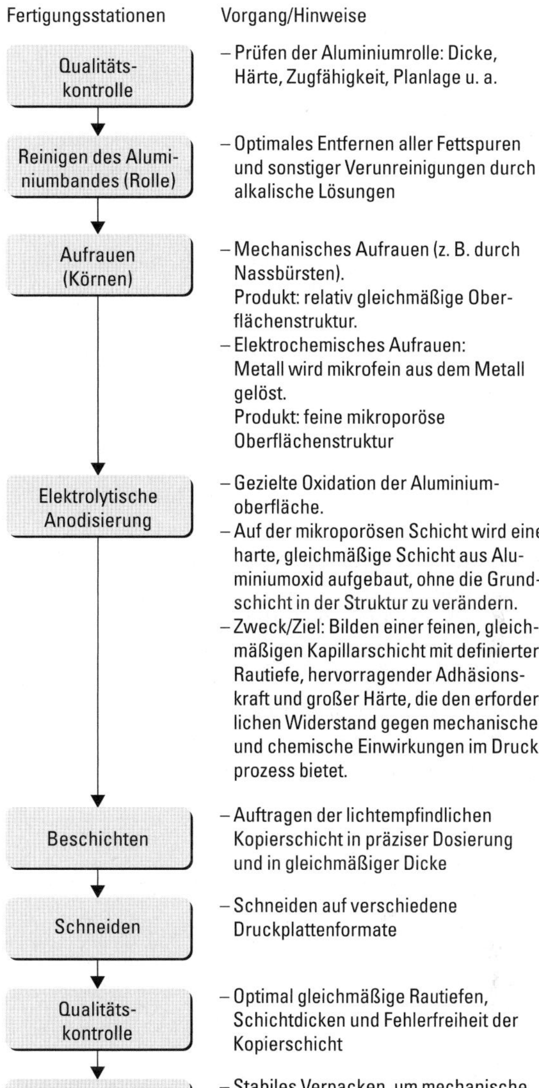

Fertigungsstationen
Vorgang/Hinweise
Qualitätskontrolle
– Prüfen der Aluminiumrolle: Dicke, Härte, Zugfähigkeit, Planlage u. a.
Reinigen des Aluminiumbandes (Rolle)
– Optimales Entfernen aller Fettspuren und sonstiger Verunreinigungen durch alkalische Lösungen
Aufrauen (Körnen)
– Mechanisches Aufrauen (z. B. durch Nassbürsten).
Produkt: relativ gleichmäßige Oberflächenstruktur.
– Elektrochemisches Aufrauen: Metall wird mikrofein aus dem Metall gelöst.
Produkt: feine mikroporöse Oberflächenstruktur
Elektrolytische Anodisierung
– Gezielte Oxidation der Aluminiumoberfläche.
– Auf der mikroporösen Schicht wird eine harte, gleichmäßige Schicht aus Aluminiumoxid aufgebaut, ohne die Grundschicht in der Struktur zu verändern.
– Zweck/Ziel: Bilden einer feinen, gleichmäßigen Kapillarschicht mit definierter Rautiefe, hervorragender Adhäsionskraft und großer Härte, die den erforderlichen Widerstand gegen mechanische und chemische Einwirkungen im Druckprozess bietet.
Beschichten
– Auftragen der lichtempfindlichen Kopierschicht in präziser Dosierung und in gleichmäßiger Dicke
Schneiden
– Schneiden auf verschiedene Druckplattenformate
Qualitätskontrolle
– Optimal gleichmäßige Rautiefen, Schichtdicken und Fehlerfreiheit der Kopierschicht
Verpacken
– Stabiles Verpacken, um mechanische Einflüsse (z. B. Knicke), Feuchtigkeitsaufnahme und Lichteinwirkung zu vermeiden.

9.5.3 Kopie

Druckplatten im Offsetdruck sind heute überwiegend einmetallische Aluminium. Farbführende Bildstellen bestehen bei diesen lichtempfindlich vorbeschichteten Druckplatten aus einem Kopierschichtrest, der nach der Verarbeitung auf der Druckplatte verbleibt. Dabei bildet
- die Kopierschicht das olephile (farbführende),
- das Druckplattenmetall Aluminium das hydrophile (wasserführende)

Element im Einfärbe- und Druckprozess.

Druckplatten für den Offsetdruck werden lichtempfindlich vorbeschichtet an die Druckereien geliefert. Verfahren der Selbstbeschichtung von Druckplatten im eigenen Betrieb haben seit vielen Jahren absolut keine Bedeutung mehr. Je nach Art und Aufbau reagiert die Kopierschicht beim Einwirken von aktinischem Licht (UV-haltig) durch eine chemische Veränderung.

Man unterscheidet prinzipiell zwei fotochemische Reaktionen, die beim Entwickeln der Druckplatte zu erkennen sind:
– Härten der Kopierschicht durch Licht
– Zersetzen der Kopierschicht durch Licht.

Wird eine Kopierschicht fotochemisch gehärtet, so werden belichtete Stellen unlöslich für Entwickler.

Wird dagegen eine Kopierschicht fotochemisch zersetzt, so löst der Entwickler die belichtete Kopierschicht vom Plattenmetall. Durch diese Reaktionen sind zwei Kopierverfahren möglich:
– Positivkopie und
– Negativkopie.

Die auf der Druckplatte verbliebene Kopierschicht bildet die Druckschicht, d. h. alle auf der Druckplatte verbleibenden Kopierschichtreste ergeben Bildstellen, kopierschichtfreies Aluminium ergibt die Nichtbildstellen.

Aufbau der Kopierschichten

– Schichtbildner bzw. Bindemittel:
  Synthetische Kolloide (Polyvinylalkohol = PVA), synthetische Harze
– Sensibilisatoren:
  Diazoverbindungen oder Fotopolymere
– Bildkontrastmittel:
  Farbstoffe
– Lösemittel:
  Wasser

Kopiervorgänge bei vorbeschichteten Offsetdruckplatten

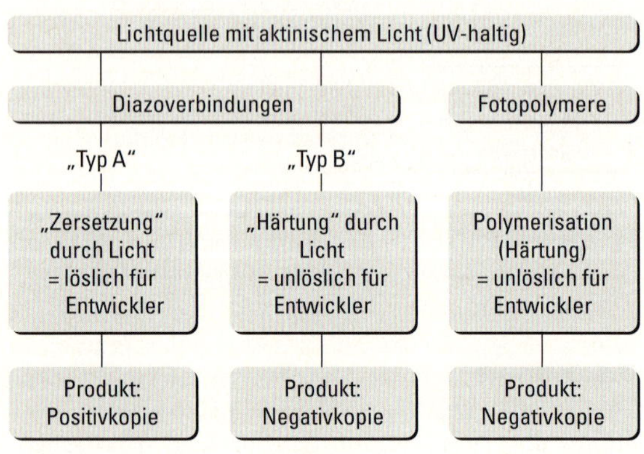

Positivkopierverfahren

Die Positivkopie ergibt immer eine positive, tonwertgleiche Wiedergabe der Kopiervorlagen.

Seitenverkehrte positive Kopiervorlagen in Strich und/oder Raster werden unter Vakuum Schicht-auf-Schicht auf die Druckplatte kopiert. Die Kopie ergibt eine positive, seitenrichtige Informationsübertragung aller Bildstellen.

Das Positivkopierverfahren ist in Europa das überwiegend eingesetzte Kopierverfahren.

Vorteil ist eine einfache Bogenmontage mit positiven Kopiervorlagen. Insbesondere bei Montagen für mehrfarbige Druckprodukte ist – vor allem beim Einsatz einer farbigen Anhaltskopie der Grundmontage – ein sicheres, leichtes Einpassen möglich.

Verfahrensspezifischer Nachteil ist jedoch das mehr oder weniger starke Abbilden von Filmkanten, Staub u. ä. Fehlstellen auf der kopierten Druckplatte.

Arbeitsablauf
Die Kopierschicht besteht aus einem Sensibilisator (Diazoverbindung als lichtempfindliche Substanz), einem Bindemittel (synthetische Harze) und einem Bildkontrastmittel (Farbstoffe). Das Empfindlichkeitsmaximum für die Belichtung der Kopierschicht liegt bei ca. 370 nm. In einer automatisch arbeitenden Fertigungsstraße wird eine Rolle mit oberflächenbehandeltem Aluminium dünn (Stärke ca. 2 µm) und absolut gleichmäßig beschichtet.

UV-haltiges Licht der Kopierlampe zersetzt die lichtempfindliche Diazoverbindung in Carbonsäure und Stickstoff. Farbstoffe in der Kopierschicht reagieren auf Lichteinwirkung und zeigen einen mehr oder weniger starken Kontrast zwischen belichteten und unbelichteten Stellen durch Farbumschlag. Das Bindemittel (Harz) bleibt dabei unverändert.

Die richtige Belichtung ist eine entscheidende Voraussetzung für eine tonwertrichtige Informationsübertragung.

Eine zu kurze Belichtung löst die Kopierschicht an den Nichtbildstellen nur unzureichend, sie wird beim Entwickeln nicht völlig entfernt.

Durch Kopierschichtreste behalten diese Fehlstellen ihre Farbfreundlichkeit. Folge: Die Druckplatte tont.

Ebenso wie Unterbelichtungen sind Überbelichtungen zu vermeiden: Feine Bildelemente wie Schrift, Linien und Rasterpunkte werden unterstrahlt und auf der Druckplatte spitzer als auf der Kopiervorlage wiedergegeben. Die Folge ist ein sichtbarer Informationsverlust bei feinen Details.

Die Standardisierung der analogen Kopie nach dem „ProzessStandard Offsetdruck" (2001, BVDM) stellt sicher, dass eine genau definierte Tonwertveränderung vom Film zur Druckplatte auftritt.

Wichtige Voraussetzung ist eine möglichst gleichmäßige Ausleuchtung des Kopierrahmens. Dieses ist durch Messen mit einem Luxmeter oder Kopiertests auf eine Offsetdruckplatte mit dem *Ugra-Offset-Testkeil 1982* am Halbtonkeil zu ermitteln. Ebenso zu beachten ist ein langsam aufgebautes, ausreichendes Vakuum.

Der Standard-Belichtungsbereich ist mit einer Belichtungsserie an Hand der Wiedergabe positiver Mikrolinien am *Ugra-Offset-Testkeil 1982* zu ermitteln.

Entwicklung
Der Entwickler ist eine wässrige, alkalische Lösung auf der Basis von Phosphaten und Silikaten. Er wirkt nur an den belichteten, chemisch „zersetzten" Stellen auf die Kopierschicht ein und wandelt die entstandene Carbonsäure und das Bindemittel in wasserlösliche Salze um. Die Salze und Farbstoffe lösen sich von der Druckplatte und werden ausgewaschen.

Das Aluminium liegt an diesen Stellen nach dem Entwickeln frei und bildet hydrophil reagierende Nichtbildstellen. Alle anderen Stellen, die bei der Belichtung durch Bildinformationen der Kopiervorlagen abgedeckt waren, bleiben ohne Veränderung auf dem Plattenmetall fest haften und bilden die oleophil reagierende Bildstellen. Die auf der Druckplatte verbleibende Restkopierschicht wird Druckschicht genannt.

Durch gründliches Abspülen sind Entwickler- und Schichtreste von der Druckplatte zu entfernen.

Gummierung
In der Regel wird die Druckplatte anschließend dünn und streifenfrei gummiert (z. T. auch konservieren genannt) und mit kalter Luft oder bei nur mäßiger Wärme getrocknet.

Gummierungsmittel sind kolloidale Lösungen mit stark hydrophilen Eigenschaften. Sie trocknen in den Kapillaren der Druckplatte hart durch. Auch nach dem Abwaschen der Druckplatte mit Wasser verbleibt eine sehr feine Restschicht in den Kapillaren und ermöglicht eine gute Benetzung mit dem Feuchtmittel. Das Gummieren empfiehlt sich auch in Druckpausen während des Fortdruck, um eine gute Benetzung durch das Feuchtmittel zu erhalten. Eine Fixierung mit schwacher Säure (z. B. 3%iger Phosphorsäure) löst Schmutz- und Fett-Teilchen von der Druckplatte. Vor dem Anlaufenlassen zum Auflagendruck ist damit auch die Feuchtmittelaufnahme (Hydrophilierung) der Druckplatte zu verbessern.

Korrekturen
Bei Einmetall-Offsetdruckplatten mit Druckschichten sind nur Minuskorrekturen möglich. Dabei sind Filmkanten, Schmutzpartikel oder überflüssige Druckschichtteile (Fehlstellen) mit einem pastösen Korrekturmittel und einem Pinsel manuell auf der trockenen Druckplatte anzulösen und zu entfernen.

Nach der Korrektur ist die Druckplatte gründlich mit Wasser abzuspülen, zu „fixieren“ und abzurakeln. Günstig für den problemlosen Fortdruck wirkt sich bei manchen Druckplatten ein nachfolgendes Gummieren und Trocknen aus.

Kopiervorlage
– seitenverkehrt
– positiv

Bei der Kopie wird die Schichtseite der Kopiervorlage immer auf die Schichtseite der Druckplatte gelegt.

Informationsübertragung
Positivkopie

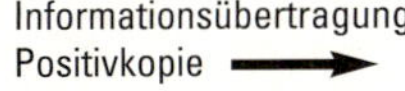

Druckplatte
– seitenrichtig
– positiv

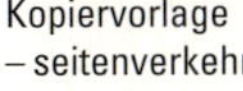

Kopiervorlage
– seitenverkehrt
– negativ

Bei der Kopie wird die Schichtseite der Kopiervorlage immer auf die Schichtseite der Druckplatte gelegt.

Informationsübertragung
Negativkopie

Druckplatte
– seitenrichtig
– positiv

Negativkopierverfahren
Die Negativkopie ergibt in der Kopierschicht immer eine negative, also tonwertverkehrte Wiedergabe der Kopiervorlagen.

Seitenverkehrte negative Strich- oder Rasterkopiervorlagen werden Schicht-auf-Schicht auf die Druckplatte kopiert und ergeben eine positive, seitenrichtige Informationsübertragung aller Bildstellen.

Negativkopierverfahren werden rationell und kostengünstig im kleinformatigen Offsetdruck (einfarbige Druckaufträge, wenige Nutzen), beim Einsatz von Kopiermaschinen und für die Druckformherstellung des Zeitungsdrucks eingesetzt.

Verarbeitungstechnischer Grundsatz bei der Belichtung dieser Schichten:

- Aktinisches Licht härtet die Kopierschicht.

Kopierschichten und Arbeitsablauf
Als Sensibilisator für die Kopierschichten können spezielle Diazoverbindungen oder Fotopolymere verwendet werden.

Bestandteile der Diazoschichten sind wie bei positiv arbeitenden Kopierschichten:
– spezielle Diazoverbindungen
– Bindemittel (Harze) und
– Bildkontrastmittel (Farbstoffe).

Fotopolymere Kopierschichten bestehen aus fünf wesentlichen Komponenten:
– lichtempfindliche Sensibilisatoren mit einem Katalysator,
– Monomere (Einzelmoleküle),
– polymere Bindemitteln,
– Reaktionsverzögerern und
– Farbstoffen als Bildkontrastmittel.

Diazoverbindungen spalten bei der Belichtung Stickstoff ab, der in Verbindung mit den Bindemitteln Makromoleküle (Riesenmoleküle) bildet, die unlöslich für den Entwickler sind.

Licht überträgt bei fotopolymeren Kopierschichten Energie auf den Sensibilisator, der diese an den Katalysator (Reaktionsauslöser) weitergibt. Es bilden sich sogenannte Radikale, die bei Monomeren und Bindemitteln eine Kettenreaktion auslösen. Dadurch bilden sich kettenförmige Makromoleküle, die ebenfalls unlöslich für entsprechenden Entwickler sind.

Das Entwickeln erfolgt mit speziellen wässrigen Lösungen. Alle unbelichteten Schichtteile sind nicht zu Makromolekülen vernetzt und daher löslich für den Entwickler.

Die weitere Verarbeitung entspricht im wesentlichen dem Positivkopierverfahren.

Ebenso wie bei der Positivkopie erfordert auch die Negativkopie die richtige Belichtung für eine korrekte Informationsübertragung aller Bildstellen. Belichtete Stellen werden nur bei einer ausreichenden Lichteinwirkung unlöslich für den Entwickler und damit auflagenfest (standfest).

Eine Überbelichtung führt zu einer unerwünschten Tonwertzunahme (Vollerwerden) durch Unterstrahlung von Nichtbildstellen. Unterbelichtung schwächt dagegen die Festigkeit der Bildstellen und verkürzt die Auflagenbeständigkeit der Druckplatte.

Druckplatten für den wasserlosen Offsetdruck

Bereits Ende der 70er Jahre brachte das japanische Unternehmen Toray eine technisch ausgereifte, wasserlos druckende Offsetdruckplatte auf den Markt. In den folgenden Jahren wurden jedoch nach und nach erst die für einen problemlosen, qualitativ hochwertigen und kostengünstigen Druck erforderlichen verfahrens- und drucktechnischen sowie wirtschaftlichen Voraussetzungen geschaffen:

– geeignete, spezielle Druckfarben
– Verringerung der Kratzempfindlichkeit der Druckplattenoberfläche

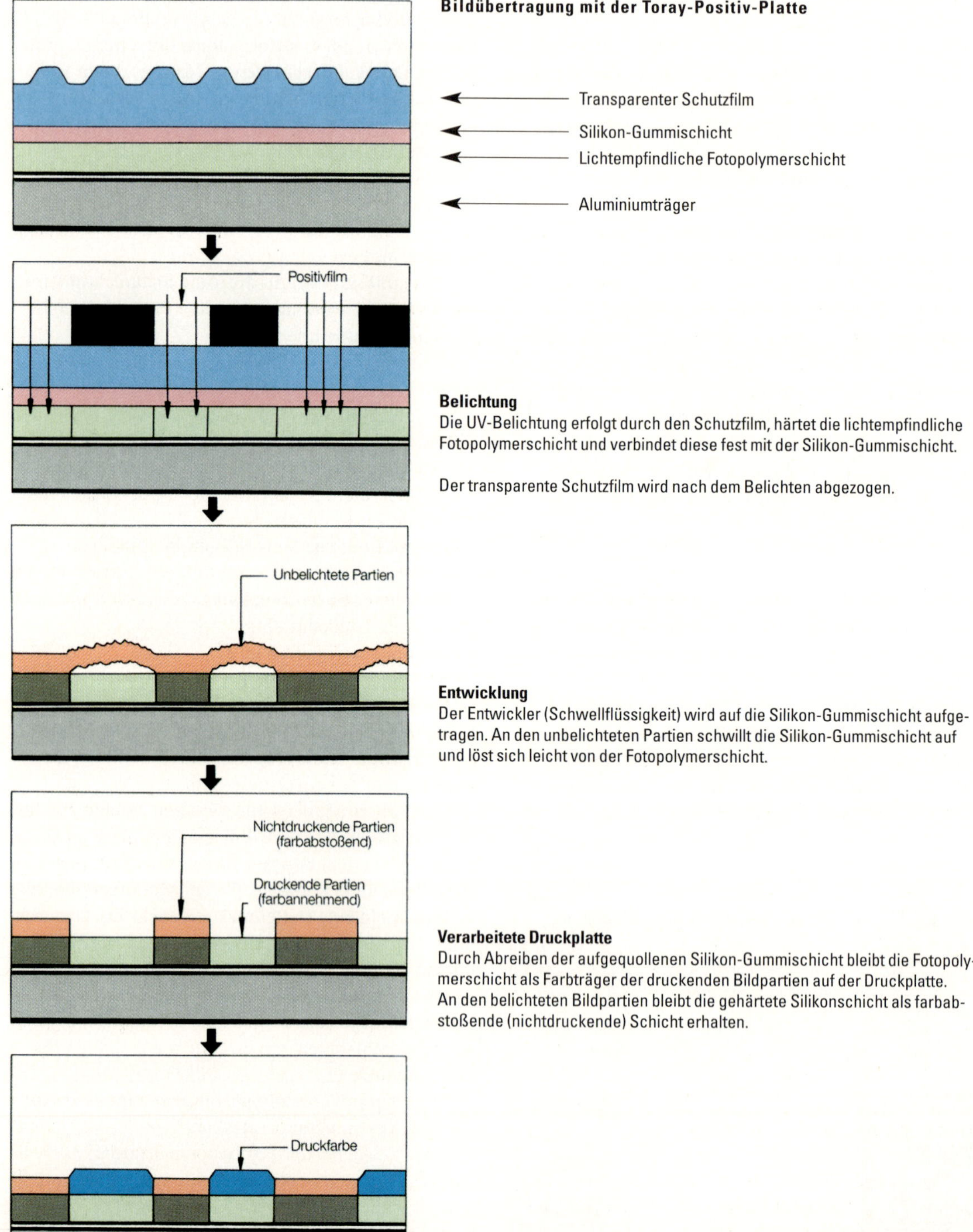

Bildübertragung mit der Toray-Positiv-Platte

Belichtung
Die UV-Belichtung erfolgt durch den Schutzfilm, härtet die lichtempfindliche Fotopolymerschicht und verbindet diese fest mit der Silikon-Gummischicht.

Der transparente Schutzfilm wird nach dem Belichten abgezogen.

Entwicklung
Der Entwickler (Schwellflüssigkeit) wird auf die Silikon-Gummischicht aufgetragen. An den unbelichteten Partien schwillt die Silikon-Gummischicht auf und löst sich leicht von der Fotopolymerschicht.

Verarbeitete Druckplatte
Durch Abreiben der aufgequollenen Silikon-Gummischicht bleibt die Fotopolymerschicht als Farbträger der druckenden Bildpartien auf der Druckplatte. An den belichteten Bildpartien bleibt die gehärtete Silikonschicht als farbabstoßende (nichtdruckende) Schicht erhalten.

Druck

- Zusatzeinrichtungen zur Temperierung (Kühlung) des Farbwerks
- geeignete Hilfsmittel, z. B. Waschmittel
- geringere Druckplattenkosten.

Die Toray-Waterless-Platte ist eine vorbeschichtete Offsetdruckplatte für den Bogen- und den Rollen-Offsetdruck.

Trägermetall dieser Druckplatte ist Aluminium, das mit einer lichtempfindlichen Kopierschicht, einem Fotopolymer, und einer darüber liegenden Silikon-Gummischicht beschichtet ist.

Eine zusätzliche transparente Polyesterschicht schützt die Silikon-Gummischicht vor mechanischen Einwirkungen (Kratzer). Diese Schicht wird erst vor der Entwicklung der Druckplatte abgezogen.

Je nach der Zusammensetzung arbeitet die Kopierschicht in Verbindung mit der Silikon-Gummischicht positiv oder negativ.

Für die Bildübertragung ist eine Kopiervorlage mit spezieller Gradation erforderlich, um die Vorteile der Druckplatte in der sehr kontrastreichen, feinsten Rasterwiedergabe zu nutzen, d. h. die Reproduktion ist entsprechend der Druckkennlinie für eine bestimmte Rasterfrequenz (Rasterweite) zu erstellen.

Positivkopie
Die Informationsübertragung bei der Positivkopie erfolgt mit UV-Licht durch die transparente Polyesterschicht. UV-Licht härtet die lichtempfindliche Fotopolymerschicht und verbindet diese fest mit der Silikon-Gummischicht.

An unbelichteten Stellen (druckende Bildstellen) wird die Silikon-Gummischicht durch Entwickeln von der Fotopolymerschicht abgelöst. Dazu ist eine Entwicklungsmaschine erforderlich. Das anfallende Abwasser ist bestimmungsgemäß zu entsorgen.

Die gesamte Verarbeitung der Toray-Platte sollte in der Kopie unter Gelblicht erfolgen.

Nach der Belichtung und Entwicklung der positiv arbeitenden Kopierschicht ist ein sehr feines Relief auf der Druckplatte entstanden:
- das unbelichtete Fotopolymer liegt wenige µm vertieft; es bildet minimal tieferliegende, farbannehmende Bildstellen
- die belichtete Silikon-Gummischicht ergibt auf der Fotopolymerschicht liegende Nichtbildstellen (farbabstoßend).

Negativkopie
Bei einer negativ arbeitenden Kopierschicht löst das UV- Licht den festen Zusammenhalt zwischen der Silikon-Gummischicht und der lichtempfindlichen Kopierschicht. Durch das Entwickeln wird die Silikon-Gummischicht an den belichteten Bildstellen abgelöst.

Kopier- und drucktechnisch bieten die wasserlos druckenden Offsetdruckplatten einige beachtenswerte Vorteile gegenüber konventionellen Offsetdruckplatten, die vor dem Einfärben gefeuchtet sein müssen:
- Bildübertragung feinster Raster bis ca. 200 L/cm
- schnelles Rüsten der Druckmaschine, da kein Feuchtmittel-/Farb-Gleichgewicht einzustellen ist
- keine durch Feuchtmittel bedingten Farbführungsschwankungen
- geringere Tonwertzunahme im Druck
- hohe Farbkonzentration
- Druckbild mit sehr hohem Kontrast und hervorragender Tiefenzeichnung
- allgemein kein Schablonieren
- sehr gute Eignung für den Druck auf nichtsaugende Bedruckstoffe wie Folien, Metallpapiere.

Vorteile des konventionellen Offsetdrucks:
- geringere Kosten der Druckplatten
- der Druckprozess ist beim Einsatz von Feuchtmitteln stabiler, d. h. Schwankungen der Temperatur im Farbwerk und Farbzusammensetzung wirken sich nicht so schnell aus
- der Einsatz von Feuchtmitteln und die Reinigungswirkungen des Feuchtwerkes („Delta-Effekt“) erleichtern den Einsatz von Bedruckstoffen, die zur Butzenbildung neigen
- bekannte Verfahrenstechnik, die Zusatzeinrichtungen wie eine Temperierung des Farbwerkes nicht zwingend erfordert.

9.6 Digitale Druckformherstellung

Im Gegensatz zur analogen Druckformherstellung erfolgt die Bebilderung der Druckform nicht gleichzeitig mit allen Text-, Bild- und Grafik-Elementen von einer Bogenmontage auf Film, sondern zeilenweise durch einen sehr fein fokussierten, modulierten Laserpunkt, der digital jedes gespeicherte Element auf die Druckplatte überträgt:
- digitale Druckformherstellung
  = digitale Arbeitsprozesse bei der Informationsübertragung auf die Druckform.

Diese digitale Bebilderung der Druckform ist die logische Konsequenz in einem rasanten Wandel der Druckvorstufe (PrePress-Bereich) von fotografischen, filmbasierten Techniken zu digitalen Technologien.

Der Markt fordert von allen digital arbeitenden Systemen:
- produktbezogene Qualität
- Prozess-Sicherheit
- kurze Produktionszeiten
- Wirtschaftlichkeit.

Ein neues Computer-to-System allein bringt noch keinen technischen und wirtschaftlichen Erfolg im Unternehmen.

Entscheidend ist ein optimal und umfassend organisierter durchgängiger digitaler Workflow. Nur dann bringt die digitale Druckformherstellung die erforderliche Wirtschaftlichkeit.

Das Beherrschen von offenen Formaten und verschiedenen Rechnerplattformen, von Datenformaten, Datenbanken, Netzwerken und Servern gehört dabei zu den erforderlichen Kompetenzen für die gesamte

Digitale Druckformherstellung

Text-/Bildintegration
= elektronische Montage
Vorlage: Layout
Produkt: PostScript-Datei/ PDF-Datei
= digitale Daten

Datenmanagement-system, Rasterlmage-Processor
(Hardware- oder Software-RIP
= digitale Daten als „Bebilderungs-Bitmap"
– Ausgabe zu System ...

Vorstufenkontrollen:
Form-, Stand-, Farbproof
Digital-Proof,
z B. Thermosublimations- oder Injekt (Tintenstrahl-) System
(Offset-)Andruck

Computer-to-Film
= digitale Datenübertragung
Produkte:
Druckseiten auf Film als einzelne Seiten oder ausgeschossen im Druckbogenformat

Druckformherstellung Kopiertechnik
– Rahmenkopie
– Maschinenkopie
Produkte:
Permanente Druckformen

Offsetdruck
– konventioneller Offsetdruck
– wasserloser Offsetdruck

Computer-to-Plate
= digitale Datenübertragung
Produkte:
Permanente Druckformen, extern in Belichtern bebildert

Offsetdruck
– konventioneller Offsetdruck
– wasserloser Offsetdruck

Computer-to-Press
= digitale Datenübertragung
Produkte:
Permanente Druckformen, intern (direkt) in der Druckmaschine bebildert

Offsetdruck
– konventioneller Offsetdruck
– wasserloser Offsetdruck

Computer-to-Print
= digitale Datenübertragung
Produkte:
Dynamische Druckformen (Bildträgertrommeln mit temporärem Druckbild pro Druckbildübertragung)

NIP-Druckverfahren = Digitaldruck
Basis:
Datentechnik
+ Elektrofotografie mit
– Flüssigfarbe (Ink) oder
– Pulvertoner

Computer-to-Paper
= digitale Datenübertragung
Produkte:
Dynamischer Druck durch Bebilderung direkt auf den Bedruckstoff, ohne Druckform

NIP-Druckverfahren = Digitaldruck
Basis:
Datentechnik
+ Inkjet,
Thermografie
u. a.

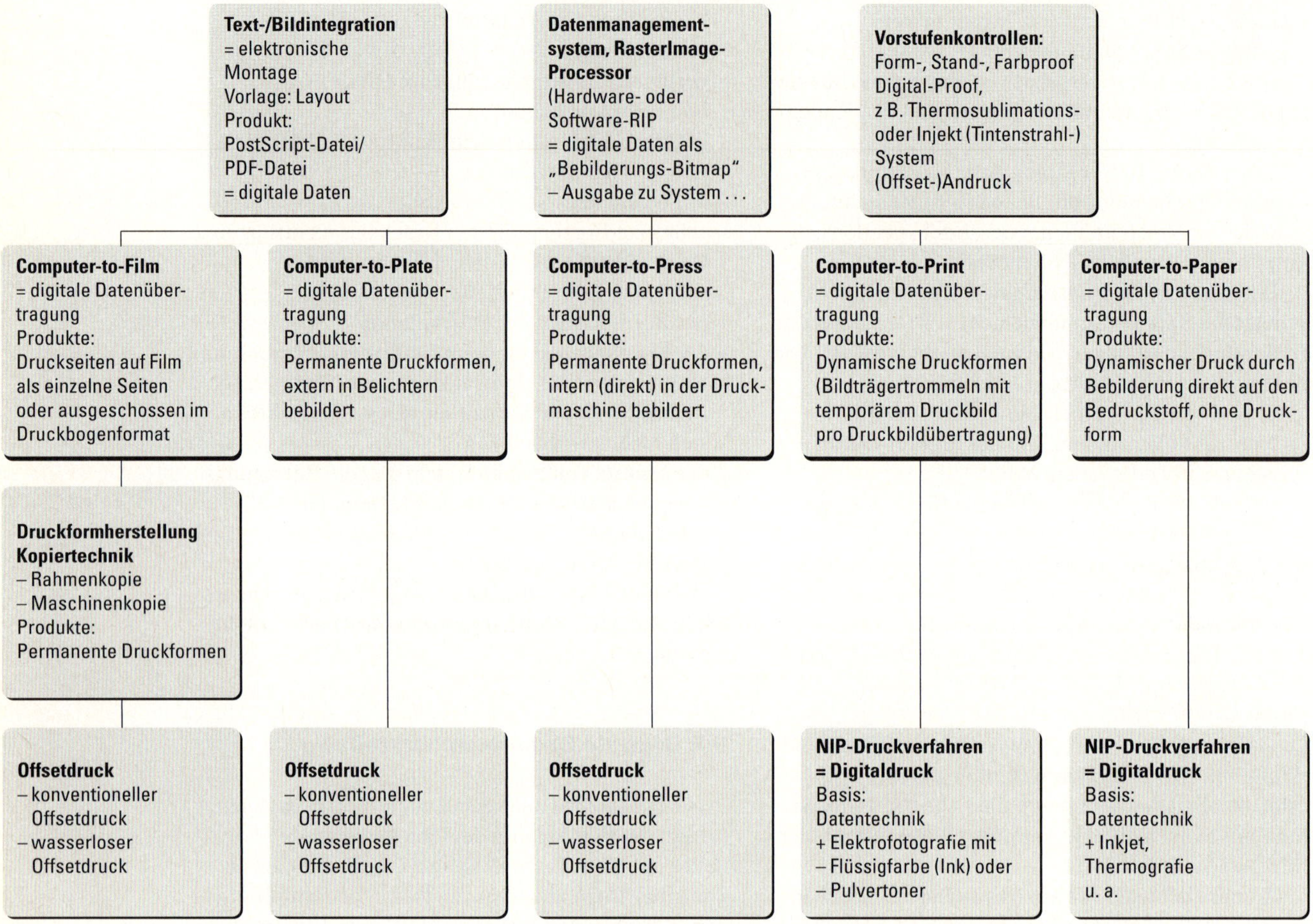

Technische Hinweise zu Ausgabesystemen

1. Computer-to-Film
Ausgabe in einem Laserbelichter auf Film als Ganzseite oder im Bogenformat ausgeschossen.
Derzeit überwiegend eingesetzter Weg der Ausgabe digitaler Daten außerhalb der Druckmaschine.
Produkt: Kopiervorlage
Einsatz der Kopiervorlage: Herstellung einer beliebigen Offsetdruckplatte
Verfahrenstechnik im Druck: konventioneller und wasserloser Offsetdruck
Anbieter: Alle Hersteller von Ausgabesystemen.

2. Computer-to-Plate
Direkte Bebilderung der Druckplatte außerhalb der Druckmaschine.
Eigenschaften der Druckplatte
– nicht wiederbebilderbar
– statische Druckform
Verfahrenstechnik: konventioneller und wasserloser Offsetdruck
Anbieter: Fast alle Hersteller von Ausgabesystemen.

3. Computer-to-Press
3.1 Direkte Bebilderung der Druckplatte bzw. Druckfolie innerhalb der Druckmaschine, auch Direct-Imaging genannt.
Produkteigenschaften:
– statische Druckform
– nicht wiederbebilderbar
Verfahrenstechnik: konventioneller und wasserloser Offsetdruck
Anbieter: Heidelberger Druckmaschinen AG mit GTO-DI (Produktion eingestellt), Quickmaster-DI, Speedmaster-DI; KBA-Scitex 74-Karat
3.2 Direkte Bebilderung der Druckform (Druckplatte oder Druckzylinder) innerhalb der Druckmaschine.
Produkteigenschaften:
– statische Druckform
– wiederbebilderbar
Verfahrenstechnik: konventioneller Offsetdruck
Anbieter: MAN-Roland AG, Dicoweb

4. Computer-to-Print
Direkte Bebilderung des Druckformträgers innerhalb der Druckmaschine, es entsteht kurzeitig eine temporäre Druckform für einen Druck Non-Impact-Printing (NIP-Verfahren), sogenannter „Digitaldruck"
(Hinweis: Im engeren Sinne ist nur das Drucken ohne eine Druckform ein digitaler Druck.
4.1 Verfahrenstechnik: Elektrofotografische Technik mit Trocken- oder Flüssigtoner
Produkteigenschaften:
– dynamische Druckform,
Datensatz wird über einen RIP elektronisch auf den Bebilderungszylinder übertragen
– je Druckprodukt eine neue Bebilderung erforderlich
Anbieter: Xeikon, Indigo E-Print (u.a. Modelle), MAN-Roland (einige Modelle/Basis Xeikon)
4.2 Verfahrenstechnik: Laser-Elektrofotografie mit Trockentoner
Produkteigenschaften:
– elektrostatische Aufladung einer Bebilderungstrommel durch einen Laserstrahl (evtl. LED)
– elektrostatische Bildelemente ziehen den Toner an, der durch Wärme und/oder Druck auf dem Bedruckstoff fixiert wird
Anbieter: Farblaserdrucker von Canon, Océ, Xerox, Kodak u.a.

5. Computer-to-Paper
Elektronisch gesteuerte Bebilderung aus digitalem Datenspeicher ohne Druckform direkt auf den Bedruckstoff.
Diese Technik ist prinzipiell der eigentliche Digitaldruck.
Verfahrenstechniken:
Ink-Jet-Verfahren, Thermografie u.a.

Workflow XPose IT (Ablauf-Darstellung)

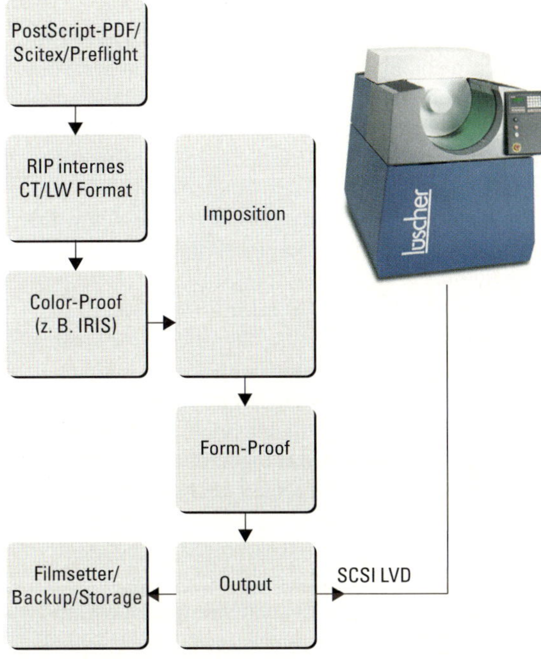

digitale Kommunikation und den Austausch digitaler Daten untereinander.

Dieser komplexe Prozess verlangt ein übergreifendes, vernetztes Denken und Handeln aller Mitarbeiter der früher abgeschlossen arbeitenden Abteilungen Druckvorstufe (Text, Bild), Bogenmontage, Druckformherstellung und Druck.

Je nach Aufgabenstruktur und technischen Konfigurationen gibt es in den Unternehmen verschiedenste Arbeitsabläufe. Eine der wichtigsten Aufgaben im Unternehmen ist, alle Prozess-Stufen noch rationeller und damit effizienter zu gestalten.

Die elektronische Seiten- und schließlich Bogenmontage führte zu dem Ausgabesystem Computer-to-Film. Um den Prozessablauf weiter zu rationalisieren entwickelte man neue digitale Ausgabesysteme

- Computer-to-Plate:
  Übertragen sämtlicher digitaler Daten für alle Druckfarben auf einzelne Druckplatten außerhalb der Druckmaschine
- Computer-to-Press:
  Übertragen sämtlicher digitaler Daten für alle Druckfarben auf einzelne Druckplatten gleichzeitig in der Druckmaschine
- Computer-to-Print:
  Übertragen sämtlicher digitaler Daten für alle Druckfarben auf immer wieder zu beschreibende Druckformzylinder (Bildträgertrommeln u. a.) in der Druckmaschine.

Diese Entwicklung fordert ein Zusammenwachsen aller am Prozess beteiligter Mitarbeiter als auch der Technik in der Druckvorstufe und im Druck.

Digitale Ausgabesysteme, wie Computer-to-Plate (CtP), Computer-to-Press und Computer-to-Print, beeinflussen sehr die geforderten Arbeitsabläufe und damit die technischen Entwicklungen im Unternehmen.

Einen besonders hohen Stellenwert erfährt auch die Kommunikation zwischen dem Kunden, der vielfach bereits die zu verarbeitenden digitalen Daten vorverarbeitet liefert, und dem Medienunternehmen, das diese Daten verarbeiten und ggf. „veredeln“ und damit prozessfähig bearbeiten muss.

Jedes Unternehmen kann nur dann rationell und wirtschaftlich arbeiten, wenn alle Abhängigkeiten so optimal wie möglich aufeinander abgestimmt sind.

Computer-to-Plate

Ziel der digitalen Druckformherstellung ist es, möglichst viele manuelle oder filmbezogene Arbeitsschritte auszuschalten und die Kette der digitalen Prozesse möglichst bis zur Druckmaschine zu verlängern.

Die Vorteile einer immateriellen und automatisierten Produktion betreffen u. a. die Wirtschaftlichkeit, die Qualität der Druckform, die Prozess-Sicherheit und den Umweltschutz:

- kein Filmprozess:
  Kosten für Film und Filmentwicklungsprozess entfallen, ein geringerer Bedarf an Verbrauchsmaterialien, Chemikalien und Wasser, geringere Abfallentsorgung
- weniger Fehler:
  systembedingte Fehler: Wegfall von Informationsübertragungen (Filmbelichtungen, Umkopieren, Druckformkopie),
  durch Menschen bedingte Fehler: Fehler bei manuell ausgeführten Arbeitsschritten in der Seiten- und Bogenmontage,
- Vorteile in der Produktion:
  übertragen feinster Druckelemente auf die Druckform, z. B. hohe Rasterfrequenz, frequenzmodulierter Raster,
  einfachere Prozessüberwachung und -kalibrierung, automatisierbare Prozessabläufe,
- reduzieren der Prozess-Stufen und damit kürzere Produktionszeiten, weniger Personal.

Technisch problemlos und wirtschaftlich arbeitendes Computer-to-Plate-Systeme konnten sich nur langsam durchsetzen. Die Ursachen dazu lagen in einzelnen, noch nicht den Anforderungen entsprechenden Techniken, sie waren zudem in jedem Unternehmen unterschiedlich. Es fehlte im wesentlichen

- eine gut funktionierende digitale Druckvorstufe, ein Workflow-Management (Prozess-Kompetenz)
- ein leistungsfähiges Netzwerk
- ein Serversystem als Zentrale im Netzwerk
- digitales Ausschießen
- digitales Überfüllen
- ein leistungsfähiges RIP
- Scanner und Software u. a. für die Digitalisierung angelieferter Filme
- Proofmöglichkeiten mit Farbverbindlichkeit
- Belichtersysteme mit geeigneter Lasertechnologie
- geeignete Druckplatten.

Inzwischen sind die technischen Voraussetzungen geschaffen worden und sie werden ständig optimiert:

- Entwicklung offener Druckvorstufensysteme

- universelle Seitenbeschreibungssprache PostScript
- ColorManagement-Software zur standardisierten Farbwiedergabe
- digitales Ausschießen
- datentechnische Infrastruktur mit Netzwerken, Servern, Datenfernübertragung, ISDN, Workstations, OPI-Funktion u. a.
- geeignete und kostengünstige Speicherbausteine für eine hohe Kapazität im Arbeitsspeicher
- sehr hohe Speicherkapazität von Festplatten
- Verfahrenstechnisch sicher zu bebildernde Druckplatten mit hoher Empfindlichkeit;
  Ziel: prozesslos (ohne Entwickler) zu verarbeiten
- geeignete Druckplattenbelichter für verschiedene Aufgabenbereiche.

9.6.1 Druckplatten für digitale Bebilderung

Basismaterialien für die eingesetzten Druckplatten sind Aluminium (vgl. konventionelle Druckplatten) oder Polyester-Folien. Folien eignen sich für den kleinformatigen Druck und den Werkdruck, bei Einzugsautomatik und ggf. selbstspannenden Klemmvorrichtungen auch für größere Druckformate.

Voraussetzung für diese Technologie der Bebilderung sind spezielle lichtempfindliche Schichten der Druckplatten, die im Gegensatz zu herkömmlichen Diazo- oder Fotopolymer-Kopierschichten eine wesentlich höhere Lichtempfindlichkeit besitzen müssen, da mit sehr viel geringer Energie in kürzester Zeit belichtet werden.

Für die Bebilderung der Druckplatten werden zur Zeit fast ausschließlich Laser mit hoher Lichtintensität eingesetzt. Die Laserleistung und die Empfindlichkeit der Druckplatten müssen in einem technisch und wirtschaftlich vertretbarem Maß aufeinander abgestimmt sein. Um die Kosten für die Anschaffung und den Unterhalt des Lasers möglichst gering zu halten, sollten die Druckplatten hoch empfindlich sein.

Einen Überblick über die unterschiedlichsten Anforderungen an den Laser bei der Bebilderung verschiedener Druckplattensysteme zeigt die folgende Übersicht und Information (nach Agfa – Offset Printing Systems, 2000).

Druckplattentyp	Energiedichte in mJ/cm²	spektrale Empfindlichkeit
Diazo positiv	50 - 600	350 - 450 nm
Silberhalogenid	0,0001 - 0,05	250 - 1200 nm
thermisch	170	830 nm
thermisch	70	1064 nm

Die Plattenempfindlichkeiten werden nicht wie bei Filmmaterialien in DIN oder ASA angegeben sondern in Mikro- oder Mill-Joule pro cm^2. Das Joule ist die Einheit der Energie. Es gelten:

- 1 Joule = 1 Wattsekunde
- 100 mJ/cm^2 = 100 Watt x 1 Millisekunde pro cm^2.

Einen Eindruck zu den Abhängigkeiten diese Energiedichtewerte mit der optischen Leistung eines belichtenden Laser und der Belichtungszeit zeigt die folgende Überschlagsrechnung auf:

Ausgangspunkt der Rechnung sei ein 5 mW-Laser, der in einem Filmbelichter 25 m^2 Film pro Stunde belichtet. Der Laser könnte in dieser Stunde theoretisch die Energie 5 mW • 3600 s = 18.000 mJ abstrahlen. Sein Strahl würde dabei 25 m^2 Film überstreichen und fotochemisch so verändern, dass der Film bei der Entwicklung geschwärzt werden würde.

Die Energiedichte des eingestrahlten Lichts beträgt demnach

- 18.000 mJ : 25 m^2 = 720 mJ/m^2.

720 mJ : 10.000 cm^2 = 0,0720 mJ/cm^2 = 72 mJ/cm^2
Der optische Wirkungsgrad beträgt nur zwischen 10 % und 60 %, daher werden nur bis zu 43 mJ/cm^2 wirksam. Diese Energiedichte reicht größenmäßig nur für OPC´s und Silberhalogenidschichten. Bei Fotopolymeren u. a. Schichten reicht diese Leistung nicht aus. Kompensiert werden könnte dies durch eine Verringerung der zu belichtenden Fläche pro Zeit oder durch eine höhere Laserleistung.

Zu berücksichtigen ist auch die spektrale Empfindlichkeit der Lasertypen bezogen auf die jeweiligen Druckplattensysteme.

Konventionelle Druckplatten mit Diazobeschichtungen scheiden für die CtP-Technologie wegen der erforderlichen hohen Energiedichte und der spektralen Empfindlichkeitsbereiche im UV-Bereich aus.

Eine Druckplatte für CtP sollte folgende Anforderungen erfüllen:

- Belichtung mit Lasern bei niedriger Leistung
- hohe Druckqualität
- hohe Auflösung
- hohe Auflagenbeständigkeit
- keine speziellen Anforderungen im Druckprozess (Farb-/Wasser-Balance, übliche Druckfarben und Feuchtmittelzusätze)
- umweltverträgliche Druckformherstellung
- kostengünstig.

Die wichtigsten Druckplattensysteme sind derzeit:

- Silberhalogenidsystem
- Fotopolymersystem
- Hybridsystem,
- Thermosystem.

Silberhalogenidsystem

Bei Silberhalogeniddruckplatten ist die Silberschicht die später druckende Schicht, sie bildet also die Bildstellen.

Das System besteht aus einer Aluminium-Druckplatte mit einer positiv arbeitenden Silberhalogenidschicht, die im sichtbaren Spektralbereich empfindlich ist (Wellenlängenbereich: 488 nm blau, 532 nm grün, 670 nm rot). Die Lichtempfindlichkeit dieser Druckplatten ist mit fotografischen Filmmaterialien zu vergleichen. Für die Belichtung ist daher nur eine relativ geringe Energie erforderlich. Die sehr hohe Auflösung ermöglicht eine Belichtung mit feinen Bildelementen, z. B. FM-Raster.

Die erreichbare Auflagenhöhe (Standzeit) liegt bei ca. 200.000 Druck. Ein Einbrennen der Schicht zur Steigerung der Auflagenhöhe ist nicht möglich.

Nachteilig ist bei manueller oder halbautomatischer Verarbeitung, dass die Druckplatten unter Dunkelkammerbedingungen – entsprechend der spektralen Empfindlichkeit der lichtempfindlichen Schicht – verarbeitet werden muss. Bei automatisch arbeitenden Verarbeitungsstrecken, die lichtdicht angeschlossen sind, entfällt dieser Nachteil.

Nachteil in diesem Prozess ist die grundsätzlich bestehende Umweltbelastung durch die Verwendung von Silber. Dabei ist das Silber aus den Verarbeitungschemikalien (Fixierung) durch aufwendige Verfahren zurück zu gewinnen.

Druckplattentypen

Die Entscheidung für Positiv- oder Negativ-Platten liegt beim Anwender und seinen Forderungen

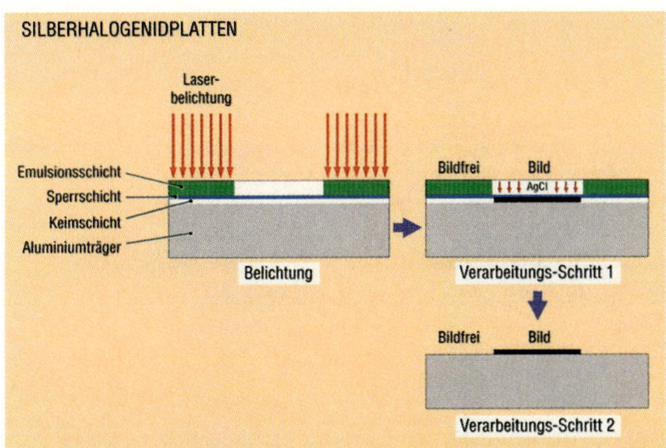

Silberhalogenidplatten erfordern vergleichsweise wenig Energie zur Belichtung

Fotopolymersystem

Für die Druckplatten wird Aluminium als Träger einer Fotopolymerschicht eingesetzt, die negativ arbeitet. Der Laser überträgt demnach seine Energie auf die Nichtbildstellen (nichtdruckende Bereiche).

Sowohl die Lichtempfindlichkeit als auch die Auflösung der Fotopolymerplatten sind im Vergleich zu Silberhalogenidplatten wesentlich geringer. Daher wird für die Belichtung ein Vielfaches an Energie benötigt. Bei der Belichtung müssen also leistungsstarke Laser eingesetzt werden.

Die erforderliche Energiedichte ist abhängig von der Wellenlänge des verwendeten blauen oder grünen Laserlichts.

Vorteile dieser Druckplatten sind die guten Druckeigenschaften und die hohe Auflagenbeständigkeit von ca. 500.000 Druck. Die Fotopolymerschicht kann bei einigen Druckplatten eingebrannt werden, um Auflagen bis zu einer Million Exemplare zu drucken.

Die Druckplatte ist für Aufträge mit sehr feinem Raster nur bedingt geeignet. Da die Lichtempfindlichkeit der Schicht im sichtbaren Wellenlängenbereich liegt, ist die Druckplatte nur bei einem entsprechenden Sicherheitslicht zu verarbeiten.

Nachteilig ist außerdem, dass sich das durch die Belichtung entstandene latente Bild nach ca. 15 bis 20 Minuten auflöst und die übertragenen Informationen somit verloren gehen. Dementsprechend sind kurze Belichtungszeiten nötig oder es sind kleinere Druckplattenformate zu belichten.

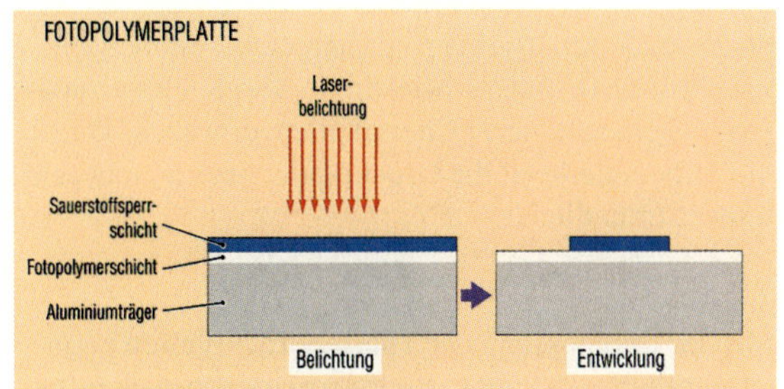

Fotopolymerplatten arbeiten negativ:
Der Laser bestreicht die bildfreien Stellen

Hybridsystem

Das Hybridsystem, auch Sandwich- oder Mehrschichtensystem genannt, besteht aus einer Kombination von konventioneller Diazo- bzw. Fotopolymerschicht und einer darüber liegenden Silberhalogenidschicht, die als Zwischenträger dient.

Die beiden lichtempfindlichen Schichten bestehen aus völlig unterschiedlich lichtempfindlichen Stoffen. Bei der Laserbelichtung erzeugt der Laser nur in der hochempfindlichen Silberschicht eine chemische Wirkung: Es entstehen in den Silberhalogenidkristallen unsichtbare Silberkeime.

Bei der nachfolgenden Entwicklung werden diese zu metallischem Silber reduziert. Durch die anschließende Fixierung werden alle unbelichteten Silberhalogenidkristalle ausgewaschen. Dadurch entsteht eine Silbermaske, die bei einer anschließenden Flutbelichtung (eine vollflächige Belichtung) mit UV-Strahlung die darunter liegende Kopierschicht vor Lichteinwirkung schützt. Nach der Belichtung wird die Maske chemisch abgelöst, die konventionelle

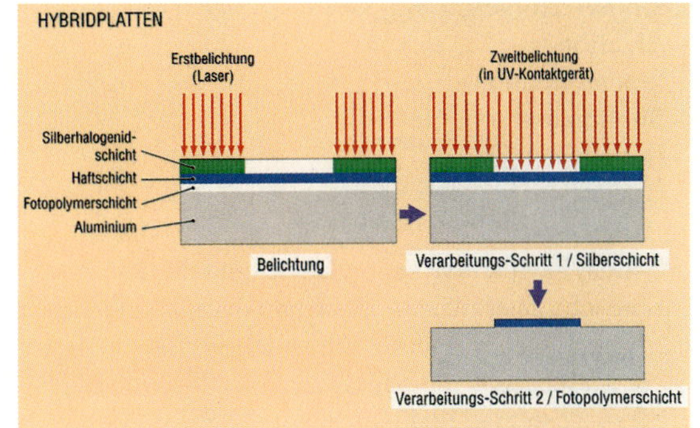

Die hybride Platte kann eine negative oder positive Charakteristik aufweisen

Kopierschicht entwickelt und druckfertig weiterverarbeitet.

Die Silberhalogenidschicht arbeitet immer negativ. Dagegen kann die konventionelle Kopierschicht (bei Diazoverbindungen) positiv oder negativ arbeiten.

Als Träger der lichtempfindlichen Schicht wird eine Aluminium-Druckplatte eingesetzt.

Der Vorteil dieses Systems liegt darin, dass sich die Druckplatte wie jede analog hergestellte Platte in der Druckmaschine verhält.

Nachteile der Druckplatte sind die relativ hohen Druckplattenkosten, eine aufwendigere Bebilderung durch zwei Belichtungen mit unterschiedlichen Entwicklungsprozessen sowie ein im Vergleich zu anderen Systemen höherer Chemikalienverbrauch. Durch die Silberanteile ist die Druckplatte zudem nicht sehr umweltfreundlich.

Thermosystem

Mit der Entwicklung der Thermodruckplatten konnten Probleme, die auf CtP-Druckplatten zurückzuführen waren, gelöst werden. Das System bietet einige Vorteile gegenüber anderen Druckplattentypen:
- Tageslicht-Verarbeitung
- binäre Reaktion in der Informationsübertragung
- sehr hohe Randschärfe
- hohe Auflösung
- normale Verarbeitung, einfaches Handling
- problemloser Druck.

Thermodruckplatten reagieren wärmeempfindlich, sie sind auf bestimmte Wellenlängen im IR-Bereich eingestellt. Daher können sie im allgemeinen unter Tageslicht verarbeitet werden.

An der Entwicklung und weiteren Verbesserung thermisch zu bebildernder Druckplatten arbeiten derzeit alle Druckplattenhersteller. Ein angestrebtes und teilweise bereits verwirklichtes Ziel ist es, den bei anderen Druckplattensystemen erforderlichen Prozess des chemische Entwickelns auszuschalten und so eine sogenannte prozesslose Druckplatte auf den Markt zu bringen.

Die Bebilderung erfolgt mit einer infraroten thermischen Strahlung durch ND:YAG-Laser (1064 nm) oder Infrarot-Laserdioden (830 nm).

Die thermische Bebilderung der Druckplatte kann durch unterschiedliche chemisch-physikalische Reaktionen erfolgen, z. B.:
- Ablation
- Transformation
- Sublimation
- Denaturierung
- Diffusion.

Unterschiedlich bei diesen Verfahren ist hauptsächlich, in welchen Aggregatszustand der durch thermische Energie getroffene und dadurch erwärmte Stoff übergeht. Grundsätzlich wird
- bei der Ablation der belichtete Oberflächenbereich herausgesprengt und hinterlässt die Bildstellen,
- bei der Transformation der belichtete Oberflächenbereich vorübergehend flüssig,
- bei der Sublimationder belichtete Oberflächenbereich vorübergehend gasförmig,
- bei der Denaturierung der belichtete Oberflächenbereich von einer losen in eine feste Verbindung überführt und
- bei der Diffusion in dem belichteten Oberflächenbereich vorübergehend eine Teilchenbewegung in dem Festkörper möglich.

Thermisch zu bebildernde Druckplatten reagieren nur auf Infrarot-Strahlung. In einer kurzen Zeit muss dabei eine notwendige Stärke erreicht werden, die eine bestimmte (Mindest-)Temperatur in der Schicht erzeugt. Nur durch diese Temperatur ist ein Schwellwert zu erreichen, bei dem eine Schichtreaktion stattfindet. Die Schicht der Thermoplatten ergibt durch eine ultrasteile Gradation absolut randscharfe Druckelemente (Rasterpunkte, Linien u. a.) ohne geringste Unschärfen in den Randzonen.

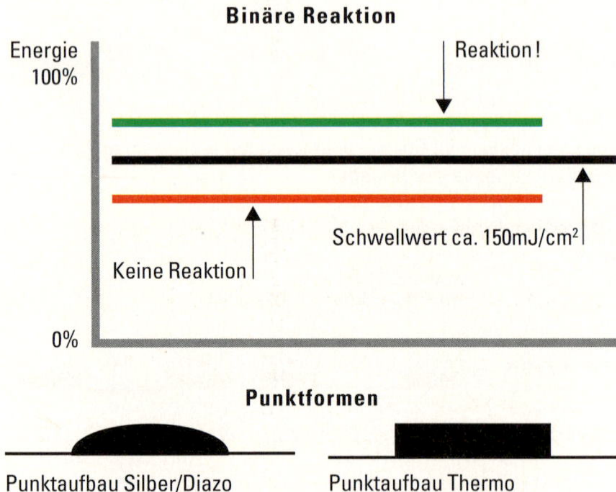

Die Qualität der Bebilderung wird demnach wie ein binärer Prozess verstanden, der beim Erreichen der optimalen Informationsübertragung keinerlei Änderungen im Tonwert zeigt.

Reaktionen bei der Belichtung sind exemplarisch:
- Temperatur-Schwellwert nicht erreicht = kein Rasterpunkt
- Temperatur-Schwellwert erreicht = exakt wiedergegebener Rasterpunkt
- Temperatur-Schwellwert überschritten = exakt wiedergegebener Rasterpunkt ohne Änderung.

Die Druckplattenschicht kann negativ oder positiv arbeiten, dementsprechend erfolgt die Belichtung.

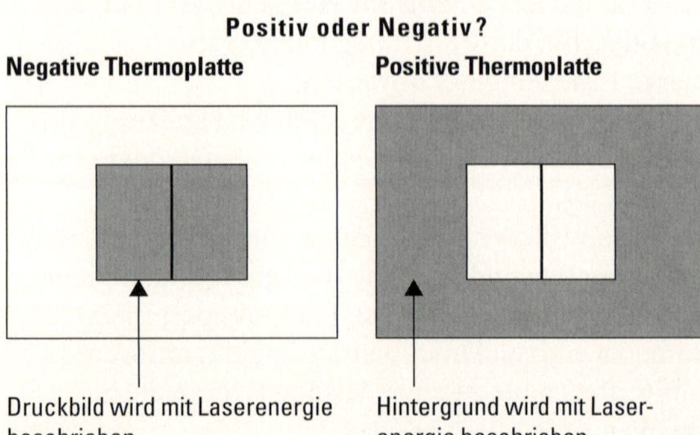

Die thermische Bebilderung ergibt bei sehr hoher Auflösung eine optimale, stabile Informationsübertragung auf die Druckplatte. Feinste Raster können in einem Dichteumfang von 1 % bis 99 % wiedergeben werden.

Ein geschlossenes CtP-System ist nicht erforderlich, da die Druckplatten problemlos bei Tageslicht verarbeitet werden können. Infrarote Anteile des Tageslichts oder anderer schwacher Strahlungsquellen haben keinen Einfluss auf die Bebilderung.

9.6.2 Strahlungsquellen

Das Wort Laser ist eine Abkürzung für Light Amplification by Stimulated Emission of Radiation, d. h. Lichtverstärkung durch angeregte Strahlenemission. Normales Licht besteht aus einer Vielzahl verschiedener Wellenlängen, das Laserlicht dagegen aus einer einzigen, kohärenten Wellenlänge. Das heißt: Laser emittieren (strahlen) ein monochromatisches, scharf gebündeltes (Punkt-)Licht in sehr hoher Intensität ab.

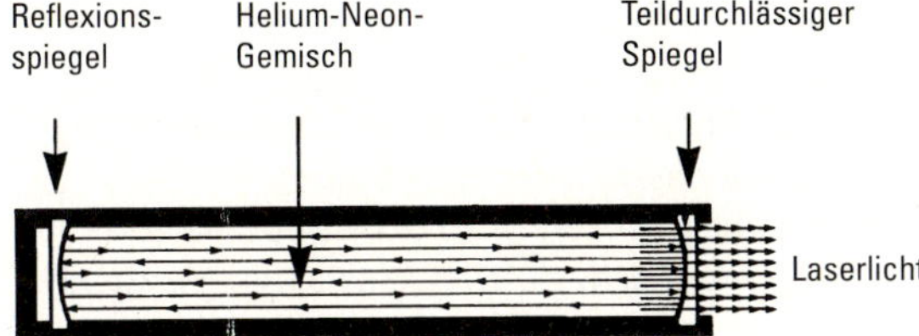

Diese Strahlung kann in Edelgasen, Festkörper- oder Halbleiterkristallen erzeugt werden. Der jeweils optisch wirksame Stoff, ein Gasgemisch, bezeichnet den Lasertyp. Dieser Typ ist maßgeblich für den abgestrahlten Wellenbereich und die optische Leistung.

Die Elektronen in dem Laser sind durch Strom anzuregen, der einen Elektronenüberschuss verursacht. Diese überschüssigen Elektronen reagieren mit den Elektronen des Gasgemisches. Spiegel reflektieren die auftreffenden Elektronen in einer sich immer mehr steigernder Kettenreaktion. Durch die Reflexion an zwei parallelen Spiegeln wird ein parallel gerichtetes Lichtbündel in einer bestimmten Wellenlänge erzeugt. Diese ist abhängig von der verwendeten Gasfüllung.

Jeder Laser besitzt typische Eigenschaften:
- Kohärenz
- Kollimation
- Monochromasie

Kohärenz

Jede ausgesendete Welle schwingt zeitlich und räumlich im gleichen Takt.

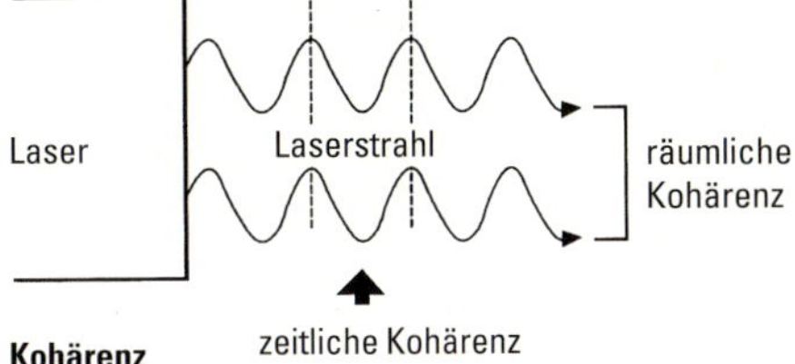

Kohärenz

Kollimation

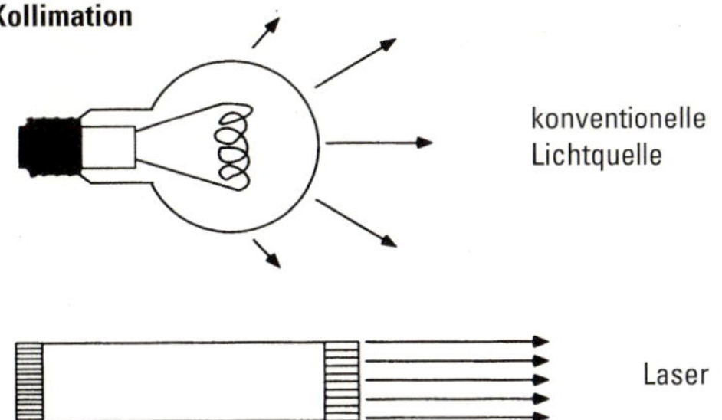

Kollimation

Laserstrahlen sind im Vergleich zu einer konventionellen Lichtquelle, die diffuses Licht abstrahlt, absolut parallel gerichtet.

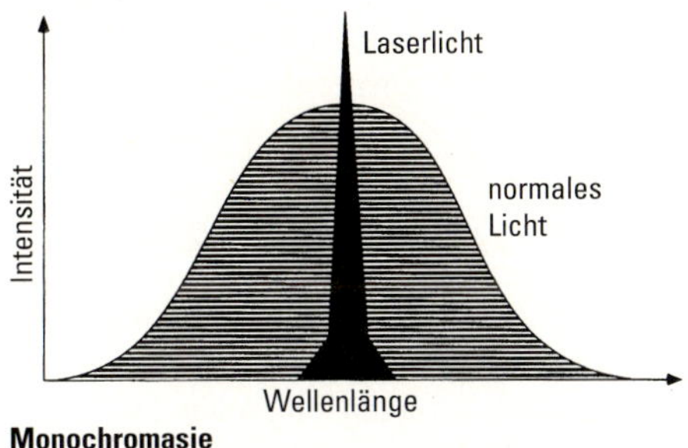

Monochromasie

Monochromasie

Laserlicht strahlt im Gegensatz zu konventionellen Lichtquelle nur in einer Wellenlänge (= monochrom). Dies hat den großen Vorteil, dass die gesamte Energie in diesem Lichtstrahl gebündelt ist.

Laser strahlen ihre Energie entweder im sichtbaren Bereich (Blau, Grün, Rot) oder unsichtbaren Bereich (Infrarot) ab. Gemessen wird die Wellenlänge des abgestrahlten Lichts in Nanometer (1 nm = 10^{-9} m = 1 Milliardstel Meter); je niedriger die Zahl ist, desto kürzer ist die Wellenlänge.

Elektromagnetischer Strahlungsbereich

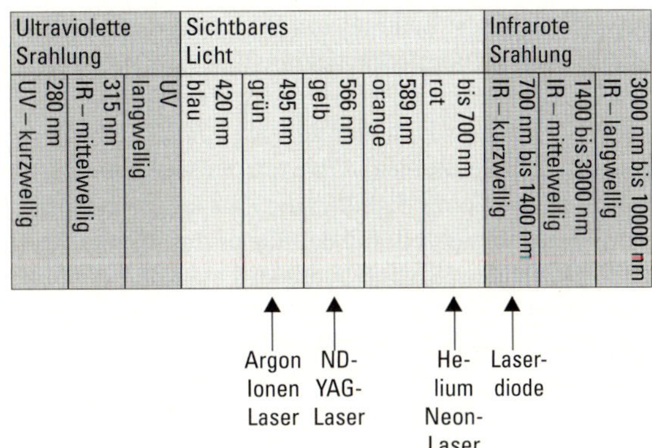

Je nach spektraler Empfindlichkeit sind Druckplatten unterschiedlich zu verarbeiten:
- im kurzwelligen Ultraviolettbereich bis zu 400 nm bei Tageslicht,
- im Bereich des sichtbaren Lichts von ca. 400 bis 700 nm bei Sicherheitslicht und
- im langwelligen Infrarotbereich bei Tageslicht.

Die Bebilderung verschiedener Druckplattensysteme erfordert Lasertypen in unterschiedlichen Bauarten, abgestrahlten Wellenlängen und Leistungen. Wichtige bei CTP-Systemen eingesetzte Lasertypen, ihre Wellenlänge, Farbe bzw. Strahlungsart und ihr optischer Leistungsbereich sind in der folgenden Tabelle aufgeführt.

Lasertyp	Wellenlänge	Farbe, Strahlung	Leistungsbereich
Violette Laserdiode	410	violett	5 mW
Argon-Ionen Laser	488	blau	5 - 75 mW
FD Nd: YAG-Laser	532	grün	10 - 400 mW
Helium-Neon-Laser	543	grün	max. 25 mW
Rote Laserdiode	670	rot	2 -10 mW
IR-Laserdiode	830	infrarot	ca. 10 W
Nd: YAG-Laser	1064	infrarot	bis 12 W

Gaslaser (Argon-Ionen- und Helium-Neon-Laser) und auch Infrarot- und Rotdioden werden nur noch selten in CtP-Belichtersystemen eingebaut. Helium-Neon-Laser und Rotdioden sind aber noch in CtF-Systemen als Lichtquellen im Einsatz.

Zunehmend werden kleinere und energiestarke Festkörperlaser und vor allem Laserdioden eingesetzt.

Der Nd:YAG-Laser (Neodym Yttrium-Aluminium-Granat) emittiert Strahlung im Infrarot-Bereich bei 1064 nm. Durch Verdoppelung (Abk.: FD) der Frequenz ist diese Strahlung in den Grünbereich (532 nm) und durch eine Frequenzverdreifachung in den UV-Bereich zu transformieren. Der frequenzverdoppelte Laser mit 532 nm hat die Bezeichnung FD Nd:YAG, er ist kurzwelliger und hat doppelt so viele Wellenberge wie der Nd: YAG-Laser mit 1064 nm.

FD Nd:YAG-Laser sind derzeit überwiegend für CtP im sichtbaren Bereich eingesetzt. Der Laser ist sowohl für die Belichtung von Silberhalogenid- als auch Fotopolymerplatten geeignet.

Für die thermische Bebilderung wird der Nd:YAG-Laser trotz hoher Schärfe bei der Bebilderung seine Bedeutung zu Gunsten der violetten Laserdioden verlieren. Je höher die Ausgangsleistung sein muss – bedingt durch den Laser mit seinem Ablenksystem, dem Spinner, und der Druckplatte sowie dem damit verbundenen Energieverlust – umso höher sind die Kosten des Lasers und umso kürzer ist seine Lebensdauer.

Die verschiedenen Laserdioden emittieren violettes, rotes oder infrarotes Licht, sie sind preiswerter als Gas- oder Festkörperlaser und haben eine längere Lebensdauer. Als eine Technologie der Zukunft gelten violette Laserdioden:
- die verwendeten Druckplatten können unter normalem gelben Schutzlicht verarbeitet werden
- der Laser ist billiger und langlebiger
- der Laser ist sehr kompakt und benötigt keine besondere Kühlung.

Dieser Laser benötigt als Voraussetzung geeignete Druckplatten auf Silberbasis, damit verbunden ist die erforderliche Chemie.

Seine Vorteile zeigen sich besonders beim Einsatz in *Flachbett- und Innentrommelbelichtern:*
- die Druckplatte ruht bei der Bebilderung
- nur eine Diode mit hoher Präzision zur Aufzeichnung notwendig
- lange Lebensdauer, wartungsfrei
- einfache Strahlfokussierung, nur ein Datenkanal
- kurze Bebilderungszeit (ca. zwei Minuten für ein 8-seitiges Druckformat).

Bei *Außentrommelsystem* wird dagegen die Bebilderung mit Infrarotdioden im Vorteil sein:
- mehrfachstrahliges Bebildern bei geringer Trommelrotation
- Dioden können ohne aufwendiges optische System direkt über der Druckplatte positioniert werden
- lange Lebensdauer der einzelnen, wartungsfreien Dioden, kostengünstiger Austausch möglich
- Arbeiten bei Tageslicht
- großes Angebot an geeigneten Druckplatten – Auflagenhöhe über 1 Millionen Druck durch Einbrennen der bebilderten Druckplatte
- Verarbeitungsprozess wie bei konventionellen Druckplatten, d. h. gleiches Entwicklungssystem
- für prozesslose Druckplatten geeignet
- gleiche Technologie wie bei Computer-to-Press.

Entscheidend für die Wahl des Lasers ist ein prozesssicherer und wirtschaftlich einsetzbarer Druckplattentyp am Markt und der benötigte Durchsatz an zu bebildernden Druckplatten pro Stunde.

Für eine exakte, punktgenaue Übertragung der Informationen steht nur eine extrem geringe Bebilderungszeit zur Verfügung. Diese ist abhängig von der Empfindlichkeit der Druckplatte und der Lichtstärke des Lasers.

Die Leistungsfähigkeit eines Belichtersystems in bebilderten Druckplatten pro Stunde ist demnach anhängig von
- der Empfindlichkeit der Druckplatte
- der Stärke des Lasers
- einer schnelle Rotations des Spinners bei Innentrommelsystemen oder der Rotationsgeschwindigkeit der Trommel bei Außentrommelsystemen.

9.6.3 Belichter-Technologien

Der Aufbau und die Systemtechnik der Belichter werden durch Leistungsanforderungen wie Auflösung, Leistung in der Belichtung, zu bebilderndes Format und Automatisierung bestimmt.

Prinzipiell werden die Systeme nach der Form des Belichterbettes eingeteilt:
- Flachbettsystem
- Innentrommelsystem
- Außentrommelsystem.

Die System unterscheiden sich dadurch wesentlich im Handling der Druckplatten, in den Strahlengängen und den damit einsetzbaren Lasertypen. Dazu folgt eine prinzipielle Charakterisierung der Belichtersysteme.

Flachbettsystem

In einem Flachbettsystem liegt die Druckplatte auf einer Ebene. Bei den meisten Systemen wird die Druckplatte zur Belichtung waagerecht unter einem stationären Belichterkopf mit einer einzelnen Laserlichtquelle bewegt.

Der Strahl des Lasers wird beispielsweise durch einen sechseitigen Polygonspiegel so abgelenkt, dass er die Bildinformationen zeilenweise auf die Druckplatte scant (überträgt). Während dessen wird die Druckplatte gleichmäßig und präzise weitertransportiert. Jede Spiegelfläche erzeugt eine Scanlinie. Bei einer vollen Spiegelumdrehung werden also bei einem sechsseitigen Spiegel sechs Scanlinien belichtet. Ein geometrisches Problem entsteht durch die Steuerung des Lasers über die Plattenbreite: Der Laser erzeugt nur bei senkrechtem Auftreffen einen optimalen runden Belichterpunkt. Je schräger der Strahl auftrifft, desto mehr verzerrt sich der Strahl ellipsenförmig. Dieser physikalische Effekt muss durch ein optisches System kompensiert werden.

Durch unterschiedlich lange Lichtwege bei einer konstanten Drehbewegung (Winkelgeschwindigkeit) vom Laser zur Druckplatte ist die Bebilderungsgeschwindigkeit zu den Rändern der Druckplatte größer als bei senkrechtem Auftreffen. Damit verändert sich die Einwirkzeit der Laserenergie auf die Druckplatte. Zum Ausgleich werden z. B. Kompensationsfilter in den Strahlengang eingesetzt.

Vorteile
- problemloses Bebildern von Druckplatten in verschiedenen Stärken
- einfaches Plattenhandling bei manuellem und automatischen Be- und Entladen.

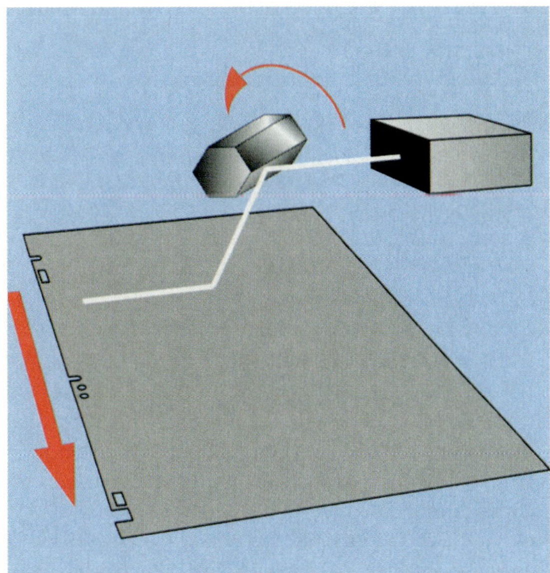

Flachbettsystem

Nachteile
- aufwendige, teure Kompensation der geometrischen Probleme
- verringerte Qualität in der Auflösung
- nur für kleinere Druckplattengrößen (Plattenbreite) geeignet

Innentrommelsystem

Bei diesem System steht die Innentrommel fest, die Druckplatte wird in dieser Trommel mit Vakuum positioniert und bewegt sich bei der Bebilderung nicht. Belichtet wird mit einem einzelnen ortsfesten Laser und einem rotierenden Ablenkspiegel (Spinner), der sich linear längs der Trommelachse bewegt. Dieser Spiegel lenkt den Laserstrahl auf den Trommelmantel ab; jede Umdrehung zeichnet so eine Scanlinie auf. Durch die kontinuierliche Bewegung des Spiegel baut sich mit jeder neuen Scanzeile das Gesamtbild auf der Druckplatte auf.

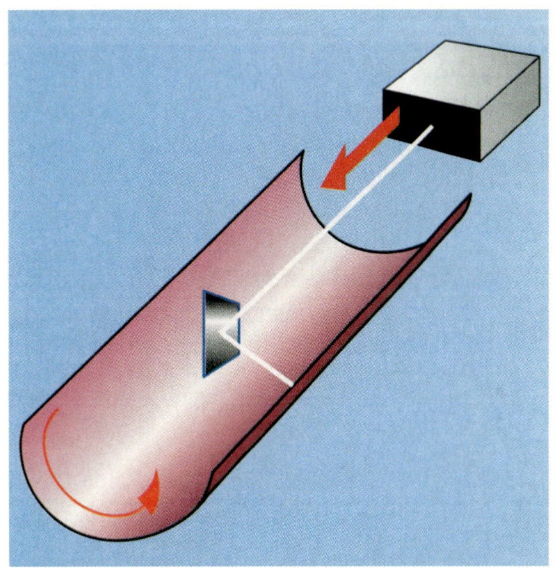

Innentrommelsystem

Eine technisch interessante Ausnahme zu der Bebilderung mit einem einzelnen Laserstrahl liefert das System XPose! der Firma Lüscher. Lüscher setzt für das Bebildern eine Dioden-Trommel ohne Optiken mit 64 Laserdioden (830 nm, Leistung1 W) ein und erreicht so eine effektive Leistung.

Der Hohlzylinder des Innentrommelsystems besteht allgemein aus einem halben, teilweise auch aus einem geviertelten Hohlzylindersektor. Das maximale Druckplattenformat entspricht der vorhandenen Innenfläche der Trommel.

Der einzelne Laserstrahl des Belichterkopfes wird in Richtung der Zylinderachse auf den einflächigen Drehspiegel gelenkt, der ihn radial auf die Innentrommel ablenkt. Dabei muss der Ablenkspiegel, angetrieben durch einen Spinnermotor, in der Mitte auf einer Schiene läuft, zwei Bewegungen ausführen:
- gleichmäßige Fortbewegung längs der Zylinderachse
- sehr schnelle Rotation um die Zylinderachse als Drehachse.

Galileo Thermal S

Mehrstufige Automatisierung mit PlateStream

1. Eine Druckplatte befindet sich im PlateManager. Sie wird aus der Kassette aufgenommen und das Zwischenblatt entfernt.
2. Eine zweite Druckplatte wird vom PlateApplicator zur Trommel transportiert, exakt ausgerichtet, auf die Trommeloberfläche gedrückt und vom Vacuumsystem fixiert. Danach erfolgt die Belichtung.
3. Eine dritte Druckplatte wird durch den OnlineProcessor transportiert und im Aufnahmekorb abgelegt.

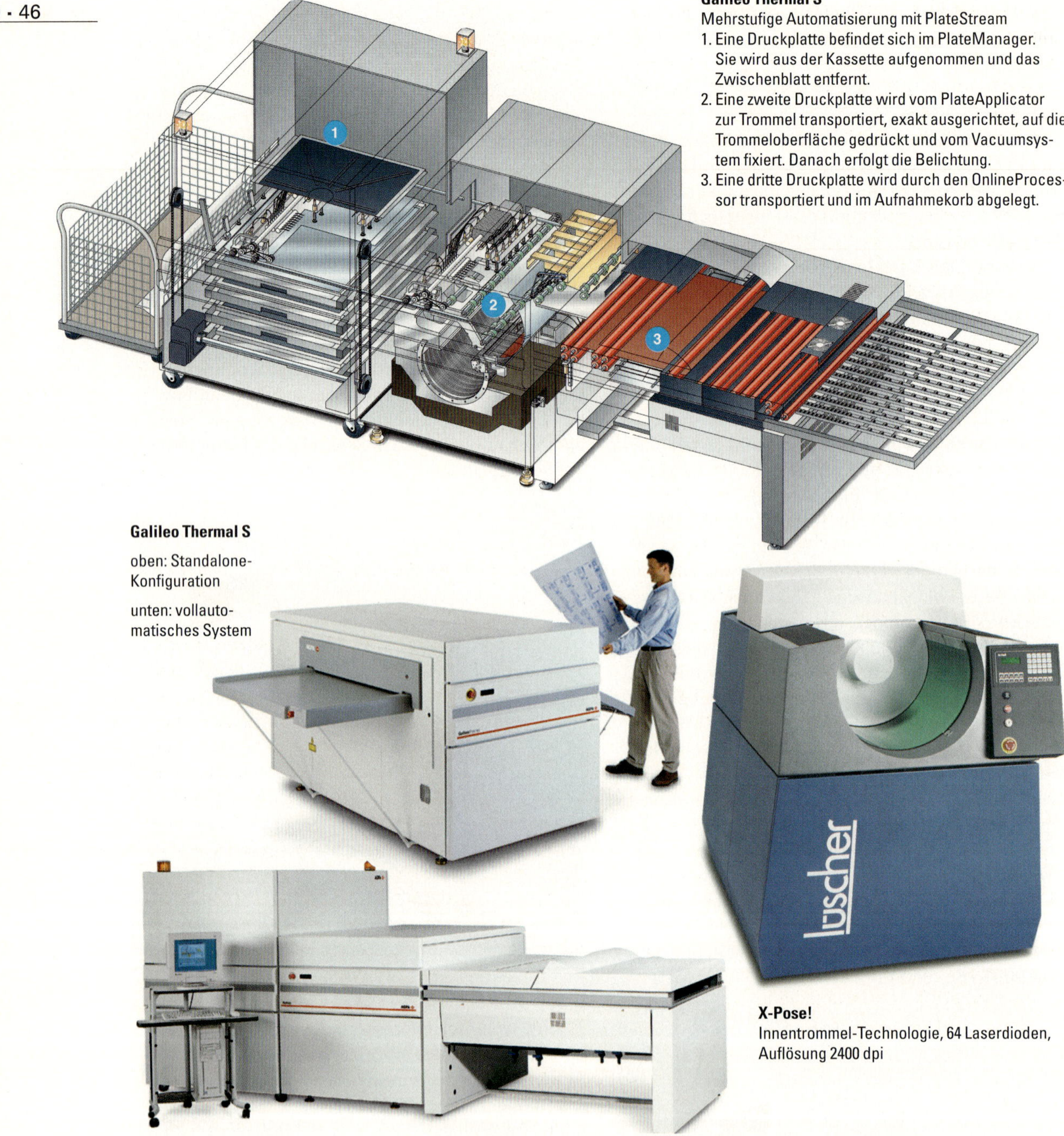

Galileo Thermal S

oben: Standalone-Konfiguration

unten: vollautomatisches System

X-Pose!

Innentrommel-Technologie, 64 Laserdioden, Auflösung 2400 dpi

Je nach Laser und der zu bebildernden Druckplatte rotieren Spinner mit sehr hohen Umdrehungen pro Minute, z. B.:

- beim Einsatz einer Violettdiode und Silberhalogenidplatten rotiert der Spinner in Agfa-Systemen Galileo VS und VXT mit 37500 bzw. 55 000 Umdrehungen pro Minute
- beim Einsatz der wesentlich geringer empfindlichen Thermaldruckplatte werden z. B. im Agfa Galileo Thermal und Thermal S bei Einsatz eines Nd:YAG-Lasers (Thermo-Laserdiode, 15 Watt, mit einer Wellenlänge von 1064 nm) Spinnerrotationen von 16000 bzw. 24000 Umdrehungen pro Minute erreicht.

Vorteile

- kompakte Bauweise
- Eignung für das Belichten großer Druckformate
- hohe Bebilderungsqualität
- für alle Lichtquellen geeignet
- Einsatz einer Registerstanzung im Trommelinnern.

Nachteile

- durch den kleineren Trommelinnenumfangs und bei kleinformatigeren Druckplatten trifft der Laserstrahl nur zu einem geringen Teil seiner Umlaufdauer auf das zu belichtende Material, daher sind zur wirtschaftlichen Nutzung sehr hohe Drehzahlen des Spinners erforderlich

- hohe Drehzahlen bewirken eine Saugwirkung für Staub
- kleinste Winkelungenauigkeit des Strahlenweges bzw. Schwingungen im Trommelbett machen sich bei dem langen Strahlenweg des Lasers in der Informationsübertragung bemerkbar.

Außentrommelsystem

Bei diesem System wird die Druckplatte außen auf einen Zylinder gespannt und durch Vakuum und zusätzliche mechanische Hilfen wie Klammern, Greifer gehalten und befestigt. Während sich die Trommel dreht, fährt der Belichtungskopf parallel zur Zylinderachse in geringer Entfernung darüber und belichtet die Druckplatte. Pro Umdrehung entsteht so eine Scanzeile.

Je nach System rotiert die Trommel nur mit max. 1000 Umdrehungen pro Minute.

Um diese geringe Geschwindigkeit auszugleichen, wird nicht nur mit einer einzelnen, sondern z. B. mit einer Vielzahl von Infrarot-Laserdioden belichtet. Eine andere Möglichkeit ist das Aufsplitten des Laserstrahls durch halbdurchlässige Spiegel in eine große Zahl von Teilstrahlen, die unabhängig voneinander in ihrer Intensität zu modulieren sind.

Vorteile
- eine sehr deutliche Verkürzung der erforderlichen Belichtungszeit durch das Verwenden mehrerer gleichzeitig parallel belichtender Laserstrahlen bei langsam laufender Trommel
- hohe Bebilderungsqualität.

Nachteile
- der Einsatz mehrerer Lichtstrahlen erfordert eine sehr genaue Kalibrierung jeder einzelnen Lichtquelle, um eine Streifenbildung im Druckbild zu vermeiden
- die Trommel muss optimal ausgewuchtet sein, um Schwingungen bei unterschiedlichen Druckplattengrößen und -stärken auszuschalten

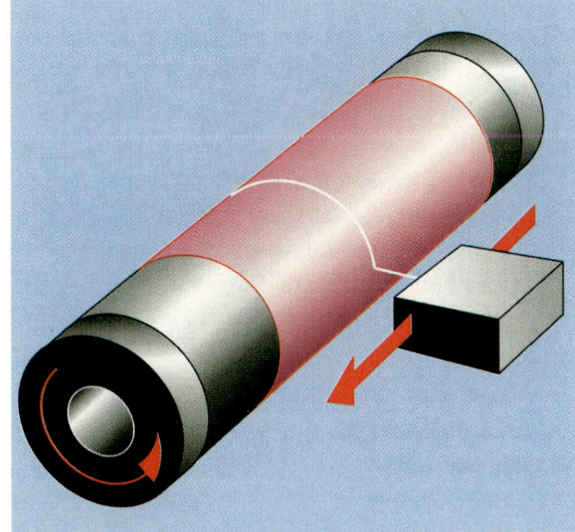

Außentrommelsystem

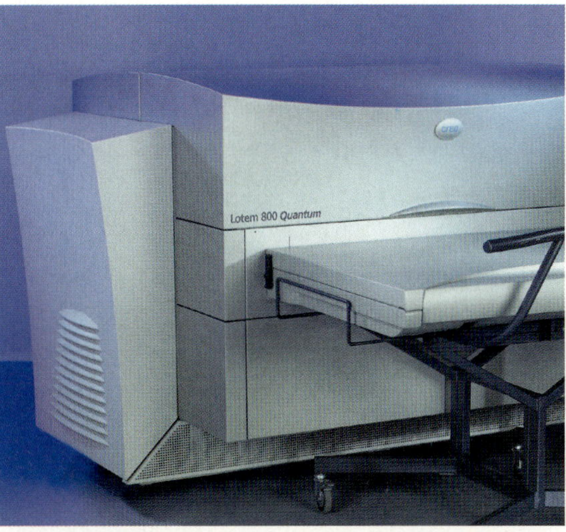

CREO Lotem 800 Quantum
Technologie: 830 nm Laser-Thermobebilderung für IR-empfindliche Aluminium-Thermodruckplatte, Außentrommel-Belichter, Auflösung bis 2540 dpi, Leistung bis 25 Druckplatten/Stunde.

- bei hohen Drehbewegungen besteht die Gefahr, dass sich die Druckplatte von der Außentrommel ablösen kann.

9.6.4 Datenausgabe zur Bebilderung in der Druckmaschine: Computer-to-Press

Die Ausgabe zu CtP-Druckplatten – außerhalb der Druckmaschine bebildert – wurde bereits in vorhergehenden Abschnitten dieses Kapitels beschrieben.

Werden die Druckformen dagegen innerhalb der Druckmaschine direkt bebildert, bezeichnet man dieses Verfahren Computer-to-Press (Ct-Press). Welche Technologie zur Bebilderung eingesetzt wird, ist dabei prinzipiell unerheblich.

Beispiele dazu sind die Quickmaster- und Speedmaster DI (DI ist die Abkürzung für Direct Imaging) von Heidelberg, die 74 Karat von KBA und Dicoweb von MAN Roland. Im Gegensatz zu allen sonstigen Systemen verwendet die Dicoweb (Dico = Abk. für Digital Chance Over) keine permanente Druckform sondern eine statische Druckform auf einem löschbaren, wiederbeschreibbaren Druckformzylinder.

Im Prinzip entspricht der Vorgang der Bebilderung dem Außentrommelsystem. Bei der Quickmaster DI, Druckformat DIN A3 +, wird eine Druckform für den wasserlosen Offsetdruck eingesetzt.

Die Druckplatte mit zwei Seiten DIN A4 ist – mit der Längsseite des Bogens in Druckrichtung – unter Tageslicht thermisch im Laser-Ablationsverfahren prozessfrei zu bebildern. Dies dauert einschließlich der Reinigung ca. 10 Minuten.

Am Druckplattenzylinder ist eine Reinigungseinrichtung installiert, die mit einer Flüssigkeit die bei der thermischen Ablationsbebilderung entstehenden feinen Materialpartikel entfernt.

Das Druckplattenmaterial wird im Druckformzylinderkanal auf einer Rolle gespeichert. Die Kapazität auf dieser Rolle ist für 35 Druckaufträge ausreichend. Nach dem Druck wird die als Druckform

Proof-System Tintenstrahldrucker

benutzte Fläche automatisch aufgerollt und gleichzeitig eine neue Fläche aufgezogen.

Die Kassette mit den gebrauchten Druckplatten wird durch eine neue Kassette ersetzt, das verwendete Material ist zu recyclen.

Größere Druckformate als DIN A3 erfordern eine aufwendigere Bebilderungseinheit oder eine höhere Zeit für die Belichtung. Zudem wird eine teure Bebilderungseinheit nur für eine relativ kurze Zeit nur an dieser einen Druckmaschine benötigt. Ein weiter zu beachtender Gesichtspunkt sind die im Vergleich zu konventionellen Druckplatten höheren Kosten wasserlos arbeitender Druckplatten.

Zu beachten ist demnach die Wirtschaftlichkeit der mit Computer-to-Press arbeitenden Druckmaschinen.

Die Speedmaster DI ermöglicht den Druck mit wasserlosen wie auch konventionellen Druckformen. Die Druckmaschine ist so konstruiert, dass das für den konventionellen Offsetdruck (Feuchten, Einfärben) erforderliche Feuchtwerk den erforderlichen Platz neben der Bebilderungseinheit besitzt.

Zur Bebilderung im Außentrommelsystem wird ein Laserkopf mit ca. 220 Strahlen eingesetzt. Für das Bebildern und Reinigen werden ca. 12 Minuten benötigt.

9.7 Kontrolle der Offsetdruckform

Im digitalen Workflow treten Fehlstellen wie bei der analogen Druckformherstellung (Schmutz, Filmkanten, Hohlkopien u. ä.) nicht auf. Der Prozess stellt aber eine Forderung mit zentraler Bedeutung: Eine absolute Voraussetzung zur wirtschaftlichen Bebilderung der Druckformen im Computer-to-Plate- wie im Computer-to-Press-System ist die Datenkontrolle vor dem Prozess.

Jeder Fehler, der erst an der fertigen Druckform erkannt wird, hat in der Regel die Fertigung einer neuen Druckform zur Folge und verursacht Stillstandszeiten, Materialverlust und damit erhebliche Kosten. Dies hat zur Folge, dass dem digitalen Proofen der Seiten- bzw. Ganzformdaten vor der Bebilderung eine zentrale Bedeutung zufällt.

Ideal ist ein Proofsystem für die Endkontrolle, wenn das Ergebnis des Druckprodukts durch dieses Verfahren in der
- Farbverbindlichkeit
- Detailwiedergabe
- Rasterwirkung
- Überfüllung

und in seinem visuellen Eindruck, der sogenannten Gesamtanmutung, vorweg genommen werden kann und das Proofsystem zudem noch wirtschaftlich arbeitet.

Proofing-Systeme im digitalen Workflow

- Reproduktion
  - Color-Proof: Farbverbindlicher Proof für die interne Qualitätskontrolle mit Tintenstrahl- oder Thermosublimations-Proofer
- Layout
  - Layout-Proof: Farbiger, nicht farbverbindlicher Proof in der Kreativphase auf preiswerten Großplottern als Tintenstrahl-Proofer
- Seitenmontage
  - Color-Proof: Farbverbindliche Vorlage der Seiten mit allen Farbbildern, Grafiken und Texten im Seiten- oder vollen Druckformat für den Kunden („Gut zum Druck") und den Druck mit Tintenstrahl-, Thermosublimations-oder Laser-Proof (ohne Rasterung) bzw. Thermotransfer-Proof (Ablation, mit prozessgerechte Rasterung).
- Bogenmontage
  - „Digitale Blaupause": Einfarbige Wiedergabe aller Seitenelemente zur Prüfung von Inhalt, Stand und Vollständigkeit, hergestellt auf preiswerten Tintenstrahl-Proofern als letzte Kontrolle vor der Druckplattenbebilderung.

Für eine gute Qualität ist eine Standardisierung des gesamten Verarbeitungsprozesses zur Belichtung unbedingt erforderlich.

Kontrollmittel für die Kalibrierung des Belichters und den digitalen Prozess des Bebildern bietet u. a. die FOGRA an (vgl. ProzessStandard Offsetdruck, BVDM 2001). Analog zu den filmbasierten Kontrollmitteln werden verschiedene digitale Kontrollstreifen zur Kontrolle und Steuerung der Bebilderung und der Entwicklung sowie der gesamten Produktionssteuerung bzw. -regelung im Druck angeboten.

10. Druckverfahren

system technik

10. Druckverfahren

Das Übertragen von Informationen durch Drucken basierte früher vielfach auf empirischen Versuchen von Bastlern und Tüftlern, die eine Idee realisieren oder neue technische oder kostengünstigere Wege zu einer Vervielfältigung finden wollten.

Natur- und später ingenieurwissenschaftliche Kenntnisse führten letztlich zu verschiedenen Druckverfahren, deren moderne Entwicklungen heute besonders durch die Daten- und Informationstechniken wesentlich geprägt werden.

Zusammen mit Entwicklungen im Handwerk und in der Technik entwickelt sich von jeher eine dazugehörende Fachsprache. Immer komplexere industrielle Fertigungsverfahren und in den letzten Jahrzehnten vor allem der technologische Umbruch in der Druckvorstufe und die Verschmelzung mit der Elektronik, der Computertechnik und anderen Kommunikationstechniken führte zu einer Begriffsflut in bisher nicht gekanntem Ausmaß.

Insbesondere sind es neue englische Wortschöpfungen und Begriffe oder deren Abkürzungen, die zudem firmenspezifisch unterschiedlich definiert und verstanden werden oder sogar nur eine „Tagesgeltung" haben. Dies führt über Missdeutung und Missverständnis zu Unverständnis.

Es wird immer deutlicher, „dass eine Klarheit und Präzision bei der Präsentation von technischen Informationen eine neue Grundlage für eine echte Verständigung zwischen Technikern, Wissenschaftlern, Studenten, Lehrern, Mitarbeitern, Auszubildenden und Anwendern ist" (nach: Rolf Agte †, Der richtige Fachbegriff in der Druckindustrie, Frankfurt am Main).

Ebenso wird deutlicher, das nur eine ganzheitliche Betrachtung des Unternehmens und seiner Teilbereiche – sowohl technisch und auch betriebswirtschaftlich betrachtet – einen Erfolg am Markt bringt.

Einen grundsätzlichen Beitrag hierzu liefert die Kybernetik, auf die hier nur kurz eingegangen wird.

Die *Kybernetik* erforscht wissenschaftlich die Beziehungen zwischen Strukturen, Funktionen und Verhalten von dynamischen Systemen in verschiedenen Bereichen, z.B. bei mathematisch-technischen, biologischen und soziologischen Vorgängen. Auch für viele technische Abläufe in der gesamten Medien- und Drucktechnik erweist es sich als sehr sinnvoll, Vorgänge im Produktionsprozess als ein mehr oder weniger komplexes System vor einer Beurteilung und Entscheidung (z.B. technisch, ökologisch, ökonomisch, personell) exakt zu analysieren.

Unter dem Begriff *System* versteht man allgemein eine Gliederung, einen Aufbau, ein Ordnungsprinzip oder eine abgegrenzte Anordnung.

Die Kybernetik definiert als System sinngemäß: „Alle möglichen Beziehungen zwischen Strukturen, Funktionen, Verhalten."

Ein *technisches System* ist demnach die Gesamtheit von Elementen einer Einheit, die in struktureller und funktioneller Weise miteinander verbunden sind. Mit dem Systembegriff lassen sich auch komplexe technische Systeme modellhaft beschreiben und in Strukturen bzw. geeigneten Regelkreisen organisieren.

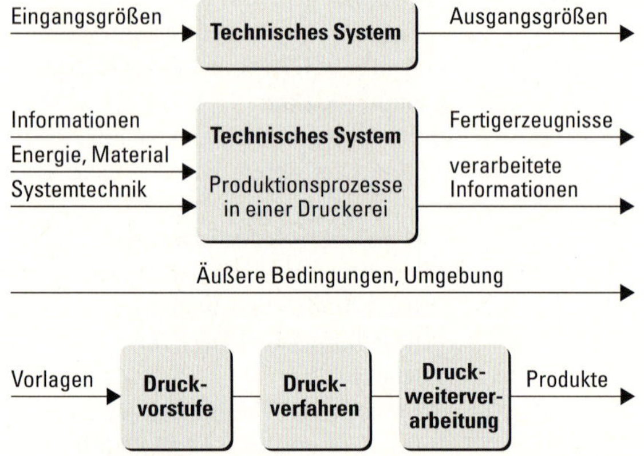

In der Kybernetik bezeichnet der Begriff *Struktur* die Gesamtheit der verbindenden Beziehungen aller Elemente eines Systems.

Eine Abgrenzung eines Systems ist grundsätzlich offen und deshalb zu definieren.

Jedes System ist, unabhängig von seiner möglichen Abgrenzung, wiederum ein Teil eines noch größeren Systems (Makrosystem). Ebenso ist dieses selbst wiederum in kleinere Teilsysteme (Mikrosysteme) zu untergliedern.

Dazu ein *exemplarisch vereinfachtes Beispiel* von Systemen – ausgehend von einem Makrosystem über Teilsysteme zu einem immer kleineren Mikrosystem:

- Wirtschaftsbereich Druck und Medien
  - Technologie der Printmedien
    - Druckereiunternehmen
      - Datenerfassung und -verarbeitung
        - Druckprozess
          - Druckmaschine
            - Einfärbesystem – Farbwerk – Feuchtwerk
              - Farbspaltung im Farbwerk
                - Druckfarbe – Trocknung
                  - Pigmente – Bindemittel – Additive

10.1 Terminologie in der Drucktechnik

Kybernetisches Denken bildet die ingenieurwissenschaftliche Basis für die gesamte Systemtechnik: angefangen von einer grundlegenden Betrachtung technischer Systeme über die Systemanalyse, Kommunikationstechnik, Digitaltechnik, Mikrocomputertechnik, Steuer- und Regelungstechnik u.a.

Das Drucken ist ein technischer Prozess, der unter systematischen Gesichtspunkten betrachtet werden muss. „Ein Prozess ist die Gesamtheit von aufeinander einwirkenden Vorgängen in einem System, durch das Materie, Energie oder Informationen umgeformt, transportiert oder gespeichert wird.“ (DIN 66201, im Teil 1)

Basis für alle terminologischen Definitionen sind für die Drucktechnik die DIN 16500 (Febr. 1979) und 16514 (Nov. 1982). Danach sind die folgenden Grundbegriffe definiert:

- Drucken:
  Vervielfältigen (siehe DIN 16500), bei dem zur Wiedergabe von Informationen (Bild und/oder Text) Druckfarbe auf den Bedruckstoff unter Verwendung eines Druckbildspeichers (z. B. Druckform) aufgebracht wird.
- Druckbildspeicher:
  Speicher (z. B. Druckform oder heute auch digitale Rasterelemente in einer Bitmap zur Ansteuerung der direkten Informationsübertragung auf den Bedruckstoff), der für die Wiedergabe von Bild und/oder Text durch Drucken alle zur Aufbringung der Druckfarbe auf einen Bedruckstoff erforderlichen Informationen enthält.
- Druckform:
  Druckbildspeicher in Gestalt eines Werkzeuges, das so bearbeitet ist, dass damit Druckfarbe auf den Bedruckstoff zur Wiedergabe einer textlichen und/oder bildlichen Darstellung übertragen werden kann.
- Druckfarbe:
  Substanz, die beim Drucken auf den Bedruckstoff aufgebracht wird.
- Bedruckstoff:
  Werkstoff, der bedruckt wird.

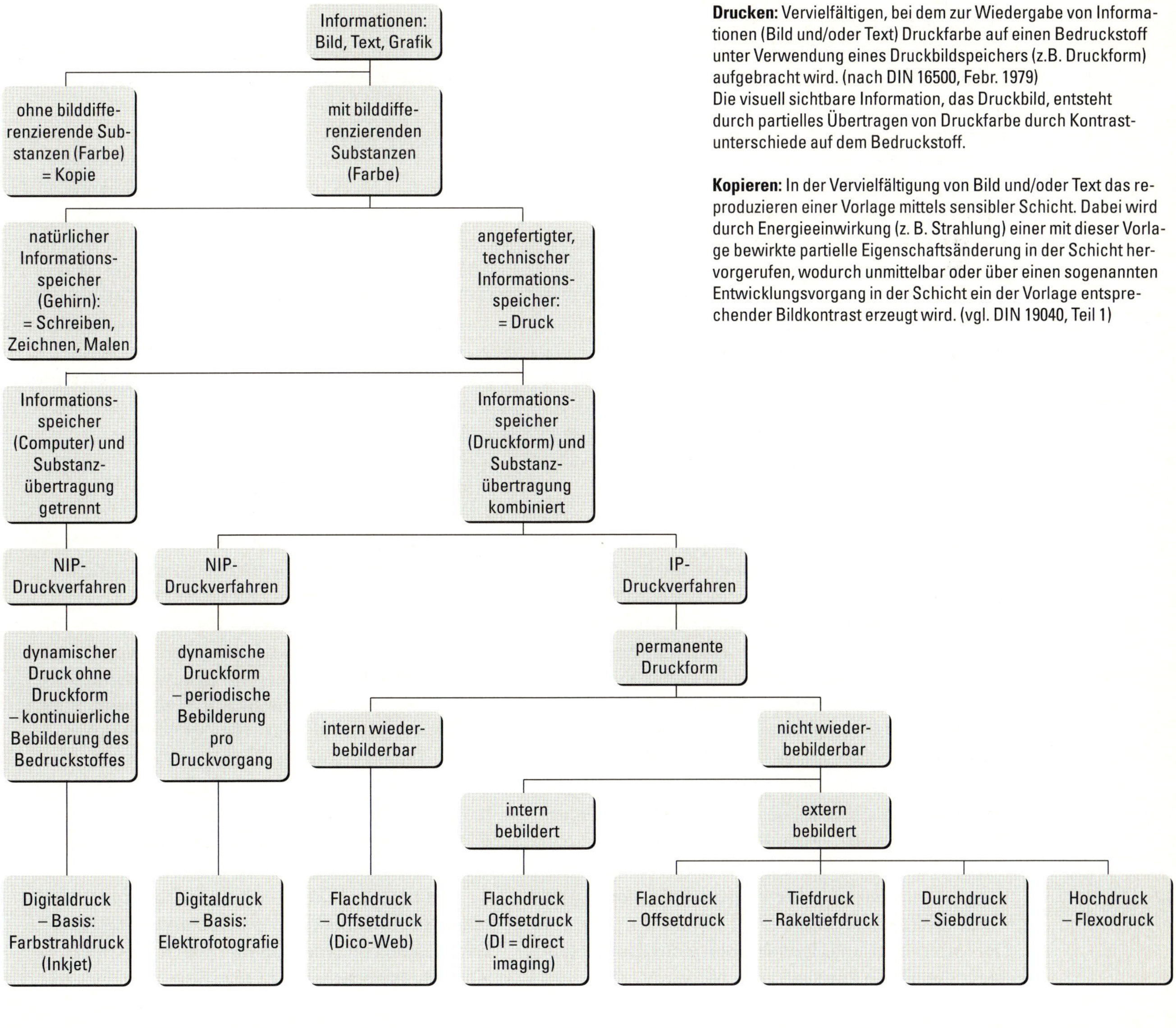

Informationen: Bild, Text, Grafik
ohne bilddifferenzierende Substanzen (Farbe) = Kopie
mit bilddifferenzierenden Substanzen (Farbe)
natürlicher Informationsspeicher (Gehirn): = Schreiben, Zeichnen, Malen
angefertigter, technischer Informationsspeicher: = Druck
Informationsspeicher (Computer) und Substanzübertragung getrennt
Informationsspeicher (Druckform) und Substanzübertragung kombiniert
NIP-Druckverfahren
NIP-Druckverfahren
IP-Druckverfahren
dynamischer Druck ohne Druckform – kontinuierliche Bebilderung des Bedruckstoffes
dynamische Druckform – periodische Bebilderung pro Druckvorgang
permanente Druckform
intern wiederbebilderbar
nicht wiederbebilderbar
intern bebildert
extern bebildert
Digitaldruck – Basis: Farbstrahldruck (Inkjet)
Digitaldruck – Basis: Elektrofotografie
Flachdruck – Offsetdruck (Dico-Web)
Flachdruck – Offsetdruck (DI = direct imaging)
Flachdruck – Offsetdruck
Tiefdruck – Rakeltiefdruck
Durchdruck – Siebdruck
Hochdruck – Flexodruck

Drucken: Vervielfältigen, bei dem zur Wiedergabe von Informationen (Bild und/oder Text) Druckfarbe auf einen Bedruckstoff unter Verwendung eines Druckbildspeichers (z.B. Druckform) aufgebracht wird. (nach DIN 16500, Febr. 1979)
Die visuell sichtbare Information, das Druckbild, entsteht durch partielles Übertragen von Druckfarbe durch Kontrastunterschiede auf dem Bedruckstoff.

Kopieren: In der Vervielfältigung von Bild und/oder Text das reproduzieren einer Vorlage mittels sensibler Schicht. Dabei wird durch Energieeinwirkung (z. B. Strahlung) einer mit dieser Vorlage bewirkte partielle Eigenschaftsänderung in der Schicht hervorgerufen, wodurch unmittelbar oder über einen sogenannten Entwicklungsvorgang in der Schicht ein der Vorlage entsprechender Bildkontrast erzeugt wird. (vgl. DIN 19040, Teil 1)

– Druckmaschine:
Einrichtung, in der der Vorgang des Druckens ausgeübt wird.
– Druckverfahren:
System zur Vervielfältigung von Informationen durch Drucken.

Entscheidendes Merkmal bei der Vervielfältigung durch einen Druckprozess ist die wiederzugebende Information auf einem Druckbildspeicher. Hinzu kommen eine mit dem Bedruckstoff kontrastierende Substanz (Druckfarbe, Toner u.a.), das Material als Träger der Information (Bedruckstoff) und das Drucksystem zur Übertragung der farbgebenden Substanz.

Nach der Norm ist der mechanische Anpressdruck, wie er vielfach noch als wesentliches Merkmal für ein Druckverfahren angesehen wird, ohne Bedeutung. So sind auch die folgenden Bezeichnungen der Druckverfahren keine definitionsmäßig entscheidenden Kriterien:

– „konventionelle“ Druckverfahren (englische Bezeichnung: Impact-Printing, allgemein abgekürzt.: IP-Verfahren) und
– kontaktlose Druckverfahren (englische Bezeichnung: Non-Impact-Printing, allgemein abgekürzt: NIP-Verfahren).

Entscheidender bei diesen vielfach verwendeten Bezeichnungen als der Bezug auf die Übertragungsphase des Druckbildes auf den Bedruckstoff ist die *Art des Druckbildspeichers:*

– Konventionelle IP-Druckverfahren übertragen die eingefärbten Bildinformationen von einer festen, statischen Druckform durch eine mechanische Kraft, den Anpressdruck, auf den Bedruckstoff.
– NIP-Verfahren übertragen Bildinformationen ohne feste, statische Druckform auf den Bedruckstoff. Dabei hat der Anpressdruck nur eine geringe oder gar keine Bedeutung.

Charakteristisch für alle Impact-Verfahren, d. h. Druckverfahren, die mit einem erforderlichen mechanischen Anschlag arbeiten, ist prinzipiell das gleiche Grundprinzip:

Die Druckform überträgt Druckfarbe durch einen Anpressdruck (Druckspannung, Anpresskraft; vielfach verkürzt nur „Druck" genannt, nach: Druck = Kraft je Flächeneinheit) auf einen Bedruckstoff.

Alle NIP-Verfahren, d. h. prinzipiell anschlaglose Druckverfahren, nutzen demgegenüber keine mechanischen sondern elektronische, elektrostatische, magnetische oder sonstige Kräfte. Sie übertragen dabei die Bildinformationen grundsätzlich berührungslos bzw. ohne eine wesentlich wirksame Anpresskraft. Heutige NIP-Drucksysteme arbeiten fast ausschließlich auf Basis der Elektrofotografie oder der Inkjet-Technik.

Wann ist eine Vervielfältigung eine Kopie und wann ein Druck (NIP-Verfahren)?
Der Vorgang ist im folgenden Beispiel prinzipiell in der ersten Phase durchaus gleichartig:

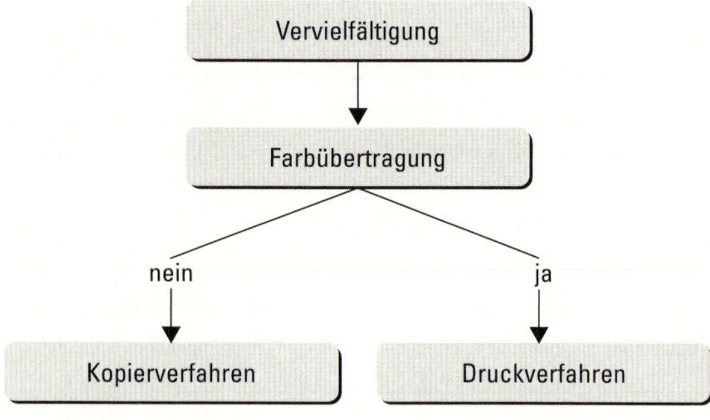

– elektrostatische Ladungskräfte differenzieren Bildstellen und Nichtbildstellen, dabei verliert diese Schicht unter Lichteinwirkung ihre Ladung
– Kopie: Informationsübertragung durch Belichtung auf ein statisch aufgeladenes Papier, Entwicklung und Fixierung der Bildinformationen durch geeignete Substanzen
– Druck: übertragen der Informationen auf eine statisch aufgeladene Selentrommel (= Druckform), Einfärbung, Farbübertragung auf den Bedruckstoff (z. B. Papier)

Daraus folgt:
– Ohne Farbübertragung ist ein Vervielfältigungsverfahren kein Druckverfahren, also eine Kopie.
– Bei der Übertragung von farbgebenden Substanzen (z. B. Druckfarbe, Toner) ist ein Vervielfältigungsverfahren ein Druckverfahren.

Druckverfahren vervielfältigen Informationen wie Texte, Grafiken und Bilder in verschiedenen Systemen und Techniken. Technologisch bieten sich verschiedenste Möglichkeiten für die Vervielfältigung von Informationen an. Entscheidend für die Auswahl eines Druckverfahrens sind allgemein die Vorgaben und Forderungen des Auftraggebers an das zu erstellende Produkt, dazu gehören:

– technische Eignung des Systems für die Umsetzung der Forderungen,
– Verfügbarkeit,
– Leistungsfähigkeit,
– Prozess-Sicherheit,
– Qualität,
– Wirtschaftlichkeit und Kosten für Vervielfältigkeit.

In der folgenden Übersicht sind wesentliche Merkmale zur Unterscheidung der Druckverfahren, der Systemelemente des gesamten Prozesses sowie mögliche Druckprodukte aufgeführt. Diese Übersicht kann bei der Komplexität der Druckverfahren und Produktionsvarianten nicht vollständig sein. Sie kann jedoch als Basis für ein strukturelles Betrachten der Printmedien verwendet werden.

Um die technologischen Zusammenhänge innerhalb eines (Druck-)Systems zu erfassen, werden bei den jeweiligen (Impact-)Druckverfahren auch auf die benötigten Druckformen beschrieben.

Computer-to-Technologien im Zusammenhang mit Prozesstechniken des Offsetdrucks und des Digitaldrucks werden ausführlich in gesonderten Kapiteln besprochen.

Analyse zu Druckverfahren, Prozessen und Produkten

1 Druckverfahren

1.1	Impact-Verfahren: konventionelle Druckverfahren
1.1.1	Hochdruck
1.1.1.1	Buchdruck
1.1.1.2	Flexodruck
1.1.1.3	Lettersetdruck
1.1.2	Flachdruck
1.1.2.1	Steindruck
1.1.2.2	Offsetdruck
1.1.2.3	Blechdruck
1.1.2.4	Lichtdruck
1.1.3	Tiefdruck
1.1.3.1	manuelle Tiefdruckverfahren
1.1.3.2	Rakeltiefdruck
1.1.3.3	Stichtiefdruck
1.1.3.4	Stahlstichdruck
1.1.3.5	Tampondruck
1.1.4	Durchdruck
1.1.4.1	Siebdruck
1.1.4.2	Serigrafie
1.1.4.3	Filmdruck
1.2	Non-Impact-Verfahren: Digitaldruckverfahren
1.2.1	Elektrofotografie
1.2.2	Inkjet
1.2.3	Thermotransfer
1.2.4	Magnetografie, u.a. Verfahren
1.3	Hybriddrucksysteme
1.3.1	Tiefdruck / Flexodruck
1.3.2	Offsetdruck / Flexodruck
1.3.3	Offsetdruck / Flexodruck / Siebdruck
1.3.4	Offsetdruck / Flexodruck/ Siebdruck / Prägefoliendruck

2 Druckbildspeicher, Druckformen

2.1	statisch / Impact-Verfahren
2.1.1	extern bebildert
2.1.2	intern bebildert
2.2	dynamisch / Non-Impact-Verfahren
2.3	Druckformarten
2.4	Bebilderungssystem

3 Druckmaschinen, Produktionstechniken

3.1	Druckprinzip
3.1.1	Fläche – Fläche
3.1.2	Fläche – Zylinder
3.1.3	Zylinder – Zylinder
3.2	Druckfarbenübertragung
3.2.1	direkt
3.2.2	indirekt
3.3	Farbe
3.3.1	Druckfarben
3.3.1.1	fest, pastös
3.3.1.2	flüssig
3.3.2	farbgebende Substanz
3.3.2.1	Toner (fest)
3.3.2.2	Ink (flüssig)
3.4	Anzahl zu druckender Farben
3.4.1	Einfarbendruck
3.4.2	Mehrfarbendruck
3.5	Bogendruck
3.5.1	Druckbildübertragung
3.5.1.1	einseitig bedruckt
3.5.1.2	beidseitig bedruckt
3.5.2.	Druckfarben-Trockensystem
3.5.3	Inlineveredelung
3.5.4	Zusatzeinrichtungen: Nummerieren, Perforieren, u.a.
3.6	Rollendruck
3.6.1	Druckbildübertragung
3.6.1.1.	einseitig bedruckt
3.6.1.2	beidseitig bedruckt
3.6.1.3	Eindruckwerke
3.6.2	Druckfarben-Trockensystem
3.6.2.1	Coldset
3.6.2.2	Heatset
3.6.2.3	sonstiges
3.6.3	Inlineverarbeitung
3.6.4	Falzen, Falzarten
3.6.5	Zusatzeinrichtungen (einstecken u.a.)
3.6.6	Heften
3.6.7	Schneiden
3.6.8	Auslagesystem
3.7	Mess-, Steuer-, Regeltechnik, Automatisierung
3.7.1	Steuer- und Regelungstechnik
3.7.2	Prozess-Steuerung, Leitstand-system
3.7.3	Qualitätssicherungssysteme
3.7.4	Rechnergesteuerte Anbindung: CIP3, CIP4
3.7.5	Managementsystem

4 Bedruckstoffe

4.1	planliegend
4.1.1	Papier
4.1.2	Karton
4.1.3	Wellpappe
4.1.4	Folien/Kunststoffe
4.1.5	Verbundmaterialien
4.1.6	Metall: Aluminium, Weißblech u.a.
4.1.7	spezielle Bedruckstoffe, z.B. Textilien
4.2	nicht planliegend (Körper)

5 Druckfarben

5.1	Aufbau, Typ, Eigenschaften
5.1.1	Farbmittel, Bindemittel, Additive, Lösemittel
5.1.2	Viskosität
5.1.3	Trocknung
5.1.4	Einsatzbereich, Bedruckstoffe
5.1.5	Echtheiten

6 Druckprodukte

6.1	Akzidenzen
6.2	Illustrationen
6.3	Verpackungen, Packmittel
6.3.1	Faltschachteln, Karton
6.3.2	Weichverpackungen
6.3.3	Transportverpackungen
6.3.4	Wellpappe
6.3.5	Blechverpackungen, Dosen, Eimer
6.4	Zeitungen
6.5	Werkdruck: Bücher, Broschuren
6.6	Etiketten
6.7	Formulare
6.8	Tapeten
6.9	Dekordruck
6.10	Personalisierte Druckprodukte
6.11	Spezialprodukte, z.B. Kunststoffkarten, Displays, Wertpapiere, Briefmarken, nicht planliegende Produkte (Körper, Formteile)

Diese Informationen erheben keinen Anspruch auf Vollständigkeit. Sie sollen lediglich zu einer systematischen Betrachtung der komplexen Strukturen in der Printmedien-Produktion anregen.

Druckformen bei konventionellen Druckverfahren

Druckformen speichern alle Text- und Bildinformationen als Bildstellen (druckende Elemente) und Nichtbildstellen (nicht druckende Elemente). Informationstechnisch betrachtet handelt es sich dabei um eine binäre, stofflich fixierte Speicherung von Daten zur Übertragung von Informationen.

Bildelemente übertragen Text- und Bildinformationen der Druckform in dem jeweiligen Druckverfahren mit Druckfarben auf einen Bedruckstoff, Nichtbildelemente drucken dementsprechend nicht.

Nur durch diese kombinierte binäre Wirkung von Drucken und Nichtdrucken einzelner Elemente entsteht auf einem Bedruckstoff eine visuell wahrnehmbare bzw. lesbare Information.

Die Druckform ist demnach

- der Druckbildspeicher für die zu vervielfältigenden Informationen und
- das Werkzeug zur Übertragung der Druckfarbe nach
  - Art: Welche Druckfarbe?
  - Menge: Wieviel Druckfarbe?
  - Position: Wohin soll die Druckfarbe?

Zur Übertragung der Bildelemente auf einen Bedruckstoff – zum Beispiel Papier, Karton oder Folie – wird ein verfahrensspezifischer Anpressdruck (Kraft) benötigt, der auf die Druckform wirkt.

Ein exemplarisches Beispiel dazu ist der Gummistempel. Wird ein eingefärbter Stempel leicht auf ein Papier gelegt, so übertragen einzelne Zeichen kaum die Stempelfarbe, sie sind demnach nur schwach oder gar nicht zu erkennen. Nur durch einen gewissen „Druck" ist das Schriftbild des Stempels deutlich und klar auf dem Bedruckstoff zu übertragen.

Bei konventionellen Druckverfahren erzeugt eine ebene oder eine zylindrische Druckfläche die zur Informationsübertragung benötigte Anpresskraft, die auf die eingefärbte Druckform bzw. erforderliche Übertragungselemente wirkt.

Je nach Art und Aufbau der Druckform werden für den Übertragungsprozess der Druckbildelemente unterschiedliche Druckverfahren eingesetzt.

Hauptdruckverfahren – eine Systematik

Alle Druckverfahren können – systematisch betrachtet – jeweils einem bestimmten Hauptdruckverfahren zugeordnet werden. Diese Systematik spiegelt sich auch in der Ausbildung zum Drucker (Neuordnung 2000) mit seinen Fachrichtungen wider.

Buchdruck, Offsetdruck, Tiefdruck, Steindruck, Siebdruck und alle anderen „klassischen" Druckverfahren sowie neuerdings auch der Digitaldruck lassen sich fünf Hauptdruckverfahren zuordnen, die sich grundsätzlich durch charakteristische Merkmale der Druckbildspeicher unterscheiden.

Die nachfolgende Übersicht informiert allgemein über diese charakteristischen Merkmale der Druckbildspeicher sowie die zu den Hauptdruckverfahren gehörenden einzelnen Druckverfahren.

Hauptdruckverfahren	Typische Merkmale	dazugehörende Druckverfahren
Hochdruck	Druckform – statisch, permanent – Bildstellen liegen höher als Nichtbildstellen	• Buchdruck • Flexodruck • Lettersetdruck
Flachdruck	Druckform – statisch, permanent – Bildstellen und Nichtbildstellen liegen auf einer Ebene	• Steindruck • Lichtdruck • Blechdruck • Offsetdruck
Tiefdruck	Druckform – statisch, permanent – Bildstellen liegen tiefer als Nichtbildstellen	• Künstlerisch manuelle Techniken wie Kupferstich, Radierung, Aquatinta • Rakeltiefdruck • Tampondruck • Stichtiefdruck
Durchdruck	Druckform – statisch, permanent – Druckform, bei der die Bildstellen im Gewebe farbdurchlässig sind	• Serigrafie • Siebdruck • Filmdruck
Digitaldruck	Druckverfahren ohne Druckform, digitale Ansteuerung des Systems, mit dynamischem Druckbildspeicher – temporär – virtuell	• Digitale Drucksysteme auf der Basis – Computer-to-Print (Elektrofotografie) – Computer-to-Paper (Inkjet)

Fläche gegen Fläche
≙ Tiegeldruck
Druckform und Druckkörper bilden ebene Flächen, direkter Druck

Fläche gegen Zylinder
≙ Flachformzylinderdruck
Druckform ist eine ebene Fläche, Druckkörper ein Zylinder, direkter Druck

Zylinder gegen Zylinder
≙ Rotationsdruck
Druckform und Druckkörper sind zylindrisch

Direkter Rotationsdruck:
Druckform bedruckt den Bedruckstoff direkt

Indirekter Rotationsdruck:
Druckform bedruckt indirekt über einen Gummituchzylinder den Bedruckstoff

Druckprinzipe

fette Linie = flächiges Element: Druckform, Druckkörper

Kreis = zylindrisches Element: Druckform, Druckkörper

feine Linie = Bedruckstoff

Zeichenerklärung

Auf die einzelnen Hauptdruckverfahren und die dazu gehörenden Druckverfahren wird noch näher eingegangen. Zu einer klaren Verständigung ist es erforderlich, wichtige drucktechnische Zusammenhänge und Begriffe, die für alle Druckverfahren gelten, vorab zu klären.

Druckprinzip

Für das Drucken bei konventionellen Druckverfahren ist prinzipiell ein zusammenwirkendes „Druckpaar" erforderlich:
- Druckform,
  d. h. der Druckbildspeicher

und
- Druckfläche
  d. h. Element für den erforderlichen Anpressdruck.

Die technische Entwicklung führte von einer ebenen Druckfläche zu einer zylindrischen Druckfläche und von einer ebenen, plan liegenden Druckform zu einer zylindrischen Druckform.

Je nach Form des Druckfläche (Kraft erzeugender Druckkörper) und der Druckform unterscheidet man bei allen Druckverfahren prozesstechnisch verschiedene Druckprinzipien.

Die Symbole in der vorhergehenden Übersicht sollen dazu das Prinzip verdeutlichen.

Entsprechend dem Druckvorgang muss die Druckform seitenrichtig (normal lesbar) oder seitenverkehrt (spiegelverkehrt, nicht normal lesbar) sein. Wie aus der schematischen Übersicht des Druckvorgangs hervorgeht, ist für den
- direkten Druck eine seitenverkehrte Druckform,
- indirekten Druck eine seitenrichtige Druckform erforderlich.

Druckmaschinen

Druckmaschinen verfielfältigen Informationen mit
- permanenten (stofflich fixierten) Druckformen,
- dynamischen (stofflich nicht fixierten) Druckformen oder durch
- dynamischen Prozesse ohne Druckform.

Wesentliche Unterscheidungsmerkmale zu einer Struktur von Druckmaschinen:
- Druckverfahren
- Anzahl der zu übertragenden Druckfarben
- Form des zu verarbeitenden Bedruckstoffes
- Ein- oder beidseitiger Druck
- Möglichkeiten einer Inline-Verarbeitung und/oder -Veredelung
- produktspezifische Ausstattungen
- Systemsteuerung, z. B. Mess-, Steuer- und Regelungstechnik, Datenanbindung

In jedem Druckverfahren werden spezielle Druckmaschinen in verschiedenen Druckprinzipien und für bestimmte Produktionsmöglichkeiten eingesetzt.

Während früher nur einfarbig gedruckt werden konnte, ist heute der farbige Druck – teilweise sogar mit zusätzlicher Inline-Verarbeitung oder Inline-Veredelung – zum Standard geworden.

Für unterschiedlichste Druckprodukte und spezifische Produktanforderungen sind dementsprechend spezielle Druckmaschinen auf dem Markt:
- Einfarben-Druckmaschinen
  Sie bedrucken einen Bedruckstoff mit einer Druckfarbe auf einer Seite
- Mehrfarben-Druckmaschinen
  Zwei-, Vier-, Fünf- oder auch Sechsfarben-Druckmaschinen bedrucken einen Bedruckstoff einseitig und mehrfarbig
- Schön- und Widerdruckmaschinen
  Umstellbare Schön- und Widerdruckmaschinen für den mehrfarbigen Druck auf beiden Seiten des Bedruckstoffes oder einsetzbar für den mehrfarbigen, einseitigen Druck. Bei diesen Druckmaschinensystemen werden heute für spezielle Druckprodukte bereits Zehn- und sogar schon Zwölffarben-Druckmaschinen eingesetzt.
  Die Bezeichnung „vier-über-vier“ (4/4) kennzeichnet beispielsweise einen beidseitig vierfarbigen Druck in einem Druckprozess.

Nach der dem Druckprozess zugeführten Form des Bedruckstoffes unterscheidet man Druckmaschinen für den Druck einzelner Bogen (oder auch Tafeln im Blechdruck) sowie Druckmaschinen für den Rollendruck:
- Bogen-Druckmaschinen
- Rollen-Druckmaschinen

Bei Rollen-Druckmaschinen werden keine einzelnen Bogen bedruckt. Der Bedruckstoff, auf einer Rolle aufgewickelt, wird fortlaufend dem Druckprozess von dieser Rolle zugeführt und nach dem Druck wieder aufgerollt oder bereits inline in der Druckmaschine in weiteren Aggregaten verarbeitet (z. B. falzen, heften, schneiden und paketweise bzw. in einer Schuppenform ausgelegen).

10.2 Hochdruckverfahren

Für alle Hochdruckverfahren gilt das gleiche Grundprinzip:
- Bildstellen, die druckenden Elemente der Druckform, liegen höher als Nichtbildstellen (nichtdruckende Elemente).
- Die auf gleicher Höhe liegenden Bildstellen nehmen beim Einfärben der Druckform mit Walzen Druckfarbe an und übertragen diese auf den Bedruckstoff.

Druckverfahren mit diesen hochdrucktypischen Merkmalen sind der
- Buchdruck,
- Flexodruck,
- Lettersetdruck.

10.2.1 Buchdruck

Der Buchdruck ist das älteste Hochdruckverfahren und auch das erste handwerklich eingesetzte Druckverfahren zur Vervielfältigung von Informationen. Durch die geniale Erfindung Gutenbergs in der Mitte des 15. Jahrhunderts – einzelne, bewegliche Lettern aus einer Bleilegierung herzustellen – wurde es möglich, kostengünstig und wesentlich schneller Schriftstücke und vor allem die Bibel und später auch andere Bücher im Druck zu vervielfältigen.

Wenn ein Schreiber in der Klosterschreibstube für eine Textseite über eine Stunde Arbeitszeit benötigte, so konnte der Drucker mit seiner hölzernen Handpresse schon über hundert gleiche Seiten von der gesetzten Druckform in gleicher Qualität herstellen. Diese Erfindung war eine der entscheidenden Voraussetzungen, die zu einem ungeheueren geistigen Umbruch und Aufschwung führte.

Bedeutende Druckprodukte der damaligen Zeit waren Bücher. Was lag näher, als dem neuen Druckverfahren den Namen „Buchdruck“ zu geben?

Und wie so vieles, hat sich diese Bezeichnung aus der Tradition heraus nicht verändert, obwohl das Drucken von Büchern heute nur noch in einem sehr geringen Umfang im Buchdruckverfahren erfolgt.

Der Buchdruck verlor in den letzten Jahrzehnten sehr stark an Bedeutung – im gleichen Maße stieg die Bedeutung des Offsetdrucks. Entscheidende Gründe für den Rückgang der Bedeutung des Buchdrucks und den gleichzeitigen Aufschwung im Offsetdruck waren vor allem:

Druckformherstellung
- Einsatz neuer Satzherstellungsverfahren, z. B. des Fotosatzes und später der computerunterstützten Systeme. Das Produkt „Film“ war nicht direkt, sondern nur bedingt über aufwendige Kopierverfahren einzusetzen.
- Druckformen bestanden meist aus vielen Einzelteilen, die vor dem Druck in einem Metallrahmen standgerecht zusammengestellt und fest positioniert (geschlossen) werden mussten
- Druckvorbereitung, d.h. das Einrichten und Zurichten der Druckformen war sehr zeitaufwendig

Druck
- Qualitätsdruck in einem größeren Druckformat war nur auf Flachform-Zylinder-Druckmaschinen möglich
- geringe Druckleistung pro Stunde (ca. 2 500 Druck pro Stunde)
- keine Mehrfarben-Druckmaschinen oder Schön- und Widerdruckmaschinen für qualitativ hochwertigen Akzidenzdruck
- Für den Qualitätsdruck sind glatte, gleichmäßige Papieroberflächen erforderlich.

Drucktechnik

Der Buchdruck ist ein *direkt* arbeitendes Druckverfahren, d.h. die eingefärbte Druckform überträgt die Bildstellen unmittelbar auf den Bedruckstoff.
Im Buchdruck werden alle drei Druckprinzipien mit spezifischen Bezeichnungen eingesetzt:
- Fläche – Fläche: Tiegeldruckmaschine
- Fläche – Zylinder: Flachformzylinderdruckmaschine (historisch: Schnellpresse genannt)
- Zylinder – Zylinder: Rotationsdruckmaschine

Betrachten wir den Buchdruck als ein immer noch aktuelles Druckverfahren – was er seit langem nicht mehr ist! – so gelten die folgenden charakteristischen Beschreibungen.

Typisch für den Buchdruck ist die Vielfalt der eingesetzten Druckformen bzw. Druckformteile:
- Bleisatz
  Druckform bzw. ein Teil der Druckform bestehend aus Einzelbuchstaben und Zeilensatz aus Bleilegierungen, Linien (Messing) und anderen Druckelementen,
- Original-Hochdruckplatten
  Druckplatten aus Metall oder Kunststoff mit Strich- und Rasterabbildungen, dazu kommen im künstlerischen Bereich noch Holz und Linoleum
- Hochdruckplatten-Nachformungen
  Abformungen einer Original-Hochdruckplatte aus verschiedenen Werkstoffen, z.B. Bleilegierungen, Kupfer, Gummi, Kunststoffe.

Druckformen für den Tiegeldruck und den Flachform-Zylinderdruck bestehen fast ausschließlich aus mehreren festen, starren und flachen Einzelteilen, die zu einer Druckform – zumeist erst an oder gar in der Druckmaschine – positioniert und geschlossen werden müssen.

Für den Rotationsdruck eignen sich halbrund gegossene Bleiplatten (Stereos) oder auch flexible Kunststoffplatten, sogenannte Auswaschdruckplatten.

Druckformen für den Buchdruck

Zur Herstellung von Texten eignen sich für den Druck in Tiegeldruckmaschinen und Flachform-Zylinderdruckmaschinen primär Bleisetzverfahren.

Fotosetzverfahren (eingesetzt in der Zeit von etwa 1970 bis 1985) stellen als Ausgabeprodukt einen „Satz" auf Filmmaterial her. Dieser Film ist kopiertechnisch auf eine Druckplatte zu übertragen. Das Gleiche gilt für alle modernen computergesteuerten Verfahren in der Druckvorstufe.

Die bis vor mehr als vierzig Jahren dominierenden Bleisetzverfahren haben heute nur noch bei kleinformatigem Akzidenzdruck in älteren Buchdruckereien sowie für Liebhaberdrucke eine geringe Bedeutung.

Die Satzherstellung für den Buchdruck bezieht sich nur auf den Bleisatz, der direkt bei ebenen Druckformen für den Tiegeldruck und Flachform-Zylinderdruck eingesetzt werden kann.

Betrachten wir die Herstellung des Satzes aus der damals aktuellen Sicht – heute technisch absolut überholt und nur noch für wenige (Liebhaber-)Produkte eingesetzt.

Bleisatz: Handsatz

Das Setzmaterial für den Handsetzer, also Buchstaben, Linien, Schmuck- und Blindmaterial, wird überwiegend von Schriftgießereien fertig bezogen. Nur wenige Druckereien verfügen über die nötigen Einrichtungen, einen Teil ihres Setzmaterials selbst zu gießen. Die zu setzende Schrift befindet sich beim Handsatz in einem Setzkasten, den der Handsetzer schräg an seinem Arbeitsplatz aufstellt. Er greift die Lettern einzeln aus ihren Fächern, um sie in einem Winkelhaken zu ganzen Zeilen aneinanderzureihen.

Die Fachaufteilung des Setzkastens ist so gestaltet, dass die am häufigsten benötigten Lettern,

Der Buchstabe – Materialkörper und Druckelement

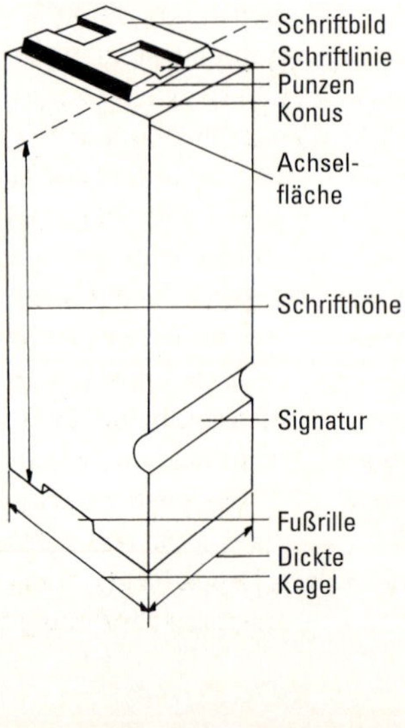

Schriftbild, Schriftlinie, Punzen, Konus, Achselfläche, Schrifthöhe, Signatur, Fußrille, Dickte, Kegel

Schriftbild	Die druckende Fläche; das Buchstabenbild am Kopf der Letter.
Schriftlinie	Die untere Begrenzung der Mittelhöhe des Schriftbildes; ihr Abstand vom Kegelrand ist genormt.
Punzen	Die vom Schriftbild eingeschlossenen nicht druckenden Flächen.
Konus	Das zur Achselfläche schräg abfallende Fleisch am Schriftbild.
Achselfläche	Die den Kopf der Letter tragende Fläche; bedingt durch die das Auge umgebende Matrizenoberläche.
Schrifthöhe	Die Abmessung vom Fuß bis zum Schriftbild; $62\,^{2}/_{3}$ p = 23,566 mm.
Signatur	Die Einkerbung längs der Dickte auf der Seite der unteren Begrenzung des Buchstabenbildes.
Fußrille	Die Einkerbung im Fuß der Letter; bedingt durch den Guss.
Dickte	Die durch die Buchstabenbreite bedingte Ausdehnung der Letter.
Kegel	Die durch den Schriftgrad bedingte Ausdehnung der Letter.

<table>
<tr><td colspan="2">A</td><td colspan="2">B</td><td colspan="2">C</td><td colspan="2">D</td><td colspan="2">E</td><td colspan="2">F</td><td colspan="2">G</td><td colspan="2">H</td><td colspan="2">I</td><td colspan="2">K</td></tr>
<tr><td colspan="2">.L</td><td colspan="2">M</td><td colspan="2">N</td><td colspan="2">O</td><td colspan="2">P</td><td colspan="2">Q</td><td colspan="2">R</td><td colspan="2">S</td><td colspan="2">T</td><td colspan="2">U</td></tr>
<tr><td>1</td><td>2</td><td>3</td><td>4</td><td>5</td><td>6</td><td>7</td><td>8</td><td>9</td><td>0</td><td>-</td><td>J</td><td colspan="2">V</td><td colspan="2">W</td><td>X</td><td>Y</td><td>Z</td><td>&</td></tr>
<tr><td>á</td><td>â</td><td>à</td><td>Ä</td><td></td><td>ß</td><td colspan="2"></td><td colspan="2">ä</td><td colspan="2">ö</td><td colspan="2">ü</td><td>„</td><td>«</td><td>'</td><td>*</td><td>†</td><td>§</td></tr>
<tr><td>é</td><td>ê</td><td>è</td><td>ë</td><td></td><td></td><td colspan="2" rowspan="2">t</td><td colspan="2" rowspan="2">u</td><td colspan="2" rowspan="2">r</td><td>x</td><td>y</td><td>z</td><td>j</td><td>()</td><td>[]</td><td>!</td><td>?</td></tr>
<tr><td>í</td><td>î</td><td>ì</td><td>ï</td><td colspan="2">s</td><td colspan="2">v</td><td colspan="2">w</td><td colspan="2">-</td><td>:</td><td>;</td></tr>
<tr><td>ó</td><td>ô</td><td>ò</td><td>Ö</td><td colspan="2">h</td><td colspan="2" rowspan="2">m</td><td colspan="2">i</td><td colspan="2" rowspan="2">n</td><td colspan="2" rowspan="2">o</td><td>1½ Punkt</td><td>q</td><td colspan="2">.</td><td></td><td></td></tr>
<tr><td>ú</td><td>û</td><td>ù</td><td>Ü</td><td colspan="2">l</td><td colspan="2">1 Punkt</td><td colspan="2">p</td><td colspan="2">,</td><td colspan="2">1/1 Gevierte</td></tr>
<tr><td>Æ æ</td><td>É Ê È</td><td colspan="2">k</td><td>ck</td><td>c</td><td colspan="2" rowspan="2">a</td><td colspan="2" rowspan="2">Aus-schluß</td><td colspan="2" rowspan="2">e</td><td colspan="2" rowspan="2">d</td><td>2 Punkt</td><td>fi</td><td>fl</td><td>ft</td><td colspan="2" rowspan="2">Qua-draten</td></tr>
<tr><td>Œ œ</td><td>Ç ç</td><td colspan="2">ch</td><td colspan="2">b</td><td>f</td><td>ff</td><td colspan="2">g</td></tr>
</table>

Schriftkasten für manuellen Bleisatz

z. B. a, e, d, i, n, r, u und t in nächster Griffnähe des Schriftsetzers liegen, während weniger häufig gebrauchte Zeichen (z. B. Versalien, Ziffern, Umlaute) in weiter entfernten Fächern angeordnet sind.

Die Anordnung der einzelnen Fächer und die Abmessungen des Setzkastens sind in der DIN-Norm DIN 16502 festgelegt.

Das Setzmaterial besteht, von wenigen Ausnahmen abgesehen, aus einer Metall-Legierung, die sich aus etwa 68 Teilen Blei, 27 Teilen Zinn und 5 Teilen Antimon zusammensetzt. Ausnahmen bilden nur sehr große Schriften, die aus Holz oder später Kunststoff gefertigt worden sind.

Das gesamte Setzmaterial ist in seinen Abmessungen ebenfalls genormt. Dadurch ist es dem Setzer möglich, die einzelnen Lettern zu Zeilen und diese zu (Druck-)Seiten zusammenzusetzen. Die Normung der Schriftgrößen, das typografische Maßsystem, wurde von den Franzosen Fournier und Didot geschaffen, es basiert auf dem französischen Fuß.

Die Maßeinheiten des typografischen Systems sind auf dem typografischen Punkt aufgebaut:

- 1 Punkt (p) = 0,376 mm
- 1 m = 2660 p

Größere Einheiten sind u. a.

- Cicero = 12 Punkte = 4,512 mm
- Konkordanz = 4 Cicero = 48 Punkte = 18,048 mm.

Die Normalhöhe für alle druckenden Teile (Bildelemente) beträgt 62 $^2/_3$ p und für die tiefer liegenden nichtdruckenden Teile (Nichtbildelemente), das sogenannte Blindmaterial, 54 p.

Die Tätigkeit des Handsetzers besteht im Setzen vor dem Druck und dem Ablegen der Lettern und des Blindmaterials nach beendetem Druck. Dieses Ablegen nimmt in einer Handsetzerei einen Großteil der Arbeitszeit in Anspruch und stellt somit einen erheblichen Kostenfaktor dar.

Außerdem ist ein großer Bestand an Setzmaterialien notwendig, um einen reibungslosen Arbeitsablauf zu sichern. Zu beachten sind die permanent zur Verfügung stehenden Materialmengen für einen Neusatz oder auch Stehsatz (Satz für mögliche Nachauflagen) sowie das dazu erforderliche Kapital.

Bleisatz: Maschinensatz

Eine technische „Revolution" in der Satzherstellung kam erstmals mit der Entwicklung der maschinellen Setzmaschinen auf. Die Sorge der gut organisierten, angesehenen und sehr gut verdienenden Zunft der Schriftsetzer war auf Plakaten zu lesen: „Diese Maschinen rauben uns die Arbeitsplätze."

Und tatsächlich übernahmen nach und nach Setzmaschinen die Produktion von Mengensatz (Fließtexte) für Bücher und Zeitungen.

Der Handsatz blieb aber weiterhin die Domäne für gut gestaltete Drucksachen.

Bleisetzmaschinen unterteilen sich prinzipiell in zwei Fertigungstechniken mit unterschiedlichen Produkten:

- Zeilen-Satzherstellung
- Einzelbuchstaben-Satzherstellung

Die bedeutendste Setzmaschine für den Zeilensatz ist die Linotype-Setzmaschine, die anfangs manuell und später lochbandgesteuert, in der damaligen Zeit für die Produktion größerer Satzmengen weltweit dominierend war.

Dagegen wird die Monotype, eine Einzelbuchstaben-Setzmaschine, nur für spezielle Druckarbeiten wie z.B. komplizierten, wissenschaftlichen Satz eingesetzt.

Linotype-Zeilensetzmaschine

In einer Zeilensetzmaschine befinden sich alle benötigten Buchstaben, Satzzeichen und Ziffern in Form von Matrizen in einem bestimmten Magazin.

Die Setzmaschine ist manuell oder bei neueren Maschinen auch durch ein Lochband zu steuern.

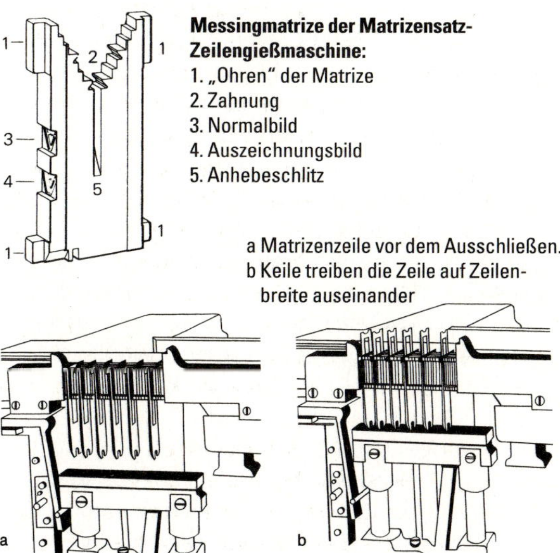

Messingmatrize der Matrizensatz-Zeilengießmaschine:
1. „Ohren" der Matrize
2. Zahnung
3. Normalbild
4. Auszeichnungsbild
5. Anhebeschlitz

a Matrizenzeile vor dem Ausschließen.
b Keile treiben die Zeile auf Zeilenbreite auseinander

Durch Tastendruck löst sich die gewünschte Matrize aus dem Magazin und fällt senkrecht stehend in einen Sammler. Für den erforderlichen Wortzwischenraum werden spezielle variable Ausschließkeile verwendet. Ist eine Zeile gefüllt, wird sie in einen Gießapparat transportiert und dort automatisch mit einer Bleilegierung zu einer ganzen Zeile ausgegossen.

Die variablen Ausschließkeile vergrößern bei nicht ganz gefüllten Zeilen den jeweiligen Wortabstand (Zwischenraum), so dass jede Zeile in der vollen Breite ausgeschlossen (mit Blindmaterial „gefüllt")wird. Dadurch ist auch eine Blocksatzherstellung möglich.

Fertig gegossenen Zeilen werden ausgestoßen und alle benötigten Matrizen automatisch wieder in das entsprechende Magazinfach zurückgelegt.

Nach dem Druck gibt es ein modernes Recycling: Aus der Druckseite sind sämtliche gegossenen Zeilen auszusortieren und wieder für einen neuen Guss einzuschmelzen – ein ständiger Kreislauf also.

Monotype-Einzelbuchstabensetzmaschine

Die Einzelbuchstaben-Setzmaschinen bestehen aus zwei Produktionseinheiten: dem Tastergerät und der Gießmaschine.

Die Eingabe des Textes mit einem Taster erzeugt eine Codierung in einem Lochstreifen. Dieser Lochstreifen steuert in der Gießmaschine das Ausgießen und Aneinanderreihen der einzelnen Buchstaben, Satzzeichen und Ziffern zu einer kompletten Zeile, die – automatisch hintereinander gefügt – ganze Textspalten bilden.

Entscheidendes Problem dieser Technik: Der Bleisatz ist nur für Druckmaschinen mit flachen Druckformen einzusetzen ist. Rundformen für den rotativen Druck sind nur über das Matern (abprägen) einer Bleisatzkolumne (Druckseite) und Ausgießen zu einem halbrunden Bleistereo herzustellen.

Erst vor etwa vierzig Jahren haben sich Auswaschdruckplatten, die zur Herstellung einen Negativfilm als Kopiervorlage benötigen, im Buchdruckverfahren für den Zeitungsdruck langsam durchsetzen können. Aber auch hier führte der Trend zu höheren Qualitätsanforderungen und auch zu mehr Farbe im Druck und damit zu einem anderen Druckverfahren, dem Offsetdruck, der diese Forderungen erfüllen konnte.

Bildherstellung

Um Bilder und Zeichnungen im Buchdruckverfahren zu drucken, sind verschiedene Hochdruckplatten zu verwenden. Allgemein und recht pauschal werden alle diese Druckplatten immer noch Klischee genannt.

Grundsätzlich unterscheidet man herstellungstechnisch zwischen
- Original-Hochdruckplatten und
- Hochdruckplatten-Nachformungen

Original-Hochdruckplatten sind alle manuell, fotomechanisch oder elektromechanisch nach einer Bildvorlage gefertigte Druckplatten.

Hochdruckplatten-Nachformungen (auch: Abformungen, Duplikate) sind immer das Duplikat einer Original-Hochdruckplatte. Sie werden heute nur noch für spezielle Arbeitsbereiche (z. B. als Gummidruckform für den Flexodruck) benötigt. Von Bleisatzschrift oder einer harten Originaldruckplatte ist zu der Herstellung immer eine Mater aus einem speziellen Karton oder geeigneten Material zu prägen.

Durch Gießen, Galvanisieren, Prägen oder auch Vulkanisieren ist von dieser Mater eine Nachformung der Original-Hochdruckplatte bzw. der Bleisatzschrift als Duplikat herzustellen.

Überblick zu Herstellungsverfahren für Original-Hochdruckplatten:

- Manuell:
  Holzschnitt, Holzstich, Linolschnitt
- Fotomechanisch und ätztechnisch:
  Ätzdruckplatten aus Metall als Strich- und Rasterätzung (sogenannte Autotypie)
- Fotomechanisch und auswaschtechnisch:
  Auswaschdruckplatten aus polymerisierbarem Kunststoff als Strich- und Rasterdruckplatte
- Elektronisch und mechanisch:
  Elektronische Gravur in Metall als Strich- und Rasterdruckplatte

Manuell hergestellte Druckformen haben noch in künstlerischen Arbeiten der Originalgrafik eine Bedeutung. Die Herstellung von Ätzdruckplatten und elektronischen Gravuren für den Buchdruck ist technisch absolut überholt.

Eine gewisse Bedeutung in der Druckformherstellung haben nur noch die fotomechanischen Verfahren. Anstelle der früher ausschließlich verwendeten Metallplatten (insbesondere Zink) traten jedoch immer mehr Druckformmaterialien mit polymerisierfähigen Kunststoffen, sogenannte Auswaschdruckplatten.

Auswaschdruckplatten verschiedener Art sind qualitativ sehr gute Druckformen, die schnell und sicher herzustellen sind. Sie werden für den Druck von Texten, Flächen, Bildern – vor allem für Spezialarbeiten (partielles Lackieren, Herstellen von Gummidruckplatten, Tubendruck u. a.) – in verschiedenen Druckverfahren als Flachform- und Wickeldruckplatte (flexible Druckplatte) eingesetzt.

Beispiele für den Einsatz sind nachfolgend Druckplatten der BASF, die je nach Typ für verschiedene Druckverfahren eingesetzt werden:
- Nyloprint
  Druckplatten für Buchdruck, Lettersetdruck
- Nyloflex
  Druckplatten für Flexodruck
- Nylograv
  Druckformen für den (Bogen-)Tiefdruck, Tampondruck

Nyloprint-Hochdruckplatten

Exemplarisch für verschiedene Auswaschdruckplatten soll die Druckformherstellung mit der fotopolymeren Nyloprint-Druckplatte vorgestellt werden.

Das Angebot an Auswaschdruckplatten umfasst ein ganzes Sortiment verschiedener Druckplatten mit unterschiedlichen Auswaschsystemen, Auswaschtiefen und Trägermaterialien.

Nyloprint-Druckplatten bestehen aus einem lichtempfindlichen Kunststoff, der durch eine Haftschicht fest mit dem Trägermaterial verbunden ist. Das Trägermaterial der Druckform besteht aus Aluminium,

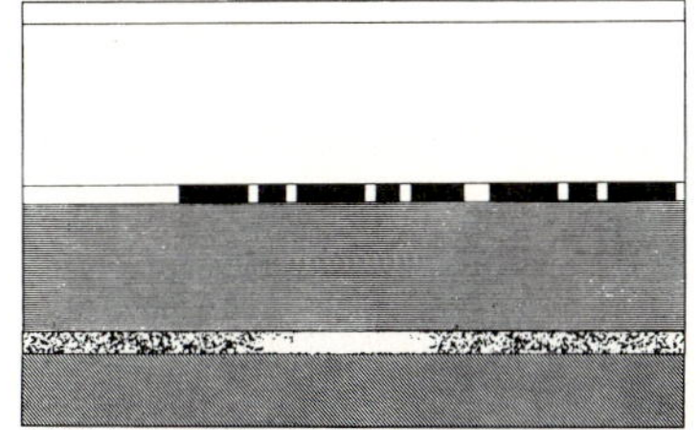
Negativ auflegen

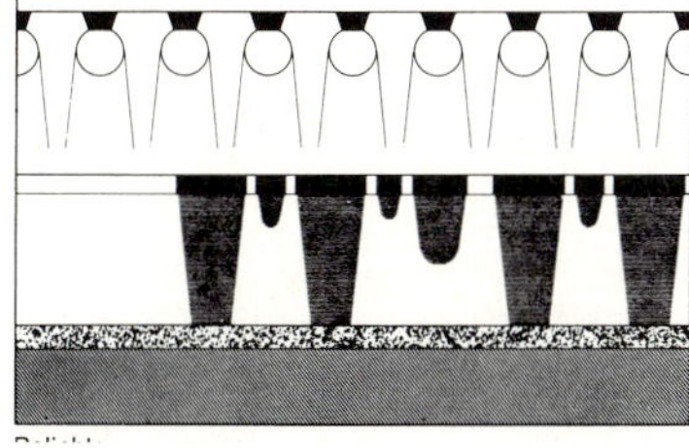
Belichten

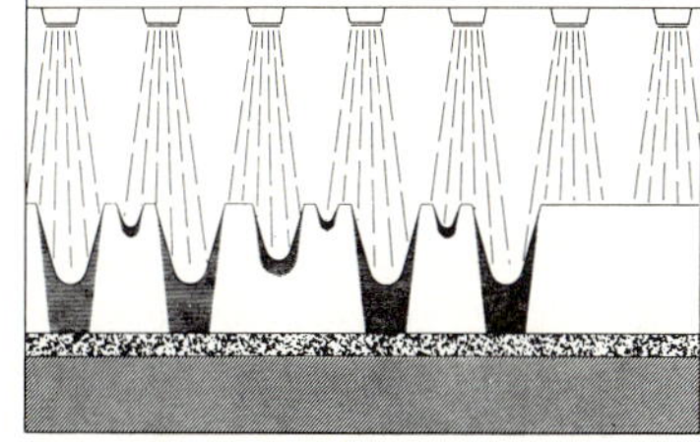
Auswaschen

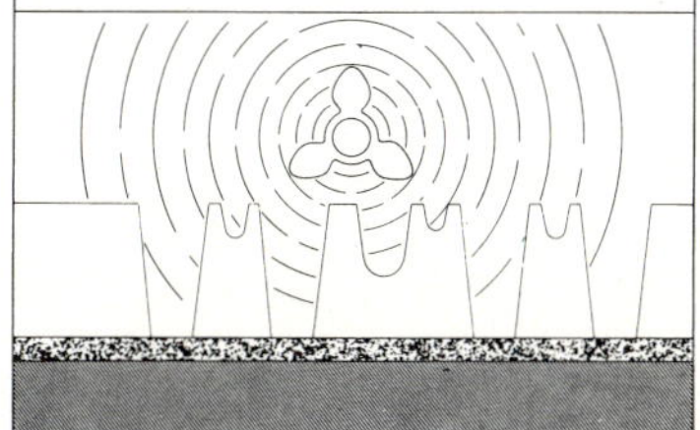
Trocknen

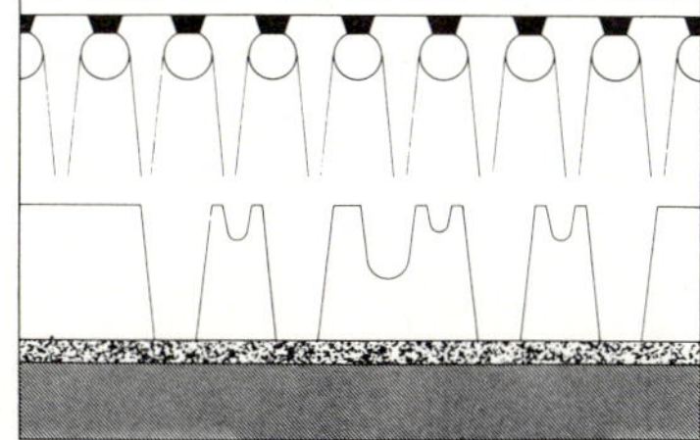
Nachbelichten

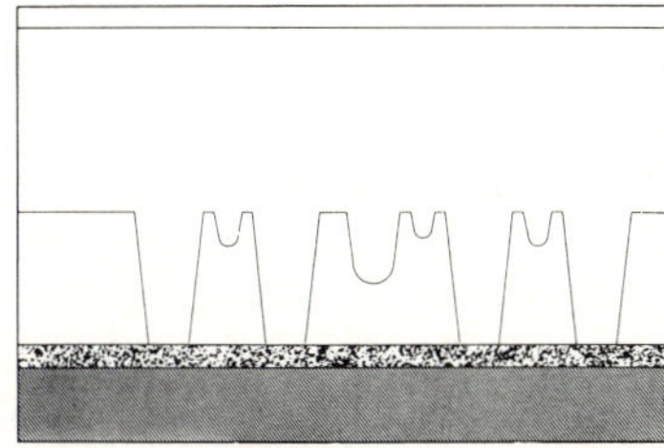
Nyloprint-Druckplatte

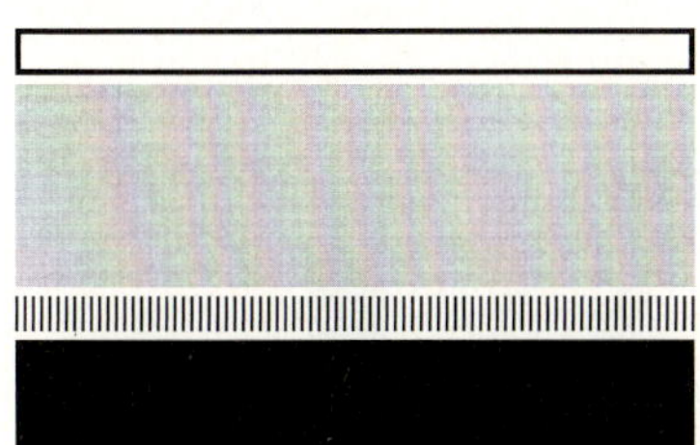

Druckplatte vor der Belichtung

Druckformherstellung auf eine Fotopolymer-Hochdruckplatte

Die durch das Auswaschen des nicht gehärteten Materials gebildeten Form- und Flankenflächen sind absolut homogen und geschlossen.

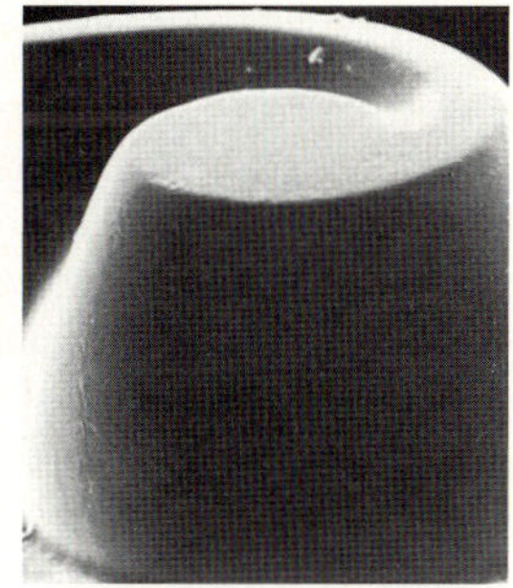
Ein Komma auf einer Nyloprint-Platte, extrem stark vergrößert.

Stahl oder Kunststoff, das je nach Einsatzbereich ausgewählt wird.

Anstelle der früher üblichen Auswaschverfahren mit Alkohollösungen werden heute überwiegend mit Wasser auswaschbare Druckplatten eingesetzt.

Wird die in Wasser lösliche Kunststoffschicht der Nyloprint-Druckplatte durch ein geeignetes Negativ mit ultraviolettem Licht belichtet, entstehen durch die einwirkende Lichtenergie chemische Reaktion auf dem Material. Die Folge ist eine Fotopolymerisation der belichteten Elemente.

Die entstehenden langen Molekülketten durchdringen die Kopierschicht netzartig überall dort, wo Licht hinfällt und ändern damit die Eigenschaften der Kopierschicht.

Belichtete Bereiche werden hartelastisch und in Wasser unlöslich. Unbelichtete Stellen behalten ihre ursprünglichen Eigenschaften. Verwendet man zur Belichtung derartiger Druckplatten ein Negativ, das nur an transparenten Bildstellen UV-Licht durchlässt, erhält man in der Kunststoffschicht zwei Bereiche mit unterschiedlichen Eigenschaften:

- Alle unbelichteten Schichtteile sind nicht polymerisiert, sie werden nach der Belichtung mit Wasser ausgewaschen und bilden die Nichtbildstellen der Druckform.
- Die belichteten Schichtteile werden freigelegt und bilden die Bildstellen als ein Druckrelief. Die ausgewaschene Druckform ist zur Aushärtung des Druckbildes zu trocknen und nachzubelichten.

Durch die Arbeitsschritte Belichten, Auswaschen, Trocknen und Nachbelichten entsteht prinzipiell eine Nyloprint-Druckform.

Anforderungen an die Kopiervorlagen:

- Die Schichtseite muss angeraut (kräftig mattiert) sein, damit die Luft zwischen der Kopiervorlage (Kunststoff-Folie) und der Nyloprint-Druckplatte beim Belichten gut abgesaugt werden kann und dadurch der nötige enge, durch nichts unterbrochene Kontakt des Negativs zur Nyloprint-Druckplatte gewährleistet ist.
  Untauglich sind Filme mit glatter Emulsions-Seite, da diese kein einwandfreies Vakuum ermöglicht. Beidseitig mattierte Filme eignen sich nur für einfache Strichbilder, da diese Mattierung das Licht stark streut und damit die Relieftiefe der Rasterpunkte bei Rasterbildern negativ beeinträchtigen würde.
- Es eignen sich nur Kopiervorlagen (Filme) mit einer ultrasteilen Gradation, die alle Bildelemente randscharf wiedergeben.

– Die negativen Kopiervorlagen müssen zu einer optischen Dichte von mehr als 3.5 log Einheiten schleierfrei entwickelt werden können. Ungenügend geschwärztes Material wird vom UV-Licht durchdrungen, und dies führt zu einer unerwünschten Polymerisation über die gesamte Fläche der Nyloprint-Druckplatte.

Belichten
Für die Belichtung sollten spezielle Belichtungsgeräte eingesetzt werden. Sie sind mit UV-Leuchtstoffröhren ausgestattet. Nyloprint-Belichtungsgeräte gibt es in verschiedenen Ausführungen als Flach- und Rundbelichter, die im Prinzip gleich arbeiten.

Über eine Fläche oder um einen Zylinder angeordnete UV-Belichtungsröhren strahlen das für die Polymerisation erforderliche UV-Licht gleichmäßig durch das Negativ auf die Nyloprint-Hochdruckplatte.

Auswaschen
Die belichtete Nyloprint-Hochdruckplatte ist vor dem Auswaschen genauso sorgfältig vor UV-Licht zu schützen wie die Rohplatte. Das Druckbild ist zwar bereits vollständig vorhanden, muss aber noch freigestellt werden. Dies geschieht sofort nach dem Belichten in einem Auswaschgerät, in dem die nicht polymerisierten Teile der Druckplatte mit Wasser (oder auch Lösemittel) herausgewaschen werden.

Das Auswaschmittel Wasser reichert sich beim Auswaschen mit dem gelösten Nyloprint-Material an. Gesättigtes Auswaschmittel ist über die Kanalisation zu entsorgen.

Trocknen, Nachbelichten
Die ausgewaschene und von Restwasser befreite Druckplatte wird in einem Trockenschrank mit Warmluftgebläse getrocknet. Getrocknet wird 15 Minuten bei 80 °C (Herstellerangaben beachten!). Dadurch wird das in die belichteten Reliefteile eingedrungene Wasser entfernt.

Nach dem Trocknen sollte die Druckplatte etwa zwei Minuten vollständig ohne Negativ nachbelichtet werden. Teile des Reliefs, die bei der ersten Belichtung einem relativ geringem Licht ausgesetzt waren, härten jetzt vollständig aus. Danach ist die Nyloprint- Druckplatte für den Druckprozess einsatzbereit.

Überblick zu Hochdruckplatten-Nachformungen

Alle Hochdruckplatten-Nachformungen werden von einer Mater hergestellt, die im allgemeinen durch maschinelles Prägen von der Original-Hochdruckplatte in speziellen Prägepressen entsteht. In der Mater aus spezieller Pappe oder geeignetem Kunststoff sind also alle druckenden Elemente vertieft eingeprägt. Durch ein Nachformungsverfahren entsteht das Gegenstück: Alle Bildstellen, die druckende Elemente bilden, stehen höher als Nichtbildstellen. Sie werden eingefärbt und übertragen die Informationen auf den Bedruckstoff.

Nachformungsverfahren und Produkte:
– Gießen = Bleistereo
– Vulkanisieren = Gummidruckplatte
– Galvanisieren = Galvano
– Prägen = Kunststoffstereo

Bis auf Gummidruckplatten, die heute noch im Flexodruck für qualitativ einfachere Druckarbeiten eingesetzt werden, sind alle anderen Verfahren heute ohne Bedeutung.

Drucktechnik im Buchdruck

Der Buchdrucker muss die einzelnen Druckseiten mit Schriftsatz und Druckplatten beim Druck von flachen Druckformen standgenau in einem Schließrahmen befestigen (Arbeitsvorgang: „Druckform schließen"). Druckfreie Räume in der Druckform müssen dazu mit sogenanntem Blindmaterial (nicht druckendem Material mit niedrigerer Höhe) ausgefüllt.

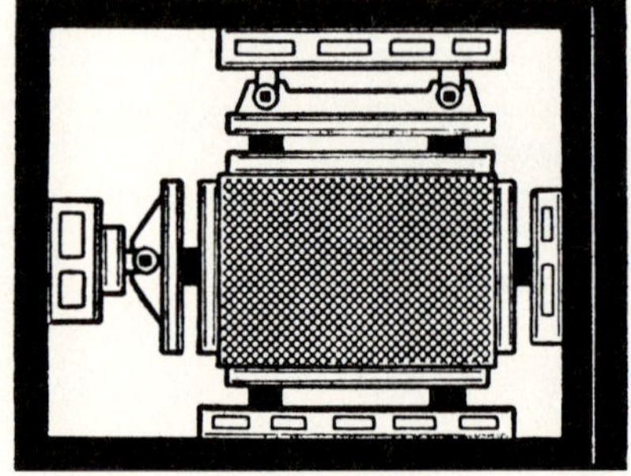

Tiegeldruck
Geschlossene Druckform

Druckvorbereitung: Einrichten und Druck

Aufzugmachen
Elastische Lage, bestehend aus Papier, Karton, Gummituch, auf dem Drucktiegel oder dem Druckzylinder;
Aufgaben/Zweck: elastische Zwischenlage; Aufnahme der Zurichtung, Druckregulierung, drucktechnisch präzise Abwicklung.

Standmachen, Formschließen
Beim Tiegel- und Flachformzylinderdruck: Einzelne Druckformteile zu einer Druckform standgenau zusammenstellen, positionieren und in einem Schließrahmen befestigen.

Zurichtung
Im Buchdruck notwendiger Arbeitsgang beim Einrichten, um ein gutes Ausdrucken aller Druckelemente zu erzielen.
– Ausgleichzurichtung: Ausgleich von Höhendifferenzen der Druckelemente, Unterlagen, Maschine.
– Kraftzurichtung (tonwertgerechtes Relief): entlastet feine Druckelemente, belastet größere.
– Plattenzurichtung: Zurichtung unter der Druckplatte zum Ausgleich von Höhendifferenzen (Platte, Unterlage).

Fortdruck
Druck der Auflage bei gleichmäßiger Farbführung; technisch unkompliziert, bei Tiegel- und Flachformzylinderdruck jedoch relativ langsam.

Bedruckstoff: glatte Oberfläche, besonders bei Bilddrucken (Raster = Bildpunkte) erforderlich.

Druckfarbe: kompakt, zähflüssig, chemisch-physikalisch trocknend; gleichmäßige Farbschichtdicke bei der Einfärbung der Druckform.

Bilddrucke: Rasterpunkte sind flächenvariabel, das heißt je nach Helligkeitsstufe der Vorlage unterschiedlich groß.

Ein entscheidender Nachteil ist bei einem Druck von Flachformen das sehr zeitaufwendige Rüsten (Einrichten und Zurichten) der Druckmaschine für den Auflagendruck.

Tiegeldruckmaschinen

• *Druckprinzip: Fläche gegen Fläche.*
Tiegeldruckmaschinen werden bis zu einem Druckformat DIN-A3 gebaut. Sie benötigen eine sehr hohe Anpresskraft (mechanischer Druck), da die gesamte Druckform beim Druck auf den Bedruckstoff gleichzeitig druckt.

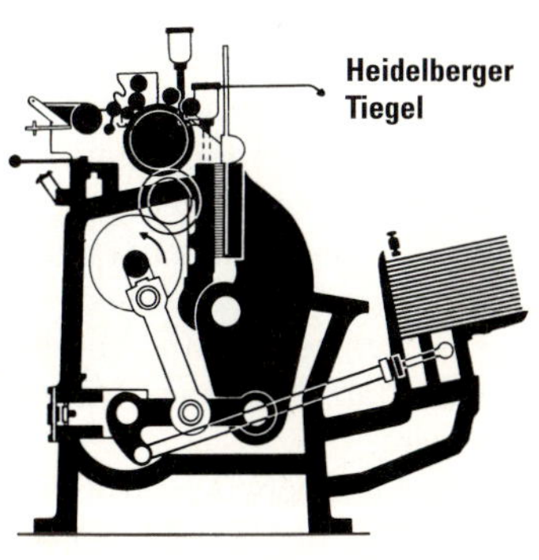

Heidelberger Tiegel

– Einsatzbereich
In vielen Druckereien werden die sogenannten „Tiegel“ für kleinformatige, kleinere bis mittlere Auflagen und für Spezialarbeiten (Prägen, Stanzen, Nummerieren, Heißfoliendruck) teilweise auch heute noch eingesetzt.

Flachform-Zylinder-Druckmaschinen

Diese Maschinen werden allgemein immer noch „Schnellpressen“ genannt – eine historische Bezeichnung aus den Anfängen dieser Drucktechnik im Vergleich zu den Tiegeldruckpressen.
• *Druckprinzip: Fläche gegen Zylinder.*
Die Druckform ist in einem Schließrahmen auf dem ebenen Druckformfundament geschlossen (befestigt). Zum Druck läuft das Fundament unter dem auf der Druckform abrollenden Druckzylinder hin und her. Je nach Bewegung des Druckzylinders im Verhältnis zu dem Vor- und Rücklauf des Druckfundamentes sind verschiedene Maschinensysteme zu unterscheiden: Eintouren-, Zweitouren-, Stoppzylinder- und Schwingzylinderschnellpressen.

Schnellpressen als Einfarben-Druckmaschinen wurden bis etwa zum Ende der sechziger Jahre für klein-, mittel- und großformatige Druckaufträge und sämtliche Qualitätsdruckarbeiten im Buchdruck eingesetzt. Eine Zweifarben-Druckmaschine, die es kurzzeitig auf dem Markt gab, war nur für einfache farbige Druckarbeiten, nicht aber für den Vierfarbdruck einzusetzen.

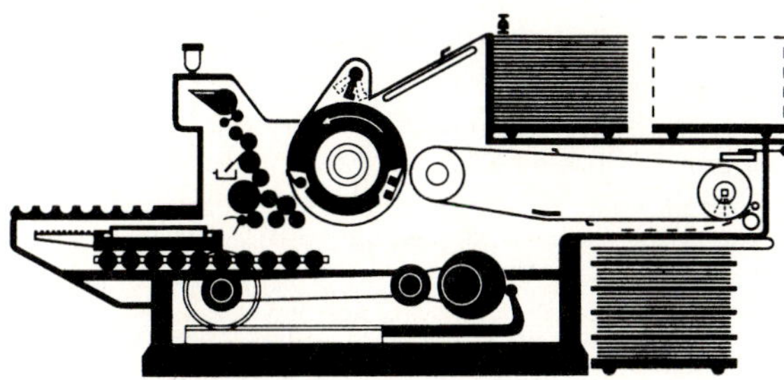

Heidelberger-Flachform-Zylindermaschine (Produktion eingestellt)

Heidelberger-Zweifarben-Zylinderautomat Rund + Flach (Produktion eingestellt)

Entscheidende Nachteile dieser Druckmaschinen:
– unproduktiver Rücklauf des Druckformfundamentes in seine Ausgangsstellung für jeden Druck,
– nur ein einfarbiger Druck möglich,
– geringe Druckleistung (ca. 2.500 Druck/h).

Rotations-Buchdruckmaschinen

• *Druckprinzip: Zylinder gegen Zylinder.*
Bis vor etwa 20 bis 30 Jahren wurden Rollen-Rotations-Druckmaschinen für Schön- und Widerdruck zum Druck von Großauflagen ohne allzu hohe Qualitätsansprüche (Tageszeitungen, Telefonbücher, Romane, Taschenbücher) eingesetzt. Gedruckt wurde anfangs ausschließlich von Stereoplatten (Abformungen von Original-Hochdruckplatten), später von den qualitativ hochwertigen Auswaschdruckplatten.

• *Bogen-Rotations-Druckmaschinen*
Buchdruckereien waren lange an Bogen-Rotations-Druckmaschinen interessiert, die im Vergleich zu den Schnellpressen wesentlich schneller produzieren können; außerdem sind diese Maschinen im Gegensatz zu den Rollen-Rotationsdruckmaschinen nicht an ein bestimmtes Format in der Drucklänge (Zylinderumfang) gebunden.

Die maschinentechnische Herstellung von Bogen-Rotationsdruckmaschinen für Qualitätsarbeiten war technisch keine Schwierigkeit. Was damals jedoch fehlte, war eine qualitativ hochwertige Wickelplatte (flexibles Material), die sich als Druckform eignete.

Die Entwicklung der Druckmaschinen und der geeigneten Druckplatten sowie geeigneter Druckfarben verlief jedoch nicht parallel. Dieses waren die wesentlichsten Gründe, dass Bogen-Rotationsdruckmaschinen im Buchdruck kaum eingesetzt wurden.

• *Rollen-Rotationsdruckmaschinen*
Rollen-Rotationsdruckmaschinen drucken in einem feststehenden Format in der Länge, die durch den Umfang des Druckformzylinders festgelegt ist. Jede Zylinderumdrehung bedruckt die „endlos“ durchlaufende Papierbahn. Ist der Zylinderumfang nicht voll ausgenutzt, so ergibt sich ein unbedruckter Papierstreifen parallel zur Zylinderachse. In der Breite sind die Druckmaschinen durch das Verwenden von verschieden breiten Papierrollen variabel.

Einen Buchdruck-Rotationsdruck für hochwertige Akzidenzen gab und gibt es nicht. Der Grund liegt

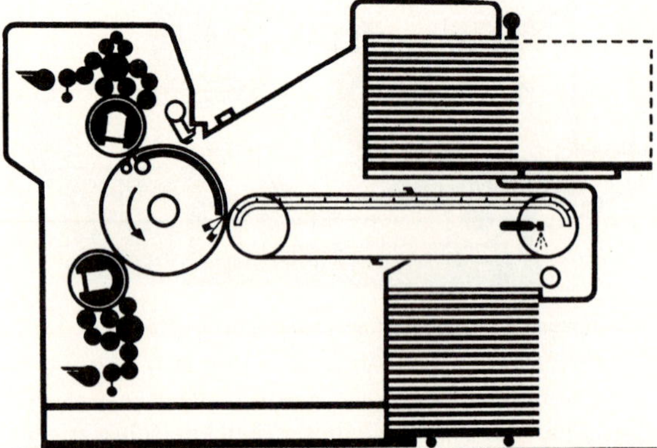

Heidelberger-Bogen-Rotationsmaschine (Produktion eingestellt)

darin, dass es in der Zeit, als der Buchdruck noch das dominierende Druckverfahren war, keine geeignete Druckform angeboten wurde und sich daher auch die Maschinenbautechnik nicht für diesen Produktionsbereich weiter entwickelte.

Diese Probleme führten zum Boom des Offsetdrucks, der nach und nach den Buchdruck ablöste.

Buchdruck heute

Tiegeldruckmaschinen sind ebenso wie Flachform-Zylinder-Druckmaschinen in nächster Zukunft immer noch für Spezialarbeiten wie stanzen, prägen, heißfolienprägen, rillen und nummerieren wirtschaftlich einzusetzen. Die Herstellung sonstiger Druckprodukte ist mit diesen Druckmaschinen technisch und wirtschaftlich überholt.

Der Rollen-Rotations-Buchdruck wird heute weltweit nur noch vereinzelt für den Druck von regionalen Tageszeitungen und Anzeigenblättern und anderen qualitativ anspruchsloseren Druckprodukten (Telefonbücher, Taschenbücher ohne Bilder) eingesetzt.

Gründe für den damaligen Boom zum Offsetdruck

- systematische Forschung und Entwicklung in allen Prozessbereichen
- der Fotosatz begünstigte die Druckformherstellung
- eine vergleichsweise einfache, schnelle und auch kostengünstige Druckformherstellung
- eine gute Qualität der Druckplatten
- Ganzformdruckplatten, die ein rasches Einrichten ohne manuelles Schließen der Druckform an der Druckmaschine ermöglichen
- rasches Einrichten der Druckmaschine, ein zeitaufwendige Zurichten der Druckform entfällt
- der Rotationsdruck in Bogen- und Rollen-Druckmaschinen ermöglicht hohe Druckleistungen
- Mehrfarben-Druckmaschinen (Nass-in-Nass-Druck) für Qualitätsdruckarbeiten sowie Schön- und Wider-Druckmaschinen auch im Bogendruck
- qualitativ gutes Bedrucken verschiedener Bedruckstoffoberflächen, d.h. für den Druck feiner Rasterbilder ist keine gestrichene Papieroberfläche eine unbedingte Voraussetzung
- Schrift- u. Bildwiedergabe in hoher Qualität ohne Quetschrand.

Erkennungsmerkmale des Buchdrucks

- Schattierung:Ein besonderes Merkmal des Buchdrucks ist die Schattierung. Darunter versteht man eine mehr oder weniger feine Prägung in den Bedruckstoff, die durch die hochliegenden Druckelemente und den erforderlichen Anpressdruck verursacht wird. Diese feinste Prägung ist besonders gut auf der Rückseite eines einseitig bedruckten Bogens bei Schriften oder an Bildkanten zu erkennen.
- Quetschrand: Als weiteres Merkmal können mit Hilfe eines Fadenzählers Quetschränder bei den gedruckten Buchstaben und Rasterpunkten festgestellt werden. Diese Quetschränder entstehen dadurch, dass beim Druck der erhabenen Bildteile auf den Bedruckstoff die Druckfarbe mechanisch nach den Seiten hin gepresst wird.
- Spitze Rasterpunkte: Aus drucktechnischen Gründen (Problem ist die erforderliche exakte Zurichtung an Bildkanten) ist bei Rasterdrucken auch in den hellsten Bildstellen ein spitzer Rasterpunkt mitzudrucken.

10.2.2 Flexodruck

Der Flexodruck ist nach den typischen Merkmalen der Druckform ein Hochdruckverfahren.

Von allen Hochdruckverfahren hat der Flexodruck den größten Marktanteil – mit einer weiterhin leicht steigenden Tendenz insbesondere im Verpackungs- und Etikettendruck.

Wesentliche drucktechnische Merkmale, durch die sich der Flexodruck vom Buchdruck und Lettersetdruck unterscheidet sind:

- flexible Druckformen, weich- bis hartelastisch, als Druckplatte oder Sleeve (Druckformhülse)
- direkter Rollen-Rotationsdruck (nur bei speziellen Produktionssystemen werden auch einzelne Bogen bedruckt, z. B. Wellpappe)
- Druckfarben mit niedriger Viskosität (= dünnflüssig), die durch das Verdunsten von Lösemitteln trocknen.

Der Flexodruck – früher unter der Bezeichnung Anilindruck bekannt – hat sich in den vergangenen Jahren kontinuierlich von einem Druckverfahren für Massendrucksachen mit geringeren Qualitätsansprüchen zu einer qualitativ höherwertigen Drucktechnik entwickelt. Forderungen nach Qualitätssteigerungen und ein breiterer Einsatzbereich auf verschiedenen Materialien (Bedruckstoffe) sowie Zeit- und Kosteneinsparungen in der Druckformherstellung und im Druckprozess waren maßgeblich für neue Entwicklungen.

Der Flexodruck steht besonders im Verpackungsdruck in einem intensiven Wettbewerb mit dem Tiefdruck, der durch neue Druckformherstellungsverfahren mit Lasergravur und auch Hülsentechnik seine hohen Druckformkosten erheblich senken konnte und damit auch bei geringeren Laufmetern (Auflagenhöhe im Rollendruck) wesentlich wirtschaftlicher geworden ist. Vorteil des Tiefdrucks ist zudem eine sehr konstante Druckqualität.

Ein Ziel der weiteren Entwicklung im Flexodruck ist es daher, die Druckformherstellung weiter zu optimieren, d.h. den Weg von einer kopiertechnischen Druckplattenherstellung über Computer-to-Plate hin zur Computer-to-Sleeve-Technologie (Ziel: direkte Lasergravur) konsequent zu gehen.

Ein weiteres Ziel muss eine verfahrenstechnische Standardisierung sein. Dazu müssen Druckparameter wie Druckformen, Druckfarben, Aniloxwalzen und Druckmaschinentechnik optimal aufeinander abgestimmt werden.

Gedruckt werden vor allem große Auflagen für den gesamten Verpackungssektor und Etiketten auf Papier und Kunststoff-, Metall- oder Verbundfolien aller Art, Wellpappe und teilweise sogar auch Tageszeitungen. Wichtige Produkte sind in der vergleichenden Übersicht zusammengestellt.

Medienberatung und Mediengestaltung für den Flexodruck
Ein optimales Druckprodukt erfordert verfahrensspezifische Kenntnisse zu flexodruckspezifischen Anforderungen. Diese sind bereits bei der Gestaltung des Produktes in einer Werbeagentur und technisch bei der Herstellung von (Rein-)Zeichnungen und der Umsetzung der Bildinformationen in der Reproduktion beachten.

Insbesondere Reproduktionsbetriebe, die bisher nur für den Offsetdruck arbeiteten, müssen die geforderten Parameter kennen und berücksichtigen: Kopiervorlagen und digitale Daten, die für den Offsetdruck hergestellt worden sind, können im allgemeinen nur durch zeit- und kostenaufwendige Zusatzarbeiten für den Flexodruck eingesetzt werden.

Hinweise für die Mediengestaltung in einer Werbeagentur, die mit der Produktion abzustimmen sind:

- Reinzeichungen
  Reinzeichungen sollen im Format 1 : 1 oder größer angeliefert werden. Eine notwendige Vergrößerung über 20 % erfordert oft zusätzliche Bearbeitungen, die die Kosten erhöhen.
- Raster, Rasterverläufe
  Die Art des Rasters (z. B. autotypisch, frequenzmoduliert) und eine mögliche Rasterfrequenz (Rasterweite in L/cm) ist mit der Produktion abzustimmen.
- Strich- und Rasterkombinationen
  Strich- und Rasterbilder sollten reprotechnisch getrennt werden.
- Farbenzahl
  Maximal können bis zu zehn Farben (entsprechend der Anzahl der Druckwerke in der Druckmaschine) gleichzeitig gedruckt werden.
  Schriften und Farbflächen werden vielfach in separaten Druckformen bzw. als Sonderfarben neben einem Farbsatz gedruckt.
- Linien
  Bei Zeichnungen dürfen Linien nicht feiner als 0,04 mm sein.
- Schriftgröße
  Schriftgrößen unter 6 Punkt sind ungeeignet.
- EAN-Code
  Linienstärken sind wegen der hohen Tonwertzunahme im Druckprozess für die Druckformherstellung zu reduzieren.
- Tonwertzunahme
  Je nach Druckform, Bedruckstoff und benötigtem Anpressdruck ist in bestimmten Tonwertbereichen mit einer Tonwertzunahme (TZ) von über 20 % zu rechnen. Diese muss bei der Gestaltung eines Druckproduktes, in der Arbeitsvorbereitung und bei der Reproduktion berücksichtigt werden.

Reproduktion
Rasterpunktformen und Rasterfrequenz (Rasterweite in Linien/cm) sind für alle Druckformen auf das Druckprodukt, den Bedruckstoff, die Art und den Zeichnungsumfang der Bildvorlagen sowie auf die Arbeitsbreite und das Einfärbesystem der Druckmaschine abzustimmen.

Jeder Mehrfarbendruck ist bei autotypischen Rastern moiréanfällig und erfordert eine spezielle Rasterwinkelung. Problem ist die Einfärbung der Druckform mit einer speziellen Rasterwalze (vgl. hierzu das Unterkapitel zur Drucktechnik).

Die Rasterung der Druckfarbe übertragenden „Näpfchen" auf dieser Walze liegt immer in einem Winkel von 45⁰ zur Walzenachse.

Eine Abstimmung zwischen Arbeitsvorbereitung, Reproduktion und Druckproduktion als „Technische Richtlinie" ist für Reproduktionen erforderlich. Basis dazu sind Kennlinien des typischen Druckprozesses auf entsprechenden Bedruckstoffen.

Technische Richtlinien, Angaben und Daten zu Reproduktionen für den Flexodruck

- Rasterfrequenz
  Allgemein wird eine Rasterfrequenz (Rasterweite) von 48 L/cm verwendet. Für spezielle Druckarbeiten bei entsprechenden technischen Voraussetzungen (Druckform, Druckmaschine) und Bedruck stoffen sind auch 60 L/cm oder sogar 80 L/cm möglich.
- Rasterwinkelung
  Bedingt durch die Rasterwalze im Einfärbesystem der Druckmaschine wird mit einer speziellen Vorverwinkelung von 7,5⁰ reproduziert. Diese Vorverwinkelung verhindert weitgehend Moireeffekte, die durch die Näpfchen der auf 45⁰ gewinkelten Rasterwalze im Druckbild entstehen können.
  Mögliche Rasterwinkelungen:

Yellow	82,5⁰
Magenta	67,5⁰
Cyan	7,5⁰
Schwarz	37,5⁰

– Rasterpunktformen
Es sollen vorwiegend runde Rasterpunktformen verwendet werden, die eine geringere Tonwertzunahme ergeben. Grundsätzlich ist auch bei entsprechender Abstimmung der Einsatz frequenzmodulierter Raster möglich.

– Tonwertzunahme
Die Tonwertzunahme im Flexodruck ist erheblich größer als im Offsetdruck. Einflussfaktoren sind die flexible Druckform, die Rasterfrequenz, die Druckfarbe, der Bedruckstoff, das Einfärbesystem und die Druckmaschine. Es sollte nach den ermittelten Kennlinien reproduziert werden. Grundsätzlich sind alle Rastertonwerte über 60 % ca. 10 bis 20 % offener zu halten als beim Offsetdruck.

– Lichterpunkt
In den hellsten Bildlichtern muss mindestens ein Rasterpunkt von 3 % Flächendeckung erhalten bleiben. Spitzere Rasterpunkte können bei der Druckformherstellung herausbrechen. Fehlende Rasterpunkte führen bei feinen Bilddetails oder bei Tonwertverläufen zu einem Tonwertabriss.

– Tonwertverläufe
Tonwertverläufe im Raster werden im Flexodruck in der Regel als „Sonderfarbe" in einem separaten Druckwerk gedruckt. Dies erleichtert dem Drucker die Farbsteuerung, weil der Verlauf nicht aus einer Skalenfarbe im Farbdruck erzeugt werden muss. Die Gefahr von Abweichungen im Farbton sind dadurch zu verringern.

– Druckplattendehnung
Planliegend bebilderte Flexodruckplatten werden bei der Montage auf die Rundung des Druckformzylinders in ihrer Oberfläche um einen bestimmten Wert in der Umfangsrichtung des Zylinders gedehnt. Diese mechanische Dehnung ergibt eine Verlängerung des Druckbildes. Kopiervorlagen für den Flexodruck müssen deshalb in der Zylinderumfangsrichtung verkürzt (verzerrt) werden.
Technische Grundlage: Innerhalb der Druckplatte gibt es eine neutrale Ebene, um die sich der obere Teil durch das Strecken dehnt und der darunter liegende Teil staucht. Aufgrund der maßhaltigen Polyesterfolie in der Fotopolymerdruckplatte ist diese Ebene bekannt und kann somit als Faktor berechnet werden. Besonders bei kleinen Druckformaten wirkt sich dieser Dehnungswert erheblich im Druckbild aus. Ein Kreis würde – übertrieben betrachtet – zu einem Oval, ein Quadrat zu einem Rechteck.
Die erforderliche Verkürzung ist bereits bei der Herstellung der Reproduktionsvorlage anzulegen oder – einfacher – elektronisch in der Bildbearbei-

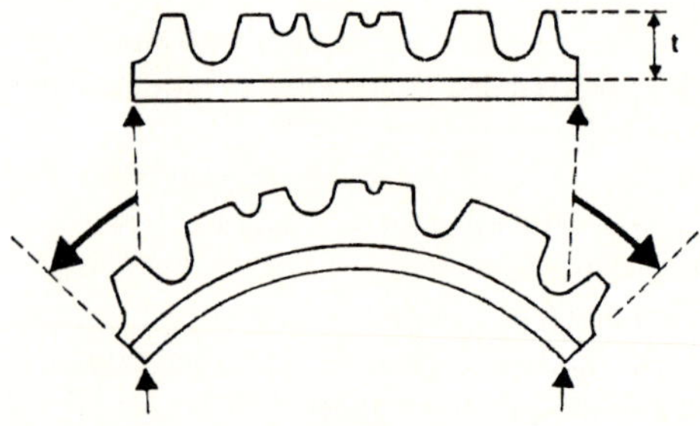

Prinzip der Druckplattendehnung

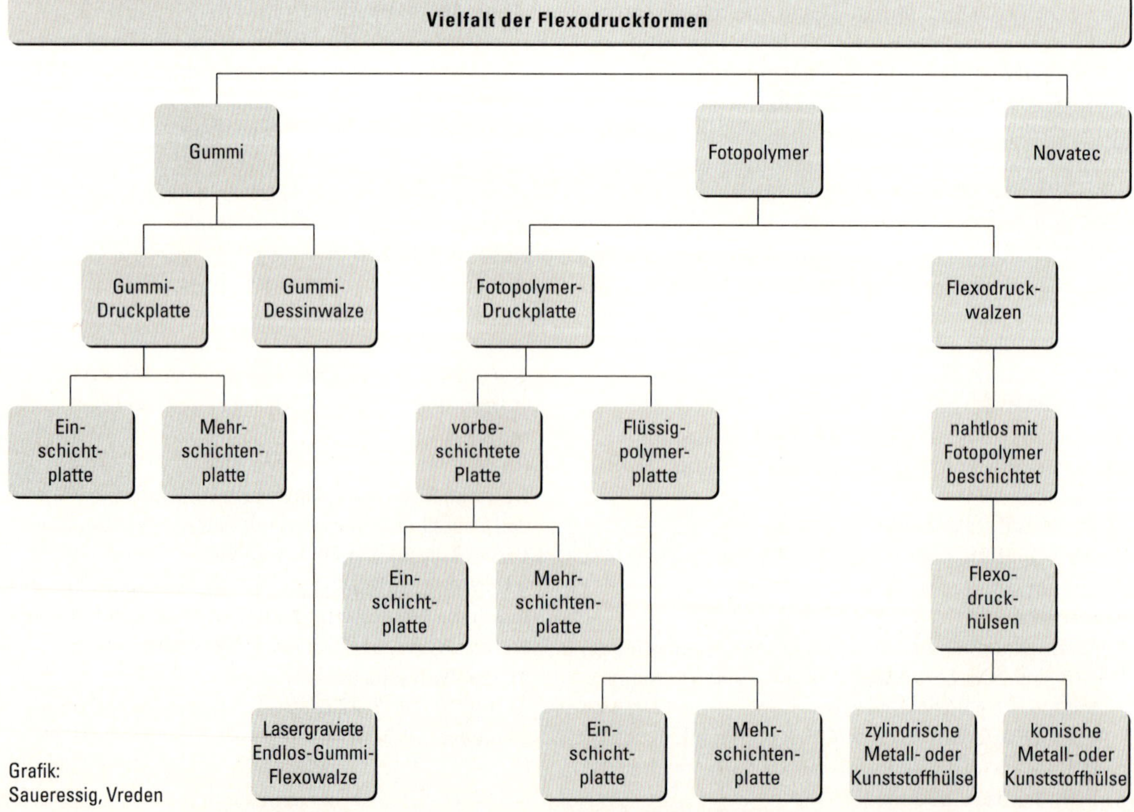

Grafik: Saueressig, Vreden

tung auszugleichen. Da der Verkürzungswert vom Umfang des Druckformzylinders abhängig ist, ist eine exakte Abstimmung mit der Druckerei erforderlich.

Der Dehnungswert wird allgemein bei Flexodruckplatten nach der folgenden Formel berechnet:

K = 2 x t x 3,14
K = Dehnungswert
t = dehnbare Fotopolymerschicht (Druckplattenstärke minus Trägerfolie)

Der prozentuale Verzerrungsfaktor ergibt sich aus:

$\frac{K}{R}$ x 100 % = Verzerrungsfaktor
K = Dehnungswert
R = Zylinderumfang = Drucklänge

Beispiel zur Ermittlung des Dehnungsfaktors

Fotopolymerplatte	Einschichtplatte, 2,84 mm
Trägerfolie	0,14 mm
Zylinderumfang	440 mm

Plattenstärke	2,84 mm
- Trägerfolie	0,14 mm
dehnbare Schicht	2,70 mm

K = 2 x 2,70 mm x 3,14
K = 16,96 mm

Daraus ergibt sich der Verzerrungsfaktor:

$\frac{16{,}96 \text{ mm}}{440 \text{ mm}}$ x 100 % = 3,85 %

Das Druckbild muss bei diesem Umfang des Druckformzylinders um 3,85 % verkürzt werden.

Druckformen

Als Materialien für Druckformen im Flexodruck kommen derzeit Gummi, Kunststoffe und vor allem Fotopolymere zum Einsatz. Druckformtypen sind
– Flexodruckplatten,
– Endlos-Sleeves und
– Endlos-Nahtlos-Sleeves.

Für das Bebildern der Flexodruckformen lassen sich drei Verfahren einsetzen
– konventionelle Bebilderung (Kopie)
– digitale Bebilderung mit Lasertechnik
– Bebilderung durch Direktgravur mit Lasertechnik.

Flexodruckplatten werden plan liegend bebildert. Sie müssen nach der Fertigstellung standgenau auf den Druckformzylinder montiert werden.

Sleeves sind spezielle, dünnwandige Luftkörperdruckhülsen, die als Druckklischeeträger in vielen Druckmaschinen eingesetzt werden können. Träger des Sleeves ist ein Luftzylinder. Das Aufschieben, Positionieren und auch das Abziehen funktionieren nach dem Luftkissenprinzip. Dem Trägerzylinder wird Druckluft zugeführt, die am Ballen des Zylinders an definierten Bohrungen austritt. Durch das dadurch erzeugte Luftkissen dehnt sich der Sleeve. Dies ermöglicht es, den Sleeve auf den Trägerzylinder zu schieben. Nach dem Beenden der Luftzufuhr, zieht sich der Sleeve zusammen und presst sich unverrückbar auf den Trägerzylinder. Nach dem Ausdrucken ist der Sleeves durch Druckluft zu dehnen und so leicht wieder abzuziehen.

Endlos-Sleeves mit einer vormontierten, unbebilderten fotopolymeren Druckplatte werden in einem Rundbelichter standgenau mit einer Laserbelichtung bebildert. Es entfallen dadurch Probleme durch die Längendehnung sowie Stand- bzw. Passerungenauigkeiten beim Montieren auf den Druckformzylinder. (Erläuterungen dazu vgl. nachfolgende Unterkapitel.) Besondere Vorteile dieser Technik sind kurze Rüstzeiten sowie eine exakt standrichtige Druckform.

Nach dem Ausdrucken wird die Druckplatte an der Naht vom Zylinder abgezogen und eine auf Zylindermantelgröße zugeschnittene neue Rohplatte

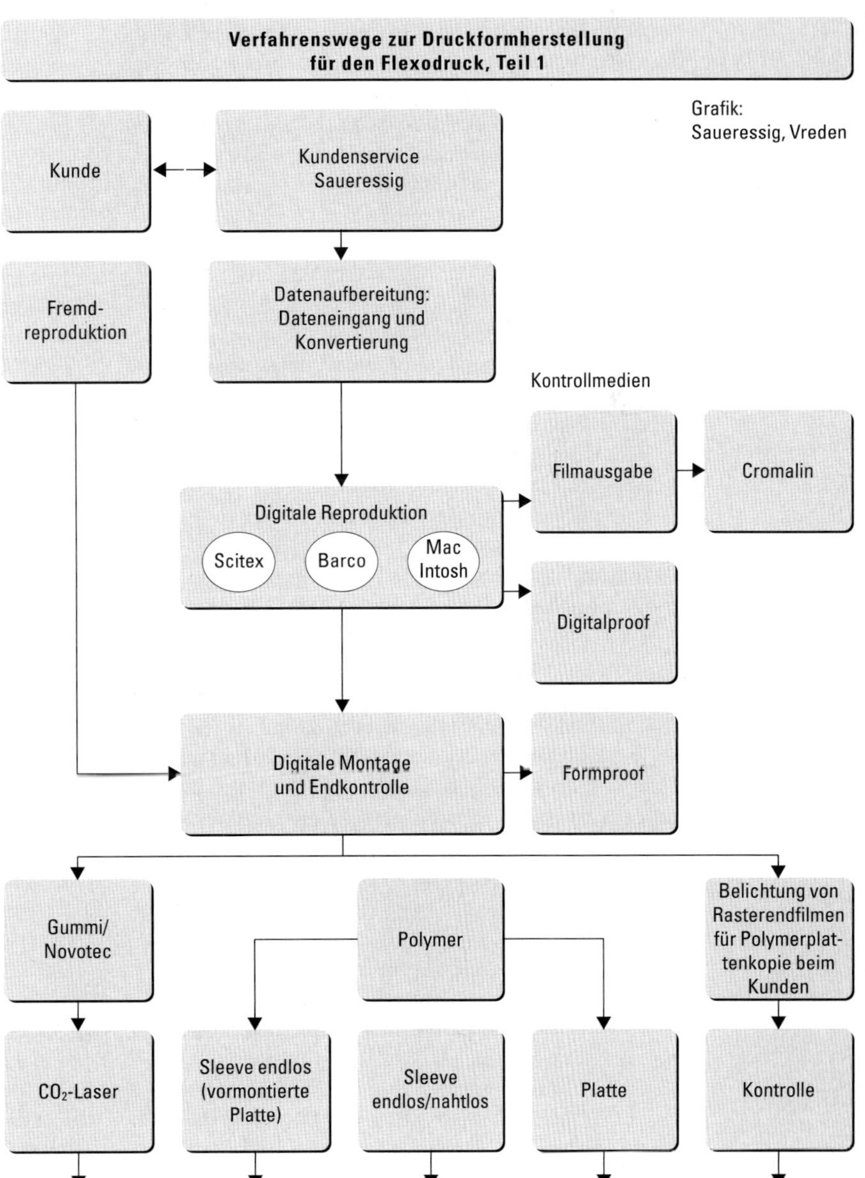

aufgeklebt, auf die die Klischees für den nächsten Auftrag montiert werden.

Endlos-Nahtlos-Sleeves sind fotopolymere Druckformhülsen, die bereits vom Hersteller nahtlos vorbeschichtet sind. Sie ermöglichen dadurch eine nahtlose Umsetzung von Strich- und Rasterbildern.

Druckplatten

Früher ausschließlich eingesetzten Gummidruckformen (Nachformungen von Original-Hochdruckplatten) ermöglichten nur den Druck flächiger Motive und grober Strichzeichnungen bis zu einer mittleren Druckqualität.

Durch moderne Lasertechnik sind heute Gummi und auch Kunststoffe durch Lasertechnik direkt zu bebildern. Dadurch lassen sich Original-Hochdruckplatten mit einer wesentlich besseren Qualität anfertigen.

Für eine hohe Druckqualität – die wesentlichste Forderung im Verpackungsdruck – sind fotopolymere Auswaschdruckplatten (Original-Hochdruckplatten, z. B. Nyloflex von BASF, Cyrel von DuPont) erforderlich. Qualitätsforderungen und vor allem auch die Wirtschaftlichkeit erfordern weitere Entwicklungen zu Computer-to-Plate- und letztlich zu Computer-to-Sleeve-System in Verbindung mit einer Lasergravur.

Spezielle Kunststoffe (z.B. Novotec®, Saueressig, Vreden) bieten sich als Alternative zu Gummi oder Fotopolymer immer dann an, wenn es um High-Tech-Flexodruck mit UV-Druckfarben geht.

Besondere Vorteile der Fotopolymerdruckplatten gegenüber einfacheren Gummidruckplatten sind:
- Original-Hochdruckplatte: direkte Informationsübertragung auf die Druckplatte von einem Filmnegativ oder durch Lasertechnik in hoher Qualität
- schnelle, standardisierte Herstellung
- ein- und mehrfarbiger Rasterdruck möglich
- maßhaltig, passergenau
- Einsatz von Voreinstellsystemen möglich
- Druck hoher Auflagen ohne Qualitätsverlust
- wirtschaftliche Herstellung.

Fotopolymerdruckplatten sind dünne Einschichten- und Mehrschichtendruckplatten mit verschiedenem Aufbau in unterschiedlichen Stärken.

Einschichtendruckplatten besteht aus einer polymerisierbaren Reliefschicht, die mit einer Schutzfolie abgedeckt ist. Zur Stabilisierung dient allgemein eine Polyesterfolie auf der Rückseite der Reliefschicht. Mehrschichtendruckplatten eignen sich besonders für einen qualitativ hochwertigeren Druck, z. B. den mehrfarbigen Rasterdruck. Die Stabilisierungsfolie der bei diesen Platten wesentlich dünneren Reliefschicht liegt auf einer kompressiblem Trägerschicht. Dieser kompressible Unterbau nimmt die im Druckprozess einwirkenden Kräfte auf, ohne dass sich diese Verformungen auf das harte Bildrelief auswirken. Durch den kompressiblen Unterbau und die Stabilisierungsfolie tritt nur eine sehr geringe mechanische Verzerrung auf.

Die plan liegenden Druckplatten müssen auf den Druckformzylinder montiert werden. Diese „Rundung" verursacht bei Einschichtenplatten eine nicht unerhebliche Längendehnung, die sich als Verzerrung auswirkt . Der Mehrschichtenaufbau verleiht der Druckplatte Stabilität und gute Druckeigenschaften mit einer kontrastreichen Bildwiedergabe.

Fotopolymere der Druckplatte vernetzen bei der Informationsübertragung durch Kopie bei Einwirken von UV-Licht. Sie sind damit unlöslich für den nachfolgenden Enwicklungsvorgang. Unbelichtete Stellen (Nichtbildstellen) bleiben löslich für den Entwickler, sie werden ausgewaschen. Endprodukt ist eine Reliefdruckplatte, allgemein Klischee genannt.

Im Detail betrachtet ist die Herstellung von Reliefdruckplatten (Beispiel für Einschichtendruckplatten) aber immer noch ein komplizierter, zeitaufwendiger Prozess:
- Vorbelichtung
  Vollflächiges Belichten der Plattenrückseite ohne Kopiervorlage. Zweck: Polymerisation der Rückseite und damit Begrenzung der Auswaschtiefe.
- Hauptbelichtung
  Abziehen der Schutzfolie.
  Bebilderung der Druckplatte durch ein Filmnegativ mit Hilfe von UV-Licht in der Kopie oder Bebilderung mit einem Lasersystem.
- Auswaschen
  Alle nicht belichteten Bereiche (Nichtbildstellen) mit geeigneten Lösungsmitteln (Wasser oder auch organische Lösungsmittel) auswaschen.
- Trocknen
  Die ausgewaschene, noch feuchte Druckplatte wird gründlich getrocknet. Dabei verdunsten ggf. in die Reliefschicht eingedrungene Lösungsmittelanteile.
- Nachbehandlung
  Eine vollflächige Nachbelichtung härtet das Relief endgültig durch. Eine mögliche Klebrigkeit wird durch eine einfache chemische Nachbehandlung beseitigt.

Die Technologie lasergravierter Druckplatten für den Flexodruck werden im Kapitel 9.6 beschrieben.

Druckplattenmontage

Flexible Druckformen werden direkt auf den Druckformzylinder aufgeklebt oder als Ganzdruckformen auf dem Zylinder eingespannt.

Um Rüstzeiten zu reduzieren und Kosten zu sparen, werden im Flexodruck vermehrt Hülsensysteme als Träger der Druckform eingesetzt. Mit Hilfe eines Luftkissens o. ä. können dabei Sleeves (dünnwandige Hülsen) einfach und schnell auf die Druckformzylinder Kerne aufgeschoben und nach Druckende wieder abgezogen werden.

Flache Druckplatten müssen mit doppelseitiger Klebefolie stand- und passgenau auf dem Druckformzylinder montiert werden. Eine konventionelle Montage mit Hilfe von Spiegeln ist vor allem zeitaufwendig und kostenintensiv.

Verfahrenswege zur Druckformherstellung für den Flexodruck, Teil 2

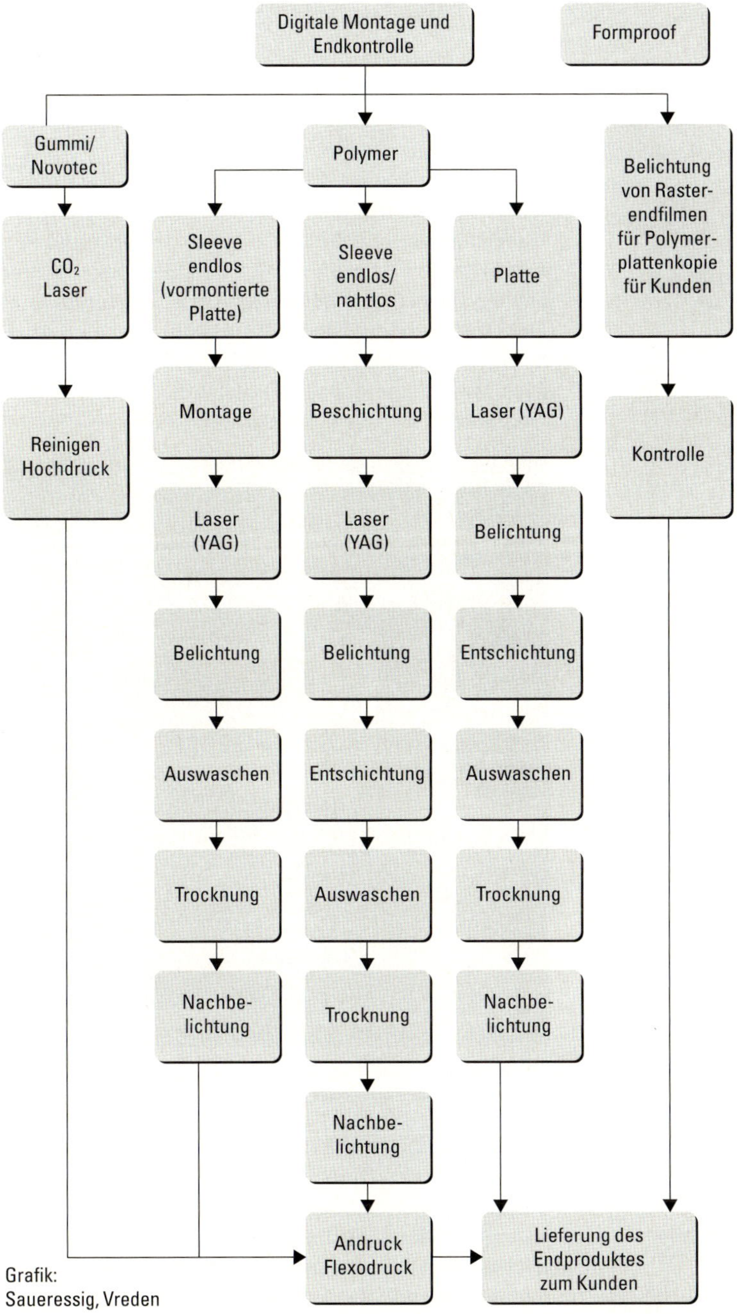

Digitale Montage und Endkontrolle
Formproof
Gummi/ Novotec → CO_2 Laser → Reinigen Hochdruck → Andruck Flexodruck
Polymer → Sleeve endlos (vormontierte Platte) → Montage → Laser (YAG) → Belichtung → Auswaschen → Trocknung → Nachbelichtung → Andruck Flexodruck
Polymer → Sleeve endlos/ nahtlos → Beschichtung → Laser (YAG) → Belichtung → Entschichtung → Auswaschen → Trocknung → Nachbelichtung → Andruck Flexodruck
Polymer → Platte → Laser (YAG) → Belichtung → Entschichtung → Auswaschen → Trocknung → Nachbelichtung → Lieferung des Endproduktes zum Kunden
Belichtung von Rasterendfilmen für Polymerplattenkopie für Kunden → Kontrolle → Lieferung des Endproduktes zum Kunden
Andruck Flexodruck → Lieferung des Endproduktes zum Kunden

Grafik: Saueressig, Vreden

Für eine schnelle und exakte Mikropunktmontage der Flexodruckplatten eignen sich für die Flachmontage elektronisch gesteuerte Systeme, z. B. vom Typ Cyrel® Macroflex von DuPont. Die Anlage besitzt die Möglichkeit zu einer direkten Anbindung an den digitalen Workflow der Druckvorstufe. Ergänzende Software-Tools zur Generierung von Passkreuzen, die in das Macroflex-System weitergegeben werden, ergeben die geforderte Funktionalität.

Im großformatigen Druck, z. B. bei Wellpappen, besteht das gesamte Druckbild häufig aus vielen kleineren Druckbildeinheiten. Nach Eingabe bzw. Importieren der Auftragsdaten einschließlich der Stanzlinien erkennt das Programm automatisch die einzelnen Druckbilder und platziert selbsttätig die Passkreuze. Die Informationen aus der Druckvorstufe werden in die Koordinaten des Montagesystems exportiert. Elektronisch gesteuerten Videokameras fahren damit die genaue Position der Passkreuze für die Montage der Klischees automatisch an.

Durch speicherbare Koordinaten mit den entsprechenden Auftragsdaten ist eine Wiederholung einer Montage jederzeit mit höchstmöglicher Präzision gewährleistet.

Das bei der Montage auftretende Problem der Dehnung der Druckplatte muss, wie bereits erläutert, bereits bei der Vorbereitung der Reproduktion bzw. im Reproduktionsprozess berücksichtigt werden. Dieses Montagesystem ermöglicht dem Bediener in Verbindung mit der zusätzlichen Software das passgenaue Montieren, wenn Verkürzungs- oder Verlängerungsfaktoren zu berücksichtigen sind. Das ist z.B. der Fall, wenn ein bekannter Auftrag neu montiert werden muss, weil er auf einer anderen Druckmaschine mit abweichendem Zylinderdurchmesser produziert werden soll. Hier muss der Bediener an dem System lediglich den geänderten Faktor eingeben.

Endlos-Fotopolymer-Sleeves

Die Sleeves-Technologie ermöglicht kürzeste Rüstzeiten. Die dünnwandige Metallhülse ist durch Pressluft minimal aufzuweiten. Dadurch ist sie leicht auf den Druckformzylinder aufzuschieben. Nach dem Abschalten der Pressluft sitzt die Hülse fest auf dem Zylinder.

Besondere Vorteile der digitalen Fertigung von Endlos-Fotopolymer-Sleeves

- Höherer Tonwertumfang im Druck,
  Druckpunktwiedergabe ab 30 µm, Tonwertumfang im Raster von 3 bis 98 %, bessere Differenzierung der Rasterung und weichere Verläufe im Druckbild
- Filmlose Herstellung der Druckform
  Einsparung von Zeit und Kosten für Filme und die Plattenmontage, bessere Qualität
- Sehr guter Passer im Druckbild
- Hohe Reproduzierbarkeit und Standardisierung

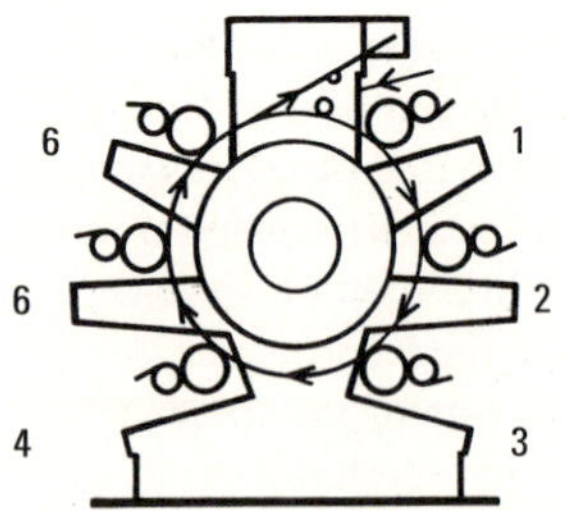

Einzylinder-Flexodruckmaschine für Rasterdruck (exemplarisches Beispiel)

Farbwerke:	1	2	3	4	5	6
Farbe:	Gelb (Fläche)	Gelb	Schwarz (Schrift)	Mag.	Cyan	Schwarz
Rasterwalze:						
– Raster (Linien/cm)	80	140	80	140	140	140
– Drehung	45°	45°	45°	45°	45°	45°
– mit Rakel	x	x	x	x	x	x
– mit Farbgebung (cm^3/m^2)	8,1	8,3	8,1	8,3	8,3	8,3
Klischee-Drehung	–	82,5°	–	67,5°	7,5°	37,5°

Druckmöglichkeiten im Flexodruck

1. Abrollen, Drucken, Wiederaufrollen

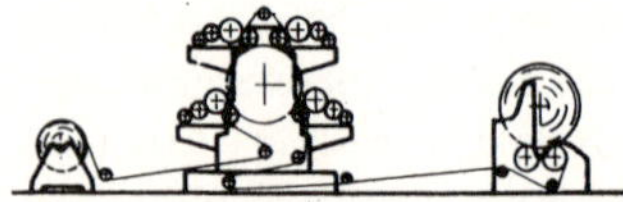

2. Abrollen, Drucken, Planoauslegen

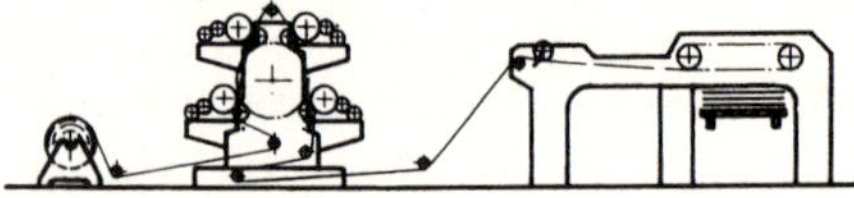

3. Abrollen, Drucken, Falzen

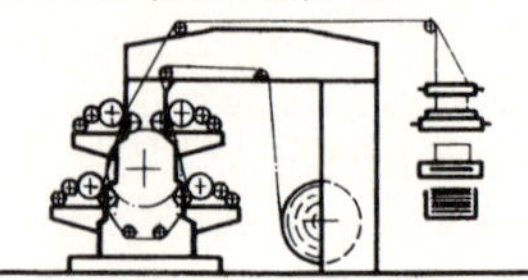

4. Abrollen, Drucken, Verarbeiten

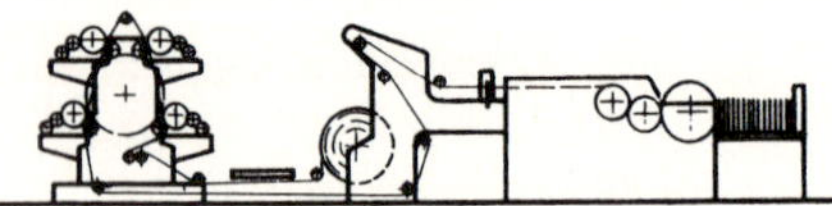

5. Abrollen, Drucken, Kombidruck, Planoauslegen

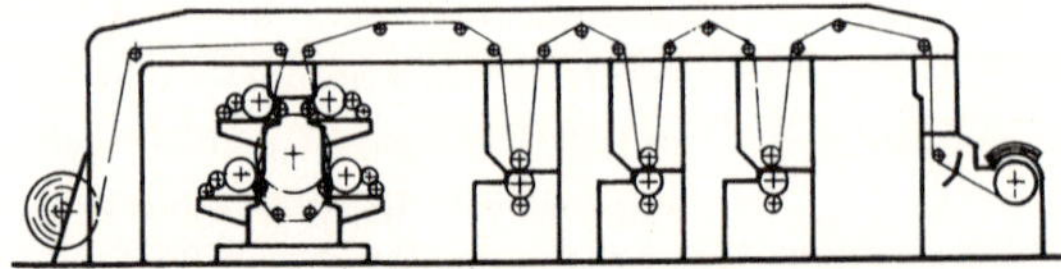

Druckmaschinen

Im Verpackungsdruck verstärkt sich der Trend zur Verwendung von immer mehr Farben. Schmuck- und Sonderfarben, Lackierungen sowie die Trennung von Raster- und Strichbildern in verschiedene Druckformen erfordern Flexodruckmaschinen mit bis zu zehn Druckformen mit entsprechenden Farbwerken.

Flexodruckmaschinen sind heute fast ausschließlich Mehrfarben-Rollen-Rotationsdruckmaschinen mit maximalen Produktionsgeschwindigkeiten von bis zu 500 m/s.

Konstruktiv unterscheiden sich Flexodruckmaschinen im wesentlichen im Aufbau der Druckwerke:

- Zentralzylinder- oder Einzylindersystem
- Mehrzylindersystem in
  - Reihenbauweise
  - Kompaktbauweise

Zentralzylindersystem

Druckmaschinen im Zentralzylinder- bzw. Einzylindersystem arbeiten mit einem Satellitendruckwerk. Dabei sind die verschiedenen Druckformzylinder mit vier bis zehn Farbwerken mit Zwischentrocknern um einen großen zentralen Druckzylinder angeordnet. Der Druckzylinder hat je nach Anzahl der Druckwerke einen Durchmesser von ca. 200 bis 350 cm. Je nach Maschinentyp und Einsatzbereich variiert die Druckbreite zwischen 300 und 3000 mm.

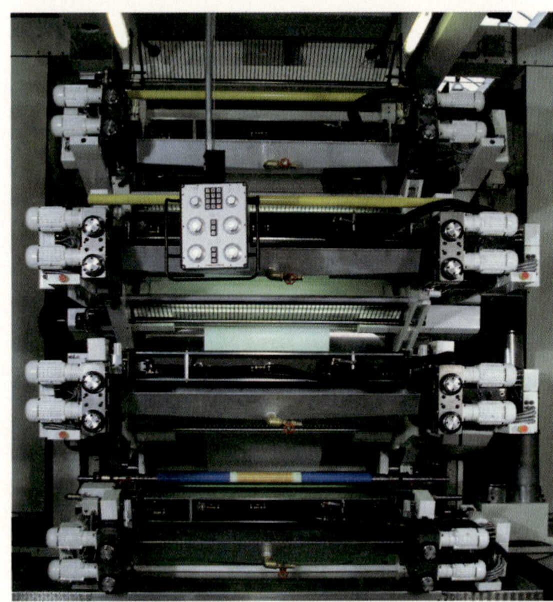

Flexodruckmaschine 34 DF CNC
Fischer & Krecke

Moderne Flexodruckmaschinen arbeiten mit einem stufenlosen Direktantrieb (beispielsweise mit digital gesteuerten Servomotoren) an Druckformzylindern und Rasterwalzen. Damit ist eine beliebige Drucklänge (Rapportlänge) für flexible Verpackungsmaterialien stufenlos zu wählen.

Durch den Einsatz modernster Steuer- und Regeltechnik erreichen die Maschinen Druckgeschwindigkeiten von bis zu 500 m/min.

Eine besondere Herausforderung für die Druckmaschinenbauer war der sehr große Zentralzylinder und die geforderte hohe Druckqualität: Die Fertigung des Stahlzylinders muss eine Rundlaufgenauigkeit von etwa 5 µm erreichen, um einen optimalen Kontakt in der Druckzone und damit eine fehlerfreie Druckbildübertragung auf den Bedruckstoff zu erreichen.

Ein ebenfalls in diesem Zusammenhang zu lösendes Problem sind Temperaturdifferenzen.

Im Druckprozess verändern sich die Temperaturen im Druckwerk und dem gesamten Druckständer (Seitenteile). Bereits 1 °C Temperaturdifferenz verursacht bei 1 m Druckständermaterial eine Positionsveränderung der Druckzylinder um ca. 12 µm – damit also weniger Genauigkeit und eine schlechtere Druckqualität. Eine Lösung bieten geschlossene Temperiersysteme, die für eine konstante Temperatur sowohl des Zentralzylinders als auch des Druckständers sorgen.

Prozess-Sicherheit und Wirtschaftlichkeit durch das Verkürzen der Rüstzeiten erreichen High-Tech-Maschinen mit elektronischer Systemsteuerung und verschiedenen Bausteinen zur Automatisierung, z. B.:

- automatische Verstellung der Druckwerke mit dem Einfahren in die Druckposition, Einstellen der exakten Standposition seitlich und im Umfang (dem sogenannten „Längs- und Seitenregister") und die Feinverstellung im µm-Bereich,
- Walzenwechselsystem,
- Farbversorgungs- und Reinigungssystem

und optional ein zusätzliches

- Management-Informationssystem zur Übernahme von Maschinen- und Produktionsdaten, wie Auftragsdaten, Informationen zu Schichtleistungen, Stillstands- bzw. Ausfallzeiten und deren Ursache und Rollenprotokolle mit Hinweisen, ob und wo sich in der bedruckten Rolle Makulatur befindet. Die Übernahme in eine externe Datenbank ermöglicht das Verarbeiten, Speichern und Ausdrucken.

Die Bedruckstoffbahn läuft in der Zentralzylindermaschinen um den großen Druckzylinder herum und wird dabei nacheinander allen Farben bedruckt. Damit ist ein sehr genauer Stand im Zylinderumfang (Längspasser in der Bahnlaufrichtung) zu erreichen. Besonders vorteilhaft ist das Einzylindersystem daher für den Farbdruck auf dünne, flexible Papiere und Folien, die in diesem System mit hoher Passergenauigkeit bedruckt werden können.

Die Druckmaschinen können mit einer UV-Trocknung ausgerüstet werden. Ebenso lassen sich bei High-Tech-Maschinen Auftragswerke für weitere Anwendungen wie Lackierungen oder Beschichtungen als Flexodruck- oder Tiefdruckwerk integrieren.

Selten wird eine Flexodruckmaschinen „von der Stange" gekauft: Die Regel sind maßgeschneiderte Anlagen für einen bestimmten Produktionsbereich.

Mehrzylindersystem

Druckmaschinen im *Mehrzylindersystem in der Reihenbauweise* konnten bisher nicht für Druckarbeiten mit einer hohen Passergenauigkeit auf dünnen und flexiblen Bedruckstoffen eingesetzt werden. Ein besonderes Problem ergibt sich durch den geringen Anpressdruck beim Druck und die auf die Bahn wirkenden Zugkräfte zwischen den Druckwerken. Hierdurch hat die Bahn zwischen den einzelnen Druckwerken nicht wie beispielsweise im Offsetdruck oder Tiefdruck eine Führung durch den Bahnzug. Kleinste Schwankungen verursachen bereits erhebliche Passerprobleme.

Durch digital gesteuerten Einzelantrieb der Druckwerke, dehnfestere Bedruckstoffe und auch kleineren Druckformatenlassen sich die Probleme bei Flexodruckmaschinen in Reihenbauweise minimieren. Technisch bieten diese Druckmaschinen durchaus zu beachtende Vorteile:

- Anzahl der Druckwerke ist beliebig auszubauen
- Schön- und Widerdruck einfach zu realisieren
- einfachere Zugänglichkeit und Bedienung der einzelnen Druckwerke.

Flexodruckmaschinen in Reihenbauweise eignen sich besonders für ein Kombinieren und Erweitern. Sie werden heute vor allem als Teil einer Hybridmaschine in Kombination mit anderer Druckverfahren eingesetzt. Ein Beispiel dazu sind flexible Etikettendruckmaschinen mit schmalen Rollenbreiten.

Flexodruckmaschinen im Mehrzylindersystem in der Kompaktbauweise haben durch ihren statischen Aufbau nur noch eine geringe Bedeutung.

Produktion und Drucktechnik

Die bedruckten Bahnen werden in der Regel wieder aufgerollt und einer speziellen Weiterverarbeitung zugeführt. Sie können aber auch bei entsprechender Ausstattung inline weiterverarbeitet werden, z. B. schneiden in Planbogen, verarbeiten zu einem Endprodukt (Tragetaschen, Tüten, Briefumschläge u. ä.).

Der Druckvorgang ist technisch relativ problemlos. Aufwendige Zurichtearbeiten, wie sie im Buch-

Spitz-pyramide

Stumpf-pyramide

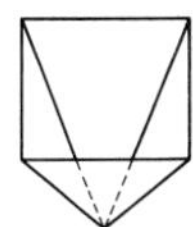

Raster mit einer Winkelung von 45° zur Walzenachse

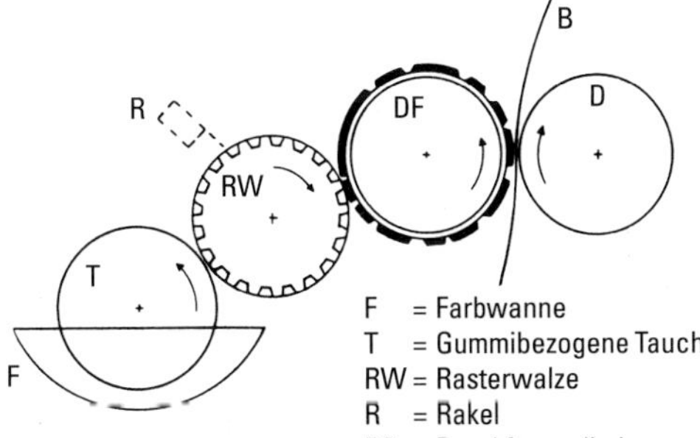

F = Farbwanne
T = Gummibezogene Tauchwalze
RW = Rasterwalze
R = Rakel
DF = Druckformzylinder
D = Druckzylinder
B = Bedruckstoff

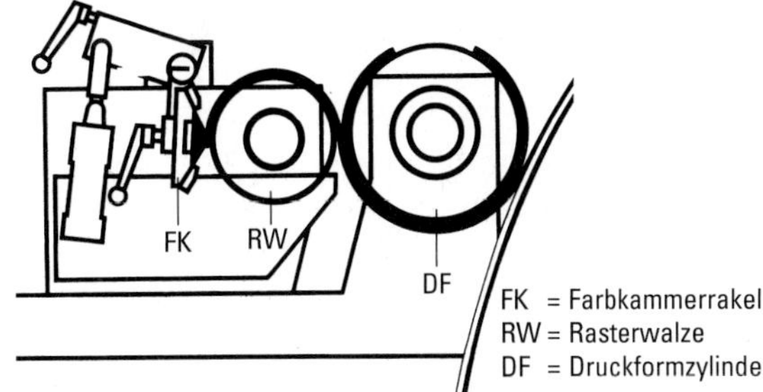

FK = Farbkammerrakel
RW = Rasterwalze
DF = Druckformzylinder

Farb- und Druckwerk für den Flexodruck

druckverfahren erforderlich sind, entfallen beim Flexodruck vollständig.

Für ein konstantes Einfärben der Druckform hat sich das Kammerrakelsystem durchgesetzt. Das Farbwerk besteht aus einer Kammerrakel mit einem geschlossenen Farbzirkulationssystem, in das automatisch Druckfarbe in der gewünschten Viskosität nachgepumpt wird. Die dünnflüssige Druckfarbe wird durch dieses System auf eine Rasterwalze übertragen.

Winzige Näpfchen in dieser Rasterwalze nehmen die Farbe auf, überschüssige Farbe wird vor dem Einfärben der Druckform mit einer Rakel von der Oberfläche der Rasterwalze entfernt. Durch diese spezielle Technik ist ein weitgehend konstantes Dosieren der Farbmenge im Druck der Auflage möglich.

Während jedoch im Offsetdruck die zähflüssige Druckfarbe zonenweise dosiert werden kann, ist dies im Flexodruck – bedingt durch die verwendete dünnflüssige Druckfarbe – nicht möglich.

Die Gesamtmenge der Farbgebung kann jedoch durch Auswechseln der Rasterwalze gegen eine anders strukturierte Walze mit einem speziellen Schöpfvolumen verändert werden. Die Lasergravur keramikbeschichteter Walzen setzt sich immer mehr gegenüber den bisher eingesetzten mechanisch gravierten Chromoberflächen von Rasterwalzen durch.

Die Druckfarbe wird direkt aus einer Aluminium-Farbkammer mit einer Stahl- und einer Kunststoffrakel auf die Rasterwalze übertragen. Ein weitgehend konstantes Einfärben der Druckformen ist durch ein geschlossenes Farbumlaufsystem bei gegenläufiger Abrakelung der Rasterwalze zu erreichen.

Neben dem gleichmäßigen Abrakeln der Oberfläche ist die Geometrie (räumliche Form, z. B. flach- oder steilwandig, spitze oder stumpfe Pyramide) der Rasternäpfchen sowie die Anzahl der Näpfchen auf einem Zentimeter für das Übertragen eines bestimmten Farbvolumens auf die Druckform und somit auf den Bedruckstoff entscheidend.

Die große Bandbreite der NOVOFLEX®:
Auch typische Tiefdruckrapporte können im Flexodruck produziert werden.

Eine Pumpe versorgt die Farbkammer kontinuierlich mit frischer Druckfarbe. Die optimale Farbgebung ist mit einer Rasterwalze zu erreichen, bei der das Farbvolumen der Rasternäpfchen auf das Druckmotiv abgestimmt ist.

Die oszillierende Rakelbewegung wird durch einen separaten Elektromotor gesteuert. Ein genau definierter leichter, die Rasterwalze schonender Anpressdruck ist durch fein regulierbare pneumatische Anpressung möglich. Dadurch wird die Standzeit der Rasterwalze erhöht und ein gleichmäßiges Einfärben sichergestellt.

Eine für alle Produktionsprozesse gleich gut geeignete Rasterwalze, von Experten als das Herzstück des Flexodrucks bezeichnet, gibt es nicht.

Die in der Druckfarbe enthaltenen Lösemittel verflüchtigen rasch, und die Druckfarbe ist trocken. Man bezeichnet diese Art der Trocknung als *physikalische Trocknung*, da keine chemische Prozesse einwirken (eine Ausnahme bildet jedoch die UV-Trock-

Aufbau der NOVOFLEX, Windmöller & Hölscher

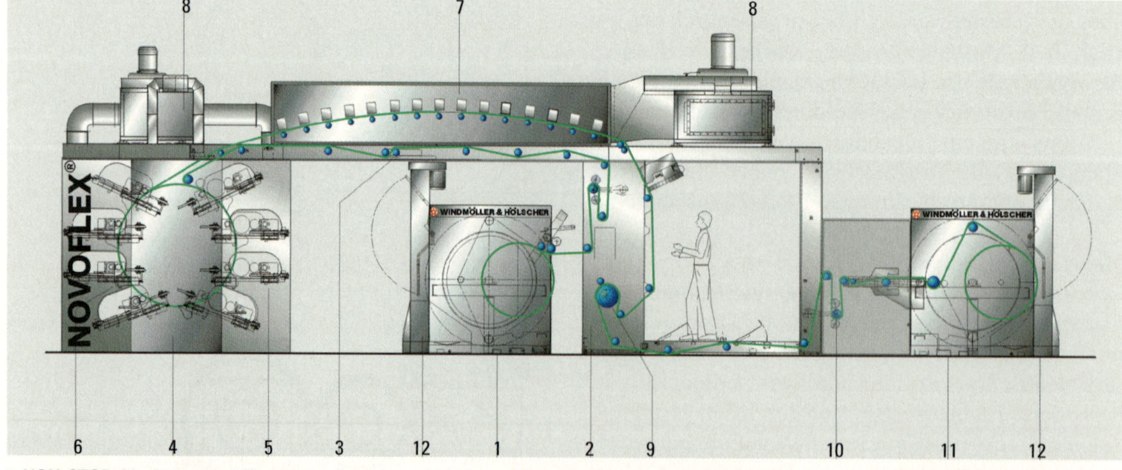

1. NON-STOP-Abwicklung mit Drehstrom-Antriebstechnik
2. Bahnzugmess- und Regeleinrichtung zur Abwicklung, Vorzugständer
3. Automatische Bahnlaufregelung vor dem Druck
4. Druckwerkständer für den Anbau von 8 Farbwerken, mit Temperatur-kontrolliertem Druckzylinder in Doppelmantelausführung
5. Rakelfarbwerk mit FLEXOREX® CCI-System für stufenlose Drucklängen
6. Zwischenfarbwerkstrocknung
7. Brückentrocknung
8. Zweikreis-Umlufttrocknung, mit W&H-ENPRO-System
9. Kühlwalzenvorzug
10. Bahnzugmess- und Regeleinrichtung zur Aufwicklung
11. NON-STOP-Aufwicklung mit Drehstrom-Antriebstechnik
12. Rollenein- und -aushebung

Die wichtigsten Merkmale des Maschinenkonzeptes

- Stufenloser Drucklängenbereich durch modernste, digitale und hochgenaue Drehstrom-Antriebstechnik
- Sleeve-Technik für Format- und Rasterwalzen mit halbautomatischer Sleeve-Wechseleinrichtung
- Reduzierung der Maschinenrüstzeiten erhöht die Wirtschaftlichkeit bei allen Druckaufträgen
- Geringe Investitionskosten
- Optimale Wickel-, Bahnzug- und Vorzugeinrichtungen, kombiniert mit moderner digitaler Drehstrom-Antriebstechnik
- Bedienerführendes Maschinenleitstandkonzept über CAN-BUS-Technik mit einem umfangreichen Protokoll- und Informationssystem
- Hohe Maschinenverfügbarkeit durch wartungsarme und bedienerfreundliche Maschinenkomponenten

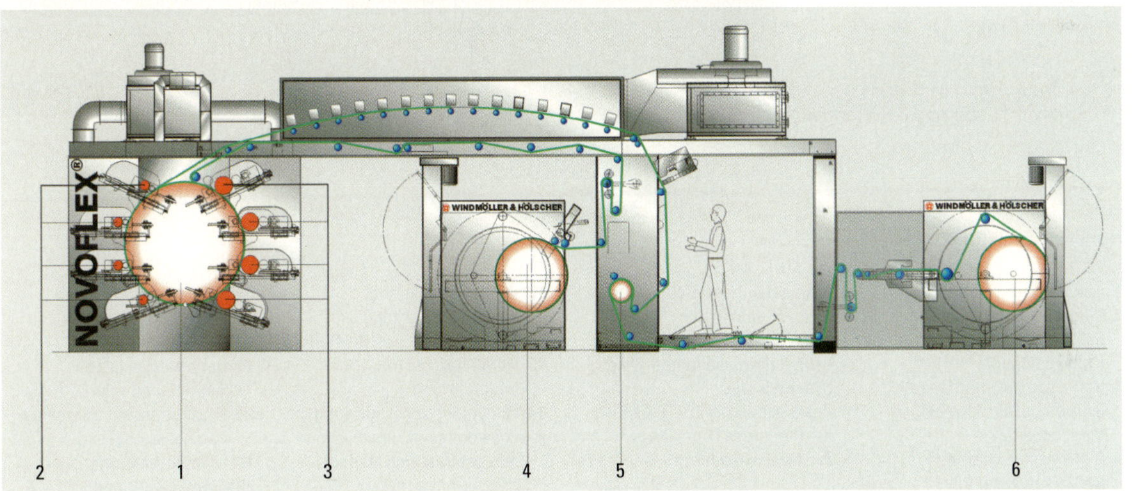

1. Druckzylinder 2. Rasterwalzen 3. Formatzylinder 4. Abwicklung 5. Kühlwalzenvorzug 6. Aufwicklung

nung mit chemischen Reaktionen). Durch Heizungen oder Aufblasen von kalter oder warmer Luft wird der Trockenvorgang noch beschleunigt. Dadurch sind hohe Druckgeschwindigkeiten ohne Trocknungsschwierigkeiten zu erreichen.

Flexodruckmaschinen an exemplarischen Beispielen
Die NOVOFLEX®, eine Einzylinder-Flexodruckmaschine von Windmöller & Hölscher, ist für den Druck flexibler Verpackungsmaterialien einzusetzen, z. B. zur Herstellung von Kunststoffetiketten, Snackfood-, Tiefkühl- und Hygieneverpackungen, Gebäckeinwicklern, Suppenbeuteln und Nachfüllverpackungen sowie diversen ähnlichen Produkten aus dem Bereich der flexiblen Verpackung.

Die Basiskonzeption dieser Druckmaschine ermöglicht eine modulare Ergänzung für unterschiedliche Einsatzbereiche und Kundenanforderungen.

Der automatisch temperierte Druckzylinder hat einen Durchmesser von 1623 mm bei einer maximalen Druckbreite von 1000 mm. Die Druckmaschine erreicht eine Geschwindigkeit von 300 m/min. Besondere Merkmale der Druckmaschine:

- stufenlose Änderung der Drucklänge durch digitale Drehstrom-Antriebstechnik von 760 bis 300 mm,
- Sleeve-Technik für Druckformzylinder und Rasterwalzen mit halbautomatischer Wechseleinrichtung,
- bedienerführendes Leitstandkonzept über CAN-BUS-Technik mit einem umfangreichen Protokoll- und Informationssystem, das zudem eine Ferndiagnose durch den Service ermöglicht.

Der Farbauftrag durch das Farbwerk erfolgt mit einem Farbkammerrakel. Servomotoren sorgen für eine präzise Druckeinstellung. Die Auftragsparameter Drucklänge, Klischee- und Materialdicke sind zentral für alle Farbwerke am Bedienpult einzugeben

Die Novoflex® Cartoline von Windmöller & Hölscher, eine direkt angetriebene Flexodruckmaschine für die Faltschachtelherstellung mit stufenloser Drucklänge, ist die Kombination der Novoflex® mit

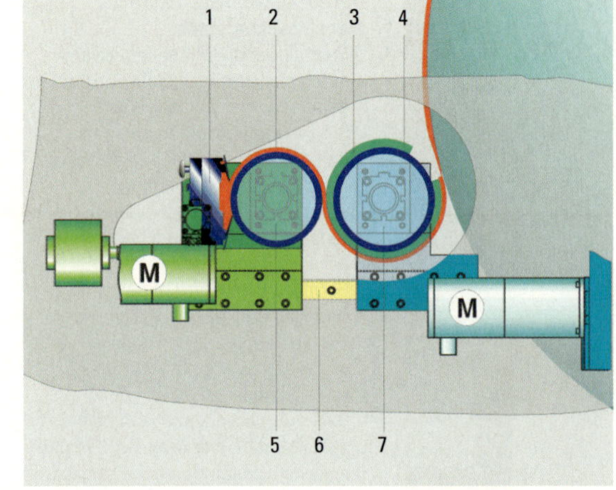

FLEXOREX-Farbwerk der NOVOFLEX
1. Farbkammerrakel
2. Rasterwalze
3. Klischee
4. Formatzylinder
5. Rasterwalzenlagerung
6. Linearführungen
7. Formatzylinderlagerung

Flachbettstanze bei der Faltschachtelherstellung in den meisten Fällen die wirtschaftlich günstigste Lösung. Zur Komplettierung der Inline-Anlage ist die Flachbettstanze noch durch einen Ausbrecher und eine Schuppenablage zu ergänzen.

Die Materialbahn wird von der Rolle abgewickelt, bedruckt und zu den Folgeaggregaten geführt. Für die Abwicklung ist neben der Einzelrollen-Abwicklung (Monowickler) auch ein Non-Stop-Abwickelsystem mit Bahnspeicher einzusetzen.

Bei der Produktion Rolle-auf-Rolle (Aufwicklung) können Materialien von 30 - 500 g/m², bei Einsatz des Querschneiders 100 - 450 g/m² und bei Einsatz von Stanzen Material von ca. 180 - 450 g/m² inline verarbeitet werden.

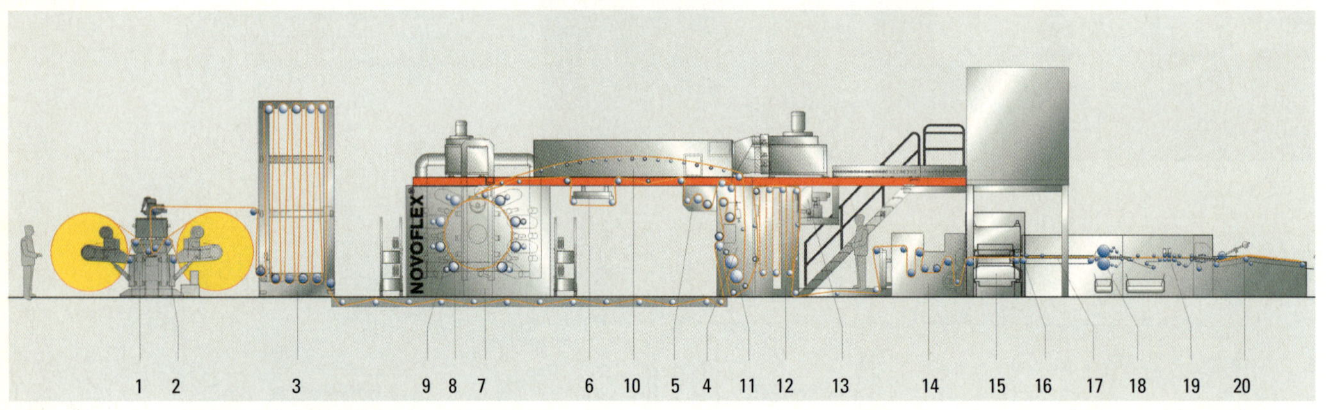

NOVOFLEX CARTOLINE Windmöller & Hölscher

1. Abwicklung
2. Klebevorrichtung für Bud Splice
3. Bahnspeicher
4. Bahnzugmess- und Regeleinrichtung zur Abwicklung, Vorzugständer
5. Bahnreinigungsanlage als Vorzug ausgeführt
6. Automatische Bahnlaufregelung vor dem Druck
7. Druckwerkständer mit Laufwerken und temperiertem Druckzylinder
8. Rakelfarbwerk FLEXOREX® CCI für stufenlose Drucklänge
9. Zwischentrocknung
10. Brückentrocknung
11. Kühlwalzenvorzug
12. Bahnspeicher für Not-Halt
13. WebVideo zur Bahnbeobachtung
14. Taktvorzug zum Übergang von kontinuierlichem auf den getakteten Bahnlauf
15. Flachbettstanze mit bewegtem Obertisch (WPM-System)
16. Bogentrennwalze
17. Ausrichtestrecke
18. Ausbrecher zur Entnahme von Abfallstücken
19. Nutzentrennung
20. Schuppenablage

verschiedenen Inline-Modulen wie Flachbettstanze, Rotationsstanze oder Querschneider, die anstelle der normalen Non-Stop-Aufwicklung eingesetzt werden können. Das Einsatzgebiet ist der Druck von Faltschachteln für z.B. Nahrungsmittel, Tiefkühlkost, pharmazeutische Produkte, Getränkeumverpackungen, Tiernahrung, Büro- und Freitzeitartikel.

Der stufenlose Drucklängenbereich von 300 mm bis 700 mm ermöglicht bei optimalem Materialeinsatz (wenig Makulatur durch Abfall) eine Produktion in exakter Drucklänge; Druckbreite max. 1000 mm.

Eine Aufwicklung kommt dann zum Einsatz, wenn der nachfolgende Prozess ebenfalls von der Rolle arbeitet. Dagegen wird ein Querschneider (Kooperation mit Firma Vits) bevorzugt, wenn der nachfolgende Prozess eine Bogenware erfordert. Rotationsstanzen (Firma Schober) werden insbesondere für hohe Auflagen eingesetzt. Alternative ist eine Flachbettstanze (Firma WPM), die inline mit der Druckmaschine arbeitet. Im Verfahrensvergleich ist die

Fischer & Krecke bietet mit der *34 DF CNC* eine Flexodruckmaschine mit einer Produktionsgeschwindigkeit bis zu 365 m/min auf Kunststoff- und Aluminiumfolien, Papier oder Karton an. Die Druckleistung ist in besonderen Fällen sogar bis auf 500 m/min zu erhöhen. Je nach Ausstattung können 6 bis 8 Farben in einer Druckbreite von 1050 bis 1700 mm bedruckt werden.

Zentralzylinder und Druckständer sind temperiert. Eine CNC-Steuerung der Druckmaschine ermöglicht kurze Rüstzeiten und hohen Bedienkomfort. Die Druckformzylinder sind mit einem Robot-System vollautomatisch in wenigen Minuten zu wechseln.

Das Command Center ist der zentrale Leitstand. Menügesteuert erscheinen detaillierte Informationen über alle Aggregate wie Ab- und Aufwicklung, Trocknung, Seitenkantensteuerung, Viskositätsregelung u. a. auf eigenen Bildschirmseiten.

Das Operator Control System überwacht und steuert sämtliche Funktionen der Druckmaschine.

F & K ROBOT-System
Vollautomatischer Druckformzylinder-Wechsel

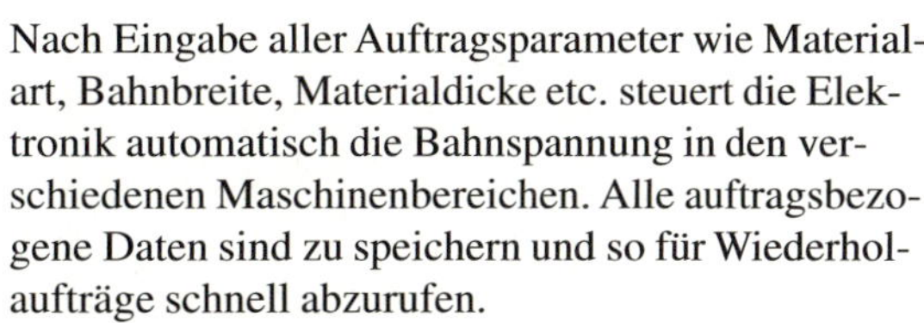

Nach Eingabe aller Auftragsparameter wie Materialart, Bahnbreite, Materialdicke etc. steuert die Elektronik automatisch die Bahnspannung in den verschiedenen Maschinenbereichen. Alle auftragsbezogene Daten sind zu speichern und so für Wiederholaufträge schnell abzurufen.

Eine neue Technologie bietet ist die *Flexpress 16 S* von *Fischer & Krecke*, die durchgängig mit digital gesteuerten Servomotoren ausgestattet ist.

Ein Temperierungssystem sorgt für gleichmäßige Temperaturen des Zentralzylinders und der Druckständer (Seitenteile). Die Drucklänge ist stufenlos einzustellen. Die Maschine ist für Arbeitsbreiten von 850 mm bis 1.650 mm und Drucklängen von 320 bis 800 mm einzusetzen.

Flexodruckprodukte auf Rollen

Flexodruckprodukte konfektioniert

FLEXPRESS 16 S
Acht-Farben-Einzylinder-Flexodruckmaschine

FLEXPRESS 16 S
Modulare Produktionslinie für unterschiedlichste Fertigungsprozesse

F & K Sleeve-System
Druckluft-unterstütztes Wechseln der Sleeves

Flexodruckmaschine für Wellpappenvordruck
Fischer & Krecke

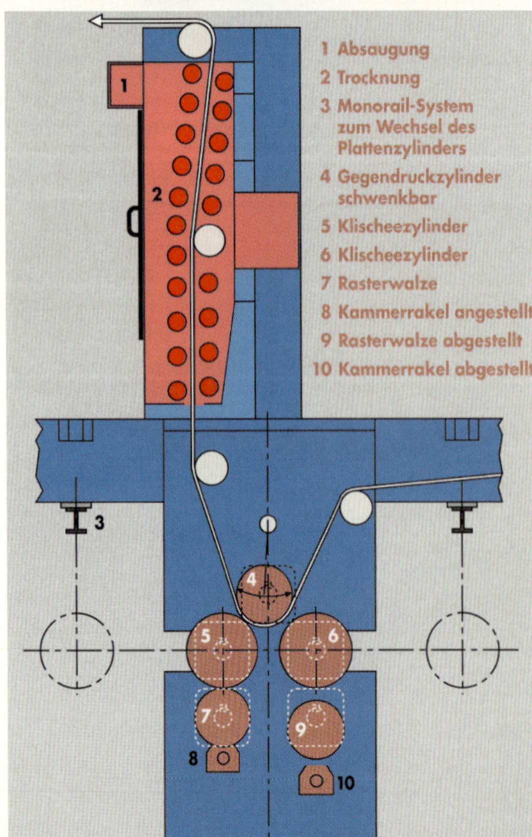

Flexodruck-Imprinter in einer KBA-Tiefdruckanlage mit Direktantrieben und Trockner

Ohne Werkzeugwechsel lassen sich Druckform- und Rasterwalzensleeves schnell austauschen. Die Maschinen fährt automatisch in Druck- und Register-(Stand-)Position. Gespeicherte Aufträge sind für einen Wiederholauftrag jederzeit abrufbar.

Die Druckmaschine ist für den Druck von Lösemittelfarben, wasserlöslichen Farben und UV-Farben auszurüsten. Weitere Bausteine für einen speziellen Einsatz bieten Zusatzeinrichtungen für Lackierungen, Beschichtungen u. ä.

Wellpappenvordruck
Eine speziell für Wellpappenvordruck konstruierte Einzylinder-Flexodruckmaschine liefert *Fischer & Krecke* mit der *94 DF-CNC*, die mit dem gesamten technischen Know-how der anderen Flexodruckmaschinen des Herstellers ausgestattet werden kann.

Die Druckmaschinen kann mit 4 Druckwerken (Druckzylinderdurchmesser 2.200 mm) oder mit 8 Druckwerken (Druckzylinderdurchmesser 3.445 mm) ausgestattet sein. Verarbeitet werden Materialbreiten in 100 mm Sprüngen bis zu 2.900 mm in einer Druckgeschwindigkeit bis 400 m/min.

Tiefdruck mit Flexodruck-Imprinter
Moderne Imprinter-Technologie im Illustrationsdruck als „fliegende Eindruckwerke" eröffnen dem Rollen-Rotations-Tiefdruck neue Einsatzfelder, wenn es um Flexibilität und Zielgruppenorientierung bei der Produktion geht.

Wenn bei Teilauflagen wechselnde Firmensignets, Texte, Preise u. a. eingedruckt werden sollen, kann der Flexodruck-Imprinter die kostspielige Herstellung und den Wechsel von Tiefdruck-Formzylindern vermeiden. Bei laufender Produktion sind die gewünschten Änderungen durch das Umschalten von einem zum anderen Flexodruckwerk problemlos durchzuführen.

10.2.3 Lettersetdruck

Der Lettersetdruck ist ein indirektes Hochdruckverfahren, das nur im Rotationsprinzip eingesetzt wird. Das Druckbild wird von „hoch" stehenden Druckelementen (Bildstellen) über einen Übertragzylinder mit einem Gummituch auf den Bedruckstoff gedruckt.

Druckformen
Druckformen sind ausschließlich fotopolymere Auswaschdruckplatte auf einem Trägermaterial Stahl oder Aluminium, z. B. eine Nyloprint-Hochdruckplatte. Die Bebilderung und Herstellung erfolgt mit den üblichen Arbeitsschritte belichten, auswaschen, trocknen und nachbelichten (vgl. die Druckformherstellung im Buchdruck und Flexodruck).

Drucktechniken
Der Lettersetdruck ist technisch in jeder Offsetdruckmaschine mit einem ausreichend tiefen Druckplatten-Zylinderunterschnitt auszuführen. Das Feuchtwerk ist dabei – gedruckt wird von einer Hochdruck-

form – auszuschalten. Die Farbauftragwalzen müssen sehr genau zur Druckplatte justiert sein, damit Nichtbildstellen durch zu tief stehende Walzen nicht einfärben und mitdrucken.

Bei einem Qualitätsdruck ist ein einwandfreies Ausdrucken des Gummidrucktuches erforderlich. Eine spezielle, druckformbezogene Zurichtung wie im Buchdruck ist jedoch nicht erforderlich.

Wie im Offsetdruck lassen sich in diesem Verfahren nicht nur glatte, sondern auch ungestrichene, raue oder strukturierte Bedruckstoffe problemlos mit feinen Druckbildelementen bedrucken. Der Lettersetdruck wird teilweise für den Druck von farbintensiven Tonflächen und Metallfarben im Verpackungsdruck eingesetzt.

Ein besonderer Einsatzbereich ist der Druck von Kunststoffen und Metallen als planliegendes Material, dass nach dem Druck zu einem Endprodukt weiterverarbeitet wird. Gedruckt wird in speziellen Lettersetdruckmaschinen. Einsatzspektrum sind z. B: Tuben, Becher und Dosen.

Aber auch geformte Materialien, z. B. Joghurt-Becher können in besonderen Druckmaschinen bedruckt werden. Mehrere Druckwerke sind dabei um einen Gummituchzylinder angeordnet. Nachdem alle Bildinformationen auf das Gummituch gedruckt sind, wird der auf einem Konus sitzende Becher bedruckt.

Die Lettersetdrucktechnik wird außerdem in Hybriddruckmaschinen für den Etikettendruck und Endlosformulardruck eingesetzt.

10.2.4 Vergleichende Übersicht: Hochdruckverfahren

Hochdruck	Druckprinzip	Druckform	Druckfarbe	Bedruckstoff	Typische Produkte	Erkennungsmerkmale
Buchdruck	Fläche/Fläche (direkt) Bogendruck ≙Tiegeldruck	Einzelformelemente – Bleisatz – Druckplatten Strich Raster	zähflüssig, chemisch-physikalisch trocknend	Papier Karton	kleine Auflagen, Format bis DIN A 3, – Akzidenzen: Briefbogen, Privatdrucksachen u. ä.	Quetschrand, Schattierung, Rasterpunkt flächenvariabel, innen hohl, scharfrandig, Rasterpunkt in hellen Lichtern vorhanden
	Fläche/Zylinder (direkt) Bogendruck ≙Flachformzylinderdruck („Schnellpresse")	wie im Tiegeldruck, zum Teil Ganzformdruckplatten	wie im Tiegeldruck-	Papier Karton	mittlere Auflagen, Format bis DIN A 1, – Akzidenzen: Werbung, Kunstdruck – Spezialarbeiten: Blindprägen, Numerieren, Rillen, Ritzen	wie im Tiegeldruck
	Zylinder/Zylinder (direkt) Rollendruck ≙Rollen-Rotationsdruck	Druckplatten – Bleistereo – Auswaschdruckplatte (flexibel)	zähflüssig, überwiegend physikalisch trocknend	Papier	große Auflagen, Druckweiterverarbeitung teilweise oder ganz in der Druckmaschine – Zeitungen – Telefonbücher – Taschenbücher (heute ohne Bedeutung)	wie im Tiegeldruck, nur für grobe Rasterdrucke geeignet
Flexodruck	Zylinder/Zylinder (direkt) – Rollendruck – Bogendruck (Wellpappendruck) ≙Rotationsdruck	Druckplatten, flexibel: – Gummidruckplatte – Auswaschdruckplatte	dünnflüssig, physikalisch trocknend	Papier, leichter Karton Folien Metallpapiere Wellpappe	mittlere und große Auflagen, – Kunststoffolien: Verpackungen, Beutel Tragetaschen – Metallpapiere – Einwickelpapiere – Verpackungspapiere – Wellpappe – Vordrucke – Formulare – Lottoscheine	Quetschrand teilweise stärker als im Buchdruck, keine Schattierung, überwiegend Strich-Druckelemente und grobe Raster, flächenvariabler Raster
Letterset-druck	Zylinder/Zylinder (indirekt) – Bogendruck – Rollendruck ≙Rotationsdruck	Druckplatten – Auswaschdruckplatte	zähflüssig, chemisch-physikalisch trocknend	Papier, Karton Spezialbereich: – Kunststoff	Verpackungen, Formulare Spezialbereich: – Becherdruck	Quetschrand kaum sichtbar, keine Schattierung; Rasterdruck selten, überwiegend flächige Druckelemente

10.3 Tiefdruckverfahren

Für alle Tiefdruckverfahren gilt das gleiche Grundprinzip:
- Bildstellen (druckende Elemente) der Druckform liegen tiefer als Nichtbildstellen.
- Mit einer für das jeweilige Tiefdruckverfahren geeigneten Druckfarbe wird die gesamte Druckform eingefärbt. Nach dem Einfärben muss die Oberfläche der Druckform, die Nichtbildstellen, farbfrei gereinigt werden.
- Die in den Vertiefungen haftende Druckfarbe wird durch mechanischen Druck auf den Bedruckstoff übertragen.

Am Beispiel der Tiefdruckverfahren ist sehr deutlich der technologische Wandel vom handwerklichen Drucken zur industriellen Drucktechnik zu erkennen: Neben rein manuellen Techniken, dic für künstlerische Arbeiten auch heute noch eingesetzt werden, sind moderne Tiefdruckereien hochtechnisierte Industriebetriebe für den Druck von Großauflagen.

Druckprodukte sind vor allem umfangreiche Zeitschriften und Kataloge sowie flexible Verpackungen. Tiefdruckverfahren gliedern sich in
- manuelle, künstlerische Techniken:
  - Kupferstich
  - Kaltnadelradierung
  - Radierung
  - Aquatinta
  - Heliogravüre u. a.
- industrielle Tiefdrucktechniken:
  - Rakeltiefdruck
  - Tampondruck
  - Stahlstichdruck
  - Stahlstichprägedruck.

10.3.1 Rakeltiefdruck

Das wichtigste Tiefdruckverfahren ist der Rakeltiefdruck, in der fachlichen Umgangssprache allgemein nur kurz „Tiefdruck“ genannt. Der Marktanteil in der Bundesrepublik Deutschland liegt seit einigen Jahren relativ konstant bei ca. 16 bis 17 %.

Gegenüber allen anderen Druckverfahren besitzt der (Rakel-)Tiefdruck erhebliche Vorteile:
- technologisch einfach zu beherrschende Drucktechnik mit konstant hoher Druckqualität
- Druckformen, die höchste Standzeiten (Auflagenbeständigkeiten) aufweisen
- sehr große Druckformate
- Flexibilität für beliebige Druckformate: variabler Druck in der Rollenbreite und auch im Zylinderumfang
- sehr hohe Druckleistungen.

Diesen technischen Vorteilen steht bisher jedoch ein eindeutiger wirtschaftlicher Nachteil gegenüber:
- Die Kosten für die Druckformherstellung sind so hoch, dass der Einsatz des Druckverfahrens nur für sehr hohe Auflagen (> 500.000 oder 1 Millionen Produkte) mit entsprechendem Seitenumfang oder für hochwertigste flexible Verpackungen wirtschaftlich erfolgreich einzusetzen ist. Eine Verbesserung der Wirtschaftlichkeit könnte durch eine kostengünstige Druckformherstellung, z. B. die Einführung der Lasergravur, gegeben sein.

Druckprinzip, Grundlagen der Drucktechnik
Rakeltiefdruckmaschinen drucken fast ausschließlich im direkten Rollen-Rotationsdruck. Eine Ausnahme bilden z. B. heute nur noch eingesetzte Bogen-Rotationsdruckmaschinen, die für spezielle hochwertige Verpackungen (Metallfarbendruck, Veredelungen u. ä.) eingesetzt werden.

Das Druckwerk besteht prinzipiell aus einem Druckformzylinder und einem Druckzylinder, Presseur genannt. Der Presseur ist prinzipiell ein Stahlzylinder mit einem relativ harten Gummibezug. Dieser muss den Bedruckstoff über die gesamte Druckbreite in der Drucklinie (Kontaktzone) gleichmäßig und mit hoher Kraft an den Druckformzylinder pressen. Nur so ist eine optimale Farbübertragung aus den Näpfchen des Druckformzylinders möglich.

Druckformzylinder in großen Breiten, die an den beiden Seiten in Lagern abgestützt sind, neigen (wie auch alle anderen breiten Gegenstände) zu einem Durchbiegen. Große Druckbreiten erfordern außerdem einen sehr hohen Anpressdruck, so dass sich auch der Presseur durchbiegt. Um diesem Problem zu begegnen, setzte man früher einen zweiten, größeren Presseur ein. Immer höhere Druckgeschwindigkeiten und der hohe Anpressdruck erwärmten das 3-Walzen-System jedoch so stark, dass ein gleichmäßiges Ausdrucken nicht mehr möglich war.

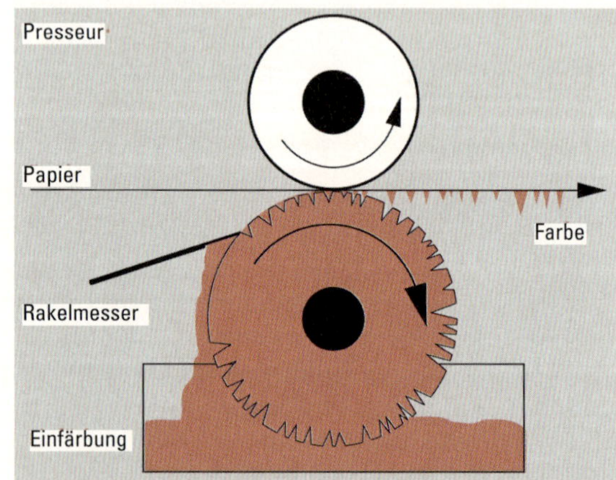

Tiefdruckprinzip

Tiefdruck-Formzylinder mit Gravur

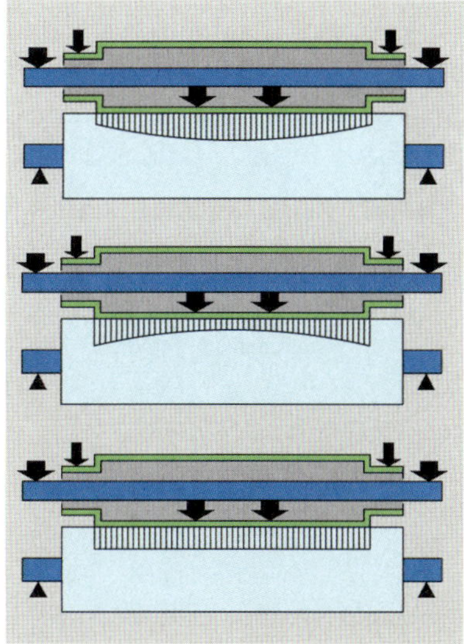

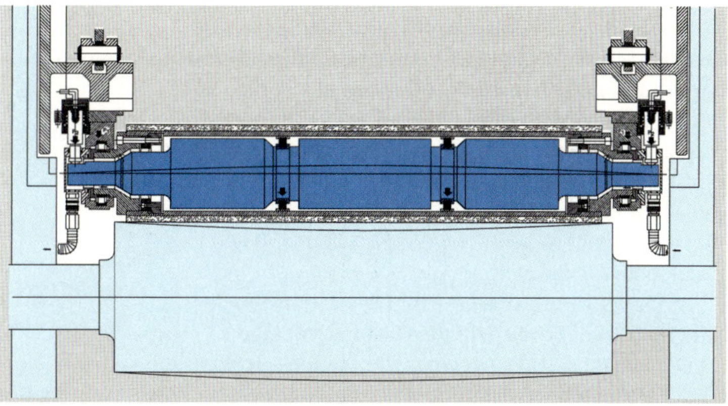

K2-Biegepressur – Perfekt im Ausdruck und Bahntransport
Über eine getrennte Druckbeaufschlagung des Mantels und der stationären Achse kann der Liniendruck optimal eingestellt werden. Ein gekühltes Ölsystem sorgt für die Wärmeabfuhr im Gummibezug und dient der Schmierung der Innenlager. Der konstruktive Aufbau im Walzeninnern ist unkompliziert und wartungsarm.

Vor ca. 30 Jahren entwickelten Druckmaschinenhersteller die ersten Biegepresseure. Diese speziellen Presseure gleichen das Durchbiegen des Druckformzylinders in der Drucklinie aus und ermöglichen einen einwandfreien Druck. Bei dem K2-Biegepresseur von Koenig & Bauer-Albert (KBA) wirkt auf die stationäre Achse ein zusätzlicher Druck, gleichzeitig wird im Innern des Zylindermantels eine hydraulische Druckverstärkung. Ein gekühltes Ölsystem sorgt für die Wärmeabfuhr im Gummibezug des Presseurs.

Der Formzylinder wird vollständig mit der dünnflüssigen Druckfarbe eingefärbt. Unmittelbar vor der Druckzone befreit eine Rakel die Nichtbildstellen (Oberfläche des Formzylinders) von der Druckfarbe. Die Rakel arbeitet dabei wie ein Scheibenwischer. Sie ist allerdings der empfindlichste Teil des Druckwerks. Sie ist scharf, dünn, biegsam, im wirksamen vorderen Teil nur 0,07 mm dick und nur etwa 2 mm lang. Dabei ist sie elastisch wie eine Rasierklinge. Sie wird mit einem Anpressdruck (vergleichsweise zur Masse) von etwa 60 kg an den Formzylinder gepresst.

Zu einem gleichmäßigen Ausdruck aller Näpfchen (Bildstellen) ist ein sehr hohen Anpressdruck (etwa 200 bis 300 N/cm^2 Drucklinie = 20 bis 30 kg Masse pro cm^2) erforderlich. Auf die gesamte Druckbreite bedeutet dies eine Kraft, die unvorstellbar groß ist. Die Papierbahn wird mit etwa vier Tonnen (Vergleich zur Masse) auf den Formzylinder gepresst.

Tiefdruckfarben sind niederviskos (dünnflüssig). Ein wesentlicher Unterschied zu Offsetdruckfarben ist der Anteil von Lösemitteln. Durch automatische Regelung wird die Viskosität (Flüssigkeitsgrad) der Druckfarbe während des Fortdrucks konstant gehalten. Die Druckfarbe trocknet rein physikalisch durch das Verdunsten der Lösemittelanteile. Die meisten Trockeneinrichtungen, unmittelbar über dem Druckwerk angeordnet, arbeiten mit Kalt- oder Warmluft, die auf die bedruckte Bahn geblasen wird.

Lösemittelanteile werden in der Trockeneinrichtung abgesaugt und in Aktivkohle-Adsorbern (Rückgewinnungsanlagen für Lösemittel) zurückgewonnen. Die Trockenluft soll möglichst niedrig(< 40 °C) sein , um ein seitliches Schrumpfen der Papierbahn durch Feuchtigkeitsentzug zu vermeiden. Dieses Schrumpfen wirkt sich besonders bei großen Bahnbreiten im Vierfarbendruck negativ auf den Passer aus. Die Papierbahn durchläuft – nach jedem Druckgang getrocknet – alle Druckwerke für den Schöndruck und den anschließenden Widerdruck.

Gekapselte Tiefdruckanlage

Absorberanlage für Lösemittelrückgewinnung

Soll beidseitig vierfarbig gedruckt werden, wird die Bahn erst vollständig auf einer Seite (Schöndruck) und danach in vier weiteren Druckwerken auf der Rückseite (Widerdruck) bedruckt.

Der Auflagendruck im Rakeltiefdruck ist relativ einfach und problemlos zu steuern. Qualitätsschwankungen durch drucktechnische Einflüsse sind technologisch bedingt wesentlich geringer als im Offsetdruck oder Flexodruck.

Moderne Tiefdruckereien für Illustrationsdruck sind industriell produzierende Großunternehmen.

Die technischen Daten einer Illustrations- Rollen-Tiefdruckmaschine sind für einen Bogen-Drucker gigantisch. Neben Druckmaschinen mit Arbeitsbreiten (Rollenbreite) von etwa 1.200 mm für den Verpackungsdruck werden heute riesige „Jumbos" mit über 3.600 mm Arbeitsbreite und der Höhe eines dreistöckigen Hauses für den Illustrations- und Katalogdruck eingesetzt.

Ein aktuelles Beispiel für diese XXL-Klasse sind zwei in Ahrensburg aufgestellte Tiefdruckmaschinen der KBA vom Typ TR 10B.
Technische Daten für jede Druckmaschine:
- maximale Druckbreite 3.640 mm
- Druck von jeweils bis zu 168 Seiten im Illustriertenformat bei einer Zylinderumdrehung
- Produktionsgeschwindigkeit 57.000 U/h, rund 15 m/s
- 8 Druckwerke
- Überbau für insgesamt 14 Stränge
- Länge der Druckmaschine ca. 50 m
- Höhe ca. 12 m
- ca. 200 m Papierbahn laufen im Druckprozess in der Druckmaschine von der Abrollung bis zum Falzapparat.

Druckqualität und Einsatzbereich
Der Tiefdruck ist ein sehr gutes Bilderdruckverfahren. Bei tiefenvariabler und tiefen- und flächenvariabler Druckform nehmen die Näpfchen eine unterschiedlich große Farbmenge auf. Diese Schichtdicke entspricht etwa den Tonwertabstufungen der Vorlage. Ein gedrucktes Bild kommt daher einer fotografischen Halbtonvorlage sehr nahe. Erhöht wird die halbtonartige Bildeinwirkung noch dadurch, dass die flüssige Druckfarbe im Moment des Aufdruckens auf einem selbst minimal saugfähigen Bedruckstoff leicht ausfließt und somit keine scharf abgegrenzten Rasterpunkte ergibt.

Druckform
Im Tiefdruck wird direkt gedruckt, d. h. Druckfarbe wird von der Tiefdruckform unmittelbar auf den Bedruckstoff übertragen. Daher muss das Druckbild seitenverkehrt auf dem Druckformzylinder stehen.

Für die Informationsübertragung auf den Druckformzylinder werden technisch sehr verschiedene Verfahren eingesetzt:
- kopier- und ätztechnische Verfahren (heute nur noch eine sehr geringe Bedeutung),

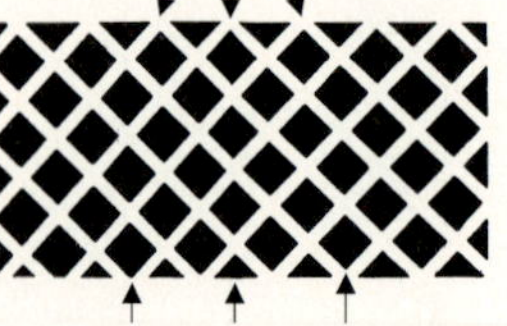

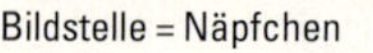

Tiefdruckraster für tiefenvariablen Tiefdruck

Tiefenvariable Druckform
Die Abbildung zeigt die Wirkungsweise der Rakel und die Stützwirkung der Stege

- kopier- und auswaschtechnische Verfahren (nur für Bogen-Rotationsdruck einzusetzen)
- elektro-mechanische Gravur
- Lasergravur.

Das gesamte Druckbild ist bei dem ätz- und auswaschtechnischen Verfahren sowie bei der elektromechanischen Gravur prinzipiell gerastert. Dieses Rasternetz bildet gleichmäßig hohe Stege, die die vertieft liegenden Bildstellen begrenzen und damit die drucktechnisch erforderliche Auflagefläche für die Rakel bilden.

Niederviskose (dünnflüssige) Druckfarbe färbt die gesamte Druckform ein. Vor dem Druck wird die Druckfarbe von allen Nichtbildelementen durch eine Rakel, ein scharf geschliffenes, feines Stahlmesser, entfernt. Dabei wirkt die Druckfarbe im Kontaktbereich wie ein Schmiermittel und verhindert so Beschädigungen an der Rakel und der Druckformoberfläche. Die Druckfarbe verbleibt nur in den vertieften Bildstellen, den sogenannten Näpfchen.

Druckformherstellung
Im Produktionsprozess wird die Druckfarbe von der Oberfläche der Tiefdruckformzylinder nach dem Einfärben durch eine Rakel mechanisch entfernt. Dieser Vorgang erfordert nahtlose Druckformzylinder. Der Tiefdruck ist im Druckformat sowohl in der Breite als auch im Zylinderumfang variabel.

Ein neuer Druckauftrag erfordert für jede Druckfarbe einen Druckformzylinder mit der entsprechenden Anzahl von Druckseiten in dem erforderlichen Zylinderumfang. Die Bebilderung der einzelnen Druckformzylinder erfolgt durch Kopie und Ätzung, elektromechanische Gravur oder durch Lasergravur.

Die Druckformzylinder aus dickwandigem Stahlrohr werden für einen schwingungsfreien, exakten Rundlauf bei hohen Druckgeschwindigkeiten speziell gefertigt und optimal ausgewuchtet.

Eine wichtige Anforderung an die Zylinderkonstruktion ist eine hohe Biegesteifigkeit. Die eigene Masse, die Zylinderbreite (Ballenlänge) sowie der Presseur- und Rakeldruck bewirken ein Durchbiegen, das sich negativ in der Drucklinie auswirkt. Je geringer das Durchbiegen ist, desto problemloser ist die Bildübertragung in der Drucklinie.

In aufwendigen mechanischen und galvanischen Prozessen erhalten die Druckformzylinder danach die für die Bebilderung erforderlichen Oberfläche.

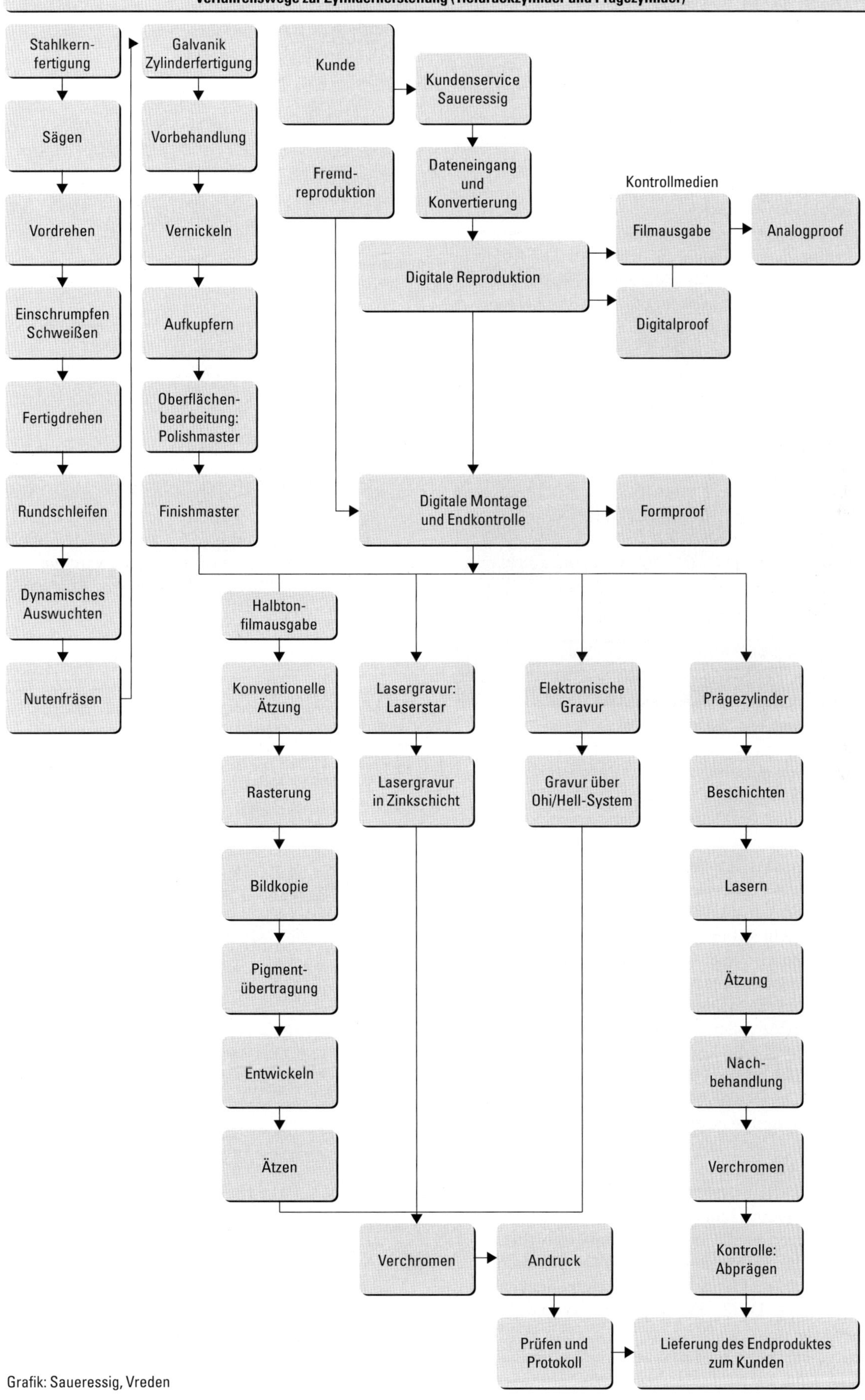

Grafik: Saueressig, Vreden

Der gereinigte und entfettete Stahlzylinder erhält eine dünne Nickelschicht, die eine gute Haftung für die nachfolgenden Schichten auf der Stahloberfläche bietet. Bei allen unterschiedlichen Verfahren erfolgt danach eine Verkupferung mit einer 80 bis 120 µm starken Grundschicht (Grundkupfer).

Für den endgültigen Oberflächenaufbau zu Bebilderung der Druckformzylinder werden verschiedene Verfahren eingesetzt:

- Dickschichtverfahren
  Massiv-Verkupferung: Grundkupferschicht mit einer aufgalvanisierten, ca. 320 µm dicken Kupferschicht für mehrere Bebilderungen. Für die Bebilderung wird nur eine Schichtdicke von ca. 40 µm benötigt. Zusätzlich wird eine Sicherheitsreserve von 20 µm berücksichtigt. Nach dem Ausdrucken werden für eine neue Bebilderung ca. 60 bis 80 µm durch mechanische Verfahren (fräsen, schleifen, polieren) abgetragen. Ist die gesamte dicke Kupferschicht nach viermaliger Nutzung abgetragen, wird wieder neu verkupfert. Verfahrenstechnisch ist zu beachten, dass der Zylinderdurchmesser bei jedem Abtragen der vorherigen Bebilderung kleiner wird. Dies wirkt sich auf die Drucklänge aus.

Vollautomatische Aufkupferungsanlage Abb.: Saueressig Vreden

- Dünnschichtverfahren–
  Grundkupferschicht mit einer aufgalvanisierten, ca. 80 µm dicken Kupferschicht. Die fest auf der Grundkupferschicht haftende Schicht ist für eine einmalige Bebilderung geeignet. Nach dem Druck wird diese Kupferschicht durch Drehen oder Fräsen mechanisch entfernt und der Zylinder neu verkupfert. Ein wesentlicher Vorteil gegenüber dem Dickschichtverfahren ist der immer gleiche Zylinderumfang.
- Ballard-Verfahren
  Spezielle Dünnschicht-Verkupferung: Grundkupferschicht mit einer aufgalvanisierten, abreißbaren, ca. 80 µm dicken Kupferschicht. Durch eine Trennschicht ist nach dem Ausdrucken die Ballardhaut leicht von der Grundkupferschicht abzuziehen. Die Zylinderoberfläche wird danach gereinigt und entfettet, eine neue Trennschicht aufgebracht und wieder mit einer neuen Ballardhaut verkupfert.

Druckformprinzip	**Näpfchentiefe**	**Näpfchenfläche**
1. Tiefenvariabel ≙ konventionelle Tiefdruckform	Variabel, je nach Tonwert der Vorlage	Konstant, alle Näpfchen sind gleich große Quadrate
Licht 10%	Mittelton 50%	Tiefe 100%
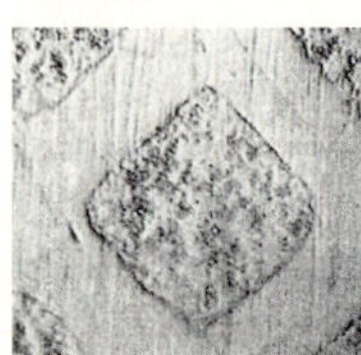	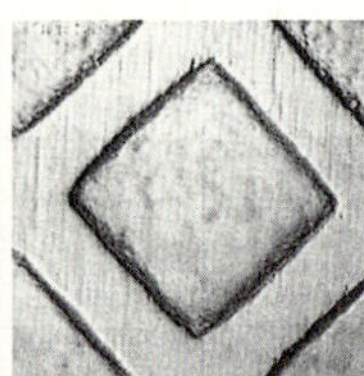	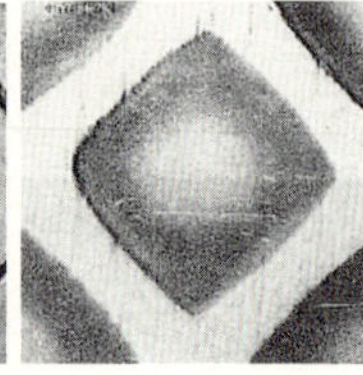

konventionell: Pigmentkopie 70 Linien/cm

Druckformprinzip	**Näpfchentiefe**	**Näpfchenfläche**
2. Tiefen- und flächenvariabel ≙ halbautotypische Tiefdruckform	Variabel, je nach Tonwert der Vorlage	Variabel, je nach Tonwert der Vorlage
Licht 10 %	Mittelton 50%	Tiefe 100%
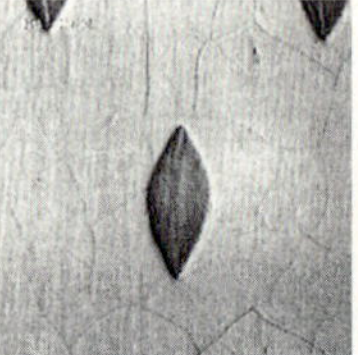		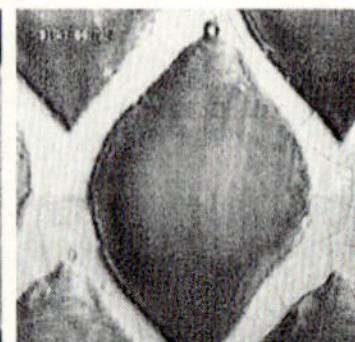

Gravur: Längsnapf 70 Linien/cm

Druckformprinzip	**Näpfchentiefe**	**Näpfchenfläche**
3. Flächenvariabel ≙ autotypische Tiefdruckform	Konstant, alle Näpfchen sind gleich tief	Variabel, unterschiedlich groß, je nach Tonwert der Vorlage
Licht 10 %	Mittelton 50%	Tiefe 100%
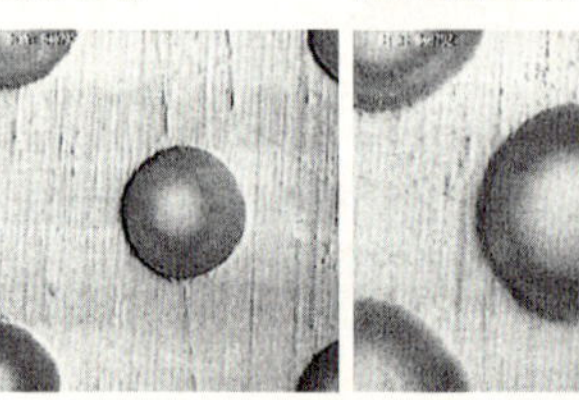		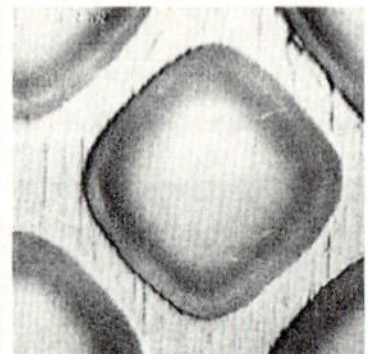

autotypisch geätzter Zylinder: 70 Linien/cm

Bildzylinder: Tonwert der Vorlage (negativer Opal)	Druckformzylinder: Eindringtiefe des Stichels	Bildstelle im Druck: Tonwert, Art des Näpfchens
□ hell ≙ starker Lichtimpuls	groß	dunkel, große Pyramide, große Tiefe maximal 40 µm, große Fläche (Quadrat)
■ dunkel ≙ geringer Lichtimpuls	gering 	hell, kleine Pyramide, geringe Tiefe minimal 7 µm, geringe Fläche (Quadrat)

Bildwiedergabeprinzip der elektronischen Gravur

Druckformzylinderherstellung

Konventionelles Ätzverfahren	Elektromechanische Gravur	Autotypisches Ätzverfahren
	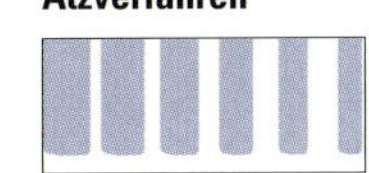	
Vorteile: • tiefenvariabler Bildpunkt • hohes Farbangebot • gutes Druckverhalten in der Druckmaschine • weicher Ausdruck von Verläufen • plastische Bildwiedergabe	**Vorteile:** • endlos-nahtlos • digitaler Prozess • Reproduzierbarkeit aus dem Datenbestand • hohe Passergenauigkeit • gute Glattlage von Flächen	**Vorteile:** • hohe Textqualität mit Möglichkeit der Randglättung • hohes Farbangebot • hohe Passergenauigkeit • variable Rasterweiten
Nachteile: • Glattlage von Flächen • Filmhandling/ Halbton-Filmherstellung • aufwendige Bearbeitung mittels Pigmentpapier/ Gelatinerelief • nicht endlos-nahtlos	**Nachteile:** • begrenztes Farbangebot/Farbvolumen • eingeschränktes Ausdruckverhalten bei Verläufen und speziellen Bedruckstoffen • begrenzte Textqualität	**Nachteile:** • eingeschränkte Tonwertwiedergabe • Einsatz von Eisenchlorid für die Ätzung

Prinzipien der Bildwiedergabe bei Tiefdruckformen:
– tiefenvariable Bildwiedergabe
– tiefen- und flächenvariable Bildwiedergabe
– flächenvariable Bildwiedergabe

Tiefenvariable Bildwiedergabe
Die tiefenvariable (auch: konventionelle) Druckform besteht aus Bildstellen, den Näpfchen, und Nichtbildstellen, den sogenannten Stegen. Die Stege liegen auf einer Ebene und bilden eine gleichmäßige Auflagefläche für die Rakel.

Eine Rasterung überzieht die gesamte Druckfläche mit einem gleichmäßigen Netz von Stegen und Näpfchen (z. B. als Verhältnis 1: 3 von Steg- zu Näpfchenbreite). Zur konventionellen Druckformherstellung sind langwierige, schwierig zu steuernde kopier- und ätztechnische Prozessschritte erforderlich. Deshalb hat das Verfahren nur noch eine geringe Bedeutung.

Gravurverfahren zur Tiefdruckformherstellung
Die Herstellung eines Tiefdruckzylinders ist heute mit moderner Technik für den Anwender nicht viel komplizierter als die Herstellung von Offsetdruckplatten.

Die gesamte Verfahrenstechnik hat sich – ebenso wie im Offsetdruck – gewandelt. Filme oder Opale (fotografische Aufsichtsvorlagen) als Kopier- oder Abtastvorlagen werden in der Tiefdruckformherstellung nicht mehr benötigt – im Gegenteil: Sie stören eher den Produktionsablauf.

Die Digitalisierung ist komplett verwirklicht. Daten, die auf Layoutarbeitsstationen zum Beispiel als PostScript-Datei oder PDF generiert wurden, werden von den modernen elektronischen Arbeitsstationen (Frontends) der Tiefdruckvorstufe übernommen, interpretiert, geprüft, verschlankt und unter Berücksichtigung der spezifischen Anforderungen der Tiefdruckgravur in gravurfähige Daten überführt.

Von den komplexen Operationen, die im Hintergrund während der Datenverarbeitung ablaufen, bemerkt der Bediener des Systems nichts. Er kann von einer Bedienoberfläche aus mit wenigen Mausklicks die notwendigen und hochkomplizierten Prozesse auslösen, die von den leistungsfähigen Unix- oder Linux-basierten Systemen zügig abgearbeitet werden. Das Layout des gesamten zu gravierenden Zylinders kann so bequem am Bildschirm vorgenommen und kontrolliert werden. Vom Gravurstart selbst ist man dann nur noch einen Mausklick entfernt.

Die elektromechanische Gravur

Die elektromechanische Gravur erzeugt tiefen- und flächenvariable Näpfchen. Durch unterschiedliche Tiefe der Bildstellen (Näpfchen) wird die Druckfarbe in verschiedenen Schichtdicken auf den Bedruckstoff übertragen. Unterschiedliche Tonwerte werden also nicht nur durch flächenmäßig unterschiedlich große Rasterpunkte wie im Offsetdruck und anderen Druckverfahren, sondern zusätzlich durch unterschiedliche Farbschichtdicken wiedergegeben.

Elektromechanische Gravieranlage mit Diamantsticheln

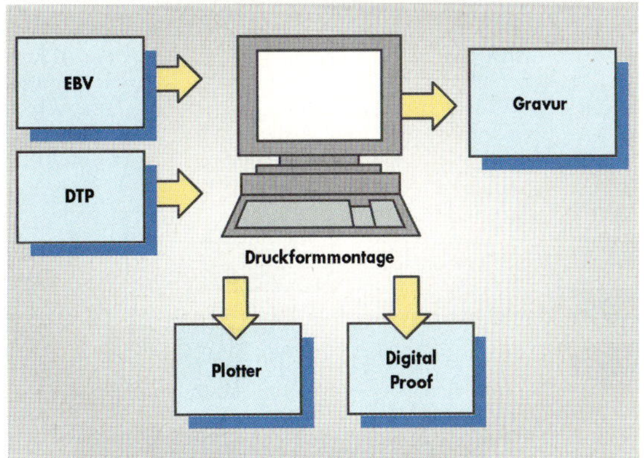

Digitale Druckformherstellung

Optisch ist dadurch eine sehr gute halbtonartige Bildwirkung mit einem großen Tonwertreichtum zu erzielen.

Nachteilig bei elektromechanischen Verfahren ist die zwangsläufig gleichzeitige Rasterung aller Bildelemente, also auch von Schriften und Strichzeichnungen. Folge ist eine Unschärfe durch ausgefranste, zackige Linienführung. Neue Entwicklungen in der Gravurtechnik verringern inzwischen diesen Effekt.

Die Gravur des Zylinders erfolgt in einer elektromechanischen Graviermaschine. Deren Herzstück – der Gravierkopf – ist bestückt mit einem Diamantstichel. Dieser graviert mit sehr hoher Frequenz Näpfchen in die Kupferoberfläche des Zylinders.

Je nach Tonwert der Bildinformation dringt der Stichel (in seiner Wirkung zu vergleichen mit einer auf dem Kopf stehenden Pyramide) unterschiedlich tief in das Kupfer ein. Dadurch entstehen tiefen- und flächenvariable Näpfchen, die später beim Einfärben tonwertbezogen unterschiedliche Farbmengen aufnehmen um sie dann im Druckprozess wiederum ans Papier abzugeben:

- dunkler Tonwert
  - flächenmäßig großes und vergleichsweise tiefes Näpfchen
- heller Tonwert
  - flächenmäßig kleines und vergleichsweise wenig tiefes Näpfchen.

Ein Problem ist die mechanische Abnutzung des Stichels im Gravierprozess, dadurch ändert sich Näpfchengeometrie. Die Hersteller von Graviersystemen bieten dazu mess- und steuerungstechnische Lösungen an, die reproduzierbare Ergebnisse ermöglichen.

Graviermaschinen arbeiten mit einer Frequenz von bis zu 7.000 Näpfchen pro Sekunde, moderne Hochleistungsmaschinen bereits mit 11.000 Näpfchen pro Sekunde. Die Leistung des Graviersystems vervielfacht sich, da jedem Strang (Seitenbreite) ein Gravierkopf zugeordnet ist.

Ein exemplarisches Beispiel: Bei einer Zylinderbreite von 300 mm bilden rund 100 Millionen Näpfchen die Druckfläche eines Druckformzylinders. Selbst bei einer Gravierleistung von 7.000 Näpfchen pro Sekunde mit mehreren Gravierköpfen sind zur Gravur eines Zylinders ca. 60 Minuten erforderlich.

Zu beachten ist: Für einen vierfarbigen Schön- und Widerdruck werden acht Druckformzylinder benötigt.

Die sehr hohen Kosten für die gesamte Druckformherstellung – vom Rohzylinder über die Galvanik bis zur Bebilderung – sind derzeit der entscheidende Grund, dass der Rakeltiefdruck nur für den Druck von sehr hohen Auflagen wirtschaftlich einzusetzen ist.

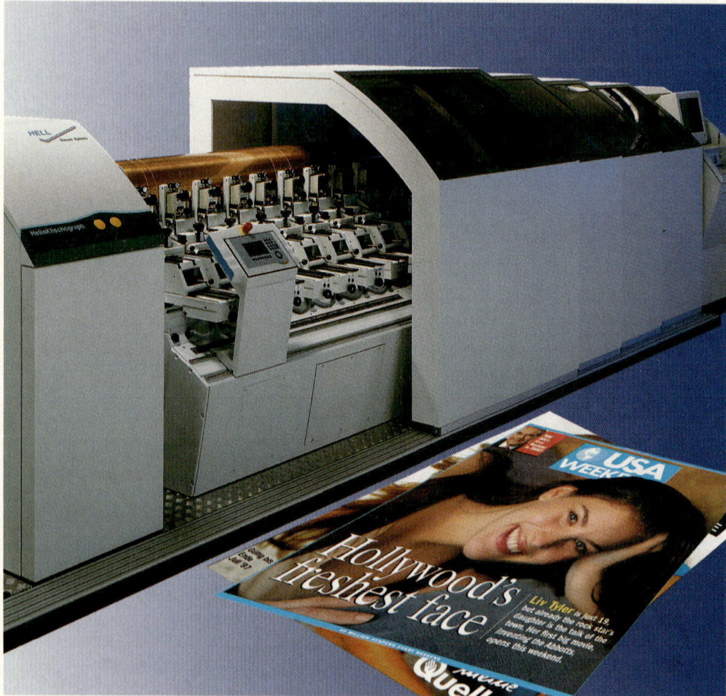

Helio Klischograph K 406

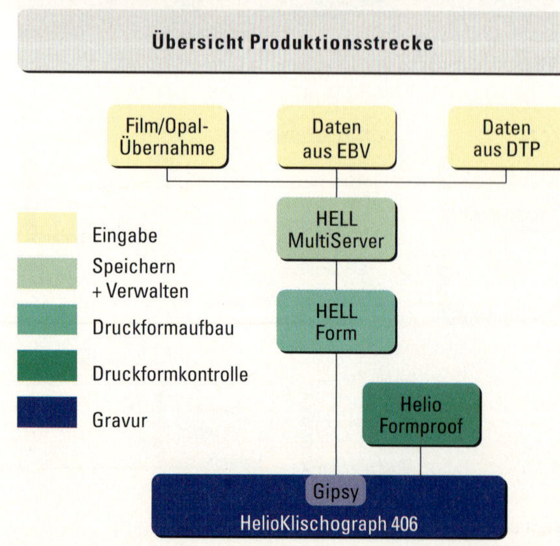

Die Lasergravur

Im Zuge der Weiterentwicklung der Tiefdruckgravur ging die Forschung auch in Richtung Laserenergie als Gravierwerkzeug. Die Lasergravur hat entscheidende Vorteile gegenüber der elektro-mechanischen Gravur:

- Es wird eine deutlich höhere Geschwindigkeit, nämlich 2 x 70.000 gleich 140.000 Näpfchen pro Sekunde mit einer Doppelkopf-Lasergravuranlage erzielt.
- Der Gravierstrahl ist so flexibel zu modulieren, dass die unterschiedlichsten Näpfchenformen und damit verschiedenste Rasterarten realisiert werden können – und das sogar variabel gemischt in einer Druckform. Selbst feinste Schriften und Grafikbestandteile lassen sich so in bestechender Schärfe nachbilden.
- Der Laserstrahl arbeitet verschleißfrei, das heißt zugleich auch stabiler und zuverlässiger als ein Diamantstichel.

Standardisierte Rasterwinkel | **Frei gewählte Rasterwinkel**

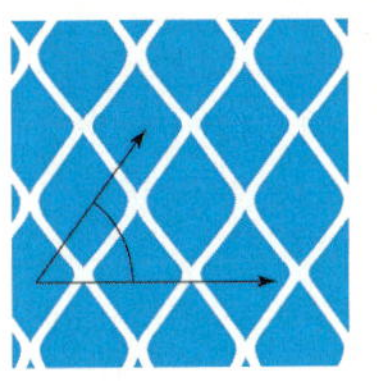

Rasterwinkel 3: grob

Rasterwinkel: gelängt

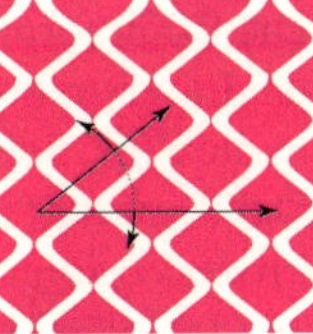

Rasterwinkel 0: gestaucht

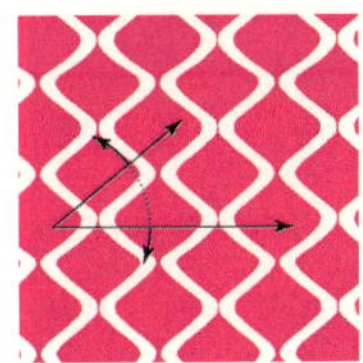

z. B. Rasterwinkel 35°

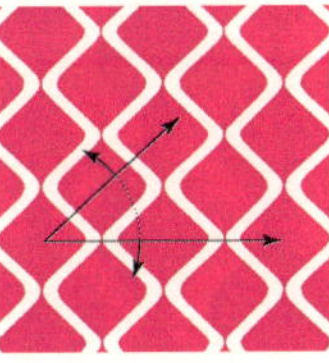

z. B. Rasterwinkel 55°

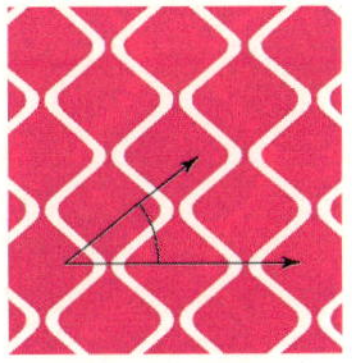

z. B. Rasterwinkel 45°

Direktes Laser System für Tiefdruckzylinder

Entwickler dieses völlig neuen Systems sind Dr. Hennig und Dr. Frauchiger von der Max Dätwyler AG. Das Direkte Laser System (DLS) im „Laserstar" ist am Markt inzwischen erfolgreich eingeführt worden. Drucktechnische Vorteile und der wirtschaftliche Nutzen stützen das Verfahren auf breiter Basis.

Das galvanisch aufgetragene metallische Schichtsystem erfüllt alle Anforderungen bezüglich Oberflächenstruktur und Standfestigkeit im Druck. Mit dem neu eingeführten SHC-Raster wurden die Möglichkeiten in der Gestaltung der Farbübertragungszellen wesentlich erweitert und im Vergleich mit anderen Verfahren bietet das Direkte Laser System einen hohen Gesamtnutzen bezüglich Qualität und Produktivität.

Die erste Präsentation der Laserstar-Anlage für Tiefdruckformen gab es bereits im Jahre 1995, seit-

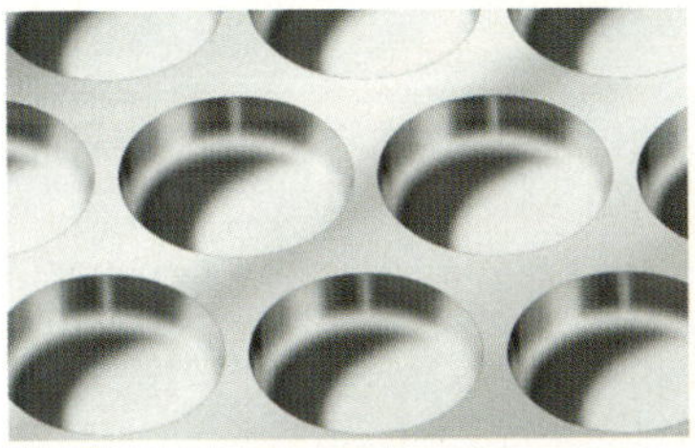

Konventionell 100  % | *Halbautotypisch 100  %* | *SHC (Super Halbautotypisches Näpfchen) 100 %*

Konventionell 50 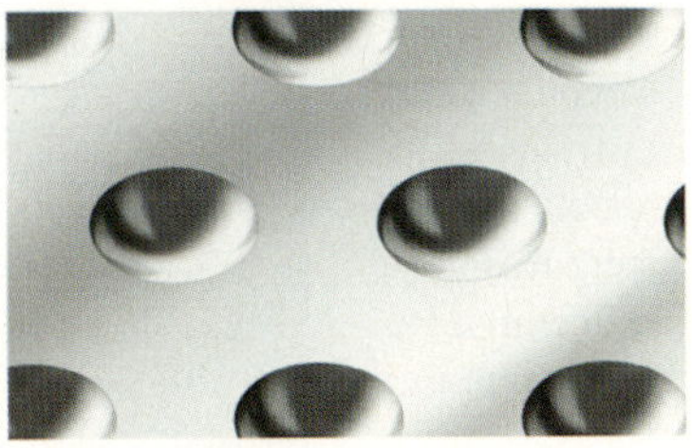 % | *Halbautotypisch 50 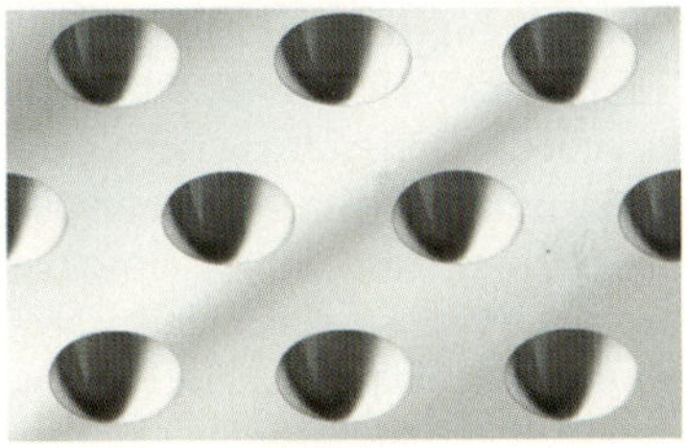 %* | *SHC 50 %*

Konventionell 5 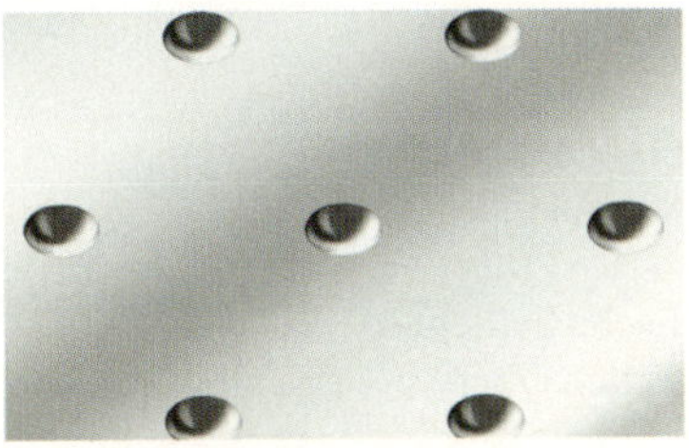 % | *Halbautotypisch 5 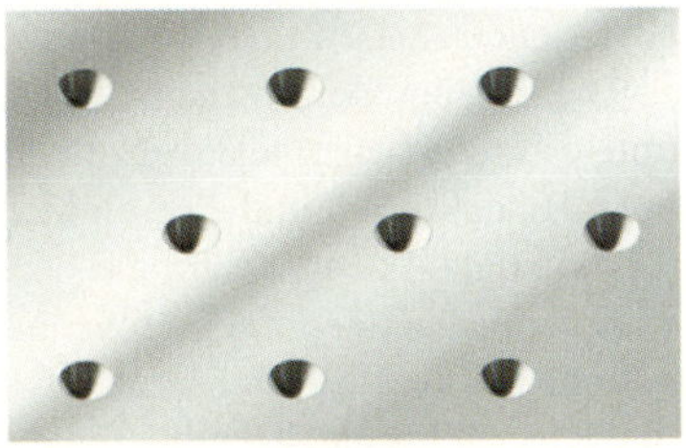 %* | *SHC 5 %*

Näpfchentyp	Konventionell	Näpfchentyp	Halbautotypisch	Näpfchentyp	Superhalbautotypisch
Linien [L/cm]	70	Linien	80	Linien	70
Tiefe T [µm]	0 - 20	Tiefe	0 - 27	Tiefe	0 - 28
Durchmesser ∅ [µm]	0 -135	Durchmesser	0 - 135	Durchmesser	0 - 135

Konventionell	Halbautotypisch	SHC
100 % T = 20, ∅ =135	100 % T = 27, ∅ =115	100 % T = 28, ∅ =135
50 % T = 12, ∅ =125	50 % T = 15, ∅ =105	50 % T = 21, ∅ =100
5 % T = 2, ∅ =100	5 % T = 2, ∅ = 60	5 % T = 5, ∅ = 45

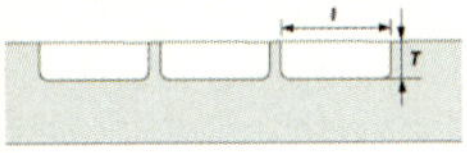

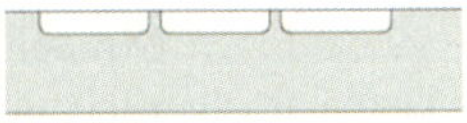

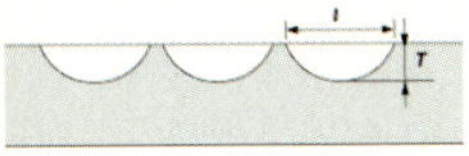

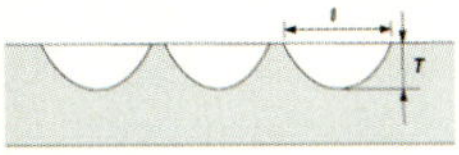

Lasergravur in Zink: Beispiele für Lasergravur – Zellformen mit typischen Abmessungen für 70er und 80er Raster

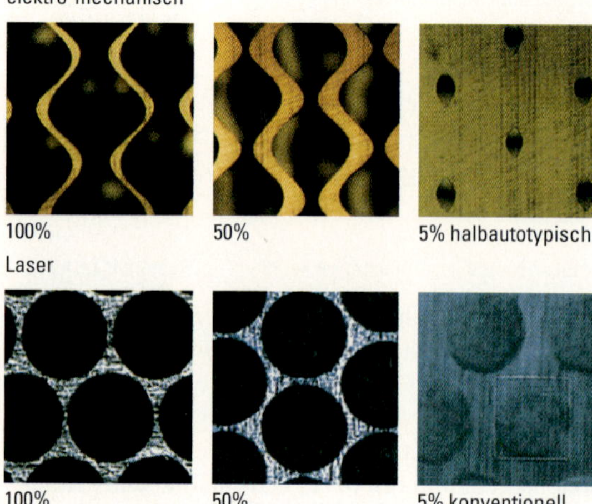

Näpfchengeometrie im Vergleich

Doppelkopf-Laser-Gravieranlage

dem hat eine kontinuierliche Weiterentwicklung zur Optimierung des Systems stattgefunden.

Das neue SHC-Raster (Super Halfautotypical Cell) erlaubt die Optimierung der Näpfchenform für den Druckprozess. Mit einer hochdynamischen Steuerung des Brennfleckdurchmessers kann dabei ein Raster erzeugt werden, bei dem jedes Näpfchen in einem weiten Bereich bezüglich Durchmesser und Tiefe individuell gestaltet werden kann.

Diese Optimierungsmöglichkeit ist eine der herausragenden neuen Eigenschaften des Systems.

Die Vorzüge der präzisen direkten Laserbearbeitung ermöglichen eine ausgezeichnete Druckqualität, hohe Produktivität und eine einfache Automatisierungsfähigkeit des Verfahrens.

Das galvanisch aufgetragene metallische Schichtsystem erfüllt alle Anforderungen bezüglich Oberflächenstruktur und Standfestigkeit im Druck. Die Prozesse des Schichtaufbaus in Zink (Zn) und Chrom (Cr) wurden ebenfalls wesentlich weiterentwickelt.

Der gleichmäßige Zink-Auftrag erlaubt die Anwendung des wirtschaftlich sehr interessanten Dünnschichtverfahrens. Die Dicke der dabei aufgetragenen Zink-Schicht liegt dabei nur um wenige µm über der nutzbaren Näpfchentiefe.

Mit einem neuen Katalysator kann die Zink-Oberfläche direkt in herkömmlichen Chrom-Elektrolyten verchromt werden.

Das System Zink-Chrom (Zn-Cr) ist bezüglich der Widerstandsfähigkeit gleichwertig mit dem herkömmlichen Kupfer-Chrom (Cu-Cr) Schichtaufbau und erlaubt damit den uneingeschränkten Einsatz der mit dem Laserstar-Verfahren hergestellten Druckformen.

Das berührungslose Direkte Laser System

Die Bildinformation wird durch Energie eines gepulsten Laserstrahls durch Materialverdampfung direkt in die Zink-Schicht der Druckform eingebracht. Dabei erzeugt jeder Laserpuls ein Näpfchen. Dieser Prozess erfolgt mit einer zeitlichen Abfolge von 70.000 Näpfchen/Sekunde.

Das vom Zylinder abströmende Material wird von einem gerichteten Luftstrom erfasst und kontinuierlich aus der Bearbeitungszone entfernt, so dass die folgenden Näpfchen des Rasters ebenfalls präzise ausgebildet werden können. Der Abluftstrom wird Filtern zugeführt, die den anfallenden Staub vollständig auffangen.

Die schematische Funktionsweise der Anlage ist in Abbildung 1 dargestellt. Das Strahlwerkzeug wirkt ohne Kraftübertragung völlig berührungs- und verschleißfrei. Der fehlende Verschleiß bedeutet eine perfekte Regelmäßigkeit über die gesamte Ballenbreite und eine ausgezeichnete Reproduzierbarkeit. Die gleichmäßige Ausbildung der Stege ist für ein optimales Druckergebnis und die Lebensdauer der Druckform von großem Vorteil.

Direktes Laser System
Das Direkte Laser System besteht vereinfacht dargestellt aus drei Komponenten.
1. Außerordentlich stabiler Hochleistungslaser.
2. Flexibler Lichtwellenleiter zur Leistungsübertragung.
3. Optik zur Fokussierung der Leistung auf den Zylinder.

Nach der anschließenden Verchromung ist der Druckformzylinder produktionsfertig für den Druck.

Datenaufbereitung, Raster

Das Direkte Laser System ist mit den Datenformaten PS, PDF oder TIFF zu bedienen. Mit der Übernahme der farbseparierten Daten erfolgt die Umrechnung in das Raster der Druckform. Damit der Qualitätsgewinn des direkten Verfahrens voll zur Geltung kommen kann, müssen digitale Bild- und Textdaten vorliegen. Runde Rasterpunkte erlauben beliebige

Winkelungen des Rasters. Die Winkelung wird mit dem entsprechenden Abstand der benachbarten Spuren eingestellt. Eine Zoom-Optik gestattet die Voreinstellung des Rasters für Auflösungen im Bereich von 70 L/cm bis 400 L/cm.

Formgestaltung der SHC-Näpfchen
Die Geometrie der ausgehobenen Näpfchen wird durch den Durchmesser des Brennflecks und die eingestrahlte Energie des Laserpulses definiert.

Pro Laserpuls wird je ein Näpfchen erzeugt. Die eingestrahlte Energie definiert im wesentlichen das Volumen und damit auch die Tiefe des Näpfchens.

Bei einfachen direkten Lasersystemen wird nur die Energie moduliert und der Brennfleckdurchmesser gemäß dem gewünschten Raster fest voreingestellt. Der Durchmesser des ausgehobenen Näpfchens ergibt sich in diesem Fall implizit über das Strahlprofil des Laserpulses im Brennfleck.

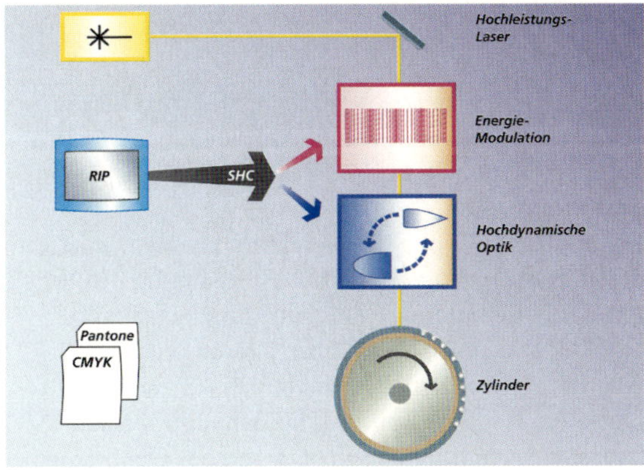

Schematische Darstellung der SHC- Modulation: Der Laserstrahl durchläuft nacheinander die unabhängigen Modulatoren für die Pulsenergie und für den Brennfleckdurchmesser. Für die Ansteuerung der Modulatoren wird ein spezieller SHC RIP eingesetzt, der auf die farbseparierten Daten zugreift.

Das weiterentwickelte SHC-Modulationsverfahren greift für jeden einzelnen Laserpuls auf beide Strahlparameter Energie und Brennfleckdurchmesser zu, dies ist in der Abbildung schematisch dargestellt.

Diese herausragende Weiterentwicklung bedeutet, dass die Gestalt der einzelnen Näpfchen mit der Präzision der direkten Laserbearbeitung erstmals über einen weiten Bereich mit voneinander entkoppelten Parametern Durchmesser und Tiefe frei definierbar wird.

Die SHC-Modulation ermöglicht die Ausbildung eines breiten Spektrums an Näpfchenformen zur Darstellung der Tonwertskala wie in den Abbildungen 10 · 35 und 10 · 37 schematisch aufgezeigt ist.

Dieses Spektrum reicht von konventionell (tiefenvariabel) bis zu autotypisch (flächenvariabel), wobei der gesamte Zwischenbereich zur Optimierung der Farbübertragung zur Verfügung steht. Aufgrund der Schnelligkeit der SHC-Modulation kann diese Optimierung für jeden Tonwert individuell vorgenommen werden.

Für den Illustrationstiefdruck werden SHC-Raster im Bereich von 70 L/cm bis 90 L/cm eingesetzt.

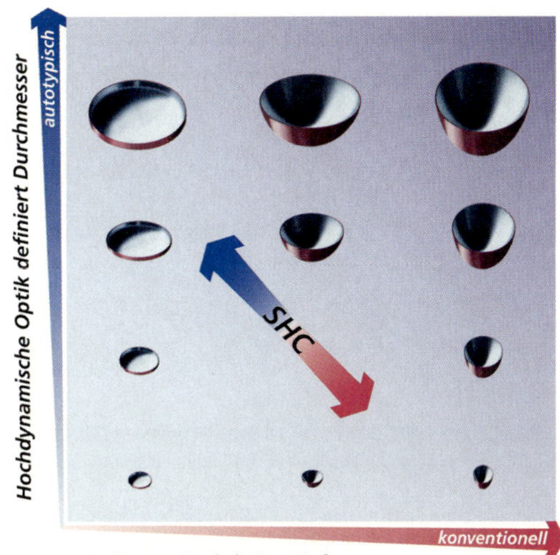

Schematisch dargestellte Näpfchenformen, die mit der SHC-Modulation realisiert werden können. Die horizontale Achse ist mit „konventionell" bezeichnet. Diese Richtung entspricht in der Figur einer Veränderung der Tiefe bei konstantem Durchmesser. Die Richtung der vertikalen Achse, die mit „autotypisch" bezeichnet ist, entspricht einer Veränderung des Durchmessers bei konstanter Tiefe der Näpfchen. Mit dem Abstand zum Ursprung nimmt das Volumen der Näpfchen zu. Die höchste Pulsenergie und der größte Durchmesser führen zum größten Näpfchenvolumen oben rechts in der Grafik.

Die der Tonwertskala zugeordneten Näpfchenformen reichen von einer Tiefe von wenigen µm und einem Durchmesser von 25 µm im Licht bis zu einem Durchmesser von 140 µm bei einer Tiefe von 35 µm im Vollton.

Die Vorzüge des SHC-Rasters kommen voll zur Geltung, wenn höchste Druckgeschwindigkeit und billigste Papierqualität aufeinandertreffen.

Schichtaufbau
Die Zink-Schicht ist der Träger der Bildinformation in der Druckform und ist das Basismaterial für die Lasergravur. Das Zink wird galvanisch auf die Kupfer-Oberfläche des Zylinders aufgetragen. Die derzeit wirtschaftlichste Lösung ist ein Dünnschichtverfahren. Dabei muss die abgeschiedene Zink-Schicht nur 15 µm stärker sein als die vorgesehene maximale Näpfchentiefe.

Die Oberfläche wird vor der Laserbearbeitung mit einem Steinschliff homogenisiert, der rund 5 µm abträgt. Nach erfolgter Laserbebilderung wird der Zylinder gereinigt und anschließend 6 µm bis 8 µm stark verchromt. Der Chrom-Elektrolyt erzielt sowohl auf Zink als auch auf Kupfer-Oberflächen sehr gute Resultate. Die Oberfläche wird abschließend auf die gewünschte Rauigkeit geschliffen.

Alle beschriebenen Prozesse werden in einer vollautomatischen Produktionslinie ausgeführt.

Zur Wiederaufbereitung der ausgedruckten Formen wird die mit Chrom geschützte in Zink liegende Bildinformation mechanisch abgetragen. Die restliche nur noch ca. 10 µm dünne Zink-Schicht wird chemisch abgelöst, wobei die Kupfer-Basis als Ätzstoppschicht dient.

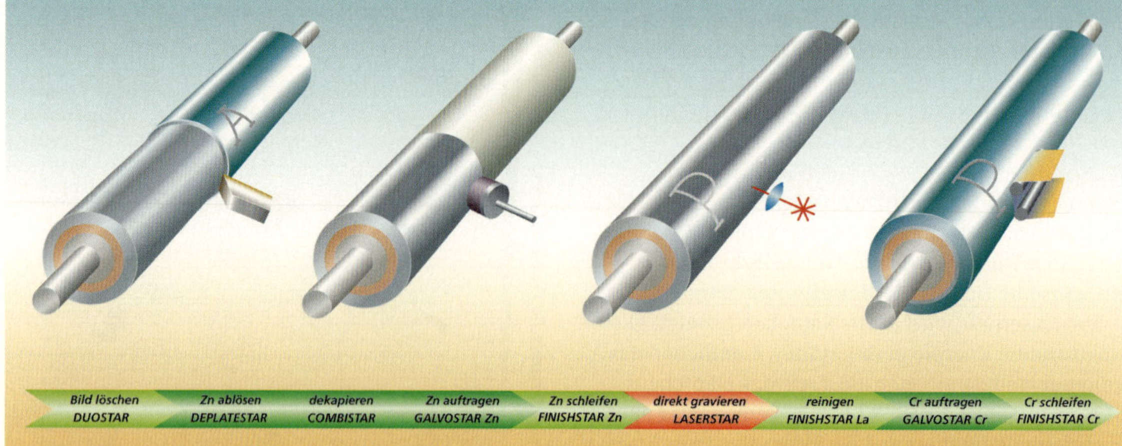

Die 4 wesentlichen Schritte des Zn-Cr Dünnschichtverfahrens in schematischer Darstellung. Die Bildinformation auf einem ausgedruckten Zylinder wird chemisch oder mechanisch gelöscht. Die galvanisch aufgetragene Zn-Schicht wird mittels Steinschliff für die direkte Laserbearbeitung vorbereitet. Die Verchromung mit definiertem Oberflächenschliff garantiert die Dauerhaftigkeit der Druckform.

Präzise definiertes Druckverhalten

Das direkte Laser System ist frei von den Unsicherheiten chemischer Ätzverfahren oder den Einschränkungen mechanischer Gravurverfahren. Das direkte Laser System garantiert eine sehr regelmäßige Ausbildung der Stege bei optimaler Zellenform. Eine Unterhöhlung der Stege ist absolut ausgeschlossen. Mit überlappender Bearbeitung können auch größere Zellen zu einem Master-Raster synthetisiert werden. Das Master-Raster weist die Auflösung des Grundrasters und das Schöpfvolumen des synthetisierten Rasters auf. Gerade für den Verpackungsdruck erweist sich diese Kombination als sehr vorteilhaft.

Für jedes gewählte Raster weisen die Druckformen aufgrund der geometrischen Präzision der direkten Laserbearbeitung eine außerordentlich exakt definierte Farbübertragung auf. Diese erlaubt eine sehr präzise Abstimmung der Farbe bezüglich Verschnitt und Lösemittel. Wo vorher in der Farbformulierung Sicherheitsmargen wegen erheblicher geometrischer Streuung oder unkontrollierter Stegüberflutung eingestellt werden mussten, kann nun mit reduziertem Lösemittelanteil gearbeitet werden. Die Erfahrung zeigt, dass die Laserstar-Druckformen durch diese Eigenschaft höhere Druckgeschwindigkeiten zulassen und außerdem eine angenehm ruhige Farblage, abrissfreie Verläufe und eine differenzierte Tonwertwiedergabe bis in den Volltonbereich erzielt werden können.

Perspektiven

Das direkte Laser System arbeitet ohne Abnutzung und produziert dadurch mit konstanter Qualität. Für die berührungslose Bearbeitung sind weder mechanische Einstellungen noch manuelle Eingriffe erforderlich, so dass die Automatisierung in einfacher Weise gelingt.

Der hauptsächliche wirtschaftliche Nutzen entsteht im Druckwerk: Die Reproduzierbarkeit des Direkten Laser Systems und der Wegfall von Strang-Ungleichheiten ermöglichen wesentlich raschere Rüstzeiten. Die präzisere Farbabgabe wird für Farbeinsparungen genutzt und im Verpackungstiefdruck können tendenziell höhere Bahngeschwindigkeiten gefahren werden.

Mit der Entkoppelung von Durchmesser und Tiefe der Näpfchen kann die Farbübertragung im Tiefdruck mit völlig neuartigen Näpfchenformen optimiert werden. Die engen Toleranzen bei der präzisen Ausführung der Druckform können bis zur Farbformulierung im Druckprozess beibehalten werden. Diese wirtschaftlichen Aspekte und der Qualitätsgewinn dürften die Hauptargumente für das Direkte Laser System in der Praxis sein.

Zylinderbearbeitung: Alles automatisch

Jeder Gravur schließen sich weitere Bearbeitungsschritte an. Der Zylinder wird der Graviermaschine entnommen und in eine Galvanikmaschine eingesetzt, wo seine endgültige Chromoberfläche aufgalvanisiert wird.

Nach dem Verchromen erhält der Zylinder seinen letzten Schliff in einer speziellen Poliermaschine, z.B. dem Finishstar. Danach ist der Zylinder fertig für die Bestückung der Druckmaschine.

Das Entnehmen des Zylinders aus der einen Bearbeitungsstation und das Einsetzen in die nächste Station kann heute in der modernen Tiefdruckformherstellung in vollautomatisch arbeitenden Produktionsstraßen erfolgen. Dabei werden die verschiedenen Längen der zu bearbeitenden Zylinder selbsttätig richtig erkannt, die Transportkräne und Bearbeitungsmaschinen stellen sich automatisch auf die Zylindergrößen ein. Manuelle Eingriffe sind daher auf ein Minimum reduziert.

Nach Abschluss des Druckprozesses werden die Zylinder – wiederum automatisch – aus der Druckmaschine entnommen und für eine erneute Gravur vorbereitet. Dazu muss in der ersten Bearbeitungsstufe die Chromoberfläche entfernt werden. In der zweiten Bearbeitungsstufe wird die unter dem Chrom zu Tage tretende Kupfer- oder Zinkoberfläche präzise auf das erforderliche Maß geschliffen. Der Zylinder steht nun wieder für einen Graviervorgang bereit.

Falls der Zylinder vor einer erneuten Gravur eine frische Kupfer- oder Zinkschicht benötigt, kann auch dieser Bearbeitungsschritt in einer speziellen Galvanikanlage automatisch zwischengeschaltet werden. Anschließend wird der neu galvanisierte Zylinder auf Maß geschliffen und seine Oberfläche für die neue Gravur optimiert. Wenn jetzt die Layoutdaten aus der digitalen Vorstufe komplett vorliegen und der Zylinder am Bildschirm ausgeschossen wurde, kann die nächste Gravur beginnen.

Nach dem Andruck in speziellen Andruckmaschinen oder einem druckverbindlichen Proof wird der Druckausfall genau überprüft. Bei erforderlichen Änderungen der Ton- und Farbwerte können manuelle Korrekturen direkt am Druckformzylinder durchgeführt werden:

- Pluskorrektur:
  Näpfchen tiefer ätzen
  = mehr Druckfarbe im Druckbild
- Minuskorrektur:
  Näpfchenvolumen verringern
  = weniger Druckfarbe im Druckbild.

Druckmaschinen und Drucktechnik

Tiefdruckmaschinen sind heute fast ausschließlich Rollen-Rotationsdruckmaschinen, die für einen bestimmten Produktbereich konstruiert sind und den Anforderungen entsprechend modular ausgebaut werden können. Im wesentlichen unterscheidet man dabei Tiefdruckmaschinen für

- Illustrationsdruck
- Verpackungsdruck

und spezielle Druckprodukte wie

- Dekordruck
- Tapetendruck
- Wertpapierdruck.

Illustrations-Rollen-Rotationstiefdruck

Ein Weltmarktführer von Druckmaschinen für den Illustrations-Rollen-Rotationstiefdruck ist die Koenig & Bauer AG mit ihrem Werk in Frankenthal (Pfalz). Die hier vorgestellte Technik der Produktionssysteme im Illustrationstiefdruck bezieht sich exemplarisch auf aktuelle Technologien dieses Unternehmens.

Einer der großen Vorteile der Tiefdruckmaschinen ist die Umfangsvariabilität der Formzylinder, die eine stufenlose Anpassung an das gewünschte Exemplarformat mit minimaler Beschnittzugabe erlaubt.

Problemlos können registergenau Papierbreiten von über 3,60 m bei 4, 6 oder 8 Seiten im Umfang sowie mit bis zu 21 Seiten in der Breite bei höchster Produktionsgeschwindigkeit bedruckt werden.

An wesentlichen Entwicklungen im Illustrations-Tiefdruck war KBA (Koenig & Bauer-Albert) maßgeblich beteiligt. Dies gilt auch für die Geschwindigkeitsentwicklung von 40.000 bis 60.000 U/h sowie die Steigerung der max. Bahnbreite auf über 3,60 m.

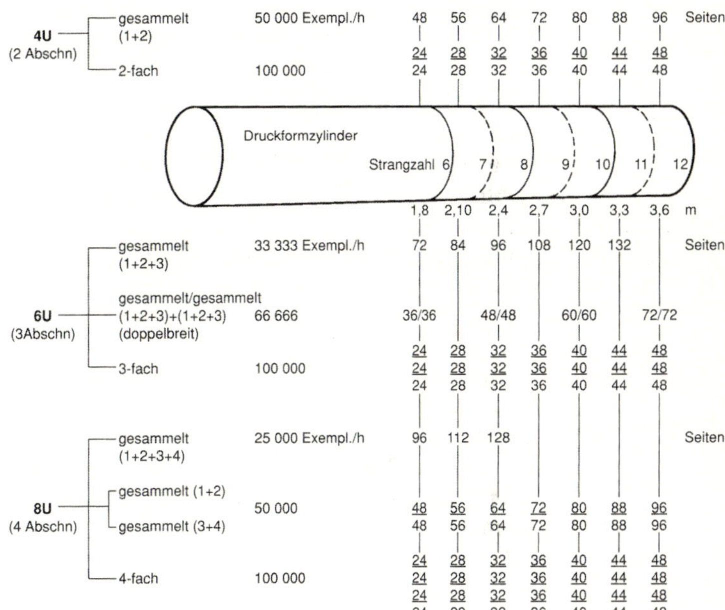

Entwicklungen im Illustrations-Tiefdruck

Lösemitteladsorption schont die Umwelt

Das beim Druckprozess in der dünnflüssigen Farbe enthaltene Lösemittel (Reintoluol) wird zu weit über 90 % durch Adsorptionstechnik zurückgewonnen und verbleibt deshalb im Produktionskreislauf. Der heutige Tiefdruck kann deshalb als ein umweltschonend arbeitendes Druckverfahren betrachtet werden.

Die Abluftreinigung durch das Adsorptionsverfahren mit Aktivkohle arbeitet wirtschaftlich und gilt als beispielhaft für die Verbindung von Ökologie und Ökonomie. Aus den Trockenkammern der Druckwerke wird die lösemittelhaltige Luft konzentrationsgeregelt abgesaugt und durchströmt die Adsorber von unten nach oben, wobei sich das Lösemittel an die Aktivkohle anlagert. Die gereinigte Luft tritt oben aus. Die Regeneration der beladenen Aktivkohle erfolgt im Gegenstrom durch Desorption mit Wasserdampf. Das ausgetriebene Gemisch aus Wasser- und Lösemitteldampf wird kondensiert und in einem Abscheider getrennt. Das zurückgewonnene Löse-

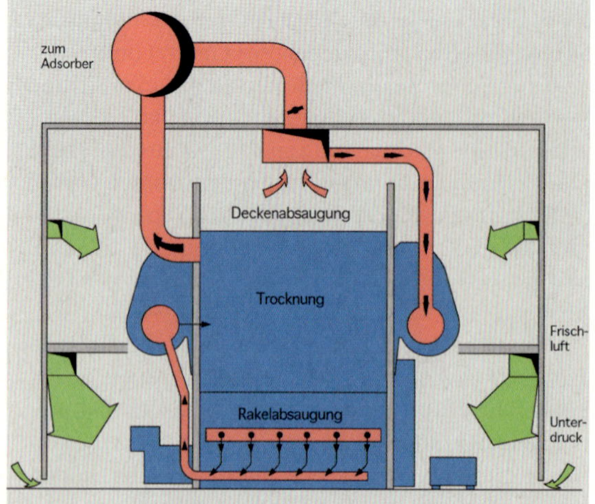

Absaugen von Lösemittel
Die Haubenkapselung der Druckwerke mit Absaugung aus den Trockeneinrichtungen dient der Lösemittelrückgewinnung. Während des Betriebes wird die Luft aus dem Rakelbereich und über den Druckwerken in die Trockenzonen zurückgeführt. Beim Stillstand der Anlage wird während des Umrüstens über das Abluftrohr ein Unterdruck erzeugt, so dass erhöhte Konzentrationen unterhalb der Trockenkästen und über den Druckwerken abgebaut werden.

mittel kann ohne weitere Nachbehandlung im Druckprozess wieder eingesetzt oder als Überschuss an den Farblieferanten zurückgegeben werden.

Der Illustrations-Tiefdruck mit Toluolfarben ist in der Gesamtbetrachtung aller Aspekte einer Ökobilanz in hohem Maße umweltschonend und vorbildlich durch die weitgehende Rückgewinnung des eingesetzten Lösemittels sowie der Papierfasern nach Entfernen der Farbbestandteile beim De-inken im Flotationsverfahren.

Die verwendeten Harze bei der Druckfarbenherstellung werden z.B. aus nachwachsenden Rohstoffen gewonnen. Bei den im ersten Anschein unbedenklich erscheinenden, wasserverdünnbaren Druckfarben sind dagegen synthetische Stoffe einzusetzen. Die DeInkbarkeit ist ungünstiger und bei der Druckqualität sind Einbußen hinzunehmen. Der Einsatz bei qualitativ hochwertigen Druckerzeugnissen ist deshalb derzeit auszuschließen. Negativ bei diesen Farben ist auch, dass eine deutlich höhere Trockenenergie benötigt wird.

Beim Druckprozess mit Toluolfarben werden die Druckmaschinen so eingekapselt und belüftet, dass durch Unterdrucksteuerung keine Lösemitteldämpfe in den Umgebungsbereich gelangen können.

Die Konzentration zwischen den Druckwerken wird überdies durch einen Rollladen am Bahneinlauf und Absaugung am Rakelkopf so niedrig gehalten, dass gesundheitsschädliche Auswirkungen beim Beseitigen von Störungen, z. B. am Rakelmesser, nicht zu befürchten sind. Bei Produktionsstopp werden die Formzylinder und Presseure automatisch durch spezielle Waschprogramme gereinigt.

Mit längeren Trockenstrecken und neu entwickelten Druckfarben werden die Restlösemittel im bedruckten Papier auf niedrigste Werte abgesenkt.

Die Adsorptionstechnik für die Rückgewinnung der Lösemittel ist eine sichere, seit vielen Jahrzehnten in den verschiedensten Industriezweigen erprobte Technik mit höchsten Wirkungsgraden.

Tiefdruckanlage TR 10 B / 360
Mit der weltweit ersten 3,60 m breiten Tiefdruckanlage hat KBA eine neue Maschinenklasse im oberen Bahnbreitensegment entwickelt. Dies erforderte neben einer dementsprechend optimierten Maschinentechnik eine umfassende Logistik zur Verkürzung der Rüstzeiten und zur Produktion.

Der Formzylindertransport zwischen den Vorstufenabteilungen und den Maschinenanlagen wird durch ferngesteuerte Shuttles realisiert. Die Beschickung und Entsorgung der Doppelwagen geschieht mit einem automatischen Brückenkran. Bei Auftragswechsel fahren die Doppelwagen mit den neuen Formzylindern zwischen die Druckwerke und der automatische Wechselvorgang startet. In wenigen Minuten sind die alten gegen die neuen Formzylinder in den Druckwerken ausgetauscht.

Die Tiefdruckmaschine wird zentral von einem Monitor-Leitstand aus überwacht und gesteuert. Über eine periphere Schnittstelle ist die Anlage in die Systemarchitektur der Druckerei eingebunden, so dass eine durchgängige Kommunikation mit anderen Bereichen wie z. B. Auftragsvorbereitung, Terminüberwachung etc. möglich ist (CIM = Computer Integrated Manufacturing).

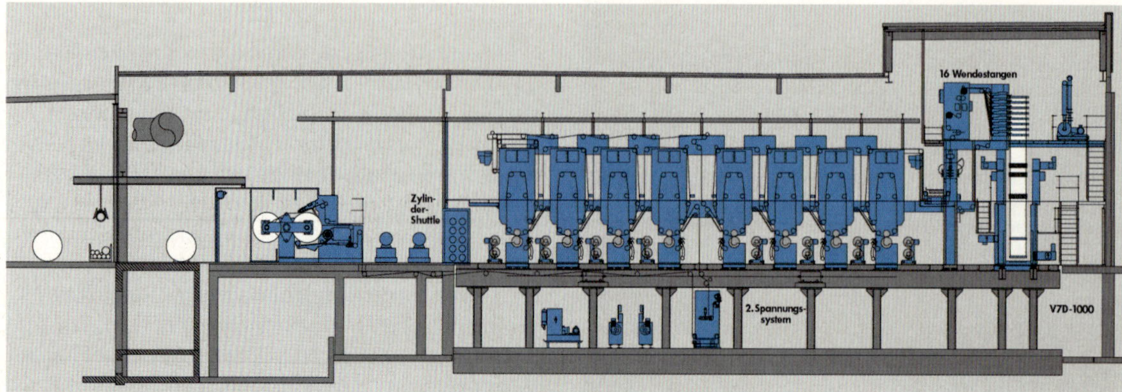

Tiefdruckanlage TR 10 B/360. Alle Hauptaggregate sind auf einer Ebene angeordnet

Produktionssteuerung
Kontrolle und Steuerung vom zentralen Monitor-Leitstand mit Anbindung an die Systemarchitektur der Druckerei

Druckwerk: Bedienungsseite

Trockengebläse mit Absaugung

Automatische Papierrollen-Logistik

Kulissen-Wendestangenüberbau

Die Maschine ist mit zwei variablen Falzapparaten ausgestattet. Je sechs Wendestangen sind in zwei verschiebbaren Kulissen untergebracht und können hier jeweils über die volle Breite verschoben werden. Damit kann bei entsprechender Umstellung der Wendestangenposition die Produktion vom einen auf den anderen Falzapparat umgestellt werden, ohne dass das Zylinderlayout der Seiten geändert werden muss. Wie die anderen Bereiche der Maschine wird auch der Überbau über das ALADIN-System vollautomatisch für eine neue Produktion umgestellt.

Eingeklebte Postkarten in Zeitschriften und Werbedrucksachen machen es dem Leser leichter, auf ein gutes Angebot zu reagieren. Normal werden die Karten im Sammelhefter oder Klebebinder eingeklebt. Wird im Falzapparat jedoch ein fertiges Exemplar mit Heftung hergestellt, muss die Karte bereits im Überbau beim Maschinenlauf eingeklebt werden.

Das „Ad-a-Card"-Gerät zieht den mit einer Querperforation versehenen Kartenstrom aus einer Box ab und klebt die einzelnen Karten auf einen Papierstrang mit der vorgesehenen Exemplarseite. Die Stränge können verschiedenartig um das Gerät geleitet werden, so dass unterschiedliche Seitenbelegungen gewählt werden können.

Die hohe Automatisierung und der automatische Formzylinderwechsel für kürzeste Umrüstzeiten machen den Tiefdruck inzwischen auch für niedrigere Auflagenbereiche interessant. Der Falzapparat kann 4, 6 und 8 Seiten im Umfang verarbeiten. Die Variabilität der Produkte reicht im 1. Querfalz vom A5 bis zum A4-Bereich, wobei wahlweise die Exemplare mit Heftklammern versehen werden können. Bei Produktion über die Trichter kann bei Bedarf eine Längsleimung der Produkte erfolgen.

Die hohen Produktionsgeschwindigkeiten erfordern eine schnelle Erkennung und Beseitigung von auftretenden Störungen zur Sicherung des Qualitätsstandards und der Minimierung von Druckmakulatur.

Über den zentralen Monitor-Leitstand ist eine detailgenaue visuelle Beobachtung und Steuerung der Maschine möglich. Über Mini-Kameras werden kritische Zonen im Falzapparat beobachtet.

Druckmaschinen mit Bahnbreiten von 3.600 mm werden für den hochwertigen Katalogdruck und andere Druckaufträge mit hohem Qualitätsstandard selbst auf leichtgewichtigen Papieren eingesetzt.

Die Breitenveränderung der Papierbahn durch den Druckprozess (Drucken und Trocknen bei jeder Druckfarbe jeweils auf beiden Druckseiten) durch Dampfbeaufschlagung kompensiert werden kann.

Niedrige Makulaturwerte beim automatischen Rollenwechsel und die sichere Beherrschung von Großrollen mit über sechs Tonnen Gewicht bestimmen die Konstruktion der Rollenträger.

Zur Verkürzung der Umrüstzeiten werden viele Elemente wie z. B. Rollentragarme, Gurtpendel, Bahnspannungssysteme und Bahnkantensystem automatisch umgestellt.

Die Rollenbeschickung und Entnahme der Restrolle kann ebenfalls vollautomatisch ausgeführt werden. Der Funktionsablauf beim vollautomatischen Rollenwechsel wird digital über eine Mikroprozessorsteuerung realisiert, wobei ein Rechenvorgang den Restrollendurchmesser in Abhängigkeit von Geschwindigkeit und Bahnbreite automatisch ermittelt.

Der Schnelligkeit des Bahneinzuges kommt bei der Verkürzung der Umrüstzeit bzw. dem raschen Wiederanlauf der Rotationmaschine nach einem Bahnriss große Bedeutung zu. Ein Seileinzugsystem befördert die Bahn automatisch vom Abroller bis zu den Wendestangen des Überbaus.

Der Doppelwagen mit dem neuen Formzylinder fährt zwischen die Druckwerke

Automatischer Formzylinderwechsel

Trichterproduktion

Überbau

Tiefdruckwerke

Die Wechseltechnik der Druckformzylinder ist für eine hohe Automatisierung zur Realisierung schnellster Maschinenumrüstung entscheidend.

Die exakte Positionierung der Formzylinder erfolgt bei Auftragswechsel seitlich und auch im Umfang automatisch. Zentral zwischen den Maschinen sind Doppelwagen mit dem Kranroboter für den An- und Abtransport der Druckformzylinder angeordnet. Die Wagen mit den neuen Druckformzylindern fahren beim Auftragswechsel motorisch zwischen die Druckwerke, wo der automatisierte Austausch gegen die ausgedruckten Zylinder erfolgt. Je 8 Doppelwagen sind einer Druckmaschine zugeordnet, so dass es keine Überschneidung gibt.

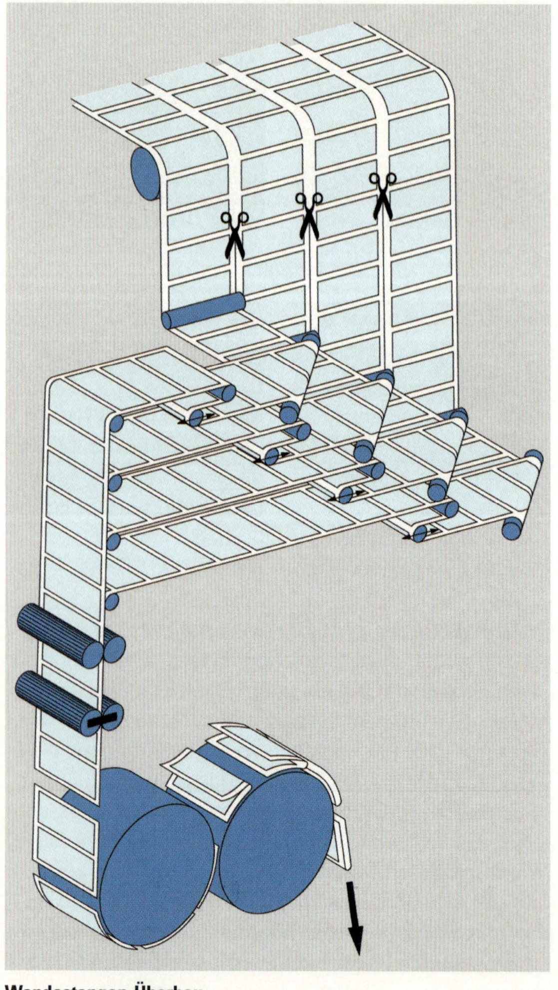

Wendestangen-Überbau

Überbau

Eine hohe Produktflexibilität ist eine besondere Stärke des Tiefdrucks. Der Überbau spielt dabei eine ganz besondere Rolle. Im Überbau wird die Bahn in seitenbreite Stränge geschnitten, über Wendestangen um 90⁰ umgelenkt und nach einer registerhaltigen Ausrichtung übereinandergelegt dem Falzapparat zugeführt.

Trichterproduktion

Auf dem Falztrichter erhalten die Stränge einen Längsfalz und werden danach im Falzapparat quer gefalzt. Somit sind die Exemplare mit zwei Falzungen versehen. Schneidet man danach z. B. die Querfalzung weg, entstehen mit einem Trichter vier Produkte bzw. acht Produkte mit zwei Trichtern bei einer Formzylinderumdrehung.

Wendestangen-Überbau

Um Exemplare mit dem 1. Querfalz herzustellen, ist die Strangwendung um 90⁰ und direkte Zuführung zum Falzapparat die einfachste und sicherste Produktionsart, angewendet bei der Herstellung von Zeitschriften und Katalogen sowie Werbeprospekten, die keine weitere Falzung benötigen. Eine Bahn kann in bis zu 16 Stränge aufgeteilt werden.

Im Tiefdruck werden Kataloge und Zeitschriften in der Regel im ersten Querfalz hergestellt. Bei den geforderten hohen Seitenzahlen wird die Bahn in bis zu 16 Einzelstränge aufgeteilt, die über Wendestangen dem Falzapparat zugeführt werden.

Die Wendestangen erlauben eine direkte Wendung oder Umkehrwendung der Stränge.

Kombi-Überbauten

Durch die Kombination von Trichtern und Wendestangen im Überbau sowie Falzapparate mit unterschiedlicher Variabilität und Produktion bei 4, 6 und 8 Seiten im Umfang ergibt sich eine große Produktvielfalt im Tiefdruck.

Kombi-Überbauten mit Trichtern und Wendestangen sind sehr vielfältig in der konstruktiven Ausführung. Die Trichter können mit einer Leimeinrichtung für den Längsfalz versehen werden. Für die hochauflagige Herstellung von Werbebeilagen wird z. B. mit zwei Trichtern eine Verdoppelung im Produktionsausstoß erreicht. Durch den Beschnitt des Quer- oder Trichterfalzes nach dem Falzapparat entstehen weitere Möglichkeiten der Produktgestaltung.

Die Bahnzuführung in den Überbau und die Vereinigung der einzelnen Stränge über Wendestangen oder Trichter zu einem Strangpaket, das in den Falzapparat eingeführt wird, stellt hohe Ansprüche an die Verarbeitung der bedruckten Papierbahn in Bezug auf das Strangregister, niedrige Makulaturwerte und Minimierung von Papierrissen.

Durch einen Web-Aligner wird die Bahn automatisch seitlich ausgerichtet, über die Video-Bahnbeobachtung kontrolliert und danach zwischen den beiden Hauptzugwalzen im Längsschneidwerk in einzelne

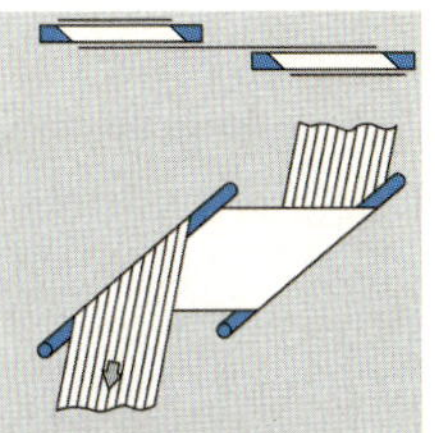

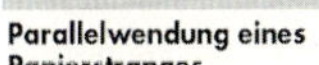

Parallelwendung eines Papierstranges

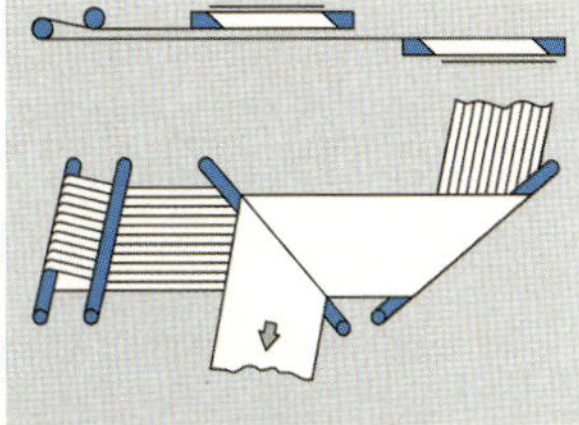

Parallelwendung eines Stranges mit Umkehrung

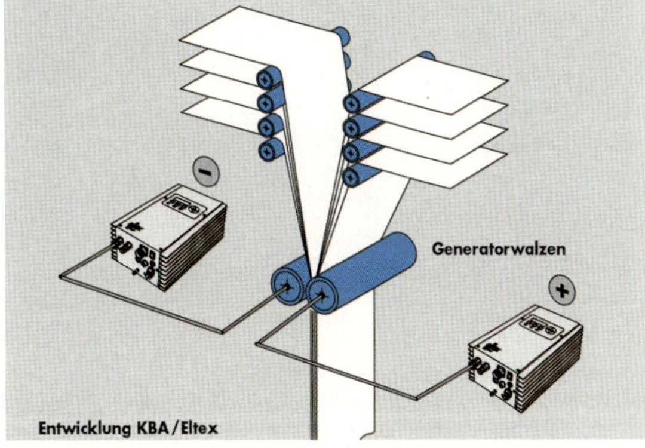

Effiziente Stranghaftung durch Walzenaufladung

Stränge aufgeteilt. Die übereinander gelegten Stränge können im Falzapparat und in der Weiterverarbeitung besser verarbeitet werden, wenn die einzelnen Lagen durch elektrostatische Aufladung gut aneinander haften.

Falzapparat

Die Produktionsleistung der Tiefdruckmaschine wird maßgeblich vom Leistungsvermögen des Falzapparates bestimmt. Die Voreinstellung des Falzapparates für eine andere Produktion wird am Leitstand ausgelöst und läuft automatisch ab.

Ein wichtiges Sicherheitselement im Falzapparat ist der abfederbare Falzklappenzylinder. Die Geschwindigkeitsentwicklung der Tiefdruckmaschinen wurde maßgeblich von den Konstruktionen der umfangsvariablen Falzapparate mitbestimmt.

Im variablen Tiefdruck-Falzapparat erfolgt die Formatanpassung durch das im festen Drehzahlverhältnis zu den Formzylindern drehende Schneidzylinderpaar, das je nach Umfangsformat bei einer bestimmten Drehzahl mehr oder weniger Stranglänge die Querschneidgruppe passieren lässt, bevor der Schnitt erfolgt.

Auf den Druckbogen wirken beim Falzvorgang außerordentlich hohe Kräfte ein, die bei linearer Geschwindigkeitserhöhung teilweise quadratisch ansteigen. Der 1. Querfalz stellt heute im Tiefdruck die häufigste Produktionsart dar. Durch die liegend auf den Formzylinder angeordneten Seiten können hohe Seitenzahlen hergestellt und bei Bedarf auch geheftet werden. Für Sonderfälle können die Falzapparate mit Einrichtungen für 3. Falz (Längsfalz) oder 2. Querfalz ausgestattet werden.

Der zusätzliche Anbau eines Cutters (Schneideaggregat mit Spliteinrichtung der Stränge und separate Auslage) neben dem Falzapparat erweitert die Pro-

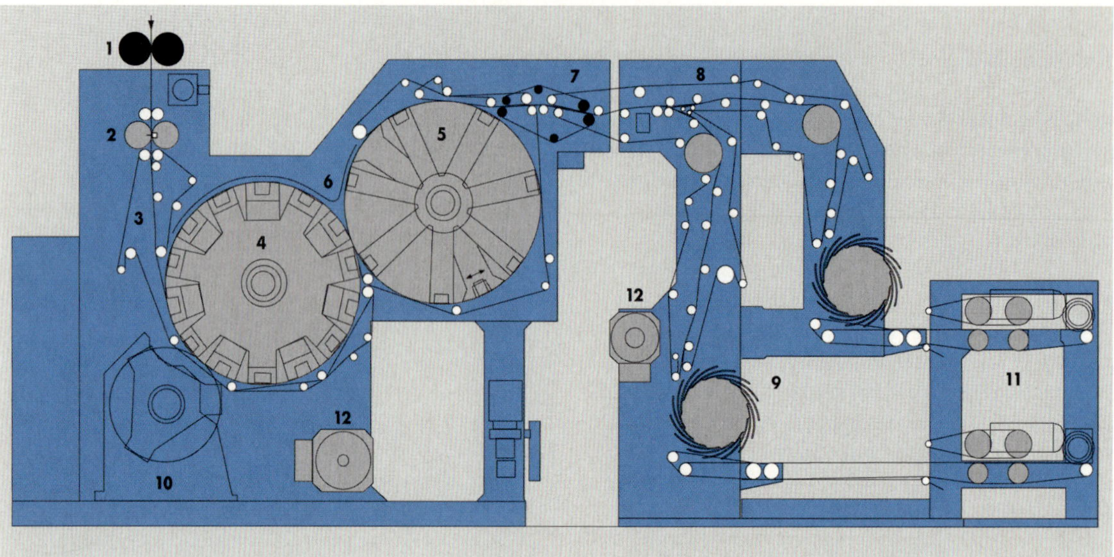

Variabler Tiefdruck-Falzapparat im System 7:7
1 Elektrostatische Strangauflade-Zugwalzen
2 Schneidezylinder
3 Beschleunigungsbänder
4 Sammelzylinder
5 Falzklappenzylinder
6 Falzwickel
7 Doppelte Bänderproduktverzögerung
8 Splitteinrichtung mit gesteuerten Zungen
9 Schaufelrad
10 Heftapparat
11 Presswalzenstation
12 Servomotor für Direktantrieb

duktionspalette erheblich. Beim Cutter werden die Trichterstränge im Schneidzylinderpaar auf Formatlänge abgeschnitten und gelangen ohne weitere Falzung direkt zur Auslage. Cutter mit Mehrfachauslagen stellen für die Produktion von beispielsweise Exemplaren mit geringer Seitenzahl und unterschiedlichem Layout oder gefächerten Seiten eine interessante Ergänzung der Falzmöglichkeiten dar.

Durch Pflugfalze vor dem Trichter sind bei Bedarf auch Exemplare mit Altarfalz herzustellen.

Cover-Zuführung

Die Ausstattung einer Zeitschrift mit einem Cover aus schwererem und hochwertigerem Papier als die Innenseiten erfordert normalerweise bei der Herstellung den zeitaufwendigen und kostspieligen Arbeitsgang im Sammelhefter in der Weiterverarbeitung. Mit dem Cover-Falzapparat können die vorbedruckten Umschläge dagegen direkt in der Druckmaschine zugeführt werden. Nach dem Heften und Falzen muss die Zeitschrift im Fließschneider nur noch dreiseitig beschnitten werden und ist danach zur Auslieferung bereit.

Klangharte Rollenwicklung einer doppelbreiten Cover-Rolle

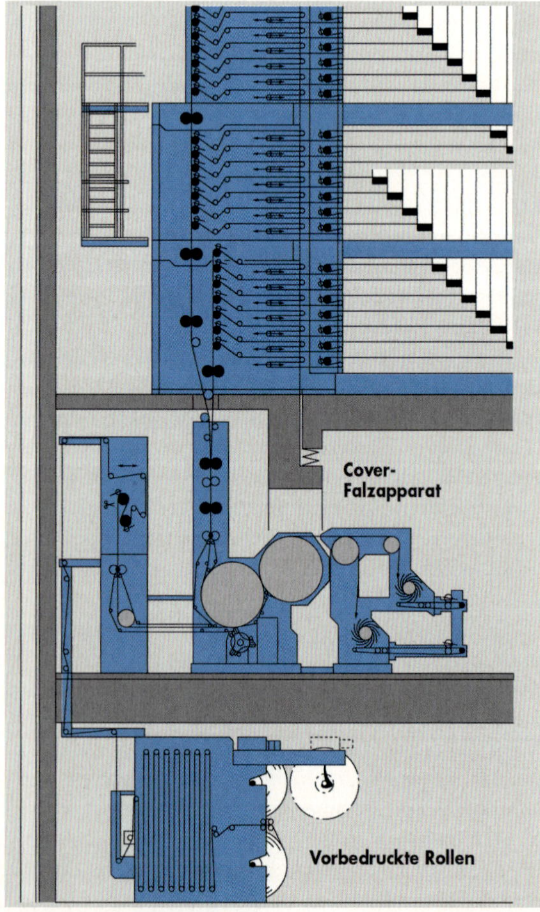

Komplette Produktion im Zeitschriftendruck mit Umschlagzuführung

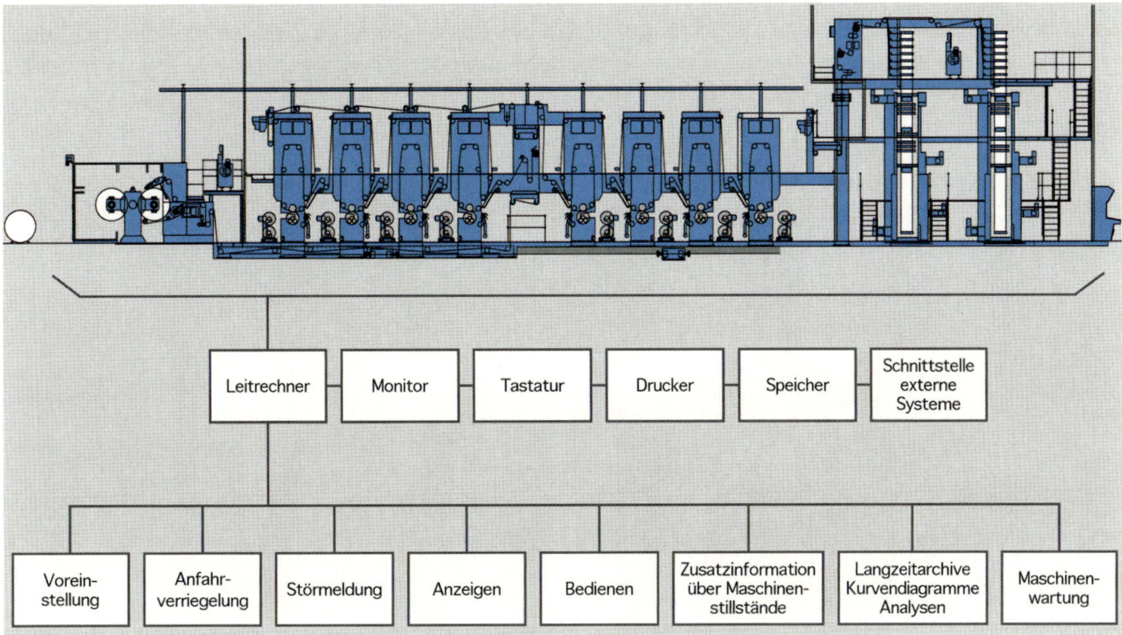

ALADIN Prozessleitsystem der KBA Tiefdruckmaschine

KBA Drivetronic
Zugwalzen und Falzapparate werden ohne mechanische Antriebsverbindungen und Getriebe nach dem KBA Drivetronic-Konzept direkt durch digital geregelte Drehstrom-Servomotore angetrieben. Die Synchronisation erfolgt über virtuelle Leitachsen, die mit moderner Lichtwellenleitertechnik realisiert sind.

Prozessleitsystem
Die Elektronik mit dezentraler Intelligenz ist heute ein wichtiger Bestandteil moderner Druckmaschinen. Über einen schnellen Datenbus werden die einzelnen Funktionseinheiten der Maschine angesteuert und kommunizieren mit der digitalen Antriebsregelung. Die modulare Systemarchitektur mit komfortabler Bedienung über objektorientierte Visualisierung auf dem Farbmonitor unterstützt das Maschinenpersonal bei der Kontrolle und Steuerung der Anlage.

Die Systemarchitektur gewährleistet die Einbindung peripherer Bauteile und Kommunikation mit anderen Unternehmensbereichen wie z. B. Auftragsvorbereitung und Terminüberwachung sowie den Service integrierten Test- und Auswertungsfunktionen sowie die Prozessdiagnose. Über ein Telefonmodem kann bei Bedarf der Hersteller online Service leisten.

Monitor-Leitstand
Leitstandsysteme mit Monitor-Bedienerführung nutzen die Leistungsfähigkeit heutiger Computertechnik. Die Drucker bedienen die Anlage über einen Mehrplatz-Leitstand mit je einem Bedienerplatz. Von hier können sie ständig alle wichtigen Daten beobachten und bei Bedarf korrigierend eingreifen. Auf den Pulten befinden auch noch die Monitore für die Register- und Farbregelung sowie die elektrostatische Druckhilfe. In einer weiteren Ebene sind die Monitore für die Beobachtung weiter entfernter Maschinenaggregate, Videobetrachtung der Bahn bis hin zu Hochgeschwindigkeits-Aufnahmen aus dem Falzapparat angeordnet.

Flexodruck-Imprinter
Die Imprinter-Technologie mit einem fliegenden Eindruckwechsel bei voller Produktionsgeschwindigkeit eröffnet dem Tiefdruck neue Einsatzfelder, wenn es um Flexibilität und Zielgruppenorientierung der Produktion und um höhere Wirtschaftlichkeit geht. Wenn bei Teilauflagen wechselnde Firmensignets, Texte und Preise eingedruckt werden sollen, ist durch den Flexodruck-Imprinter die Herstellung und der Wechsel von teuren Tiefdruck-Formzylindern zu vermeiden (siehe Seite 10 · 26).

Verpackungsdruck im Tiefdruck

Verpackungen besitzen in der Versorgung unserer Gesellschaft, im Marketing der Unternehmen und im Kaufverhalten der Kunden eine zentrale Funktion. Die Verpackung eines Produkts gilt als Visitenkarte oder gar das Erscheinungsbild eines Unternehmens bzw. einer Marke. Dementsprechend bedeutend sind das Verpackungsdesign und die drucktechnische Produktion der Verpackungen. Ziele sind u. a. eine markt- und produktgerechte Verpackung.

Ein wichtiges Marktsegment im Tiefdruck ist die Produktion flexibler Verpackungen. Bedruckstoffe sind Verpackungsmaterialien wie Kunststoff-, Metall- und Verbundfolien sowie Papiere. Die Produktpalette reicht beispielsweise von der hochwertigen Folie für Lebensmittelverpackungen bis zum einfachen Folien- oder Papierprodukt, von der Hygieneverpackung über Lebensmittelverpackungen bis zur Gebäck- und Süßwarenverpackung. Die Druckpro-

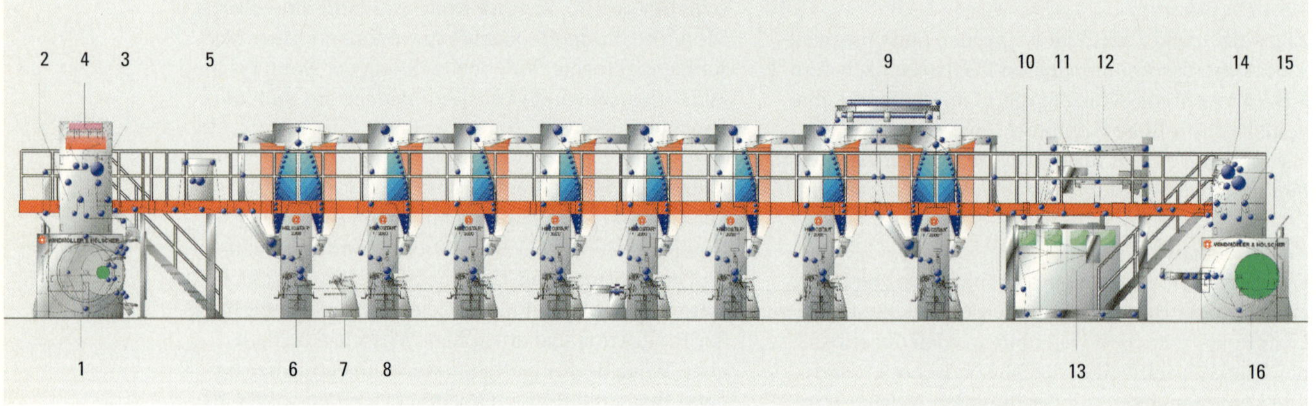

HELIOSTAR, Windmöller & Hölscher

1. Non-Stop-Abwicklung mit Gleichstrom-4Q-Antriebstechnik
2. Bahnzugmess- und Regeleinrichtung zur Abwicklung
3. Vorzug, durch Gleichstrom angetrieben, mit Kühlwalzen, Gummianpresswalze
4. Infrarot-Vorkonditionierung
5. Korona-Vorbehandlung
6. Druckwerkständer mit Doppeltrocknung
7. Druckwerkwagen
8. Druckwerkständer mit Einfachtrocknung
9. Bahnwendeeinrichtung
10. Bediensäule PROCONTROL
11. Video-Bahnbeobachtung TELECON-Web-Video mit 3-Chip-Kamerasystem
12. Video-Zusatz-Bahnbeobachtung für Lackerkennung mit 1-Chip-Kamerasystem
13. Spiegeltrommelbeobachtungssystem
14. Vorzug, Gleichstromgetrieben, mit Kühlwalzen, Gummianpresswalzen und Anpressrollen
15. Bahnzugmess- und Regeleinrichtung zur Aufwicklung
16. Non-Stop-Aufwicklung mit Gleichstrom-4Q-Antriebstechnik

duktion schließt eine Vielzahl von verschiedenen Veredelungsvorgängen ein.

Der Tiefdruck ist ein Garant für eine konstant hohe Druckqualität selbst bei den größten Auflagen. Die Wirtschaftlichkeit ist jedoch, bedingt durch sehr hohe Druckformkosten, ein zu berücksichtigender Faktor.

Er steht in diesem Marktsegment im Wettbewerb mit dem Flexodruck. Bei sehr hohen Qualitätsanforderungen ist der Tiefdruck derzeit noch im Vorteil. Günstigere Kosten sprechen derzeit immer noch für die Produktion im Flexodruck. Letztlich entscheiden die Forderungen des Kunden, welchem Druckverfahren der Vorzug geben wird.

Technische Unterschiede zwischen Illustrations- und Verpackungstiefdruck

- Produktvielfalt
- Druckmaschinentechnik und -größe
- Druck- bzw. Materialbreite
- Produktionsleistung

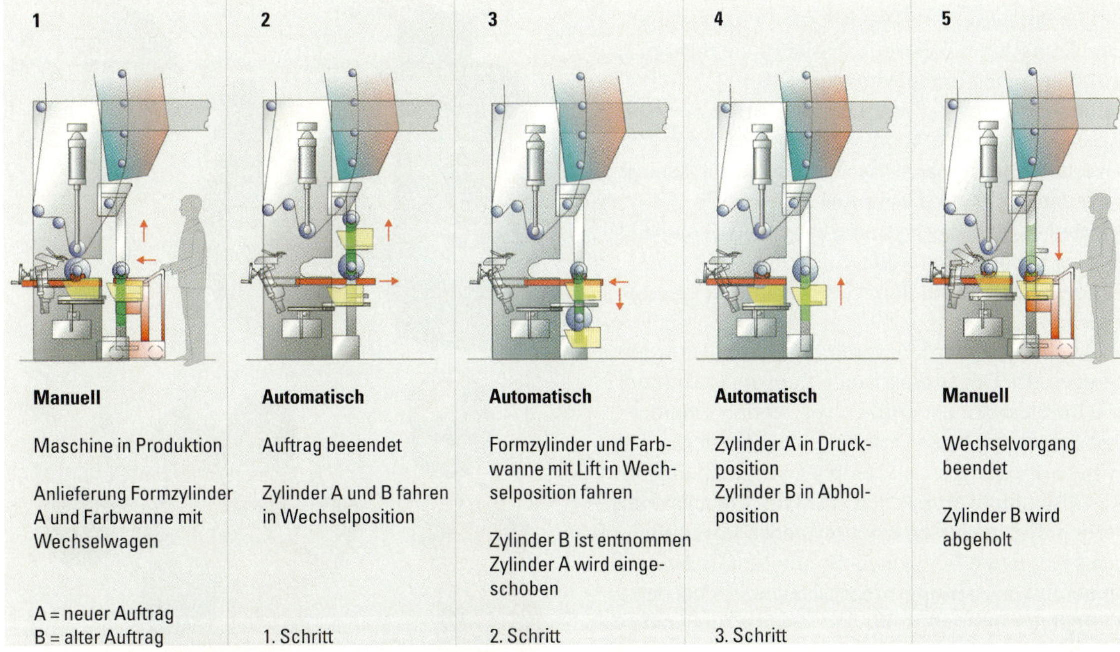

1
2
3
4
5
Manuell
Maschine in Produktion
Anlieferung Formzylinder A und Farbwanne mit Wechselwagen
A = neuer Auftrag
B = alter Auftrag
Automatisch
Auftrag beendet
Zylinder A und B fahren in Wechselposition
1. Schritt
Automatisch
Formzylinder und Farbwanne mit Lift in Wechselposition fahren
Zylinder B ist entnommen
Zylinder A wird eingeschoben
2. Schritt
Automatisch
Zylinder A in Druckposition
Zylinder B in Abholposition
3. Schritt
Manuell
Wechselvorgang beendet
Zylinder B wird abgeholt

HELIOSTAR mit automatischem Auftragswechselsystem

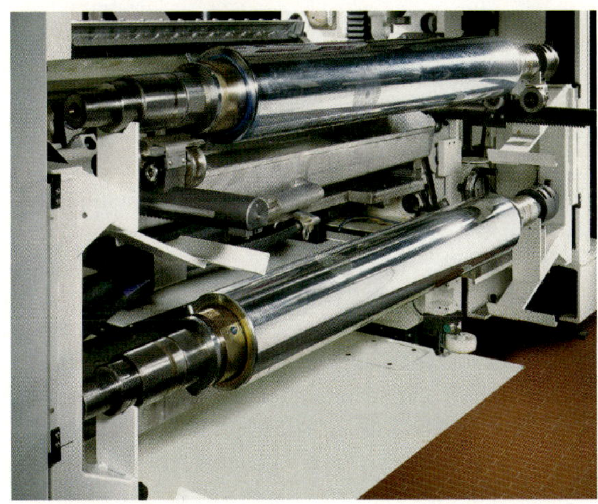

Formzylinder in Wechselposition

- Produktion von Rolle-auf-Rolle bzw. typische Inline-Verarbeitung
- Bedruckstoffe
- Druckfarben in spezieller Zusammensetzung und ohne Toluol als Lösemittel
- Druckfarbentrocknung
- produktbezogene bzw. gesetzliche Anforderungen, z. B. bei Lebensmittelverpackungen

Tiefdruckmaschinen für den Verpackungsdruck sind fast ausschließlich Rollen-Rotationsdruckmaschinen, die in ihren Produktionsleistungen zwischen 200 und 350 m/min liegen.

In wenigen Auftragsbereichen und bei besonderen Anforderungen, z.B. zur Vor- oder Hauptproduktion von besonders anspruchsvollen Kosmetik- oder Zigarettenverpackungen, für den Druck von Metallfarben und Perlmutt (Iriodin®), wird vereinzelt im Bogen-Rotationsdruck produziert. Koenig & Bauer-Albert (KBA) lieferte mit der *Rembrandt 104* eine der wenigen Bogen-Rotations-Tiefdruckmaschinen, Format 720 mm x 1040 mm, die heute vereinzelt auch noch für Spezialdruckereien hergestellt wird.

Gedruckt wird dabei von speziellen Wickelplatten (z. B. Nylograv, eine fotopolymere Auswaschdruckplatte der BASF). Da Fotopolymerplatten keine Tonwertkorrekturen zulassen, kommt der Kopiervorlage eine entscheidende Bedeutung für die Qualität der Druckform zu.

Kopiervorlage ist ein gerasterter, seitenrichtiger Positivfilm. Die zu druckenden Bildstellen sind in der Kopiervorlage geschwärzt. Sie formen später die Näpfchen in der Druckplatte. Die transparenten Stellen bilden dagegen später die rakelführenden Stege und die Nichtbildstellen (bildfreie Bereiche).

Zum Einspannen in die Druckmaschine ist die Druckplatte scharf und exakt rechtwinklig abzukanten. Eine wesentliche Voraussetzung für den Druck ist ein optimal rundes Verschließen des Einspannbereiches. Dazu werden geeignete Verschlussmassen in den Spalt eingefüllt und mit UV-Licht gehärtet. Bewährt haben sich handelsübliche Spachtelmassen aus der Auto- und Bootsindustrie. Anschließend wird die ausgefüllte Naht von Hand glattgeschliffen.

Nur eine einwandfreie Rundung ermöglicht eine einwandfreie, fehlerlose Rakelung im Druckprozess.

Verpackungs-Rotationsdruckmaschinen produzieren in wesentlich kleineren Druckbreiten als Illustrationsdruckmaschinen. Es werden Materialbreiten von ca. 1000 bis 1600 mm bedruckt. Gedruckt wird im allgemeinen von Rolle auf Rolle. Aber auch Inline-Systeme mit integrierter Fließfertigung werden eingesetzt. Besonders zu beachten ist die Produktvielfalt mit den dabei einzusetzenden Materialien und den dazu geeigneten Druckfarben.

Die Produktionsvielfalt erfordert eine flexible Druckmaschine. Wesentliche Merkmale müssen sein
- umfangs- und breitenvariabel
- einfaches, kurzes Rüsten beim Auftragswechsel
- rechnergesteuerte Voreinstellsysteme
- Vorkonditionierungs- und Vorbehandlungsanlage für den Druck auf bestimmte Kunststoffe
- Bahnbeobachtungssysteme zur Prozesskontrolle bei der Produktion Rolle-auf-Rolle
- Prozess-Sicherheit durch Steuer- und Regelungstechnik.

An die Druckfarben werden spezielle Anforderungen gestellt. Der Einsatz von Toluol als Lösemittel, wie im Illustrationstiefdruck verwendet, scheidet insbesondere für den Druck verschiedenster Lebensmittelverpackungen aus. Selbst geringe Spuren von Restlösemittel verursachen eine Geschmacksveränderung. Ein universell einzusetzendes Lösemittel mit den geforderten Echtheiten für alle Materialien und weiteren Verarbeitungsprozessen kann es bei der Vielfalt der Bedruckstoffe und Verarbeitungsmöglichkeiten nicht geben. Um eine optimale, rasche und intensive Haftung der Druckfarbe zu erreichen und gleichzeitig die produktspezifischen Forderungen zu erfüllen, müssen vielmehr spezielle Lösemittel ausgewählt oder ggf. sogar aus mehreren Komponenten gemischt werden.

Basis der im Verpackungsdruck eingesetzten Lösemittel sind Alkohole und Ester (z. B.: Ethylalkohol, Ethylacetat, Ethanol, Cyclohexan, Propanole) sowie teilweise auch Wasser. Diese Lösemittel werden auch für Lacke eingesetzt.

10.3.2 Tampondruck

Der Tampondruck ist ein indirektes Tiefdruckverfahren für das Beschriften und Dekorieren von Gegenständen aller Art. Die Bildstellen der Druckform werden von einem flexiblen Tampon, das indirekte Übertragungselement, übernommen und auf den Bedruckstoff gedruckt. Es können im Tampondruck Produkte mit extrem feinen Druckmotiven bedruckt werden, die in keinem anderen Druckverfahren zu realisieren wären. Neben dem Bedrucken von ebenen Flächen lassen sich beliebige Werkstoffe in unterschiedlichsten Formen in ausgezeichneter Qualität gestochen scharf bedrucken. Dabei ist der Tampondruck eine technisch und wirtschaftlich interessante Alternative zum Siebdruck beim Bedrucken von beliebigen Formkörpern.

Trotzdem der Tampondruck kein sehr bekanntes Druckverfahren ist, begegnen wir Produkten des Verfahrens täglich bei Kennzeichnungen, Beschriftungen und zur Dekoration, z. B.
- Armaturen, Autozubehör, Beleuchtungskörper, Elektrogeräte, Elektronikbauteile, Computerteile, Fotogeräte, Glas, Haushaltsartikel, kosmetische Artikel, medizinische Geräte, Werkzeuge u.v.a.
- Spielzeug
- Sportartikel wie Golfbälle, Tennisbälle
- Verpackungen und Verschlusskappen

Tampondruck: Produktbeispiele

- Werbeartikel wie Kugelschreiber, Maßbänder, Buttons
- kompliziert geformte Industrieteile.

Weitere Einsatzgebiete sind u. a. der Druck auf Messgeräte, optische Geräte, Displays, Tastaturen, MusicDisc, Foto- und Videogeräte.

Der Tampondruck steht in seinen Einsatzbereichen teilweise im Wettbewerb mit dem Siebdruck. Er ist ebenso anpassungsfähig an unterschiedlichste Formen der Produkte sowie für den Druck auf unterschiedlichste Materialien wie Metall, Kunststoffe, Glas oder lackierte Untergründe geeignet. Dies bedeutet, dass ein bedruckstoffspezifisches Angebot an Tampondruckfarben vorhanden sein muss, um die gestellten Produktanforderungen technisch und qualitativ zu erfüllen.

Wesentliche Vorteile des Tampondrucks gegenüber dem Siebdruck:
- Gedruckt werden kann an allen ebenen und unebenen Stellen des Gegenstandes und in Vertiefungen bis unmittelbar an vertikale Flächen
- Das Druckbild ist exakt zu positionieren
- Es sind feinste Schriften, Details und Linien ohne ein Verschmutzen der Druckform zu drucken
- Geringerer Ausschuss (Makulatur)
- Kürzere Trockenzeit (je nach Druckfarbentyp)
- Mehrfarben-Nass-in-Nass-Druck feinster Raster und sonstiger Bildelemente

Demgegenüber bestehen auch einige Nachteile gegenüber dem Siebdruck:
- Geringere Farbschichtdicke
- Nur kleinere Druckformate zu drucken
- Spezielle Druckformen sind teilweise teurer als eine Siebdruckform.

Druckformen: Klischees

Druckformen und Farbübertragung
Der Tampondruck ist ein Tiefdruckverfahren, bei dem das Druckbild indirekt von der Druckform (Klischee genannt) über einen flexiblen, sehr weichen Tampon auf das Bedruckstoffmaterial übertragen wird.

Eine typische Besonderheit ermöglichst die Informationsübertragung durch den Tampon: Das zu bedruckende Material kann plan liegend oder auch beliebig geformt sein. Dabei kann man sogar „um die Ecke", auf Zylinder und Kugeln drucken.

Die planliegende Druckformen bestehen aus Stahl, Aluminium, Keramik oder Kunststoff.

Stahlklischees können durch Kopiertechnik und Ätzung oder über eine Lasergravur bebildert werden. Kunststoffklischees besitzen eine polymerisierfähige Schicht für die Bebilderung. Bei den kopiertechnischen Verfahren wird eine geeignete Kopiervorlage auf die lichtempfindlich beschichtete Druckplatte kopiert. Das vertieft liegende Druckbild entsteht in der Stahlplatte durch Ätzen, im Kunststoff durch Auswaschen.

Aluminium- und Keramikklischees werden ausschließlich über Lasertechnik hergestellt.

Für die Auswahl der Klischees sind die Qualität, die zu druckende Auflage (Stückzahl), der Herstellungsaufwand sowie die Kosten zu berücksichtigen. Durch Lasertechnik lassen sich Feinheiten von 40 µm wiedergeben, alle anderen Verfahren erreichen eine Feinheit von ca. 100 µm. Erreichbare Standzeiten
- Kunststoff: 10.000 bis 20.000 Druck
- Stahl: 1 bis 2 Millionen Druck
- Aluminium: 200.000 bis 450.000 Druck
- Keramik: > 2 Millionen Druck.

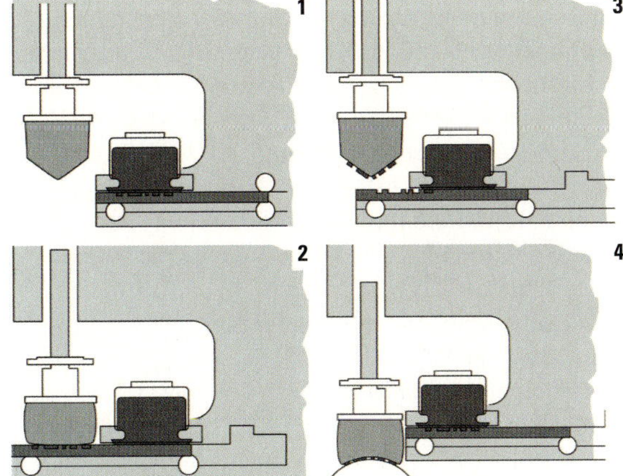

Tampondruck: Druckprozess
1. Einfärben des Klischees
2./3. Bildübertragung auf den Tampon
4. Druck

Die Tiefe der Bildstellen liegt bei allen Klischeearten zwischen 15 und 35 µm. Die Farbschichtdicke des zu übertragenden Farbfilms beträgt je nach Klischeeart und Tiefe der geätzten oder ausgewaschenen Bildstellen sowie je nach Härte und Form des Tampons zwischen 4 bis 8 µm. Auf die Farbübertragung wirken sich auch Umwelteinflüsse wie Temperatur und relative Luftfeuchtigkeit aus.

Der weichelastische Tampon übernimmt Druckfarbe aus den Vertiefungen der Druckform und überträgt sie auf den zu bedruckenden Gegenstand. Dabei steuert im Wesentlichen die Tiefe des Klischees die zu übertragende Farbmenge.

Die vertieft liegenden Bildstellen der Druckform werden durch ein Farbmesser mit einer materialspezifisch geeigneten Druckfarbe gefüllt. Eine Rakel entfernt im gleichen Ablauf die überschüssige Druckfarbe von der Oberfläche der Druckplatte. Zurück bleibt die Druckfarbe in den Vertiefungen, den Bildstellen.

Der Tampon
Der Tampon besteht aus Mischungen verschiedener Silikonkautschuk-Sorten. Er ist in verschiedenen Härtegraden und in unterschiedlichen Formen auf das zu bedruckende Material und die entsprechende Geometrie des zu bedruckenden Gegenstandes abzustimmen. Zu jedem Einsatzbereich sind Tampons in verschiedenen Formen sowie in unterschiedlicher Härte und Oberflächenbeschaffenheit einzusetzen.

Tamponformen

Für ein optimales Druckergebnis ist im Normalfall ein harter, steiler und großvolumiger Tampon geeignet. Die Auswahl richtet sich nach der Oberflächenform und Struktur des Bedruckstoffes sowie nach Art und Größe des Druckbildes. Welche Härte für den jeweiligen Anwendungsbereich erforderlich ist, kann jeweils nur produktspezifisch beurteilt werden. Die Qualität des Druckbildes ist wesentlich vom Zustand des Tampons abhängig.

Durch seine Elastizität passt sich der Tampon ideal den Formen des zu bedruckenden Gegenstandes an. So ist es möglich, feinste Schriften und Zeichnungen auf beliebige Formen von Spielwaren, Modellautos und -eisenbahnen sowie Werbeartikel zu drucken. Tamponform, Druck und Abrollbewegung sind auch bei möglichen Verzerrungen des Druckbildes zu beachten.

Materialien
Manche zu bedruckende Materialien (Kunststoffe wie Polyoleofine, Polypropylen, Polyethylen) haben eine sehr niedrige Oberflächenspannung, die eine Vorbehandlung für den Druckprozess erfordert. Problem ist eine ausreichende Benetzung des Materials mit Druckfarbe. Das Benetzungsverhalten einer Flüssigkeit (Druckfarbe) auf einen Festkörper (zu bedruckendes Material) ist durch Messung des Randwinkels der Flüssigkeit auf dem Festkörper zu ermitteln. Liegt der Randwinkel über 90^0, so kommt es zum Perlen der Druckfarbe, d.h. die Druckfarbe überträgt die Bildinformationen unzureichend oder gar nicht.

Für die Vorbehandlung des Materials zur besseren Farbhaftung gibt es verschiedene Verfahren, z.B.:
- Primerauftrag und Zugabe von Haftvermittlern zur Druckfarbe

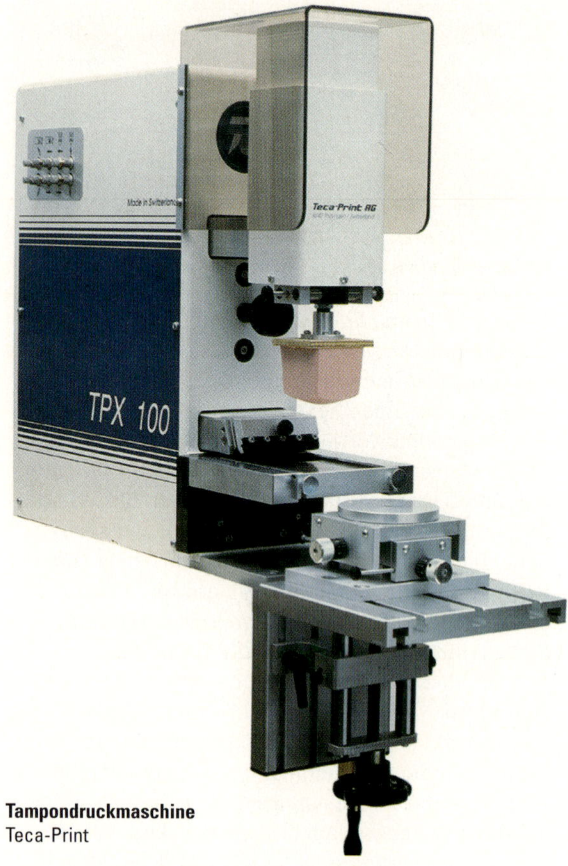

Tampondruckmaschine
Teca-Print

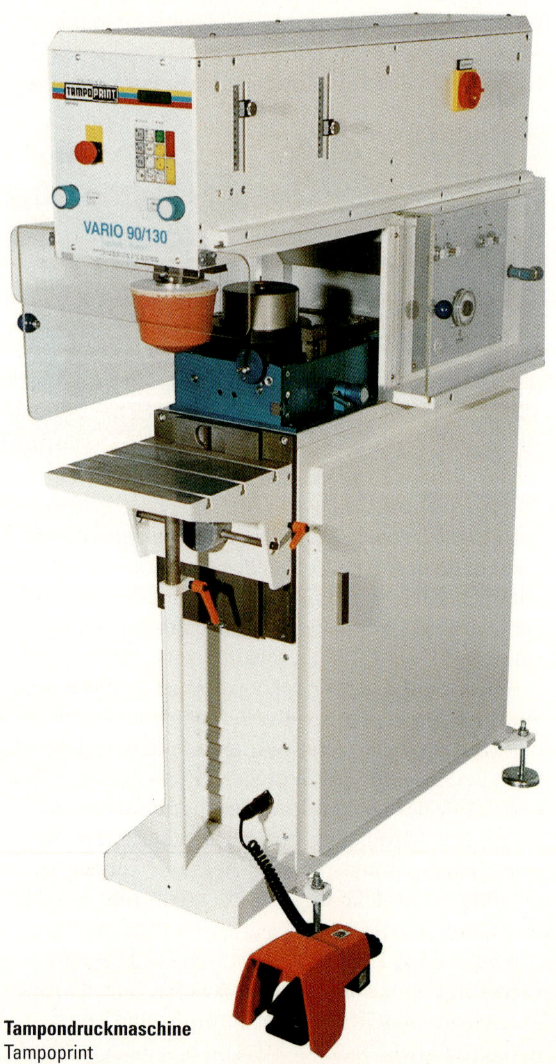

Tampondruckmaschine
Tampoprint

- Beflammen: Erzeugen einer Sauerstoffverbindung an der Oberfläche
- Koronavorbehandlung: Ionisierung der Materialoberfläche mit Hoch- oder Niederfrequenzsystemen.

Tampondruckmaschinen
Tampondruckmaschinen unterscheiden sich durch die Tamponbewegung, Antrieb, Druckformatgröße, Anzahl der zu druckenden Farben und Bedruckstoffzuführung.

Ein wesentliches Merkmale ist das Einfärbesystem für die Druckform. Bei offenen Systemen sitzen Flutrakel zur Einfärbung und Rakel zur Entfernung der Druckfarbe auf der Klischeeoberfläche auf einem Führungsschlitten. Die eingesetzten Lösemittel verflüchtigen in diesem offenen System relativ rasch, die Druckfarbe trocknet dadurch auf der Klischeefläche leichter an. Grundsätzlich ist eine Absauganlage für Lösemitteldämpfe erforderlich.

Ein geschlossenes Einfärbesystem arbeitet dagegen mit einem Rakeltopf, der durch eine seitliche Bewegung Druckfarbe überträgt und die Oberfläche danach abrakelt.

Bei einem rotativ arbeitenden Tampondrucksystem haben das Klischee und der Tampon die Form eines Zylinders. Das runde Klischee dreht sich kontinuierlich in einer Farbwanne und wird dadurch permanent eingefärbt. Die überschüssige Druckfarbe auf der Oberfläche wird durch eine ständig mitlaufende Rakel abgezogen. Bildelemente geben die Druckfar-

Tampondruckmaschine für Kunststoffschalen
Teca-Print

be an den synchron mitlaufenden runden Tampon ab, der sie auf den Bedruckstoff überträgt.

Im Tampondruck ist ein Nass-in-Nass-Druck in Mehrfarben-Druckmaschinen möglich.

Jede Druckform besitzt ein eigenes Einfärbesystem. Die Tampons nehmen in einem Arbeitsvorgang je eine Druckfarbe auf und geben sie in einem zweiten Takt auf den Bedruckstoff ab. Der Bedruckstoff muss zum Druck von einer zur nächsten Druckstelle bewegt werden. Bei anderen Systemen bleibt der Bedruckstoff an einer Stelle und die Druckmaschine arbeitet mit einer Tamponverschiebung. Daneben sind weitere Varianten, z.B. mit einem Karussell, auf dem Markt.

Prozessablauf im Druck in exemplarischer Folge

- Das Farbmesser hat die Vertiefungen der Druckform mit Druckfarbe gefüllt, die Rakel streift die überschüssige Druckfarbe in den Farbbehälter zurück. Durch Verdunsten des Lösemittels der Tampondruckfarbe wird die Oberfläche des in der Druckform liegenden Farbfilms klebrig.
- Der Tampon senkt sich auf die Druckform und übernimmt durch leichten Druck mit einer Abrollbewegung die Druckfarbe aus den Vertiefungen. Durch das Abrollen wird gleichzeitig eine eingeschlossene Luft verdrängt.
- Beim Abheben des Tampons wird nur ein Teil des klebrigen Farbfilms vom Tampon übernommen.
- Lösemittel des auf dem Tampon befindlichen Farbfilms verdunstet wiederum teilweise. Der leicht klebrige Farbfilm kann nun auf den Bedruckstoff gedruckt werden.
- Der Tampon wird über das zu bedruckende Teil geführt, senkt sich auf den Bedruckstoff und überträgt die Druckfarbe mit einer Abrollbewegung, die eine auf dem Farbfilm vorhandene Luft verdrängt.
- Der Tampon hebt wieder ab, bewegt sich zurück und ist für den nächsten Druck in der Ausgangsposition.

Tampondruckfarben

Im Siebdruck ist ein guter Verlauf der Druckfarbe und ein Offenhalten der Gewebemaschen vorrangig zu beachten. Im indirekten Tampondruck ist dagegen die Farbannahme und –abgabe des Tampons zu beachten.

Ein wichtiges Kriterium während des Übertragungsvorgangs ist das leichte Antrocknen des Farbfilms: Durch das Verdunsten des Lösemittels wird die Adhäsion des Farbfilms zum Bedruckstoff größer als die Adhäsion zum Tampon. Daher ist beim Tampondruck ist Auswahl des geeigneten Lösemittels von großer Bedeutung. Verdunsten die Lösemittelanteile im Farbfilm zu rasch, so trocknet die Druckfarbe bereits in der Druckform ein und kann vom Tampon nicht mehr in ausreichender Stärke übernommen und übertragen werden. Wird dagegen mit sehr langsam verdunstenden Lösemitteln gearbeitet, trocknet die Druckfarbe langsamer und die erforderliche Klebrigkeit des Farbfilms wird nicht erreicht. Dadurch ist eine Übertragung der Druckfarbe auf den Bedruckstoff schwierig. Eine Hilfe ist das Anblasen des Tampons mit kalter Luft, die das Verdunsten etwas beschleunigt und das Übertragen des Farbfilms auf den Bedruckstoff verbessert.

Die verschiedenen Tampondruckfarben-Typen sind auf das Druckmotiv und die unterschiedlichsten Bedruckstoffe in der Viskosität durch geeignete Verdünner abzustimmen. Bei der Produktion ist darauf zu achten, dass die Druckfarbe von Zeit zu Zeit nachverdünnt werden muss, da ein Teil der Lösemittel im Farbbehälter nach einer gewissen Zeit verdunstet. Bei einer zu stark verdünnten Druckfarbe können Oberflächenstörungen im Druck auftreten, außerdem wir die Deckkraft erheblich vermindert. Ist die Viskosität dagegen zu hoch, treten ggf. statische Probleme auf. Die erforderliche Viskosität der Druckfarbe ist von verschiedenen Einflussfaktoren wie Tamponhärte, Feinheit des Druckmotivs sowie Eigenschaften und Oberflächenbeschaffenheit des zu bedruckenden Materials abhängig.

Vor allem werden oxidativ trocknende oder einbrennbare Druckfarben eingesetzt. Insbesondere durch das Einbrennen ergeben sich ein hoher Glanz und hohe Beständigkeiten sowie im allgemeinen eine hervorragende Farbhaftung.

Im Gegensatz zum Siebdruck wird im Tampondruck mit einer wesentlich geringeren Farbschichtdicke gedruckt. Damit ist die Deckkraft prinzipiell deutlich geringer. Zum Ausgleich werden Tampondruckfarben dementsprechend höher pigmentiert. Werden Gebrauchsgegenstände bedruckt, die unter das Lebensmittel- oder Bedarfsgegenstände-Gesetz fallen (Spielwaren, Schreibmaterialien u.a.), so müs-

10.3.3 Vergleichende Übersicht: Tiefdruckverfahren

Tiefdruck	Druckprinzip	Druckform	Druckfarbe	Bedruckstoff	Typische Produkte	Erkennungsmerkmale
Manuelle Tiefdruckverfahren (Kupferdruck): – Kupferstich – Radierung – Kaltnadelradierung – Aquatinta – Heliogravüre	Fläche/Fläche, überwiegend: Fläche/Zylinder	manuell mit Werkzeugen und zum Teil zusätzlich mit Säure bearbeitete Kupferplatte mit Strichelementen	strenge Farbe ähnlich den Offsetdruckfarben, oxidativ trocknend	Kupferdruckpapiere oder -kartons, die vor dem Druck leicht gefeuchtet sein sollen	künstlerische Druckarbeiten	– Eindrücken der Ränder der Druckform in den Bedruckstoff – je nach Technik spezifische Erkennungsmerkmale
Rakeltiefdruck	Zylinder/Zylinder, direkt, Rollen-Rotationsdruck	verchromter Kupferzylinder: – tiefenvariable Druckelemente – flächenvariable Druckelemente – tiefen- und flächenvariable Druckelemente	dünnflüssige (niederviskose) Druckfarbe, die durch Verdunsten der Lösungsmittelanteile trocknet, physikalische Trocknung sowie Spezialfarben für Verpackungen, Furniere	Bedruckstoffe in Rollen: Papiere aller Art, leichte Kartons, Folien, Aluminiumfolien, Pergamin u. ä.	Großauflagen aller Art: – Illustrierte – Kataloge – Werbung – Dekordrucke – Furniere – Tapeten – flexible Verpackungen auf Kunststoffen, Folien, Metallpapieren, Verbundwerkstoffen	Tiefenvariable Druckform: – Quadratische Rasterpunkte in gleicher Größe bei allen Tonwerten – Näpfchen drucken in hellen Tonwerten innen vielfach hohl aus – Wolkiges bzw. perliges Ausdrucken in Bildtiefen – Schrift gerastert, daher Ränder unscharf Tiefen- und flächenvariable Druckform: – Rasterpunkte in unterschiedlicher Größe und Farbsättigung – sonstige Merkmale wie bei tiefenvariabler Druckform
Stichtiefdruck – Stahlstichprägedruck	Fläche/Fläche	Stahlplatte: manuell oder maschinell graviert, geätzt	Lackfarbe, chemisch trocknend	Papiere, Karton	Urkunden, repräsentative Privat- und Geschäftsdrucksachen	– Erhaben stehende glänzende Farbschicht – nur Strichdruckelemente und Schrift
– Stahlstichdruck	Zylinder/Zylinder, direkt oder mit Transferzylinder	Stahlzylinder, z. T. mit feinsten Guillochen (wellen-, bogen-, kreisförmige Muster)	pastöse Farbe	Papiere, Karton	Wertpapiere, Banknoten Briefmarken	– Feinste Strichdruckelemente – Wellen-, bogen- und kreisförmige Linienmuster
Tampondruck	Fläche/Hohlkörper, indirekte Druckbildübertragung durch sehr flexiblen Tampon aus Silikonkautschuk	Stahl-, Aluminium- oder Keramikplatte graviert bzw. geätzt	Spezialfarbe je nach Bedruckstoff	Kunststoffe aller Art, Metalle, Keramik, Glas, Holz	Hohlkörper in beliebigen Formen, z. B. Kugelschreiber, Skalen, Tischtennisbälle	– Strichzeichnungen und evtl. grobe Raster und der Druck auf bereits geformte Gegenstände

sen die besonderen gesetzlichen Vorschriften beachtet werden.

Einkomponenten-Druckfarben
Für das Bedrucken von thermoplastischen Bedruckstoffen, z.B. Polyethylen, Polypropylen, Polystyrol, Polycarbonat oder Hart-PVC werden meist Einkomponenten-Druckfarben eingesetzt. Wegen ihrer langen Topfzeit, d. h. einem langen verarbeitungsfähigen Zustand, sind diese Druckfarben problemlos zu verdrucken. Einkomponenten-Druckfarben besitzen hervorragende Eigenschaften hinsichtlich der Haftung, dem Glanz, der Deckkraft und der Trocknung. Sie können als matte, seidenglänzende oder hochglänzende Farbtypen hergestellt werden.

Eine weitere Einkomponenten-Druckfarbe sind UV-Druckfarben, die durch ein Bestrahlen mit UV-Strahlen im Wellenbereich zwischen 180 und 380 nm aushärten. Vorteile dieser Druckfarben sind ein sehr schnelles Aushärten, kein Eintrocknen der Druckfarbe bei konstanter Viskosität im Druckprozess, keine brennbaren organischen Lösemittelanteile und keine Lösemittelemissionen. Allerdings sind die üblichen Schutzmaßnahmen bei der Verarbeitung zu beachten.

Für geringe Ansprüche an die Beständigkeit eignen sich auch rein physikalisch trocknende Druckfarben, die nur durch Verdunsten von Lösemitteln sehr rasch trocknen. Es kann mit relativ hohen Druckleistungen gearbeitet werden.

Zweikomponenten-Druckfarben
Sind extrem hohe mechanische oder chemische Beständigkeiten (Lösemittel, Haushaltsreinigungsmittel, Handschweiß, Abriebfestigkeit u. a.) gefordert, werden 2-Komponenten-Tampondruckfarben verwendet. Sie werden sowohl für das Bedrucken von duroplastischen wie auch thermoplastischen Kunststoffen eingesetzt. Zweikomponenten-Druckfarben trocknen sowohl physikalisch wie auch chemisch . Die endgültige Aushärtung erfolgt durch chemische Reaktionen zwischen der Farbe und dem Härter – teilweise erst nach mehreren Tagen. Nachteilig beim Einsatz ist die geringere Topfzeit von ca. 8 Stunden. In dieser Zeit treten im allgemeinen jedoch keine Probleme auf.

Einbrennfarben
Für Produkte, die temperatur- und chemikalienbeständige Druckfarben erfordern, werden Einbrennfarben eingesetzt. Die Aushärtung dieser speziellen Druckfarben erfolgt physikalisch und chemisch unter Einwirkung von Wärme (ca. 15 Minuten bei 150 °C). Haupteinsatzgebiet für diese Druckfarben ist der Druck auf Glas, Metall und Duroplaste.

Nachbehandlung
Um bedruckte Gegenstände kurzfristig stapeln oder verwenden zu können, ist eine Nachbehandlung erforderlich. Dabei wird das Druckbild ggf. – entsprechend dem bedruckten Material – mit Wärme bestrahlt oder beflammt. Die Lösemittelanteile verdunsten dadurch rascher. Bei Zweikomponenten-Druckfarben wird durch Luft die chemische Aushärtung beschleunigt.

10.4 Durchdruckverfahren

Für alle Durchdruckverfahren gilt das Grundprinzip:
- Druckform ist eine Siebdruckschablone.
- Bildstellen sind in der Siebdruckform farbdurchlässig. In der Siebdruckschablone befindet sich eine Sperrschicht, die alle Stellen, die nicht drucken sollen, farbundurchlassig macht.
- Druckfarbe wird vorwiegend mit Hilfe einer Rakel auf das zu bedruckende Material übertragen.

Das vierte Hauptdruckverfahren nach DIN 16500 ist der *Durchdruck.* In der Umgangssprache der Drucker werden alle Verfahren des Durchdrucks wegen ihrer charakteristischen Druckform, einem feinen Sieb mit einer Druckformschablone, undifferenziert Siebdruck genannt. Sachlich korrekt wird jedoch mit der Bezeichnung Siebdruck nur das technisch und kommerziell bedeutendste Durchdruckverfahren benannt.
Durchdruckverfahren sind:
- Serigrafie
- Filmdruck
- Siebdruck

Für diese Einteilung sind drucktechnische Unterschiede bezüglich der Druckformen und Drucktechniken sowie auch ein spezieller Anwendungsbereich entscheidend.

Querschnitt durch den Siebrahmen mit einem Gewebe

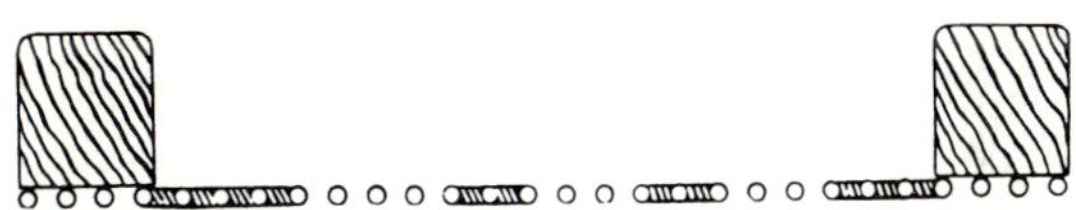

Die Schablone ist einkopiert. Die Siebmaschen sind nur an den Bildstellen offen und damit farbdurchlässig

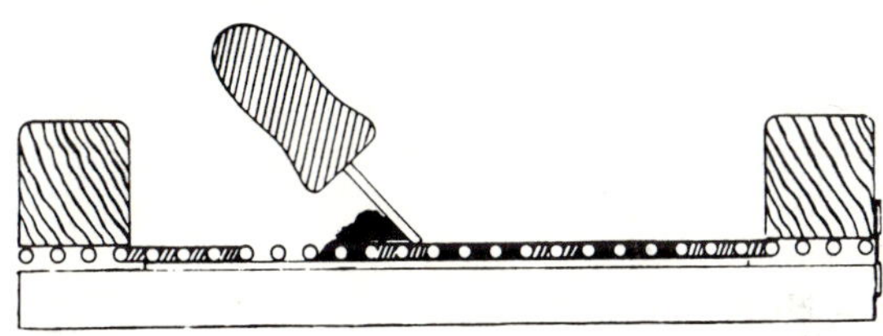

Das Papier zum Druck ist bereits in die Siebdruckvorrichtung eingelegt. Farbgebung mit der Gummirakel im zugeklappten Rahmen. Die Farbe dringt nur durch die offenen Maschen im Sieb

Die Farbabgabe an das Papier ist gleichmäßig dick

Schema einer Schablone und des Durchdrucks

Die *Serigrafie* ist die künstlerische Form des Durchdrucks - eine originale Druckgrafik, bei der Künstler und Drucker sehr eng zusammenarbeiten oder der Künstler gleichzeitig auch der Drucker ist. Der spezifische Ausdruck und die vielfältigen druckgrafischen Variationen faszinieren auch heute noch Künstler und Grafiker.

Der *Filmdruck* ist ein Durchdruckverfahren mit zylindrischen Druckformen auf Textilien (Stoffe), die in „endlosen" Bahnen ein- und mehrfarbig bedruckt werden.

Handelt es sich bei den Produkten *nicht* um künstlerische Originalgrafiken oder den Stoffdruck, so ordnet man die Produktion dem *Siebdruck* zu.

Grundprinzip der Durchdruckverfahren
Alle Durchdrucktechniken unterscheiden sich sowohl in der Druckform, der Druckmaschinentechnik, den verwendeten Druckfarben, den zu bedruckenden

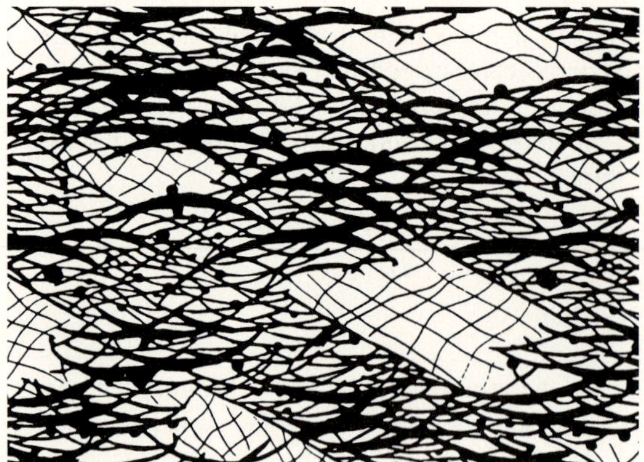

Historische Siebdruckschablone
Netz aus feinen Seidenfäden mit scherenschnittartig aufgeklebten Motiven

Materialien in unterschiedlichen Formen sowie den herzustellenden Produkten erheblich von allen anderen Druckverfahren.

Bei Hochdruck-, Tiefdruck- und Flachdruckverfahren wird Druckfarbe auf die Bildstellen der Druckform, den Druckbildspeicher, übertragen und von diesen mit einem bestimmten Anpressdruck auf den Bedruckstoff übertragen.

Bei allen Durchdruckverfahren verschließt eine Druckformschablone alle Nichtbildstellen (nichtdruckende Stellen) auf dem Sieb. Durch die Bildstellen (Maschenöffnungen im Schablonenträger) wird die Druckfarbe mit einem relativ geringen Anpressdruck mit Hilfe einer Rakel auf den Bedruckstoff übertragen. Die Druckfarbe gelangt also *durch* die Bildstellen auf den Bedruckstoff.

Entwicklung der Durchdruckverfahren
Durchdruckverfahren sind auf einfachste Schablonentechnik zurückzuführen, die bereits vor über 2000 Jahren in verschiedenen Kulturkreisen eine Rolle spielten. Die Japaner und Chinesen vervielfältigten mit einfachen verschiedenartigen Schablonen bildhafte Pinselschriften.

Kunstvolle Schablonen wurden als Druckform für den Druck farbenprächtiger Textilien eingesetzt. Das Sieb bestand aus einem sehr feinen Gewebe aus Menschenhaaren, später aus Seidenfäden. Einfachste Formen mit verschiedenen Zeichen und Szenen aus der Jagd, die vermutlich durch Schablonen vervielfältigt worden waren, entdeckten Forscher schon in eiszeitlichen Höhlen. Vielfach wurde die Schablonentechnik für Signaturen, Bilderschriften und Schriftzeichen eingesetzt. Auch Ägypter und Römer verwendeten bereits Schreibschablonen.

Im 17. Jahrhundert brachten Handelsleute die Technik des Durchdrucks von Ostasien nach Europa. Bekannt ist, dass vor allem in Südfrankreich Textilien und Tapeten mit dieser neuen Technik bedruckt wurden. Trotzdem blieb dieses Verfahren nur auf einzelne Regionen Europas beschränkt. Eine Bedeutung für die Vervielfältigung von Texten und Bildern erlangte der Siebdruck erst vor etwa einhundert Jahren vor allem in Amerika.

Maler und Grafiker waren es, die die alte Technik im 19. Jahrhundert für einfache Vervielfältigungen, insbesondere aber für kreative Arbeiten und neue Formen des künstlerischen Ausdrucks wiederentdeckten. Die Experimente mit dieser Technik faszinierten nicht nur Hobbydrucker und Künstler. Die Vielfalt drucktechnischer Möglichkeiten und Variationen schien unermesslich zu sein.

Der eigentliche Durchbruch gelang dem Siebdruck jedoch erst nach dem Zweiten Weltkrieg. Spezielle Bedruckstoffe wie Metall, Holz, Glas, Kunststoffe und Textilien und der Druck auf geformte, nicht planliegende Materialien und Gegenstände forderten eine geeignete, einfache Technik des Druckens. Für diesen neuen Markt war der Siebdruck mit seiner anpassungsfähigen Drucktechnik wie geschaffen.

10.4.1 Siebdruck

Siebdrucktechniken unterscheidet man nach produkt- und druckspezifischen Gesichtspunkten in den
– grafischen Siebdruck
und
– industriellen Siebdruck.

Im grafischen Siebdruck steht die Information und Farbgebung im Vordergrund.

Dagegen ist im industriellen Siebdruck das Beschichten von Materialien und Gegenständen der wesentliche Aufgabenbereich.

Der grafische Siebdruck ist aufgrund seiner speziellen Druckform und Drucktechnik kein Konkurrent im Wettbewerb für die Produkte der heute umsatzmäßig wichtigsten Druckverfahren wie Offsetdruck, Flexodruck, Rakeltiefdruck und neuerdings auch den Digitaldruck. Er ist vielmehr eine technisch notwendige Ergänzung in einem weiten Produktionsfeld für spezifische Druckprodukte.

Produkte des Siebdrucks umgeben uns tagtäglich. Wir benutzen im Siebdruck bedruckte Gegenstände und sehen siebbedruckte Erzeugnisse, ohne uns vielleicht dessen bewusst zu sein:

- Plakate, Aufkleber, Etiketten, Fahrzeugwerbung, Planenbeschriftungen, Texte in Brailleschrift (Blindenschrift), Displays zur Verkaufsförderung, Fahnen, Werbetafeln, Schilder, Textilien, T-Shirts, Schuhe, Bleche, Autoteile, Skalen, Kisten, Kästen, gedruckte Schaltungen für die Elektronik u.v.a.

Diese Palette ist insgesamt gesehen nur ein kleiner Teil der vielfältigen Produktionsmöglichkeiten. Werbung und Industrie können kaum auf die vielfältigsten Einsatzmöglichkeiten und speziellen Anwendungsbereiche verzichten. Wie kein anderes Druckverfahren ist der Siebdruck in der Lage, Druckfarben in höchst unterschiedlichen Erscheinungen und Wirkungen einzusetzen, z. B. transparent bis absolut deckend, matt bis hoch glänzend.

Nicht nur die Druckindustrie setzt das Verfahren ein; auch andere Berufsgruppen wie Maler, Schilder- und Leuchtreklamehersteller und Keramikhersteller setzen Durchdrucktechniken zur Beschriftung und Bebilderung ein.

Viele kleine Siebdruckereien mit wenigen Mitarbeitern drucken fast ausschließlich handwerklich manuell oder mit Halb- bzw. Dreiviertelautomaten verschiedenste Produkte auf unterschiedlichste Materialien in geringen Auflagen.

Völlig anders sieht die Drucktechnik in größeren Siebdruckereien oder industriell arbeitenden Großbetrieben aus. Hier werden neben Dreiviertel-Automaten vollautomatisch arbeitende Siebdrucksysteme als komplette Siebdruck-Produktionsstraßen (verschiedene Fertigungseinheiten in einer Anlage integriert) für die Produktion großer Auflagen eingesetzt.

Bei allen Druckverfahren gibt es Bezeichnungen, die der heutigen Techniken nicht gerecht werden oder diese nicht korrekt bezeichnen. Für eine eindeutige Kommunikation in fachlichen Gesprächen ist die korrekte Verwendung von Fachbegriffen erforderlich.

Begriffe für den Siebdruck (nach DIN 16500, 16610)
- Siebdruck
  Durchdruckverfahren, bei dem Siebdruckformen verwendet werden. Der Siebdruck wird vorwiegend in Rakel-Druckwerken durchgeführt.
- Druckform
  Gegenstand, der so bearbeitet ist, dass mit seiner Hilfe Druckfarben bzw. färbende Substanzen oder andere Materialien auf den Bedruckstoff zur Wiedergabe einer textlichen und/oder bildlichen Darstellung übertragen werden können.
- Siebdruckform
  Druckform, bei der die druckenden Stellen siebartig geöffnet sind.
- Siebdruckrahmen
  Rahmen, auf welchen der Siebdruckschablonenträger aufgespannt ist. Im engeren Sinne: Siebdruckformträger
- Siebdruckschablonenträger
  Siebartiger Teil (vielfach nur Gewebe genannt) der Siebdruckform, an oder in dem sich die Siebdruckschablone befindet.
- Siebdruckschablone
  Sperrschicht, die sich auf oder im Siebdruckschablonenträger befindet und ihn an allen Stellen, die nicht drucken sollen, farbundurchlässig macht.

Siebdruckformherstellung
Schablonenträger der Siebdruckform sind Gewebe oder auch Lochsiebe.

Im grafischen Siebdruck werden überwiegend sehr feine Gewebe aus Naturseide-, Kunststoff- oder Metallfäden eingesetzt. Dieses Gewebe wird stramm in einen Siebdruckrahmen gespannt.

Für einfache Arbeiten in kleinen Formaten eignen sich Holzrahmen. Durch Verzug kann jedoch bei größeren Formaten die Gewebespannung leicht ungleichmäßig werden. Druckschwierigkeiten und Qualitätsminderungen sind die Folge.

Beim Einsatz von Siebdruckmaschinen sowie bei größeren Druckformaten und qualitativ anspruchsvolleren Druckarbeiten sind daher rechteckige Metallrahmen aus Aluminium mit einem Vierkantprofil vorzuziehen.

Der Siebdrucker wählt je nach auszuführender Druckarbeit das geeignete Gewebe aus. Entscheidend sind dazu vor allem:
- Drucktechnik
- Schablonenart
- Feinheit der Kopiervorlage
- Farbauftragsstärke
- Druckfarbe
- Art und Form des zu bedruckenden Materials.

Früher verwendete mehradrige, sogenannte multifile Naturseidengewebe werden heute nur noch vereinzelt in der Serigrafie eingesetzt. Ein einzelner Faden besteht aus vielen einzelnen Fäden, so dass daraus ein Gewebe mit einer ungleichmäßigen, voluminösen Maschenstruktur entsteht. Diese ist für eine qualitativ anspruchsvolle Druckproduktion ungeeignet.

Verwebbare einadrige, sogenannte monofile Materialien aus Metall oder auch aus Kunststoffen nennt man – im Gegensatz zu einem multifilen Faden – fachlich korrekt Draht.

Synthetische Gewebe sind wegen besonders guter Eigenschaften fast universell einzusetzen und daher vorherrschend. Metallgewebe lassen sich wirtschaftlich und drucktechnisch günstig nur für bestimmte Spezialdruckarbeiten einsetzen.

Generelle Anforderungen an Siebdruckgewebe:
- gute Farbdurchlässigkeit
- hohe Reißfestigkeit
- gute Abrieb- und Scheuerfestigkeit
- hohe Dehnfestigkeit bzw. gewisse Elastizität bei bestimmten Produkten
- unempfindlich gegen mechanische Einwirkungen (Stoß, Schlag, Druck)
- unempfindlich gegen Temperaturschwankungen
- geringe Feuchtigkeitsaufnahme (Gewebeverzug)
- gute Adhäsion zum Schablonenmaterial
- beständig gegen Reinigungs- und Lösungsmittel
- leichtes Reinigen.

Polyestergewebe zeichnen sich vor allem durch eine hohe Dehnfestigkeit aus. Sie sind daher ein ideales Gewebe für alle großformatigen Druckarbeiten, für Rasterdrucke und sonstige Druckarbeiten, bei denen eine hohe Passergenauigkeit gefordert ist.

Für den Druck auf strukturierte Oberflächen, unebene, gewölbte, nicht planliegende Bedruckstoffe oder Gegenstände sowie einfarbige Druckarbeiten mit geringeren Anforderungen sind *Polyamidgewebe* besonders geeignet. Sie besitzen eine größere Elastizität als Polyestergewebe, nehmen aber leichter Feuchtigkeit auf und verziehen sich stärker.

Metallgewebe aus Bronzedraht oder Draht aus rostfreiem Stahl bieten optimale Passergenauigkeit und Maßhaltigkeit auch bei Temperatur- und Feuchtigkeitsschwankungen. Sie sind widerstandsfähig gegen sämtliche Chemikalien.

Diesen Vorteilen stehen entscheidende Nachteile gegenüber:
- keine Elastizität
- mechanische Empfindlichkeit
- hohe Kosten.

Metallgewebe sind nur sehr gering elastisch. Bei längerem Einsatz und stärkerem Rakeldruck verziehen sich die Metallfäden, das Gewebe wird schlaff und lässt sich nicht mehr gleichmäßig spannen. Es ist zudem sehr empfindlich gegen mechanische Einwirkungen (Stoß, Schlag, Druck) und erheblich teurer als synthetisches Gewebe. Aus drucktechnischen und wirtschaftlichen Gründen werden Metallgewebe nur bei höchsten Anforderungen an die Passergenauigkeit und Tonwertwiedergabe der Bildvorlagen sowie für Spezialdruckarbeiten (z.B. Leiterplatten-, Abziehbilderdruck, Druck mit thermoplastischen Druckfarben) eingesetzt.

Mit *metallisierten Polyestergeweben* ist es in gewissen Grenzen gelungen, Vorteile der Polyestergewebe und Metallgewebe zu verknüpfen. Bei diesen Geweben werden Polyesterfäden mit einer feinen Metallschicht ummantelt.

Ist eine dünne Farbschicht beispielsweise im Rasterdruck oder beim Druck mit UV-Farben erforderlich, können Polyestergewebe kalandriert werden. Es entsteht eine einseitige Abflachung, die zu einer Verringerung des Volumens in der offenen Siebfläche und damit zu einem reduzierten Farbauftrag führt.

Um Unterstrahlungen bei der Kopie zu vermeiden, empfehlen verschiedene Gewebehersteller, gefärbte Gewebe zu verwenden. Rot, orange oder gelb eingefärbte Fäden absorbieren UV-Licht der Kopierlampe und verhindern Reflexionen, die Unterstrahlungen verursachen können. Die Belichtungszeit bei der kopiertechnischen Bebilderung ist zu verlängern.

Siebgewebe unterscheiden sich außerdem in der
- Siebfeinheit
- Drahtdurchmesser.

Diese Parameter beeinflussen die Siebdicke, die Maschenweite, den Sieböffnungsgrad und das theoretische Farbvolumen.

Je nach erforderlicher Feinheit der Kopiervorlage, der Druckfarbe, der Farbschichtdicke und der Art des Bedruckstoffes wählt der Siebdrucker ein Gewebe mit geeigneter Siebfeinheit und entsprechendem Drahtdurchmesser für seine Arbeit.

Die Siebfeinheit gibt die Zahl der Siebfäden je Längeneinheit (cm) an. Ein Gewebe mit der Bezeichnung „100“ besitzt demnach je einhundert Fäden auf einem Zentimeter.

Siebfeinheiten von ca. 15 bis 200 Drähten sind im Einsatz. Die gebräuchlichsten Siebfeinheiten liegen zwischen 70 und 180 Drähten. Der Einsatz ist abhängig von der Aufgabenstellung und dem zu druckenden Material.

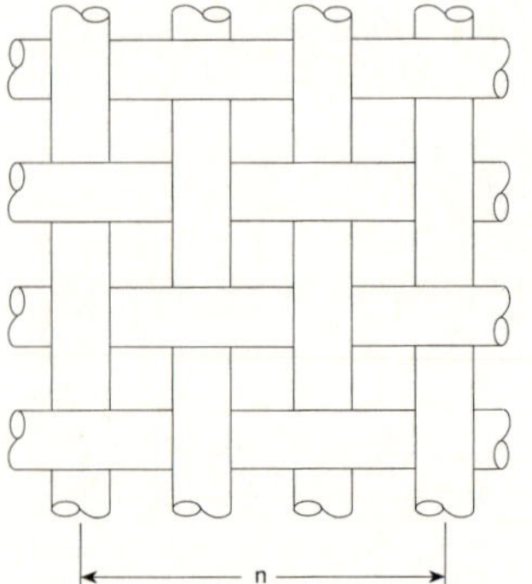

Siebfeinheit
Zahl der Siebfäden je Längeneinheit (1/cm)

Grobe Gewebe mit einer geringeren Siebfeinheit und einem größeren Drahtdurchmesser ergeben einen hohen Farbauftrag, sie werden zum Beispiel für den Druck mit Glimmerfarben, Flockdruck und Textilien (Frottee, Baumwolle, Sport- und Reisetaschen u.ä.) verwendet. Für die meisten Druckarbeiten auf Papier, Karton und Folien ist eine Siebfeinheit von 120 Drähten pro cm der Standard.

Grundsätzlich gilt: Je feiner der Bedruckstoff und je feiner die zu druckenden Bildelemente, desto feiner muss das Gewebe sein.

Als „Faustregel“ für den Druck von Rastern gilt:
Rasterweite im Bild x 4 = Siebfeinheit
(Linien pro cm) (Drähte pro cm)

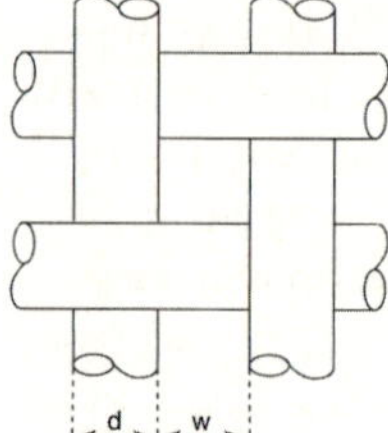

Drahtdurchmesser, Maschenweite
Maschenweite:
Abstand zwischen zwei benachbarten Kett- oder Schussdrähten

Drahtdurchmesser
Der Drahtdurchmesser wird in µm angegeben und im fertigen Gewebe in der Gewebeebene gemessen. Die meisten Gewebe werden in unterschiedlichen Drahtdurchmessern hergestellt. Früher übliche Gewebebezeichnungen wie S für Small, M für Medium u.a. stammen noch aus der Zeit der multifilen Gewebefäden, sie werden heute nicht mehr verwendet.

Mit einer Veränderung der Drahtdurchmesser ändern sich auch prozesswirksame Daten wie die Maschenweite bei gleicher Siebfeinheit.

Beispiel für eine Gewebekennzeichnung:
Ein Gewebe mit den Angaben PET 120 - 30 kennzeichnet ein Polyestergewebe
- mit einer Siebfeinheit von 120 Drähten pro cm und
- einem Drahtdurchmesser von 30 µm.

Gewebewinkelung
Die Winkelung des Gewebes im Siebdruckrahmen, dem Schablonenträger, beeinflusst die Druckqualität feiner Linien und im Ein- und Mehrfarbenraster-

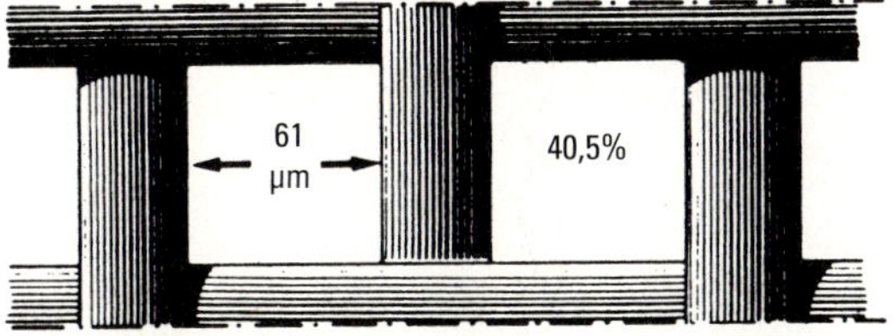

Geringer Drahtdurchmesser

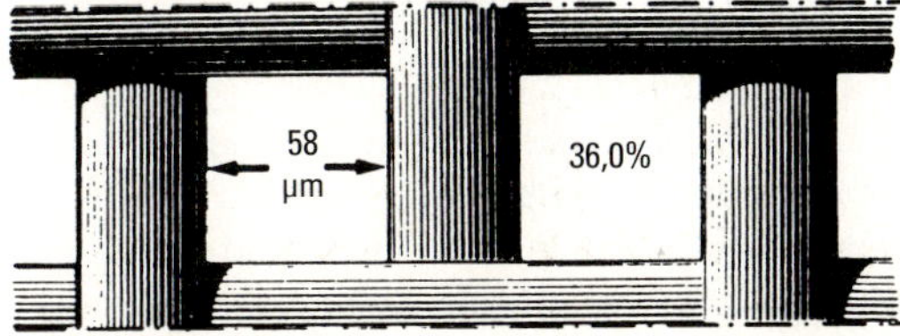

Mittlerer Drahtdurchmesser

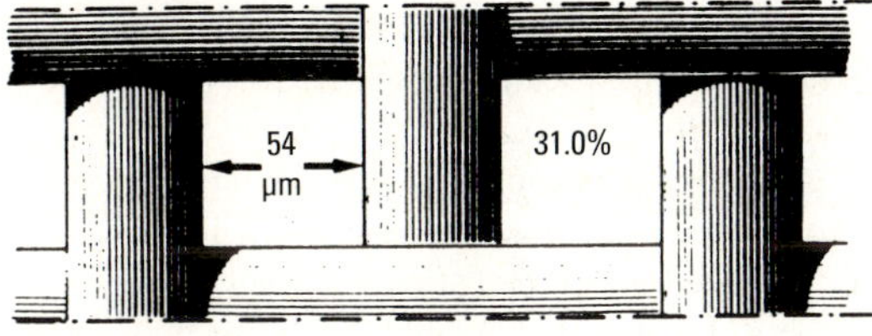

Großer Drahtdurchmesser

Wirksame Parameter bei Geweben
Je größer der Drahtdurchmesser des Gewebes, desto kleiner die Maschenöffnung und die offene Siebfläche

druck. Im Rasterdruck ergibt sich das Problem durch das Gewebe, das wie ein symmetrischer Raster wirkt. Treffen die Symmetrien des Gewebes und des gerasterten Bildes aufeinander, so kann bei direkten Siebdruckschablonen ein Moiré (störendes Muster) im Bild entstehen.

Empfehlungen für ein moiréfreies Drucken sind u. a., wenn das Verhältnis zwischen Siebfeinheit und Rasterfrequenz ein ungerades Mehrfaches ist oder das Gewebe im Rahmen gewinkelt ist.

Ein Moiré entsteht *nicht* beim Einsatz von indirekten Schablonen und bei asymmetrischen Rastern wie z. B. frequenzmodulierten Rastern (FM-Raster) oder Kornrastern.

Herstellung von Siebdruckschablonen
Druckform im Siebdruck sind Siebdruckschablonen. Sie bilden auf dem Schablonenträger (z.B. Gewebe) Bildstellen und Nichtbildstellen, indem sie Stellen, die nicht drucken sollen, mit einer Sperrschicht abdecken und die Maschenöffnungen an druckenden Stellen geöffnet und damit farbdurchlässig lassen. Verfahrenstechnisch unterscheidet man nach der Art der Herstellung

- Direktsiebdruckschablonen, die am Siebdruckschablonenträger hergestellt wird mit
  - Kopierschicht
  - Direktfilm, der mit Wasser oder Transferemulsion übertragen wird
- Indirektsiebdruckschablonen, die nach ihrer Herstellung am Siebdruckschablonenträger befestigt wird.

Direktsiebdruckschablone mit Kopierschicht
Der Schablonenträger wird mit einer Kopierschicht direkt beschichtet. Sie befindet sich *im* Gewebe. Die Schablonenaufbaudicke auf der Druckseite beträgt bei einer normalen Schablone ca. 9 - 15 µm. Auch auf der Unterseite ist ein leichter Schichtaufbau erforderlich um z. B. einen gleichmäßigen Ausdruck zu erreichen. Die Informationsübertragung durch das Belichten und Entwickeln erfolgt direkt am Schablonenträger.

Direktsiebdruckschablone mit Transferfilm
Wird anstelle einer lichtempfindlichen flüssigen Kopierschicht ein Direktfilm (Kapillarfilm) mit Wasser auf den Schablonenträger übertragen, befindet sich diese Schablone *am* Gewebe. Die Informationsübertragung erfolgt ebenso durch das Belichten und Entwickeln erfolgt direkt am Schablonenträger.

Indirektsiebdruckschablone
Durch dieses Verfahren entsteht eine Schablone *am* Gewebe. Die Herstellung der Indirektsiebdruckschablone erfolgt in zwei separaten Fertigungsschritten:
- Informationsübertragung durch das Belichten und Entwickeln des Indirektfilms
- übertragen des verarbeiteten Schablonenfilms auf den Siebdruckschablonenträger.

Je nach Art und Qualität der Druckarbeit eignen sich typische Schablonenarten für einen bestimmten Druckauftrag. Die Indirektsiebdruckschablone ergibt eine flach liegende, sehr dünne Schablone für einen dünnen Farbauftrag. Sie eignet sich besonders für sehr feine Druckelemente mit hoher Kantenschärfe. Die Auflagenbeständigkeit ist jedoch geringer als bei den direkten Siebdruckschablonen. In der Übersicht sind prinzipiell die Einsatzbereiche, Vor- und Nachteile verschiedener Schablonen zusammengefasst.

Herstellung einer Direktsiebdruckschablone
Die nach wie vor größte Bedeutung im grafischen Siebdruck haben Direktsiebdruckschablonen. Dabei werden fast ausschließlich Kopierschichten mit einer Diazosensibilisierung verwendet, die eine relativ kantenscharfe Kopie ergeben, lange lagerfähig und außerdem umweltfreundlich sind. Entscheidend für eine gute Qualität ist ein gleichmäßiger Schichtauftrag.

Vor der Beschichtung ist das Sieb gründlich vorzureinigen und zu entfetten. Das Sieb wird danach manuell mit einer Beschichtungsrinne oder mit einem Beschichtungsautomaten beidseitig beschichtet. Das Gewebe muss völlig von der Kopierschicht umschlossen sein. Der dickere Teil der Schicht soll sich jedoch auf der Unterseite des Gewebes, der Druckseite, befinden.

Als Kopiervorlagen eignen sich seitenrichtige positive Filme in Strich oder einer relativ grobem Rasterfrequenz (30 bis 40 Linien pro cm, je nach Feinheit), die mit stark UV-haltigem Licht auf die Rückseite des Gewebes kopiert werden.

UV-Lichthärtung

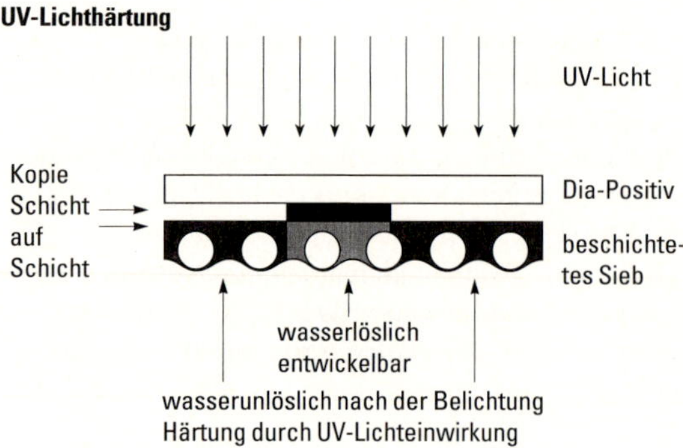

UV-Licht härtet an allen Nichtbildstellen (in der Kopiervorlage transparent). Mit einem scharfen Wasserstrahl wird entwickelt. Dabei lösen sich alle Bildstellen (in der Kopiervorlage lichtundurchlässig) aus dem Gewebe. Nach dem Trocknen des Siebs in einem Trockenschrank können mit einem flüssigen Siebfüller vorhandene Fehlstellen (Filmkanten, Löcher in der Kopierschicht) farbundurchlässig abgedeckt werden.

Drucktechnik
Produziert wird im Siebdruck in vier verschiedenen Druckprinzipien mit typischen Merkmalen:
- Flächendruck:
  Druckform und Druckkörper sind ebene Flächen. Die Druckfarbe wird mit einer Rakelbewegung durch die Maschenöffnungen auf den Bedruckstoff übertragen.
- Flachformzylinderdruck:
  Die Druckform ist eben, der Druck erfolgt durch einen zylindrischen Druckkörper.
  Druckform und Druckzylinder bewegen sich synchron in eine Richtung, dabei wird durch eine stillstehende Rakel die Druckfarbe durch die Schablonenöffnungen auf den Bedruckstoff übertragen.
- Runddruck:
  Druckform und Rakel sind der Form des zu bedruckenden Materials oder Gegenstands (rund, gebogen, gewölbt) angepasst.
  Druckform und das zu bedruckende Material laufen synchron in eine Richtung. Die Rakel steht wie beim Flachformzylinderdruck fest.
- Rotationsdruck:
  Druckform und Druckkörper sind zylindrisch. Druckform und Druckzylinder bewegen sich synchron in eine Richtung. Die Druckfarbe wird von innen durch die zylindrische Siebdruckform auf den Bedruckstoff übertragen.
  Die Rakel steht innerhalb der zylindrischen Druckform fest. Die Druckfarbe wird kontinuierlich in den Druckformzylinder gepumpt.

Der Flächendruck eignet sich für den Druck auf planliegenden Bedruckstoffen aller Art. Technisch unterscheidet man einfachste Handdrucktische, Flachbett-Halbautomaten und Flachbett-Dreiviertelautomaten.

Arbeitsablauf beim Druck mit Handdrucktischen:
- Anlegen des Bedruckstoffes
- Senken des Rahmens auf den Bedruckstoff
- Drucken = Rakelbewegung
- Heben des Rahmens
- Auslegen des Bedruckstoffes
- Ablage in ein Trockengerät oder automatische Führung in ein Trockensystem.

Handdrucktische gibt es bereits in einfachsten Ausführungen. Bei einem Halbautomaten ist der

Einsatzbereiche sowie Vor- und Nachteile verschiedener Schablonen

Schablonenarten	Einsatzbereiche	Hinweise, Vorteile, Nachteile
Manuelle Schablonen		
– Zeichenschablonen (Abdeck-, Auswasch-, Emulsionsverfahren)	– Einfache flächige Druckarbeiten: Malerische, grafische, künstlerische Arbeiten	– Schablone haftet direkt im Gewebe – Einfache, billige Herstellung – Keine reprotechnische Einrichtung erforderlich – Geringe Auflagenbeständigkeit
– Schnittschablonen (Papierschablonen, Schneidefilm-Schablone)	– Einfache, lineare Druckbilder: Formen, Flächen, große Schriften	– Schablone haftet am Gewebe Manuell geschnittene Schablone wird nach der Fertigstellung auf das Gewebe übertragen – Preigünstige Herstellung mit Schneidemessern – Schnell, sicher, einfach – Optimale Konturenschärfe der Bildstellen im Druck – Keine reprotechnische Einrichtung erforderlich – Geringe Auflagenbeständigkeit und Qualität bei Papierschablonen
Fotomechanische Schablonen		
– Direkte Schablonen – Indirekte Schablonen – Kombischablonen	– Druckarbeiten aller Art, Strich- und Rasterdruck	– Direkte Schablonen haften im Gewebe, indirekte Schablonen am Gewebe Überwiegend eingesetzt werden direkte Schablonen: – Auf lichtempfindliche Kopierschichten werden geeignete Kopier vorlagen (Filmdiapositive, seitenrichtig) durch UV-Licht kopiert. – Für feinste Bilddetails und hohe Ansprüche geeignet – Einfache Herstellung – Sehr gute Konturenschärfe – Hohe Auflagenbeständigkeit – Reprotechnische Einrichtung und Kopieranlage erforderlich

Druckprinzipe im Siebdruck

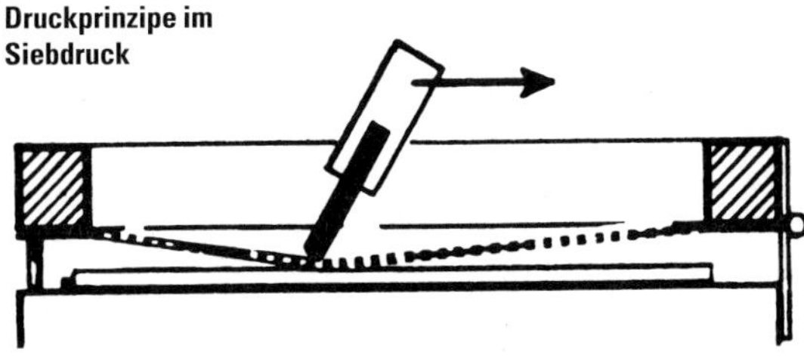

Flächendruck

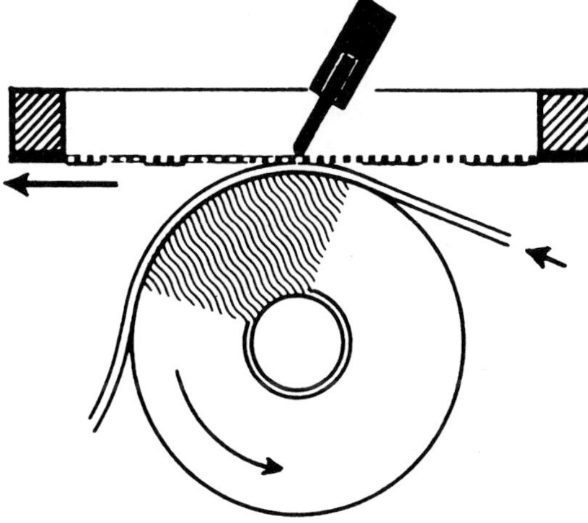

Flachformzylinderdruck

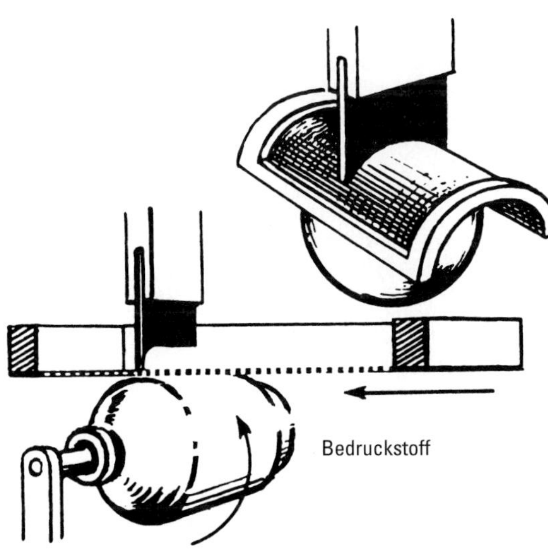

Runddruck

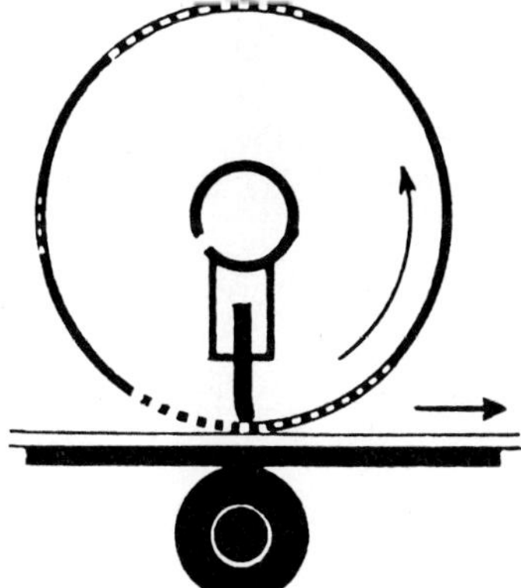

Rotationsdruck

Bedruckstoff manuell an- und auszulegen. Rahmenbewegungen und Drucken erfolgen maschinell durch Elektroantrieb.

Bei einem Dreiviertel-Automaten ist der Bedruckstoff manuell anzulegen, die weiteren Arbeitsgänge erfolgen automatisch.

Für höhere Druckleistungen eigenen sich Flachform-Zylinderdruckmaschinen (auch Zylinder-Siebdruckautomaten genannt).

Trocknung

Alle Siebdrucke müssen entweder einzeln ausgelegt oder in einem Trockner getrocknet werden. Ist eine Flachform-Zylinderdruckmaschine zum Beispiel mit einem Trockner verbunden, nennt man diese komplette Druckanlage Siebdruckstraße. Rotativ druckende Siebdruckmaschinen werden speziell für den Filmdruck (Druck auf Stoffe in Rollen) oder den Tapetendruck eingesetzt.

Druckfarben

Je nach Druckauftrag und Bedruckstoff stehen dem Siebdrucker die verschiedensten Druckfarbentypen mit den unterschiedlichsten Eigenschaften zur Verfügung. Diese größte Farbenauswahl aller Druckverfahren reicht von:

- höchst lasierend bis absolut deckend,
- matt bis hochglänzend bei Leuchtfarben,
- dünnsten Farbauftrag bis Dickschichtauftrag,
- geringer bis höchster Lichtechtheit und
- verschiedensten Trocknungssystemen wie
  - wegschlagende Druckfarben,
  - oxidativ trocknende Druckfarben,
  - Zweikomponenten-Druckfarben,
  - strahlungstrocknende Druckfarben,
  - thermoplastische Druckfarben.

Weitere Entwicklungen

Für die Druckformherstellung im Siebdruck gewinnt der digitale Workflow der Druckvorstufe eine immer größere Bedeutung. Bisher ist die Ausgabe auf Filmmaterial und die Kopie auf das lichtempfindlich beschichte Sieb noch dominierend.

Die Entwicklungen zeigen jedoch einen Trend zu Computer-to-Screen-Technologien. Die Bebilderung der Siebdruckschablone wird dabei direkt aus dem Datenbestand des Rechners gesteuert. Der Schablonenträger wird z. B. mit einer Kopierschicht vollflächig beschichtet. Die Informationsübertragung erfolgt computergesteuert durch ein Inkjet-System, das eine lichtundurchlässige Farbe auf die Kopierschicht überträgt. Diese Farbe lässt bei der nachfolgenden Belichtung kein Licht durch, daher erfolgt keine Härtung der Kopierschicht. Bei der anschließenden Entwicklung wird die nicht gehärtete, abgedeckte Kopierschicht mit Wasser ausgewaschen. Die Schablone ist fertig.

Zur Herstellung großformatiger Drucke wie Plakate, Poster, Werbebanner u. ä. setzen Siebdruckereien vestärkt das sogenannte Large Format Printing (technisch kein Siebdruck sondern ein Inkjet-System) ein.

10.4.2 Vergleichende Übersicht: Durchdruckverfahren

Durchdruck	Druckprinzip	Druckform	Druckfarbe	Bedruckstoff	Typische Produkte	Erkennungsmerkmale
Siebdruck – handwerklich – gewerblich – industriell	Fläche/Fläche Fläche/ Zylinder	manuelle Schablonen – einfache bzw. geometrische Elemente fotomechanische Schablonen – Strich und grobe Raster	sehr große Farbenauswahl für verschiedenste Druckarbeiten und Bedruckstoffe in verschiedenen Viskositäten und Trocknungssystemen	planliegende Bedruckstoffe aller Art: Papier, Karton, Pappe, Metall, Glas, Folien u. a.	Werbung Plakate Displays Haftfolien Kunststofffolien Keramik Flockdruck Abziehbilder Glastafeln Schilder Bucheinbände gedruckte Schaltungen Skalen	– spezielle Druckprodukte, die in anderen Druckverfahren nicht gedruckt werden können – nur Strichdruckelemente und grobe Raster – zum Teil erheblich stärkerer Farbauftrag (Schichtdicke) – gleichmäßig gedeckte Bildelemente – teilweise Siebstruktur an Bildstellen (Kanten) zu erkennen – Druck mit Spezialfarben, z. B. stark auftragend, absolut deckend, höchste Leuchtkraft
	Zylinder/ Zylinder	wie vorstehend, jedoch zylindrisch	wie vorstehend	planliegende Bedruckstoffe auf Rollen: Papier, Folien, Metallpapiere	Kunststoffe, Plakate, Tapeten, Verpackungen	
	Runddruck in spezifischen Formen	wie vorstehend, in Passform zum Produkt	Spezialfarbe je nach Produkt	beliebige Bedruckstoffe und geformte Gegenstände	Massiv- oder Hohlkörper aller Art, zum Beispiel Flaschen, Bauelemente, Skalen, Kugeln, Kunststoffbehälter	teilweise wie vorstehend, spezielle Produkte
Filmdruck	Fläche/Fläche, Zylinder/ Zylinder	wie Siebdruck	spezielle Stoffdruckfarbe	Bedruckstoffe in Rollen: Gewebe, Stoffe	Deko- und Kleiderstoffe, Stoffetiketten, Strümpfe u. a.	Spezielle Druckprodukte
Serigrafie	Fläche/Fläche	manuelle und auch fotomechanische Schablonen	wie im Siebdruck	Papier, Karton	Kunstdrucke bis zu 20 Farben	– Teilweise wie im Siebdruck – Hohe Druckfarbenzahl

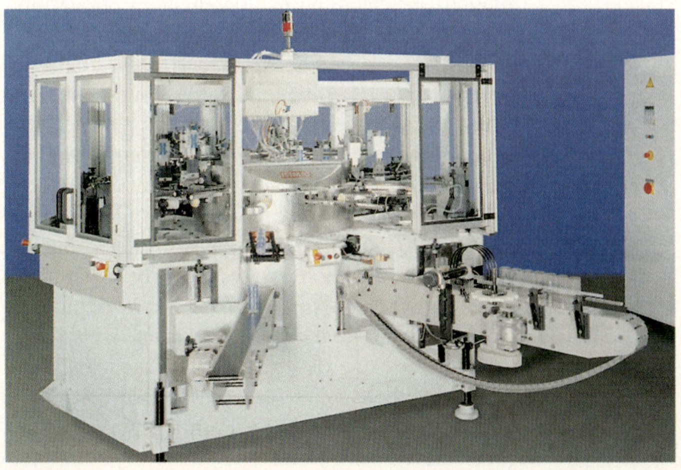

Mehrfarben-Druckmaschinen zur Bedruckung von Flaschen, Trinkgläsern, Bechern, Tassen, Aschenbechern u. ä. (ISIMAT GmbH)

10.5 Flachdruck

Für alle Flachdruckverfahren gilt das gleiche Grundprinzip:
- Bildstellen, die druckenden Elemente der Druckform, liegen auf gleicher Ebene wie Nichtbildstellen, die nichtdruckenden Elemente.
- Das Einfärben der Druckform ist durch komplexe chemisch-physikalische Wechselwirkungen an den Grenzflächen von Bildstellen und Nichtbildstellen möglich.

Druckverfahren mit diesen flachdrucktypischen Merkmalen sind der
- Steindruck,
- Offsetdruck,
- Blechdruck
- Lichtdruck.

Von den Flachdruckverfahren ist der Steindruck bereits ausführlich im Kapitel 2 beschrieben worden. Der Offsetdruck wird nachfolgend nur exemplarisch kurz in seinem Grundprinzip beschrieben, ausführlich wird er in den Kapiteln 9, 11 und 12 behandelt.

10.5.1 Offsetdruck

Das Grundprinzip aller Flachdruckverfahren und damit auch des Offsetdrucks unterscheidet sich im Prozess des Einfärbens der Druckform wesentlich von den anderen Hauptdruckverfahren:
- Bildstellen (druckende Elemente) und Nichtbildstellen (nichtdruckende Elemente) der Druckform liegen auf einer Ebene.

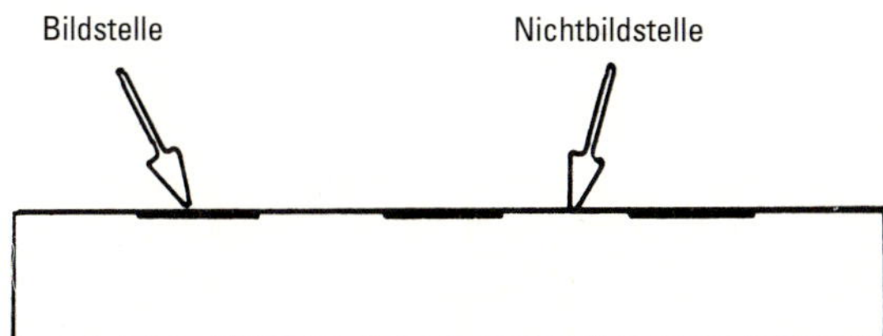

Bildstellen und Nichtbildstellen einer Flachdruckform

Dies gilt, wenn man minimalste Höhenunterschiede im µm-Bereich unberücksichtigt lässt. Je nach Art der Druckform können die Bildstellen wenige tausendstel Millimeter (µm) über oder auch unter den Nichtbildstellen liegen. Diese geringen Unterschiede können bei den folgenden Überlegungen vernachlässigt werden, weil sie prinzipiell ohne Bedeutung für das Einfärben und den Druckprozess sind.

Verfahrenstechnisch unterscheidet man zwei physikalisch unterschiedliche Systeme zum Einfärben der Bildstellen auf der Druckform:
- konventioneller Offsetdruck
- wasserloser Offsetdruck.

Konventioneller Offsetdruck
Das System des konventionellen Offsetdrucks soll nachfolgend grundlegend beschrieben werden.

Neben der zum Druck notwendigen Druckfarbe ist für das Einfärben der Bildstellen grundsätzlich ein Hilfsmittel erforderlich: Wasser. Da der benötigte Anteil im Druckprozess sehr gering ist, spricht der Drucker vom Feuchtmittel oder vom Wischwasser .

Grundsätzlich gilt:
- Vor dem Einfärben muss die Druckform in einer sehr feinen Schichtdicke gleichmäßig gefeuchtet werden.

Wie ist es aber nun möglich, dass bestimmte Teile der Druckform Druckfarbe annehmen und damit Informationen übertragen, andere Teile der Druckform jedoch nicht?

Eine einfache Erklärung zur Funktion der Einfärbung bei allen Flachdruckverfahren lautet: *„Fett und Wasser stoßen einander ab"*.

Diese Erklärung ist unzureichend und physikalisch nicht korrekt. Tatsächlich ziehen sich bis zu einem gewissen Grade Wasser, das Feuchtmittel und Fett, die Druckfarbe, sogar an.

Die folgende Beschreibung der Flachdruckverfahren trifft dagegen zu, denn sie beschreibt wesentliche Wechselwirkungen.

Das Einfärben und Drucken im Flachdruck ist möglich, weil
- alle *Nichtbildstellen* bei dem Feuchten der Druckform Feuchtmittel annehmen und beim Einfärben danach Druckfarbe nicht annehmen (abstoßen),
- alle *Bildstellen* beim Feuchten der Druckform Feuchtmittel nicht annehmen und beim Einfärben danach Druckfarbe annehmen.

Beim Einfärben der Druckform kommt es also zu bestimmten physikalischen Reaktionen:
- Nichtbildstellen reagieren hydrophil (wasserfreundlich),
- Bildstellen reagieren lipophil (fettfreundlich) bzw. hydrophob (wasserabstoßend).

Die Frage *warum* alle Nichtbildstellen hydrophil und alle Bildstellen lipophil reagieren, ist mit dieser Beschreibung allerdings noch nicht zu beantworten.

Um das drucktechnische System der Flachdruckverfahren zu verstehen, ist ein Blick in naturwissenschaftliche Grundlagen erforderlich.

Alois Senefelder, der 1796 die Lithografie (Druckformherstellungsverfahren) und den Steindruck (erstes Flachdruckverfahren) erfand, nannte seine Erfindung die *„chemische Druckerey"*. Heute ist jedoch naturwissenschaftlich bewiesen, dass nicht nur chemische, sondern vor allem physikalische Vorgänge den Flachdruck ermöglichen. Die Reaktionen an Bildstellen und Nichtbildstellen sind im wesentlichen durch physikalische Reaktionen an den Grenzflächen verschiedener Stoffe zu erfassen.
Die Zusammenhänge sollen in einem grundlegenden Überblick dargestellt werden.

– Warum bleibt ein Wassertropfen deutlich sichtbar an einem Wasserhahn „kleben"?
– Warum ist ein Quecksilbertropfen oder ein Tropfen hochkonzentrierter Phosphorsäure fast immer kugelartig zusammengezogen?

Zwischen den Teilchen eines Stoffes wirken molekulare, anziehende Kräfte, die Kohäsionskräfte. Diese Kräfte innerhalb eines Stoffes halten einen Stoff in einem sogenannten Aggregatszustand mehr oder weniger stark zusammen.

Vereinfacht ist festzustellen:

– feste Körper	= sehr hohe Kohäsionskraft
– flüssige Körper	= geringe Kohäsionskraft
– gasförmige Körper	= keine Kohäsionskraft

Betrachten wir die Wirkungen der Kohäsion bei Flüssigkeiten: Die Kraftwirkungen der Kohäsion gleichen sich innerhalb eines Stoffes aus. An der Oberfläche aber fehlen molekulare „Partner", die nach außen ziehen müssten. Die ganze Kraftwirkung ist daher nach innen gerichtet. Das Bestreben der molekularen Teilchen, sich anzuziehen, führt je nach Stärke der Kohäsionskraft zur Bildung einer kleinstmöglichen Gestalt, der Kugel.

Randmoleküle stehen durch ihren Zug nach innen ständig unter einer Spannung. Jedes Teilchen möchte nach innen und klammert sich an seine „Brüder".

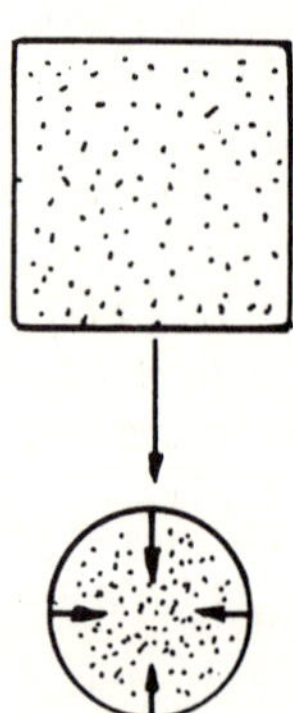

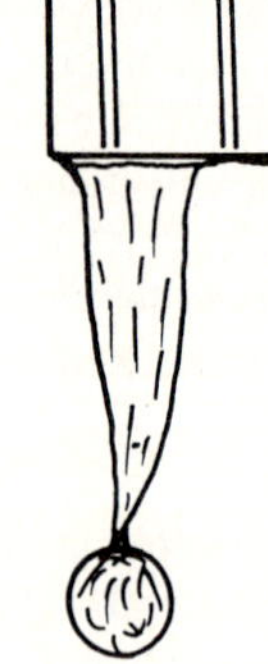

Wirkung der Kohäson.
Theoretisches Modell: „Eckiger" Tropfen wird durch Kohäsion zu einem Tropfen in Kugelform bei gleichem Volumen
Kugelförmige Oberfläche eines Wassertropfens kurz vor dem Ablösen

Will man es nach außen ziehen, so benötigt man eine bestimmte Kraft, um diese äußere Spannung, die *Oberflächenspannung* genannt wird, zu verringern.

Die *Oberflächenspannung* ist also eine Auswirkung der Kohäsionskräfte. Sie wird an der an Luft grenzenden Fläche gemessen.

Die Oberflächenspannung einer Flüssigkeit ist unter normalen Umständen bei Wasser so stark, dass sie die an Luft grenzende Wassertropfenfläche wie eine elastische Haut zusammenzieht.

Diese Spannung ermöglicht es sogar, dass z. B. eine Rasierklinge – obwohl spezifisch schwerer – auf der Oberfläche des Wassers schwimmt oder ein winziges Tierchen, der Wasserläufer, ohne Schwierigkeiten auf dieser Haut herum spazieren kann. Diese Haut wird durch ein leichtes Belasten zwar etwas eingedrückt, aber nicht zerstört.

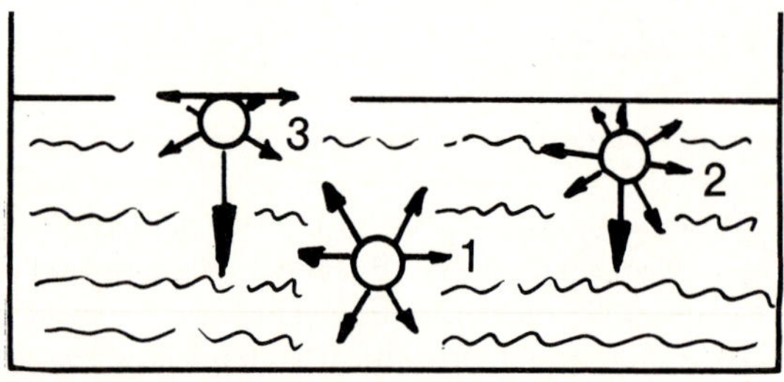

Oberflächenspannung = Flüssigkeit grenzt an Luft.
1 = Kraftwirkung der Kohäsion ausgeglichen durch Nachbarmoleküle
2 = Kraftwirkung der Kohäsion leicht nach innen gerichtet, da Nachbarmoleküle an der Oberfläche fehlen
3 = Kraftwirkung der Kohäsion stärker nach innen gerichtet, da Nachbarmoleküle an der Oberfläche fehlen

Die *Grenzfläche* ist die Berührungsfläche zwischen zwei Stoffen unterschiedlicher Art. Je nach Aggregatzustand (Erscheinungsformen der Stoffe wie fest, flüssig oder gasförmig) sind verschiedene physikalische Reaktionen an den Grenzflächen festzustellen:

– fest – gasförmig	= Adhäsion, Adsorption
– flüssig – gasförmig	= Oberflächenspannung
– fest – flüssig	= Grenzflächenspannung, Benetzung, Kapillarität

Die *Grenzflächenspannung* ergibt sich durch Wechselwirkungen der Kohäsion (Zusammenhangskraft) und der Adhäsion (Anhangskraft) an den Berührungsflächen (Grenzflächen) zweier verschiedener Stoffe.

Bildlich – „familiär" vereinfacht – dargestellt ergibt sich folgende Situation. Die Atome oder Moleküle der beiden verschiedenen Stoffe sind hin- und hergerissen:
– Einerseits wollen sie den engen Kontakt zu ihren Brüdern behalten (sie sind also durch die Kohäsion nach innen gezogen),
– andererseits sind sie jedoch auch neugierig und wollen mit den Nachbarn (den Molekülen oder Atomen des fremden Stoffes) in Kontakt treten.

Je nach Intensität der familiären Bindungen wirkt die Kohäsion (der Zusammenhang mit den anderen Geschwistern) oder die Adhäsion (die Freundschaft zu den Nachbarn) an der Grenzfläche (der Haustür) stärker.

Im Offsetdruck bilden Feuchtmittel und Nichtbildstellen eine gemeinsame Berührungsfläche, ebenso Druckfarbe und Bildstellen der Druckplatte und auch Druckfarbe und Feuchtmittel. Dies ergibt ein komplexes Zusammenwirken verschiedener Stoffe in einem Prozess: Dem Einfärben der Bildstellen auf der Druckform.

Genauer muss man alle Flachdruckverfahren und so auch den Offsetdruck definieren als Druckverfah-

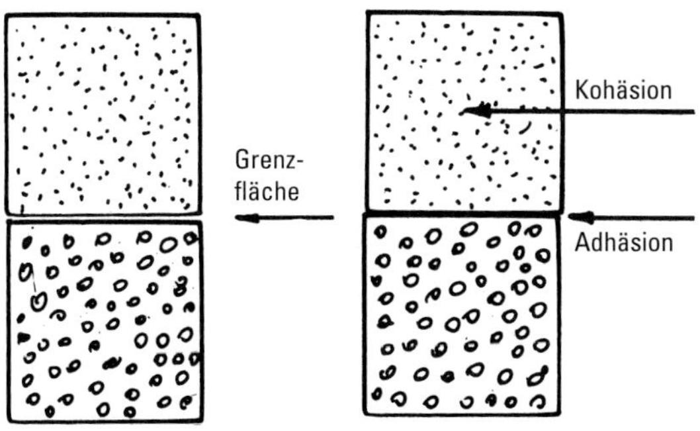

Grenzfläche
Berührungsfläche zweier Stoffe
Beispiele zu Stoff A und B:
- Bildstelle und Druckfarbe
- Bildstelle und Feuchtmittel
- Nichtbildstelle und Druckfarbe
- Nichtbildstelle und Feuchtmittel

Grenzflächenspannung
Wirkung von Kohäsion und Adhäsion an der Grenzfläche
Kohäsion = molekulare Zusammenhangskräfte innerhalb eines Stoffes
Adhäsion = molekulare Zusammenhangskräfte zwischen verschiedenen Stoffen

ren, deren Mechanismus im Wesentlichen auf der Physik und Chemie der Grenzflächen beruhen.

An den Grenzflächen zweier Stoffe kommt es zu einer molekularen Spannung, die bestrebt ist, die Grenzfläche zu verkleinern. Diese Grenzflächenspannung tritt an der Grenze zwischen einer Flüssigkeit und einem Festkörper oder auch an der Berührungsfläche zweier nicht mischbarer Flüssigkeiten (z. B. Feuchtmittel – Druckfarbe) auf.

Die Grenzflächenspannung ist also nicht mit der Oberflächenspannung, die innerhalb eines Stoffes wirkt, zu verwechseln.

Die Grenzflächenspannung zwischen zwei mischbaren Flüssigkeiten (Wasser zu Wasser, Farbfilm zu Farbfilm) ist gleich Null. Es besteht also keine Spannung zwischen beiden Stoffen. Daher vermischen sie sich ohne Schwierigkeiten. Tritt dieser Fall – eine geringe oder gar keine Grenzflächenspannung – an der Grenzfläche zwischen einem Festkörper und einer Flüssigkeit auf, so breitet sich die Flüssigkeit auf dem Festkörper aus:
- Die Flüssigkeit benetzt den Festkörper.

Dazu beispielhaft grundlegende Überlegungen aus einem bekannten Bereich:
- Auf einem wenig gepflegten Autodach breitet („spreitet“) sich Regenwasser zu großen Wasserflächen aus. Es läuft dabei kaum ab.
- Von einem Autodach, das frisch gewachst ist, perlt dagegen das Wasser leicht ab. Es ist doch das gleiche Metall und das gleiche (Regen-)Wasser?!

Die Erklärung dieses Vorgangs ist in den unterschiedlichen Oberflächenspannungen und daraus abgeleitet, der Grenzflächenspannung, gegeben.

Bei dem wenig gepflegten Autodach besteht eine geringe Oberflächenspannung, dadurch wirkt die Adhäsion zu Wasser stärker als die Kohäsion des Wassers entgegenwirkt. Eine geringe Grenzflächenspannung ergibt eine gute Benetzung.

Ist das Autodach dagegen gewachst, so hat die Grenzfläche eine wesentlich höhere Spannung: Das Metall des Autos wird weniger oder gar nicht benetzt.

Auf einen physikalischen Nenner gebracht: Im letzten Fall sind die Kohäsionskräfte im Wasser wesentlich höher als die Adhäsionskräfte zwischen Metall und Wasser.

Für die Wechselbeziehung Festkörper - Flüssigkeit wird allgemein der Begriff *Benetzung* verwendet. Es gilt: Je geringer die Grenzflächenspannung, umso größer ist die Benetzung.

Prinzipieller Vorgang:
Einfärben der Druckform im Flachdruck

Grenzflächen		Grenzflächenspannung	Benetzung
Druckfarbe	– Bildstelle	sehr klein	sehr gut
Feuchtmittel	– Nichtbildstelle	sehr klein	sehr gut
Druckfarbe	– Nichtbildstelle	sehr groß	sehr gering
Feuchtmittel	– Bildstelle	sehr groß	sehr gering

Benetzung
Unter Benetzung versteht man dabei die Größe der gemeinsamen Berührungsfläche der Stoffe. Die Anziehungskraft, die auch diese Oberflächenmoleküle besitzen, zeigt sich zum Beispiel, wenn man eine Flüssigkeit auf ein Metall bringt. Werden die Flüssigkeitsmoleküle willig von den Metallmolekülen angezogen und festgehalten, wird die gesamte Fläche benetzt. Ist genau das Gegenteil der Fall, so erfolgt keine Benetzung und die Flüssigkeit liegt wie kugelartig perlend auf der Oberfläche.

Für die Benetzung eines Feststoffes ist auch die Struktur der Oberfläche bedeutend. Besteht diese Oberfläche des Stoffes aus einem feinen Röhrchensystem (sogenannten Haarröhrchen oder Kapillaren), so ist die Adhäsion zwischen der benetzenden Flüssigkeit und dem Festkörper (z.B. der Druckplatte) wesentlich stärker wirksam. Interessant ist dabei festzustellen:
- Je enger diese Kapillaren sind, desto größer ist die Adhäsion.

Randwinkel
Eine klare Aussage darüber, wie stark nun ein fester Stoff von einem flüssigen benetzt wird, erhält man durch Messen des sogenannten Randwinkels. Dieser wird an der Stelle gemessen, wo der Flüssigkeitstropfen die feste Oberfläche berührt.

Zieht man die Tangente und ist der Winkel über 90^0, so spricht man von einer wenig benetzenden Flüssigkeit. Der Tropfen sitzt in diesem Fall fast wie eine Kugel auf der Ebene.

Je kleiner der Randwinkel wird, desto mehr wird auch der Flüssigkeitstropfen auseinander gezogen und analog dazu benetzt die Flüssigkeit immer besser die Oberfläche.

Nach diesen theoretischen Voraussetzungen kann man nun konkret mit Wasser und Fett bzw. Öl, die Oberfläche einer Metallplatte mit einigen Tropfen benetzen. Man wird dabei feststellen, dass ein bestimmtes Metall Wasser sehr gut annimmt, es wird

Randwinkel unter 90°

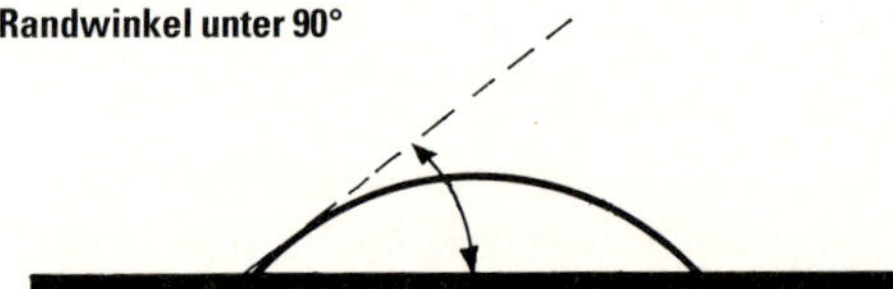

Ein Wassertropfen auf der Aluminiumplatte oder auf einem nicht gewachsten Autodach. Der Wassertropfen hat einen Randwinkel unter 90°. Das Metall oder Autodach ist wasserfreundlich.

Randwinkel über 90°

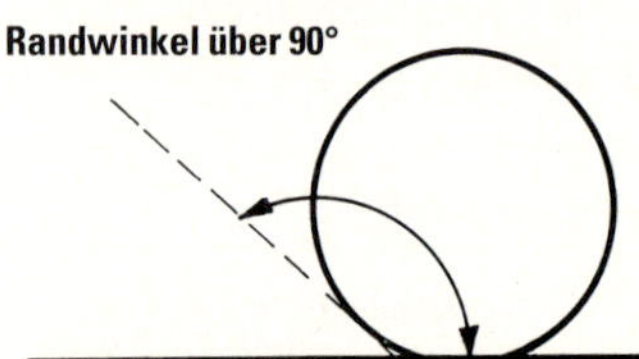

Ein Tropfen Quecksilber oder konzentrierte Phosphorsäure auf einer Glasplatte verhält sich wie ein Wassertropfen auf einem frisch gewachsten Autodach. Der Wachsüberzug ist wasserabstoßend, der Randwinkel also über 90°

deshalb *hydrophil* genannt. Ist das Abstoßen größer, spricht man von einer *hydrophoben* Reaktion.

Bezogen auf das Offsetdruckverfahren kann man folgende zwei Grundreaktionen unterscheiden:

Gibt man einen Wassertropfen auf eine Bildstelle, die später eine farbführende Stelle auf einer Offsetdruckplatte sein soll, so verändert sich der Tropfen in seiner Form nur geringfügig. Befindet sich der Wassertropfen dagegen auf einer Nichtbildstelle, der später nichtdruckenden Stelle auf der Druckplatte, so spreitet der Tropfen, d.h. er breitet sich als Fläche aus.

Hydrophile (wasserfreundliche) Partien der Druckplatten nehmen sogenannte polare Flüssigkeiten wie beispielsweise Feuchtmittel willig an, oleophile (fettfreundliche) Partien der Platten nehmen demgegenüber unpolare Flüssigkeiten wie beispielsweise Druckfarbe besonders gut an. Das ist der Normalfall.

Jedoch keine Gesetzmäßigkeit ohne Ausnahme: Wie jeder Offsetdrucker weiß, lassen sich auch hydrophile Partien auf Druckplatten einfärben, wenn man die Feuchtzufuhr abstellt und sogenannte Waschmarken kann man auch in oleophilen Bildstellen der Druckplatten erhalten – ohne dass man dies möchte.

Das *Grundprinzip des Flachdrucks* besteht also darin, dass zwei Flüssigkeiten mit verschiedenen Oberflächenspannungen an Grenzflächen miteinander konkurrieren, die Druckplatte jeweils an der richtigen Stelle zu benetzen. (Anmerkung: Bei wasserlosem Offsetdruck gilt dies für die Grenzfläche spezielle Druckfarbe – spezielle Druckplattenoberflächen). Auf eine saubere, exakte Trennung von Druckfarbe und Feuchtmittel kommt es dabei an, also auf eine ausreichend hohe Grenzflächenspannung zwischen den beiden Flüssigkeiten im Zusammenwirken mit der Druckplattenoberfläche.

Nun darf man sich das Abstoßverhalten zwischen Druckfarbe und Feuchtmittel nicht so absolut vorstellen, als würde beispielsweise das Feuchtmittel auf den Nichtbildstellen der Druckfarbe vollkommen abgestoßen werden. Vielmehr wird der Feuchtfilm, der über den bildfreien Partien liegt, in der Spaltstelle zwischen Druckplatte und Farbauftragwalze teilweise gespalten und mitgerissen. Auf diesem Weg gerät eine geringe Menge Feuchtmittel ins Farbwerk, und zwar bei jeder Umdrehung des Druckplattenzylinders aufs Neue. Das Aufnehmen von Feuchtmittel in das Farbwerk einer Offsetdruckmaschine und somit auch in die Druckfarbe ist eine verfahrensbedingte Tatsache.

Emulsion

Eine Emulsion entsteht, wenn man Flüssigkeiten zusammenbringt, deren Grenzflächenspannungen so hoch sind, dass sie sich nicht miteinander vermischen, sondern die eine Flüssigkeit in feinst verteilter Tröpfchenform in der anderen schwebt. Das Feuchtmittel, das über Druckplatte und Farbauftragwalzen in das Farbwerk getrieben wird, bildet mit der Druckfarbe eine Emulsion.

Die folgenden drei Abbildungen zeigen grafisch verschiedene Emulsionen.

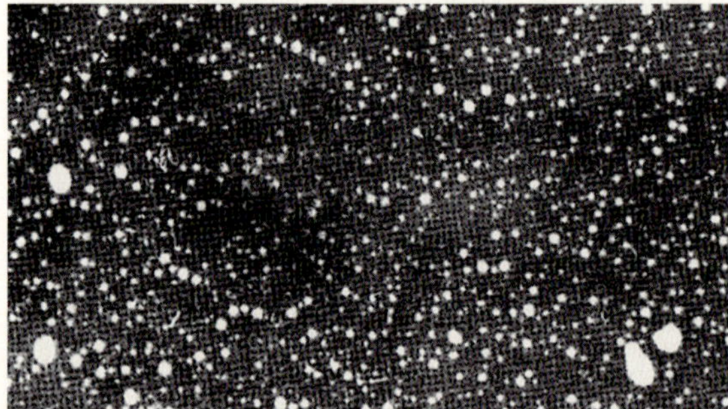

Offsetdruck-stabile Emulsion 0,1 mm

Emulsion vor dem Umkippen 0,1 mm

Instabile Emulsion („Emulgieren") 0,1 mm

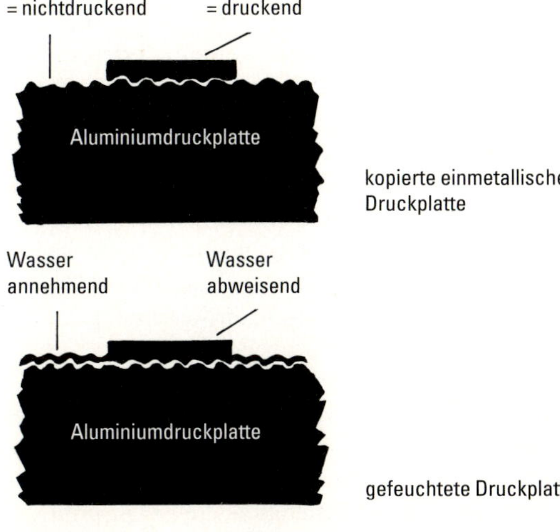

Einfärbeprozess im Prinzip

Das Feuchtmittel schwebt bei einer sogenannten *stabilen Emulsion* in gleichmäßiger Verteilung in feinster Tröpfchenform in der Druckfarbe. Dabei beträgt der Anteil des Feuchtmittels in der Druckfarbe bis etwa 20 - 25 %. Überschreitet der Feuchtmittelanteil jedoch einen bestimmten Grenzwert, so kippt die drucktechnisch positive stabile Emulsion um.

Der nun zu hohe Feuchtmittelanteil spreitet sich zu größeren Inseln in ungleichmäßiger Verteilung in der Druckfarbe. Es entsteht dadurch eine *instabile Emulsion*. Der Drucker spricht dabei vom *Emulgieren* der Druckfarbe.

Bei dieser instabilen Emulsion verliert die Druckfarbe ihre Spaltfähigkeit. Dadurch baut sich das Wasser-Farbe-Gemisch auf den Walzen auf. Eine gleichmäßige Einfärbung der Druckplatte ist also nicht mehr möglich.

Für den Druckprozess ist es wichtig, die benötigte stabile Emulsion möglichst rasch während des Einrichtens der Druckmaschine zu erreichen, um fortdruckgerechte Einstellungen für den Auflagendruck zu ermöglichen.

Die Druckform des Offsetdrucks wird vor dem Druck präpariert. Früher wusste man nichts von Grenzflächen, Benetzung, Oberflächenspannung und anderen heute bekannten physikalischen Reaktionen.

Man kannte jedoch eine gewisse abstoßende Wirkung zwischen fetthaltigen Substanzen und dem Wasser. Daher reinigte man die Druckform – geeignete Steinplatten oder Metallplatten – und präparierte die Bildstellen mit geeigneten Tuschen oder einem Lack. Für das Präparieren der Nichtbildstellen verwendet man wasserlösliche Kolloide. Das sind leimartige kleinste Teilchen, die sehr leicht Feuchtigkeit aufnehmen, zum Beispiel das Gummiarabicum.

Diese Behandlung mit einer Gummierung ermöglicht es, einen feinen Feuchtigkeitsfilm auf der Druckform in den Kapillaren zu verankern. Nur durch dauerndes Aufrechterhalten des Feuchtigkeitsfilms auf den Nichtbildstellen ist ein Haftenbleiben (Benetzen) durch einen hauchdünnen Farbfilm zu vermeiden.

Daher gilt grundsätzlich:

• Grundlage aller Flachdruckverfahren sind chemisch-physikalische Reaktionen an Grenzflächen der Druckform.

Physikalische Reaktionen an Grenzflächen im Flachdruck

A = Feuchtmittel (A - A = Kohäsionskräfte im Feuchtmittel),
B = Festkörper

Wirkungen:
– Kohäsion A - A wesentlich größer als Adhäsion A - B
– A - A > A - B
► Die Flüssigkeit A benetzt (befeuchtet) den Festkörper, zum Beispiel die Bildstelle, nur sehr gering oder gar nicht: Grenzflächenspannung hoch

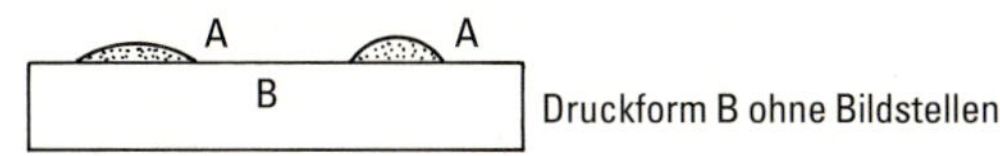

Wirkungen:
– Kohäsion A - A annähernd gleich der Adhäsion A - B
– A - A ≈ A - B
► Die Flüssigkeit A benetzt den Festkörper B mehr oder weniger: Grenzflächenspannung mittelstark

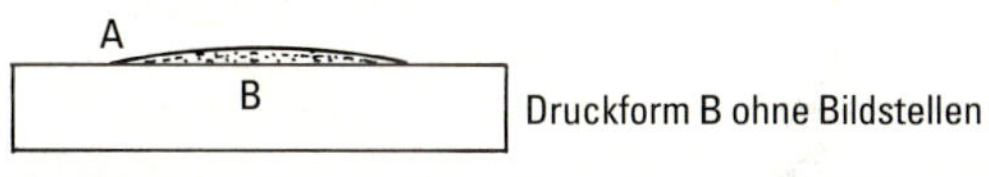

Wirkungen:
– Kohäsion A - A sehr gering
Adhäsion A - B sehr stark
– A - A < A - B
► Die Flüssigkeit ist durch chemische Zusätze (zum Beispiel Tenside, Alkohol) entspannt, daher benetzt die Flüssigkeit A den Festkörper B sehr stark. Spreiten = Ausbreiten der Flüssigkeit

Reaktionen an unterschiedlichen Grenzflächen

A = Feuchtmittel, B = Druckform, C = Druckform mit feinen Kapillaren

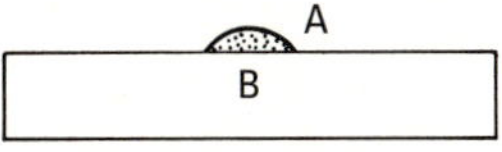

Wirkungen:
– Geringere Benetzung A - B

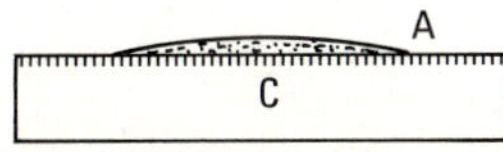

Wirkungen:
– Spreiten des Feuchtmittels = sehr starke Benetzung A - C, da durch Kapillarwirkung das Feuchtmittel stark angezogen wird (hohe Adhäsion)

- Die Druckform bei allen Flachdruckverfahren, so auch im konventionellen Offsetdruck, muss zuerst gefeuchtet und danach eingefärbt werden.
- Im wasserlos arbeitendem Offsetdruck sind grenzflächen-physikalische Reaktionen zwischen der speziellen Druckfarbe sowie den typischen Oberflächen der Druckform ebenfalls entscheidend.

Neben diesen wesentlichen physikalischen Grundlagen wirken auch chemische Einflussgrößen auf den Druckprozess ein, die im Rahmen dieses Kapitels nicht näher betrachtet werden können. Hierzu gehören zum Beispiel: pH-Wert, Wasserhärte (dH-Wert), Pufferlösungen. (vgl. Kapitel 12.)

10.5.2 Blechdruck

Der Blechdruck ist ebenso wie der Offsetdruck ein indirekt arbeitendes Flachdruckverfahren, bei dem Bildstellen von der Druckform auf einen Übertragzylinder (Gummituchzylinder) und von diesem auf den Bedruckstoff übertragen werden.

Der schwere, unhandliche Bedruckstoff Blech erfordert bedruckstoffbedingt konstruktive Änderungen bei speziellen Blechdruckmaschinen im Vergleich zu Offsetdruckmaschinen, die Papier und Karton bedrucken. Wesentliche Faktoren sind die Eigenfarbe und die fehlende Saugfähigkeit sowie die große Masse (Gewicht) des Bedruckstoffes Blech, die zu verarbeiten ist.

Die technischen Änderungen beziehen sich im wesentlichen auf die Vorbereitung des Bedruckstoffes, den Transport, die Anlage und Führung der Blechtafel durch die Druckmaschine, die erforderliche Trocknung und die Auslage.

Die Druckwerke der Blechdruck- und Offsetdruckmaschinen sind prinzipiell gleich aufgebaut.

In Deutschland baute die Druckmaschinenfabrik Mailänder seit 1892 Blechdruckmaschinen. Auch MAN-Roland und KBA Planeta modifizierten auf Bedarf ihre Offsetdruckmaschinen für den Blechdruck. Der Druckmaschinenhersteller Mailänder schloß sich 1994 mit der Firma LTG zusammen, die Trockenöfen für die Blechverpackungsindustrie baut.

LTG-Mailänder, Systemlieferant für die komplette Blechdruckproduktion, übernahm die Drucktechnik und liefert seitdem komplette Systeme von der Druckvorbereitung über das Drucken, die Trocknung, Veredelung und gesamte Ablufttechnik.

Die für die Anforderungen des Blechdrucks optimierten Ein- und auch Mehrfarben-Druckmaschinen entsprechen in ihrer Ausstattung den modernsten Standards in der Offsetdrucktechnik. Die Blechdruckmaschine der neusten Generation, die LTG-Sprint, basiert auf den Druckwerken einer Offsetdruckmaschine der MAN-Roland AG mit allen steuer- und regelungstechnischen Ausstattungen und der rechnergestützten Anbindung an die Druckvorstufe.

Oberflächen der Blechtafeln sind nicht saugfähig. Somit liegt die Druckfarbe lediglich auf der Oberfläche auf. Um drucktechnische Probleme zu vermeiden, kann die bedruckte Blechtafel bereits durch UV-Trocknermodule zwischen den Druckwerken bei einem vier- und mehrfarbigen Druck getrocknet werden. Grundsätzlich ist nach dem letzten Druckwerk eine UV-Trocknung erforderlich.

Die Druckmaschinen sind durch das hohe Gewicht der Blechtafeln – bis zu 2 kg/Tafel – sehr robust vom Anleger über den Transport durch das Druckwerk bis zur Auslage zu bauen.

Trotzdem liegen die Druckleistungen fast im Bereich der Druckmaschinen für übliche Produktionsmaterialien von 6.000 bis zu maximal 9.000 Druck/h.

Blechdruckmaschine, LTG-Mailänder

Bedruckstoff und Druck
Bedruckt wird Weißblech, Aluminium oder Stahlblech in Stärken von etwa 0,12 mm bis zu 0,4 mm in Formaten bis zu 950 mm x 1150 mm bei einer Druckleistung von etwa 6.000 Tafeln/Stunde. Die modernste Blechdruckmaschine, die LTG-Sprint, erreicht sogar eine Druckleistung bis zu 9.000 Tafeln/h.

Gedruckt wird eine Vielzahl von einzelnen Nutzen auf einer Tafel. Beispielsweise reicht eine Tageskapazität von 50.000 Tafeln z. B. für die Herstellung von 750.000 Dosen.

Vor dem Bedrucken müssen die Blechtafeln auf der Vorder- und Rückseite mit einem Lack bedruckt, der das Metall vor äußeren Einflüssen schützt und zugleich der Druckfarbe eine bessere Haftung auf dem Bedruckstoff gibt. Der Lackauftrag erfolgt in der Lackiermaschine, die bei modernen Anlagen in die Fertigungslinie integriert ist. Anschließend werden die lackierten Tafeln in einem Trockenofen bei entsprechenden Temperaturen getrocknet.

Bei einem Farbdruck ist zu beachten, dass das Blech eine Eigenfärbung hat, die nicht einem weißen Bedruckstoff (z. B. Papier) entspricht. Damit fehlt für eine optimale, ton- und farbwertgerechte Farbwiedergabe der erforderliche „Lichtreflektor", das Weiß des Papiers. Die zu bedruckende Fläche ist deshalb ggf. mit weißer Druckfarbe in ausreichender Deckung vorab zu bedrucken.

An Blechdruckfarben werden wesentlich höhere Ansprüche gestellt, als dies bei Druckfarben zum Bedrucken von Papier und Karton der Fall ist. Vor allem müssen die Druckfarben, dem Trocknungsprozess bei hohen Temperaturen zufolge, hitzebeständig sein. Dies gilt nicht für spezielle UV-Druckfarben, die durch UV-Strahlung trocknen.

Ferner müssen die Druckfarben mit Rücksicht auf die Weiterverarbeitung der Bleche (Stanzen, Ziehen, Umformen, Biegen usw.) im getrockneten Zustand eine erhebliche Elastizität aufweisen.

Herstellen des Bedruckstoffes

Arbeitsabläufe in der Blechdruckerei

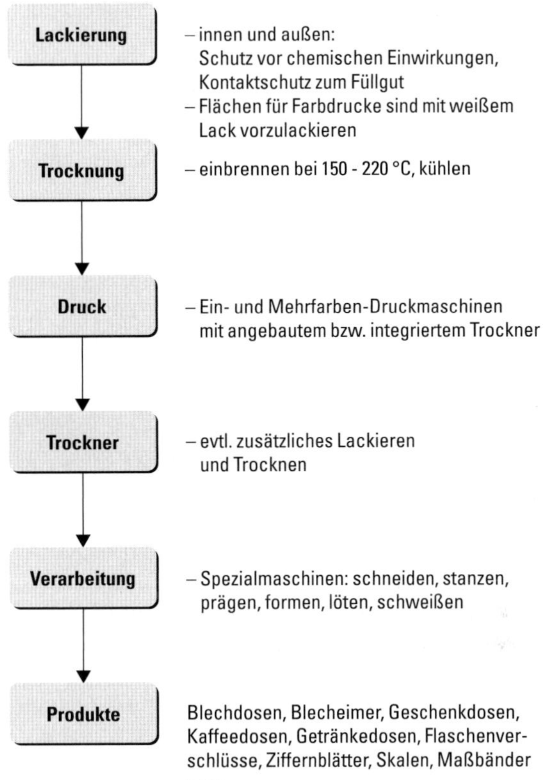

Konservendosen z. B. verlangen Farben, die gegen die nasse Hitze beim Einkochen widerstandsfähig sind. Oxidativ trocknende Blechdruckfarben dürfen grundsätzlich nur mit verharzenden Zusätzen (Leinölfirnis) angerieben werden, da die Farben auf dem Blech nicht wegschlagen können.

Interessant ist der Einsatz von UV-Druckfarbe und eine UV-Trocknung. Es sind nur kurze Trockenstrecken erforderlich, die erheblich weniger Fläche und Energie benötigen.

Nach dem Bedrucken werden die Bleche meist nochmals lackiert, bevor sie im Ofen getrocknet und der Weiterverarbeitung übergeben werden.

Bei den modernen Blechdruckmaschinen sind die verschiedenen Module zu einem System verbunden, in dem alle Arbeitsgänge weitgehend automatisiert ablaufen.

10.5.3 Lichtdruck

Der Lichtdruck ist das edelste und zugleich perfekteste Druckverfahren, mit dem Halbtonvorlagen (Bilder aller Art) drucktechnisch in höchster Qualität und Vollendung faksimilegetreu wiedergegeben werden können.

Die Drucktechnik, deren Anfänge der Franzose Poitevin 1856 bereits beschrieb, entwickelte der Münchener Hoffotograf Dr. Josef Albert zu einem praktisch nutzbaren Verfahren. Die Fotografie machte damals große Fortschritte in ihrer Entwicklung. Dr. Albert stellte von einem Halbtonnegativ eines

Gemäldes des niederländischen Malers Peter Paul Rubens eine Lichtdruckform mit einer Chromatgelatine her und druckte in der Neujahrsnacht 18 68 von dieser Glasdruckplatte auf einer Kniehebelpresse.

Die Glasplatte zersprang bei dem ersten Abzug, doch der Abzug war gelungen. Dieser erste Abzug ist erhalten geblieben und heute im Deutschen Buchmuseum in Leipzig zu sehen.

Mit dieser neuen Technik konnten erstmals feinste Halbtonabstufungen der Kopiervorlage – und das ohne jede Rasterung – drucktechnisch reproduziert werden. Bereits 1875 war die Technik so ausgereift, dass exzellente orginalgetreue mehrfarbige Drucke hergestellt werden konnten.

Eine der wenigen Lichtdruckereien in Deutschland ist die *Lichtdruckwerkstatt* mit einem Lichtdruckmuseum im *Druckhaus Dresden.*

Druckformherstellung

Träger der Druckform ist eine etwa 8 bis 10 mm dicke, matt geätzte planparallele Glasplatte, die lichtempfindlich beschichtet werden muss. Dazu wird die Platte in einem Präparationsofen absolut planliegend nivelliert und leicht vorgewärmt. Bei Erreichen der richtigen Temperatur wird eine Vorschicht aufgetragen, die eine enge Verbindung zwischen der Glasplatte und der eigentlichen Druckschicht bewirkt.

Ist diese Vorschicht getrocknet. wird die Platte mit der Druckschicht (Bichromatschicht: Gelatineschicht, die mit Chromsalzen sensibilisiert ist) lichtempfindlich beschichtet.

Während eines etwa zweistündigen Trockenprozesses steigen unzählige kleine Feuchtigkeitsbläschen in der Gelatineschicht auf. Diese werden von der zunächst getrockneten Oberfläche zurückgehalten und können nicht entweichen.

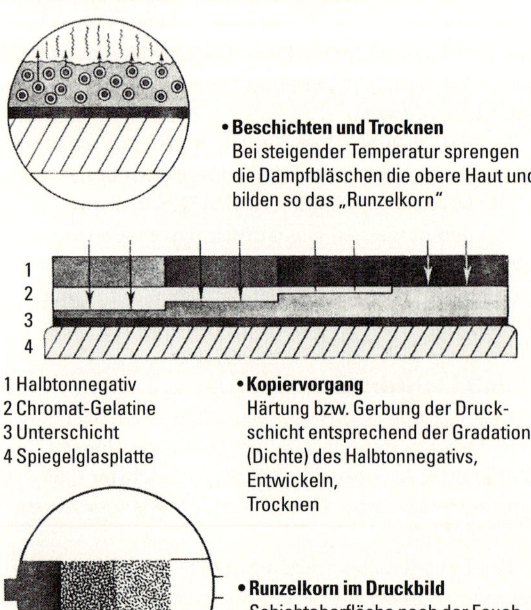

• **Beschichten und Trocknen**
Bei steigender Temperatur sprengen die Dampfbläschen die obere Haut und bilden so das „Runzelkorn"
1
2
3
4
1 Halbtonnegativ
2 Chromat-Gelatine
3 Unterschicht
4 Spiegelglasplatte
• **Kopiervorgang**
Härtung bzw. Gerbung der Druckschicht entsprechend der Gradation (Dichte) des Halbtonnegativs, Entwickeln, Trocknen
• **Runzelkorn im Druckbild**
Schichtoberfläche nach der Feuchtung – stark vergrößert

Druckformherstellung im Lichtdruck

Schließlich reißt die getrocknete Oberfläche durch den Innendruck auf: *Der Entstehungsprozess des charakteristischen Runzelkorns, das typische Merkmale des Lichtdruck, beginnt.*

Da beide Schichten eine sensible Gelatine enthalten, ist diese das wichtigste Material im Produktionsprozess. Vor der Kopie muss nun die lichtempfindlich beschichtete Platte lichtgeschützt gelagert werden.

Eine Faksimilereproduktion erfordert in der Regel wesentlich mehr als vier Farben im Druck, um jedes Detail originalgetreu wiederzugeben. Es werden daher 6, 8 und mehr einzelne Farben benötigt, für die jeweils Farbauszüge und Druckplatten herzustellen sind.

Die erforderlichen Farbauszüge sind nicht einfach standardisiert herzustellen, sie erfordern vielmehr ein sehr hohes Einfühlungsvermögen des Mitarbeiters in die Charakteristik der Bildvorlage und auch des Druckprozesses.

Vorhandene Gradationsmängel gleicht ein Lichtdruckretuscheur am Halbtonnegativfilm aus, um eine optimale Wiedergabe der Vorlage im Druck zu erreichen – eine Qualifikation, die entscheidend zu der geforderten Qualität der Reproduktion und des Drucks beiträgt.

Der manuell bearbeitete Halbtonnegativfilm wird schließlich auf die Lichtdruckplatte kopiert. Und hier ist eine Besonderheit des Lichtdrucks zu beachten: *Der Lichtdruck ist als einziges Druckverfahren in der Lage, echte, rasterlose Halbtöne in einer Bildstruktur zu drucken, die einer Fotografie sehr nahe kommt.*

In den letzten zehn Jahren gelang es reproduktionstechnisch mit einer frequenzmodulierten Rasterung die Bildinformationen möglichst strukturlos wiederzugeben und im Offsetdruck zu drucken. Im Lichtdruck ist diese Strukturlosigkeit verfahrenstechnisch optimal gelungen.

Das Besondere bei der Belichtung des Halbtonnegativs auf die Chromatschicht ist die Reaktion unter Lichteinwirkung: UV-Licht härtet die Chromatschicht nicht vollständig und gleichmäßig durch.

Die Härtung erfolgt nach dem Grad der Dichte (Transparenz bzw. Lichtdurchlässigkeit) des Halbtonnegativs. So entsteht eine stufenlos unterschiedlich stark ausgehärtete Gelatineschicht.

Grundprinzip der Härtung der Kopierschicht:

- höhere Dichte in im Negativ:
  geringere Lichteinwirkung = geringere Härtung,
- geringere Dichte im Negativ:
  höhere Lichteinwirkung = stärkere Härtung.

Nach dem Kopieren der Bildinformationen wird die Druckplatte in ein auf 10 ^{0}C temperiertes Wasserbecken getaucht und ausgewässert. Dieses Wässern bewirkt ein Aufschwemmen der nicht belichteten Bichromate. Es entsteht ein sogenanntes Quellrelief analog zu den Tonwerten der Bildinformationen des Halbtonnegativs. Hierbei bildet sich das Runzelkorn in seiner endgültigen Größe aus. Nach dem Trocknen und weiteren Behandlungen sind die Tonwerte in der

Lichtdruck
Eine der acht Lichtdruckmaschinen bei der Lichtdruckwerkstatt Dresden

sensiblen, hochempfindlichen Gelatineschicht stabiler und letztlich druckfertig.

Nicht belichtete Chromatgelatine behält ihre volle Quellfähigkeit. Stufenlos nimmt die Quellfähigkeit bei steigender Lichteinwirkung ab. Die unterschiedlichen Härtungsstufen führen dazu, dass die Gelatine ihre natürliche Quellfähigkeit in Wasser mehr oder weniger stark verliert. Beim Einfärben der gefeuchteten Druckform nimmt die Gelatineschicht entsprechend der aufgenommenen Feuchtigkeit mehr oder weniger der speziell angemischten Druckfarbe an.

Druck

Gedruckt wird in Lichtdruck-Flachform-Zylinderdruckmaschinen, den sogenannten Lichtdruckschnellpressen. Bei diesen historisch anmutenden Druckmaschinen ist natürlich nur ein einfarbiger Druck pro Druckgang möglich. Dementsprechend schwierig ist es, qualitativ hochwertige, faksimilegetreue Farbdrucke herzustellen.

Die Druckbogen werden zum Druck von Hand angelegt. Mit Einfühlungsvermögen, Erfahrung und gutem Farbempfinden ist es Aufgabe des Lichtdruckers, beim Druck der Auflage prozessbedingte Schwankungen (z. B. durch den Grad der Feuchtung der Druckform, das Klima im Raum und die Saugfähigkeit des Bedruckstoffes) zu erkennen und auszugleichen.

Eine nur minimal höhere Luftfeuchtigkeit, mehr oder weniger Feuchtmittel auf der Druckplatte oder sonstige äußere Einflüsse verändern die Farbintensität und damit den Gesamteindruck des Bildes.

Die Kompetenz und Qualifikation des Druckers sowie eine optimale Teamarbeit beeinflussen maßgeblich die Güte des Faksimiledrucks. Solche Druckprodukte sind im wahrsten Sinne des Wortes echte „Wertpapiere".

Die Druckleistungen sind im Vergleich mit zu industriell arbeitenden Druckmaschinen sehr gering: zwischen 600 bis1000 Drucke pro Tag sind möglich.

Bei dem Lichtdruckverfahren ist jedoch in erster Linie die Qualität entscheidend. Und diese ist während des Fortdrucks sehr stark vom Lichtdrucker abhängig. Das feine, sehr empfindliche Quellrelief ist durch manuelles Feuchten im Kontrast zu beeinflussen. Stärkere Feuchtung verringert, schwächere Feuchtung steigert den Kontrast. Die bedruckten Bogen müssen sehr sorgfältig laufend kontrolliert werden. Selbst geringste Schwankungen wirken sich im Druckergebnis aus.

Die empfindliche Lichtdruckform ist nur für eine Druckauflage von etwa 2000 Exemplaren geeignet. Höhere Auflagen erfordern Ersatzplatten.

Arbeitsablauf Lichtdruck

Glasplatte
– fettfrei gereinigt
– waagerecht ausgerichtet

↓

Beschichten der Glasplatte mit Chromatgelatine

↓

Trocknung der Beschichtung:
Phase 1: Hautbildung an der Oberfläche
Phase 2: Wasserdampfbläschen entweichen aus der Gelatineschicht und reißen die gehärtete Schicht auf, es entsteht ein gleichmäßiges feines Runzelkorn

↓

Lichtdruckplatte
– kopierfertig

↓

Belichtung
– seitenverkehrtes Halbtonnegativ
– kurzwelliges Licht (UV)
– je nach Tonwertabstufungen der Vorlage bilden sich unterschiedliche Härtungsstufen

↓

Entwicklung
– Wässern der Lichtdruckplatte
– wasserlösliche Chromatreste entfernen (≙ fixieren)

↓

Lichtdruckplatte
– druckfertig

↓

Drucken
– Feuchten der Druckplatte mit einem Wasser-Glyzerin-Gemisch
– Entstehen des Quellreliefs
– Farbannahme je nach Gerbung (Härtung) in sehr weichen Tonwertabstufungen

Der Lichtdruck ist für allgemeine Druckaufträge nicht wirtschaftlich einzusetzen. Seine Druckqualität ist jedoch für die Wiedergabe von ein- und mehrfarbigen Gemälden, naturwissenschaftlichen Funden und vor allem Faksimiles, der originalgetreuen Wiedergabe von Handschriften, Gemälden oder historischen Kunstdrucken, unerreicht.

Durch das sehr feine, madenartige Runzelkorn ist die Wiedergabe feinster Tonwertabstufungen im Druck möglich. Ein besonderer Vorteil liegt bei der Wiedergabe von farbigen Vorlagen darin, dass kein Raster verwendet wird. So sind mit mehreren Farbdruckplatten alle gewünschten Farbtöne ohne Gefahr eines Moirés (störendes Muster bei ungünstiger Rasterwinkelung) optimal farbgetreu wiederzugeben. Selbst ein Fachmann hat es oft schwer, ohne Fadenzähler zwischen dem Original und dem Lichtdruck zu unterscheiden.

Nur durch ein eingespieltes Team mit langjähriger Erfahrung sind gute Lichtdrucke herzustellen. Allerdings bleibt bei der heutigen Situation die Frage: Wie lange noch gibt es diese erfahrenen Mitarbeiter? Wird danach der Lichtdruck zu einem „vergessenen“ Druckverfahren?
Hoffentlich bleibt er dann wenigstens im *Lichtdruckmuseum Dresden* erhalten.

10.5.4 Vergleichende Übersicht: Flachdruckverfahren

Flachdruckverfahren	Druckprinzip	Druckform	Druckfarbe	Bedruckstoff	Typische Produkte	Erkennungsmerkmale
Steindruck	Fläche/Fläche Reiberdruck direkt, Bogendruck Fläche, – Zylinder, direkt Bogendruck	Lithografie auf Solnhofener Kalkschiefer	zähflüssig, chemisch-physikalisch trocknend, hochkonzentriert	Papier, Karton	künstlerische Druckarbeiten, drucktechnisches Produkt: Lithografie	Bildwiedergabe in Kreide-, Strich-, Punktiertechnik und anderen manuellen Techniken, keine Rasterung, farbige Drucke mit bis zu 24 Farben
Offsetdruck	Fläche – Zylinder – Fläche {nur im Andruck} indirekt, Bogendruck Zylinder – Zylinder, indirekt Bogen-Rotationsdruck – Einfarben-, – Mehrfarben-, – Schön- und Widerdruckmaschinen	Einmetall-, Papier-, Kunststoff-, Foliendruckplatten, autotypischer oder frequenzmodulierter Raster bei der Bildwiedergabe	zähflüssig, Trocknung – physikalisch – physikalisch-chemisch (überwiegend) – chemisch UV-Trocknung IR-Trocknung	Papier, Karton	Akzidenzen aller Art, zum Beispiel: – Geschäftsdrucksachen – Formulare – Werbung, Prospekte – Plakate – Verpackungen – Faltschachteln – Landkarten – Kunstdrucke – Etiketten – Noten – Ansichtskarten – Bildbände	kein Durchdrücken (Schattierung) der Druckelemente; kein Quetschrand; autotypischer Raster; Rasterpunkt fällt in sehr hellen Bildpartien im allgemeinen heraus; Bild- und Schriftelemente nicht absolut randscharf, aber gleichmäßig gedeckt Bedruckstoffe mit nicht sehr glatter Oberfläche können mit glatten Flächen und feinem Raster bedruckt werden
	Rollen-Rotationsdruck – Mehrfarben-Schön- und Widerdruckmaschinen		Akzidenzdruck – Heat-set-Farben, durch Hitze trocknend Werkdruck, Zeitungsdruck – physikalisch durch Wegschlagen trocknende Druckfarben	Papier ab 40 g/m² bis etwa 135 g/m²	große Auflagen, Druckweiterverarbeitung ganz oder teilweise in der Druckmaschine: – Bücher – Bildbände – Taschenbücher – Telefonbücher – Akzidenzen (Prospekte) – Kataloge – Zeitungen – Zeitschriften	Druck mit Heat-set-Farben – hoher Glanz – brillante Wirkung
Blechdruck	Zylinder – Zylinder, indirekt, Bogen-Rotationsdruck	Einmetalldruckplatten, autotypischer Raster	zähflüssig, Spezialfarben, Trocknung – chemisch durch Hitze (Trockenanlage und Druckmaschine integriert)	Bleche aller Art in Tafeln	– Verpackungen, z. B. Dosen, Eimer – Schilder – Spielzeug – Flaschenverschlüsse – Gläserverschlüsse	Bedruckstoffart, sonst wie Offsetdruck

10.6 Digitaldruck

Die Neuordnung der Ausbildung zum Drucker nennt neben den klassischen Druckverfahren Hochdruck, Flachdruck, Tiefdruck und Durchdruck erstmals den Digitaldruck als ein weiteres Hauptdruckverfahren. Alle (Haupt-)Druckverfahren können als mögliche Fachrichtung für eine Qualifizierung gewählt werden. Nicht in die Ausbildungsordnung Drucker ist das Hauptdruckverfahren Durchdruck mit dem Ausbildungsberuf Siebdrucker. Dieser bleibt auch nach der Neuordnung weiterhin ein Monoberuf.

Seit dem Sommer 2000 können erstmals Drucker in der Fachrichtung Digitaldruck ausgebildet werden. Dabei steht nicht mehr das technische Verständnis des Druckprozesses an der Druckmaschine und die damit zusammenhängende Maschinentechnik im Vordergrund der Ausbildung. Die Kernkompentenzen des Druckers erfahren eine wesentliche Veränderung:

- Der Digitaldruck visualisiert Daten ohne stofflich feste Druckform.
- Digitale Prozesse beginnen bereits in der Druckvorstufe mit den zu verarbeitenden Daten.

Für die Qualifikation des Druckers heißt dies, dass der Mitarbeiter Kenntnisse und Fertigkeiten in neuen Aufgabenbereichen, die in die Druckvorstufe und die Datenverarbeitung hineinreichen, beherrschen muss:

- Digitale Druckvorstufe:
  Prozesskenntnisse und Grundfertigkeiten
- Prozessvorbereitung:
  Datenhandling am Drucksystem,
  Umgang mit den zu verarbeitenden Daten
- Druckprozess:
  Systemsteuerung, Qualitätssteuerung
- Weiterverarbeitung:
  Inline-Verarbeitung

Allgemeine Vorbemerkungen

Analoge Techniken werden in allen Lebensbereichen zunehmend durch digitale Systeme ersetzt. Ein Trend, der auch die Produktionssysteme, Arbeitsabläufe und Fertigungsprozesse in der Druck- und Medienindustrie sehr rasch verändert hat und weiterhin in allen

Positionierung der Druckverfahren

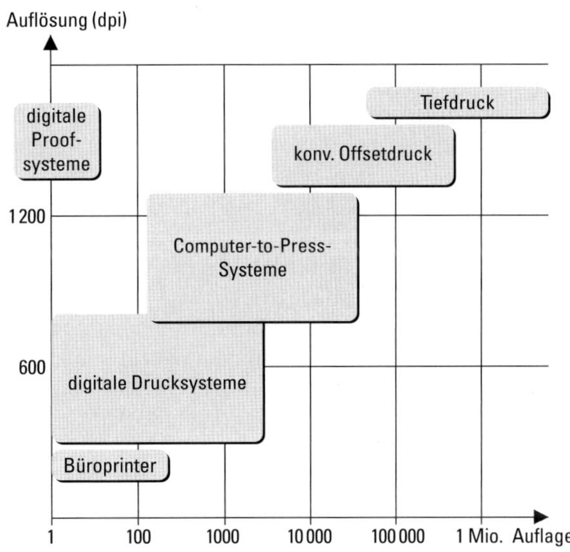

Digitaler Workflow für Print- und Nonprintmedien

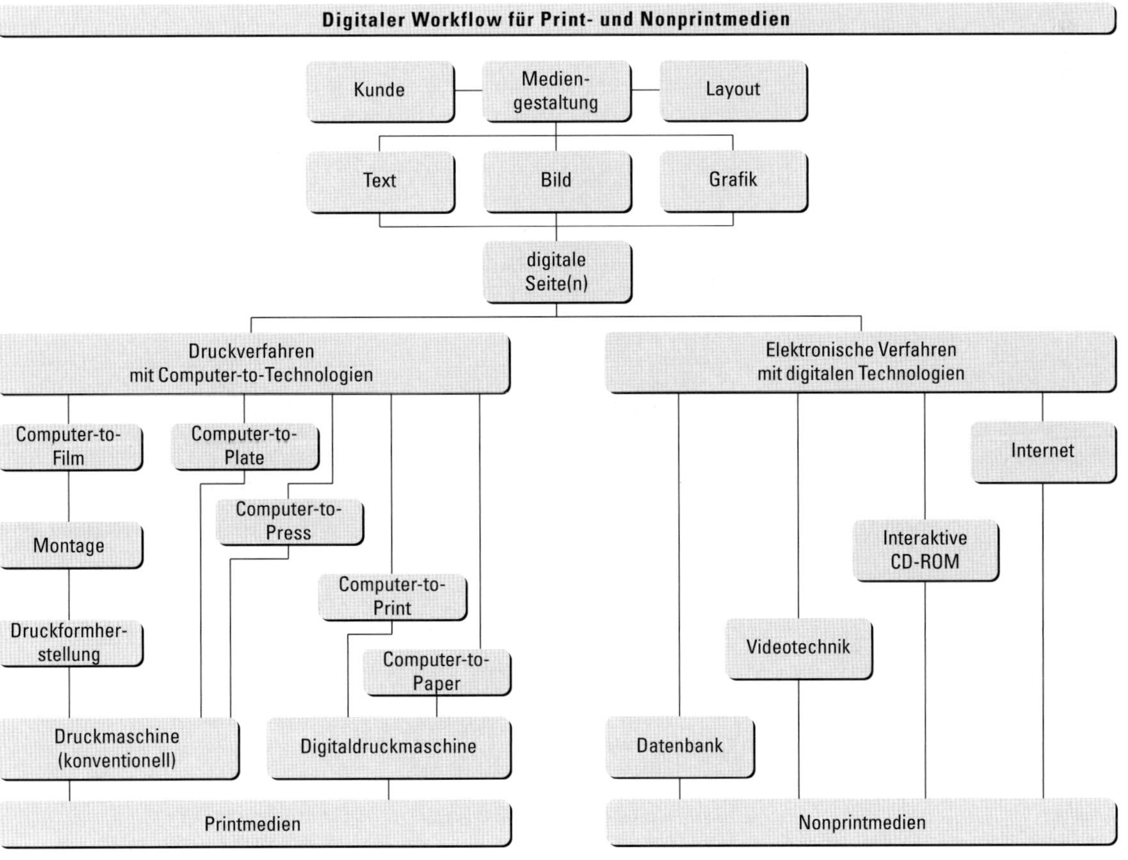

Bereichen und Prozessen aber auch den Kundenkontakt und das Marketing erheblich umwandeln wird.

Die erste sichtbare Konsequenz zeigte sich in der Druckvorstufe. In einem rasanten Tempo wandelte sich die Druckindustrie: Prepress, Press, Postpress, Datentechniken, Netzwerke, multimediale Produkte und vieles mehr aus der Welt der digitalen Technologie zeigen für die Druckbranche den Wandel zu einer digitalen Medienindustrie auf.

Die Konsequenz aus der Digitalisierung der Druckvorstufe war anfangs logischerweise die digitale Informationsübertragung der gestalteten Seiten auf die Druckplatte mit Bebilderungstechnologien außerhalb und später dann auch innerhalb der Druckmaschine. Der nächste Schritt führte zu einem digitalen Druck direkt auf den Bedruckstoff.

Auch wenn die Marktposition für diesen neuen Digitaldruck noch nicht eindeutig definiert ist – für erhebliche Aufregung und Unsicherheiten in den klassischen Druckereien sorgt er bereits seit einiger Zeit.

Dabei zeigt sich für die Druckereien ein Problem: Viele (Groß-)Kunden integrieren diese Verfahrenstechniken in ihr eigenes digitales Kommunikationssystem und produzieren bestimmte Druckprodukte wie Rundschreiben, Hausmitteilungen, Anleitungen damit selbst. Früher waren dies durchaus Aufträge für eine Druckerei, die durch diese neuen Technologien in den Unternehmen entfallen oder aber auch durch neue, umfassende Dienstleistungen für den Kunden als Geschäftsfeld erhalten bleiben können.

„Erfolg hat derjenige, der anderen Geld und Zeit erspart, Dinge und Abläufe erleichtert und damit den Kunden zum Erfolg führt." (Peter Nicolay, in: Druckmarkt)

10.6.1 Einordnung der Verfahrenstechniken

Die Bezeichnung Digitaldruck wird von Herstellern von Druckmaschinen als ein werbewirksamer Begriff verwendet, der Innovationen und neuste, zukunftsträchtige Technologie verheißt. Dabei werden in den Angaben zur Maschinentechnik vielfach irreführend die Herstellung der Druckform und die Drucktechnik – der eigentliche Druckprozess also – als ein gemeinsamer, integrierter Prozess gesehen.

Entwicklungen und Arbeitsabläufe in der digitalen Druckvorstufe führten zu neuen Ausgabesystemen, den sogenannten Computer-to-Techniken:
- Computer-to-Film
- Computer-to-Plate
- Computer-to-Press
- Computer-to-Print
- Computer-to-Paper.

Digitale Drucksysteme

Nach dieser Systematik ist der Digitaldruck in den Verfahrenstechniken Computer-to-Print und Computer-to-Paper ein drucktechnisches Ausgabesystem der digitalen Datenverarbeitung von Texten, Bildern und Grafiken in der Druckvorstufe.

Ein wesentliches Merkmal digitaler Drucksysteme:
• *Die Herstellung einer Druckform entfällt.*

Im Vergleich zu allen anderen Druckverfahren ist das Fehlen einer stofflich festen, permanenten Druckform, die bei allen anderen Verfahren für den gesamten Auflagendruck ohne Änderungen eingesetzt wird, ein entscheidendes Merkmal.

Eine Definition für den Digitaldruck nach DIN gibt es derzeit noch nicht. Dadurch kommt es zu einem technologischen Begriffswirrwarr, so dass Informationen missverstanden und falsch zugeordnet werden.

Technische Hinweise zu Ausgabesystemen

1. Computer-to-Film
Ausgabe in einem Laserbelichter auf Film als Ganzseite oder im Bogenformat ausgeschossen. Derzeit überwiegend eingesetzter Weg der Ausgabe digitaler Daten außerhalb der Druckmaschine.
Produkt:
Kopiervorlage
Einsatz der Kopiervorlage:
Herstellung einer beliebigen Offsetdruckplatte
Verfahrenstechnik im Druck:
konventioneller und wasserloser Offsetdruck.
Anbieter:
Alle Hersteller von Ausgabesystemen

2. Computer-to-Plate
Direkte Bebilderung der Druckplatte außerhalb der Druckmaschine.
Eigenschaften der Druckplatte
– nicht wiederbebilderbar
– statische Druckform
Verfahrenstechnik: konventioneller und wasserloser Offsetdruck
Anbieter:
Fast alle Hersteller von Ausgabesystemen.

3. Computer-to-Press
3.1 Direkte Bebilderung der Druckplatte bzw. Druckfolie innerhalb der Druckmaschine, auch Direct-Imaging genannt.
Produkteigenschaften:
– statische Druckform
– nicht wiederbebilderbar
Verfahrenstechnik: konventioneller und wasserloser Offsetdruck
Anbieter:
Heidelberger Druckmaschinen AG mit GTO-DI (Produktion eingestellt), Quickmaster-DI, Speedmaster-DI, KBA-Scitex 74-Karat
3.2 Direkte Bebilderung der Druckform (Druckplatte oder Druckzylinder) innerhalb der Druckmaschine.
Produkteigenschaften:
– statische Druckform
– wiederbebilderbar
Verfahrenstechnik: Offsetdruck
Anbieter: MAN-Roland AG, Dicoweb

4. Computer-to-Print
Direkte Bebilderung des Druckformträgers innerhalb der Druckmaschine, es entsteht kurzzeitig eine temporäre Druckform für einen Druck.
Non-Impact-Printing (NIP-Verfahren), sogenannter „Digitaldruck"
(Hinweis: Im engeren Sinn ist nur das Drucken ohne eine Druckform ein digitaler Druck.
Verfahrenstechnik:
Elektrofotografische Technik mit Trocken- oder Flüssigtoner
Produkteigenschaften:
– dynamisch , temporäre Druckform, Datensatz wird über einen RIP elektronisch durch Laser auf den Bebilderungszylinder übertragen
– je Druckprodukt eine neue Bebilderung erforderlich
Anbieter:
Xeikon, Indigo E-Print (u. a. Modelle), MAN-Roland (einige Modelle/Basis Xeikon), Heidelberg/Kodak u. a.

5. Computer-to-Paper
Elektronisch gesteuerte Bebilderung aus digitalem Datenspeicher ohne Druckform direkt auf den Bedruckstoff. diese Technik ist prinzipiell der eigentliche Digitaldruck.
Verfahrenstechniken:
Ink-Jet-Verfahren, Thermografie u. a.

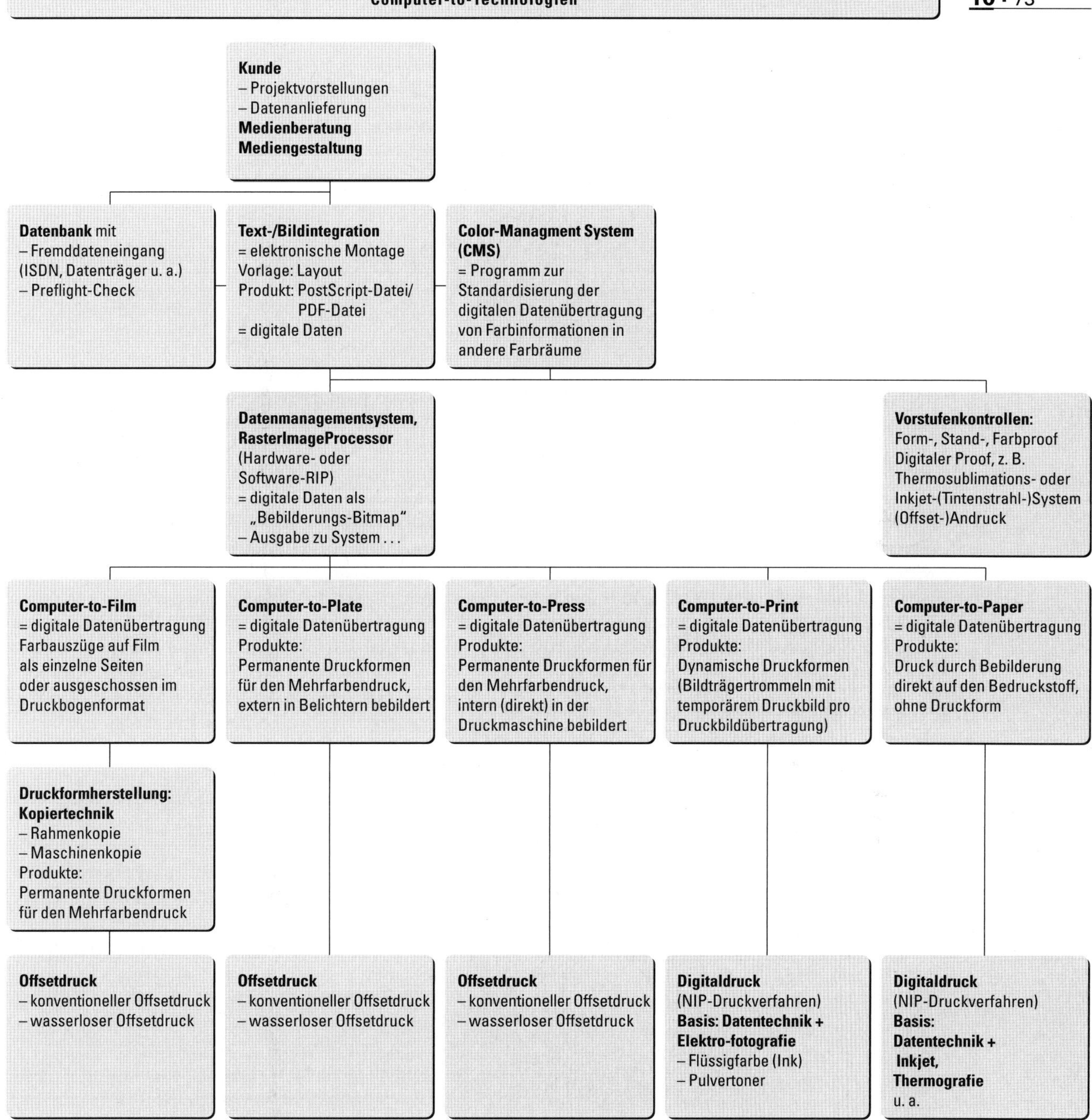

Wesentliches „digitales" Kriterium ist der Prozess der Datenübertragung auf den Bedruckstoff, *nicht* die Bebilderung der Druckform.

• Digitaldruck umfasst alle Druckverfahren, die mit
 – *virtuellen* (z.B. Inkjet, Thermosublimation) oder
 – *temporären* (z.B. Elektrofotografie, Ionografie, Magnetografie)

Druckbildspeichern typografisch und reproduktionstechnisch aufbereitete Informationen aus einem digitalen Datenspeicher unmittelbar, d.h. ohne statische, feste Druckform auf einen Bedruckstoff übertragen.

Demnach lassen sich die digitalen Verfahren Computer-to-Print und – differenziert dazu – Computer-to-Paper dem Digitaldruck zuordnen.

Beide Prozesse arbeiten mit digitalen Daten bis zur Ausgabe der Daten im Druckprozess. Auf dem Bedruckstoff sehen diese ursprünglich digitalen Informationen wieder anders aus: Mehr oder weniger Druckfarbe auf dem Papier ergibt einen dunkleren oder helleren Tonwert in einem Bild. Die Informationen werden auf dem Papier also wieder analog wiedergegeben.

Bei diesen Techniken hat der Anpressdruck, der bei konventionellen Druckverfahren für die Informa-

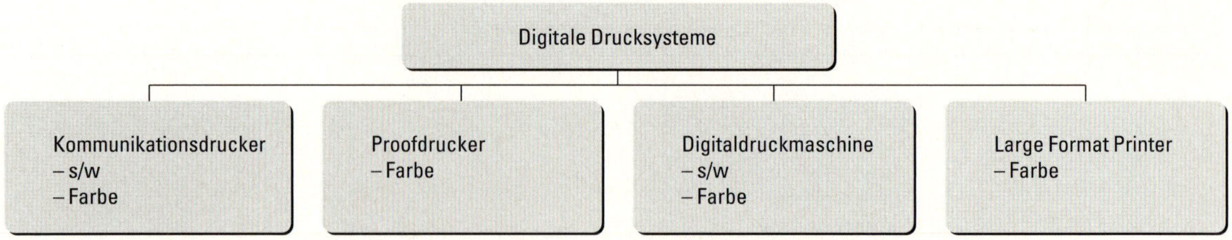

Digitale Drucksysteme

Kommunikationsdrucker – s/w – Farbe	Proofdrucker – Farbe	Digitaldruckmaschine – s/w – Farbe	Large Format Printer – Farbe
Bürodrucker mit Anbindung an digitale Rechner	Drucker zur Erstellung von farbverbindlichen Proofs	Druckmaschinensysteme für digitale Druckproduktion	Großformatdrucker
Produktion: – Kleinauflagen	Produktion: – wenige Exemplare	Produktion: – Auflagendruck	Produktion: – wenige Exemplare
Verfahrenstechnik (u. a.) – Inkjet (Tintenstrahl) – Elektrofotografie	Verfahrenstechnik (u. a.) – Inkjet (Tintenstrahl)	Verfahrenstechnik (u. a.) – Elektrofotografie	Verfahrenstechnik (u. a.) – Inkjet (Tintenstrahl) – Elektrofotografie

tionsübertragung von der Druckform auf den Bedruckstoff erforderlich ist, keine wesentliche Bedeutung. Daher werden die Verfahren des Digitaldrucks *Non-Impact-Technologien* genannt.

Digitale Drucktechniken sind nicht zu verwechseln mit der Technologie *Computer-to-Press*. Bei diesen Systemen, auch *Direct Imaging (DI)* genannt, wird eine permanente Druckform lediglich in der Druckmaschine bebildert. Der Druckprozess ist jedoch nach wie vor ein konventioneller Offsetdruck mit oder ohne („wasserlos") Feuchtmittel zur Einfärbung der Bildinformationen.

Einsatzgebiete und Produktgruppen der Drucksysteme

	Bürodrucker	Proofdrucker	Large Format Printer	Farbkopierer mit RIP	Digitaldruckmaschinen	Offsetdruck: digitale Bebilderung
Drucken bei Bedarf	●			●	●	●
Verteiltes Drucken	●	●	●	●	●	●
Personalisiertes Drucken	●			●	●	
Kleinstauflagen	●		●	●	●	
Bürodrucksachen	●			●	●	●
Handzettel	●			●	●	●
Dokumentationen	●			●	●	●
Broschüren					●	●
Plakate, Displays		●	●		●	●
Verpackung, Etiketten					●	●

Daraus folgt: Der eigentliche Druckprozess in der Offsetdruckmaschine bleibt – ob die Druckform außerhalb oder innerhalb der Offsetdruckmaschine bebildert worden ist – prinzipiell der gleiche.

Für die Produktion im Digitaldruck entfällt die Herstellung einer Druckform als Voraussetzung für den Druck – die Prozesskette der Druckvorstufe wird dadurch um einen zeitaufwendigen Schritt kürzer.

Digitale Drucksysteme besitzen keine permanente Druckform, d.h. die Bildinformationen werden als digital vorbereitete Daten für jeden einzelnen Druck immer wieder neu in das Drucksystem übertragen. Danach ergibt sich eine andauernde Folge von Wiederholungen im Drucksystem für jeden einzelnen neuen Druck:
- Datenübertragung aus den digitalen Datenspeicher
- Druck

Verfahrenstechnisch kann mit einer temporären Druckform, die die Bildinformationen nur für einen einzigen Druck kurzzeitig aufnimmt oder auch völlig ohne eine Druckform als Druckbildspeicher gedruckt werden.

Daher erscheint es sinnvoll, diese beiden Verfahrenstechniken noch einmal zu differenzieren:
- Computer-to-Print
  - System mit einer temporären Druckform
  - Systemtechnik Elektrofotografie (u. a.)
- Computer-to-Paper
  - System mit einer virtuellen Druckform
  - Systemtechnik Inkjet (u.a.)

Digitaldruckmaschinen auf der Basis *Computer-to-Print* bezeichnet man ihrer derzeitigen Bedeutung entsprechend als *dedizierte Systeme*, das sind spezielle (Hochleistungs-)Verfahren bei digitalen Drucksystemen (Dedizierung = Spezialisierung).

Es wird jedoch davon ausgegangen, das die Leistungsfähigkeit der Digitaldruckmaschinen auf der Basis *Computer-to-Paper* sehr rasch ansteigen wird und damit auch für die Informationsübertragung größerer Datenmengen in entsprechenden Auflagen geeignet sein wird.

Leistungen und Einsatz digitaler Drucksysteme
Was leisten die einzelnen digitalen Drucksysteme?

- Kommunikationsdrucker
  Drucker in Büros als Inkjet- und Laserdrucker für Schwarzweiß- und Farbdruck. Preiswerte Systeme, die mit steigender Qualität und Leistung produzieren. Für eine professionelle Anwendung in der Druckindustrie sind sie jedoch qualitativ und/oder wirtschaftlich nicht ausreichend.
  Eine Variante hierzu sind Systeme in einer Kombination von Scanner und Drucker. Der Scanner ermöglicht das Kopieren (Reproduktion) einer Bildvorlage, die über den Drucker ausgegeben wird.
- Proofdrucker
  Prüfdrucksysteme für die Herstellung von farbverbindlichen Drucken als Vorlage für die Produktion. Die Systeme arbeiten mit Techniken wie Inkjet, Thermotransfer oder Thermosublimation. in hoher Qualität, jedoch mit geringer Leistung.
- Digitaldruckmaschinen
  Speziell auf die Druckproduktion ausgerichtete Druckmaschinen mit hoher Druckqualität als
  – Schwarzweiß-Drucksysteme oder
  – Farbdrucksysteme.
  Diese Systeme arbeiten derzeit fast ausschließlich auf der Basis der Elektrofotografie.
- Large Format Printer
  Digitale Großformatdrucker auf Basis der Elektrofotografie und – immer mehr – der Inkjet-Technik.

10.6.2 Basistechnologien digitaler Drucksysteme

Für die Übertragung digitaler Informationen werden grundlegend verschiedene Systemtechniken eingesetzt, die nachfolgend beschrieben werden.

Elektrofotografie (engl. Xerography)

Die Drucktechnik entspricht in der Informationsübertragung den bekannten Systemen der Kopierer und Laserdrucker. Zentrales Element im Druckwerk ist ein sich drehender Zylinder, der mit einem Fotohalbleiter überzogen ist. Für jeden Druck muss der Fotohalbleiter mit einer elektrischen Spannung immer wieder aufgeladen werden.

Die im System aufbereiteten Daten bebildern über eine Lichtquelle den Fotohalbleiter und erzeugen darauf ein Ladungsbild mit allen Informationen des zu druckenden Bildes. Dazu wird an allen Nichtbildstellen (Stellen, die nicht drucken sollen) die elektrische Ladung vollständig gelöscht. Auf dem Fotohalbleiter bleibt ein latentes Ladungsbild stehen, das in der nachfolgenden Station mit elektrostatisch entgegengesetzt geladenen Tonerpartikeln (farbgebende Substanz, vgl. Druckfarbe) entwickelt wird. In diesem Moment entsteht sichtbar ein temporäres Bild.

Das Tonerbild wird nun auf den Bedruckstoff übertragen und durch Druck oder Hitze fixiert.

Zum nächsten Druck wird der Zylinder von Tonerpartikeln vollständig gereinigt und entladen. Danach folgt ein neuer Zyklus für den nächsten Druck.

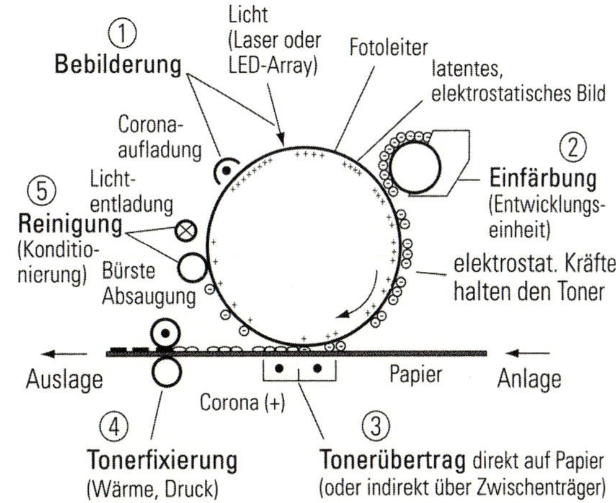

Prinzip der Elektrofotografie

Sechs Prozess-Schritte der Elektrofotografie zu einem digitalen Druck

1. Elektronisches Aufbereiten der Druckdaten im Rechner
2. Vorbereitung bzw. Konditionierung des Fotohalbleiters
3. Generierung des Ladungsbildes auf den Fotohalbleiter durch einen Zeichengenerator
4. Entwicklung des Ladungsbildes durch Toner
5. Transfer des Tonerbildes auf den Bedruckstoff
6. Fixierung des Tonerbildes auf dem Bedruckstoff

Diese Prozess-Schritte entsprechen in den Punkten 2. bis 6. der Kopiertechnik. Der entscheidende Unterschied liegt im ersten Punkt: Das Ladungsbild in der Kopiertechnik wird durch eine analoge Ablichtung (Reproduktion) einer Bildvorlage auf dem Fotoleiter und nicht durch digitale Daten erzeugt.

LED-Zeichengeneratoren
In der LED-Technologie sind auf einem stabilen Träger Leuchtdioden in Reihe über die gesamte Breite der Fotoleitertrommel angeordnet. Jede Leuchtdiode entspricht einem Druckpunkt. Der Abstand der LEDs entspricht dabei der gewünschten Auflösung des Druckbildes. Erste LED-Zeichengeneratoren wurden bereits in den Jahren 1978/79 bei Siemens entwickelt.

Durch Kombinationen von zwei LED-Reihen konnte eine Gesamtauflösung von 8 dots/mm (ca. 200 dpi) erreicht werden.

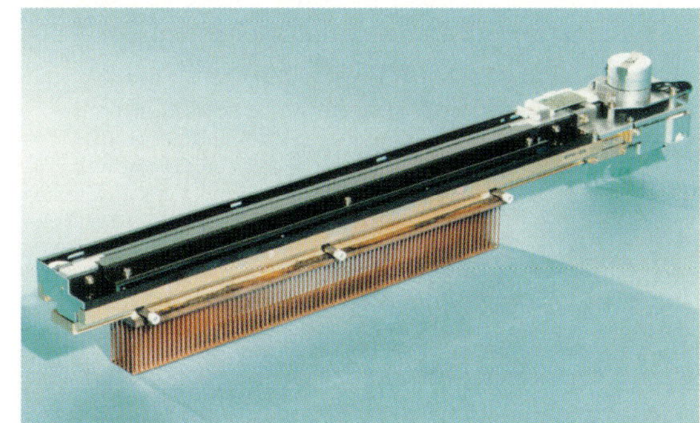

Zeichengenerator (Océ)

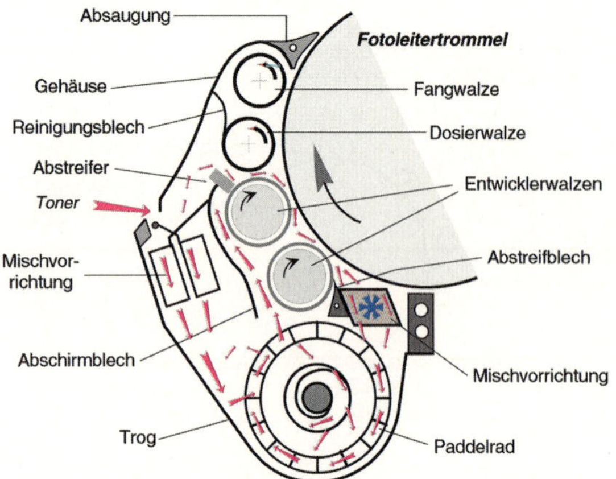

Entwicklerstation für Hochleistungsdruck (Océ)

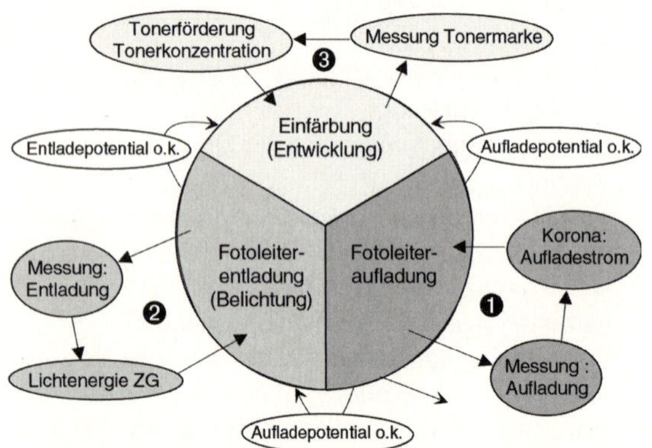

Regelkonzept der Einfärbung (Océ)

Mitte der 80er Jahre wurde die Integrationstechnik weiter verbessert. Die flächig emittierenden Leuchtdioden wurden zu Blöcken von 64 oder 128 Elementen in einem LED-Chip integriert. Die Leuchtfenster der LEDs wurden mit einer Glasfaseroptik (sog. Selfoc) im Maßstab 1 : 1 auf den Fotoleiter abgebildet. Durch die feste mechanische Zuordnung ist eine stabile Positionierung der Druckpunkte bei gleichzeitig deutlich verringerter Baugröße möglich. Da für jeden Bildpunkt einer Belichtungszeile eine eigene Lichtquelle vorhanden ist, kann ohne Bewegung von Teilen im Zeichengenerator durch Einschalten aller LEDs die gesamte Zeile auf der Fotoleitertrommel simultan belichtet werden.

Für den Hochleistungsbereich werden spezielle Zeichengeneratoren benötigt, die sich auf Grund der gestellten Anforderungen deutlich von den Zeichengeneratoren für Bürodrucker unterscheiden. Vor allem sind dies eine wesentliche höhere Druckgeschwindigkeit und eine sehr hohe Lebensdauer. (Detaillierte weitere Informationen siehe: Goldmann, Das Druckerbuch, Océ Printing Systems)

Auflösung und Druckqualität

Unter Auflösung ist hier die Anzahl der Bildpunkte pro Längeneinheit eines Druckkbildes, zum Beispiel dpi (dots per inch), zu verstehen.

Mit zunehmender Auflösung steigt auf Grund des kleineren Druckrasters (Rasterpunktgröße) die An-

Technische Daten als Beispiel für einen Drucker mit einer Druckbreite von 420 mm

Auflösung	240 dpi	300 dpi	600 dpi
Rasterweite	105 µm	84 µm	42 µm
Durchmesser Einzelpunkt	140 µm	120 µm	60 µm
Anzahl der Leuchtpunkte	4608	5376	10752
Anzahl der LED pro Chip	72	84	84
Anzahl der Treiber pro IC	72	84	168
Datenrate in Mbits/s	38	56	222

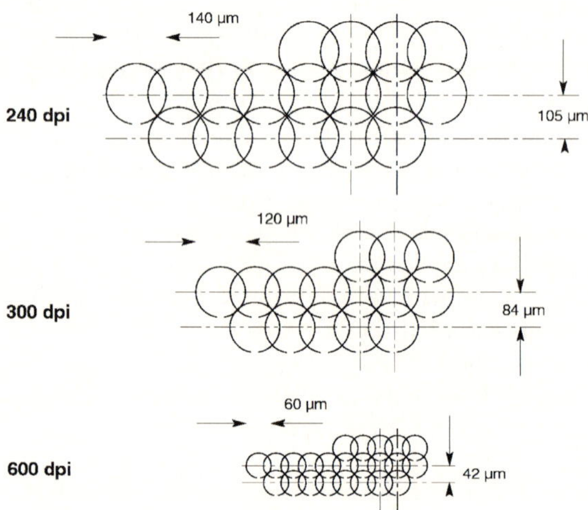

Rasterweite und Punktdurchmesser bei verschiedenen Auflösungen

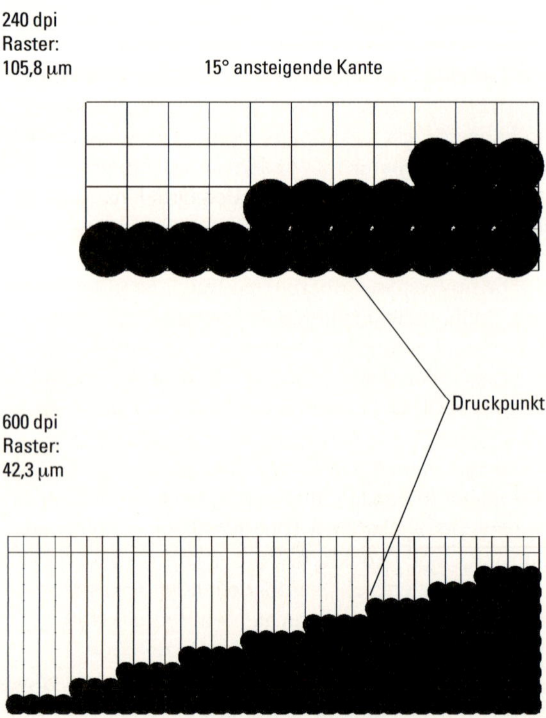

Treppeneffekt bei verschiedenen Druckerauflösungen

zahl der benötigten LEDs linear an. Die benötigte Datenrate (in Mbit/s) nimmt sogar quadratisch zu.

Die vorherige Abbildung zeigt die Anordnung der Druckpunkte im Raster bei 240 dpi, 300 dpi und 600 dpi Auflösung. Diese Gegenüberstellung verdeutlich, dass insbesondere bei 600 dpi hohe Anforderungen an die Positionierungsgenauigkeit und an den Durchmesser der Bildpunkte zu stellen sind, damit bei einem Raster von nur 42 μm durch eine nicht zu geringe oder zu große Überlappung der Bildpunkte die Druckqualität sichergestellt wird.

Auch eine reinem Textdruck nimmt die Druckqualität mit höherer Auflösung deutlich zu, wie in der Abbildung exemplarisch zu sehen ist.

Die durch den Zeichengenerator bedingte Druckqualität wird neben der Auflösung durch die exakte Positionierung der Leuchtpunkte und die Konstanz der Bildpunktdurchmesser bestimmt. Für eine streifenfreie Abbildung müssen LED-Chips mit einer Genauigkeit von < 5 μm positioniert werden.

Je nach Anforderung an die Druckbreite werden bis zu 96 LED-Chips in einer Reihe angeordnet. Dies führt zu einer maximal möglichen Belichtungsbreite, die prinzipiell immer größer ist als die tatsächliche Druckbreite, von 520 mm.

Jedes Chip hat 128 Leuchtpunkte, die von zwei Seiten mit 64 Treiber pro IC angesteuert werden.

Druckfarben – Tonersysteme

Die auf elektrofotografischen Verfahren basierenden digitalen Drucksysteme arbeiten mit

- Trockentoner:
  Systeme von Xeikon, MAN-Roland, Xerox, Océ, IBM u.a. und
- Flüssigtoner:
  System von Indigo.

Tintenstrahldruck

Tintenstrahldruck – vielfach auch Inkjet-Verfahren genannt – ist ein Farbspritzverfahren für die Übertragung der digital gespeicherten Informationen:
Die einzelnen Farbdüsen, die winzige Farbtröpfchen auf den Bedruckstoff übertragen, werden durch einen Rechner angesteuert.

Das Druckverfahren gehört demnach zum System Computer-to-Paper: Die Bildinformationen werden als Farbtröpfchen direkt – ohne Zwischenträger oder Farbband – punktweise aus dem digitalen Datenspeicher gesteuert auf den Bedruckstoff übertragen.

Für die Erzeugung der Farbtröpfchen unterscheidet man zwei Prinzipien:

- Kontinuierliche Verfahren (continuous jet)
  Farbtröpfchen werden ohne Unterbrechung in die Richtung des Bedruckstoffs „geschossen“, dabei müssen jedoch die nicht benötigten Tropfen abgefangen werden. Die Tropfenbildung erfolgt meist durch Ultraschall. Nicht benötigte Tröpfchen werden in einem Farbfänger aufgefangen.
  Das Ablenken dieser Tropfen erfolgt durch verschiedene Verfahren:
  - oszillierende Düsen
  - Tropfenkollision
  - Ablenkelektroden
  - Zerstäubung
  - Magnetfeld.
- Diskontinuierliche Verfahren (intermittent jet)
  Das Verfahren wird auch Impulsverfahren bzw. Drop-on-Demand-Verfahren (drop on demand = DOP) genannt. Bei diesem Druckimpulsverfahren werden nur die für den Druck benötigten Farbtröpfchen auf den Bedruckstoff „abgeschossen“.
  In der Farbdüse herrscht ein Unterdruck, der durch einen kurzzeitigen Druck- oder Zugimpuls die

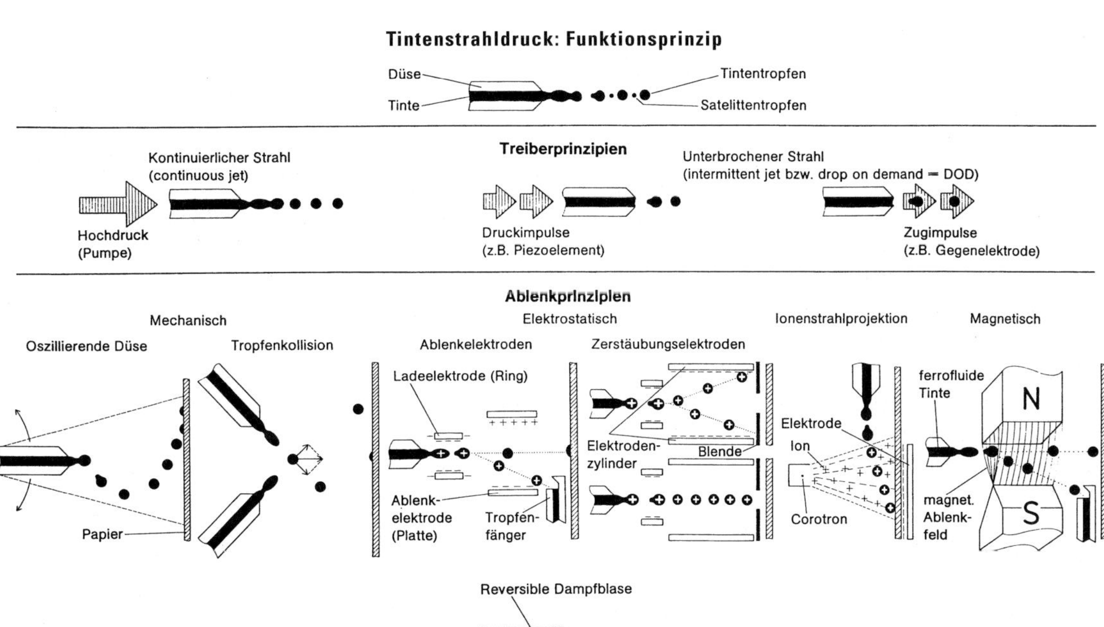

Thermografie: Funktionsprinzip

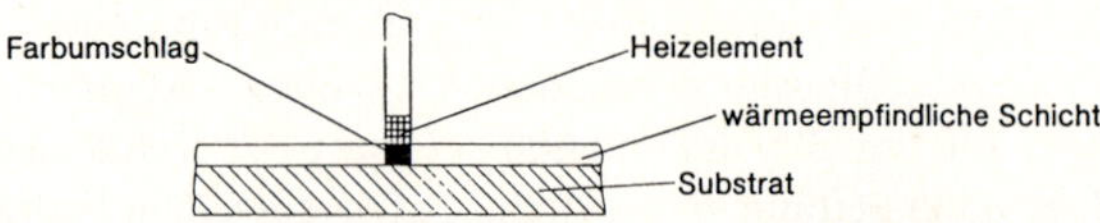

Verfahrensvarianten

Direkte Thermographie (auf beschichtetes Papier)

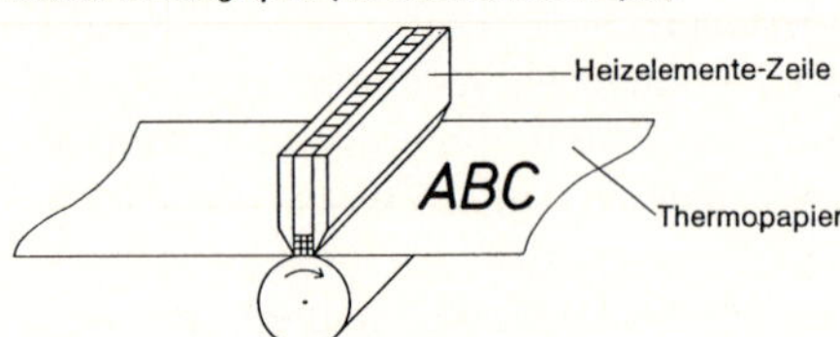

Transferthermographie (auf unbeschichtetes Papier)

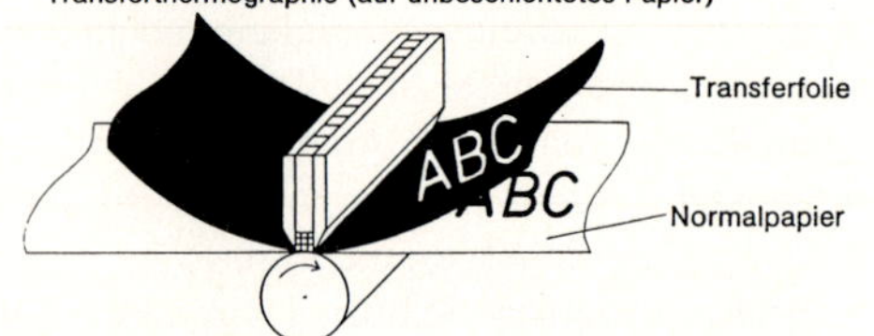

Tröpfchen austreten lässt. Man unterscheidet dabei zwei verschiedene Verfahren:

- Bubble-Jet
  Digitale Informationen aus einem Steuerrechner bewirken die Informationsübertragung. Dazu wird eine in der Düse erzeugte Dampfblase über ein Heizelement erwärmt. Die damit verbundene Volumenänderung bewirkt das Austreten eines Tröpfchens aus der Düse und ein Übertragen auf den Bedruckstoff.
- Solid-Inkjet
  Farbgebende Substanz sind bei diesem Verfahren nicht flüssige Stoffe, sondern Farbstifte in einer Wachsform. Diese werden durch Schmelzen flüssig und dann auf den Bedruckstoff geschossen. Auf dem Bedruckstoff nimmt die Farbe sofort wieder ihren ursprünglich festen Zustand ein.

Thermografie, Thermodruck

Bei diesem Verfahren sind drei Varianten zu unterscheiden: direkte Thermografie, indirekte Thermografie und die Thermosublimation.

Die *direkte Thermografie* ist verfahrenstechnisch kein Druckverfahren, sondern eine Kopie, da keine farbgebende Substanz im Prozess übertragen wird. Für das Verfahren werden Informationen auf ein spezielles wärmeempfindliches Papier übertragen. Durch chemische Reaktion in dem thermoaktiven Papier verfärbt sich die Oberfläche. Der Bedruckstoff reagiert demnach auf die einwirkende Wärme und bildet aus sich heraus die Farbe.

Die *indirekte Thermografie* (auch Thermotransferdruck genannt) überträgt die Informationen als Farbe über einen wärmeempfindlichen Zwischenträger. Dazu werden Farbbänder oder Transferfolien eingesetzt. Die durch den Rechner gesteuerte Heizelemente des Thermodruckkopfes erzeugen eine bestimmte Temperatur von ca. 70 °C bis 90 °C, bei der die Farbe von dem Zwischenträger auf den Bedruckstoff übertragen wird.

Bei der *Thermosublimation* wird ebenfalls als Farbträger eine Transferfolie eingesetzt. Die Farbe wird aber nicht als ganze Schicht übertragen. Durch den Steuerrechner lassen sich Bildelemente aufheizen und partiell als Farbstoffe in molekularer Form auf den Bedruckstoff übertragen. Sie diffundieren (vgl. Diffusion als Vermischung aneinander grenzender Stoffe, durchdringen von Gasen u.ä.) in den Bedruckstoff durch ihre hohe Temperatur ein. Der Temperaturbereich liegt dabei zwischen 100 °C u. 400 °C.

Die Bezeichnung Sublimation bedeutet bei diesem Verfahren das Überspringen des flüssigen Zustandes: Der Farbstoff geht unmittelbar von einem festen in einen gasförmigen Zustand über.

Wichtige Voraussetzung für die Farbübertragung und -haftung ist ein Bedruckstoff mit einer speziellen Beschichtung.

Das Verfahren ermöglicht eine Informationsübertragung ohne Rasterung: Durch die Temperatur ist die zu übertragene Farbmenge variabel zu steuern. (Eine technische Anmerkung: Das Druckbild ist demnach auf dem Bedruckstoff analog vorhanden.)

Magnetografie

Das elektronische Bild wird auf einer Hartmetalltrommel magnetisch aufgezeichnet. Die magnetisierten Punkte bilden das latente Bild, das mit magnetischem Toner entwickelt wird. Nach dem Übertragen (Transfer) auf dem Bedruckstoff wird das Tonerbild mit verschiedenen Verfahren, z.B. Infrarot-Strahlung, fixiert.

Magnetografische und auch die ionografischen Verfahren haben derzeit für den kommerziellen Einsatz in Digitaldruckmaschinen keine Bedeutung.

10.6.3 Digitaldruck im Computer-to-Print-System

Digitaldruckmaschinen erreichen eine gute bis sehr gute Qualität im Druck. Trotzdem gelten sie nicht als Konkurrenz für konventionelle Druckverfahren, die in hoher Qualität große Auflagen produzieren. Sie sind aber eine sinnvolle wirtschaftliche Ergänzung und erweitern die Produktionsmöglichkeiten im Druck. Der Kunde gewinnt bei dieser Verfahrenstechnik eine völlig neue Bedeutung aus der Sicht des Marketings und der Produktion im erweiterten Leistungsspektrum der Druckerei am Markt:

- Der Kunde ist Datenlieferant für die Produktion, somit ist er in alle prozessbezogenen Überlegungen einzubeziehen.
- Dem Kunde müssen die Möglichkeiten dieser Technologie und der eigene Nutzen bei einer intensiven Zusammenarbeit mit der Druckerei deutlich gemacht werden.

Systemübersicht: Digitaldruck

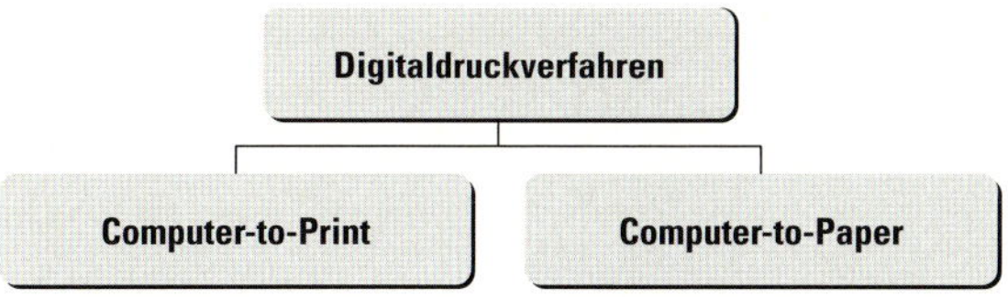

Digitaldruckverfahren	
Computer-to-Print	**Computer-to-Paper**
Systemtechnik – Elektrofotografie (u. a.)	Systemtechnik – Inkjet
Bebilderung – Informationsübertragung – keine feste Druckform – Druckform entsteht nur temporär für jeweils einen Druck – dynamische Bebilderung „Print-per-Print"	Bebilderung – Informationsübertragung – keine Druckform – Informationsübertragung direkt auf den Bedruckstoff

- Die Druckerei wird zu einem Dienstleister, der die Vorstellungen und Wünsche des Kunden optimal, termingerecht und wirtschaftlich in entsprechender Qualität umsetzt.
- Werbung wird immer zielgruppengerechter. Daher verlangt der Kunde individuelle Druckprodukte in einer bestimmten Auflage.

Grundsätzlich gelten diese Hinweise für den gesamten Wandel der Druckereiunternehmen in der heutigen Zeit.

Wer am Markt bestehen bleiben will, muss mit seinem Angebot auf die Kunden zugehen und der aktive Ansprechpartner und Dienstleister für den Kunden sein. Er muss eine vertiefte Einsicht in die Gesetzmäßigkeiten am Markt erwerben, Informationen über die Bedürfnisse und ungelösten Probleme seiner Kunden erfahren und gezielt ein individuell überzeugendes Leistungspaket anbieten.

Dass dabei die einmal vorhandenen Daten – richtig aufbereitet und gespeichert – auch für weitere multimediale Produkte genutzt werden können, kann zu einem weiteren Geschäftsfeld innovativer Unternehmen führen.

Verfahrenstechniken und typische Vorteile im Digitaldruck:

- Dynamisches Drucken
  Druckprozess, bei dem zu jedem Druck die Informationen der Druckseite(n) vom Rechner in das Drucksystem übertragen werden müssen.
- Personalisiertes Drucken
  Customized Printing. Die Möglichkeit, im Zusammenhang mit dem dynamischen Drucken bei jedem neuen Druck Texte und/oder Bilder auszutauschen bzw. zu variieren. Ziel: Individualisierung des Druckproduktes für eine zielgruppenspezifische Kundenansprache, z. B. Anreden, Anschriften, persönliche oder produktbezogene Bilder u. a., um den Kunden persönlich anzusprechen.
- Drucken nach Bedarf
  Printing-on-Demand, d. h. der aktuelle Datenbestand wird genau in derzeit benötigter Auflage gedruckt; für eine Nachauflage ggf. aktualisiert oder ergänzt.
- Dezentrales Drucken
  Distributed Printing. Drucken an dem Ort, an dem eine bestimmte Auflage benötigt wird.
- Druck farbiger Kleinauflagen
  Short run color market. Ergänzung konventioneller Druckverfahren, um Kleinst- oder Kleinauflagen wirtschaftlich und schnell zu drucken.
- Drucken zur richtigen Zeit
  Just-in-Time. Kleinauflagen werden zur richtigen Zeit in der benötigten Menge aktuell produziert.
- Qualität
  Qualität ist relativ und subjektiv, in jedem Fall aber produktbezogen zu beurteilen. Qualität aus der Sicht des Kunden ist erreicht, wenn seine Wünsche und Anforderungen aktuell, in der geforderten Art und Weise wirtschaftlich umgesetzt worden sind.

Einsatzbereiche für den Digitaldruck

Aufgrund der kurzen Produktionszeit und der kostengünstigen Herstellung farbiger Druckprodukte bietet der Digitaldruck eine Vielzahl von Einsatzmöglichkeiten.

Typisch für geeignete Produkte sind
- geringe Auflagen,
- Individualisierung,
- schnelle Verfügbarkeit und
- Farbigkeit.

Daraus ergeben sich u.v.a. folgende Produktgruppen:
- Individuell auf eine Zielgruppe bezogene Druckprodukte mit wechselnden Eindrucken:
  Mailings, Reiseprospekte, Kataloge, Visitenkarten, Handreichungen, Verkaufsangebote
- Geschäftsdrucksachen
  Geschäftsberichte, Hausinformationen, Handzettel, Preislisten, Rundschreiben, Formulare, Briefbogen, Rechnungen, interne Verkaufsunterlagen, Datenblätter, Präsentationen, Tagungsunterlagen, Schulungsmaterial, Präsentationen auf Overhead-Folien
- Produktinformationen
  Betriebsanleitungen, Sicherheitsdatenblätter sowie unterschiedliche Produkte in verschiedenen Sprachen oder mit variablem Inhalt
- Kalender
- Bücher, Broschüren, Dokumentationen
  Books-on-Demand, Nachdrucke von Büchern in kleinen Auflagen, Handbücher, technische Dokumentationen auch in verschiedenen Sprachen oder mit länderspezifische Informationen
- Akzidenzdrucksachen
  Prospekte, Poster, Werbung für Ausstellungen und Messen in verschiedenen Sprachen, Einladungen, Speisekarten, Messepläne und -kataloge
- Etiketten, Aufkleber
- Verpackungen
- Plastikkarten
  Kreditkarten, Telefonkarten, Versicherungskarten
- Coupons, Lotteriescheine
- Prüfdrucke, Proofs

Für den Einsatz und die Produktion bieten sich unterschiedlichste Modelle an, dazu einige Beispiele:

- Druck aktueller Kleinauflagen
  - Auflage 1
  - Aktualisierung
  - Auflage 2
  - Aktualisierung (usw.)
- Vorabauflagen für verschiedenste Druckprodukte
  - Vorabauflage im Digitaldruck,
  - Druck der Hauptauflage im Offsetdruck,
  - Sonderauflagen und Nachdrucke im Digitaldruck.
- Hauptauflage: Druck im Offsetdruck
  - Digitaldruck für Aktualisierungen, Änderungen, Ergänzungen

Die Möglichkeiten sind damit nur angedeutet, sie lassen sich kunden- und projektbezogen individuell variieren oder erweitern.

Die Digitaldrucksysteme arbeiten mit Auflösungen von ca. 320/cm (800 dpi), teilweise anzusteuern mit variablen Punktdichten. Sie erzielen damit eine gute, am Markt akzeptierte Qualität.

An seine Grenzen stößt der Digitaldruck erst durch die Wirtschaftlichkeit: Von einer Auflage 1 bis zu maximal 2000 Exemplare sind alle Produkte kostengünstig zu produzieren.

Für alle größere Auflagen eignen sich Computer-to-Press-Systeme (Direct Imaging) oder Computer-to-Plate- bzw. Computer-to-Cylinder-Systeme für konventionelle Druckverfahren wie den Offsetdruck, Flexodruck oder Rakeltiefdruck.

Arbeitsschritte Auftragstyp „farbige Kleinauflage"

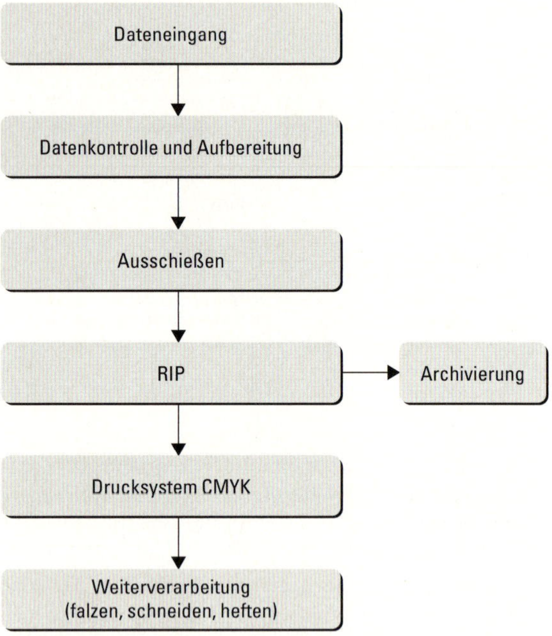

Grafik: Fogra

Arbeitsprozesse

Der Kunde geht grundsätzlich davon aus, dass die von ihm gelieferten Daten prozessgerecht und ohne weitere Arbeiten einzusetzen sind. Dies ist allerdings selten der Fall. Demnach ist nach dem Empfang der Daten eine gründliche Eingangskontrolle durchzuführen. Dazu eignet sich eine spezielle Software, sogenannte Preflight-Tools, die eine automatische Vorkontrolle durchführen. Die Prüfung sollte mit einem Prüfbericht abschließen, in dem neben der Auflistung eventueller Mängel auch Möglichkeiten zur Abhilfe empfohlen werden.

Zu prüfen sind in der Eingangskontrolle u. a.:

- allgemeine Dateiprobleme
  unterschiedliche Programmversionen und -module wie Xtensions und PlugIns, Probleme beim Öffnen der Datei
- Textfehler, Textprogrammfehler
  Rechtschreibung (welche Regeln?), Stil- bzw. Formate für die Schrift nicht richtig definiert, falsches Silbentrennprogramm
- Schriften
  fehlende Schriften, nur Bildschirmschrift vorhanden, True Type-Schrift, zu feine Negativschriften
- Linien
  ungeeignete Haarlinien, mehrfach angelegte Linien
- Bilder
  RGB-Bilder, Bilder fehlen, zu hohe oder niedrige Auflösung, fehlerhafte Speicherung, ungeeignetes Datenformat, fehlerhafte Kompression
- Farben
  Sonderfarben nicht definiert oder als Prozessfarben separiert, Überfüllungen bei angrenzenden Farben (in der Reproduktionstechnik Trapping genannt)
- Ausschießen
  Beschnitt- und Falzlinien, Seitenangaben.

Kommunikation mit dem Kunden: „Damit wir uns besser verstehen."

Je besser die Kommunikation mit dem Kunden bereits im Vorfeld eines Auftrages ist, desto weniger Probleme (Ärger, Zeit, Kosten...) entstehen. Es ist zu prüfen, ob neben einem guten persönlichen Kontakt eine Checkliste zur Vorbereitung der Datenanlieferung und zur exakten Auftragsbeschreibung nicht hilfreich ist. Dringend erforderlich ist die Checkliste bei elektronischer Kommunikation, z.B. Datenanlieferung und Auftragserteilung per Internet.

Abwicklung des Auftrags

In der Datenaufbereitung sind alle Fehler – ggf. nach Rücksprache mit dem Kunden – zu beseitigen. Es ist zu prüfen, welche Arbeitsschritte noch zu leisten sind, um den „Job" (Arbeitsauftrag) zum RIP-Prozess und anschließend ans Drucksystem weiterleiten zu können.

Gerade für den Druck von Kleinauflagen müssen alle Arbeitsfolgen – angefangen von dem Empfang der Kunden über die Produktion bis zur Rechnungsstellung – möglichst „automatisiert" sein und keinen umfangreichen individuellen Aufwand erfordern.

Je präziser und besser organisiert Arbeitsvorbereitung und Arbeitsablauf (Workflow) sind, desto weniger zeitaufwendig und wirtschaftlicher durchläuft der Auftrag die Produktion.

Arbeitsschritte Auftragstyp „Books-on-Demand"

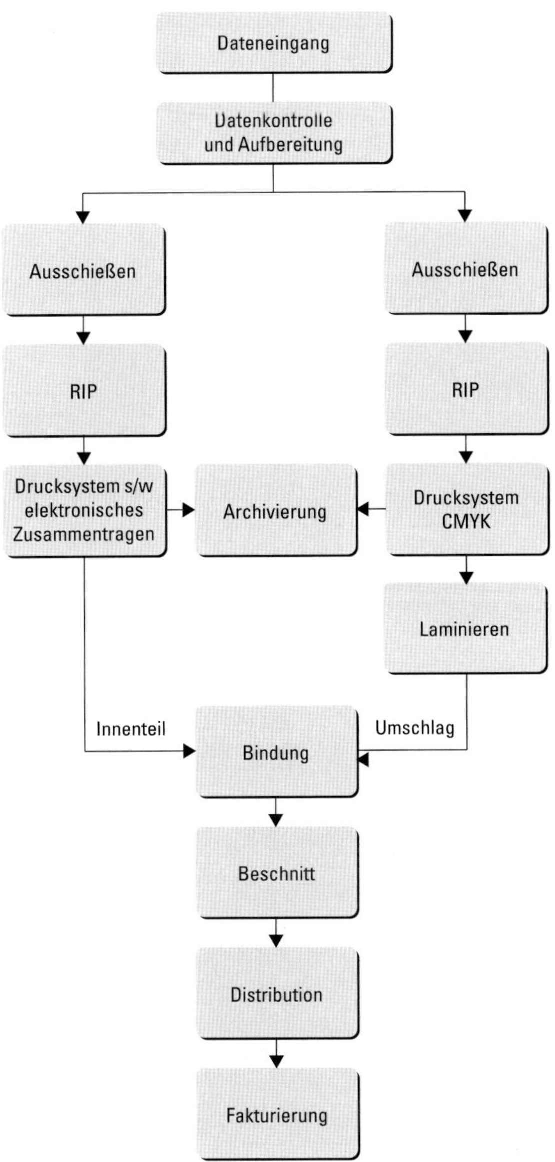

Arbeitsschritte Auftragstyp „Personalisierung"

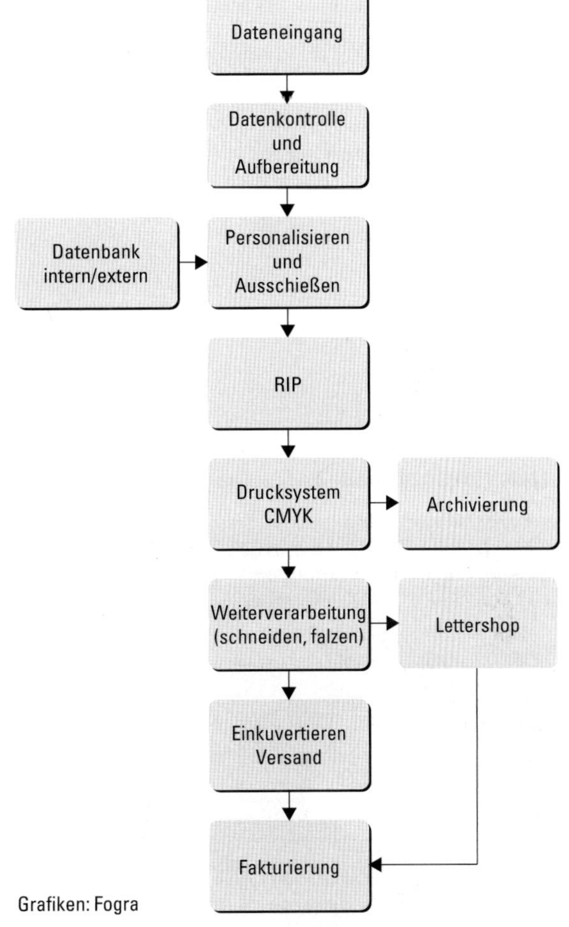

Grafiken: Fogra

Jobticket

Der Einsatz eines Jobtickets, der digitalen Auftragstasche, ist für den gesamten Arbeitsablauf bedeutend. Dabei werden alle Informationen zur Steuerung und zum Inhalt des Auftrages in sogenannten Containern gesammelt. Gesammelt werden auftragsbezogen technische, organisatorische und betriebswirtschaftliche Informationen in diesen Containern:

- Job Definition
  alle geplanten Produktionsschritte von der Druckvorstufe über den Druck bis zur Weiterverarbeitung und Auslieferung
- Job Tracking
  Zustand des Jobs, auszuführende Arbeitsschritte
- Post-Produktions-Analyse
  Sammlung von fertigungstechnischen Daten, die für die zukünftige Planung und Kostenrechnung (Kalkulation) verwendet werden können
- Copyright
  Daten für den Urheberschutz und sonstige Rechte.

Digitales Produktionssystem

Die digitale Produktion erfordert ein System aus verschiedenen Komponenten:

- Druckvorstufe
  Rechnergesteuerte Arbeitsplätze (Mac, PC) mit aktueller Software für
  - Dateneingangskontrolle
  - Datenkonvertierung
  - Textbearbeitung
  - Bildbearbeitung
  - Layouterstellung
  - ausschießen
- Datentechnik
  - Datenspeicherung, Datenarchivierung
  - Anbindung an ein Produktionsnetzwerk
  - Anbindung an externe Datenübertragungskanäle wie ISDN, Internet
- Steuerrechner (das sogenannte Frontend), spezifischer Rechner für das Drucksystem eines bestimmten Systems mit Software für
  - rippen der Daten
  - elektronisches Sortieren
  - personalisieren
  - OPI-Unterstützung
  - automatisches Überfüllen
  - Farbmanagement-Unterstützung
  - Jobmanagement.

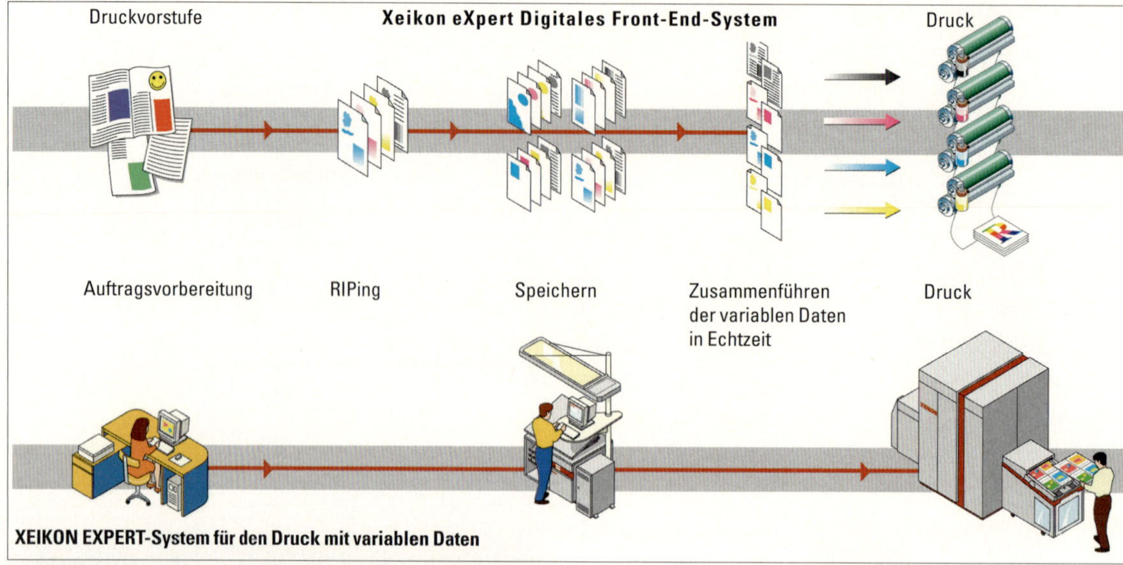

XEIKON EXPERT-System für den Druck mit variablen Daten

Xspect, das In-RIP-Farbreproduktionssystem

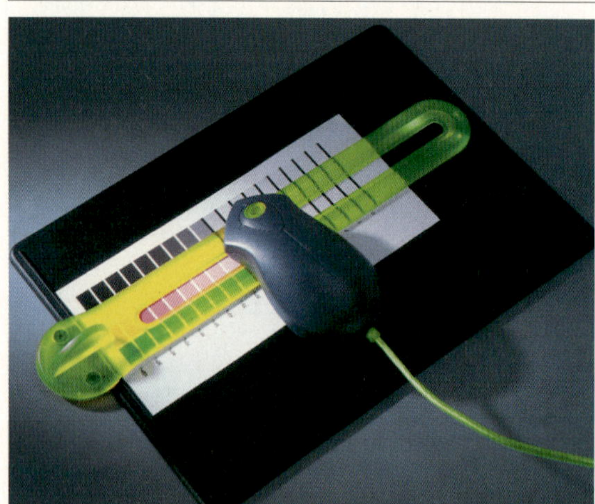

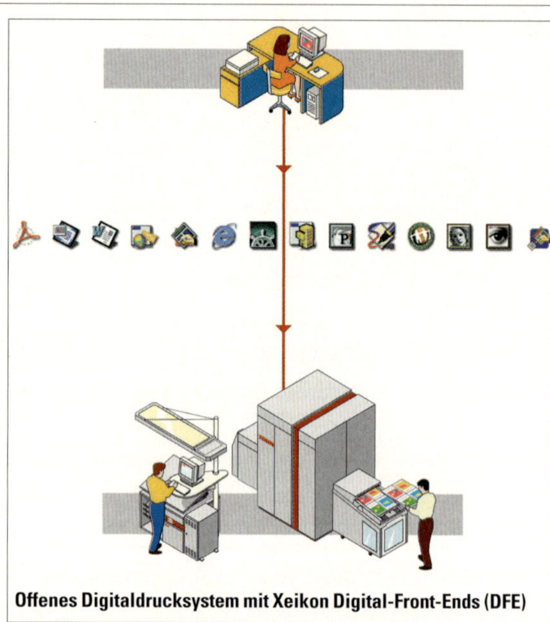

Offenes Digitaldrucksystem mit Xeikon Digital-Front-Ends (DFE)

- Digitales Drucksystem
  Geeignetes System, das dem Anforderungsprofil des Unternehmens entspricht.
- Weiterverarbeitung
  Komponenten für eine dem Anforderungsprofil entsprechende integrierte (inline-) oder externe (offline-) Verarbeitung der Druckprodukte zu einem Endprodukt.

Digitaldruckmaschinen

Die folgenden Informationen beschreiben die grundlegenden Druckprozesse in Digitaldruckmaschinen. Die jeweiligen Erläuterungen zu den Druckmaschinen geben nur exemplarisch das derzeitige Angebot am Markt wieder. Manche Hersteller liefern Druckmaschinen für Bogen- und für Rollendruck.

An die zu verwendenden Bedruckstoffe sind verfahrensspezifische Anforderungen zu stellen. Daher sollen nur die vom Hersteller zertifizierter Bedruckstoffe verwendet werden!

Zu beachten ist außerdem der nicht unerhebliche Einfluss des Raumklimas auf die Produktionsbedingungen. Daher ist das Klima möglichst konstant zu halten. Außerdem ist eine Papierkonditionierung nach dem Druck und Trocknen durch Wärme zu empfehlen, um Probleme bei der weiteren Verarbeitung zu vermeiden und einem (späteren) Papierverzug entgegenzuwirken.

Drucksysteme: Elektrofotografie mit Trockentoner

Digitaldrucksysteme von Xeikon, MAN Roland, Xerox, Océ, IBM, Nilpeter und auch anderen Druckmaschinenherstellern arbeiten mit diesem Verfahren. Die Druckmaschinen basieren teilweise auf der gleichen Grundtechnik und sind annähernd baugleich. Xeikon besitzt eine eigene Vertriebsorganisation und liefert an Original Equipment Manufacturers (OEM) wie MAN Roland, Xerox DocuColor 70 und 100 und IBM, die die gleiche Basistechnik verwenden.

Der Unterschied liegt bei den OEM-Versionen in speziellen Komponenten der Druckvorstufe, der digitalen Ansteuerung (Steuerrechner, das sogenannte Frontend), in der Software sowie in Modulen für die Inline-Weiterverarbeitung.

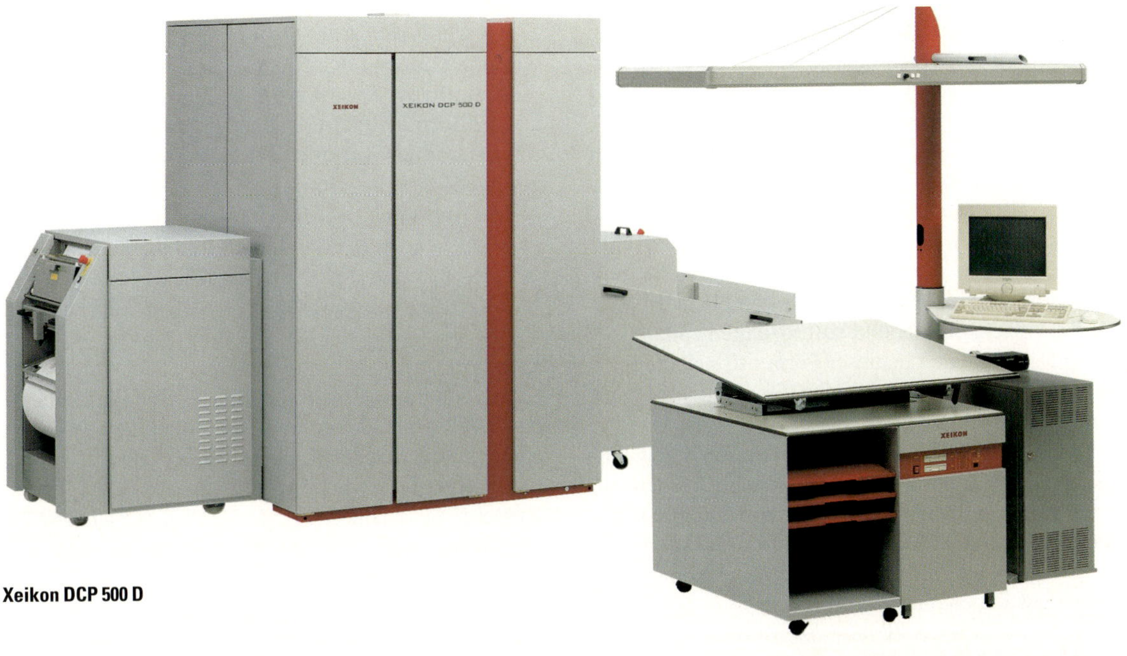

Xeikon DCP 500 D

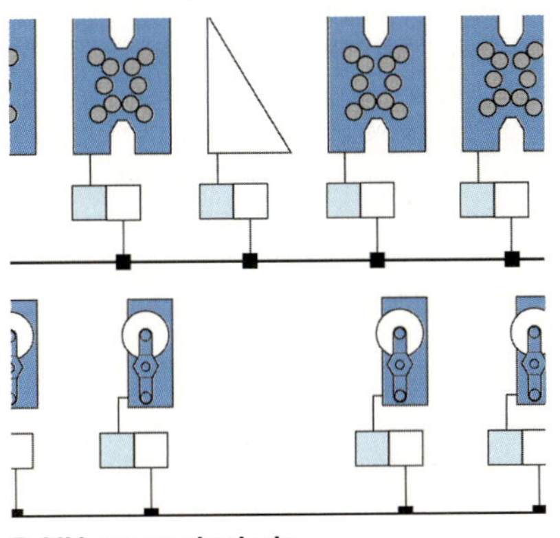

Bebilderungstechnologie

Xeikon DCP 500 D

Drucktechnik:	Trockentoner, Elektrofotografie mit LED-Matrix Prozessfarben: Yellow, Cyan, Magenta und Schwarz One-Pass-Duplex™-Druck, 4/4 (beidseitig vierfarbiger Druck)
Bedruckstoffe:	Rollenmaterial, Breite bis 500 mm Material: Papier, Kunststoffe, Etikettenmaterial Grammatur: 60 – 250 g/m^2
Druckleistung:	Rollengeschwindigkeit 12,5 cm/s 3.900 Drucke im Format DIN A4/h
Druckbild:	600 dpi mit variabler Punktdichte Druckbreite bis 475 mm
Ausgabe:	Ausgabelänge bis zu 11 m Bogenauslage bei Einsatz der Schneideeinrichtung

Mit einem speziellen Rasterverfahren und Farbproduktionssystem ist eine sehr gute Druckqualität zu erreichen. Die Xeikon DCP 500 D bietet eine Auflösung von 600 dpi, wobei jeder Punkt mehrere Abstufungen besitzt. Es werden Rasteralgorithmen von 85 lpi bis 170 lpi für verschiedene Rasterverfahren (AM- und FM-Raster) eingesetzt. (Details zur Bebilderungstechnologie vergleiche MAN-Roland DICOpress.)

Integriert ist das Digitale Front-End-System (DFE) mit einer Speicherkapazität von 13.000 druckfertigen Seiten. Mit dem DFE-System können Druckerzeugnisse für die unterschiedlichsten Produktionsanforderungen hergestellt werden – von Büchern oder Katalogen über Poster zu personalisierten Direktmailsendungen bzw. den Druck mit variablen Daten. Dateien können bereits gerippt werden, während gleichzeitig ein anderer Auftrag noch produziert wird.

MAN Roland DICOpress

Die allgemeinen technischen Daten entsprechen der Xeikon DCP 500 D. Die Steuerzentrale ist der DICO-stream-Workflow, der alle anfallenden Prozesse im Arbeitsfluss managt. Zu jedem Auftrag wird ein Jobticket erzeugt, das die Informationen über den Auftrag (z.B. Name, Kundendaten, Auftragsnummer) umfasst. Damit wird der Auftragsfluss gesteuert.

Die Druckdaten werden nach dem RIPpen in eine Intelli-Pac-Datei geschrieben, die komprimierte Bilder, Vorschaubilder und auftragsdaten enthält. Diese Daten können in dieser Form offline erzeugt werden, um sie direkt an der DICOpress zu übernehmen.

Der Bediener muss sich nicht mehr um datentechnische Details kümmern. Er stellt die Basisdaten auf einen vordefinierten Zustand ein und wählt die Parameter für den gerade eingesetzten Bedruckstoff aus. Die Software übernimmt die spezifische Anpassung an den jeweiligen Druckauftrag.

Während des Drucks zeigt der Monitor am Steuerstand dem Drucker den Produktionsstand ständig im Überblick. Ein neuer Auftrag kann bereits an der Bedienkonsole vorbereitet werden.

Bebilderungstechnik

Die mit einem organischen Fotoleiter beschichtete OPC-Trommel (OPC: Organic Photo Conductor) wird durch ein Scorotron (Koronastation) elektrisch aufgeladen. Ein aus 7.424 (Bahnbreite 320 mm) bzw. aus 11.520 Leuchtdioden (Bahnbreite 500 mm) bestehender LED-Schreibkopf bildet das Druckbild auf der lichtempfindlichen Beschichtung der OPC-Trommel ab und entfernt dort die elektrische Ladung. Es entsteht ein latentes Bild. Auf die entladenen Bereiche der Trommel wird nun der mikrofeine elektrisch geladene Trockentoner aufgetragen, das latente Bild wird entwickelt. Das getonerte Bild wird in einem weiteren Schritt auf den Bedruckstoff übertragen. Ein kurzer Kontakt mit einer beheizten Walze fixiert das Druckbild auf dem Bedruckstoff.

Anschließend werden die Ladungsunterschiede auf der Trommeloberfläche neutralisiert und überflüssiger Toner von einer Reinigungseinheit abgenommen.

Die Anordnung der Druckwerke, auch One-Pass-Duplex™ genannt, erlaubt unmittelbar nacheinander das gleichzeitige Bedrucken der Vorder- und Rückseite des Bedruckstoffes mit jeweils vier Farben (4/4).

Kooperationen

Eine Kooperation in anschaulichen Modellen: Bei der DRUPA präsentierten mehrere Unternehmen in einer Halle ein neues Konzept: *PrintCity*.

Unternehmen wie beispielsweise Adobe, Agfa, Apple, Krause-Biagosch, MAN Roland, Metsä Serla, Océ, Weitmann & Konrad, Wohlenberg und viele andere demonstrierten dabei in verschiedenen Projekten das „Digital Printing“, eine Dokumentation zur Produktion Just-in-Time. An einem Projekt beteiligten sich beispielsweise in einem gemeinsamen Workflow die Unternehmen

- Apple (Power Mac)
- Adobe (Bildbearbeitung, Layout),
- Agfa (Server, Farbseparation, Ausschießen),
- Océ (Proof, Digitaldruck, Verarbeitung),
- Metsä Serla (Papier) und
- Weitmann & Konrad (Papierkonditionierung).

Diese und weitere Kooperationen sowie eine enge Zusammenarbeit in technischen Bereichen werden in Zukunft das Knowhow im Produktionsprozess von der Text- und Bilddatenerfassung und -verarbeitung, über den Druck und das dazu erforderliche Material bis zum Endprodukt optimieren.

Océ Demandstream-Drucksysteme

Océ liefert eine Reihe von Digitaldruckmaschinen für einfarbigen Druck auf Bogen- und Rollenpapier. Die Systeme sind teilweise modular aufgebaut und

DICOpress: Digitaler Rollendruck mit vielseitigen Anwendungsmöglichkeiten

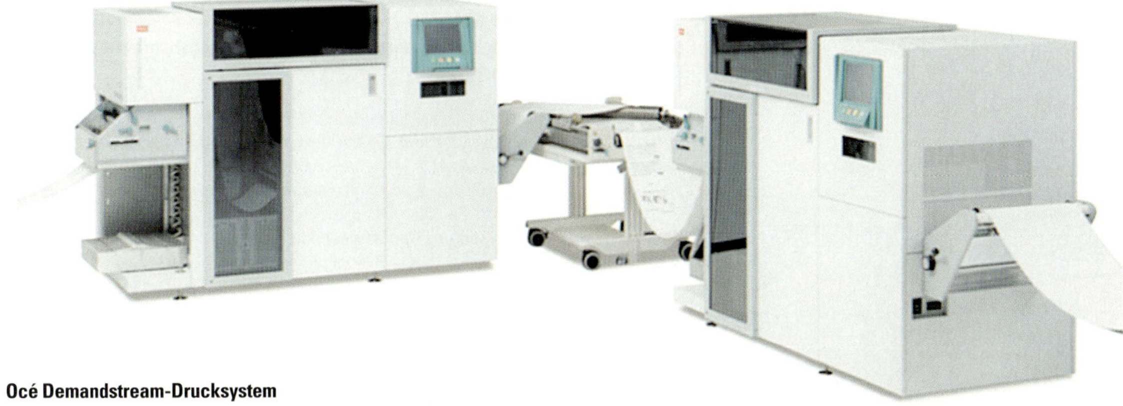

Océ Demandstream-Drucksystem

daher bei Bedarf zu erweitern. Der Hochleistungsserver steuert den gesamten Druckprozess von der Annahme der Druckdaten über die Konvertierung in ein druckbares Format bis zum Ausschießen der Seiten für den Druck. Er startet den Druckablauf und überwacht die vollständige Abarbeitung des Auftrags.

Der Leistungsbereich der Drucksysteme im beidseitig einfarbigen Druck (Duplexbetrieb) im Format DIN A4 beginnt bei 55 Druck/min. Der Hochleistungsdrucker 8090 web erreicht 700 Seiten/min und 10.500 Bogen DIN A3/h bzw. 21.000 Blatt DIN A4/h bei einer Auflösung im Druck von 600 dpi.

Als Inline-Weiterverarbeitungsmodule können beispielsweise Längs- und Querschneider, ein Stapler sowie Falzaggregate die Fertigung von Falzbogen und zusammengetragenen Buchblocks ermöglichen.

Heidelberg Digimaster 9110

Heidelberg bietet mit der Digimaster 9110 erstmals ein digitales Drucksystem für den Einfarbendruck an, das für komplexe Anforderungen – vom individuellen Einzeldruck auf unterschiedlichen Papiersorten bis zu höheren Auflagen mit ggf. verarbeiteten Broschüren (Booklets) als Endprodukt.

Das System wird als Prepress-, Press- und Postpress-System mit digitaler Steuerung des Papierlaufs und des Belichtungssystems angeboten. In einer bestimmten Konfiguration kann die Digimaster 9110 als Kopier oder als Drucker bzw. Kopierer und Drucker eingesetzt werden. Für das Kopieren ist optional eine Scannerstation (Scanner: Xerox 620) zu integrieren.

Die Digimaster 9110 verarbeitet Daten aus dem Netzwerk, gespeicherte Dokumente, gescannte Bildvorlagen und sogar Druck-Instruktionen (Jobtickets im PDF-Format). Jobticket-Einstellungen, die an Druckdateien angehängt sind, können noch in den Druckwarteschleifen verändert werden.

Über den hohen Automatisierungsgrad des Digimaster-Frontends Digistation sind viele Workflow-Prozesse eingebunden. Daher kommt das System ohne eine Datenkonvertierung aus. Die Digistation verarbeitet die Standarddatenformate Adobe-PostScript, Adobe PDF, TIFF und PCL 6.

Der Dokumenten-Pufferspeicher kann bis zu 10.000 Seiten temporär speichern, er auf eine Kapazität von 20.000 Seiten zu erweitern.

Das Schreibsystem arbeitet mit einer Auflösung von 600 dpi x 600 dpi, es unterstützt die sogenannte

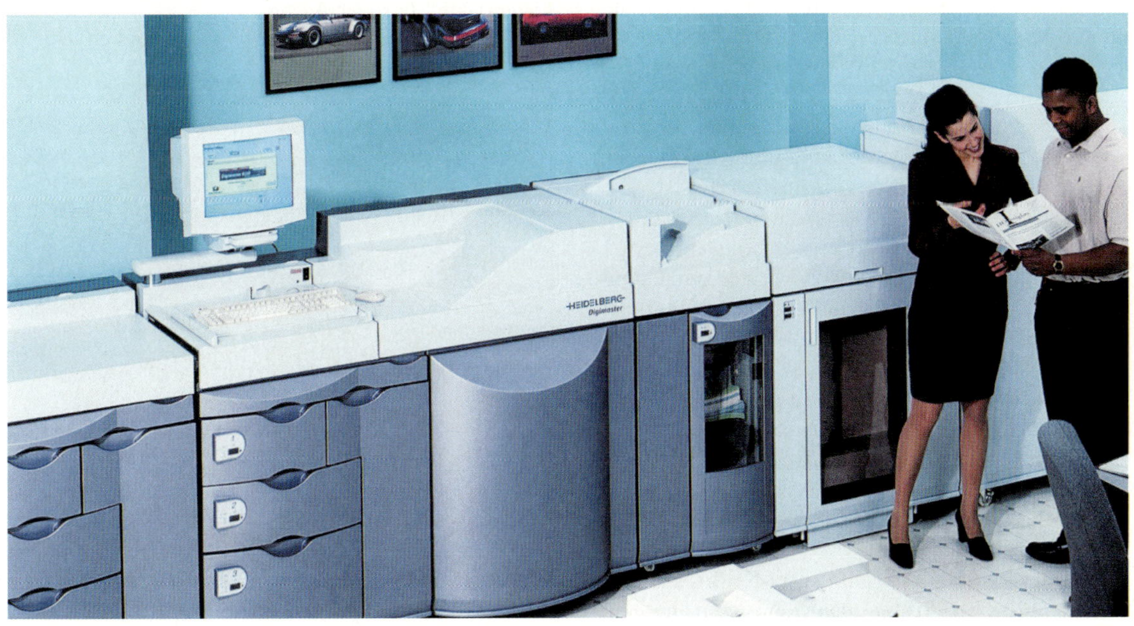

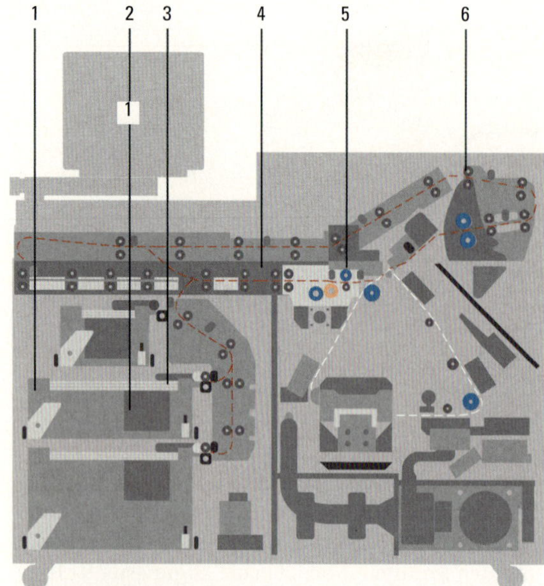

Heidelberg Digimaster 9110

1 Die Papiermagazine ermöglichen ein uneingeschränktes Beladen der Papierzufuhr

2 Die Fähigkeiten zum Dauerbetrieb gestatten das Nachladen von Papiermagazinen, die gerade nicht verwendet werden

3 Durch die bei allen Magazinen verwendete Vakuum-Einzugstechnik wird die Zuverlässigkeit des Handlings von kurzfaserigem und langfaserigem Papier wesentlich verbessert

4 Ein kurzer, gerader Papierweg bietet einfache Zugangsmöglichkeiten über die gesamte Papierzufuhr, vom Fixierer bis zu den Endbearbeitungsgeräten

5 Das aktive Registersystem sorgt für eine präzise Positionierung von Bildern – Vorderkante an Hinterkante, sowohl in Längs- als auch in Querrichtung

6 Der „Rennbahn"-Duplexdruck sorgt dafür, dass zweiseitig belichtete Dokumente sauber transportiert werden

Grey Resolution Enhancement Technology (GRET), ein datentechnische Erweiterung für glattere Ränder und eine feinere Detailwiedergabe.

Die Druckleistung beträgt 110 Seiten/Minute im Format DIN A4 bzw. 55 Seiten/Minute im Format DIN A3. Im Auslagesystem ist ein Hefter als Weiterverarbeitung (Finisher). Optional ist eine Inline-Weiterverarbeitung mit Rückstichhefter, Faltung (nicht Falzung!) und Frontbeschnitt für Broschüren im Format DIN A3 oder A4, Kapazität 22 Blatt bei einem Papier mit 80 g/m². Weitere Endbearbeitung erfolgen offline.

Eine Neuerung ab Frühjahr 2001: Heidelberg stattet die Schwarzweiß-Druckmaschine Digimaster 9110 mit einer Software aus, die in der Lage ist, praktisch alle in Rechenzentren von Industrie, Verwaltungen, Banken und Versicherungen gängigen Dateiformate zu erkennen und zu verarbeiten. Damit dringt Heidelberg in einen Markt vor, den bisher fast ausschließlich Xerox bedienen konnte.

Heidelberg Kodak NexPress 2100

Die NexPress 2100 ist eine Gemeinschaftsproduktion der Unternehmen Heidelberg und Kodak. Sie wurde zur DRUPA 2000 der Öffentlichkeit als Prototyp vorgestellt. Ab etwa Mitte des Jahres 2001 ist die NexPress auf dem Markt.

Die NexStation, das Frontend der NexPress bietet eine komplette Workflow-Lösung, basierend auf der offenen Adobe™-ExtremeTechnologie. Eingesetzt werden im System Standards wie Adobe PDF und Adobe PostScript®. Import-Formate sind PDF und PostScript, internes Datenformat ist PDF.

Vorgeschlagen wird ein firmenübergreifend ein einheitliches Datenformat für den Druck mit variablen Daten. Die gäbe die Möglichkeit zu einem problemlosen Datenaustausch zwischen einzelnen Betriebssystemen und Plattformen. Das vorgesehene Dateiformat Reliable Digital Master (RDM) basiert auf dem PDF von Adobe.

Die NexPress ist eine Vierfarben-Bogendruckmaschine mit einer Wendeeinrichtung für den beidseitig vierfarbigen Druck (Schön- und Widerdruck). Sie arbeitet nach dem elektrofotografischen System mit Trockentoner.

Die Bildinformationen werden indirekt vom Imaging-Zylinder (Fotoleitertrommel) über einen Gummituchzylinder auf den Bedruckstoff übertragen. Daher ist der Druck auf verschiedenste Papiersorten und -grammaturen sowie auch Folien möglich. Der

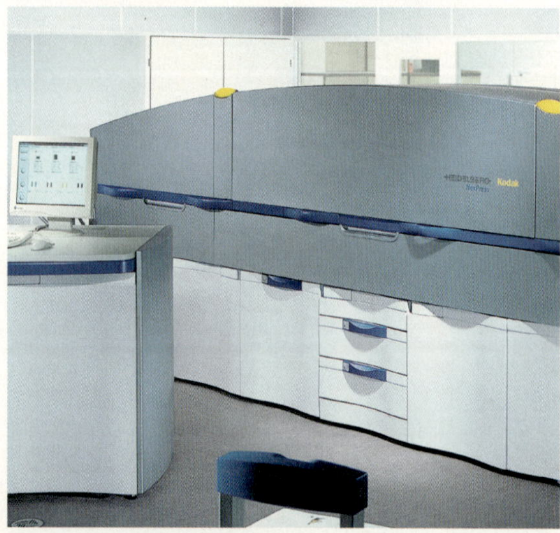

Heidelberg Kodak NexPress 2100

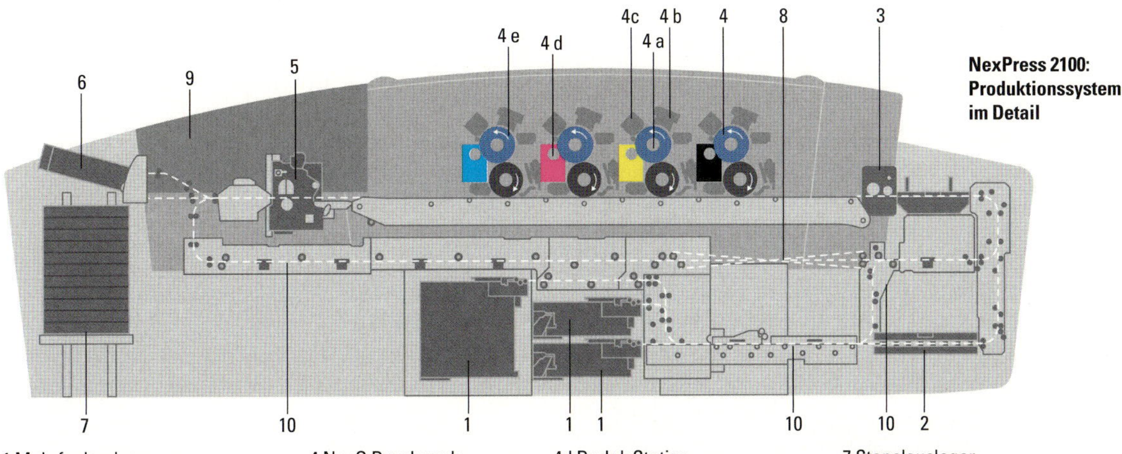

NexPress 2100: Produktionssystem im Detail

1 Mehrfachanleger
2 NexQ Papierkonditionierer
3 NexQ ASP Bogenpositionierer
4 NexQ Druckwerk
4a Imaging-Zylinder
4b Primary Charger
4c Bebilderungskopf
4d DryInk Station
4e Gummituch-Zylinder
5 NexQ Fixiereinheit
6 Proofausleger
7 Stapelausleger
8 NexQ SEP Wendeeinrichtung
9 NexQ ECS Klimaeinheit
10 Papierpfad

Druck ist auf einem Papierformat bis zu 340 mm x 460 mm bei Grammaturen von 80 g/m^2 bis 300 g/m^2 möglich.

Eine integrierte NexQ (Qualitätssteuerung) sorgt u.a. für die Papierkonditionierung, Bogenpositionierung (Stand, Register), Farbsteuerung und Steuerung der Wendeeinrichtung. Integriert ist zudem eine Klimaeinheit.

Xerox Digitaldruck

Xerox bietet seit vielen Jahren für verschiedenste Aufgabenstellungen eine umfassende Palette spezifischer Digitaldruckmaschinen für den Schwarzweiß-Druck an. Das Angebot reicht heute von einfachen Systemen im Schwarzweiß-Bereich mit geringeren Leistungen bis zu digitalen Farbdrucksystemen mit hohen Leistungen im Bogen- und Rollendruck sowie speziellen Lösungen, z.B. für die Produktion von Broschüren und Büchern.

Aus dem umfassenden Programm soll exemplarisch die *Xerox Docucolor 2000*-Serie für den beidseitigen Farbdruck vorgestellt werden.

Xerox Digitaldrucksystem Docucolor 2000

Xerox Docucolor 2000

Digitale Druckmaschinen dieser Generation sind modular aufgebaut. Sie verarbeiten Druckbogen mit einer Leistung bis zu 60 Druck/min im Format DIN A4. Die Druckmaschinen können unterschiedliche Formate, Grammaturen und Bedruckstoffe verarbeiten. Das Papierformat reicht von 182 mm x 257 mm bis zu 320 mm x 488 mm. Die max. zu bedruckende Fläche liegt bei 315 mm x 480 mm, sie bietet daher bei DIN-Formaten noch ausreichend Platz bei Falz- und Schneidemarken sowie den Anschnitt bei angeschnittenen Flächen oder Bildern.

Zu bedrucken sind alle Grammaturen von 64 bis 280 g/m^2. Bei Bedruckstoffen bis zu 220 g/m^2 ist ein automatischer Schön- und Widerdruck möglich. Nach dem Druck und dem Fixieren der ersten Seite wird der Bogen gewendet und auf der zweiten Seite bedruckt.

Die vier Druckwerke besitzen eine physikalische Auflösung von 600 x 600 dpi. Die Bebilderung der Fotoleitertrommel erfolgt in jedem Druckwerk durch zwei Laserdioden, die jeden Druckpunkt mit 256 Graustufen ansteuern.

Neben der herkömmlichen flächenvariablen Rasterung ist jeder einzelne Rasterpunkt in seiner Dichte nochmals zu variieren. Durch die Kombination der Auflösung mit 600 dpi und der variablen Dichte sind fehlende Auflösungsstufen – im Vergleich zum Offsetdruck betrachtet – auszugleichen.

Eine besondere Funktion erlaubt die individuelle Ansteuerung von Grafik oder Text (LW) und Bildelementen (CT), sie werden jeweils mit optimierten Rastermodifikationen ausgegeben.

Intermediate-Belt-Transfer (IBT)-System

Die meisten Drucker übertragen Toner direkt auf den Bedruckstoff. Dagegen ist die Bildinformationsübertragung bei diesem System etwas Besonderes: Das System arbeitet mit einem Druckzwischenträger.

Die vier xerografischen Druckwerken in einer Reihenbauweise. Diese legen erst alle Tonerschichten übereinander auf ein speziell beschichtetes Polyamidband („digitales Drucktuch") ab, bevor dann das komplette Druckbild aller vier Farben auf den Bedruckstoff übertragen wird. Die Übertragung erfolgt durch Druck und eine angelegte Gegenspannung.

Der Vorteil dieser Technologie liegt darin, dass bei der Tonerübertragung immer die gleichen Prozessbedingungen bestehen und so ein konstanter Druckprozess eingehalten werden kann. Ein anderer Vorteil ist der Einsatz einer größeren Zahl unterschiedlicher Bedruckstoffe.

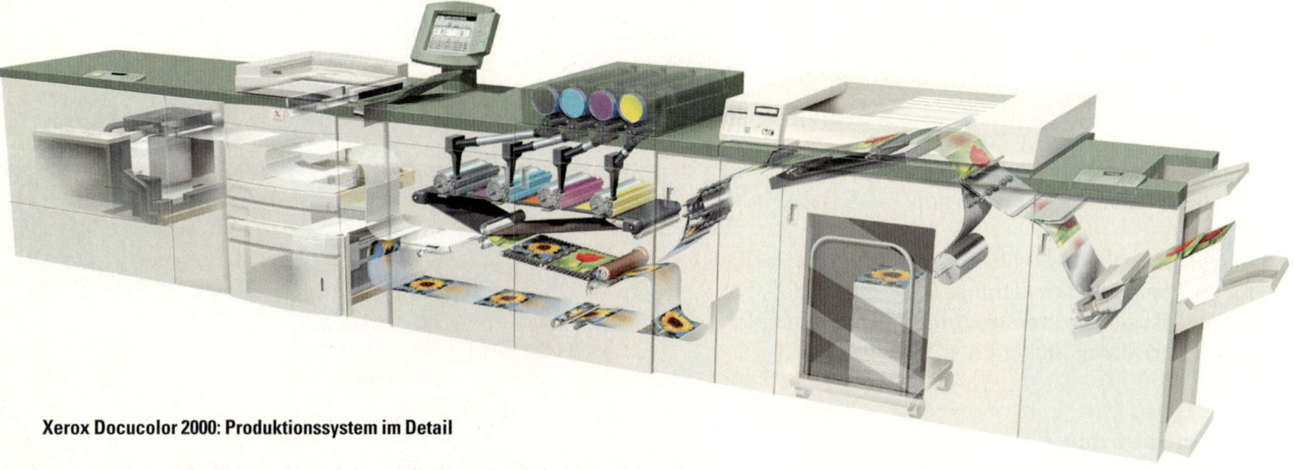

Xerox Docucolor 2000: Produktionssystem im Detail

Toner Reproduction Auto Correction System (TRACS)

Eingesetzt wird ein geschlossenes Farbdichtekontrollsystem, das für eine gleichmäßige Farbgebung sorgt. Zwischen den einzelnen Druckbildern werden zur Druckprozesskontrolle CMYK-Kontrollfelder eingesetzt, die ständig während des Druckvorgangs von vier Inline-Densitometern überwacht werden. Dieser Regelkreis hält die Farbdichte bzw. Farbgebung automatisch ohne Bedienereingriff über den Druck der Auflage hinweg konstant. Dabei wird der Passer der einzelnen Farben durch optische Sensoren kontrolliert und korrigiert. Weitere Sensoren überwachen den Passer auf dem Druckzwischenträger.

Intelligent Toner Reproduction Auto Correction System (I-TRACS)

Ein System zur Kalibration, d.h. die Druckmaschinen wird per Knopfdruck auf verschiedene Bedruckstoffe kalibriert. Diese Kalibierung erfolgt nach der Fixierung des Toners durch vier weitere Densitometer. Diese werten dazu eine Testform auf dem verwendeten Bedruckstoff aus.

Trickle Charge Development

Xerox verwendet für dieses System einen Zweikomponenten-Toner. Er besteht aus einem Entwicklergemisch, in dem Toner- und Carrierteilchen die beiden Komponenten bilden. Die Aufgabe des Carriers, des Trägers, ist es, die Tonerteilchen entgegengesetzt aufzuladen und sie an die geladene Fototrommel heranzuführen. Kommt der Toner mit dem Carrier in Kontakt, wird er durch Reibung triboelektrisch aufgeladen (Bezeichnung für eine elektrostatische Aufladung durch Reibung). Durch diese Aufladung haftet der Toner, dessen Teilchen wesentlich kleiner sind, an dem Trägermaterial und kann dadurch gut transportiert werden. Dem Entwicklergemisch wird während der Produktion ständig neuer Carrier zugeführt, um die Lebensdauer des Entwicklers zu verlängern.

Fixierung

Da bei hohen Druckleistungen immer weniger Zeit für eine Wärmefixierung hat, setzt Xerox anstelle üblicher Zwei-Walzen-Systeme ein Walzen-Band-System zur Fixierung ein. Das Band drückt den Bedruckstoff mit einem hohen Umschlingungswinkel an die aufgeheizte Fixierwalze. Die längere Verweildauer und damit größere Berührungsfläche ermöglicht eine ausreichende Zeit für eine optimale Fixierung bei niedrigeren Temperaturen.

Die Druckmaschinensteuerung arbeitet mit allen gängigen Vorstufensystem zusammen. Colormanagement über ICC-Profile, eine Ausschießsoftware, Software für den Druck mit variablen Daten usw. gehören zum Standard-Lieferumfang.

Für die Zukunft plant Xerox eine noch stärkere Orientierung auf den Farbdruck und personalisierte Anwendungen. Schon jetzt wirbt das Unternehmen im Marketing mit der These:
„Die DocuColor-2000-Serie ist die erste Familie digitaler Farbdrucksysteme, bei der kein Bedienungspersonal erforderlich ist. Die Anwender senden ihre Druckaufträge elektronisch an das Farbdrucksystem und holen die Ausdrucke einfach, sobald der Druckvorgang abgeschlossen ist."

Es bleibt die Frage, ob dies bereits die Wirklichkeit ist oder einmal zur Wirklichkeit werden wird!

Derzeit ist aber auch an diesen Systemen nur ein guter Drucker in der Lage, das Leistungspotentional der Digitaldruckmaschinen für ein qualitativ hochwertiges Druckprodukt auszuschöpfen.

Drucksysteme:
Elektrofotografie mit Flüssigtoner
• Indigo Digital Offset Colour Printing

Das von Indigo entwickelte System „Digital Offset Colour Printing“ ist die Kombination eines digitalen elektrofotografischen Bebilderungssystems mit einem indirekten Druck (nach Indigo: digitaler Offsetdruck).

Eingesetzt werden jedoch flüssige Druckfarben als Toner mit der Bezeichnung ElektroInk.

Produktspezifikationen und das Grundprinzip der Verfahrenstechnik am Beispiel der „e-Print Pro+“:

Positionierung:	Einstiegssystem
Drucktechnik:	Elektrofotografie und indirekter Druck bei der Bildübertragung, Bogendruck
Druckfarbe:	Flüssiger Toner: ElektroInk mit Prozessfarben
Papierformat:	320 mm x 464 mm
Druckformat:	308 mm x 437 mm
Druckleistung:	8.000 Blatt DIN A4, einfarbig 2.000 Blatt DIN A4, vierfarbig einseitig, bei jeweils 2 Nutzen
Ansteuerung:	Adobe PostScript, PDF RIP: Adobe PostScript 3 Datentransferrate 200 Mbit/s
Auflösung:	800 dpi
Bedruckstoffe:	Bedruckstoffe aller Art von ungestrichenen und gestrichenen Papieren bis zu Kunststoff-Folien, Haft- und Klebeetiketten u.a. (Eine Zertifizierung durch Indigo sollte beachtet werden.)
Optionen:	Elektronisches Sortieren und Zusammentragen, automatischer Duplexdruck (Schön- und Widerdruck), monochrome Personalisierung.

Bebilderung und Druck

Das Druckwerk *der Digitaldruckmaschine* besteht aus

- dem Bebilderungssystem: LaserImager
- der OPC-Fotoleiter-Trommel
  - Fotoleiter: OPC = Organic Photo Conductor
  - Trommeloberfläche: PIP = Photo Imaging Plate
- dem Gummituchzylinder: Blanket

und

- dem Druckzylinder.

Für den Druck wird die Fotoleiter-Trommel (PIP) von einer Korona-Einheit elektrostatisch aufgeladen. Durch die Laser-Bebilderung mit dem Schreibkopf fließt die Ladung an Nichtbildstellen ab. Es entsteht ein latentes Bild.

Sogenannte Injektoren spritzen die jeweils benötigte flüssige, gegenpolig aufgeladene Farbe zwischen die Fotoleiter-Trommel und die Entwickler-Trommel. Bildbereiche die drucken sollen, ziehen die Farbe an, Nichtbildstellen nehmen keine Farbe an, es entsteht ein sichtbares Bild. Überschüssige Farbe wird von der Entwicklertrommel abgerakelt und in den jeweiligen Vorratsbehälter zurückgeführt.

Die Fotoleiter-Trommel überträgt das Bild auf den Gummituchzylinder (Blanket). Der auf ca. 130 °C beheizte Zylinder ist zieht durch seine positive Ladung das immer noch negativ geladene Druckbild an. Dabei ist die Oberfläche der Trommel so heiß, dass der flüssige ElektroInk (Toner und Bindemittel) einen dünnen, schmelzflüssigen Film bilden. Dieser dünne Farbfilm wird rückstandslos auf den Bedruckstoff durch Druck übertragen und verfestigt sich dort unmittelbar. Das Gummituch ist nach dem Druck völlig farbfrei und kann sofort mit einer neuen Farbschicht bedruckt werden. Dadurch ist ein mehrfarbiger Druck unmittelbar nacheinander möglich.

Für einen vierfarbigen Druck wiederholt sich der Vorgang für jede Farbe nochmals.

Weitere Indigo-Drucksysteme

Indigo bietet inzwischen ein ganze Palette von Druckmaschinen für den Bogen- und Rollendruck in unterschiedlichen Konstruktionen für verschiedene Einsatzbereiche im kommerziellen und industriellen Druck an.

Der kommerzielle Druckbereich umfasst alle üblichen Produktionen von der Visitenkarten über

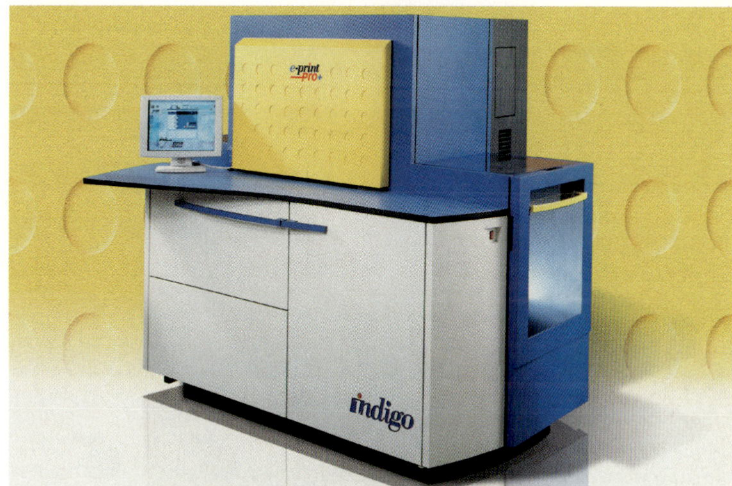

e-Print Pro +

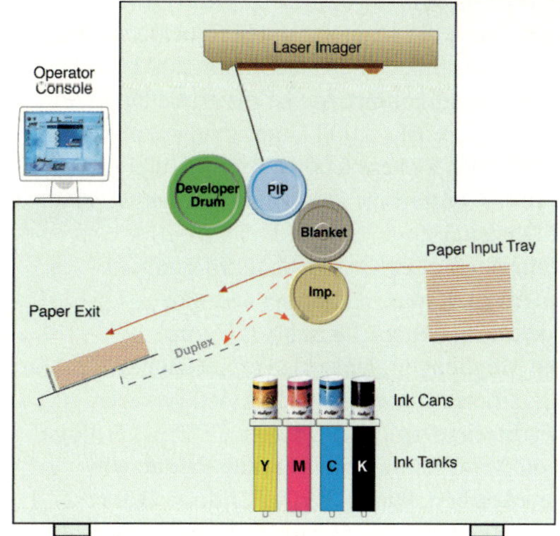

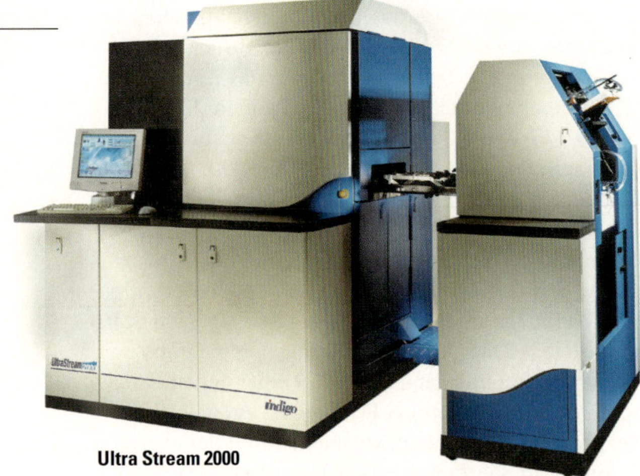
Ultra Stream 2000

Handbücher bis zu personalisierten Druckprodukten bis zu sechs Farben in hoher Qualität und Produktivität. Das Angebot von Indigo in diesem Marktsegment reicht von einfarbig druckenden Bogenmaschinen über vier bis siebenfarbig druckende Bogendruckmaschinen im Format DIN A3 und bis zum Format B2 sowie Rollendruckmaschinen mit Rollenbreiten bis zu 320 mm.

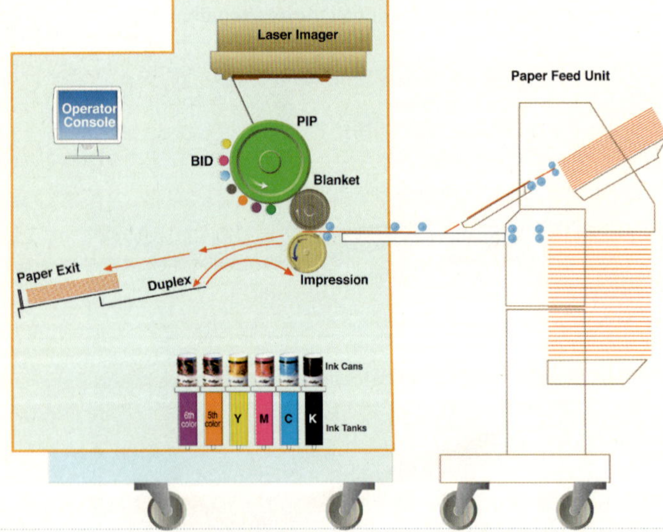

UltraStream 2000

Aus der Reihe der kommerziellen Drucksysteme ist am Markt besonders die UltraStream 2000 für den Bogendruck eingeführt. Sie ist für große Druckvolumen konzipiert. Mit 8.000 Umdrehungen pro Stunde produziert das System 4.000 einseitige vierfarbige oder 16.000 einfarbige Drucke im Format DIN A4 bei 2 Nutzen.

Die UltraStream 2000 verarbeitet Bogen:
- Papierformat max. 320 mm x 464 mm
- Druckformat max. 308 mm x 437 mm.

Die Möglichkeit, mehr als vier (Skalen-)Druckfarben einzusetzen, wird für viele Aufträge verlangt. Die Farbtechnologie IndiChrome OffPress ermöglicht die Verarbeitung einer breiten Palette von Schmuckfarben. Durch die IndiChrome InePress-Technologie wird der Farbraum durch Orange und Violett zusätzlich zu den CMYK-Farben deutlich erweitert.

Mit dem Siebenfarbendruck lässt sich die Vielseitigkeit und Flexibilität weiter erhöhen und für neue Anwendungen nutzen, z.B.:
- Vierfarbdruck mit Skalenfarben plus drei Schmuckfarben
- IndiChrome OnPress-Sechsfarbendruck plus eine Schmuckfarbe.

Ein neues Drucksystem für den Rollendruck liefert Indigo mit der Reihe *Publisher* 4000 und 8000. Beide Maschinen sind mit allen im Digitaldruck typischen dynamischen Komponenten ausgestattet. Sie drucken in einer Reihenbauweise, dabei sind die Druckwerke nacheinander angeordnet.

Wie die UltraStream bieten sie die Möglichkeit, in der Auflösung von 800 dpi mit sieben Farben zu drucken. Die maximale Druckleistung beträgt 8.000 bzw. 16.000 Vierfarbdrucke im Format DIN A4.

Für den industriellen Bereich liefert Indigo Drucksysteme für spezielle Märkte
- Omnius MultiStream
  Bogendruckmaschine mit bis zu 6 Farben für Spezialdruck, z.B. Tastaturen, Kunststoffkarten (z.B. für Zahlungsverkehr mit Banken, Firmenkunden, Identifikationen, Gesundheitswesen, Versicherungen), Membranschalter, Maus-Pads, Werbeartikel
- Omnius WebStream
  Reihe von Hochleistungs-Rollendruckmaschinen mit Leistungen von 7,5 bis 64 m/min, speziell für den Etikettendruck

10.7 Hybriddrucksysteme

Druckmaschinen sind grundsätzlich mit einer Druckverfahrenstechnik ausgestattet. Das beispielsweise Offsetdruckmaschinen durch die Integration von Zusatzaggregaten in der sogenannten Inline-Produktion drucken, veredeln (z.B. Lackierung) und trocken, wird immer stärker genutzt. Zum Rollen-Offsetdruck und Illustrationstiefdruck gehören die Integration von Weiterverarbeitungseinrichtungen zum Standard.

Produktionstechniken, bei denen zwei oder auch mehrere verschiedene Druckverfahren in einem Drucksystem eingesetzt werden, nennt man Hybriddrucksysteme.

Dabei sind unterschiedliche Kombinationen, abgeleitet aus den produktbezogenen Anforderungen, zu einem Druckverfahren, das als Basistechnik eingesetzt wird, möglich, z.B.:
- Offsetdruck und Flexodruck
- Offsetdruck und Lettersetdruck
- Offsetdruck und Inkjetdruck
- Tiefdruck und Flexodruck
- Offsetdruck, Flexodruck und Siebdruck
- Offsetdruck, Flexodruck, Siebdruck und Heißfolienprägedruck

Rollen-Rotationsdruckmaschinen für den Wertpapier- und Wertzeichendruck

Sicherheits-Druckprodukte wie Wertpapiere und Wertzeichen erfordern spezielle Druckmaschinen, die beispielsweise von der Unternehmensgruppe Drent-Goebel herstellt werden.

Eingesetzt werden Hybriddruckmaschinen für die Produktion von Wertpapieren und Wertzeichen, d. h. Rollen-Rotationsdruckmaschinen mit verschiedenen Druckverfahren und spezifischen Zusatzausstattungen für sehr differenzierte Kundenanforderungen.

Die zunehmende Bedeutung dieses Produktbereiches hat ihre Ursache zum einen in dem wachsenden Bedarf des Marktes an Sicherheitsdrucken und zum anderen in der im Vergleich zum Bogendruck günstigeren Fertigungsmethode dieser Produkte im Rollen-Rotationsdruck.

Zu dem Bereich Sicherheits- bzw. Wertpapierdruck gehören Dokumente wie Banknoten, Schecks, Briefmarken, Pässe, Kreditkarten und Steuermarken. Aber auch Banderolen für Zigarettenpackungen und Etiketten für alkoholische Getränke fallen darunter.

Um den Anforderungen des Marktes gerecht zu werden, müssen Sicherheitsdrucke so hergestellt werden, dass sie ihre Funktion optimal erfüllen. Es ist einleuchtend, dass Wertpapiere – und hier müssen aufgrund ihres Wertes in erster Linie Banknoten, Schecks, Obligationen, Aktien, Anleihen etc. genannt werden – Herstellungsprozesse durchlaufen, die Maximalanforderungen an die Fälschungssicherheit stellen. Diese Fälschungssicherheit muss natürlich sowohl vom Druckträger als auch vom Druck gewährleistet werden.

Im Wertpapierdruck ist eine enge Zusammenarbeit mit der Papierindustrie besonders wichtig. Banknoten und andere Wertpapiere werden in der Regel auf Wasserzeichenpapier gedruckt. Hier wird unterschieden zwischen den fortlaufenden Wasserzeichen und den zum Druckbild positionierten (registerhaltigen) Wasserzeichen. Die Papierindustrie ist heute in der Lage, Papier mit hohen Genauigkeiten in Bezug auf Wasserzeichen-Rapporte herzustellen. Für die Rollen-Rotationsdruckmaschinen von Drent-Goebel stellt der registergenaue Druck zum Wasserzeichen keine Schwierigkeit dar.

Selbstverständlich bedeutet Rollendruck von Wertpapieren auch, dass ein Rollenwechsel ohne Anhalten der Maschine möglich sein muss. Die technischen Voraussetzungen für die Verarbeitung von Papieren mit positionierten Wasserzeichen sind komplizierter als bei konventionellen Maschinen.

Durch eine moderne Elektronik ist es jedoch möglich, eine ablaufende Papierrolle so exakt mit einer neuen Papierbahn zu verbinden, dass die Wasserzeichenabstände an der Klebestelle perfekt erhalten bleiben und die Druckmaschine ohne Unterbrechung produzieren kann.

Eine Besonderheit der Goebel-Rollen-Rotationsmaschinen für Sicherheitsdrucke besteht darin, den Druck für die Vorder- und Rückseite in einem Papierdurchlauf aufzubringen. Die verschiedenen Druckverfahren, die für die Herstellung des Wertdruckes notwendig sind, werden gemäß ihrem Informationsgehalt und der gewünschten Fälschungssicherheit bestimmt.

Beim Banknotendruck wird in der Regel zunächst ein drei- bis vierfarbiger Untergrunddruck aufgebracht. Hierbei handelt es sich in den meisten Fällen um einen *Offset-Sammeldruck*, der gleichzeitig auf der Vorder- und Rückseite angebracht wird.

Durch die besondere Druckformengestaltung (Guillochen) und die zusätzliche Möglichkeit, diesen Untergrunddruck als *Irisdruck* auszuführen, wird ein weiteres Sicherheitsmerkmal erzeugt.

Dieser Untergrunddruck wird üblicherweise mit *Stichtiefdruck* kombiniert. Auch die Wertangabe einer Banknote wird im Stichtiefdruck ausgeführt.

Banknoten-Rollen-Rotationsdruckmaschine

Dieses Druckverfahren ist wie kein anderes dazu geeignet, eine auf dem Druckträger fühlbare Farbschicht mehrfarbig aufzubringen. Dies wird dadurch erreicht, dass durch eine große Gravurtiefe in der Druckplatte und unter hohem Druck eine pastöse Farbe auf das Papier übertragen wird.

Ein bei diesem Druckverfahren gleichzeitig erzeugter Prägevorgang verstärkt das fühlbare Relief der Farbe auf dem Papier. Mit diesem Verfahren ist es daher auch möglich, Banknoten mit besonderen Markierungen auszustatten, die es Blinden und Sehbehinderten ermöglicht, den Wert einer Banknote an dem Relief zu ertasten.

Die hier geschilderte Reihenfolge eines Kombinationsdruckes muss nicht in allen Fällen so praktiziert werden. Es gibt Anwendungen, bei denen der „Untergrunddruck“ über den Stichtiefdruck gelegt wird. Auch diese umgekehrte Reihenfolge ist im Druckprozess möglich. Die Anzahl der Farben hängt natürlich von dem herzustellenden Wertdruck ab.

Bei vielen Wertdrucken wird die Sicherheit durch das Aufbringen mehrerer Nummerationen erhöht. Die innovative Technologie von Drent-Goebel erlaubt dabei die Herstellung von Banknoten von Rolle auf Rolle oder von Rolle auf Bogen mit einer Produktionsgeschwindigkeit von bis zu 150 m/min.

Umfassende Sicherheit im Wertpapierdruck bedeutet jedoch nicht nur größtmögliche Fälschungssicherheit für das Produkt, sondern auch perfekte Sicherheit beim Herstellungsprozess von der unbedruckten Rolle bis zur Banknote.

Neben heute selbstverständlichen elektronischen Einrichtungen für die Überwachung der maschinentechnischen Daten zur Erzeugung eines einwandfreien Produktes nimmt die Elektronik auch die lückenlose Überwachung des Druckmediums Papier wahr. Jede Drucklänge Papier, die von der unbedruckten Rolle kommt und durch die Maschine läuft, wird registriert und durch ein plombiertes, nicht nachstellbares Sicherheits-Nummerierwerk auf dem Rand der Papierbahn bedruckt. Darüber hinaus sorgt ein elektronisches Sicherheitssystem dafür, dass die Papierbahn auf ihrem Weg von der Papierfabrik bis zum

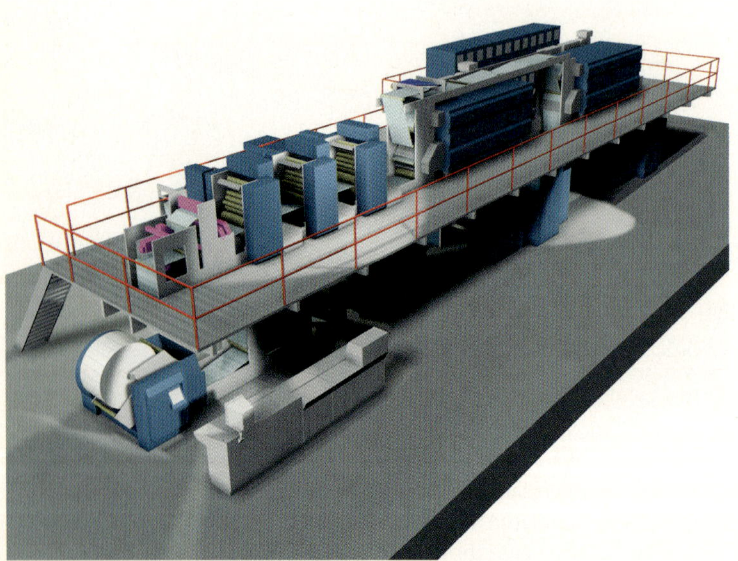

Rollen-Rotationsdruckmaschine für die Herstellung von Banknoten im kombinierten Offset- und Stichtiefdruck

Ende des Bearbeitungsvorgangs auf der Druckmaschine lückenlos erfasst wird.

Ganz ähnlich ist das Drent-Goebel-Konzept für Maschinen zur Herstellung von Wertpapieren wie Obligationen, Aktien, Schecks etc. Der Unterschied liegt nicht so sehr in den Druckverfahren, sondern vielmehr in den Endaggregaten einer solchen Anlage.

Eine vergleichbare Technologie weisen auch die von Drent-Goebel gelieferten Rollen-Rotationsdruckmaschinen für die Herstellung von Briefmarken und anderen Kleinwertzeichen auf. Sie sind in der Regel mit Perforiereinrichtungen für Standard-Rundlochperforation und/oder mit Rotationsstanzen für selbstklebende Marken ausgestattet.

Alle Druckverfahren, die für eine Briefmarke in Frage kommen, sind einzusetzen. Hier ist der Offsetdruck genauso vertreten wie der (Rakel-)Tiefdruck oder Stichtiefdruck sowie Kombinationen aus diesen Druckverfahren.

Im Rollen-Offsetdruck wird grundsätzlich mit einem festformatigen Zylinderumfang gearbeitet. Drent-Goebel bietet mit der Technik *Variable Sleeve Offset Printing* (VSOP) den Offsetdruck mit variablen Drucklängen im Zylinderumfang an: Zu einem Formatwechsel werden lediglich zwei leichte Sleeves ausgetauscht. Die Drucklänge ist mit diesem System stufenlos von 15 bis 30 Zoll bzw. 381 mm bis 762 mm einzustellen.

VSOP-Variable Sleeve Offset Printing

Im Rahmen des Sondermaschinenbaus fertigt die Drent-Goebel-Gruppe auch Konfektionierungsanlagen für Briefmarkenheftchen und Briefmarkenröllchen.

11. Offsetdruck: Druckmaschinen

11. Offsetdruck: Druckmaschinen

Der Offsetdruck ist das bekannteste Flachdruckverfahren und derzeit mit einem Anteil von über 60 % auch das bedeutendste und überwiegend eingesetzte Druckverfahren für die Produktion verschiedenster Druckprodukte. Der Buchdruck, vor ca. 40 Jahren das bis dahin dominierende Druckverfahren, verlor nach und nach seine Marktanteile fast vollständig an den Offsetdruck.

Einen entscheidenden Anteil an dieser Entwicklung hatten nicht nur technisch ausgereifte Konstruktionen von Druckmaschinen, sondern auch prozessgeeignete und -stabile Druckformen sowie Materialien wie Bedruckstoffe, Druckfarben und Drucktücher und chemische Hilfsmittel. Erst die Fähigkeit, die komplexen Wechselwirkungen der einzelnen Parameter zu verstehen und zu beherrschen, schuf die Voraussetzung für die heute bekannte Leistungsfähigkeit, die Wirtschaftlichkeit und Qualität des Offsetdruckverfahrens im Wettbewerb mit anderen Produktionstechniken.

Aufgabenbereiche, Entwicklungen, Tendenzen
Druckereien sind Dienstleister für ihre Kunden, deren Vorstellungen und Forderungen an ein zu fertigendes Medienprodukt so gut wie möglich zu erfüllen sind.

Die unterschiedlichen Strukturen der Druckereien ergeben sich grundsätzlich aus den Fertigungstechniken der verschiedenen Druckprodukte im Akzidenz-, Illustrations-, Verpackungs- und Werkdruckbereich. Ein- und mehrfarbig in unterschiedlichen Auflagen gedruckte und weiterverarbeitete Drucksachen fordern jeweils eine spezifisch geeignete, qualitative, wirtschaftliche und technisch optimale Lösung zur Herstellung der Printprodukte.
Wichtigste Produktbereiche des Offsetdrucks sind
- Werbedrucke
- Geschäftsdrucksachen
- Zeitschriften und Kataloge in mittleren Auflagen
- Zeitungen, Anzeigenblätter
- Bücher und buchähnliche Produkte
- Landkarten
- Plakate
- Kalender
- Verpackungen
- Etiketten.

Die Hersteller von Druckmaschinen bieten für die verschiedenen Produkte ein umfassendes Angebot an Offsetdruckmaschinen für den Druck auf bogen- und bahnförmigen Bedruckstoffen (Materialien) an.

Druckmaschinen mit höherer Produktivität sowie der Möglichkeit zur Vernetzung in den gesamten digitalen Workflow des Arbeitsablaufes prägen derzeit die Forderungen an die Druckmaschinenhersteller. Durch diese Entwicklung werden zukünftig weniger Druckmaschinen benötigt, um das gleiche oder sogar ein größeres Druckvolumen zu produzieren.

Diese hohe Leistungsfähigkeit bedeutet aber auch, dass für jede Druckmaschine ein entsprechendes Auftragsvolumen vorhanden sein muss, wenn diese wirtschaftlich eingesetzt werden soll. Die Erfolg eines Unternehmens ergibt sich nicht nur durch eine geeignete, moderne Druckmaschinentechnik. Bedeutend sind neben der gesamten technischen Kompetenz die unternehmerischen, kommunikativen und betriebswirtschaftlichen Kompetenzen innerhalb des Unternehmens und am Markt.

Der Markt für Druckprodukte unterliegt ebenso wie die Produktionstechniken und Konzepte für den Herstellungsprozess einem dynamischen Prozess. Diese Veränderungen am Markt führen zu technisch und wirtschaftlich effizienten Produktionsmitteln. Der divergierende Markt für Druckprodukte, die produktionstechnische Ausrichtung und die Größe der Druckerei und damit die spezifischen Anforderungen an die Druckmaschinen erfordern von den Druckmaschinenherstellern geeignete Lösungen.

11.1 Informationsübertragung: Druckwerk

Offsetdruckmaschinen übertragen die gespeicherten Bildinformationen der Druckform durch Druckfarbe und Anpresskraft indirekt über einen Übertragzylinder auf einen Bedruckstoff, das vorgegebene Material.

Gedruckt wird ausschließlich im Rotationsprinzip. Eine Ausnahme zu dem rotativen Druckprinzip bilden lediglich immer noch eingesetzte Andruckpressen, die im Prinzip „flach-rund-flach“ drucken.

Das Druckwerk einer Offsetdruckmaschine besteht grundsätzlich aus drei Zylindern:
- Druckformzylinder,
- Übertragzylinder,
- Druckzylinder.

Die Zylinder im Druckwerk haben in der Regel den gleichen Durchmesser. Je nach Hersteller und Druckmaschinenkonstruktion kann der Druckzylinder die doppelte oder sogar die dreifache Größe aufweisen.

Der Druckformzylinder, in der fachlichen Umgangssprache Druckplattenzylinder oder verkürzt nur Plattenzylinder genannt, ist der Träger der Druckform (Druckbildspeicher). Derzeit werden fast ausschließlich flexible Metall- oder Kunststoff-Druckplatten als Druckformmaterial eingesetzt.

Eine derzeit noch relativ geringe Bedeutung hat der Einsatz von kanallosen Druckformhülsen, sogenannten Sleeves, in Rollen-Rotationsdruckmaschinen.

Der Übertragzylinder, allgemein Drucktuchzylinder oder vielfach Gummituchzylinder genannt, ist ein

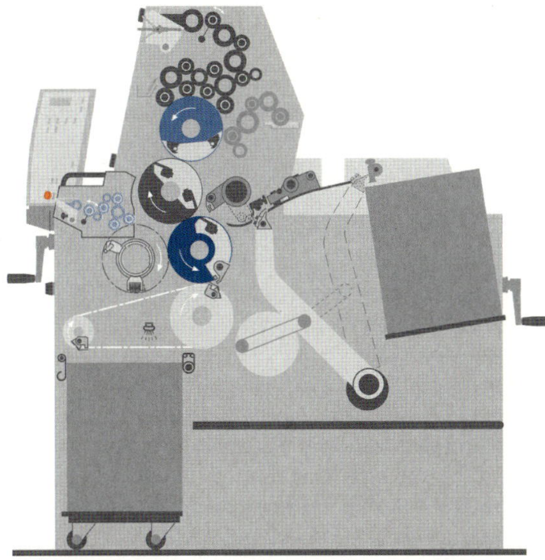

Informationsübertragung im Offsetdruck

Informationsträger Art der Bildstellen	**Aufbau eines Druckwerkes** Bezeichnung
Druckform: Bildstellen seitenrichtig	Druckplattenzylinder
Übertragzylinder: Bildstellen seitenverkehrt	Gummituchzylinder
Bedruckstoff: Bildstellen seitenrichtig	Druckzylinder

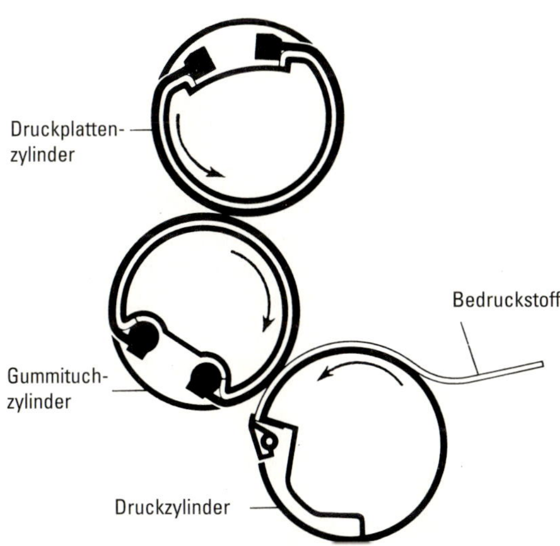

Zwischenträger in der Informationsübertragung, d. h.: Von der Druckform wird die Druckfarbe auf den Drucktuchzylinder und von diesem auf den Bedruckstoff übertragen. Für die Übertragung des Druckbildes ist zwischen den beiden Zylinderoberflächen ein Anpressdruck von 0,1 mm erforderlich.

Der Druckzylinder führt den Bedruckstoff in der Druckzone und übt den erforderlichen Anpressdruck zur Übertragung der Bildinformationen auf den Bedruckstoff aus. Dazu ist ein bestimmter Druck als (An-)Presskraft zwischen dem Drucktuchzylinder und dem Druckzylinder von 0,1 bis 0,15 mm (je nach Oberflächenstruktur und möglicher Dickentoleranzen des Bedruckstoffes auch mehr) erforderlich.

Zu dem Druckwerk einer Offsetdruckmaschine gehören neben den Druckwerkzylindern je nach Art und Konfiguration der Druckmaschine verschiedene Bauelemente für

- Zufuhr und Fördern des Bedruckstoffes
  – Anlegersystem: Bogen, Rolle
- Fördern und gleichmäßiges Dosieren der Druckfarbe
  – Farbwerk, Farbversorgungseinrichtung, (Fern-) Steuerungssystem, Farbvoreinstellungssystem
- Fördern und gleichmäßiges Dosieren des Feuchtmittels bei konventionellem Offsetdruck
  – Feuchtwerk, Feuchtmittelaufbereitung, (Fern-) Steuerungssystem
- Speichern des bedruckten Materials
  – Auslagesystem
- Wascheinrichtungen für das Farbwerk sowie ggf. Gummituch- und Druckzylinder.
- Trockneranlage
- Einrichtungen für eine Inline-Veredelung und
  – Weiterverarbeitung
- Steuer- und Regeleinrichtungen
  – Maschinensteuerung, Leitstand, Prozessanalyse, Übernahme von Voreinstelldaten, Diagnose
- Vernetzung der Druckmaschinen mit Computergesteuerter Informationsverarbeitung
- integrierte Mess-Systeme zur Prozess-Steuerung und -sicherung und Qualitätskontrolle.

Konventioneller Offsetdruck
Druckform ist eine flexible Metall- oder Kunststoffplatte, die auf dem Druckplattenzylinder eingespannt ist. Entscheidend für ein Funktionieren im Druckprozess sind chemisch-physikalische Wechselwirkungen an Grenzflächen.

Die Informationsübertragung von einer konventionellen Offsetdruckplatte erfordert zuerst ein Feuchten und danach ein Einfärben der Bildstellen:
- Nichtbildstellen nehmen geeignete Feuchtigkeit (Feuchtmittel) und danach keine Druckfarbe an,
- Bildstellen stoßen bei diesem Prozess Feuchtigkeit ab, sie werden in der weiteren Pozessstufe eingefärbt. Gefeuchtete Nichtbildstellen stoßen dabei die Druckfarbe ab.

Ziel dieses Prozesses:
- Einfärben der Bildinformationen (Druckbildelemente wie Schriftbilder, Rasterpunkte, Linien, Flächen) durch ein Feuchten und anschließendes Einfärben.

Wasserloser Offsetdruck
Spezielle Offsetdruckplatten für einen wasserlosen Offsetdruck benötigen zum Einfärben der Bildinformationen kein Feuchten der Nichtbildstellen und somit auch kein Feuchtwerk.

Der Prozess ist bei dieser Verfahrenstechnik durch das Zusammenwirken bestimmter physikalischer Oberflächeneigenschaften auf der Druckplatte und

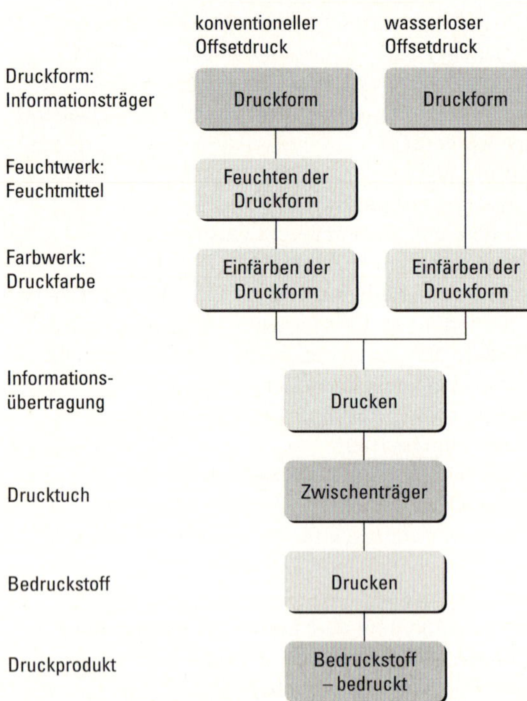

spezieller Druckfarben aufgrund grenzflächenphysikalischer Wechselwirkungen möglich: Eine Silikon-Gummi-Schicht an den Nichtbildstellen weist durch eine hohe Grenzflächenspannung zu der Druckfarbe die erforderliche farbabstoßenden Eigenschaften an den Nichtbildstellen auch ohne Feuchtmittel auf.

Technische Voraussetzungen an der Druckmaschinen, primär eine konstante Temperatur im Farbwerk, sowie geeignete Druckfarben sind jedoch notwendig.

11.2 Bauarten von Offsetdruckmaschinen

Prinzipiell unterscheidet man zwei Arten von Offsetdruckmaschinen, die weiter in verschiedene Systeme mit unterschiedlichen Konfigurationen für bestimmte Produktionsbereiche zu unterteilen sind. Grundlegend wird unterschieden zwischen

- Bogen-Offsetdruckmaschinen
  – Verarbeitung von bogenförmigem Bedruckstoff
- Rollen-Offsetdruckmaschinen
  – Verarbeitung von bahnförmigem Bedruckstoff

Bogen-Offsetdruckmaschinen

In Bogen-Offsetdruckmaschinen werden einzelne Bogen in einem bestimmten Druckformat nacheinander bedruckt. Ein Papierstapel wird in den Anleger der Druckmaschine eingefahren. Zum Druck werden die Bogen durch pneumatische Bauelemente im Anleger vereinzelt und durch Zuführelemente einzeln oder schuppenförmig zum Druckwerk transportiert.

Eine Besonderheit bieten spezielle Anleger, die den Bedruckstoff von der Rolle zuführen, auf eine bestimmte Bogenlänge schneiden und diesen Bogen danach in üblicher Weise bedrucken und auslegen.

Produktionsmöglichkeiten
– Druck: Bogen – Bogen
– Druck: Rolle – Bogen

Je nach Druckmaschinenkonfiguration kann die Informationsübertragung durch den Druckprozess einfarbig oder mehrfarbig und dabei einseitig oder beidseitig auf den Druckbogen erfolgen.

Eine Inline-Veredelung der bedruckten Bogen ist entsprechend der Konfiguration der Druckmaschine möglich. Ebenso ist es möglich, für die Druckfarben- und/oder Lacktrocknung einen speziellen Trockner einzusetzen.

Die Verarbeitung der gedruckten Bogen zu einem Endprodukt erfolgt in einem separaten Fertigungsbereich, der Druckweiterverarbeitung.

Bogen-Offsetdruckmaschinen können beliebige Druckformate verarbeiten, die sowohl in der Länge als auch in der Breite zwischen der maschinentechnisch möglichen maximalen und minimalen Länge variieren können.

MAN Roland: Mehrfarben-Bogen-Offsetdruckmaschine

KBA: Akzidenz-Rollen-Offsetdruckmaschine

Rollen-Offsetdruckmaschinen

Im Rollen-Offsetdruck durchläuft der Bedruckstoff von einer Papierrolle mit einer „endlosen" Papierbahn die Druckmaschine. Die Materialbahn durchläuft die Druckmaschine von dem Zuführungssystem, einem Rollenwechsler, über die Druckwerke bis zu einem spezifischen Auslage- bzw. Speichersystem.

Je nach produktgerechtem Druckmaschinensystem wird die Papierbahn beidseitig mehrfarbig bedruckt, innerhalb der Druckmaschine auftragsgerecht gefalzt, geschnitten und danach ausgelegt.

Entsprechend dem Umfang (Seitenzahl) des Auftrages ist das Druckprodukt bereits das Endprodukt oder – bei höheren Seitenzahlen – ein Teilprodukt, das in weiteren Arbeitsgängen in der Druckweiterverarbeitung zu dem gewünschten Endprodukt verarbeitet wird.

Bei allen Rollen-Offsetdruckmaschinen sind die Druckformate grundsätzlich durch den Zylinderumfang in der (Abschnitts-)Länge festgelegt. Die Breite des Druckformates ist allerdings bis zu einer maximalen bzw. minimalen Rollenbreite variabel.

Vorteile des Offsetdrucks

Der Offsetdruck ermöglicht sowohl im Bogen- wie auch im Rollen-Rotationsdruck hohe Druckleistungen auch in großen Druckformaten und auf (fast) allen Bedruckstoffen. Entscheidend für die Wirtschaftlichkeit (Rentabilität) einer Druckmaschine sind nicht nur maschinenbezogene Kriterien wie

- wirtschaftlicher Druck bei kleinen, mittleren und großen Auflagen beim Einsatz entsprechender Druckmaschinen
- kurze Rüstzeiten (Einrichtezeiten),
- sichere Produktion mit hoher und höchster Qualität im Auflagendruck auf unterschiedlichen Bedruckstoffen (Stoffzusammensetzung, Oberflächenstruktur, Flächenmasse) und
- hohe Produktionsleistungen.

Hinzu kommen weitere wesentliche Kriterien für eine wirtschaftliche und qualitativ hochwertige Produktion verschiedener Druckprodukte:

- eine optimale Kundenberatung und dementsprechende technische Arbeitsvorbereitung,
- einen sicheren digitalen Workflow in der Druckvorstufe und der Druckformherstellung,
- eine rationell und qualitativ hochwertig arbeitende digitale Druckvorstufe für die Text-, Grafik- und Bildherstellung, Text-/Bild-Integration, Prüfdruck, Druckformherstellung,
- ein geeignetes Produktionssystem, d. h. eine Druckmaschine in der erforderlichen Formatklasse mit der entsprechenden technischen (Sonder-)Ausstattung für unterschiedliche Produktgruppen,
- einem Voreinstellsystem für das Rüsten und den Produktionsprozess,
- hoher Automatisierungsgrad, Steuer- und Regeltechnik sowie Prozesskontrollen zur Standardisierung der Produktion,
- Anbindung an ein Datennetzwerk im Unternehmen (CIP3, CIP4)
- Flexibilität für eine betriebswirtschaftlich günstige Auslastung der Druckmaschine,
- ein Qualitätsmanagement- und Qualitätssicherungssystem in allen Produktionsbereichen sowie
- eine produktbezogen ausgestattete Druckweiterverarbeitung zum Endprodukt und zum Versand.

Wechselwirkungen im Druckprozess

Der Offsetdruck ist im Vergleich zu anderen Druckverfahren nach wie vor ein Druckverfahren mit komplexen chemisch-physikalischen Wechselwirkungen, die die Prozess-Stabilität und Prozess-Sicherheit , die Qualität der Druckprodukte sowie die Wirtschaftlichkeit der Produktion beeinflussen.

Im Mittelpunkt des Druckprozesses steht zwar die Druckmaschine mit allen Bauelementen, aber auch die eingesetzten Materialien und Hilfsstoffe sind als Einflussfaktoren entscheidend:

Wechselwirkungen im Druckprozess

- Druckwerk: Konstruktion und sonstige Parameter
  - Größe der Zylinder
  - Verhältnis der Zylinder zueinander (z.B. doppeltgroßer Druckzylinder)
  - Zahl und Anordnung der Zylinder zueinander (Mehrfarben-Nass-in-Nass-Druck, Schön- und Widerdruck, Rollen-Offsetdruck)
  - Schwingungsfreiheit (Schwingstärke), Laufruhe im Druckprozess
  - Schmitzringläufer, Nichtschmitzringläufer
  - Verzahnung, Verstellungsmöglichkeiten (in Ruhe und im Auflagendruck)
  - Drucktuch: Aufbau, Oberfläche
  - Aufzug, Aufzugstärken
  - Transportsystem für den Bedruckstoff: Greifersystem, Übergabesystem, Bahnführung
- Farbwerk: Konstruktion, sonstige Parameter
  - Walzenanzahl und -durchmesser
  - Walzen: Material, Oberflächeneigenschaften
  - Farbfluss (vorder- oder hinterlastig)
  - Farbkapazität, Farbvolumen
  - Rückwirkungsarmut
  - Farbversorgung
  - Farbdosiersystem
  - Temperierungssystem
- Feuchtwerk: Konstruktion, sonstige Parameter
  - Kontaktfeuchtung (direkt, indirekt)
  - kontaktlose Feuchtung
  - Walzen: Material, Oberflächeneigenschaften
  - Feuchtmittelversorgung
  - Feuchtmittelaufbereitung
  - Feuchtmitteldosierung
  - Temperierungssystem
- Drucktuch
  - Material, Aufbau
  - Dimensionsstabilität
  - Kompressibilität
  - Oberflächeneigenschaften wie Mikroporosität, Farbannahme und - abgabe, Freigabeverhalten an der Druckzone
  - mechanisches Verhalten bei starken Belastungen
- Trockner
  - Konstruktion: Art, Aufbau
  - Trocknungsverfahren, Temperatur
  - Einwirkung auf den Bedruckstoff
- Veredelungssystem
  - Konstruktion: Art, Aufbau
  - Dosierung und Beschichtung
  - Art des Beschichtungsmittels
- Druckform
  - Material, Oberflächeneigenschaften
  - Standzeit, Auflagenbeständigkeit
  - Auflösungsvermögen, Wiedergabefähigkeit für Tonwerte
  - Bebilderung extern,
    Bebilderung intern (Computer-to-Press)
- Druckfarbe
  - Aufbau: Pigmente, Bindemittel, Hilfsstoffe
  - Pigmentvolumenkonzentration
  - Lasur- und Deckvermögen
  - rheologische Eigenschaften: Viskosität, Zügigkeit, Thixotropie, Temperaturverhalten
  - Aufnahmefähigkeit für Feuchtmittel
  - Trocknung: Art, Wirkung, Dauer
  - Beständigkeiten gegen Licht, bei mechanischen Einwirkungen (Scheuern), Beschichtungsmittel bei Veredelungen sowie Füllgutbeständigkeit bei Verpackungen u.v.a.
- Feuchtmittel
  - Wasserqualität: dH-Wert (Härte), pH-Wert, gelöste oder feste Stoffe, z.B. Sand, Rost, Kolloide, Mikroorganismen (Bakterien, Viren), gasförmige Stoffe (Luft, Kohlendioxid)
  - Oberflächenspannung
  - Zusatzstoffe zum Feuchtmittel für die Prozesseignung: Alkohol, Substanzen zur Reduzierung der Oberflächenspannung bzw. für eine bessere Benetzung der Druckform, Puffersubstanzen
- Bedruckstoff
  - Bedruckbarkeits- und Verdruckbarkeitseigenschaften
    (Hinweis: dazu gehören u. a. die folgenden Einflussfaktoren ...).
  - Stoffzusammensetzung: Faserstoffe, Hilfsstoffe
  - Oberflächenbeschaffenheit: Porosität, Glätte, Festigkeiten, Benetzbarkeit, Beschichtung durch Streichen, Glanz
  - pH-Wert
  - Dimensionsstabilität, Festigkeit
  - Gleichgewichtsfeuchte
  - Planlage
- Umweltfaktoren, Klima
  - Temperatur
  - Luftfeuchtigkeit
  - Belüftung, Luftzug
  - Staub.

Der rotative Druck über das elastische Drucktuch (Gummituch) erfordert nur einen geringen Anpressdruck zur Informationsübertragung aller eingefärbten Bildstellen auf den Bedruckstoff und damit eine absolute Laufruhe im Druckprozess. Nur dadurch ist eine sehr hohe Druckqualität im Farbdruck mit einer geringen Tonwertzunahme sowie der Druck feinster Bilddetails und Rasterverläufe möglich.

Das Abrollen der Zylinder gegeneinander wird Abwicklung genannt. Eine optimale Abwicklung ist die Voraussetzung, jedes feinste Bildelement möglichst geometrisch genau in allen Übertragungsphasen des Druckprozesses wiederzugeben.

Maschinentechnische Voraussetzung dazu ist ein stabiles, schwingungsfreies Grundgestell für das Druckwerk und hochwertige Lager (Nadellager, Gleitlager) zur Führung der Zylinder. Bereits die geringste Unruhe beim Druckvorgang verursacht Schwingungen, die zum Dublieren, zu Tonwertverschiebungen oder zu einer hohen Tonwertzunahme bei Rasterbildern führen können.

Die drucktechnische Abnahme einer neuen Druckmaschine bezieht sich daher im wesentlichen auf die folgenden Prüfungen:
- Passer
- Schieben und Dublieren
- Tonwertzunahme
- Farbabfall in Druckrichtung
- Schablonieren
- Streifenbildung.

11.3 Bogen-Offsetdruckmaschinen

Bogen-Offsetdruckmaschinen werden für verschiedene Produktions- bzw. Einsatzbereiche in unterschiedlichen Drucktechniken und Ausstattungen sowie in unterschiedlichen Druckformaten angeboten.

Dominieren werden in nächster Zukunft überwiegend Druckmaschinen mit einem sinnvollen Voreinstellsystem, produktions- und qualitätssichernder Steuer- und Regeltechnik sowie Vernetzung und produktionsbezogener Datenerfassung und -verarbeitung sein.

Die Anforderungen des Marktes sind für die Auswahl und den Einsatz der Druckmaschine entscheidend. Hierbei sind insbesondere zu beachten
- Lieferung von digitalen Daten mit Texten und Bildern für die Produktion durch den Auftraggeber
- Trend zu kleineren Auflagen
- kürzeste Lieferzeiten der Druckprodukte
- steigende Qualitätsansprüche der Auftraggeber
- steigende Nachfrage nach Farbdrucken sowie Schmuck- und Sonderfarben
- Inline-Veredelung
- unterschiedlichste Wünsche bei der Auswahl von Bedruckstoffen von Dünndruckpapieren über Recycling-, ungestrichenen und gestrichenen Papieren bis zu verschiedenen Kartons
- schärfere Umweltschutzbedingungen
- steigenden Personal- und Platzkosten.

Einfarben-Offsetdruckmaschinen, vor ca. 40 Jahren die dominierenden Druckmaschinentypen, haben ihre Bedeutung verloren.

Mehrfarben-Druckmaschinen und heute vor allem umstellbare Mehrfarben-Offsetdruckmaschinen für Schön- und Widerdruck in mittleren Formaten werden durch den Trend zur Flexibilität und Farbigkeit bei Druckprodukten vom Markt gefordert.

Der Druckprozess im Offsetdruck ist – wie vorhergehend beschrieben – immer noch ein komplexes System mit einer Vielzahl von Wechselwirkungen.

Mögliche drucktechnische Probleme bei der Produktion in Mehrfarben-Offsetdruckmaschinen, dem Nass-in-Nass-Druck, vielfach hervorgerufen durch unzureichende Abstimmung von Druckmaschinentechnik, Feuchtmittel, Druckfarben, Druckformen, Drucktüchern und Bedruckstoff, sind immer noch zu beachten.

Das heißt bereits für die Kundenberatung und die Arbeitsvorbereitung und besonders den Drucker: Nicht jede beliebige Kombination Druckfarbe – Bedruckstoffe kann problemlos produziert werden. Die vielfältigen Wechselwirkungen erfordern gut aufeinander abgestimmte Materialien.

Druckmaschinentyp	Charakteristik
1. Einfarben-Offsetdruckmaschinen	Der Druckbogen wird einseitig einfarbig bei einem Maschinendurchlauf bedruckt.
2. Mehrfarben-Offsetdruckmaschinen	Der Druckbogen wird einseitig (je nach Anzahl der Druckwerke) mehrfarbig „Nass-in-Nass" bei einem Maschinendurchlauf bedruckt.
3. Offsetdruckmaschinen für Schön- und Widerdruck	Der Druckbogen ist beidseitig (= Schön- und Widerdruck) zu bedrucken.
4. Umstellbare Offsetdruckmaschinen	Der Druckbogen kann beidseitig ein- oder auch mehrfarbig (je nach Anzahl der Druckwerke) oder einseitig mehrfarbig bedruckt werden.

Bogen-Offsetdruckmaschinen unterteilt man nach dem maximalem Druckformat in Formatklassen:

Formatklasse	Druckformat ca.	Formatklasse	Druckformat ca.
01	46 cm x 64 cm	4	78 cm x 112 cm
0b	52 cm x 72 cm	5	89 cm x 126 cm
1	56 cm x 83 cm	6	100 cm x 140 cm
2	61 cm x 86 cm	7	110 cm x 160 cm
3	64 cm x 96 cm	8	124 cm x 180 cm
3b	72 cm x 102 cm	9	140 cm x 200 cm

Entwicklungen, Tendenzen

Der Trend zu kleineren Auflagen vierfarbiger Druckprodukte in hoher Qualität im Bogen-Offsetdruck wirkt sich besonders auf eine Formatklasse aus, die seit der Drupa 2000 im Mittelpunkt von Neuentwicklungen steht: dem sogenannten Halbformat, also der Formatklasse 0B im Format ca. 52 cm x 72 cm.

Die bisher überwiegend eingesetzte Druckbogengröße in dieser Klasse von bis zu 53 cm x 74 cm wurde durch ein „Super"-0b-Format auf eine Bogengröße von 59 cm x 74 cm ergänzt, um z. B. kleinformatige Produkte mit mehreren Nutzen und mit entsprechenden Beschnitt drucken zu können.

Die Bedeutung dieser Formatklasse am Markt haben alle Druckmaschinenhersteller erkannt. So liefern z. B. MAN Roland die Roland 200, 300 und 500, Heidelberger die Printmaster und Speedmaster, KBA die Rapida 74.

Eine ähnliche innovative Entwicklung im Bogen-Offsetdruck zeigte sich Anfang der neunziger Jahre im Mittelformat (70 cm x 100 cm) sowie danach im Großformat (100 cm x 140 cm). Auch in diesen Zeiten markierte die Drupa einen wesentlichen Meilenstein oder sie stellte den Höhepunkt der Entwicklung dar.

Gründe für den verstärkten Einsatz von Offsetdruckmaschinen im sogenannten Halbformat:

- Wachstum der Duckproduktion um 3 bis 5 % pro Jahr, insbesondere im Produktionsbereich des farbigen Werbedrucks
- Trend zu geringeren Auflagen, dieser begünstigt kleinere Druckformate
- Forderung nach mehr Farbe im Druckprodukt
- Inline-Veredelungen durch Lack im Druckprozess
- rationeller Schön- und Widerdruck
- rascher Auftragswechsel , höhere Produktivität
- Forderung nach rationeller, Rechner-gestützter Prozess- und Steuerungstechnik für Maschinenvoreinstellungen, Verringerung der Rüstzeiten sowie Prozesskontrolle und -optimierung.

Ein weiterer Trend ist das Optimieren des gesamten Druckprozesses durch den Einsatz elektronisch arbeitender Mess-, Steuer- und Regelsysteme sowie die Anbindung an die digitale Datentechnik zu komplett vernetzten Systemen des gesamten Produktionsprozesses.

11.4 Einfarben-Offsetdruckmaschinen

Die Einfarben-Offsetdruckmaschine ist das Grundmodell aller Offsetdruckmaschinen im Drei-Zylinder-System. Drucktechnisch wichtige Baugruppen sind:

- der Anleger
  - Vereinzeln und Fördern der Druckbogen,
- das Druckwerk
  - Druckplatten-, Drucktuch- und Druckzylinder sowie Feuchtwerk und Farbwerk,
- der Ausleger
  - Speichern der bedruckten Bogen.

Die Bedeutung der Einfarben-Offsetdruckmaschinen ist erheblich gesunken. Sie stehen in Konkurrenz mit einfarbig druckenden, einfach zu bedienenden Kopier- und datengesteuerten Laserdrucksystemen.

Am Markt sind vor allem noch Druckmaschinen in kleinen Druckformaten bis etwa 35 cm x 50 cm gefragt, die möglichst mit einer vorprogrammierten Bedienerführung „auf Knopfdruck" kleinere Auflagen rationell produzieren. Automatisierung der Arbeitsabläufe bei kürzesten Rüstzeiten erlauben einen schnellen Auftragswechsel und eine hohe Produktivität bei günstigem Preisniveau.

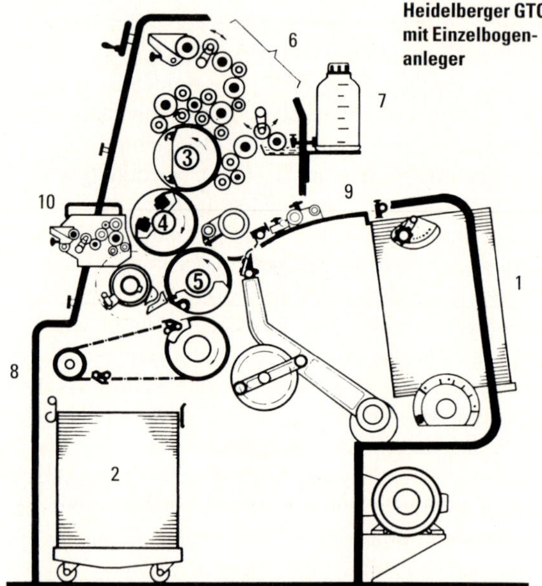

1 Anlagestapel, 2 Auslagestapel, 3 Plattenzylinder, 4 Gummituchzylinder, 5 Druckzylinder, 6 Farbwerk, 7 Feuchtwerk, 8 Kettenausleger, 9 Bogenanlage, 10 Sonderausstattung: Eindruckwerk

Anleger

Im Bogendruck werden je nach Formatklasse zwei Anlegesysteme eingesetzt:

- Einzelbogenanleger
- Schuppenanleger.

Bei Einfarben-Bogen-Offsetdruckmaschinen wird im kleinen Formatbereich überwiegend ein *Einzelbogenanleger* eingesetzt. Der Anleger vereinzelt pneumatisch die Bogen auf dem Anlegestapel und führt sie auf den Anlegetisch. Über Bänder oder Saugbänder wird der Druckbogen zu den Anlegemarken geführt und dort exakt im Stand ausgerichtet.

Der nachfolgende Bogen wird bei diesem System erst dann auf den Anlegetisch transportiert, nachdem der vorhergehende Druckbogen ausgerichtet an das Greifersystem des Druckwerkes übergeben worden ist.

Zur Sicherheit sind Anleger mit verschiedenen Kontrolleinrichtungen ausgestattet:

- Doppelbogenkontrolle
- Früh- und Schrägbogenkontrolle.

Wird in der auf die Papierdicke eingestellten Doppelkontrolle ein Fehler erkannt, schaltet der Anleger aus, kommt danach kein Druckbogen in die Anlegemarken, schaltet automatisch die Druckeinstellung der Zylinder zueinander aus. Bei der meisten Druckmaschinen wird dadurch ebenfalls die Maschinengeschwindigkeit auf die minimale Leistung verringert.

Hohe Druckgeschwindigkeiten, die das rotative Druckprinzip des Offsetdrucks ermöglichen, sind in einem ruhigem Bogenlauf und bei höchster Passgenauigkeit nur durch *Schuppenanleger* auszunutzen.

Der Anleger transportiert zugleich mehrere Bogen in schuppenförmiger Auffächerung über den Anlegetisch zu den Anlegemarken. Dabei können sich je nach Druckformat bis zu drei Bogen schuppenförmig überlappen.

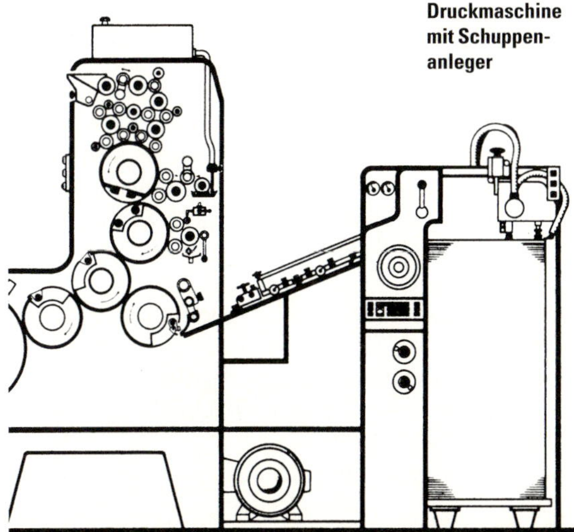

Druckmaschine mit Schuppenanleger

Je langsamer ein Druckbogen an die Anlegemarken geführt werden kann, desto sicherer ist ein stoßfreies, passerhaltiges Anlegen und Ausrichten an den Vordermarken und der Seitenmarke möglich.

Ist der erste, exakt ausgerichtete Bogen – durch ein Übergabesystem auf Druckzylindergeschwindigkeit beschleunigt – an die Greifer des Druckzylinders übergeben, so hat der folgende Bogen nur noch einen relativ kurzen Weg (etwa ein Drittel der Bogenlänge in Druckrichtung) zur Anlage zurückzulegen.

Die Anlegegeschwindigkeit ist demnach im Vergleich zu einem Einzelbogenanleger wesentlich geringer und der Bogentransport ruhiger.

Ausleger

Ebenso wie bei Anlegern sind auch Auslegesysteme entsprechend der Formatklasse, der Druckleistung und den qualitativen Anforderungen konstruiert:

- Muldenauslage
- Niederstapelauslage
- Hochstapelauslage.

Nur wenige kleinformatige Offsetdruckmaschinen arbeiten mit einem einfachen Muldenausleger, bei dem der bedruckte Bogen ohne eine präzise Führung in eine Auslegemulde fällt.

Alle qualitativ höherwertigen Druckmaschinen setzen auch im Kleinformat einen Niederstapelausleger ein, der für kleinere Auflagen mit geringen Stapelhöhen durchaus ausreichend ist und ein sicheres, ruhiges Auslegen der Druckbogen gewährleistet. Durch einen einschiebbaren Rechen oder eine ähnlich Einrichtung ist ein Non-Stop-Stapelwechsel während der Druckproduktion möglich.

Soll mit hohen Druckleistungen insbesondere bei großen Auflagen rationell gedruckt werden, ist eine Druckmaschine mit einem Hochstapelausleger zu bevorzugen. Ein Stapelwechsel ist – soweit es die bedruckten Bogen zulassen (Ablegegefahr!) – weniger häufig erforderlich. Es wird eine geringere Stellfläche für bedruckte Papierstapel benötigt.

Es ergibt sich zudem ein drucktechnischer Vorteil: Der längere Weg von der Druckzone bis zur Auslage begünstigt das Wegschlagen frischer Druckfarbe, so dass auch dadurch größere Stapel ausgelegt werden können.

Die Stellfläche einer Druckmaschine mit einem Hochstapelausleger ist ca. 2 m länger als bei einem Niederstapelausleger.

Bei der Raumplanung sind die erforderlichen Abstellflächen für unbedruckte und bedruckte Papierstapel sowie sichere Transportwege zu beachten.

Sonderausstattungen

Bei entsprechenden Druckaufträgen erhöhen dazu geeignete Sonderausstattungen die Wirtschaftlichkeit erheblich, da beim Druck Zusatzarbeiten inline ohne weiteren Aufwand gefertigt werden können.

Sonderausstattungen für die Inline-Produktion: Eindruckwerk

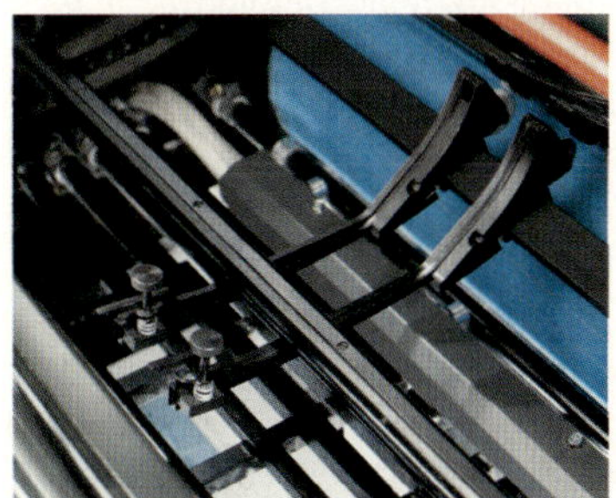

Perforierwerkzeuge (Heidelberg)

Nummerierwerk (Heidelberg)

Perforiereinrichtung (KBA) (links)

Nummerierwerk (KBA) (rechts)

Farbkasten für Irisdruck (KBA)

Als Sonderausstattungen für kleinformatige Offsetdruckmaschinen bis zu einem Druckformat von ca. 35 cm x 50 cm werden beispielsweise angeboten:
- Eindruckwerk für Schmuckfarben im rotativen Buchdruck,
- Nummerierwerk (mit Vielfachnummerierung gegen den Druckzylinder),
- Längs- und Querperforationseinrichtung,
- Schneideeinrichtung für Mittelschnitt beim Druck von Doppelnutzen
- Einrichtungen zum Prägen und Rillen.

11.5 Mehrfarben-Offsetdruckmaschinen

Mehrfarben-Offsetdruckmaschinen bedrucken bei einem Maschinendurchlauf den Druckbogen einseitig mit zwei oder mehreren Druckfarben. Die Zahl der zu druckenden Farben ist von der Anzahl der Druckwerke abhängig. Vielfach werden diese Druckmaschinen mit einer Wendeeinrichtung ausgerüstet und damit wahlweise auch als Schön- und Widerdruckmaschine eingesetzt. Ein Druck mit 4/0 (einseitig vier Druckfarben) kann dann beispielsweise als Variante 2/2 (beidseitig zwei Druckfarben) gedruckt werden.

Gedruckt wird in allen Mehrfarben-Offsetdruckmaschinen prinzipiell Nass-in-Nass (kurz: N-i-N-Druck), d. h. alle Druckfarben werden unmittelbar ohne Zwischentrocknung übereinander gedruckt.

Durch den Trend zu farbigen Druckprodukten sind Mehrfarben-Druckmaschinen von kleinen Formaten bis zum Großformat der Standard in den Druckereien.

Begünstigt wurde diese Entwicklung durch den Einsatz der Mikroelektronik und moderne Steuer- und Regeltechnik, die zu kurzen Rüstzeiten und sicheren Produktionsleistungen mit einer gleichbleibend hohen Druckqualität beigetragen haben.

Standarddruckmaschine für den Mehrfarbendruck war früher eine Zweifarben-Druckmaschine. Bei heutigen Investitionsentscheidungen wird bei gegebener Auftragsstruktur mindestens die Vierfarben-Druckmaschine gewählt.

Neben diesen beiden seit langem eingesetzten Druckmaschinentypen sind Fünf- und Sechsfarben-Druckmaschinen und inzwischen sogar Zehn- und Zwölffarben-Druckmaschinen im Einsatz. Diese „Jumbos“ werden vor allem für den farbigen Verpackungsdruck mit beliebigen Sonderfarben, für den Druck spezieller Schmuck- oder Hausfarben sowie für Produkte mit Inline-Lackierung eingesetzt.

Die Vorteile der Mehrfarben-Offsetdruckmaschinen gegenüber Einfarben-Offsetdruckmaschinen sind für farbige Drucke und besonders für Vierfarbdrucke beachtlich:
- kürzere Rüstzeiten (Einrichtezeiten) für den Farbdruck,
- kürzere Produktionszeiten, da bei gleicher Druckleistung pro Stunde mehrere Druckfarben auf den Bogen gedruckt werden,
- bessere Passergenauigkeit auch bei weniger dimensionsstabilen Bedruckstoffen und sofortiges Erkennen von Passerdifferenzen im Bild,
- sichere Farbabstimmung und -beurteilung, da das Druckprodukt teilweise fertig gedruckt ist oder sogar das Endergebnis zeigt,
- Hilfszeiten, z. B. durch mehrfaches Vorstapeln von Druckbogen, das Trocknen und Umsetzen der gedruckten Bogen und das Reinigen der Walzen nach jedem Druckdurchgang entfallen.

Daraus ergeben sich allgemeine drucktechnische und betriebswirtschaftliche Vorteile:
- leichtere Beurteilung der Druckqualität des Endproduktes
- einfachere, sichere Terminabstimmung
- kürzere Herstellzeiten
- geringere Produktionskosten.

Ein Trend zu Druckmaschinen im Superformat ist in Zukunft nicht mehr zu erwarten. Gefragt sind im Mehrfarbendruck flexible, rasch an neue Aufträge anzupassende Druckmaschinen im Halb- und Mittelformat mit kurzen Rüstzeiten, gesteigerter Funktionssicherheit sowie automatisierten Arbeitsabläufen und hoher Prozesssicherheit.

Bezeichnend für diese Entwicklung sind die guten Verkaufserfolge bei klein- und mittelformatigen Mehrfarben-Offsetdruckmaschinen, die mit umfassender Steuer- und Regeltechnik, Mikroprozessor-gesteuerten Einrichtungen zur Qualitätskontrolle und der Möglichkeit zur Netzanbindung ausgestattet sind.

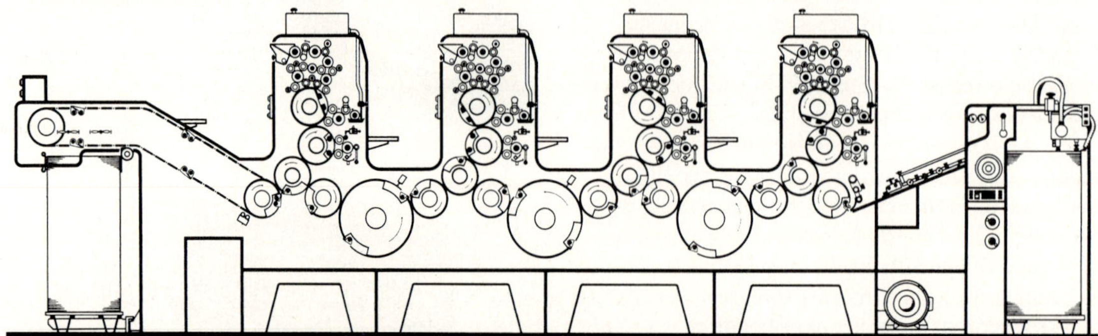

Schematische Darstellung der Reihenbauweise
Heidelberger Speedmaster 102V (71 x 102 cm) und 72V (52 x 72 cm)

Bauweisen der Mehrfarben-Offsetdruckmaschinen

Neben vielen technischen Details unterscheiden sich Mehrfarben-Offsetdruckmaschinen primär durch eine typische Konstruktion der Druckwerke. Man unterscheidet prinzipiell
- Reihenbauweise
- Fünfzylinderbauweise
- Vierzylinderbauweise
- Satellitenbauweise.

Reihenbauweise

Die meisten Druckmaschinenhersteller (Heidelberger, MAN Roland, KBA Planeta, Adast, Komori, Ryobi u. a.) setzen für ihre Mehrfarben-Druckmaschinen die Reihenbauweise ein.

Jedes Druckwerk besteht aus einem Dreizylinder-System, d. h. für jede Druckfarbe ist ein komplettes Druckwerk mit separatem Druckform-, Drucktuch- und Druckzylinder vorhanden.

Unterschiedlich ist konstruktiv ggf. die Stellung der Zylinder in der sogenannten „Fünf-Uhr-Stellung“ oder „Sieben-Uhr-Stellung“.

Immer mehr Druckmaschinenhersteller setzen doppelt große Druckzylinder und Übergabetrommeln ein (z.B. KBA Planeta mit der Rapida, MAN-Roland mit den Modellen Roland 200, 500, 700 und 900, Heidelberg mit der Speedmaster CD).

Durch den doppelt großen Druckzylinder ergeben sich drucktechnische Vorteile:
- Es wird die geringstmögliche Zahl an Übergaben zwischen den Druckwerken benötigt.
- Der Bogen wird mit relativ geringer Krümmung durch die Maschine geführt. Dies ist besonders beim Druck starker Kartons ein wesentlicher Vorteil.
- Die Übergabe des Bogens von den Greifern des Druckzylinders an die Übergabetrommel erfolgt erst nach vollständigem Verlassen der Druckzone. Dadurch werden Klebkräfte (Adhäsion zwischen Druckfarbe/Drucktuch und Druckbogen) weniger wirksam; der Bogen liegt glatter, es wirken geringere Zugkräfte auf den Bogen ein.
  Dies wirkt sich vorteilhaft auf den Passer am Bogenende aus.

Bauweisen von Mehrfarben-Offsetdruckmaschinen

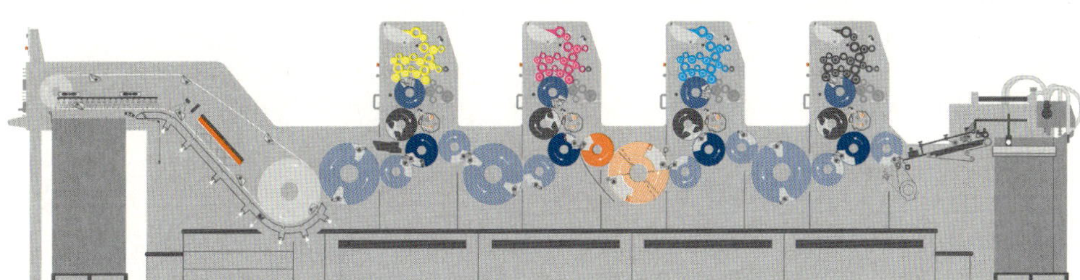

Reihenbauweise mit drei Übergabetrommeln:
Speedmaster74-4P-H, Heidelberg

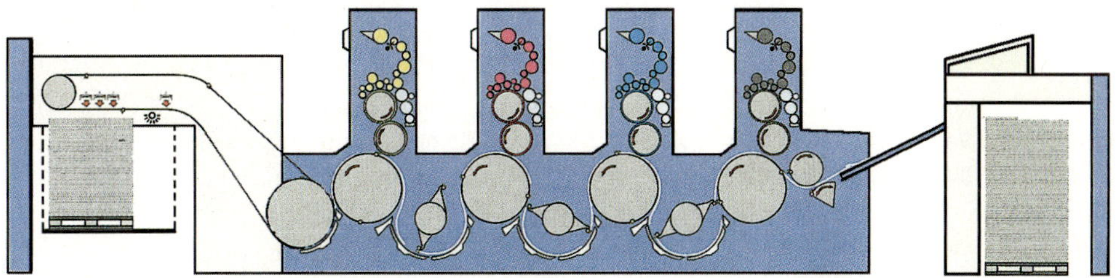

Reihenbauweise mit doppelt großem Druckzylinder und einer Übergabetrommel:
Rapida 105, KBA

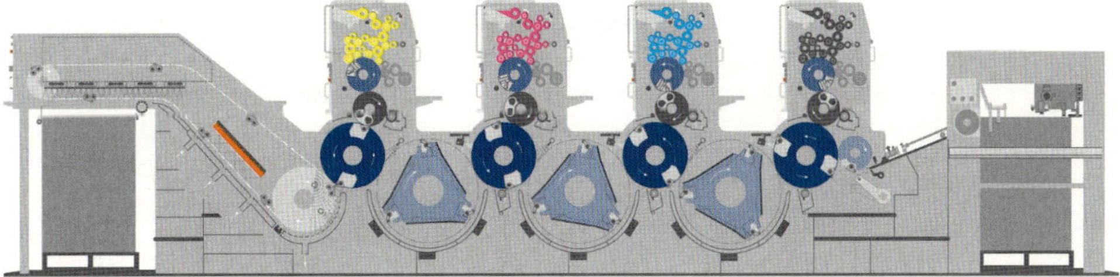

Reihenbauweise mit doppelt großem Druckzylinder und dreifach großer Übergabetrommel:
Speedmaster CD 102-4, Heidelberg

Reihenbauweise mit doppelt großem Druckzylinder und einer Übergabeeinheit (Transferter):
Roland 500, MAN Roland

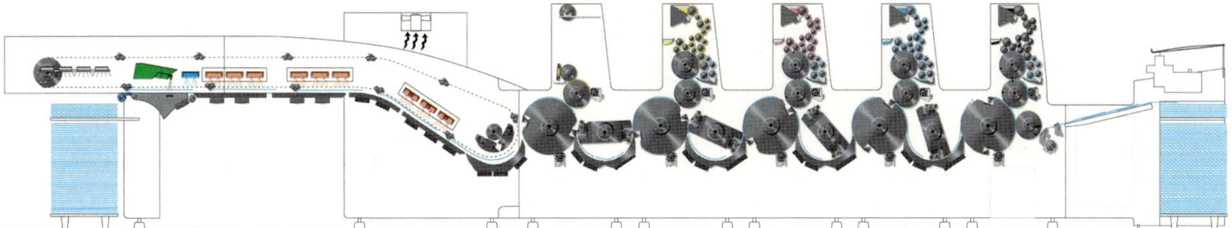

Bauweisen von Mehrfarben-Offsetdruckmaschinen

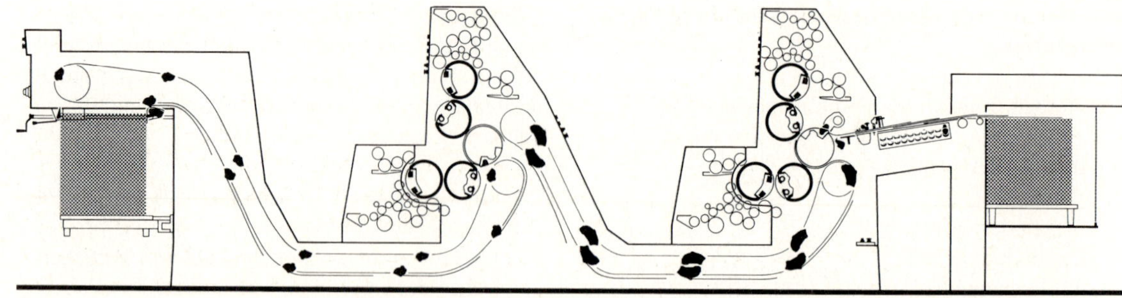

Fünfzylinderbauweise (Doppeldruckwerke): Übergaben mit Kettengreifersystemen, Roland Rekord 3B (Produktion eingestellt)

Die Konstruktion in der Reihenbauweise ermöglicht ein Erweitern des Grundmodells durch weitere komplette Druckwerke mit den entsprechenden Übergabesystemen z. B. zu Vierfarben-, Achtfarben- und heute bereits bis zu Zwölffarben-Offsetdruckmaschinen für den Schön- und Widerdruck.

Fünfzylinderbauweise
Die Fünfzylinderbauweise bildet prinzipiell immer ein Zweifarben-Druckwerk: Zwei Druckplattenzylinder und die zwei Gummituchzylinder drucken gegen einen gemeinsamen Druckzylinder. Der Druckbogen wird dabei in einem Greiferschluss unmittelbar nacheinander mit zwei Druckfarben bedruckt.

Diese Bauweise mit Doppeldruckwerken und gleich großen Zylindern setzte früher MAN-Roland bei allen Mehrfarben-Bogen-Offsetdruckmaschinen ein. Die Bogenübergabe zwischen den Doppeldruckwerken für einen Vierfarbdruck erfolgte mit Zylindern oder Kettengreiferwagen. Eine passgenaue Übergabe an das folgende Doppeldruckwerk sicherten Registerrollen, Passstiftzähne u. ä. Einrichtungen.

Seit der DRUPA 2000 baut auch MAN Roland alle Bogen-Offsetdruckmaschinen in der Reihenbauweise.

KBA setzt eine spezielle Fünfzylinderbauweise für ihr Direct Imaging-System bei der „74 Karat" für den einseitigen Vierfarbdruck ein. Es besteht aus zwei doppelt großen Druckform- und Drucktuchzylindern sowie einem dreifach großen Druckzylinder.

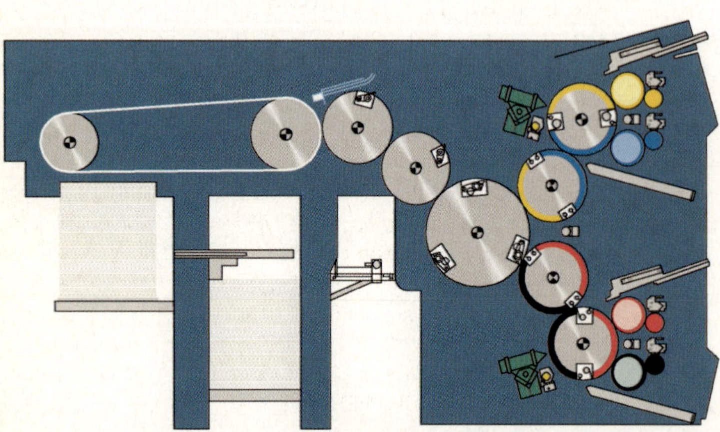

Fünfzylinderbauweise Zwei Druckformzylinder mit je zwei Druckplatten, zwei doppelt große Drucktuchzylinder und ein dreifach großer Druckzylinder mit drei Greifersystemen: 74 Karat, KBA

Auf den Druckformzylindern befinden sich im Umfang Druckplatten für zwei verschiedene Druckfarben. Taktweise gesteuerte Kurzfarbwerke färben die Bildinformationen der jeweiligen Druckform ein.

Vierzylinderbauweise
Die Vierzylinderbauweise mit zwei Druckform-, einem Drucktuch- und einem Druckzylinder wird für die Printmaster QM 46-2, eine kleinformatige Zweifarben-Druckmaschine der Heidelberger Druckmaschinen AG eingesetzt.

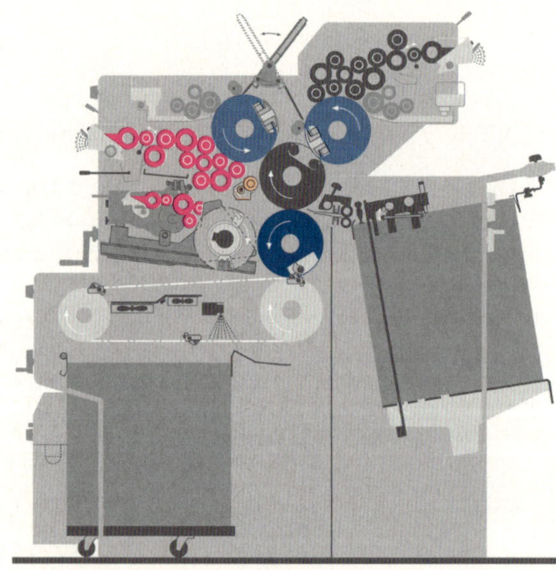

Vierzylinderbauweise Zwei Druckformzylinder, ein Drucktuch- und ein Druckzylinder: Printmaster QM 46

Zwei Druckplattenzylinder übertragen die Bildinformationen nacheinander auf das Drucktuch (Gummituchzylinder), das anschließend den Druckbogen mit beiden Farben gleichzeitig bedruckt.

Satellitenbauweise
Bei dieser Bauweise liegen bei einer Vierfarben-Offsetdruckmaschine vier Zylinderpaare mit je einem Druckform- und einem Drucktuchzylinder an einem großen Druckzylinder.

Bei einer Zylinderumdrehung werden nacheinander alle vier Druckfarben auf eine Seite des Druckbogens übertragen. Eine Bogenwendung zu einem Schön- und Widerdruck ist in diesem System nicht möglich.

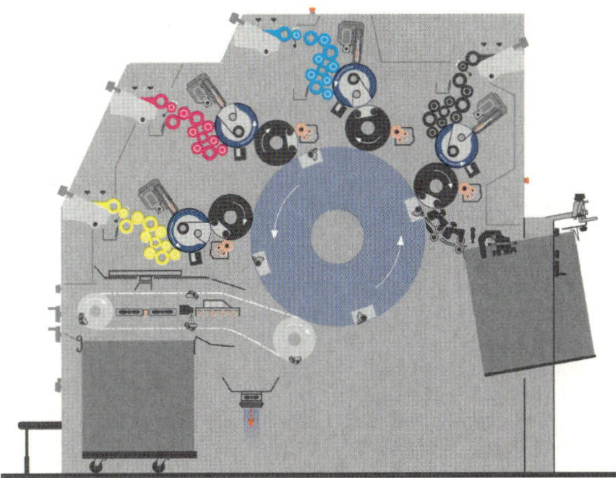

Satellitenbauweise Vier Druckform- und Drucktuchzylinder und ein Druckzylinder: Quickmaster-DI 46-4

Im Bogendruck wird die Satellitenbauweise nur sehr selten eingesetzt. Die Heidelberger Druckmaschinen AG verwendet diese Bauweise für die kompakte Quickmaster DI 46-4, eine kleinformatige Druckmaschine, die Druckformen im Computer-to-Press-System bebildert und einseitig vierfarbig bedruckt.

Entscheidung für eine Bauweise
Für alle Bauweisen gibt es sachliche Argumente und spezifische Vorteile, aber auch die gewohnte Arbeitsweise, der Kontakt zu der Vertretung des Herstellers und der Service entscheiden vielfach zugunsten eines bestimmten Modells.

Spezifische Vorteile der Reihenbauweise:
- alle Druckwerke sind gleichartig aufgebaut (Zylinderanordnung, Farbwerkkonstruktion und Farbfluss, Feuchtwerk u. a.),
- zwischen allen Druckwerken ist ein gleich großer Zeitintervall gegeben, der günstig für ein leichtes Wegschlagen frisch gedruckter Farbe vor dem nächsten Druck ist,
- alle Druckwerke sind einzeln leicht zugänglich,
- durch Einbau einer Wendeeinrichtung ist eine umstellbare Offsetdruckmaschine für den Schön- und Widerdruck zu bauen.

Spezifische Vorteile der Fünfzylinderbauweise:
- zwei Druckfarben werden in einem Greiferschluss, also ohne jede Übergabe gedruckt, dies gewährt einen optimalen Passer zwischen den beiden Druckfarben,
- bei einem Doppeldruckwerk sind jeweils zwei Druckwerke von einem Arbeitsplatz aus direkt zu bedienen,
- die Druckmaschinen sind kompakt gebaut und benötigen einen geringeren Platz in der Maschinenlänge.

Spezifische Vorteile der Satellitenbauweise
- kompakte Bauweise, geringer Platzbedarf
- vierfarbiger Druck in einem Greiferschluss.

11.6 Offsetdruckmaschinen für Schön- und Widerdruck

Die Bezeichnung dieser Bogen-Druckmaschinen ist ein historisches Relikt aus einer Zeit, in der Papiere nur mit deutlich unterschiedlicher Qualität der beiden Seiten herzustellen waren.

Hochwertigere Motive druckte man immer auf der glatteren, der sogenannten Schönseite des Papiers (bei der Papierherstellung die nicht auf dem Sieb aufliegende sogenannte Filzseite). Die etwas rauere Seite, die Siebseite, wurde dagegen für den Widerdruck (Rückseitendruck) mit weniger hohen Qualitätsansprüchen genutzt.

Schön- und Widerdruck bedeutet heute technisch, dass beide Bogenseiten in einem Bogenlauf durch die Druckmaschine bedruckt werden.

Als Kennzeichnung für die drucktechnische Informationsübertragung verwendet man Zahlenangaben mit einem Schrägstrich. Je Zahl steht stellvertretend für eine Druckseite, sie gibt die Anzahl der jeweils gedruckten bzw. zu druckenden Farben an. Danach bedeuten beispielsweise:
- 1/1: Vorder- und Rückseite je einfarbig bedruckt
- 1/4: Vorderseite einfarbig, Rückseite vierfarbig bedruckt
- 4/4 (auch „Vier-über-Vier“ genannt): beide Seiten vierfarbig bedruckt.

Bei den Schön- und Widerdruckmaschinen unterscheidet man grundsätzlich zwei Systeme:
- Nicht umstellbare Schön- und Widerdruckmaschinen
- Umstellbare Schön- und Widerdruckmaschinen.

Nicht umstellbare Schön- und Widerdruckmaschinen
Nicht umstellbare Schön- und Widerdruckmaschinen bedrucken ausschließlich beide Bogenseiten. Diese Offsetdruckmaschinen haben in der Produktion kaum noch eine Bedeutung.

Das Druckwerk arbeitet im Gummi-Gummi-Prinzip (engl. blanket-to-blanket), d. h. es besteht aus zwei Druckplatten- und zwei Gummituchzylindern, von denen einer dem anderen als Druckzylinder dient. Beide Bogenseiten werden durch die beiden Gummituchzylinder gleichzeitig einfarbig bedruckt.

Im Gummi-Gummi-Prinzip arbeitende nicht umstellbare Druckmaschinen werden nicht mehr gebaut. Sie wurden vereinzelt für den Druck von einfarbigen Zeitschriften, Wochenblätter, Beilagen, Wurfzetteln, kleineren Verlagswerken u. ä. Druckprodukten geeignet, sofern sich deren Umfang und Auflagenhöhe noch unter der Wirtschaftlichkeit von Rollen-Offsetdruckmaschinen bewegte.

Umstellbare Schön- und Widerdruckmaschinen
Der Trend im Druckmaschinenbau geht zu umstellbaren Schön- und Widerdruckmaschinen und damit zu einer möglichst flexiblen Nutzung im Akzidenzdruck.

Alle umstellbaren Schön- und Widerdruckmaschinen sind wahlweise als Mehrfarben-Druckmaschine mit nur einseitigem mehrfarbigen Druck oder als Schön- und Widerdruckmaschine für beidseitigen Druck einzusetzen. Für den Schön- und Widerdruck wird der Bogen zum Druck der Rückseite durch eine Wendeeinrichtung umstülpt.

Mit diesen universell einzusetzenden Systemen kann man auf die gemischten Auftragsstrukturen kleiner und mittlerer Druckereien besonders flexibel reagieren und wirtschaftlich produzieren. Viele Aufträge lassen sich in nur einem Druckgang schnell und kostengünstig herstellen. Bei einem Druck in Ein- oder Mehrfarben-Druckmaschinen wären dagegen mehrere Druckgänge mit erheblich größerem Arbeits- und Zeitaufwand und somit höheren Kosten erforderlich.

Wendeeinrichtungen

Die Wendeeinrichtungen zwischen zwei Druckwerken sind bei allen Maschinen sicher und schnell von einseitig mehrfarbigen Druck auf beidseitigen Druck (Schön- und Widerdruck) und auf das entsprechende Druckformat umzustellen.

Wird ein Druckbogen in einer Ein- oder Mehrfarben-Offsetdruckmaschine zum Umstülpen gedruckt, muss er in Zylinderumfangsrichtung exakt beschnitten sein, um ein genaues Register zu erreichen.

Registerhaltiges Drucken bedeutet, dass der Satzspiegel im Vorder- und Rückseiten deckungsgleich aufeinander stehen. Zu beachten ist außerdem, dass im Druck zweimal ein nicht zu bedruckender Greiferrand am Bogen benötigt wird.

Beim Druck auf umstellbaren Schön- und Widerdruckmaschinen wirken sich dagegen geringe Toleranzen von ca. 2 bis 3 mm in der Bogenlänge, d.h. im Zylinderumfang, nicht aus: Bei der Übergabe vom Schöndruck zum Widerdruck wird der Greiferrand hierbei lediglich etwas kleiner oder größer.

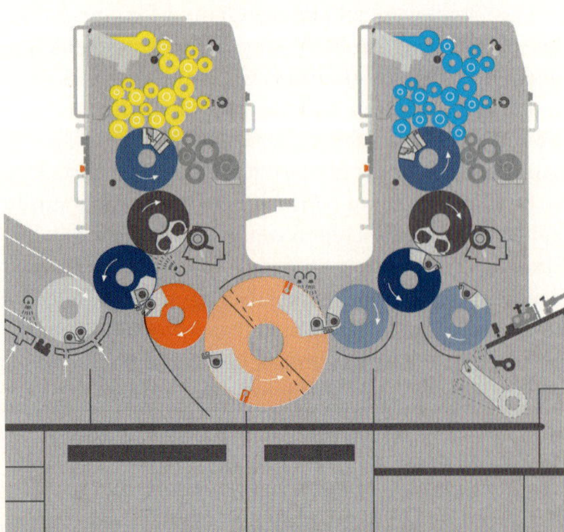

Bogenwendeeinrichtung im Drei-Trommel-System: Übergabetrommel, Speichertrommel, Wendetrommel; SM 102-2-P, Heidelberg

Heidelberger 102 ZP
mit zwei Druckwerken (Zweifarben) umstellbar auf Schön- und Widerdruck

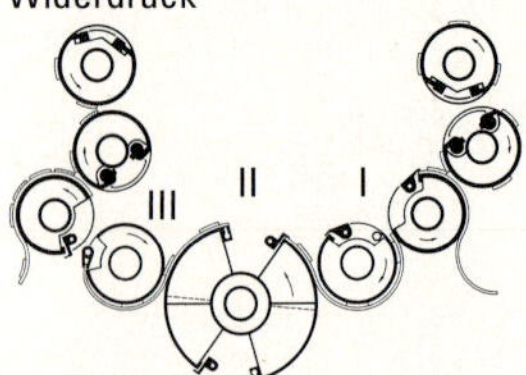

Zweifarben-Schöndruck 2/0:
Die Greifer der Speichertrommel II übergeben den Bogen mit der Vorderkante an die Zangengreifer der Trommel III, die hier als normale Übergabetrommel wirkt.

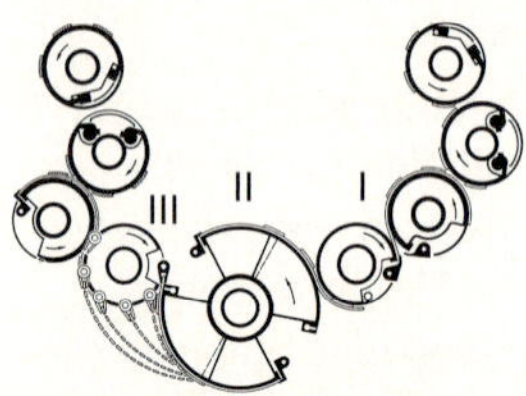

Schön- und Widerdruck 1/1:
Der Bogen wird von den Greifern der Speichertrommel II nicht mit seiner Vorderkante an die nächste Trommel III übergeben, sondern weiter bis zu der in der Skizze gezeigten Position geführt. Dabei wird das Bogenenden von Saugern der Trommel III in Umfangsrichtung und seitlich glattgezogen, damit der Bogen plan und glatt auf der Speichertrommel aufliegt. Nun erfassen die Zangengreifer der Wendetrommel III den Bogen an seiner Hinterkante. Gleichzeitig geben Greifer und Sauger der Speichertrommel II den Bogen frei. Beim Weiterlaufen schwenken die Zangengreifer mit der Bogenhinterkante um ca. 180° und legen den Bogen mit der noch unbedruckten Seite gegen die Wendetrommel III. Nach Übergabe an den Druckzylinder des zweiten Werkes wird der gewendete Bogen auf seiner Rückseite bedruckt. Diese Bogen-Wendeeinrichtung bildet die Grundlage der umstellbaren Bogen-Offsetdruckmaschine. Sie arbeitet bei der Heidelberg 102 ZP ohne zusätzlichen Greiferwechsel in der Wendetrommel.

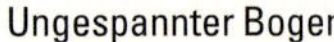

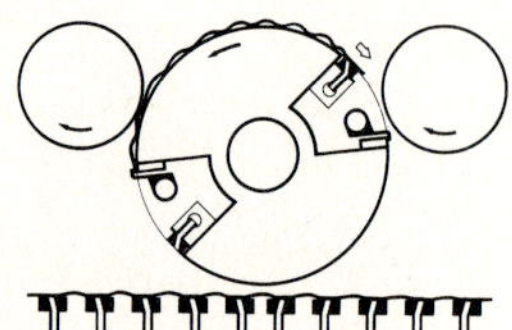

Gespannter Bogen

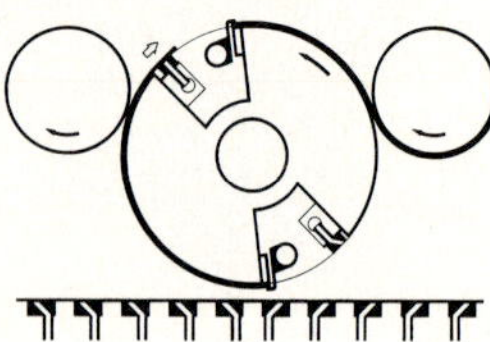

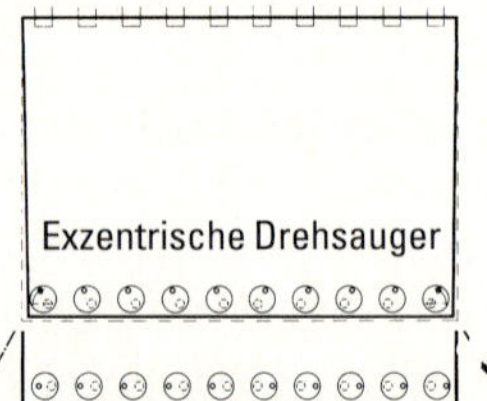

Exaktes Register
Die Saugeinrichtung der Speichertrommel ist mit exzentrischen Drehsaugern versehen, die den Bogen nicht nur in Umfangsrichtung, sondern auch seitlich glattziehen, so dass die Bogenhinterkante zur Übernahme plan auf der Saugleiste aufliegt. Auch ursprünglich welliges Material wird hierdurch registerhaltig an das nächste Druckwerk übergeben.

Die vier Schaubilder sollen die Wirkungsweise der Saugeinrichtung verdeutlichen. Längendifferenzen im Papierstapel von 3 mm werden ohne weiteres bewältigt. Sie bedeuten lediglich einen mehr oder minder großen Greiferrand im Zangengreifer ohne Einfluss auf das Register. Die neuartige Saugeinrichtung gewährleistet einen ungestörten Fortdruck bei hohen Geschwindigkeiten und ein exaktes Register zwischen Schön- und Widerdruck ohne zu Dublieren.

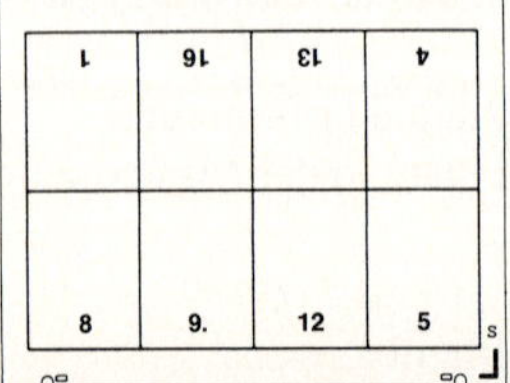

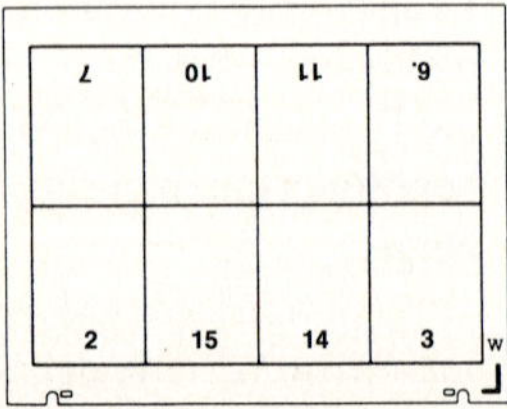

Seitenanordnung auf den Druckplatten für eine umschaltbare Schön- und Widerdruckmaschine

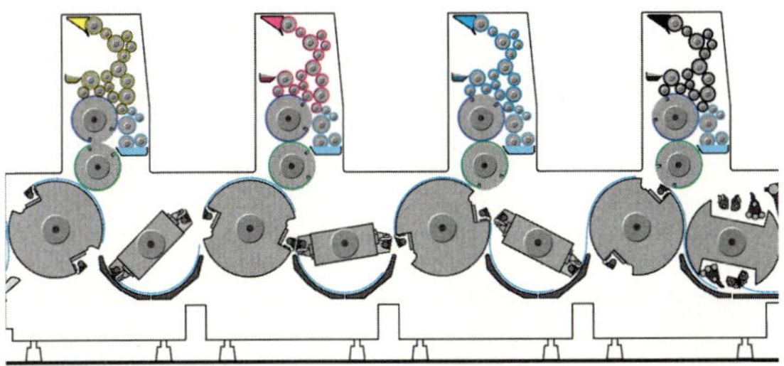

Roland 700
MAN Roland Bogenwendeeinrichtung im Ein-Trommel-System: Wendezylinder mit doppelt großem Durchmesser

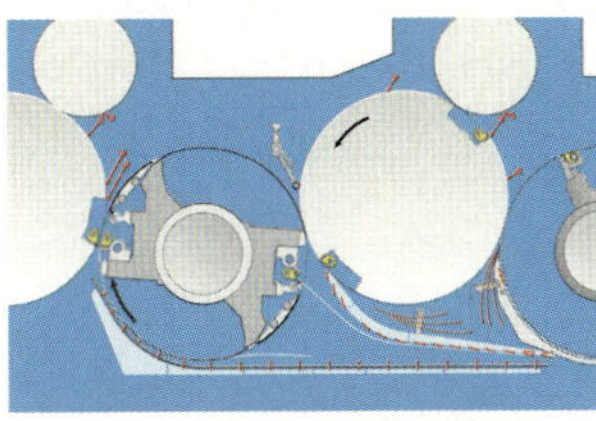

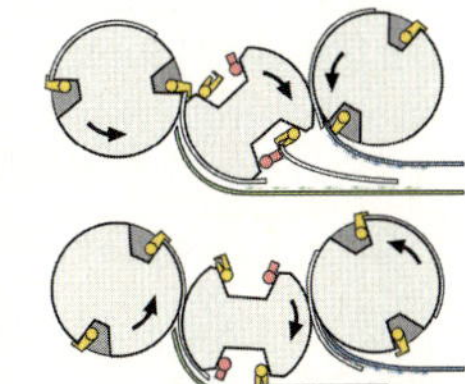

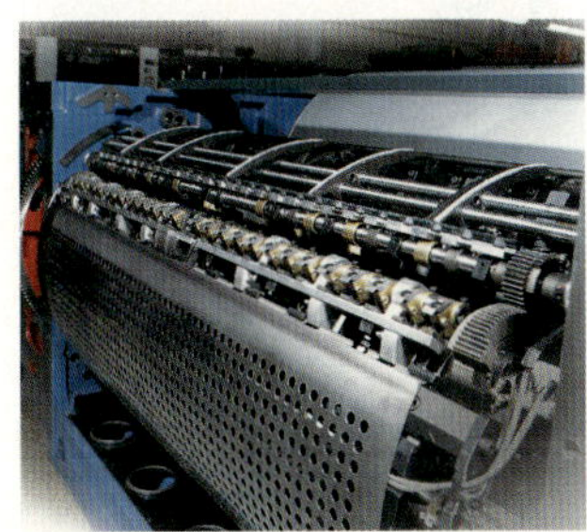

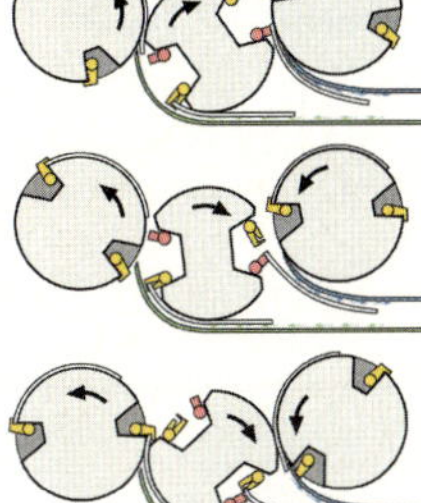

KBA Rapida
Bogenwendeeinrichtung mit einer Wendetrommel im Drei-Trommel-System: Übergabetrommel, Speichertrommel und Wendetrommel

Abb. rechts:
Ablauf des Wendeprozesses mit der Drei-Trommel-Wendung

Die Wirtschaftlichkeit und Vielseitigkeit im Einsatzbereich der Druckmaschinen ist durch Sonderausstattungen (Eindrucken, Nummerieren, Perforieren Mittelschnitt), die insbesondere bei klein- und mittelformatigen Druckmaschinen angeboten werden, für Akzidenzdruckereien mit unterschiedlichsten Aufträgen optimal.

11.7 Druckmaschinentechnik an Bogen-Offsetdruckmaschinen

Bogen-Offsetdruckmaschinen sind prinzipiell durch konstruktive Merkmale und technische Besonderheiten zu unterscheiden. Diese beziehen sich auf
- Anzahl der Druckwerke
- Anordnung und Durchmesser der Zylinder im Druckwerk
- Bogenwendeeinrichtung
- Druck ohne bzw. mit Schmitzringkontakt
- maximales Druckformat
- Druckleistung in Bogen/Stunde
- Anlegesystem
- Auslagesystem
- Maschinensteuerung, Steuer- und Regeltechnik
- Art des Druckbildspeichers: Metalldruckplatte, Druckfolie
- Typ des Druckbildspeichers: extern bebilderte Druckplatte, Bebilderung in der Druckmaschine (Computer-to-Press)
- Sonderausstattungen, z. B.
  automatischer Druckplatteneinzug oder kompletter Druckplattenwechsel,
  programmgesteuertes Waschsystem für Drucktücher und Druckzylinder,
  Temperierung im Farbwerk,
  Feuchtmittelaufbereitung und -temperierung,
  Lackierwerk, Trockner, Eindruckwerk,
  Betriebsdatenerfassung, Leitstandsystem, integrierte Messtechnik bzw. Prozesskontrolle,
  integrierte Weiterverarbeitung.

11.7.1 Zylinder im Druckwerk

Jedes Druckwerk einer Bogen-Offsetdruckmaschine für den Einfarbendruck besteht grundsätzlich aus drei Zylindern.

Dieses (Basis-)Druckwerk kann zu einer Mehrfarben-Druckmaschine für zwei, vier und mehrere Druckfarben in Reihe hintereinander gestellt und miteinander durch ein Übergabesystem verbunden werden.

In der 5-Zylinder-Bauweise arbeiten zwei Druckwerke mit ihren Gummituchzylindern gegen einen gemeinsamen Druckzylinder. Diese Bauweise setzten früher MAN Roland und auch andere Hersteller ein.

Bei den meisten Offsetdruckmaschinen sind die drei Zylinder im Druckwerk in der sogenannten „5-Uhr-Stellung“ angeordnet. Dabei sind alle Zylinder gleich groß, sie sind durch direkten Eingriff von Zahnrädern miteinander verbunden.

Konstruktionen mit doppelt großem Druckzylinder oder mit der Zylinderanordnung in „7-Uhr-Stellung“ sind ebenfalls im Einsatz und haben durchaus ihre Vorteile im Druckprozess.

Mit doppelt großem Druckzylinder im Vergleich zum Druckform- und Drucktuchzylinder arbeiten u. a. die Bogen-Offsetdruckmaschinenhersteller
• KBA, Koenig-Bauer AG

Zylinderstellungen

„5-Uhr-Stellung“ „7-Uhr-Stellung“

Druckplattenzylinder

Gummituchzylinder

Druckzylinder

• MAN Roland mit allen neuen Druckmaschinen
• Heidelberger Druckmaschinen AG
mit der Speedmaster CD, einer speziellen Mehrfarben-Druckmaschine für den Kartondruck.

Die Hersteller sehen in dieser Technik einen optimalen Transport des Bogens durch die Druckzone, da das Auslagesystem den Bogen nicht bereits während der Druckphase, sondern erst nach dem vollständigen Bedrucken im Zylinderumfang übernimmt.

Der Bogen wird durch den großen Zylinder zudem flacher durch die Maschine geführt. Dies ist ein besonderes wichtiger Vorteil für den Kartondruck.

Außerdem erlaubt der groß dimensionierte Druckzylinder eine gute Zugänglichkeit innerhalb des Druckwerkes und somit ein leichteres Warten und Reinigen.

Schmitzringläufer, Nichtschmitzringläufer
Früher arbeiteten nur sehr wenige Offsetdruckmaschinen mit Schmitzringpressung zwischen dem Druckform- und dem Gummituchzylinder. Dieser Trend zeigt sich verstärkt. Selbst hochwertige kleinformatige Offsetdruckmaschinen arbeiten heute mit Schmitzringpressung. Andere Hersteller bieten ausschließlich Konstruktionen ohne Schmitzringkontakt oder wahlweise das Drucken mit und ohne Schmitzringpressung an.

Eine verfahrenstechnisch bedingte Unruhe im Druckprozess ergibt sich technisch durch den Kanal im Zylinderumfang. Die Druckplatte umspannt den Druckplattenzylinder nur zu etwa einem dreiviertel des gesamten Umfanges, d.h. Druckplatten- und so auch der Drucktuchzylinder übertragen Bildinformationen nur mit etwa dreiviertel ihres gesamten Umfanges. Der nichtdruckende Bereich im Zylinderumfang ist der sogenannten Kanal.

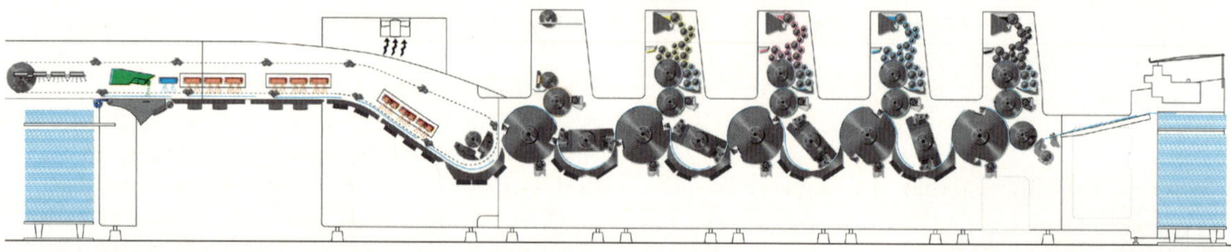

MAN Roland 504 mit Lackmodul und AirGlide-Ausleger

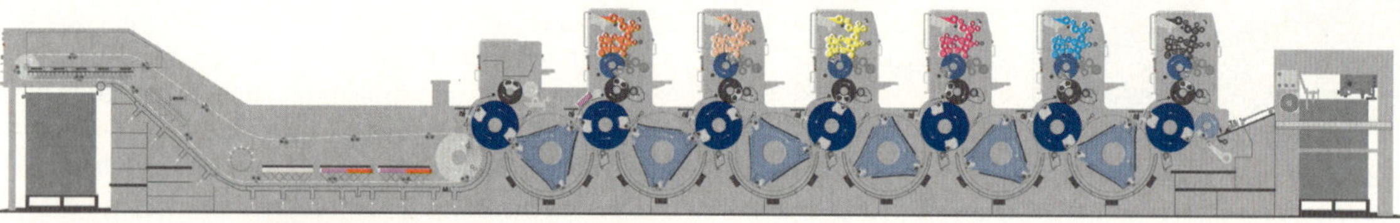

Heidelberg Speedmaster CD 106 + Lack

Schmitzringläufer
Druck mit Schmitzringpressung

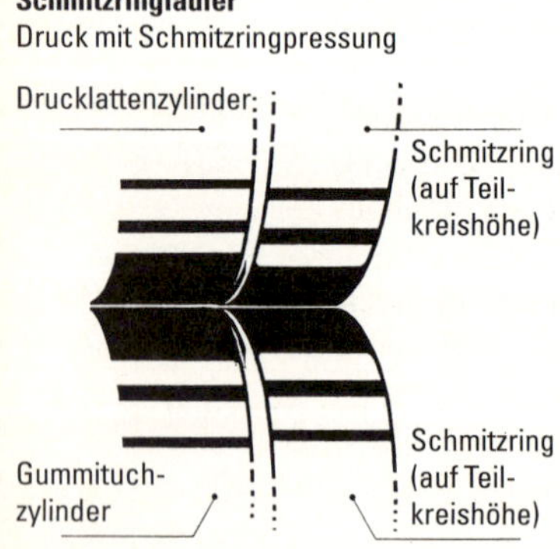

Nichtschmitzringläufer
Druck ohne Schmitzringpressung

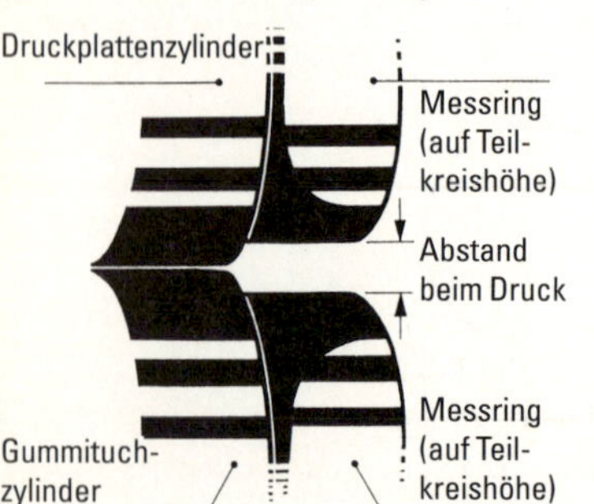

Heidelberg Printmaster QM 46
Schrägverzahnte Zahnräder und Schmitzringpressung

Der zum Druck erforderliche Anpressdruck lässt unmittelbar nach Druckende am Drucktuch abruppt nach und wirkt erst wieder zu Beginn eines neuen Druckvorgangs. Diese hier wirksamen Kräfte müssen mechanisch ausgeglichen werden. Sie können nicht ausschließlich durch die miteinander im Eingriff stehenden Zahnräder (Schrägverzahnung, Evolventenzahnform) der Zylinder ausgeglichen werden.

Durch eine Schmitzringpressung, bei der eine hohe Vorspannung die Schmitzringe von Druckplatten- und Drucktuchzylinder gegeneinander presst, ist eine ruhigere Zylinderführung und eine präzise Druckabwicklung zwangsweise gewährleistet.

Daraus ergibt sich ein punktscharfes Ausdrucken mit geringster Tonwertzunahme im Rasterdruck.

Eine Änderung der Druckbildlänge im Zylinderumfang – bei großformatigen Druckmaschinen im Mehrfarbdruck auf bestimmten Bedruckstoffen erforderlich – ist allerdings zeitaufwendiger: Ein Verringern der Aufzugsstärke am Druckplattenzylinder erfordert ein gleichstarkes Verstärken des Aufzuges am Drucktuchzylinder, da der Zylinderabstand nicht verändert werden kann. Das gilt analog auch für ein Verstärken der Aufzugstärke.

11.7.2 Farbwerke

Aufgabe des Farbwerkes ist es, die Druckform kontinuierlich, gleichmäßig und streifenfrei mit der erforderlichen Farbschichtdicke auf der gesamten Druckfläche zu versorgen. Bereits eine Farbschichtdicke von 1 bis 3 µm reicht für das Einfärben der Druckform im Offsetdruck aus.

Um diese Präzision im Auflagendruck – und das bei unterschiedlicher Farbabnahme entsprechend der Bildstellen auf der Druckform – exakt zu steuern und konstant zu halten, berechnen und simulieren Druckmaschinenhersteller für Qualitätsdruckmaschinen mit Computerprogrammen die Konstruktion der Farbwerke und simulieren das Farbübertragungsverhalten bei verschiedenen Einflüssen.

Druckfarbe, die durch die Einfärbung von Bildstellen auf der Druckform dem Farbwerk entnommen wird, muss in gleicher Menge und Verteilung kontinuierlich wieder zugeführt werden.

Aus dieser Forderung ergeben qualitätsbestimmende und wirtschaftliche Kriterien zur Beurteilung von Farbwerken:

- gleichmäßige, kontinuierliche Farbführung während des gesamten Auflagendrucks
- minimaler Farbabfall (Verringern der Farbschichtdicke bzw. -dichte) vom Druckanfang bis zum Druckende
- einwandfreie Steuerung der Farbdosierung vom Farbbehälter (Farbkasten) in das Farbwerk mit
  - nebenwirkungsfreier Einstellung,
  - geringen hydrostatischen Auswirkungen (die Farbmenge im Farbkasten betreffend) und
- hydrodynamischen Auswirkungen (die Drehbewegung im Farbkasten betreffend)
- präzise, einfache Fernsteuerung
- geringer Wartungsaufwand
- geringe Kosten für das Farbwerk und für erforderliches Verbrauchsmaterial.

Farbwerksysteme

1.	Walzenfarbwerke
1.1	Farbdosiersystem mit Farbmesser
1.1.1	Heberfarbwerke
1.1.2	Filmfarbwerke
1.2	Farbdosiersystem mit Stellelementen
1.2.1	Heberfarbwerke
1.2.2	Filmfarbwerke
2.	Aniloxfarbwerke

Im Bogen-Offsetdruck werden ausschließlich Walzenfarbwerke für die Einfärbung der Druckform mit pastösen Druckfarben eingesetzt. In Rollen-Offsetdruck für die Produktion von Zeitungen, bei denen keine sehr hohe Einfärbequalität gefordert, setzt man teilweise auch einfacher aufgebaute Aniloxfarbwerke (Kurzfarbwerke) ein.

Überblick: Walzenfarbwerke

Walzenfarbwerke übertragen hochviskose (zähflüssige) Druckfarben durch eine mehr oder weniger große Zahl von Walzen in der Oberfläche harten bzw. gummibezogenen von einem Farbbehälter, dem Farbkasten, auf die Druckform.

Die Druckfarbe wird in diesem System durch Farbspaltung an den Kontaktstellen der verschiedenen Walzen zu einem sehr dünnen, gleichmäßigen Farbfilm verteilt. Gummiwalzen übertragen die Druckfarbe auf die Druckform. Die Menge der Farbabnahme durch die Druckform muss möglichst kontinuierlich in der gleichen Menge aus dem Farbkasten wieder dem Walzenfarbwerk zugeführt und gleichmäßig verteilt werden.

Überblick: Aniloxfarbwerke

Aniloxfarbwerke, seit längerem mit gutem Erfolg für den Druck mit niederviskosen (dünnflüssigen) Druckfarben im Flexodruck bewährt, bieten grundsätzlich auch für den (Rollen-)Offsetdruck den Vorteil einer schnell reagierenden, farbzonenfreien Farbsteuerung mit kontinuierlicher Farbzufuhr.

Dünnflüssige Druckfarben können nicht über Walzen transportiert werden, daher ist ein sehr kurzer Weg von der Farbzufuhr aus dem Farbbehälter bis zur Druckform notwendig.

Zentrales Element dieser Einfärbetechnik ist die Aniloxwalze, eine Metall- oder Keramikwalze mit winzig kleinen, gleichmäßig tiefen Näpfchen in der Oberfläche.

Zur Farbübertragung läuft die Aniloxwalze direkt in einer Farbwanne oder wird durch eine Walze aus der Farbwanne mit einem Überschuss an Druckfarbe eingefärbt.

Eine technisch präzisere Farbübertragung wird durch das Einfärben mit einer Farbkammerrakel erreicht. Beim Einfärben nehmen die Näpfchen die dünnflüssige Druckfarbe auf. Eine Rakel streicht danach die Oberfläche der Aniloxwalze farbfrei. Damit wird erreicht, dass eine immer gleichmäßige, durch das Näpfchenvolumen bestimmte Farbmenge auf die Druckform übertragen wird. Ein zonenweises Einstellen der Farbmenge, dazu erforderliche Stellelemente und eine aufwendige Steuertechnik entfallen bei diesem System.

Die einzige Auftragswalze hat allgemein den gleichen Durchmesser wie der Druckformzylinder, so dass bei jeder Zylinderumdrehung eine permanent gleichmäßige Einfärbung gegeben ist.

Nachteilig erweist sich aber vor allem die prozessbedingte Feuchtung im konventionellen Offsetdruck:

- das Feuchtmittel kann in dem Kurzfarbwerk nicht rasch genug verdunsten

und

- die niederviskose Druckfarbe kann kein Feuchtmittel aufnehmen (ein-emulgieren).

So gelangt Feuchtmittel in das Feuchtwerk, das sich nach längerer Produktionszeit auch im Farbbehälter ansammelt. Dies führt zu Störungen in der Farbübertragung und damit einer gleichmäßig Einfärbung der Druckform.

Aniloxfarbwerk
Kurzfarbwerk zum Druck mit niederviskosen Druckfarben für den Zeitungsdruck (MAN-Roland)

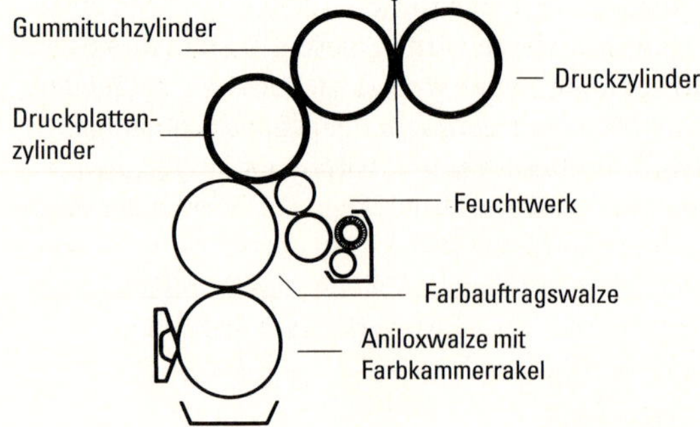

Walzenfarbwerke

Im Offsetdruck wird mit einer hochviskosen, zähflüssigen Druckfarbe gedruckt. Das Einfärbesystem hängt von einer Vielzahl von Faktoren ab, die den Prozess der Farbübertragung und des Einfärbens der Bildstellen auf der Druckform stark beeinflussen.

Die Farbübertragung erfolgt durch Farbspaltung, die prinzipiell besagt: Rollen zwei Walzen, von denen nur eine eingefärbt ist, im Kontakt aufeinander ab, so verteilt sich die Farbschicht theoretisch etwa zur Hälfte auf beiden Walzen.

Einflussgrößen zur Einfärbequalität sind u.a.:

- Konstruktion des Farbwerkes
  - Anordnung der Walzen, Farbfluss vorder- oder hinterlastig
  - Anzahl der Walzen im Farbwerk
  - Farbspeichervolumen des Farbwerkes
  - Farbdosiersystem
  - diskontinuierliche bzw. kontinuierliche Farbzufuhr
  - seitliche Verreibung bei Walzen,
  - Umkehrzeitpunkt der Verreibung
  - Art und Oberflächeneigenschaften der Walzen
- Druckfarbe
  - Rheologie
  - Aufnahmefähigkeit für Feuchtmittel
  - Temperatur im Farbwerk
- Feuchtmittel
  - Zusammensetzung
  - Verdunstungsgeschwindigkeit
  - Temperatur
- Einstellungen durch den Drucker
  - Justieren der Walzen
  - Pflege des Systems
- Druckgeschwindigkeit

Die Wechselwirkungen dieser und weiterer Faktoren sind außerordentlich komplex, so dass Störungen im Prozess nicht auszuschließen sind.

Walzenfarbwerke bestehen aus einzelnen Bauelementen und Baugruppen:

- Farbdosiersystem:
  Farbkasten mit Stellelementen zur Farbdosierung
- Farbübertragungswalze:
  Heberwalze oder Filmwalze
- Farbverreibe-, Übertragungs- und Beschwerwalzen sowie
- Farbauftragswalzen.

Farbdosiersysteme mit durchgehendem Farbmesser

Die konventionelle Farbdosiereinrichtung besteht aus einem Farbkasten mit zwei seitlichen Begrenzungsbacken, einem Federstahlmesser, Zonenschrauben und einem Farbduktor.

Der *Farbduktor* ist eine verchromte Stahlwalze, die bei älteren Druckmaschinen noch durch ein Sperrgetriebe, heute jedoch durch ein stufenlos arbeitendes Getriebe angetrieben wird.

Zum Farbduktor ist in der Grundeinstellung ein Federstahlmesser, kurz *Farbmesser* genannt, in einem Abstand von 0,3 mm justiert. Diese Einstellung ist zum Beispiel beim Druck schwerer Flächen, die eine sehr hohe Farbmenge erfordern, durch Parallelverstellung insgesamt zu vergrößern.

Die hochviskose Druckfarbe wird manuell oder über Farbpumpen in den Farbkasten gefüllt. Das Farbmesser liegt zum Druck mehr oder weniger stark, ähnlich einer Rakel, am Duktor an. Die Drehbewegung des Duktors bewirkt durch Adhäsion ein Mitnehmen von Druckfarbe an der Oberfläche der Walze. Durch eine größere Anzahl von eng nebeneinander stehenden Zonenschrauben ist der Abstand zwischen dem Farbmesser und dem Farbduktor zu verringern oder zu vergrößern. Damit ist eine axiale Farbdosierung in der Druckzylinderbreite grundsätzlich möglich. (Gesamtsteuerung der Farbmenge siehe folgende Absätze zu: Heberwalze und Filmwalze).

Alle Farbdosiersysteme, die mit einem Farbmesser arbeiten, besitzen systembedingt wesentliche Nachteile:

- Das Farbmesser, eine durchgehende Federstahlplatte, ist durch die Dosierung mit Zonenschrauben nicht nebenwirkungsfrei zu steuern.
  Das heißt: Bei einer Plus- oder Minussteuerung wirkt sich diese nicht nur an der betreffenden Stelle, sondern durch Spannungen im Metall auch an den Nachbarzonen mehr oder weniger stark aus.
- Die Farbmenge im Farbkasten bewirkt einen hydrostatischen Druck und beeinflusst die Farbüber-

Walzenfarbwerke 1. Farbspeicher-Farbwerk, 2. Multiroll-Farbwerk. Beide Farbwerke übertragen die Druckfarbe vom Farbkasten in das Farbwerk mit einem Farbheber

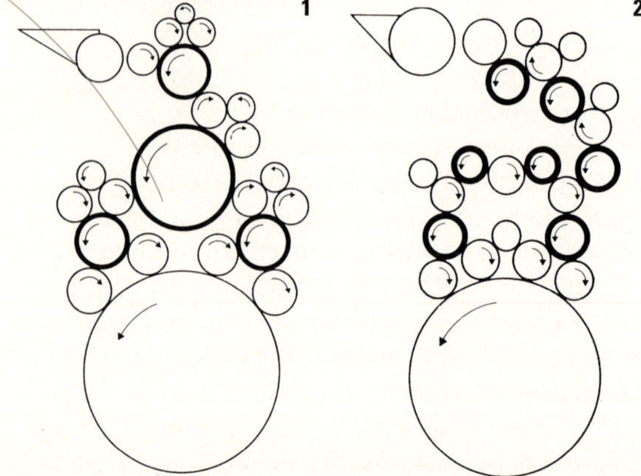

Walzenfarbwerke mit direkt wirkenden Zonenschrauben

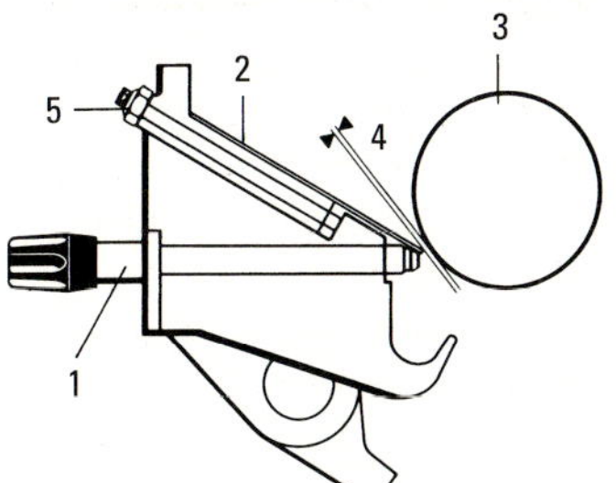

1 Zonenschrauben
2 Farbmesser
3 Farbduktor
4 Grundeinstellungen: Farbmesser zu Farbduktor 0,3 mm
5 Schraube für die Grundeinstellung des Farbmessers

tragung an den Duktor. (Hydrostatik: Gleichgewichtszustand bei Druckeinwirkung bzw. Wirkung einer Flüssigkeit in Ruhelage durch eigene Masse.)
- Bei periodisch oder permanent laufendem Duktor entsteht zusätzlich ein hydrodynamischer Druck am Farbmesser durch einen „rollenden Farbwulst". Unterschiedliche Geschwindigkeiten verändern das Farbprofil und beeinflussen so ebenfalls die Farbübertragung. (Hydrodynamik: Die Strömung bzw. die Fließeigenschaften von Flüssigkeiten betreffend.)

Bei einfachen Konstruktionen wirken die Zonenschrauben direkt auf das Farbmesser ein. Dieses System besitzt erhebliche Nachteile. Ein genaues, feinfühliges Einstellen kann durch mangelhafte Pflege erschwert oder gar verhindert werden durch Farbreste, die an der Unterseite des Farbmessers und an den Gewinden der Zonenschrauben verkrusten und verhärten. Bei Farbdosierungen mit indirekt wirkenden Zonenschrauben beeinflussen diese Mängel die Farbgebung kaum.

Farbkasten mit indirekt wirkenden Zonenschrauben

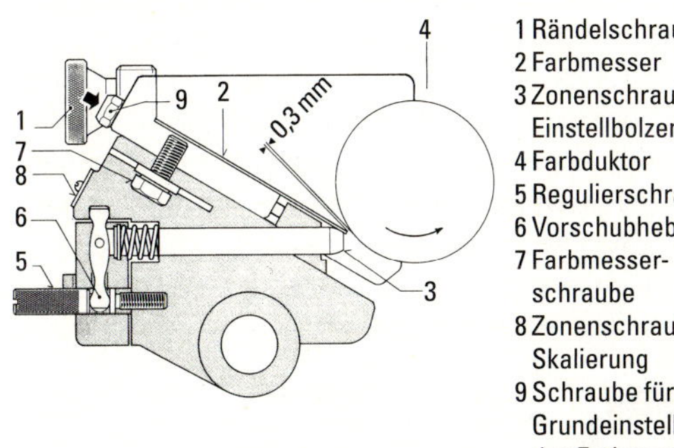

1 Rändelschraube
2 Farbmesser
3 Zonenschraube/ Einstellbolzen
4 Farbduktor
5 Regulierschraube
6 Vorschubhebel
7 Farbmesserschraube
8 Zonenschrauben-Skalierung
9 Schraube für die Grundeinstellung des Farbmessers

Je größer der Abstand zwischen dem Farbmesser und dem Duktor ist, desto mehr Druckfarbe wird über den Duktor in das Farbwerk übertragen. Alle Zonenschrauben sollten jeweils von der Mitte nach außen gehend gefühlvoll eingestellt werden. Damit ist ein Verspannen des durchgehenden Farbmessers weitgehend zu vermeiden. Zu starkes Anpressen verzieht oder beschädigt das Farbmesser.

Die gesamte Grundeinstellung des Farbmessers zum Duktor ist bei neuen Farbkästen an einer Skala abzulesen. Durch Rändelschrauben ist diese Grundeinstellung von 0,3 mm zu vergrößern oder auch bei minimalem Farbbedarf zu verringern. Parallele Gesamtverstellungen der Farbmenge sind damit nicht mehr unbedingt über die Zonenschrauben zu steuern.

Die Zonenschrauben sollten grundsätzlich so eingestellt werden, dass etwa mit 60 bis 70 % der möglichen Gesamtübertragungsmenge, gesteuert durch den Duktorvorschub, Heber- oder Filmwalzenkontakt, gedruckt werden kann. Durch diese Einstellung wird ein relativ dünner Farbfilm in großer Streifenbreite vom Farbheber übernommen, der leichter durch die Walzen verteilt und zum Einfärben aufbereitet werden kann.

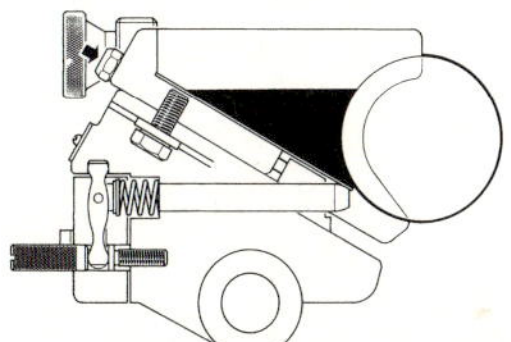

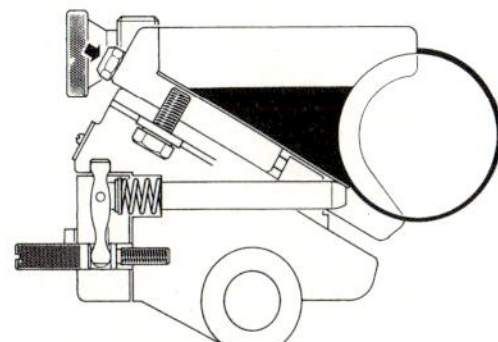

Bei zurückgedrehten Zonenschrauben soll der Abstand vom Farbmesser zum Duktor 0,3 mm betragen. Eine neue Grundeinstellung wird erreicht, nachdem die Farbmesserschrauben und die Kontermuttern gelöst werden und an den Stellschrauben der Abstand des Farbmessers zum Duktor auf 0,3 mm eingestellt wird

Daraus ergeben sich drucktechnische Vorteile:
- optimaler, streifenfreier Transport des Farbfilms durch eine dünnere Farbschichtdicke und raschere Farbspaltung vom Farbheber in das Walzensystem des Farbwerks,
- feinere Plus- oder Minuskorrekturen der gesamten Farbmenge als bei Einstellungen unter 50 % der Gesamttransportmenge,
- für die beim Auflagendruck erforderlichen Pluskorrekturen – bedingt durch Änderung der Viskosität und Farbintensität bei Erwärmung und anderen Einflüssen – bleibt ein ausreichender Steuerungsbereich (Einstellungen >70 %) erhalten.

Transport der Druckfarbe vom Farbkasten in das Farbwerk

Für das Übertragen der Druckfarbe vom Farbkasten über den Duktor in das Walzensystem werden zwei Verfahrenstechniken eingesetzt:
- Farbheber
  diskontinuierliche Farbübertragung
  = Farbzufuhr in Intervallen
- Filmwalze
  kontinuierliche Farbübertragung
  = permanente Farbzufuhr.

Farbheber

Je nach Farbwerksystem dreht sich der Duktor im Farbkasten in Intervallen, d. h. in einem einstellbaren, periodischen Vorschub oder permanent in gleichmäßiger Umdrehungsgeschwindigkeit. Der Farbheber, eine mit Gummi-bezogene Walze, übernimmt die Druckfarbe vom Duktor durch mechanischen Kontakt:
- Bei periodisch gesteuertem Duktorvorschub wird der nicht angetriebene Farbheber mechanisch an den Duktor angestellt. Durch die Drehbewegung des Duktor läuft der Farbheber im Kontakt mit und übernimmt Druckfarbe.

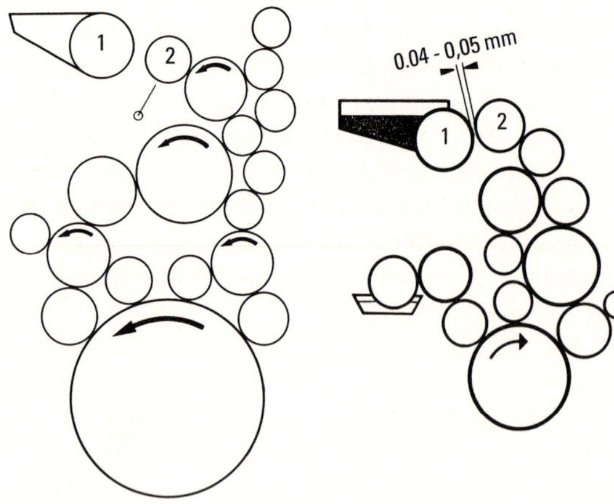

Heberfarbwerk
Beispiel: Bogen-Offsetdruckmaschine
1 = Farbduktor
2 = Farbheber

Filmfarbwerk
Beispiel: Bogen-Offsetdruckmaschine
1 = Farbduktor
2 = Filmwalze (Leckwalze)

– Bei einem permanent laufenden Duktor wird die zu übertragende Farbmenge durch die Kontaktzeit zwischen dem sich drehendem Duktor und dem angestellten Farbheber gesteuert.

Der Farbheber schwenkt im allgemeinen nur bei jeder zweiten Druckzylinderumdrehung an den Duktor heran. Die übertragene Druckfarbenmenge muss dementsprechend für zwei Drucke ausreichen.

Filmwalze
Die pendelnde Heberwalze verursacht insbesondere bei schnelllaufenden Rollen-Offsetdruckmaschinen durch ruckartige Bewegungen Schwingungen, die den Druckprozess negativ beeinflussen können.

Anstelle des Farbhebers wird deshalb vielfach eine Filmwalze eingesetzt. Die Bezeichnung ist aus dem Englischen abgeleitet: „film" = Schicht, Häutchen.

Der Duktor wird permanent angetrieben. Er transportiert eine dünne, gleichmäßig dicke Schicht Druckfarbe aus dem Farbkasten in das Farbwerk.

Die Filmwalze (auch Leckwalze genannt) steht in einem ständigen direkten Kontakt zu der ersten Farbwalze des Farbwerkes, einem Farbreiber. Zum Duktor ist ein geringer Abstand von ca. 0,05 bis 0,08 mm voreingestellt.

Die Menge der Druckfarbe ist durch eine langsamere oder höhere Duktorgeschwindigkeit zu steuern. Beide Walzen laufen demnach ständig mit unterschiedlichen Geschwindigkeiten. Ein Verschleiß beider Walzenoberflächen wird durch die Druckfarbe selbst verhindert, die wie ein Schmiermittel in der Kontaktzone wirkt.

Die Druckfarbenschicht auf dem Duktor, die die voreingestellten Wert (in µm bzw. mm) übersteigt, wird von der laufenden Filmwalze permanent „abgefräst". Die Farbmenge wird also kontinuierlich in der Farbschicht gespalten und kontinuierlich an das Farbwerk übertragen.

Farbdosiersysteme mit Stellelementen

Nachteile der Farbdosiersysteme mit durchgehendem Farbmesser und Zonenschrauben sind so beträchtlich, dass eine exakt dosierte, nebenwirkungsfreie Farbführung sowie eine Fernsteuerung durch die nicht spielfrei arbeitenden Zonenschrauben und die Spannungen im Farbmesser unmöglich sind.

Die Heidelberger Druckmaschinen AG, die MAN Roland AG, die Koenig & Bauer AG (KBA) und andere Druckmaschinenhersteller entwickelten völlig neuartige Farbdosiersysteme, die diese systembedingten Nachteile ausschalten.

Anstelle von Zonenschrauben setzen diese Hersteller neue Systeme wie
- Stellexzenter (Heidelberg),
- Farbschieber (MAN Roland) oder
- Dosierhebel (KBA)

ein, die in einem Abstand von ca. 30 mm nicht mehr tangential, sondern genau zentrisch auf den Farbduktor wirken und ohne ein durchgehendes Farbmesser aus Metall (Federstahlmesser) arbeiten. Alle anderen bedeutenden Druckmaschinenhersteller liefern inzwischen ähnliche Systeme.

Konstruktionen von Walzenfarbwerken

Für die Qualität der Einfärbung sind entscheidende Faktoren:
- Walzenanordnung bzw. Farbfluss,
- Gesamtzahl der Walzen im Farbwerk,
- Anzahl und Durchmesser der Farbauftragswalzen
- Bewegungsbreite und Einsatzpunkt der seitlichen Verreibung.

Walzenanordnung, Farbfluss
Die Druckfarbe wird durch Farbspaltung vom Farbwerk über geeignete Walzen auf die Druckform übertragen. Entscheidende Parameter für diese Übertragung sind molekulare, Grenzflächen-physikalische Wirkungen wie Kohäsions- und Adhäsionskräfte, Oberflächenspannung und Benetzung, die in engen Wechselbeziehungen stehen.

Farbspaltung

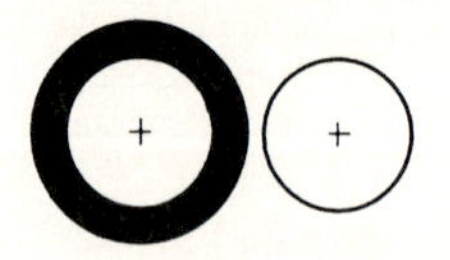

Eingefärbte Walze links ohne Kontakt mit der rechten Walze

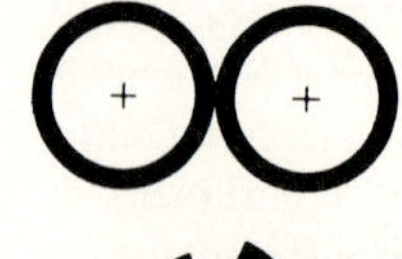

Die Walzen in Berührung. Die Farbfilmstärke wird halbiert. Gleiche Farbverteilung auf beiden Walzen.

Farbspaltung zwischen drei Walzen

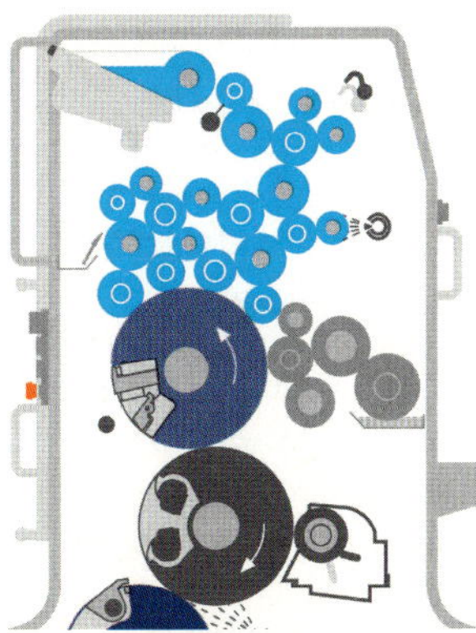

Konstruktion von Farbwerken
Speedmaster 102, Heidelberg

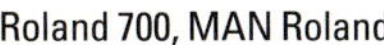

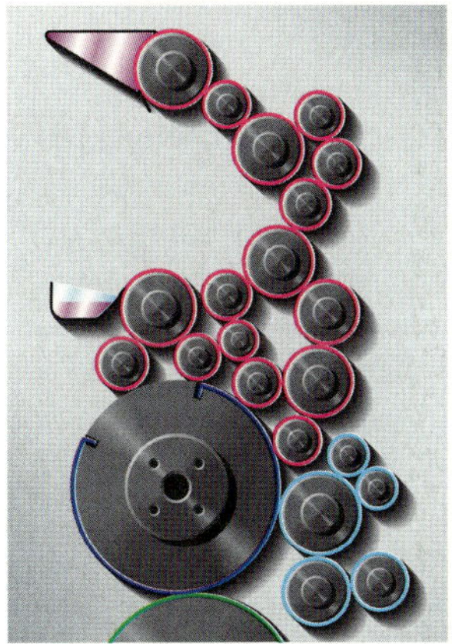

Roland 700, MAN Roland

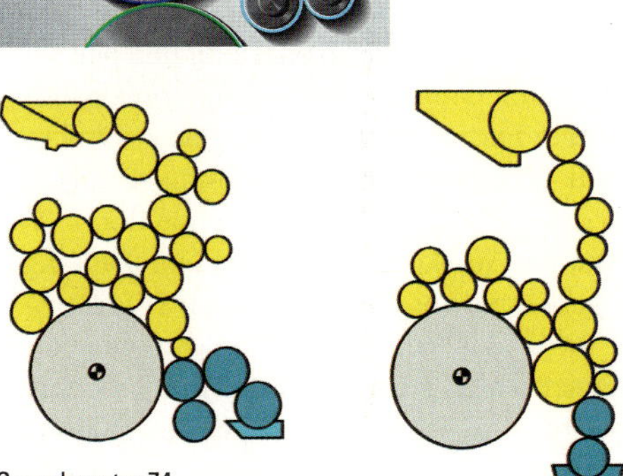

Speedmaster 74, Heidelberg

Rapida 72, KBA

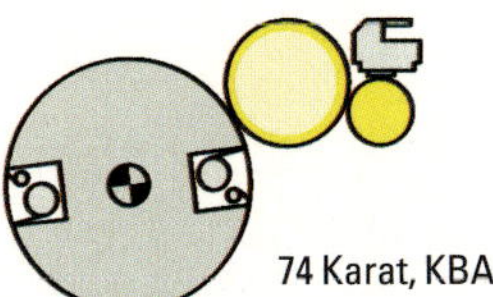

74 Karat, KBA

Vergleich von Farbwerk-Konstruktionen

Die komplexe Theorie der Farbspaltung im Farbwerk unter Berücksichtigung aller Parameter besagt vereinfacht:

– Rollen zwei Walzen aneinander ab, von denen nur eine eingefärbt ist, so verteilt sich die Druckfarbe etwa zur Hälfte auf beiden Walzenoberflächen.

Ziel der Farbübertragung ist eine gleichmäßige Verteilung der durch den Farbheber oder die Filmwalze aufgenommenen Druckfarbe und eine gleichmäßige Einfärbung der Druckform vom Druckanfang bis zum Druckende. Durch bestimmte Walzenanordnungen ist der Einfluss, d. h. die Hauptstromrichtung der Druckfarbe zur Druckform, zu steuern.

Prinzipiell unterscheidet man zwischen

– vorderlastigen Farbwerken, bei denen der Farbfluss verstärkt zu den ersten beiden Farbauftragswalzen und
– hinterlastigen Farbwerken, bei denen der Farbfluss verstärkt zu den letzten beiden Farbauftragswalzen

jeweils durch eine besondere Walzenanordnung gesteuert wird.

In Versuchen und Praxistests zeigte sich, dass vorderlastige Farbwerke grundsätzlich ein besseres Einfärbeverhalten zeigen. Druckmaschinenhersteller versuchten, durch Varianten die Vorteile beider Systeme zu kombinieren und die Qualität der Einfärbung zu optimieren. Beispielsweise wird eine Zwischenwalze eingesetzt, die im Kontakt zur zweiten und dritten Auftragswalze steht. Diese Walze gleicht ungünstige Wirkungen im Farbstrom aus und glättet eine zu starke Farbübertragung am Druckanfang.

Farbwerkfläche

Ein Beurteilungsmaßstab für die Größe eines Farbwerkes ist der Vergleich zwischen dem größten Druckformat und der Farbwerkfläche. Sie errechnet sich aus der Summe der Oberflächen aller Walzen und Reibzylinder, vom Heber bis zu den Auftragwalzen. Ein gutes Farbwerk sollte einerseits eine große Speicherkapazität aufweisen, andererseits aber auch auf Korrekturen schnellstmöglich reagieren. Bei Bogen-Offsetdruckmaschinen ist z. B. die Farbwerkfläche 8,5 mal größer als die Druckfläche.

Einfärbung der Druckform

Anzahl und Umfang der Farbauftragwalzen haben einen wichtigen Einfluss auf die gleichmäßige Einfärbung der Druckplatte. Aus der Praxis wissen wir, dass es einfacher ist, nacheinander von mehreren Auftragwalzen einen dünnen Farbfilm auf die Platte zu bringen und diesen zu glätten, als mit weniger Walzen die gleiche Farbmenge aufzutragen. Unterschiedliche Durchmesser der Farbauftragwalzen sorgen für eine gleichmäßige Einfärbung auch bei schwierigen Formen. Hätten alle Auftragwalzen die gleichen Durchmesser, würde die Farbabnahme des Druckbildes aufgrund der gleichen Walzenabwicklung haargenau aufeinandertreffen und sich als ein Farbübertragungsfehler (Schablonieren) bemerkbar machen. Bogen-Offsetdruckmaschinen mit 4 Farbauftragwalzen in richtig abgestuften Walzendurchmessern gewährleisten eine gute Einfärbung.

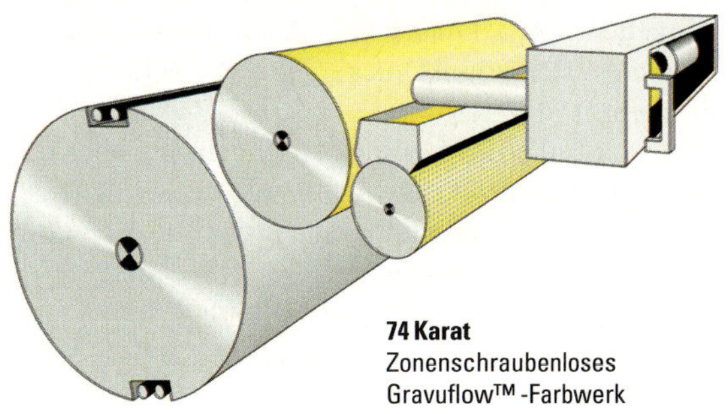

74 Karat
Zonenschraubenloses Gravuflow™-Farbwerk

Seitliche Verreibung

Neben der Farbverteilung in Umfangsrichtung wird die Farbe durch traversierende Reibzylinder auch seitlich verteilt. Notwendig ist dies aus folgenden Gründen:

- Durch die seitliche Verreibung wird die Druckfarbe auch axial gleichmäßig verteilt, dies fördert zudem die Geschmeidigkeit des Farbfilms.
- Die Verreibung baut partielle Farbanhäufung ab, die durch eine ungleichmäßige Farbabnahme des Druckbildes in das Farbwerk gelangen.
- Die seitliche Verreibung erleichtert das Einstellen der erfordelrichen Farbführung innerhalb der Farbzonen, da diese ja nicht immer entsprechend dem Sujet exakt angeordnet sind.
- Die seitliche Verreibung ermöglicht ein leichteres und schnelleres Reinigen der Farbwalzen durch die Wascheneinrichtung.

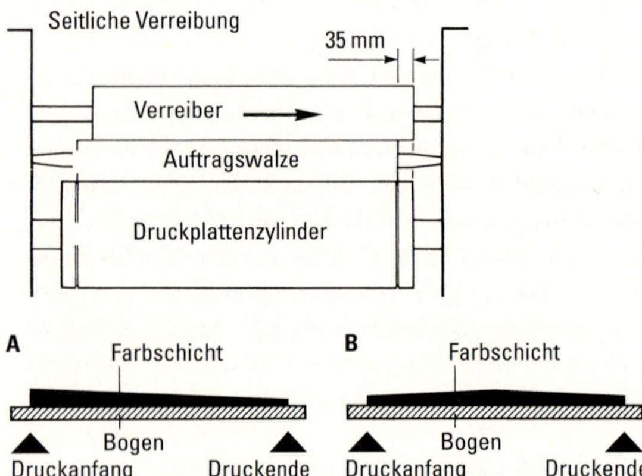

Bei allen Bogen-Offsetdruckmaschinen ist der Weg der seitlichen Verreibung einstellbar. Vielfach wird er bei der Aufstellung der Maschine auf den Maximalwert eingestellt und später kaum noch verändert. Dabei könnte sich der Drucker die Qualität der Einfärbung verbessern, wenn er den Weg der seitlichen Verreibung in bestimmten Fällen verändern würde.

Dies kann beispielsweise der Fall sein, wenn eine Vollfläche und feine Schrift direkt nebeneinander stehen oder wenn mehrere Farben nebeneinander aus einem geteilten Farbkasten in das Farbwerk laufen.

Einsatzpunkt der seitlichen Verreibung

Leichte Unterschiede im Farbauftrag vom Bogenanfang zum Bogenende (Farbabfall) lassen sich im Bogen-Offsetdruck nicht ganz vermeiden. Bei großen Flächen und Druckarbeiten mit vielen Nutzen (Etiketten, Verpackungen u.a.) kann sich diese Erscheinung störend im Druckergebnis bemerkbar machen.

An modernen Offsetdruckmaschinen ist neben dem Weg auch den Umkehrzeitpunkt der seitlichen Verreibung in bezug auf die Zylinderposition einzustellen. Darunter versteht man die Veränderung des Zeitpunktes, zu dem z. B. ein bestimmter Reiber von seiner Endposition auf der Bedienungsseite der Maschine anfängt zur Antriebsseite hin zu traversieren. Diese Veränderung beeinflusst die Farbzuführung und wirkt dem Farbabfall entgegen. Mit dieser Einstellmöglichkeit bekommt der Drucker ein Hilfsmittel in die Hand, das Farbwerk optimal den speziellen Anforderungen des jeweiligen Druckauftrages anzupassen.

Beispiel A (linke Spalte) zeigt in übertriebener Darstellung die Farbanhäufung an der Greiferkante und einen Farbabfall zum Druckende hin. Im Beispiel B wurde durch Veränderung des zeitlichen Einsatzes der seitlichen Verreibung, die in diesem gedachten Modell auftretende Farbanhäufung zur Mitte des Bogens hin verlagert. Dadurch wurde der Farbabfall soweit minimiert, dass er mit dem Auge nicht mehr wahrgenommen wird.

Hinweise zur Einstellung der seitlichen Verreibung sind der jeweiligen Maschinen-Bedienungsanleitung zu entnehmen.

Mit zunehmender Emulsion von Feuchtmittel und Farbe über das offsetgünstige Verhältnis hinaus wird die Farbe im Farbwerk daran gehindert, sich optimal zu spalten. Durch die unvollkommene Abgabe der Farbe von den Farbauftragswalzen auf die Druckform und die ständige Zuführung neuer Farbe durch den Farbheber entstehen im Farbwerk Farbfluss-Störungen mit periodischem Ablauf, die schließlich eine gestörte Farbabgabe an die Druckplatte verursachen. Eine ungünstige Sujet-Aufteilung und der durch den Zylinderkanal bedingte druckfreie Raum führen zu einer Farbanhäufung, meistens ab Druckanfang. In den zeichnerischen Darstellungen zeigt Bild 1 den ungestörten Farbablauf. Ist nun die Sujet-Aufteilung so, dass nur 2/3 vom Druckanfang der Platte gerechnet ausgenützt sind, wird die Farbverteilung erheblich beeinflusst (Bild 2). Sobald man mit dem Feuchtmittel zurückgeht und die stark emulgierte Farbe abläuft, ergibt sich eine Normalisierung der Farblaufstörung (Bild 3).

Bei sujetarmen Druckformen ist es nicht immer möglich, eine ungünstige Emulsion zu verhindern.

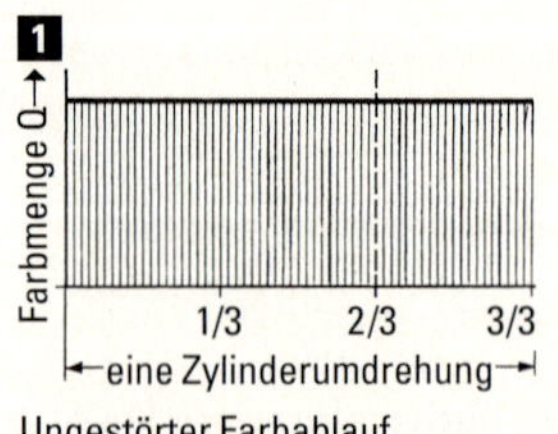

Ungestörter Farbablauf

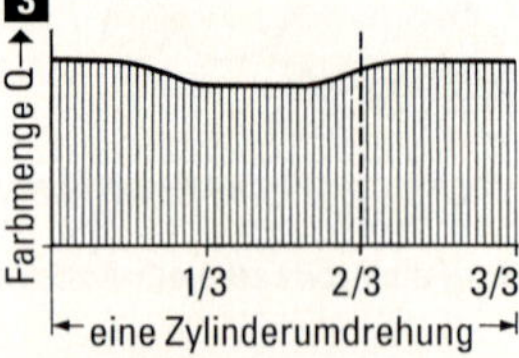

Normalisierung des Farbablaufes durch Zurücknahme der Flüssigkeit

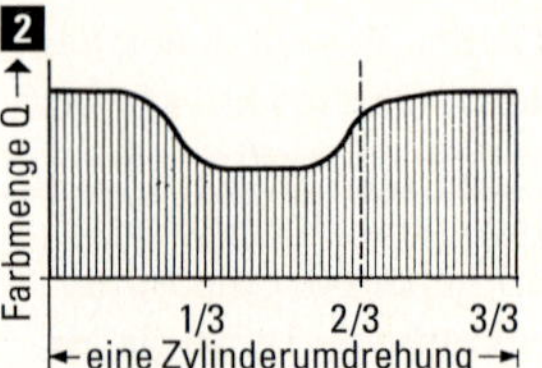

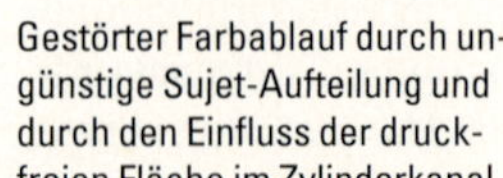

Gestörter Farbablauf durch ungünstige Sujet-Aufteilung und durch den Einfluss der druckfreien Fläche im Zylinderkanal

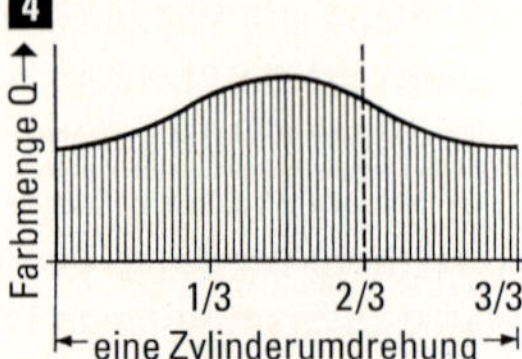

Beeinflussung des Farbablaufes durch 360°-Verstellung

Für diese Fälle haben die Maschinenhersteller eine Lösung geschaffen, sich der Sujet-Aufteilung anzupassen: Der Zeitpunkt der Umkehr der Changier-Bewegung zum Druckanfang kann durch eine Verstellmöglichkeit im Bereich von 360^0 den Erfordernissen der Druckform angepasst werden. Aus Bild 4 ist die mögliche Änderung zu erkennen.

Der Rhythmus im Farbfluss bleibt zwar gleich, jedoch tritt eine Verschiebung der Phasen am Zylinderumfang (also auf der Druckplatte) ein. Auf diese Weise kann sich der Drucker durch ein Variieren der Einstellungen den Gegebenheiten der Druckform anpassen. Bei ganz schwierigen Arbeiten, die sehr empfindlich auf Druckabfall reagieren, muss es unvermeidlich zu einer Kompromiss-Einstellung kommen.

Zusammenfassend heißt das: Farbabfall, dessen Ursache primär in der Emulsionsfreudigkeit der Farbe liegt, ist durch die Verstellung um 360^0 so zu beeinflussen, dass er normalerweise nicht sichtbar wird. Schwierige Arbeiten erfordern einen Kompromiss in der Einstellung der 360^0-Verstellung und verlangen gleichzeitig vom Drucker eine geringst mögliche Feuchtmitteleinstellung.

MAN Roland bietet beispielsweise bei der Roland 500 eine Umschaltung im Farbwerk an. Der veränderter Farbfluss soll auftretende Schabloniereffekte oder einen ungünstigen Farbabfall effektiv ausgleichen.

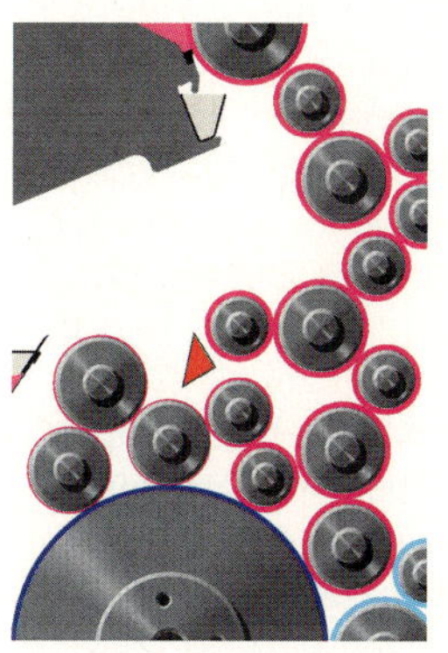

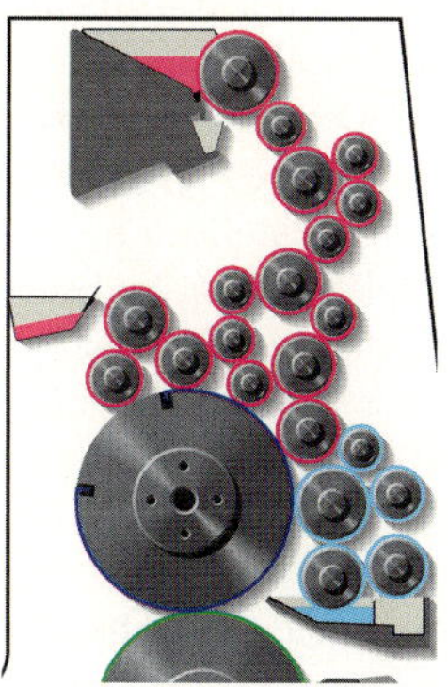

Walzen im Farbwerk

Farbwerke in Bogen-Offsetdruckmaschinen setzen sich aus ca. 15 bis 20 Walzen zusammen. Diese große Zahl ist bei mittleren und großen Druckformaten erforderlich, um einen streifenfreien, möglichst gleichmäßigen Farbfilm vom Druckanfang zum Druckende in der erforderlichen Dicke von ca. 2 bis 3 µm zu erreichen, der für eine intensive Einfärbung bei normalen Druckarbeiten ausreichend ist.

Das Farbwerk setzt sich zusammen aus

- einem Farbheber bzw. einer Filmwalze,
- einer Farbaufstreichwalze,
- mehreren Farbreibern,
- Übertragwalzen und
- Beschwerwalzen

  sowie je nach Druckmaschinenqualität und Druckformat
- vier Farbauftragswalzen.

Im Farbwerk wechseln harte, kunststoffbezogene Walzen und weiche, gummibezogene Walzen nacheinander ab. Harte Walzen sind die Farbreiber, die Farbaufstreichwalze und die Beschwerwalze. Um ein Blanklaufen durch in die Druckfarbe emulgiertes Feuchtmittel zu vermeiden, werden alle harten Stahlwalzen mit dem Spezialkunststoff Rilsan (früher Kupfer) beschichtet. Der Kunststoff reagiert stark oleophil, d. h. er nimmt Druckfarbe sehr gut an und stößt danach Feuchtmittel ab.

Durch die seitliche Hin- und Herbewegung der Farbreiber wird die Druckfarbe nicht nur feinst verteilt, sondern auch axial, d. h. in der Druckbreite, ausgeglichen. Diese Bewegung wird auch changieren genannt. Der Grad der seitlichen Bewegung und der Einsatzpunkt der Verreibung ist bei den meisten Druckmaschinen durch den Drucker einzustellen.

Übertragwalzen spalten den Druckfarbenfilm in immer feinere Dicken auf und geben den immer dünner werden Farbfilm an die folgenden Walzen weiter.

Beschwerwalzen tragen im wesentlichen nicht viel zur Farbspaltung bei. Für den Farbfluss sind diese Walzen unbedeutend. Sie dienen vor allem Anpressen der Übertragwalzen an den Farbreibern. Einige dünne Beschwerwalzen im vorderen Teil des Farbwerkes (zum Feuchtwerk gerichtet) ermöglichen durch starke Adhäsionskräfte spezieller Bezüge neben der Farbspaltung auch die Aufnahme von Papierfusseln und Papierstaub. Durch hohe Rotationsgeschwindigkeit (Drehzahl) ermöglichen sie außerdem ein rascheres Verdunsten des ins Farbwerk eingedrungenen Feuchtmittels. Für das Verdunsten wird bei einigen Offsetdruckmaschinen zusätzlich Blasluft eingesetzt.

In der Regel wird die Druckplatte mit 4 Farbauftragswalzen eingefärbt. Dadurch wird der Farbfilm im Zylinderumfang ausgeglichen und ein Schablonieren, d. h. Spiegeln von Druckbildteilen in anderen, besonders flächigen Bildteilen zum Druckende hin, weitgehend verhindert.

Die Farbauftragswalzen sind präzise sowohl zu dem jeweiligen Farbreiber als auch zur Druckplatte zu justieren. Mängel an der Justierung führen vor allem zu unzureichender Einfärbung.

Ein zu starkes Anpressen einer Farbauftragswalze an den Farbreiber drückt den Walzengummi sehr stark ein. Dadurch hat diese Walze nicht mehr die berechnete, korrekte Oberflächengeschwindigkeit. Folge: Die Walzen rollen nicht einwandfrei gegeneinander ab. Der Einstellfehler führt zum Tonen, das sich durch das Mitdrucken feinster Pünktchen in Nichtbildstellen im Druckbild zeigt

Direkt angetrieben werden im Farbwerk nur die Farbreiber (Verreibewalzen). Die jeweils daran anliegenden Übertrage- und Beschwerwalzen bilden mit dem Farbreiber ein direktes Rollengetriebe. Sie übernehmen die radiale Bewegungsenergie und laufen mit.

Farbwerktemperierung

Voraussetzung für den qualitativ hochwertigen Offsetdruck sind konstante Druckbedingungen. Zu den veränderlichen Einflussgrößen, denen der Druckpro-

Farbwerktemperierung
MAN Roland

zess im Offsetdruck unterliegt, gehört die Temperatur im Farbwerk. Um eine Stabilisierung im Druckprozess zu erreichen, ist die Temperatur der Druckfarbe auf einem bestimmten Niveau konstant zu halten. Dies ist eine zwingende Voraussetzung für den wasserlosen Offsetdruck.

Die zum Spalten und Verreiben der Druckfarbe aufgewandte mechanische Energie setzt Wärme frei, die ein Aufheizen des Farbwerks von mehr als 40 °C bewirkt. Damit ändern sich die rheologischen Eigenschaften der Druckfarbe, insbesondere

- Viskosität
- Zügigkeit
- Wasseraufnahmevermögen.

Mit zunehmender Temperatur im Laufe des Auflagendrucks wird die Toleranzbreite zwischen Schmiergrenze (Unterfeuchtung) und Waschmarken (Überfeuchtung) immer geringer. Die druckstabile Emulsion zwischen der Druckfarbe und dem Feuchtmittel ist dadurch äußerst labil, die Farbkraft und -tiefe wird geringer.

Der Drucker muss dementsprechend bei längerem Fortdruck die Einfärbung nachregeln, d. h. die Farbstreifenbreite erhöhen und dementsprechend die Druckfarbe-Feuchtmittel-Balance korrigieren.

Der absolute Temperaturanstieg und die Temperaturverteilung ist innerhalb des Farbwerkes je nach Konstruktion und Druckgeschwindigkeit verschieden stark. In jedem Fall steigt aber die Temperatur bei längerer Betriebsdauer erheblich an.

Da die Druckmaschine bei Produktionsbeginn vergleichsweise kalt ist, bleibt die Druckfarbe zügig. Sie neigt in dieser Phase zum Kleben und zum Rupfen. Praxiserfahrungen zeigen, dass sich die Temperatur bei Druckbeginn relativ schnell und nach längerer Druckzeit jedoch nur noch langsam erhöht.

Dementsprechend wurden Farbwerktemperierungen konstruiert, die über einen Zeitvorwahlschalter mit einem Heizaggregat eine bestimmte Betriebstemperatur im Farbwerk einschalten. Dazu wird temperiertes Wasser über Leitungen in den Farbduktor und bestimmte Farbreiber geleitet.

Zum Produktionsbeginn ist das Farbwerk dadurch bereits produktionsgerecht vorgewärmt. Temperaturbezogene Einflüsse wirken sich demnach nicht mehr auf die Einfärbequalität im Auflagendruck aus.

Funktionsbeispiel zur Farbwerktemperierung
Je nach Temperatur des Farbwerkes schaltet ein Wärmewächter automatisch die Temperierung ein. Das Regelsystem zur Farbwerktemperierung besteht beispielsweise aus einer Mischbatterie mit Heizelementen, einem Kühlaggregat und den im Bedienungspult der Druckmaschine integrierten Bedienungselementen sowie Temperierwalzen im Farbwerk.

Die Heiz- und Kühlaggregate können unmittelbar an der Druckmaschine oder gesondert installiert werden. Die gleichbleibende Farbwerktemperatur wird während der Anlauf-, Einrichte- und Produktionszeiten durch die Temperierung eines Farbduktors und zwei Farbreibern je Farbwerk erreicht. Die Mischbatterie bringt das zurücklaufende Temperiermittel wieder auf die programmierte Temperatur, die zwischen 28 °C und 32 °C liegt.

Farbdosiersysteme

Die Nachteile der Farbdosierung an Farbkästen mit durchgehendem Farbmesser und Zonenschrauben sind so beträchtlich, dass eine exakt dosierte Farbführung in den einzelnen Farbzonen und vor allem eine Fernsteuerung nicht möglich ist.

Alle Druckmaschinenhersteller entwickelten deshalb neuartige Farbdosiersysteme. Diese Systeme benutzen anstelle von konventionellen Zonenschrauben Stellexzenter, Farbschieber oder ähnliche Elemente in einem Abstand von ca. 30 mm.

Das wesentlich Neue:

- Farbdosierelemente wirken nicht mehr tangential, sondern zentrisch auf den Farbduktor. Dadurch sind hydrostatische Auswirkungen im Farbkasten zu vermeiden und hydrodynamische Kräfte zu minimieren.

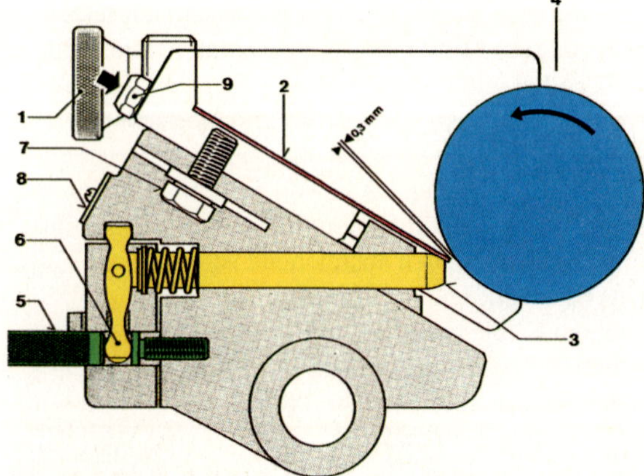

Farbkasten konventionell
1. Rändelschraube
2. Farbmesser
3. Zonenschrauben
4. Farbduktor
5. Farbregulierschraube
6. Vorschubhebel
7. Farbmesserschraube
8. Zonenschraubenskalierung
9. Grundeinstellung

Lasergeschlitzter Messerfarbkasten, PM 74, Heidelberg

Automatische Farbzufuhr mit Farbkartuschen

- Alle Systeme arbeiten ohne ein durchgehendes Farbmesser aus Metall (Federstahl).
- Die Farbdosierung einzelner Zonen erfolgt prinzipiell nebenwirkungsfrei.

Heidelberger Farbdosiersystem

Das Heidelberger Farbdosiersystem arbeitet mit den nebenwirkungsfrei einstellbaren Farbdosierzylindern. Grundvoraussetzung für eine gute Farbfernsteuerung ist eine wiederholgenaue Übereinstimmung zwischen Steuerbefehl, tatsächlicher Farbschichtdicke und Farbzonenanzeige am Steuerstand.

CPC-Farbdosierkasten

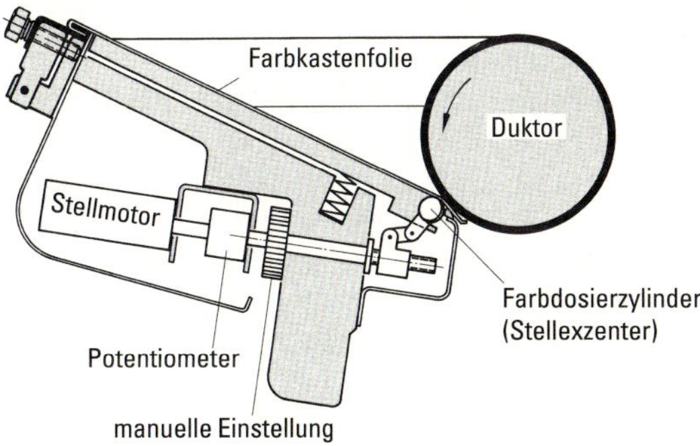

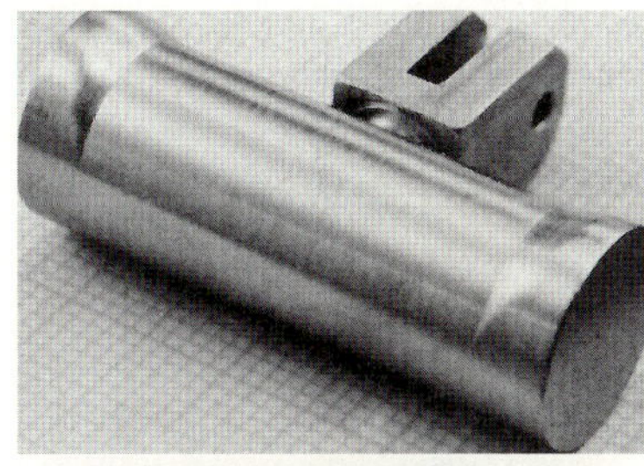

Stellexzenter für eine Farbzone
Deutlich sind links und rechts die Stützringe und dazwischen der konische Einschnitt erkennbar. Je nach Drehstellung öffnet sich der Farbspalt mehr oder weniger

Deutlich sind die farbfreien Streifen der Stützringe auf dem Duktor erkennbar. Eine spezielle seitliche Verreibung löst diese Streifen auf.

Die zonale Farbgebung wird durch die Farbdosierzylinder auf 1/1000 mm genau eingestellt.

Jeder Farbdosierzylinder ist 32,5 mm breit. An den Stirnseiten befinden sich Stützringe. Zwischen diesen Stützringen ist der Zylinder in Umfangsrichtung exzentrisch eingeschliffen (Einschliff 0 mm = Zone geschlossen, Einschliff 0,52 mm = Zone voll geöffnet).

Mit den Stützringen liegt der Farbdosierzylinder immer mit einer definierten Vorspannung am Farbduktor an. Die Größe des Farbspaltes ergibt sich aus der Tiefe des Einschliffs in der Kontaktzone, sie kann durch Drehung des Farbdosierzylinders entsprechend verändert werden. Die Verstellung erfolgt über ein Gelenk und eine Spindel durch einen Stellmotor, der über die Tastatur des Steuerstandes angesteuert wird. Das Potentiometer erfasst die jeweilige Einstellungsposition und meldet diese an die Farbzonenanzeige am Steuerstand. Über eine Rändelschraube ist auch eine manuelle Einstellung möglich.

Im Farbkasten einer Speedmaster 102 liegen beispielsweise 32 Farbdosierzylinder nebeneinander. Die Dosierzylinder und der Farbkasten sind mit einer Kunststoffolie abgedeckt. Diese Wegwerffolie erleichtert dem Drucker das Farbkastenwaschen und verhindert, dass die Farbe direkt mit den Dosierzylindern in Berührung kommt. Der größte Vorteil dieser Folie ist es, dass bei jedem Folienwechsel die Grundeinstellungen des Farbkastens wieder hergestellt werden. Ein Erneuern oder Nachjustieren von Stellelementen entfällt so gänzlich.

Eine gespeicherte Farbzoneneinstellung kann jederzeit für einen Nachdruck genau reproduziert, d. h. wieder exakt eingestellt werden.

Einstellung des Farbprofils

Die Stützringe haben stets Kontakt zum Duktor und garantieren so eine konstante Grundstellung.

Je nach Drehung der Dosierzylinder entsteht ein ganz bestimmter größerer oder kleinerer Abstand zwischen der Dosierfläche und dem Duktor. Dieser Spalt bestimmt die Farbschichtdicke in der jeweiligen Farbzone. Es entsteht so ein Farbschichtdickenprofil, das von Zone zu Zone abgegrenzt ist.

Die auf dem Duktor erkennbaren farbfreien Streifen (Kontaktstellen der Stützringe) werden durch eine modifizierte seitliche Verreibung im Farbwerk vollkommen aufgelöst und machen sich in der Einfärbung nicht bemerkbar. Das eingestellte Farbprofil wird am Farbzonendisplay proportional entsprechend der tatsächlichen Farbschichtdicke in jeder Zone durch Leuchtdioden angezeigt. Über die Einteilung dieser Anzeige und deren Genauigkeit informiert das Schema Farbzonenanzeige.

Farbzonenanzeige
Der Zusammenhang zwischen Farbzonenanzeige und tatsächlicher Farbschichtdicke am Duktor ist ein Beispiel für die Präzision der CPC-Komponenten.

Die Stellung der Farbdosierzylinder zwischen „geschlossen" und „ganz geöffnet" (max. Farbspalt = 0,52 mm) wird für jede Zone auf einer Skala von 16 Leuchtdioden proportional angezeigt.

Eine Verstellung über den Bereich einer Leuchtdiode entspricht dabei einer Farbschichtdickenkorrektur von ca. 0,03 mm (0,52 mm : 16 Leuchtdioden ergibt 0,03 mm). Zum Feineinrichten wird die Taste „Fein-Anzeige" gedrückt und damit der Bereich einer jeden Leuchtdiode (ca. 0,03 mm) nochmals in 16 bzw. 32 Teile unterteilt.

Eine zweite blinkende Leuchtdiode muss in dieser Stellung den ganzen Bereich der Leuchtdiodenskala durchlaufen, bevor die leuchtende Diode um eine Position weiter springt. Bei diesen blinkenden Leuchtdioden ist jeweils noch eine 1/2 Stellung (zwei blinkende Dioden übereinander) möglich. So wird eine Anzeige- und Einstellgenauigkeit der Farbschichtdicke von ca. 1/1000 mm erreicht (0,03 mm : 32 Feindioden ergibt ca. 0,001 mm), die auch jederzeit wieder reproduziert werden kann.

Farbdosiersystem von MAN Roland

Alle modernen Bogen-Offsetdruckmaschinen des Herstellers verfügen über Farbdosiereinrichtungen. Bei diesem System ist das herkömmliche Farbmesser durch 30 mm breite Farbschieber ersetzt. Diese sind so exakt und kantengenau aneinander gepasst, dass keine farbfreien Zonen auf dem Duktor entstehen. Die Zahl der Farbschieber ist durch die Druckmaschinenbreite bestimmt.

Die Farbschieber sind zentrisch zum Farbduktor angeordnet. Das heißt, sie zeigen, entgegen der früheren tangentialen Farbmesserstellung, jetzt exakt zum Mittelpunkt des Farbduktors.

Jeder Farbschieber besteht aus einem feststehenden und einem beweglichen Teil. Der feststehende Teil ist mit dem Farbkastenunterteil verbunden und dient als Führung für den beweglichen Teil des Farbschiebers. Das Vor- und Zurückstellen erfolgt durch einen Motor. Der maximal mögliche Wert beträgt ca. 0,5 mm, also mehr als bei einem Farbkasten mit einem herkömmlichen Farbmesser.

Eine Metallfeder sorgt für eine stets formschlüssige Führung. Die Spitzen der Farbschieber aus einer

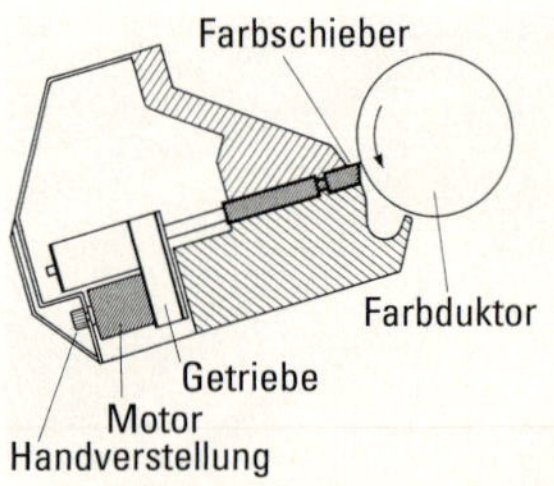

Schematische Darstellung der Farbdosiereinrichtung

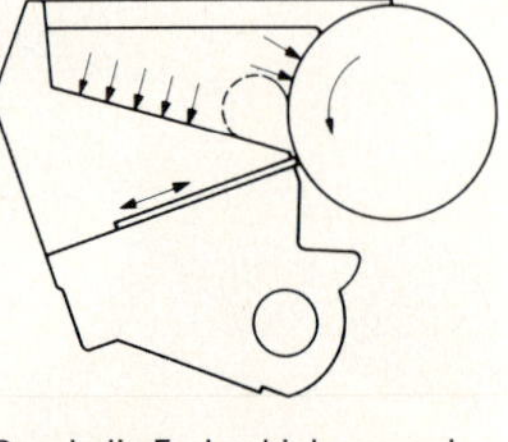

Durch die Farbschieberanordnung werden die hydrostatischen Kräfte beseitigt und die hydrodynamischen Kräfte wesentlich reduziert.

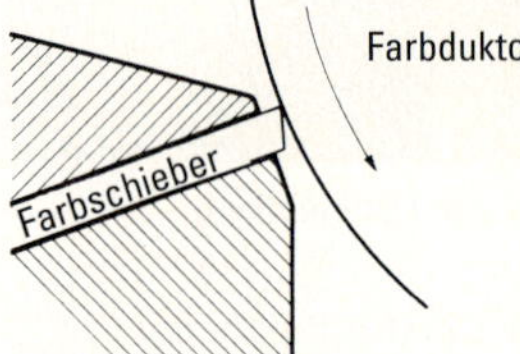

Zentrisch zum Farbduktor angeordneter Farbschieber

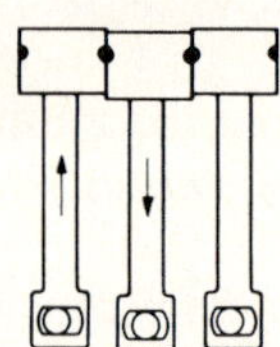

30 mm breite Farbschieber liegen „dicht bei dicht"

Hochleistungs-Stahllegierung zeichnen sich durch ihre extreme Härte aus. Stellvorgänge an einem Farbschieber sind nebenwirkungsfrei, d. h. sie beeinflussen die Position benachbarter Farbschieber nicht.

Die Farbsteueranlage RCI (Remote Controlled Inking) besteht aus der Farbdosiereinrichtung und Fernbedienung für die Farbsteuerung. Der Drucker kann von einem zentralen Steuerstand aus die Farbzonen aller Farbwerke der Druckmaschine exakt steuern.

KBA Colortronic-Farbkasten

Die Colortronic-Farbkästen in der Baureihe Rapida sind in jeweils 30 mm breite Dosierelemente (Zonenrakel) unterteilt. Dadurch arbeitet das System nebenwirkungsfrei. Die Verriegelung des Farbkasten verspannt diesen immer mit der gleichen Anpresskraft an den großen Farbduktor. Damit ist die Wiederholgenauigkeit (Reproduzierbarkeit) des Farbprofils für Folgeaufträge gegeben.

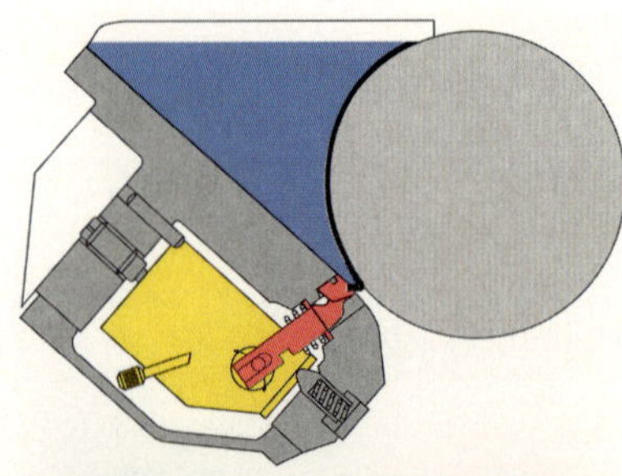

Colortronic-Farbkasten Getriebestellmotor und Dosierhebel.

Farbprofil im Farbkasten.

11.7.3 Druckwalzen

In Offsetdruckmaschinen sind Druckwalzen wesentliche Übertragungselemente im Druckprozess für
- den Transport der Druckfarbe vom Farbkasten auf die Druckplatte,
- die Übertragung des Feuchtmittels
  - vom Feuchtmittelbehälter auf die Druckform (direkte Feuchtung) oder
  - in das Farbwerk und als Emulsion auf die Druckform (indirekte Feuchtung).

Neue Walzenkerne

Konfektion, Aufwickeln des Rohgummis

Konfektion, Bandagierung

Vulkanisation

Rohstoffdosierung mittels Waage | Innenmischer + Weichmacherzugabe | Walzwerk | Kalander | Folienwicklung | Vorrat

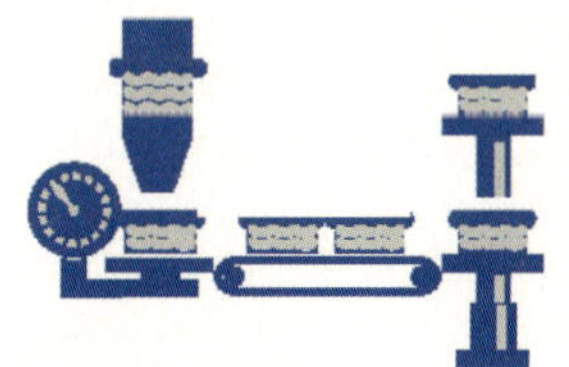
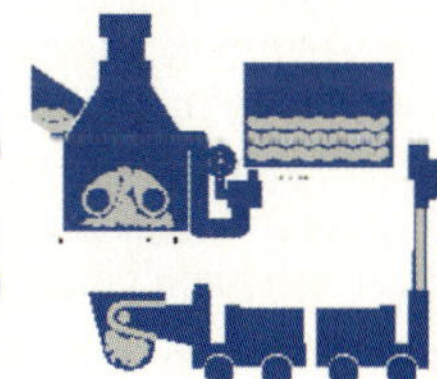

Fertigungsprozess Gummimischungen

Konfektion | Bandagieren | Vulkanisation | Endbandagieren | Ablagern | Schleifen | Polieren | Prüfung

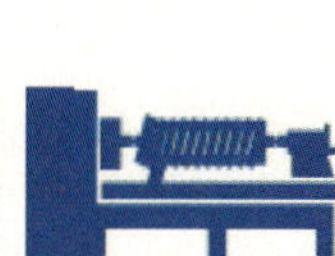

Fertigungsprozess Gummi-Walzenbezüge (alle Abb.: Böttcher)

Für das Ubertragen von Druckfarbe und Feuchtmittel werden spezielle Druckwalzen mit metallischen, also harten Oberflächen und mit elastischen Bezügen, z. B. als Duktorwalze, Heber- oder Filmwalze, Übertrag-, Reiber- und Auftragswalzen eingesetzt. Durch die unterschiedlichen Funktionen innerhalb der Offsetdruckmaschine sind die Walzen verschiedenartigen physikalischen und chemischen Beanspruchungen und Anforderungen ausgesetzt.

Für die Art, die Oberflächeneigenschaften und Herstellung der Walzen sind demnach entscheidende Faktoren:

- Funktion im Walzensystem der Druckmaschine,
- das zu fördernde Material (Adhäsion zu den Materialien; Druckfarbentyp, z. B. oxidativ oder durch Hitze trocknend, UV-trocknend; Wasser, Alkoholfeuchtmittel)
- Beständigkeiten bei physikalischen und chemischen Einflussfaktoren wie Temperatur, Reibung, Verwendung von Waschmitteln.

Elastische Druckwalzen
Sämtliche elastischen Walzen bestehen aus einem metallischen Walzenkern mit einem Gummibezug. Alle Walzen sollten eine möglichst geringe Gesamtmasse aufweisen. Der Walzenkern ist ein nahtloses Stahlrohr. Die erforderlichen Zapfen werden mit kalibrierten Flanschstücken an den Enden eingeschrumpft und verschweißt. Für die Wandstärken der Rohre ist der Durchmesser und die Länge der Walze sowie die mechanische Belastung in der Druckmaschine maßgebend. Der Walzenkern muss so ausgewuchtet sein, dass störende Schwingungen im Druckprozess vermieden werden. Besonders gefordert wird eine optimale Steifigkeit gegen das Durchbiegen durch das Eigengewicht und den erforderlichen Anpressdruck.

Gummi und seine Eigenschaften
Walzenbezüge bestehen aus Gummi (engl. rubber), der durch Vulkanisation von verschiedenen natürlichen und synthetischen Kautschuksorten gewonnen wird. Der teigartige, knetbare Kautschuk ist durch den Zusatz einer Vielzahl spezieller Hilfsstoffe vor dem Vulkanisieren für den speziellen Einsatzbereich gezielt zu modifizieren.

Hilfsstoffe wie Füllstoffe, Weichmacher u. ä. werden für eine gute Verarbeitung und zum Erreichen spezieller physikalischer Eigenschaften eingesetzt. Darüber hinaus werden der Kautschukmischung Vernetzungsmittel und Vulkanisationsbeschleuniger zugesetzt. Die verschiedenen Gummiwerkstoffe werden heute vielfach wegen ihrer typischen Eigenschaften Elastomere genannt. Trotz modernster Verfahren und hochwertigster Rohstoffe gilt: Eine für alle Einsatzbereiche optimal geeignete Gummimischung gibt es nicht.

Nur durch Mischung unterschiedlicher Elastomere und Zusatzstoffe entsteht eine für den bestimmten Produktionsprozess geeignete elastische Walze.

Die Gummimasse für Druckwalzen soll eine hohe Beständigkeit gegen verschiedene Beanspruchungen aufweisen. Sie soll z. B. elastisch, wärme- und alterungsbeständig sein. Die Oberfläche muss eine gute Farbspaltung und optimale Farbführung ermöglichen.

Chemisch-physikalische Wechselbeziehungen mit Druckfarben und Flüssigkeiten beanspruchen die Oberfläche des Walzenbezuges.

Chemische Wirkungen auf die Walzenoberfläche dürfen keinerlei Volumenänderungen durch Quellen oder Schrumpfen verursachen. Die Gummimischung muss gegen verschiedene organische Verbindungen, die im Druckprozess eingesetzt werden, beständig sein.

Von einer Farbwalze wird eine gleichmäßige, geschlossene Oberfläche verlangt, die ein Eindringen von Druckfarbe in die Gummimasse verhindert. Beim Herstellen des Walzenbezuges durch das Umwickeln mit Kautschukfellen oder in nahtlosen, polierten Gussformen ist die Walzenoberfläche glatt. Durch Schleifen und Polieren entsteht eine samtartig angeraute Oberfläche, die zugkräftig, aber nicht klebrig sein darf.

Acryl-Nitril-Butadien-Kautschuk (NBR) ist der für den Offsetdruck überwiegend eingesetzte Werkstoff, der unter dem Handelsnamen Perbunan bekannt ist. Das synthetisch gewonnene Mischpolymerisat aus Acrylnitril und Butadien besitzt die erforderliche chemische Beständigkeit gegen pflanzliche und mineralische Öle sowie aliphatische Kohlenwasserstoffe (organische Verbindungen mit geraden oder verzweigten Kohlenstoffketten, z. B. Fette, Öle, Seifen, Paraffine, bestimmte Waschmittel).

Für das Verdrucken von UV-Druckfarben eignet sich Perbunan nicht. Durch die in den Druckfarben und Waschmitteln enthaltenen Prepolymere quillt der NBR- Gummi relativ stark. Für diese spezielle chemische Beanspruchung eignet sich z. B. der ebenfalls synthetisch gewonnene Äthylen-Propylen-Dien-Kautschuk (EPDM). Nachteil dieser Gummisorte ist jedoch die mangelnde Beständigkeit gegen Öle und Benzin.

Besondere physikalische Eigenschaften
Massiver Gummi, wie er bei Druckwalzen verwendet wird, ist ein inkompressibler Werkstoff. Er behält unter Druck – ebenso wie Wasser – sein Volumen, d. h. er wird nicht komprimiert (zusammengedrückt), sondern weicht zu den Seiten aus. Unter Zug und Druck ist Gummi in einem hohen Maß elastisch verformbar. Die Schnelligkeit der Rückverformung in den ursprünglichen Zustand ist von der Zusammensetzung der Gummimischung abhängig.

Elastische Walzen benötigen für eine optimale Übertragung der Druckfarbe bei hohen Geschwindigkeiten eine bestimmte Härte. Die Härte eines Werkstoffes nach DIN 53 505 gibt den Widerstand gegen das Eindringen einer (Prüf-) Nadel mit einer Kegelstumpfspitze an. Dabei wird die Nadel mit einer definierten Kraft gegen die Gummioberfläche gedrückt.

Die Härte von Elastomeren wird nach der Shore-A- Skala gemessen. Die Messwerte reichen von 0 (sehr weich; d. h. ohne Widerstand gegen das Eindringen) bis 100 (extrem hart; vergleichsweise wie Glas).

Härte von elastischen Druckwalzen:

- Farbauftragswalzen 27 - 35 Shore A
- Heber- und Übertragwalzen 35 - 40 Shore A
- Farbreiber (im Vergleich) 100 Shore A

Eine Härtemessung nach DIN erfordert eine Mindestdicke des Werkstoffes von 5 mm. Durch die gekrümmte Oberfläche ist ein reproduzierbares Messen der Walzenbezüge nicht möglich. Walzenhersteller setzen deshalb eine dynamische Zug- oder Druckmodulmessung ein.

Eine samtartige, zügige Oberfläche reinigt als erste Farbauftragswalze gleichzeitig mit dem Farbauftrag die Offsetdruckplatte von Staub, winzigen körnigen Fremdkörpern und anderen störenden Fremdstoffen.

Herstellung elastischer Walzen

Die aus den erforderlichen Komponenten hergestellte Kautschukmischung wird in einem Kalander zu einem dünnen „Fell" ausgearbeitet, das maschinell auf die Walzenspindel aufgewickelt wird. Die bezogenen Walzen werden bandagiert und unter Druck bei Temperaturen von ca. 145 °C in speziellen Kesseln vulkanisiert. Es entsteht eine elastisch feste, einheitliche Masse, der Gummi. Nach dem Abkühlen werden die Bandagen entfernt und die Walzen präzise auf das erforderliche Sollmaß geschliffen.

Es folgt eine umfangreiche Prüfung der Abmessungen, der Oberflächenqualität, der Härte u. a., danach werden die Walzen mit einer Lichtschutzverpackung versehen und versandfertig gemacht.

Allgemeine Forderungen an elastische Farbwalzen

- Unwuchtfreier Lauf und eine vollkommen zylindrische Form
- Fehlerfrei glatte, samtartige Oberfläche
- Optimale Benetzung mit Druckfarbe für eine einwandfreie Farbspaltung und Farbführung
- Hohe elastische Verformbarkeit und bestimmte Härte
- Unempfindlich gegen Temperatureinflüsse
- Unempfindlich gegen verschiedene Druckfarben, Trockenstoffe und Druckhilfsmittel, gegen Feuchtmittel und Feuchtmittelzusätze sowie die vom Hersteller empfohlene Waschmittel
- Rasches, rückstandsfreies Reinigen
- Weitgehende Beständigkeit gegen Alterung, mechanische Beanspruchungen (Abrieb), Öle und Fette.

Harte Druckwalzen

Harte Walzen sind alle nicht-elastischen Druckwalzen im Farbwerk und Feuchtwerk. Im Farbwerk bzw. Feuchtwerk wechseln prinzipiell harte und elastische Walzen im Kontakt ab.

Im Farbwerk sind der Farbduktor, alle Farbreiber, die Aufstreichwalze und Beschwer- bzw. Stützwalzen harte Walzen. Der Farbduktor besitzt eine Metalloberfläche (Spezialguss, Edelstahl u. a.). Alle anderen Walzen sind heute mit einem oleophil reagierenden Kunststoff („Rilsan" oder auch Polyurethan, Shore-A-Härte 100) beschichtet, der mit Druckfarbe sehr gut benetzt wird.

Oberflächen aus Edelstahl oder verchromte Walzenoberflächen reagieren hydrophil, sie nehmen Feuchtmittel gut an.

Durch den Kunststoffbezug der harten Walzen im Farbwerk wird erreicht, dass der in die Druckfarbe emulgiertes Feuchtmittel die harten Edelstahlwalzen nur sehr schwach oder gar nicht benetzt.

Die negative Folge wäre ein sogenanntes Blanklaufen. In einem solchen ist die Benetzung der Druckwalzen mit Druckfarbe und deren Übertragung durch Farbspaltung auf die folgenden Walzen erheblich gestört.

Im Feuchtwerk eingesetzte harte Walzen sind verchromte Edelstahlwalzen, die in der Oberfläche hydrophil reagieren und demnach durch Feuchtmittel sehr gut benetzt werden.

11.7.4 Feuchtwerke

Aufgabe des Feuchtwerkes ist es, die (konventionelle) Offsetdruckplatte für jeden Druck mit einem gleichmäßigen, minimalen Feuchtfilm zu versorgen, der gerade ausreicht, alle Nichtbildstellen (zeichnungsfreie Stellen) auf der Druckplatte farbfrei zu halten und ein Schmieren zu vermeiden.

Für eine gleichbleibend gute Druckqualität mit geringen Farbschwankungen ist es notwendig, möglichst rasch die zum Druck erforderliche stabile Emulsion (Farb-Wasser-Gleichgewicht) zu erreichen und diese während des gesamten Auflagendrucks optimal konstant zu halten.

Einstellungen am Feuchtwerk zur Änderung der Feuchtmittelzuführung müssen deshalb sehr rasch wirken. Nur so ist es möglich, Farbschwankungen sowie auch Passerschwierigkeiten und andere Probleme, die durch die notwendige Feuchtung auftreten können, auszuschalten oder auf ein Minimum zu reduzieren.

Aluminiumplatten mit eloxierten Oberflächen benötigen nur eine sehr geringe Feuchtmittelmenge, um zeichnungsfreie Stellen (Nichtbildstellen) der Druckform farbfrei zu halten. In Verbindung mit hochkonzentrierten Offsetdruckfarben und geeigneten Papieren ist eine kontrastreiche, brillante Bildwiedergabe mit hohem Kontrast möglich. Dadurch sind die Anforderungen an die Qualität der Feuchtwerke (Gleichmäßigkeit, exakte Dosierung) noch mehr gestiegen.

Es wurden neue Feuchtwerksysteme entwickelt, die direkt und indirekt die Druckplatte mit dem notwendigen Feuchtmittelfilm benetzen.

Moderne Steuer- und Regelanlagen für die Farbführung erfordern eine stabile Feuchtmittelführung, denn ohne diese sind Farbschwankungen im Auflagendruck nicht zu vermeiden.

Ideal wäre eine Regelung der Feuchtmittelschichtdicke im Zusammenwirken mit der Farbschichtdicke, der Druckmaschinengeschwindigkeit und der Temperatur im Farb- und Feuchtwerk während des gesamten Prozesses. Nur so wäre eine optimale Konstanz im Auflagendruck des konventionellen Offsetdrucks zu erreichen.

Feuchtwerksysteme

1. Feuchtwerke für direkte Druckformbefeuchtung
   Farbwerk und Feuchtwerk arbeiten getrennt
   - Konventionelles Heberfeuchtwerk
   - Heberfeuchtwerk mit Alkoholfeuchtmittel
   - Heberlose Feuchtwerke mit Alkoholfeuchtmittel
   - Heberlose Feuchtwerke ohne Alkoholfeuchtmittel
2. Feuchtwerke für indirekte Druckformbefeuchtung
   Feuchtmittelzuführung über das Farbwerk
   - Heberlose Feuchtwerke mit Alkoholfeuchtmittel
3. Feuchtwerke für direkte und indirekte Druckformbefeuchtung
   Umstellbare Feuchtwerke
   - Heberlose Feuchtwerke mit Alkoholfeuchtmittel
4. Schleuder- bzw. Sprühfeuchtwerke
   Feuchtmittel wird mit oder ohne Walzen auf die Druckform übertragen
5. Bürstenfeuchtwerke
6. Walzenlose Feuchtwerke
   Verschiedene Systeme für Rollen-Offsetdruck.

Die wichtigen Feuchtwerksysteme folgen in einer kurzen Charakterisierung.

Feuchtwerk für direkte Druckformbefeuchtung

Diese Gruppe von Feuchtwerken wird in Bogen- und Rollen-Offsetdruckmaschinen eingesetzt. Farbwerk und Feuchtwerk arbeiten getrennt, zu jedem Druckwerk gehören demnach jeweils ein Farbwerk und ein separates Feuchtwerk.

1. Konventionelles Heberfeuchtwerk
   Das Feuchtwerk besteht aus fünf Walzen und einem Feuchtmittelkasten:
   - ein Feuchtduktor: Stahlwalze mit Chrom- oder Edelstahloberfläche
   - ein Feuchtheber: Gummiwalze
   - ein Feuchtreiber: Stahlwalze mit einer Chrom- oder Edelstahloberfläche
   - zwei Feuchtauftragswalzen: Gummiwalzen.
2. Heberfeuchtwerk mit Alkoholfeuchtmittel
   Diese Feuchtwerke entsprechen prinzipiell den konventionellen Heberfeuchtwerken. Der Grundgedanke zu dieser Entwicklung war, die früher durch den dicken, flusigen Bezugsstoff der Farbauftragswalzen verursachten Nachteile zu verringern oder gar auszuschalten.

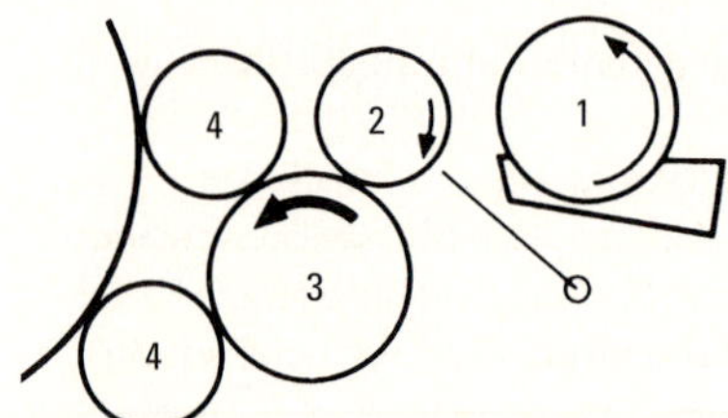

Schema eines konventionellen Feuchtwerkes

1 Feuchtduktor
2 Feuchtheber
3 Feuchtreiber
4 Feuchtauftragswalzen

Aufbau des Heberfeuchtwerkes mit Alkoholfeuchtmittel:
- ein Feuchtduktor: Stahlwalze mit Chrom- oder Edelstahloberfläche
- ein Feuchtheber: Gummiwalze
- ein Feuchtreiber: Stahlwalze, Chrom- oder Edelstahloberfläche
- eine oder zwei Feuchtauftragswalzen: spezielle Gummiwalzen, unbezogen, oder
- eine Feuchtauftragswalze: eine spezielle Gummiwalze, unbezogen und eine Speicherwalze.

Alkohol verringert die Oberflächenspannung des Wassers und verdunstet. Für den Offsetdruck bedeutet dies, dass mit einem Zusatz von Alkohol ein dünnerer Wasserfilm als ohne Alkoholzusatz übertragen werden kann. Ein dünnerer Wasserfilm kann sogar mit nur einer Feuchtauftragswalze auf die Druckplatte übertragen werden.

Da die Feuchtauftragswalze keinen Stoffüberzug besitzt, wird eine spezielle Gummiwalze mit entsprechendem Durchmesser verwendet, die unempfindlich gegen Alkohol ist und die richtige Shore Härte aufweist.

Die Speicherkapazität einer solchen Alkoholwalze ist sehr gering. Deshalb reagiert dieses Feuchtwerk außerordentlich schnell auf jede gewünschte Veränderung der Feuchtmittel-Zufuhr. Soll die Speicherkapazität erhöht werden, kann man eine zweite, allerdings bezogene Feuchtauftragswalze, als Speicherwalze mitlaufen lassen, und zwar so, dass sie keinen Kontakt zur Druckplatte hat und nur zum Feuchtreiber beigestellt ist.

Die unbezogene Feuchtauftragswalze aus Gummi nimmt beim Druck sofort Farbe an. Die Oberflächenspannung des Wassers wird durch einen Zusatz von etwa 6 bis max. 12 % Isopropylalkohol so weit verringert, dass das Feuchtmittel als dünner Film über die eingefärbte Feuchtauftragswalze die Druckplatte gleichmäßig benetzt.

Zu beobachten ist bei sonst konstanten Bedingungen, dass der Zusatz von Alkohol eine geringere Feuchtmittelführung ermöglicht und bei modernen, hochkonzentrierten Druckfarben einen brillanten Druck ermöglicht.

Durch die geringe Speicherkapazität des Feuchtwerkes reagiert das Feuchtwerk sehr rasch, das Farb-Wasser-Gleichgewicht ist somit schnell und genau einzustellen.

Bei Arbeitsschluss oder beim Übergang auf eine andere Druckfarbe kann das Feuchtwerk gleichzeitig mit den Farbwalzen gewaschen werden.

Heberlose Feuchtwerke ohne Alkoholfeuchtmittel

Auf dem Markt wurden neuartige Feuchtwerke eingeführt, die unabhängig von Druckmaschinenherstellern entwickelt worden sind.

Beispielhaft dazu das Varn Kompac Automatik-Feuchtsystem. Dieses Feuchtwerksystem wird z. B. in der Heidelberg GTO, in Adast Dominant und anderen kleinformatigen Offsetdruckmaschinen eingesetzt.

Das Kompac Automatik-Feuchtwerk ist für das Drucken ohne den Einsatz von Isopropanol-Alkohol konzipiert. Dadurch entfallen mögliche gesundheitsgefährdende Begleiterscheinungen durch Isopropanol-Alkohol (IPA).

Das Feuchtwerk braucht nur einmal im Rahmen des Einbaus justiert werden. Diese Einstellung bleibt auch bei längerer Produktion konstant.

Das Besondere an diesem Feuchtwerk: Es emulgiert ohne Zusatz von IPA mechanisch Druckfarbe und Feuchtmittel im Feuchtwerk.

Druckfarbe gelangt immer über die Druckplatte in das Feuchtwerk. Das Feuchtmittel besteht aus für den Offsetdruck geeignetem Wasser mit einer Härte von 8 bis 10 ^{0}dH und einem Feuchtmittelzusatz. In einem sehr engen Walzenspalt zwischen der Verteilwalze und der Feuchtauftragswalze werden Feuchtmittel und Druckfarbenteilchen zu einem feinen Emulgat vermengt.

Bildstellen und Nichtbildstellen auf der Druckplatte selektieren Druckfarbe und Feuchtmittel aus der Emulsion, d. h. Nichtbildstellen werden gefeuchtet und Bildstellen übernehmen den Anteil der Druckfarbe.

Die Kompac-Auftragswalze quetscht den Überschuss an der Farb-/Feuchtmittel-Emulsion von der Druckplatte ab und transportiert diese im Bereich des Zylinderkanals wieder zurück in das Feuchtmittel-Reservoir.

Die Auftragswalze besitzt eine exakt definierte Shore-Härte mit einem äußerst feinen Oberflächenschliff. Die Rauigkeit der Walzenoberfläche ist mit einer sehr engen Toleranz hergestellt. Dadurch ist eine gleichmäßige, definierte Feuchtung sichergestellt. Der Walzenbezug ist aus einer speziellen Gummimischung gefertigt. Die Dosier- bzw. Verteilwalze besteht aus hochverdichtetem synthetischen Werkstoff. Die Walzenenden sind mit Keramik beschichtet. Eine axiale Verteilung der Emulsion gewährleistet die oszillierende Walze.

Automatik-Feuchtsystem KOMPAC

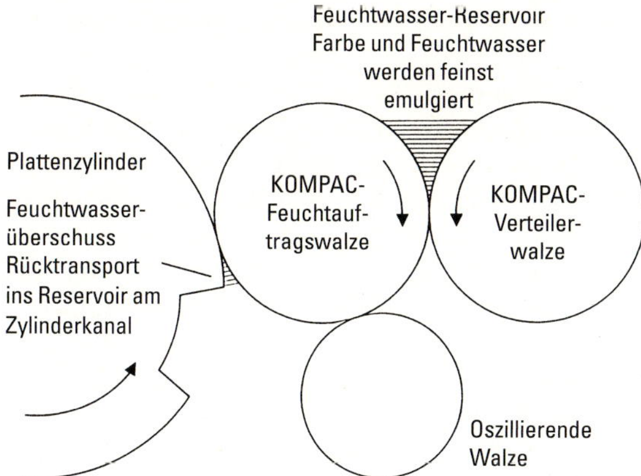

Vorteile des Feuchtsystems:
- Leichte Handhabung
- Feinste Dosierung des Feuchtmittels
- Feuchtmittel ohne Isopropanol-Alkohol
- Rückführung des Feuchtmittelüberschusses

Feuchtwerke für direkte und indirekte Druckplattenfeuchtung

Feuchtwerke dieses Prinzips feuchten die Druckplatte direkt und über die erste Farbauftragswalze des Farbwerkes. Es sind ausschließlich heberlose Feuchtwerke, die in der Regel mit einem Alkoholfeuchtmittel (IPA) oder Alkoholersatzstoffen im Feuchtmittel arbeiten.

Vorteil dieser Systeme ist es, die drucktechnisch notwendige Farb-Wasser-Emulsion als eine konstante Balance zwischen Druckfarbe und Feuchtmittel sehr rasch zu erreichen und so bereits während des Rüstens bzw. nach kurzer Druckzeit fortdruckgerechte stabile Bedingungen für den Auflagendruck zu erhalten.

Ein weiteres Plus: Diese Feuchtwerke arbeiten alle geschwindigkeitskompensiert, d. h. sie korrigieren entsprechend der Druckgeschwindigkeit die Feuchtmittelzufuhr, um beispielsweise ein Überfeuchten bei hoher Geschwindigkeit zu vermeiden.

Feuchtwerke dieser Technik, setzen inzwischen alle großen Druckmaschinenhersteller ein, z. B.:
- Heidelberg Alcolor-Filmfeuchtwerk
- KBA Varidamp-Fimfeuchtwerk
- MAN Roland Deltamatic-Filmfeuchtwerk

Heidelberg Alcolor-Filmfeuchtwerk

Das Alcolor Feuchtwerk besteht aus fünf Walzen. Gefeuchtet wird mit einem Gemisch aus Wasser, ca. 6 bis 10 % Isopropanolalkohol sowie Feuchtmittelzusatz.

Das Alcolor-Filmfeuchtwerk arbeitet mit einem geschwindigkeitskompensierten Antrieb. Alle Funktionen werden automatisch gesteuert. Dabei werden die Walzenstellungen durch einen pneumatischen Antrieb verändert. Besondere Merkmale sind eine Zwischenwalze, die das Feuchtwerk mit dem Farbwerk verbindet sowie ein Feuchtreiber mit einer rauen Oberfläche.

Tauch- und Dosierwalzen haben einen eigenen, elektronisch gesteuerten Antrieb. Dadurch ist die Feuchtmittelmenge auch bei unterschiedlichen Druckgeschwindigkeiten konstant zu halten. An der Spaltstelle Tauchwalze – Dosierwalze bildet sich bereits ein relativ dünner Feuchtfilm aus. Der Feuchtreiber und die Feuchtauftragswalze laufen mit Ma-

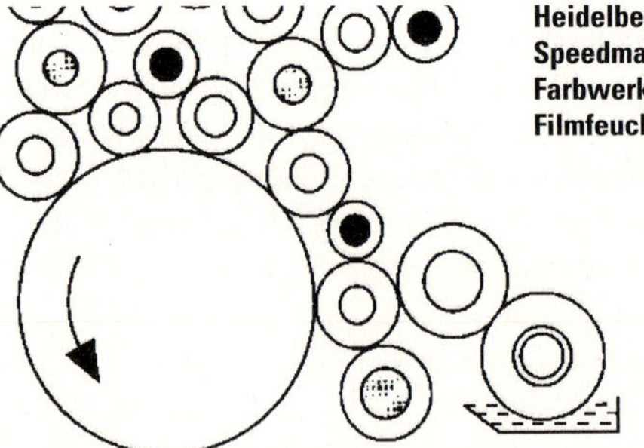

Heidelberg Speedmaster 74: Farbwerk und Alcolor Filmfeuchtwerk

schinengeschwindigkeit. Sie drehen sich immer schneller als die Tauch- und Dosierwalze. Die Feinstdosierung der Feuchtmittelmenge erfolgt durch die Geschwindigkeitsdifferenz zwischen der Dosierwalze und der Feuchtauftragswalze. Der ankommende Feuchtmittelfilm wird zu einem sehr feinen, gleichmäßig dünnen Feuchtfilm auseinander gezogen.

Die einzige Feuchtauftragswalze führt ebenfalls Druckfarbe, die sie über die Zwischenwalze und von der Druckplatte erhält. Durch die matt verchromte Oberfläche des Feuchtreibers und dessen axiale Reibbewegung wird der Feuchtigkeitsfilm in den Druckfarbenfilm auf der Feuchtauftragswalze eingearbeitet. Es besteht eine homogene, für den Offsetdruckprozess geeignete Emulsion. Durch die Zwischenwalze ist Feuchtmittel gezielt in das Farbwerk zu leiten, um das Farb-Wasser-Gleichgewicht schnell zu erreichen und im Fortdruck konstant zu halten.

Durch eine Blasleiste über den Farbwalzen ist eine zonenweise gezielte Beeinflussung der Feuchtmittelmenge im Farbwerk möglich.

KBA Varidamp-Filmfeuchtwerk

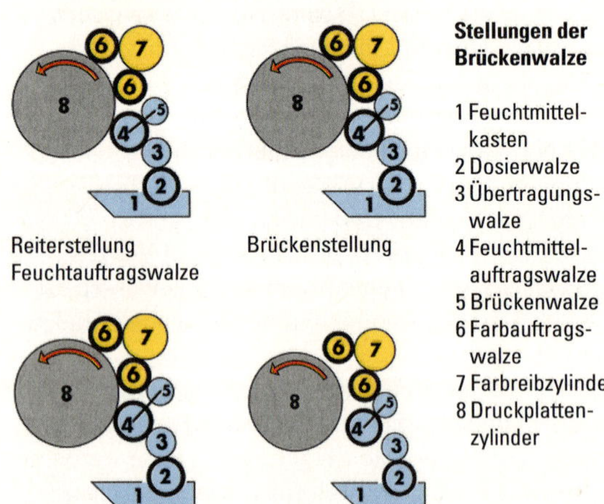

Stellungen der Brückenwalze

1 Feuchtmittelkasten
2 Dosierwalze
3 Übertragungswalze
4 Feuchtmittelauftragswalze
5 Brückenwalze
6 Farbauftragswalze
7 Farbreibzylinder
8 Druckplattenzylinder

Das Varidamp-Filmfeuchtwerk ist ein Drei-Walzen-Feuchtwerk. Bei diesem System kann die Brückenwalze in verschiedenen Funktionen entsprechend der drucktechnischen Erfordernisse variiert werden.

Kontaktlose Feuchtwerke

Zu dieser Gruppe von Feuchtwerken gehören Systeme, die das Feuchtmittel ohne Kontakt auf eine Feuchtwalze (Duktor, Feuchtreiber) oder sogar direkt auf die Druckplatte übertragen. Systeme dieser Art werden ausschließlich in Rollen-Offsetdruckmaschinen eingesetzt. Hierzu gehören u. a.

– Schleuderfeuchtwerke
– Turbofeuchtwerk
– Bürstenfeuchtwerk
– Düsenfeuchtwerk.

Schleuderfeuchtwerk: WEKO-Rotorenfeuchtung

Das System sprüht das aufbereitete Feuchtmittel durch Rotoren als feinsten Sprühfächer kontaktlos auf den verchromten Feuchtreiber. Die Feuchtmittelmenge ist zonenweise und stufenlos sowie geschwindigkeitskompensiert zu steuern. Das Feuchtsystem wird vor allem in Rollen-Offsetdruckmaschinen und in Endlosdruckmaschinen mit Offsetdruckwerken eingesetzt. Es eignet sich ebenfalls zum Nachfeuchten von bedruckten Papierbahnen im Digitaldruck und als Rückbefeuchtungssystem im Heatset-Rollen-Offsetdruck nach dem Trocknen der Papierbahn.

Turbo-Feuchtwerk

Das Turbo-Feuchtwerk arbeitet nach dem Schleuderprinzip, d. h. das Feuchtmittel wird durch die Fliehkraft zu feinsten Tröpfchen verteilt und direkt auf die Druckplatte aufgesprüht. Ein Rotor mit Spritzringen, dessen Antrieb über einen Drehstrommotor mit Vorgelege erfolgt und dessen Drehzahl konstant bleibt, sorgt für gleichmäßige Wassertropfengröße.

Der Rotor taucht in das Wasser ein, das durch ein Überlaufsystem auf konstanter Höhe bleibt. Während seiner Rotationsbewegung muss der Rotor benetzt werden, um Feuchtmittel abschleudern zu können.

Die Feuchtwassermenge kann stufenlos, mit Hilfe der seitenbreiten Dosierblenden eingestellt werden. Bei Änderung der Maschinendrehzahl erfolgt eine automatische Nachführung der Feuchtmittelmenge. Das Turbo- Feuchtwerk kann an übliche Feuchtwasser-Umlaufsysteme angeschlossen werden. Es erfordert eine geringe Wartung, hat keine Verschleißteile und es besteht kaum eine Verschmutzungsgefahr. Das Feuchtwerk ist für den Einsatz in Rollen-Offsetdruckmaschinen geeignet.

Bürsten-Feuchtwerk

Das System arbeitet mit einer abstreifenden Bürste, die die Feuchtigkeit von einem Feuchtduktor abstreift und dann an einen Feuchtreiber kontaktlos als feinen Sprühnebel überträgt. Zur seitenbreiten Abstellung und Dosierung der Feuchtung sind fernsteuerbare Blenden eingebaut, um die Feuchtwassermenge zum Wischzylinder (Feuchtreiber) feinfühlig zu dosieren. Die Anzeige der Blendenöffnung erfolgt analog am Maschinenleitstand. Durch den kontaktlosen Feuchtwassertransport zwischen Duktor/Bürste und Wischzylinder ist eine Rückführung von Papier- und Farbpartikeln in den Feuchtmittelkasten ausgeschlossen. Der elektromotorisch angetriebene Feuchtduktor folgt über eine Hochlaufkurve der Änderung der Druckmaschinengeschwindigkeit.

Bürsten-Feuchtwerk für Rollen-Offsetdruckmaschinen

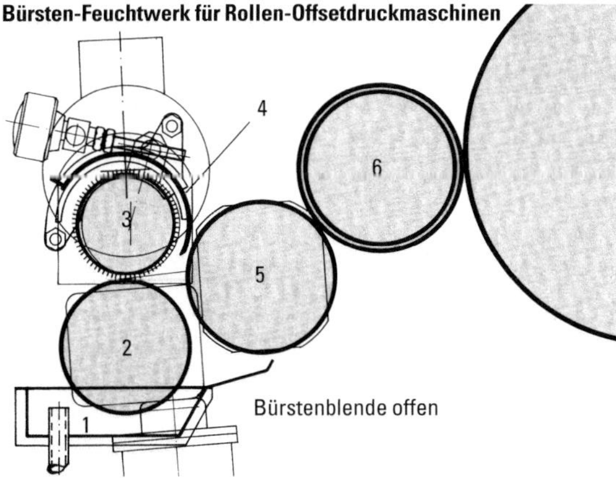

1 Feuchtmittelkasten
2 elektromotorisch angetriebener stufenlos regelbarer Feuchtduktor
3 elektromotorisch angetriebene, seitenbreite Bürstenwalze
4 elektromotorisch verstellbare Bürstenblenden
5 angetriebener, verchromter Wischzylinder
6 Auftragwalze

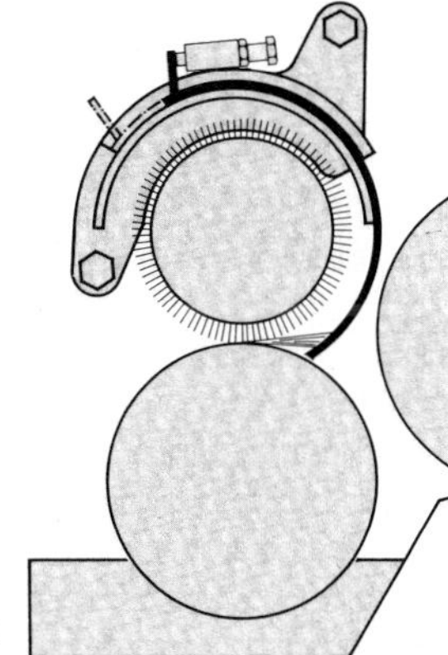

Bürstenblende geschlossen

Die rasche Reaktion auf die Veränderung der Einstellwerte und das schnelle Erreichen des Farb-/Wassergleichgewichtes, die einfache Steuerung, Bedienung und Wartung dieses Systems gewährleistet eine geringe Anlauf- und Fortdruckmakulatur.

Düsenfeuchtwerke
Verschiedene direkt und indirekt arbeitende Systeme konnten sich nur vereinzelt durchzusetzen. Besondere Probleme bestehen vor allem darin, das Feuchtmittel ohne Walzen feinst verteilt und gleichmäßig auf die Druckplatte zu übertragen. Ein wesentlicher Effekt fehlt diesen Systemen: Durch einen Walzenkontakt die Druckplatte gleichzeitig von Papierstaub, Butzen und sonstigen Verunreinigungen zu säubern.

Geschwindigkeitskompensierte Feuchtwerke

Das Wort „kompensieren“ bedeutet: gegeneinander ausgleichen. Diese Technik gleicht die erforderliche Feuchtmittelmenge entsprechend der Druckmaschinengeschwindigkeit aus.

Praxiserfahrungen und systematische Untersuchungen an Feuchtwerken haben ergeben, dass sich die Feuchtmittelmenge auf der Offsetdruckplatte bei Änderung der Maschinengeschwindigkeit im Fortdruck ebenfalls verändert, ohne dass die Feuchtmittelführung verstellt worden wäre.

Die FOGRA Forschungsgesellschaft Druck e.V. hat diesbezüglich Untersuchungen durchgeführt. In einer Versuchsreihe wurde ermittelt, dass die Wassermenge auf der Druckplatte beim Beschleunigen der Druckmaschine von ca. 3500 auf 6000 Bogen/h nach einer gewissen Reaktionszeit um ca. 10 % zunahm. Man erklärte die Erscheinung damit, dass sich der Duktor bei höherer Maschinengeschwindigkeit schneller dreht und das vom Duktor aus dem Wasserkasten mit hochgenommene Wasser daher weniger Zeit hat, zurückzufließen.

Dieser Gesichtspunkt ist nicht der einzige, der die Erscheinung hervorruft bzw. beeinflusst. So üben zum Beispiel die stärkere Erwärmung der Walzen bei höherer Maschinengeschwindigkeit oder die geringere zur Verdunstung zur Verfügung stehende Zeit auf die Feuchtmittelmenge einen – wahrscheinlich gegenläufigen – Einfluss aus.

Die theoretische Vorstellung, dass der mit der Maschinengeschwindigkeit gekoppelte Feuchtduktor sowie der Feuchtheber entsprechend langsamer oder schneller mitlaufen, reicht somit nicht aus, um das einmal eingestellte Farb-/Wasser-Gleichgewicht bei Änderung der Maschinengeschwindigkeit zu erhalten.

Es ist bekannt, welchen Einfluss die Feuchtmittelmenge auf der Druckplatte zum einen auf die Druckfarbe (Zügigkeit, Glanz, Punktwiedergabe) und zum anderen auf den Bedruckstoff (Faserdehnung als Ursache für Passermängel) und damit auf das Druckergebnis hat.

Der erfahrene Offsetdrucker wird daher bei Erhöhung der Maschinengeschwindigkeit und konventionellen Feuchtwerken die Wasserführung etwas zurücknehmen, bei Verlangsammung der Maschinengeschwindigkeit entsprechend mehr zugeben. Hierbei besteht natürlich die Gefahr der Über- beziehungsweise Untersteuerung durch den Drucker, was wiederum zu Schwankungen der Druckqualität innerhalb der Druckauflage führt.

Aufgabe des Druckers ist es, darauf zu achten, dass die günstigste Feuchtmittelmenge in Abhängigkeit von der Druckmaschinengeschwindigkeit konstant gehalten wird.

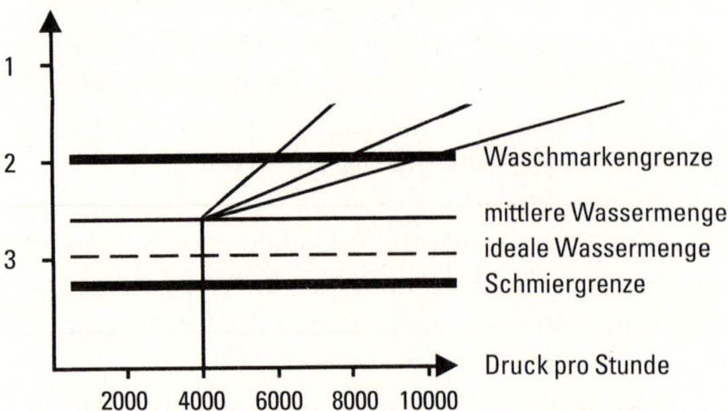

Um den Zusammenhang zu verdeutlichen, ist in der Abbildung diese Erscheinung nur vereinfacht dargestellt. Es wurde davon ausgegangen, dass unabhängig von der Druckmaschinengeschwindigkeit immer die gleiche Menge Feuchtmittel für einen sauberen Druck auf einem bestimmten Druckplattentyp vorhanden sein muss.

Irgendwo zwischen der Waschmarkengrenze und der Schmiergrenze stellt der Drucker die benötigte Feuchtmittelmenge ein, wobei er bemüht ist, das Farb-/Wasser-Gleichgewicht (in der Abbildung als ideale Wassermenge eingezeichnet) möglichst nahe zur Schmiergrenze zu legen, also mit möglichst wenig Feuchtmittel zu drucken, was sich auf das Druckergebnis positiv auswirkt.

- Waschmarkengrenze:
  zu hohe Feuchtung, d. h. das Feuchtmittel wird in die farbführenden Schichten der Druckplatte hineingedrückt und bildet Wassernasen.
- Schmiergrenze:
  zu geringe Feuchtung, d. h. die Druckplatte schmiert, sie überträgt Druckfarbe an Nichtbildstellen (feuchtmittelführenden Stellen)

Der Drucker wird das Farbe-/Wasser-Gleichgewicht möglichst in der Mitte zwischen der Waschmarken- und der Schmiergrenze (in der Abbildung mit „mittlere Wassermenge" bezeichnete Linie) einstellen.

Wird bei Druckbeginn und niedriger Maschinengeschwindigkeit das angestrebte Gleichgewicht erreicht (in der Abbildung etwa bei 4000 Druck/h), und der Drucker erhöht dann die Druckgeschwindigkeit, so bleibt die auf der Druckplatte gewünschte Feuchtmenge bei „normalen" Feuchtwerken nicht konstant, sondern steigt etwas an. In der Abbildung wurde dieses Verhalten durch zur Waschmarkengrenze hin verlaufende Linien angedeutet.

Natürlich beeinflussen verschiedene Faktoren den Verlauf dieser Linie, zum Beispiel die Feuchtaufnahmefähigkeit der Farbe, die Feuchtmittelzusätze, die Temperaturverhältnisse in der Druckmaschine und anderes mehr.

Bei modernen Feuchtwerken wird nun die Drehgeschwindigkeit des mit einem Gleichstrommotor separat angetriebenen Duktors elektronisch so gesteuert, dass bei einer Geschwindigkeitsänderung der Druckmaschine die einmal eingestellte Feuchtmenge auf der Druckplatte weitestgehend konstant bleibt. Schwankungen in der Feuchtmittelmenge, die sich negativ auf die Qualität auswirken, werden damit auf ein Minimum reduziert. Der Drucker muss in der Regel die einmal eingestellte Farb-/Wasser-Balance bei einer Änderung der Druckmaschinengeschwindigkeit nicht nachjustieren. Dies erleichtert die Prozesskontrolle während des Auflagendrucks.

Geschwindigkeitskompensierte Feuchtwerke bieten demnach deutliche Vorteile für die Produktion:

- Weniger Makulatur und konstantere Qualität durch gleichmäßige Wasserführung bei unterschiedlichen Druckgeschwindigkeiten.
- Bedienungs- und Kontrollerleichterungen für den Drucker.

11.7.5 Papierlauf, Bogenführung

Die hohen Laufgeschwindigkeiten der modernen Druckmaschinen sind nur durch leistungsstarke Anlegeapparate zu erreichen. Dieser muss den zu bedruckenden Bogen schnell und sicher vom Anlegestapel in die Druckmaschine fördern und hier nach einem exakten Ausrichten durch die Vordermarken und eine Seitenmarke passgenau an das Druckwerk übergeben. Zu einer präzisen Übergabe wird der Bogen aus dem Stillstand durch maschinentechnische Systeme wie Schwinggreifer oder Zuführtrommeln auf Druckgeschwindigkeit beschleunigt und an die Greifer des Druckzylinders übergeben.

Das heißt: In einer Druckmaschine, Druckformat 70 cm x 100 cm, wird mit einer Druckgeschwindigkeit von 15000 Bogen/Stunde gedruckt. Dazu muss der Druckbogen aus dem Stillstand auf ca. 3,7 m/s beschleunigt werden

Bogenanleger

Eine einwandfreie Bogenanlage ist heute selbstverständlich. Die enge Zusammenarbeit der Hersteller von Anlegeapparaten mit den Druckmaschinenfabri-

Entwicklung der Anleger an Druckmaschinen

Handanlage	Anlage des Bogens direkt auf die Druckform: Handpressendruck
Handanlage manuell/mechanisch	Anlage des Bogens auf einem Anlegetisch bzw. auf dem Drucktiegel: Buchdruck-Stoppzylindermaschinen, Gally-Tiegel u. a
Flachstapelstreicher/ Rundstapelstreicher	Mechanisches Auffächern des Anlegestapels, an Falzmaschinen heute noch eingesetzt, z. B. Rotary-Anleger
Saugstangenanleger	Pneumatisches Ansaugen (Trennen) eines einzelnen Bogens vom Anlegetisch, z. B.: – Heidelberger Tiegel/Zylinder – Heidelberger GTO
Schuppenanleger/ Saugbänderanleger	Pneumatisches Ansaugen (Trennen) eines einzelnen Bogens an der Bogenhinterkante, schuppenförmiger Transport auf dem Anlegetisch – Transport mit Bändern und Rollen oder – Transport mit Saugbändern Einsatz: Bogen-Offsetdruckmaschinen

Entwicklung von Anlegesystemen

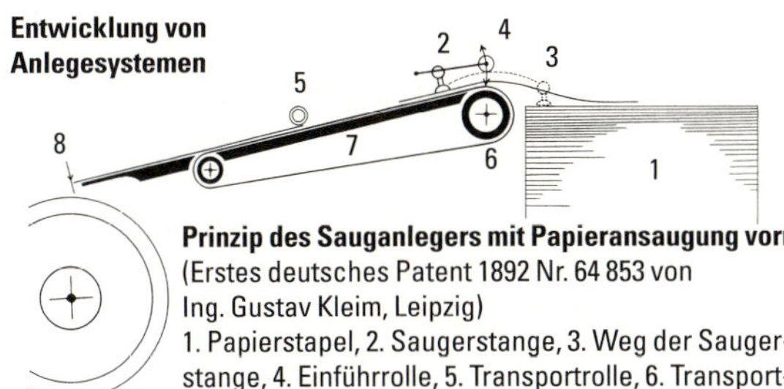

Prinzip des Sauganlegers mit Papieransaugung vorn
(Erstes deutsches Patent 1892 Nr. 64 853 von Ing. Gustav Kleim, Leipzig)
1. Papierstapel, 2. Saugerstange, 3. Weg der Saugerstange, 4. Einführrolle, 5. Transportrolle, 6. Transportwalze, 7. Anlegetisch, 8. Anlegemarken

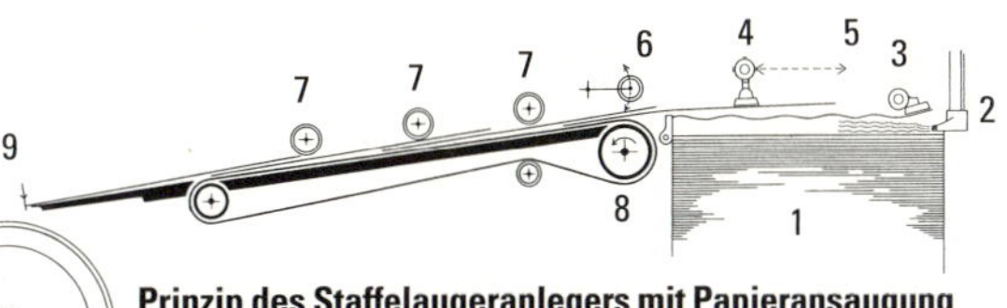

Prinzip des Staffelaugeranlegers mit Papieransaugung hinten („Spieß"-Sauger 1928)
1. Papierstapel, 2. Drückerfuß, 3. Trennsauger, 4. Schleppsauger, 5. Weg des Schleppsaugers, 6. Einführungsrolle, 7. Transportrollen, 8. Transportwalze, 9. Anlage

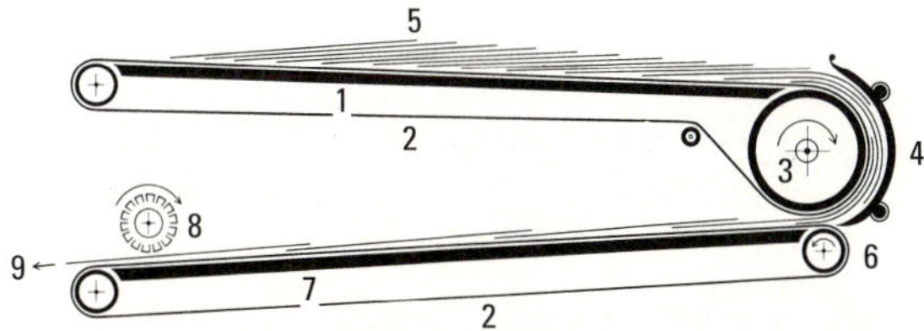

Prinzip des „Rotary"-Anlegers
(Ein schwedisches Patent kam von Amerika nach Deutschland)
1. Ladetisch, 2. Transportgurte, 3. Wendetrommel, 4. Führungsbügel, 5. Vorgestaffeltes Papier, 6. Transportwalze, 7. Anlegetisch, 8. Saugwalze, 9. zur Anlage (Vordermarken)

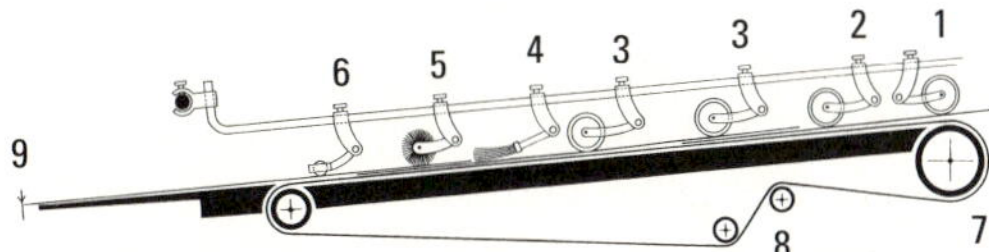

Bogenzuführung auf den Anlagetisch
1. Einführungsrolle, 2. Transportrolle aus Kunststoff, 3. Transportrollen aus Gummi, 4. Stoppbürste, 5. Bürstenrädchen, 6. Kugelreiter, 7. Transportwalze, 8. Spannvorrichtung für Transportbänder, 9. Anlage

ken führte zu einer Einheit von Druckmaschine und Anlegeapparat. Zusammengefasst ein kurzer Rückblick auf die Entwicklung und Einsatzbereich.

Die ersten automatisch arbeitenden Bogenanleger waren mit einer Saugstange versehen, die von dem Papierstapel jeweils den obersten Bogen wegnahm und ihn bis nahe an die Vordermarken heran führte. Im Zuge der weiteren Entwicklung verkürzte man den Weg der Saugstange, die nun den Bogen vom Stapel weg zwischen Transportrollen und Bänder führte, von denen er dann weiter in die Maschine geführt wurde. Auf die Dauer konnte auch dieses System den steigenden Leistungsforderungen nicht mehr genügen und so konnte die Firma Spieß mit ihrem Rotary-Anleger einen beachtlichen Erfolg verzeichnen.

Das Rotary-System geht auf ein schwedisches Patent zurück. Es arbeitet ohne Saug- und Blasluft völlig mechanisch. Die Bogen werden beim Einstapeln staffelartig ausgestrichen und über eine große Holztrommel mit Hilfe von Gurten auf den Anlegetisch gebracht, Streichräder bringen die einzelnen Bogen zur Anlage.

Printmaster, Heidelberg: Einzelbogenanleger

Beim Rotary-Anleger ist ein ununterbrochenes Beschicken der Maschine mit Papier möglich. Die hohe Arbeitsgeschwindigkeit macht diesen Anleger besonders für den Einsatz an Falzmaschinen interessant, wo er auch heute noch mit Erfolg eingesetzt wird.

KBA Rapida 105: Schuppenanleger

Bei früher üblichen Einzelbogenanlegern wurde der Bogen an der Vorderkante angesaugt bzw. erfasst und an Rollen und Bänder des Anlegetisches geführt. Beim Schuppenanleger dagegen wird der Bogen an der Hinterkante angesaugt, vom Stapel abgehoben und in Schuppenform auf den Anlegetisch gefördert.

An Bogen-Offsetdruckmaschinen haben sich Schuppenanleger durchgesetzt. Dadurch, dass bei der Schuppenanlage mehrere Bogen zugleich über den Anlegetisch laufen, ist die Bogenzuführung auch bei hohen Druckgeschwindigkeiten verhältnismäßig langsam.

Der Vorteil liegt darin, dass der Bogen bei einem langsamen Einlaufen in die Anlage nicht gestaucht oder deformiert wird. Dies würde sich sehr nachteilig auf den Stand und vor allem den Passer im Druckbild auswirken.

Je enger gestaffelt die Bogen über den Anlegetisch laufen, desto geringer kann die Geschwindigkeit der Bogenzuführung gehalten werden, dadurch werden zwangsläufig auch die in der Anlage auftretenden Störungen vermindert.

Schuppenanleger schaffen die Voraussetzung bei verhältnismäßig geringer Bogengeschwindigkeit für Druckleistung von 15000 Bogen/h und mehr.

Während des Maschinenlaufes befinden sich etwa 7 Bogen schuppenförmig versetzt auf dem Anlagetisch. Dadurch hat ein Bogen einen nur etwa 20 cm Weg bis zum Ausrichten durch die Anlagemarken zurückzulegen.

Schuppenanleger kleinformatiger Druckmaschinen sind häufig mit einfachen Anlegetischen ausgerüstet. Ist der Papierstapel ausgedruckt, wird die Druckmaschine gestoppt und neues Papier vorgesetzt. Mittel- und großformatige Maschinen sind dagegen mit Paternoster- oder Nonstopp-Anlegern ausgestattet.

Nonstop-Anleger ermöglichen ein Vorstapeln der zu bedruckenden Bogen bereits während des Auflagendrucks. Durch verschiedenen Verfahren kann der neue Stapel mit dem auslaufenden Stapel manuell, halbautomatisch oder automatisch zusammengeführt werden. Für den Stapelwechsel ist die Druckmaschine nicht anzuhalten.

Phasen des Non-Stop-Stapelwechsels am Anleger einer KBA Rapida 130
oben links: Die Maschine druckt mit Hilfsstapel, die Leerpalette wird ausgefahren
oben rechts: Der neue Stapel wird automatisch zugeführt
unten: Zusammenführen von Haupt- und Hilfsstapel

Rollen-Querschneider

Eine besondere Produktionsmöglichkeit bietet bei Bogen-Offsetdruckmaschinen ein spezieller Anleger als Zusatzaggregat, der Rollenquerschneider. Mit diesem System kann Rollenpapier geschnitten und kontinuierlich in den Schuppenanleger überführt und dann als Bogen weiterverarbeitet werden. Diese Technik ist bei ständig wiederkehrenden bzw. ähnlichen Produkten auf gleichen Bedruckstoffen wirtschaftlich, da Rollenpapier ca. 10 bis 15 % günstiger zu beziehen ist.

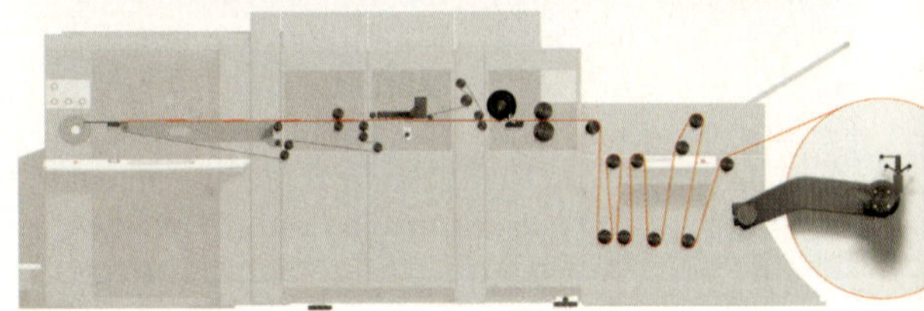

Rollen-Querschneider: Funktionsschema

Grundfunktion des Anlegeapparates

Wichtigste Funktionseinheit des Anlegers ist der über dem Stapel beweglich angebrachte Saugkopf, der durch verschiedene Exzenter die mechanischen Bewegungen aller Sauger und Bläser sowie deren Luftzufuhr regelt.

An der Bogenhinterkante setzen zwei Spring- oder Trennsauger an und trennen den obersten Bogen vom Stapel. Dieser Trennvorgang wird durch die vorbereitende Arbeit der Trennbläser unterstützt. Im gleichen Augenblick setzt sich der Drückerfuß von hinten unter diesen Bogen auf den Stapel und verhindert so ein Ansaugen weiterer Bogen.

Die zentrale Funktion des Tasters besteht darin, bei jedem Aufsetzen die Stapelhöhe zu prüfen. Über einen elektromechanischen Transportmechanismus wird die eingestellte Höhe des Papierstapels abgetastet. Der Stapeltisch wird automatisch jeweils um die Höhe der entnommenen Bogen nachtransportiert, so dass sich die Oberkante des Stapels immer in der eingestellten Arbeitshöhe befindet.

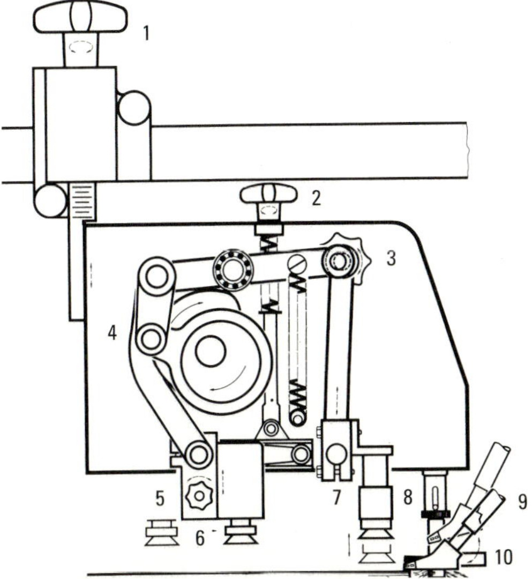

Heidelberger Saugkopf
1 Höhenregulierung des Saugkopfes (Einstellen der Stapelhöhe), 2 Schuppenlaufkorrektur, 3 Höhenregulierung der Hubsauger 4 Kurbelantrieb für Schleppsauger, 5 Höhenregulierung für Schleppsauger, 6 Schleppsauger, 7 Hubsauger, 8 Lockerungsbläser, 9 Tastfuß für Bläser mit Tragluft, 10 Abstreifbürsten oder Abstreiffedern

Heidelberg Speedmaster SM 52
– Schuppenanleger
– Saugkopf mit kombinierten Hub- und Schleppsaugern

Neben der Regelung der Stapelhöhe hat der Drückerfuß noch eine weitere Aufgabe. Der Bogentransport zu den Abnahmerollen des Anlegetisches wird durch Blasluft unterstützt, die im Moment des Aufsetzens des Drückerfußes aus Düsen an der Vorderseite des Fußes ausströmt. Der auf diesem Luftkissen liegende Bogen wird vom Sauger bis zu den Abnahmerollen getragen. Erst durch diesen sich wiederholenden Bewegungsablauf entsteht die charakteristische Bogenschuppung, da stets ein Bogen unter den vorhergehenden geschoben wird.

KBA Rapida: Saugbändertisch

Der Anlegetisch ist die Verbindung zwischen dem Anleger und dem Druckwerk. Auf ihm laufen bei älteren Druckmaschinen vier Transportbänder, von einer geriffelten Walze am Übergang vom Stapel zum Tisch angetrieben. Der darüber geklappte Rahmen trägt verstellbar alle zum Transport notwendigen Kunststoffrollen, Bürstenräder, Kugelreiter und Rückstauchbürsten, deren Druck auf die gestaffelt durchlaufenden Bogen zu deren sicheren Führung beiträgt und seitliches Verschieben oder Voreilen einer Bogenseite bei genauer Einstellung verhindert.

Neue Anlegetische, sogenannte Saugbändertische, transportieren die Bogen mit zwei Saugbändern zur Anlage. Bei dieser Fördertechnik werden keine mechanisch auf den Bogen wirkende Transportrollen u. ä. benötigt.

Zweck des Anlegesystems ist es, die Druckbogen fortlaufend, sicher und mit möglichst geringen Differenzen in die Vordermarken zu bringen, wo sie sich in einem Augenblick der Ruhe passgenau ausrichten können. Die seitliche Ausrichtung übernimmt kurz darauf die jeweilige Seiten- oder Ziehmarke.

Der ausgerichtete Bogen wird in flacher Kurve von dem Vor- oder Schwinggreifer erfasst, auf Zylindergeschwindigkeit beschleunigt und an den rotierenden Druckzylinder übergeben.

Der gesamte Transport- und Anlegevorgang wird durch Sicherheitseinrichtungen wie Doppelbogenkontrolle, Abfühl- oder Abtasteinrichtungen und Überlauffühler mechanisch bzw. an allen modernen Druckmaschinen elektronisch überwacht.

Vordermarken

In der Anlage wird der Bogen durch Vordermarken und eine Seitenmarke ausgerichtet, um einen einwandfreien Passer zu erzielen. Dies geschieht durch

Vordermarken von unten **Vordermarken von oben**

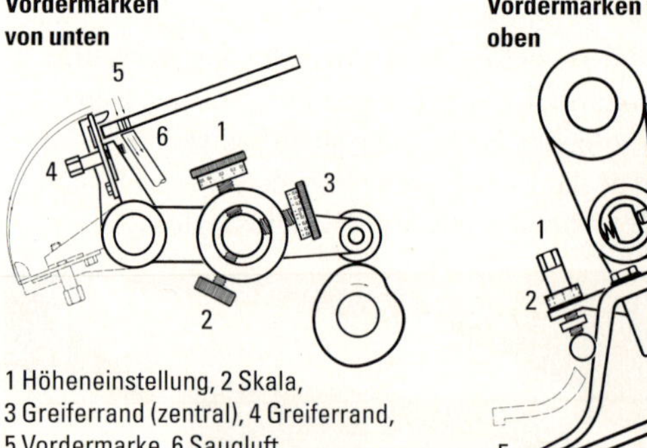

1 Höheneinstellung, 2 Skala, 3 Greiferrand (zentral), 4 Greiferrand, 5 Vordermarke, 6 Saugluft

ein sanftes Heranführen des Bogen gegen Anschläge des Vordermarkenbügels. Diese sind zum Einpassen des Druckbildes in und gegen die Druckrichtung in der Position zu verstellen. Nach der Ausrichtung wird der Bogen durch Fotozellen auf seine exakte Lage kontrolliert. Nach der Bogenübernahme durch das Zuführsystem werden die Vordermarken nach oben geschwenkt oder tauchen nach unten ab.

Vordermarken von unten

Bei größeren Formaten (größere Bogenlänge) und dadurch kleinerem Zylinderkanal ist der Abstand (Zeitintervall) zwischen dem weitergeführten und dem neuankommenden Bogen sehr kurz. Hier kommen nach unten schwenkbare Vordermarken zum Einsatz. Diese können zum Ausrichten des nächsten Bogens schon wieder in ihre Ausgangsposition schwenken, während der vorangegangene Bogen noch vom Anlagetisch wegläuft. Die Oberfläche des Bogens kommt mit den Marken nicht in Kontakt.

Vordermarken von oben

Nachdem der Bogen in der Anlage ausgerichtet ist, schwenken die Vordermarken nach oben und geben den Weg für die Bogenübergabe an den Druckzylinder frei. Erst wenn der Bogen den Anlagetisch vollständig verlassen hat, schwenken sie in ihre Ausgangsposition zurück, um den nächsten ankommenden Bogen anzuhalten und auszurichten.
Diese Konstruktion hat den Vorteil, dass die Marken gut eingesehen und erreicht werden können.

Der an die Vordermarken herangeführte Bogen wird an den Markenanschlägen parallel zur Greiferkante ausgerichtet. Je nach Maschinengröße schwankt die Zahl der Vordermarken zwischen zwei bis sechs Marken, die parallel zum Greifer und entsprechend des Papierformates symmetrisch zur Maschinenmitte einzustellen sind.

Vordermarken-Ferneinstellung

Bei modernen Druckmaschinen sind während des Maschinenlaufs mit einer Ferneinstellung einzelne Vordermarken in beide Richtungen zu verstellen. Dazu ist jede Vordermarke mit einem Einstellmotor ausgestattet. Durch elektronische Steuerung lassen sich die Vordermarken auf Knopfdruck präzise vor- und zurückbewegen.

Die Bedienung erfolgt unmittelbar am Anlagetisch. Während der Stellknopf gedrückt wird, ist gleichzeitig die Korrektur zu beobachten: Leuchtdioden zeigen die jeweils erfolgte Veränderung bzw. die Position der Vordermarke an.

Die Vordermarken können einzeln eingestellt werden, aber auch eine Gesamteinstellung ist möglich. Per Knopfdruck werden alle Vordermarken gemeinsam in die Nullposition gefahren. Die Nullposition ist eine Mittelstellung, von der aus der Einstellweg ± 1 mm beträgt.

Seitenmarken

Die Seitenmarke hat die Aufgabe, den Bogen seitlich im rechten Winkel zu den Vordermarken genau auszurichten. Von der Arbeitsweise her unterscheiden wir Zieh- und Schiebemarken. Beide Systeme werden ihrer Aufgabe gleichermaßen gerecht. Der Bogen wird von der Ziehmarke an einen festen Anschlag gezogen, während die Schiebemarke den Anschlag an die Bogenkante heranführt und dabei den Bogen etwas seitlich verschiebt. Bei sehr starken und schweren Bedruckstoffen kann der Einsatz einer Schiebemarke sicherer sein.

Die überwiegend auf dem Markt befindlichen Offsetdruckmaschinen arbeiten mit mechanischen oder pneumatischen Ziehmarken. Wenn der Druckbogen von den Vordermarken ausgerichtet ist und völlig frei liegt, arbeitet die Ziehmarke, die den Bogen bis zu einem festen Anschlag fördert. Sie funktioniert einwandfrei bei leichten, mittleren und schweren Bedruckstoffen.

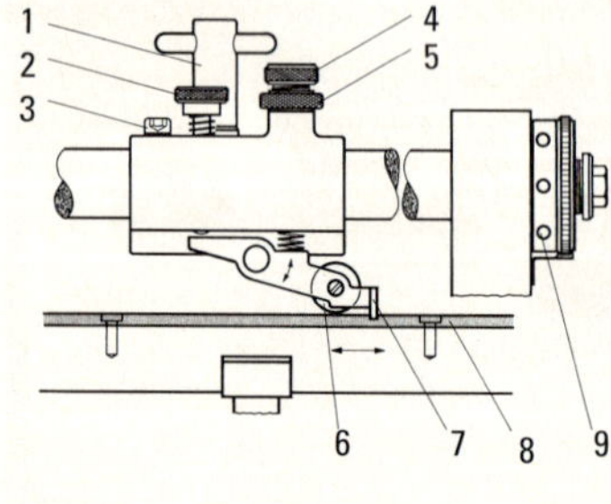

Ziehmarke
1 Feststellschraube
2 Abstellbolzen
3 Schraube zur Winkeleinstellung
4 Schraube z. Regulieren des Federdrucks
5 Kontermutter
6 Ziehrolle
7 Seitlicher Papieranschlag
8 Ziehschiene
9 Seitliche Feinstellung

Die Ziehmarke besteht im wesentlichen aus einem Grundgestell mit einem Ziehsegment, einer Ziehrolle und teilweise noch einer Abdeckung (Deckmarke). Das Ziehsegment wird mechanisch hin und her bewegt. Ist der Bogen von den Vordermarken ausgerichtet, senkt sich die Ziehrolle auf das Ziehsegment. Der Anpressdruck der Ziehrolle ist je nach Stärke, Art und Größe des Bedruckstoffes durch Federdruck zu regulieren.

Zu den Aufgaben des Druckers gehört sorgfältiges Einstellen und beim Fortdruck die ständige Überwachung der Anlegemarke und der Position des Papierstapels. Der Ziehweg des Bogens soll etwa 5 - 8 mm betragen.

Mit ablaufendem Papierstapel kann sich dieser Abstand so weit verändern, dass der Bogen nicht mehr gleichmäßig gezogen werden kann. Zur optischen Kontrolle des Standes, der Position des Druckbildes auf dem Bogen, soll unbedingt nahe an der Bogenseitenkante ein gerades, feines Seitenmarkenzeichen mitgedruckt werden. Dieses Zeichen ermöglicht eine optische Ziehmarkenkontrolle während des Druckens.

Sind mechanisch sensible, druckempfindliche oder sehr starke Materialien (Karton) zu bedrucken, eignen sich besonders Schiebemarken für das Ausrichten.

Pneumatische Seitenmarke
Die pneumatische Seitenmarke, anfangs von MAN Roland entwickelt, wird inzwischen auch von anderen Druckmaschinenherstellern eingesetzt. Für Aufträge mit hohem Qualitätsanspruch werden meist besondere Bedruckstoffe eingesetzt. Dies können sowohl leichtgewichtige und instabile Papiere wie auch Kunststoff- und Metallfolien oder Materialien mit glatter oder strukturierter Oberfläche sein.

Pneumatische Seitenmarke, KBA

Gegenüber den mechanisch wirkenden Ziehmarken besitzt die pneumatische Seitenmarke beachtenswerte Vorteile:
- uneingeschränkte Sicht auf den Zieh- und Anlegevorgang (Wegfall der Zieh- bzw. Andrückrolle und der Deckmarke)
- der Bogentransport in Laufrichtung wird während des Ziehvorgangs nicht unterbrochen
- der Bogen hat durch die fehlende Andrückrolle mehr Zeit zum Vorausrichten und Ausrichten an den Vordermarken
- der Ziehvorgang kann unabhängig von dem Bogenende des vorhergehenden Bogens einsetzen
- schwierige Bedruckstoffe sind sicher auszurichten
- der maximale Ziehweg ist um ca. 10 % erweitert
- Gefahr der Beschädigung oder des Verschmierens der Bogen im Bereich der Ziehelemente wird durch den von unten wirkenden Sauger vermieden
- verringerte Umrüst- und Stillstandszeiten
- maximale Druckgeschwindigkeit wird nicht beeinflusst
- die Bogen liegen trotz eingeleitetem Ziehvorgang immer an den Vordermarken an
- geringer Wartungsaufwand.

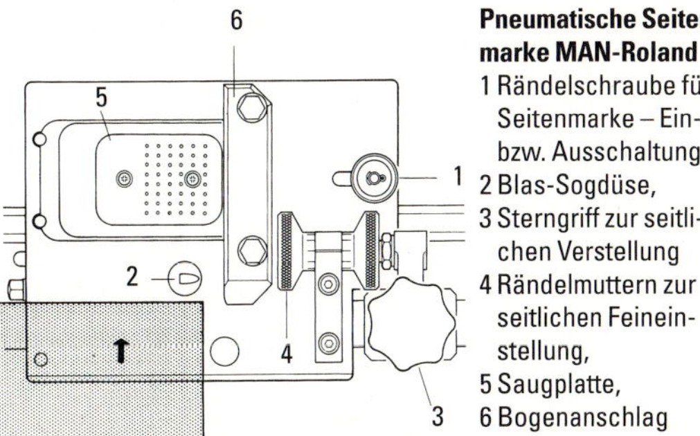

Pneumatische Seitenmarke MAN-Roland
1 Rändelschraube für Seitenmarke – Ein- bzw. Ausschaltung,
2 Blas-Sogdüse,
3 Sterngriff zur seitlichen Verstellung
4 Rändelmuttern zur seitlichen Feineinstellung,
5 Saugplatte,
6 Bogenanschlag

Konstruktion der Seitenmarke
Die pneumatische Seitenzieh-Einrichtung besteht aus dem Seitenmarkengehäuse und seitlichen Bogenanschlag, dem Feststellelement mit der Feinregulierung sowie der Saugeinrichtung.

Die Saugeinrichtung, die den Bogen seitlich ausrichtet, besteht aus dem quer zur Bogenförderung bewegbaren Schlitten, dem Sauger und der auswechselbaren Saugplatte

Eine Steuerkurve bestimmt die Bewegung des Saugschlittens, die gegen die Kraft der Rückholfeder erfolgt. Der Bedruckstoff wird auf seiner Rückseite von unten mit Saugluft geführt.

Im Takt der angelegten Bogen wird die Luftzufuhr durch ein Ventil gesteuert. Dies erfolgt in zwei getrennten Kammern, so dass Saug- und Blasluft unabhängig voneinander reguliert werden können. Hat sich der Bogen an den Vordermarken ausgerichtet, wird er von dem gesteuerten Sauger angezogen. Der Ziehvorgang ist eingeleitet.

Funktion und Bedienung
Beim Rüsten des Bogenlaufs wird die Seitenmarke an das Papierformat seitlich angepasst. Der zu ziehende Bogen richtet sich an den Vordermarken aus, wird vom Sauger angesaugt und an den seitlichen Bogenanschlag geführt. Der Sauger gleitet unter dem Bogen und dem Bogenanschlag weiter. Während des Vorgangs kann sich der Bogen zusätzlich 2 mm in Richtung Vordermarken ausrichten. Damit ist ein passgenaues Anlegen auch bei Schrägbogen oder bei Bogen mit unsauberem Schnitt gewährleistet.

Der seitliche Ziehweg der pneumatischen Seitenmarke je nach Druckmaschinentyp 9 bis 12 mm. Die Saugluft kann während des Papierlaufs mit dem Regulierventil so eingestellt werden, dass der auszurichtende Bogen einwandfrei und ohne ein Stauchen an den Seitenanschlag geführt wird. Unterschiedliche Maschinengeschwindigkeiten beeinflussen die Zugkraft nicht.

Bei gepuderten oder stark staubenden Bedruckstoffen kann der Sauger zusätzlich mit gesteuerter Blasluft versorgt werden. Der hierfür benötigte Lufthahn befindet sich am Seitenmarkengehäuse. Nach dem Ziehvorgang reinigt die Blasluft die Sauglöcher und das Umfeld des Saugers. Wird zu Beginn einer Auflage festgestellt, dass die Druckbogen nicht einwandfrei am seitlichen Bogenanschlag anlegen, zum Beispiel bei schweren Bedruckstoffen (Karton), ist die Papiersaugplatte gegen eine Kartonsaugplatte auszutauschen.

Kontrolleinrichtungen im Bogenlauf – Doppelbogenkontrolle

Die Doppelbogenkontrolle verhindert, dass mehr als ein Bogen bei einem Einzelbogenanleger bzw. zwei Bogen bei einem Schuppenanleger (volles Druckformat) dem Anlegetisch zugeführt werden.

Fehlerhaft zugeführte Doppelbogen können Beschädigungen in der Bogenanlage, im Druckwerk (Greifer, Gummituch u. a.) bzw. der Bogenauslage verursachen. Bei einem Fehler stoppt der Anleger den Bogentransport. Nach dem Ausdrucken des in der Druckzone befindlichen Bogens bleiben die Vordermarken geschlossen, der (Anpress-)Druck springt heraus und die Druckmaschine

Prinzipiell unterscheidet man zwei Systeme:
- berührende Systeme
  - elektromechanisch
  - induktiv
- berührungslos
  - akustisch: Ultraschall
  - optisch: Durchlicht
  - kapazitiv: Dielektrizitätsmessung

Elektromechanische Systeme eignen sich für alle Bedruckstoffe ab etwa 50 g/m^2. Aufgrund des breiten und sicheren Einsatzes werden diese Systeme überwiegend eingesetzt. Sie sind jeweils auf die Dicke des bedruckenden Material genau einzustellen.

Fehlerhaft auf den Anlegetisch transportierte Doppelbogen heben mechanisch eine Abfühlrolle an, die eine elektrische Schaltung und damit den Stopp des Anlegetisches auslöst.

Induktive Systeme sind in der Funktion ähnlich: Die Wirkung erfolgt ebenfalls über eine Wegmessung, ausgelöst wird dabei ein induktiver Abstandssensor.

Berührungslos arbeitende Systeme sind im wesentlichen als Ergänzung für spezielle Bedruckstoffe wie z. B. Dünndruckpapier zu sehen. Diese Systeme stellen sich im allgemeinen selbsttätig auf den eingesetzten Bedruckstoff ein.

Optisch arbeitende Systeme arbeiten im Durchlicht mit Infrarot. Sie eignen sich sehr gut für faserhaltige Bedruckstoffe bis etwa 170 g/m^2. Dagegen ist das System nicht geeignet für metallisierte Bedruckstoffe und Folien.

Heidelberg rüstet z. B. die Speedmaster mit einer elektromechanischen und zusätzlich akustischen Doppelbogenkontrolle aus. Diese Ultraschall-Doppelbogenkontrolle darf jedoch niemals ohne elektromechanische Doppelbogenkontrolle betrieben werden.

– Bogenabfühlung in den Vordermarken

Jeder Tastkopf enthält einen Lichtsender und einen Empfänger. Der vom Sender ausgehende Lichtstrahl wird durch den Bogen zum Empfänger reflektiert. Sobald der Bogen in den Vordermarken liegt, wird er auf seine richtige Lage kontrolliert. Deshalb wurden Reflexköpfe in die Vordermarken eingebaut.

Fotozellen in den beiden Vordermarken, die den Bogen tragen, tasten ihn ab. Durch einen Formatumschalter kann die Funktion der Reflexköpfe dem Format entsprechend auf die jeweiligen Vordermarken umgeschaltet werden.

Die eingebaute Blasvorrichtung hält die Reflexköpfe im allgemeinen frei von Staub und Schmutz. Sind die Reflexköpfe trotzdem etwas verschmutzt, können sie mit einem Pinsel gereinigt werden.

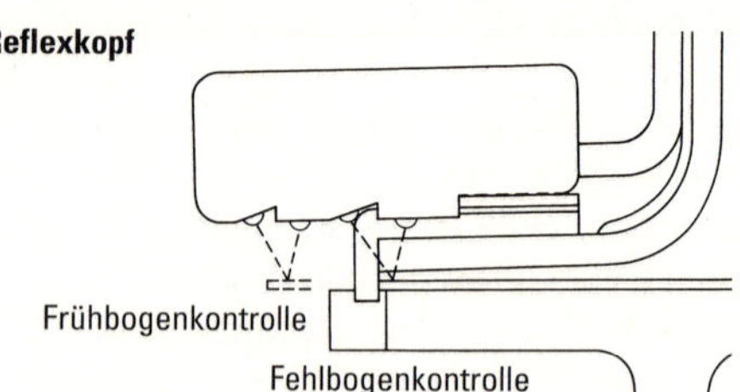

Funktion der Abfühlung

Bleibt ein Bogen aus oder wird schräg in die Vordermarken eingeführt, erfolgt keine Reflexion an den Sensor. Über einen Verstärker werden elektronisch die erforderlichen Schaltungen in der Druckmaschine eingeleitet, d. h.
- der Druck wird abgestellt
- die Farbwalzen heben von der Druckplatte ab
- die Zufuhr des Papiers, der Farbe und des Wassers wird unterbrochen und
- die Maschine wird auf Langsamlauf geschaltet.

Bei Papierlauf ohne Druckanstellung schaltet sich die Kontroll-Lampe aus und zeigt an, dass der Bogen in der richtigen Lage ist. Zur Kontrolle kann der gleiche Vorgang auch bei stehender Maschine vorgenommen werden, indem ein Bogen unter die Vordermarke geschoben wird.

Ein Überlauffühler arbeitet in umgekehrter Weise wie der Reflexkopf in der Vordermarken. Bei der Reflexion durch einen über die Vordermarken laufenden Bogen setzt der Überlauffühler die Druckmaschine sofort außer Betrieb, um mechanische Schäden an Maschinenteilen (Greifer, Gummituch u.a.) zu vermeiden.

Eine zusätzliche Sicherheitsschiene verhindert das Einlaufen von Fremdkörpern in das Druckwerk. Sie wird in der Höhe so eingestellt, dass die einzelnen Bogen ungehindert durchlaufen können. Laufen Fremdkörper oder Kartonbogen mit hochgeschlagenen Ecken unter die Schiene, so wird diese angehoben und löst einen Kontakt aus, der die Maschine sofort stoppt. Der Sicherheitsfühler in der Anlage überwacht den unmittelbaren Einlauf der Bogen. Entsprechend der Materialstärken ist die erforderliche Höhe einzustellen.

Geteilte Spannschienen

Durch mechanische Belastung unter Druck, Zügigkeit der Druckfarbe, Einfluss von Feuchtigkeit und anderen Faktoren dehnt sich das Papier – von der Anlage aus betrachtet – konkav zum Bogenende hin aus. Je nach Größe des Verzugs kann dies zu sichtbaren Passerdifferenzen im Mehrfarbendruck führen. Um diese auszugleichen, half man sich in vergangenen Zeiten mit einem Streckgang. Das Strecken des Papieres belastet aber die Rentabilität des Auftrages, weil es ein zusätzlicher Bogendurchgang ist.

Die heute klimatisch verbesserten Papiere sowie die in vielen Druckereien geschaffenen postiven Klima-Bedingungen tragen viel dazu bei, dass sich die Papierdehnungen nicht mehr so negativ auswirkt.

Papierdehnungen in der Umfangsrichtung können relativ einfach mit der Veränderung der Drucklängen aufgefangen werden. Es wird in diesem Fall z. B. ein entsprechend starker Unterlagebogen mehr oder weniger unter die Druckplatte gelegt.

Papierdehnungen in axialer Richtung (parallel zur Zylinderachse) können dagegen ohne besondere Hilfsmittel nicht ausgeglichen werden.

Mit geteilten Plattenspannschienen am Druckplattenende (Hinterkante bzw. Druckende) besteht jedoch die Möglichkeit, diese Schwierigkeiten zu beheben.

Es gibt zwei Wege, die seitlichen Passerdifferenzen innerhalb der einzelnen Farben auszugleichen:
- Durch Zusammendrücken der Druckplatten. Bei dieser Methode werden die ersten Farben vorbeugend kleiner gedruckt, so dass das Druckbild durch die Papierdehnung in das Originalmaß „hineinwächst“
- Durch Auseinanderdrücken der nachfolgenden Druckplatten, wobei das Druckbild um das Maß der eingetretenen Differenz minimal gestreckt wird.

Da sich die Papierdehnung überwiegend konkav zum Bogenende hin auswirkt, werden die geteilten Spannschienen nur an der Druckplattenhinterkante angebracht.

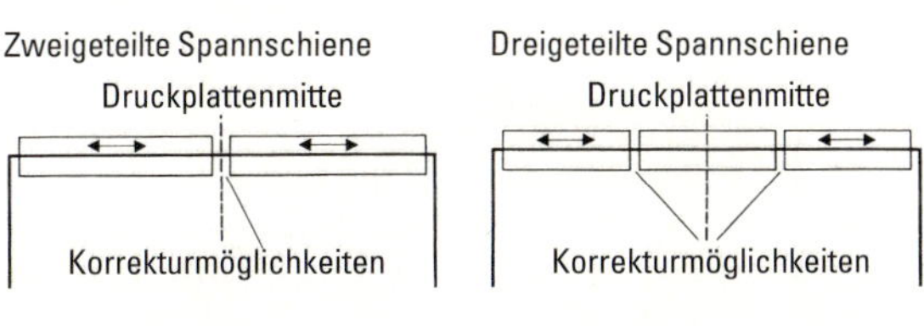

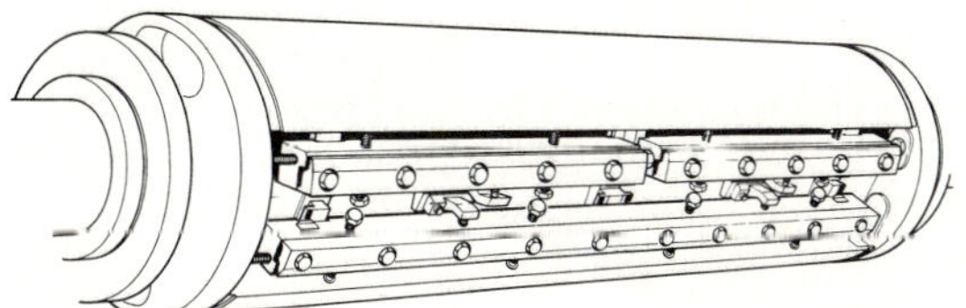

Druckplattenzylinder mit geteilter Spannschiene

Normalerweise halten sich die Dehnungen in der Größenordnung von wenigen zehntel Millimetern, im Extremfall ist es aber möglich, auch größere Differenzen auszugleichen.

Das Maß der Papierdehnung ist natürlich formatbedingt. Kleinere Papierformate zeigen eine geringere Dehnung als größere Formate.

Dreigeteilte hintere Plattenspannschiene
Papierdehnungen sind mit dreigeteilten Plattenspannschienen besonders leicht und genau bei einem konkaven Papierverzug auszugleichen. Diese Technik wird inzwischen von fast allen Herstellern großformatiger Offsetdruckmaschinen angeboten.

Anhand übersichtlicher, mit Zehntelmillimeter eingeteilte Skalierungen, sind alle Einstellungen klar zu erkennen. Ein besonderer Vorzug der dreigeteilten Plattenspannschiene ist es, dass jede Passerkorrektur ohne jegliche Bedruckstoffdeformation über die Druckplatte vorgenommen wird. Die Gefahr der Faltenbildung durch das Verspannen von Druckbogen, wie sie bei verstellbarer Anlage oder Greifern unter ungünstigen Verhältnissen auftritt, ist bei diesem System ausgeschlossen.

Zweigeteilte Plattenspannschienen beeinflussen immer auch die Druckplattenmitte, während bei einer Dreiteilung die Mitte nicht verändert wird.

11.7.6 Bogenausleger

Der Druckbogen muss exakt ausgerichtet in dem Auslagestapel ablegt werden. Ein Stauchen oder Schieben kann ein Ablegen zur Folge haben. Auch bei hohen Druckgeschwindigkeiten ist es oft schwierig, in der Auslage einen einwandfreien, kantengenauen Stapel zu erreichen.

Heidelberg QM 46-2: Niederstapelanleger

Bei kleinformatigen Druckmaschinen kann ein Muldenausleger eingesetzt werden, der die Bogen ohne exakte Führung auf einen Stapel ablegt. Überwiegend wird jedoch ein Niederstapelausleger mit einer Auslegehöhe von ca. 500 mm eingesetzt.

Um die Produktionsleistung von leistungsstarken Bogen-Druckmaschinen mit bis zu 16.000 Druck/h kontinuierlich zu nutzen, sind Hochstapelausleger eine notwendige Voraussetzung. Diese arbeiten grundsätzlich im Nonstop-Stapelwechsel, d. h. der Auslagestapel kann bei voller Produktionsgeschwindigkeit gewechselt werden.

Nonstop-Stapelwechsel
Zum Stapelwechsel bei laufender Maschine wird der volle Stapel so weit herunter, dass ein Wechselsystem (Rahmen, Rollo u. ä.) unbehindert eingeschoben bzw. eingefahren werden kann. Während die nachfolgenden Bogen auf das Wechselsystem fallen, wird der volle Stapel heruntergelassen und aus der Druckmaschine gefahren. Sobald der neue Stapeltisch hochgefahren ist, wird das Wechselsystem zurückgezogen und die inzwischen abgelegten Bogen fallen auf den neuen Stapeltisch.

Funktionsweise des absenkbaren Nonstop-Rollos in der Auslage (Rapida 105, KBA)

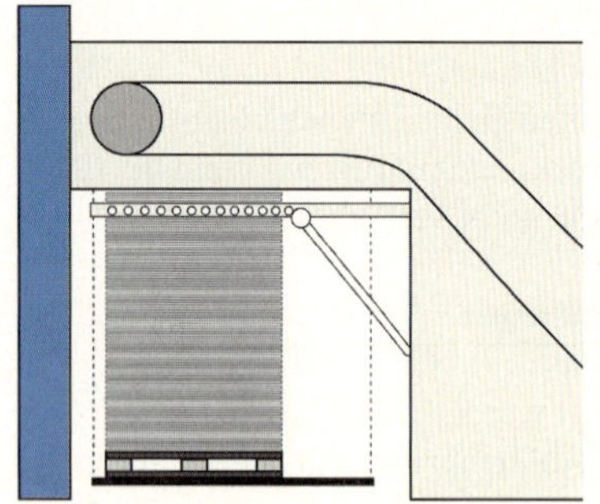
Das eingefahrene Rollo übernimmt die Bogen

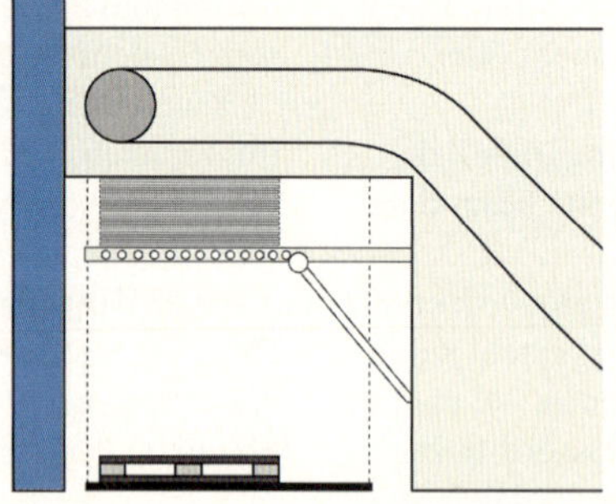
Das Rollo senkt sich mit dem anwachsenden Hilfsstapel schrittweise ab

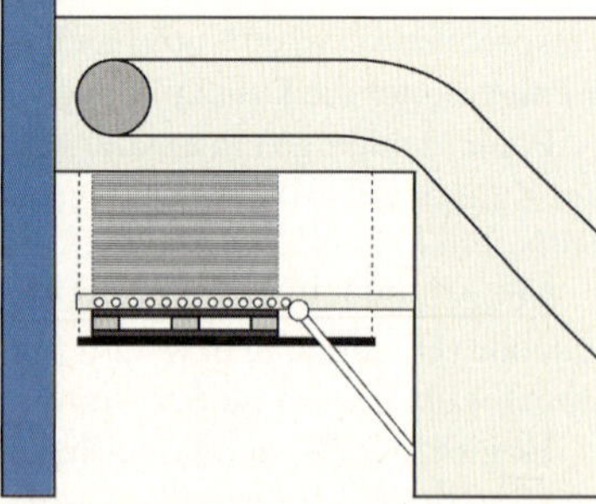
Die Leerpalette setzt sich unter das Rollo, das sich nun zurückzieht

Mit verschiedenen Varianten kann dem Bedürfnis nach hoher Leistung und Automatisierung sowie der Entlastung des Personlas Rechnung getragen werden:
- höherstellen der Druckmaschine, um höhere Stapel an- und auslegen zu können
- verlängerte Auslage vom Druckwerk bis zum Stapel ergibt eine längere Trockenstrecke
- Einbau von Trocknern
- Fördersysteme zum Anlegen, Auslegen, Drehen und Wenden des Stapels
- manuelle, halbautomatischer und automatischer Stapelwechsel

Exemplarische Beispiele für Nonstop-Stapelwechsel
Je nach Produktionsprogramm und Auflagenhöhen ist die Anlage und Auslage zu einer umfassenden Bedruckstofflogistik auszubauen oder zu automatisieren.

Alle Hersteller großformatiger Druckmaschinen bieten dazu modulare Systeme an, die an die Produktionsstrukturen des Unternehmens nach Bedarf angepasst werden können.

Alle modernen Druckmaschinen sind heute mit einer fotoelektronischen Stapelsteuerung aus Sicherheitsgründen und zur Arbeitserleichterung ausgestattet. Mit einem Bremsmotor wird der Auslegerstapel auf- und abwärts bewegt. Der Motor ist durch Drucktasten zu steuern. Die automatische Stapelsenkung erfolgt über den Reflexkopf. Der Reflexkopf ist beim Hochfahren eines Papierstapels außerdem die Endbegrenzung.

Bei modernen Druckmaschinen wird der Stapel durch einen kapazitiven Tastkopf gesteuert. Dieser Tastkopf erzeugt ein magnetisches Feld, welches von dem anwachsenden Stapel abgebaut wird. Sobald dieses Feld unterbrochen ist, wird der Transport ausgelöst.
Die kapazitive Stapeloberkantenabfühlung reagiert unabhängig von Materialstärke oder Beschaffenheit des jeweiligen Bedruckstoffes. Mit der stufenlosen Feineinstellung kann eine Höhenkorrektur des Auslegerstapels bei laufender Druckmaschine an der Auslage ausgeführt werden.

11.8 Exemplarische Vorstellung von Bogen-Offsetdruckmaschinen

Die nachfolgend kurz vorgestellten Druckmaschinen bzw. Druckmaschinensysteme stellen keinerlei Rangfolge oder Hervorhebungen dar, sondern sollen nur exemplarisch über Techniken und wesentliche Besonderheiten informieren.

Heidelberger Druckmaschinen AG

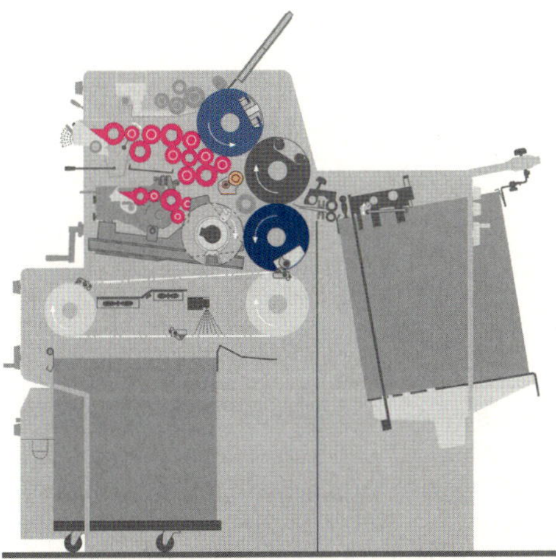

• Printmaster QM 46

Offsetdruckmaschine als Ein- und Zweifarben-Druckmaschine

- Druckformat max. 460 mm x 340 mm.
- Einzelbogenanleger
- Autoplate
- Direkt-Filmfeuchtwerk
- Lasergeschlitzter Messerfarbkasten
- Zentrale Formateinstellung für Anlage und Auslage
- Automatische Gummituchwascheinrichtung
- Nummerieren, Eindrucken und Längsperforation in einem Arbeitsgang

• Speedmaster SM 52

Offsetdruckmaschine als Einfarben-Druckmaschine sowie Zwei- bis Sechsfarben-Druckmaschine

- Druckformat max. 370 mm x 520 mm
- Schuppenanleger, Saugbänder-Anlegetisch, fernbedienbare Ziehmarken
- Maschinenhandling und Qualitätssteuerung: CPTronic bzw. CP2000 Center, QualityControl
- Farbkästen mit Laser-geschlitzten Farbmessern
- Alcolor Filmfeuchtwerk
- Farbwerktemperierung
- Autotmatische Farbwerkwascheinrichtung
- Programm-gesteuerte Gummituch- und Druckzylinderwascheinrichtungen
- vollautomatische Wendeeinrichtung (optional)
- Inline-Lackierung (optional)
- Normalstapelauslage mit Einrichtungen zum Perforieren, Nummerieren, Eindrucken
- Hochstapelausleger mit IR-Trockner (Optional)
- CIP-Anbindung an die digitale Druckvorstufe durch PrepressInterface

• Speedmaster SM 74

Offsetdruckmaschine als Einfarben-Druckmaschine sowie Zwei- bis Zehnfarben-Druckmaschine für einseitigen Druck oder Schön- und Widerdruck

- Druckformat max. 530 mm x 740 mm
- Schuppenanleger, Saugbänder-Anlegetisch
- Maschinenhandling und Qualitätssteuerung: CP2000 Center mit Touch-Screen-Bedienoberfläche, Speicherung von bis zu 250 Aufträgen, Farbfernsteuerung u. a.
- Geschwindigkeitskompensiertes Farb- und Feuchtwerk
- InkLine und Farbwerktemperierung (Option)
- Alcolor Filmfeuchtwerk, Alcolor Vario (Option)
- Autotmatische Farbwerkwascheinrichtung
- Programm-gesteuerte Gummituch- und Druckzylinderwascheinrichtungen
- vollautomatische 3-Trommel-Wendeeinrichtung (optional)
- Inline-Lackierung (optional)
- Normalstapelauslage oder Hochstapelausleger
- Integration in die vernetzte Druckerei: Übernahme von Vorstufendaten, Dialog mit Branchensoftware und DataControl

• Speedmaster SM 102
Offsetdruckmaschine als Einfarben-Druckmaschine sowie Zwei- bis Zwölffarben-Druckmaschine für einseitigen Druck oder Schön- und Widerdruck

- Druckformat max. 720 mm x 1020 mm
- softwaregesteuerte Automatisierung über CP2000 Center mit allen wichtigen Einstellungen des Druckwerks und aller Systemkomponenten
- modulares Druckmaschinensystem, das entsprechend den Anforderungen in der Produktion konfiguriert werden kann, z. B.
  Anzahl der Druckwerke 1/1 bis 6/6,
  ein oder zwei Wendeeinrichtungen,
  AutoPlate bzw. AutoPlate Plus für einen vollautomatischen Druckplattenwechsel,
  Lackierwerk, Trocknersysteme.

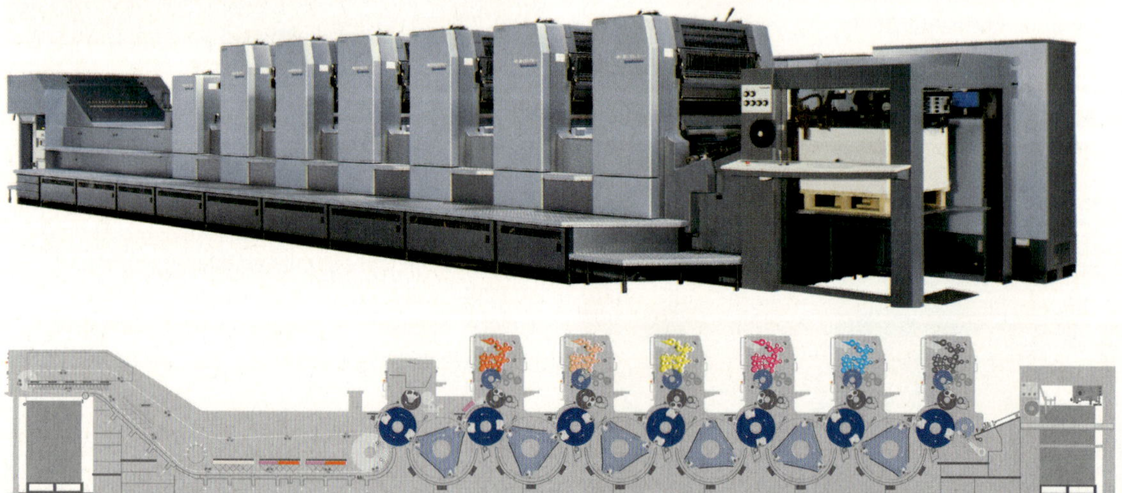

• Heidelberg Speedmaster CD 102
Die Heidelberger Speedmaster CD ist eine Spezialdruckmaschine für den Verpackungsdruck im Format 72 cm x 102 cm. Sie wird als Zweifarben- und bis zur Achtfarben-Bogen-Offsetdruckmaschine mit einem Hochstapelausleger geliefert.

Ebenso wie die Speedmaster besitzt auch die Speedmaster CD eine Reihe von Standard- und Sonderausrüstungen für einen rationellen wirtschaftlichen Kartondruck, z. B. CPTronic, automatischer Plattenwechsel, automatische Wascheinrichtungen, automatischer Stapelwechsel sowie die spektralfotometrische Qualitätskontrolle.

Im Unterschied zu der „normalen" Speedmaster wird der Druckbogen über doppelt große Druckzylinder und dreifachgroße Transfertrommeln mit geringen Biegungen „kartonfreundlich" durch die Druckmaschine geführt. Nur eine Transfertrommel führt den Karton ohne jede Berührung mit dem frischen Druck kratzer- und schmierfrei von einem Druckwerk zum nächsten.

Im qualitativ hochwertigen Kartondruck ist ein Lackieren unentbehrlich. Dabei erfüllt der Lack sowohl alle Varianten zur Veredelung als auch einen Oberflächenschutz für das Druckprodukt.

Für verschiedene Anforderungen der Kunden kann die Speedmaster CD mit zusätzlichen Inline-Lackierwerken für Goldlack, UV-Lack und Wasserlack sowie einer UV-Zwischendeck-Trocknung ausgerüstet werden. Ein verlängerter Ausleger ermöglicht den Einbau von bis zu vier Trocknereinschüben: IR-Trockner mit Luftrakel, Heißluft, Heißluft und Kaltluft. Dadurch ist die Maschinenleistung wesentlich zu steigern.

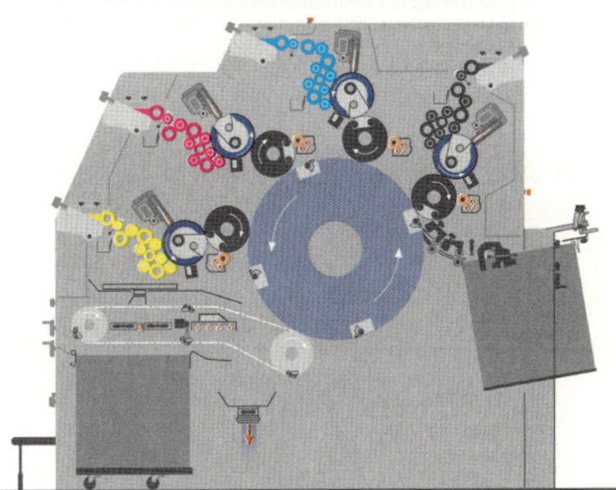

• **Quickmaster DI 46-4**

Computer-to-Press: Offsetdruckmaschine (DI: Direct Imaging) mit direkter Bebilderung der Druckform in der Druckmaschine. Die Druckform ist für ein einmaliges Bebildern geeignet, gedruckt wird im wasserlosen Offsetdruck.

In der unteren Abbildung ist die Druckmaschine schematisch dargestellt. Gedruckt wird einseitig vierfarbig (4/0) in einem Satellitendruckwerk. Jeweils 4 Druckform- und Gummituchzylinder drucken auf einen gemeinsamen Druckzylinder.

Das Druckformmaterial ist auf einer Rolle innerhalb des Druckformzylinders gelagert. Nach dem Ausdrucken der Auflage ist die benutzte Druckform aufzuspulen, damit wird gleichzeitig ein neuer Druckformabschnitt für das Bebildern mit der Lasereinheit in die Druckposition eingezogen. Die Kapazität der Vorratsrolle reicht für ca. 35 Bebilderungen.

Bebilderung

Die thermische Bebilderung (Ablationsverfahren) der wasserlos arbeitenden Presstek PEARL dry Polyesterdruckplatten kann mit einer Auflösung von 1270 dpi in 4 Minuten bzw. 2540 dpi in 12 Minuten erfolgen. Bebildert wird 16 Laserdioden pro Druckwerk bei einer Zylinderdrehzahl von 4,4 Umdrehungen/S.

Die thermisch bebilderbare Druckplatte ist mit einer stark Wärme absorbierenden Schicht beschichtet, die durch den Laser (Abstrahlung bei 830 nm) so erhitzt wird, dass der erfoderliche Verdampfungs- und Ablationsprozess eintritt.

Die obere, farbabweisende Schicht der Druckplatte besteht aus einer Silikonschicht, die durch Ablation freigelegte untere Schicht bildet die farbannehmenden Druckelemente.

Die Verarbeitung der Druckplatte nach der Bebilderung erfolgt prinzipiell prozesslos. Es ist lediglich eine spezielle Reinigungseinheit an den Druckplattenzylindern einzusetzen, die Silikonrückstände auf der Druckplatte entfernt.

Technische Daten

- max. Bogenformat: 460 mm x 340 mm
- max. Fortdruckleistung: 10000 Bogen/Stunde
- digitale Maschinensteuerung CPTronic
- vollautomatische Druckvorbereitung
- automatische Farbmengenberechnung und Farbzonenvoreinstellung
- vierfach-großer Druckzylinder mit vier Greifersystemen
- Farbwerk: ferngesteuerte CP-Messerfarbkästen mit je 12 Farbzonen, 12 Walzen, 3 Farbauftragswalzen, Farbwerk-Temperierung
- Einzelbogenanleger

• **Speedmaster 74 DI**

Die Speedmaster 74 DI ist für den Druck mit prozesslos zu verarbeitenden Thermal-Offsetdruckplatten, die innerhalb der Druckmaschinen bebildert werden, sowie auch für den Druck mit konventionellen Offsetdruckplatten geeignet. Eine schwenkbare Konstruktion ermöglicht das Einsetzen des Laserbebilderungssystems und des Feuchtwerks bei guter Zugänglichkeit die Bedienung und den Druckplattenwechsel.

Das größere Druckformat im Vergleich zur QM 46 DI erfordert eine wesentlich leistungsfähigere Bebilderungseinheit. Diese arbeitet simultan pro Druckwerk mit ca. 220 Strahlen mit einem 40-Watt-Laserkopf pro Druckwerk (Energiestrahlung 830 nm). Bebildert wird mit einer Auflösung von 2400 dpi, Bebilderungszeit für alle Druckwerke ca. 3,5 Minuten.

Technische Daten
- max. Bogenformat: 740 mm x 530 mm
- max. Fortdruckleistung: 15000 Bogen/Stunde
- automatische Farbvoreinstellung
- Farbsteuerung und Passersteuerung durch CP2000 Center
- Saugbänderanleger
- digital gesteuertes Filmfeuchtwerk Heidelberg Alcolor
- Gummituch- und Druckzylinderwascheinrichtung, gleichzeitig prorgammgesteuertes Waschen aller Druckwerke
- Autoplate für das automatisierte, „registergenaue" Einspannen der Druckplatten
- Einsatz eines Lackiersystems und eines Trockners.

KBA Koenig & Bauer AG

• Rapida 105

Die Rapida 105 ist eine Hochleistungs-Offsetdruckmaschine für den mehrfarbigen Akzidenzdruck mit 4, 5 oder auch mehr Farben und den Verpackungsdruck mit Lackturm, Trocknern, Auslageverlängerung und Stapellogistik im Mittelformat.

Die Rapida 105 arbeitet mit Automatisierungskomponenten wie z. B. Plattenwechsel-Automatik, Materialdicken- und Formatverstellung, Umstellung der Bogenwendeeinrichtung, die vom Ergotronic-Leitstand gesteuert werden. Alle wesentlichen Daten zur Maschinenvoreinstellung lassen sich für Wiederholaufträge speichern.

Für den Verpackungsdruck ist der Standard eine Stapelhöhe von 130 cm im Anleger und Ausleger. Bei laufender Produktion sehr starker Kartons ist ein Höhersetzen der Druckmaschine um 375 mm bzw. 600 mm zu empfehlen. Vollautomatische Nonstop-Lösungen für den Stapelwechsel sind mit unterschiedlichen Lösungen zur Stapellogistik zu kombinieren.

Der Verpackungsdruck fordert vielfach eine oder mehrere Sonderfarben sowie vielfältige Spezialisierungen in der Produktveredelung, die wirtschaftlich nach dem Druckprozess inline realisiert werden können, z. B. Ein- und Mehrfach-Lackierungen, perforieren, nummerieren, Irisdruck.

Technische Daten und mögliche Module:
- Druckformat: 720 mm x 1050 mm
- Anleger: Schuppenanleger, Saugbändertisch, Saugziehmarke, Schwinganlage und Anlegtrommel
- Druckwerk: doppelt große Druckzylinder und Übergabetrommeln, Druckzylinder übergeben den Druckbogen erst nach vollständigem Bedrucken an die Übergabetrommel, Druck mit oder ohne Schmitzringkontakt, Farbwerk mit Colortronic-Farbkästen und Einstrang-Farbführung, Varidamp-Filmfeuchtwerk, Farbwerktemperierung, automatischer Druckplattenwechsel
- Integration in das offene Produktions-Management-System KBA Logotronic je nach Anforderung

• Rapida 130 - 162

Großformatige Bogen-Ofsetdruckmaschinen für den Schöndruck und Schön- und Widerdruck, die je nach

Ausstattung für den Akzidenz-, Bücher, Plakat- und Verpackungsdruck einzusetzen ist.

Die technische Ausstattung und Produktionsleistung entspricht der „kleineren“ Rapida 105.

Für das Lackieren setzt sich neben dem konventionellen Walzenlackierwerk das Anilox-System mit Rasterwalze und Kammerrakel durch.

Lackvarianten wie Glanz-, Spot- oder Metallic-Lackierungen sowie Dispersiones- oder UV-Lack erfordern ggf. den Einbau mehrerer Lackwerke mit Zwischen- und Endtrocknung sowie eine Auslageverlängerung vor der Stapelbildung. Druckformate: 910 mm x 1300 mm bis 1190 mm x 1620 mm.

KBA Karat Digital Press GmbH

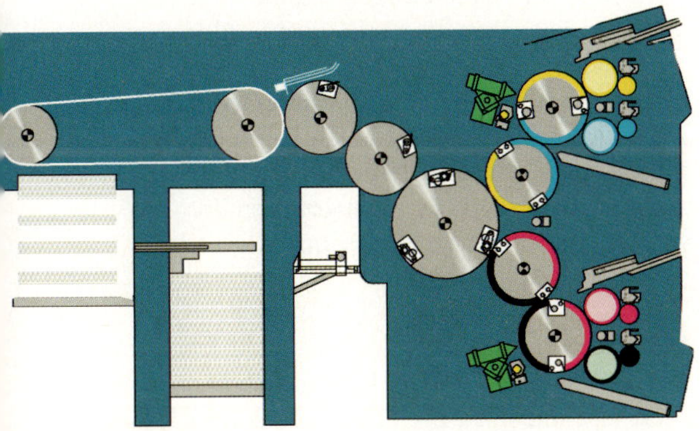

• 74 Karat

Computer-to-Press: Offsetdruckmaschine mit direkter Bebilderung der Druckform in der Druckmaschine für den Vierfarbdruck (4/0).

Die Druckform ist für ein einmaliges Bebildern geeignet, gedruckt wird im wasserlosen Offsetdruck.

Konstruktive Besonderheit dieser Druckmaschine ist das Halb-Satellitensystems des Druckwerkes: Um den im Umfang dreifach großen zentralen Druckzylinder sind die doppelt großen Gummituchzylinder und die Druckplattenzylinder mit zwei Bebilderungseinheiten übereinander angeordnet.

Für den wasserlosen Offsetdruck werden Presstek PEARL dry Aluminiumdruckplatten eingesetzt

1. Der Druckzylinder besteht aus drei gleichen Sektionen, von denen jede einen Bogen aus der Anlage übernimmt. Gedruckt wird in zwei Phasen. Nach zwei Zylinderumdrehungen wird der Bogen an die Super-Blue-Halbtrommel zur Auslage übergeben.
2. Druckplattenzylinder: Zwei in jeweils zwei Segmente aufgeteilten Druckformzylinder mit eigenen Antriebsmotoren ermöglichen es, die Bebilderung voneinander unabhängig mit hoher Geschwindigkeit vorzunehmen, ohne das die Druckmaschine läuft.
3. Bebilderungssystem: Die beiden Bebilderungsköpfe (je ein Kopf pro Druckformzylinder) ermöglichen die zeitgleiche, spiralförmige Bebilderung aller vier Prozessfarben.
4. Gummituchzylinder: Auf jedem der beiden Gummituchzylinder befinden sich zwei Gummidrucktücher.
5. Farbwerk: Das zonenschraubenlose Gravoflow™-Farbwerk besteht jeweils aus zwei Walzen, der Gravoflow-Rasterwalze und Farbauftragswalze. Die Rasterwalzen sind keramikbeschichtete Aniloxwalzen mit mikroskopisch kleinen, lasergravierten Näpfchen. Diese übertragen eine konstante gleichmäßige Farbschicht auf die Farbauftragswalze.
   Der Umfang der Farbauftragswalze ist identisch mit der Druckplattenlänge im Zylinderumfang. Die Farbauftragswalze hebt von der Druckplatte ab, sobald die zweite Druckplatte auf dem Zylinder in Druckposition kommt. Bei der Leerumdrehung wird der Farbauftrag durch die Gravo-Walze erneuert, dabei ist die Auftragswalze der zweiten Druckfarbe im Einsatz.
6. Druckplattenwechsel: Vollautomatischer Druckplattenwechsel zum Laden und Entladen der Druckplatten in Kassetten.
7. Druckfarbe: Farbkartuschen mit 2,5 kg Offsetdruckfarbe für den wasserlosen Offsetdruck.
8. Anleger und Ausleger an der gleichen Druckmaschinenseite.
9. Schuppenanleger mit Vordermarken und Seiten-Ziehmarke.
10. Auslage mit der Möglichkeit zu geschwindigkeitskompensiertem Bestäuben; optional sind ein Lackwerk und IR-/Thermoluft-Trockner einzubauen.

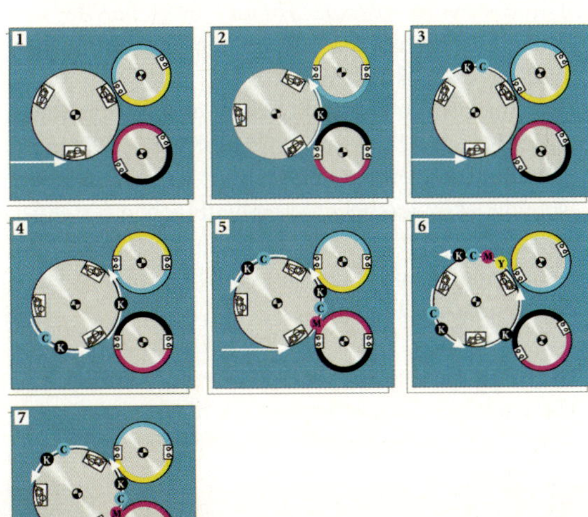

Druckzyklus

1. Ein Bogen wird vom Greifer des Druckzylinders übernommen.
2. Sobald dieser das erste Gummituch (unterer Zylinder) passiert, wird die erste Farbe auf das Gummituch gedruckt.
3. Wenn der Druckzylinder das zweite Gummituch passiert (oberer Zylinder), wird die zweite Farbe auf den Bogen übertragen.
4. Nachdem zwei Farben auf den Bogen gedruckt sind, verbleibt der Bogen für eine weitere Umdrehung auf dem Druckzylinder.

5. Der Bogen erreicht den unteren Gummituchzylinder und wird dort mit der dritten Farbe bedruckt. Im oberen Druckwerk wird die vierte Farbe aufgedruckt.
6. Der Bogen wird an die Super-Blue-Halbtrommel zur Auslage übergeben.
7. Der Druckzyklus wiederholt sich für jeden weiteren Farbdruck.

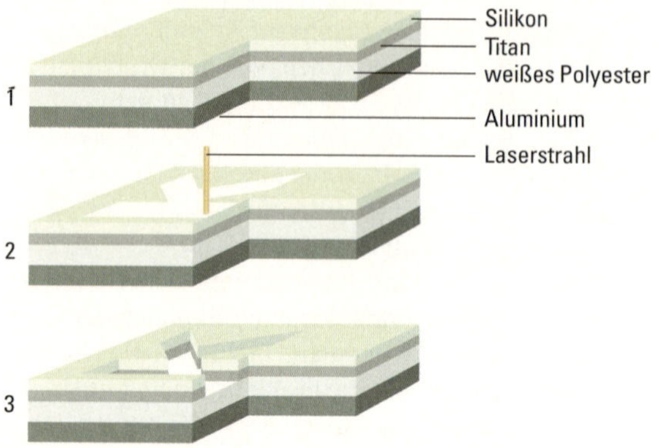

Bebilderung

Die Bebilderung erfolgt in drei Schritten

- Der Infrarot-Laserstrahl des Belichtungskopfes trifft die Druckplatte, dabei wird er von der Infrarot-absorbierenden Titanschicht aufgefangen und in Wärme umgewandelt.
- Die Wärme zerstört die Bindung zwischen der Hitze-absorbierenden Titanschicht und der farbabweisenden Silikonschicht.
- Die Temperatur der Titanschicht erhöht sich kontinuierlich. dies führt zur Verdampfung der Titanschicht. Die weiße, farbannehmende Polyesterschicht ist in den belichtetenden Flächen freigelegt. Sie nimmt die Druckfarbe an. Die Grundschicht aus Aluminium gibt der Druckplattet die mechanische Stabilität.

Nach der Bebilderung werden die bebilderten Zonen von Silikonresten automatisch gereinigt. Die Druckplatte ist damit druckfertig.

MAN Roland

• Roland 300

Mehrfarben-Bogen-Offsetdruckmaschine, die mit bis zu acht Druckwerken, drei Wendeeinheiten, einem Lackmodul und verlängerter Auslage individuell den Auftragsstrukturen des Unternehmens angepasst werden kann. Besonderheiten: Digitale Steuerung und die Integrationsmöglichkeit in das PECOM-Netzwerk (Prozesselektronik). Im PECOM-Leitstand können bis zu 5000 Aufträge gespeichert werden.

Technische Merkmale

- Druckwerke: 2 bis 8
- max. Bogenformat: 530 mm x740 mm optional 590 mm x 740 mm
- Druckleistung: 15000 Bogen/Stunde
- automatische Formateinstellung am Anleger und Ausleger
- automatische Einstellung der Bedruckstoffdicke
- automatische Waschsysteme für Farbwerk, Druckplatten- und Transferzylinder
- automatisierter Druckplattenwechsel CPL
- computergestützte Farbsteuerung (RCI) oder -regelung (CCI)

• Roland 500

Eine speziell für den Verpackungsdruck konzipierte Druckmaschine mit 2 bis 8 Druckwerken im Druckformat 530 mm x 740 mm.

- Druckleistung max. im Schöndruck: 18.000 Bg/h
- Leitstandsteuerung, integrierbar in das PECOM-Netzwerk
- Automatische Funktionen: Formatwechsel, Waschsysteme (Farbwerk, Gummituch, Druckzylinder), Druckplatteneinzug
- Druckwerk: 7-Uhr-Stellung, doppelt großer Druckzylinder, Transferter (Übergabe)
- Automatische Farbsteuer- oder Farbregelsysteme (RCI, CCI)
- Lackmodule mit Kammerrakeltechnik, Zwischentrocknung und variabele Endtrocknungsmodule
- AirGlide-Ausleger.

• Roland 700

Mehrfarben-Bogen-Offsetdruckmaschine, die mit bis zu zehn Druckwerken. Durch ein modulares Konzept ist die Roland 700 nach Bedarf für die verschiedenen Einsatzbereiche im Akzidenz-, Verpackungs- und Spezialdruck individuell zu konfigurieren.

Technische Merkmale

- Druckwerke: 2 bis 10
- max. Bogenformat: 720 mm x1040 mm
- Druckleistung: 15000 Bogen/Stunde
- Leitstandsteuerung: Integrierbar in das PECOM-System
- automatische Formateinstellung am Anleger und Ausleger
- automatische Einstellung der Bedruckstoffdicke
- automatische Waschsysteme für Farbwerk, Gummituch- und Druckzylinder
- Druckplattenwechsel automatisiert (PPL) oder automatisch (APL)
- computergestützte Farbsteuerung (RCI) oder -regelung (CCI)
- Ein-Trommel-Wendung
- Einbindung in das automatische Materiallogistiksystem AUPASYS
- Einfach- und Doppellackmodul, Trockner
- AirGlide-Ausleger.

Der Anleger arbeitet mit einem Saugbändertisch und einer pneumatischen Ziehmarke (Seitenmarke). Das exakte Ausrichten und Anlegen des Bogens wird durch eine automatische seitliche Stapelkorrektur und eine sehr hohe Bogenverlangsamung vor der Anlage unterstützt.

Das Druckwerk arbeitet in der 7-Uhr-Stellung mit einem doppelt großen Druckzylinder. Die Übergabe der Bogen erfolgt über sogenannte Transferter. Dieses System führt – unterstützt durch Lüfterbahnen – selbst biegesteife Kartons kontaktfrei von Druckwerk zu Druckwerk.

Der Druckplattenwechsel erfolgt automatisiert mit dem Power Plate Loading-System (PPL), d. h. nach dem Einsetzen der Druckplatte in die vordere Spannschiene erfolgt das weitere Einziehen automatisch.

Das Automatic Plate Loading-System (APL) wechselt vollautomatisch die Druckplatten.

Feinkorrekturen am Stand der Druckplatten im Umfang, der Seite und der Diagonale lassen sich vom Leitstand ausführen. Die Verstellung in der Diagonale zu dem folgenden Druckwerk erfolgt über eine Schrägstellung des Transferters.

Mit PECOM, einem offenen Elektronik-System, ist ein digital steuerbares Produktionssystem mit Schnittstellen zu Prepress und zum Druckerei-Management zu realisieren. Das modulare System ermöglicht eine Vernetzung verschiedener Drucksysteme und Prozess-Schritte von der Arbeitsvorbereitung bis zur Betriebsdatenauswertung und Dokumentation der Druckaufträge.

• Roland 900

Modular aufgebautes Produktionssystem als Zwei- bis Achtfarben-Offsetdruckmaschine für den Druck auf Papier und Karton mit einer Dicke von maximal 1,2 mm bis hin zum Druck auf Wellpappe mit einer F-Welle im Großformat von 820 mm x 1130 mm bis 1000 mm x 1400 mm.

Die Druckmaschinentechnik sowie die automatisierten Einrichtungen entsprechen weitgehend der Roland 700, dazu kommen:

- Bedienung und Steuerung im PECOM-System
- Automatische Bedruckstoffstärken-Einstellung
- Automatisches Materiallogistiksystem AUPASYS

Mit einem vor den Schöndruckwerken eingesetzten speziellen Widerdruckwerk ist bei Verpackungen (z. B. Faltschachteln) die Rückseite ohne eine Bogenwendung zu bedrucken.

Eine pneumatische Seitenmarke gewährleistet ein kratzerfreies Ausrichten der Bogen. Nur je ein Übergabeelement, der Transferter, übergibt den Bogen berührungsfrei von Druckwerk zu Druckwerk.

Inline-Veredelungssysteme mit Einfach- und Doppellackmodul sowie speziellen Trocknern bieten ein vielfältiges Spektrum von Veredelungsmöglichkeiten.

11.9 Rollen-Offsetdruckmaschinen

Rollen-Druckmaschinen verarbeiten Bedruckstoffe verschiedener Papierbreiten und -dicke, die „endlos“ (bahnförmig) von Rollen den Druckwerken zugeführt werden. In der Regel erfolgt in dem Produktionssystem eine Inline-Weiterverarbeitung der bedruckten Papierbahn zu einem Teil- oder auch Endprodukt.

Nach dem Einsatzbereich und zusätzlich nach weiteren spezifischen technischen Merkmalen und Ausstattungen ergibt sich eine grundlegende Systematik der Rollen-Offsetdruckmaschinen nach verschiedenen Kriterien:

- Druckmaschinentyp und Einsatzbereich
  - Zeitungsdruckmaschinen: Coldset-Druck
  - Illustrationsdruckmaschinen: Heatset-Druck
  - Semicommercial-Druckmaschinen: variable Produktion für Zeitungen und Illustrationen
  - Bücherdruckmaschinen (Taschenbuchqualität)
  - Endlosdruckmaschinen
  - Verpackungsdruckmaschinen
- Produkte
  - Zeitungen
  - Akzidenzen (Werbung)
  - Zeitschriften
  - Bücher, Bildbände
  - Taschenbücher
  - Telefonbücher
  - Formulare
  - Etiketten
  - Verpackungen
- technische Merkmale
  - Produktionstechnik: Coldset, Heatset
  - Druckformat im Zylinderumfang und maximaler Bahnbreite (einfachbreit- oder doppeltbreit, Einfach- oder Doppelumfang)
  - Seitenordnung: stehendes oder liegendes Format
  - Anzahl der Druckwerke
  - Bauweise:
    Anordnung der Zylinder
    Anzahl der Zylinder
    Bahnführung
  - Produktionsmöglichkeiten, z. B.
    Rolle - Falzprodukt, Rolle - Bogen, Rolle - Rolle, Rolle - Zick-zack-Falz
  - Falzapparat und Überbau
  - zusätzliche Verarbeitung, Auslagesystem.

Spezielle technische Merkmale der Rollen-Offset-Druckmaschinen:

- Druckformat: Alle Druckmaschinen sind im Zylinderumfang festformatig. Dies erfordert einen sehr engen Druckplatten-Einspannkanal, um Papierverluste zu vermeiden. In der Breite ist die Papierbahn produktbezogen variabel einzusetzen.
- Mehrfarbendruck ausschließlich als Nass-in-Nass-Druck
  - Weiterverarbeitung der bedruckten Papierbahn erfolgt in der Regel bei
  - Akzidenz- oder Zeitungsdruckmaschinen inline in einem Falzwerk (falzen, schneiden, auslegen)
  - Formular- bzw. Endlosdruckmaschinen in produktspezifischen Aggregaten (z. B. perforieren, lochen, falzen, heften).
- Je nach Art und Umfang des Druckproduktes ist der Druck mehrerer Papierbahnen und die Fertigung eines Teilproduktes oder sogar Endproduktes in einem Prozessablauf möglich.

Druckwerke im Rollen-Offsetdruck

Im Rollen-Offsetdruck wird die Papierbahn (bahnförmiger Bedruckstoff auf einer Rolle) grundsätzlich beidseitig bedruckt und danach inline weiterverarbeitet. Je nach Aufbau der Druckwerke und der Bahnführung unterscheidet man typische Konstruktionen:
- stehendes Doppeldruckwerk
- liegendes Doppeldruckwerk
- Satellitendruckwerk

Das *stehende Doppeldruckwerk* besteht aus zwei vertikal übereinander stehenden Druckformzylindern und zwei Übertragzylindern (Gummituchzylindern) sowie den dazugehörenden Feucht- und Farbwerken. Der Druck erfolgt im sogenannten Gummi-Gummi-Prinzip, d. h. ein Gummituchzylinder dient als Druckzylinder des anderen. Die Papierbahn wird horizontal durch diese beiden Zylinder geführt und dabei 1/1, d. h. beidseitig mit einer Druckfarbe bedruckt. Für den Druck 4/4 werden vier in Reihe hintereinander angeordnete Doppeldruckwerke benötigt. Diese Druckwerkkonstruktion ist heute der Standard bei allen Akzidenz-Rollen-Offsetdruckmaschinen.

Das *liegende Doppeldruckwerk* wird ausschließlich in Zeitungsdruckmaschinen eingesetzt, die mit einer mehrbahnigen Produktion arbeiten. Für die erforderliche variable Produktion von Zeitungen mit unterschiedlichem Umfang (Anzahl der Seiten) und verschiedenen Farbbelegungen auf den Druckseiten bietet das liegende Doppeldruckwerk, die sogenannte Brückendruckeinheit, die technische Basiseinheit. Zwischen den beiden Gummituchzylindern, die horizontal aneinander liegen, läuft eine Papierbahn in vertikaler Richtung durch. Die beiden Druckformzylinder mit den jeweiligen Feucht- und Farbwerken liegen an beiden Seiten nach unten versetzt dagegen. Optisch gleicht der Aufbau des liegenden Doppeldruckwerkes damit einer Brücke. Für einen beidseitig vierfarbigen Druck sind vier Brückendruckeinheiten übereinander „gestapelt“. Mit dem gleichen System lassen sich aber auch mehrere Bahn jeweils beiseitig mehrfarbig bedrucken.

Illustrations-Rollen-Offsetruckmaschinen drucken mit Zylindern im Druckwerk, die im
- Einfachumfang
  zwei Seiten im Umfang produzieren
- Doppelumfang
  vier Seiten im Umfang produzieren.

Bei einem *Satellitendruckwerk* sind vier oder auch mehrere Gummituchzylinder um einen gemeinsamen Druckzylinder angeordnet. Vorteilhaft ist das Drucken einer Papierbahnseite in einem sehr kurzen Intervall, ohne dass sich die Papierbahn verziehen und damit

Passerdifferenzen verursachen kann. (Weitere Einzelheiten und Kombinationen zu den Druckwerken siehe nachfolgende Kapitel.)

Produkt, Bedruckstoff, Trocknung
Das Druckprodukt (Art, Umfang) und die Art und Oberflächenbeschaffenheit des Bedruckstoffes bestimmen den Aufbau und Einsatz einer Rollen-Offsetdruckmaschine.

Naturpapiere, d. h. ungestrichene Papiere, werden im allgemeinen für den Druck von Zeitungen, Anzeigen- und Wochenblättern, Telefon-, Taschenbüchern und ähnlichen Produkten eingesetzt.

Bei diesen Papieren trocknet die Druckfarbe weitgehend rein physikalisch durch ein Wegschlagen: Bindemittel der Druckfarbe werden vom Bedruckstoff (z. B. durch Kapillarkraft) aufgesaugt. Die Druckfarbe verfestigt sich dadurch soweit, dass sie bei der weiteren Verarbeitung nicht mehr abschmiert.

Hochwertige Druckprodukte erfordern je nach Qualitätsanforderungen unterschiedliche, gestrichene Papiere.

Die Druckfarbe liegt auf der gestrichenen Oberfläche, sie schlägt nach dem Druck nur relativ gering weg. Um ein Abschmieren (das Übertragen noch nicht getrockneter Druckfarbe auf andere bedruckte oder unbedruckte Bereiche des Papiers) zu vermeiden und eine sehr hohe Druckqualität zu erreichen, wird mit Heatset-Farben gedruckt, deren Bindemittel einen Siedepunkt zwischen 230 bis 290 °C haben.

Die Druckmaschinen müssen in diesem Fall mit einem Heißluft-Trockner ausgerüstet sein, den die bedruckte Bahn berührungsfrei durchläuft.

Durch das Erhitzen verflüchtigen die Bindemittel; der Druckfarbenfilm wird plastisch fest.

Die nachfolgende intensive Kühlung in einer speziellen, wassergekühlten Kühlwalzengruppe führt erst zu einem nagelharten Verfestigen von Wachs- und Harzanteilen der Druckfarbe. Dabei erhält der Druck den für einen Rollen-Offsetdruck mit Heatset-Druckfarben typischen Glanz.

Um die Kratz- und Scheuerfestigkeit des Farbfilms zu erhöhen, durchläuft die Bahn eine zusätzliche Silikon-Anlage. Mit dem Wasser-Silikon-Gemisch wird gleichzeitig eine geringe Menge der Feuchtigkeit, die durch die Hitzetrocknung verloren gegangen ist, wieder auf die Bahn übertragen. Eventuell werden sogar Rückbefeuchtungsanlagen eingesetzt, um dem Papier eine bestimmte Gleichgewichtsfeuchte zu geben. Die bedruckte und getrocknete Papierbahn ist danach problemlos im Falzwerk weiterzuverarbeiten.

11.10.1 Coldset-Druckmaschinen: Druck auf ungestrichenen Bedruckstoffen

Produktionssysteme, auf denen ungestrichene Papiere für den Druck von Zeitungen oder zeitungsähnlichen Produkten, Telefonbücher, Taschenbücher und ähnliche Produkte verarbeitet werden, benötigen keinen Trockner und somit auch keine Kühlwalzengruppe.

Qualitätsansprüche, Umfang und Auflagenhöhe auf der einen und die Notwendigkeit zur Verringerung der Produktionskosten auf der anderen Seite haben zu verschiedenen Konzepten geführt.

Kleine bis mittlere Anlagen
Druckmaschinen mit zwei bis vier Seiten in der Breite und zwei Seiten im Zylinderumfang für den kleinen bis mittleren Auflagenbereich mit liegenden Gummi-gegen-Gummi-Druckwerken (blanket-to-blanket) für Schön- und Widerdruck.

Die Technik der Druckmaschinen ist in der Größe und der Anzahl der Aggregate (noch) überschaubar. Einzelne Druckwerke lassen übereinander stellen oder hintereinander anordnen und mit zusätzlichen Farbeindruckwerken oder Satellitendruckeinheiten erweitern. Diese Druckmaschinen sind nicht ausschließlich für den Zeitungsdruck, sondern auch für (einfach) Kundenzeitschriften und Werbedrucksachen auf ungestrichenen Papieren einzusetzen.

Große Anlagen: Druckmaschinen für Tageszeitungen mit Großauflagen in Farbe.
Bei Tageszeitungen ist für regionale Ausgaben nur der sogenannte Mantel der Zeitung mit Politik, Sport, Kultur, Wirtschaft u.ä. bei allen Ausgaben gleich. Die Titelseite sowie die regionalen Nachrichten und Informationen wechseln jedoch bei jeder Ausgabe.

Daher ist ein einfaches, rasches Wechseln der einzelnen Druckplatten (eine Druckplatte pro Seite bzw. Panoramaplatte bei durchgehenden farbigen Doppelseiten) bei dem hohen Termindruck entscheidend.

Die Anlagen benötigen eine hohe Seiten- und Farbkapazität sowie eine hohe Seiten- und Farbflexibilität. Eine Zeitung ist zwar im Format immer das gleiche Produkt, jedoch wechseln von Tag zu Tag

- der Umfang in der Seitenzahl
- die Farbbelegungen der Seiten vom Druck einer zusätzlichen Schmuckfarbe bis hin zum Vierfarbdruck
- die Anzahl regional erforderlicher Seiten
- das Anzeigenaufkommen.

Zum Druck der Auflagen, die exakt zu bestimmten Termine fertiggestellt sein müssen, ist eine absolute Prozess-Sicherheit die zentrale Forderung an das Druckmaschinensystem und an die Druckvorstufe mit der Druckplattenherstellung. Erforderlich ist dazu ein störungsfrei zu verarbeitendes Rollenpapier, eine entsprechende Logistik für Materialien und alle einzusteckenden Beilagen sowie ein perfekt funktionierender Versandraum mit einem Einstecksystem und Verpackungsanlagen.

Für eine termingebundene Fertigung in kürzester Produktionszeit bei hoher Prozess-Sicherheit sind nicht nur hohe Druckleistungen (Exemplare/h) mit automatischem Rollenwechsel sowie Hochleistungsfalzwerke eine Grundvoraussetzung.

Immer entscheidender für eine Investition sind alle rüstzeitverkürzenden Ausrüstungen, Antriebstechnik und Komponenten für automatisierte Arbeitsabläufe wie

- Papiereinziehvorrichtung für alle Produktionsvarianten (Umfang/Seitenzahl, Farbbelegung)
- Einzugwerke mit Bahnspannungskontrollsystem
- Einzelmotorenantrieb
- werkzeugloser oder automatisierter Druckplattenwechsel
- Schnellspanneinrichtung für Gummitücher
- Passer- und Registereinrichtungen
- Druckerei-Managementsystem, integriert mit
  - Leitstandtechnik zur Steuerung der gesamten Druckmaschine
  - Voreinstellung der Produktions- und Produktdaten für den Produktionswechsel und zu einer rationellen, wirtschaftlichen Produktion
  - Materiallogistiksystem
- elektronische Funktionen zu einer permanenten technischen Kontrolle von Systemkomponenten
  - Warnhinweise auf mögliche Funktionsstörungen
  - Fehlerdiagnose
  - Wartungsplanung.

Wichtige deutsche Zeitungsformate

Bezeichnung	Formatgröße in mm
– Rheinisches Format	365 x 510 (5 - 6 Grundspalten)
– Halbes rhein. Format	255 mm x 365 mm (4 Grundspalten)
– Berliner Format	315 x 470 (5 Grundspalten)
– Norddeutsches Format	400 x 570

Andere, internationale Zeitungsformat

– Asahi Shimbun (Japan)	405 x 545
– le Figaro (Frankreich)	425 x 545
– Neue Zürcher Zeitung	330 x 475
– New York Times	390 x 585
– Pravda (Russland)	420 x 594

Druckformen

Bei allen Akzidenzdruckmaschinen werden auf dem Druckformzylinder (Plattenzylinder) Ganzformdruckplatten oder komplette Sleeves (Druckformhülsen) mit allen Druckseiten pro Zylinder eingesetzt.

Bei Zeitungsdruckmaschinen sind dagegen separate Einspannvorrichtungen für jede Seite vorhanden. Dies ist erforderlich, um bei den unterschiedlichen Schlusszeiten der Redaktionen, geänderter Farbbelegungen, für Lokalausgaben oder kurzfristigen redaktionellen Änderungen bei wichtigen Neuigkeiten auch noch während der Produktion in der Nacht rasch reagieren zu können. Auch Druckplatten für doppelseitige Anzeigenseiten, sogenannte Panoramaseiten, sind mit diesem System einzuspannen.

Zeitungsdruck

Grundelement ist ein Schön- und Widerdruckwerk im liegenden Gummi-gegen-Gummi-Prinzip für senkrechten Durchlauf der Papierbahn. Da aber die Produktionsgegebenheiten von Betrieb zu Betrieb sehr stark unterschiedlich sind, hat man verschiedenartige Systeme entwickelt. Aus einzelnen Bausteinen ist für die unterschiedlichsten Fertigungsbereiche

COLORMAN-Baukastensystem

Das Baukastensystem erlaubt eine genaue Abstimmung der Anforderungen an die Produktion eines Zeitungsbetriebes

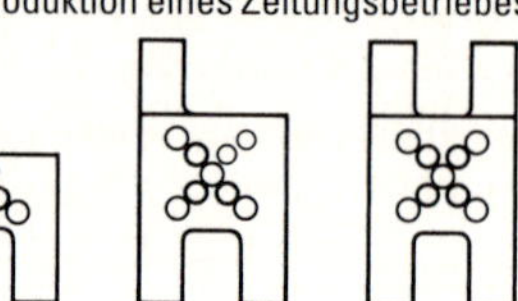
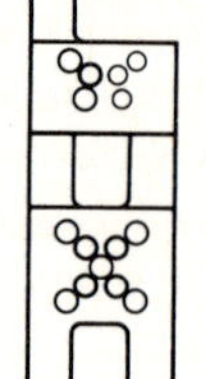
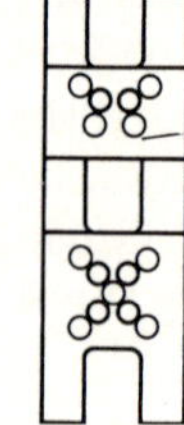

Koebau Commander 70, Tages-Anzeiger, Zürich/Schweiz

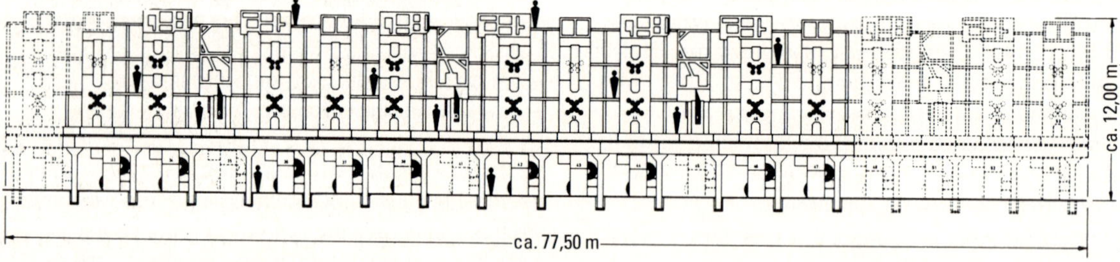

Die gewaltigen Ausmaße einer solchen Großanlage für den Zeitungsdruck bei einer Schweizer Tageszeitung sollen beispielhaft durch spezielle Daten der KOEBAU-COMANDER 70 verdeutlicht werden

Gesamtlänge	87 m
Gesamthöhe	12,3 m
Gesamtgewicht (Masse)	1700 t
Kraftbedarf	20 Motoren mit je 120 kw
Produktionsdrehzahl	3 5000
Papierbahngeschwindigkeit	9,14 m/sec = 32,9 km/h
Rollenlagerung	15
Farbwerke	72
Falzapparate	4
Farbfilmdicke auf der Auftragswalze	2 - 5 µm
Feuchtauftragswalze	0,5 - 2 µm
Vergleich: Menschenhaar	60 µm dick
Papier	36 - 46 g/m²

Papierdicke	ca. 0,07 mm
Papierrollendurchmesser	1250 mm
Papierbahnbreite	1280 - 2000 mm
– abgewickelte Länge	ca. 18 km
– Fläche	ca. 23 000 - 36 000 m²
Zeitungsformat	320 mm x 470 mm
– bei 80 Seiten	ca. 6 m² Papier = 279 g/Expl.
Hauptproduktionsleistung	100 000 Exemplare mit je 80 Seiten davon 20 % vierfarbig bedruckt
Papierbedarf	30 Rollen
– Masse	ca. 30 t
– Länge	ca. 540 km
Druckfarbenbedarf	ca. 1,2 t
Feuchtmittelbedarf	ca. 2 m³

und Anforderungen eine flexible Produktionsanlage zusammenzustellen.

Das Beispiel einer MAN-Roland-COLORMAN zeigt einen baukastenförmigen Aufbau. Die Basis ist ein Gummi-gegen-Gummi-Druckwerk in Brückenbauweise für einfarbigen Schön- und Widerdruck. Seine Bausteine sind Eindruckwerke

- ohne einen separaten Druckzylinder als Gummi-gegen-Gummi-Druckwerk und
- mit einem gemeinsamem Druckzylinder als Satellitendruckwerk.

Eine Vierfarben-Druckeinheit kann als Vierfarbensatellitendruckwerk konzipiert oder auch durch den Ausbau des Schön- und Widerdruckwerkes mit zwei Eindruckwerken gebildet werden.

Oberdruckwerke haben als Einfarben-Druckwerke drei Zylinder und als Zweifarben-Druckwerke fünf Zylinder: Außerdem kann die Vierfarben-Druckeinheit mit zwei Semi-Satellitenzylindern (insgesamt zehn Zylinder zum wahlweisen Gummi-gegen-Gummi- oder Satellitendruck) gebaut werden.

Diese Zylinderanordnung, mit ihren Möglichkeiten des Zu- und Abschwenkens in Verbindung mit der Umsteuerung (Drehsinn-Änderung) der Druckwerke ergibt eine Vielfalt von Bahnführungen des Papiers und damit viele Produktionsvarianten.

Werkdruck

Einfarbige Werkdruckarbeiten wie Taschenbücher, Telefonbücher u. ä., werden in Rollen-Rotationsdruckmaschinen mit prinzipiell einfacheren Druckwerkskonstruktionen produziert.

Für hochwertigen Werkdruck, z. B. Bildbände und Kunstbücher, setzt man ausschließlich Akzidenz-Rollen-Offsetdruckmaschinen ein.

11.10.2 Heatset-Druckmaschinen: Druck auf gestrichenen Bedruckstoffen, Akzidenz-Druckmaschinen

Produkte dieser Druckmaschinen sind Prospekte, Werbebeilagen in Zeitungen, Reiseprospekte, Zeitschriften, Illustrierte und Kataloge, (kleine bis hohe Auflagen; höchste Auflagen im Tiefdruckverfahren), hochwertige Bildbände und Kunstbücher.

Diese Rollen-Offsetdruckmaschinen sind so konstruiert, dass sie auf kürzestem Weg eine Papierbahn beidseitig vierfarbig bedrucken. Für diesen Einsatzbereich haben sich stehende Gummi-gegen-Gummi-Druckwerke mit horizontaler Papierbahnführung am Markt durchgesetzt.

Für den hochwertigen Illustrationsdruck sind die Anlagen ausgerüstet mit

- Regeleinrichtungen, die die Papierbahnspannung vom Rollenwechsler bis zum beendeten Vierfarben-Nass-in-Nass-Druck konstant halten,
- einem Heißlufttrockner für Heatset-Druckfarben,
- einer Kühlwalzengruppe zur Kühlung der Papierbahn von ca. 160 °C auf etwa 40 °C zum Durchhärten der Druckfarbe, ggf. ergänzt durch eine Anlage zum Auftragen von flüssigem Silikon und einer Rückbefeuchtungsanlage
- Farb- und Schnittregisterkontrolle und -regelung,
- Bahnkantenüberwachung und -regelung usw.

Rollen-Offsetdruck für den Akzidenzdruck im Vergleich zum Bogen-Offsetdruck

Vorteile des Rollen-Offsetdrucks

- günstigerer Papierpreis
- niedrigere Papiergewichte zu verdrucken (ab etwa 45 g/m^2)
- hohe Druckleistungen
- vier- und mehrfarbiger Druck auf beiden Bahnseiten in einem Maschinendurchlauf
- hohe Brillanz und optimaler Glanz durch Heatset-Druckfarben
- Produkt nach dem Druck und Trocknen in der Druckmaschine durch ein integriertes System (falzen, heften, schneiden, auslegen, ggf. bündeln) sofort weiterzuverarbeiten und auszulegen.

Mögliche Nachteile des Rollen-Offsetdrucks

- festes Format im Zylinderumfang, d.h. geringere Formatvariabilität
- relativ hoher Makulaturbedarf beim Rüsten (Einrichten) durch nicht mehr zu nutzende Anlaufmakulatur
- maximal zu druckendes Papiergewicht von etwa 120 g/m^2 bei einer Verarbeitung im Falzapparat.

Die Anlagen werden mit unterschiedlichen Zylinderdurchmessern für 8, 16, 32 und 48 Seiten im Format DIN A 4 (und ähnlichen Formatgrößen) gebaut. In jedem (Doppel-)Druckwerk erfolgt gleichzeitig der Druck der Vorderseite und der Rückseite (Schön-

MAN Roland: Lithoman, Illustrations-Rollen-Offsetdruckmaschine

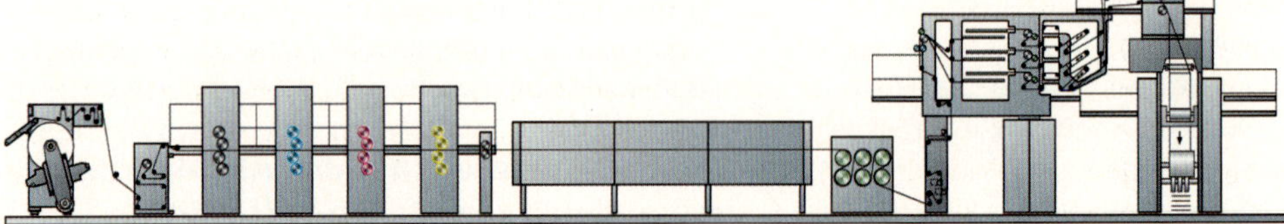

MAN Roland: Lithoman, Illustrations-Rollen-Offset-druckmaschine

und Widerdruck) mit je einer Druckfarbe. Zum Vierfarbdruck sind vier solcher Druckwerkeinheiten in Reihe hintereinander angeordnet.

Die dynamische Entwicklung des Marktes für Illustrations-Rollen-Offsetdruckmaschinen war gekennzeichnet durch umfassende Automatisierung, höhere Bahngeschwindigkeiten (bis 15 m/s), größere Bahnbreiten und auch mehrbahnige Anlagen.

Druckformate

Rollen-Offsetdruckmaschinen sind im Zylinderumfang festformatig, d.h. der Zylinderumfang mit einem sehr schmalen Kanal bestimmt die Länge des Papierabschnitts. Die Papierbahnbreite kann dagegen formatbezogen variieren.

Akzidenz-Druckmaschinen sollten aber für kundenspezifische Anforderungen an das Produktformat möglichst flexibel sein. Deswegen hat man spezielle Falzwerke entwickelt, die teilweise mehr als 20 verschiedene Falzprodukte durch unterschiedliches Schneiden, Übereinanderlegen und Falzen der Papierbahn produzieren können.

Darüber hinaus können bestimmte Typen dieser Bauart für Spezialproduktionen in Inline-Fertigung mit Komponenten ausgestattet sein, die ein Perforieren und Kleben sowie einen Seitenbeschnitt vor der Falzauslage ermöglichen.

Eine zusätzliche Spezial-Längsfalzanlage schafft nahezu unerschöpfliche Falzarten.

Selbstverständlich sind Akzidenz-Druckmaschinen für den Druck auf Naturpapier mit wegschlagenden Druckfarben ebenfalls einzusetzen. Der Einsatz eines Trockners ist dann nicht erforderlich bzw. sinnvoll, da bei rein wegschlagenden Druckfarben die Wärme für den Trocknungsvorgang unwirksam ist.

Drucken mit stehendem oder liegendem Format

Illustrations-Druckmaschinen erreichen Papierbahngeschwindigkeiten von über 13 m/sec (ca. 47 km/h). Bei einer Produktion von 16 Seiten pro Papierbahn werden jeweils 8 Seiten im Schön- und Widerdruck gedruckt, bei 32 Seiten demnach 16 Seiten im Schön- und Widerdruck.

Die europäischen Rollen-Offsetdruckmaschinen sind allgemein auf das Format DIN A 4 ausgerichtet. Wesentlich für die erreichbare Druckleistung ist das Verhältnis von Papierbahnbreite zu Zylinderumfang. Sollen beispielsweise 32 Seiten (DIN A4) auf beiden Seiten der Papierbahn (je 16 Seiten) gedruckt werden, ist der Druck in zwei Arten der Seitenanordnung auf dem Druckformzylinder möglich:

Möglichkeit 1:
– 4 x 297 mm in der Zylinderbreite
– 4 x 210 mm im Zylinderumfang

Möglichkeit 2:
– 4 x 210 mm in der Zylinderbreite
– 4 x 297 mm im Zylinderumfang

Ausgehend vom DIN-A4-Hochformat unterscheidet man Rollen-Offsetdruckmaschinen mit stehender oder liegender Seitenanordnung, entsprechend der Platzierung der DIN-A4-Seite (Hochformat) zur Achse des Druckformzylinders.

Produktionsmöglichkeiten

„stehende" Produktion

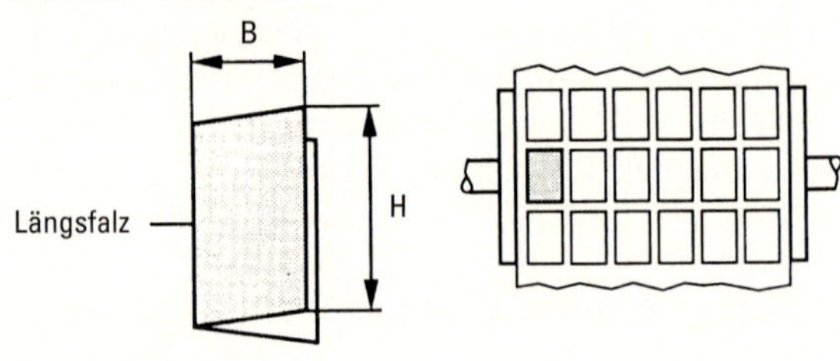

„liegende" Produktion

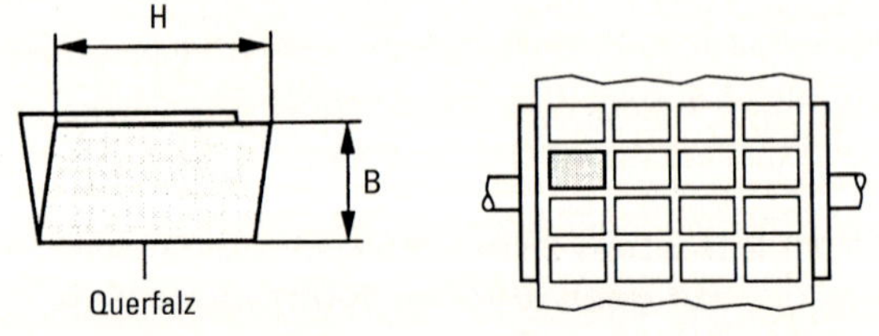

„stehende" Formate

„liegende" Formate

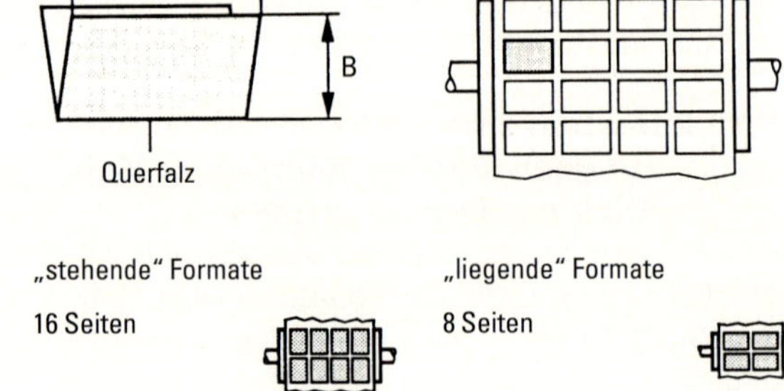

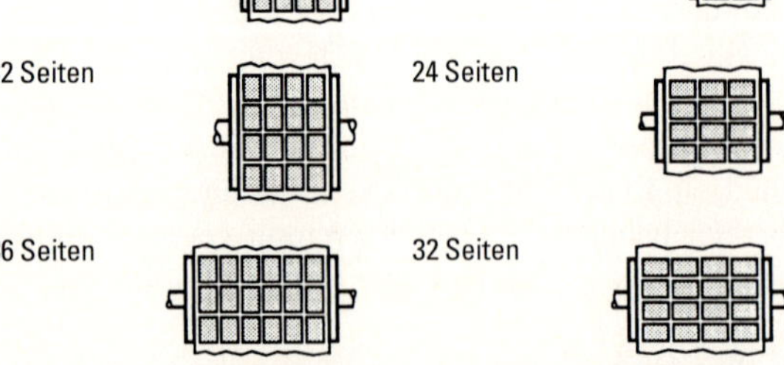

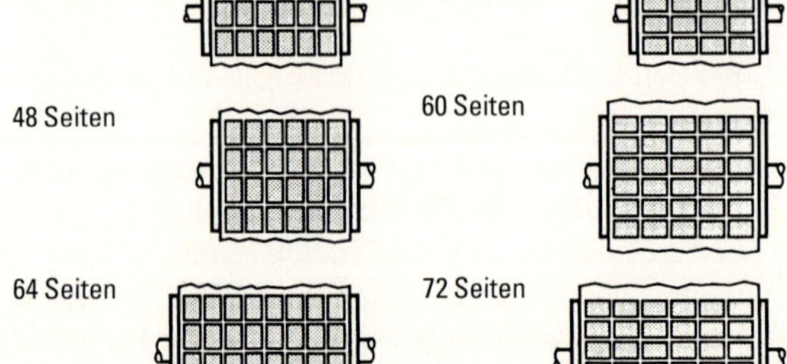

Merkmale bei liegendem Format:
- Die Höhe der Druckseiten (bei einem Produkt im Hochformat DIN A 4 = 29,7 cm) und damit auch der Bund liegen parallel zur Zylinderachse der Druckmaschine.
- Bei liegendem Format ist die Seitenbreite durch die Abschnittslänge im Zylinderumfang unveränderlich, die Seitenhöhe durch eine unterschiedliche Rollenbreite variabel. Die Falztechnik erlaubt darüberhinaus vielfältige Variationen in Art und Format des Endprodukts.

Merkmale bei stehendem Format:
- Die Breite der Druckseiten (z.B. 21 cm bei einem DIN A 4 Hochformat) und damit der Kopf liegt parallel zur Zylinderachse.

8-Seiten-Druckmaschine, „halb breit"

liegendes Format
bei Produkten DIN A 4

Produktion „gewöhnlich"

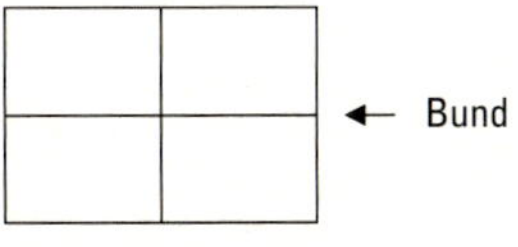

Bahnbreite = Zylinderachse

stehendes Format
bei Produkten DIN A 4

Produktion „außergewöhnlich"

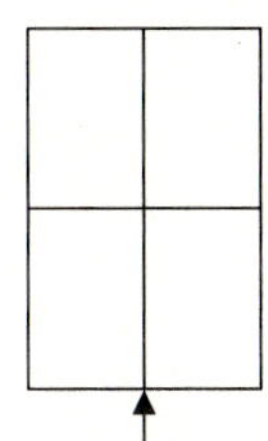

Bahnbreite = Zylinderachse

16-Seiten-Druckmaschine, „einfach breit",

liegendes Format
bei Produkten DIN A 4

Produktion „außergewöhnlich"

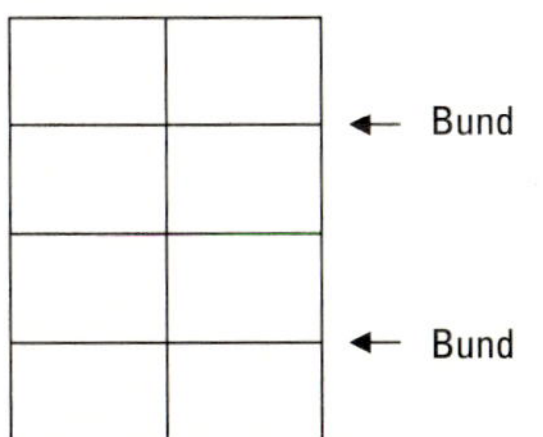

Bahnbreite = Zylinderachse

stehendes Format
bei Produkten DIN A 4

Produktion „gewöhnlich"

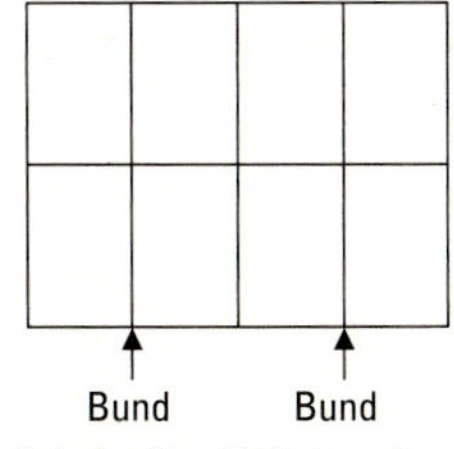

Bahnbreite = Zylinderachse

32-Seiten-Druckmaschine, „doppelt breit",

liegendes Format bei Produkten DIN A 4,
z. B. 4 x 8 Seiten,
2 x 16 Seiten oder 1 x 32 Seiten

Produktion „gewöhnlich"

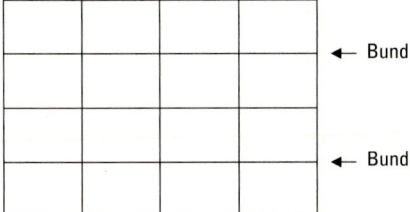

- Bei stehendem Format ist die Seitenhöhe durch die Abschnittslänge im Zylinderumfang unveränderlich, die Seitenbreite durch eine unterschiedliche Rollenbreite variabel. Die Falztechnik erlaubt darüberhinaus vielfältige Variationen in Art und Format des Endprodukts.

Gewöhnlich ergeben sich daraus bei Akzidenzdruckmaschinen bestimmte Maschinenkonstruktionen und Formatbezeichnungen bei einem DIN-A4-Format:
- halbbreite Druckmaschine
  8 Seiten:
  4 Seiten Schöndruck + 4 Seiten Widerdruck
  = liegende Seitenanordnung (Produktion)
- einfachbreite Druckmaschine
  16 Seiten:
  8 Seiten Schöndruck + 8 Seiten Widerdruck
  = stehende Seitenanordnung (Produktion)
- doppeltbreite Druckmaschine
  32 Seiten:
  16 Seiten Schöndruck + 16 Seiten Widerdruck
  = liegende Seitenanordnung (Produktion)
- Doppelumfang und doppeltbreite Druckmaschine
  48 Seiten:
  24 Seiten Schöndruck + 24 Seiten Widerdruck
  = stehende Seitenanordnung (Produktion)

– Leistung

Bei einem kleinen Zylinderumfang und einer breiten Papierbahn lassen sich mit gleicher Papierbahngeschwindigkeit lassen sich mehr Exemplare pro Stunde drucken, als mit einem großen Zylinderumfang und einer schmalen Papierbahn.

Vorteil der Produktion im liegenden Format bei gleicher Seitenzahl ist es vor allem, dass gegenüber dem stehenden Format bei gleicher Bahngeschwindigkeit eine ca. 40 % höhere Produktionsleistung erzielt wird oder bei gleicher Druckleistung mit niedrigerer Geschwindigkeit gedruckt werden kann.

So erreicht eine Druckmaschine z. B. bei einer Produktionsleistung von 40 000 Zylinderumdrehungen eine Papierbahngeschwindigkeit von 9,8 m/sec im liegenden Format. Im stehenden Format müsste für die gleiche Produktionsleistung eine Papierbahngeschwindigkeit von 13,7 m/sec gefahren werden.

– Laufrichtung

Die Papierlaufrichtung ist beim Rollendruck verfahrenstechnisch vorgegeben: Es wird immer ein sogenanntes Breitbahnpapier (Laufrichtung rechtwinklig zum Zylinder = rechtwinklig zur Zylinderachse) verdruckt. Um verarbeitungstechnische Probleme beim Falzen und Kleben zu vermeiden, wäre es vorteilhaft, die Papierlaufrichtung grundsätzlich parallel zum Bund zu wählen (was im Rollendruck technisch nicht immer möglich ist).

Bei einem Druck mit stehendem Format stimmt die Seitenhöhe und damit der Bund mit der Laufrichtung des Papiers überein. Dagegen läuft bei einem DIN-A4-Hochformat bei liegender Seitenanordnung der Bund nicht parallel zur Laufrichtung.

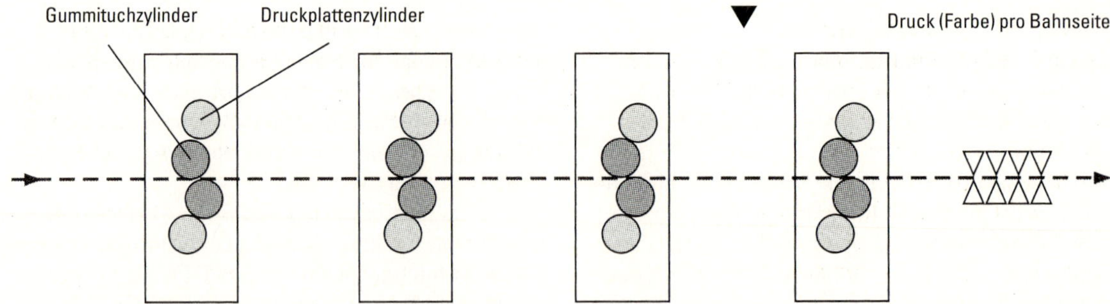

Druckwerkkonfiguration für 4-Farben-Druck auf Bahnober- und Bahnunterseite; stehende Druckeinheiten für horizontalen Bahnlauf (IFRA)

Zu beachten ist außerdem, dass sich bei sehr großen Papierbahnbreiten der Papierverzug durch das Feuchten bei jedem Druckwerk besonders bei leichten Papieren stark bemerkbar machen kann: Das Papier dehnt sich in der Bahnbreite, der sogenannten Dehnrichtung.

– Falz, Rollenwechsel
Bei einer 32seitigen Druckmaschine ist bei einem DIN-A 4-Format in stehender Produktion der Falz durch Querfalz und anschließenden Längsfalz, den Schwertfalz, zu bilden, bei liegender Produktion dagegen nur durch Querfalze.

Durch die geringere Rollenbreite ist bei stehendem Format im Vergleich zum liegenden Format bei gleicher Seitenzahl ein Rollenwechsel in kürzeren Zeitabständen notwendig.

Durch die geringere Bahngeschwindigkeit bei liegendem Format verringert sich der Verschleiß der einzelnen Aggregate.

Außerdem kann die Trockenstrecke (technischer Hinweis: Verweildauer im Trockner mindestens 1 sec, d. h. bei einer Papierbahngeschwindigkeit von 9 m/sec ist eine Trocknerlänge von 9 m erforderlich, unabhängig von der Bahnbreite) verkürzt und Energie eingespart werden.

11.10.3 Bauarten und Einsatzbereiche

Alle Rollen-Offsetdruckmaschinen sind keine Druckmaschinen in einer Standardausführung, sondern vielfältig variable, für einen bestimmten Einsatzbereich zugeschnittene Druckmaschinensysteme mit einer integrierten Weiterverarbeitung.

Die Druckwerke der Rollen-Offsetdruckmaschinen unterscheiden sich nach der Anordnung und der Anzahl der Zylinder sowie nach der Art der Bahnführung durch das Druckwerk.

Zwei unterschiedliche Zylinderarten – bezogen auf die Oberfläche – können im Druckprozess zusammenwirken:
- Gummi gegen Gummi
- Gummi gegen Metall

Anzahl der Zylinder in Druckwerken
Die Anzahl der Druckwerke in Rollen-Offsetdruckmaschinen richtet sich nach dem Einsatzbereich der Druckmaschine, der geforderten Druckqualität sowie der erforderlichen Variabilität bei farbigem Druck.

Neben den genannten allgemeinen Bezeichnungen für Akzidenzdruckmaschinen sind bei Zeitungsdruckmaschinen weitere Bezeichnungen für Varianten der Bauweisen bekannt.

3-Zylinder-Bauweise
Die Bahn wird beim Druck nur einseitig, einfarbig 1/0 bedruckt. In Rollen-Offsetdruckmaschinen wird diese Bauweise nur im Endlosdruck beim Druck von Formularen eingesetzt, wenn nur einseitig gedruckt wird.

4-Zylinder-Bauweise:
Gummi-Gummi- oder I-Druckwerk
Das Doppeldruckwerk besteht aus zwei Druckplatten- und zwei Gummituchzylindern. Im Druck ist ein Gummituchzylinder gleichzeitig der Druckzylinder für den anderen Gummituchzylinder. Die durchlaufende Bahn wird demnach 1/1 bedruckt.

Einige Hersteller bieten diese Bauweise auch mit einem gegenüber dem Plattenzylinder doppelt großen Gummituchzylinder an. Im Akzidenzdruck hat sich die Gummi-Gummi-Bauweise durchgesetzt.

Für den einfarbigen Zeitungsdruck wird ebenfalls vielfach die Gummi-gegen-Gummi-Bauweise in verschiedenen Varianten eingesetzt, für den mehrfarbigen Druck gibt es verschiedene Kombinationen von Druckeinheiten.

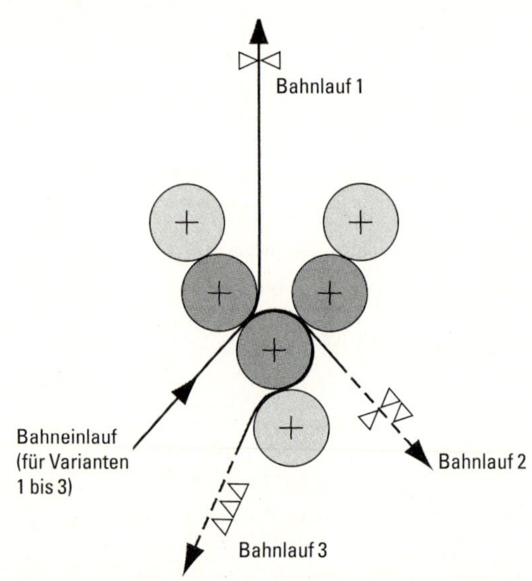

Y-Druckeinheit für den Druck von maximal 3 Farben, 3 verschiedene Bahnführungen möglich

6-Zylinder-Bauweise: Y-Druck
Aus den Gummi-Gummi-Druckwerken wurde die Y-Bauweise abgewandelt. Ein weiteres Druckwerk arbeitet gegen einen der beiden Gummituchzylinder des Gummi-Gummi-Druckwerkes. Dies ermöglicht wirtschaftlich den Druck einer Schmuckfarbe auf eine beidseitig einfarbig bedruckte Papierbahn.

Eingesetzt wird auch eine Kombination von zwei Y-Druckeinheiten, die übereinander oder hintereinander angeordnet sind.

Dies ergibt den Druck 4 + 2 (4 Farben auf der einen Bahnseite und Schwarz + eine Schmuckfarbe auf der anderen. Bei horizontaler Anordnung ist der lange Bahnweg zwischen den beiden Druckeinheiten ein erheblicher Nachteil (Papierverzug, Passer).

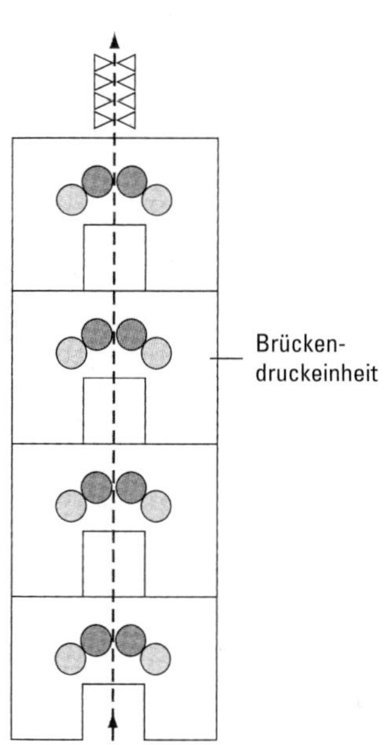

Achterturm
Senkrechte Bahnführung im Achterturm: Vier übereinander liegende Brückendruckeinheiten für den beidseitigen Vierfarbdruck (IFRA)

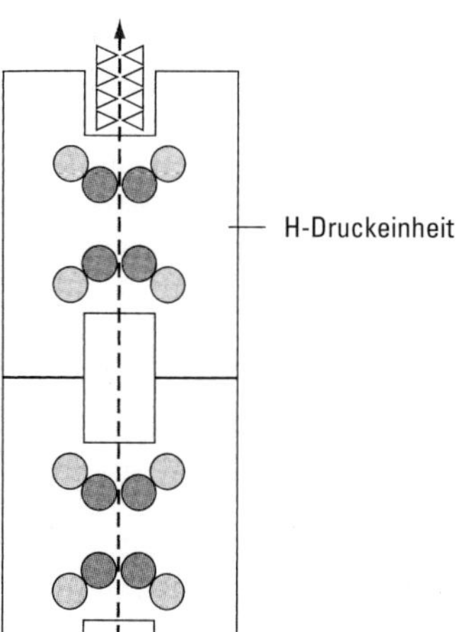

Achterturm mit zwei gespiegelten Brückendruckeinheiten, sogenannten H-Druckeinheiten, für den beidseitigen Vierfarbdruck

8-Zylinder-Bauweise: Achterturm-Druckwerk
Für den Zeitungsdruck werden flexibel einzusetzende Druckwerke gefordert, die täglich wechselnde Forderungen an das Produkt erfüllen können:

- Anzahl der Druckseiten
- Druck auf mehrere Papierbahnen
- Farbe auf verschiedenen Druckseiten.

Stehende Doppel-Druckwerke eignen sich für diese Anforderungen weniger gut. Als Grundbaueinheit werden daher liegende Doppel-Druckwerke mit zwei horizontal aneinander gestellten Gummituchzylindern eingesetzt, durch die die Papierbahn vertikal durchgeführt wird.

Vier Gummi-Gummi-Druckwerke, sogenannte Brückendruckeinheiten, übereinander angeordnet, ermöglichen einen Druck 4/4 ohne Umsteuerung.

Werden jeweils zwei Brückendruckeinheiten mit jeweils einer gespiegelten weiteren Druckeinheit, der sogenannten U-Druckeinheit, kombiniert, entsteht eine H-Druckeinheit mit einer geringeren Bauhöhe. Diese Bauweise wird derzeit überwiegend eingesetzt.

9-Zylinder-Bauweise: Satelliten- Druckwerk
Das Druckwerk dieser Bauweise besteht aus 9 Zylindern: Zwei Druckwerke mit je einem Druckplatten- und Gummituchzylinder arbeiten gegen einen gemeinsamen Druckzylinder. Bei dieser Bauweise liegt die Papierbahn für den Druck aller vier Farben am Druckzylinder an. Dies ermöglicht einen optimalen Passer im Druck 4/0. Allerdings ist das Ablegen des Schöndrucks auf dem folgenden Druckzylinder beim Druck 4/4 ein technisches Problem.

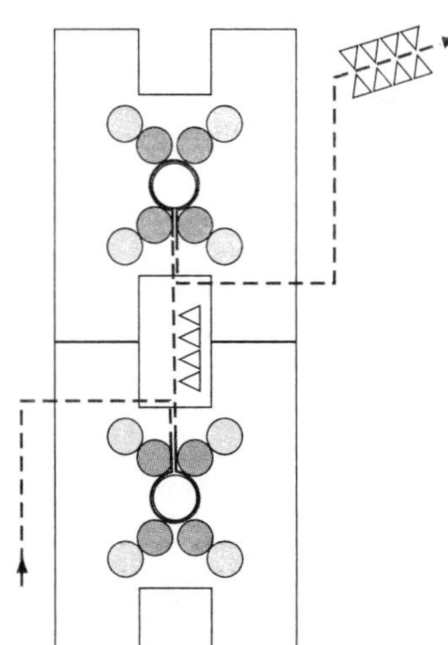

Satellitendruckeinheiten
9-Zylinder-Satellit: Vierfarbiger Druck auf beiden Bahnseiten. Variable Bahnführung für unterschiedliche Farbbelegungen. Ausbaufähig zu einem Kombi-Satellitendruckwerk. (IFRA)

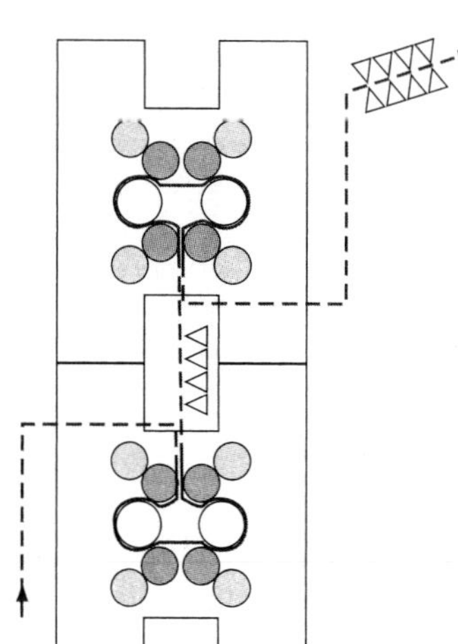

10-Zylinder-Satellit (Semi-Satellitendruckeinheit): Vierfarbiger Druck auf beiden Bahnseiten.
Variable Bahnführungen vertikal und horizontal für unterschiedliche Farbbelegungen. (IFRA)

Bei einem Kombi-Satelliten-Druckwerk lassen sich die beiden linken bzw. rechten Gummituchzylinder vom zentralen Druckzylinder weg gegen einander stellen. Gedruckt wird dann im Gummi-Gummi-Prinzip. Durch Umsteuerung der Druckwerke können verschiedene Kombinationen gedruckt werden.

10-Zylinder-Bauweise: Semi-Satelliten-Druckwerk
Sonderform des Satellitensystems mit zwei Druckzylindern, die ebenfalls vielfältige Druckkombinationen ermöglicht.

Stehendes Doppeldruckwerk: Gummi gegen Gummi, stehend
Rollen-Offsetdruckmaschinen für den Akzidenzdruck arbeiten fast ausschließlich mit einem 4-Zylinder Gummi-gegen-Gummi-Druckwerk mit horizontaler Bahnführung für gleichzeitigen Schön- und Widerdruck.

Beide Gummituchzylinder wirken zugleich gegenseitig als Druckzylinder.

Da die Papierbahn je nach Sujet und Farbmenge auf dem Gummituch anhaftet und nach oben oder unten eine kurze Strecke mitgenommen wird, entsteht ein Flattern der Bahn. Dies hat zur Folge, dass der Papierstrang nicht unmittelbar in die Druckzone des nächsten Druckwerkes gelangt, sondern an einer unerwünschter Stelle zu früh mit dem oberen oder unteren Gummituchzylinder in Berührung kommt und damit zum Dublieren des Druckes führt.

Das Problem ist konstruktiv erfolgreich zu lösen: Man versetzt die beiden Gummizylinder gegeneinander aus der senkrechten Achse und erreicht damit einen größeren Umschlingungswinkel und somit eine straffere Bahnführung.

4-Zylinder-Bauweise: Gummi-gegen-Gummi-Druckwerk

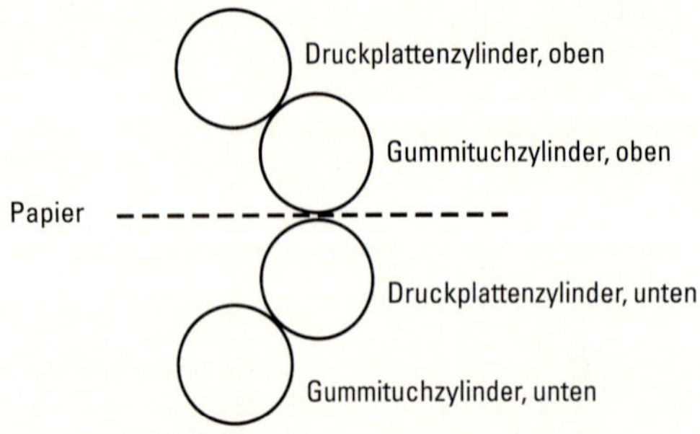

Die gleiche Wirkung erzielt man aber auch durch eine Höhenversetzung der Druckwerke.

Bei stehenden 4-Zylinderdruckwerken kann der Gummituchzylinder auch mit einem doppelten Umfang eingesetzt sein.

Liegendes Doppeldruckwerk: Gummi gegen Gummi, liegend
Für den Zeitungsdruck werden Vier-Zylinder-Druckwerke in liegender Bauart mit senkrechter Papierführung eingesetzt. Es können zwei bis vier Druckplatten in der Breite eingesetzt werden. Zusätzliche Farbeindruckwerke über dem Widerdruckwerk haben einen eigenen Druckzylinder. Ein solches Druckwerk, also mit Eindruckwerk, kann bei Umsteuerbarkeit des Schöndruckwerkes für einseitigen Drei-Farbendruck eingesetzt werden. Das bedeutet beim Vorhandensein eines weiteren (einfachen) Schön- und Widerdruckwerkes, rechts daneben, und beim Verzicht auf die Zuführung der zweiten Rolle, die Möglichkeit eine Farbe Schön- und vier Farben Widerdruck zu drucken.

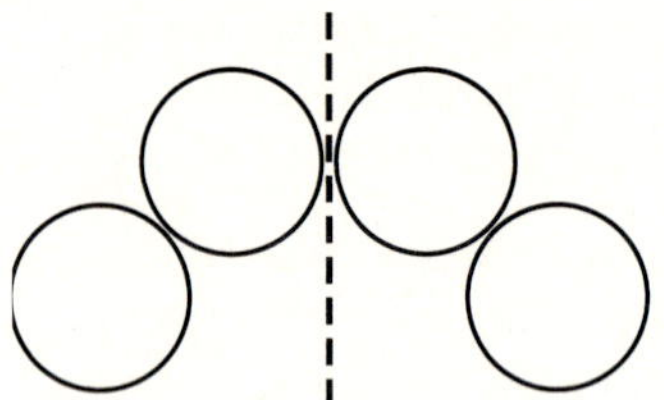

Vierzylinder-Druckwerke in liegender Bauart mit senkrechter Papierführung

Vier-Zylinder-Druckwerke in liegender Bauweise können bei Zeitungs-Rotationsdruckmaschinen nebeneinander gesetzt werden. Durch die Zuführung mehrer Papierbahnen aus dem Rollenkeller lassen sich mehrere Papierbahnen beidseitig einfarbig bedrucken. Für den Mehrfarbendruck werden dazu mehrere Brückendruckeinheiten übereinander gesetzt. Ein Vierfarbdruck auf beiden Bahnseiten (4/4) erfordert vier Brückendruckeinheiten, die vertikal angeordnet den sogenannten *Achterturm* bilden.

Eine kompakte Variante dieser Konstruktion ist die H-Druckeinheit, die heute überwiegend als Achterturm eingesetzt wird. Zu einer H-Druckeinheit werden jeweils zwei Brückendruckeinheiten mit je zwei spiegelverkehrt stehenden sogenannten U-Druckeinheiten kombiniert. Bei diesen U-Druckeinheiten sind die Druckformzylinder nicht unterhalb sondern spiegelbildlich versetzt oberhalb der Gummituchzylinder angeordnet. Die Druckeinheit für den 2/2-Druck ist dadurch kompakter, sie hat eine geringere Bauhöhe. Damit ist auch die Strecke des Papier zwischen den Druckwerken, der Bahnweg, kürzer.

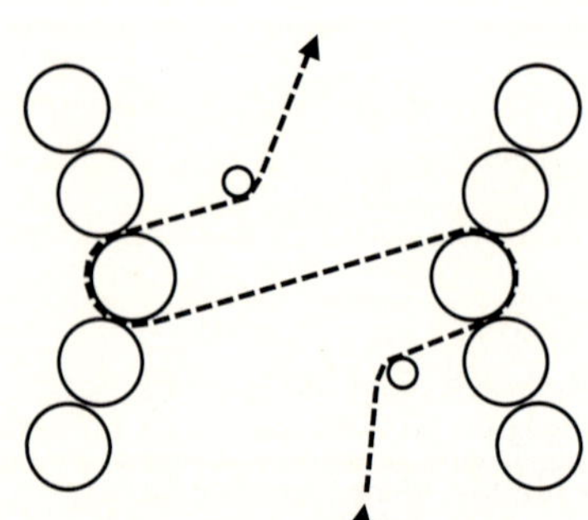

Semi-Satellitendruckwerk

Semi-Satellitendruckwerk
Aus dem stehenden 4-Zylinder-Druckwerk entstand das 5-Zylinder-Druckwerk oder der Halbsatellit für einseitigen 2-Farbendruck. Bei einer

Druckwerkeinheit, bestehend aus zwei Halbsatelliten, also 5 Zylinder rechts und 5 Zylinder links, ist die Produktionsmöglichkeit für zweifarbigen Schön- und Widerdruck gegeben.

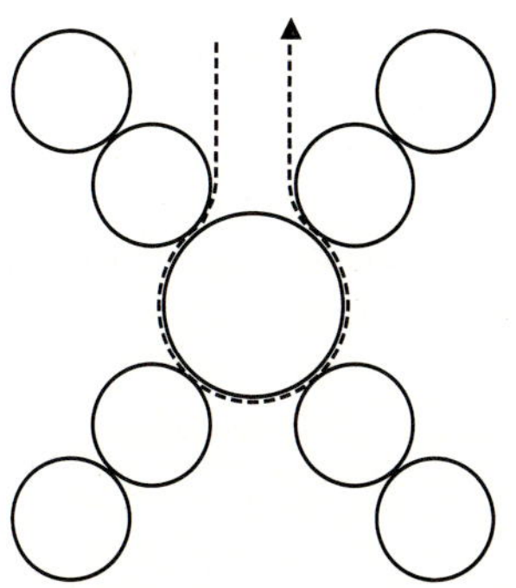

Satellitendruckwerk

Satellitendruckwerk
Ein Satellitendruckwerk bietet einen optimalen Passer im Vierfarbdruck. Vier Gummituch- und Druckformzylinderpaare sind um einen gemeinsamen Druckzylinder angeordnet. Der Satellit als zentraler Druckzylinder bietet eine bestmögliche Passergenauigkeit, weil die Papierbahn auf dem Weg von einem Druckwerk zum anderen den geringsten mechanischen Einflüssen ausgesetzt ist: Die Druckstellen der vier Druckfarben liegen unmittelbar hintereinander und die Papierbahn liegt stets am Druckzylinder an. Der Nachteil liegt darin, dass er nur für einseitigen Schön- bzw. Widerdruck eingesetzt werden kann.

Eine Maschine mit zwei Satellitendruckeinheiten mit je vier Druckwerken ist also für beidseitigen Vierfarbendruck zu verwenden. Sie ist eine reine Einzweckmaschine, deren Einsatz nur unter der Voraussetzung ständig gesicherter hoher Auflagen rentabel ist.

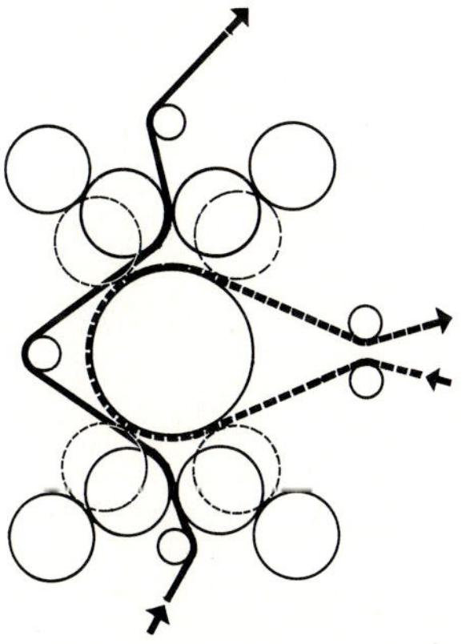

Kombi-Satellitendruckwerk

Kombi-Satellitendruckwerk
Aus der Notwendigkeit, den Satelliten universeller zu machen, entstand eine neue Druckwerkskonzeption: Der kombinierte Satellit mit schwenkbaren Gummizylindern. Mit ihm sind folgende Produktionsmöglichkeiten gegeben:

- Alle Gummizylinder am Druckzylinder: 0/4.
- Unteres Gummizylinderpaar vom Druckzylinder abgestellt und Gummi gegen Gummi zueinander geschwenkt, oberes Gummizylinderpaar ebenso: 2/2.

Baustufe 1

Schön- und Widerdruck einfarbig

Baustufe 2

Schön- und Widerdruck einfarbig

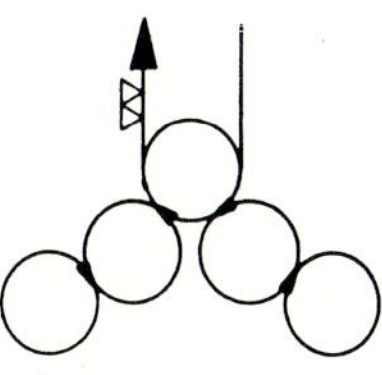

Schöndruck zweifarbig

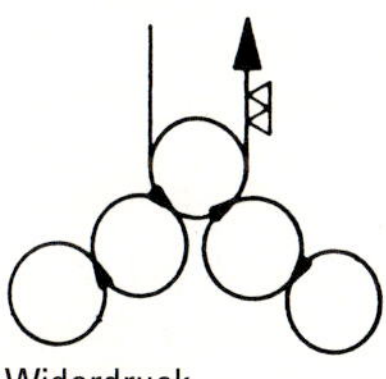

Widerdruck zweifarbig

Baustufe 3

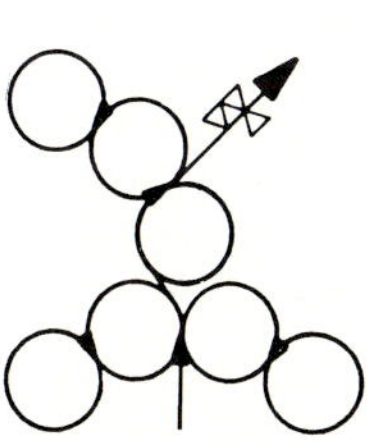

Schöndruckzweifarbig, Widerdruck einfarbig

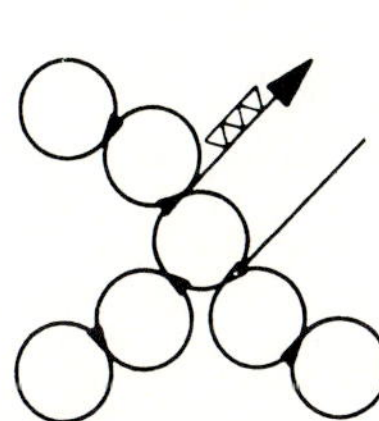

Schöndruck dreifarbig

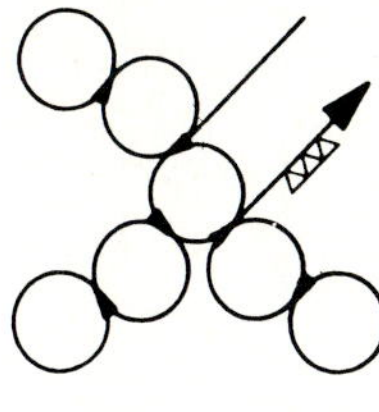

Widerdruck dreifarbig

Baustufe 4

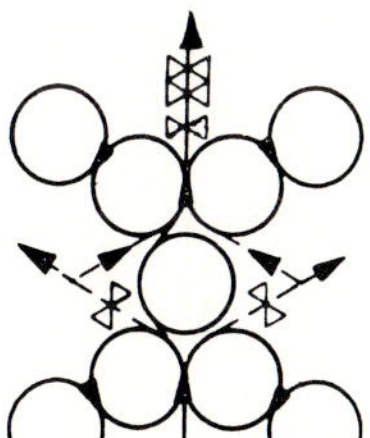

Schöndruck dreifarbig, Widerdruck dreifarbig

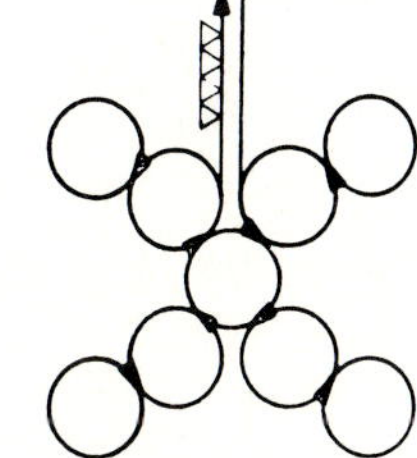

Schöndruck vierfarbig

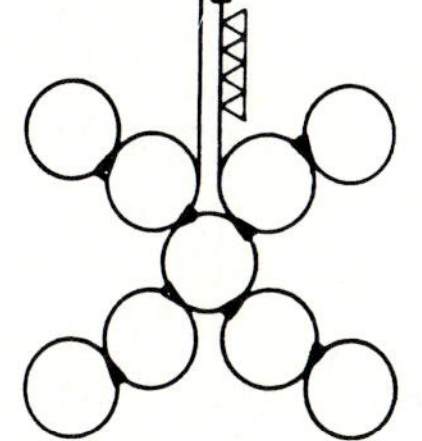

Widerdruck vierfarbig

Mögliche Baustufen einer Rollen-Offsetdruckmaschine

– Unteres Gummizylinderpaar wie vor aber oberes Gummizylinderpaar am Druckzylinder angestellt: 1/3.

Kombiniertes Semi-Satellitendruckwerk
Aus der Halbsatellitengruppe mit 2 x 5 Zylindern entstand das kombinierte Halbsatellitendruckwerk, dessen Gummizylinder sich dann Gummi gegen Gummi paarweise aneinander schwenken oder zu den Druckzylindern anstellen lassen.

Die Produktionsmöglichkeit: Mit zwei Papierbahnen 2 x 1/1, mit einer Papierbahn: 0/4, 2/2, 1/3.

Allein die zahlreichen Bauarten der Druckwerke in Rollen-Offsetdruckmaschinen zeigen, wie vielfältig die Möglichkeiten sind, die diese Drucktechnik zu bieten hat; sei es für die Produktion von der Rolle auf das Falzwerk, auf den Querschneider mit Planoausleger oder auf die Wiederaufwickelvorrichtung.

Durch immer kürzere Rüstzeiten, Prozess-Sicherheit und eine gute Druckqualität ist der Rollen-Offsetdruck im Akzidenz-, Werk- und Zeitungsdruck auch für mittlere Auflagen konkurrenzfähig.

Bauweisen von Rollenoffset-Druckmaschinen für den Zeitungsdruck

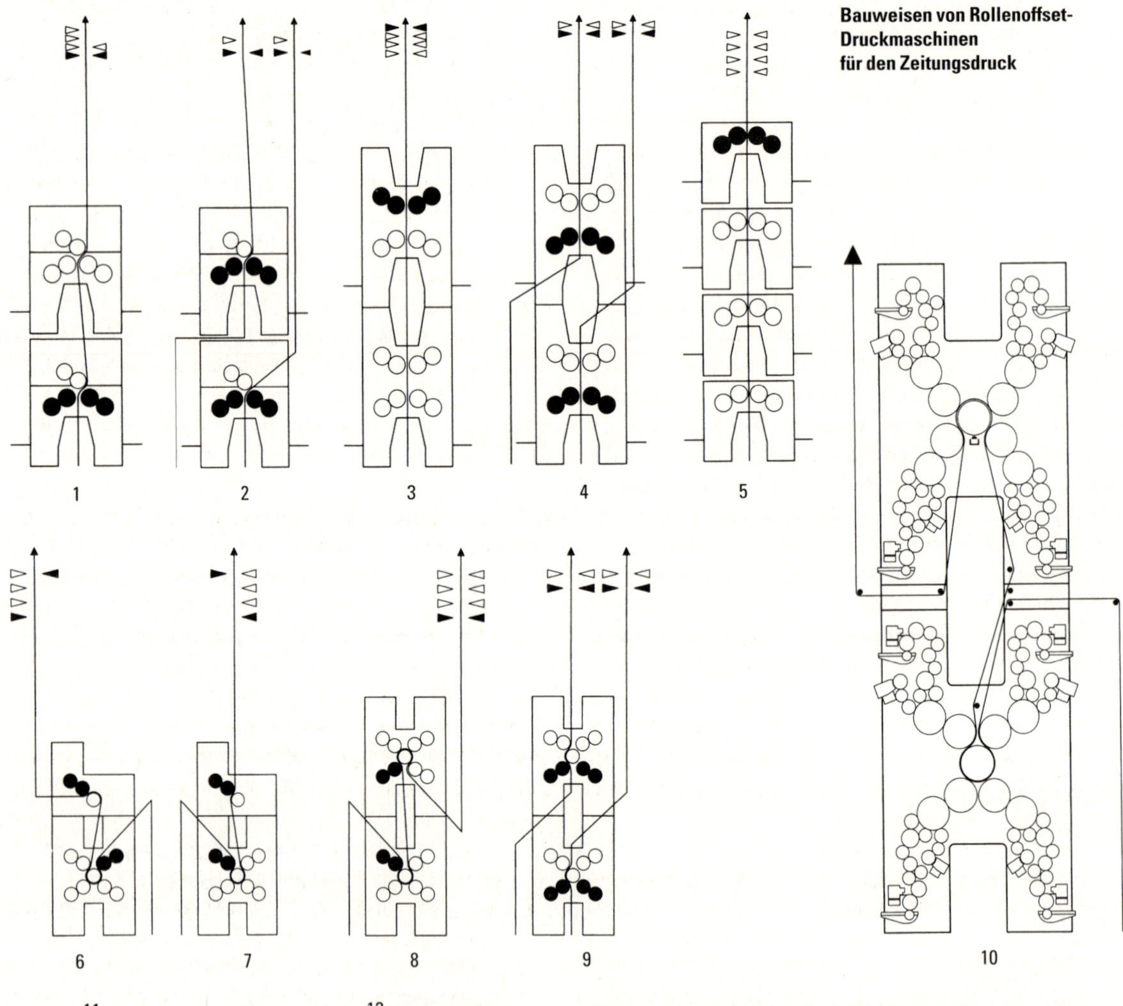

11
12

4/2
4/1 1/1
4/1

Die Abbildungen 1 und 2 zeigen Sechsertürme aus gestapelten Y-Druckeinheiten, die Abbildungen 3 und 4 Achtertürme aus je zwei H-Druckeinheiten übereinander. Die Achterturmvariante aus vier gestapelten U-Druckeinheiten zeigt Abbildung 5.

Die Abbildungen 6 und 7 zeigen Neun-Zylinder-Satelliten-Druckeinheiten mit einem Drei-Zylinder-Colordeck für 4/1- oder 1/4-Druck beziehungsweise für zweibahnige Produktion mit beliebiger Farbzuordnung.

Die Abbildungen 8 und 9 zeigen je zwei gestapelte Satelliteneinheiten für den ausschließlichen 4/4 Druck.

Abbildung 10 zeigt zwei Neun-Zylinder-Satelliteneinheiten übereinander in stehender Bauweise.

Die Abbildungen 11 und 12 zeigen Zehn-Zylinder-Satelliten mit Sechs-Zylinder-Colordeck für maximale Farb- und Seitenflexibilität.

Alle Zeichnungen MAN ROLAND

KBA: Mögliche Konzeptionen von Druckeinheiten

KOEBAU EXPRESS 50 (exemplarisch)

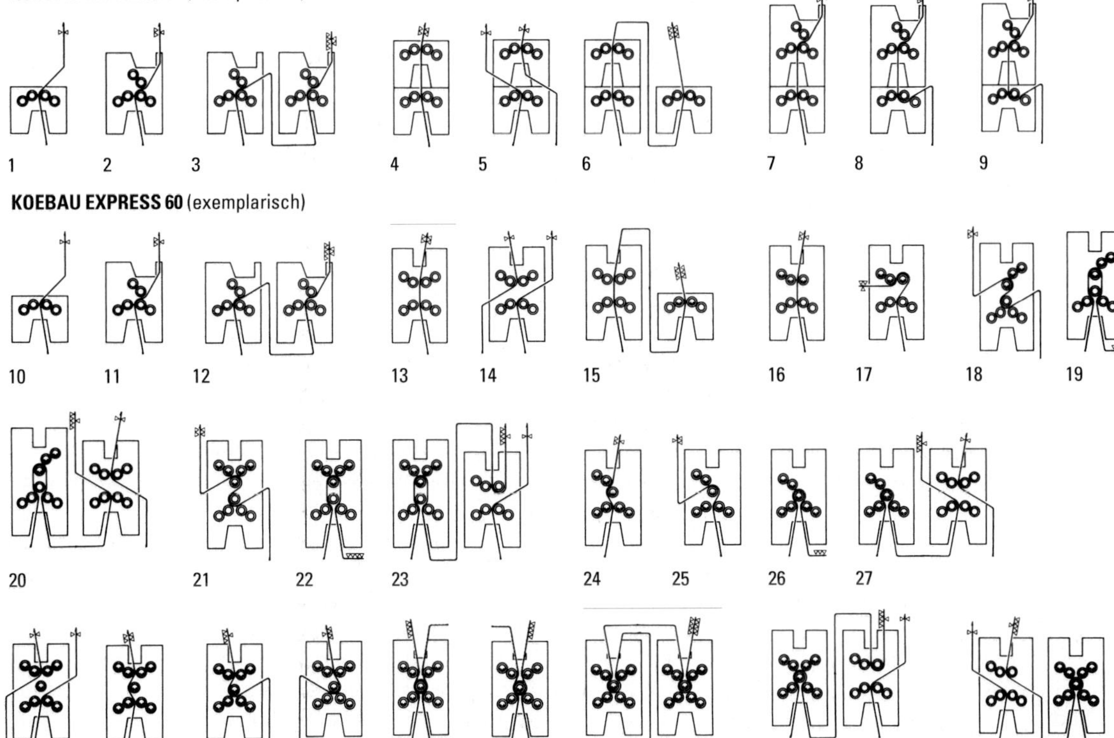

KBA Rollen-Offsetdruckmaschine für max. 50 000 Exemplare/h, ungesammelt

1 Druckeinheit (1/1 Farbbelegung)

2 Druckeinheit mit Eindruckwerk (1/2 Farbbelegung)

3 Druckeinheit mit Eindruckwerk – 2 nebeneinander (2/4 Farbbelegung)

4 Doppeldruckeinheit (2/2 Farbbelegung)

5 Doppeldruckeinheit (2 x 1/1 Farbbelegung

6 Doppeldruckeinheit mit einfacher Druckeinheit daneben (3/3 Farbbelegung)

7 Druckeinheit unten mit aufgesetzter Druckeinheit mit Eindruckwerk (2/3 Farbbelegung)

8 Druckeinheit unten mit aufgesetzter Druckeinheit mit Eindruckwerk (1 /4 Farbbelegung, von den 4-Farben eine Dilitho-Führung)

9 Druckeinheit unten mit aufgesetzter Druckeinheit mit Eindruckwerk 1 /1 und gleichzeitig 1/2 Farbbelegung

KBA Rollen-Offsetdruckmaschine für max. 60 000 Exemplare/h ,ungesammelt

10 Einfache Druckeinheit (1/1 Farbbelegung)

11 Druckeinheit mit Eindruckwerk (1/2 Farbbelegung)

12 Druckeinheit mit Eindruckwerk – 2 nebeneinander (2/4 Farbbelegung)

13 Doppeldruckeinheit (2/2 Farbbelegung)

14 Doppeldruckeinheit (2 x 1/1 Farbbelegung)

15 Doppeldruckeinheit mit einfacher Druckeinheit daneben (3/3 Farbbelegung)

16 Druckeinheit mit Extradruckwerk im Widerdruck oben links, (1/2 Farbbelegung)

17 Druckeinheit mit Extradruckwerk im Widerdruck oben links, (2/1 Farbbelegung)

18 Semi-Satellitendruckeinheit mit Extradruckwerk im Schöndruck oben rechts, 8 Zylinder (1/2 Farbbelegung)

19 Semi-Satellitendruckeinheit mit Extradruckwerk im Schöndruck oben rechts, 8 Zylinder (3/0 Farbbelegung)

20 Semi-Satellitendruckeinheit mit Extradruckwerk im Schöndruck oben rechts – 8 Zylinder – in Verbindung mit einer Doppeldruckeinheit daneben (1/4 und gleichzeitig 1/1 Farbbelegung)

21 Doppel-Semi-Satellitendruckeinheit – 10 Zylinder (2/2 Farbbelegung)

22 Doppel-Semi-Satellitendruckeinheit – 10 Zylinder (4/0 Farbbelegung)

23 Doppel-Semi-Satellitendruckeinheit – 10 Zylinder mit einer Druckeinheit daneben und Extradruckwerk im Widerdruck (1/4 und gleichzeitig 1/1 Farbbelegung)

24 Semisatellit mit Extradruckwerk im Widerdruck oben links, – 7 Zylinder (1/2 Farbbelegung)

25 Semi-Satellitendruckwerk mit Extradruckwerk im Widerdruck oben links, – 7 Zylinder (2/1 Farbbelegung)

26 Semi-Satellitendruckwerk mit Extradruckwerk im Widerdruck oben links, – 7 Zylinder (3/0 Farbbelegung)

27 Semi-Satellitendruckwerk mit Extradruckwerk im Widerdruck oben links, – 7 Zylinder und eine Doppeldruckeinheit daneben (1/4 und gleichzeitig eine 1/1 Farbbelegung)

28 Doppel-Semi-Satellitendruckeinheit, – 9 Zylinder (2 x 1/1 Farbbelegung)

29 Doppel-Semi-Satellitendruckeinheit, – 9 Zylinder (2/2 Farbbelegung)

30 Doppel-Semi-Satellitendruckeinheit, – 9 Zylinder (1/3 Farbbelegung)

31 Doppel-Semi-Satellitendruckeinheit, – 9 Zylinder (3/1 Farbbelegung)

32 Doppel-Semi-Satellitendruckeinheit, – 9 Zylinder (0/4 Farbbelegung)

33 Doppel-Semi-Satellitendruckeinheit, – 9 Zylinder (4/0 Farbbelegung)

34 Doppel-Semi-Satellitendruckeinheit, – 9 Zylinder 2 nebeneinander - (4/4 Farbbelegung)

35 Doppel-Semi-Satellitendruckeinheit, – 9 Zylinder und rechts daneben Druckeinheit mit Extradruckwerk im Widerdruck oben links, (1/4 und gleichzeitig 1/1 Farbbelegung)

36 Doppel-Semi-Satellitendruckeinheit, – 9 Zylinder links daneben Druckeinheit und Extradruckwerk im Widerdruck oben links, (4/1 und gleichzeitig 1/1 Farbbelegung)

MAN Roland: Sleeve-Offset®

Die Bezeichnung Sleeve-Offset® (nach engl.: sleeve = Ärmel) ist ein geschütztes Warenzeichen für eine Technologie im Rollen- Offsetdruck: Ein System mit kanallosen Gummituch- und ggf. auch Druckformhülsen, die ein von Schwingungsstreifen freies Druckbild ergeben. Dies erlaubt zudem höhere Druckgeschwindigkeiten und Druckmaschinenkonstruktionen mit höheren Bahnbreiten.

Das System eignet sich insbesondere für Druckmaschinen mit einem einfachen Umfang.

Bei Illustrations-Rollendruckmaschinen bedeuten:

- Einfachumfang:
  Druckmaschinen mit Zylindern, die zwei Seiten im Umfang produzieren können
- Doppelumfang:
  Druckmaschinen mit Zylindern, die vier Seiten im Umfang produzieren können

MAN Roland setzt die Sleeve-Technik mit kanallosen Gummituchhülsen (das S steht für Sleeve) bei zwei Akzidenz-Rollen-Offsetdruckmaschinen ein:

- ROTOMAN S,
  24 Seiten pro Bahn, stehende Seiten
  maximal 85 000 U/h

und der

- LITHOMAN III S
  48 Seiten pro Bahn, liegende Seiten,
  maximal 55 000 U/h.

Die Produktivität einer mit einer Bahn arbeitenden Druckmaschine ergibt sich aus dem Produkt von Bahngeschwindigkeit und Anzahl der Seiten auf einem Druckformzylinder.

Die erreichbare Qualität bei Druckmaschinen mit einer normalen Kanalbreite ist u. a. abhängig von der Biegsteifigkeit der im Offsetdruckprozess zusammenwirkenden Zylinder, da hier die Zylinder durch die Kanalüberrollung zu Schwingungen angeregt werden. Die Biegsteifigkeit ist abhängig vom Verhältnis des Durchmessers zur Länge der Zylinder sowie der Schwächung der Zylinder durch die Spannvorrichtungen am Druckform- und Gummituchzylinder.

Gummituch-Sleeves beim Wechselprozess

Je höher die Biegesteifigkeit der einzelnen Zylinder, d. h. je günstiger das Verhältnis zugunsten des Zylinderdurchmessers, desto stärker werden die aus der Kanalüberrollung resultierenden Schwingungen reduziert.

Bei Doppelumfangmaschinen ist durch das günstige Verhältnis von Umfang zu Bahnbreite die Biegesteifigkeit der Zylinder unkritisch. Daher sind bei diesen Druckmaschinensystemen Bahngeschwindigkeiten von 15 Metern pro Sekunde auch mit normalen Zylinderkanälen zu erreichen.

Bei Druckmaschinen mit Einfachumfang müssen die Schwingungen der „schlanken“ Zylinder von den Schmitzringen aufgefangen werden.

Ziel dieser Entwicklung war es, möglichst hohe Seitenzahlen bei hoher Bahngeschwindigkeit mit Einfachumfang-Druckmaschinen zu erreichen.

Die Wirtschaftlichkeit der Sleeve-Technik zeigt sich beim Druck von Periodikas in großen Auflagen (150000 bis 500000) und hohen Seitenzahlen (40 bis 250 Seiten).

Ein besonderes Problem war dabei die Herstellung einer nahtlosen Druckformhülse. Prinzipiell gelöst wurde dieses Problem durch eine Präzisions-Laserschweißanlage, die in wenigen Minuten eine Hülse mit einer extrem dünnen Schweißnaht herstellt.

Die konventionelle Druckplatte, die über Filmbelichtung oder direkt aus dem Rechner mit einem Laser (Computer-to-Plate) bebildert wurde, wird in einem speziellen Schweißroboter über ein Pass-System positioniert und in eine Rundform gebracht. Mit Laserschnitt werden beide Druckplattenenden ohne Grat auf Länge geschnitten, wobei die Passlochungen entfallen. Die beiden Druckplattenenden werden stumpf zusammengeführt und materiallos mit einem Laser verschweißt.

Das Sleeve-Konzept zeichnet sich durch folgende Merkmale aus: Das auf einem hülsenförmigen Trägermaterial nahtlos aufgebrachte Gummituch bzw. die zu einer Rundform laserverschweißte Druckplatte werden durch die geöffnete Seitenwand in die Druckeinheit eingebracht.

Zum Wechsel von Gummituch- bzw. Druckformsleeves ist die Frontabdeckung der Druckwerkseinheit zu öffnen, die Stellung der Zylinder und Exzenterlager wird fixiert und die Halterung der Lager geöffnet. Über die Lager hinweg werden die Druckform- bzw. Gummituch-Sleeves auf die Zylinder geschoben.

Auf einem Druckluftpolster, das von feinen Zylinderbohrungen erzeugt wird, gleitet die Hülse in ihre Endposition. Die außerordentlich hohe Fertigungsgenauigkeit der Sleeves stellt sicher, dass diese nach dem Abschalten der Druckluft ohne jegliche Spannelemente auf dem Zylinder fixiert sind.

11.10.4 Aufbau einer Akzidenz-Rollen-Offsetdruckmaschine

Die Konfiguration einer Rollen-Offsetdruckmaschine mit bestimmter Bauelementen (Modulen) ist je nach Art der Produkte und deren Bedruckstoffe, der Seitenzahl, dem Format, der Farbenzahl, Auflagenhöhe, Falzarten u. a. unterschiedlich möglich oder notwendig.

Außer den technischen Erfordernissen sind bauliche Gegebenheiten der Druckerei bei der Planung zu berücksichtigen. Nur durch spezifische Anordnung und Auslegung der gesamten Maschine nach der Zielvorgabe ist ein günstiger Nutzungsgrad für einen Produktbereich zu erzielen. Obwohl das feste Format im Zylinderumfang und eine höhere Einlaufmakulatur eindeutige Nachteile des Rollen-Offsetdrucks gegenüber dem Bogen-Offsetdruck darstellen, hat der Rollen-Offsetdruck unbestreitbare Vorteile:
- hohe Druckleistung pro Stunde
- hohe Brillanz der Heatset-Farben
- verdrucken niedriger Papiergewichte (ab 50 g/m^2)
- Papierbahn in einem Druckgang beidseitig mehrfarbig bedruckt
- Druckverarbeitung inline in der Druckmaschine.

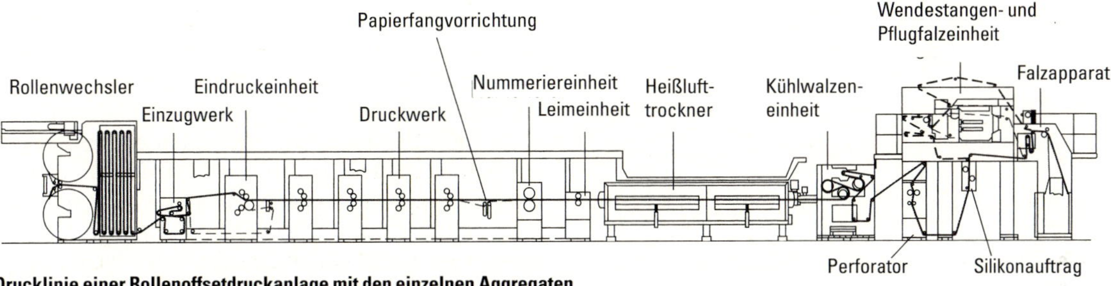

Drucklinie einer Rollenoffsetdruckanlage mit den einzelnen Aggregaten

Aufbau und Produktionstechnik einer Akzidenz-Rollen-Offsetdruckmaschine

Bauelemente	Technik	Hinweise
Automatische Rollenabwicklung	– zwei- oder mehrarmige Rollenwechsler mit Autopaster ≙ Nonstop-Rollenwechsler	– „fliegender" Rollenwechsel
	– automatischer Speicher-Rollenwechsler	– neue Bahn wird bei stillstehender Rolle und laufender Maschine angeklebt
↓ Bahnmittensteuerung, Einzugwerk, Streckwerk	– gleichmäßiger Einlauf der Papierbahn mit exakter Bahnspannung (ohne oder mit Regelung)	– Voraussetzung für einen einwandfreien Druck und geringen Makulaturanfall: Vermeiden von Bahnrissen, Dublieren, Passerdifferenzen u. a.
↓ Druckwerke	– Gummi-Gummi-Druckwerk mit Filmfeuchtwerke und Filmfarbwerk	– für ein- und auch mehrbahnigen Druck
	– berührungslose Papierbahnführung zwischen den Druckwerken	– Druck mit Heatset-Druckfarben
↓ Heißlufttrockner	– Trockenofen, wahlweise mit Gas, Elektrizität oder Öl beheizt – Temperatur 160 – 220 °C – automatische Steuerung der Temperatur – Nachverbrennungsanlage der Abgase (Emissionsgrenzwerte) erforderlich	– aerodynamische Bahnführung ohne Walzenberührung – Verweildauer der Bahn im Trockenofen mindestens 1 Sekunde (bei einer Bahngeschwindigkeit von 9 m/s muss der Trockner eine Mindestlänge von 9 m besitzen) – Papierbahn wird Feuchtigkeit entzogen – Druckfarbe ist plastisch fest (nicht hart)
↓ Abluftreinigungsanlage	– mineralölhaltige heiße Abluft aus dem Heißlufttrockner wird gereinigt	– Schadstoffe werden nach Vorgaben der TA-Luft (Technische Anleitung Luft) weitgehend zu Kohlendioxid und Wasser verbrannt
↓ Kühlwerk	– wassergekühlte Kühlwalzengruppe – großer Umschlingungswinkel der Bahn um die Walzengruppe ergibt lange Kontaktzeit – evtl. zusätzliche Silikon-Anlage (Silikon-Wasser-Gemisch)	– schockartiges Abkühlen der Papierbahn lässt Druckfarbe hart und glänzend auftrocknen – Steuerung der Papierbahn durch stufenlos verstellbare Voreilung von Walzen u. a. möglich – verbessern der Kratzfestigkeit; Feuchtigkeitszufuhr
↓ Bahnmittensteuerung	– automatische Anlage mit fotoelektronischen Kontrollen	– Korrektur von Bahnabweichungen vor dem Einlauf in das Falzwerk
↓ Falzwerk und Auslage	– variable Konstruktionen mit schneller Umstellbarkeit für verschiedene Falzprodukte und z. T. Planoauslage, evtl. mit Staker (Paketauslage)	– zusammenführen von Bahnen – falzen, schneiden, – heften/kleben, schuppenförmiges Auslegen – stapeln der Produkte, Paketauslage

11.11 Rollenwechsler

Der Bedruckstoff, auf einer Rolle fest aufgewickelt, ist der Druckmaschinen permanent und störungsfrei zuzuführen. Sämtliche Störungen im Produktionsprozess verringern die Produktionszeit, verursachen Makulatur und mindern die Qualität. Außerdem kann es bei Bahnrissen zu erheblichen mechanischen Schäden an der Druckmaschine führen.

Typen der Rollenwechsler
- fliegender Rollenwechsel (Autopaster)
- Speicher-Stillstandsrollenwechsler

Vieles hat übereinzustimmen, soll der Rollenwechsel reibungslos und sicher ablaufen. Durch maschinentechnische Entwicklungen und verbesserte Druckpapiere (Rohstoffe, Fertigungsverfahren, Klimatisierung, Wickelqualität u. a.) konnten Fehlfunktionen der Rollenwechsler trotz gesteigerter Produktionsgeschwindigkeiten abnehmen.

Aber die automatischen Steuer- und Regelfunktionen, und mögen sie noch so zuverlässig sein, gewährleisten allein noch keinen sicheren Rollenwechsel. Das sachgerechten Lagern, die zuverlässige, gewissenhafte Arbeit des Bedienungspersonals beim Transportieren der Papierrollen und das Vorbereiten der Papierrolle zum automatischen Ankleben werden auch bei aller Automatisierung ihre wichtige Funktion für einen reibungslosen Rollenwechsel behalten.

Rollenwechslertypen

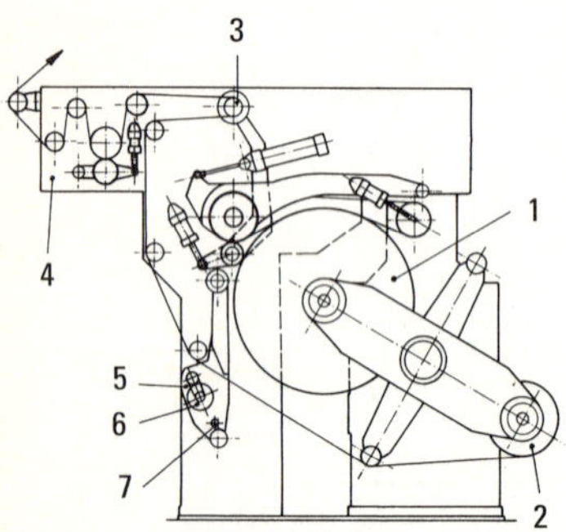

Schematische Darstellung des Zweirollenwechslers
1 Neue Rolle, 2 Ablaufende Papierrolle, 3 Pendelwalze, 4 Vorspannwerk, 5 Klebrahmen, 6 Anpressrolle, 7 Kappmesser

Dreirollenwechsler
- Achsbremsung Trommel-, Scheibenbremse
- automatisch Bahnzugregulierung
- achslose Rollenlagerung
- Non-Stop Rollenwechselausrüstung

Rollenwechsler mit Bahnlängenspeicher

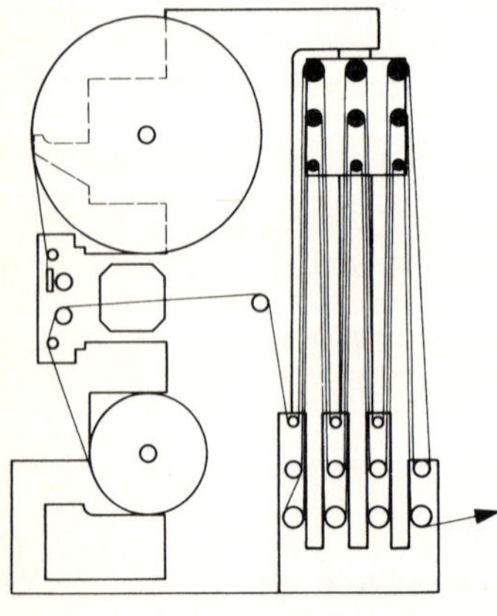

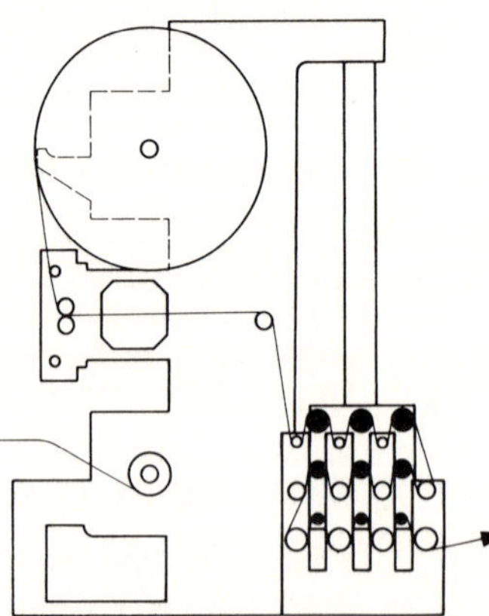

Einzugwerk, Bahnspannung

Damit eine Rotations-Druckmaschine störungsfrei in guter Qualität produzieren kann, muss ihr die Papierbahn mit gleichmäßiger, konstanter Bahnspannung den Druckwerken zugeführt werden.

Die Präzision ist erforderlich, um einen Farbpasser (Toleranz < 0,1 mm) und einen dublierfreien Druck zu erreichen. Die Papierbahn muss daher dauernd unter einer positiven und möglichst gleichmäßigen Zugspannung stehen.

Diese Forderung ist während des normalen Abwickelns einer Rolle noch vergleichsweise einfach zu erfüllen, doch ein automatischer Rollenwechsel gibt da einige Probleme auf. Zunächst sind die vollen Rollen nie ideal rund und laufen nie genau zentrisch, so dass während der Drehung der Rolle ungleiche Umfangsgeschwindigkeiten entstehen. Auch gibt es weder ein Mess- noch ein Antriebssystem, welches die Geschwindigkeit der anzuklebenden Rolle absolut fehlerfrei an die ablaufende Bahn angleichen kann. Demzufolge entsteht im Moment des Anklebens stets eine geringe Störung im Bahnzug, die nun durch das Regelsystem möglichst rasch ausgeglichen werden muss.

Zum richtigen Zeitpunkt ist die Bremskraft, die nötig ist, um die Bahn unter der richtigen Spannung zu halten, von der leichten, auslaufenden Kleinrolle auf die schwerfällige volle Rolle anzupassen. Auch dieser Vorgang wirkt sich als kurzzeitige Störung im Regelsystem aus und muss möglichst rasch korrigiert werden. Diese Korrekturen können nicht verzugslos erfolgen, da dabei recht große Schwungmassen bewegt werden müssen. Deshalb setzt man mit Vorteil nach dem Rollenwechsler noch ein Vorspannwerk ein, das die in der Papierbahn noch verbleibenden Zugstörungen glättet. Gleichzeitig hebt dieses Vorspannwerk den Zug auf jenes Niveau an, das für die Verarbeitung in der Rotations-Druckmaschine erforderlich ist. So kann wiederum das Zugniveau im Rollenwechsel tief gehalten werden, um die Sicherheit beim Rollenwechsel zu erhöhen.

- Grundsatz zur Einstellung der Bahnspannung: *So wenig Bahnspannung wie nötig, und nicht so viel wie möglich!*

Die Papierbahn umschlingt eine Pendelwalze, d. h. eine auf Schwenkarmen gelagerte und mit pneumatischer Kraft belastete Papierleitwalze. Die ablaufende Papierrolle wird nun soweit gebremst, dass die Pendelwalze durch die Zugkraft der Papierbahn in der Mitte ihres Schwenkbereiches gehalten wird. Ändern sich die Zugverhältnisse in der Papierbahn, verlässt die Pendelwalze ihre Mittellage.

Diese Auslenkung wird abgetastet und zur nötigen Korrektur an den Bremskraftregler übertragen. Bei manchen Rollenwechslertypen erfolgt die Übertragung durch ein mechanisches Gestänge oder durch ein pneumatisches System, bei Rollenwechslern höherer Leistung erfolgt diese durch elektrische oder hydraulische Signale.

Der Bremskraftregler selbst war früher ebenfalls eine rein mechanische Einrichtung. Heute werden elektronische Regler eingesetzt, die die Rollenbremsung schneller und genauer korrigieren, da sie in der Lage sind, Fehler bereits in ihrer Entstehung und in ihrer Änderungstendenz zu erkennen. Sie nehmen die Korrekturen gleichsam vorbeugend vor. Hydraulische Bremsen oder Elektromotoren erzeugen bei diesen Systemen dann die eigentliche Bremskraft.

Steuervorgänge bei fliegendem Rollenwechsel

Das Ankleben einer vollen Papierrolle an die ablaufende Bahn, ohne dass dabei die Maschine angehalten werden musste, war einer der ersten Schritte zur Automatisierung einer Rotations-Druckmaschine. Diesen Schritt unternahm man zu einer Zeit, da unter dem Begriff „Elektronik" erst die Elektronenröhre bekannt war. Die automatisierten Steuerschritte von damals waren auch entsprechend einfach und vergleichsweise langsam. Bei den heutigen Druckgeschwindigkeiten sind aber die Steuerfunktionen so schnell und komplex geworden, dass eine Steuerung ohne integrierte Elektronikschaltkreise nicht mehr denkbar ist.

Um den automatischen Rollenwechsel mit größtmöglicher Sicherheit ablaufen zu lassen, muss die Steuerung der Reihe nach folgende Funktionen auslösen:

- Drehzahl der Leitwalze messen, über die die ablaufende Papierbahn geführt wird, den Wert mit der Drehzahl der Kleinrolle vergleichen. Aus diesen beiden Werten den Durchmesser der Kleinrolle bestimmen, die Zeit bis zu ihrem vollständigen Leerlaufen berechnen und daraus den Startzeitpunkt des automatischen Rollenwechsels festlegen.
- Im richtigen Zeitpunkt den Rollenwechselzyklus einleiten. Die Rollentragarme in die richtige Lage drehen und den Klebrahmen einschwenken.
- Die anzuklebende neue Rolle starten und ihre Umfangsgeschwindigkeit mit der Geschwindigkeit der ablaufenden Papierbahn synchronisieren.
- Den Durchmesser der Kleinrolle laufend überwachen. Kurz bevor der eingestellte Restrollendurchmesser erreicht ist, die Einsatzzeiten für das Anpressen und Abschneiden der Papierbahnen berechnen und anschließend den Klebevorgang auslösen.
- Im richtigen Zeitpunkt die Anpressrolle oder -bürste bewegen und so die Papierbahn an die neue Rolle andrücken, damit sich die Klebestelle mit der Bahn gut verbindet. Gleichzeitig die Bahnzugregelung auf die neue Rolle umschalten. Kurz hinter der Klebestelle die alte Bahn abkappen.
- Die Restrolle anhalten und das gekappte Papierbahnende aufwickeln sowie die Rolle in die zum Ausheben günstige Lage bringen. Gleichzeitig den Klebrahmen zurückschwenken sowie Anpressrollen und Kappmesser zurückbewegen.

Am Beispiel des Auslösens von Anpressrolle und Kappmesser soll verdeutlicht werden, wie komplex die zu lösende Steueraufgabe ist.

Die Anpressrolle muss die alte Papierbahn an die synchron laufende neue Rolle andrücken, bevor die Spitze der Klebestelle am Anpressort eintrifft.

Bei langsamer Bahngeschwindigkeit kann man mit dem Auslösevorgang warten, bis die Klebestelle ein letztes Mal unter der Anpressrolle vorbeigedreht hat. Die Anpressrolle hat in diesem Fall genügend Zeit, die Bahn an die Papierrolle anzudrücken, bevor die Klebestelle das nächste Mal erscheint.

Bei großer Bahngeschwindigkeit hingegen muss die Auslösung aber über oder sogar etwas vor der Klebestelle erfolgen, damit die Bahn an die Papierrolle angepresst ist, bevor die Klebestelle das nächste Mal auftaucht.

Die Steuerung muss somit den Auslösepunkt automatisch an die Geschwindigkeit anpassen und mit steigender Geschwindigkeit gleichsam den Auslösevorhalt vergrößern, damit die Anpressrolle an der richtigen Stelle auf die Papierrolle auftrifft. Die kleinsten, noch automatisch klebbaren Papierrollen drehen sich in zwei Zehntelsekunden einmal um ihre Achse. Man muss hier also sehr genau treffen.

Auf ähnliche Weise muss der Auslösezeitpunkt des Kappmessers angepasst werden, damit das hinter der Klebestelle zurückbleibende alte Papierbahnende bei allen Geschwindigkeiten gleich lang wird. Würde diese Restfahne mit steigender Geschwindigkeit länger, gäbe es Störungen beim Durchlauf der Klebestelle durch die Druckeinheiten.

Der Komplexität der Steuerfunktionen wegen ist die Rollenwechselsteuerung ein Gebiet, in dem Digitalcomputertechnik sinnvoll einsetzbar ist. Seit zuverlässige Mikroprozessoren und programmierbare Steuerungen auf dem Markt erhältlich sind, halten sie deshalb auch in diesem Bereich in zunehmendem Maße Einzug.

Rollenvorbereitung

Auch das Bedienungspersonal beeinflusst durch die Rollenvorbereitung den Erfolg oder Misserfolg eines automatischen Rollenwechsels.

Zur sorgfältigen Vorbereitung gehört zunächst das Auspacken der Rolle. Dabei müssen nicht nur die Rollenverpackung, sondern auch alle Papierschichten, die irgendwelche Beschädigungen aufweisen, weggeschnitten werden. Selbstverständlich soll hier nicht übermäßig Papierabfall produziert werden, aber beschädigte Papierschichten stehenzulassen, ist niemals der richtige Weg zur Makulaturersparnis.

Es besteht dadurch die Gefahr eines Bahnbruchs beim automatischen Rollenwechsel. Der einzig sinnvolle und kostengünstige Weg ist das sorgfältige Behandeln der Rollen beim Transport und bei der Lagerung.

Zum zweiten Kernpunkt der Rollenvorbereitung gehört die Klebestelle. Ihrer Ausführung wird vielerorts noch zu wenig Bedeutung zuerkannt, obwohl ein erfolgreicher Rollenwechsel in erster Linie gerade davon abhängt. Die Form der Klebespitze, ihre Befestigung auf der Papierrolle durch spezielle Klebestreifen mit Einschnitten für die Sollbruchstelle, der Klebstoff und die aufgetragene Menge müssen nach genauen Vorgaben ausgeführt werden.

Zur Befestigung der Spitze muss ein Klebestreifen verwendet werden, der gegen Zug in Umfangsrichtung eine hohe, gegen Abschälen und Aufreißen durch die angeklebte Spitze jedoch eine möglichst niedrige Reißfestigkeit aufweist.

Da hier ein Kompromiss nötig ist, gibt es verschiedene Ausführungen. Alle müssen aber den einschlägigen Vorschriften entsprechend sorgfältig angebracht und mit Leim bestrichen werden. Der Klebstoff selber muss im Moment des Anklebens genügende Klebkraft entwickeln, um in der kurzen Anpresszeit von wenigen Millisekunden eine starke Verbindung zwischen beiden Papierbahnen herzustellen. Zu früh oder zu dünn aufgetragener Klebstoff trocknet ein, wodurch er an Kraft verliert, zu spät aufgetragener Klebstoff entwickelt nur ungenügende Klebkraft. Die daraus entstehende Klebeverbindung zwischen Spitze und laufender Bahn ist zu schwach, um die Befestigung der Klebestelle von der darunterliegenden Papierlage richtig abzureißen, so dass ein Teil der Spitze nach hinten umgelegt wird. Dieser klebt anschließend auf irgendeiner Walze der Druckmaschine an und verursacht damit einen Bahnriss. Dasselbe geschieht, wenn zu reichlich aufgetragener Leim der Klebestelle beim Durchgang durch die Druckeinheiten unter den zusammengeklebten Papierbahnen hervorgequetscht wird.

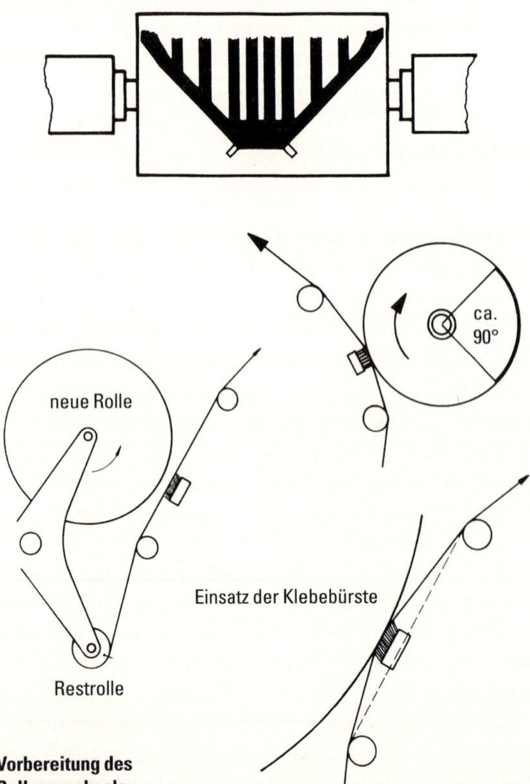

Vorbereitung des Rollenwechsels

Ablauf eines selbsttätigen Rollenwechsels
Die Abbildung zeigt eine Klebestelle, verwendet bei Rollenträger mit Zentrumsbremsung. Es ist ersichtlich, dass die Klebestelle bei umfangsgebremsten Rollen an den Laufstellen der Bremsgurte bzw. der Anwerfvorrichtung unterbrochen werden muss, wodurch die effektive Verbindungsfläche beider Bahnen (das heißt ferner auch die übertragbare Zugkraft der Klebstelle) reduziert wird. Dieser Nachteil macht sich besonders dann bemerkbar, wenn schmale Bahnen zur Verarbeitung kommen.

KBA Pastomat RC-Rollenwechsler

11.12 Trockner

Zu einer Rollen-Offsetdruckmaschinen für den hochwertigem Akzidenzdruck sind Trocknungsanlagen erforderlich, da durch Hitze trocknende Druckfarben, sogenannte Heatset-Druckfarben verdruckt werden. Es sollen hier nicht die technischen Einzelheiten derartiger Trocknungsanlagen beschrieben, sondern ein Überblick gegeben werden.

Trocknungsverfahren
Bei Heatset-Druckfarben, die im Akzidenzdruck eingesetzt werden, ist das als Lösungsmittel in der Farbe enthaltene paraffinische Mineralöl durch Hitze zu verdampfen. Nur ein sehr kleiner Teil des Bindemittels trocknet oxidativ.

Beim Nass-in-Nass-Druck dürfen die Druckfarben beim Lauf der Papierbahn durch die Druckwerke nicht antrocknen. Vor einer Weiterverarbeitung der bedruckten Papierbahn in Überbauten und Falzapparaten muss dann das hochsiedende Lösungsmittel verdampft werden. Die dabei zulässigen Temperaturen sind begrenzt, damit das Papier nicht zu stark trocknet und schrumpft. Die Folge wäre ein „gegrillter“ Druck mit wellig liegendem Papier.

Eine weitere negative Folge könnte eine hohe elektrostatische Aufladung sein, die sich störend bei der weiteren Verarbeitung bemerkbar macht.

Die Lösungsmittel der Heatset-Druckfarben haben einen Siedepunkt von ca. 200 bis 300 °C. Durch die Wärmeeinwirkung tritt neben dem Verdampfen der Lösungsmittel ein Verdicken der Bindemittel ein.

Durch den Temperatursturz bei der Umschlingung der hinter der Trocknungsanlage angeordneten Kühlwalzen auf ca. 30 °C verfestigen sich die Bindemittel und bilden eine je nach Papier- und Einstellung von Druckfarbe und Ofen mehr oder weniger kratzfeste Oberfläche.

Die Kühlwalzen führen zudem der Papierbahn wieder einen Teil der durch den Trockenvorgang verlorenen Feuchtigkeit zu, wodurch das Schrumpfen der Papierbahn in bestimmten Grenzen gehalten wird.

Die Wirksamkeit der unterschiedlichen Trocknungsanlagen hängt außer von deren Temperatur insbesondere von den Strömungsverhältnissen der Luft, des Brenngases und des Lösungsmitteldampfes unmittelbar an der Oberfläche des Bedruckstoffes ab.

Heißlufttrockner
Da im Akzidenzdruck vorwiegend gestrichene Papiere bedruckt werden, ist es notwendig, die beidseitig mit sogenannten Heatset-Farben bedruckten Papierbahnen zu trocknen. Hierfür werden fast ausschließlich mit Gas beheizte Heißlufttrockner eingesetzt. Die auf 160 bis 220 °C aufgeheizte Luft wird durch Düsen auf beide Seiten der Papierbahn geleitet.

Die Papierbahn schwebt berührungslos zwischen einem unteren und einem horizontal versetzt angeordneten oberen Düsensystem. Ein Umluftgebläse drückt hierbei die von einem Gasbrenner auf etwa 250 °C angeheizte Luft durch Düsen mit hoher Geschwindigkeit gegen die Bahn und heizt sie somit auf etwa 100 bis 130 °C auf. Dabei verdampfen die in der Druckfarbe enthaltenen Lösungsmittel.

Ein Abluftgebläse führt die dadurch entstehenden Dämpfe ab und leitet sie zwecks Luftreinhaltung entsprechend den gesetzlichen Vorschriften einer Nachverbrennungsanlage zu.

Um eine ausreichende Trocknung zu erhalten, rechnet man mit einer Verweilzeit der Papierbahn im Trockenofen von einer Sekunde. Läuft die Papierbahn also mit 9 m/sec, beträgt die Baulänge des Trockners 9 m.

Da die Bahn im Heißlufttrockner keine Walzen berühren darf, sondern nur aerodynamisch geführt wird, sind hier in der Baulänge (und damit auch der Druckgeschwindigkeit) Grenzen gesetzt.

Die Beheizung der Heißlufttrockner erfolgt mit Gas. Der mittlere Energieverbrauch für eine Bahngeschwindigkeit von 5 m/s und 200 °C beträgt etwa 120–190 000 kcal/h bei 1000 mm Papierbreite und einem Papiergewicht von 70 g/m^2.

Entscheidend für die Funktion dieser Trocknungsanlagen sind Aufbau, Anordnung und Einstellbarkeit der Düsen.

Die Heißluft muss mit sehr hoher Geschwindigkeit auf die Papierbahn gebracht werden, damit ein guter Wirkungsgrad erreicht wird. Da die Papierbahn von beiden Seiten beblasen wird, muss sie zwischen den Düsen in einem Schwebezustand gehalten werden. Deshalb erfordert die Einstellbarkeit der Zu- und Abluftströme besondere Beachtung.

Anschließend gelangt die Bahn, ohne mechanische Teile zu berühren, zu den Kühlwalzen. Durch das thermoplastische Verhalten der in Heatset-Druckfarben enthaltenen Harze ist der Farbauftrag beim Verlassen des Heißlufttrockners noch nicht trocken bzw. ausgehärtet.

Er härtet erst durch die anschließende Kühlung der Papierbahn in einer anschließenden Kühlwalzengruppe auf ca. 25–30 °C. Durch die schockartige Abkühlung wird die Farbe hart und erhält zugleich den für Rollen-Offsetdruck typischen Glanz.

In der nachfolgenden zweiten Bahnmittensteuerungsanlage werden die durch die Turbulenzen im Ofen aufgetretenen Abweichungen der Papierbahn korrigiert.

Um die Oberfläche kratzfest zu machen, durchläuft das Papier eine Silikon-Anlage. Hier wird durch ein Wasser-Silikon-Gemisch gleichzeitig noch ein kleiner Prozentsatz der im Ofen verlorenen Feuchtigkeit in das Papier zurückgebracht.

Das Austrocknen der Papierbahn kann je nach Art und Feuchte des Papiers sowie nach der bedruckten Fläche zu erheblichen Mängeln führen, u.a.:
- mehr oder weniger starke Wellenbildung
- Auswachsen von geschnittenen Broschuren oder Taschenbüchern nach späterer Feuchtigkeitsaufnahme aus dem Umschlag
- Brechen im Falz
- Bildung statischer Elektrizität.

Durch eine Rückbefeuchtung der Papierbahn werden diese Mängel verringert oder beseitigt, zudem wird die Verarbeitbarkeit im Falzwerk deutlich verbessert.

Alle beheizten Trocknungsanlagen sind mit Sicherheitseinrichtungen versehen, die bei Maschinenstop oder Papierbruch die Heizung automatisch ausschalten, Kaltluft einblasen und zum Teil die Ofenteile auseinander fahren. Die Anlagen können vor dem Druckbeginn vorgeheizt werden, damit beim Druck die volle Trockenleistung zur Verfügung steht und die Papierleitorgane nicht mit Farbe verschmutzt werden.

Abgase
Durch die sich ständig verschärfenden Umweltschutz-Vorschriften ist das Ausblasen der verdampften Mineralöle in die Atmosphäre in Zukunft kaum noch möglich. In vielen Ländern wird durch die Behörden ein Emissionsgrenzwert von 20 mg/C pro N/ml verlangt. Zur Erreichung dieser Grenzwerte ist eine Nachverbrennung der Abgase notwendig. Bei der heute meist eingesetzten thermischen Nachverbrennung werden die Abgase, die den Ofen mit

ca. 140 °C verlassen, in einer ebenfalls gas- oder ölbeheizten Nachverbrennungs-Anlage auf 700 °C erhitzt. Dabei werden die organischen Verunreinigungen in der Abluft in CO_2 und H_2O umgewandelt. Für den Betrieb einer solchen Nachverbrennungs-Anlage wird allerdings Zusatzenergie benötigt, die die Produktionskosten erhöht. Durch Energierückgewinnung in Abhitzekessel ist ein Teil dieser Zusatzaufwendungen in Form von Warmwasser zurückzugewinnen.

11.13 Falzapparate

Ein wesentliches Bauelement einer Rollen-Rotationsdruckmaschine neben dem Rollenwechsler und den Druckwerken ist der Falzapparat mit seinen Überbauten und Zusatzaggregaten. Aufgrund der vielfältigen Funktionen ist der Falzapparat das komplexeste Maschinenaggregat in einer Rollen-Rotationsdruckmaschine.

Der Falzapparat hat die Aufgabe, die vom Rollenträger den Druckwerken zugeführte Papierbahn nach erfolgtem Druck in Abschnittslänge des Zylinderumfangs (bogenmäßig) in eine für den Leser geeignete Produktform zu verarbeiten. Erst durch den Falzapparat kann die Rollen-Rotationsdruckmaschine ihre Funktion zum Produzieren von verkaufsfertigen Druckerzeugnissen erfüllen.

Grundlegend unterscheidet Falzapparate nach ihrem „Transportmechanismus" des von der Bahn abgeschnittenen Teils im Falzapparat

- Greiferfalzapparat
  Transport durch Greifer, geringer Papierabfall
- Punkturfalzapparat
  Transport durch Punkturen (Nadeln), ergibt Löcher im Produkt, ggf. Papierabfall, sichere Funktion bei hohen Leistungen.

Dazu sind vielfältigste Funktionen durch den Falzapparat zu erfüllen. Die wichtigsten sind:

1. Längsschneiden der Bahn in Doppelstränge oder Einzelstränge
2. Wenden, Mischen und Übereinanderführen bei der Verarbeitung mehrerer Papierstränge zu einem Sammelstrang
3. Längsfalzen über den Trichter
4. Aufschneiden der Stränge über dem Trichter
5. Querschneiden des Sammelstranges
6. Beschleunigen der Produkte auf Maximalgeschwindigkeit (bei variablem Falzapparat)
7. Gleichmäßiges Fördern der Sammelstränge z. B. von mehreren Trichtern her
8. Sammeln der Teilprodukte
9. Bildung des ersten Querfalzes mit Falzklappen oder Falzwalzen
10. Heften im ersten Querfalz
11. Bilden eines dritten Falzes (zweiter Längsfalz)
12. Bilden eines vierten Falzes
13. Bilden eines zweiten Querfalzes auf 1/4 oder 1/3 Schnittlänge (bei 1/3 Schnittlänge auch Deltafalz genannt)
14. Kleben der Stränge im Trichter oder im dritten Falz
15. Verzögern der Falzprodukte auf Auslegegeschwindigkeit
16. Halten des Produktes über Greifer oder Punkturen an den Zylindern bei der Verarbeitung
17. Halten und Weitertransportieren der Produkte durch Bänder
18. Ausheben der gefalzten Produkte aus den Klappen
19. Auslegen der Produkte in Schuppenform mit verschiedenen Abständen, ggf. unterteilt in Pakete mit 25 oder 50 Exemplaren.

Falzapparat

Technische Daten:

Bahnbreite: 660 mm max.
Abschnittlänge: 452 mm
Drucklänge: 442 mm max.
Druckbreite: 660 mm max.

1. Trichterwalze
2. Längsschneid- und Perforiereinrichtung
3. Falztrichter
4. Einlaufwalzen
5. Leitwalzen
6. Zugwalze mit Zugrollen
7. Querperforierzylinder
8. Zugwalze kombiniert mit Längsperforiereinrichtung und Längsbeschnitt
9. Schneidzylinder
10. Punktur- und Falzmesserzylinder
11. Falzklappenzylinder
12. Bänderführung zur Auslage und zum 3. Falz
13. 3. Falz (2. Längsfalz)
14. Schaufelrad für Querfalz
15. Auslegerbänder
16. Greifer- und Falzmesserzylinder für 2. Querfalz
17. Falztrommel
18. Falzwalzen
19. Schaufelrad 3. Falz (2. Längsfalz)
20. Querleimeinrichtung
21. Regulierwalze zur Querleimung
22. Heftapparat
23. Querbeschnitteinrichtung
24. Splitting-Einrichtung

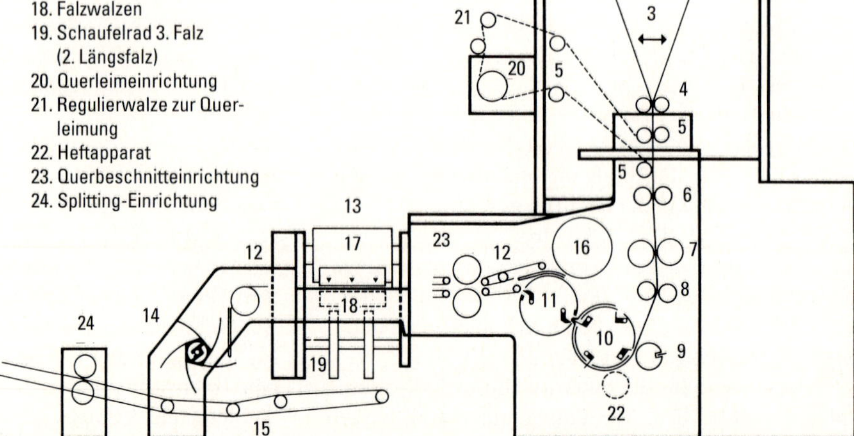

Bei den technisch so komplizierten Falzapparaten ist heute grundsätzlich zwischen *festformatigen* und *variablen* Systemen zu unterscheiden.

Variable Anlagen werden überwiegend im Rollen-Rotations-Tiefdruck eingesetzt, bei dem durch unterschiedliche Zylinderumfänge in diesen Systemen unterschiedliche Falzmöglichkeiten gegeben sind.

Rollen-Offsetdruckmaschinen arbeiten überwiegend mit festformatigen Falzapparaten. Insbesondere aber für den Akzidenzdruck mit unterschiedlichsten Produkten und Formaten muss eine Rollen-Offsetdruckmaschine flexibel sein.

Festformatige Falzanlagen sind durch konstruktive Variationen mit verschiedenen Zusatzeinrichtungen heute soweit umsteuerbar, dass damit eine Vielzahl von Falzprodukten gefertigt werden kann.

Jede dieser Funktionen wird mit anderen technischen Mitteln erreicht. Daher ist für jede Rotations-Druckmaschine ein produktbezogener Falzapparat erforderlich, d. h. eine Illustrationsdruckmaschine erfordert einen wesentlich anderen Aufbau des Falzapparates als eine Bücherdruckmaschine oder eine Zeitungsdruckmaschine.

In der Mechanik des Falzapparates werden Umfangsgeschwindigkeiten bis zu 15 m/sec. und dabei Beschleunigungen über 1200 m/s^2 erreicht.

Für einzelne Steuerbewegungen stehen dazu maximal 8 Millisekunden Zeit zur Verfügung! Diese Werte zeigen die sehr hohe mechanische Beanspruchung der Bauelemente und die Leistungsfähigkeit des Falzapparates.

Neben dem Trockner für Heatset-Druckfarben in Illustrationsdruckmaschinen ist der Falzapparat ein entscheidender Faktor für die obere Geschwindigkeitsgrenze einer Rollen-Offsetdruckmaschine.

Alle Rollen-Offsetdruckmaschinen sind im Gegensatz zu Tiefdruckmaschinen im Zylinderumfang festformatig. Zur Produktion ist zwar die Rollenbreite beliebig variabel, der Zylinderumfang muss jedoch voll ausgenutzt werden, wenn Papierverluste vermieden werden sollen.

Standard-Falzmöglichkeiten im Illustrationsdruck

Die Flexibilität des Falzsystems mit den vielfältigen Produktionsmöglichkeiten und kurze Umrüstzeiten sind Voraussetzung im Akzidenz-Rollen-Offsetdruck für ein breites Auftragsspektrum.

Die 15 Standard-Produktionen des dargestellten Falzwerkes reichen vom 4seitigen Zeitungsbeileger im DIN-A 3-Bereich (Trichterfalz + Querfalz) über 24 Seiten im Langhüllenformat (Längsschnitt, Wendestangen, Trichterschnitt, 1. Querfalz, 3. Falz) bis zu 32 Seiten DIN A 6 (Längsschnitt, Wendestangen, Trichterschnitt, 1. und 2. Querfalz).

Das Falzsystem mit Variationen und Kombinationen
Neben diesen Standard-Falzmöglichkeiten ergeben sich durch Variationen und Kombinationen des Pflugfalzes eine Vielzahl weitere Produktionsmöglichkeiten.

Mit dem *Pflugfalz* kann die Papierbahn bereits vor dem Trichter ein- oder beidseitig beliebig breit eingeschlagen werden, und zwar nach oben, unten oder wechselseitig.

In Verbindung mit Längs- und Querklebe-Einrichtungen, der Längs- und Querperforation, dem Längs- und Querbeschnitt, dem Leim- und Perforierwerk, den umsteuerbaren Nummerierwerken und dem bereits vor dem Trockner angeordneten Leimwerk für wiederbefeuchtbaren Klebstoff kann eine perfekte Inline-Fertigung in fast unendlicher Vielfalt gefahren werden.

Ob herauslösbare Postkarten, Wertmarken oder Aufkleber, ob vorgummierte Umschläge, Hüllen oder Taschen, die ganze Palette der besonders im Versandhandel üblichen Druckschriften können so in einem Arbeitsgang schnell und rationell hergestellt werden.

Damit diese komplexe Produktionsvielfalt für das Bedienungspersonal beherrschbar bleibt, ist ein Maschinenvoreinstellsystem an diese Möglichkeiten angepasst und um eine Komponenten-Voreinstellung erweitert.

Alle Produktionsdaten sind elektronisch gespeichert und werden zur Voreinstellung in den Steuer stand eingelesen oder können am Datenterminal über

MAN Roland:
Mögliche Techniken und Falzbeispiele
Kombinationsfalzwerk für eine 16-seitige Illustrationsdruckmaschine, das im Baukastensystem aufgebaut ist und mit weiteren Ausbaustufen fast unerschöpfliche Produktionsmöglichkeiten bietet.

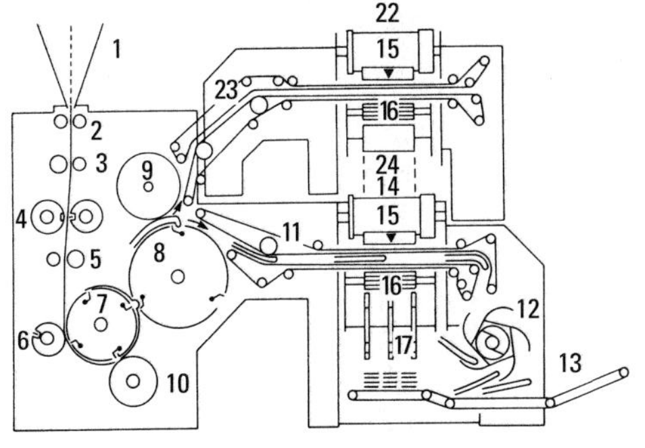

1 = Falztrichter
2 = Einlaufwalzen
3 = Zugwalze mit Zugrollen
4 = Querperforierzylinder
5 = Zugwalze mit Zugrollen und Längsperforation
6 = Schneidmesserzylinder
7 = Punktur- und Falzmesserzylinder
8 = Falzklappenzylinder
9 = Greifer- und Falzmesserzylinder
10 = Schneid-Sammel-Zylinder
11 = Bogenführung zum 3. Falz und zur Auslage
12 = Schaufelrad Querfalz
13 = Ausleger
14 = 3. Falz (2. Längsfalz)
15 = Falztrommel
16 = Falzwalzen
17 = Schaufelrad 3. Falz
22 = Zweiter 3. Falz (2. Längsfalz)
23 = Bogenführung zum zweiten 3. Falz
24 = Überführungssystem ins Schaufelrad

(Schema: MAN Roland)

Die Falzmöglichkeiten für ein 16-Seiten-Illustrationsfalzwerk im Überblick

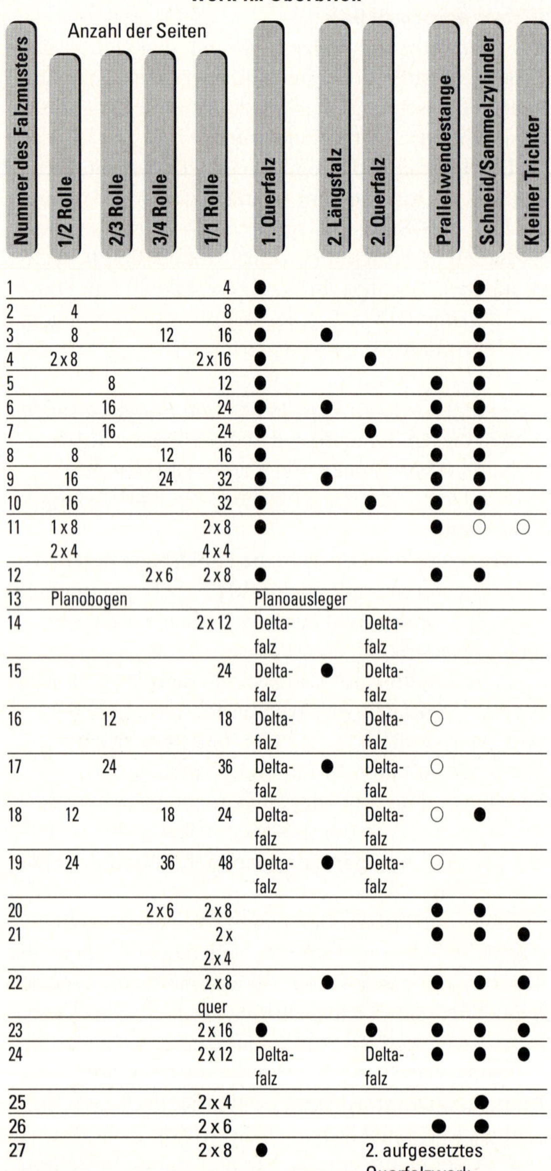

Nummer des Falzmusters	Anzahl der Seiten: 1/2 Rolle	2/3 Rolle	3/4 Rolle	1/1 Rolle	1. Querfalz	2. Längsfalz	2. Querfalz	Prallelwendestange	Schneid/Sammelzylinder	Kleiner Trichter
1				4	●				●	
2	4			8	●				●	
3	8		12	16	●	●			●	
4	2 x 8			2 x 16	●		●		●	
5		8		12	●			●	●	
6		16		24	●	●		●	●	
7		16		24	●		●	●	●	
8	8		12	16	●			●	●	
9	16		24	32	●	●		●	●	
10	16			32	●		●	●	●	
11	1 x 8 2 x 4			2 x 8 4 x 4	●			●	○	○
12			2 x 6	2 x 8	●			●	●	
13	Planobogen				Planoausleger					
14				2 x 12	Delta-falz		Delta-falz			
15				24	Delta-falz	●	Delta-falz			
16		12		18	Delta-falz		Delta-falz	○		
17		24		36	Delta-falz	●	Delta-falz	○		
18	12		18	24	Delta-falz		Delta-falz	○	●	
19	24		36	48	Delta-falz	●	Delta-falz	○		
20			2 x 6	2 x 8				●	●	
21				2 x 2 x 4				●	●	●
22				2 x 8 quer		●		●	●	●
23				2 x 16	●		●	●	●	●
24				2 x 12	Delta-falz		Delta-falz	●	●	●
25				2 x 4					●	
26				2 x 6				●	●	
27				2 x 8	●		2. aufgesetztes Querfalzwerk			

Falzmöglichkeiten für ein 16-Seiten Illustrationsfalzwerk im Überblick

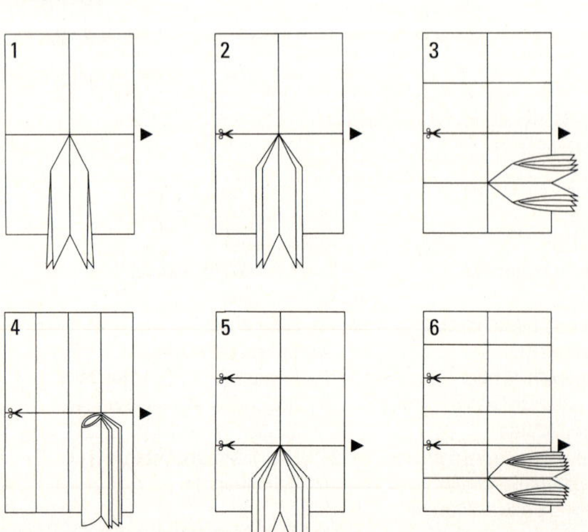

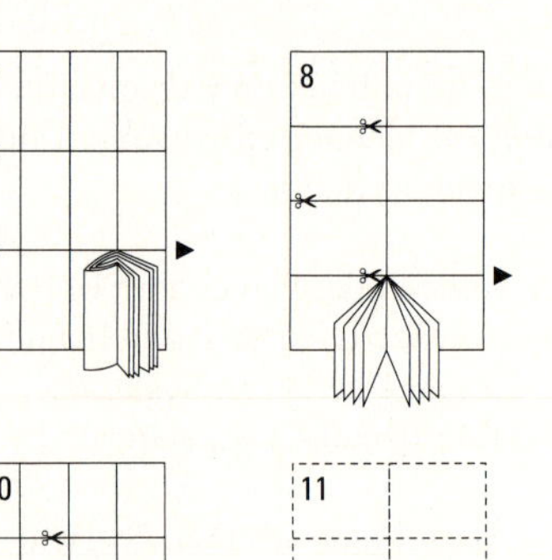

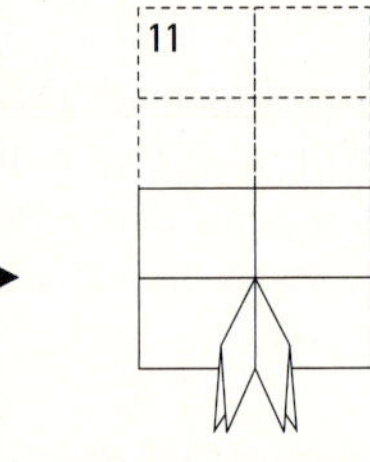

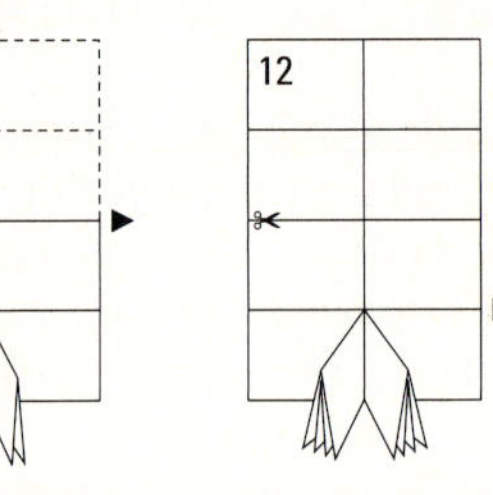

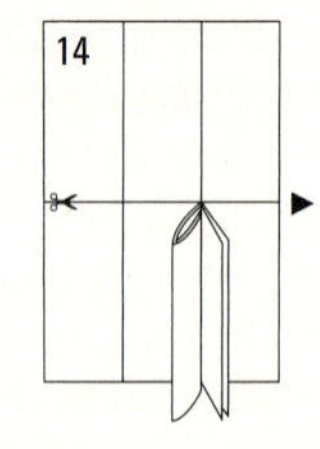

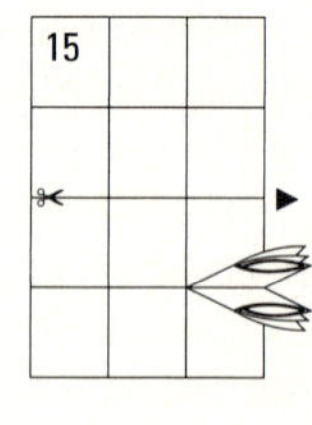

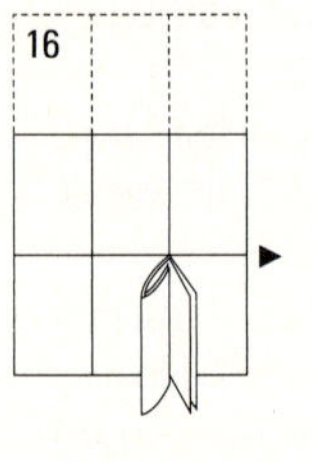

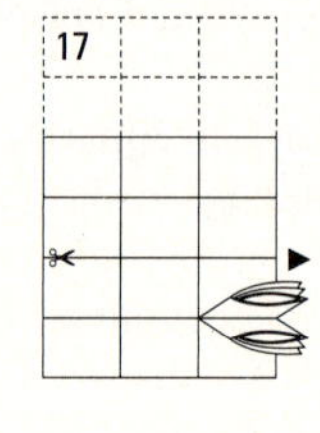

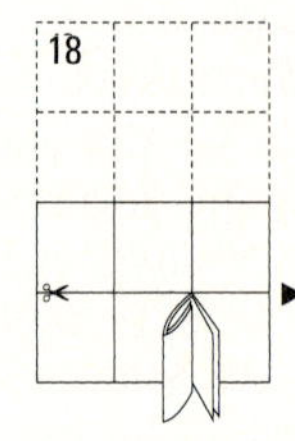

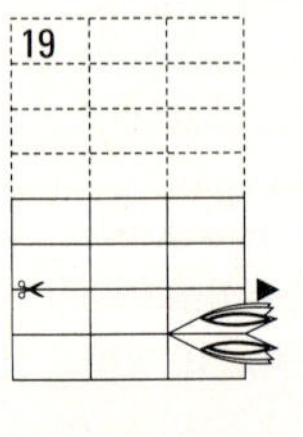

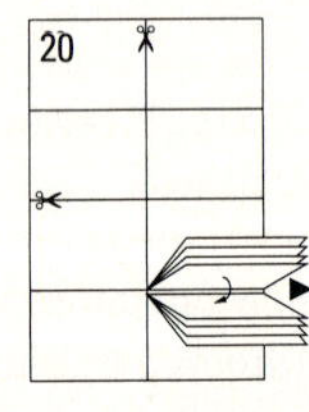

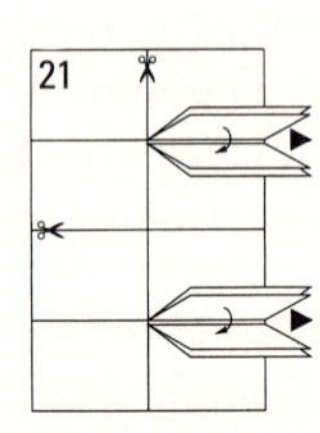

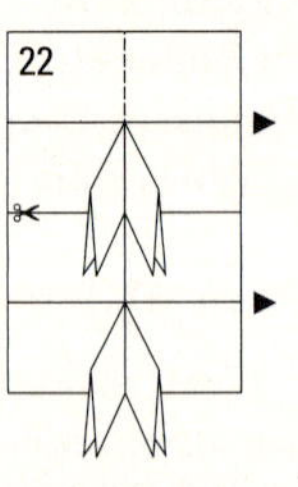

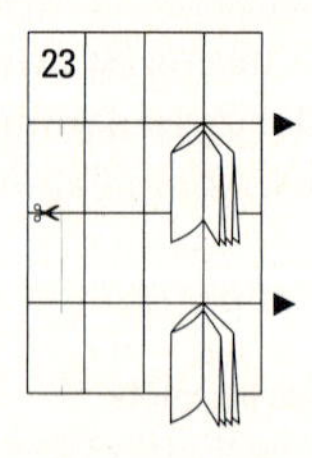

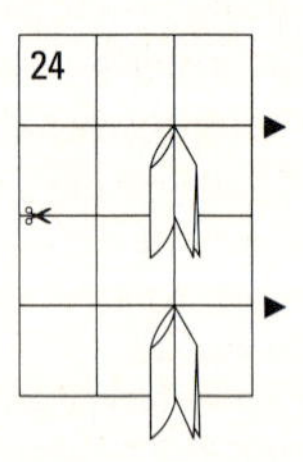

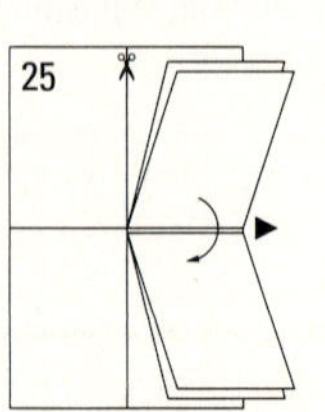

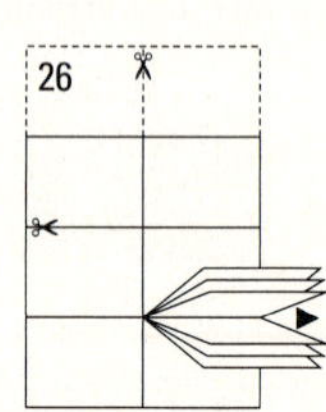

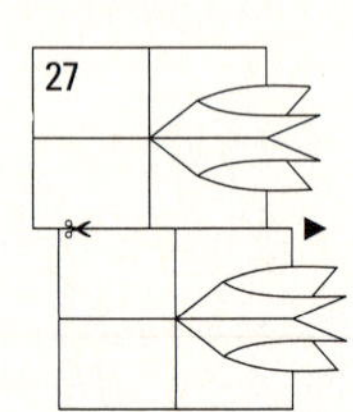

✂ = Schnitt
▶ = Trichter = Laufrichtung

Produktionstechnische und grafische Darstellung der Falzprodukte in einem 16-Seiten-Illustrationsfalzwerk

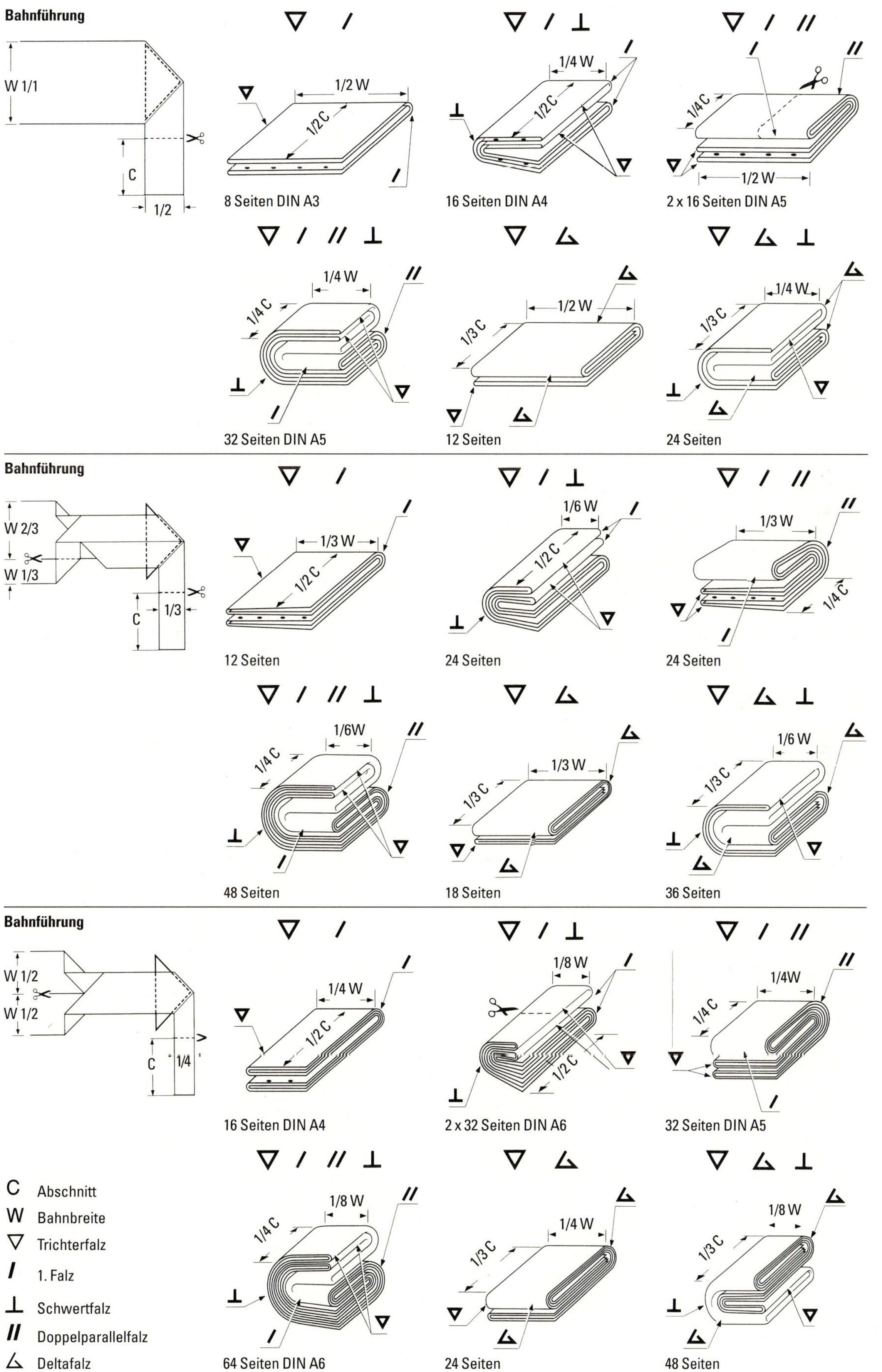

Bildschirm abgerufen werden. Die besondere Zielrichtung des Voreinstellsystems ist Verkürzung der Umrüstzeiten und damit kürzere Stillstandszeiten und Makulatur-Reduzierung. Beides sind Voraussetzungen für die wirtschaftliche Herstellung auch kleinerer Auflagen.

Überbau am Falzapparate einer Akzidenz-Rollen-Offsetdruckmaschine
Der Überbau vor dem Falzapparat ermöglicht es, die Produktionsvielfalt entscheidend zu verbessern. Durch den Einsatz von Wendestangen und das Übereinanderführen geschnittener Papierbahnen ergeben sich mit dem vorhandenen Falzwerk vielfache Falz- und Formatänderungen.

Im Überbau des Falzapparates kann die Bahn z. B. in zwei 1/2 breite oder in eine 1/3 und 2/3 breite oder in drei 1/3 breite Stränge der bedruckten Papierbahn im Scherenschnittprinzip geschnitten werden.

Überbau am Falzapparat

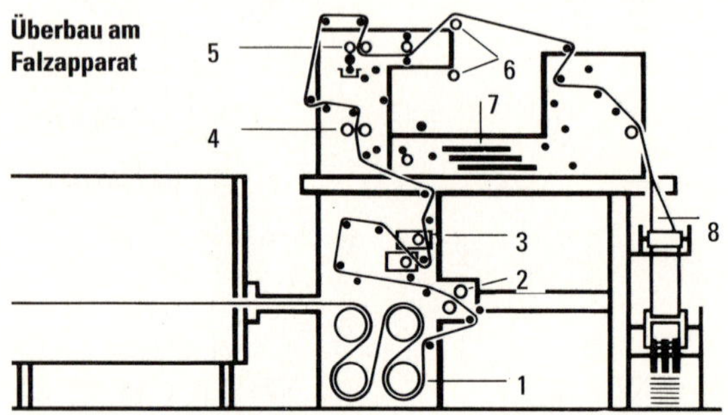

1 Kühlwerk, 2 Nummerierwerk, 3 Silikon-Beschichtung, 4 Perforierwerk, 5 Nass-Leimwerk, 6 Pflugfalz, 7 Wendestangen, 8 Falztrichter

Parallel-Wendestangen wenden die Bahn übereinander und führen sie dem Trichter zum ersten Längsfalz zu. Mit zwei Paar Wendestangen über einem Trichter können drei Stränge übereinander geführt werden. Spezielle Mischdecks ergeben bei mehrbahniger Produktion die Möglichkeit, einzelne Stränge untereinander zu mischen. Dadurch ist z. B. eine nur einfarbig bedruckte in eine mehrfarbig bedruckte Bahn einzumischen und mit dieser zusammen zu falzen.

Einseitig gelagerte Wendestangen ermöglichen einen ungehinderten Zugang in den Überbau und ggf. einen schnellen Papiereinzug durch einen Mitarbeiter.

Die integrierte Blasluftzuführung ermöglicht eine Luftzuführung nur an den benötigten Blaslöchern. Zugwalzen sorgen für eine gleichmäßige Bahnspannung.

Die fünf Grundfalzarten und ihre Varianten

Die Vielzahl der über 120 Falzvarianten an Illustrationsdruckmaschinen ist selbst für Fachleute bis heute ein Buch mit „sieben Siegeln“ geblieben. Sinnvoll ist es daher, über die vielseitigen Möglichkeiten, die ein Falzapparat heute bietet, systematisch nachzudenken.

Für den Anfang ist es wichtig, bei den Grundfalzarten zu beginnen, aus denen sich dann alles entwickeln lässt. Diese fünf Grundfalze sind
1. Grundfalz:
der 1. Längsfalz (Pflug oder Trichter)
2. Grundfalz:
der 1. Querfalz
3. Grundfalz:
der 2. parallele Querfalz
4. Grundfalz:
der 3. Falz (2. Längsfalz)
5. Grundfalz:
der 4. Falz (Postfalz)

Grundsätzlich gibt es nicht mehr Falzarten, auch wenn oft das Gegenteil und beschrieben wird. Deshalb soll an dieser Stelle nochmals im Detail über den Falz und seine Möglichkeiten gesprochen werden.

Beispielhaft werden die Funktionen dazu an einem punkturlosen KBA Modul-Falzapparat der Akzidenzdruckmaschine Compacta mit acht Seiten im liegenden Format dargestellt.

KBA: Punkturloser Falzapparat
A Grundeinheit
B 2. Längsfalz (3. Falz)
C Doppelparallel- und Deltafalz
D Exemplar-Trennvorrichtung
E Lagenheftung

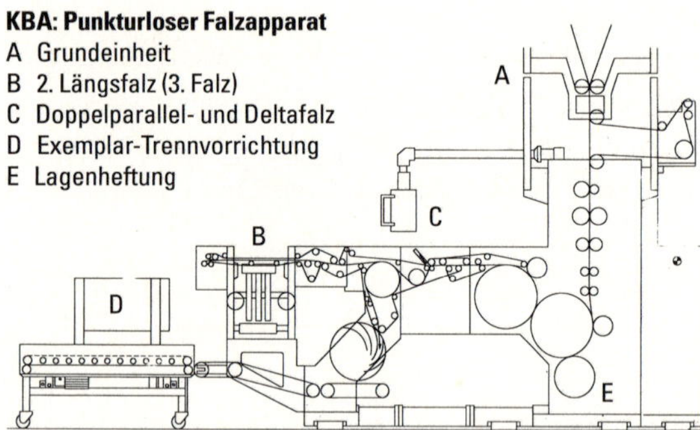

1. Grundfalz:
Zum 1. Längsfalz wird die Papierbahn nach dem Druck über den Pflug und/oder den Trichter in der Längsrichtung gefalzt. Danach wird die Papierbahn zu einem Bogen entsprechend der Abschnittslänge im Zylinderumfang geschnitten und weitergeführt.

2. Grundfalz:
Der 1. Querfalz falzt den halbierten Bogen zu 8 Seiten.

3. Grundfalz:
Der 2. parallele Querfalz falzt aus acht Seiten einen 16-Seiter im Hochformat.

4. Grundfalz:
Mit dem 2. Längsfalz, dem 3. Falz, kann der gleiche Bogen zum 16- Seiter im Format A 5 hoch verarbeitet werden.

5. Grundfalz:
Durch den 4. Falz – bei Zeitungsproduktionen –, den Postfalz, kann das Produkt nun zum Versand fertig gemacht werden.
(Sämtliche Abbildungen: KBA)

Varianten der Grundfalzarten

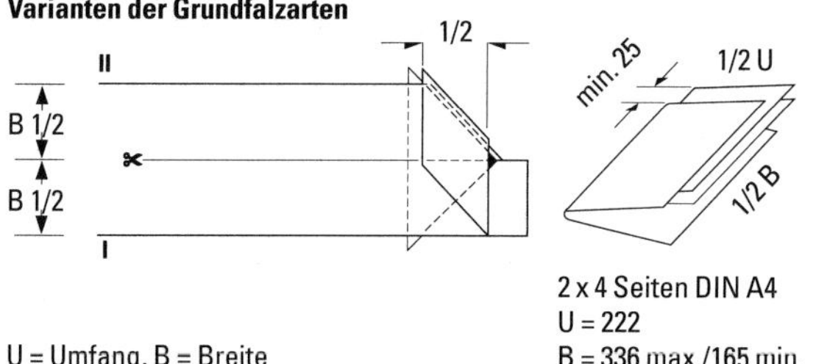

– Würde man bereits vor dem Trichter die Bahn in der Mitte trennen, mit dem 1. Querfalz den *8-Seiter* fertigen und mit einer Auseinanderzieh-Vorrichtung arbeiten, dann entsteht ein Produkt von *2 x 4 Seiten*.
Produkt: Doppelnutzen oder Doppelproduktion.

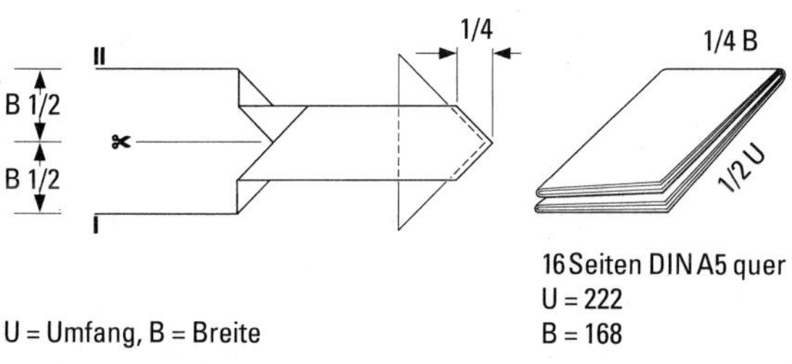

– Doch es geht auch anders. Wird die Bahn auf Trichtermitte geschnitten, zusammengeführt und über den Trichterfalz gefahren (Grundfalz 1), dann mit einem 1. Querfalz (Grundfalz 2) versehen, wird ein 16-seitiges Produkt A 5 im Querformat gefertigt.

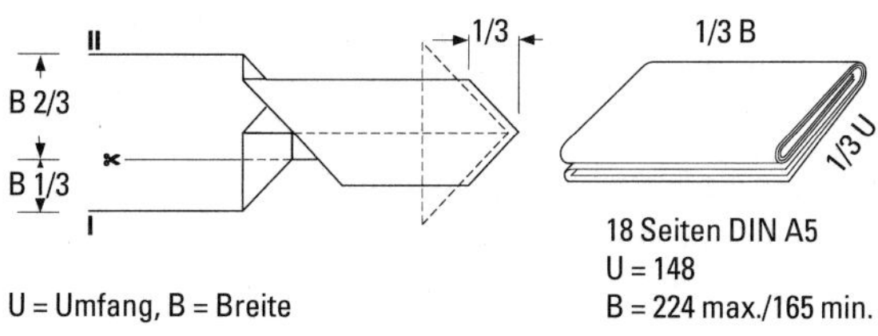

– Mit einem Bahnschnitt (2/3 - 1/3) und einem zusätzlichen Trichterfalz auf ein Drittel des Bogens, dazu den 1. Querfalz (Grundfalz 2) und den 2. parallelen Querfalz (Deltafalz als Stauchfalz*) und schon verlässt ein 18-seitiges A5 Druckerzeugnis im Hochformat die Auslage.

(* Der Stauchfalz arbeitet wie ein Kassettenfalz an der Falzmaschine des Buchbinders. Diese Besonderheit findet sich nur an diesem speziellen Falzapparat.)

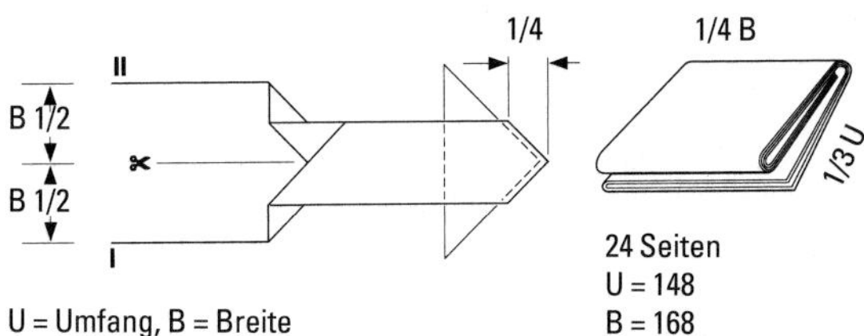

– Schließt sich nach Schnitt auf halber Bahn und Trichterfalz, ein 1. Querfalz (Nr. 2) und ein Deltafalz (Stauchfalz) (Nr. 3) an, dann erhält man 24 Seiten in einem fast quadratischen Format.

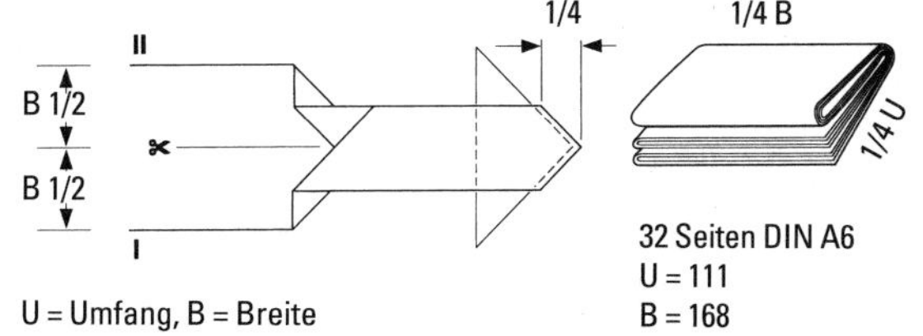

– Kommt nach einem Bahnmittenschnitt, einem Trichterfalz und einem 1. Querfalz (Grundfalz 2), ein 2. paralleler Querfalz (Grundfalz 3), dann wird ein unbeschnittenes 32-Seiten-Produkt A 6 im Hochformat ausgelegt.

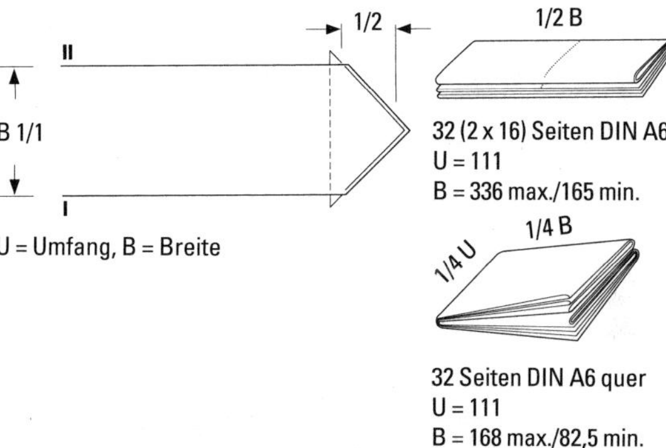

– Die nächste Variante ist nach dem Trichterfalz (Grundfalz 1) der 1. Querfalz (Grundfalz 2), danach ein 2. paralleler Querfalz und ein Schnitt, der außerhalb der Maschine gemacht wird und man hat ein 2 x 16 Seiten unbeschnittenes Produkt DIN A6. Würde der Drucker statt des Schnitts außerhalb der Maschine einen weiteren Falz machen, einen 2. Längsfalz (3. Falz - Grundfalz 4), dann hätte er 32 Seiten A 6 im Querformat als Produkt.

Bei den anderen Falzapparat-Modellen wird der Deltafalz über den Zylinder produziert.

Das waren die Grundlagen! Dabei ist die Erklärung erst der Anfang der Variationen und hat bis jetzt nicht mehr als die Grundfalzarten behandelt.

Aufgrund der heutigen Marktsituation sind die Druckereien gezwungen, ausgefallene Produktionen anzubieten, um sich vom Wettbewerb abzugrenzen.

Der Falzapparat bietet zusätzliche Möglichkeiten

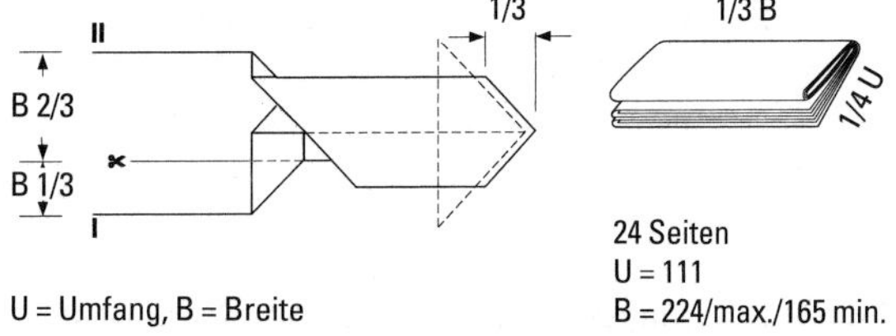

– Ausgehend von einem Schnitt (2/3 - 1/3) und anschließendem 1. Querfalz (Grundfalz 2) und 2. parallelen Querfalz (Grundfalz 3) erhält der Kunde ein 24-Seiten-Produkt. In einer anderen Kombination können die 24 Seiten auch mit Längsleimung als fertiges Produkt die Maschine verlassen.

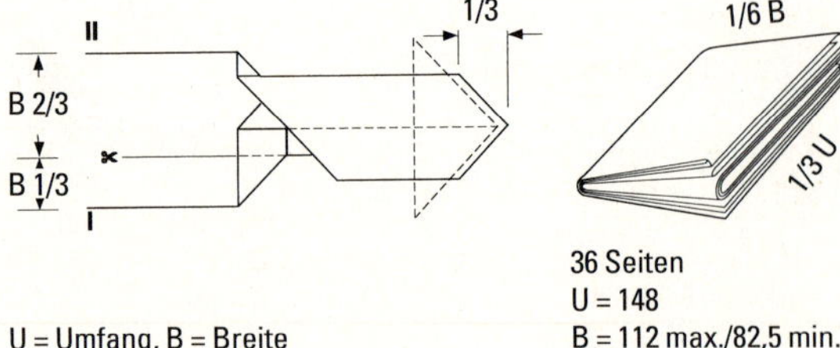

U = Umfang, B = Breite

– Anders ist es bei 36 Seiten unbeschnitten mit Längsleimung, die mit Bahnschnitt (2/3 - 1/3), Trichterfalz (Grundfalz 1), 1. Querfalz (Grundfalz 2), Deltafalz (Stauchfalz - Grundfalz 3) und 2. Längsfalz (3. Falz - Grundfalz 4) ein handliches Produkt ergeben.

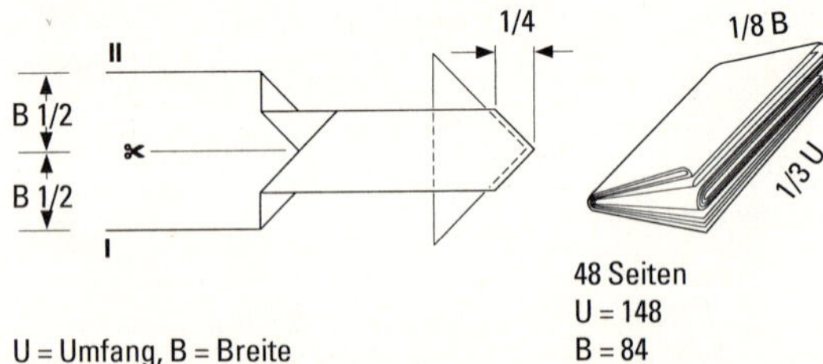

U = Umfang, B = Breite

– Aber auch 48 Seiten mit Längsleimung sind auf der gleichen Basis möglich. Schnitt auf Bahnmitte, Trichterfalz (Grundfalz 1), 1. Quer- und Deltafalz (Grundfalz 2 und 3), danach der 2. Längsfalz (3. Falz - Grundfalz 4) und fertig ist ein 48-seitiges Heftchen, unbeschnitten.

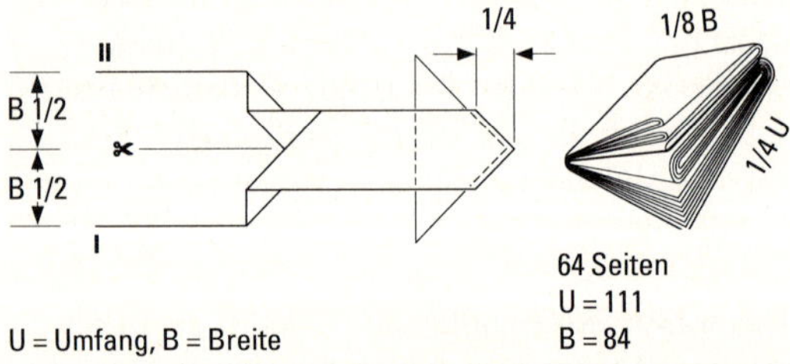

U = Umfang, B = Breite

– Bei 64 Seiten wird es eng, aber es geht, auch wenn das Format zusammenschrumpft mit einem Bahnmittenschnitt, Trichterfalz (Grundfalz 1), 1. Querfalz (Grundfalz 2), 2. paralleler Querfalz (Grundfalz 3) und 2. Längsfalz (3. Falz - Grundfalz 4), also in der Folge: Schnitt, Grundfalz 1, 2, 3, 4.

In dieser Aufzählung könnte man weitermachen, wenn man berücksichtigt, dass der Falzapparat und Überbau mit Längs- und Querbeschnitt, Längs- und Querperforation, Längs- und Querleimung sowie Lagenhefter ausgerüstet werden kann.

Für (Falz-)Experten kommen dazu die Feinheiten mit den leistungsstärkeren Modulfalzapparaten, dem Falzapparat mit der höchsten Produktionsvielfalt für 16- und 32-Seiten-Rotationen im stehenden Format.

11.14 Spezielle Produktionstechniken

Der Markt der Werbung fordert vielfältige produktbezogene Modifikationen und somit Druck- und Falzvarianten.

• Einfache Produktion:
Alle Seiten auf dem Druckformzylinder bilden ein Druckprodukt. Beispiel für einen Prospekt mit 32 Seiten:
16 Seiten stehen auf einem Zylinder, 16 Seiten Schöndruck und 16 Seiten Widerdruck = 32 Seiten, d. h. ein Nutzen zu 32 Seiten.

• Doppelproduktion:
Der Plattenzylinder trägt im Umfang zweimal die gleiche Druckplatte, d. h mit den gleichen Druckseiten. Die Seiten auf jeder Hälfte des Zylinderumfangs bilden je ein Exemplar (einen Nutzen). In der Regel sind Falzapparate für Doppelproduktion auch für Sammelproduktion umzurüsten.

Ein Beispiel für die Produktion eines Prospektes mit 16 Seiten in Doppelproduktion:
– 2 x 8 Seiten = 16 Seiten stehen insgesamt auf dem Druckplattenzylinder im Schöndruckwerk
– 2 x 8 Seiten = 16 Seiten stehen insgesamt auf dem Druckplattenzylinder im Widerdruckwerk.

Gedruckt und anschließend gefalzt und geschnitten werden bei vollem Zylinderumfang 2 x 8 Seiten im Schöndruck und 2 x 8 Seiten im Widerdruck
= 2 x 16 Seiten des gleichen Druckproduktes
= 2 Exemplare pro Zylinderumdrehung

Bei 30.000 Zylinderumdrehungen/Stunde werden demnach 60.000 Exemplare zu 16 Seiten in Doppelproduktion gefertigt.

• Sammelproduktion
Der Druckplattenzylinder trägt im Umfang zwei unterschiedliche Druckplatten. Die Seiten auf jeder Hälfte des Zylinderumfangs bilden somit zwei verschiedene Teile des gleichen Produktes.
Durch die Einstellung des Falzapparates auf Sammelproduktion werden beide Teile nach dem Trichterfalz getrennt (quergeschnitten) und zusammengeführt bzw. gesammelt.
Sammelproduktion bedeutet zum Beispiel: Als erstes kommt der innere Teil eines mehrseitigen Produktes (z. B. die Seiten 9 bis 24 bei einem 32-seitigen Produkt) auf den Sammelzylinder, bei einer weiteren Drehung des Sammelzylinders wird der äußere Teil des Produktes (Seiten 1 bis 8 und 25 bis 32) darübergelegt. Beide Teile werden danach als ein Gesamtprodukt gemeinsam gefalzt und ausgelegt.

Ein Beispiel für die Produktion eines Prospektes mit 32 Seiten in Sammelproduktion:
– 16 Druckseiten stehen insgesamt auf dem Druckplattenzylinder im Schöndruckwerk
– 16 Druckseiten stehen insgesamt auf dem Druckplattenzylinder im Widerdruckwerk

Gedruckt, gesammelt, gefalzt und auf Format geschnitten ausgelegt werden
16 Seiten Schöndruck + 16 Seiten Widerdruck
= 32 Seiten = 1 Exemplar.
Bei 30.000 Zylinderumdrehungen/Stunde werden demnach 30.000 Exemplare mit 32 Seiten in Sammelproduktion gefertigt.

Rollen-Offsetdruckmaschine für den Zeitungsdruck: Falzwerk für Zeitungen bis 80 Seiten

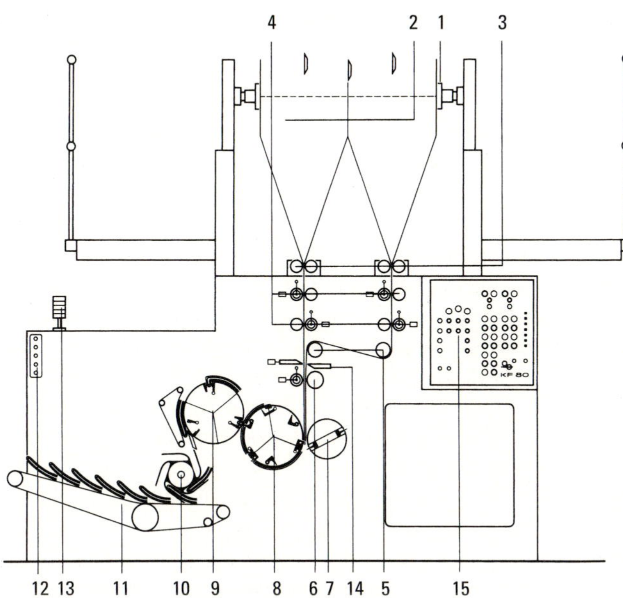

1 Hydraulisch getriebene Trichtereinlaufwalze mit Voreinlaufwalze; stufenlos im Papiereinzug vom Schaltpult aus einstellbar
2 Trichter mit verchromten Trichterwangen und verchromter Trichternase
3 Trichterwalzen mit Verstelleinrichtung
4 Mechanisch getriebenes Zugwalzenpaar
5 Ungetriebene Strangüberführwalze
6 Mechanisch getriebene Hauptzugwalze
7 Schneidzylinder mit 2 Schneidmessern; 2/2 U
8 Typ KF 80; Sammelzylinder mit 3 Satz Punkturen, 3 Nutleisten und 3 Falzmessern; 3/2 U; stufenlose Verstellung für Über- und Unterfalz; automatisch Umstellung per Knopfdruck von Sammeln auf Nichtsammeln
9 Typ KF 80; Falzklappenzylinder mit 3 Falzklappen; 3/2 U; mit zentraler Falzklappeneinstellung
10 5teiliger Ausgangsfächer
11 Auslageband
12 Schalttafel für Maschinenfahrkommando
13 Turmleuchte für Störmeldungen
14 Trennmesser, gekoppelt mit Überlastkupplung und elektronischer Exemplarüberwachung im Falzapparat
15 Bedienungstafeln für zentrale Falzwerkbedienung

Ablauf der Sammelproduktion in einem Falzwerk 3 : 2

1. Die Papierbahn wird nach dem Falz im Falztrichter über Zugwalzen dem Sammel- und Falzzylinder zugeleitet.
2. Punkturen des Sammel- und Falzzylinders übernehmen die Bogenvorderkante. Dieser Zylinder ist in unserem Beispiel 3 : 2-Falzapparat um ein Drittel im Umfang größer als der Druckformzylinder.
3. Der Schneidzylinder trennt die Bahn im halben Zylinderumfang ab. Die innere Bogenhälfte läuft mit dem Sammel- und Falzzylinder um ein Drittel des Umfanges weiter.
4. Die nächste Bogenhälfte (äußerer Bogenteil) wird durch den Schneidzylinder von der Bahn getrennt und an den Sammel- und Falzzylinder übergeben. (Nur bei der ersten Umdrehung liegt an dieser Position jetzt noch kein innerer Bogenteil!).
5. Das Falzmesser arbeitet nur bei jedem zweiten Drittel des Sammel- und Falzzylinder-Umfanges (siehe Übersicht) und gibt dabei ein gesammeltes Produkt an den Falzklappenzylinder (gleicher Umfang wie der Druckformzylinder) weiter, der den letzten Falz mit zusammengeführtem inneren und äußeren Bogenteil ausführt.
6. Ein gesammeltes Produkt ist verarbeitet.

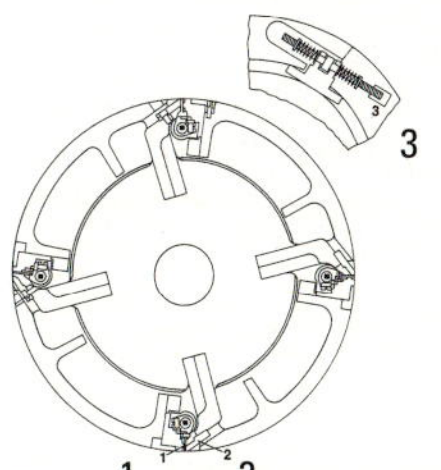

Schema eines Falzklappenzylinders, 1 = Bewegliche Falzklappe, 2 = Feste Falzklappe, 3 = Verstellspindel, 4 = Zentrale Klappeneinrichtung (MAN Roland)

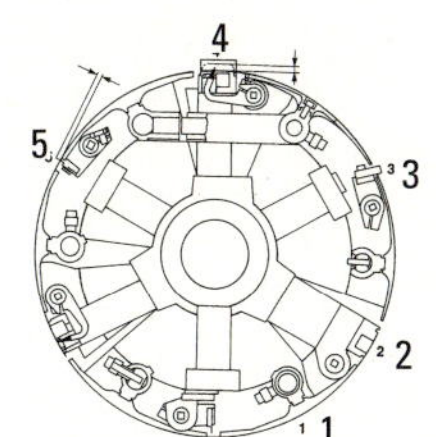

Schema eines Falz- und Sammelzylinders: 1 = Plastiksegment, 2 = Schneidgummi, 3 = Falzmesserhalter, 4 = Punkturnadel mit Einstell-Lehre und Punkturhebel, 5 = Falzmesser

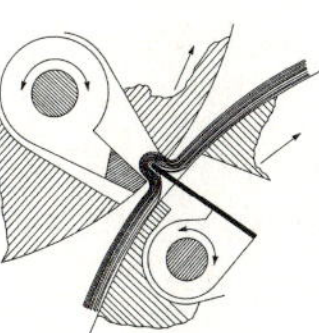

Vereinfachte Darstellung des Klappenfalzprinzips.
Es ist nur für Querfalz-Einrichtungen anwendbar. Für nachfolgende Längsfalze wird das rotierende Falzprinzip angewandt

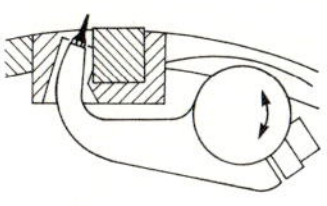

Punkturnadel

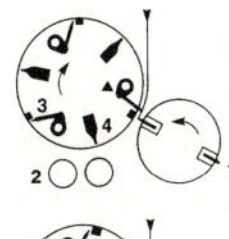

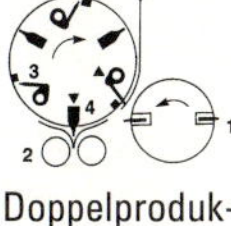

Doppelproduktion (= nicht sammeln)

1 = Schneidmesser
2 = Falzwalzen
3 = Punkturen
4 = Falzmesser

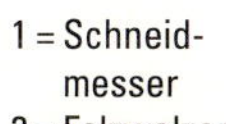

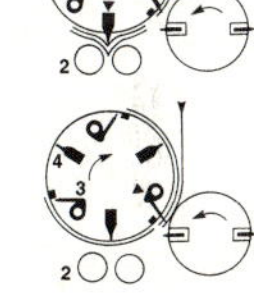

Sammelproduktion

Vereinfachte schematische Übersicht: Sammelproduktion

Sammelzylinder umdrehung	Punktur A	Falzklappe	Punktur B	Falzklappe	Punktur C	Falzklappe
1	I	–	Ä*	+	I	–
2	Ä	+	I	–	Ä	+
3	I	–	Ä	+	I	–
4	Ä	+	I		Ä	+
5	I	–	Ä	+	I	–
6	Ä	+	I	–	Ä	+
7	I	–	Ä	+	I	–
8	Ä	+	I	–	Ä	usw.

Nach jedem Arbeiten des Falzklappenzylinders (+) ist ein Produkt fertiggestellt und wird ausgelegt.

Erläuterungen zu der Übersicht

A, B, C = der Sammel- und Falzzylinder mit 3 Punkturen A, B und C im Umfang dreht jeweils um ein Drittel seines Umfanges weiter;
I = innerer Bogen;
Ä = äußerer Bogen;
– = Falzmesser und Falzklappe arbeiten nicht
\+ = Falzmesser und Falzklappe arbeiten: Produkt wird ausgelegt
* = Makulatur (weil nicht vollständig)

11.15 Semicommercial-Druckmaschinen-systeme

Semicommercial – auch Selected-Commercial genannt – beschreibt einen Produktionsbereich des Rollen-Offsetdrucks, der zwischen dem Zeitungsdruck (Coldset) und dem hochwertigeren Illustrationsdruck (Heatset) angesiedelt ist. Maßgeblich für die Einordnung und die Produktion ist der Qualitätsanspruch an das Endprodukt.

Prinzipiell gilt, dass ein Semicommercial-Produkt unter Verwendung illustrationsgemäßer Materialien und Verfahren auf modernen Zeitungs-Rollen-Offsetdruckmaschinen, die mit zusätzlichen Einrichtungen ausgestattet sind, produziert wird. Das technische Verfahren der Produktion und die eingesetzten Bedruckstoffe sind also entscheidend.

Im Vergleich zu reinen Zeitungsdruckmaschinen (Coldset) bieten diese Systeme besondere Vorteile in ihrem modularen Aufbau an:
– besseren Auslastung
– Flexibilität und breiterer Einsatz
– höhere Qualität bei verschiedenen Druckprodukten
– wirtschaftlicherer Einsatz.

Zusätzliche Systemkomponenten sind insbesondere spezielle Druckwerke für einen höherwertigen Farbdruck, variable Falzapparate mit Zusatzaggregaten für vielfältige Produktionsmöglichkeiten und eine breite Auswahl an Inline-Finishing-Komponenten.

Gedruckt werden höherwertige Druckprodukte auf besseren Bedruckstoffen, z. B. Magazine, Fachzeitschriften, Bücher, Comics, Anzeigenblätter, Werbematerialien.

COMET-Anlage für den gleichzeitigen Coldset- und Heatset-Druck

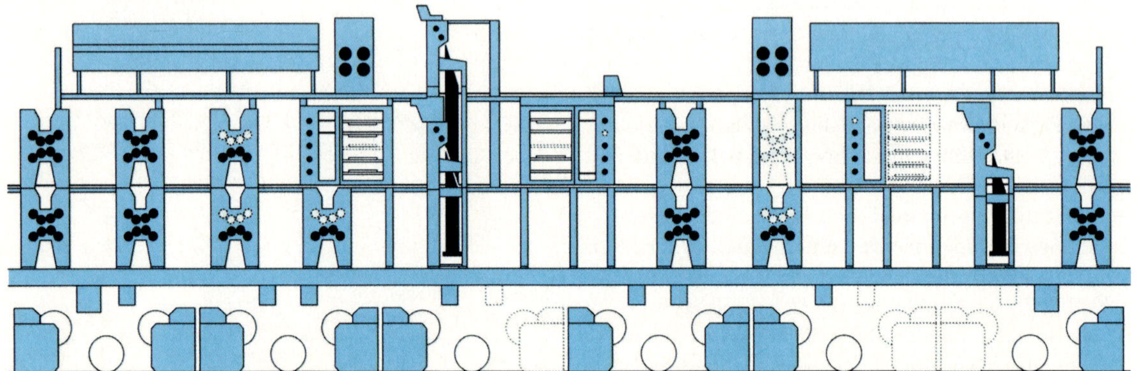

Semicommercial-Offsetdruckmaschinen: Produktionsmöglichkeiten und technische Voraussetzungen

	Zeitungsmaschinen	zusätzl. Semicommercial-Ausstattung		Illustrationsmaschinen
Trocknung:	ohne Trockner	Infrarot-Trockenhilfe	Heißlufttrockner	Heißlufttrockner
Farben:	Zeitungs-Offsetdruckfarbe wegschlagend	Infrarot-trocknend	Heatset	Heatset
Papier:	Zeitungs-Offsetdruckpapier aufgebessertes Zeitungspapier	aufgebessertes Zeitungspapier SC-Papiere (satiniert)	SC-Papiere, LWC-Papiere gestrichene Papiere	LWC-Papiere (50-70 g/m²) bis holzfrei gestrichen (70-120 g/m²)
Rasterweiten:	36 - 48 L/cm	40 - 48 L/cm	40 - 60 L/cm	ab 60 L/cm
Formate:	Zeitungsformate 4, 8, 16 Seiten	Zeitungsformate 4, 8, 16 Seiten	Zeitungsformate 4, 8, (16) Seiten	DIN Formate, Seiten A 4: 8, 16, 24, 32, 36, 48, 64, (72)
Anzahl Bahnen:	1 bis 12	1 bis 2 (bis 6 im Verbund)	1 bis 2 (bis 6 im Verbund)	1 bis 3
Bahnführung:	vertikal: U-, Y-, H-Druckeinheiten, 6-er, 8-er Türme, Satelliten-Technik, horizontal, I-, Y-Druckeinheiten	vertikal/horizontal, Farbproduktion mit definierten Bahnführungen für 4/2-4/4 Farben	horizontal, weitgehend berührungsfrei stehende Druckeinheiten für 4/4 Farben	berührungslos horizontal 4/4 farbig und mehr
Produktions-schwerpunkte:	Zeitungen, flexible Seiten-/Farb-Produktion 1/1 -4/4 farbig, kleine bis hohe Auflagen, wechselnder Umfang, Vorprodukte, Anzeigenblätter	Zeitungen, Vorprodukte, Beilagen, Anzeigenblätter, Wochenblätter, Werbebeilagen	Werbebeilagen, Prospekte, Zeitschriften, kleinere Zeitungen	Prospekte, Kataloge, Zeitschriften, anspruchsvolle Werbebeilagen
zusätzl. Prozess-komponenten:	Bahnregisterregelung Schnittregistersteuerung	Bahnregisterregelung Schnittregistersteuerung Farbregisterregelung zusätzliche Falzvarianten	Bahnregisterregelung Schnittregisterregelung Farbregisterregelung zusätzliche Falzvarianten	Bahnregisterregelung Schnittregisterregelung Farbregisterregelung flexible Falztechnik zusätzliche Inline-Finishingkomponenten

11.16 Exemplarische Vorstellung von Rollen-Offsetdruckmaschinen

Exemplarische Vorstellung von Rollen-Offsetdruckmaschinen für Akzidenzdruck und Zeitungsdruck. Eine allgemeine Übersicht zur Technik verschiedener modularer Systeme.

11.16.1 Akzidenzdruckmaschinen

• MAN ROLAND LITHOMAN

Die LITHOMAN ist eine Hochleistungsmaschine für höchste Auflagen mit geringen Seitenzahlen wie auch niedrige Auflagen mit hohen Seitenzahlen.

Die Drucksysteme sind wahlweise im stehendem Format mit 32, 48, 64 oder 72 Seiten (LITHOMAN IV) oder auch im liegenden Format mit 32 oder 48 Seiten (LITHOMAN III) konstruiert. Konfigurationen der Systeme und technische Details, z. B.:

- Reihenanlage in Parterrebauweise, einbahnig mit vier oder fünf Doppeldruckwerken, zweibahnig mit bis zu acht Doppeldruckwerken
- Etagenanlagen auf zwei Ebenen übereinander, zwei- oder mehrbahnig mit je vier Druckwerken sowie Trockner und Kühlwerk
- Parallelanlagen mit je vier Druckwerken nebeneinander stehend
- Gummi-Gummi-Druckwerke mit gleichgroßen Platten- und Gummituchzylindern
- Plattenwechsel: Power Plate Loading (PPL)-System für das automatische Einziehen, Spannen und auch Entspannen und den Auslauf bei einer eingezogenen Papierbahn
- Fliegendes Eindruckwerk für 1/0 oder 2/0 Eindruck
- Papierbahneinzug: Automatischer Einzug mit einer Magnetfolienspitze mit 50 Metern pro Minute vom Rollenwechsler zum Falztrichter
- Überbau und Falzwerk: Baukastensystem für individuelle Produktionsanforderungen
- Leitstand und Automatisierungssystem: PECOM.

LITHOMAN III im liegenden Format
- Leistung: bis zu 55.000 Exemplare/h mit 32 Seiten
- Bahngeschwindigkeit max.: 14 m/s
- Zylinderumfang: 820 bis 904 mm
- Seitenzahl der Produkte: Variabel in Viererschritten
- Produkthöhe: Variabel über die Bahnbreite beim DIN-A4-Format
- Falz: DIN A4-Produktion im 1. Querfalz
- LITHOMAN III S: Sleeve-Technologie mit kanallosen Gummituchzylindern.

LITHOMAN IV im stehenden Format
- Leistung: bis zu 40.000 Exemplare/h mit 72 Seiten
- Bahngeschwindigkeit max.: 15 m/s
- Zylinderumfang: 1092 bis 1260 mm
- Stehendes Format: Vorteilhaft bei allen DIN-A4-Aufträgen mit nachträglicher Klebebindung.

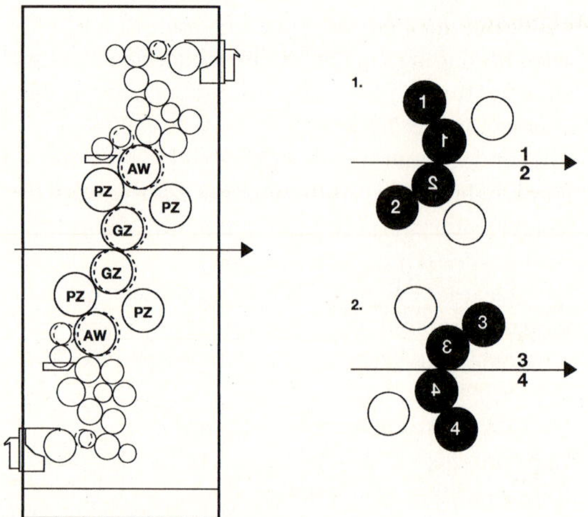

AW = Auftragswalze für Feuchtmittel und Druckfarbe
PZ = Druckplattenzylinder
GZ = Gummituchzylinder

Jedem Feucht- und Farbwerk mit einer gemeinsamen großen Auftragswalze sind zwei Druckplattenzylinder zugeordnet. Während ein Druckplattenzylinder für die laufende Produktion eingesetzt wird, kann am anderen Zylinder ein Druckplattenwechsel erfolgen.

Mit dem fliegenden Eindruckwerk können Teilauflagen von ca. 3.000 Exemplaren kontinuierlich ohne Anlagenstillstand und Anfahrmakulatur produziert werden. Die vollwertigen Druckwerke sind auch für ein oder zwei Zusatzfarben einzusetzen.

• KBA COMPACTA 618

Die KBA Doppelumfang-Druckmaschinen C 618 ist eine Hochleistungsmaschine für den Druck von 48 Seiten. Die System-gleiche Druckmaschine C 418 produziert 32 Seiten, die C 818 maximal 64 Seiten.

Zur Grundausstattung der Druckmaschine gehören u. a. Rollenechseler, Einzugwerk, Druckeinheiten, Wascheinrichtungen, Feuchtwasseranlagen, Trockner, Kühlwalzenständer, Silikonauftragsgerät, Überbau, Regelungstechnik für Ausrichtung der Bahnmitte und Farb- und Schnittregister, automatisch umstellbarer Falzapparat, Längswellen-loses Antriebskonzept, OPERA-Produktionssteuerung, Leitstand Ergotronic, Fernverstellung von Farbwerk, Feuchtwerk, Stand und Register.

Die gesamte Anlage ist nach den produktspezifischen Anforderungen des Kunden vielfältig zu konfigurieren.

Druckwerkansicht der KBA C 618

KBA Compacta 618 mit variablem Greiferfalzapparat

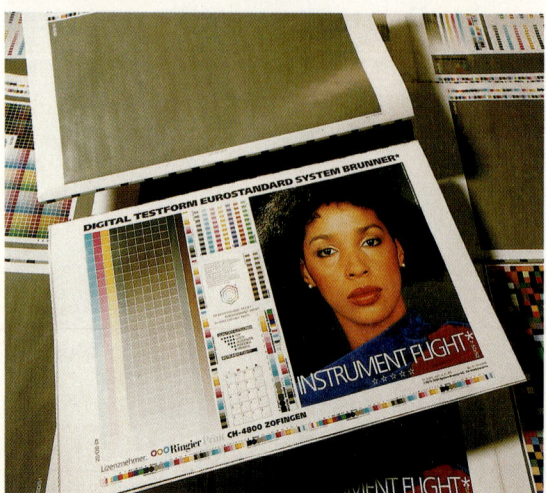

Sehr gute Bewertung des Drucktests

Highlight der Anlage: Variabler Greiferfalzapparat

11.16.2 Zeitungsdruckmaschinen

KBA COMMANDER

Rollen-Offsetdruckmaschinen werden spezifisch nach den Vorgaben eines Kunden für bestimmte Produktionsbedingungen in Modulbauweise gebaut.

Die KBA COMMANDER ist eine Rollen-Offsetdruckmaschine für den farbigen Zeitungsdruck und auch – mit entsprechender Sonderausstattung – für den Semicommercial-Druck.

Druckmaschinentechnik – Übersicht
Die Rollen-Offsetdruckmaschine ist in Achterturmbauweise mit H-Druckeinheiten oder mit Satellitendruckwerken geliefert. Satellitendruckwerke sind ausgelegt für den 4/4-Druck, 9-Zylinder-Satelliten können umsteuerbar von Gummi/Stahl auf Gummi/Gummi-Druck ausgeführt werden. Eine Ergänzung durch einen Imprinter (Eindruckwerk) ist sowohl bei den Achterturm- wie auch den Satelliten-Druckwerken möglich.

Die Produktionsgeschwindigkeit beträgt maximal 42.500 Zylinderumdrehungen/Stunde. Zylinderumfänge reichen von 900 bis 1260 mm beim Druck von Papierbahnbreiten bis 1680 mm.

Das Einbinden in den digitalen Produktionsprozess des Unternehmens ist über ein RIP-Interface zur Druckvorstufe, in das Produktions-Planungs- und Steuerungssystem der Druckerei und in eine automatische Papierlogistik mit KBA Patras zu realisieren.

In Verbindung mit Heißlufttrocknern und weiteren Zusatzeinrichtungen sind Druckmaschinen mit Commander-Achtertürmen auch für den Semicommercial-Druck (farbige Beilagen, Flyer, Zeitschriften u. a.) einzusetzen.

Wellenlose Antriebe
Die Druckmaschine arbeitet durchgängig mit der wellenlosen Antriebstechnik KBA Drivetronic. Neben den einzelnen Druckwerkseinheiten wird die Einzelmotoren-Antriebstechnik auch für den Rollenwechsler, das Einzugwerk, die Zugeinrichtungen im Überbau und das Falzwerk eingesetzt.

Wellenloses Antriebskonzept KBA DRIVETRONIC für eine KBA COMMANDER-Achterturmvariation

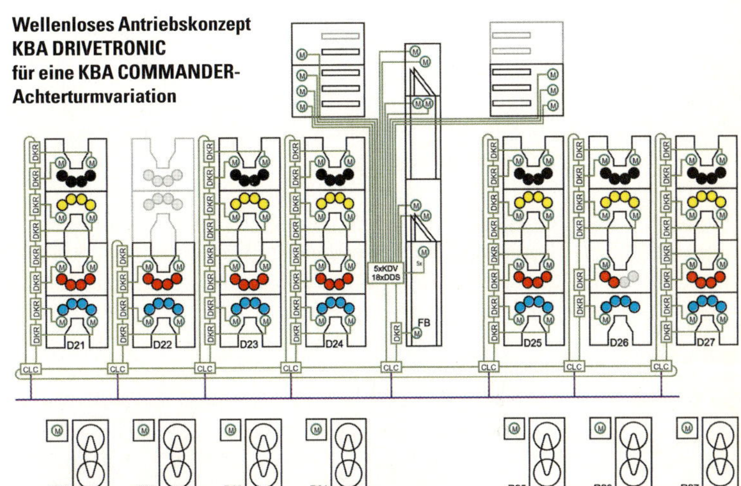

Achterturm mit H-Druckeinheiten

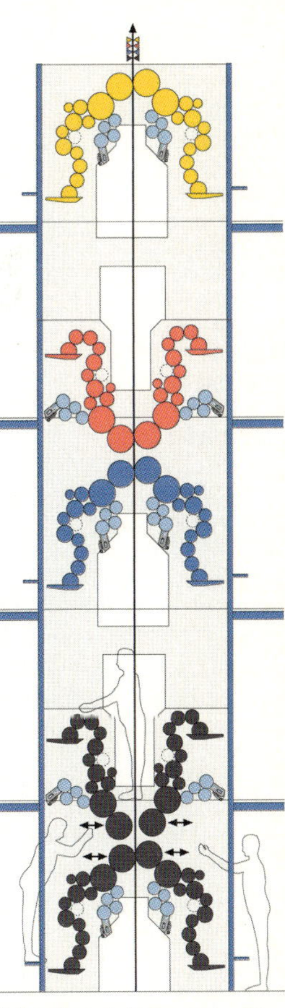

Zehnerturm in H-Bauweise für den fliegenden Eindruckwechsel in der unteren H-Druckeinheit

Hohe Farbkapazität

Der Achterturm mit H-Druckeinheiten eignet sich für eine einfache Bedienung bei hoher Druckqualität und Wirtschaftlichkeit vor allem bei kleineren und mittleren Zeitungsformaten und hohen Einzelauflagen.

Ohne Druckzylinder ist die Papierbahn beiseitig im Prinzip Gummi/Gummi vierfarbig bei vertikaler Bahnführung zu bedrucken.

Wird eine sehr hohe Flexibilität in der Farbbelegung benötigt, eignen sich Satellittendruckwerke mit 9er- oder 10er-Satelliten. Bei einem Vierfarbdruck liegt die Papierbahn beim Druck aller Druckfarben am Satellit an; der kurze Bahnweg erfordert daher keine Passerregelung.

Umsteuerungen der Druckwerke und Farbwerke erfolgen durch die Produktionsvoreinstellung am Leitstand. Die Passersteuerung der einzelnen Druckstellen in Umfangs- und Axialrichtung erfolgt ebenfalls motorisch vom Leitstand aus.

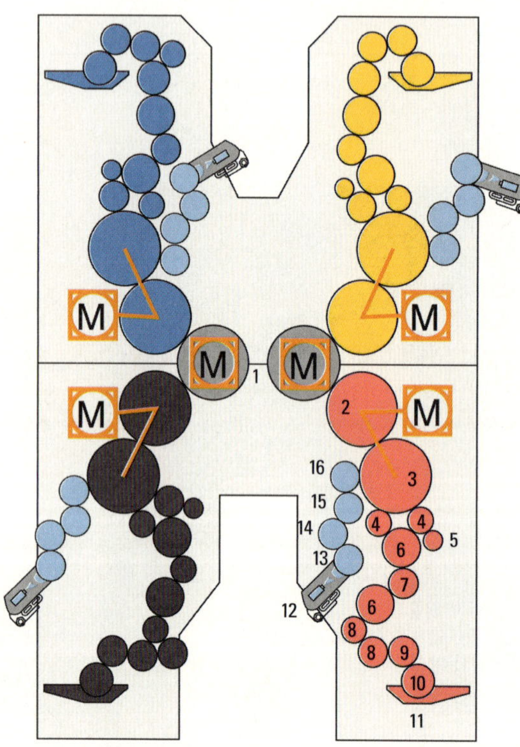

Aufbau einer 10er-Satelliten-Druckeinheit

1 Druckzylinder
2 Gummituchzylinder
3 Plattenzylinder
4 Farbauftragwalzen
5 Überreiberwalze
6 Farbreibzylinder
7 Farbreibwalzen
8 Verreibwalzen
9 Filmwalze
10 Farbduktor
11 Farbkasten
12 Sprühdüsenbalken
13 Feuchtreibzylinder
14 Feuchtreibwalze
15 Feuchtzwischenwalze
16 Feuchtauftragwalze

Farb- und Feuchtwerk

Für die Farbgebung und eine rasche Reaktion nach Änderung der Farbeinstellung werden Filmfarbwerke mit einem oben liegenden Farbmesser eingesetzt. Basis für eine optimale Einfärbung ist der Farbmesserträger mit einem Lamellen-Farbmesser und deren mechanisch-elektronischen Stellmechanismen.

Die Druckfarbe wird jeweils über seitenbreite Farbzuführleisten über ein Farbzirkulationssystem direkt auf den Duktor aufgetragen.

Überschüssige Druckfarbe fließt in ein Farbauffang- und -sammelsystem und über ein Rückführpumpe in den Farbzwischentank.

Zu einem Farbwechsel oder zum Reinigen sind die viertelbreiten Buntfarbwannen leicht auszubauen.

Druckeinheit mit unten liegenden viertelbreiten Farbkästen

Jedes Farbwerk ist mit einer elektromotorischen Farbzonenfernverstellung mit analoger Rückmeldung zum Leitstand ausgestattet. Das automatische Voreinstellen der Farbwerke (Position des Farbmessers, Duktordrehzahl) und das Voreinfärben des Farbwerkes und der Druckplatte verringern die Anlaumakulatur. Bei einer Integration in den digitalen Produktionsfluss lassen sich die entsprechenden Daten aus der Druckvorstufe entsprechend der zonal erforderlichen Farbmenge für die Druckseite übernehmen.

Gefeuchtet wird über ein Sprühfeuchtwerk mit vier Walzen. Die Übertragung des Feuchtmittels auf einen Feuchtreibzylinder erfolgt kontaktlos über einen Sprühbalken mit acht Sprühdüsen (zwei pro Zeitungsseite). Je einzelne Düse ist individuell steuerbar. Die Feuchtmittelzufuhr ist geschwindigkeitskompensiert über Kennlinien der Druckmaschinengeschwindigkeit angepasst.

Eine kontaktlose Übertragung des Feuchtmittels verringert Verunreinigungen im Kreislauf des Feuchtmittels. Das Feuchtmittel wird pro Maschinensektion durch eine Wasseraufbereitungsanlage,

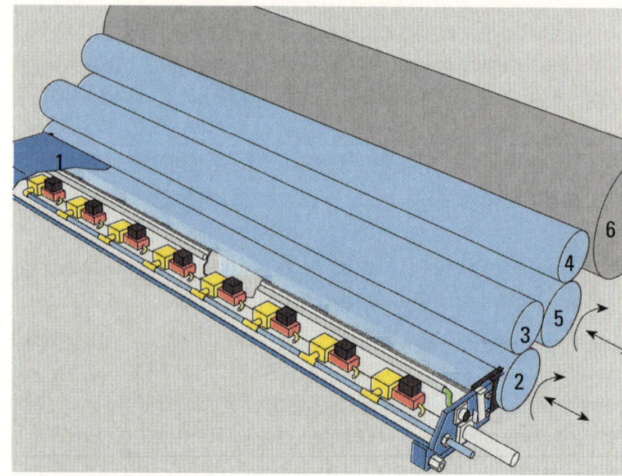

Sprühfeuchtwerk

1 Sprühdüsenbalken mit 8 Düsen
2 Feuchtreibzylinder, angetrieben, verreibend
3 Feuchttreibwalze
4 Feuchtauftragwalze
5 rilsanbeschichtete Zwischenwalze, angetrieben, verreibend
6 Druckplattenzylinder

die auch alle Feuchtmittel-Zusätze dosiert, aufbereitet. Mischungsverhältnis und Temperatur des Feuchtmittels werden am Leitstand angezeigt.

Einzugwerk und Bahnführung

Für eine bestimmte Produktion übernimmt ein automatisches Ketteneinziehsystem den Einzug der Papierbahn vom Rollenträger bis zu den Wendestangen bzw. über den Falztrichter vor die Einlaufwalze. Der gleichzeitige Einzug mehrerer Papierbahnen ohne manuelle Eingriffe verkürzt die Rüstzeiten bei Produktionswechseln.

Voraussetzung für eine permanente Produktion bei konstant hoher Druckqualität und zur Reduzierung von Makulatur ist eine gleichmäßige Bahnspannung. Der wellenlose Antrieb mit elektronischen Kompensationskurven für Änderungen beim Beschleunigen oder Abbremsen der Druckmaschine kompensiert die dabei auftretenden Bahnspannungsdifferenzen.

Das Bahnspannungs-Kontrollsystem arbeitet in der Regel mit 4 Messeinrichtungen pro Papierbahn:
- Einzugwerk und Druckeinheit,
- Druckeinheit und Zugwalze
- Zugwalze und Wendestangen
  sowie je eine zwischen
- Zugwalze und Trichtereinlaufwalzen.

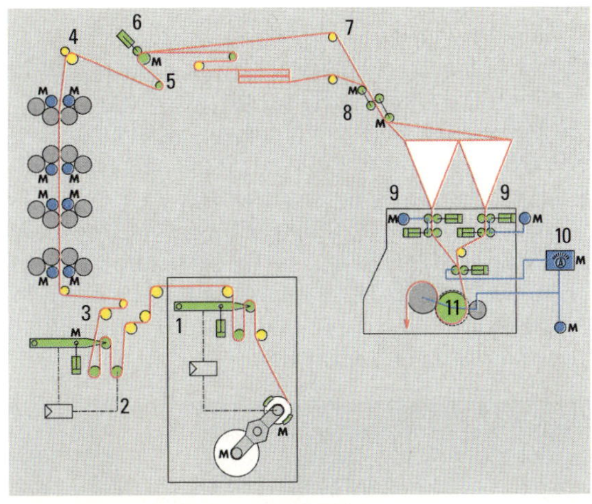

Bespannungs-Kontrollsystem (BASKO)

1 Grundspannung, einstellbar an Rollenwechsler und Leitstand
2 Infeed
3 Messwalze 1
4 Papierfangwalze
5 Messwalze 2
6 AC-Motor für die Zugwalze
7 Messwalzen 3 und 4
8 AC-Motor für Vereinigungs-, Zwischen- und Trichtereinlaufwalze
9 AC-Motoren für Zugwalzen unterhalb der Trichter
10 Regelgetriebe mit Drehstrommotor für Zugwalze im Falzapparat
11 Durchmesservergrößerer für den Sammelzylinder

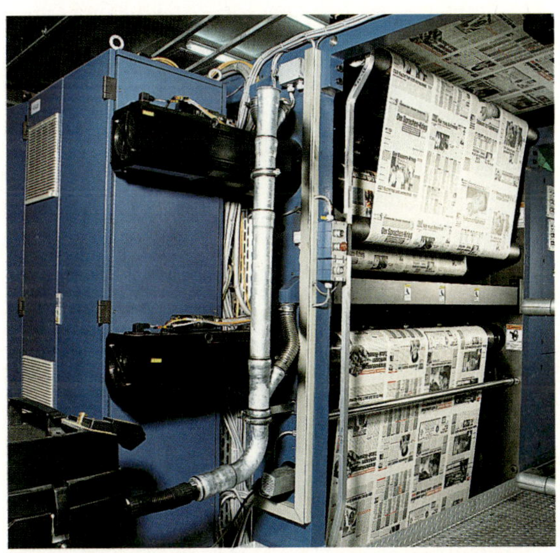

Direkt im Oberbau angetriebene stufenlos regelbare Zugwalzen

Oberbau

Maßgebliches Modul für die Flexibilität der Produktion ist der Oberbau mit Wendestangen und Walzen. Längsschneideeinrichtungen an den Zugwalzen ermöglichen das Auftrennen der Papierbahn in halbbreite oder auch viertelbreite Stränge.

Von Fotozellen überwachte Stränge werden über luftumspülte Wendestangen dem Trichtereinlauf zugeführt. Bay-Window-Walzen als Sonderausstattung ermöglichen z. B. ein Stürzen oder Mischen der halben Papierbahn. Auch die Wendestangen sind vom Leitstand aus zu bedienen. Fangwalzen verhindern bei möglichen Papierbahnrissen Wickler in den Drucktürmen.

Produktionsvielfalt im Oberbau (einige von vielen Beispielen)

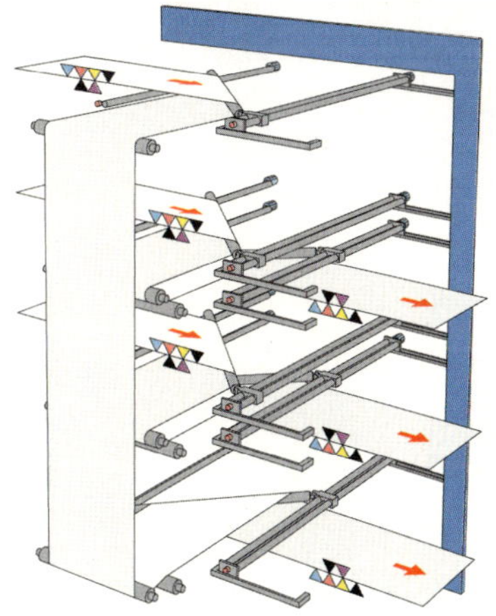

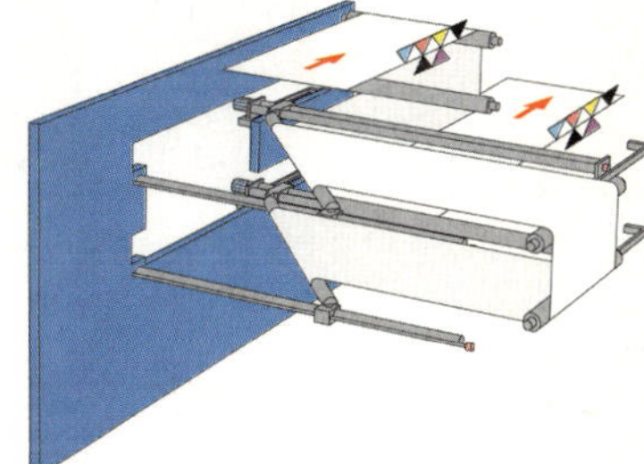

Mischen einer halben 4/2-Bahn mit Rückstürzen, um 4-farbige Seiten nach außen zu drehen

Mischproduktion mit Bay-Window-Führung auf jedem Wendestangen-Deck

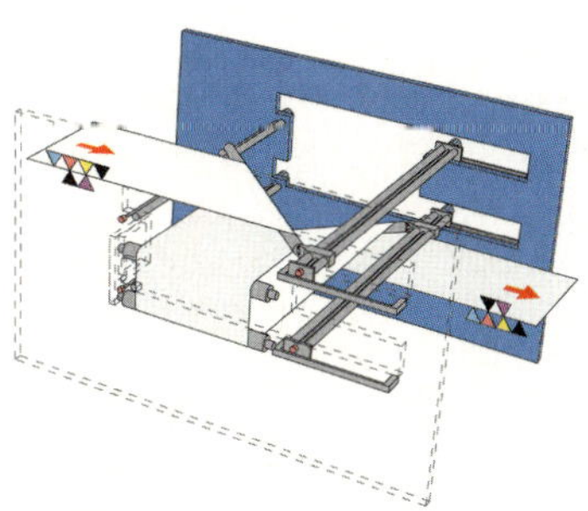

Mischen einer halben 4/2-Bahn ohne Rückstürzen, z. B. Panorama innenliegend

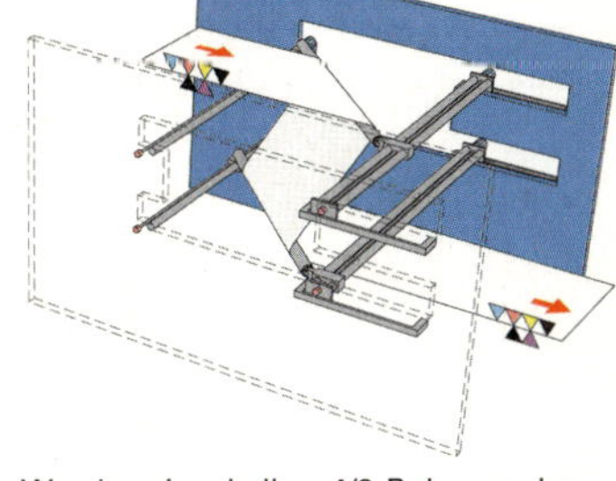

Wenden einer halben 4/2-Bahn von der Antriebs- zur Bedienungsseite

Falzwerk

Das Falzwerk und der entsprechende Überbau sind in verschiedenen Varianten auf die unterschiedlichen Produktionsbedingungen der Druckerei abzustimmen.

Zwei Trichter, auf einer Ebene angeordnet, entsprechen dem Standard. Optional können Zusatzaggregate wie Längsklebeeinrichtung, Strangheftapparate zur Herstellung gehefteter Zeitschriften in Doppelproduktion bzw. einer Zeitung mit innenliegender gehefteter Zeitung eingesetzt werden.

Das Hochleistungs-Klappenfalzwerk KF 5 im Zylinderverhältnis 2 : 5 : 5 ist für die Verarbeitung von 4 bis 96 Seiten bei einer Leistung von bis 42.500 Umdrehungen/Stunde (85.000 Exemplare/Stunde bei Doppelproduktion konzipiert.

Trichter mit Falzwerk-Einlauf

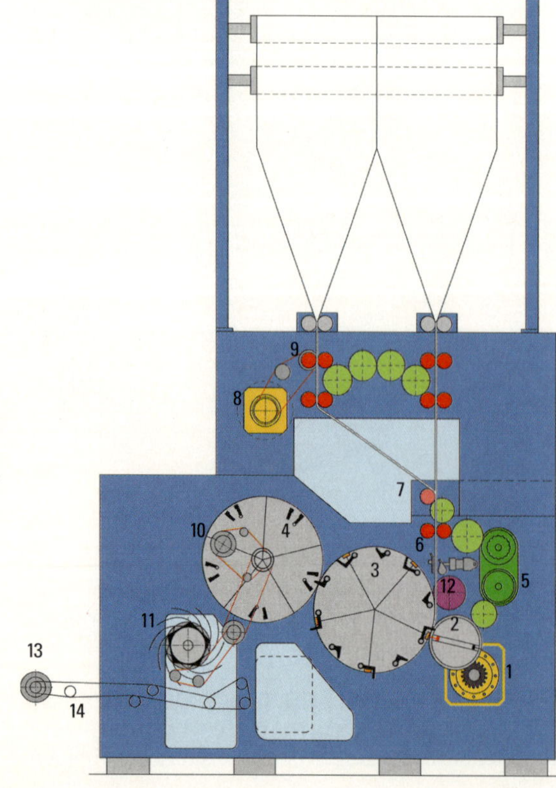

Funktionselemente KBA KF 5

1 Hauptantrieb
2 Schneidzylinder
3 Sammelzylinder
4 Falzklappenzylinder
5 Differentialgetriebe (stufenlos regulierbar)
6 Hauptzugwalze
7 Strangüberführwalze
8 Zugwalzenantrieb
9 Zugwalzen
10 Falzklappenverstellung (motorisch)
11 10-teiliger Fächer
12 Über-/Unterfalzverstellung
13 Antrieb Auslage
14 Auslageband

Der Durchmesser des Falzzylinders kann pneumatisch stufenlos am Falzapparat selbst oder vom Leitstand aus der Produktstärke angepasst werden. Ebenso erfolgen Einstellungen für Über- oder Unterfalz sowie die Umstellung von Sammel- auf Doppelproduktion direkt am Falzapparat oder über den Leitstand.

Für spezielle Anforderungen ist der Falzapparat z. B. durch einer Vorrichtung für den 2. Längsfalz, einer Längs- und Querperforation oder einem Lagenheftapparat zur Herstellung gehefteter Zeitschriften in Sammel- oder Doppelproduktion auszustatten.

Papierlogistik

Der Materialfluss vom Papierlager zur Bereitstellung am Rollenwechsler, das Beladen des Rollenwechslers, die Entnahme der Restrolle und die Entsorgung erfordern ein leistungsstarkes System zur Rollenbeschickung, Klebevorbereitungseinrichtung und einem sicher arbeitenden Rollenwechsler.

Ein Hochleistungsrollenwechsler, z. B. der KBA Pastomat RC, ist beispielsweise für Bahngeschwindigkeiten von über 15 m/s und Rollengewichten von über 2 t konzipiert.

Daten im Detail: Rollendurchmesser max. 1270 mm, Papierrollenbreite max. 1680 mm, Klebegeschwindigkeit max. 15,2 m/s.

Robuste AC-Motoren in den Rollenträgerarmen treiben die Papierrolle im Rollenzentrum an

Automatisierung

Die Anforderungen an den Druckmaschinenhersteller für die Konstruktion einer solchen komplexen Anlage und die wirtschaftliche Produktion sind sehr hoch, u. a. sind gefordert:

- Prozess-Sicherheit
- Stabilität des Systems, Servicefreundlichkeit
- hohe Druckleistungen
- umfassende Produktionsflexibilität bei kurzen Rüstzeiten
- geringe Makulatur beim Anfahren und während der Produktion
- Integration in den digitalen Workflow und den vernetzten Produktionsprozess.

Bei Papierbahngeschwindigkeiten von über 13 m/sec kommt an der KBA COMMANDER standardmäßig der Rollenwechsler KBA PASTOMAT RC zum Einsatz

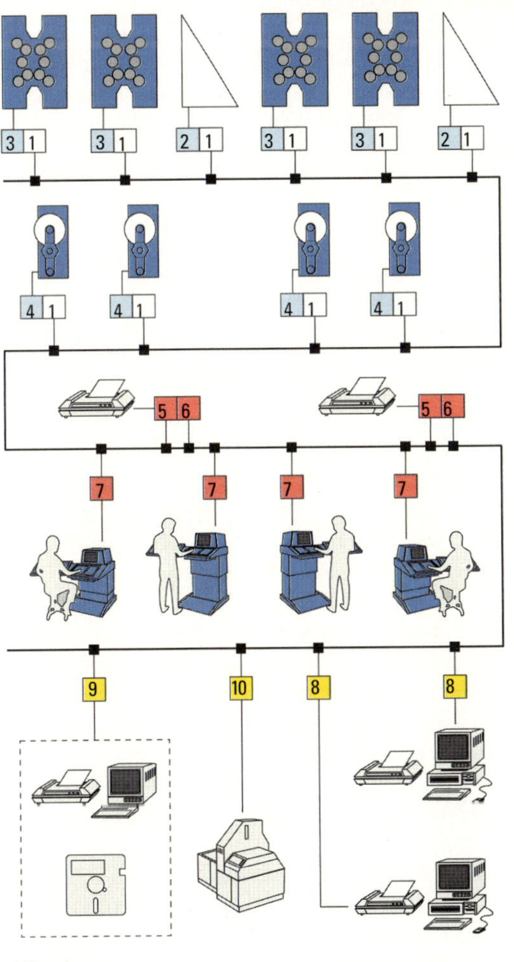

1 Koppler
2 Steuerung Falzapparat
3 Steuerung Druckeinheit
4 Steuerung Rollenwechsler
5 Störmelder
6 Steuerung Gruppenleitebene
7 Steuerung Leitstand
8 Workstation für Produktionsvorbereitung
9 Server
10 Film- oder Plattenscanner

Maschinensteuerung
Leitstandebene
Prozessebene
Datenbus

Ein Automatisierungskonzept für Voreinstellungen, Prozess-Steuerung und -Überwachung, Informationssysteme u. a. erfordern geeignete Leitstände mit einer klar strukturierten Bedienoberfläche und übersichtlichen Leitstandmasken.

Das Automatisierungskonzept zur Bedienung und Überwachung der gesamten Druckmaschinen basiert im wesentlichen auf drei hierarchisch gegliederten Ebenen:
– Einzelleitebene: Maschinensteuerung
– Leitstandebene
– Prozessebene.

Der Leitstand bietet dem Druck eine produktorientierte Produktionsvorbereitung. Hierbei wird jeder Zeitungsseite die entsprechende(n) Druckstelle(n) automatisch zugeordnet. Für eine Änderung der Farb- und Feuchtmittelmengeist über die Ferneinstellung ist nur die entsprechende Zeitungsseite und die gewünschte Druckfarbe anzugeben.

Sollwertvorgaben verringern die Rüstzeit. Positioniersysteme ermitteln die Ist-Werte und zeigen den Soll-Ist-Vergleich.

Die Prozessebene kann um ein übergeordnetes Rechnersystem erweitert werden, dessen Workstation mit vollgrafischen Bildschirmen und Fileserver über Hochleistungs-Datenbusse miteinander verbunden sind. Dieses erweiterbares System enthält in der Standardausführung Stammdaten-, Dispositions-, Voreinstell- und Informationsmodule.

Neue Entwicklungen bei Zeitungsdruckmaschinen zeigen neue Tendenz zu Druckmaschinen mit wesentlich geringerer Bauhöhe auf.

Ein Beispiel dazu ist das komplett neu gestaltete Konzept der KBA CORTINA, die auf der DRUPA 2000 vorgestellt wurde.

11.17 Leitstand- und Managementsysteme

Im Wettbewerb kann nur bestehen, wer die Wünsche des Kunden optimal umsetzt und dabei schneller, wirtschaftlicher sowie qualitativ besser und sicherer produziert. Konkret bedeutet dies für die Druckbranche: Der digitale Workflow in einzelnen Prozessstufen, das Einbinden von Prepress, Press und Postpress in einen gemeinsam zu steuernden Workflow sowie Prozessoptimierung mit den Zielen Zeit und Kosten sparen bei gleichzeitiger Qualitätsverbesserung bestimmen die Trends in der Druckbranche.

Die Zusammenführung und Integration von Prozessen in ein flexibles Produktionssystem bestimmt die Entwicklung. Dementsprechend wandelt sich die gesamte Printproduktion von einer Arbeitsteilung und Spezialisierung (Mitarbeiter, Maschinen, Geräte) zu einem integrierten Prozess, der alle Fertigungsstufen und die Administration miteinander „vernetzt".

Waren vor einigen Jahren noch elektronische Steuer- und Regelungstechniken, z. B. auftragsbezogene Maschinenvoreinstellungen , automatischer Druckplatteneinzug, Voreinstellungen zur Farbsteuerung, automatische Feuchtmittelaufbereitung, Bahnzugregelungen, Fernsteuerungen und Prozesskontrollen im Mittelpunkt der Entwicklung, so bestimmen heute Schlagworte wie Digitalisierung und Vernetzung, Kommunikation und Informationsfluss, Workflow, modulare Lösungen und Konfigurationen, Informations- und Materiallogistik den Wandel in der Druckbranche.

„Werkzeuge", die diesen Wandel charakterisieren, sind u. a.
- PECOM – die Systemlösung von MAN Roland
- Prinect mit allen Systemkomponenten zur Prozessoptimierung von HEIDELBERG
- Opera die Systemlösung der KBA

PECOM – Prozesselektronik von MAN Roland

PECOM ist ein flexibles, modulares und auf Standards basierendes System, das die verschiedenen Betriebsebenen einer Druckerei zu einem komplexen Produktionssystem vernetzt:
- PEC (Process Electronic Control) – die Produktionsebene mit den digital gesteuerten Offsetmaschinen
- PEO (Process Electronic Organization) – technische Auftragsvorbereitung und -organisation mit Verbindung zur Druckvorstufe und zur Druckweiterverarbeitung
- PEM (Process Electronic Management) – an der Spitze des Systems, bezeichnet die administrativen Bereiche einer Druckerei

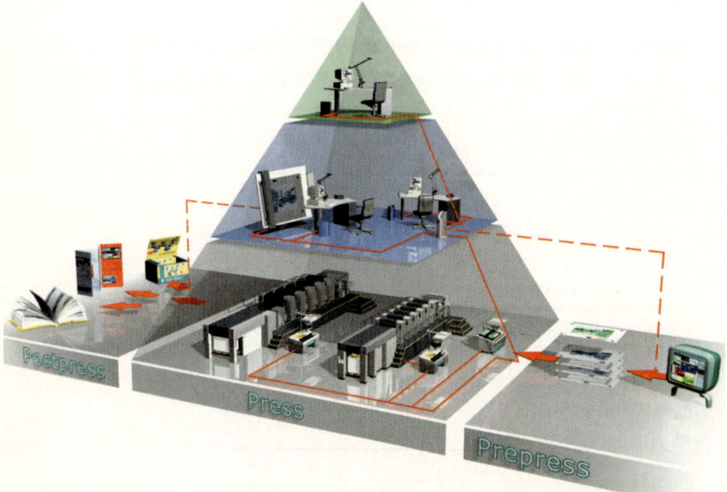

PECOM steht für
- ein zukunftsweisendes digitales Produktionssystem zur Integration aller Betriebsebenen
- eine beschleunigte Kommunikation mit geringerem Fehlerrisiko
- die Rationalisierung von Arbeitsabläufen
- die Reduzierung von Rüst- und Gesamtbearbeitungszeit
- Kostensenkung
- größere Transparenz und Planungseffizienz im Management
- eine sichere Investition durch offene modulare Systemarchitektur
- Einbindung von Pre- und Postpress

Innovation entsteht aus Erkenntnis.
Bereits 1990 präsentierte MAN Roland als erster Druckmaschinenhersteller das Prozesselektronik-System PECOM als die entscheidende Innovation zu einer Optimierung von Produktionsabläufen in der Druckindustrie.

Grundlegender Gedanke dabei war, dass weitere Wirtschaftlichkeits- und Qualitätsverbesserungen – vor allem bei sinkenden Auflagen – nicht allein durch die Automatisierungen am Aggregat Druckmaschine möglich sind. Die Druckmaschine sollte integrierbar sein in ein perfektes Zusammenspiel aller am Produktionsablauf beteiligten Stellen – vor und nach dem eigentlichen Druckprozess.

Zudem bedarf es für Verbesserungsmaßnahmen von Seiten der Führungsebene einer faktischen Grundlage wie genauen Informationen über Auslastung und Produktivität einzelner Bereiche. Diese Voraussetzungen wurden mit dem Konzept der vernetzten Druckerei von MAN Roland in die Praxis umgesetzt.

Das PECOM-System von MAN Roland wurde kontinuierlich weiterentwickelt und 1998 in seiner zweiten Generation vorgestellt.

Ein wesentlicher Vorteil der durchgängig in Windows NT basierten Netzwerkprodukte für den Anwender liegt in der Offenheit und Flexibilität: Hardware, Betriebssystem und Schnittstellen basieren wo immer möglich auf internationalen Standards. Das ermöglicht die individuelle Auswahl branchenüblicher Hard- und Software.

Die Kompatibilität mit allen seit 1990 gelieferten digital gesteuerten Bogen-Offsetdruckmaschinen und mit Komponenten der ersten PECOM-Generation ist gewährleistet. Die einzelnen Bausteine sind zu einem komplexen Druckereisystem zu kombinieren und ausbauen.

Produktion in der vernetzten Druckerei
Der Auftragsdurchlauf in der vernetzten Praxis beginnt auf der Ebene des *Process Electronic Management* (PEM). Hier liegen die Angaben des Kunden vor, der sich das Angebot in der Druckerei einholt.

Die genaue Produktbeschreibung ist nur in das Management-Informationssystem (MIS) einzugeben: Dieses führt automatisch die Kalkulation aller möglichen Produktionswege durch und errechnet daraus den günstigsten, d. h. den für beide Seiten wirtschaftlichsten Produktionsablauf. Akzeptiert der Kunde das Angebot und erteilt den Auftrag, werden die Daten der Vorkalkulation direkt weiterverwendet.

Mit dem MIS ist die Planung der Produktionsmittel von der Druckvorstufe, dem Druck und der Weiterverarbeitung sowie der benötigten Materialien zu erledigen.

Per ManagementLink erfolgt der Auftragstransfer in das zentrale Datennetz des PECOM-Systems. So stehen alle Auftragsparameter wie
- Produktname und -beschreibung,
- Bedruckstoff,
- Bogenformat,
- Auflagenhöhe und
- Endtermin

der technisch-organisatorischen Ebene (PEO) in vollständiger und korrekter Form zur Verfügung.

Vorbereitet für kurze Durchlaufzeiten.
Auf der Stufe der PEO (Abkürzung für die Process Electronic Organization) erfolgt die umfassende Auftragsvorbereitung. Im PECOM-System bedeutet das stets: Ausgeführt von einem erfahrenen Fachmann, schnell und sicher durch die standardisierte Arbeitsweise am JobPilot. Eine Vielzahl von Maschinenparametern wird damit exakt voreingestellt. Dazu gehören auch die Vorbereitung der Farbsteuerung Roland RCI bzw. der Farbregelanlage Roland CCI. Die dafür benötigten Farbvoreinstellwerte können z. B. online vom Plattenscanner EPS zugespielt werden.

Noch schneller und komfortabler ist allerdings die Übernahme von digitalen Daten aus der Vorstufe per PrepressLink. CIP3-Dateien werden direkt in höchstpräzise Farbvoreinstelldaten umgerechnet.

Gerüstet per Knopfdruck
Die Daten der Auftragsvorbereitung stehen nun der Produktion auf der PEC-Ebene (Process Electronic Control) zur Verfügung. Die Daten können von jeder vernetzten Maschine vollständig übernommen werden, wodurch auch ein kurzfristiger Wechsel der zur Produktion vorgesehenen Maschine möglich ist.

Am Maschinenleitstand, dem PECOM Press Center, genügt ein Knopfdruck auf die Funktion *Rüsten*. Die Daten werden automatisch übertragen, und in wenigen Sekunden werden zahlreiche Rüstvorgänge zeitgleich ausgeführt, das heißt
- das Einrichten von Anleger und Bogenanlage, Druck-, Farb- und Feuchtwerken sowie Wendeeinheiten, Lackwerk und Auslage inklusive Trockner.

Die eigentliche Druckproduktion kann umgehend beginnen. Während des Druckprozesses senden die Leitstände dem PECOM ManagementLink „in realtime“ automatisch Daten der Funktion *Auftrag bearbeiten*, z. B.
- Laden der Druckplatten
- Zählerstand
- Geschwindigkeit
- Stopps sowie
- Auftragsende.

Zusätzliche Daten lassen sich mit der Option „Barcode Collect“ manuell erfassen.

Informiert für Entscheidungen.
ManagementLink überträgt Produktionsdaten an das Management-Informationssystem (MIS). Hier laufen auch alle Informationen aus der Vorstufe, der Druckweiterverarbeitung, dem Lager und sonstigen Arbeitsbereichen zusammen.

Auf Knopfdruck sind unmittelbar nach Auftragsende eine Vielzahl von Informationen verfügbar: detaillierte Gewinn- und Verlust-Analysen, exakte Daten zur Marktanalyse, Kennzeichnung von Schwachstellen und Auslastungsberechnung.

Kostenfaktoren und Unternehmensabläufe werden transparent. Dadurch haben Entscheidungen des Managements zur Verbesserung des Produktionsablaufes eine stabile Entscheidungsgrundlage.

PECOM-ServerNet™: Kommunikationszentrale
Das Herzstück der neuen PECOM-Generation ist das PECOM-ServerNet™: zentraler Auftragsserver und die Schnittstelle zum Maschinennetz.

Alle digital gesteuerten Bogenmaschinen von MAN Roland lassen sich darin integrieren. Zwischen den vernetzten Maschinenleitständen ist ein Datentransfer möglich. Auftragsdaten werden, z. B. bei Wiederholaufträgen oder geänderter Maschinenbelegung, von einer anderen Maschine direkt übernommen. Ebenso flexibel zeigt sich das PECOM-ServerNet™ in seiner Funktion als Netzwerkplattform, an der Interfaces und Anwendungen modular aufgereiht sind. Die Kommunikation wird erheblich schneller, ein wichtiger Kostenfaktor dadurch optimiert.

JobPilot: Auftragsvorbereitung
JobPilot ist die Anwendungssoftware für vernetzte MAN Roland-Bogen-Offsetdruckmaschinen zur Auftragsorganisation, Auftragsvorbereitung und alle Maschinenvoreinstellungen. Im JobPilot sind die Auftragsdaten übersichtlich in dreifacher Weise strukturiert: Auftrag – Bogen – Arbeitsgang.

Die Voreinstellung zahlreicher Maschinenparameter wird im Unterprogramm *Arbeitsvorbereitung Druck* ausgeführt. Dabei führt das Arbeiten mit Wiederholaufträgen und Datenarchivierung zu einer rationellen Standardisierung. Die gesamte Auftragsdurchlaufzeit wird dadurch nachhaltig reduziert. Darüber hinaus ist die zentrale Vorbereitung am Büro-PC deutlich kostengünstiger als die Arbeit an der Druckmaschine.

PressMonitor: Drucksaalüberwachung
Der PressMonitor gibt mit der *Drucksaalkontrolle* jederzeit Auskunft über die Auftragsabwicklung an den Maschinen. Der Statusreport zeigt den aktuellen Zustand jeder Druckmaschine im Netz und berechnet sofort nach Produktionsbeginn das planmäßige Ende des Druckauftrags.

Auf Abruf liefert das Programm Detailinformationen: Auftragsdaten, Zählerstände und Diagnosen des Druckablaufs. Die Funktion *Produktionslogbuch* erlaubt zusätzlich den Rückblick in die Produktionshistorie. Damit lassen sich Schwachstellen im Druckbetrieb sachlich analysieren und durch gezielte Maßnahmen zukünftig verhindern. Eine Lizenz der Software PressMonitor ist standardmäßig im JobPilot enthalten.

PrepressLink: Vorstufenintegration
Der PrepressLink ermittelt exakte Farbvoreinstellungen direkt aus *CIP3-Dateien* der Druckvorstufe.

Die Bezeichnung CIP3 geht zurück auf die „International Cooperation for Integration of Prepress, Press and Postpress“, ein Zusammenschluss namhafter Unternehmen der Druckindustrie zur Entwicklung eines Standard-Datenformats, das den durchgängigen Informationsaustausch zwischen den einzelnen Produktionsstufen eines Druckbetriebs realisiert.

Mit dem PrepressLink entfällt der Umweg über den Plattenscanner EPS, wovon der gesamte Produktionsprozess profitiert: Kürzere Rüstzeiten an der Druckmaschine und genauere Flächendeckungswerte und damit geringere Anlaufmakulatur.

Leitstand: Komfortsteuerung
Der Leitstand verbindet die Bogen-Offsetdruckmaschinen mit dem PECOM-Netzwerk. Hier überwacht und steuert der Drucker vom Anleger bis zum Ausleger das gesamte Drucksystem mit seinen einzelnen Bausteinen.

Durch einen hohen Automatisierungsgrad der Druckmaschinen laufen viele Vorgänge selbstständig ab, z. B. beim Einstellen von Druckformat und Bedruckstoffdicke, beim Druckplattenwechsel oder durch automatische Reinigungsprogramme.

Mit dem Farbregelsystem Roland CCI lässt sich die Farbführung über die gesamte Auflage in engen Toleranzen konstant halten, kontrollieren und dokumentieren.

Etwaigen Betriebsstörungen wird über Kontrolleinrichtungen, z. B. in der Bogenführung, effektiv vorgebeugt. Am Bedienpult kann der Drucker jederzeit Daten des laufenden Druckprozesses abrufen und bei Bedarf Veränderungen vornehmen. Rüst- und Auftragsdurchlaufzeiten sinken auf ein Minimum, und die konstante Druckqualität ist zuverlässig gewährleistet.

ManagementLink: Kontrollinstanz
Der ManagementLink, eine wichtige Schnittstelle im PECOM-ServerNet™, ist zuständig für die Kommunikation zwischen der Produktionsebene und der Administration.

Einerseits stellt er den angeschlossenen Stellen eine *elektronische Auftragstaschen* mit allen drucktechnisch relevanten Informationen online zur Verfügung. Mehrfacheingaben werden überflüssig, damit verbundene Fehler ausgeschlossen und Auftragsdurchlaufzeiten sowie Kosten erheblich reduziert.

Andererseits liefert der ManagementLink Daten der laufenden Produktion zur Administrationsebene. Die Auswertung der Informationen übernimmt ein Management-Informations-System, z. B. OPTIMUS, einer der weltweit führenden Anbieter. Da der ManagementLink eine offene Schnittstelle internationalen Standards darstellt, lässt sich auch andere branchenübliche MIS-Software in PECOM integrieren.

Prinect – integrierte Workflow-Lösung von HEIDELBERG

Heidelberg stellt mit dieser Lösung ein durchgängiges modulares Gesamtkonzept vor, das auf individuelle Bedürfnisse des Kunden abgestimmt werden kann.

Prinect integriert als Workflow-Lösung bestehende und neu entwickelte Steuermodule entlang der Prepress-Press-Postpress-Strecke. Das Zentrum bildet die Maschinensteuerung *CP2000 Center*. Von dieser Basis können Schritte zur Integration und Vernetzung initiiert werden, die den gesamten Pinect-Workflow mit Hard- und Software entstehen lassen.

Übersicht zu modularen Prinect-Lösungen

- Prinect Produce
  Maschinensteuerung: CP2000 Center
  - zentrales Element der Prinect-Prozesskette
  - Basis für digitale Integration
- Prinect Link
  Voreinstellungen
  - PrepressInterface: Verarbeitung von CIP3-Daten im digitalen Workflow zwischen Prepress, Press und Postpress, direkte Online-Verbindung
  - Plate Image Reader: Verarbeitung von CTP-Druckplattendaten (analoger Prozess), direkte Online-Verbindung
- Prinect Control
  Messung von Farbe und „Register“ (Passer)
  - ImageControl, QualityControl, AutoRegister
- Prinect Manage
  Produktions- und Informationssystem
  - DataControl: Online-Verbindung zwischen Prepress, Press und Postpress, vernetzte Produktion,

Produktionssteuerung, Erfassung von Betriebs- und Maschinendaten, automatisches Auswerten der Produktionsdaten.

Das *CPC2000 Center* steht als modulares Konzept im Mittelpunkt des Prinect-Workflows. Die Steuerung erfolgt durch ein Touch-Screen-Farbdisplay.

Die Auftragsvorbereitung erlaubt die Vorwahl aller wichtigen Maschineneinstellungen einschließlich der Auftragskennung für einen neuen Auftrag bereits während der aktuellen Druckproduktion. Das System speichert die Daten von bis zu 250 Aufträgen, die bei Nachdrucken abgerufen werden können.Spezielle Softwarepakete wie Color Fast Solution bieten Hilfen beim Einrichten, bei Produktionsunterbrechungen und während der Produktion.

PrinectLink

PrepressInterface - die CIP3-Schnittstelle

Das PrepressInterface ist die Prinect-Schnittstelle, die die Bereiche Druckvorstufe, Druck und Druckweiterverarbeitung im Workflow verbindet und unterstützt. Voraussetzung für eine Optimierung der Prozesse ist ein Druckvorstufensystem, das CIP3-Daten im standardisierten Print Production Format PPF erzeugt. Vernetzt verarbeitet bzw. erstellt werden:

- Voreinstellungen für die gesamte Farbführung
- Positionsinformationen für die Passerregelung
- Farbreferenzwerte für die Farbmessung
- Datenweitergabe an die Druckweiterverarbeitung

Aus den CIP3-Daten ermittelt PrepressInterface die Voreinstellwerte für jede einzelne Farbzone an der Druckmaschine, die mit einer Farbfernsteuerung der Technik CPC 1-02/03/04 oder dem CP2000 Center ausgestattet ist. Das Farbprofil für den zu verarbeitenden Auftrag kann so komplett digital erstellt werden.

Sind in den CIP3-Daten der digitalen Druckvorstufe die Passmarken („Registermarken") erfasst, werden diese von PrepressInterface übernommen und für Druckmaschinen mit dem CP2000 Center bereitgestellt. *AutoRegister* fährt zur Passerregelung automatisch die Zonen an, in denen die „Registermarken" positioniert worden sind.

PrepressInterface überträgt Farbreferenzwerte aus der digitalen Druckvorstufe an *ImageControl*. Das CIP3-Datenfile aus der Druckvorstufe wird dazu umgewandelt. ImageControl errechnet aus diesen Informationen einen Referenzbogen, der für den Soll-Ist-Abgleich verwendet wird.

Sind Positionsmarken für die Druckweiterverarbeitung im CIP3-Datenfile aus der digitalen Druckvorstufe bereits enthalten, lassen sich diese Daten über die Schnittstelle an die Verarbeitungssysteme über den Druck hinaus weiterleiten.

Plate Image Reader

Der *Plate Image Reader* ist die Komponente im Prinect Link für die analoge Druckformherstellung, bei der die Druckplatten mit Kopiervorlagen (Filmen) bebildert werden. Der Druckplattenscanner ermittelt für jede Farbzone den zu druckenden Flächenanteil und berechnet daraus Farbeinstellwerte. Die Daten können über verschiedene Varianten an die Druckmaschinensteuerung CP2000 Center übertragen werden

- offline mit einer Job Memory Card
- online über das Modul PresetLink oder direkt über das Produktions- und Informationssystem DataControl.

PrinectControl

Farbmessung mit ImageControl und QualityControl sowie Passerregelung mit Autoregister

Besondere Merkmale von *ImageControl* sind die spektralfotometrische Farbmessung und die Messung von Druckbild und Druckkontrollstreifen.

ImageControl ist über das Modul PresetLink online mit der Druckmaschine zu verbinden. Zur Kontrolle der Farbgebung in den einzelnen Druckwerken wird ein Druckbogen mit ImageControl spektralfotometrisch eingelesen. Dazu scannt ein spezieller Messbalken das gesamte Druckbild ab. Das Druckbild wird dazu automatisch in die Prozessfarben CMYK und eventuelle Sonderfarben zerlegt.

Beim Einscannen wird ein Druckbogen im Format 70 cm x 100 cm in mehr als 160.000 Messpunkte zerlegt. Pro Farbzone werden dabei bis zu 5.000 Messpunkte mit den entsprechenden Referenzwerten des OK-Bogens verglichen. Die Anzeige der Farbabweichungen zu den vorgegebenen Sollwerten erfolgt automatisch. Nach Freigabe durch den Drucker werden Nachführempfehlungen zur Farbführung über eine Online-Anbindung direkt an bis zu vier Druckwerke weitergegeben.

Mit einem integrierten Farbdrucker sind Auftragsprotokolle als Qualitätsnachweis auszudrucken.

Eine Datenbank speichert sämtliche Auftragsdaten und Messwerte von bis zu eintausend Aufträgen für Wiederholaufträge.

QualityControl, eine weitere Systemkomponente, misst spektral, bewertet farbmetrisch und errechnet aus Grau-, Vollton-, Übereinanderdruck- und Raster-

Heidelberger Autoregister
Regeln des Passers zur Seite, im Umfang und der Diagonale bei laufender Druckmaschine

feldern des Farbmess-Streifens Steuergrößen für die Farbführung in der Druckmaschine. Bei einmaligem Messen des Druckbogens können bis zu acht Farben erfasst werden. Die Datenübertragung an die Druckwerke erfolgt wie bei dem System ImageControl.

Das Modul *AutoRegister* ist ein Inline-Mess- und Regelsystem für den Passer beim Druck in Bogen-Offsetdruckmaschinen.

Mit Hilfe von speziellen Passmarken, die seitlich platzsparend auf dem Bogen mitgedruckt werden, ist bereits beim Rüsten der Druckmaschine das vollautomatische Passermachen möglich. AutoRegister sucht die genaue Position der Passmarken auf dem Bogen, misst diese selbsttätig und regelt den Seiten-, Umfang- und Diagonalpasser. Beim Druck der Auflage erfolgt permanent eine Kontrolle und ggf. Korrektur des Passers. Dabei können Abweichungen mit einer Genauigkeit von ± 1/1000 mm automatisch erfasst und geregelt werden.

Über eine Anbindung der Druckvorstufe an das CP2000 Center System der Druckmaschine über das PrepressInterface kann bereits eine Voreinstellung des Passers vor dem Papiereinlauf erfolgen: AutoRegister fährt vor dem ersten Druck automatisch an die richtige Position.

PrinectManage

Produktions- und Informationssystem DataControl
DataControl bietet für die vernetzte Druckerei eine integrative Softwarelösung mit offenen Schnittstellen zu einem umfassenden Auftragsmanagement.

Ein spezielles DataControl Interface ermöglicht online den direkten Datenaustausch mit allen gängigen Branchensoftwareprodukten. Daten können also durchgängig genutzt werden.

Nachdem die Aufträge aus der Branchensoftware in DataControl zur Verfügung stehen, ist optional auch die Produktionsplanung und -steuerung mittels einer elektronischen Plantafel möglich. Automatisch melden die mit DataControl venetzten Arbeitsplätze alle Informationen über den Status eines Druckauftrages und den Planungsstand an die Produktionsteuerung zurück.

Nach Abschluss des Auftrages fließen arbeitsplatz- und auftragsbezogene Leistungswerte als Maschinen- und Betriebsdaten an die Branchensoftware zurück.

Auftragsbetreuer, Produktionsleiter und auch das Management des Unternehmens erfahren aktuell die angeforderten Informationen aus dem Prozessablauf.

Sämtliche Leistungen und Prozesse werden exakt erfasst. Das gesamte System bietet eine automatische Leistungserfassung: Mit einer Statistikfunktion lassen sich Informationen zu Auflagenhöhe, Mengen, Zeiten, Druckleistungen und Nutzungsgraden der Druckmaschinen darstellen.

KBA OPERA

Mit KBA OPERA stellt die Koenig & Bauer AG die Bausteine zur Verfügung, die heute aufgrund zunehmender Komplexität von Druckanlagen und dem daraus resultierenden Zwang nach höherer Automatisierung bzw. dem schnellen Dialog zwischen Mensch und Maschine sowie aus wirtschaftlichen Gründen erforderlich sind.

EAE-Leitstände mit Farbgrafikbildschirmen verfügen über ein Arbeitsvorbereitungs- und Presetting-System für die Voreinstellung und Disposition der KBA-Zeitungsdruckmaschine Colora

Wichtige Bausteine des modularen Automatisierungskonzeptes KBA OPERA:

- KBA ERGOTRONIC
  Kurze Wege durch zwei Leitstände: Zentral vor dem Trockner und ein weiterer am Falzapparat. Automatisierte Umstellvorgänge, Bildschirmmaske mit Klartext-Anzeige.
- KBA COLORTRONIC
  Leitstände mit COLORTRONIC-Pult für optimale Bedienung der Druckwerke.
- Ferndiagnose und -wartung über ein Modem und Telefonleitung mit dem Kundenservice.
- KBA CIPLink
  CIP3-Konverter für die Online-Übernahme der Voreinstell-Daten aus der Druckvorstufe.
- KBA SCANTRONIC
  Leistungsfähiger Druckplattenscanner zur Ermittlung von Voreinstelldaten des Farbprofils an der Druckmaschine.
- KBA LOGOTRONIC
  Dreistufiges Produktions-Management-System für den digitalen Fluss von Auftrags- und Voreinstellungsdaten, für die Produktionsüberwachung, die systematische Auswertung von Produktionsdaten und die Vernetzung mit den kaufmännischen Unternehmensbereichen.
  Anpassung an die individuellen Anforderungen des Unternehmens durch modularen Aufbau: LOGOTRONIC basic, LOGOTRONIC advanced, LOGOTRONIC professional.

12. Druckpraxis

Produktion

12. Druckpraxis

Ausbildungsberufe der Druck- und Medienwirtschaft wurden in den letzten Jahren – entsprechend der technologischen Entwicklung – neu konzipiert und durch den Gesetzgeber erlassen.

Die drucktechnischen Berufe haben zwar die bisherige Bezeichnung „Drucker“ beibehalten, wurden aber mit der am 1. August 2000 in Kraft getretenen Ausbildungsordnung wesentlich neu strukturiert.

Durch eine modulare Struktur sind die in der betrieblichen Praxis bestehenden unterschiedlichen Produktionsbedingungen in der Ausbildung berücksichtigt. Unterschiede ergeben sich in den Unternehmen zum Beispiel durch verschiedene Druckverfahren, Druckmaschinensysteme, Prozess-Steuerungen, Bedruckstoffe, Produkte und Auflagenhöhen sowie durch unterschiedliche Betriebsgrößen und vielfältige Organisationsstrukturen.

Der Drucker von heute und erst recht der in der kommenden Zeit bedient nicht mehr ausschließlich nur „seine“ Druckmaschine. Die Digitalisierung der Druckvorstufenprozesse hat längst die Grenze zum Druck überschritten. Nicht nur die Computer-to-Technologien zur Herstellung der Druckformen bestimmen neue Aufgabenbereiche des Drucker.

Immer bedeutender wird auch die Steuer- und Regeltechnik und eine Prozesssteuerung mit einem durchgängigen Workflow (CIP3, CIP4) von der Arbeitsvorbereitung über die Druckvorstufe zur Druckvorbereitung und den Druck mit einer umfassenderen Inline-Produktion bis hin zur Druckweiterverarbeitung zu einem Endprodukt.

Ausgebildet werden Drucker in drei Ausbildungsjahren in verbindlichen Pflicht- und spezifischen Wahlmodulen in vier Fachrichtungen:
- Flachdruck
- Hochdruck
- Tiefdruck
- Digitaldruck

Die Themenbereiche 12.3 bis 12.12 beziehen sich im Wesentlichen auf die Fachrichtung Flachdruck, inhaltlicher Schwerpunkt ist der Offsetdruck.

12.1 Sicherheit und Gesundheit bei der Arbeit

Unfälle passieren leider täglich und allerorts in so großer Zahl, dass viele Menschen sie gar nicht mehr bewusst wahrnehmen. Natürlich gilt dies nur, solange sie nicht selbst von einem Unfall betroffen sind.

Trifft es einmal einen Mitarbeiter - und man ist gar noch Zeuge eines Unfalls - so redet man leicht von „Schicksal“ oder „da hat er aber Pech gehabt“. Werden die Konsequenzen für das eigene Verhalten danach bedacht?

Sicher ist aber, dass der größte Teil der betrieblichen Unfälle beim Beachten einfachster Regeln vermieden werden könnte. Bedacht wird vielfach nicht, dass die Arbeitskraft für den einzelnen Mitarbeiter sein einziges Kapital ist. Diese Arbeitskraft gilt es daher im ureigensten Interesse, durch einen sicheren Arbeitsplatz und entsprechendes Verhalten zu schützen. Durch falsches Verhalten steigt das Risiko einen Unfall zu erleiden. Hierdurch wären wir selbst betroffen; persönliches Leid wäre die Folge.

Leichtsinniges Verhalten kann jedoch auch zu Produktionsstörungen oder zu Produktionsausfällen führen, die allen Mitarbeitern und dem Unternehmen einen Schaden zufügen.

Verantwortlich für die Sicherheit innerhalb eines Betriebes sind nicht primär die Betriebsleitung, die Sicherheitsbeauftragten oder die Abteilungsleiter: In erster Linie ist jeder Arbeitnehmer selbst für sich verantwortlich.

Alle Arbeitnehmer in Deutschland sind gesetzlich gegen Unfälle und deren Folgen versichert. Träger dieser Unfallversicherungen sind die Berufsgenossenschaften. Ihr Hauptziel ist nicht die Heilung und Berufsfürsorge von Unfallverletzten und die Entschädigung von Unfallfolgen, sondern die Verhütung von Unfällen. Zu diesem Zweck geben die Berufsgenossenschaften unter anderem Informationen für sicheres Arbeiten und Unfallverhütungsvorschriften heraus, zu deren Beachtung der Arbeitnehmer verpflichtet ist.

Für den Bereich der Druck- und Papierindustrie ist die *Berufsgenossenschaft Druck und Papierverarbeitung* in Wiesbaden zuständig.

Nicht nur für Auszubildende sondern für jeden Mitarbeiter ist es zu empfehlen, sich die kostenlosen Informationsbroschüren anzufordern und die Hinweise und Forderungen in der täglichen Praxis zu beachten bzw. aktiv umzusetzen. Hierzu gehören insbesondere die folgenden Informationsbroschüren:
- Sicherheit am Arbeitsplatz – Sicherheit für uns
- Verantwortung in der Unfallverhütung
- Arbeiten im Offsetdruck – Umgang mit Arbeitsstoffen
- Sicheres Arbeiten mit chemischen Produkten
- Brancheninitiative zur Verminderung von Lösemittelemissionen im Offsetdruck
- Luftbefeuchtung
- UV-Trocknung
- Lärmschutz
- Ergonomie
- Arbeiten am Bildschirm, Bildschirmarbeit
- Transportieren
- Alkohol im Betrieb
- Die Berufsgenossenschaft: Arbeitssicherheit, Rehabilitation, Entschädigung

Die eigene Sicherheit und der Schutz der eigenen Gesundheit erfordern das Beachten einiger wichtiger „Grundregeln“ am Arbeitsplatz:

- Kleidung
  - Geeignete, eng anliegende Kleidung
  - Keine Ringe, Halsketten oder Armreifen
  - Keine lose herabhängenden Kleidungsstücke
  - Keine offenen langen Haare
  - Ärmel nicht nach außen, sondern nach innen schlagen
- Schuhe
  - Festes Schuhwerk tragen
  - Sandalen ohne Fersenriemen sind ungeeignet
  - Werden Sicherheitsschuhe vom Betrieb zur Verfügung gestellt, dann müssen diese auch getragen werden
  - Spezieller Hinweis an Damen: Keine hohen Absätze
- Ordnung
  - Grundregel für verantwortliches Handeln: SOS = Sauberkeit - Ordnung – Sicherheit
  - Abfälle und Verpackungsmittel sofort in die dafür vorgesehenen Abfallbehälter werfen
  - Abfallbehälter täglich leeren
  - Fett- und Ölverunreinigungen auf dem Fußboden sofort beseitigen: Rutschgefahr!
  - Leere Paletten auf dem richtigen Platz abstellen Achtung: Stolpergefahr!
- Arbeiten an Maschinen
  - „Mir passiert schon nichts!“ Achtung aber: Die Maschine ist immer schneller als der Mensch!
  - Entstören nur bei stillstehenden Maschinen
  - Hände weg von allen bewegten Maschinenteilen
  - Schutzeinrichtungen nie funktionsunfähig machen
  - Nach Reparatur- und Wartungsarbeiten müssen die Schutzeinrichtungen wieder vollständig und funktionstüchtig angebracht sein
  - Schutzeinrichtungen richtig nutzen
  - Sicherheitstechnische Mängel an Maschinen unverzüglich dem Vorgesetzten melden
  - Maschinen nie eigenmächtig in Betrieb setzen
  - Bedienungsanleitung lesen und beachten
- Umgang mit Lasten
  - Verkehrswege freihalten
  - Lasten nie vor Notausgängen, Erste-Hilfe-Kästen und Feuerlöschern abstellen
  - Transportgeräte nur benutzen, wenn man dazu befugt ist
  - Handschuhe bei Arbeiten mit Verletzungsgefahr tragen
- Lärm am Arbeitsplatz
  - Lärmschutzkapseln sind zum persönlichen Schutz an Maschinen angebracht, sie sind während der Produktion geschlossen zu halten
  - Im Lärmbereich Gehörschutz tragen
- Elektrizität
  - Beschädigungen an elektrischen Leitungen und Anschlüssen oder Fehler in elektrischen Anlagen

Warnung vor ätzenden Stoffen

Warnung vor radioaktiven Stoffen oder ionisierenden Strahlen

Warnung vor feuergefährlichen Stoffen

Warnung vor einer Gefahrenstelle

Warnung vor Flurförderzeugen

Warnung vor giftigen Stoffen

Warnung vor gefährlicher elektrischer Spannung

Warnung vor explosionsfähiger Atmosphäre

Schutzhandschuhe tragen

Schutzschuhe tragen

Gehörschutz tragen

Atemschutz tragen

Fußgängerweg

Schutzhelm tragen

Augenschutz tragen

Für Flurförderzeuge verboten

Nichts abstellen oder lagern

Rauchen verboten

Feuer, offenes Licht und Rauchen verboten

Für Fußgänger verboten

Zutritt verboten

Rettungswege

Hinweis auf „Erste Hilfe“

Arzt

Krankentrage

Augenspüleinrichtung

– Defekte Handgeräte nicht benutzen, umgehend zur Reparatur bringen
– Nie selbst Reparaturen an elektrischen Einrichtungen ausführen

• Lösemittel, Säuren, Laugen
– Grundregel: Sparsamer Gebrauch, da alle Lösemittel, Säuren und Laugen in irgendeiner Weise für den Menschen gefährlich sind. Zur Information dient die Kennzeichnungspflicht dieser Stoffe.
– Verdunstung verhindern: Gefäße verschließen
– Nur gekennzeichnete Behälter verwenden
– Betriebsanweisungen und Sicherheitsdatenblätter genau durchlesen und beachten
– Falls erforderlich: Schutzkleidung, z. B. Handschuhe, Schutzbrille oder Stiefel tragen
– Gefahrenhinweise und Sicherheitsratschläge auf den Gebinden müssen genau beachtet werden, denn es sind Minimalanforderungen

• Brand- und Explosionsschutz
– Die Gefahren der am Arbeitsplatz verwendeten brennbaren Lösemittel, Farben oder Lacke müssen bekannt sein
– Rauchverbot beachten
– Maschinen nicht mit leicht entzündlichen Lösemitteln reinigen
– Explosionsgefährdete Bereiche beachten
– Keine Lösemittel am Arbeitsplatz lagern
– Lösemittel nie in den Ausguss schütten
– Mit Lösemittel verunreinigte Putzlappen nur in dem dafür vorgesehenen Behälter aufbewahren
– Keine Zigaretten in Papierkörbe werfen
– Elektrische Einrichtungen bei Verlassen des Raumes abschalten

• Rauchen und Alkohol
– Rauchen nur dort, wo es erlaubt ist
– Kein Alkohol unmittelbar vor und während der Arbeitszeit

• Richtiges Sitzen bei längerem Arbeiten am Tisch
– Einstellen der richtigen Stuhlhöhe
– Arbeitshöhe überprüfen, ggf. eine Fußstütze verwenden

• Schilder und Kennzeichen
– Ebenso wie im Straßenverkehr gilt auch am Arbeitsplatz: Verbots-, Gebots- Warn- und Rettungszeichen müssen bekannt sein und beachtet werden

Unfallverhütung: Pflichten der Versicherten
Jeder Versicherte hat die Pflicht, die gegebenen Unfallverhütungsvorschriften zu befolgen und unter gewissenhafter Beachtung der ihm vom Unternehmer oder seinen Stellvertreter zur Verhütung von Unfällen und Berufskrankheiten gegebenen besonderen Anweisungen und Belehrungen für seine und seiner Mitarbeiter Sicherheit zu sorgen. Versicherte, die ihm zur Hilfe oder zur Unterweisung zugeteilt sind, hat er auf die mit ihrer Beschäftigung verbundenen Gefahren und die in Frage kommenden Unfallverhütungsvorschriften aufmerksam zu machen. Der Unternehmer oder sein Beauftragter hat darauf zu achten, dass alle Verhaltensmaßregeln auch befolgt werden.
Alle Spielereien, Neckereien, Zänkereien und andere mutwillige Handlungen, die den Urheber oder andere Personen gefährden können, sind zu unterlassen.

Ordnungsstrafen
Bei Verstößen gegen die Unfallverhütungsvorschriften gilt die Strafbestimmung des 710 der Reichsversicherungsordnung (Allg. 13):

Gegen Mitglieder oder Versicherte der Berufsgenossenschaft, die vorsätzlich oder grob fahrlässig gegen erlassene Unfallverhütungsvorschriften verstoßen, hat der Vorstand Ordnungsstrafen festzusetzen; bei sonstigen fahrlässigen Verstößen kann der Vorstand Ordnungsstrafen festsetzen. Bei fahrlässigen Verstößen kann der Vorstand von der Festsetzung einer Ordnungsstrafe absehen, wenn die Schuld des Täters und die durch den Verstoß verursachte Gefährdungen gering sind.

Meldepflicht bei Unfällen
Trotz vieler Belehrungen passieren leider immer wieder Unfälle. Aus diesem Grund sollte jeder Mitarbeiter im Betrieb zumindest wissen, welche Personen im Betrieb in Erster Hilfe ausgebildet sind, wo ein Verbandskasten hängt und wer der Sicherheitsbeauftragte (Sicherheitsfachkraft) im Betrieb ist.

Oberster Grundsatz bei einem Unfall: Ruhe bewahren!
Jeder Unfall muss unverzüglich dem Abteilungsleiter oder dem für die Sicherheit zuständigen Mitarbeiter im Unternehmen (Sicherheitsingenieur, Sicherheitstechniker oder Sicherheitsmeister) gemeldet werden. Der Verletzte hat dem Betrieb jede Verletzung unverzüglich zu melden. Ist er hierzu nicht imstande, hat die Meldepflicht der Betriebsangehörige, der zuerst von dem Unfall erfährt.

Auch anscheinend geringfügige Unfälle sind zu melden, eventuell später auftretende Komplikationen werden sonst nicht als Arbeitsunfall anerkannt.

Behandlung von Verletzten
Der betriebliche Sicherheitsbeauftragte hat bei größeren Verletzungen das Recht und die Pflicht, den Verletzten zu einem Unfallarzt zu schicken bzw. diesen zu verständigen. Der Verletzte muss den Anordnungen des Unternehmers, eines Beauftragten oder des Ersthelfers – besonders der Anordnung, sich in eine ärztliche Behandlung zu begeben – Folge leisten (Erste Hilfe § 9).

Wahl des Arztes
Wenn die Berufsgenossenschaft oder in ihrem Auftrag der Unternehmer dem Verletzten aufgibt, bestimmte Ärzte oder bestimmte Krankenhäuser zur Behandlung oder zur Feststellung der Notwendigkeit einer solchen in Anspruch zu nehmen, ist der Verletzte verpflichtet, dem zu entsprechen (Erste Hilfe § 10).

Bestimmte Verletzungsarten
Hat die Berufsgenossenschaft angeordnet, dass Verletzte bei bestimmten Verletzungsarten durch bestimmte Ärzte oder Krankenhäuser behandelt werden sollen, sind die Verletzten verpflichtet, diesen Anordnungen nachzukommen, wenn sie durch den Unternehmer, den Ersthelfer, den behandelnden Arzt oder die Krankenkasse darauf hingewiesen werden (Erste Hilfe § 11).

Spezielle Sicherheitshinweise für den Drucker in der täglichen Praxis

- Einschalten der Maschine
  Jeder, der eine Arbeitsmaschine einrückt oder bewegt hat darauf zu achten, dass niemand gefährdet wird. Dies gilt besonders, wenn mehrere Personen an der Maschine beschäftigt sind.
- Benutzung von Sperrschaltern
  An Maschinen und Anlagen, deren Bauart und Umfang die gegenseitige Verständigung der an ihnen beschäftigten Personen erschweren, ist vor allen Arbeiten im Gefahrenbereich der Maschine die Sperrvorrichtung zu bestätigen.
  Vor jedem Einrücken ist rechtzeitig die Signaleinrichtung zu betätigen – soweit dies nicht automatisch geschieht.
  Maschinen dürfen nur von einer damit beauftragten Person in Gang gesetzt werden.
- Rüsten der Druckmaschine, Wartung, Störungen
  Wenn zum Einrichten, zur Wartung oder zum Beheben von Störungen Arbeiten innerhalb der laufenden Druckmaschine erforderlich sind, darf sie nur von Hand oder über einen Vorrückschalter (Taster) in Gang gesetzt werden.
- Vorrückschalter
  Wenn der Vorrückschalter außerhalb der Reichweite liegt, oder wenn mehrere Personen gleichzeitig an der Maschine arbeiten, so ist ein Beauftragter an einem Schalter aufzustellen, von dem aus er alle Arbeiten beobachten und die Maschine sofort stillsetzen kann.
- Reinigen von Walzen und Zylindern
  Zum Reinigen von Walzen und Zylindern innerhalb der Druckmaschinen darf die Maschine, wenn keine besondere Wascheinrichtung vorhanden ist, nur von Hand oder durch Vorrückschalter (Taster) bewegt werden.
- Arbeiten an Walzen und Zylindern
  An Zylindern und Walzen darf nur bei stillstehender Druckmaschine gearbeitet werden. Wenn dies nicht möglich ist, darf die Maschine nur mit Vorrückschalter (Taster) bewegt werden, und es darf nur an den jeweiligen Ausläufen gearbeitet werden. Lappen, Schwämme und dgl. sind so zu halten, dass sie von bewegten Maschinenteilen nicht erfasst werden können.
- Nachfeuchten an Offsetdruckmaschinen
  Das Nachfeuchten von Hand darf nur am Duktor des Feuchtwerkes außerhalb bewegter Maschinenteile erfolgen.
- Aufbewahren von gefährlichen Stoffen:
  Leicht entzündliche, explosive, giftige und ätzende Stoffe dürfen nur in geeigneten Behältern an sicheren Stellen unter Verschluss aufbewahrt werden.
  Für giftige und ätzende Stoffe, die in den Arbeitsstätten verwendet werden, sind Gefäße zu benutzen, deren Form und Aussehen ein Verwechseln mit Trinkgefäßen ausschließt. Durch eine eindeutige Aufschrift ist die Art des Inhalts anzugeben.
- Aufbewahren von Putzlappen
  Das Anhäufen von gebrauchtem Putzmaterial, von selbstentzündlichen und feuergefährlichen Abfällen in den Arbeitsräumen ist verboten.
  Zum vorübergehenden Aufbewahren sind nicht brennbare Behälter mit dicht schließendem Deckel aufzustellen und die Inhalte eindeutig kenntlich zu machen. Diese dürfen in feuer- und explosionsgefährdeten Räumen nicht aufgestellt werden.

12.2 Statische Elektrizität

Die Elektrostatik ist unsichtbar, aber jeder Mensch kennt sie. Dem menschlichen Auge bleibt die Existenz statischer Elektrizität verborgen. Es erkennt sie tatsächlich erst, wenn sie sich entlädt. Das „ping“ beim Griff an eine Türklinke, das Knistern des seidenen Unterrocks, die Papierschnipsel, die ein Stück geriebener Bernstein anzieht, all das sind harmlose Beispiele des gleichen Phänomens.

Was ist statische Elektrizität?
Die erste uns bekannte Beschreibung der statischen Elektrizität geht auf die Antike zurück, denn schon um 640 v. Chr. beobachtete der griechische Naturphilosoph *Thales von Milet*, wie ein durch ein Tuch geriebener Bernstein kleine, leichte und elektrisch nichtleitende Teilchen anzog. Diesen Phänomen und den in der Folge durchgeführten Experimenten verdankt die statische Elektrizität ihren Namen – denn: Bernstein heißt auf griechisch Elektron.

Daraus leiten sich heutige Begriffe dieses Phänomens ab: Elektrostatik - ruhende Elektrizität

1733 entdeckte *Charles F. Du Fay*, dass es zwei Sorten von Elektrizität gibt, welche später aufgrund eines Vorschlages von Lichtenberg im Jahre 1778 als positiv und negativ unterschieden wurden.

Elektrostatik und Gesundheit
In Kurorten wird seit Jahrzehnten das Einatmen der negativ geladenen Wasser-Aerosole ärztlich empfohlen (Wasserfall-Elektrizität). Die Entdeckung dieser positiven Wirkung geht zurück auf den Naturforscher *J. G. Tralles*, 1790.

Elektrostatik in der Natur
Auch der Blitz bei einem Gewitter ist ein elektrostatisches Phänomen. Hier wird jedoch schon deutlicher, welch gewaltige Kräfte bei elektrostatischen Vorgängen eine Rolle spielen können.

Dass mit Elektrostatik nicht zu spaßen ist, zeigen immer wieder Nachrichten von Unfällen an Silos oder Anlagen, die z.B. durch Staubexplosionen hervorgerufen wurden. Sogar Wasserstaub kann zu höchst gefährlichen Aufladungen angeregt werden. Das erfuhr die Öffentlichkeit vor einigen Jahren bei der Explosion von drei Öltankern. Zur Reinigung der Ölreste wurden die leeren Tanks mit einem Seewasserdruckstrahl ausgesprüht: Druck 10 bar, Austrittsgeschwindigkeit an der Düse 40 m/s, Wassermenge 180 m^3/h. Das versprühte Wasser bewirkte eine sehr hohe Raumaufladung und es kam zur Zündung der Gase im Inneren des Tanks. Die Folge: Einer der Öltanker sank.

Elektrostatik und Druckindustrie
Statische Elektrizität zählt in der Druckindustrie zu den physikalischen Phänomenen, die einen qualitäts- und leistungshemmenden Einfluss auf den Produktionsablauf ausüben können. Es ist aus diesem Grunde dringend erforderlich, dass spezielle Unternehmen an einer Abklärung der Zusammenhänge arbeiten und technische Lösungen anbieten. So lässt sich durch geeignete Maßnahmen einem möglichen Übel begegnen. Nur so sind die rein technisch-mechanischen Leistungen der Produktionssystems in der Druck- und Verarbeitungsindustrie voll auszuschöpfen.

Die doppelte Rolle der Elektrostatik
Bei der Verarbeitung von Materialien, die in irgendeiner Form isolierend wirken, z. B. Papier, Textilien, Glas, Holz, Chemikalien und Kunststoffe, sind elektrostatische Reaktionen fast unvermeidlich.

Sie entstehen vor allem dort, wo solche Stoffe zusammengefügt, getrennt, verbunden, verpresst, verklebt, verschweißt und in anderer Form bearbeitet werden.

Insbesondere leichtgewichtige Materialien mit hohen Isolationswerten stellen Hersteller und Verarbeiter oft vor fast unlösbare Probleme. In der Kunststoffindustrie geht deshalb heute nichts mehr ohne Know-how der Elektrostatik.

Aber es sind nicht nur die Materialien, es ist auch die Energie, mit der die Stoffe bewegt werden – seien sie fest, flüssig, gasförmig oder pulverig. Je höher die Geschwindigkeit ist, desto problematischer auch die elektrostatischen Aufladungen.

In einer von Hochleistung und Kostendruck bestimmten Produktion müssen aber immer größere Materialmengen immer schneller bewältigt werden. Als Folge erhöhen sich automatisch Störungen und Gefahren, die durch elektrostatische Aufladungen entstehen.

Elektrostatisch aneinander haftendes Material ist nur ein Beispiel dafür – in der Druckerei durchaus keine Seltenheit. Es macht sich an Bogen-Druckmaschinen dadurch störend bemerkbar, dass die einzelnen Bogen gar nicht oder nur unter größten Schwierigkeiten vom An- und Ausleger verarbeitet werden können und frische Drucke selbst dann ablegen, wenn ausreichend bestäubt wurde. Obwohl sich vom Grammgewicht eines Bedruckstoffes keine direkte Einflussnahme auf die statische Aufladung ableiten lässt, treten Erscheinungen dieser Art überwiegend bei leichtgewichtigen Papieren und Papieren mit glatter Oberfläche auf.

Dies erklärt sich daraus, dass Bedruckstoffe mit geringem Flächengewicht an Eigenstabilität verlieren und bereits eine geringe Abweichung vom elektrisch neutralen Zustand ausreicht, um Störungen hervorzurufen.

Das ist aber nur die eine Seite der statischen Elektrizität – und zwar die störende.
In all diesen Fällen muss Elektrostatik kontrolliert und beseitigt werden, bevor sie Schaden anrichten kann.

Elektrostatik hat aber auch ein anderes Gesicht – ein nützliches.
Sie kann aber auch in verschiedensten Fertigungsbereichen kreativ und produktiv eingesetzt werden, wenn man ihre Gesetzmäßigkeiten kennt.

In der Druckindustie und bei der Folienproduktion sind manche Arbeitsbereiche nur durch den gezielten Einsatz elektrostatischer Technologien funktionsfähig. Hohe Geschwindigkeiten der Druckmaschinen haben zu längeren Trocknern geführt. Da der Siedepunkt von Wasser geringer ist als der eingesetzter Lösemittel, wird nicht (nur!) die Druckfarbe „ausgetrocknet", sondern der Papierbahn auch die natürliche Feuchtigkeit entzogen. Dadurch wird die Faserstruktur des Papiers geschwächt und es besteht die Gefahr einer Wellenbildung. Dem kann durch eine Wiederbefeuchtung entgegengewirkt werden.

Kreativ angewandte Elektrostatik bietet in diesem Fall die optimale Lösung:

- Erstens wird die laminare Luftschicht, die sich bei schnelllaufenden Bahnen bildet, durchdrungen und
- zweitens wird der Feuchtigkeitsnebel durch das elektrostatische Feld gleichmäßig und tief in das trockene Papier „gezogen". Damit ist der für eine störungsfreie Weiterverarbeitung erforderliche Feuchtigkeitsgehalt und eine normale Gleichgewichtsfeuchte (vgl. Klima als Zusammenwirken von Temperatur und Luftfeuchtigkeit auf Material) wieder erreicht.

Unkontrollierte Aufladung unter der Lupe
An elektrostatischen Vorgängen sind die kleinsten Bausteine der Materie beteiligt:

- Atome und Elektronen.

Vor einer Aufladung ist die Menge der Protonen (+) im Kern und der Elektronen (-) in der Hülle gleich groß. Das Atom erscheint nach außen neutral. Durch verschiedene Vorgänge, zum Beispiel Kontakt und plötzliche Trennung zweier Grenzschichten, springen die kleinsten Ladungsteilchen (Elektronen) von einem Körper auf den anderen Körper über.

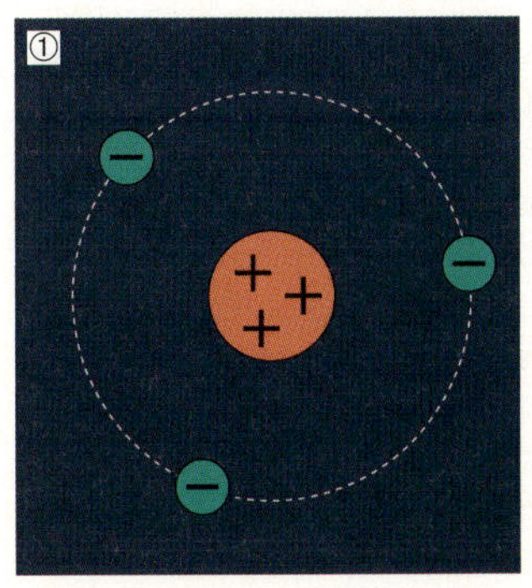

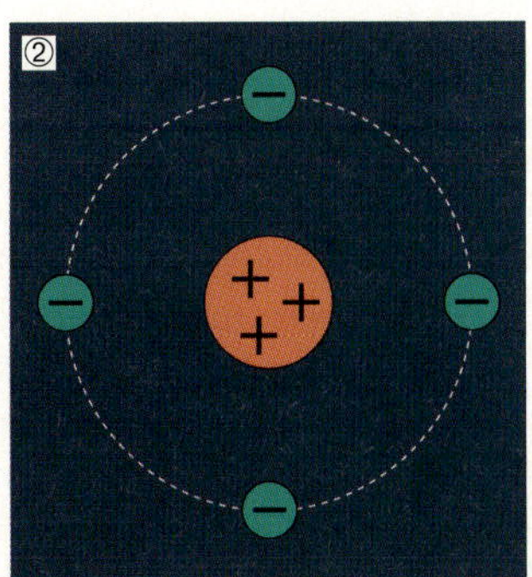

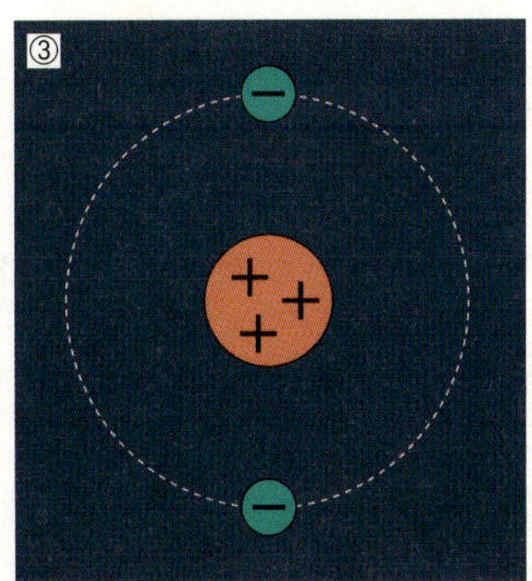

① elektrisch neutral
② negativ geladen
③ positiv geladen

Dieser Zustand, in dem der neutrale Zustand aus dem Gleichgewicht gerät, nennt man Aufladung. Ist die Anzahl der Elektronen (-) größer als die der Protonen (+), ist das Atom negativ geladen.

Ist die Zahl der Elektronen dagegen kleiner als die der Protonen, ist das Atom positiv geladen. Einer der beiden Körper muss ein Kondensator sein, d. h. ein isolierter Körper, der sich elektrostatisch aufladen und wieder entladen kann. Beispielsweise ist dies eine Kunststoffbahn, die abgewickelt wird.

Nicht im neutralen Zustand befindliche Atome und Moleküle oder sonstige Ladungsträger im molekularen Bereich werden als Ionen bezeichnet (die positiven Kationen, die negativen Anionen).

Statische Elektrizität ist eine elektrische Ladung in Ruhe, d. h. es ist kein geschlossener Stromkreis vorhanden. Sie ist meistens nur in einem Nichtleiter vorhanden, da in diesen Ladungen nicht oder nur äußerst schwer transportiert werden können (dies kann aber auch in einem isoliert aufgestellten Leiter wirksam sein). Die Weiterführung ist die Elektrodynamik, deren Gesetze Zusammenhänge bei bewegten Ladungen aufzeigen.

Aufladung - unsichtbar aber vorhanden
Die am häufigsten wirksame Form der unerwünschten Aufladung ist die Kontaktaufladung. An ihr sind

mindestens zwei stoffliche Körper beteiligt, deren Grenzschichten miteinander Kontakt haben – in den folgenden Beispielen die Oberflächen der Kunststofffolie.

Beim Abwickeln mit hoher Geschwindigkeit werden die Folienoberflächen plötzlich und mit hoher Geschwindigkeit voneinander getrennt. Dabei vollzieht sich der beschriebene Vorgang – die Kunststofffolie wird aufgeladen.

Obwohl es sich dabei um verhältnismäßig schwache Ströme handelt, können Spannungen bis zu einigen Millionen Volt auftreten.

Auch wenn zwischen Berührung und Trennung oft nur der Bruchteil einer Sekunde vergeht:

- Die „Relaxation“, das heißt die Entladung, kann Tage dauern.
- Sicher ist: Eine Entladung muss stattfinden. Denn von der Aufladung geht eine Kraft aus, die darauf zielt, den Urzustand der Atome, die Neutralität, wiederherzustellen. Um dieses Ziel zu erreichen, muss ein Ladungsausgleich erfolgen.

Unerwünschte elektrostatische Ladungen sind immer störend und können Herstellungsprozesse beeinträchtigen. Andererseits können kontrollierte und zielgerichtet angewandte elektrostatische Ladungen Produktionsverfahren verbessern, indem die elektrostatischen Eigenschaften nutzbringend eingesetzt werden.

Entladung - falsch oder richtig

Ohne elektrostatische Systemtechnik kann folgendes passieren:

Die statische Hochspannung wird auf einem Isolator (z.B. einer Kunststofffolie) „gefangen gehalten“, weil kein elektrisch leitfähiger Ableiter zur Verfügung steht.

Eine falsche Entladung bedeutet: Ein Mitarbeiter kommt in die Nähe der Kunststofffolie und bekommt „eins gewischt“. Oder die Folie entlädt sich an einem Teil der Anlage. Beides sind unerwünschte Entladungen. Wird die Folie weder berührt noch die Aufladung rechtzeitig erkannt und eliminiert, resultiert daraus eine Ladungsverschleppung – eine permanente Gefahr für Mitarbeiter und Produktionsanlagen.

Mit elektrostatischer Systemtechnik wird jedes Risiko ausgeschaltet:
Bei der richtigen Entladung wird die elektrostatische Aufladung der Kunststofffolie kurz nach dem Entstehen beseitigt. Das Material wird an den Elektroden

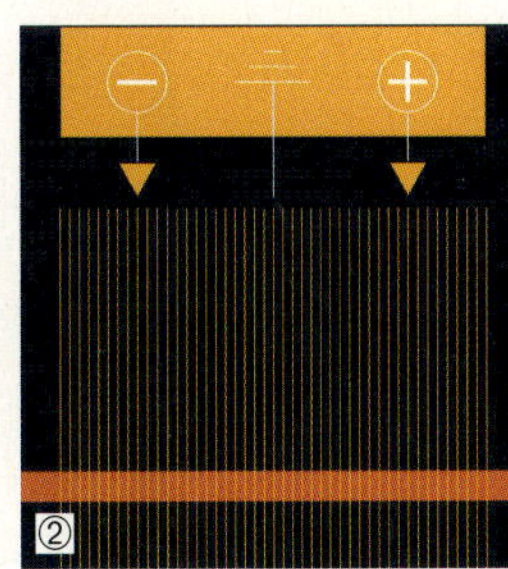

① falsche Entladung
② richtige Entladung

vorbeigeführt, die die Luft mit positiv oder negativ geladenen Ionen füllen. Diese Ionen neutralisieren die Ladung auf dem Trägermaterial und verhindern so eine spontane und unkontrollierte Entladungen.

Folgende Bedingungen begünstigen unkontrollierte elektrostatische Entladungen:

- Produkte mit geringer Feuchte,
- Räume mit niedriger Raumfeuchte,
- elektrostatisch aufladbare Materialien,
- eine hohe Kontaktzahl,
  d. h. viele Möglichkeiten, sich aufzuladen, z. B. durch Schlupf an Materialbahnen, di-elektrische Flüssigkeiten an Rohrkrümmern oder Reibung an glatten Oberflächen.

Messen

Grundlage jeder Maßnahme zur Eliminierung elektrostatischer Aufladung ist das Messen unerwünschter Elektrostatik (einschließlich Hochspannung, elektrische Felder und hohe Widerstände in Verbindung mit Ladungsträgern) z. B. durch Influenz-Feldmessgeräte der Fa. Eltex Elektrostatik.

Eine Hochohmmessung ist unerlässlich für die Sicherheitsprüfung. Eine exakte Messung des Ableitwiderstandes dient der Qualitätskontrolle, der Qualitätssicherung sowie der Einhaltung genormter Eigenschaften von Werkstoffen.

Kontrollieren

Ebenso wie das Messen ist geeignete Kontrolle elektrostatischer Systeme, für die je nach Anwendungsbereich vielfältige Lösungen gibt.

Aufladen

Die durch kontrollierte elektrostatische Aufladung zu erzielende Haftwirkung ist die ideale Lösung für viele Prozesse der Produktion und Verarbeitung.

Ein bekanntes Unternehmen, das die gesamte Palette elektrostatischer Systeme konzipiert und liefert, ist die Eltex-Elektrostatik-Gesellschaft.

Entladen

Gezielte Entladung sorgt für problemloses Gleiten, optimale Verdruckbarkeit oder kantengenaues Abstapeln. Trotz geerdeter Maschinengestelle kommt es – z.B. durch Kontakt und Trennung – zu elektrostatischen Aufladungen, die allein durch Erdung nicht

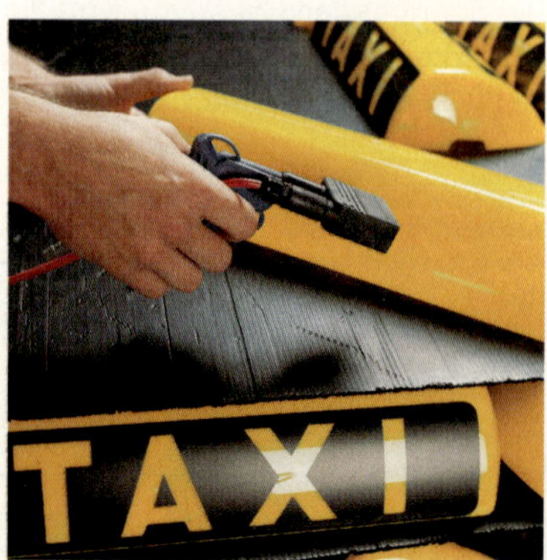

Entladung verhindert beim Bedrucken von Kunststoffteilen ein nicht erwünschtes Anhaften von Staubpartikeln auf der Oberfläche.

abgeleitet werden können. Für solche Fälle hat Eltex Systeme entwickelt, bei denen aktive und passive Entladung miteinander gekoppelt sind und die deshalb die gestellte Aufgabe sicher und effektiv erfüllen.

Funktionsweise: Zwischen Elektroden und geladener Oberfläche (z.B. schnelllaufende Produktbahnen) wird mittels Luftionisation eine leitfähige Luftstrecke aus positiv und negativ geladenen Teilchen erzeugt. Durch die passive Entladung werden hohe Spannungsspitzen abgebaut. Die aktive lonenproduktion sorgt für den Ausgleich von Restladungen.

Elektrostatische Aufladung sorgt in der Druckweiterverarbeitung für formstabile Stapel nach dem Kreuzausleger.

Die gleichen Effekte, die durch unerwünschte Aufladung bewirkt werden, können in manchen Bereichen durchaus erwünscht sein. Ungleich aufgeladene Papiere oder Kunststoffe beispielsweise „verkleben" förmlich miteinander. Elektrostatische Technik setzt diesen Mechanismus gezielt zum vorübergehenden elektrostatischen „Kleben", Verblocken oder Haften bestimmter Materialien ein.

Diese elektrostatische Art der Verbindung ist bei vielen Materialien anwendbar, hinterlässt keinerlei Spuren, bleibt stabil für die Dauer des jeweiligen Arbeitsprozesses und lässt sich anschließend entweder durch gezielte Entladung lösen oder verliert nach einer gewissen Zeit von selbst ihre Wirksamkeit.

Kostensenkende Leistungssteigerung

Der Einsatz elektrostatischer Systemtechnik reduziert Ausfall- und Maschlnenstillstandszeiten von Produktionsanlagen auf ein Minimum.

In vielen Fällen ist dadurch eine wesentlich höhere Produktionsgeschwindigkeit zu erreichen. Faktoren, die zu optimaler Auslastung von Produktionsanlagen und zu einem günstigeren Kosten-Nutzen-Verhältnis führen. Ebenfalls eine Tatsache, die sich auf die Konkurrenzfähigkeit von Unternehmen auf internationalen Märkten auswirken kann.

Beispiele zur Reduzierung des Energie- und Materialverbrauchs:

Wenn

- durch Elektrostatik im Tiefdruck ein optimales Entleerungsverhalten der Farbnäpfchen bei gleichzeitiger Presseurliniendruckreduzierung erzielt wird.

- durch gezielte Aufladung die Kunststofffolie nach dem Austritt aus der Breitschlitzdüse glatt und fast ohne „Neck-in" über die Kühlwalze läuft.
- in der Siebdruckerei das Sieb weniger oft gereinigt werden muss.
- im Rollen-Offsetdruck die Leistung der Kühlwalzen effektiver genutzt wird.

Aus unternehmerischer Sicht heißt dies:
- Verringerung der Anlaufproduktion,
- Vermeidung von Maschinenstillstand,
- Vermeidung von Fehlproduktion,
- Vermeidung von Ausschuss,
- Verminderung von Makulatur,
- Einsparung an Produktionszeit,
- Einsparung an Energiekosten,
- Einsparung an Druckfarbe,
- Einsparung an Papier und anderen Bedruckstoffen,
- Einsparung an Reinigungs- und Lösungsmitteln.

Ökologische Produktion und Verpackung, Erhöhung der Sicherheit
„Elektrostatisch komprimierte Verpackung" ist eine Neuheit in der Verpackungsindustrie. Das Packgut

wird vor der Verpackung elektrostatisch zusammengepresst, so dass das Produkt ein geringeres Raumvolumen einnimmt. Das heißt, dass weniger Verpackung benötigt wird oder eine vorhandene Verpackung wirtschaftlicher genutzt werden kann – ein Vorteil für die Umwelt, den Einzelhändler und nicht zuletzt auch für Verbraucher.

Alle Einsparungen haben natürlich eine Wirkung auf Umwelt und Kosten: Was nicht unnötigerweise verbraucht wird, kann nicht als „Abfall" die Umwelt und nicht als Kostenfaktor den Entsorgungsetat belasten. Auch der schonende Umgang mit Energie und Ressourcen ist sowohl unter Kosten- als auch unter Umweltgesichtspunkten zu werten. Nicht benötigte Verpackung braucht später auch nicht entsorgt zu werden. Die Kosten für Entsorgung von Feststoffen und Recycling werden so auf ein Minimum reduziert. Damit ist jedem gedient.

Elektrostatische Systemtechnik ist eine Investition in Unfall- und Schadensvermeidung. In EX-gefährdeten Räumen sind elektrostatische Sicherheitsmaßnahmen unerlässlich, um das Personal und die Produktionsanlagen vor unerwünschter Auf- oder Entladung zu schützen – beides hätte verheerende Folgen.

Beim Um- und Abfüllen explosionsgefährdeter Stoffe übernimmt beispielsweise die Eltex Technik wichtige Sicherheitsfunktionen und schaltet einen „menschlichen Irrtum" aus. Die Sicherheit spielt natürlich auch bei der Konzeption und dem Design aller Geräte eine zentrale Rolle: Die Systemtechnik für das Messen, Kontrollieren, Aufladen und Entladen ist nach den Gesichtspunkten der Bedienungs-, Funktions- und Produktionssicherheit ausgelegt.

Beispiel aus der Praxis
- Druckunterstützung

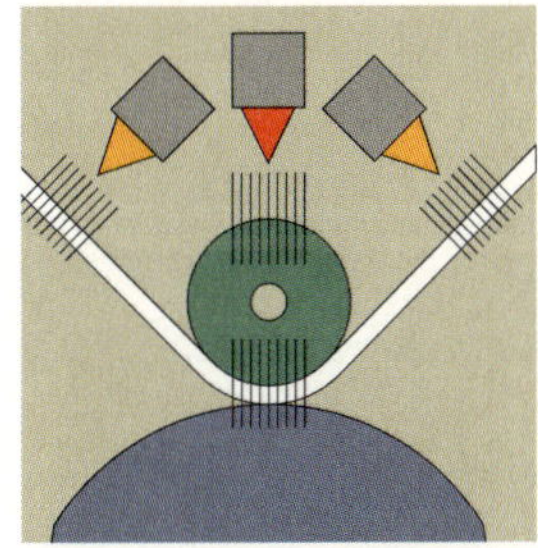

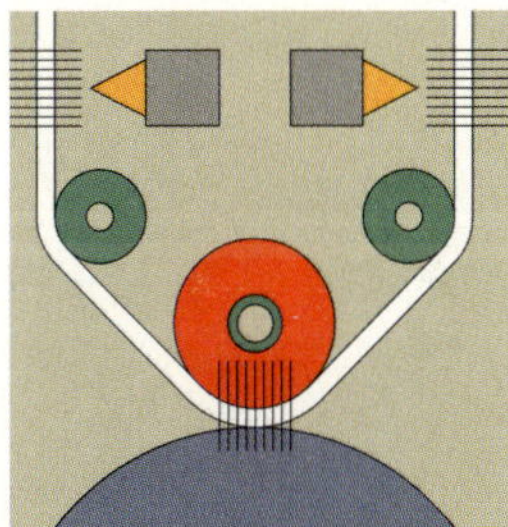

Elektrostatische Druckhilfe für den Tiefdruck garantiert eine Missing-dot-freie Druckqualität

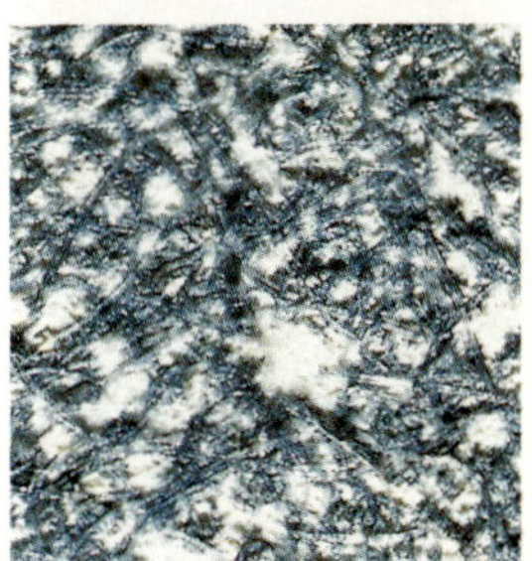

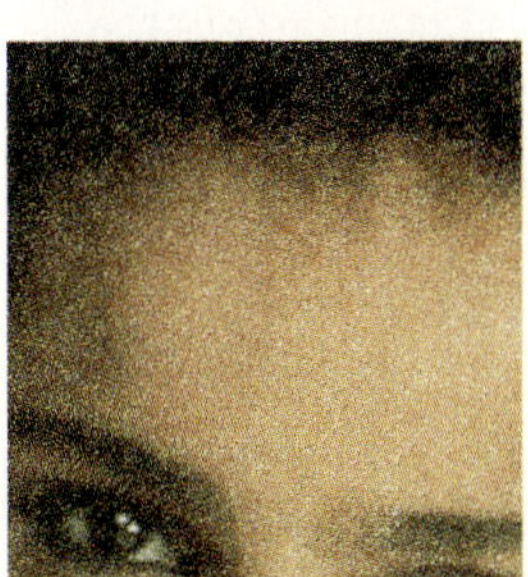

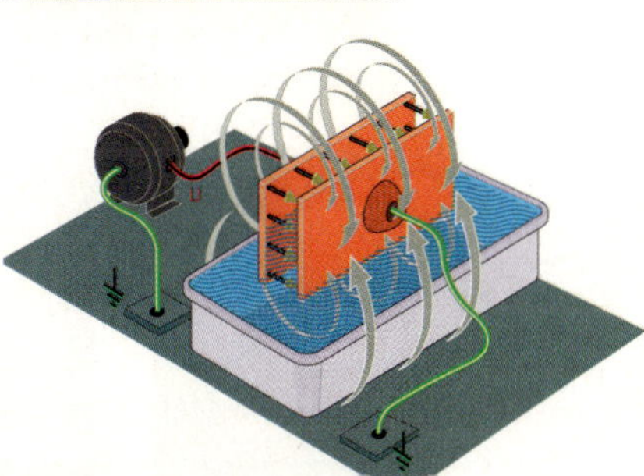

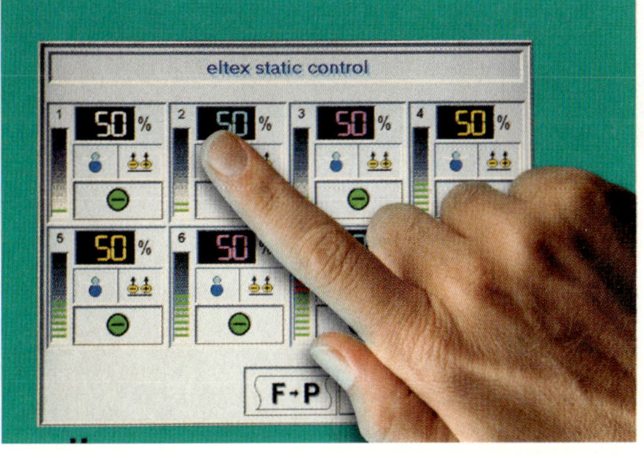

• Wiederbefeuchtung
Als Folge des Trocknungsprozesses, der im Rollen-Offsetdruck mit Heatset-Druckfarben sowie im Digitaldruck erforderlich ist, gestaltet sich die Weiterverarbeitung des trockenen Papiers äußerst schwierig. Auch eine nach der Weiterverarbeitung anwachsende Gleichgewichtsfeuchte kann die Planlage und die Dimension des geschnittenen Produkts beeinflussen.

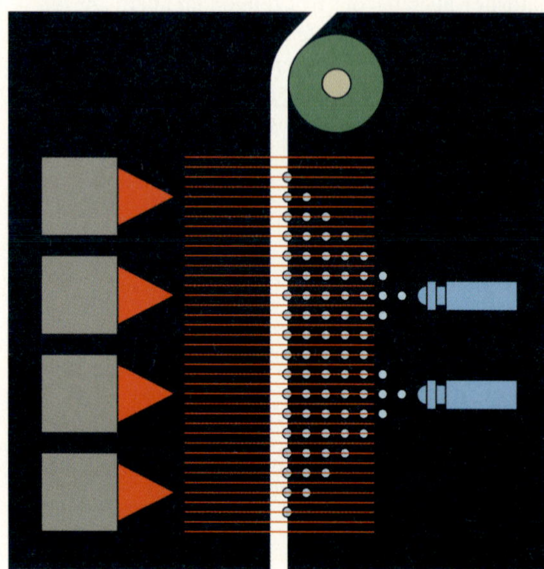

Durch elektrostatische Wiederbefeuchtung kann dieser Effekt ausgeschlossen werden. Mikro-Wassertröpfchen überwinden die Luftgrenzschicht auf den Papierseiten und dringen in die Faserstruktur ein. (Hersteller solcher Systeme sind unter anderem Eltex und Weko)

• Luftspaltreduzierung
Eltex Chill-Tack reduziert den Luftspalt zwischen Papierbahn und Kühlwalze und sorgt so für bessere

Wärmeübergang. Nutzen: Verhinderung von Kondensatbildung, effektivere Kühlung der Papierbahn, höhere Maschinengeschwindigkeit, gleichbleibende Druckqualität, verringerter Energieeinsatz.

• Papierstranghaftung
Die elektrostatische Papierstranghaftung beseitigt Probleme im Falzapparat wie Schnittdifferenzen und

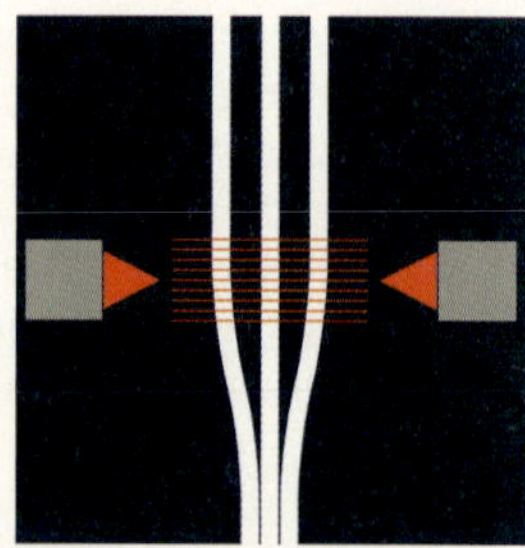

umgeschlagene Ecken durch elektrostatische Verblockung der Stränge vor dem Querschneiden.

• Stapelverblockung
Produktstapel können bei der Umschichtung vom Kreuzleger zum Palettierapparat leicht verrutschen. Mit dem Cross-Technik-System (Eltex) werden die Stapel durch eine selektive Aufladung verblockt so bald sie den Kreuzleger verlassen. Selbst bei Drehungen bleiben die Stapel so kantengenau und fest verblockt.

Weitere Beispiele zu elektrostatischen Problemen in der Druckerei

Statische Elektrizität kann zahlreiche Ursachen, Erscheinungen und Auswirkungen haben. An Bogen- und Rollen-Druckmaschinen sind in erster Linie nachfolgende Beobachtungen zu machen, die sich in Verbindung mit statischer Elektrizität bringen lassen:

• Aufladung durch Influenz

Jeder aufgeladene Körper setzt seine Umgebung in einen besonderen Zustand, den der Physiker als das „elektrische Feld“ bezeichnet. Der Drucker kennt das elektrische Feld beispielsweise von einer Rotation her. Geht er unter einer Papierbahn hindurch, können ihm im wahrsten Sinne des Wortes die Haare zu Berge stehen. Hält sich eine Person "längere Zeit“ in einem elektrischen Feld auf, so kann sie sich durch Influenz aufladen. Unter Influenz versteht man die Tatsache, dass die elektrostatischen Aufladungen nicht bedingt durch Berührung mit einem Ladungsträger erfolgt.

Durch Anfassen von geerdeten Maschinenteilen, Türgriffen usw., entlädt sich die betreffende Person spürbar - und zwar durch mehr oder weniger starke „Schläge“.

Das Problem, dass Mitarbeiter Ladungen verschleppen können, stellt beim Eintritt in explosionsgefährdete Bereiche ein großes Gefahrenmoment dar. Druckwerkbrände im Tiefdruck können sehr wohl auf Ladungsverschleppung von Personen zurückzuführen sein, die sich beim Anfassen von Maschinenteilen entladen.

• Transportprobleme

Bedingt durch Aufladungserscheinungen, werden die einzelnen Bogen durch den Anleger vom Stapel nicht sachgemäß gelockert und angesaugt. Es ist hierdurch möglich, dass mehrere Bogen gleichzeitig angesaugt und auf den Anlegetisch transportiert werden. Außerdem kann sich bei Schuppenanlegern die Situation einstellen, dass die Bogen an der Hinterkante zwar ordnungsgemäß angesaugt werden, aber gleichwohl jeweils ein oder mehrere Bogen auf den Anlegetisch transportiert werden, da der angesaugte Bogen an der Vorderkante durch die Blasluft nicht ausreichend vereinzelt wurde.

Mit zunehmender Druckleistung erhöht sich die Wahrscheinlichkeit solcher Erscheinungen, da sich die Zeit, in der die Blasluft einwirkt, entsprechend verkürzt. Ferner ist bekannt, dass sich die elektrostatische Aufladung mit zunehmender Trenngeschwindigkeit erhöht (größere Zahl der Trennvorgänge pro Zeiteinheit).

Zuverlässig können Erschwerungen dieser Art mit Entladesystemen, z.B. durch Einblasen von ionisierter Luft, behoben werden. Das elektrostatisch bedingte „Zusammenkleben“ der Bogen wird verhindert; die Bogen lassen sich einwandfrei ansaugen und auf den Anlegetisch transportieren.

• Kleben der Bogen auf dem Anlegetisch

Elektrostatische Aufladung liegt dann vor, wenn die Bogen auf dem Anlegetisch „kleben“ bleiben, schräg laufen und verzögert in die Anlage laufen. Die Wegzeiten (Intervall der Bogenzuführung) stimmen nicht mehr, was zu Stoppern führt.

Passerdifferenzen, Dublierererscheinungen, Falten und Rollneigung des Papieres können ihre Ursache ebenfalls in der statischen Elektrizität haben, denn durch den Kontakt mit dem Anlagetisch, mit Rollen und Bändern und durch die Überlappung der Bogen laden sich diese unter Umständen beträchtlich auf.

Um auch eine Entladung der Bogenunterseite zu erreichen – Ionen wirken nämlich nicht durch einen Nichtleiter hindurch – werden in den Anlagetisch definiert angeordnete Ionendurchlässe angebracht, so dass die Ionen auch hier wirksam werden können.

Die Anordnung von Entladesystemen vor dem Einlauf des Bogens in das Druckwerk erhöht zudem die Passergenauigkeit, vermindert die Gefahr von Dublierererscheinungen (der Bogen „klatscht“ nicht schon vor Erreichen der Druckzone an den Gummi) und Faltenbildungen, wirkt der Rolltendenz des Papiers entgegen und erleichtert die Übergabe des Bogens in den Druckwerken und in die Auslage.

• Gummituch

Da Gummi ein schlechter Leiter ist, laden sich Bedruckstoffe durch den Kontakt mit dem Gummituch im Offsetdruck gern auf, die Übergabe der Bogen durch die einzelnen Druckwerke kann gestört sein.

• Auslage

Die Folgen elektrostatischer Aufladungen in der Auslage sind vielfaltig. Wenn selbst bei angestellten Bogengeradestoßern und anderen geeigneten Maßnahmen kein kantengenauer Stapel erreicht werden kann, ist anzunehmen, dass statische Elektrizität die Ursache ist. Elektrostatisch aufgeladene Bogen fallen in die Auslage, ziehen sich je nach Polarität derart gegenseitig an, dass sie durch die Aufstoßvorrichtung nicht mehr bewegt werden können.

Sind die Bogen gleichnamig aufgeladen, so haben sie das Bestreben sich gegenseitig abzustoßen. In der Auslage führt dieser Zustand zu einem Schweben der Bogen, sie sinken danach zu langsam ab. Die Folge davon kann eine Beschädigung des nachfolgenden Greifersystems sein.

• Ablegen - eine Folge von statischer Elektrizität

Elektrostatisch aufgeladenes Papier kann die Ursache für Ablegeerscheinungen sein. Gründe dafür gibt es mehrere. Wie bereits gesagt, können elektrostatisch aufgeladene Bogen in der Auslage dermaßen zusammenkleben, dass sie von den Geradestoßern überhaupt nicht oder nur noch an den Kanten bewegt werden können. Diese Umstände begünstigen das Ablegen oder rufen es hervor.

Durch das gegenseitige Anziehen der Bogen wird das trennende Luftkissen zwischen den Bogen augenblicklich herausgedrückt, wodurch eine Sauerstoffaufnahme des Bindemittels der Druckfarbe zumindest verzögert wird. Um ein Ablegen oder Kleben zu vermeiden, werden kleinere Stapel gefahren oder/ und die Bestäubung erhöht, wobei das größere Puderangebot jedoch keine Garantie für einen sauberen Druck ist. Der diesbezügliche Zusammenhang ist so zu sehen: Bedruckstoffe jeder Art wie Papier, Karton oder Kunststoffe

- können sich positiv oder negativ aufladen,
- können auf der Ober- und Unterseite – oder sogar willkürlich nebeneinander – Ladungen verschiedener Vorzeichens aufweisen. d.h. positiv oder negativ sein.

Als Beispiel ist vorauszusetzen, dass die Oberseite des bedruckten Materials negativ aufgeladen ist. Bestäubungspuder ist auch aufgeladen, denn durch die Turbulenz im Glas und in den Zuleitungen wird Reibungselektrizität erzeugt. Nehmen wir nun wiederum eine negative Aufladung an - also gleichnamig wie der Druckträger -, so kann der Puder gar nicht in dem Maße angezogen und festgehalten werden, wie dies für einen einwandfreien Bestäubungsvorgangs erforderlich ist, weil gleichnamige Ladungen das Bestreben haben, sich gegenseitig abzustoßen.

Die Folgen hiervon sind jedem Fachmann hinreichend bekannt: Eine „weiße" Druckmaschine und eine „weiße" Druckerei.

Nur auf dem Bogen, wo wir den Puder benötigen, ist er unter Umständen nicht, woraus ein Ablegen oder gar Kleben resultieren kann. Selbstverständlich kann „herumfliegender" Puder noch andere Ursachen haben, denken wir nur an die Luftturbulenz, die durch bewegliche Teile, wie beispielsweise Greifersysteme, erzeugt wird.

Hier haben die Hersteller von Bestäubungsapparaten geeignete Lösungen gegen dieses „weiße" Problem entwickelt.

Da sich bei elektrostatisch aufgeladenen Materialien Ladungen beider Vorzeichen befinden können und diese zudem recht unregelmäßig verteilt sind, wird auch die Bestäubung nachteilig beeinflusst, indem entweder der Puder partiell abgestoßen wird oder sich Agglomerationen bilden.

Bei Flächendrucken kann man zuweilen „Nesterbildungen" von Bestäubungspuder beobachten. Die von den Ladungen ausgehenden Feldwirkungen beeinflussen zu dem die gesteuerte Wirkung der Düsen und dies kann selbst bei absolut neutralem Puder der Fall sein.

Partielles, von Bogen zu Bogen änderndes Ablegen sowie lagenweises Ablegen deuten auf derartige Zusammenhänge hin. Dabei müssen die abgelegten Bogen nicht etwa zuunterst liegen – es können auch die obersten eines Stapels sein.

• Gestörte Farbübertragung beim Bedrucken von Kunststoffen

Bei allen Druckverfahren treten - insbesondere beim Bedrucken von Kunststoffen - verschiedentlich Mängel betreffend der Farbübertragung zutage. Derartige Störungen stehen häufig mit statischer Elektrizität in Zusammenhang. Messtechnische Untersuchungen haben gezeigt, dass Störungen der Farbübertragung vorwiegend dann am stärksten aufzutreten scheinen, wenn der Bedruckstoff und die Druckfarbe elektrische Aufladungen gleichen Vorzeichens aufweisen (positiv – positiv oder negativ – negativ).

• Statische Elektrizität an Rollen-Rotations-Druckmaschinen

An Rollendruckmaschinen ist statische Elektrizität häufig als Störfaktor zu beobachten. Verfahrensspezifische Erscheinungsformen sind:

- Flattern, Wandern und Abriss der Papierbahnen,
- Standdifferenzen auf dem Trichter,
- Falten, unsaubere Brüche, umgeschlagene Ecken und „Herausfliegen" des inneren Teiles im Falzapparat beziehungsweise ein Verrutschen der inneren Teile,
- Farbnebel,
- starke Aufladung nach Verlassen von Trockenvorrichtungen,
- gestörte Farbübertragung insbesondere im Tief- und Flexodruck beim Bedrucken von Kunststoffen,
- Druckwerkbrände im Tiefdruck,
- keine kantengenaue Aufrollung,
- gestörte Auslage an Planoauslegern und Endlos-Rotationsdruckmaschinen.

Diese unangenehmen Begleiterscheinungen, die sicher nicht vollständig sind, lassen sich durch eine geeignete elektrostatische Systemtechnik beheben.

12.3 Betriebsbereitschaft der Druckmaschine

Jeder Betrieb muss darauf bedacht sein, die vom Kunden geforderte Qualität wirtschaftlich und damit kostengünstig zu produzieren. Eine Voraussetzung dazu ist es, einen größtmöglichen Nutzen mit den eingesetzten Maschinen, Geräten und Einrichtungen zu erzielen.

Von leistungsfähigen und dauernd einsatzbereiten Betriebsmitteln hängen wesentlich die Produktion und ein gutes Betriebsergebnis, der Gewinn, ab.

Darum muss jeder Mitarbeiter auch in eigenem Interesse bestrebt sein, durch sachgemäßen Umgang, richtige Pflege und Wartung seine Maschine produktionsbereit zu halten.

Über die Pflege und Wartung sowie alle wesentliche Bedingungen, Funktionen und Einstellungen gibt das spezifische Maschinenbuch, der „Leitfaden" für den Umgang mit der Maschine, eine umfangreiche, exakte Auskunft.

Ordnung am Arbeitsplatz

Chemikalien, Putztücher, Schwämme und besonders Werkzeuge müssen an einem festen Platz und somit jederzeit griffbereit liegen. Es ist ein Leichtes, einen gebrauchten Inbusschlüssel an seinen Platz in den Werkzeugschrank oder einem Werkzeugbrett zurückzuhängen. Ärgerlich und außerdem unwirtschaftlich ist dagegen ein ständiges Suchen nach diesem oder jenem Hilfsmittel oder Werkzeug.

Ebenso selbstverständlich muss eine ständige Grobreinigung der Maschine von Papier- oder Puderstaub, von Farbspritzern und Farbresten, von möglichem Rostansatz (Zylinder) und von Ölrückständen sein. Ölrückstände auf dem Boden oder Tritten müssen sofort wegen besonderer Unfallgefahr entfernt werden!

Maschinen und technische Einrichtungen müssen zur Sicherheit des Bedieners und zur Wirtschaftlichkeit des Systems regelmäßig gepflegt und gewartet werden. Wartungsintervalle richten sich nach den Vorgaben des Maschinenherstellers. Daneben aber auch nach dem Umfang der Maschinenausnutzung oder der Verschmutzung. Durchgeführte Wartungen sollten mit Datum und Unterschrift auf einem Kontrollblatt dokumentiert werden.

Sicherheit, Unfallverhütung
Vor einem Warten, Einstellen und Bedienen einer Druckmaschine müssen die Betriebsanleitung und Sicherheitsvorschriften gelesen und verstanden worden sein.

- Sicherheitseinrichtungen dürfen nie außer Betrieb gesetzt werden.
- Vor Wartungsarbeiten ist die Maschine wie vorgeschrieben zu sichern.
- Nach der Wartung sind alle Werkzeuge aus der Maschinen zu entfernen und alle Teile auf fachgerechten Einbau zu prüfen.
- Die Funktionen aller Sicherheitseinrichtungen sind zu überprüfen.

12.3.1 Schmierung

Eine Maschine setzt sich aus unbeweglichen und vielen beweglichen Teilen zusammen. Bei einem direkten Kontakt zweier Metalle entsteht eine sogenannte Trockenreibung, die in der Metallbearbeitung (beim Schleifen, Polieren u.a.) durchaus gewünscht ist. An allen bewegenden Maschinenteilen ist eine Trockenreibung jedoch unerwünscht. Durch Reibung verlieren die sich berührenden beweglich gelagerten Teile einen Teil der ihnen zugeführten Energie, es entsteht Wärme, die die Maschinenteile schädigt oder sogar aneinander festfressen lässt.

Mit Hilfe von Schmiermitteln, speziellen Fetten und Ölen, sollen diese Reibungen in ein Gleiten umgewandelt werden, denn die Fette und Öle umschließen die Metallteile mit einem feinen Fettfilm, der Reibungswiderstände verringert bzw. ausschaltet. Die Reibung verbraucht aber nicht nur Kraft, sie ist auch die Hauptursache für die Abnutzung der Maschinenteile.

Für die Schmierung sind nur ganz bestimmte Arten und Sorten geeignet. Angaben bzw. Anweisungen zu den zu verwendenden Sorten sowie die Zeitabstände bestimmter Schmierungen gibt das Maschinenbuch der Druckmaschine an. Diese Angaben sollten sehr genau beachtet werden.

Vor jeder Inbetriebnahme hat sich der Drucker zu überzeugen, ob alle Schmierstellen und Ölbehälter an der Maschine gemäß dieser Anweisungen versorgt sind. Bei Zentralschmierungen sind Ölkontrolllampen und Ölschaugläser zu überwachen, auf einen rechtzeitigen Ölwechsel ist zu achten.

Schmierstoffe
Schmierstoffe sind flüssige oder zähe bis halbfeste, organische oder anorganische Stoffe.

Schmieröle
Schmieröle sind höhere Fraktionen der Kohlenwasserstoffe. Sie bestehen daher – bis auf geringe Beimengungen – nur aus den Elementen Kohlenstoff und Wasserstoff. Durch verschiedene Raffinationsverfahren wird das aus dem Erdöl gewonnene Destillat von den unerwünschten Bestandteilen vollständig gereinigt.

Je nach Verwendungszweck werden eine Vielzahl von physikalischen Eigenschaften gefordert. Dazu gehören u. a. bestimmte Anforderungen an die Dichte, den Flammpunkt, den Brennpunkt, die Viskosität und den Stockpunkt.

Die Viskosität bezeichnet den Widerstand, den eine Flüssigkeit einer Formänderung entgegensetzt.

Der Stockpunkt gibt die Temperatur an, bei der die Öle nicht mehr fließfähig sind.

Schmieröle sind hauptsächlich reine Mineralöle. Diese neigen weniger zu Oxidationen wie pflanzliche Öle. Die für Druckmaschinen verwendete Schmierstoffe müssen äußerst rein, säurefrei, wasserabweisend und alterungsbeständig sein, sie dürfen nicht verharzen. Dabei müssen sie die entsprechenden Oberflächen gut benetzen. Die geeignete Sorte und die erforderliche Viskosität ist nach Vorschriften des Maschinenherstellers auszuwählen. Die Viskosität muss entsprechend der Lager- bzw. Anpresskräfte steigen, sie soll sich bei höheren Temperaturen nicht verändern.

Für die Auswahl der Viskosität gilt prinzipiell: Schmierstoffe mit höherer Viskosität (zähflüssig) werden eingesetzt bei hohen Kräften und Belastungen, bei geringeren Geschwindigkeiten und höheren Temperaturen.

Dementsprechend werden Schmierstoffe mit niedrigerer Viskosität für kleinere Kräfte und Belastungen, höhere Geschwindigkeiten und niedrigere Temperaturen verwendet.

Durch bestimmte Additive lassen sich zum Beispiel die Schmiereigenschaften anwendungsbezogen verändern, die Stabilität gegen Oxidation erhöhen und die Schaumbildungen bei Schmierölen verringern bzw. vermeiden.

Ganz besondere Anforderungen muss man an die Öle stellen, die in Zentralschmierungsanlagen bzw. zur Ölumlaufschmierung zu verwenden sind. Die hierfür verwendeten Maschinenöle müssen aus hochwertigen, alterungsbeständigen Mineralölen mit hoher Schmierfilmfestigkeit zusammengesetzt sein, die bei Temperaturunterschieden nur geringe Viskositätsänderungen aufweisen. Sie müssen sich neutral gegen Buntmetalle und Dichtwerkstoffe verhalten. Zudem sollen diese Öle Rost- und Oxidationsschutzmittel enthalten, die die Lager und Getriebe vor Korrosion schützen und dem Öl eine längere Lebensdauer verleihen, indem sie die Schlamm- und Harzbildung verhindern.

Mit solchen Qualitätsölen wird ein einwandfreies Funktionieren der Zentralschmierungsanlage gewährleistet. Bedingung ist, dass das System keinen Schlamm oder andere Rückstände enthält, die die Alterungsbeständigkeit des Öls stark vermindern würden.

Die Schmiereigenschaften eines ungeeigneten, schnell alternden Öles sind derart schlecht, dass bei den stark beanspruchten Stellen der Schmierfilm ungenügend wird und damit zu einer gesteigerten Abnützung oder zum Anfressen der Lager und Getriebe führen kann. Billige Öle neigen auch stark zur Emulsionsbildung, d. h. sie nehmen leicht Wasser auf und verlieren dadurch nach kurzer Zeit die Schmiereigenschaft. Zu erkennen ist die Emulgierung sofort an der Trübung des Öls. Besonders gefährdet durch Wasseraufnahme sind natürlich die Lager am Feuchtwerk der Offsetdruckmaschine.

Die Druckmaschinenfabriken haben in Zusammenarbeit mit den Mineralölfirmen für die verschiedenen Aufgaben Schmierstoffe getestet und entwickelt. Für den jeweiligen Maschinentyp sind nur die vom Hersteller empfohlenen Markenschmiermittel und sonstige Betriebsstoffe zu verwenden.

Schmierfette

Für bestimmte Einsatzbereiche, z.B. an Gleit- und Wälzlagern, Kurven, Greifer ist eine Fettschmierung erforderlich. Schmierfette bestehen grundsätzlich aus Aufquellungen von Seife und Mineralölen, die für den bestimmten Einsatz vielfach hochveredelt sind. Besonderer Vorteil ist es, dass sie gleichzeitig bei komplizierten Lagern als Abdichtmittel gegen äußere Einflüsse (Staub, Wasser) dienen.

Schmierfette besitzen im allgemeinen thixotrope Eigenschaften. Unter auftretenden Scherkräften (Reibungseinwirkung) verringert sich reversibel (umkehrbar) die Viskosität in einem bestimmten Maß; in nicht bewegten Teilen bleibt die ursprüngliche Zähflüssigkeit erhalten. Ein Abschleudern des Schmierfettes von bewegten Teilen ist dadurch zu verhindern.

Der Schmierfettfilm schützt das Lager zudem gegen eindringenden Schmutz. Natronseifenhaltige Schmierfette sind nicht wasserfest und nur gering kältebeständig, kalziumseifenhaltige sind dagegen wasser- und kältefest, jedoch nur bis etwa 80 °C temperaturbeständig. Mehrzweckschmierfette auf der Basis von Lithiumseifen sind hochbelastbar, wasserfest, temperatur- und kältebeständig.

Schmierfette mit weicher, dünner Konsistenz werden für die Schmierung von Lagern eingesetzt, langziehende Schmierfette wiederum sind für Getriebe besser geeignet. Bei der Vielzahl von Schmierfett-Sorten ist es ebenso wie bei den Ölen notwendig, sich beim Einsatz genau nach den Vorgaben der Maschinenhersteller zu richten.

Einsatzbereiche

- Ölschmierung: Eingesetzt für kleine bis höchste Drehzahlen und Belastungen. Geschmiert wird vorwiegend mit Mineralölen. Zusätze z. B. von Molybdänsulfid verbessern die Schmiereigenschaften durch Erhöhen der Haftfähigkeit und Glättung der Gleitfläche.
- Fettschmierung: Eingesetzt bei kleinen und mittleren Drehzahlen, oszillierende Bewegungen oder stoßartigen Belastungen bzw. dann wenn eine Flüssigkeitsreibung mit Maschinenölen nicht zu erreichen ist.
- Trockenschmierung: Trockenschmiermittel wie Molybdänsulfid oder Graphit wird bei hohen Temperaturen, zur Notlauf- oder einmaligen Schmierung verwendet. Zum Beispiel bei langsam laufenden, schwer oder nicht zugänglichen Lagern, Gelenken oder Führungen.

Schmierverfahren

Bei modernen Druckmaschinen ist der Wartungsplan durch Schmier- und Wartungssymbole und den erforderlichen Wartungsintervallen bzw. -aufforderungen – ggf. am Leitstand der Druckmaschine sichtbar – dargestellt.

- Manuelle und selbsttätige Durchlaufschmierung: Das Schmiermittel durchläuft das zu schmierende Maschinenteil nur einmal und wird nicht wieder verwendet. Abtropfende Schmieröle sammeln sich z. B. auf Bodenblechen der Druckmaschine. Dieses Schmierverfahren ist nur bei gering beanspruchten, einfachen Lagern oder Schmierstellen oder an Stellen, an denen keine andere Schmierung möglich ist (z. B. für schwingende Lagerstellen außerhalb komplexer Getriebe oder einzelne Gelenke) einzusetzen.
  Bei einer *Handschmierung* mit Öl werden Öllöcher oder offene Schmierstellen mit einer Ölkanne, sowie Ölnippel mit einer Ölpresse geschmiert.
  Frischöl wird ohne besonderen Überdruck den Schmierstellen zugeführt. Infolge der Schwerkraft fließt das Öl ohne mechanische Hilfsmittel durch Bohrungen oder Kanäle zu den Schmierstellen, und wird dort oft mit Hilfe von sogenannten Verteilungsnuten gleichmäßig auf die Gleitflächen gebracht. Man verwendet heute meistens Schmierölkannen mit einer Pumpeinrichtung, die das Öl ansaugt und es dann mit einem gewissen Druck in die Schmierlöcher presst. Dadurch sind auch schwer zugängliche Stellen an der Maschine besser abzuschmieren.

Mit einer Fettpresse sind (Fett-)Schmiernippel von Hand zu schmieren. Schmierintervalle sind vom Maschinenhersteller in den Wartungsanleitungen vorgeschrieben und durch farbige Markierungen gekennzeichnet.
Bei Schmierungen mit der Ölkanne und der Fettpresse ist es empfehlenswert, eine bestimmte Reihenfolge beim Schmieren einzuhalten, dadurch ist gesichert, dass alle Schmierstellen versorgt werden. Überschüssiges Fett und Öl ist sofort mit einem Putzlappen zu entfernen. Grundsätzlich darf von Hand nur bei stehender Maschine geschmiert werden!
Außerdem ist eine *selbsttätige Schmierung* durch Tropföler mit sichtbarer, regulierbarer Ölabgabe und durch Dochtöler (Kapillarwirkung des Dochtes) mit tropfender Ölabgabe möglich.
Bei einer *Zentralschmierung* sind wichtige Schmierstellen, z. B. hochbelastete Lager, direkt durch ein Ölrohrsystem zu erreichen. Durch Hebel- oder Druckknopfsteuerung fließt eine bestimmte Ölmenge auf die Schmierstelle.
Der Schmierstoff wird durch eine Pumpe durch die Hauptleitung in die Luftkammern des Verteilers gepresst. Die Luft in den einzelnen Kammern wird dabei verdichtet und wenn nun der Pumpenkolben zurückgeht (man lässt den Bedienungshandgriff los), drückt die komprimierte Luft ihrerseits das in jeder Leitungskammer eingepresste Öl langsam zur Schmierstelle.

- Automatische Ölumlaufschmierung:
  Die halbautomatischen Anlagen und einfachen Schmiereinrichtungen werden im modernen Druckmaschinenbau soweit als möglich ersetzt durch automatische Ölumlaufschmierungen.
  Über ein Leitungssystem wird kontinuierlich mit einer Pumpe Öl in die wichtigsten Lager gepresst. So können auch ungünstig liegende Schmierstellen sicher mit Öl versorgt werden.
  Das überschüssige Öl tropft bei den meisten modernen Maschinen in das Vorratsölbad zurück. Der Kreislauf beginnt nach einer Reinigung des Öls in einem Filter von neuem. An Ölstandsgläsern (stehende Maschine) oder an sogenannten Ölwächtern, die über einen Schwimmschalter gesteuert werden, ist der Ölstand leicht zu überprüfen.
  Vorteile dieser Schmiermethode sind die größere Sicherheit in der Schmierung und eine nicht unbedeutende Zeitersparnis.
- Tauchschmierung:
  Die zu schmierenden Teile tauchen teilweise in Öl ein, z. B. Rädergetriebe oder Kurbellager. Die Schmierung ist sehr sicher und leistungsfähig. Sie wird verwendet bei hochbelasteten Lagern in abgekapselten Maschinenbereichen.

12.3.2 Reinigung

Bei jeder Reinigung ist auf eine umweltgerechte Entsorgung von Abfällen oder Rückständen zu achten. Für die Entsorgung ist der Benutzer verantwortlich. Altöl, Ölreste, Waschbenzin, benutzte Ölfilterpatronen und Abfälle sind entsprechend der gesetzlichen Bestimmungen einer Wiederverwertung oder Entsorgung zuzuführen.

Neben einer allgemeinen laufenden Reinigung der Druckmaschine ist besonders auf einige wichtige und stark belastete Maschinenteile hinzuweisen.

- Zahnräder sind laufend von Verschmutzungen zu reinigen. Bei einer gründlichen Reinigung sind mit einem Pinsel und geeigneten Waschmitteln Fettreste und Schmutz zu entfernen.
- Ähnliches gilt für die Reinigung der Ketten.
  Grundsätzlich ist zu beachten:
- Je mehr ein Maschinenteil der Verschmutzung ausgesetzt ist, desto häufiger ist es zu reinigen.
- Nach einer Reinigung sind bewegliche Teile selbstverständlich wieder zu schmieren.
- Alle Zylinder und Messringe sind täglich von Schmutz, Farbresten und eventuellen Rostbildungen zu reinigen.
- Scharfe und grobe Reinigungsmittel dürfen dazu nicht benutzt werden. Die Oberfläche der Maschinenteile würde dadurch aufgeraut und begünstigt somit ein Festsetzen des Schmutzes und die Bildung von Rost.

12.3.3 Gummituchzylinder, Drucktuch

Ausführliche Informationen über Arten, Bedeutung, Aufbau und Einsatzbereiche im Kapitel: 11.5
Das Drucktuch – HighTech im Offsetdruckprozess

Reinigung der Zylinderoberfläche
Die Zylinderoberflächen sind mit einem Korrosionsschutz versehen. Um diesen Schutz zu erhalten, sind für das Reinigen nur die üblichen Reinigungsmitteln oder Isopropanol-Alkohol zu verwenden.

Der pH-Wert des Reinigungsmittels muss im neutralen Bereich liegen. Nicht verwendet werden dürfen Plattenreiniger, Phosphorsäure, Rapidschwärzer, Metall-Politurpaste oder ähnliche aggressive bzw. scheuernde Mittel. Bei jedem Gummituchwechsel ist die Zylinderoberfläche zu reinigen. Um ein Ankleben von Druckfarben zu vermeiden, ist der Einstich mit säurefreiem Maschinenöl leicht einzuölen.

Einspannen des Gummituches
Das neue Gummituch muss in rechtem Winkel auf das bestimmte Maß zugeschnitten sein und außerhalb der Druckmaschine in Spannschienen befestigt werden. Ist das Gummituch im Maschinenformat geliefert, so sind im allgemeinen die Seitenkanten durch Lack als Versiegelung geschützt. Feuchtigkeit und Waschmittel können dadurch die Gewebeschicht nicht zum Quellen bringen oder sie sogar voneinander lösen. Sind Gummitücher selbst geschnitten, so müssen die Kanten in ähnlicher Weise geschützt werden.

Die Greiferkante – rechtwinklig zu der rückseitig eingewebten Kettrichtung des Gewebes – ist unbedingt zu beachten.

Mit geeigneten Dickenmessgeräten, z.B. analog oder digital anzeigenden Handmessgeräten (nie mit einer sogenannten Mikrometer- bzw. Messschraube) ist die erforderliche Aufzugstärke auszumessen.

Zu berücksichtigen ist, dass das Gummituch im gespannten Zustand minimal dünner wird.

Genauer ist eine Messung der Aufzugstärke im eingespannten Zustand über dem Messring mit einem Stahllineal oder – besser – einer Zylindermessuhr. Es sind unbedingt kalibrierte, harte Unterlagen (Karton, Papier, ggf. Folie) zu verwenden. Es empfiehlt sich, diese etwa 10 mm schmaler als das Gummituch zu schneiden. Dadurch sitzt das gespannte Gummituch tiefer in den Rillen neben dem Messring, dem Einstich. Die Unterlagen des Gummituchs sind nach dem Eingespannen leicht umschlossen und damit geschützt.

Vor dem Einspannen des Gummituches ist die Zylinderoberfläche sorgfältig zu reinigen und leicht einzuölen. Jeder Schmutz und jedes Staubkorn macht sich als kleine Erhebung im Gummituch im Druckprozess störend bemerkbar.

Das an der Druckanfangsschiene befestigte Gummituch wird in der vorderen Spannschiene befestigt und je nach Länge vorgezogen. Die Unterlagen in der Regel mit der Vorderkante des Gummituches eingespannt. Ist dies nicht der Fall, werden sie vorn angefalzt und exakt ausgerichtet eingelegt. Die Maschine wird in kurzen Bewegungen vorsichtig vorgetastet, die hintere Schiene wird eingesetzt, befestigt und gespannt. Vorteilhaft für das Einspannen ist der Einsatz eines Drehmomentschlüssels.

Für ein erstes Einspannen ist ein Anspannwert von ca. 50 % des vom Maschinenhersteller empfohlenen Wertes bereits ausreichend. Nach kurzem Einlaufen (ca. 300 Druck) ist das Gummituch auf den vom Maschinenhersteller empfohlenen Drehmomentwert nachzuspannen.

Gummituch-Pflege

Die eigentliche Pflege des Gummituches beginnt beim Waschen nach dem Durchlauf von Fall zu Fall verschiedener Druckbogenmengen. Maßgebend für die Häufigkeit des Waschens ist in erster Linie die Oberflächenbeschaffenheit des Bedruckstoffes und die Konsistenz der Druckfarbe. Stark staubende Papiere erfordern z. B. ein erheblich öfteres Waschen als gut geleimte, nicht staubende Papiere.

Ein Gummituch, das längere Zeit im Gebrauch ist, wird trotz regelmäßigem, sachgerechten Waschen seine optimale Qualität an der Oberfläche verlieren. Alle mechanische Verfahren, z. B. das Abreiben mit scheuernden Mitteln wie Bimssteinmehl oder Plattenreiniger, rauen die Oberfläche zwar auf, ergeben aber nie mehr optimale Druckeigenschaften. Ein so behandeltes Gummituch ist für eine qualitativ hochwertige Produktion nicht mehr geeignet.

Wirtschaftlicher und vor allem qualitativ sinnvoller ist es, ein solches Gummituch gegen ein neues Tuch auszuwechseln.

Neue Gummitücher sind kühl, trocken, staubfrei und in planem Zustand zu lagern. Die Gummidecke ist durch einen Schutzbogen vor Beschädigungen und Lichteinwirkung zu schützen.

Zurichten des Gummituches

Ein Wichtiges vorab: Es ist zu prüfen, ob ein zeitaufwendiges Zurichten eines Gummituches wirtschaftlich und qualitativ sinnvoll ist!

Zurichten bedeutet das (Wieder-)Herstellen einer gleichmäßigen Druckebene des Gummituches.

Grundsätzlich ist davon auszugehen, dass neue Gummitücher eine gleichmäßig, ebene Druckfläche besitzen.

Anders ist es, wenn eine gleichmäßige Druckebene nach Störungen wieder hergestellt werden muss. Hier ist durch einen äußeren Einfluss (Knautscher, Fremdkörper im Papier o.ä.) die Druckebene gewaltsam verändert worden. Diese Gleichmäßigkeit im Ausdruck soll durch eine Zurichtung wieder hergestellt werden.

In den Gewebeschichten kompressibler Gummitücher ist eine zusammendrückbare Schicht eingearbeitet, die sich bei partiellem Druck nach allen Seiten verdrängen lässt. Lässt der Druck nach, strömen die kompressiblen „Elemente" wieder in ihre Ursprungslage zurück und heben das Gummituch erneut an. Erst wenn der Überdruck zu stark ist, ist eine Zerstörung dieser Schicht möglich.

Nicht kompressible Gummitücher reagieren sehr hart auf Überdruck, eingedrückte Stellen bleiben in voller Tiefe erhalten.

Bevor man zurichtet, sollte man bedenken, dass ein durch Fremdeinflüsse erzeugter Mangel im Ausdrucken nicht immer vom Gummituch, sondern sehr oft auch von zerstörten Unterlagen herrühren kann. Ein Wechsel der Unterlagen kann ggf. eine einwandfreie Druckebene wieder herstellen.

12.3.4 Waschmittel, Wasser

Alle Druckmaschinenhersteller geben in dem entsprechenden Maschinenhandbuch grundsätzliche Hinweise zu geprüften und zugelassenen Waschmitteln an. Weitere auf eine Materialverträglichkeit geprüfte Produkte sind in der FOGRA-Liste unter www.fogra.org veröffentlicht. Neben verschiedenen lösemittelhaltigen Mitteln werden heute auch Reinigungsmittel auf Pflanzenöl-Basis eingesetzt.

Der Reinigungsmittel-Hersteller oder -Lieferant legt der Berufsgenossenschaft Druck und Papierverarbeitung die Rezeptur des zu prüfenden Mittels vor. Dazu gibt es jeweils ein EU-Sicherheitsdatenblatt.

Die BG Druck und Papierverarbeitung sowie das Berufsgenossenschaftliche Institut für Arbeitssicherheit (BIA) überprüfen die

- toxikologische Unbedenklichkeit,
- sicherheitstechnische Unbedenklichkeit
- Umweltverträglichkeit.

Kriterien dazu sind

- Flammpunkt > 55 °C

- Benzolgehalt < 0,1 %
- Toluol- und Xylolgehalt < 1 %
- Aromatengehalt ($C > C_9$) < 1 %
- Mittel frei von CKW, FCKW, Terpen, n-Hexan, sekundären Aminen und Amiden
- Mittel frei von anderen Inhaltsstoffen, die mit Risiken für die Gesundheit verbunden sind.

Ein neutrales Prüfinstitut (z. Z. nur die FOGRA) überprüft das Mittel nach technischen Parametern und Prüfkriterien, die mit dem Druckmaschinenhersteller festgelegt sind, z. B.:

- Ermittlung der Beständigkeit von
  - Wasch-, Farb- und Feuchtauftragswalzen
  - Leitungs- und Dichtungsmaterial
  - Maschinenteilen, die direkt mit dem Mittel in Kontakt kommen
  - Maschinenlack
  - Gummitüchern
  - Druckformmaterial bzw. Druckplatten
- Bestimmung des Flammpunktes
- Überprüfung der Mischbarkeit mit Wasser und Kohlenwasserstoffen
- Bestimmung klebriger Rückstände
- Messung der Viskosität
- Zertifizierung des Mittels und Erteilung einer FOGRA-Prüfbescheinigung.

Die Berufsgenossenschaft Druck und Papierverarbeitung nimmt Proben der verwendeten Reinigungsmittel in zufällig ausgewählten Druckereien und lässt diese beim BIA mit Rückstellproben der FOGRA vergleichen.

Grundsätzliches für den Einsatz von Waschmitteln und Wasser:
Es sind nur geprüfte Waschmittel zu verwenden, die den gesetzlichen Bestimmungen für Brand- und Explosionsschutz entsprechen. Keine Waschmittel der Gefahrenklasse A I oder A II verwenden. Diese können beim Verdunsten zündfähige Luftgemische bilden. Bei einem niedrigen Flammpunkt können Dämpfe schon bei den im Drucksaal üblichen Temperaturen durch eine Zündquelle in Brand geraten oder explodieren. Produkte mit einem Flammpunkt unter 55 °C gewährleisten keine ausreichende Brand- und Explosionssicherheit und führen durch eine schnelle Verdunstung zu starker Umweltbelastung.

Das zum Waschen eingesetzte Wasser muss in einem Härtebereich (einschließlich Carbonathärte) von 6 bis 10 °dH liegen und einen pH-Wert von 6,5 bis 9,5 aufweisen. Bei Einsatz von Wasser mit geringerer Härte besteht eine höhere Korrosionsgefahr. Daher darf keinesfalls vollentsalztes, Reverse-Osmose- oder destilliertes Wasser verwendet werden. Wird Wasser mit einer höheren Härte eingesetzt, kann es zu unerwünschten Kalkablagerungen und damit zu Störungen im System kommen.

Wasser für Feuchtmittel soll alle 200 Betriebsstunden – besser oder bei Bedarf früher – gewechselt werden, um eine hohe Aufsalzung und Verschmutzung (Mikroorganismen u. a.) zu vermeiden.

12.3.5 Pflege und justieren der Farb- und Feuchtwalzen

Trotz der hohen Qualität und Belastbarkeit der Walzen muss der Pflege und Aufbewahrung der Walzen besondere Aufmerksamkeit gewidmet werden. Ziel ist es, die optimalen Oberflächen- und Produkteigenschaften der Walzen zu erhalten.

Alle Ersatzwalzen sollen in dunklen, kühlen und trockenen Räumen aufbewahrt werden. Licht und Sonnenstrahlen schaden dem Gummi, er wird rissig und brüchig. Alle kurzwelligen Lichtstrahlen wirken zusätzlich erhärtend auf den Gummi ein. Walzen dürfen niemals mit ihrer Gummifläche aufliegen, sie müssen auf ihren Zapfen gelagert werden.

Zweckmäßig ist es, einen Schutzbogen (z. B. ein Tauenpapier) um die Walze zu wickeln. Die Walzen werden dadurch vor mechanischen Beschädigungen und Schmutz geschützt.

Zum schonenden Reinigen der Walzen sind nur die vom Maschinenhersteller geprüften Waschmittel einzusetzen. Sonstige Waschmittel sind ungeeignet, denn sie enthalten z. B. Petroleum, Terpentinersatz und benzolhaltige Stoffe, die auf der Oberfläche der Walzen verbleiben und den Gummi nach und nach angreifen. Wichtig ist auch die Verdunstungszeit des Waschmittels. Es darf nicht zu langsam aber auch nicht zu schnell verdunsten, weil sonst beim Waschen Schwierigkeiten auftreten können. (Rutschen der Walzen, dadurch kein reinigendes Ablaufen; Trockenlaufen.)

Alle Walzen des Feuchtwerkes sollen möglichst täglich von sämtlichen Farbrückständen gereinigt werden.

Im Maschinenbuch sind genaue Angaben zum Farb- und Feuchtwerk sowie zum Gummituch und den automatischen Wascheinrichtungen beschrieben. Beim Aus- und Einbau dürfen nur die vorgegebenen Walzen mit dem richtigen Durchmesser (vgl. hierzu das Maschinenhandbuch) eingesetzt werden.

Wartung und Pflege der Walzen

Beachten Sie die Hersteller- und Lieferantenhinweise zur Wartung und Pflege von Walzen.

Pflege

- Nach jedem Druckauftrag
- Bei hohen Auflagen auch zwischendurch
- Vor jedem Farbwechsel

Die Walzen nur mit geeignetem und geprüftem Reinigungsmittel reinigen.
Wichtig bei besonderen Belastungen, z. B.:

- schnell trocknenden Farben
- staubenden Papieren

Walzen in wesentlich kürzeren Abständen – mindestens alle 4 Wochen – gründlich reinigen, prüfen und mit Pflegemittel behandeln.

Wartung

- Walzen auf Beschädigung prüfen
- Walzenhärte prüfen
- Walzendurchmesser prüfen
- Grundeinstellung der Walzen prüfen und korrigieren
- Farbreste an den Seiten der Walzen manuell entfernen

Bei Beschädigungen Walze nachschleifen lassen. Wird der minimale Durchmesser unterschritten, Walze wechseln.

Walzen aus- und einbauen

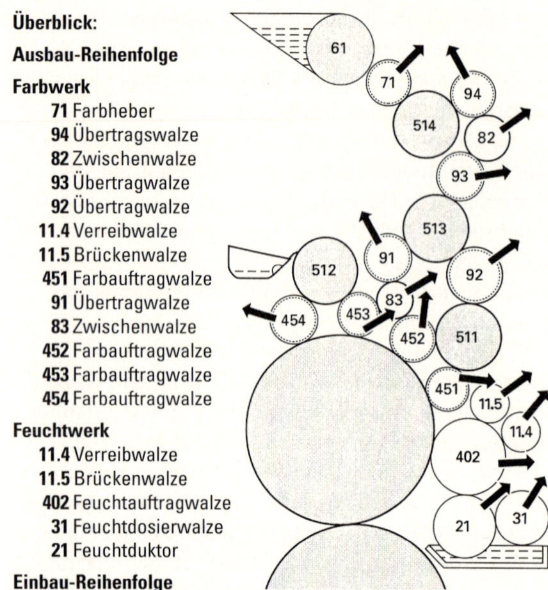

Überblick:

Ausbau-Reihenfolge

Farbwerk

71 Farbheber
94 Übertragswalze
82 Zwischenwalze
93 Übertragwalze
92 Übertragwalze
11.4 Verreibwalze
11.5 Brückenwalze
451 Farbauftragwalze
91 Übertragwalze
83 Zwischenwalze
452 Farbauftragwalze
453 Farbauftragwalze
454 Farbauftragwalze

Feuchtwerk

11.4 Verreibwalze
11.5 Brückenwalze
402 Feuchtauftragwalze
31 Feuchtdosierwalze
21 Feuchtduktor

Einbau-Reihenfolge

Der Einbau erfolgt in umgekehrter Reihenfolge

Die in der Grafik dunkel gekennzeichneten Walzen sind fest eingebaut.

Allgemeine Vorgehensweise

Bei geöffnetem Schutz Maschine immer sichern. Zur Positionierung Maschine entsichern und nach der Positionierung wieder sichern.

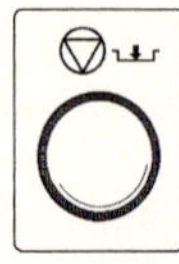

Vorbereitungen

- Walze waschen.
- Farbduktormotor ausschalten.
- Entsprechenden Schutz öffnen.

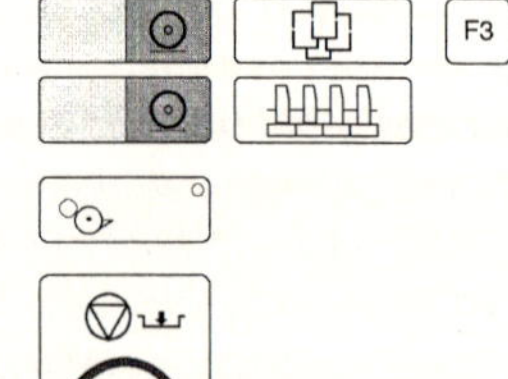

Ausbauen

Ausbaureihenfolge und Ausbaurichtung beachten.

- Walzen herausnehmen und auf geeignetem Gestell ablegen.

Walzenoberfläche nicht beschädigen. Walzen nicht auf der Oberfläche, sondern nur auf den Walzenzapfen lagern.

Einbauen

- Walzen einlegen und sichern.

Zu achten ist auf:
- richtigen Sitz der Lagerschalen
- richtigen Sitz des Mitnehmers
- richtige Einbaureihenfolge

- Grundeinstellung durchführen.

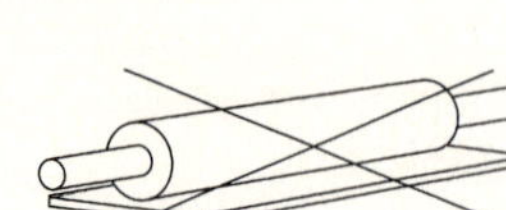

Eine präzise Grundeinstellung (Justierung) im Farb- und Feuchtwerk ist Voraussetzung für ein einwandfreies, gleichmäßiges Einfärben der Druckform.

Die Farbgebung wird durch Einstellung des Duktorvorschubes und der am Farbkasten befindlichen Zonenschrauben bzw. nebenwirkungsfreien Steuerelementen reguliert. Die zonale Einstellung beeinflusst die Stärke der Farbschicht auf dem Duktor, die vom Farbheber auf die Verreibewalzen übertragen wird.

Die Grundeinstellung erfolgt bei manueller Einstellung zweckmäßigerweise bereits beim Einrichten. Hierbei wird die Stärke der Farbgebung nach der auf der Druckplatte vorhandenen Zeichnungen und der zu erwartenden Farbverteilung reguliert.

Bei moderner automatischer Steuerung erfolgt die Grundeinstellung für die Farbführung durch die für jede Farbzone ermittelten Daten (Druckdichte) des Plattenlesers oder eines Bilddatenerfassungssystems der Druckvorstufe nach Eingabe der Daten am Steuerpult bzw. Übertragung der Daten in den Leitstand der Druckmaschine. Diese Systeme arbeiten so präzise, dass nach dem Einlaufen der Farbe nur noch eine Feineinstellung erforderlich ist.

Es ist wichtig, die Farbmesserstellung möglichst eng zu halten und dafür einen größeren Duktorvorschub zu wählen. Dies ergibt die bestmögliche und feinste Regulierung der Farbgebung im Fortdruck.

Verreibewalzen sind fest gelagert, an ihnen anliegende Übertragungswalzen sowie daran liegende Beschwerwalzen brauchen bei den meisten Maschinen nicht eingestellt werden. Sie liegen nur auf und sind demzufolge nicht fest gelagert. An den Verreibewalzen liegende Auftragswalzen sind jedoch zu dem bestimmten Verreiber und auch zur Druckplatte (Plattenzylinder) genau zu justieren.
Eine gewissenhafte Kontrolle der Walzenstellung darf nur bei stehender Maschine mit gewaschenen Walzen unter Zuhilfenahme von zwei 0,10 mm starken Folienstreifen vorgenommen werden. Anstelle von Folien eignen sich sehr gut zwei etwa 4 cm breite, lange Streifen Tauenpapier oder gleichbreite Streifen eines festen Seidenpapiers (25 - 30 g/m^2). Besonders mit Seidenpapier lassen sich die Walzen exakt justieren.

Die Einstellung der Auftragwalzen zur Druckplatte kontrolliert man, indem man die eingefärbten Walzen auf die stehende, trockene Platte aufsitzen lässt. Die auf der Platte entstehenden Streifen sollen gleichmäßig breit sein, wobei sich die Breite nach dem Walzendurchmesser richtet.

Eine weitere, sehr sichere und genaue Methode: Die gummierte trockene Druckplatte wird bei laufender Maschine eingefärbt. Nach einigen Umdrehungen wird die Maschine so gestoppt, dass alle Auftragwalzen auf der Platte stehen. Durch manuelles Abheben der Walzen entsteht kein Springen oder Spiel, wie es bei der vorstehend beschriebenen ersten Methode möglich ist. Die gut sichtbaren Streifen zeigen exakt den tatsächlichen Walzenstand und den Druck der Auftragwalzen auf die Platte.

Genauso sorgfältig wie am Farbwerk muss auch das Feuchtwerk justiert werden. Feuchtwalzen werden zur Reinigung sehr oft herausgenommen und gewaschen.

Justierfehler bei Auftragswalzen

1. falsch: Zu leicht justiert

2. falsch: Links zu stark eingestellt

3. falsch: Rechts zu stark eingestellt

4. falsch: Zu stark justiert

5. richtig: Je nach Walzendurchmesser gleichmässige Streifenbreite von 3 bis 5 mm (genaue Breite siehe Maschinenbuch)

Je nach Walzensystem und Maschinentechnik werden die Walzen im Feuchtwerk manuell oder mit einer Wascheinrichtung – evtl. sogar programmgesteuert – gereinigt. Der Wasserkasten ist auszubauen und regelmäßig gründlich zu reinigen.

Mindestens alle 200 Betriebsstunden ist das Feuchtmittel zu wechseln, um eine hohe Aufsalzung und Verschmutzung (Mikroorganismen: Bakterien, Schimmelpilze, Algen u.a.) zu vermeiden. Bei Einsatz von Alkohol im Feuchtmittel ist der Anteil exakt zu dosieren. Feuchtmittelzusätze erfordern:

- Einstellung und Stabilisierung des pH-Wertes im Bereich zwischen pH 5,0 und 5,3
- Nur Feuchtmittelzusätze mit geeigneten Korrosionsinhibitoren verwenden. Dies ist besonders wichtig für den Schutz von Zylinder- und Walzenoberflächen.
- Maximaler elektrischer Leitwert des Feuchtmittels in Anwendungskonzentration (vgl. Kapitel 12 · 7):
  - bei Neuansatz 1500 µS/cm
  - im Fortdruck 2000 µS/cm

Zu beachten ist die umweltgerechte Entsorgung des Feuchtmittel.

12.4 Rüsten der Druckmaschine

Das Rüsten umfasst alle Arbeiten vor dem Druck der Auflage für ein bestimmtes Produkt. Die bei älteren, ausschließlich manuell zu bedienenden Druckmaschinen erforderlichen Rüstzeiten von mehr als 60 Minuten – dies gilt insbesondere für das Rüsten von Mehrfarben-Druckmaschinen – sind heute durch mechanische und elektronische Einrichte- und Voreinstellsysteme sowie Mess-, Steuer- und Regeltechnik auf eine kaum zu unterbietende Zeit von wenigen Minuten geschrumpft.

Gerade diese rasante Verkürzung der Rüstzeiten bietet in ihrer Prozess-Sicherheit und in ihrer Wirtschaftlichkeit ein Optimum an Leistungsfähigkeit und Flexibilität. Bei einer Planung für ein neues Drucksystem muss derzeit sorgfältig geprüft werden, ob Investitionen in eine Druckmaschine mit direkter Bebilderung im System (Computer-to-Press) die gleichen technischen und wirtschaftlichen Vorteile bietet.

Forderungen des Marktes erfordern entsprechendes Know-how im Druckprozess

Auf die Druckereien kommen verstärkt qualitative, wirtschaftliche und technische Herausforderungen zu. Alle Druckmaschinenhersteller stellen das dazu erforderliche technische Know-how, z. B. Steuer- und Regeltechnik, Automatisierung, Diagnosesysteme sowie eine Vernetzung und Datenanbindung in einen gesamten Druckerei-Workflow zur Verfügung.

Bedeutende Herausforderungen für die Produktion von Druckprodukten am Markt sind:

- weiter steigende Qualitätsansprüche der Kunden
- farbige Produkte in geringeren Auflagen
- knapper werdende Liefertermine
- Drucken nach Bedarf (Printing on Demand)
- höhere Leistungsanforderungen an die Produktion
- zunehmende Zwänge zur Einsparung von Personal
- Mangel an qualifiziertem Personal
- schärfer werdende Umweltschutzbestimmungen
- Zertifizierung des Unternehmens.

Daraus folgt ein zunehmender Zwang zur Rationalisierung, zur Produktion mit konstanter Qualität und einer permanent optimierten Wirtschaftlichkeit der gesamten Produktion.

Ein guter Drucker zeigt sich bereits im Rüsten der Druckmaschine

Zum Rüsten, vielfach auch noch Einrichten genannt, gehören alle vorbereitenden Arbeiten, die für den Druck einer Auflage, dem Fortdruck, vorbereitend notwendig sind; z. B.: Farbmischen, Walzenwaschen, Ein- und Ausrichten der Druckplatten, die verschiedenen Funktionsteile der Maschine auf das Papierformat und die Materialstärke einstellen, Probedrucke machen und das Einstellen und Abstimmen der benötigten Feuchtigkeit und der Druckfarbe.

Alle Arbeitsvorgänge des Rüstens unterliegen dem Bestreben, mit einem geringst möglichen Zeit- und Arbeitsaufwand ein optimales, dem genehmigten Druckmuster entsprechendes Druckergebnis zu erzielen.

In der Kalkulation werden die Rüstzeiten als produktive Zeiten verrechnet, d. h. anfallende Selbstkosten sind gleich, egal ob die Maschine läuft und somit produziert oder ob sie gerade eingerichtet wird und somit nicht produziert.

Ein verantwortungsvoller Drucker muss deshalb bestrebt sein, alle Stillstandszeiten ohne Produktion so niedrig wie möglich zu halten.

Wenn auf die Notwendigkeit des raschen Einrichtens hingewiesen wird, so ist damit selbstverständlich nicht das überhastet-schnelle Arbeiten gemeint, sondern eine größtmögliche, kompetente Rationalisierung des gesamten Arbeitsablaufes. Es gilt, durch sinnvolle Zusammenarbeit, weitmöglichste Arbeitsvorbereitung und durchdachte Arbeitsweisen, Leerläufe zu vermeiden und kurze Rüstzeiten zu erzielen.

Für einen reibungslosen Arbeitsfluss sind sorgfältige Terminplanung und dementsprechende Arbeitsvorbereitung unbedingte Voraussetzung. Bevor der vorherige Druckauftrag ausgedruckt ist, beginnt der Drucker bereits mit der Vorplanung und Teilarbeiten zum Einrichten des neuen Auftrags. Zu diesem Zeitpunkt muss der Drucker sämtliche Auftragsunterlagen mit genauen Druckanweisungen und Andrucken bzw. Mustern erhalten. Das Papier muss sauber geschnitten und klimatisiert (bei Farbdrucken) im Arbeitsbereich stehen, ebenso sollten die Druckplatten druckfertig bereitgestellt werden.

Jeder Drucker wird im eigenen Arbeitsbereich bei einigem Nachdenken neue Möglichkeiten finden. Bei Mehrfarben-Druckmaschinen, an denen ein Drucker nicht allein arbeitet, verlangt das Rüsten ein gewisses Organisationsvermögen von dem Verantwortlichen. Bei einem eingespielten Team kennt jeder genau seinen Arbeitsbereich mit allen Handgriffen, jeder weiß ohne besondere Anweisungen, was er zu tun hat.

Moderne Druckmaschinen sind mit umfassender Steuer- und Regeltechnik ausgestattet. Das zentrale elektronische „Gehirn" der Druckmaschine ist der Leitstand. Von dieser Kommandozentrale aus lassen sich sämtliche Einstellungen beim Rüsten und im Auflagendruck steuern bzw. regeln.

Kleine Checkliste für Drucker zu einem rationellen Rüsten:

- Lesen und Vertrautmachen mit den Auftragsdaten (Auftragstasche, Computerbildschirm)
- Abrufen auftragsbezogener (Voreinstell-)Daten auf dem Bildschirm des Leitstandes (z. B. CIP3)
- Festlegen der Farbreihenfolge soweit diese nicht durch die Arbeitsvorbereitung, die Andruckskala bzw. den Proof vorgegeben ist
- Bereitstellen, prüfen und ggf. bereits vorstapeln des Bedruckstoffes
- Messen der Stärke des Bedruckstoffes
- Kontrollieren der Druckplatten (Vollständigkeit, Fehlerfreiheit u.a.), ggf. systembezogen abkanten
- Druckplattenstärke messen, ggf. entsprechende Aufzugstärke zusammenstellen
- Druckfarben bereitstellen und druckfertig machen, Sonderfarben mischen (auftragsbezogene Anforderungen, Rezept, benötigte Menge)
- Wasch- und Reinigungsmittel bereitstellen
- Bei starken, harten Bedruckstoffen entscheiden: Sollen Unterlagebogen unter den Gummitüchern in einer etwas kleineren Größe geschnitten werden, um die Ränder im Druckprozess zu entlasten und die Gummitücher zu schonen?

Leitstand der MAN-Roland 900

Bei modernen Druckmaschinen sind alle Prozessparameter, z. B. der Anleger, der gesamte Bogenlauf durch die Druckmaschine, die Auslage und die Druckbeistellung entsprechend dem Bedruckstoff am Leitstand (Maschinensteuerstand) einzustellen.

Bei einer prozessgesteuerten Arbeitsvorbereitung (CIP3, CIP4), die in einem gesamten Workflow mit vernetzten Arbeitsplätzen in einem Computersystem arbeitet, sind sämtliche auftragsbezogenen Daten abzurufen und somit direkt als Voreinstelldaten in das Steuerungssystem der Druckmaschine einzugeben.

Leitstand im Überblick – exemplarisch am Beispiel der Roland 700

Die Automatisierung der Druckproduktion erfordert eine zentrale Mess-, Steuer- und Regeltechnik – und das in einem vernetzten System. Nur so ist es insbesondere bei Mehrfarben-Bogen-Offsetdruckmaschinen sowie bei Rollen-Offsetdruckmaschinen möglich, rationell und wirtschaftlich zu produzieren.

Der Leitstand ermöglicht eine einfach zu bedienende Steuerung sämtlicher Funktionen.

Basis dazu: Leitstandprogramm, übersichtliche Anzeigefenster, grafische Symbole, Signalfarben bei Bedien- und Anzeigeelementen, Folientastaturen, Lesegerät für JobCards, einem Colorpult mit Bogenauflagefläche und Farbprüfleuchte. Hauptmenüs leiten den Bediener zu Untermenüs.

Zu jedem Haupt- und Untermenü gibt es Hilfetexte, die auf dem Bildschirm angezeigt werden können. Beispiele aus den Haupt- und Untermenüs:

- Hauptmenü AUFTRAG
  - Auftragsliste
  - Auftrag erstellen und bearbeiten, Programmebene AUFTRAGSVORBEREITUNG
  - Auftrag bearbeiten, Programmebene DRUCKEN
- Hauptmenü VORWAHL
  - Farbfolge festlegen
  - Bedruckstoff
  - Anleger, Ausleger
  - Feuchtmittel, Druckfarbe
  - Luft
  - Fehlbogen

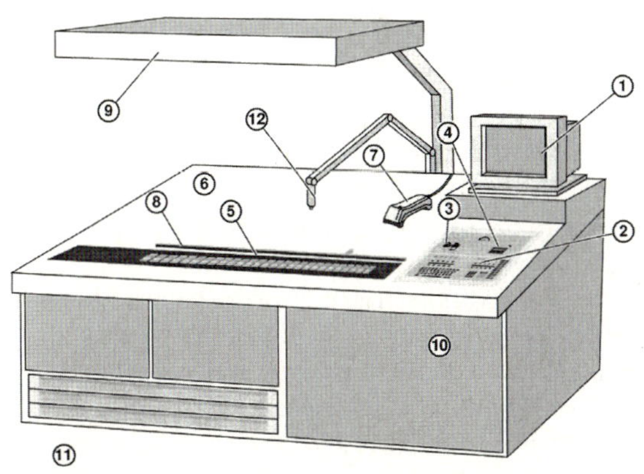

Leitstand mit Farbsteuerung
1 Bildschirm
2 Folientastatur
3 Kommandos
4 JobCard Reader

Colorpult mit
5 Farbsteuer-Tasten

6 Bogenauflagefläche
7 Strichcodeleser (Option)
8 Bogenanschlagleiste
9 Farbprüfleuchte
10 Diskettenlaufwerk (hinter Abdeckung)
11 Arbeitsbereich des Bedienpersonals
12 Videolupe (Option)

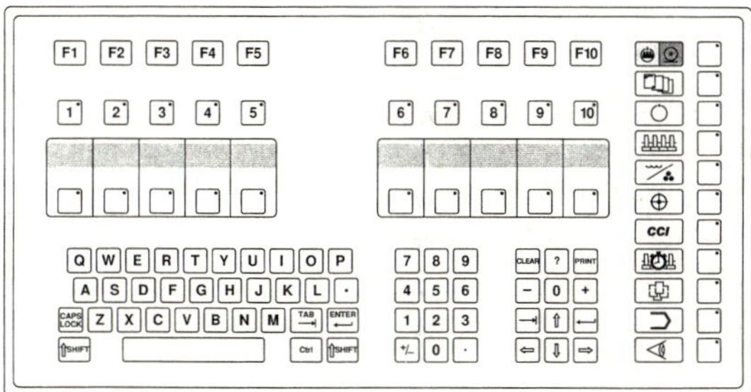

i Bei der Tastenkombinationen müssen die Tasten auf der Folientastatur nacheinander gedrückt werden.

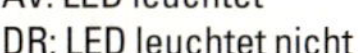

Programmebene-Taste
- Zum Anwählen der Programmebene.
  AV: LED leuchtet
  DR: LED leuchtet nicht

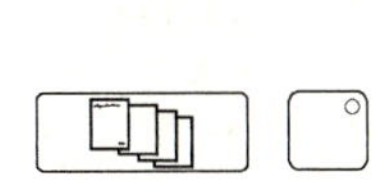

Hauptmenü-Anwahl-Tasten
- Aufruf des daneben symbolisierten oder bezeichneten Hauptmenüs.

Funktionstasten
- Aufruf von Funktionen oder Untermenüs; die aktuelle Belegung wird auf dem Bildschirm angezeigt.

Die einzelnen Funktionstasten im Überblick

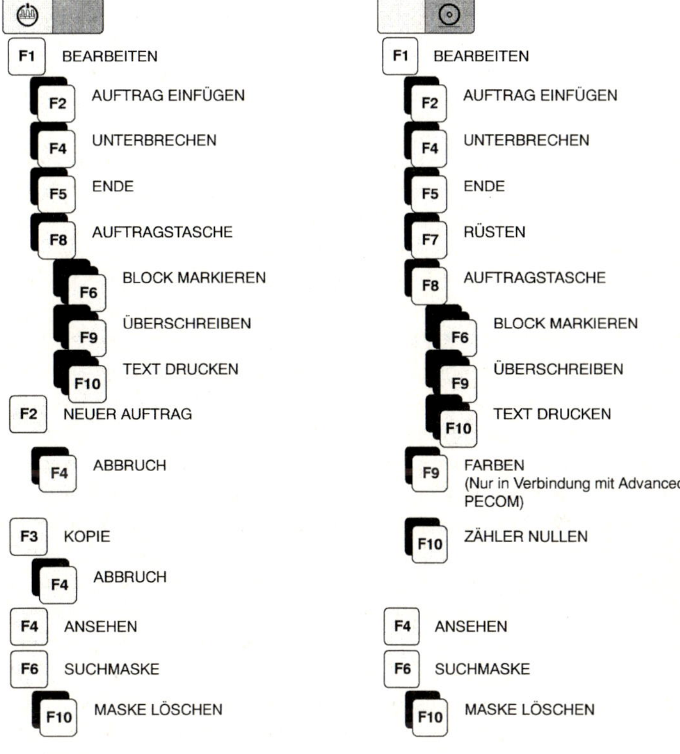

F7 AUFTRAG LÖSCHEN

F8 PROTOKOLLE LÖSCHEN

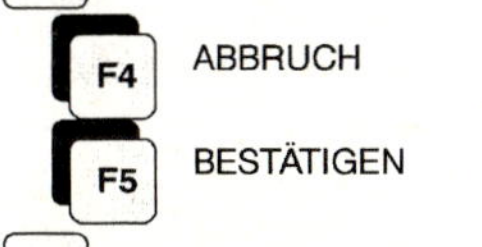

F9 TASCHE INFO

F10 1. ANZEIGE/ 2. ANZEIGE

F9 TASCHE INFO

F10 1. ANZEIGE/ 2. ANZEIGE

- Öl
- Kennlinien-Einstellungen
- Druckplattenwechsel

- Hauptmenü Maschine
  - Drehzahlen, Bogenlauf
  - Wendung
  - Automatik-Funktionen
  - Strom
  - Funktionstasten für automatische Produktion und manuelle Steuerung, z.B. Papierlauf, Leerlauf, Druck an, Heber an, Feuchtung an
- Hauptmenü FEUCHTMITTEL, DRUCKFARBE
  - Zonen
  - Fläche
  - Voreinstellungen
- Hauptmenü REGISTER
  - Funktionstasten, optische Anzeige und Anzeige von Absolutwerten (metrische Angaben) von Stand und Passer des Druckbogens, dem sogenannten Seiten-, Umfangs- und Schrägregister
- Hauptmenü BETRIEBSDATENERFASSUNG (Option)

- Hauptmenü AGGREGATE
  - Feuchtmittel-Kühlgerät
  - Gummituch-Waschvorrichtung
  - Farbwalzen-Waschvorrichtung
  - Trockenbestäuber
  - Druckzylinder-Waschvorrichtung (Option)
  - Lackförderung (bei entsprechendem Modul)
- Hauptmenü ALLGEMEIN
  - Remote Service Diagnosis (Option) mit einer Ferndiagnose von Störungen
  - Tools zu Einstellungen des Leitstandes und zur Verwaltung der Druckaufträge
- Hauptmenü DIAGNOSE
  - Störungshinweise
  - Störungsarten und Behebung.

12.4.1 Druckplatten

Bei dem Rüsten einer nicht mit einem halb- oder vollautomatischen Plattenwechselsystem ausgestatteten Druckmaschine beginnt die Arbeit mit dem manuellen Einspannen der Druckplatten in der Offsetdruckmaschine. Die einzuspannenden Druckplatten und die dazugehörigen Unterlagebogen werden schon vor dem Ausdrucken der laufenden Auflage vorbereitet.

Wenn nicht nach der Methode der korrespondierenden Passkreuze oder mit Registersystemen gearbeitet wird, ist es zweckmäßig, die Druckplatten auf Maschinenmitte und Druckanfang einzurichten. Für beide Arten sind auf den Plattenzylindern die entsprechenden genauen Markierungen angebracht.

Grundsätzlich ist zu empfehlen, sowohl die Druckplatten als auch das zu bedruckende Material immer auf Maschinenmitte einzurichten, wenn nicht aus besonderen Gründen ein Verlegen aus der Mitte erforderlich ist. Hierbei ist darauf zu achten, dass alle Zylinder- und Passerverstellungen sowie die Druckplattenspannschienen auf Null bzw. Mitte stehen.

Bei sorgfältiger Arbeitsweise in der Druckvorstufe ist es möglich, schon den ersten Abzug annähernd stand- bzw. passgenau zu drucken. Unbedingte Voraussetzung: Die Druckformherstellung muss dazu

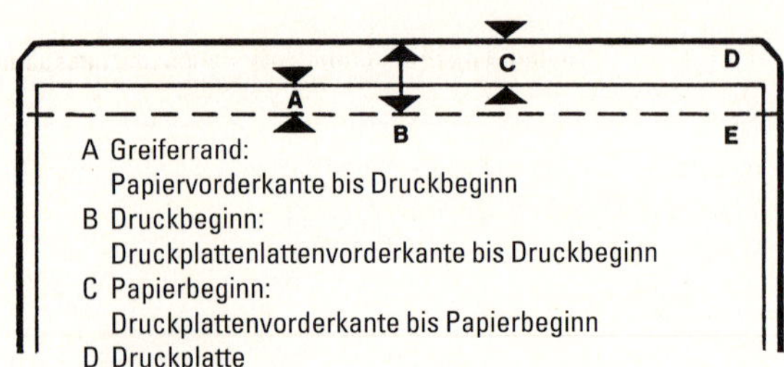

A Greiferrand: Papiervorderkante bis Druckbeginn
B Druckbeginn: Druckplattenlattenvorderkante bis Druckbeginn
C Papierbeginn: Druckplattenvorderkante bis Papierbeginn
D Druckplatte
E Druckbogen

einwandfreie, standrichtig bebilderte Druckplatten liefern.

Auch das Mitkopieren der äußeren Schneid- oder Eckzeichen bei der ersten Druckfarbe sowie bei allen weiteren Druckplatten das Mitkopieren der Druckanfangs- und Formatmittenzeichen ist erforderlich. Diese Voraussetzungen sind grundsätzlich zu beachten. Besonders beim Herstellen der manuellen Filmmontagen wird aber immer noch mit zu geringer Sorgfalt gearbeitet.

Ebenso selbstverständlich muss es sein, Passmarken bei allen mehrfarbigen Druckarbeiten, ein Seitenmarkenzeichen und Schneidezeichen an den exakten Positionen mitzukopieren. Dadurch wird dem Drucker die Arbeit beim Rüsten und die laufende Kontrolle im Fortdruck erleichtert sowie die Einrichtezeit erheblich abgekürzt.

Bei allen Arbeiten mit halb- oder vollautomatischen Plattenwechselsystemen sind die Hinweise zur Sicherheit unbedingt zu beachten. Außerdem: Die Kanten der Druckplatten können zu Verletzungen an den Händen führen.

Bei allen Plattenwechselsystemen erfolgen sowohl die Positionierung zum Spannen sowie das Öffnen und Schließen der Spannschienen automatisch.

Bei einem halbautomatischen Plattenwechsel, z. B. Power Plate Loading (PPL) von MAN-Roland, wird die ausgedruckte Druckplatte von Hand aus der Druckanfangsschiene gezogen und die neue Druckplatte ebenso von Hand in die Schiene geschoben.

Ein vollautomatischer Plattenwechsel, z. B. mit Automatical Plate Loading (APL) wechselt motorisch mit einer Plattentransporteinheit die Druckplatten.

Druckplattenwechselsystem an der MAN-Roland 700

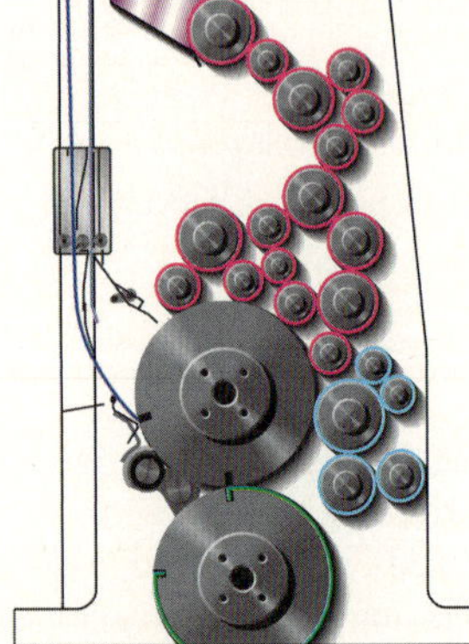

Automatisierter Plattenwechsel (PPL).

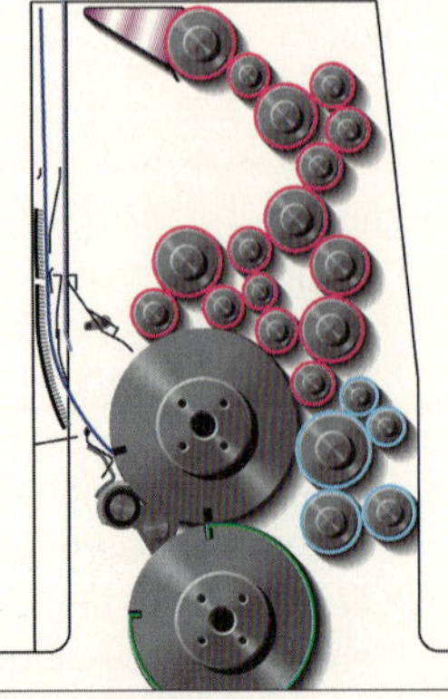

Vollautomatischer Plattenwechsel (APL).

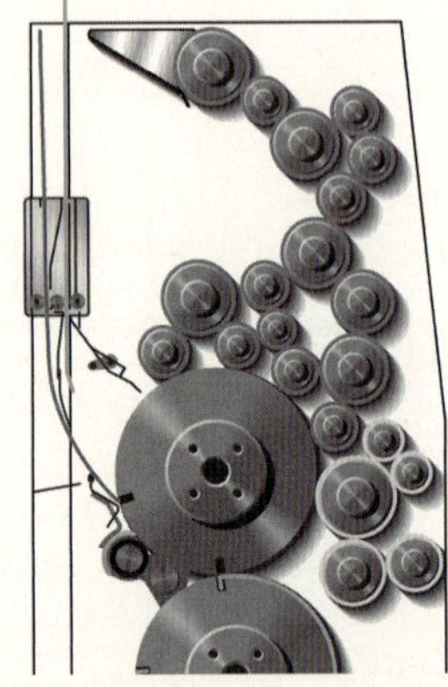

① Einspannschlitz
② Ausspannschlitz
③ Druckplatten-zylinder
④ Andrückleiste
⑤ Andrückrolle
⑥ Druckplatten-transportsystem (Option APL)

Heidelberg: Druckplatte einspannen und ausspannen

1. Druckplatte ① zwischen Schutz ② und Rollen ③ bis zum Halter ④ einführen
2. Druckplatte ① in die vordere Klemmschiene bis zu deren Anschlag ⑤ einführen. Die Druckplatte muss korrekt an die Registerbolzen der Klemmschiene anliegen.
3. Druckplatte loslassen.

4. Taste Platte aus-/einspannen drücken.
   Die vordere Klemmschiene schließt.
5. Taste Positionieren drücken
   Der Plattenzylinder dreht zur hinteren Klemmschiene.
   Die Plattenhinterkante wird automatisch eingespannt.
6. Taste Druckwerk entsichern drücken.

6. Schutz schließen.

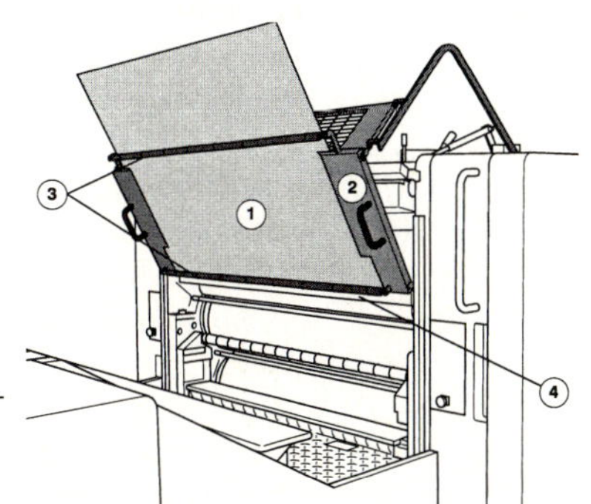

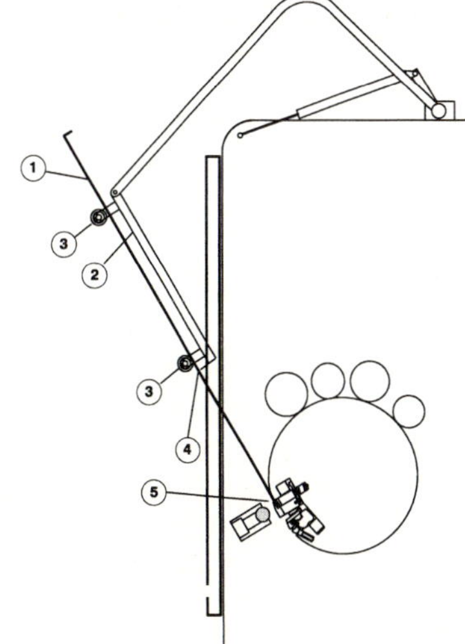

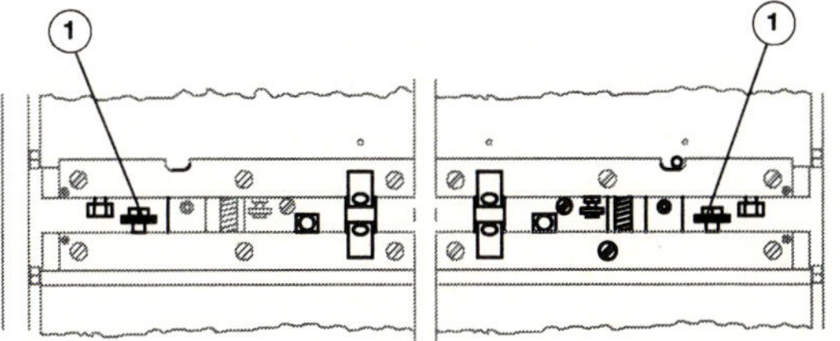

Rändelschrauben ① lösen, die Druckplatte wird an der Hinterkante entspannt.

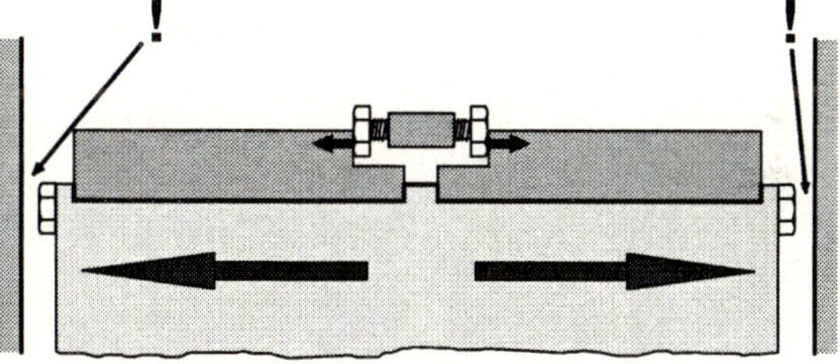

Beispiel für das Strecken der Druckplatte aus der Mitte heraus zur Antriebsseite und Bedienungsseite.

Standkorrekturen mit der hinteren Plattenspannschiene

- Rändelschrauben (1) lösen, die Druckplatte wird an der Hinterkante entspannt
- Verschieben der gesamten Druckplatte zur Bedienungsseite
- Strecken der Druckplattenhälfte an der Bedienungsseite zur Bedienungsseite
- Strecken der Druckplatte aus der Mitte zu beiden Seiten
- Stauchen der Druckplatte von beiden Seiten zur Mitte

12.4.2 Druckabwicklung

Druckmaschinen übertragen die Bildinformationen von der Druckplatte über den Gummituchzylinder auf den Bedruckstoff. Das Abrollen der Oberflächen von Platten-, Gummituch- und Druckzylinder wird Druckabwicklung genannt. Die Druckabwicklung erfolgt zwangsläufig durch ein exaktes Laufen der Zahnrädern aller Zylinder in einem Teilkreisbereich.

Bei einer exakten Bildübertragung werden hohe Anforderungen an die Druckmaschine gestellt, denn bei einem 80er Raster befinden sich z. B. 6400 Rasterpunkte auf 1 cm^2, die ton- und farbwertgerecht und damit auch geometrisch einwandfrei von der Druckplatte auf das Gummituch und von dort auf den Bedruckstoff übertragen werden.

Diese Bildinformationsübertragung erfolgen bei einer Maschinengeschwindigkeit von teilweise über 15 000 Zylinderumdrehungen pro Stunde. So betrachtet ist es verständlich, dass Offsetdruckmaschinen Präzisionsmaschinen sein müssen. Bei der Fertigung der Zylinder und Zahnräder im Druckwerk dürfen Toleranzen von 0,006 mm nicht überschritten werden. Der Offsetdrucker muss bezüglich der Abwicklung sehr genau arbeiten, damit eine ton- und farbwertrichtige Bildübertragung möglich ist.

Was versteht man unter Abwicklung?
Die Abwicklung bezeichnet das gegenseitige Abrollen oder Abwickeln der Druckplatten-, Gummituch- und Druckzylinder gegeneinander unter Erzielung gleicher Geschwindigkeiten an der Oberfläche der Zylinder in der Berührungs- oder Druckzone. Die antreibenden Zahnräder einer Offsetdruckmaschine besitzen alle den gleichen Teilkreisdurchmesser.

Mit Teilkreisdurchmesser wird der wirksame Durchmesser der Zylinderzahnräder bezeichnet, auf dem zwei Zahnräder gegeneinander abrollen.

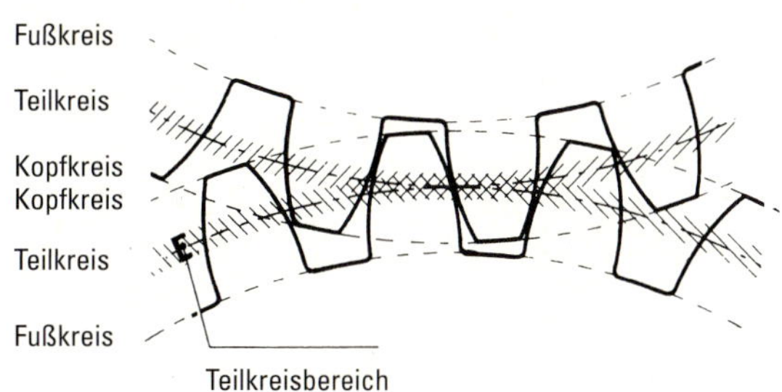

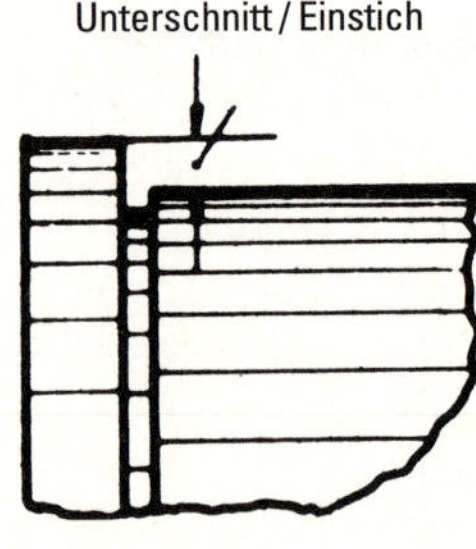

Druckplatten- und Gummituchzylinder-Aufzüge bestehen aus der Druckplatte bzw. dem Gummituch einschließlich Unterlagen, deren Gesamtdicke die Aufzugstärke ist. Die Gesamtdicke ist vom Maß des Zylinderunterschnittes (Einstich) abhängig und wird in der Druckmaschine immer in Beziehung der Schmitzringhöhe gemessen.

Die Abbildung 1 zeigt die prinzipielle Zylinderanordnung einer Offsetdruckmaschine.

Abb: 1

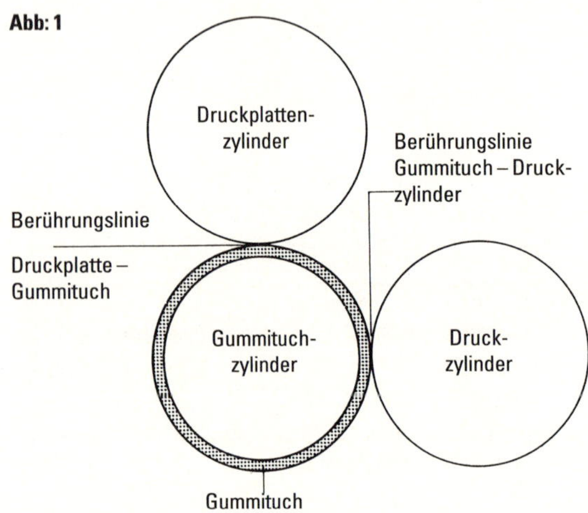

Der Gummituchzylinder kommt mit einem bestimmten Anpressdruck an zwei Berührungslinien mit massiven Zylindern, dem Druckplattenzylinder und dem Druckzylinder, in Kontakt. Bedingt durch die Elastizität des Gummituches können Abwicklungsprobleme (Abrollprobleme) an diesen Berührungszonen entstehen.

Theoretisches Modell: Wie verhalten sich zwei in Kontakt stehende massive Zylinder mit gleichem Durchmesser und Umfang (Abbildung 2).

Abb. 2

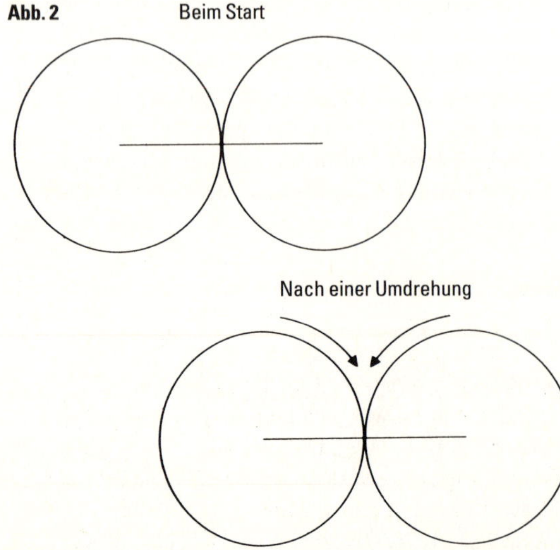

Treibt man einen Zylinder an und lässt den anderen durch den Oberflächenkontakt mitlaufen, so ist festzustellen, dass sich die Markierungsstriche nach einer kompletten Umdrehung wieder genau gegenüberstehen. Daraus ist zu ersehen, dass sich die beiden Zylinder genau „abgewickelt“ haben, d. h. die Oberflächengeschwindigkeiten beider Zylinder gleich groß sind.

Wird einer der beiden massiven Zylinder durch einen mit einem Gummituch überzogenen Zylinder ersetzt, dann ist eine ähnliche Situation wie in einer Offsetdruckmaschine anzutreffen.

Auch diese beiden Zylinder haben gleiche Durchmesser, d. h. der Durchmesser des Gummituchzylinders ist gleich dem des massiven Zylinders. Bei gewissem Anpressdruck, der beim Druckvorgang erforderlich ist, ist festzustellen, dass der gummibezogene Zylinder nach einer kompletten Umdrehung des massiven Zylinders noch keine vollständige Umdrehung gemacht hat.

Abb. 3

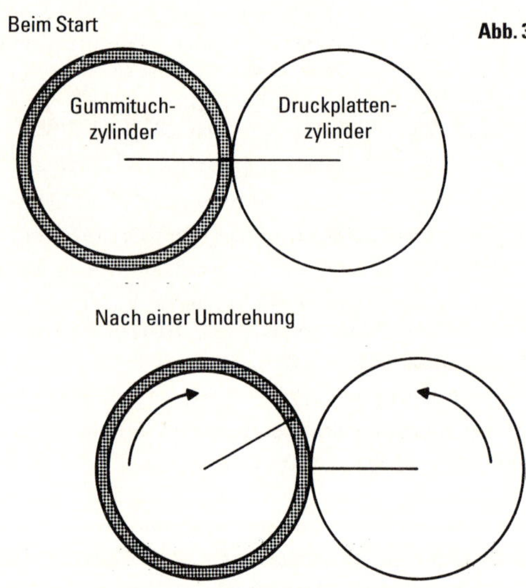

Jetzt haben sich die Zylinder nicht genau gleich abgewickelt. Das heißt: Trotz der gleichen Durchmesser treten in der Berührungslinie unterschiedliche Geschwindigkeiten auf (Abbildung 3).

Die Abbildung 4 zeigt, dass das Gummituch unter Druck zu einer anderen Oberflächengestalt verformt wird unter Beibehaltung des gleichen Volumens (siehe auch Abb. 7). Wenn es sich im Berührungsbereich verformt, so dehnt sich seine Oberfläche. Das Gummituch wird länger, der Gummituchzylinder „dreht“ langsamer.

Abb. 4

Gummituch

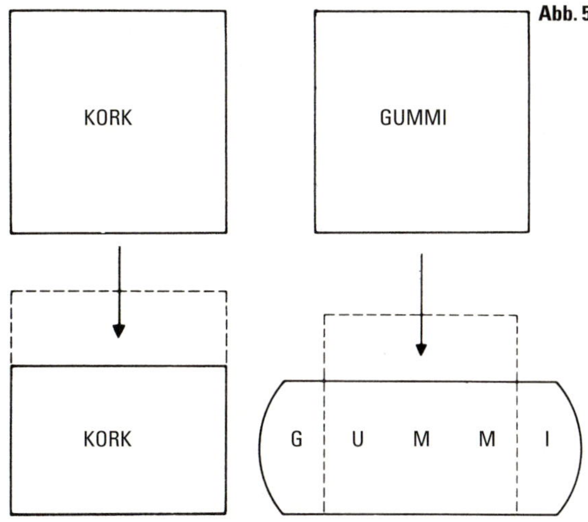

Abb. 5

Die Abbildung 5 stellt die unterschiedlichen Wirkung dar, wenn Druck auf ein zusammenpressbares Material z. B. Kork und den nicht zusammenpressbaren Gummi ausgeübt wird. Es ist zu sehen, dass Kork dabei an Volumen verliert. Gummi dagegen wird zu einer anderen Oberflächengestalt verformt und behält das gleiche Volumen.

Die Abbildung 6 zeigt – schematisch vereinfacht – deutlich, dass ein massiver und ein mit einem Gummituch bezogener Zylinder bei gleichen Durchmessern unterschiedliche Umfänge haben.

Ohne einen direkten Zahnradantrieb kehren ein gummiüberzogener und ein massiver Zylinder mit gleichen Durchmessern nicht exakt in ihre Ausgangsposition zurück (vgl. Abb. 3).

Sobald aber beide Zylinder durch Zahnräder angetrieben sind, werden sie mechanisch zu einem synchronen Lauf gezwungen.

Abb. 6

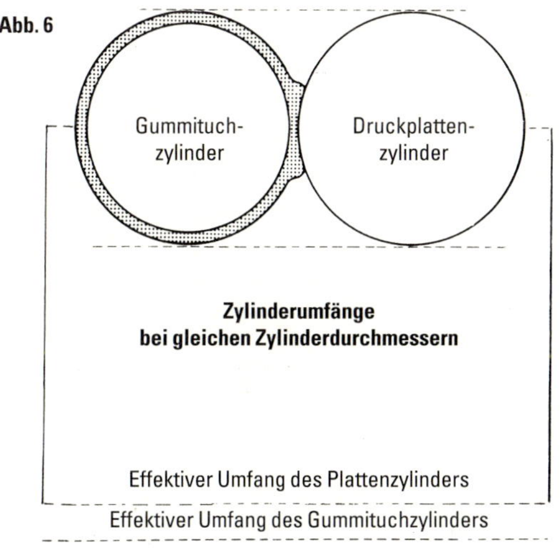

Abb. 7

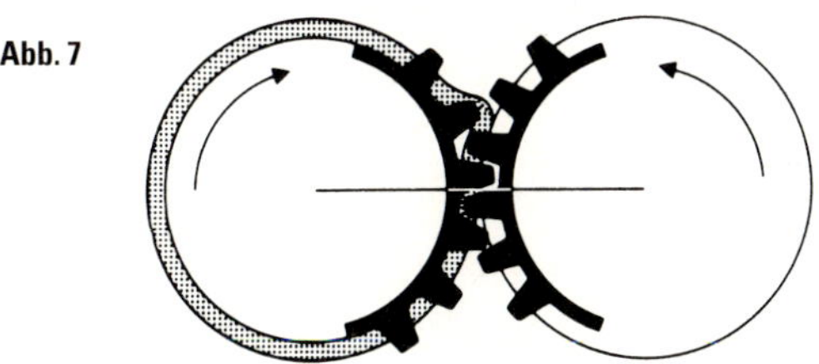

Dies kann nur geschehen, wenn innerhalb der Berührungslinie ein minimales Verrutschen der Zylinderoberflächen stattfindet oder aber ein Gummiwulst vor der Berührungslinie entsteht (Abb. 7).

Um dieses zu vermeiden, wird der Durchmesser des Gummituchzylinders minimal kleiner gehalten. Beide Zylinder laufen jetzt ohne Zahnradantrieb synchron und in der Berührungslinie findet kein Verrutschen und keine Wulstbildung statt (Abb. 8).

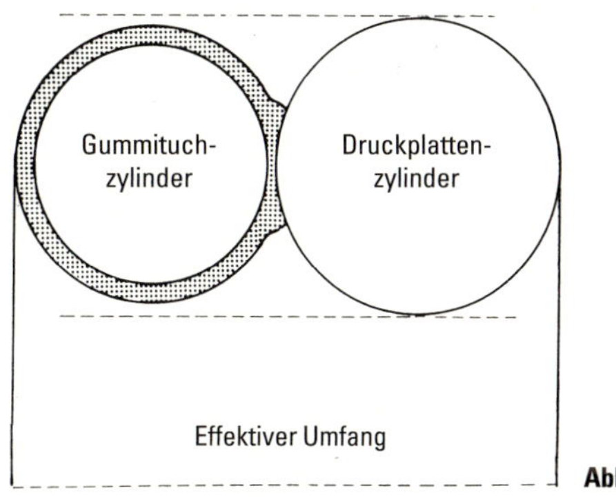

Abb. 8

12.4.3 Zylinderaufzüge

Um eine optimale Bildinformationsübertragung zu erreichen, müssen der Platten- und der Gummituchzylinder einen spezifischen Aufzug aufweisen. Als Aufzug bezeichnet man alles, was auf den Druckplatten- bzw. den Gummituchzylinder aufgespannt wird. Der Aufzug des Gummituchzylinders besteht z. B. aus dem Gummituch und den erforderlichen Unterlagebogen (Papier, Karton, Folie) für eine bestimmte Aufzugstärke (Aufzughöhe).

Maschinentechnisch werden für die Übertragung der Bildinformationen im Offsetdruck zwei unterschiedliche Systeme eingesetzt:

- Schmitzringläufer
- Nichtschmitzringläufer

Der Druckplatten- und der Gummituchzylinder haben an den Stirnseiten jeweils Stahlscheiben angesetzt, die sogenannten Schmitzringe bzw. Messringe. Von Schmitzringen spricht man immer dann, wenn die Druckmaschinen im Schmitzringkontakt druckt, ist dies nicht der Fall, nennt man diese Stahlscheiben Messringe. Die Schmitz- bzw. Messringe dienen bei beiden Systemen als Referenz für die Messung der Aufzugstärken.

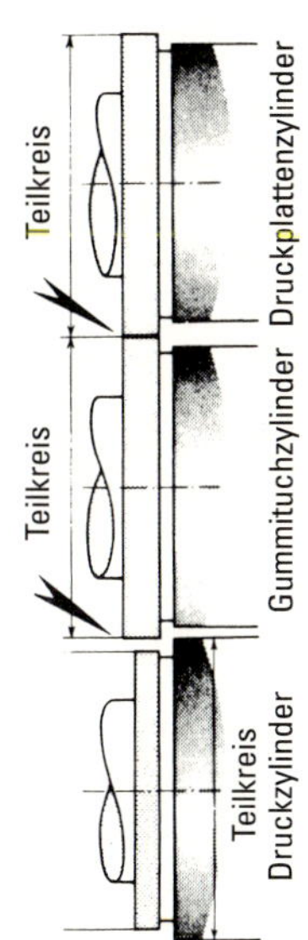

- Drucken mit Schmitzring kontakt.

Bei einem Schmitzringläufer (hierzu gehören z. B. alle Heidelberger Bogen-Offsetdruckmaschinen) laufen die gehärteten Schmitzringe am Platten- und Gummituchzylinder unter mechanischer Vorspannung beim

Schmitzringläufer: Druck mit Schmitzringpressung

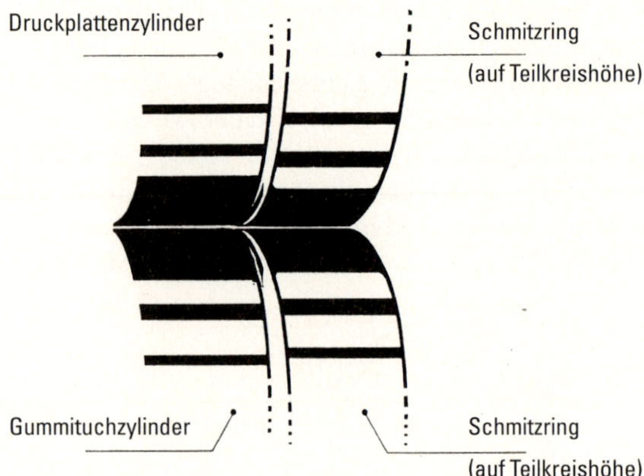

Nichtschmitzringläufer: Druck ohne Schmitzringpressung

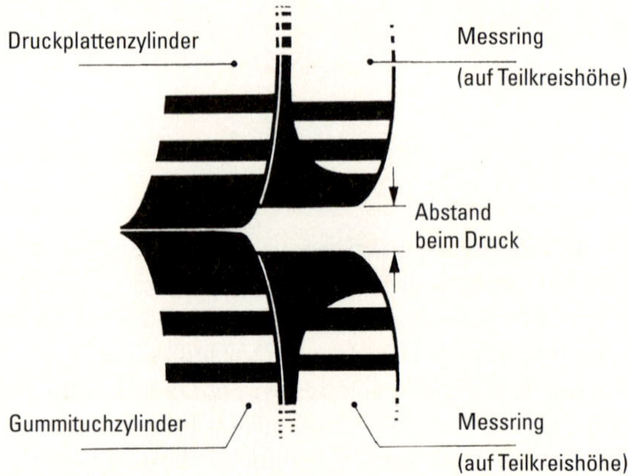

Zylindersysteme an Offsetdruckmaschinen

Bezeichnung der seitlichen Ringe an den Zylindern des Druckwerks bei Nichtschmitzringläufern und Schmitzringläufern

Zylinder	Nichtschmitz-ringläufer	Schmitz-ringläufer
Druckplattenzylinder	Messring	Schmitzring
Gummituchzylinder	Messring	Schmitzring
Druckzylinder	Messring	Messring

Druckprozess aufeinander. Der Druckzylinder läuft nie im Schmitzringkontakt, weil der Abstand vom Gummituch- zum Druckzylinder den unterschiedlichen Dicken des Bedruckstoffes angepasst werden muss. Nur so ist eine optimale Druckbeistellung (Anpressdruck) zu erreichen. Die Maschinenhersteller dieser Systemtechnik sehen als besondere Vorteile einen ruhigen, vibrationsarmen Maschinenlauf, feste Abwicklungsverhältnisse und eine optimale Druckwiedergabe feinster Details im Druckbild.

• Drucken ohne Schmitzringkontakt
Bei einem Nichtschmitzringläufer besteht während des Druckprozesses kein Kontakt zwischen den Messringen. Dadurch sind Änderungen der Aufzugstärke, die bei Drucklängenkorrekturen erforderlich sind, schnell auszuführen. Die hohe Präzision der Zylinderführung (Laufruhe des Zylinders, Zahnräder u.a.) gewährleistet ebenfalls eine einwandfreie Abwicklung und gute Druckergebnisse.

Im Einsatz sind Druckmaschinen, die ausschließlich ohne Schmitzringkontakt drucken, daneben auch Druckmaschinen, die mit oder auch ohne Schmitzringkontakt drucken können (z.B. MAN-Roland).

Aufzüge und Druckbildlänge
Alle Zylinder im Druckwerk sind durch Zahnräder miteinander im Eingriff, sie rollen dadurch zwangsweise aufeinander ab. Somit sind die jeweilige Aufzughöhe und die eingestellte Druckspannung (Anpressdruck) für eine optimale Druckbildübertragung von großer Bedeutung. Bei Einstellfehler kommt es zur Reibung oder ungenügender Pressung zwischen den Oberflächen. Die Folgen bei zu starken Aufzügen können sein: Dublieren, Schieben, starke Tonwertzunahme und Fehler im Passer.

Die Zylinderaufzüge am Druckplattenzylinder sind im Normalfall an allen Druckwerken gleich. Bei Bedarf ist eine Abstufung möglich. Dies kann beispielsweise erforderlich sein bei Passerschwierigkeiten im Zylinderumfang (Papierverzug durch geringe Dimensionsstabilität, durch hohe Flächendeckung der Druckfarbe am Druckbogenende u. ä.) oder bei sehr starken Bedruckstoffen, bei denen eine exakte Drucklänge (z. B. für das Stanzen) erforderlich ist.

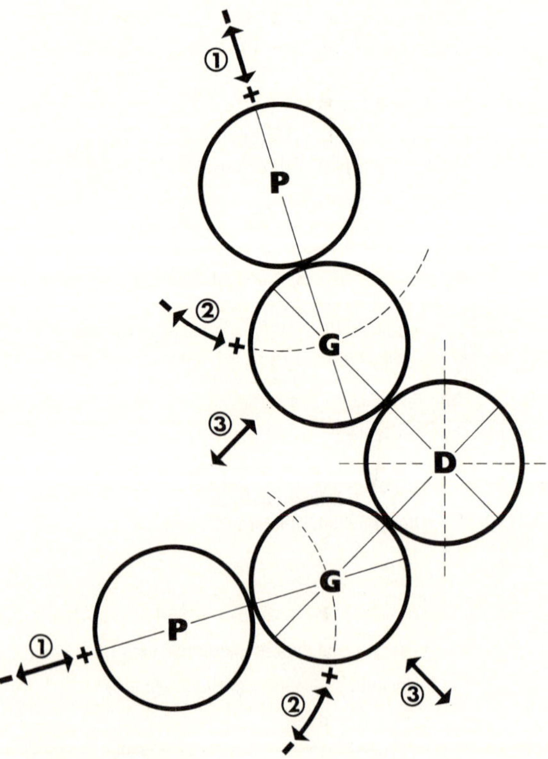

Nichtschmitzringläufer
– ein 5-Zylinder-System

Zylinderbewegungen:
① Druckverstellung zwischen Druckplatten- und Gummituchzylinder
② Druckverstellung zwischen Gummituch- und Druckzylinder
③ Druckan- und Druckabstellung

Zylinderbewegungen

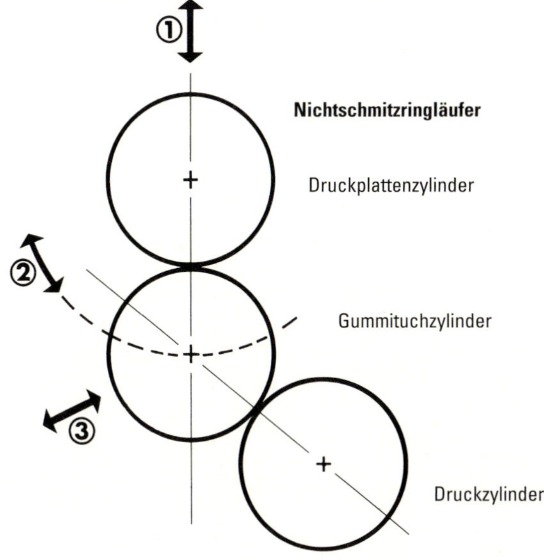

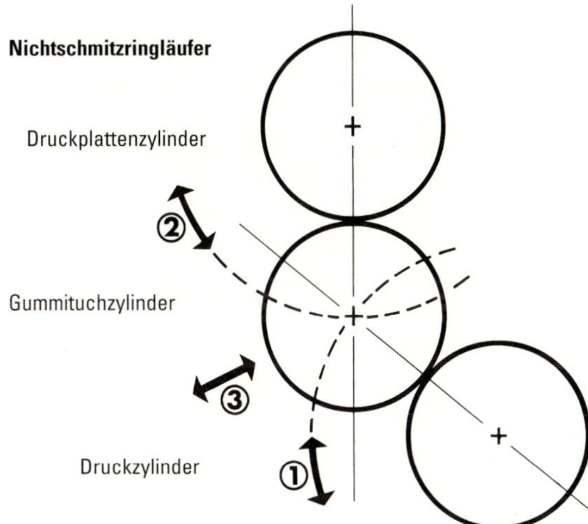

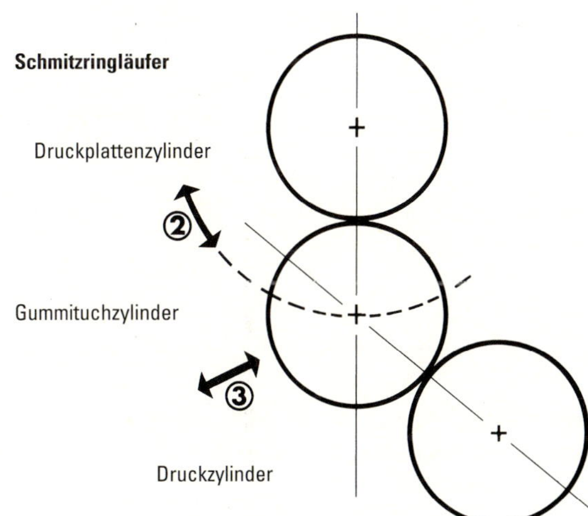

Wird anstelle von normalem Papier ein starker Karton bedruckt, so ergeben sich veränderte Abwicklungsbedingungen: der Platten- und der Gummituchzylinder bleiben in ihrem Radius gleich groß, der Druckzylinder mit dem zu bedruckenden Karton hat nun aber einen größeren Radius. Dadurch verändert

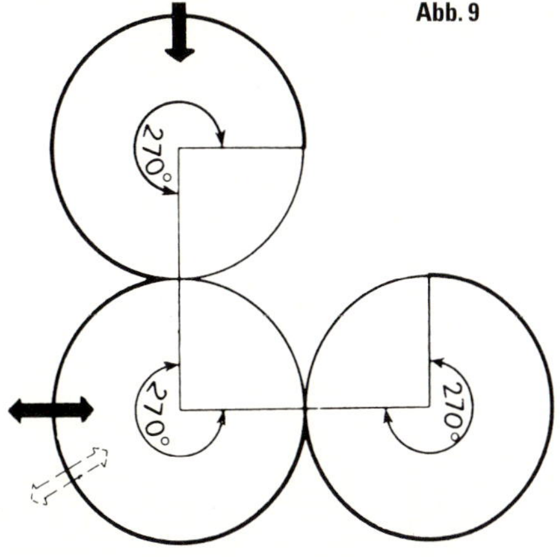

Abb. 9

sich die Druckbildübertragung in der Länge. Durch Verstärken des Plattenaufzugs lässt sich diese Veränderung jedoch ausgleichen.

Eine Veränderung der Aufzugstärke in mm wirkt sich in der Druckbildlänge ca. um das vierfache aus.

Korrektur der Druckbildlänge an Nichtschmitzringläufern

Die Druckbildlänge ist durch die Stärke des Plattenzylinders zu verändern. Platten- und Gummituchzylinder sind exzentrisch gelagert, dadurch ist es möglich, den Abstand zwischen Plattenzylinder und Gummituchzylinder sowie zwischen Gummituchzylinder und Druckzylinder zu verändern.

Der Druckzylinder ist fest gelagert und nicht verstellbar. Durch die Druckschaltung („Druck an“ und „Druck ab") wird der Gummituchzylinder außerdem in der gestrichelten Pfeilrichtung bewegt (Abb. 9). Grundsätzlich ist das Druckbild der planliegenden Druckplatte in gleicher Länge auf den Bedruckstoff zu übertragen. Veränderungen des Plattenzylinderaufzuges sowie die Dicke des Druckbogens beeinflussen jedoch die Drucklänge.

Bei vollem Druckformat umspannt das Druckbild den Plattenzylinder mit etwa 270°. Die Bildzeichnung auf der Druckplatte und dem bedruckten Bogen sind bei richtiger Aufzugsstärke gleich lang.

An modellhaften Beispielen soll erläutert werden, wodurch und wie sich die Drucklänge verändert. Beispiel 1: Der Druckplattenzylinderaufzug wird verstärkt (Abb. 10).

Abb. 10

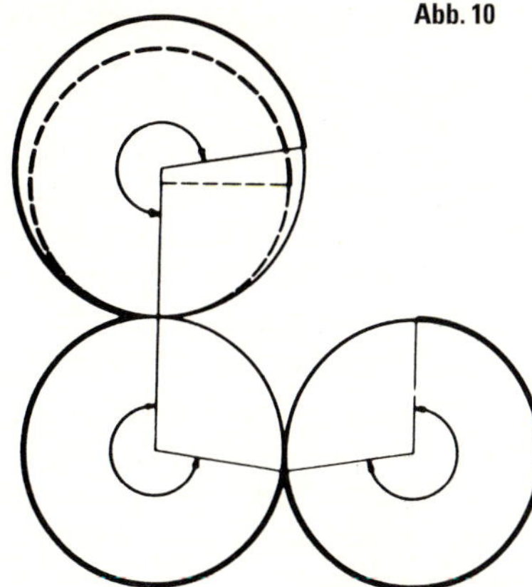

Um die Veränderungen besser sichtbar zu machen, wurden sie in der Zeichnung übertrieben dargestellt. Der Ausgangspunkt ist gestrichelt gezeichnet. Die Platte umspannt jetzt den vergrößerten Zylinder nicht mehr so weit, der Zylinderwinkel wird dadurch kleiner. Da die Zylinder nicht durch die Oberflächenreibung angetrieben werden, sondern durch Zahnräder miteinander verbunden sind, drehen sich alle drei Zylinder immer mit dem gleichen Winkel. Das Druckbild der Platte wird also verkürzt auf den Gummituchzylinder und von diesem ebenso auf den Druckbogen übertragen.
Beispiel 2: Der Druckplattenzylinderaufzug wird verringert (Abbildung 11).

Abb. 11

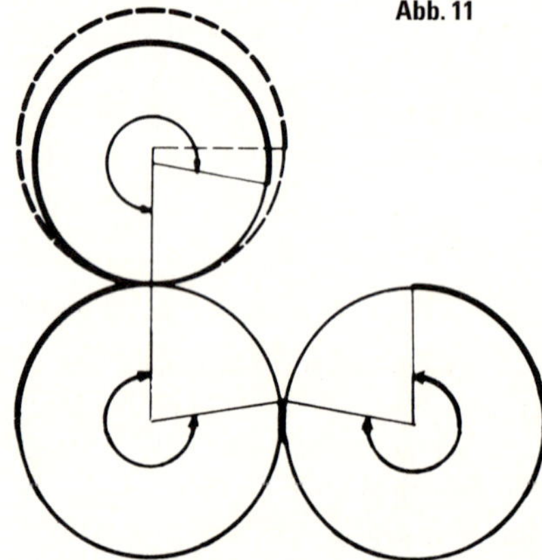

Die Druckplatte umspannt den so kleiner gemachten Zylinder jetzt weiter. Der Zylinderwinkel wird dadurch vergrößert. Das Druckbild ist jetzt länger geworden.

Beispiel und Faustformel für das Maß der Druckbildveränderung:

- Unterlagebogen mit einer Dicke von 0,20 mm wird entfernt
- Differenz des Zylinderdurchmessers = 0,40 mm.
- Differenz im Zylinderumfang
  0,40 mm x 3,14
  = 1,26 mm,
  davon 3/4 der Druckfläche (270^0)
  = 0,94 mm.

Das Druckbild ist rechnerisch um ca. 0,94 mm länger geworden, also etwa das Vier- bis Fünffache der Stärke der herausgenommenen Bogen.

Das Druckbild verkürzt sich dementsprechend um 0,94 mm, wenn 0,20 mm zusätzlich unter die Druckplatte gelegt werden.

Darüber hinaus entstehen Druckbildänderungen durch den Druckzylinder, d. h. beim Verarbeiten von unterschiedlich dicken Bedruckstoffen, denn dadurch ändert sich der Durchmesser des Druckzylinders.

Bei einem Zylinderwinkel von beispielsweise 270^0 wird einmal Papier mit der Stärke von 0,10 mm, danach ein Karton mit der Stärke von 0,50 mm bedruckt. Die Winkel der drei Zylinder sind in beiden Fällen gleich, jedoch ist die Strecke 1 bis 2 bei dem stärkeren Karton länger als die Strecke 1 bis 3 des Papiers (Abbildung 12).

Abb. 12

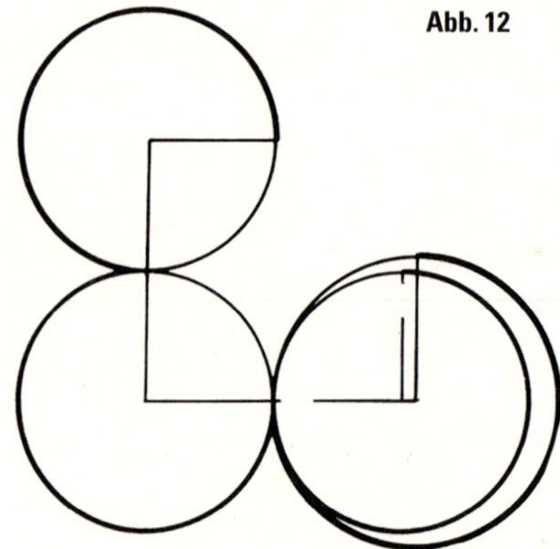

- Beispiel für die Berechnung der Streckendifferenz bei Kartondruck:
  Dickendifferenz der Bedruckstoffe
  = 0,40 mm
  Zylinderdurchmesser bei Kartondruck
  = 0,80 mm.
  Differenz im Zylinderumfang
  = 0,80 x 3,14
  = 2,51 mm.
  Unterschied der Strecke bei 3/4 des Umfangs
  = 1,88 mm.

Auf dem Kartonbogen ist eine Verlängerung des Druckbildes von 1,88 mm festzustellen, wenn dieser um den Druckzylinder gekrümmt ist und dadurch an seiner Oberfläche gedehnt wird. In der Planlage des Kartonbogens wird das bei gedehnter Oberfläche aufgenommene Druckbild um ca. den halben Wert der Dehnung wieder verkürzt.

Veränderung der Drucklänge

1. Korrekturwerte des Druckplattenzylinderaufzuges bei Druckbildlängendifferenzen

Druckbildlänge in (in mm)

Druckbildlängendifferenzen (mm)

0,5 1,0 1,5

1200
1100
1000
900
800
700
600
500

0,5 1,0 1,5

——— Mittelformat (ø 300, ø 310)
– – – – Großformat (ø 425)

0,1 0,2 0,3 0,4 0,5 0,6

Abwicklungskorrekturwerte für Druckplattenzylinderaufzug (mm)

Beispiel: Bei einer Druckbildlänge von 900 mm (Großformat) und einer Druckbildlängendifferenz von +1,0 mm ist der Druckplattenzylinderaufzug um 0,23 mm zu verstärken.

2. Einfluss der Plattendicke

Die dickere Platte druckt länger

Folge: Wird im Fortdruck eine Druckplatte durch eine mit unterschiedlicher Dicke ersetzt, so muss der Aufzug um die Hälfte der Plattendickendiferenz geändert werden.

Beispiel: Aluplatte: 0,35 mm dick Änderung des Aufzuges
Polyesterplatte: 0,15 mm dick um 0,1 mm

Druck auf Papier

Druckplattenzylinder			Druckzylinder			
Durchmesser	Oberflächengeschwindigkeit	Bildübertragung Platte–Gummi	Durchmesser Bedruckstoffstärke	Oberflächengeschwindigkeit	Druckbildlänge	Vorgang, schematisch
+ > 0,7 mm ≙ Plattenaufzug verstärken	+ größer	– kürzer, da gleiche Winkelgeschwindigkeit	normal 0,1 mm stark	normal ±0	– kürzere Bildlänge	Plattenaufzug + Bildlänge –
– ≙ Plattenaufzug verringern	– kleiner	+ länger, da gleiche Winkelgeschwindigkeit	normal 0,1 mm stark	normal	+ größere Bildlänge	Plattenaufzug – Bildlänge +

Druck auf Karton

Druckplattenzylinder			Druckzylinder			
Durchmesser	Oberflächengeschwindigkeit	Bildübertragung Platte–Gummi	Durchmesser Bedruckstoffstärke	Oberflächengeschwindigkeit	Druckbildlänge	Vorgang, schematisch
±0 ≙ normale Aufzugstärke	±0 normal	±0 normal	+ stärker als 0,1 mm ≙ Druck auf Karton	+ ≙ Zylinderdurchmesser größer, Übertragung länger	+ größere Bildlänge auf Karton	Plattenaufzug normal ±0 Bildlänge +
+ ≙ Plattenaufzug verstärken	+ größer	– kürzer	+ stärker als 0,1 mm ≙ Druck auf Karton	+ ≙ Zylinderdurchmesser größer	±0 exakte Drucklänge bei Kartondruck	Plattenaufzug + Drucklängenausgleich durch Verstärken des Plattenaufzugs ±0

Die Druckbildverlängerung beträgt in der Planlage also nur 0,94 mm.

Soll das Druckbild auf dem 0,10 mm dicken Papier und dem 0,50 mm dicken Karton gleich lang sein, so ist der Plattenzylinderaufzug bei Karton um 0,20 mm stärker zu halten.

Beispiel:

Karton	0,5 mm	
Papier	–0,1 mm	
Differenz	0,4 mm	: 2 = 0,2 mm

- Als Faustregel gilt:
  Das Maß der Aufzugsänderung entspricht etwa der Hälfte der Differenz beider Bedruckstoffstärken.

Änderungen der Druckbildlänge

Für eine Druckbildlängenkorrektur gilt grundsätzlich:

- Verkürzen
  = Aufzug des Druckplattenzylinders stärker.
- Verlängern
  = Aufzug des Druckplattenzylinders geringer.

Änderungen der Aufzugstärke am Plattenzylinder erfordern beim

- Drucken mit Schmitzringkontakt
  - Aufzugstärke am Gummituchzylinder anpassen
  - Druckbeistellung Gummituchzylinder zum Druckzylinder anpassen
- Drucken ohne Schmitzringkontakt
  - Druckbeistellung Plattenzylinder zum Gummituchzylinder anpassen

Die Aufzugstärke des Gummizylinders wird nur bei Maschinen verändert, die im Schmitzringkontakt laufen, sonst muss die Oberfläche des Gummituchs genau auf Schmitzringhöhe liegen. Eine Ausnahme bilden luftgepolsterte, kompressible Gummitücher, die bei Nichtschmitzringläufern bis zu 0,05 mm über dem Schmitzring liegen können.

Heidelberg empfiehlt für alle Bogen-Offsetdruckmaschinen (Schmitzringläufer), dass kompressible Gummitücher genau auf der Höhe des Schmitzrings, nicht kompressible Gummitücher dagegen 0,05 mm unter der Schmitzringhöhe liegen müssen.

Die betreffenden Maschinenhandbücher geben genaue Angaben zu den Aufzugstärken bei verschieden starken Bedruckstoffen. Um Druckschwierigkeiten zu vermeiden und eine gute Druckqualität zu erzielen, sollten diese Angaben unbedingt beachtet werden.

Problematik der Druckbildlängenänderung unter verschiedenen Bedingungen im Großformat
Besonders bei mehrfarbigen Druckarbeiten im großen Bogenformat müssen mechansichen Besonderheiten des Papiers im Druckprozess beachtet werden.

Papiere sind hygroskopisch, sie arbeiten (dehnen sich) daher bei Aufnahme von Feuchtigkeit; zusätzlich aber auch noch durch den zur Druckbild-Übertragung erforderlichen Druck.

In der Laufrichtung arbeiten Papiere bekanntlich wesentlich geringer als in der Dehnrichtung. Daher spielt die Laufrichtung des Papiers bei diesen Überlegungen eine entscheidende Rolle. Weil in der Zylinderbreite keine Ausgleichsmöglichkeit für den Passer besteht, muss grundsätzlich die Laufrichtung parallel zur Zylinderachse bzw. zu den Vordermarken liegen. In der Dehnrichtung arbeitet das Papier mehr oder weniger stark, so dass eine Verlängerung in dieser Richtung eintritt, die durch entsprechenden Plattenaufzug ausgeglichen wird.

Praktisch heißt das: Der Druckbogen wird nach dem ersten Maschinendurchlauf in der Dehnrichtung länger. Leider geschieht das nicht gleichmäßig, sondern leicht fächerförmig. Der Bogen wird also nicht nur länger, sondern auch entgegen der Anlageseite breiter.

Der Längenausgleich ist, wie auch bei stärkeren Papieren oder Kartons durch verstärken des Plattenaufzuges zu erreichen. Allerdings darf dabei nie unter die abwicklungsbedingte Grundstärke des Plattenaufzuges gegangen werden. Daher wird beim ersten Druckgang der normale Aufzug um einen Bogen verstärkt. Das Druckbild wird dadurch auf dem Bogen kürzer. Arbeitet das Papier, so wird das Druckbild mit dem Papier länger, der zusätzlich eingelegte Bogen kann durch einen schwächeren ersetzt oder sogar ganz herausgenommen werden.

Um Passerdifferenzen in axialer Richtung, die durch den bereits erläuterten Papierverzug besonders am Bogenende auftreten können, auszugleichen, werden großformatige Offsetdruckmaschinen mit geteilten Plattenspannschienen ausgerüstet, mit denen die Druckplattenhinterkante leicht auseinandergedrückt werden kann. Vorteil ist, dass diese Arbeiten sehr rasch auszuführen sind.

Bei einem automatischen Plattenwechselsystem ist als Unterlagematerial für den Plattenzylinder eine selbstklebende Kunststoff-Folie (Polyester) zu verwenden. Eine Änderung der Drucklänge erfolgt durch unterschiedliche Folienstärken.

Grundsätzlich sind kalibrierte Unterlagebogen für die Aufzüge zu verwenden, die in der entsprechenden Größe und Dicke fertig zu beziehen sind.

Drucktücher

(Hinweis: Ausführliche technische Informationen zu Drucktüchern siehe Kapitel 12.5)

Herkömmliche nicht kompressiblen Druck- bzw. Gummitüchern (Abb. 13) werden hauptsächlich durch Gummitücher mit einer kompressiblen Schicht (Abb. 14) ersetzt. Diese Drucktücher lassen sich zusammendrücken und weisen deshalb eine geringere Längenzunahme auf. Infolgedessen ist die Wulstbildung geringer und das Druckbild schärfer. Die Kompressibilität kann auf verschiedene Weise erreicht werden.

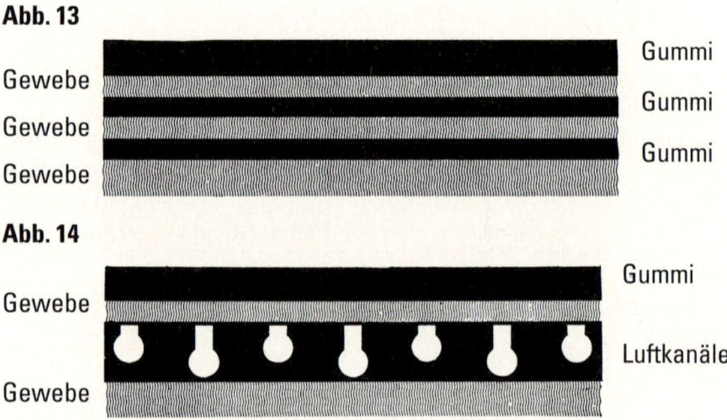

Neben konventionellen Gummitüchern, bei denen 0,10 mm Druckspannung erforderlich ist, benötigen kompressible Gummitücher eine Druckspannung von 0,15 mm. Zum Ausgleich der Kompression – damit ist auch die Skalenstellung an der Druckmaschine beizubehalten – werden diese Gummitücher vielfach um 0,05 mm über Messring gelegt.

Druckschärfe
Die densitometrische Dichtemessung ermöglicht einen objektiven Vergleich der Druckschärfe. Aus dem Ergebnis der Dichte von Fläche und Raster lässt sich mit der folgenden Formel der Kontrast errechnen.

$$\text{Kontrast} = \frac{D_V - D_R}{D_V}$$

Je größer der sich ergebende Kontrastwert ist, desto besser ist die Druckbildübertragung eines Gummituches.

Beispiel: D_V = Dichte Vollton
D_R = Dichte Raster

$$\text{Kontrast} = \frac{1{,}39 - 0{,}68}{1{,}39} = 0{,}51$$

Kontrastwert des Gummituches = 0,51

Farbabgabe
Eine sehr wichtige Rolle für die Qualität eines Gummituches spielt die Oberflächenbeschaffenheit und damit die Fähigkeit, die Druckfarbe schnell an den

Auswirkungen der Adhäsionskraft nach der Druckzone

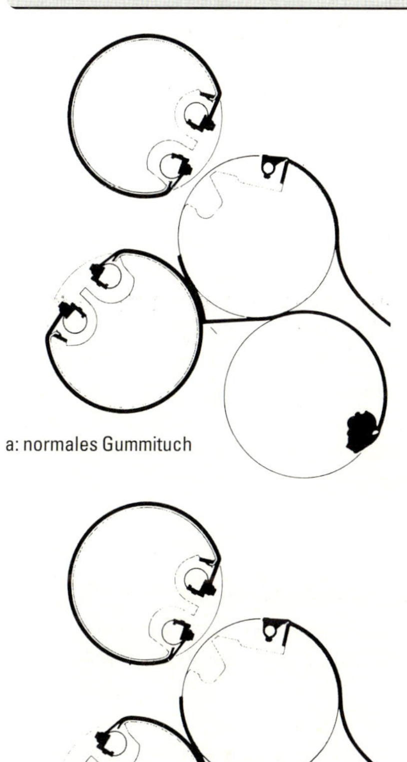
a: normales Gummituch

b: Gummituch mit Quick-Release-Eigenschaften

Papierbogen abzugeben: die sogenannte Quick-Release- (QR)-Eigenschaft. Diese Gummitücher haben eine geringe Adhäsion (Klebkraft) gegenüber der Druckfarbe aber auch gegenüber dem Papier. Die Farbe wird somit leichter vom Gummituch an den Bogen abgegeben.

Das Papier unterliegt nämlich nach der Druckzone einer Scherbeanspruchung, denn es klebt einerseits durch die Farbe am Gummituch, andererseits wird es durch die Greifer abgezogen. Dadurch entsteht ein bestimmter Abrisswinkel ohne dass die Druckfarbe verdünnt werden muss

Vorteile einer geringeren Klebkraft des Gummituchs:

- Das Papier wird weniger beansprucht, dadurch treten nicht so leicht Dimensionsänderungen auf, die Dubliergefahr wird geringer.
- Die Beanspruchung der Greifer ist nicht so groß, ebenso markieren sich Bogenführungsräder nicht so stark.
- Die Bogen liegen glatter in der Auslage.
- Es bleiben weniger Papierfasern auf dem Gummituch haften.

Messen der Aufzugsstärken

Das genaue Messen der Aufzugstärke ist Voraussetzung für eine exakte Druckabwicklung und somit

Gummituchzylinder-Aufzug

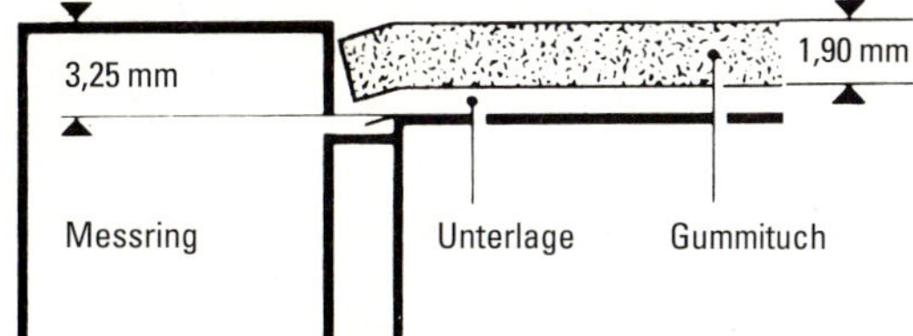

Druckplattenzylinder-Aufzug

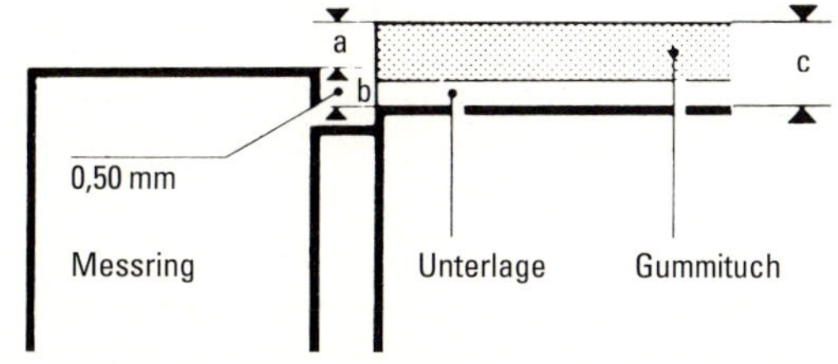

auch für ein optimales Druckergebnis. Die Oberfläche von Platten- und Gummituchzylinder liegen tiefer als die Schmitzringe (Messringe), damit ist das Aufnehmen der Druckplatte bzw. des Gummituches möglich. Die Differenz zwischen der Zylinderoberfläche und dem Schmitzring wird Einstich genannt.

Der Aufzug setzt sich aus der Druckplatte bzw. dem Gummituch und den erforderlichen Unterlagen zusammen, z.B.

- Gummituch 1,9 mm + Unterlagebogen 0,7 mm = Aufzughöhe 2,6 mm

Bei der Zusammenstellung des Aufzuges ist zu beachten, dass der Aufzug des Gummituchzylinders – außerhalb der Druckmaschine gemessen – ca. 0,10 bis 0,15 mm stärker sein muss. Erst im eingespannten Zustand kann als Referenz zum Schmitzring die erforderliche Dicke genau gemessen werden.

Handmessgeräte wie eine Bügel- oder Tellermessschraube eignen sich nur bedingt zu einer genauen Dickenmessung. Besondere Probleme entstehen dabei durch eine zu geringe Auflagefläche bei flexiblen Materialien (Gummituch) und durch einen nicht exakt zu definierenden manuellen Messdruck.

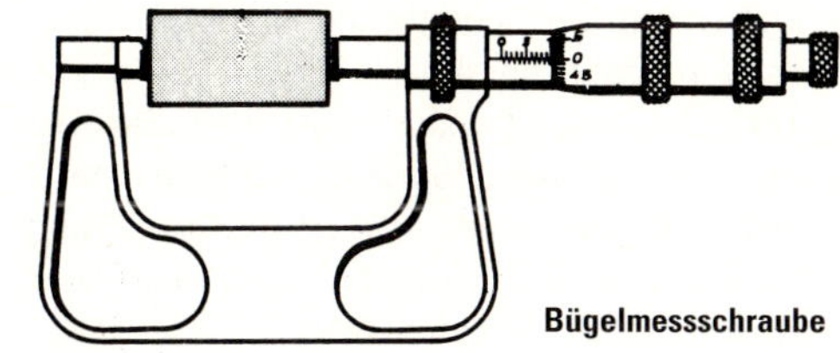
Bügelmessschraube

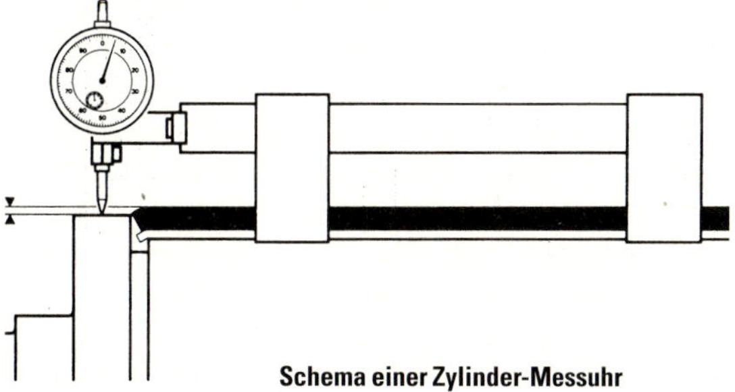
Schema einer Zylinder-Messuhr

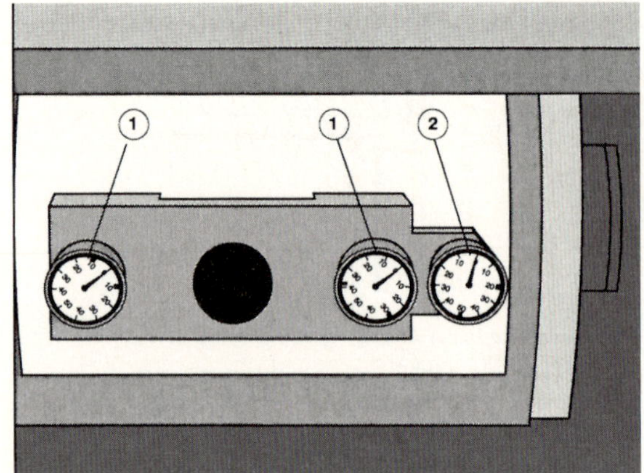

Aufzugmesseinrichtung für Druckplatten- und Gummituchzylinder (Heidelberg)

Zu einer genauen Messung der Aufzugstärke des Druckplatten- und Gummizylinders bedient man sich am besten einer Aufzugmesseinrichtung. Diese Messeinrichtung besitzt drei Präzisions-Messuhren.
Ablauf einer Messung am Gummituchzylinder:

- Gummituch und Schmitzring mit einem Papierbogen abdecken.
- Messeinrichtung parallel zur Zylinderachse so aufsetzen, dass der Taster der äußeren Messuhr auf dem Schmitzring steht.
- Mit dem Handgriff die Messuhr andrücken und alle Zeiger auf Null (0) einstellen.
- Messeinrichtung auf die Mitte des Gummituchzylinders verschieben.
- Bei gleichem Anpressdruck zeigen die beiden Messuhren in der Mitte und links weiterhin Null (0). Die rechte Messuhr zeigt jetzt den Höhenunterschied zwischen Gummituch und Schmitzring an.

Um eine Beschädigung der Druckplatte durch die Messeinrichtung zu vermeiden bzw. um auf dem Gummituch ein besseres Verschieben zu ermöglichen, wird in beiden Fällen, d. h. auf Druckplatte und Gummituch, ein Bogen gelegt, und zwar so, dass er auch die Schmitzringe bedeckt.

Die Messeinrichtung wird mit dem Fühlstift der äußeren Messuhr auf Schmitzring und Papierunterlage des jeweiligen Zylinders parallel zur Zylinderachse gesetzt. Man justiert in dieser Stellung alle drei Messuhren durch Drehen der Zifferblätter so ein, dass die Zeiger jeweils auf „0" zeigen. Anschließend schiebt man die Messeinrichtung auf der Papierunterlage zur vollen Zylinderoberfläche. Die zwei Messuhren unmittelbar neben dem roten Anpressknopf, die die genaue Nullstellung auf dem Zylinder anzeigen, müssen wieder den Wert "0" anzeigen ohne dass die Zifferblätter erneut bewegt werden.

Die äußere Messuhr, deren Fühlstift vorher auf dem Schmitzring auflag, zeigt nun die jeweilige Differenz zwischen

- dem Schmitzring des Gummituchzylinders und der Oberfläche des Gummituchs bzw.
- dem Schmitzring des Plattenzylinders und der Oberfläche der Druckplatte vorzeichenrichtig an.

Zu berücksichtigen ist, dass nach Einsetzen eines neuen Gummituchs dieses sich nach Druck der ersten hundert Bogen bis zu ca. 0,05 mm zusammendrückt. Es ist unbedingt erforderlich, das Gummituch nach dem ersten Nachspannen und nochmals nach 10 000 Drucken in der Maschine zu kontrollieren, ob das Maß zum Messring genau stimmt. Die Messung sollte mit einer Zylindermessuhr durchgeführt werden.

Zylinderaufzüge bei Schmitzringläufern

Druckplattenzylinder und Gummituchzylinder laufen mit Schmitzringpressung unter Vorspannung zusammen. Der Abstand zwischen beiden Zylindern ist fest eingestellt und kann nicht verstellt zu werden. Jedoch muss der Achsabstand des Gummituchzylinders zum Druckzylinder entsprechend der Stärke des zu verarbeitenden Materials und des erforderlichen Anpressdrucks verstellbar sein.

Aufzugszusammenstellung von Platten- und Gummituchzylinder
Die Pressung zwischen beiden Zylindern ist durch die Stärke der gewählten Unterlagen variierbar. Unter normalen Druckbedingungen arbeitet man mit einer

Zylindereinstiche

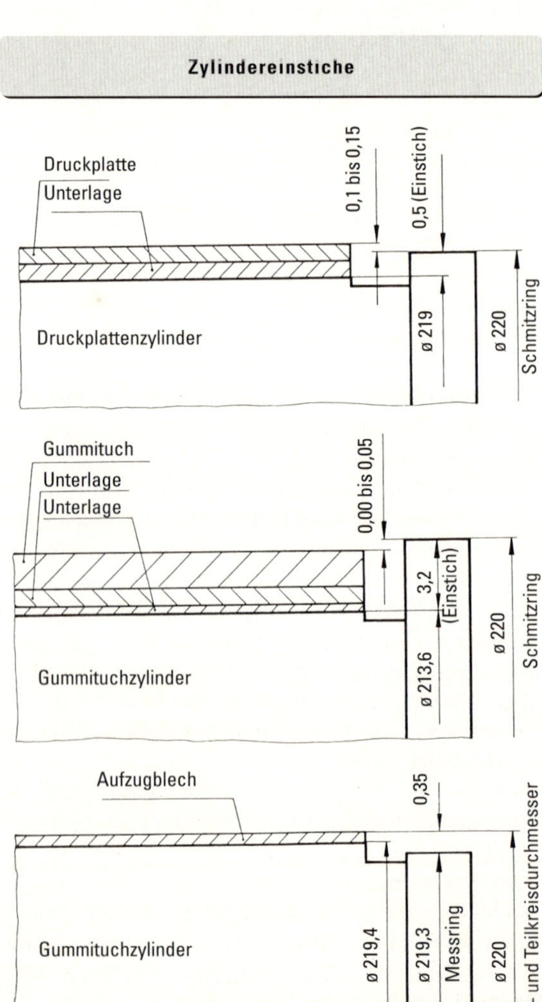

Pressung zwischen Platten- und Gummituchzylinder von ca. 0,10 mm. Unebenheiten des Gummituchs sollten nie durch zu hohe Pressung ausgeglichen werden.

Anpressdruck zwischen Gummituchzylinder und Druckzylinder
Wenn von einem schmitzringhohen Gummituch ausgegangen wird und die Skala Gummituch-/Druckzylinder auf „0" gestellt ist, so ist zwischen diesen beiden Zylindern noch keine Pressung vorhanden.

Wird jetzt ein 0,10 mm starkes Papier verarbeitet, so ergibt sich dadurch automatisch eine Pressung von 0,10 mm, die in den meisten Fällen ausreichend ist.

Beim Druck von stärkerem Material ist der Anpressdruck durch ein Wegfahren des Gummituchzylinder auf den entsprechenden Wert einzustellen.

Wird beispielsweise ein 0,25 mm starkes Material bedruckt, muss der Gummituchzylinder 0,15 mm abgefahren werden, so dass sich wiederum ein Anpressdruck von 0,10 mm ergibt. Bei stärkeren Bedruckstoffen wird es erforderlich sein, einen höheren Anpressdruck einzustellen, um z.B. Dickentoleranzen auszugleichen.

Das beste Druckresultat ergibt sich nach Test an Heidelberger Druckmaschinen, wenn das Gummituch 0,05 mm unter Schmitzringhöhe liegt.

- Druckbildverkürzung
  - Plattenzylinderaufzug verstärken
  - Gummituchunterlage um den gleichen Wert verringern
  - Gummituchzylinder um den gleichen Messwert an den Druckzylinder heranfahren
- Druckbildverlängerung
  - Plattenunterlage verringern
  - Gummituchunterlage um den gleichen Wert verstärken
  - Gummituchzylinder um den gleichen Betrag von Druckzylinder abfahren.

12.4.4 Farb- und Feuchtwerk

Voraussetzung für eine gute Druckarbeit ist die exakte Grundeinstellung und eine regelmäßige gründliche Reinigung der Farbwalzen.

Der Farbkasten wird nach dem Einfüllen der Druckfarbe zonenweise – entsprechend der benötigten Flächendeckung auf der Druckplatte im Zylinderumfang – manuell oder durch ermittelte Daten aus der Druckvorstufe bzw. von einem Druckplattenleser voreingestellt.

Die Feineinstellung der Farbgebung entsprechend dem Druckbild erfolgt laufend während des Rüstens. Der Auflagendruck muss mit möglichst konstanter Farbgebung beginnen.

Als Maß für den Duktorvorschub sollte etwa die Hälfte der möglichen Bewegung gelten. Der Farbfilm ist dabei nicht zu stark. Damit hat der Drucker beim Fortdruck die Möglichkeit, ohne Schwierigkeiten die gesamte Farbmenge bei erforderlichen Korrekturen sehr fein zu verringern oder zu verstärken.

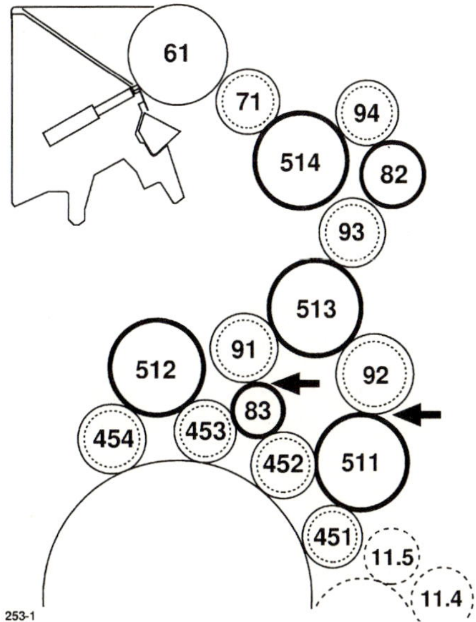

Farbwerktrennung Schema der MAN Roland 700

Die Farbwerktrennung vermeidet überfärbte Anlaufbogen nach einer Druckunterbrechung. Bei einer Druckabstellung wird der Farbfluss zu den Farbauftragswalzen unterbrochen.
Die Farbwerktrennung ist automatisch ausgeschaltet bei Farbwalzen waschen, Farbe einlaufen lassen und im Leerlauf.

Verreibweg der Farbreiber im Farbwerk
Der maximale Verreibweg der Farbreiber ist normalerweise für die meisten Druckaufträge geeignet, da die Druckfarbe so am besten axial im Farbwerk verteilt wird. Für bestimmte Druckarbeiten, z.B. mehrere Druckfarben im Farbkasten oder stark unterschiedliche Farbabnahme über die Druckbogenbreite, kann es erforderlich sein, den Verreibweg der Farbreiber zu verringern oder ganz auf Null (ohne seitliche Bewegung) zu stellen. Je nach Maschinensteuerung erfolgt eine Änderung manuell oder durch eine Fernsteuerung.

Einsatzpunkt der seitlichen Verreibung.
Bedingt durch die Heberbewegung und andere Einflüsse baut im Farbwerk eine periodisch wiederkehrende leichte Farbanhäufung auf, die mit jedem Bogen ausgedruckt wird. Sie ist normalerweise nicht sichtbar, kann jedoch in empfindlichen Druckbildmotiven (Sujets) störend wirken. Durch eine Änderung des Verreibeinsatzes der Farbreiber ist die Position der Farbanhäufung zu verschieben und damit in einen unempfindlicheren Bereich einzustellen. (Änderungen an der Einstellung und ihre Auswirkungen sind im Maschinenbuch nachzulesen.)

Farbwerktemperierung
Bei Druckmaschinen mit einer Farbwerktemperierung bleibt die Temperatur im Farbwerk während des Druckprozesses konstant. Verhindert wird dadurch eine Veränderung der Viskosität der Druckfarbe, die

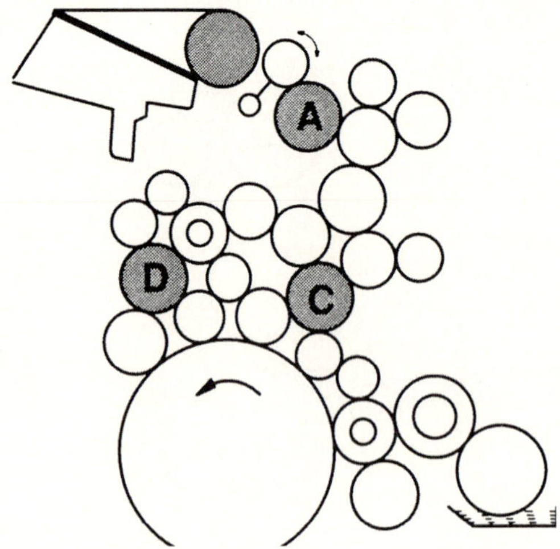

Farbwerktemperierung Heidelberg
Bei Druckmaschinen mit Farbwerktemperierung werden Farbduktor und Reibzylinder A, D und C temperiert. Dadurch bleibt die Temperatur im Farbwerk konstant.

zu einer Verringerung der Intensität der gedruckten Farbschicht führen würde.

Je nach Druckmaschine werden bei einer Farbwerktemperierung der Farbduktor und zwei oder drei Farbreiber temperiert. Vor dem Druckbeginn bzw. in der Phase des Rüstens werden die Walzen mit durchlaufendem Wasser erwärmt; im Fortdruck dagegen gekühlt, um der Erwärmung im Farbwerk entgegenzuwirken. Wie der Farbauftrag ist vor dem Druckbeginn der Feuchtauftrag zu prüfen und einzustellen. Es ist unbedingt wichtig, bereits beim Einrichten ein optimal ausgewogenes Feuchtmittel-Druckfarbe-Verhältnis anzustreben.

Detaillierte Angaben für die Grundeinstellungen der Walzen im Farb- und Feuchtwerk, spezifische Farb- und Feuchtwerksteuerungen, Einsatz und Verreibweg der Farbverreiber, Farbwerktrennung, Farbwerktemperierung, Aufbereitung des Feuchtmittels u.a. sind aus den entsprechenden Maschinenhandbüchern zu ersehen.

12.4.5 Bogenwendeeinrichtung

Mehrfarben-Bogen-Offsetdruckmaschinen sind vielfach mit einer oder sogar zwei Wendeeinrichtungen ausgestattet. Diese ermöglichen neben dem einseitigen (Schön-)Druck auch den sogenannten Schön- und Widerdruck, das heißt den beidseitigen Druck in einem Maschinendurchlauf. Konstruktiv unterscheiden sich die Systeme der Wendung bei den verschiedenen Druckmaschinenherstellern in der Technik. Man unterscheidet prinzipiell zwei Systeme:

- Ein-Trommel-Wendesystem
- Drei-Trommel-Wendesystem.

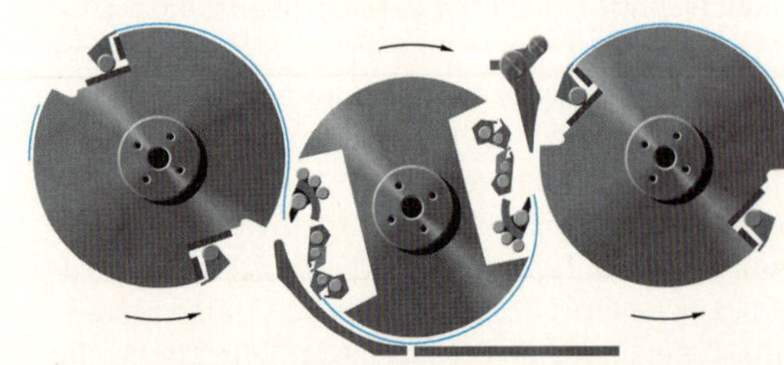

MAN- Roland 700
Ein-Trommel-Wendung: Mit einem abschmierfreien Bogenlauf ist beidseitig eine hohe Druckqualität gewährleistet.

Ein-Trommel-Wendesysteme setzen MAN Roland und KBA (u. a.) ein. Heidelberg arbeitet mit einem Drei-Trommel-Wendesystem.

Soll der Druckbogen nur einseitig im Schöndruck bedruckt werden, wird er bei allen bogenführenden Zylindern und dem Greifersystem ausschließlich mit der Vorderkante übergeben.

Ist die Druckmaschine auf den Schön- und Widerdruck eingestellt, wird der Druckbogen nach dem Druck des Schöndrucks (erste bedruckte Bogenseite) durch die Bogenwendeeinrichtung umstülpt.

Der Bogen wird zunächst mit der Vorderkante erfasst und einseitig bedruckt. Die Übergabe an das folgende System erfolgt aber nicht an der Bogenvorderkante.

Der Bogen wird soweit weitergeführt bis das Bogenende die Übergabeposition erreicht. Hier wird der Bogen an der Hinterkante von einem Greifersystem erfasst und weitergeführt. Er wird dabei nicht mehr

MAN Roland 700: Ablauf der Bogenwendung

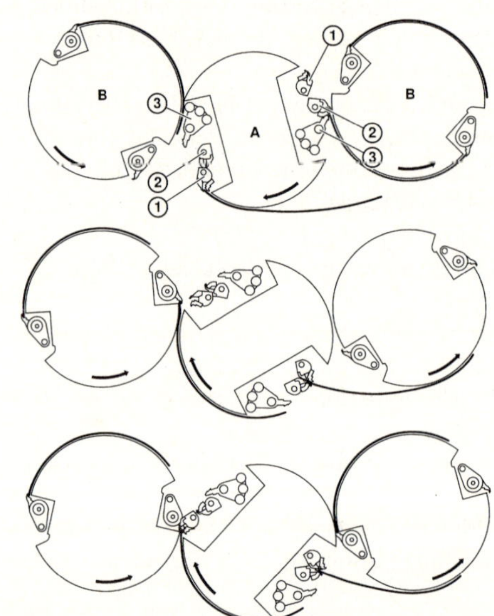

① Schöndruckgreifer
② Widerdruckgreifer
③ Saugelemente

A Wendetrommel
B Druckzylinder

an der neuen Greiferkante ausgerichtet. Die (bisherige) Hinterkante des Bogens ist nun die Vorderkante. Der Druckbogen ist umstülpt und wird nun auf der Widerdruckseite ein- oder mehrfarbig bedruckt.

Bei der Arbeitsvorbereitung und der Montage für die Druckplattenherstellung sind Besonderheiten des Schön- und Widerdrucks zu berücksichtigen.

- Zwei Greiferkanten:
  die Länge der Druckfläche Zylinderumfang) wird dadurch um ca. 10 mm kürzer.
- Montagebasis für die Positionierung der Seiten:
  Druckmitte, d. h. die Mittellinie des Bogens, parallel zu der Greiferkante.
- Ausschießschema:
  Positionierung der Druckseiten für das Umstülpen.

- Bogenformat:
  Ein Rundumbeschnitt, wie er für den Schön- und Widerdruck auf reinen Schöndruckmaschinen für einen zweiten Druckgang erforderlich war, ist bei diesem System nicht erforderlich – vorgesetzt die Länge der Bogen variiert nicht über ca. 2 bis 3 mm (z. B. + 1 mm und - 2 mm). Da beim Widerdruck nicht nochmals an Vordermarken ausgerichtet wird, übernehmen die Greifer eine mehr oder weniger große Breite des Bogens.

Technische Hinweise für den Druck
Die Druckfarbe darf sich nicht auf den Druckzylindern der Druckwerke nach der Bogenwendung aufbauen. Daher muss die Druckfarbe kürzer eingestellt sein.

- Spezielle Druckfarben für den Schön- und Widerdruck verwenden.
- Stehen keine speziellen Druckfarben zur Verfügung, ist die Farbe mit einem Zusatz von 3 bis 5 % Drucköl kürzer einzustellen.
- Feuchtmittelmenge so gering wie möglich einstellen und auf eine gute Farbtrocknung achten.

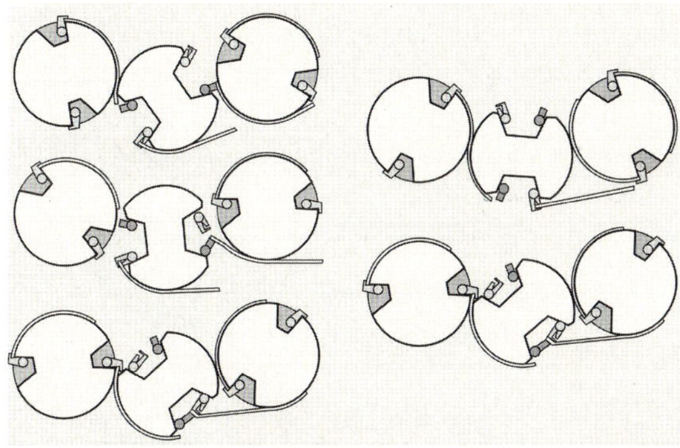

KBA: Ablauf des Wendevorgangs

Greifersysteme

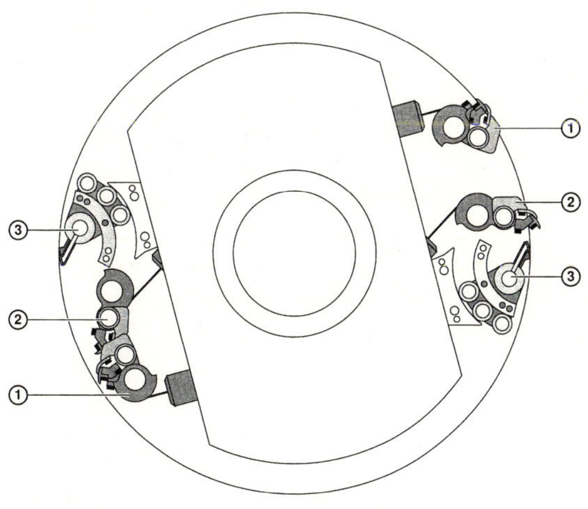

① Schöndruckgreifer
② Widerdruckgreifer
③ Saugelemente (MAN Roland 700)

Heidelberg Speedmaster: Bogenwendung

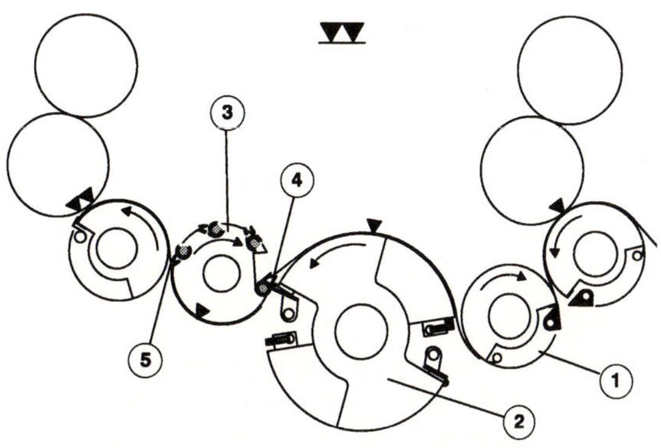

Schöndruck
Im Schöndruck wird der Bogen wie bei allen bogenführenden Zylindern mit der Vorderkante übergeben:
Der Bogen wird von der Übergabetrommel ① übernommen und an die doppelt große Speichertrommel ② übergeben. Die Speichertrommel ist mit zwei Greifersystemen ausgestattet. Beim Schöndruck übergeben die Greifer der Speichertrommel den Bogen an die Zangengreifer der Wendetrommel ③.
Die Position des Bogens ist in der Abbildung bei Phase ④ dargestellt. Der Bogen wird somit an die Greifer des Druckzylinders im nachfolgenden Druckwerk übergeben.
Die Position des Bogens in der Abbildung in Phase ⑤ dargestellt. Beim Schöndruck erfassen alle Greifer den Bogen nur an der Vorderkante. Die Speichertrommel ② und die Wendetrommel ③ arbeiten wie ein Standard- Umführzylinder.

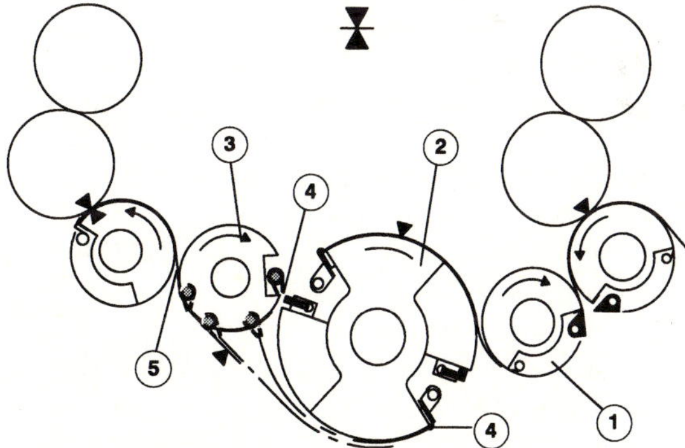

Schön- und Widerdruck
Beim Schön- und Widerdruck wird der Bogen zunächst mit der Vorderkante an der Wendetrommel vorbeitransportiert, bis die Bogenhinterkante die Übergabeposition erreicht hat und der Bogen mit der Hinterkante an die Wendetrommel übergeben wird.
Der Bogen wird von der Übergabetrommel ① übernommen und an die doppelt große Speichertrommel ② übergeben.
Der Greifer der Speichertrommel ② führt die Bogenvorderkante am Zangengreifer der Wendetrommel vorbei, bis die Bogenhinterkante vom Zangengreifer erfasst wird. Dabei wird der Bogen von der Saugleiste an der Bogenhinterkante in Umfangsrichtung und seitlich über die Trommel glattgezogen.
Der Zangengreifer der Wendetrommel ③ erfasst nun die Bogenhinterkante. Während der Zangengreifer im Weiterlaufen um 180° schwenkt, lassen die Greifer der Speichertrommel los und geben den Bogen frei.
Die Hinterkante des Bogens ist dadurch zur Vorderkante geworden: Der Bogen wurde umstülpt.
Die Wendetrommel ③ führt den Bogen nun bis zur Position ⑤. Der gewendete Bogen wird an die Druckzylindergreifer des nächsten Druckwerkes übergeben und im Widerdruck bedruckt.

Um Passer- und Registerprobleme sowie qualitative Mängel zu vermeiden, sind weitere Hinweise zu beachten.

- Greiferrand:
  Gleiche Breite auf der Bedienungs- und der Antriebsseite.
- Vordermarken parallel einstellen:
  Bei der Verarbeitung dünner, lappiger Papiere sind alle Vordermarken an die Bogen zu stellen, um ein konvexes Anlegen zu vermeiden.
- Anlagepasser und Bogenlauf:
  Höchste Präzision im Anlagepasser und Bogenlauf um ein Dublieren zu vermeiden.
- Drucktuch:
  Gummituch mit geringer Adhäsion zum Bogen (sogenannten Quick-Release-Eigenschaften) verwenden.
- Druckbeistellung:
  Anpressdruck zwischen Gummituchzylinder und Druckzylinder so gering wie möglich einstellen.
- Bogenführungselemente sauber halten.

4-über-4-Druck

Nur durch eine optimale Maschinenkonstruktion, Kenntnis der Parameter des Druckprozess und Einstellung der Druckmaschine durch den Drucker ist es möglich, einen Druckbogen beidseitig 4-farbig (oder sogar bereits 6-farbig) zu bedrucken. Im Druckprozess werden die einseitig bedruckten Bogen über die gesamte Druckfläche mit voller Druckspannung gegen die nachfolgenden Druckzylinder gepresst.

Ein Trocknen der Druckfarbe auf dem Druckbogen ist zwischen den Druckwerken nicht möglich. (Eine Ausnahme bilden nur UV-Druckfarben mit jeweiliger Zwischentrocknung.) Um Probleme des Aufbauens der Druckfarbe an den Druckzylindern zu vermeiden, entwickelte die Druckfarbenindustrie entsprechende rückspaltfähige Druckfarben, die bis zum Ende des Druckprozesses frisch bleiben. Nur durch konstruktive Voraussetzungen (glattes Führen des Druckbogen, farbabweisende Oberflächenbeschichtungen, die mit dem Bogen in Kontakt kommen u.a.), einen optimalen Bogenlauf und eine präzise Wendung sind Mängel in der Qualität des Druckbildes zu vermeiden.

Das Rückspalten feinster Bildelemente (z. B Rasterpunkte) muss präzise immer wieder auf der gleichen Position erfolgen. Bereits ein Verschieben um etwa 10 µm ist bei einem Raster mit 60 L/cm mit bloßem Auge zu erkennen.

12.5 Das Drucktuch – HighTech im Offsetdruckprozess

In Offsetdruckmaschinen der früheren Generationen wurden ausschließlich nichtkompressible Drucktücher eingesetzt. Die folgende Abbildung zeigt die Verformungen dieser Drucktücher in den Kontaktzonen. Zwar besitzt Gummi sehr gute viskoelastische Eigenschaften, er ist jedoch völlig inkompressibel. Dadurch kommt es zur sogenannten Rollwulstbildung und somit zur Verbreiterung der Kontaktzone.

Bei idealer Einstellung der Aufzugshöhen und Abwicklungen ist diese Übertragungsstelle hiermit trotzdem beherrschbar und erbringt relativ gute Druckergebnisse. Kleinste Überpressungen aus zu hohen Unterlagen oder durch abweichende Toleranzen aus Druckplatte, Drucktuch, Bedruckstoff und Druckmaschine führen jedoch zur erheblichen Verbreiterung der Kontaktzonen. Die Folge davon sind Relativbewegungen (Schubkräfte) in den Übertragungsstellen Druckplatte – Gummituchzylinder und Gummituchzylinder – Bedruckstoff. Daraus entstehende negativen Druckeigenschaften sind langgezogene Punkte (d. h. Schieben oder Schmitzen). Höhere Druckgeschwindigkeiten und großformatige Druckmaschinen verschärfen die Kontaktzonenproblematik noch mehr.

Druckzone bei Einsatz eines konventionellen Drucktuches

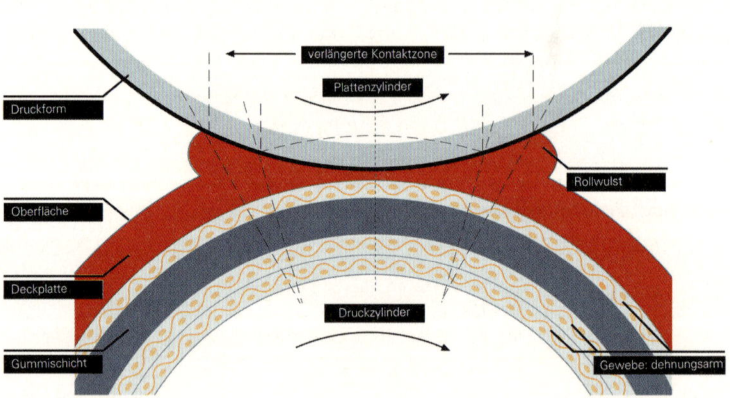

Druckzone bei Einsatz eines kompressiblen Drucktuches (Verformungsschub)

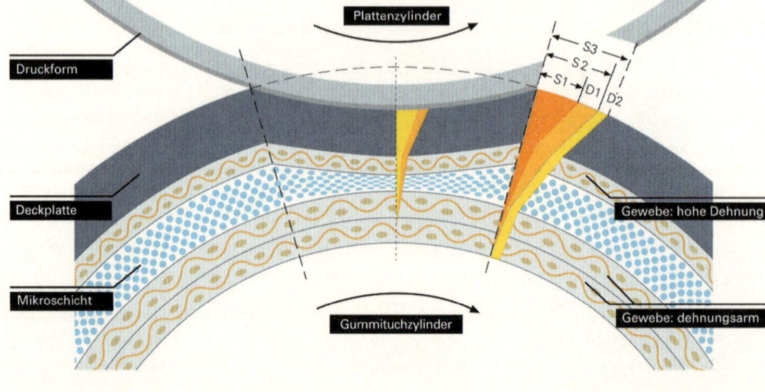

Wenn es darum geht, die physikalischen Bedingungen in der Abroll- oder Kontaktzone zu optimieren, um gute Druckergebnisse zu erzielen, ist die sog. Kompressibilität die entscheidende technologische Kenngröße. Vereinfacht ausgedrückt beschreibt die Kompressibilität die Druckspannungen (spezifische Kräfte) in Abhängigkeit von den in den beiden Kontaktzonen Druckform- zu Drucktuchzylinder und Drucktuch- zu Druckzylinder auftretenden Verformungen (Eindrückungen) in radialer Achsrichtung. Sie lässt sich in einer sogenannten Federkennlinie des Drucktuches darstellen.

An der y-Ordinate dieser Kennlinien sind die spezifischen Kräfte in N/cm² aufgetragen, die als Maximalwert bei jeweiliger Eindrückung eines Drucktuches beim Durchlaufen der Kontaktzone (x-Ordinate in mm) auftreten. In der Praxis werden diese beiden Ordinaten auch mit Druckspannung und Pressung bezeichnet.
Der schraffierte Bereich zwischen 80 und 100 N/cm² signalisiert laut Untersuchungen von Instituten und Druckmaschinenherstellern die optimale Druckspannung zur Übertragung von Druckfarbe auf den Bedruckstoff mit glatter bzw. leicht rauer Oberfläche.

Kennlinie (1) eines nichtkompressiblen Drucktuches zeigt einen steilen Verlauf und den sehr schmalen Pressungsbereich, in dem dieses Drucktuch gute Druckeigenschaften erzielt.

Selbst kleinste Pressungsschwankungen durch Störfaktoren wie Toleranzen aus Druckplatten, Papier, Maschine bzw. im Extremfall Knautscher oder Doppelbogen führen zu außerordentlicher Erhöhung der Kräfte im Druckspalt. Das führt zu vorzeitigem Ausfall von Drucktüchern und Druckplatten – im schlimmsten Fall zur Zerstörung von ganzen Maschinenteilen. Als positives Merkmal für diese Drucktuchtype gilt die hohe Maßstabilität, d. h. geringes Einfallen (sinking) bei Belastungen.

Kennlinie (2) stellt die verbesserte Eindrückung bei einem Drucktuch mit eingebauter kompressibler Zwischenschicht dar. Diese Schicht wurde nach dem Salzauswaschverfahren hergestellt und enthält offene und somit verbundene Poren. Im Neuzustand (Erstbelastungen) zeigen diese Drucktücher gegenüber der Kennlinie (1) einen wesentlich flacheren Verlauf mit höherer Eindrückbarkeit (Kompressibilität).

Auffallend ist jedoch, dass dieser gewünschte Zustand nicht stabil ist und diese Drucktücher schon nach einigen Belastungszyklen durch starkes Einfallen (sinking) einen steileren Verlauf der Kennlinie aufweisen mit gleichen negativen Effekten wie bei Kennlinie (1).

In der Praxis bedeutet das starke Einfallen ein Nichtausdrucken, da die optimale Druckspannung nicht mehr erreicht wird. Gegensteuern kann der Drucker durch Andruck mit erhöhter Pressung. Ein steilerer Verlauf der Kennlinie nach dem Einfallen mit allen negativen Folgen kann dadurch jedoch nicht verhindert werden.

Bis in die 70er Jahre waren Offsetdrucker überwiegend auf diese kompressiblen Drucktücher mit offenporigen Hohlräumen angewiesen. Heute hat der Großteil der Drucktuchhersteller andere Herstellverfahren entwickelt.

Kennlinie (3) gibt den Be- und Entlastungsverlauf eines Drucktuches mit eingebetteter kompressibler Schicht aus geschlossenen, unter Überdruck stehenden Poren wider. Bei diesen kompressiblen Drucktüchern, die im sogenannten Blähverfahren hergestellt werden, kommt der Kurvenverlauf der theoretisch idealisierten Kennlinie (4) mit absolut konstanter Druckspannung über den gesamten Pressungsbereich am nächsten:

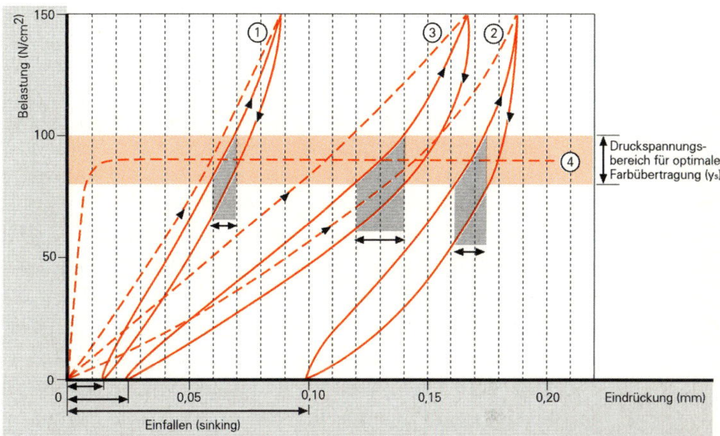

Federkennlinie des Drucktuches

- die Kurve verläuft fast linear und flach mit geringer Hysteresisschleife und sehr hoher Maßstabilität (geringes Einfallen).

Diese Vorteile sind auf die hohe Rückprallelastizität der Überdruckbläschen zurückzuführen (vgl. Tennisballeffekt).

Als alternatives Verfahren zur Herstellung einer kompressiblen Schicht hat sich in den letzten Jahren das Einbetten von Gas- bzw. Kunststoffbläschen (Micropheres bzw. Bubbles) als geschlossene Poren durchgesetzt. Bei den meisten Drucktuchherstellern löste es die bisherigen Verfahren ab.

Das negative Einfallen konnte durch diese neuen Herstellungsverfahren eliminiert und die Kompressibilität des Blähverfahrens der Kurve (3) annähernd erreicht werden. Da die Hüllenbläschen jedoch eine gewisse Eigensteifigkeit aufweisen und in den Bläschen kein Überdruck herrscht, fehlt die hohe Rückprallelastizität.

Kennwerte, Toleranzen, Normung
Wie aus den aufgezeigten Federkennlinien abzuleiten ist, kommt der Kompressibilität und der Maßstabilität (low sinking) für die Übertragungsabläufe in der Druckzone außerordentliche eine hohe Bedeutung zu.

Um den Druckern die gewünschte Hilfe zu geben und den stark gestiegenen Anforderungen an Offsetdrucktücher – insbesondere durch die Erhöhung der Druckgeschwindigkeiten – gerecht zu werden, wurden z.B. bei ContiTech ab 1990 Drucktücher auf den Markt gebracht, deren physikalische Werte der Ideal-Kennlinie (2) entsprechen:

- Toleranzwerte für Drucktuchdicke mit 0,02mm
- Planparallelität mit +/- 0,015 mm im Format
- Einfallen: relative Dickenabnahme durch Spannen und Setzen ≤ 2% (≤ 0,04 mm) und
- Kompressibilitätswerte: relative Zusammendrückbarkeit) je nach Drucktuchtype zwischen 7,5% und 9% mit engsten Toleranzwerten von +/- 2%.

Voraussetzung für den Qualitätssprung war die Entwicklung eines neuen, patentierten Fertigungsverfahrens zur Herstellung einer kompressiblen Zwischenschicht aus kleinsten geschlossenen Microporen (ø ~ 0,05 - 0,07mm). Sie stehen unter definiertem Überdruck und können in einer außergewöhnlichen Gleichmäßigkeit großflächig erstellt werden.

Die Kompressibilität (sichtbar am Anstieg der Kennlinie) wird durch die Höhe des Innendruckes in den Microblasen, durch die Bläschengröße und durch die Schichtdicke exakt gesteuert. Die außergewöhnlich hohe Gleichmäßigkeit und Reproduzierbarkeit ist dabei auf die Stabilität dieses Prozesses und auf engste Toleranzen aller Einzellagen (siehe Drucktuchquerschnitt in der Abbildung) zurückzuführen.

Die Baumwollgewebelagen des Festigkeitsträgers sowie die Gewebelage des Schubstabilitätsträgers werden vor der Verarbeitung auf exakte Dickenmaße kalibriert, d. h. durch hohe spezifische Drücke in einem Walzenpaar zusammengedrückt, so dass die Restluft aus den Garnfilamenten weitestgehend herausgepresst wird.

Der hohe Aufwand ist Basis für die enge Fertigungstoleranz der kompressiblen Zwischenschicht und für die Gesamtdicke des Drucktuches. Gleichzeitig wird durch diese Pressung der Gewebelagen die Maßstabilität des Drucktuches, d.h. die Einfallcharakteristik (sinking) sehr positiv beeinflusst: Die Lufteinschlüsse in der Gewebelage bei Einbettung im Drucktuch stellen offenporige Blasen dar und beeinflussen die Kennlinie bezüglich Einfallen negativ.

Eine gravierende Verbesserung der Gleichmäßigkeit in der Kompressibilität wird dadurch erreicht, dass die kompressible Zwischenschicht nach dem sogenannten Aufblähen in einem zusätzlichen Fertigungsschritt auf exakte Zwischendicke geschliffen wird.

Aufbau eines High-Tech Drucktuches mit einer definierten kompressiblen Schicht und kalibrierten Gewebelagen.

Querschnitt des Drucktuches CONTI AIR® FSR

Der Einfluss von Konstruktionsparametern auf primäre Druckeigenschaften und deren Optimierung

Drucker fordern sowohl im Bogen-Offsetdruck für das Bedrucken von Papier, Metall und Kunststoff sowie im Rollen-Offsetdruck für den Akzidenzdruck mit Heatset-Trocknung oder auch den Zeitungsdruck ohne zusätzliche Trocknung (Coldset) sogenannte primäre Druckeigenschaften. Diese werden in der nachfolgenden Abbildung (vgl. das grüne Feld) aufgeführt.

Damit gemeint sind nicht nur die im Druck direkt erkennbaren Beurteilungskriterien wie Punkt- oder Konturenschärfe und Volltonglätte, die sich im Kontrastwert und der sogenannten Tonwertzunahme widerspiegeln sowie gleichmäßiger Ausdruck und ruhiger Papierlauf durch gute QR-(Adhäsion) und Papiertransport-Eigenschaften.

Ein gutes Drucktuch soll vielmehr auch gewährleisten, dass Unregelmäßigkeiten wie z.B. Dubliererscheinungen, Streifenbildungen, wolkiger Ausdruck sowie Passer- bzw. Registerschwankungen möglichst eliminiert oder unterdrückt werden. Ebenso werden hohe Lebensdauer und Standzeiten erwartet, was eine gute Stopper- bzw. Knautscherfestigkeit, geringes Einfallen, die Vermeidung von Reliefbildungen, geringes Aufbauen, gute Waschbarkeit und hohe dynamische Beständigkeit voraussetzt.

In der nachfolgenden Übersicht sind die genannten Kriterien und Eigenschaften zusammengefasst. Wie diese an den einzelnen Konstruktionssegmenten
- Gesamtaufbau
- Unterbau (Karkasse)
- Deckplatte und
- Oberfläche

durch physikalische, chemische und drucktechnische Parameter mehr oder weniger stark beeinflusst werden können, zeigen die farbigen Symbole.

Daran lässt sich ablesen, dass die Kompressibilität als wichtigster Konstruktionsparameter sechs Druckeigenschaften in starkem Maße und die restlichen Eigenschaften in mehr oder weniger reduziertem Umfang beeinflusst.

Aber auch die Struktur bzw. Glätte/Rauigkeit der Oberfläche ist von einem erheblichen Einfluss auf die Druckeigenschaften.

Die Abbildung gibt zwar einen guten Hinweis auf die Komplexität der Beeinflussungsparameter für alle Konstruktionselemente, zeigt jedoch nicht die Möglichkeiten für deren Optimierung.

Günter Spöring aus dem Unternehmen ContiTech, dokumentiert praxisnah die Ergebnisse seiner Untersuchungen und empirischen Praxistests in den nachfolgenden Abbildungen bzw. Übersichten.

Die folgende Übersicht fasst die Basisanforderungen und Eigenschaften zusammen, die jedes gut

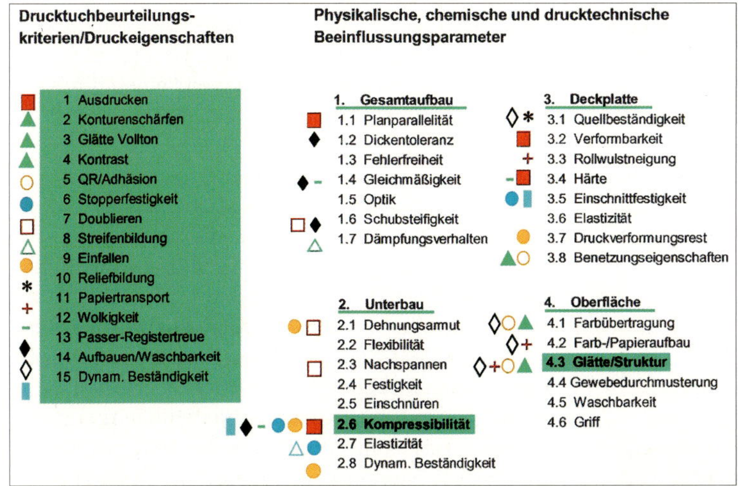

Einflussfaktoren:
Drucktuchbeurteilungskriterien/ Drucktucheigenschaften

funktionierende Drucktuch unabhängig vom Einsatzgebiet (z. B. Bogen- oder Rollen-Offsetdruck, Heatset oder Coldset) im Hinblick auf das jeweilige Konstruktionselement erfüllen sollte. Die in der linken Spalte grafisch dargestellten Konstruktionselemente werden in der mittleren Spalte näher bezeichnet.

Der spezifische Lösungsweg von ContiTech bzw. die spezifischen technischen Merkmale und Verfahrensschritte sind in der Übersicht jeweils grün unterlegt, wie z.B.

- kalandrierte Festigkeitsträger-Gewebe
- kompressible Schicht aus geschlossenen, überdruckgesteuerten Poren mit Toleranzschliff
- Schub- und Flächenstabilisator aus Gewebe mit hoher Dehnung,
- zweischichtige Deckplatte,
- kleinste Toleranzen und Planparallelitäten für den Produkt-Komplettaufbau.

Konstruktionsparameter mit konträrem Einfluss auf den Produktionsprozess

In der nachfolgenden Abbildung sind alle diejenigen Konstruktionsparameter aufgeführt, welche die Druckeigenschaften konträr beeinflussen. Das bedeutet, dass sich die Verbesserung einer bestimmten Druckeigenschaft automatisch negativ auf eine weitere Eigenschaft des Drucktuches auswirkt.

Bei der *Oberflächen-Rauigkeit* werden Tonwertzunahme, Punktschärfe und Kontrast durch feinere Prägungen (glatte Oberfläche) oder feinere Schliffbilder (bei geschliffener Oberfläche) positiv beeinflusst, allerdings zu ungunsten des Papierbahnlaufes, des Papiertransports sowie des QR-Effektes (Adhäsion).

Umgekehrt ermöglichen rauere Oberflächen einen besseren (QR-) Papierbahnlauf und Papiertransport, während sie die genannten Druckeigenschaften nachteilig verändern.

In der Praxis werden Tücher mit Rauigkeiten (Rz) zwischen 2 µm und 12 µm für die verschiedenen Einsatzgebiete angeboten.

In Bezug auf die *Deckplattenhärte* wird eine Verbesserung von Verschleiß, Abrieb, Quellbeständigkeit, Einschnittfestigkeit durch Druckplatten- und Papierkanten und somit eine längere Lebensdauer durch Erhöhung der Shore A oder Mikrohärte erreicht.

Das Ausdrucken, insbesondere bei rauem Papier, die Tonwertzunahme und die Schwingungsstreifen-Absorption werden durch höhere Härte jedoch negativ beeinflusst. Eine weichere Deckplattenhärte kehrt diese Vor- und Nachteile um. Deckplatten-Härten werden nach DIN 53521 an einer 6 mm dicken Mischungsprobe im Fertigungsablauf gemessen und in Shore A angegeben bzw. direkt am Drucktuch bei einer Deckplattendicke von ca. 0,3 – 0,5 mm gemessen und dann in Mikrohärte angegeben.

In der Praxis bewegen sich diese Werte zwischen ca. 45° - 70° Shore A (nach DIN) bzw. zwischen ca. 55° - 80° Mikrohärte.

Konstruktionselemente:
Basisanforderungen – Kompromisslösungen aus konträren Parametern

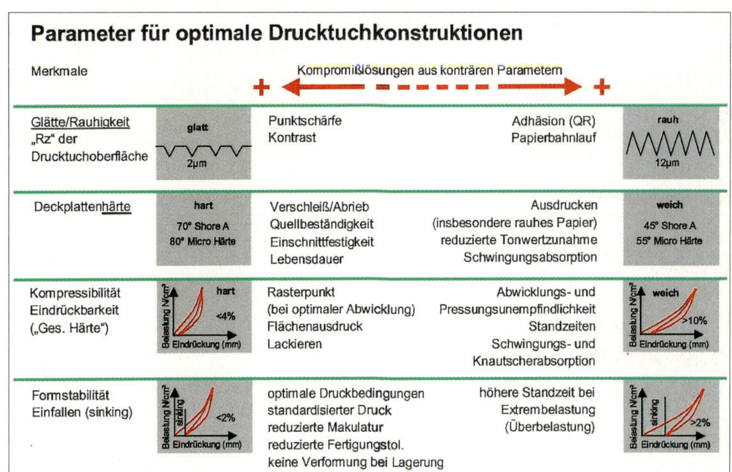

ContiTech: Drucktuchtypen mit spezifischen Druckeigenschaften für diverse Einsatzgebiete.

Was die *Kompressibilität* oder Eindrückbarkeit betrifft, wird damit eine positive Beeinflussung des Flächenausdruckes (auch in der Rasterpunktfläche) und beim Lackieren durch steilere Kurvenverläufe (niedrigere Kompressibilität) erzielt. Ein flacherer Kurvenverlauf (höhere Kompressibilität) erhöht die Abwicklungs- und Pressungsunempfindlichkeit, die Standzeiten und die Schwingungs- und Knautscherabsorption bei gleichzeitig negativer Beeinflussung des Flächenausdruckes.

CONTI AIR® Offset-Drucktücher

	Einsatz	FSR	HSR	JOURNAL / EVOLUTION	CRYSTAL	PLANO	EBONY	PACK	UV violett	UV black
Farben auf Mineral- und Pflanzenöl-basis	**Rollenoffset** (Heatset)	✖✖	++	+	◆	◆	◆	◆	–	–
	Zeitungsrotation (Coldset)	++	+	✖✖	◆	◆	◆	◆	–	–
	Bogenoffset Papier	✖✖	++	+	✖✖	++	++	+	–	–
	Verpackungsdruck Karton/Kunststoff		+	+	++	++	✖✖	++	–	–
	Blechdruck	+	+	◆	◆	+	++	✖✖	–	–
	Verpackung Lackieren	◆	◆	◆	◆	++	++	✖✖	–	–
	Trockenoffset	✖✖	+	–	++	+	+	–	–	–
UV-trocknende Farben	UV und Mineralöl-Farben im Wechsel	+	+	◆	–	◆	✖✖	+	–	–
	„UV-Druck" und Lackieren von Blechen und Folien	–	–	–	–	–	◆	–	✖✖	✖✖
Oberflächenrauigkeit "Rz" (DIN)		x̄ = 6,0 µm	x̄ = 9,0 µm	x̄ = 7,5 µm	x̄ = 6,0 µm	x̄ = 9,0 µm	x̄ = 4,0 µm	x̄ = 9,0 µm	x̄ = 9,0 µm	x̄ = 6,0 µm
Oberflächenstruktur		feinst-geschliffen	unge-schliffen, geprägt	geschliffen	feinst-geschliffen	unge-schliffen, geprägt	feinst-geschliffen	geschliffen	unge-schliffen, geprägt	feinst-geschliffen
Rückseitenversiegelung		–	ja	–	–	–	–	–	–	–

✖✖ ContiTech Empfehlung für höchste Qualität ++ sehr gut geeignet + gut geeignet ◆ bedingt geeignet – nicht geeignet

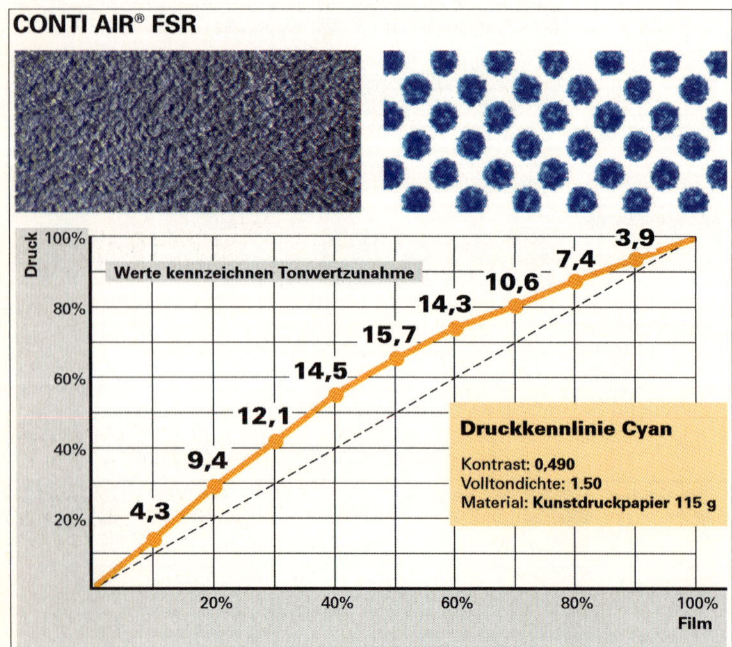

Druckkennlinie für CONTI AIR® FSR mit Schliffbild und Punktaufnahme

Selbst hinsichtlich der *Formstabilität oder Einfallcharakteristik* (Sinking) ist in gewissem Sinne eine wechselseitige Beeinflussung festzustellen.

Geringes Einfallen wirkt sich auf eine Vielzahl von Druckparametern positiv aus. Aber auch ein starkes Einfallen zeigt einen Vorteil bei extrem hoher Überpressung, wie sie z. B. durch erhöhte Toleranzen infolge von Lagerschäden bei alten Druckmaschinen auftreten kann. Das Einfallen bewirkt einen gewissen Dämpfungseffekt und eine Entlastung. Natürlich geht dies zu Lasten des Ausdruckverhaltens.

Fazit: Das optimale Universal-Drucktuch gibt es nicht

Alle Basisanforderungen und grundsätzlichen Merkmale eines Drucktuches müssen kompromisslos und mit wenigen Variationsmöglichkeiten erfüllt werden. Die Konstruktionsparameter mit konträren Auswirkungen zeigen aber deutlich, dass es kein Drucktuch mit optimalen Druckeigenschaften für alle Einsatzgebiete geben kann. Erreicht werden kann nur ein optimaler Kompromiss nach spezifischen Eigenschaften der Drucktücher für Bogen-, Rollen- und Zeitungs-Offsetdruck.

Spezifische Eigenschaften von Drucktüchern für den Bogen- und Rollen-Offsetdruck (Heatset und Coldset) sowie Einsatzbedingungen und Behandlung der Drucktücher in der Praxis

Es gibt kein Drucktuch, das optimale Eigenschaften für alle Einsatzgebiete aufweist. Diese Erkenntnis führte nach intensiven, langwierigen und aufwendigen Entwicklungsstufen und Tests bespielsweise bei dem Hersteller ContiTech zu den in der vorhergehenden Abbildung aufgeführten 10 Drucktuchtypen für die verschiedenen Einsatzgebiete.

Zur Erläuterung vorhergehender Aussagen sollen typische Konstruktionsmerkmale und Eigenschaften von vier Drucktuchtypen näher dargestellt werden. CONTI AIR® FSR wurde für den Rollen-Offsetdruck (Heatset-Druck) entwickelt und nach umfangreichen Praxistests in verschiedenen Druckmaschinen-Konfigurationen optimiert (siehe nebenstehende Abb.). Hauptmerkmale für diesen Drucktuchtyp sind:

- Feinstgeschliffene Oberfläche (Rz < 6,0 µm) auf einer relativ harten, quellbeständigen Deckplatte (63 Shore A).

Hierdurch werden gute dynamische und QR-Eigenschaften erzielt bei gutem Farbübertragungsverhalten mit außerordentlich konstanter Tonwertzunahme. Mit einem „optimalen Kompromiss" zwischen den Druckeigenschaften und dem QR-Verhalten ist das Drucktuch auch für den Bogen-Offsetdruck und für den Zeitungsdruck (Coldset) gut geeignet. Das CONTI AIR® FSR ist somit ein typisches Allround-Drucktuch.

CONTI AIR® CRYSTAL wurde speziell für den Bogen-Offsetdruck entwickelt, wobei der Schwerpunkt auf niedrigsten Tonwertzunahmen bei guter Punktschärfe und gutem Farbübertragungsverhalten lag. Diese spezifischen Forderungen wurden durch einen Feinstschliff (Rz < 6 µm) auf einer extrem weichen Deckplattenqualität (48° Shore A) erreicht. Trotz hoher Kornfeinheit des Feinschliffpapiers wirkt das Schliffbild infolge der geringen Härte des Deckgummis relativ rau.

Die geringe Deckplattenhärte führt jedoch in den Kontaktzonen zur Druckplatte und zum Bedruckstoff zu einer weitgehenden Abflachung des Oberflächenprofils. Hierdurch verhält sich die Oberfläche wie eine glatte, nicht geschliffene Oberfläche und diese zeigt bekanntlich die höchste Punktschärfe, ein gutes Farbübertragungsverhalten und somit geringste Tonwertzunahmen bei hohen Kontrastwerten.

Leider ist die weiche Deckplattenqualität relativ empfindlich bezüglich Quellverhalten, Papier- und Druckplattenkanteneinschnitten und Abrieb bei aggressiven automatischen Waschanlagen. Aus diesem Grund ist das Produkt nicht für höchste Belastungen im Rollen-Offsetdruck geeignet.

Neue Entwicklungen: CONTI AIR® JOURNAL und CONTI AIR® EVOLUTION

Auch diese beiden Drucktuchtypen wurden gezielt für ein bestimmtes Einsatzgebiet entwickelt: den Zeitungsdruck oder Coldset-Rollen-Offsetdruck.

Für beide Typen liegt der Schwerpunkt der Anforderungen auf höchster Belastbarkeit, sehr gutem QR-Effekt sowie definiertem, „neutralem" oder „negativem" Papiertransportverhalten bei ebenfalls guter Farbübertragung.

Erfüllt wurden diese beiden Anforderungen in erster Linie durch ganz spezielle chemische Eigenschaften einer mittelharten Deckplattenqualität mit sehr hoher Quellbeständigkeit und rauerem Oberflächenschliff. Der Kompromiss beim konträren Konstruktionsparameter Oberflächenrauhigkeit wurde bei diesen Drucktüchern infolge höherer Rauigkeit (Rz > 9 µm) in Richtung verbesserter QR- und Papiertransporteigenschaften verschoben und führte bei dem Drucktuch JOURNAL zu neutralem Papiertransportverhalten.

Positives, neutrales oder negatives Papiertransportverhalten

Mit den Begriffen „positives", „neutrales" oder „negatives" Papiertransportverhalten werden die unterschiedlichen Spannungsverhältnisse im Papierbahnlauf beschrieben. Sie werden hauptsächlich durch die Maschinenkonfigurationen und durch das Drucktuch beeinflusst.

Positives Transportverhalten wird in der Druckersprache mit „das Drucktuch macht Papier" bezeichnet. Beim Rollen-Offsetdruck (Heatset-Druck) im Gummi-Gummi-Prinzip hat diese Eigenschaft positive Auswirkungen infolge ruhiger, glatter Papierbahnläufe bei entsprechender Abbremsung (Rückholung) am Einzug.

Beim Rollen-Offsetdruck (Coldset) kann es bei bestimmten Maschinenkonfigurationen wie Gummi-Gummi-Druckwerken vor Gummi-Stahl-Satelliten-Druckwerken oder stark differierenden Papierbahnlängen zwischen einzelnen Satelliten-Druckwerken bei positivem Papiertransportverhalten zu großen Problemen kommen, weil nach dem letzten Druckwerk keine ausreichende Papierbahnspannung vorliegt und saubere Auslagen im Falzapparat nicht mehr möglich sind. Hierfür werden Drucktücher benötigt, die ein neutrales oder im Extremfall ein negatives Papiertransportverhalten aufweisen.

Während CONTI AIR® FSR ein positives Papiertransportverhalten zeigt, hat das Zeitungsdrucktuch CONTI AIR® JOURNAL ein neutrales Verhalten.

Für eine Vielzahl neuer Zeitungsdruckmaschinen ist jedoch ein negatives Papiertransportverhalten erforderlich. Dafür hat ContiTech das neue Produkt CONTI AIR® EVOLUTION entwickelt.

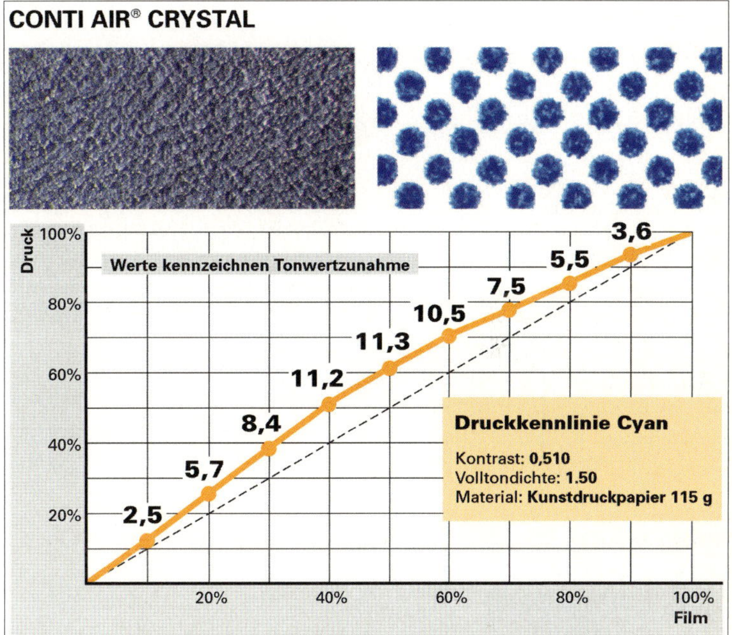

Druckkennlinie für CONTI AIR® CRYSTAL mit Schliffbild und Punktaufnahme

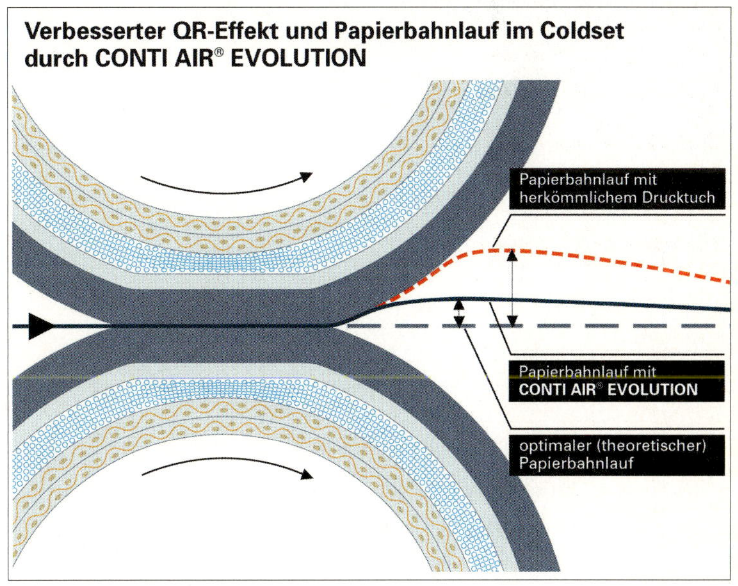

Papiertransportverhalten und QR-Eigenschaften

Bei diesem Produkt wurden weitere Erkenntnisse bezüglich der Beeinflussungsmöglichkeiten des Transportverhaltens berücksichtigt. Waren es bisher in erster Linie die Struktur und Rauigkeit der Drucktuchoberflächen (QR-Effekt), zeigten empirische Versuche, dass auch die Deckplatten-Dicke, die Dehnung der ersten Gewebelage, die Steifigkeit dieser Lage und die Kompressibilität des gesamten Aufbaus wichtige Beeinflussungsparameter darstellen.

Das Papiertransportverhalten von Drucktüchern lässt sich an neueren Zeitungsdruckmaschinen durch Bahnspannungs-Differenzmessungen vor und nach dem Druckwerk in der Praxis bestimmen.

Empfehlungen für optimale Einsatzbedingungen.

CONTI AIR® Drucktücher
Empfehlungen für optimale Einsatzbedingungen

• **Aufzüge:**	Harte Unterlagen (Karton, Folie, Metall)
• **Aufzugshöhe/ Pressung:**	Kann zwischen den einzelnen Maschinentypen geringfügig variieren.

Bogenoffset:	**1,69 mm; 1,95 mm**
Pressung:	
Platte/Drucktuch:	0,08 – 0,10 mm
Drucktuch/Gegendruckzylinder	
Ges.- Pressung:	0,13 – 0,18 mm

Rollen-Offset:	**1,69 mm; 1,95 mm**
Aufzugshöhe ü. Schmitzring:	
Einfachumfang-Masch.:	
Theor. Aufzugshöhe:	0,09 – 0,12 mm
Nach Einfallen (Fortdruck):	0,05 – 0,08 mm
Doppelumfang-Masch.	
Theor. Aufzugshöhe:	0,13 – 0,17 mm
Nach Einfallen (Fortdruck):	0,09 – 0,13 mm

• **Spannen:**	Erstes Spannen mit einem Drehmomentschlüssel und einem Anspannwert von ca. 50% des vom Maschinenhersteller empfohlenen Wertes (bei den meisten Masch. mit ca. 20 – 30 Nm.)
• **Nachspannen:**	Nach kurzem „Einlauf" (ca. 300 Umdrehungen) nachspannen mit den vom Maschinenhersteller empfohlenen Drehmomentwerten.

Querschnitt BLUE STEEL Metalldrucktuch

Rauigkeit RZ = 4,5

Deckplatte 0,27-0,3 mm

Gewebe 0,25 mm

Kompressible Schicht 0,85-0,88 mm

Metallträger 0,2 mm

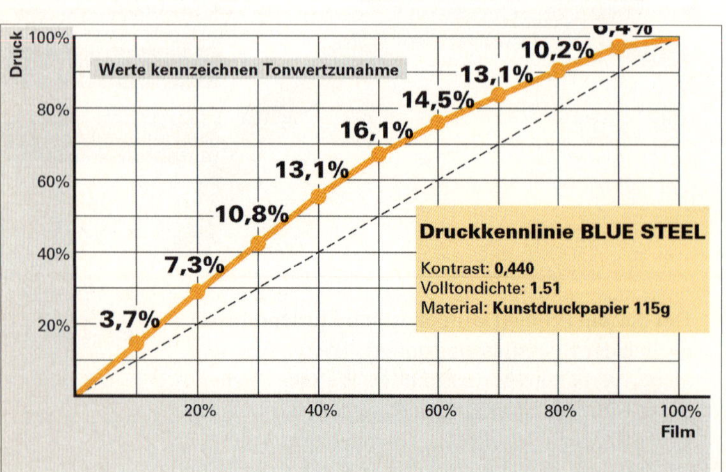

Fachgerechte Behandlung unabdingbar

Der Drucktuchhersteller fordert vom Drucker die Einhaltung der empfohlenen Einsatzbedingungen und die entsprechende Behandlung des Drucktuches in der Praxis. In Kurzfassung bedeutet das für die Behandlung der Drucktücher:

- Flache Lagerung von Drucktuchformaten, immer wechselseitig Deckschicht auf Deckschicht und Gewebeseite auf Gewebeseite (Vermeidung von Gewebeabmusterung). Lagerung in ozonarmen Räumen bei normaler Raumtemperatur und einer relativen Luftfeuchtigkeit von etwa 60%.
- Einsatz von getesteten und freigegebenen Waschmitteln (Quelltest nach Drucktuch - DIN 16621).
- Beschädigungsfreie Montage nach Vorgaben der Druckmaschinen- und Drucktuchhersteller (Spannen und Nachspannen, Nachkontrolle der Aufzugshöhen und Erfassung aller Daten in Protokollen).
- Inspektion aller Drucktuchoberflächen nach Waschvorgängen.
- Entfernen von verhärteten Druckfarbenresten aus Spannkanälen.
- Wechseln von Drucktüchern auch bei kleinsten Oberflächenbeschädigungen.

Die Zukunft des Drucktuches im Offsetdruck

Solange der Offsetdruck seine überragende Stellung gegenüber anderen Druckverfahren bewahrt, wird das Offsetdrucktuch als Farbüberträger weiter im Mittelpunkt des Druckprozesses stehen.

Schon heute zeichnet sich ab, dass seine Bedeutung für den Druckprozess und darüber hinaus für komplette Druckmaschinenkonzepte sogar noch zunehmen wird. Neue Konstruktionslösungen wie z. B. Metalldrucktücher und nahtlose Sleeves für den Rollen-Offsetdruck werden die weitere Entwicklung wesentlich mitbestimmen.

Metalldrucktuch mit vergrößerter kompressibler Gummischicht

Der Spannkanal am Drucktuchzylinder, in dem das Drucktuch fixiert wird, ist bei den herkömmlichen Druckmaschinen 12 bis 20 mm breit. In diesem Bereich kann nicht gedruckt werden.

Ein neuartiges „Metalldrucktuch", das mit einem metallenen Festigkeitsträger ausgestattet ist, benötigt konstruktionsbedingt nur einen lediglich 3 bis 4 mm breiten Spannkanal. Sein Einsatz vergrößert die bedruckte Fläche und reduziert auf diese Weise den Papierabfall. Außerdem verringert der minimale Spannkanal die Maschinenschwingungen erheblich, was deutlich höhere Maschinengeschwindigkeiten ermöglicht. Die so gesteigerte Produktivität wird zusätzlich dadurch erhöht, dass ein Metalldrucktuch in kürzester Zeit montiert werden kann.

ContiTech hat in Zusammenarbeit mit führenden Druckmaschinenherstellern dieses neue Metalldrucktuch in zwei Ausführungen entwickelt.

- CONTI AIR® BLUE STEEL:
Allround-Metalldrucktuch mit den Eigenschaften des CONTI AIR® FSR.
- CONTI AIR® BLACK STEEL:
Drucktuch, das besonders geeignet ist für das Bedrucken von gestrichenem Papier und B-Stoff-Papier ohne Drucktuchwechsel.

Beide Metalldrucktücher besitzen einen neuartigen Aufbau aus Metall, kompressibler Gummischicht, Gewebe und Deckplatte.

Von anderen Metalldrucktüchern unterscheiden sie sich vor allem dadurch, dass sie mit nur einer Gewebelage auskommen. Dadurch wird nicht nur die gleichmäßige Dicke der Drucktücher sichergestellt und das Einfallen deutlich reduziert. Zugleich ermöglicht die Beschränkung auf eine einzige Gewebelage eine größere kompressible Gummischicht, was diesem Drucktuch eine besonders ausgeprägte Kompressibilität verleiht.

Ein weiterer Unterschied besteht darin, dass die Gummischicht auf das Metall aufvulkanisiert statt geklebt ist, wodurch sie hochelastisch bleibt, eine Trennkraft von mehr als 2 N/mm erreicht und das Durchsickern von Waschmittel ins Gewebe absolut ausschließt. Mit dieser Neuentwicklung sollen sowohl die allgemeinen wirtschaftlichen Vorteile des Metalldrucktuches als auch die Druckqualität weiter optimiert werden.

Offsetdruck-Sleeves
Der Begriff „Sleeve", was übersetzt Manschette oder Hülse bedeutet, ist ein metallener Rundkörper mit oder auch ohne Gewebelage. Diese Drucktuchhülse wird mit Druckluft geweitet und auf den Drucktuchzylinder festsitzend aufgeschoben.

Ein Sleeve erübrigt den Spannkanal, was Schwingungen der Zylinder im Druckprozess ganz erheblich vermindert und statt 40.000 bis zu 100.000 Umdrehungen des Druckzylinders pro Stunde ermöglicht. Auch hier werden der Papierverbrauch reduziert und die Rüstzeiten stark verkürzt, da das bei herkömmlichen Drucktüchern notwendige Konfektionieren und Nachspannen entfällt.

Aufgrund der Einzelstückfertigung ist ein Sleeve gegenüber den als Bahnenware produzierten Drucktüchern jedoch relativ teuer. Ein weiterer Nachteil war bislang die große Streuung in der Kompressibilität. Da weichere Sleeves in den vorderen und härtere in den hinteren Druckwerken eingebaut werden, ist ein aufwändiger Lagerbestand in Druckereien notwendig. Um diese Schwachstellen zu eliminieren, hat z.B. das Unternehmen ContiTech Elastomer-Beschichtungen aufbauend auf herkömmlichen Sleeve-Technologien zwei neue Systeme mit einer Naht bzw. in nahtloser Ausführung entwickelt.

Beide verfügen über eine nach dem CONTI AIR®-Verfahren hergestellte mikroporöse Schicht, die eine hohe, gleichmäßige Kompressibilität gewährleistet. Dadurch werden zugleich die Lagerhaltungskosten des Anwenders verringert.

Der mit einer quer zur Druckrichtung verlaufenden Naht ausgestattete Typ entspricht den CONTI AIR® Drucktüchern, wobei der metallische Festigkeitsträger die beiden unteren Gewebelagen ersetzt.

Der nahtlose Typ ist für Anwendungen konzipiert, die die Verdrehbarkeit des Sleeves auf dem Zylinder erfordern. Es besteht aus einem metallischen Festigkeitsträger sowie einem 2-lagigen Aufbau aus einer kompressiblen, schubsteifen Gummischicht und der Druckschicht.

Beide System sollen unter dem Markennamen CONTI AIR® REVOLUTION nach abgeschlossenen Tests auf den Markt kommen.

Nur durch eine enge Entwicklungspartnerschaft zwischen Druckmaschinen- und Drucktuchherstellern kann für eine bestimmte Druckmaschinentechnik sowie für spezifische Einsatzbereiche das optimale Produkt – ein möglichst optimales Drucktuch in immer gleichmäßiger Qualität – hergestellt werden.

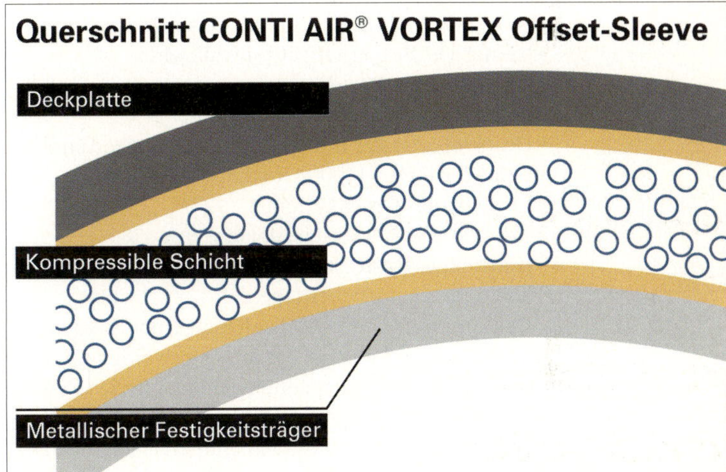

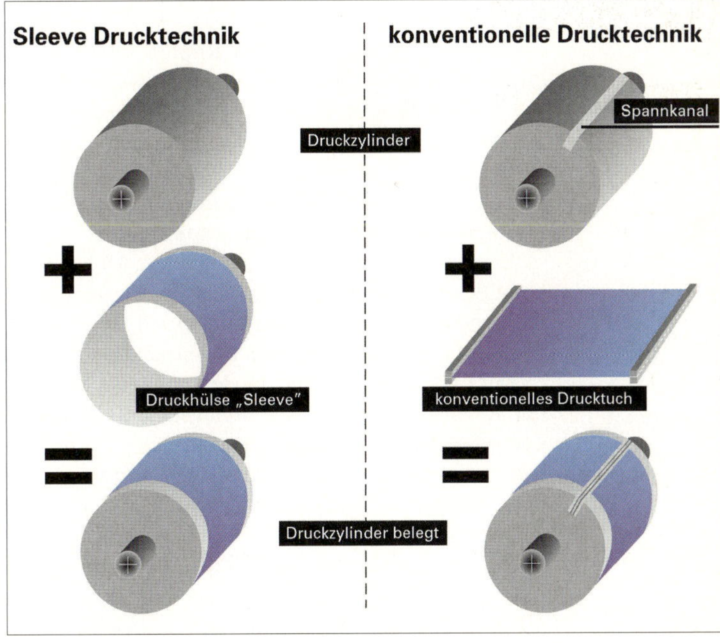

12.6 Farbübertragung im Offsetdruck

Aufgabe des Druckprozesses ist es, Informationen zu vervielfältigen. Informationen sind Texte und Bilder, die für den Druckprozess auf eine Druckform übertragen werden und auf dieser Bildstellen bilden, d.h.

- Bildstellen (druckende Elemente)
  + Nichtbildstellen (nichtdruckende Elemente)
  = Informationen auf der Druckform

Ziel des Druckprozesses ist es, alle Bildstellen vorlagengetreu - also ton- und farbwertrichtig - von der Druckform auf den Bedruckstoff zu übertragen und dort fest zu verankern.

Nun erscheint auf den ersten Blick dieser Druckprozess ohne Probleme zu sein. Tatsächlich aber ist insbesondere die Informationsübertragung im Offsetdruck ein höchst komplizierter Prozess, der bis heute Druckfachleute und Wissenschaftler vor ungelöste verfahrenstechnische Probleme stellt.

Paradoxerweise ist jedoch gerade der Offsetdruck das heute dominierende Druckverfahren.

Ein Beispiel aus der täglichen Druckpraxis soll die Komplexibilität im Druckprozess veranschaulichen.

- Vierfarben-Bogen-Offsetdruckmaschine
- Druckauftrag: Poster
- Druckformat: 60 cm x 80 cm
- Druckbild: Raster mit 60 L/cm (AM-Rasterung)
- Druckleistung: 10.000 Druck/h
- Leistung des Drucksystems:
  172 800 000 000 Rasterpunkte werden als Bildstellen (Rasterpunkte) von der Druckform auf den Bedruckstoff übertragen.
  Das sind 48 000 000 Bildstellen in einer Sekunde!

Auch einem Laien ist bei dieser gewaltigen Zahl verständlich, dass ein qualitativ einwandfreies Druckprodukt nur durch optimales Zusammenwirken aller am Druckprozess beteiligten Parameter (Einflussfaktoren auf den technischen Prozess) möglich ist.

Das Drucken - besonders im Offsetdruck – ist ein komplexer Prozess. Drucktechnische Probleme wie Emulgieren, Tonen, Schmieren, Rupfen, unzureichende Farbannahme und eine Vielzahl weiterer drucktechnischer Probleme sind dem Offsetdrucker aus der Praxis bekannt. Laufendes Beobachten und Beurteilen der Farbübertragung auf den Bedruckstoff fordern von ihm praktische Erfahrungen, höchste Aufmerksamkeit und ständige Konzentration.

Dies gilt erst recht, wenn in modernen Mehrfarben-Offsetdruckmaschinen im Nass-in-Nass-Druck mit hohen Druckgeschwindigkeiten im Schön- und Widerdruck (beidseitiger Druck) gedruckt wird.

Der Offsetdruck ist trotz moderner Mess-, Steuer- und Regeltechnik das problemreichste und technisch komplizierteste aller Druckverfahren. Es gibt auch heute noch viele unerklärliche Wechselwirkungen und Phänomene. Trotzdem: Mit hoher Druckleistung sind hervorragende Druckqualitäten zu erreichen.

Während in früheren Jahren die tonwertgerechte Herstellung und Qualität der Druckplatten im Vordergrund der Entwicklung stand, konzentrierte sich die Entwicklung auf das komplizierte technologische System der Farbübertragung von den Bildstellen der Druckform auf den Bedruckstoff – mit gutem Erfolg.

Der Offsetdruckprozess
Der Offsetdruck ist ein Flachdruckverfahren: Bildstellen und Nichtbildstellen der Druckform liegen annähernd auf einer Ebene. Neben der zum Druck notwendigen Druckfarbe ist für das Einfärben der Bildstellen bei dem konventionellen Offsetdruck ein „Hilfsmittel" erforderlich: das Wasser. Der Drucker spricht dabei konkreter vom Feuchtmittel, da das Wasser mit Feuchtmittelzusätzen gebrauchsfertig angesetzt wird.
Grundsätzlich gilt für das Einfärben der Druckform:

- Die Druckform muss vor dem Einfärben gleichmäßig gefeuchtet werden. (Eine Ausnahme bilden sogenannte wasserlose Offsetdruckplatten).

Je nach Art der Druckform können die Bildstellen wenige tausendstel Millimeter über oder auch unter den Nichtbildstellen liegen. Bei den folgenden Überlegungen können diese geringen Unterschiede vernachlässigt werden, da diese für die Farbübertragung prinzipiell ohne Bedeutung sind.

Das Einfärben und Drucken im Offsetdruck ist möglich, weil alle Nichtbildstellen der Druckform Feuchtmittel annehmen und bei dem folgenden Einfärben die Druckfarbe abstoßen. Alle Bildstellen nehmen dagegen Feuchtmittel weniger gut, Druckfarbe jedoch gut an.

Physikalisch präziser ausgedrückt: Nichtbildstellen reagieren hydrophil (wasserfreundlich) und Bildstellen lipophil (fettfreundlich).

Die entscheidende Frage, warum Nichtbildstellen hydrophil und Bildstellen lipophil reagieren, soll im Rahmen dieses Kapitels nur angedeutet, nicht aber detailliert erläutert werden.

Diese Reaktionen sind durch chemische Zusammensetzungen beteiligter Stoffe vor allem aber durch physikalische Reaktionen an Bildstellen und Nichtbildstellen zu erfassen.

Grenzflächen
Für die Einfärbung und Übertragung der Druckfarbe von Bildstellen einer Druckform sind molekulare Vorgänge an Grenzflächen entscheidend.

Unter einer Grenzfläche versteht man jede Fläche, an der zwei verschiedene Stoffe miteinander in Kon-

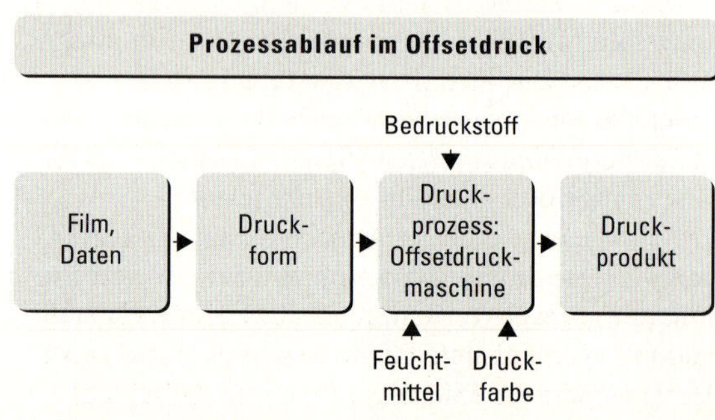

takt stehen. Vereinfacht lassen sich die in Wirklichkeit sehr komplizierten Zusammenhänge auf zwei physikalische Reaktionen zurückführen: die Kohäsion (Zusammenhangskraft von Molekülen) und die Adhäsion (Anhangskraft von Molekülen an einen anderen Stoff).

Diese theoretisch einfachen Vorgänge verursachen im Zusammenwirken der Stoffe bei verschiedenen Phasen der Feuchtung und Farbübertragung Erscheinungen und damit verbundene Wechselwirkungen wie Oberflächenspannung, Grenzflächenspannung, Benetzung, Emulsionsbildung, Tonen, Wegschlagen, Trocknung der Druckfarbe.

Grenzflächen

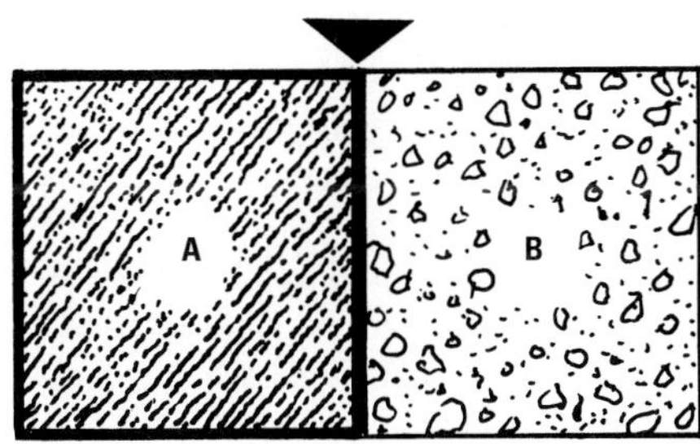

Stoffe: A, B Grenzfläche: C

Beispiele für Stoffe A und B:
Druckplattenmetall-Wasser, Wasser-Druckfarbe, Wasser-Luft, Bildstelle-Nichtbildstelle

Einzeln sind diese Erscheinungen relativ einfach zu erklären, in dem komplexen Zusammenwirken des Offsetdruckprozesses sind sie jedoch immer noch nur unzureichend zu erfassen. Sie stellen also immer noch Wissenschaftler und Praktiker vor ungelöste Rätsel. Auf einige dieser Phänomene soll kurz hingewiesen werden:

- Zwischen Druckfarbe und Feuchtmittel wirken sowohl anziehende als auch abstoßende Kräfte.
- Eine Emulsion zwischen Feuchtmittel und Druckfarbe (Wasser-in-Öl-Emulsion) ist bis zu einer bestimmten Mischung förderlich für das Einfärben und Drucken. Überschreitet die Emulsionsbildung einen bestimmten – für jede Druckfarbe einen anderen – spezifischen Punkt, so führt diese „störende" Emulsion zu erheblichen Druckschwierigkeiten.
- Wassertröpfchen an der Oberfläche der Farbschicht hemmen offensichtlich die Zügigkeit der Druckfarbe, vollständig aufgenommenes Feuchtmittel erhöht dagegen die Zügigkeit.
- Die Art der Druckplatte (Metall, Oberfläche) und die Vorbehandlung in der Fertigung spielen sowohl bei der Übertragung des Feuchtmittels, als auch bei der Druckfarbe eine wichtige Rolle.
- Ungleichmäßige Verteilung der Bildstellen auf der Druckform (Flächen, Raster, feine Druckelemente) sowie geänderte Farbreihenfolgen im Druck auf Mehrfarben-Druckmaschinen schaffen veränderte, neue Wechselwirkungen.

Temperatursteigerungen der Druckfarbe und auch des Feuchtmittels verändern bzw. beeinflussen u. a.:
- Zügigkeit,
- Punktschärfe,
- Wegschlagverhalten,
- Farbzufuhr,
- Feuchtmittelbedarf,
- Farbannahme,
- Emulsionsbildung,
- Toleranzbereich der Druckfarbe beim Einfärbeprozess (z.B. Wasserfahnen, Schmieren, Tonen).

Um alle diese Vorgänge im Zusammenwirken zu erfassen, werden nachfolgend die einzelnen Phasen des Offsetdruckprozesses bei der Farbübertragung schematisch dargestellt. Aus der folgendenÜbersicht sind auch Druckschwierigkeiten bei möglicherweise auftretenden Systemstörungen zu ersehen.

Dabei ist zu beachten, dass die Zuordnung von drucktechnischen Problemen auch übergreifend zu sehen ist. Rückspaltungen der Druckfarbe bleiben wegen der Komplexibilität unberücksichtigt.

Phasen in der Farbübertragung

Die Farbübertragung ist in vier Phasen einzuteilen:
1. Verteilungsphase im Farbwerk
2. Einfärbephase
3. Übertragungsphasen
   - Druckform - Gummituch
   - Gummituch - Bedruckstoff, unbedruckt
   - Gummituch - Bedruckstoff, bedruckt
4. Haftungsphase.

1. Verteilungsphase
Die Druckfarbe im Farbkasten wird durch Farbspaltung vom Duktor über verschiedene Walzen zu den Farbauftragswalzen übertragen.

Die Farbspaltung ist physikalisch gesehen auf Kohäsions- und Adhäsionskräfte zwischen Druckfarbe und Walzenoberflächen an der jeweiligen Grenzfläche zurückzuführen. Diese Kräfte ermöglichen, stören oder verhindern eine Benetzung (hier das Einfärben) der folgenden Walzen. Entscheidend ist also das Zusammenwirken der Oberflächenspannung der Druckfarbe und der Grenzflächenspannung zwischen der Druckfarbe und der Walzenoberfläche.

Im Farbwerk wird die Druckfarbe übertragen, weil die Grenzflächenspannung größer ist als die Oberflächenspannung der Druckfarbe.

Liegt die Grenzflächenspannung nicht in einem bestimmten Toleranzbereich oder ist eine Oberflächenspannung außerhalb des physikalisch günstigen Bereichs, so treten Störungen bei der Farbspaltung auf (siehe Übersicht: „Farbspaltung: Nein").

Bei richtiger Grenzflächenspannung und richtiger Oberflächenspannung kommt es zu einer einwandfreien Farbspaltung und damit korrekten Farbübertragung zur Druckform. Auftretende Störungen können verschiedene Druckschwierigkeiten verursachen.

2. Einfärbephase

Der besonders kritische Prozessschritt ist das Einfärbung aller Bildstellen der Druckform mit einem definierten Farbangebot.

Dabei entstehen Wechselwirkungen in einem sehr komplexen System zwischen dem Druckformmaterial, den Bildstellen und Nichtbildstellen sowie dem Feuchtmittel und der Druckfarbe.

Verschiedene Oberflächenspannungen und Grenzflächen bzw. Grenzflächenspannungen reagieren dabei miteinander:

- Oberflächenspannungen
  - Bildstellen
  - Nichtbildstellen
  - Feuchtmittel
  - Druckfarbe.
- Grenzflächen bzw. Grenzflächenspannungen auf der Druckplatte:
  - Bildstelle - Druckfarbe
  - Bildstelle - Feuchtmittel
  - Nichtbildstelle - Feuchtmittel
  - Nichtbildstelle – Druckfarbe
  - Nichtbildstelle - Bildstelle.

Metalle besitzen eine hohe Oberflächenspannung. Eigentümlich für Metalle ist es, dass sie eine hohe Affinität (Bestreben von Atomen oder Atomgruppen,

Grenzflächen im Offsetdruck

Pigment	Bindemittel, Druckhilfsmittel
Druckfarbe	Farbwerk – Walzensystem
Druckfarbe	Farbwerk – Temperatur
Druckfarbe	Feuchtmittel
Druckfarbe	Druckform – Bildstellen, Nichtbildstellen
Druckfarbe	Gummituch
Druckfarbe	Bedruckstoff
Druckform – Bildstellen, Nichtbildstellen	Feuchtmittel
Druckfarbe	Druckfarbe (N-i-N-Druck)

sich miteinander zu vereinigen) gegenüber hydrophilen als auch lipophilen Flüssigkeiten besitzen.

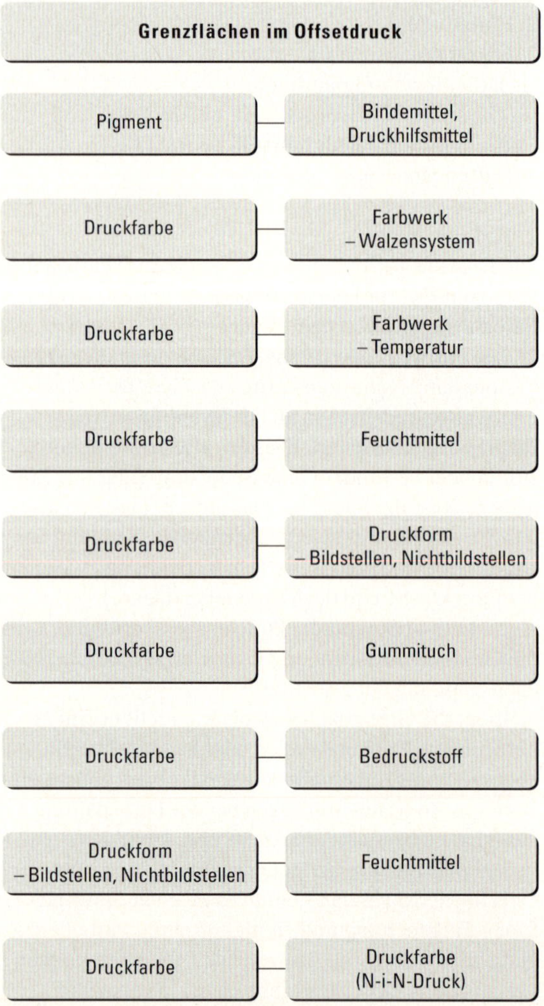

Das heißt: Sowohl Feuchtmittel als auch Druckfarbe benetzen Nichtbildstellen gut. Prinzipiell benetzt sogar Druckfarbe mit einer weit geringeren Oberflächenspannung als das Feuchtmittel die Metalloberfläche besser!

Kann jedoch die metallische Oberfläche der Druckplatte eine chemisch-physikalische Wechselwirkung mit dem Wasser eingehen (Kapillarkräfte u. a.), so steigt die Affinität zu Wasser sehr stark, sie verringert sich jedoch zu Druckfarbe.

Daraus folgt: Die Offsetdruckform muss zuerst gefeuchtet und erst dann eingefärbt werden. Nur ein andauerndes Feuchten der Nichtbildstellen verhindert ein Benetzen (Haften) des Farbfilms auch an Nichtbildstellen.

Hydroxidschichten der Metalle lassen sich gut mit Wasser benetzen. Als geeignete Metalle haben sich Aluminium und Chrom herausgestellt. Auf Kupfer ist dagegen eine Oxidschicht nur schwer zu halten.

Die Benetzung des Aluminiums durch Feuchtmittel ist durch das Körnen (Aufrauen) der Druckplatten wesentlich zu verbessern. Dabei unterscheidet man grundsätzlich zwei Verfahren und deren Kombinationen:

–mechanische Verfahren
–elektrolytische Verfahren.

Beim elektrolytischen Verfahren, dem Eloxieren, wird eine sehr feine Kapillarstruktur auf der Oberfläche der Aluminiumplatte erzeugt, die eine optimale Benetzung ermöglicht und darüber hinaus die Verankerung der Bildstellen im Druckplattenmetall und die mechanische Beständigkeit im Fortdruck verbessert.

Verfolgen wir den Vorgang des Einfärbens.

Die Druckplatte wird gefeuchtet. An den Bildstellen muss bei dem folgenden Einfärben die Feuchtigkeit durch die Druckfarbe verdrängt werden. Um die Bildstellen gleichmäßig und ausreichend einzufärben, kommt es entscheidend darauf an, dass sich die Feuchtmittel- und die Druckfarbenschicht in einem engen Toleranzbereich bewegen: Die Kohäsion der Druckfarbe muss immer eine bestimmte Größenordnung über der Oberflächenspannung des Feuchtmittels liegen. Daher ist zum Beispiel ein Drucken mit lösemittelhaltigen oder niederviskosen Druckfarben im Offsetdruck ausgeschlossen.

Stimmen die Wechselwirkungen zwischen Druckfarbe und Feuchtmittel nicht, so können verschiedene Störungen auftreten. Häufige Druckschwierigkeit ist das Tonen: Bildfreie Stellen nehmen Druckfarbe an und drucken in feinsten Pünktchen mit.

Eine weitere Ursache des Tonens ist eine zu geringe Grenzflächenspannung zwischen dem Feuchtmittel und der Druckfarbe.

Es entsteht ebenfalls ein Tonen, wenn die Nichtbildstellen ihre hydrophilen Eigenschaften verlieren. Dies kann z. B. durch mechanische Eigenschaften wie Abrieb oder zu starkes Anstellen der Farbauftragswalzen zum Farbreiber geschehen.

Die frühere Annahme zum Offsetdruckprozess, die Grenzflächenspannung zwischen Feuchtmittel und Druckfarbe müsse im Offsetdruck möglichst groß sein, damit „Fett und Wasser einander abstoßen“, ist nach heutigen Erkenntnissen nicht richtig. Oxidativ trocknende Bestandteile der Druckfarben, Bindemittel bzw. Filmbildner nehmen immer eine bestimmte Feuchtmittelmenge auf, diese kann je nach Art der Druckfarbenkomponenten sogar zwischen 10 und 30 % liegen.

Diese also immer auftretende Emulsion ist jedoch nur dann nachteilig für den Einfärbungsprozess, wenn dieser spezifische Höchstwert überschritten wird:

- Die Druckfarbe verliert bei einer solchen „störenden Emulsion“ ihre Spaltfähigkeit, sie baut auf den Walzen im Farbwerk, der Druckplatte und/ oder dem Gummituch auf.
- Dadurch werden Bildstellen in der Einfärbephase nur unzureichend oder gar nicht eingefärbt, Nichtbildstellen überziehen sich allmählich mit einer feinen Farbschicht und drucken mit (= tonen).
- Trotz starker Farbgebung erfolgt keine optimale Übertragung der Druckfarbe. Der Druck wirkt durch das Ungleichgewicht flau und kontrastlos. Häufig ist nur ein Waschen des Farbwerks die einzige Möglichkeit, die aufgetretene Störung zu beseitigen.
- Die Trocknung der Druckfarbe wird wesentlich verzögert oder sie trocknet nicht hart durch.

Häufige Ursache für diese Druckschwierigkeiten ist der Zusatz ungeeigneter Hilfsmittel zur Druckfarbe oder zum Feuchtmittel oder aber eine zu hohe Dosierung auch geeigneter Zusätze. Entscheidend ist ebenfalls die Wasserqualität (pH-Wert, dH-Wert, d.h. der Härtegrad und die Feuchtmittelzusammensetzung.

Zu einer optimalen Einfärbung der Bildstellen kommt es, wenn alle Nichtbildstellen mit einer minimalen, gerade ausreichenden Menge Feuchtmittel benetzt und Bildstellen mit einer nicht zu starken Menge Druckfarbe eingefärbt werden.

Treten Störungen durch unzureichende Mengen, überdosierte oder falsche Zusätze, ein Überangebot von Feuchtmittel oder Druckfarbe auf, so sind Druckschwierigkeiten die Folge.

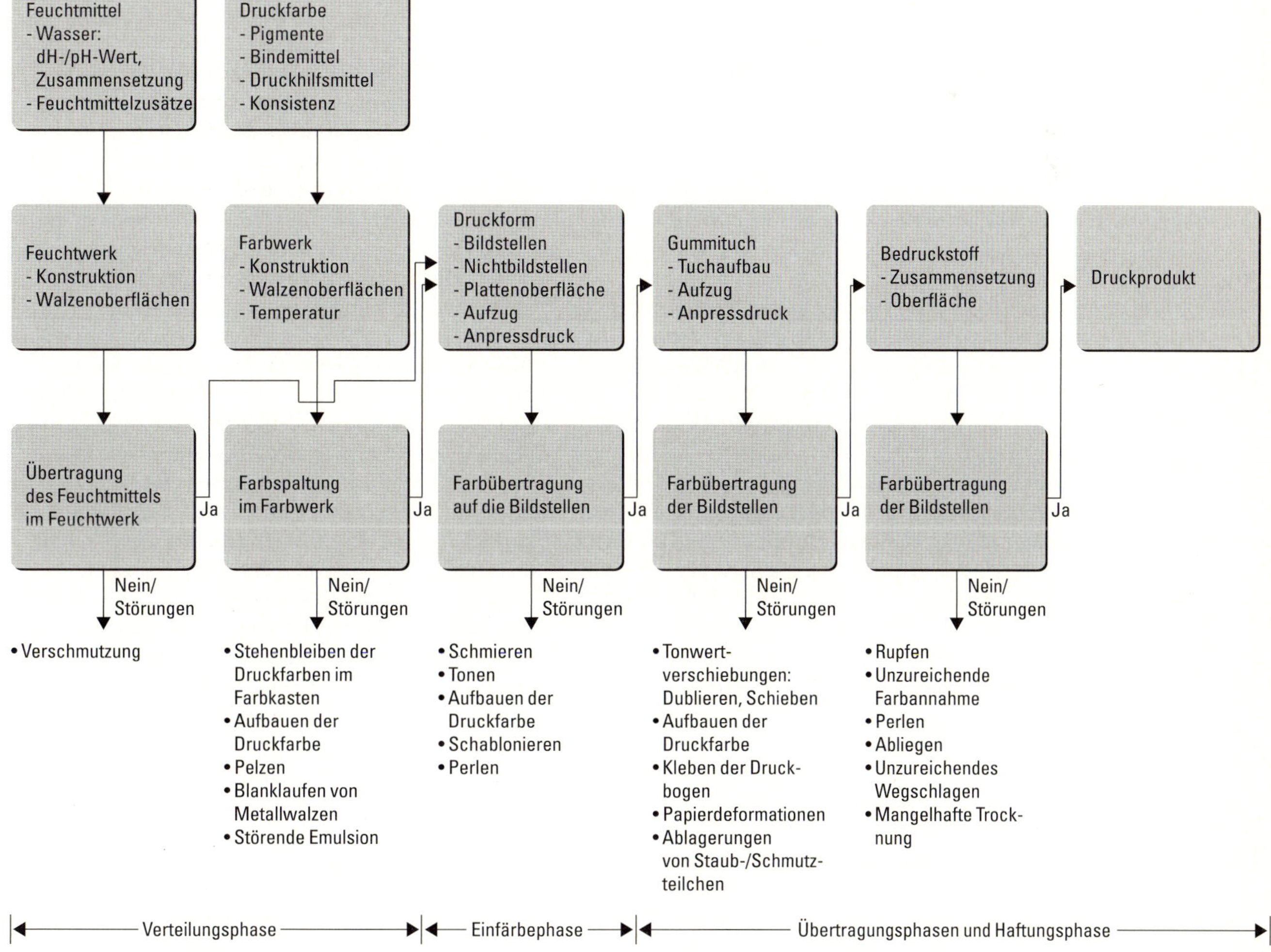

Die Entscheidung „Ja" in der Übersicht bedeutet: Die Druckform ist einwandfrei eingefärbt; alle Bildstellen sind mit einem gleichmäßigen Farbfilm benetzt, Nichtbildstellen sind farbfrei.

3. Übertragungsphasen
Eingefärbte Bildstellen der Druckform kommen nun in Kontakt mit dem Gummituch, das einen Teil der Druckfarbe von den Bildstellen der Druckform durch Farbspaltung aufnimmt. Hierbei kann es zu Störungen kommen.

Auftretende Störungen verursachen Probleme in der Farbübertragung. Ursachen dazu können sein:
- Art, Qualität und Oberfläche des Gummituches,
- falsche Aufzüge auf dem Druckplatten- und dem Gummituchzylinder sowie
- unkorrekter Anpressdruck.

Die Folge sind u. a. Tonwertverschiebungen durch Dublieren und Schieben, Nichtannehmen oder Aufbauen der Druckfarbe.

Erfolgt eine Farbübertragung ohne Störungen - die Entscheidung (vergleiche Übersicht) lautet in diesem Fall „Ja" - kommt es zu der letzten Übertragungsphase, der Farbübertragung auf den Bedruckstoff.

Beim Bedruckstoff kann es sich um einen unbedruckten oder um einen bedruckten Bogen handeln. Im letzteren Fall ist weiterhin ein weitgehend getrockneter Farbfilm auf dem Druckbogen oder ein noch frischer Farbfilm beim Nass-in-Nass-Druck möglich. Zu beachten ist, dass es sich dabei jeweils um geänderte Bedingungen im Zusammenwirken handelt.

Auch das Verhalten der Druckfarbe auf dem Gummituch und zum Bedruckstoff muss in einem engen Toleranzbereich liegen. Eine zu starke Adhäsion der Druckfarbe am Gummituch oder eine zu hohe Kohäsion des Farbfilms verhindert oder stört zumindest die Farbübertragung.

Treten mehr oder weniger große Störungen bei der Farbübertragung auf, lautet die Entscheidung „Nein" und es kommt auch in dieser Phase zu Druckschwierigkeiten: Rupfen, unzureichende Farbannahme (zum Beispiel auf frische Druckfarbe beim Nass-in-Nass-Druck) u. a.

Beim Rupfen lösen sich Fasern aus der Oberfläche des Bedruckstoffes heraus. Das bedeutet: Die Grenzflächenspannung zwischen Druckfarbe und Bedruckstoff muss durch geeignete Druckhilfsmittel verringert werden.

4. Haftungsphase
In der Haftungsphase soll sich die übertragene Druckfarbe auf dem Bedruckstoff verfestigen. Auch hier wirken verschiedene Parameter im Druckprozess miteinander, z. B.:
- Stoffzusammensetzung und Oberfläche des Bedruckstoffes,
- Art und Zusammensetzung der ausgewählten Druckfarbe,
- Druckhilfsmittel,
- pH-Wert im Feuchtmittels und Bedruckstoff,
- Klima im Drucksaal,
- Stapelhöhe der bedruckten Bogen in der Auslage.

Auch wenn der bedruckte Bogen in der geforderten Qualität in der Auslage liegt, können Probleme auftreten, die die Farbübertragung betreffen. Wird der bedruckte Bogen veredelt (z. B. lackiert) oder in weiteren Arbeitsgängen verarbeitet, so können auch dabei weitere Störungen auftreten, die der Drucker kennen und auftragsbezogen berücksichtigen muss.

12.6.1 Druckfarbe und Feuchtmittel

Um den sehr komplizierten Ablauf beim Zusammentreffen dieser beiden Komponenten besser zu verstehen, soll zuerst nochmals auf die Druckfarbe eingegangen werden.

Druckfarbe

Die Druckfarbe muss bestimmte drucktechnische Aufgaben bei verschiedensten Wechselwirkungen erfüllen. Neben einer Verteilungsphase im Farbwerk unterliegt sie noch der Einfärbephase und den Übertragungsphasen von der Druckplatte zum Gummituch und von dort auf den Bedruckstoff.

Würde man für die Verteilungsphase lieber eine zügige Druckfarbe verwenden, muss schon für die Einfärbephase der erste Kompromiss geschlossen werden. Hier kommt die Farbe in direkten Kontakt mit dem Wasser, und obwohl die Farben von Hause aus hydrophob sind, lässt sich bereits von dem ersten Druck an eine Wasseraufnahme feststellen.

In der Übertragungsphase wird der Farbfilm noch zweimal gespalten. Eine zu zügige Farbe würde hier sofort zu Spritzern führen. Eine zu kurze Farbe zeigt aber ein schlechtes „Mitgehen" im Farbkasten, wie dies von allen Metall- und Deckfarben bekannt ist.

Da kurze Farben viel schneller dazu neigen, an ihrer Oberfläche Wasser anzulagern, ist eine geringstmögliche Feuchtung erforderlich .

Wasseraufnahme durch die Druckfarbe
Für den direkten Kontakt von Druckfarbe und Wasser könnte man annehmen, daß deren Grenzflächenspannung, so groß wie möglich sein sollte. Diese Maximalforderung wird jedoch durch das Bindemittel begrenzt. Die bedingte Feuchtigkeitsaufnahme der Druckfarbe und des zu übertragenden Farbfilms ist tbis zu einem gewissen Grad sogar erwünscht.

Wissenschaftlich gesehen hält man eine Feuchtigkeitsaufnahme bis zu 30 % für vertretbar. Eine gute Druckfarbe nimmt das Wasser nur in der dispersiven Phase als kleinste Tröpfchen auf, worunter man noch keine Emulsion versteht. Voraussetzung für eine gute Druckqualität ist das rasche Erreichen des optimalen Farbe-Feuchtmittel-Gleichgewichts beim Auflagendruck.

Farbe-Feuchtmittel-Gleichgewicht
Früher eingesetzte konventionelle Feuchtwerke reagierten sehr träge, d.h. sie ließen sich nur sehr lang-

sam und wenig präzise steuern. Alle heute eingesetzten Feuchtwerksysteme (z. B. Alkoholfeuchtwerke), die mit unbezogenen Walzen arbeiten, erreichen das Farbe-Feuchtmittel-Gleichgewicht sehr rasch. Bei einem geringen Zusatz von Alkohol oder Ersatzstoffen und weiteren Feuchtmittelzusätzen ist die Druckplatte mit nur einem Bruchteil der früher erforderlichen Feuchmittelmenge ausreichend zu feuchten.

Für die Produktion ist es wichtig zu wissen, welche Faktoren das Gleichgewicht zwischen Feuchtmittel und Druckfarbe bestimmen und verändern können. Die Wechselwirkungen sind in veränderliche und unveränderliche Einflussfaktoren während des Auflagendruckes zu unterteilen.

Unveränderliche Faktoren
Die verschiedenen Faktoren lassen sich auf einzelne Stellen der Druckmaschine lokalisieren. Insgesamt sind aber komplexe Wechselwirkungen zwischen Feuchtwerk, Farbwerk, Druckplatte, Gummituch und Bedruckstoff zu betrachten sind. Unveränderlich heißen diese Faktoren deshalb, weil sie maschinentechnisch bzw. mit Beginn der Produktion festgelegt sind. Wesentliche Einflussgrößen sind:
- Feuchtwerk: pH- und dH-Wert des Wassers, Feuchtmittelzusätze, die Oberfläche der Walzen,
- Farbwerk: technischer Aufbau, die Art und das rheologische Verhalten der Druckfarbe,
- Druckplatten: Plattenmaterial (Metall, Folie u.a.), die Oberflächen, das Druckbild,
- Bedruckstoff: Art der Zusammensetzung und der Oberfläche, Papierstrich (chemischer Aufbau), Saugfähigkeit.

Veränderliche Faktoren
Zu den veränderlichen Einflussgrößen gehören
- Produktionsgeschwindigkeit,
- Verschmutzung der Zylinder durch Papierstaub und -fasern,
- Feuchtwalzenverschmutzung,
- Walzenanpressung,
- Veränderung des Farbflusses durch Änderung des Farbverhaltens,
- Änderung der Farbführung durch unterschiedliche Farbmenge im Farbkasten und Erwärmung,
- chemische Veränderungen des pH-Wertes
- Temperatur, Luftfeuchtigkeit, Luftströmung.

Ändern sich diese Größen über eine vorhandene Toleranzgrenze hinaus, gelangt mehr oder weniger Wasser bzw. Druckfarbe auf die Druckplatte und damit auch auf den Bedruckstoff.

12.7 Feuchtmittel im Offsetdruck

Ein normales Leitungswasser ist für den Offsetdruck ungeeignet: Die Oberflächenspannung ist so hoch, dass sich Tropfen bilden. Um eine dabei ausreichende Befeuchtung der Nichtbildstellen auf der Druckplattenoberfläche zu erreichen, wäre eine sehr hohe Wassermenge erforderlich. Dies würde sich aber wiederum negativ auf die Druckfarbe auswirken. Aus diesem Grund haben Offsetdrucker schon seit den Anfängen verschiedene Zusätze dem Wasser beigemischt, um ein optimales Feuchtmittel zu erhalten.

Im folgenden werden die Parameter und ihre Auswirkungen für den Offsetdruckprozess besprochen.

Wasser
Beim Öffnen des Wasserhahnes eines Trinkwasserversorgungssystems schießt dem Benutzer eine Flüssigkeit mit einer Vielzahl von Wasserinhaltsstoffen aus der Öffnung entgegen. Man kann es sogar trinken, jedoch ist es sehr häufig für eine Vielzahl von technischen Anwendungen, z. B. auch für den Offsetdruck, nicht geeignet. Die Ursachen dafür liegen in der großen Zahl der Wasserinhaltsstoffe, die Trinkwasser noch enthalten kann und darf. (vgl. Kap. 12.8)

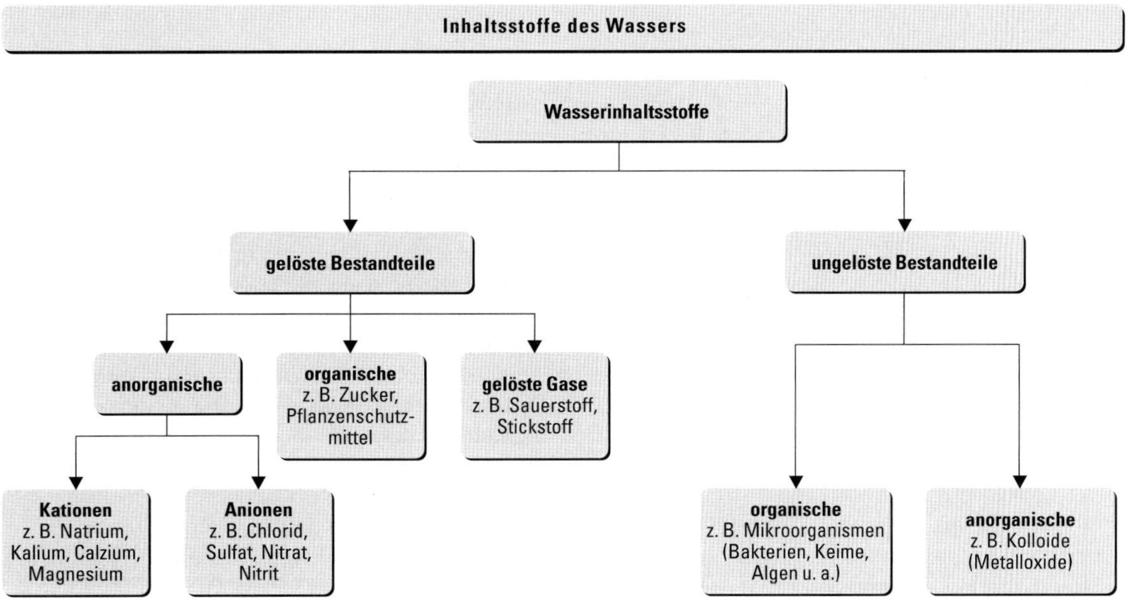

Die Richtlinie des Europäischen Rates über die Qualität von Wasser für den menschlichen Gebrauch, die inzwischen in die neue deutsche Trinkwasserverordnung Eingang gefunden hat, schreibt die Prüfung von nahezu 100 Parametern vor, um den Anforderungen an das Wasser gerecht zu werden. Hier soll nicht näher auf diese Parameter eingegangen werden. Interessant sind die drei verschiedenen Hauptgruppen der Wasserinhaltsstoffe, die für die Praxis im Druckprozess von Bedeutung sind. Es handelt sich um:

- Ungelöste bzw. feste Stoffe
  - Suspendierte Partikel (z. B. Sand oder Rost der Leitungsrohre)
  - Kolloide (z. B. Kieselsäure, Metallhydroxide)
  - Mikroorganismen (z. B. Bakterien, Viren).
- Gelöste Stoffe
  - molekulargelöste Stoffe (organische Verbindungen)
  - dissoziierte Stoffe (Salze, Säuren, Basen, Wasserhärtebildner).
- Gase (Kohlendioxid, Luft).

Das Wasser als Basis für das Feuchtmittel steht in vielen Regionen nicht in der gewünschten Qualität und Stabilität zur Verfügung. Neben Wasserstoff und Sauerstoff enthält Wasser demnach mehr oder weniger viele Verunreinigungen, die sich stark im negativen Sinne auf das Druckergebnis auswirken können.

Verunreinigungen des Wassers im Detail

Leitungswasser enthält 0,2 - 0,5 g gelöste Stoffe pro Liter. Diese Verunreinigungen können sein:

- verschiedene Salze
- Spuren von Eisen und Silikaten
- Calcium (Ca^{++})
- Magnesium (M^{++})
- Natrium (Na^{+})
- Kalium (K^{+})
- Hydrogencarbonat (HCO_3)
- Sulfat (SO_4)
- Chlorid (Cl)
- Nitrat (NO_3)

sowie

- Bakterien, Pilze und Sporen.

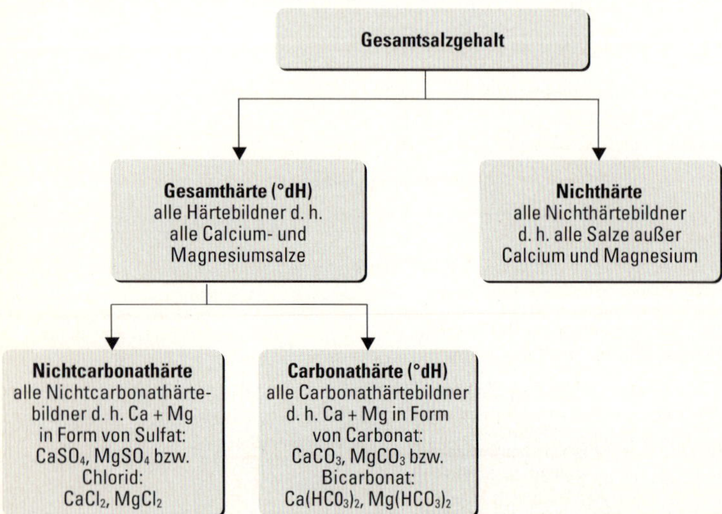

dH-Wert

Das von den Wasserwerken gelieferte Wasser ist nicht rein, selbst Regenwasser enthält eine gewisse Menge an Fremdstoffen. Da Wasser ein gutes Lösungsmittel ist, nimmt es verschiedene Verunreinigungen in der Natur auf, die das Wasserwerk nur durch sehr aufwendige Verfahren und mit hohem Kostenaufwand vollständig entfernen könnte.

„Weich“ nennt man ein Wasser ohne bzw. mit geringen Anteilen von gelösten Stoffen, z. B. destilliertes (demineralisiertes) Wasser.

Ein „hartes“ Wasser enthält dagegen eine größere Menge von Erdalkaliionen. Es sind vor allem Calcium- und Magnesiumsalze. Wie alle Salze bestehen diese sogenannten Härtebildner aus Kationen (z. B. Calciumionen) und Anionen (z. B. Hydrogencarbonationen). Diese Ionenarten sind wegen der Elektroneutralität in gleicher Anzahl vorhanden.

Beide Ionenarten bilden die Gesamthärte des Wassers. Der Chemiker unterscheidet dabei die Härte nach ihrer typischen Eigenschaft:

- permanente (bleibende) Härte
- temporäre (vorübergehende) Härte.

Bestandteile der permanenten Härte sind als Kationen die Erdalkalisalze, vorwiegend Calciumionen. Die Härtebildner der temporären Härte sind Carbonate und Hydrogencarbonate. Diese können z. B. durch Kochen beseitigt werden.

Wasser mit einem zu hohen Anteil an Calcium- oder Magnesiumsalzen kann in Verbindung mit den Fettsäureanteilen der Druckfarbe schmierige, unlösliche Seifen bilden. Diese Seifen sind sowohl wasserfreundlich (hydrophil) als auch farbfreundlich (lipophil). Sie setzen sich auf den Feuchtwalzen, den Farbwalzen, der Druckplatte und dem Gummituch ab und führen zu erheblichen Druckschwierigkeiten:

- Blanklaufen der Walzen
- Aufbauen der Druckfarbe auf den Walzen sowie auf dem Gummituch
- Zusetzen von Rastertonwerten
- Ungleichmäßige Führung des Feuchtmittels
- Schablonieren.

Für das Waschen von Kleidungsstücken spielen nur diese Erdalkaliionen (Kationen) eine Rolle: Sie bilden Kalkseifen, die die Waschwirkung aufheben und daher eine höhere Dosierung erfordern.

Für den Offsetdruck ist jedoch auch der Anteil an Anionen wichtig. Das bedeutendste Anion ist das Hydrogencarbonat. Es bildet sich aus Kohlendioxid der Luft und der im Wasser vorhandenen unlöslichen Kalkmineralien (z. B. Calciumcarbonat = Kalk).

Diese Carbonathärte bildet neben der Seife auch Säuren. Diese Reaktion führt zu einem schwankenden pH-Wert und den damit zusammenhängenden Druckschwierigkeiten.

Die Härte des Wassers wird allgemein immer noch in °dH (Grad deutsche Härte) gemessen.

1 °dH entspricht einem Anteil von 10 mg Calciumoxid pro Liter Wasser (Anmerkung: Der Chemiker verwendet heute den Begriff Mol. Vgl. im folgenden Kapitel: Wasseraufbereitung). In Deutschland liegen die Härtegrade des Leitungswassers zwischen 1 °dH und – im extremen Fall – 40 °dH.

Für den Offsetdrucker bedeutet dies, dass regional das Wasser in den verschiedensten Qualitäten zur Verfügung stehen kann.

Die Gesamthärte ist ausreichend genau mit Gesamthärte-Teststäbchen (Fa. Merck) zu bestimmen. Diese Stäbchen sind pH-Stäbchen ähnlich. Zu beachten ist jedoch – im Gegensatz zu der Messung des pH-Wertes –, dass die Härtestäbchen nur kurz eingetaucht werden und erst nach ca. zwei Minuten entsprechend dem Farbumschlag ausgewertet werden.

Für die Messung der Carbonathärte sind einfach zu handhabende Reagenzien zu beziehen. Für verschiedene Tests liefern Unternehmen (z. B. die Firma Merck) ein komplettes (Mini-)Wasserlabor.

Wasserhärteskala

°dH	Bezeichnung	Verwendung im Offsetdruck
0- 4	sehr weich	gering geeignet
4- 8	weich	empfohlen
8-12	mittelhart	empfohlen
12-18	ziemlich hart	bis ca. 15°dH empfohlen
18-30	hart	zunehmend ungeeignet
über 30	sehr hart	absolut ungeeignet

Bei Wasserhärten über 15 °dH können erhebliche Druckschwierigkeiten auftreten. Eine Senkung der Härte durch chemische Zusätze zum Feuchtmittel ist nicht möglich. Die Carbonathärte kann aber durch den Zusatz von Puffer in ihren Wirkungen (säurebildende Reaktionen) begrenzt werden. Die Gesamthärte ist jedoch nur durch Wasserenthärtungsanlagen zu verringern und auf den gewünschten Wert einzustellen. Am besten eignen sich Verfahren, die mit einem Kationen- und Anionenaustausch arbeiten, da hier die wirksamen Salze vollständig zurückgehalten werden. Phosphatierungsanlagen machen das Wasser zwar weicher, belassen aber schädigende Mineralien in der Flüssigkeit.

pH-Wert

Wesentlich bekannter als der dH-Wert ist in seiner Bedeutung für den Druckprozess der pH-Wert.

Zur Erklärung dieses Messwertes muss das Wasser als Elektrolyt betrachtet werden. Elektrolyt nennt man eine Flüssigkeit, die eine gewisse Menge Ionen (abgespaltene Teilchen eines Moleküls mit elektrischer Ladung) enthält und dadurch elektrisch leitfähig wird. Dabei ist festzugestellen, dass auf die Menge von 555 Mio. Moleküle H_20 nur ein in Kation und Anion (H^+ und OH^-) gespaltenes Molekül kommt. Wasser ist daher ein sehr schwacher Elektrolyt. Aus der obigen Beziehung kann der pH-Wert abgeleitet werden:

Es verhalten sich
555 x 10^6 ungespaltene Moleküle
: 1 gespaltenen Molekül
wie 1000 g H_20 : x g H^+ und OH^-
x = 18 x 10^{-7}

In einem Liter Wasser sind danach 18 x 10^{-7} g H^+- und OH^--Ionen enthalten, welche sich in 1 x 10^{-7} Wasserstoff- und 17 x 10^{-7} g Hydroxyl-Ionen aufteilen.

In Mol/Liter umgerechnet ergibt dies (bei 22 °C)
– 10^{-7} Mol/Liter Wasserstoff-Ionen und
– 10^{-7} Mol/Liter Hydroxyl-Ionen.
Die Konzentration des Wassers ist konstant.

Definition des pH-Wertes:

- Der pH-Wert ist der negative Logarithmus der dissoziierten H^+-Ionenkonzentration oder einfacher ausgedrückt, der pH-Wert zeigt die Menge der enthaltenen Ionen an und sagt damit aus, wie sauer oder alkalisch eine Flüssigkeit ist.

pH-Wert-Skala

Ordnet man Säuren und Laugen entsprechend ihrer Stärke in einer Skala an, liegt in der Mitte dieser Skala das (reine) Wasser.
Wasser hat die chemische Formel
H_20, anders ausgedrückt: HOH.

Es setzt sich also zur Hälfte aus Wasserstoff- (H^+) und Hydroxyl-(OH^-)Gruppen zusammen.
In einem Liter neutralem Wasser sind je 0,0000001 g Wasserstoffionen und Hydroxylionen enthalten. Diese unvorstellbar kleine Zahl schreibt man als Zehnerpotenz 10^{-7}.

Da die gesamte Menge der H^+- und 0^--Ionen konstant ist, ist es somit ausreichend, nur eine der beiden Ionenarten anzugeben. Vereinbarungsgemäß festgelegt sind dies heute die H^+-Ionen.

Die stärkste Säure, die Salzsäure, enthält z. B. 1 g Wasserstoffionen pro Liter. Dies ist als Zehnerpotenz geschrieben 10^{-0}. Eine mittelstarke Säure enthält beispielsweise 0,0001 g Wasserstoffionen pro Liter oder 10^{-4} g/l. Die stärkste Lauge enthält dagegen 10^{-14} g Wasserstoffionen pro Liter

Der pH-Wert ist lediglich ein Messwert, der ein genaues Bestimmen des sauren oder alkalischen Verhaltens von wässrigen Lösungen ermöglicht. Es wird also nie der Name der Säure oder Lauge ermittelt.

pH-Wert-Messung

Der pH-Wert kann elektrometrisch und colorimetrisch überprüft werden. Erstere Methode wird zur automatischen Überwachung der Zusammensetzung des Feuchtmittels eingesetzt.

Für die zweite Messmethode wird ein Indikatorpapier benötigt. Dabei zeigen Farbstoffe organischen Ursprungs bei unterschiedlichem pH-Wert verschiedene Farbtöne an. An einer mitgelieferten Farbumschlagtabelle ist der entsprechende pH-Wert an der jeweiligen Färbung der Tabelle abzulesen.

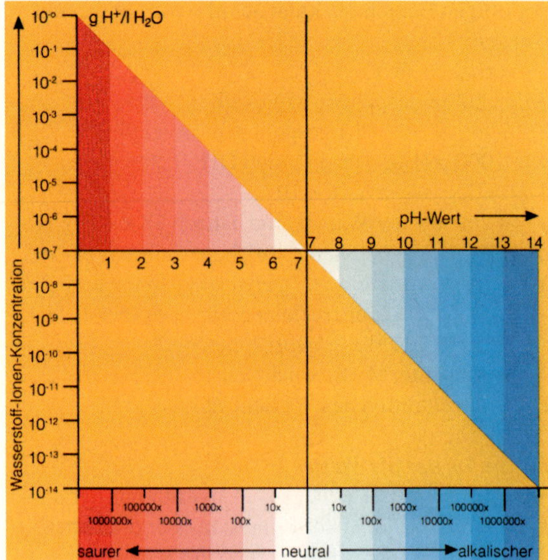

Wenn H^+-Ionen in der Überzahl sind, reagiert die Lösung sauer. Eine sehr starke Säure liegt bei einer H^+-Ionenkonzentration von ca. 1 g H^+/l vor.

Die Lösung reagiert basisch, wenn die Hydroxylionen überwiegen. Die stärkste OH^--Ionenkonzentration ist bei der sehr geringen H^+-Ionenkonzentration von ca. 10^{-14} g/l H^+-Ionen erreicht.

Der pH-Wert von Karton und Papier kann durch den kombinierten Einsatz von destilliertem Wasser und Indikatorpapier ermittelt werden, obwohl hierbei Ungenauigkeiten von 1 pH vorkommen können. Genauer ist eine Oberflächen- und Auszugsmessung im Labor, welche als Kalt- und Heißextraktion vorgenommen werden kann.

Bedeutung des pH-Wertes

Im Offsetdruck kann ein ungeeigneter pH-Wert des Feuchtmittels zu negativen Auswirkungen auf das Druckergebnis führen. Durch den Zusatz einer Pufferlösung zum Feuchtmittel lässt sich der pH-Wert im drucktechnisch günstigen pH-Bereich von 5,2 -5,8 halten.

Probleme bei saurem Feuchtmittel unter pH 5:
- Trockenschwierigkeiten der Druckfarbe
- Oxidation der Metallfarben
- Geringere Auflagenbeständigkeit der Druckplatte

Probleme bei alkalischem Feuchtmittel über pH 7:
- Herabsetzung der Grenzflächenspannung zwischen der Druckfarbe und dem Feuchtmittel: Die Farbe emulgiert stärker.
- Das Einfärbesystem auf der Druckplatte neigt zum Tonen.

Mikroorganismen

Jedes Wasser enthält in einem gewissen Maße mikroskopisch kleine Lebewesen wie Schleimpilze und Bakterien.

Der Drucker bemerkt unter bestimmten Bedingungen diese Mikroorganismen durch Trübungen im Feuchtmittel: Im Feuchtmittelbehälter schwimmen schleimige kleine Teilchen herum, das Wasser fühlt sich fettig an und die Wandungen des Behälters zeigen einen schmierigen Belag.

Diese Verunreinigungen wirken sich negativ auf einen gleichmäßigen Fortdruck aus. Es ist chemisch sehr schwierig, bei geringen Feuchtmitteldosierungen die vielfältigen Pilze und Bakterien gezielt zu bekämpfen. Hier hilft nur eine gründliche Reinigung des gesamten Wassersystems. Für eine gründliche Reinigung eignet sich eine 1 %ige Formalinlösung, die einige Stunden auf das Wassersystem einwirken muss, auch eine 5-%ige Chlorbleichlauge ist geeignet.

Anforderungen an das Feuchtmittel

Die Eigenschaften des Frischwassers und der Feuchtmittelzusätze haben einen entscheidenden Einfluss auf die Qualität im Druckprozess. Grundvoraussetzung ist, dass das Feuchtmittel frei von aggressiven Stoffen ist, um die Oberflächen von Zylindern und Walzen zu schützen.

Druckmaschinenhersteller fordern, dass die nachfolgend aufgeführten Konzentrationen im Feuchtmittel nicht überschritten werden (Empfehlung Bundesverband Druck und Medien):

• Halogenide, besonders Chlorid und Bromide	25 ppm (mg/kg)
• Sulfatgehalt	50 ppm (mg/kg)
• Nitratgehalt	20 ppm (mg/kg)
• Deutsche Härte	6 – 10 °dH

Sind diese genannten Grenzwerte nicht einzuhalten, ist eine Wasseraufbereitung mit Umkehr-Osmose und einer gezielten Wiederaufhärtung auf 6 – 10 °dH durchzuführen.

Im Druckprozess muss das Feuchtmittel einen gleichmäßig dünnen Feuchtigkeitsfilm auf der Oberfläche der Druckplatte erzeugen und im Fortdruck aufrecht erhalten. Hierzu müssen folgende Bedingungen erfüllt sein:
- Minimale Feuchtmittelführung bei maximaler Leitfähigkeit.
- Hydrophile (wasserannehmende) Interaktion mit der Druckplattenoberfläche.
- Kein Tonen bei Druckunterbrechungen.
- Puffereffekt zur Aufrechterhaltung eines konstanten pH-Wertes.
- Mittel zur Verhinderung von Algen und Pilzen.
- Anti-Emulgierwirkung für die verschiedenen Druckfarben.
- Umweltfreundliche Substanzen.

Feuchtmittelzusätze

Damit das Feuchtmittel alle Anforderungen erfüllen kann, müssen verschiedene Substanzen zugesetzt werden.
- Glycerin, Dextrin oder Gummiarabicum, um das Feuchtmittel hydrophiler zu machen
- Phosphate, Citrate oder Tatrate für den Puffereffekt
- antibakterielle Mittel gegen Algen- und Pilzwachstum

• Tenside, um die Oberflächenspannung des Wassers zu verringern und eine gute Leitfähigkeit sicherzustellen.

Neben dem Wasser sind die Feuchtmittelzusätze für den Drucker ein wichtiger Faktor zur Erstellung einer qualitativ hochstehenden Arbeit. Sie sollen die geforderten Bedingungen für eine optimale Feuchtung der Druckform gewährleisten bzw. aufrecht erhalten.

Bestimmte Säuren, Säuregemische oder gelöste Salze bilden durch chemische Reaktionen an der Metalloberfläche einer Offsetdruckplatte eine gute wasserführende Schicht. Während des Auflagendrucks nutzt sich diese Schicht ab. Durch bestimmte Zusätze im Feuchtmittel kann sich die hydrophile Schicht immer wieder regenerieren.

Viele Feuchtwasserzusätze enthalten einen bestimmten Prozentsatz an Kolloiden, das sind Makromoleküle, wie z. B. Gummiarabicum, Dextrin.

Diese organischen makromolekularen Verbindungen reagieren hydrophil; das heißt, sie bilden mit Wasser direkt oder nach vorhergehender Quellung beständige kolloide Lösungen (Sole). Die aus langen Ketten bestehenden Moleküle verankern sich mit einer Seite an den bildfreien Stellen der Druckplatte und halten mit ihrer anderen Seite Wasser besonders gut fest. Dadurch bleiben nichtdruckende Partien besser feucht bzw. sauber.

Verschiedene Bedruckstoffe geben während des Fortdrucks saure oder alkalische Bestandteile an das Feuchtmittel ab. Diese können die wasserführenden Eigenschaften der Offsetdruckplatte und den Einfärbeprozess empfindlich stören.

Für diese Fälle sind Feuchtmittelzusätze auf dem Markt, die mit Hilfe eines chemischen Puffersystems Beeinflussungen des pH-Wertes in einem gewissen Bereich auffangen können, ohne dass sich der durch diese Zusätze eingestellte pH-Wert des Feuchtmittels während des Auflagendrucks ändert.

Kolloidale Lösungen

Das Gummiarabicum ist ein Pflanzenschleim aus bestimmten Akazienarten. Seine Stoffe lassen sich kolloidal zu Teilchengrößen von ca. 10^{-9} bis 10^{-7} m (nur unter einem Ultramikroskop sichtbar) verteilen. In einer Flüssigkeit gelöst, sinken diese kolloidalen Teilchen durch die Brownsche Molekularbewegung nicht zu Boden. Hauptbestandteile sind Kalium-, Kalzium- und Magnesiumsalze der Arabinsäure.

Wichtigster Vorteil der feinsten Partikelchen: Sie setzen sich in die – mikroskopisch gesehen – Täler des aufgerauten Druckplattenmaterials (Metall) ab.

Das als Schutzmittel für Offsetdruckplatten verwendete Gummiarabicum verbleibt teilweise auch nach dem Abwaschen der Druckplatten in den Kapillaren haften. Da es recht gute hydrophile Eigenschaften entwickelt, ermöglichen diese Restsubstanzen eine gute Feuchtung der Nichtbildstellen (druckbildfreie Partien). Der Vorteil des Gummiarabicums liegt darin, dass es sehr leicht mit Wasser vermischt und einen leicht sauren Charakter hat. Durch diese Eigenschaften bleiben an der Druckplattenoberfläche die optimalen hydrophilen Eigenschaften erhalten.

Säuren

Neben der Phosphorsäure ist die Zitronensäure einer der gebräuchlichsten Zusätze. Beide Säuren spalten sich (d. h. ionisieren) im Wasser. Ihre aufgelösten Salze sind in der Lage, eine gute hydrophile Druckplattenoberfläche zu schaffen. Einer der wesentlichen Nachteile ist allerdings, dass bereits kleinste Mengen eine starke Verschiebung des pH-Wertes verursachen.

Säuren spalten sich in Ionen und machen das Wasser mehr oder weniger stark sauer. Sie sind leicht mit Alkohol zu vermischen, reduzieren aber in Anwesenheit des Alkohols stark ihr Dissoziationsvermögen (Spaltbarkeit in Ionen).

Puffer

Puffer sind Mischungen von schwachen Säuren mit Salzen dieser schwachen Säure, zum Beispiel:

– Essigsäure mit Natriumacetat,
– Phosphorsäure mit Natriumphosphat,
– Zitronensäure mit Natriumcitrat.

Diese Puffer haben im Feuchtmittel die Aufgaben, den pH-Wert auf den gewünschten Wert einzustellen und außerdem dafür zu sorgen, dass der eingestellte pH-Wert sich durch äußere Einflüsse kaum verändert. Chemisch gesehen fangen Puffer die ins Feuchtmittel gelangenden Säuren und Basen auf und neutralisieren diese.

Alkohol

Die modernen Feuchtwerke erfordern bestimmten Teil von Isopropylalkohol bzw. Isopropanolalkohol im Feuchtmittel.

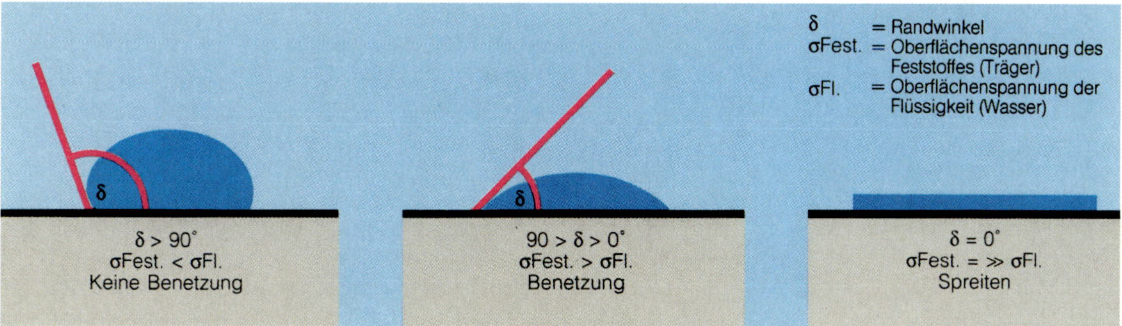

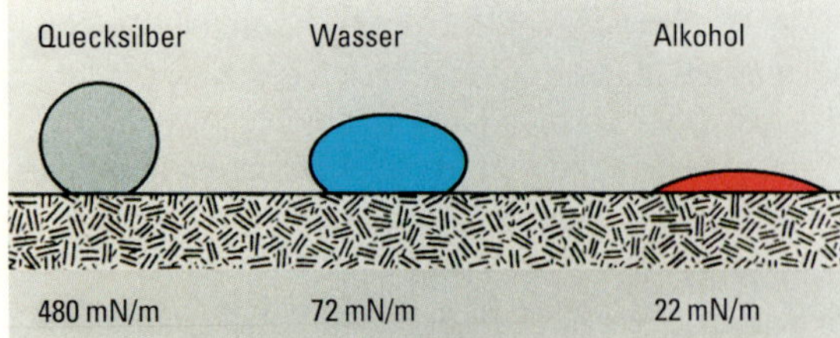

Benetzung der Druckplatte

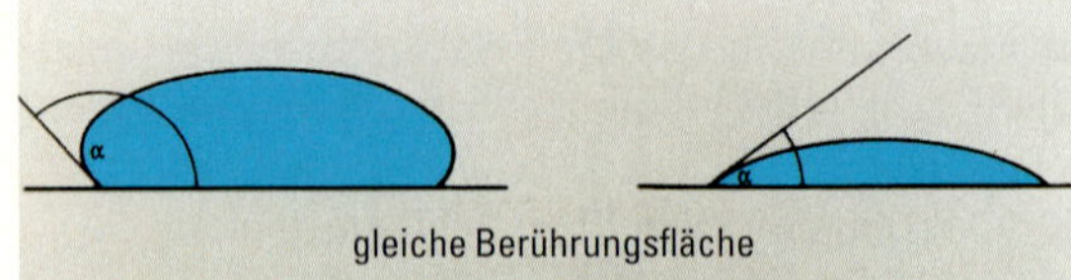

Hohe Oberflächenspannung	**Niedrige Oberflächenspannung**
schlechte Benetzung großes Tropfenvolumen großer Randwinkel α	gute Benetzu5ng kleines Tropfenvolumen kleiner Randwinkel α

Dieser Zusatz ermöglicht ein optimales Steuern des Feuchtmittels. Der Alkohol hat kaum Einfluss auf den pH-Wert des Feuchtmittels, verringert aber dessen Oberflächenspannung und erhöht somit seine Benetzungsfähigkeit beträchtlich.

Durch Alkoholzugabe wird der Feuchtmittelfilm gleichmäßiger und seine Schichtdicke kann wesentlich verringert werden. Die grundsätzliche Forderung nach einer knappen Feuchtmittelführung ist damit zu erfüllen.

Alkohol verdunstet rascher als Wasser. Durch diese Eigenschaft und durch die ohnehin knappere Feuchtmittelführung gelangt bei Alkoholfeuchtung letztlich sehr wenig Feuchtmittel über das Gummituch auf den Bedruckstoff. Gleichzeitig wirkt die Verdunstungskälte einer unerwünschten Erwärmung der betroffenen Maschinenaggregate entgegen.

Die Kurve zeigt, das ab einem gewissen Prozentsatz weitere Alkoholzugaben keine entscheidende Wirkung mehr auf die Oberflächenspannung haben. Die Oberflächenspannung sinkt besonders stark bis etwa 20 % Alkoholgehalt, danach ist die Auswirkung sehr gering. Es ist unzweckmäßig und mit unnötigen Kosten sowie auch Umweltbelastungen verbunden, dem Feuchtmittel mehr als 8 bis 12 % Alkohol zuzugeben. Durch den Einsatz von Keramikwalzen ist dieser Prozentsatz noch weiter zu verringern.

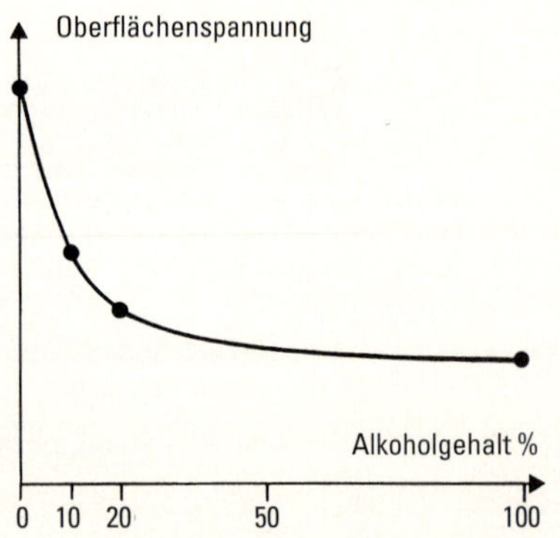

Feuchtmittelzusätze im Überblick

Art	Wirkungen
Kolloidale Lösungen	Verbesserung der hydrophilen Eigenschaften der Nichtbildstellen auf der Druckplatte - bessere Benetzung mit Feuchtmittel - geringere Neigung zum Tonen - verringern schnelles Verdunsten
Säuren	Einstellen des pH-Wertes
Puffer	Einstellen und Konstanthalten eines bestimmten pH-Wertbereiches
Alkohol (=Netzmittel)	Verbessern der Benetzung von Nichtbild stellen durch Herabsetzen der Oberflächenspannung Ermöglicht direkte Druckplattenfeuchtung mit einer Gummiwalze und indirekte Feuchtung über das Farbwerk.
Antimikrobielle Stoffe	Abtöten von Mikroorganismen bzw. Verringern ihrer Wirkung im Wasser

Auswirkungen von geeigneten Feuchtmittelzusätzen auf ...

Wasser	– Reduzierung der Oberflächenspannung • minimale Wasserführung • geringere Feuchtfilmdicke • bessere Benetzungsfähigkeit – Einstellung und Stabilisierung des pH-Wertes (Pufferwirkung) – Gute Verträglichkeit mit Leitungswasser – Mischbarkeit mit Alkohol u. anderen Zusätzen – Verhinderung von Algen und Pilzen
Druckfarbe	– Erhaltung der notwendigen Grenzflächenspannung – Erhaltung der stabilen Emulsion – Schnelles Erreichen der Farb-Wasser-Balance – Keine Einbußen in der Punktschärfe – Keine Störung des Trocknungsverhaltens – Keine negative Beeinflussung der rheologischen Eigenschaften
Druckmaschine	– Keine Korrosionswirkung auf Maschinenteile – Sauberhalten des Feuchtreibers – Kein Blanklaufen der Farbwalzen – Keine Zersetzung der Walzenoberfläche – Frischhalten der Gummituchoberfläche
Druckplatte	– Schnelles Freilaufen und Offenhalten der Plattenoberfläche – Beseitigen von Tonen bzw. Tonschleiern – Gleichmäßigere Benetzung von Nichtbildstellen (wasserführende Partien) – Grenzflächenspannung gegenüber farbführenden Stellen bleibt erhalten – Keine Korrosionswirkung – Keine Zerstörung der Bildstellen („Blindwerden")

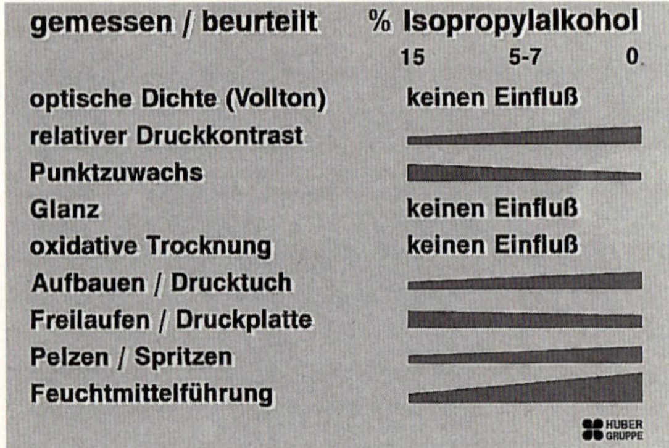

gemessen / beurteilt	% Isopropylalkohol 15 … 5-7 … 0
optische Dichte (Vollton)	keinen Einfluß
relativer Druckkontrast	
Punktzuwachs	
Glanz	keinen Einfluß
oxidative Trocknung	keinen Einfluß
Aufbauen / Drucktuch	
Freilaufen / Druckplatte	
Pelzen / Spritzen	
Feuchtmittelführung	

Bei einer geringen Oberflächenspannung und einer relativ kleinen Verdunstungszahl von 9,5 verflüchtigt sich IPA (gegenüber Wasser) sehr schnell in offenen Feuchtsystemen.

Die Verdunstung von Alkohol nimmt bei steigenden Temperaturen in diesen Systemen stark zu. Daher ist die Konzentration mit einem einfachen Aräometer laufend zu überprüfen. Automatisch und damit wesentlich genauer erfolgt dies als Regelung in Feuchtmittelaufbereitungsanlagen.
Vorteile durch die Verwendung von Alkohol:

- Die Verringerung der Oberflächenspannung des Wassers durch den Alkohol gestattet es, mit einem dünneren Wasserfilm als bisher üblich die Platte zu feuchten und ermöglicht es, dass sich ein feiner Wasserfilm über dem Farbfilm auf den Farbwalzen aufbaut.
- Die schnelle Verdunstung des Alkohols führt zu einem Volumenverlust, von dem auch das Wasser betroffen wird. Dadurch nehmen Gummituch und Papier wesentlich weniger Feuchtmittel auf. Das gleiche geschieht mit der Druckfarbe.
- Eine Emulsionsbildung in Richtung Öl/Wasser und Wasser/Öl wird durch den Einsatz von Alkohol wesentlich eingeschränkt.
- Die Farbbrillanz wird durch die emulsionslose Druckfarbe verbessert.
- Das Farbe-Wasser-Gleichgewicht ist in kurzer Zeit zu erreichen, Anlauf- und Stoppermakulaturen werden geringer.

Tonen – ein Problem des Feuchtmittels?

Ein häufig auftretendes Problem im Offsetdruck ist das Tonen. Es kann unterschiedliche Formen haben. In der Regel ist das Tonen auf folgende Faktoren zurückzuführen.

- Durch das Feuchtmittel verursachtes Tonen:
  Das Feuchtmittel überträgt den Ton auf das Papier.
- Der Feuchtigkeitsfilm wird auf der Druckformoberfläche unterbrochen:
  Ansammlung von Schmutz (fälschlicherweise „Oxidation" genannt) auf der Druckform oder schwankende Leitfähigkeit des Feuchtmittels.

Überträgt das Feuchtmittel diesen „Ton" auf das Papier, ist die Farbe-Wasser-Balance gestört, da der Feuchtmittelfilm auf der Oberfläche der Druckform unterbrochen ist. Dies kann dadurch verursacht worden sein, dass Druckfarbe durch Reaktion mit dem Feuchtmittel oder mit anderen Chemikalien wie beispielsweise Waschmittel beeinträchtigt wird oder zu stark emulgiert. Schmutz und emulgierte Partikel verbinden sich mit Papierstaub auf dem Drucktuch (Gummituch) und gelangen so auf den Bedruckstoff.

Die Schwierigkeiten werden in diesen Fällen nicht durch den pH-Wert oder andere verwendete Substanzen im Feuchtmittel hervorgerufen. Es besteht bei dieser Art des Problems eine Tendenz zu Algen- und Pilzwachstum. Außerdem nimmt das Feuchtmittel die Färbung der Druckfarbe leicht an.

Nimmt die Oberflächenspannung des Feuchtmittel zu, verringert sich seine Leitfähigkeit. Dies führt dazu, dass der gleichmäßige Feuchtigkeitsfilm durch die Bildung von Wassertröpfchen unterbrochen wird. Die Erhöhung der Feuchtmittelführung löst das Problem nur kurzzeitig. Es führt zu einem Emulgieren und dadurch zu einem noch stärkeren Tonen.

Schmutzablagerungen können verschiedenste Ursachen haben, die der Drucker erkennen muss, um entsprechende Gegenmaßnahmen zu ergreifen.

In jedem Fall ist der pH-Wert oder – sicherer – die elektrische Leitfähigkeit des Feuchtmittels zu prüfen.

Elektrische Leitfähgkeit

Puffersubstanzen in Feuchtmittelzusätze bewirken einen weitgehend konstanten pH-Wert innerhalb eines bestimmten Toleranzbereiches. Bereits ab einer Zugabe von ca. 2 bis 3 % ändert sich der pH-Wert kaum, d. h. der pH-Wert hängt nicht linear von der Zusatzmenge ab. Aus diesem Grund ist das Messen und die laufende Kontrolle des pH-Wertes nicht ausreichend. Die Messung der elektrischen Leitfähigkeit erlaubt dagegen eine weit exaktere Volumenkonzentrationskontrolle bei einem Neuansatz und in Wasseraufbereitungsanlagen, wenn gepufferte Konzentrate verwendet werden.

Die elektrische Leitfähigkeit ist das Maß für die Größe des elektrischen Leitvermögens eines Stoffes. Die Leitfähigkeit des Feuchtmittels für den Offsetdrucks wird wesentlich bestimmt durch die im Wasser gelösten Salze. Sie wird in Siemens pro Längeneinheit (S/cm) angegeben. Verwendete Einheiten sind:

1 mS = 1/1000 S/cm = 10^{-3} S/cm
1 µS = 1/100.000 S/cm = 10^{-6} S/cm

Um ein Messgerät zur Leitfähigkeitsmessung sinnvoll einzusetzen, sind Standardwerte festzulegen, mit denen dann im täglichen Einsatz die Kontrolle und Dosierung der Feuchtmittelzusätze geprüft werden kann. Diese Werte werden in einem exakt durchgeführten Kleinansatz ermittelt. Dabei wird zuerst das grundsätzlich verwendete Wasser gemessen und das Ergebnis notiert. Dann wird der Feuchtmittelzusatz als Konzentrat prozentual hinzugegeben.

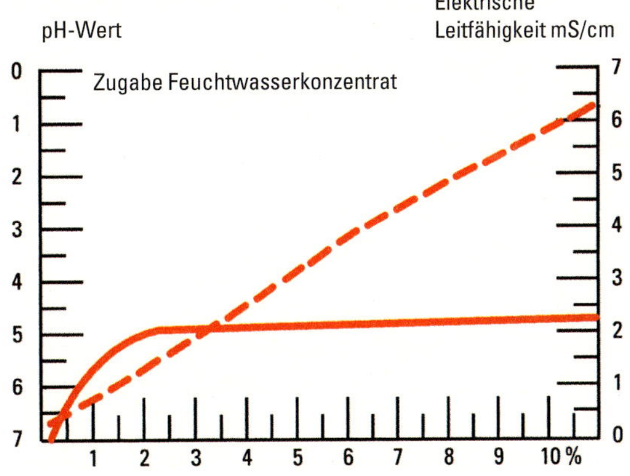

Dabei werden die jeweiligen Leitfähigkeitswerte gemessen und ebenfalls notiert. Zweckmäßig ist es, diese Werte in einer Tabelle oder in einem Diagramm übersichtlich darzustellen.

Als Standard gilt dann der Wert, der bei der vom Hersteller des Feuchtmittelkonzentrats empfohlenen Zugabe (z. B. 2 %) ermittelt worden ist.

Es ist zu beachten, dass dieser festgelegte Standard nur für einen bestimmten Feuchtmittelzusatz (Konzentrat) gilt, für andere Mittel ist der Messwert jeweils neu zu ermitteln.

Bei Nachmessungen an dem produktionsfertigen Feuchtmittelgemisch werden die Messwerte mit dem Standard verglichen. Differenzen lassen sich mit der Tabelle oder dem Diagramm leicht feststellen und korrigieren. Ebenso lassen sich Feuchtmittelaufbereitungsanlagen regeln.

Bei einem Zusatz von Alkohol muss nach dem Messen des Leitungswassers die gewünschte Menge (z. B. 6 %) Isopropanolalkohol zugegeben und die Leitfähigkeit erneut gemessen werden. Alkohol reduziert die Leitfähigkeit. Dadurch ergeben sich andere Werte. Der weitere Ablauf erfolgt wie vorhergehend bereits beschrieben.

Die Messung der Leitfähigkeit ersetzt jedoch nicht die pH-Wert-Messung, da sie für den Druckprozess nicht relevant ist. Sie ergänzt diese jedoch als Basis für eine exakte Überwachung und Kontrolle.

12.7.1 Wasseraufbereitung

Die Bedeutung des Wassers für eine wirtschaftliche und qualitativ hochwertige Produktion ist allen Verantwortlichen in High-Tech-Druckereien bewusst. Dementsprechend werden Prozesswasser-Aufbereitungsanlagen installiert, die die erforderlichen Wassermengen in genau definierter Qualität liefern.

Die Auswirkungen der verschiedenen Wasserinhaltsstoffe auf den Druckprozess bzw. die Druckqualität sind unterschiedlicher Art. Beispielsweise wurde in Versuchen der Wassertransport im Feuchtwerk im Labor untersucht. Dabei wurde das Transportverhalten von destilliertem Wasser und normalem Leitungswasser ermittelt.

Das destillierte Wasser zeigte eine Wassertransportrate von 1,9 g/min, das Leitungswasser einen Wert von 3,4 g/min. Demnach müssen die gelösten Salze im Leitungswasser gegenüber dem Destillat für die erhöhte Transportrate verantwortlich sein.

Gelöste Salze verursachen also im Wasser Veränderungen, die den Transport erhöhen. Eine konstante Wasserqualität ist nur durch eine Prozesswasser-Aufbereitung zu erreichen.

Im einzelnen sind die folgende Parameter im Leitungswasser für eine Aufbereitung zu beachten:

Der pH-Wert
Trinkwasser hat gemäß Gesetzgebung einen pH-Wert zwischen 6,5 und 9,5. Der für den Druckprozess optimale pH-Wert liegt zwischen 4,8 und 5,5. Es ist also erforderlich, Vorkehrungen zu treffen, um diesen idealen pH-Wert einzuhalten. Dies kann nur durch ein standardisiertes Rohwasser und durch Chemikalien geschehen, da sonst größere Schwankungen eintreten können.

Bildung von Kalkseifen
Druckfarben bestehen chemisch aus Verbindungen, die Fettsäuren abspalten können, welche sich dann mit Wasserinhaltsstoffen wie Calcium als sogenannte Kalkseifen ablagern können. Diese sind schwer wasserlöslich und bilden daher Ablagerungen, was zum gefürchteten Blanklaufen der Walzen führt.

Je mehr Calciumsalze im Leitungswasser vorhanden sind, desto deutlicher ist dieser Effekt zu beobachten.

Ein weiterer unerwünschter Nebeneffekt ist, dass die Fettsäurenmoleküle beim Verlassen des optimalen pH-Wertes noch stärker den Farbtransport empfindlich stören können, da sie ein wasserfreundliches und ein farbfreundliches Verhalten in einem Molekül zeigen – sich also Druckfarbe und Wasser in einem unerwünschten Maße mischen. Ganz bestimmte Säuren aus Feuchtmittelzusätzen bilden auch mit Calcium und Magnesium schwerlösliche Salze.

Einsparung von Alkohol und Feuchtmittelzusätzen
Eine sinnvolle Wasseraufbereitung kann sowohl die Einsparung von Alkohol als auch die Einsparung von Feuchtmittelzusätzen ermöglichen.

Korrosionsverhinderung
Im technischen Informationsdienst des Bundesverbandes Druck aus dem Jahre 1985 wird ein Chloridgehalt von max. 25 mg/l im Wasser empfohlen. Das Trinkwasser in der Bundesrepublik hat Chloridgehalte über diesem Wert. Die normale Bandbreite bewegt sich zwischen 50 und 150 mg/l. Durch eine Reduzierung des Chloridgehaltes kann also die Werterhaltung der Anlage vergrößert werden.

Verhinderung von Ablagerungen
Die im Wasser gelösten Calciumsalze können wieder in ihre Ausgangsstoffe Kohlensäure und Kalk zerfallen. Durch Verdunstungsprozesse des Wassers entstehen dadurch in verschiedenen Bereichen Ablagerungen als ein weißer Niederschlag.

So kann sich z. B. der Kalk in den feinen Poren der Gummiwalzen des Farbwerkes absetzen, diese werden dadurch wasserfreundlich. Dadurch wird die Farbspaltung, die wesentlich für die Transportprozesse der Druckfarbe ist, gestört. Dadurch entsteht das gefürchtete Blanklaufen der Walzen, d. h. die Druckfarbe gelangt nun nicht mehr störungsfrei vom Farbkasten auf die Druckform.

Allgemeine Grundlagen der Wasseraufbereitung
Es gibt eine Vielzahl von Wasseraufbereitungsmöglichkeiten. Schaut man sich jedoch die im Wasser vorhandenen Inhaltsstoffe an, so sind es hauptsächlich die gelösten Salze, die den Drucker interessieren

und die ihm die Probleme bereiten. Wasserlösliche Salze bilden im Wasser positiv und negativ geladene Teilchen, die sogenannten Ionen.

Je nach Geologie sind die örtlichen Verhältnisse, d. h. die Konzentrationen der Ionen im Wasser, sehr verschieden. Ihr Verhalten ist aber immer gleich. Die positiv geladenen Teilchen der Salze im Wasser werden Kationen genannt und die negativ geladenen Teilchen der Salze Anionen.

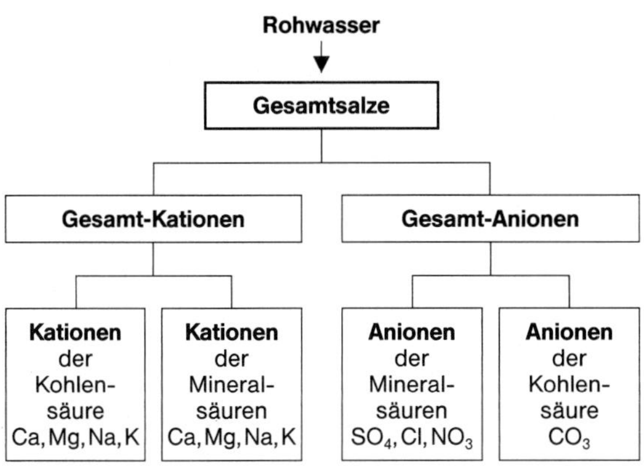

Salzgehalt des Rohwassers

Der Gesamtsalzgehalt eines Trinkwassers unterliegt ständigen Veränderungen. Der häufige Wechsel ist bedingt durch:

- die Jahreszeit
- die Niederschlagsverhältnisse
- die Art der Aufbereitung
- die ständig wechselnde Versorgung innerhalb des Energieverbundnetzes durch ein anderes Wasserwerk.

Die Härte des Wassers

Die Härte des Wassers ist bedingt durch seinen Gehalt an Calcium- und Magnesiumsalzen. Man bezeichnet ein Wasser mit einem hohen Calcium- und Magnesiumgehalt als hart und mit wenig Calcium und Magnesium als weich. Je nach Härtegrad werden verschiedene Wasserqualitäten unterschieden.

Was bedeutet nun die Gesamthärte (vgl. Tabelle)? Darunter ist der Gesamtgehalt an Härte zu verstehen, der durch die Calcium- und Magnesium-Ionen hervorgerufen wird. Diese Gesamthärte setzt sich zusammen aus der Summe aller Erdalkalien (Calcium und Magnesium) und den entsprechenden Anionen, (siehe Übesicht: Salzgehalt des Rohwassers).

Härteeinteilung des Wassers

Härtebereich	1 (weich)	2 (mittel)	3 (hart)	4 (sehr hart)
Gesamthärte (GH) mmol/l	bis 1,3	1,3 -2,5	2,5 - 3,8	über 3,8
GH in °dH	bis 7,5	7,5 - 15	15 - 21	über 21

Eine exaktere Einteilung lautet:
0 - 4 °dH = sehr weich
4 - 8 °dH= weich
8 - 12 °dH = mittelhart
12 - 18 °dH = ziemlich hart
18 - 30 °dH = hart
> 30 °dH = sehr hart

In der alten Definition entsprechen 10 mg Calciumoxyd 1 Grad dH, heute soll nur noch der Begriff des Mols benutzt werden.

- 1 mmol = 5,6 °dH.

Neben der Gesamthärte eines Wassers ist für den Drucker auch noch die Carbonathärte von Bedeutung. Dies ist der Anteil des Calciums und Magnesiums, der an die schwache Säure Kohlensäure gebunden ist.

Addiert man zu dieser Carbonathärte auch noch die verbleibenden Calcium- und Magnesium-Ionen, die an die Schwefelsäure oder Salzsäure gebunden sind, so bekommt man wieder die Gesamthärte.

- Carbonathärte:
  Der an Kohlensäure gebundene Anteil von Calcium und Magnesium.
- Nichtcarbonathärte:
  Der an Schwefelsäure, Salzsäure, Salpetersäure und Phosphorsäure gebundene Anteil des Calciums und Magnesiums.
- Gesamthärte:
  Gesamtheit der an Kohlensäure, Schwefelsäure, Salzsäure, Salpetersäure und Phosphorsäure gebundenen Anteile von Calcium und Magnesium (genauer: Erdalkalien).

Prozesswasser-Aufbereitung

Eine Wasseraufbereitungsanlage ist in der Lage, einzelne Wasserinhaltsstoffe oder aber auch alle Wasserinhaltsstoffe aus dem Wasser zu entfernen bzw. Teile auszutauschen. Das bekannteste Verfahren ist die Neutralenthärtung oder auch die einfache Enthärtung.

Neutralenthärtung

Bei diesem Verfahren werden die Calcium- und Magnesium-Ionen, die sich im Rohwasser befinden, gegen Natrium-Ionen ausgetauscht. Dies bedeutet, dass nach der Aufbereitung keine Härtebildner mehr im Wasser sind. Man hat also nach einer Enthärtung ein Weichwasser. Die aktiven Materialien bei diesem Verfahren sind die Ionenaustauscher. Ionenaustauscher sind Kunststoffe, die in der Lage sind, aus dem Wasser positiv oder negativ geladene Ionen an sich zu binden, das heißt, die Bestandteile der Salze. Dabei werden gleichzeitig äquimolare Mengen an. Ionen aus dem Ionenaustauscher an das Wasser wieder abgegeben. Beim Vorgang der Enthärtung sind dies die Natrium-Ionen, die gegen die Calcium-Ionen ausgetauscht werden.

Die Eigenschaften der Ionenaustauscher beruhen auf drei Faktoren:

- dem Grundkörper für das Gerüst (die Matrix)
- dem Brückenbildner zur Quervernetzung (Unlöslichkeit im Wasser)
- den Ankergruppen, dem aktiven Teil der Ionenaustauscher.

Ionenaustauscher, die bei der Enthärtung eingesetzt werden, bezeichnet man als stark saure Kationenaustauscher.

Die Übersicht macht diesen Vorgang noch einmal schematisch deutlich. Die im Rohwasser vorhande-

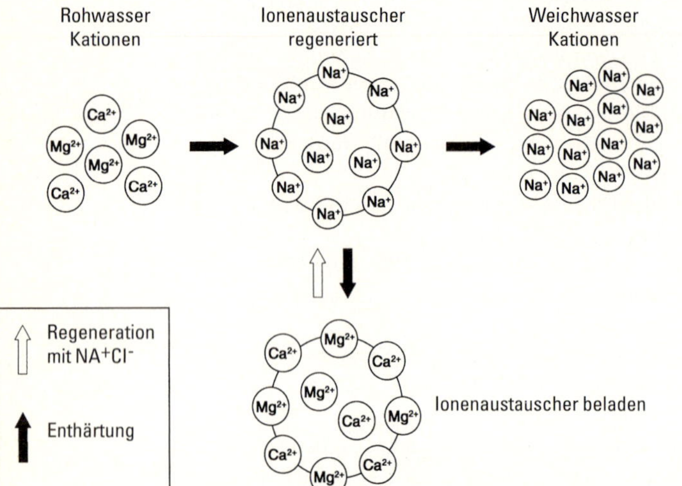

nen Calcium- und Magnesium-Ionen werden auf dem Ionenaustauscher gebunden. Dabei werden Natrium-Ionen abgegeben, die sich im Produktwasser befinden. Der Gesamtsalzgehalt hat sich also nicht verändert. Es hat vielmehr ein Austausch der Härtebildner gegen Natrium stattgefunden.

Aufgrund dieser Tatsache sind die Ablagerungen, z. B. bei einer Verdüsung dieses Wassers zur Luftbefeuchtung, bei einer Enthärtung genauso wie bei einer Verfahrensweise ohne Enthärtung. Der Rückstand ist nur von unterschiedlicher chemischer Zusammensetzung. Daher ist dieses Verfahren für den Drucker für die Herstellung von Feuchtwasser bedingt geeignet, für die Wasserversorgung der Luftbefeuchtungsanlagen allerdings nicht geeignet.

Mit Hilfe von Natriumchlorid (einfaches Kochsalz) kann der Ionenaustauscher – wenn er erschöpft ist, d.h. wenn seine Kapazität nicht mehr in der Lage ist, weitere härtebildende Ionen aufzunehmen – wieder regeneriert werden.

Bei diesem Regenerationsvorgang werden Ionenaustauscher wieder umgeladen und die Härtebildner mit dem Spülwasser in das Kanalnetz herausgespült. Dieser Vorgang kann automatisiert werden. Kontrolliert wird die Wirkungsweise einer Enthärtungsanlage durch Messung der Resthärte nach der Aufbereitung. Dies geschieht entweder mit den bekannten Test-Kits oder kann auch vollautomatisch kontinuierlich durchgeführt werden. Eine Messung der Leitfähigkeit zur Kontrolle der Enthärtung ist nicht möglich. Die Leitwertveränderungen vor und nach einer Enthärtung sind so minimal und aufgrund der hohen Temperaturabhängigkeit nicht aussagekräftig.

Wasservollentsalzung

Bei diesem Verfahren kommen auch Ionenaustauscher zum Einsatz. Es handelt sich jedoch nicht mehr um einen einzelnen Ionenaustauschertyp, sondern um eine Mischung aus einem Kationen- und einem Anionenaustauscher. Das durch diese Mischung fließende Wasser erfährt permanent einen Austausch der einzelnen Kationen und Anionen gegen die einzelnen Bestandteile des Wassers. Dies hat zur Folge, dass nach Passage dieser Austauschermischung keinerlei Wasserinhaltsstoffe mehr im Wasser vorhanden sind.

Sämtliche im Wasser befindlichen Inhaltsstoffe bleiben auf dem Ionenaustauscher hängen und werden nach Erschöpfung des Austauschers regeneriert. Die Überwachung ist mit Hilfe einer Leitfähigkeitsmessung sehr einfach möglich.

Zur Regeneration sind diese Ionenaustauscher an den Hersteller zurückzugeben. Eine Regeneration vor Ort in der Druckerei ist wegen der benötigten Säure- und Laugemengen und den daraus resultierenden Problemen bei der Abwasserentsorgung nicht möglich. Die Kapazität eines solchen Mischbettes ist abhängig von der Menge der im Wasser vorhandenen Salze und der Größe der Ionenaustauschermischung. Eine exakte Aussage ist daher nur nach Analyse des Rohwassers vor Ort möglich.

Die folgende Abbildung schematisiert noch einmal den Vorgang der Vollentsalzung: Die im Rohwasser enthaltenen Kationen und Anionen (als Kugeln dargestellt) verbleiben auf dem viel größeren Ionenaustauscher (Bildmitte), und reines Wasser verlässt die beladene Austauschermischung (unten).

Das Prinzip Osmose

In der Biologie sind halbdurchlässige Membrane bekannt. Das sind „Trennwände", die Flüssigkeit passieren lassen, gelöste Salze aber nicht. Trennt man ein Gefäß in zwei Hälften und gibt in beide Kammern eine gleichgroße Flüssigkeitsmenge – jedoch mit unterschiedlichem Salzgehalt – so verringert sich die Flüssigkeitssäule in der Kammer, in der weniger Mineralstoffe enthalten sind. Die Flüssigkeit begibt sich also in die Kammer, in der zuerst eine höhere Salzkonzentration vorlag. Auf diese Weise wird damit ein Konzentrationsausgleich hergestellt.

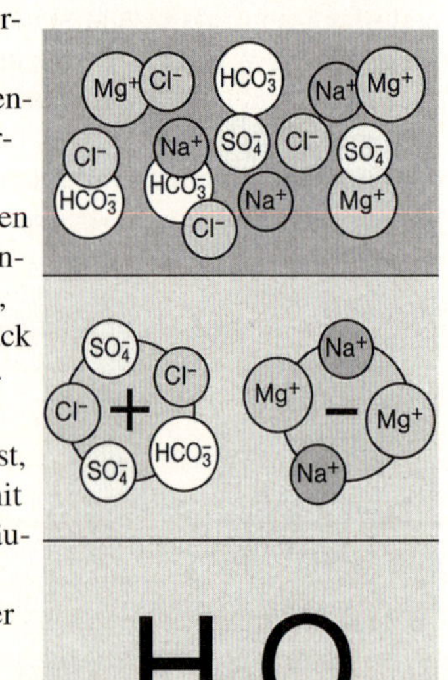

An den Membranen entsteht der sogenannte osmotische Druck, weil der statische Druck der höher angewachsenden Säule an der Kontaktstelle höher ist, als in der Kammer mit niedrigerer Wassersäule.

In der Natur ist der osmotische Druck z. B. bei platzenden Früchten (Kirschen) zu beobachten.

Wasseraufbereitungsverfahren im Vergleich

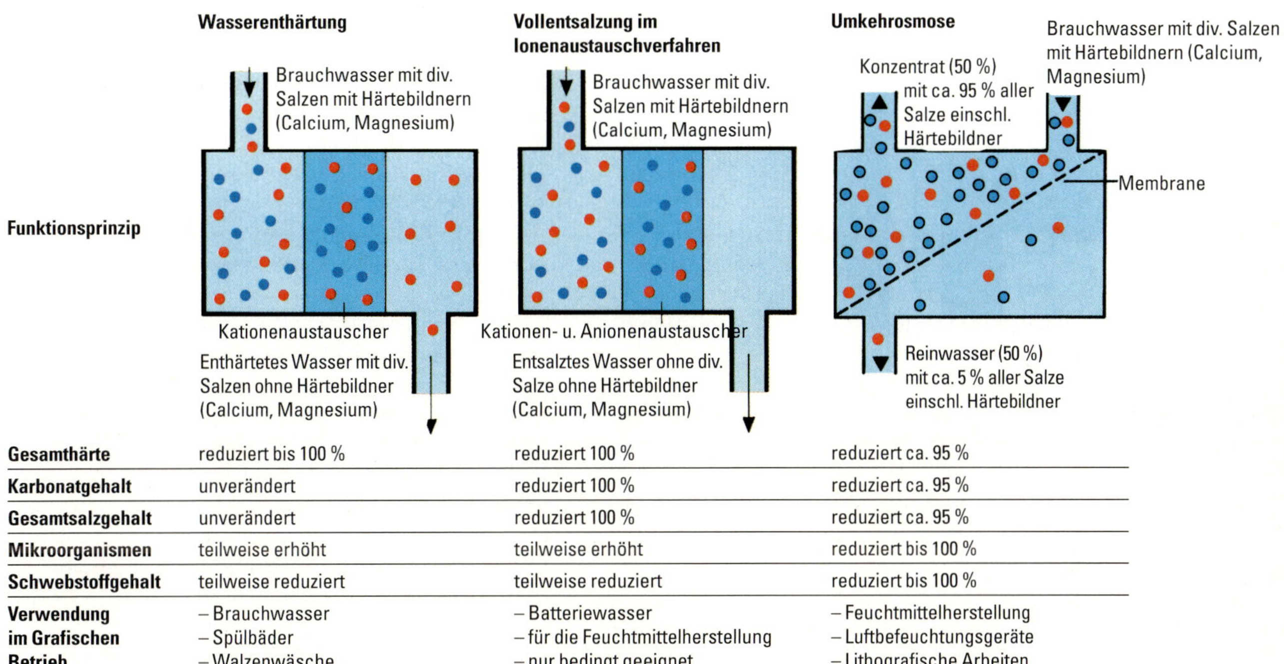

	Wasserenthärtung	Vollentsalzung im Ionenaustauschverfahren	Umkehrosmose
Funktionsprinzip			
Gesamthärte	reduziert bis 100 %	reduziert 100 %	reduziert ca. 95 %
Karbonatgehalt	unverändert	reduziert 100 %	reduziert ca. 95 %
Gesamtsalzgehalt	unverändert	reduziert 100 %	reduziert ca. 95 %
Mikroorganismen	teilweise erhöht	teilweise erhöht	reduziert bis 100 %
Schwebstoffgehalt	teilweise reduziert	teilweise reduziert	reduziert bis 100 %
Verwendung im Grafischen Betrieb	– Brauchwasser – Spülbäder – Walzenwäsche	– Batteriewasser – für die Feuchtmittelherstellung – nur bedingt geeignet	– Feuchtmittelherstellung – Luftbefeuchtungsgeräte – Lithografische Arbeiten

Die Technik der Umkehr- oder Reverse-Osmose arbeitet nach dem genau umgekehrten System: Man übt einfach auf die Flüssigkeit, in der gelöste Fremdstoffe enthalten sind, einen hohen Druck aus. Ein Teil des Wassers gelangt so durch die Membrane, die Mineralstoffe bleiben zurück und konzentrieren sich in der Eingangskammer.

Membrantrenntechnologie

In der Wasseraufbereitung hat sich in den letzten Jahren die Membrantrenntechnologie immer mehr durchgesetzt. Bei diesem Verfahren wird ein höherer Druck, als er dem osmotischen Druck der Wasserlösung entspricht, angewandt, um das Lösungsmittel - in diesem Fall Wasser - von der konzentrierten Lösung durch die Membran in die weniger konzentrierte Lösung zu transportieren.

Die technische Einheit, in der ein solcher Trennvorgang durchgeführt wird, bezeichnet man als Revers-Osmose-Modul. Für den Einsatz in der Wasseraufbereitung werden heute hauptsächlich Membranen eingesetzt, die die Entsalzung von Wasser auf besonders wirtschaftliche, energiesparende und umweltfreundliche Art ermöglichen.

Es sind keine chemischen Regenerationen und somit keine Regeneriermittel erforderlich. Das Abwasser – sogenanntes Konzentrat, das bei dem Revers-Osmose-Vorgang anfällt – muss keiner Neutralisation unterzogen werden. Es kann direkt der Kanalisation zugeführt werden.

Die heute hauptsächlich verwendeten Polyamid-Hohlfasermembranen sind gegen biologische und chemische Einflüsse weitestgehend resistent und deshalb der Garant für eine langfristige Funktionstüchtigkeit der Anlage.

Sehr wichtig ist beim Einsatz der Membrantrenntechnologie die Vorbehandlung des Rohwassers.

Prinzipiell ist bei allen Rohwässern eine Vorbehandlung erforderlich, um die durch die Aufkonzentrierung gebildeten unlöslichen Salze zu entfernen. Der Fachmann nennt die Vorbehandlung des Rohwassers für die Membrantrenntechnologie auch Konditionierung.

Im einzelnen dient diese Konditionierung zur Verhinderung

- von eintretenden Ausfällungen einzelner Ionen, z. B. von Calciumcarbonat,
- der mikrobiellen Zerstörung durch Mikroorganismen (nur bei biologisch angreifbaren Membranen),

Prinzipdarstellung zur Osmose und Umkehrosmose

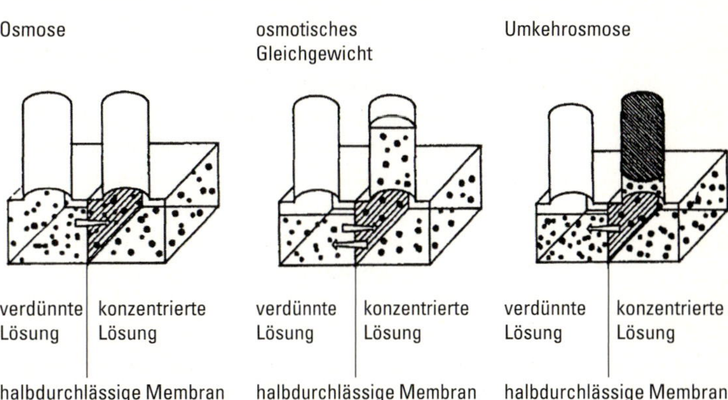

- von Membranbeschädigung durch Oxidationsmittel wie beispielsweise Chlor im Trinkwasser,
- von Ablagerungen durch suspendierte Partikel und Metallhydroxide.

Neben den Hohlfasermembranen haben sich zunehmend auch Wickelmembranen bewährt. Die Vorteile der Membrantrenntechnik sind bei beiden Membranarten gegeben. Die Rückhaltequote für die Ionen liegt bei der Membrantrenntechnologie bei 95 %.

Das heißt: Nur einige wenige Ionen verbleiben hier im Produktwasser, so dass die Qualität eines Revers-Osmose-Wassers (Permeat) geringfügig schlechter ist im Vergleich zu einer Wasservollentsalzung.

Für den Druckprozess besitzt dieses Wasser nicht mehr die optimale Härte von 8 ^{0}dH. Es ist daher erforderlich, das Permeat entweder mit etwas Rohwasser zu verschneiden oder aber diesem Reinwasser die gewünschte Härte durch ein Aufhärtungsmittel wieder beizufügen (Dosieren einer bestimmten Menge).

Herstellung eines standardisierten Feuchtmittels für den Offsetdruck

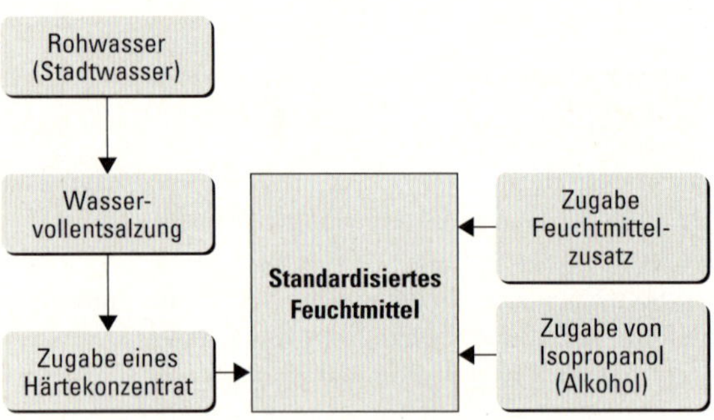

Zusammenfassung: Die Membrantrenntechnik, das Revers-Osmose-Verfahren ist für den Druckprozess das beste Verfahren der Wasseraufbereitung. Es ergibt ein standardisiertes Wasser für die Feuchtung und ist durch Zudosierung von Chemikalien auf den optimalen Härtebereich von 8 ^{0}dH einzustellen.

12.8 Automatische Farbvoreinstellung – Möglichkeiten und Grenzen

Die Zeiten des manuellen gefühlsmäßigen Voreinstellens von Zonenschrauben sind an modernen Offsetdruckmaschinen schon lange vorbei. Zu Beginn der achtziger Jahre wurden die ersten elektronischen Plattenscanner vorgestellt. 1982 stellte beispielsweise MAN-Roland den „Electronic Plate Scanner (EPS) vor. Schon damals war es möglich, aus den mit diesen Flächendeckungsdaten der Druckform automatisch Farbvoreinstellwerte zu ermitteln.

Aber oft brachte das erst im Ansatz die geforderten Färbungswerte auf den ersten entnommenen Probedruckbogen. Bis zu einem abgestimmten O.K.-Bogen waren mehr oder weniger große Korrekturen je nach Schwierigkeitsgrad des Sujets erforderlich. So stieß man schnell an die Grenzen dieser Systeme, es gab aber doch eine wesentlich bessere Ausgangsbasis als zuvor.

Inzwischen haben sich die Möglichkeiten der automatischen Farbvoreinstellung wesentlich erweitert. Direkt aus der Vorstufe im digitalen Workflow automatisch ermittelte Flächendeckungsdaten ergänzen immer mehr die Plattenscanner. Damit lassen sich Zeit sparen und Fehlerquellen ausschalten, denn ein Messvorgang ist nicht mehr notwendig.

Trotzdem: Das Ergebnis stimmt nicht immer auf Anhieb. Es sind einige wichtige Parameter zu berücksichtigen, will man schnell und wirtschaftlich zu einem O.K.-Bogen (Gut-zum-Druck) kommen.

Was heißt automatische Farbvoreinstellung?
Darunter wird die automatische Voreinstellung von Farbdosierelementen (Beispiele: bei Druckmaschinen von MAN-Roland sind dies Farbschieber, bei Heidelberger Druckmaschinen sind es zylindrische Stellelemente) einer Druckmaschine für die entsprechenden Farbzonen verstanden.

So soll bereits der erste Probebogen in seinem Färbungsergebnis dem Andruck- oder Musterbogen möglichst nahe kommen.

Vorteile: Es lassen sich Zeit und Material beim Farbabstimmprozess sparen. Dabei ist es prinzipiell egal, ob es sich um eine Bogen- oder Rollen-Offsetdruckmaschine handelt.

Das sogenannte Einlaufen der Druckfarbe, das hauptsächlich das schnelle Erreichen der erforderlichen Farbgebung des ersten Probebogen bestimmt, soll hier nicht berücksichtigt werden.

In welchen Stufen werden die automatischen Voreinstellungen erzeugt?
Der Prozess der automatischen Voreinstellung findet in zwei Stufen statt:
– Ermitteln der Flächendeckung in den einzelnen Druckbildern durch das Verhältnisses der druckenden zu den nicht druckenden Anteile.
– Einstellwerte für die Farbdosierelemente der einzelnen Farbzonen aus den Flächendeckungen errechnen.

Diese Einstellwerte sind die Grundlage für den ersten Druckbogen.

Was charakterisiert die Güte der Voreinstellung?
Entscheidend ist ein einziges Kriterium: Wie nahe liegt der erste Abzug in seiner Färbung an der Färbung des abgestimmten verkaufsfähigen Exemplars?

Je höher die visuell geprüfte und gemessene Übereinstimmung, desto besser ist die Voreinstellung mit ihren positiven Auswirkungen auf Arbeitszeit und Makulaturanfall.

Stufen der Berechnung
Um zu verstehen, welche Möglichkeiten und welche Grenzen für eine exakte Berechnung der Voreinstellwerte bestehen, soll der Berechnugsprozess genauer untersucht werden.

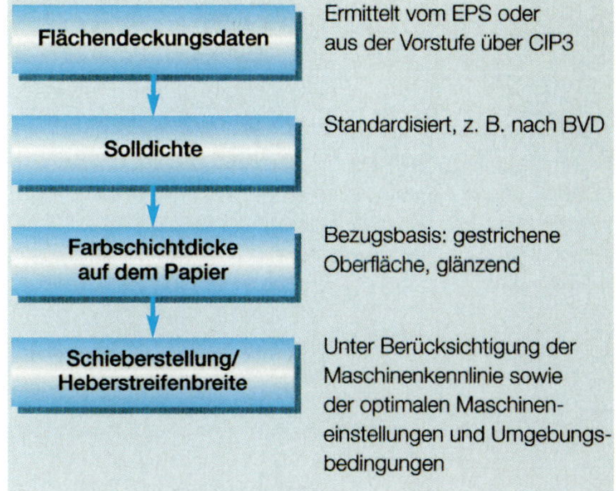

Die Schritte und die Eingangsgrößen, die bei dem Prozess eine Rolle spielen, veranschaulicht die obenstehende Grafik.
Die Eingangsgrößen, die dem Berechnungssystem zonenweise bekannt sein müssen, sind
- die Flächendeckungsdaten der Druckform
- die zu druckende Färbung.

Mit der Färbung kann das Berechnungssystem aber direkt nichts anfangen. Damit es perfekte Voreinstellwerte berechnen kann, muss es wissen, welche Beziehungen zwischen der Position der Farbdosierelemente (z.B. Farbschieberstellung) und Färbung bestehen.
Das heißt konkret:
- Mit welcher Einstellung der Farbdosierelemente wird bei welcher Flächendeckung welche Farbschichtdicke auf welchem Bedruckstoff erzeugt?
- Mit welcher Farbschichtdicke wird welche Färbung erzeugt?

Die Berechnung erfolgt dann in zwei Stufen: Aus der vorgegebenen Färbung wird die Sollfarbschichtdicke auf dem Bedruckstoff berechnet. Die Grafik zeigt das Verhältnis zwischen Farbdichten und Farbschichtdicken in den Skalenfarben Yellow, Cyan, Magenta und Schwarz.

Aus diesen Sollfarbschichtdicken wird zusammen mit den Flächendeckungswerten eine entsprechende Einstellung der Farbdosierelemente errechnet.

Das heißt: Eine bestimmte Färbung des Druckergebnisses resultiert aus
- Farbschichtdicken, die mit einer bestimmten Stellung des Farbdosiersystems erzeugt werden,
- wenn der Flächendeckungsgrad,
- die Bedruckstoffchrakteristik und
- die Übertragungskennlinie der Druckmaschine bekannt sind.

Was benötigt das System, um optimal zu arbeiten?
Eine wichtige Bedeutung kommt dabei der Software des Berechnungssystems zu, die auch wichtige maschinentechnische Parameter mit einbezieht. Bei MAN-Roland betrifft dies zum Beispiel den Einfluss der seitlichen Verreibung oder den Farbrückfluss in den Farbkasten, der vielfach vernachlässigt wird.

Allen Berechnungssystemen ist aber gemeinsam, dass sie aus den vorher beschriebenen Zusammenhängen möglichst genaue Werte produzieren sollen.

Eine noch so gute Berechnungsvorschrift kann nur so gute Ergebnisse liefern, wie sie aus der Qualität der Eingangsgrößen abzuleiten sind. Ausserdem müssen die Zusammenhänge zwischen den Größen in der Berechnung bekannt sein.

Wo kommen die Flächendeckungsdaten her?
Die Flächendeckungsdaten kommen von einem Filmscanner oder heute noch meistens von einem Plattenscanner (z.B. EPS). Hier wird die Oberfläche der Druckplatte optisch abgetastet und zonenweise nach druckenden und nicht druckenden Flächenanteilen analysiert.

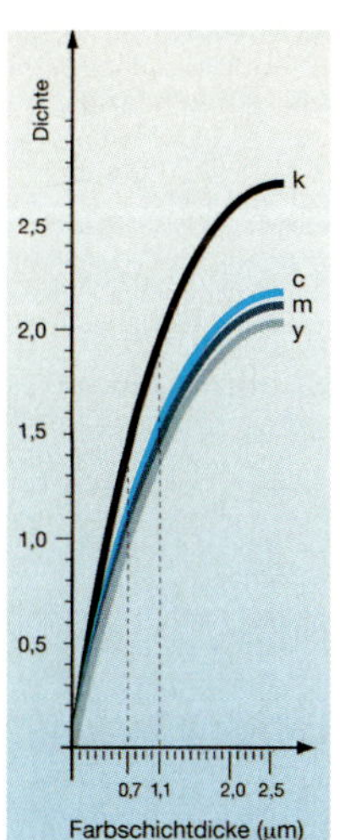

Bei den Skalenfarben Schwarz, Cyan, Magenta und Yellow ergibt die Beziehung zwischen Farbschichtdicke die in diesem Diagramm dargestellten Kurven.

Immer mehr setzt sich heute die direkte Übernahme von Vorstufendaten über CIP3-Schnittstellen zur Voreinstellung durch.

Fehlerquellen ausschalten und Verfälschungen vermeiden
Die von diesen Systemen gelieferten Daten sind aber nicht genau die Daten, die das Berechnungssystem braucht. Die automatische Voreinstellung benötigt die exakte Flächendeckung der Farbe auf dem Bedruckstoff – nicht auf dem Film, auf der Druckplatte oder in einem digitalen Datenbestand. Zwangsläufig weichen die Ergebnisse der ermittelten von den benötigten Daten ab.

Mit welchen Fehlern hat man zu rechnen und welche Möglichkeiten bestehen, diese auszugleichen?

Fehlerquellen bei Plattenscannern
Jedes Mess-System arbeitet in Toleranzgrenzen, die durch regelmäßige Wartung und Kalibrierung so eng wie möglich gehalten werden sollten. Die Lichtquelle für den Messvorgang unterliegt beispielsweise einem Alterungsprozess. Das gilt auch für die Messdiode.

Druckplatten weisen durch Oberflächenbearbeitung und Laufrichtung unterschiedliche Strukturen auf, die gleichfalls das Messergebnis beeinflussen

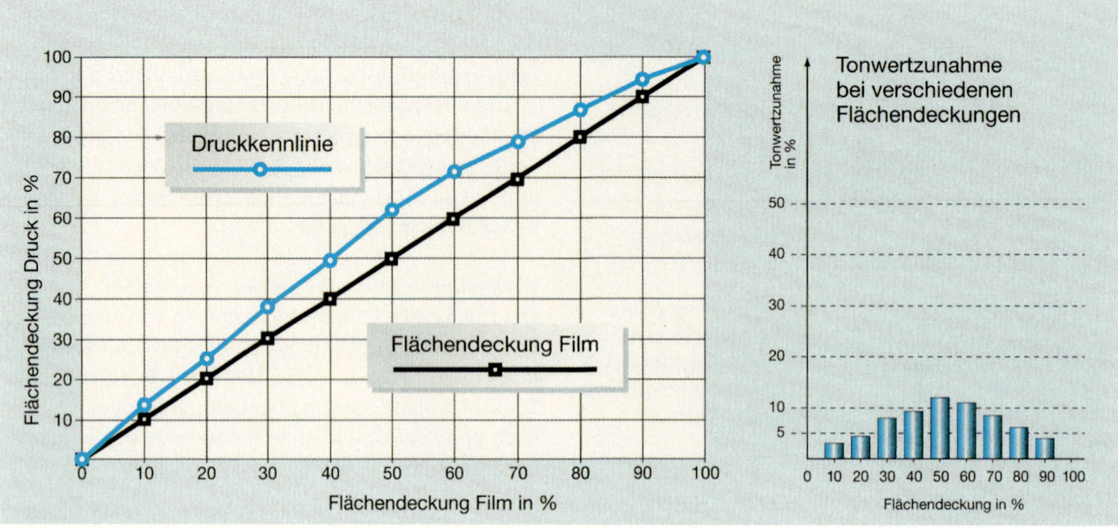

Druckkennlinie des Druckwerks in einer Roland 700 Achtfarben-Druckmaschine

können. Daher ist es sinnvoll, einerseits den Plattenlieferanten sorgfältig auszuwählen und andererseits bei jeder neuen Plattenlieferung eine Kalibrierung vorzunehmen. Unsauberkeiten im Kalibrierfeld beeinflussen den Kalibriervorgang.

Durch den Druckprozess ergibt sich eine Tonwertzunahme (Punktzuwachs) in Rasterbildern im Vergleich zwischen dem Tonwert auf der Druckplatte und dem Tonwert auf dem Druckprodukt.

Diese Tonwertzunahme könnte bei bekannter Druckkennlinie berücksichtigt werden, wenn das Messgerät nicht nur integrierend messen würde.

Heute kann das Messgerät noch nicht unterscheiden, ob die gemessene Druckzone zur Hälfte aus einem Vollton und zur anderen Hälfte aus nichtdruckenden Teilen besteht, oder ob es sich um Rasterflächen handelt. Bei z.B. einer 50 %igen Flächendeckung wären beide Möglichkeiten denkbar. Im Gegensatz zu der ersten Annahme – jeweils die Hälfte Vollton bzw. nicht druckende Partien – kommt es hier aber durch den nicht zu berücksichtigenden Tonwertzuwachs zu einer Verfälschung.

Fehlerquellen bei Werten aus dem digitalen Datenbestand

Dieser moderne Weg der Voreinstelldaten-Generierung ist deutlich besser, aber leider auch nicht ganz fehlerfrei. Mess- und Druckplattentoleranzen können entfallen, wenn der Umweg über den Plattenscanner nicht mehr benötigt wird.

Aber auch bei diesen Systemen summieren sich einige kleine Fehlerquellen.

Es wird immer ein Informationsträger benötigt. Bei der Ausgabe über Computer-to-Film (CtF) unterliegt das Belichtungssystem im Filmbelichter auch Toleranzgrenzen, die aus Alterungsprozessen resultieren können. Daraus ergibt sich eine Differenz zwischen dem digitalen Datenbestand und dem belichteten Film (Kopiervorlage) sowie der von diesem Film kopierten Druckplatte.

Computer-to-Plate-Systeme schalten den Film als Zwischenschritt zwar aus, unterliegen aber gleichfalls den zuvor beschriebenen Toleranzen, die die Druckplattenkopie und der Tonwertzuwachs mit sich bringen.

Der Tonwertzuwachs lässt sich nur dann berücksichtigen, wenn die Daten entsprechend fein aufgelöst sind und das System zwischen Raster- und Volltonbereichen unterscheidet.

Mit CIP3 ist es im Prinzip möglich, entsprechend differenzierte Daten zu gewinnen und für exakte Voreinstellwerte einzusetzen.

MAN-Roland sowie auch andere Druckmaschinenhersteller bieten manuelle Korrekturenmöglichkeiten, die vor der automatischen Berechnung der Einstellwerte für die Farbdosierelemente je nach Druckbildbelegung (Sujetbelegung) vorgenommen werden können.

Was ist bei der Soll-Färbung zu beachten?

Bei der Soll-Färbung ist prinzipiell zwischen Skalenfarben und Sonderfarben zu unterscheiden.

Für Skalenfarben ist im Druckprozess zu berücksichtigen: Es sind schon seit längerer Zeit allgemeine Standards, z. B. der BVD/FOGRA Prozess-Standard, definiert. Viele Druckereien haben aber zudem einen Hausstandard entwickelt, von dem sie bei der Feinabstimmung der Färbung je nach Erfordernissen abweichen.

Für einen sicheren Produktionsprozess sollten die seit vielen Jahren vorliegenden und im Jahr 2001 aktualisierten Standardisierungsvorschläge konsequent in der Praxis eingesetzt werden.

Soll-Färbungen von Sonderfarben sind als spektralfotometrisch gemessene Farbwerte (z.B. CIE-Lab) oft bekannt. Sie werden beispielsweise vom Auftraggeber vorgegeben (z.B. die Hausfarbe des Unternehmens). Auch die Messung von Färbungsmuster bringt richtige Ergebnisse, allerdings nur dann, wenn ein konsequent eingesetztes Color-Management-System etwaige Unterschiede bei der Erstellung des Färbungsmusters richtig kompensiert.

Soll-Dichten von Sonderfarben sind meist nicht bekannt
Voreinstellungen von Sonderfarben bleiben problematisch. Die Soll-Dichten von Sonderfarben sind meistens nicht bekannt. Aber auch die Dichtemessung an Färbungsmustern bringt u. a. wegen optophysikalische Effekte (Metamerie) ungenaue Ergebnisse. In diesem Fall bringt die Farbmessung gegenüber der Dichtemessung Vorteile.

Die Beziehung zwischen dem Sollwert und der Farbschichtdicke
Die Güte der Sollfärbungen steht in engem Zusammenhang zwischen Sollwert und Farbschichtdicke auf dem Bedruckstoff. Hierbei spielt die Bedruckstoffqualität eine entscheidende Rolle. Selbst wenn für Skalendruckfarben eine Beziehung zwischen Dichte im Druckprodukt und der Schichtdicke auf bestimmten Papieren bekannt und eindeutig ist, muss man für den in der Produktion verwendeten Bedruckstoff immer mit Abweichungen rechnen.

Denn durch die unterschiedliche Charakteristik von Bedruckstoffen wird der scheinbare Vorteil von definierten Sollfarben gegenüber definierten Solldichten wieder verspielt.

Die Beziehung zwischen Dichte und Schichtdicke ist für Skalendruckfarben auf bestimmten Papieren bekannt, weil die Filter bei der Dichtemessung auf die Skalenfarben abgestimmt sind. Die Unsicherheit bei der Verwendung von Farbwerten der Sonderfarben ist aber wesentlich größer.

Basis ist eine genaue Standardisierung und das Messen der Farbe mit einem Probedruckgerät. Bei Sonderfarben bleibt dann, wenn kein Probedruckgerät eingesetzt wird oder die entsprechenden Daten nicht vom Druckfarbenhersteller mitgeliefert werden, nur der Weg einer groben Abschätzung.

Dabei spielen die Pigmentierung der Druckfarbe und die Bedruckstoffeigenschaften eine entscheidende Rolle.

Einflussgrößen bei der Farbdosierung
Welche Beziehungen bestehen zwischen der Flächendeckung des Druckbildes und der Farbschichtdicke auf dem Bedruckstoff einerseits und der Einstellung der Farbdosierelemente andererseits?

Hier kann der Druckmaschinenhersteller seine Kompetenz beweisen: Er muss wissen, bei welcher Einstellung der Dosierung und bei welcher Flächendeckung welche Farbschichtdicke auf das Gummituch und schließlich auf den Bedruckstoff übertragen wird. Dabei spielen in erster Linie die eigentlichen Einstellungen der Farbdosierelemente und die Farbheberstreifenbreite eine Rolle.

Dazu kommen weitere Einflussgrößen, die beispielsweise MAN-Roland mit in die Berechnungen eingezogen hat.

- Seitliche Verreibung im Farbwerk
  Die Farbmenge, die an einem bestimmten Dosierelement in das Farbwerk gelangt, wird durch die seitliche Verreibung teilweise zu den Zonen der Nachbarelemente transportiert. Diesen Effekt kann man berechnen und kompensieren.
- Farbrückfluss in den Farbkasten bei teilweise geschlossenen Farbdosierelementen
  Dieser Effekt wurde in der Vergangenheit wenig beachtet, er spielt aber für die Voreinstellung eine große Rolle. Bei MAN-Roland wird beispielsweise der Farbrückfluss nicht nur in die Berechnung integriert, sondern gezielt mit der Option „LCS" (Low Coverage Stabilization) genutzt, um bei geringen Flächendeckungen rasch optimale Ergebnisse zu erzielen. Dabei ist es besonders wichtig, dass die entsprechenden Farbschieber (Farbdosierelemente) exakt justiert sind und sich wirklich in einem geschlossenen Zustand befinden.
- Maschineneinstellungen
  Die Justierung der Walzen im Farb- und Feuchtwerk beeinflusst die Färbung erheblich. Eine wiederholt kontrollierte exakte Einstellung des Farbwerkes nach den Herstellerangaben ist eine absolute Voraussetzung, um exakte Farbvoreinstellergebnisse zu erzielen.
- Feuchtmittel
  Auch die Art und Zusammensetzung des Feuchtmittels sowie die Feuchtmittelführung haben einen erheblichen Einfluss auf die Farbübertragung. Hier ist vor allem die Erfahrung des Druckers gefordert, der für eine gleichmäßige und ausreichende Feuchtung mit geeignetem Feuchtmittel sorgen muss.
- Äußere Einflüsse
  Letztlich sind noch äußere Einflüsse für das Ergebnis zu beachten. Das gilt besonders für das Klima, d.h. die Außen- und Maschinentemperatur sowie die Luftfeuchtigkeit. Jeder Drucker weiß, das eine „kalte" Druckmaschine am Morgen bei gleicher Einstellung der Farbdosierelemente andere Druckergebnisse bringt als am Abend am Ende der Schicht. Konstante Produktionsverhältnisse sind nur eine Klimatisierung der Produktionsräume sowie eine Temperierung wichtiger Prozesselemente (Farbwerk, Feuchtewerk) in der Druckmaschine selbst zu erreichen.

Mit welchen Abweichungen ist zu rechnen?
Man kann für alle genannten Einflüsse schätzen, welche Abweichungen in der täglichen Praxis möglich sind. Die in der Tabelle aufgeführten Prozentangaben sollen so verstanden werden:

Wenn die Umstände ungünstig liegen bzw. die Zusammenhänge nicht bekannt sind, dann muss man mit einem Voreinstellergebnis rechnen, das in der Farbdichte um den angegebenen Prozentsatz daneben liegen kann. Es werden nur grobe Anhaltswerte angegeben, die einen Aufschluss darüber geben sollen, wo die Hauptprobleme liegen.

Konsequenz für eine optimierte Voreinstellung
Eine Voreinstellung, die dem gewünschten Ergebnis nahe kommen soll, setzt standardisierte Parameter der Einflussgrößen voraus. Da für Skalenfarben schon seit langem Färbungsstandards existieren, ist das Berechnungssystem in der Lage, aus diesen bekannten Parametern die entsprechenden Einstellungen der Farbdosierelemente für die benötigten Farbschichtdicken auf dem Bedruckstoff abzuleiten.

Grundsätzliche Voraussetzung ist beim Anwender die Standardisierung sowohl in der Druckvorstufe als auch im Druck, denn das Berechnungssystem muss sich an standardisierten Vorgaben orientieren.

Dazu zählen vor allem ein gutes Color-Management-System, eine regelmäßige Wartung, Kalibrierung und Justierung aller beteiligten Komponenten sowie konstante Produktionsbedingungen.

Dann lassen sich – auch wenn bei Sonderfarben ein höherer Aufwand beim Farbabstimmungsprozess notwendig bleibt – wesentliche Einsparungen an Rüstzeit und Bedruckstoff (Makulaturersparnis) erzielen.

Und das mit steigendem Einsparpotential, wenn durch Datenübernahme aus der Druckvorstufe mit CIP3 Arbeitsgänge und Messfehler minimiert werden. (Kapitel nach: MAN-Roland, expressis Nr.1)

12.9 Auflagendruck

Vor Beginn des Fortdrucks müssen sämtliche Vorbereitungen für den reibungslosen Ablauf getroffen sein. Einstellungen nach Beginn des Fortdrucks dürfen nur minimale Korrekturen sein, die erst nach einiger Laufzeit der Druckmaschine auftreten können.

Gemeint ist damit zum Beispiel die sich verändernde Viskosität (Zähflüssigkeit) der Druckfarbe durch ansteigende Temperatur im Farbwerk. Diese Änderung bedingt im allgemeinen auch eine Korrektur der Farbführung (Mengendosierung).

Trotz sorgfältigstem Einrichten der Maschine ist es nicht zu vermeiden, dass während des Fortdrucks Veränderungen der Ausgangsbedingungen auftreten. Hier zeigt sich – ebenso wie bei einem rationellen Einrichten – das Können des Druckers.

Der Drucker hat laufend die gedruckten Auflagebogen mit dem abgezeichneten, genehmigten Musterbogen (OK-Bogen) zu vergleichen. Diese Prüfung erstreckt sich im wesentlichen auf den Passer, die Farbführung und eine saubere, schmierfreie Auslage der Druckbogen.

Der Drucker ist an manuell zu steuernden Druckmaschinen weitgehend auf seine Erfahrungen, sein Seh- und Reaktionsvermögen angewiesen.

Moderne Druckmaschinen sind mit Steuerungs- und Regelungseinrichtungen ausgestattet – eine zusätzliche Investition, die aber die Wirtschaftlichkeit, Qualität und Prozess-Sicherheit im Auflagendruck erheblich steigert.

Das Arbeitsgebiet des Druckers wird durch neue Entwicklungen ständig erweitert, z. B.:
- Druckplattenleser in der Druckvorstufe,
- Leitstand zur Fernsteuerung der Druckmaschine,
- maschinentechnische Diagnose-Systeme,
- halb- oder vollautomatischer Druckplatteneinzug,
- digitale Bebilderung der Druckformen in der Druckmaschine,
- Passersteuerung mit Passmarkenleser und automatischer Korrektur,
- densitometrische und/oder spektralfotometrische Steuerung bzw. Regelung der Farbführung,
- Regelung der Feuchtmittelaufbereitung,
- automatische Voreinstellungen der Druckmaschine durch Eingabe bzw. Übernahme von Prozessdaten aus der Arbeitsvorbereitung,
- integrierte Managementsysteme
- Einbindung der Druckmaschine als ein Teil des gesamten Workflows durch CIP3 bzw. CIP4.

Damit sind dem Drucker technische Hilfsmittel gegeben, die einen hochwertigen Druck in gleichbleibender Qualität gewährleisten. Neue Technologien erfordern einen Wandel in den Qualifikationen des Druckers. Schwerpunkte der Tätigkeit werden mehr und mehr die
- Steuerungs- und Regelungstechnik,
- Mess- und Prüftechnik

sowie
- prozessbezogene Datenverarbeitung.

12.9.1 Passer

Jeder Druckauftrag erfordert einen mehr oder weniger exakten Passer. Damit ist gemeint, dass zum Beispiel an ein einfarbiges Formular oder Plakat geringere Anforderungen an den Stand (Position) gestellt werden, wie an einen Mehrfarbendruck (Passer im Druckbild) für einen hochwertigen Prospekt.

Diese Anforderungen entsprechen den Qualitätsansprüchen, die ebenfalls an die verschiedenen Druckaufträge gestellt werden. Bei allen Arbeiten ist keine „Superqualität“ und auch kein „Superpasser“ erforderlich und technisch auch nicht möglich.

Unter dem Begriff „Passer“ versteht man in der Fachsprache das standgenaue Bedrucken eines Bogens mit mehreren Farben.

Druckmaschinenhersteller verwenden hierzu vielfach den Begriff „Register“.

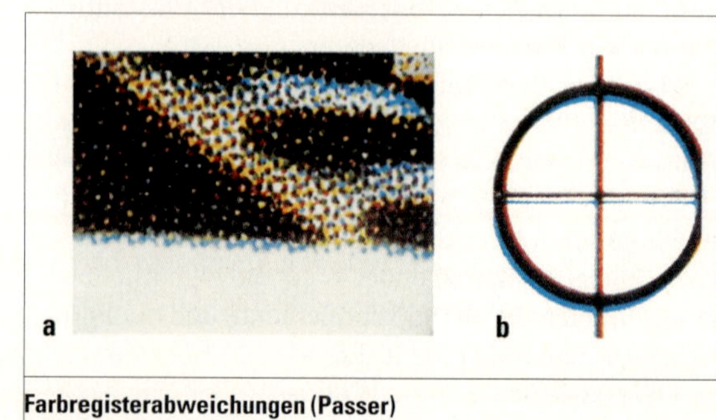

Farbregisterabweichungen (Passer)
a Rasterbild,
b Messmarke

Bei nur einfarbigen Druckarbeiten fallen dem Betrachter geringe Standunterschiede (Abweichung der Druckposition auf dem Bogen) nicht auf, anders ist es jedoch bei Mehrfarbdrucken. Jede Farbe muss zu den anderen in einer ganz bestimmten Stellung neben- oder übereinander gedruckt werden. Abweichungen von diesem idealen Passer, „Sollpasser" genannt, sind nur in sehr engen Toleranzbereichen unsichtbar.

Wird dieser Bereich überschritten, leidet die Gesamtwirkung und die Schärfe des Farbdrucks, was sicherlich eine erhebliche Minderung der Qualität bedeutet. Wie groß dieser Toleranzbereich bei bestimmten Aufträgen ohne Minderung der Qualität sein darf, ist bis heute nicht exakt festgelegt.

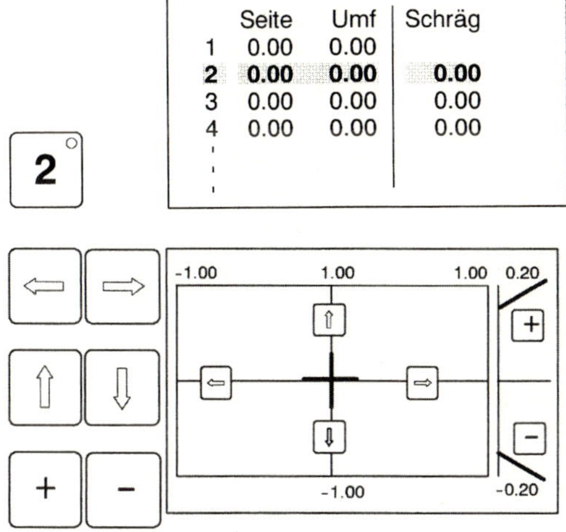

Einstellungen an jedem Druckwerk mit Absolutwert-Anzeige (MAN Roland)

Welche Faktoren bewirken eigentlich ein Abweichen von dem Sollpasser?

Es soll dabei davon ausgegangen werden, dass in der Reproduktion, in der Montage und Druckplattenkopie einwandfrei gearbeitet wurde. Eine Voraussetzung, die sicherlich in der Praxis immer noch nicht als allgemein üblich angesehen werden kann.

Für den Druckprozess bleiben danach noch folgende Fehlerbereiche:
- Druckmaschine,
- Einrichtefehler,
- Bedruckstoff,
- drucktechnisch bedingte Fehler.

Diese Faktoren können einzeln auftreten. In der Regel treten sie jedoch im Zusammenhang mit anderen Fehlerbereichen gemeinsam auf. Daher ist eine Vielzahl von zu prüfenden Parametern möglich. Bei solchen Schwierigkeiten muss der Drucker mit Hilfe seiner praktischen Erfahrungen, seiner fachlichen Kenntnisse und durch logisches Denken die Ursachen des Passerfehlers erkennen und beseitigen.

Druckmaschine

Alle Maschinenfabriken bauen mit modernsten Konstruktions- und Fertigungsmethoden Druckmaschinen mit einem einwandfreien Passer. Eingeschränkt wird diese Passergarantie nur für die Höchstgeschwindigkeit und für alle außerhalb der Maschine liegenden Einflussfaktoren.

Für eine systematische Prüfung des Passers sind erforderlich:
- ein an allen Seiten angeschnittenes und gewinkeltes, kantenreines Druckpapier, welches sich in Tests als besonders lagestabil erwiesen hat; die Gleichgewichtsfeuchte des Papiers muss mit dem Drucksaalklima übereinstimmen,
- eine Druckfarbe mit normaler Zügigkeit,
- eine Messdruckform mit geeigneten Passerlinien und Messfeldern auf einer einwandfreien Druckplatte sowie
- ein genaues Messinstrument.

Prinzipiell treten an Bogen-Druckmaschinen zwei Arten von Passerfehlern auf:
- Anlagepasser- und
- Übergabepasserfehler.

Anlagepasserfehler können an allen Druckmaschinen die Ursache für Ungenauigkeiten sein. Zu diesem Bereich gehören alle auf den zu bedruckenden Bogen einwirkenden Einflüsse von dem Anleger bis zum ersten Druckwerk.

Überprüft wird der Anlagepasser an der Stellung von feinen Passerlinien auf einem zweimal im ersten Druckwerk bedruckten Bogen.

Die Ursachen für Anlagepasserfehler liegen selten in maschinentechnischen Mängeln, im allgemeinen ist die Ursache auf Einrichtefehler zurückzuführen. Bei den meisten Druckmaschinen wird der Bogen, bevor er mit der gesamten Fläche ausgedruckt ist, an die Auslegegreifer übergeben. Obwohl es sich dabei auch um eine „Übergabe" handelt, werden dabei auftretende Fehler nur sehr selten zu Passerfehlern führen. Fehler bei dieser Übergabe sind auf Einrichte- und Wartungsfehler (schwer gehende Greifer, beschädigte Greiferfinger, falsches Kettenspiel usw.), die ein Dublieren verursachen, zurück-zuführen.

Untersuchungen des Anlagepassers Offsetdruckmaschinen ergaben, dass > 75 % der Testdruckbogen eine Passertoleranz von 0,01 mm, 17 % eine Toleranz von 0,02 mm und der Rest Abweichungen von bis zu 0,05 mm aufwies.

Treten bei Mehrfarben-Druckmaschinen Passerfehler auf, so ist auch hier als erstes der Anlagepasser zu überprüfen. Liegt dieser im Rahmen der möglichen Toleranzen, so ist als nächstes der Übergabepasser zu kontrollieren. Überprüft wird der Übergabepasser am Stand der Passerlinien eines im ersten und zweiten (und auch weiteren) Druckwerk bedruckten Bogens. Auch bei diesen Fehlern wird die Ursache zuerst in Einstell- und auch Wartungsfehlern zu suchen sein. Es sind jedoch auch eine Reihe von maschinentechnischen Ursachen, z. B. ein zu langer Übergabeweg vom Druckzylinder zum Greifersystem oder den Übergabetrommeln möglich.

Einrichtefehler
Häufigste Ursache bei Ungenauigkeiten im Passer sind Einrichtefehler. Ist der Anlegeapparat nicht richtig zur Maschine eingestellt, arbeiten Saug- und Blasluft, Sauger und Transportrollen nicht einwandfrei oder stehen die Vordermarken zu tief, so kommen die einlaufenden Bogen nicht im richtigen Moment zur Vorderanlage.

Eine fehlerhaft eingestellte Seiten- und ggf. Deckmarke kann seitliche Passerdifferenzen verursachen. Seitliche Differenzen und Fehler in der Bogenlaufrichtung können auch durch eingesetzte Führungsbleche, Bürsten und Rollen verursacht werden, die den Bogen nicht ruhig zur Anlage führen, weil sie zu leicht anstehen oder den Bogen stauchen.

Ebenso wie diese rasch zu erkennenden Fehlerquellen können ungenau justierte Greifer, eine falsch eingestellte Greiferaufschlagleiste des Greifersystems und eine ungenau eingestellte Vorspannung aller Übergabeelemente die Ursache sein.

Besonders zu beachten sind außerdem die Druckspannung (Anpressdruck) zwischen Gummituch- und Druckzylinder sowie die gesamte Abwicklung.

Papierstabilität
Papier ist ein hygroskopischer Stoff, welcher durch äußere Einflüsse seine Dimensionen (Länge, Breite) mehr oder weniger stark ändert. Daher ist es dringend erforderlich, das Papier gleichmäßig zu klimatisieren und möglichst einige Tage vor Druckbeginn bereits in den Drucksaal zu stellen.

Ebenso wie durch klimatische Bedingungen wird das Papier durch den Druck in seiner Größe verändert. Eine zu hohe Druckspannung zwischen Gummi- und Druckzylinder führt insbesondere bei inkompressiblen (herkömmlichen) Gummitüchern zu einer starken mechanischen Belastung des Papiers und somit zu einem ungleichmäßigen Strecken. Das Papier dehnt sich in der Faserlaufrichtung weniger als in der Dehnrichtung.

Da die Drucklänge im Zylinderumfang durch unterschiedlichen Plattenaufzug verändert werden kann, sollte im Offsetdruck – insbesondere bei größeren Druckformaten – bei besonderen Anforderungen an den Passer ein Schmalbahnpapier verwendet werden.

Um zu verstehen, wie das Papier beim Offsetdruck verformt oder deformiert werden kann, muss man wissen, wie der eigentliche Druckvorgang abläuft. Druckfarbe und Wasser werden auch auf das Gummituch übertragen, das um den Gummituchzylinder gespannt ist. Das Papier wird vom Druckzylinder abgenommen und gegen den Gummizylinder abgewickelt. Je nach der Oberflächenrauigkeit des Papiers sind verschieden große Kräfte zwischen Gummizylinder und Druckzylinder notwendig, um den Druck zu übertragen.

Das Papier wird zwischen den Zylindern sehr hohen Kräften ausgesetzt. Da es durch die Farbe förmlich am Gummituch klebt, macht es die Formveränderung des Gummis mit. Je nach der Elastizität des Papiers bleibt die Formveränderung mehr oder weniger bestehen. Die bleibende Formveränderung scheint auch insofern von der Zeit abhängig zu sein, als bedrucktes Papier nach einiger Zeit mehr oder minder wieder seine ursprünglichen Maße annimmt.

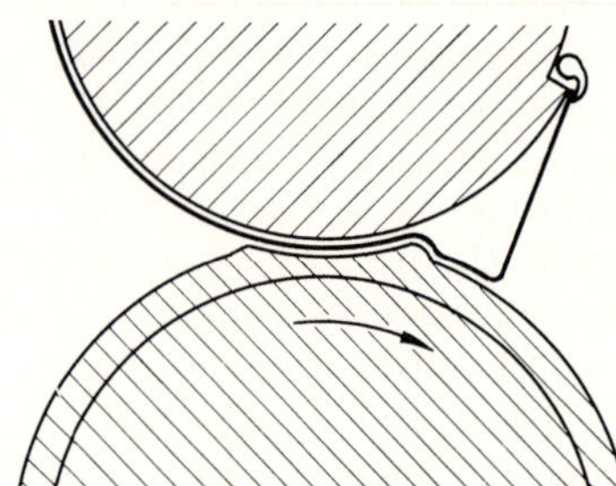

Die Abbildung zeigt, wie das Papier am Gummituch klebt und dann abgezogen wird. Je nach der Klebrigkeit verändern sich die Kräfte bedeutend und können die Bruchfestigkeit des Papiers erreichen.

Ungeachtet der unsanften Behandlung des Bogens verlangt man, dass die von den einzelnen Druckeinheiten aufgebrachten Farben auf dem ganzen Bogen bei hoher Druckqualität mit z. B. 0,05 mm zulässiger Passtoleranz im Verhältnis zueinander richtig liegen. So dick ist ein normales menschliches Haar. Die Genauigkeit wird am Druck selbst kontrolliert, einfacher noch an besonderen Passkreuzen am Rand des Bogens, mitgedruckt nahe an der Bogenvorderkante und an der Hinterkante.

Bekanntlich dehnt sich Papier unterschiedlich in zwei Richtungen. Bei Bogen-Offsetdruckmaschinen ist man deshalb immer bestrebt, mit der Bewegungsrichtung des Papiers senkrecht zu den Fasern zu drucken. Die Fasern soll(t)en parallel zur Zylinderachse liegen. Eine Papierstreckung, die dabei senkrecht zu den Fasern entsteht, kann durch verschieden starken Aufzug unter dem Plattenzylinder ausgeglichen werden. Wenn mit einem Schmitzringkontakt zwischen Platten- und Gummizylinder gearbeitet wird, muss dementsprechend der Aufzug unter dem Gummituch entsprechend vermindert werden. Durch Änderung der Aufzüge am Platten- und am Gummituchzylinder verändert man bei Schmitzringläufern die Drucklänge und kann somit die Papierdehnung senkrecht zu den Fasern kompensieren.

Drucktechnisch bedingte Fehler
• Greifer
Die kegelige Druckverzerrung ist nicht ausschließlich auf das Papier zurückzuführen. Viele mechanische Eigenschaften der Druckmaschine sowie die Arbeitsweise des Druckers sind mindestens ebenso wichtig. Die Greifer müssen präzise eingestellt sein. Sie müssen gleichzeitig auf der ganzen Breite des Bogens und mit der richtigen Vorspannung zupacken. Der Greiferwechsel muss im richtigen Augenblick erfolgen. Der Greiferwechsel selbst von einem zum anderen System darf auch nicht zu lange dauern.

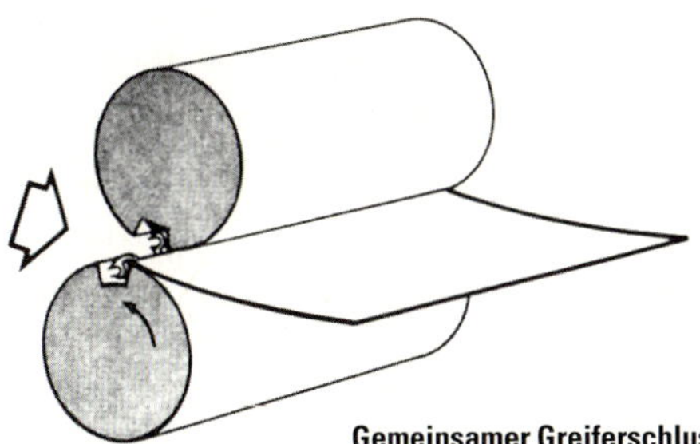
Gemeinsamer Greiferschluss etwa 3 mm

Die Abbildung zeigt einen Greiferwechsel zwischen zwei Zylindern. Die Greifer werden bei ihrer Arbeit von mechanischen Kurven gesteuert, die genauestens berechnet und gefertigt sind. Eine einwandfreie Übergabe erfordert einen gemeinsamen Greiferschluss an beiden Zylindern über etwa 3 mm.

• *Gummituch*
Das Gummituch ist oft für Papierdeformationen verantwortlich. Es ist zu empfehlen, unterschiedliche Gummitücher mit schwierigen Druckformen zu testen und das geeignete Gummituch nach der Qualität und nicht nach dem Preis auszuwählen.

• *Anpressdruck*
Der Anpressdruck soll möglichst leicht eingestellt sein. Eine zu starke Druckspannung bewirkt vielfach eine höhere Druckbildverzerrung am Bogenende.

• *Druckfarbe*
Auch die Viskosität der Druckfarbe ist von Bedeutung. Die Druckfarbe kann so hohe Klebkraft haben, dass das Papier beim Abziehen vom Gummituch deformiert wird.

• *Druckbildverteilung*
Eine unsymmetrische Druckbildverteilung auf der Druckform kann ebenfalls zu einer ungleichmäßigen Papierdeformation führen.

Mehrfarben-Druckmaschinen bieten bereits vielfach (zumeist als Option) eine automatische Regelung des Passers an. Druckmaschinenhersteller sprechen *nicht* von *Passer- sondern Registerregelung*.

Zu einer automatischen Regelung des Umfangs-, Seiten- und Diagonalregisters werden auf dem Druckbogen Steuermarken (Abb. unten) mitgedruckt.

Diese Steuermarken stellen die notwendigen Positionsinformationen für eine exakte „Registerregelung“ der einzelnen Druckwerke zur Verfügung.

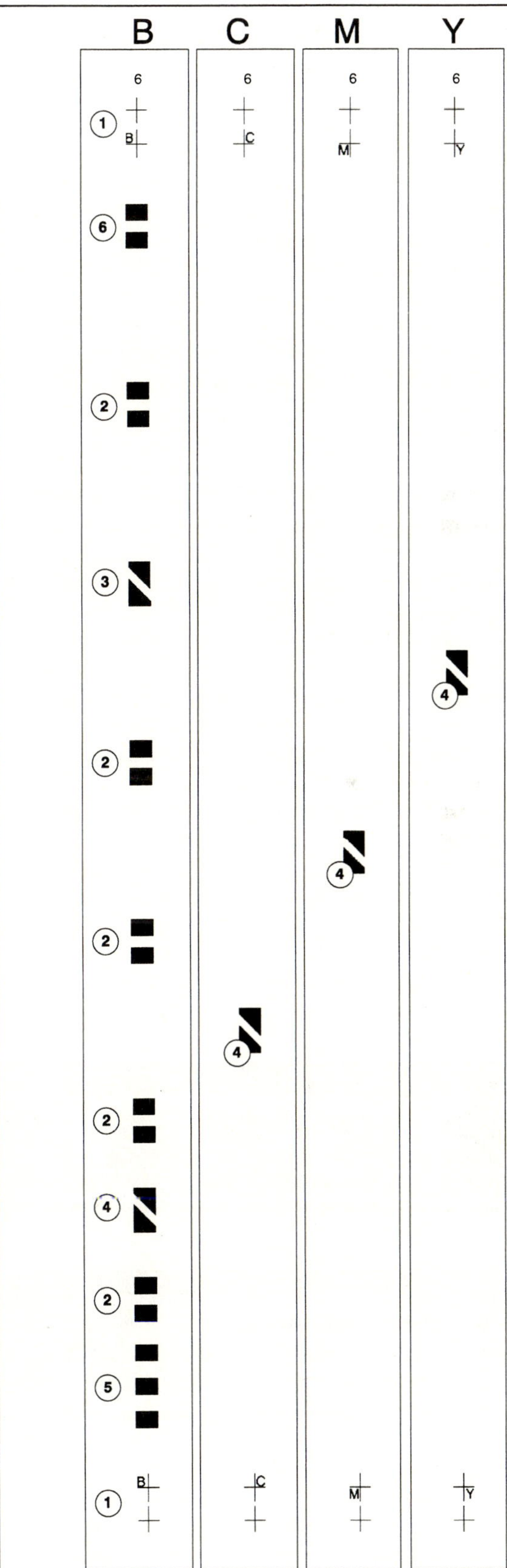

Automatische Regelung
Die Abbildung zeigt die Farbauszüge eines Vierfarbendrucks mit einer Steuermarkenfolge für sechs Farben.

Die Startsequenz beginnt mit drei Referenzmarken (Quermarken ⑤). Danach folgen die Referenzmarken Black ② sowie die Diagonalmarken der einzelnen Farben Black, Cyan, Magenta und Yellow ④ jeweils im Wechsel mit den Referenzmarken.

Die Diagonalmarke Black ③ ist eine weitere Referenzmarke zum Einrichten des Diagonalregisters. Die Schluss-Sequenz besteht aus zwei weiteren Referenzmarken (Quermarken ⑥).

Die Referenzmarken sind für die Messung unbedingt notwendig, dürfen aber nur im Farbauszug Black enthalten sein.

Zur optischen Kontrolle dienen die kleinen Passkreuze ① in jedem Farbauszug.

Die exakte Position (Montage) und der korrekte Druck haben entscheidenden Einfluss auf die Regelgeschwindigkeit und genauigkeit der automatischen Registerregelung. (MAN Roland)

12.9.2 Druckbestäubung

Offsetdruckfarben für den Bogendruck bestehen aus Pigmenten, Bindemitteln, Ölen und Additiven (Zusatzstoffe). Bindemittel für Akzidenzdruckfarben enthalten Harze und oxidativ trocknende Öle.

Die Trocknung dieser Druckfarben läuft in zwei Phasen ab:

- In der ersten Phase, dem Wegschlagen, erfolgt durch die Saugfähigkeit des Bedruckstoffes eine Trennung der Pigmente und Harze von den in der Druckfarbe enthaltenen Mineralölen. Damit wird eine erste Verfestigung des Druckfarbenfilms auf dem Bedruckstoff erreicht.
- In der zweiten Phase, die wesentlich länger dauert, erfolgt das endgültige Aushärten des Farbfilms durch Polymerisation und Oxidation der pflanzlichen Öle und der (Alkyd-)Harze. Diese oxidativ trocknenden Firnisse benötigen eine ausreichende Luftsauerstoffzufuhr zu einem intensiven Durchtrocknen.

Besonders bei Bedruckstoffen mit einer glatten Ober- und Unterseite und bei schweren Kartons kann sich zwischen den einzelnen Bogen kein ausreichender Luftraum bilden. Die Bogen liegen dadurch sehr eng aufeinander gepresst im Auslagestapel. Dies kann zum Abliegen führen.

Immer schneller laufende Druckmaschinen, die im Nass-in-Nass-Druck großformatige Mehrfarbdrucke auf relativ glatten Bedruckstoffen produzieren, vergrößern die Gefahr des Abliegens. Im Offsetdruck wird deshalb versucht, durch gezieltes und exakt dosiertes Bestäuben der bedruckten Bogen diesem Problem zu begegnen.

Der Puderauftrag erzeugt einen Luftspalt zwischen den ausgelegten Druckbogen. Dies verhindert

- das Ablegen, d.h. das Übertragen der noch frischen Druckfarbe auf die Rückseite des darüber liegenden Bogens,
- das Verblocken (Zusammenkleben) der Bogen durch frische, klebrige Druckfarbe.

Körnung sortiert

Körnung unsortiert

Die mit Druckluft fein verteilte Puderschicht verhindert einen engen Kontakt zwischen der Druckfarbe des frisch bedruckten Bogens und der Rückseite des nachfolgenden Bogens. Diese „Abstandshalter" verbessern auch die oxidative Trocknung, da sie die Zufuhr von Luftsauerstoff begünstigen. Die Puderkörnchen liegen also auf dem Druckbogen mit der frischen Druckfarbe und ermöglichen eine Art Luftkissen zwischen den einzelnen Druckbogen.

Falsches Bestäuben kann eine sonst sehr gute Druckqualität stark beeinträchtigen. Eine zu hohe Dosierung oder ungleichmäßige Verteilung der Puderschicht, die der Drucker direkt nicht einmal beobachten und bewerten kann, erfordert eine hervorragende, verlässliche Technologie der Bestäubungsapparate.

In der Oberfläche raue Druckbogen, verursacht durch zu viel oder eine ungeeignete Pudersorte, verschmutzen die gesamte Druckmaschine und den Druckbogen, sie beeinträchtigen zudem die Druckqualität:

- die Gummitücher müssen häufiger gewaschen werden,
- die gesamte Druckmaschine ist von Puderstaub zu reinigen,
- die Druckplatten können durch schmirgelnde Partikel beschädigt werden und
  die Brillanz und Scheuerfestigkeit der Druckfarben leidet.
- nachteilig wirkt sich übermäßiges Pudern auf Oberflächenveredelungen (lackieren, kaschieren) der bedruckten Bogen aus.

Ebenso zu beachten sind Probleme, die sich erst bei der Weiterverarbeitung in der Buchbinderei zeigen:

- beim Falzen, Zusammentragen und Schneiden scheuern die Puderpartikel und verschmutzen den Druckbogen (sichtbare Streifen, Druckstellen) und auch die Verarbeitungsmaschine.

Das richtige Bestäubungspuder

Druckbestäubungspuder wird in verschiedenen Arten und Korngrößen angeboten. Die Wahl des geeigneten Bestäubungspuders hängt u.a. vom Papiergewicht ab.

Nach der Rohstoffbasis für Bestäubungspuder sind grundsätzlich zwei Typen zu unterscheiden:

- organisch-pflanzliche Rohstoffe
- anorganisch-mineralische Rohstoffe

Organische Sorten – aus Mais-, Kartoffelstärke, Zucker u. a. gewonnen – gelten als „weiche" Puder. Die einzelnen Körnchen haben eine glatte gerundete Form. Sie sinken zum Teil sogar in die Druckfarbe ein und lösen sich auf. Sie sind meistens hygroskopisch und neigen daher zum Verklumpen.

Anorganische Pudersorten sind relativ gering oder gar nicht hygroskopisch, sie bleiben deshalb rieselfähig. Die Puderkörnchen sind kantig und brüchig und bewirken besonders bei starker Bestäubung einen „Sandpapiereffekt".

Besonders bei mehreren Druckgängen sollte nur Puder auf Stärkebasis verwendet werden. Puder auf mineralischer Basis kann die Bildstellen (druckende Schicht) der Druckplatte abscheuern.

Grundsätzlich gilt: Je gleichmäßiger die Papieroberfläche und geringer das Papiergewicht ist, desto feiner sollte die Körnung des Bestäubungspuders gewählt werden.

Der Partikelgröße (Körnung) entsprechend, werden Bestäubungspuder in verschiedene Gruppen eingeteilt.

Partikelgrößen von 10 µm (tausendstel Millimeter) Korndurchmesser wird z. B. mit der Nr. 10 bezeichnet und eignet sich für Papiere bis 100 g/m², Körnung 15 für Papier bis 150 g/m².

Für Kartons in verschiedenen Stärken kommen noch gröbere Körnungen (zum Beispiel 70er für Karton von 600 g/m²) zum Einsatz. Die speziellen Hinweise der Lieferanten sind dabei zu beachten.

Eine gute Puderqualität besitzt einen geringen Feinstaub-Anteil.

Die beste Gewähr für eine erfolgreiche Bestäubung mit wenig Spritzmasse bieten die glatten, saugfähigen Papiere. Auf einer glatten Oberfläche hält der Puder den größten Abstand zwischen den Bogen und unterstützt die Trockenwirkung. Durch die Saugfähigkeit des Papiers kann die Farbe rasch wegschlagen, wodurch sich die Gefahr des Ablegens vermindert.

Bei Papieren mit rauer Oberfläche fallen die Puderteilchen in die Vertiefungen der Papierstruktur und können ihren Zweck, den folgenden Bogen von der Farbe abzuheben, nicht erfüllen, wenn die Teilchen zu klein sind. Es müssen daher für solche Papiere gröbere Körnungen des Puders verwendet werden.

Weist der Druckträger wenig oder gar keine Saugfähigkeit auf, so kann die Farbe nicht einschlagen und liegt in voller Schicht auf der Papieroberfläche. Um in diesem Falle das Ablegen des Drucks zu verhindern, ist eine Bestäubung mit grobem Puder zu wählen. Man sollte dabei allerdings berücksichtigen, dass durch die Wahl des groben Puders ein großer Teil des Glanzeffektes, der ja mit dem glatten Druckträger erzielt werden soll, verloren geht, außerdem erhöht sich die Gefahr des Verscheuerns der Drucke.

Beim Bestäuben spielen Farbgebung und Beschaffenheit der Druckfarbe eine sehr wichtige Rolle. Mit der Zunahme der Farbgebung wächst auch die Gefahr des Abziehens. Reichhaltige Farbgebung zwingt deshalb immer zu starker Bestäubung. Die Abziehgefahr ist beim Übereinanderdrucken mehrerer Farben immer größer als bei einfarbiger Arbeit.

Es besteht immer die Gefahr, dass mit einer zu großen Pudermenge gearbeitet wird. Daher ist die Funktionsfähigkeit des Puderapparates und der Puderdüsen in regelmäßigen Abständen zu überprüfen.

- Mehr Puder ist erforderlich bei
  - Bedruckstoffen mit geringer Saugfähigkeit,
  - hoher Farbschichtdicke durch Flächen, bei denen mehrere Farben übereinander gedruckt werden,
  - hohem Gewicht des Auslegerstapels durch einen Bedruckstoff mit geringem Volumen und großer Stapelhöhe.
- Weniger Puder ist erforderlich bei
  - Inline-Lackierung; bei UV-Glanzlacken und Dispersionslacken kann man die Bestäubung stark reduzieren oder darauf ganz verzichten
  - optimaler Einstellung des Bogenlaufs mit minimaler Luftführung,
  - saugfähigen und voluminösen Bedruckstoffen,
  - geringer Stapelhöhe durch häufigeren Stapelwechsel und Hürdenauslage
  - geringem Farbauftrag (z.B.: In der Reproduktion von Farbsätzen wurden die Möglichkeiten des Unbuntaufbaus bzw. der Unterfarben-Reduzierung berücksichtigt.)
- Ein Zuviel an Puder kann zu erheblichen Schwierigkeiten führen, z. B.:
  - wolkiges Drucken,
  - mangelhafte Farbannahme beim mehrfarbigen Druck,
  - absetzen des Puders auf dem Gummituch,
  - verkratzen frischer Druckfarbe beim Bogentransport,
  - verringern der Scheuerfestigkeit der Druckfarbe,
  - Schwierigkeiten beim Lackieren, Laminieren und Falzen,
  - verschmutzen der Maschinen.
- Bei der Produktion ist zu beachten:
  - schon beim Rüsten der Druckmaschine mit einer geringer Pudermenge arbeiten
  - Auslagestapel auf Ablegen kontrollieren, wenn möglich, den Puderauftrag auf eine Mindestmenge reduzieren
  - besonders bei empfindlichen Papieren und schweren Kartons bedruckte Bogen in kleinen Stapeln auslegen oder eine Hürdenauslage verwenden
  - Pudersorte sowie die gewählte Einstellungen von Pudergerät und Puderdüsen für ähnliche Druckaufträge notieren

WEKO-AP Advanced Powder Spray System – ein Bestäubungssystem mit digitaler Steuerung

Für immer schneller laufende Druckmaschinen entwickelte WEKO das AP-System. Die aufzutragende Pudermenge passt sich digital der Druckmaschinengeschwindigkeit an. Automatische Formatanpassung, formatkompensierte Dosierung und neuartige Düsen sorgen für eine gleichmäßige, konstante Bestäubung über das gesamte Papierformat.

Die gewünschte Pudermenge ist digital am AP-System in 1 %-Schritten zu dosieren. Die Spitzenmodelle verfügen über eine aktive Schnittstelle zum Zentralrechner am Maschinenleitstand.

So lassen sich alle Einstellungen von einem zentralen Ort aus vornehmen.

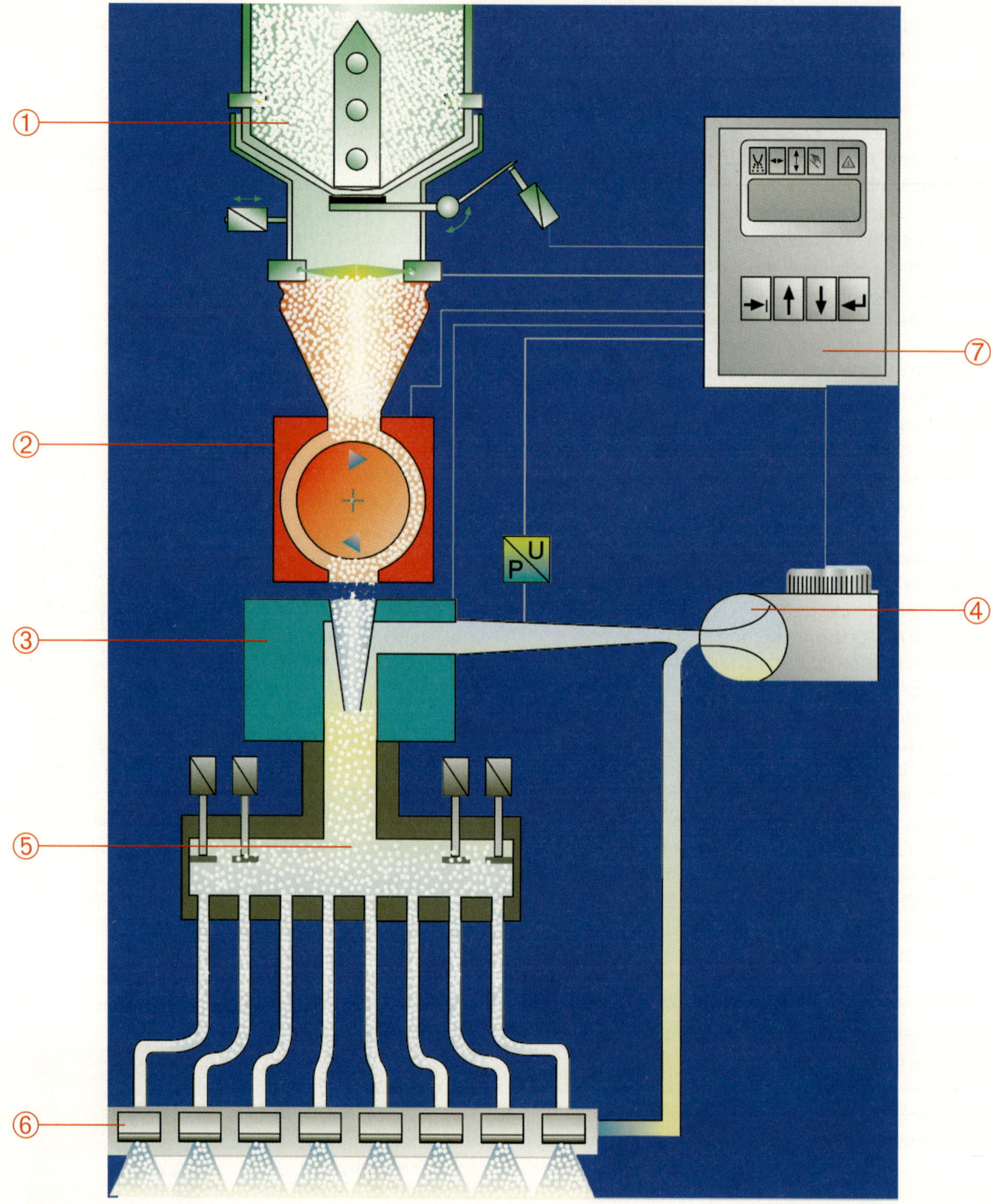

① **Einfüllmodul Variobox**
Mit der Variobox kann schnell, einfach und sauber die Pudersorte gewechselt oder nachgefüllt werden – im Non-Stop-Betrieb.

② **Dosiermodul**
Die speziell entwickelte WEKO-Technologie ermöglicht die präzise Dosierung des Pudervolumens. Proportional zur Druckgeschwindigkeit ändert sich am Dosiermodul der Pudervolumendurchsatz – so wird die gewählte Pudermenge automatisch sowohl der Druckgeschwindigkeit als auch dem Papierformat angepasst. Durch die Volumendosierung werden selbst unterschiedliche Pudersorten oder Korngrössen in gleicher Menge ausgetragen.

③ **Injektionsmodul**
Das Injektionsmodul führt die getaktete Pudermenge in ein Druckluftsystem. Die gleichmässige und permanete Luftströmung verhindert Ablagerungen und transportiert den Puder zum Auftragsmodul.

④ **Druckluftmodul**
Zur Erzeugung des benötigten Systemdruckes können je nach Qualitätsanforderungen und Formatklassen unterschiedliche Druckluftmodule eingesetzt werden. Die AP-Systemtypen unterscheiden sich hier in der verwendeten Technik.

⑤ **Verteilermodul**
Das Verteilermodul sorgt für eine gleichmässige und konstante Strömungsverteilung auf die Düsen. Eine Elektromagnetische Zufuhrabschaltung passt automatisch die Sprühbreite an das Papierformat an.

⑥ **Auftragsmodul**
Die RS-Düsen ummanteln den Puderstrahl mit Stützstrahlen. Dadurch wird ein Ausbrechen von Puderpartikeln aus der Strömung verhindert. Durch die erhöhte Ströhmungsstabilität werden zudem Beeinflussungen des Puderstrahls durch Querströhmungen im Ausleger minimiert.

⑦ **Elektronikmodul**
Zentral stimmt die Steuertechnik den Puderauftrag auf das eingestellte Papierformat und die gewählte Druckgeschwindigkeit ab. Alle funktionswichtigen Vorgänge werden permanent überwacht.

12.9.3 Einflussfaktoren für den Verzug von Bedruckstoffen

Das Offsetdruckverfahren ist ein komplexer Prozess mit unterschiedlichsten Einflussfaktoren. Diese können einzeln oder in Kombinationen als Parameter für einen Verzug von Bedruckstoffen im Druckprozess auftreten. Mögliche Einflussfaktoren:

- Druckvorstufe
  - Reproduktionstechnik des Farbzugs (Flächendeckung, Bunt-, Unbuntaufbau, UCR, BA u.a.)
  - Druckform: Verfahrenstechnik konventionell oder wasserlos, Oberfläche, Feuchtmittelbedarf
  - Druckbildverteilung auf dem Druckbogen
  - Größe druckfreier und bedruckter Flächen
  - Flächendrucke
- Arbeitsräume, Lager
  - Raumklima: Temperatur, relative Luftfeuchtigkeit
- Bedruckstoff
  - Art und Qualität des Bedruckstoffes (Stoffzusammensetzung, Leimung, Oberflächenbeschaffenheit: Naturpapier, gestrichenes Papier u.a.)
  - Bedruckstoffstärke (Materialstärke) und die Flächenmasse (g/m^2)
  - Größe des Druckbogenformates
  - Querschneiderrhythmus beim Formatbeschnitt aus der Papierrolle
- Druckmaschine, Produktionsbedingungen
  - Bogenlauf, Anlage, Greifer
  - Zylinderkonfiguration (5-Uhr-Stellung oder 7-Uhr-Stellung)
  - Durchmesser des Druckzylinders
  - Oberfläche des Druckzylinders
  - Feuchtsystem, Menge der Feuchtmittelführung
  - Mehrfarbendruck mit mehrfacher Feuchtung (Nassdehnung)
  - Produktionsgeschwindigkeit
  - Tackwert der Druckfarbe
  - Art und Oberfläche des Drucktuches
  - Ablösen der Bogen vom Drucktuch (QR-Effekt)
  - Anpressdruck zwischen Drucktuch (Gummituchzylinder) und Druckzylinder
  - Mögliche mechanische Mängel, z. B. Unwuchten des Druckzylinders und der Trommelwelle (mangelnder Synchronlauf)
  - Mögliche Differenzen in der Geschwindigkeit der bogenführenden Elemente
  - Die thermische Trocknung (Heatset-Rollen-Offsetdruck, Digitaldruck)

12.10 Spezielle Druckarbeiten

Oftmals sind Druckbilder nach einfarbigen Bildvorlagen in ihrem Kontrast, ihrer Aussagekraft bzw. in ihrer Werbewirksamkeit zu steigern oder auch der in der Natur vorkommenden Farbwirkung anzugleichen. Beispiel: Eine einfarbige Aufnahme einer Winterlandschaft soll im Bildcharakter ein bläuliches Weiß des Schnees zeigen.

Bereits im Anfangsstadium des Offsetdrucks fand man dazu reproduktions- und drucktechnische Lösungen, die heute wieder aktuell werden.

12.10.1 Farbiger Druck

Der farbige Druck ist grundsätzlich ein beliebiger bunter Druck. Einzelne Teildruckfarben ergeben im Zusammendruck im Gegensatz zu einem Farbdruck kein „originalgetreues“ Farbbild, sondern ein „buntes“ Bild.

Die originalgetreue Bildwiedergabe ist aber ein typisches Merkmal des Farbdrucks, bei dem die autotypische (subtraktiv und additiv wirksame) Farbmischung für die Ton- und Farbwertwiedergabe der Bildvorlage entscheidend ist.

Basis für den farbigen Druck ist ein einfarbiges, gerastertes Bild oder auch eine Strichzeichnung.

Einfarbiges Bild

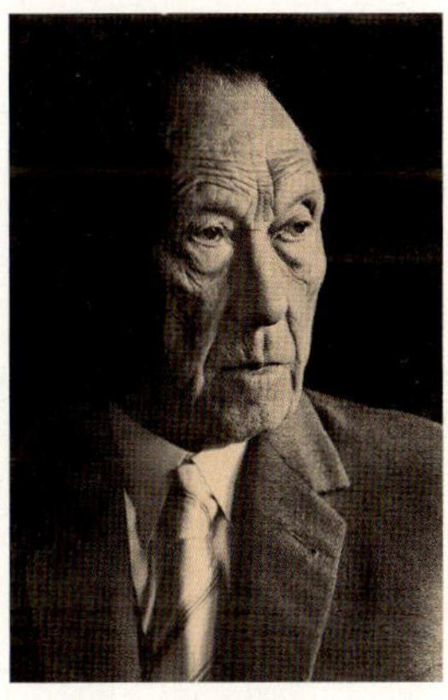

Bild mit Tonunterdruck

Fläche in einer Tonfarbe

- *Tonunterdruck*

Das einfachste Verfahren ist es, das zu druckende Bild mit einer Farbfläche zu hinterlegen. Diese Farbfläche wird in einer hellen Tonfarbe, welcher der gewünschten Bildwirkung entspricht, vorgedruckt. Das Bild der einfarbigen Vorlage wird dann in Schwarz darüber gedruckt. Als Tonfarben eignen sich alle aufgehellten Druckfarben. Eine Tonfarbe, die mit Lasurweiß angemischt ist, ergibt einen besonderen Glanzeffekt. Mit dem Tonunterdruck können auch bestimmte Teile bzw. Ausschnitte des Bildes farbig hervorgehoben werden.

• *Unechter Duplexdruck*
Eine weitere sehr einfache Möglichkeit zu einem farbigen Druck ist der unechte Duplexdruck. In zwei Druckgängen wird mit der gleichen Druckform mit zwei verschiedenen Druckfarben gedruckt.

Das Druckbild ist ein normales Rasterbild nach einer einfarbigen Bildvorlage, das im Druck in einer hellen Farbe auf den Bogen vorgedruckt wird.

Nach diesem Druck, erfolgt mit derselben Druckform ein weiterer Druck, jetzt aber mit schwarzer Druckfarbe. Damit die Rasterpunkte bei geringstem Papierverzug oder Passerdifferenzen kein Moiré bilden können, wird der Stand des ersten Drucks z. B. um etwa 1/10 mm diagonal verschoben.

Ebenfalls wie beim Tonunterdruck sollte die vorgedruckte Grundfarbe dem Charakter des Bildmotivs entsprechen.

• *Echter Duplexdruck*
Der echte Duplexdruck gehört ebenfalls zu den farbigen Drucken. In der Bildqualität übertrifft diese Technik die vorher beschriebenen Möglichkeiten beträchtlich. Der Druck ergibt eine sehr plastische Bildwirkung durch eine optische Verbesserung der Gradation. Die Bildvorlage kann durch eine spezielle Gradation in der Reproduktion sowie Auswahl der verwendeten Druckfarben in verschiedensten Varianten wiedergegeben werden. Auch die Werbung hat dieses einfache aber optisch sehr wirksame Verfahren wiederentdeckt.

Von einer einfarbigen Halbtonvorlage werden zwei verschiedene Aufnahmen reproduziert.

Die Ton-Druckform ist in der Gradation weicher gehalten wie für einen einfarbigen Druck. Die Lichter und Mitteltöne müssen gut durchgezeichnet sein. Der Raster wird im allgemeinen auf 45⁰ gedreht.

Die Zeichnungs-Druckform ist in der Gradation härter (kontrastreicher) als die erste, der Kontrast richtet sich nach dem Motiv. In den Lichtern fällt jedoch zumeist der Rasterpunkt heraus. Der Raster wird 30⁰ von der Tonform gedreht.

Die Ton-Druckform wird in einer motivbezogenen Tonfarbe oder einem stark geschönten Schwarz (gemischt mit einer Buntfarbe) vorgedruckt. Die zweite Aufnahme, die Zeichnungs-Druckform, wird passgenau in Schwarz darauf gedruckt. Ein Andruck zur Kontrolle der Bildwirkung ist zu empfehlen.

Schwarz-weißes Bild

Zeichnungs-Druckform

Ton-Druckform

Echter Duplexdruck

12.10.2 Flächendruck

Wenn schwierige Raster- und Farbflächen gedruckt werden sollen, vielleicht sogar auf ein dünnes Papier, so muss sich der Drucker auf seine Erfahrungen und seine Maschinentechnik verlassen können. Oft zeigen leichtgebaute kleinformatige Maschinen Mängel in der Greiferkonstruktion, dem Farbwerkvolumen und der Zylinderkonstruktion. Vom Drucker wird bei solch schwierigen Aufträgen ein fundiertes Wissen um die Vorgänge beim Druck verlangt, damit er die eventuell auftretenden Schwierigkeiten von vornherein erkennen und vor Produktionsbeginn ausschalten kann.

Der Druckvorgang
Einen wesentlichen Einfluss auf die Druckqualität übt der Gummituchzylinderaufzug aus. Um einen Einblick in den ungefähren Ablauf eines Druckvorganges zu geben, zeigt die folgende Abbildung einen Druckvorgang in der Kontaktzone zwischen Drucktuchoberfläche und Papier in schematischer Ansicht. Dabei werden sieben Druckphasen einzeln erklärt.

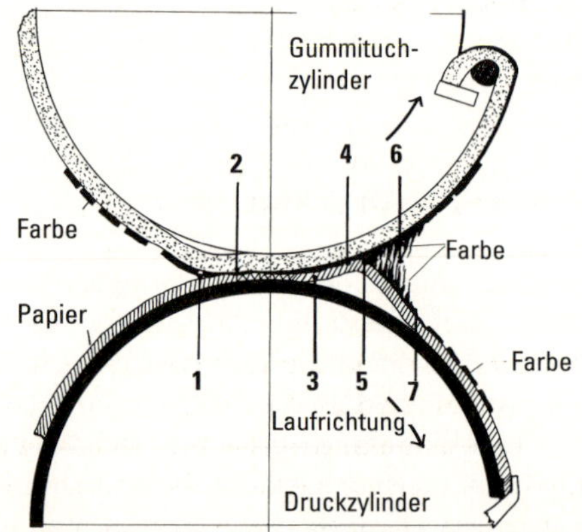

• *Stufe 1*
Eine Wulstbildung des Gummituches vor der Druckzone entsteht. Der Gummituchzylinder ist im Durchmesser größer als der Druckzylinder. Die Gummituchoberfläche hat eine schnellere Bewegung als die Druckzylinderoberfläche. Diese bremst durch die Druckbeistellung von 4 -12 kg/cm Liniendruck die Gummituchoberfläche. Es bildet sich ein Wulst, der mit seiner Druckfarbe auf der Oberfläche einen Dubliereffekt hervorrufen kann.

• *Stufe 2*
Gummituchoberfläche mit Druckfarbenfilm und Papier laufen in die Druckbeistellung von 4 -12 kg/cm Liniendruck ein. Die Elastizität des Papiers wird bei normalem Druck nicht überfordert. Das Papier nimmt die Druckfarbe auf.

• *Stufe 3*
Die Druckspannung beginnt nachzulassen. Durch die Klebkraft der Druckfarbe und die Adhäsion der Gummituchoberfläche haftet das Papier (besonders bei glatten Papieren) mit der Farbe auf dem Gummituch.

• *Stufe 4*
Durch das weitere Auseinanderlaufen der Zylinderoberflächen wird die Farbspaltung eingeleitet. Je strenger die Farbe, desto größer ist der Zug, der auf die Papieroberfläche ausgeübt wird. Der Faserverbund des Papiers wird nach zwei Seiten beansprucht. Der Greiferschluss des Druckzylinders zieht den Bogen nach unten, die Farbe und die Adhäsion der Gummituchoberfläche ziehen den Bogen nach oben.

• *Stufe 5*
Hier entscheidet sich, ob die zu schwachen Greifer den Bogen nicht fest genug halten, oder sind die Greifer nicht gleichmäßig fest eingestellt, so erweist sich die Zugkraft der Farbe als stärker und der Bogen klebt auf dem Gummituch.

Ist die Farbkonsistenz aber auf den Flächendruck abgestimmt und hat die Maschine eine stabile Greiferkonstruktion, dann kommt der Bogen dorthin, wo er hingehört, in die Auslage.

In diesem Stadium entsteht die Rollneigung der Bogenhinterkante. Es bildet sich ein Abknickwinkel, wenn der Bogen sich vom Gummituch „abschält". Die Abbildung zeigt diesen Abknickwinkel. Je kleiner nun der Zylinderdurchmesser ist, um so früher wird der Bogen von den Greifern nach unten gezogen und um so spitzer ist der Abknickwinkel.

• *Stufe 6*
Je nach Konsistenz der Druckfarbe bilden sich hier kurze und längere Farbfäden, die sich ungefähr in der Mitte trennen und sich nach jeder Seite zurückbilden. Das Papier wird wieder auf den Druckzylinder gezogen.

• *Stufe 7*
Die Druckfarbe schlägt weiter in das Papier ein und verharzt langsam an der Oberfläche.

Diese sieben Vorgänge spielen sich beim Druck in Bruchteilen von Sekunden ab. In dieser Zeit müssen kleine und größere Farbmengen übertragen werden. Während bei einfacheren Arbeiten die Eigenschaften der Druckfarbe weniger stark ins Gewicht fallen, so spielen sie beim Flächendruck eine sehr wesentliche Rolle.

Beim Flächendruck treten Zugkräfte (Wechselwirkungen: Adhäsion, Kohäsion) auf, die einen Bogen Papier restlos verformen können. Dazu ein Beispiel: Ein Bilddruckpapier mit 80 g/m^2 wird mit sehr strengen Druckfarben bedruckt. Die Bogen rollen sich nach dem Druck sehr stark, eine einwandfreie Auslage ist nicht mehr möglich.

Drei wesentliche Faktoren können die Ursachen sein:
- Die Druckfarbe ist zu streng.
- Das Papier hatte eine zu geringe Festigkeit.
- Die freie, unbedruckte Fläche am Bogenende vom Druckbild bis zum Papierrand ist zu klein.

Wenn an den unter 2. und 3. aufgeführten Ursachen nichts mehr zu ändern ist, muss die Druckfarbe geschmeidiger gemacht werden. Das Verhalten in der Auslage wird dadurch besser sein. Natürlich kann die Konsistenzveränderung der Druckfarbe nur in einem geringen Bereich erfolgen. Die Tonwertzunahme bei Rasterbilder und die Druckschärfe setzen hier eine Grenze.

Sinnvoller wäre es, in der Arbeitsvorbereitung eine 2 cm breite freie Fläche an der Bogenhinterkante einzuplanen. Durch eine geringe Papierkosteneinsparung entstehen dagegen Kosten durch Minderung der Druckleistung sowie eine weniger gute Qualität.

Bei gestrichenen Papieren bis zu 100 g/m^2, die mit hoher Flächendeckung bedruckt werden, sollte ein mindestens 2 cm breiter druckfreien Raum an der Bogenhinterkante vorgesehen werden. Je dicker und fester das Papier ist, desto weniger rollt es sich.

Beseitigung einer Rollneigung
- Soweit möglich, den Tack (Klebrigkeit) der Druckfarbe verringern.
- Zwischen Druckende und Bogenkante bei Papieren bis 100 g/m^2 mindestens 2 cm unbedruckte Fläche einplanen.
- Geringste Feuchtmittelführung.
- Wenn es der Passer und die Druckweiterverarbeitung es erlauben, Papier in Breitbahn verdrucken.

12.10.3 Verpackungsdruck

Alle Verpackungen haben im wesentlichen vier Hauptaufgaben
- Schutz der Produkte
- Transportfähigkeit der Produkte
- Informationen für Kunden und den Handel
- Werbung für das Produkt

Als Verpackungsmaterial eignen sich – je nach zu verpackenden Produkten – vor allem:
- Papier und Karton
- Kunststoff-Folien
- Metall
- Glas.

Auch im Verpackungsdruck geht der Trend wie auch bei allen anderen Druckprodukten eindeutig zu kleineren Auflagen. Gefordert werden von den Kunden immer kürzere Produktions- und Lieferzeiten bei hoher Qualität. Die Druckerei muss diesen Forderungen entsprechen und eine entsprechende Produktionstechnik einsetzen. Dazu gehören neben einem durchgängigen digitalen Workflow in der Druckvorstufe ein geeignetes Produktionssystem aus Druckmaschine mit Steuer- und Regelungstechnik und Voreinstellsystemen sowie Online-System zur Qualitätssicherung und Dokumentation (Densitometrie, Farbmetrik, CIP3 und CIP4) und Inline-Veredelungsmöglichkeiten.

Faltschachteln
Die Produktion von Faltschachteln als Einzelverpackungen für den Endverbraucher ist eine Domäne des Offsetdrucks. Die Verpackungsdruckbetriebe verarbeiten verschiedene Kartonsorten je nach Produkt, Anforderung an Information und Schutz sowie Werbewirkung für die abgepackten Produkte.

Kartonverpackungen – im Bogen-Offsetdruck bedruckt – werden von Designern, Marketing-Experten und Logistik-Fachleuten auch in Zukunft als wichtigstes Verpackungsmittel gesehen.

Faltschachtel haben im Wettbewerb mit anderen Materialien spezielle Vorzüge in den Bereichen
- Produktpräsentation
- Qualitätsanmutung
- Schutz des Inhaltes
- Handling
- Platzausnutzung, Regalnachfüllung
- Bruchfestigkeit
- Leichtigkeit.

Aber nicht nur der Druck auf leichte und schwere Kartonsorten sondern auch auf Wellpappe wird mehr und mehr ein Markt für spezielle Offsetdruckereien.

Die meisten Verpackungen sind heute mindestens vierfarbig bedruckt – dazu oft mit zusätzlichen großen satten Farbflächen und speziellen Hausfarben.

Die Bilder sollen scharf gedruckt sein, der Druck einen immer höheren Glanz zeigen und die Auflage soll absolut gleichmäßig ausfallen, wobei insbesondere bei den Hausfarben eine enge Färbungstoleranz von den anspruchsvollen Kunden verlangt wird.

Neben den Forderungen nach hoher und gleichmäßiger Qualität muss der Drucker jedoch auf Grund der stärker werdenden Konkurrenz kostengünstig produzieren, um seine Produkte preislich marktgerecht anbieten zu können. Diese Forderungen kann die Druckerei nur erfüllen, wenn die Rüstzeiten verkürzt, die (Netto-)Leistung der Druckmaschinen gesteigert und eine hohe und gleichmäßige Druckqualität erzielt wird.

Eine Leistungssteigerung ist durch die verschiedenen Maßnahmen möglich, wie z. B.
- Sechs-, Acht- und Zehnfarben-Offsetdruckmaschinen mit Mess-, Steuer- und Regeltechnik, Leitstandtechnik, Voreinstellsystem und automatisierten Prozessabläufen,
- Druckmaschinen mit größerem Format,
- Reduzierung von Stillstandszeiten und Makulatur
- Erhöhung der effektiven Druckgeschwindigkeiten.

Sechs-, Acht- und Zehnfarben-Offsetdruckmaschinen
Vor einigen Jahren wurden die ersten Sechsfarben-Offsetdruckmaschinen bei Verpackungsherstellern aufgestellt. Inzwischen sind es sogar Acht- und Zehnfarbendruckmaschinen. Diese Maschinen gestatten den Druck anspruchsvoller Verpackung in einem Arbeitsgang. So können beispielsweise vierfarbige Abbildungen mit der Normskala und zusätzlich, wie es bei vielen Markenartikeln erforderlich ist, eine oder mehrere Sonder- und Hausfarben in einem Arbeitsgang gedruckt werden.

Besonders hohe Qualitätsansprüche lassen sich erfüllen, wenn sehr feine Rasterbilder und schwere Flächen der gleichen Druckfarbe in zwei getrennten Druckwerken laufen. Bei mehrsprachigen Auflagen kann die Schrift gesondert eingedruckt und so die Einrichtezeit beim Sprachenwechsel verkürzt werden.

Für Oberflächenveredelungen der Verpackungen wird der bedruckte Bogen in einem oder auch mehreren zusätzlichen Lackierwerken inline lackiert und anschließend in einem Trocknersystem getrocknet.

Einsatz größerer Formate
Bei sehr großen Druckformaten ist die Toleranzgrenze bei der Gleichgewichtsfeuchte von Kartons zu beachten. Sie sollte zwischen 50 und 65 % für Kartonsorten unter 450 g/m^2 und bei schwereren Kartons zwischen 55 und 70 % liegen. für die Produktion ist das Raumklima in der Druckerei und im gesamten Verarbeitungsbereich konstant zu halten.

Während des Transportes von der Papierfabrik zur Druckerei und der Lagerung des Kartons ist es günstig, wenn er klimadicht verpackt ist. Vor allem im Winter muss dem Material genügend Zeit zum Angleichen an die Temperatur des Drucksaales gelassen werden, bevor es ausgepackt wird. Auf diese Weise können Tellern und Welligliegen und damit auch unnötige Stopper, Passerschwierigkeiten und Dublierererscheinungen vermieden werden.

Erhöhung der effektiven Druckgeschwindigkeit
Die Druckgeschwindigkeit hängt vorwiegend von drei Faktoren ab:
- Druckmaschine
  - Steuerung
  - Bogenlauf
  - maximale Leistung (Laufgeschwindigkeit)
- Papier
  - Papiersorte,
  - Oberflächenfestigkeit,
  - Papiergewicht (Flächenmasse in g/m^2)
- Produktionsprozess
  - Auslage (Auslagesystem; Problem des Ablegens)

Ablegen der Druckfarbe in der Auslage
Mit steigender Maschinengeschwindigkeit wächst die Gefahr des Ablegens in der Auslage, insbesonde-

re bei schweren Bedruckstoffen. Dieser Gefahr ist durch ein Bestäuben nur in begrenztem Maße zu begegnen. Auch ein Auslegen kleinerer Stapelhöhen oder bei Druckmaschinen mit Doppelstapelausleger verringert das Ansteigen des Anpressdrucks auf die Bogen in der Auslage. IR- oder UV-Trockner (in Verbindung mit UV-Druckfarben) gehören inzwischen zur Standardausstattung.

Hohe Druckqualität
Die geforderte Druckqualität ist durch ein optimales Zusammenwirken zwischen Druckform, Bedruckstoff und Druckmaschine (Druckfarbe, Feuchtmittel und weitere Druckprozess-Parameter) zu erreichen. Maschinentechnisch sind vor allem die Druckbeistellung sowie der Zylinderaufzug und die Art des verwendeten Gummituches wirksam. Der Aufbau eines konventionellen Drucktuches besteht normalerweise aus je 3 – 4 Gummi- und Baumwollgewebeschichten. Moderne High-Tech Drucktücher sind im Gegensatz dazu kompressibel, d. h. sie lassen sich bis zu einem gewissen Grad zusammendrücken. Die Druckzone komprimiert, so dass die Wulstbildung und das Walken stark reduziert wird. Dadurch wird die Punktdeformierung – das Schieben der Rasterpunkte in der Druckzone – verringert und das Druckbild wird randscharf und mit geringerer Tonwertzunahme übertragen.

Weiterhin ist eine ausreichend hohe Farbzügigkeit für eine gute Druckschärfe wichtig. Beim Mehrfarbendruck sollte die Zügigkeit in den verschiedenen Farbwerken aufeinander abgestimmt werden. Im ersten Druckwerk ist mit einer möglichst hohen Zügigkeit und dann von Druckwerk zu Druckwerk mit abnehmender Farbzügigkeit zu drucken, damit eine gute Farbannahme im Übereinanderdruck erzielt wird.

Scheuerfestigkeit von Packungen
Wenn man sich den Ablauf der unterschiedlichen Prozesse vom Druck bis zum Trocknen zeitlupenmäßig betrachtet, so stellt man folgendes fest:
Aus dem eben gedruckten Farbfilm dringen fließende Anteile (Firnis bzw. Bindemittel, Verdünner und darin gelöste Pasten und Trockner) in das Papier ein. Am schnellsten dringen die fließenden Anteile mit niedriger Viskosität (dünn), am langsamsten diejenigen mit hoher Viskosität (dick, streng) ein.

Zudem ist beim Mischen der Farbe zu beachten: Wird ein ungeeignete Verdünner verwendet, der die strengen Firnisse der Farbe gut löst, so dringt diese Lösung ebenfalls schnell ein. Der Nachteil: Das Pigment der Druckfarbe bleibt an der Oberfläche des Bedruckstoffes ohne Bindung liegen und „mehlt“.

Der Vorgang der Penetration wird hervorgerufen durch Kapillarkraft, die in den Kapillaren der Papiermasse wirken. Nun wandern nicht 100 % der fließenden Anteile aus dem Farbfilm in das Papier. Die Pigmentschicht nämlich stellt auch eine Masse dar, in der Kapillarkräfte wirken. Wenn die Kapillarkräfte der Papier- und der Pigmentschicht gleich sind, hört das Eindringen auf.

Meistens würde in diesem Falle der Farbfilm schon zu wenig Bindemittel enthalten, um ausreichend nagelhart und scheuerfest zu werden. Je mehr Bindemittel der Farbfilm enthält, um so scheuerfester wird er. Deshalb unterbricht man die Penetration durch Zugabe von Trockenstoffen, denn ein trockener Farbfilm fließt nicht mehr.

Für die Erhöhung der Scheuerfestigkeit wird zunächst einmal eine schnelle Trocknung des Farbfilms angestrebt. Dies geschieht einerseits durch den Einsatz von Bindemitteln, die schnell fixieren (d. h. auf physikalischem Wege die Penetration zum Stillstand kommen lassen), andererseits durch entsprechende Dosierung des Trockenstoffes.

Betrachtet man nun einen getrockneten Farbfilm unter starker Vergrößerung, so stellt man fest, dass die Oberfläche aus Pigment besteht, dessen einzelne Teilchen im Bindemittel eingebettet sind. Die Scheuerfestigkeit der Druckfarbe ist damit abhängig von der Dicke und der Widerstandsfähigkeit der das Pigment umhüllenden Bindemittelteilchen.

Die Scheuerfestigkeit eines Druckes sollte frühestens nach 48 Stunden geprüft werden. In dieser Zeit durchläuft der Farbfilm die Stadien von klebrig über weich bis hart. Der harte Film zeigt die beste Scheuerfestigkeit. Nach 48 Stunden bleibt die Scheuerfestigkeit längere Zeit konstant und wird danach wieder schlechter. Dies liegt daran, dass der Trockenstoff nach dem Trocknen des Farbfilms seine Wirkung nicht einstellt. Durch diese weitere Tätigkeit wird der Farbfilm wieder spröder und gegen Scheuern weniger widerstandsfähig.

Bei schwierigen Druckprodukten, insbesondere bei unbekannten Kombinationen Bedruckstoff – Druckfarben – Lack schützen geeignete Tests vor Fehlern und Mängel und damit vor unliebsamen Überraschungen.

12.10.4 Dicke Kartonagen und Wellpappe im Bogen-Offsetdruck

Der Trend geht zur grafisch gestalteten Transportverpackung. Die in Faltschachteln abgepackten Waren erhalten für den Transport zur Verkaufsstelle eine Umverpackung, zumeist aus Wellpappe. Denn Wellpappe hat gegenüber Vollkarton bei gleichem Flächengewicht eine deutlich bessere Stabilität und einen höheren Durchstoßwiderstand. Das heißt, das Füllgut wird gegenüber Verletzungen durch Gegenstände besser geschützt.

Oftmals ist dabei ein deutliches Missverhältnis zwischen aufwendig bedruckten und teilweise veredelten Verkaufsverpackungen und den sie umgebenden Transportverpackungen zu erkennen.

Dies haben die Marketing-Experten erkannt: Denn werden die Waren nicht mehr ausgepackt, sondern in den Transportverpackungen bereitgestellt, spielt die grafische Gestaltung und Qualität der Umverpackung eine entscheidende Rolle. Die schön bedruckte Faltschachtel kommt nicht mehr zur Geltung, wenn sie in einem halbleeren, oftmals unbedruckten Aufsteller oder Karton verschwindet.

So sind diese Transportverpackungen in letzter Zeit immer häufiger bedruckt. Neben der Schutzfunktion spielt der Marketingaspekt eine immer größere Rolle. Gerade im Discount-Bereich des Handels ist es wichtig, dass auch die Transportverpackung Verbraucherinformationen über Verpackungsinhalt und Mindesthaltbarkeitsdatum sicherstellt und über attraktives Design das Kaufverhalten positiv beeinflusst.

Nur noch ein Arbeitsgang im Offsetdruck wird für Transportverpackungen aus Wellpappe gefordert

Sollte Wellpappe im Offsetdruck bedruckt werden, war bisher ein Preprint mit zwei Arbeitsgängen notwendig: Das Deckenpapier des Kartons wurde getrennt bedruckt und anschließend in einer speziellen Anlage auf die einseitig offene Welle aufkaschiert.

Transportverpackungen werden häufig im Flexodruckverfahren als Postprint verarbeitet. Das heißt: Die fertige, mit beidseitigen Deckenpapieren versehene Wellpappe wird in verschiedener Qualität direkt bedruckt. Hier hatte der Offsetdrucker ohne eigene Kaschiermöglichkeit einen Nachteil. Er konnte aus Kostengründen kaum als Lieferant für den Handel und die Hersteller von Handelsprodukten auftreten.

Ein wichtiger Schritt hin zu einer gesteigerten Wettbewerbsfähigkeit ist es daher, Wellpappen für Transportverpackungen in einer den Erfordernissen angepassten Qualität in einem Durchgang im Offsetdruck bedrucken zu können.

Damit kann sie dann zwei Funktionen gleichzeitig erfüllen: Sie bietet sowohl Transportschutz als auch eine verkaufsfördernde Marketingfunktion.

Vorteile für den Bogen-Offsetdruck

Im Vergleich zum Flexodruckverfahren sprechen viele Vorteile für den Bogen-Offsetdruck:

- Die Rüstzeiten im Offsetdruck sind deutlich geringer. Dadurch sind auch Kleinauflagen kostengünstig realisierbar. Sonderaktionen können somit auch an Transportverpackungen hervorgehoben werden. Durch den schnellen Plattenwechsel sind Sprachwechsel bei Beibehaltung des Farbsujets in maximal fünf Minuten bis zum Wiederanlauf erledigt.
- Offsetdruckplatten sind deutlich kostengünstiger als Flexodruckklischees. Diese müssen oftmals außerhalb der Druckerei hergestellt werden. Korrekturen an Druckformen dauern daher im Flexodruck bis zu einem Tag. Im Offsetdruck ist eine neue Druckplatte dagegen kurzfristig verfügbar.
- Die Passergenauigkeit lässt keine Wünsche offen.
- Die Druckqualität ist anerkannt besser. Das betrifft insbesondere den Druck von Rasterbildern. Es gibt keine Quetschränder an Schriften und Linien. Mit den Druckfarben lässt sich eine hohe Brillanz erzielen.

Wellpappe: Ein Bedruckstoff mit spezifischen Eigenschaften

Die Wellpappe ist in ein- und zweiwelliger Qualität erhältlich. Für das direkte Bedrucken im Offsetdruck kommen nur einwellige Sorten in Frage.

Die Definition der einzelnen Wellentypen erfolgt über Wellenhöhen und Wellenteilung. Die Angaben in der Tabelle sind nur Richtwerte und variieren abhängig von den eingesetzten Riffelwalzen, da für die dünnen Wellentypen keine Normierung vorhanden ist.

Einseitige Wellpappe

Einwellige Wellpappe

Zweiwellige Wellpappe

Dreiwellige Wellpappe

F-Welle ist gut für Transportverpackungen geeignet

Unproblematisch war das Bedrucken von Wellpappe mit G-Welle in den kartongeeigneten MAN-Roland-, KBA- und anderen Offsetdruckmaschinen. Dieses Material ist aber eher für Faltschachteln einzusetzen oder nur für kleinere Transportverpackungen geeignet. Daher gilt die G-Welle vor allem als Alternative für einen bestimmten Teil des Marktes. Dagegen können mit der F-Welle auch große Teile der E-Wellen-Produkte substituiert werden. Sie ist daher gut für Transportverpackungen geeignet.

Aus diesem Grund haben sich die Konstrukteure von MAN-Roland u. a. intensiv mit dem Bedrucken von Wellpappe mit F-Welle beschäftigt. Dabei wurde

Gängige Bezeichnungen und Maße unterschiedlicher Wellpappesorten

Bezeichnung	Höhe (mm)	Teilung (mm)	Wellen pro laufenden Meter
C-Welle (Mittelwelle)	3,66	7,95	126
B-Welle (Feinwelle)	2,50	6,50	153
E-Welle (Mikro- oder Feinstwelle)	1,16	3,50	283
F-Welle	0,75	2,40	415
G-Welle	0,55	1,80	555

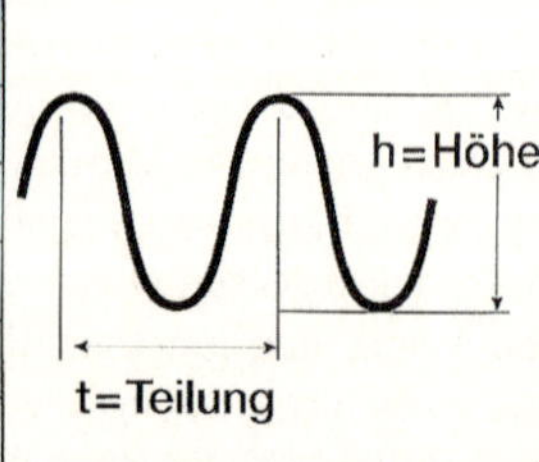

ein Schwerpunkt der Untersuchungen auf einen kontinuierlichen, stopperfreien Bogenlauf gelegt. So waren Fortdruckleistungen von 11.000 Bogen/h und höher bei guter Planlage und Randbeschaffenheit der Wellpappe durchaus realisierbar.

Auf die Qualität der Wellpappe kommt es an
Wellpappe ist kein einheitliches Produkt und variiert in der erreichbaren Druckqualität und Laufleistung von Hersteller zu Hersteller. Um eine profitable und qualitativ ausreichende Druckproduktion zu verwirklichen, bedarf es einer intensiven Zusammenarbeit zwischen Wellpappenherstellern und Druckern.

Die hier beschriebenen Ergebnisse sind Erfahrungen von MAN Roland, die mit den Produkten von verschiedenen Wellpappenherstellern gewonnen wurden. Sie sollen auf Vorteile und Probleme des Wellpappendirektdrucks für den Anwender hinweisen.

Angemessene Druckqualität ist möglich
Wellpappe verfügt aufgrund ihrer Struktur nicht über solch eine ebene Oberfläche wie Kartonagen. Daher ist es notwendig, bei der Druckqualität einen gewissen Kompromiss einzugehen. Aber es lässt sich eine Qualität erzielen, die der Transportverpackung angemessen ist. Und diese kann systembedingt höher sein als die standardmäßig erreichte Qualität im Flexodruck auf Wellpappe. Die Bandbreite der bereits bei Kunden von MAN-Roland erfolgreich produzierten Arbeiten umfasst einfache Stricharbeiten und geht bis über den 60er-Rastern.

Probleme und mögliche Lösungen
Die Offsetdruckmaschinen verarbeiten nur Bogen, die relativ gleichmäßig und flachliegend an die Anlage gebracht werden. Wie die Versuche gezeigt haben, gibt es Hersteller, die eine für die Offsetdruckmaschine hinreichend gute Stapelqualität in F-Welle liefern. Zusätzlich hat MAN-Roland für den Anlagetisch Bogenführungselemente entwickelt, die auch die Verarbeitung von nicht eben liegenden, leicht getellerten Bogen erlauben.

Die Stapelqualität ist wichtig. Die auf Palette angelieferten Bogen müssen kantengenau und ohne Versatz gestapelt sein. Ein nochmaliges Vorstapeln und Aussortieren angestoßener oder beschädigter Wellpappebogen würde den wirtschaftlichen Vorteil des direkten Drucks auf Wellpappe zunichte machen.

Häufig wird die Wellpappe ohne umgestapelt zu werden so angeliefert, wie sie aus der Wellpappenanlage kommt. Überstehende Kanten werden zum Beispiel beim Transport oftmals angestoßen. Ein effizientes Arbeiten ist nur dann möglich, wenn die Wellpappe im Anlieferungszustand direkt auf Palette der Offsetdruckmaschine zugeführt werden kann. Dazu sind Vereinbarungen über einen genau definierten Anlieferzustand des Materials zwischen Drucker und Wellpappenlieferanten notwendig.

Qualitätsgrenzen durch Waschbretteffekt
Wie im Flexodruck werden dem Offsetdruck durch den Waschbretteffekt Qualitätsgrenzen gesetzt. Damit ist die Hoch-Tief-Struktur der Wellpappenoberfläche gemeint. Für eine optimale Farbübertragung ist ein gewisser (Anpress-)Druck notwendig, der in den „Tälern" der Wellpappenoberfläche geringer ist als an den „Bergen".

Daraus resultiert ein geringerer Farbübertrag in den Tälern der Wellpappenoberfläche. Diese Struktur wird erst durch den Druck deutlich sichtbar. In umfangreichen Tests sind Drucktechniker diesem Phänomen auf den Grund gegangen und haben festgestellt, dass auch eine erhöhte Druckbeistellung keine Verbesserung bringt.

Höherer Strich bringt bessere Ergebnisse
Für das erste abgebildete Beispiel wurde eine einfach gestrichene Deckschicht (Kemiart Lite Papier, 7 g/m^2 Strich, Flächengewicht 185 g/m^2) gewählt. Bei diesem gering gestrichenen Papier kommt die Wellenstruktur vermutlich aufgrund des etwas schlechteren Farbübergangs deutlicher zum Tragen.

In den „Tälern" sind deutliche Fehlstellen im Druck zu erkennen, es wurde partiell keine Farbe übertragen. Die Rasterfeinheit hat keinen Effekt auf die Waschbrettstruktur bei Standarddruckbeistellung. Die verschiedenen Rasterkeile mit unterschiedlichen Rasterfeinheiten auf der GATF-Testform zeigen visuell keine Unterschiede hinsichtlich der Waschbrettstruktur auf.

Im Gegensatz zum Flexodruck wird im Offsetdruck eine hochgestrichene Oberfläche gewünscht, da dann die Offsetdruckfarbe auf dem Strich liegen kann und brillanter wirkt. Die mit einem 15 g/m^2 Strich versehene Oberfläche der Qualität Kemiart Graph zeigt auch den Waschbretteffekt nicht so deutlich. In Zukunft sind besser gestrichene Kraftliner für die obere Bahn der Wellpappen zu erwarten, da diese Entwicklung erst am Anfang steht. Ob durch Modifikationen im Zusammenhang mit den Gummitüchern eine weitere Verbesserung erzielt werden kann, wurde in neuen Versuchen erprobt.

Waschbretteffekt und Gummituchzylinderaufzug
Verschiedene standardmäßige Gummitücher kamen bei Versuchen der MAN Roland zum Einsatz. Diese zeigten deutliche Einflüsse auf Ausdruck und Intensität des Waschbretteffekts. Eine Modifizierung des Gummizylinderaufzugs brachte schließlich die Lösung: Der Waschbretteffekt konnte fast völlig beseitigt werden.

Noch weitere Vorteile konnten die Ingenieure von MAN- Roland feststellen: Die Welle erfährt im Druckdurchgang keine plastische Komprimierung und somit liegen jetzt Passerabweichungen von dem Druckwerk 1 zu den Folgedruckwerken in deutlich engeren Toleranzen. Je flacher die Welle und je kleiner die Teilung ist, desto geringer prägt sich der Waschbretteffekt aus und desto besser ist die Druckqualität. Je gröber die Teilung und je höher die Welle, desto besser ist im Regelfall der Stapelstauchdruck der Wellpappe. Weitere Faktoren sind die Art der verwendeten Deck- und Wellenpapiere.

Druckfarbe als weiterer Einflussfaktor
Eine weitere Einflussgröße auf den Waschbretteffekt ist die verwendete Offsetdruckfarbe. Druckfarben, die auf schnell wegschlagenden Strichoberflächen des Bedruckstoffes länger während des Maschinenlaufs frisch bleiben, zeigten einen positiven Einfluss auf den Waschbretteffekt.

Passer besser als im Flexodruck
Der Anfangspasser auf stehender F-Welle (Wellenrichtung senkrecht zur Zylinderachse) ist in großformatigen Bogen-Offsetdruckmaschinen, z. B. Roland 900, besser als an Bogen-Flexodruckmaschinen.

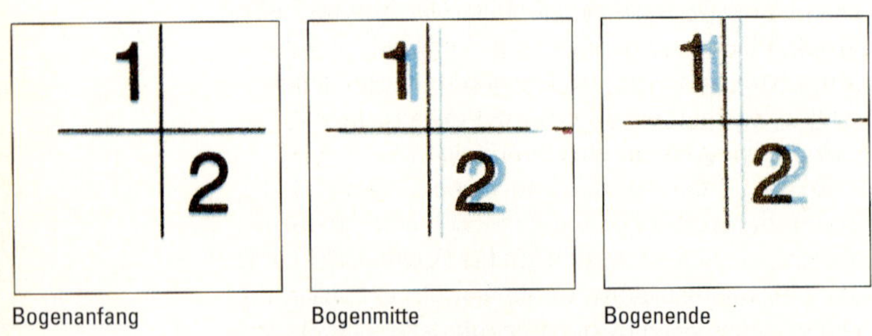

Bogenanfang Bogenmitte Bogenende

Auch aufgrund der guten Korrekturmöglichkeiten für Umfang-, Seiten- und Schrägregistereinstellungen vom Leitstand aus können sogar feine Passerarbeiten gedruckt werden. Die Abbildungen zeigen den Anfangspasser auf stehender F-Welle ohne Korrektureingriffe mit 0,2 mm Druckbeistellung bei konventionellem Gummizylinderaufzug mit kalibrierten Unterlagebogen. Bogen mit erhöhter Beistellung wurden gewählt, da hier der Effekt der Passerveränderung durch Kompression deutlicher sichtbar wird. Hier zeigt sich, dass beim Druckdurchgang von stehender Welle der Passer zum Bogenende seitlich wegläuft. Dieser Effekt tritt besonders zwischen dem ersten und dem zweiten Druckwerk auf.

Bei modifizierten Aufzügen ist dagegen kein systematischer Versatz zwischen dem ersten Druckwerk und den Folgedruckwerken mehr zu erkennen. Da dies ein Indiz für eine geringere Deformation des Wellenmaterials ist, sollte entsprechend verfahren werden. Bei liegender Welle mit Passerverschiebungen in Umfangsrichtung ist die Korrektur des ersten Druckwerks durch Veränderung der Abwicklung möglich. Allerdings ist die liegende Welle schwieriger zu handhaben, da sie eher zu Knicken neigt.

Hohe Stapelqualität in der Auslage
Durch den Druckvorgang werden Wellpappebogen etwas komprimiert. Das gilt aber nicht für den Greiferbereich, denn hier entfällt die Druckeinwirkung. Als Konsequenz daraus sind die ausgelegten Bogen auf dem Stapel im Bereich der Bogenvorderkante etwas höher. Bei gut gefertigter Wellpappe ist dieser Effekt so gering, dass eine Weiterverarbeitung jederzeit möglich ist.

Zum Beispiel: Modifikationen der Roland 900 zur Verarbeitung von Wellpappe und Schwerkarton
Spezielle Einrichtungen optimieren den Bogenlauf der Roland 900 nicht nur für Wellpappe, sondern auch für höhergewichtige und voluminöse Kartonagen.

Alle Schwerkartonagen werden vorwiegend für belastbare Umverpackungen und einfache Transportbehälter wie zum Beispiel Obst- und Gemüsekisten eingesetzt. Hier steht der Schwerkarton in einem Wettbewerb zu Materialien aus Wellpappe mit F- oder G-Welle.

Die Vorteile für das Bedrucken von Schwerkarton im Offsetdruck sind in der bislang besser zu bedruckenden Oberfläche zu sehen. Wie bereits ausgeführt, liegt aber die Wellpappe gegenüber Vollpappe bzw. Voll- oder Schwerkarton bei gleichem Flächengewicht hinsichtlich Stapelstauchdruck und Durchstoßwiderstand deutlich günstiger. Hier ist der Einsatz der Materialien nach Wirtschaftlichkeitsgesichtspunkten, Schutzfunktion und erreichbarer Druckqualität abzuwägen.

Druck von Wellpappe und Schwerkarton
Mit der Roland 900 mit Schwerkartonausrüstung können Wellpappe oder Schwerkarton problemlos verarbeitet werden. Die Laufeigenschaften der Druckbogen und die erreichten Fortdruckleistungen sind bei einwandfreier Planlage gleich gut.

Vorteile für die Displayfertigung
Eine weitere Anwendungsmöglichkeit ist der Einsatz zum direkten Bedrucken von stabilen Displaykartons. Diese wurden durch die Modifikationen an der Anlage besser verarbeitbar. Rückseitenbeschädigungen durch den Bogenlauf sind höchstens noch marginal vorhanden. Dennoch sollten hier Vorabtests durchgeführt werden, da die Materialien für Displays als Siebdruckkartons oftmals sehr druckempfindlich sind.

Die Biegesteifigkeit ist entscheidend für die Obergrenze der Dicke
Bei besonders dicken Bedruckstoffen ist eine Obergrenze zu definieren. Dabei spielt in erster Linie die Biegesteifigkeit des eingesetzten Materials eine Rolle. Entsprechende Werte zu den verwendeten Materialien sind mit dem Druckmaschinenhersteller abzustimmen. Je nach Anwendung ist beispielsweise eine Reduzierung des Durchmessers der Druckzylinder (Unterschnitt) zu beachten. Das ist notwendig, um mit einer korrekten Druckbeistellung und Abwicklung arbeiten zu können.

Sicherer Bogentransport vom Stapel zur Anlage
Sehr wichtig ist es, den Bogentransport vom Stapel zur Anlage sicher zu gewährleisten. Diese Aufgabe ist sehr anspruchsvoll, denn der erste Bogen wird einzeln und im Fortdruck werden bis zu drei Bogen

übereinander transportiert. Dabei dürfen sich keine Eindrückspuren von Takt- und Transportrollen störend auf das Druckbild auswirken. Aber Wellpappe und Displaykarton sind in diesen Bedruckstoffstärkenbereichen sehr druckempfindlich.

Zuerst ist die sichere Förderung des Bogens auf den Anlagetisch zu gewährleisten. Aufgrund seiner Steifigkeit hat der Schwerkarton das Bestreben, am oberen Knick des Tisches geradeaus zu laufen. Der Bogen könnte mit hoher Kraft durch eine pneumatische oder angefederte Andrückrolle auf den Tisch gedrückt werden. Dies würde aber dazu führen, dass die Bogen eventuell Knicke oder Druckspuren aufweisen. Durch eine geeignete Einrichtung kann die Gefahr eines Knickes oder Materialbruches nicht entstehen.

Einstellbare Bogenschiene zur sicheren Förderung
Zu berücksichtigen ist auch, dass Wellpappenbogen oftmals nicht ganz plan sind. Dies führt dazu, dass die Vorderkanten sich an den Bogenführungsrollen auf dem Tisch stauchen. Es besteht außerdem die Gefahr, dass hochstehende Kanten den Einsatz der Fremdkörperschiene auslösen. Um dies zu vermeiden, wurde eine vom Anleger bis zur Fremdkörperschiene durchgehende, einstellbare Bogenführung entwickelt, die den Bogen sicher bis unter die Fremdkörperschiene führt.

Eine einstellbare Bogenführung führt den Bogen sicher unter die Fremdkörperschiene

Rollenniederhalter im Anlagebereich wirken sich aufgrund ihrer punktuellen Flächenbelastung negativ auf die Oberflächenbeschaffenheit der Bedruckstoffe aus. Daher wurde eine flächige, in der Höhe und in der Lage einstellbare Bogenführung entwickelt, die Oberflächenbeschädigungen komplett vermeidet. Außerdem wurde sie so robust ausgeführt, dass auch bei äußerst biegesteifem Karton keine Vibration der Bogenniederhalter auftritt, die ebenfalls zu Oberflächenbeschädigungen führen kann.

Modifizierte Deck- und Vordermarken
Die Deckmarken und Vordermarken wurden so modifiziert, dass Rückseitenmarkierungen nahezu ausgeschlossen sind.

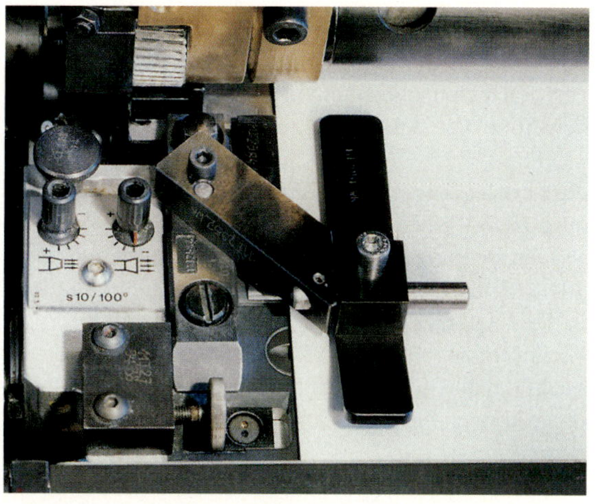

Die pneumatische Seitenmarke wird durch eine Stoßmarke ausgetauscht

Gegebenenfalls ist eine Anlagetrommel mit verringertem Durchmesser erforderlich. Dadurch wird der Bogen nur wenig gekrümmt in die Maschine transportiert und unterliegt somit keiner großen Biegebeanspruchung. Durch aufschraubbare Blechmäntel lässt sie sich auf den ursprünglichen Durchmesser bringen und ist somit auch für dünne Bedruckstoffe einsetzbar.

Stoßmarke für Wellpappe und Schwerkartons
Die geriffelte Unterseite der Wellpappe erschwert den Ausrichtevorgang durch die normale pneumatische Seitenziehmarke. Daher wurde eine gegen die pneumatische Seitenziehmarke austauschbare Stoßmarke entwickelt. Nach dem unkomplizierten, leichten Austausch muss der Bediener nur noch eine Welle im Anlagebereich umstellen, damit sie die korrekte Stoßbewegung ausführt.

Mit diesen Modifikationen in der Bogen-Offsetdruckmaschine ist Postprint (direktes Bedrucken von Wellpappe) auf einer F-Welle ein Markt mit Zukunft.

Neben MAN Roland haben auch andere Druckmaschinenhersteller diesen neuen Markt erkannt.

Die KBA-Druckmaschinen AG stattet ihre Offsetdruckmaschinen KBA 105 und KBA 162 ebenfalls mit geeigneten Sonderausstattungen für den Schwerkarton- und Wellpappendruck aus.

Heidelberg hat seit Jahren mit der *Speedmaster CD* eine spezielle Druckmaschine für den Druck schwerer Kartons auf dem Markt.

12.10.5 Veredelung mit UV-Lack auf konventioneller Offsetdruckfarbe – Forschung für die Praxis

Umfangreiche verfahrenstechnische Untersuchungen trugen dazu bei, die Inline-Veredelung von konventionellen Druckfarben durch UV-Lack zu einem sicheren Prozess mit guten Ergebnissen zu entwickeln. MAN Roland, Heidelberg, KBA und andere Druckmaschinenhersteller haben sich mit den Anforderungen des Marktes beschäftigt und Forschungen und Versuche in enger Zusammenarbeit mit Unternehmen der Lack- und Druckfarbenindustrie sowie Bedruckstoffherstellern durchgeführt.

Druckmaschinenhersteller überzeugten schon seit vielen Jahren die Verpackungs- und Akzidenzdrucker von den technischen und wirtschaftlichen Vorteilen der Inline-Veredelung.

Glanz, Veredelung und Schutz von Verpackungen oder hochwertigen Broschüren sind seitdem ohne zusätzliche Arbeitsgänge möglich.

Den Bereich der Veredelungsapplikationen bauten alle bedeutenden Druckmaschinenhersteller gerade in den letzten Jahren immer mehr aus: Gold, Silber, Perlmuttglanzeffekte mit Iriodin, spezielle Matt- oder Glanzlacke sowie Barriere-, Blister- und Duftlacke können mit exakt definiertem Auftrag inline verarbeitet werden.

Ermöglicht und gefördert hat dies auch die Kombination von zwei verschiedenen Lackmodulen verbunden mit der Auftragstechnik über Kammerrakel und Rasterwalze.

Dieses Know-how fokussiert sich heute in wirtschaftlichen, umweltgerechten Systemen, die in allen Formatklassen zur Verfügung stehen.

So ist die Inline-Lackierung mit Dispersionslack auf wässriger Basis zu einer Standard-Anwendung geworden. Zum Beispiel führt die Lackierung von Teilflächen zu effektvollen Druckerzeugnissen für höhere Ansprüche.

Wenn eine besonders hohe Glanzwirkung erzielt werden soll, gewinnt der Einsatz von UV-Lack zu Veredelungszwecken immer mehr an Bedeutung. Diese Lackart bietet nicht nur gute Schutzwirkung durch hohe Scheuerfestigkeit, sondern auch eine hochwertige Optik durch glänzende Oberflächen.

Von diesen Vorteilen profitiert insbesondere die Verpackungsproduktion.

So war es konsequent und logisch, dass nach den Produktinnovationen für das Mittelformat (Doppellackmodule einschließlich Mehrfachtrocknern zur Vor-, Zwischen- und Endtrocknung) solche speziellen Veredelungskonfigurationen heute auch im Großformat zu Verfügung stehen. Hier ist die Veredelung konventioneller Druckfarben mit UV-Lack bei der Faltschachtelherstellung von besonderem Interesse.

Verfahrenstechnische Erkenntnisse für noch bessere Ergebnisse

Die folgenden Informationen basieren exemplarisch auf Forschungsarbeiten, die MAN Roland mit Partnern der Lack-, Druckfarben- und Bedruckstoffhersteller durchgeführt hat.

Einflussfaktoren

Parameter	Glanz	Ablegen	Kratzfestigkeit
Bedruckstoff	++	O	O
Farbe	+	+	++
Primer	+	+	++
UV-Lack	O	–	+
Maschine	++	+	––

Einfluss: ++ sehr stark, + stark, O mittel, – gering, –– sehr gering

Um überzeugende Ergebnisse zu erzielen, bedarf es bestimmter maschinentechnischer Voraussetzungen der Lackier- und Trocknertechnik. Spitzenergebnisse können nur bei einer optimalen Abstimmung der Maschinenkomponenten auf die kundenspezifischen Anforderungen hin erzielt werden.

Umfangreiche Untersuchungen halfen, die verschiedenen Prozessparameter besser einschätzen zu lernen. Dabei war es von besonderer Bedeutung, dass diese Versuche in enger Zusammenarbeit mit Partnern aus der Lieferindustrie erfolgen konnten.

Kammerrakeltechnik für gleichmäßigen Lackauftrag

Die gemeinsam mit Anwendern und Partnern aus der Lieferindustrie 1993 von MAN Roland entwickelte Kammerrakeltechnik gewährleistet Lackschichten mit hoher Dosiergenauigkeit. Rasterwalzen unterschiedlicher Schöpfvolumina lassen genaue und reproduzierbare Auftragsmengen zu. Üblicherweise werden je nach Anwendungsfall nominelle Schöpfvolumen zwischen 6 und 30 cm^3/m^2 eingesetzt.

25 bis 35% dieses nominellen Schöpfvolumens werden tatsächlich als Nassvolumen auf den Bedruckstoff übertragen. Verschiedene Geometrien der Rasterung lassen ein den Anforderungen entsprechendes Übertragungsverhalten zu. Wird die Rasterwalze ausreichend gepflegt, ist eine sehr stabile Produktqualität gewährleistet.

Ein optimaler Lackkreislauf ist wichtig

Um eine Vielzahl von Lacken verarbeiten zu können, ist eine optimale Auslegung des Lackkreislaufs notwendig. Fördervolumen, Vorratsvolumen, Pumpprinzip sowie eine stabile Temperatur sind für die gleichmäßige Qualität der Lackschichten verantwortlich und müssen auf das Lackwerk abgestimmt sein.

Da die Vielfalt der Anwendungen zunimmt, bieten Druckmaschinenhersteller wie MAN Roland mit ihren Lackwerken anwendungsbezogene Lösungen. Mehrere, völlig voneinander getrennte Lackkreisläufe in einem Lackmodul bieten die Möglichkeit, sehr schnell und kostengünstig Aufträge mit unterschiedlichen Lacksystemen abzuarbeiten. Nicht nur Rüstzeiten, sondern auch Lack- und Spülmittelkosten werden dadurch minimiert.

Dispersions- und UV-Lacksysteme sind untereinander unverträglich und auch eine Umstellung von pigmentierten Lacken auf Klarlacke erfordert einen hohen Reinigungsaufwand. Im Sinne eines hohen und stabilen Qualitätsstandards ist der Lackwechsel von großer Bedeutung.

Wie lässt sich die Qualität der Lackierung beurteilen?

Für das Auge des Betrachters sind bei großflächigen Lackierungen insbesondere Unterschiede in der Glanzausprägung störend. Daher ist es von großer Bedeutung, dass der Lack sehr gleichmäßig aufgetragen wird und die erzielten Glanzwerte im gesamten Sujet erhalten bleiben.

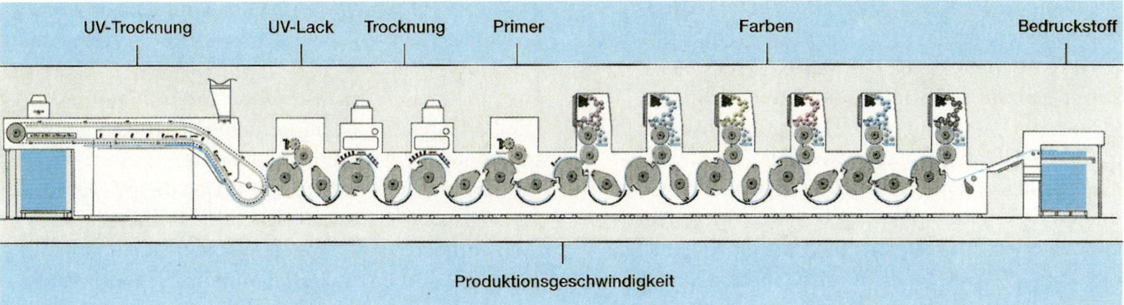

Einflussfaktoren beim Veredelungsprozess von konventionellen Druckfarben mit UV-Lack

Dabei ist die als „Draw-Back-Effekt" bekannte Erscheinung hinderlich. Die aufgetragenen Farb- und Lackschichten unterliegen einem Trocknungsvorgang, der in den einzelnen Schichten sowohl durch zeitlich versetzte Applikation als auch wegen der unterschiedlichen physikalischen Vorgänge differiert. Durch Vermischung, Volumenänderung und Ausgasung der unterschiedlichen Schichten kommt es zu Verformungen an der Oberfläche. Die erzeugten Strukturen führen dann in Abhängigkeit von deren Ausbildung zu Glanzverlusten.

Reflektiertes Licht als Maß für den Glanz

Als Maß für den Glanz wird die Reflexion des Lichtes unter einem festen Messwinkel verwendet. Die „spiegelglatte" Oberfläche reflektiert das Licht zu 100 %. Die Lackoberflächen reflektieren – je nach Qualität – nur einen bestimmten Teil des auftretenden Lichtstrahles. Der Messwinkel muss unter Beachtung des Glanzniveaus so gewählt werden, dass zu den Glanzunterschieden aussagefähige Werte entstehen. Wegen tieferliegenden Pigmenten und deren Streuwirkung ist der Messwinkel von Bedeutung. Das menschliche Auge reagiert stärker auf Glanz über dunklen Farben.

Kratz- und Haftfestigkeit überprüfen

Für die Weiterverarbeitung und die Haltbarkeit des Druckerzeugnisses ist seine Kratz- und Haftfestigkeit maßgeblich. Hier haben sich in der Praxis die Nagelprobe und der Klebestreifentest zur Beurteilung etabliert.

Diese subjektiven Methoden sind sehr stark vom Anwender abhängig und liefern keine messbaren und reproduzierbaren Ergebnisse, lassen jedoch eine Abschätzung zu. Objektive Prüfkriterien gibt es nicht. Die Haftfestigkeit der Lackschicht ist erst mehrere Stunden bis Tage nach der Produktion stabil.

Die oxidative Trocknung der Druckfarbe verläuft in dieser Zeit und kann dazu führen, dass Spaltprodukte zwischen Druckfarbe und Lack angelagert werden und die Haftung gestört wird. Daher ist die Überprüfung dieser Eigenschaften erst Tage nach der Produktion sinnvoll.

Der Aceton-Test als relative Messmethode ist zur Abschätzung der UV-Lack-Aushärtung geeignet. Ein acetongetränkter Lappen wird über die Lackfläche gerieben. Bei mangelhafter Aushärtung kann der Lackfilm angelöst werden. Für Scheuer- und Blockfestigkeit gibt es Prüfgeräte, die von der FOGRA empfohlen werden. Echtheiten von Drucken können nach DIN 16524 und DIN 16525 geprüft werden.

Die am Prozess beteiligten Einflussparameter

Für die Veröffentlichung in "expressis technics" hat MAN Roland einige grundsätzliche Aussagen über die beteiligten Komponenten zusammengetragen.

Ein besonderes Augenmerk liegt dabei auf den in vielen Versuchen ermittelten Wirkmechanismen des Gesamtsystems:

- Wie beeinflussen unterschiedliche Bedruckstoffe, Farben, Primer, Lacke und Trocknerkonfigurationen das Endergebnis?

Die Resultate wurden mit einer speziellen Konstellation ermittelt und lassen daher qualitative Aussagen zu.

Bedruckstoffe

Die Untersuchungen erfolgten auf Faltschachtel-Kartonsorten. Hier sind Materialien auf Recyclingbasis (GT und GD) und auf Frischfaserbasis (GC) verbreitet. Die Kartons unterscheiden sich nicht nur im Basismaterial, sondern auch in der Qualität des Striches. Zweifacher und dreifacher Strich sind üblich, als Streichwerkzeuge werden Rollrakel, Luftbürsten, Blade und Filmpressen eingesetzt.

Entscheidend für das Lackieren sind Basismaterial, Strichmaterial und Qualität bzw. Gleichmäßigkeit dieser Komponenten.

Der Bedruckstoff muss nach technischen Anforderungen und ökonomischen Gesichtspunkten sinnvoll ausgewählt werden, um das gewünschte Glanzergebnis in Verbindung mit verwendeten Farben und Lacken zu erreichen.

Bei Untersuchungen der MAN Roland wurden acht Bedruckstoffsorten sehr unterschiedlicher Qualität eingesetzt. Um aussagekräftige Versuchsreihen unter gleichen Bedingungen durchführen zu können, wählte man gleiche Materialstärken. Auffälliges Qualitätsmerkmal der Kartonsorten ist die Anzahl der aufgetragenen Striche.

Das zweifach gestrichene Material auf Recycling-Basis liefert deutlich schlechtere Ergebnisse als die dreifach gestrichenen Bogen. Der Karton auf Frischfaserbasis hat zwar nur zwei Strichlagen, ist jedoch mit einer Leimung ausgestattet, die hinsichtlich der

Ebenheit die Funktion eines zusätzlichen Striches übernimmt und daher gleichwertige Glanzergebnisse zulässt. Auch die durch das Streichverfahren bestimmte Härte des Striches hat einen Einfluss auf den Glanz: Ein hartes Streichwerkzeug begünstigt durch erhöhte Glätte die Glanzausbildung.

Die Wegschlageigenschaften gegenüber Wasser und Öl liefern keine Aussagen zu den erreichbaren Glanzwerten. Im Labor ermittelte Glanzeigenschaften der Kartonsorten nach Auftrag einer Glanzlack-Schicht lassen eher eine Abschätzung der zu erwartenden UV-Inline-Qualität zu.

Abhängig von den aufgetragenen Lack- und Farbmengen machen sich die Eigenschaften des Bedruckstoffes stark bis sehr stark am Glanzergebnis bemerkbar. Die Ebenheit der Oberfläche als grobe Strukturrauigkeit und das Absorptionsvermögen des Striches bestimmen das Lackierergebnis.

Hochwertiger Karton zeichnet sich vor allem durch gleichmäßige Eigenschaften der Bogenoberfläche über das gesamte Auftragsvolumen aus. Geringe Schwankungen sind jedoch bei Verwendung von natürlichen Ausgangsstoffen niemals auszuschließen und wirken sich dann auch auf den Glanz aus.

Mit bis zu 30 % macht sich der Einfluss der Kartonsorte bemerkbar . Diese Beobachtung ist unabhängig von den Lacksorten – es handelt sich um Lacke verschiedener Hersteller – tendenziell erkennbar, wenngleich durch erhöhtes Lackvolumen eine Reduzierung der Glanzunterschiede möglich ist.

Auf den Abbildungen ist zu erkennen, dass der zweifach gestrichene Karton deutlich den Aufbau des Basismaterials und die Lage der Fasern auch noch an der Lackoberfläche erkennen lässt. Das dreifach gestrichene Material bietet dagegen Voraussetzungen für eine glatte Oberfläche bei gleichem Auftrag. Unterschiede zwischen den dreifach gestrichenen Materialien lassen sich aus Strichzusammensetzung, Streichwerkzeug und Aggregatabfolge erklären.

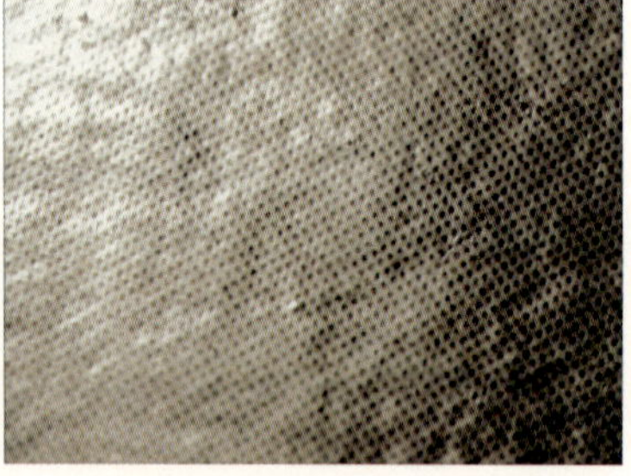

Zweifach gestrichener GD3-Karton (links) und dreifach gestrichener GT2-Karton (rechts).

Druckfarben

Die Offsetdruckfarbe besteht im wesentlichen aus Pigmenten und Bindemitteln sowie Verdünnungsmitteln und Additiven. Diese Druckfarbe wird als Farb-Wasser-Emulsion auf den Bedruckstoff gebracht. Mit zunehmender Pigmentierung wird für gleiche Farbdichte weniger Farbvolumen benötigt. Wegschlagende Bestandteile trocknen im Sekundenbereich, die oxidative Trocknung ist erst nach Stunden bzw. Tagen abgeschlossen.

Die Farbe als dekorative Materialansammlung

Die Farbe hat für die aufgetragenen Lackschichten zwei unangenehme Erscheinungen:

- In den bedruckten Bereichen kann das Wasser des aus Dispersionslack bestehenden Primers nicht ungehindert wegschlagen. Die hier schon vorhandene Druckfarbe reduziert damit die Wegschlagmöglichkeit in den Bedruckstoff. Die Vermengung von Lack und Farbe ist von der Viskosität der beiden Komponenten abhängig.
- Jede frisch aufgebrachte Druckfarbe unterliegt einem Trocknungsprozess, d.h. auch nach Aushärtung der zweiten Lackschicht, des UV-Lackes, kann es noch zu Veränderungen der darunter liegenden Farb-/Lackschichten kommen. Dadurch wird die Lackoberfläche auch Verformungen unterworfen und ggf. dem Einfluss von Spaltprodukten aus der oxidativen Trocknung ausgesetzt. Diese Wechselwirkungen können den Glanz reduzieren und die Haftung stören (siehe Abbildungen auf folgender Seite).

Wegen der oben beschriebenen Zusammenhänge ist das Glanzresultat der UV-Lackierung stark von den ausgewähltenDruckfarbensorten abhängig. Für die Glanzerhaltung sollte die Druckfarbe möglichst schnell wegschlagend sein. Je nach Kartonqualität und Qualitätsanspruch schränkt jedoch eine auftretende Mottlinggefahr (unruhiges Ausdrucken durch Rückspaltung der Druckfarbe, Sprenkelerscheinung) den Freiraum beim Wegschlagverhalten ein.

Werden in den ersten Druckwerken sehr schnell wegschlagende Farben eingesetzt, kommt es in den folgenden Druckwerken durch Rückspaltung am Gummituch zu unruhigem Ausdruck. Hier ist also eine Abstimmung von Fall zu Fall notwendig. Druckfarbe sollte mit geringst möglicher Feuchtmittelführung verdruckt werden. So kann ein Farbaufbau auf dem Gummituch und eine Mottling-Neigung minimiert werden. Auch die Gefahr des Ablegens im Auslagestapel wird durch Auswahl entsprechender Druckfarben mitbeeinflusst.

Primer

Die Lackierung mit UV-Lack auf konventioneller Offsetdruckfarbe im Inline-Verfahren erfolgt üblicherweise unter Verwendung eines Dispersionslackes als Primer. Diese „Zwischenlackierung" ist notwendig, um die unverträglichen Systeme Offsetdruckfarbe und UV-Lack in sehr kurzer Zeit nass-in-nass auf dem Druckbogen aufzutragen. Der Primer – eine wässrige Kunststoffdispersion – enthält etwa 40 bis 45 % Feststoffe. Die stark temperaturabhängige Viskosität kann durch Wasserzusatz in weiten Bereichen variiert werden. Die hohe Menge Wasser muss nach dem Auftrag auf den Bedruckstoff durch Wegschlagen in den Karton und Verdunsten abgebaut werden. Erst dann ist eine Annäherung der Polymere bis hin zur Bildung eines geschlossenen Lackfilmes möglich. Primer müssen für den Einsatz im Inline-Verfahren möglichst schnell trocknend sein.

Je nach verwendetem Basismaterial und Additiven des Primers werden unterschiedliche Eigenschaften bezüglich Trocknungsgeschwindigkeit, Flexibilität, Durchlässigkeit, Annahmeverhalten, Viskosität, Glanz und Haftung erreicht.

Der Primer als verbindendes und ausgleichendes Element

Die wichtige Funktion des Primers wird sowohl durch Einsatz unterschiedlicher Primersorten als auch durch die Steigerung der Primermenge deutlich.

Gerade bei hoher Farbbelegung und der damit verbundenen Beeinflussung durch Vermischung und Volumenänderung macht sich der Primereinfluss stark bemerkbar. Die Abbildungen rechts zeigen diese Zusammenhänge.

Das Schöpfvolumen der Rasterwalze hat einen wesentlichen Einfluss auf das Lackergebnis: Durch eine 18 cm^3/m^2- statt einer 13 cm^3/m^2-Rasterwalze wird die aufgetragene UV-Lackschicht deutlich glatter und erlaubt dadurch höhere Glanzwerte. Dieser Einfluss wird insbesondere auf Flächen mit hoher Farbbelegung sichtbar. Auch der Einfluss der Primersorte ist gut zu erkennen: Wir vergleichen einen Primer relativ hoher Härte und guter Glanzeigenschaften mit einem Primer, der weiche Bindemittel enthält.

Die Glanzsteigerung durch den harten, glänzenden Primer auf einer mit 400 % Farbe belegten Fläche liegt bei über 35 Glanzpunkte, bei 100 % Farbbelegung konnten noch über 15 Glanzpunkte Differenz gemessen werden. Die starken Verwerfungen an der Oberfläche über den 200 %-Flächen sind nur bei Verwendung des weichen Primer zu erkennen. Der harte Primer scheint beim Auftrag des UV-Lackes schon eine glatte Oberfläche zu haben.

Die Kratzfestigkeit ist jedoch reduziert. Gerade wenn mit relativ kleinen Auftragsmengen gearbeitet wird, ist der Einfluss der Primersorte hoch.

Anhand dieser Beobachtungen wird die hohe Bedeutung der Trocknung zwischen den Lackwerken deutlich. Wenn keine ausreichende Trocknerzeit und Trocknerleistung bis zum Auftrag des UV-Lacks zur Verfügung stehen, können auch eine optimale Primermenge und Primersorte nicht den besten Glanz erzielen. Daher ist auch für die Verarbeitung von anspruchsvollen Lackierungen über zwei Lackwerke eine verlängerte Trockenstrecke zu empfehlen.

UV-Lacke

Im Offsetdruck werden z.Zt. überwiegend radikalisch härtende UV-Lacke eingesetzt. Diese Lacke bestehen aus Bindemitteln, reaktiven Verdünnern und Photoinitiatoren. Diese werden unter UV-Licht durch einen Vernetzungsvorgang ausgehärtet. Die Photoinitiatoren setzen unter UV-Licht Radikale frei, die dann die Acrylate polymerisieren, d.h. langkettige Verbindungen bilden. Diese Reaktion wird durch Sauerstoff behindert. Bei kationisch härtenden Lacken wird durch das UV-Licht eine Ionenbildung angestoßen, die dann als Kettenreaktion abläuft. Die Aushärtung erfolgt langsamer, aber wegen der möglichen Nachhärtung vollständig.

Kationisch härtende UV-Lacksysteme werden für Lebensmittelverpackung eingesetzt, da sie sich durch Geruchsfreiheit und vollständige Aushärtung auszeichnen. Feuchtigkeit wirkt jedoch hemmend auf diese Reaktion. Bei den Versuchen von MAN Roland beschränkte man sich auf die radikalisch härtenden UV-Lacke.

Einfluss der Primermenge: oben links 13 cm^3/m^2, rechts 18 cm^3/m^2 nominelles Auftragsvolumen bei 400 % Farbbelegung

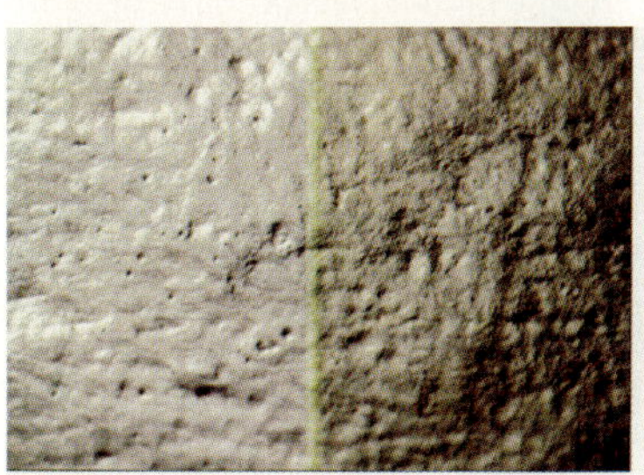

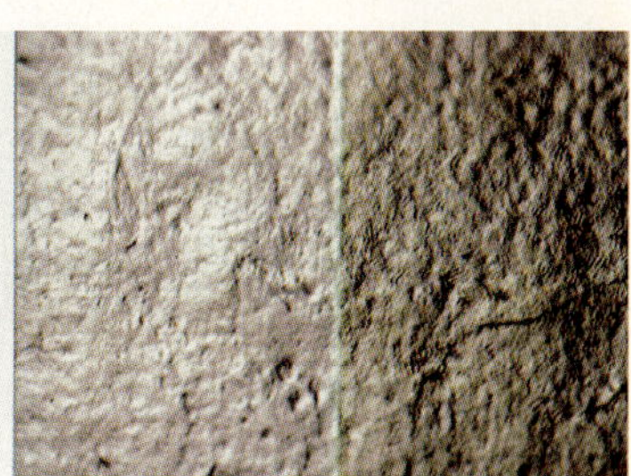

Einfluss der Primersorte auf das Glanzergebnis, links unten Verwendung eines harten, glänzenden Primers, rechts ein weicher Primer (dabei jeweils linke Bildhälfte mit 100 % Farbbelegung, rechte Bildhälfte mit 200 %)

Die UV-Lackschicht als glänzende Oberfläche

Mit erhöhter Lackmenge lässt sich eine Verbesserung der Glanzwerte erreichen . Der Einfluss ist jedoch weitaus geringer als die entsprechende Wirkung bei höherer Primermenge. Es wurden durch die Steigerung des Auftragsvolumens von 20 auf 30 cm^3/m^2 gut 10 Glanzpunkte gewonnen und das unabhängig von der Farbbelegung.

Bei der Wahl des Auftragsvolumens ist auch zu beachten, dass ein guter Verlauf des Lackes je nach Viskosität bei großen Mengen nicht mehr erreicht wird. Die Erwärmung des UV-Lackes auf bis zu 40 °C wirkt sich positiv auf die Verlaufeigenschaften beim Auftrag aus. Dadurch kann eine Glanzsteigerung erreicht werden.

Die Wahl der Walzengeometrie ist ebenfalls für den Verlauf des Lackes verantwortlich. Neben dem Schöpfvolumen ist die Raster- bzw. Linienform von Bedeutung.

Gute Glanzergebnisse werden nur bei Verwendung von schaumfreiem Lack erreicht. Durch die Befüllung der Näpfchen auf der Rasterwalze kommt es zu kleinen Lufteinschlüssen im Lack, die zur Bildung von Mikroschaum führen. Neben der Anpassung des Lackes durch Einsatz von Entschäumern wird durch die Auslegung des Lackkreislaufes für ausreichende Beruhigung des Lackes gesorgt.

Oberflächen zweier UV-Lacke Linkes Bild: Unruhe durch gestörten Verlauf. Rechtes Bild: geschlossene Oberfläche

Trocknung ist unerlässlich
Die für Farbe und Glanz verantwortlichen Materialien werden innerhalb von wenigen Sekunden auf den Bedruckstoff aufgebracht. Auch wenn hier von den Herstellern alles getan wird, damit sich diese Schichten nach dem Auftrag schnell vom flüssigen in den festen Zustand verwandeln, sind bei den hohen Produktionsgeschwindigkeiten Grenzen zu berücksichtigen. Daher muss eine gezielte Trockenhilfe den Prozess unterstützen.

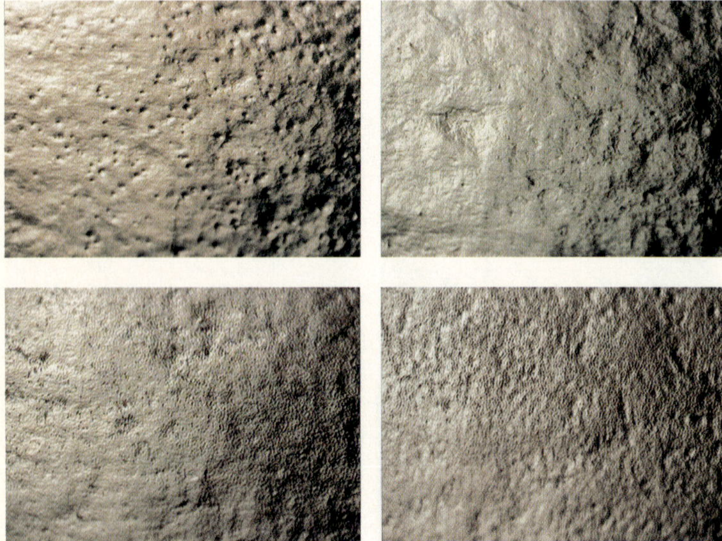

Einfluss der UV-Lack-Menge auf die Oberflächenbeschaffenheit: Links oben 30 cm³/m² Auftragsvolumen, rechts 20 cm³/m² Auftragsvolumen. Die höhere Lackmenge führt zu einer fast geschlossenen Oberfläche auf dem 400 %-Farbfeld.

Trocknung – abhängig von der Produktionsgeschwindigkeit
Hohe Produktionsgeschwindigkeiten sind zwar wünschenswert, müssen jedoch kritisch betrachtet werden, da die beschriebenen Trocknungsvorgänge nur bedingt mit den Trockneraggregaten beeinflussbar sind. Mit zunehmender Produktionsgeschwindigkeit ist eine ausreichende Trocknung und Aushärtung der Bogenoberfläche bei mäßiger Erwärmung schwierig. Daher kann es in der Auslage direkt nach dem Druck zu Wechselwirkungen zwischen benachbarten Ober- und Unterseiten der Bogen kommen. Führt das zu sichtbaren Störungen auf der Bogenrückseite, spricht man von Ablegen.

Die Qualitätseigenschaften von UV-lackierten Druckerzeugnissen sind erst nach mehreren Tagen stabil. Glanz und Festigkeitseigenschaften können sich in Abhängigkeit von verwendeten Farben und Lacken noch nach mehr als 24 Stunden verändern. Aber diese Veränderung muss nicht immer zum Nachteil sein. Um den bei der Strahlenhärtung eingefrorenen Zustand der Lackoberfläche zu erhalten, darf der Untergrund danach keine größeren Veränderungen erfahren. Im Stapel liegen die bedruckten Bogen unter erheblichem Druck aufeinander und benötigen eine ausreichend ausgehärtete Oberfläche, um durch den Kontakt zur Rückseite des Bogens darüber nicht beeinträchtigt zu werden. Diese Aushärtung wird durch entsprechende Leistung der UV-Trockner erreicht.

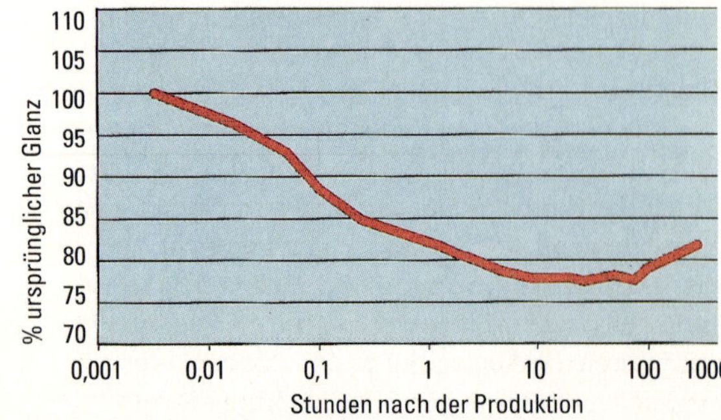

Glanzabfall über die Zeit: Die Trocknung/ Aushärtung ist erst nach Tagen abgeschlossen!

Durch die Trocknung kann es zu erhöhter Stapeltemperatur und zu verstärkten Ablege- oder gar Verblockungserscheinungen kommen.

Daher ist es von großer Bedeutung, das Maschinenkonzept so auszulegen, dass die Trocknungsenergie mit angepasster Leistung zum optimalen Zeitpunkt eingebracht wird. In der Maschine stehen dafür IR-Strahler in Verbindung mit Kalt- und Warmluft sowie der erforderlichen Absaugung nach den Druck- und Lackwerken zur Verfügung. Um die Trocknung des wässrigen Dispersionslackes zu ermöglichen, ist eine verlängerte Trockenstrecke in Form von zwei Transfermodulen zwischen den Lackwerken empfehlenswert.

Legt man allein die Trockenzeit als maßgeblich für das Glanzresultat zugrunde, erreicht man durch ein zweites Transfermodul zwischen den Lackwerken eine Erhöhung der zulässigen Produktionsgeschwindigkeit bei gleichem Glanz um das 1,4-fache. Wie in der folgenden Übersicht zu erkennen ist, muss die Trocknerleistung in Abhängigkeit vom System der Produktionsgeschwindigkeit angepasst werden. Die UV-Leistung muss nichtlinear, die IR-Leistung linear der Geschwindigkeit nachgeführt werden.

Produktionsbedingungen: Je schneller – je besser?
Mit zunehmender Produktionsgeschwindigkeit in Abhängigkeit von der Farbbelegung fällt der erreichte Glanzgrad ab. Wie beschrieben, ist die Zeit zwischen den einzelnen Auftragsschritten entscheidend für die Ausbildung stabiler „Grundlagen“. Zwischen den Druckwerken bleibt der Druckfarbe bei einer Leistung von 10.000 Druckbogen/Stunde weniger als eine Sekunde zum Wegschlagen.

In den Versuchen wurde erkannt, dass die Zeit, die der Farbe aus den letzten Druckwerken bei üblichen Produktionsgeschwindigkeiten bleibt, zu schlechteren Glanzergebnissen führt, als auf der Farbe aus den ersten Druckwerken. Eine Abstimmung von Sujet und Farbreihenfolge unter diesen Gesichtspunkten kann also hilfreich sein. Diese Möglichkeiten dürfen aber nicht darüber hinwegtäuschen, dass mit zunehmender Produktionsgeschwindigkeit unter Verwendung konventioneller Druckfarben ein prozessbedingter Glanzverlust in Kauf genommen werden muss. Bei gezielter Abstimmung von Druckfarben, Lacken und Trocknereinstellung kann diese Qualitätseinbuße jedoch minimiert werden.

Maschinenparameter	Auftragsbezogene Parameter
Trocknerleistung	**Bedruckstoff**
– IR-Strahler	– Rohstoff-Basis
– UV-Strahler	– Strichzusammensetzung
– Wellenlänge	– Strichanzahl
– Luftmenge, -temperatur, -feuchte	– Aggregatfolge
– Absaugung	– Leimung
Trockenstrecke	– Stapeltemperatur
– Anordnung	**Farbe**
Lackmodule	– Bindemittel
– Auftragssystem (z. B. Rasterwalzengeometrie)	– Pigmente
– Lackplatte	– Feuchtmittel
– Lackversorgung	– Menge, Farbabfolge
Farb-/Feuchtwerk	**Primer**
– Einstellung	– Sorte
– Temperatur	– Menge
Auslage	UV-Lack
– Kühlung	– Sorte
Maschinengeschwindigkeit	– Menge
→ Auswirkungen auf den Glanz ←	

Zusammenfassung
Das Ergebnis einer UV-Lackierung ist in hohem Maß durch den Bedruckstoff vorgegeben. Das Ergebnis einer Hochglanz-Dispersionslack-Lackierung liefert gute Anhaltswerte zur Abschätzung der UV-Inline-Lackierung auf diesem Bedruckstoff.

Die Druckfarbe führt insbesondere bei hoher Farbbelegung zu Glanzverlusten, die durch hohe Pigmentierung und gute Wegschlageigenschaften reduziert werden können.

Die Zusammensetzung der Druckfarbe bestimmt im Zusammenspiel mit dem Primer die Haftung der Lackschicht, die erst Tage nach der Herstellung endgültig steht.

Die richtige Wahl von Primersorte und -menge sind entscheidend für das erreichbare Glanzniveau.

Der UV-Lack als Deckschicht ist für die Kratzfestigkeit mitbestimmend und liefert bei gleichmäßigem Auftrag die glänzende Oberfläche.

Bei Wahl der richtigen Konfiguration bietet die Druckmaschine – insbesondere im Bereich der Trockenstrecke – die notwendigen Voraussetzungen, um bei entsprechender Einstellung und Abstimmung ein optimales Ergebnis zu erzielen.

Mit steigenden Ansprüchen an das Produkt sind hohe Anforderungen an die richtige Auswahl der verwendeten Materialien, die geeignete Maschinenkonfiguration und an ein qualifiziertes Druckerpersonal verbunden.

Bei dem erforschten Verfahren handelt es sich um eine Spezialanwendung. Gemeinsam mit den beteiligten Partnern konnten Ergebnisse erzielt werden, die Druckereien als wertvolle Hilfestellung nutzen können. Dabei wurde besonders der Wert der Zusammenarbeit zwischen den beteiligten Anwendern sowie den Maschinen-, Lack-, Druckfarben- und Bedruckstoffherstellern deutlich.

Denn keiner der Beteiligten kann alleine eine optimale Ausnutzung der Möglichkeiten dieses Verfahrens erreichen.

12.11 Druckschwierigkeiten im Offsetdruck

Der Offsetdruck ist immer noch im Vergleich zu allen anderen Druckverfahren – trotz aller Mess-, Steuer- und Regeltechnik und Automatisierung – das Druckverfahren mit den komplexesten Wechselwirkungen im Druckprozess.

Die verschiedenen Prozessvariablen, z. B. Druckmaschine, Produktionstechniken für den ein- und beidseitigen Mehrfarbdruck und Inline-Lackierung, Farb- und Feuchtwerk, Druckfarbe, Feuchtmittel, Lack, Gummituch, Aufzüge der Zylinder, Einstellungen der Druckmaschine, Bedruckstoff sowie Temperatur und Luftfeuchtigkeit machen den Offsetdruck zu einem Druckverfahren, dass zwar ein hervorragendes Produkt liefert – sich aber andererseits einer möglichen (Voll-)Automatisierung entzieht.

Druckschwierigkeiten bei unterschiedlichsten Druckmaschinentechniken und bei verschiedensten Produktionen zu erkennen und zu beheben gehört daher zur fachlichen Kompetenz des guten Druckers.

Nachfolgende Fehlerbeschreibungen, ihre möglichen Ursachen und Abhilfen sind kein verbindliches Rezept für alle Fälle. Sie sind eine Anregung zur Hilfe bei auftretenden Problemen in der Produktion.

Für den gesamten Druckprozess ist zu beachten: Bei einem vorausschauenden, systematischen Planen und Handeln in der Arbeitsvorbereitung als auch vor und während der Produktion entstehen kaum Probleme oder aber sie verringern sich auf ein Minimum.

Ablegen

Fehlerdefinition:
Übertragen frischer Druckfarbe auf die Rückseite des nachfolgenden Bogens im Auslagestapel

Ursache:
- Ungenügende Abstimmung auf das Wegschlagverhalten des verwendeten Bedruckstoffes, d.h. zuviel Druckfarbe auf einem Papier mit einer geringen Wegschlagefähigkeit.

Abhilfe:
- Glatte Papiere mit harter Oberfläche brauchen eine knappe Farbführung. Durch die geringe Wegschlagefähigkeit liegt die Farbe auf der Bogenoberfläche. Bei normaler Farbgebung schützt das sich zwischen den Bogen bildende Luftkissen; es verhindert den Kontakt der frischen Farbe zum nächsten Bogen. Wird zuviel Farbe gedruckt, so stehen die Farberhebungen über dem Luftkissen und der Kontakt zum folgenden Bogen ist gegeben. Erhöhungen werden niemals überspült. Als Abhilfe die Farbgebung normalisieren oder eine konzentriertere Farbe nehmen um mit weniger Farbe drucken zu können. Antibestäuber zusetzen oder mit Bestäubung fahren. Kleine Stapel auslegen und die Auslage der Bogen sehr genau einstellen um ein Verrutschen der Bogen aufeinander zu vermeiden.

Ursache:
- Zu hohe Stapel

Abhilfe:
- Schwere Papiere oder Karton pressen durch ihr Eigengewicht die Luft zwischen den Bogen (Luftkissen) heraus. Kleine Stapel auslegen und ggf. bestäuben. Korngröße des Bestäubungsmaterials beachten. Je schwerer der Bedruckstoff desto gröber ist das Puder zu wählen.

Ursache:
- Schlechte Planlage des Bedruckstoffes

Abhilfe:
- Bei randwelligen Bogen rutschen die Wellen in der Auslage ineinander hinein. Dieses Ineinanderscheuern führt in dem Wellenbereich zum Abziehen der frischen Farbe. Abhilfe bei „randwellige, verbeulte und verspannte Papiere“.

Ursache:
- Elektrostatisches Papier

Abhilfe:
- Durch die starke Anziehung der Bogen haften diese in der Auslage aneinander und drücken das Luftpolster weg. Abhilfe: „Elektrostatische Aufladung des Papiers“.

Ursache:
- Schlechte Einstellung der Bogenauslage

Abhilfe:
- Eine besonders häufige Ursache beim Druck von starkem Karton. Die Fallhöhe so einstellen, dass der Bogen nicht zu tief fallen muß und dadurch segelt. Die Greiferauslösung so einstellen, dass der Druckbogen nicht zu den vorderen Anschlägen hinschleift. Die seitlichen Geradstoßer dürfen nicht unter das fallende Papier kommen. Man kann sie auch abstellen um die Schiebebewegung zu verhindern. Der Druckbogen muss „satt“ in die Auslage hineinfallen, um das Ablegen durch Scheuern zu verhindern.

Ursache:
- Vierfarbendruck

Abhilfe:
- Jede zuerst gedruckte Farbe verursacht selten Schwierigkeiten, da sie in den Bedruckstoff wegschlagen kann. Im Nass-in-Nass-Druck wird es kritischer, wenn mehrere Farbschichten bereits übereinander liegen und überhaupt nichts mehr wegschlagen kann, weil die darunterliegenden Farben die Bogenoberfläche bereits total abdecken.
  Bei Bildern mit einer sehr hohen Farbbedeckung muss man (leicht) Bestäuben oder die Druckbogen in kleineren Stapel auslegen. Zusätze von Antibestäuber führen vielfach zum Vollerwerden der Tonwerte.
  Wichtig ist die Einstellung einer „normalen“ Farbgebung. Fehlende Tonwerte in den Tiefen oder mangelhafter Kontrast ist nicht vom Drucker durch eine erhöhte Farbgebung auszugleichen. Es ist zu prüfen: Hat die Reproduktion einen fortdruckgerechten Proof bzw. Andruck geliefert?

Abmehlen

Fehlerdefinition:
Farbpigmente lassen sich nach normaler Trockenzeit vom Papier abwischen, obwohl die Druckfarbe durchgetrocknet ist

Ursache:
- Zu stark verdünnte Druckfarbe. Hierbei kann Bindemittel – der flüssige Bestandteil der Druckfarbe – zu schnell und zu intensiv in das Papier wegschlagen. Die Pigmente der Druckfarbe werden nicht gebunden und liegen lose obenauf.

Abhilfe:
- Die Druckfarbe mit Firnis strenger machen. Im Schadensfall hilft ein Überdruck mit Firnis um die Pigmente zu binden.

Ursache:
- Schlecht geleimtes Papier

Abhilfe:
- Papier mit mangelhafter Stoffleimung ist zu saugfähig. Das Bindemittel einer Farbe kann ebenfalls zu schnell wegschlagen und die Bindung der Pigmente geht verloren.
  Dieses Papier soll vor dem Druck einen Firnisaufdruck erhalten, da aber oxidativ trocknende Farbe verwendet werden muss, kann die Wegschlagfähigkeit unter dem Vordruck leiden. Ist die Auflage gedruckt, so hilft eventuell als Notlösung ein nachträglicher Überdruck mit Firnis, Überdruckpaste oder bei Glanzdrucken mit Überdruckglanzlack.

Ursache:
- Zu wenig Bindemittel in der Farbe

Abhilfe:
- Durch Zusetzen von Firnis in die Druckfarbe kann diesem Problem begegnet werden. Ansonsten hilft ein Überdruck mit Lack bzw. Firnis.

Abstoßen der Farbe

Fehlerdefinition:
Eine nachfolgende Druckfarbe wird von einer vorhergedruckten Farbe nicht angenommen und partiell oder total abgestoßen.

Ursache:
- Die vorgedruckte Farbe ist zu hart aufgetrocknet.

Abhilfe:
- Die Ursache ist z.B. ein zu hoher Trockenstoffzusatz oder ein zeitlich zu großer Abstand zwischen dem Druck der einzelnen Farben.
  Hier hilft bei kleinen Auflagen ein Abreiben mit Watte um die Oberfläche anzurauen und bei großen Auflagen ein Überdrucken mit Lack bzw. Firnis. Mit dem weiteren Fortdruck muss begonnen werden, wenn der Firnis gerade anzieht. Der Trockenstoffzusatz ist exakt zu dosieren oder es ist darauf zu verzichten.

Ursache:
- Beim einem Nass-in-Nass-Druck kann ein geringer Feuchtmittelfilm auf der Papieroberfläche das Abstoßen der folgenden Druckfarbe verursachen.

Abhilfe:
- Grundsätzlich mit geringst möglicher Feuchtmittelführung drucken.

Aufbauen

Fehlerdefinition:
- Druckfarbe und/oder Papierteilchen (z.B. Strichpartikel) setzen sich auf dem Gummituch ab.

Ursache:
- Gestörte Farbspaltung

Abhilfe:
- Zu kurze Farbe oder eine hohe Wasserführung sind die Ursachen für eine schlechtere Farbabgabe auf den Bedruckstoff. Da das Gummituch weniger Druckfarbe abgibt wie es aufnimmt, speichert es die Farbe immer stärker. Der Druck wird rau und unruhig und die Zeichnung verbreitert sich.
  Die Druckfarbe mit Firnis strenger machen und mit der Feuchtmittelführung zurückgehen.

Ursache:
- Schlecht geleimtes Papier

Abhilfe:
- Hier werden Stoffbestandteile durch die Zugkraft von Farbe und Gummituch herausgezogen. Dieses Fasermaterial baut ständig auf dem Gummituch auf und führt zu einem schlechten Ausdruck. Durch Zusatz von Paste ist die Farbe geschmeidiger zu machen und die Zügigkeit zu verringern. Zweckmäßiger ist es, ein besser geleimtes Papier für die Produktion einzuplanen und zu verwenden.

Ursache:
- Schlechter Strich bei gestrichenen Papieren

Abhilfe:
- Das ist wiederum ein Oberflächenmangel des Bedruckstoffes der zum Aufbauen von herausgespülten und herausgelösten Strichmaterial (Kasein, China-Clay und Stärke) neigt. Der Strichaufbau ist sehr hart und kann das Gummituch beschädigen. Gummitücher öfters mit Wasser und Waschmittel reinigen. Zweckmäßiger ist es, ein besseres Papier für die Produktion einzuplanen und zu verwenden.

Ausdrucken

Fehlerdefinition:
- Das Druckbild wirkt flau und aufgerissen. Es ist unruhig und kontrastarm. Rasterpunkte wirken grau und brüchig.

Ursache:
- Zu hohe Feuchtmittelmenge

Abhilfe:
- Zuviel Feuchtmittel drängt die Farbe ab und vermindert dadurch die Farbkraft auf dem Druckbild. Die Zeichnung wird heller. Es können sich Wassernasen und Wasserstreifen an den Bildrändern und in der Bildfläche bilden. Geringere Feuchtmittelmenge einstellen.

Ursache:
• Zu geringe Druckbeistellung (Anpressdruck)

Abhilfe:
• Die Druckbeistellung der Zylinder oder die Aufzüge des Platten- und Gummituchzylinders stimmen nicht. Die Einstellung der Druckplatte und des Gummituches über den Messring kontrollieren (Platte 2/10 mm über Messring und – je nach Gummituch – 0,05 mm über oder genau auf Messring, Druckbeistellung max. 1/10 mm). Die Druckbeistellungen korrekt einstellen.

Ursache:
• Stellenweise ein zu schwacher Ausdruck durch das Gummituch

Abhilfe:
• Das Gummituch wurde beschädigt und hat Unebenheiten. Die Unterlagen im Aufzug wechseln. Einen Flächebogen anfertigen, ggf. das Gummituch zurichten oder auswechseln.

Ursache:
• Schleifrückstände auf dem Gummituch

Abhilfe:
• Der Fehler kann nur bei neu aufgezogenen Gummitüchern auftreten. Geringste Schleifrückstände der Oberflächenbearbeitung im Herstellerwerk verhindern die Farbannahme. Das Gummituch mit Wasser und ggf. Bimssteinmehl kreisförmig abreiben, mit Waschmittel gründlich abwaschen.

Ursache:
• Zu hohe Belastung des Gummituches

Abhilfe:
Ein zu lange verwendetes Gummituch wird glatt und hart. Es verliert den samtigen Charakter, da die Poren verstopft sind. Die Druckfarbe wird nicht mehr einwandfrei angenommen. Das Gummituch kann mit Bimssteinmehl behandelt werden, um die Poren aufzureißen und anschließend mit Regenerationsmittel dick bestrichen werden. Dann mehrere Stunden liegen lassen und anschließend mit warmen Wasser abwaschen.
Das Gummituch vor dem Einsatz gründlich trockenreiben. Die Wirtschaftlichkeit (Kosten) dieser Maßnahme ist in Bezug auf die zu erwartende, längerfristige Qualität des Gummituches zu prüfen.

Ursache:
• Stellenweise ein zu geringer Druck auf dem Bedruckstoff

Abhilfe:
• Karton kann kräftige Stärkeunterschiede aufweisen, die von Bogen zu Bogen oder im Bogen selbst auftreten. Erst durch einen Flächebogen das Gummituch kontrollieren und dann die Druckbeistellung Gummituch zum Druckzylinder erhöhen, bis ein gleichmäßiger Ausdruck erreicht ist.

Ursache:
• Oberflächenbeschaffenheit des Bedruckstoffes

Abhilfe:
• Naturpapiere sind in der Oberfläche relativ porös. Dadurch sind sie für feinere Rasterdrucke nicht geeignet. Für Stricharbeiten und flächige Bildelemente ist die Druckfarbe ggf. zu verdünnen.
Staubende Papiere geben einen feinen Belag auf das Gummituch ab, der zum schlechten Ausdrucken führt. Abhilfe siehe unter „Papierstaub".
Schlechte Oberflächenbeschaffenheit des Bedruckstoffes kann auch zu einen unterschiedlichen Wegschlageverhalten der Druckfarbe führen, welches zu einem fleckenförmigen Ausdruck führt. Durch zu starke Anstellung der Saugdüsen zum Entwässern der Papierbahn in der Siebpartie der Papiermaschine kann es zu einer ungleichen Verteilung des Stoffmaterials im Bogen kommen. Auch dadurch kommt es zu einem fleckigen Ausdruck.
Bei diesem Fehler gibt es keine Abhilfe, sondern nur ein Austausch des Papiers.

Ursache:
• Farbauftragswalzen sind nicht korrekt justiert

Abhilfe:
• Eine oder mehrere Farbauftragswalzen kommen nicht oder zu schwach auf die Druckplatte. Die Einstellungen kontrollieren und die Walzen korrekt justieren.

Ursache:
• Die Druckfarbe zu streng

Abhilfe:
• Strenge Farbe auf einem rauen Naturpapier führt zu einem schlechten Ausdruck. Die Druckfarbe setzt sich nicht in poröse Fasertiefen ab, sie schlägt ungleichmäßig weg und reißt Faserteilchen auf. Druckfarbe mit Druckpaste oder Drucköl versetzen und so dem Bedruckstoff anpassen.

Ursache:
• Zu wenig Druckfarbe

Abhilfe:
• Druckfarbe auf dem Bedruckstoff mit dem Fadenzähler prüfen. Die Rasterpunkte und alle gedeckten Bildelemente müssen glatt und geschlossen sein. Sie dürfen nicht grau, grieselig oder aufgerissen ausdrucken.

Ursache:
• Ungeeignete Papierseite

Abhilfe:
- Naturpapiere, die nur einseitig bedruckt werden sollen, bedruckt man grundsätzlich auf der in der Regel ein wenig glatteren Filzseite. Bei beidseitigem Druck sollte die erste Seite bzw. die Seite mit feinsten Bildelementen ebenfalls auf der Filzseite gedruckt werden.
  In der Papiermaschine wird durch Absaugen des Wassers, das immer auch Füll- und Feinstoffanteile enthält, die Siebseite leicht rauer als die Filzseite. Die Siebseite ist deshalb im allgemeinen bei ungestrichenen Papieren qualitativ nicht so gut zu bedrucken. Werden beide Seiten bedruckt, so empfiehlt es sich, flächige oder aufgerasterte Anteile immer auf die Filzseite zu drucken. Den Unterschied der Seiten erkennt man durch Betrachten im Schräglicht oder durch eine Schreibprobe. Beim Schneiden der Bogen vor dem Druck ist darauf zu achten, dass die Bogen seitengleich gestapelt werden.

Bronze oxidiert

Fehlerdefinition:
Mehr oder weniger starke graue Verfärbung der Bronze auf dem Druckbogen

Ursache:
- Falscher pH-Wert des Feuchtmittels

Abhilfe:
- Der pH-Wert des Feuchtmittels und des Bedruckstoffes dürfen nicht unter pH 5 kommen. Die Säure greift die Metallpigmente an. Diese oxidieren und verfärben sich. Den Bedruckstoff mit Indikatorlösung beidseitig prüfen und das Feuchtmittel richtig einstellen. Ist die Auflage schon gedruckt, so kann man, sofern es die Zeichnungsanteile zulassen, die Bronzierung wiederholen.

Ursache:
- Zu hohe Feuchtmittelführung

Abhilfe:
- Eine zu hohe Feuchtmittelführung kann auch zu einer Oxidation der Bronze führen. Die Feuchtmittelführung reduzieren.

Ursache:
- Feuchte Lagerung der Druckbogen

Abhilfe:
- Eine zu feuchte Lagerung der fertigen Druckbogen kann ebenfalls zur Oxidation führen. Es ist unbedingt auf richtige klimatische Verhältnisse zu achten.

Ursache:
- Falscher Leim

Abhilfe:
- Säurehaltige Leimsorten bei der buchbinderischen Weiterverarbeitung können auch zu einer nachträglichen Oxidation führen. Hier muss durch Absprache mit dem Herstellerwerk die richtige Klebstoffsorte ausgewählt werden.

Butzenbildung, Partisanen, Popel

Fehlerdefinition:
- Fleckenbildung im Druckbild, der von einem weißen Hof umgeben ist. Der Fehler tritt vor allem in Vollflächen auf.

Ursache:
- Schlechter Strich des Papiers

Abhilfe:
- Bei gestrichenen Bedruckstoffen lösen sich feine Strichbestandteile aus der Oberfläche ab. Diese erscheinen als weiße und mehr oder weniger runde Punkte und Flecken im Druckbild. Hier helfen ggf. das Einsetzen einer Staubsaugerbürste, ein zusätzlicher „feuchter" Streckgang oder ein Überdruck mit Firnis.

Ursache:
- Stumpfes Schneidmesser

Abhilfe:
- Die gleichen Ursachen und die gleiche Abhilfe wie bei „Papierstaub".

Ursache:
- Schlecht gepflegtes Farbwerk

Abhilfe:
- Farbbutzen sind auf Schmutzreste im Farbwerk, auf an den Enden abbröckelnde und verhärtete Walzen, auf die Verwendung von verkrusteter Farbe, auf Hautbildung im Farbkasten oder auf ein schlecht gereinigtes Rakel zurückzuführen. Sie erscheinen als schwarze Punkte oder Flecken mit weißem Rand im Druck. Absolute Sauberkeit der Druckfarben und des Farbwerkes bringen Abhilfe.

Ursache:
- Schmutziges Feuchtwerk

Abhilfe:
- Farbschmutz im Feuchtwerk führt zu schwarzen Butzen ohne Rand. Das Feuchtwerk gründlich reinigen.

Druckplattenabnutzung

Fehlerdefinition:
- Allmähliches Schwinden der Bildelemente. Mängel durch Kratzer und mechanische Beschädigungen.

Ursache:
- Falsche Druckabwicklung

Abhilfe:
- Ungleiche Oberflächengeschwindigkeiten der abrollenden Zylinder infolge falsch aufgebauter Auf-

züge scheuert die Druckplatte streifenförmig ab. Streifen entstehen parallel zur Zylinderachse. Aufzugsstärken überprüfen und korrigieren.

Ursache:
- Falsche Druckbeistellung

Abhilfe:
- Eine Druckbeistellung über 1/10 mm kann die Bildelemente auf der Druckplatte gleichmäßig aufreiben. Minimal mögliche Pressung einstellen. Gummituch prüfen, evtl. einwandfrei ausgleichen.

Ursache:
- Druckplatte falsch behandelt

Abhilfe:
- Nur die Chemikalien verwenden, die der Plattenlieferant vorschreibt. Die Druckplatten ggf. mit einem übergeklebten Schutzbogen in die Druckmaschine einfahren.

Ursache:
- Zu saures Feuchtmittel

Abhilfe:
- Säure greift die Bildstellen der Druckplatte an und ätzt diese an. Den pH-Wert überprüfen und korrekt einstellen.

Ursache:
- Zu saures Papier

Abhilfe:
- Hier kann das Feuchtmittel zu stark übersäuert werden, da saure Stoffbestandteile des Papiers ausgeschwemmt werden und in das Feuchtmittel gelangen. Feuchtmittel wechseln und den pH-Wert in den leicht alkalischen Bereich (ca. pH 6) stellen.

Ursache:
- Farbauftragswalzen zu stark zur Druckplatte eingestellt

Abhilfe:
- Höherer Walzendruck verursacht eine höhere Reibung und dadurch einen schnelleren Druckplattenverschleiß. Die Justierung der Farbauftragswalzen prüfen und die Einstellung optimieren.

Ursache:
- Unsachgemäßes Reinigen der Walzen

Abhilfe:
- Beim Walzenwaschen keine scharfen Waschmittel (Farblöser) verwenden. Rückstände dieser Mittel auf den Walzen lösen die Schicht der Druckplatte. Auch nach der Verwendung von Reinigungspasten sind die Walzen gut nachzuwaschen, da ihre Rückstände die Bildelemente der Druckplatte angreifen und beschädigen.

Ursache:
- Papierstaub

Abhilfe:
- Papierstaub ist die Folge einer mangelhaften Oberflächenbeschaffenheit des Bedruckstoffes. Füllstoffe sind durch unzureichende Oberflächenleimung schlecht gebunden und lösen sich beim Druck. Bei gestrichenen Papieren kann der Strich mangelhaft sein und sich lösen. Staub wirkt radierend auf die Bildelemente (= Druckschicht auf der Druckplatte) ein. Das Papier prüfen und evtl. austauschen oder einen Streckgang machen. Rückstände auf dem Gummituch ständig abwaschen.
  Für Qualitätsdruckarbeiten ein besser geeignetes Papier (Oberflächenleimung, Strichqualität) verwenden.

Ursache:
- Zu hohe Bestäubung

Abhilfe:
- Wurde bei dem ersten Druckgang zu stark bestäubt, so wird die Druckplatte in einem weiteren Druckgang darunter leiden. Die Auswirkungen sind prinzipiell die gleichen wie beim Papierstaub.
  Abhilfe bietet der Einsatz einer Staubsaugeinrichtung, evtl. auch ein trockener Streckgang mit etwas Überdruck. Der Staub wird auf den Bogen gepresst, teilweise abgenommen.

Ursache:
- Schmutz hinter der Druckplatte

Abhilfe:
- Beim Einspannen die Zylinderoberfläche und die Druckplatte auf ihrer Rückseite säubern und auch die Unterlagen durchsehen. Schmutzteilchen hinter der Druckplatte geben auf der Oberfläche eine Erhöhung („Pickel"), die sich rasch durchscheuert. Das gleiche gilt für das Gummituch und den Aufzug des Gummituchzylinders.

Ursachen:
- Sonstige Ursachen, die Kratzer erzeugen Ursachen gibt es soviele, dass man sie nicht alle aufzählen kann.

Abhilfen:
- Mangelhafte Sauberkeit der verwendeten Werkzeuge oder Einrichtungen.

Ursache:
- Zu dicke Gummierung

Abhilfe:
- Wird die Gummierung zu stark aufgetragen, so trocknet diese perlenschnurartig auf. Sie löst sich

schlecht und muss kräftig abgerieben werden. Löst sich die Perle nicht auf sondern nur ab, kann die Druckschicht abreißen. Voraussetzung für das Verhindern dieser Schwierigkeit; die Druckplatte muss sehr dünn gummiert werden.

Dublieren im Bogen-Offsetdruck

Fehlerdefinition:
- Hierunter versteht man das Erscheinen doppelter Bildelemente (z.B. Rasterpunkt) im Druckbild. Der Druck wird dadurch in seinen Tonwerten zu voll und wirkt unscharf. Alle Bildelemente wie Schrift, Strichelemente und Rasterpunkte) können je nach möglicher Ursache nach allen Seiten dublieren.

Ursache:
- Falsche Abwicklung der Zylinder im Druckwerk

Abhilfe:
- Ein zu starker Plattenzylinderaufzug führt zu einer starken Wulstbildung des Gummituches vor der Druckberührungslinie. Dies entsteht durch eine höhere Oberflächengeschwindigkeit des Plattenzylinders. Das Dublieren erscheint auf dem Druckbogen in Richtung der Greiferkante. Ein zu schwacher Gummituchaufzug erzeugt ebenfalls einen Dubliereffekt. Das Dublieren erscheint auf dem Druckbogen in Richtung der Greiferkante. Ein zu starker Gummituchaufzug führt zu einer entgegengesetzten Dublierwirkung. Die Wulstbildung entsteht jetzt hinter der Druckberührungs-linie durch eine höhere Oberflächengeschwindig-keit des Gummizylinders. Das Dublieren erscheint auf dem Druckbogen in Richtung der hinteren Bogenkante. Die Aufzüge bzw. die Aufzugstärken sind zu prüfen und korrekt einzustellen.

Ursache:
- Das Gummituch sitzt locker

Abhilfe:
- Wenn das Gummituch zu schwach gespannt ist, so walkt es unter Druck stärker. Es gibt eine verstärkte Wulstbildung hinter der Druckberührungslinie. Das Dublieren erscheint auf dem Druckbogen in Richtung der hinteren Bogenkante. Das Gummituch gleichmäßig fest anziehen und nach z.B. 100, 1000 und 5000 Druck nochmals nachspannen.

Ursache:
- Lockere Spannung des Gummituches in den Klemmleisten

Abhilfe:
- Wichtig ist es, die Klemmleisten gleichmäßig und sehr stark anzuziehen. Sind sie zu schwach angezogen, so dehnen sich die Lochungen unter Zug bzw. beim Druck oder reißen sogar ein. Es entsteht ein Dublieren in Richtung der hinteren Bogenkante.

Hinweis: Sind die Lochungen beschädigt oder ausgerissen, muss das Gummituch gewechselt werden.

Ursache:
- Der Plattenzylinder „wandert"

Abhilfe:
- Nach dem Verstellen des Plattenzylinders oder der manuellen „Registersteuerung" wurden die Feststell- oder Konterschrauben nicht straff genug angezogen. Dies erzeugt streifenförmige Dubliereffekte in Richtung der hinteren Bogenkante.

Ursache:
- Greifer zu locker

Abhilfe:
- Ein Verschieben des Druckbogens durch schwachen Druckzylinder- oder Auslagegreiferhalt unter Druck führt zum Dublieren in Richtung der Greiferkante. Die Greifer mit 2/10 mm Vorspannung einstellen (Die genauen Vorgaben für die Einstellung sind im Maschinenbuch angegeben). Zum Test und exaktem Einstellen eignet sich ein festes Papier mit 30 g/m^2.

Ursache:
- Randwelliges, verbeultes und verspanntes Papier.

Abhilfe:
- Dieses Papier ist durch unsachgemäße Lagerung verdorben. Die Wellen strecken sich unter Druck und führen zum Dublieren nach allen Richtungen. Die Planlage des Bedruckstoffes kann durch ein ausreichendes Klimatisieren und ggf. auch durch einen feuchten Streckgang mit halber Pressung (gegen Faltenbildung) verbessert werden. Notfalls ist ein Austausch des Papiers vornehmen.

Ursache:
- Elektrostatisch aufgeladenes Papier.

Abhilfe:
- Aufgeladenes Papier klatscht beim Einziehen mit seiner hinteren Hälfte an den Zylinder. Es wird angezogen und dubliert in der hinteren Hälfte nach allen Richtungen. Maßnahmen zur Abhilfe hierzu siehe Druckschwierigkeit zu „Elektrostatische Aufladung des Papiers".

Durchscheinen

Fehlerdefinition:
Der Druck der Rückseite oder eines darunter liegenden Bogens ist auf der Vorderseite sichtbar.

Ursache:
- Ungeeignetes Papier.

Abhilfe:
- Das Papier enthält zu wenig Füllstoffe, hat ein zu geringes Flächengewicht oder ist zu dünn. Dadurch

ist es transparenter. Möglichst ein füllstoffreicheres Papier oder ein Papier mit einem höheren Holzschliffgehalt verwenden. Intensivere Druckfarbe einsetzen und mit knapper Farbgebung drucken.

Durchschlagen der Farbe

Fehlerdefinition:
- Zu starkes Eindringen der Druckfarbe in das Papier und (leichte) Verfärbung der Rückseite.

Ursache:
- Ungeeignetes Papier

Abhilfe:
- Ist das Papier zu dünn und zu schwach geleimt, wird die Farbe zu stark eingesaugt und tritt auf der Rückseite wieder heraus. Stärkeres und gut geleimtes Papier verwenden. Kompakte Farbe verwenden, auf flüssige Verdünnungsmittel verzichten.

Ursache:
- Zu dünne Druckfarbe

Abhilfe:
- Die Druckfarbe mit Firnis strenger machen. Eine zu dünne Farbe schlägt leichter durch. Keine flüssigen Verdünnungsmittel einsetzen sondern Druckfarbe möglichst ohne Zusätze verdrucken.

Elektrostatische Aufladung des Papiers

Fehlerdefinition:
- Bei einer elektrostatischen Aufladung befinden sich an der Oberfläche Atome mit Elektronenmangel (positive Aufladung) oder Elektronenüberschuss (negative Aufladung). Bei einem elektrisch leitfähigem Material (z. B. Metall) können diese Ladungen abfließen. Bei allen Nichtleitern (z.B. Kunststoffen) oder sogenannten Halbleitern (z.B. Papier) bleiben diese Ladungen an der Oberfläche haften. Eine statische Aufladung kann sich sowohl im Bogen- als auch im Rollendruck negativ bemerkbar machen. Bogendruck: Die Bogen haften aneinander und lassen sich schlecht stapeln. Durch ein Haften an Maschinenteilen entstehen Transportschwierigkeiten verschiedener Art.

Ursache:
- Zu trockenes Papier

Abhilfe:
- Die Luftfeuchtigkeit im Arbeitsraum ist zu gering. Das Papier gibt die Eigenfeuchtigkeit stark ab und lädt sich dabei auf. Diese elektrostatische Aufladung ist eine häufige Ursache für einen schlechtem Lauf durch die Druckmaschine, für Dublieren und auch Faltenbildung. Eine schlechte Auslage und das Ablegen der Bogen kann auch eine Folge sein. Hier hilft Klimatisieren unter richtigen Bedingungen (Gleichgewichtsfeuchte im Stapel zwischen 45 und 55 %, Rollenpapier wegen einer möglichst geringen Querschrumpfung etwas niedriger) oder der Einbau und die Benutzung von Entelektrisatoren (Ionisatoren). Dabei wird durch die Erhöhung der Leitfähigkeit der Luft der Aufbau einer statischen Elektrizität verhindert bzw. die statische Elektrizität des Papiers durch Luftionisierung abgeleitet. Maschinentechnische Maßnahmen: Vermeidung von Reibung.
  Zum besseren Bogenlauf das Papier sehr gut auflockern und in kleinen Stapeln vorsetzen.

Ursache:
- Aufladung durch Reibung

Abhilfe:
- Vor allem leichtere Papiere können sich auch beim Lauf durch die Druckmaschine durch die Reibung des Gummituchzylinders sehr stark aufladen. Dabei gibt es Schwierigkeiten in der Auslage. Das beste Gegenmittel ist auch hier der Einsatz eines Ionisators über der Auslage. Verdünnen der Farbe verringert die Reibung des Gummizylinders auch.
  Auch Sprühmittel sind im Handel, mit denen das Gummituch eingesprüht wird. Allerdings ist dann die Druckmaschine dauernd anzuhalten um nachzusprühen. Ein Einreiben des Gummituches mit Maschinenöl bringt einen Erfolg, schädigt aber das Gummituch und beeinflusst die Farbannahme des Drucktuches. Das Drucken mit geringerer Pressung vermindert ebenfalls die Reibung und damit die elektrostatische Aufladung des Papiers. Entscheidend ist jedoch, dass eine richtige Lagerung und Klimatisierung des Bedruckstoffes die Schwierigkeiten durch elektrostatische Aufladung weitgehend verhindert. Hat man zusätzlich lonisatoren in der Druckmaschine, treten diese Druckschwierigkeiten nicht auf.

Emulgieren = instabile Emulsion

Fehlerdefinition:
Die Farbe „geht ins Wasser“ und die Farbkraft geht verloren.

Ursache:
- Ungeeignete Feuchtmittelzusätze

Abhilfe:
- Einem konventionellen Feuchtwerk dürfen keine oberflächenentspannenden Zusätze beigefügt werden. Die Farbe dringt in das Feuchtmittel ein und setzt sich im Feuchtwerk ab. Tonen ist die Folge. Zusätze prüfen, ggf. Feuchtwerk reinigen und Feuchtmittel wechseln.

Ursache:
- Druckfarbe zu fettarm

Abhilfe:
- Das schwach saure Feuchtwasser verursacht Störungen: Firnis der Druckfarbe wird zersetzt und die Pigmente setzen sich im Feuchtwerk ab. Dies

führt zum Tonen. Leinölfirnis (5 - 15 %) zusetzen, pH-Wert überprüfen und auf 6 einstellen und mit der Feuchtmittelmenge zurückgehen.

Ursache:
- Zu dünne Druckfarbe

Abhilfe:
- Eine zu dünne Druckfarbe nimmt zu viel Feuchtmittel auf. Es entstehen gleichartige Probleme wie bei einer zu fettarmen Druckfarbe. Leinölfirnis zusetzen, besser ist es, eine frische Druckfarbe zu verwenden. Auf Drucköl verzichten.

Ursache:
- Zu saures Feuchtmittel

Abhilfe:
- Säure „entfettet" die Druckfarbe. Es entstehen die gleichen Probleme wie bei einer zu fettarmen Druckfarbe. Den pH-Wert leicht sauer einstellen (ca. 5,0 bis 5,5).

Ursache:
- Deckweiß

Abhilfe:
- Deckweiß geht infolge seines Pigmentaufbaues sehr stark ins Feuchtmittel. Im Offsetdruck möglichst nicht verwenden oder nur max. 5 % zusetzen.

Faltenbildung im Druckbogen

Fehlerdefinition:
- Der Druckbogen wird nicht glatt ausgelegt, es haben sich kleinste oder starke Falten gebildet.

Ursache:
- Randwelliges, verbeultes und verspanntes Papier.

Abhilfe:
- Wenn Papier infolge schlechter Lagerung durch Feuchtigkeitsaufnahme randwellig geworden ist oder durch Feuchtigkeitsabnahme tellert, dann wird es sich unter Druck strecken und dabei Falten verursachen. Für ein andauerndes, richtiges Klima im Lager und im Drucksaal sorgen, Papier rechtzeitig und ausreichend klimatisieren. Manchmal bringt beim Druck eine Zurücknahme der Pressung und eine langsamere Maschinengeschwindigkeit auch schon gute Erfolge.

Ursache:
- Falsche Greifereinstellung

Abhilfe:
- Wenn einige Greifer des Druckzylinders zu locker sind, gibt es an diesen Stellen kleinste Falten am Druckanfang. Den nicht korrekt justierten oder defekten Greifer ermitteln und nachstellen bzw. auswechseln.

Ursache:
- Elektrostatisch aufgeladenes Papier

Abhilfe:
- Elektrostatisch aufgeladene Papiere kleben am Zylinder und liegen nicht gleichmäßig an. Hier kann es zu einer Faltenbildung zum Druckende hin kommen. Maßnahmen im Kapitel; Elektrostatische Aufladung.

Ursache:
- Falsche Druckbeistellung

Abhilfe:
- Besonders bei dünnen Papieren führt Überdruck zur Faltenbildung in axialer Richtung. Das Papier dehnt sich hinter der Druckberührungslinie. Die richtige Pressung einstellen oder noch weiter zurücknehmen.

Druckfarbe bleibt im Farbkasten stehen

Fehlerdefinition:
- Die Druckfarbe läuft beim Druckprozess im Farbkasten nicht kontinuierlich an den Duktor heran

Ursache:
- Die Druckfarbe ist zu konzentriert oder sie ist mit Deckweiß angemischt

Abhilfe:
- Die Druckfarbe rollt sich im Farbkasten zusammen und steht dadurch nicht mehr am Schlitz zwischen Duktor und Farbmesser. Die Druckfarbe durch Zusatz von Firnis fließfähiger machen und oft durchspachteln.

Ursache:
- Thixotrope Druckfarbe

Abhilfe:
- Dieser Farbtyp verfestigt bei einer zu schwachen Duktorbewegung und im Stillstand. Unter mechanischer Bewegung wird die Druckfarbe wieder fließfähig.
  Allgemein hilft es, die Farbzoneneinstellung zu verringern und dementsprechend den Duktorvorschub zu vergrößern. Auch der Einsatz eines Farbrührwerken löst das Problem.

Druckfarben haften beim N-i-N-Druck nicht

Fehlerdefinition:
- Im Mehrfarben-Offsetdruck ist die Farbannahme auf eine vorausgedruckte Druckfarbe gestört

Ursache:
- Falsche Konsistenzeinstellung

Abhilfe:
- Dieser Fehler tritt besonders beim Druck in Mehrfarben-Offsetdruckmaschinen auf.

Haben die Druckfarben beim Nass-in-Nass-Druck alle die gleiche Zügigkeit, so druckt die nächstfolgende Farbe nicht gleichmäßig auf, sondern hebt die vorausgelaufene Farbe noch ab. Hier ist die Konsistenz entsprechend der Farbfolge stufenweise jeweils gering herabzusetzen, um die Zugkräfte der folgenden Farben abzubauen. Dazu nimmt man Paste oder Verdünnung.

Druckfarbe trocknet nicht

Fehlerdefinition:
- Die Druckfarbe bleibt auf dem Bogen längere Zeit feucht und frisch und trocknet nicht nach entsprechender Zeit nagelhart durch

Ursache:
- Falscher pH-Wert des Feuchtmittels

Abhilfe:
- Ein pH-Wert unter 5 wirkt abbauend auf die in oxidativ trocknender Druckfarbe enthaltenen Metallsalze des Trockenstoffanteils. Das Feuchtmittel nicht zu sauer ansetzen, den pH-Wert öfters kontrollieren. Nach jedem Reinigen der Druckplatte mit säurehaltigen Mitteln grundsätzlich die Druckplatte mit Wasser nachwaschen. Ist die Auflage bereits gedruckt, so hilft vielfach nur noch ein Überdruck von Lack oder Firnis.

Ursache:
- Das Papier besitzt einen zu sauren pH-Wert

Abhilfe:
- Das Prüfen eines unbekannten Auflagenpapiers auf seinen pH-Wert schützt vor Überraschungen. Saure Papiere können die Struktur von Trockenstoffen zerstören. Ist die Auflage bereits gedruckt, so hilft vielfach nur noch ein Überdruck von Lack oder Firnis.

Ursache:
- Ungeeignete Druckfarbe

Abhilfe:
- Wenn auf Bedruckstoffen mit einer nicht oder gering saugfähigen, geschlossenen Oberfläche eine nur rein wegschlagende Druckfarbe verwendet wird, kommt es zu einer sehr langsamen Trocknung ohne intensives Durchtrocknen des Farbfilms. Eine wegschlagend und zusätzlich oxidativ oder eine rein oxidativ trocknende Druckfarbe verwenden.

Ursache:
- Zu niedrige Raumtemperatur.

Abhilfe:
- Oxidativ trocknende Druckfarben reagieren besonders gut bei normalen oder höhere Temperaturen. Bei niedriger Temperatur reagiert die Sauerstoffverbindung zu langsam. Richtige klimatische Bedingungen herstellen und den Stapel öfter lüften.

Ursache:
- Zu hoher Trockenstoffzusatz.

Abhilfe:
- Ein Zusatz von Trockenstoff verkürzt die Trocknungszeit oxidativ trocknender Druckfarben und härtet den Farbfilm stärker durch.
  Die Wirkung kehrt sich um, wenn zuviel Trockenstoff beige-mischt wird: Die Trocknungsfähigkeit der Druckfarbe wird stark vermindert. Unbedingt die aufgedruckte Maximalzusatzmenge des jeweiligen Trockenstoffes beachten. Ist die Auflage gedruckt, hilft nur ein Überdruck mit Lack, evtl. Firnis.

Ursache:
- Farbe zu dünn.

Abhilfe:
- Der Trockenstoffanteil in einer vom Hersteller gelieferten Farbdose ist genau auf diese Menge berechnet. Jeder Zusatz von Paste oder Verdünnung streckt die Farbmenge so, dass der Anteil des Trockenstoffzusatzes nicht mehr stimmt. Er nimmt relativ ab.
  Um die Trocknung nicht zu verzögern, muss man der gestreckten Druckfarbe zusätzlich Trockenstoff zusetzen. Dies ist aber nur bei oxidativ trocknenden Farben nötig, da alle wegschlagenden Druckfarben keine Trockenstoffanteile enthalten.

Geistereffekt (Glanz-/Matt-Effekt)

Fehlerdefinition:
- Kontaktvergilbung. Bei gestrichenem Papier ein leicht sichtbares Druckbild der zuerst gedruckten Seite auf der anderen Seite des Papiers in Flächen oder flächigen Bildern, glänzend oder auch matt

Ursache:
- Druckfarbentrocknung, bei der vermutlich flüchtige Spaltprodukte das Druckbild beeinträchtigen

Abhilfe:
- Flächen und flächige Bilder zuerst drucken. Schön- und Widerdruck in zeitlich ausreichendem Abstand drucken. Auslagestapel häufig sehr gut lüften und umsetzen.

Ursache:
- Feuchtes Papier

Abhilfe:
- Ein zu hoher Anteil optischer Aufheller in einem zu feuchtem Papier kann zu diesem Effekt führen. Klimatisieren des Papiers in kleinen Lagen und ein öfteres Lüften kann möglicherweise eine Abhilfe bringen.

Ursache:
- Zu hohe Stapel in der Auslage

Abhilfe:
- Jeder Bogen bringt minimal Feuchtigkeit aus dem Druckprozess mit sich. Beim Druck in Mehrfarben-Offsetdruckmaschinen ist die Bogenfeuchtigkeit relativ hoch.
  Ein zu hoher Stapel presst das isolierende Luftkissen heraus und die Bogen liegen unmittelbar aufeinander. Hier reagieren auch die optischen Aufheller im Papier.
  Kleinere Stapel beim Druck auslegen und das Papier öfters lüften. Die Feuchtmittelmenge reduzieren und wenn möglich die Farbführung im Nass-in-Nass-Druck verringern.

Greifer reißen ein

Fehlerdefinition:
- Markierungen oder Einrisse an der Greiferkante im Druckbogen oder Abdrücke der Greiferauflagen.

Ursache:
- Die Vordermarken stehen zu weit unten, dadurch ein zu großer Greiferrand.

Abhilfe:
- Der Bogen kommt zu tief in die Greifer hinein und staucht in den Greiferenden. Dies ergibt Einrisse oder auch nur Markierungen an der Greiferseite des Bogens. Die Vordermarken sind immer in Grundstellung zu fahren. Die Zugrifftiefe der Greifer soll ca. 5 - 6 mm betragen. Die korrekte Einstellung der Greifer ist dem Maschinenhandbuch zu entnehmen.

Ursache:
- Die Vorspannung der Greifer ist zu hoch

Abhilfe:
- Bei einer zu hohen Vorspannung öffnen die Greifer zu spät. Der Bogen schlägt bei der Übergabe an die Greiferspitzen und reißt ein. Zusätzlich zeigt sich ggf. diese hohe Greiferspannung im Abdruck der Greiferauflagen auf dem Bogen. Viele Druckmaschinen haben für unterschiedliche Greifersysteme verschiedene Riffelungen der Greiferauflagen. Man erkennt somit schneller, wo der Fehler liegt. Wichtig: Die Greifer sind korrekt zur Greiferaufschlagleiste zu justieren.

Kleben der Druckbogen im Stapel

Fehlerdefinition:
- Die ausgelegten Bogen kleben ganz oder stellenweise zusammen, beim Auflockern reißt Faser- oder Strichmaterial ab.

Ursachen:
- Zuviel Druckfarbe auf einem Papier mit geringer Wegschlagefähigkeit.
- Zu hohe Stapel in der Auslage
- Elektrostatisch aufgeladenes Papier
- Vierfarbendruck.

Abhilfe:
- Dem Kleben der Druckbogen geht grundsätzlich das Ablegen voraus. Deshalb gelten auch hier einige vom Ablegen her bekannte Fehlerquellen. Die einzelnen Gegenmaßnahmen sind dort beschrieben worden. Eine zusätzliche Maßnahme ist das Lüften oder Umsetzen der Bogen, denn manchmal ziehen die Bogen – geschützt durch das Luftkissen – nicht sofort ab, sondern erst nachdem dieses Kissen durch den sich erhöhenden Stapeldruck herausgepresst wurde. Geht dies sehr schnell und ist die Druckfarbe noch nicht trocken, so müssen kleinere Stapel ausgelegt werden. Durch mehrmaliges Lüften von Hand ist ständig ein neues Luftkissen zu bilden. Das häufigere Lüften kann auch als Vorsorge dienen. Die meisten Drucker kennen den Zeitraum vom Druck bis zu einem leichten Anziehen der Druckfarben. Sie schreiben ggf. sogar die Uhrzeit auf den ausgefahrenen Stapel, um dann gezielt mit dem Lüften beginnen zu können. Die Zugabe von Trockenstoff ist auch ein Vorteil, da die Druckfarbe schon angetrocknet ist bevor das Luftkissen nachlässt. Diese Zugabe muss aber genau erfolgen, da eine Beimengung über 3 % Trockenstoff die Farbe schlechter trocknen lässt.

Ursache:
- Drucklackierung

Abhilfe:
- Beim Lackieren muss man eine bestimmte Menge Lack drucken, um zu einer dicht geschlossenen Lackierung zu kommen. Dies kann aber gern ein Kleben der Bogen zur Folge haben. Die Wechselwirkungen zwischen der Lacksorte und der Trocknereinstellung ist genau zu beachten.
  Die beste Maßnahme beim Druck auf Papier ist der Einsatz eines geeigneten Trockners auch das Lüften mit zeitlicher Abstimmung. Beim Druck auf starken Karton ist der Stapeldruck zu verringern, evtl. ist in kleinen Stapelhöhen auszulegen.

Ursache:
- Verstopfte Düsen im Bestäubungsapparat

Abhilfe:
- Zur Verhinderung des Ablegens und Klebens von Druckfarben ist ein leichtes Bestäuben gut geeignet. Zu beachten ist: Das übermäßige Bestäuben kann eine ganze Kette unerwünschter Nebenwirkungen nach sich ziehen, z. B. eine unzureichende Farbannahme der folgenden Druckfarben, Tonwertverschiebungen, Zusetzen von Rastern, Schwierigkeiten beim Lackieren und Probleme in der Druckweiterverarbeitung. Grundsätzlich sollte sich der Drucker nicht nur auf den eingestellten Sprühwert am Bestäubungsapparat verlassen. Beispielsweise

könnten die Düsen verstopft sein und den Durchgang des Puders partiell oder insgesamt verringern oder ganz verhindern. Die Menge und Gleichmäßigkeit des Aufstäuben ist öfter z. B. durch ein Überwischen zu kontrollieren. Besonders wichtig ist es, die Sprüheinrichtung sauber halten.

Kleben der Bogen am Gummituch

Fehlerdefinition:

- Die Druckbogen kleben am Gummituch fest und werden nicht ausgelegt

Ursache:

- Druckfarbe auf dem Gummituch angetrocknet

Abhilfe:

- Diese Schwierigkeiten entstehen in erster Linie beim Einrichten. Wenn zuviel Zeit zwischen den einzelnen Abzügen liegt und die Druckmaschine dabei dauernd leer läuft. Durch die Bewegung des Gummizylinders und des Farbwerkes wird der Druckfarbe mehr Sauerstoff zugeführt als beim Maschinenstillstand. Die Druckfarben bekommen dadurch einen starken Zug, der den Bogen – insbesondere bei dünnen Papieren – auf dem Gummituch festklebt. Bei längerem Einrichten festere Vorlaufbogen vordrucken, z. B. 40 Bogen vor jedem Abzug auf dem Originalpapier, so kommt immer frische Druckfarbe nach. Möglichkeiten zur Abhilfe: Das Gummituch öfters mit Antitrockner einsprühen oder mit Talkum abreiben. Auch das Farbwerk leicht einsprühen. Wenn der Fortdruck beginnt, hört diese Schwierigkeit auf.

Papierstaub

Fehlerdefinition:

- Fehlstellen im Druckbild durch kleinste Partikel durch Staub, der besonders bei holzstoffhaltigen, lockeren Naturpapieren auftritt.

Ursache:

- Schlechte Leimung des Papiers

Abhilfe:

- Ursache sind im allgemeinen Fabrikationsmängel. Als Abhilfe können die Bogen durch einen feuchten Streckgang entstaubt werden. Ein Überdruck mit Firnis hilft ebenfalls. Eine Hilfe bieten auch Staubfangvorrichtungen in der Druckmaschine. Zum feuchten Streckgang eine alte Druckplatte verwenden und oft das Gummituch waschen.

Ursache:

- Stumpfes Schneidmesser

Abhilfe:

- Stumpfe Schneidmesser beim Schneiden der Bogen in der Papierfabrik oder im eigenen Betrieb ergeben Schnittstaub an den Rändern. Die Stapelseiten vor dem Druck mit einem leicht gefeuchteten Lappen oder mit Glyzerin abreiben. Der Staub verursacht ein schlechtes Ausdrucken, er schädigt zudem das Gummituch und die Druckplatte.

Passerdifferenzen

Fehlerdefinition:

- Bei einem Mehrfarbdruck ist im Fortdruck kein einwandfreier Passer zu erzielen

Ursache:

- Differenzen durch eine mangelhafte, ungleichmäßige Bogenanlage

Abhilfe:

- Die Seitenmarke zieht den Bogen nicht oder zu schwach an die Anlage. Bei konventionellen Anlegemarken die Deckmarkenhöhe der Seitenmarke auf Materialstärke + 2/10 mm stellen und den Federdruck exakt einstellen. Eine geeignete Feder verwenden und ggf. das richtige Ziehsegment wählen. Bogeneinlauf kontrollieren, damit die Seitenmarke einen Zugweg von ca. 5 mm hat. Die gleichen Kontrollen und Maßnahmen ergreifen, wenn der Bogen zu stark gezogen wird.
- Das Papier ist nicht im Winkel geschnitten. EinenWinkelschnitt machen oder ggf. den Seitenmarkenanschlag leicht verwinkeln.
- Vordermarkenhöhe ist zu tief eingestellt oder die Endrollen stehen auf der Hinterkante des Bogens. In beiden Fällen zieht die Seitenmarke nicht oder nicht ausreichend und gleichmäßig. Vordermarkenhöhe auf Materialstärke + 2/10 mm stellen und die Endrollen ca. 1 mm hinter den angelegten Bogen stellen. Wird der Zug durch falsch eingestellte Führung behindert, sind diese auf die Stabilitätslinien einpassen. Zu tiefe Kugelreiter, Bürstenrollen und Niederhalter hemmen den Zug. Prüfen und korrekt einstellen. Mitgedrucktes Seitenmarkenzeichen permanent beobachten.
- Ist die Vordermarkenabdeckung zu tief, klemmt der Bogen. Ist die Vordermarkenabdeckung zu hoch, wird der Bogen zu tief hinein transportiert.
- Greifersystem zu tief oder nicht gekontert. Hier wird der Bogen aus den Marken herausgeschoben. Gegen das Zurückspringen Kugelreiter und Bürstenrollen einsetzen. Schwinggreifer zu hoch. Bogen wird wellig und nicht Paßgenau übergeben. Der Apparaterhythmus stimmt nicht. Der Bogen kommt zu früh an die Vordermarken und springt stark zurück. Der Bogen kommt zu spät, hat keine Ruhezeit und kann nicht ausgerichtet werden. Er kann auch schon gezogen werden, bevor er in den Vordermarken steht. Einstellung an der Kupplung vornehmen, so dass der Bogen ca. 5 mm vor der gerade geschlossener Vordermarke steht. Bei schrägstehenden Vordermarken reicht die Ruhezeit nicht aus, um den Bogen ruhig und exakt auszurichten.
- Papier ist elektrisch oder bleibt am Übergang Bändertisch zum Kammblech hängen.

- Schräger Bogenstrom durch schräge Sauger und ungleich aufdrückende Rollen oder stark ungleich gespannte Bänder führen zu Differenzen. Zum Ausrichten reicht die Ruhezeit nicht aus.
- Unterschiedlich geschnittene Bogen führen zu Differenzen. Sind sie zu kurz, so werden sie von den Endrollen nicht in die Vordermarken gedrückt. Kugelreiter einsetzen oder die Bogen sind nachzuschneiden. Sind die Bogen zu lang, so stauchen sie in den Vordermarken, weil die Endrollen zu stark pressen oder gar noch auf den Bogen stehen. Dies wirkt sich auch auf die Ziehmarke aus. Auflage nachschneiden. Die gesamte Einstellung des Bogenlaufs mit größter Gewissenhaftigkeit vornehmen und ständig kontrollieren. Mehrere Bogen doppelt bedrucken und kontrollieren, Druckbeginnzeichen und Passmarken beobachten.

Ursache:
- Falsche Abwicklung

Abhilfe:
- Das starke Walken des Gummituches führt zu einer starken mechanischen Beanspruchung des Papiers und zu einem starken und evtl. unregelmäßigen Papierverzug. Aufzüge über den Messring prüfen und korrigieren.

Ursache:
- Zu hohe Druckbeistellung (Pressung)

Abhilfe:
- Falsche Druckbeistellung führt zu einem starken Auswalzen des Papiers. Die Folge ist ein starker Verzug zum Bogenende hin, vielfach zum Bogenende stärker wirkend. Pressung max. 1/10 mm. Nur bei Karton oder sehr rauen Bedruckstoffen kann der Anpressdruck verstärkt werden.

Ursache:
- Ungleichmäßige oder zu starke Feuchtmittelführung

Abhilfe:
- Papier mit einer höheren Gleichgewichtsfeuchte hat einen höheren Verzug wie trockneres Papier. Verändert man ständig die Feuchtmittelmenge beim Fortdruck, so hat man im Stapel einen stark unterschiedlichen Papierverzug. Grundsätzlich ist mit der geringst möglichen Feuchtmittelmenge im Auflagendruck zu drucken.

Ursache:
- Ungeeignetes Papier

Abhilfe:
- Wenn große Flächen auf dünnem Papier und zudem in einem großem Format gedruckt werden, gibt dies einen relativ starken Verzug. Durch den Zug des Gummituches und der Druckfarbe entstehen selbst bei richtiger Einstellung der Druckmaschine große Passerdifferenzen. Für Druckbilder mit hoher Farbdeckung und flächigem Druck muss ein stärkeres und stabileres Papier verwendet werden.

Ursache:
- Laufrichtung des Bedruckstoffes verursacht Probleme beim Mehrfarbendruck

Abhilfe:
- Grundsätzlich sollte im Offsetdruck (soweit dies verarbeitungstechnisch möglich ist) Schmalbahnpapier verwendet werden. Eine Veränderung der Dimensionsstabilität läßt sich auf diese Weise durch Veränderung der Abwicklung korrigieren. Durch Verstärkung des Plattenzylinderaufzuges ist die Drucklänge bei der ersten Druckfarbe zu verkürzen. Der zu erwartende Papierverzug zieht das Druckbild wieder auf Originallänge und die folgenden Farben passen dann mit einem Normalaufzug. Die Verwendung von Breitbahnpapier, die manchmal aus Gründen der Weiterverarbeitung erforderlich ist, kann – allerdings nur bei einem mehrfarbigen Druck in Einfarben-Offsetdruckmaschinen – einen Streckgang erforderlich machen.

Ursache:
- Schlechte Dimensionsstabilität des Papiers

Abhilfe:
- Durch mangelhafte Lagerung zu feucht gewordene Papiere strecken sich stark und ungleichmäßig, sie werden randwellig. Zu trocken gelagerte Papiere verspannen sich durch Feuchtigkeitsentzug, sie tellern. Das Papier muss gut auf das richtige Lager- und Raumklima von ca. 20 - 22 °C und einer Luftfeuchtigkeit von 50 - 65 % klimatisiert werden.

Ursache:
- Schlechte Planlage des Papiers

Abhilfe:
- Durch Luftfeuchtigkeits- und Temperaturunterschiede bei der Lagerung kann sich das Papier infolge unterschiedlicher Quellfähigkeit der beiden Papierseiten wellen. Dies gilt sowohl für Naturpapier wie auch gestrichenes Papier. Ganz besonders deutlich ist die Reaktion bei einseitig gestrichenem Papier. Hier nimmt die ungestrichene Rückseite leichter Feuchtigkeit auf und dehnt sich, während die gestrichene Seite unverändert bleibt. Die Strichseite wird nach innen gekrümmt. Die Wellung streckt sich unter Druck und führt zu Passerdifferenzen. Das Papier muss vor dem Druck ausreichend lange klimatisiert sein. Eventuell sind beim Aufsetzen die Bogen in kleinen Stapeln von Hand rollen und entgegenbiegen.

Ursache:
- Ungleiche Vordermarkenstellung beim Druck in zwei Druckmaschinen.

Abhilfe:
- Voraussetzung für einen optimalen Passer ist es, dass auf zwei Druckmaschinen gleichen Typs gedruckt wird, um überhaupt die gleiche Vordermarkenstellung erreichen zu können. Änderungen in der Vordermarkenstellung können zu Passerdifferenzen führen.

Ursache:
- Strenge Farbe

Abhilfe:
- Probleme mit zu strenger Druckfarbe entstehen vor allem beim Flächendruck. Hier muss nicht nur gegen das Kleben, sondern auch für einen ruhigeren Ausdruck die Zügigkeit durch Zusatz von Flächenpaste ca. 4 % verringert werden.

Ursache:
- Greifer sind zu locker eingestellt

Abhilfe:
- Halten die Druckzylinder- oder Auslagegreifer den Bogen während des gesamten Druckprozesses nicht fest genug, so kann er nicht einwandfrei vom Gummituch abgezogen werden und bleibt kleben. Die Greifer bei 2/10 mm Vorspannung und mit einem Papierstreifen von 30 g/m^2 kontrollieren und ggf. genau justieren.

Ursache:
- Die Vordermarken stehen zu weit oben

Abhilfe:
- Hier wird der Druckbogen zu knapp von den Greifern und demzufolge von den nächsten Greifern erfasst. Er bekommt nur einen Teil der normalen Greiferspannung und wird durch die Zugkraft des Gummituches herausgezogen. Vordermarken unbedingt in Grundstellung und gleichmäßig einstellen so dass die Zugrifftiefe der Greifer ca. 5-6 mm beträgt.

Pelzen

Fehlerdefinition:
- Aufbauen der Druckfarbe auf den Walzen

Ursache:
- Ungeeignete wasserempfindliche Offsetdruckfarbe

Abhilfe
- Durch zu hohe Feuchtmittelführung wird das Pigment vom Bindemittel gelöst und baut auf den Farbwalzen auf. Es entsteht eine mehlige Schicht auf den Walzen. Der Druckfarbe eine geringe Menge Firnis zusetzen und die Feuchtmittelführung verringern.

Ursache:
- Überpigmentierte Druckfarbe

Abhilfe:
- Sind zuviele Pigmente in einer Farbe enthalten, dann reicht der Bindemittelanteil nicht aus, um die Pigmente zu binden und zu transportieren. Der Druckfarbe zusätzlich dosiert Firnis beimischen.

Ursache:
- Metallhaltige Druckfarbe

Abhilfe:
- Diese spezifisch schweren Farben wie Gold-, Silber- und Atlasfarben pelzen sehr schnell und werden durch die Verreibung auch an den Walzenenden angehäuft, wo sie etwas antrocknen. Bei diesen Farben verbinden sich Pigment und Bindemittel immer relativ schlecht miteinander. Im Notfall die Bindung durch Zusatz von Firnis erhöhen.

Ursache:
- Schlecht geleimtes Papier

Abhilfe:
- Hier wird Faserstaub abgenommen, der sich mit der Druckfarbe vermischt. Dieses Gemisch führt zum Pelzen. Der Druckfarbe etwas Paste zusetzen, damit sie weniger zieht.

Perlen

Fehlerdefinition:
- Farbflächen haben eine perlenartige, punktförmige Struktur. Sie liegen nicht glatt auf dem Bedruckstoff, sie drucken ungleichmäßig aus.

Ursachen:
- Zu dünne Druckfarbe
- Zu hohe Farbführung
- Zu geringe Farbkraft

Abhilfe:
- Eine zu dünne Druckfarbe führt zu einem perlenförmigen Aufliegen der Farbe. Möglichst frische Druckfarbe einsetzen. Die Zugabe von Zugfirnis oder mittelstarkem Firnis und eine Zurücknahme der Farbgebung ist auch zu empfehlen.

Ursache:
- Ungeeignetes Papier

Abhilfe:
- Zu hart geleimtes Papier führt durch eine schlechtere Farbannahme zum Perlen. Papier auf Eignung prüfen.

Randwelligkeit des Papiers

Fehlerdefinition:
- Die Stapelfeuchte liegt unter der relativen Feuchte der Umgebung. Die Planlage des Papiers ist an den

Rändern durch höhere Umgebungsfeuchte mangelhaft. Dies führt zu einer Verformung in der Druckzone, die sich auf dem Druckbogen als leichte oder starke Faltenbildung von der Bogenmitte zum Bogenende auswirken kann.

Ursache:
- Zu hohe Luftfeuchtigkeit im Lager.

Abhilfe:
- Papier ist ein hygroskopischer Stoff, der Wasser aufnehmen und abgeben kann. Ist die Umgebung zu feucht, so quellen die Randzonen des Stapels weil die aufgenommene Feuchtigkeitsmenge einer Massenvergrößerung des Stapels gleichkommt. Dies führt zur Randwelligkeit.
  Unbedingt richtige Lagerbedingungen herstellen (20 - 22^{0}C und 50 bis 65 % rel. Feuchtigkeit) und das Papier im ausgepackten Zustand klimatisieren. Auch auf ein Klimagleichgewicht zwischen Papierlager und Druckraum achten und das Papier vor der Verarbeitung möglichst mehrere Tage im Druckraum im verpackten Zustand lagern.

Ursache:
- Papierstapel ist unterkühlt

Abhilfe:
- Das Papier wurde z. B. in ungeeigneten Fahrzeugen oder Verpackungen transportiert. Transportwege auf Lastkraftwagen in der kalten Jahreszeit unterkühlen das Papier stark. Wird das Papier in der Druckerei sofort ausgepackt, so schlägt sich Kondenswasser auf dem Stapel nieder. Dies führt zu einer Überfeuchtung der Randzonen und somit zu einer Randwelligkeit. Den Stapel unausgepackt z. B. 2 Tage klimatisieren, damit die Verpackung vor Feuchtigkeitsaufnahme schützen kann, dann erst das Papier auspacken und verarbeiten.

Raster setzt zu

Fehlerdefinition:
- Das Druckbild wird voller und kontrastärmer. Die Tonwerte in den Bildlichtern drucken stärker.

Ursache:
- Farbe zu dünn

Abhilfe:
- Jeder Zusatz von Hilfsmitteln kann sich auf die Qua-lität des Rasters auswirken. Strenge Farbe bleibt am Rand eines Rasterpunktes scharf stehen, während ei-ne verdünnte Farbe über den Rand hinausschmiert und den Punkt dadurch vergrößert. Grundsätzlich sollte mit einer dosenfrischen unverdünnten Druckfarbe gedruckt werden. Lässt sich ein Zusatz infolge empfindlicher Bedruckstoffe nicht vermeiden, so muss man mit sowenig Zusatz wie möglich auskommen.

Ursache:
- Farbauftragswalzen zu stark zur Druckplatte angestellt

Abhilfe:
- Die straff laufenden Walzen quetschen die Farbe über den Punkt hinaus. Walzen wie oben einstellen.

Ursache:
- Papierstaub

Abhilfe:
- Staubende Papiere verursachen ein Zusetzen von Rasterpartien. Auswechseln des Papiers, evtl. ein feuchter Streckgang mit öfterem Gummiwaschen.

Ursache:
- Zu starke Bestäubung des ersten Druckganges

Abhilfe:
- Staubsaugerbürste einsetzen. Evtl. ein trockener Streckgang mit etwas Überdruck zwischen Gummituch- und Druckzylinder. Druckflächen bei kleineren Auflagen kann man evtl. mit Watte abreiben.

Ursache:
- Dublieren

Abhilfe:
- Jede Art von Rasterpunktverschiebung ergibt einen volleren Tonwert. Abhilfe siehe „Dublieren".

Ursache:
- Ungeeignetes Papier

Abhilfe:
- Für einen qualitativ guten, kontrastreichen Druck gerasterter Bilder ist ein gestrichenes Papier eine entscheidende Voraussetzung. Bei Naturpapieren (nicht gestrichene Papiere) druckt der Rasterpunkt voller und unschärfer aus. Folgende Anhaltswerte sind bei der Rasterung zu beachten:
  1. Maschinenglattes Papier: ca. 48 L/cm
  2. Satiniertes Papier: ca. 54 L/cm
  3. Bilderdruckpapier: ca. 60 L/cm
  4. Original Kunstdruck- und Chromopapier: ca. 80 L/cm
  5. Gussgestrichenes Papier: 120 L/cm, ggf. höher.

Ursache:
- Zu starke Farbgebung

Abhilfe:
- Diese Ursache ist bestimmt die häufigste.
  Wenn man den Bereich der Normalfärbung verlässt, so ist das Farbangebot für den Rasterpunkt zu groß. Die Druckfarbe quetscht über seinen Rand hinaus und verbreitert ihn, d.h. der Tonwert wird voller. Beim Druck unbedingt die Farbstärke nach dem

abgestimmten Bogen halten und ständige Kontrollen mit den Fadenzähler vornehmen. Ein einfacher Praxistest: Mit den Fingern leicht über den frischen Druck wischen. Entstehen deutliche Streifen und setzen die Rasterpartien zu, ist die Farbgebung zurückzunehmen.

Ursache:
- Aufzug des Gummituchzylinders ist zu weich

Abhilfen:
- Ein weicher Aufzug bringt keine Bildschärfe und keinen ausreichenden Kontrast, der Rasterpunkt wird breiter.
  Hinweis zu Aufzugsformen:
  1. Harter Aufzug: Nur kalibrierte Kartonunterlagen. Sehr gut für Raster, aber sehr empfindlich bei Überdruck.
  2. Mittlerer Aufzug: 3-4 mittelfeine Bogen und der Rest kalibrierte Kartons, oder ein Unterdrucktuch und der Rest kalibrierte Kartons. Es ist der wirtschaftlichste Aufzug. Er druckt Raster gut aus und ist nicht so empfindlich.
  3. Weicher Aufzug: Überwiegend mittelfeine Bogen oder ein Billardtuch und der Rest kalibrierte Kartons. Druckt Raster weniger gut aus, gut geeignet für Flächendruck und stark strukturierte Papiere und Kartons.

Ursache:
- Hohe Temperaturen in der Druckmaschine

Abhilfe:
- Überhöhte Raumtemperatur und eine zunehmende Erwärmung des Farbwerks bei ständigem Maschinenlauf verflüssigen ggf. die Druckfarbe relativ stark. Den Farbkasten nicht randvoll auffüllen. Durch ständiges Nachfüllen dosenfrischer Druckfarbe stabilisieren sich die Fließfähigkeit und die Zügigkeit.
  Dies gilt auch für die Verwendung thixotroper Druckfarben.

Rollen des Papiers

Fehlerdefinition:
- Rollen tritt vor allem an der Hinterkante des gedruckten Bogens auf. Es führt zu einer schlechten Auslage und zum Ablegen der Bogen.

Ursache:
- Das Gummituch klebt zu stark

Abhilfe:
- Ein starker Zug des Gummituches und der Druckfarbe ist die Ursache. Den Zug durch eine leichte Verdünnung der Druckfarbe abschwächen. Das Gummituch gut reinigen, ggf. austauschen.

Ursache:
- Zu strenge Farbe

Abhilfe:
- Eine hohe Viskosität und Zügigkeit bringt einen hohen Widerstand gegen die Farbspaltung. Die Druckfarbe durch Zusatz von Paste geschmeidiger machen oder durch Zusatz von Drucköl verkürzen, um den Zug zu verringern.

Ursache:
- Zu starke Feuchtigkeitsanfälligkeit des Papiers durch unzureichende Leimung.

Abhilfe:
- Rolltendenzen aus diesem Grund treten häufig an Mehrfarben-Offsetdruckmaschinen auf. Hier wird mehrmals eine geringe Menge Feuchtigkeit über das Gummituch auf den Bogen übertragen. Dies kann zu einer starken Faserquellung und zum Krümmen des Bogens führen. Prüfen, ob das Papier in Breitbahn verarbeitet werden kann. In der Faserlängsrichtung hat das Papier eine erheblich geringere Rolltendenz.

Ursache:
- Schlechte Einteilung des Druckbogens

Abhilfe:
- Flächige Elemente oder eine hohe Farbabnahme am Bogenende fördert das Rollen bei dünnen Papieren. Bilder oder Flächen auf dem Druckbogen vorausplanend anordnen.

Rupfen

Fehlerdefinition:
- Mehr oder weniger starkes Herausreißen von winzigen Faserteilchen bzw. Aufreißen von Bedruckstoffoberflächen durch starke mechanische Beanspruchung bei zu geringer Festigkeit des Materials

Ursache:
- Eine zu zügige Druckfarbe für einen bestimmten ungestrichenen oder gestrichenen Bedruckstoff. Schlecht geleimtes Papier.

Abhilfe:
- Papier erfordert im Offsetdruck, bedingt durch eine erforderliche Zügigkeit der Druckfarbe und des Gummituches, eine gute Oberflächenfestigkeit und einen guten Strich. Strichrupfen bei gestrichenen Druckpapieren oder Stoffrupfen bei Naturpapieren treten gerade im Offsetdruck häufiger auf.
  Tritt der Fehler nur kurzfristig beim Einrichten auf, kann ein Einsprühen des Farbwerks mit einem Frischhaltemittel (Spray) helfen. Eine Erwärmung der Druckmaschine durch kurzzeitigen Leerlauf macht die Druckfarbe ohne Zusätze geschmeidiger. Durch Zusetzen von Paste und verdünnenden Mitteln kann die Druckfarbe geschmeidiger und kürzer gemacht werden. Man kann die Farbdose auch kurzfristig vor dem Einfüllen der Druckfarbe auf die Heizung stellen. Die Raumtemperatur auch am Wochenende möglichst konstant halten.

Ursache:
- Druckfarbe angetrocknet

Abhilfe:
- Durch längeren Maschinenstillstand oder zu langes Einrichten hat die Druckfarbe angezogen (hohe Zügigkeit). Antitrockner oder Auffrischer ins Farbwerk sprühen oder etwas Paste auf die Walzen streichen.

Ursache:
- Zu hohe Druckgeschwindigkeit

Abhilfe:
- Ein zu schnelles Abreißen des Bogens von der Druckberührungslinie am Drucktuch kann zu stärkerem Ablösen von Faser- oder Strichmaterial führen. Die Druckgeschwindigkeit verringern und prüfen, ob das Rupfen dadurch zu beseitigen ist.

Schablonieren

Fehlerdefinition:
- In vollen Flächen bilden sich andere mitdruckende Teile der Druckform nochmals ab

Ursache:
- Die Verreibung im Farbwerk ist zu schwach eingestellt

Abhilfe:
- Eine zu geringe Verreibung kann Übertragungsmängel ergeben, z. B. in Flächen mit negativen Aussparungen. In den Aussparungen geben die Auftragswalzen keine Druckfarbe ab, es entsteht an höheres Farbangebot, das durch Verreibung nicht ausgeglichen wird. Dadurch zeichnet sich die Form der Aussparungen beim Einfärben in einer nachfolgenden Fläche dunkler (kräftiger) ab. Durch eine höhere Verreibung wird dieser Effekt verringert oder sogar ganz verhindert.

Ursache:
- Falsche Einteilung der Druckform

Abhilfe:
- Flächen sollten in der Druckform grundsätzlich am Druckanfang liegen. So kann sich Zeichnung niemals in der Fläche abbilden. Im umgekehrten Fall haben die Auftragswalzen in den Zeichnungsteilen schon Farbe abgegeben, die der dahinterliegenden Fläche fehlt. Wirkung: Helleres Übertragen durch unzureichendes Farbangebot der Walzen.

Schmieren

Fehlerdefinition:
- Ansetzen von Druckfarbe in den bildfreien Stellen der Druckplatte. Die Druckplatte läuft ganz oder stellenweise trocken.

Ursache:
- Feuchtmittelbehälter nicht ausreichend gefüllt

Abhilfe:
- Auffüllen, Einstellung zum Vorratsbehälter öffnen, Umlaufleitung auf Verstopfung untersuchen.

Ursache:
- Zu geringe Feuchtmittelführung. Die Temperatur in der Druckmaschine ist erheblich gestiegen

Abhilfe:
- Feuchtmittelführung erhöhen. Das Feuchtmittel verdunstet auf der Druckplatte durch höhere Temperaturen schneller.

Ursache:
- Duktor oder Verreiber im Feuchtwerk haben Farbe angesetzt.

Abhilfe:
- Walzen gründlich reinigen, mit leichter Säure abreiben.

Ursache:
- Feuchtheber und andere Walzen falsch justiert

Abhilfe:
- Das Wasser wird ggf. abgequetscht. Einstellung der Walzen zum Duktor und zum Verreiber prüfen und die Einstellung optimieren.

Ursache:
- Feuchtauftragswalzen sind zu stark zum Druckplattenzylinder angestellt

Abhilfe:
- Durch die Kanalkante am Druckanfang des Plattenzylinders springen die Walzen hoch. Die vordere Plattenkante schmiert, weil die Feuchtauftragswalzen zu spät aufsetzen. Möglich ist auch eine unregelmäßige Streifenbildung, parallel zur Zylinderachse, die sich zur Zylindermitte abschwächt. Feuchtauftragswalzen prüfen und korrekt justieren.

Ursache:
- Paralleleinstellung des Feuchthebers zum Duktor, der Feuchtwalzen zum Verreiber oder zur Druckplatte stimmt nicht: Druckplatte schmiert einseitig

Abhilfe:
- Es wird einseitig zu wenig Feuchtmittel übertragen. Einstellung aller Feuchtwalzen prüfen und korrekt justieren.

Ursache:
- Zu hohe Farbgebung

Abhilfe:
- Das Farbe-Wasser-Gleichgewicht ist gestört, mit der Farbgebung zurückgehen. Bei starker Störung ist es erforderlich, das Farbwerk gründlich zu reinigen und mit frischer Druckfarbe zu drucken.

Ursache:
- Zu geringer Alkoholzusatz im Feuchtmittel

Abhilfe:
- Die Oberflächenspannung des Wassers ist zu hoch und die unbezogene Auftragswalze überträgt das Feuchtmittel unzureichend. Alkohol-Zusatz prüfen, ungekühlt bis max. 10 %. (Prozessvorgaben bzw. Vorgabeempfehlungen beachten.)

Scheuerfestigkeit eines Druckproduktes unzureichend

Fehlerdefinition:
- Bei der Druckweiterverarbeitung gibt es Schwierigkeiten durch mechanische Krafteinwirkung, z. B. Strichbildung in der Falzmaschine.

Ursachen:
- Das Papier ist nicht scheuerfest. Eine ungeeignete Druckfarbe. Hohe mechanische Anforderungen in der Weiterverarbeitung.

Abhilfe:
- Oberflächenstruktur des Papiers ist nicht scheuerfest (insbesondere Probleme mit sogenanntem „Samt-Offsetdruckpapier" und mattgestrichenem Papier). Bei der Auswahl des Bedruckstoffes ist bereits auf mögliche Probleme mit bestimmten Sorten zu achten. Erkennt man dieses Problem erst vor dem Druck, so sind möglichst scheuerfeste Druckfarben zu verwenden. Evtl. ist zusätzlich bzw. nach einem zu spät erkanntem Problem ein Überdrucken mit einem (Scheuerschutz-)Lack vornehmen.

Ursache:
- Zu hohe Bestäubung

Abhilfe:
- Der relativ locker aufliegende Puder scheuert sich in der Falzmaschine oder einer anderen Weiterverarbeitungsmaschine mit der Druckfarbe ab und zieht Streifen. Grundsätzlich ist daher die Wahl des geeigneten Bestäubungspuders sowie eine sorgfältige Dosierung unbedingt zu beachten.

Schnittlinien im Drucktuch

Fehlerdefinition:
- Mechanische Beschädigungen des Drucktuchs durch Schnittlinien

Ursache:
- Schnittkanten beim Druck von starkem Papier oder Karton an den Druckformaträndern.

Abhilfe:
- Wird eine hohe Auflage auf starken Karton gedruckt, so pressen sich die Bogenränder, meistens noch durch Schnittkanten des Bedruckstoffes verstärkt, in das Gummituch ein. Die Ränder zerstören die Tuchoberfläche. Diese erscheinen bei größeren Formaten als Fehlstellen im Druck. Eine Hilfe ist das Verkleinern der Gummituchunterlagen unter das Bogenformat. Die Bogenränder haben somit keinen Druck und können sich nicht in das Gummituch eindrücken.

Spritzen der Druckfarbe

Fehlerdefinition:
- Starke Verschmutzung der Maschine im Bereich des Farbwerkes, evtl. sogar graue Ränder um Text- und Strichanteile auf der Druckplatte und im Druckbild

Ursache:
- Zu dünne Druckfarbe, zu hohe Farbgebung

Abhilfe:
- Die rotierenden Walzen können die Farbe nicht halten. Mit der Farbgebung zurückgehen oder die Druckfarbe mit Firnis strenger machen. Verringern der Maschinengeschwindigkeit bringt auch Erfolg.

Ursache:
- Zu schnelllaufende, zu harte oder stumpfe Walzen

Abhilfe:
- Bei manchen kleinformatigen Maschinen sind die Walzen sehr dünn und rotieren dadurch sehr schnell. Wie bei harten oder stumpfen Walzen in größeren Druckmaschinen wird hier die Farbe schlecht gehalten. Die Walzen regenerieren oder austauschen. Druckgeschwindigkeit verringern. Konzentrierte Druckfarbe verwenden.

Streifenbildung parallel zur Zylinderachse

Fehlerdefinition:
- Es entstehen Streifen, die die Druckplatte beschädigen oder das Druckbild qualitativ beeinflussen

Ursache:
- Falsche Abwicklung

Abhilfe:
- Abwicklung ist das Abrollen gleichgroßer Zylinder im Teilkreisbereich. Im Offsetdruck verstößt man ganz bewußt gegen diese reine Theorie, wenn man nämlich mit der korrigierten Abwicklung arbeitet. Entfernt man sich durch falsche Aufzüge aus dem Teilkreisbereich, so scheuern die Zylinder stark aneinander. Ursache sind die ungleichen Umfanggeschwindigkeiten.
  Falsche Abwicklung äußert sich in regelmäßigen Streifen über die ganze Druckplatte. Die Streifen scheuern verursachen ein Scheuern auf der Druckplatte. Die Aufzugshöhen sind über dem Messring zu prüfen und ggf. zu korrigieren.

Ursache:
- Schlechte Duktoreinstellung

Abhilfe:

- Ein zu kurz eingestellter Duktorhub und weitgeöffnete Zonenschrauben erzeugen einen schmalen und dicken Farbabgabestreifen. Dieser Farbstreifen wird auf seinem Weg zu den Auftragswalzen sehr schlecht verteilt (verrieben) und kommt als dunkler Farbstreifen auf die Druckplatte und somit wirksam auf das Druckbild.
  Den Duktorhub länger stellen, d.h. auf ein wenig mehr als die Hälfte der gesamten Abgabelänge und die Zonenschrauben dementsprechend enger stellen. Dies gibt einen längeren, breiten und dünnen Farbabgabestreifen, der sich gründlich verteilen (verreiben) lässt.
  Änderungen in der Dosierung der Farbstärke beim Druck lassen sich viel genauer und feiner vornehmen, wenn der Duktorhub etwas über der Mittelstellung steht.

Tellern des Papiers

Fehlerdefinition:

- Verspannung des Papier durch Beulen in der Bogenmitte und tieferliegende Ränder

Ursache:

- Das Papier hat eine höhere Gleichgewichtsfeuchte als der Lagerraum. Es trocknet durch die zu geringe Luftfeuchtigkeit des Raumes an den Rändern aus

Abhilfe:

- Die Randzonen geben Feuchtung ab und trocknen aus. Das Papier ausgepackt bei richtigen Bedingungen ausreichend lange klimatisieren.

Ursache:

- Einseitig gestrichene Papiere

Abhilfe:

- Einseitig gestrichene Papiere rollen und wölben sich infolge unterschiedlicher Quellfähigkeit ihrer beiden Seiten relativ leicht. Bei einer Feuchtigkeitsaufnahme streckt sich die ungestrichene Seite und die Strichseite wölbt sich nach innen ein.
  Bei einer Feuchtigkeitsabgabe erfolgt der Prozess umgekehrt. Ein ausreichend langes Klimatisieren unter standardisierten Bedingungen bringt Abhilfe. Die Bogen können beim Aufsetzen in die Maschine auch von Hand leicht gebogen und gegengerollt werden.

Tonen

Fehlerdefinition:

- Tonen ist ein Farbschleier in den bildfreien Stellen der Druckplatte. Tonen tritt meistens pünktchenförmig in Streifen oder als Flecken auf. (Das Tonen ist also nicht mit dem flächigen Schmieren durch mangelnde Feuchtung zu verwechseln.)
  Der Fachmann unterscheidet zwischen dem Tonen der Druckplatte (scumming) und dem Tonen der Druckfarben (tinting).

Ursache:

- Tonen durch eine unsaubere („fettige") oder eine mechanisch verkratzte Druckplatte.

Abhilfe:

- Die Druckfarbe besitzt einen zu hohen Firnisanteil, der feuchtmittelführende Bereiche hydrophob (wasserabstoßend) werden lässt. Die Druckfarbe ist auf ihre Eignung zu prüfen und ggf. gegen eine dosenfrische, unverdünnte Druckfarbe auszuwechseln. Das Farbwerk muss gründlich gereinigt werden. Die Druckplatte ist durch mechanische Einwirkungen beschädigt worden. Druckplatte reinigen und mit leichter Säure ätzen. Die Sauberkeit aller Hilfsmittel und Materialien (Schwamm, Wasser, Lappen) sorgfältig beachten.

Ursache:

- Tonen durch ein zu starkes Emulgieren der Druckfarbe

Abhilfe:

- Die einfachste Abhilfe ist das Auswechseln der Druckfarbe gegen eine dosenfrische, unverdünnte Druckfarbe. Zuvor ist das Farbwerk gründlich zu reinigen. Wichtig ist auch ein richtiger Ansatz des Feuchtmittels mit entsprechenden Zusatzmitteln und eine möglichst geringe Feuchtmittelführung. Das Tonen wird durch einen alkalischen pH-Wert begünstigt. Positiv dagegen wirkt sich eine konstante Temperatur durch Feuchtmittelkühlung aus.

Ursache:

- Zu stark verdünnte Druckfarbe. Farbauftragswalzen stehen zu stramm an dem Farbreiber.

Abhilfe:

- Die Auftragswalzen rollen durch zu starke Zusätze nicht gleichmäßig auf der Druckplatte und dem Farbreiber ab, es entsteht ein Rutscheffekt. Ähnlich ist dies bei einem zu starken Anstellen der Walzen an dem Farbreiber. Die Geschwindigkeitsdifferenzen können zum Tonen führen. Dosenfrische Druckfarbe verwenden, das Farbwerk ist vor dem Einfüllen gründlich zu reinigen. Feuchtauftragswalzen prüfen und justieren.

Ursache:

- Schmutz bei Schwämmen und Reinigungswasser

Abhilfe:

- Zum Auswaschen der Druckplatte nur sauberes fettfreies Wasser benutzen. Wasser im Eimer an der Druckmaschine oft erneuern und Schwämme öfters auswaschen. Reinigungsschwämme nicht für andere Zwecke benutzen.

Wolkiges Ausdrucken (Mottling)

Fehlerdefinition:
- Unruhiges Ausdrucken von Flächen oder gerasterten Teilen in einem Druckbild

Ursache:
- Schlecht gestrichenes Papier

Abhilfe:
- Ein wolkiges Ausdrucken entsteht im Mehrfarben-Offsetdruck vielfach durch ungleichmäßiges Wegschlagen der Druckfarbe in das Papier und ein ungleichmäßiges Rückspalten der Druckfarbe von dem bedruckten Bogen auf die nachfolgenden Gummitücher. Gegebenenfalls die Farbreihenfolge wechseln und kritische Druckfarben in den letzten Druckwerken drucken. Papierlieferanten hinzuziehen, eventuell das Papier wechseln.

Ursache:
- Gummitücher drucken nicht gleichmäßig aus

Abhilfe:
- Gummitücher und Aufzüge prüfen. Eventuell das Drucktuch ausgleichen (zurichten). Bei stärkeren Mängeln ist es qualitativ wesentlich besser und zudem wirtschaftlicher, das Drucktuch und alle Unterlagebogen besser auszuwechseln.

Ursache:
- Druckfarbe schlägt zu schnell in die Papieroberfläche weg

Abhilfe:
- Druckfarbe wechseln, möglichst ohne Zusätze einsetzen. Eventuell einen geeigneteren Bedruckstoff verwenden.

12.12 Grundlagen für eine sachgerechte Reklamation oder ein Gutachten

Wichtige Hinweise aus der täglichen Gutachterpraxis der FOGRA, die eine Bearbeitung möglich machen.

Wenn es in einem Druckereiunternehmen zu einer Reklamation kommt, kann eine objektive Beurteilung des entstandenen Schadens bzw. die Klärung der Ursache nur dann erreicht werden, wenn entsprechende Unterlagen und Rücklagemuster in ausreichender Menge vorliegen.

So ist es unbedingt erforderlich, neben den Angaben der Produktionsbedingungen eine ausreichende Menge Proben für eine spätere Untersuchung aufzubewahren. Bei angeforderten Gutachten, z.B. durch die FOGRA, müssen entsprechende Rücklagemuster vorhanden sein. Ansonsten ist eine Stellungnahme kaum möglich und muss abgelehnt werden oder es können nur für Teilbereiche ein Gutachten erstellt werden.

Wird beispielsweise das verwendete Papier beanstandet, kann eine Untersuchung in der Regel nur am unbedruckten Papier der beanstandeten Auflage, also nicht im bearbeiteten Zustand, durchgeführt werden.

Bei Anforderungen von entsprechendem Mustermaterial ist vielfach von der gesamten Lieferung kein Blatt Papier mehr vorhanden. Dass dann eine genaue, umfassende Untersuchung der Ursache nicht möglich ist, sollte jedem Verantwortlichen verständlich sein.

Hierzu ein exemplarisches Beispiel aus der Praxis des Offsetdrucks:
Beanstandet wird eine Butzenbildung im Druck, deren Ursache ermittelt werden soll.

Bei dieser Anfrage sollten möglichst folgende Informationen und Unterlagen zur Verfügung gestellt werden:
- Angabe über Druckmaschinentyp, Farbreihenfolge, Druckgeschwindigkeit, Waschintervalle
- Angabe über Druckfarbentyp sowie alle Farbzusatzstoffe und deren Dosierung.
- bedruckte und unbedruckte Muster des Auflagenpapiers derselben Lieferung;
  dazu möglichst ein unbedrucktes Vergleichspapier der gleichen Klasse, das bei ähnlichem Auftrag unter sonst gleichen Bedingungen keinerlei Rupfprobleme zeigte.
- evtl eine Druckfarbenprobe, nach Möglichkeit aus dem Farbkasten.

Alle Proben und Muster sind genau zu beschriften, einwandfrei zu verpacken und zum Gutachten anzuliefern.

Zu einer Zertifizierung nach ISO/EN müssen die folgende Bedingungen und Fragen eindeutig geklärt sein:
- Zuständigkeit aller am gesamten Prozess beteiligten Mitarbeiter
- Aufbewahrung von Rücklagemustern
- Dokumentation über den Produktionsablauf und damit
- eine lückenlose Rückverfolgbarkeit von Produkt und Material.

13. Qualität im Produktionsprozess

13. Qualität im Produktionsprozess

13.1 Qualität

Ziel aller Produktionsprozesse ist das Erreichen und Halten eines geforderten bzw. definierten Qualitätsniveaus. Voraussetzung dazu ist die Definition eines Standards und eine gemeinsame „Sprache".

„Qualität verursacht Kosten!"
Dieser Aussage wird im Allgemeinen zugestimmt. Selbst wenn diese Aussage stimmen sollte, gilt aber genauso zutreffend: Eine mangelhafte Qualität kostet bei weitem mehr. Oder pointierter ausgedrückt:
• Qualität entscheidet über Sein und Nichtsein.
• Qualität und Prozess-Sicherung in der Produktion bedeuten Zukunftssicherung des Unternehmens.

Der Begriff Qualität (lat.: Beschaffenheit, Güte, Wert) wird heute unter verschiedenen Aspekten in der Umgangs- und Fachsprache benutzt.

Einerseits ist Qualität zu einem Schlagwort in der Werbung geworden, mit dem eine - dem Verbraucher allerdings unbekannte - bestimmte Güte des Produktes signalisiert werden soll.

Aussagen wie Spitzenqualität, Top-Qualität u. ä. sollen diesen herausragenden Wert deutlich anzeigen. Leider hat in diesen Fällen der Begriff keinen konkreten Inhalt oder präzise Merkmale, was denn die so angepriesene Qualität ausmacht.

Andererseits ist Qualität für den Auftraggeber und in der Produktion ein Begriff mit leistungsbezogenen Merkmalen.

Medien- und Druckunternehmen sind Dienstleister am Markt, deren oberstes Unternehmensziel die *Kundenzufriedenheit* sein muss.

Von jedem bestellten oder gekauften Produkt, von einer bestimmten Tätigkeit oder auch Dienstleistung fordert der Kunde (Auftraggeber)
– bestimmte Eigenschaften
und/oder
– einen bestimmten Nutzen.

Der Kunde hat also eine klare, zweckbezogene Zielvorgaben für seinen Auftrag – auch wenn diese oftmals nicht eindeutig und differenziert definiert oder der Produktion bei der Fertigung des Produktes ausreichend genau bekannt sind.

Beispiele für allgemeine qualitative Zielvorgaben bei Druckprodukten:
– Verpackungen:
  Warenschutz, Produktwerbung, Information und konstante, hohe Druckqualität
– Schulbücher:
  Zielgruppenbezogener Inhalt, ansprechende Einbandgestaltung und Typografie, gute Lesbarkeit, stabile Bindung und Festigkeit des Buchblocks und gute Druckqualität bei Texten und Bildern
– Hochwertige gedruckte Akzidenzen (Werbung):
  Werbewirksamkeit und gezielte Information durch typografische und produktbezogene Gestaltung der Druckseiten, z. B.
  Gestaltungsraster, Layout, Format, Falz, Bedruckstoff, Farbe, Farbigkeit, Auswahl der Schriften, höchste Ansprüche an Bildreproduktionen, z. B. Bildmontagen, Effekte und Bildwiedergabe durch Rasterung, grafische Gestaltungselemente, zielgerichtete, optimale Präsentation des Produktes und konstante, hohe Druckqualität.

Allgemein gilt der Zusammenhang:
• Druckqualität = Produktqualität.

Was versteht man unter Qualität?
Das IRD (Institut für Rationalisierung in der Druckindustrie, Frankfurt/Main) brachte die Frage auf einen kurzen und treffenden Nenner:
• Qualität = Zweckeignung

In der DIN EN ISO 9000 ff. ist die Qualität eines Produktes oder einer Dienstleistung definiert als:
– Die Gesamtheit von Merkmalen einer Einheit bezüglich ihrer Eignung, die festgelegten und vorausgesetzten Erfordernisse zu erfüllen.
  (Norm DIN EN ISO 9000 ff: Normen zum Qualitätsmanagement und zur Qualitätssicherung / Darlegung in: Leitfaden zur Auswahl und Anwendung, Beuth-Verlag, 1994.)

Qualität ist demnach nichts Absolutes, sondern immer nur auf die Erfordernisse des Kunden bezogen und ist danach die Güte oder der Wert eines Produktes oder einer Tätigkeit.

Im englisch-sprachigen Raum wird der Begriff Qualität wie folgt beschrieben: „Quality is fitness for use". Im übertragenen Sinne wird hier unter Qualität ebenfalls die Zweckeignung eines Produktes verstanden. Diese Definition gilt grundsätzlich für alle herzustellenden Produkte, für bestimmte Tätigkeiten und Dienstleistungen und somit auch für die Gestaltung und die technische Fertigung aller Druckprodukte.

Wesentliche Qualitätsmerkmale sind abhängig von:
– Maschinen
– Materialien
– Arbeitsmethoden
– Umweltbedingungen.

Für das Dienstleistungsunternehmen, den Medienberater und den Verkauf, den Mediengestalter und den Produktioner, den Drucker und den Buchbinder ist diese grundlegende prinzipielle Definition der Qualität um betriebliche Faktoren zu erweitern, u.a.:
– Zuverlässigkeit
– Pünktlichkeit der Lieferung
– Schadens- und Reklamationsbearbeitung.

Zu den grundlegenden formalen Dienstleistungen des Unternehmens können noch weitere Merkmale – für den Kunden als wichtige „qualitative" Elemente in Bezug auf die Kommunikation und Umgangsformen bewertet – beachtet werden:
- Kommunikationsformen
- konkrete Ansprechpartner
- Höflichkeit, Glaubwürdigkeit
- Flexibilität
- Eingehen auf die Wünsche des Kunden
- Wartezeiten, Lieferzeiten.

Nach der Definition in der DIN EN ISO 9000 ist Qualität nicht zwangsläufig positiv, wie es durch die Werbung suggeriert wird, sondern bezieht sich auf alle möglichen Merkmale, die sich positiv oder negativ auf die Zweckeignung des Fertigungsprozesses und des hergestellten Produktes oder der zu erbringenden Dienstleistung auswirken.

„Qualität verursacht Kosten"? Ein Kernsatz aus einem umfassenden Qualitätsmanagement lautet:
- *„Qualität ist nicht an dem Aufwand zu messen, den der Hersteller in ein Produkt steckt. Qualität ist vielmehr der Nutzen, den der Kunde aus dem Produkt zieht."*

Hieraus hat also der Kunde und damit auch der Dienstleister einen Nutzen und Erfolg zu ziehen.

Die Qualität eines Teil- oder Endproduktes besteht grundsätzlich aus vielen einzelnen Bausteinen in einem gesamten Prozess.

Jeder Prozess hat Eingänge und Ausgänge. Die Ausgänge sind das Ergebnis des Prozesses. Dabei handelt es sich immer um materielle oder immaterielle Produkte. Durch den Prozess entsteht ein Mehrwert. Jeder Prozess schließt Menschen und/oder Ressourcen in unterschiedlicher Weise ein.

Jeder Prozess kann an verschiedenen Stellen beim Eingang, zwischen Ein- und Ausgang und beim Ausgang gemessen werden wie z.B.
- produktbezogen bei
  - Materialien
  - Zwischenprodukten
  - Endprodukten
- informationsbezogen bei
  - Produktanforderungen
  - Produkteigenschaften
  - Kommunikation
  - Rückmeldungen.

In der Druck- und Medienindustrie gilt – wie übrigens auch wie in allen anderen Fertigungsbereichen der Wirtschaft – der Qualitätsbegriff im Sinne eines umfassenden Qualitätsmanagementsystems durchgängig im gesamten Prozess, das heißt:
Qualität umfasst alle Bereiche vom speziellen Service des Unternehmens über Kundenkontakt, Kundenpflege und Auftragsannahme bis zum Endprodukt
- Kundenbetreuung und -beratung sowie direkte Produktbetreuung
- Arbeitsvorbereitung und -steuerung
- Prozesskontrolle in der Produktion
- Auslieferung.

Das heißt, bezogen auf die technische Umsetzung in der Produktion die Umsetzung sämtlicher qualitätssichernder Maßnahmen
- Annahme produktbezogener Daten
  - materielle Daten
  - elektronische Daten, Datenkommunikation und Datenübertragung
  - Produktionsdaten-Management
- Prüfung des Auftrags und der Auftragsunterlagen
  - Auftragsmanagement
  - Checklisten
- Prüfung der gelieferten Text- und Bildvorlagen
  - Checklisten, softwaregesteuerte Datenprüfung
- technische Arbeitsvorbereitung
  - Auftragstasche, Jobticket
- Mediengestaltung
  - Mediendesign mit Typografie und Layout
- Druckvorstufe
  - Datenerfassung, Datenübernahme,
  - Composing, Text-/Bildverarbeitung und Integration zu einer Ganzseite, Korrekturlesen
  - Proof, Druckreiferklärung
- Datenarchivierung, Datenbanksystem
- Druckformherstellung
- Druck
- Druckweiterverarbeitung
- Auslieferung bzw. der Versand an den Kunden.

  Zu dem Gesamtprozess gehören außerdem
  - Einsatz geeigneter Materialien (Werkstoffe)
  - Umweltschutz-gerechte Produkte und Produktion.

Für alle Aufgabenbereiche im Prozessablauf und damit auch für alle Produktionsstufen sind spezielle Qualitätsplanungen sowie Maßnahmen zur Qualitätssicherung genau zu definieren.

Die geforderte Qualität ist betriebsintern nur durch ein Qualitätsmanagementsystem und eine integrierte Qualitätssicherung zu erreichen, in dem alle Maßnahmen zur Erzielung der Qualität erfasst werden.
- *Qualität ist ein wesentlicher Bestandteil der Unternehmensphilosophie, d. h. des Denkens und Handelns im gesamten Unternehmen.*

Ein Prüfen bestimmter Merkmale ist – wie es immer noch üblich ist – allein nicht ausreichend, da dies im allgemeinen erst an einem Teil- oder Fertigprodukt erfolgt. Grundsätzlich gilt es zu beachten:
- *Qualität wird nicht erprüft, sondern erzeugt!*

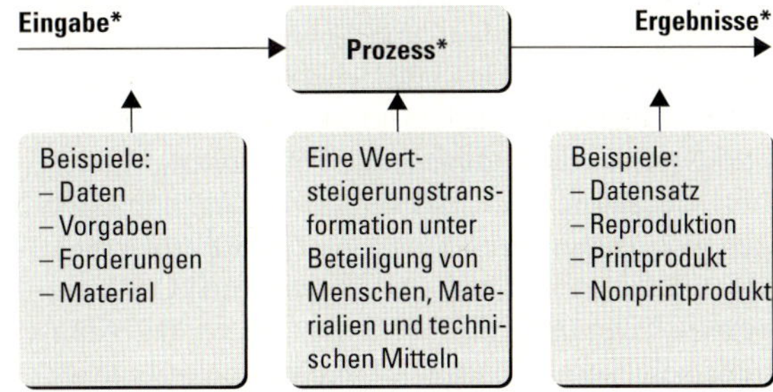

Möglichkeiten zum Einsatz von Messtechniken*

Eine systematische, wirksame und wirtschaftliche Qualitätssicherung für ein Produkt oder eine Dienstleistung umfasst ein Qualitätsmanagement mit Qualitätsplanung, -steuerung und -prüfung sowie die aktive, bewusste Beteiligung aller Mitarbeiter.

Der Mensch, die Maschinen und Werkstoffe, die Arbeitsmethoden und Umweltbedingungen beeinflussen die Produktion und die zu erbringenden Dienstleistungen mehr oder weniger stark.

Alle technisch hergestellte Produkte unterliegen deshalb Schwankungen in den geforderten Qualitätsmerkmalen. Innere Schwankungen, sogenannte Toleranzen, sind nicht vollständig sowohl aus technischen wie auch aus wirtschaftlichen Gründen auszuschalten. Äußere Schwankungen sind dagegen mit einem mehr oder weniger großen Aufwand zu beseitigen bzw. gar zu vermeiden.

Nach DIN 55 350 ist ein Fehler die „Nichterfüllung einer Forderung" (im juristischen Sinn Mangel genannt). Dabei kann es sich intern im Unternehmen um technische Fehler (System-, Prozess- oder Umfeldfehler), um organisatorische Fehler (Auftrags-, Logistikfehler) und um Planungsfehler handeln.

• *Fehler verursachen Kosten*

Dabei zeigen sich herausragende Fehlerkosten allerdings nur als Spitze eines Eisberges:

- Ausschuss
- Nacharbeit
- Garantieleistungen.

Letztlich entscheidender für das gesamte Unternehmen sind jedoch die tieferliegenden Teile dieses Eisberges:

- Imageverlust
- Produkthaftung
- Rückrufaktionen
- Kundenabwanderung.

Ein grundlegendes Ziel der Qualitätspolitik eines Unternehmens sollte sein, dass die Erwartungen der Kunden erfüllt werden. Im allgemeinen definiert der Kunde die zu erfüllenden Qualitätsanforderungen an das zu erstellende Produkt. Um diese Zielsetzung zu erreichen, muss ein Qualitätsbewusstsein in allen Ebenen des Unternehmens greifen und nicht – wie bisher – lediglich in der Produktion.

13.2 Qualitätsmanagement-System

Ein Qualitätsmanagement-System (QM-System) ist eine festgelegte Aufbau- und Ablauforganisation zur Durchführung der Qualitätssicherung.

Das Qualitätsmanagement hat im Rahmen eines QM-Systems die Aufgabe, alle Tätigkeiten, Führungsaufgaben, Ziele und Verantwortungen festzulegen sowie diese durch Mittel wie Qualitätsplanung, Qualitätslenkung, Qualitätssicherung und Qualitätsverbesserung im QM-System darzulegen. Die Abbildung zeigt schematisch wie Qualitätsmanagements definiert wird.

Definitionen zum Qualitätsmanagement

Anmerkungen: Ausführliche Literatur bieten der Forschungsbericht der Fogra Nr. 69.001, April 1997, „Qualitätsmanagement in der Druckvorstufe" sowie dazu ergänzende Seminare und Informationen von Fogra, Ugra, IRD u.a

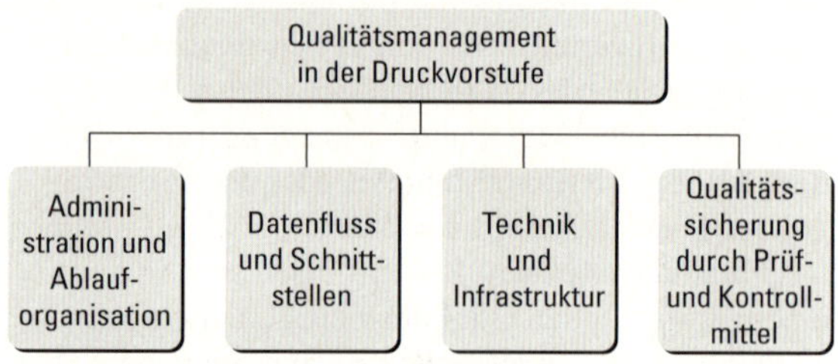

Qualitätsmanagement in der Druckvorstufe

Die folgenden kurzen Informationen können nur einen kurzen Einblick in die Qualitätsmanagement-Thematik geben. Detaillierte Informationen geben die Norm sowie der Leitfaden zur Auswahl und Anwendung, Beuth-Verlag, 1994.)

Zehn Stufen der Qualität im Unternehmen

Der Begriff Qualität kann in einem Unternehmen nach Stufen eingeteilt werden (IRD):

- Qualität der Unternehmensführung
- Qualität der Mitarbeiterführung
- Qualität der innerbetrieblichen Prozesse
- Qualität der innerbetrieblichen Organisation
- Qualität von Planung und Controlling
- Qualität der Kommunikation
- Qualität von Service und Kundenbetreuung
- Qualität der Dokumentation
- Qualität des Designs und der Entwicklung
- Produktqualität
- Funktionsfähigkeit
- Umweltverträglichkeit.

13.2.1 Qualität und Zertifizierung

Druckereien, die seit Jahren eine Spitzenqualität produzieren und liefern, haben erkannt – bedingt durch internationale Märkte und Forderungen der Kunden - dass sie *Qualität* in ihrem Unternehmen eindeutig dokumentieren müssen.

Es ist aber nicht nur erforderlich, eine gute Qualität zu produzieren – man muss dies dem Kunden auch beweisen und als nachweisbare Leistung des Unternehmens herausstellen.

Qualität zu erzeugen muss hierbei ein wesentliches Unternehmensziel sein und als unternehmensweite Aufgabe verstanden werden. Dies erfordert ein Qualitätsmanagement und ein Qualitätskonzept sowie ein entsprechendes (Mit-)Denken und Handeln

Begründung und Ziele eines Qualitätssicherungssystems

in allen Unternehmensbereichen von der Unternehmensleitung über Arbeitsvorbereitung bis zu jedem einzelnen Mitarbeiter an seinem Arbeitsplatz.

Ein Leitfaden für die Auswahl und Anwendung der Normen für das Qualitätsmanagement und die Qualitätssicherungs-Nachweisstufen ist die DIN EN ISO 9000 als Basis und die Normen DIN ISO 9001 bis 9004 (DIN= Deutsches Institut für Normung e.V., ISO = Internationale Organisation für Normung). Die internationalen Normen (ISO) sind unverändert als deutsche Norm (DIN) übernommen worden.

Die Norm ist ein grundlegender Leitfaden und sollte als "Richtschnur" verstanden werden. Sie dient als Empfehlung und Anleitung.

Zielsetzungen und Einsatzbereiche der DIN EN ISO 9000 bis 9004

Die Norm enthält einen Grundstock von Elementen (QM-Elemente) zum Aufbau eines QM-Systems. Mit Hilfe von QM-Elementen ist es möglich, ein QM-System zu entwickeln und es im Betrieb einzuführen. Die Auswahl und der Umfang der QM-Elemente hängen von den Management-Erfordernissen des jeweiligen Unternehmens ab.

- DIN EN ISO 9000 – Grundsätzliche Konzeption des Normenwerkes.
  - Qualitätsmanagement- und Qualitätsnormen
  - Leitfaden zur Auswahl und Anwendung
- DIN EN ISO 9001– Qualitätssicherungssysteme
  - QS-Nachweisforderungen, die für Design / Entwicklung, Produktion, Montage und Kundendienst zu erfüllen sind
- DIN EN ISO 9002– Qualitätssicherungssysteme
  - QS-Nachweisforderungen, die für die Produktion und Montage zu erfüllen sind
- DIN EN ISO 9003 – Qualitätssicherungssysteme
  - QS-Nachweisforderungen, die für die Endprüfung zu erfüllen sind
- DIN EN ISO 9004 Qualitätsmanagement und Elemente eines Qualitätssicherungssystems
  - Leitfaden
  - Empfehlungen zum Aufbau eines QS-Systems.

Die Qualitätssicherung (QS) ist durch spezielle QS-Nachweisforderungen zu gewährleisten. Die entsprechende Norm ist zwischen dem Kunden und dem Hersteller (Produzent) vertraglich zu vereinbaren. Für den Akzidenz- und Vorstufenbereich gilt im wesentlichen die DIN EN ISO 9001, die umfassendste Norm. Sie enthält neben dem Hinweis auf andere Normen und der Erläuterung von Begriffen wesentliche Forderungen an das Qualitätssicherungssystem:

- Verantwortung der Geschäftsleitung
- Qualitätsmanagementsystem
- Vertragsüberprüfung
- Designlenkung
- Lenkung der Dokumente und Daten
- Beschaffung
- Lenkung der vom Kunden bereitgestellten Produkte
- Identifikation und Rückverfolgbarkeit von Produkten
- Prozesslenkung
- Prüfungen
- Prüfmittelüberwachung
- Prüfstatus
- Lenkung fehlerhafter Produkte
- Korrekturmaßnahmen und Vorbeugemaßnahmen
- Handhabung, Lagerung, Verpackung und Versand
- Lenkung von Qualitätsaufzeichnungen
- Interne Qualitätsaudits
- Schulungen
- Wartung
- Statistische Methoden

Ein Qualitätsmanagementsystem (QM-System) hat als wesentliches Ziel die Zufriedenheit des Kunden, es legt dazu die Verantwortlichkeit fest. Es umfasst daneben denkbare Risiken und einen möglichen Nutzen. Die Normen gelten als Anleitung für die Erstellung eines spezifischen Qualitätssicherungssystems für jedes Unternehmen. Ein für alle Bereiche der Wirtschaft geltendes QM-System kann es nicht geben, da beispielsweise zahlreiche interne und externe Einflüsse, Festlegungen, unterschiedliche Produkte und Produktionsabläufe ein spezifisches QS-System erfordern.

Jedes Unternehmen, das eine Bestätigung (Zertifizierung) des eigenen QS-Systems erreichen will, muss nach den Vorgaben der Norm ein eigenes Konzept aufbauen und in die Praxis umsetzen. Prüfungen führen vor allem die Deutsche Gesellschaft für Qualität e.V. (Frankfurt am Main) und auch der TÜVdurch.

Aber nicht nur die Beherrschung einer positiven Kommunikation mit dem Kunden (Unternehmen als Dienstleister) und der Technik vom Auftrags-Eingang bis zum Auftrags-Ausgangs (Auslieferung der Produkte) an den Kunden erfordert ein umfassendes und abgestimmtes QM- System.

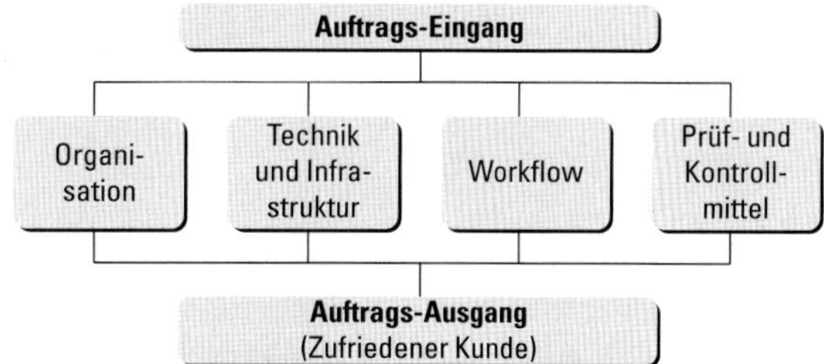

Auftrags-Ein- und Ausgang

In einigen Unternehmen gilt das *Total Quality Management* (TQM) als Zauberwort für eine neue Geschäftspolitik und den wirtschaftlichen Erfolg am Markt. Dabei werden oftmals alle Anstrengungen, die Produktionsqualität zu verbessern, allein auf die Qualität des Produktes oder der Dienstleistung orientiert. Die Unternehmen benennen einen Qualitätsbeauftragten, schaffen ein Qualitäts-Sicherungs-Handbuch und lassen Kunden Audits („Hören", regelmäßige Überprüfungen durch Befragen der am Prozess beteiligten Mitarbeiter) durchführen.

Trotz der damit erreichten hohen Produktionsqualität wird vielfach ein wesentliches Element vermisst: Mit all diesen durchaus sinnvollen und erfolgreichen Initiativen hat ein tiefgreifender Wandel im Qualitätsbewusstsein der Mitarbeiter noch nicht stattgefunden. Qualitätsverbesserung und -sicherung sind jedoch die Sache eines jeden Mitarbeiters im Unternehmen.
Das heißt:
– *Qualität täglich und immer wieder zu erzeugen, ist sowohl Chefsache als auch die wesentlichste Aufgabe für alle Mitarbeiter. Dieses verinnerlichte Bewusstsein aller Beteiligten ist der entscheidende Faktor für den gesamten Erfolg – ein Erfolg für den Kunden und für das Unternehmen.*

Ganzheitliches Denken

Jeder noch so kleine Arbeitsvorgang ist Teil eines größeren Prozesses, diese wiederum sind Teile eines (Gesamt-) Systems. Prozesse und komplexe Systeme erfordern von jedem das Denken in Zusammenhängen, Erkennen von Verflechtungen sowie Einbeziehen sämtlicher Teilergebnisse bei der Betrachtung und Beurteilung des geforderten Endergebnisses.

Ganzheitliches Denken und Handeln ist eine unabdingbare Forderung an das Qualitätsmanagement. Es besagt, dass die Qualität von Erzeugnissen materieller und immaterieller Art von den vier großen *M* geprägt werden:
- *M*enschen, die planen und die Planung umsetzen
- *M*aterialien, die bezogen und verarbeitet werden
- *M*ethoden der Behandlung, der Weiterverarbeitung und der Auslieferung
- *M*aschinen zur Bearbeitung und Verarbeitung.

Der Mensch ist bei allen Betrachtungen – von der obersten Management-Ebene über Marketing, Einkauf, Verkauf, Arbeitsvorbereitung, Kundenbetreuung (Telefon, Schriftverkehr, Informationen, Produktbetreuung) u. a. bis zum Mitarbeiter in der Produktion – der entscheidendste Einflussfaktor.

Zu einem ganzheitlichen Qualitätsdenken sind die Mitarbeiter zu einer aktiven Beteiligung zu motivieren und zu unterstützen mit dem Ziel:
- Mit-Denken,
- Mit-Gestalten und
- Mit-Profitieren.

Es könnten zum Beispiel innerbetriebliche Qualitätszirkel (QZ) eingerichtet werden. Eine kleine Gruppe von Mitarbeitern trifft sich in regelmäßigen Abständen, um unter Führung eines Moderators ein bestimmtes Problem zu analysieren und eine Lösung zu suchen. Die besten Ansätze und Lösungen für alle Probleme kommen sicher aus der Praxis.

In einem Qualitätszirkel bekommt jeder Teilnehmer Gelegenheit in Gruppenarbeiten
– Probleme zu erkennen
– Lösungen zu suchen
– Arbeitsbedingungen zu verbessern
– Arbeitsabläufe zu rationalisieren
und gleichzeitig
– seine Erfahrungen und Ideen einzubringen
– methodisches Vorgehen zu lernen
– Teamfähigkeit zu üben
– gegenseitiges Verständnis zu fördern.

Gemeinsames Ziel muss eine ständige Verbesserung aller Prozesse und der Produkte des gesamten Qualitätssicherungssystems sein.

Vorteile des Zertifikats

Zertifizierung bedeutet nichts anderes als die Prüfung des Qualitätsmanagements und der Qualitätssicherung des Unternehmens sowie – bei positivem Ergebnis – die Bescheinigung durch ein neutrales Institut (DGQ, TÜV u.a.).

Ein Medienunternehmen, das die Zertifizierung nach DIN EN ISO 9001 nach umfangreichen und anspruchsvollen Prüfungen erhalten hat, versteht das angefertigte Qualitätshandbuch als „Wegbeschreibung der Kundenwünsche durch das Unternehmen".

In Zeiten der immer differenzierter werdenden Anforderungen konnten so in diesem Unternehmen eine klare Ablauforganisation geschaffen und Ballast abgeworfen werden. Die Unternehmensleitung und das Management dieses Unternehmens sind der Auffassung, dass die Produktionsprozesse mit der Einführung dieses Systems noch schneller, einfacher und sicherer geworden sind.
- Innerer Nutzen der Zertifizierung
  – Führungsinstrument für das oberste Management
  – Eindeutige, straffe Aufbau- und Ablauforganisation
  – Früherkennung von Störfaktoren
  – Senken von Fehlerkosten
  – Erkennen und Eliminieren von Schwachstellen
  – Verbessern der Kommunikation
  – Verhindern einer externen Inflation von Qualitätsaudits
  – International anerkanntes Qualitätsmanagement-Instrument
- Äußerer Nutzen der Zertifizierung
  – Verbessern der Wettbewerbsfähigkeit
  – Nationale und internationale Anerkennung
  – Eindeutige Kommunikation mit dem Kunden erleichtert die Erfüllung von Normen (Vorgaben)
  – Produkthaftung
  – Marketing- und PR-Vorteile

Der wichtigste Nutzen der Zertifizierung liegt im (positiven) Zwang zu einer dokumentierten Qualitätssicherung.

Der Weg zur Zertifizierung des Unternehmens ist relativ lang und mit einigen Hürden versehen.

ZERTIFIKAT

Die
DQS Deutsche Gesellschaft zur Zertifizierung von Managementsystemen mbH

bescheinigt hiermit, dass das Unternehmen

KBA Koenig & Bauer Aktiengesellschaft
Friedrich-Koenig-Straße 4
97080 Würzburg

KBA-Berlin GmbH
Mertensstraße 127 - 131
13587 Berlin

für den Geltungsbereich

Design, Entwicklung, Produktion, Montage und Wartung von Druckmaschinen

ein
Qualitätsmanagementsystem
eingeführt hat und anwendet.

Durch ein Audit, dokumentiert in einem Bericht, wurde der Nachweis erbracht, dass dieses Qualitätsmanagementsystem die Forderungen der folgenden Norm erfüllt:

DIN EN ISO 9001
Ausgabe August 1994

Dieses Zertifikat ist gültig bis 2003-12-14
Zertifikat-Registrier-Nr.: 001861 Q1
Frankfurt am Main, Berlin 2001-02-14

Dr.-Ing. K. Petrick Dipl.-Ing. J. Pärsch
GESCHÄFTSFÜHRER

Geschäftsstellen: D-60433 Frankfurt am Main, August-Schanz-Straße 21
D-10787 Berlin, Burggrafenstraße 6

Durch einen großen, internen Arbeitsaufwand in den verschiedenen (Start-)Phasen entstehen relativ hohe Kosten, die in alle Planungen und Wirtschaftlichkeitsberechnungen einfließen müssen. Aber ein qualitätsorientiertes Unternehmen hat zukünftig trotzdem kaum eine Alternative zu einer Zertifizierung, denn die *dokumentierte Qualitätsfähigkeit* ist ein herausragendes Gütesiegel im Wettbewerb.

Vorbereitende Phasen zur Zertifizierung

Die vorbereitenden Phasen zur Zertifizierung umfassen prinzipiell fünf Arbeitsschritte:

- Projektorganisation
  - Der verantwortliche Leiter als Qualitätsbeauftragter für die technische Umsetzung der Zertifizierung sollte ein Mitglied der Geschäftsleitung sein. Ebenso sind die verantwortlichen (leitenden) Mitarbeiter der Abteilungen zu Beginn festzulegen.
- Analyse der Ist-Situation
  - Erfassung aller im Unternehmen bereits eingeführten qualitätssichernden Maßnahmen, die für die Ausgangslage bedeutend sind.
- Projektplanung
  - Das Projektteam ermittelt die zu leistenden Aufgaben und ordnet die Aufgabenbearbeitung bestimmten Mitarbeitern zu. Mit der Unternehmensleitung ist festzulegen, wer bis zu welchem Termin welche Tätigkeitsbereiche zu bearbeiten hat.
- Arbeitsvorbereitung
  - In dieser Phase ist unternehmensspezifische Qualitätssicherungssystem zu beschreiben. Dies erfolgt z. B. entsprechend der DIN ISO 9001 für das Medienunternehmen. Jedes Element ist möglichst genau zu beschreiben. Das Projekt wird mit allen erforderlichen Unterlagen und der Beschreibung erforderlicher Abläufe einheitlich nach einem festgelegten Raster zusammengestellt. Diese Zusammenstellung ist die Grundlage für die Bearbeitung und Ergänzung nach der geforderten Richtlinie.
- Schulungen und Informationen
  - Die Mitarbeiter des Projektteams müssen bereichsübergreifend über alle Projektziele informiert sein, da sie als Multiplikatoren im Unternehmen tätig sind. Deshalb benötigen sie auch ein entsprechendes Fachwissen. Dies ist durch internen Meinungsaustausch im Team oder durch interne und externe Schulung (ggf. auch mit Fachauditoren) anzueignen. Mitarbeiter des Projektteams sollen ggf. auch als interne Prüfer oder Auditoren eingesetzt werden.

Aufbau des Qualitätsmanagement-Systems

Nach einer erfolgreichen Vorbereitung beginnt der eigentliche Aufbau des spezifischen Qualitätsmanagement-Systems entsprechend der Norm: Es ist ein praxisorientiertes Qualitätssicherungssystem einschließlich eines Qualitätshandbuches, der Verfahrens- und Arbeitsanweisungen zu erarbeiten.

Der Qualitätsbeauftragte betreut alle Mitarbeiter, er koordiniert alle Maßnahmen und übernimmt Controlling-Funktionen. Die dabei festgelegten, qualitätssichernden Maßnahmen und Abläufe sind unmittelbar umzusetzen und auf ihre Praktikabilität zu prüfen. Damit wird erreicht, dass das entstehende Qualitätssicherungssystem laufend überprüft wird und möglichst reibungslos in bestehende Abläufe zu integrieren ist.

Eine aktive Unterstützung der Verantwortlichen in jedem Bereich ist eine Voraussetzung für den Erfolg dieser Phase. Die Effizienz der neuen Maßnahmen ist besonders in der Aufbauphase durch übliche Erfassung von Qualitätskosten (Prüfkosten, Fehlerkosten, Fehlerverhütungskosten) nachzuweisen. Dies ermöglicht eine Beurteilung der geänderten Abläufe aus wirtschaftlicher Sicht.

Die vorbereitenden Phasen innerhalb des Unternehmens enden mit der Beantwortung einer Fragenliste durch das prüfende Institut. Beurteilt der Prüfer dieses Institut die Aussagen der Liste positiv, beginnt die nächste Vertragsphase mit der Übersendung des Qualitätshandbuches.

Einführungsphase

Die hausinterne Einführung des Qualitätssicherungssystems erfolgt durch die Übergabe des für alle verbindlichen Qualitätshandbuches an die betreffenden Mitarbeiter. Nach einer bestimmten Zeit zur Erprobung und des Trainings werden interne Audits (Hören, Befragungen zur Qualitätssicherung an jedem Arbeitsplatz) durchgeführt, um im gesamten Unternehmen letzte Dokumentations- und Anwendungslücken feststellen und beseitigen zu können.

Auditierungsphase

Die Zeit des letzten Trainings und Festigens beginnt oftmals mit einem Vor-Audit zur Vorbereitung. Vor dem endgültigen Audit muss durch das zertifizierende Institut das Qualitätshandbuch des Unternehmens als „der Norm entsprechend“ beurteilt worden sein. Nach der Norm DIN EN ISO 8402; 1994, ist definiert:

- „Audit ist eine systematische Untersuchung, um festzustellen, ob die qualitätsbezogenen Tätigkeiten und die damit zusammenhängenden Ergebnisse den geplanten Vorgaben entsprechen und ob die Vorgaben effizient zu verwirklichen und geeignet sind, die Ziele zu erreichen.“

Schriftliche Regelungen umfassen alle Organisationsebenen und die erforderlichen Hilfsmittel:

1. Organisationsebenen
1.1 Leitungsebene
- Aufbau- und Ablauforganisation
Qualitätsbezogene Aufgaben, Zuständigkeiten
1.2 Führungsebene
- organisatorische und fachbezogene Regelungen
1.3 Operative Ebene
- Vorgaben zur Arbeitsausführung
2. Hilfsmittel
2.1 QM-Handbuch
- Qualitätspolitik und Ziele
- komprimierte Darstellung betrieblicher Abläufe
- Verantwortlichkeiten, Zuständigkeiten und Qualifikationen von Personen
- Wie ist was zu tun?
2.2 QM-Verfahrensanweisungen
- sicherstellen eines qualitätsgerechten Verhaltens der Mitarbeiter
2.3 QM-Arbeitsanweisungen
- schaffen eines geeigneten Umfeldes zur Erzielung der geplanten Produktqualität.

Zertifizierung

Nach Abschluss aller Audits bestätigt die Zertifizierung die Qualitätsfähigkeit des geprüften Unternehmens. Auch mit der nun erfolgten Zertifizierung ist nicht alles für die Zukunft abgeschlossen. Nach drei Jahren sind zur Aufrechterhaltung des erteilten Zertifikats wiederholende Audits erneut erforderlich.

Eine Zertifizierung als Auszeichnung wirkt positiv motivierend auf alle Mitarbeiter des Unternehmens. Das funktionierende System erlangt aber erst dann einen erkennbaren positiven Effekt, wenn die Kunden das System in seiner Bedeutung anerkennen:

- Eindeutige Kommunikation,
- Produktsicherheit und -qualität sowie
- eine schnelle Reaktion auf ihre Wünsche.

13.2.2 Begriffe zum Qualitätsmanagement

Im folgenden sind auszugsweise wichtige Begriffe aufgeführt, die für ein besseres Verständnis bei der Einführung eines QM-Systems in Betrieben dienen sollen. Sie sind der DIN EN ISO 840292 entnommen.

Allgemeine Begriffe

- Audit
Audit ist eine systematische und unabhängige Untersuchung, um festzustellen, ob die qualitätsbezogenen Tätigkeiten und die damit zusammenhängenden Ergebnisse den geplanten Vorgaben entsprechen und ob die Vorgaben effizient zu verwirklichen und geeignet sind, die Ziele zu erreichen.
- Einheit
Materieller oder immaterieller Gegenstand der Betrachtung.
- Prozess
Ein Satz von in Wechselbeziehungen stehenden Mitteln und Tätigkeiten, die Eingaben in Ergebnisse umgestalten.
- Verfahren
Eine festgelegte Art und Weise, eine Tätigkeit auszuführen.
- Produkt
Das Ergebnis von Tätigkeiten und Prozessen.
- Organisation
Eine Gesellschaft, eine Firma, ein Unternehmen oder eine Institution oder ein Teil davon, eingetragen oder nicht, öffentlich oder privat, welche ihre eigenen Funktionen und Verwaltung besitzt.
- Kunde (Auftraggeber)
Empfänger eines Produkts, das von einem Lieferanten in einer Vertragssituation bereitgestellt wurde.
- Lieferant (Auftragnehmer)
Die Organisation, welche in einer Vertragssituation für den Kunden ein Produkt bereitstellt.

Qualitätsbezogene Begriffe

- Qualität
Die Gesamtheit von Merkmalen einer Einheit bezüglich ihrer Eignung, festgelegte und vorausgesetzte Erfordernisse zu erfüllen.
- Zuverlässigkeit
Sammelbegriff zur Beschreibung der Leistung bezüglich Verfügbarkeit und ihrer Einflussfaktoren: Leistung bezüglich ihrer Funktionsfähigkeit, Instandhaltung und Instandhaltungsunterstützung.
- Merkmal
Eigenschaft zum Erkennen oder zum Unterscheiden von Einheiten.
- Qualitätsmerkmal
Die Qualität mitbestimmendes Merkmal.
- Zuverlässigkeitsmerkmal
Die Zuverlässigkeit mitbestimmendes Merkmal.
- Konformität
Die Erfüllung festgelegter Forderungen.
- Qualitätsfähigkeit
Eignung einer Organisation oder ihrer Elemente zur Realisierung einer Einheit, die Qualitätsforderung an diese Einheit zu erfüllen.
- Prüfung
Eine Tätigkeit wie Messen, Untersuchen, Ausmessen von einem oder mehreren Merkmalen einer Einheit sowie Vergleichen mit festgelegten Forderungen, um festzustellen, ob Konformität für jedes Merkmal erzielt wurde.
- Eingangsprüfung
Annahmeprüfung an einem zu Fertigung zugelieferten Produkt.

– Fertigungsprüfung
Zwischenprüfung an einem in der Fertigung befindlichen materiellen Produkt.
– Endprüfung
Letzte der Qualitätsprüfungen vor der Übergabe der Einheit an den Abnehmer.
– Verifizierung
Bestätigung aufgrund einer Untersuchung und durch Führung eines Nachweises, dass die festgelegten Forderungen erfüllt worden sind.
– Validierung
Bestätigung aufgrund einer Untersuchung und durch Führung eines Nachweises, dass die besonderen Forderungen für einen speziellen vorgesehenen Gebrauch erfüllt worden sind.
– Nachweis
Eine Information, deren Richtigkeit bewiesen werden kann, basierend auf Tatsachen, gewonnen durch Beobachtung, Messung, Untersuchung oder durch andere Ermittlungsverfahren.

Begriffe zum QM-System
– Qualitätspolitik
Die umfassenden Absichten und Zielsetzungen einer Organisation zur Qualität, wie sie durch die oberste Leitung formell ausgedrückt werden. Die Qualitätspolitik genehmigt die oberste Leitung.
– Qualitätsmanagement
Alle Tätigkeiten der Führungsaufgaben, Ziele und Verantwortungen festlegen sowie diese durch Mittel wie Qualitätsplanung, Qualitätslenkung, Qualitätssicherung und Qualitätsverbesserung im Rahmen des QM-Systems festlegen.
– Qualitätsplanung
Die Tätigkeiten, welche die Zielsetzungen und die Qualitätsanforderungen sowie die Forderungen für die Anwendung der Elemente des QM-Systems festlegen.
– Qualitätslenkung
Die Arbeitstechniken und Tätigkeiten, die zur Erfüllung der Qualitätsanforderungen angewendet werden.
– Qualitätssicherung
Alle geplanten und systematischen Tätigkeiten, die innerhalb des QM-Systems verwirklicht sind, und die wie erforderlich dargelegt werden, um angemessenes Vertrauen zu schaffen, dass eine Einheit die Qualitätsanforderungen erfüllen wird (Dokumentation der qualitätssichernden Maßnahmen).
– QM-System
Die Organisationsstruktur, Verantwortlichkeiten, Verfahren, Prozesse und erforderliche Mittel für die Verwirklichung des Qualitätsmanagements.
– Qualitätshandbuch
Ein Dokument, in dem die Qualitätspolitik dargelegt und das QM-System einer Organisation beschrieben wird.
– Qualitätsmanagement-Plan
Ein Dokument, in dem die spezifischen qualitätsbezogenen Arbeitsweisen und Hilfsmittel sowie der Ablauf der Tätigkeiten im Hinblick auf ein einzelnes Produkt, ein einzelnes Projekt oder einen einzelnen Vertrag dargelegt sind.
– Spezifikation
Dokument, in dem Forderungen festgelegt sind.
– Aufzeichnung
Dokument, das einen Nachweis über ausgeführte Tätigkeiten oder über erzielte Ergebnisse liefert.
– Rückverfolgbarkeit
Das Vermögen, den Werdegang, die Verwendung oder den Ort einer Einheit mittels aufgezeichneter Identifizierungen rückzuverfolgen.

Begriffe zu Technik und Werkzeugen
– Qualitätskreis
Begriffsmodell der zusammenwirkenden, die Qualität in den verschiedenen Stadien beeinflussenden Tätigkeiten, die von der Feststellung der Erfordernisse bis zur Bewertung, ob diese Erfordernisse erfüllt worden sind, reichen.
– Qualitätsbezogene Kosten
Sowohl diejenigen Kosten, welche durch das Sicherstellen und Sichern zufriedenstellender Qualität verursacht werden, als auch die Verluste infolge des nicht Erreichens zufriedenstellender Qualität.
– Verfahrensanweisung
Dokument eines Verfahrens.
– Arbeitsanweisung
Dokumentation eines Arbeitsschrittes.
– Prüfspezifikation
Festlegung der Prüfmerkmale für die Qualitätsprüfung und gegebenenfalls der vorgegebenen Merkmalswerte sowie erforderlichenfalls der Prüfverfahren.
– Prüfplan
Festlegung der Abfolge von Qualitätsprüfungen.
– Prüfanweisung
Anweisung für die Durchführung einer Qualitätsprüfung.
– Kalibrierung
Ermitteln der systematischen Messabweichungen einer Messeinrichtung ohne Veränderung der Messeinrichtung.
– Justierung
Minimieren der systematischen Messabweichungen durch Veränderung der Messeinrichtung.
– Eichung
Qualitätsprüfung einer Messeinrichtung in bezug auf die Forderung der Eichvorschrift und bei Erfüllung dieser Forderungen deren diesbezügliche Kennzeichnung.
– Korrekturmaßnahme
Tätigkeit, ausgeführt zur Beseitigung der Ursachen eines vorhandenen Fehlers, Mangels oder einer anderen unerwünschten Situation, um deren Wiederkehr vorzubeugen.
– Messen
Messen ist der Vorgang, durch den ein spezieller Wert einer physikalischen Größe ermittelt wird.

– Messmittel
  Messmittel sind Geräte, die es erlauben, den Wert einer physikalischen Größe zu ermitteln.
– Prüfen
  Prüfen heißt festzustellen, ob der Prüfgegenstand eine oder mehrere vorgegebene Bedingungen erfüllt. Mit dem Prüfen ist daher immer der Vergleich mit vorgegebenen Bedingungen verbunden.

(Hinweis: Begriffserklärungen aus DIN EN ISO 8402)

13.3 Prozess-Sicherheit im Offsetdruck

Sicherheit in der Produktion kann es nur dann geben, wenn der gesamte Workflow im Produktionsprozess systematisch erfasst, dokumentiert, bewertet und dann nach sinnvollen Regeln, z.B. einer *Standardisierung*, produziert wird. Die Bewertung muss wirtschaftliche und technische Vorgaben (Sollwerte) sowie sinnvolle Toleranzbereiche erstellen.

Die Produktion von gedruckten Medien wird vom Management bestimmter Unternehmen vielfach noch aus handwerklicher strukturierter Sicht betrachtet und dementsprechend gehandelt. Dies kann jedoch in immer stärker werdenden Vernetzungen der Unternehmen zu einem ernsthaften Problem im Produktionsprozess werden. Man denke z. B. an

- Datenkommunikation, Datenaufbereitung, Schnittstellen, Datenformate
- Vorlagen der Kunden
- Computer-to-Technologien
- Druckmaschinen: Systeme, Konstruktionen,
- Materialien: Bedruckstoffe, Druckfarben

Bestimmte Merkmale eines Druckproduktes sind exakt in Zahlen oder anderen technischen Angaben zu erfassen, wie zum Beispiel:

- Druckformat in cm oder mm
- Gestaltungsraster
- Satzspiegel
- Bildgrößen
- Druckfarbenanzahl, Druckfarben
- Druckseiten: Anzahl
- Bedruckstoff: Art, Qualitätseigenschaften
- Druckverfahren, Drucktechnik
- Verarbeitung, Bindetechnik
- Auflage
- Kosten
- Lieferungstermin.

Andere Merkmale dagegen sind nicht so einfach und in der gleichen exakten Weise zu erfassen.

Für die Beurteilung der Druckqualität gab es jedoch lange Zeit keinen brauchbaren, objektiven Maßstab. Auch heute noch ist es in der Druckindustrie noch nicht gelungen, die Qualitätsanforderungen der Druckprodukte entsprechend ihrer Zweckeignung zu klassifizieren: Eine Illustrierte fordert beispielsweise völlig andere Qualitätskriterien als eine Tageszeitung, ein einfarbig gedruckter Werbezettel wie ein hochwertiger Vierfarbdruck-Prospekt, ein Fachbuch andere als eine Verpackung.

Aus der Zweckeignung sollten für die Produktion bestimmte Toleranzen für alle einzelnen Produktionsstufen abzuleiten sein, die festzulegen bzw. mit dem Kunden zu vereinbaren sind.

Während andere Industriezweige nach dem Grundsatz „so genau wie nötig“ nach vorgegebenen Maßen produzieren, versuchen auch heute noch viele Drucker stets so gut wie möglich zu drucken. Aber: Ohne ein systematisches Planen und Steuern sowie eine objektive Sicherung der Qualität wird das Druckergebnis oft nicht zufriedenstellend ausfallen.

Kriterien für die Druckqualität unterscheiden sich in zwei Stufen

- Zur ersten Stufe gehören alle visuell eindeutig und objektiv zu erfassenden Kriterien im Druckbild wie Schmieren, Tonen, Butzen, Kratzer im Druckbild, Passer- und Registerfehler.
- Kriterien der zweiten Stufe erfordern neben dem visuellen auch ein messtechnisches Prüfen.
  Zu der zweiten Stufe – in der subjektive, empfindungsbezogene Beurteilungen eingehen – gehören die Tonwert- und Farbwertwiedergabe im Vergleich zu dem genehmigten OK-Bogen sowie deren Stabilität (Gleichmäßigkeit) innerhalb der gesamten Auflage.

Die häufigsten Gründe für Reklamationen in der Druckerei sind Farbtonunterschiede zwischen der Vorlage (Bildvorlage, Andruck, OK-Bogen u. a.) und dem Druckprodukt sowie Farbschwankungen innerhalb der Auflage.

Farbtonschwankungen im Druckprodukt zeigen sich besonders sichtbar im mehrfarbigen Rasterdruck. Im Vierfarbdruck ergeben sich Ursachen für diese sichtbaren Farbtonschwankungen z. B. durch Abweichungen und Unregelmäßigkeiten in den Farbschichtdicken, in den Rastertonwerten und im Farbannahmeverhalten.

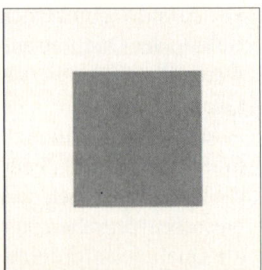

Grauwirkung: Der rechte und der linke Ton sind genau identisch!

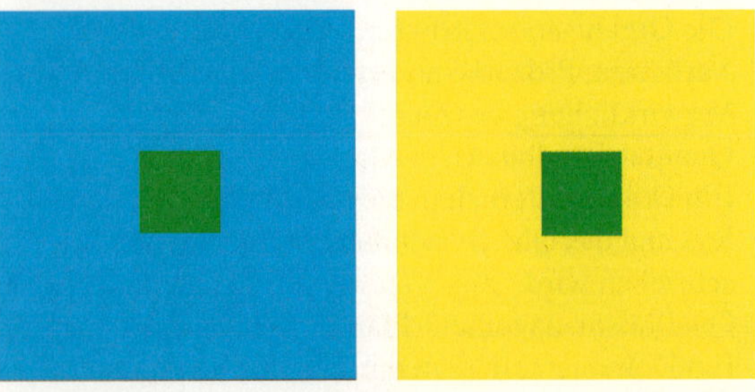

Farbwahrnehmung: Farbe im Umfeld

Prüfkriterien zur Beurteilung der Druckqualität

Visuelles Prüfen	Visuelles und messtechnisches Prüfen
– Schmieren – Tonen – Butzen – Kratzer – Passer – Register	– Tonwertrichtigkeit – Farbwertrichtigkeit – Farbtonschwankungen innerhalb der Auflage

Die visuelle Beurteilung von Farbtönen ist problematisch: Das Produkt wird durch das Umfeld der zu beurteilenden Druckfarbe beeinflusst. Unterschiede in der Beleuchtung und das persönliche Farbempfinden des Druckers – und auch des Auftraggebers! – lassen vorab nur eine subjektive Beurteilung zu.

Erst durch konsequentes Anwenden von Kontrollmitteln ist die Grundlage für das Verstehen, das Analysieren, das Optimieren und das Konstanthalten von Prozessen geschaffen.

Beherrschte Prozesse sind nämlich eine notwendige Voraussetzung für das Erbringen der vom Kunden erwarteten Produktqualität. Das Augenmerk auf die Prozesse zu lenken kommt in diesem Sinne dem Vorsorgeprinzip gleich.

Dieses Prinzip besagt, dass Kontrollmaßnahmen bereits zu einem Zeitpunkt ansetzen müssen, in dem auf die Produktqualität noch Einfluss genommen werden kann. In Vorsorgemaßnahmen zu investieren bedeutet, die Kosten für nachträgliche Fehler zu sparen. In der Praxis geht es darum, den Aufwand für Prüf- und Fehlerverhütungsmaßnahmen mit den Möglichkeiten zur Kosteneinsparung in der Waage zu halten. Je ausgereifter ein Prozess ist, desto geringer ist das Risiko für Fehler.

Im Rahmen umfangreicher, praxisgerechter Untersuchungen ermittelte der Bundesverbandes Druck und Medien (BVDM) in Zusammenarbeit mit der Fogra praxisrelevante Daten für die Produktion.

Das erste „Handbuch der Standardisierung des Offsetdruckverfahrens", das der Bundesverband Druck und Medien e.V. sowie die Fogra gemeinsam herausgaben, überzeugte nach und nach die Praktiker; denn die Vorteile der Standardisierung waren eindeutig:

- Bessere Verständigung durch die gleiche Sprache zwischen Agentur, Reproduktion und Druckerei
  - gezielte Fertigung von Reproduktionen
  - problemloses Drucken von Sammelformen
  - weniger Fehlkopien bei Druckformen
  - verkürzte Abstimmzeit an der Druckmaschine
  - engere Toleranzen im Druck.
- Daraus ergeben sich
  - erhöhte Produktionssicherheit durch einen reibungslosen Prozess
  - reduzierte Kosten für Material und Zeit
  - Qualitätssteigerung des Druckprodukts.

Ergänzt wurde diese Arbeit durch die Entwicklung von Prüfmitteln. Dazu gehören Mess-und Kontrollmittel für die Bilddatenerfassung und -bearbeitung, die Druckformherstellung und den Auflagendruck sowie entsprechende Systemkomponenten der Fogra (München) und der Ugra (CH-St. Gallen) sowie Bild- und Kontrollsysteme von dem Unternehmen System Brunner (CH-Locarno).

Aber auch Hersteller von Messgeräten wie Gretag-Macbeth, Techkon und X-Rite sowie auch Druckmaschinenhersteller und Farbenfabriken entwickelten ebenfalls verschiedene Prüfmittel, z. B. Druckkontrollstreifen.

Das bisherige „Handbuch zur Standardisierung des Offsetdruckverfahren", herausgegeben vom Bundesverband Druck und Medien, ist entsprechend neuer, internationaler Normen und technischer Änderungen grundlegend überarbeitet und erweitert worden. Ende 2001 ist die Neuauflage unter einem neuen Titel erschienen:

- „ProzessStandard Offsetdruck".

Das Buch wurde maßgebend durch die Fogra konzipiert und erarbeitet.

Das Know-how der Deutschen und Schweizer Forschungsinstitute
– Fogra (www.fogra.com) und der
– Ugra (www.ugra.ch),
hat zu gemeinsamer Entwicklung von Prüfmitteln für den gesamten digitalen Prozess der Druckvorstufe sowie den Druck geführt. In Seminaren bieten beide Institute die Möglichkeit einer intensiven Schulung.

Prüfmittel systematisch eingesetzt

In jedem Ablauf – moderner ausgedrückt, in jedem Prozess – sind Maßnahmen vorgesehen, um das Resultat einer Tätigkeit oder einer Abfolge von Arbeitsschritten zu prüfen. Prüfen heißt dabei nichts anderes als etwas zu messen und mit einer Vorgabe oder Spezifikation zu vergleichen. Dabei kommen Prüfmittel und Prüfvorschriften zum Einsatz, nicht zu vergessen die Anweisung, was bei einer nicht tolerablen Abweichung vom Sollwert zu geschehen hat.

Es wird kaum eine Druckerei im unkontrollierten „Blindflug" Texte, Bilder und Layouts zu Drucksachen verarbeiten, ohne an wesentlichen Stellen Zwischenresultate zu begutachten. Solche Prüfungen verfolgen zwei Ziele:

- Ein fehlerhaftes Resultat sollte nicht weiterverarbeitet werden, bevor der Fehler behoben ist. Es ist kaum wahrscheinlich, dass bei standardisierten Folgeprozessen ein Fehler wieder verschwindet. Wollte man den Folgeprozess so verändern, dass er den ursprünglichen Fehler korrigiert, so käme man in des Teufels Küche, und von wirtschaftlicher Produktion wäre keine Rede mehr.
- Ein fehlerhaftes Resultat entsteht aber nur, wenn der entsprechende Prozess nicht genügend unter Kontrolle ist. Unabhängig davon, was den Fehler verursacht hat, gibt es einen Grund – oder oft eine Verkettung von Gründen – die es aufzuklären gilt. So können Fehler als Chance betrachtet werden, einem tiefer sitzenden Übel auf die Spur zu kommen.

Prüfen als Prozessschritt

Welches sind nun aber die Prozesse bei der Herstellung eines Druckproduktes, welche Prüfungen sind angebracht, und welche Prüfmittel benötigen sie?

Eine Prozesskette geht von den Erwartungen und Anforderungen eines Kunden aus, der diese in dem bestellten Produkt realisiert sehen möchte.

Zuerst sollen die messtechnisch einfach erfassbaren Größen betrachtet werden, wie Formate, Papiergewicht, Auflagehöhe, Lieferzeit, Preis.

Diese werden bei der Auftragserteilung genau spezifiziert, und dafür sind etablierte Messgeräte vorhanden wie Längenmaße, Waagen oder Zähler.

Aber auch Stunden, Tage und Kosten sind objektive Größen, welche gemessen, berechnet und in den Produktionsablauf einbezogen werden müssen, damit am Schluss der Liefertermin und der Preis eingehalten werden. Die Genauigkeit der üblichen Prüfmittel genügt den Anforderungen, die an sie gestellt werden, problemlos.

Wie wird vom Kunden aber der Inhalt der Drucksache spezifiziert?

Er liefert Text, Bild, Grafik und Layout in unterschiedlichsten Formen und Datenformaten und erwartet, dass am Ende alles seine Richtigkeit hat, d.h. dass es ihm gefällt.

- Gefällt nun aber das Bild so, wie es geliefert wurde, oder so, wie es in der Vorstellung aussieht?
- Ist die Textformatierung so richtig, wie sie der Kunde auf seinem Schreibtisch-PC gesehen hat, oder so, wie sie vom Fachmann in ein professionelles Layout eingebaut worden ist?
- Ist die Farbe so, wie der Kunde sie von seinem Bildschirm her in Erinnerung hat oder kommt eine ganz andere Farbe im Druck heraus?
- Gilt für das mitgelieferte Farbmuster Kunst- oder Tageslicht? Wurde zur Abstimmung eine Farbprüfleuchte eingesetzt?

Alle diese und viele weitere Stolpersteine sind bekannt, führen aber immer wieder zu unliebsamen Überraschungen.

Prüfen auch ohne Prüfmittel

Der erste Teilprozess soll als Auftragsvereinbarung definiert werden. Viele Fehler am Endprodukt müssen leider auf Probleme in diesem Prozess zurückgeführt werden. Hier werden viele qualitative, aber auch schwammige Kundenspezifikationen in standardisierte Größen umgesetzt.

Die hier notwendige Prüfung ist die Auftragsprüfung, welche die Qualität der gelieferten Informationen und die Machbarkeit mit den Ressourcen des Unternehmens zu prüfen hat. Dazu stehen leider keine Prüfgeräte zur Verfügung, die Prüfung erfolgt mit Hilfe von Know-how, das im besten Fall durch *Checklisten* unterstützt wird.

Der nächste Teilprozess, die Druckvorstufe, nähert sich nun mehr den Vorstellungen des Technikers, der konkrete Prüfungen mit geeigneten Prüfmitteln durchführen will.

Zuerst ist allerdings die Qualität der Eingangsdaten zu prüfen, was in der Regel auf den produktionsorientierten EDV-Systemen geschieht.

In der Folge lassen sich systematisch Prüfmittel in den Auftrag einbauen, welche eine messtechnische Verfolgung verschiedener Parameter während der Produktion erlauben. Hierbei handelt es sich um Elemente eines Prüfsystems, welche standardisierte Prüfungen mit entsprechenden Prüfmitteln erst einmal ermöglichen.

Die Rolle des Stellvertreters

Die konventionelle Druckvorstufe über fotografische Prozesse verwendet an verschiedenen Stellen solche Elemente als *Stellvertreter,* wie z. B. Graukeile in kontinuierlicher oder gerasteter Form zur Belichtungskontrolle von Filmen und Druckplatten, oder vorbelichtete Referenzfilme zur Aktivitätskontrolle der Verarbeitung.

Erst für die Auswertung werden eigentliche Messgeräte eingesetzt, in erster Linie Densitometer. Je nach Ausgestaltung des Messelementes kann sogar auf diese verzichtet werden, indem die kritischen Werte schon von bloßem Auge oder mit einer Lupe erkennbar sind, und so zwischen „gut“, „weniger gut“ oder „schlecht“ unterschieden werden kann. Hier sind die Anforderungen an das Auge als Messgerät nicht allzu hoch, was man von einem anderen Einsatz nicht behaupten kann: der *Farbkontrolle.*

Bildwiedergabe und Farbmessung sind bekanntlich höchst komplexe Themen. Um die Voraussetzungen für die Bild- und Farbwiedergabe im Endergebnis zu schaffen, sind die Weichen im Vorstufenprozess zu stellen. Dazu sind zwei Voraussetzungen wichtig:

- Der Druckprozess läuft auf standardisierte Weise ab. Als Resultat des Vorstufenprozesses sind Farbauszüge bzw. Druckformen so ausgelegt, dass im Druckprozess mit festgelegter Farbführung produziert werden kann. Das bedingt genaue Kenntnis der hauseigenen bzw. der für den Auftrag geltenden Druckbedingungen bzw. Druckkennlinie.
- Es stehen Methoden zur Verfügung, um das Ergebnis möglichst realistisch zu simulieren. Zwischen dieser Simulation und dem Resultat der Vorstufe sind alle Schritte standardisiert und beherrscht.

Wenn diese Bedingungen erfüllt sind, konzentriert sich die auftragsspezifische Bearbeitung des vom Kunden gelieferten Materials auf eine frühe Phase vorwiegend am Bildschirm.

Dazu sollten über ein Color Management System die Voraussetzungen geschaffen sein, dass Bildschirm und Druckresultat – soweit technisch überhaupt möglich – übereinstimmen. Selbstverständlich sind in dieser Kette auch Zwischenresultate wie Monitor und Prüfdrucke einzubeziehen.

Vom Nutzen der Standardisierung

Wege zur konstanter Qualität von der Druckvorstufe bis zum Druckprodukt zeigt der „ProzessStandard

Offsetdruck“ (© 2001, Bundesverband Druck und Medien e. V.) auf. Danach bietet die Standardisierung
- bessere Verständigung durch gleiche Sprache zwischen Agentur, Reproduktions- und Drucktechnik
- erhöhte Produktionssicherheit durch reibungslosen Ablauf
- reduzierte Kosten für Material und Zeit
- Qualitätssteigerung des Druckprodukts.

Systematische Prüfketten sollten einerseits dazu dienen, die Kenngrößen der eigenen Prozesse zu bestimmen, die Prozesskette gewissermaßen zu kalibrieren, andererseits aber auch dazu, den einzelnen Auftrag zu verfolgen und Abweichungen von standardisierten Soll-Werten zu erkennen.

Für beide Ziele sind weitgehend dieselben Messelemente und -geräte einzusetzen:
- Elemente als „Stellvertreter“ für die eigentliche (Bild-)Vorlage,
- Geräte zur messtechnischen Erfassung der Produktionsergebnisse.

Ebenso wichtig sind aber die anzuwendenden Verfahren zur Durchführung und Auswertung, ohne die aus den Zahlen kaum brauchbare Schlüsse zu ziehen wären.

Als nächste Prozesse schließen der eigentliche Druckvorgang und die Druckweiterverarbeitung an. Wie in jedem industriellen Prozess liegt bei beiden das Schwergewicht der Prüfungen beim Einrichten der Produktionslinie.

Die richtige Druckform im richtigen Druckwerk in der richtigen Position, die richtige Farbführung, die richtige Einstellung der Zonenschrauben und was noch alles dazu gehört.

Neben dem Densitometer und dem Fadenzähler kommt nun vor allem das geschulte Auge als Prüfmittel zum Einsatz. Dazu leisten die vorher erwähnten Kontrollelemente wiederum ihren Beitrag.

- *Je perfekter und kontrollierter der Vorstufenprozess gelaufen ist, desto einfacher wird die Arbeit im Druckprozess sein, und da hier unnötige Einrichtzeit teuer ist, lohnen sich Anstrengungen in der Vorstufe umso mehr.*

Der Auflagendruck beschränkt sich grundsätzlich auf Stichproben, die umso großzügiger ausfallen können, je besser der Druckprozess beherrscht wird.

Informationsübertragung im Druckprozess
Bei dem Einrichten der Druckmaschinen und beim Fortdruck stellt sich aber immer wieder das gleiche Dilemma:
- Ist das gefällige Bild wichtiger oder der Sollwert der Farbführung?

Selbst der Theoretiker wird (mit einem weinenden Auge) dem Bild den Vorzug geben, er wird aber herauszufinden versuchen, warum das System hier nicht übereinstimmt und dann den vorhergehenden Prozess korrigieren.

So erfüllt die Messung ihre wichtigste Aufgabe: Sie bildet die Grundlage für das Eingreifen in einen Prozess, nicht um ein einzelnes Ergebnis zu korrigieren, sondern um den Störfaktor an der Quelle auszuschalten. (Lit.: Qualität entscheidet, Ugra 2000)

Farbe im Offsetdruckprozess

Für die Informationsübertragung im Druckprozess sind verschiedene Parameter entscheidend, die je nach Kundenanspruch und produktbezogener Qualität zwar unterschiedlich in der Auswirkung sind, aber trotzdem grundsätzlich gelten. Dazu gehören:
- Farbschichtdicke (Pigmentauftrag)
- Wiedergabe der Tonwerte
- Farbannahme
- Wiedergabe des geforderten Farbtons
- gleichmäßige Farbführung.

Farbwiedergabe, Farbschichtdicke
Die richtige und gleichbleibende Farbwiedergabe ist das wesentlichste Ziel der Qualitätssicherung und Der Farbeindruck eines gedruckten Bildes ist bis zu einem gewissen Grad abhängig von der aufgebrachten Farbschichtdicke. Bei Kunstdruckpapier sollten die richtigen Farborte (CIE-Normfarbtafel) bei einer Schichtdicke zwischen 0,7 und 1,1 µm erreicht werden. Je nach Bedruckstoff und Farbe kann die Farbschichtdicke im Offsetdruck auch bis zu 2,5 µm betragen (1 µm = 1/1000 mm).

Veränderungen der aufgedruckten Farbschichtdicke werden bei den lasierenden Skalenfarben optisch durch Unterschiede in der Farbsättigung des jeweiligen Farbtons sichtbar. Auch die Helligkeit kann beeinflusst werden. Die Folge sind Abweichungen vom vorgegebenen Farbort und Farbtonschwankungen innerhalb einer Auflage sowie die Einschränkung des

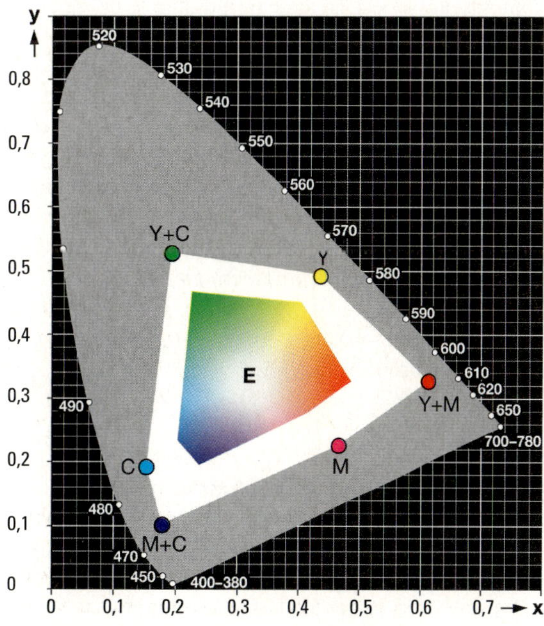

CIE-Normfarbtafel: Farborte und möglicher Farbumfang im Druck bei optimaler Färbung nach DIN 16 539 (Europa Skala)

reproduzierbaren Farbumfanges. Eine visuelle Kontrolle der Farbschichtdicke ist nur bedingt und unzureichend möglich. Auch eine Messung der tatsächlichen Farbschichtdicke in mm ist wegen der erforderlichen Messgenauigkeit im Alltagsbetrieb einer Druckerei nicht praktikabel.

Zur messtechnischen Qualitätskontrolle in den Druckereien werden derzeit hauptsächlich Densitometer eingesetzt. Mit einem Densitometer lassen sich beispielsweise Unterschiede in der Farbschichtdicke durch Messung der Farbdichte im Vollton (D_V) und im Rasterton (D_R) erfassen und steuern.

Einsatz der Densitometrie und Farbmessung
Für bestimmte Aufgabenbereiche wird anstelle der Dichtemessung die Farbmessung eingesetzt.

Die internationale Norm ISO 13656 gibt Empfehlungen für den Einsatz der Densitometrie und der Farbmessung. Danach ist zu bevorzugen der

- Einsatz der Densitometrie
  - Bewertung des Pigmentauftrags pro Fläche (Schichtdickenkontrolle)
  - Bewertung der Farbannahme
  - Bestimmung der Tonwerte bei Prüfdruck und Offsetdrucken
- Einsatz der Farbmessung
  - Nachstellen der Farbempfindung des Menschen durch drei Maßzahlen
  - Quantifizierung eines Farbunterschieds
  - Rezeptur von Druckfarben.

Densitometer messen Farbdichten nur an drei Stellen des Spektralbereiches (430 nm, 540 nm, 620 nm), dagegen erfassen Farbmessgeräte (Spektralfotometer) den gesamten sichtbaren Spektralbereich und werten diesen aus. Densitometer sind für die Messung der Schichtdicken von Druckfarben konzipiert. Soll jedoch der exakte Farbton einer Druckfarbe gemesssen werden, ist die Farbmessung einzusetzen.

Hinweis: Ausführliche Informationen und Anleitungen für den gesamten Produktionsablauf sind im „ProzessStandard Offset“ (Bundesverband Druck und Medien e. V.) herausgegeben.

Die objektive Qualitätskontrolle im Druckprozess erfordert eine geeignete Messtechnik in jeder Produktionsstufe, um eine stabile, reproduzierbare Qualität zu erhalten. In allen Produktionsstufen wird grundsätzlich auf Kontrollfeldern gemessen:
- Reproduktion
- Druckformherstellung
- Andruck / Proof
- Auflagendruck.

13.4 Densitometrische Messung

Densitometer sind preiswerte, stabile Messgeräte, die für verschiedene Aufgabenbereiche eingesetzt werden
- Tonwerten an Bildvorlagen oder Filmen
- Messen und kontrollieren der Tonwerte auf Prüfdrucken und Offsetdrucken
- Messung der Tonwerte auf Druckformen, die filmlos hergestellt wurden (CtP).

Densitometer sind Fotometer (Lichtmessgeräte) für den sichtbaren Wellenlängenbereich, die den speziellen Forderungen der Reproduktions- und Drucktechnik angepasst sind.

In der Reproduktion sind Aufsichts- und Durchsichtsvorlagen, im Druck Aufsichtsvorlagen (Drucke) zu messen. Je nach Vorlagenart sind dementsprechend geeignete Densitometer einzusetzen:
- Auflichtdensitometer
- aufgestrahltes Licht reflektiert von der lichtundurchlässigen Probe und wird gemessen
- Durchlichtdensitometer
- aufgestrahltes Licht durchdringt die transparente Probe und wird gemessen.

Messprinzip eines Auflichtdensitometers
Das Messprinzip eines Densitometer kommt der visuellen Beurteilung durch den Drucker sehr nahe. Bei der Auflichtmessung wird die zu messende lasierende Druckfarbe von einer Lichtquelle beleuchtet.

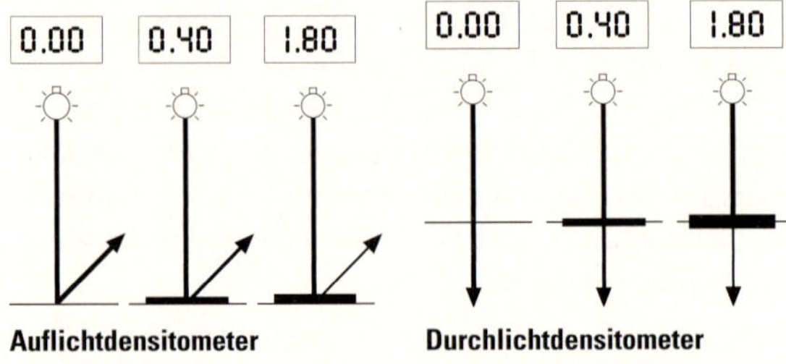

Die folgende Abbildung zeigt schematisch das Funktionsprinzip eines Auflichtdensitometers:
- Von einer stabilisierten Lichtquelle fällt weißes Licht (RGB) – durch ein Linsensystem gebündelt – auf die mit einer lasierenden Druckfarbe bedruckten Fläche.
- Je nach Farbschichtdicke und Pigmentierung der Druckfarbe wird ein Teil des Lichtes absorbiert bzw. abgeschwächt.
  Der nicht absorbierte Lichtanteil wird von der Bedruckstoffoberfläche remittiert (diffus reflektiert).

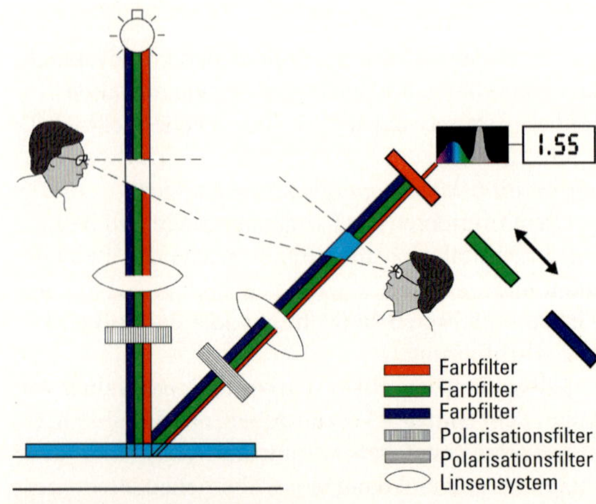

Messprinzip des Auflichtdensitometers

– Ein Linsensystem fängt nun diejenigen Lichtstrahlen auf, die in einem Winkel von 45^0 zum Mess-Strahl von der Farbschicht remittiert werden und leitet diese auf einen Empfänger, eine Fotodiode.
– Die von der Fotodiode empfangene Lichtmenge wird in elektrische Energie umgewandelt. Die Elektronik vergleicht jetzt diesen Mess-Strom mit einem Referenzwert (Remission eines „Absolutweiß“). Die Differenz beider Werte ist die Grundlage für die Errechnung des Absorptionsverhaltens der gemessenen Farbschicht.
– In der Anzeige wird als Ergebnis die gemessene Farbdichte digital angezeigt. Farbfilter im Strahlengang begrenzen das Licht auf die für die jeweilige Druckfarbe relevanten Wellenbereiche.
– Bei fast allen Densitometern werden Polarisationsfilter in den Strahlengang geschaltet. Sie verhindern Messwertdifferenzen zwischen trockener und nasser Druckfarbe (Nassglanz).

Je nach Gerätetyp kann der Strahlengang auch umgekehrt sein, d. h., dass das eingestrahlte Licht im Winkel von 45^0 auf die Messfläche trifft und der Empfänger im Winkel von 90^0 zur Bedruckstoffoberfläche steht.

Gemessen wird grundsätzlich auf einem eigens zur Prüfung mitgedruckten Kontrollmittel, wie UGRA-Offset-Testkeil, FOGRA-Druckkontrollleiste oder anderen Druckkontrollstreifen. Für das Messen bunter Druckfarben werden schmalbandige Farbfilter in den Strahlengang eingesetzt.

Ein Vierfarbdruck wird mit lasierenden Prozessfarben gedruckt. Das Licht dringt in die lasierende Farbschicht ein. Es trifft beim Durchgang durch die Farbe ständig auf Pigmente, die in Abhängigkeit von der Farbschichtdicke und Pigmentkonzentration einen mehr oder weniger großen Teil bestimmter Wellenlängen des Lichtes absorbieren.

Die Lichtstrahlen erreichen schließlich die weiße Bedruckstoffoberfläche und werden von dieser remittiert, d. h. diffus reflektiert. Nach diesem erneuten Durchgang durch die aufgedruckte Farbschicht tritt der Teil des Lichts, der nicht von der Farbe absorbiert wurde, wieder aus. Dieser Lichtanteil wird von den Augen des Betrachters und den Empfänger des Densitometers wahrgenommen.

- *Mit einem Densitometer können nur lasierende Druckfarben in der Schichtdicke exakt gemessen werden.*

Das Densitometer misst durch das Vorschalten von Filtern den Absorptionsbereich der jeweiligen Druckfarbe. Die dabei gemessene Farbdichte sowie die Farbschichtdicke korrelieren dabei sehr gut miteinander.

Die gemessene und auch optisch sichtbare Farbdichte einer Druckfarbe ist wesentlich abhängig von
– der Pigmentart
– der Pigmentkonzentration in der Druckfarbe
– der Farbschichtdicke.

Eine dicke Farbschicht absorbiert viel Licht, dementsprechend wird nur wenig Licht diffus reflektiert:
– Der Betrachter sieht einen dunkleren Farbton.

Eine dünne Farbschicht absorbiert weniger Licht, es wird somit mehr Licht reflektiert:
– Der Betrachter sieht einen helleren Farbton.

Der Reflexionsfaktor R ist der diffus reflektierte Lichtanteil der Messprobe im Verhältnis zu einer Bezugsfläche, im allgemeinen das Papierweiß. Je dichter eine Farbschicht ist, um so mehr hindert sie Teile des Lichtes am Hindurchgehen und Wiederaustritt.

Das Reflexions- bzw. Absorptionsverhalten einer lasierenden Druckfarbschicht ist messtechnisch durch die Farbdichte D definiert.

Die Farbdichte ist ein Maß für die Schichtdicke der Druckfarbe, sie sagt nichts über den Buntton aus.

Farbdichterückgang nass/trocken

Die Oberflächen von nassen und trockenen Druckfarben reflektieren Licht unterschiedlich. Bei einer frisch gedruckten Farbe wird im Vergleich zu einer trockenen Farbe ein größerer Teil des von der Lichtquelle aufgestrahlten Lichtes von der glatten Oberfläche der Farbe spiegelnd reflektiert und dadurch weniger Licht vom Empfänger erfasst. Die Messung ergibt einen höheren Farbdichtewert.

Beim Trockenvorgang passt sich die Druckfarbe der unregelmäßigen Struktur der Papieroberfläche an. Der Spiegeleffekt nimmt ab, aufgestrahltes Licht wird jetzt mehr gestreut. Dadurch fällt mehr Licht auf den Empfänger. Obwohl sich die Farbschichtdicke nicht verändert hat, wird eine erneute Messung jetzt einen niedrigeren Farbdichtewert ergeben.

Polarisationsfilter

Licht, das auf eine Farb- oder Papieroberfläche fällt, wird mehr oder weniger stark reflektiert. Die Reflexion auf der Farboberfläche ändert sich im Verlauf des Trocknungsprozesses der Druckfarbe. Aufgrund der Anordnung der Polarisatoren, die Licht nur in einer Schwingungsebene hindurchlassen, erreicht das von der Farboberfläche reflektierte Licht den Lichtempfänger nicht und hat deshalb auch keinen Einfluss auf den Messwert.

Um diese durch die an der Farbschichtoberfläche bedingten Einflüsse auf das Messergebnis auszuschalten, werden Polarisationsfilter in den Strahlengang geschaltet. Diese Polarisationsfilter haben die Eigenschaft, von den normalerweise in allen Richtungen schwingenden Lichtwellen nur noch die Anteile

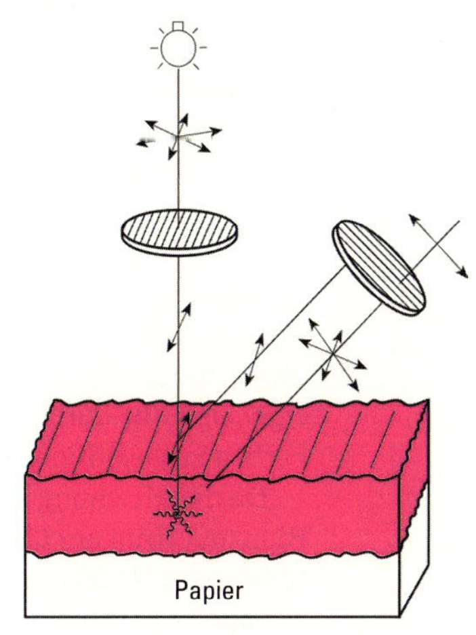

einer Schwingungsrichtung durchzulassen. Die durch den Polarisationsfilter gerichteten Lichtstrahlen werden zum Teil auch von der Farboberfläche spiegelnd reflektiert, wobei sie ihre Schwingungsrichtung nicht ändern. Fällt dieses polarisierte Licht nun auf einen zweiten, um 90^0 gedrehten Polarisationsfilter, so können die Lichtstrahlen diesen, in einer anderen Schwingungsebene liegenden Filter nicht passieren und somit auch die Messung nicht beeinflussen.

Lichtstrahlen, die dagegen in die Farbschicht eindringen und vom Bedruckstoff remittiert werden, verlieren ihre ursprüngliche Schwingungsrichtung und können so den zweiten Filter passieren. Es gelangen also nur die durch die Farbschichtdicke beeinflussten und für die Messung notwendigen Strahlen auf den Empfänger.

- Durch den Einsatz von Polarisationsfilter ist der gemessene Dichtewert praktisch unabhängig von der Trocknung der Druckfarbe.

Durch die Wirkungsweise der Polarisationsfilter gelangt sowohl bei nasser als auch bei trockener Farbe weniger Licht auf den Empfänger. Dadurch ergeben sich prinzipiell höhere Farbdichten als bei Messungen ohne Filter. Dies wirkt sich besonders bei Farbdichten über D =1.00 aus.

Nicht zu empfehlen ist der Einsatz von Polarisationsfilter bei Messungen auf Druckformen.

Farbfilter

Das von der Lichtquelle ausgesendete Licht besteht aus den drei Lichtfarben Blau, Grün und Rot.

Die für das Messen von bunten Prozessfarben eingesetzten schmalbandigen Farbfilter (Wellenlängen 430 nm, 540 nm, 620 nm) werden grundsätzlich gegenfarbig zu den zu messenden Druckfarben gewählt.

Druckfarbe	Filterfarbe
Cyan →	Rot
Magenta →	Grün
Gelb →	Blau

Die folgenden Abbildungen zeigen die Reflexionskurve der Druckfarben Cyan, Magenta und Yellow mit ihren jeweiligen schmalbandigen Farbfiltern nach DIN 16536.

Für das Messen von Schwarz wird ein Visualfilter eingesetzt, dass ein Anpassen des Helligkeit an das Empfinden des menschlichen Auges ergibt.

Die zu messende lasierende Druckfarbe, beispielsweise Cyan, wirkt auf die Lichtstrahlen wie ein Farbfilter. Farbfilter haben die Eigenschaft, Strahlen der eigenen Farbe durchzulassen und Strahlen anderer Farben zu absorbieren.

Da die Mischung der aufgestrahlten Lichtfarben Blau und Grün ein Cyan ergibt (gemeinsamer Wellenbereich), können diese blauen und grünen Lichtanteile die Farbschicht ungehindert passieren. Sie werden danach von der weißen Papieroberfläche fast vollständig remittiert.

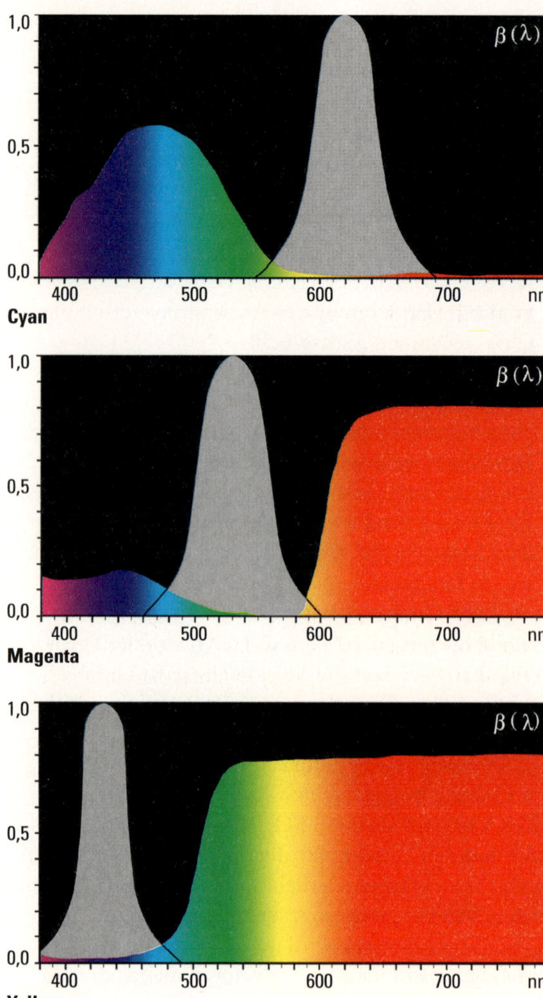

Die roten Lichtanteile werden dagegen von der Cyan-Farbschicht mehr oder weniger stark absorbiert. Dementsprechend wird, in Abhängigkeit von Pigmentierung und Farbschichtdicke, nur ein relativ kleiner Teil der roten Lichtanteile remittiert. Das Auge erkennt dieses, hauptsächlich aus blauen und grünen Anteilen bestehende, remittierende Licht als Cyan.

Für die Farbdichtemessung ist aber nur der kleinere, durch die Farbschichtdicke stark beeinflusste, rote Anteil des Lichtes interessant. Aus diesem Grund wird ein Spektralfilter in den Strahlengang geschaltet, der die nicht benötigten blauen und grünen Lichtanteile zurückhält und nur die für die Cyan-Messung relevanten roten Lichtanteile auf die Fotodiode des Empfängers gelangen lässt.

Alle modernen Geräte stellen automatisch den richtigen Filter für die Prozessfarben ein.

Sonderfarben werden mit dem Filter gemessen, mit dem der höchste Messwert erreicht wird. Dadurch ist gewährleistet, dass Schwankungen in der Farbschichtdicke leichter erkannt werden.

Zur Grundeinstellung sind vom Hersteller mitgelieferte Abgleichsstandards, vielfach spektral exakt vermessene Keramikplatten (Idealweiß, z. B. durch eine Magnesiumoxidschicht angenähert wiedergegeben) oder auch Drucke, zu verwenden. Nach der Einstellung auf diesen Standard misst das Densitometer eine sogenannte absolute Farbdichte, d. h. eine auf das Idealweiß bezogene Farbdichte.

Eine Nullung des Densitometers auf das Papierweiß des jeweiligen Bedruckstoffes sollte mehrmals täglich für jede Druckfarbe erfolgen.
Soweit das Densitometer die Funktionen
- Steigungs- oder Slopefaktor
- Yule-Nielsen-Faktor

besitzt, sollten beide Faktoren auf 1,00 eingestellt werden.

- Die Anwendung der Yule-Nielsen- und der Druckkontrast-Formeln wird heute international nicht mehr empfohlen.

Die zu messende Probe muss absolut glatt liegen, da sonst fehlerhafte Messergebnisse aufgrund der Messgeometrie des Densitometers möglich sind.

Nach den Normen der Densitometrie und Farbmessung sowie nach Vorschrift des International Color Consortiums (ICC) ist das Messen auf einer absolut ebenen, mattschwarzen Unterlage mit einer Mindestfarbdichte 1,5 vorgeschrieben. Damit ist ohne einen Einfluss der Rückseite des Bedruckstoffes bzw. der Unterlage der Probe eine gleichmäßige Basis gewährleistet.

Densitometrische Messwerte

Der Messwert der Farbdichte D ist eine logarithmische Zahl, die sich aus dem Verhältnis des absorbierten Lichtanteils zu einem Vergleichsweiß errechnet.

Messtechnisch ausgedrückt: Die Farbdichte D ist der negative dekadische Logarithmus des Reflexionsfaktors R. Es gilt demnach:

• $D = -\lg R$

In Abhängigkeit von der Schichtdicke steigt die Farbdichte allerdings nur bis zu einem bestimmten Sättigungswert an.

Warum logarithmische Maßzahlen?
Farbdichtewerte werden immer mit logarithmischen Einheiten angegeben. Dadurch ist die Dichtemessung dem menschlichen Wahrnehmungsvermögen für Licht angepasst. Der Mensch bewertet nämlich optische und auch akustische Reize in einem logarithmischen Maßstab. Das bedeutet, dass gleichmäßig ansteigende Intensitäten nicht gleichmäßig ansteigend empfunden werden.

Beispiel: Würde man z. B. auf einen Leuchttisch blicken, dessen Opalscheibe von einer Leuchtstoffröhre durchleuchtet wird, so registriert man eine gewisse Lichtintensität. Würde eine zweite Leuchtstoffröhre gleicher Helligkeit zugeschaltet, trifft zwar die doppelte Lichtenergie auf die Leuchttischscheibe, jedoch empfindet der Betrachter diese hinzukommende Energie nicht als doppelt so groß. Eine weitere Verdoppelung der Energie würde in noch geringerem Maße wahrgenommen. Je öfter die Lichtenergie

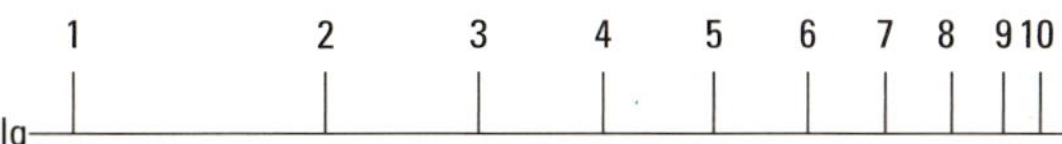

Logarithmische Skala des Rechenschiebers

gesteigert wird, desto schwächer wird der Zuwachs wahrgenommen.

Zahlenmäßig ist dies an der Skala eines Rechenschiebers zu verdeutlichen, die in einem logarithmischen Maßstab aufgebaut ist. Die Zahlen 1, 2, 3, 4 usw. stellen, übertragen auf das optische Wahrnehmungsvermögen, die tatsächlich vorhandenen Lichtenergien dar.

Demzufolge ist die Lichtenergie 2 doppelt so groß wie 1, und 4 ist doppelt so groß wie 2. Die Lichtenergie 10 besitzt die 10-fache Lichtenergie von 1.

Immer kleiner werdende Abstände zwischen den Zahlen verdeutlichen dagegen, in welcher Größenordnung die Lichtenergien vom Menschen empfunden werden. So wird der Schritt von 9 nach 10 als wesentlich geringer erkannt als der Schritt von 1 nach 2.

Relative Messwerte
Farbdichtewerte sind immer relative Messwerte eines bestimmten Densitometers unter gleichen Messbedingungen. Durch unterschiedliche Spektralverteilung der Lichtquellen und Unterschiede in der spektralen Durchlässigkeit der eingesetzten Filter, Sensibilisierungsunterschiede von Fotoempfängern und verschiedenen Messgeometrien sind die Messwerte der Geräte nicht gleich groß. Ebenso können ggf. auch Farbtönungen der Prozessfarben sowie unterschiedliche Anreibungen den Messwert beeinflussen.
• *Densitometrische Werte sind relative Messwerte.*

Zusammenhang von Farbschichtdicke und Farbdichte
Zwischen Farbschichtdicke und Farbdichte besteht ein enger Zusammenhang. Das Absorptionsverhalten einer Farbschicht ist abhängig vom Farbton, der Farbschichtdicke sowie von Art und Konzentration der Pigmentierung der Druckfarbe. Da aber der Farbort (Farbton) für die Prozessfarben genormt ist und auch die Pigmentkonzentration durch Normung in einem bestimmten Rahmen festgelegt ist, bleibt als wesentliche vom Drucker zu beeinflussende Variable nur die Farbschichtdicke.

Die folgende Abbildung veranschaulicht das Verhältnis von Farbschichtdicke und Farbdichte (die Farbschichtdicke ist nicht proportional gezeichnet). Grundsätzlich ist zu berücksichtigen, dass ab einer gewissen Schichtdicke kaum noch eine Zunahme der Farbdichte festzustellen ist.
Das nachstehende Diagramm zeigt beispielhaft den Zusammenhang von Farbschichtdicke und Dichte für die vier Skalenfarben bei Offsetdruckfarben. Die zwei gestrichelten Linien kennzeichnen den im Offsetdruck üblichen Farbschichtdickenbereich zwischen 0,7 und 1,1 µm. Aus dem Diagramm ist auch ersichtlich, dass sich die Dichtekurven erst bei wesentlich höheren, für den Offsetdruck nicht mehr relevanten Farbschichtdicken abflachen.

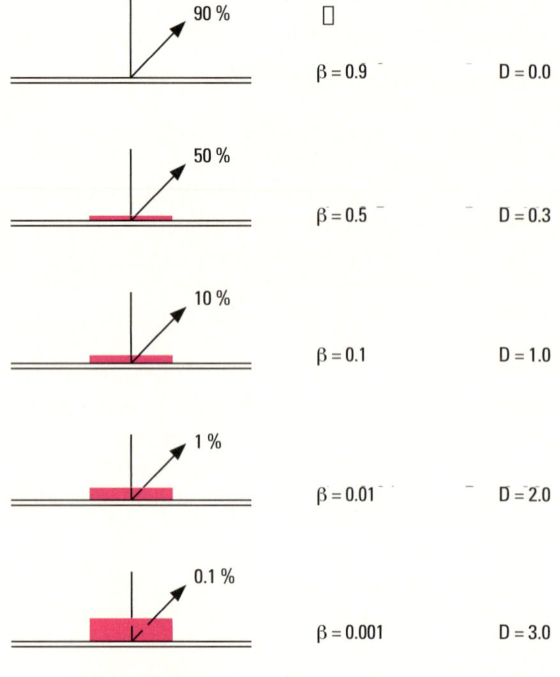

Zusammenhang von Farbschichtdicke und Farbdichte

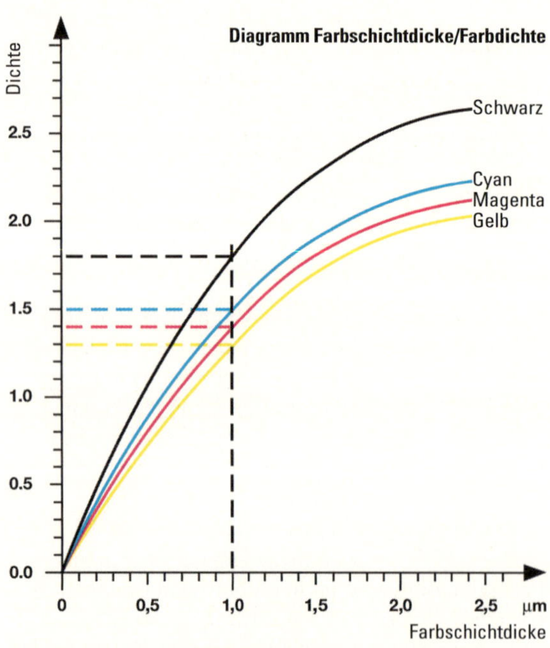

13.4.1 Messtechnische Begriffe und Zusammenhänge

In der densitometrischen Messtechnik wird anstelle der Opazität bzw. Absorption oder deren Kehrwerte Transparenz oder Reflexion (Remission) der Messwert Dichte eingesetzt. Der Messwert u.a. deshalb verwendet, weil das menschliche Auge Helligkeitswerte etwa in gleichen Abstufungen erkennt.

Die Dichte D ist der negative dekadische Logarithmus des Reflexionsfaktors R. Steigt die Opazität jeweils um das Doppelte, erhöht sich die Dichte jeweils um 0,3.

Rastertonwert im Film
Der Rastertonwert im Film, die sogenannte integrierte Rasterdichte, ist das Verhältnis der gedeckten Fläche zur gesamten Fläche.

Visuellen Bereichen werden auch Prozentangaben zugeordnet, z. B. > 75 % Tiefen, 50 % = Mittelton, < 5 % Lichter.

Die tatsächliche Rasterpunktgröße in % ist aus den densitometrisch gemessenen Rasterdichten abzuleiten (I_0 = aufgestrahlte Lichtenergie, I_1 = densitometrisch gemessene Lichtenergie; die Differenz dazu wird absorbiert). Beispiele:

Rastertonwert %	I_0 %	I_1 %	Opazität	Dichte
75	100	25	4,00	0,60
50	100	50	2,00	0,30
40	100	60	1,67	0,22
25	100	75	1,33	0,12

13.5 Farbmessung

Die Empfindungen und Interpretationen einer Farbe sind stark subjektiv und oft sehr unterschiedlich von denen eines anderen Menschen. Um die Beschreibung einer Farbe, wie der dieser Rose gebeten, wird jeder Mensch eine etwas andere Antwort geben. Die Interpretation jedes Beobachters basiert auf persönlichen (subjektiven) Erfahrungen. Aber auch rein sprachliche Aspekte sind zu beachten.

Hieraus folgt, dass eine Farbe erst dann allgemein verständlich und präzise beschrieben werden kann, wenn man sich auf einheitliche Standards und definierte Art der Beschreibung einigt. Sind diese Faktoren einmal definiert und festgelegt, gibt es einen Weg, eine Farbe mit einer anderen genau zu vergleichen.

Die Lösung besteht aus einem definierten Farbsystem und einem geeigneten Messgerät, das eine Farbe genau erkennt und erfassen kann.

Fachbegriffe und Formeln bei Durchsichtsvorlagen

1. Transparenzgrad = Lichtdurchlässigkeit eines Films

$$T = \frac{\text{Intensität gemessen}}{\text{Intensität aufgestrahlt}} = \frac{I_1}{I_0}$$

2. Opazitätsgrad = Lichtundurchlässigkeit eines Films (Filmschwärzung)

$$O = \frac{I_0}{I_1} = \frac{1}{T}$$

3. Dichte = Logarithmus der Opazität

$$D = \lg O \text{ bzw. } D = \frac{1}{T}$$

Fachbegriffe und Formeln bei Aufsichtsvorlagen

1. Reflexionsfaktor = von der Oberfläche reflektierte (zurückgeworfene) Lichtintensität

$$R = \frac{\text{Intensität gemessen}}{\text{Intensität aufgestrahlt}} = \frac{I_1}{I_0}$$

2. Absorptionsgrad = von der Oberfläche absorbiertes („geschluckte") Licht (Tonwert oder Farbdichte)

$$A = \frac{I_0}{I_1} = \frac{1}{R}$$

3. Dichte = Logarithmus der Opazität

$$D = \lg A \text{ bzw. } D = \lg\frac{1}{T}$$

Messung im Durchlicht	**Messung im Auflicht**	**Messpunkt 1**	**Messpunkt 2**	**Messpunkt 3**	**Messpunkt 4**
Lichtintensität aufgestrahlt I_0		100 %	100 %	100 %	100 %
Lichtintensität absorbiert		0 %	90 %	99 %	99,9 %
Lichtintensität gemessent I_1		100 %	10 %	1 %	0,1 %
Transparenzgrad $T = \frac{I_1}{I_0}$	Reflexionsfaktor $R = \frac{I_1}{I_0}$	$\frac{100\,\%}{100\,\%} = 1$	$\frac{10\,\%}{100\,\%} = 0{,}1$	$\frac{1\,\%}{100\,\%} = 0{,}01$	$\frac{0{,}1\,\%}{100\,\%} = 0{,}001$
Opazitätsgrad $O = \frac{I_0}{I_1}$	Absorptionsgrad $A = \frac{I_0}{I_1}$	$\frac{100\,\%}{100\,\%} = 1$	$\frac{100\,\%}{10\,\%} = 10$	$\frac{100\,\%}{1\,\%} = 100$	$\frac{100\,\%}{0{,}1\,\%} = 1000$
Dichte = lg O	Dichte lg A	0,00	1,00	2,00	3,00

Die Farbmessung hat das Ziel, den visuellen Eindruck einer Farbe mit Farbmaßzahlen objektiv zu beschreiben und zu quantifizieren. Daher wird sie unbedingt benötigt zur
- Bestimmung des Farbortes einer Farbe
- Bestimmung des Farbabstandes von zwei Farben sowie – soweit eine entsprechende Software vorhanden ist – zur
- Rezeptierung von beliebigen Druckfarben.

Ein wichtiges Anwendungsgebiet ist die Farbcharakterisierung offener Vorstufensysteme als farbmetrische Basis für ein
- Color Management.

Verschiedene Farben

Buntton

Farben, die nach dem Buntton sortiert sind

Farben = eindeutige Bezeichnung als Zahl?

Mit der Farbmessung gelingt es, Farben nach Zahlen „festzulegen" und diese Farbinformationen ohne ein Farbmuster allein durch Zahlen zu übermitteln.

Farben werden farbmetrisch mit drei Farbmaßzahlen, z.B. L*, a*, b* oder L*, C*, H* gekennzeichnet.

Eine beliebige Farbe ist danach auch durch charakte-ristischen Angaben zu beschreiben (vgl. Normen):
- Buntton (z.B. Gelb, Blau, Rot, Grün)
- Buntheit (z.B. brillant, leuchtend, stumpf) und
- Helligkeit (z.B. hell, dunkel).

Buntton

Sehen wir eine Vielzahl unterschiedlicher Farben, so stellen wir fest, dass bestimmte Farben optisch näher, andere dementsprechend weiter auseinander stehen. Wichtigstes Unterscheidungsmerkmal ist zunächst der Buntton.

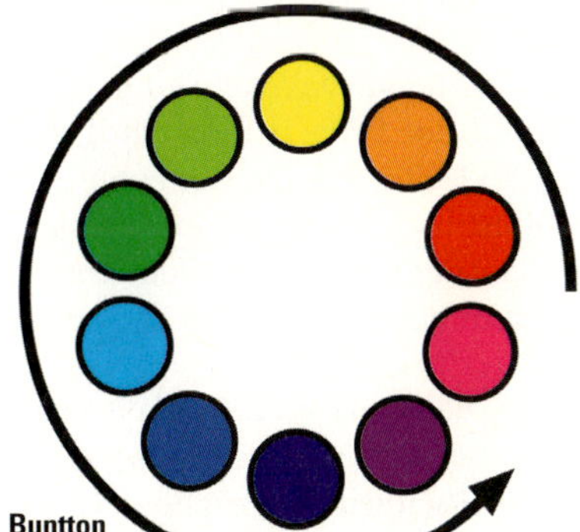

Farben, die mit unterschiedlichen Bunttönen als Farbkreis angeordnet sind

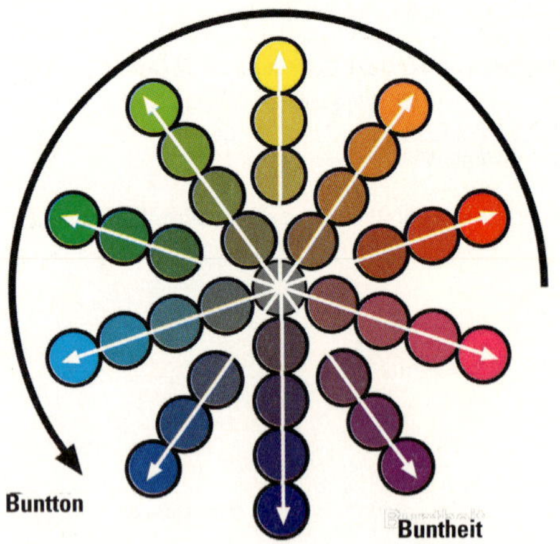

Farben, die unterschiedliche Buntheit im Farbkreis aufweisen

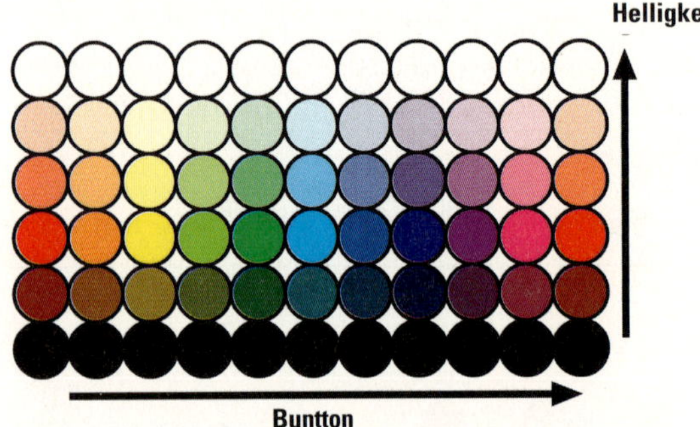

Bei gleichem Buntton können Farben unterschiedliche Helligkeit besitzen

Werden beliebige Farben systematisch in einer Reihe nach ihrem Buntton sortiert, so zeigt es sich, dass man am Ende der Reihe wieder an den ersten Buntton in der Reihe zurückgelangt. Aus diesem Grund ist es sinnvoll, die Bunttöne in einem Farbsystem als einen Kreis anzuordnen. Ausgehend vom Mittelpunkt verteilen sich dann die Bunttöne auf der äußeren Kreisfläche in die verschiedenen Richtungen. Ein bestimmter Buntton kann deshalb in seiner Stellung im Kreis durch den Bunttonwinkel beschrieben werden.

Buntheit

Farben mit dem gleichen Buntton können sich jedoch noch in anderer Hinsicht unterscheiden. Sie können leuchtend rein oder stumpf und schmutzig, brillant oder verschwärzlicht wirken. Dieses Merkmal einer Farbe wird Buntheit genannt.

Ein Hinweis: *Buntheit ist nicht gleich Sättigung!* Die Buntheit beschreibt eine Farbe in ihrer Sättigung unter Einbeziehung der Helligkeit. Die Sättigung sollte deshalb nur für Farbtafeln verwendet werden, bei denen die Helligkeit der Farben unberücksichtigt bleibt (z. B. die xy-Normfarbtafel, die sogenannte „Schuhsohle“).

Eine Sonderstellung nehmen die Farben Schwarz und Weiß sowie alle unbunten neutralen Grautöne ein. Diesen Farben wird die Buntheit Null zugeordnet.

Ausgehend von einem unbunten Grau im Mittelpunkt weisen die Farben nach außen hin eine immer größere Buntheit auf.

Helligkeit

Ebenso wie in der Buntheit können sich Farben in ihrer Helligkeit unterscheiden. Die Helligkeit charakterisiert die *Leuchtintensität* einer Farbe: Bei gleichem Buntton erscheint eine Farbe heller als eine andere.

Wirkung von Farbveränderungen im Druckprozess

In allen Farbsystemen sind die Farben nach den drei Eigenschaften Buntton, Buntheit und Helligkeit geordnet. Veränderungen an einer Farbe sind nicht nur durch die Veränderung eines der drei Merkmale zu bemerken.

Wird beispielsweise die Farbschichtdicke der Prozessfarbe Magenta verringert, so verringert sich nicht nur die Buntheit, sondern gleichzeitig wird die Farbe heller. Ebenso ist bekannt, dass Magenta dadurch etwas bläulicher erscheint, also sogar den Buntton verändert. Ähnlich ist die Wirkung der Rasterung ausgehend vom Vollton Magenta.

Darstellung von Farben – Ein anschauliches Beispiel

Da es drei bestimmende Größen gibt, müssen Farben in einem räumlichen System dargestellt werden.

Dies ist am einfachsten mit der Veranschaulichung eines runden Gebäudes zu vergleichen.

Die einzelnen Stockwerke kann man sich als verschiedene Helligkeitsniveaus vorstellen, der Abstand von der Gebäudemitte entspricht der Buntheit, und in die verschiedenen Himmelsrichtungen sind die unterschiedlichen Bunttöne verteilt.

Genau wie bei der Darstellung eines Gebäudes kann man auch bei Farbsystemen verschiedene Ansichten wählen.

Bei der Aufsicht kann man ausgehend vom Mittelpunkt mit den unbunten Farben die Buntheit und den Buntton sehen. Die Helligkeit einer Farbe kann dieser Darstellung jedoch nicht entnommen werden.

Farben mit gleichem Buntton und gleicher Buntheit, jedoch mit unterschiedlicher Helligkeit, liegen „in unterschiedlichen Stockwerken" übereinander.

Um einen Eindruck des gesamten Farbsystems zu vermitteln, lässt sich eine perspektivische Projektion verwenden. Diese ermöglicht eine gleichzeitige Darstellung der drei Merkmale Helligkeit, Buntton und Buntheit, hinsichtlich derer sich Farben unterscheiden.

Jede Farbe nimmt in einem Farbsystem eine bestimmte Position ein. Sehen zwei Farben gleich aus, so liegen sie an derselben Stelle (Farbort) in dem Farbsystem. Lassen sich zwei Farben mit dem Auge unterscheiden, so liegen sie auch an verschiedenen Stellen (Farborten) in dem Farbsystem.

13.5.1 Messtechnische Verfahren

Für die Farbmessung stehen zwei Messverfahren mit spezifischen Farbmessgeräten zur Verfügung:
– Dreibereichsgeräte (engl. tristumulus) und
– Spektralfotometer.

Beide Verfahren sind in Normen, z.B. ISO 13655 und in der deutschen Norm DIN 5033, beschrieben.

Dreibereichsgeräte sind einfacher gebaut und damit kostengünstiger. Sie sind eindeutig im Vorteil bei der Messung von Bildschirmfarben.

Spektralfotometer sind zwar aufwendiger konstruiert, bieten jedoch auch mehr Optionen.

Im Prinzip ist es mit beiden Geräten möglich, sowohl densitometrisch wie farbmetrisch zu messen.

Messung mit einem Dreibereichmessgerät

Das von einer Lampe ausgestrahlte Licht – die spektrale Zusammensetzung dieser Lichtart ist dem Normlicht angenähert – wird an der Probe reflektiert und von nur drei Sensoren empfangen. Vor den Sensoren sitzen spezielle Filter, die in den Farbkanälen eine spektrale Empfindlichkeit herstellen, die den Normalspektralwertfunktionen entspricht und so die spektrale Empfindlichkeit der Netzhaut des Auges simuliert.

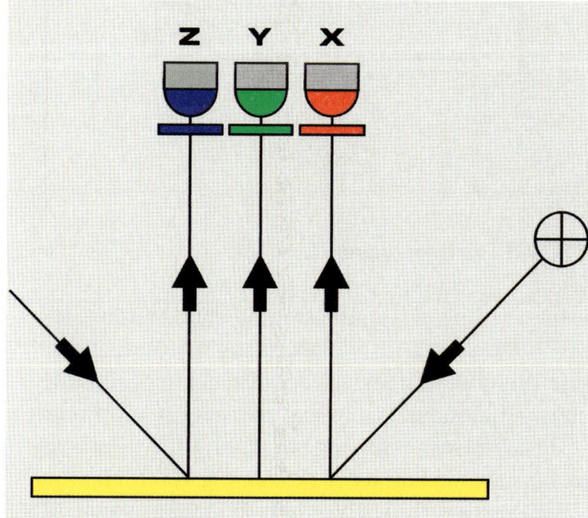

Dreibereichsverfahren. Farbanteile von Rot, Grün und Blau werden von 3 Sensoren erfasst

Die Auswertung der von den Sensoren kommenden Signale ergibt unmittelbar die Normfarbwerte XYZ für Rot, Grün und Blau, die dann z.B. in das empfindungsgemäß gleichabständige System CIE-LAB umgerechnet und für alle weiteren farbmetrischen Berechnungen benutzt werden.

Das einfache Messprinzip ermöglicht den Bau zuverlässiger, preiswerter Messgeräte. Diese erreichen trotz ständiger Verbesserungen nicht die absolute Messgenauigkeit des Spektralfotometers, sind aber für alle Vergleichsmessungen gut geeignet.

Systembedingte Einschränkungen sind die vollkommene Simulation von mehreren Lichtarten sowie das Fehlen der spektralen Remissionswerte und der Metameriemessung.

Messung mit einem Spektralfotometer

Spektralphotometer messen die Remissionswerte des gesamten sichtbaren Spektrums. Das Spektrum wird dazu in Abschnitte geteilt, deren Bandbreite je nach Gerät 10 bis 20 nm beträgt. Jeder Abschnitt ergibt einen einzelnen Remissionswert.

Die spektrale Zerlegung des von der Probe reflektierten Messlichts erfolgt in modernen Messgeräten durch Gitter-Dioden-Module oder Filter-Dioden-Module.

Das von einem Beugungsgitter des Gitter-Dioden-Moduls zerlegte Licht, wird auf eine Diodenzeile mit vorzugsweise 256 aneinander gereihten Dioden projiziert.

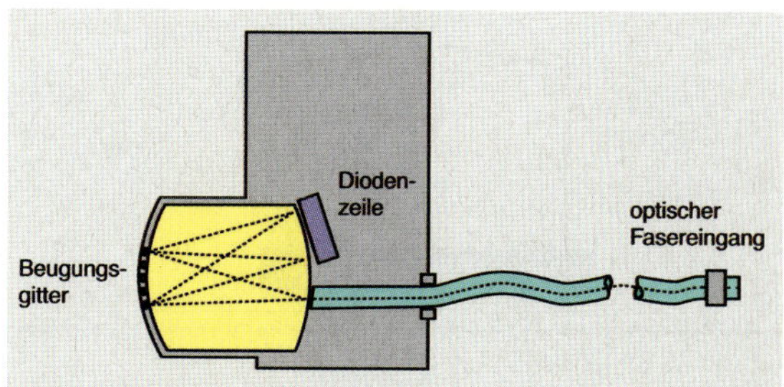

Spektralfotometer: Funktionsschema

Die durch die vielen Dioden hochaufgelösten Signale werden von einer Elektronik zunächst verstärkt, digitalisiert und weiter ausgewertet. Man erhält damit als erstes Ergebnis der spektralen Messung die Reihe der Remissionswerte und ihre graphische Darstellung als Remissionskurve.

Filter-Dioden-Module bestehen aus mehreren Dioden, denen schmalbandige Farbfilter vorgeschaltet sind. jede Diode misst eine bestimmte Bandbreite des Spektrums.

Eine weitere Möglichkeit Remissionswerte zu erhalten, besteht darin, die Probe nacheinander mit spektral schmalbandigem Licht verschiedener Wellenlängen, wie es von farbigen Leuchtdioden ausgesendet wird, zu bestrahlen. Ein spektral breitbandiger Sensor erfasst dann die einzelnen Remissionswerte.

Remissionswerte und Remissionkurve sind die vollständige Information der gemessenen Farbe. Die Normfarbwerte XYZ werden durch ein besonderes Rechenverfahren, der sogenannten valenzmetrischen Auswertung, gewonnen. Dabei werden die Remissionskurve und die Normspektralwertfunktionen zueinander in Beziehung gesetzt.

Die als Beispiel dargestellte Remissionskurve wurde mit einem TECHKON Spektralphotometer der SP-Serie aufgenommen. Die Remissionskurve beginnt links im blauen Bereich bei 380 nm und endet rechts im Rotbereich bei 780 nm.

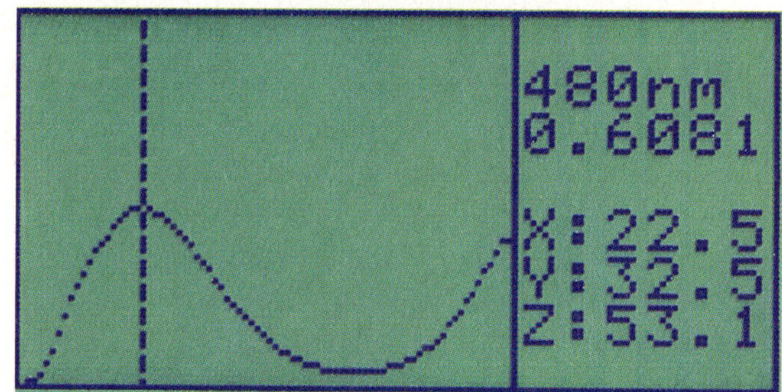

Remissionskurve und Messwerte

Grundbegriffe des Farbensehens und der Farbmetrik (vereinfachte Darstellung)

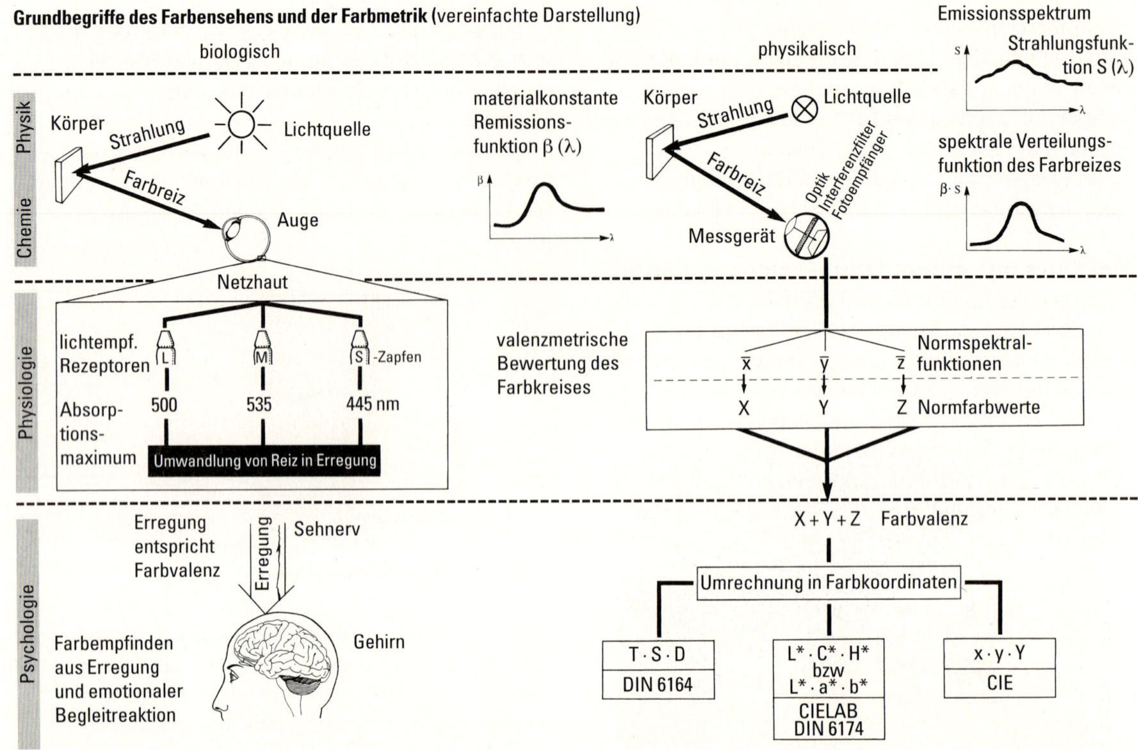

Kombinations-Systeme: Spektrale Dichtemessung

Aus Remissionskurven können nicht nur farbmetrische, sondern auch densitometrische Werte abgeleitet werden. Das hat zur Entwicklung von Spektralphotometern geführt, die wahlweise Farbwerte und Dichtewerte messen. Weiterhin gibt es sogenannte Spektraldensitometer, die im Gegensatz zu den bekannten, mit Filtern versehenen Densitometern, mit spektralen Messmodulen bestückt sind.

Das Messprinzip dieser spektralen Densitometer besteht darin, dass aus der Remissionskurve R die Dichtekurve D abgeleitet wird.

Die Dichtekurve ist das proportionale Spiegelbild der Remissionskurve: hohen Remissionswerten entsprechen niedrige Dichtewerte und umgekehrt.

Aus der Dichtekurve können für beliebige Wellenlängen die Dichtewerte und die daraus ableitbaren Kennwerte wie Flächendeckung, Tonwertzunahme und Druckkontrast bestimmt werden.

Die genormten Prozessfarben Cyan, Magenta und Gelb der Euroskala bzw. ISO 2846-1 Skalenfarben für den Offsetdruck haben ihr Dichtemaximum bei 620, 530 und 430 nm. Ihre Dichte wird bei diesen Wellenlängen mit ebenfalls genormten Filtern gemessen.

Sonderfarben haben im Allgemeinen ihr Dichtemaximum bei anderen Wellenlängen und können deshalb von konventionell mit Filtern bestückten Densitometern nicht befriedigend gemessen werden. Spektrale Densitometer können dagegen mit mathematisch definierten, frei wählbaren Filtern an jeder Stelle des Spektrums die Dichte bestimmen. Sie sind damit für alle Farben universell einsetzbar.

13.5.2 Farbenraum

Die CIE (Commission Internationale de l´Eclairage = Internationale Kommission für Beleuchtung) ist verantwortlich für die Erarbeitung international gültiger Vereinbarungen auf dem Gebiet der Lichtmessung (Photometrie) und Farbmessung (Colorimetrie).

Die CIE standardisierte erstmalig 1931 Farbordnungssysteme durch die Festlegung von Lichtarten (Lichtquellen), eines Normalbeobachters sowie Methoden zur Errechnung farbmetrischer Werte. Das CIE-Farbsystem basiert auf drei Koordinaten, um eine Farbe in einem Farbraum präzise einzuordnen. Diese Farbkoordinaten sind: CIE XYZ.

Die Normfarbwerte sind leider nur begrenzt zur Beschreibung einer Farbe zu verwenden, da sie nur wenig mit den visuell wahrgenommenen Farbeigenschaften korrelieren. Während Y der Helligkeit entspricht, können X und Z nicht dem Buntton und der Buntheit einer Farbe zugeordnet werden.

Nach der Einführung des sogenannten Normalbeobachters 1931 empfahl die CIE die Verwendung der Farbortkoordinaten xyz (Normalfarbwertanteile). Diese Koordinaten wurden zur Berechnung der Farbtafel verwendet. Die Darstellung im Yxy-System beschreibt eine Farbe durch den Helligkeitswert Y und die Farbkoordinaten (x, y).

1976 optimierte die CIE dieses Farbsystem durch zwei neue Farbenräume mit den genormten Bezeichnungen:

- L*a*b*-Farbenraum CIE 1976,
- L*u*v*-Farbenraum CIE 1976.

Die definierten Farbräume basieren auf einem mathematischen Modell, dass der Farbwahrnehmung des menschlichen Auges bzw. des Gehirns entspricht.

*CIELAB (L*a*b*)*
Für Messungen von Körperfarben (Druckfarben) sowie auch für das Erstellen von Farbrezepturen und der Farbmessung im Druck wird – entsprechend der Empfehlung der Norm DIN ISO 13655 – vorrangig der CIELAB-Farbenraum angewendet.

Diese Farbenräume basieren auf der Gegenfarbentheorie, die besagt:

- Eine Farbe kann nie gleichzeitig Grün und Rot, noch gleichzeitig Blau und Gelb sein.

Hieraus folgt, dass einzelne Zahlenwerte genügen, um die Blau/Gelb- und Grün/Rot-Eigenschaften einer Farbe genau zu beschreiben.

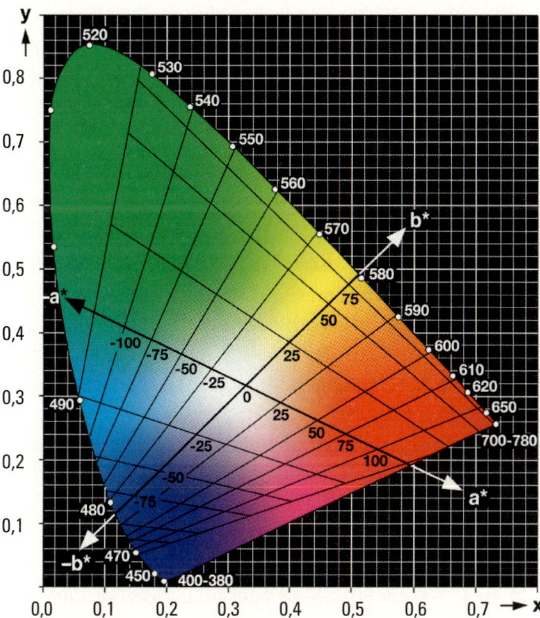

Achsen des CIELAB-Farbenraumes

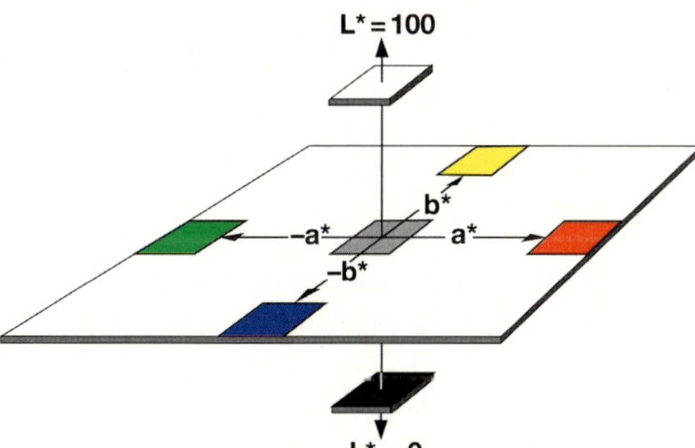

Koordinatensystem im CIELAB-Farbenraum

Die obere Abbildung zeigt die Lage der a*- und b*-Achse des CIELAB-Farbenraums in der x-y-Farbtafel:

- Die Helligkeitsachse L* verläuft von 0 (Schwarz, unten) bis 100 (Weiß, oben).
- die a*-Achse verläuft von -a* (Grün) nach +a* (Rot),
- die b*-Achse von -b* (Blau) nach +b* (Gelb).

Ein bestimmter Ort in diesem räumlichen System, der die genaue Position einer Farbe angibt, nennt man *Farbort.*

Ein besonderer Vorteil des CIELAB-Farbenraums ist es, dass Farbabweichungen – bezeichnet mit dem mathematischen Symbol Δ (Delta = Differenz) – von einer Bezugsfarbe im Vergleich zu einer Probe in ihrer Größe annähernd dem visuell empfundenen Farbunterschied entsprechen.

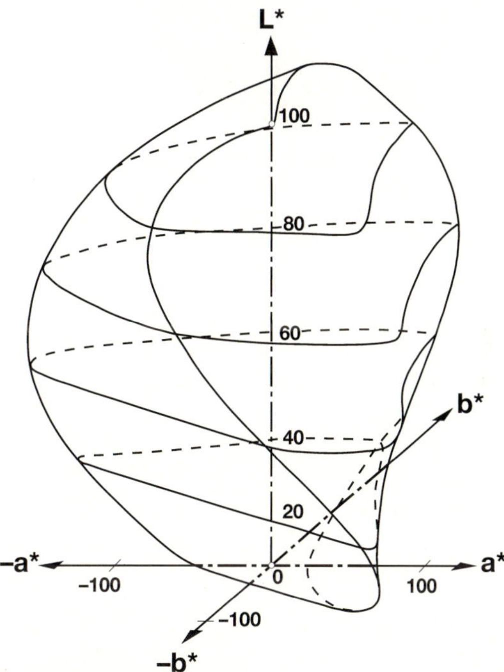

L*a*b*-Farbenraum

Blume A:
L* = 52,99 a* = 8,82 b* = 54,63

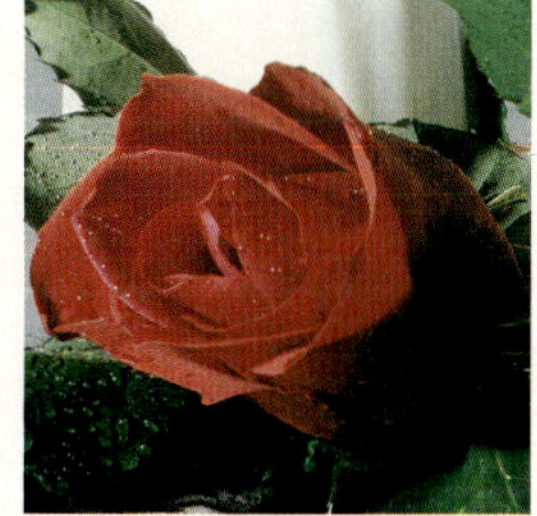

Blume B:
L* = 29,00 a* = 52,48 b* = 18,23

*CIELCH (L*C*H*)*
Während das CIELAB-System eine Farbe mit Hilfe von kartesischen Koordinaten in einem Farbenraum darstellt, arbeitet das CIELCH-System (1990 in der DIN 5033-3 festgelegt) mit den Polarkoordinaten C (Entfernung vom Zentrum) und h (Winkel in Grad). Die Beschreibung einer Farbe wird dazu aus dem CIELAB-System hergeleitet, es handelt sich also dabei nicht um einen neuen Farbenraum.

- L* definiert die Helligkeit (vgl. CIELAB-System)
- C* beschreibt die Buntheit und
- h* beschreibt den Bunttonwinkel (+a = 0^0, weiter gegen den Uhrzeigersinn bis -b = 270^0 und weiter wieder zu +a mit 360^0)

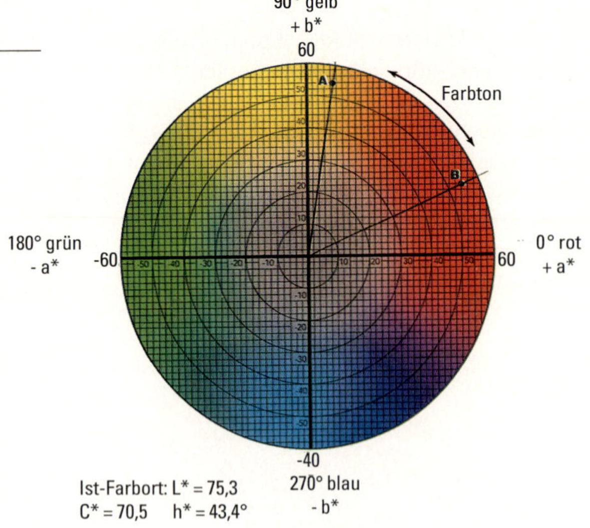

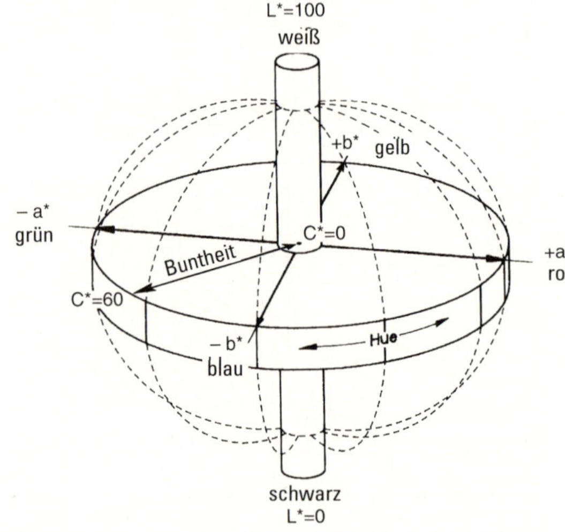

13.5.3 Farbabstand Δ

Die präzise Beschreibung von Farbunterschieden erfordert die Angabe von Differenzwerten.

Kurzzeichen für eine mathematische Differenz ist der griechische Buchstabe Δ (Delta).

Der Farbabstand ΔE ist im CIELAB-Farbenraum der *gesamte räumliche Abstand* zwischen zwei Farben, die miteinander verglichen werden, z. B.
- der Vorlage oder dem OK-Bogen und
- dem Druckbogen.

Mit den drei Werten L*a*b* sind empfindungsgemäße Farbabstände zwischen einer Bezugsfarbe und einer Probenfarbe als Soll-Ist-Vergleich zu berechnen. Der gesamte Farbabstand ΔE ergibt sich aus den einzelnen Differenzen. Die nachfolgenden Abbildungen gelten dazu als exemplarisches Muster.

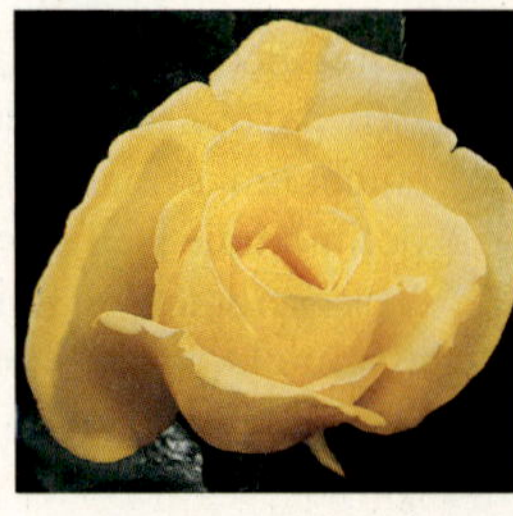

Farbabweichungen der Rosen (nur als exemplarisches Beispiel)

	Rose A Farbort	Rose B Farbort	Farbabweichung	
L*	52,99	64,09	ΔL* =	+11,10
a*	8,82	2,72	Δa* =	- 6,10
b*	54,53	49,28	Δb* =	- 5,25
Die Gesamtdifferenz beträgt			ΔE* =	13,71

Die gesamte Farbabweichung der Rosen A und B beträgt ΔE 13,71. (Das aufwendige Berechnen der Farbabweichungen über Formeln übernehmen alle heutigen Farbmessgeräte.)

Der Farbabstand ΔE sagt nichts darüber aus, wie stark die einzelnen Komponenten der Farbempfindung wirken. Wichtig ist deshalb das Betrachten und Bewerten der anderen Kenngrößen.

Für die Berechnung der Differenz Δ gilt dabei die Differenz zwischen der Probe (Istwert) und der Bezugsfarbe (Soll-Wert):
– Δ-Wert = Ist-Wert - Soll-Wert

Die Bewertung der Farbabweichungen der Rosen ergibt demnach folgende Daten:
- Eine Farbdifferenz von -6,10 auf der a*-Achse bedeutet, die Farbe der Rose B ist grüner oder weniger rot.
- Eine Farbdifferenz von -5,25 auf der b*-Achse bedeutet, die Farbe ist blauer oder weniger gelb.
- Die Farbwerte auf der L*-Achse mit einer Differenz von +11,10 zeigen, dass die Rose B heller ist als die Rose A.

Das Messen der Farbabstände im LCH-System ergäbe im gleichen Fall die folgenden Werte:
ΔL* = +11,10
ΔC* = -5,88
Δh* = 5,49
- Der ΔC*-Wert von -5,88 bedeutet, dass die Farbe weniger bunt ist.
- Der Δh*-Wert von 5,49 zeigt an, das die Blume B weniger rot (Richtung grün) ist als Blume A.
- Der L*-Wert ist in beiden Systemen gleich.

Erläuterungen zu den Farbabweichungen:

ΔL* = Differenz in der Helligkeit
+ = heller, - = dunkler
Δa* = Differenz auf der Rot-/Grün-Achse
+ = roter, - = grüner
Δb* = Differenz auf der Gelb-/Blau-Achse
+ = gelber, - = blauer
ΔC* = Differenz in der Buntheit
+ = brillanter, - = blasser
ΔH* = Differenz im Buntton
ΔE = Gesamtwert der Farbabweichung

Für die Beurteilung eines Farbabstandes ΔE gelten die folgende ΔE*-Werte als – ggf. zu vereinbarende – Richtwerte:

$\Delta E^*_{ab} = 1$	Kein sichtbarer Unterschied
$\Delta E^*_{ab} = 2 - 3$	Unter günstigen Bedingungen sichtbarer Unterschied
$\Delta E^*_{ab} = 3 - 5$	Geringer bis mittlerer Unterschied.
$\Delta E^*_{ab} > 6$	Großer Unterschied.

Für den Anwender verdeutlicht eine schematische Darstellung das Verständnis der Zusammenhänge.

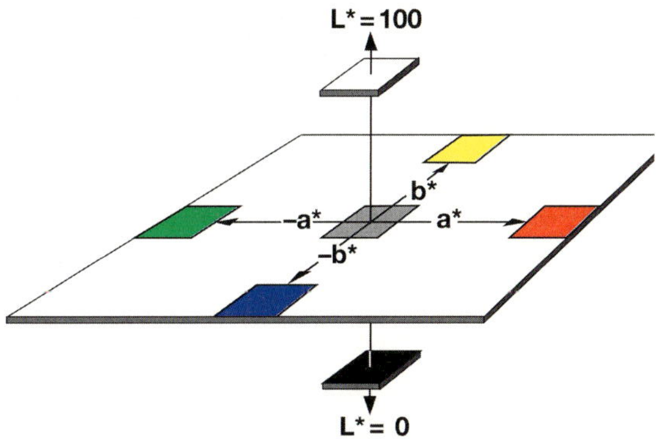

Beispiel	vorgegebener Soll-Farbort	gemessener Ist-Farbort
L*	70,0	75,3
a*	55,0	1,2
b*	54,0	48,4

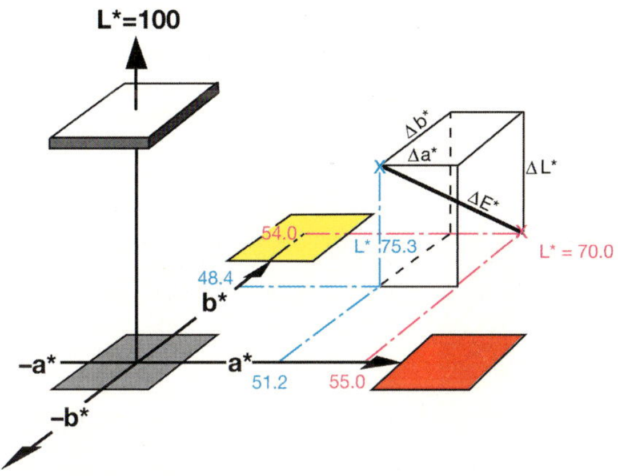

Die Farbabstandsberechnung ergibt:

ΔL^* = 75,3 - 70,0 = 5,3
Δa^* = 51,2 - 55,0 = 3,8
Δb^* = 54,0 - 54,0 = 5,6
ΔE^*_{ab} = 8,6

(Abb. Heidelberg)

Die umfangreiche mathematische Berechnung des Farbabstandes nach der CIELAB-Formel führt das Messgerät durch und zeigt die Messwerte digital an.

Metamerie

Mit dem Begriff Metamerie wird eine Farbtonabweichung zwischen zwei Farben bezeichnet, die durch einen Wechsel oder eine Veränderung des umgebenden Lichts hervorgerufen wird.

Metamerie hat nichts mit der bekannten alltäglichen Erscheinung zu tun, dass ein Gegenstand bei verschiedener Beleuchtung seine Farbe ändert. Wenn ein weißes Kleid unter einem roten Sonnenschirm rötlich und unter einem gelben Sonnenschirm gelblich erscheint, ist dies keine Metamerie.

Das Phänomen Metamerie entsteht nie an einer Probe allein, sondern ist der durch Licht veränderliche Farbtonunterschied zwischen zwei oder mehreren Proben.

Metamerie entsteht, wenn die Remissionskurven von zwei Proben leichte Unterschiede aufweisen. Der Unterschied der Remission ist derart, dass er unter einem bestimmten Licht zur keiner sichtbaren Farbdifferenz führt, unter anderem Licht hingegen eine deutlich sichtbare Farbtonabweichung verursacht.

Farben dieser Art nennt man im Unterschied zu gleichen Farben, die aufgrund vollkommen identischer Remissionskurven unter jedem Licht gleich aussehen, *bedingt gleiche Farben.*

Am stärksten unterscheiden sich metamere Farben bei einem Wechsel von sehr verschiedenem Licht, beispielsweise bei einem Wechsel von Tageslicht zu Kunstlicht.

Gleicher Farbeindruck bei Tageslicht

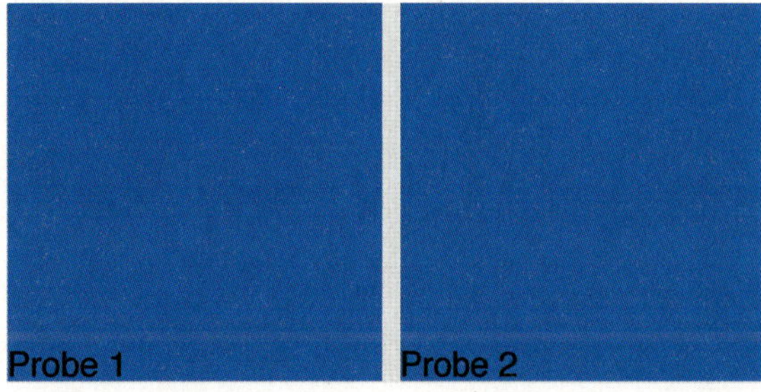

Farbabweichung bei Kunstlicht durch Metamerie

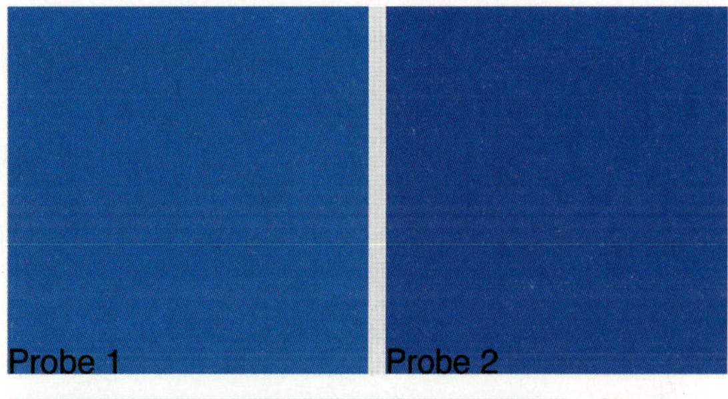

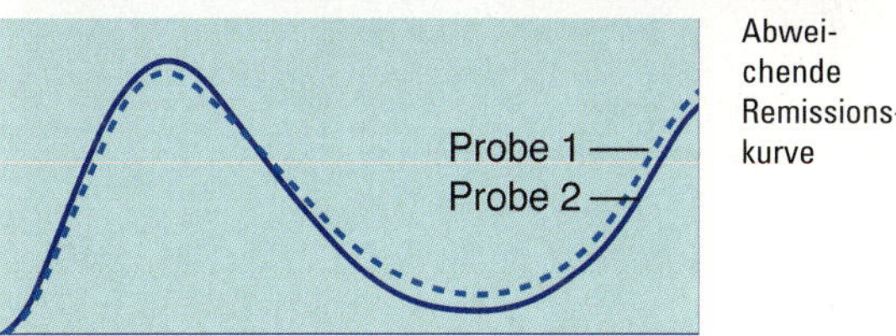

Abweichende Remissionskurve

Die Metamerie hat eine große Bedeutung bei der Auswahl von Textilfarben. Aber auch Druckprodukte, insbesondere wenn mit gemischten Sonderfarben gedruckt wird, sollten frei von Metamerie sein.

13.5.4 Anforderungen für die Farbmessung

Die erforderlichen Messbedingungen für eine Farbmessung sind in der DIN ISO 13655 für die Druckindustrie festgelegt:

- Messgeometrie 0/45 oder 45/0
- farbmesstechnischer Normalbeobachter für 2^0
- Lichtart D50 (5000 Kelvin)
- CIELAB-Farbsystem, anzugeben sind die drei Maßzahlen L*, a*; b*
- mattschwarze Unterlage unter der Probe, Farbdichte 1,5 ± 0,2
- keine Polarisation
- der Farbabstand ist gemäß der CIELAB-Formel zu berechnen

Welches Messgerät bzw. welche Betriebsart für welche Anwendung?

Aufgabe	Densitometrie	Farbmessung	Bildanalyse
Rezepturberechnung	—	+++	—
Prüfung einer Druckfarbe bzgl. Farbe und Lasur	—	+++	—
Nachstellen eines beliebigen Farbmusters	—	+++	—
Prüfen eines Andrucks	++	+	—
Prüfen eines Analog-Prüfdrucks	++	+	—
Prüfen eines Digital-Prüfdrucks	+	++	—
Druckform: Gleichmäßigkeit der Schicht bzw. der Entschichtung	+++	—	—
Druckform: Tonwertmessung	+	—	
Einrichten im Auflagendruck	++	++	—
Beurteilung einer Sekundärfarbe	—	++	—
Auflagensteuerung	++	+	+
Tonwertmessung auf dem Druck	++	+	+
Schichtdickensteuerung im Druck	+++	—	—
Farbannahmekontrolle im Fortdruck	++	+	—
Farbverschmutzung	+	+++	—
Auflagenbeurteilung nach dem Druck	+	++	—
Messung im Bild	—	+++	+
ICC-Farbmanagement	—	+++	—

Es bedeuten:
+++ = einzige Möglichkeit,
++ = empfohlen,
+ = zweitbeste Lösung,
— = nicht sinnvoll

(Tabelle aus: Prozess-Standard, bvdm)

Messtechnik zur Farbkontrolle
Abb. rechts oben und Mitte: X-Rite
– Spektraldensitometer 530
– Spektralfotometer 938

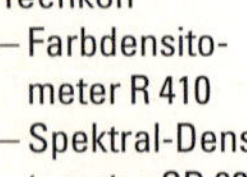

Techkon
– Farbdensitometer R 410
– Spektral-Densitometer SD 620
– MiniTarget System MTC 920 Qualitätssicherung im Zeitungsdruck mit Kontrollelement Ugra/Fogra MiniTarget
– Spektralfotometer SP 820

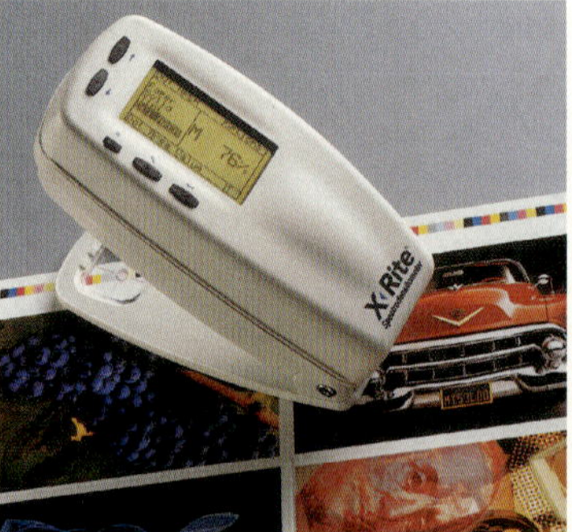

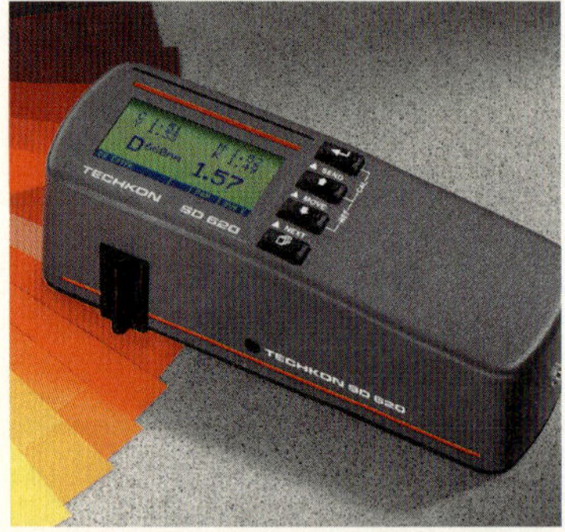

13.6 Kontrollmittel im Workflow

Kontrollmittel sind in der digitalen Produktion der Druckvorstufe (Bilddatenerfassung und -bearbeitung) sowie zur Überwachung und Steuerung von Prüfdrucken (Proof) und dem Andruck, der Druckformherstellung sowie dem Auflagendruck bei allen Druckarbeiten mit einem bestimmten Qualitätsstandard einzusetzen.

Die einfachste und zugleich wichtigste Funktion von Kontrollmitteln besteht darin, eine konstante Produktqualität zu gewährleisten. Dies geschieht in der Regel durch eine einfache Sichtprüfung von spezifischen Kontrollfeldern und der Feststellung, dass diese innerhalb von vorgegebenen Toleranzen wiedergegeben werden.

Im Falle des seit Jahren erfolgreich eingesetzten Ugra-Keils zur Kontrolle der Offsetdruckplattenbelichtung wird beispielsweise geprüft, ob die negativen 6 µm Mikrolinien noch erscheinen, ohne dass dabei die gleichstarken Positivlinien wegbelichtet worden sind. Ein kurzer Blick genügt somit, um sicherzugehen, dass der Fortdruck nicht infolge ungenügender Qualität der Druckform abgebrochen werden muss.

Im digitalen Workflow sind sämtliche Arbeitsschritte, ausgehend vom Original bis hin zum Druckprodukt eingeschlossen:
- Bildaufnahme (Scanner, Digitalfotografie)
- digitale Bildverarbeitung
- Herstellung eines Digitalproofs
- Film-/Druckplattenbelichtung
- Druck

Verschiedene filmbezogene und digitale Kontrollmittel bieten weitere Einsatzmöglichkeiten für
- Prozessanalyse / -optimierung
- Analyse des Workflows
- Maschinenabnahme
- Maschineneinstellung, Vorbereitung zur Produktion
- Festlegung von Prozessspezifikationen
- Vereinbarung von Qualitätsforderungen, inkl. Toleranzen
- Überwachung des Prozesses
- Diagnose von Störungen

Die in Softwareform vorliegende Kontrollmittel sind fähig, Systemabfragen vorzunehmen und zu dokumentieren, womit die Voraussetzungen für eine Rückverfolgbarkeit gewährleistet sind.

13.6.1 Bilddatenerfassung und -bearbeitung

Wenn Prozesskontrollen durchgeführt werden sollen, muss dies bereits zu Beginn des gesamten Workflows bei der Bilddatenerfassung und -bearbeitung erfolgen. Nur dann kann mit einwandfreien Daten der gesamte Produktionsprozess überwacht und gesteuert werden.

Ugra/FOGRA Reproduction Test Chart 1999

Die Einstellung von Farbscannern ist trotz des hohen Standes der Technik äußerst anspruchsvoll. Ein systematisches Vorgehen setzt ein geeignetes Testbild voraus. Im Ugra/FOGRA Reproduction Test Chart sind Elemente enthalten, welche gestatten, die relevanten Merkmale eines Farbauszuges zu kontrollieren:

Workflow-Schema

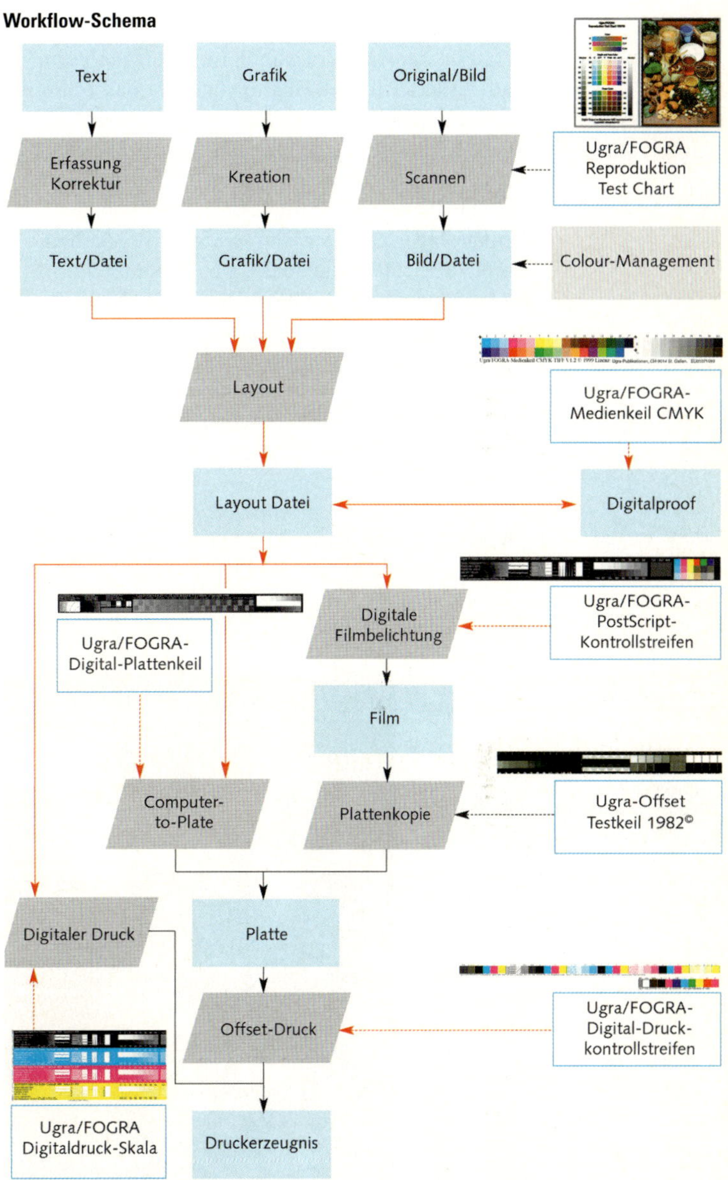

(aus: Ugra, Qualität entscheidet)

- Bildwiedergabe bezüglich Tonwertwiedergabe, Farbwiedergabe und Graubalance
- Bildaufbau bezüglich Einstellung des Unbuntaufbaus (Buntfarbenaddition) oder Einstellung des UCRs
- Bildqualität bezüglich Mängel wie Farbstichigkeit, kippende Graubalance, Grießigkeit

Das Testchart ist im wesentlichen aus zwei Teilen aufgebaut:
- Testbild mit starker Tiefenzeichnung und vielen Tertiärtönen, welches die Kontrolle des Bildauf-

baus (UCR oder Unbunt) in idealer Weise ermöglicht. Mit einem Verzicht auf zu viele Bunttöne ist die visuelle Beurteilung der Tertiärtöne gesteigert. Das zeichnende Hochlicht im Flaschenverschluss reagiert außerordentlich empfindlich auf die Einstellung. Wird die Dichte zu niedrig gewählt, bricht die Zeichnung in der weißen Schale in Bildmitte aus. Ist die Dichte zu hoch, so zeichnen auch transparente Stelle außerhalb des Testdias mit Rasterpunkten.

- Testseite mit Auflösungsfeldern, Neutralfeldern, Farbverlaufsstreifen, Hauttonstreifen, Farbfeldern mit Primärfarben, Sekundär- und Tertiärfarben. Diese Elemente werden zur Einstellung des Scanners verwendet. Hierbei werden die Farbfelder Y 100, C 100 und M 100 auf 100% Flächenbedeckung eingestellt. Der Dichtumfang ist gegeben durch die Schleierdichte des transparenten Films und die maximale Dichte im Neutralfeld 100 %. Aus den Neutralfeldern lässt sich die Gradation ermitteln. Das Ausmessen der Graufelder in den Farbauszügen gibt Aufschluss über den Bildaufbau: Unbunt oder Bunt mit oder ohne UCR. Schließlich lassen sich die Neutralfelder zur Kontrolle der Graubalance anwenden.

Das *Ugra/Fogra Reproduction Test Chart 1999* ist in drei Ausführungsarten zu erhalten:

- In Durchsicht als Diapositiv (165 mm x 225 mm) oder als Kleinbilddiapositiv (24 mm x 36 mm).
- In Aufsicht als Papierbild (165 mm x 225 mm).

Ugra/FOGRA
Reproduction Test Chart 1999©V2.0
Resolution
Vignettes
C M Y SKIN
M/Y C/Y C/M SKIN
Single and Two-Colour Patches
Neutral % C C/Y Y Y/M M M/C % Neutral
Three-Colour Patches

13.6.2 Ugra/Fogra-Kontrollmittelsystem

Die Ugra und die Fogra haben gemeinsam ein Kontrollmittelsystem zur Überwachung und Steuerung der Prozesskette von Prüfdruck (Proof), Andruck, Druckformherstellung und Auflagendruck entwickelt.

Für die Überwachung und Steuerung der Druckqualität sind anwendungsbezogene Anforderungen an die eingesetzten analogen und digitalen Kontrollmittel zu beachten.

Zur Tonwertkontrolle sind generell bei analogen Prüfdrucken, im Andruck und Auflagendruck Kontrollfelder mit Kreispunktraster und einer Rasterfrequenz von 60/cm (60 Linien pro cm) zu verwenden. Dies gilt sowohl für Rasterbilder mit AM- wie auch FM-Raster.

Bei Digital-Prüfdrucken sind grundsätzlich alle Rasterarten und auch Halbtonelemente zugelassen.

Alle Kontrollmittel müssen eine Kontrolle der Tonwertzunahme jeder Primärfarbe im Mittelton sowie im Tiefenton (Schattenbereich) ermöglichen.

Kontrollmittel für die Druckproduktion sollten Schiebe- und Dublierfelder sowie Volltonfelder für die Sekundärfarben Rot, Grün und Blau enthalten.

Bei der Verarbeitung von Filmmaterial zur Druckformherstellung gilt:

- Es sind ausschließlich Original-Kontrollmittel zu verwenden.
- Kontrollmittel dürfen nicht verkratzt, geknickt, mit flüssigem Kleber besprüht oder verschmutzt sein.
- Kontrollmittel sind immer mit der Schichtseite zur Druckplatte (Schicht-auf-Schicht) zu montieren.
- Abstand von Klebestreifen > 5 mm von Kontrollfeldern.

Nachweis für standardisierten Druck

Die Reproduktion von Farbbildern durch Rasterverfahren setzt voraus, dass die beteiligten Fachleute der Vorstufe, des Andrucks bzw. Proofs sowie des Auflagendrucks die Werte derjenigen Parameter festgelegt haben, welche die visuellen Eigenschaften des Druckprodukts eindeutig bestimmen. Eine solche Vereinbarung ermöglicht eine gezielte Produktion von Farbauszügen und die darauffolgende Herstellung von Andrucken oder Proofs.

In ISO 12647 sind verbindliche Qualitätsvorgaben für die wichtigen Druckverfahren festgelegt, welche als Grundlage für Qualitätsvereinbarungen mit dem Kunden verwendet werden können. Die Norm schafft die Voraussetzungen, dass ausgetauschte Bilddaten in bezug auf die Farbwiedergabe vergleichbar ausfallen.

Der Nachweis für standardisierten Druck und Proof wird erbracht, indem der Ugra/FOGRA-Medienkeil in die digitale Produktionskette importiert, gemeinsam mit dem Job verarbeitet und ausgedruckt oder ein Proof hergestellt wird.

Im Medienkeil sind CMYK-Farbfelder spezifiziert, welche innerhalb der von der Norm geforderten Farbwerttoleranzen gedruckt werden müssen. Der Beleg für den normkonformen Druck wird verifiziert, indem die CMYK-Farbfelder im gedruckten Medienkeil gemessen und mit den in ISO 12647 publizierten Werten verglichen werden. Liegen die Messwerte innerhalb der Toleranzen, so kann daraus auf eine korrekte Farbverarbeitung (Kalibration, Color-Management-System, Druck) des Medienkeils und damit des gesamten Jobs geschlossen werden.

Mit dem Medienkeil CMYK kann je nach Bedarf der Nachweis zu den folgenden drei Fragen erbracht werden:

1. Erfüllt der Digitalproof den gewählten Druckstandard?
2. Ist der Auflagendruck nach Druckstandard ausgeführt?
3. Wurde der Auflagendruck nach dem vorgegebenen Digitalproof ausgeführt?

- Nachweis 1: Für den Nachweis, dass der Digitalproof den gewählten Druckstandard erfüllt, werden die Messwerte vom Medienkeil auf dem Digitalproof mit den Sollwerten zum Druckstandard verglichen.
- Nachweis 2: Für den Nachweis, dass der Auflagendruck den Druckstandard erfüllt, werden die Messwerte vom gedruckten Medienkeil mit den Sollwerten zum Druckstandard verglichen.
- Nachweis 3: Erfüllt der Auflagendruck den Druckstandard nicht, so werden mindestens die Farbfelder des Medienkeils CMYK beim Auflagendruck mit den Farbfeldern des Medienkeils CMYK vom Digitalproof miteinander verglichen. Dies dient als Nachweis, dass der Auflagendruck nach dem vorgegebenen Digitalproof ausgeführt wurde.

Die grafische Abbildung zum Workflow zeigt den Einsatz vom Medienkeil-CMYK bei Digitalproof und Auflagendruck unter Verwendung von ICC-Farbtransformationen und verweist auf die drei Nachweise.

Ausführliche und aktuelle Beschreibungen der für den jeweiligen Prozess geeigneten Kontrollmittel sowie zu deren Einsatz liefern u.a.:

- ProzessStandard-Offset (Wiesbaden 2001)
- Fogra und Ugra: Beschreibungen der Kontrollmittel in Prospekten und im Internet
- Hersteller von Messgeräten und Druckmaschinen.

Ugra/FOGRA-Medienkeil CIELAB

Anwendung:
Kontrollmittel für die Prüfung des Farbumfangs.

Funktionen, Aufbau:
Der Medienkeil, ein digitales Kontrollmittel, ist die Basis des *MedienStandard Druck*. Der als Datensatz gelieferte Medienkeil umfasst drei Zeilen von Farbfeldern, die in einem Winkelabstand von 22,5^0 alle Bunttöne des Farbkreises abdecken. Ergänzend dazu sind eine Echtgraufeld und ein unbedrucktes Feld vorhanden.

Die oberste Zeile (I = Ideal) enthält in dem Datensatz CIELAB-Werte, die einem nahezu idealen Farbumfang entsprechen.

Die mittlere Zeile (R = Real) zeigt den üblicherweise im Offsetdruck erreichbaren Farbumfang.

Die unterste Zeile (M = Minimal) enthält Werte, die dem Farbumfang im Zeitungsdruck entsprechen.

Wenn mit CIELAB-Daten gearbeitet wird, kann mit dem Ugra/FOGRA-Medienkeil CIELAB ermittelt werden, wie die Farbraumanpassung durch das jeweilige ICC-Profil vorgenommen wird.

Ugra/FOGRA-Medienkeil CMYK

Anwendung:
Der Medienkeil ist die Basis im *MedienStandard Druck*. Einsatz bei Digital-Prüfdrucksystemen, erhältlich in den Versionen CMYK-TIFF und CMYK-EPS.

Entwicklung, Funktionen, Aufbau:
Eine gesicherte und dabei effizientere Produktion war die Vorgabe des Bundesverbandes Druck und Medien e.V., als dieser im Jahre 1996 eine interdisziplinäre Arbeitsgruppe begründete, die Empfehlungen für den Bereich Daten und Prüfdrucke erarbeiten sollte. Zu den erarbeiteten *MedienStandard Druck* hat es die FOGRA übernommen, die erforderlichen Kontrollmittel zu entwickeln und anzubieten.

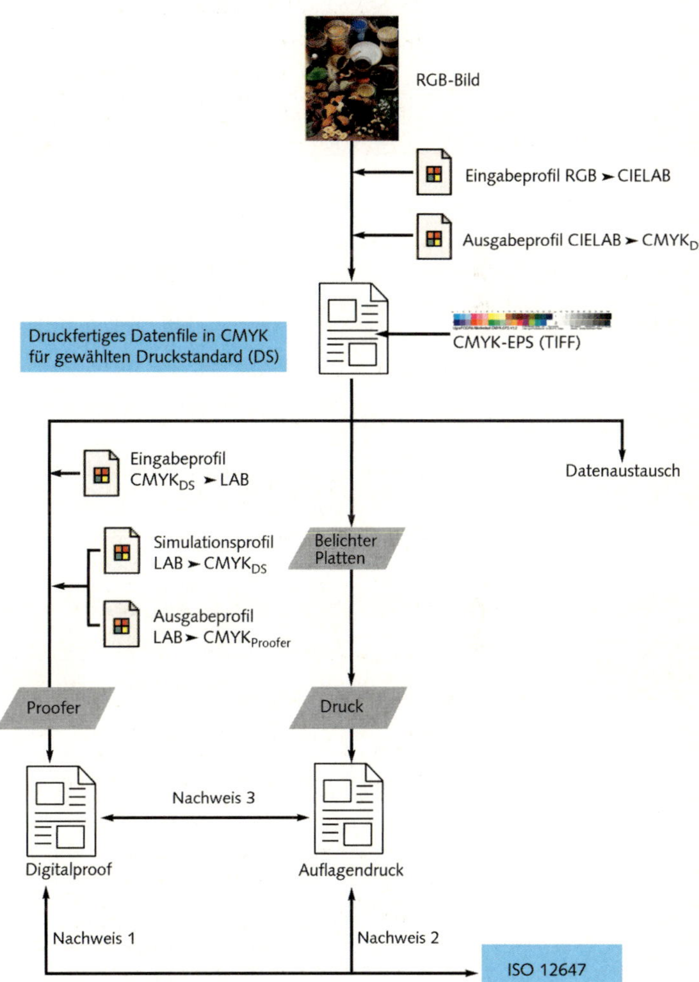

Workflow mit Medienkeil CMYK

Da Anwendungsprogramme und deren Farbmanagement noch nicht immer auf EPS-Dateien wirken, wurden sowohl eine EPS-Version wie auch eine TIFF-Version entwickelt.

Der Ugra/FOGRA-Medienkeil (CMYK-EPS und CMYK-TIFF) besteht aus zwei Reihen von Farbfeldern in der Größe 6 mm x 6 mm, getrennt in zwei Gruppen. Die erste Gruppe führt die Reihenkennungen A und B, während die zweite Gruppe die Reihenkennungen K und G besitzt.

Die 34 Farbfelder der ersten Gruppe sind neben der Reihenkennung noch mit einer fortlaufenden

Feldnummer versehen. In dieser Gruppe befinden sich zum einen die Prozessfarben Cyan, Magenta und Gelb (100 %, 70 % und 40 % Tonwert) sowie die Mischfarben Blau, Rot und Grün (jede Mischfarbe bestehend aus 100 %, 70 % und 40 % der beteiligten Prozessfarben, d. h. mit 200 %, 140 % und 80 % Tonwertsummen).

Die Felder 10 bis 17 in beiden Zeilen bestehen aus dem Feld mit Papierweiß (als Nullpunkt für Messgeräte) und weiteren 15 kritischen Mischfarben, die

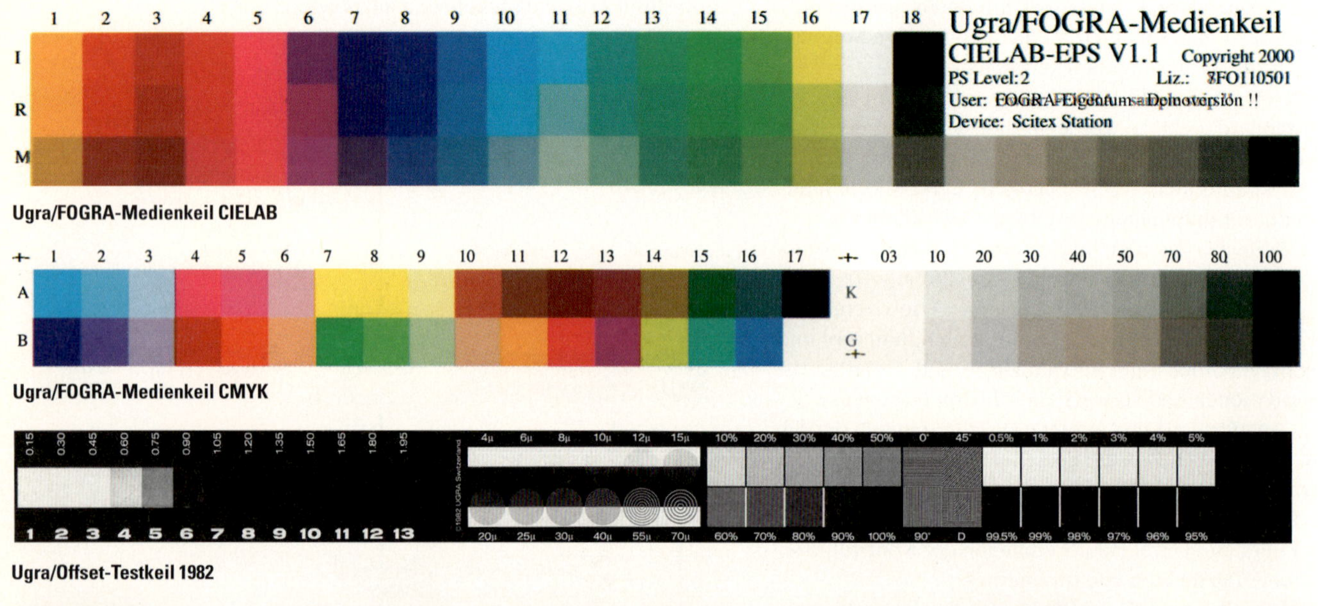

Ugra/FOGRA-Medienkeil CIELAB

Ugra/FOGRA-Medienkeil CMYK

Ugra/Offset-Testkeil 1982

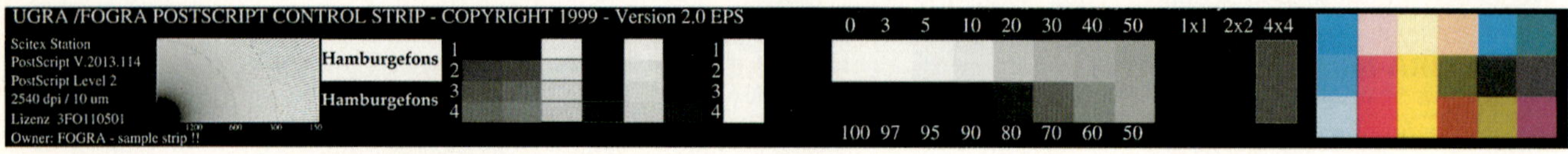

Ugra/FOGRA-PostScript-Kontrollstreifen (alle Kontrollmittel nur zur Veranschaulichung)

für die Beurteilung der Wiedergabe des Farbraumes im Druckprozess von großer Bedeutung sind.

Die Graukeil-Gruppe ist mit den Tonwerten der Echtgraufelder bezeichnet. Das K der oberen Reihe steht für die Felder, die nur mit Schwarz (Echtgrau) aufgebaut sind, d. h. das Feld K03 entspricht einem Tonwert von 3 % der Farbe Schwarz.

Die Reihe G, darunter, besteht aus Feldern, die aus den Prozessfarben Cyan, Magenta und Gelb (Buntgrau) aufgebaut sind.

Im günstigsten Fall hat ein Feld der Reihe G die gleiche Intensität und Färbung wie das Echtgrau in dem Feld der Reihe K darüber.

Die jeweiligen Messdaten für Farbmessungen werden in Form von CIE-Werten und für verschiedene Papierklassen dem Ugra/FOGRA-Medienkeil beigefügt.

Ugra/FOGRA-PostScript-Kontrollstreifen

Anwendung:
Kontrolle und Überwachung der Ausgabe von Computer-Publishing-Belichtungssystemen sowie Drucksystemen.

Funktionen, Aufbau:
Mit dem Ugra/FOGRA-PostScript-Kontrollstreifen sind alle wichtigen Wiedergabeeigenschaften von PostScript-fähigen Ausgabegeräten zu ermitteln.

Ein digitales Testbild, bestehend aus sieben Funktionsgruppen, kann unabhängig von der Aufzeichnungsfeinheit auf PostScript-fähigen Druckern oder Belichtern ausgegeben werden. Der Kontrollstreifen liegt ausschließlich in digitaler Form vor und ist in PostScript programmiert.

Die Version PS wird direkt an den RIP oder Controller des PostScript-fähigen Druckers oder Belichters gesendet.

Die Version EPS (Encapsulated PostScript) eignet sich zum Import in ein Seitengestaltungsprogramm, z. B. Pagemaker, QuarkXPress oder Freehand. Beide Versionen werden zusammen geliefert.

Die Version „PDF“ wird immer dann eingesetzt, wenn ein PDF-Workflow für die Ausgabe von Daten genutzt wird.

Die PS- und EPS-Datei des PostScript-Kontrollmittels verliert bei der Umwandlung in das PDF-Dateiformat alle interaktiven Programmroutinen, durch welche eine Abfrage von Systemparametern (z. B. Auflösung) zum Zeitpunkt der tatsächlichen Dokumentausgabe ermöglicht wurden.

Die in PostScript-Dateien enthaltenen Systemabfragen werden bei der Wandlung in PDF mit den aktuellen Einstellungen des Acrobat Distiller ersetzt (z. B. Bildschirmauflösung von 150 dpi) und zum Zeitpunkt der Ausgabe dann auch verwendet. Für die Qualitätssicherung wie für die Dokumentation des

Arbeitsablaufes eines Dokumentes ist es jedoch erforderlich, dass die Auflösungseinstellung des Ausgabegerätes und die tatsächlichen Auflösungseigenschaften (wie bisher bekannt von der PS- wie EPS-Datei) dokumentiert werden. Beim neuen PDF-Kontrollmittel bleiben jedoch die interaktiven Funktionen voll erhalten.

Ugra/Offset-Testkeil 1982

Anwendung:
Überwachung der standardisierten Druckplattenkopie (analog, Film-basiert) sowie zur Ermittlung von Druckkennlinien.

Funktionen, Aufbau:
Mit der Kontrolle der Offsetdruckplatten-Herstellung wird sichergestellt, dass die Druckplatten einwandfrei sind, bevor sie zur Produktion an die Druckmaschinen kommen. Längere Rüstzeiten, Korrekturen an Druckplatten in der Druckmaschine und Anlaufmakulatur infolge fehlerhafter Druckplatten können damit verhindert werden.

Zur Kontrolle der Offsetdruckplattenkopie wird der Ugra OffsetTestkeil 1982 eingesetzt. Er besteht aus einem zusammen montierten Halbton- und Lithfilmmaterial. An der Druckplatte können folgende Kriterien bewertet werden:
- Belichtungszeit
- Belichtungsspielraum
- Auflösung
- Gradation
- Rasterpunktwiedergabe.

Der Testkeil enthält dazu fünf Gruppen von Kontrollfeldern:
- Halbtonkeil, 13 Felder mit der Dichteabstufung 0,15 (Keilkonstante)
- Mikrolinienfelder, negativ/positiv geteilt, mit Strichbreiten von 4 µm bis 70 µm
- Kettenpunkt-Rasterkeil mit einer Rasterfrequenz von 60/cm (60 Linien pro cm) zur Aufnahme von Druckkennlinien
- Schiebe- und Dublierfeld, bestehend aus 4 Teilfeldern
- Spitzlichtpunktfelder, negativ/positiv, 12 Felder von 0,5 % bis 5 %.

Ugra/FOGRA-Digital-Plattenkeil

Anwendung:
Überwachung der Ausgabequalität bei Computer-to-Plate-Systemen (filmlose Druckformherstellung).

Funktionen, Aufbau:
Digitale Druckplattenbelichter, sogenannte als Computer-to-Plate-Systeme, benötigen wie alle komplexen Systeme geeignete Kontrollmittel, damit im täglichen Produktionsprozess die Ausgabequalität überwacht und dadurch eine gesicherte Produktion gewährleistet werden kann. Die Komplexität von Computer-to-Plate-Systemen zeigt sich in der Vielzahl an beteiligten Prozesskomponenten.

Eine Kombination von digitalen Daten aus unterschiedlichen Anwendungsprogrammen, mit variablen RIP- und Ausgabegerät-Parametern, diversen Druckplattentypen und Entwicklungsbedingungen der Platten sowie Anforderungen des Druckes an die Tonwertübertragung stellen in bezug auf die Beherrschung der Arbeitsabläufe an die Anwender hohe Anforderungen.

Nach umfangreichen Testbelichtungen und Praxisversuchen entstand ein praxistauglicher Druckplatten-Kontrollstreifen. Er ist eine Weiterentwicklung des Ugra/FOGRA-PostScript-Kontrollstreifens, dem Standardwerkzeug für PostScript-fähige Ausgabegeräte, der als Kontrollmittel für Filmbelichter und für den digitalen Arbeitsfluss nichts von seiner Bedeutung verloren hat.

Der Ugra/FOGRA-Digital-Plattenkeil verfügt über insgesamt 6 Funktionsgruppen bzw. Kontrollfelder:
- Informationsfeld mit Versionsnummer, Rasterfrequenz, Speicherplatz u.a.
- Auflösungsfeld zur Bestimmung der tatsächlich erzielten Schreibfeinheit
- Geometrische Diagnosefelder
- Schachbrettfelder
- Visuelle Referenz-Stufen (VRS)
- Verlaufkeil.

Eine Neuheit sind die 11 visuellen Referenz-Stufen. Hierbei handelt es sich um Felder, die aus einem Schachbrettfeld und einem das Schachbrettfeld umgebenden Referenzfeld bestehen, wobei der Flächendeckungsgrad in 5-%-Stufen von 35 % bis 85 % reicht.

Unter theoretisch idealen Bedingungen und bei linearer Übertragungscharakteristik sollten die zwei Felder bei 50 % Flächendeckungsgrad miteinander verschmelzen, d. h. der Helligkeitseindruck und der messbare Tonwert sollte in beiden Bereichen jeweils einen Flächendeckungsgrad von 50 % ergeben.

In Abhängigkeit von Druckplattentyp, Belichterkalibration, Entwickler und Übertragungscharakteristik wird dies jedoch unter Praxisbedingungen kaum erzielt, und Verschiebungen nach oben wie nach unten werden vorkommen. Wichtig für den Produktionsalltag sind die jeweiligen VRS-Felder, mit denen die optimalen Einstellungen und Ausgabeergebnisse erreicht werden.

Die visuelle Kontrolle der jeweiligen für den Produktionsablauf als optimal festgelegte Erscheinung der VRS-Felder macht Abweichungen sichtbar.

Ugra/FOGRA-Digital-Plattenkeil (nur zur Veranschaulichung)

Weitere Felder, enthalten auf lösungsorientierte Informationen sowie einen Verlaufkeil, mit dem die Tonwertübertragung geprüft werden kann. Um herstellungsbedingte Ungleichmäßigkeiten im Plattenmaterial auszuschalten, wurden zwischen die Halbtonfeldreihen jeweils Nullpunktfelder gelegt. Damit liegen die Orte für die densitometrische Messung des Nullpunktes (schichtfreies Trägermaterial) und des Flächendeckungsgrades nebeneinander.

Das Auflösungsfeld zeigt zwei Halbkreisfelder, deren Strahlenkranz im ersten Feld aus Positivlinien und im zweiten aus Negativlinien erzeugt wird. Die Linien haben eine Linienstärke, die der theoretischen Auflösung des Ausgabegerätes bzw. der jeweiligen Einstellung des Gerätes entspricht.

Die geometrischen Diagnosefelder enthalten Linien, die sich an den jeweiligen Auflösungseinstellungen des Druckplattenbelichters orientieren. Unterhalb der geometrischen Diagnosefelder befinden sich die Schachbrettfelder. Entsprechend der jeweiligen Beschriftungen über den Feldern handelt es sich um quadratische Flächen, welche eine einfache, doppelte und vierfache Kantenlänge aufweisen.

Ugra/FOGRA-Druckkontrollleiste DKL (Film)

Anwendung:
Steuerung und Überwachung der Druckqualität im standardisierten Offsetdruck.

Funktionen, Aufbau:
Die Ugra/FOGRA-Druckkontrollleiste DKL wird als Vierfarbsatz auf einem Filmtableau geliefert. Die Messfelder sind 6 mm x 6 mm groß, die kombinierten K/S-Felder 6 mm x 8 mm. Die Druckkontrollleiste eignet sich für die Kontrolle der Kopie, des vierfarbigen Andrucks und des Auflagendrucks. Es werden spezielle Ausführungen für die verschiedenen Mess-Systeme (z.B. CCI, CPC) in einer Positiv- oder Negativ-Version geliefert.

Folgende Prozess-Schritte und Parameter lassen sich überwachen:
- Druckplattenkopie über die K/S-Felder, das sind Mikrolinien- und Spitzlichtfelder.
- Färbung über Volltonfelder in drei Prozessfarben und Schwarz
- Farbbalance über Graubalancefelder neben einem Echtgrau-Feld
- Schieben oder Dublieren über das D-Feld (Linienrasterfeld)
- Tonwertzunahme über zwei Rasterfelder mit 40 % und 80 %

Die Ugra/Fogra-Druckkontrollleiste DKL wird in zwei Versionen geliefert:
- Version 100 %:
  Diese Version ist den Verpackungsdruck und vollflächenbetonte Motive vorgesehen. Sie enthält neben wenigen Rasterfeldern viele Volltonfelder, die eine Färbungskontrolle im Vollton über die gesamte Bogenbreite ermöglichen.
- Version 80 %:
  Diese Version ist für den Illustrationsdruck vorgesehen. Sie enthält neben wenigen Volltonfeldern und 40%igen Rasterfeldern viele 80%ige Rasterfelder. Sie wiederholen sich in jeder Farbe im Abstand von 50 mm. Damit sind die Rastertöne über die gesamte Druckbreite zu kontrollieren.

Ugra/FOGRA-Digital-Druckkontrollstreifen

Anwendung:
Ein digitales Kontrollmittel zur Steuerung und Überwachung der Druckqualität im farbigen Offsetdruck.

Funktionen, Aufbau:
Vor allem für Computer-to-Plate- und Computer-to-Print-Systeme wird ein Kontrollmittel benötigt, dass präzise Aussagen für den Druckprozess ermöglicht. Für die digitale Druckvorstufe, bei der die Informationen direkt aus dem Datenbestand übertragen werden, eignet sich der im PostScript-EPS-Datenformat definierte Digital-Druckkontrollstreifen mit seinen zwei Modulen.

Modul 1 dient zur Überwachung der Volltonfärbung und der Farbannahme, Modul 2 zur Kontrolle von Farbbalance, Schieben, Dublieren und Farbannahme.

Die digitale Druckbogenmontage ist mit allen Ausschießprogrammen möglich, wenn diese EPS-Dateien verarbeiten können. Die Module sind je nach Bedarf in einem Layoutprogramm anzuordnen, d. h. je nach Druckformat können diese Module, von denen das Modul 2 am häufigsten verwendet werden dürfte, beliebig oft und in beliebiger Reihenfolge mit einem geeigneten Programm für digitale Bogenmontage zu einem formatfüllenden Druckkontrollstreifen zusammengestellt werden. Die Module werden als je zwei Dateien in horizontaler und vertikaler Ausführung geliefert.

Die Auswertung der Druckergebnisse erfolgt wie von der analogen Druckkontrollleiste her gewohnt. Jedoch ist zu beachten, dass zur genauen Bestimmung von Tonwertzunahme und Dublieren von den aktuellen Werten auf dem Film oder auf der Druckplatte bei Computer-to-Plate und Computer-to-Print-Systemen ausgegangen werden muss. Dies ist erfor-

Ugra/FOGRA-Digital-Druckkontrollstreifen (nur zur Veranschaulichung)

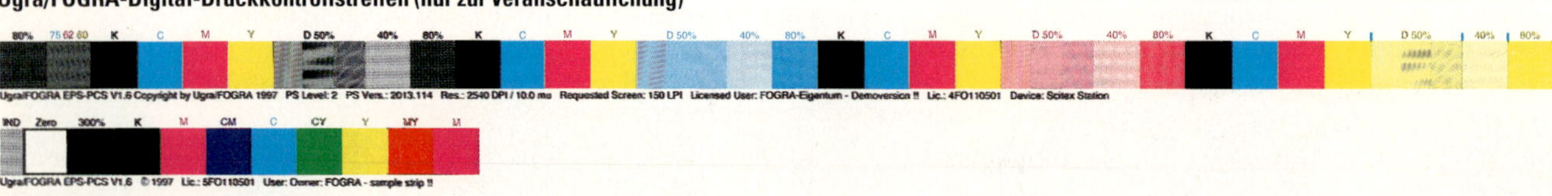

Modul 2 (oben), Modul 1 (unten)

derlich, weil derselbe PostScript-Befehl von jeder RIP-Belichter-Kombination etwas verschieden interpretiert werden kann. Parameter dazu sind z. B.: aktuelle Justierung der Belichtereinheit, Qualität und Eigenschaften des verwendeten Film- und Druckplattenmaterials, ggf. außerdem der Zustand und die Temperatur der Entwicklerchemie.

Fogra Kontakt-Kontrollstreifen KKS

Anwendung:
Beurteilung der Hohlkopieneigung bei filmbezogener Druckplattenkopie.

Funktionen, Aufbau:
Der Kontakt-Kontrollstreifen wird bei der Belichtung von Offsetdruckplatten im Kopierrahmen zur Beurteilung der Hohlkopierneigung eingesetzt. Entscheidend für eine optimale Informationsübertragung von der Kopiervorlage auf die Druckplatte ist ein guter Kontakt zwischen den Schichtträgerseiten. Erhebliche Störungen im Kontakt verursachen Luftinseln oder auch Schmutzteilchen oder sonstige Abstandshalter. Bei unzureichendem Kontakt dringt das Kopierlicht unter Bildelemente (Rasterpunkte, Linien u.a.).

Der Kontakt-Kontrollstreifen steht aus drei Kreislinienfelder mit je einem kalibriertem Abstandshalter. Diese erzeugen eine definierte Hohlkopie, der Ausmaß zu messen ist. Bei der Positivkopie entsteht ein optisch leicht sichtbarer heller Hof durch das Wegbelichten der feinen Kreislinien um den Abstandshalter. Bei der Negativkopie entsteht dagegen durch das Belichten der (unterstrahlten) Fläche ein dunkles Feld.

Fogra-Nonius-Messskala FNM

Anwendung:
Prüfung des Passers im Druckprozess.

Funktionen, Aufbau:
Bei der Abnahme der Druckmaschine oder beim Auftreten von Passerschwankungen können Abweichungen exakt erfasst werden. Die Messskala ist auch zur Ursachensuche einzusetzen.

Die Messskala wird auf zwei kleinen Filmen (als Grundskala und als Noniusskala) mit verschiedenen Teilungen geliefert. Je einer dieser Filme wird auf die Kopiervorlage für zwei aufeinanderfolgende Druckwerke montiert. Nach dem Druck können Passerdifferenzen bis zu 5 µm abgelesen werden. Die Messwerte können zu einer statistischen Auswertung in ein mitgeliefertes Formular eingetragen werden. Ein statistischer Kennwert in µm kennzeichnet die Passerschwankungen in Druckrichtung bzw. quer zur Druckrichtung.

13.7 Tonwerte und Kennlinien

Die wichtigste prozessbezogene Voraussetzung für die farbliche Übereinstimmung von Drucken (Andruck, Prüfdruck und Auflagendruck) sind übereinstimmende Tonwerte. Eine Übereinstimmung der Vollfärbung ist erst in zweiter Linie entscheidend. Besonders zu beachten ist, dass sich unterschiedliche, divergierende Änderungen in der Tonwertzunahme (Rasterpunktverbreiterungen) der Prozessfarben auf die Farbbalance auswirken und erheblich störender wirken als gleiche, konvergierende Änderungen aller Druckfarben. Hierdurch ändert sich lediglich die als weniger störend empfundene Bildgradation.

Der Begriff *Tonwert A* im Druckprozess wurde inzwischen neu definiert:

- Prozentanteil der einfarbig bedruckten Oberfläche, berechnet nach der Murray-Davies-Formel.
  Einheit: %.
  Dabei bleiben Lichtstreuvorgänge im Bedruckstoff und andere optische Vorgänge unberücksichtigt.
  Vorteil dieser rein rechnerischen Definition ist es, dass diese auch bei nicht gerasterten Tönen, z. B. Fotos, vielen Digital-Prüfdrucken bzw. -Drucken, sinnvoll anwendbar ist.
  Frühere Bezeichnung für den optisch wirksamen Tonwert: äquivalenter Flächendeckungsgrad.

Veränderungen der Tonwerte
Veränderungen der Tonwerte entstehen prinzipiell bei der Übertragung der Bildinformationen
- vom Film oder Datensatz auf die Druckform
- von der Druckform zum Druck.

Bei einer positiven Übertragung der Bildinformationen auf die Druckform tritt prozessbedingt eine
- Tonwertabnahme,

bei der negativen Informationsübertragung eine
- Tonwertzunahme

auf. Tonwertänderungen dieser Art sind verfahrenstechnisch bedingt normal und beherrschbar, wenn sie diese im Rahmen der Standardisierung bzw. Normung bewegen.

Ist der gesamte Produktionsprozess auf den Auflagendruck abgestimmt, so sind diese „normalen“

Tonwertzunahme
Wirkung im Druckbild

Tonwertveränderungen bereits bei der Bilddatenerfassung und -bearbeitung (Reproduktion) berücksichtigt.

Die Tonwertzunahme ist immer die Differenz des zu vergleichenden Tonwertes im Druck zu dem entsprechenden Tonwert im Datensatz bzw. Film,z. B.:

– Tonwert im Druck 55 %
– Tonwert im Datensatz 40 %
= Tonwertzunahme 15 %

Bei allen Tonwerten oder Tonwertzunahmen ist anzugeben, auf welches Kontrollfeld („Stellvertreter" für Informationen im Bild) sich die Angabe bezieht.

Arbeitsanleitung zur Bestimmung der Tonwerte und der Tonwertzunahme im Druck mit Densitometern

- Vorbereiten des Densitometers und der Messprobe. Zu beachten: Der Slopefaktor und ggf. der Yule-Nielsen-Faktor müssen auf 1,00 gestellt werden.
- Farbkanal des Densitometers auf die zu messende Primärfarbe einstellen (erfolgt heute vielfach automatisch). Bei Sonderfarben ist der Kanal (Filter) zu wählen, der den höchsten Dichtewert ergibt.
- Densitometer auf die Oberfläche des Bedruckstoffs nullen.
- Farbdichte des Volltonfeldes D_V messen.
- Farbdichte im zu prüfenden Ton D_R messen.
- Der Tonwert A und die Tonwertzunahme ΔA sind am Densitometer direkt abzulesen.
  Zur Ermittlung der Tonwertzunahme muss der Tonwert des Films bzw. des Datensatzes im Gerät gespeichert sein.

Beispiel: An einem Druck auf einem ungestrichenen Papier werden folgende Messwerte ermittelt

– Dichte Vollton D_V = 1,60
– Dichte im Feld 40 % = 0,36

Aus diesen Messwerten ergeben sich

– Tonwert A im Druck = 58 %
– Tonwert A Datensatz = 40 %
= Tonwertzunahme ΔA = 18 %

Für ein einfaches grafisches Ermitteln kann auch das Fogra-Nomogramm verwendet werden. Alle modernen Messgeräte berechnen jedoch diese Funktionen und zeigen die jeweiligen Werte digital an.

Die Ermittlung der Daten und die Prozesskontrolle bei filmloser Druckformherstellung (Computer-to-Plate-System) ist erheblich aufwendiger, da es hierbei möglich ist, am RIP (Raster-Image-Processor) eine Umrechnung der Tonwerte durchführen zu lassen, die praktisch eine neue Reproduktion erzeugt. Dadurch ist die Druckformherstellung in der Lage, die Druckkennlinie zu manipulieren – eine Chance bei bewusster Steuerung, aber auch eine Gefahr der unkontrollierten Manipulation.

Das Verfahren sowie Anforderungen und Arbeitsanleitungen sind ausführlich in „ProzessStandard Offsetdruck" (Bundesverband Druck und Medien e. V.) erläutert.

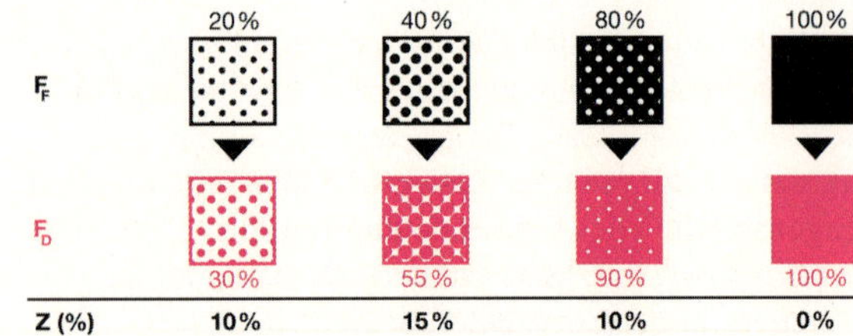

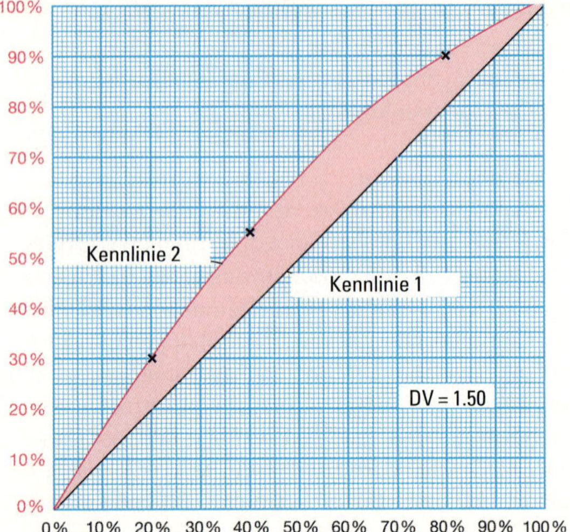

Kennlinien

Kennlinien sind grafische Darstellungen der Zusammenhängen von Wertepaare in einem Diagramm, d. h. in einem rechtwinkligen Koordinatensystem.

Bei der Prozesskontrolle des Offsetdruckverfahren vermitteln Kennlinien eine anschauliche Darstellung zu der Tonwertübertragung, z.B. als

- Kopierkennlinie für eine filmbezogen hergestellte Druckform
- Kennlinie für eine filmlos hergestellten Druckform
- Druckkennlinie.

Voraussetzung zur Erfassung von Daten

Für die Aufnahme von Kennlinie zur Prozesskontrolle sind Kontrollmittel erforderlich, die Raster-Kontrollfelder in Abstufungen von 10 % oder feiner enthalten. Die eingesetzten Kontrollfelder sollen im Raster (Art, Punktform und Rasterfrequenz) möglichst dem Raster in Bildmotiven entsprechen.

Beispiel:
Zeichnen einer Druckkennlinie

- Der UGRA-Offset-Testkeil 1982 oder Ugra-Fogra-Digital-Plattenkeil werden bei der Bebilderung mit auf die Druckform übertragen und mitgedruckt.
- Mit einem Densitometer werden die Tonwerte im Druck ermittelt. Zu erfassen ist ebenfalls die Dichte im Vollton (D_V).
- In einem speziellen Koordinatensystem (Fogra-Hilfsmittel) werden auf der waagerechten Achse, der Abszisse, die angegebenen Tonwerte des Kontrollmittels aufgesucht und markiert.
- An der senkrechten Achse,der Ordinate, werden die jeweils dazu gehörenden Tonwerte im Druck über

den entsprechenden Werten der horizontalen Achse eingetragen. Somit entsteht für jedes Wertepaar ein markierter Punkt im Diagramm.
- Die einzelnen Punkte werden durch einen glatten Kurvenzug frei Hand miteinander verbunden. Während die Diagonale (45°) in dem Diagramm eine drucktechnisch nicht zu erreichende identische Wiedergabe (1 : 1) der Tonwerte darstellt, zeigt der eingezeichnete Kurvenzug die Tonwertzunahmen in den einzelnen Tonwerten im Druck an.

Die Kennlinie gilt nur bei bestimmten Druckbedingungen und für die im Kontrollmittel vorhandene Rasterfrequenz, d.h. sie ist nur gültig für diejenige Kombination von Druckmaschine, Druckbeistellung, Gummituch, Druckform, Druckfarbe und Bedruckstoff, für die sie ermittelt wurde.

Wird die gleiche Arbeit auf einer anderen Druckmaschine, mit anderen Druckfarben oder auf einen anderen Bedruckstoff gedruckt, so ergibt dies jeweils eine andere Druckkennlinie.

Für die Ermittlung der Tonwertzunahme ist besonders der Mitteltonbereich am aussagekräftigsten, da hier die Abweichungen im Tonwert am größten sind.

13.8 Abmustern

Abmustern bedeutet, zwei Bilder kritisch miteinander zu vergleichen. Das genaue farbliche Abstimmen ist besonders bei hochwertigem Akzidenzdruck (z.B. in der Qualität Top und Luxus für Kataloge, Prospekte) und im Verpackungsdruck für die Zufriedenheit des Auftraggebers mit dem Produkt ein entscheidender Faktor.

Zu beachten ist, dass im Qualitätsdruck dem Abstimmen bei
- der Beratung des Kunden in Bezug auf schwierige Bildvorlagen,
- der Konzeption und Planung des Auftrags in der Mediengestaltung,
- der Beurteilung der Bildvorlagen und der Ergebnisse der Bildreproduktion (Prüfdrucke, Proofs)

und
- im Auflagendruck bei einem Vergleich mit dem Prüfdruck oder dem OK-Bogen

eine hohe Bedeutung zukommt. Die Kundenberatung hat die Aufgabe, den Auftraggeber auf die farbliche Wirkung bei unterschiedlichen Betrachtungsbedingungen hinzuweisen und dieses Problem möglichst anschaulich zu verdeutlichen (metamere Farben – verschiedene Lichtbedingungen).

Da die Abstimmung von farbigen Bildern, z. B. bei einem Vergleich eines Druckes mit einem Digitalprüfdruck, durch unterschiedliche Bedingungen in der Beleuchtung und im Umfeld ausfallen können, sind zumindest bei hohen Qualitätsanforderungen international festgelegte Betrachtungsbedingungen der ISO 3664 zu beachten. Nur so ist es möglich, von der Präsentation und Genehmigung der Reproduktionsergebnisse bis zur Druckfreigabe gleiche Bedingungen zu erhalten.

Ein wesentliches Element ist ein blendfreier Abstimmplatz oder eine -kabine mit farblich neutraler Umgebung und einer geeigneten Abstimmleuchte mit der Lichtart D 50 (5000 K):
- blendfrei
- Lichtart D50

Um kleinste Unterschiede bei einem kritischen Abstimmen wahrzunehmen, ist eine hohe Beleuchtungsstärke von 2000 lx ± 500 lx erforderlich. Soll dagegen beim Betrachten einer einzelnen Probe nur die Wirkung auf den Auftraggeber bzw. Endverbraucher beurteilt werden, ist eine Beleuchtungsstärke von 500 lx ± 125 lx ausreichend. Diese Beleuchtungsstärke entspricht den üblichen Helligkeitsverhältnissen.

Bei Aufsichtsbildern oder Drucken sollte ein Abstimmen auf einer schwarze Unterlage erfolgen.

Für die entsprechenden Qualitätsvorschriften im Sinne der ISO 9000 ist ein Nachweis in der Übereinstimmung der Abstimmbedingungen nach ISO 3664 zu führen.

Besonders schwierig ist das Abstimmen von Prüfdrucken. Die dabei verwendeten Pigmente weichen erheblich von denen der Offsetdruckfarben ab. Daher kann das Abstimmergebnis je nach Beleuchtungsverhältnissen (z.B. Art der Leuchtstofflampe, Glühlampe, Tageslicht, Nordlicht) sehr stark unterschiedlich ausfallen. Konstante Bedingungen sind nur in einer Abstimmkabine zu erhalten.

13.9 Farbmanagement

Das Farbmanagement umfasst sämtliche Methoden zur Erhaltung oder zur systematischen, prozessbezogenen Anpassung von Farbinformationen im Arbeitsablauf von der Bildvorlage bis zum Druck.
Ziel ist es, im *Gesamtprozess der Farbübertragung* – unabhängig von einem Ein- oder Ausgabegerät und von Teilprozess zu Teilprozess – stets die gewünschte Farbwiedergabe zu erreichen bzw. diese unter Kontrolle zu haben.

Im Farbfernsehen wird ein Farbmanagement (Colormanagement) seit langem praktiziert. Die verschiedenen Kameras liefern – auf vorgegebene Testcharts eingemessen – unter bestimmten Beleuchtungsbedingungen optimale Farben. Die Übertragungs- und Sendetechnik arbeitet ebenfalls mit diesen Charts. Auch unterschiedliche Fernsehnormen (Pal, Secam u. a.) sind durch dieses System ineinander konvertierbar. Damit ist kein Farbstich im Bild zu bemerken.

Eine vergleichbare Problematik zeigt sich im Produktionsprozess der Druckindustrie: Unterschiedliche Bildvorlagen werden im digitalen Workflow erfasst und verarbeitet, auf dem Monitor und bei Prüfdrucken (Proofs) ausgegeben und in einem Druckverfahren gedruckt. Dabei arbeiten alle beteiligten

Komponenten in einen spezifisch Farbraum und einem bestimmten Farbumfang. Der Farbumfang (engl. gamut) ist der Bereich des Farbraums, der von den im Datensatz vorhandenen oder auf der Bildvorlage, einem Bildschirm oder einem Druck gemessenen Farbwerten ausgefüllt ist.

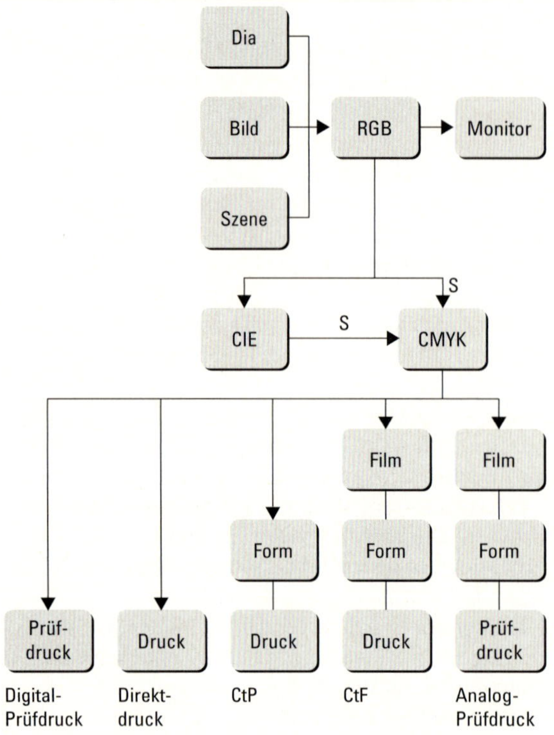

Farbformate beim Arbeitsablauf bis zum Druck.
RGB = gerätespezifische Rot-Grün-Blau-Daten,
CIE = geräteunabhängige Farbdaten,
CMYK = Tonwerte Cyan, Magenta, Gelb und Schwarz.

Vor die einzelnen Stationen können Datenumwandlungen bzw. -anpassungen geschaltet sein

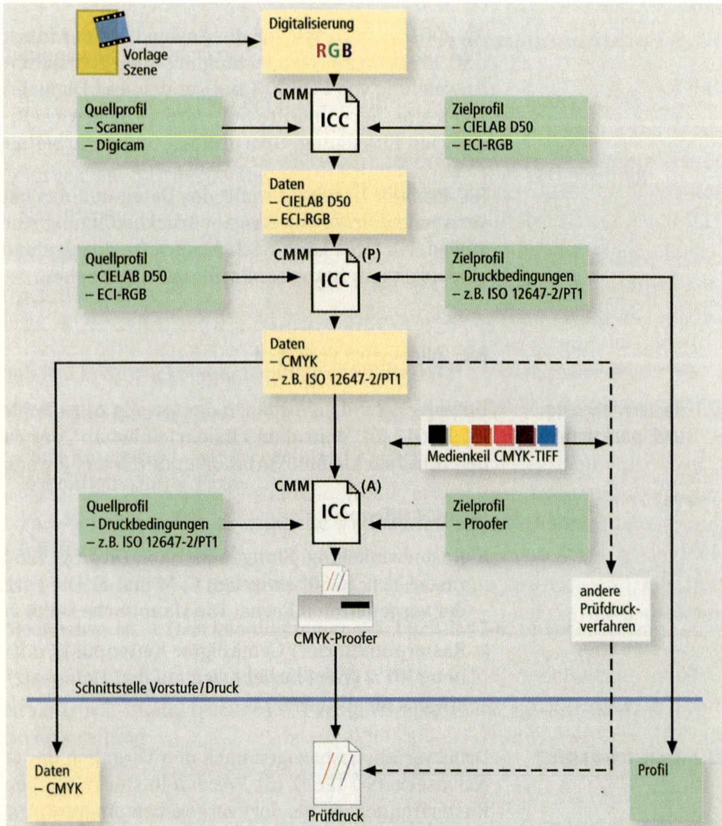

Um ein optimales Ergebnis zu erhalten müssen alle Prozesskomponenten und Geräte, die bei der Erzeugung, Bearbeitung und Wiedergabe von Farbbildern beteiligt sind, plattformneutral beschrieben werden. Digitalkameras, Scanner, Monitore, Prüfdrucksysteme, Digitaldruck und klassische Druckverfahren sind in einer solchen Prozesskette bei der Anwendung eines Farbmanagementsystems nicht mehr gesondert aufeinander abzustimmen, um ein farbgetreues Ergebnis zu erhalten.

Im *International Color Consortium* (ICC), durch eine Initiative der Fogra 1993 gegründet, sind heute alle wichtigen Hersteller von Software für die Druckvorstufentechnik vertreten. Wichtigste Aufgabe war es, eine Industriespezifikation (keine Norm!) zu dem datentechnischen Aufbau von ICC-Profilen zu entwickeln.

ICC-Profile sind Dateien, die eine Umrechnung von geräte- oder prozessabhängigen Farbformaten (z. B. RGB, CMYK) in neutrale, unabhängige Farbformate (z. B. CIELAB, CIEXYZ) und umgekehrt ermöglichen. Das Firmenkonsortium gibt zudem Richtlinien für die Arbeitsweise von Profilen und das programmtechnische Umfeld des Farbmanagements heraus.

Das Erstellen eines ICC-Profils erfordert zuvor ein genaues Charakterisieren des betreffenden Gerätes oder der jeweiligen Druckbedingungen in einer tabellarischen Übersicht.

Zu beachten ist, dass der Offsetdruckprozess nicht konstant ist, sondern bedingt durch das verwendetete Papier, die Druckfarbe, die Rasterart und verschiedene Verfahren der Druckformherstellung unterschiedliche Ergebnisse bringt. Liegen diese Parameter fest, ist das farbige Ergebnis vorhersehbar.

Farbprofile stellen möglichst präzise Charakterisierungen eines individuellen Gerätefarbsystems in Bezug auf ein bestimmtes farbmetrisches Referenzsystem (z. B. CIELAB) dar.

Die Erstellung eines Farbprofils ist grundsätzlich keine Gerätekalibrierung, sondern eine möglichst präzise Beschreibung von Abbildungseigenschaften. Ein Farbprofil weist jeder Kombination von Primärfarbanteilen des Ausgangsfarbsystems (z. B. RGB oder CMYK) ein Äquivalent im farbmetrischen Bezugssystem (CIELAB) zu und umgekehrt.

Die Charakterisierungstabelle kennzeichnet die bei der Eingabe bzw. Ausgabe erfolgte Zuordnung zwischen einer gemessenen Farbe und ihrer Beschreibung im Datensatz.

Bei Abtastgeräten (Scanner) zur Eingabe von Bilddaten wird eine farbmetrisch vermessene Farbtafel nach ISO 12641 (früher IT8.7/1 bzw. IT8.7/2) eingelesen. Hersteller wie Agfa, Fuji und Kodak liefern hierzu sowohl die Farbtafeln als Vorlage wie auch die dazugehörenden Tabellen mit den CIE-Farbwerten.

Mathematisch kann ein Farbprofil danach von wenigen Parametern einer einfachen Matrixoperation bis zur hochpräzisen Look-Up-Table (LUT) nahezu beliebig viele Daten enthalten. Dabei sagt die Menge der Daten nicht viel über die Qualität des Farbprofils aus, sondern ausschließlich deren Anordnung.

Sind die Farbprofile des Eingabesystems, des Monitors und des Druckverfahrens bekannt und darüber hinaus das farbmetrische Referenzsystem eindeutig beschrieben, kann der Farbrechner des Color-Management-Systems die farbmetrische Abstimmung zu berechnen.

Der Farbrechner (nach ICC bezeichnet als Color Matching Method = CMM) nimmt die Einträge der beiden Farbprofile und errechnet für jede einzelne Farbinformation des RGB-Modells des Systems über das farbmetrische Bezugssystem ein Äquivalent im CMYK-Modell des Drucksystems. Abhängig von dem Bildinhalt kann aus vier verschiedenen Anpassungsmethoden (Rendering-Intents in ICC-Profilen) die am besten geeignete gewählt werden.

Grundlegende Basis für eine gezielte Produktion bildet der *MedienStandard Druck 2001 – Technische Richtlinien für Daten und Prüfdrucke*, herausgegeben vom Bundesverband Druck e.V. (BVDM), aus dem hier teilweise zitiert wird.

„Kunden, Druckvorstufe und Medienproduktion, Vertreter aller Druckverfahren, Wissenschaftler und Software-Entwickler haben einen *MedienStandard Druck* gemeinsam zusammengestellt als eine Empfehlung, die alle erforderlichen Komponenten einschließt und flexibel zueinander in Funktion bringt.

Die zielgenaue Produktion bedingt einen präzisen, nach Standards und Vorgaben definierten Arbeitsfluss. Ziel ist also die Festlegung einer eindeutigen

- medienspezifischen

  oder

- medienneutralen

Datenbasis (Farbraum, Formate u.a.) im Arbeitsablauf von der Bildvorlage zum Druck.

Wichtige Bausteine des *MedienStandard Druck 2001* sind Farbraumdefinitionen (z. B. CIELAB, Profile nach ICC-Standard, ISO-Normen zur Verfahrensstandardisierung, zur Messtechnik und zu Kontrollmitteln sowie Kontrollmittel für Digitalprüfdrucksysteme (bzw. deren Anpassung an standardisierte Druckverfahren).

Ausführliche Informationen und Anleitungen zur spezifischen betrieblichen Umsetzung enthalten u.a.

- MedienStandard Druck 2001 – Technische Richtlinien für Daten und Prüfdrucke, bvdm, 2001
- ProzessStandard Offsetdruck, bvdm, 2001.

Ergänzend dazu einige Links zu Farbmanagement-Informationen:

- www.color.org = International Color Consortium
- www.eci.org = European Color Initiative, eine Interessengemeinschaft von Anwendern des Farbmanagements in Werbeagenturen, Verlagen und Großdruckereien
- www.fogra.org = Fogra Chakterisierungsdaten (unter Dienstleistungen)
- www.colorsync.com = Color-Management für das Mac OS-System

13.10 Bedruckstoff

Verschiedene Bedruckstoffe sind nach ihren Oberflächen visuell in der Farbe und dem Glanz zu unterscheiden. Drucktechnisch bedeutend sind daneben technische Eigenschaften wie Glätte bzw. Rauigkeit, Wegschlagverhalten, Durchscheinen der Rückseite oder des Untergrunds.

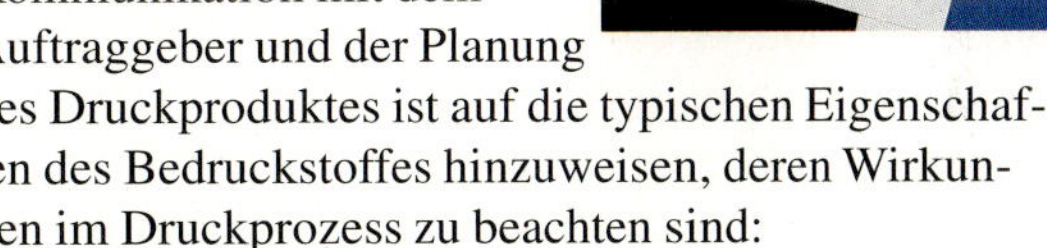

Diese Eigenschaften ergeben Unterschiede in der Qualität der Bildwiedergabe, die selbst bei einem bestmöglichsten Druckprozess unvermeidlich sind. Zu beachten ist bei allen qualitativen Überlegungen oder Forderungen der Kunden: Der Bedruckstoff bestimmt die Druckqualität in der Bildwiedergabe.

Bei der Beratung und Kommunikation mit dem Auftraggeber und der Planung des Druckproduktes ist auf die typischen Eigenschaften des Bedruckstoffes hinzuweisen, deren Wirkungen im Druckprozess zu beachten sind:

- im Druckprozess wiedergebbarer Farbumfang (engl. gamut)
- Tonwertzunahme, Druckkennlinie
- Glanz der unbedruckten Bereiche (ohne eine zusätzliche Veredelung)
- Farbe der unbedruckten Bereiche
- Durchscheinen eines rückseitigen Druckbildes bzw. der Untergrundes.

Bei allen „konventionellen" Druckverfahren wie Offsetdruck, Rakeltiefdruck und Flexodruck wird der drucktechnisch wiederzugebende Farbumfang hauptsächlich durch den Bedruckstoff bestimmt. Verfah-

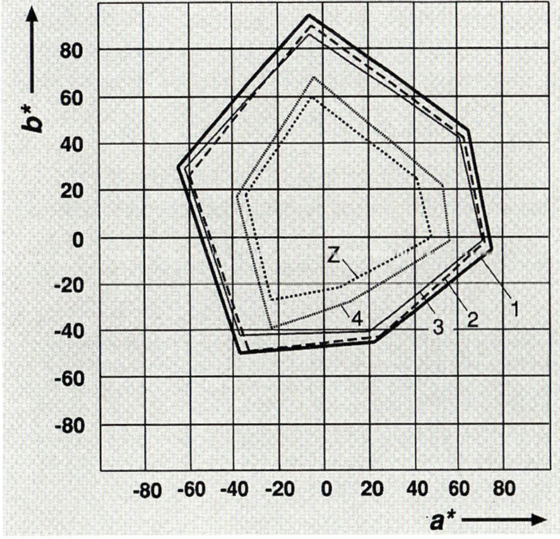

Farbumfang des Offsetdrucks auf verschiedenen Papiertypen
1 = 115 g/m² glänzend gestrichen Bilderdruck,
2 = 115 g/m² matt gestrichen Bilderdruck,
3 = 65 g/m² LWC Rollenoffset,
4 = 115 g/m² ungestrichen weiß Offset,
Z = Zeitungspapier

renstechnisch verschieden sind jedoch die Tonwertzunahmen und die daraus ermittelten Druckkennlinien. Im Gegensatz zu den anderen Druckverfahren ist im Digitaldruck der Einfluss des Bedruckstoffes auf die Farbwiedergabe prozessbedingt geringer.

Bedruckstoffe für den Offsetdruck müssen daher sowohl für den Prüfdruck bzw. Andruck und den Auflagendruck in ihren Eigenschaften übereinstimmen, wenn eine gute farbliche Bildwiedergabe erreicht werden soll

Die gleiche Forderung gilt auch für Nachdrucke: Nur der gleiche Bedruckstoff garantiert ein gleich gutes Ergebnis.

Der Typ und die Art des Bedruckstoffes ist auch ein wesentliches Kriterium für die Reproduktion der Bildvorlage (vgl. Bildkontrast, Farbumfang, Tonwertzunahme).

Der Bundesverband Druck und Medien liefert als Anschauungsmaterial für den Bedruckstoffeinfluss

	Sollwert nach DIN ISO 12647-2				Istwerte der der Färbungsstandards			
Papiertyp	L*	a*	b*	Glanz	L*	a*	b*	Glanz
Einheit	1	1	1	%	1	1	1	%
1	93	0	-3	65	92,9	0,5	-4,2	84
2	92	0	-3	38	93,4	0,5	-4,2	38
3	87	-1	3	55	88,1	-0,9	1,1	60
4	92	0	-3	6	94,1	0,9	-3,5	8
5	88	0	6	6	93,4	-0,7	6,4	8

Papiertypen: 1 = 115 g/m² glänzend gestrichen Bilderdruck
2 = 115 g/m² matt gestrichen Bilderdruck
3 = 65 g/m² LWC Rollenoffset
4 = 115 g/m² ungestrichen, weiß Offset
5 = 115 g/m² ungestrichen, gelblich Offset

und als Färbungsvorgabe für den Prüfdruck bzw. Andruck das Musterbuch *„Färbungsstandards“*. Es enthält die wichtigsten im Offsetdruck eingesetzten Bedruckstoffe, die auch als Stellvertreter für sonstige Sorten verwenden kann. Dazu vergleicht man Papierfarbe, Glanz, Volltonfärbung, Tonwertzunahme und den optischen Eindruck gedruckter Bilder und kann so diese Papiersorte einem vorgegebenen Papiertyp zuordnen.

Die Färbungsstandards enthalten sechs Blätter im Format DIN A4. Jedes Blatt enthält zwei vierfarbige Abbildungen, den Ugra/Fogra Medienkeil CMYK-TIFF und vier Volltonstreifen mit den Prozessfarben CMYK. In einer Leiste oberhalb der Bilder ist der jeweilige Papiertyp angegeben. Für den Offsetdruck handelt es sich um folgende Papiere:

- Papiertyp 1:
  glänzend gestrichen, weiß, holzfrei, ca. 115 g/m²
- Papiertyp 2:
  matt gestrichen, weiß, holzfrei, ca. 115 g/m²
- Papiertyp 3:
  glänzend gestrichen, LWC, ca. 65 g/m²
- Papiertyp 4:
  ungestrichen, weiß, Offset, ca. 115 g/m²
- Papiertyp 5:
  ungestrichen, gelblich, Offset, ca. 115 g/m²

Die so definierten Papiertypen entsprechen den gleichnamigen Typen in der Prozesskontrollnorm für den Offsetdruck, DIN ISO 12647-2.

Außerdem ist in dem Musterbuch ein Papiermuster für den Zeitungsdruck im Offsetdruckverfahren enthalten, das mit Zeitungsdruckfarbe (wegschlagend trocknend) im Raster mit 40 Linien/cm bedruckt ist.

Bei der Auftragsvergabe für Reproduktionen ist der für den Auflagendruck vorgesehene Bedruckstoff anzugeben, zumindest sollte ein Papiertyp angegeben werden, der einem im Musterbuch „Färbungsstandards“ vorhandenen Papiertyp entspricht.

13.11 Arbeitsablauf von der Vorlage zum Druckprodukt

Jeder Auftrag durchläuft unterschiedliche Phasen und Fertigungsbereiche vom Kunden über die Datenerfassung und -verarbeitung bis zum Endprodukt, die nachfolgend prinzipiell dargestellt sind:

- Auftraggeber, Kunde:
  - Produktbezogenes Ziel, Idee, Plan, Briefing
- Medienunternehmen, z. B. Werbeagentur, Grafik-Design
  - Kreation, Planung, Mediendesign,
  - Auftragsvergabe (Teilauftrag, Gesamtauftrag), ggf. Überwachung der Herstellung
- Medienunternehmen, z. B. Reproduktion, Medienoperating
  - Bilddatenerfassung und -verarbeitung
  - Seitenfertigung: Text-/Bild-Integration nach Layout
  - Produkte: Daten bzw. Filme, Prüfdrucke bzw. Andruck
- Druckunternehmen:
  - Bogenmontage, Ausschießen, Überfüllen/Unterfüllen (engl. trapping), evtl. letzte Kontrolle durch Blaupause oder niedrig aufgelöstes Formproof
  - Druckformherstellung: Druckformkopie (gelieferte Filme), Computer-to-Plate oder Computer-to-Press (gelieferte Daten)
  - Auflagendruck: Druckverfahren, Bedruckstoff, Druckfarben, Inline-Veredelung
- Druckweiterverarbeitung:
  - Lackieren, Laminieren
  - Endfertigung: Schneiden, Falzen, Sammeln bzw. Zusammentragen, Binden/Heften, Beschneiden
- Endprodukt

Parameter und Hinweise für die Produktion

- Der Bedruckstoff bestimmt entscheidend die Bildwiedergabe (Farbumfang, Druckkennlinie).
- Brillante Farben lassen sich im Druck besonders gut auf gestrichene und schwereren, weniger gut auf ungestrichenen und leichteren Bedruckstoffen erzielen.

– Ist eine hohe Qualität im Druck gefordert, muss ein Andruck oder Prüfdruck hergestellt werden, der den Auflagendruck möglichst genau simuliert.
– Ist bei der Reproduktion noch nicht eindeutig bekannt, wie und auf welchem Bedruckstoff der Druck ausgeführt werden soll, ist ein „medienneutraler Prüfdruck“ zu erstellen Dieser kann nicht farbverbindlich sein, weil Prozessbedingungen des Drucks nicht berücksichtigt werden können. Er dient demnach lediglich zur Demonstration.
– Andrucke oder Prüfdrucke müssen mit einem geeigneten Kontrollmittel angefertigt sein, das eine Kontrolle zur Eignung für die Produktion nachweist.
– Die Druckerei stellt nach den gelieferten Filmen oder Daten die Druckformen im Bogenformat – entsprechend der Produktion in der ausgewählten Druckmaschine – zusammen.
– Angelieferte Filme müssen nach Absprache mit der Druckerei über- bzw. unterfüllt sein.
– Bei Anlieferung von Daten erfolgt das drucktechnisch erforderliche Überfüllen bzw. Unterfüllen erst möglichst spät im Arbeitsablauf, um den zu erwartenden Fehlpasser zu berücksichtigen.
– Der gesamte Produktionsprozess in der Druckvorstufe sowie Andrucke und Prüfdrucke müssen präzise auf die drucktechnischen Bedingungen ausgerichtet und standardisiert sein. Manipulationen in einem industriellen Fertigungsprozess sind absolut unsinnig – sie verursachen Fehler, Störungen im Prozess, Ärger und Kosten.
– Das Drucken ist ein industrieller Prozess, bei dem leicht sichtbare Unterschiede zwischen dem Andruck/Prüfdruck und dem Auflagendruck sowie auch leichte Schwankungen während des Auflagendrucks nicht vollständig zu vermeiden sind.
– Ein nachträgliches Veredeln (Lackieren, Laminieren) kann den Bildeindruck deutlich beeinflussen.

Kontrollen im PDF-Workflow

Das PDF-Datenformat versteht sich als konsequente Weiterentwicklung von PostScript bzw. Encapsulated PostScript (EPS). Es schafft die Voraussetzungen, dass in Seitenform aufbereitete Dokumente beliebig ausgetauscht und entsprechend ausgegeben werden können. Für die Umsetzung der Text-, Bild- und Grafikdateien in das PDF-Datenformat hat Adobe unter dem Namen Acrobat eigens Programmierwerkzeuge entwickelt. Seit einiger Zeit lassen sich Text-, Bild- und Grafikdaten überdies direkt im PDF-Format der entsprechenden Verarbeitungssoftware abspeichern.

Die Ugra/FOGRA-Kontrollmittel im PDF-Datenformat zeichnen sich dadurch aus, dass sie in Verbindung mit einer eigens entwickelten Positionierungssoftware in das PDF-Dokument importiert werden können und dabei die gesamte Funktionalität der Kontrollelemente aufrechterhalten. Im besonderen werden spezifische Testelemente, beispielsweise die Schachbrettfelder in der Aufzeichnungsfeinheit des Ausgabegerätes aufgebaut und die Systemparameter im Informationsfeld wiedergegeben.

Kontrollmittel im PDF-Workflow

In der Übersicht ist ein typischer Workflow, ausgehend von einem PDF-Dokument bis zur Ausgabe, dargestellt. Die gängigen Ugra/FOGRA-Kontrollmittel liegen in zwei Ausführungen vor:
– EPS-Format
– PDF-Format

Ein Anschauungsmuster des Ugra/FOGRA-PostScript-Kontrollstreifens im PDF-Format kann über „www.ugra.ch“ aus dem Internet heruntergeladen und ausgedruckt werden.

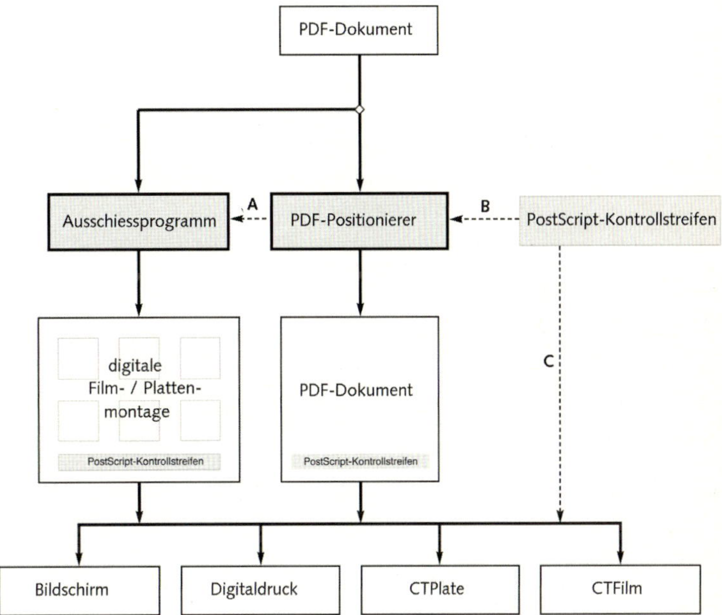

Die PDF-Kontrollmittel können je nach Bedarf entsprechend eingesetzt werden:
A als Kontrollmarke im Ausschießprogramm positioniert
B zur Einbindung mittels PDF-Positionierer in ein PDF-Dokument
C direkt zum Ausgabegerät

Der PDF-Positionierer ist als Plug-in zum Acrobat Exchange konzipiert und ermöglicht die Positionierung von Ugra/FOGRA-Kontrollmitteln in beliebige PDF-Dokumente. Neueste Ausschießprogramme erlauben bereits ein direktes Einfügen von PDF-Kontrollmitteln.
(Lit. vgl. Broschüre: ugra – Qualität entscheidet; CH-St. Gallen, 2000)

13.11.1 Anforderungen an Daten und Filme

Eine einwandfreie, sichere Produktion erfordert bestimmte Eigenschaften der angelieferten Daten und Filme. Die Druckereiunternehmen stellen zu einer problemlosen Verarbeitung vielfach eine Checkliste zur Verfügung. Wichtig ist jedoch unabhängig davon eine sachliche, partnerschaftliche Kommunikation mit dem Auftraggeber, der nur so ein Verständnis für die fertigungstechnischen Abläufe und Zusammenhänge sowie auftretende Schwierigkeiten bekommen kann.

Als Daten sollten allgemein Composite-Dateien im PDF- oder TIFF-Format geliefert werden. Sogenannte offene Dateien (z. B. QuarkXPress, InDesign, Pagemaker) sind nur nach Abstimmung zu liefern.

Für die Wahl der Auflösung von Bildvorlagen bei ungerasterten Daten gilt (maximal) bei

- periodischen Rastern 2 Pixel pro Rasterweite (z.B. 120 Pixel/cm bei einem Raster mit 60 L/cm)
- nichtperiodischen Rastern 1 Pixel pro fünffachem Durchmesser des kleinsten Rasterpunktes.

Alle im Dokument enthaltenen Schriften, dort importierte Bilddateien und Feindaten für den Austausch bei dem Einsatz von OPI sind mitzuliefern.

Gelieferte Filme sollten den Offsetdruck-Reproduktions-Richtlinien des Bundesverbandes Druck und Medien entsprechen. Eine optimale Planlage und Dimensionsstabilität sind die wesentliche Voraussetzung für einen guten Passer.

Anforderungen, die der Norm DIN ISO 12647, dem *MedienStandard Druck 2001* und den Offsetdruck-Reproduktions-Richtlinien entsprechen:

A_F (%)	Tonwertzunahme ΔA (%) für Papiertyp			Tonwert A_D (%) für Papiertyp		
	1 und 2	3	4 und 5	1 und 2	3	4 und 5
40	10 - **13** - 16	13 - **16** - 19	16 - **19** - 22	50 - **53** - 56	53 - **56** - 59	56 - **59** - 62
50	11 - **14** - 17	14 - **17** - 20	17 - **20** - 22	61 - **64** - 67	64 - **67** - 70	67 - **70** - 73
70	11 - **13** - 15	13 - **15** - 17	14 - **16** - 22	81 - **83** - 85	83 - **85** - 87	84 - **86** - 88
75	10 - **11** - 14	11 - **13** - 15	12 - **14** - 22	85 - **87** - 89	87 - **89** - 91	88 - **90** - 92
80	9 - **11** - 13	9 - **11** - 13	10 - **12** - 22	89 - **91** - 93	89 - **91** - 93	90 - **92** - 94

A_F (%) = Tonwert auf dem Kontrollfel des Positivfilms
A_D (%) = Tonwert im Druck
ΔA (%) = Tonwertzunahme, errechnet aus A_D - A_F

Papiertypen:
1 = 115 g/m² glänzend gestrichen Bilderdruck
2 = 115 g/m² matt gestrichen Bilderdruck
3 = 65 g/m² LWC Rollenoffset
4 = 115 g/m² ungestrichen, weiß
5 = 115 g/m² ungestrichen, gelblich Offset

- Farbbezeichnungen:
  Gelb Y oder I
  Magenta M oder II
  Cyan C oder III
  Schwarz K oder IIII
- Passkreuze und Druckzeichen:
  Stärke nicht über 0,1 mm
- Beschnitt:
  In der Regel 3 mm
- Maximale Tonwertsumme, UCR:
  Rollen-Offsetdruck < 300 %
  Bogen-Offsetdruck < 340 %
- Maximale Tonwertsumme, Unbuntaufbau:
  130 % bis 250 % (10 % bis 50 % BA)
- Überfüllung (Trapping):
  0,1 mm, bei leichten Bedruckstoffen auch mehr
- Vollton K:
  zu hinterlegen mit bis zu 40 % Cyan
- Empfehlung zur Graubalance:
  Viertelton C 25 %, M 18 %, Y 18 %
  Mittelton C 50 %, M 40 %, Y 40 %
  Dreiviertelton C 75 %, M 64 %, Y 64 %
- Rasterfrequenz im Bild:
  60 L/cm (60 cm^{-1}). Bei anderer Rasterfrequenz nach Anforderung ist die Reproduktion auf die Druckkennline abzustimmen.
- Rasterwinkelung (grundsätzliche Regel):
  Rasterpunktform nicht länglich:
  Je 30° zwischen C, M und K. Die Farbe Y muss 15° neben einer der vorgenannten Farben liegen (in der Regel liegt Y auf 0°). Die Hauptfarbe sollte auf 45° liegen.
- Rasterpunktform länglich:
  Je 60° zwischen C, M und K. Die Farbe Y muss 15° neben einer der vorgenannten Farben liegen (in der Regel liegt Y auf 0°). Die Hauptfarbe sollte auf 135° liegen.

13.11.2 Andruck, Prüfdruck

Andrucke und Prüfdrucke (farbverbindliche Proofs) dienen
– zur Prozesskontrolle der Reproduktion,
– als Basis für Korrekturen und
– zur Druckfreigabe durch den Auftraggeber.

Vorgabe für das Erstellen von Prüfdrucken und Andrucken ist der standardisierte Auflagendruck. Dementsprechend sind diese Drucke ebenfalls standardisiert auszuführen, um sicherzustellen, das im Auflagendruck der vorliegende Bildeindruck drucktechnisch zu erreichen ist.

Andruck und Prüfdrucke müssen dementsprechend verbindlich sein, d. h. alle Bedingungen bei der Herstellung und der Abmusterung müssen dazu den Standardbedingungen entsprechen. Zur Prozesskontrolle sind immer geeignete Kontrollmittel zur Prüfung der Eignung mitzudrucken.

Zur *Abmusterung* gelten die gleichen Vorschriften wie bei der Abmusterung von Aufsichtsvorlagen:
– Farbtemperatur 5000 K
– Beleuchtungsstärke 2000 lx

Die Tonwertzunahmen müssen innerhalb des festgelegten Toleranzfensters (vgl. vorhergehende tabellarische Übersicht) liegen. Dabei liegt das Schwarz im Mittelton um 3 % und in der Tiefe um 2 % höher als die Buntfarben. Die Werte der Prozessfarben Cyan, Gelb und Magenta dürfen sich im Mittelton nicht mehr als 4 % voneinander unterscheiden (maximale Spreizung).

Der Tonwertumfang des Andrucks/Prüfdrucks sollte dem Auflagendruck entsprechen. Dieser beträgt bei einem Raster mit 60 L/cm 2 % bis 98 % auf einem Film. Ebenso sollten Druckfarben nach der internationalen Farbskala für den Offsetdruck nach DIN ISO 2846-1 oder dieser Skala entsprechende Farben verwendet werden.

Die Farben sind in der Farbreihenfolge KCMY oder CMKY zu drucken. Das Schwarz ist nicht als letzte Farbe zu drucken.

Ausführliche Anleitungen siehe hierzu: ProzessStandard Offsetdruck, Bundesverband Druck und Medien e.V.

13.11.3 Druckformherstellung

Ziel der Standardisierung der Druckformherstellung ist eine unabhängig vom Druckplattentyp und sonstigen Bedingungen konstante, definierte Tonwertübertragung von Filmen oder digitalen Daten auf die Druckform.

Filmbezogene Druckformherstellung

In der Praxis werden derzeit noch in großem Umfang Verfahren zur Druckformherstellung eingesetzt, bei dem Filme als Kopiervorlagen in einem Kopierverfahren mit entsprechenden Geräten auf die Druckform belichtet werden. Vielfach sind dabei nicht die dem erforderlichen Standard entsprechenden Geräte im Einsatz. Daher ist ein besonders sorgfältiges Arbeiten erforderlich, um Mängel zu vermeiden.

Vorbereitungen für die filmbezogene Informationsübertragung auf die Druckform

Messen bzw. prüfen der Ausleuchtung des Kopierrahmens

- Beleuchtungsstärke mit einem Luxmeter exakt in verschiedenen Ecken, an den Seiten und in der Mitte messen und das Ergebnis bewerten. Ein prozentualer Unterschied von ca. 20 % gilt noch als gut. (Beispiel: max. 5400 lx, min. 4500 lx.)
- Lichtsumme mit Hilfe des Ugra-Testkeils 1982 in den einzelnen Bereichen des Kopierrahmens ermitteln. Die mit Testkeil in den einzelnen Bereichen belichtete Druckform wird nach dem Entwickeln visuell über die Dichtestufen des Halbtonkeil beurteilt.

Eine standardisierte Druckformherstellung ist nur mit Geräten möglich, die technisch in einem einwandfreien Zustand sind. Daher sind alle Geräte mindestens vierteljährlich zu prüfen. Fehlkopien haben vielfach nicht ihre Ursache in Schwankungen der Sensibilisierung der Druckform sondern in mangelnder Ausleuchtung des Kopierrahmen bzw. der Kopiereinrichtung, auch ein unzureichendes oder ungleichmäßiges Vakuum kann eine wichtige Ursache sein.

Ist der Abstand zwischen der Lichtquelle eines Kopiergerätes und der Kopierebene variabel einstellbar, so gilt folgende Grundregel:

- Mindestabstand Lichtquelle und Kopierebene = Diagonale des Druckplattenformates.

Nur dadurch ist eine Belichtung mit vertretbarem Lichtabfall zu den Seiten gegenüber der Kopierflächenmitte zu erreichen.

Auflösung der Druckplatte

Grundsätzlich ist die Auflösung der Druckplatte in µm, bei der feinste Striche und Spalten eines Mikrolinienfeldes eines Präzisionsmess-Streifen (z. B. Ugra-Offset-Testkeil 1982) gleichzeitig wiedergegeben werden, maßgeblich für die richtige Belichtungszeit.

Die Auflösung der heute eingesetzten, positiv arbeitenden Offsetdruckplatten beträgt 8 µm, so dass ein Test nur in Ausnahmefällen bei unbekannten Druckplattentypen erforderlich ist.

Regelbelichtung, Belichtungsspielraum

Durch die Standardisierung ist sichergestellt, dass eine exakt definierte Tonwertübertragung der Bildinformationen auf die Druckform erfolgt. Bei der Belichtung nach der Mikrolinienanzeige des Kontrollstreifens ergeben sich bei der Kopie auf positiv arbeitenden Druckformen beispielsweise folgende Daten im Mitteltonbereich für periodische Raster:

- Rasterfrequenz 60 L/cm

Mikrolinienanzeige in µm	Tonwertabnahme im Mittelton in %
8	0,5
10 *	1,5
12 *	2,5
15	4,0

- Die Mikrolinienanzeige ist für dieses Verfahren in dem gekennzeichneten Bereich (*) zu wählen. Werte für die Negativkopie bzw. nichtperiodische Raster sind entsprechenden Kopiertabellen (vgl. „ProzessStandard Offsetdruck“) zu entnehmen.

Zu beachten ist eine möglichst gleichmäßige Ausleuchtung des Kopierrahmens. Dabei ist eine Toleranz zwischen Ausleuchtungsmaximum und -minimum für übliche Rasterarbeiten mit periodischem Raster nicht zu überschreiten.

Für Messungen der verschiedenen Bereiche des Kopierrahmens ist ein Luxmeter zu verwenden. Die Ausleuchtung kann auch auf einer kopierten Druckplatte mit dem Ugra-Offset-Testkeil 1982 am Halbtonkeil ermittelt werden.

Eine weitere Voraussetzung für die tonwertrichtige Übertragung der Bildinformationen auf die Druckplatte ist ein gleichmäßiges, langsam aufgebautes Vakuum im Kopierrahmen. Lufteinschlüsse verhindern einen engen Kontakt zwischen Kopiervorlage und Kopierschicht der Druckplatte. Diese bewirken daher Unterstrahlungen der Bildinformationen und damit Tonwertveränderungen.

Filmlose Druckformherstellung (CtP)

Mehr und mehr setzen sich Systeme durch, die mit digitalen Daten direkt die Druckform bebildern.

Die im Druckbogenformat ausgeschossenen Seiten werden als Datensätze von einem RIP interpretiert und in Steuercodes für die Bebilderung in einem digitalen Druckformbelichter umgewandelt.

Die Umwandlung der Daten im RIP ermöglicht eine Änderung der Tonwerte der einzelnen Daten und erzeugt so praktisch eine „neue Reproduktion“ als Datensätze.

So positiv dies erscheint, so problematisch ist dies andererseits für die Prozesskontrolle. Dabei ist der Wegfall des Films als Bezugsbasis zur Übertragung der Tonwerte nicht das Entscheidende.

Das Problem zeigt sich darin, dass die Übertragung der Daten (Tonwerte) auf die Druckform nicht mehr so einfach wie bisher an Mikrolinenfeldern mit entsprechender Mikrolinienanzeige zu überprüfen ist.

Möglich ist auch das Messen der Tonwerte auf der bebilderten Druckform. Mögliche Probleme:
- Tonwerte differieren in ihrem Messergebnis um bis zu 10 % je nach Druckplattentyp bei verschiedenen Messgeräten.
- Es besteht in der Praxis eine gewisse Uneinigkeit, welche Tonwertveränderung bei der Informationsübertragung angestrebt werden soll.
- Bei bestimmten Druckplattentypen auf Silberhalogenidbasis, die mit Laser bebildert werden, druckt nicht die vollflächig sichtbare, dunkle Fläche; der Mittelton kann beispielsweise um 5 % spitzer drucken, als dies mikroskopisch zu ermitteln ist.

Um diese Unsicherheiten auszuschließen, werden nachfolgende Maßnahmen empfohlen,
- Bebilderung so einrichten, dass sich im Druck dasselbe Ergebnis zeigt, wie bei der filmbezogenen Druckformkopie
- Ausgabefeinheit des Ausgabesystems bei einem Raster mit einer Feinheit von 60 L/cm mindestens 600/cm (1500 dpi).

Zur Kontrolle der Bebilderung ist der digitale Ugra/Fogra-Digital-Plattenkeil oder ein gleichwertiges Kontrollmittel einzusetzen.

Optische Wirkung der Farbbalance:
Steigen oder fallen alle Werte gleichmäßig, ändert sich nur der Helligkeitseindruck (Abb. rechts oben und unten). Laufen die Tonwertzunahmen dagegen auseinandern, ergibt sich ein störender Farbstich (links oben und unten).

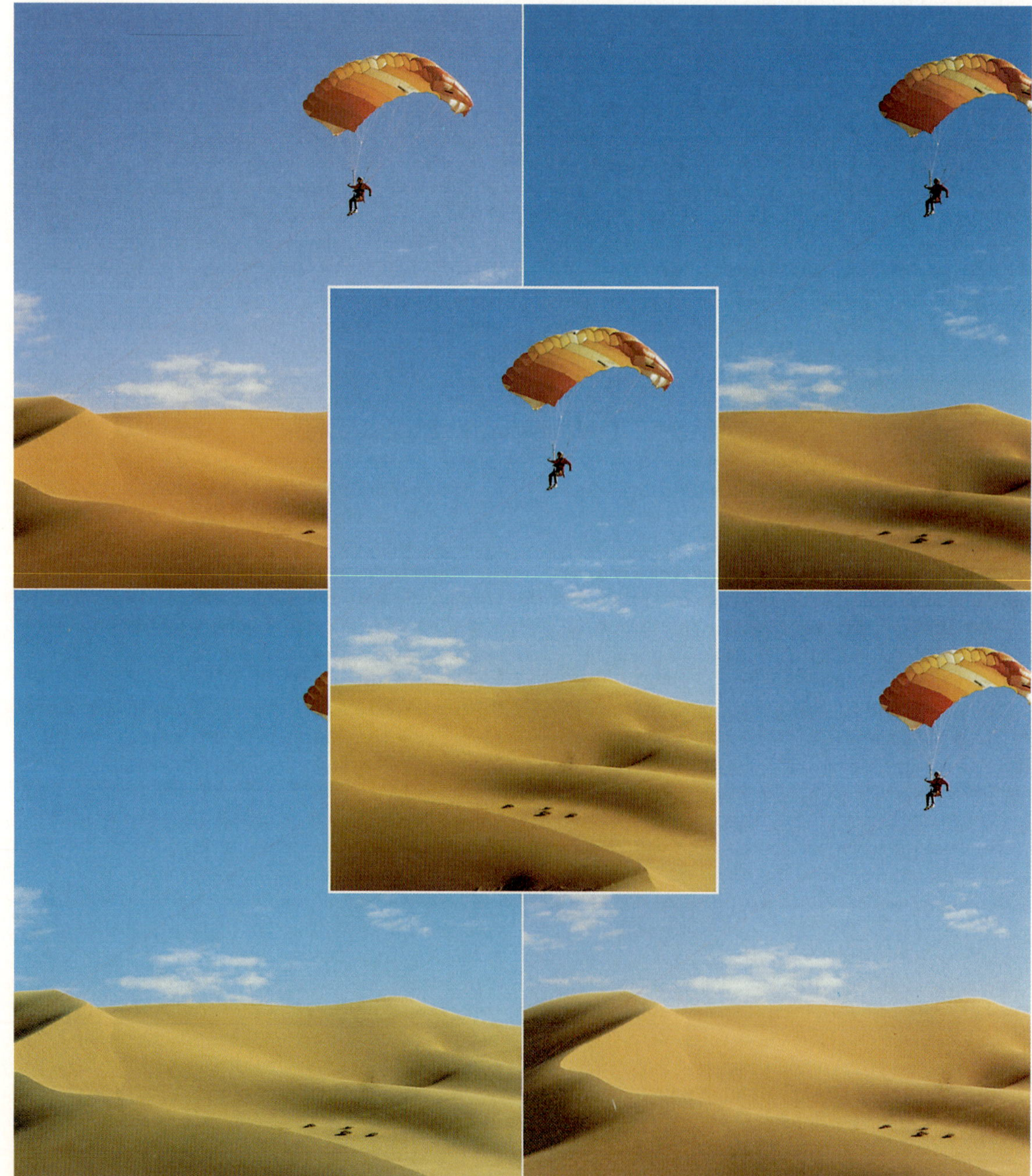

Schwankungen in der Farbbalance (Abbildung aus MAN Roland Nachrichten Extra 2 mit freundlicher Genehmigung der MAN Roland AG)

13.12 Auflagendruck

Sind die Fertigungsprozesse in der Druckvorstufe und im Andruck bzw. Prüfdruck standardisiert ausgeführt, ist es möglich, die Auflage in hoher Übereinstimmung mit den genehmigten Vorgaben zu drucken. Entscheidende Parameter im Druckprozess sind
– Tonwertzunahme
und
– Farbbalance.

Ein Hauptanliegen der Standardisierung ist die Festlegung einer übereinstimmenden Tonwertzunahme von der Bilddatenerfassung und -verarbeitung über Andruck/Prüfdruck bis zum Auflagendruck.

Die Vorgabe für alle Prozesse stellt der Auflagendruck. Die Standardisierung empfiehlt für die definierten fünf verschiedenen Papiertypen bestimmte Tonwertzunahmen (ΔA). Richten sich alle am Prozess beteiligten Fertigungsbereiche danach, ist es problemlos möglich, Reproduktionen von verschiedenen Unternehmen in einer Druckform zu drucken.

Für unterschiedliche Kopierverfahren (Positiv, Negativ) und Rasterfrequenzen gelten spezielle Tabellen.

13.12.1 Farbbalance

Schwankungen in der Farbbalance werden von dem Betrachter optisch wirksam mehr oder weniger stark – je Bildkontrastklasse der Vorlage (vgl. System Brunner, Farbbalance unter Kontrolle, Kapitel 13.13) – empfunden.

Ändern sich Tonwertzunahmen bzw. die Farbführung der Buntfarben gleichsinnig, so tritt nur eine Helligkeitsänderung im Bild auf. Eine Änderung der Helligkeit wirkt sich im allgemeinen nicht sehr stark störend aus. (vgl. Abb. auf der Seite 13·42)

Ändern sich die Tonwertzunahmen jedoch stark auseinander laufend, so ist in der Regel eine mehr oder weniger stark störende Farbverschiebung (Farbstich) festzustellen. Liegt die maximale Spreizung der einzelnen Buntfarben bei max. 5 %, so wirken sich diese nur gering aus.

Um die Farbbalance zu erhalten und damit mehr oder weniger stark sichtbare Farbverschiebungen zu vermeiden, fordert die Standardisierung, dass sich die Tonwerte im Mittelton der Buntfarben nicht um mehr als 4 % im Auflagendruck und im Andruck bzw. Prüfdruck unterscheiden dürfen.

In der vorherigen Abbildung Seite 13·42 werden die Wirkungen gleich- und gegensinniger Änderungen der Tonwertzunahme an Mustern gezeigt:
• Mitte: In der Bildmitte ist der Musterdruck mit dem gewünschten Ergebnis zu sehen.
• Rechts: Die Tonwertzunahme steigt um den gleichen Betrag (oben) oder sinkt um den gleichen Betrag (unten. Die Farbbalance bleibt erhalten.
• Links: Die Tonwertzunahmen laufen auseinander, es entstehen – je nach Bildvorlagentyp mehr oder weniger sichtbar – starke Farbverschiebungen (Abb. oben und unten). Die Farbbalance ist gestört.

13.12.2 Beeinflussung der Tonwertzunahme

Die Tonwertzunahme ist entsprechend den Vorgaben der Standardisierung in einem Toleranzfenster einzustellen. Sind diese Werte nicht zu erreichen, sollten gezielte Maßnahmen die Tonwertzunahme auf den gewünschten Wert bringen. Unterschiedliche Möglichkeiten dazu mit absteigender Wirkung bieten:
– Einstellung des RIP am CtP-Belichter
– Druckfarbe (Typ, Fließeigenschaften)
– Temperatur der Druckfarbe im Farbwerk
– Drucktuchtyp und Einstellung der Pressung
– Papiertyp
– Feuchtung
– Volltonfärbung.

A_F (%)	Tonwertzunahme ΔA (%) Papiertyp			Tonwert A_D (%) Papiertyp		
Feld	1, 2	3	4, 5	1, 2	3	4, 5
40	13	16	19	53	56	56
50	14	17	20	64	67	70
70	13	15	16	83	85	86
75	12	13	14	87	89	90
80	11	11	12	91	91	92

A_F (%) = Tonwert auf dem Kontrollfeld des Positivfilms
A_D (%) = Tonwert im Druck
ΔA (%) = Tonwertzunahme, errechnet aus A_D - A_F

Standardisierungstabelle für die Tonwertzunahme
– Positivkopie, Raster mit 60 L/cm
– Sollwerte gelten für CMY, K liegt 3 % im Mittelton und 2 % in der Tiefe höher
– Die Tonwertdifferenz zwischen CMY darf im Mittelton 5 % nicht übersteigen.

Welche Änderungen sind mit verschiedenen Maßnahmen zu erreichen?

Beispiele für Möglichkeiten aus der Praxis und deren Auswirkungen auf bestimmte Tonwertbereiche:
– CtP-Belichtersystem:
Liegen Tonwertzunahmen im Unternehmen allgemein zu niedrig oder zu hoch, so kann die Tonwertzunahme pauschal erhöht oder verringert werden.
– Druckfarbe:
Druckfarbe und Fließeigenschaften besitzen den größten Einfluss auf die Tonwertzunahme. Durch eine bestimmte Druckfarbe oder die Veränderung der Fließeigenschaften können im Mittelton Änderungen bis zu 10 % erreicht werden. Eine strengere Druckfarbe führt dagegen zu einem insgesamt spitzeren Druck im gesamten Tonwertbereich, am stärksten allerdings im Mitteltonbereich wirksam.
– Temperatur im Farbwerk:
Eine steigende Temperatur ändert die Viskosität der Druckfarbe. Steigt also im Laufe des Druckprozesses die Temperatur im Farbwerk von Raumtemperatur auf Werte zwischen 35 und 40 ^{0}C und sogar noch höher an, so bewirkt dies bei Druckfarben eine mehr oder weniger stark wirksame Erhöhung der Tonwertzunahme (bis ca. 8 %).
Gleichmäßige Bedingungen sind nur durch eine Temperieranlage des Farbwerkes (Aufheizen vor

Auswirkungen des Vollerwerdens auf das Druckergebnis

Veränderungen des Rasterpunktes

Rasterpunktzunahme/-abnahme

Vollwerden/
Zusetzen

Unter Vollerwerden versteht man eine Rasterpunktzunahme des Druckes gegenüber dem Film, wobei ein Teil der Zunahme verfahrens-, material- und maschinenbedingt vom Drucker relativ unbeeinflussbar ist (mitunter auch als Rasterpunktverbreiterung bezeichnet), und der andere Teil vom Drucker insbesondere durch die Färbung gesteuert werden kann.

Zusetzen ist die Verkleinerung der nicht druckenden Stellen in den Tiefen bis zu ihrem völligen verschwinden. Mitunter kann auch schieben oder Dublieren für das Zusetzen verantwortlich sein.

Spitzerwerden

Als Spitzerwerden bezeichnet man eine Rasterpunktabnahme des Druckes gegenüber dem Film. Praxisüblich wird unter Spitzerwerden häufig auch eine Verminderung der Rasterpunktzunahme verstanden, obwohl der Druck, bezogen auf den Film, immer noch voller ist.

Rasterpunktdeformation

Schieben

Beim Schieben wird die Form eines Rasterpunktes während des Druckvorgangs durch Relativbewegungen zwischen Druckplatte und Gummituch und/oder zwischen Gummituch und Druckbogen so verändert, dass ein verschobener Rasterpunkt entsteht z. B. erhält ein Kreispunkt eine ovale Form. Schieben in Druckrichtung nennt man Umfangschieben und Schieben quer dazu Seitenschieben. Treten beide Schiebearten zugleich auf, so stellt sich als resultierende eine schräge Schieberichtung ein.

Dublieren

Vom Dublieren spricht man beim Offsetdruck, wenn man dem gewollt gedruckten Rasterpunkt ein schattenförmiger, meist in den Abmessungen geringerer und unbeabsichtigter Farbpunkt sitzt. Dublieren entsteht durch nicht deckungsgleiches Rückübertragen von Farbe durch das nachfolgende Gummituch.

Abschmieren

Als Abschmieren werden im Zusammenhang mit der Druckmaschine diejenigen Rasterpunktdeformationen bezeichnet, die nach dem Druckvorgang durch mechanische Einwirkung entstehen. Mitunter wird das Wort abschmieren auch als Synonym für Abliegen verwendet.

Was der Drucker beachten muss

richtig falsch

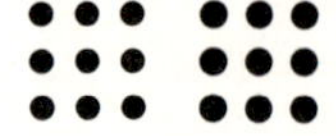

Vollerwerden kann mittels Kontrollstreifen messtechnisch und visuell überwacht und größenmäßig erfasst werden. Für die rein visuelle Beurteilung eignen sich ganz besonders die Signalstreifen. Zusetzen überwacht man vorteilhaft mittels Raster-Messfeldern hohen Tonwertes.

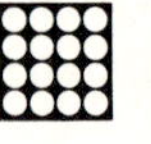

Vollerwerden und Zusetzen haben meist als Ursache zu starke Farbführung, zu geringe Wasserführung, zu hohe Druckbeistellung oder ein nicht fest gespanntes Gummituch. Mitunter stimmt auch die Einstellung der Farb- und Feuchtauftragwalzen nicht.

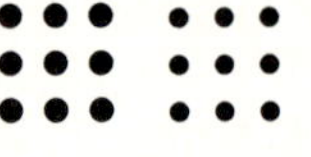

Unter normalen Umständen und bei punktgenauer Kopie fällt ein Druck stets voller als der Film aus. Bei Fehlerscheinungen wie Blindwerden der Platte oder Aufbauen von Farbe auf dem Gummituch kann sich Spitzerwerden einstellen. Gegenmaßnahmen: Gummitücher und Farbwerke häufiger waschen, eventuell Druckfarbe und -reihenfolge wechseln, Auftragwalzen, Druckbeistellung, Abwicklung prüfen.

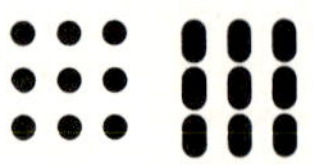

Schieben wird am auffälligsten von Linienrastern signalisiert. Die senkrecht zueinander stehenden Linien ermöglichen in vielen Fällen eine Aussage über die Schieberichtung. Umfangsschieben deutet meistens auf Abwicklungsdifferenzen zwischen Platten- und Gummizylinder oder zu hohe Druckspannung hin. Deshalb sollten Abwicklung und Druckspannung genauestens kontrolliert werden. Häufig ist auch ein zu gering gespanntes Gummituch oder eine zu starke Färbung verantwortlich. Seitenschieben tritt selten alleine auf. Hier sollte der Bedruckstoff und das Gummituch besonders beachtet werden.

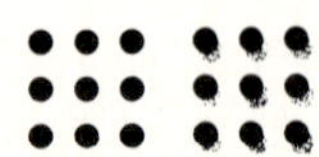

Zur Kontrolle des Dublierens dienen die gleichen Elemente wie zur Überwachung des Schiebens. Zusätzlich sind Rasterpunkte mittels Lupe zu untersuchen, da die Linienraster-Kontrollelemente allein eine Aussage, ob Schieben oder Dublieren vorliegt, nicht erlauben. Die Ursache für Dublieren sind vielfältig. In der Regel werden sie beim Bedruckstoff zu suchen sein.

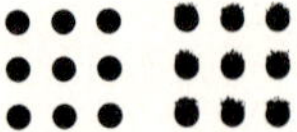

Abschmieren tritt an modernen Bogenmaschinen äußerst selten auf. Diejenigen Stellen einer Bogenmaschine, an denen der Bogen auf der frisch bedruckten Seite mechanisch unterstützt wird, kommen am ehesten als Abschmierquellen in Frage. Steifer Bedruckstoff erhöht die Abschmiergefahr. Abschmieren kann auch im Stapel und bei Schön- und Widerdruckmaschinen entstehen.

dem Druckbeginn, Kühlen und Konstanthalten der Temperatur beim Auflagendruck) zu erreichen.

- Druckbeistellung (Anpressdruck) zwischen Druckform- und Drucktuchzylinder:
  Je nach Drucktuchtyp steigt bei einer Erhöhung der Druckbeistellung die Tonwertzunahme im Mitteltonbereich bis ca. 5 %. Gedruckt werden sollte unter normalen Bedingungen mit kalibrierten Unterlagematerial und folgenden Druckbeistellungen:
  Druckform-/Drucktuchzylinder
  = 0,10 bis 0,15 mm über Kissprint
  Drucktuch-/Druckzylinder
  = 0,15 bis 0,20 mm über Kissprint.
  Die Tonwertzunahme wird durch eine stärkere Druckbeistellung zwischen Druckform- und Drucktuchzylinder wesentlich stärker beeinflusst als durch eine höhere Einstellung zwischen Drucktuch- und Druckzylinder.
- Eine Veränderung der Volltonfärbung kann, wenn sie sich innerhalb der durch die Standardisierung vorgegebenen Toleranzgrenzen bewegt, zu einer Tonwertzunahme im Mittelton von ca. 3 % führen.

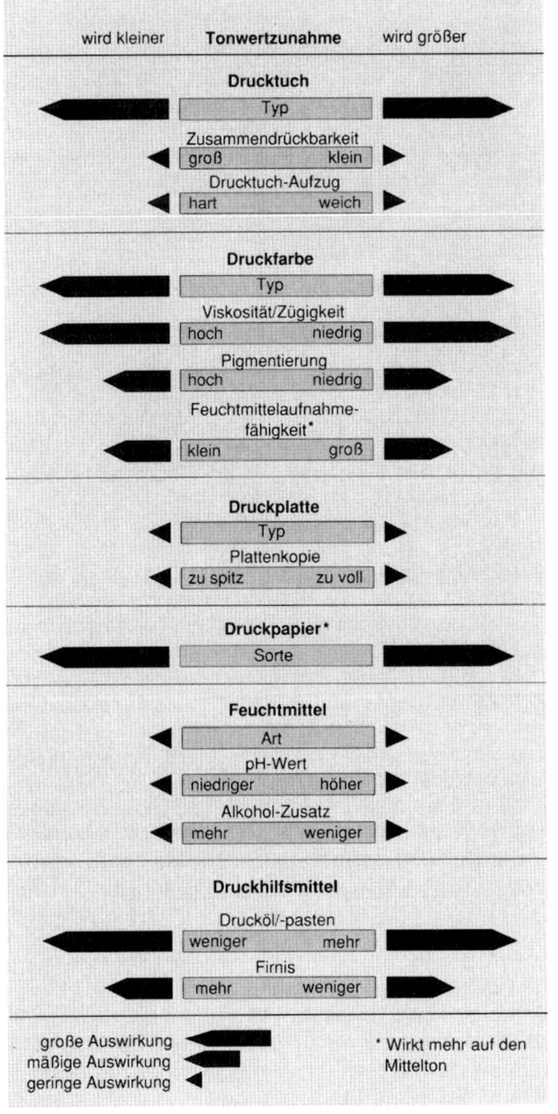

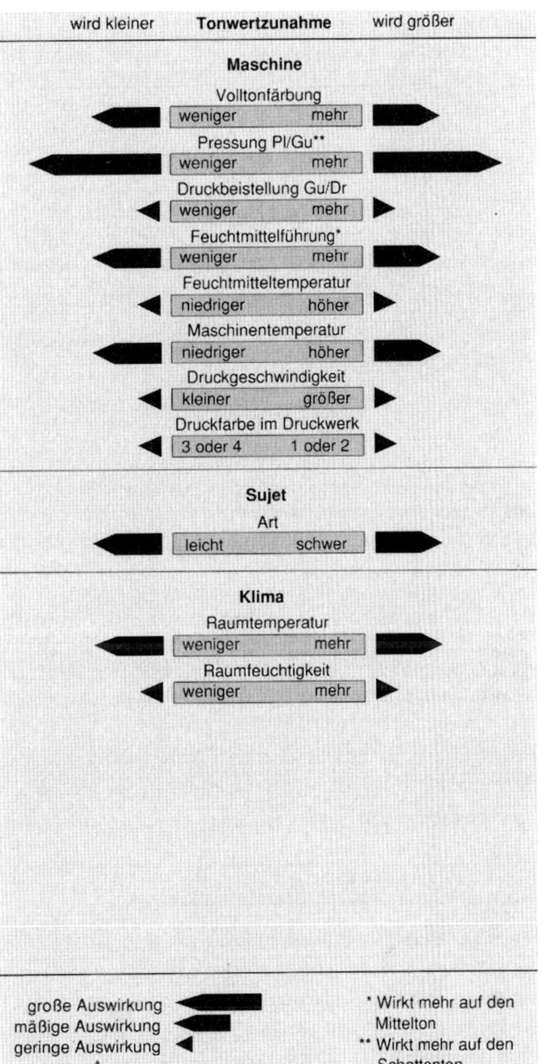

Parameter der Tonwertzunahme

13.12.3 Volltonfärbung im Auflagendruck

Die Volltonfärbung ist im Rasterdruck zwar ein wichtiges Kriterium, für die visuelle Übereinstimmung der Bildmotive zwischen Andruck/Prüfdruck und Auflagendruck ist aber vor allem die Übereinstimmung der Tonwerte und die Farbbalance entscheidend.

Die Färbung richtet sich nach den für den Auflagendruck gelieferten Andrucken bzw. Prüfdrucken, soweit diese mit der Standardisierung übereinstimmen und damit farbverbindlich sind. Ist dies nicht der Fall, sind die Vorgaben des Färbungsstandards für das entsprechende Auflagenpapier zu verwenden (vgl. hierzu auch CIELAB-Werte für den Offsetdruck auf den fünf Papiertypen).

Seit einiger Zeit wird anstelle der densitometrischen Messung die Farbmessung als die optimalere Prozesskontrolle für den Auflagendruck propagiert.

Dagegen vertreten der BVDM, die Fogra und auch die Ugra grundsätzlich die Auffassung, dass für die Kontrolle und Steuerung des Auflagendrucks die Densitometrie zu bevorzugen ist. Das Abstimmen des OK-Bogens, insbesondere auf digital hergestellte

Papiertyp	1	2	3	4	5
	L*/a*/b*	L*/a*/b*	L*/a*/b*	L*/a*/b*	L*/a*/b*
Schwarz	18/1/-1	18/1/1	20/0/0	35/2/1	35/1/2
Cyan	54/-37/-50	54/-33/-49	54/-37/-42	62/-23/-39	58/-25/-35
Magenta	47 /75/-6	47/72/-3	45/71/-2	53/567/-2	53/55/1
Gelb	88/-6/95	88/-5/90	82/-6/86	86/-4/68	84/-2/70
Rot	48/65/45	47/63/42	46/61/42	51/53/22	50/50/26
Grün	49/-65/30	47/-60/26	50/-62/29	52/-38/17	52/-38/17
Blau	26/22/-45	26/24/43	26/20/-41	38/12/-28	38/14/-28

Messung nach DIN ISO 13655(7.4-3), Abschnitt 5.6: Schwarze Unterlage, Lichtart D50, 2°-Beobachter, Geometrie 0/45 oder 45/0

Papiertypen:
1 = 115 g/m² glänzend gestrichen Bilderdruck
2 = 115 g/m² matt gestrichen Bilderdruck
3 = 65 g/m² LWC Rollenoffsetdruck
4 = 115 g/m² ungestrichen, weiß
5 = 115 g/m² ungestrichen, gelblich Offsetdruck

CIELAB-Farbwerte für den Offsetdruck auf 5 Papiertypen

	K	C	M	Y
Abweichung	4	5	8	6
Schwankung	2	2,5	4	3
	(8 % Dichte)	(8 % Dichte)	(8 % Dichte)	(8 % Dichte)

CIELAB-Toleranzen für die Volltöne der Primärfarben

Prüfdrucken, und die nachträgliche Kontrolle einer gedruckten Auflage sollten dagegen besser mit der Farbmessung erfolgen.

13.12.4 Farbreihenfolge

Für eine möglichst gute Übereinstimmung zwischen Andruck und dem Auflagendruck ist auch die gleiche Farbreihenfolge der Buntfarben zu beachten.

Keine der bunten Druckfarben ist ideal lasierend (transparent), d. h. die vorher gedruckte Farbe kann als Untergrund nie optimal in der Farbmischung der beiden Farben wirken. Die optische Erscheinung verändert sich demnach je nach Farbreihenfolge.

Jedes gerasterte Bild besteht aus einer Vielzahl von Farbtönen, die sich durch den Übereinanderdruck der bunten Prozessfarben und Schwarz in unterschiedlichen Flächenanteilen ergeben. Sollen auch die Sekundärfarben Blau, Grün und Rot – und damit auch alle anderen Mischfarben – im Druckprozess optimal wiedergegeben werden, ist die Reihenfolge der gedruckten Farben zu beachten.

Ein Veränderung des optischen Eindrucks bei der Farbmischung kann im Zusammendruck auch durch eine unzureichende Farbannahme (engl.; trapping, besser: ink trapping) der nachfolgend gedruckten auf die vorher gedruckte Farbe verursacht sein. Dabei wird entweder eine ungenügende Farbschichtdicke übertragen oder die nachfolgend gedruckte Farbe liegt nicht gleichmäßig glatt auf (dieser Fehler wird perlen genannt).

Beim Auflagendruck ist – wie beim Andruck – die folgende Farbreihenfolge üblich:

- Schwarz – Cyan – Magenta – Gelb.

In der vorgeschriebenen Volltonfärbung soll der dreifarbige Übereinanderdruck der Buntfarben CMY im Messfeld des Kontrollmittels ein neutrales Grau ergeben.

Farbannahmeprobleme wirken vor allem in sehr hohen Tonwerten, d.h. flächigen Bildelementen. In hellen Tonwerten fallen Farbannahmeprobleme kaum sichtbar auf.

Für das messtechnische Erfassen der Farbannahme eignet sich am besten die Farbmessung. Bewertungen der Farbannahme über densitometrische Formeln ergeben keine absoluten Werte, sie gelten lediglich als Anhaltswert innerhalb eines Auflagendrucks.

13.12.5 Bildpasser

Ein Qualitätsmerkmal im Druck ist der Passer, die genaue Position der einzelnen Teilfarben eines Bildes zueinander. Mangelhafte Passer verursachen je nach Bildmotiv und Abweichung einen mehr oder weniger stark sichtbaren Fehler:

Guter und mangelhafter Bildpasser

- die Detailzeichnung in gerasterten Bildern wird verringert
- feine Negativschriften in farbigen Flächen können zulaufen und sind nicht mehr einwandfrei lesbar
- zwischen aneinander grenzende Volltöne oder Rasterflächen treten „Blitzer“ auf, das sind weiße Linien, die durch das unbedruckte Papierweiß entstehen.

Zwischen jedem Paar von gerasterten Teilbildern sollte der Fehlpasser nicht größer sein als die Hälfte der Rasterweite. Bei einem Raster mit 60 L/cm sind dies maximal 83 µm (Hinweise: 1 µm = 0,001 mm. 1 : 60 : 2 = ca. 83 µm).

In der Standardisierung nach BVDM/Fogra ist die diese Toleranz für Papiere über 65 g/m² festgelegt worden. Für sehr leichte, wenig dimensionsstabile Papiere oder sehr große Druckformate ist die Toleranz zu erhöhen. Dementsprechend sind Überfüllungen bzw. Aussparungen (engl. trapping) zu berücksichtigen.

13.12.6 Normdruckfarben

Die 1971 erschienene Norm DIN 16539, die Europäische Farbskala für den Offsetdruck, stellte erstmals präzise Prüfmethoden für die koloristischen Eigenschaften einer Druckfarbe zur Verfügung. Auf einem speziellen Prüfpapier mit der Bezeichnung APCO II/II der Papierfabrik Scheufelen konnten mit exakt definierten Prüfmethoden die vorgeschriebenen Soll-Farborte der einzelnen Prozessfarben mit einer definierten Schichtdicke bestimmt werden.

Obwohl die Norm heute überholt ist, gelten das Prinzip und die Wahl der Farborte grundsätzlich auch heute noch. Durch neue Erkenntnisse, u.a. über die Bedeutung der Tonwertzunahme auf die Bildqualität und internationale Abstimmungen, wurde international unter dem Generaltitel ISO 2846 eine Normserie herausgegeben, die die koloristischen Eigenschaften der Druckfarben festlegt.

Dazu gehören Normen für

- Offsetdruck: ISO 2846-1
- Zeitungsdruck ISO 2846-2
- Tiefdruck ISO 2846-3
- Siebdruck ISO 2846-4
- Flexodruck ISO 2846-5.

In diesen Normen sind die Farborte oder Tonwerte für die Druckpraxis nicht festgelegt. Die Norm enthält nur Prüf- und Arbeitsanweisungen für die Druckfarbe auf einem speziellen Prüfpapier.

Angaben für die Druckpraxis enthält die Norm DIN ISO 12647-2.

Der *Prozess-Standard Offsetdruck* nach bvdm (Bundesverband Druck und Medien e. V.) in Zusammenarbeit mit der Fogra (Forschungsgesellschaft Druck) bezieht sich eindeutig auf die Normen ISO 2846-1 für die Druckfarben sowie ISO 12647-2 für den Prüfdruck und den Auflagendruck.

13.13 System Brunner

EUROSTANDARD* System Brunner, (CH-Locarno) bietet ein Standardisierungskonzept von der Druckvorstufe bis zum Offsetdruckprozess für Akzidenzen und Zeitungen sowie den Tiefdruck an.

In diesem System werden über 30 Einflussfaktoren definiert, die die farbliche Wiedergabe bestimmen und präzise Aussagen zur Übereinstimmung zwischen Andruck/Proof und Auflagendruck definieren.

System Brunner liefert dazu u. a. Kontrollstreifen und das Hexagon-Regeldiagramm INSTRUMENT FLIGHT*, ein umfassendes, bildbezogenes Mess- und Kontrollsystem.

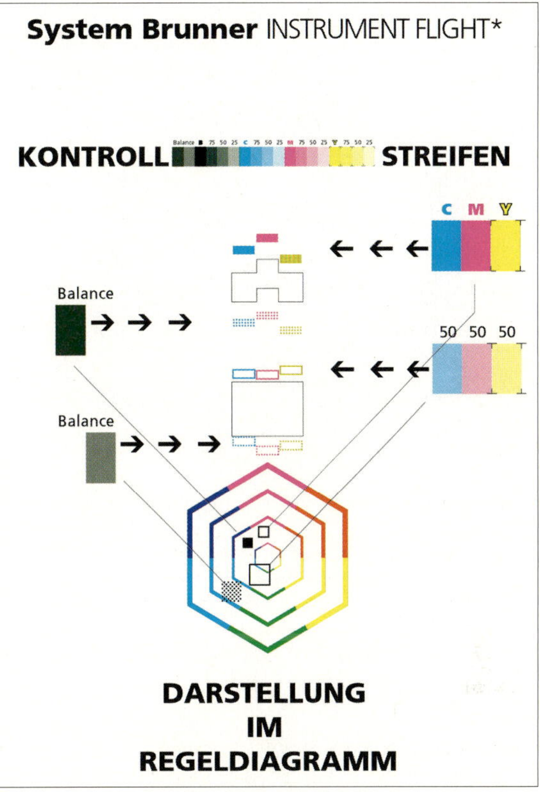

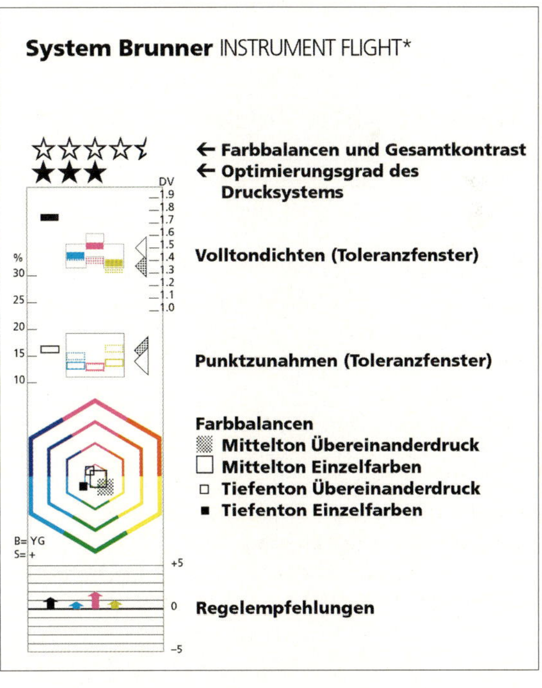

Dieses Regeldiagramm ist die Basis des gesamten Systems. In dem Hexagon sieht der Drucker optisch die Farbbalance im Mittelton (große quadratische Feldchen) und im Tiefenton (kleine quadratische Feldchen). Ein Buchstabencode beschreibt zusätzlich die Farbrichtung der verschobenen Balancen und dem Abstand vom Zentrum des Hexagon, der den Nullpunkt definiert.

Das erste Fenster über dem Hexagon stellt den Standard für die Tonwertzunahme in einem Toleranz-

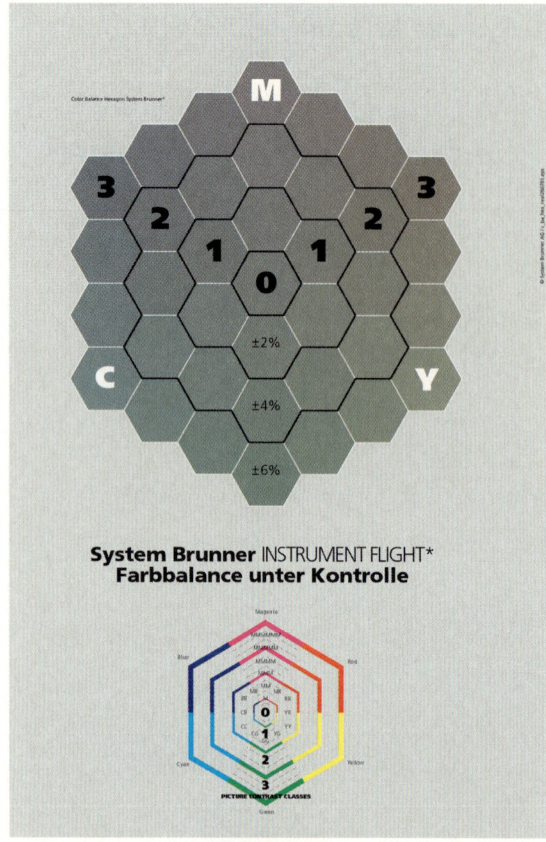

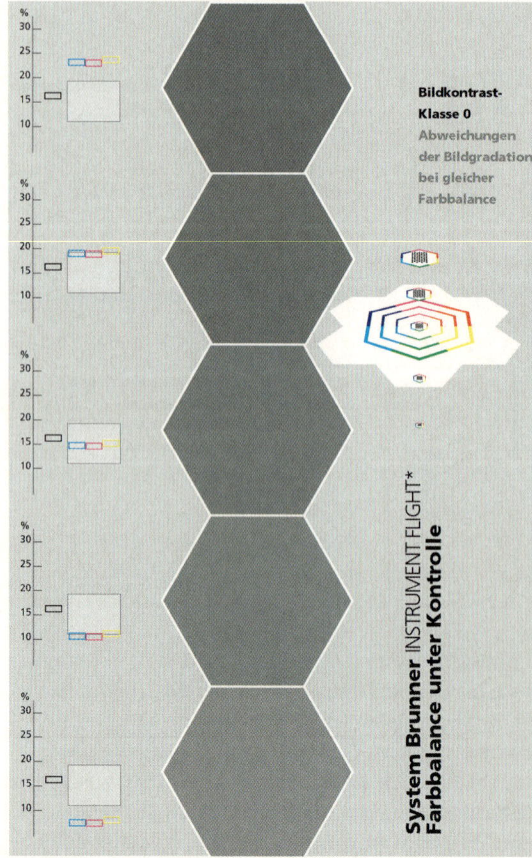

System Brunner
– Hexagon
– Bildkontrast-Klasse 0

fenster dar. Die einzelnen Tonwertzunahmen sind farbig durch kleine Rechtecke dargestellt.

Das darüber liegende Fenster zeigt das Toleranzfenster für die Volltondichten. Diese sind ebenfalls durch kleine Rechtecke dargestellt.

Am Kopf des Regeldiagramms sind zwei Sternenreihen angeordnet, die die Farbbalancen und den Grad der optimalen Wiedergabe des Proofs bzw. Druck in dem gewählten Standard anzeigen und bewerten.

MAN Roland setzt zur Druckprozess-Diagnose von System Brunner Print Consult ™, das auf der Technologie des System Brunner INSTRUMENT FLIGHT basiert, in seiner Farbregelanlage Roland CCI ein.

Werden densitometrisch ermittelte Daten des Druckprozesses an mitgedruckten Mess-Streifen erfasst und durch eine Software ausgewertet, zeigt der Bildschirm grafisch Korrekturempfehlungen an. Die bildbezogenen Steuer- bzw. Regelempfehlungen mit der Priorität auf das Einhalten der Farbbalance führen zu einem farblich optimalen Druckprodukt

Von der prozess- zur bildbezogenen Qualitätssteuerung

System Brunner entwickelte eine neue Stragie in der Qualitätssteuerung, nachdem man festgestellt hatte, dass Änderungen in der Rasterpunktverbreitung einen stärkeren Einfluss auf Farbschwankungen haben, als Änderungen der Volltondichte. Diese immer noch prozessbezogene Strategie entwickelte Brunner in Verbindung mit der Bildbeurteilung weiter zu einer bildbezogenen Qualitätssteuerung.

Die von Brunner entwickelte *Bildanalyse Picture Contrast Technology* zeigt, wie der Mensch Farbabweichungen an verschiedenen Bildtypen empfindet und führt zu der Erkenntnis, das Schwankungen des Offsetdruckprozesses zuerst als eine Verschiebung der Farbbalance sichtbar werden. Kernaussage daher:

- Schwankungen der Farbbalance werden mehrfach stärker empfunden als solche der Bildgradation.

Änderungen der Farbbalance entstehen durch divergierende (auseinander gehende) Werte der Tonwertzunahmen in den Prozessfarben Cyan, Magenta und Gelb.

Konvergierende (zusammen laufende) Änderungen der Tonwertzunahmen in den Prozessfarben haben keinen Einfluss auf die Farbbalance, sie bewirken dagegen eine Veränderung der Bildgradation.

Für die Berechnung der Regelempfehlung werden die Auswirkungen von konvergierender und divergierender Tonwertzunahme differenziert und bildbezogen gewichtet.

System Brunner Bildkontrast-Klassen

Der Betrachter eines Bildes empfindet kleinere Abweichungen der Farbbalance im Mittelton störender als die übrigen Parameter. Messtechnisch gleiche Verschiebungen der Farbbalance empfindet er jedoch nicht bei allen Bildtypen gleich stark.

Die Sensibilität des Betrachters wird herabgesetzt, wenn sein Auge zahlreiche und starke Bild-Kontraste

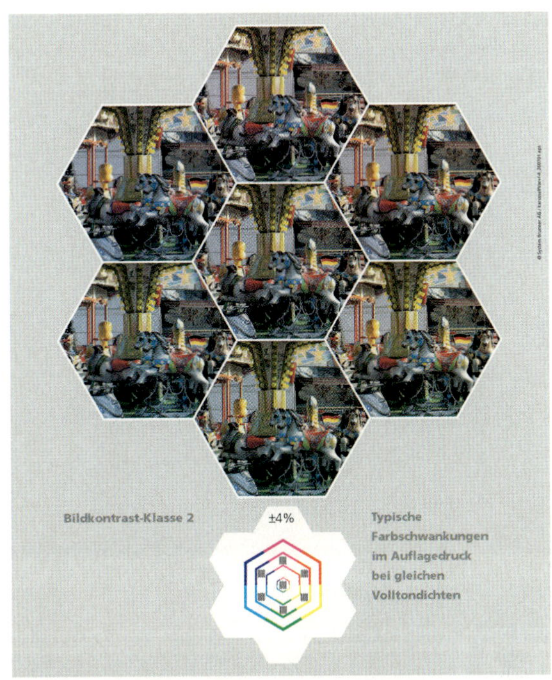

Bildkontrast-Klasse 3
±4%
Typische Farbschwankungen im Auflagedruck bei gleichen Volltondichten

Bildkontrastklassen: Optische Wirkungen bei typischen Farbschwankungen im Auflagendruck bei gleichen Volltondichten

empfängt – vor allem, wenn diese durch bunte Farbtöne erzeugt sind.

Umgekehrt wird die Sensibilität gesteigert, wenn das Auge nur kontrastarme Farbflächen oder Bildmotive sieht – insbesondere wenn diese wenig bunt sind.

System Brunner bewertete den Typ eines Bildes nach seinem Kontrast-Profil und ordnete es in eine Bildkontrast-Klasse ein, die den Schwierigkeitsgrad der Wiedergabe durch die Reproduktion und die Drucktechnik definierte.

Die Einteilung der Bildvorlage erfolgt durch eine Bildanalyse mit der *Picture Contrast Technology* in vier Klassen:

- Bildkontrast-Klasse 0
  Homogene, dreifarbig aufgebaute Flächen. Im Offsetdruck nicht ohne sichtbare Farbabweichungen zu verarbeiten.
- Bildkontrast-Klasse 1
  Bilder mit geringen Kontrasten, welche vorwiegend graue oder braune Farbtöne umfassen. Dazu gehören auch großflächige Hautabbildungen.
- Bildkontrast-Klasse 2
  Bilder mit normalen Kontrasten; die Mehrzahl der Bildvorlagen.
- Bildkontrast-Klasse 3
  Bilder mit sehr starken Buntkontrasten.

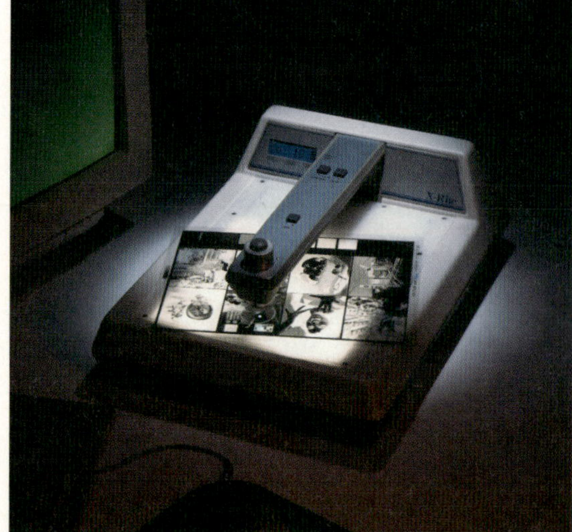

X-Rite
- Durchlicht-densitometer
- ATS, Automatisch scannendes Spektralfotometer
- Monitor Optimizer

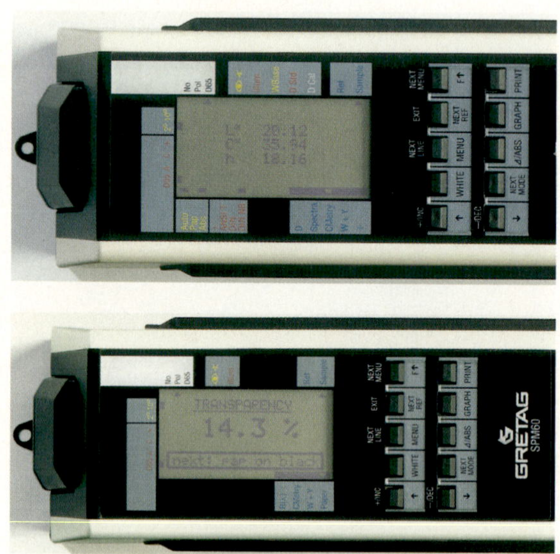

GretagMacbeth
- Spektralfotometer der SPM-Serie

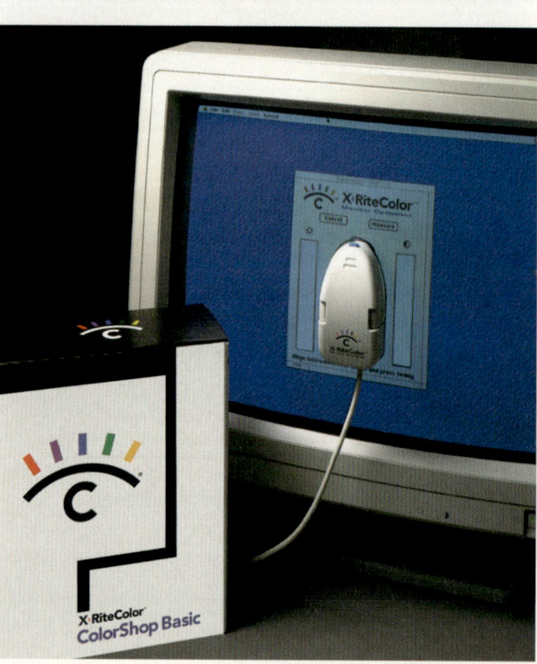

14. Druckfarben

14. Druckfarben

Die wichtigsten Materialien im Druckprozess sind der Bedruckstoff und die Druckfarben. Daher ist es für den Drucker in der täglichen Praxis sehr wichtig, die Zusammensetzung, typische Eigenschaften, das Verhalten unter bestimmten Bedingungen (Wechselwirkungen) und den genauen Anwendungsbereich dieser Materialien zu kennen.

Bei Druckfarben sind besonders Kenntnisse zum Mischen und der Auswahl geeigneter Druckfarben für bestimmte Bedruckstoffe, Einsatzbereiche und Druckprodukte sowie auch die Vorgänge bei der Trocknung wichtig: Das prozessbezogene Auswählen, Anwenden und Beurteilen ist ein entscheidender Faktor für die Qualität der Druckarbeit.

Von den Anfängen der Druckkunst bis ins späte 19. Jahrhundert stellten die Drucker ihre Farben selbst nach oft streng geheim gehaltenen Rezepten her. Man verwendete fast ausschließlich schwarze Druckfarben, die aus Kienruß, gekochten Leinölen und Terpentinzusätzen angerieben wurden.

Der Drucker kann von den Druckfarbenfabriken fast jeden Farbtyp für die verschiedensten Aufgaben und Anwendungsbereiche druckfertig beziehen. Ein enger Kontakt des Druckers zur Druckfarbenfabrik mit genauer Abstimmung spezieller Druckaufträge und Produktanforderungen ist dazu unerlässlich.

Durch intensive Entwicklung und Forschung hat die Druckfarbenindustrie einen entscheidenden Anteil an der Qualitätssteigerung bei verschiedensten Druckprodukten in allen Druckverfahren, insbesondere beim Offsetdruck.

Hauptdruckverfahren unterscheiden sich durch die Lage der Druckelemente und die Einfärbung, außerdem werden in den einzelnen Verfahren unterschiedlichste Bedruckstoffe bedruckt. Es ist daher verständlich, dass für jedes Druckverfahren und für jeden besonderen Bedruckstoff auch Druckfarben mit einer spezifischen Zusammensetzung notwendig sind.

In den folgenden Kapiteln wird speziell auf die Druckfarben für den Offsetdruck eingegangen.

Für den Offsetdruck sind hochviskose, d.h. zähflüssige Druckfarben erforderlich. Die Druckfarben dürfen nicht durch das zum Einfärbeprozess im Druck notwendige Feuchtmittel beeinflusst oder gar verändert werden. Alle trocknenden Bestandteile dürfen nicht während der notwendigen langen Verteilphase im Farbwerk sowie den Übertragungsphasen - von der Druckplatte über das Gummituch auf den Bedruckstoff - bereits antrocknen. So einfach diese Forderungen erscheinen, so kompliziert sind sie in der Herstellung und der Druckpraxis, insbesondere beim mehrfarbigen Nass-in-Nass-Druck (N-i-N-Druck).

Druckfarben bestehen aus einer Dispersion. d.h. einer Mischung von Farbmitteln, Bindemitteln und Wachsen und Additiven (Druckhilfsmitteln). Physikalisch gesehen handelt es sich um eine Suspension: ein Feststoff – das Farbmittel – ist in einem flüssigen Stoff, dem Bindemittel, feinst verteilt.

Aufgabe bei der Druckfarbenproduktion ist es, die jeweils geeigneten Rohstoffe für eine spezielle Druckfarbe auszuwählen, auszutesten und druckfertig anzureiben.

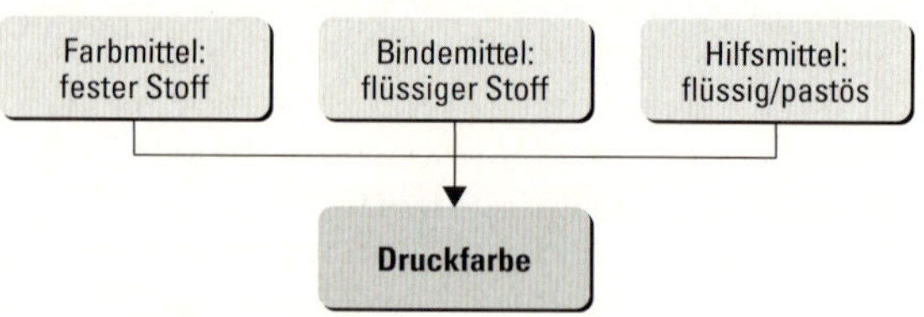

14.1 Farbmittel

Farbmittel sind farbgebende Bestandteile der Druckfarbe. Sie entscheiden über den gewünschten Farbton (Buntton), die Farbstärke, die Sättigung und die Dunkelstufe. Nach DIN 55944 unterteilt man Farbmittel systematisch in zwei Gruppen:

1. anorganische Farbmittel
2. organische Farbmittel
2.1 organische Pigmente,
2.2 lösliche organische Farbstoffe.

Anorganische Farbmittel sind ausschließlich Pigmente. Bei organischen Farbmitteln unterscheidet man dagegen Pigmente und Farbstoffe.

Alle Pigmente sind unlöslich in Bindemitteln oder Lösemitteln, sie können bunt oder unbunt, pulver- oder blättchenförmig sein.

Farbstoffe dagegen sind in Bindemitteln oder Lösungsmitteln lösliche Stoffe, sie sind bunt und besitzen ein geringes Deckvermögen.

Lösliche organische Farbstoffe werden zur Druckfarbenherstellung nur in sehr geringen Mengen (z.B. im Flexodruck) verwendet. Man verwendet sie zum Durchfärben von Stoffen in der Textilindustrie.

Die Mehrzahl aller Farbmittel wird heute synthetisch hergestellt. Früher verwendete natürliche Farbmittel sind für die Druckfarbenherstellung vor allem aus Qualitätsgründen bedeutungslos. Die organischen Buntpigmente haben sich wegen ihrer großen Farbstärke und Transparenz, aber auch wegen ihrer großen Reinheit und der Vielzahl verschiedenster Bunttöne vollständig durchgesetzt.

Bunte und unbunte Farben

Warum wirken eigentlich bestimmte Pigmente weiß und andere farbig? Die Erklärung dazu liegt in der unterschiedlichen Reflexion des Lichts. Das sichtbare Licht besteht aus elektromagnetische Strahlen in einem Wellenbereich von ca. 400 nm bis 750 nm.

Pigmentpulver für den Einsatz in Skalenfarben (Abb. Siegwerk)

Während „Buntpigmente“ einen Teil des aufgestrahlten Lichts reflektieren, einen anderen jedoch absorbieren und daher blau, grün, rot, gelb oder beliebig farbig erscheinen können, reflektieren die „Weißpigmente“ den ganzen Wellenbereich des Spektrums.

Schwarzfarben absorbieren das gesamte auftreffende Licht, d.h. sie reflektieren kein Licht und es gelangt demnach kein Licht in unser Auge. Dementsprechend sehen wir auch verschiedene Grautöne von hell- bis dunkelgrau nur dadurch unterschiedlich, weil diese Pigmente einen Teil des Lichtes über das ganze Spektrum mit gleichem Anteil reflektieren, einen anderen jedoch absorbieren. Weiß, Grau und Schwarz werden daher unbunte Farben genannt.

Anorganische Pigmente

Für die Druckindustrie sind aus der Vielzahl anorganischer Pigmente nur die folgenden Typen von Bedeutung:

- Weißpigmente,
  z.B. Titandioxid
- Schwarzpigmente,
  z.B. Farbruß
- Buntpigmente,
  z.B. Miloriblau
- Metalleffektpigmente,
  z.B. als Aluminium- oder Messingschliff als Silber- und Goldbronze
- Perlglanzpigmente,
  z.B. Iriodinpigmente ®
- Füllstoffe,
  z.B. Kaolin, Kreide

Erdpigmente
Natürliche anorganische Pigmente, sogenannte Erdpigmente, sind heute für Druckfarben ungeeignet. Die in der Natur vorkommenden Pigmente wurden früher durch einfaches mechanisches Aufbereiten wie Mahlen, Sieben, Schlämmen und Trocknen gewonnen. Die Farben sind zwar außerordentlich lichtecht, zeigen jedoch keine leuchtenden Farbtöne und sind in ihrer Struktur grobkörnig und sehr hart.

Mineralpigmente
Der größte Teil der Mineralpigmente wird durch Umsetzung wässriger Lösungen anorganischer Salze hergestellt. Der sich dabei bildende Niederschlag wird gewaschen, gefiltert, getrocknet und gemahlen. An Beispielen soll vereinfacht die Herstellung dargestellt werden.

Zur Herstellung von Chromgelb verwendete man als Reaktionspartner wässrige Lösungen von Bleiazetat und Kaliumchromat. Unmittelbar nach dem Zusammengießen fällt das Chromgelb in Form des unlöslichen Pigments als gelber Niederschlag aus. Es setzt sich auf dem Boden ab und kann gewaschen, gefiltert und getrocknet werden.

Sowohl Chromgelb (auch Bleichromat genannt) wie auch Cadmiumgelb und Cadmiumrot sind toxische Schwermetalle, die in Druckfarben heute nicht mehr eingesetzt werden.

Das Miloriblau wird aus einer Lösung von gelbem Blutlaugensalz und Eisen-II-Chlorid und/oder -Sulfat gefällt. Es bildet sich ein hellblauer Niederschlag, der sogenannte Weißteig. Durch Reaktion mit Sauerstoff färbt sich dieser Weißteig tiefblau. Das so gewonnene Miloriblau besitzt eine hervorragende Lichtechtheit sowie Wärmebeständigkeit, Öl-, Fett-, Wachs- und Säureechtheit.

Aus Aluminiumsalzlösungen erzeugt man durch Ausfällen Tonerdehydrat. Es ist ein transparentes Weißpigment, das in Transparent- und Mischweiß eingesetzt wird.

Das in der Natur vorkommende Eisentitanat trennt man von seinen Begleitmaterialien. Durch konzentrierte Schwefelsäure gewinnt man Titanylsulfat, welches durch weitere chemische Prozesse - ausfällen, waschen und trocknen - in Titandioxid überführt wird. Titandioxid hat ein hervorragendes Deckvermögen und wird zur Herstellung von Deckweiß verwendet.

Von allen anorganischen Mineralpigmenten haben die Weißpigmente eine wichtige Bedeutung, dagegen wird von den farbigen Mineralpigmenten nur noch das Miloriblau in nennenswertem Umfang eingesetzt.

Metallpigmente
Eine besondere Stellung unter den anorganischen Pigmenten nehmen die Bronzen ein. In Pochwerken wird Aluminium zu Silberbronzen verarbeitet. Steigmühlen oder Siebe sortieren diese nach dem Grad der Feinheit. Anschließend werden die Pulver angefeuchtet, in mehreren Mahlgängen aufs Feinste gerieben, danach geschlämmt, gewaschen, getrocknet und poliert.

Metallische Pigmente

Goldbronzefarben mit unterschiedlichen Farbnuancen

Bezeichnung	Farbton	Kupfer	Zink
Bleichgold	rötlich	90 %	10 %
Reichbleichgold	gelblich	80 %	20 %
Reichgold	grünlich	70 %	30 %

Rohstoffprüfung (Abb. Siegwerk)

Je feiner die Metallpigmente geschliffen werden, desto stärker vermindert sich der Metallglanz. Problematisch für den Druck ist die Empfindlichkeit gegenüber Säuren, die z.B. im Feuchtmittel enthalten sind.

Die in der Druckindustrie verwendeten Goldbronzen bestehen aus einer Legierung von Kupfer und Zink. Farbabstufungen werden dadurch erzielt, indem bei der Herstellung die Anteile von Kupfer und Zink entsprechend verändert werden. Wie bei der Druckfarbenherstellung werden auch bei der Bronzegewinnung bereits standardisierte Farbtöne erzielt. Die festgelegte Zusammensetzung der Legierung (und damit der Bronzefarbton) wird unter den Fachnamen Bleichgold, Reichbleichgold und Reichgold angeboten.

Die Zusammensetzung der Grundstoffe beträgt dabei für Bleichgold mit einem rötlichen Farbton etwa 90 % Kupfer und 10 % Zink. Bei Reichbleichgold mit einem gelblichen Farbton etwa 80 % Kupfer und 20 % Zink. Bei Reichgold mit einem grünlichen Farbton etwa 70 % Kupfer und 30 % Zink. Damit hat man erkannt, dass der Zinkanteil der Legierung den Farbton wesentlich verändert. Ein heller oder ein grünlicher Bronzeton besagt nichts anderes, als dass die Bronzelegierung einen hohen Zinkanteil besitzt. In der Praxis hat sich jedoch ergeben, dass sich eine reine Kupferbronze, also ohne Beimischung von Zinkanteilen, für den Pastendruck nicht eignet. Für

Farbmittel für Druckfarben

Farbmittelgruppe	Typ	Herstellung	Sorten	Hinweise, Bedeutung
Anorganische Pigmente				
Natürliche anorganische Pigmente	Erdfarben	Mahlen Sieben Schlämmen	Ocker Umbra Terra-di-Siena Grünerde u. a.	Heute ohne Bedeutung für Druckfarben
Synthetische anorganische Pigmente	Mineralfarben	Fällung		Grundsätzliche Vorteile: hohe Deckfähigkeit, hervorragende Lösemittelechtheit, gute Lichtbeständigkeit
	– Weißpigmente		Kreide Bariumsulfat Lithophone Titandioxid, u. a.	Transparente und sehr hoch deckende Sorten
	– Buntpigmente		Miloriblau	Buntpigmente auf der Basis von Blei, Chrom oder Cadmium werden aus toxischen Gründen nicht mehr eingesetzt
Metallpigmente	Bronzen	Metallplättchen pulverisiert	Goldbronze Silberbronze Patentbronze	Legierung aus Kupfer und Zink Aluminiumpulver Aluminiumpulver angefärbt
Kohlenstoffpigmente	Schwarzfarben	Ruß – unvollständige Verbrennung – thermische Spaltung	Flammruß Gasruß Spaltruß	Tiefere Schwärzung durch Schönung, d.h. Zugabe dunkelblauer Pigmente
Organische Pigmente				
Natürliche organische Pigmente	Tierische und pflanzliche Pigmente	Extrahieren u. a.	Purpur Chochenille Indigo Krapplack u. a.	Rohstoff: Schnecke Schildlaus Pflanze Krappwurzel Heute ohne Bedeutung für Druckfarben
Synthetische organische Pigmente		Destillation von Erdöl und Steinkohlenteer und mehrstufige, chemische Umwandlung	Buntfarben aller Art	Komplizierte chemische Verfahren mit zahlreichen Zwischenstufen in der Herstellung sind Pigmente mit fast allen farblichen Nuancen und gewünschten Echtheitseigenschaften herzustellen.
	Farblacke	Farbstoffe verlacken	Buntfarben (Basis: Azofarbstoffe)	Farbstoff wird auf ein Substrat (Weißpigmant) gefällt
	Pigmente	Synthetische Verfahren	Buntfarben (Basis: Azopigmente)	Unmittelbare Pigmentgewinnung

den Drucker ist der Bronzefarbton drucktechnisch nicht primär. Feinheit, Glanz und Deckkraft der Goldbronzefarbe bleiben wesentliche Merkmale einer guten Bronzedruckfarbe bzw. -paste. Im indirekt arbeitenden Offsetdruck müssen daher als Druckfarbe äußerst feine Bronzeschliffe verwendet werden – im Gegensatz zum „Aufbronzieren" in speziellen Bronziermaschinen, wo viel gröbere und damit sehr stark deckende Partikel eingesetzt werden können.

Kohlenstoffpigmente
Ruß ist mehr oder weniger reiner Kohlenstoff. Absolut echt in jeder Beziehung stellt er in seinem amorphen (formlosen) Zustand ein ideales Pigment dar. Gewonnen wird Ruß durch unvollständige Verbrennung und thermische Spaltung verschiedener kohlenstoffreicher Materialien, vor allem Erdgas, Erdöl und Steinkohleprodukte. Eine sehr geringe Sauerstoffzufuhr bei der Verbrennung führt zu einer starken Rußbildung.

Man unterscheidet Flammruß aus Steinkohlenteer, Harz- und Ölrückständen, Öl- oder Lampenruß und Gasruß aus verschiedenen Gasen. Die Flamm- und Ölruße ergeben matt auftrocknende Drucke und werden nur für Rotationsdruckfarben und billige Werkdruckfarben verwendet. Alle besseren Schwarzfarben enthalten ausschließlich Gasruß. Die besten Rußqualitäten stellten die USA aus Erdgasen her, die den Petroleumquellen entströmen. Auch in Deutschland werden seit einigen Jahren aus Hochofengasen und Naphthalinrückständen Ruße erzeugt, die den amerikanischen Rußen nicht nachstehen.

Organische Pigmente

Farblacke aus Tier- und Pflanzenstoffen
Die in der Natur vorkommenden Farbstoffe sind in ihrer ursprünglichen Form für Druckfarben nicht verwendbar; sie müssen zuvor durch einen chemischen Prozess auf einen Farbstoffträger (Substrat) niedergeschlagen werden.

Hierbei bildet sich ein Farblack, der in seinen Eigenschaften dem Pigment gleichkommt. Diese natürlichen Farbstoffe werden heute nicht mehr verwendet, da uns die modernen synthetischen Farbstoffe zur Verfügung stehen.

Synthetische Pigmente aus Erdöl
Die meisten Pigmente werden heute aus dem Erdöl gewonnen. Das Erdöl wird zunächst chemisch in wichtige Vorprodukte getrennt. Aus diesen wird in komplizierten, mehrstufigen synthetischen Verfahren das Pigment gewonnen. Dabei fällt im letzten Schritt der Synthese das Pigment in einer wässrigen Lösung aus. Nach dem Waschen dieses Fällungsprodukts in Wasser wird das Wasser in Filterpressen entzogen. Der dabei anfallende Presskuchen, der immer noch bis zu 80 % Wasser enthält, wird in großen Trockenöfen getrocknet und anschließend feinst gemahlen.

Im Gegensatz zu diesem Verfahren wird beim sogenannten Flush-Verfahren der Pigmentpresskuchen ohne Trocknung zu hochkonzentrierten Pasten (Flush-Pasten) oder direkt zu Druckfarben verarbeitet. Dem Vorteil der unmittelbaren Pigmentbenetzung steht der Nachteil einer geringeren Variabilität der einzusetzenden Bindemittel gegenüber.

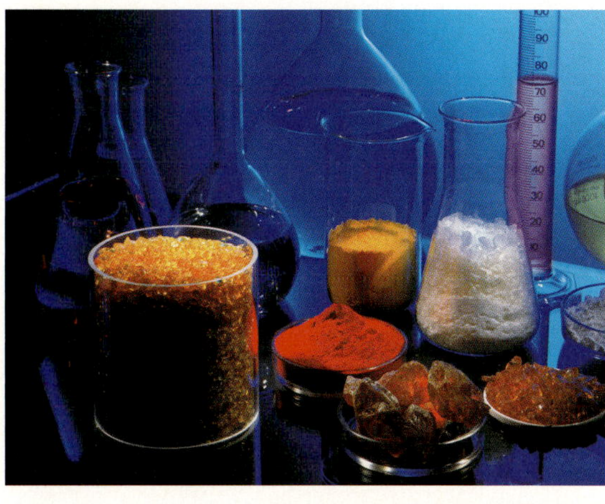

Verschiedene Rohstoffe für eine Druckfarbenrezeptur

Wichtige Eigenschaften bzw. entscheidende Merkmale für die Auswahl von Farbmitteln für die Druckfarbenherstellung sind:
- Farbton
- Lichtechtheit
- Farbkraft
- Ausgiebigkeit
- Lasur-/Deckvermögen
- Benetzbarkeit
- Teilchengröße
- Beständigkeiten gegen chemische und physikalische Einflüsse, z.B. Wasser, Alkohol, Säuren, Laugen, Wärme, Abrieb.

14.2 Bindemittel

Bindemittel, vielfach auch Bindekörper genannt, umhüllen das pulverförmige Farbmittel. Erst dadurch lassen sich Pigmente verdrucken, d.h. dosiert vom Farbkasten über das Farbwerk, die Druckform und das Gummituch auf den Bedruckstoff übertragen.

Für den Offsetdruckprozess muss die Druckfarbe – primär der Bindemittelanteil – eine entsprechende physikalische und chemische Beschaffenheiten aufweisen, um hydrophile und hydrophobe bzw. oleophobe und olephile Reaktionen an den Grenzflächen der Druckform (Bildstellen – Nichtbildstellen) zu ermöglichen. Die Druckfarbe darf nur an den Bildstellen der Druckform haften; Nichtbildstellen dürfen nicht mit Druckfarbe benetzt werden.

Diese physikalisch-chemischen Reaktionen sind in zwei Systemen möglich:
- „konventioneller" Offsetdruck
  Überwiegend erfolgt der Einfärbeprozess im Offsetdruck in zwei Phasen durch das Feuchten und anschließende Einfärben der Druckform. Die differenzierte Einfärbung der Bildstellen erfolgt durch ein vorhergehendes Feuchten der Druckform, bei dem Nichtbildstellen Feuchtigkeit be-

netzt werden. Eine ausreichende Feuchtigkeitsmenge erzeugt eine so hohe Oberflächenspannung, dass nur die Bildstellen beim Einfärben der Druckform die Druckfarbe annehmen.

- wasserloser Offsetdruck
  Im wasserlosen Offsetdruck erfolgt das Einfärben der Bildstellen durch spezielle Bindemittelrezepturen und entsprechende Oberflächeneigenschaften (Silikon) an den Nichtbildstellen der Druckform.

Bindemittel sind nichtflüchtige Bestandteile von Druckfarben, die das Farbmittel und andere Rezepturbestandteile mit dem Bedruckstoff verbinden und typische Eigenschaften des bedruckten Farbfilms bestimmen sowie dem getrockneten Druckfarbenfilm eine mechanische Festigkeit verleihen. Primäres Ziel ist das Fixieren und Verankern des Pigments auf dem Bedruckstoff.

Ausgangsprodukte für die Herstellung von Bindemitteln sind nachwachsende Rohstoffe oder synthetisch hergestellte Produkte:

- Bindekörper aus nachwachsenden Rohstoffen, wie:
  Baumwolle, Holzschliff (Celluloseprodukte), Baumharz (Kolophoniumharz) und Ölpflanzen (Lein-, Soja- und Rapsöl)
- synthetisch hergestellte Bindekörper:
  Grundstoffe wie Erdöl und Erdgas ergeben z.B. Acrylatharze, Ketonharze, Kohlenwasserstoffharze, Polyamide, Polyesterharze, Urethanharze.

Die meisten Pigmente sind pulverförmig. Eine Ausnahme bilden lediglich die blättchenförmigen Metallpigmente. Mit diesen festen Stoffen allein ist eine Farbübertragung durch Walzen im Farbwerk und eine Verankerung des Farbmittels auf dem Bedruckstoff nicht möglich. In mehr oder weniger zähflüssigen Bindemitteln lassen sich die Pigmente jedoch feinst verteilen (dispergieren) und so in einen verdruckbaren Zustand bringen. Diese Suspension – eine Mischung fester und flüssiger Stoffe – muss für den Offsetdruck so aufgebaut sein, dass die Druckfarbe ohne Schwierigkeiten vom Farbkasten über das Farbwerk auf die Druckplatte und von dort über das Gummituch auf den Bedruckstoff übertragen wird.

In Wechselwirkung mit dem Feuchtmittel handelt es sich bei der Farbübertragung um einen chemisch-physikalisch sehr komplexen Prozess:

- Jedes Bildelement der Druckform muss einwandfrei mit einer bestimmten Farbschichtdicke eingefärbt und randscharf sowie tonwertgerecht auf den Bedruckstoff übertragen werden.

Die Bindemittel für den Offsetdruck dürfen keine leichtflüchtigen Lösungsmittelanteile enthalten. Diese würden bei dem langen Farbweg vom Farbkasten auf den Bedruckstoff verdunsten und trocknen. Eine tonwertgerechte Übertragung aller Bildelemente wäre dadurch nicht möglich. Ein solcher Bindemitteltyp wird jedoch für Tiefdruck- und Flexodruckfarben mit sehr kurzen Farbwegen im Druckwerk benötigt.

Rohstoffe für die Bindemittelherstellung	
Trocknende Öle	Leinöl, Holzöl, Sojaöl, Safloröl, Rizinusöl
Hartharze	Modifizierte Naturharze und Kunstharze
Mineralöle	Destillationsprodukte aus Erdöl und Steinkohlenteer
Weichharze und Standöle	Alkydharz, Leinölstandöle u. a.
Sonstige Rohstoffe	Für Schwarzfarben: Asphalt, Bitumen, dunkle Mineralöle. UV-Farben: Kunststoffe (Monomere, Prepolymere), Photoinitiatoren

Für den „konventionellen“ Offsetdruck sind gut benetzende, möglichst wasserabweisende Bindemittel erforderlich, die eine übermäßig starke Emulsion zwischen Druckfarbe und Feuchtmittel vermeiden.

Aufgaben und Eigenschaften der Bindemittel in Druckfarben:

- Transport und Verdruckbarkeit von Pigmenten in feinster Dispersion
- Verankerung der Pigmente auf dem Bedruckstoff durch Trocknung der Bindemittel
- Bildung eines „Schutzfilms“ um die Pigmente, um diese vor mechanischem Abrieb zu schützen.

Die im Bindemittel enthaltenen Bindekörper sind maßgebend für die Härte, den Glanz, die Haftung und Flexibilität des Druckfarbenfilms.

Außerdem hängen die Art und Funktion der Trocknung, bestimmte Verarbeitungseigenschaften wie Viskosität, Zügigkeit (Tack), Thixotropie und Echtheitseigenschaften wesentlich von den Bindemitteln ab. Der Anteil des Bindemittels an der Druckfarbe beträgt je nach Farbtyp zwischen 70 und 90 %.

Für die unterschiedlichsten Bedruckstoffe und Verfahrenstechniken sind weitgehend gleiche Farbmittel einzusetzen, es sind jedoch jeweils spezifische Bindemittelkombinationen erforderlich.

Der Druck auf einem saugfähigen Papier in einer Einfarben-Offsetdruckmaschine erfordert andere Komponenten bzw. eine andere Rezeptur als ein Nass-in-Nass-Druck auf einem gestrichenen Karton.

Für die Druckfarbenherstellung aufbereitete Bindemittel werden Firnis genannt. Offsetdruckfarben sind deutlich höher viskos als z.B. Flexodruck- und Tiefdruckfarben (Flüssigfarben). Es sind mehr oder weniger zähfließende Substanzen, man nennt sie daher auch pastöse Druckfarben.

Pflanzenöle

Zusätzlich zu den Bindekörpern und Verdünnern werden in Offsetdruckfarben pflanzliche Öle eingesetzt, die im chemischen Sinne Verbindungen aus Glycerin mit verschiedenen Fettsäuren darstellen. Pflanzenöle klassifiziert man nach ihren Trocknungseigenschaften in trocknende, halbtrocknende und nichttrocknende Pflanzenöle. Die beiden zuerst genannten Öle besitzen die Eigenschaft, durch eine Reaktion mit Luftsauerstoff zu vernetzen und einen elastischen Film zu bilden.

Ölgewinnung aus Raps

Rohstoff für das klassische Bindemittel, den Leinölfirnis, sind Leinpflanzen (Flachs) aus deren Samen Leinöl gewonnen wird. Durch Wärmebehandlung und umfangreiche Reinigungsverfahren wird das rohe Leinöl von Eiweiß- und Schleimstoffen befreit. Das so gewonnene Lackleinöl wird gebleicht und zur Firnisaufbereitung gekocht.

Alle pflanzlichen Öle haben die Eigenschaft, durch Erhitzen einzudicken. Dieser Vorgang ist im wesentlichen eine Polymerisation. Der gewünschte Zähflüssigkeitsgrad hängt von der Temperatur und der Dauer der Erhitzung ab: Je höher die Temperatur und je länger die Erhitzung, desto zäher ist der Firnis.

Anders ausgedrückt: Mit steigendem Polymerisationsgrad steigt die Viskosität der Leinölfirnisse von schwachen über mittleren zu starken (strengen) Firnissen. Besonders starke, hochpolymerisierte Leinölfirnisse sind Blattgoldfirnisse. Der Drucker setzt diesen Firnis ein, um die Zugkraft (Klebkraft oder den Tack) von Druckfarben zu erhöhen, die zu stark in den Bedruckstoff wegschlagen.

Holzöl, das aus den Früchten des Tungbaumes (USA, China) gewonnen wird, trocknet viel schneller als Leinöl und bildet einen Film, der überaus wasserfest ist.

Prinzip der Leinöl-Firnisherstellung

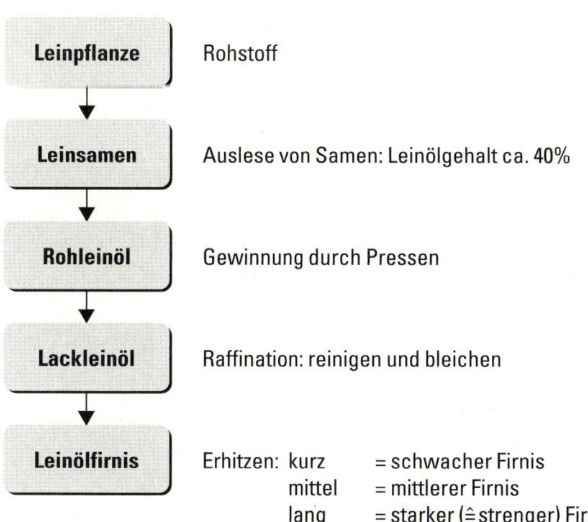

Als Standöle bezeichnet man polymerisierte Öle, die in Standölkochern bei ca. 300 °C unter Luftabschluss erhitzt werden.

Druckfarben mit reinen Leinölfirnissen trocknen durch Sauerstoffaufnahme zwar langsam, jedoch sehr hart durch. Sie sind daher auch für nichtsaugfähige Bedruckstoffe (Folien, Metall u. a.) geeignet. Als alleiniges Bindemittel haben sie jedoch heute ebenso wie andere trocknende Öle an Bedeutung verloren, weil sie den Anforderungen nach sehr schnellem Wegschlagen und kurzen Trockenzeiten nicht genügen. Diese Forderungen sind für den Farbdruck und dabei besonders für den Nass-in-Nass-Druck unbedingte Voraussetzung.

Bindekörper: Harze

Bindemittel für Offsetdruckfarben enthalten als Bindekörper mehr oder weniger hohe Anteile von Harzen. Dabei werden sowohl veredelte Naturharze als auch Kunstharze verwendet, die in trocknenden Ölen oder in Mineralölen gelöst werden.

Die wichtigsten Naturharze werden aus den Rinden und den Wurzeln von Nadelbäumen gewonnen. Durch chemische Verfahren veredelt man diese Harze und gewinnt daraus Kolophonium, ein Hartharz.

Neben diesen modifizierten (veredelten), Naturharzen werden heute vor allem Alkydharze eingesetzt, die durch chemische Reaktionen pflanzlicher Öle mit synthetischen Produkten gewonnen werden. Genauer definiert der Chemiker die Alkydharze als eine organische Verbindung (Ester) von mehrwertigen Alkoholen und mehrbasischen organischen Säuren. Alkydharze enthalten wie alle pflanzlichen Öle Fettsäuren, die durch Sauerstoffaufnahme vernetzen und trocknen. In vielen verarbeitungs- und drucktechnischen Eigenschaften sind sie den pflanzlichen Ölen überlegen. Je nach Fettsäureanteil bilden sich weiche oder harte Harze.

Als synthetisches Produkt lassen sich die verschiedenartigsten Alkydharze für spezielle Einsatzbereiche herstellen:

Ein Harztyp gibt einen besonders kratzfesten, ein anderer einen hochglänzenden Film, ein dritter eignet sich besonders für das Anreiben von Offsetdruckfarben. Die Trockenzeit ist je nach Ölart verschieden. Schnelltrocknend sind vor allem Leinöl- und Holz-

Druckfarbenharze

ölalkyde, langsamer trocknen dagegen Rizinen- und Sojaalkyde. In jedem Fall trocknen alle Alkydharze durch Oxidation mit Sauerstoff (Vernetzung durch Sauerstoffbrücken) und einer gleichzeitigen Polymerisation (Bildung von Makromolekülen).

Der Vorteil chemisch veredelter Harze und reiner Kunstharze ist es, dass sie chemisch und physikalisch in gleichbleibender Qualität hergestellt werden. Somit ist eine konstante Bindemittelfertigung möglich. Für bestimmte Druckfarben z. B. Zeitungsdruckfarben, Heatset-Druckfarben, werden Harze nur in Mineralölen aufgelöst. Mineralöle sind Destillationsprodukte des Erdöls und der Kohle. Diese bestehen vor allem aus einem Gemisch ungesättigter Kohlenwasserstoffe. Diese Kohlenwasserstoffe oxidieren (vernetzen) im Gegensatz zu pflanzlichen Ölen nicht durch Sauerstoff. Mineralöle dienen daher als Lösungsmittel für die verschiedenen Harze und zur Einstellung der Viskosität der Druckfarbe.

Firnisreaktor (Abb. Siegwerk)

Kombinationsfirnisse

Kombinationsfirnisse sind Mischungen verschiedener Harze mit trocknenden Ölen und Mineralölen. In Spezialkochanlagen wird diese Mischung nicht mehr wie bei der Leinölfirnisherstellung gekocht, sondern das Harz bei Temperaturen bis 180 °C in den Ölen gelöst. Dabei treten kaum chemische Veränderungen der Grundstoffe auf. Je nach Harzart und Harzanteil erreicht der Chemiker die gewünschten Eigenschaften und die geforderte Konsistenz.

Vielfach sind diese Kombinationsfirnisse sehr streng, manche zeigen zudem eine gelartige Konsistenz. Ein Gel ist ein räumlich vernetztes kollodiales System, das meist viel Flüssigkeit einschließt, es ist gelatine-ähnlich formbeständig. Die damit hergestellten Druckfarben verlieren durch mechanisches Einwirken ihre Zähflüssigkeit. Das kann durch Umrühren oder während des Farbflusses vom Farbkasten über Walzen auf die Druckform geschehen. Kommen diese Bindemittel jedoch wieder zur Ruhe, erstarren sie sehr rasch und werden wieder gelartig fest. Man nennt diese Eigenschaft thixotrop.

Die meisten modernen Druckfarben sind mehr oder weniger thixotrop, sie drucken außerordentlich punktscharf und schlagen auf gestrichenen Papieren sehr rasch weg. Daher sind sie hervorragend für den Nass-in-Nass-Druck geeignet.

Herstellen von Kombinationsfirnissen

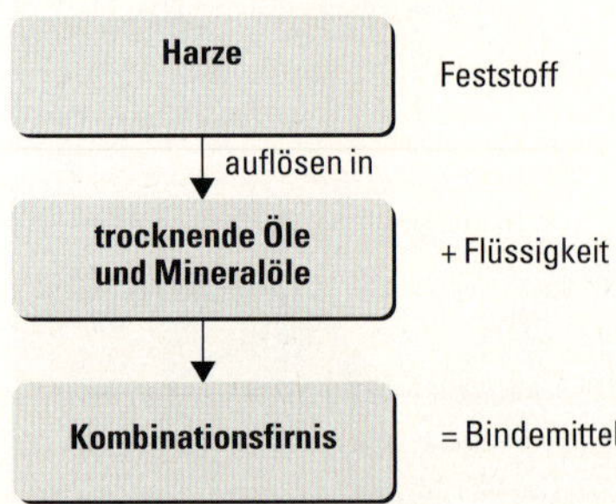

Hilfsmittel (Additive)

Durch eine Vielzahl von Hilfsmittel, auch Additive genannt, kann der Druckfarbenchemiker verschiedene Eigenschaften der Druckfarbe produkt- und/oder produktionsbezogen beeinflussen oder steuern, z.B.:
- beschleunigen oder verlangsamen der Trocknung
- verbessern der Kratzfestigkeit
- steuern des Emulgierverhaltens
- einstellen der Fließeigenschaften (rheologisches Verhalten).

14.3 Konsistenz der Druckfarbe

In der Druckpraxis ist die Konsistenz eine Sammelbezeichnung für verschiedene rheologische Eigenschaften der Druckfarbe (Rheologie: Lehre des Fließens). Dazu gehören einzelne, zum Teil voneinander abhängige Eigenschaften. Vor allem sind dies:
- Viskosität,
- Thixotropie,
- Zügigkeit,
- Tack,
- Oberflächenspannung,
- Grenzflächenspannung,
- Kohäsion,
- Adhäsion.

Die Konsistenz der Druckfarbe ist im wesentlichen abzustimmen auf
- den verwendeten Bedruckstoff,
- die Druckmaschinentechnik (z.B. N-i-N-Druck),
- die Druckgeschwindigkeit.

Grundsätzlich gibt das verwendete Bindemittel der Druckfarbe eine mehr oder weniger starke Klebkraft, die Pigmente beeinflussen im wesentlichen die Fließfähigkeit der Druckfarbe.

Viskositätsmessung (Abb. Siegwerk)

Spachteltest
Eine „kurze" Druckfarbe ist klacksig, sie reißt rasch ab

Eine „lange" Druckfarbe fließt

Für den Druckfarbenhersteller sind alle diese für das jeweilige Druckverfahren, die jeweilige Druckform oder ein bestimmtes Papier entscheidenden Einflussgrößen genauestens zu beachten. Mit aufwendigen Messtechniken sind diese Größen auch exakt messbar. In der Druckpraxis genügt dem Drucker eine vereinfachte Definition zur Bezeichnung der Konsistenz.

Viskosität

= Grad der Zähflüssigkeit: die Druckfarbe ist dick oder dünn

Zügigkeit

= Grad der Klebkraft: die Druckfarbe ist kurz oder zügig.

Die Viskosität (Grad der Zähflüssigkeit) ist an der Ablaufgeschwindigkeit zu erkennen. Eine Druckfarbe ist dünn, wenn sie schnell von einer Spachtel abläuft. Der Bindemittelanteil ist in diesem Fall größer als der Pigmentanteil. Dagegen läuft eine dicke Farbe nur sehr langsam oder gar nicht von der Spachtel. Bei einer dicken Druckfarbe ist der Pigmentanteil größer als der Bindemittelanteil.

Zügigkeitsmessgerät

Fingerprobe als einfacher Praxistest

a) kurz =geringe Klebkraft

b) zügig = hohe Klebkraft

Die Zügigkeit (Klebrigkeit) der Druckfarbe lässt sich durch Auftupfen der Druckfarbe auf Papier oder zwischen den Fingern feststellen. Klebt eine Druckfarbe stark auf dem Papier oder zwischen den Fingern, so hat sie einen starken Zug, es bilden sich lange Fäden, d.h. sie ist zügig. Klebt die Farbe dagegen wenig, so bezeichnet der Drucker sie als kurz.

In der Praxis ist je nach Einsatzbereich der Druckfarbe eine Kombination dieser Eigenschaften möglich: Eine dünne oder auch eine dicke Druckfarbe kann zügig (lang) oder kurz sein.

Alle Eigenschaften sind temperaturabhängig. Dies bedeutet, dass die Druckeigenschaften einer Farbe durch die bei ihrer Verreibung auf dem Walzensystem eintretende Erwärmung beeinflusst werden können.

Thixotropie

Hochpigmentierte Offsetdruckfarben haben meist auch thixotropen Charakter. Unter Thixotropie versteht man die Eigenschaft einer Substanz, durch mechanische Einwirkung wie Rühren, Schütteln oder Umspachteln von einer festen oder pastösen Konsistenz in eine fließende Konsistenz überzugehen und sich in Ruhe wieder zu verfestigen. Der Grad der „Verflüssigung" hängt dabei von der Intensität der Beanspruchung und ihrer Zeitdauer sowie von der jeweiligen reversiblen Sol-Gel-Bildungsgeschwindigkeit der Druckfarbe ab. Bei hinreichend langer

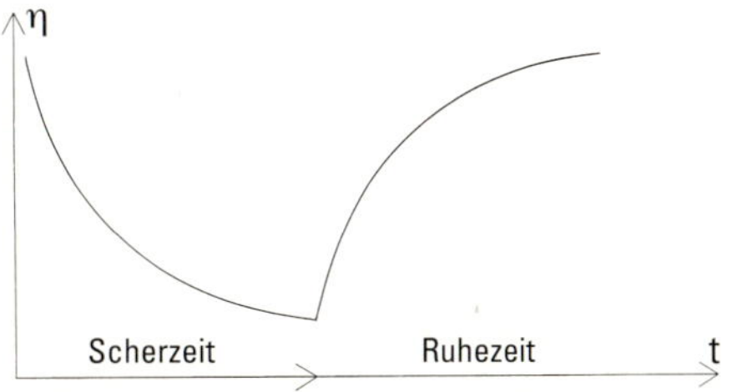

Thixotropie: Fließcharakteristik

Scherung der Farbe wird das Sol-Gel-Bildungsgleichgewicht und damit ein konstanter Wert der Fließfähigkeit erreicht.

Die Ursache für diese Erscheinung, die nach Überschreitung einer eventuell vorhandenen Fließgrenze auftritt, liegt in einer von der jeweiligen Scherzeit und Schergeschwindigkeit abhängigen Zerstörung von Teilchengerüsten und Agglomeraten. Aufbau und Abbau der Agglomerate korrespondieren bis zu einem von der wirksamen Scherung abhängigen Gleichgewicht.

Bei der Aufnahme von Fließkurven thixotroper Farben erhält man daher Hysteresis-Schleifen. In der Abbildung Scherzeit/Ruhezeit wird die Abhängigkeit der Viskosität thixotroper Substanzen von der Scherzeit beziehungsweise der Ruhezeit gezeigt.

Trocknungssysteme bei Druckfarben

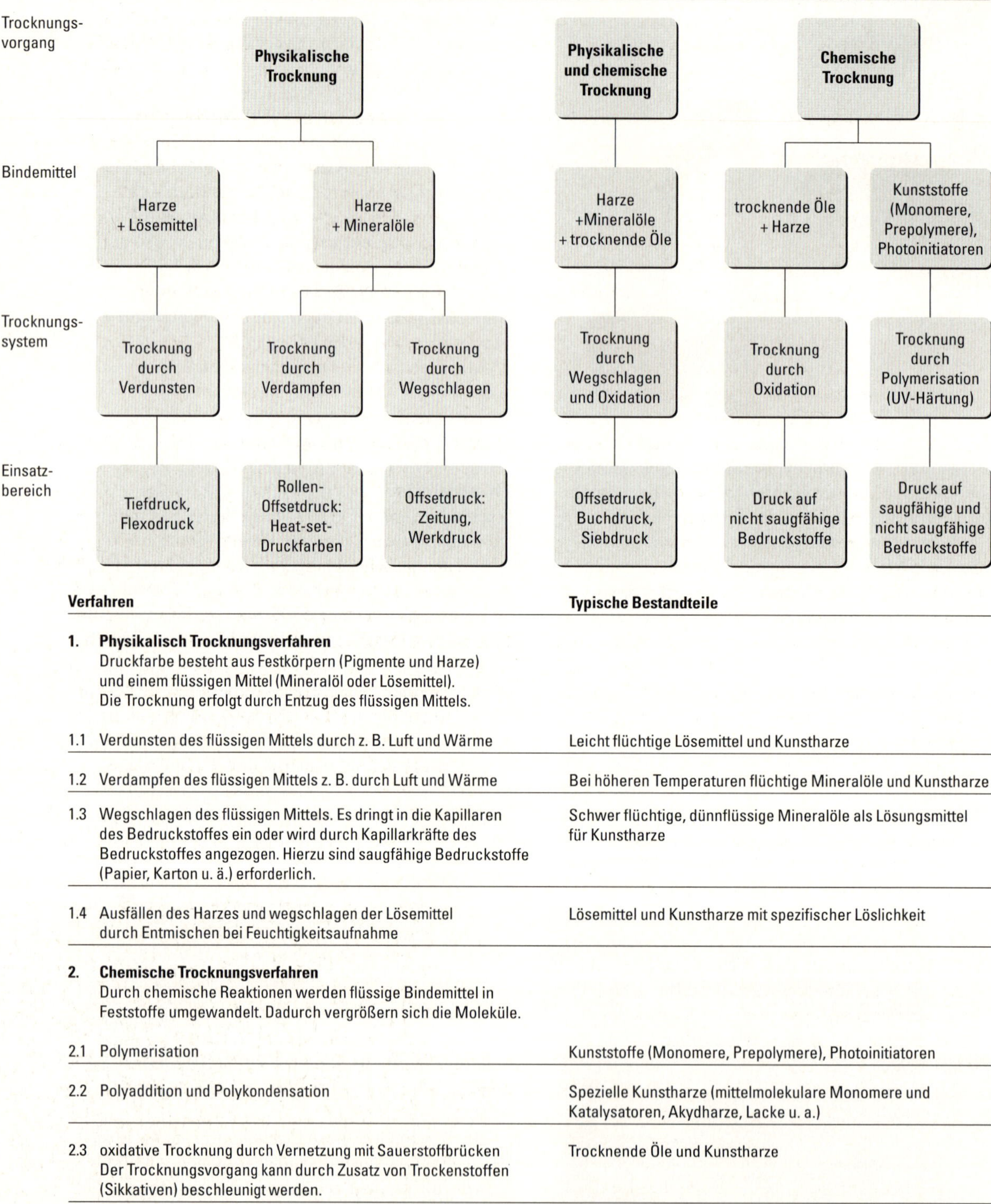

Verfahren	Typische Bestandteile
1. Physikalisch Trocknungsverfahren Druckfarbe besteht aus Festkörpern (Pigmente und Harze) und einem flüssigen Mittel (Mineralöl oder Lösemittel). Die Trocknung erfolgt durch Entzug des flüssigen Mittels.	
1.1 Verdunsten des flüssigen Mittels durch z. B. Luft und Wärme	Leicht flüchtige Lösemittel und Kunstharze
1.2 Verdampfen des flüssigen Mittels z. B. durch Luft und Wärme	Bei höheren Temperaturen flüchtige Mineralöle und Kunstharze
1.3 Wegschlagen des flüssigen Mittels. Es dringt in die Kapillaren des Bedruckstoffes ein oder wird durch Kapillarkräfte des Bedruckstoffes angezogen. Hierzu sind saugfähige Bedruckstoffe (Papier, Karton u. ä.) erforderlich.	Schwer flüchtige, dünnflüssige Mineralöle als Lösungsmittel für Kunstharze
1.4 Ausfällen des Harzes und wegschlagen der Lösemittel durch Entmischen bei Feuchtigkeitsaufnahme	Lösemittel und Kunstharze mit spezifischer Löslichkeit
2. Chemische Trocknungsverfahren Durch chemische Reaktionen werden flüssige Bindemittel in Feststoffe umgewandelt. Dadurch vergrößern sich die Moleküle.	
2.1 Polymerisation	Kunststoffe (Monomere, Prepolymere), Photoinitiatoren
2.2 Polyaddition und Polykondensation	Spezielle Kunstharze (mittelmolekulare Monomere und Katalysatoren, Akydharze, Lacke u. a.)
2.3 oxidative Trocknung durch Vernetzung mit Sauerstoffbrücken Der Trocknungsvorgang kann durch Zusatz von Trockenstoffen (Sikkativen) beschleunigt werden.	Trocknende Öle und Kunstharze

Jeder der genannten Trocknungsverfahren erfordert eine spezielle Zusammensetzung des Bindemittels und Kombinationen verschiedener Bestandteile.

14.4 Trocknung der Druckfarben

Die durch Druckfarben von der Druckform übertragenen Informationen müssen auf dem Bedruckstoff als ein einwandfrei haftendes Druckbild verankert werden.

Grundsätzlich unterscheidet der Chemiker physikalische und chemische Trocknungsverfahren, deren verschiedene Systeme in der folgenden Übersicht dargestellt werden.

Je höher die Druckgeschwindigkeit und je kürzer die Zeit bis zur Druckverarbeitung wird, um so mehr

Anwendungsgebiete der Trocknungssysteme	Trocknungssysteme
Tiefdruck, Flexodruck, z. T. Siebdruck	1.1
Druck auf nichtsaugfähige Materialien	1.1, 2
Rollenoffsetdruck: Heat-set-Druckfarben	1.2, minimal zusätzlich 2.3
Zeitungsdruckfarben, einfache Werkdruckfarben	1.3
Wellpappendruck (Trocknung durch Feuchtigkeit im Papier: Moisture-set; Trocknung durch Dampf: Steam-set)	1.4
Hochwertige Offsetdruck- und Buchdruckfarben, die meisten Siebdruckfarben, IR-Druckfarben	1.3 und 2.3
Siebdruckfarben für Kunststoffe (z. B. Polyäthylen, Polypropylen)	2.2
Zweikomponentenfarben im Siebdruck	1.1 und 2. 2
UV-Trocknung	2. 1

ist der Vorgang der Druckfarbentrocknung prozessbezogen zu beachten. Den unterschiedlichen Bedingungen in den Druckverfahren und bei verschiedenen Bedruckstoffen müssen spezielle Druckfarbenzusammensetzungen und -eigenschaften entsprechen.

Ebenso vielfältig sind die möglichen Prinzipien der Druckfarbentrocknung durch die Bindemittel. Oft führt nur eine Kombination mehrerer Verfahren zu dem gewünschten Ziel.

Der Druckfarbenchemiker hat bei der Rezeptur der Druckfarben die Eigenschaften des Bedruckstoffs und den produktbezogenen Einsatzbereich exakt zu analysieren und dementsprechende Komponenten in bestimmten Mengen zusammenzustellen, z.B.

- Bedruckstoffe:
  Naturpapier, Offsetdruckpapier, Kunstdruckpapier, nicht saugfähige Bedruckstoffe,
- Druckverfahren, Drucktechnik:
  Bogen-Offsetdruck, Rollen-Offsetdruck, konventioneller oder wasserloser Offsetdruck, Nass-auf-Trocken- oder Nass-in-Nass-Druck, Hitzetrocknung, Strahlungstrocknung
- Druckprodukte:
  Zeitung, Akzidenz, Modekatalog, Imagebroschur, Bildband, Verpackung.

Wegschlagen

Bestimmte Druckfarben, z.B. Zeitungsrotationsdruckfarben, trocknen nur durchWegschlagen. Sie enthalten keine oder nur geringe Anteile trocknender Öle, sondern in Mineralölen gelöste Harze. Auf saugfähigen Bedruckstoffen dringen die leicht flüssigen Mineralöle rasch in die Kapillaren des Papiers und hinterlassen sehr rasch einen wischfesten Druckfarbenfilm. Da Mineralöle nicht oxidativ trocknen, ist die Trocknung solcher Druckfarben auch nicht durch Trockenstoffe zu beeinflussen.

Viskosität	➡ **Farbe**
Separation	➡ **Farbe**
Penetration	➡ **Papier**
Absorptionseigenschaft	➡ **Papier**

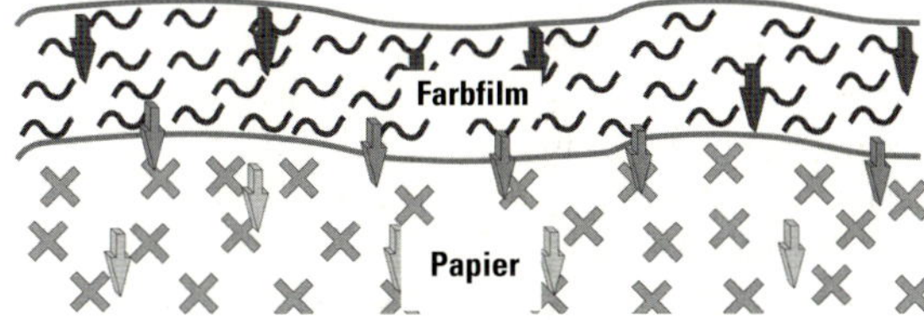

Physikalische Trocknung: Wegschlagen

Wegschlagen und oxidative Trocknung

Interessant ist der Trocknungsvorgang von Offsetdruckfarben mit Kombinationsfirnissen.

Auf dem frisch bedruckten Bogen kommt es in einer ersten Phase zu einer sehr schnellen Ausfilterung des dünnflüssigen Mineralöls, es dringt in das

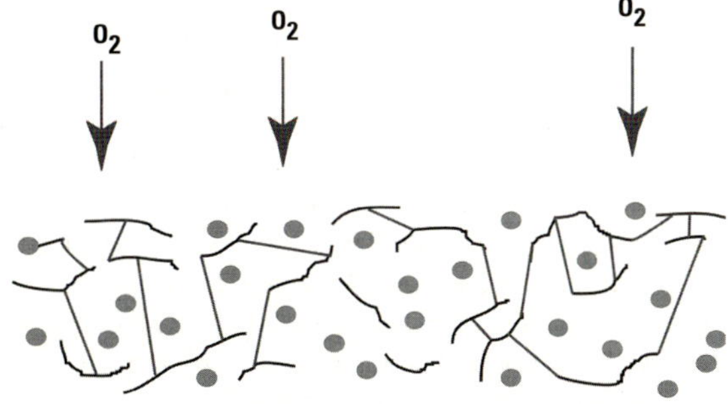

Chemische Trocknung: Oxidation

Papier ein. Dieses Wegschlagen ist ein rein physikalischer Vorgang. Dadurch kommt es zu einer Verarmung des Farbfilms an dünnen Ölen und so zu einer plötzlichen Erhöhung der Farbviskosität. Der gedruckte Farbfilm geliert und „steht“, das heißt, die Druckfarbe ist nicht mehr flüssig sondern gelartig fest. Dieser Vorgang läuft in Bruchteilen von Sekunden ab. Danach ist der Druckfarbenfilm wischfest.

Die zweite Phase dauert erheblich länger. Durch die Aufnahme von Sauerstoff beginnt die oxidative Trocknung, die einen nagelharten, scheuerfesten Druckfarbenfilm bildet. Dieser Trocknungsvorgang kann – je nach Farbtyp und Bedruckstoff – mehrere Stunden dauern. Durch spezielle Trockenstoffe kann die oxidative Trocknung beschleunigt werden. Kobalt-, Blei- und Mangansalze dienen dabei als Katalysatoren (Reaktionsbeschleuniger), die die Sauerstoffaufnahme der Bindemittel fördern.

Ebenso wird bei höherer Temperatur und durch vorsichtiges Lüften des bedruckten Stapels die Sauerstoffaufnahme beschleunigt.

Heat-set-Druckfarben

Heat-set-Druckfarben sind spezielle Druckfarben für den Rollen-Offsetdruck auf satinierten und gestrichenen Papieren, die in einem Trockenofen trocknen.

Das Bindemittel ist auf relativ niedrig siedenden Mineralölen als Lösemittel aufgebaut, in denen Hartharze gelöst sind. Die frisch bedruckte Papierbahn durchläuft einen Trockenofen. Hierzu werden heute überwiegend mit Gas beheizte Heißlufttrockner eingesetzt, die Luft mit hohen Temperaturen von 160 bis 200 °C auf die Bahn leiten. Das in den Farben enthaltene Mineralöl verdampft dabei sehr rasch. Zur Erreichung der vorgeschriebenen Emissionsgrenzwerte ist eine Nachverbrennung der Abgase notwendig, die

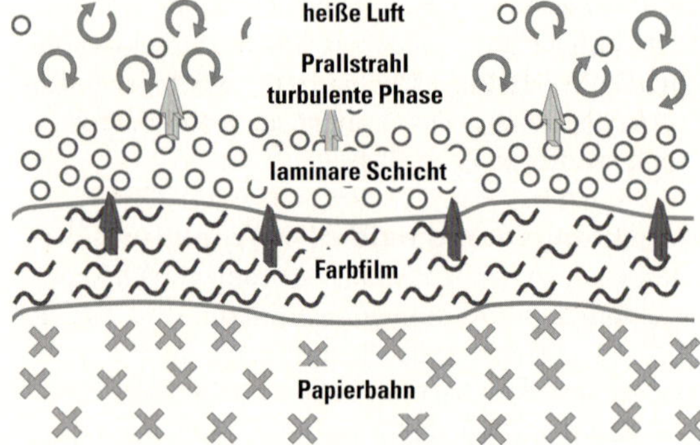

Physikalische Trocknung: Verdampfung flüchtiger Anteile (Mineralöl)

den Trockenofen mit ca. 140 °C verlassen. Dabei werden die organischen Verunreinigungen in der Abluft in $C0_2$ und H_2 umgewandelt.

Für den Betrieb solcher Anlagen ist allerdings eine Zusatzenergie notwendig. Um eine intensive Trocknung zu erhalten, ist eine Verweildauer der Papierbahn von einer Sekunde notwendig. Läuft z. B. die Papierbahn mit einer Geschwindigkeit von 8 Metern/Sekunde, so muss der Trockenofen demnach mindestens eine Baulänge von acht Metern besitzen.

Die Papierbahn darf beim Durchlauf durch den Trockner keine mechanischen Teile berühren, die ein Verschmieren der Druckfarbe bewirken würden, sie wird daher nur auf einem Luftpolster getragen.

Die Druckfarben sind nach dieser Hitzeeinwirkung nicht absolut trocken, sondern mehr oder weniger plastifiziert. Daher wird die Papierbahn anschließend über Kühlwalzen geleitet. Durch schockartige Abkühlung wird die noch plastische Druckfarbe hart.

Eine weitere, kratzfestere Durchhärtung kann in einer nachfolgenden Silikon-Anlage erfolgen. Hierbei wird mit einem Wasser-Silikon-Gemisch gleichzeitig noch ein kleiner Prozentsatz der im Trockenofen verlorenen Feuchtigkeit in das Papier zurückgeführt. Der hohe Festkörpergehalt und Art der Trocknung ergeben farbbrillante, hochglänzende Drucke.

Moisture-set, Steam-set

Ein im Wellpappendruck eingesetztes physikalisches System der Druckfarbentrocknung ist das Moisture-set- und das Steam-set-Verfahren.

Als Bindemittel verwendet man dazu Harze, die in Glykolen (Alkohole) und anderen schwerflüchtigen organischen Lösungsmitteln aufgelöst sind. Die verwendeten Lösungsmittel müssen gut mit Wasser zu mischen sein. Hat das Harz eine gewisse Menge an Feuchtigkeit aufgenommen, so verliert es seine Löslichkeit, das Bindemittel entmischt sich und das Harz bleibt als Feststoff auf dem Papier zurück. Erfolgt diese Feuchtigkeitsaufnahme durch Feuchtigkeit im Papier, so spricht man vom Moisture-set-Verfahren.

Bei dem Steam-set-Verfahren wird Dampf auf die bedruckte Bahn geblasen, der ein rasches Erstarren und Ausfallen des Harzes bewirkt. Die Farben sind nach dem Druck sehr rasch trocken und geruchsarm, nachteilig ist jedoch, dass auch veränderte Luftfeuchtigkeit die Trocknung beeinflusst.

Strahlungstrocknung

Niederviskose (dünnflüssige) Tiefdruck- und Flexodruckfarben trocknen durch leichtflüchtige Lösungsmittel. Diese physikalische Trocknung ist durch eine zusätzliche Wärmeeinwirkung noch zu verkürzen und in der Praxis problemlos.

Hochviskose Offsetdruckfarben mit einem hohen Pigment- und Harzanteil benötigen, im Gegensatz zu sonstigen Druckfarben, sehr lange und zudem vom Bedruckstoff abhängige Trockenzeiten. Die Produktion kleiner und mittlerer Auflagen im Offsetdruck, die kurzfristig schmierfrei zu umschlagen sind oder Drucke, die kurzfristig weiterverarbeitet werden müssen, erfordern kurze Trockenzeiten.

Ohne eine rasche Trocknung der Druckfarben sind Kosten für Wartezeiten, Umrüstzeiten und Maschinenstillstände unvermeidlich. Diese immer wieder auftretenden Probleme des Offsetdrucks versuchen Druckfarbenchemiker in Verbindung mit der Zulieferindustrie durch strahlungshärtende Trocknungssysteme auszuschalten. Eingesetzt werden:

- Infrarot-(IR-)Strahlungssysteme,
- Ultraviolett-(UV-)Strahlungssysteme,
- Elektronenstrahlungssysteme.

IR-Systeme und UV-Systeme arbeiten mit elektromagnetischer Strahlungsenergie, dazu benötigen beide Verfahren annähernd die gleiche elektrische Leistung. Der Energieverbrauch bei dem Elektronenstrahlungssystem ist dagegen erheblich geringer.

Das Elektronenstrahlungssystem ist beispielsweise kostenintensiver als die UV-Trocknung. Es hat sich wegen seiner technisch bedingten Größe bisher nur in bestimmten Bereichen, z.B. der Endtrocknung beschichteter oder bedruckter Rollenmaterialien, durchsetzen können.

IR-Trocknung

Infrarotstrahlen sind nicht sichtbare Wärmestrahlen, die an den langwelligen Rot-Bereich des sichtbaren

Lichtes anschließen. Bekannt ist von den konventionellen Trocknungsverfahren, dass durch Wärmezufuhr die physikalischen und chemischen Reaktionen bei der Farbtrocknung schneller ablaufen als bei normalen Raumtemperaturen. Daher lag es nahe, mit Wärmestrahlen den Trockenprozess zu verkürzen.

Druckfarben für die IR-Trocknung sind ähnlich wie die üblichen Offsetdruckfarben aufgebaut. Man verwendet als Bindemittel ein thermoreaktives Alkydharz-Ölfirnis-Gemisch, das in Mineralölen gelöst ist. Die Harzteilchen bestehen aus möglichst großen Molekülen, die durch das rasch wegschlagende Bindemittel sehr schnell verfestigen ohne jedoch zu trocknen. Diese größeren Moleküle beeinträchtigen drucktechnische Eigenschaften wie Viskosität, Fließverhalten, Tonwertzunahme, Brillanz sowie gewünschte Echtheitseigenschaften nicht. Viele Drucker setzen IR-Farben wegen ihrer guten Trocknungseigenschaften auch dann ein, wenn nicht mit IR-Strahlung gearbeitet wird.

Das IR-Strahlungssystem wird fast ausschließlich im Bogen-Offsetdruck eingesetzt. Die bedruckten Bogen werden dabei auf dem Weg zur Auslage nahe an mehreren IR-Einzelstrahlern vorbeigeführt.

IR-Strahler sind Quarzstrahler, die im Bereich von 1000 - 3500 Nanometern Energie abstrahlen. Sie arbeiten mit einem sehr günstigen Wirkungsgrad von etwa 90 %. Ihr Betrieb ist absolut umweltfreundlich. Bei einem Maschinenstopp schalten die Anlagen aus, Kühlanlagen verhindern Schäden an Maschinenteilen.

Durch Wärmestrahlung verringert sich die Viskosität der Druckfarbe, dadurch schlagen dünnflüssige Mineralölanteile des Bindemittels sehr rasch weg. Das Harz verfestigt sich rasch auf der Oberfläche und bindet die Pigmente. Die bedruckte Fläche ist daher rasch wischfest und klebfrei, sie ist jedoch nicht nagelhart trocken. Durch die Wärmezufuhr tritt im Stapel eine Wärmespeicherung bis zu 400 ^{0}Celsius auf, die die oxidative Trocknung der Druckfarbe erheblich schneller ablaufen lässt. Im günstigsten Fall kann der bedruckte Stapel bereits nach 30 Minuten schmierfrei verarbeitet bzw. nach etwa zwei Stunden weiterverarbeitet (z.B. gefalzt, geschnitten) werden.

Das Bestäuben frischer Drucke kann erheblich verringert werden. Bei bestimmten Aufträgen kann sogar ganz auf das Bestäuben mit Puder verzichtet werden. Zur Sicherheit ist jedoch eine üblicherweise notwendige Bestäubungsmenge nach und nach zu verringern, um Erfahrungen zu sammeln und somit Fehler (Abschmieren, Makulatur) zu vermeiden.

Vorteile der IR-Trocknung
- ein rasches Wegschlagen und schnellere oxidative Trocknung (Verkürzung der Trocknungszeit gegenüber „normaler" Trocknung bis etwa 80 %)
- IR-Farben besitzen gleich gute Eigenschaften wie konventionelle Offsetdruckfarben
- die Bestäubung kann verringert werden, evtl. ist sie sogar unnötig
- es ist eine problemlosere Weiterverarbeitung durch geringere Bestäubung möglich
- der Einsatz ist für den menschlichen Organismus unbedenklich
- ein problemloser Einbau von Strahlungsanlagen an fast allen Druckmaschinen
- geringe Wartungskosten und hohe Lebensdauer der Strahler
- die Kosten für Druckfarben sind geringer als bei UV-Druckfarben.

Nachteilig wirken sich aus:
- eine erhöhte Wärmeabgabe an die Druckmaschine und den Drucksaal
- bei leichten Papieren ist ein Papierverzug durch die hohe Wärme möglich
- eine Bestäubung ist bei bestimmten Bedruckstoffen oder schwierigen Druckarbeiten notwendig
- das Verfahren ist nur für saugfähige Bedruckstoffe geeignet.

UV-Trocknung bzw. -Härtung

Technisch gesehen handelt es sich bei diesem Verfahren um eine Härtung: Der spezielle Druckfarbenfilm polymerisiert nach der Bestrahlung sofort und ist absolut trocken.

Dieses Trocknungssystem erfordert einen völlig anderen Aufbau des Bindemittels. Es besteht aus einer Mischung von Kunststoffen: Monomere, Prepolymere und Photoinitiatoren (= Sensibilisatoren).

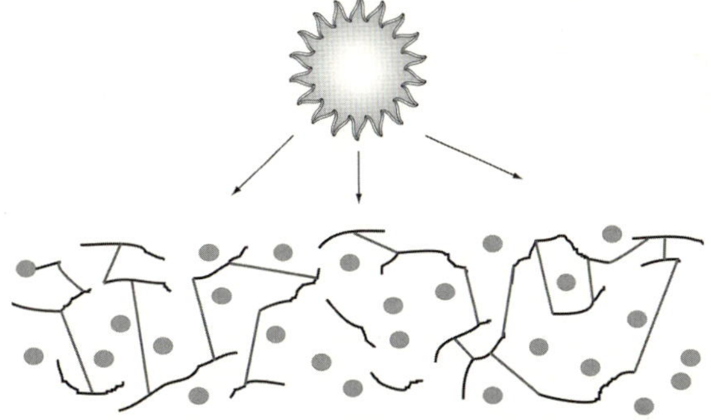

Strahlenhärtung: UV-Elektronenstrahl

Monomere sind einzelne nicht polymerisierte Moleküle, Prepolymere dagegen sind bereits teilweise polymerisiert. Die Menge der dünner flüssigen Monomere bestimmt die Viskosität der Druckfarbe. (Anmerkung: reine Monomere dienen auch als Waschmittel.)

Der Härtungsprozess verläuft schlagartig nach dem Bestrahlen des Bedruckstoffes:
- Photoinitiatoren (griech. Photos = Licht, Initiator = Anreger, Auslöser) absorbieren aufgestrahltes UV-Licht,
- dadurch zerfallen sie in hochreaktive Teilchen, die sogenannten Radikalen,
- die gewonnene Energie dieser Radikale überträgt sich auf Monomere und Prepolymere und löst in diesen eine plötzliche Kettenreaktion aus.
- Monomere und Prepolymere polymerisieren und bilden einen trockenen, harten Farbfilm.

Mechanismus der UV-Trocknung
(Polymerisationsvorgang)

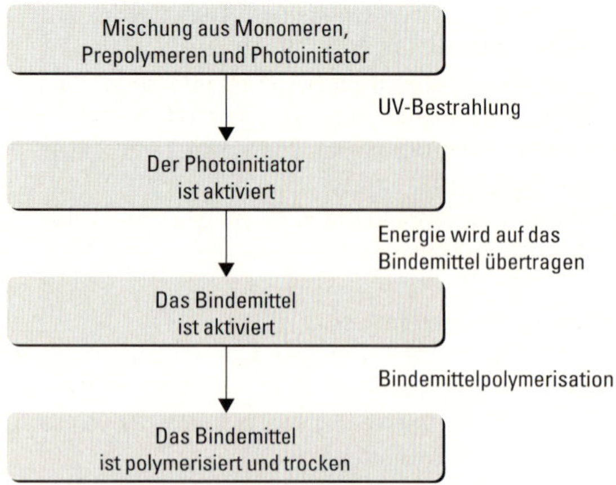

Die Druckfarbe „trocknet", ohne dass Bindemittelanteile verdampfen oder nennenswert wegschlagen.

So einfach sich der Trocknungsablauf darstellt – in der Praxis ist das Verfahren nicht unproblematisch.

UV-Trockner können sowohl in Bogen- als auch in Rollen-Offsetdruckmaschinen eingesetzt werden. Im Rollen-Offsetdruck stellen sie jedoch nur unter ganz bestimmten Bedingungen eine Alternative für die Hitzetrocknung mit Heat-set-Druckfarben dar.

Wesentlicher Bestandteil einer UV-Trocknungsablage ist der Strahler. Er besteht aus UV-durchlässigem Quarzglas und ist mit Edelgasen sowie geringen Zusätzen von Metallen oder Metallsalzen (Quecksilber und Quecksilberhalogeniden) gefüllt. Vereinzelt werden auch Gallium- oder Eisenhalogenide verwendet. Diese Zusätze, Dotierung genannt, sind für die Zusammensetzung des von dem Strahler abgegebenen Energiespektrums verantwortlich.

Die gesamte Anlage für die UV-Trocknung besteht in der Regel aus unkomplizierten Bauteilen:

- Elektrische Ausrüstung
  für UV-Lampe, Kühlung, Absaugung usw.
- UV-Lampe,
  die auch als Brenner bezeichnet wird, ist eine Quecksilberdampflampe
- Reflektor,
  der meistens aus elliptisch geformtem Aluminium besteht. Er hat die Aufgabe, die Strahlung zu bündeln und auf den Bedruckstoff zu konzentrieren.
- Kühlung
  Nur ein Teil der Energie wird in UV-Strahlung umgewandelt, ein anderer Teil erzeugt Wärme durch Infrarot-Strahlung, die reduziert werden muss.
- Absaugung
  für das im Prozess entstehende Ozon.
- Schutzeinrichtungen (Shutter)
  Durch diese Einrichtung wird erreicht, dass der Brenner bei einem Maschinenstillstand sofort aus- bzw. zurückgeschaltet oder abgeschwenkt wird, da sonst durch starke thermische Belastung eine Entzündungsgefahr für den Bedruckstoff besteht.

UV-Trockner können mobil oder auch fest in der Druckmaschine eingebaut sein. Eine gute Lösung ist eine in der Druckmaschine, z.B. in den Aufgang zum Bogenausleger fest eingebaute Anlage.

Die Arbeitssicherheit und besondere Bedingungen beim Einsatz einer UV-Trocknung sind unbedingt zu beachten. Informationen dazu liefert die Berufsgenossenschaft Druck und Papierverarbeitung, Wiesbaden.

Ein dichtes Reflektorgehäuse umschließt die Anlage. Für das gesamte System ist eine optimale Kühlung und eine Absaugung von entstehendem Ozon unbedingt erforderlich. Ozon: 0_3, dreiatomiges Sauerstoffmolekül, ist noch in großer Verdünnung ein giftiges Reizgas, das schon in einer Konzentration von 1-2 ppm starke Reizungen der Schleimhäute und Störungen im Zentralnervensystem verursachen kann, längere Einwirkungen können zu Lungenschäden u. a. führen.

Der zulässige MAK-Wert liegt bei 0,1 ppm (parts per million = ein Millionstel des Volumens der betroffenen Substanz, z. B. Luft). Dieser Wert muss absolut eingehalten werden, um gesundheitliche Schäden zu vermeiden.

Ein Nachteil kann das Benetzungsverhalten der Bindemittel sein. Mit den derzeit eingesetzten Bindemitteln ist das Benetzungsverhalten nicht immer ganz befriedigend.

Bei schnelllaufenden Offsetdruckmaschinen neigen einige Druckfarben zum „Nebeln", das heißt, durch unzureichende Benetzung werden Farbpartikel von den Walzen weggeschleudert.

Weitere Auswirkungen sind eine Verringerung der Brillanz und des Glanzes der Druckfläche sowie eine höhere Tonwertzunahme.

Die Druckfarben reagieren außerdem relativ empfindlich auf das notwendige Feuchtmittel, so dass die Farbe-/Wasser-Balance schwieriger einzuhalten ist. Hinzu kommt eine geringe Geruchsbelästigung durch Ozon, die sich jedoch auf dem bedruckten Bogen verliert. Um sicher, wirtschaftlich und ohne drucktechnische Probleme arbeiten zu können, muss das System Druckmaschine mit Druckplatten, Farbwerk, Farbwalzen, Feuchtwerk, Gummidrucktuch und Waschmitteln auf die UV-Farbe und -Lacke und die wirksame UV-Strahlung abgestimmt sein.

Vor- und Nachteile im Einsatz von UV-Lacken im Offsetdruck

Der Einsatz von UV-Druckfarben wie auch -Lacken erfordert als unbedingte Voraussetzung geeignete Trocknungsaggregate. Nur durch die Reaktion mit entsprechend starkem UV-Licht kommt es zu einer chemischen Härtung durch Polymerisation der im Lack vorhandenen Präpolymere.

Vorteile der UV-Lacke

- UV-Druckfarben und UV-Lacke sind nach dem Bestrahlen absolut ausgehärtet und damit trocken, eine sofortige Weiterverarbeitung der Druckprodukte ist möglich.

- kein Bestäuben notwendig, es können hohe Stapel ausgelegt werden.
- sehr harter und widerstandsfähiger Lackfilm
- sehr hohe Scheuerfestigkeit
- lösemittelfrei
- geeignet für alle nichtsaugenden Bedruckstoffe wie Kunststoffe, Metallfolien oder Blech
- Druckfarben und Lacke bleiben in Dosen und im Farbwerk frisch, da sie nur bei entsprechender UV-Strahlung reagieren
- Vorteile gegenüber der Heat-set-Trocknung:
  - geringere Investitionen für den Trockner
  - geringerer Energieverbrauch
  - keine Nachverbrennung notwendig
  - geringerer Raumbedarf für den Trockner

Nachteile der UV-Lacke:
- Schutzmaßnahmen für das Bedienungspersonal sind zwingend erforderlich, da eine gesundheitliche Gefährdung nicht auszuschließen ist.
- höhere Kosten für Druckfarben und geeignete Waschmittel,
- UV-Druckfarben, Druckhilfsmittel und Waschmittel dürfen nicht mit konventionellen Produkten vermischt werden,
- verschmutzte Druckfarben aus dem Farbkasten sollen nicht mehr eingesetzt werden,
- mögliche drucktechnische Probleme, bezogen auf:
  Fließverhalten, Nebeln, Tonwertzunahme, Brillanz, Glanz,
- ein De-inken (Entfärben) der Bedruckstoffe im Recycling-Verfahren kann problematisch sein, da das gehärtete Bindemittel ein Kunststoff ist,
- mögliche verarbeitungstechnische Probleme, z.B. Mangelhafte Verklebbarkeit sowie Schwierigkeiten beim Rillen und Falzen durch Sprödigkeit der getrockneten UV-härtenden Lacke,
- Erforderliche Ausrüstung der Druckmaschine:
  - Verreiberkühlung erforderlich, bewährt haben sich Temperaturen von 20 - 25 ^{0}C im Farbwerk,
  - bei höheren Druckgeschwindigkeiten ist eine Farbnebelabsaugung erforderlich,
  - Farbwalzen, Gummitücher und Druckplatten müssen gegenüber UV-Druckfarben und -Waschmitteln beständig sein,
  - Feuchtmittelzusätze müssen für UV-Druckfarben geeignet sein, da das Feuchtmittel rezepturbedingt von den Druckfarben leichter aufgenommen wird.
- *Anmerkung:* Für die Bewertung der Recyclierbarkeit der Druckfarben und Lacke wurden 5 Gruppen gebildet. Konventionelle Druckfarben aller Druckverfahren gehören danach zur Gruppe A. Bei dieser Gruppe bestehen für das Recyclen keinerlei negative Auswirkungen.
  Alle strahlungshärtende Lacke und Druckfarben gehören dann zur Gruppe B, wenn eine sehr große Menge (Quantität) dieser Stoffe vorhanden ist. Sie bewirken also weder eine qualitätsmindernde Wirkung im Prozess noch sonstige produktionsstörende Wirkungen.

Elektronenstrahl-Trocknung

Der Aufbau der Druckfarben entspricht prinzipiell den UV-Druckfarben. Es sind jedoch keine Photoinitiatoren erforderlich, da die Bestrahlung mit Elektronenstrahlen äußerst energiereich ist. Durch den Strahler werden Elektronen sehr hoch beschleunigt und auf den Bedruckstoff „geschossen“ (geblitzt). Durch diese Energiezufuhr polymerisiert das Kunststoff-Bindemittel schlagartig.

Das Trocknungssystem befindet sich zur Zeit noch in der Entwicklung. Trotzdem der Energieverbrauch wesentlich geringer ist als bei den IR- und UV-Systemen, sind die Anschaffungskosten für die Anlage wesentlich höher als für andere Systeme, außerdem sind die drucktechnischen Eigenschaften der Druckfarben derzeit unzureichend.

14.5 Druckhilfsmittel, Additive

Druckhilfsmittel verbessern die Verdruckbarkeit und speziell geforderte Eigenschaften der Druckfarbe.

Dem Verwendungszweck der Druckfarbe entsprechend werden bereits bei der Produktion die benötigten Hilfsmittel zugesetzt und mit Farbmitteln und Bindemitteln dispergiert. Es ist jedoch unmöglich, die Druckfarben für jeden Bedruckstoff und auf verschiedenste Arbeitsbedingungen sowie Produktanforderungen bereits in der Druckfarbenproduktion abzustimmen. Daher müssen dem Drucker einige der Druckhilfsmittel auch an der Druckmaschine zur Verfügung stehen. Zu einem praxisgerechten Einsatz der vorhandenen Präparate muss der Drucker die Wirkung der Hilfsmittel genau kennen und diese in richtiger Dosierung anwenden.

Zu den Hilfsmittel gehören Wachse, Weichmacher, Gleitmittel, Trockenstoffe (Sikkative), Hautverhinderungsmittel und viele weitere Substanzen, die für die Qualität der Druckfarbe letztlich entscheidend sind. Mit diesen sogenannten Additiven sind die geforderten Eigenschaften eines gedruckten Farbfilms für die speziellen Anforderungen zu modifizieren.
Dazu folgende Beispiele:
- Wachszugaben steigern die Abrieb- und Kratzfestigkeit von Druckfarben auf einem Druckprodukt.
- Ein Zusatz von Weichharzen oder Weichmachern beeinflusst die Flexibilität des Farbfilms.
- Mit Gleitmitteln und Antirutsch-Substanzen lassen sich die Oberflächen von bedruckten Materialien von glatt bis stumpf einstellen, was für die Druckweiterverarbeitung von großer Bedeutung ist.
- Mit speziellen Füllstoffen sind auch preiswerte, ungestrichene Papierqualitäten optimal zu bedrucken.
- Trockenstoffe (Sikkative) beschleunigen den oxidativen Trocknungsvorgang.

Im wesentlichen dienen die Druckhilfsmittel zur Einstellung der Konsistenz, der Trocknung, der Scheuerfestigkeit und dem Glanz.

Unter der Konsistenz versteht der Drucker Eigenschaften, die das Fließverhalten der Druckfarbe und damit die Verdruckbarkeit betreffen. Hierzu gehören mehrere, zum Teil voneinander abhängige Eigenschaften wie Viskosität, Zügigkeit, Klebkraft oder Tack, Thixotropie, Kohäsion, Adhäsion usw.

Um die gewünschten Eigenschaften oder bestimmte Reaktionen zu erreichen, sind im allgemeinen bereits sehr kleine prozentuale Zusätze ausreichend. Die auf dem Etikett oder der Gebrauchsanleitung angegebene Dosierungsvorschrift ist unbedingt einzuhalten, d.h. Anteile sind exakt zu wiegen. Jeder übermäßige Zusatz kann erhebliche Mängel und Druckschwierigkeiten verursachen;

- die Verdruckbarkeit kann sich nachteilig verändern
- erhöhte Tonwertzunahme, Raster setzen sich zu
- nachfolgende Druckfarben werden abgestoßen
- Farben trocknen sehr langsam oder auch gar nicht.

Diese Reihe könnte noch weiter fortgesetzt werden. Nicht die Menge, sondern die richtige Auswahl in entsprechender Dosierung, entscheidet über den Erfolg.

In der folgenden Übersicht sind die wichtigsten Arten von Druckhilfsmitteln, ihre Zusammensetzung und Wirkung kurz erläutert.

Neben diesen genannten Druckhilfsmitteln werden in der Druckerei zu einem reibungslosen Arbeitsfluss Auffrisch-Sprays verwendet um ein Kleben oder Rupfen zu vermeiden oder zu verringern. Das Mittel ist auch eine Hilfe gegen kalte Farben bzw. kalte Maschinen. Vor dem Druck der Auflage sind bei Anwendung dieser Mittel ausreichend Makulaturbogen vorlaufen zu lassen.

Die Gefahr des Ablegens wird im allgemeinen durch leichtes Bestäuben beseitigt. Hilfe bieten auch Pasten, die ähnlich wie Bestäubungspuder eine leicht körnige Oberfläche bilden und dadurch den Abstand zwischen den Druckbogen erhöhen. Ein Zuviel kann jedoch, wie auch beim Bestäuben, die Körnchen anfärben und bei der Weiterverarbeitung die Scheuerfestigkeit des Druckfarbenfilms verringern.

Einsatz von Druckhilfsmitteln

Druckhilfsmittel	Zusammensetzung und Wirkung	Druckschwierigkeiten: Abliegen	Abmehlen	Abstoßen	Antrocknen	Aufbauen	Partisanen / Stauben	Rollen der Bogenenden	Rupfen	Scheuerfestigkeit verbessern	Schlecht druckende Flächen	Stehenbleiben im Farbkasten	Tonen	Ungenügende Trocknung	Zu kurze Farbe	Zu zügige Farbe
Leinölfirnis – hochviskos	Dicker Firnis, zähflüssig, erhöht die Viskosität		●			●					●				●	
Drucköl	Leinöl und andere trocknende Öle. Schwacher Firnis, verringert die Klebrigkeit, macht kürzer und dünner. Für oxidativ trocknende Farben.					●		●	●		●	●				●
Verdünner	Dünnflüssige Mineralöle, zum Teil mit trocknenden Ölen kombiniert. Verringert Klebrigkeit, macht kürzer und dünner.					●		●	●			●				●
Druckpasten	Wachse und ähnliche Stoffe, die in Ölen gelöst sind. Reduzieren wie flüssige Verdünner die Zügigkeit, ohne jedoch die Viskosität zu ändern.							●	●		●					●
Druckgelee, Druckgel	Gelierte Verdünnungsmittel: eingedickte Mineral- und sonstige Öle mit verschiedenen Zusätzen mit thixotropischen Eigenschaften. Wirkung wie bei Druckpasten.							●	●		●					●
Trockner – Sikkativ (flüssig) – Trockenstoff (fest)	Metallverbindungen in Lösemittel oder Ölen gelöst für oxidativ trocknende Druckfarben. – Kobalt = Oberflächentrockner – Mangan = Innentrockner – Blei = Tiefentrockner (nicht mehr eingesetzt)	●								●				●		
Lasurweiß	Bindemittel mit lasierenden Weißpigmenten. Macht Druckfarben zügiger, hellt sie auf.		●	●		●							●		●	
Scheuerschutzpaste	Wachse mit oxidativ trocknenden Ölen; ergeben glatte, die Reibung verringernde Oberflächen.	●								●						
Frischhaltemittel	Spray. Schnellflüchtige Lösemittel.				●		●	●	●							●

14.6 Druckfarbenherstellung

Bei der Herstellung der Druckfarbe ist das Pigment im Bindemittel feinst zu verteilen (dispergieren). Dabei wird das Pigment vom Bindemittel umhüllt, also benetzt. Dieser Prozess muss effizient, ökonomisch und reproduzierbar verlaufen. Im allgemein benutzt man dazu zwei Verfahren: Mischen und Dispergieren.

Obwohl Druckfarben nur aus Pigmenten, Bindemitteln und Druckhilfsmitteln Additiven) gemischt werden, besteht eine Rezeptur zum Teil aus zwanzig

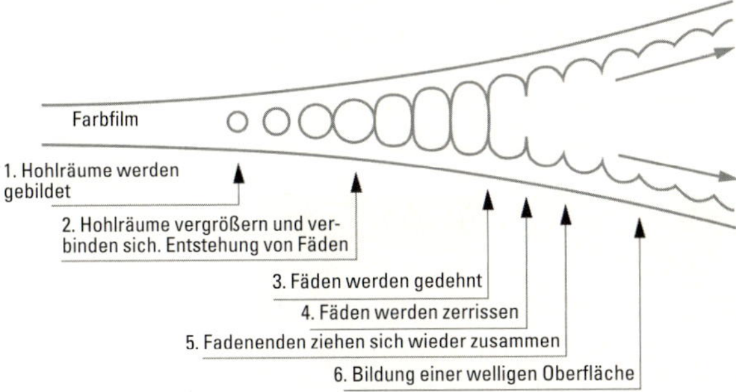

Farbspaltung bei hohen Walzengeschwindigkeiten

und mehr spezifischen Bestandteilen, die die für den speziellen Einsatz notwendigen Eigenschaften ergeben und wesentlich über die Qualität der Druckfarbe entscheiden.

Eine Universaldruckfarbe, die für alle anfallenden Arbeiten und Bedruckstoffe mit gutem Erfolg eingesetzt werden kann, gibt es aus physikalischen und chemischen Gesetzmäßigkeiten nicht.

Besondere Bedruckstoffe, Einsatzbereiche, Trocknungsverfahren, geforderte Echtheitseigenschaften und sonstige Anforderungen erfordern neben der „Stangenware" auch die „Maßschneiderei", d.h. eine für einen bestimmten Auftrag geeignete Druckfarbe.

Ein Beispiel sind Heatset-Druckfarben. Bei sehr hohen Druckgeschwindigkeiten ist die Rotationsgeschwindigkeit der Druckwalzen so hoch, dass es zu einem Farbnebeln kommen kann. Die Druckfarbe wird am Auslauf der Farbwalzen extrem stark dekomprimiert. Auftretende Fadenbildung der Druckfarbe führt beim Reißen dieser Farbfäden an mehreren Positionen zu einer Tröpfchenbildung, die das eigentliche Farbnebeln darstellt. Durch geeignete Strukturierung der verwendeten Bindemittelsysteme ist die Druckfarbe in ihren rheologischen Eigenschaften so zu modifizieren, dass sie auch diesen zusätzlichen Beanspruchungen optimal genügen.

Zielkonflikte bei der Druckfarbenproduktion

hochglänzend	←→	schnell wegschlagend
schnell trocknend, sofort weiterverarbeitbar	←→	kasten- bzw. walzenfrisch
preisgünstig	←→	beständig gegenüber allen chemischen und physikalischen Angriffen

Zusammensetzung von Offsetdruckfarben

	Bogen-Offsetdruck	Rollen-Offsetdruck	
		Heatset	Coldset
Pigment	10 – 20 %	10 – 20 %	10 – 20 %
Hartharz	25 – 35 %	20 – 30 %	5 – 20 %
Alkydharz	5 – 15 %	5 – 15 %	0 – 5 %
Mineralölverdünnung	0 – 30 %	20 – 40 %	30 – 55 %
pflanzliche Öle	30 – 0 %	(0 – 10) %	(30 – 55) %
Additive	8 – 12 %	8 – 10 %	1 – 5 %
Trockenstoffe	1 – 8 %	0 %	0 %

Bestellung, Abmusterung, Rezepterstellung

Bei der Bestellung einer Druckfarbe handelt es sich entweder um die Lieferung einer im Sortiment angebotenen „Standarddruckfarbe" bzw. die Nachbestellung einer bereits gelieferten Druckfarbe, für die ein Rezept vorhanden ist. Oder der Kunde sendet eine Farbvorlage und – möglichst – den einzusetzenden Bedruckstoff ein. In diesem Fall ist ein spezifisches Rezept zu erstellen.

In der Abmusterung wird eine kleine Menge der Druckfarbe hergestellt und auf dem vorgesehenen oder einem ähnlichen Bedruckstoff angedruckt. Stimmen Farbton und Farbstärke, wird das Produkt mit einem Spektralfotometer ausgemessen. Ein Rechner vergleicht die Farbmaßzahlen mit gespeicherten Zahlen der zur Verfügung stehenden Grundfarben und gibt einen Rezeptvorschlag aus. Dieser Rezeptvorschlag wird genau eingewogen, ausgemischt und danach angedruckt. Der Andruck wird spektralfotometrisch gemessen und mit der Farbvorlage verglichen. Ist das Ergebnis erreicht, wird das Rezept in einer Großrechenanlage gespeichert und ist nun jederzeit abrufbar.

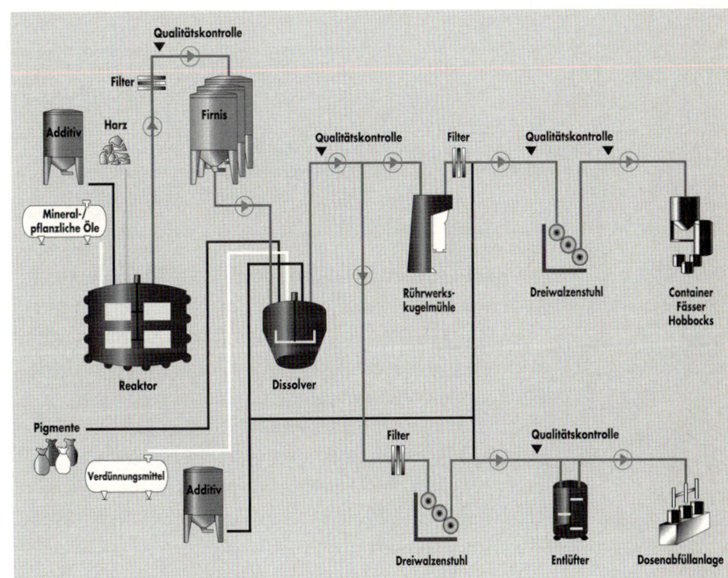

Schematische Darstellung des Produktionsablaufes: Aufbau der Farbe aus Grundkomponenten. (Abb. Siegwerk)

Produktion

Aufgabe der Produktion ist es, feinste pulverförmige Pigmente gleichmäßig mit flüssigen Bindemitteln zu benetzen und homogen mit Druckhilfsmitteln zu mischen. Diese Dispersion ist physikalisch gesehen eine Suspension: Ein fester Stoff ist in einer Flüssigkeit fein verteilt.

Die für die Druckfarbenproduktion aufbereiteten Pigmente sind im trockenen Zustand von einer feinen Lufthülle umgeben. Diese wirkt wie ein Schutzmantel um die winzigen Pigmentpartikelchen und erschwert dadurch das Benetzen mit Bindemitteln. Besondere Schwierigkeiten bereiten beim Dispergieren auftretende Zusammenhangskräfte (Kohäsion) zwischen Pigmentpartikelchen, wenn diese mit den flüssigen Bindemitteln zusammengemengt werden. Es bilden sich klumpige Zusammenballungen (Agglomerate), die sich nur durch hohe mechanische Energie zerkleinern lassen. Sind die Pigmentteilchen jedoch einmal von Bindemitteln gleichmäßig benetzt, sind die Kohäsionskräfte innerhalb der Teilchen nicht mehr wirksam: Die stärkeren Adhäsionskräfte zwischen den Pigmenten und den Bindemitteln überwiegen die Kohäsionskräfte zwischen den einzelnen Pigmentpartikeln.

Durch die sich schnell drehende Dissolverscheibe wird das Pigment in Firnis eingerührt und benetzt (Abbildung: Gebr. Schmidt)

Produktion von Offsetdruckfarben

Produktions-stufen	Vorgang	Technik
Mischen der Bestandteile: Farbmittel + Bindemittel + Druckhilfsmittel ▼	Auswiegen der verschiedenen Komponenten nach genauem Rezept ▼	Waage ▼
Vormischen/ Vordispergieren ▼	Anrühren und Vermischen der Komponenten ▼	Dissolver (≙ Schnellrührer) ▼
Dispergieren ▼	Homogenes Benetzen der Pigmente durch Bindemittel ▼	Rührwerkskugelmühle, auch: Dreiwalzenstuhl ▼
Entlüften ▼	Entfernen von Lufteinschlüssen ▼	Dreiwalzenstuhl, auch: Vakuum-Rührwerk ▼
Abfüllen, Verpacken	Abfüllen in Verpackungsgefäße verschiedener Größe, zum Teil vakuumverpackt	Abfüll- und Verpackungsautomaten

In der zweiten Produktionsstufe werden die ausgewogenen Komponenten in großen Mischkübeln mit Dissolvern (Schnellrührern) vorgemischt und vordispergiert. Ein solcher Dissolver gleicht einer riesigen Küchenmaschine mit einer sägeblattartigen Rührscheibe. Die einzelnen Zähne dieser Scheibe sind abwechselnd nach oben und unten gerichtet. Die Komponenten der Druckfarbe werden mit diesem Rührwerk bei hoher Geschwindigkeit vermengt und dabei intensiv vermischt.

Eine optimale Benetzung und Homogenisierung ist bei den meisten Pigmenten in diesem Verfahren nicht möglich. Daher wird in einer weiteren Phase die Dispergierung in Rührwerkskugelmühlen oder in Dreiwalzenstühlen fortgesetzt.

Die Rührwerkskugelmühle, die vor allem für Offsetdruckfarben eingesetzt wird, ist ein hoher, zylindrischer Behälter mit einem vertikal angeordneten Rührwerk. Der Zylinder der Kugelmühle ist mit sehr feinen Mahlperlen aus Stahl oder Glas gefüllt, die durch das Rührwerk bewegt werden. Vordispergierte Druckfarbe wird aus dem Mischkübel von unten in die Rührwerkskugelmühle gepumpt. Durch intensive Reibung der Mahlperlen entstehen hohe Scherkräfte, die das vordispergierte Gemisch sehr fein dispergieren. Die durch Reibung auftretende Wärme innerhalb der Rührwerkskugelmühle wird durch ein wassergekühltes System abgeleitet.

Die Feinheit der Dispersion ist durch die Kugelfüllung und die Durchlaufgeschwindigkeit zu steuern. Über eine Rohrleitung tritt die Druckfarbe aus dem oberen Teil der Anlage aus und läuft in einen Bottich. Druckfarben durchlaufen im allgemeinen noch einen weiteren Verarbeitungsgang, in dem eventuell vorhandene Lufteinschlüsse aus der Dispersion restlos entfernt werden. Diese Lufteinschlüsse könnten die Verdruckbarkeit negativ beeinflussen und außerdem die Druckfarbe bereits in einer Farbdose inselartig oxidativ trocknen lassen.

Für das Entlüften werden Dreiwalzenstühle oder Rührwerke mit Vakuumeinrichtungen eingesetzt. Dreiwalzenstühle sind Maschinen mit drei großen Zylindern, die mit unterschiedlichen Geschwindigkeiten angetrieben gegeneinander laufen. Der Abstand der Zylinder lässt sich sehr fein in Bruchteilen eines Millimeters zueinander verstellen. Die Druckfarbe wird zwischen der ersten und zweiten Walze aufgetragen. Durch den sehr engen Reibspalt und die mit jeweils höheren Geschwindigkeiten laufenden zweite und dritte Walze treten hohe Reibungskräfte auf, die die Druckfarbe nochmals intensiv verreiben und gleichzeitig Lufteinschlüsse beseitigen. Früher

Rührwerkskugelmühlen

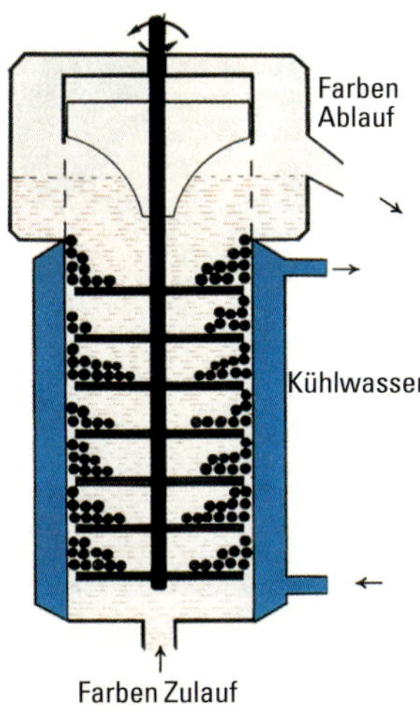

Schema einer Rührwerkskugelmühle

Dreiwalzenstuhl (Abb. Siegwerk)

wurden nur mit diesen Dreiwalzenstühlen die Druckfarben in mehreren Durchläufen dispergiert.

Mit einer Stahlrakel lässt sich die Druckfarbe von der letzten Walze abnehmen. Die fertige Farbe läuft in einen Kessel und wird der Abfüllanlage zugeführt. In einer automatisch arbeitenden Anlage erfolgt das Abfüllen in verschiedenen Dosengrößen, die zum größten Teil unter Vakuum verschlossen werden. Diese Anlage übernimmt außerdem das Etikettieren. Die Dosen werden versandfertig in Kartons verpackt.

Aber auch innovative Verpackungstechniken werden eingesetzt. Anstelle der Farbdosen verwendet die Huber-Gruppe ein Druckfarben-Kartuschen-System. Zur Befüllung des Farbkastens stehen manuelle und mechanische Auspressvorrichtungen zur Verfügung.

Größere Mengen Druckfarbe werden, je nach Farbtyp und dem Zuführverfahren in das Farbwerk der Druckmaschine (manuell, automatische Steuerung bzw. Regelung), in Hobbocks, Fässer oder Container, abgefüllt.

Rohstoff und Fertigwarenkontrolle

Umfangreiche Kontrollen sichern den einwandfreien Lauf der Fabrikation. Soweit es sich um Rohstoffe und Zwischenprodukte handelt, wird diese Überwachung im Laboratorium durchgeführt. Für eine praxisgerechte Prüfung der fertigen Druckfarben steht dagegen eine Versuchsdruckerei zur Verfügung, die mit gängigen Maschinentypen der Druckindustrie ausgestattet ist.

Die Arbeit des Chemikers erstreckt sich auf physikalische Messungen und analytische Methoden, die in einem bestens ausgerüsteten Speziallaboratorium entweder gewichts- oder maßanalytisch, kolorimetrisch oder elektrochemisch durchgeführt werden. Dabei wird eine Reihe von Eigenschaften der Druckfarbe wie die Feinheit der Dispergierung, der Farbton, die Viskosität oder Zügigkeit bei jedem Ansatz geprüft. Andere Eigenschaften wie Glanz, Scheuerfestigkeit, Lichtechtheit und Echtheit gegenüber Füllgütern bei Verpackungen werden bei der Entwicklung bzw. Ausarbeitung des Rezepts überprüft. Diese Eigenschaften werden durch die ausgewählten Rohstoffe und Kombinationen festgelegt und sind damit konstant.

Pigmente werden auf gleichmäßigen Ausfall in Ausgiebigkeit, Reinheit, Feinheit und Echtheit an Hand des Typmusters verglichen. Die Eigenschaften

Eigenschaften der Druckfarben: Was ist durch den Hersteller vorgegeben und was kann der Drucker beeinflussen?

Parameter	Veränderbar durch		Maßnahme in der Druckerei
Verdruckbarkeit	Hersteller		
Bedruckbarkeit	Hersteller	Drucker	Bedruckstoffauswahl
Viskosität	Hersteller	Drucker	Verdünner zugeben
Zügigkeit	Hersteller	Drucker	Paste/Firnis zugeben
Wegschlagen	Hersteller		
Trocknung	Hersteller	Drucker	Trockenstoff zugeben
Farbton	Hersteller		
Farbstärke	Hersteller		
Transparenz	Hersteller	Drucker	Transparentweiß beimischen
Abriebfestigkeit	Hersteller	Drucker	Wachspaste zugeben
Scheuerfestigkeit	Hersteller	Drucker	Wachspaste zugeben
Lackierbarkeit	Hersteller		
Carbonieren	Hersteller	Drucker	Papierauswahl
Stapelfähigkeit	Hersteller	Drucker	Pudern
Siegelfähigkeit	Hersteller		
Siegelfestigkeit	Hersteller		
Blisterfähigkeit	Hersteller	Drucker	Primer aufdrucken
Kaschierfähigkeit	Hersteller		
Glanz	Hersteller	Drucker	Veredeln
Geruch	Hersteller		
Lichtechtheit	Hersteller		
Produktechtheiten	Hersteller	Drucker	Überlackieren
Wasserfestigkeit	Hersteller	Drucker	Überlackieren
Gehalt umwelt-relevanter Stoffe	Hersteller		

der Öle werden im wesentlichen durch Helligkeit, Geruch, Viskosität, Stockpunkt, Siedepunkt und Säurezahl bestimmt.

Harze, Asphalte, Peche haben einen Erweichungspunkt und sind in der Öl-Löslichkeit verschieden. Bei den Zwischenprodukten ist die Überwachung der Firnisse auf Konsistenz und Säurezahl nötig, während bei den Trockenstoffen der Metallgehalt überprüft werden muss.

Neben der laufenden Betriebskontrolle obliegt dem Laboratorium die Untersuchung eingesandter Muster. Neu auf dem Markt erscheinende Rohstoffe müssen auf ihre Eignung für die Druckfarbenfertigung geprüft werden. In der Versuchsdruckerei wird nach Beendigung der Reibgänge die fertige Druckfarbe genauestens in Bezug auf Farbton, Konsistenz und Trockenfähigkeit mit dem Standmuster verglichen. Andrucke geben Zeugnis von der Verdruckbarkeit.

Gemeinschaftsarbeit des Chemikers und Druckers sorgt dafür, dass der gesamte Fertigungsprozess peinlich überwacht wird. So ist gewährleistet, dass nur einwandfreie Erzeugnisse auf den Markt kommen. Gut ausgerüstete Forschungslaboratorien sichern eine stetige Verbesserung und Erweiterung des Fertigungsprogramms sowie die Lieferung einer verfahrensbezogenen, produkt- und bedruckstoffspezifischen Druckfarbe.

14.7 Echtheitsanforderungen

Jeder Drucker, der an seiner Offsetdruckmaschine mit laufend wechselnden Druckaufträgen zu tun hat, sollte den in seiner Maschine zur Verwendung kommenden Druckfarben ganz besondere Aufmerksamkeit schenken. Es ist nicht belanglos, ob er heute einen Prospekt druckt, morgen ein Plakat und übermorgen eine Luxusverpackung für eine teure Seife. Jedes dieser Druckprodukte sollte mit der seinem Verwendungszweck entsprechenden Druckfarbe bedruckt werden. Besondere Eigenschaften der Druckfarben haben jedoch auch ihren Preis. Eine Reklamation eines Druckauftrages ist jedoch erheblich teurer – und der Kunde ist verärgert.

Etiketten auf Farbdosen

Die Etiketten auf den Farbdosen sind vom Hersteller mit den am häufigsten in Frage kommenden Eigenschaften gekennzeichnet. Jeder Drucker sollte sich vor dem Druck das Etikett der zur Verwendung kommenden Farbe genau ansehen. Gleichgültigkeit in der Wahl der Farbeigenschaften kann eine Druckerei teuer zu stehen kommen. Man denke dabei nur an die Lackier- oder Cellophanierbarkeit der Druckfarben.

Bei schwierigen Entscheidungen - welche Druckfarbe für spezielle Druckarbeiten, unbekannte Bedruckstoffe und geforderte Echtheitseigenschaften geeignet ist - sollte man unbedingt den Druckfarbenhersteller zu Rate ziehen.

Der Fachnormenausschuss hat im Normblatt DIN 16524 „Prüfung von Druckfarben für das grafische Gewerbe" eine Reihe von Echtheitsprüfungen festgelegt, die als Grundinformation auf einem Etikett aufgedruckt sind.

Das altbekannte Etikett wird durch ein neues Etikett nach dem Euro-Standard abgelöst. Es gibt dem Drucker wichtige Angaben zu

- Bezeichnung der Farbe
- Lichtechtheit

Angaben auf dem Etikett nach dem Eurostandard

Symbol	Deutsch	Englisch	Französisch
	Licht	Light	Lumière
	Deckfähigkeit	Opacity	Opacité
M	Lösemittelgemisch	Solvent mixture	Mélangede solvants
	Alkali	Alkali	Alcali
	Trocknung: wegschlagend	Drying: by Absorption	Séchage par pénétration
O_2	oxidativ	by oxidation	par oxydation
F	kastenfrisch	duct fresh	semi-fraêche
(F)	walzenfrisch	roller fresh	fraêche

Etikett einer Offsetdruckfarbe mit Angabe von bestimmten Echtheiten

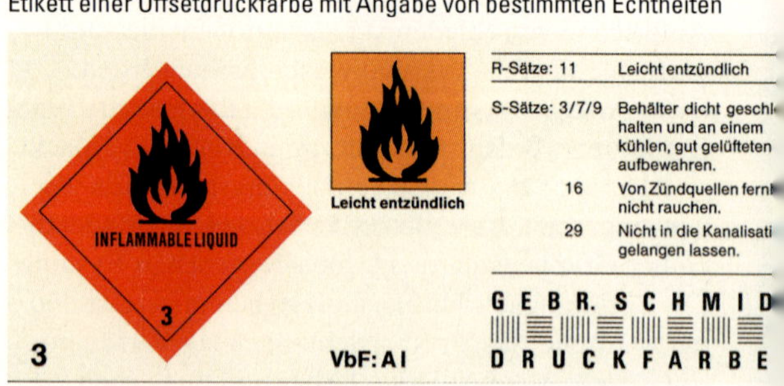

Etikett mit Gefahrensymbolen, -hinweisen und Sicherheitsratschlägen

Etikett nach dem Eurostandard

- Deckfähigkeit
- Lackierfähigkeit: Sprit, Lösemittelgemisch
- Alkaliechtheit
- Trocknungsart: wegschlagend, oxidativ trocknend,
- Verhalten in der Druckmaschine: kastenfrisch, walzenfrisch.

Lichtechtheit

Die Lichtechtheit hat eine besondere Bedeutung für Drucksachen, die in starkem Maße dem Tageslicht ausgesetzt sind, z. B. Plakate. Die Bestimmung der Lichtechtheit von Druckfarben ist in dem Normblatt DIN 16525 festgelegt und erfolgt nach der Wollskala (WS), die mit den Werten 8 bis1 eine abnehmende Lichtechtheit klassifiziert.

Die Mehrzahl aller Pigmente besitzt nur eine Lichtechtheit im Bereich der Klasse 6.

Für den Drucker ist es wichtig zu wissen, dass die meisten Pigmente durch eine Aufhellung in der Lichtechtheit abnehmen, d. h. durch die Abnahme der Farbkonzentration sind sie nicht mehr so lichtecht wie die Vollfarbe. Wenn die Forderung nach Lichtechtheit gestellt wird, ist es besser, helle Farbtöne durch Aufrastern wiederzugeben. Ein Ton als Rasterfläche mit der Vollfarbe gedruckt ist meist lichtechter als die mit einer aufgehellten Farbe gedruckte Tonfläche.

Bei einer gemischten Farbe ist es so, dass ihre Lichtechtheit grundsätzlich identisch ist mit der des bei der Mischung verwendeten geringst empfindlichen Pigmentes. So wird z. B. ein Grün, das aus Blau mit einer Lichtechtheit 7 und Gelb mit einer Lichtechtheit 4 gemischt wurde, nur die Lichtechtheit 4 haben.

Die Lichtechtheit darf nicht verwechselt werden mit der Empfindlichkeit der Druckfarben gegen Witterungseinflüsse und Abgase von Kraftfahrzeugen und Fabriken.

Lichtechtheitsklassen nach der Wollskala (WS)
- WS 8 - hervorragend
- WS 7 - vorzüglich
- WS 6 - sehr gut
- WS 5 - gut
- WS 4 - ziemlich gut
- WS 3 - mäßig
- WS 2 - gering
- WS 1 - sehr gering

Xenotestgerät zur schnelleren Bestimmung der Lichtechtheit (Abbildung: Gebr. Schmidt)

Deckfähigkeit

Die Deckfähigkeit ist die Eigenschaft einer Druckfarbe, einen andersfarbigen Untergrund mehr oder weniger gut zu (über-)decken. Bei einer vergleichenden Beurteilung muss die Schichtdicke der zu prüfenden Druckfarben gleich sein. Da das Deckvermögen wie auch das richtige Sehen der Farben vom Licht, von optischen Wechselwirkungen und dem menschlichen Sehvermögen abhängt, seien die grundsätzlichen Vorgänge nochmals kurz erläutert.

Schematisch vereinfacht soll dargestellt werden, unter welchen Bedingungen die Farbe des Bedruckstoffes sichtbar oder nicht sichtbar ist.

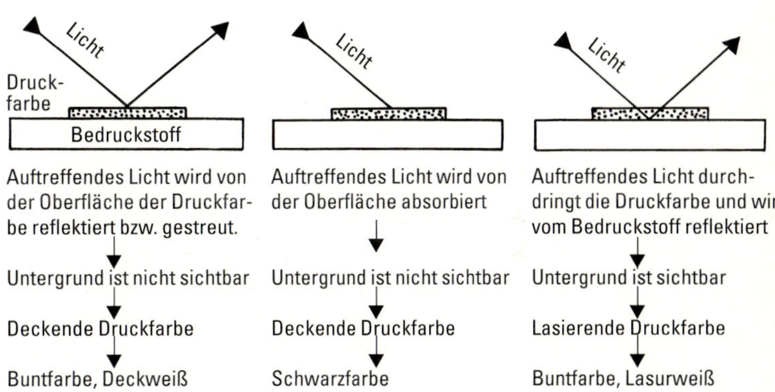

Das Deckungsvermögen ist vom Reflexions- bzw. Streuvermögen sowie vom Absorptionsvermögen der Druckfarbe abhängig.

Das Reflexions- bzw. das Streuvermögen wiederum ist abhängig von:
- der Teilchengröße der Pigmente,
- dem Anteil der Pigmente an der Druckfarbe, der Pigmentvolumenkonzentration,
- den optischen Brechzahlen der Pigmente und Bindemittel.

Bei dem Absorptionsvermögen wirkt neben den genannten Faktoren außerdem der Wellenbereich des Farbmittels entscheidend bei der Deckfähigkeit mit. Grundsätzlich gilt:
Je kleiner die Pigmentteilchen, desto besser ist das Deckvermögen. Sinkt die Teilchengröße – normal zwischen 0,1 bis 5 µm – jedoch unter einen bestimmten Wert, so verringert sich das Deckvermögen wieder: Die Farbe wird lasierend.

Bindemittel ist mehr oder weniger lasierend. Ist der Anteil der Pigmente an der Gesamtmenge hoch, so ist auch die Farbintensität höher.

Der dritte Einflussfaktor ist die Brechzahl. Das Licht wird beim Auftreffen und Eindringen in die Druckfarbe mehr oder weniger stark gebrochen. Dabei wird das Licht aber nicht nur durch Pigmente, sondern auch von den umhüllenden Bindemittelteilchen abgelenkt. Sind die Brechzahlen (Brechungsindizes) der Pigmente und des Bindemittels etwa gleich groß, so durchdringt das Licht die Farbschicht ohne große Ablenkung und wird von dem bedruckten Untergrund reflektiert. Dadurch ist der Untergrund sichtbar, die Farbe ist lasierend.

Zeigen jedoch die Brechzahlen stärkere Unterschiede, so streut das auftreffende Licht durch voneinander abweichende Ablenkungen (Brechungen) sehr stark. Es kann nicht bis zu dem Bedruckstoff durchdringen und wird von den oben liegenden Farbschichten wieder reflektiert. Der Untergrund ist also nicht sichtbar: Die Farbe ist deckend.

Auf dem bisherigen Etikett der Farbdose ist eine lasierende Farbe mit „l" und eine deckende mit „d" gekennzeichnet. Alle Zwischenstufen in der Deckfähigkeit kennzeichnet man dabei nur grob mit „ld", d. h. leicht deckend.

Alkaliechtheit

Alkaliechtheit wird oft verwechselt mit Seifen- oder Waschmittelechtheit, die für Verpackungsmaterialien der Waschmittelindustrie erforderlich ist. Die Alkaliechtheit spielt eine Rolle bei Klebstoffen sowie bei Papieren und Verpackungen, die mit alkalischen Substanzen in Berührung kommen.

Unter Seifen- oder Waschmittelechtheit ist die Widerstandsfähigkeit der Druckfarbe gegen diese Stoffe zu verstehen. Seifen und Waschmittel können alkalisch, neutral oder sauer reagieren, ferner enthalten diese Mittel oft noch ätherische Öle, die ebenfalls aggressiv auf die Farbe wirken.

Käseechtheit

Diese Echtheitsbezeichnung ist in der Regel nicht auf dem Etikett der Farbdose vermerkt. Vor der Herstellung von Drucksachen, die mit Käse oder Gewürzen in indirekte Berührung kommen (eine direkte Berührung ist durch die Bestimmungen des Lebensmittelgesetzes verboten), sollte unbedingt die Farbenfabrik zu Rate gezogen werden.

Es ist nicht möglich, Farben zu liefern, die für alle Käsesorten echt sind, Käse ist ein Gärungsprodukt. Die Gärung entwickelt – je nach Käsesorte – Säuren, Alkalien, Pilze und deren Spaltprodukte sowie teilweise auch Schwefelwasserstoff. Außerdem sind im Käse Fette, Salze und Gewürze vorhanden. Es können also für Käseverpackungen und Gewürzpackungen nur Farben geliefert werden, die bestimmten Käsesorten und Gewürzen standhalten. Die Eigenschaften einer Druckfarbe sind wohl im Farbmusterbuch der jeweiligen Druckfarbenfabrik, als auch auf dem Etikett der Farbdose vermerkt.

###Acklösemittelechtheit

Das Lackieren einer Drucksache hat u.a. den Zweck, die Scheuerfestigkeit des Druckes zu erhöhen sowie eine zusätzliche Glanzwirkung hervorzurufen. Diese Ziele sind durch verschiedene Verfahren zu erreichen.

- Drucklackierung
- Lackierung in Spezialmaschinen, ggf. mit einer zusätzlichen Kalandrierung
- Folienkaschierung.

Die Verfahren der Lackierung mit Dispersions- und Drucklacken sowie UV-Lacken werden ausführlich im Kapitel 13.10 behandelt.

Für die (Maschinen-)Lackierung werden Speziallackiermaschinen eingesetzt. Es wird, je nach dem verwendeten Lacklösemittel, Spiritus- oder Nitrolack eingesetzt. Demnach wird die Lacklösemittelechtheit der Druckfarben unterteilt in spiritusecht und nitroecht.

Diese Bezeichnungen sind, wie alle übrigen Echtheitseigenschaften, auf dem Etikett der Farbdose zu finden. Allerdings ist zu beachten: Diese Kennzeichnung auf dem Etikett sagt nur grundsätzlich etwas zu den Eigenschaften der Druckfarbe aus. Bei neuen Produkten oder in Zweifelsfällen ist unbedingt ein Test mit der vorgesehenen Druckfarbe und dem zu verwendenden Lack durchzuführen.

Mit Spirituslack lässt sich ein hoher Glanz erzielen, Nitrolack wird dagegen als Schutzlack gegen atmosphärische Einflüsse, z. B. bei Außenplakaten, eingesetzt.

Soll eine ähnliche Glanzwirkung wie beim Spirituslack erzielt werden, so ist eine Kalandrierung erforderlich. Dazu wird ein Kalanderlack auf Nitrobasis verwendet. Die Druckfarben müssen also auch in diesem Falle nitroecht sein.

Hoher Glanz und beste Scheuerfestigkeit wird durch die Folienkaschierung erreicht. Je nachdem, ob die Folie heiß oder kalt aufgebracht wird, welcher Leim verwendet wird usw., müssen bestimmte Echtheitsanforderungen an die Druckfarbe gestellt werden. Wenn für einen Auftrag eine Folienkaschierung vorgesehen ist, sollte die Druckerei vor dem Druck unbedingt mit der Kaschieranstalt Rücksprache nehmen und spezifische Anforderungen absprechen.

Maschinenlackieren mit Spirituslack

Unter Spirituslack werden Lacke verstanden, deren Lösemittel nur aus Sprit besteht, in dem Natur- oder Kunstharze aufgelöst sind. Die bloße Verdünnbarkeit mit Sprit, die auch häufig bei Nitrolacken, Nitrokombinationslacken und auch bei Kalanderlacken gegeben ist, stellt also nicht das Unterscheidungsmerkmal für die Bezeichnung Spirituslack dar. Der Ausdruck Spirituslack stellt ohnehin nicht ganz zufrieden, da lediglich das Lacklösemittel angesprochen wird und nicht der im Lack gelöste Festkörper.

Spirituslackierungen glänzen gut. Sie bilden einen geruch- und geschmackfreien Film, der auch die Scheuerfestigkeit des Druckerzeugnisses erhöht. Besonders die Kratzfestigkeit von Spirituslackierungen wurde in letzter Zeit bedeutend verbessert. Die Lackierung mit Spirituslacken wird in der Lackieranstalt meist mit der Bogen-Lackiermaschine durchgeführt. Nach dem Lackieren werden die Druckbogen durch einen Trockenkanal geleitet, in welchem das Lösemittel durch Warmluft und Infrarotbestrahlung verdampft wird. Nach Passieren eines Kühlgebläses gelangen sie zum Auslagetisch. Mit Sondervorrichtungen an der Maschine können für Klebestellen lackfreie Streifen ausgespart werden.

Voraussetzung für eine Spritlackierung ist die Unempfindlichkeit der Druckfarbe gegenüber

Äthylalkohol (Spiritus). Deshalb sind auch nur solche Drucke lackierbar, die nach DIN 16524 gegenüber diesem Lösemittel garantiert echt sind.

Die Beständigkeit gegenüber diesem Lösemittel allein garantiert jedoch nicht immer eine einwandfreie Lackierung, da unter Umständen im Lack vorhandene Weichmacher oder das Lackharz selbst die Druckfarbenpigmente anlösen können.

Unter der Bezeichnung „Lackierechtheit" ist somit nicht nur die Lacklösemittelechtheit zu verstehen, sondern das Gesamtverhalten des lackierten Druckes auch in Bezug auf Weichmacherwirkung, Verlauffehler (Inselbildung), Zusammenkleben (blocken) oder Verspröden (abplatzen).

Die Lackierechtheit der Druckfarbe kann deshalb nur vor der Auflagenlackierung durch einen praktischen Lackierversuch ermittelt werden. Besonders wichtig ist eine Probelackierung bei solchen Farben, die als „bedingt echt" charakterisiert werden. Sie bluten nur bei einer ganz sorgfältiger Lackierung unter Verwendung geeigneter Lacke nicht aus.

Die wesentlich geringere Widerstandsfähigkeit bedingt echter Druckfarben gegenüber Lacklösemitteln im Vergleich zu den lackierechten Farben ergibt sich bei der Laborprüfung nach DIN 16524: Die mit lösemittelechten Farben hergestellten Drucke werden bei einer Einwirkungsdauer des Lösemittels von fünf Minuten nicht angegriffen, während bedingt echte Farben eventuell schon nach fünf Sekunden geringfügig angelöst werden können.

Vorzugsweise werden gestrichene Bedruckstoffe, wie Chromopapier und -karton sowie Kunstdruckpapier, lackiert. Bei Papieren mit einer relativ rauen Oberfläche kann eine Vorlackierung mit Glanzdrucklack zweckmäßig sein.

Außer einer Probelackierung ist vor der Auflagenlackierung eine Blockpunktbestimmung mit einem Blockpunktprüfgerät zu empfehlen, um eine etwa vorhandene Verklebungstendenz der lackierten Drucke im Stapel auch bei höherer Außentemperatur festzustellen. Beim Blockpunkttest werden die lackierten Drucke Lackseite gegen Lackseite unter konstantem Anpressdruck belastet, wobei die Temperatur während der Prüfzeit langsam erhöht wird, bis eine feste Verklebung eintritt. Die so gemessene Temperatur dient unter den festgelegten Prüfbedingungen als Kennzahl für den Blockpunkt des betreffenden Lackes. Die Prüfung kann nur nach abgeschlossener Lacktrocknung erfolgen, damit die Verklebungsneigung bei konstanter Belastung ausschließlich in Abhängigkeit von der Temperatur registriert wird.

Als Ursache für das Zusammenkleben lackierter Druckbogen kommt entweder ein zu niedriger Erweichungspunkt des Lackharzes oder ein Anlösen des Druckfarbenbindemittels durch Weichmacher im Lack in Frage. Auch ein Ausschwitzen von Weichmacheranteilen kann die Lackoberfläche klebrig werden lassen. Diese Schwierigkeiten treten in verstärktem Maße bei dicken Lackfilmen und beim Auslegen der lackierten Drucke in hohen Stapeln auf.

In ähnlicher Weise wie der Blockpunkt lässt sich auch die Feuchtigkeitsempfindlichkeit von Spirituslackierungen prüfen. Man legt die Drucke – Lack auf Lack – zwischen wasserdurchtränktes Filtrierpapier und belastet dieses. Die Feuchtigkeit kann bei Spirituslackierungen stören, wenn Anteile des gelösten Harzes ausfallen. Dadurch entstehen noch vor dem Abtrocknen des Lackfilmes eventuell weiße, wolkige Flecken.

Maschinenlackieren mit Nitrolacken und Nitrokombinationslacken

Die Lackiertechnik bei der Nitrolackierung und der Spirituslackierung ist weitgehend identisch. Nitrolackierte Drucke weisen eine sehr gute Kratz- und Scheuerfestigkeit auf und sind daher gegenüber mechanischer Beanspruchung weitgehend widerstandsfähig. Deshalb sind Nitrolackierungen für den Oberflächenschutz von bedruckten Verpackungskartons, Etiketten, Spielkarten usw. bestens geeignet.

Als Festkörper enthalten Nitrolacke Nitrozellulose in geeigneten, teilweise sehr leicht flüchtigen Lösemitteln. In Nitrokombinationslacken sind außerdem Kunstharze und Kunststoffe gelöst.

Als Lösemittel kommen hauptsächlich Ester, Ketone, Alkohole und aromatische Kohlenwasserstoffe in Frage. Der hohe Anteil an starken Lösemitteln macht es oft möglich, diese Lacke auch mit Spiritus zu verdünnen. Da dieser Verdünner gerne verwendet wird, sollte der zu lackierende, nagelhart abgetrocknete Druck nach DIN 16524 möglichst gegenüber vergälltem Industriesprit und gegenüber einem Testgemisch von 30 Vol.% Äthylacetat, 10 Vol.% Äthylglykol, 10 Vol.% Aceton, 30 Vol.% Äthylalkohol und 20 % Vol.% Toluol beständig sein.

Für eine Nitrolackierung von Vierfarbdrucken mit Prozessfarben müssen nitroechte Skalenfarben eingesetzt werden. Ebenso wie bei der Spritlackierung ist vor der Nitrolackierung eine Probelackierung dringend zu empfehlen; vor allem dann, wenn die Druckfarben nur bedingt echt gegenüber Nitrolacklösemitteln sind. Bei einer Lackierung von bedingt echten Druckfarben müssen die Lösemittel des frischen Lackfilmes möglichst rasch im Trockenkanal der Lackiermaschine verdampft werden.

Bei Nitrolackierungen wird gelegentlich, wie bei Spirituslackierungen, eine weißliche Wolkenbildung beobachtet, die in diesem Fall durch zu schnelles Verdunsten der leichtflüchtigen Lösemittel verursacht wird. Die Löslichkeit des Festkörpers in den verbleibenden Lösemittelanteilen und Weichmachern wird dadurch überschritten, und es tritt Ausfällung ein. Weitere Lackiermängel können entstehen, wenn ungeeignete Zusätze in Lack und Druckfarbe oder zu reichlich bemessener Druckbestäubungspuder die Haftung des Lackfilmes auf der Druckfarbenschicht beeinträchtigen und der Lack deshalb nach der Trocknung abplatzt.

Die Haftung des Lackes ist auch von der Beschaffenheit des Druckträgers abhängig. Bei gestrichenen

Papieren ist dafür die Bindefestigkeit des Strichmaterials ausschlaggebend.

Maschinenlackieren und Heißkalandrieren
Druckerzeugnisse, die anschließend noch kalandriert werden, benötigt man Speziallacke, die beim Kalandriervorgang aus Glanz Hochglanz erzeugen und eine Verarbeitung auf dem Kalander aushalten.

Das Kalandern verbessert die Widerstandsfähigkeit der Lackoberfläche zusätzlich. Da im Kalanderwerk die lackierten Bogen von einer Gegendruckwalze auf eine rotierende, spiegelglanzpolierte und beheizte Stahlwalze gepresst werden, muss der Lack einen hinreichend hohen Blockpunkt und eine geeignete Zusammensetzung aufweisen, dass sich das kalandrierte Druckerzeugnis ohne Beschädigung der geglätteten Oberfläche von den Kalanderwalzen abheben lässt.

Als kalandrierecht können nur solche Farben gelten, die eine kurzzeitige Hitze auf dem Kalander unverändert überstehen, ohne sich im Lack zu lösen, darin zu migrieren, zu sublimieren oder auszublühen.

Für die Nitrolackierung mit anschließendem Heißkalandern erfordert die Zusammensetzung der Nitrokalanderlacke Druckfarben, die echt gegenüber Sprit- und Nitrolacklösemitteln sind. Druckfarben, die gegen diese Lösemittel nur bedingt echt sind, dürfen nicht heißkalandriert werden.

Die Anzahl der Druckfarbenpigmente, welche der erhöhten Beanspruchung beim Kalandern standhält, ist beschränkt, weil meistens zugleich auch eine hohe Lichtechtheit der Drucke verlangt wird. Eine Garantie für die Kalandrierechtheit einer Druckfarbe kann vom Druckfarbenhersteller auch bei den als kalandrierecht ausgewiesenen Farben nicht gegeben werden, da die Kalandrierbedingungen von Fall zu Fall verschieden sein können. Endgültigen Aufschluss über die Kalandrierfähigkeit kann nur ein praktischer Versuch geben. Hierbei ist zu beachten, dass die Druckfarbe vor der Lackierung und die Lackschicht vor der Heißkalandrierung nagelhart abgetrocknet sind. Sonst kann die Druckfarbe Lösemittel aufnehmen: Dadurch bilden sich Bläschen im Lackfilm.

Nach einer von Druckfarbenfabriken veröffentlichten allgemeinen Empfehlung wird die Heißkalandrierbarkeit eines Druckes in der Weise geprüft, dass bedrucktes und unbedrucktes Auflagenpapier mit der Maschine oder mit einem Aufziehgerät lackiert und anschließend heißkalandriert werden.

Die aufgetragene Lackmenge soll etwa 15 g/m^2 trocken betragen. Aus den Probebogen werden kreisrunde Ausschnitte mit 5,5 cm Durchmesser Lackseite gegen Lackseite zwischen Glasplatten gelegt und bei 60 ^{0}C zwei Stunden lang mit 150 g/m^2 belastet. Wenn nach dieser Zeit das bedruckte und das unbedruckte Papier keine Veränderung zeigen, ist der Druck heißkalandrierecht.

Drucke, die mit Nitrokalanderlacken lackiert werden, sollten möglichst nicht oder nur ganz knapp bestäubt werden, damit der Lack gut haftet und der bei der Heißkalandrierung erzeugte Hochglanz nicht beeinträchtigt wird.

Metallfarben können allgemein nicht heißkalandriert werden. Bei diesen Druckfarben kommt keine feste Bindung zwischen Lackfilm und dem metallhaltigen Druckfarbenfilm zustande.

Für eine Heißkalandrierung sind nur gestrichene Papiere zu verwenden, die hinreichend rupffest und elastisch genug sind, damit sie nach dem Kalandern nicht brechen. Grundsätzlich dürfen Papiere und Kartons bei der Oberflächenveredelung nicht zu stark austrocknen, da sonst bei der anschließenden buchbinderischen Verarbeitung Passerdifferenzen auftreten können. Wenn Karton nach dem Heißkalandern gerillt oder gefalzt werden soll, darf die relative Luftfeuchtigkeit im Stapel nicht unter 40 % bei 20 ^{0}C absinken.

Folienkaschieren

Durch Folienkaschierung, die qualitativ höchste Form der Oberflächenveredelung, lassen sich ein besonders wirksamer Schutz der Oberfläche und ein brillanter Hochglanz von Drucksachen erzielen. Für die Folienkaschierung stehen transparente Kunststoff-Folien wie Zelluloseacetat-, PVC- und Polypropylen-Folien sowie Zellglas zur Verfügung. Neben den hochglänzenden Sorten lassen sich auch matte oder geprägte Kunststoff-Folien einsetzen.

Kaschieren lassen sich Papiere, Kartons und Metallfolien.

Auf allen Naturpapieren haften Kaschierfolien besser als auf gestrichenen Papieren, weil sich die Folie direkt mit der Papierfaser verbinden kann.

Gestrichene Papiere glänzen dagegen nach dem Kaschieren deutlich stärker.

Drucke, die folienkaschiert werden, müssen gegenüber dem verwendeten Klebstoffmaterial „echt“ sein. Da seine Zusammensetzung nicht immer bekannt ist, sollten vorsichtshalber nur nitroechte Druckfarben verwendet und eine Probekaschierung durchgeführt werden. Dabei kann gegebenenfalls ein Abstoßen der Druckfarbe festgestellt werden.

Für die Kaschierung müssen die nicht zu frischen Drucke nagelhart durchgetrocknet und frei von Bestäubungspuder sein, andernfalls besteht die Gefahr, dass die Folie unruhig liegt oder sogar abblättert.

Abriebfestigkeit der Druckfarbe

Das moderne Verkaufsgeschehen verlangt bedruckte Verpackungen. Sie sollen Schutz für das Füllgut, Blickfang und Information für den Kunden bieten. Diese Aufgaben sind vielseitig und erfordern sinnvolles Gestalten und hohe Qualität bei der Fertigung. Dabei muss besonders die Widerstandsfähigkeit der Verpackungsdrucke gegen Abrieb berücksichtigt werden.

Die meisten Druckverfahren gestatten nur, einen Film in einer Stärke von circa 1 bis 3 µm aufzubringen. Dieser hauchdünne Farbfilm ist bei Anwendung des richtigen Druckverfahrens, geeigneter Druckfarben und des richtigen Bedruckstoffes in seiner Farbintensität ausreichend. Dabei ist zu beachten, dass Farbe und Papier aufeinander abgestimmt und Zusätze, die die Verdruckbarkeit regulieren und den Trocknungsvorgang steuern, richtig gewählt werden. Auch die grafische Gestaltung und der technische Aufbau der Verpackung können die Abriebfestigkeit positiv beeinflussen. Ebenso ist auf den geeigneten Druckbestäubungspuder Rücksicht zu nehmen.

Die fertigen Drucke und die gefüllten Packungen müssen sachgerecht gestapelt bzw. verpackt sein, um Beschädigungen auf dem Transport und bei der Lagerung zu unterbinden. Gegebenenfalls verlangt ein aggressives Füllgut besondere Vorsichtsmaßnahmen. Dazu kann auch der Schutz der Drucke durch Lackierung oder Folienkaschierung beitragen.

Bedruckstoffe
Verpackungsmaterialien, Buchumschläge und auch Prospekte, bei denen die Scheuerfestigkeit besonders wichtig ist, bestehen meist aus Karton oder Papier. Den Anforderungen des Auftraggebers entsprechend werden schwere oder leichtere, gestrichene oder ungestrichene Bedruckstoffe eingesetzt. Während die unterschiedliche optische Wirkung der einzelnen Bedruckstoffe sofort zu erkennen ist, wird eine ungenügende Abriebfestigkeit in vielen Fällen erst dann bemerkt, wenn der bedruckte Gegenstand bereits weiterverarbeitet ist oder sich schon beim Endverbraucher befindet. Der Gestalter einer Verpackung muss deshalb beachten, dass die vielerlei handelsüblichen Papiere und Kartonsorten den Druckfarben eine unterschiedliche Abriebfestigkeit verleihen.

Ein lockerer, scheuerempfindlicher Papierstrich wird durch das Bedrucken kaum wesentlich besser, denn die dünne Farbschicht reicht im allgemeinen nicht aus, den relativ dicken Papierstrich völlig zu durchdringen und zu verfestigen. Lose, abgerissene Strichteilchen wirken beim Transport oder bei der Weiterverarbeitung auf bedruckte und unbedruckte Stellen wie Schmirgel und zerstören selbst die widerstandfähigsten Druckfarben. Aus diesem Grund sind besonders für Arbeiten, die gerillt oder gefalzt werden sollen, geeignete Papiere zu verwenden, da sonst ausbrechende Papierteilchen die Scheuerfestigkeit ungünstig beeinflussen.

Auf harten, widerstandsfähigen Papieren lassen sich zwar fest haftende, kratzfeste Drucke erzielen. Scheuern die Bogen jedoch durch ungünstige Transportbedingungen aneinander, so wird die Druckfarbe von dem noch härteren gegenüberliegenden Papier beschädigt.

Die beste Abriebfestigkeit wird auf elastischen, nicht zu harten Papierstrichen erzielt, da sie einer punktförmigen mechanischen Beanspruchung in gewissen Grenzen ausweichen können. Für besonders hoch beanspruchte Drucke, wie z. B. Bieretiketten, liefern die Papierhersteller deshalb besonders abriebfeste Papiere, die ihre Festigkeit auch in feuchtem Zustand nicht verlieren.

Neben den physikalischen Eigenschaften spielt auch der chemische Aufbau der Papieroberfläche eine bedeutende Rolle für die Trocknung und Abriebfestigkeit der Druckfarbe. Saure oder wasserempfindliche Papiere verzögern unter Umständen das Durchtrocknen des Druckfarbenfilms und vermindern bei Feuchtigkeitseinfluss die Festigkeit des Papiers und der Druckfarbe.

Bei der Auswahl des Bedruckstoffes darf also nicht allein der Preis oder der optische Effekt entscheiden. Es müssen vielmehr auch die technischen Anforderungen, zum Beispiel die erreichbare Abriebfestigkeit, berücksichtigt werden.

Druck- und Trocknungsbedingungen
Nicht nur die Papierfabrik und der Druckfarbenhersteller, sondern auch die Drucker müssen ihren Teil dazu beitragen, dass der fertige Druck abriebfest wird. In der Arbeitsvorbereitung ist vor Beginn des Auflagendrucks die Trocknung der Druckfarbe auf dem bereitgestellten Papier zu prüfen. Gegebenenfalls ist ein Trockenstoff zuzusetzen. Geht die Trocknung der Farben zu langsam vor sich, so kann zuviel Bindemittel in das Papier wegschlagen. Die zurückbleibende pigmentreiche Farbschicht gibt auch nach der schließlich eintretenden Trocknung keinen so widerstandsfähigen Farbfilm wie eine normale abgetrocknete Druckfarbe.

Ähnlich wirken sich ungeeignete oder im Übermaß zugesetzte Verdünner, Pasten und andere Druckhilfsmittel aus. Druckhilfsmittel wirken keine Wunder bei ungeeigneten Bedruckstoff-Druckfarbe-Kombinationen.

Die klimatischen Bedingungen im Druckraum und in den Lagerraumen beeinflussen ebenfalls die Trocknung und sollten deshalb laufend überwacht werden.

Grafische und technische Gestaltung
Bei der grafischen Gestaltung einer Packung sind die technischen Möglichkeiten des vorgesehenen Druckverfahrens zu beachten. Farbtöne, die mit normaler Farbgebung nicht zu erreichen sind, zwingen den Drucker zur Überfärbung. Dicke Farbschichten durch das Ubereinanderdrucken mehrerer Farbflächen sollten vermieden werden.

Je nach Anordnung der einander gegenüberliegenden Farbflächen zweier Packungen in einem Großgebinde ist die Gefahr einer Beschädigung durch Abrieb größer oder kleiner. Der Grafiker sollte sich daher vorab überlegen, was beim Transport der gefüllten Packung alles geschehen kann und wie sich eine Abscheuerung möglichst klein halten lässt.

Dass bei der ästhetisch-technischen Gestaltung eines bedruckten Gegenstandes neben seiner eigentlichen Funktion auch die Beanspruchung des Materials beachtet werden sollte, wird meistens vergessen. So kommt es immer wieder vor, dass auf der Außenseite bedruckte Broschüren, Faltschachteln und ähnliche Produkte an einzelnen Punkten dicker sind als in der übrigen Fläche, da hier die Klebung oder auch die Heftmechanik (Klammern, Falze usw.) dick aufträgt. Bei schlechter Verpackung wird die gesamte Reibung von einzelnen kleinen Stellen aufgenommen. Dieser anhaltenden intensiven Beanspruchung können weder die Druckfarben noch das Papier standhalten, so dass abgescheuerte Flecken entstehen.

Füllgut, Druckbestäubung

Besonders bei pulverförmigen Produkten lässt es sich oft nicht vermeiden, dass beim Abfüllprozess Füllgutbestandteile mit den Drucken in Berührung kommen und die Scheuerfestigkeit beeinträchtigen.

Durch besondere Auswahl der eingesetzten Rohstoffe können die Druckfarbenfabriken dem Drucker Druckfarben zur Verfügung stellen, die den chemischen Einwirkungen des jeweils zu verpackenden Stoffes widerstehen. Bei der Verpackung von Lebensmitteln ist eine solche Füllgutbeständigkeit des Druckes sogar die Voraussetzung für die Zulässigkeit nach dem Lebensmittelgesetz (vgl. dazu Merkblatt über Druckfarben für Lebensmittelverpackungen).

Diese Echtheiten schließen jedoch keine Widerstandsfähigkeit gegenüber mechanischen Angriffen des Füllguts ein. Kommen harte Produkte, wie Kochsalz, auf die Außenseite einer Packung, so wirken sie wie Schmirgel und zerstören alle Druckfarben und Papiere schon bei der geringsten mechanischen Beanspruchung.

In gleicher Weise wirken Druckbestäubungspuder, die der Drucker gegen das Ablegen der frischen Bogen einsetzt. Je grobkörniger ein Bestäubungspuder ist und je mehr davon auf die Druckbogen kommt, desto geringer ist die Gefahr des Zusammenklebens der bedruckten Stapel – um so größer wird aber gleichzeitig die Empfindlichkeit der fertigen Drucke gegen eine Abscheuerung der Druckfarbe. Deshalb wird jeder Drucker versuchen, möglichst wenig Druckbestäubungspuder einzusetzen.

Weiche Puderteilchen beeinträchtigen die Scheuerfestigkeit weniger als harte, eckige, ungleichmäßige Körnungen. Auf das Bestäuben sollte man im Druck – wenn möglich – überhaupt verzichten.

Transportbedingungen

Damit die verarbeiteten Druckprodukte in einwandfreiem Zustand beim Kunden ankommen, sollen nur völlig durchgetrocknete Bogen die Druckerei verlassen. Die äußere Verpackung gibt Schutz gegen Feuchtigkeit und Staub. Einfache Umbänder erfüllen diesen Zweck nur bedingt und ermöglichen das Eindringen von Schmutz jeder Art. Die so entstehenden Schmutzschichten greifen den Druck an und können zu Beanstandungen führen.

Selbst einwandfrei staubdichte Verpackungen reichen in vielen Fällen nicht aus, um die Bogen vor den übrigen Einwirkungen beim Transport zu schützen: Stundenlanges Schütteln der Drucksachen auf dem LKW kann den härtesten Farbfilm und auch das beste Papier außerordentlich beeinträchtigen. Die Pakete oder Papierstapel müssen deshalb so fest zusammengepresst werden, dass die einzelnen Drucke nicht mehr aneinander reiben. Sofort nach der Ankunft am Bestimmungsort sollten dann die Verpackungsbänder gelöst werden, damit bei Temperatur- oder Feuchtigkeitsschwankungen gestrichene Papiere nicht zusammenkleben.

Nicht selten sind klimatische Einflüsse die Ursache für Reklamationen über abgescheuerte Packungen. Beim Transport auf den Lastwagen sind die Pakete schwankenden Klima- und Feuchtigkeitseinflüssen ausgesetzt. Die Oberfläche des Papiers verliert bei höherer Feuchtigkeit ihre Festigkeit und wird gegen Abscheuerungen äußerst empfindlich.

Prüfverfahren

Selbst unter Berücksichtigung aller Faktoren ist es bis heute nicht möglich, ungeschützten Drucken eine absolute Scheuerfestigkeit zu verleihen.

Voraussetzung für eine exakte Beurteilung ist dabei, dass die Drucke völlig durchgetrocknet sind, dass das Klima im Prüfraum konstant ist und dass sich die Drucke beim Scheuern nicht zu stark erwärmen.

Papierstaub oder andere Fremdteilchen können das Ergebnis durch Schmirgelwirkung stark verfälschen.

Ein einfaches, in Deutschland gut eingeführtes Gerät zur Prüfung der Scheuerfestigkeit ist das Prüfgerät nach *Oser*. Bedrucktes und unbedrucktes Papier wird so zwischen zwei mit Schaumgummi bezogene Scheiben gelegt, dass die zu prüfenden Seiten einander zugekehrt sind. Die obere Scheibe lässt sich mit verschiedenen Gewichten belasten und ist nicht drehbar. Die untere Scheibe wird von einem Elektromotor langsam und gleichmäßig gedreht, so dass die beiden zu prüfenden Papiere unter Druck gegeneinander reiben. Schlecht gegeneinander gleitende Prüflinge, welche von der Schaumgummiauflage nicht genügend mitgenommen werden, können mit einer Einspannvorrichtung zusätzlich festgehalten werden. Die Prüfung wird mit der Stoppuhr, z.B. über einen Zeitraum von fünf Minuten (= 300 Umdrehungen)

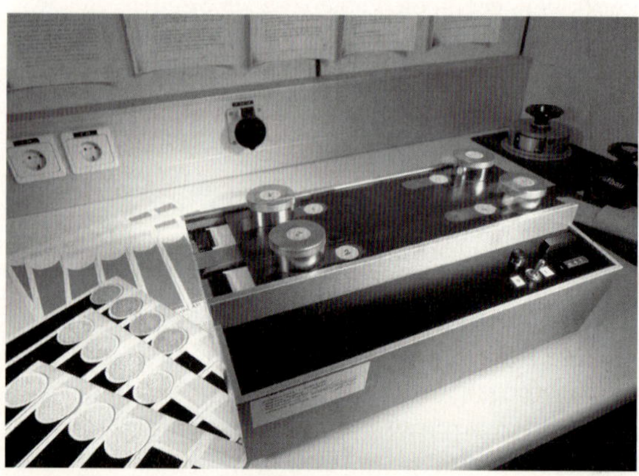

Scheuertester (Abb. Siegwerk)

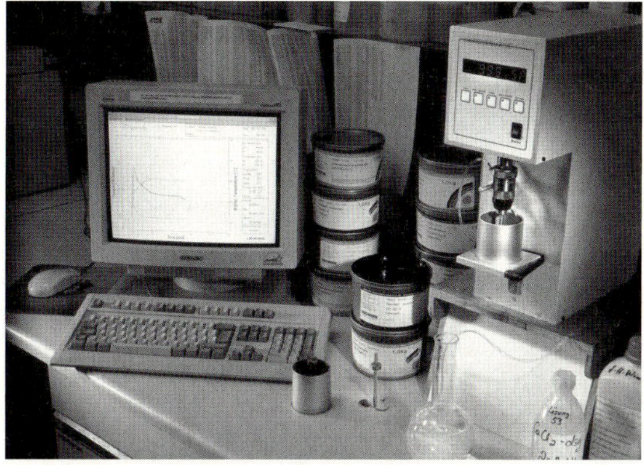

Überprüfung des Farb-/Wasserverhaltens (Abb. Siegwerk)

vorgenommen. Zur Beurteilung der Proben sind die Dauer der Scheuerung und die Belastung anzugeben.

Der *Patra-Rubproofness-Tester* ist wesentlich aufwändiger. Zwei Scheiben, die mit Schaumgummi bezogen sind, liegen aufeinander. Die obere ist halb so groß wie die untere und kann mit verschiedenen Gewichten belastet werden. Die zu prüfenden Zuschnitte haben dieselben Größen wie die Scheiben und werden gleichsinnig und mit gleicher Winkelgeschwindigkeit gedreht. Der Haltearm für die obere Probe lässt sich so schwenken, dass die beiden Prüfscheiben exzentrisch rotieren. Bei der üblichen Einstellung befindet sich die Mitte der großen Scheibe unter dem Umfang der kleineren oberen Scheibe. Dabei besitzt jeder Punkt der kleineren oberen Proben gegenüber dem unteren Zuschnitt die gleiche Relativgeschwindigkeit, so dass bei dieser Prüfvorrichtung im Gegensatz zu allen anderen Prüfgeräten auf beiden zu scheuernden Oberflächen ein homogener Abriebeffekt erzielt wird. Ein Gebläse beseitigt laufend die Reibungswärme und eventuell auftretenden Abrieb. Ein Zählwerk hält die erfolgten Umdrehungen fest. Zur Beurteilung sind anzugeben: Belastung und Prüfdauer bzw. Anzahl der Umdrehungen.

14.8 Oberflächenveredelung von Druckprodukten

Die Ansprüche an Produkte der Druckindustrie sind in den letzten Jahren deutlich gestiegen. Dies wird besonders deutlich in der geforderten hohen Qualität beim Druck von Markenartikel-Verpackungen.

Das äußere gute oder weniger gute Erscheinungsbild der Verpackung entscheidet vielfach mit darüber, ob das Produkt am Markt erfolgreich ist. Der Käufer schließt unbewusst von einer sehr guten Qualität der Verpackung auf eine ebenfalls sehr gute Produktqualität.

Aber auch an andere Druckprodukte stellen Kunde und Verbraucher hohe Ansprüche: Hochwertige Werbedrucksachen, Imagebroschüren, Geschäftsberichte, Buch- und Zeitschriftenumschläge, Ansichtpostkarten und andere Druckprodukte sind heute vierfarbig, teilweise sogar zusätzlich noch mit Sonderfarben oder Metallic-Farben gedruckt, entsprechend veredelt und verarbeitet.

Wer sich mit seinem Erscheinungsbild (Corporate Identity), seinem Produkt oder aber seiner Botschaft (Information) aus der Masse herausheben will, zeigt dies durch Ästhetik im Grafik-Design ebenso wie durch eine edle Qualität im Druck und der Druckverarbeitung.

Die Oberflächenveredelung von Druckprodukten mit verschiedenen Lacken – früher ausschließlich ein Aufgabengebiet von speziellen Lackieranstalten – ist durch neuartige Lacksysteme und der Inline-Verarbeitung im Nass-in-Nass-Druck zu einem speziellen Arbeitsgebiet der Druckereien geworden.

Für spezielle Qualitäten und Anforderungen haben aber auch Offline-Veredelungen wie das Laminieren von Glanz- oder Mattfolien, das Lackieren mit Speziallacken und Kalandrieren sowie das Folienprägen noch ihre Bedeutung.

Für Faltschachteln und andere Verpackungen gilt zur Bedürfnisauslösung bei dem Kunden aus Sicht der Werbepsychologie die sogenannte „AIDA-Formel“:

Attention → Aufmerksamkeit erregen
Interest → Wecken des Interesses am Produkt
Desire → Wunsch nach Besitzerwechsel
Action → Kauf

Funktionen der Veredelung durch Lack

Im wesentlichen sind es drei Funktionen, die mit einer Oberflächenveredelung erreicht werden sollen:

- Schutzfunktion
  Der Schutz der Oberfläche des Bedruckstoffes und der Druckfarbe gegenüber
  - mechanischen Einflüssen wie Scheuern, Kratzen oder Verschmutzen,
  - chemischen Einflüssen, z.B. durch das Füllgut oder äußere Bedingungen,
  - Feuchtigkeitseinwirkungen.
- Gestaltungsfunktion
  Erzielen optischer Effekte, z.B. matte, glänzende oder hochglänzende Bildelemente oder Flächen zur werbewirksamen Präsentation des Produktes.
- Verarbeitungstechnische Funktion
  Sicherstellen einer problemlosen Verarbeitung des Produktes, z.B. durch eine höhere und fehlerfreie Produktionsleistung in Faltschachtelabpackautomaten oder anderen Weiterverarbeitungsmaschinen durch geeignete Oberflächen des Bedruckstoffes.

Ebenso wie für den Gestalter ist es auch für den Drucker sehr wichtig zu wissen, welche Anforderungen an das Druckprodukt gestellt werden. Durch ein entsprechendes Design, die Auswahl geeigneter Materialien (Bedruckstoffe, Druckfarben, Lacke) und eine zweckgerichtete Produktion sind optimalen Voraussetzungen für die Qualität und damit auch die Kundenzufriedenheit zu erreichen.

In den Druckereien wird heute überwiegend mit wasserbasierenden Dispersionslacken (Wasserlack) und UV-Lacken, teilweise auch noch mit ölbasierenden Drucklacken, gearbeitet. Im Tiefdruck werden zudem Zwei-Komponenten-Lacke eingesetzt.

Systematik der Inline-Lacksysteme

- Physikalisch trocknende Lacksysteme
  - Dispersionslack
  - Metalleffektlack
  - Duftlack
- Chemisch trocknendes Lacksystem
  - Drucklack
- Strahlungshärtendes Lacksystem
  - UV-Lack

14.8.1 Dispersionslacke für den Bogen-Offsetdruck

Dispersionslacke werden vor allem zur Veredelung von Druckerzeugnissen im Verpackungsdruck eingesetzt. Durch den Einsatz moderner Dispersionslacke können heute unterschiedlichste Anforderungen, die an ein Druckprodukt gestellt werden, erfüllt werden. Da die Zusammensetzung der Lacke sowie die Eigenschaften und Verarbeitung von denen der Drucklacke und der Offsetdruckfarben abweichen, sind für den Drucker spezielle Bedingungen zu beachten.

Dispersionslacke sind für ein sehr breites Anwendungsgebiet einzusetzen. Dementsprechend steigen die qualitativen Anforderungen ständig. Das jeweilige Anforderungsprofil dieser Lacke hat sich nach den gewünschten Eigenschaften des Lackes, des Lackes während des Verarbeitungsvorganges und des applizierten (aufgedruckten) Lackes zu richten.

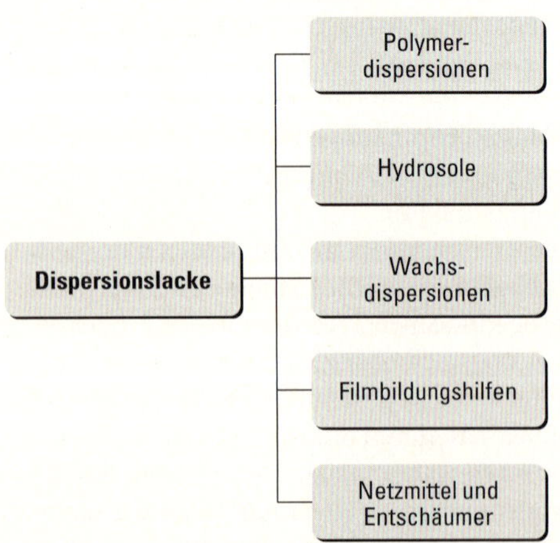

Aufbau von Dispersionslacken

Dispersionslacke sind farblose Lacke mit einem Festkörperanteil von ca. 40%, der Rest ist Wasser. Daher wird dieser Lacktyp häufig auch Wasserlack genannt. Die wichtigsten Rezepturbestandteile sind:

- Polymerdispersionen
- Hydrosole
- Wachsdispersionen
- Filmbildungshilfen
- Netzmittel und Entschäumer.

Die qualitative und quantitative Zusammensetzung der Komponenten ergibt sich aus den spezifischen anwendungstechnischen Anforderungen an den Lack. Das Ergebnis kann sein: hoher Glanz, hohe Kratz- und Scheuerfestigkeit, schnelle Trocknung, Verzicht auf ein Pudern, Geruchs- und Geschmacksfreiheit.

Einsatzbereiche

Dispersionslacke sind für verschiedenste Produkte und Einsatzbereiche geeignet. Ein wichtiger Bereich ist die Veredelung von Faltschachteln für Lebens- und Genussmittelverpackungen, da der getrocknete Lackfilm das Füllgut weder im Geruch noch im Geschmack beeinflusst.

Der Lack kann auf fast allen glatten Bedruckstoffoberflächen verarbeitet werden, z.B. Karton, Kunststoff-Folien oder Aluminiumfolien.

Besonders geeignet sind für die Verarbeitung im Offsetdruck gestrichene Kartons. Gründe dazu sind:

- Unempfindlichkeit des Kartons gegenüber Feuchtigkeit. Beim Lackieren von Papier kann das in dem Lack enthaltene Wasser die Planlage negativ beeinflussen sowie zu Formatveränderungen (Papierverzug) führen.
- Weiterverarbeitung mit wasserhaltigen Klebstoffen kann den angetrockneten Lack anlösen und so ein Verblocken verursachen.
- Beim Etikettieren von Flaschen können angelöste Lacke zu einem Zusammenkleben der sich berührenden Flächen führen.

Die Hersteller von wasserbasierten Lacken haben auf diese möglichen Probleme reagiert und liefern geeignete Lacksorten für Papiere im Akzidenz- und Etikettendruck.

Die Lacke werden hauptsächlich zur Erzielung spezieller Eigenschaften eingesetzt:

- Schutzlacke
  Schutz der Druckfarben bzw. des Bedruckstoffes gegen Verscheuern, Kratzen oder Verschmutzen. Dispersionslacke schützen außerdem die Oberfläche von Verpackungen (z. B. in der Pharma- oder Zigarettenindustrie) beim Heißsiegeln gegen die Einschlagfolie. Mit Speziallacken können Hitzebeständigkeiten bis zu 250 °C gegen Metall- oder Kunststoffwerkzeuge erzielt werden.
- Glanz- und Mattlacke
  Neben den Funktionslacken werden Verpackungen mit Glanz- bzw. Matteffekten werbewirksam gestaltet.
- Gleitfähige Lacke und Antirutschlacke
  Bei der Weiterverarbeitung der Druckerzeugnisse wird zum Teil eine erhöhte oder verringerte Gleitfähigkeit gewünscht. Die geforderte Gleitreibung kann unter Verwendung bestimmter Additive innerhalb eines breiten Bereichs eingestellt werden.
- Nassblockfeste Lacke
  Bei der Heißbefüllung von Verpackungen oder beim Leimen auf Mikrowelle kann die resultieren-

de Feuchtigkeit Verblocken an der Lackoberfläche verursachen. In diesen Fällen dürfen nur besonders nassblockfeste Lacke verwendet werden.

– Ultraschallverschweißbare Lacke
  Als weitere Spezialprodukte sind mit Ultraschall verschweißbare Dispersionslacke im Einsatz. In der Lackschicht wird die Schwingungsenergie des Ultraschalls in Wärme umgesetzt, so dass nach dem Erkalten ein homogener Verbund an den Kontaktflächen mit Papier, Karton oder Folie erzielt wird.
– Kalanderlacke
  Höchste Glanzwerte können bedruckte Bogen mit kalandrierfähigen Lacken erzielen. Im Kalander wird nach dem Lackieren unter Hitze und Druck eine hohe Oberflächenglätte erreicht.

Die Eigenschaften des getrockneten Lackfilms sind stark vom Bedruckstoff und den eingesetzten Druckfarben abhängig. Es sollte deshalb vor der Produktion ein Praxistest durchgeführt werden. Unterstützende Untersuchungen im Labor geben Hinweise darauf, welche Farben und Lacke verwendet werden können.

Vorteile

- Sehr schnelle Filmbildung
- Volle Stapelhöhen im Nass-in-Nass-Druck
- Keine oder minimale Druckbestäubung
- Sehr guter Scheuerschutz
- Guter Glanz auch im Nass-in-Nass-Druck
- Hohe Oberflächenglätte
- Kein Rupfen oder Anfärben
- Geruchfreiheit des trockenen Lackfilms
- Weitgehende Erhaltung des Metalleffekts bei Metallpigmenten
- Hohe Blockfestigkeit
- Schnelle Lacktrocknung
- Keine Gefahrenklasse bzw. Kennzeichnungspflicht
- Hohe Verarbeitungsgeschwindigkeit im Druck (bis 12.000 Druck/h)
- Keine Geruchs- und Geschmacksübertragung auf Lebensmittel
- Wasserverdünnbarkeit und Wasserwaschbarkeit
- Kein Vergilben
- Viele spezielle Anwendungsgebiete
- Gute Tiefgefrierfestigkeit von Tiefkühlpackungen
- Elastischer Lackfilm.

Nachteile

- Angetrockneter Lack lässt sich schwer entfernen. Bei Bedruckstoffen unter ca. 90 g/m^2 Probleme mit Dimensionsstabilität möglich (Etikettenpapiere)
- schwierige Kontrolle der übertragenen Lackmenge
- Verwendung von Polymerplatten oder das Aus schneiden der Aussparungen
- Bei nicht alkaliechten Druckfarben kann es zu Farbtonverschiebung kommen (eine Ausnahme ist vielfach nur das Magenta).

Lackeigenschaften	Lackverarbeitung	Lackfilm
– verarbeitungsgerechte Viskosität – Viskositätsstabilität – weitgehende Lösemittelfreiheit – in jedem Verhältnis mit Wasser zu mischen – günstige Verdünnungscharakteristik – niedrige Oberflächenspannung – hoher Festkörpergehalt – MFT 5 - 15°C – weitgehend frostständig – nicht kennzeichnungspflichtig	– geringe Schaumbildung – kein Antrocknen im Lackwerk – gute Benetzung – Pumpbarkeit – wenig Geruch – kein oder nur geringer Pudereinsatz – kein Abliegen im Stapel – niedriger Verbrauch	– Glanz – gute Scheuerfestigkeit – Elastizität – Geruchsfreiheit – hohe Blockfestigkeit (nass und trocken) – gute Heißsiegelfestigkeit – klarer Lackfilm – hohe Gleitfähigkeit – Verklebbarkeit – folienheißprägbar – hohe Filmhaftung – Vergilbungsfreiheit

Verarbeitung

Die Verarbeitung von Dispersionslacken geschieht im allgemeinen nicht mehr aus dem Wasserkasten, sondern aus speziellen Lackwerken von Offsetdruckmaschinen. Die unterschiedlichen Lackwerksysteme erfordern spezielle Lackviskositäten (Auslaufzeit im 4 mm-DIN-Becher). Dispersionslacke werden in der Regel inline Nass-in-Nass (N-i-N) appliziert.
Um höhere Schichtdicken zu erreichen, muss offline, d. h. Nass-auf-Trocken (N-a-T) lackiert werden. Die übertragene Lackmenge hängt jedoch entscheidend vom Lackiersystem ab:

- indirektes System: 2 - 4 g/m^2
- direktes System: 4 - 8 g/m^2
- Lackiermaschine (N-a-T): 8 - 20 g/m^2

Bei Lackierproblemen, wie z.B. ein Farbaufbau am Lackgummituch, Benetzungsstörungen, Krakulieren usw. stehen Hilfsmittel wie Verzögerer und Netzmittel zur Verfügung. Speziell ausgearbeitete Dispersionslacke tragen zur Lösung möglicher Probleme bei.

Trocknung von Dispersionslacken

Die Trocknung, präziser die Filmbildung der applizierten Dispersionslacke ist ein rein physikalischer Vorgang, da die enthaltenen Festkörperbestandteile chemisch nicht reaktiv sind. Dispersionslacke werden daher auch als „non convertible coatings" bezeichnet, weil die Bestandteile im gebildeten Lackfilm genau die gleichen Eigenschaften aufweisen wie vorher im flüssigen Lack.

Die Filmbildung eines Dispersionslackes verläuft nach folgendem Prinzip:

- Unmittelbar nach der Applikation sind die Polymerteilchen noch im Wasser eingebettet, das dann jedoch sehr schnell durch ein Wegschlagen in den Bedruckstoff und Verdunstung aus dem Lackfilm entfernt wird.
- Die Teilchen rücken dreidimensional zusammen. Der Kapillardruck wird dadurch entsprechend verstärkt. Unter Kapillardruck ist beispielsweise die gleiche Kraft zu verstehen, die auch zwei

Glasplatten stark zusammenhaften lässt, zwischen denen sich ein dünner Wasserfilm befindet.

Zur Verbesserung der Filmbildung tragen ebenfalls die sehr feinen Hydrosole bei, in denen die Dispersionsteilchen eingebettet werden. Je kleiner und regelmäßiger die Teilchen sind, desto besser ist generell ihre Verfilmung.

Die Filmbildung verläuft im allgemeinen auch auf nicht saugfähigem Material sehr rasch, so dass hier kurzfristig klebfreie Lackfilme erreicht werden.

Einen entscheidenden Einfluss auf die Filmbildung (Verfestigung) des applizierten Lackes hat dessen Verarbeitungstemperatur. Dispersionslacke sind auf eine Mindestfilmbildungstemperatur (MFT) zwischen + 5 und + 10 °C eingestellt.

Aus Sicherheitsgründen sollte der Lack die Raumtemperatur angenommen haben, bevor er verarbeitet wird. Ist die Mindestfilmbildungstemperatur unterschritten worden, können Benetzungs- und Haftungsstörungen auftreten.

Diese Störungen können auch auftreten, wenn vor der Auslage Luft mit Temperaturen unter 30 °C zur Trocknungsunterstützung (z.B. Luftrakel) aufgeblasen wird. Ursache ist in diesem Fall die bei der Verdunstung entzogene Wärme.

Trocknungshilfen

Umfangreiche Praxiserfahrungen sowie gezielte eigene Untersuchungen haben gezeigt, welche Parameter die Trocknung positiv beeinflussen können:

- Dispersionslacke enthalten ca. 60 % Wasser. Je besser und schneller dieses in den Bedruckstoff wegschlagen kann, desto schneller verläuft auch die Trocknung. Im Stapel wirkt sich eine saugfähige Bedruckstoffrückseite zusätzlich positiv aus, da sie aufnahmefähig für Feuchtigkeit ist.
  Probleme bei der Inline-Lackierung von z. B. folienkaschiertem Karton, die trotz Trocknungshilfen (IR-Strahler, Warmluft) auftreten, sind auf das fehlende Aufnahmevermögen des Bedruckstoffes für Wasser zurückzuführen.
- Die Trocknung des Dispersionslackes erfolgt zum überwiegenden Teil durch Wegschlagen des Wassers. Der durch Verdunstung des Wassers entstehende Anteil bei der Trocknung ist relativ gering und wird meist überschätzt.
  Eine grobe Abschätzung der Anteile lautet:
  - Wegschlagen 70%
  - Verdunstung 30%

Die Filmbildung von Dispersionslacken ist selbst dann schon weitgehend abgeschlossen, wenn noch 20-30% des Wassers im Lack enthalten sind (Immobilisationspunkt). Der Lack koaguliert, d.h. er ist nicht mehr fließfähig und damit auch fast klebfrei.

Eine Trocknungsbeschleunigung ist bei gegebenem Bedruckstoff nur dann möglich, wenn das Restwasser aus dem Lackfilm schnell verdunstet. Das gelingt jedoch nur, wenn das verdunstete Wasser auch von der Oberfläche entfernt wird. Die folgenden Methoden sind heute in der Praxis üblich:

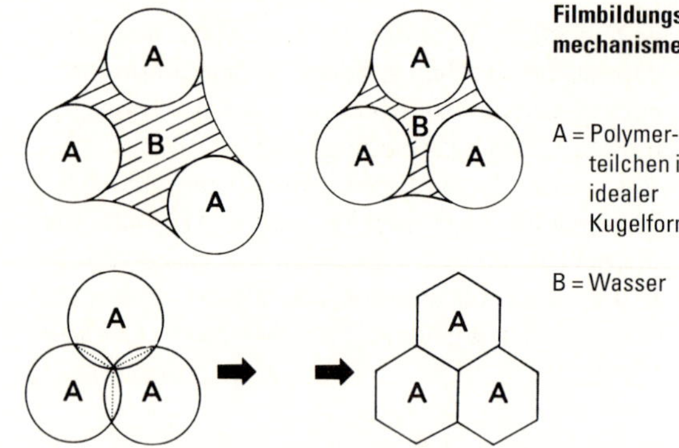

Filmbildungsmechanismen

A = Polymerteilchen in idealer Kugelform

B = Wasser

- Zur Unterstützung der Trocknung haben sich die Kombination aus Warmluftrakel und IR-Strahler bewährt. Die durch Warmluft übertragene Konvektionswärme ist in der zur Verfügung stehenden Zeit zu gering, um eine nennenswerte Wasserverdunstung hervorzurufen. Der gemeinsame Einsatz von kurz und mittelwelligen IR-Strahlern bewirkt einen schnellen Energietransfer und damit eine rasche Erwärmung von Lack und Bedruckstoffoberfläche. Die Warmluft dient bevorzugt dem Abschälen der Wasserdampf enthaltenen Laminarschicht über dem Lack, sowie deren Abtransport. Kaltluft ist ungeeignet, da durch Verdunstungskälte Störungen der Lackschicht verursacht werden können.
- Die mit Wasserdampf angereicherte Warmluft muss abgesaugt werden. Das abgesaugte Volumen sollte etwa dem der aufblasbaren Warmluft entsprechen.
- Warmluft und Leistung der IR-Strahler sind dann optimal eingestellt, wenn im Auslegerstapel folgende Temperaturen gemessen werden:
  • Papier:
  ca. 8–10 °C über Temperatur im Anlegerstapel.
  • Karton:
  ca. 10–15 °C über Temperatur im Anlegerstapel.
  Die Temperatur im Auslegerstapel muss mit einem schnell ansprechenden Messgerät gemessen werden, um die Trockneraggregate so einstellen zu können, dass die oben genannten Temperaturen nicht überschritten werden.
- Bei hohen Maschinengeschwindigkeiten ist eine verlängerte Auslage von Vorteil, da dem Lack so eine längere Trocknungszeit zur Verfügung steht. Die Installation der Trockneraggregate wird zudem erleichtert.
- Zu starke, kurzwellige IR-Strahlung kann zum Verblocken im Stapel führen, speziell bei hohen Farbschichtdicken im Druck. Besonders dunkle Farben werden stark aufgeheizt und verursachen im Zusammenhang mit dem Lackfilm „Kleben“.

Für die Trocknung ist grundsätzlich zu beachten:

- Zur Trocknung verwendete Warmluft darf die Funktion des Druckbestäubungsapparates nicht stören. Der Puderapparat sollte daher grundsätzlich im Anschluss an die Trockenzone installiert sein.

- In Maschinen, die mit einer Luftkissentrommel ausgerüstet sind, sollte häufiger der Filterkarton gewechselt werden. So kann durch die Blasluft bereits eine „Vortrocknung" erfolgen.
- Grundsätzlich sollte gerade nur so getrocknet werden, dass der Stapel klebfrei ist. Eine stärkere Energie ist ohne weitere Effizienz: Sie belastet die Umwelt und verursacht Kosten.
- Besonders Bedruckstoffe mit geringer oder gar keiner Saugfähigkeit erfordern trocknungsbeschleunigende Maßnahmen. Das Gleiche gilt auch für eine sehr hohe Farbgebung mit einer Flächendeckung über 250 %.
- Blisterlacke sollen möglichst vollständig getrocknet werden, da hier abhängig von der Masse des einzuschweißenden Gutes, hohe Lackfilmschichtdicken erforderlich sind. Zudem neigen diese Lacke, die „weichere" Filme haben als übliche Glanzlacke, im Stapel eher zum Verblocken.
- Die Kühlung von Bogen nach dem Durchlaufen der Trockenstrecke mit kalter Blasluft ist meist wenig effektiv. Wenn mit Blasluft gekühlt wird, sollte mit getrockneter Luft gearbeitet werden.
- Bei beidseitigem Lackieren sollte zwischen dem Schön- und Widerdruck eine Trockenzeit von etwa 48 Stunden eingehalten werden.

Benetzungsstörungen

Das Offsetdruckverfahren ist technisch nur möglich, weil sich Druckfarbe und Feuchtmittel bei einer bestimmten Grenzflächenspannung nicht benetzen. Vereinfacht sagte man, sie stoßen einander ab.

Werden jedoch Druckfarben Nass-in-Nass mit Dispersionslack lackiert, muss dieser Lack, der ja überwiegend Wasser enthält (ca. 60 %), die Druckfarbe trotzdem vollflächig ohne Filmstörungen benetzen.

Je kleiner der Randwinkel zwischen Dispersionslack und Druckfarbenoberfläche ist, desto besser ist die Benetzung. Bei Randwinkeln über 20^0 können Benetzungsstörungen auftreten, die als „Orangenhaut-Effekt" bezeichnet werden. Diese Störung ist bereits vorhanden, wenn der Bogen in die Auslage kommt.

Dispersionslacke auf wässriger Basis sind heute im allgemeinen so eingestellt, dass sie in der Oberflächenspannung niedriger liegen als Offsetdruckfarben, d. h. < 35 mN/m.

Schwierigkeiten entstehen bei der N-a-T-Lackierung dann, wenn sich große Mengen Spaltprodukte auf der Farboberfläche befinden. Diese reduzieren die Oberflächenspannung derartig, dass Haftungsstörungen und „Orangenhaut-Effekt" die Folge sind. In solchen Fällen müssen die Bogen gut gelüftet oder durch Korona-Oberflächenbehandlung vorbereitet werden. In der Regel handelt es sich dabei jedoch um Ausnahmefälle, z. B. wenn partiell Farbbelegungen von ca. 300 % Flächendeckung vorliegen.

Krakulieren, Krakelure

Wird Dispersionslack N-i-N auf Drucke mit einer sehr hoher Farbbelegung (ca. 300 %) lackiert, können während der Filmbildung Spannungsrisse entstehen. Diese zeigen das Muster der Glasuren antiker Vasen und werden daher als Krakelure oder auch abgewandelt als Eigenschaft Krakulieren bezeichnet.

Das Krakelure tritt nicht unmittelbar auf, nachdem der Bogen in die Auslage kommt, sondern oft erst nach > 20 Sekunden. Es handelt sich um eine Filmbildungsstörung, die durch geeignete Filmbildungshilfsmittel unterbunden werden kann.

Dimensionsstabilität von Bedruckstoffen

Den größten Anteil haben Dispersionslacke bei der Produktion von Faltschachteln. Dabei wird fast ausschließlich Karton als Bedruckstoff eingesetzt. Außerdem werden jedoch auch metallisierte Papiere und Etikettenpapiere – meist inline N-i-N – lackiert.

Ein großes Problem ist die mangelhafte Dimensionsbeständigkeit des Bedruckstoffes Papier bei Feuchtigkeitseinfluss. Im Lack ist reichlich Wasser enthalten. Bedruckstoffe, die für eine Dispersionslackierung eingesetzt werden, sollten daher eine flächenbezogene Masse von ca. 90 g/m² nicht unterschreiten. Schon in diesem Bereich kann es bei empfindlichen Papieren zum Tellern oder zur Randwelligkeit kommen. Eine vorhergehende Prüfung der Bedruckstoffe ist daher unerlässlich.

Trocknung, Scheuerfestigkeit

Dispersionslacke sind in der Trocknungsgeschwindigkeit im allgemeinen so eingestellt, dass sie im Stapel bei üblicher Nassfilmschichtdicke klebfrei sind. Dennoch ist bei sehr hoher Farbbelegung im N-i-N-Druck eine leichte Druckbestäubung – bevorzugt mit Stärkepuder – erforderlich. Die Scheuerfestigkeit lackierter Produkte ist erheblich vom Bedruckstoff und der übertragenen Lackmenge abhängig. Sie wird durch Puder reduziert. Die Prüfung der Scheuerfestigkeit sollte erst 48 Stunden nach dem Druck erfolgen.

Vermeidung des Antrocknens während der Verarbeitung

Einerseits sollen Dispersionslacke im Stapel möglichst rasch einen klebfreien Film bilden. Andererseits dürfen sie im Applikationssystem nicht antrocknen. Die Einstellung der Trocknungszeit ist somit ein wesentliches Qualitätsmerkmal eines Dispersionslackes. Maschinentechnisch kann dem Antrocknen wie folgt entgegengewirkt werden:

- Der Lack wird im Kreislauf gepumpt.
- An den Walzenrändern wird Wasser aufgetropft.
- Bei indirekten Systemen werden an den Schöpf- und Dosierwalzen einfache Rakel und Rollrakel angebracht.

Während des Drucks sind jene Stellen besonders zu beachten, an denen kein Lack abgenommen wird, also vor allem an den Druckplattenrändern. Baut Lack dort auf, so muss alsbald gewaschen werden. Andernfalls können Schwierigkeiten durch angetrockneten Lack entstehen. Ebenso besteht die Gefahr des Trockenlaufens bei großflächigen Aussparungen.

Beim Einrichten sollte die Maschine nur im Vorrücken betätigt werden, da sich bei häufigem Vor- und Rücklauf eine Schaumwulst bildet, die auf Gummituch und Druckzylinder gelangt und zum Ankleben von Bogen führt.

Maschinenstillstandzeiten, Waschmittel
Längere Stillstandzeiten während des Lackierens sind zu vermeiden. Bei kurzem Maschinenstillstand ist das Gummituch leicht mit Verzögerer einzusprühen, bei längeren Unterbrechungen müssen Druckplatte und Gummituch umgehend gereinigt werden.

Der Reinigungsaufwand kann reduziert werden, wenn das zum Waschen verwendete Wasser ein geeignetes Walzenreinigungsmittel enthält. In konzentrierter Form können mit dieser Lösung selbst angetrocknete Lackreste entfernt werden.

Moderne Applikationssysteme enthalten meist Einrichtungen, die eine manuelle Reinigung vereinfachen, z. B.:

- Wassersprüheinrichtungen
- Vor Maschinenstillstand laufen nach dem Abstellen der Druckwerke noch einige Bogen durch den Lackapplikator, um den Lack zu entfernen.
- Es dürfen keinesfalls übliche Waschmittel, die Benzin, Petroleum, Terpentin oder ähnliche Stoffe enthalten, verwendet werden.

Entsorgung von Dispersionslacken und Dispersionslack enthaltenden Abfällen

Grundsätzlich sind die geltenden gesetzlichen Vorschriften zu beachten.

- Dispersionslacke dürfen nicht in Abwasserkanäle eingeleitet werden. Das gilt auch für alle Rückstände und Wasser, das zur Reinigung von Lackwerken und dazugehörenden Anlagen verwendet wurde.
  Dispersionslacke gehören zur Wassergefährdungsklasse 1 (WGk 1). Die besondere Verfahrensweise ist jeweils mit den örtlichen Behörden zu klären. Üblicherweise darf nur nach Abtrennung der Festkörper und nach Neutralisierung auf pH 7 in die Kanalisation eingeleitet werden.
- Lackreste und Rückstände sind als Sondermüll zu entsorgen.
- Lackreste sollten nicht in Neulieferungen eingemischt werden. Je nach Zustand der Reste können Probleme durch angetrockneten Lack oder Unverträglichkeiten und Ausflockungen entstehen.
- Wird mit Lösemitteln oder Spezialmitteln gereinigt, sind die für diese Produkte angegebenen Gefahrens- und Sicherheitshinweise zu beachten.

Ausführliche Informationen bieten die betreffenden Broschüren der Berufsgenossenschaft Druck und Papierverarbeitung, Wiesbaden.

14.8.2 Metalleffektlack

Eine Sonderform in der Oberflächenveredelung im Offsetdruck bilden pigmentierte Farben auf Wasserbasis. Es handelt sich um die von der Huber-Gruppe patentierten Acrylac Gold- und Silberdruckfarben. Mit diesen speziellen Farben können über Lackwerke (Module) in Offsetdruckmaschinen im Inline-Verfahren Metallglanzdrucke mit hervorragender Brillanz hergestellt werden.

Die sehr hohe Brillanz wird durch Verwendung speziell entwickelter Metallpigmente auf geeigneten Bedruckstoffen erzielt.

In Acrylac Gold basieren die Metallpigmente auf Messingschliff, in Acrylac Silber und Acrylac Alu-Gold auf unterschiedlichen Aluminiumpigmenten.

Zur Erzielung des Goldtones bei Acrylac Alu-Gold werden hochlasierende und farbstarke Buntpigmente mit verwendet.

Im Bindemittelaufbau und der Rezeptur entsprechen diese Metallfarben den Dispersionslacken, daher sind auch die Druckeigenschaften ähnlich. Sie trocknen ebenfalls durch Wegschlagen und Verdunsten des Wasseranteils.

Während des Trocknens kommt es aufgrund der speziell eingestellten Verträglichkeit zwischen Bindemittel und Metallpigment zu einer optimalen planparallelen Ausrichtung der winzigen Metallplättchen, die den hervorragenden Glanz bewirkt.

Die Verarbeitung im Lackwerk erfordert fotopolymere Lackdruckplatten sowie zur exakten Dosierung der Farbmenge eine Rasterwalze mit einem Kammerrakelsystem.

Acrylac Gold und Silber werden als Zwei-Komponenten-System geliefert, bestehend aus einer Pigmentpaste und dem Bindemittel. Diese beiden Komponenten sind mindestens ein Jahr lagerfähig. Vor dem Einsatz ist durch intensives Rühren mit einer Maschine eine glatte, homogene Masse aus beiden Komponenten herzustellen. Diese Masse bleibt ca. acht Wochen verarbeitungsfähig. Auch hier sind die Hinweise des Herstellers zu beachten.

Acrylac Gold- und Silberdruckfarben werden auch als Ein-Komponenten-System angeboten. Eine Verarbeitung sollte auch innerhalb von acht Wochen erfolgen, da danach ein Brillanzverlust nicht ausgeschlossen werden kann.

Acrylac Alu-Gold wird nur als Ein-Komponenten-System druckfertig geliefert und ist ebenfalls innerhalb von acht Wochen zu verarbeiten.

Vor jedem Einsatz ist es erforderlich, unbekannte Systeme aus Bedruckstoff – Druckfarbe – Metalleffektfarbe für eine störungs- und fehlerfreie Inline-Produktion und den vorgesehenen Einsatzbereich zu prüfen.

Acrylac Gold- und Silberdruckfarben zeigen z.B. auf Getränkeetiketten eine Laugendurchdringbarkeit. Laugenfestigkeit wie bei Offsetdruckfarben ist jedoch nicht gegeben, da das wasserbasierte Bindemittel in der Weichlauge vollständig in Lösung geht. Eingesetzte Aluminiumpigmente lösen sich in der Waschlauge auf. Andere anwendungstechnische Hinweise sind aus den technischen Informationen des Herstellers zu entnehmen.

Auf eine sachgerechte Lagerung angesetzter Metallfarben und Entsorgung ist besonders zu achten.

14.8.3 Duftlacke

Für diese spezielle Veredelung mit Duftlack werden in einen Dispersionslack mikroverkapselte Duftöle eingearbeitet. Nach dem flächigen Druckauftrag des Lackes ist kaum ein Geruch wahrzunehmen. Erst wenn man z.B. mit dem Finger oder Handballen leicht über die lackierte Fläche streicht, werden die Mikrokapseln zerdrückt und das Duftöl freigesetzt. Dabei nimmt nicht nur das lackierte Motiv auf dem Druckprodukt den Geruch an, sondern ein Teil des Öls wird auch auf die Haut übertragen. Dadurch ergeben sich typische und individuelle Wechselwirkungen zwischen der Haut und dem Parfümöl.

Die gewünschten Duftstoffe lassen sich fast beliebig für eine bestimmte Aufgabe oder eine Assoziation (Motiv – Duft) variieren. Nicht geeignet sind jedoch Duftstoffe, die Emulgatoren, niedrig siedende Lösemittel enthalten oder wasserlöslich sind.

Für das Arbeiten mit Duftlack ist grundsätzlich zu beachten:
- auf vorgedruckte Bilder ergibt der Druck von Duftlack eine gewisse mattierende Wirkung,
- die mit dem Drucklack versehene Seite ist so positionieren, dass die Belastung der Mikrokapseln so gering wie möglich gehalten wird, um ein vorzeitiges Platzen zu vermeiden. Dies gilt beispielsweise dann, wenn der Duftlacke auf die Außenseite eines Umschlages gedruckt wird.

Anwendungsmöglichkeiten

Duftlacke können über das Farbwerk im Bogen- wie auch im Rollen-Offsetdruck (Heatset und Coldset) übertragen werden. Dabei wird grundsätzlich das letzte freie Druckwerk eingesetzt. Eine Zerstörung der Kapseln ist dabei jedoch nicht ganz auszuschließen. Die beste Übertragung bieten in Bogen-Offsetdruckmaschinen jedoch separate Dispersionslackwerke. Wegen der Konstruktion dieser Lackwerke ist die geringste Geruchsentwicklung zu erwarten. Da der Duftlack keinen Hochglanz hat, kann – wenn erforderlich – normal gepudert werden.

14.8.4 Veredelung mit Drucklacken

Die ersten Lacke auf dem Markt, mit denen bedruckte Oberflächen veredelt werden konnten, waren ölbasierte Drucklacke. Diese haben den Vorteil, dass sie prinzipiell wie konventionelle Offsetdruckfarben in der Druckmaschine zu verarbeiten sind. Ihre Bedeutung hat in den letzten Jahren jedoch erheblich abgenommen.

Der Aufbau der Drucklacke ist den Bindemitteln von Offsetdruckfarben sehr ähnlich; prinzipiell fehlen lediglich die Pigmente. Ein wesentlicher Unterschied besteht jedoch in der qualitativen Auswahl der Rohstoffe.

Drucklacke müssen einen hochtransparenten Film mit geringer Eigenfärbung bilden. Das bedingt, dass alle verwendeten Rohstoffe dieser Anforderung entsprechen müssen. Zudem dürfen sich die einzelnen Rohstoffe im applizierten Lackfilm nicht oder nur noch geringfügig farblich verändern. Durch diese Bedingungen wird die Auswahl erschwert und die Anzahl der geeigneten Produkte eingeschränkt.

Aufbau

Die wichtigsten Rezepturbestandteile sind:
- Hartharze
- Alkydharze
- vegetabile, trocknende Öle (Pflanzenöle)
- Mineralöle
- Trockenstoffe (Sikkative)
- Hilfsstoffe (z. B. Wachse).

Charakteristisch für Drucklacke ist der hohe Festkörperanteil von ca. zwischen 60 und 80 % und die überwiegend chemische Trocknung.

Verarbeitung, Vor- und Nachteile der Drucklacke

Drucklack wird sowohl zur Veredelung von Papierals auch Kartonoberflächen angewendet.

Für die Übertragung, die sogenannte Applikation, auf den Bedruckstoffe sind normale Offsetdruckplatten einzusetzen, mit der der Lack passgenau auf die gewünschte Fläche gedruckt werden kann. Daher ist diese Technik beispielsweise für Anwendungen mit Aussparungen in der zu lackierenden Fläche oder für Spotlackierungen vorteilhaft.

Vorteile
- Besondere Echtheiten der Druckfarben, z. B. Nitro- und Alkaliechtheit, sind nicht erforderlich.
- Nur eine geringe oder gar keine Umrüstung der Druckmaschine
- Verarbeitung wie übliche Offsetdruckfarben
- Weitgehend Einsatz gleicher Hilfs- und Waschmittel wie bei den gewohnten Offsetdruckfarben
- Keine Lackannahmeprobleme sowohl beim Nass-in-Nass-Druck als auch Nass-auf-Trocken-Druck
- Hohe Flexibilität des Lackfilms und somit keine Probleme beim Rillen und Falzen von Verpackungen
- Infolge guter Haftung auch sehr gute Tesafestigkeit
- Keine Probleme beim Aussparen, z. B. von Klebstellen
- Keine Lösemittelemission
- Der Bedruckstoff bleibt dimensionsstabil, daher ist auch die Drucklackierung von Bedruckstoffen mit niedriger flächenbezogener Masse (< 90g/m^2) möglich.

Nachteile
- Im Vergleich zu Dispersionslacken eine langsame Trocknung
- Ohne Bestäubung ein Verkleben oder Blocken im Stapel
- Geringe Lackschichtdicke und daher relativ geringer Glanzeffekt

- Bei Verpackungen nur mit speziellen Dispersions- und Hotmelt-Klebern zu verkleben.
- Mögliche Geruchs- und Geschmacksbeeinflussung von Lebensmittel-Füllgütern im Sinne der DIN 10955 (sensorische Prüfungen von Packstoffen und Packmitteln für Lebensmittel)
- Eine Vergilbung ist nicht ganz zu vermeiden.

Trocknung der Drucklacke

An Lacke wird nicht nur die Forderung gestellt, dass sie mechanisch stabile, klebfreie Filme bilden. Wichtig ist zudem, dass der Vorgang dieser Filmbildung in einem vertretbaren Zeitraum stattfindet.

Der Mechanismus der Trocknung von Drucklacken ist ein komplexer Vorgang, der insgesamt in mehreren Stufen abläuft. Grundsätzlich muss zwischen dem physikalischen und dem chemischen Teil des Trocknungsablaufes unterschieden werden.

Physikalische „Trocknung", das Wegschlagen

Werden makromolekulare Harze in Mineralöl aufgelöst, entstehen Molekülknäuel, die Mineralöl etwa in der Form enthalten, wie ein Schwamm Wasser.

Die Mineralöl enthaltenden Makromolekülknäuel sind umgeben von „freiem" Mineralöl und den weiteren Lackbestandteilen. Wird der Lack auf einen Bedruckstoff aufgetragen, kann unmittelbar danach „freies" Mineralöl in Kapillaren an der Oberfläche eindringen, nicht aber ein Molekülknäuel (Phasentrennung).

Der Lack verarmt an freiem Lösungsmittel, so dass die Knäuel letztendlich dreidimensional in Kontakt kommen und verschmelzen. Dabei entsteht eine Gelstruktur, die bereits eine Vorstufe zum Wechsel des Aggregatzustandes flüssig/fest darstellt und weniger klebrig ist als der Lack vor diesem als Wegschlagen bezeichneten Vorgang. Die für das Wegschlagen benötigte Zeit hängt weitgehend auch von der Saugfähigkeit des Bedruckstoffes ab.

Das Wegschlagen ist demzufolge ein rein physikalischer Prozess, der nach einigen Minuten bereits abgeschlossen ist. Ein intensives Durchtrocknen erfolgt jedoch erst durch die sehr langsam ablaufende chemische Trocknung.

Chemische Trocknung

In vegetabilen Ölen und Alkyden mit Doppelbindungen in ihren Fettsäuren sind die Voraussetzungen für chemische Reaktionen mit Luftsauerstoff gegeben. Ursache dazu sind Systeme mit Doppelbindungen, die im Molekül energiereicher sind als solche mit Einfachbindungen. Das heißt, dass bei einer Reaktion, die zu Molekülen mit Einfachbindungen führt, Energie frei wird. Da sowohl die trocknenden Öle als auch die genannten Alkydharze ungesättigte Fettsäuren enthalten, können mit Sauerstoff aus der Luft Reaktionen ablaufen. Besondere Nebenreaktionen ergeben sich dann, wenn dieser Ablauf durch Trockenstoffe (Sikkative) beeinflusst wird.

Während der oxidativen Trocknung von Alkyden und trocknenden Ölen laufen zusätzlich zu den Reaktionen an Doppelbindungen auch Nebenreaktionen ab, die u. a. Fettsäureketten abbauen. Derartige Reaktionen werden meist mit der Bildung von Peroxidsäuren eingeleitet, die nur in der Anfangsphase der Trocknung gebildet werden. Letztlich entstehen durch den Abbau niedermolekulare Ketone, Aldehyde, Carbonsäuren und deren Hydroxylverbindungen. Ihre Bildung wird im Trocknungsablauf als Degradation bezeichnet.

Gerade aber diese Spaltprodukte können z.B. in Wechselwirkungen mit dem Bedruckstoff Probleme bereiten, denn sie enthalten oder bilden chromophore Gruppen, wie z. B. Ketone oder Diketone, die für die Kontaktvergilbung (auch Rückseitenvergilbung genannt) verantwortlich sein können.

Kontaktvergilbung (Rückseitenvergilbung)

Unter einer Kontaktvergilbung versteht man die partielle Vergilbung der Papierrückseite an den Stellen, wo der Druck mit der unbedruckten Papierseite Kontakt im Stapel hatte.

Häufig wird die Kontaktvergilbung mit dem Geistereffekt, d.h. dem Matt-/Glanz-Effekt verwechselt, bei dem sich der Schöndruck im Widerdruck markiert.

Ursache für die Kontaktvergilbung ist eine Wechselwirkung zwischen den bei der oxidativen Trocknung von Offsetdruckfarben und Öldrucklacken zwangsläufig entstehenden Spaltprodukten und dem Papierstrich. Dringen die leicht gelblich gefärbten, flüchtigen Spaltprodukte im Stapel in die unbedruckte, gestrichene Bedruckstoffoberfläche ein, werden sie durch Adsorption im Strich festgehalten. Die Vergilbung kann sowohl durch die Eigenfärbung der Spaltprodukte als auch durch eine chemische Veränderung der optischen Aufheller und Bindemittel im Papierstrich entstehen.

Das Ausmaß der Vergilbung ist stark abhängig von der Strichzusammensetzung eines Papiers. Während bei einer bestimmten Papierqualität eine sehr starke Verfärbung auftritt, ist bei einem anderen Papier nahezu keine Vergilbung zu erkennen.

Die Intensität dieser Verfärbung ist auch von der Quantität und Qualität der Spaltprodukte abhängig und damit auch von der Rezeptur der Druckfarbe.

Offsetdruckfarben mit „Frischbleibeeffekt" neigen den Erfahrungen nach stärker zur Kontaktvergilbung.

Infolge unterschiedlicher Produktionsbedingungen (u.a. Farb-/Lackschichtdicke, Trocknungsbedingungen) muss eine Verfärbung nicht bei jedem Auftrag auftreten und kann sogar innerhalb einer Auflage erheblichen Schwankungen unterliegen.

Kontaktvergilbung mit letzter Sicherheit und in allen Fällen zu vermeiden, ist derzeit nur mit nicht oxidativ trocknenden Druckfarben (z.B. geruchsarme Farben) möglich. Diese sind jedoch in manchen Fällen den Anforderungen bezogen auf den Glanz und die Scheuerfestigkeit nicht gewachsen.

Die nachfolgenden Vorschläge beinhalten Maßnahmen zur Vermeidung oder Verringerung des Effekts:

- Zur Reduzierung der Druckfarbendichte sollten schwere Sujets in Farbbildern mit einer Unterfarbenkorrektur (UCR) reproduziert werden. Die bei der oxidativen Trocknung anfallenden Spaltprodukte sind dadurch quantitativ zu reduzieren.
- Auf Zusätze zur Druckfarbe, speziell Trockenstoffe, sollte generell verzichtet werden.
- Günstig wirkt sich ein Belüften der Stapel aus. Dadurch lassen sich Spaltprodukte entfernen.
- Im Falle einer reinen Oberflächenveredelung ist Dispersionslack (Speziallack für Papier) der Vorzug vor Öldrucklacken zu geben.
- Auf „frischbleibende" Offsetdruckfarben sollte verzichtet werden. Diese sind zwar nicht allein die Ursache der Kontaktvergilbung, können jedoch das Risiko erhöhen. (Anmerkung: Dieser Effekt war bereits lange Zeit der Einführung frischbleibender Druckfarben bekannt.)

Vergilbung gedruckter Lackfilme

Während der oxidativen Polymerisation entstehen nicht nur gefärbte Spaltprodukte, sondern zudem auch gefärbte Verbindungen im Lackfilm.

Dadurch wird nicht nur der Weißgrad des Bedruckstoffes gemindert, es können sogar Farbtonverschiebungen von darunterliegenden Farben resultieren, die zu Beanstandungen führen.

Geruchsbildung, Geschmacksbeeinflussung

Empfindliche Füllgüter wie Teigwaren, Schokolade, Tabakwaren u. a. können durch Spaltprodukte der oxidativen Trocknung im Geschmack und im Geruch verändert werden. Zur Herstellung von Faltschachteln für derartig empfindliche Lebens- und Genussmittel sollte aus Gründen der größeren Sicherheit auf die Verwendung von Drucklack verzichtet werden. Dispersionslacke auf wässriger Basis sind hier in jedem Fall vorzuziehen.

Im Einzelfall kann die Beeinflussung des Füllgutes durch den Lack nach DIN 10955 (Prüfung von Packstoffen und Packmitteln für Lebensmittel mit dem Robinson-Test) geprüft werden.

Oxidativ trocknende Drucklacke und -farben, die scheuerfeste Filme bilden sollen, müssen dem Mechanismus ihrer Trocknung zufolge zwangsläufig Spaltprodukte absondern, die unter den genannten Bedingungen das Füllgut beeinträchtigen können. Es gibt kaum eine Möglichkeit, die zu Spaltprodukten führenden Nebenreaktionen zu unterbinden.

Glanz- und Matteffekte

Diese auch heute noch immer wieder im Fortdruck auftretenden Effekte (Geistereffekte) können entstehen, wenn ein Bedruckstoff beidseitig mit oxidativ trocknenden Farben und Lacken bedruckt worden ist. Das Druckbild des Schöndruckes markiert sich auf der nachfolgend bedruckten Widerdruckseite.

Modell 1

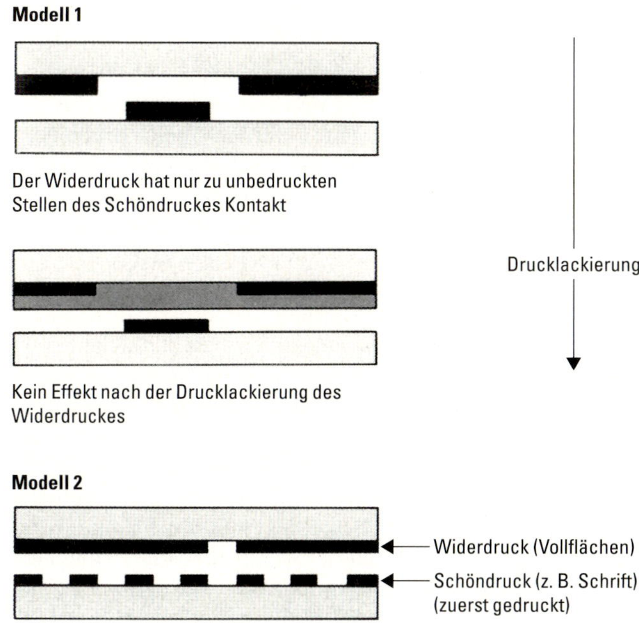

Der Widerdruck hat nur zu unbedruckten Stellen des Schöndruckes Kontakt

Kein Effekt nach der Drucklackierung des Widerdruckes

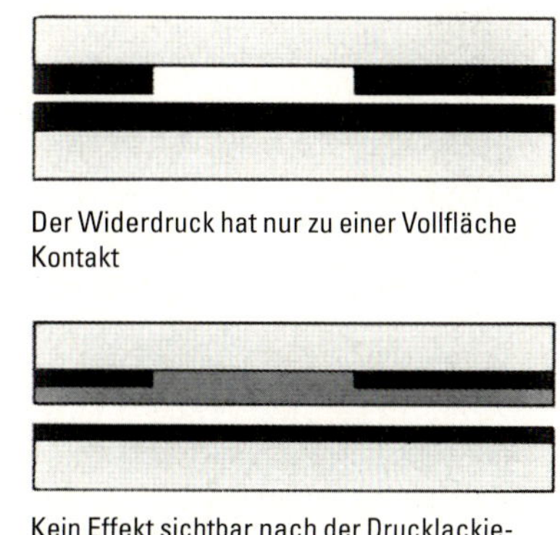

Der Widerdruck hat nur zu einer Vollfläche Kontakt

Kein Effekt sichtbar nach der Drucklackierung des Widerdruckes

Modell 2

Der Schöndruck zeichnet sich im Widerdruck ab, d. h. Matt- oder Glanzeffekte nach dem Drucklackieren

Glanz- und Matteffekte entstehen bei folgenden Bedingungen und Wechselwirkungen:

- Die Farben des Widerdruckes müssen im Stapel mit bedruckten und unbedruckten Partien der Schöndruckseite kontaktiert sein (Vollfläche im Widerdruck und Schrift auf der Schöndruckseite).
- Je dunkler die Farbe der Vollflächen, desto besser werden die Effekte sichtbar.
- Strichzusammensetzungen und das Adsorptionsvermögen des Bedruckstoffes spielen eine Rolle.
- Ist die Zeit zwischenSchön- und Widerdruck kurz, so dass der Schöndruck noch nicht durchgetrocknet ist, können auf der Oberfläche des Widerdruckes Matteffekte auftreten (je frischer der Farb- oder Lackfilm, desto höher dessen Adsorptionsvermögen).
- Bei größeren Zeiträumen können Glanzeffekte auftreten. Trockene Farb- und Lackfilme haben fast immer ein geringeres Adsorptionsvermögen als der Strich des Bedruckstoffes.
- Die Effekte treten häufig erst dann auf, wenn eine im Widerdruck gedruckte, trockene Druckfarbe in einem zweiten Durchgang nochmals bedruckt oder lackiert wird. Die Gefahr besteht jedoch auch bei einem einfarbigen Druck der Rückseite. Besonders empfindlich reagieren auch hier dunkle Farbtöne.
- Druckfarben und -lacke müssen oxidativ chemisch trocknen, nachdem die beschriebene Phasentrennung stattgefunden hat.
- Bereits vor dem Widerdruck kann die Bedruckstoffoberfläche durch adsorbierte flüssige und gasförmige Spaltprodukte der Farben des Schöndruckes partiell beeinflusst werden. Nach erfolgtem Widerdruck können sich derartige Stellen durch verändertes Wegschlagen im Druckbild markieren.
- Mechanismus
  Wird z. B. in einem zweiten Durchgang Farbe oder Lack auf bereits getrocknete Farbe des Widerdrucks gedruckt, laufen wie üblich Phasentrennung und oxidative Trocknung in Kombination ab. Da die Saugfähigkeit des Bedruckstoffes durch vorgedruckte Farbe bereits unterbunden ist, können weder flüssige noch flüchtige Bestandteile wegschlagen. Es bilden sich Ansammlungen auf der Oberfläche, die im Stapel unmittelbaren Kontakt zum Schöndruck haben. Liegt eine Konstellation wie im Modell 2 (vorherige Seite) gezeigt vor, können sich diese Bestandteile dort kaum verflüchtigen, wo sie direkten Kontakt zur Farbe des Schöndrucks haben. An unbedruckten Stellen des Schöndruckes ist die Adsorption der flüssigen Bestandteile und der Spaltprodukte der oxidativen Trocknung möglich. Die Oberfläche des Widerdrucks wird dadurch im Verlauf der Trocknung unterschiedlich beeinflusst, was zu Glanzunterschieden führt. Ob die Strukturunterschiede der Oberfläche des Widerdruckes zu Glanz- oder Matteffekten führen, ist von dem zwischen Schön- und zweitem Widerdruck liegendem Zeitraum abhängig. In der Mehrzahl der Fälle ist dieser Zeitraum so bemessen, dass der Schöndruck getrocknet ist und Glanzeffekte bevorzugt auftreten.

Haben sich jedoch bereits Matt-/Glanzeffekten gebildet, kann oft nur eine zusätzliche Lackierung mit Dispersionslack oder eine Folienkaschierung helfen.

Alle diese Probleme zeigen auf, dass der Einsatz von ölbasierten Drucklacken nur noch für spezielle Anwendungen zu empfehlen ist.

14.8.5 Strahlenhärtende Lacke

Strahlenhärtende Lacke ergeben nach erfolgter Aushärtung mit Hilfe energiereicher Strahlung abriebfeste, harte, hochglänzende oder matte Oberflächen, die gegen eine große Anzahl von Füllgütern eine außerordentliche Beständigkeit aufweisen und einer mechanischen Dauerbeanspruchung widerstehen können.

Bei optimierter Applikationstechnik und genügend hohem Lackauftrag hält die UV-Lackierung einem Vergleich mit der Glanzfolienkaschierung durchaus stand. Wird auch nicht in allen Belangen die Eigenschaft einer Folienkaschierung durch eine UV-Lackierung ersetzt, so ist eine strahlenhärtende Lackierung eine kostengünstige Alternative.

Strahlenhärtende Lacke sind lösemittelfrei und können als umweltverträglich bezeichnet werden. Sie unterscheiden sich in ihrem Aufbau grundsätzlich von herkömmlichen lösemittel- und mineralölhaltigen Lacken, die zur Veredelung von Offsetdrucken verwendet werden. Ihre rein synthetischen, reaktiven Bindemittelbestandteile ermöglichen eine Härtung in Bruchteilen einer Sekunde unter Einwirkung von Strahlungsenergie. Eine sofortige Weiterverarbeitung des beschichteten Produktes ist möglich.

Es gibt zwei sich deutlich voneinander unterscheidende Produktgruppen strahlenhärtender Lacke. Die Aushärtung des Lackfilms erfolgt dabei durch

- Radikalkettenreaktion von Acrylaten
- UV-kationische Härtung

Die erste Gruppe enthält Acrylate als Bindemittelbestandteile, die unter Einfluss von Strahlungsenergie (UV, Elektronenstrahlen) über eine Radikalkettenreaktion zur Aushärtung gebracht werden.

Die zweite Gruppe ist UV-kationisch härtend. Hier wird die Vernetzungsreaktion durch Fotoinitiatoren, die unter UV-Strahlungseinfluss Säuren (Kationen) abspalten, ausgelöst. Als Bindemittel kommen cycloaliphatische Epoxidharze zum Einsatz.

Die Radikalkettenreaktion verläuft schneller als die kationische Härtung. Radikalisch härtende Lacke besitzen daher eine höhere Reaktivität als kationisch härtende.

Beide Produktgruppen strahlenhärtender Lacke enthalten Bindemittelbestandteile, die – ähnlich zu denen strahlenhärtender Druckfarben – haut- und schleimhautreizende Eigenschaften besitzen. Dieses verlangt besondere Sorgfalt bei ihrer Handhabung und Verarbeitung. Wird diese Voraussetzung erfüllt, ist eine gesundheitliche Gefährdung nicht zu erwarten.

Verarbeitung
Strahlenhärtende Lacke lassen sich auf die Anforderungen unterschiedlicher Applikationssysteme einstellen. Sie können aus Farb- und Lackwerken im Lettersetdruck (indirekter Hochdruck; fälschlicherweise auch Trocken-Offsetdruck genannt) und im Offsetdruck ebenso verarbeitet werden, wie im Siebdruck, Flexodruck oder speziellen Lackierwerken.

Für das konventionelle Offsetdruckverfahren, d.h. einen Druck mit Feuchtmittel, sind nur radikalisch härtende Lacke geeignet.

Der Glanz des gehärteten Lackfilms ist viskositäts- und schichtdickenabhängig. Er nimmt mit fallender Viskosität und steigender Schichtstärke zu. Für Auftragsverfahren im (konventionellen) Offsetdruck und Lettersetdruck aus dem Farbwerk einer Druckmaschine werden UV-Lacke mit relativ hoher Viskosität benötigt. Der Glanz, der mit diesem Auftragsverfahren erzielt werden kann, ist daher gering. Beim Offsetdruckverfahren ist die Auftragsmenge darüber hinaus auf maximal 2 g/m^2 begrenzt.

Mattlacke sind in möglichst geringer Schichtstärke zu verarbeiten.

Der gehärtete Lackfilm
Die Härtung von UV-Lacken wird durch Fotoinitiatoren, die mit dem eingestrahlten UV-Licht reagieren, ausgelöst, d.h. ohne diese Reaktionen können sowohl UV-Druckfarben als auch UV-Lacke nicht gehärtet werden.

Der gehärtete Lackfilm ist chemisch inaktiv, physiologisch unbedenklich und für den Einsatz zur Außenbeschichtung von primären Lebensmittelverpackungen zugelassen. Entsprechende Unbedenklichkeitserklärungen liegen für beide Lacksysteme vor.

Bei radikalisch härtenden Lacken werden Spaltprodukte des Fotoinitiators als Nebenprodukte gebildet. Letztere sind für einen häufig auftretenden charakteristischen Geruch verantwortlich. Er lässt sich durch intensives Lüften entfernen.

UV-kationisch härtende Lacke sind dagegen nach vollständiger Aushärtung geruchsneutral.

Elektronenstrahlhärtende Lacke auf Acrylat-Bindemittelbasis enthalten ebenso wie Elektronenstrahl härtende Druckfarben keine Fotoinitiatoren. Eine Geruchbildung durch Spaltprodukte kann daher nicht auftreten.

Verarbeitung strahlenhärtender Lacke

Nass-in-Nass-Lackierung strahlenhärtender Farben
Eine Nass-in-Nass-Verarbeitung mit radikalisch härtenden Druckfarben ist im Offsetdruck möglich.

Bei hoher Farb- und Lackschichtstärke kann es durch starke Absorption wirksamer UV-Strahlung in der Lackschicht zu Vernetzungsstörungen in den darunterliegenden Farbschichten kommen.

Eine mangelnde Haftung der gehärteten Schichten auf dem jeweils verwendeten Bedruckstoff kann die Folge sein. Bei abschließender thermischer oder auch mechanischer Belastung des beschichteten Auflagematerials wird dadurch häufig ein Ablösen der Beschichtungen beobachtet.

Weitere Folgen einer mangelnden Durchhärtung von UV-Lackschichten sind schlechte Nagelhärte und das Auftreten von Mattierungen bei Glanzlacken über dunklen und deckenden UV-härtenden Druckfarben. Eine Zwischentrocknung zwischen Druck und Endlackierung bringt hier Abhilfe.

Bei einer Elektronenstrahlhärtung ist eine Zwischentrocknung strahlenhärtender Druckfarben vor der Lackierung nicht notwendig.

Die hohe Energiedichte des Elektronenstrahls und sein hohes Eindringvermögen gewährleisten bei der Nass-in-Nass-Lackierung radikalisch härtender Farben und Lacke eine einwandfreie Durchtrocknung bis in die unteren Schichtbereiche.

Kationisch härtende UV-Lacke lassen sich mit radikalisch härtenden UV-Druckfarben inline nur mit Zwischentrocknung zwischen Druck und Lackierung vernetzen. Dabei ist die verwendete UV-Druckfarbe auf mögliche Trocknungsbeeinflussung des kationisch härtenden UV-Lackes zu prüfen.

Kationisch härtende UV-Lacke können empfindlich gegen Substanzen mit alkalischen Eigenschaften reagieren. Hierzu gehören basische Strichbestandteile von Bedruckstoffen, fallweise auch stark alkalische Dispersionslacke. Auch Photoinitiatoren von UV-härtenden Druckfarben können sich trocknungsverzögernd auf kationisch härtende UV-Lacke auswirken. Eine gründliche Vorprüfung unter normalen Produktionsbedingungen wird empfohlen.

Lackierung von Drucken, ausgeführt mit konventionellen Offsetdruckfarben – Nass-in-Nass-Lackierung
Die Nass-in-Nass-Lackierung von konventionellen Offsetdruckfarben und strahlenhärtenden Lacken ist risikoreich und *nur* in begrenztem Maße auf saugfähigen Bedruckstoffen bei hellen Farbtönen und geringen Farbschichtdicken möglich.

Schnellwegschlagende Offsetdruckfarben sind von Vorteil.

Beide Systeme sind miteinander nicht verträglich. Je nach Farb- und Lackangebot in Verbindung mit der Beschaffenheit des Bedruckstoffes kann es zu unterschiedlich großen Annahmeschwierigkeiten kommen. Nach erfolgter Lacktrocknung werden häufig in Abhängigkeit zur Menge der unten liegenden konventionellen Druckfarben im Bereich des Druckes Mattierungen beobachtet.

Nagelhärte bzw. Abriebfestigkeit von Nass-in-Nass auf konventionelle Offsetdruckfarben applizierte strahlenhärtende Lacke können vor der Trocknung durch eindringende Farbbestandteile beeinflusst werden. Die gehärtete Lackschicht ist darüber hinaus über noch frischer Druckfarbe nicht mechanisch belastbar. Nach erfolgter Trocknung der unten liegenden konventionellen Druckfarben kann es dennoch zu Haftungsproblemen der Lackschicht kommen. Hier sind Vorprüfungen unter Auflagenbedingungen ratsam.

Nass-auf-Trocken-Lackierung konventioneller Druckfarben
Die Lackierung von getrockneten, konventionellen Offsetdruckfarben kann Probleme bezüglich Lackannahme, Verlauf und Haftung verursachen. Ursache hierfür können einerseits die im getrockneten Offsetdruckfarbenfilm eingeschlossenen Restlösemittel (Mineralöle) und andererseits im ungelüfteten Stapel verbleibende Spaltprodukte oxidativ trocknender Bindemittel sein.

Bei der Lackierung von mit konventionellen Farben bedrucktem und getrocknetem Auflagematerial ist folgendes zu beachten:

- Einsatz von speziell für diesen Zweck angebotenen konventionellen Offsetdruckfarben.
- Vermeidung von Farbzusätzen.
- Verwendung von Feuchtwasserzusätzen, die frei von oberflächenaktiven Substanzen - mit Ausnahme von Isopropanol - sind.
- Beim Druck sollte mit möglichst geringer Feuchtmittelmenge gearbeitet werden.
- Auf eine gute Durchtrocknung der konventionellen Druckfarbschichten vor der Lackierung mit Strahlen härtenden Lacken ist zu achten. Ein mehrfaches Belüften des Stapels nach dem Druck wird empfohlen.
- Einsatz von speziellen Strahlen härtenden Lacken. Lacke mit oberflächenaktiven Substanzen ergeben die beste Benetzung. Es handelt sich meist um gleitmittelhaltige Lacke. Als Gleitmittel kommen häufig Silikonprodukte zum Einsatz.
  Achtung: Silikonfrei rezeptierte Lacke mit Eignung für eine anschließende Heißfolienprägung zeigen meist ungünstige Annahme- und Hafteigenschaften auf konventionell getrockneten Offsetdruckfarben.
- Einsatz geeigneter Bedruckstoffe: Weniger saugfähige Bedruckstoffe, wie gussgestrichene und Etikettendruckpapiere als auch nicht saugfähige, wie Folien und Metalle, ergeben häufig schlechtere Annahme- und Haftresultate als Bedruckstoffe mit hoher Saugfähigkeit.
- Vorbehandlung: Lackannahme und Lackhaftung werden durch Coronavorbehandlung verbessert. Eine Haftungsverbesserung kann auch durch eine Nass-in-Nass-Lackierung der konventionellen Druckfarben mit einem Dispersionslack-Primer erzielt werden,
  Achtung: Dispersionslackierte konventionelle Drucke können bei ungenügender Trocknung des Dispersionslackes die Aushärtung von kationisch härtenden UV-Lacken stören.
- Metallpigmentierte Druckfarben: Problematisch ist die Lackierung von metallpigmentierten konventionellen Offsetdruckfarben. Metallpigmente und Pigmentpasten enthalten Anteigungsmittel, die nach erfolgter Trocknung an die Oberfläche gelangen und Annahme sowie Haftung des gehärteten Lackfilmes stören. Gleiches gilt für die Lackierung von bronziertem Auflagematerial. Gleitmittel, die die Abstaubfähigkeit von Bronzepulvern fördern, behindern Annahme und Haftung strahlenhärtender Lacke.
  Die UV-Lackierung von UV-härtenden metallpigmentierten Druckfarben wirft in der Regel keine Probleme auf.
  Sie kann auch nass-in-nass erfolgen, ausgenommen ist die Nass-in-Nass-Lackierung mit kationisch härtenden UV-Lacken. Hier ist eine Zwischentrocknung vorzunehmen.

Farbtonverschiebungen
Bei Einsatz von nicht nitro-, spiritus- und vor allem nicht alkaliecht pigmentierten Druckfarben kann es, bei Einsatz radikalisch härtender UV-Lacke einer bestimmten Zusammensetzung, zu Farbtonverschiebungen kommen. Es empfiehlt sich, Druckfarben mit entsprechenden Echtheiten und/oder Lacke mit einer speziellen Photoinitiierung zum Einsatz zu bringen.

Verklebbarkeit
Das Verkleben von lackiertem Auflagenmaterial ist nur mit Dispersionsklebern möglich. Da die meisten UV-härtenden Lacke gleitmittelhaltig sind, ist eine Eignungsprüfung mit dem zum Einsatz kommenden Kleber zu empfehlen. Lackaussparungen oder Aufrauhen der UV-gehärteten Lackschicht im Klebebereich sind von Vorteil.

Heißsiegelfestigkeit
Die Heißsiegelfestigkeit von UV-lackiertem Auflagenmaterial kann nur mit PP-Folie gewährleistet werden. Bei Einsatz von anderen Siegelfolienmaterialien ist eine Eignungsprüfung durchzuführen. Gleitmittelfreie Lacke verhalten sich ungünstiger als gleitmittelhaltige.

Heißfolien- bzw. Goldfolienprägbarkeit
Für die Heiß- bzw. Goldfolienprägung werden gleitmittelarme bzw. gleitmittelfreie Lacke benötigt.
Achtung: Diese Lacke verlaufen schlechter und neigen zum Schäumen.

Vergrauung von Kartonoberflächen
Auf gestrichenem oder kaschiertem Karton mit dunklem Trägermaterial kann es bei der Lackierung zum Vergrauen der Oberfläche kommen. Durch Eindringen des Lackes in die Trägerschicht wird diese transparenter, und der Untergrund scheint durch.

Rillen und Falzen
Strahlenhärtende Lacke sind im gehärteten Zustand allgemein spröde. Bei der Lackierung von saugfähigen Bedruckstoffen dringt Lack in diese ein und führt

nach seiner Aushärtung zu einer zusätzlichen Versprödung.

Eine hohe Lackauftragstärke als auch eine Überhärtung der Lackschichten ist zu vermeiden. Nicht bruchfeste Kartonoberflächen begünstigen das Aufbrechen beim Rillen und Falzen.

14.9 Rechnergestützte Rezeptierung von Druckfarben

Ein alltäglicher Fall in der Auftragsannahme: Ein Kunde liefert eine spezifische Farbvorlage für einen hochwertigen Markenartikel. Genau diesen Farbton möchte er auf einem bestimmten Material (Bedruckstoff) gedruckt haben. In der Druckerei müssen diese Vorgaben kurzfristig, qualitativ hochwertig und dazu auch noch wirtschaftlich umgesetzt werden.

Zu einer konsequenten Markenpflege ist die Farbe für den Auftraggeber von entscheidender Bedeutung. Gefordert wird ein Erscheinungsbild mit gleicher Farbnuance auf allen Bedruckstoffen.

Zu dieser Forderung kommen eine Vielzahl von Haus- und Schmuckfarben, die mit nur wenigen Komponenten herzustellen sein müssen.

Farbkommunikationsmittel sind vor allem das Pantone Color Guide System sowie (in Deutschland) das HKS-System. Dementsprechend hat der Druckfarbenhersteller neben den Prozessfarben auch ein geeignetes Basisfarbensystem für das Mischen von speziellen Sonderfarben zu entwickeln.

Voraussetzung für das Ermischen neuer Farbtöne ist die objektive Messung eines Farbtons und die Ermittlung von eindeutigen Maßzahlen mit einem Spektralfotometer sowie die Berechnung der Rezeptur durch das rechnergestützte Rezeptierungssystem.

Hersteller von Spektralfotometern für die Druckindustrie (z.B. GretagMacbeth, Techkon, X-Rite) und Druckfarbenhersteller (z.B. Hartmann Druckfarben, Huber-Gruppe, Siegwerk) liefern dazu präzise, bedruckstoffspezifische und echtheitsgerechte Rezeptierungssysteme für beliebige Druckfarben.

Die wirtschaftlichen und technischen Vorteile solcher Rezeptierungssysteme zeigen sich insbesondere dann, wenn häufig Sonderfarben zu mischen und zu drucken sind. Die wichtigsten Vorteile sind:

- Einsparung von Arbeitszeit
  - kein langwieriges Farbabstimmen an der Druckmaschine
  - keine zeitraubende Farbrezeptierung
  - schnelle, präzise Farbkorrektur
- Einsparung von Druckfarbenkosten
  - verringern des Druckfarbenlagers
  - verarbeiten von Restfarben
  - weniger Fehlmischungen
- Einsparung von Kosten für Bedruckstoffe
  - weniger Makulatur

  und
  - weniger Reklamationen durch Farbtonabweichungen.

Prinzipielle Übersicht zur Farbrezeptierung

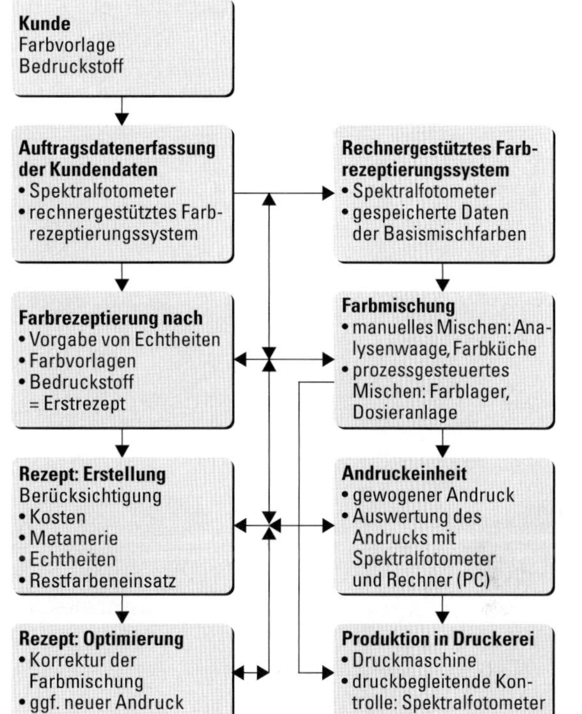

Das exakte und einfache Messen der Druckfarbe und eine lückenlose Dokumentation der Werte sind zentrale Faktoren für ein zuverlässiges Farbmanagement. Ziel ist dabei eine durchgängige Qualitätskontrolle vom Definieren der Standardwerte, von der Arbeitsvorbereitung über die Farbrezeptierung und -mischung und die Proofkontrolle im Drucksaal.

Ein Farbrezeptierungssystem besteht aus
- einem Spektralfotometer
- einem Computer mit der entsprechenden Rezeptierungssoftware,
- einem präzisen Andruckgerät

und
- einer Analysenwaage.

Der folgende Arbeitsablauf ist beispielhaft für verschiedene Systeme zu verstehen.

Mit dem Spektralfotometer werden exakt reproduzierbare Messwerte für beliebige Druckfarben in Schritten von 10 nm erfasst. Diese Daten werden im Computer durch eine spezielle Software interpretiert.

Der Computer berechnet Rezepturen auf der Basis gespeicherter Stammfarbendaten (Grundmischfarben) unter Einbeziehung einer Rezeptdatei. Diese Grundmischfarben sind angedruckte und in ihren Remissionen gespeicherte Basismischfarben.

Die Farbrezeptierungssoftware ist menügesteuert und arbeitet nach anwenderspezifischen Vorgaben. Das interaktive System fragt den Anwender alle für die Rezeptierung benötigten Angaben in der erforderlichen Reihenfolge ab. So ist eine vollständige Eingabe sichergestellt.

Der Computer vergleicht die eingespeicherten Daten der Grundfarben mit den Daten der Farbvorlage und gibt über einen Drucker verschiedene Rezeptvorschläge aus. Dabei berücksichtigt der Rechner die besterreichbare Annäherung sowie die kostengünstigste Möglichkeit. Gleichzeitig gibt er Aussagen über eine eventuell möglich Metamerie. Die messtechnischen Kurven der Farbvorlage und des Rezepts gestatten einen visuellen Vergleich.

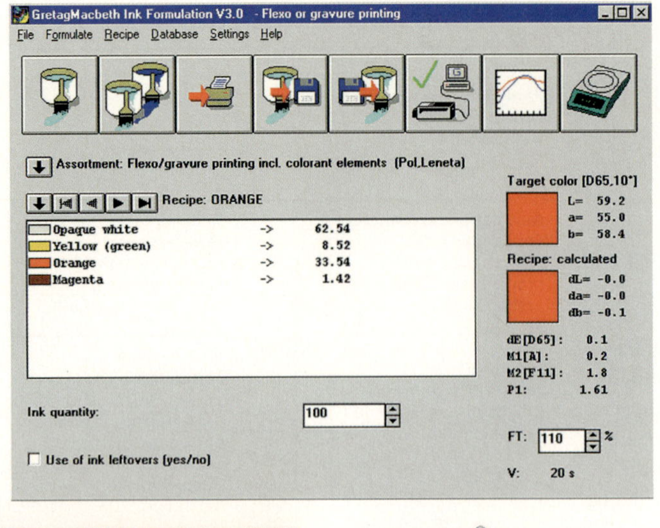

Ink Formulation Gesamtlösung zur Berechnung der Rezepturen für Druckfarben im Offsetdruck, Flexodruck, Siebdruck und Tiefdruck von GretagMacbeth. Prozessbezogen auszubauen: Softwaremodule, Spektralfotometer sowie eine Waage oder ein Dosiersystem.

Ink Formulation bietet die Möglichkeit, beliebige Sonderfarben unter Einbindung von Restfarben wirtschaftlich und flexibel zu berechnen.
Der eigenständige Farbrechner berechnet Rezepte für opake und transparente Druckfarben.

Basis für die Rezeptierung ist ein Farbmischsystem eines Druckfarbenherstellers. Beispielsweise sind dies 24 Grundfarben (Huber-Gruppe), von denen einige der Mischfarben nur für spezielle Anforderungen und Echtheiten (z.B. Folienkaschierung, Lichtechtheit, Lackechtheiten) erforderlich sind.

Für spezielle Anforderungen wie für den wasserloser Offsetdruck, für den Rollen-Offsetdruck und den Druck auf Folien oder mit UV-Farben stehen spezielle Grundfarbensysteme zu Verfügung.

Aus diesen Grundfarben lassen sich alle Farbtöne des HKS®- und PANTONE®-Systems nachmischen. Mögliche Farbabweichungen unter ganz bestimmten Lichtarten – ein Problem der Metamerie – werden standardmäßig angezeigt, ggf. minimiert und ausgeglichen. Bei der Rezeptierung der Druckfarbe können geforderte Echtheiten vorgewählt, maximale Farbtonabweichungen angegeben und bedruckstoffspezifische Rezepte berechnet werden.

Besonders wirtschaftlich ist es, Restfarben mit einzubeziehen. Aus abgespeicherten Daten der Restfarben kann mit dem PC ausgewählt werden, welche Restfarbe sich für einen bestimmten Farbton eignet.

Das Farbrezeptierungssystem liefert ein exaktes Mischrezept für einen Farbton, das speicherbar, wiederholbar, dokumentierbar und veränderbar ist.

Auf der Basis dieses Farbrezeptes werden die Anteile der benötigten Grundfarben exakt gewogen und gemischt. Zur korrekten Überprüfung wird ein Andruck auf einem Probedruckstreifen erstellt. Dabei wird der Druckvorgang auf dem Original-Bedruckstoff simuliert. Mit dem Andruckgerät und der Analysenwaage sind fortdruckgerechte Proben mit exakter Farbschichtdicke zu erstellen.

Das Programm berechnet daneben die Kosten für verschiedene Rezepturen, so dass auch Rezepte nach der Wirtschaftlichkeit ausgewählt werden können.

Die Investition in ein rechnergestütztes Rezeptierungssystem für Druckfarben und die Wirtschaftlichkeit hängen von vielen Faktoren ab. Entscheidende Faktoren sind neben der allgemeinen Wirtschaftlichkeit die permanente Prozesssicherheit, reproduzierbare Farbmischungen und die sofortige Verfügbarkeit von Sonderfarben.

15. Bedruckstoffe

15. Bedruckstoffe

Materialien, die durch drucktechnische Verfahren bedruckt werden, bezeichnet man als Bedruckstoffe. Im engeren Sinne gehören hierzu alle für den Druck geeignete Papiere und Kartons. Für spezielle Aufträge und in bestimmten Druckverfahren werden jedoch auch Pappe, Folien, Metallpapiere und -folien sowie Bleche, Glas, Holz u. ä. Materialien bedruckt.

Druckqualität wird vom Auftraggeber – subjektiv – über das Auge beurteilt.

Wenn heute über die Qualität der Druckprodukte gesprochen wird, sind vielfach nur die digitalen Technologien im Prepress-Bereich (Reproduktionstechnik, Colormanagement, Druckformherstellung, Computer-to-Plate-Technologien) und die „konventionelle" sowie vor allem die „digitale" Drucktechnik auf modernsten Druckmaschinen mit Steuer- und Regeltechnik in der Diskussion.

Die Materialien, Druckfarbe und Papier, die dieses erreichte Qualitätsniveau ermöglichen, treten dabei häufig in den Hintergrund oder werden nicht einmal beachtet. Eine unbestrittene, vielfach aber übersehene Tatsache ist jedoch, dass nur dann, wenn alle am Druckprozess beteiligten Vorlagen, Verfahrenstechniken und Werkstoffe optimal aufeinander abgestimmt sind, ein Produkt mit hoher Qualität hergestellt werden kann.

Papier ist ein Naturprodukt. Es ist kein „totes Blatt", sondern ein dreidimensionaler Werkstoff aus natürlichen Rohstoffen, der „lebt" und typische optische und mechanische Eigenschaften besitzt.

Aus der Vielzahl unterschiedlicher Bedruckstoffe ist auftrags- und qualitätsbezogen der geeignete unter ästhetischen und technischen Gesichtspunkten auszuwählen. Diese entscheidenden Überlegungen dazu sind Auftraggebern, Grafik-Designern, Werbe- und Marketingfachleuten und sogar manchmal Mitarbeitern der Druckbranche nicht in ausreichendem Maße bewusst.

Nur durch grundlegende Kenntnis der Produktion und vor allem der typischen Eigenschaften der Bedruckstoffe sowie dem gezielten, sachgerechten Einsatz lassen sich bestimmte qualitative Anforderungen und Vorstellungen der Kunden drucktechnisch realisieren und somit Unstimmigkeiten und Reklamationen vermeiden.

Druckpapiere können gefühlsmäßig, subjektiv und objektiv beurteilt werden. Letztlich ist für die gesamte Beurteilung des Papier das Druckprodukt maßgebend.

Entscheidende Kriterien dazu sind:
- Bedruckbarkeit,
- Verdruckbarkeit und
- Weiterverarbeitbarkeit.

Dort, wo im Produktionsprozess Vorgänge messbar sind, ist eine Standardisierung möglich: Glanz, Glätte, Weißgrad, Volumen, Flächenmasse u. a. lassen sich zweifelsfrei objektiv messtechnisch erfassen.

Ästhetische Forderungen jedoch unterliegen dem subjektiven Empfinden des Auftraggebers. Ebensowenig ist im vorhinein die Bedruckbarkeit vollständig messtechnisch zu erfassen – sie zeigt sich erst beim Drucken und Verarbeiten dieses Bedruckstoffes.

Papierhersteller setzen zu diesen Prüfungen vielfach technisch sehr aufwendige Hausdruckereien mit moderner Druckmaschinentechnik ein.

Anforderungen an ein Druckprodukt sind nur dann sinnvoll zu stellen, wenn das Druckpapier bei allen Planungen berücksichtigt ist.

Der Wald - nicht nur ein Rohstofflieferant

Der wichtigste Faserrohstoff für die Zellstoff- und Papierindustrie ist das Holz. Wegen der längeren, geschmeidigeren Faser, die dem Papier eine hohe Festigkeit gibt, wird Nadelholz (Fichte, Tanne, Kiefer) bevorzugt verwendet. Dabei eignet sich für die Produktion von Holzstoff besonders die harzarme Fichte. Alle anderen Nadelhölzer und auch Laubholz eignen sich zur Zellstoffgewinnung durch chemischen Aufschluss.

Der Wald ist allerdings nicht nur ein Holzlieferant, sondern er beeinflusst das Klima, die Qualität der Luft und des Wassers und erzeugt Sauerstoff. Somit bildet der Wald – sensibles Ökosystem – die unverzichtbare Lebensgrundlage für Mensch und Natur mit vielfältigen Funktionen.

Vor allem im Umkreis von Städten und in Feriengebieten ist der Wald Lärmschutz und Staubfänger, außerdem bietet er den Menschen Möglichkeiten zur Erholung und Entspannung. Neben dem Erholungswert für den Menschen ist der Wald die ökologische Basis für eine vielfältige Flora und Fauna.

Der Wald bietet aber auch vielerlei Schutzfunktionen. Als große Kohlenstoffspeicher haben die Wälder eine besonders wichtige Bedeutung für unser Klima und damit für das Leben auf unserer Erde. Zudem wirkt er ausgleichend auf unser Klima, filtert Staub und Schmutz aus der Atmosphäre und schützt vor Bodenerosionen, Überschwemmungen und Lawinen.

Der Wald reguliert den Wasserhaushalt, als Wasserspeicher sorgt er für die Neubildung von Grundwasser und sichert so unsere Trinkwasserversorgung. Zudem verhindert er das Wegschwemmen des fruchtbaren Mutterbodens.

Der Wald hatte aber auch immer schon einen wirtschaftlichen Nutzen. Bis heute ist der Wald eine wichtige Erwerbs- und Einkommensquelle für zahlreiche Menschen. Er liefert den nachwachsenden Rohstoff und Energieträger Holz. Damit steht er in einem Spannungsfeld zwischen Ökologie und Ökonomie.

Zur Gesunderhaltung ist der Wald intensiv zu pflegen. Dazu gehören vor allem das Fällen ausgewachsener Bäume, die Aufforstung und besonders das ständige Durchforsten, das heißt, die drei- bis viermalige Ausdünnung des Baumbestandes im Laufe seiner ersten 60 bis 80 Lebensjahre. Nur so erreichen die verbleibenden Bäume genügend Raum zum Wachstum, es können kranke Bäume entfernt und ein undurchdringliches Dickicht vermieden werden.

Nur ein relativ kleiner Teil des Stammholzes fließt in die Papier- und Zellstoffindustrie. Vor allem werden das bei der Durchforstung entnommene Schwachholz sowie fehlerhafte, kranke Stämme genutzt. Aber auch Baumkronen und dicke Äste sind für die Zellstoffverstellung geeignet. So gesehen leistet auch die Papierindustrie einen wichtigen Beitrag zur Pflege des Waldes.

Nachhaltige Waldbewirtschaftung bedeutet, dass nicht mehr Holz dem Wald entnommen wird, als nachwächst. Das Prinzip der Nachhaltigkeit bedeutet aber auch, dass die Schutz-, Nutz- und Erholungsfunktionen des Waldes berücksichtigt werden müssen. Hierzu gehört auch die Erhaltung gefährdeter Arten und der genetischen Vielfalt des Waldes.

Papierindustrie in der Kritik: Der Einsatz von Chlor führte zu Problemen

Papier ist vor einigen Jahren ins Gerede gekommen: Die Presse, Funk und Fernsehen berichteten damals mit großer Aufmachung von Dioxinen z. B. in Kaffeefiltern und Babywindeln. Vor einiger Zeit wurde eine Untersuchung des Bundesgesundheitsamtes veröffentlicht, aus der sich Dioxinwerte in Zeitungen und Zeitschriften ergaben. Schon die Nennung des Stoffes Dioxin im Zusammenhang mit Papier erregte die Aufmerksamkeit der breiten Öffentlichkeit.

Die Reaktionen sind verständlich, doch bei weitem nicht immer zutreffend. Die Papierindustrie hat deshalb zu einer verstärkten Aufklärung aufgerufen, zum einen über die Zusammensetzung ihrer Produkte, zum anderen über deren Herstellung.

Die Informationen sollen Klarheit darüber schaffen, wo die Probleme auftreten und welche Lösungen in der Papier- und Zellstoffindustrie angegangen werden.

Kernpunkt der Chlorproblematik ist allgemein das Bleichen der Faserstoffe – im speziellen die Bleiche von Zellstoffen mit Chlor (korrektere Bezeichnung: Elementarchlor). Zur Produktion besonders weißer Zellstoffe mit zugleich hoher mechanischer Festigkeit wurde früher vielfach Elementarchlor eingesetzt. Dabei wird die Zellstoff-Faser weitgehend geschont. Allerdings entstehen dabei umweltbelastende organische Chlorverbindungen (unter Umständen Dioxine), die zu einer hohen Abwasserbelastung führen und die in der Natur schwer abbaubar sind.

An der Lösung dieser technologischen Schwachstelle arbeitete die gesamte Branche der Papier- und Zellstoffindustrie intensiv seit Jahren. Dabei wurden neue Bleichverfahren mit sauerstoffhaltigen Bleichmitteln (z. B. Sauerstoff, Wasserstoffperoxid) entwickelt, die zu keiner Umweltbelastung mit organischen Chlorverbindungen führen.

Wie können bzw. konnten Chlorkohlenwasserstoffe (CKW) und somit Dioxine ins Papier gelangen?

CKW ist die Abkürzung für alle organischen Chlorkohlenwasserstoffe einschließlich chlorierter Dioxine und Furane. Mögliche Ursachen können sein:

- Desinfektion des Betriebswassers mit Chlor (vgl. Trinkwasser, Schwimmbäder u.a.),
- Rückstände von Pflanzenschutzmitteln im Holz.
- chlorhaltige Hilfsmittel,
- Restgehalte in angelieferten Zellstoffen (Ursache: Elementarchlor in einer ersten Bleichstufe),
- beim Herauslösen des Restlignin können chlororganische Verbindungen entstehen, die in gewissem Umfang Spuren von Dioxinen enthalten können.

Jede industrielle Produktion, also auch die Zellstoff- und Papierherstellung, ist mit einer Umweltbelastung verbunden. Diese Belastung so gering wie möglich zu halten, ist heute eines der wichtigsten Ziele der Wirtschaft.

Papier erfüllt heute die höchsten Ansprüche an Umweltfreundlichkeit

- Papier ist ein Naturprodukt.
- Papier lässt sich wiederverwerten (Recycling).
- Papier ist vollständig biologisch abbaubar.
- Papier kann ohne schädliche Nebenwirkungen deponiert werden.
- Papier ist ungefährlich für die Gesundheit des Menschen.

Kaum ein Rohstoff wird intensiver wiederverwertet als das Papier – und das schon seit Jahrzehnten. Der Einsatz von Altpapier für die Produktion von „neuem“ Papier oder Karton beträgt bei deutschen Papierfabriken bereits deutlich über 50%.

Ziel aller Recyclingbemühungen ist die Optimierung des Einsatzes der Rohstoffe und die Schonung von Ressourcen. Vor allem die europäische Papierindustrie setzt dazu seit vielen Jahren ein echtes Kreislaufsystem mit umweltschonenden Komponenten ein:

- Nachhaltige Waldbewirtschaftung:
  Der Wald wird genutzt, nicht aber verbraucht.
- Holzreste-Verwertung:
  Die Papierindustrie nutzt das Holz, das nicht als Schnittholz verwendet werden kann.
- Recyclingfähigkeit von Papier:
  Papier ist optimal zu recyceln und als Rohstoff wieder zu verwerten.
- Reduzierter Wassereinsatz:
  Verfahren zur Abwasserreinigung, Wasserrückgewinnung und zur Mehrfachnutzung, weitgehend geschlossene Wasserkreisläufe.
- Reststoffverwertung:
  Der mit steigendem Altpapiereinsatz zunehmende Reststoffanteil wird kompostiert oder energetisch genutzt.

Der Wald:
Ein natürlicher, nachwachsender Rohstoff für die Papierherstellung.
(Fotos: Hartmut Starnitzki, Bad Waldsee; links)

Waldweg mit Industrieholzstapel
(Foto: Holzabsatzfonds, Bonn; rechts)

Wald und Wasser:
Ein Blick zur Wutachschlucht bei Blumberg
(Foto: J. Michaelis, Blumberg)

Weltweite Nutzung des Waldes:
⟶ *Das meiste geht in Flammen auf!*
- 51% Brennholz, Holzkohle
- 30% Säge-, Furnier- und Sperrholz
- 12% Holz für die Zellstoff- und Papierindustrie inklusiv Industrie-Restholz
- 7% andere Einsatzzwecke

(Quelle: FAO/CEPI)

Produktionsstufen der Papierherstellung
Die Herstellung des Papiers gliedert sich prinzipiell in verschiedene Produktionsstufen:
1. Aufbreiten zum Halbstoff
   = mechanische und chemische Verfahren zur Gewinnung der Faserrohstoffe
2. Aufbereiten zum Ganzstoff
   = Faserstoffbearbeitung und das Mischen der Rohstoffe zu einer Stoffsuspension
3. Produktion in der Papiermaschine
   = Anfertigen einer „endlosen Papierbahn
4. Veredelung der Papieroberfläche
   = Streichen bei bestimmten Papieren und/oder Satinieren zur Qualitätsverbesserung
5. Ausrüsten der Papiere
   = Verarbeiten des Rollenpapiers für die Drucktechnik.

15.1 Rohstoffe

Neben den Faserstoffen sind zur Papierherstellung weitere Rohstoffe zur Erreichung bestimmter Eigenschaften und Qualitäten des Papiers als Hilfsstoffe notwendig. Dazu gehören Füllstoffe, Leime, Farbstoffe und chemische Hilfsmittel.

15.1.1 Faserstoffe

Die verschiedenen Faserstoffe sind prinzipiell in zwei Gruppen einzuteilen
- Primärstoffe
- Sekundärstoffe

Primärstoffe sind alle Rohstoffe, die erstmals in der Fertigung eingesetzt, Sekundärstoffe sind Recyclingstoffe, die nach einem Gebrauch nochmals einem Produktionsprozess zugeführt werden.

Wichtigster Primärstoff ist das Holz, daneben werden für bestimmte Papier- und Kartonsorten Einjahrespflanzen, Hadern und Kunststoff-Fasern verwendet. Sekundärstoffe sind alle in die Fertigung zurücklaufenden Altpapiersorten.

Holz
Der wichtigste Rohstoff für die Papierherstellung ist das Holz. Holz besteht aus einem Faserverband mit unterschiedlichen Holzfasern (Fibrillen, lat. = Gewebefäserchen) sowohl innerhalb einer Holzsorte als besonders von einer Holzart zu einer anderen.

Der Holzkörper wird in jedem Jahr durch neue Schichten verstärkt. Im Frühjahr bilden sich unter der Rinde neue, große und saftige Zellen, die meist hell

sind. Diese Schicht nennt man Frühholz. Im Herbst bildet sich das Spätholz, das sind kleinere, dunklere Zellen, die sehr rasch verholzen.

Aufbau von Holz
Holz ist eine hochkomplexe pflanzliche Substanz. Hinsichtlich seiner Zusammensetzung wird zwischen faserigen und nichtfaserigen Bestandteilen unterschieden. Zu den nichtfaserigen Anteilen zählen im wesentlichen Lignin und Hemicellulose.

Die Hemicellulose ist maßgeblich am Aufbau der Faserwand beteiligt, die die lebenden Zellulosefasern umschließt. Das Lignin verbindet die Fasern und gibt dem Holz seine Druckfestigkeit und Elastizität. Die für die Zellstoffgewinnung bedeutenden Zellulosefasern bilden ungefähr die Hälfte der gesamten Holzsubstanz.

Unter dem Mikroskop betrachtet ähnelt das Holz einem Röhrchenbündel. Diese Struktur ist der Grund für die erstaunliche Festigkeit des Holzes.

Ein Querschnitt durch einen Stamm zeigt nach dem Mark im Holzinnern das Kernholz, das dunkler, härter, fester und schwerer ist als die Randschicht, das sogenannte Splintholz. Dieses ist jünger, noch nicht „verholzt" (versteift) und arbeitet daher stärker als das Kernholz, das heißt, es nimmt sehr leicht Feuchtigkeit aus der Luft auf und gibt diese auch wieder bei trockener Umgebung ab.

Eine Zellschicht, das Kambium, umschließt in einer dünnen Schicht den eigentlichen Holzkörper. Das Kambium besteht vor allem aus Hemizellulose (Hemi: griech. halb...). Den äußeren Mantel des Holzes bilden zum einen die Innenrinde (Bast) und die Außenrinde (Borke).

Chemisch gesehen besteht das Holz im wesentlichen aus Cellulose, Hemicellulose, Lignin und verschiedenen organischen und anorganischen Extraktstoffen.

Cellulose ist je nach Holzart zu etwa 40 – 55%

Aufbau der Holzfaser, schematische Darstellung

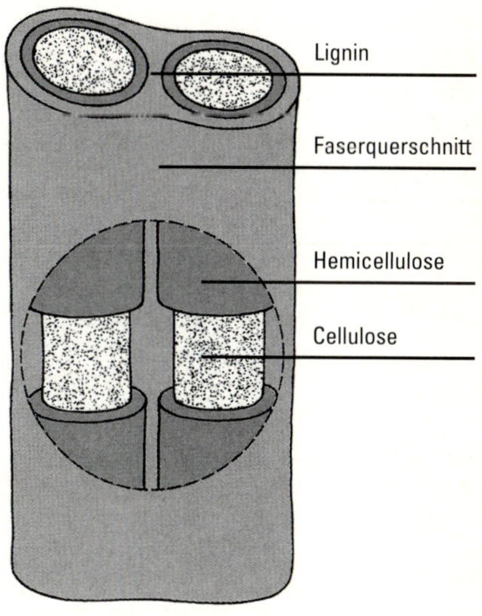

in der trockenen Holzmasse enthalten, den Rest bilden die genannten Inkrusten (umhüllende, verkrustete Stoffe). Die Cellulose ist die eigentliche, qualitativ hochwertige Fasersubstanz. Sie ist der Grundbaustoff sämtlicher pflanzlichen Zellwände und besteht aus hochmolekularen Zuckermolekülen. Hemicellulose (Halbcellulose) ist als Begleitstoff der Cellulose ein Gerüst- und Reservestoff in den Zellwänden. Diese feinen Zellen sind wiederum durch Lignin miteinander verbunden. Das Lignin ist ein verholzender Stoff, der auch in das Cellulosegerüst eingelagert ist und eine Versteifung der Faser bewirkt. Durch dieses Ineinanderwirken der verschiedenen Stoffe ist es selbst durch chemische Prozesse schwer, die einzelnen Stoffe vollständig voneinander zu trennen.

Außer diesen wichtigen Stoffen enthält das Holz mehr oder weniger anteilig Harze, ätherische Öle, Wachse, Eiweiß, Farbstoffe, Gerbstoffe und andere Substanzen.

Wie sich selbst eine bestimmte Holzsorte innerhalb des Stoffaufbaus unterscheidet, so unterscheiden sich verschiedene Holzarten nochmals voneinander in der Faserlänge, im chemischen Aufbau, in der Härte und in der Farbe.

Grundsätzlich sind alle Nadelhölzer langfaseriger als Laubhölzer.

Laubholzfasern verfilzen somit schlechter und ergeben dadurch eine geringere Festigkeit des Faserstoffes und des Papiers. Durch alkalisches Aufschließen ist die Verfilzung durch ein starkes Fibrillieren (zerlegen in feinste Fäserchen mit winzigen Härchen) zu verbessern.

Laubholzzellstoff wird fast ausschließlich zur Mischung mit Nadelholzzellstoff für bestimmte Papierqualitäten eingesetzt.

Harzreiches Holz (Kiefer) kann nur chemisch durch alkalische Verfahren zum Sulfatzellstoff aufgeschlossen werden.

Einjahrespflanzen

Einjahrespflanzen stehen der Papierindustrie saisonbedingt nicht ganzjährig zur Verfügung. In der Bundesrepublik Deutschland werden in geringem Umfang zur Zellstoffherstellung kurzfaseriges Weizen- und Roggenstroh, Bagasse (entzuckertes Zuckerrohr) und das in Südeuropa und Nordafrika gewonnene Esparto- oder Alfagras für bestimmte Papiere verwendet. Besonders die Grasarten ergeben ein sehr voluminöses, gut bleichbares Dickdruckpapier. Da Einjahrespflanzen sehr silikatreich sind, ist nur ein alkalischer Aufschluss bei der Zellstoffgewinnung möglich.

Hygroskopische Wirkung durch Kapillaren: Fasern nehmen leicht Feuchtigkeit auf und quellen dabei besonders in der Dehnrichtung (Faserbreite)

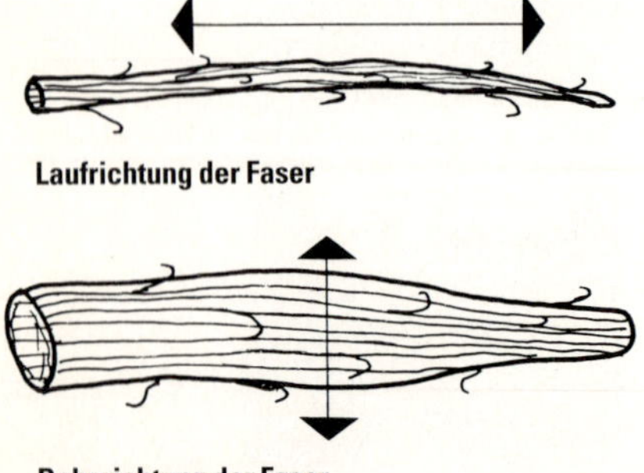

Laufrichtung der Faser

Dehnrichtung der Faser

Hadern

Hadern zählen zu den ältesten Rohstoffen bei der Papierherstellung. Verwendet werden pflanzliche Rohstoffe wie Baumwolle, Leinen, Jute und Hanf, die einen hochwertigen langfaserigen, reißfesten und geschmeidigen Faserstoff ergeben. Da Hadern als Naturprodukt nicht in ausreichendem Maße zur Verfügung stehen, kommen heute nur sortierte Lumpen und Textilabfälle zum Einsatz. Sie werden verwendet für Papiere, an die besonders hohe Anforderungen gestellt werden: Banknoten-, Dokumenten-, Dünndruck- und Bibeldruckpapier sowie handgeschöpfte Büttenpapiere.

Zusammensetzung des Faserstoffes nach DIN 827

Faserstoffklasse	Faserstoffzusammensetzung
H 100	100 % Hadern
H 50	mindestens 50 % Hadern, Rest Zellstoff
H 25	mindestens 25 % Hadern, Rest Zellstoff
H 10	mindestens 10 % Hadern, Rest Zellstoff
Z 100	100 % Zellstoff
Z 70	70 % Zellstoff, Rest verholzte Fasern
Z 50	50 % Zellstoff, Rest verholzte Fasern
Z 30	30 % Zellstoff, Rest verholzte Fasern
ZVF	weniger als 30 % Zellstoff, Rest verholzte Fasern

Der Füllstoff bleibt unberücksichtigt. Zulässige Abweichungen für den Zellstoffgehalt und den Gehalt an verholzten Fasern: ± 5 %.

Kunststoff-Fasern

Für spezielle Anforderungen an Druckprodukte wie wasserfeste Landkarten, Ausweise, Dokumente u. ä. werden mehr oder weniger synthetische Papiere in Spezialverfahren hergestellt. Bei diesen speziellen Papiersorten verfilzen die Fasern nicht wie bei allen anderen pflanzlichen Rohstoffen, sondern verbinden sich durch chemische Reaktionen.

Altpapier, Recyclingstoff

Die Wiederverwendung bereits eingesetzter Rohstoffe (Recycling) ist zur Papierherstellung schon lange kein Neuland mehr. Altpapier ist heute der Menge nach der wichtigste Faserrohstoff bei der Papierherstellung. Mit mehr als 60% des Einsatzes als Faserrohstoff ist die Bundesrepublik Deutschland international in einer Spitzenstellung.

Das Altpapier ist um so wertvoller, je sortenreiner es gesammelt wird und je weniger es durch Kunststoffe und sonstige Abfälle verschmutzt ist.

Großanfallstellen sind Druckereien, Papierverarbeitungsbetriebe, Kaufhäuser und Verwaltungen. Nur ein geringer Anteil kommt aus privaten Haushalten in Form von Zeitungen, Illustrierten und Katalogen.

Mit 80% geht der größte Anteil des gesammelten Altpapiers in die Produktion von Verpackungspapieren und Kartons. Bei diesen Produktgruppen ist schon heute eine hohe Sättigungsgrenze des Altpapiereinsatzes erreicht. Hygienepapiere sowie Spezialpapiere bestehen durchschnittlich zu 30% aus Altpapier.

Demgegenüber liegt der Altpapieranteil bei grafischen Papieren (Druckpapieren) mit etwa 10% noch relativ niedrig. Probleme in der Bedruckbarkeit, schlechtere Verarbeitbarkeit, geringere Reißfestigkeit und mangelhafte optische Eigenschaften entsprechen vielfach nicht den Qualitätsanforderungen des Marktes für Druckpapiere.

Nicht jede Altpapiersorte ist für jedes Neupapier geeignet. Aus diesem Grund setzen die Papierfabriken bei der Neuproduktion meist artverwandtes Altpapier ein. Ein Druckpapier mit hohen Anforderungen an die Bedruckbarkeit und die Verdruckbarkeit ist nach wie vor aus frischen Faserstoffen (Primärrohstoffen) herzustellen. Nur so sind Anforderungen wie Festigkeit, Dimensionsstabilität, gleichmäßige Oberflächenbeschaffenheit, Weiße, Reißfestigkeit und Falzfestigkeit zu erreichen.

Aus Altpapier minderer Qualität lässt sich kein neues Papier mit hoher Qualität herstellen.

Altpapier muss, ebenso wie andere Faserrohstoffe, aufbereitet werden, bevor es für die Produktion neuen Papiers verwendbar ist. Das Altpapier wird in Wasser in Einzelfasern aufgelöst. Anschließend erfolgt eine mehrstufige Reinigung, wobei je nach Altpapierqualität und Qualitätsanforderungen an das neue Papier zum Teil erhebliche Stoffverluste auftreten. Eine Voraussetzung für die Steigerung ist eine vorzügliche Reinigung des Altpapiers in den Papierfabriken mit Hilfe von Chemikalien und verschiedenen technischen Einrichtungen, um neben Klebstoffen vor allem die Druckfarbe soweit wie möglich zu entfernen und damit einen für den Mehrfarbendruck besonders wichtigen Weißgrad zu erreichen.

Diese Druckfarbenentfernung erfolgt in sogenannten Deinking-Anlagen (ink, engl.: Druckfarbe) mit Hilfe physikalischer und chemischer Prozesse.
Verfahrensschritte beim De-inking-Prozess:

- Das Auflösen des Papiers im Stoffauflöser, dem Pulper (Gerät, ähnlich einem überdimensionierten Küchenmixer).
  Hierbei wirken bereits die für das Ablösen der Druckfarbe eingesetzten Chemikalien auf die Suspension ein.
- Das Entfernen von Fremdstoffen.
- Das Abtrennen und Entfernen der Druckfarbe.

Unter der Faserfraktionierung versteht man das Sortieren der „aufgelösten" Altpapierfasern nach Faserlängen. Alle Kunststoffbeschichtungen werden z. B. in Heißzerfaserungsanlagen abgetrennt. Auch mit Spezialverfahren dieser Art gelingt es nicht immer, alle Fremdstoffe vollständig zu beseitigen. Für die Papierindustrie wäre es daher sehr wichtig, wenn in Druckereien und Verarbeitungsbetrieben alle schwer ablösbaren Substanzen (z. B. Kunststoffkleber, chemisch hart trocknende Druckfarben) durch leichter entfernbare Stoffe ersetzt würden.

Beim Rezirkulieren des Altpapiers werden die für die Papierherstellung positiven Eigenschaften des primären Faserstoffes naturgemäß verringert. Um die Qualitätsbeeinträchtigung in Grenzen zu halten, ist es zwingend erforderlich, ständig einen bestimmten Anteil frischer Faserstoffe hinzuzufügen. Dadurch erfolgt eine gewisse Regenerierung der beim Recycling ermüdeten, d. h. qualitativ geschädigten Fasern.

Holz-Rohstoffquellen für die Papier- und Zellstoffindustrie in Deutschland

Durchforstungs-, Industriewald- und Industrieholz werden sowohl in der Papier- und Zellstoffindustrie, als auch in der Spanplattenindustrie als Rohstoffquelle verwendet.

Durchforstungs- und Windbruchholz. In der Enstehungsphase wird ein Nadelwald sehr dicht gepflanzt (ca. 5000-6000 Pflänzchen/ha). Bis ein Baum als Nutzholz, Stamm- bzw. Sägeholz für die Bauwirtschaft verwendet werden kann, vergehen ca.100 Jahre (ca.500-600 Bäume/ha). 90% der anfänglichen Pflänzchen wurden bis dahin während mehrerer Durchforstungen zur Gesunderhaltung der Wälder entfernt.

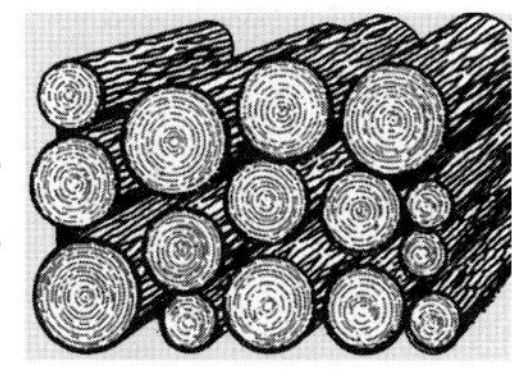

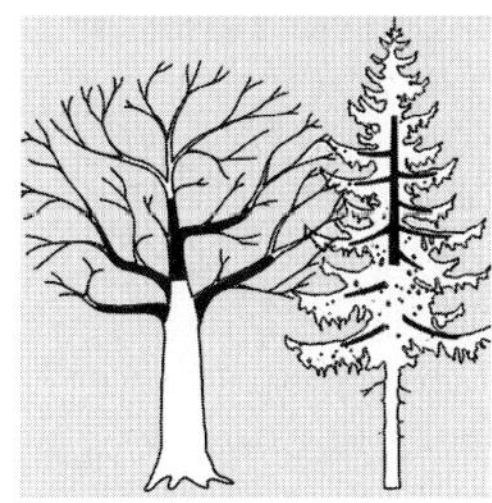

Industriewaldholz. Die als Sägeholz ungeeigneten Gipfelstücke der Nadelbäume sowie die starken Aststücke der Laubbäume, bezeichnet man als Industriewaldholz.

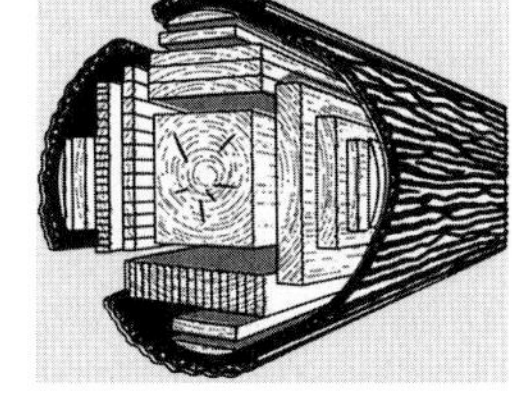

Industrierestholz. Das sogenannte Industrierestholz (Sägerestholz) besteht in der Hauptsache aus Sägewerkabfällen von Zerspannmaschinen, z. B. Schwarten und Kleinholzreste sowie Schnitzel.

15.1.2 Hilfsstoffe

Während die Art und Beschaffenheit der Faserstoffe für die Qualität und z.B. die Festigkeit entscheidend sind, werden sonstige anwendungsbezogene Eigenschaften durch verschiedene Hilfsstoffe erreicht.

Füllstoffe

Füllstoffe sind feinste weiße mineralische Pigmentteilchen, die dem Halbstoff zugesetzt werden, um bestimmte Qualitätseigenschaften des Papiers zu erreichen. Aber auch wirtschaftliche Überlegungen sind für den Einsatz von Füllstoffen von Bedeutung. Der Anteil an Füllstoffen kann je nach Papiersorte bis zu 30% betragen.

Füllstoffe werden immer nach einer genauen Rezeptur den Halbstoffen (Faserbrei) zugesetzt.

Sie bilden außerdem den Hauptbestandteil der Streichmasse bei dem nachträglichen Veredeln der Papieroberfläche.

Füllstoffzusätze im Ganzstoff dienen dazu, die winzigen Zwischenräume zwischen verfilzten Fasern auszufüllen, sie verbessern die Oberflächenglätte, die Lichtundurchlässigkeit (Opazität), den gleichmäßigen Weißgrad und die Annahmefähigkeit für Druckfarbe.

Außerdem machen sie das fertige Papier weicher und geschmeidiger. Sie ergeben eine geschlossene, glatte Oberfläche und somit eine gute Voraussetzung für die Satinage in Kalandern.

Ein Zuviel an Füllstoffen ist jedoch besonders für Druckpapiere trotz aller positiven Eigenschaften mit drucktechnischen Nachteilen verbunden. Die Festigkeit und Dimensionsstabilität des Papiers wird verringert, es wird lappig und neigt zum Stauben und Rupfen. Es sind Nachteile, die besonders Druckschwierigkeiten im Offsetdruck verursachen und zu erheblichen Qualitätseinbußen führen können.

Je nach Art und Verwendungszweck der Papiersorte werden verschiedene Arten und Mengen von Füllstoffen eingesetzt. Im wesentlichen sind dies

- Silikate: Kaolin (Porzellanerde), China-Clay und Talkum
- Sulfate: Blanc fixe (Bariumsulfat) und Brillantweiß
- Karbonate: Kreide (Kalziumkarbonat)
- Oxide: Titandioxid und Titanweiß

Zellaufbau verschiedener Nadelhölzer

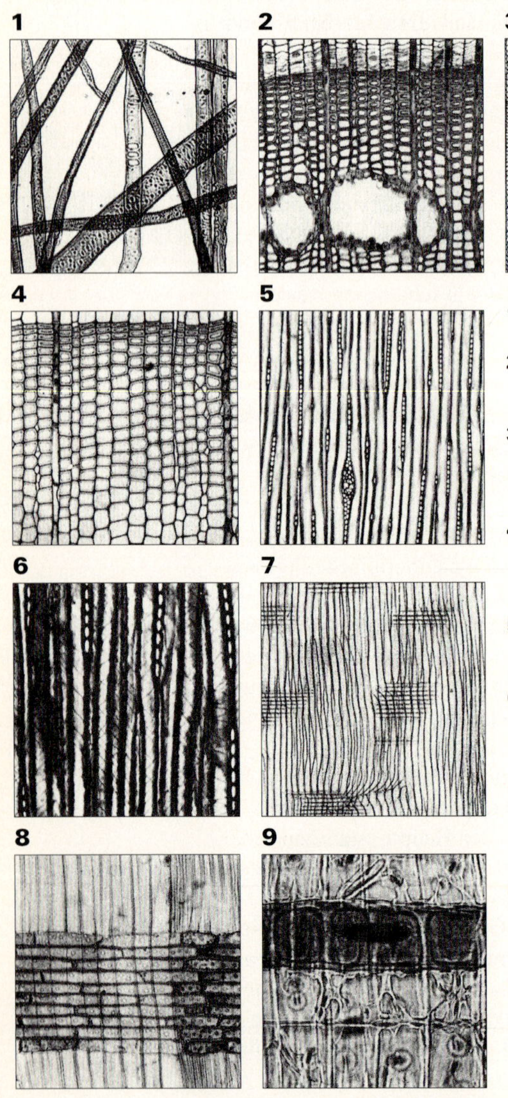

1 Einzelne Zellen von Nadelholz; 40 : 1
2 Föhre, Querschnitt, Kambium, außen Phloem, innen Xylem; 40 : 1
3 Föhre, Querschnitt, das Grundgewebe von Längstracheiden und axialer Harzkanal; 30 : 1
4 Weißtanne, Querschnitt, Frühholz mit schmalen, Spätholz mit breiten Zellwänden; 110 : 1
5 Lärche, Tangentialschnitt, Längstracheiden und Markstrahlen; 55 : 1
6 Eibe, Tangentialschnitt, Längstracheiden mit spiraligen Verdickungen; 170 : 1
7 Arve, Radialschnitt, Tracheidengrundgewebe und transversal orientierte Markstrahlen; 50 : 1
8 Weißtanne, Radialschnitt, Markstrahl nur aus Parenchymzellen aufgebaut. Jahrringgrenze; 125 : 1
9 Föhre, Radialschnitt, Markstrahl mit transversalen Tracheiden (gezähnt) und Parenchymzelle (Zellkern und Plasma); 600 : 1

Faserstoffanteile zur Papierherstellung in der Bundesrepublik

Holzstoff ca. 16 %
Zellstoff ca. 39 %
Altpapier ca. 44 %
sonstige Stoffe ca. 1 %

Die Menge der im Papier enthaltenen Füllstoffe ist bei einer Papierprüfung durch das Verbrennen einer gewogenen Probe am Aschegehalt festzustellen, da die Füllstoffe nicht verbrennen.

Leimstoffe und Bindemittel

Hohlräume in den Fasern nehmen sehr leicht Feuchtigkeit auf und dehnen sich dadurch sehr stark in der Faserbreite. Leimstoffe setzen die Saugfähigkeit der von Natur aus hydrophilen Fasern herab. Daher sind sie wichtige Hilfsstoffe für Druck-, Schreib- und Zeichenpapiere.

Grundsätzlich unterscheidet man zwischen der Stoffleimung und der Oberflächenleimung. Bei der Stoffleimung werden die Leimstoffe der flüssigen Papiermasse in der Ganzstoffaufbereitung zugefügt. Die Oberflächenleimung ist eine zusätzliche Leimung der Papieroberseiten. Leimstoffe werden dabei in einer Leimpresse innerhalb der Trockenpartie der Papiermaschine aufgetragen. Durch geringen Auftrag

Definition der Papierleimung

Zweck der Papierleimung ist eine
reduzierte Penetration und Aufnahme von Flüssigkeit
Spezialfall:
Leimung gegen Wasser = partielle Hydrophobierung

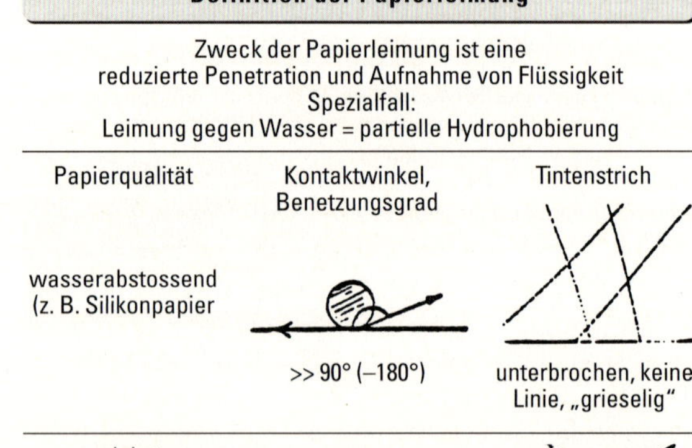

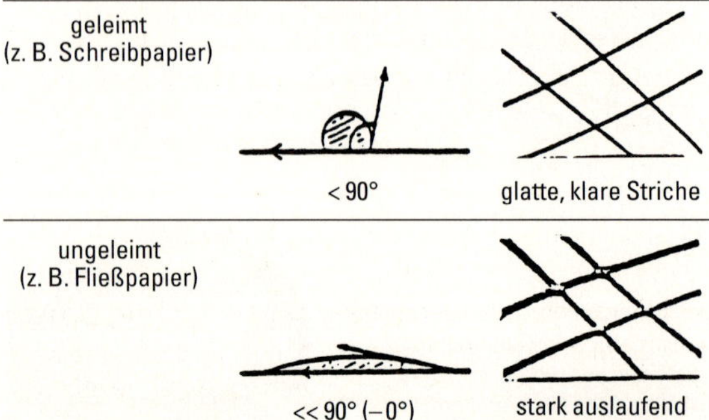

Papierqualität	Kontaktwinkel, Benetzungsgrad	Tintenstrich
wasserabstossend (z. B. Silikonpapier	>> 90° (–180°)	unterbrochen, keine Linie, „grieselig"
geleimt (z. B. Schreibpapier)	< 90°	glatte, klare Striche
ungeleimt (z. B. Fließpapier)	<< 90° (– 0°)	stark auslaufend wirkende Striche (wie auf Löschpapier)

erzielt man damit die gewünschten Eigenschaften wirtschaftlicher als durch stärkere Stoffleimung.

Als Leimstoff verwendet man überwiegend Harzleim. Es handelt sich um wasserlösliches Kollophonium, das durch Kochen in Natronlauge verseift und das wasserunlösliche Natriumresinat bildet. Zum Fixieren des Leims an die Faserstoffe ist ein Zusatz von Aluminiumsulfat (schwefelsaure Tonerde) notwendig.

In geringer Menge werden für spezielle Papiere auch tierische Leime und in steigendem Maße auch Kunstharzleime eingesetzt. Kunstharzleime ergeben bei gleichbleibender Saugfähigkeit eine höhere Nassfestigkeit.

Als Bindemittel wird vor allem Stärke eingesetzt. Stärken sind Kohlehydrate, die ähnlich wie Cellulose aufgebaut sind und zum Beispiel aus Mais, Weizen oder Kartoffeln gewonnen werden. Stärke wird zum Leimen oder als Zusatz in der Streichfarbe verwendet. Mit Stärke geleimte Papiere verfestigen das Fasergefüge und verbessern die Oberflächenfestigkeit, sie geben dem Papier einen guten Klang und Griff (Festigkeit, Härte). In der Streichfarbe dient Stärke als Bindemittel.

15.1.3 Farbstoffe

Bunte Farbstoffe können der Papiermasse bei der Ganzstoffaufbereitung direkt zugesetzt oder über eine Tauch- bzw. Oberflächenfärbung auf die Papieroberseite aufgetragen werden. Selbst weißem Papier werden in der Regel geringe Mengen von Farbstoffen, meist Rot oder Blau, zugesetzt. Damit wird der von Natur aus vorhandene leichte Gelbstich des Papierstoffs optisch (additiv) ausgeglichen. Man spricht dabei vom Schönen oder Nuancieren des Papiers. Eingesetzt werden dazu Farbstoffe und Farbpigmente.

Überwiegend wird der Stoff in der Papiermasse gefärbt. Oberflächenfärbung erfolgt zum Beispiel bei Plakatpapieren mit besonderer Signalwirkung durch die intensive Papierfarbe. Die Färbung ist auch durch Zugabe von Farbstoffen beim Streichen in der Leimpresse oder in separaten Streichmaschinen möglich (farbige Bilderdruck- und Kunstdruckpapiere).

Um den Weißgrad des Papiers zu erhöhen, werden auch optische Aufheller verwendet, die kurzwellige, nicht sichtbare Strahlung in sichtbares Licht umwandeln. Durch diese zusätzliche Lichtreflexion im blauvioletten Bereich erscheint das Papier heller.

Das Färben des Papiers erfordert große Erfahrung, es gehört zu den schwierigsten Aufgaben des Papiermachers.

15.1.4 Wasser

Wasser ist bei der Herstellung von Papier und Karton ein unverzichtbares Hilfsmittel. Nur in einem wässrigen Element kann sich ein pflanzliches Fasergemisch zu einem zusammenhängenden Vlies – dem Papier – verbinden. Zusätzlich wird eine große Menge Wasser in der Papier- und Kartonproduktion in fast allen Produktionsstufen benötigt.

Das Wasser
- ermöglicht den Aufschluss der Rohstoffe
- dient zum Verdünnen, Mischen und Transportieren der Faser- und Hilfsstoffe
- ermöglicht über sogenannte Wasserstoffbrücken eine Verfestigung des Faserstoffes
- beheizt als Dampf die Trockenzylinder
- dient als Kühl- und Reinigungsmittel.

Aus wirtschaftlichen Gründen ist jede Papierfabrik bestrebt, ihren Frischwassereinsatz so gering wie möglich zu halten. Deshalb wird das Betriebswasser heute im Produktionsprozess mehrfach genutzt. In weitgehend geschlossenen Wasserkreisläufen wird das Betriebswasser wieder aufgefangen, wenn nötig gereinigt und wieder dem Produktionsprozess zugeführt.

Abwässer der Papierfabriken werden in betriebseigenen und öffentlichen Abwasseranlagen gereinigt. Vielfach verfügen die Unternehmen selbst über hochmoderne mechanische und biologische Kläranlagen. Werden behördlich vorgegebene Abwasserwerte eingehalten, kann gereinigtes Abwasser direkt in Oberflächengewässer eingeleitet werden.

Letzte Stufe der Abwasserreinigung ist die Entsorgung der Klärwerkrückstände. Papierreststoffe werden z. B. eingedickt, durch Kalkzugabe stabilisiert und entwässert. Anschließend werden sie entweder mit Rindenabfällen zusammen zu Kompost verarbeitet, als Zusatzstoff an Ziegeleien geliefert oder deponiert. Ebenso wie Altpapier zersetzen sich die organischen Inhaltsstoffe der Papierreststoffe in Kohlendioxid und Wasser. Nur die eingesetzten Füllstoffe bleiben als Mineralien zurück.

Neben der produktionstechnischen Bedeutung hat das Wasser eine weitere wichtige Funktion, die weitgehend unbekannt ist: Die Festigkeit des Papiers wird durch charakteristische Eigenschaften des Wassers wesentlich beeinflusst.

Wasserstoffbrücken

Papier und Karton gewinnen ihre Festigkeit nicht nur durch die mechanische Verfilzung der Fasern von Holzschliff, Zellstoff und Altpapier. Eine der wichtigsten Grundlagen für das Verfahren der Papierherstellung ist die Anziehung zwischen Wasser und Zellulose und die bemerkenswerte Bindekraft zwischen ihren Molekülen. Sie ist eine direkte Folge der chemischen Struktur dieser beiden Stoffe:

- *Zellulose* ist der wichtigste Bestandteil aller Pflanzen und Bäume und damit auch von Holzstoff, Zellstoff und vielen natürlichen Textilfasern. Sie besteht, stark vereinfacht betrachtet, aus kettenartigen Riesenmolekülen, bei denen einige Tausende gleichartiger Grundbausteine aneinandergereiht sind. Jeder dieser Bausteine besitzt eine Hydroxyl(OH)-Gruppe, bestehend aus je einem Sauerstoff- und einem Wasserstoffatom.
- Wasser ist eine Verbindung aus zwei Atomen Wasserstoff und einem Atom Sauerstoff.

Wichtige Roh- und Hilfsstoffe für die Papier- und Kartonherstellung

Roh- oder Hilfsstoff	Faserqualität	Festigkeit	Färbung	sonstige Merkmale	hauptsächliche Verwendung
Rohstoffe aus Holz, Zellstoffe aus Nadelholz					
Sulfitzellstoff, gebleicht	langfaserig	gut; aber geringer als beim Sulfatzellstoff	sehr hohe Weiße		holzfreie und holzhaltige Schreib- und Druckpapiere Faltschachtelkarton (Decke) Zellstoffkarton Tissue-, Hygienepapiere
Sulfitzellstoff, ungebleicht	langfaserig	gut; aber geringer als beim Sulfatzellstoff	mittlere Weiße		Zeitungspapier, Packpapier, Faltschachtelkarton (für die Unterlage), Zellstoffkarton, Papierhandtücher
Sulfatzellstoff, gebleicht	langfaserig	sehr gut	sehr hohe Weiße		holzfreie und holzhaltige Druckpapiere, Zellstoffkarton Faltschachtelkarton (Decke), Zellstoffkarton, Tissue-, Hygienepapiere
Sulfatzellstoff, ungebleicht	langfaserig	sehr gut	braun		Kraftpack-, Kraftsackpapier, Kraftliner, Spinnpapiere
Zellstoffe aus Laubholz					
Sulfitzellstoff, gebleicht	kurzfaserig	mittel bis gut; geringer als beim Nadelholz-Sulfitzellstoff	sehr hohe Weiße	begünstigt die Gleichmäßigkeit der Blattbildung, das Volumen und die Geschlossenheit der Oberfläche	Druck- und Schreibpapiere aller Art, ungestrichen und gestrichen, Tissue- und Hygienepapiere
Sulfatzellstoff, gebleicht	kurzfaserig	mittel bis gut; etwas höher als beim Laubholz Sulfitzellstoff	sehr hohe Weiße	begünstigt die Gleichmäßigkeit der Blattbildung, das Volumen und die Geschlossenheit der Oberfläche	Druck- und Schreibpapiere aller Art, ungestrichen und gestrichen Tissue- und Hygienepapiere
Holzstoffe aus Nadelholz					
Fichten-Holzschliff, gebleicht	Fasern im Durchschnitt kürzer als bei Nadelholz-Zellstoffen	geringer als bei Zellstoffen	mittlere Weiße	verbessert Glätte und Bedruckbarkeit; neigt zum Vergilben; begünstigt Opazität und Blattbildung (geringe Wolkigkeit)	Illustrationsdruckpapiere, sonstige holzhaltige Druckpapiere, gestrichen und ungestrichen; holzhaltige Schreibpapiere, holzhaltiger Faltschachtelkarton (Zwischenlage, Einlage) Krepp-, Hygienepapier
Fichten-Holzschliff, ungebleicht	Fasern im Durchschnitt kürzer als bei Nadelholz-Zellstoffen	geringer als bei Zellstoffen	geringe Weiße	verbessert Glätte und Bedruckbarkeit; neigt zum Vergilben; begünstigt Opazität und Blattbildung (geringe Wolkigkeit)	Zeitungspapiere, holzhaltiger Faltschachtelkarton (Zwischenlage und Einlage)
Thermomechanischer Holzstoff (TMP), gebleicht	langfaseriger als Holzschliff	besser als beim Holzschliff	mittlere Weiße	begünstigt die Opazität	Zeitungsdruckpapier, holzhaltige Druckpapiere, Faltschachtelkarton (Zwischenlage und Einlage)
Halbzellstoff ungebleicht	zwischen Holzschliff und Zellstoff	zwischen Holzschliff und Zellstoff	geringe Weiße		Verpackungspapiere Wellenpapiere
Rohstoffe aus Einjahrespflanzen					
Zellstoff aus Getreidestroh, gebleicht	kurzfaserig	geringer als bei Holzzellstoffen	hohe Weiße, manchmal leicht gelblich	verbesserte Beschreibbarkeit, Radierfestigkeit, Steifigkeit, Klanghärte; geringe Opazität	Feinpapiere, einseitig gestrichene Etikettenpapiere, Spezialpapiere; als Zusatz zu anderen Zellstoffen
Zellstoff aus Espartogras, gebleicht	kurzfaserig	geringer als bei Holzzellstoffen	sehr hohe Weiße	begünstigt Volumen, Weichheit, Opazität, Farbannahme u. Masshaltigkeit b. Drucken	holzfreie Schreib- und Druckpapiere, Streichpapiere, Filterpapiere
Zellstoff aus Hadern, gebleicht	extrem langfaserig	sehr gut	sehr hohe Weiße	verbessert die Klanghärte; Hadernpapiere zeichnen sich durch sehr gute Altersbeständigkeit aus	feine, repräsentative, auch alterungsbeständige Papiere; teilweise auch in Banknoten-, Bibeldruck-, Büttenpapieren, Dokumenten- und Urkundenpapieren enthalten
Baumwoll-Linters	mittellange Fasern	gut	sehr hohe Weiße	reine Zellulose	weiche, voluminöse, saugfähige Papiere (z. B. Filter-, Löschpapier), Künstler-, Banknotenpapier u.a.

Roh- oder Hilfsstoff	Faserqualität	Festigkeit	Färbung	sonstige Merkmale	hauptsächliche Verwendung
Rohstoffbasis Altpapier					
Altpapier, holzfrei, weiß, sortiert	langfaserig (wie ursprünglicher Zellstoff)	gut	hohe Weiße	wird beispielsweise hergestellt aus unbedruckten Randabschnitten von Formularen	hochweiße Hygienepapiere
Altpapier, holzhaltig/holzfrei, sortiert, de-inkt	gemischt	unterschiedlich	mittlere Weiße	wird z.B. aus sortierten Tageszeitungen u. Illustrierten hergestellt, Hauptanfallstellen Druckindustrie, Pressevertrieb	Zeitungsdruckpapier
Altpapier, gemischt, sortiert	stark gemischt	gering	grau	wird beispielsweise aus Haushalts-Sammelware hergestellt (Zeitungen und Illustrierte, meist vermischt mit Packpapier und Karton).	altpapierhaltig. Packpapier u. Pappen, Wellpappenrohstoff, Faltschachtelkarton (Einlage, Unterlage), Graukarton, Hygienepapier, naturfarben
Füll- und Hilfsstoffe					
Kaolin (als Füllstoff)			hohe Weiße	verbesserte Glätte, Bedruckbarkeit, Opazität und Weichheit	Illustrationsdruckpapiere, sonstige Schreib- und Druckpapiere
Kaolin (als Streichpigment)			hohe Weiße	versieht Papier/Karton mit einer Deckschicht z. Steigerung der Glätte, Weiße u. Opazität, erhöht die Ansehnlichkeit und Bedruckbarkeit des Papiers	gestrichene Druckpapiere, gestrichener Faltschachtelkarton
Kreide (als Füllstoff)			hohe Weiße	verbesserte Glätte, Bedruckbarkeit, Opazität u. Weichheit	Schreib- und Druckpapiere
Kreide (Streichpigment)			hohe Weiße	versieht das Papier/den Karton mit einer Deckschicht zur Steigerung der Glätte, Weiße u. Opazität; erhöht die Ansehnlichkeit und Bedruckbarkeit	gestrichene Druckpapiere (vor allem matte Qualitäten), gestrichener Faltschachtelkarton
Titandioxid (als Streichpigment oder Füllstoff)			sehr hohe Weiße	bewirkt hohe Trocken- und vor allem Nassopazität	Dünn- u. Bibeldruckpapiere, hochweiße Papiere, einseit. gestrichene Etikettenpapiere
Stärke (aus Getreide und Kartoffeln)				verringert die Saugfähigkeit und erhöht die Festigkeit des Papiers; bindet die Pigmente der Streichfarbe	Natur- Offsetdruckpapiere, Streichroh-u. Schreibpapiere ein- u. zweiseitig gestrichene Druckpapiere, gestrichener Faltschachtelkarton
Kaseine und Proteine				dienen als Allein- und als Zusatzbindemittel im Strich	einseitig gestrichene Etikettenpapiere, Faltschachtelkarton
Kunststoffdispersionen (Latices)				dienen als Allein- und als Zusatzbindemittel im Strich	in praktisch allen gestrichenen Papieren und Karton, auch in Spezialpapieren
lösliche Farbstoffe und Farbpigmente			verschieden	dienen zur Anfärbung u. Nuancierung von Papier u. Karton	farbige und weiße Papiere und Kartons
optische Aufheller				erhöhen im Tageslicht u. unter UV-haltigem Kunstlicht die sichtbare Weiße des Papiers	Druck- und Schreibpapier
Leime für die Masseleimung: Harzleim und Alaun, Paraffin, synthetische Harze für die Oberflächenleimung: Stärke, Tier- und Pflanzenleime				steuern die Wasseraufnahme, vermindern die Saugfähigkeit, verbessern die Gefügefestigkeit, binden Pigmente, erhöhen das Wasser-, Tinten- u. Druckfarben-Aushaltevermögen	Schreibpapiere, Natur- und Offsetdruckpapiere, gestrichene Druckpapiere, gestrichener Faltschachtelkarton
synthetische Harze für die Nassfestigkeit (Harnstoff- und Melaminharze)				schaffen als Mittel für die Nass- und Laugenfestigkeit bei einem Etikettenpapier die Voraussetzungen für den Einsatz in Abfüllanlagen und Flaschenspülmaschinen	einseitig gestrichene Etikettenpapiere, nassfeste Papiere, z. B. Landkartenpapiere, spezielle Tütenpapiere, Papierhandtücher
Bleichmittel für Faserstoffe (Wasserstoffperoxid und Hydrosulfit)				zum Bleichen von Zellstoff und Holzstoff	
Mittel zum Einschäumen				in Wasserkreisläufen der Schleiferei und der Papiermaschinen eingesetzt	
Retentionsmittel (Alaun, synthetische kationische Stoffe)				hält als Massezusatz bei der Papierherstellung die Fein- und Füllstoffe im Papier	

Halbstoffherstellung: Übersicht über Aufschlussverfahren

	Primärrohstoffe			Sekundärrohstoffe
	Holz	Holz	Einjahrespflanzen	Altpapier
Vorbereitung	Entrinden Verarbeitungsformen: – Holzprügel – Hackschnitzel – Sägewerksabfälle	Entrinden Hackmaschine – Hackschnitzel	Sortieren Häckselmaschine – Häckselgut Stoffsortierung	Sortieren Auflöse- und Sortier- trommel: – Stoffauflösung
Aufschluss	Mechanisch: – Holzprügel in Schleifmaschinen – Hackschnitzel und Sägewerksabfälle in Refiner	Chemisch: Zellstoffkocher – saure Chemikalien ≙ Sulfitverfahren – alkalische Chemika- lien ≙ Sulfatverfahren	Chemisch: Zellstoffkocher – alkalische Chemikalien ≙ Sulfatverfahren	Mechanisch/chemisch: – reinigen – vorsortieren – zerfasern
Verarbeitung	Sortieren Reinigen je nach Qualität: Bleichen des Halbstoffs Eindicken	Sortieren Reinigen je nach Qualität: Bleichen des Halbstoffs Eindicken und Trocknen	Sortieren Reinigen je nach Qualität: Bleichen des Halbstoffs Eindicken und Trocknen	Reinigen Nachsortieren Entfernen der Druck- farbe durch Chemikalien in De-inking-Anlagen Eindicken
Lagerung	Vorratsbütte für weitere Verarbeitung im Werk	Verpacken der Zellstoff- tafeln zum Versand an Papierfabriken	Verpacken der Zellstoff- tafeln zum Versand an Papierfabriken	Vorratsbütte für weitere Verarbeitung im Werk
Halbstoffprodukt	Holzstoff (Holzschliff)	Zellstoff	Zellstoff	Recyclingstoff
Qualitätshinweise	● kurzfaserig ● mittlere Qualität ● etwa 98 % Ausbeute + hohe Opazität + hohe Steifigkeit + hohes Volumen + hervorragende Bedruckbarkeit (Printability) – geringe Festigkeiten – niedrige Weißgrade – neigt zum Vergilben durch Ligninanteile – spröde Fasern	● langfaserig ● höchste Qualität ● etwa 50 % Ausbeute + hohe Festigkeit + hoher Weißgrad + geringe Vergilbungs- neigung + geschmeidige Fasern + vollkommen splitterfrei + leichte Verfilzung + hervorragende Verdruckbarkeit (Runability) – geringe Opazität	● kurzfaserig ● höchste Qualität ● etwa 50 % Ausbeute	● verschiedene Faserlängen ● geringe Qualitäten: abhängig von der Sortierung des Alt- papiers und der Altpapierqualität

Das Sauerstoffatom (O) ist elektrisch negativ geladen, während die beiden Wasserstoffatome (H) positive Ladungen besitzen.
Die Folge sind elektrostatische Anziehungskräfte zwischen den Wasserstoffatomen eines Moleküls und den Sauerstoffatomen benachbarter Moleküle. Bei diesen unsichtbaren Kräften spricht man bildhaft von Wasserstoffbrücken. Sie sind überall im Wasser vorhanden.

Kommen Zellulose und Wasser miteinander in Berührung, entstehen zusätzliche Wasserstoffbrücken zwischen den Wassermolekülen und den OH-Gruppen der Zellulose. Schon in einer stark wasserhaltigen Fasersuspension sind die Zelluloseketten durch zahlreiche Wasserstoffbrücken mit den dazwischen liegenden Wassermolekülen und damit *indirekt* untereinander verbunden (vgl. Abbildung). Diese Bindungskräfte sind jedoch nur schwach.

Wenn aber der Wassergehalt in der Papier- oder Kartonbahn weit genug absinkt, entsteht ein Zustand, in dem die Zellulosemoleküle nur noch durch eine mono-molekulare Wasserschicht voneinander getrennt sind (vgl. Abb.). Dabei bildet sich ein reißverschlussartiges Gefüge von Wasserstoffbrücken, die der Bahn einen Teil ihrer Festigkeit verleihen.

Dieser Prozess ist umkehrbar. Sobald der Wassergehalt der Bahn steigt, öffnen sich diese „Reißverschlüsse" wieder. Das Papier verliert dann zunächst seine Festigkeit und löst sich bei weiterer Wasserzugabe in die ursprünglichen Faserbestandteile auf.

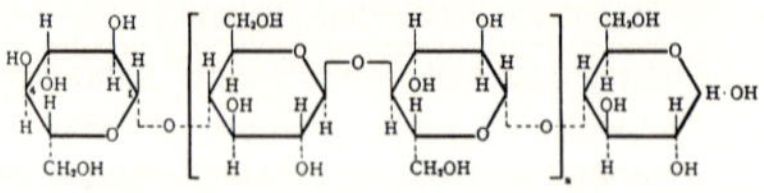

Schematische Darstellung der Struktur eines Zellulosemoleküls (Ausschnitt) mit den OH-Gruppen der einzelnen „Kettenglieder".

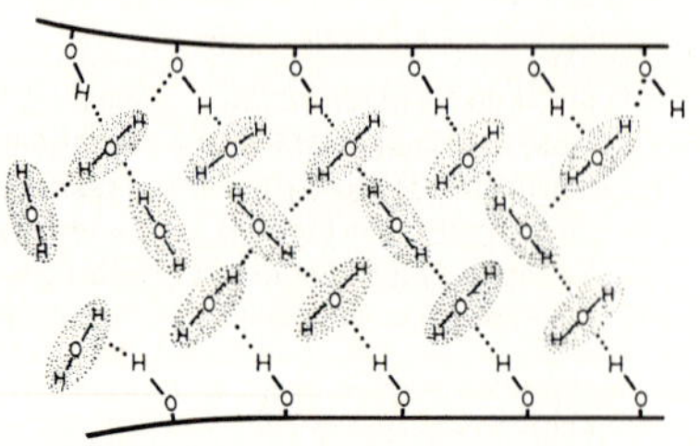

Schon in der Fasersuspension sind die Zellulosemoleküle (hier bis auf die OH-Gruppen als durchgehende Linien dargestellt) über verschiedene Wassermoleküle durch ein lockeres Gefüge von Wasserstoffbrücken (gepunktet) miteinander verbunden

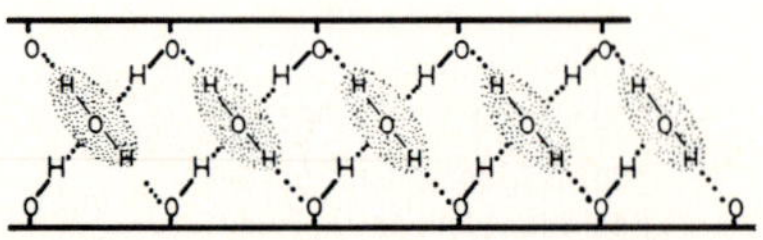

Beim Trocknen der Papierbahn sind die Zellulosemoleküle schließlich nur noch durch eine mono-molekulare Wasserschicht getrennt. Dabei entsteht ein reißverschlussartiges System von Wasserstoffbrücken.

15.2 Aufbereiten zum Halbstoff

Durch mechanische und chemische Verfahren lassen sich aus den Rohstoffen Faserstoffe gewinnen. Die herausgelösten Fasern aus dem Faserverbund nennt man Halbstoff. Die früher verwendete Bezeichnung Halbzeug erinnert an die Zeit, in der Hadern (Lumpen), der wichtigste Rohstoff waren.

Faser-Charakteristika der Rohstoffe

Die zur Papierherstellung verwendeten Fasern unterscheiden sich hinsichtlich ihrer Eigenschaften sehr wesentlich. Zellstoff-Fasern sind geschmeidig, zugfest und hochweiß. Der Holzstoff (= Holzschliff) dagegen begünstigt aufgrund seines Feinstoffanteiles eine hervorragende Opazität, Steifigkeit und hohes Volumen. Entsprechend dieser Eigenschaften tragen die Fasern zur Gesamtqualität des Papiers bei.

Der Zellstoff ist für die *Runability*, das heißt für die Laufeigenschaften in der Druckmaschine und den anschließenden Verarbeitungsaggregaten, der Holzschliff neben den Füllstoffen und dem Strich für die *Printability*, das heißt für die Bedruckbarkeitseigenschaften des Papiers, von entscheidender Bedeutung.

Um bei ULWC-Papieren im Vergleich zu höhergewichtigen Papieren gleiche Verarbeitungseigenschaften garantieren zu können, müssen für diese ultraleichten Sorten aus Festigkeitsgründen speziell ausgewählte Sulfatzellstoffe eingesetzt werden.

15.2.1 Mechanischer Aufschluss: Holzstoff

Unter mechanischem Aufschluss versteht man das Schleifen des Rohstoffs an einem Schleifstein oder im Refiner. Beim Holzschliffverfahren werden entrindete Holzprügel von etwa einem Meter Länge unter Zugabe von heißem Wasser an die Oberfläche

Mechanischer Aufschluss: Holzstoff

Aufbereitungs-techniken	**– Steinschliff GMP ≙ Groundwood-Mechanical-Pulp bzw. SGW ≙ Stone-Ground-Wood**	**– Druckschliff PGW ≙ Pressure-Ground-Wood**	**– Thermomechanischer Holzstoff: TMP ≙ Thermo-Mechanical-Pulp**
Rohstoffe	Fichte, geringe Mengen Kiefer und Pappel	Fichte, geringe Mengen Kiefer und Pappel	Fichte, aber auch Hartholz, Industrierestholz, Sägewerksabfälle, grobes Sägemehl
Vorbereitung	– entrinden, entbasten – schneiden auf ca. 1 m lange Holzprügel	– entrinden, entbasten – schneiden auf ca. 1 m lange Holzprügel	– Stammholz entrinden und entbasten – zu Hackschnitzeln zerkleinern
Verarbeitung	– Holzprügel werden unter Wasserzugabe gegen einen rotierenden Schleifstein gepresst – Schleiferarten: Ketten- bzw. Stetigschleifer, Mehrpressenschleifer – Schlifftemperatur: ca. 70 bis 90 °C – Energiebedarf/Tonne: ca. 1400 bis 1800 kWh je nach Qualität – Sortieren und Reinigen: Schüttelrotierer, Rotationssortierer u. a. – Lagern in Vorratsbütten	– Holzprügel werden unter Wasserzugabe gegen einen rotierenden Schleifstein gepresst – Schleiferarten: Ketten- bzw. Stetigschleifer, Mehrpressenschleifer – Schlifftemperatur: ca 100 bis 130 °C – Energiebedarf/Tonne: ca 1400 bis 1800 kWh je nach Qualität – Sortieren und Reinigen: Schüttelrotierer, Rotationssortierer u. a. – Lagern in Vorratsbütten	– thermische Vorbehandlung der Rohstoffe bei ca. 110 bis 130°C unter hohem Druck ermöglicht schonende Zerfaserung – Schleiftechnik: Refiner mit Mahlscheiben in Stufen mit Druck oder auch drucklos – Energiebedarf/Tonne: ca. 2200 bis 2400 kWh – Sortieren und Reinigen: Schüttelrotierer, Rotationssortierer u. a. – Lagern in Vorratsbütten
Hinweise zur Qualität	– feuchtes Schleifholz ergibt einen relativ langfaserigen, festen, schmierigen Holzschliff durch feinkörnigen Schleifstein mit stumpfer Schärfung – rascher Schliff: raue Steinoberfläche	– ähnlich dem Steinschliff – bessere Auflockerung des Faserverbandes ergibt höherwertigen Holzstoff	– sehr schonende Zerfaserung ohne Splitter, langfaseriger und fester als Stein- und Druckschliff
Holzstoffgruppen	**Feinschliff:** ungestrichene und gestrichene holzhaltige Feinpapiere, Schreib- und Tiefdruckpapiere sowie Kartondeckschichten (u. a.) **Normalschliff:** Zeitungsdruck-, Illustrationsdruck- und Offsetdruckpapiere sowie Kartonrückseiten (u. a.) **Grobschliff:** Kartoneinlagen		
Vorteile gegenüber Zellstoff	– billiger – hohe Rohstoffausbeute, ca. 94 bis 98 % – hohe Dichte – höhere Opazität – höhere Biegesteifigkeit bei Karton		
Nachteile gegenüber Zellstoff	– leichte Vergilbung durch Inkrusten – geringere Festigkeit, z. B. Reißfestigkeit, Falzfestigkeit – Neigung zum Stauben – geringerer Weißgrad		

eines rotierenden Schleifsteins gepresst. Die raue Oberfläche des Schleifsteins reißt aus dem Holz sowohl feine Fasern von einem bis vier Millimetern Länge als auch Faserbruchstücke heraus. Der Holzschliff besteht also nicht aus einheitlichen Faserstrukturen.

Holzschliff-Erzeugung mit Ketten-Stetigschleifern

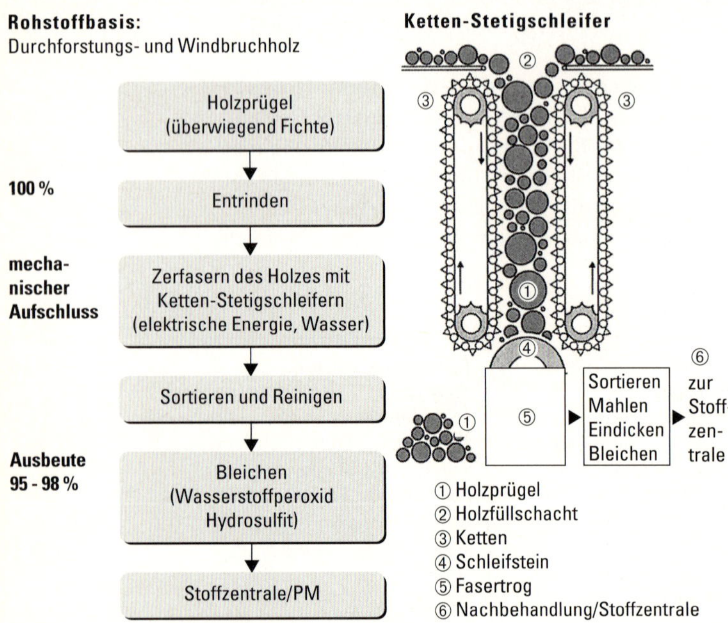

Holzstoff-Erzeugung mit Refinern

Rohstoffbasis:
Industriewald und Industrierestholz

Doppelscheibenrefiner

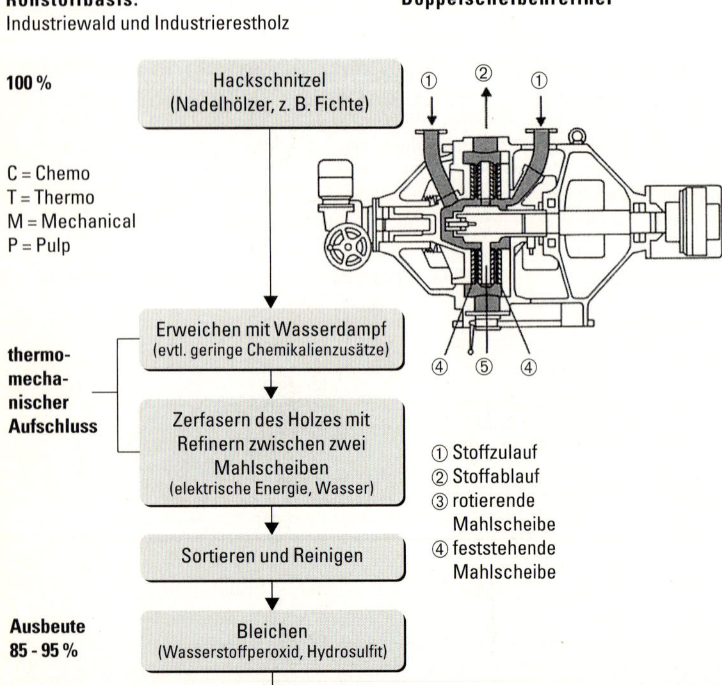

Ausgangsrohstoff für den Refiner-Holzstoff sind Holzabfälle aus Sägereien oder kleingeschnitzeltes Holz (Hackschnitzel), die im Refiner mechanisch zerfasert werden. In den letzten Jahren ist das Refiner-Verfahren zu einem thermomechanischen Verfahren weiterentwickelt worden. Durch eine Vordämpfung des Holzes bei etwa 130 °C weichen die Inkrusten, vor allem das Lignin, auf. Hierdurch löst sich der Faserverband leichter und schonender und man gewinnt eine unzerstörte Einzelfaser.
Ein weiterer Vorteil: Der Thermoschliff ist äußerst gleichmäßig und lässt sich gut bleichen.

Entscheidender Nachteil aller mechanischen Aufbereitungsverfahren ist, dass sämtliche Bestandteile des Holzes (Cellulose, Inkrusten u. a.) im Holzstoff verbleiben.

Papiere, die mehr als 5 % Holzstoff enthalten, nennt man holzhaltige oder holzstoffhaltige Papiere. Papiere mit einem geringeren Holzstoffgehalt als 5 % nennt man holzfreie oder korrekter holzstofffreie Papiere. Papiere mit beliebigen Mischungen werden relativ ungenau als mittelfeine Papiere bezeichnet.

Holzschliff-Erzeugung mit Ketten-Stetigschleifern

Die mechanische Zerfaserung der entrindeten Holzprügel erfolgt in Ketten-Stetigschleifern unter Zugabe von Wasser. Rohstoff ist vor allem Durchforstungs- und Windbruchholz, überwiegend Fichte. Das Holz, man nennt die ca. 1 m langen Stücke Holzprügel, wird entrindet und mit dem Ketten-Stetigschleifer mechanisch zerfasert. Der so gewonnene Holzstoff, Ausbeute ca. 95 - 98 %, wird sortiert und gereinigt und anschließend mit Wasserstoffperoxid, Hydrosulfit u.ä. umweltschonenden Chemikalien gebleicht.

Charakteristisch für eine besondere Technik, das Thermoschliff-Verfahren, ist die hohe Temperatur des Wassers beim Herauslösen der Fasern. Diese liegt knapp unter dem Siedepunkt.

Mit diesem Schleifverfahren wird eine besonders gute Holzschliffqualität erzielt:

- besseres Herauslösen der Fasern aus dem Holzverband gegenüber dem konventionellen Steinschliff
- hohe Gleichmäßigkeit und Konstanz des Schliffs.
- gute Bleichbarkeit
- hervorragende Opazität (Feinschliffanteil)
- erhebliche Energieersparnis gegenüber Refinerstoffen
- hohe Ausbeute
- geringe Abwasserbelastung

Holzstoff-Erzeugung mit Refinern

Außer den bekannten Stetigschleifern werden zur Holzstoff-Erzeugung auch Refiner eingesetzt. Damit lassen sich Industriewald- und Industrierestholzer (Sägewerksabfälle) verarbeiten.

Im Gegensatz zur Holzschliff-Erzeugung aus Holzprügeln werden hier Hackschnitzel (ein klein gehäkseltes Holz) zunächst in einer thermomechanischen

Verfahrensstufe erweicht und anschließend zwischen rotierenden Mahlscheiben zerfasert. Die Ausbeute des Holzes liegt dabei zwischen 85 % und 95 %.

Gegenüber der Holzschliff-Erzeugung mit Stetigschleifern erfordert dieses Verfahren einen wesentlich höheren Energieeinsatz. Der Refinerstoff ist schlechter bleichbar und die Abwasserbelastung bedeutend höher.

15.2.2 Chemischer Aufschluss: Zellstoff

Rohstoffbasis für die Zellstofferzeugung sind Laub- und Nadelhölzer sowie in geringem Umfang auch Einjahrespflanzen.

Einen qualitativ wesentlich höherwertigen Faserstoff im Vergleich zu mechanisch aufbereitetem Holzstoff gewinnt man durch den chemischen Aufschluss des Holzes. Das Holz wird zunächst mechanisch in Hackschnitzel zerkleinert. Hackschnitzel werden bei diesem Verfahren in sauren oder alkalischen Chemikalien, dem Sulfit- und Sulfatverfahren, gekocht.

Bei diesem Kochprozess werden Inkrusten, insbesondere Lignin und Harz, weitgehend aus dem Rohstoff Holz herausgelöst. Der so gewonnene Halbstoff ist ein fast reiner Zellstoff. Die Ausbeute beträgt bei diesem Verfahren allerdings nur ca. 50 %, der Rest ist Abfall.

Nach dem Kochprozess befinden sich in den Zellulosefasern noch geringe Mengen an Reststoffen, wie Lignin, Wachse und organische Säuren. Diese für das Endprodukt unerwünschten Stoffe müssen entfernt werden, um u.a. ein Vergilben des Papiers zu vermeiden. Dazu durchläuft der Zellstoff weitere Produktionsschritte, in denen er gewaschen, sortiert, gereinigt und in mehreren Stufen anschließend gebleicht wird.

Durch die Bleiche erhält der Zellstoff die erforderliche Qualität - speziell die erforderliche Weiße sowie Geruchs- und Geschmacksneutralität. Das früher eingesetzte Bleichmittel bestand im wesentlichen aus Elementarchlor, dessen Reaktionsprodukte – wie man heute weiß – toxisch und umweltgefährdend sind. Inzwischen werden umweltschonende Bleichmittel wie Sauerstoff, Peroxid und Ozon eingesetzt.

Zellstoff ergibt im Gegensatz zu Holzstoff ein reißfesteres, hochwertiges Papier, da der größte Anteil der Fasern in natürlicher Länge vorhanden ist. Außerdem ist die Zellstoff-Faser sehr geschmeidig und vergilbt kaum. Papiere mit einem maximalen Anteil von 5 % Holzstoff nennt man holzfrei oder präziser holzstofffrei.

Eine Kombination zwischen chemischem und mechanischem Aufschluss ist die Herstellung sogenannter Halbzellstoffe. Die Rohstoffe werden angekocht. Der Faserverband löst sich und die Inkrusten weichen auf. Durch mechanische Nachbehandlung erfolgt danach der eigentliche Aufschluss des Holzes.

Zur Herstellung von Zellstoff im Sulfitverfahren wird überwiegend Fichtenholz eingesetzt. Das alkalische Sulfatverfahren ist dagegen außerdem für den Aufschluss harz- und silikatreicher Rohstoffe geeig-

Die bedeutendsten Zellstoffverfahren

Weltweit sind im wesentlichen 2 Aufschlussverfahren im Einsatz:

1. Sulfatverfahren	**2. Sulfitverfahren**
Marktsituation: – 90 % des Weltbedarfs – Hauptabnehmer Papierindustrie	**Marktsituation:** – 10 % des Weltbedarfs – Hauptabnehmer chemische Industrie, (z.B. Veredelung zu Reyon, Quell- u. Klebemitteln etc.) sowie Tissueproduktion
Verfahrensspezifisch: – Lange Fasern mit hoher Festigkeit – Schlechte Bleichbarkeit des Restlignins	**Verfahrensspezifisch:** – Kurze Fasern hohe Weichheit, geringe Festigkeit. – Gute Bleichbarkeit des Restlignins
Aufschlusschemikalien: – Alkalisches Medium: Natronlauge und Natriumsulfit	**Aufschlusschemikalien:** – Saures Medium: Wässrige Hydrogensulfitlösung
Kochprozess: – Druck 7-9 bar – Temperatur 170-180°C – Zeit 4-6 h – Kocherkreislauf zu 100 % geschlossen – Energieautark durch die Ver-- brennung der Schwarzlauge	**Kochprozess:** – Druck 5-6 bar – Temperatur 120-140°C – Zeit 12-16 h – Säurefeste Anlagen erforderlich
Rohstoffe: – Alle Holzarten: Laubholz (Buche, Birke, Pappel, Eukalyptus) Nadelholz: Fichte, Kiefer, Tanne – Einjahrespflanzen: Bagasse, Espartogras, Stroh	**Rohstoffe:** – Harzarme Hölzer: z.B. Fichte, Buche

Modell eines Zellstoff-Kochers

Rohstoffbasis: Industriewald und Industrierestholz (BRD) sowie spezielle Waldanbaugebiete (CND, USA, SCAN)

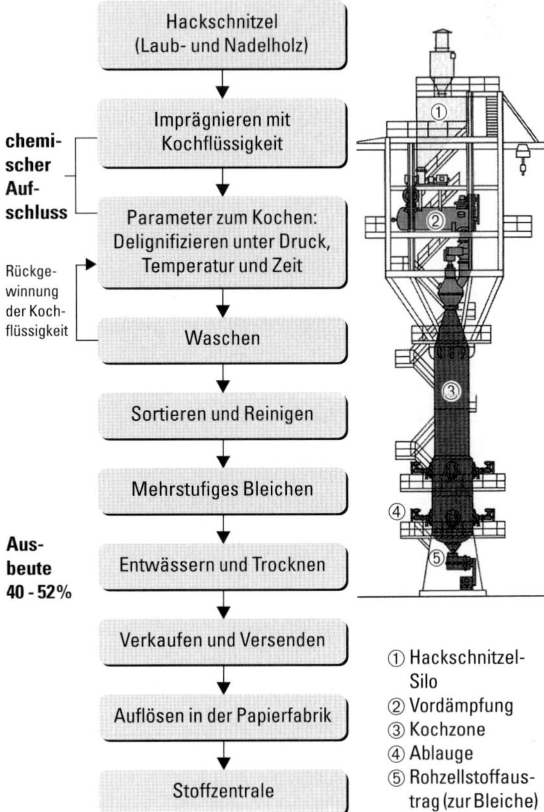

Chemischer Aufschluss: Zellstoff

Aufbereitungs- techniken	Sulfitverfahren	Sulfatverfahren	Sulfatverfahren
Rohstoffe	Nadelholz: – Fichte z. T. auch Tanne – Laubholz in geringem Umfang nicht für harz- und silikatreiche Rohstoffe geeignet	Nadelholz: – Fichte, Tanne Kiefer u.a. – Laubhölzer aller Art – für harz- und silikatreiche Rohstoffe geeignet	Einjahrespflanzen: – Weizen- und Roggenstroh – Esparto-(Alfa-)gras – Zuckerrohr (Bagasse) und andere silikatreiche Rohstoffe
Vorbereitung	Stämme entrinden, Hackschnitzel sortieren	Stämme entrinden, Hackschnitzel sortieren	Rohstoff häckseln, sortieren
Verarbeitung	Hackschnitzel in sauren Chemikalien (Kalziumsulfat und schwefliger Säure) kochen Verarbeitungsbeispiel: 1. Dämpfen 2. Vorkochen unter Druck bei etwa 80°C 3. Kochen unter ca. 12 bar Druck bei etwa 170°C 4. Trennen von Kochgut und Kochsäure 5. Waschen und reinigen 6. evtl. bleichen 7. Eindicken, entwässern, pressen	Hackschnitzel in alkalischen Chemikalien (Natriumverbindung) kochen Das Sulfatzellverfahren ist für den Aufschluss aller Rohstoffe geeignet. Verarbeitungsphasen ähnlich dem Sulfitverfahren. Heute setzt sich immer mehr ein kontinuierliches Kochverfahren durch, bei dem die Hackschnitzel kontinuierlich in den Kocher gelangen. Der größte Teil der Chemikalien ist durch Regenerierung der Ablauge zurückzugewinnen.	gehäckselte Rohstoffe in stärkeren alkalischen Chemikalien kochen Fertigungsphasen wie beim alkalischen Aufschluss von Holz. Für minderwertige Kartons und Pappen wird Stroh nur teilweise chemisch behandelt und danach mechanisch weiter aufgeschlossen. Das Produkt ist ein gelber Rohstoff.
Hinweise zur Qualität	Nadelholz: langfaserig, hohe Festigkeit, gut bleichbar, Zellstoff vergilbt kaum	Nadelholz: sehr hohe Festigkeit, sehr zäh, schwerer bleichbar Laubholz: kürzere Fasern, gute, gleichmäßige Durchsicht, Zellstoff vergilbt kaum	Strohsorten: kurze, harte Fasern, gute Klanghärte des Papiers, geringe Festigkeit Grassorten: leichte, voluminöse Fasern (z.B. für Dickdruckpapiere), sehr saugfähig, Zellstoff vergilbt kaum

net. Es können also sowohl Nadelhölzer aller Art, Laubhölzer und außerdem Einjahrespflanzen (z. B. Stroh, Zuckerrohr, Espartogras) aufgeschlossen werden, aus denen Zellstoff gewonnen wird.

Das früher überwiegend eingesetzte Sulfitzellstoffverfahren wird heute international mehr und mehr durch das Sulfatzellstoffverfahren abgelöst. Es ergibt eine festere Faser und kann universeller für die verschiedensten Produkte eingesetzt werden.

In Deutschland ist zur Zeit aus Gründen des Umweltschutzes nur die Zellstoffgewinnung im Sulfitverfahren erlaubt, obwohl die Sulfattechnologie kaum Probleme bereitet und die Umweltbelastungen sich fast ausschließlich nur noch auf Geruchsbelästigungen beziehen.

15.2.3 Altpapier-Aufbereitung

Das Altpapier aus gebrauchten Papierprodukten oder unbrauchbaren Papierabfällen ist in Deutschland zum wichtigsten Rohstoff zu Papierherstellung geworden. Der größte Teil des wieder verwendeten Altpapiers, fachlich Sekundärrohstoff genannt, ist für die Herstellung von Verpackungspapieren und Zeitungspapieren bestimmt; diese Produkte bestehen heute im Durchschnitt zu mehr als 80 % aus Altpapier.

Einige der Verpackungspapiere, Zeitungspapiere, Kartoneinlagen (bei mehrlagigem Karton) und vor allem Pappen werden sogar ausschließlich aus Altpapier hergestellt. In zunehmendem Maße wird anstelle von Primärrohstoffen Altpapier zur Herstellung von Hygienepapieren und Büropapieren mit kurzlebiger Nutzungsdauer eingesetzt.

In Deutschland wird Altpapier nach einer neuen Festlegung im Jahr 1999 in fünf Gruppen in 67 verschiedene Altpapiersorten mit eigenen Marktpreisen gehandelt. Wieviel Altpapier wiederverwertet werden kann, hängt von dem Sammeln ab. Je sortenreiner das Altpapier ist, desto bessere Qualitäten für entsprechende Papier- und Kartonsorten können hergestellt werden.

Aufbereitungsverfahren

Die in der Papierindustrie üblichen Verfahren zur Aufbereitung von Altpapier ergeben je nach Qualität des Sekundärrohstoffes eine Ausbeute von ca. 60 bis 90 %. Die Aufbereitung umfasst im allgemeinen folgende Stufen:

- Auflösung:
  Auflösen und Zerfasern des Papiers
- Mehrstufige Reinigung:
  Entfernen von Fremdbestandteilen, z.B. Klebstoffe, Lacke, Metallklammern
- De-inken:
  Ablösen und entfernen der Druckfarben
- Feinreinigung und -sortierung:
  Entfernen zu kurzer Faserteilchen
- Bleichen:
  Eventuell kann der Recyclingstoff noch gebleicht werden
- Eindicken

Das Altpapier muss für den Produktionsprozess aufgelöst und zerfasert werden. Dies erfolgt durch Wasser und Wärme unter Zugabe von Chemikalien in einem Stofflöser, dem Pulper. Der Pulper ähnelt im Aufbau und in seiner Wirkungsweise einem großformatigen Küchenmixer. Es entsteht eine Fasersuspension, in der Druckfarben bereits vom Papier abgelöst werden.

Spezielle mehrstufige Reinigungsverfahren sorgen für die Beseitigung von allen Femdstoffen. Nach der Feinsortierung bleiben nur noch Faserstoffteilchen übrig, die für die Papierproduktion verwendet werden können. Der Faserstoff wird zum Transport und um Lagervolumen zu sparen anschließend eingedickt.

In einer De-inking-Anlage werden Druckfarben zu einem hohen Anteil von den Fasern abgetrennt.

Weltweit wird zumeist das Flotationsverfahren eingesetzt. Bei diesem Verfahren werden in dem ersten Schritt Druckfarbenteilchen mit Natronlauge, Peroxid und Wasserglas in der Altpapiersuspension gelöst.

Das Flotationsverfahren ist ein Verfahren, das auf der unterschiedlichen Benetzbarkeit von Druckfarbe und Papierfasern beruht. Papierfasern werden bei diesem Prozess von Wasser benetzt, Druckfarbenteilchen bleiben unbenetzt. In einem zweiten Schritt wird die Fasersuspension zunächst intensiv belüftet.

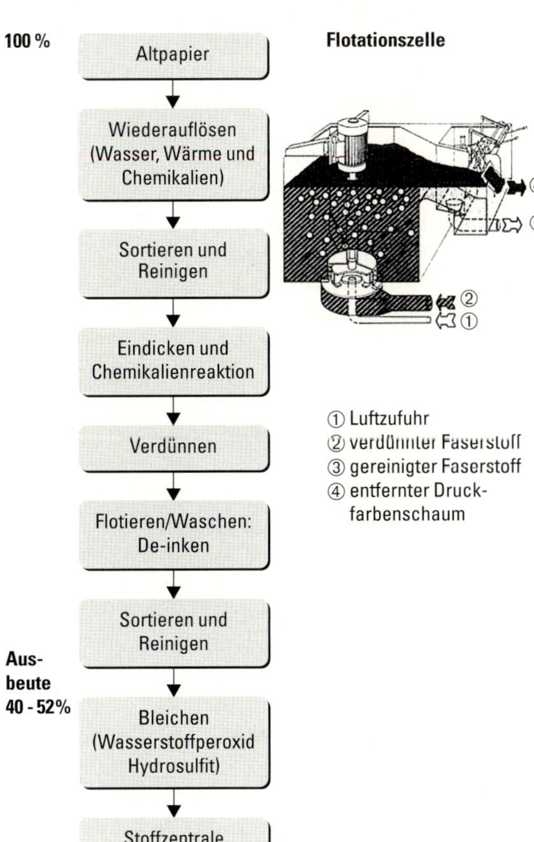

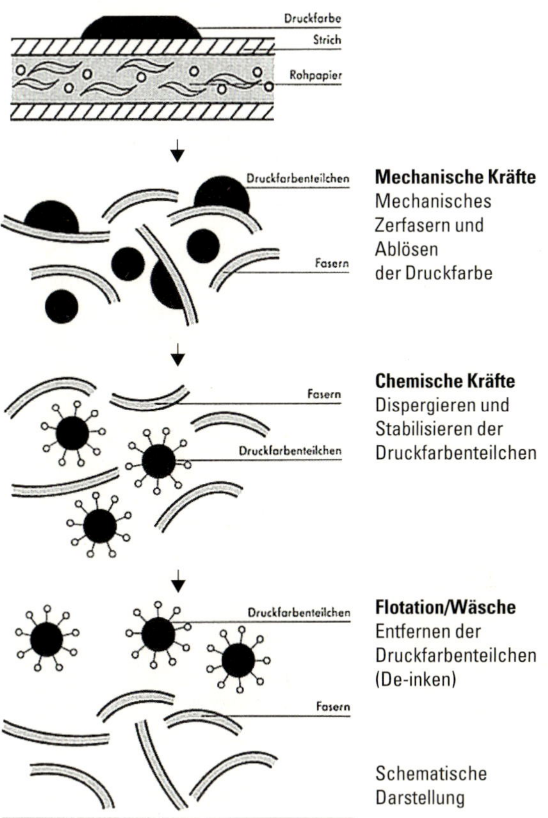

Die hydrophobe (wasserabstoßende) Druckfarbe lagert sich an den feinen Luftbläschen an. Aus dem Altpapier-Wasser-Gemisch bildet sich so ein Schaum aus Luft und Farbteilchen an der Oberfläche. Der sogenannte Flotationsschaum wird dabei ständig abgeschöpft. Alle darin enthaltenen Chemikalien werden zurückgewonnen, aufbereitet und wieder in der Produktion eingesetzt. Andere Reststoffe. z. B. Druckfarben, gelangen nach dem Eindicken und der Reinigung des Abwassers zur Entsorgung.

Die de-inkte Fasersuspension wird ausgewaschen und eingedickt. Für spezielle und hochwertigere Altpapiersorten kann der Faserstoff noch gebleicht und/oder im Stoff gefärbt werden.

Wesentlich hängt die Qualität des neuen Papiers von der Qualität des eingesetzten Altpapiers ab.

Altpapiersorten

Auf dem Altpapiermarkt unterscheidet man fünf Gruppen mit 67 Handelsklassen. Dementsprechend variiert die stoffliche Zusammensetzung der Altpapiere sehr stark. Vereinfacht dargestellt läßt sich sagen: Die besseren Sorten - sie dienen häufig als Zellstoffersatz - ergeben einen Faserstoff mit einem hohen Maß an Fasern natürlicher Länge und mit hoher Weiße. Die unteren Sorten dagegen, vor allem solche, die schon einen oder mehrere Recycling-Prozesse hinter sich haben, enthalten einen hohen Anteil an gebrochenen Fasern und Faserpartikeln, die nicht wiederverwendet werden können.

Beispiel für die Einteilung von Altpapiersorten, dabei gibt die Kennziffer die Zugehörigkeit zu einer Gruppe an.

Generell gilt, dass aus Altpapier minderer Faserqualität kein Neupapier höherer Faserqualität hergestellt werden kann. Je nach Qualitätsanspruch an das zu fertigende Papier muss der Papiermacher deshalb entscheiden, ob und wieviel Altpapier eingesetzt werden kann und welche Qualitätsklasse es haben muss.

Grenzen des Altpapiereinsatzes

Ein generelles Problem der Altpapierwiederverwertung besteht darin, dass ein Teil der Fasern im Recyclingprozess kürzer und schwächer wird. Würde man ein aus hochwertigem Zellstoff hergestelltes Papier mehrmals hintereinander in den Recyclingprozess geben, verlöre der Stoff schon bald die Fähigkeit, ein Blattgefüge mit entsprechender Festigkeit zu bilden. Deshalb muss die Papierindustrie neben Altpapier ständig auch Primärfaserstoffe einsetzen.

Anders ausgedrückt: Ohne Neupapier gibt es keine Altpapierverwertung und auch kein Recyclingpapier.

Ein beachtenswerter Störfaktor bei der Aufbereitung von Altpapier stellen die sogenannten Stickies, d.h. Verunreinigungen durch Klebstoffe dar. Hauptverursacher sind Selbstklebeetiketten, Klebebänder, Buchrücken sowie die in Zeitschriften eingeklebten Warenproben und Beilagen.

Stickies können zu Störungen bei der Stoffaufbereitung führen, die Oberflächenqualität von Papier und Karton beeinträchtigen (mit negativen Folgen für das Druckbild) und auf Papiermaschinen zu Ablagerungen führen, die Abrisse verursachen.

Ganz andere Schwierigkeiten würden entstehen, wollte man Altpapier der unteren Handelsklassen aus Haushaltssammlungen in großem Umfang zur Herstellung anspruchsvoller, hochweißer grafischer Papiere einsetzen. Die Anforderungen an solche Papiere sind im Laufe der Jahre wesentlich gestiegen: Allein in den letzten zwanzig Jahren haben sich die Druckgeschwindigkeiten vielfach mehr als verdoppelt. Die Ansprüche an die Wiedergabe farbiger Abbildungen nahmen zu und das Weiß des Papiers wurde zum wichtigen Faktor für die Brillanz der Farbwiedergabe.

Gleichzeitig wurden die Flächengewichte erheblich gesenkt, um Papierkosten und Porto zu sparen. Deshalb unterliegen hochweiße Druckpapiere hinsichtlich Festigkeit, Dimensionsstabilität, Weiße und Oberflächenbeschaffenheit höchsten Anforderungen. Mit den minderen Fasereigenschaften der gemischten Altpapiere kann man diese Ansprüche nicht erfüllen.

Einteilung von Altpapiersorten
Gruppe 1: Untere Sorten

A 00: Original gemischtes Altpapier,
einschließlich Original-Sammelware aus Haushalten, keine Gewähr bezüglich papierfremder Bestandteile sowie produktionsschädlicher Papiere und Pappen

B 10 Sortierte Sammelware,
eine Mischung verschiedener Papier- und Pappequalitäten, papierfremde Bestandteile sowie produktionsschädliche Papiere und Pappen insgesamt: max. 1%

B 12 Sortiertes gemischtes Altpapier,
eine Mischung verschiedener Papier- und Pappequalitäten, die weniger als 40 % an Zeitungen und Illustrierten enthält, papierfremde Bestandteile und produktionsschädliche Papiere und Pappen insgesamt: max. 1 %

B 19 Kaufhausaltpapier,
gebrauchte Karton- und Papierverpackungen, aber mindestens 70 % aus Wellpappe, Rest Vollpappe und Packpapiere; papierfremde Bestandteile sowie produktionsschädliche Papiere und Pappen: max. 1 %

B 42 Grau- und Mischpappen,
auch imitierte Lederpappe, ohne Strohpappe

C 02 Sortiertes gemischtes Druckerei- und Verlagsaltpapier

D 11 Schwerdruck,
Broschüren, Illustrierte, Lesezirkel, Bücher ohne harte Deckel, Magazine, Telefon-, Adress- und Kursbücher, Kataloge

D21 Illustrierte und dergleichen,
nicht nadel- und klammerfrei

D29 Illustrierte und dergleichen,
nicht nadel- und klammerfrei, ohne Kleberücken

D31 Zeitungen und Illustrierte,
mindestens 60 % Zeitungen

D39 Zeitungen und Illustrierte,
mindestens 60 % Zeitungen, ohne Kleberücken

Gruppe 2: Mittlere Sorten

E 12 Original Tageszeitungen,
sortiert, einschließlich Remittenden

F 12 Endlosformulare,
holzhaltig, nach Farben sortiert

G 12 Selbstdurchschreibepapiere,

H 12 Kartonagen,
ohne Grau- und Mischpappen der Sorte B 42, nicht nadel- und klammerfrei

H 22 Beschichteter Karton,
aus der Herstellung von Kartonverpackungen für flüssige Nahrungsmittel

J 11 Bunte Akten,
aus Aktenvernichtung

J 19 Bunte Akten,
sortiert, frei von Aktenordnern, frei von Kohlepapieren

Gruppe 3: Bessere Sorten

K 02 Multidruck,
holzfreies, bedrucktes, gestrichenes, nicht nassfestes Altpapier, frei von durchgefärbten Papieren

K 12 Weiße Akten,
gemischt holzhaltig, holzfrei, frei von Kassenblocks, Fahrscheinen
K 22 Weiße Akten,
holzfrei, sortiert
K 51 Endlosformulare,
holzfrei, weiß, Selbstdurchschreibepapiere und Kohlepapiere zusammen höchstens 3 %
K 59 Endlosformulare,
holzfrei, weiß, frei von Selbstdurchschreibepapieren, frei von Kohlepapieren
L 11 Hellbunte Späne,
mehrfarbig
0 14 Holzhaltige, weiße Späne
mit leichtem Andruck
P22 Reinweiße Zeitungsrotationsabrisse,
frei von Hülsen
P23 Reinweiße Illustrations-Rotationsabrisse,
frei von Hülsen
P 32 Reinweiße holzhaltige Späne,
frei von Rotationspapier
Q 14 Holzfreie, weiße Späne
mit leichtem Andruck
R 12 Reinweiße, holzfreie Späne,
ungestrichen
S 12 Reinweiße, holzfreie Späne,
gestrichen
T 14 Chromoersatzkarton,
mit leichtem Andruck oder unbedruckt weiß und farbig
U 31 Lochkarten, holzfrei, mehrfarbig
U 33 Lochkarten, holzfrei, naturfarbig (chamois)

Gruppe IV: Krafthaltige Sorten

V11 Gebrauchte Kraftpapiersäcke,
nassfest und nicht nassfest
W12 Reines Kraftpapier,
gebraucht (naturfarbig)
W13 Reines Kraftpapier,
neu (naturfarbig)
W41 Original Wellpappe,
aus Wellpappenerzeugung und -verarbeitung, frei von Schwarten und Hülsen
W 52 Gebrauchte Wellpappe (II)
zwei Decken Kraft- oder Testliner
W 62 Gebrauchte Wellpappe (I)
Decken aus Kraftliner, Welle aus Halbzellstoff oder Zellstoff

Gruppe V: Sondersorten

X 09 Unsortiertes Altpapier aus der Mehrkomponentenerfassung

Die Sortendefinitionen beziehen sich auf den Stand bis 1999 und - sofern nicht anders vereinbart - auf den Ballen Altpapier bzw. bei loser Ware auf die Ladung. Eine neue Sortendefinition ist in Arbeit.

15.2.4 Bleiche der Faserstoffe

Faserstoffe weisen ohne Bleiche eine unerwünschte gelblich-braune Färbung auf. Die Ursache dafür ist der Ligninanteil im Holz. Selbst im Zellstoff ist noch ein geringer Ligninanteil enthalten. Durch die Bleiche und Reinigung wird der Weißgrad und die Reinheit der Faserstoffe (Beseitigung von Bastteilchen und Holzsplittern) erhöht.

Bei der Holzschlifferzeugung ist nach der Zerfaserung des Holzes der gesamte Ligninanteil enthalten. Der Holzschliff besitzt eine gelblich-braune Färbung. Der Zellstoff hat nach dem chemischen Aufschluss aufgrund des noch vorhandenen Restlignins je nach Holzsorte eine mehr oder weniger braune Färbung.

Bleichprinzipien

Bei der Bleiche werden prinzipiell durch zwei verschiedenen Verfahren die farbgebenden Begleitstoffe des Holzes beeinflusst bzw. eliminiert:
- reduktive Bleiche
  und/oder
- oxidative Bleiche.

Die reduktive Bleiche bewirkt eine zeitweise Blockierung der farbgebenden Verbindungen, die unter atmosphärischen Einwirkungen, hauptsächlich durch Licht und Temperatur, wieder rückgängig gemacht wird. Dieser Effekt wird allgemein als „Vergilbung" des Papiers bezeichnet.

Bei der oxidativen Bleiche werden die farbgebenden Anteile größtenteils zerstört und aus dem Faserstoff entfernt.

Bleichsequenzen

Der Verfahrensaufwand für die Bleiche unterscheidet sich je nach Faserstoffart.

Für den Holzschliff sind 1 - 2 Bleichstufen ausreichend. Die Sulfitzellstoffe erreichten schon nach 3 - 4 Bleichstufen den erforderlichen Weißgrad.

Dagegen muss der nach dem Sulfatverfahren erzeugte Zellstoff heute noch 5 - 6 Bleichstufen durchlaufen, um die optischen Marktanforderungen der damit produzierten hochwertigen Papiere erfüllen zu können.

Bleichmittel

Die Wahl des Bleichmittels richtet sich einerseits nach der Toxizität (Gesundheitsgefährdung) und den

Die wichtigsten Bleichmittel im Überblick

	Bleich-stufe	Bleichmittel	chem. Formel	Aggregat-zustand	Anwendung
chlorhaltig	C	(Elementar-) Chlor	Cl_2	gasförmig	Chlorwasser
	D	Chlordioxid	ClO_2	gasförmig	Chlordioxidwasser
	H	Natriumhypochlorit	NaOCl	fest	Hypochloritlösung
sauerstoff-haltig	O	Sauerstoff	O_2	gasförmig	Gas
	P	Wasserstoffperoxid	H_2O_2	flüssig	Lösung
	Z	Ozon	O_3	gasförmig	Gas
sonstige	E	Natronlauge	NaOH	fest oder flüssig	Lösung
	R	Natriumdithionit bzw. Hydrosulfit	$Na_2S_2O_4$	fest	Lösung

Bestimmungen des Umweltschutzes sowie nach dem Faserstoff und dem Verfahrensprinzip.

Bleiche von Holzschliff
Holzschliff wird sowohl reduktiv wie auch oxidativ gebleicht. Für die Reduktionsbleiche verwendet man häufig die Schwefelverbindung Natriumdithionit. Als oxidatives Bleichmittel wird Wasserstoffperoxid eingesetzt. Mit der Oxidationsbleiche wird allgemein eine größere Weißgradsteigerung erzielt. Nachteilig jedoch ist die damit verbundene stärkere Faserschädigung. Bei der Holzschliffbleiche werden keine chlorhaltigen Bleichmittel eingesetzt.

Bleiche von Zellstoff
Bei der Bleiche von Zellstoff wird im Prinzip der Aufschlussprozess fortgeführt - es findet eine weitere Delignifizierung (Beseitigung von Lignin) statt. Als Chemikalien wurden früher elementares Chlor und Chlorverbindungen eingesetzt. Diese sind in ihrer Bleichwirkung äußerst effizient und dabei sehr faserschonend. Durch die Entstehung von Chlorkohlenwaserstoffen (CKW) und somit eventuell von Dioxinen wurde die Chlorbleiche zu einem aktuellen ökologischen Thema. Durch Untersuchungen weiß man inzwischen, dass manche Reaktionsprodukte aus der Chlorbleiche toxisch und umweltgefährdend sind.

CKW und Umwelt
Chlorkohlenwasserstoffe - im speziellen chlorierte Dioxine und Furane - sind umweltrelevante chemische Verbindungen. Allgemein sind die chemischen Eigenschaften der Dioxine sowie deren toxikologische Wirkung auf Mensch und Tier noch nicht ausreichend erforscht. Von den insgesamt 210 chlorierten Dioxin-Verbindungen gelten 12 als hochgiftig. Erst durch die modernen Analysentechniken wurde der Nachweis von Dioxinen - die grundsätzlich bei allen Verbrennungsvorgängen im Haushalt und der Industrie entstehen können - möglich. Die Messwerte von Dioxinen liegen im Picogrammbereich. In Relation zu 1 g entsprechen diese Werte vergleichsweise dem Verhältnis von 1 Sekunde zu 32.000 Jahren.

Zu beachten ist, dass es sich bei den angegebenen Messwerten meistens um Summenwerte an Dioxin handelt (ausgedrückt in Toxitätsäquivalenten).

Verfahrensbeispiel einer konventuellen Zellstoffbleiche

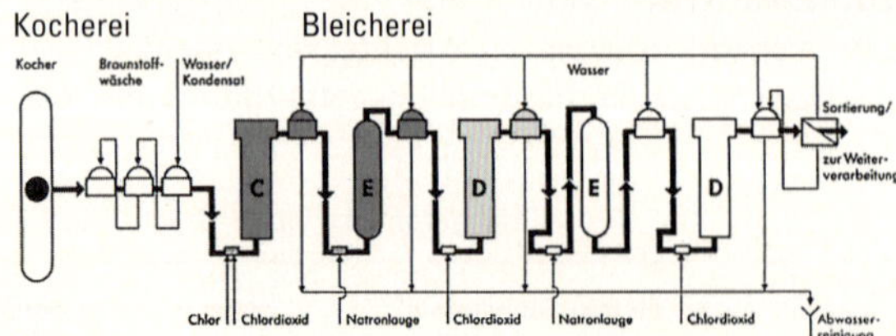

■ Mehrstufiges Bleichsystem:	Sulfitzellstoff 3 - 4 Stufen Sulfatzellstoff 5 - 6 Stufen	
■ Beschreibung einer konventionellen Bleiche:	1. Stufe C+D	Chlorierung
	2. Stufe E	Extraktion
	3. Stufe D	Chlordioxid
	4. Stufe E	Extraktion
	5. Stufe D	Chlordioxid

- In der 1., 3. und 5. Stufe werden das Lignin **angelöst** und die gefärbten Stoffe (Abbauprodukte!) oxidativ entfernt.
- In der 2. und 4. Stufe wird das Lignin **herausgelöst.**
- Intensive Zwischenwäschen **beseitigen** sämtliche wasserlöslichen Stoffe.

Papier: CKW und Dioxine
Als potentielle Entstehungsquelle für CKW und Dioxinen im Papier gilt auch die Zellstoffbleiche mit Elementarchlor. Bis vor einigen Jahren wurde diese Chemikalie in der ersten Bleichstufe eingesetzt, weil sich damit beste qualitative Erfolge erzielen ließen. Die hierbei entstehenden chlororganischen Verbindungen können sich danach sowohl im Zellstoff als auch im Wasser der Reinigungsstufen befinden und somit über die Abwässer in Flüsse und Meere gelangen.

Aufgrund dieser Problematik zielten die von der Zellstoffindustrie ergriffenen Maßnahmen und Konzepte auf eine konsequente Reduktion bzw. Eliminierung von Chlor in den Produktionsprozessen, sowie eine entsprechende Behandlung der Abwässer zur Reduzierung der organischen Belastung.

Die Dioxine werden von Mensch und Tier über die Nahrung, Atmung oder Berührung aufgenommen. Prinzipiell liegen Dioxine in chemisch gebundener Form vor.

Deutsche Papierhersteller setzen nur noch „elementarchlorfrei“ und „chlorfrei“ gebleichte Zellstoffsorten ein. Die Bezeichnung chlorfrei (TCF) wird für Zellstoffe verwendet, die vollkommen ohne Elementarchlor oder Chlorverbindungen gebleicht worden sind.

Bleichverfahren und Bleichmittel

Warum werden Faserstoffe gebleicht?

1. Holzschliff:
   - Erhöhung des Weißgrades.
   - Reduzierte Vergilbungsneigung.
2. Zellstoff:
   - Beseitigung des Restlignins (ca. 2 – 10 %) nach dem Kochprozess
   - Erhöhung des Weißgrades.
   - Verhinderung der Vergilbung von Papier durch Licht und Temperatur.
   - Erhöhung von Saugfähigkeit und Geschmeidigkeit.
   - Verbesserung der Reinheit durch Beseitigung von Bastteilchen und Holzsplittern.
   - Erzielung von Geruchs- und Geschmacksneutralität gegen Fettsäuren und andere Stoffe.

Was versteht man unter dem Bleichen?

1. Reaktionsmechanismen:
   - Abbau des Lignins bzw. dessen Extraktion.
   - Bleichung der farbgebenden Anteile (sog. chromophare und auxochrome Gruppen).

Wo können CKW bei der Zellstoffbleiche entstehen?

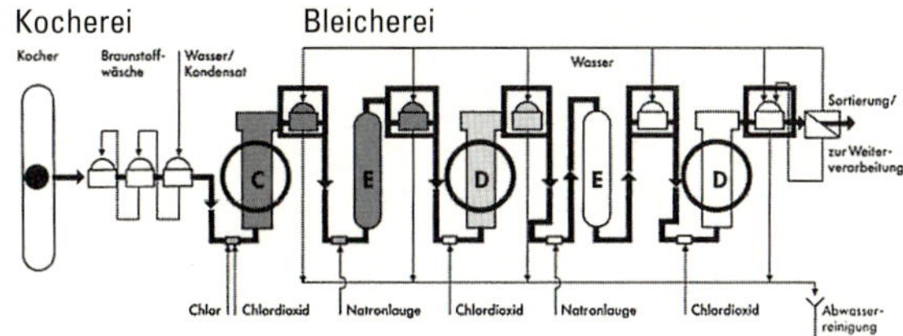

○ Bleichstufen, in denen durch Reaktionen des Chlors (Chlordioxids) mit Lignin CKW entstehen können.

□ Waschstufen, in denen die chlororganischen Verbindungen und Dioxine herausgewaschen werden und sich anreichern. Lange Zeit gelangten sie von hier direkt in die Flüsse und Meere. Heutzutage werden die Abwässer behandelt, um die organische Belastung zu reduzieren.

Warum wird Chlor bei der Zellstoffbleiche eingesetzt?

Elementares Chlor, ein gelb-grünes Gas, ist für den Bleichprozess
- äußerst effektiv wirksam
- faserschonend arbeitend
- optimal zur Verbesserung der Bleichbarkeit in den Folgestufen
- preiswert.

2. Verfahrensgruppen:

2.1 Reduktionsbleiche:
- Blockierung der farbgebenden Anteile durch Anlagerung von Schwefelverbindungen.
- Vorteil: Keine Faserstoffverluste.
- Nachteil: Bleichwirkung nicht von Dauer (Einflüsse durch Luft, Licht und Wärme).

2.2 Oxidationsbleiche:
- Oxidation der Cellulose-Begleitstoffe.
- Entfernung durch alkalische Extraktion.
- Zerstörung der farbgebenden Anteile.
- Vorteil: Dauerhaftere und stabilere Bleichwirkung.
- Nachteil: Größere Faserstoffverluste, stärkere Faserschädigung (Festigkeitsverlust).

Wie bleicht man Faserstoffe?

1. Holzschliff:
   - Oxidative und/oder reduktive Verminderung der gelblichen Färbung (19 - 29 % Lignin!).
   - 1- oder 2stufiges Verfahren.

   Bleichmittel:
   - Wasserstoffperoxid (zerfällt bei der Anwendung in Wasser und Sauerstoff - es entstehen keine Nebenprodukte!).
   - Natriumdithionit zerfällt bei der Anwendung in Natriumsulfat (Glaubersalz) und verschiedene Schwefelverbindungen.
2. Zellstoff:
   - Beseitigung der bräunlichen Färbung durch eine Weiterführung des Aufschlusses von 2-10 % Restlignin.
   - 3- bis 6stufiges Verfahren.

   Bleichmittel:
   - Chlorhaltige Verbindungen (Chlor, Chlordioxid, Hypochlorit).
   - Sauerstoffhaltige Verbindungen (Sauerstoff, Wasserstoffperoxid, Ozon).
   - Extrahierende Verbindungen (Natronlauge).

Zielkonflikt von Umwelt- und Produktanforderungen
Der umgehenden und kurzfristigen Substitution von Chlor beim Bleichprozess waren zunächst Grenzen gesetzt. Diese waren bedingt durch die Produktanforderungen an Zellstoff bzw. Papier.

Unter Beibehaltung der Qualitätseigenschaften, die sich aus den enorm hohen Marktanforderungen, z.B. Weiße und mechanische Festigkeiten ergeben, ist bei Sulfatzellstoffen derzeit noch kein vollständiger Verzicht auf Chlor und Chlorverbindungen möglich.

Günstiger dagegen ist die Situation bei Sulfitzellstoffen. Aufgrund des allgemein leichter bleichbaren Restlignins lassen sich chlorfrei gebleichte und damit dioxinfreie Zellstoffe problemloser herstellen.

Alle bislang eingesetzten Bleichtechnologien werden ständig weiterentwickelt. Überwiegend werden heute umweltfreundliche, sauerstoffhaltige Bleichmittel wie Sauerstoff, Wasserstoffperoxid und Ozon eingesetzt. Weltweit wird mit Nachdruck an der Umrüstung und Erneuerung von Anlagen und Systemen zur Zellstofferzeugung gearbeitet, um sowohl chlorfreie Sulfit- als auch Sulfatzellstoffe herstellen und damit den steigenden Umweltbedürfnissen gerecht werden zu können.

15.3 Aufbereiten zum Ganzstoff

In dieser Produktionsphase werden die Halbstoffe aufbereitet und mit sonstigen Rohstoffen unter Zugabe einer sehr hohen Wassermenge zu einer produktionsfertigen Wasser-Stoff-Suspension gemischt.
Der im eigenen Werk hergestellte Halbstoff ist üblicherweise eingedickt in Vorratsbütten gelagert und wird über Leitungen in den Pulper gepumpt.

Zellstoff, der in Ballen angeliefert wird und trocken ist, muss dagegen erst aufgelöst und in die gewünschte Wasser-Stoff-Suspension gebracht werden.

In der Stoffzentrale erfolgt je nach Papiersorte und -qualität die Mischung verschiedener Faserstoffe und eine spezifische Zugabe von Hilfsstoffen: Füllstoffe,

Aufbereiten zum Ganzstoff

Arbeitsablauf	Technische Anlage / Hinweise
Auflösen der Faser	Pulper ≙ Stoffauflöser, Zugabe von Wasser
Mahlen der Faser	Refiner ≙ Stoff- oder Kegelmühle, mechanische Bearbeitung der Faser
Mischen zum Ganzstoff	Stoffzentrale computergesteuerte Dosierung von – Wasser – Faserstoffen – Füllstoffen – Farbstoffen – Leimen – Hilfsstoffen, z. B. Stärke, Aluminiumsulfat, Entschäumungsmittel

Mahlung – Stoff- und Papiereigenschaften

Schneidende Mahlung	Fibrilierende Mahlung
– Produkt: röscher Stoff	– Produkt: schmieriger Stoff
– gleichmäßige Blattbildung	– steigende Festigkeiten, z. B. Bruchwiderstand, Bruchdehnung, Berstfestigkeit
– geringe Blattfestigkeit	– steigende Weiterreißfestigkeit
– sehr geringe Weiterreißfestigkeit	– zunehmende Härte
– gute Durchsicht	– geringeres Volumen
– hohes Volumen	– geringere Luftdurchlässigkeit
– hohe Saugfähigkeit	– steigende Transparenz, geringere Opazität
	– Neigung zu Wolkenbildung
	– schwer zu entwässern

Leime, Farbstoffe sowie produktionstechnisch notwendige Chemikalien (z. B. Entschäumungsmittel). Der gemischte Ganzstoff durchläuft nochmals einen „Cleaner", ein Reinigungsaggregat, und ist produktionsfertig für den Stoffauflauf in der Papiermaschine. Die Konzentration des Stoffes im Wasser beträgt jetzt etwa 98 %.

Mahlung

Das Verfahren der Mahlung im Refiner entscheidet wesentlich über die Art und die Eigenschaften der Papiere. Saugfähigkeit, Reißfestigkeit, Durchsicht und Transparenz sind wesentlich durch die Mahlung zu beeinflussen.

Bei der Mahlung ist nicht im wesentlichen die Zerkleinerung, sondern die Art der Auflösung des feinen Faserverbandes bedeutend. Das Auflösen nennt der Fachmann Fibrillierung (Fiber: Faser, Fibrille: Fäserchen).

Der Papierhersteller unterscheidet grundsätzlich vier Verfahren der Mahlung:

- schneidende oder auch rösche Mahlung, Faserlänge kurz oder lang
- fibrillierende oder auch schmierige Mahlung, Faserlänge kurz oder lang

Bei der schneidenden Mahlung bleibt die Faserstruktur weitgehend erhalten, die Faser nur in unterschiedlicher Länge geschnitten. Die Faserstruktur bei der fibrillierenden Mahlung wird verändert, zudem kurz oder lang geschnitten. Eine spezielle Mahlstellung des Refiners ergibt einen schmierigen, stark auffibrillierten Halbstoff. Es entsteht ein feiner Faserschleim mit feinsten verästelten Faserhärchen, die bei der Papierproduktion sehr gut verfilzen. Dadurch wird vor allem die Reißfestigkeit und die Transparenz des Papiers erhöht.

Zu beachten ist, dass nicht nur die Messerstellung im Refiner, sondern auch die Faserstoffart, die Stoffdichte, die Temperatur, Geschwindigkeit und Dauer der Mahlung die Stoffqualität beeinflussen.

Prinzipiell gilt: Fibrillierend gemahlener Faserstoff nimmt bei der weiteren Verarbeitung Feuchtigkeit durch sehr eng liegende, gequetschte Fasern, die die Kapillarkraft verringern, relativ langsam auf. Er gibt die aufgenommene Feuchtigkeit aber auch entsprechend langsam wieder ab.

Im schneidend gemahlenen Faserstoff ist die unbeeinflusste Faserstruktur saugfähiger. Sie nimmt daher durch eine höhere Kapillarkraft Feuchtigkeit schneller auf, gibt sie aber auch schneller wieder ab. Die nebenstehende Übersicht zeigt die Mahltechnik und das jeweilige Produkt prinzipiell vereinfacht. Besonders Faserstoffe für Druckpapiere werden je nach Qualität und Art unterschiedlich gemahlen. Dabei treten in der Praxis beide Mahlarten stets gemeinsam auf. Je nach Einstellung der Mahltechnik kann eine für das Endprodukt gewünschte Mahlart stärker betont werden.

Die unterschiedlichen Mahltechniken mit den jeweiligen Produkten

Schneidende Mahlung

Faserart:
- weich
- wollig
- locker
- voluminös
- nicht sehr fest
- saugfähig

kurz

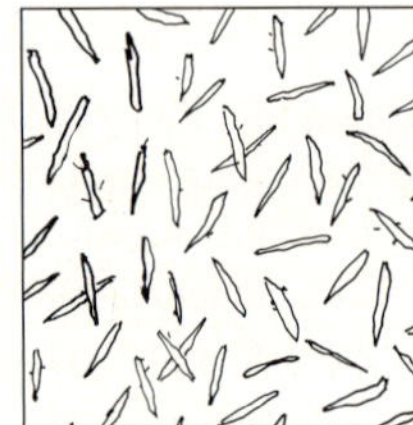

lang

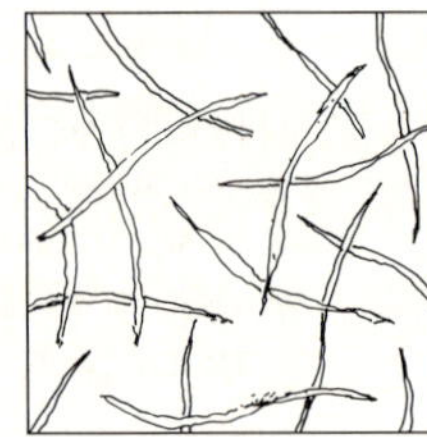

Faserart:
- weich
- elastisch
- relativ locker
- hohe Reißfestigkeit
- saugfähig

Beispiele für **Papiersorten:**

kurz: Löschpapiere, Filterpapiere, Hygienepapiere

lang: Druckpapiere

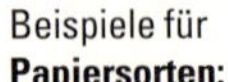

Fibrillierende Mahlung

Faserart:
- dicht
- hart
- zäh
- durchscheinend
- relativ fest
- wenig saugfähig

kurz

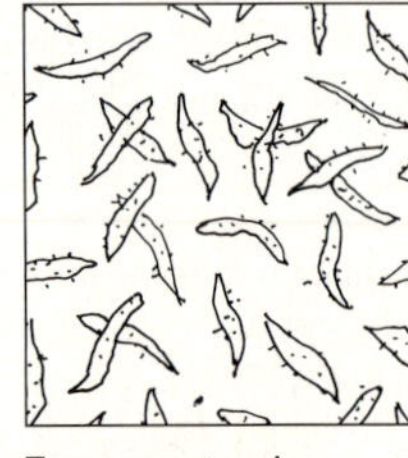

lang

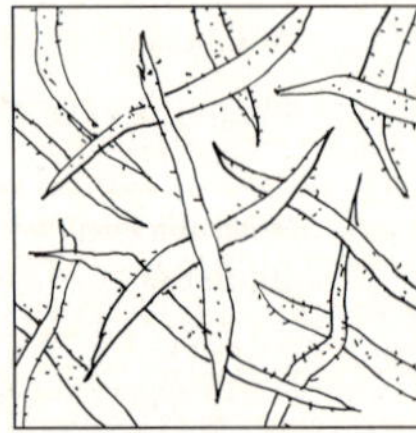

Faserart:
- dicht
- hart
- zäh
- falzfest
- reißfest
- wenig saugfähig

Beispiele für **Papiersorten:**

kurz: Transparentpapiere, Pergamentersatz, Pergamin

lang: Schreibmaschinenpapier, Buchungspapiere, Zeichenpapiere, Druckpapiere

Leimung

Leimstoffe verringern die Saugfähigkeit der Faserstoffe. Die Leimung der Papiere erfolgt durch Zugabe von Leimstoffen in die Fasermasse bei der Aufbereitung des Ganzstoffs. Für spezielle Papiere wird zusätzlich zu dieser Stoffleimung eine Oberflächenleimung eingesetzt, die besonders wirtschaftlich die geforderten Eigenschaften ergibt.

Stoffleimung
Bei der Stoffleimung werden Harzleime und Zusätze von schwefelsaurer Tonerde (Aluminiumsulfat) mit der Faser-Wasser-Suspension intensiv vermischt. In der Produktion des Papiers in der Papiermaschine fällt das Harz durch Aluminiumsulfat aus und wird an die Faser gebunden. In der Trockenpartie schmelzen die Leimpartikel, umhüllen die Faser und schließen die Poren.

Die von Natur aus wasseranziehenden (hydrophilen) Fasern sind dadurch weniger saugfähig, da die einzelnen Fasern mit Harzleim gewissermaßen imprägniert sind und so das Eindringen von Feuchtigkeit je nach Leimungsgrad verringern. Papiere für das Beschriften mit Tinte und Zeichenpapiere müssen voll geleimt sein, dagegen müssen Papiere für den Druck noch soweit saugfähig sein, dass sie die jeweilige Druckfarbe annehmen.

Zu beachten ist, dass die Wegschlagfähigkeit für die Bindemittel der Druckfarbe mit zunehmender Leimung abnimmt.

Je nach Menge der Leimzugabe unterscheidet man zwischen ungeleimten Papieren, Papiere mit Viertel-Leimung, Halb-Leimung, Dreiviertel- und Voll-Leimung.

Viertel-, Halb-, Dreiviertel- und Voll-Leimung entsprechen 4 %, 8 %, 12 % und 16 % Leimstoff bezogen auf die Stoffmasse.

Ungeleimt hergestellt werden z.B. Filter-, Lösch- und Hygienepapiere. Eine geringe Leimung haben Zeitungs-, Tiefdruck- und Naturpapiere für Buch- und Flexodruck. Offsetdruckpapiere sind dagegen dreiviertel bis vollgeleimt, um ein Quellen der Fasern durch Feuchtmittel (Folge: Papierverzug!) zu vermeiden und die Planlage zu verbessern.

Oberflächenleimung
Für bestimmte Papiersorten ist zusätzlich eine Oberflächenleimung erforderlich. In der Leimpresse der Papiermaschine – sie liegt etwa in der Mitte der Trockenpartie – erfolgt insbesondere bei Schreib-, Zeichen- Banknoten-, Dokumenten- und bestimmten Offsetdruckpapieren eine zusätzliche Leimung der Oberfläche.

Diese Papiere sind dadurch besonders tuschefest, radierfähig, staubfrei und rupffest. Sie weisen Feuchtigkeit stark ab.

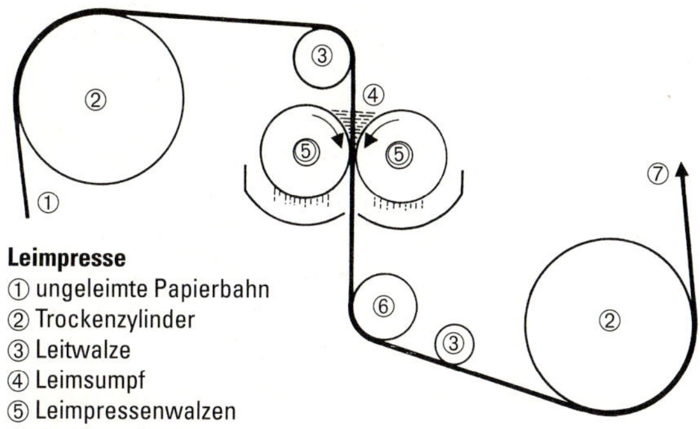

Leimpresse
① ungeleimte Papierbahn
② Trockenzylinder
③ Leitwalze
④ Leimsumpf
⑤ Leimpressenwalzen
⑥ Breitstreckwalze
⑦ geleimte Papierbahn

15.4 Produktion in der Papiermaschine

Maschinen für die Papier- und Kartonherstellung sind teuere und komplizierte Fertigungsanlagen, die aus mehreren, miteinander verbundenen Baugruppen bestehen. Die größten Anlagen haben eine Arbeitsbreite bis zu 10 Metern und Längen bis zu 200 Metern. Sie produzieren eine endlose Papierbahn mit Geschwindigkeiten bis zu maximal 2000 Meter/Minute, das sind umgerechnet 120 Kilometer/Stunde. Eine Zeitungspapiermaschine mit einer Arbeitsbreite von 9000 mm produziert bei einer Geschwindigkeit von 1400 m/min etwa 675 Tonnen Papier in 24 Stunden.

Duoformer® F mit Vorentwässerungszone

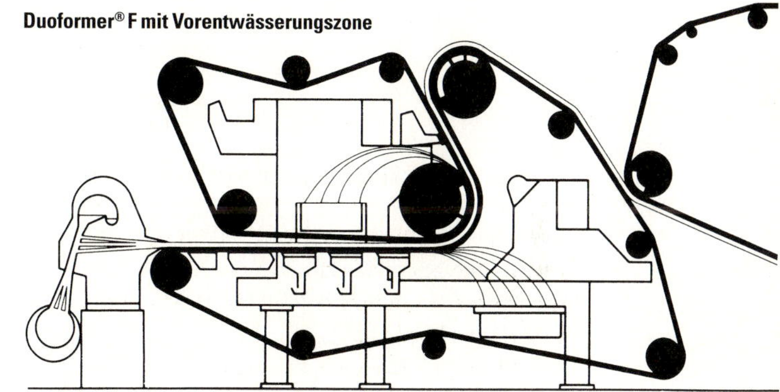

Blattbildung in der Papiermaschine mit einem Duoformer (Doppelsieb), der eine annähernd gleiche Qualität auf beiden Papierseiten durch ein beidseitiges Entwässern erzeugt.

Prinzipiell unterscheidet man Langsieb- und Rundsiebpapiermaschinen, die sich konstruktive nach Art der Blattbildungstechnik nochmals in verschiedene Systeme unterscheiden.

Die Langsiebpapiermaschine wird für die Herstellung von Papieren und auch leichten Kartonsorten eingesetzt. In Rundsiebmaschinen wird dagegen ausschließlich Karton gefertigt. Kombinationen wie Doppel-Langsiebmaschinen bzw. Langsiebmaschinen mit Rundsiebmaschinen ermöglichen die Produktion verschiedener mehrlagiger Kartonsorten. Trotzdem sind bei allen Papiermaschinen prinzipielle Baugruppen und Produktionsabläufe gleich:
- Stoffauflauf,
- Nasspartie,
- Trockenpartie und
- Aufrollung.

Durch den Stoffauflauf erfolgt die gleichmäßige Verteilung der Wasser-Stoff-Suspension auf das Sieb. Hier kommt es zu einer starken Entwässerung des Stoffs, die zur Verfilzung der Fasern und zur Blattbildung führt.

Produktion des Papiers in der Langsiebmaschine

Produktionsstufe	Vorgänge	Hinweise
Maschinenbütte	Vorratsbehälter, in dem der Ganzstoff ständig gerührt und vermischt wird	
Rohrschleuder („Cleaner")	Sand- und Knotenfänger, letzte Reinigung des Ganzstoffs vor dem Stoffeinlauf	
Stoffauflauf	Gleichmäßige Verteilung der hochdünnen Fasermischung auf die Siebbreite	Stoffdichte ca. 1-2 %
Siebpartie	Sieb: feines, endlos umlaufendes Metall- oder Kunststoffgewebe, von Walzen getragen, bis 30 m lang und 10 m breit. Verfilzen der Fasern und Blattbildung durch frei nach unten abfließendes oder abgesaugtes Wasser. Seitliches Bewegen des Siebs fördert die Verfilzung und verhindert ein einheitliches Ausrichten aller Fasern in Laufrichtung des Siebs. Über Stoffauflaufmenge und Maschinengeschwindigkeit ist u. a. das „Papiergewicht" (korrekter: die flächenbezogene Masse) zu steuern. Durch den Wassereinzug werden auch Füllstoffe auf der Siebseite entzogen. Dieser Mangel kann zu einer raueren Oberfläche dieser Seite führen, auf der sich die Siebstruktur sehr fein abzeichnet. Innerhalb der Siebpartie kann eine Wasserzeichenwalze, der Egoutteur, eingesetzt sein. Ein zylindrisches Sieb aus feinstem Drahtgeflecht mit erhabenen Metallfäden verdrängt synchron mit dem Sieb laufende Faserstoffe. Am Ende der Siebpartie ist der Stoff soweit entwässert, dass der nasse Papiervlies vom Sieb abgenommen und in die Nasspressenpartie überführt werden kann.	Laufrichtung ≙ Maschinenrichtung Papiermassse (Papiergewicht) Siebseite (Die Gegenseite ist die Filzseite) Wasserzeichen Stoffdichte ca. 20 %
Nasspartie	Durch mechanischen Druck von Walzen wird die Papierbahn weiter entwässert, dazu durchläuft die Bahn zusammen mit einem Filztuch mehrere Pressen.	Stoffdichte ca. 40 %
Trockenpartie	Über Filze wird die Papierbahn in die Trockenpartie geführt. Ein weiterer Feuchtigkeitsentzug ist der Papierbahn nur noch durch Verdampfen zu entziehen. Dampfbeheizte große Zylinder sind so angeordnet, dass beide Papierseiten abwechselnd durch dicke Trockenfilze an die Zylinderoberfläche gepresst werden. Dadurch ist eine größere Gleichmäßigkeit beider Papierseiten zu erzielen. Diese sehr kostenintensive Anlage kann bis zu 100 auf 100 °C aufgeheizte Walzen umfassen. Wichtig ist ein absolut gleichmäßiges Trocknen auf Endfeuchtigkeit, die dem normalen Raumklima entspricht, über die gesamten Bahnbreite. Bei manchen Maschinen ist innerhalb der Trockenpartie eine Leimpresse integriert. Mit Walzen wird auf die weitgehend getrocknete Papierbahn einseitig oder beidseitig eine Leimlösung aufgetragen. Mit der gleichen Anlage kann das Papier einen leichten Aufstrich von Pigmenten erhalten, der die Oberflächenbeschaffenheit (Glätte) verbessert. Im Anschluss an die Leimpresse wird die Papierbahn nochmals getrocknet und gekühlt.	Stoffdichte ca. 95 % Oberflächenleimung Leichtes Streichen in der Leimpresse möglich
Glättwerk	Viele Papiermaschinen besitzen nach der Trockenpartie ein Glättwerk, das aus mehreren übereinander angeordneten Walzen besteht. Unter hohem Druck wird die trockene Papierbahn geglättet. Das nicht zusätzlich veredelte Papier ist ein Naturpapier mit der Bezeichnung „maschinenglatt". Weitere Veredelungen erfolgen außerhalb der Papiermaschine in separaten Anlagen.	Produkt: Naturpapier, maschinenglatt
Aufrollung	Die fertige Papierbahn wird auf einem Tambour (Trommel) aufgerollt. Durch Satinage und Streichen in separaten Anlagen kann die Oberfläche des Papiers noch weiter veredelt werden. In der Ausrüstung wird Rollenpapier auf die bestimmte Breite geschnitten, Formatpapiere werden längs- und quergeschnitten und verpackt.	

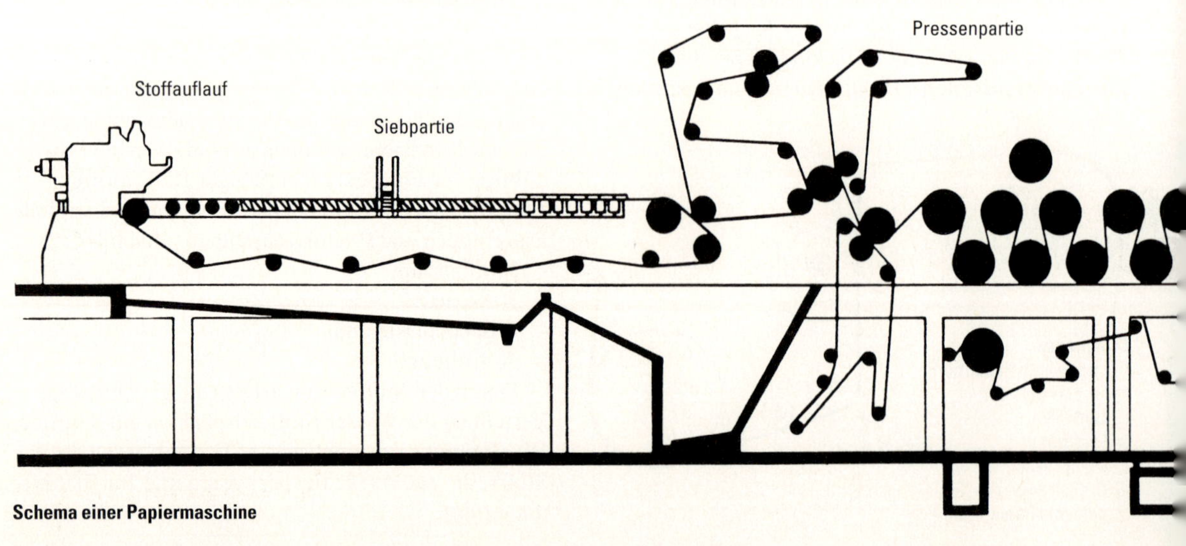

Schema einer Papiermaschine

In der Nasspartie wird dem Papiervlies mechanisch durch Druck auf Filztücher weiteres Wasser entzogen.

Anschließend wird die Papierbahn in der Trockenpartie über dampfbeheizte Zylinder geführt, welche die noch vorhandene überschüssige Feuchtigkeit durch Verdampfen entziehen.

Der Stoffauflauf erfolgt mit einer Stoffdichte von etwa 2 %, d.h. Stoffmasse im Wasser. Am Ende der Papiermaschine hat das Papier eine Stoffdichte von etwa 95 %. Mit diesem Feuchteanteil hat das Papier die gleiche Feuchtigkeit wie das Normalklima in Druckereien. Wird diese Feuchtigkeit im Papier beibehalten, so sind Verspannungen und daraus resultierende Druckschwierigkeiten zu vermeiden.

Wer eine solche riesige Papiermaschine in der Produktion sieht, wird überrascht sein, wie wenig Personal zur Bedienung einer solch komplizierten Anlage benötigt wird. Prüfen, Messen, Regeln und Steuern sind auch in der Papierindustrie unentbehrlich. Zahlreiche Messgeräte und Regelungsanlagen überwachen laufend die Qualität in der Produktion und korrigieren automatisch festgestellte Abweichungen von den vorgegebenen Sollwerten (Feuchtigkeit über die Bahnbreite, Flächengewicht u. a.). Bereits ein geringer Fehler in der Papierqualität verursacht bei nur einer Minute Produktionszeit über 1000 m Abfall! Selbst durch hochwertigste Technik lassen sich kleinere Toleranzen bei einer industriellen Produktion nicht vollständig ausschalten.

Durch umfangreiche Abwasserreinigungsverfahren bereiten Papierfabriken das in riesigen Mengen anfallende Abwasser aus der Produktion wieder auf und führen es größtenteils wieder in den Kreislauf der Fertigung zurück.

15.5 Streichen der Papieroberfläche

In der Praxis bestehen enge Zusammenhänge zwischen der Bedruckbarkeit und der Verdruckbarkeit. Hervorragende Druckqualität und sonstige vom Kunden geforderte Eigenschaften verlangen jedoch auch beste Rohstoffe und optimale Fertigungsverfahren, die das Papier verteuern.

Nur ein gutes, gestrichenes Papier als Druckfarbenträger kann eine hervorragende Reproduktion mit optimaler Farbwiedergabe, mit gutem Kontrast und ohne Rasterpunktdeformationen wiedergeben. Druckqualität und Papierqualität stehen also in einem unmittelbaren Zusammenhang:

Höchste reprotechnische Qualitätsanforderungen, standardisierte Druckformherstellung, Messtechnik im Druck, hervorragende Druckfarben und gute Maschinentechnik sind in Verbindung mit einem billigen Papier nicht sinnvoll.

Parameter der geforderten Eigenschaften

1. Bedruckbarkeit:
   - allgemeine Beschaffenheit der Oberfläche,
   - Glanz, Glätte, Strichmenge,
   - Weißgrad, Saugfähigkeit, Zweiseitigkeit,
   - Gleichmäßigkeit innerhalb einer Lieferung,
   - Kontrast, u. a.
2. Verdruckbarkeit:
   - Planlage,
   - Rupffestigkeit, Staubfreiheit,
   - Butzenbildung,
   - Stabilität, Bruchlast,
   - Laufeigenschaften, u. a.

Aus Kostengründen (Papierpreis, Versandkosten) soll das Papier außerdem immer leichtgewichtiger werden. Zwangsläufig werden dadurch sowohl die Verdruckbarkeit als die Bedruckbarkeit beeinflusst. Die Druckereien haben in diesen gegensätzlichen Forderungen ein dauerndes Problem:

– einerseits die Forderung nach einer hohe Qualität in der Farb- und Bildwiedergabe,
– andererseits ein billiges und damit qualitativ oft weniger gut geeignetes Papier.

Das Angebot an gestrichenen Papieren ist bis vor einigen Jahren völlig unüberschaubar gewesen. Eine DIN-Normung existiert dazu bisher noch nicht. Die Papierhersteller haben sich nun jedoch auf eine Klassifikation geeinigt, die eine gewisse Ordnung und Übersicht geschaffen hat.

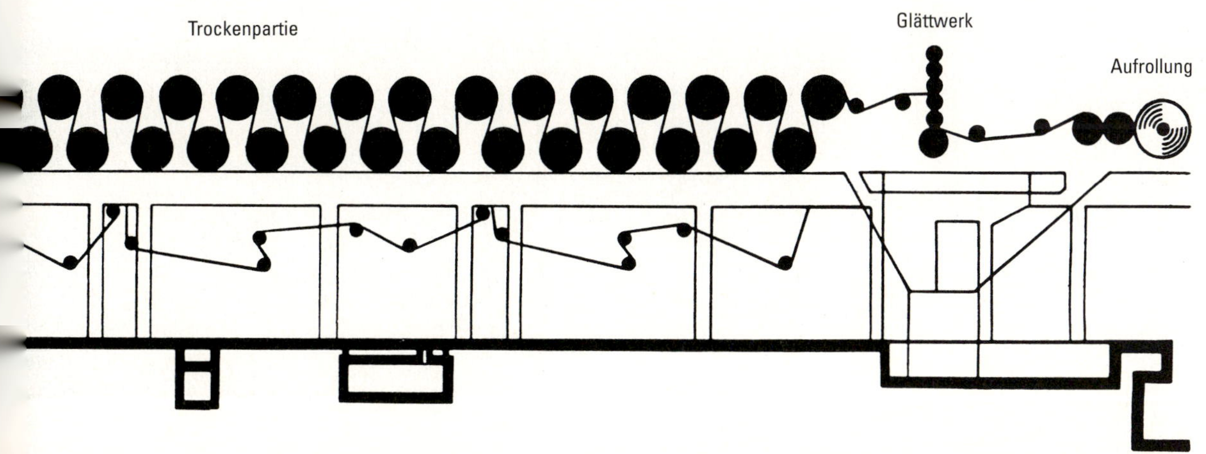

SCA Graphic Paper, Ortviken in Schweden: Die neue PM 4. Die Ziele: Herstellung von LWC-Papier mit hoher Opazität, hohem Glanz und hoher Dichte.

VOITH SULZER

Die PM 4 ist fertiggestellt und in Betrieb. Produktion im Online-Prozess: Papierherstellung, Streichen und Glätten. (Abb.: Voith Papiertechnik, Heidenheim)

Aufbau hochwertiger gestrichener Papiere

- Deckstrich
- Grundierstrich
- Grundierstrich
- Deckstrich

Kunstdruckpapier 100 g/m²: Rohpapier ca. 60 g/m²; Grundier- und Deckstrich auf beiden Seiten ca. 40 g/m²

In der folgenden Übersicht sind diese Klassen aufgeführt. Dazu sind die technischen Verfahren des Streichens und qualitative Merkmale eingesetzt, die grundsätzlich für diese Klasse gelten.

Das heißt: Trotz gleicher Klasse können in der Streichtechnik und aufgestrichenen Streichmenge sowie in der Streichdispersion erhebliche Unterschiede bestehen.

Das erste industriell einsetzbare Verfahren für das Streichen von Papieren entwickelte 1892 der Deutsche Adolf Scheufelen. In Lenningen (Baden-Württemberg) stellte er eine Streichanlage auf, mit der er das sogenanntes Kunstdruckpapier anfertigte. Erst später, nachdem bereits mehrere Streichverfahren bekannt waren, nannte man die mit diesem Verfahren veredelten Sorten gestrichene Papiere Der Name leitete sich von der Auftragstechnik ab: Die im Überschuss aufgetragene Streichfarbe verteilte man mit mehreren Bürsten streichend auf der Oberfläche.

Heute wird sowohl innerhalb der Papiermaschine als auch in separaten Streichmaschinen gestrichen.

Streichverfahren

1. Streichen in der Papiermaschine
2. Streichen in separaten Streichmaschinen
3. Kombiniertes Streichen:
   Vorstrich (= Grundierung) in der Papiermaschine, Deckstrich in separater Streichmaschine
4. Streichen in speziellen Guss-Streichmaschinen

Der Strichauftrag innerhalb der Trockenpartie der Papiermaschine erfolgt in einer speziellen Leimpresse, die ursprünglich nur für die Oberflächenleimung vorgesehen war. In dieser Technik wird das Rohpapier nur unzureichend gleichmäßig mit einem leichten Strich bedeckt, der die gröbsten Unebenheiten des Papiers in der Oberfläche ausgleicht.

Klassifikation gestrichener Papiere

Klasse	Streichverfahren	Strichmenge	Satinage	Qualität der Papieroberfläche	Verwendungsbereiche
Bilderdruck – maschinengestrichen Konsum	– Streichen innerhalb der Papiermaschine oder – Streichen in separater Streichmaschine	5 -12 g/m²	ja	– Aufgebesserte, pigmentierte bzw. leicht gestrichene Naturpapiere – Strich überdeckt Rohpapier nicht vollständig – Matte bis glänzende Sorten	– Einfache bis mittlere Qualität in der Bildwiedergabe – Großauflagen aller Art, kurzlebige Drucksachen, Zeitschriften, Schulbücher – Nur für Offsetdruck geeignet
Bilderdruck – maschinengestrichen Standard	– Streichen in seperaten Streichmaschine evtl.: – leichter Vorstrich (Grundierung) innerhalb der Papiermaschine, Deckanstrich in separater Streichmaschine	8 -12 g/m²	ja	– Rohpapier ist durch Streichdispersionsfarbe weitgehend überdeckt – Oberfläche relativ glatt – Matte bis glänzende Sorten	– Gehobene Qualitätsansprüche – Mehrfarbige Werbedrucksachen, Zeitschriften, Broschüren, Kataloge Schulbücher, Bücher
Bilderdruck – spezialgestrichen	– Vorstrich in separater Streichmaschine – Deckstrich in separater Streichmaschine (z. B. Glättschabersystem für Vor- und Deckstrich)	12 -20 g/m²	ja	– Streichdispersionsfarbe bedeckt Rohpapier – Gleichmäßige Glätte – Hoher Weißgrad und Glanz – Matte bis glänzende Sorten – Qualität nahe dem Kunstdruckpapier	– Gute Qualität in Bedruckbarkeit und Bildwiedergabe – Hochwertige Werbedrucksachen, Kataloge, Bildbände, Kalender
Original-Kunstdruck	– Vorstrich in separater Streichmaschine – Deckstrich in separater Streichmaschine	20 -30 g/m²	ja	– Geschlossene Oberfläche – Strich bedeckt optimal gleichmäßig das Rohpapier – Hervorragende Glätte mit besten Druckeigenschaften – Hoher Kontrast und Glanz – Matte und glänzende Sorten	– Spitzenprodukt – Anspruchsvolle Werbung, Kataloge, Zeitschriften, Kunstreproduktionen, Bildbände
Guss-gestrichene Papiere und Kartons	– Streichen in separater, spezieller Streichmaschine, trocknen auf hochglanzpolierten Zylindern	25 -30 g/m²	nein	– Überwiegend einseitig gestrichen – Geschlossene Oberfläche – Strich bedeckt optimal gleichmäßig das Rohpapier – Hervorragende Glätte mit besten Druckeigenschaften – Hoher Kontrast – Höchster Glanz – Gestrichene Papiere und Kartons nicht saniert, daher keine mechanische Verdichtung: hohes Volumen	– Spitzenprodukt – Anspruchsvolle Werbung, Displays, Kunstreproduktionen, Ansichtskarten, Spielkarten

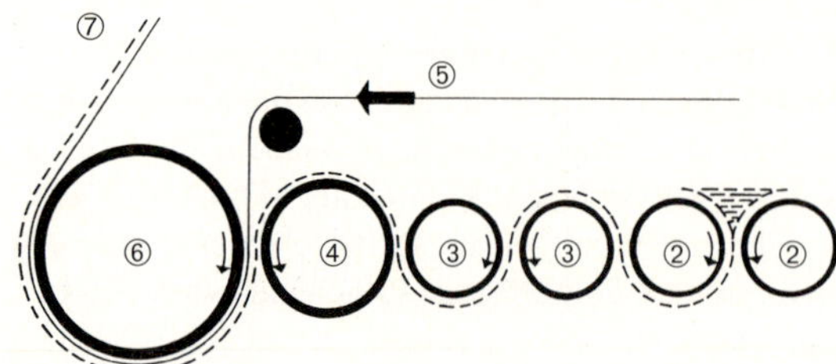

Walzenstreichverfahren
① Farbsumpf
② Farbwalzen
③ Verreibe- und Verteilerwalzen
④ Auftragswalze
⑤ Papierbahn, ungestrichen
⑥ Gegendruckzylinder
⑦ Papierbahn, einseitig gestrichen

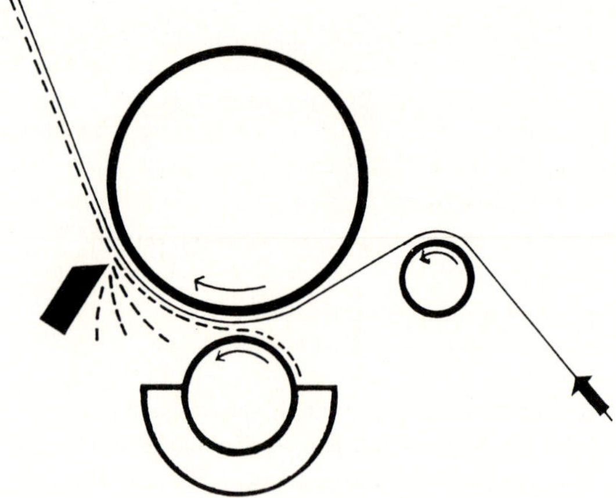

Rakelstreichverfahren
① Papierbahn, ungestrichen
② mit Gummi ummantelter Zylinder
③ Streichsumpf
④ Auftragswalze für Streichfarbe
⑤ Rakelmesser
⑥ Papierbahn, einseitig gestrichen

Qualitativ bessere Papiere werden daher in separaten Streichmaschinen gestrichen. Teilweise wird für einen Grundierstrich des Rohpapiers immer noch die Leimpresse in der Papiermaschine eingesetzt, der Deck- oder sogenannte Topstrich erfolgt danach in einem zweiten Arbeitsgang in einer separaten Streichmaschine.

Bei separaten Streichmaschinen unterscheidet man zwei Streichverfahren, zu denen verschiedene Systeme gehören:
- das Walzenstreichverfahren und
- das Rakelstreichverfahren.

Die ältesten Verfahren sind Walzenstreichverfahren. Bei diesen Systemen wird die Streichfarbe über Walzen (ähnlich der Einfärbung einer Druckform) genau dosiert aufgetragen. Eines dieser Systeme ist das Massey-Verfahren, das auch heute noch im Einsatz ist.

Walzenstreichverfahren haben technologisch bedingt einige entscheidende Nachteile: Der maximale Strichauftrag beträgt zwar bis 15 g/m², trotzdem ist eine gleichmäßig glatte Oberfläche nicht zu erreichen. Es wird gleichzeitig auf beiden Papierseiten Streichfarbe aufgetragen. Zur Verarbeitung in Walzen-

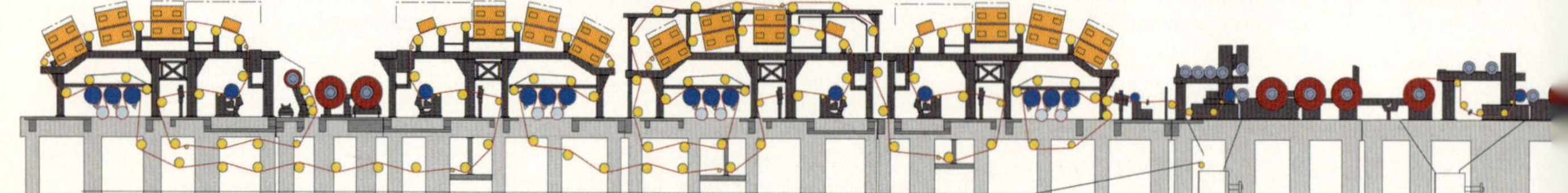

Die Streichmaschine SM 11 bei Papierfabrik Leykam, ausgelegt mit einer hohen Konstruktionsgeschwindigkeit von 1.800 m/min (Foto und Schema: Voith, Heidenheim)

systemen benötigt die Streichfarbe einen relativ hohen Anteil an Bindemittel. Der feuchte Strich kann nur teilweise berührungsfrei getrocknet werden. Durch diese Techniken bekommt die Oberfläche einen „Orangenschaleneffekt", die dadurch insbesondere für direkt arbeitende Druckverfahren keine idealen Voraussetzungen für Rasterdrucke bietet.

Da der verwendete Strich relativ schlecht zu benetzen ist, eignet sich das Papier auch für den Tiefdruck nicht gut.

Die Suche nach neuen Verfahren mit einem dünneren und trotzdem gleichmäßigeren Strich führte zur Entwicklung verschiedener Rakelstreichverfahren, sogenannter Blade-Systeme.

Bei diesen Verfahren wird die Streichfarbe durch eine Tauchwanne oder mit Düsen in einem hohen Überschuss auf das Rohpapier aufgetragen. Durch eine Abstreifvorrichtung (Rakel, Luftbürste u. a.) wird die Menge genau und sehr gleichmäßig dosiert.

Das heute überwiegend eingesetzte Verfahren ist das Glättschaber-System. Die durch Düsen aufgetragene Streichfarbe wird durch eine Rakelklinge (ähnlich der Tiefdruckrakel) abgestrichen und geglättet.

Diese Verfahrenstechnik hat gegenüber den Walzenstreichverfahren erhebliche Vorteile:

- Jede Papierseite wird in einem separaten Arbeitsgang in der Maschine gestrichen, Filz- und Siebseite sind dadurch weitgehend ausgeglichen.
- Die Oberfläche ist wesentlich gleichmäßiger und geschlossener mit Streichfarbe bedeckt.
- Es ist ein stärkerer Strichauftrag bei größeren Arbeitsbreiten und mit erheblich höheren Geschwindigkeiten zu erzielen.

Bei doppeltgestrichenen Sorten kombinierte man früher häufig die verschiedenen Anlagen. Für den Grundierstrich (Vorstrich) setzte man das Streichen in der Leimpresse oder mit einem Walzenstreichsystem ein, der Deckstrich erfolgte danach in einer Rakelstreichanlage. Bei guten gestrichenen Papiersorten wird heute mehr und mehr die Blade-Strich-Technik (Glättschaber) für beide Strichaufträge eingesetzt.

Guss-Streichverfahren

Bei dem Guss-Streichverfahren wird außerhalb der Papiermaschine eine spezielle Streichdispersion mit einem Auftragswerk auf das Rohpapier aufgetragen. Der feuchte Strich wird über einen geheizten Hochglanzzylinder geführt und dabei getrocknet. Durch den sehr fein polierten Zylinder ist der Strich gleichmäßig glatt und hochglänzend, daher erübrigt sich ein nachträgliches Satinieren des gestrichenen Papiers. Der Strich bleibt – wie das Papier bzw. der Karton – voluminös u. nimmt sehr gut Druckfarbe an.

Streichfarben

Streichfarben sind Dispersionsfarben, die im wesentlichen aus Weißpigmenten und Bindemitteln bestehen. In der Zusammensetzung der Streichfarben bestehen relativ geringe Unterschiede, wesentlicher

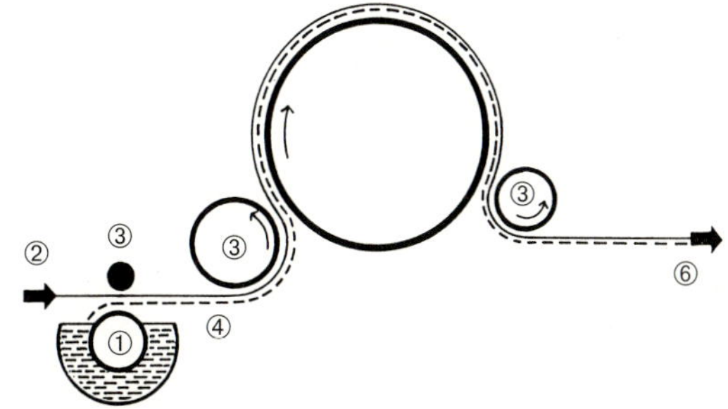

Guss-Streichverfahren
① Auftragswerk
② Papierbahn ungestrichen
③ Gegendruckwalze
④ Papierbahn einseitig vorgestrichen
⑤ Guss-Streichzylinder
⑥ Papierbahn, einseitig gussgestrichen

ist der mengenmäßige Auftrag auf das Rohpapier pro Seite.

Als Pigmente verwendet man Weißpigmente, die auch als Füllstoffe eingesetzt werden. Von diesen wird eine gute Deckkraft, Feinkörnigkeit und gute Dispergierbarkeit gefordert.
Wichtigstes Pigment ist das Kaolin. Kaolin ist ein weiches, feinkörniges mineralisches Pigment (chem.: Aluminiumsilikat), vielfach unter dem Namen China Clay bekannt. Da Kaolin auch der Rohstoff für die Porzellanherstellung ist, ist es auch unter dem Namen Porzellanerde oder Tonerde bekannt.

Ein weiteres wichtiges Pigment ist die Kreide (natürliches oder künstliches Kalziumkarbonat), die sehr gute Fließeigenschaften und eine gute Nassrupffestigkeit besitzt.

Außerdem werden eingesetzt: Talkum (Magnesium-Silikat), das gute Eigenschaften bezüglich der Glätte, des Glanzes und der Scheuerfestigkeit besitzt, Satinweiß, Bariumsulfat (Blanc fixe) und Titandioxid, das die höchste Deckfähigkeit aufweist.

Als Bindemittel werden Kasein, Stärke und vor allem Kunststoffdispersionen (synthetische Bindemittel) eingesetzt.

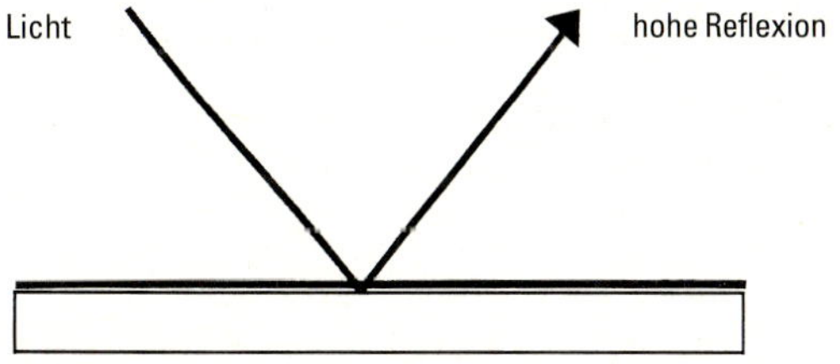

glänzendes Papier ≙ glatter, feinkörniger Strich

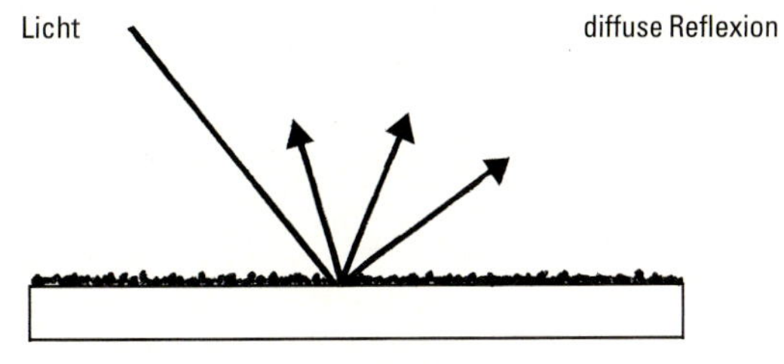

mattes Papier ≙ grobkörniger Strich

Kasein ist ein Milchprodukt mit besonders großen Schwankungen und in der Qualität relativ teuer.

Die Stärke, ebenfalls ein Naturprodukt, ist sehr preisgünstig. Sie ist jedoch nicht wasserfest und somit für einen Deckstrich nicht geeignet.

Synthetische Bindemittel besitzen eine hohe Bindekraft und hervorragende Wasserfestigkeit. Sie werden daher allein oder in Mischung mit Kasein und Stärke heute überwiegend für den Deckstrich eingesetzt. Im Gegensatz zu früher haben die Streichfarben heute einen sehr hohen Pigmentanteil von etwa 75 %.

Rollenpapier

Vorfeuchten → Kalander: Satinage → Rollenschneider → Verpackung: Rollenpapier

Rollenschneider → Querschneider → sortieren → Verpackung: Bogenpapier

Vorfeuchten → Kalander: Satinage → Rollenschneider → Querschneider → Planschneider ↔ sortieren → Verpackung: Bogenpapier

Man unterscheidet gestrichene Papiere gleicher Klasse mit unterschiedlicher Oberflächenbeschaffenheit, z. B. hochglänzend, glänzend, halbmatt und matt. Die Unterschiede ergeben sich aus verschiedenen Zusammensetzungen der Streichfarbe und der Art der Pigmente.

Glänzende Papiere haben überwiegend runde, polierte Pigmente, die auftreffendes Licht ohne große Streuungen gut reflektieren.

Matte Papiere dagegen besitzen einen grobkörnigeren Strich, der auftreffendes Licht diffus streut und so geringer reflektiert. Im allgemeinen sind mattgestrichene Papiere nur schwach oder gar nicht satiniert, um die Pigmentstruktur zu erhalten.

Drucktechnisch bereiten matte Papieroberflächen gestrichener Papiere oder auch granulierte Papiere erhebliche Schwierigkeiten: Die Scheuerfestigkeit ist wesentlich schlechter als bei anderen Papiersorten, weil schon eine geringe Reibung ein Abschmirgeln der Druckfarbe bewirken kann.

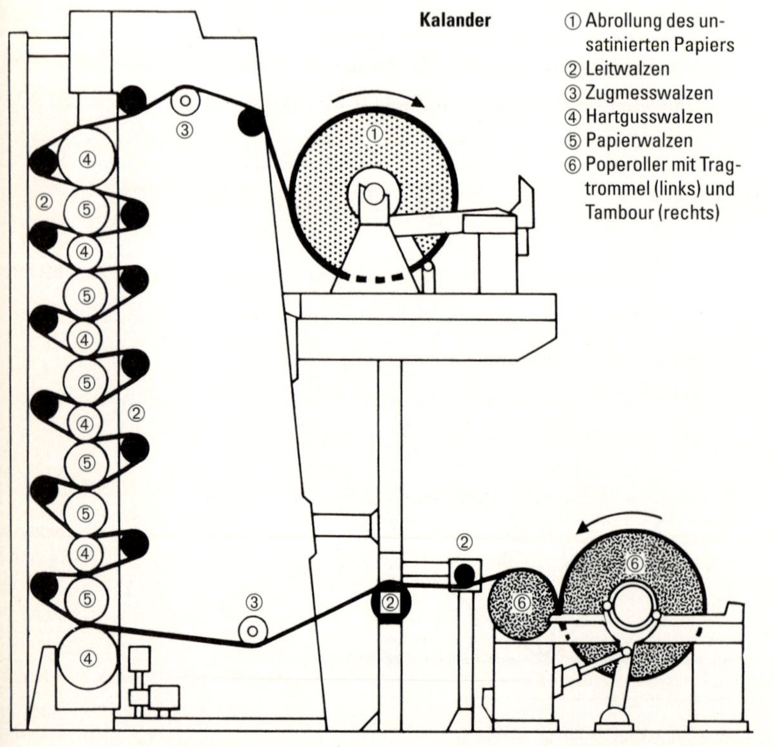

Kalander

① Abrollung des unsatinierten Papiers
② Leitwalzen
③ Zugmesswalzen
④ Hartgusswalzen
⑤ Papierwalzen
⑥ Poperoller mit Tragtrommel (links) und Tambour (rechts)

15.6 Ausrüsten der Papiere

In der Ausrüsterei einer Papierfabrik werden Papiere druckfertig vorbereitet. Zum Ausrüsten gehören daher grundsätzlich

- das Satinieren:
  mechanisch-thermisches Glätten der Papieroberfläche
- das Schneiden:
  schneiden der Rollen in gewünschte Breite einer Rolle oder auf Bogenformat
- das Verpacken der druckfertigen Papiere.

Satinieren

Papier, welches die Papiermaschine verlässt, ist grundsätzlich ein maschinenglattes, ungestrichenes Naturpapier. (Naturpapier bedeutet, dass dieses Papier nicht durch einen Streichprozess veredelt worden ist.) Für einen hochwertigen Bilderdruck mit feinen Rastern ist jedoch eine gleichmäßig glatte Papieroberfläche erforderlich.

Während im Offsetdruck durch die indirekte Druckbildübertragung durch ein Gummituch auch rauhere Papiersorten zufriedenstellend zu bedrucken sind, erfordern die direkt arbeitenden Druckverfahren, wie zum Beispiel der Tiefdruck, eine gleichmäßig glatte Papieroberfläche.

Ungestrichene Papiere für den Druck von Bildern, sogenannte Illustrationsdruckpapiere, werden deshalb satiniert. Ziel des Satinierens ist die Steigerung der Glätte und teilweise des Glanzes.

Satiniert wird nach der Papierherstellung in der Papiermaschine in einem separatem Kalander. Dabei wird die leicht gefeuchtete Papierbahn ein- oder auch mehrfach in s-förmigen Windungen über ein System aus verschiedenen Walzen geführt.

Die Art und Qualität der Satinage ist nicht nur von dem Produktionsablauf im Kalander abhängig, der durch
- starken Druck,
- hohe Wärme und
- Reibung

(vergleiche einen „Bügeleiseneffekt“) glättend auf das Naturpapier einwirkt.

Entscheidende Parameter sind zudem:
- Zusammensetzung des Stoffes,
- Art des Stoffes.
- Füllstoffgehalt,
- Füllstoffarten
- Feuchtigkeitsgehalt des Papiers

Grundsätzlich gelten dabei die folgenden Merkmale:
- Voluminöse und leicht kompressible Papiere lassen sich leichter glätten als spezifisch dichte Papiere,

Exaktes Wickeln der Papierrollen ist die Vorraussetzung für eine störungsfreie Produktion im Rollen-Rotationsdruck

- füllstoffhaltigere Papiere ergeben eine glattere Oberfläche als füllstoffärmere Papiere,
- durch das Satinieren des Papiers verringert sich das Volumen, das Papier wird dünner, durchscheinender und härter als das maschinenglatte Papier.
- matte ungestrichene und gestrichene Papiersorten sind nicht oder nur sehr leicht satiniert,
- alle gussgestrichenen Sorten werden nie satiniert.

Schneiden

Das Beschneiden des fertigen Papiers erfolgt je nach der Weiterverarbeitung auf dem Rollen- oder auf dem Querschneider. Der Rollenschneider teilt die Papier-

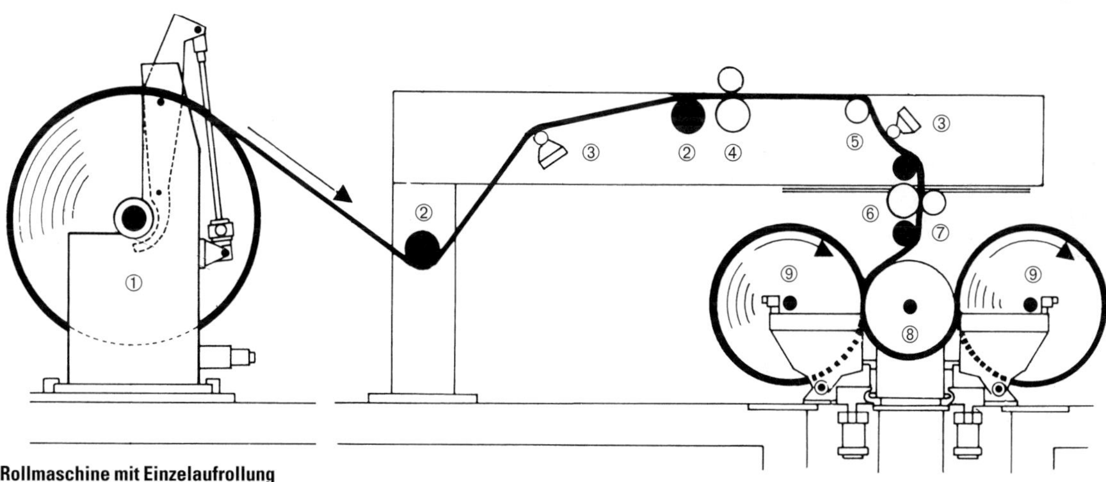

Rollmaschine mit Einzelaufrollung
① Tambourabrollung mit Auswerfeinrichtung für leere Tamboure
② Leitwalze
③ Breitsteckeinrichtung mit Einziehautomatik
④ Vorbesäumeinrichtung
⑤ Zugmesswalze
⑥ Längsschneideeinrichtung
⑦ Bahn nach dem Längsschnitt
⑧ Stütztrommel
⑨ Einzelaufrollung

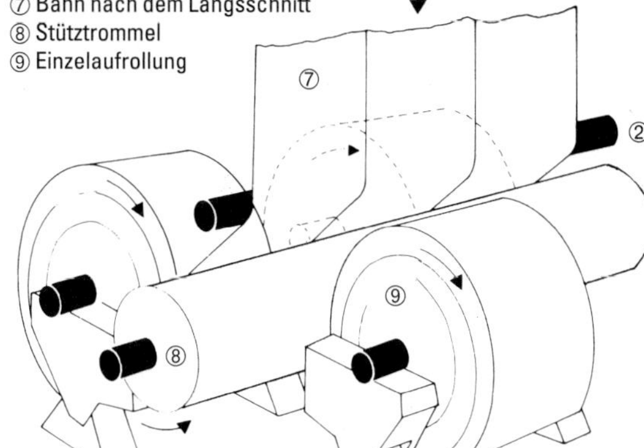

Gleichlauf Querschneider
① längsgeteilte Papierbahn
② Einzugswalzen
③ Messertrommel
④ Messer
⑤ Bogen

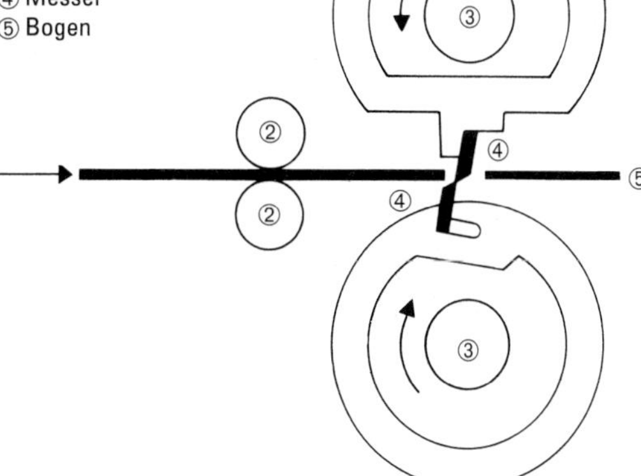

bahn in der Längsrichtung mit Tellermessern auf die gewünschte Breite. Eine Wiederaufrolleinrichtung wickelt die Papierrollen, so wie sie in die Druck- oder Weiterverarbeitungsmaschine genommen werden, auf Hülsen.

In einem Querschneider werden Formatpapiere zu Bogen geschnitten. Zunächst muss auch hier eine Teilung der Rollen auf Formatbreite vorgenommen werden. Die Formatlänge wird durch rotierende Messerwellen abgetrennt. Ein rechtwinkliger Beschnitt, wie er bei Druckbogen vielfach erforderlich ist, erfolgt zusätzlich auf Planschneidemaschinen.

Nach dem Sortieren und Zählen werden die Bogen in Riese zu 100, 250 oder 500 Bogen eingeschlagen und auf Paletten oder in Ballen verpackt. Um eine gleichmäßige Temperierung des Papiers zu erreichen, werden die Räume, in denen Papier gelagert und ausgerüstet werden, mit einer konstanten Temperatur von 20 °C und 65 % relativer Luftfeuchtigkeit klimatisiert. Damit sich die Werte beim Transport so wenig wie möglich verändern, wird das Papier in isolierende Öl- oder spezielle Packpapiere verpackt. Teilweise werden Papiersendungen auch in Kunststoff-Folien verschweißt.

15.7 Karton- und Pappenherstellung

Karton ist ein flächiges Fasermaterial, das gewichtsmäßig zwischen Papier und Pappe liegt. Die flächenbezogene Masse, das sogenannte Flächengewicht, reicht dabei sowohl in das Gebiet der Papiere und der Pappen hinein. Karton ist steifer als Papier, er wird im allgemeinen aus hochwertigeren Rohstoffen als Pappe hergestellt (nach DIN 6730).

Für die Kartonherstellung werden kombinierte Langsiebpapiermaschinen und Langsieb-/Rundsiebpapiermaschinen, für die Pappenherstellung vor allem Rundsiebpapiermaschinen eingesetzt.

Entsprechend der Fertigung unterscheidet man zwischen einlagigen und mehrlagigen Kartons.

Einlagiger Karton besteht aus einer einzigen Faserstoffbahn, der Lage.

Mehrlagiger Karton besteht immer aus mehreren Faserschichten (Lagen), die entsprechend der Anzahl der Lagen auf zwei-, drei- oder weiteren Rundsieb-, Langsieb- oder kombinierten Lang-/Rundsiebmaschinen hergestellt werden.

Diese Schichten können zu einer starken Faserschicht in feuchtem Zustand zusammengeführt und gegautscht werden. Durch dieses Zusammenpressen verfilzen die Fasern der einzelnen Schichten miteinander zu einem dicken Blatt, dem Karton.

Eine andere Methode ist das Kleben einzelner Schichten in der gewünschten Zusammensetzung und Stärke. Beide Verfahren - gautschen und kleben - brauchen die einzelnen Faserschichten nicht gleichartig zu sein. Vielfach wird für eine innere Lage ein geringwertiger Faserrohstoff eingesetzt.

Die Herstellung von Pappen erfolgt technisch in ähnlicher Weise wie die Kartonherstellung. Je nach Verwendungszweck genügen im allgemeinen zur Herstellung Altpapier und andere geringwertigere Rohstoffe.

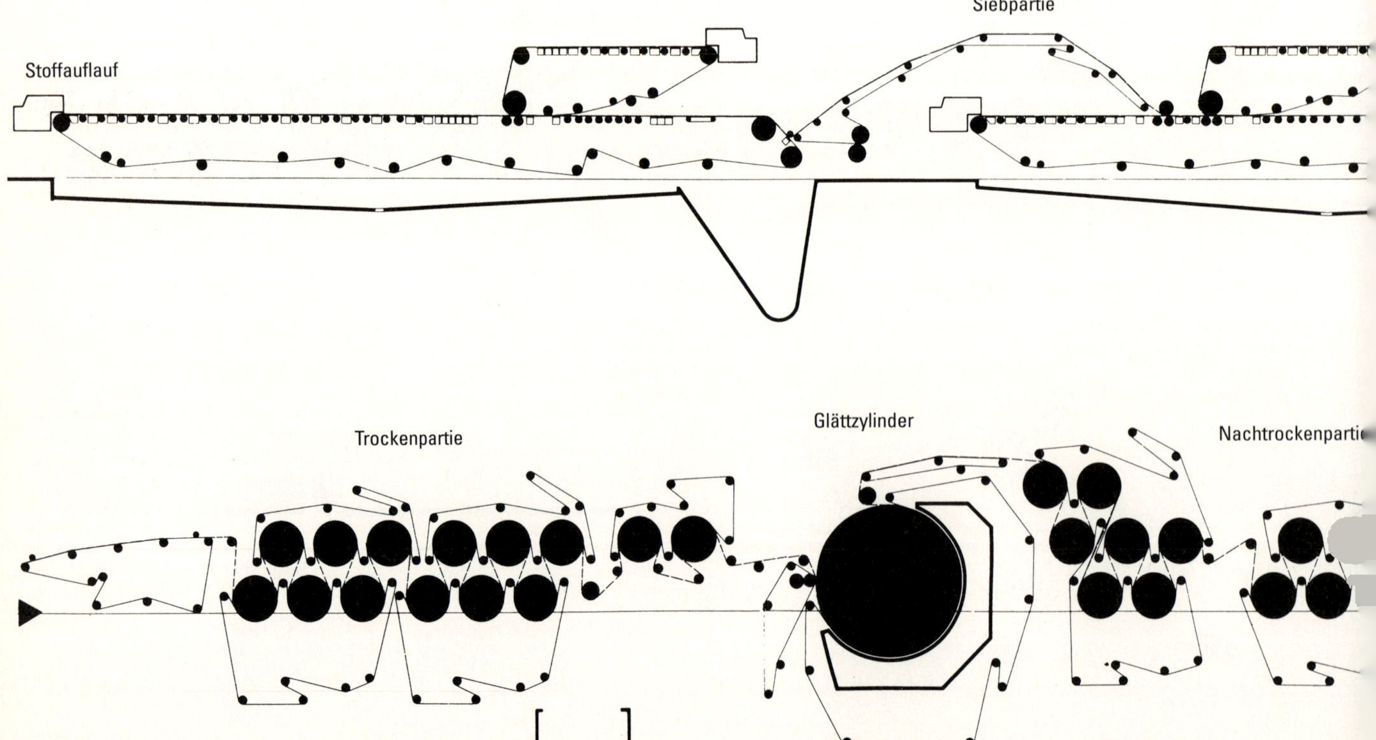

Für die Produktion von Pappen, die nicht für den Druck vorgesehen sind, reichen vielfach einfachere Einrichtungen und Maschinen aus, da eine gleichmäßige Dicke, glatte Oberfläche und gute Bedruckbarkeitseigenschaften nicht gefordert werden.

Lediglich Wickelpappen - früher Handpappen genannt - werden auch heute noch in einzelnen Bogen durch Aufwickeln mehrerer nasser Faserschichten in Rundsiebmaschinen hergestellt.

Bei Rundsiebmaschinen dreht sich ein auf eine Trommel gespanntes Sieb in einem Trog und taucht dabei in die Fasersuspension. Wasser durchdringt das Sieb u. hinterlässt auf der Oberfläche ein Faservlies, welches nach dem Auftauchen von einem umlaufenden Filz abgenommen wird. Durch Hintereinanderschalten mehrerer Rundsiebmaschinen sind Flächengewichte über 200 g/m² zu erzeugen. Die Bindung zwischen den einzelnen Faserschichten erfolgt allein durch natürliche Bindungskräfte (Verfilzung) der Fasern beim Zusammenpressen der Schichten.

Bei modernen Konstruktionen werden sogenannte Rundsiebformer eingesetzt. Die Blattbildung erfolgt dabei nicht mehr in einem Trog, sondern durch einen am Rundsieb angebrachten speziellen Auflauf. Die Entwässerung wird durch Vakuumeinrichtungen im Inneren des Rundsiebes gesteuert. Diese Former arbeiten sehr gleichmäßig, daher sind Arbeitsbreiten von über fünf Metern möglich.

Langsiebmaschinen können ebenso wie Rundsiebmaschinen kombiniert werden, um die gewünschten Flächengewichte mit mehreren Faserschichten herzustellen. Häufig werden Langsiebmaschinen mit Rundsiebmaschinen kombiniert. Die inneren Schichten werden dabei mit Rundsiebanlagen, die beiden Deckschichten mit Langsiebmaschinen gebildet. Nach dem Gautschen der Faserschichten folgt die weitere Verarbeitung in der gleichen Anlage. Diese Technik ermöglicht es, Kartonsorten mit verschiedenen Deckschichten, Einlagen und Rückseiten herzustellen.

Fertigungsverfahren für die Kartonproduktion

Produkt	Verfahren	Maschinen
einlagiger Karton	dicker Stoffauflauf	Langsiebmaschine oder Rundsiebmaschine
mehrlagiger Karton a) gegautscht	Faserschichten werden separat hergestellt, in feuchtem Zustand zusammengeführt und gegautscht (aufeinandergepresst)	Kombinationen von – Langsiebmaschinen – Rundsiebmaschinen – Lang-/Rundsiebmaschinen
b) geklebt	Faserschichten werden separat hergestellt und in trockenem Zustand miteinander verklebt	Langsiebmaschinen oder Rundsiebmaschinen

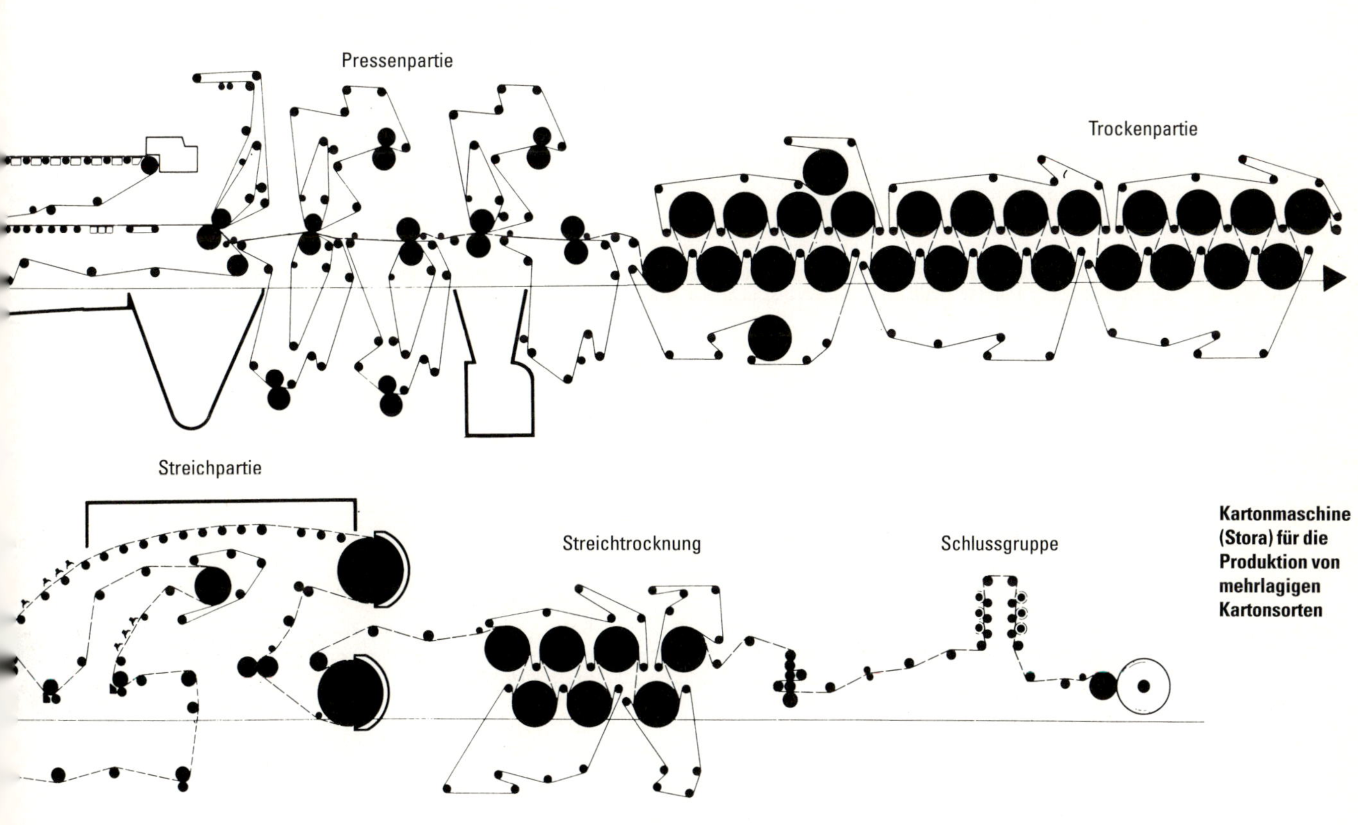

Kartonmaschine (Stora) für die Produktion von mehrlagigen Kartonsorten

15.8 Druckpapiere

Druckpapiere müssen die Fähigkeit haben, von einer eingefärbten Druckform in direkter Berührung oder durch Vermittlung eines elastischen Gummituchs die Druckfarbe gut abzunehmen, trocknen zu lassen und einen getreuen Abdruck des in der Druckform angelegten Druckbildes zu ermöglichen.

Druckpapiere lassen sich in unterschiedlicher Weise nach ihrer

- Stoffzusammensetzung und Produktionstechnik,
- Eignung für ein bestimmtes Druckverfahren (z.B. Offsetdruck, Tiefdruck, Flexodruck)

und nach

- Einsatzgebieten für bestimmte Produkte

gliedern. Nach diesen Kriterien werden nachfolgend die wichtigsten Druckpapiere beschrieben.

15.8.1 Unterscheidung der Druckpapiere nach ihrer Stoffzusammensetzung und Produktionstechnik

Zellstoff und Holzschliff

Die Qualität des Druckpapiers – sein Aussehen, seine Festigkeit, seine Be- und Verdruckbarkeit und seine Verarbeitbarkeit – hängt entscheidend von der Wahl der Roh- und Hilfsstoffe ab.

Nach der Art der eingesetzten Faserstoffe unterscheidet man zwischen holzfreien (auch: holzstofffreien und holzstoffhaltigen (auch: holzstoffhaltigen) Druckpapieren:

Bei den holzfreien Papieren ist gebleichter Zellstoff der alleinige Faserrohstoff, bei den holzhaltigen, auch als mittelfein bezeichneten Papieren ist mit mehr oder minder hohen Anteilen neben Zellstoff auch gebleichter Holzstoff – meist Holzschliff – im Papier enthalten.

Qualitativ hochwertigster und damit wichtigster Rohstoff der Druckpapierherstellung ist Zellstoff.

Wegen seines hohen Anteils an unzerstörten Fasern steigt mit zunehmendem Zellstoffeinsatz die Festigkeit des Papiers; der geringe Ligninanteil des Zellstoffs bewirkt, dass holzfreie Papiere über eine höhere Weiße als holzhaltige verfügen.

Andererseits lassen sich auch mit Hilfe von Holzschliff Papiereigenschaften verbessern, z. B. Glätte, Bedruckbarkeit und Gleichmäßigkeit der Durchsicht. Von einer ungleichmäßigen, wolkigen Durchsicht spricht man, wenn dichtere Stellen im Papier mit lichteren wechseln.

Holzschliff verbessert aber auch – bedingt durch die im Holzschliff enthaltenen Inkrusten wie z. B. Lignin – die Opazität, den Grad des Nichtdurchscheinens von Druck und Schrift auf der Blattrückseite.

Vor allem Druckpapiere mit niedriger Flächenmasse müssen mit Rücksicht auf eine gute Lesbarkeit ausreichend opak sein; gestrichene Papiere erfüllen diese Anforderung in besonderem Maße. Eine Mahlung, wie sie zur Erzielung guter Papierfestigkeit erforderlich ist, führt beim Zellstoff zum Opazitätsverlust, beim Holzschliff zunächst zur Opazitätssteigerung.

Sekundärfaserstoffe

Mit wirtschaftlichem Vorteil wird bei der Herstellung von Zeitungsdruckpapieren neben den Primär-Faserstoffen Zellstoff und Holzstoff auch gemischtes Altpapier (vornehmlich aus Zeitungen, Zeitschriften und anderen geeigneten Altpapiersorten) als Rohstoffbasis genutzt; dabei muss das Altpapier zunächst de-inkt, d. h. von der Druckfarbe befreit werden. Zur Herstellung von Druckpapieren mit hohen Ansprüchen an die Bedruckbarkeit (z. B. im Vierfarbendruck) und an die Werbewirksamkeit reicht die vergleichsweise geringe Faserqualität derartiger Altpapiere nicht immer aus.

Einteilung von Papieren, Kartons und Pappen nach Produktionstechnik und Flächenmasse in g/m²

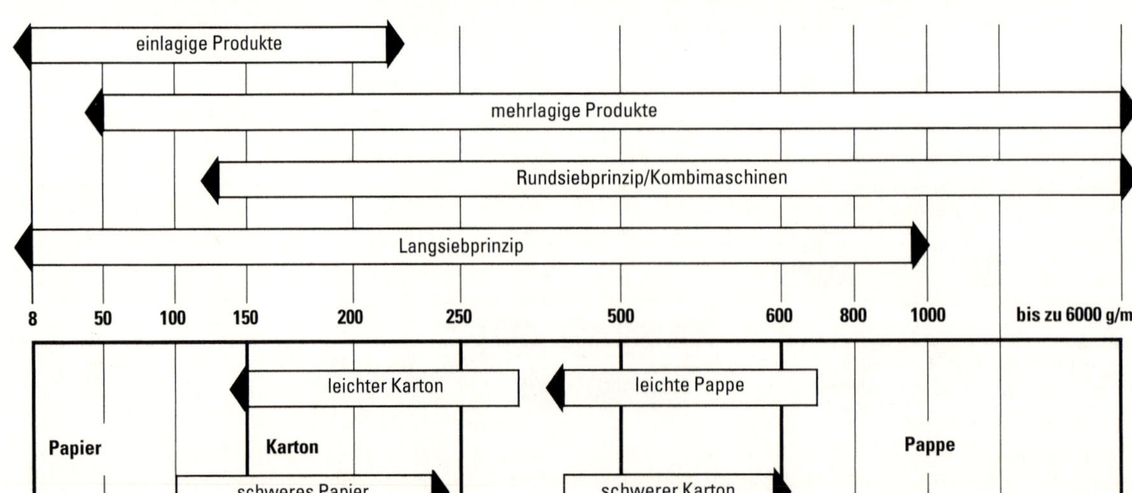

Festigkeit des Papiers: Wasserstoffbrücken
Die Widerstandskraft gegen mechanische Trennung, die Festigkeit, wird beim Papier nicht nur durch die Länge und Festigkeit der Fasern und das Flächengewicht (g/m^2), sondern vor allem durch das Prinzip der sogenannten Wasserstoffbrücken-Bindungen bestimmt.

In der Trockenpartie der Papiermaschine verbinden die Wasserstoffatome der OH- Gruppen der Zellulose über eine Wasserstoffbrücke mit benachbarten Zellstoff-Fasern. Dies geschieht besonders intensiv dort, wo die Fibrillen der Fasern –ästeartig aussehende Teile der Faserwand, die bei der Mahlung entstehen – eng miteinander verfilzt sind. Zur Messung der Festigkeit eines Papiers wurden verschiedene Methoden entwickelt (vgl. hierzu Kapitel 14.10).

Füllstoffe und Streichpigmente
Neben den Faserstoffen bestimmen auch Füllstoffe im Rohpapier und Streichpigmente (im Strichauftrag) die Charakteristik des Papiers.

Sie tragen dazu bei, das Papier opaker, glatter, weißer, weicher und spezifisch schwerer zu machen. Füllstoffe und Streichpigmente sind als mineralische Bestandteile nicht brennbar. Bei ungestrichenen Papieren gibt der Asche-Anteil einen Anhalt für den Füllstoffgehalt, bei gestrichenen Papieren für den Gehalt an Füllstoffen und Streichpigmenten.

Bei der Beurteilung der Oberfläche von Druckpapieren (Aufsicht des Papiers) kann die Weiße eine große Rolle spielen. Durch den Weißgrad (Weißgehalt) wird ausgedrückt, in welchem Grade ein Papier dem idealen Weiß entspricht.

Als Bezugsgröße dient Bariumsulfat, dessen Rückstrahlungsvermögen für Licht und alle Farben vollkommen gleichmäßig ist und gleich 100 % (Reflexionsfaktor 1) gesetzt wird.

Durch die Wahl geeigneter Faserstoffe, Füllstoffe und Streichpigmente variiert der Papiermacher den Weißgehalt, wie er abhängig vom jeweiligen Verwendungszweck gefordert ist. Durch die Forderung nach hoher Werbewirksamkeit der Druckerzeugnisse wurde die Weiße zu einem wesentlichen Kriterium bei der Unterscheidung von Druckpapieren. Während beim modernen Vierfarbendruck das Papier-Weiß geradezu als „fünfte" Farbe des Druckers gilt, genügt bei kurzlebigen Verwendungszwecken (wie z. B. Zeitungen) im allgemeinen schon ein weniger hoher Weißgrad, zumal mit zunehmendem Einsatz von hochweißem Zellstoff die Opazität des Papiers abnimmt.

Eine besondere Art der Verbesserung von Weiße ist das „Bläuen". Durch Zusatz von blauen oder violetten Nuancier-Farbstoffen wird der bei Faserstoffen meist unvermeidliche Gelbstich ausgeglichen; dem Auge erscheint das Papier weißer.

Zur Verbesserung des Weißgrades können Papieren auch optische Aufheller beigegeben werden, die beim Einstrahlen von UV-haltigem weißem Licht selbst blau strahlen und damit einen Gelbstich des Papiers auszugleichen vermögen.

Äußere Einflüsse wie Licht, Wärme und Luftfeuchtigkeit sowie Chemikalien im Papier (Alkalien, optische Aufheller) können zur Vergilbung des weißen Papiers führen. Dadurch verlieren die Druckpapiere im Laufe der Zeit ihre ursprüngliche Weiße, und auch die mechanische Festigkeit wird – bedingt durch den Alaungehalt vieler Papiere – langsam abgebaut.

Holzhaltige Papiere verfügen wegen ihres hohen Ligninanteils im allgemeinen über eine erheblich höhere Vergilbungsneigung als holzfreie Papiere.

Schön- und Siebseite
Bereits durch das Sieb erfährt das Papier in der Langsiebpapiermaschine eine erste Formierung der Oberflächen – ein Effekt, der als Zweiseitigkeit des Papiers bezeichnet wird. Gemeint ist die unterschiedliche Struktur der raueren Sieb- und der glatteren Filzseite (Schönseite, Oberseite).

Bei ungestrichenen Papieren ist die Siebseite für den Fachmann meist an einer leichten Markierung des Siebtuchgewebes auf der Papieroberfläche zu erkennen. Bei Druckaufträgen, bei denen ungestrichene Papiere nur zum einseitigen Bedrucken vorgesehen sind, wird häufig die Schönseite bevorzugt; sie ist glatter und ermöglicht einen sparsameren Druckfarbenverbrauch. Allerdings weist die Schönseite eines Papiers häufig mehr lose Faser- und Füllstoffpartikel auf als die Siebseite – eine Tatsache, die z. B. im Streichprozess und beim Drucken störend sein kann.

Bei gestrichenen Papieren ist das Problem der Zweiseitigkeit meist von untergeordneter Bedeutung. Zur Verminderung der Zweiseitigkeit des Papiers aber auch aus anderen technologischen Gründen haben die Papiermaschinenhersteller anstelle des Langsiebes in der Papiermaschine Doppelsiebformer entwickelt, in denen das Wasser beidseitig abgesaugt wird. Dadurch entstehen zwei gleichartige Strukturen auf beiden Seiten des Papiers.

Glätte
Wesentlicher als die Siebpartie bestimmen Maschinenglättwerk, Streicheinrichtung und Kalander die Glätte eines Druckpapiers.

Gegliedert nach der Glätte der Oberfläche stehen die ungestrichenen maschinenglatten Druckpapiere wie z. B. Zeitungsdruckpapier am unteren Ende der qualitativen Skala. Sie durchlaufen lediglich das Glättwerk am Ende der Papiermaschine, durch das die Oberfläche wenig, aber noch ausreichend für die entsprechenden Bedruckbarkeitserfordernisse geglättet wird.

Eine entscheidende Steigerung der Glätte lässt sich durch Satinieren (Glätten) des Papiers mit Hilfe des Kalanders erzielen.

Gestrichene Papiere, bei denen die Unebenheiten der Papieroberfläche durch Füllstoffe im Papier und Streichmasse weitgehend ausgeglichen sind, ermöglichen ein besonders hohes Maß an Glätte.

Glanzbildung
Im allgemeinen führt die Satinage auch zu Papierglanz. Glätte und Glanz sind, obwohl sie von den gleichen Einflussfaktoren abhängen, nicht identisch.

Während der Glättewert etwas über die Ebenheit und Gleichmäßigkeit der Papieroberfläche aussagt, also über eine mechanische Eigenschaft, drückt Glanz eine optische Eigenschaft aus. Auf Papier auffallende Lichtstrahlen werden – soweit sie nicht vom Papier absorbiert werden oder durch das Papier hindurchdringen – reflektiert.

Hoher Glanz entsteht, wenn die Strahlen gleichwinklig zum Einfallswinkel zurückgeworfen werden (gerichtete Reflexion). Eine diffuse, gestreute Reflexion des auftreffenden Lichts (auch Remission genannt) bewirkt dagegen eine matte Oberfläche.

Bei bestimmten Verwendungszwecken grafischer Papiere wird Wert auf diesen Matt-Effekt gelegt. Dadurch kann z. B. der Glanzkontrast zwischen der Druckfläche und umgebendem Papier gesteigert und die Lesefreundlichkeit bei Sonneneinstrahlung und künstlichem Licht erleichtert werden.

Durch das Satinieren werden einige Eigenschaften des Papiers allerdings auch negativ beeinflusst:
- die Fortreißfestigkeit und die Opazität nehmen ab,
- Dicke und spezifisches Volumen werden vermindert,
- das Papier wird dichter.

Laufrichtung
Da sich die Fasern auf dem Sieb der Papiermaschine bevorzugt parallel zur Laufrichtung (Maschinenrichtung = Produktionsrichtung in der Langsiebpapiermaschine) ausrichten, liegen Werte wie Bruchwiderstand und Biegesteifigkeit in Längsrichtung höher als in Querrichtung. Umgekehrt verhält es sich beim Dehnungsvermögen und bei der Weiterreißfestigkeit. Die Kenntnis der Laufrichtung ist für den Drucker an Bogen-Druckmaschinen und den Papierverarbeiter von großer Wichtigkeit, weil das Papier, auch wenn es fertig ist, stark klimaabhängig bleibt.

Papier hat die Eigenschaft, bei einer Wasseraufnahme – die umgebende Luft enthält immer eine gewisse Menge Wasserdampf – zu quellen und bei Wasserzugabe zu schrumpfen. Dieser Prozess wirkt sich in Querrichtung bedeutend stärker als in Längsrichtung aus.

Geschehen diese Feuchtigkeitseinwirkungen am Papierstapel, so wird das Papier bei Wasseraufnahme an den Rändern wellig; bei Wasserabgabe schrumpfen die Ränder, das Papier tellert.

Wenn weder Wasserabgabe noch Wasseraufnahme durch das Papier erfolgen, spricht man von einem Gleichgewicht zwischen Papier- und Luft-Feuchtigkeit.

Der Papiermacher drückt das Verhalten des Papiers unter Feuchtigkeitseinwirkungen mit dem Bezeichnung „Feuchtdehnung längs/quer“ aus.

Die Kenntnis der Laufrichtung ist auch wichtig für alle Falzarbeiten. Am besten lässt sich Papier in der Laufrichtung falzen. Bei allen Buch- und Broschürenarbeiten jedoch muss der zu leimende Rücken in der Laufrichtung liegen, da die Feuchtdehnung in der Längsrichtung am geringsten ist. Doch nicht nur bei Feuchtigkeitseinfluss, sondern auch bei Zugbeanspruchung – vor allem im Rollen-Rotationsdruck – ist die Laufrichtung des Papiers wegen der dann auftretenden Dehnung von Bedeutung.

15.8.2 Unterscheidung der Druckpapiere nach ihrer Eignung für die verschiedenen Druckverfahren

Druckpapiere werden heute fast ausschließlich im Offsetdruck, Tiefdruck und neuerdings Digitaldruck, seltener auch noch im Buchdruck verarbeitet. Wegen der verfahrensbedingt sehr unterschiedlichen Druckanforderungen ist der Drucker bei der Papierwahl primär auf den zum Druckverfahren passenden Papiertyp angewiesen. Es schließen sich aber auch noch weitere Überlegungen an, weil ein Druckpapier überaus vielseitigen, teilweise sogar widersprüchlichen Anforderungen entsprechen soll:

Das Papier muss gut bedruckbar sein, d. h. einen möglichst vorlagengetreuen Abdruck ermöglichen; der Anspruch gute Bedruckbarkeit kann bis zur Forderung nach brillanter, punktscharfer Wiedergabe des Originals mit geringstmöglichen Tonwertverlusten reichen.

Das Papier muss gut verdruckbar sein, d. h. es soll als endlose Bahn oder als Bogen mit möglichst hoher Geschwindigkeit störungsfrei durch die Maschine laufen, wozu ein bestimmtes Maß an Festigkeit, Elastizität und Dimensionsstabilität erforderlich ist.

Hinzu kommen beim Rollen-Rotationsdruck Erfordernisse wie gleichmäßige Wicklung der Papierrollen, sauberer Schnitt, gerade Stirnflächen und Vermeidung von Klebestellen in den Rollen.

Formatpapiere erfordern hohe Format- und Winkelgenauigkeit, guten und staubarmen Schnitt, gute Planlage und gleichmäßige Stapellage.

Eine gute Verdruckbarkeit des Papiers ist entscheidend für die Wirtschaftlichkeit des gesamten Druckprozesses.

Das Papier muss die vom vorgesehenen Druckobjekt entsprechenden optischen Eigenschaften aufweisen (Weiße, Glanz, Opazität).

Das Papier muss den Erfordernissen der nachgelagerten Verarbeitungsprozesse genügen, z. B. beim Buchbinden und beim Stanzen.

Das Einsatzgebiet Etiketten, das vom Aufbringen der Etiketten bis zu ihrem Ablösen in der Flaschenspülmaschine eine Vielzahl mechanischer und chemischer Beanspruchungen des Papiers umfasst, stellt besonders hohe Anforderungen – vor allem hinsichtlich Nass- und Laugenfestigkeit, Lackier- und Stanzbarkeit sowie Scheuerfestigkeit.

Unabhängig von der Frage der Be- und Verdruckbarkeit können beim Papiereinkauf – je nach Verwendungszweck – bestimmte ästhetische Eigenschaften eine Rolle spielen:

Häufig wird ein besonderer Akzent auf gleichmäßige Durchsicht, elegante Oberflächenstruktur sowie auf Volumen, Klang und Griff des Papiers gelegt. Mit Ausnahme des Begriffs Volumen entziehen sich diese Charakteristika der eindeutigen messtechnischen Beurteilung.

Die Prüfung der rohstoff- und produktionsbedingten Eigenschaften allein reicht meist nicht aus, um die Be- und Verdruckbarkeit eines Papiers im vorgegebenen Druckverfahren zu testen. Deshalb wurden zahlreiche Prüfverfahren entwickelt, mit denen die besondere Situation beim Druck berücksichtigt werden soll. Allerdings kann auch mit diesen Methoden die Frage der Bedruckbarkeit häufig nicht in jeder Hinsicht definitiv beurteilt werden. Dann empfiehlt es sich, das Papier unter praxisgerechten Bedingungen zu testen. Dies gilt auch für viele Verdruck- und Verarbeitbarkeits-Anforderungen.

Offsetdruckpapiere
Beim Offsetdruckverfahren werden die besonderen Anforderungen an das Papier vor allem durch die verfahrensbedingte Feuchtung des Papiers (Ausnahme bildet der wasserlose Offsetdruck!) sowie die spezielle Art der Farbübertragung bestimmt: Die Druckfarbe, eine Emulsion aus Feuchtmittel und Druckfarbe, gelangt indirekt von der Druckplatte über ein elastisches Gummituch auf den Bedruckstoff.

Grundsätzlich wird sowohl im Rollen- als auch im Bogen-Offsetdruck an die Glätte des Bedruckstoffs keine so hohe Anforderung wie beispielsweise für den Tiefdruck oder den Digitaldruck gestellt.

Papiere mit hoher Glätte, wie z. B. satinierte gestrichene oder gussgestrichene Papiere, unterliegen im Offsetdruck einer besonderen Druckbeanspruchung. Dies gilt vor allem in bezug auf die Trocken- und Nassrupffestigkeit, da bei der Farbübertragung vom Gummituch auf das Papier ein starker Zug senkrecht zur Papieroberfläche ausgeübt wird. Nicht gut gebundene Strichteile oder lose Fasern an der Oberfläche führen zu einem Haften solcher Partikel auf dem Gummituch und damit zu Druckstörungen.

Hohe Anforderungen sind im Offsetdruck auch an die Dimensionsstabilität des Papiers zu stellen, um so mehr, als auch die Bogenformate, die inzwischen in Vier-, Sechs- und Acht- oder gar Zehnfarben-Bogen-Offsetdruckmaschinen verarbeitet werden, im Lauf der Jahre größer geworden sind und immer leichtere Papiere bedruckt werden.

Wichtig, vor allem bei hohen Anforderungen an die Passgenauigkeit, ist deshalb beim Offsetdruck mit Formatbogen das Berücksichtigen der Laufrichtung des Papiers:

Wenn die Bedingungen der Weiterverarbeitung es ermöglichen, wird im allgemeinen Schmalbahn eingesetzt. In diesem Fall lassen sich z.B. durch eine Änderung des Druckplattenzylinderaufzugs Dimensionsveränderungen – sie treten unter Druck- und Zugbelastungen sowie durch Feuchtigkeitseinfluss am stärksten quer zur Laufrichtung (Dehnrichtung) auf – weitgehend ausgleichen.

Tiefdruckpapiere
Tiefdruckpapiere werden heute fast ausschließlich im Rollen-Rotationsverfahren verarbeitet.

Die wesentliche Forderung an das Papier besteht darin, die in den gravierten oder geätzten tiefen Näpfchen eines Kupfer-Druckzylinders befindliche dünnflüssige, schnelltrocknende Druckfarbe (Toluol- oder Sprit/Ester-Druckfarbe) bei hoher Geschwindigkeit zu übernehmen.

Um alle Feinheiten der mit einem Tiefdruckraster versehenen Druckform aufnehmen zu können, muss das Papier eine sehr gleichmäßige Farbannahmefähigkeit aufweisen, die Oberfläche muss frei von Splittern und anderen kratzenden Bestandteilen sein.

Aus diesen Gründen soll sich bei einem guten Tiefdruckpapier hohe Glätte mit einer gewissen Weichheit und Geschmeidigkeit verbinden; Eigenschaften, die der Papiermacher durch reichliche Beigabe von Füllstoff zum Rohpapier oder durch Streichen des Papiers erzielt.

Wegen der hohen Verarbeitungsgeschwindigkeit innerhalb der Druckmaschine und in nachgelagerten Verarbeitungsstufen (Falzen, Heften etc.) muss das Tiefdruckpapier über besonders gute Verdruckbarkeitseigenschaften verfügen. Das Papier muss bei großer Verarbeitungsgeschwindigkeit hoher Spannung standhalten.

Die Bahn muss frei von Löchern, Einrissen und Fremdkörpern sein, weil die Festigkeitswerte bei Tiefdruckpapieren wegen des hohen Füllstoff- und ggf. auch Strich-Anteils relativ niedrig liegen.

All diese Forderungen verlangen ein hohes papiermacherisches Können, weil im Tiefdruck Papiere mit besonders niedrigen Flächengewichten bis hinunter zu etwa 50 g/m^2 gefordert sind. Trotz des geringen Flächengewichts muss das Papier zudem eine ausreichende Opazität aufweisen.

Digitaldruck
In Digitaldruckverfahren werden unterschiedlichste Systeme im Bogen- und im Rollendruck für das Übertragen von Informationen aus Texten, Grafiken und Bildern eingesetzt. Entsprechend der eingesetzten Verfahrenstechnik und der Art der Informationsübertragung sind unterschiedliche Anforderungen an das Papier zu stellen.

Da im Digitaldruck fast ausschließlich kleine Auflagen gedruckt werden, sind die Kosten für das Papier kein so stark entscheidender Faktor wie in anderen Druckverfahren.

In der Regel lassen sich holzfreie ungestrichene und gestrichene Papiersorten problemlos bedrucken. Wichtige Eigenschaften sind im allgemeinen jedoch:
- optimale Planlage
- glatte Oberfläche
- gute Festigkeit

- geeignete Gleichgewichtsfeuchte
- bestimmte Grammatur und Steifigkeit
- gute Tonerübertragung und Bildwiedergabe
- geringe Staubentwicklung
- geringe elektrische Leitfähigkeit.

Da jedes Digitaldrucksystem spezifische technische Anforderungen an das Papier und ggf. auch an das Klima in der Druckerei stellt, ist es erforderlich, die vom Hersteller des Systems vorgegebenen Bedingungen und freigegebenen Papiersorten zu nutzen.

15.8.3 Unterscheidung der Druckpapiere nach ihren Einsatzgebieten

In der Bundesrepublik werden jährlich rund vier Millionen Tonnen Druckpapiere verbraucht. Etwa 70 % davon entfallen auf verschiedene ungestrichene Naturpapiere. Mit diesem Begriff werden Papiere bezeichnet, deren Oberfläche nicht mit einem zusätzlichen Strichauftrag veredelt worden ist.

Wichtige ungestrichene Sorten sind u. a. Zeitungsdruckpapier, Illustrationsdruckpapier und sonstige holzhaltige oder holzfreie Druckpapiere.

Auf die gestrichenen Sorten entfallen die restlichen 30 % des Druckpapierverbrauchs. Im wesentlichen besteht dieses Marktsegment aus gestrichenen Rollendruckpapieren, zweiseitig gestrichenen Bilderdruck- und Original-Kunstdruckpapieren sowie einseitig gestrichenen Papieren vor allem für die Etikettenherstellung.

Wichtigster Abnehmerbereich der Druckpapiere ist die Presse, gefolgt von Einsatzgebieten wie Versandhaus- und Reisekatalogen, Zeitschriften, Illustrierten, Werbedrucksachen und Büchern.

Die folgenden Übersichten zeigen Einsatzgebiete und Unterscheidungsmerkmale einiger wichtiger Druckpapiere.

15.8.4 Faltschachtelkarton

Faltschachteln sind Verkaufsverpackungen, die das verpackte Produkt, z.B. Zigaretten, Süßwaren, Lebensmittel, Kosmetika, auf dem Weg von der Abfüllstation über das Selbstbedienungsregal bis hin zum Gebrauch schützen und werbewirksam präsentieren. An einen Faltschachtelkarton sind deshalb unterschiedliche Anforderungen je nach Beanspruchung im Druck, durch Veredelung, Verarbeitung, Abpackprozess, Distribution, Gebrauch und den werblichen Erfordernissen zu stellen.

Unterscheidung von Faltschachtelkarton nach dem Faserstoffeinsatz

Wie bei den Druckpapieren bestimmt auch im Bereich Faltschachtelkarton die Wahl der Faserstoffe entscheidend die Qualität des fertigen Produkts. Wichtige Parameter sind seine Biegesteifigkeit, Dicke und mechanische Festigkeit, seine Bedruckbarkeits- und Verarbeitungseigenschaften und sein optisches Aussehen.

Druckpapiere: Marktübliche Angebotsformen und Haupteinsatzgebiete

		Angebotsform																			
Sorte	Flächenbezogene Masse (Flächengewicht) g/m²	Holzfrei	Holzhaltig	Rolle	Format	Tageszeitungen	Wochenzeitungen	Anzeigenblätter	Publikums-Zeitschriften	Sonstige Zeitschriften	Werbedrucksachen	Supplements in Zeitungen	Reise-Kataloge	Versandhaus-Kataloge	Telefon-, Kurs-, Adressbücher	Sonstige Bücher	Vervielfältigung	Geschäftsdrucksachen	Kleinrollen	Etiketten und Einschläge	Selbstklebepapier
Zeitungsdruckpapier																					
Standard	40 - 52		●	●		●	●	●													
AZT (aufgebessert)	ca. 55		●	●		●	●	●													
AZB (aufgebessert)	ca. 55		●	●		●	●	●													
Holzhaltige Naturpapiere																					
Zeitschriften- (Magazin-)papier	52 - 80		●	●					●	●		●	●								
Sonstige Naturpapiere	34 - 300		●	●	●				●	●					●	●	●		●		
Holzfreie Naturpapiere	70 - 250	●		●	●					●	●					●	●	●			
Gestrichene Papiere																					
LWC - Leichtgewichtiges zweiseitig gestrichenes Rollendruckpapier	50 - 70		●	●					●	●	●	●	●	●							
Sonstige zweiseitig gestrichene Rollendruckpapiere	70 - 170	●	●	●					●	●	●		●	●							
Zweiseitig gestrichene Bilderdruckpapiere	70 - 250	●	●		●					●	●		●			●					
Original-Kunstdruckpapiere	90 - 300	●	●		●					●	●		●			●					
Einseitig gestrichene Papiere	60 - 300	●	●	●	●															●	●

Druckpapiere: Überblick zu den wichtigsten Unterscheidungsmerkmalen

	Stoffzusammensetzung				Produktionstechnik					Ausrüstung		Druckverfahren			
Sorte	altpapierhaltig	holzhaltig	leicht (fein) holzhaltig	holzfrei	maschinenglattes Papier	satiniertes Papier	glänzendes Papier	mattes Papier	geprägtes Papier	Rollendruckpapier	Formatdruckpapier	Papier mit Tiefdruckeignung	Papier mit Offsetdruckeignung	Papier mit Buchdruckeignung	**flächenbezogene Masse (g/m²)**
Naturpapiere (ungestrichene Oberfläche)															
Zeitungsdruckpapier STANDARD	●				●					●			●	●	48,8
Illustrationsdruckpapier, holzhaltig		●				●				●		●	●		60
Offsetdruckpapier, leicht holzhaltig			●		●					●	●		●	●	70
Dünndruckpapier, holzhaltig		●				●				●	●		●	●	37
Postkartenkarton, holzfrei				●		●				●	●		●	●	170
Endlosformulardruckpapier, holzfrei				●	●					●			●	●	60
Offsetdruckpapier, holzfrei				●	●					●	●		●	●	100
Werkdruckpapier auftragend (2faches Volumen), holzfrei				●	●					●	●		●	●	100
Zweiseitig gestrichene Rollen-Druckpapiere															
Leichtgewichtiges Rollendruckpapier LWC holzhaltig, glänzend für Tiefdruck		●					●			●		●			57
höhergewichtiges Rollendruckpapier, holzhaltig, glänzend für Rollenoffsetdruck		●					●			●			●		80
höhergewichtiges Rollendruckpapier, leicht holzhaltig für Rollenoffsetdruck			●				●			●			●		90
höhergewichtiges Rollendruckpapier, holzfrei, glänzend für Tiefdruck				●			●			●		●			100
Zweiseitig gestrichene Format-Druckpapiere															
Bilderdruckpapier (KONSUM-Klasse), holzhaltig, glänzend		●					●				●		●	●	90
Bilderdruckpapier (KONSUM-Klasse), holzhaltig, matt		●						●			●		●	●	70
Bilderdruckpapier (STANDARD-Klasse), fein, holzhaltig, glänzend			●				●				●		●	●	100
Bilderdruckpapier, holzfrei, glänzend				●			●				●		●	●	200
Bilderdruckpapier, holzfrei, matt				●				●			●		●	●	135
Bilderdruckpapier, holzfrei, glänzend, geprägt				●			●		●		●		●	●	170
spezialgestrichenes Bilderdruckpapier, holzfrei, glänzend				●			●			●	●	●	●	●	100
original-gestrichenes Kunstdruckpapier, holzfrei, glänzend				●			●			●	●	●	●	●	135

Stoffklassen:

- holzfrei, weiß
  Aus hochgebleichtem Zellstoff hergestellt.
- leicht holzhaltig
  Aus Zellstoff mit Zusätzen von Holzschliff (max. 30 %) hergestellt.
- holzhaltig
  Aus Holzschliff oder mit geringen Zusätzen von Zellstoff hergestellt.
- altpapierhaltig.
  Überwiegend oder ganz aus Altpapier hergestellt.

Vorstehend genannte Stoffbezeichnungen können bei einem Faltschachtelkarton das Produkt als ganzes (holzfrei: Z = Zellstoffkarton) oder seinen Aufbau, die Lagen, charakterisieren, die jeweils aus einer einheitlichen Stoffklasse bestehen.

Ein wesentlicher Unterschied von Karton gegenüber den auf Langsiebmaschinen in nur einer Lage produzierten Druckpapieren besteht darin, dass Karton mit Hilfe von Einzelsieben aus mehreren Stoffbahnen unterschiedlichen Faserstoffeintrags aufgebaut werden kann. Dadurch lassen sich die Eigenschaften der einzelnen Faserstoffe zum qualitativen und wirtschaftlichen Vorteil miteinander verbinden.

Unterscheidung von Faltschachtelkarton nach dem Aufbau der Lagen

Bei der Beurteilung von Karton unterscheidet der Markt nicht nach der Zahl der Stoffbahnen entsprechend der Zahl der benutzten Siebe, denn für den Verarbeiter ist es im allgemeinen von untergeordnetem Interesse, ob der Kartonmacher zur Erzielung eines hohen Flächengewichtes einer bestimmten Lage mehrere Siebe mit gleichem Stoffeintrag eingesetzt hat.

Ausschlaggebend ist der Aufbau der durch unterschiedliche Stoffzusammensetzungen charakterisierten Lagen.

Im wesentlichen unterscheidet man beim Lagenaufbau:

– die vorderseitige Decklage (Vorderseite oder Decke genannt),
– die Einlage und
– die rückseitige Lage (Rückseite oder Unterlage genannt).

Bei bestimmten Kartonfabrikaten findet man darüber hinaus den Begriff Zwischenlage. Ihr Zweck besteht z. B. darin, das Durchscheinen der dunkleren Einlage oder Rückseite durch die aus gebleichtem weißem Zellstoff bestehende Decke zu verhindern.

Nach der stofflichen Zusammensetzung der Lagen ist das Angebot von Faltschachtelkarton sehr stark gegliedert.

Die Einlagen und Rückseiten können altpapierhaltig (grau), holzhaltig (hell) oder holzfrei (weiß) sein. Die Vorderseite ist aus Gründen der Bedruckbarkeit und Werbewirksamkeit holzfrei oder leicht holzhaltig.

Unterscheidung von Faltschachtelkarton nach der Oberflächenbeschaffenheit

Die Einrichtungen innerhalb der Kartonmaschine (Glättzylinder, Leimpresse, Streichanlage, Kalander, Bürstenwerk) und außerhalb der Maschine (separate Streichmaschinen) bestimmen – in Abhängigkeit von der Stoffzusammensetzung – entscheidend die Oberflächenbeschaffenheit eines Faltschachtelkartons: seine Glätte, seinen Glanz, seine Weiße.

Unterscheidungsmerkmale und entsprechende Abkürzungen in der Sortenbezeichnung:

– ungestrichen (U)
  Karton, dessen Oberfläche nicht mit einem Strichauftrag versehen ist.
– pigmentiert
  Karton, dessen Oberfläche in einer Leimpresse oder Streicheinrichtung leicht gestrichen (pigmentiert) worden ist.
– gestrichen (G)
  Karton, der in einer Streicheinrichtung innerhalb oder außerhalb der Kartonmaschine mit einem höhergewichtigen Strichauftrag versehen worden ist. Häufig wird die veredelte Decke anschließend mit einem Bürstenwerk oder (Gloss-)Kalander behandelt, um Glanz und Glätte zu erzielen.
– hochglänzend, gussgestrichen (GG)
  Karton, der in einer separaten Gussstreichanlage mit einem Hochglanzstrich versehen worden ist.
– Chromokarton (C)
– Duplexkarton (D)
– Triplexkarton (T)
– Zellstoffkarton (Z)

(Vergleiche hierzu 15.9 Papier- und Kartonsorten)

Unter Berücksichtigung der beschriebenen stofflichen und produktionstechnischen Merkmale gliedern sich die mehrlagigen Faltschachtelkarton-Qualitäten laut Übereinkunft der zuständigen Fachverbände in der Bundesrepublik wie nachfolgend auf:

Sorten	Kurzzeichen
Unterschiedliche Stoffzusammensetzung der Decke einerseits und der Ein- und Unterlage andererseits	
ungestrichener Duplexkarton	**UD**
gestrichener Chromo-Duplexkarton	**GD**
Unterschiedliche Stoffzusammensetzung von Decke, Einlage und Rückseite	
ungestrichener Triplexkarton	**UT**
ungestrichener Chromoersatzkarton	**UC**
gestrichener Chromo-Triplexkarton	**GT**
gestrichener Chromokarton	**GC**
gussgestrichener Karton	**GG**

Unterscheidung von Faltschachtelkarton nach den Anforderungen

Aus dem breiten Spektrum von Anforderungen, die in der Praxis je nach Einsatzzweck an einen Faltschachtelkarton zu stellen sind, werden nachfolgend einige Beispiele aufgeführt.

Dabei wurde bewusst auf Qualitätsbegriffe verzichtet, die in den verschiedenen Verarbeitungsprozessen von unterschiedlicher Bedeutung sind, wie z. B. die Kaschierbarkeit. Hierbei wäre im Detail zusätzlich zwischen Aluminiumfolien-Kaschierbarkeit, Mikrowellen-Kaschierbarkeit, Verklebbarkeit u.a. weiter zu untergliedern.

– bedruckbar
  Wichtig bei der Wahl einer bestimmten Faltschachtelkartonqualität ist, dass diese die für den Einsatzzweck geforderte Druckeignung besitzt. Entsprechend den drei Hauptdruckverfahren unterscheidet man Qualitäten
  – Tiefdruck-Eignung,
  – Offsetdruck-Eignung,
  – Hochdruck-Eignung (Flexodruck, Buchdruck).
– bronzierbar
  Karton mit einer möglichst porenfreien Oberfläche.
– lackierbar
  Gestrichener Karton, dessen Vorderseite sich in der Druckmaschine bzw. einer separaten Anlage lackieren lässt; damit wird eine Schutz- und/oder Glanzwirkung erzielt.
– heißkalandrierbar
  Gestrichener Karton, der in einer Lackieranlage vorderseitig mit einem Lackauftrag versehen und anschließend auf einem verchromten, beheizten Stahlzylinder geglättet werden kann (das Verfahren ähnelt dem Superkalandrieren). Kalanderlackierte Kartonoberflächen zeichnen sich durch hohen Glanz und gute Scheuerfestigkeit aus.
– prägbar
  Karton, dessen Oberfläche mit Prägeeffekten versehen werden kann.
– rillbar
  Karton mit guter Festigkeit der einzelnen Lagen, der beim Rillen in Stanzautomaten in der Rill-Linie eine örtlich begrenzte Lagen-Trennung ohne äußere Beschädigung ermöglicht. Die Rill-Linie bildet eine definierte Biegestelle in dem Faltschachtelzuschnitt.

Sortenbezeichnung		Vorderseite (Decke)						Einlage			Rückseite			Anforderungen (Beispiel)												
Kurzzeichen	Sorte	ungestrichen	pigmentiert	gestrichen	hochglänzend (gussgestrichen)	holzfrei	leicht holzhaltig	holzfrei	holzhaltig	altpapierhaltig	holzfrei	holzhaltig	altpapierhaltig	mit Tiefdruckeignung	mit Offsetdruckeignung	mit Hochdruckeignung	bronzierbar	lackierbar	heißkalandrierbar	prägbar	rillbar	ritzbar	mit Polyethylen-beschichtb. Rückseite	Heißfolienprägbar	physiologisch unbedenklich	flächenbezogene Masse g/m²
	Ungestrichener Faltschachtelkarton																									
UD2	Duplexkarton Decke leicht holzhaltig	●					●			●			●		●	●				●	●		●			600
UD1	Duplexkarton Decke holzfrei	●				●				●			●		●	●				●	●		●			350
UT2	Triplexkarton Decke leicht holzhaltig	●					●			●		●			●	●				●	●		●			450
UC2	Chromoersatzkarton mit heller Rückseite		●			●			●			●			●	●	●			●	●		●		●	275
	Gestrichener Faltschachtelkarton																									
GD2	Chromo-Duplexkarton mit spez. Volumen max. 1,4 cm³/g			●		●				●			●	●	●	●	●	●	●	●	●		●	●		300
GD1	Chromo-Duplexkarton mit spez. Volumen max. 1,5 cm³/g			●		●				●			●	●	●	●	●	●	●	●	●		●	●		280
GT	Chromo-Triplexkarton			●		●				●		●		●	●	●	●	●	●	●	●		●	●		280
GC2	Chromokarton mit heller Rückseite			●		●			●			●		●	●	●	●	●	●	●	●	●	●	●	●	230
GC1	Chromokarton mit weißer Rückseite			●		●			●		●				●	●	●	●	●	●	●	●	●	●	●	350
GZ	Gestrichener Zellstoffkarton			●		●		●			●			●	●	●	●	●	●	●	●	●	●	●	●	200
GG2	Gussgestrichener Karton mit heller Rückseite				●	●			●			●		●	●	●	●	●	●	●	●	●	●	●	●	300
GG1	Gussgestrichener Karton mit weißer Rückseite				●	●			●		●			●	●	●	●	●	●	●	●	●	●	●	●	250
GGZ	Gussgestrichener Zellstoffkarton				●	●		●			●			●	●	●	●	●	●	●	●	●	●	●	●	275

- ritzbar
  Karton mit hoher Gleichmäßigkeit und guter Festigkeit der Lagen zueinander, der es ermöglicht, dass das Material von oben her so eingeschnitten wird, dass nur die untere Lage des Kartons unversehrt bleibt. Karton wird geritzt, wenn beim Biegen eine besonders hohe Scharfkantigkeit der Packung erforderlich ist oder wenn im Zuschnitt eine definierte Bruchstelle angelegt werden soll.
- mit PE-beschichtbarer Rückseite
  Karton, der durch rückseitige Polyethylen- Beschichtung mit einer Eignung für das Verpacken von Lebensmitteln, Tiefkühlkost, Backwaren etc. ausgestattet werden kann. Wenn auch die Vorderseite PE-beschichtbar sein muss, sind ungestrichene Qualitäten erforderlich.
- Heißfolien-prägbar
  Karton mit gestrichener, glatter Vorderseite, der im Heißprägeverfahren mit Metallschichten oder metallischen Farbschichten versehen werden kann; der glänzende, metallische Effekt trägt zur Werbewirksamkeit der Packung bei.
- physiologisch unbedenklich
  Karton aus den Primärfaserstoffen Zellstoff und Holzschliff, der zum Verpacken von feuchten oder fettenden Lebensmitteln verwendet werden und mit diesen in unmittelbare Berührung kommen darf.

Unterscheidung von Faltschachtelkarton nach der flächenbezogenen Masse
Das Flächengewicht nach ISO 536 (fachsprachlich für die flächenbezogene Masse verwendete Bezeichnung) einer Kartonsorte ist mitentscheidend für ihre mechanischen Eigenschaften (z. B. Biegesteifigkeit und Festigkeit) und das spezifische Volumen. Die Flächengewichte reichen von ca. 150 bis 600 g/m².

15.9 Papier- und Kartonsorten

Bei Papierbestellungen ist es wichtig, dem Handel genaue Angaben zur gewünschten Qualität sowie technische Angaben zu Flächengewicht, Format und zur Laufrichtung zu geben. Dadurch lassen sich unangenehme Überraschungen beim Druck sowie spätere Reklamationen vermeiden.

Angaben zur Papierbestellung (Beispiel 1)

Qualität				**Technische Angaben**		
m'gl	h'fr	weiß	Offset, 584/01	100 g/m²	61 cm x 86 cm	SB
Oberfläche: maschinenglatt	Stoffzusammensetzung: holzfrei	Farbe	Papiersorte, Sortennummer	Flächengewicht	Format	Laufrichtung: Schmalbahn

Angaben zur Papierbestellung (Beispiel 2)

Qualität				**Technische Angaben**		
halbmatt	h'fr	elfenbein	Phoenix-Imperial	135 g/m²	70 cm x 100 cm	BB
Oberfläche: halbmatt	Stoffzusammensetzung: holzfrei	Farbe	Papiersorte, Original-Kunstdruckpapier	Flächengewicht	Format	Laufrichtung: Breitbahn

Bei Naturpapieren sind die Angaben in der Reihenfolge im allgemeinen gleich, bei gestrichenen Papieren bestimmter Hersteller wird die genaue Sortenbezeichnung der Papierfabrik angegeben.

Die folgenden Beispiele sollen die notwendigen Angaben aufzeigen und erläutern.

In der Übersicht wurde die gewünschte Bogenzahl sowie der Preis pro 1000 Bogen bzw. pro Kilogramm nicht aufgenommen.

Für die Papierbestellung sind entsprechend dem Verwendungszweck weitere Papiereigenschaften zu beachten, die in der Übersicht (siehe oben) nochmals kurz zusammengefasst sind.

Oberfläche

- maschinenglatt
  Abk.: m'gl; ein nicht satiniertes Naturpapier (Oberfläche nicht veredelt)
- satiniert
  Abk.: sat.; einseitig oder beidseitig satiniert.
  Das Papier ist in einem separaten Kalander durch Druck, Reibung und Wärme zusätzlich geglättet.
- gestrichen
  Rohpapier ist mit einer Streichmasse veredelt.
  – maschinengestrichen Bilderdruck:
  Qualitäten: Konsum, Standard spezialgestrichen mit jeweils steigendem Strichauftrag und verbesserter Oberfläche, satiniert, matt oder glänzend.
  – Original-Kunstdruckpapier:
  Mit starkem Strichauftrag veredelt, höchste Qualität, satiniert, matt oder glänzend.
  Matte Oberfläche: reflexfrei, lesefreundlicher.
  Glänzende Oberfläche: hervorragende Brillanz und Farbwiedergabe im Druck.
  – Chromopapiere:
  Einseitig gestrichene Papiere mit speziellem Strich für Verpackungen, Etiketten u.a.
  – Gussgestrichene Papiere und Kartons:
  Voluminöse Papiere und Kartons mit Hochglanz ohne Satinierung.
- oberflächengeleimt
  Tuschefeste, radierfähige, rupffeste Papiere, die Feuchtigkeit abweisen.

Stoffzusammensetzung und Produktion

- holzstoffhaltig (holzhaltig)
  Abk.: h'h, mechanisch aufbereitetes Holz: Holzschliff. Papier vergilbt leicht, geringe Festigkeit.
- holzstofffrei (holzfrei)
  Abk.: h'fr, chemisch aufbereitetes Holz (auch: Einjahrespflanzen, Hadern): Zellstoff, max. 5 % verholzte Fasern.
  Gute Qualität, hohe Reißfestigkeit, vergilbt nicht.
- Saugfähigkeit
  Mahlung des Stoffes sowie Leimungsgrad (1/4, 1/2, 3/4 oder vollgeleimt, oberflächengeleimt).
- Opazität
  Füllstoffanteil, Mahlung des Stoffes.
- Laufrichtung
  Auch: Maschinenrichtung, hauptsächliche Faserrichtung in Umlaufrichtung des Siebes.
  Fasern sind hygroskopisch, sie verbreitern sich durch Feuchtigkeitsaufnahme und Druck.
  Bogendruck:
  Besonders bei Druckarbeiten mit hohen Passerforderungen eignet sich Schmalbahnpapier, d.h. die Laufrichtung liegt parallel zur Zylinderachse. Dies kann nur gewählt werden, wenn die buchbinderische Verarbeitung dies zulässt.
  Druckverarbeitung:
  Laufrichtung parallel zum Buchrücken, parallel zum letzten Falz bei Prospekten, u.a.
- Feuchtigkeitsgehalt des Papiers
  Stapelfeuchtigkeiten zwischen 45 und 60 % sind drucktechnisch günstig und ergeben kaum Schwierigkeiten in der Verdruckbarkeit (z.B. statische Elektrizität, Randwelligkeit, Tellern).
  Rollenpapier wird im allgemeinen trockener hergestellt.
  Raumklima und Stapelfeuchtigkeit sollen nicht weit auseinander liegen.
  Das Papier hat eine höhere Feuchtigkeit als die Raumluft oder der Papierstapel ist wärmer als die Raumtemperatur: An den Rändern wird Feuchtigkeit abgegeben. Das Papier tellert und wird beulig.
  Das Papier hat eine niedrigere Feuchtigkeit als die Raumluft oder der Papierstapel ist unterkühlt:

Papier nimmt an den Rändern Feuchtigkeit auf, es wird randwellig.

- Volumen
  Dicke des Papiers im Verhältnis zum Flächengewicht pro Quadratmeter (g/m²).
  Einfaches Volumen:
  Flächengewicht/m² : 1000 = Dicke in mm
  Beispiel:
  Papier mit 100 g/m²,
  Papierdicke bei einfachem Volumen: 0,1 mm.
  Ist das Papier dicker, so steigt entsprechend das Volumen.
- Wasserzeichen
  – Echtes Wasserzeichen:
  Verdünnung oder Verdickung der Fasersuspension ergibt helle oder dunkle Wasserzeichenbilder in der Papierdurchsicht, unscharfe Konturen. Wasserzeichenwalze in der Papiermaschine: Egoutteur.
  – Unechte Wasserzeichen:
  Am Ende der Nasspressenpartie mit Moletten (Prägewalzen) in die Papierbahn geprägtes Wasserzeichenbild mit schärferen Konturen. Unechte Wasserzeichen können auch nachträglich auf das fertige Papier aufgedruckt oder geprägt werden.

Papiersorten nach der Oberfläche

Die Rasterelektronen-Aufnahmen (Fogra) zeigen die Oberfläche verschiedener Papiere. Deutlich sind die Unterschiede in Glätte und Struktur erkennbar. Aus der, in der starken Vergrösserung sichtbaren Oberflächenstruktur lässt sich leicht verstehen, warum im Hoch- und Tiefdruck, aber auch im Offsetdruck Rasterbilder und feine Tonwerte auf den verschiedenen Papiersorten sehr unterschiedlich drucken.

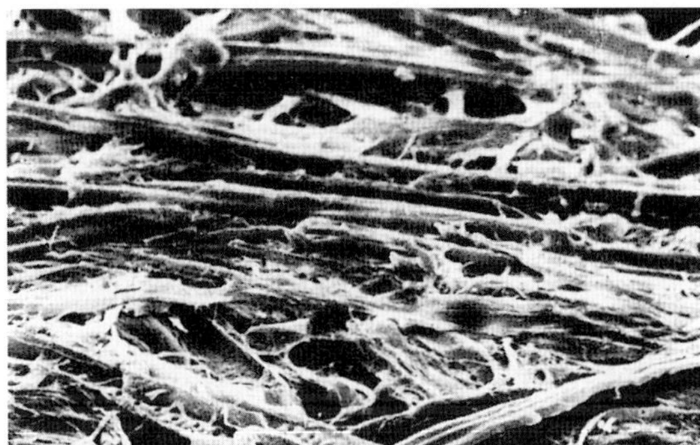

Zeitungspapier; 130fach

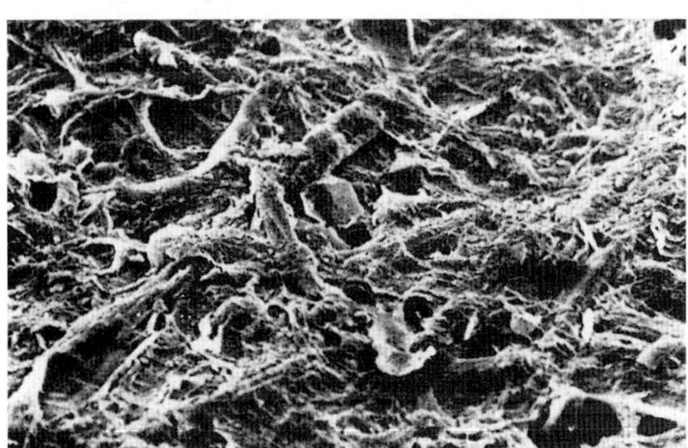

Werkdruckpapier, holzhaltig; 130fach

Holzfreies Offsetdruckpapier, maschinenglatt; 130fach

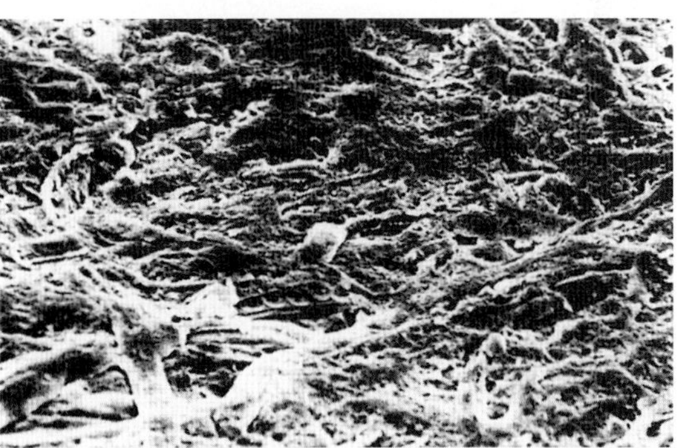

Satiniertes Offsetdruckpapier, 130fach

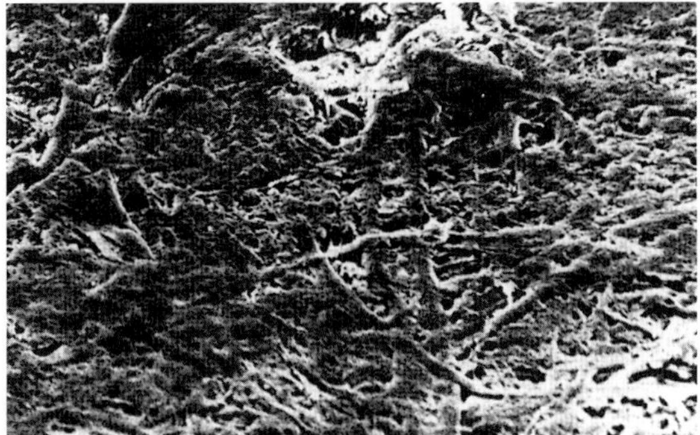

Bilderdruckpapier mit dünnem Strich, der die Faserstruktur nicht zugedeckt; 130fach

Bilderdruckpapier mit deckendem Strichauftrag, 130fach

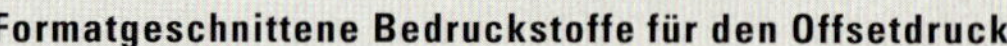

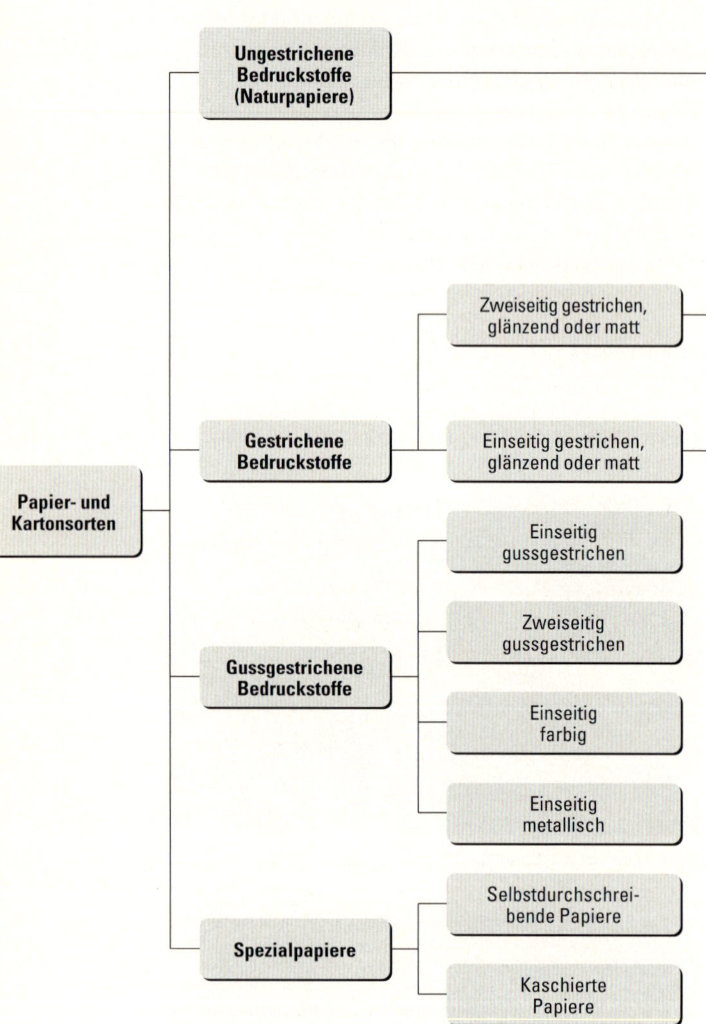

Sortenbeschreibungen von Papieren:

Affichenpapier
Ältere Bezeichnung für Plakatpapier, meist holzhaltig mit voller Leimung.

AP-Papier
Meist einseitig glattes Papier, ganz oder überwiegend aus regeneriertem Altpapier, für Verpackungszwecke.

Banknotenpapier
Dauerhaftes, griff- und falzfestes, für Mehrfarbendruck geeignetes Sicherheitspapier mit einem echten Wasserzeichen.

Bibeldruckpapier
Dünndruckpapier mit hohen Festigkeiten und guter Opazität in niedrigen Flächengewichten zwischen 25 und 60 g/m^2.

Bilderdruckpapier
In der Papiermaschine und/oder separat gestrichene Papiere mit einer Strichmenge zwischen 5 - 20 g/m^2 je Seite in den Qualitätsklassen Konsum, Standard und spezialgestrichen.

Bristolkarton
Aus drei oder mehreren Schichten zusammengeklebter Karton; die beiden Deckschichten bestehen aus h'fr Stoffen, die Einlage ist im allgemeinen h'h.

Bücherpapier, Bücherschreibpapier
Gut geleimte, zähe, falzfeste Papiere aus hochwertigen Faserstoffen, tintenfest und radierfähig, vor allem für Geschäftsbücher verwendet.

Buchungspapier
Gut geleimte, zähe Papiere mit sehr guter Planlage und Dimensionsstabilität, meist holzfrei.

Büttenpapier
- Handgeschöpftes Papier: mit Schöpfform manuell hergestelltes oder aus einer Bütte geschöpftes Hadernpapier, haderhaltiges oder h'fr Papier, meist gerippt mit faserigem Rand.
- Rundsieb-Büttenpapier: aus der Bütte mit einem Rundsieb geschöpftes Hadernpapier, haderhaltiges oder h'fr Papier, meist gerippt mit echtem Büttenrand.

Chromoduplexkarton
Einseitig gestrichener, lackier- u. bronzierbarer Duplexkarton mit einem Strichgewicht > 12 g/m^2.

Chromoersatzkarton
Einseitig glatter Faltschachtelkarton ein- oder beidseitig h'fr, weiß gedeckt, helle Einlage mit hohem Holzstoffanteil.

Chromokarton
Einseitig gestrichener, lackier- und bronzierbarer Karton mit einem Strichgewicht von ca. 18 g/m^2. Als Streichrohkarton werden Qualitäten auf Basis des Chromoersatzkartons verwendet.

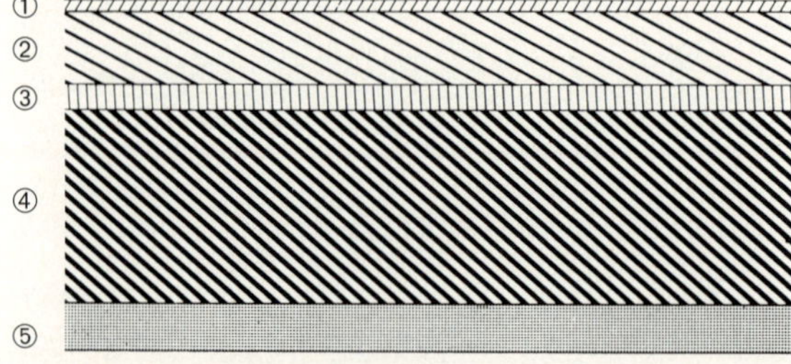

Schnitt durch einen Chromokarton
① Strich, ② Decke, ③ Zwischenlage, ④ Einlage, ⑤ Unterlage

Chromopapier
Einseitig mit mindestens 20 g/m² Strichauftrag gestrichenes Druckpapier.

Chromotriplexkarton
Einseitig gestrichener, lackier- und bronzierbarer Triplexkarton mit einem Strichgewicht von > 12 g/m².

Dickdruckpapier
Volumen größer als 1. Voluminöse Papiere entstehen durch rösche Mahlung der Fasern oder durch Einsatz spezieller Faserstoffe (z.B. Einjahrespflanzen) mit guter Opazität.

$$\text{Volumen} = \frac{\text{Papierdicke in mm x 1000}}{\text{Flächengewicht in g/m}^2}$$

Digitaldruckpapier
Papier mit spezieller verfahrenstechnischer Eignung für das jeweilige Drucksystem. Allgemein erfolgt eine Freigabe von geeigneten Qualitäten durch den Druckmaschinenhersteller.

Dokumentenpapier
Papier mit hoher Alterungsbeständigkeit, bestimmt für die Herstellung von Schriftstücken, die lange aufbewahrt werden müssen.

Druckpapier
Papier, das ungestrichen oder gestrichen zum Bedrucken geeignet ist und sich in den verschiedenen Druckverfahren störungsfrei verarbeiten lässt.

Duplexkarton
Mehrlagenkarton, meist mit h'fr oder leicht h'h Deckschicht, grauer Rückseite und grauer Einlage.

Dünndruckpapier
Leichtgewichtiges Papier mit hoher Opazität. Beim Versand von Druckprodukten portogünstig.

Durchschlagpapier
Maschinenglattes Schreibmaschinenpapier, meist holzfrei gut geleimt, in Flächengewichten zwischen 30 bis 40 g/m².

einseitig glattes Papier
Papier, das in einer Trockenpartie mit Glättzylindern getrocknet ist, wodurch einer Seite des Papiers Glätte und Glanz verliehen werden.

Elfenbeinkarton
Ein- und mehrlagiger holzfreier Karton, bei mehrlagigen Kartons sind alle Lagen verklebt.

Faltschachtelkarton
Jeder Karton (meist Mehrlagenkarton), der sich aufgrund seiner Falz-, Ritz-, Rill-, Nut- und Bedruckbarkeit zum Herstellen von Faltschachteln eignet.

Feinpapier
Begriff für eine Vielzahl von hochwertigen holzfreien, hadernhaltigen oder Hadernpapieren.

Faltschachtelkarton
Oberbegriff für verschiedene Kartonsorten, die zur Herstellung von Faltschachteln geeignet sind. Der Karton besteht grundsätzlich aus mehreren Lagen: der vorderseitigen Decklage, einer oder mehreren Einlagen und der rückseitigen Decklage (Rückseite). Die Oberflächen sind ungestrichen, gestrichen oder gussgestrichen. Sorten siehe Chromoersatzkarton, Chromokarton, Duplexkarton, Triplexkarton.

Florpostpapier
Satiniertes Durchschlagpapier.

gestrichenes Papier
Papier, das ein- oder beidseitig mit einer pigmenthaltigen Streichmasse von mehr als 5 g/m² und Seite beschichtet ist.

Hartpostpapier
Festes, zähes und klanghartes Schreibmaschinenpapier mit guter Leimung, zum Teil mit Wasserzeichen.

Hochglanzpapier
Einseitig gussgestrichene Papiere, nicht satiniert, daher sehr voluminös.

holzfreies Papier (h'fr)
Korrektere Bezeichnung: holzstofffrei. Bis auf einen zulässigen Anteil von 5 Gewichts-% keine verholzten Fasern enthaltend.

holzhaltiges Papier (h'h)
Holzstoffhaltig. Papier mit mehr als 5 Gewichts-% verholzter Fasern.

Holzstoff
Mechanisch aufbereitetes Holz mit allen Bestandteilen des Rohstoffes.

HWC- bzw. MWC-Papier
Heavy- bzw. Medium Weight Coated Paper. Schwergewichtiges, holzhaltiges, gestrichenes Papier in einfacher Qualität für den Offsetdruck mit einer Flächenmasse von 80 bis 130 g/m². Im Vergleich zu Bilderdruckpapieren haben diese Papiere eine geringere Strichdicke und Glätte, ebenso einen geringeren Weißgrad und Glanz.

Illustrationsdruckpapier
Hochsatiniertes Naturpapier, glatte Oberfläche durch großen Füllstoffanteil, schwach bis halb geleimt, die Fasern bestehen überwiegend aus Holzstoff.

kalibrierter Karton
Karton mit äußerst geringen Toleranzen in der Dicke, hohe Festigkeit und Dimensionsstabilität.

Karteikarton
Zäher holzhaltiger oder holzfreier, gut geleimter Karton, satiniert, einlagig oder mehrlagig je nach Dicke.

kaschiertes Papier
Papier, das mit aufgeklebter gleichartiger oder andersartiger Deckschicht(-en) versehen ist.

Kunstdruckpapier
Original-Kunstdruckpapier oder -karton, holzfreies oder leicht holzhaltiges Rohpapier mit sehr gleichmäßigem Strich von mindestens 20 g/m^2 und Seite; Spitzenqualität gestrichener Papiere.

Löschpapier
Sehr voluminöses und extrem saugfähiges Papier, zum Beispiel für die schnelle Aufnahme wässriger Tinten.

LLWC- bzw. ULWC-Papiere
Light Light Weight Coated Paper, beziehungsweise Ultra Low Weight Coated Paper. Ultraleicht gestrichene, extrem leichte Papiere mit einer Flächenmasse unter 52 g/m^2. Diese Rollenpapiere werden für Massenauflagen von Zeitschriften, Versandhauskatalogen, Mailings und ähnlichen Produkten im Rollen-Offsetdruck und Rakel-Tiefdruck eingesetzt.

LWC-Papier
Light Weight Coated Paper. Leichtgewichtig gestrichene Papiere mit einer Flächenmasse von etwa 42 bis 72 g/m^2. Diese Papiersorten werden für Massenauflagen, die im Rollen-Offsetdruck und Rakel-Tiefdruck gedruckt werden, eingesetzt. Sie liegen in der Qualität der Bilderdruckpapiere, Produktgruppe Konsum. mit einer Strichstärke zwischen 5 und 10 g/m^2.

maschinenglattes Papier
Papier, das in einer normalen Trockenpartie getrocknet und mit einem Trockenglättwerk geglättet ist. Zusätzlicher Einsatz eines Feuchtglättwerkes ergibt eine Oberfläche, die man als „scharf maschinenglatt“ bezeichnet.

mattgestrichenes Papier
Gestrichene, matt veredelte Bilderdruck- oder Kunstdruckpapiere

Mattpostpapier
Matt geglättetes Schreibmaschinenpapier.

Metallpapier
Papier, das ein- oder beidseitig mit einer Metallfolie kaschiert ist.

mittelfeines Papier (m'f)
Leicht holzhaltige Druck- und Schreibpapiere.

MWC-Papier
Siehe HWC-Papier.

Naturpapier
Ungestrichenes Papier ohne oder mit Oberflächenbehandlung (Satinage) oder Pigmentierung bis 5 g/m^2.

Naturkunstdruckpapier
Nicht mehr gebräuchlicher Ausdruck für scharf satinierte Illustrationspapiere, meist holzfrei, hoher Füllstoffanteil.

Offsetdruckpapier
Voll geleimtes, festes Papier mit guter Dimensionsstabilität, holzfrei oder holzhaltig, maschinenglatt oder leicht satiniert, rupffest.

Pappe
Flächiger Werkstoff aus meist einheitlichen Faserstoffauflagen, Flächengewichte mindestens 225 g/m^2.

Pergament
Ein mit Hilfe von Chemikalien (meist Schwefelsäure) weitgehend fettdicht und nassfest gemachtes Zellstoffpapier. Dagegen ist ein animalisches Pergament eine präparierte Tierhaut.

Pergamentersatz
Ein h'fr Papier, das durch Schmierigmahlung des Fasernstoffes bezogen auf die Fettdichtigkeit ähnlich gute Eigenschaften wie das echte Pergament erhalten hat.

Pergamin
Hochsatiniertes, weitgehend fettdichtes Papier aus Zellstoff; glasig, transparent.

Postkartenkarton
Bezeichnung für verschiedene Kartonsorten mit einem Flächengewicht zwischen 150 bis 190 g/m^2, maschinenglatt, satiniert oder gestrichen. Der Karton eignet sich sowohl für die manuelle wie auch eine maschinelle Beschriftung.

Plakatpapier
Im allgemeinen intensiv gefärbte, vollgeleimte Papiere, z.T. mit Leuchtfarbe gestrichen, gute Lichtbeständigkeit.

Prospektpapier
Mittelfeines, satiniertes Papier mit geringerwertigen Faserstoffen, allgemein nur halb geleimt mit hohem Füllstoffanteil, meist satiniert, Flächengewicht 50 bis 60 g/m^2.

Recyclingpapier
Papiersorten, die zu 100 % aus Altpapier (Sekundärrohstoff) bestehen.

Rohpapier
Papier, das einer weiteren Behandlung oder Veredelung zugeführt wird.

Seidenpapier
ZP-Papiere mit Flächengewicht 25 g/m^2.

Selbstdurchschreibende Papiere
1. Einblatt-System: Spezialbeschichtete Papiere, die mit normalem SM-Papier als Oberblatt kombiniert werden können. Durch den Schreibdruck zerplatzen farbabgebende Mikrokapseln und geben Reaktionsflüssigkeit an umliegende Farbpigmente ab. Dadurch wird das Schriftbild auf der Oberseite in einer Schicht sichtbar.
2. Mehrblatt-System: Unterschiedliche Blätter sind mit reaktiven Komponenten beschichtet.
   Aufbau des Systems:
   CB (coated back)-Oberblatt: Vorderseite unbeschichtet, Rückseite mit farbabgebenden Mikrokapseln beschichtet.
   CFB (coated front and back)-Mittelblatt: Vorderseite mit farbaufnehmender Akzeptorschicht, Rückseite mit farbabgebenden Mikrokapseln beschichtet.
   CF (coated front)-Unterblatt: Vorderseite mit farbaufnehmender Akzeptorschicht, Rückseite unbeschichtet.

Schreibpapier
Meist holzfreie, voll geleimte Papiere, tintenfest; gut satiniert.

synthetisches Papier
Nassfeste Papiere aus Kunststofffasern mit hoher Reißfestigkeit, Falzfestigkeit. Sogenannte Kunststoffpapiere dagegen bestehen aus Zellstoff, die mit Kunststofffasern imprägniert oder beschichtet sind.

Tauenpapier
Sehr zähes, festes, holzfreies Papier, scharf satiniert, meist farbig. Eingesetzt als Packpapier und Aufzugspapier.

Tiefdruckpapier
Allgemein gering geleimtes, gut saugfähiges Papier, gute Stoffqualitäten, weiche, anpassungsfähige Oberfläche, hohe Festigkeit.

Tissue
Seidenpapiere aller Art aus röschen Stoffen für hygienische Zwecke und gekreppt, in den Flächengewichten von 8 - 40 g/m^2.

Triplexkarton
Zweiseitig gedeckter Karton mit holzhaltiger Mittellage, Lagen gegauscht.

ULWC-Papiere
Siehe LLWC-Papiere.

Werkdruckpapier
Allgemein maschinenglattes Papier in verschiedenen Stoffqualitäten, halb- bis dreiviertel geleimt, gute Festigkeit, hoher Füllstoffanteil (Opazität).

Zeitungsdruckpapier
Stark h'h Papier für Zeitungen (Rotationsdruck) m'gl bis satiniert in Flächengewichten von 48-57 g/m^2.

15.10 Prüfverfahren für Druckpapiere

In der Papierindustrie sind die Unternehmen vielfach nach DIN ISO 9000 zertifiziert. Daher sind umfassende Qualitätssicherungsmaßnahmen in Qualitätssicherungshandbüchern der Unternehmen exakt definiert. Die Einhaltung dieser Maßnahmen wird laufend von unabhängigen Auditoren (Prüfer unabhängiger Institute) geprüft.

Ständige Qualitätskontrollen und das Einhalten von klar definierten Qualitätssicherungsmaßnahmen in der Papierfabrikation sind die Voraussetzung für eine störungsfreie, einwandfreie Produktion des Papiers und ein problemloses Arbeiten in der Druckerei und der Druckweiterverarbeitung.

Selbstverständlich muss für den Anwender (Kunde, Grafik-Designer, Druckerei) sein, dass nicht jedes Papier die gewünschten optimalen Eigenschaften besitzt:

An ein holzstoffhaltiges Naturpapier, ein Recyclingpapier oder ein Zeitungsdruckpapier können nicht die gleichen Qualitätsforderungen gestellt werden wie beispielsweise an ein holzstofffreies Naturpapier, ein Bilderdruckpapier oder gar ein Original-Kunstdruckpapier. Ebenso sind an ein Bogendruckpapier andere Anforderungen als an ein Rollendruckpapier zu stellen.

Der Papierhersteller unterscheidet im wesentlichen zwischen drei Bereichen seiner internen Qualitätskontrollen:
1. Eingangskontrollen seiner Rohstoffe
2. Produktionskontrollen im Fertigungsprozess
3. Ausgangskontrollen des Endproduktes

Grundsätzlich sind für alle drei Kontrollbereiche eindeutige Qualitätskriterien als Vorgaben (Soll-Werte) und mögliche Abweichungen als Toleranzen genau zu definieren, um ein gleichmäßiges Qualitätsniveau zu sichern.

Eingangskontrollen
Die Eingangskontrollen im Labor sind unbedingte Voraussetzung für die gleichmäßige Qualität in der Produktion, d. h. Mängel oder Schwankungen in der Qualität der Rohstoffe führen zu Fehlern oder einem Qualitätsabfall, der im Fertigungsprozess nicht mehr zu beheben ist.

Geprüft werden u.a. Faserrohstoffe, Zusätze, chemische Hilfsstoffe und Streichfarben. Dabei sind nicht nur einzelne Parameter zur Beurteilung der Rohstoffe zu prüfen; auch gesetzliche Bestimmungen sind zu beachten und ggf. vorgeschriebene Grenzwerte einzuhalten.

Produktionskontrollen
Umfangreiche Qualitätsprüfungen sind je nach Produkt in der Produktion integriert. Diese unterscheiden sich bei Naturpapieren und gestrichenen Papieren, bei Bogenpapieren und Rollenpapieren.

In allen Phasen der Fertigung wird laufend gemessen und geprüft, um Abweichungen vom Sollwert zu erfassen und sofort zu korrigieren.

Wichtige Parameter zur Prüfung von Druckpapieren

Prüfung	Einheit	Auswirkung für den Verwender
Flächengewicht	g/m²	Verdruckbarkeit, Kaschierung
Porosität	cm³/min	Steifigkeit, Festigkeit
Glätte	µm	Bedruckbarkeit
Glührückstand	%	allgemeine Festigkeit
Weiße	%	optische Eigenschaften
Glanz	%	Brillanz der Bildwiedergabe
Opazität	%	Durchscheinen
Bruchwiederstand	N/mm	Zugbeanspruchung
Knickfestigkeit	Anzahl	Falzbeanspruchung
Berstwiederstand	kPa	Druckfestigkeit
Feuchtigkeitsgehalt	%	Verdruckbarkeit, Planlage
Feuchtigkeits-aufnahme	g/m²	Verdruckbarkeit, Kaschierung

Ausgangskontrollen
Selbstverständlich wird auch das Endprodukt nach einem bestimmten Prüfplan laufend überwacht. Die Qualitätskontrollen sind sehr aufwendig und kostspielig. Muster aus der Produktion mit Angabe der Sorte, des Tambours, der Fabrikationsnummer, mit Flächengewicht, Datum und Zeit werden permanent geprüft. Die Ergebnisse werden in der EDV gespeichert.

Befinden sich die Werte der Proben außerhalb der zulässigen Toleranzen, so gehen Fehlermeldungen an die Produktionsleitung, die sofort die notwendigen Maßnahmen zur Beseitigung der unzulässigen Toleranzen einleitet. Papiere mit Fehlern werden aussortiert; sie werden unmittelbar recycelt, d. h. aufbereitet und wieder in den Produktionsprozess der Fertigung zurückgeführt.

Der komplexe Druckprozess wird für die Eignung der Papiere unter drucktechnischen Bedingungen mit Laborprüfdruckmaschinen simuliert. Gegebenenfalls stehen Druckmaschinen für praxisgerechte Prüfungen zur Verfügung. In der nachfolgenden Übersicht

Prüfungen	Auswirkungen in der Druckpraxis
Wegschlagverhalten	Trocknungseigenschaften
Rupffestigkeit	Oberflächenfestigkeit
Rückspalten	Wolkigkeit im Druckbild
Scheuerfestigkeit	Abliegen, Probleme in der Druckweiterverarbeitung
Glätte	Bedruckbarkeit
Glanz	Bildwiedergabe
Dimensionsstabilität	Passer, Kaschierung
Festigkeiten	Verdruckbarkeit, Laufeigenschaften

sind beispielhaft wichtige Prüfungen aufgeführt und mögliche Auswirkungen zusammengestellt.

Für den Druckprozess sind sowohl die Bedruckbarkeit als auch die Verdruckbarkeit entscheidende Qualitätskriterien.

Dabei erfassen Kriterien der Bedruckbarkeit primär qualitative-optisch wirksame Eigenschaften und die Verdruckbarkeit primär produktionstechnische Papiereigenschaften. Bestimmte Eigenschaften beeinflussen sowohl die Bedruckbarkeit als auch die Verdruckbarkeit.

Bedruckbarkeit (printability)
Druckfarbenannahme, Farbton, Glanz, Glätte, Gleichmäßigkeit der Oberfläche, Glührückstand, Lichtechtheit, Strich/Strichmenge, Weißgrad u.a.

Verdruckbarkeit (runability)
Berstfestigkeit, Bruchwiderstand, Dehnung, Feuchtdehnung, Reißfestigkeit (mit Einreiß- und Weiterreißfestigkeit) u.a.

Be- und Verdruckbarkeit
Gleichgewichtsfeuchte/Feuchtigkeitsgehalt, Flach- und Planlage, pH-Wert, Rupffestigkeit, Scheuerfestigkeit, Schnittqualität, Stauben, Strichqualität, Trocknung der Druckfarbe, Wegschlagzeit u.a.

Für die Weiterverarbeitung der Druckprodukte und spezielle Einsatzbereiche (z.B. Verpackungen, Etiketten) kommen weitere zu fordernde qualitative bzw. technische Eigenschaften (z.B. Laufrichtung, sensorische Eigenschaften, Wasserdampfdurchlässigkeit) hinzu.

Eine umfassende Sammlung allgemein anerkannter Papier-Prüfverfahren bieten Normen des Deutschen Instituts für Normung (DIN) und die Merkblätter des Vereins der Zellstoff- und Papier-Chemiker und -Ingenieure (Zellcheming).

Zunehmend gewinnen internationale Normen (z.B. ISO) – besonders als Grundlage für handelstechnische Vereinbarungen – an Bedeutung.

Zur Prüfung von Druckpapieren haben sich in der Praxis die nachfolgend kurz beschriebenen Verfahren als relevant erwiesen. Dabei unterscheidet man prinzipiell Prüfungen zu Festigkeitseigenschaften, zu optischen und zu speziellen (Produkt-)Eigenschaften.

Da alle Papiere – abhängig von der relativen Luftfeuchtigkeit der Umgebung – Feuchtigkeit aufnehmen oder abgeben, werden Papierprüfungen, um standardisierte Werte zu erhalten, stets in einem Normklima mit festgelegten Werten für Temperatur und Feuchte der Luft vorgenommen, im allgemeinen bei 50 % rel. Luftfeuchte und 23 °C.

Abrieb

Maß für den Abrieb bei mechanischen Einwirkungen ist die Abriebmasse, die durch Schleifen der Proben mit Schmirgelrädern unterschiedlicher Körnung entsteht.
Bestimmung: Prüfvorschrift DIN 53 109.

Asche
Siehe Glührückstand.

Berstfestigkeit (nach DIN 53113)
Einsatz für Verpackungspapiere. Die Bestimmung des Berstdruckes bezweckt die Kennzeichnung des Widerstandes eines Papiers, wie er zum Beispiel beim Stapeln gefüllter Papiersäcke auftritt.

Berstdruckprüfgerät nach Schoppler-Daten

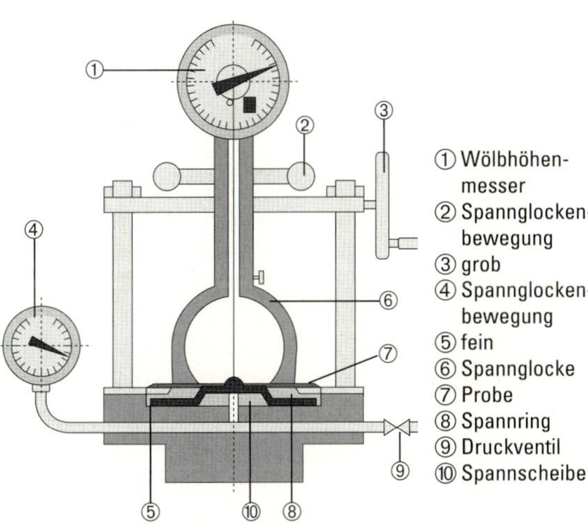

Beim Test wird auf einen eingespannten Papierkreis von 10 cm^2 langsam steigender Druck ausgeübt, bis das Material platzt.

Biegesteifigkeit
Die Biegesteifigkeit kennzeichnet den Widerstand den ein Papier dem Biegen im elastischen Bereich entgegensetzt. Die Verbiegung ist bei diesem Vorgang klein; sie führt nicht zum Knick. Die Bestimmung der Biegesteifigkeit erfolgt entweder auf dynamischem Wege (Resonanzlängenverfahren) oder auf statischem Wege (Balkenmethode).
Bestimmung: Nach DIN 53123, Resonanzlängen; angegeben in Nmm.
Nach DIN 53121, Balkenmethode; angegeben in der jeweils benötigten Kraft.

Bruchwiderstand, trocken (DIN 53112 T1)
Prüfung für LWC- und Verpackungspapiere. Der Bruchwiderstand ist ein Maß für die Festigkeit des Papiers bei Zugbeanspruchung. Im Druckprozess und bei der Weiterverarbeitung werden Papiere hauptsächlich von Zugkräften beansprucht. Aus dem Bruchwiderstand (N), dem Flächengewicht (g/m^2) und der Breite (mm) kann die Reißlänge (m) berechnet werden. Mit dem Zugversuch an einem 15 mm breiten und 180 mm langen Papierstreifen wird die Bruchkraft ermittelt, bei der der Streifen reißt. Der Wert wird in Newton (N entsprechend ca. 0,1 kg) angegeben.
Bestimmung: Nach DIN 53112 mittels einer Zugprüfmaschine; angegeben in N (Bruchwiderstand) und % (Bruchdehnung).

Dehnung
Siehe Bruchwiderstand.

Dichte, Dicke
Die Dicke ist der senkrechte Abstand zwischen den beiden parallelen Oberflächen des Papiers unter definiertem Anpressdruck. Aus der Dicke (mm) und dem Flächengewicht (g/m^2) können die Dichte (g/m^3) und das spezifische Volumen (cm^3/g) berechnet werden.
Bestimmung: Nach DIN 53105, Blatt 1, mittels eines Dickenmessgerätes bei festgelegtem Flächendruck; angegeben in mm.

Dimensionsstabilität
Siehe Feuchtdehnung

Druckfalzungen
Prüfmethode, mit der die Reißfestigkeit einer Probe nach dem Falzen mit einem festgelegten Druck in einem Druckfalzer und Zugfestigkeitsprüfer ermittelt wird.
Bestimmung: DIN 53112

Einreißfestigkeit und Einreißwiderstand
Als Einreißfestigkeit bezeichnet man die Kraft, die zur Überwindung des Trennungswiderstandes aufgewendet werden muss. Die Randfestigkeit des Papiers steigt - bei gleichbleibender Qualität - mit zunehmender Dicke.
Bestimmung: Mit einer in einem Reißlängenprüfer eingespannten MPA-Klemme (Einreißgerät des Materialprüfungsamtes, Berlin) oder mittels Einreißprüfer (von Bekk); in beiden Fällen angegeben in der jeweils benötigten Kraft.

Falzfestigkeit
Die Falzfestigkeit kennzeichnet den Widerstand, den ein Papier dem Falzen bei einer Umlenkung von 1800 unter definierter Zugspannung bis zum Bruch entgegensetzt.
Bestimmung: Nach ISO 5626, z. B. mittels eines Schopper-Geräts; angegeben als Anzahl der erreichten Doppelfalzungen.

Farbe
Jede Farbe lässt sich empfindungsgemäß durch drei Größen ausdrücken bzw. kennzeichnen, und zwar durch den Farbton, die Sättigung und die Helligkeit. Mit einem sogenannten Reflexions-Photometer können die optischen Papiereigenschaften wie Weiße, Farbton und -sättigung, Helligkeit und Opazität gemessen werden.
Bestimmung: DIN 53140 mit dem Elrepho-Gerät; angegeben in Norm-Farbwertanteilen.

Prinzipskizze des Elropho-Gerätes

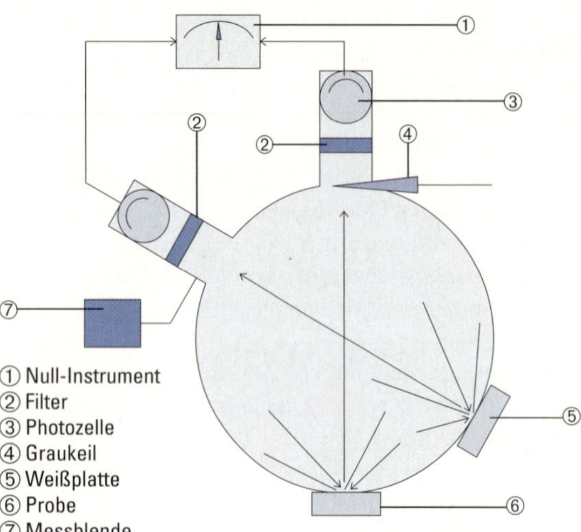

Farbton (nach DIN 53140)
Für die Messung wird eine Papierprobe mit definiertem weißen Licht bestrahlt und die Reflexion unter Einsatz von verschiedenen Filtern gemessen. Der Farbton wird bestimmt durch die Anteile der von einem Gegenstand reflektierten Spektralfarben. Die Farbe eines Körpers „entsteht" dadurch, dass er einen Teil des eingestrahlten Lichtes absorbiert und den farbgebenden Rest zurückstrahlt. Dieser wird mit dem Auge aufgenommen und im Gehirn definiert und bewertet.

Farbsättigung
Die Farbsättigung ist ein Maß für die Farbtiefe bzw. die Intensität einer Farbe.

E ist der Unbuntpunkt D 65 bzw. der Farbort der bei der Messung verwendeten Lichtart. Die beiden Farbwertanteile X + Y kennzeichnen in dem zweidimensionalen Koordinatensystem eine Farbe nach ihrem Farbton und der Sättigung.

CIE-Farbtafel (DIN 5033)

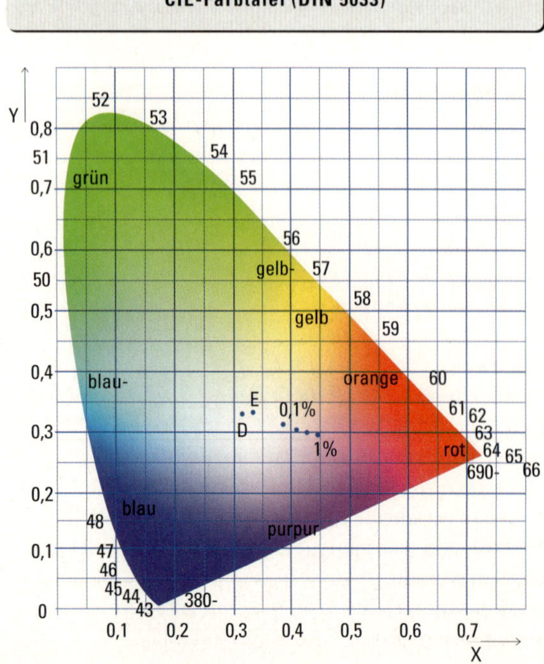

Farbwegschlag
Mit der Messung zum Farbwegschlag wird allgemein die Geschwindigkeit definiert, mit der die flüssigen Bestandteile der Druckfarbe in den Bedruckstoff eindringen. Dies ist einerseits abhängig vom Porenvolumen des Bedruckstoffes und andererseits vom Bindemittelaufbau der Druckfarbe.
Bestimmung:
Bedrucken des Papiers mit Wegschlagfarbe mittels Prüfbau-Probedruckmaschine. Nach festgelegten Zeiten kontern (Abdruck) gegen ein genormtes Papier; angegeben werden die Farbdichtewerte der Konterfelder.

Fettdichtigkeit / Kit-Test
Diese Prüfung ist wichtig für Lebensmittelverpackungen. Geprüft wird mit zwölf unterschiedlichen Prüfmischungen aus Rizinusöl, Toluol und Heptan. Dabei ist „Kit 1" definiert als reines Rizinusöl und „Kit 12" als die Mischung von Toluol und Heptan ohne Rizinusöl. Die Fettdichtigkeit wird charakterisiert durch die Prüfmischung, die 15 Sekunden auf der Prüffläche steht, ohne dass eine Penetration, d.h. ein Eindringen, zur Gegenseite stattfindet.

Feuchtdehnung längs/quer
Papiere werden in Räumen mit unterschiedlichen Klimaverhältnissen verarbeitet. Als Maß für Dimensionsveränderungen bei verschiedenen klimatischen Bedingungen ermittelt man die Feuchtdehnung.
Dazu wird die Längenänderung eines Papierstreifens in Prozent ermittelt. Diese Längendehnung entsteht, wenn das Papier zuerst einer trockneren (45 % rL; rL = relative Luftfeuchtigkeit) und anschließend einem feuchteren (83 % rL) Klima ausgesetzt wird.
Die Prüfung der Feuchtdehnung dient zur Bestimmung der Längenänderung von Papieren bei Änderung der relativen Luftfeuchte der umgebenden Raumluft. Die Messung erfolgt längs und/oder quer zur Laufrichtung des Prüfblattes.
Bestimmung: Nach DIN 53130; angegeben in % Dehnung oder Schrumpfung.

Flächengewicht
Das Flächengewicht, physikalisch die flächenbezogene Masse, ist der Quotient aus der Masse und der Fläche des Papiers, angegeben in g/m².
Bestimmung: Nach DIN 53104, Blatt 1.

gestrichen / ungestrichen
Die Unterscheidung zwischen gestrichenen und ungestrichenen Druckpapieren erfolgt beispielsweise durch Anfärben des Papiers mit Neocarmin. Die Faserstoffe färben sich dabei blau, die synthetischen Bindemittel in verschiedenen Rottönen an. Pigmente und Füllstoffe behalten ihre gelblich-weiße Färbung bei. Dadurch ist, vor allem unter Zuhilfenahme einer Stereolupe, eine visuelle Unterscheidung in gestrichen (im allgemeinen rötlich) und ungestrichen (blau) möglich.

Glanz (nach Lehmann)

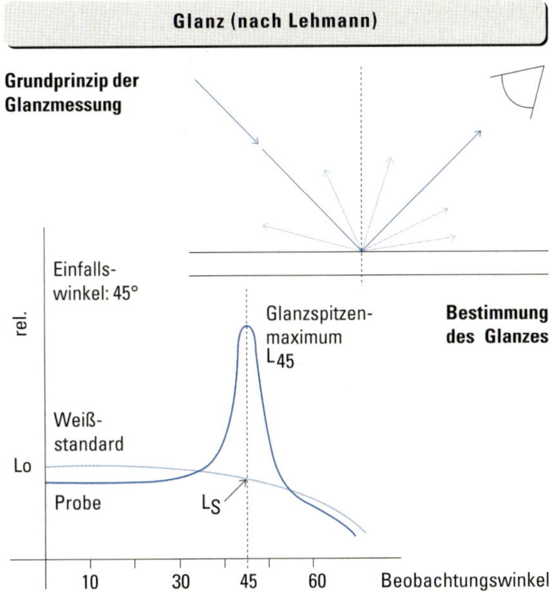

Glanz

Unter dem Begriff Glanz versteht man die spiegelnden Eigenschaften einer Papieroberfläche. Man empfindet ein Papier dann als glänzender, wenn ein großer Teil von schräg auftreffendem Licht spiegelnd reflektiert wird. Zur Messung wird eine Papierprobe unter einem Winkel von 75⁰ beleuchtet und die Intensität des wiederum unter 75⁰ zurückgestrahlten Lichts gemessen.

Glätte (nach DIN 53107)

Die Glätte kennzeichnet die Ebenheit und Geschlossenheit der Papieroberfläche, sie ist entscheidend für die Druckqualität, speziell im Bilderdruck. Die Glätte nach Bekk hängt von der Form, dem Gesamtvolumen und der Verteilung der Hohlräume ab, die zwischen Papieroberfläche und idealgedachter Ebene unter den festgelegten Kontaktbedingungen entstehen. In die Messung geht auch die Porosität der geprüften Probe ein. Gemessen wird die Zeit, die benötigt wird, um eine bestimmte Luftmenge bei definierter Druckdifferenz zwischen einer Papieroberfläche und einer nahezu vollkommen ebenen, hochpolierten Glasplatte hindurchzusaugen.
Bestimmungen:
Nach DIN 53107 mittels Prüfgerät nach Bekk; angegeben in sec. (hohe Bekk-sec. = hohe Glätte).
Nach DIN 53108 mittels Prüfgerät nach Bendtsen; angegeben in ml/min (hohe Bendtsen-Zahl = hohe Rauigkeit).

Prinzipskizze des Elropho-Gerätes

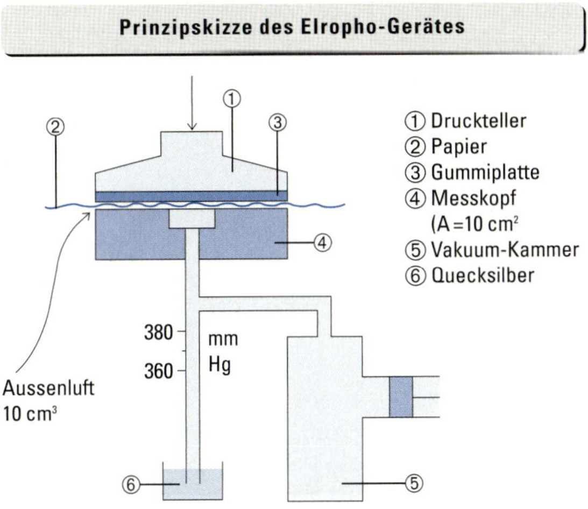

Glührückstand (Asche)

Der Glührückstand ist der nach Verbrennen und anschließendem Glühen des Papiers verbleibende Rückstand. Dieser Wert liefert einen Anhalt für die Menge an anorganischen Stoffen, insbesondere an Füllstoffen und Pigmenten, die im Papier enthalten sind.
Bestimmung:
Nach DIN 53136; angegeben als Massenanteil in %.

Heliotest

Der Heliotest ermöglicht Aussagen über den Druckausfall im Tiefdruck bezüglich Missing Dots (sichtbare weiße Pünktchen), die durch nicht optimales Ausdrucken der Halb- und Vierteltöne entstehen.

Helligkeit (nach DIN 53145 T2)

Die Helligkeit wird als eine Durchmischung einer Farbe mit Schwarz angesehen. Man spricht im Zusammenhang mit der Helligkeit von „klar“ oder „trübe“. Sie nimmt bei Zunahme der Sättigung generell ab. Der Messwert entsteht bei der Reflexionsmessung, d.h. der Bestrahlung der Papierprobe mit einem Normlicht und Ermittlung der zurückgestrahlten Lichtmenge.

Holzschliff

Qualitativ erfolgt der Nachweis von Holzschliff durch Anfärben mit Phloroglucin-Lösung direkt auf der Probe; eine Rotfärbung ist Indiz für die Anwesenheit von Holzschliff. Zur quantitativen Messung färbt man ein aus einer Papierprobe gewonnenes Faserpräparat mit Chlor-Zink-Jod-Lösung an und zählt mit Hilfe des Mikroskops die angefärbten Holzschliff-Fasern aus.

Lackierfähigkeit

Zur Erhöhung von Glanz und Abriebfestigkeit werden bestimmte Druckerzeugnisse, vor allem Etiketten, lackiert. Zur Prüfung der Lackierfähigkeit wird der einzusetzende Lack mittels Handrakel oder Probedruckgerät aufgetragen und anschließend die Glanzentwicklung visuell oder messtechnisch beurteilt.
Bestimmung: Siehe Glanz.

Laufrichtung

Mit dem Wort Laufrichtung, heute auch Maschinenrichtung genannt, bezeichnet man beim Papier die Richtung, in der sich die Fasern auf dem Sieb der Papiermaschine hauptsächlich orientieren. Es ist die

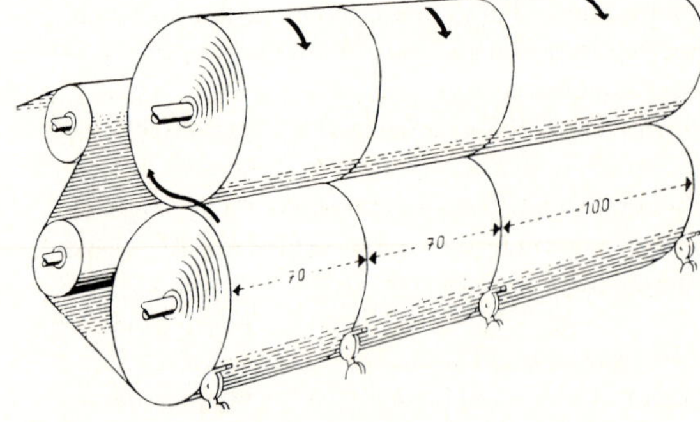

Laufrichtung des Papiers in der Offsetdruckmaschine

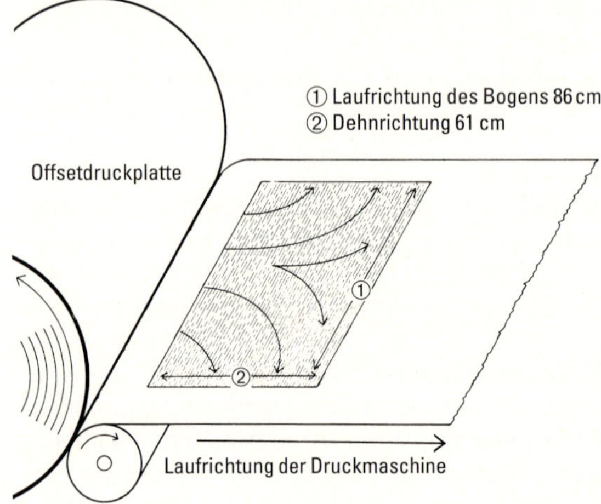

Laufrichtung des Papiers in der Papiermaschine

Beispiel 1
Schmalbahn

61 x 86 cm SB	① Laufrichtung des Bogens: 86 cm
61 x 86 cm	② Dehnrichtung: 61 cm
61 x 86 M	③ Breite oder Dehnrichtung der Papierbahn

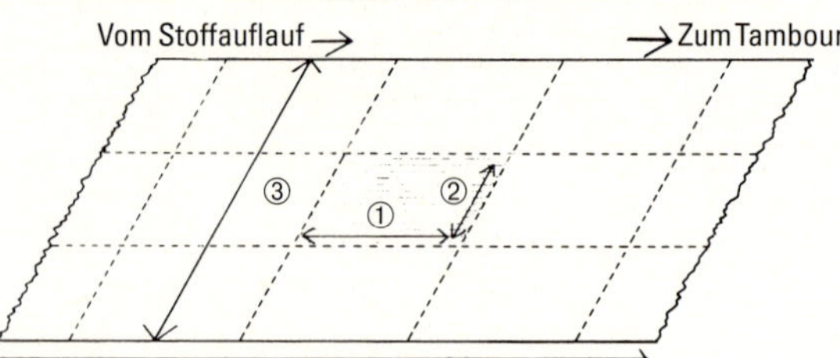

Beispiel 2
Breitbahn

61 x 86 cm BB	① Laufrichtung des Bogens: 61 cm
61 x 86 cm	② Dehnrichtung: 86 cm
61 M x 86	③ Breite oder Dehnrichtung der Papierbahn

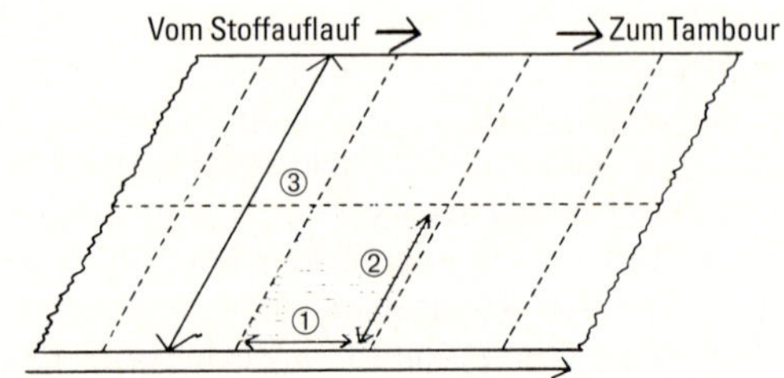

Bedeutung der Laufrichtung für bestimmte Druckprodukte

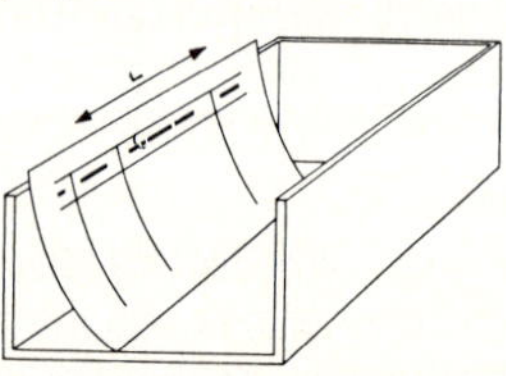

Buch mit richtiger Laufrichtung. Die Blätter legen sich relativ leicht um. Klimaschwankungen bringen keine Papierverzerrungen.

Karteikarte mit falscher Laufrichtung. Die Fasern liegen parallel mit der Aufstellkarte. Der Karton hat dadurch eine zu geringe Steifigkeit. Die Karte biegt sich durch.

Aufgeschlagenes Buch mit falscher Laufrichtung. Die Blätter stehen relativ steif nach oben, es treten Spannungen beim Leimen im Bund auf.

Diese Karteikarte hat die richtige Laufrichtung. Sie steht deshalb aufrecht im Karteikasten

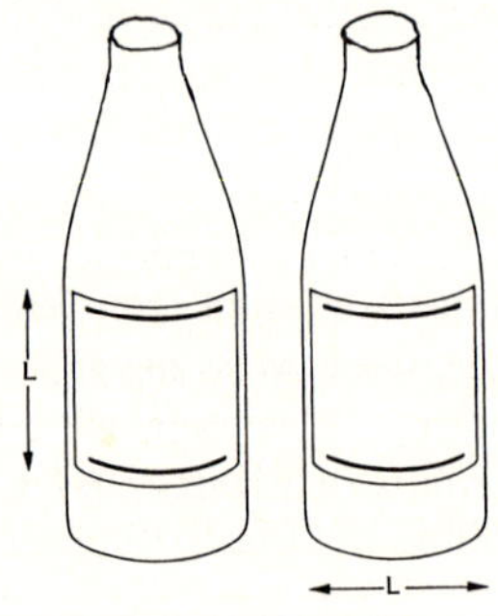

Bei Flaschenetiketten kommt es hinsichtlich der Laufrichtung auf die Arbeitsweise der Etikettiermaschine an. Dabei kann auch eine Laufrichtung erforderlich sein, die quer zur Flaschenachse liegt.

Prüfung der Laufrichtung

Test 1 durch Befeuchten

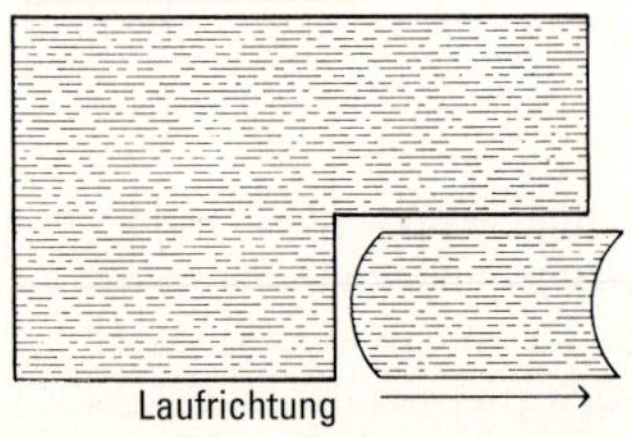

Test 2 durch Reißprobe

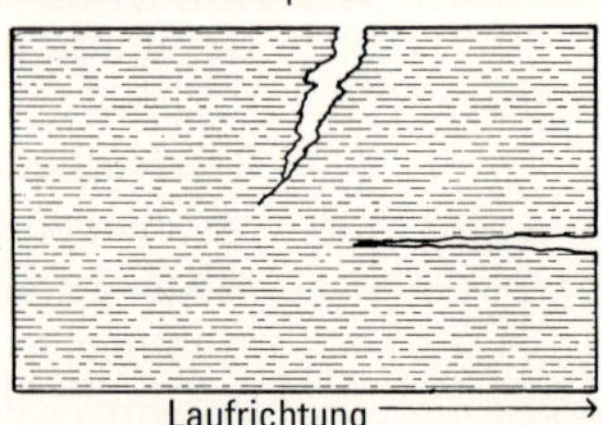

Test 3 durch Fingernageltest

Richtung, in der die anfangs noch flüssige Papiersuspension durch die Maschine läuft. Der Drucker muss die Laufrichtung des von ihm zu verarbeitenden Papiers kennen, da diese von entscheidendem Einfluss auf das Druckergebnis und die anschließende Weiterverarbeitung ist.

Die Laufrichtung des Papiers sollte beim Offsetdruck möglichst parallel zur Greiferkante liegen, da sich die Papierfaser bei Feuchtigkeitsaufnahme in der Breite wesentlich mehr ausdehnt wie in der Länge.

Folglich liegt bei Verarbeitung von Schmalbahnpapier die Laufrichtung parallel zur Greiferkante. Die stärkere Papierdehnung wird in der Richtung des Zylinderumfanges erfolgen, die technisch durch Änderung des Plattenzylinderaufzuges beeinflusst werden kann.

Bei Rollenpapieren ist die Laufrichtung immer im Rollenumfang technisch bedingt gegeben.

Anders ist es bei Formatpapieren. Je nachdem wie die Papierbogen aus der Rolle von der Papiermaschine geschnitten werden, gibt es zwei Möglichkeiten der Laufrichtung. Man benutzt zur Kennzeichnung die Begriffe Schmal- und Breitbahn.

Wird z.B. die Bogengröße 70 cm x 100 cm in Schmalbahn verlangt, so müssen die Bogen aus einer Rolle geschnitten werden, die 70 cm breit ist.

Wird dagegen 70 cm x 100 cm Breitbahn verlangt, so muss eine Papierrolle von 100 cm Breite genommen werden.

Bei Schmalbahn liegt der Faserverlauf parallel zur langen Bogenkante von 100 cm. Bei Breitbahn laufen die Fasern längs der schmalen Bogenkante von 70 cm.

Die Laufrichtung eines Papiers kann auch der Nichtfachmann mit einfachen Proben ermitteln.

Test 1: Man befeuchtet eine Seite eines Blattes. Das Papier krümmt sich quer zu seiner Laufrichtung, weil die Dehnungsfähigkeit der Fasern in der Querrichtung am größten ist.

Test 2: Man reißt das Blatt an zwei rechtwinklig zueinander stehenden Seiten ein. Die Seite, an der das Papier geradliniger einreißt, kennzeichnet die Laufrichtung, weil dieser Riss in dieser Richtung parallel zur Faserlage erfolgt. In der Querrichtung reißt das Papier schwerer, ungleichmäßig und schief, weil der Riss rechtwinklig auf die Faser trifft.

Test 3: Man zieht beide Seiten der Probe zwischen den Fingernägeln des Daumens und Mittelfingers hindurch. Durch den leichten Druck der Nägel wird das Papier in der Laufrichtung nicht gedehnt und bleibt unverändert; in der Querrichtung ist dagegen eine leichte Wellenbildung zu erkennen.

Laugendurchlässigkeit (nach MD-Papier)

Die Laugendurchlässigkeit von Etikettenpapieren ist die bestimmende Eigenschaft für die Ablösegeschwindigkeit der Etiketten von der Flaschenoberfläche. Der Laugendurchlässigkeitstest wird mit 75 ^{0}C heißer, angefärbter Natronlauge (einprozentig) durchgeführt. Gemessen wird die Zeit in Sekunden, die vom Auflegen der Papierprobe bis zum flächigen Durchschlagen der gefärbten Lauge vergeht.

Leimung des Papiers

Zu diesem Test wird als eine einfache Prüfung die Tintenprobe angewendet. Dabei wird das Ausfließverhalten der Probe geprüft. Mit einer Ziehfeder sind kreuzweise Linien gezogen. Die Strichbreite soll nach DIN 53126 $^{1}/_{100}$ des Papiergewichtes in mm betragen. Beispiel: Papier mit einer Flächenmasse von 80 g/m^2 wird mit einer Strichbreite von 0,8 mm geprüft.

Tintenprobe

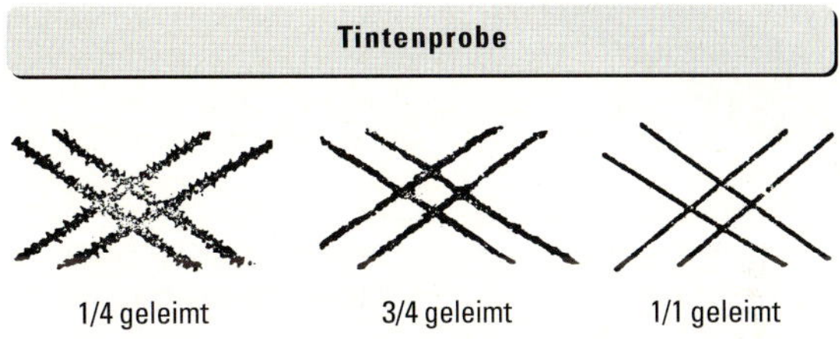

Nach folgenden Angaben werden Rückschlüsse auf den Leimungsgrad gezogen:

Kein Durchschlagen des Papiers	$^{1}/_{1}$ geleimt
Durchschlagen an Kreuzungsstellen	$^{3}/_{4}$ geleimt
Durchschlagen insgesamt und leichtes Auslaufen	$^{1}/_{2}$ geleimt
Stärkeres Auslaufen, starkes Durchschlagen	$^{1}/_{4}$ geleimt

Mottling

Bezeichnung für das ungleichmäßige Wegschlagen der Druckfarbe. Das Wegschlagen der Druckfarbe kann am Mehrzweck-Probedruckgerät ermittelt werden.

Nassrupftest

Siehe Rupftest.

Oberflächen- oder Kantenstaub

Die Oberfläche eines Bogens im Stapel oder die Kanten des Papierstapels werden mit schwarzem Samt abgewischt.

Oberflächen-Rauigkeitstest LWC

Zur der Messung der Oberflächen-Rauigkeit (in µm) wird das zu prüfende Papier mit einem bestimmten Anpressdruck zwischen dem Messkopf und der Grundplatte festgeklemmt. Auf dem Messkopf sitzen drei Ringe: ein Messring sowie ein innerer und ein äußerer Schutzring, die den Messbereich auf dem zu prüfenden Papierbogen luftdicht abschließen. Zwischen diesen drei Ringen befinden sich zwei Luftspalte, durch die Luft geleitet wird.
Die Druckluft wird durch den inneren Luftspalt herangeführt, strömt zwischen dem Messring und dem Papier hindurch und wird dann durch den äußeren Luftspalt geleitet und nach außen geführt.

Schnitt durch den Messkopf

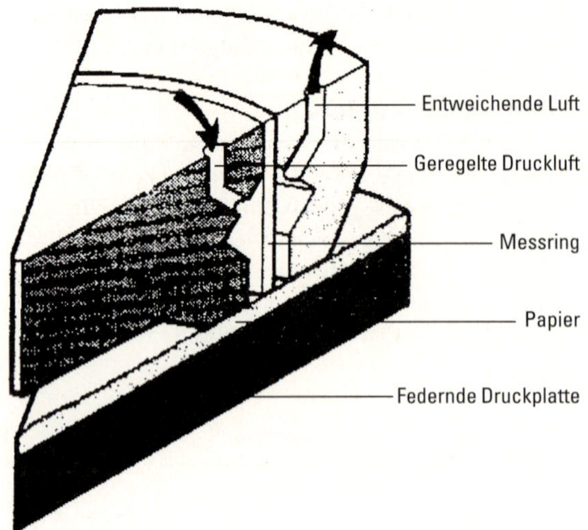

Der Luftstrom, der zwischen Messring und Papier hindurchgelassen wird, ist ein Maß für die Rauigkeit des Papiers.

Opazität (nach DIN 53146 und ISO 2471)
Die Opazität ist ein Maß für die Lichtundurchlässigkeit von Papier. Ein opakes Papier lässt wenig Licht durch und hat dementsprechend eine verstärkte Reflexion. Dagegen besitzt ein transparentes Papier eine geringe Opazität und hohe Lichtdurchlässigkeit.

Die Opazität eines Papiers wird bestimmt durch das Verhältnis der Reflexionswerte, die sich bei der Messung über schwarzem Untergrund bzw. über einem lichtundurchlässigen Stapel dieses Papiers ergibt.
Bestimmung: Mit Elrepho-Gerät; angegeben in %.
Eine einfache Möglichkeit der Prüfung bietet hierzu der LD-Tester der Druckfarbenfabriken Huber in München.
Dabei wird eine aufklappbare Prüftafel mit schwarzen Schriftzeilen verwendet, deren Größe ansteigt.

pH-Wert des Papiers

1. Kolorimetrisches Verfahren (nicht für alle Papiere geeignet):
   Flüssige Indikatorlösung aufträufeln oder in destilliertem Wasser vorgefeuchtete Indikatorpapierstreifen zwischen eine gefalzte Probe legen. Der Farbumschlag zeigt, verglichen mit einem Muster, den pH-Wert an. Die Messung ist relativ ungenau!
2. Elektrometrische Oberflächenmessung:
   Spezielle Glaselektroden werden auf die Probe gelegt. Durch Messung der Leitfähigkeit ist der pH-Wert festzustellen.
3. Extraktionsverfahren:
   In kaltem oder warmem neutralem Wasser wird eine Probe nach DIN 53124 extrahiert („ausgezogen“, gelöst). Mit Hilfe einer Elektrode oder einem Indikatorpapier ist der pH-Wert festzustellen.

Reißlänge, nach DIN 53112 T1
Um die Bruchkraft von Papieren mit unterschiedlichem Flächengewicht vergleichbar zu machen, wurde die Reißlänge als Maß für die Zugfestigkeit eingeführt. Sie wird in Metern (m) gemessen und gibt an, bei welcher Länge ein Papierstreifen durch sein Eigengewicht am Aufhängepunkt reißen würde.
Bestimmung: Siehe Bruchwiderstand.

Relative Feuchte im Stapel
Prüfung der sogenannten Gleichgewichtsfeuchte mit einem geeichten Stechhygrometer, in dem der Schaft in den Papierstapel eingeschoben wird (Eichung mit Aspirationspsychrometer). Heute werden für genaue Messungen elektronisch arbeitende Hygrometer eingesetzt.

Rupftest nass/trocken
Unter dem Rupfen versteht man die Beschädigung der Papieroberfläche durch die von der Druckfarbe beim Trennvorgang ausgeübten Zugkräfte.

Die auf die Papieroberfläche wirkenden Zugkräfte nehmen mit steigender Zügigkeit der Druckfarbe und wachsender Druckgeschwindigkeit zu.
Trocken- und Nassrupffestigkeit sind ein Maß für die Festigkeit des Papiers gegen das Herausrupfen von Partikeln aus der Oberfläche beim Offsetdruckprozess. Zum Rupfen kommt es, wenn die Bindekraft in der Farbe selbst (Tack der Farbe) größer ist als die Bindung zwischen Strich und Rohpapier oder die Festigkeit des gesamten Fasergefüges.

Der Bedruckbarkeitstests wird mit einem Mehrzweck-Probedruckgerät und einem Vorfeuchtwerk bei Einsatz für den Offsetdruck (mit Feuchtmittel) durchgeführt.

Mit dem Probedruckgerät wird ein ca. 4 cm breiter Papierstreifen bedruckt, davon sind 2 cm breit vorgefeuchtet. Somit kann gleichzeitig das Nass- und Trockenrupfverhalten ermittelt werden.
Anschließend wird der bedruckte Streifen visuell nach Fehlstellen, z.B. Strichausbrecher, Faserausrisse oder Aufreißen des Papiers, abgesucht.

Trockenrupftest: Aufdrucken einer Rupftestfarbe auf das trockene Papier mit der Mehrzweck-Probedruckmaschine (z.B. Prüfbau-Probedruckmaschine, der Firma Dürner). Beim Test kontinuierliche Steigerung der Druckgeschwindigkeit. Angegeben wird die Druckgeschwindigkeit, ab der Rupfen beginnt.

Nassrupftest: Aufbringen einer Rupftestfarbe auf das vorgefeuchtete Papier bei konstanter Geschwindigkeit mit Prüfbau-Probedruckmaschine.

Angegeben wird das Maß des Rupfens aus visueller Beurteilung mit Hilfe eines Standards (Note 1 = rupft nicht, Note 6 = rupft sehr stark).

Am Mehrzweck-Probedruckgerät kann z.B. auch die Wegschlagzeit der Druckfarbe überprüft werden.

Scheuerfestigkeit
Die Scheuerfestigkeit lässt Aussagen über die Abriebfestigkeit von Papieroberflächen bzw. von darauf

gedruckten Farben bei Scheuerbeanspruchung zu. Die Prüfung kann an einem trockenen, aber auch an einem gefeuchteten Druckmuster durchgeführt werden.
Bestimmung:
Mit Prüfbau-Quartant- oder Oser-Scheuerprüfer; der Grad des Abriebs wird visuell beurteilt.

Sensorische Prüfung (nach DIN 10955)

Für Lebens- und Genussmittelverpackungen ist es wichtig, dass kein Fremdgeschmack auf das Packgut übertragen wird. Dazu ist der Eigengeruch der Papierprobe eines Verpackungspapieres sowie die dadurch entstehende geschmackliche Beeinträchtigung einer Prüfsubstanz zu bewerten. Die Bewertung erfolgt in Stufen von 0 (0 keine Geruchs- oder Geschmacksabweichung) bis 4 (= starke Geruchs- oder Geschmacksbeeinträchtigung).

Stärke-Nachweis

Eine stark verdünnte Jod-Jodkalium-Lösung (1 : 50) zeigt auf der Probe eine deutliche Blaufärbung bei Anwesenheit von Stärke.

Trocken- und Nassrupffestigkeit

Siehe Rupffestigkeit.

Vergilbung

Vergilbung ist ein Maß für die Neigung des Papiers, durch bestimmte Einflüsse, z. B. Lichtstrahlung, zu vergilben.
Bestimmung: Nach DIN 6167, mit Elrepho-Gerät. Die Probe wird vorher mit Xenonlampe beleuchtet; angegeben als Gelbwert (dimensionslos).

Volumen

Das Volumen ist das Verhältnis zwischen der Papierdicke in mm und der Flächenmasse (Flächengewicht) in g/m². Damit ergibt sich u. a. eine Aussage über die Kompressibilität des Papiers. Ein Naturpapier mit 100 g/m² und einer glatten Oberfläche hat ein einfaches Volumen bei einer Dicke von 0,1 mm.

Cobb-Test (Absorptionsgerät mit eingelegter Probe)

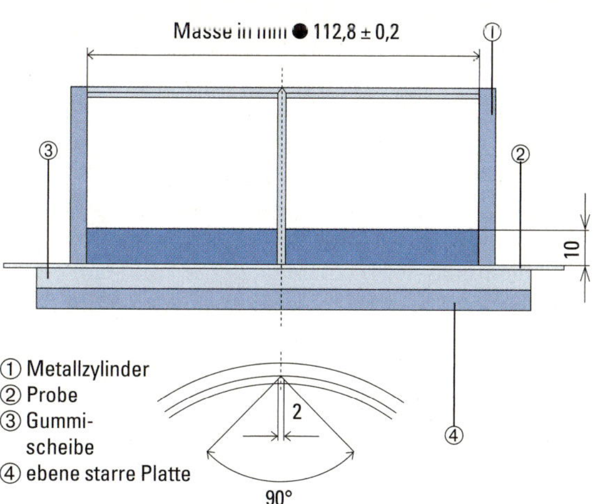

Wasseraufnahmefähigkeit / Cobb-Test (nach DIN 53132/ISO 535)

Die Aufnahmefähigkeit eines Papiers für Wasser bestimmt grundsätzlich die Saugfähigkeit des Materials. Diese wird mit dem Cobb-Test ermittelt.

Aus einer Papierprobe wird die Ober- bzw. Siebseite einer definierten Papierkreisfläche mit Wasser bedeckt und nach einer bestimmten Zeit (z.B. 30, 60 oder 180 Sekunden) die Gewichtszunahme durch Wiegedifferenz festgestellt. Sie wird angegeben in Gramm pro Quadratmeter (g/m²).

Wasserdampfdurchlässigkeit (nach DIN 53132)

Für Spezialpapiere, speziell Verpackungspapiere für feuchtigkeitsempfindliche Güter, ist die Wasserdampfdichtigkeit eine wichtige Qualitätseigenschaft.

Verdampfungsraum

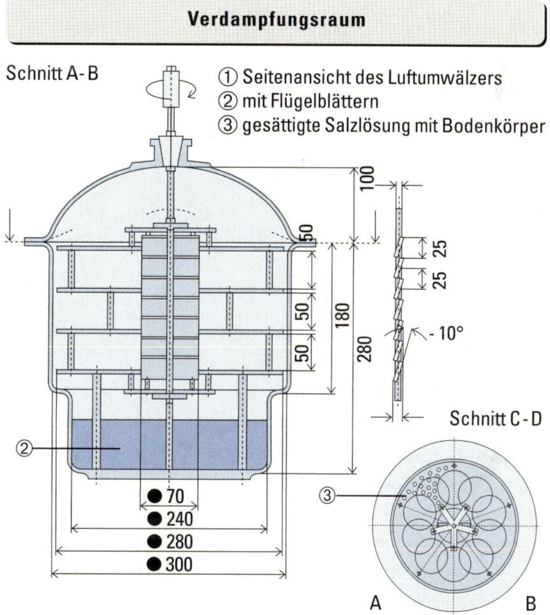

Zum Test wird eine mit Absorptionsmittel gefüllte Schale mit einer Papierscheibe bedeckt, mit Wachs verschlossen und in einem Feuchtraum gelagert. Die Wasserdampfmenge, die durch die Probe hindurchtritt, wird aus der Gewichtszunahme des Absorptionsmittels nach einem bzw. nach mehreren Tagen errechnet. Sie wird in g/m² und Tag angegeben.

Weißgradbestimmung (nach ISO 2470)

Das menschliche Auge besitzt für das Weiß („weiße“ Farbe) eine besondere Art der Farbempfindung. Der optische Weiß-Eindruck setzt sich aus zwei Faktoren zusammen: der Helligkeit und dem Blaugehalt. Das Auge bevorzugt jenes Weiß, das ein leichtes Übergewicht an blauer Strahlung besitzt, als leicht blaustichig ist.
Die Weißgradmessung versucht, den Weißeindruck des menschlichen Auges in einer Zahl auszudrücken. Die Weiße gibt an, wieviel Licht in einem ganz be-

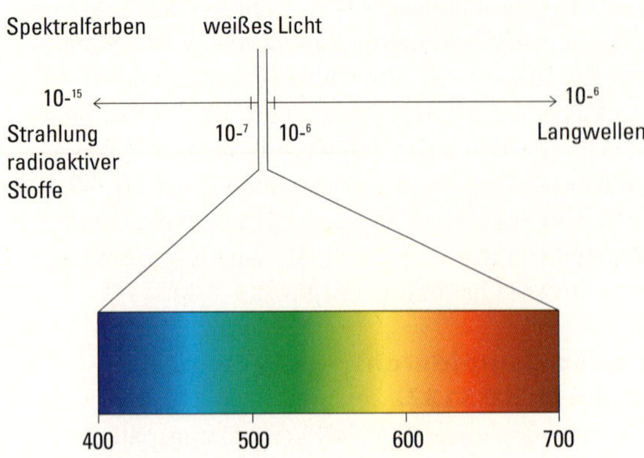

stimmten Bereich des sichtbaren Spektrums reflektiert wird.
Die Weiße wird in Prozent ausgedrückt und bezeichnet das Reflexionsverhalten einer Papierprobe im Vergleich zu einer glatten Barium-Sulfat-Fläche (Weißstandard), deren Reflexionsfaktor mit 100 % definiert ist.
Bestimmung: Mit Elrepho-Gerät; angegeben in %.

Weiterreißarbeit

Die Weiterreißarbeit ist ein Maß für die Festigkeit eines Papiers nach Einriss.
Bestimmung:
Nach DIN 53115 mit Brecht-Imset-Prüfgerät; angegeben in J/m.

Zweiseitigkeit

Wir unterscheiden beim Papier eine Filzseite und eine Siebseite. Die Bezeichnungen sind vom Herstellungsvorgang in der Siebpartie der Langsiebpapiermaschine abgeleitet. Da die Füllstoffe auf der dem Sieb zugekehrten Seite des Faserbreies stärker herausgezogen sind, ist die Siebseite füllstoffärmer als die Filzseite. Dies hat zur Folge, dass die Filzseite eine geschlossene Oberfläche zeigt. Einseitige Drucke werden deshalb in der Regel auf der Filzseite vorgenommen. Besonders bei maschinenglatten Papieren ist die Siebstruktur auf der Papierunterseite deutlich erkennbar. Je stärker das Papier satiniert ist, desto weniger sind diese Siebeindrücke wahrnehmbar. Man kann in solchen Fällen eine Prüfung dadurch vornehmen, dass man ein Stück Papier kurz in Wasser taucht und trocknet. Die Fasern quellen dabei auf und lassen die Siebstruktur erkennen.
Für Bedruckbarkeitstests wird ein Probedruckgerät verwendet. In der Papier- und Druckfarbenindustrie werden dabei fast ausschließlich Probedruckgeräte der Firma Prüfbau Dürner (D-Peißenberg) und von IGT (NL-Amsterdam) eingesetzt.
Zu dem Mehrzweck-Probedruckgerät der Firma Prüfbau Dürner sind für verschiedene Prüfverfahren Module zu ergänzen, z. B.: Vorfeuchtwerk, Heißlufttrockner, UV- und IR-Trockner.

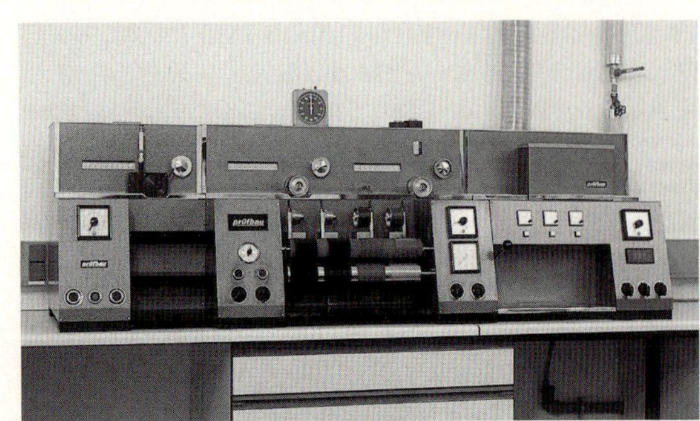

Prüfbau Dürner: Mehrzweck-Probedruckgerät mit Feuchtwerk und 3-stufigem Heißlufttrockenaggregat.

15.11 Papierqualität und Druckqualität

Die Papierqualität wird bei der Beurteilung eines Druckergebnisses und der Druckqualität häufig zu wenig beachtet. Es soll einmal herausgestellt werden, in welchem Abhängigkeitsverhältnis die Druckqualität, und ganz allgemein, das Druckergebnis von der verwendeten Papierqualität steht, um andererseits gleichzeitig zum Ausdruck zu bringen, dass gute Druckergebnisse nur auf entsprechenden Papieren erzielt werden können.

Drucktechnisch wichtige Eigenschaften von Bogen- und Rollendruckpapieren

Die drucktechnische Eignung von Offsetdruckpapieren ist zweckmäßig nach bestimmten Eigenschaften der Papiere in zwei Gruppen zu unterteilen:
- Verdruckbarkeit

und
- Bedruckbarkeit.

Die Verdruckbarkeit (engl. runability) fasst Eigenschaften zusammen, die ein reibungsloses Laufen des Papiers im Druck und in der Druckweiterverarbeitung betreffen.

Die Bedruckbarkeit (engl. printability) bezeichnet Eigenschaften, die die Qualität des Druckproduktes bei der Wiedergabe von Texten und Bildern beeinflussen.

Eine scharfe Trennung beider Begriffe ist bei manchen Eigenschaften nicht möglich. Verschiedene Faktoren wie zum Beispiel Rupfen und mangelnde Dimensionsstabilität oder Planlage können sowohl die Verdruckbarkeit als auch die Bedruckbarkeit beeinflussen. (Siehe hierzu auch Kapitel 14.10)

Laufeigenschaften

Bereits die Laufeigenschaften eines Papiers haben einen Einfluss auf die Druckqualität einer Auflage.

Stopper, Maschinenaufenthalte und alle Störungen, die einen konstanten und gleichmäßigen Fortdruck hemmen, wirken sich nicht nur kalkulatorisch wirtschaftlich negativ aus, sondern auch qualitativ. Es entstehen Farbschwankungen, Farbverschiebungen und auch Passerdifferenzen und damit eine negative Beeinflussung der Druckqualität. Kommt es während des Auflagendruckes zu einem wiederholten Maschinenstopp und zu Störungen der verschieden-

Parameter zur Druckeignung

Verdruckbarkeit	Bedruckbarkeit	Verdruckbarkeit und Bedruckbarkeit
Bruchlast	Glätte	Rupffestigkeit
mechanische Dehnung	geringe Zweiseitigkeit	rechtwinkliger Schnitt bei Bogen, gleichmäßige Wicklung bei Rollen
Berstdruck	Lichtechtheit	keine elektrostatische Aufladung
Einreißfestigkeit	keine Blasenbildung bei Hitzetrocknung	Planlage
Weiterreißfestigkeit	Opazität	pH-Wert
Falzfestigkeit	Saugfähigkeit/ Benetzbarkeit	Trocknung der Druckfarbe
Nassfestigkeit	Strichmenge	relative Gleichgewichtsfeuchte
	Weißgrad, Farbton	Staubfreiheit
		Dimensionsstabilität
	Gleichmäßigkeit innerhalb einer Lieferung	Freiheit von Verunreinigung

sten Art (Doppelbogen, Kleben des Papiers, Aneinanderhaften der Schneidkanten, statische Elektrizität usw.), ist der Drucker nicht mehr in der Lage, seine ganze Aufmerksamkeit dem eigentlichen Druckablauf hinsichtlich Farbführung, Feuchtmittelführung, Ausdruck und Passergenauigkeit zu widmen. Aus diesem Grunde müsste man sich bereits beim Einfahren einer Palette Papier in die Maschine oder beim Um- und Einstapeln des Auflagenpapieres einen Eindruck von dem äußeren Zustand des Papiers verschaffen, weil gerade die erwähnte Laufeigenschaft von Bedeutung sein kann.

Dazu gehören die Planlage, die Schnitt- und Winkelgenauigkeit und die eigentliche Schnittqualität der Formatpapiere (Schneidstaub vermeiden!).

Zur Planlage sind die Stichworte Randwelligkeit und Verspannung zu erwähnen. Beide Faktoren, die durch ein ungünstige Klima in der Druckerei, aber auch durch eine falsche Gleichgewichtsfeuchtigkeit des Papiers entstehen, können zu schlechten Laufeigenschaften des Papiers führen.

In diesem Zusammenhang ist es wichtig, dass der Drucker nicht nur Wünsche hinsichtlich der Planlage und Gleichgewichtsfeuchtigkeit des Papiers an den Papierlieferanten heran trägt, sondern auch selbst zur Erhaltung einer einwandfreien Planlage die notwendigen Maßnahmen trifft, damit das gelieferte Papier anstandslos verarbeitet werden kann. Viele Schwierigkeiten, die die Planlage des Papiers betreffen, kommen daher, dass das Papier in den Druckereibetrieben (Papierlager, Druckerei) ungünstigen klimatischen Verhältnissen ausgesetzt ist.

Mechanische Beanspruchungen

Auch die Rupffestigkeit des Papiers hat einen Einfluss auf die Druckqualität im Buch- und Offsetdruck. Die Druckfarbe muss für einen brillanten, kontrastreichen Druck eine gewisse Zügigkeit aufweisen und darf nicht weich und suppig sein.

Hat das Papier aber keine ausreichende Rupffestigkeit, bleibt dem Drucker neben einer Verringerung der Druckgeschwindigkeit nichts anderes übrig, als die Farbe durch Zugabe von Paste und Verdünner kürzer und weicher zu machen. Das kann aber zu einer Verschlechterung der Druckqualität führen.

Der Offsetdrucker hat zum Beispiel lieber eine zähere Farbe, weil sie schärfer druckt, besser aufliegt und auch das Druckfarbe-Feuchtmittel-Gleichgewicht konstanter gehalten werden kann. Der Rasterpunkt druckt schärfer, die dichteren Rasterpartien bleiben offener, und die Gefahr eines Zugehens und Schmierens ist geringer, außerdem kann man bei einer etwas strengeren Farbe besser mit einer geringsten Farbschichtdicke drucken.

Jeder Farbzusatz ist gleichzeitig auch mit einer Verringerung der Intensität der Druckfarbe verbunden, was eine stärkere Farbführung notwendig macht. Wenn heute selbst leichtgewichtige Papiere mit farbintensiven, schweren Abbildungen im Offsetdruck mehrfarbig nass-in -nass bei relativ hohen Fortdruckgeschwindigkeiten bedruckt werden, so ist das ein Beweis für die laufenden Verbesserungen der Papierqualitäten in ihrer mechanischen Stabilität und Rupffestigkeit, die in den letzten Jahren erreicht wurden.

Passer

Schwankungen der Farbführung innerhalb einer Auflage fallen im allgemeinen nicht so stark auf wie ein schlechter Passer. Ein nicht exaktes Übereinanderdrucken der verschiedenen Teilfarben führt zu einer wesentlichen Qualitätsbeeinflussung. Bei anspruchsvollen Arbeiten mit stärkeren, sichtbaren Passerdifferenzen ist dies bereits Makulatur. Dann hilft ein exakter Rasterpunkt, eine gut abgestimmte Farbführung oder ein scharfes und klares Ausdrucken der verschiedenen Rastertonwerte oder einer glatten Fläche auch nichts mehr.

Die notwendige Voraussetzung für einen exakten Passer bringt nur ein Papier mit einer guten Dimensionsstabilität. Dabei sind die mechanischen Festigkeiten jedes einzelnen Bogens im Offsetdruck von noch größerer Bedeutung als die Feuchtdehnung durch die Aufnahme von Feuchtigkeit während des Fortdruckes.

Das Papier ist bei den heutigen Auflagen und drucktechnischen Voraussetzungen erheblichen mechanischen Beanspruchungen ausgesetzt.

So wird zum Beispiel im Offsetdruck beim Druckvorgang gleichzeitig gedrückt, gezogen, gezerrt, gerollt – und das bei hohen Fortdruckgeschwindigkeiten in allen Formaten. Allen diesen mechanischen Beanspruchungen sind gute gestrichene und gussgestrichene Papiere gewachsen.

Aus diesem Grunde ist es möglich, im Offsetdruck selbst im großen Format auf leichtgewichtigen Papieren feinste Details durch einen exakten Passer genau wiederzugeben. Es ist nicht damit getan, großformatige Druckmaschinen zu bauen und/oder sie mit einer hohen Maschinengeschwindigkeit auszustatten, sondern es gehört auch das entsprechende Papier dazu, um auf solchen Maschinen auch qualitativ drucken zu können. Sieht ein Bild gestochen scharf aus, wirkt es plastisch und alle Einzelheiten des Druckbildes sind wirklich genau zu erkennen, so ist das zu einem sehr großen Teil der Dimensionsstabilität der heutigen Papiere zu verdanken.

Papierstaub

Der Druckqualität ist Staub in jeglicher Art abträglich. Hier darf der Schneidstaub nicht unerwähnt bleiben, auch sonstige Ablagerungen sind vom Übel. Es sei darauf hingewiesen, dass viele Schwierigkeiten, die durch den Schneidstaub verursacht werden, mit einer unsachgemäßen Behandlung von Papier und Karton in den Druckereibetrieben zusammenhängen.

Alle diese Staubpartikel lagern sich auf dem Gummituch ab und verhindern somit eine einwandfreie Farbübertragung von der Druckplatte über das Gummituch auf das Papier. Es entstehen dabei im Druckbild nicht nur Fehldruckstellen, sondern insgesamt ein unruhiges griesiges Ausdrucken, verbunden mit mehr oder weniger starken Farbschwankungen.

Der Papierstaub wirkt sich naturgemäß bei allen flächigen Bildpartien und in dunklen Farben immer stärker als in leichten Rasterpartien oder beim Druck mit einer hellen Farbe.

Wenn bei einer Druckarbeit eine optisch fehlerfreie Fläche und ein kometenfreies Druckbild positiv auffällt, so ist das mit ein Verdienst eines sauberen, staubfreien Papiers.

Saugfähigkeit

Von nicht zu unterschätzender Bedeutung für die Druckqualität ist die Saugfähigkeit des Papiers bzw. seine Wegschlagzeit. Offsetdruckfarben für Bogen-Druckmaschinen sind nicht flüchtig oder verdunsten, und sie werden auch nicht nach dem Aufdrucken wie im Rollen-Offsetdruck durch die Hitze des Trockenofens getrocknet, sondern sie liegen als nasser Farbfilm auf der Papier- oder Kartonoberfläche.

Ein bestimmter Anteil der Bindemittel muss in die Oberfläche des Papiers wegschlagen und ein Restanteil auf der Oberfläche verbleiben, um zu verharzen und die Pigmente zu binden. Die Druckfarbe muss eine ausreichende Festigkeit bekommen und gleichzeitig einen gewissen Glanz aufweisen. Besteht nun nicht die Möglichkeit des Wegschlagens oder dauert das Eindringen in die Papieroberfläche zu lange, dann kann es zum Ablegen kommen oder der Drucker ist gezwungen, stark zu bestäuben.

Eine starke Bestäubung bzw. ein ungeeignetes Bestäubungspuder führt zu einem starken Sandpapiereffekt. Man kann dies durch kurzes Überwischen über die Bogen mit dem Finger leicht feststellen.

Die Scheuerfestigkeit der Druckfarbe lässt bei solchen Druckarbeiten sehr zu wünschen übrig. Ist die Rückseite der Druckarbeit sauber, zeigt das Druckbild auf der Vorderseite keine Ablegestellen und ist kein Sandpapiereffekt zu verzeichnen, dann ist das mit ein Verdienst des verwendeten Papiers, das dem Drucker kein Sorgen bereitet hat.

Optischer Eindruck

Dazu gehört die weiße Farbe des Papiers, die sehr wichtig für den Kontrastumfang bei Schwarz-Weiß-Abbildungen und für die Leuchtkraft und Reinheit der Buntfarben ist. Die Glätte von Volltonflächen ist auch abhängig von der gleichmäßigen Struktur der Oberfläche des Bedruckstoffs, ebenso das ruhige, gleichmäßige Ausdrucken der Rasterflächen und Rasterverläufe.

Hat man ein Druckbild vor sich, das glatt, ruhig und ohne Wolkigkeit ist, so ist das nicht nur auf eine gute Farbführung und ein gleichmäßiges Ausdrucken im Druckprozess zurückzuführen. Ein ehr wichtiger Faktor ist auch die Qualität des Papiers und speziell der Papieroberfläche.

Der Glanz des Druckbildes wird vom Glanz der Papieroberfläche bestimmt. Nicht umsonst werden gussgestrichene Papiere und Kartons, wie Chromolux, eingesetzt, wenn es ganz besonders auf Glanz bzw. Hochglanz ankommt. Es ist zu beachten, dass der Glanz der Druckfarbe stark von dem Glanz und der Glätte der Papieroberfläche abhängig sind.

Andererseits wird aber auch gutes, gleichmäßiges und mattes Aufliegen der Druckfarbe von einer entsprechend matten, gleichmäßigen und strukturlosen Oberfläche des verwendeten Mattpapiers abhängig sein.

Eine Vielzahl von technologischen Eigenschaften und optischer Qualitäten eines Papiers, haben auf das Druckergebnis einen entscheidenden Einfluss. Daran sollte man denken, wenn eine hervorragende Arbeit vorliegt. Bei schlechten Druckergebnissen sollte man nicht immer von einer mangelhaften Leistung des Druckers sprechen.

15.12 Klima und Papier

Unter Klima versteht man die durch Temperatur und Luftfeuchtigkeit beschriebenen Umweltbedingungen. Die Luft ist ein Gasgemisch, das nur in einem begrenztem Maß Feuchtigkeit in Form von Wasserdampf aufnehmen.

Diese Aufnahmefähigkeit der Luft nimmt mit steigender Temperatur zu. Wird der Luft immer mehr Wasserdampf zugeführt, so kommt es nach Erreichen eines Sättigungspunktes, dem Taupunkt, zum tropfenförmigen Niederschlag.

Die in der Luft enthaltene Wassermenge kann in Absolutzahlen angegeben werden. In diesem Zusammenhang spricht man dann vom absoluten Wasserdampfgehalt der Luft, der in Gramm je Kubikmeter gemessen wird und demnach angibt, wieviel Gramm Wasserdampf in einem Kubikmeter (1000 Liter) Luft enthalten sind.

Die dabei erhältlichen Zahlen sind verwirrend und lassen sich durch den Begriff der relativen Luftfeuchtigkeit wesentlich vereinfachen und dazu aussagefähiger machen.

Unter relativer Luftfeuchtigkeit versteht man das prozentuale Verhältnis von der in der Luft enthaltenen Wasserdampfmenge zu der Menge, welche die Luft bei gegebener Temperatur noch aufnehmen könnte.

Der direkte Zusammenhang der beiden Feuchtigkeitswerte mit der Temperatur lässt sich aus dem Diagramm entnehmen. Dabei zeigt sich, dass z. B. in einem Raum, dessen absolute Feuchtigkeit unverändert bleibt, die relative Luftfeuchtigkeit von 50 % und ca. 25 °C bei absinkender Temperatur auf 18 °C plötzlich eine relative Luftfeuchtigkeit von 75 % erreicht.

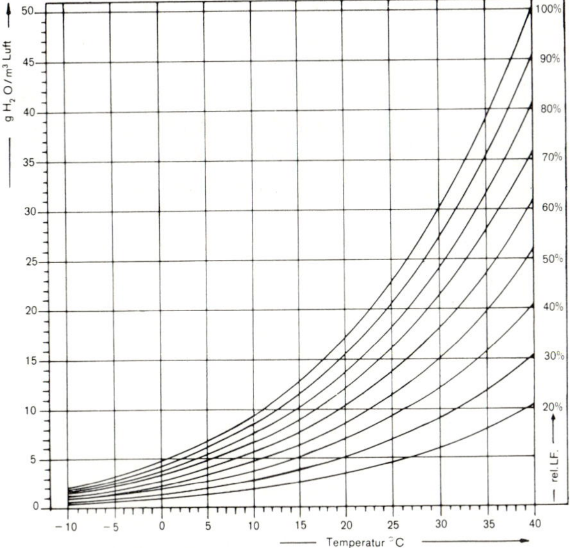

Abhängigkeit der relativen Luftfeuchtigkeit von der Temperatur und dem absoluten Wassergehalt der Luft.

Die Verwendung des Begriffs relative Luftfeuchtigkeit ist deshalb gerechtfertigt und empfehlenswert, da es sich gezeigt hat, dass damit die Wechselwirkung zwischen der Feuchtigkeit in der Umgebungsluft und einem Feststoff in gewissen Bereichen praktisch unabhängig von der Temperatur beschrieben werden kann.

Vereinfacht ausgedrückt wird im Gleichgewichtszustand der Feuchtigkeitsgehalt eines Stoffes durch die relative Luftfeuchtigkeit der umgebenden Luft gekennzeichnet.

Fachbegriffe:

Luftfeuchtigkeit:
Wasserdampfgehalt in der Luft

Absolute Luftfeuchtigkeit:
Die in einem Kubikmeter Luft tatsächlich enthaltene Masse des Wasserdampfes in g/m³.

Maximale Luftfeuchtigkeit:
Die maximale Sättigungsmenge an Wasserdampf in einem Kubikmeter Luft bei einer bestimmten Temperatur. Jede Erhöhung des Wasserdampfes über dem Maximum würde als feiner Niederschlag (vgl. Tau) ausfallen. Die Werte der maximalen Luftfeuchtigkeit liegen durch Messungen fest (siehe Diagramm).

Relative Luftfeuchtigkeit:
Der Sättigungsgrad, der das Verhältnis zwischen der absoluten Luftfeuchtigkeit und der maximalen Luftfeuchtigkeit (Sättigungsmenge) in Prozent angibt.

$$\text{relative Luftfeuchtigkeit in \%} = \frac{\text{absolute Luftfeuchtigkeit}}{\text{maximale Luftfeuchtigkeit}} \times 100$$

Ein wichtiger Hinweis: Die Feuchtigkeitsaufnahme wird durch laufende Temperaturschwankungen empfindlich gestört. Mit einer Erhöhung der Temperatur steigt das Aufnahmevermögen und damit der Sättigungsdrang der Luft an. Wird die Luft nicht zusätzlich befeuchtet, so deckt sie ihren Wasserbedarf aus dem gelagerten Bedruckstoff:

- Das Papier trocknet an den Randzonen aus.

100 % relative Luftfeuchtigkeit entspricht der maximalen Wasseraufnahmefähigkeit der Luft bei einer bestimmten Temperatur.

Die absolute Feuchtigkeit beträgt zum Beispiel bei einer Temperatur von 10 °C und 100 % relativer Luftfeuchtigkeit 9,4 g/m³. Wird die Luft nun auf 20 °C erwärmt, sinkt die relative Luftfeuchtigkeit bei gleicher absoluter Feuchtigkeit (Wasserdampfgehalt in der Luft) auf 50 % rL; denn die Wasseraufnahmefähigkeit der Luft beträgt bei einer Temperatur von 20 °C bereits 17,3 g/m³ (vergleiche hierzu das nebenstehende Diagramm und die folgende Tabelle).

Kühlt sich dagegen die Luft bei gleicher absoluten Luftfeuchtigkeit ab, so steigt die relative Luftfeuchtigkeit. Bei der maximal möglichen Wasseraufnahme, also 100 %, ist der Taupunkt erreicht. Ein weiteres Abkühlen führt danach zum Niederschlag der Feuchtigkeit an den kühlen Flächen.

1 m³ Luft enthält bei 100 %iger Sättigung etwa:	Eine relative Luftfeuchtigkeit von 50 % bei 20° C entspricht bei gleichem absolutem Wassergehalt
4 g Wasser bei 0 °C	
9 g Wasser bei 10 °C	
17 g Wasser bei 20 °C	
30 g Wasser bei 30 °C	
52 g Wasser bei 40 °C	92 % bei 10 °C
90 g Wasser bei 50 °C	63 % bei 16 °C
165 g Wasser bei 60 °C	56 % bei 18 °C
290 g Wasser bei 70 °C	44 % bei 22 °C
580 g Wasser bei 80 °C	37 % bei 25 °C
1560 g Wasser bei 90 °C	

Wirkungen des Klimas

Gemeinsam ist den in der Papierherstellung verwendeten Faserrohstoffen, dass sie in einem Bereich von 40 - 60 % relativer Luftfeuchtigkeit die geringste Dimensionsveränderung in Abhängigkeit von der relativen Luftfeuchtigkeit aufweisen und damit in diesem Bereich relativ dimensionsstabil sind.

Die Angleichgeschwindigkeit dieser Substanzen an die umgebende Luftfeuchtigkeit – d. h. die entsprechende Gleichgewichtsfeuchte kann dabei bei freien Papierflächen (z.B. einzelnen Bogen) bis zu ca. 10-12 % relative Luftfeuchtigkeit/Stunde erreichen – hängt jedoch bei größeren Dicken sehr stark von der Porosität des Materials (Durchgangswiderstand) und der Luftturbulenz ab.

Auf die besondere Eigenschaft von zellstoff- und holzschliffhaltigen Produkten in bezug auf die Veränderung der absoluten Feuchte und somit auch der Dimensionen, sei hier außerdem hingewiesen. Die Aufnahme von Feuchtigkeit hängt bei diesen Stoffen nicht nur von den Umweltbedingungen, dem Feuchtigkeitsgehalt der umgebenden Luft ab, sondern auch von dem Ausgangszustand des Stoffes vor der Angleichung an den momentanen Zustand.

Papier reagiert höchst unterschiedlich: Es ist daher nicht gleichbedeutend, ob man ein Papier von einem trockenen Zustand von ca. 20 % relativer Luftfeuchtigkeit auf 55 % relativer Gleichgewichtsfeuchte anhebt oder von 80 % relativer Gleichgewichtsfeuchte auf 55 % relativer Gleichgewichtsfeuchte austrocknet (Zu beachten ist dabei die Wirkung der Hysteresis, d. h. ein „Nachhinken" bei einem Anstieg).

Während die Gleichgewichtsfeuchte des Papiers bei gegebener absoluter Feuchte in den meisten Fällen steigt, sinkt die relative Feuchte der Luft mit steigender Temperatur. Diese beiden Effekte kompensieren sich in einem luftdicht abgeschlossenen Papierstapel oder einer Rolle, so dass die durch eine Temperaturverschiebung verursachte Veränderung der Gesamtgleichgewichtsfeuchte, wie aus dem Diagramm „Temperatureinfluss" zu ersehen ist, sehr gering ist.

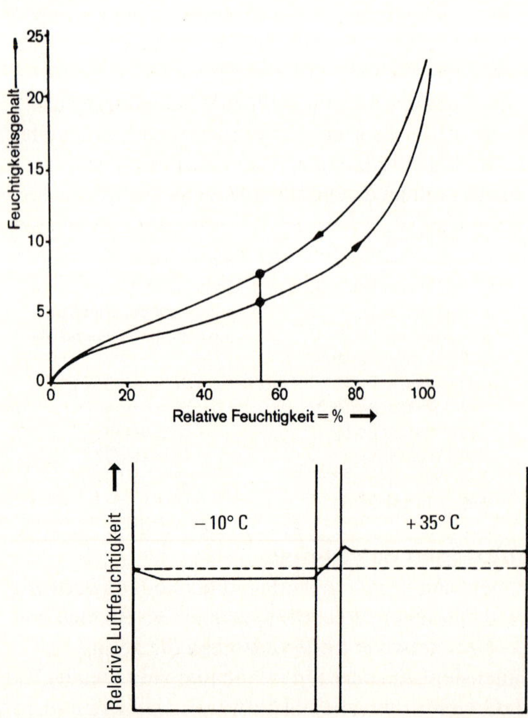

Abhängigkeit der relativen Luftfeuchtigkeit von der absoluten Feuchtigkeit von Papier (Hysteresis)

Temperatureinfluss auf die Stapelfeuchtigkeit

Dies gilt jedoch nur für völlig luft- und feuchtedicht verpacktes Papier. Ist diese Bedingung nicht erfüllt, so ergeben die durch den Kontakt mit der umgebenden Luft veränderten Gleichgewichtsverhältnisse wesentliche Veränderungen.

So erhöht sich z. B. bei gleicher Gleichgewichtsfeuchte von Papier und Umgebung, jedoch tieferer Papiertemperatur, die Gleichgewichtsfeuchte in der unmittelbaren Berührungszone so weit, dass es sogar zu einer Kondensatbildung kommen kann und umgekehrt verliert warmes Papier unter gleichen Bedingungen erheblich an Feuchtigkeit, wobei in jedem Fall veränderte Dimensionen in den Randzonen die Folge sind.

Bisher wurde nur über die Dimensionsveränderung von Papier in Abhängigkeit vom Klima gesprochen, es lässt sich jedoch aus den grundlegenden Veränderungen, die Zellulose und alle artverwandten Produkte unter Feuchtigkeitseinfluss erleiden, leicht ableiten, dass es kaum eine Eigenschaft von derartigen Produkten gibt, die bei Feuchtigkeitsveränderung nicht beeinflusst werden.

Hier soll jedoch nicht auf die Abhängigkeit von Festigkeiten, Härte, Glätte, Saugfähigkeit und Farbtrocknungseigenschaften eingegangen werden, sondern nur ein weiteres Merkmal von Druckpapieren behandelt werden, das insbesondere im Zusammenhang mit dem Klima häufig diskutiert wird, nämlich die Fähigkeit von Papier, abhängig von den klimatischen Verhältnissen bei Transport der einzelnen Bogen oder der Papierbahn unter Reibung z. B. in der Druckmaschine elektrostatische Felder aufzubauen.

Diese für den Druckablauf manchmal äußerst störende Erscheinung wird von einer Reihe von Faktoren beeinflusst. Da in diesem Zusammenhang nicht nur der Aufbau eines elektrostatischen Feldes, sondern dessen sofortiger Wiederabbau von größter Bedeutung ist, spielt hier die elektrische Leitfähigkeit der Papieroberfläche eine entscheidende Rolle.

Die Leitfähigkeit ihrerseits ist in jedem Fall abhängig von der auf der Oberfläche absorbierten Feuchtigkeit und damit von der relativen Stapelfeuchte. Es hat sich gezeigt, dass diesbezüglich für Druckpapier unter Berücksichtigung der anderen Eigenschaften ein optimaler Wert bei relativen Stapelfeuchten von 45-60 % relative Luftfeuchtigkeit erreicht ist. Höhere Werte und damit eine höhere Oberflächenleitfähigkeit sind nicht praktikabel.

Da die Aufnahme der entsprechenden Wassermenge im Mehrfarben-Offsetdruck nicht ohne Dimensionsveränderung der einzelnen Bogen erfolgt, können die daraus resultierenden Passerschwierigkeiten nur durch genau abgestimmte Gegenmaßnahmen verhindert werden:

- Der Offsetdrucker verwendet für mehrfarbige Druckarbeiten Papier möglichst in Schmalbahn. Dies gibt ihm die Möglichkeit, die vorzugsweise quer zur Papierlaufrichtung erfolgende Dimensionsveränderung durch eine Anpassung der radialen Drucklänge (siehe: Abwicklung) zu kompensieren.

- Durch eine günstige Abstimmung der Stapelfeuchte des Papiers vor dem Druck mit den im Drucksaal herrschenden klimatischen Verhältnissen lässt sich die vom Bedruckstoff aufgenommene Feuchtigkeitsmenge auf ein Minimum reduzieren.

Feuchtigkeitsveränderung von Papier mit unterschiedlicher Ausgangsfeuchte während des Mehrfarben-Offsetdrucks

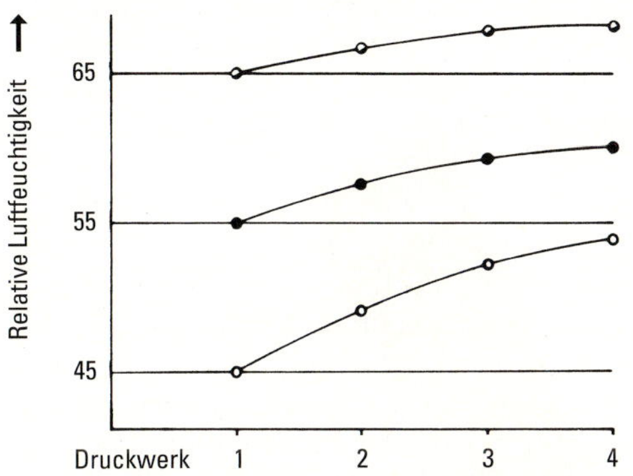

„zu feuchtes Papier" tellert entweder schon vor dem ersten Druckgang – sicher jedoch nachher
Dei Voraussetzung für guten Passer wäre an sich gegeben, ist jedoch nicht realisierbar

„exakt abgestimmte Feuchte" Feuchtigkeitsaufnahme hält sich auch im 4-Farbendruck in Grenzen, damit ist ein guter Passer und eine einwandfreie Planlage gewährleistet. Die günstigsten Verhältnisse werden erreicht, wenn das Papier vor der Verarbeitung 3-4 % relative Luftfeuchtigkeit unter den klimatischen Bedingungen im Verarbeitungsraum liegt

„zu trockenes Papier" wird vor dem Druck evtl. randwellig und nimmt in jedem Farbwerk ein Maximum an Feuchtigkeit auf; damit sind die Voraussetzungen für ein gutes Passen der einzelnen Druckformen aufeinander überhaupt sehr ungünstig

Feuchtigkeitsveränderungen von Papier bei unterschiedlicher Raumfeuchte während des Mehrfarbenoffsetdrucks

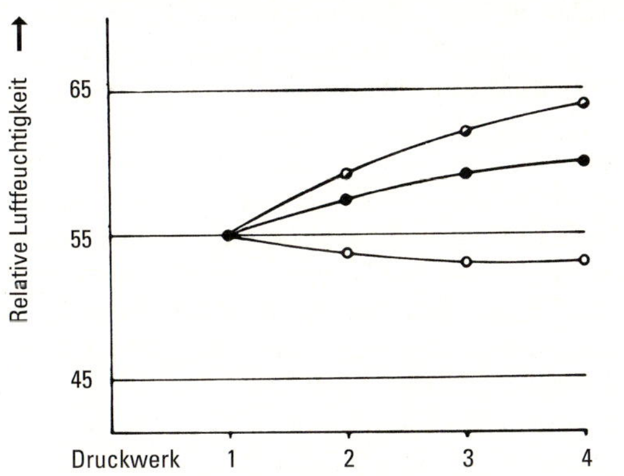

„zu hohe Raumfeuchtigkeit" führt zum Randwelligwerden vor oder nach Verarbeitung. Der Druckträger nimmt ein Maximum an Feuchtigkeit auf; damit wird die Passgenauigkeit stark beeinträchtigt.

Siehe den gleichen Fall in der Abbildung oben.

„zu niedrige Raumluftfeuchtigkeit" führt zur Tellerbildung vor der Verarbeitung, evtl. auch nach dem Druck noch. Die Wasseraufnahme beschränkt sich auf ein Minimum, es kann sogar Feuchte verloren werden, je nach Druckträger und Druckgeschwindigkeit.

Empfohlene Anpassungszeiten bis zum Auspacken der Paletten

Volumen der Paletten	bei Unterschied zwischen Innen- und Außentemperaturen von: 5 °C	10 °C	15 °C	20 °C
ca. 0,2 m³	4 Std.	9 Std.	15 Std.	21 Std.
ca. 0,4 m³	7 Std.	17 Std.	26 Std.	36 Std.
ca. 0,6 m³	9 Std.	20 Std.	31 Std.	42 Std.
ca. 1,0 m³	12 Std.	23 Std.	33 Std.	46 Std.
ca. 2,0 m³	13 Std.	24 Std.	35 Std.	49 Std.

Welche Wichtigkeit der Anpassung der klimatischen Gegebenheiten zukommt, soll in den beiden grafischen Darstellungen gezeigt werden, bei denen einmal davon ausgegangen wird, dass unterschiedlich klimatisiertes Papier in den für Offsetdruckereien üblichen Verhältnissen (55 % relative Luftfeuchtigkeit, 20 °C) verarbeitet wird und im anderen Fall korrekt vorklimatisiertes Papier unter unterschiedlichen klimatischen Bedingungen gedruckt wird.

Papierbehandlung und Klimatisierung

Eine ganz besondere Bedeutung kommt den klimatischen Verhältnissen in Drucksaal und Papierlager zu.

Die Papierfasern sind als pflanzliche Rohstoffe hygroskopisch, d. h. bei hohem Feuchtigkeitsgehalt der umgebenden Luft nehmen sie Wasser auf und speichern es, um es bei sinkender Luftfeuchtigkeit wieder abzugeben. Es findet also ein steter Wasseraustausch zwischen der Papierfaser und der umgebenden Luft statt. Wie jedem Drucker bekannt ist, bringt dieser Austausch drucktechnische Probleme mit sich. Die Papiergröße verändert sich, das Papier dehnt sich bei Feuchtigkeitsaufnahme und schrumpft bei Feuchtigkeitsabgabe.

Zu trockenes Papier staubt leicht und macht durch Aufladung mit statischer Elektrizität den Druck und die Verarbeitung oft unmöglich.

Zu feuchtes Papier neigt zur Wellenbildung und damit zu Quetschfalten beim Druck.

Der Gleichgewichtszustand zwischen der Luftfeuchtigkeit im Raum und der Stapelfeuchtigkeit des Papiers ist für ein störungsfreies Arbeiten unerlässlich. Beide Werte sollten nicht so stark voneinander abweichen, dass ein nennenswerter Austausch von Luft- und Stapelfeuchtigkeit bei 18-22 °C noch gewährleistet ist.

Thermohygrograf

Für eine laufende Überwachung der Temperatur (in Grad Celsius) und der relativen Luftfeuchtigkeit (in Prozent) eignet sich ein Thermohygrograf. Mit diesem Gerät lassen sich die Temperatur und die relative Luftfeuchtigkeit z. B. über eine Woche auf einem Diagramm aufzeichnen. Dadurch sind sämtliche Schwankungen der Daten über die gesamte Zeit der Produktion, in der arbeitsfreien Nacht und an Wochenenden exakt zu erfassen. Auftretende Probleme bei der Verarbeitung können dadurch analysiert und für zukünftige Prozesse beachtet werden.

Hygrometer

Eine einfache und preiswerte Alternative zum Thermohygrograf ist der Einsatz von einem oder mehreren Hygrometern zur Messung der relativen Luftfeuchtigkeit in Druckerei und Papierlager.

Stechhygrometer

Die Stapelfeuchtigkeit (Gleichgewichtsfeuchte) wird mit dem Stechhygrometer gemessen. Anstelle früher eingesetzten Haar-Stechhygrometer sind heute moderne elektronische Messgeräte im Einsatz, sie reagieren wesentlich schneller und liefern genaue Daten.

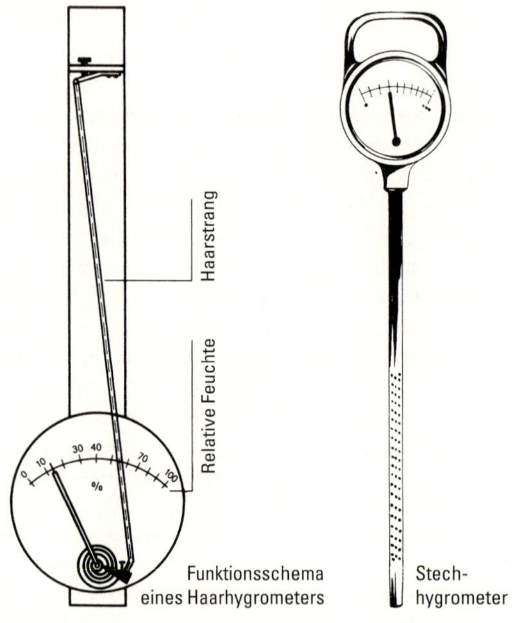

Funktionsschema eines Haarhygrometers

Stech-hygrometer

Aspirations-Psychrometer

Ein hochwertiges Präzisionsmessgerät für eine exakte Feuchtigkeitsmessungen, das in der Meteorologie, der Papierindustrie in Labors, im Papiergroßhandel

HYGROMER® S1 Set von Rotronic: Handgerät mit Schwertfühler, Kalibriervorrichtung, Feuchtestandard und Tragkoffer

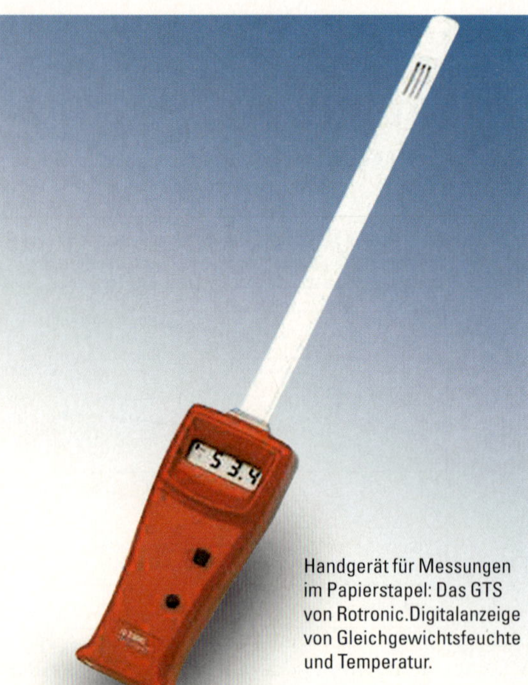

Handgerät für Messungen im Papierstapel: Das GTS von Rotronic.Digitalanzeige von Gleichgewichtsfeuchte und Temperatur.

und teilweise sogar in Druckereien eingesetzt wird. Das Gerät eignet sich außerdem sehr gut zur Eichung von Hygrometern und von Thermohygrografen.

Reine Raumluft enthält neben den bekannten Gasen einen Anteil Wasserdampf, der temperaturabhängig ist, weil warme Luft mehr Wasserdampf als kalte aufzunehmen vermag.

Ist die Raumluft zu trocken, kann man die Luftfeuchtigkeit erhöhen:

- durch entsprechende Einstellung der Klimaanlage
- durch Zuführen feuchtwarmer Frischluft
- durch Besprengen des Bodens und Aufhängen feuchter Tücher (alte „Hausmittel“).

Ist die Raumluft zu feucht, kann man die Luftfeuchtigkeit herabsetzen:

- durch entsprechende Einstellung der Klimaanlage
- durch Erhöhen der Raumtemperatur (Heizen).

Die Auswirkungen von starken Klimaänderungen können zu erheblichen Problemen führen:

Randwelligkeit.
Die Ursache ist die gegenüber der Stapelfeuchtigkeit höhere Luftfeuchtigkeit. Die höhere Feuchtigkeit bringt die Breite der Fasern am Stapelrand zum Quellen. Dadurch wird vor allem die jetzt länger gewordene Papierkante wellig.

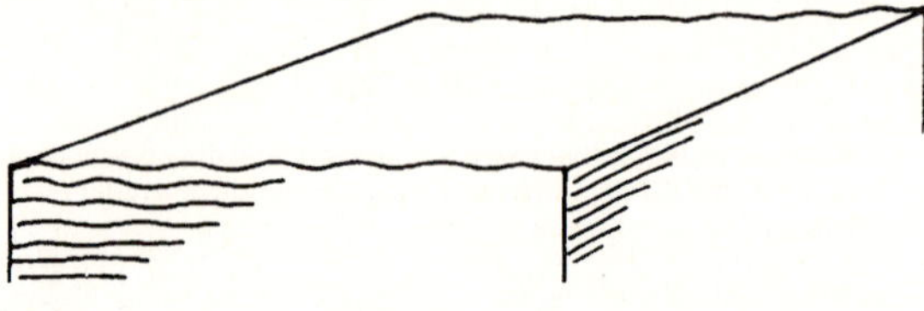

Tellern
Die Ursache ist in einer niedrigeren Raumfeuchtigkeit gegenüber der Stapelfeuchtigkeit zu suchen. Der Papierstapel trocknet an den Rändern aus. Die Fasern

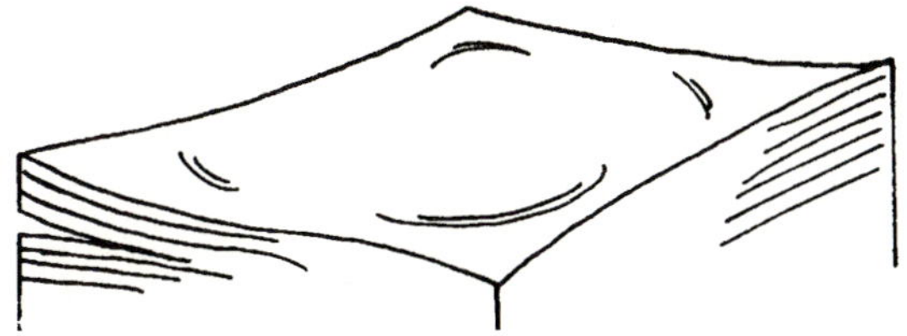

ziehen sich zusammen, wodurch sich die Bogenränder vor allem in der Faserbreite verkürzen.

Die vorstehenden Angaben veranschaulichen sehr deutlich, wie wichtig es ist, ungünstige Klimaeinflüsse zu vermeiden. Diese führen in dem meisten Fällen zu Schwierigkeiten in der Bogenanlage und/oder im Bogenlauf durch die Druckmaschine, zur Quetschfaltenbildung und zu Passerdifferenzen.

15.12.1 Raumlufttechnische Anlagen, Luftbefeuchtung

Je größer der Betrieb und je höher die Leistungen der Maschinen, desto schwieriger wird es, das für die Mitarbeiter und die Produktion erforderliche Klima in den Betriebsräumen allein durch natürliche Belüftung durch Fenster und Türen zu erreichen. Auch der Einbau von Absaugungen und Ventilatoren ist nur begrenzt wirksam. Ab einer gewissen Betriebsgröße kann die Lösung nur heißen: Einbau einer raumlufttechnischen Anlage, kurz RLT-Anlage. (vgl. hierzu Informationen der Berufsgenossenschaft Druck und Papierverarbeitung).

Eine RLT-Anlage soll in erster Linie den Luftfeuchtegehalt, darüber hinaus auch eine bestimmte Luftströmung und Raumtemperatur gewährleisten. Für Arbeitsräume wird – je nach Tätigkeit – eine Mindesttemperatur zwischen 20 °C und 25 °C empfohlen. Die Luftgeschwindigkeit soll dabei zwischen 0,2 bis 0,3 m/s liegen.

Der Ausdruck „Raumlufttechnische Anlage" besagt grundsätzlich nur, dass im Gegensatz zur freien Lüftung technische Geräte eingesetzt werden. Eine solche Anlage kann beispielsweise lediglich aus einer Zu- und Abluftführung bestehen. Für die produktionstechnischen Räume einer Druckerei ist vor allem eine konstante, ausgewogene Luftfeuchtigkeit unabdingbare Voraussetzung für ein Wohlbefinden der Mitarbeiter und für eine störungsfreie Produktion.

Eine Luftbefeuchtung schützt vor Verarbeitungsproblemen und Qualitätseinbußen durch zu trockene Luft. Ausreichende Luftfeuchtigkeit ist eine wichtige Voraussetzung für die störungsfreie Verarbeitung und sachgerechte Lagerung feuchtigkeitsempfindlicher Materialien.

Alle hygroskopischen Materialien (im Druck und der Druckweiterverarbeitung vor allem Papier, Einbandmaterialien u.a.) nehmen in Abhängigkeit vom Feuchtegehalt der sie umgebenden Luft Wasser auf oder geben es ab. Papier nimmt zum Beispiel so lange Feuchtigkeit auf, bis es den Gleichgewichtszustand zur Umgebungsluft, die sogenannte Gleichgewichtsfeuchte, erreicht hat.

Im idealen Fall befinden sich der Wassergehalt des Papiers und der Wasserdampfgehalt der Umgebungsluft im Gleichgewicht. Ist die Luft zu trocken, kommt es zu Störungen der Gleichgewichtsfeuchte. Das Material gibt dann einen Teil seiner Feuchte an die Luft ab; es wird damit selbst zum Luftbefeuchter. Das Austrocknen führt zu einem Schrumpfen der Fasern in der Breite. Die Folge: das Papier verzieht sich, es tellert.

Das Austrocknen ist in der Regel ein irreversibler, zerstörender Prozess. Das heißt: Ein einmal verzogenes Papier nimmt kaum mehr – auch bei später normaler Feuchte – wieder eine einwandfreie Planlage an.

Weitere Folgen unzureichender Luftfeuchtigkeit oder des Feuchtegehaltes von Papier: Papierwelligkeit, Faltenbildung, elektrostatische Aufladung.

Der Trend geht heute dahin, die Luft direkt in den Lager- und Produktionsräumen zu befeuchten, anstatt Luftbefeuchter in eine Klimaanlage zu integrieren.

Einfluss der relativen Luftfeuchtigkeit und Temperatur auf das Papier

Zustand des Papiers	Reaktion des Papiers	Auswirkungen	Schwierigkeiten
Papier mit höherer Feuchtigkeit als die Raumluft (gleiche Temperatur vorausgesetzt)	Das Papier gibt von den Rändern her Feuchtigkeit ab	Das Papier tellert und wird beulig. Es verspannt sich.	Passerschwierigkeiten und -differenzen in sich, evtl. Anlageschwierigkeiten und schlechter Lauf der Bogen
Papier mit niedrigerer Feuchtigkeit als die Raumluft (gleiche Temperatur vorausgesetzt)	Der Papierstapel nimmt von den Rändern her Feuchtigkeit auf	Das Papier wird randwellig. Ränder sind durch das Quellen der Faser größer geworden	Passerdifferenzen, Faltenbildung. Eventuell auch ein schlechter Lauf der Bogen
Der Papierstapel ist stark unterkühlt	Feuchtigkeitsaufnahme durch Kondensfeuchtigkeit von den Kanten her: Kalte Stapel kühlen die Umgebungsluft ab, dadurch ein Ansteigen der relativen Luftfeuchtigkeit.	Das Papier wird randwellig	Passerdifferenzen und Faltenbildung. Eventuell schlechter Lauf der Bogen
Der Papierstapel ist wesentlich wärmer als die Raumtemperatur	Randzonen geben an die Umgebungsluft Feuchtigkeit ab: Erwärmung der Umgebungsluft durch den Stapel, dadurch Sinken der relativen Luftfeuchtigkeit.	Papier verspannt sich und tellert	Schlechter Passer und Gefahr der Faltenbildung

Die direkt installierten Anlagen regeln die Luftfeuchtigkeit gleichmäßig und unabhängig von der Beheizung und Belüftung. Damit sorgen sie auch nachts oder an Wochenenden, wenn Heizungs- oder Belüftungsanlagen abgeschaltet sind, für eine optimale Luftfeuchtigkeit.

In Industriebetrieben werden heute überwiegend Düsen-Luftbefeuchter eingesetzt, die Wasser fein zerstäuben und an die umgebende Luft abgeben. Hygrostate (Feuchteregler) messen den jeweiligen Feuchtgehalt der Luft. Bei Bedarf schaltet ein Steuergerät die Düsenbefeuchter ein und aus. Die Luftfeuchte wird also automatisch auf den vorgegebenen, optimalen Wert eingestellt.

Aus energetischen Gründen werden in größeren Räumen meist Luftbefeuchter eingesetzt, die das Wasser kalt zerstäuben. Als Kostenfaktor bei einer Dampfbefeuchtung ist die Elektrizität zu beachten.

Weil mit dem Wasser auch alle in ihm enthaltenen Inhaltsstoffe in der Raumluft zerstäubt werden, ist die Qualität des Wassers von hoher Bedeutung.

Einerseits führen bestimmte Inhaltsstoffe, z.B. Kalk, zu unmittelbaren Problemen: die Düsen an den Luftbefeuchtern verstopfen. Andererseits führen die Mineralien des Trinkwassers zu einer zusätzlichen Staubbelastung im Raum.

Bei hoher Wasserhärte wird die Raumluft erheblich getrübt. Es können Reizungen an den Augen und in den Atemwegen auftreten. Die in die Luft freigesetzten Mineralien setzen sich aber auch auf allen Oberflächen des Raumes ab, also auch auf Maschinen und Geräten. Die abgesetzten Salze können dadurch eine verstärkte Korrosion, den sogenannten Flugrost, verursachen.

Um diese Probleme zu vermeiden, sollen Luftbefeuchtungsanlagen mit entsalztem Wasser betrieben werden. Für dieses rückstandsfreie Entsalzen eignet sich eine Umkehr-Osmoseanlage.

Die Hygiene des Befeuchtungswassers ist eine weitere wichtige Forderung (vgl. auch Forderungen der Berufsgenossenschaft zur Entfernung von Schadstoffen). Inzwischen gibt es auf dem Markt Luftbefeuchtungssysteme, die keine hygienischen Probleme mehr verursachen und trotzdem praktisch wartungsfrei arbeiten. Bei einer Investition ist zu prüfen, ob die einzusetzenden Systeme ein anerkanntes Hygiene-Prüfsiegel (z.B. das if-Prüfsiegel, Institut Fresenius) aufweisen können und der Hersteller die Einhaltung der von der Berufsgenossenschaft geforderten Keimgrenzwerte (1000 KBE/ml) garantiert.

Bisher eingesetzte Zweistoffdüsensysteme vernebeln Wasser unter Einsatz von Druckluft. Nachteilig bei diesem Verfahren sind die relativ hohen Betriebsgeräusche sowie ein hoher Druckluftverbrauch.

Seit einigen Jahren bewährt sich ein völlig neues Verfahren in der Düsentechnologie zur Luftbefeuchtung: die Hochdruckpulsationsdüse.

Das Verfahren, von dem deutschen Hersteller Draabe entwickelt, arbeitet ohne Druckluft. Damit treten die vorgenannten Nachteile der bisher eingesetzten Düsenbefeuchtung nicht mehr auf. Diese Düsen vernebeln das Wasser durch eine Hochdruckpulsation absolut geräuschlos und mikrofein. Sie benötigen dazu nur etwa 10 % der Energiekosten, die für druckluftbetriebene Düsen notwendig wären. Alle angebotenen Systeme enthalten Hygrostate (Feuchteregler), die für eine automatische Regelung der gewünschten Raumluftfeuchte sorgen.

15.12.2 Luftbefeuchter: Wartung gegen Verkeimung

Wichtige Hinweise aus der Praxis: Die Experten eines Labors für Untersuchungen von Mikroorganismen diskutierten mit den Mitarbeitern des Technischen Aufsichtsdienstes über Probleme des Gesundheitsschutzes im Zusammenhang mit Luftbefeuchtern.

Die Ernsthaftigkeit der Gefahren wird heute von niemandem mehr bestritten. Problemzonen kann es in fast allen Luftbefeuchtern geben: Es sind die Feuchtflächen in und an einem Gerät. Dort bilden sich Mikroorganismen, das heißt Viren, Hefen, Bakterien, vermehren sich je nach Umgebung und können so zu einer sehr hohen Keimbelastung im Arbeitsraum und damit zu deutlichen Gesundheitsgefahren für die Mitarbeiter führen.

Kommen bestimmte Randbedingungen hinzu, dann können verstärkt Erkrankungen auftreten, oder

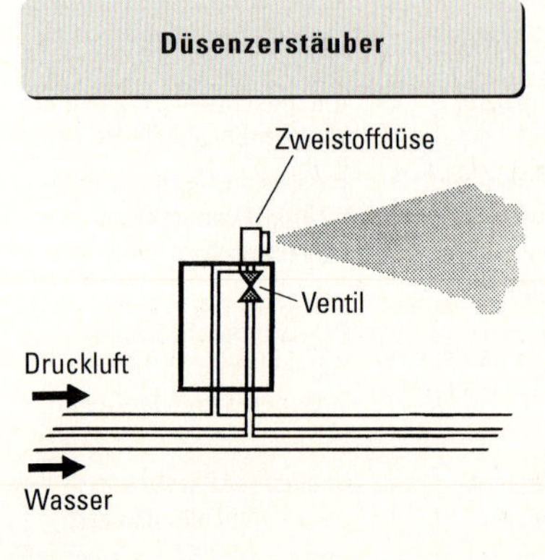

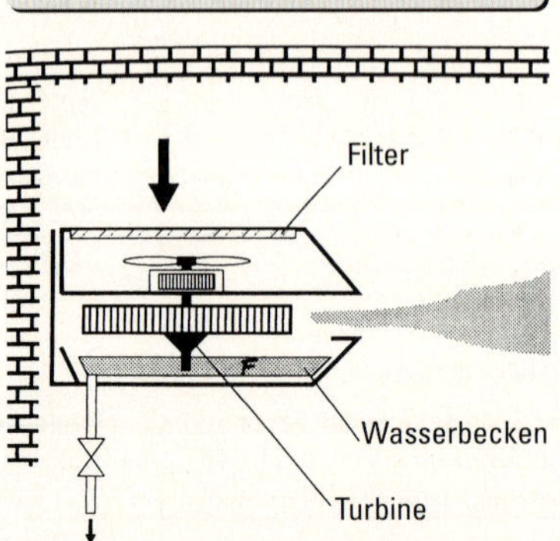

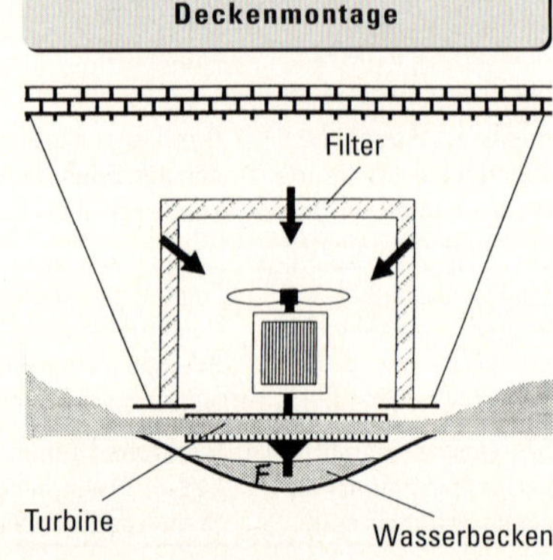

Die neuen Wartungsvorschriften der BG gelten ab 1. Januar 1995 und sehen folgende Massnahmen für Befeuchtungssysteme vor:

System	Installationsart	Reinigung – Zeitintervall	Hygienekontrollen
Aerosol-Luftbefeuchter	Raum- oder Wandmontage	Scheuerreinigung/Desinfektion – vierzehntägig, ggf. öfter	Biotest/Schnelltest nach jeder Reinigung
elektrischer Dampfbefeuchter	Raummontage	Reinigung der Problemzonen an Decken, Wand, Ausblasöffnungen – halbjährlich	Schimmelpilztest
elektrischer Dampfbefeuchter	Kanalmontage	Reinigung der Kanalinnenseiten und Ausblasgitter – halbjährlich	Schimmelpilztest
Ultraschallzerstäuber	Kanalmontage	Scheuerreinigung und Desinfektion der Feuchtflächen im Gerät, Wasserbecken, Kanalinnenseite – vierzehntägig, ggf. öfter	Biotest/Schnelltest vor und jeder Reinigung, Schimmelpilztest
Luftwäscher	Kanalmontage	Scheuerreinigung und Dessinfektion von Wassersumpf, Tropfenabschneider, Kanalinnenseiten, Luftauslässe – vierzehntägig, ggf. öfter	Biotest/Schnelltest vor und nach jeder Reinigung, Schimmelpilztest auf Kanalinnenseiten und Ausblasgitter
Niederdruckdüsen mit offenem Wasserbecken/ Niveauregulierung	Raummontage	Scheuerreinigung und Desinfektion des Wasserbeckens, Spülung der Wasserleitungen – vierzehntägig, ggf. öfter	Biotest/Schnelltest vor und nach jeder Reinigung
Hochdruckdüsen	Raummontage	keine Vorschriften der BG, Wartung gem. Herstellerempfehlung	Biotest halbjährlich
Wasseraufbereitungs-systeme (Chemisch/ Osmose – ausgenommen elektromagnetische)		Reinigung alle zwei Monate	Biotest/Schnelltest

es kann zu allergischen Reaktionen kommen. Regelmäßige Reinigung lohnt sich deshalb. Hier einige wichtige Beiträge aus der Diskussion um eine sachgerechte Wartung:

Verdacht der Verkeimung
Besteht berechtigter Verdacht, daß eine Luftbefeuchteranlage mit Mikroorganismen stark verkeimt ist (zum Beispiel durch gallertartigen Belag), dann ist eine Grundreinigung mit Desinfektion erforderlich:

- Wasser ablassen
- Gerät auseinandernehmen und mit Wasser und Bürste reinigen
- Zusammensetzen und mit Desinfektionsmittel durchspülen. Das Desinfektionsmittel muß sich im gesamten Wasser verteilen können, zum Beispiel durch kurzzeitigen Betrieb der Anlage. Elektromotorische Zerstäuber dürfen nur ganz kurz eingeschaltet werden, damit sich kein Desinfektionsmittel im Raum verbreitet.
- Nach einer Wartezeit von einer Stunde wird das Wasser mit Desinfektionsmittel abgelassen.
- Vor dem Betrieb nochmals mit klarem Wasser durchspülen.

Reinigungsintervalle
Für elektromotorische Wand- und Deckenzerstäuber, die in unserer Branche häufig anzutreffen sind, erscheinen 14tägige Reinigungsintervalle in vielen Fällen als sinnvoll. Betriebliche Gegebenheiten sind zu berücksichtigen. Sind diese Geräte nicht mit Spüleinrichtungen ausgerüstet, ist eine Reinigung mehrmals die Woche, zum Beispiel alle zwei Tage, erforderlich, da sich in dem bestehenden Wassersumpf Mikroorganismen sehr schnell ausbreiten.

Düsenzerstäuber
Auch normale Düsenzerstäuber sind nicht völlig wartungsfrei. Es sollte regelmäßig überprüft werden, ob sich an den Düsen Stoffe absetzen: die gegebenenfalls entfernt werden müssen, da sich hier Verkeimungen bilden können. Bei Systemen mit Wasserbecken muss dieses regelmäßig, zum Beispiel alle zwei Wochen, gereinigt werden.

Luftwäscher
Beim Einsatz von Luftwäschern können sich in den Kanälen feuchte Zonen mit Anreicherungen von Mikroorganismen bilden. Die Reinigung dort ist nur schwierig möglich. Um keimarm zu arbeiten, ist es empfehlenswert, mit einem Überschuss an Zulaufwasser (zum Beispiel 10 % Überlauf) zu arbeiten. Auch längeres Austrocknen reduziert die Keimbildung.

Reinigung durch Austrocknung?
Mikroorganismen benötigen in aller Regel Feuchtigkeit zum Wachstum und Überleben. Durch Austrocknen der Luftbefeuchter – gleich welcher Bauart – findet demnach eine erhebliche Verminderung der Mikroorganismen statt. So sind nach einem halben Tag Trockenzeit die meisten Bakterien abgestorben.

Allerdings ist zu berücksichtigen, dass in den meisten Luftbefeuchtern ein völliges Austrocknen bis auf den letzten Rest lange Zeit in Anspruch nimmt und dass es bestimmte Mikroorganismen gibt, die auch in Trockenheit überleben können.

Flexible Schläuche
Flexible Schläuche aus Gummi oder Kunststoff haben alle, insbesondere wenn sie älter sind, feine Ris-

se, in denen sich Mikroorganismen anreichern können. Die Reinigung oder Desinfektion ist schwierig: deshalb sind feste, glatte Wasserleitungen bei der Installation von Luftbefeuchtern zu bevorzugen.

Pflichten des Betriebes
Um nun Gesundheitsgefahren durch Mikroorganismen möglichst auszuschließen, sind folgende Maßnahmen erforderlich:
- Es ist ein Beauftragter für Wartung und Reinigung der einzelnen Luftbefeuchter zu bestellen.
- Für jeden Luftbefeuchter ist ein Reinigungsplan aufzustellen. Hierin sind Intervalle, Reinigungsmittel und Methode festzulegen.
- Die Wartungs- und Reinigungsarbeiten sind in einem Kontrollbuch mit Angabe des Ausführenden schriftlich festzuhalten. Das Kontrollbuch ist zur Einsichtnahme bereitzuhalten.

Weitere Informationen über die Luftbefeuchtung sind kostenlos bei der Berufsgenossenschaft Druck und Papierverarbeitung, Wiesbaden, (Anschrift siehe Kapitel 18.) zu erhalten.

15.13 Beanstandungen bei Papieren in der Praxis

In jedem industriellen Fertigungsprozess können Fehler auftreten. Um Beanstandungen von dem Papierlieferanten objektiv und ohne Rückfragen zeitsparend bearbeiten zu können, sind unabhängig von dem Grund der Beanstandung folgende Angaben erforderlich:
1. Anfertigungs-Nummer / Sorte / Flächengewicht / Rechnungs-Nummer.
2. Das Druckverfahren und die spezielle Drucktechnik (z.B. wasserloser Offsetdruck), in dem das Papier verarbeitet wird oder wurde.
3. Weitere Veredelungsgänge nach dem Druck (z. B. lackieren, kaschieren).

Entsprechend der Art der Beanstandungen ist folgendes Belegmaterial zur Bearbeitung notwendig:

Sortierfehler
1. Möglichst alle Bogen, die den Fehler enthalten (z. B. Knoten, eingeschlagene Ecken)
2. Folgebogen, die eine Beschädigung des Gummituches, Druckstocks oder Aufzugs im Druckbild erkennen lassen.
3. Unbrauchbare Gummitücher oder Druckformen, wenn diese in Rechnung gestellt werden.

Passerdifferenzen, schlechte Planlage, Dublieren
1. Angaben über relative Stapelfeuchtigkeit des Papiers und über relative Raumfeuchtigkeit der Verarbeitungsräume.
2. Angaben über die Art der vorhandenen Verformungen (Randwellen, Tellern)
3. Nach Möglichkeit Fotos, die Aussage über die Planlage des Papiers vor dem Druck geben.
4. Original-Druckbogen, die Differenzen oder ein Dublieren zeigen bzw. Bogen mit normalem Passer in Druckreihenfolge.

Staub und Butzenbildung
1. Ablagerungen vom Gummituch der Druckmaschine (mittels Tesafilm, Klebeband).
2. Druckbogen die Ursprung des Butzens enthalten. Dazu muß ein typischer Butzen ausgesucht und der gedruckte Stapel zurückgeblättert werden bis die unbedruckte Fehlstelle auf einem Bogen zum Vorschein kommt.
3. Folgebogen nach dem Bogen mit der Fehlstelle.
4. Bogen im Originalformat, die bei Schnittstaub eine Beurteilung der Schnittkanten zulassen.
5. Bei Ablagerungen feinen Staubes, Druckbogen vor und nach dem Waschen des Gummituches unter Angabe der Waschintervalle.

Fleckiger oder unruhiger Druck
1. Bogen, die den Fehler zeigen mit Angabe der Farbreihenfolge.
2. Bogen eines Vergleichspapiers, falls die Fehlerursache mit Hilfe eines anderen Papiers gefunden wurde.
3. Bogen nach einer eventuellen Änderung der Farbreihenfolge.

Rupfen
1. Bogen, die tatsächliche Beschädigungen der Oberfläche zeigen.
2. Bogen, die nach einer Konsistenz-Änderung der Druckfarbe durch Zusätze gedruckt wurden.
3. Angaben über die eingesetzten Druckfarbentypen und die Art der Gummitücher.

Druckplattenabnutzung, Tonen im Offsetdruck
1. Bogen, die den Fehler zeigen (Veränderung im Druckbild, Farbton in druckfreien Räumen).
2. Belag vom Gummituch, der bei mechanischer Abnützung vorhanden sein muß.
3. Angaben über Zusätze im Feuchtmittel und Art der Druckplatten.

Schlechte Trocknung der Druckfarben und unzureichende Scheuerfestigkeit
1. Bogen vor einer eventuellen buchbinderischen Weiterverarbeitung.
2. Fertiggestellte Exemplare.
3. Angaben über verwendete Druckfarben und Zusätze.
4. Exakte Zeitangaben über den Abstand zwischen dem Druck und dem Auftreten der Schwierigkeiten.

Formatdifferenzen
1. Ungefalzte Bogen im Originalformat, bzw. mit den Abweichungen.
2. Angaben über Auswirkungen der Differenzen in der Weiterverarbeitung.

16. Buchbinderei, Druckweiterverarbeitung

16. Buchbinderei, Druckweiterverarbeitung

Der abschließende Fertigungsbereich für gedruckte Informationen ist die Buchbinderei bzw. die Druckweiterverarbeitung: Bedruckstoffe – in einzelnen Bogen oder einer „endlosen" Rolle bedruckt – werden hier zu einem Endprodukt verarbeitet.

Dabei wird vielfach die besondere technische, qualitative und vor allem wirtschaftliche Bedeutung dieser Fertigungsbereiche nicht ausreichend beachtet.

Es muss bereits bei der Medienberatung im Kundenkontakt, bei der Gestaltung und der Planung des Produktes und danach auch allen Mitwirkenden an der Produktion von der Arbeitsvorbereitung über die Druckvorstufe und dem Druckprozess bewusst sein, dass nicht nur die Druckvorstufentechnik und der Druck die Qualität und das Gesicht eines Druckproduktes prägen und den wirtschaftlichen Erfolg beeinflussen:

- An dem Zustandekommen eines optisch gelungen, funktional wirkungsvollen und bedarfsgerechten Druck-Erzeugnisses hat der Fertigungsbereich Buchbinderei und Druckweiterverarbeitung einen wesentlichen Anteil.
- Der kleinste Mangel oder ein Fehler in der Weiterverarbeitung machen aus hochwertigsten Drucken unbrauchbare Produkte, d.h. Makulatur.

Bei den verschiedensten optischen und technisch-mechanischen Anforderungen an unterschiedliche Druckprodukte, z. B. Benutzerfreundlichkeit und Haltbarkeit, ist die Fachkompetenz in der Buchbinderei entscheidend.

Früher bedeutende handwerkliche Verfahren der Buchbinderei werden nur noch für Einzelfertigungen oder hochwertige Bücher eingesetzt. Der Buchbinder arbeitet heute mit industriellen Produktionsmethoden und computergesteuerten, vielfach modularen Hochleistungsmaschinen, die schneiden, falzen, zusammentragen, heften und binden. Nicht nur die Herstellung von Broschuren und das Binden von Büchern, sondern ebenso Arbeiten wie das Lochen, Perforieren, Ritzen, Rillen, Nuten, Stanzen sowie das Veredeln von Oberflächen, gehören zu den Aufgabenbereichen der Druckweiterverarbeitung.

Ebenso vielfältig ist die Produktpalette: Geschäftspapiere, Werbedrucksachen, Kataloge, Verpackungen, Zeitschriften, Zeitungen, Kalender, Broschüren, Bücher, Mappen, Alben u. a. benötigen zur Fertigung spezielle Geräte und leistungsstarke Maschinen. Besonders umfassend ist die Produktion von Broschuren und Büchern mit flexiblen Buchfertigungsstraßen, die nicht nur für Großauflagen, sondern heute speziell auch für kleine und mittlere Auflagen konzipiert sind. Selbst hochwertige Produkte lassen sich industriell fertigen.

Für alle diese Arbeiten ist eine produktbezogene sachgerechte, gründliche Arbeitsvorbereitung (AV) erforderlich. Aber nicht nur die AV trägt maßgeblich zur Qualitätssteuerung bei: In der Druckvorstufe, der Druckformherstellung und im Druck sind technisch erforderliche Voraussetzungen für eine einwandfreie, problemlose Druckweiterverarbeitung zu beachten. Nur so kann ein qualitativ hochwertiges Endprodukt hergestellt werden.

Fertigungsbereiche in der Verarbeitung von Bedruckstoffen

Handwerkl. Buchbinderei

Einzelfertigungen
- Broschuren
- Bücher
- Spezialeinbände, z. B. Franzband, Lederband
- Restauration von Büchern
- Veredelungen, z. B. Hand vergolden, Prägen
- Spezielle Produkte, z. B. Mappen, Alben, Schuber
- Aufziehen von Landkarten, Fotos, Bildern u.ä.

Druckereibuchbinderei

Bedruckstoffvorbereitung für die Druckproduktion und Druckweiterverarbeitung zu
- Akzidenzen, z. B. Werbedrucksachen, Geschäfts- und Familiendrucksachen wie Briefbogen, Briefumschläge, Rechnungen, Formulare, Werbebeilagen, Handzettel, Visitenkarten, Hochzeits- und Einladungskarten; Ansichtskarten, Plakate
- Broschuren, z. B. ein- und mehrlagige Produkte in kleinen und mittleren Auflagen für Werbung, Information, Kommunikation, technische Dokumentation; Kalender

Industrielle Buchbinderei

Druckverarbeitung in großen Auflagen
- einlagige Broschuren, z. B. Illustrierte, Magazine, Imagebroschuren, Geschäftsberichte, Rätselhefte, Romane
- mehrlagige Broschuren, z. B. „Taschenbücher", Fach-, Sachbroschuren (z. B. Natur, Medizin, Computertechnik, Gebrauchsanleitungen), Geschäftsberichte, Telefonbücher (Bindung: Broschur)
- Bücher aller Art in verschiedenen Bindetechniken (Fadenheftung, Klebebindung) und Ausführungen in der Buchblockverarbeitung sowie der Buchdecke (Bezug, Veredelung)

Papierverarbeitung

Verpackungsmittel
- Faltschachteln, Weichverpackungen (Kunststoff-, Metall- oder Verbundfolien), Packpapiere, Tragetaschen, Tüten, Beutel, Säcke, Becher Geschenkpapiere, usw.

Verpackungshilfsmittel
- Etiketten, Anhänger

Hygienepapierwaren
- Taschentücher, Haushaltstücher, Toilettenpapier, Untersetzer, Servietten

Dekorationspapierwaren
- Papierblumen, Girlanden Einwickelpapiere

Büro- und Organisationsbedarf
- Ordner, Mappen, Briefumschläge, Versandtaschen

Lernhilfsmittel
- Schreib-, Zeichenblöcke, Hefte, Ringbücher

16.1 Produkte der Buchbinderei und Druckweiterverarbeitung

In der Druckweiterverarbeitung entstehen aus bedruckten Bogen oder Rollen verschiedenste Produkte. Je nach Anforderungen an das Produkt sind spezielle Verarbeitungstechniken und Fertigungsabläufe einzusetzen. Prinzipiell unterscheidet man bei den verschiedenen Gruppen ungefalzte und gefalzte, ungeheftete und geheftete Produkte, zum Beispiel:

Geschäftsdrucksachen
- Briefbogen, Rechnungen, Karteikarten, Formulare (einzeln und in Sätzen), Endlosformulare, Merkblätter, Postkarten, technische Dokumentationen

Werbedrucksachen, Kataloge
- Prospekte, Imagebroschuren, Plakate, Aufsteller, Displays, Wurfsendungen, Versandhaus-, Messe-, Modekataloge, Möbelkataloge, Reisekataloge

Verpackungen
- Etiketten, Einwickelpapiere und -folien, Tragetaschen, Faltschachteln verschiedenster Art, z. B. Schokoladen-, Pralinen-, Arzneimittelverpackungen; Schallplattenhüllen, Mappen, Alben

Broschuren, Bücher
- Hefte, Schreibblocks, Taschenbücher, Festschriften, Image-Broschuren, Geschäftsberichte, Telefonbücher, Adressbücher, Fach- und Sachbücher, Schulbücher, Bildbände, Reiseführer, Lexikas, literarische Werke, wissenschaftliche Bücher, technische Dokumentationen

Zeitungen und ähnliche Produkte
- Tageszeitungen, Wochenzeitungen, Amtsblätter, Anzeigenblätter, Wochenblätter

Zeitschriften, Illustrierte
- Unterhaltungs-, Fach-, Programm-, Kunden- und Hauszeitschriften, wissenschaftliche und kirchliche Zeitschriften, Romane, Rätselhefte

Sonstiges
- Taschenkalender, Wand-, Bild-, Kunst-und Abreißkalender, Terminkalender, Ansichts- und Glückwunschkarten, Spielkarten, Spiele, Wanderkarten, Straßenkarten, Stadtpläne, Landkarten, Autoatlanten, Atlanten, Veredelungen, z. B. Kalandrieren, Lackieren, Kaschieren, Prägen, Vergolden sowie spezielle Fertigungen, z.B. Schuber, Mappen.

16.2 Fertigungsabläufe

Jeder entscheidende Mitarbeiter in der Gestaltung, der Druckvorstufe und im Druck muss mit technischen Bedingungen der Druckweiterverarbeitung vertraut sein. Das Wissen über den technischen Arbeitsablauf und die daraus abgeleiteten Anforderungen an den zu liefernden Druckbogen ermöglicht eine sinnvolle Zusammenarbeit.

Soll eine gute Qualität den Betrieb verlassen, dann ist die partnerschaftliche Zusammenarbeit aller am Auftrag Beteiligter mit bestmöglichen, aufeinander abgestimmten Leistungen erforderlich. Nur so sind zusätzliche Kosten, technische Fehler, Unstimmigkeiten oder gar Reklamationen zu vermeiden. Daher ist grundsätzlich – insbesondere bei neuartigen Aufträgen – vor dem Produktionsbeginn zwischen allen beteiligten Abteilungen eine Abstimmung der technischen Anforderungen zur Fertigung notwendig.

Die folgenden Hinweise nennen die wichtigsten papiertechnischen und drucktechnischen Voraussetzungen für eine qualitativ einwandfreie Druckweiterverarbeitung.

Papiertechnische Voraussetzungen für die Druckweiterverarbeitung
- Richtige Laufrichtung: Bei gefalzten und zu klebenden Produkten muss die Papierlaufrichtung immer parallel zum letzten Falz bzw. zum Bund verlaufen, da sonst verarbeitungstechnische Schwierigkeiten (Wellenbildung, Falten u. a.) nicht zu vermeiden sind und die Seiten schlechter aufgeschlagen werden können.

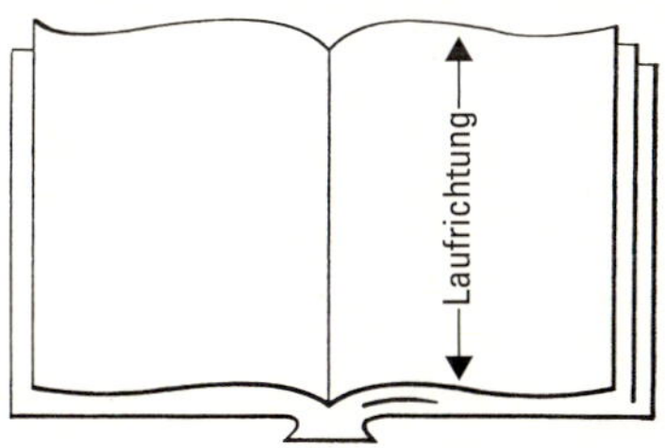

Papierlaufrichtung bei Broschuren und Büchern richtig: parallel zum Bund

- Rechtwinkliger Schnitt der Druckbogen.
- Druckformat mit ausreichendem Beschnitt; besonders bei zu falzenden Produkten, bei angeschnittenen Bildstellen (Flächen, Bilder) und im Bund bei der Klebebindung.
- Kantengleich gestapelter Bedruckstoff bei Transport und Lagerung auf Paletten
- Beschädigungsfreie Seiten der Druckbogen
- Planlage der Druckbogen:
  Kein Tellern oder keine Randwelligkeit durch falsches bzw. ungleiches Klima im Drucksaal und/oder in der Druckweiterverarbeitung.

Drucktechnische Voraussetzungen
- Rechtwinkliger, korrekter Stand der Seiten auf dem Druckbogen
- Exakter Stand an der Druckanlage: Druck- und Falzanlage müssen identisch sein (Anlagewinkel), richtiges Ausschießen nach Vorgabe der Druckweiterverarbeitung
- Trockene, scheuerfeste Druckfarben
- Mitdrucken von Hilfszeichen für die Druckweiterverarbeitung wie Anlage- bzw. Seitenmarke,

Schneidezeichen, Falzzeichen, Flattermarke (bei Werken mit mehreren zusammenzutragenden Falzbogen als ein optisches Kontrollzeichen für das richtige Zusammentragen), Bogensignatur (Nummer des Falzbogens) und Bogennorm (Kurzbezeichnung des Werkes)
- Drucktechnisch einwandfreie Bogen (keine Makulatur, keine Schimmelbogen)
- Zuschuss entsprechend der Arbeiten in der Druckweiterverarbeitung in ausreichender Menge.

Vom Druckbogen zum fertigen Produkt
In den folgenden kurzen Übersichten sind mögliche Fertigungsabläufe zur Herstellung von Prospekten, Broschuren und Büchern prinzipiell zusammengestellt. Dabei sind spezielle Variationen oder besondere Fertigungstechniken nicht berücksichtigt. Die Angabe „Ausgabe" gibt ein mögliches Produkt an.

1. *Falzprodukte, z. B. vierseitig, ungeheftet*
   Eingabe
   - Druckbogen: Text und Bild
   - Verpackungsmaterial
   Verarbeitung
   - Schneiden auf Falzformat
   - Bogen falzen
   - Falzprodukt beschneiden
   - Qualitätskontrolle
   - Bündeln, banderolieren
   - Verpacken
   Ausgabe
   - Druckprodukt: Prospekt

2. *Broschuren*
   Broschuren sind mehrseitige, geheftete Druckprodukte mit und ohne Umschlag. Der Einband eines Buches besteht aus einer speziell angefertigten, aus mehreren Materialien bestehenden Buchdecke. Im Gegensatz zu einem Buch besteht der Einband (Umschlag) einer Broschur aus gleichartigem Material wie der Innenteil oder aus Karton. In der Regel ist der Umschlag bedruckt.

Einzelblattbroschuren
Der Innenteil besteht aus einzelnen Blättern, die z.B. durch Spiral- oder Kammbindung geheftet sind.

Einlagige Broschuren
Bei einlagigen Broschuren sind alle (Doppel-) Blätter des Innenteils ineinandergesteckt bzw. gesammelt und durch eine Rückstichheftung mit Draht oder Faden geheftet. Hat die Broschur einen Umschlag, wird dieser als äußerste Lage gleichfalls mitgeheftet.

Mehrlagige Broschuren
Bei mehrlagigen Broschuren werden einzelne Falzbogen, sogenannte Lagen, hintereinander in richtiger Reihenfolge zusammengetragen. Gehef-

Standardprodukte in der Druckweiterverarbeitung: Fertigungsabläufe im Überblick
Innerhalb der buchbinderischen Verarbeitung in der Vergangenheit und Gegenwart können zahlreiche Produktionsformen mit vielfältigen Variationen unterschieden werden. Die Fertigungsabläufe der vier häufigsten Grundtypen sollen im folgenden aufgezeigt werden.

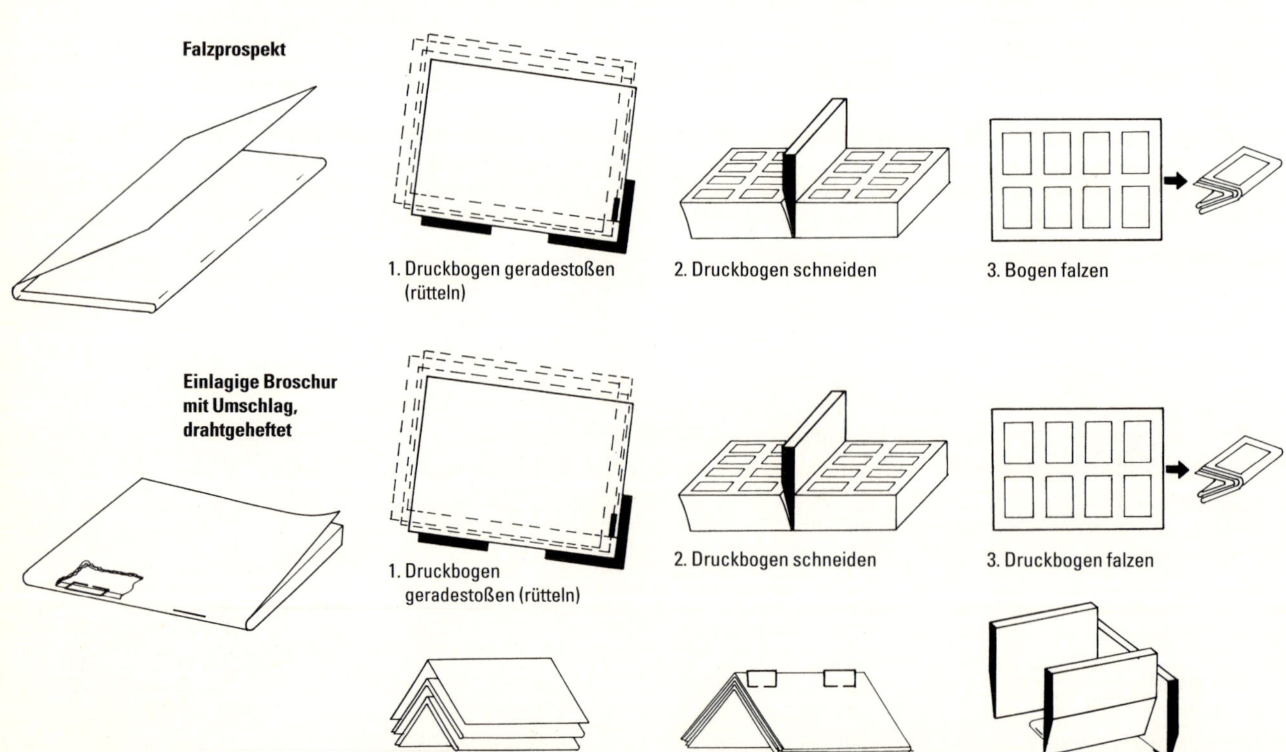
Falzprospekt
1. Druckbogen geradestoßen (rütteln)
2. Druckbogen schneiden
3. Bogen falzen
Einlagige Broschur mit Umschlag, drahtgeheftet
1. Druckbogen geradestoßen (rütteln)
2. Druckbogen schneiden
3. Druckbogen falzen
4. Gefalzte Bogen ineinanderstecken
5. Drahtheften durch den Rücken
6. Dreiseitenbeschnitt

tet wird nur noch bei einfachen Produkten mit Draht seitlich durch den Broschurenblock.
Alle anderen Produkte werden mit Faden, durch Fadensiegeln direkt beim Falzen oder überwiegend durch Klebebindung geheftet. Der Umschlag mehrlagiger Broschuren ist in der Regel zwei- oder vierfach gerillt, um ein leichteres Aufschlagen und Umlegen zu ermöglichen.

Beispiele für Broschuren
- Einzelblattbroschuren:
  Bedienungsanleitungen, Rechnungs- und Lieferscheinblocks, Listen, Formulare, Wand- und Abreißkalender, Dissertationen
- Einlagige Broschuren ohne Umschlag:
  Mehrseitige Prospekte, Postwurfsendungen, Werbe-, Anzeigenblätter
- Einlagige Broschuren mit Umschlag:
  Illustrierte, Geschäftsberichte, Fachzeitschriften, Hefte, einfache („Groschen"-)Romane
- Mehrlagige Broschuren mit Umschlag:
  Telefon-, Adress- und Taschenbücher (fälschlicherweise „Buch" genannt), Fachzeitschriften.

Einzelblattbroschur: Spiral- oder Kammbindung

Eingabe
- Druckbogen: Text/Bild
- Verarbeitungsmaterial
- Verpackungsmaterial

Verarbeitung
- Bogen rütteln und auf Verarbeitungsformat schneiden
- Blätter zusammentragen
- Blätter beschneiden
- Blätter stanzen und in eine Spirale, einen Kamm oder ein ähnliches Bindesystem einhängen
- Qualitätskontrolle
- Bündeln, banderolieren
- Verpacken

Ausgabe
- Druckprodukt: Einzelblattbroschur

Einlagige Broschur ohne Umschlag

Eingabe
- Druckbogen: Text/Bild
- Verarbeitungsmaterial
- Verpackungsmaterial

Verarbeitung
- Bogen rütteln und Falzformat schneiden
- Bogen falzen
- Heften
  - Falzkleben
  - Sammelheften:
    Sammeln der Falzbogen (auch einstecken genannt) zu einer Lage und rückstichheften mit Draht
- Dreiseitiges beschneiden
- Qualitätskontrolle
- Bündeln, banderolieren
- Verpacken

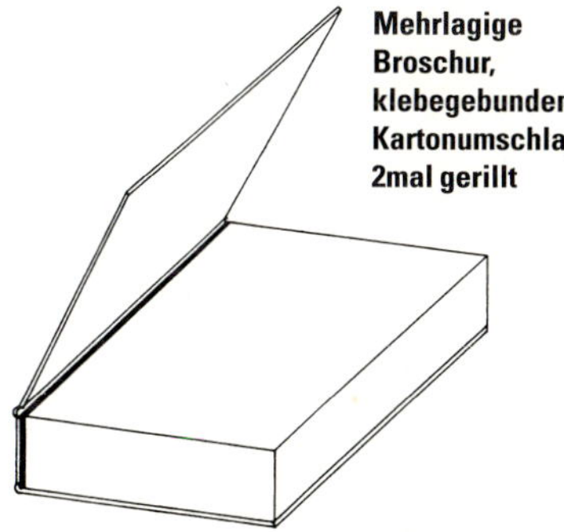

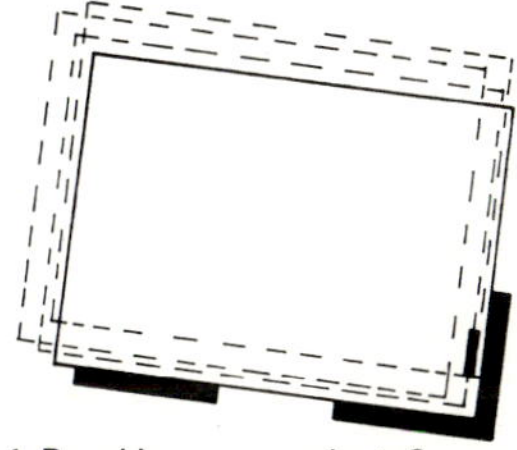

1. Druckbogen geradestoßen (rütteln)

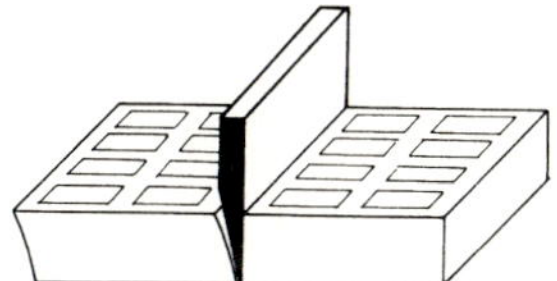

2. Druckbogen schneiden

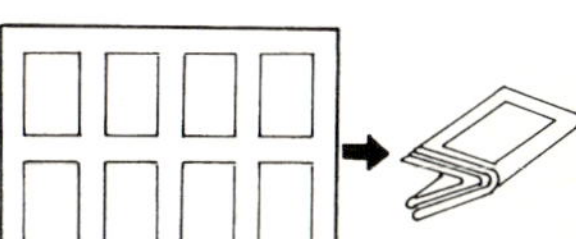

3. Bogen falzen

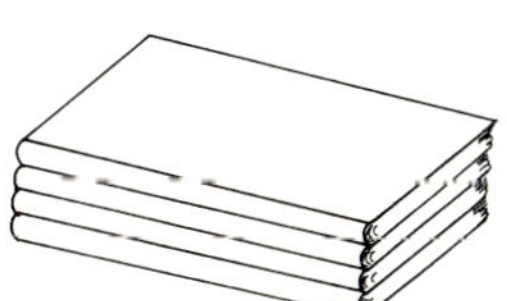
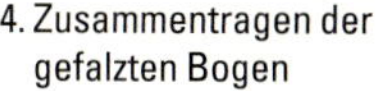
4. Zusammentragen der gefalzten Bogen

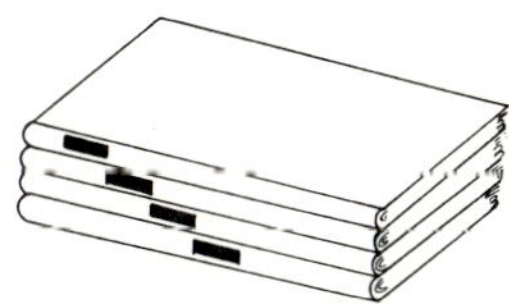
5. Überprüfen der Reihenfolge mit Flattermarken

6. Rücken fräsen und bearbeiten (z.B. kerben)

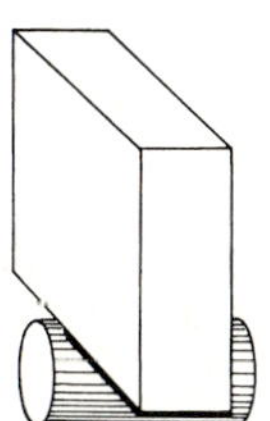
7. Rückenbeleimen der Einzelblätter

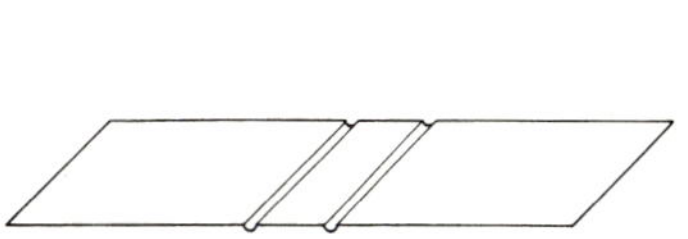
8. Umschlag rillen

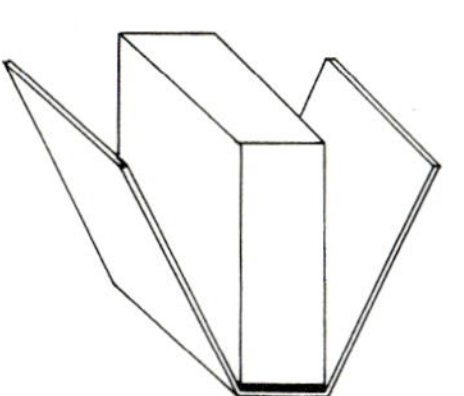
9. Montage von Broschurblock und Umschlag

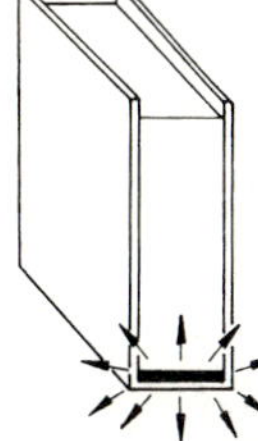
10. Trocknen bzw. Erstarren des Klebstoffs

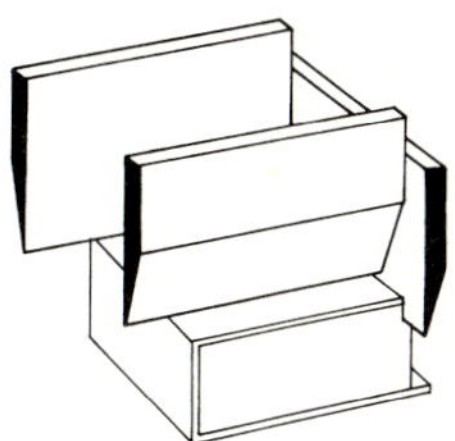
11. Dreiseitenbeschnitt

Buch mit Fadenheftung: Deckenband

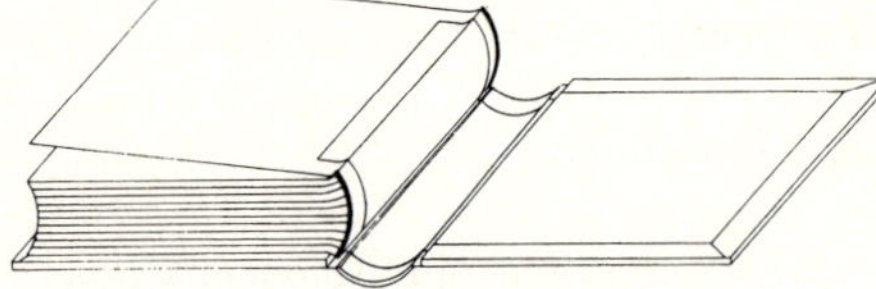

1. Buchblockherstellung

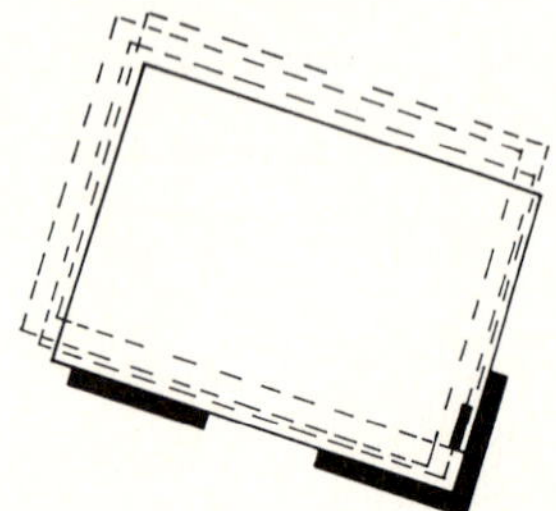

1.1 Druckbogen geradestoßen (rütteln)

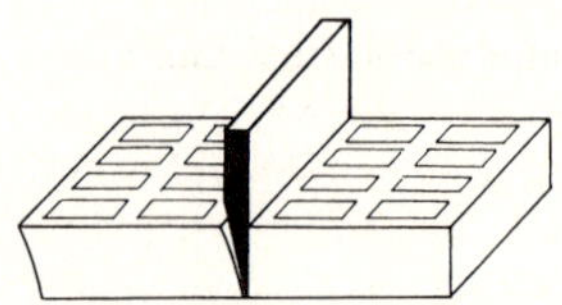

1.2 Druckbogen schneiden

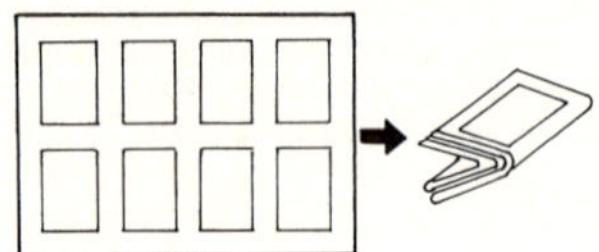

1.3 Bogen falzen

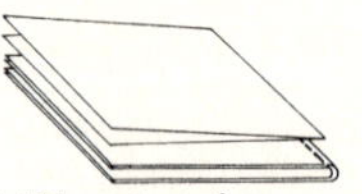

1.4 Vorsatzpapiere an ersten und letzten Falzbogen kleben

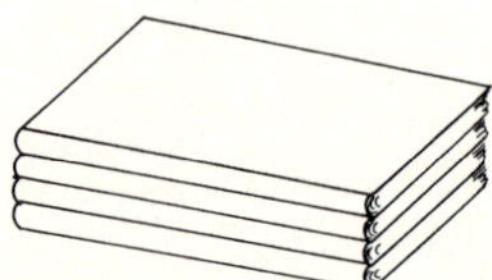

1.5 Zusammentragen der gefalzten Bogen

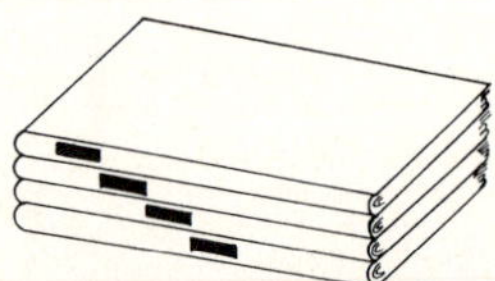

1.6 Überprüfen der richtigen Reihenfolge an Flattermarken

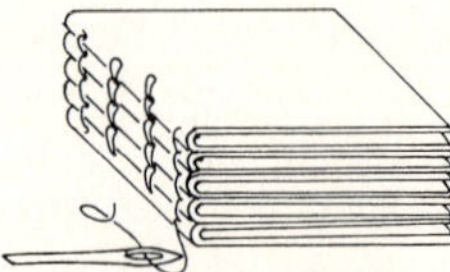

1.7 Fadenheften: Zusammennähen der Falzbogen

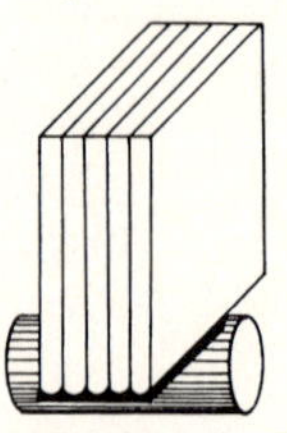

1.8 Beleimen des Rückens

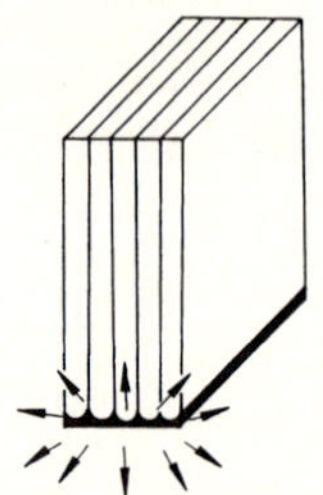

1.9 Trocknen des Klebstoffes

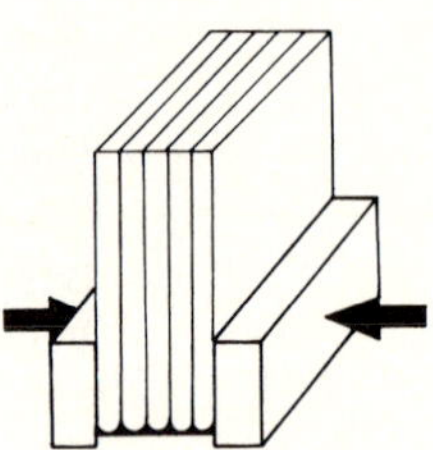

1.10 Pressen des Rückens (Falzniederhalten)

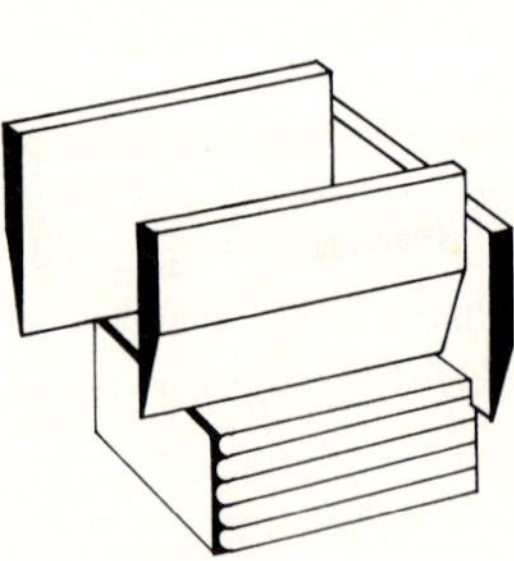

1.11 Dreiseitenbeschnitt

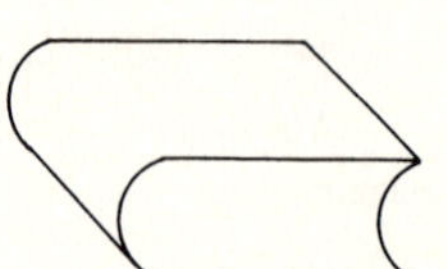

1.12 Runden des Buchblocks

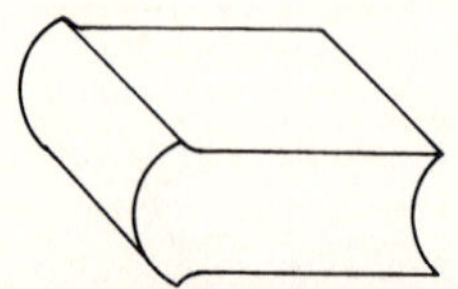

1.13 Formen des Rückenfalzes (Abpressen)

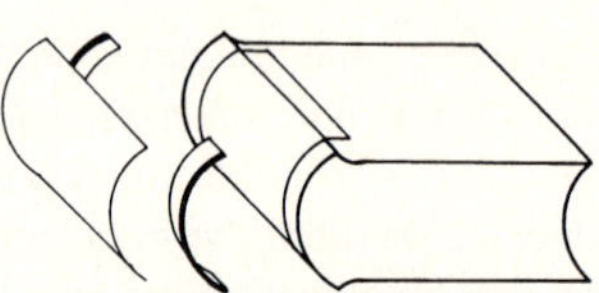

1.14 Hinterkleben des Rückens mit Papier (evtl. Gaze), Kapitalband ankleben

2. Herstellung der Buchdecke

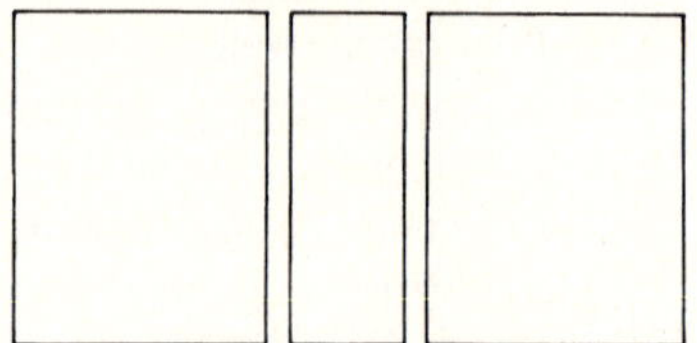

2.1 Deckelpappen und Rückeneinlage (Schrenz) schneiden

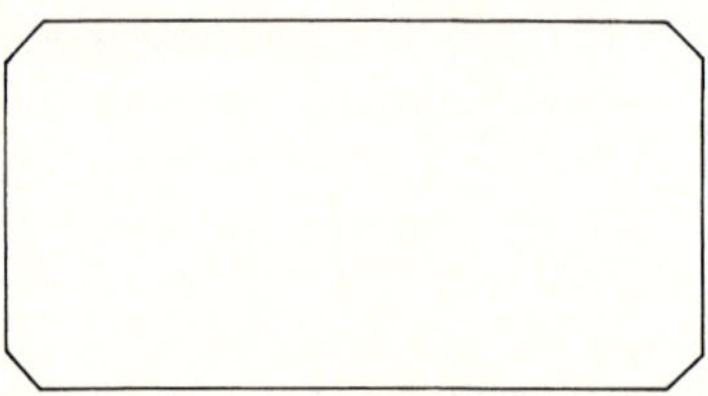

2.2. Überzugmaterial (z.B. Papier, Gewebe) zuschneiden und Ecken abstoßen

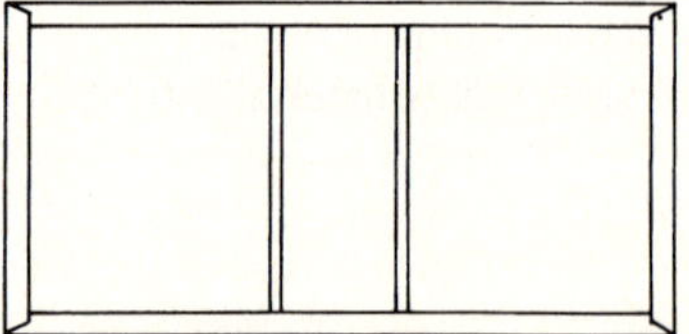

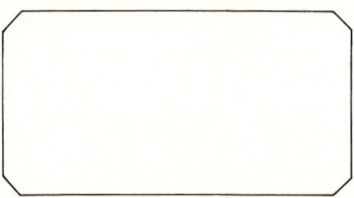

2.3 Deckenfertigung: Deckel und Schrenz mit Überzug bekleben und einschlagen

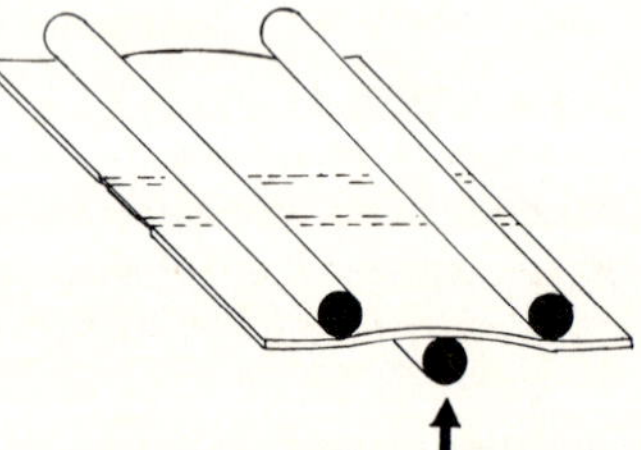

2.4. Geradebiegen der trockenen Decken

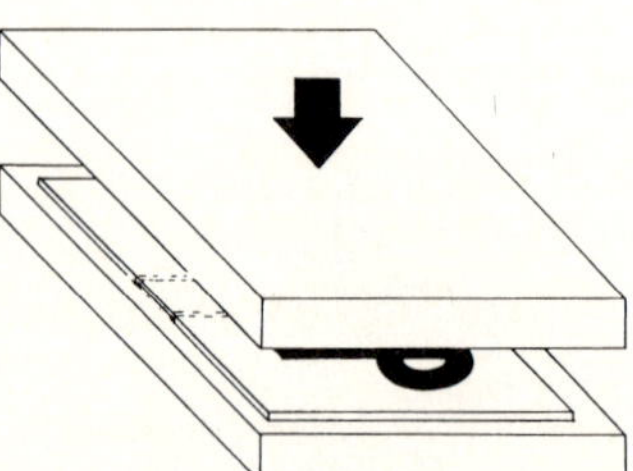

2.5 Prägen der Buchdecke (optional)

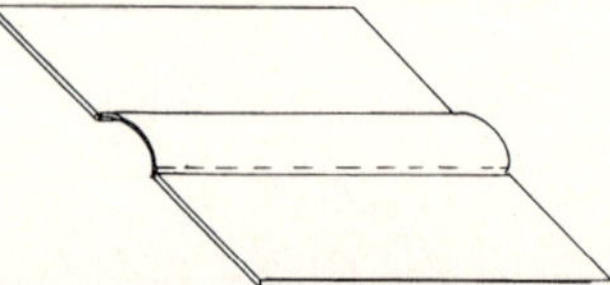

2.6 Runden der Rückeneinlage

3. Buchfertigung: Montage von Buchblock und Buchdecke

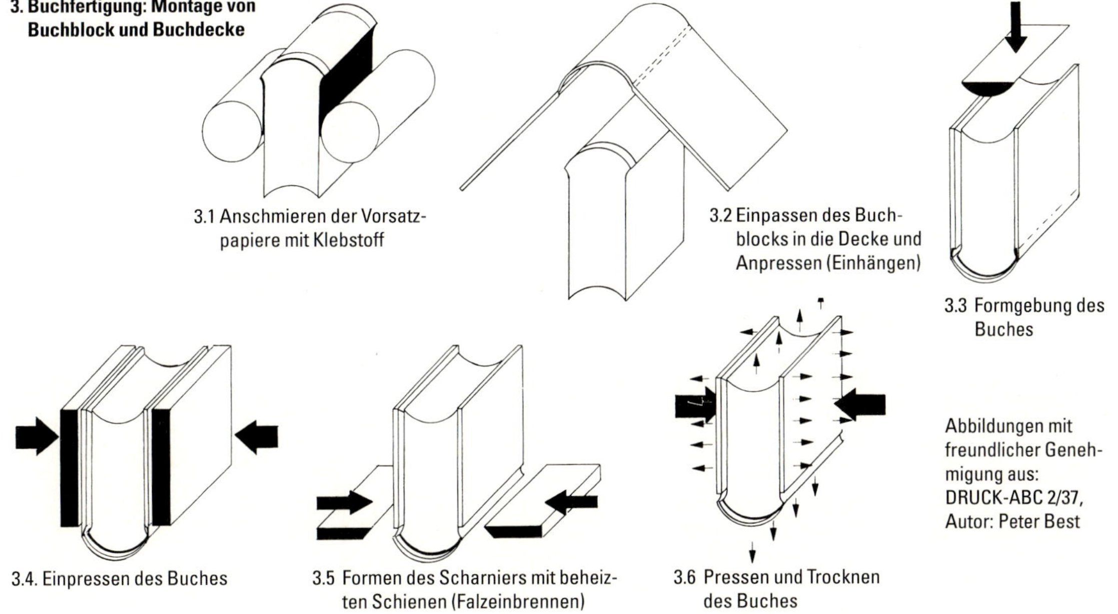

3.1 Anschmieren der Vorsatzpapiere mit Klebstoff

3.2 Einpassen des Buchblocks in die Decke und Anpressen (Einhängen)

3.3 Formgebung des Buches

3.4. Einpressen des Buches

3.5 Formen des Scharniers mit beheizten Schienen (Falzeinbrennen)

3.6 Pressen und Trocknen des Buches

Abbildungen mit freundlicher Genehmigung aus: DRUCK-ABC 2/37, Autor: Peter Best

Ausgabe
– Druckprodukte: Mehrseitiger Prospekt, Illustrierte

Einlagige Broschur mit Umschlag

Eingabe
- Druckbogen: Text/Bild (Inhalt)
- Druckbogen Umschlag
- Verarbeitungsmaterial
- Verpackungsmaterial

Verarbeitung
- Bogen (Inhalt) rütteln und auf Falzformat schneiden
- Bogen (Inhalt) falzen
- Bogen (Umschlag) rütteln und auf Verarbeitungsformat schneiden, Umschlag rillen
- Heften
  Sammelheften: Sammeln der Falzbogen und des Umschlags zu einer Lage und rückstichheften mit Draht
- Dreiseitiges beschneiden
- Qualitätskontrolle
- Bündeln, banderolieren
- Verpacken

Ausgabe
– Druckprodukt: Illustrierte

Mehrlagige Broschur mit Umschlag

Eingabe
- Druckbogen: Text/Bild (Inhalt)
- Druckbogen: Umschlag
- Verarbeitungsmaterial
- Verpackungsmaterial

Verarbeitung
- Bogen (Umschlag) rütteln und auf Verarbeitungsformat schneiden
- Bogen (Inhalt) rütteln und auf Falzformat schneiden
- Bogen (Inhalt) falzen
- Zusammentragen und klebebinden:
  • Zusammentragen der Falzbogen,
  • Klebebinden:
  • Rücken des Broschurenblocks abfräsen und bearbeiten (z.B. aufrauhen, einkerben)
  • Rückenleimung, ggf. fälzeln (Krepp-Papier u.ä.)
  • Umschlag anlegen und rillen
  • Einhängen des Broschurenblocks in den Umschlag
  • Pressen und trocknen
- Dreiseitiges Beschneiden
- Qualitätskontrolle
- ggf. bündeln, banderolieren
- Verpacken

Ausgabe
- Druckprodukt: „Taschenbuch“

16.3 Verarbeitungstechniken

Zur Weiterverarbeitung bedruckter Bogen zu einem Endprodukt sind spezielle, produktbezogene Verarbeitungstechniken einzusetzen.

In der handwerklichen Buchbinderei werden nur wenige Maschinen eingesetzt, dominierend sind für die Einzelfertigung von Produkten überwiegend manuelle Tätigkeiten.

Für die Serienfertigung, d. h. Fertigung umfangreicher Produkte in größeren Auflagen mit industriellen Verfahren, dominieren einzelne Maschinen, ein Maschinenverbund oder gesamte Fertigungsstraßen. Ein wesentliches Ziel der Hersteller und eine Forderung der Industrie ist die optimale Funktionalität und ein ausgewogenes Preis-/Leistungsverhältnis auf hohem Niveau.

Die Maschinen sollen mit einem Leistungsspektrum ausgestattet sein, das auf die hohen Geschwindigkeiten moderner Druckmaschinensysteme abgestimmt ist. Im Zuge dieser Maßnahmen werden immer mehr elektronische und digitale Kontroll- und Steuerelemente eingesetzt.

Bei modernen Verarbeitungssystemen sind die Produktionsanlagen inzwischen sogar mit umfassenden Management-Systemen verknüpft (CIP3, CIP4).

Diese dienen der Arbeitsvorbereitung zur Verkürzung der Einrichte- und Stillstandszeiten, sie können Fehlerquellen aufzeigen und Störungen signalisieren und bieten die Grundlage zur Erfassung, Archivierung und Auswertung von Betriebs- und Produktionsdaten.

Das Ziel, ein rationelles Verarbeitungssystem mit Druck und Druckweiterverarbeitung in integrierter Produktion für die Herstellung von Taschenbüchern und Buchblocks ist zum Beispiel seit vielen Jahren realisiert (Basis Buchdrucktechnik: Cameron; Basis Offsetdrucktechnik: MAN-Miller Bookomatic, Bertelsmann-Taschenbuch- bzw. Buchfertigungsstraße).

Die Inline-Produktion in Rollen-Rotationsdruckmaschinen – je nach Ausstattung und Einsatzbereich der Druckmaschine – umfasst Verarbeitungssysteme zur Fertigung von Teilprodukten (z. B. Falzbogen für Sammelheftung) oder Fertigprodukten (Zeitungen, Anzeigenblätter, Prospekte, Wurfsendungen, Werbung, Mailings, Endlosformulare).

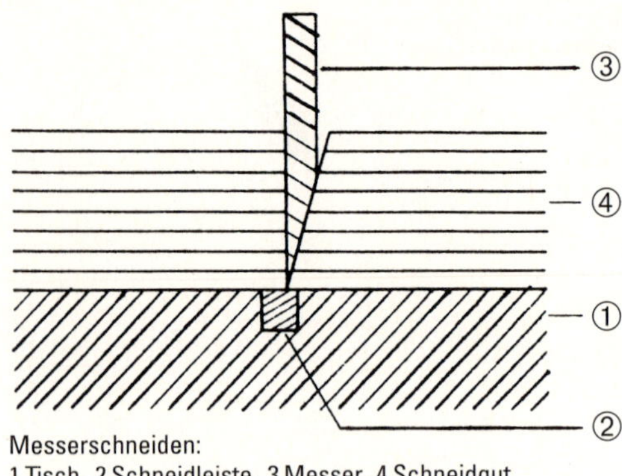

Messerschneiden:
1 Tisch, 2 Schneidleiste, 3 Messer, 4 Schneidgut

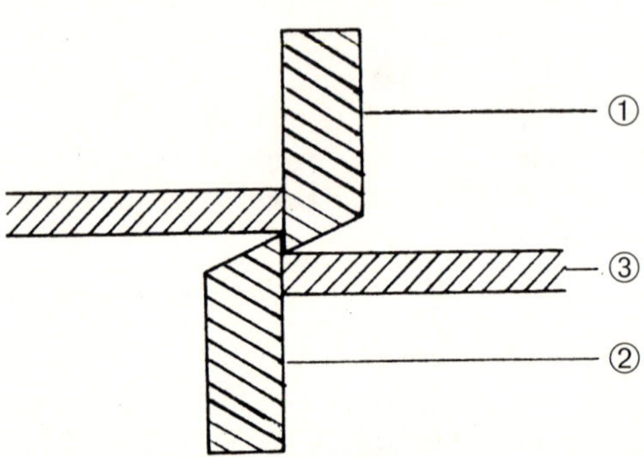

Scherenschneiden:
1 Obermesser, 2 Untermesser, 3 Schneidgut

16.3.1 Schneiden

Das Schneiden ist bei einer industriellen Produktion in der Buchbinderei bzw. der Druckweiterverarbeitung ein wichtiger Arbeitsprozess

- beim Planschneiden sowohl vor als auch nach dem Druck (Druckvorbereitung, Endbeschnitt),
- beim Dreiseitenbeschnitt in der Buch-, Broschuren- und Zeitschriftenfertigung für den End- bzw. Formatbeschnitt.

Bei den unterschiedlichen Aufgabenfeldern des Schneidens von Produktteilen oder (End-)Produkten sind auch heute noch große Rationalisierungsreserven (Zeit, Kosten) vorhanden. Termin- und Kostendruck, neue und oft sehr dünne Bedruckstoffe, immer unterschiedlichere Ausstattungen der Endprodukte und kleinere Auflagen erfordern eine größere Flexibilität und weiter verkürzte Rüstzeiten. Damit das Schneiden nicht zu einem „Flaschenhals" in der Produktion wird, ist ein geeignetes Schneidsystem mit entsprechender Peripherie einzusetzen.

Systematisch betrachtet ist das Schneiden ein Arbeitsverfahren des Trennens von Werkstoffen.
Grundlagen, Prinzip

- Grundverfahren: Trennen
- Verfahrensgruppe: Teilen
- Arbeitsverfahren: Schneiden

Schneiden ist das formatbezogene Trennen eines flexiblen Werkstoffes mit einem Schneidmesser.
Das Messer bewegt sich dabei schräg schwingend auf das Schneidgut, dadurch wird eine relativ geringe Kraft benötigt. Die Schneidfläche ist linien- oder kreisförmig und ohne eine Unterbrechung durchgehend.

Hinweise zum Vergleich: Das Stanzen ist dagegen das teilweise oder vollständige Trennen flexibler Werkstoffe ausschließlich durch eine senkrecht wirkende Kraft. Ebenso ist es prinzipiell beim Perforieren: Es entstehen durch spezielle Werkzeuge durch eine senkrecht wirkende Kraft Lochperforationen oder Schlitzperforationen, die ein Abtrennen von Materialteilen ermöglichen.

Bei Schneidverfahren sind zwei Grundtechniken zu unterscheiden:

- Messerschneiden (Messerschnitt)
  Schneiden eines Schneidmessers gegen eine feststehende Unterlage, die Schneidleiste. Sie ist dabei das Unterschnittwerkzeug des Maschinenmessers. Der Schneidkeil des Schneidmessers drängt dabei mit seiner Druckfläche das Schneidgut auseinander.
  Techniken und Einsatzbereiche
  - Planschneidemaschinen:
    Schneiden von Papierlagen, z. B. Winkelschnitt, Trennschnitt, Formatbeschnitt.
  - Dreimesserautomaten:
    Dreiseitenbeschnitt von Broschuren und Buchblocks
- Scherenschneiden (Scherenschnitt)
  Schneiden mit einem Ober- und Untermesser, d. h. zwei Schneidmesser trennen den Werkstoff. Dabei kommt es zu mehr oder weniger starken Faserverformungen und Gefügebeeinträchtigungen. Diese bewirken einen abquetschenden Schnitt (vergleiche das Produktergebnis beim Schneiden mit einer normalen Handschere).

Techniken und Einsatzbereiche

- Pappschere:
  Schneiden einzelner Bogen von Papier, Karton, Pappe.
- Pappenkreisschere:
  Schneideanlage für das Schneiden von hartem Schneidgut mit Kreismessern.
- Rollen(kreis)schneider:
  Schneidanlagen für das Schneiden von dickem, weichen Schneidgut (z. B. Wellpappe) mit einem Tellermesser oder das Schneiden von sehr harten, dicken Werkstoffen (z. B. Hartpappe) mit einem Topfmesser.
- Trimmer (Fließdreischneider): Dreiseitenbeschnitt von einlagigen Broschuren (Kopf-, Fuß- und Vorderschnitt, z.B. bei Heften, Broschuren, Illustrierten).

Die Schneidkräfte sind abhängig von verschiedenen Parametern. In der tabellarischen Übersicht sind Einflussfaktoren auf die erforderlichen Schneidkräfte zu einem prinzipiellen Vergleich verschiedener Techniken zusammengestellt.

Papierscheren, Papierschneidemesser, Pappscheren oder Pappenkreisscheren werden nur zum Schneiden einzelner Blätter oder Bogen bzw. auch für Produktteile (z. B. Buchdeckel aus Graupappe)

Parameter	Schneidekraft größer	Schneidekraft kleiner
Schneideverfahren	Scherenschnitt	Messerschnitt
Messerführung	senkrecht	schräg, rotativ
Winkel am Schneidkeil	groß	klein
Schnittlänge	lang	kurz
Messerschärfe	stumpf	scharf

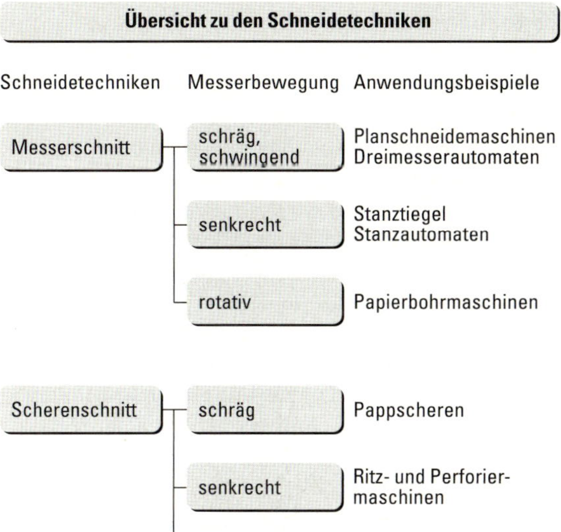

Kraftwirkung auf das Messer

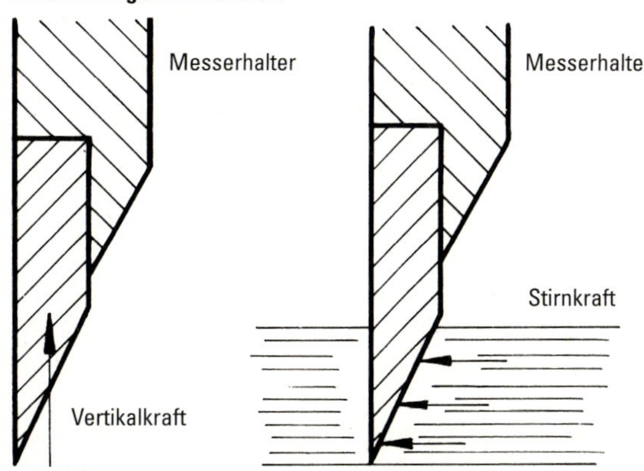

Vertikalkraft. Bei dem Eindringen in den Papierstapel wirkt auf das Schneidmesser eine Kraft von unten nach oben.

Stirnkraft. Durch das weitere Eindringen des Schneidmessers in den Papierstapel wirkt durch die Keilform des Messers (Schliffwinkel) eine Belastung auf die Messerschneide. Bei extremer Belastung und unzureichender Führung neigt das Messer dazu, nach hinten auszuweichen.

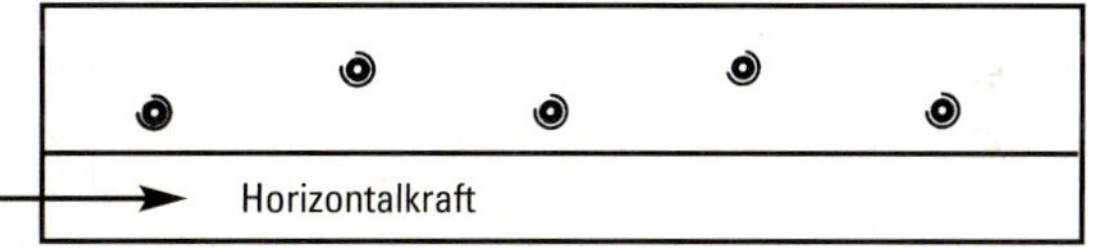

Horizontalkraft. Durch die seitliche Bewegung beim Schwingschnitt trifft eine seitliche Belastung des Schneidemessers auf.

Abbildungen Wohlenberg

eingesetzt. Das Schneiden größerer Papiermengen als Planobogen oder Falzbogen bzw. der Endbeschnitt verschiedener Produkte erfolgt mit manuell oder heute fast ausschließlich programmgesteuerten Schneidmaschinen, den Planschneidmaschinen. Programmgesteuerte Schneidmaschinen werden heute von namhaften Herstellern allgemein Schnellschneider genannt.

Spezielle Schneidmaschinen werden allgemein in Fertigungssystemen für das dreiseitige Beschneiden von Broschuren oder Buchblocks eingesetzt.

Zum Trennen in nicht rechtwinklige Endprodukte, z.B. bei Verpackungen, Faltschachteln und Etiketten, werden Stanzmaschinen eingesetzt, die mit einem senkrechten Messerschnitt arbeiten.

Fachbegriffe beim Schneiden:

- Winkelschnitt:
  Bogen erhalten einen rechtwinkligen Glattschnitt an einem Bogenwinkel, um ein exaktes Anlegen in der Druckmaschine zu ermöglichen.
- Trennschnitt:
  Bogen werden in die entsprechende Nutzenzahl ohne Zwischenschnitt geschnitten. Beispiel: Wird ein Druckbogen mit einer Druckform zum Umschlagen bedruckt, so ist der Druckbogen vor dem Falzen in der Mitte durch einen Trennschnitt in zwei Nutzen zu schneiden.
- Zwischenschnitt:
  Bogen werden in Teile getrennt, zusätzlich wird ein Materialstreifen herausgeschnitten. Dies ist

beispielsweise bei randabfallenden Druckflächen oder Bildern erforderlich.

- Beschnitt:
  Schneiden von Bogen oder Produkten auf das Endformat. In der Regel sind minimal 3 mm Beschnitt erforderlich. Je nach Material und Druck- bzw. Druckverarbeitungsprodukt sind andere Beschnittbreiten einzuplanen. Eine Abstimmung mit dem Buchbinder bzw. der Druckweiterverarbeitung ist bei außergewöhnlichen Produkten erforderlich!
  Wichtig für die Arbeitsvorbereitung und die Montage der Druckseiten: Die Klebebindung erfordert im Bund einen Fräsrand von 3 mm!
- randabfallend geschnitten:
  Auch: angeschnitten. Druckflächen oder Bilder, deren äußere Kante(n) im Endprodukt bis an den Papierrand reichen sollen. Um einen Blitzer zu vermeiden, ist als Beschnitt an jeder angeschnittenen Seite von minimal 3 mm einzuplanen.

Planschneidmaschinen, Schnellschneider

Planschneidmaschinen werden seit dem Einsatz einer Magnetbandsteuerung vielfach Schnellschneider genannt. Heute sind moderne Schneidsysteme durch Mikrocomputer gesteuert. Dies bringt eine erhebliche Verringerung der Rüstzeiten sowie eine Arbeitszeitersparnis bei Wiederholaufträgen.

In allen Buchbindereien sind Planschneidmaschinen ein zentraler Arbeitsplatz bereits in der Vorbereitung der Produktion:

- Bereits vor dem Druck sind die Rohbogen auf das erforderliche Druckformat zu schneiden.
- Bei Druckbogen, die zum Umschlagen gedruckt werden, ist grundsätzlich ein rechtwinkliger Schnitt an der Druckanlage (Winkelschnitt) erforderlich.
- Ein Druckbogen, der nicht direkt in einer Schön- und Widerdruckmaschine umstülpt, sondern in zwei Druckgängen bedruckt wird, erfordert zwingend einen mindestens dreiseitigen Beschnitt am Anlagewinkel sowie an der zweiten langen Seite.
- Wird in der Schön- und Widerdruckmaschine umstülpt, so ist bei normalen Längendifferenzen von ca. 2 mm der Druckbogen ein Winkelschnitt ausreichend.

Der zu schneidende Papierstapel muss kantengenau ausgerichtet an der Anlage der Planschneidemaschine liegen. Ein Pressbalken sichert den exakten Stand des Stapels während des Schneidens. Der gesamte Papierstapel wird durch einen „schwingenden" Schnitt des Obermessers auf die Schneidleiste geschnitten. Dabei steht erst unmittelbar vor dem Aufsetzen auf die Schneidleiste das Schneidmesser parallel zur Schnittfläche. Durch diese Bewegung ist eine geringere Kraft für das Schneiden erforderlich.
Schneidvorgang an einer Planschneidmaschine

- Prinzip: Messerschnitt
- schräges Aufsetzen des Schneidemessers an einer Ecke des Schneidegutes
- ziehend schwingender Schnitt entlang der Schnittlinie
- mikrofeine Unebenheiten des Schneidemessers bewirken ein sägeartiges Schneiden mit relativ geringer Kraft
- stufenlose Winkeländerung des Schneidmessers zum Schneidgut während des Schneidens und paralleles Aufsetzen des Schneidmessers auf der Schneidleiste.

Schneidmesser bestehen aus hochpräzisen Werkstoffen. Eingesetzt werden

- Standardmesser = niedrig legierter Stahl
- HHS-Messer = hochlegierte Hochleistungsstahl mit einem Anteil von18% Chrom und Wolfram
- HM-Messer = gesintertes Hartmetall
- Feinstkorn-Hartmetall-Messer

Standardmesser und HSS-Messer eignen sich prinzipiell für jedes Schneidgut. HSS-Messer besitzen durch den hohen Anteil der Legierungsmetalle eine sehr hohe Standzeit (Verschleißfestigkeit) und eine gute Stabilität der Messerschneide. Hartmetallmesser sind sehr stabil und druckunempfindlich, sie vertragen jedoch keinen Schlag.

Der Schnittwinkel des Messers ist wesentlich von der Beschaffenheit des Schneidegutes abhängig. Die Schnittqualität wird außerdem durch den Pressbalken und den Pressdruck beeinflusst.
Als Grundregeln gelten:

- weiches Schneidgut
  - schlankerer Messerwinkel (z.B. 19^0)
  - hoher Pressdruck
- hartes Schneidgut
  - stumpferer Messerwinkel (z.B. 24^0)
  - niedrigerer Pressdruck

Weiches Schneidgut ist beispielsweise Durchschlagpapier, Seidenpapier und Löschpapier. Diese Papiere bereiten Probleme beim Schneiden durch

- schlechte Gleiteigenschaften,
- hohes Luftvolumen im Stapel,
- Weichheit des Schneidegutes.

Normales Schneidgut ist beispielsweise Schreibpapier und Druckpapier. Diese Papiere sind heute mit einem Messerschnittwinkel von 24^0, der heute universell verwendet wird, und mittlerem Pressdruck problemlos zu verarbeiten.

Aber auch bei diesen Papieren ist zu beachten: Ein zu hoher Pressdruck kann zu einem Überschnitt führen. Dabei werden die oberen Bogen der gesamt zu schneidenden Lage hierbei kürzer als die unteren geschnitten. Der Pressdruck ist demnach so zu wählen, dass sich das Schneidgut beim Schnitt weder verschiebt noch nach vorne herausgezogen wird.

Bei hartem Schneidgut, z.B. gestrichenem Papier, gummiertem Papier, Pappen und Kunststoff-Folien, kann das Messer im Schnittbereich leicht ausweichen. Ist dies der Fall, liegt der Fehler allgemein an einem zu schlanken Messerwinkel.

Die Schneidleiste ist das Unterschnitt-Werkzeug des Schneidmessers. Auch der unterste Bogen muss einwandfrei sauber geschnitten sein. Dazu muss der

Schematische Darstellung von Pressung und Schnitt
Um einen Papierstapel genau beschneiden zu können und um den Schnittkräften entgegenzuwirken, muss entlang der Schnittlinie der Papierstapel eingepresst werden. Die Pressung soll gewährleisten, dass das Material bei Eintritt des Messers zum Schnitt entlang der Schnittlinie vollkommen und gleichmäßig gepresst ist. Der Papierstapel stellt dann also längs der Schnittlinie gleichsam einen festen Block dar, so dass das Messer den Stapel nicht weiter zusammenpressen und einzelne Lagen herausziehen kann.
Die Höhe des erforderlichen Pressdrucks hängt ganz von den Eigenschaften des Schneidgutes ab. Wird der Pressdruck nicht in der richtigen Stärke eingestellt, treten Schnittdifferenzen auf, wie die nachfolgenden Schemadarstellungen beispielhaft zeigen.

1 Schnittvorgang bei zu niedrigem Pressdruck oder ungenügender Verpressung

Als Folgeerscheinung des zu geringen Pressdruckes drückt das Messer beim Aufsetzen das Schneidgut noch weiter zusammen, bevor es durchschnitten wird.

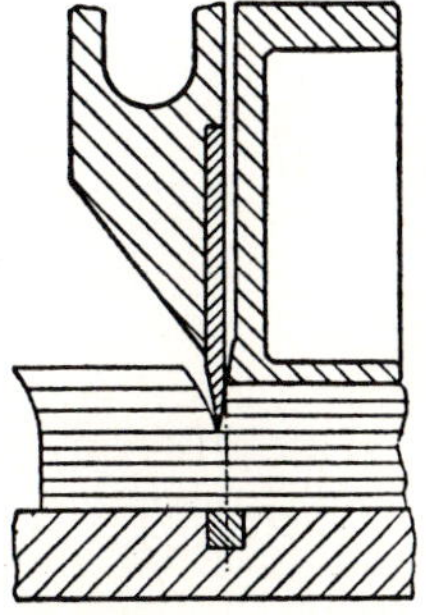

2 Schnittvorgang bei zu hohem Pressdruck

Zu hoher Pressdruck bei hartem und festem Schneidgur lenkt die Messerschneide nach außen ab.

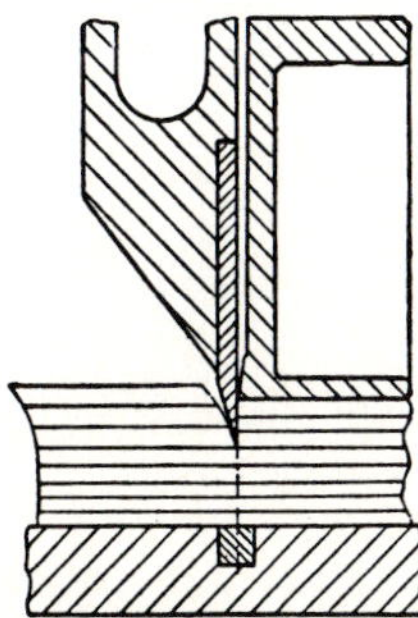

3 Schnittvorgang bei richtig gewähltem Pressdruck und ausreichender Verpressung

Durch richtigen Pressdruck wird ein weiteres Zusammendrücken der oberen Lagen beim Messerschnitt verhindert.

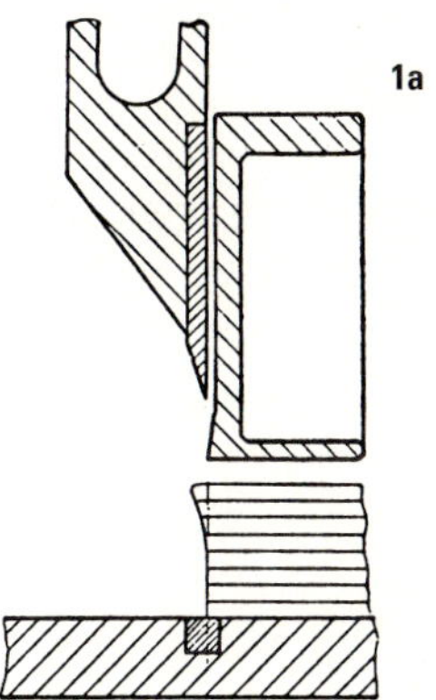

1a

Nach erfolgtem Schnitt die vorher beim Schneiden umgelegten oberen Schichten wieder auf und ergeben den sogenannten „Pilz" bzw. „Unterschnitt".

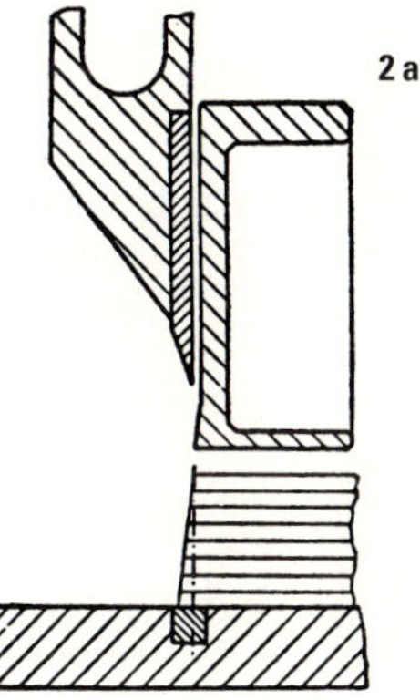

2 a

Es zeigt sich nach beendetem Schneidvorgang der bekannte „Überschnitt".

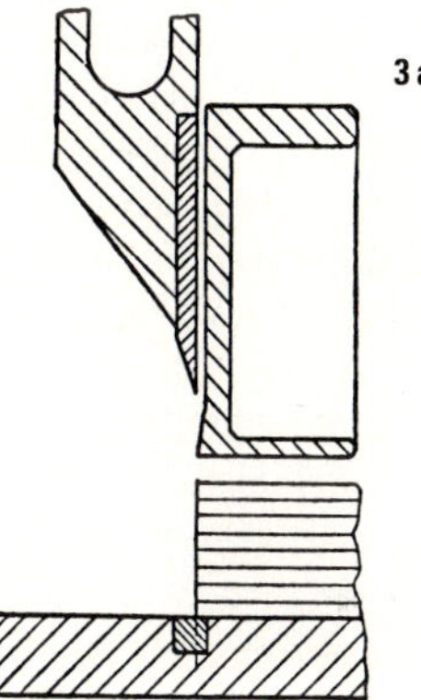

3 a

Nach Beendigung des Schneidvorganges ergibt sich ein gerader Schnitt.

Zeichnung: Schneider-Senator

Werkstoff der Schneidleiste zäh, aber nicht zu hart sein. Verwendet wird z. B. eine Polypropylen-Kunststoffleiste, die relativ hohen Belastungen standhält und die Schnittrille immer wieder gut verschließt.

Eine Planschneidmaschine ohne Mikrocomputer gesteuerte Programmierung und ohne Zusatzeinrichtungen (Peripherie) ist heute nur noch für ein geringes Arbeitsvolumen und einfache Arbeiten rationell und wirtschaftlich einzusetzen.

Für jeden Aufgabenbereich (Produkte, Produktionsmengen u. a.) gibt es heute eine optimale Konfiguration als Schneidsystem, d. h. eine Vernetzung zu einer Produktionseinheit mit rationeller und wirtschaftlich einzusetzender Peripherie. Entscheidend ist, dass ein Schnellschneider als zentrale Produktionseinheit mit allen nachrüstbaren Einrichtungen zum Heben, Senken, Einstapeln, Rütteln, Zählen, Wiegen, Puffern, Beladen und Entladen kompatibel ist.

Stapellifte, Blas- und Fächerautomaten, Rüttelstation, Be- und Entladesysteme, Lufttische und Drehgreifer am Schnellschneider, automatische Abfalltrennung und Entsorgung der Zwischenschnitte (z.B. mit Polar-Autotrim) und Puffereinrichtungen erleichtern dem Buchbinder die Zuführung des Papierstapels, die Bewegung geschnittener Produktstapel, das Zwischenlagern und das Entladen.
Wichtige Phasen bei Schneidarbeiten mit einem Schneidsystem:

- Beladen
  Schneidgut schnell und kraftsparend mit einem Stapellift auf die richtige Arbeitshöhe und zum Schnellschneider bringen. Das Bücken des Mitarbeiters und das Heben von schwerem Material entfällt dadurch (Ökonomie, Gesundheit).
- Rütteln
  Kantengenaues Ausrichten von Druckbogen vor dem Schneiden durch einen Rüttelautomaten mit einer Ausstreichwalze. Optimale Ergebnisse durch steuerbare Rüttelkraft und glatte Lagen.
- Puffern
  Aufnahme von Schneidlagen oder Zwischenlagerung von Halbfabrikaten zum rationellen Fertigschneiden.

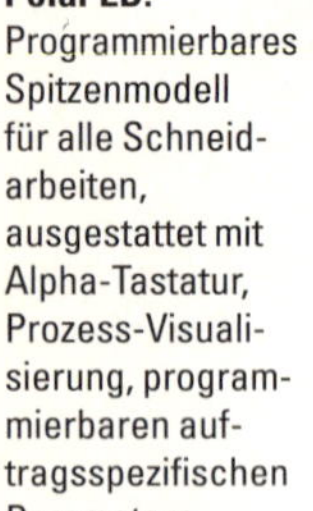

Polar ED: Programmierbares Spitzenmodell für alle Schneidarbeiten, ausgestattet mit Alpha-Tastatur, Prozess-Visualisierung, programmierbaren auftragsspezifischen Parametern.

Schneidvorgang: Das Schneidmesser und die Schneidleiste bestimmen die Schnittqualität.

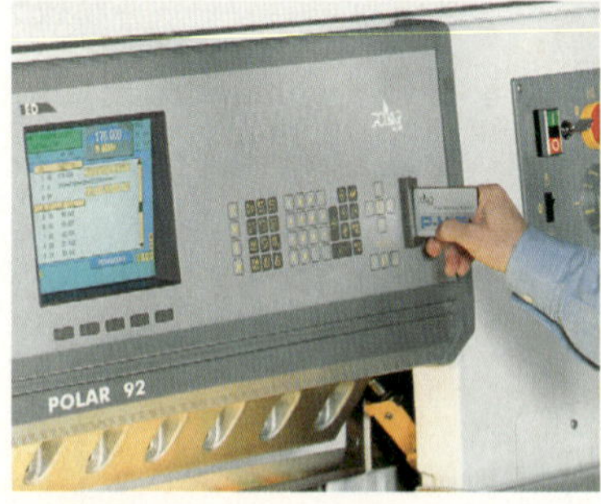

Vernetzen im System (Option): Offline-Datenübertragung auf PMS-Karte, Online-Übertragung per Kabel oder Datenübernahme aus der Arbeitsvorbereitung bzw. Druckvorstufe (CIP-3-bzw. CIP4-Dateien generieren das Schneidprogramm).

Autotrim: Automatische Abfallbeseitigung beim Schneiden, dabei ist das Sammeln der Nutzen auf wiederverwendbaren Unterlagen möglich

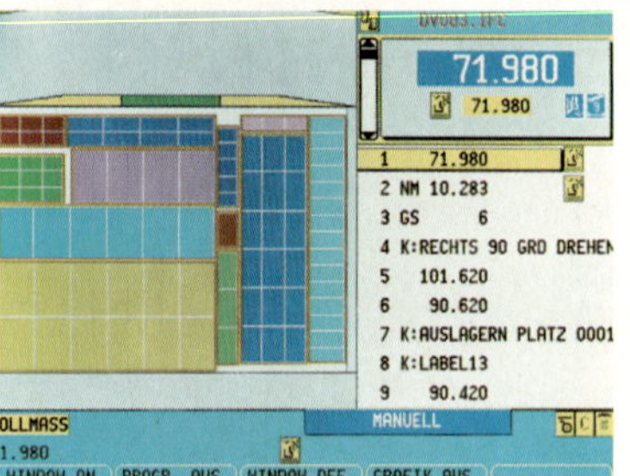

Formatprogramm: Programmierhilfe mit Bedienerführung und grafischer Darstellung des Programmablaufes, automatisches programmieren möglich.

Alle Abbildungen: Polar-Mohr

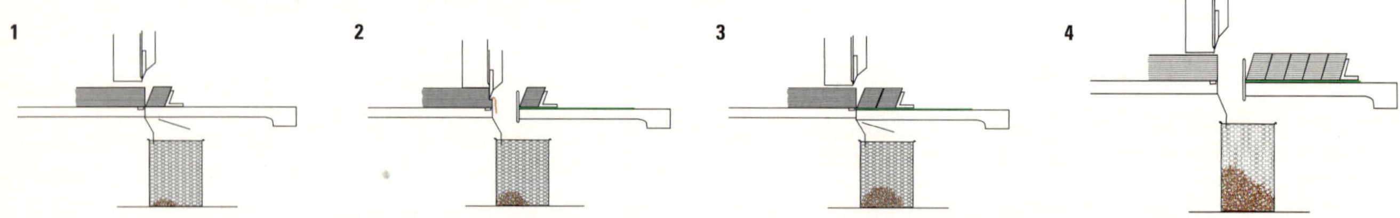

Funktionsablauf: **1.** Ausgangsstellung (ohne Unterlagen), **2.** Schnittphase: Vordertisch wird programmgesteuert geöffnet, Anschlagklappen fahren hoch, Papierspäne fallen in den Abfallbehälter, **3.** Vorschubphase: Nutzen auf Unterlage schieben, **4.** Maschine schneidbereit, Nutzen auf Unterlage gesammelt.

- Schneiden
  Neue Schneidmaschinen mit automatischer Programmierung steuern Takt und Geschwindigkeit aller Prozesse.
- Transportieren
  Vollautomatisches Drehen und Anlegen der Schneidlagen z.B. mit Drehgreifern, Stapel- bzw. Lagentransport mit Greifern.
- Entladen
  Automatisches Entladen des Schnellschneiders in normaler Arbeitshöhe, kantengenaues Absetzen der geschnittenen Nutzen.

Eine bedeutende Entwicklung für eine vernetzte Druckerei stellte Polar-Mohr zur DRUPA 2000 vor: Die externe Vernetzung des Schnellschneiders in einer Verbindung mit der internen Vernetzung durch Polar Compucut und Data Control. Compucut übernimmt die Daten der Druckvorstufe und rationalisiert die Schneidarbeit durch automatisierte Programmerstellung. Polar Mohr, Mitglied des CIP3-/CIP4-Consortiums, bietet einen durchgängigen Workflow an.

Durch die Programmsteuerung der Planschneidmaschinen, die u.a. Polar-Mohr, Wohlenberg und Perfecta anbieten, sind alle Arbeitsabläufe mit feststehenden Schnittfolgen für beliebige Schneidarbeiten (Winkelschnitt, Trennschnitt, Falzbogenschnitt, Endbeschnitt u. a.) zu rationalisieren und die Belastungen für den Mitarbeiter zu verringern.

System 2: Für ein bestimmtes Kundenprofil zusammengestellte Lösung mit einem Schnellschneider und entsprechender Peripherie. Das System 2 besteht z. B. aus Stapellift, Rüttelautomat, Förderstraßen, Schnellschneider und Transomat.

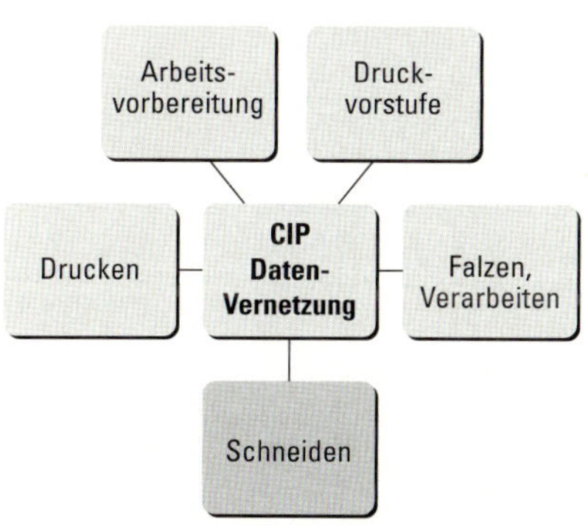

Die vernetzte Druckerei nach CIP-Daten-Standard ist ein schnittstellenfähiges Informationssystem, das alle Planungs-, Steuerungs- und Produktionsschritte verknüpft.

Der Stapellift bringt das Schneidgut auf Arbeitshöhe

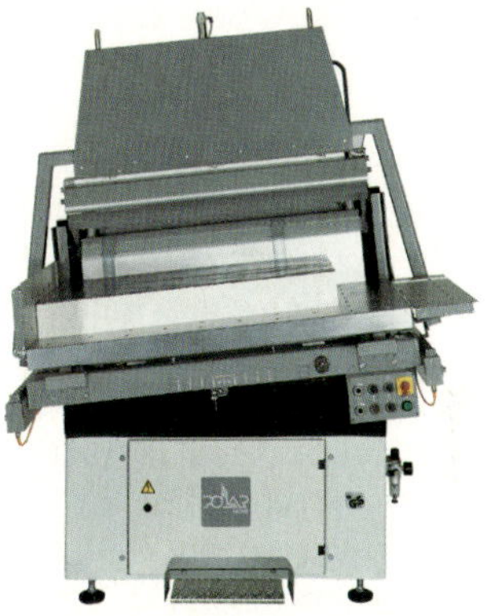

Der Rüttelautomat ermöglicht ein kantengenaues Ausrichten der Druckbogen vor dem Schneiden.

Drehgreifersystem am Schnellschneider für das vollautomatische Anlegen und Drehen der Schneidlagen.

Der Transomat dient zum automatischen Beladen und Entladen des Schnellschneiders.

Abbildungen: Polar Mohr

Die Schnittfolge beginnt bei bedruckten Papieren in der Regel mit einem Winkelschnitt gegenüber der Druckanlage an der langen Papierseite. Der gesamte Papierstapel wird danach in festgelegter Reihenfolge bis zum gewünschten Endformat mit allen Trenn- oder Zwischenschnitten verarbeitet.

Bei einem Planschneider ohne Programmsteuerung werden dagegen alle Schnitte einzeln und nacheinander bei der kompletten Auflage ausgeführt. Bei diesem Verfahren sind sehr viele Bewegungsabläufe und Transporte der Bogen erforderlich, es erfordert zudem erheblich mehr Zeit und Kosten.

Ziel der modernen Entwicklung ist es, bereits in der Arbeitsvorbereitung eines Druckauftrages einmal erfasste Daten nicht nur z. B. für die Steuerung in der Druckformherstellung (Kopiermaschine, Computer-to-Systeme) und der Druckmaschine (Voreinstellsysteme), sondern auch für die Steuerung des Schneidens und weiterer Verarbeitungstechniken einzusetzen.

Hinweise zur Programmierung einer Schnittfolge:

- Der Anlagewinkel des Druckbogens ist zu beachten. Dementsprechend ist der erste Schnitt der Winkelschnitt gegenüber der Druckanlage.
- Die lange Seite des Bogens ist möglichst zuerst zu schneiden, da sich der Papierstapel so besser am Sattel (hintere Anlage) und die seitliche Anlage ausrichten lässt.

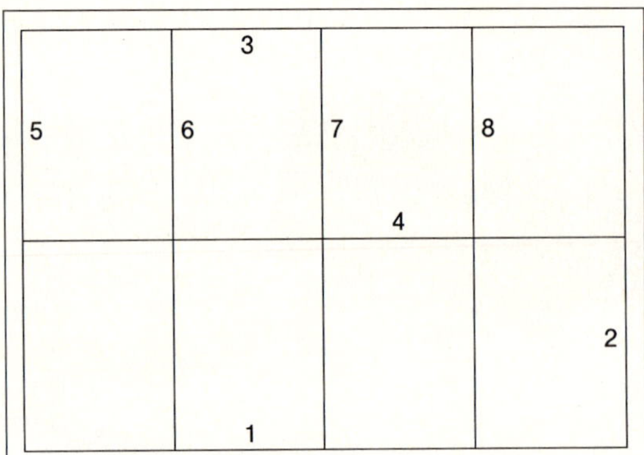

Anlagewinkel im Druck links oben

- Alle weiteren Schnitte sind so einrichten, dass ein unnötiges Drehen des Papierstapels vermieden wird. Das Drehen des Stapels sollte möglichst auf 90^0 beschränkt sein, um Zeit zu sparen.
- Bei Aufteilungen zu schmalen Streifen ist darauf zu achten, dass möglichst kurze Streifen entstehen. Das exakte Anlegen sehr langer Streifen ist problematisch und führt zu Schneidfehlern.

Anwendungsbeispiel:
- Vierseitenbeschnitt mit 4 Trennschnitten,
- Rohformat: 610 mm x 860 mm
- Endformat: 210 mm x 297 mm

Ziel:
Programmieren der Schnittfolgen an einer Schneidemaschine mit Mikrocomputer zu ergonomischem und wirtschaftlichem Schneiden.
(Die Ziffern in der Skizze des Bogens geben die Schneidefolge an.)

Was ist eine gute Qualität des Schneidens?
Welche Einflüsse spielen eine wichtige Rolle?
Die qualitativen Merkmale beim Schneiden bestehen im wesentlichen aus zwei Kriterien mit verschiedenen Parametern:
- Schnittgenauigkeit
  - Maßgenauigkeit
  - Rechtwinkligkeit
  - Geradlinigkeit der Schnittlinien
- Schnittqualität
  - Güte der Schnittflächen, z. B. keine Scharten
  - Güte der Bogenränder bzw. -kanten, z. B. kein Ausreißen, kein Grat, kein Verkrallen
  - staubfreie Schnittflächen

  Wichtige Einflussfaktoren auf das qualitative

Ergebnis des Schneidens sind:
- Bedienungsgewohnheiten bzw. Fehlverhalten des Mitarbeiters
  - ungenaues Anlegen des Stapels am Sattel und Seitenanschlag,
  - nicht rechtzeitiger Messerwechsel
  - ungenaue (manuelle) Maßeinstellung
  - falsch eingestellter Pressdruck
  - nicht exakt ausgerichtete Stapel
  - zu hohe Stapel des Schneidgutes
- Maschinenstabilität
  - Stabilität des Grundgestells
  - Führung des Schneidemessers
  - präzise Lager
- Mess-System
- Schneidmesser
  - Werkstoff der Messerschneide
  - Schneidwinkel entsprechend dem Schneidgut
  - Messerbeschaffenheit: Messerschärfe, Messerschliff, scharten- und gratfrei
- Schneidleiste
  - Art und Qualität: Bei einer zu weichen Schneidleiste erfolgt ein Ausreißen der untersten Bogen, bei einer zu harten Leiste wird das Messer früher stumpf.
- Pressdruck
  - richtige, materialbezogene Einstellung
  - gleichmäßiger Pressdruck (auch bei unterschiedlicher Schnittlänge)
- Programmiersystem
- Beschaffenheit des Schneidgutes
  - Art des Materials, z. B. sehr weich, normal, hart Höhendifferenzen innerhalb eines Stapels, z. B. bei rückengehefteten Broschuren, bei Produkten mit Prägungen oder starken Farbflächen.
- Klimatische Bedingungen
  - Verarbeitungsraum
  - Feuchte des Schneidgutes

Schneidmaschine	**Schneidtechnik**	**Arbeitsstation, Schneidablauf**
Planschneider ohne Programmierung	Messerschnitt	Eine Station. Ein bestimmter Schnitt wird bei der gesamten Auflage ausgeführt. Danach folgt jeweils der nächste Schritt.
Planschneider bzw. Schnellschneider mit Programmierung	Messerschnitt	Eine Station, in der programmiert alle Schnitte an einem Stapel hintereinander ausgeführt werden. Danach folgt der nächste Stapel.
Dreimesserautomat mit Programmierung	Messerschnitt	Eine Station mit zwei Schnittfolgen: 1. Schnitt: gleichzeitiger Schnitt Kopf/Fuß mit je einem Messer 2. Schnitt: Vorderschnitt mit einem Messer
Fließdreischneider (Trimmer)	Scherenschnitt	Zwei Stationen mit je einer Schnittfolge: 1. Station: gleichzeitiger Schnitt Kopf/Fuß mit Ober- und Untermesser 2. Station: Vorderschnitt mit Ober- und Untermesser

Dreimesserautomat

Dreimesserautomaten für die Broschuren- und Buchproduktion arbeiten mit einem schwingenden Messerschnitt ähnlich den Planschneidemaschinen. Zwei Messer führen gleichzeitig den Kopf- und Fußbeschnitt aus, ein weiteres Messer beschneidet in einem weiteren Schneidetakt die Vorderseite. Die Maschinen sind vielfach in Fertigungsstraßen integriert und führen die erforderlichen Schnitte automatisch gesteuert aus. Dabei werden programmgesteuert je nach Dicke auch mehrere Broschuren- bzw. Buchblocks gemeinsam geschnitten.

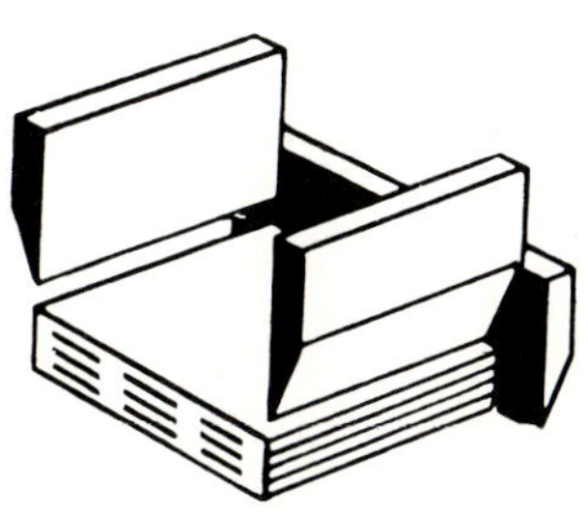

Dreimesserautomat: Schneidevorgang

Fließdreischneider

Für die Fertigung von einfachen Broschuren (z.B. bei Illustrierten) erfolgt das dreiseitige Beschneiden in einem speziellen Fließdreischneider, dem sogenannten Trimmer. Diese Schneidmaschinen arbeiten mit einem Ober- und einem Untermesser im Scherenschnittprinzip. Geschnitten wird in zwei Stationen: Vorderkantenbeschnitt und nachfolgend Kopf- und Fußbeschnitt.

Die Zuführung des Schneidgutes und die Beförderung in die Auslage erfolgen automatisch.

Bei der Verarbeitung von Doppelnutzen muss zuvor ein Trennschnitt mit einer speziellen Trennsäge durchgeführt werden. Der Auslagestapeltisch ist bei sogenannten Kreuzlegern während der Produktion um 180° zu drehen. Damit wird ein Steigen der Produktstapel an der gehefteten Seite ausgeglichen.

Die Schneidqualität bei einem Dreiseitenbeschnitt ist mit einem Messerschnitt besser als mit einem Scherenschnitt. Daher ist dieses Schneidsystem auch nur für Massenprodukte einzusetzen.

16.3.2 Falzen

Mehrseitige Produkte im Akzidenz- und Werkdruck entstehen durch das ein- oder mehrmalige Falzen von bedruckten Planobogen. Einzelne Seiten des Druckbogens müssen der Falzfolge entsprechend auf dem Druckbogen angeordnet, d. h. ausgeschossen, sein. Die benötigte Seitenzahl des Produktes wird durch das Zusammenfügen der entsprechenden Anzahl von Falzbogen und einer geeigneten Bindung der Falzbogen miteinander erreicht.

Im Gegensatz zum Falten entsteht beim Falzen eine scharfe, formstabile Materialumformung, der sogenannte Falzbruch. Das Falzen eines Planobogens von Hand ist nur bei kleinsten Stückzahlen praktikabel. Bei industrieller Produktion stehen Falzmaschinen für die verschiedensten Falzarten zur Verfügung.

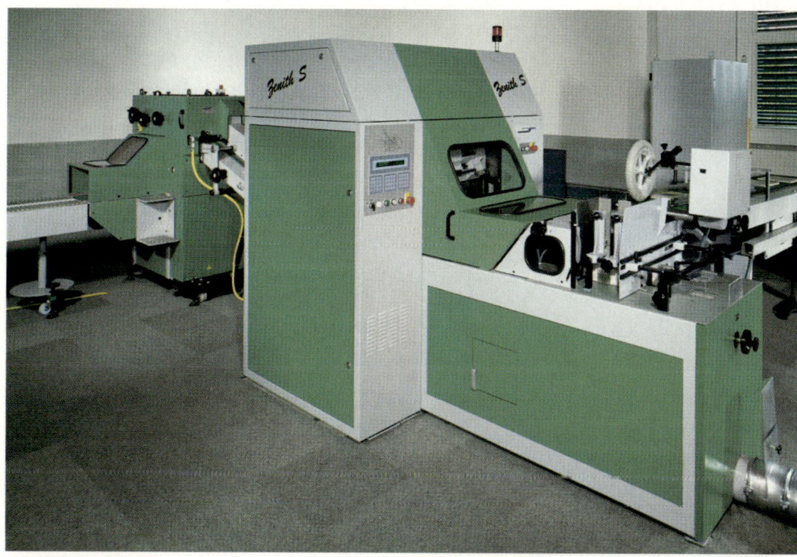

Dreimesserautomat
Der Dreischneider Zenith S, ein Dreimesserautomat von MÜLLER MARTINI, ist ein System mit sehr kurzen Rüstzeiten, höchster Leistung und exaktem Schnitt.
Abbildungen: MÜLLER MARTINI

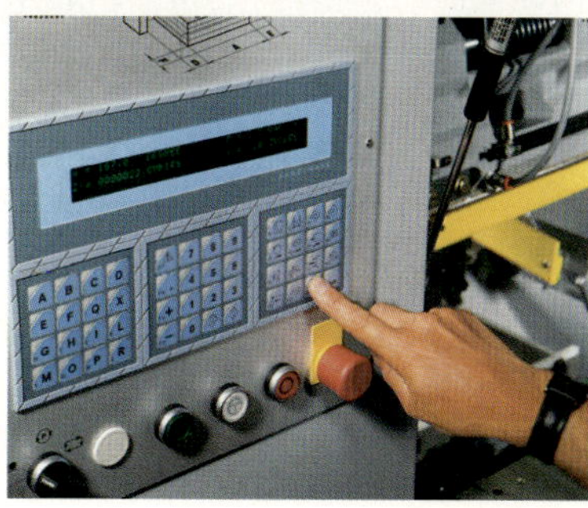

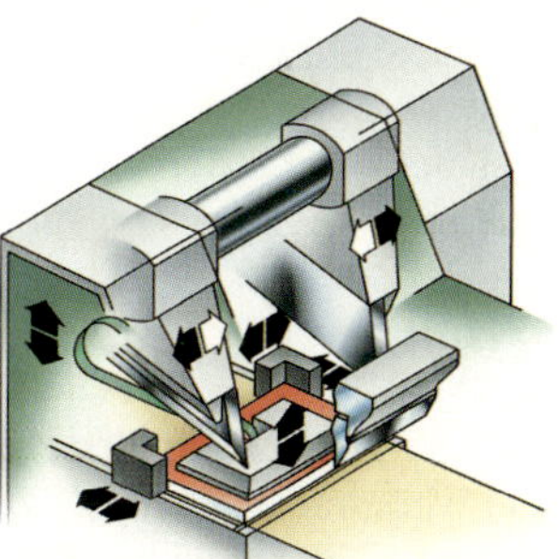

Das Schneidzentrum (oben und unten): Die zu schneidenden Produkte laufen mit dem Rücken voraus in die Schneidstation ein: Front-, Kopf- und Fußbeschnitt in einer Station.

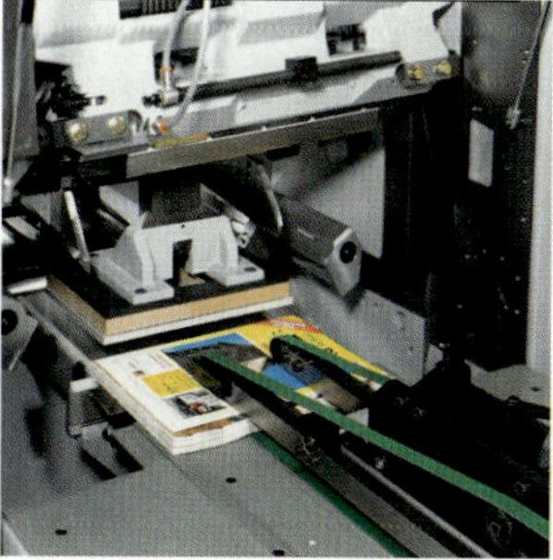

Automatisches Make-Ready-System: Die im Dialog-System programmierte Steuerung stellt alle wichtigen Grunddaten für den Auftrag (Format, Pressdruck u. a.) automatisch ein.

Formate

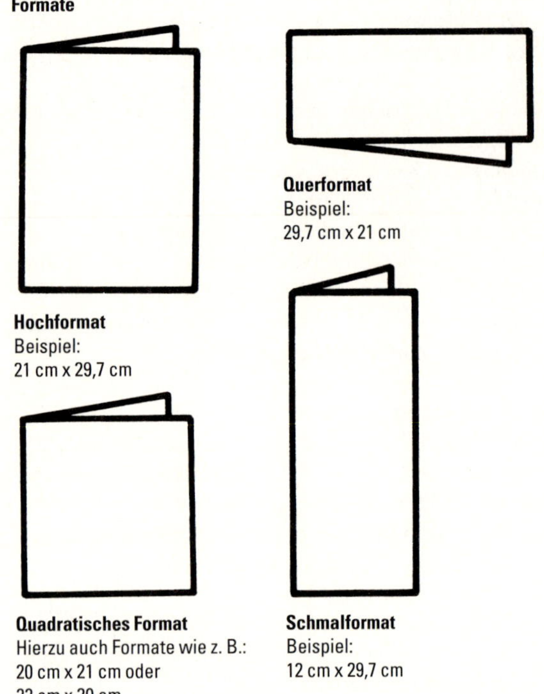

Hochformat
Beispiel:
21 cm x 29,7 cm

Querformat
Beispiel:
29,7 cm x 21 cm

Quadratisches Format
Hierzu auch Formate wie z. B.:
20 cm x 21 cm oder
22 cm x 20 cm

Schmalformat
Beispiel:
12 cm x 29,7 cm

Falzart	„Potenz"		Blatt		Seiten
Einbruchfalz	2^1	=	2	=	4
Mittenkreuzfalz:					
• Zweibruchfalz	2^2	=	4	=	8
• Dreibruchfalz	2^3	=	8	=	16
• Vierbruchfalz	2^4	=	16	=	32

Falzfolge 1, 2, 3, 4

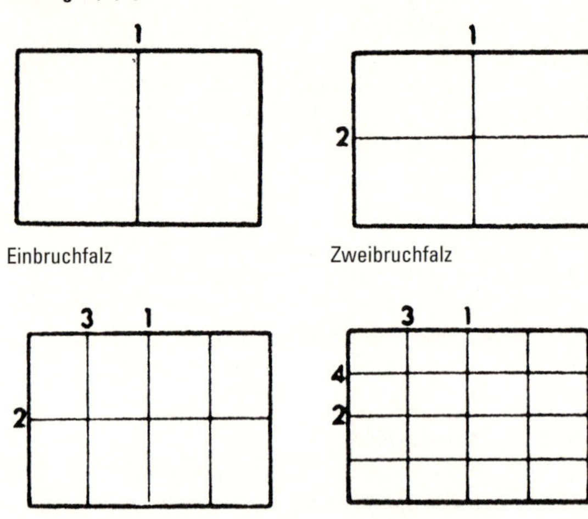

Einbruchfalz — Zweibruchfalz — Dreibruchfalz — Vierbruchfalz

Formate

Maßangaben für das Endformat eines Druckprodukts geben immer zuerst die parallel zum Text laufende Richtung („Breite") und dann die rechtwinklig dazu stehende Richtung („Höhe" genannt) an. Bei einem Hochformat läuft der Text parallel zur kurzen Seite, bei einem Querformat parallel zur langen Seite des Produktes. Bei Werbemitteln oder Broschüren werden auch quadratische, 1/6-DIN (210 mm x 200 mm) oder sehr schlanke Schmalformate eingesetzt.

Falzarten

Bei den Falzarten unterscheidet man prinzipiell Kreuzfalz- und Parallelfalzarten für Akzidenzdruck und Werkdruck. (Siehe hierzu Kapitel: Ausschießen) Ein nur einmal gefalzter Bogen wird Einbruchfalz genannt.

Sind mehrere Falzbrüche erforderlich, sind verschiedene Falzfolgen möglich. Bei einem Kreuzfalz wird der einmal gefalzte Bogen rechtwinklig zum vorhergehenden Falz ein weiteres mal gefalzt.

Dagegen folgt bei einem Parallelfalz der Falz immer parallel zum vorhergehenden Falz.

In der Praxis kommen vor allem bei Prospektfalzungen auch beide Falzarten gemischt vor.

Kreuzfalz

Eingesetzt wird diese Falzfolge vor allem im Werkdruck als Zwei-, Drei- oder Vierbruchfalz. Dabei wird grundsätzlich über die volle Bogenbreite oder -länge gefalzt.

Die Anzahl der entstehenden Seiten bei einer solchen symmetrischen Falzfolge ist aus der Übersicht zu ersehen. Durch ständiges Verdoppeln der vorhergehenden Blattzahl ist die Falzbruchzahl als Exponent (Hochzahl) zur Basis 2 zu setzen. So erhält man die Blattzahl und daraus abgeleitet die Seitenzahl. Achtung: Ein Blatt = zwei Seiten!

Bei asymmetrischen Falzungen über ein Drittel oder zwei Drittel des Bogens entstehen z. B. 12- oder 24seitige Falzbogen.

Die mögliche Zahl der Falzbrüche ist abhängig von dem Flächengewicht, der Steifigkeit und der Dicke des Papiers. Dabei gelten folgende Anhaltswerte für das Falzen:

- Einbruchfalz: Papier bis 180 g/m²
- Zweibruchfalz: Papier bis 135 g/m²
- Dreibruchfalz: Papier bis 110 g/m²
- Vierbruchfalz: Papier bis 80 g/m²

32 Seiten/4 Mittenkreuzfalz
① 1. Falz = 4 Seiten
② 2. Falz = 8 Seiten
③ 3. Falz = 16 Seiten
④ 4. Falz = 32 Seiten

Parallelfalz

Parallelfalzungen werden vor allem im Akzidenzdruck und bei der Verarbeitung von Werkdruckbogen in Doppelnutzen eingesetzt. Die Falzbrüche liegen parallel zueinander. Dabei sind verschiedene Formen und Variationen beim Falzen möglich:

- Parallelmittenfalz
  Der Bogen wird immer parallel über die gesamte Breite gefalzt. Es handelt sich um ein symmetrisches Falzen, daher verdoppeln sich dabei die Seitenzahlen fortlaufend.
- Zickzack- oder Leporellofalz
  Der Bogen wird nur asymmetrisch über einen Teil

Falzart	Falzschema	Falzart	Falzschema
Einbruchfalz 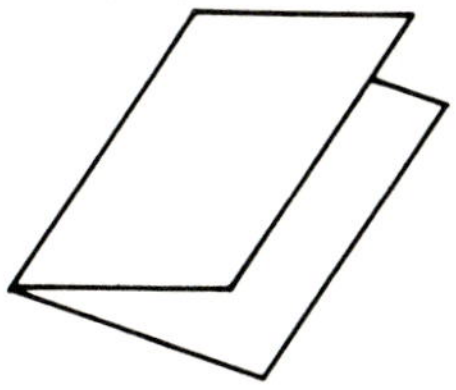	≙2 Blatt = 4 Seiten	Zickzackfalz 	• 3-Bruch ≙4 Blatt = 8 Seiten
2 Mittenkreuzfalz 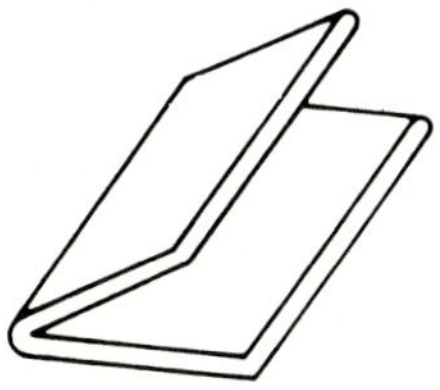	≙4 Blatt = 8 Seiten 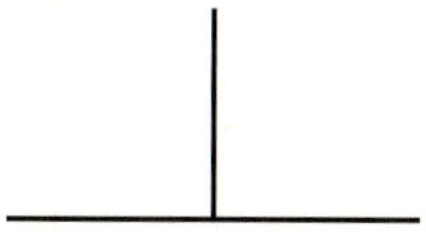	Wickelfalz 	• 2-Bruch ≙ 3 Blatt = 6 Seiten
3 Mittenkreuzfalz 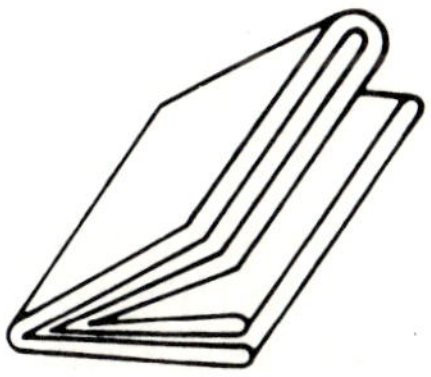	≙8 Blatt = 16 Seiten 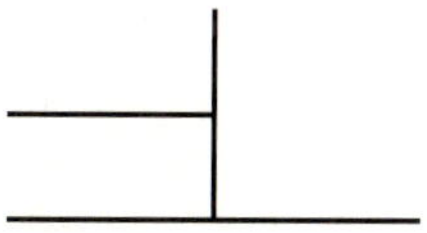	Wickelfalz 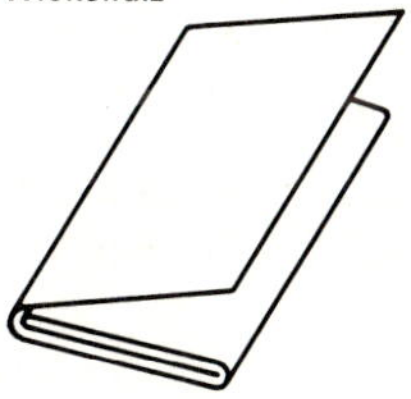	• 3-Bruch ≙4 Blatt = 8 Seiten
2 Zickzackfalz/2 Mittenfalz kreuz 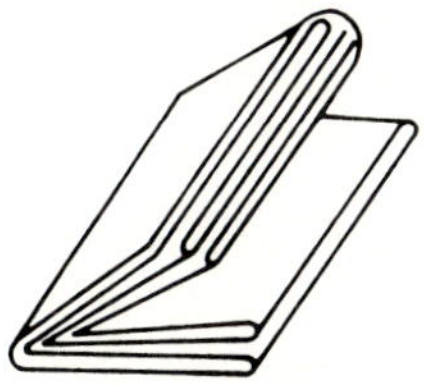	≙12 Blatt = 24 Seiten 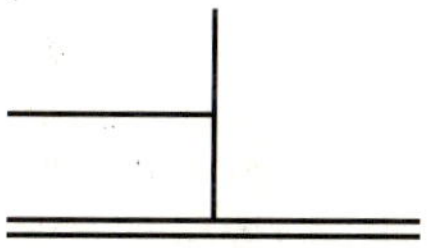	Zickzack- und Wickelfalz kombiniert 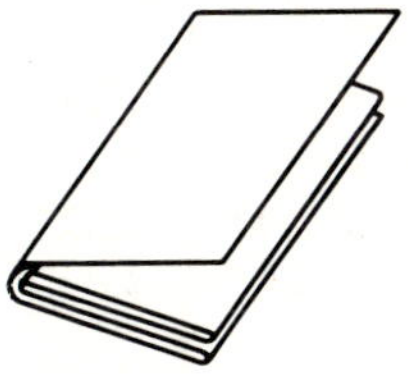	• 4-Bruch ≙5 Blatt = 10 Seiten
4 Mittenkreuzfalz 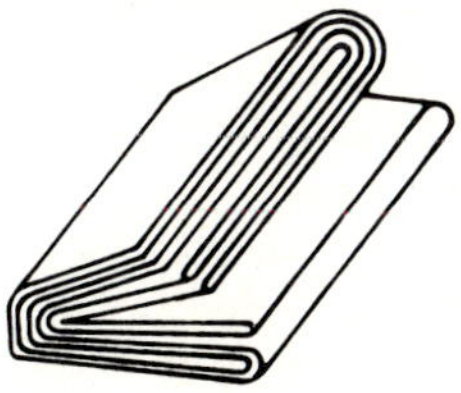	≙16 Blatt = 32 Seiten 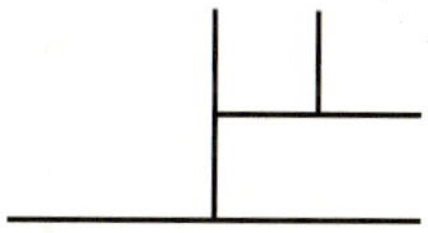	Fensterfalz 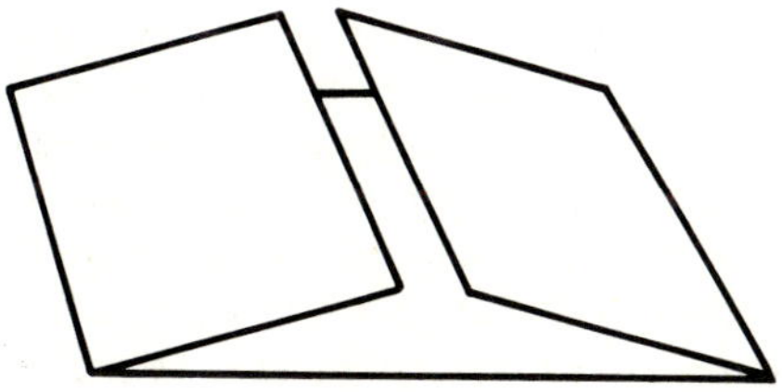	• 2-Bruch
Parallelmittenfalz 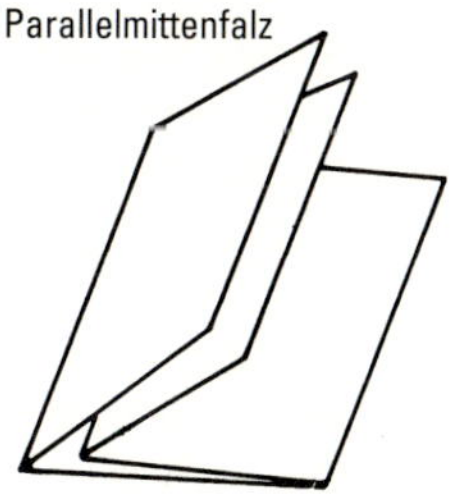	• 2-Bruch ≙4 Blatt = 8 Seiten	Fensterfalz 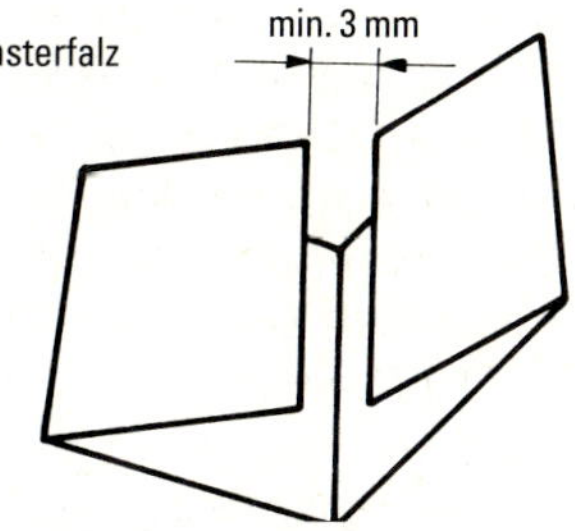 (min. 3 mm)	• 3-Bruch
Zickzackfalz 	• 2-Bruch ≙3 Blatt = 6 Seiten	Doppelnutzen (Falzbeispiel) 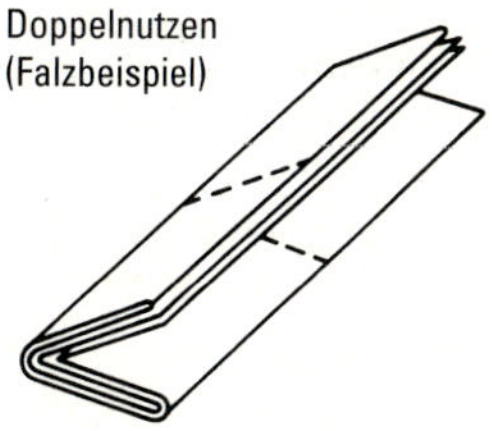	

Kombifalzungen: Spezielle Falzungen für Prospekte

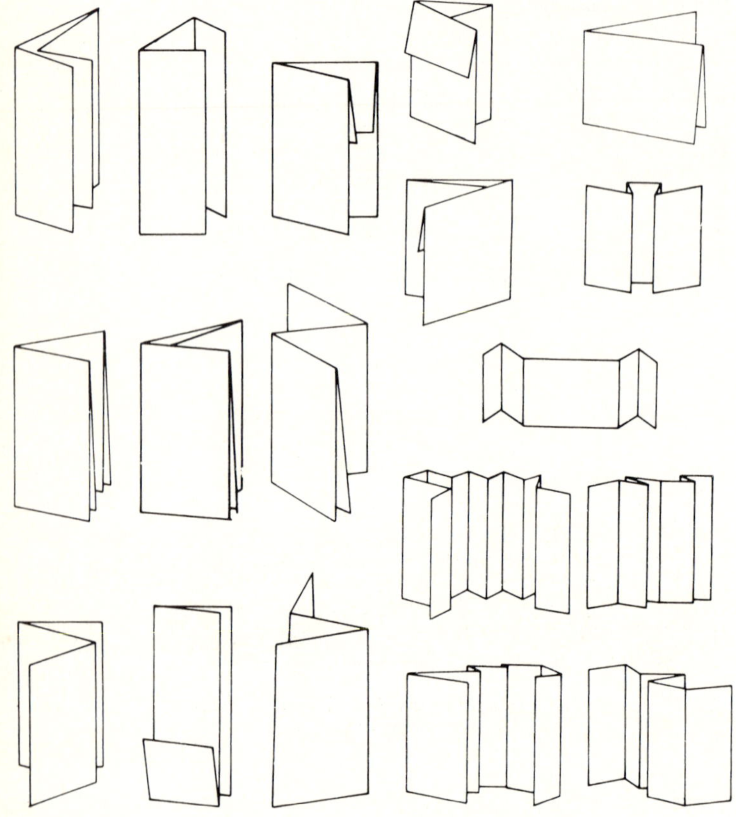

der Breite gefalzt. Die Falzrichtung wechselt dabei fortlaufend nach links bzw. rechts.
Ein 2-Bruch-Zickzackfalz hat demnach 6 Seiten, ein 3-Bruch-Zickzackfalz 8 Seiten.

- Wickelfalz
  Wie beim Zickzackfalz wird der Bogen asymmetrisch nur über einen Teil der Breite gefalzt. Dabei ändert sich die Falzrichtung jedoch nicht: Die Seiten werden ineinander gewickelt.
  Es entstehen die gleichen Seitenzahlen wie beim Zickzackfalz.
- Fensterfalz
  Bei einem Zweibruch-Fensterfalz werden zwei Blatt-Teile zur Mitte gefalzt. Ein Dreibruch-Fensterfalz wird zusätzlich parallel in der Blattmitte gefalzt. Um ein Stauchen zu vermeiden, ist dabei zwischen den beiden nach innen liegenden Klappen ein Abstand von etwa 1,5 mm zum mittleren Falz zu berücksichtigen.
- Kombinations- und Sonderfalzungen
  Prospekte verlangen eine Vielzahl von Kombinationen mit Parallel- und Kreuzfalzungen. Für eine rationelle Verarbeitung im Werkdruck ist eine Verarbeitung von Doppelnutzen mit zwei verschiedenen Bogensignaturen auf jeder Bogenhälfte zweckmäßig und wirtschaftlich.
  Der Schön- und Widerdruck erfolgt mit zwei Druckformen.

Falzmaschinen

Verfahrenstechnisch gesehen ist das Falzen ein Biegeumformen, das zum Grundverfahren Umformen gehört.

- Grundverfahren:
  – Umformen
- Verfahrensgruppegruppe:
  – Biegeumformen
- Arbeitsverfahren:
  – Falzen

Ausgereifte mechanische Lösungen bei Taschen- und Kombifalzmaschinen in Verbindung mit elektronischen und digitalen Bedienungs- und Steuerelementen bieten ein breitgefächertes Falzmaschinenprogramm für jeden Einsatzbereich.

Das Angebot reicht von Anlagen für Klein- und Miniaturfalzungen über den Mittelformatbereich bis hin zum Großformat 70 cm x 100 cm und bei Sonderausführungen auch darüber.

Falzgeschwindigkeiten von 200 m/min sind dabei oft bereits der Standard und praxisbewährt. Die Rüstzeiten konnten über speicherprogrammierbare Steuerungen erheblich reduziert werden. Klartextdisplays bieten umfassende Einstellungs- und Kontrollmöglichkeiten. Einige Systeme sind bereits in einen kompletten Workflow einzubinden.

Falztaschen-Stationen mit elektronisch gesteuertem Direktantrieb einerseits sowie elektronischen Sensoren und Kontrolleinrichtungen zur Überwachung der Falzbogen vom Anleger bis zur Auslage andererseits sorgen für störungsfreie Falzfunktionen. Mit Hilfe solcher elektronischer Komponenten lassen sich Falzbogenabstände automatisch optimieren und Einstellungen automatisch ausführen.

Der Trend geht auch bei Falzmaschinen zu einer volldigitalisierten Maschinensteuerung. Die Variabilität beim Falzen ist sichergestellt durch konstruktiv verbesserte Anlegerversionen als Flach-, Paletten- und Rundstapelanleger ebenso wie durch unterschiedliche Auslagen einschließlich Stapel- und Stehendbogenauslage und mobilen Falzmesserwerken als separate Bausteine. Bogengesteuerte Falzmesserantriebe erhöhen die Produktionssicherheit und minimieren den Makulaturanteil.

Ökonomisch einsetzbare Bausteine in der Peripherie der Falzmaschinen erhöhen die Produktvielfalt und die Wirtschaftlichkeit. Je nach Einsatzbereich und geforderter Kapazität lassen sich z. B. Aggregate zum Vorbereiten, Be- und Entladen zu einem System integrieren. Hierzu gehören auch der Einsatz von Zusatzaggregaten für die Mailingproduktion (Ritzen, Rillen, Einkleben, Verdoppeln, partielles Leimen, Kuvertieren) bis zu Bausteinen für die Komplettproduktion klebegefalzter Broschuren.

Entsprechend dem Falzprinzip unterscheidet man bei der Verarbeitung von einzelnen Bogen zwei Falzmaschinensysteme und die Kombination von beiden:
- Schwert- oder Messer-Falzmaschine
- Taschen- oder Stauchfalzmaschine
- kombinierte Falzmaschine

Bei der Verarbeitung der Papierbahn innerhalb von Rollen-Druckmaschinen werden außerdem Falzungen im Trichterfalz und im Klappenfalz durchgeführt, diese Techniken werden im Kapitel der Rollen-Offsetdruckmaschinen beschrieben.

Die Reihenfolge der Falzbrüche und die Falzart sind aus dem (grafischen) Falzschema zu ersehen. Ebenso sind neue Bezeichnung der verschiedenen Falzungen in der Terminologie (vgl. Bundesverband Druck und Medien, Ausbildungsleitfaden u.a.) im Kapitel Ausschießen erläutert.

Bei allen Falzmaschinen gibt es technisch bedingte Toleranzen bis zu 2 mm. Angeschnittene Flächen und Bilder benötigen daher einen ausreichend breiten Beschnittrand von mindestens 3 mm.

Falzfehler können auch bei im Bund anstehenden, randabfallenden Bildern auftreten.

Besonders problematisch sind am Seitenrand stehende Bilder mit schmalen weißen Rändern: Schon ein geringer Falzfehler ist deutlich sichtbar.

Schwertfalzmaschinen

Falztechnik: Ein vertikal bewegliches Falzschwert drückt den Bogen zwischen zwei gegenläufig rotierende Falzwalzen. Dadurch entsteht der Falz.

Auf Falzformat geschnittene bedruckte Bogen werden automatisch auf den Falztisch befördert und dort von Vordermarken und einer Seitenmarke entsprechend der Druckanlage ausgerichtet. Das Falzschwert (auch: Falzmesser) drückt den plan liegenden Bogen zwischen zwei rotierende Falzwalzen. Diese erfassen den Bogen, falzen und transportieren ihn weiter. In der Regel sind Schwertfalzmaschinen für Kreuzfalzungen ausgerichtet. Sie verarbeiten nicht nur leichte, sondern auch relativ schwere Papiere durch den mechanischen Druck des Falzschwertes auf die Falzwalzen sehr gut. Bei schweren Papieren, bei denen nach dem zweiten oder dritten Bruch Quetschfalten im Falz auftreten können, lassen sich Perforiereinrichtungen anbringen, die den Bogen im Falz mit einer Schlitzperforation versehen. Dadurch lässt sich das Papier leichter umlegen und präziser falzen.

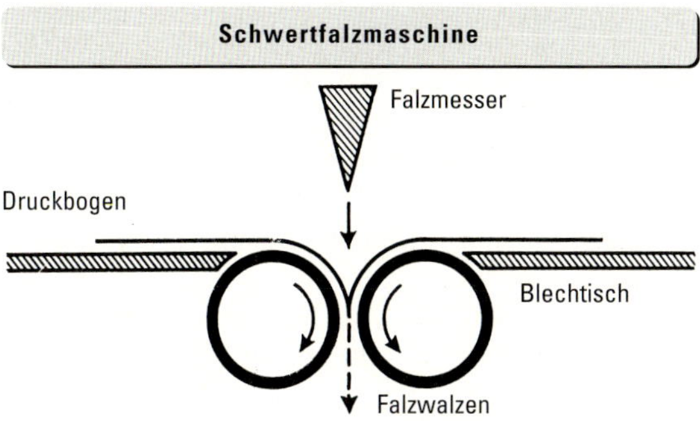

Schwertfalzmaschinen älterer Bauart arbeiten ausschließlich mechanisch und taktgebunden. Die Leistung hängt von dem Takt des auf- und niedergehenden Messers ab.

Schwertfalzmaschinen moderner Bauart arbeiten mit einer elektronischen Steuerung: Das Messer arbeitet taktunabhängig. Der ankommende Bogen löst einen Impuls zur Messerbewegung aus. Dadurch spielt die Geschwindigkeit und Regelmäßigkeit der Bogenzufuhr bei diesen Anlagen keine Rolle mehr; die Falzleistung konnte wesentlich gesteigert werden. Trotzdem werden Leistungen der Taschenfalzmaschinen nicht erreicht. Reine Schwertfalzmaschinen werden heute kaum mehr eingesetzt.

HEIDELBERG Stahlfolder: TD 52 Topline mit digitaler Falzmaschinensteuerung DCT 2000 Komfort

Taschenfalzmaschinen

Falztechnik: Das Falzwerk besteht prinzipiell aus einer Falztasche und drei Walzen. Die zwei ersten, senkrecht übereinander angeordneten Walzen transportieren den Bogen in die Falztasche bis zu einem verstellbaren Anschlag. Die entstehende Stauchfalte des Bogens wird von den gegenläufig rotierenden Falzwalzen erfasst: Es entsteht der Falz.

Taschenfalzmaschinen sind sehr leicht zu handhaben und bringen eine sehr hohe Falzleistung. Eine Falzeinheit besteht aus drei geriffelten Transport- bzw. Falzwalzen und einer Falztasche mit einem verstellbaren Vorderanschlag. Je nach Papierbeschaffenheit wird der Bogen mit einer abgestimmten Laufgeschwindigkeit in die Falztasche befördert. Der einlaufende Bogen wird durch zwei Transportwalzen (die untere Walze ist gleichzeitig auch eine Falzwalze) in die Falztasche befördert. Die Falztasche besteht aus zwei eng übereinander liegenden Blechen. Stößt der Bogen entsprechend dem Falzformat an dem Vorderanschlag innerhalb der Falztasche an, schieben ihn die Transportwalzen weiter. Der Bogen staucht und bildet im sogenannten Stauchraum eine

Taschenfalzmaschine

Anschlag

Falztasche

Bogeneinlauf

Blechtisch

Falzwalzen

Fig. 1 Fig. 2 Fig. 3

Fig. 4 Fig. 5

Falzvorgang in einer Taschenfalzmaschine

Stauchfalte. Da der Bogen innerhalb der Falztasche nicht ausweichen kann, weicht er nach unten aus. Die Falzwalzen erfassen den Bogen, falzen ihn und führen ihn weiter zum nächsten Falzwerk oder zur Auslage.

Je Falzwerkstation können bis zu 6, teilweise sogar bereits für Sonderfalzungen 8 Falztaschen eingebaut werden. Diese sind abwechselnd nach oben und unten angeordnet. Die für bestimmte Falzarbeiten nicht benötigten Falztaschen werden durch Bogenweichen ersetzt. Damit sind einzelne oder mehrere Falztaschen zu überspringen. Durch verschiedene Einlauflängen des Falzbogens und den Einsatz bestimmter Falztaschen sind eine Vielzahl von Falzvarianten auszuführen.

Der Aufbau von Taschenfalzmaschinen ist technisch relativ einfach. Mit wenigen Handgriffen lassen sich Falzstationen innerhalb der Maschinen umgruppieren. Daraus ergeben sich vielfältige Falzmöglichkeiten mit Parallel-, Kreuzfalzungen und Kombinationen beider Falzungen. Der Falzvorgang ist an keinen Takt gebunden. Deshalb erreichen diese Maschinen sehr hohe Falzleistungen.

Moderne Falzmaschinen können z. B. mit einer Falzklebeeinrichtung ausgestattet sein, die einzelne Falzbogen im Bund beim Falzen zusammenklebt.

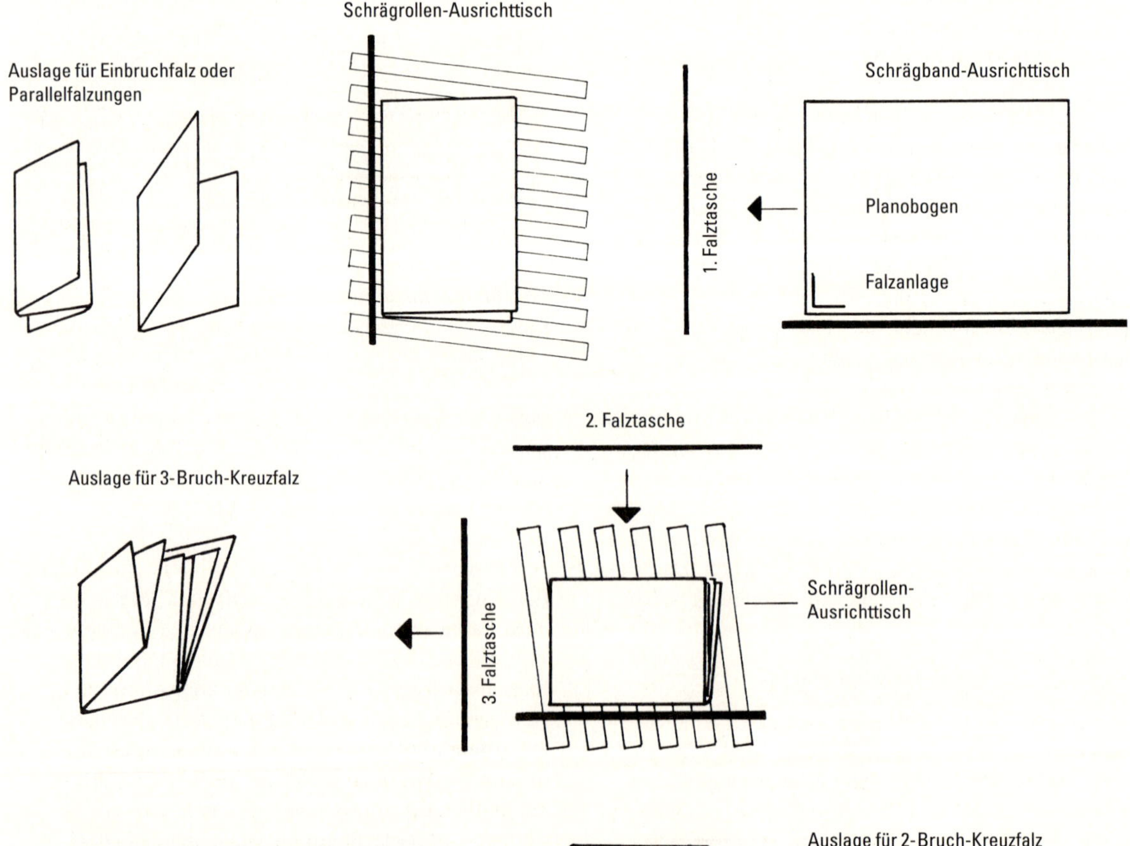

Schematische Darstellung der Falzbruchfolge auf einer Taschenfalzmaschine mit drei rechtwinklig zueinander angeordneten Taschen-Falzstationen. Die Falzbogen können je nach Falzart nach jeder Falzstation ausgelegt werden.

HEIDELBERG Stahlfolder KD 78 Topline: Palettenanleger, digitale DCT-Falzmaschinensteuerung, Kombifalzungen mit Taschen und/oder Schwert für 8-, 16- und 32-seitige Bogen, automatischer Stapelbündler. Leistung max. 50.000 Takte/h. Elektronische Produktionskontrollen, CAN-Databus, Vernetzung CIP3.

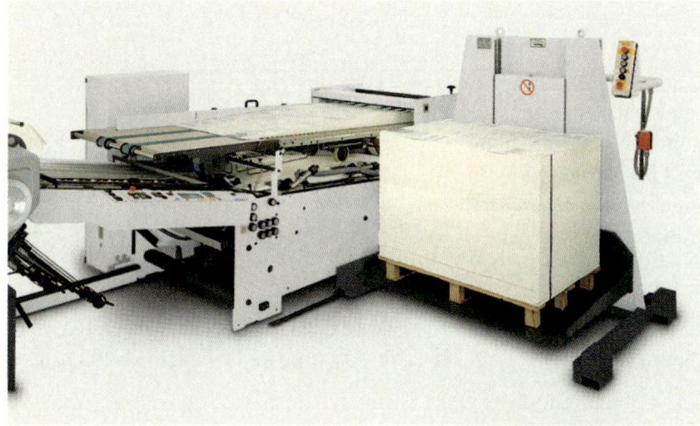

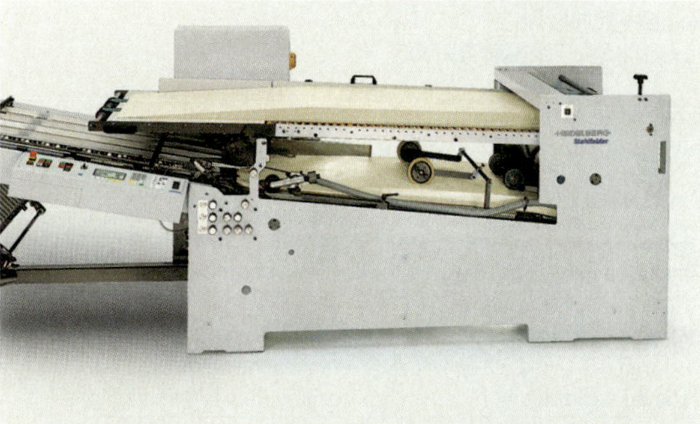

Anleger mit einem mobilen Stapellift (links)

Anlegersystem: Rundstapelanleger (rechts)

Bei großformatigen Taschenfalzmaschinen ist ein Falzen von in Doppelnutzen gedruckten Bogen möglich. Die Doppelnutzen stehen dabei Kopf an Kopf. Dementsprechend ist der Druckbogen auszuschießen. Diese Produktionstechnik führt zu einer erheblichen Produktionssteigerung. Der notwendige Trennschnitt erfolgt in der Falzmaschine oder vor dem Dreiseitenbeschnitt durch eine Trennsäge.

Flexibilität durch verschiedene Kombinationen von Taschen- und Schwertfalzungen

Kombinationsfalzmaschinen
Ein Kombination von Taschen- und Schwertfalzmaschinen nutzt der Vorteile der beiden Systeme.

Die ersten Falzungen werden im Taschenfalz ausgeführt. Für den dritten oder vierten Falz, der eine höhere Kraft erfordert, ist ein zusätzliches Schwertfalzwerk eingesetzt. Auch hierbei kann der Falz durch eine Perforation „vorbereitet" sein. Moderne Falzschwerter werden taktunabhängig durch einen Reflexionslichtschalter gesteuert. Der einzelne Bogen löst dazu den notwendigen Steuerimpuls aus. Bei einer maximalen Laufgeschwindigkeit von ca. 180 m/min sind bei kleinen Formaten mit einem kurzen Falzschwert bis zu 30 000 Falzungen pro Stunde im ersten Kreuzbruch möglich.

Je nach Einsatzbereich bieten die Kombifalzmaschinen verschiedene Ausführungsvarianten, z. B.

- Taschenfalzwerk mit 2, 4 oder 6 Taschen
- 1. Kreuzbruch mit Falzschwert in der Falzwerkmitte mit nachfolgenden Messerwellen
- 2. Kreuzbruch links oder rechts
- bei Dreibruch-Falzmaschinen die Kopplung eines externen Falzwerkes für den vierten Bruch (d. h. für 32 Seiten)
- unterschiedliche Anleger und Ausleger.

Vergleichende Darstellung der Maschinentypen und der ausführbaren Falzmöglichkeiten

Typische Merkmale an Falzmaschinen

Merkmale	Kombifalzmaschinen	Taschenfalzmaschinen	Schwertfalzmaschinen
Falzmöglichkeiten	Je nach Ausstattung mit Falzstationen sind zahlreiche Falzmöglichkeiten realisierbar	Sehr viele Falzvarianten möglich; mit variabler Falzwerkstationen-Anordnung ist eine optimale Ausnutzung für verschiedenste Falzvarianten möglich	Nur Kreuzbruchfalzungen möglich
Doppelnutzenverarbeitung	Mit der Falztasche parallel zum ersten Kreuzbruch möglich, ebenso bei reiner Parallelfalzung	Mit und ohne Doppelstromeinrichtung ausführbar	Nur bei Maschinen mit vorhandenem Parallelfalzwerk zum dritten Kreuzbruch möglich
Anstellmöglichkeit von variablen Falzwerkstation	ja	ja	keine
Kombinationsmöglichkeit mit Einzelfalzwerk	Deutscher, internationaler und englischer Vierbruchfalz u. a. Falzvarianten auszuführen	Bei dicken Falzbogen für den letzten Falzbruch und andere Falzvarianten	nein
Falzkleben von 8-, 12- und 16seitigen Falzbogen	Mit Klebeapparat in der Parallelfalzstation auszuführen	Mit Klebeapparat in der ersten Station auszuführen	nein
Einbaumöglichkeit von Perforier-, Rill- und Schneidwerkzeugen	Vor und nach der Parallelfalzstation sowie nach dem ersten Keuzbruch möglich	An allen Falzwerkstationen möglich	An allen Kreuzbruchfalzstationen möglich
Aufwand für Ein- und Umstellung	mittel bis niedrig	hoch	mittel bis niedrig
Leistungskapazität	hoch bis mittel; taktfrei bei Parallelfalzungen, z. T. taktgebunden bei Gemischtfalzungen	hoch, da Falzprozess taktfrei	niedrig, wenn der Falzprozess taktgebunden ist
Platzbedarf	klein	je nach Anzahl der Falzwerkstationen etwas größer	mittel

Übersicht der ausgeführten Falzarten

Falzarten	Kombifalzmaschinen	Taschenfalzmaschinen	Schwertfalzmaschinen
Kreuzbruchfalzungen	ja	ja	ja
Parallelmittenfalzung	ja	ja	nein
Leporellofalzung	ja	ja	nein
Wickelfalzung	ja	ja	nein
Gemischtfalzungen	ja	ja	mit Parallelfalzschwert möglich
Zweibruch-Fensterfalzung	ja	ja	nein

(Übersicht nach: Stahl, Falzen in der Praxis

Weitere Zusatzeinrichtungen können unter vielem anderen sein

- automatische Steuerung der Beladehöhe für ergonomisches Einstapeln
- Leimeinrichtungen (Falzkleben)
- Kopf- und Fußbeschnitt, Randbeschnitt, Streifenausschnitt (Zwischenschnitt)
- Stanzperforationen
- Fensterfalztasche
- Einrichtung zum Auslegen von Mehrfachnutzen

Schlitz- und Stanzperforationswerkzeuge

Mit einer Schlitzperforation werden die Voraussetzungen für die Falzbruch-Bildung durch ein strichweises Durchtrennen des Papiers wesentlich verbessert und zugleich die Materialspannungen innerhalb des Falzbogens reduziert. Dadurch wird auch die Materialverdrängung begünstigt und die Quetschfaltenbildung vermieden, sofern die Papierstärke nicht überschritten wird. Vorteilhaft ist das Perforieren insbesondere bei allen stärkeren Materialien.

Perforierwerkzeuge weisen unterschiedliche Schlitzlängen und Stegbreiten auf. Stegbreite und Schlitzlänge müssen auf die jeweilige Papierqualität abgestimmt werden und richten sich nach der notwendigen Abreißfestigkeit. Die Perforierwerkzeuge können auf die vor- und nachgelagerten Messerwellen aufgesetzt werden.

Schneidwerkzeuge für Trenn-, Rand- und Streifenschnitt
Die Schneidmesser können anstelle der Perforierwerkzeuge oder auch für die kombinierte Arbeitsweise eingesetzt werden. Schneidmesser dienen vorwiegend zum Trennen von Mehrfachnutzen-Falzbogen. Dabei handelt es sich stets um einen einfachen Trennschnitt ohne absolute Schnittgenauigkeit.
Mit einer Randbeschnitt-Vorrichtung kann der Beschnitt von Kopf und Fuß bei Einzelnutzen-Falzbogen in den Falzprozess integriert werden. Ein präziser Beschnitt und das störungsfreie Ableiten der Abfallstreifen sind nur dann gewährleistet, wenn der Beschnittrand minimal 6 mm breit ist und von den Führungsrollen sicher transportiert werden kann.

Die Streifenausschnitt-Vorrichtung wird für Streifenausschnitte bei Mehrfachnutzen, vorwiegend aber bei parallel gefalzten Bogen, verwendet.

Die Schnittqualität wird von der Papierqualität und der Falzbogendicke beeinflusst, d. h. bei zunehmender Dicke wird der Schnitt schlechter. Es sind Streifenausschnitte zwischen 3 bis 15 mm Breite auszuführen. Zwischen die beiden Messer ist ein spezieller Abstreifer einzusetzen, der die Ausschnitte störungsfrei nach unten in einen Sammler ableitet.

Rillvorrichtungen
Während beim Perforieren eine Schwächung des Papiers durch die Querschnittsverletzungen erfolgt, erfolgt beim Rillen lediglich eine Materialverdichtung ohne Zerstörung der Papierstruktur. Dadurch fördert das Rillen die Falzbruchbildung und erhöht zugleich die Falzgenauigkeit. Das Vorrillen des letzten Falzbruches sollte aus diesen Gründen grundsätzlich immer angewendet werden. Bei Taschenfalzmaschinen wird die Vorrillung zur Präzisierung der nachfolgenden Falzbrüche stets vorgenommen.

Das Rillen ist auch bei steifen, falsch laufenden (Laufrichtung des Papiers) und lackierten Materialien anzuwenden. Die Rillvorrichtung besteht aus den Rillwerkzeugen und zwei rundkantigen Gegenmuffen. Für Mehrfachrillungen wird eine Mehrfachrillvorrichtung mit einer Gegenmuffe verwendet oder man arbeitet mit den Rillwerkzeugen gegen eine Gummirolle.

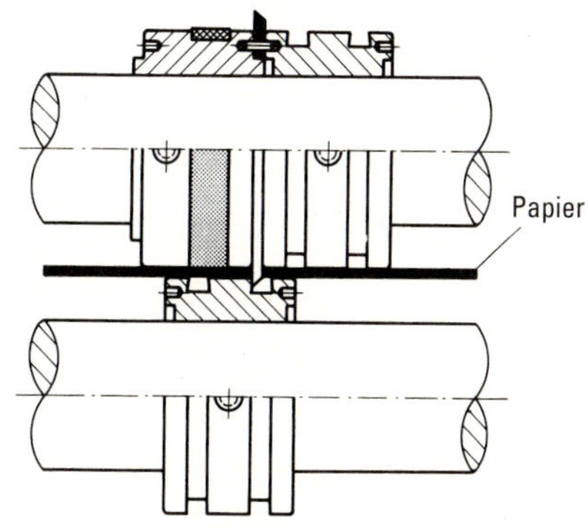

Schneidmesser für einen Trennschnitt auf Messerwelle eingesetzt

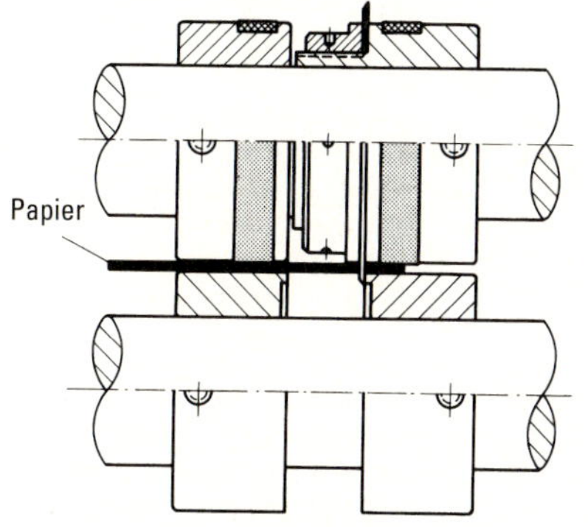

Vorrichtung für den Randbeschnitt mit Führungsrollen auf Messerwelle eingesetzt

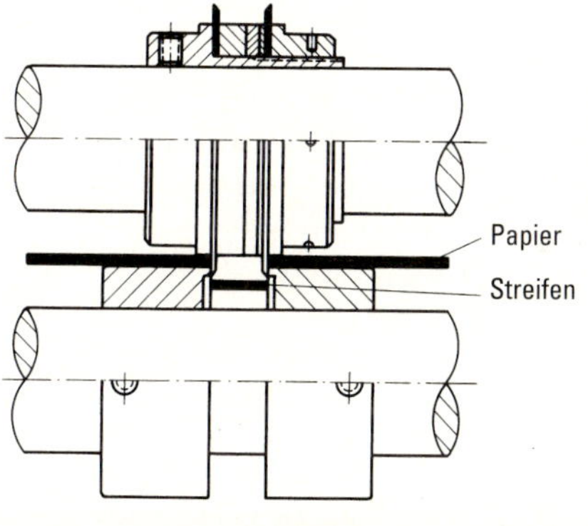

Streifenausschnitt-Vorrichtung mit Gegenmesser auf Messerwelle eingesetzt

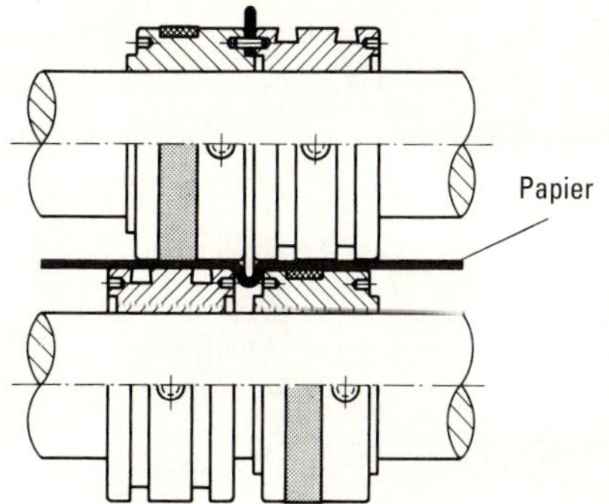

Rillvorrichtung mit Rillwerkzeugen oben und Gegenmuffen unten. Die Distanz der Gegenmuffen muss entsprechend der Materialstärke eingestellt werden

15.3.3 Zusammentragen von Falzbogen
Nach dem Falzen sind die Falzbogen nach einem bestimmten Verfahren zusammenzufügen, um ein umfangreicheres Endprodukt – mit mehr Seiten als auf dem einzelnen Druckbogen stehen – herzustellen.

Zusammentragen

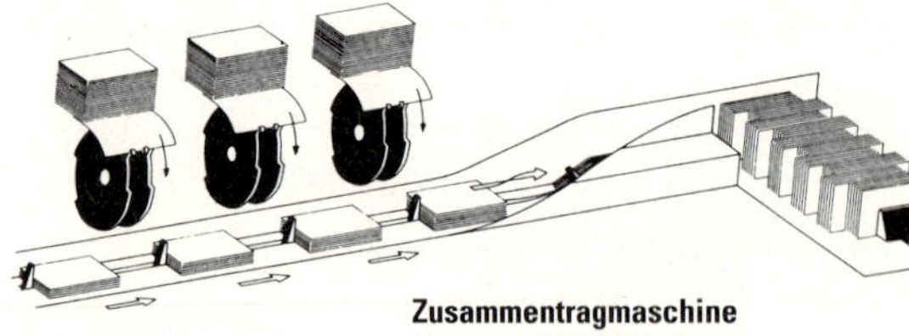

Zusammentragmaschine
(Schema: KOLBUS, Rahden

Funktionsweise des Bogenanlegers
Die zu verarbeitenden Produkte (8), Papiergewicht bei Einzelblättern minimal 60 g/m², werden kontinuierlich auf den Stapeltisch (1) gebracht. Durch Sauger (2) von unten angesaugt, kippen die Bogen in den Bereich der Trommel und werden von einem Greifer (3) erfasst. In diesem Augenblick bleibt die Greifertrommel (4) stehen. Dadurch ist ein sicheres Übernehmen und sauberes Abziehen auch bei Einzelblättern gewährleistet. Die restlichen Bogen werden durch Rückhalter (5) zurückgehalten. Nachdem der Greifer den Bogen freigegeben hat, gelangt derselbe auf die Laufbahn des Sammelkanals (6) und wird vom Mitnehmer der Sammelkette (7) weitertransportiert.

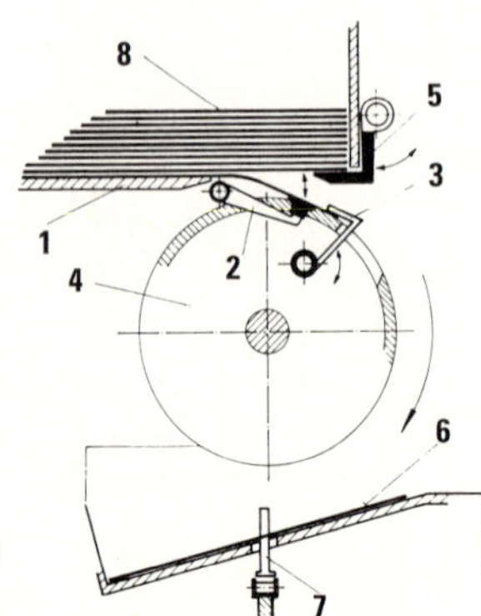

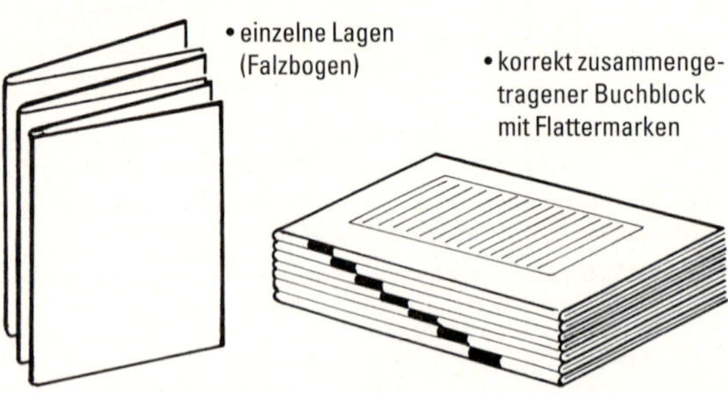

• einzelne Lagen (Falzbogen)

• korrekt zusammengetragener Buchblock mit Flattermarken

Verfahrenstechnisch ist das Zusammentragen ein Arbeitsverfahren des Fügens.

• Grundverfahren:
  – Fügen
• Verfahrensgruppe:
  – Schlussloses Fügen
• Arbeitsverfahren:
  – Zusammentragen

Zusammengetragen werden können grundsätzlich einzelne Blätter und Falzbogen. Beim Zusammentragen von Falzbogen (auch Lagen genannt) entsteht mehrlagiges Produkt. Dazu werden die Falzbogen eines Produktes in der richtigen Reihenfolge der Seiten zu einem Rohblock (Broschuren- oder Buchblock: die Bezeichnung richtet sich nach dem Endprodukt) übereinander gelegt.

Die feste Verbindung zu einem Endprodukt zusammengetragener Blocks erfolgt mit verschiedenen Heftverfahren

– durch den Rücken der Falzbogen mit der Fadenheftung
– am Rücken durch die Klebebindung oder
– die Seitenheftung mit Draht (heute sehr selten) oder mit Kunststoffmaterial in verschiedenen Formen, z. B. als Ring, Kamm oder Spirale.

Zusammentragmaschinen

Mit Zusammentragmaschinen sind Einzelblätter und Falzbogen in richtiger Reihenfolge lose übereinanderzulegen. Die in einer leistungsstarken Produktion eingesetzten Zusammentragmaschinen arbeiten vollautomatisch. Lediglich das Beschicken mit dem zu verarbeitenden Material erfolgt manuell bei flachliegenden oder stehenden Stapeln. Die Anlage der Falzbogen in Stangen (z. B. mit Streamfeeder von Müller Martini) erleichtert das Beschicken durch Förder-

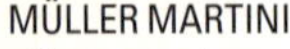

MÜLLER MARTINI
• Zusammentragmaschine 3690 mit dem Einstellsystem ASAC.

MÜLLER MARTINI Streamfeeder: Rationelle Stangenverarbeitung von Falzbogen zur Beschickung von Sammelheftmaschinen und Zusammentragmaschinen an Klebebindesystemen

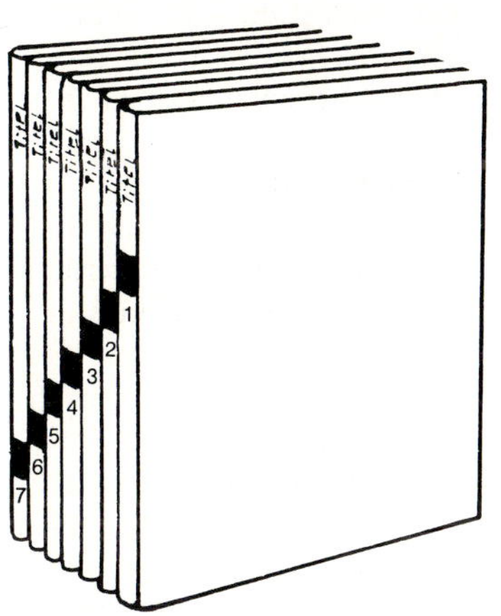

Kollationieren

Kontrollelement
• Flattermarken

Bogenkennzeichnungen
• Bogensignatur: Nummer des Bogens
• Bogennorm: Titel oder Kurzbezeichnung des Werkes

systeme. Alle modernen Zusammentragmaschinen sind mit Klebebindesystemen zu koppeln.

Jeweils gleiche Falzbogen werden entsprechend der Bogensignatur (Bogenkennzeichnung, bezogen auf die Seitenzahlen des Falzbogens) stapelweise flachliegend oder stehend bzw. in Stangen in einzelnen Stationen (Magazine) hintereinander vorgesetzt. Große Zusammentragmaschinen besitzen eine hohe Zahl von Stationen. Sie sind teilweise nach dem Baukastenprinzip bis etwa 35 Stationen auszubauen, so dass Buchblocks mit mehreren hundert Seiten zusammengetragen werden können. Diese Anlagen sind jedoch nur für wenige Spezialbetriebe mit entsprechenden Aufträgen wirtschaftlich einzusetzen. Bei der Produktion werden die einzelnen Falzbogen durch Sauger und Greifer aus der Station auf ein laufendes „Band“, den Transportkanal, gefördert.

Der erste Falzbogen läuft auf dem Transportband weiter zu den nächsten Stationen, aus denen jeweils ein weiterer Falzbogen auf den vorhergehenden Falzbogen aufgelegt wird.

Kontrolleinrichtungen sondern fehlerhaft zusammengetragene Rohblocks aus oder stoppen die Maschine. An den Flattermarken, mitgedruckt im Bund zwischen der ersten und letzten Seite eines jeden Falzbogens, ist die richtige Reihenfolge der Falzbogen eines Buchblocks zu prüfen. Dieses Prüfen wird kollationieren genannt.

15.3.4 Sammeln von Falzbogen

Verfahrenstechnisch ist das Sammeln bzw. Ineinanderstecken – ebenso wie das Zusammentragen – ein schlussloses Fügen. Alle Produktteile werden jedoch im Unterschied dazu gemeinsam durch den Rücken geheftet. Es entsteht eine einlagige Broschur.

Industriell erfolgt das Verarbeiten der Falzbogen mit Sammeldrahtheftmaschinen, die nach dem Sammeln in einer weiteren Station die Falzbogen durch eine Rückstich-Drahtheftung miteinander verbinden. Es entsteht ein einlagiges Produkt.

MÜLLER MARTINI Sammelheftsystem Optima: Anleger nach Bedarf, Wareneinkleber, variable Heftmaschine, Schwingschnitt, Qualitätskontrollen, Prozessüberwachung, Touch-Screen Bildschirm u.v.a.

Sammeln bzw. Einstecken der Falzbogen

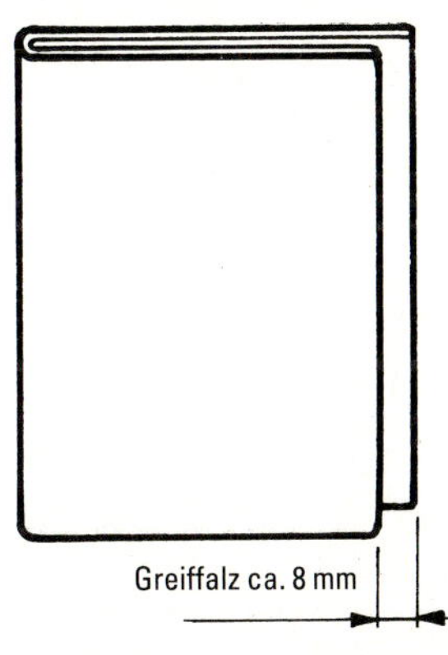

Beispiel für einen Greiffalz: Der hintere Teil des Falzbogens steht um ca. 8 mm vor, er dient zum Öffnen des Falzbogens im Sammelhefter

Gesammelte Falzbogen mit Flattermarken am Kopf

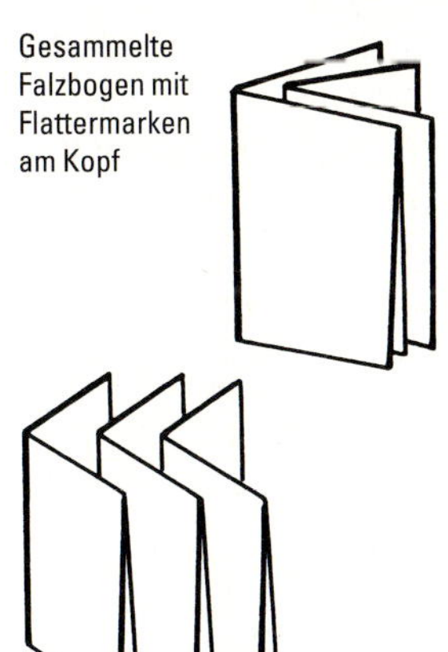

Sammelheftmaschinen

Sammelheftmaschinen sind Kombinationsmaschinen für das Zusammenfügen und das gleichzeitige Rückstichheften von Falzbogen.

Alle einlagige Broschuren wie Hefte, mehrseitige Prospekte, Zeitschriften und Illustrierte, bestehen aus mehreren Falzbogen (Lagen), die ineinandergesteckt und durch den Rücken geheftet werden.

Bei automatisch arbeitenden Sammelheftmaschinen erfassen z. B. Sauger den untersten Falzbogen des Magazins und kippen ihn nach unten. Greifer übernehmen den Bogen aus dem Magazin, das System öffnet den Falzbogen in der Mitte und legt ihn auf ein Transportband.

Das Entnehmen aus dem Magazin und das Öffnen des Falzbogens kann auch durch Greifer erfolgen. Jeder Falzbogen muss dazu einen 5 bis 8 mm breiten Greiffalz (auch Überfalz, Vor- oder Nachfalz genannt) am vorderen oder hinteren Bogenteil aufweisen. Die Greifer können den Bogen am überstehenden Greiffalz aus dem Magazin entnehmen, öffnen und auf das Transportband ablegen. Die Breite und Position (vorne oder hinten) des Greiffalzes sind bei der Arbeitsvorbereitung eines neuen Produktes mit der Druckweiterverarbeitung abzustimmen.

Vor dem Heften wird der Umschlag angelegt. Der Umschlag kann während der Anlage gerillt werden.

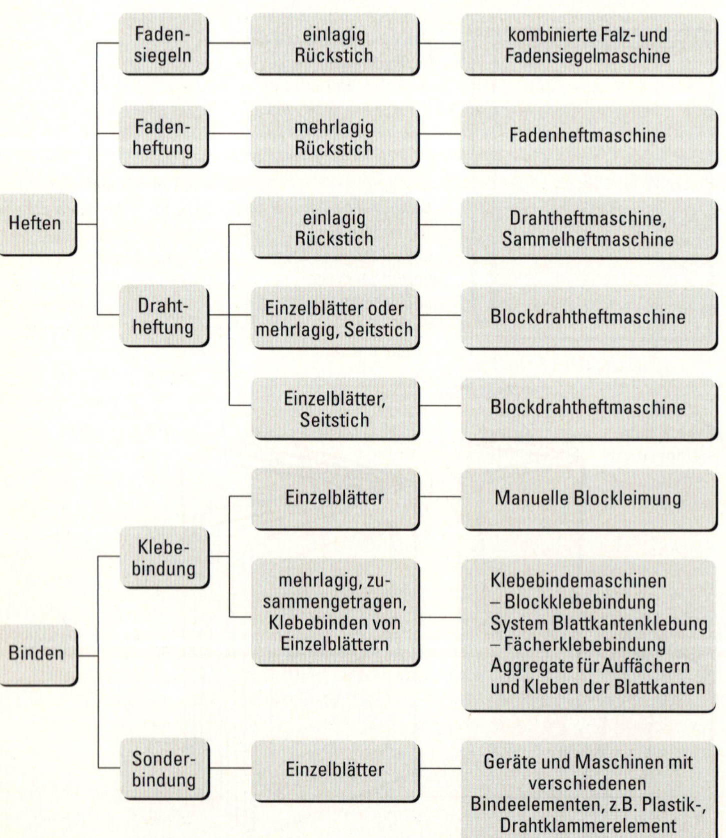

Geheftet wird in der Regel mit zwei Heftköpfen und Runddraht. Es können jedoch bei bestimmten Sammelheftern bis zu 6 Heftköpfe oder Ringösenheftköpfe eingesetzt werden.

Die drahtgeheftete Broschur durchläuft zum Beschneiden auf das Endformat allgemein einen Fließdreischneider (Trimmer), der in zwei Stationen den Kopf- und Fußbeschnitt und anschließend den Vorderbeschnitt (bzw. umgekehrt) ausführt.

Bei umfangreichen einlagigen Broschuren mit Rückstich-Drahtheftung ist zu beachten, dass die inneren Bogenteile im beschnittenen Endprodukt bis zu 5 mm kürzer als die äußeren Lagen sind. Dies ist bereits bei der Montage der einzelnen Seiten vorausschauend zu berücksichtigen: Der Rand im Bund ist von den inneren zu den äußeren Bogen kontinuierlich zu verbreitern, damit keine bildwichtigen Teile der inneren Seite am Außenbeschnitt angeschnitten werden. Damit ist insgesamt ein dem Layout entsprechender Stand des Satzspiegels zu erreichen.

16.3.5 Heften und Binden

Durch verschiedene Heft- bzw. Bindeverfahren lassen sich Einzelblätter und Falzbogen fest miteinander zu einem Endprodukt wie z. B. Heft, Broschur, Katalog, Taschenbuch oder Buch verbinden.

Für wertvolle Einzelbücher wird auch heute noch das kunsthandwerkliche Buchbinden mit einer Handheftung gepflegt. Durch Heftfäden werden einzelne Falzbogen miteinander verbunden. Hanfschnüre oder Kordeln bilden die Querverbindungen der Falzbogen (Lagen) zu einem wertvollen, manuell gefertigten Buchblock.

Verfahrenstechnisch ist das Heften und das Binden ein Fügen von Werkstoffen.

- Grundverfahren: Fügen
- Verfahrensgruppe: Formschlüssiges Fügen
- Arbeitsverfahren: Heften mit Faden, Draht, u.ä.
- Verfahrensgruppe: Stoffschlüssiges Fügen
- Arbeitsverfahren: Kleben, Klebebinden (Zu diesem Verfahren gehören auch: Kaschieren, Schweißen, Heißsiegeln)

Bei formschlüssigem Fügen werden Bogen (z. B. bei Fadenheftung) und Einzelblätter (z. B. bei Spiral-, Ring-, Kammbindetechnik) verarbeitet, die durch den verwendeten Bindewerkstoff zusammengefügt sind.

Stoffschlüssiges Fügen ist das Kleben von Werkstoffen (Papier, Karton u. a.) durch einen flüssigen Klebstoff, der nach dem Trocknen fest an den Werkstoffen haftet.

Für industrielle Produktion werden maschinelle Heftverfahren eingesetzt. Die Verfahren unterscheiden sich durch

- Hefttechnik:
  - Seitenheftung durch den Block
  - Rückenheftung durch oder am Bund

und
- Heftmaterial:
  – Draht
  – Faden
  – Klebstoff
  – Kunststoff
  – Metall.

Bei der Heftung von Broschuren bestehen überwiegend nur Längsverbindungen zwischen den Falzbogen. Alle Buchheftungen besitzen daneben eine zusätzliche Querverbindung durch Kordeln oder Bänder; bei industriell hergestellten Buchblocks vor allem durch Krepp-Papier, Gaze und Leim.

In den nachfolgenden grafischen Übersichten sind Heft- bzw. Bindetechniken zusammengestellt.

Fadenheften

Endprodukt ist eine mehrlagige Broschur bzw. ein mehrlagiges Buch.

Fadenheftmaschinen arbeiten nach dem gleichen Prinzip wie das Handheften. Ein Heftzwirn wird mit Nadeln in den Rücken einer Falzlage des Buchblocks eingeführt und seitlich versetzt wieder ausgeführt. Danach werden alle folgenden Falzbogen mit dem gleichen Faden geheftet. Durch das fortlaufende Heften werden die Blätter eines Falzbogens und nach und nach der gesamte Buchblock verbunden.

Heftarten

Hefttechnik	Heftverfahren	Material	Produktion in ...
Rücken-heftung	Rückenstich-heftung	Draht	Sammelheft-maschine
	Rückenstich-heftung	Faden	Fadenheft-maschine
	Rückenstich-heftung	thermoplas-tischer Faden	Fadensiegel-maschine
	Klebebinden	Klebstoff	Klebebinde-maschine
Seiten-heftung	Seitstich haftung	Draht	Blockheft-maschine
Seiten-heften mit - Stanzung - Einhängen (Binden)	Spiralheftung	Draht Kunststoff	Spiralheft-maschine
	Drahtkamm-bindung (z. B. Wire-O-Bindung)	Draht	Drahtkamm-bindemaschine
	Kammbindung	Kunststoff	Kammbindegerät oder -maschine
	Ringmechanik	Metall	Bindegeräte

Heften und Binden	1 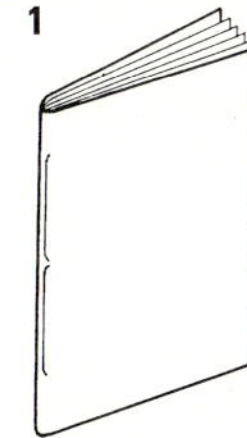	2	3 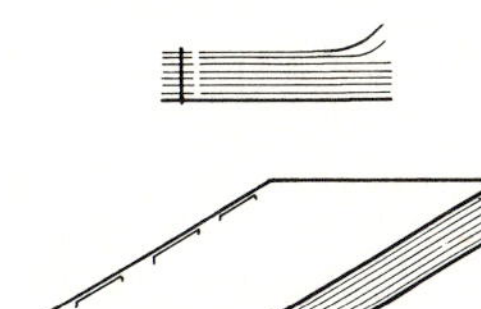	4 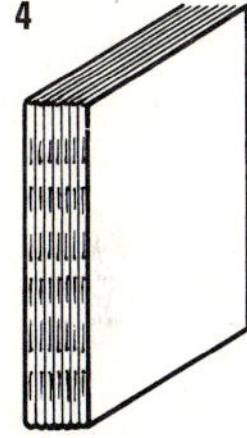
Technik	**Fadenheftung** Nähvorgang, einlagig gefalzter Bogen durch den Rücken geheftet	**Drahtheftung** Einlagiges Produkt mit Drahtklammern durch den Rücken geheftet	**Blockheftung** Mehrlagiges Produkt mit Drahtklammern seitlich durch den Block geheftet	**Fadenheftung** Mehrlagiges Produkt, gefalzte Bogen mit Faden durch den Bund geheftet
Einsatzbereich	Schulhefte, dünne Broschuren	Schulhefte, dünne Broschuren, Zeitschriften, Illustrierte	Einfache Bücher und Broschuren, Kalender, Notizblöcke	Broschuren mit und ohne Vorsatz, teilweise Bücher, z.B. Belletristik, Sachbücher, Reisebeschreibungen
Heften und Binden 	5 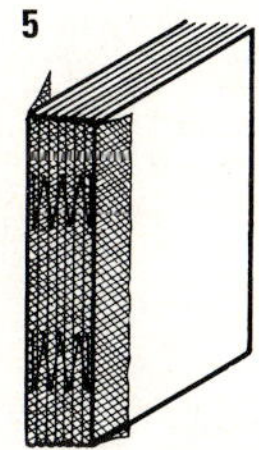	6 a  Wirkung des Klebstoffs	6 b 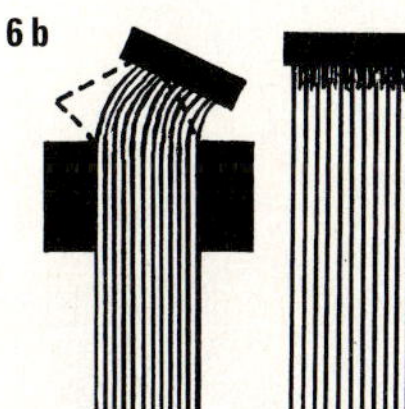 Wirkung des Klebstoffs	7 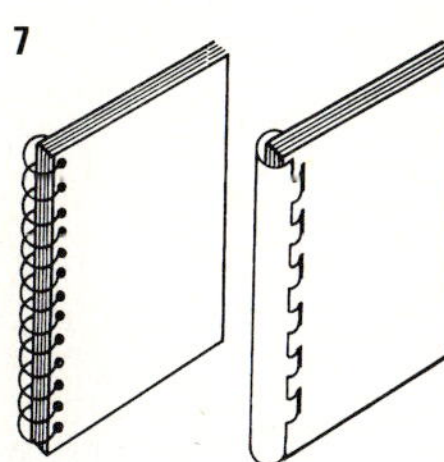
Technik	**Fadenheftung** Mehrlagiges Produkt, gefalzte Bogen werden mit Faden durch den Bund geheftet; Beleimen, Begazen und vollflächiges Hinterkleben am Rücken, dadurch sehr haltbar	**Klebebindung: Blockklebebindung** Dispersions- oder Hotmeltklebstoff an der Blattkante am Rücken	**Klebebindung: Fächerklebebindung** Durch das Auffächern des Blockrückens dringt der Klebstoff zwischen die Blattkanten ein; sehr gute Haftung	**Sonderbindungen: Spiralbindung** mit durchgebohrten Löchern im Block und durchgewendeltem Draht oder Kunststoff **Drahtkammbindung** **Kunststoffbindung**
Einsatzbereich	Wertvolle Bücher, bibliophile Werke, hochwertige Sachbücher, Fachbücher, Bildbände, Atlanten	„Taschenbücher“, Sachbücher, Fachbücher, Reiseliteratur	Hochwertige Produkte in geringerer Auflage, z. B. wissenschaftliche Werke, Atlanten, Bildbände	Ringbücher, Dokumentationen, Sach- und Fachbücher, Kalender, Reisebeschreibungen

Das Nähprinzip der Fadenheftmaschine

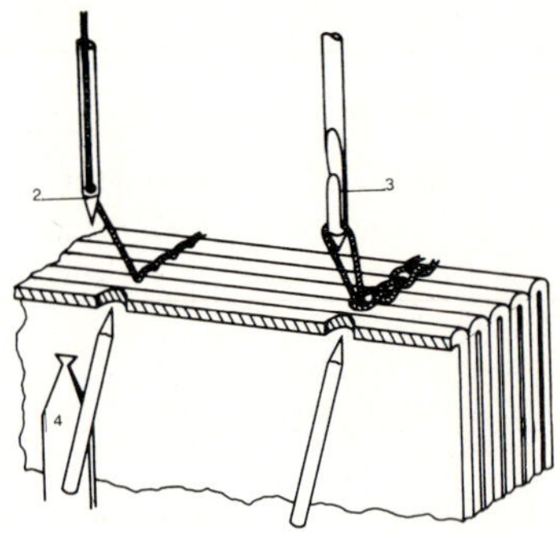

Vorstechen des Bogens von unten mit den Vorstechnadeln

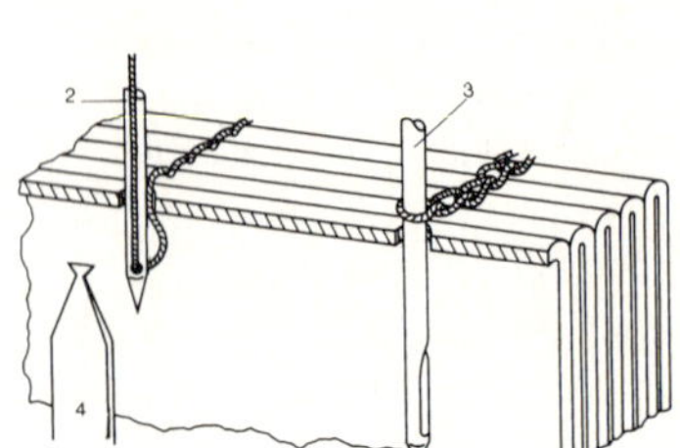

Näh- und Hakennadeln dringen durch die Löcher nach unten und werden anschließend 2 - 3 mm zurückgezogen. Dadurch entsteht beim Faden der Nähnadel eine Öse, die der Greifer erfasst

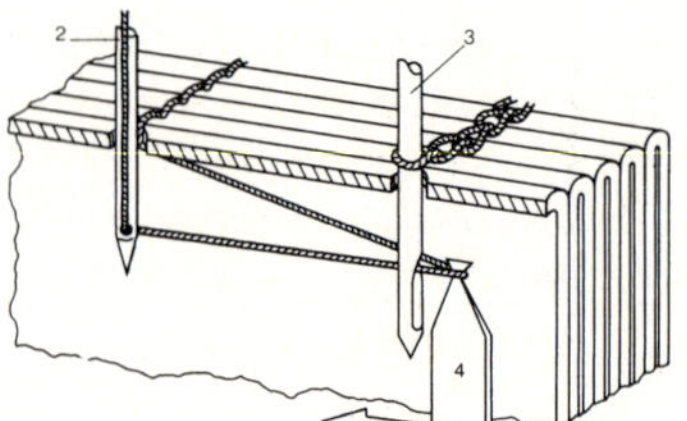

Der Greifer zieht den Faden über die Hakennadel hinaus und kippt in deren Richtung. Der eine Faden liegt nur an der Hakennadel an.

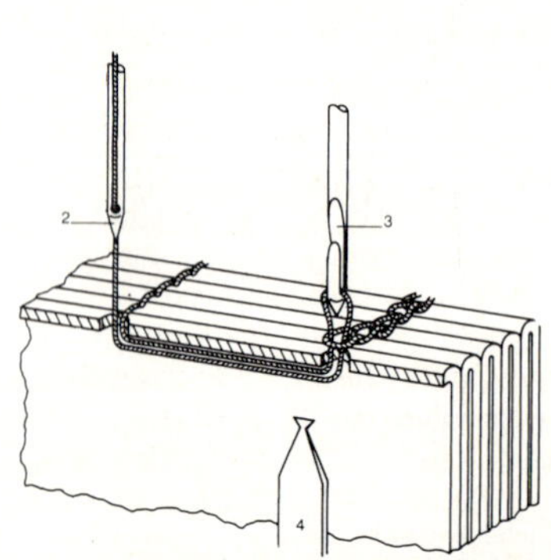

Bei der nun folgenden Aufwärtsbewegung erfasst der Haken der Hakennadel den anliegenden Faden. Der Greifer läuft zurück und hängt den Faden aus. Die Hakennadel dreht sich um 180° und zieht den Faden durch die vorhergehende Schlinge.

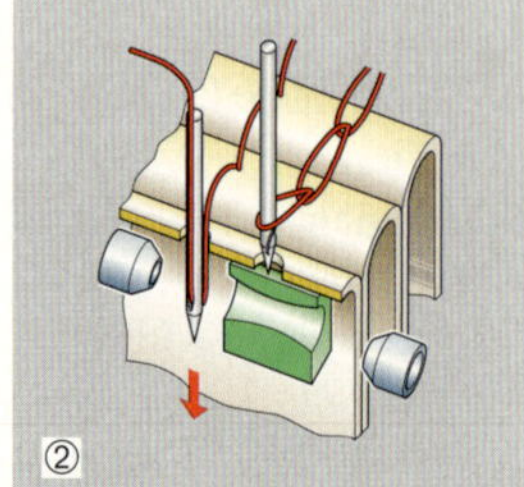

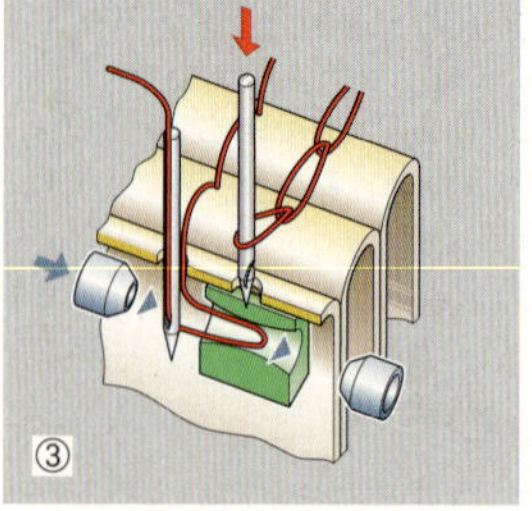

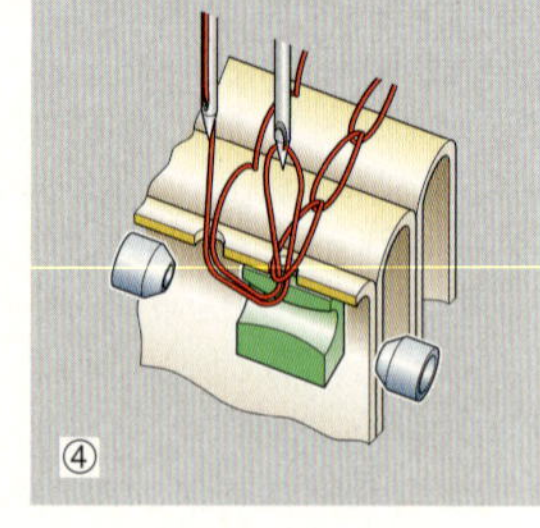

1. Vorstechnadeln stechen von unten Löcher in den Falzbogen
2. Die Nähnadeln ziehen den Faden durch jedes zweite Loch
3. Die Blasluft bläst den Faden als Schlaufe in die Kulisse
4. Die Hakennadel erfasst die Schlaufe und zieht den Faden zusammen mit der Nähnadel aus dem Falzbogen

Eine besonders gute Verbindung ergibt die Heftung der einzelnen Falzbogen durch einen breit überstehenden Gazestreifen. Der Heftzwirn wird durch diesen Gazestreifen in die Falzlagen geführt und vernäht diesen fest am Buchblockrücken. Anschließendes Leimen des Buchblockrückens verstärkt und stabilisiert den Buchblock.

Bei industrieller Fertigung wird der Gazestreifen (oder sonstiges Material) fast ausschließlich auf den Buchblockrücken geklebt.Der Buchblock wird mit den überstehenden Gazestreifen in die Buchdecke eingehangen (befestigt). Vorsatzpapiere am vorderen und hinteren Buchdeckel verdecken die Klebefläche.

Die Fadenheftung ist für die Herstellung hochwertiger Bücher, Lexikas, anspruchsvollere Broschuren und Kataloge die qualitativ beste und stabilste Hefttechnik. Einzelne (Doppel-)Blätter sind absolut fest mit dem Buchrücken verbunden. Durch Gelenke im Rücken des Buchblocks lassen sich alle Seiten leicht

MÜLLER MARTINI Ventura Fadenheftmaschine zur Fertigung von Büchern in Einzel- oder Doppelnutzen. Steuerung über Touchscreen, automatische Einfädelvorrichtung u.a.

Das Nähzentrum: Ein zweiteiliger Heftsattel schwenkt die offenen Falzbogen in das Nähzentrum. Eine Neuentwicklung auf der folgenden Seite oben: Fadenschlaufenbildung mit Hilfe von Blasluft und Einfädelhilfe. Alle nicht benötigten Vorstechnadeln müssen nicht mehr demontiert werden, sie werden einfach in einem Nadelhalter „geparkt“.

und vollständig öffnen. Unterstützt wird dieses leichte Öffnen durch Bearbeitung des Buchrückens in verschiedene Formen, z. B. durch das Runden.

Trotz des Einsatzes von Vollautomaten zur Fadenheftung entstehen höhere Fertigungskosten durch einen umfangreicheren Arbeitsprozess und – verglichen mit der Klebebindung – geringere Leistung. Aus wirtschaftlichen und fertigungstechnischen Gründen hat deshalb die Fadenheftung, auch bei anspruchsvollen Büchern, eine starke Konkurrenz durch hochwertige Klebebindeverfahren.

Klebebinden

Eine inzwischen hochwertige Bindetechnik ist das Klebebindeverfahren. Bei dieser Rückenhefttechnik an den einzelnen Blattkanten im Bund werden als Heftmaterial Klebstoffe eingesetzt.

Grundsätzlich ist bei der Buchproduktion die Laufrichtung des Papiers parallel zum Bund bzw. Buchrücken zu wählen. Besonders wichtig ist dies bei der Klebebindung. Die Feuchtigkeit des Klebstoffes würde zu starken Wellenbildungen im Bund und damit zum Aufplatzen der Bindung führen.

Entsprechend der Verarbeitungstechnik sind bei Klebebindetechniken prinzipiell zwei Verfahren zu unterscheiden:
- Fächerklebebindung
- Blockklebebindung.

Bei der Fächerklebebindung, nach dem Erfinder auch Lumbeck-Verfahren genannt, wird der Bund des zusammengetragenen Buchblocks glatt aufgeschnitten. Die einzelnen Seiten des Buchblocks werden auf etwa zwei Drittel der Fläche fest zusammengepresst. Der herausragende Rücken des Buchblocks lässt sich zu beiden Seiten auffächern. Dabei wird jeweils Klebstoff aufgetragen und der Rücken mit Gaze oder Papier überklebt. Durch dieses Fächern kann Klebstoff relativ weit zwischen die einzelnen Blätter des Buchblocks eindringen. Dies fördert die intensive Haftung der einzelnen Blätter zu einem stabilen, gut haltbaren Buchblock. Wegen hoher Kosten und geringer Leistung eignet sich das Verfahren nur für besonders hochwertige Klebebindungen in kleiner Stückzahl, beispielsweise für Bildbände.

Für die Produktion großer Auflagen und insbesondere die Massenfertigung von Taschenbüchern, klebegebundenen Illustrierten, Katalogen und ähnlichen Produkten ist das Blockklebebindeverfahren die rationellste und kostengünstigste Bindetechnik für die Schnittflächenklebung.

Neben halbautomatisch arbeitenden Anlagen sind industriell produzierende Vollautomaten im Einsatz. Die komplette Verarbeitung bei hohen Auflagen erfolgt in Fertigungsstraßen, die einzelne Verarbeitungsstationen enthalten. Bei der Produktion von Broschuren wird vielfach in Doppelnutzen gedruckt.

Der Buch- oder Broschurenblock wird in einem fortlaufenden Arbeitsgang in der Fertigungsstraße
- zusammengetragen,
- rückseitig aufgefräst und bearbeitet,
- klebegebunden,
- in den Umschlag eingehangen,
- ggf. zu Einzelnutzen getrennt,
- beschnitten und
- als fertiges Produkt gestapelt.

Der Produktionsprozess beginnt mit dem Zusammentragen der Falzbogen zu einem Rohblock für ein Buch oder eine Broschur. Über eine Rüttelstation er folgt der Einlauf in die Klebebindemaschine.

Zangengreifer pressen den Block zusammen und führen ihn zu der Rückenbearbeitungsstation. Je nach Papierbeschaffenheit und Qualität erfolgt ein spezielles Bearbeiten mit geeigneten Werkzeugen. Mit rotierenden Kreismessern oder speziellen Fräsen wird der Buchblock im Bund (Buchrücken) weggeschnitten bzw. abgefräst. Das Fräsen ergibt eine raue und dadurch vergrößerte Oberfläche im Vergleich zu der abgeschnittenen (glatten) Fläche. Für eine stabile, langlebige Haltbarkeit reicht das Fräsen alleine nicht aus.

In weiteren Stationen ist besonders bei harten und auch gestrichenen Papieren ein zusätzliches Aufrauen oder Einkerben der Klebefläche notwendig. Damit wird die Angriffsfläche für den Klebstoff wesentlich vergrößert. Die Folge ist eine erheblich bessere Haftung und Klammerwirkung in der Klebefläche. Die Klammerwirkung ist optimal, wenn sich beim Öffnen des Buchblocks eine Rundung im Rücken bildet und sich alle Seiten leicht umlegen lassen.

Um ein einwandfreies Kleben zu ermöglichen, sind an allen Rückenbearbeitungsstationen Papierstaub und Faserrückstände sorgfältig abzusaugen.

Geklebt wird mit Dispersionsklebstoffen – dies vor allem bei dauerhaften, langlebigeren Produkten – oder mit Schmelzklebstoffen (Hotmeltklebstoff).

Alle Dispersionsklebstoffe bestehen aus feinsten, hochpolymeren Kunststoffteilchen (Polyvinylacetat) in einem Dispersionsmittel. Sie besitzen eine hohe Alterungsbeständigkeit und sehr gute Adhäsionseigenschaften an den Schnittflächen. Sie bilden nach dem Trocknen einen weichelastischen Klebefilm. Das Abfallpapier ist problemlos recyclingfähig.

Schmelzkleber bestehen zu 100 % aus Feststoff ohne Lösemittel (Klebstoffsubstanzen, z.B. Äthylen-Vinylacetat mit Harzen und Wachs) und eignen sich für sehr schnell laufende Fertigungsstraßen. Der Klebstoff bindet sehr rasch ab und bildet einen stabilen, stauchfesten Klebefilm. Ein Aufquellen von Papierfasern ist nicht möglich, da kein Lösemittel im Klebstoff enthalten ist.

Bei Broschuren erfolgt in der nächsten Station das Einhängen in den Umschlag. Ein nur zweimal gerillter (Karton-)Umschlag wird direkt auf den Rücken des Buchblocks angeklebt. Ist der Umschlag viermal gerillt, wird eine feine Leimspur an beiden Seiten aufgetragen. Der eingehangene Umschlag ist demnach nicht nur im Rücken, sondern auch an den Seiten des Buchblocks angeklebt. Die beiden äußeren Rillungen dienen als Scharnier zum Aufschlagen des Umschlages.

Bei einem Buch mit festem Einband entfällt das Einhängen in den Umschlag.

In der folgenden Station wird zur Erhöhung der Festigkeit ein breiter Fälzelstreifen aus Papier oder Gaze auf den Rücken geklebt. Danach folgen eine Anpressstation sowie eine Trockenstation, ggf. das Trennen beim Verarbeiten von Doppelnutzen, das dreiseitige Beschneiden des klebegebundenen Blocks und eine entsprechende Bearbeitung des Rückens.

Fadensiegeln

Das Fadensiegeln ist eine wirtschaftliche Alternative zu den bekannten Bindeverfahren Fadenheftung und Klebebindung. Es vereinigt Vorteile beider Verfahren wie einerseits die hohe Haltbarkeit und andererseits niedrige Herstellkosten.

Fadengesiegelte Buch- und Broschurenblocks lassen sich gut bis zum Falz aufschlagen und sind dauerhaft haltbar. Daher eignen sie sich beispielsweise für Fach- und Schulbücher, Nachschlagewerke, Kataloge, Bildbände und Reiseliteratur.

Das Fadensiegeln erfolgt inline mit einer Fadensiegelmaschine, die in den Falzprozess integriert ist.

Fadengeheftete Buchblocks erfüllen den höchsten Qualitätsanspruch. Die Fertigung lässt sich jedoch nur sehr schwierig in eine automatische Fließfertigung integrieren. Die Falzbogen (Lagen) werden nach dem Zusammentragen zwischengelagert, danach wieder vereinzelt der Fadenheftmaschine zugeführt. Daraus ergeben sich höhere Kosten im Vergleich zu einer Fließfertigung.

Merkmal der Klebebindung ist die Fließfertigung. Je nach Verfahrenstechnik kann sich jedoch eine geringere Bindefestigkeit und ein schlechteres Aufschlagverhalten ergeben. (Innovative Bindungen: vgl. dazu Kapitel 15.7 Produktspezifische Lösungen)

Beim Fadensiegel wird der Falzbogen horizontal ohne Verformung durch die Fadensiegelmaschine geführt. Der letzte Falzbruch im Taschen- oder Schwertfalzwerk liegt exakt in der Siegellinie. In der Falzlinie des letzten Bruches werden fortlaufend speziell verzwirnte Fadenstücke eingebracht, die einen schmelzbaren Anteil enthalten. Während der Falzbogenrücken über eine beheizte Siegelschiene gleitet, werden die Fadenenden nach hinten umgelegt und an das Papier gepresst. Dabei schmilzt der thermoplastische Fadenteil und versiegelt die nicht schmelzbare Komponente fest mit dem Papier.

Drahtheften

Prinzipiell werden zwei Heftverfahren mit Draht als Bindewerkstoff eingesetzt
- Drahtrückstichheftung
- Drahtseitstichheftung

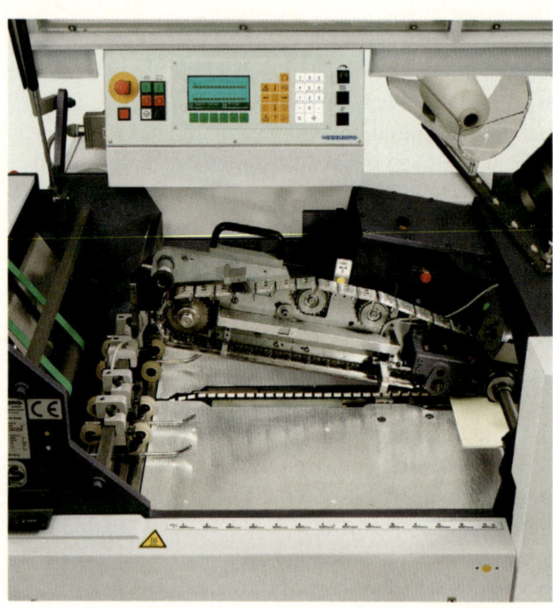

Siegelstation mit Spezialketten, Einstecheinrichtung und beheizter Siegelschiene. Übergabestation zum Falzwerk mit Probebogenauslage. Bedienpult mit Display mit Bedienerführung.

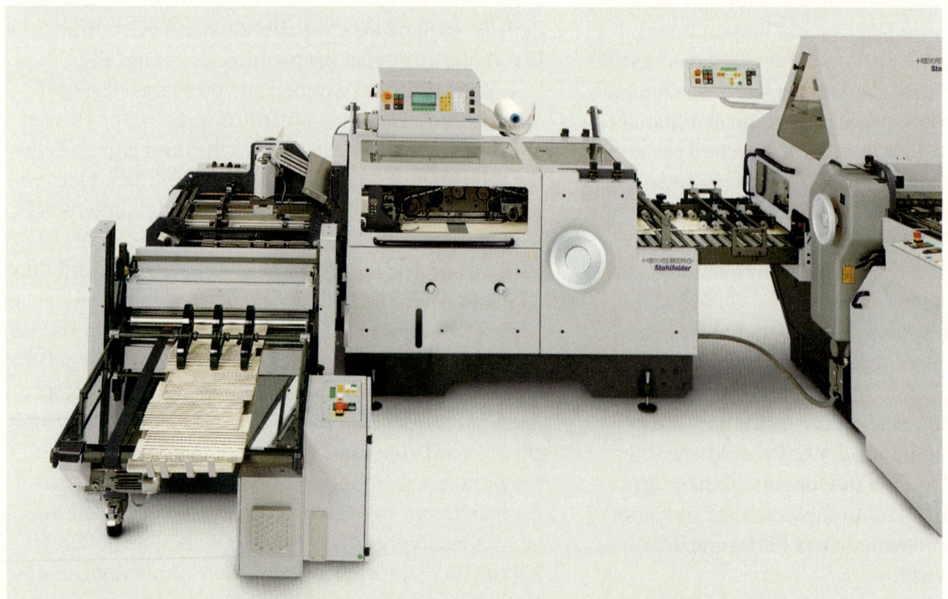

HEIDELBERG POSTPRESS FS 100 Fadensiegelsystem: Das Fadensiegeln ist eine wirtschaftliche und qualitativ hochwertige Alternative zum Fadenheften und Klebebinden. Das Fadensiegeln ist inline in den Falzprozess integriert.

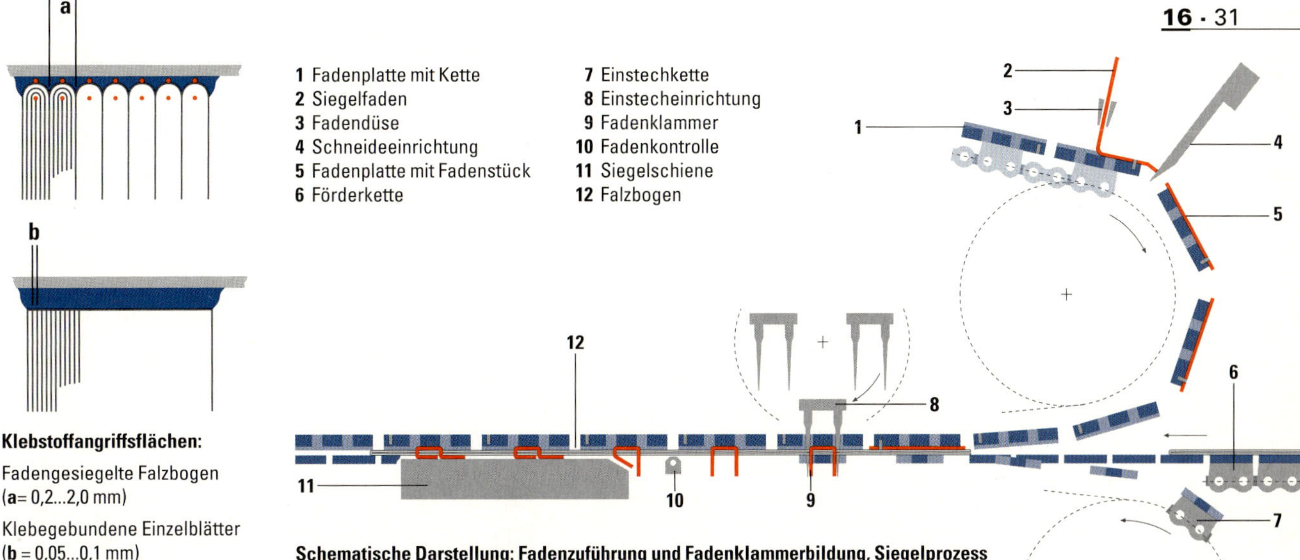

Klebstoffangriffsflächen:
Fadengesiegelte Falzbogen (**a**= 0,2...2,0 mm)
Klebegebundene Einzelblätter (**b** = 0,05...0,1 mm)

Schematische Darstellung: Fadenzuführung und Fadenklammerbildung, Siegelprozess

Drahtrückstichheftung
Produkt: Einlagige Broschur. Für weniger anspruchsvolle Produkte wie Illustrierte und Zeitschriften sowie auch einfache Broschuren und Kataloge eignet sich eine Drahtrückstichheftung.

Die vollständige Verarbeitung erfolgt rationell und wirtschaftlich durch Inline-Fertigung in Sammelheftmaschinen-Systemen mit dem Sammeln (Ineinanderstecken) der Falzbogen, dem Heften, dem dreiseitigen Beschneiden in einem Fließdreischneider (Trimmer) und der Auslage.

Geheftet wird mit Runddraht durch den Bund aller ineinandergesteckter Falzbogen.

Drahtseitstichheftung
Produkt: Ein- oder mehrlagige Broschur, entsprechend der Verarbeitung von Einzelblättern oder von Falzbogen. Dieses Verfahren wird aus qualitativen Gründen heute nur noch vereinzelt eingesetzt.

Die Seitenheftung durch den zusammengetragenen Rohblock ist kostengünstig für qualitativ wenig anspruchsvolle Blocks, einfache Broschuren oder Kataloge einzusetzen. Es ist zu beachten, dass für das seitliche Drahtheften mit Flachdrahtklammern eine Breite von ca. 5 mm benötigt wird. Durch die Klammern ist ein vollständiges, leichtes Öffnen der Seiten nicht möglich. Die Heftung ergibt eine starke Klammerwirkung im Bund und damit auch eine schlechte Flachlage der gehefteten Produkte.

Bindungen für Einzelblatt-Broschuren

Verschiedene Sonderbindungen mit Kunststoffmaterial oder Draht in verschiedensten Formen werden für Geschäftsbücher, Prospekte, Kalender, Hefte, Mappen, Fotoalben u. ä. verwendet. Entsprechend der Form und Art des Bindematerials wird der zu bindende Block mit Löchern oder Schlitzen gestanzt. Ein spiral- oder klammerartig geformter Kunststoff oder Draht wird durch die Stanzungen gebührt. Die Verbindungen ergeben flach liegende, leicht und weit zu öffnende Blätter bei guter Haltbarkeit der Bindung. Teilweise lassen sich Blätter in Spiral- oder Ringsystemen vollständig umlegen.

Spiralbindungen gehören zu den ältesten Einzelblattbroschuren. Die einzelnen Blätter sind durch ein mechanisches Hilfsmittel, die Spirale, lose miteinander verbunden. Das Binden erfordert grundsätzlich zwei Arbeitsgänge: das Stanzen und das Binden, d. h. das Einhängen in eine „Schraubenfeder-Spirale“. Spiralbindungen mit einer Kunststoff-, Metalldraht- oder Kunststoff ummantelten Metallspirale werden für vielfältige Produkte eingesetzt.

Kunststoffkammbindungen werden vor allem in Bürobereichen für kleinere Auflagen eingesetzt. In der Druckweiterverarbeitung ist durch eine zu geringe Mechanisierung das Verfahren von geringerer Bedeutung.

Drahtkammbindungen haben inzwischen einen großen Marktanteil in der Bindetechnik von Einzelblatt-Broschuren erreicht, sie liegen auch weiterhin wegen vieler Vorteile im Trend (vergleiche Übersicht auf der folgenden Seite).

Erfinder dieser alternativen Bindetechnik war die amerikanische Trussel Company, die später von der Wire-O/James Bum-Gruppe übernommen wurde und dem Produkt seinen Namen (Wire-O-Bindung) gab. Heute liefern verschiedene Hersteller nicht nur Maschinen für die Verarbeitung, sondern auch für die Drahtkammherstellung.

Universelle Bindeautomaten, u. a. von den Herstellern Renz und Bielomatik, führten zu einer erheblichen Kostensenkungen. Daher sind diese Verfahren heute kostengünstiger als Spiralbindungen herzustellen. Einzusetzen ist die Drahtkammbindung z. B. für

- Wand- und Pultkalender
- Bedienungsanleitungen
- Kataloge
- kartografische Produkte
- Handbücher, z. B. für die Computertechnik
- Schreibwaren, z. B. Schreib- und Zeichenblocks.

Eigenschaften verschiedener Bindeverfahren	Rückstich-/ Klebebindung	Spiralbindung	Kunststoffbindung	Drahtkammbindung
Volle Umschlagbarkeit	nein	ja	bedingt	ja
Hohe mechanische Belastung	geringer	ja	gering	ja
Bündiges Aufschlagen	ja	nein	ja	nein
Volle Planlage	nein	ja	bedingt	ja
Auswechseln der Blätter	nein	nein	bedingt	nein
Aufhänger für Kalender	nein	bedingt	ja	ja
Umweltverträglichkeit	ja	ja	bedingt	ja

(Übersicht nach P. Renz, Chr. Renz GmbH & Co., Heubach)

16.4 Druckweiterverarbeitung: spezielle Verarbeitungstechniken

Arbeiten in der industriellen Druckweiterverarbeitung sind äußerst vielfältig und erfordern ein umfangreiches, technisches Wissen und Können. Eine intensive Kommunikation mit dem Kunden und sorgfältige Abstimmung zwischen Arbeitsvorbereitung, Druckformherstellung, Druck und Druckweiterverarbeitung sind wichtige Voraussetzungen für einen störungsfreien Arbeitsablauf und eine gute Qualität.

Rillen

Je dicker ein Umschlagmaterial ist, desto schwieriger ist grundsätzlich das Aufklappen, ohne das die Oberfläche des Materials einreißt. Umschläge von Broschuren, Heften und Katalogen aus Karton erfordern deshalb für ein leichtes Öffnen und Umlegen ein Rillen des Materials. Eingesetzt wird das Rillen auch bei der Herstellung von Mappen und Schnellheftern, bei Faltschachteln u.ä. Produkten aus starkem Karton.

Das Rillen ist ein Verfahren des Umformens. Die entstehende Rille bildet eine gerade Umbiegelinie, die ein Brechen oder Platzen beim Umlegen des Werkstoffes verhindert. Die Rillung funktioniert danach wie ein Scharnier, das beliebige Male aufgeklappt werden kann, ohne defekt zu werden und ohne dass die Oberfläche des Umschlagkartons aufreißt.

Zum Rillen verwendeter Karton muss langfaserig sein sowie eine gute Dehnbarkeit und Zähigkeit besitzen.

Das Rillen erfolgt maschinell mit Rill-Linien oder rotierenden Rillscheiben. Dabei wird der Karton an der Rill-Linie verdichtet: es entstehen eine vertiefte Rille und ein halbkreisförmiger Rillwulst (Wölbung) auf der Gegenseite. In der Regel zeigt der Rillwulst an dem fertigen Produkt nach innen zur Einlage hin, die Vertiefung der Rille ist dann an der Außenseite des Umschlags.

Schematische Darstellung des Rillens

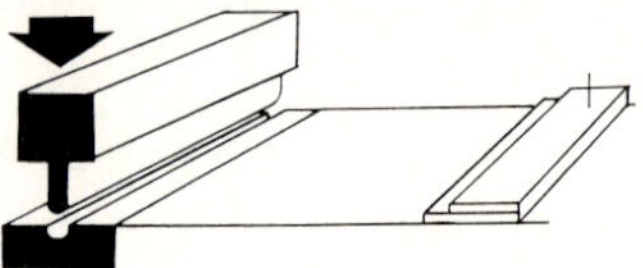

Rillschwert und Unterlage mit einer Nut für hubweises Rillen

Der gewölbte Rillwulst liegt in der Regel in der Biegerichtung

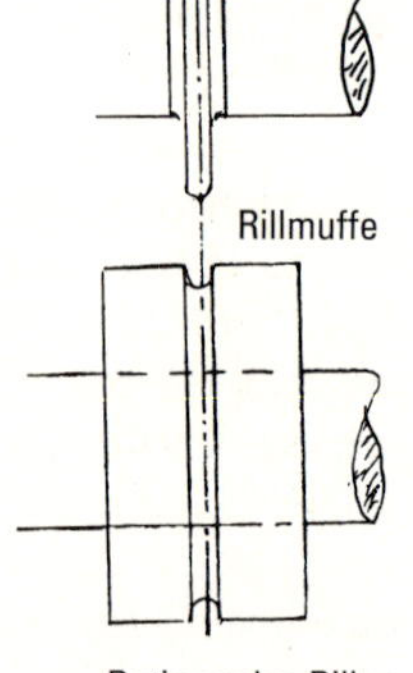

Rotierendes Rillen

Eine Ausnahme: Wird die Einlage klebegebunden, ist der Wulst nach außen und die Rille nach innen zu richten. Dadurch kann der Kleber in die Rille eindringen und so eine dickere und haltbarere Klebefuge bilden.

Der häufigste Fehler ist das Rillen von Material in falscher Laufrichtung. Die Rillung sollte parallel zur Faserrichtung des Kartons laufen. Andernfalls brechen – besonders bei stärkeren Kartons mit höherem Flächengewicht – die Fasern leichter und der Rücken reißt auf. Eine falsche Laufrichtung kann auch dazu führen, dass der Umschlag nicht flach auf der Einlage, dem Block, aufliegt.

Umschlagkartons werden mindestens zweimal für die Rückenkanten gerillt. Für ein leichteres Umlegen und eine höhere Stabilität wird vielfach vierfach gerillt. Dabei wird der gerillte Umschlag sowohl im Rücken als auch an den beiden Seitenkanten unterhalb der Rill-Linie an den Broschurenblock geklebt.

Bereits bei der Planung eines Auftrages und bei der Arbeitsvorbereitung sind mögliche Probleme zu bedenken: Die Gefahr von Rissen auf dem Umschlag kann durch Lackieren oder Laminieren nach dem Druck, jedoch vor dem Rillen verringert werden. Ebenso sind durchgehende Bilder oder dunkle Farbflächen über dem Rücken zu vermeiden.

Stauchen

Wie das Rillen ist das Stauchen ein Umformen des Materials. Starke Kartons oder Pappen werden durch

Verarbeitung starker Materialien: Karton, Pappe

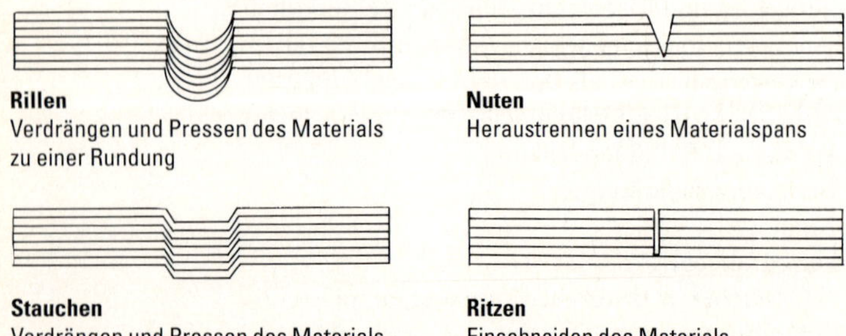

Rillen
Verdrängen und Pressen des Materials zu einer Rundung

Nuten
Heraustrennen eines Materialspans

Stauchen
Verdrängen und Pressen des Materials

Ritzen
Einschneiden des Materials

Stauchen
Verdrängen und Pressen des Materials

Stauchwerkzeuge eingedrückt und leicht verformt, es entsteht ein Wulst. Zwischen den beiden Stauchlinien wird dabei der aus mehreren Lagen bestehende Werkstoff ohne Schwächung aufgelockert. Das Stauchen erfolgt in speziellen Verarbeitungsmaschinen.

Ritzen

Das Ritzen ermöglicht ein leichteres Umlegen bzw. Umbrechen starker oder steifer Werkstoffe. Dieses Verfahren wird vor allem bei der Herstellung von Faltschachteln eingesetzt.

Das Ritzen ist ein Verfahren des Trennens. Starke Kartons oder Pappen werden bis zu zwei Dritteln in der Materialoberfläche eingeschnitten. Im Gegensatz zum Rillen ergibt das Ritzen eine Schwächung des Werkstoffes. Geritzt wird immer von der Außenseite des Werkstoffes aus. Das Ritzen kann manuell oder maschinell mit Messern, Rillmessern oder Bandstahlschnittwerkzeugen erfolgen.

Nuten

Beim Nuten wird ein dreieckiger oder rechteckiger feiner Span aus dem Werkstoff (sehr starker Karton oder Pappen) geschnitten. Das Verfahren ergibt eine Schwächung des Materials. Die Nut liegt bei dem Fertigprodukt innen. Für das Nuten werden spezielle Maschinen mit rotierenden, schräg stehenden Nutmessern eingesetzt.

Schematische Darstellung des Nutens

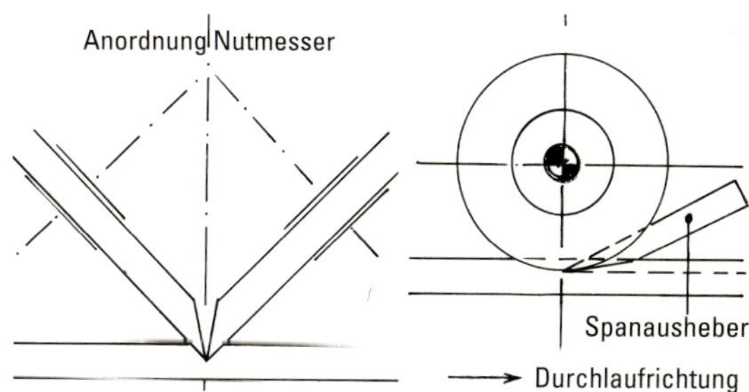

Stanzen

Das Stanzen ist ein Trennverfahren. Es ist zur Herstellung von Faltschachteln, Verpackungen, Displays, Etiketten, Beuteln u.ä. nicht rechtwinklig aus dem Druckbogen zu schneidender Produkte erforderlich. Das Material wird an gestanzten Stellen so getrennt, dass der größte Teil durch die Stanzlinie vollständig durchtrennt wird. Ein kleines Teilstückchen (Steg) hält jedoch die Verbindung zum Werkstoff, damit die gestanzten Teile nicht sofort aus dem Druckbogen herausfallen. Die einzelnen Nutzen bzw. Produkt werden nach dem Stanzen manuell oder maschinell herausgebrochen.

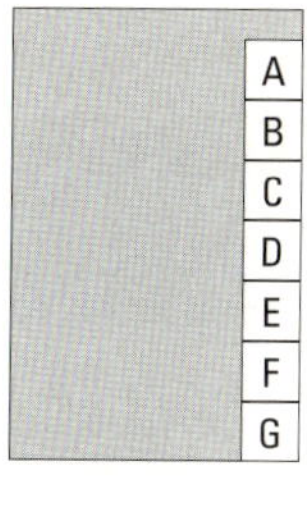

Ausgestanztes Griffregister, z.B. am Telefonbuch

Faltschachteln werden mit Bandstahlschnitten auf Stanztiegeln oder Stanzmaschinen (Hubstanzen) gestanzt. Druckformherstellung und Druck sind in allen Maßen exakt auf die Stanzform einzurichten.

Stanzlinien bestehen aus scharf geschliffenen Stahl-bändern, die entsprechend der Produktform zugeschnitten oder geformt und in eine Sperrholzplatte fest eingesetzt sind. Die Stanzlinien sind beidseitig von Gummipolstern umgeben, die das Abheben des gestanzten Druckbogens von der Stanzform ermöglichen. Mit speziell für jeden Auftrag angefertigten Bandstahlschnitten kann mit entsprechenden Stahllinien gleichzeitig gerillt, geritzt und perforiert werden. Mit Spezialmaschinen werden Register als Organisationshilfe aus Papier, Karton oder Folien gestanzt. Für halbrunde oder schräge Ecken an Spielkarten, Etiketten, Blöcken u. a. werden Eckenabstoßmaschinen eingesetzt.

Faltschachteln erfordern verschiedene Sonderverarbeitungstechniken: Stanzen, Rillen, Ritzen, Nuten

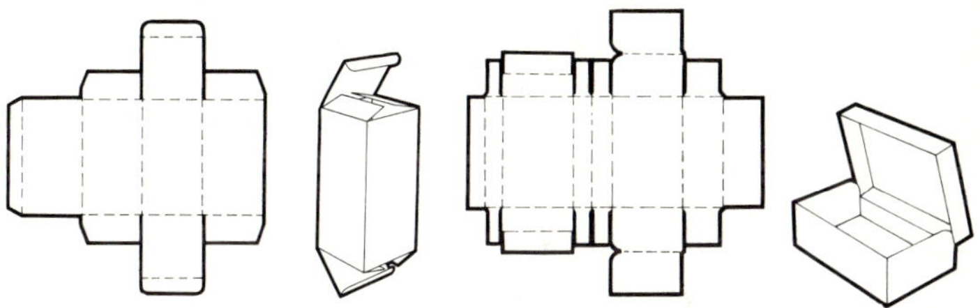

Hochformatige Faltschachtel mit Einsteckverschlüssen

Klappdeckelfaltschachtel mit durchgehendem Boden und anhängendem Klappdeckel

Perforieren

Perforieren ist wie das Stanzen ein Trennverfahren. Im Gegensatz zum Stanzen bleibt eine Verbindung zwischen den Bogenteilen am Fertigprodukt fest bestehen.

Zweck des Perforierens ist ein leichtes Abtrennen von Teilstücken bei Formularen, Blocks, Kalenderblättern, Eintrittskarten, Briefmarken u. a.

Nicht nur in speziellen Maschinen oder Druckmaschinen, sondern auch in den meisten Falzmaschinen kann perforiert werden: Bei einem Drei- oder Vierbruchfalz sind durch ein Perforieren der Falzlinie Quetschfalten beim letzten Bruch zu vermeiden.

Lochperforationen:

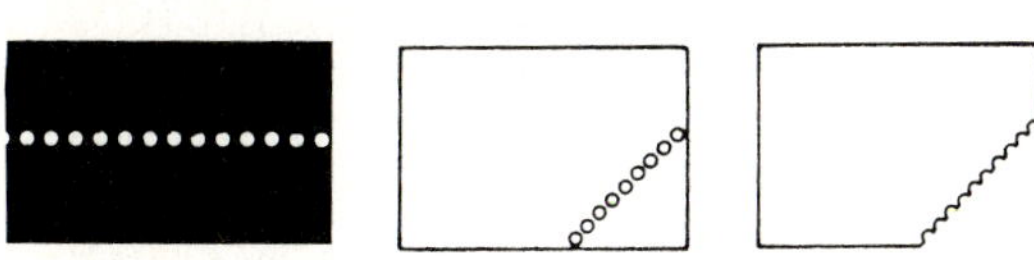

In speziellen Perforier- und Formulardruckmaschinen werden mit Perforationskämmen kleine Lochreihen in einer Linie aus dem Material herausgestanzt.

Schlitz- oder Strichperforationen:

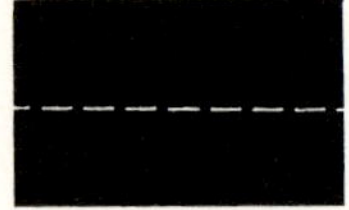
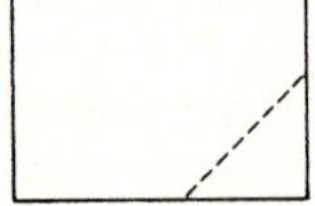

Anstelle von Löchern werden Schlitze in das Material gestanzt, die ein leichtes Abreißen oder Umlegen des Materials ermöglichen. Perforiert wird in speziellen Perforiermaschinen, in Falzmaschinen und in Formulardruckmaschinen, ebenso während des Auflagendrucks in einigen Offsetdruckmaschinen.

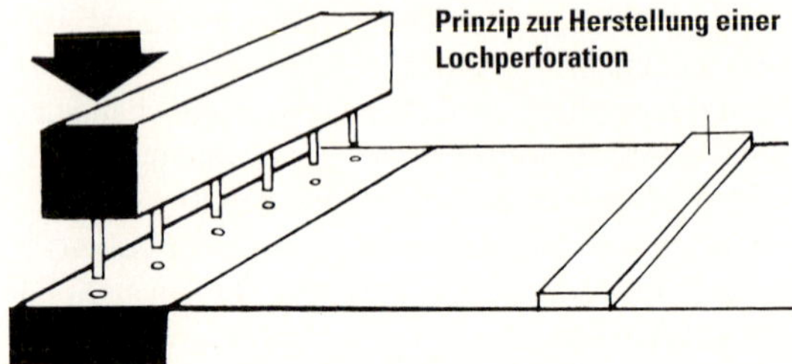

Prinzip zur Herstellung einer Lochperforation

Prägen

Das Prägen ist ein Umformen des Werkstoffes durch Druck (Pressen). In der Druckweiterverarbeitung werden vor allem in Buchdecken Informationen (z.B. Autor, Titel des Werkes, Verlagszeichen) durch verschiedene Prägeverfahren mit Prägestempeln (Matrizen) übertragen. Dabei liegen die Informationen im allgemeinen vertieft. Durchgesetzt hat sich dabei das farbige Prägen mit speziellen Farbfolien.

In Halbautomaten wird der Prägevorgang jeweils für ein Exemplar von Hand ausgelöst. In einer industriellen Buchbinderei übernehmen Prägeautomaten den gesamten Vorgang vom Anlegen über das Prägen bis zum Auslegen.

Prägeverfahren	Kurze Charakterristik
Blindprägung	Informationen werden vertieft übertragen, die Farbe des Werkstoffes bleibt unverändert.
Prägefoliendruck	Heißfolienprägung. Die beheizte Prägedruckform, der Prägestempel, überträgt durch Druck und Wärme die farbige Transferschicht von der Folie auf den Werkstoff, z. B. die Buchdecke. Man unterscheidet verschiedene Verfahren, z. B.: • Prägefoliendruck plan: Die übertragene Farbschicht liegt mehr oder weniger plan auf dem Werkstoff. Die Gegendruckform ist eben. • Prägefoliendruck mit Relief: Die übertragene Farbschicht liegt dreidimensional verformt erhaben auf dem Werkstoff: Die Gegendruckform (Patrize) hat dazu ein der Matrize entgegengesetztes Relief.

15.5 Material

Die handwerkliche und industrielle Buchbinderei verwendet eine Vielzahl spezieller Werk- und Hilfsstoffe für die Broschuren- und Buchfertigung. Die folgenden Kapitel beschreiben kurz wichtige Werk- und Hilfsstoffe und deren Einsatzbereiche.

16.5.1 Einbandmaterial: Papier, Pappe, Gewebe

Die Buchbinderei benötigt spezielle Papiere, Pappen und Gewebe für die Broschuren- und Buchfertigung und das Verpacken.

Das *Vorsatzpapier* muss zwei wichtige Aufgaben erfüllen:
- verbinden des Buchblocks mit der Buchdecke
- verdecken der Einschläge des Überzugsmaterials und der Deckelinnenseite, eine Graupappe.

Um diese Aufgaben zu erfüllen, muss das Vorsatzpapier aus zähen und langfaserigen Faserstoffen (fast ausschließlich holzstofffrei) bestehen, die ein reißfestes Papier mit hoher Falzfestigkeit ergeben. Um die Deckelinnenseite ausreichend undurchsichtig abzudecken, ist eine entsprechende Mahlung der Faserstoffe sowie die Zugabe gut deckender Füllstoffe erforderlich. Das Vorsatzpapier muss eine geringe Saugfähigkeit besitzen. Dazu ist ein gut geleimtes Papier erforderlich, da es mit Klebstoffen vollflächig angeschmiert wird.

Überwiegend werden einfarbige helle, glatte Vorsatzpapiere eingesetzt. Aber auch der Buchgestaltung entsprechende farbige Papiere mit verschiedenen Oberflächenstrukturen wie z. B. gerippt, gehämmert, werden eingesetzt.

Überzugpapiere werden neben Geweben und Kunststoffen als Einbandstoff verwendet. Bei Ganzeinbänden besteht der gesamte Einbandstoff der Buchdecke aus Papier, bei Halbeinbänden wird Papier auf dem vorderen und hinteren Deckel, nicht aber im Rücken eingesetzt. Im allgemeinen sind diese Papiere farbig bedruckt.

Die Beanspruchung der Buchdecke erfordert Papiere mit einer guten Qualität der Faserrohstoffe, um die optischen und verarbeitungstechnisch geforderten Eigenschaften zu gewährleisten:
- gute Festigkeitseigenschaften (Reiß-, Falzfestigkeit) und Geschmeidigkeit
- kratz- und scheuerfeste Oberfläche
- hohe Opazität
- licht- und alterungsbeständige Stoffqualität
- geringe Feuchtigkeits- und Schmutzempfindlichkeit
- gute Klebefähigkeit
- leimdicht
- keine Rollneigung, gute Planlage nach der Verarbeitung
- gut zu bedrucken
- prägefähig.

Verwendet werden spezielle Naturpapiere, vorderseitig behandelte Überzugpapiere, imprägnierte und dadurch verhornte Überzugpapiere (z. B. Elefantenhaut, Efalin) und verschiedene Buntpapiere (z. B. Kleisterpapiere, Marmorpapiere).

Für das Hinterkleben klebegebundener und fadengehefteter Buchblocks werden neben Gaze und verschiedenen Scharnierstoffen (Gewebe auf Papier kaschiert) auch *Krepp-Papiere* eingesetzt. Mit diesen Werkstoffen wird
- der Buchrücken abgedeckt
- ein Durchschlagen des Klebstoffs verhindert
- der Buchblock im Rücken verstärkt und
- die Verbindung zur Buchdecke hergestellt.

Krepp-Papier wird in Rollen verschiedener Breite, entsprechend der Buchblockhöhe, und in Längen bis zu 500 m geliefert. Die Kreppung verläuft dabei quer zur Laufrichtung der Papierfasern. Verwendet werden ungummierte und gummierte Papiersorten.

Das sichere, schützende Verpacken von Broschuren und Büchern mit natürlichen Faserstoffen erfordert geschmeidig stabile, falz- und reißfeste Papiere. *Packpapiere* bestehen aus Mischungen verschiedener Faserrohstoffe (Zellstoff, Holzstoff, Recyclingstoff), dementsprechend sind ihre Festigkeitseigenschaften und sonstige Eigenschaften unterschiedlich.

Für die Herstellung von Buchdecken werden fast ausschließlich *Graupappen* in verschiedenen Stärken und Flächengewichten eingesetzt. Pappen bestehen überwiegend aus Recyclingstoff (Altpapier). Sie werden als sogenannte Maschinenpappen in Rundsiebpapiermaschinen, Langsiebpapiermaschinen oder in kombinierten Lang- und Rundsiebpapiermaschinen in Rollen gefertigt und danach zu Tafeln (Bogen) geschnitten.

Für die Herstellung der Buchdeckel sind Pappen mit Stärken bis zu 4 mm und einem Flächengewicht bis etwa 3000 g/m² einzusetzen.

Dünne Graupappen mit Flächengewichten bis zu 400 g/m² bilden die Rückeneinlage einer Buchdecke. Das verwendete Material wird *Schrenz* genannt.

Bucheinbandstoff: Gewebe

Faserrohstoffe für die Gewebeherstellung können Natur- und Chemiefasern sein. Naturfasern bestehen aus Baumwolle, Hanf oder Flachs, Chemiefasern sind veredelte Naturfasern aus Zellwolle und Kunstseide. Nur Hanf- und Flachsfasern ergeben das sogenannte Leinengewebe. Rein synthetische Fasern werden in der Buchbinderei nicht eingesetzt.

Die aus Garnen in Webereien versponnenen Faserrohstoffe ergeben je nach Zusammensetzung und Stärke unterschiedliche Gewebe. Ein solches Gewebe besteht aus Kettfäden (längs das Gewebe in seiner ganzen Länge durchziehende Fäden) und Schussfäden (in der Breite quer laufende Fäden).

Im gewissen Sinne ist die Bindung der Gewebe mit der Struktur von Papier zu vergleichen: Die Kettfäden bilden die Faserlaufrichtung, die rechtwinklig laufenden Schussfäden die Dehnrichtung.

Nicht nur die Art der Faserrohstoffe und Technik der Bindung (Anordnung und Zahl der Kett- und Schussfäden im Gewebe), sondern auch die Geweberüstung (Veredelung) ist für die Qualität und den Einsatzbereich entscheidend.

Die meisten Gewebe besitzen eine Leinwandbindung. Dabei werden die Schussfäden abwechselnd über bzw. unter den Kettfaden geführt. Diese Bindung ergibt ein festes, gut zu verarbeitendes Gewebe.

Buchgewebe müssen vor allem leimdicht sein, damit Klebstoffe beim Kaschieren nicht durchschlagen. Zur Ausrüstung der Gewebe gehören das
- Färben
- Appretieren
- Kaschieren (bei dünnen Geweben)
- Glätten.

Durch das Färben erhält das Naturgewebe in einer Farbstofflösung eine durchgehende Färbung.

Gewebe für die Buchherstellung ist verschiedenen mechanischen Beanspruchungen und biologischen Einflüssen ausgesetzt. Durch das Appretieren mit Beschichtungsmassen aus Pigmenten, Kunstharzen, Stärke u. a. ist das Gewebe
- leimdicht
- stabiler, steifer
- leichter zu glätten
- schmutz- und pilzstoffabweisender.

Bei einer einseitigen Appretur auf der Rückseite bleibt das Gewebe auf der Vorderseite in der Struktur sichtbar. Dieses Verfahren wird z. B. bei Mattgeweben eingesetzt. Die Appretur kann auch beidseitig aufgebracht werden, danach ist die Gewebestruktur kaum mehr zu erkennen.

Durch das Glätten im Kalander wird das Gewebe so verdichtet, dass die Struktur vielfach nicht mehr zu erkennen ist. Glatte Gewebe sind strapazierfähiger und lassen sich sehr gut prägen.

Durch unterschiedliche Faserrohstoffe und deren Bindung sowie verschiedenartige Ausrüstungen sind Bucheinbandgewebe in unterschiedlicher Art im Einsatz. Grundsätzlich unterscheidet man
- Gewebe mit offener Oberfläche, z. B. Natur-, Matt- und Feingewebe, Moleskin
- Gewebe mit geschlossener Oberfläche, z. B. Büchertuch, Buckram, Kaliko.

16.5.2 Klebstoffe

Das Kleben ist der Oberbegriff für ein stoffschlüssiges Fügen gleicher oder unterschiedlicher Werkstoffe (Papier, Karton, Pappe, Gewebe) durch Klebstoffe. Der Klebstoff muss die Fähigkeit besitzen, die verwendeten Materialien unlösbar miteinander zu verbinden. Zur Filmbildung müssen Klebstoffe vorübergehend in flüssiger Form (hoch- oder niederviskos) als Dispersion, Lösung oder Schmelze (Schmelzkleber) vorliegen.

Der Klebstoff verbindet Fügeteile durch äußere Flächenhaftung (d.h. an Oberflächen wirkende Molekularkräfte = Adhäsion) und innere Stoffhaftung (innere Festigkeit durch die im Klebstoff wirkenden Molekularkräfte = Kohäsion).

Systematisch sind bei dem Klebevorgang verschiedene Phasen zu unterscheiden:
- Vorbereiten der Materialien (Substrat, auch Klebling oder Adhärent genannt) für das Kleben

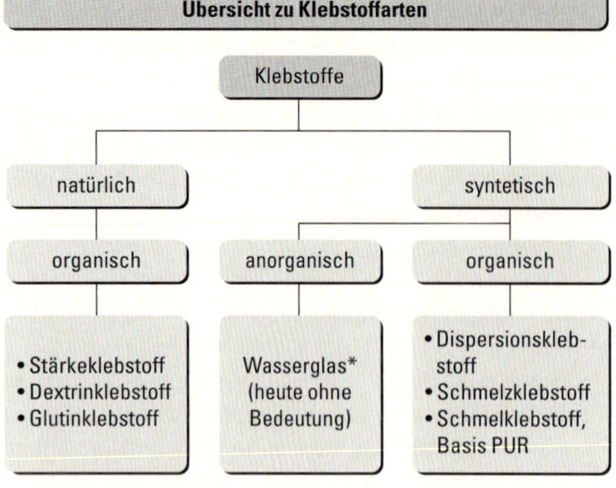

- Klebstoffauftrag auf den Material auftragen: Benetzung des Kleblings.
- weitere Materialoberfläche (Substrat) zuführen
- abbinden des Klebstoffs, d.h. eine Klebstoff-Filmbildung durch das Erstarren der Schmelze, durch Verdunsten von Wasser oder durch chemische Reaktionen.

Klebeverfahren

Man unterscheidet nach der Art der Beschichtung:
- Teilflächen-Klebung,
  z.B. Schnittflächen zur Einzelblattklebung bei der Klebebindung und der Blockverleimung.
- Vollflächen-Klebung,
  z.B. beim Vorsatzkleben, Deckenmachen, Kaschieren.

Einteilung der Klebstoffe

- Rohstoffe
  - natürliche pflanzliche Klebstoffe:
    Stärke, Dextrin, Zellulose-Abkömmlinge
  - natürliche tierische Klebstoffe:
    Glutin (tierisches Eiweiß aus Haut-, Knochen- und Lederabfällen)
  - synthetische Klebstoffe:
    Kunstharzdispersion, Schmelzklebstoff (Hotmelt)
  - Mischklebstoffe:
    Emulsionen aus synthetischen (Kunstharz) oder natürlichen (tierischen bzw. pflanzlichen) Klebstoffen.
- Verarbeitung
  - Kaltleim
  - Heißleim
  - Schmelzkleber
- Lieferform
  - flüssig
  - Pulver
  - Granulat u. a.
- Einsatzbereich
  - Blockverleimung
  - Klebebinden
  - Buchdeckenherstellung
  - Falzkleben
  - Gummieren
  - Kaschieren

Bestandteile der Klebstoffe

Klebstoffe können prinzipiell aus folgenden Komponenten bestehen:
- Grundstoff: Meist ein polymerer Stoff, der für die Klebstoff-Filmbildung (Verfestigung des Klebstoffes durch Abbinden) entscheidend ist.
- Lösemittel: Flüssigkeit, die die Grundstoffe und alle sonstigen Klebstoffbestandteile ohne chemische Veränderung auflöst. Bei Klebstoffen auf natürlicher Basis (Stärke, Dextrin, Glutin) wird Wasser eingesetzt.
- Dispersionsmittel: Flüssigkeit, in der Grundstoffe und alle sonstigen Klebstoffbestandteile dispergierbar (nicht löslich feinst verteilt) sind. Bei Klebstoffen auf Basis von Kunstharzen wird Wasser verwendet.
- Verdünnungsmittel: Stoff, der die Konzentration und/oder die Viskosität herabsetzt.
- Harze: Bestandteile zur Erhöhung der Klebrigkeit. Sie verbessern die Adhäsionseigenschaften.
- Weichmacher: Stoffe zur Plastifizierung spröder Klebstoff-Filme.
- Härter, Vernetzer: Bei zweikomponentigen Klebstoffen löst dieser Stoff eine chemische Reaktion zur Vernetzung (Härtung) des Kunststoffes aus.

Richtige Klebstoffwahl

„Immer vom fertigen Produkt aus planen." (Prof. Stanger). Dieser Hinweis gilt in besonderem Maße in der Druckweiterverarbeitung für die Produktplanung, die erforderliche bzw. geforderte Qualität sowie daraus abgeleitet die Festlegung geeigneter Materialien bei der Klebebindung.

Grundsätzlich gibt es spezielle Klebstoffe für fast jeden Verwendungszweck und Bedruckstoff. Besonders zu berücksichtigen sind bei der Planung:
- aufwendigere, technisch schwierige Gestaltungen,
- produktionsbezogene Qualitätsanforderungen,
- sehr hohen Produktionsgeschwindigkeiten,
- neue Papierqualitäten.

Diese Vorgaben erfordern eine gute Kommunikation mit dem Kunden zu seinen Vorstellungen über das Produkt, eine sorgfältige Arbeitsvorbereitung und ein Abstimmen aller Materialien im Produktionsprozess.

Der Anteil der Faserstoffe zur Strichmenge nimmt bei neuen Papiersorten immer mehr ab. Inzwischen werden in Deutschland Papier mit einem Strichanteil von über 50 % produziert. Sehr gute Klebeeigenschaften zeigen maschinenglatte Papier. Das Fasergefüge ist offen und nicht verdichtet.

Durch eine Satinage nimmt bereits die Aufnahmefähigkeit für Klebstoffe ab. Wird jedoch das Papier gestrichen und satiniert, ist die Adhäsion zwischen den Fügeteile deutlich geringer. Dabei beeinflussen sowohl die Dicke des Strichs und auch die Art des Strichs die Festigkeit der Klebung. Beim Fräsen des Buchblocks in der Klebebindemaschine treten Temperaturen bis zu 100 °C auf, die sich auf die Blattkanten auswirken. Dadurch ergeben sich zum Beispiel bei einem thermoplastischen Bindemittel im Strich

Benetzungsschwierigkeiten sowie gelegentlich Probleme durch ein Verschmieren der Blattkanten.

Die sorgfältige Auswahl des geeigneten Klebstofftyps ist bei der Arbeitsvorbereitung für die Druckweiterverarbeitung entscheidend.
Es sind verschiedene Parameter zu beachten:
- Verwendungszweck des Produkts
- zu verklebende Materialien:
  Art des zu verarbeitenden Bedruckstoffs (Naturpapier, satiniertes, gestrichenes Papier) und der Einbandmaterialien
- Produktionstechnik
- Feuchtegehalt des Papiers
- Termin, Auflagenhöhe
- Wirtschaftlichkeit
- technische Produktionsmöglichkeiten
- Druckfläche, z.B. angeschnittene Flächen/Bilder, vollflächig bis in den Bund bedruckte Elemente
- Oberflächenveredelung der Substrate durch Drucklackierung oder Folienkaschierung.

Klebstoff-Filmbildung
Wichtige Parameter für die Klebstoff-Filmbildung sind:
- vorbereiten der Oberflächen der Substrate
- Art des Klebstoffes
- auftragen des Klebstoffes
- abbinden des Klebstoffes, d.h. Endfestigung durch Klebstoff-Filmbildung in einer bestimmten Abbindezeit.

Die meisten zu verarbeitenden Substrate (Papier, Karton, Gewebe) besitzen im allgemeinen ohne zusätzliche Bearbeitung eine genügend rauhe und damit poröse Oberfläche, um dem Klebstoff eine entsprechende Benetzungsfläche zu bieten. Der Klebstoff hat dadurch die Möglichkeit, sich mit dem Substrat zu verbinden
= spezifische Adhäsion.

Reicht diese spezifische Adhäsion nicht aus, muss die Oberfläche des zu verklebenden Substrates zusätzlich mechanisch aufgerauht werden
= mechanische Adhäsion.

Kleben = Verbinden von zwei Materialien durch Klebstoff

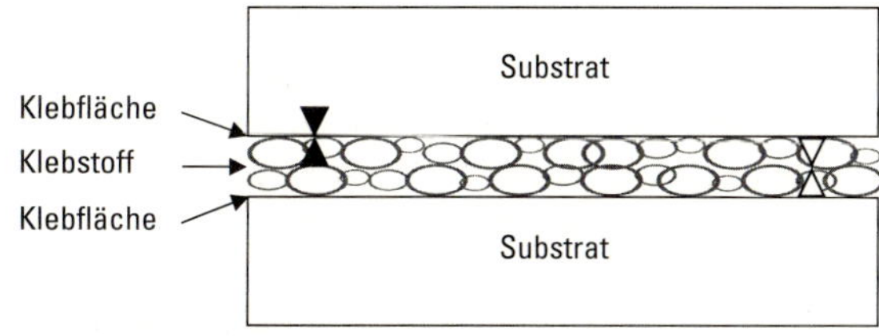

⊥ Wirkungsgrad der Adhäsion
⊻ Wirkungsgrad der Kohäsion
Substrat = zu verklebende Materialien, z. B. Papier, Pappe.
Oberflächenspannung = Kraft, die für den inneren Zusammenhalt (Kohäsionskraft) der Klebstoffschicht oder des Substrates verantwortlich ist.
Benetzung = Grad des Ausbreitens flüssiger Klebstoffe auf einem Substrat, der für eine ungestörte und bleibende Kontaktaufnahme zwischen Klebstoff und Substrat entscheidend ist.
Grenzflächenspannung = Kraft, die für den Zusammenhalt an der Klebstoff- und Substratgrenzfläche verantwortlich ist.

Das Aufrauen erfolgt durch Ritzen, Schneiden, Stanzen, Fräsen. Diese mechanische Aufrauung führt zu einer größeren Benetzungsfläche, andererseits aber auch zu einer Materialschwächung, d. h. Fasern und Werkstoff werden zwangsläufig zerstört bzw. entfernt.

Einige Klebstoffe werden kalt bei Zimmertemperatur, andere dagegen bei bestimmten höheren Temperaturen (Hotmelt, Heißleim) verarbeitet.

Für eine optimale Benetzung der Klebflächen ist die Viskosität bei der Einstellung und der Verarbeitung zu beachten!

Der Klebstoff darf im Lauf der Zeit seine Benetzungsfähigkeit und elastischen Eigenschaften nicht verlieren. Um die Elastizität zu erhalten, können Weichmacher, z. B. Glycerin, zugesetzt werden. Diese Weichmacher erhöhen die erforderliche Dehnbarkeit und Geschmeidigkeit.

Besonders klebegebundene Produkte sind großen mechanischen Belastungen ausgesetzt, da die Hebelwirkung im Buchblock, bedingt durch die Einzelblatt-Verarbeitung, besonders groß ist. Große Temperaturschwankungen können zur Versprödung und somit zum Bruch der Klebefläche führen.

Klebstoffarten

Einen universalen Klebstoff für alle Aufgaben gibt es nicht. Grundsätzlich sind typische Klebstoffarten zu unterscheiden, die jedoch durch Modifikationen in ihren Eigenschaften verändert werden können.

Stärkeklebstoffe
Stärke, gewonnen aus Kartoffeln, Mais, Weizen, Reis u. a. Rohstoffen, wird als Kleister nur noch für wenig anspruchsvolle Arbeiten eingesetzt. Verwendet werden überwiegend lösliche Stärken, die durch Modifikationen unterschiedliche Eigenschaften aufweisen. Die Bedeutung nimmt zugunsten der Kunstharzdispersionen weiterhin ab.
Eigenschaften:
- breiartige Viskosität, Festkörpergehalt zwischen 20 - 30%
- unter starker Zugspannung langsam abbindend

Einsatzgebiete:
- Vorsatzklebung
- Einhängen von Buchblocks in Buchdecken
- Kaschierarbeiten

Stärke, Dispersions-Stärke-Mischklebstoffe
Eigenschaften:
- vorwiegend von breiartiger Konsistenz und kurzer Struktur mit einem Festkörpergehalt zwischen 20 - 30 %.
- Verarbeitungstemperatur 15 - 20 °C

Einsatzgebiete:
- Einhängen von Büchern
- Buchrückenableimung, manuell
- einfache Klebe- und Kaschierarbeiten von Papier und Karton

Dextrinklebstoffe

Dextrin ist ein wasserlösliches Stärkeabbauprodukt; es wird durch thermische Einwirkung oder chemische Reaktionen gewonnen. Je nach Herstellungsverfahren erhält man weiße oder gelbe Dextrine, die als Lösung in unterschiedlicher Viskosität oder als Pulver in den Handel kommen.

Eigenschaften:
- Festkörpergehalt zwischen 60 - 70 %
- gute Wasserlöslichkeit
- schnelle Anfasszeit (Anfangshaftung), gute Klebkraft
- gute Planlage

Einsatzgebiete:
- Kaschierung
- anfeuchtbare Gummierung
- Briefumschlagfertigung (nicht selbstklebend)

Glutinklebstoffe

Glutinklebstoffe (-leime) sind Heißleime, die nur begrenzte Adhäsionseigenschaften aufweisen. Sie kommen in verschiedenen Formen (Plättchen, Tafeln, Pulver, Gallerten u. a.) in den Handel. Vielfach werden sie als Gallerten mit unterschiedlichem Festkörpergehalt geliefert.

Eigenschaften:
- Gallerten mit einem Festkörpergehalt von 60 - 70%
- Verarbeitungstemperatur: 60 - 70 °C
- Klebstoff neigt nach fortschreitender Wasserabgabe zum Verspröden
- recyclingfreundlich

Einsatzgebiete:
- Buchdeckenherstellung
- Hinterklebung des Buchrückens
- Klebebindung bei einfachen Naturpapieren
- Kaschieren

Dispersionsklebstoffe

Dispersionsklebstoffe sind die wichtigste Klebstoffgruppe in der Druckweiterverarbeitung. Sie bestehen aus feinst verteilten, hochpolymeren Kunstharzteilchen (organische Feststoffe) in einem flüssigen Dispergiermittel, meist Wasser. Durch das Trocknen wird das Dispergiermittel entzogen, die feinsten Kunststoffteilchen verbinden sich dadurch zu einem festen Klebstoff-Film.

Eigenschaften:
- Mittel- bis hochviskose, im allgemeinen gebrauchsfertige Klebstoffe mit einem Festkörpergehalt (vielfach Polyvinylacetat) von 50 - 70 %
- Das Abbinden erfolgt durch Verdunsten des Wassers und Vereinigung der dispergierten Teilchen zu einem Klebefilm. Es entsteht ein weichelastischer Film.
- hohe Alterungsbeständigkeit
- gute Adhäsionseigenschaften bei allen Papieren
- resistent gegen chemische Einflüsse, z. B. Lösemittel in Druckfarben
- Verarbeitungstemperatur: 15 - 25 °C. Niedrige Temperaturen verlangsamen die Abbindung merklich; bei höheren Temperaturen muss mit stärkerer Hautbildung gerechnet werden.
- Modifikationen ergeben recyclingfreundliche Dispersionsklebstoffe: Die am universellsten einsetzbare Gruppe von recyclingfreundlichen Klebstoffen bilden die redispergierbaren Dispersionsklebstoffe. Diese gewährleisten eine gleichbleibende Flexibilität und eignen sich somit für die Herstellung von langlebigen Bindeerzeugnissen. Recyclingfreundliche Dispersionsklebstoffe können nicht nur bei der Klebebindung, sondern auch bei allen übrigen Klebevorgängen in der Buchherstellung eingesetzt werden.

Einsatzgebiete:
- optimaler Klebstoff für hochwertige Bücher und fast alle Klebearbeiten
- geeignet für alle Papiersorten, z. B. schwere, gestrichene oder steife Sorten, Samtoffsetdruck
- Buchdeckenherstellung
- Vorsatzkleben
- Rückenableimung fadengehefteter Buchblocks, Seitenbeleimung
- einhängen von Buchblocks in die Buchdecke
- Klebebindung
- Direct-Mailing
- Formularsatzherstellung

Schmelzklebstoffe

Lösemittelfreie Klebstoffe, vielfach Hotmelt genannt. Der 100%ige Feststoffgehalt besteht aus thermoplastischen Kunstharzen, die durch Wärme in einen flüssigen Zustand übergehen. Sie binden nach dem Erkalten sehr rasch abund werden fest. Geliefert werden Schmelzklebstoffe als Granulat, Pastillen, Chips oder Blöcken in verschiedenen Modifikationen.

Eigenschaften:
- 100 % Festkörpergehalt, keine Lösungsmittel
- sehr rasches Abbinden, starke Anfangshaftung
- Das Abbinden erfolgt durch Erstarren der flüssig aufgetragenen Schmelze
- Verarbeitungstemperatur zwischen 120 - 190 °C
- bildet einen stabilen Film, starke Klammerwirkung erschwert flaches Aufschlagen der Bindung
- für gestrichene Papiere nur bedingt geeignet
- hohe Eigenstabilität; unempfindlich beim Handling wie Abstapeln, Verarbeiten, Transport
- Schmelzklebstoffe enthalten Stabilisierungs- und Alterungsschutzmittel. Trotzdem muss Überhitzung über längere Zeit vermieden werden, um chemische Veränderungen zu verhindern
- durch Überhitzung können gesundheitsschädigende Zersetzungsprodukte entstehen.

Einsatzgebiete:
- Fließfertigung mit hoher Geschwindigkeit ohne Zwischenstapelung oder zusätzliche Trocknung möglich
- Klebebindung, z. B. Versandhauskataloge, Messekataloge, Taschenbücher, Telefonbücher
- Seitenbeleimung
- Buchblockrückenbeleimung

- Kapitalbandklebung
- Hülsenklebung
- anfeuchtbare Gummierung
- Direct-Mailing

Polyurethan-Schmelzklebstoffe
Seit einigen Jahren werden einkomponentige PUR-Schmelzklebstoffe eingesetzt, die durch chemische Reaktion (Polymerisation) mit Feuchtigkeit vernetzen. Der Einsatz der duroplastischen Schmelzklebstoffe auf Polyurethan-Basis bringt einige Vorteile mit sich, trotzdem hat sich der Klebstoff noch nicht vollständig durchsetzen können. Neue Klebstoffsysteme, insbesondere aus mehreren Komponenten bestehende Hotmelt-Klebstoffe auf PUR-Basis, sorgen für eine Verbesserung der Klebebindung „problematischer“ Papiere. In der Klebebindemaschine ist der Klebstoff in luftdicht verschlossenen Systemen bei höherer Temperatur zu verarbeiten. Nach dem Auftragen vernetzen sich die Moleküle bei Raumtemperatur unter Einwirken von Luft- und Papierfeuchtigkeit zu einem festen, duroplastischen Klebstoff-Film. Zu beachten ist dabei der zum Teil sehr geringe Feuchtigkeitsgehalt der bedruckten Papiere im Rollen-Offsetdruck nach der Heißlufttrocknung. eine ausreichende Rückbefeuchtung ist unbedingt erforderlich.
Eigenschaften und Verarbeitung der PUR-Klebstoffe:
- gute Anfangshaftung
- hohe Blattkantenhaftung
- geringer Verbrauch
- geringe Empfindlichkeit gegen Mineralöle (z. B. aus Druckfarben im Bogen-Offsetdruck)
- recyclingfreundlich, da der Klebefilm bei der Altpapieraufbereitung unbeschädigt von der Klebefläche entfernt werden kann.
- Polyurethan-Schmelzklebstoffe müssen feuchtigkeitsgeschützt verarbeitet werden, da es sonst zu einer frühzeitigen Vernetzung kommen kann,
- Papiere müssen einen bestimmten Feuchtegehalt aufweisen, sonst tritt die Endfestigkeit der Bindung ggf. erst nach einigen Wochen auf.

Einsatzbereiche:
- Klebebindung
- Vorsatzklebung
  Rückenableimung fadengehefteter Buchblocks.

16.6 Broschuren- und Buchherstellung

Allgemein bezeichnet man als Bücher alle zu einem vollständigen Endprodukt zusammengeheftete beschriebene, bedruckte oder auch leere Blätter, die durch einen Einband (Umschlag oder Buchdecke) nach außen geschützt sind. Für die Herstellung umfangreicher Produkte werden mehrere Blätter gleichzeitig auf großen Bogen gedruckt. Diese werden gefalzt und mit weiteren gefalzten Bogen – Falzbogen bzw. Lagen genannt – folgerichtig übereinander gelegt (Fachbegriff: zusammentragen). Der so entstandene Rohblock des Innenteils wird durch verschiedene Heftverfahren miteinander verbunden.

Technisch gesehen ergeben solche Produkte aus zusammengetragenen Falzbogen mehrlagige Rohblocks für Broschuren oder Bücher. Diese unterscheiden sich prinzipiell durch die Art und Qualität des Einbandes (Buchdecke oder Umschlag). Die Herstellung des Innenteils mit den bedruckten Falzbogen zu einem Rohblock (unbearbeiteter Broschuren- oder Buchblock), unterscheiden sich nur in spezieller, zusätzlicher Bearbeitung voneinander.

Die Broschur ist ein gebundenes, buchartiges Produkt ohne feste Buchdecke. Der Broschurenblock ist nicht gerundet und im Rücken in der Regel in einen Papier- oder Kartonumschlag eingehangen (geklebt). Der Umschlag hat im allgemeinen das gleiche Format wie der Broschurenblock.

Ursprünglich galten die Broschuren als eine provisorische, vorläufige Einbandform, bevor der Käufer eines Buches sich für einen hochwertigen und oftmals sehr teuren Bucheinband entschied.

Heute ist diese Bindetechnik ganz auf eine kostengünstige, rationelle und maschinelle Produktion für eine endgültige Gebrauchsform abgestimmt.

Bücher haben einen festen, dauerhaften Einband mit einer speziell gefertigten, mehrteilig gegliederten Buchdecke. Die Buchdecke besteht aus zwei Deckeln aus Pappe und einer Rückeneinlage aus einer leichteren Pappe, die mit Papier, Gewebe, Kunststoffen, Leder oder Pergament bezogen sind. Der Buchblock ist bei den meisten Buchformen im Rücken gerundet. Die Buchdecke ist größer als der Buchblock.

Ein- und mehrlagige Produkte

Falzbogen können in unterschiedlichen Verfahren zu einem Roh-Produkt zusammengefügt werden. Man unterscheidet dazu prinzipiell zwei Verfahren:

Zusammentragen:
Übereinanderlegen von Blättern und Falzbogen in bestimmter Reihenfolge zu einem Block bzw. in der Broschuren- und Buchfertigung zu einem Rohblock.
- Das Produkt ist mehrlagig.
- Der Rohblock wird durch das Einhängen in einen Umschlag zu einer Broschur, durch das Einhängen in eine mehrteilige Buchdecke zu einem Buch.

Sammeln (Ineinanderstecken):
Ineinanderlegen mehrerer Falzbogen zu einer Lage, die in der Regel durch den Rücken geheftet werden.
- Das Produkt ist einlagig.
- Durch das Einhängen in einen Umschlag entsteht eine Broschur.

Broschuren und Bücher – Entwicklungen und Tendenzen

In der Broschuren- und Buchfertigung behaupten sich immer noch die seit Jahren dominierenden Verfahren der Klebebindung und der Fadenheftung.

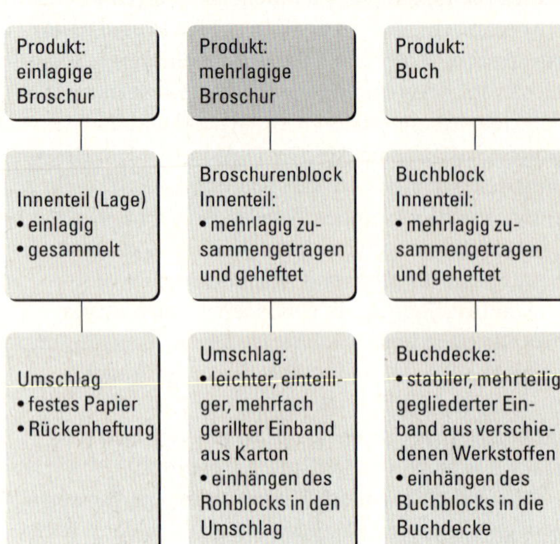

Immer mehr werden die Fertigungsverfahren mit Einzelmaschinen für das Zusammentragen, die Rohblockherstellung, das Klebebinden oder Fadenheften, den Beschnitt, die Buchdeckenherstellung, das Vorsatzankleben und das Einhängen des Buchblocks in die vorbereitete Buchdecke automatisiert und in eine Prozesskette vernetzt.

Anstelle von technisch modernen Einzelmaschinen übernehmen „Inline-Systeme" (Fließfertigungssysteme) die vorgenannten Einzelfunktionen.

Digitale Voreinstellungen und Steuerungen über Bildschirm ermöglichen im Dialog mit dem System Maße, Daten und Befehle einzugeben. Die motorische Formatverstellung erfolgt an allen Aggregaten zentralgesteuert automatisch und sorgt so für kurze Umrüstzeiten und höhere Produktionssicherheit und hohe Qualität.

Die Angebote bei Klebebindemaschinen reicht von manuell zu bedienenden Geräten über halbautomatische Klebebinder bis zu Hochleistungssystemen für verschiedenste Produktionen. Auch Fadenheftmaschinen erreichen inzwischen sehr hohe Leistungen.

Verkürzte Einrichtezeiten, rasches Umrüsten auf verschiedene Materialien, Produktionssicherheit und der (teilweise oder vollständige) Einsatz in Fließfertigungen entsprechen den Forderungen der Unternehmen.

Broschuren

Die Broschur ist ein aus einem oder aus mehreren Falzbogen bestehendes buchähnliches Erzeugnis.
Es besteht aus
- Broschurenblock und
- Umschlag

Bezeichnungen und Heftungen:
- Broschurenblock aus einer Lage
  = einlagige Broschur mit Rückstichheftung
- Broschurenblock mit mehreren Lagen
  = mehrlagige Broschur mit z.B. Fadenheftung, Klebebindung oder einer Sonderbindungen

Broschurenarten

Inzwischen gibt es neben den bekannten (Standard-) Broschurenarten mit einem zweifach oder vierfach gerillten Umschlag eine Reihe neuer Formen, die heutigen Ansprüchen und Wünschen der Kunden gerecht werden. Diese Produkte sind durch neue Techniken mit verschiedenen Variationen im Rillen, Hinterkleben (Fälzeln) und Einhängen z. B. eleganter, ästhetischer, stabiler, leichter zu handhaben oder/und leichter aufzuschlagen bzw. mit einem freien Rücken optimal zu öffnen.

Die Einbände für die verschiedenen mehrlagigen Broschuren unterscheiden sich durch den für den Umschlag verwendeten Werkstoff sowie dessen Verbindung zum Broschurenblock.

Alle verschiedenen Broschuren lassen sich in prinzipielle Gruppen einteilen:

Broschuren ohne Vorsatz, z. B:
- Broschur mit zweifach oder vierfach gerilltem Umschlag (Weichbroschur)
- Englische Broschur
- Schweizer Broschur
- Otabind-Broschur
- Eurobind-Broschur
- Kösel-FR-Broschur
- Fälzelbroschur

Broschuren mit Vorsatz, z. B.:
- Kartonierte Broschur
- Steifbroschur

Broschuren mit Sonderbindungen für Einzelblätter z.B.:
- Drahtkammbindung
- Spiralbindung

Kurze Beschreibung der Broschurenarten

Broschuren mit zweifach oder vierfach gerilltem Umschlag (Weichbroschur)

Die größte Bedeutung aller Einbandtechniken hat die industrielle Produktion klebegebundener Weichbroschuren mit einem Kartonumschlag: Millionen von Taschenbüchern, Telefon- und Adressbüchern, Versandhauskatalogen und ähnlichen Produkten verlassen komplette Fertigungsstraßen.

Der Broschurenblock ist den Anforderungen entsprechend gebunden. Eingesetzt wird fast ausschließlich die Klebebindung.

Ein zweimal gerillter Kartonumschlag wird ohne Vorsatzpapiere direkt an den Rücken des Broschurenblocks geklebt. Bei viermal gerillten Umschlägen wird zusätzlich jeweils seitlich am Broschurenblockrücken ein Leimstreifen aufgetragen.

Nach dem Einhängen des Broschurenblocks in den Umschlag erfolgt das dreiseitige Beschneiden.

Englische Broschur

Die englische Broschur ist eine Variante der Weichbroschur. In der Regel ist der Kartonumschlag jedoch um einige Millimeter größer als der Broschurenblock. Der Broschurenblock ist in diesem Fall vor dem Einhängen zu beschneiden. Ein zusätzlicher, bedruckter Schutzumschlag mit einem Einschlag an beiden Vorderseiten ist am Rücken angeklebt. Die englische Broschur ist aufwendiger herzustellen und deshalb teurer als die Weichbroschur.

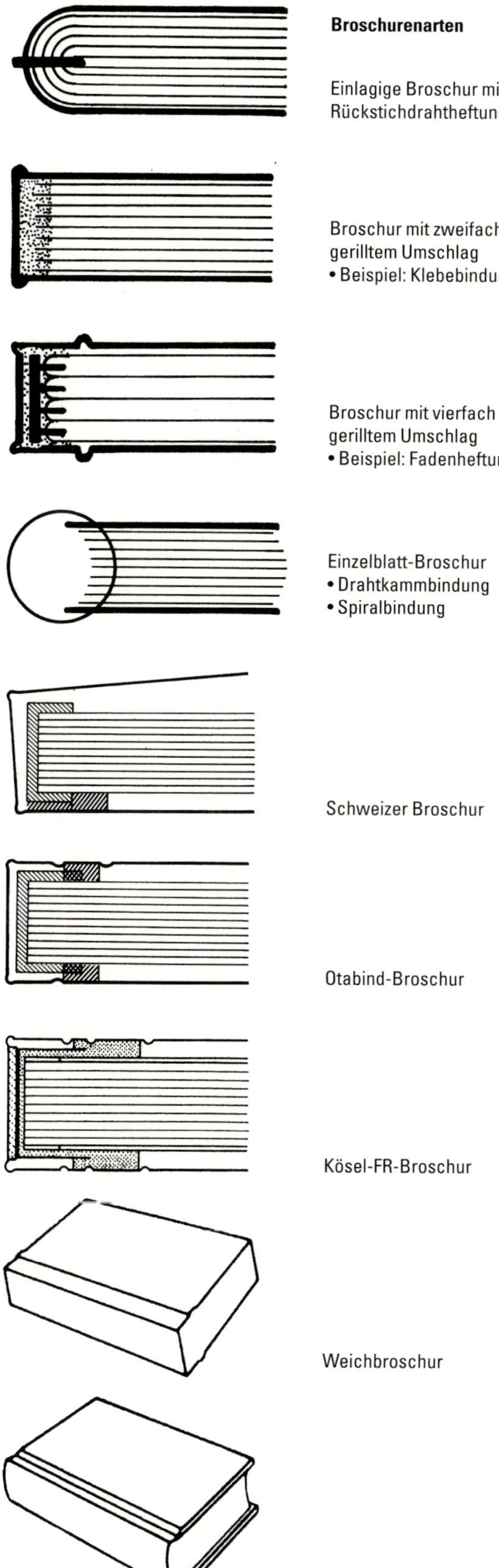

Schweizer Broschur
Die Schweizer Broschur ist eine besonders elegante Broschurform, bei der der meist dünne, gefälzelte Broschurenblock auf der dritten Umschlagseite angeklebt wird. Der nur zweimal gerillte Umschlag ist dadurch frei umzulegen.
Ebenso leicht ist der Broschurenblock durch ein geschmeidiges Fälzelgewebe im Rücken aufzuschlagen. Für den Umschlag kann ein relativ starker Karton gewählt werden.

Otabind
Ein besonderes Merkmal der von dem finnischen Otava-Verlag entwickelten Broschur ist der sechsfach gerillte Umschlag. Der mit Kreppapier gefälzelte Broschurenblock wird zwischen die äußeren Rillenpaare mit dem Umschlag verbunden.
Die Broschur erhält bei dieser Klebetechnik einen festen Stand, sie lässt sich durch den hohlen Rücken gut öffnen.

Kösel-FR-Broschur
Die Druckerei und Großbuchbinderei Kösel entwickelte die Kösel-FR-Broschur (FR steht dabei für „Freier Rücken“) in mehreren Varianten. Der Broschurenblock ist je nach Variante vier- oder achtfach gerillt. Er wird im Bereich der äußeren Rillen mit dem gefälzelten Broschurenblock verbunden.

Bei Broschurenblocks über 20 mm ist der Rückenbereich des Broschurenblocks innen zusätzlich mit einem Polyesterstreifen zur Stabilisierung verstärkt. In einer weiteren Variante wird zusätzlich jeweils ein Vorsatz eingesetzt. Die Broschuren zeichnen sich durch eine gute Stabilität und ein leichtes Öffnen der Broschur durch einen hohlen, festen Rücken aus. (Weitere produktspezifische Beispiele zu innovativen Bindungen siehe Kapitel 16.7.1)

Kartonierte Broschur
Die kartonierte Broschur wird mit beidseitigen Vorsätzen am Buchblock hergestellt, auf die zwei gerillte dünne Kartonteile (Deckel) vollflächig aufkaschiert werden. Der Rücken ist mit einem Fälzelstreifen aus Gewebe überklebt und verbindet die beiden Deckelteile.

Steifbroschur
Die Herstellung entspricht der kartonierten Broschur. Die beiden Deckel des Umschlages bestehen aus steifer Pappe. Sie werden auf die mit dem Buchblock verbundenen Vorsatzpapiere aufkaschiert und im Rücken durch einen Fälzelstreifen überklebt.
Beide Pappdeckel sind mit einem Papier überzogen, das an den drei offenen Seiten des Deckels eingeschlagen ist. Die Deckel können bei dieser Einbandform an den vorderen Seiten des Buchblocks leicht überstehen.

Die Steifbroschur ist in der Bindetechnik als eine Zwischenstufe zwischen der Broschur und einem Buch anzusehen.

Produktionsabläufe zur Herstellung von Broschuren

Arbeitsablauf: Drahtrückstichbroschur

Produktionstechniken:

Manuell	Drahtheftheftmaschine
Maschinell	Sammelheftmaschine – Einzelmaschine – Fertigungssystem (Vollautomat), z. B. mit Umschlagfalzanleger, Trimmer und Verpackungsstationen

Arbeitsablauf: Drahtheften mit Sammelheftmaschinen

Falzbogenanleger	Magazin, Vorstapeleinrichtung für Falzbogen. Falzbogen werden flach liegend, stehend, schuppenförmig oder in Stangen zugeführt. Öffnen der Falzbogen in der Mitte durch – Vakuum – Nachfalz mit Greiferöffnung – Vorfalz mit Greiferöffnung und auflegen auf die Sammelkette, Transport über die Sammelkette zu weiteren Magazinen. Auflegen und ausrichten weiterer Falzbogen. Prozessablauf: Sammeln.
Umschlag-falzanleger	Plan liegende Umschläge, – bei Bedarf mit Rillung oben oder unten, – durch z. B. Profilrollen geformt und durch Falzwalzen gefalzt, auflegen auf den Inhalt der Sammelkette
Heftstation	2-4 Heftköpfe für Runddraht, Standartheftung oder Ringösenheftung. Die Länge des Heftdrahtes ist so zu bemessen, dass die Klammern innen fast geschlossen sind.
Übergabestation	Transport der gehefteten, ungeschnittenen Produkte zum Beschneiden.
Trimmer	Dreiseitiger Beschnitt in zwei Arbeitstakten, z. B. 1. Station: Kopf- und Fußbeschnitt (gleichzeitig) 2. Station: Vorderbeschnitt
Prüfen, Qualitäts-sicherung	Zählen der Produkte, Qualitätskontrolle
Auslage	Kastenauslage oder Kreuzleger, ggf. Bündelung, Verpackung

Herstellung einer mehrlagigen Broschur mit Klebebindung

1. Zusammentragen der Falzbogen
2. Einfuhr in das Bindesystem
   – Rütteln, Vorzentrieren des Falzes
3. Rückenbearbeitungsstation
   – Seitenpressung, Fräsen, Kerben, Bürsten (Reinigen)
4. Leimwerke
   – Rückenleimung mit Hotmelt- oder Dispersionsklebstoff
5. Fälzelstation
   – Gaze, Krepp-Papier oder ähnliches Material

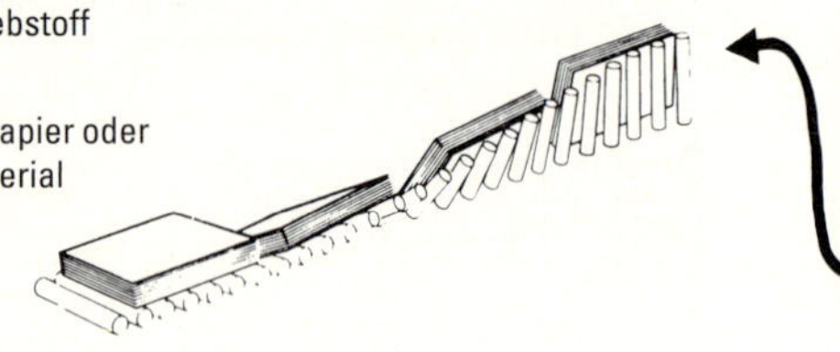

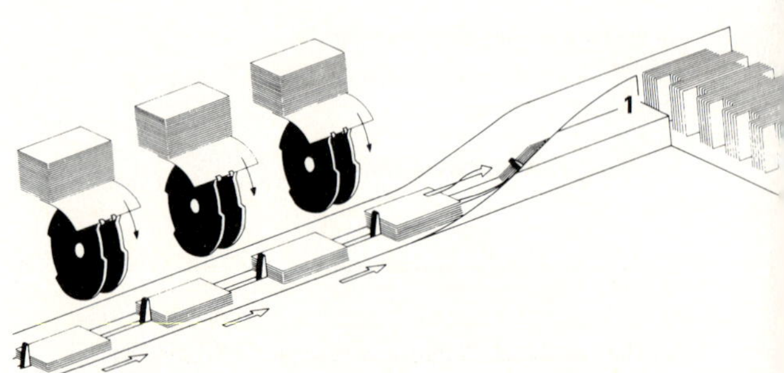

Klebebindung – Fertigungsprozess in einem Hochleistungsbindesystem
Nach mehrmaligem Rütteln und Beruhigen der zusammengetragenen Lagen werden diese höhengleich waagerecht in den Binder transportiert. Dort wird der zusammengetragene Block von Transportklammern übernommen und den verschiedenen Bearbeitungsstationen zugeführt.

(Abbildung und Schema: KOLBUS, Rahden)

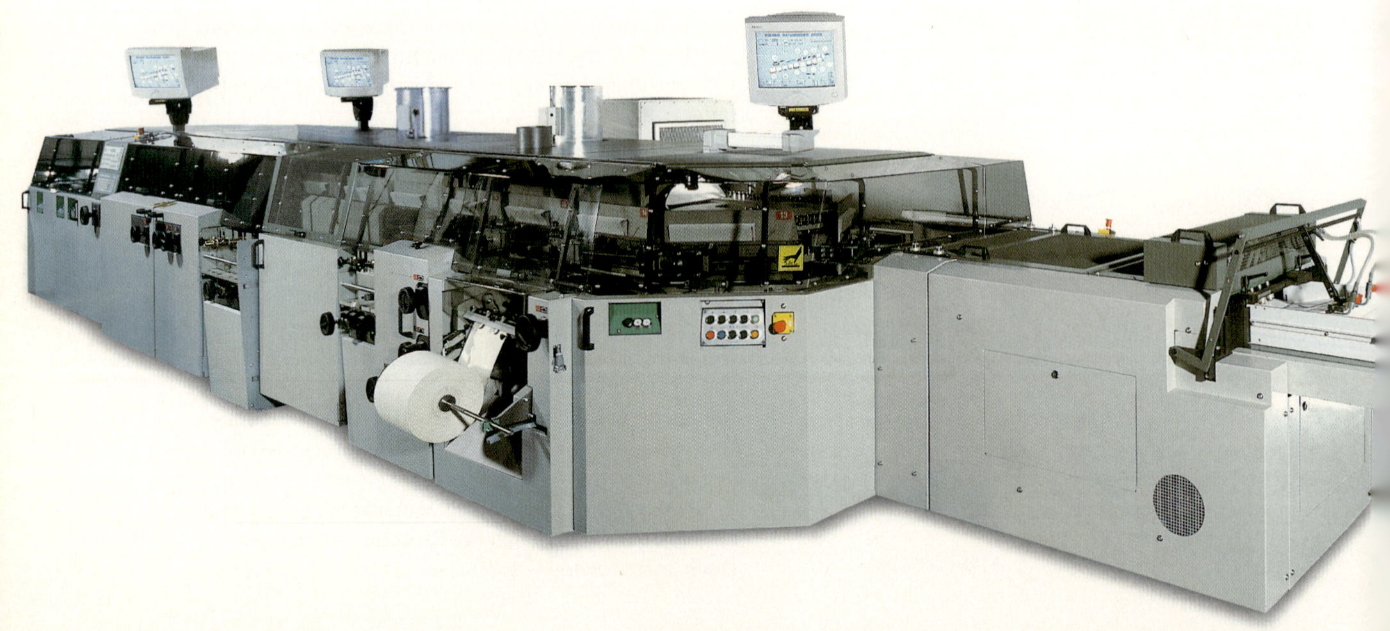

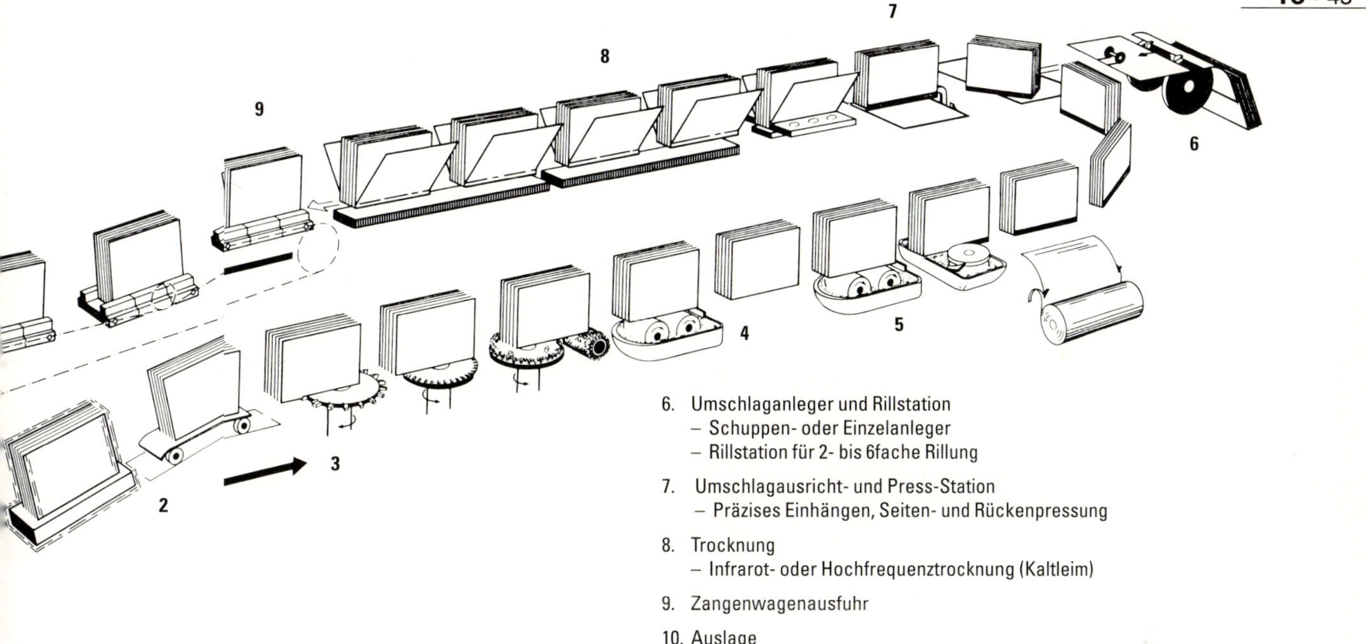

6. Umschlaganleger und Rillstation
   – Schuppen- oder Einzelanleger
   – Rillstation für 2- bis 6fache Rillung
7. Umschlagausricht- und Press-Station
   – Präzises Einhängen, Seiten- und Rückenpressung
8. Trocknung
   – Infrarot- oder Hochfrequenztrocknung (Kaltleim)
9. Zangenwagenausfuhr
10. Auslage

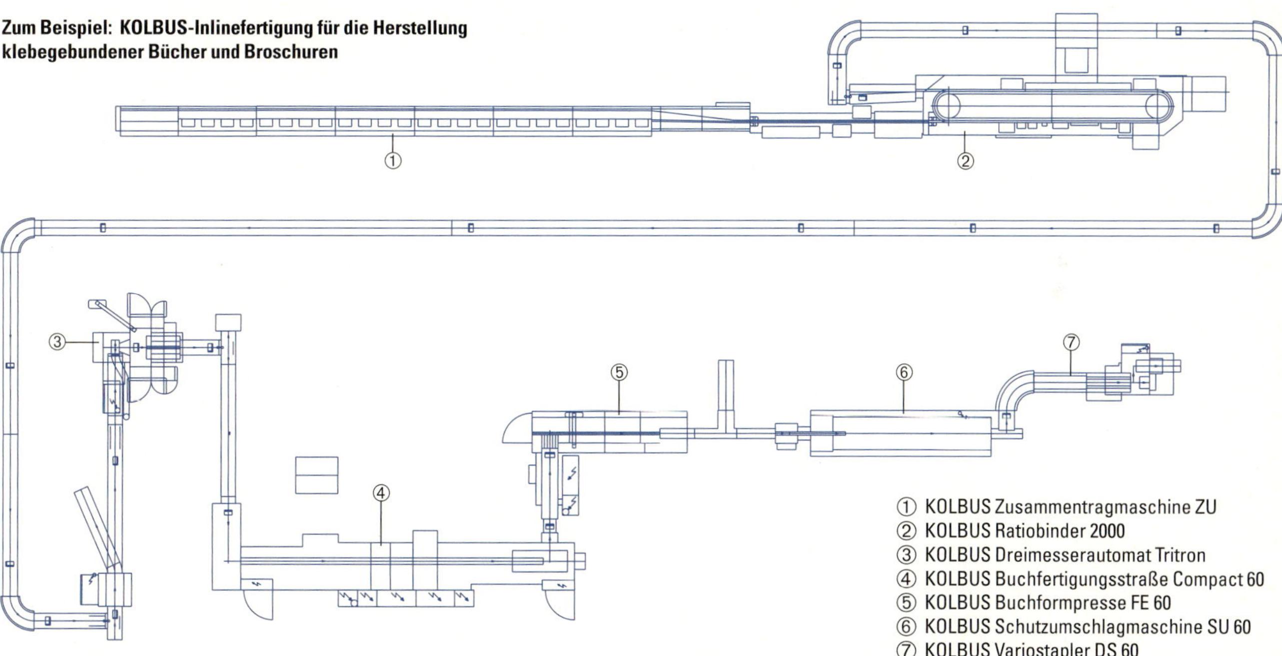

Zum Beispiel: KOLBUS-Inlinefertigung für die Herstellung klebegebundener Bücher und Broschuren

16.6.2 Bücher

Das Buch besteht aus einem aus mehreren Falzbogen zusammengetragenen Buchblock und einer mehrteiligen Buchdecke.

Der fertige Buchblock wird in die Buchdecke eingehangen, d. h. Buchblock und Buchdecke werden miteinander verbunden.

Das Zusammentragen des Buchblocks entspricht der Fertigung einer mehrlagigen Broschur. Der Buchblock wird durch Fadenheftung oder Klebebindung gebunden, dabei kann der Rücken gerade oder gerundet sein. Ein qualitatives und ästhetisches Merkmal ist der Einband des Buches: die Buchdecke.

Einbandarten

Die Bezeichnungen der Einbandart richtet sich nach dem im Rücken verwendeten Material sowie der Art des Bezugstoffes. Variationen ergeben sich z. B. durch das Überstehen von Kanten und das Beziehen von Ecken.

Beschreibung verschiedener Einbandarten

Pappband

Der Pappband ist der einfachste und kostengünstigste Deckenband. Für die Buchdecke werden zwei starke Deckel aus Graupappe und eine leichtere Pappe für den

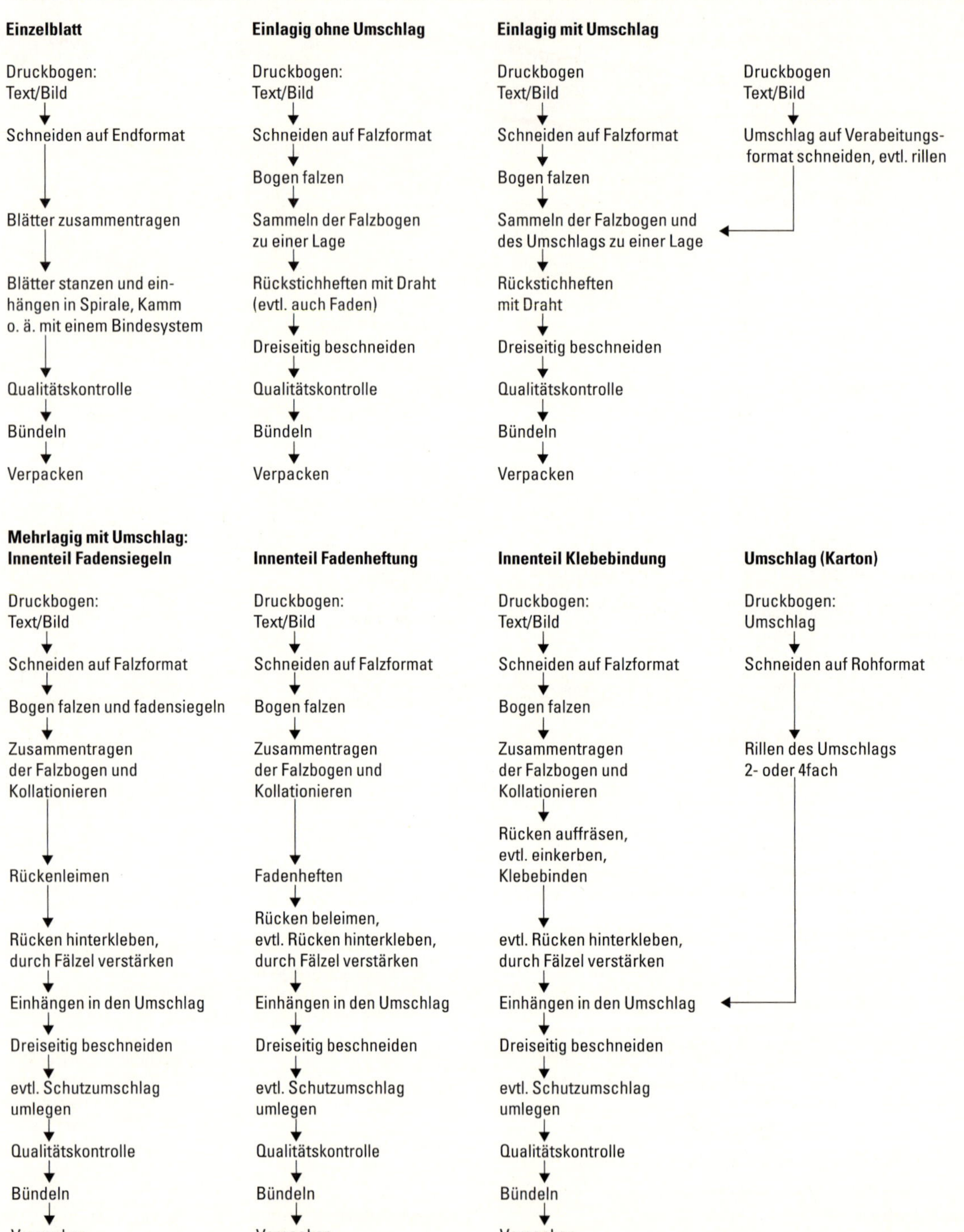

Buchrücken mit einem festen, strapazierfähigen Papier überzogen. Auf einen ausreichend großen Spielraum bei den Gelenken der Buchdecke ist zu achten.

An das erste und das letzte Blatt des Buchblocks werden Doppelblätter, sogenannte Vorsätze, aus sehr zähem, festen Papier an der Rückenkante angeklebt. Das Einhängen in den Buchblock erfolgt durch vollflächiges Kaschieren der beiden außen liegenden Vorsatzpapiere des Buchblocks an die Innenseiten der Buchdecke. Das auf dem Deckel geklebte Vorsatz wird „Spiegel", das vor dem Buchblock freie Blatt „fliegendes Blatt" genannt.

Papier ist als Einbandwerkstoff in seiner Haltbarkeit beschränkt, deshalb werden alle Ecken vielfach mit zähem Papier oder Gewebe verstärkt.

Gewebeband

Die Herstellung der Gewebebände ist mit der Fertigung eines Pappbandes zu vergleichen. Man unter-

Gruppe	Merkmal	Einbandart
Deckenband: Halbbände	Der Buchrücken besteht aus einem höherwertigen Material als der Deckelbezug. Beispiel: Buchrücken aus Gewebe, Deckel aus Papier	• Halbgewebeband • Halbschichtstoffband • Halblederband • Halbpergamentband • Halbfranzband
Deckenband: Ganzbände	Buchrücken und Buchdeckel sind mit gleichem Material bezogen	• Pappband • Schichtstoffband • Kunststoffband • Gewebeband • Lederband • Pergamentband • Franzband

scheidet zwischen einem Halb- und einem Ganzgewebeband.

Bei einem Halbgewebeband sind beide Deckel mit Papier überzogen. Nur der Rücken besteht aus einem Gewebe. Ein optischer Vorteil dieses Verfahrens: Das Papier für die Deckel kann beliebig bedruckt sein.

Bei einem Ganzgewebeband sind sowohl die beiden Deckelflächen als auch der Rücken mit Gewebe bezogen. Damit wird eine bessere Haltbarkeit erreicht. In den vielen Fällen wird bei einem Gewebeband ein zusätzlicher Schutzumschlag umgelegt.

Kunststoffband (auch: Schichtstoffband)
Der Kunststoffband entspricht in der Herstellung dem Ganzgewebeband. Bezugsstoff ist ein strapazierfähiger, abwaschbarer Kunststoff.

Lederband, Pergamentband
In beiden Fällen handelt es sich um hochwertige, sehr teuere Einbandarten, die nicht industriell, sondern nur handwerklich ausgeführt werden. Beide Formen kommen ebenfalls als Halbband bzw. Ganzband vor. Die Vorarbeiten für den Leder- und den Pergamentband sind die gleichen wie beim Gewebeband.

Das Einhängen des Buchblocks erfolgt mit einer zusätzlichen Hülse. Diese ist ein im Rücken des Buchblocks aufgeklebter Papierschlauch. Die Hülse verstärkt den Buchrücken und gibt einen besonderen Halt bei der Formgebung.

Bei Halbbänden sind nur die Rücken mit Leder bzw. Pergament überzogen. Für die Deckelflächen wird Gewebe verwendet. Ganzbände sind vollständig mit Leder oder Pergament überzogen.

Franzband
Der schönste und handwerklich hochwertigste Einband ist der Franzband. Er stammt aus der Blütezeit kunsthandwerklichen Schaffens in der Klassik. Die Bezeichnung ist eine Ableitung von „französischer Einband“. Im Gegensatz zu den damals üblichen Schweinsledereinbänden entwickelte man eine elegantere Form als Halb- oder Ganzfranzband.

Charakteristisch für den Franzband ist das Heften auf echte Bünde oder auf aufgedrehte Kordeln, welche dann im Rücken des fertigen Bandes wulstartig zu sehen sind. Ein weiteres Kennzeichen ist der „tiefe Falz“, der durch starkes Pressen des Buchblocks entsteht. Hierdurch wird ein Ausgleich zwischen der Rückenbreite und der Stärke der Buchdecke, die an den Rücken angesetzt wird, erreicht. Die querverbindenden Heftbünde kleben auf den Deckeln.

Produktionsabläufe zur Herstellung von Büchern

Vor der eigentlichen Produktion ist es bei besonderen oder bestellten Büchern üblich, einen Blindband (Blindmuster) aus unbedrucktem Auflagenpapier in der späteren Stärke des Buchblocks mit der entsprechenden Buchdecke herzustellen. Das Herstellen einiger Probebände hat kundenbezogene und technische Vorteile:
- Der Kunde hat einen exakt mit dem späteren Endprodukt vergleichbaren Musterband.
- Nach diesen Probebänden sind drucktechnische Vorgaben (Formate, Stand u.a.) festzulegen, buchbinderische Fragen zum Einband, der Buchblockstärke usw. zu klären. Es können Kosten berechnet, Materialien bestellt und für die Fertigung vorbereitet werden.

Buch-Einbandarten

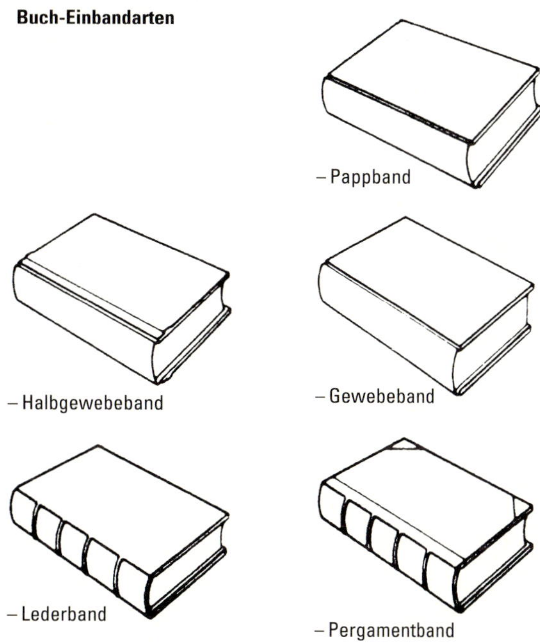

Der Arbeitsablauf bei der Buchherstellung gliedert sich in drei große Fertigungsbereiche sowie die Endkontrolle und das Verpacken:
- Herstellen des Buchblocks
- Herstellen der Buchdecke
- Einhängen des Buchblocks in die Buchdecke
- Qualitätskontrolle
- Verpacken

Die tabellarische Übersicht auf der folgenden Seite 16 · 47 beschreibt prinzipiell den Arbeitsablauf der Buchherstellung mit der Fadenheftung. Anstelle der Fadenheftung ist, wie bei der Herstellung mehrlagiger Broschuren, auch die Klebebindung einzusetzen.

– mit geradem Rücken

– mit gerundetem Rücken

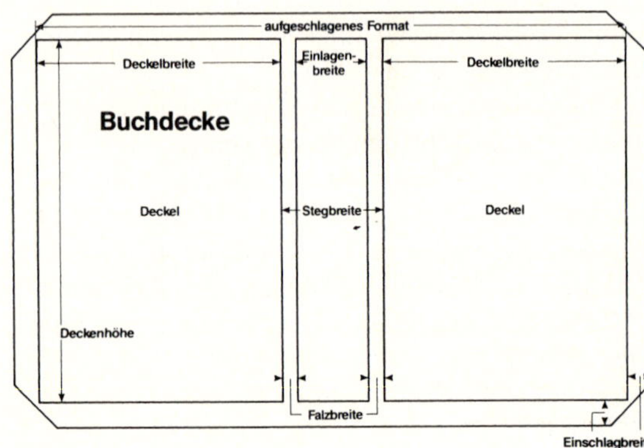

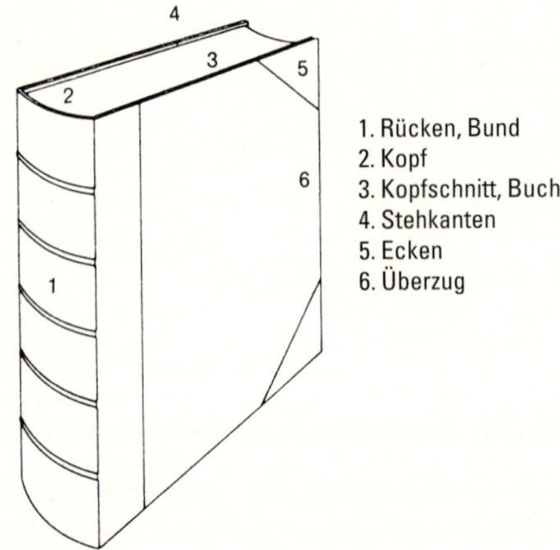

1. Rücken, Bund
2. Kopf
3. Kopfschnitt, Buchblock
4. Stehkanten
5. Ecken
6. Überzug

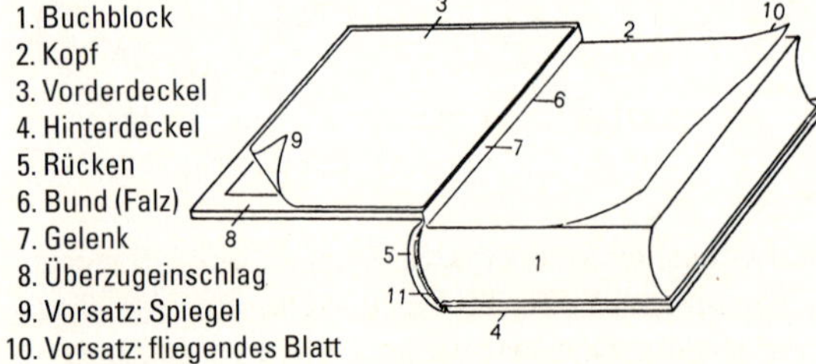

1. Buchblock
2. Kopf
3. Vorderdeckel
4. Hinterdeckel
5. Rücken
6. Bund (Falz)
7. Gelenk
8. Überzugeinschlag
9. Vorsatz: Spiegel
10. Vorsatz: fliegendes Blatt
11. Kapitalband

Der Rohblock besteht aus zusammengetragenen Lagen mit angeklebten Vorsatzpapieren am äußersten Teil des ersten und letzten Falzbogens. Er ist unbeschnitten. Der Buchrücken hat in diesem Stadium noch eine ungleichmäßige Form und geringe Stabilität. Durch Abpressen unter steigendem Druck ist die Form des Rückens zu verbessern. Die Heftlagen sind allerdings nach wie vor noch leicht gegeneinander verschiebbar, wenig steif und ohne endgültige Form. Durch ein anschließendes Rückenbeleimen verkleben die Heftfäden mit der Gaze, Hohlräume zwischen den Lagen werden ausgefüllt. Damit hat der Buchblock eine deutlich verbesserte Festigkeit und Steifheit.

Ist im Doppelnutzen gedruckt worden, erfolgt nun das Trennen der beiden Exemplare durch eine Trennsäge. In einem weiteren Arbeitsschritt wird der fertige Buchblock in einem Dreimesserautomaten dreiseitig beschnitten. Weiteren Arbeiten am Buchblock unterscheiden sich je nach Auftrag des Kunden.

Bei Büchern über 1 cm Dicke wird der Buchblock in der Regel gerundet und nochmals am Rücken abgepresst. Das fertige Buch ist durch das Runden des Rückens leichter zu öffnen, weil sich die auftretenden Spannungen im Rücken besser verteilen und dadurch die Heftung weniger belasten.

Der Arbeitsgang erfolgt nur noch in wenigen Fällen von Hand oder mit manuell zu bedienenden Geräten. In der industriellen Buchbinderei werden dazu automatisch arbeitende Buchrückenrundemaschinen, integriert in Fertigungsstraßen, eingesetzt.

Aus dekorativen oder zweckmäßigen Gründen kann der Buchschnitt im Kopf und an der Frontseite gefärbt werden. Der Farbschnitt oder auch der früher häufig eingesetzte Goldschnitt bilden einerseits einen Schutz vor dem Verstauben, andererseits lässt sich damit eine gute Harmonie zum Bucheinband erreichen. Im industriellen Bereich wird im allgemeinen nur ein Farbschnitt im Kopf, seltener an zwei oder allen drei Seiten ausgeführt.

Besonders stärkere Bücher erfordern eine große Stabilität im Rücken. Es wird nochmals Leim im Rücken aufgetragen. Aufgeklebte Gazestreifen verstärken den Rücken nochmals. (Anstelle dieser Streifen kann auch bei manueller Herstellung eine Hülse aus Papier eingesetzt werden.)

Nach einem weiteren Beleimen wird der Rücken mit einem speziellen Papierstreifen hinterklebt. Im Kopf und im Fuß des Buchrückens erhält der Buchblock eine zusätzliche Verzierung durch das Kapitalband, das die einzelnen Bünde der Lagen verdeckt.

Die Buchdecke bietet einerseits einen Schutz für den Buchblock, andererseits deutet die äußerliche Form und Gestaltung auch auf den Wert bzw. die inhaltliche Qualität des Buches hin.

Starke Pappe für die Deckel der Buchdecke wird mit speziellen Pappenkreisscheren auf Format geschnitten. Der Zuschnitt einer dünneren Pappe als Rückeneinlage, der sogenannte Schrenz, und des Überzugsmaterials erfolgt auf Planschneidemaschinen. Der Schrenz kann auch in der Deckenfertigungsmaschine automatisch von Rollen geschnitten werden.

Mit einem Buchdeckenautomaten lassen sich die meisten Buchdecken industriell anfertigen.

Das Überzugmaterial wird vollflächig mit Klebstoff angeschmiert, standgenau auf die Deckel und

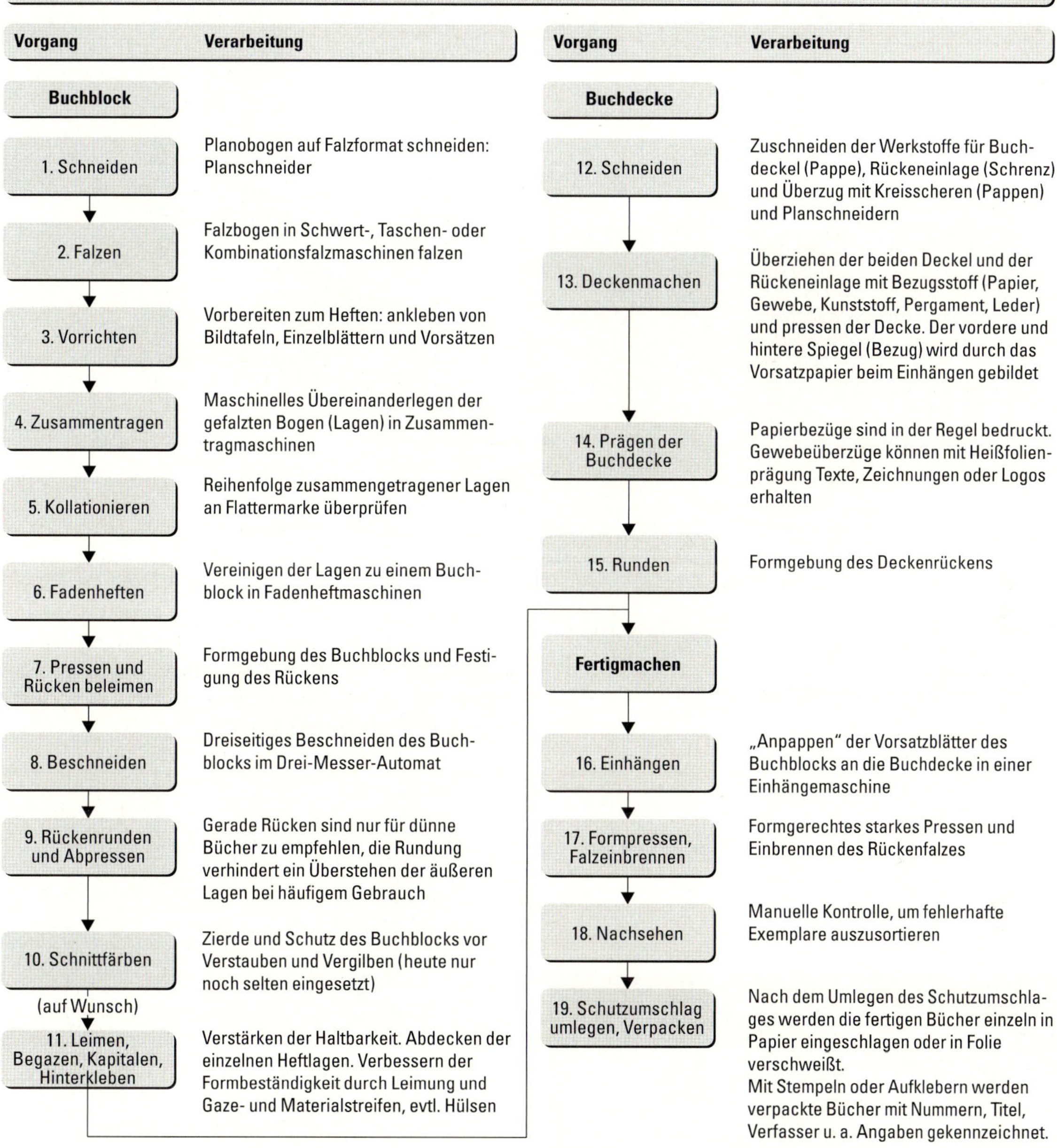

die Rückeneinlage eingepasst und vollflächig angeklebt. Überstehende Ränder des Überzugmaterials werden nach innen eingeschlagen und fest angedrückt.

Buchherstellung mit Fadenheftung
Vorgang
Verarbeitung
Vorgang
Verarbeitung
Buchblock
1. Schneiden
Planobogen auf Falzformat schneiden: Planschneider
2. Falzen
Falzbogen in Schwert-, Taschen- oder Kombinationsfalzmaschinen falzen
3. Vorrichten
Vorbereiten zum Heften: ankleben von Bildtafeln, Einzelblättern und Vorsätzen
4. Zusammentragen
Maschinelles Übereinanderlegen der gefalzten Bogen (Lagen) in Zusammentragmaschinen
5. Kollationieren
Reihenfolge zusammengetragener Lagen an Flattermarke überprüfen
6. Fadenheften
Vereinigen der Lagen zu einem Buchblock in Fadenheftmaschinen
7. Pressen und Rücken beleimen
Formgebung des Buchblocks und Festigung des Rückens
8. Beschneiden
Dreiseitiges Beschneiden des Buchblocks im Drei-Messer-Automat
9. Rückenrunden und Abpressen
Gerade Rücken sind nur für dünne Bücher zu empfehlen, die Rundung verhindert ein Überstehen der äußeren Lagen bei häufigem Gebrauch
10. Schnittfärben
Zierde und Schutz des Buchblocks vor Verstauben und Vergilben (heute nur noch selten eingesetzt)
(auf Wunsch)
11. Leimen, Begazen, Kapitalen, Hinterkleben
Verstärken der Haltbarkeit. Abdecken der einzelnen Heftlagen. Verbessern der Formbeständigkeit durch Leimung und Gaze- und Materialstreifen, evtl. Hülsen
Buchdecke
12. Schneiden
Zuschneiden der Werkstoffe für Buchdeckel (Pappe), Rückeneinlage (Schrenz) und Überzug mit Kreisscheren (Pappen) und Planschneidern
13. Deckenmachen
Überziehen der beiden Deckel und der Rückeneinlage mit Bezugsstoff (Papier, Gewebe, Kunststoff, Pergament, Leder) und pressen der Decke. Der vordere und hintere Spiegel (Bezug) wird durch das Vorsatzpapier beim Einhängen gebildet
14. Prägen der Buchdecke
Papierbezüge sind in der Regel bedruckt. Gewebeüberzüge können mit Heißfolienprägung Texte, Zeichnungen oder Logos erhalten
15. Runden
Formgebung des Deckenrückens
Fertigmachen
16. Einhängen
„Anpappen" der Vorsatzblätter des Buchblocks an die Buchdecke in einer Einhängemaschine
17. Formpressen, Falzeinbrennen
Formgerechtes starkes Pressen und Einbrennen des Rückenfalzes
18. Nachsehen
Manuelle Kontrolle, um fehlerhafte Exemplare auszusortieren
19. Schutzumschlag umlegen, Verpacken
Nach dem Umlegen des Schutzumschlages werden die fertigen Bücher einzeln in Papier eingeschlagen oder in Folie verschweißt.
Mit Stempeln oder Aufklebern werden verpackte Bücher mit Nummern, Titel, Verfasser u. a. Angaben gekennzeichnet.

Sollen Mängel an der Buchdecke vermieden werden, sind fünf Grundvoraussetzungen bei der Fertigung zu beachten:

- produktbezogene und verarbeitungstechnisch geeignete Materialien auswählen
- Materialien mit der richtigen Laufrichtung verwenden
- Klebstoffauftrag mit möglichst geringem Feuchtigkeitsgehalt verwenden
- Buchdecken nach der Fertigung flachliegend lagern
- gleichmäßiges Raumklima im Standardbereich einhalten.

Ist der Buchblock gerundet, so muss auch die Buchdecke gerundet werden. Das Runden erfolgt unter Wärmeeinwirkung und Druck auf speziellen Rundemaschinen.

Besteht das Überzugmaterial aus Papier, wird es bedruckt und in der Oberfläche veredelt.

Zum Schmuck und zur Beschriftung mit Buchtitel, Verlag und anderem wird die Buchdecke eines Gewebebandes im Heißprägeverfahren auf Prägemaschinen geprägt. Als Werkstoff verwendet man hierfür Prägefolien-Kunststoffe mit farbiger Beschichtung.

Die Verbindung des Buchblocks und der Buchdecke erfolgt in Einhängemaschinen. In zwei Magazinen befinden sich Buchblocks bzw. Buchdecken übereinander. Der Buchblock wird aus dem unteren Magazin durch ein Metallschwert zwischen zwei

Buchfertigungsstrasse Compact 60
Buchformpresse FE 60

① **Einfuhr, Heißluftheizung**
Infrarotheizung, Dreheinrichtung, Sternanleger, Heißluftheizung
② **Einmesstisch**
③ **Runde- und Abpress-Station, Korrekturstation**
Rundestation, Abpress-Station, Korrekturstation
④ **Hinterklebestation I**
1. Leimstation, Gazestation
⑤ **Hinterklebestation II und Andrückstation**
2. Leimstation, Hinterklebe- und Kapitalstation, Andrückstation
⑥ **Deckenstation und Einhängestation (EMP)**
Decken vorstapeln, Deckenmagazin, Deckenausbiegestation, Deckenformstation, Einhängestation
⑦ **Buchformpresse FE 60**

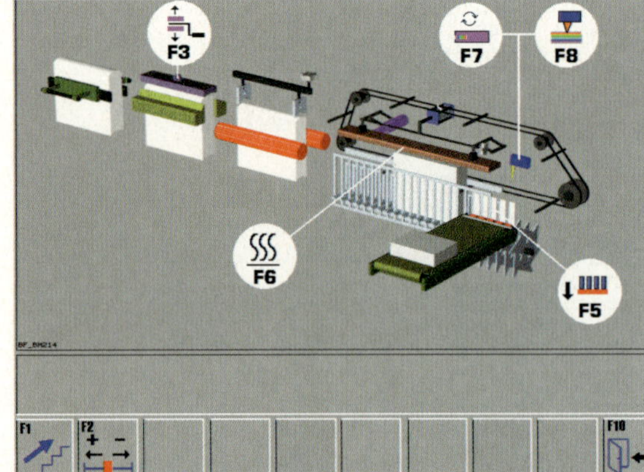

KOLBUS-Copilot System:
Bedienungshinweis Einfuhr/AR-Station
Gezieltes Abfragen führt den Bediener durch den Ablauf.

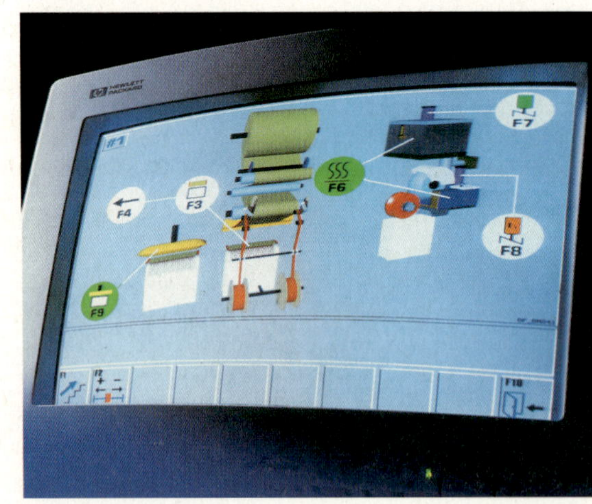

KOLBUS-Copilot System
Verkürzung der Rüstzeiten durch Kombination aus PC und speicherprogrammierbarer Maschinensteuerung.

Leimwalzen hindurch geführt. Dabei werden die Vorsatzpapiere an beiden Buchdeckelseiten mit Klebstoffen versehen und durch weiteres Befördern passgerecht in die Buchdecke eingefügt.

Erforderlich ist ein Pressen und gleichmäßiges Trocknen der Klebeflächen unter Druck. Der Falz im Buchrücken ist durch nachträgliches Einbrennen in die gewünschte, dauerhafte Form zu bringen.

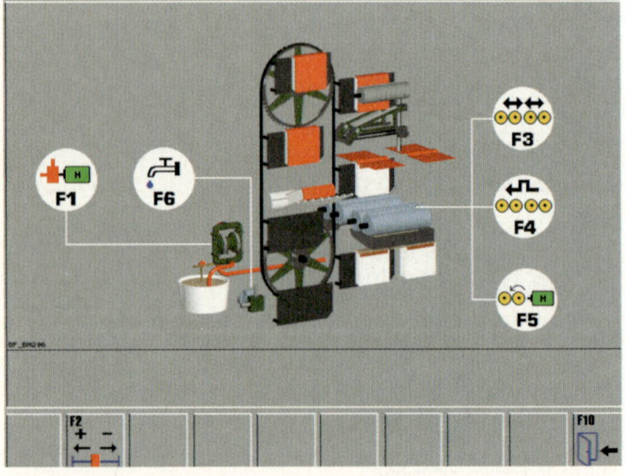

KOLBUS-Copilot System:
Bedienungshinweis Einhängestation.
Dreidimensionale farbige Grafiken informieren über den Prozess.

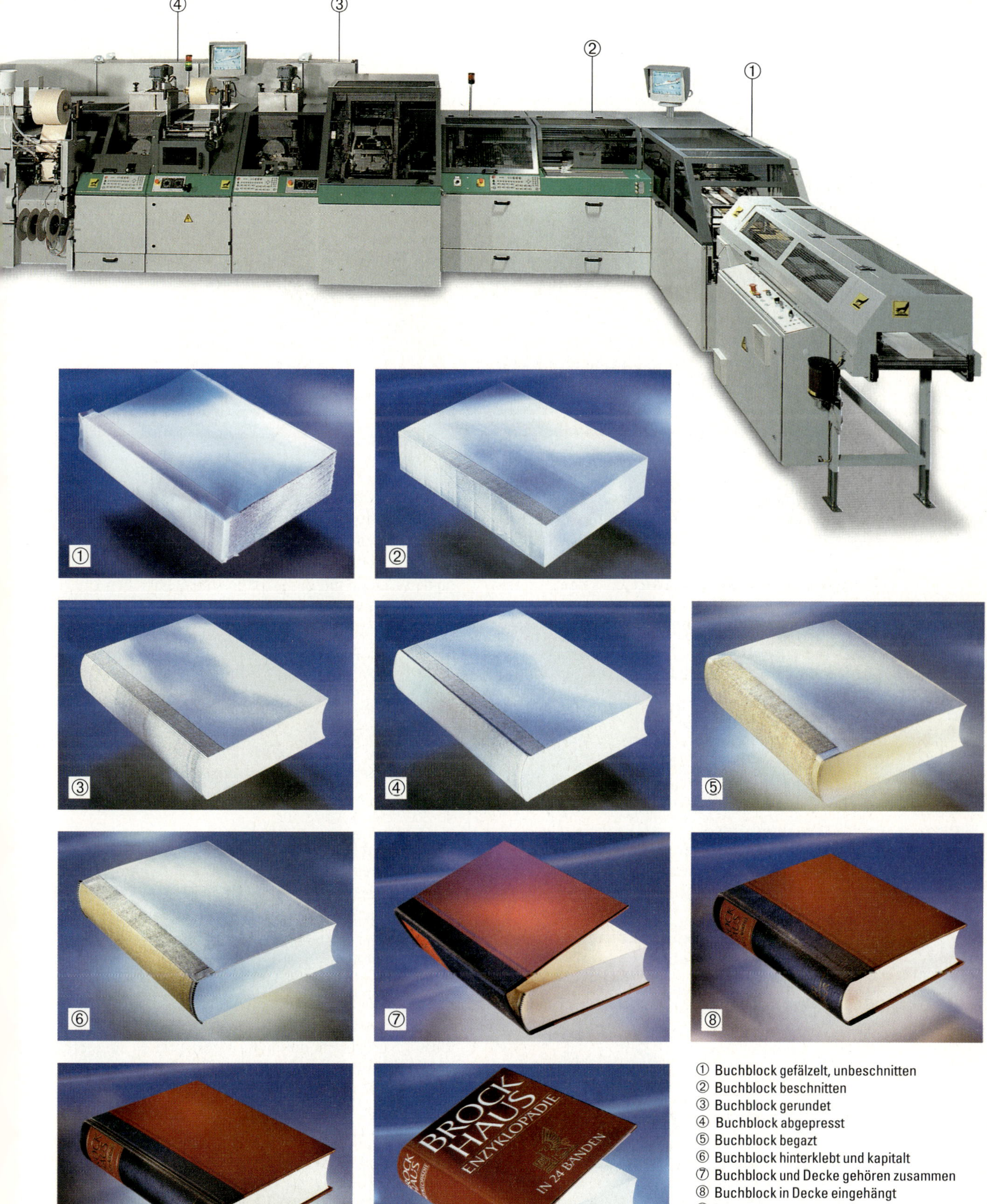

① Buchblock gefälzelt, unbeschnitten
② Buchblock beschnitten
③ Buchblock gerundet
④ Buchblock abgepresst
⑤ Buchblock begazt
⑥ Buchblock hinterklebt und kapitalt
⑦ Buchblock und Decke gehören zusammen
⑧ Buchblock in Decke eingehängt
⑨ Das fertige Buch falzeingebrannt, formgepresst
⑩ Buch mit Schutzumschlag

16.7 Produktspezifische Lösungen an Beispielen

Am Anfang eines jeden Produkts stehen vielfach nur grundsätzliche Ideen zu

- Aufgaben, Zweck bzw. Zielen des Produkts
- Vorstellungen, wie das Produkt aussehen sollte
- Umfang von Texten und Abbildungen
- Format, Bedruckstoff
- Farbigkeit
- spezifisch geforderten Eigenschaften
- Auflage
- Druckweiterverarbeitung, Buchbinderei
- Termin der Auslieferung
- Verpackung, Versand
- Kosten usw.

Seien die ersten Ideen auch noch so vage: Bei informativen Gesprächen (Briefing) mit dem Kunden zeichnet sich – vielleicht erst nach und nach – das „Bild" des Produktes und der daraus abgeleiteten Fertigung deutlicher. Soll beispielsweise eine bestimmte neue Idee oder Werbewirkung umgesetzt werden, so sind Kreativität und Können der Medienberater und Mitarbeiter eines Unternehmens gefordert.
Erst dann können Material und Termine disponiert, Kosten berechnet werden.

Der Entwurf erst macht die Ideen sichtbar. Es entsteht ein verbindliches Layout, dass dem Kunden die Anordnung von Texten, Bildern und Grafiken einer Druckseite in verbindlicher Form zeigt. Nach der Genehmigung setzt die Druckvorstufe (Mediengestalter: Mediendesign, Medienoperating) das Layout in Produktionsdaten um und es wird gedruckt. Dabei bestimmen die Vorgaben des Produkts das Fertigungsverfahren.

Die folgenden Beispiele aus zwei unterschiedlich strukturierten Betrieben sollen die Kompetenz innovativer Unternehmen am Markt verdeutlichen.

16.7.1 Kösel – Bücher mit System: Produktspezifische Einbände – Beispiele für innovative Lösungen

FD 100, FD 200 – Flexibler Leineneinband mit eingebranntem Falz

Ein Buch mit festem Einband und gegliederter Buchdecke – oder eine Broschur? Diese neuartige Variante besitzt die Vorteile beider Einbandarten: Optisch ein Buch mit Hardcover-Charakter, haltbar und stabil im Einband – andererseits industriell und wirtschaftlich herzustellen.

Abb. 1

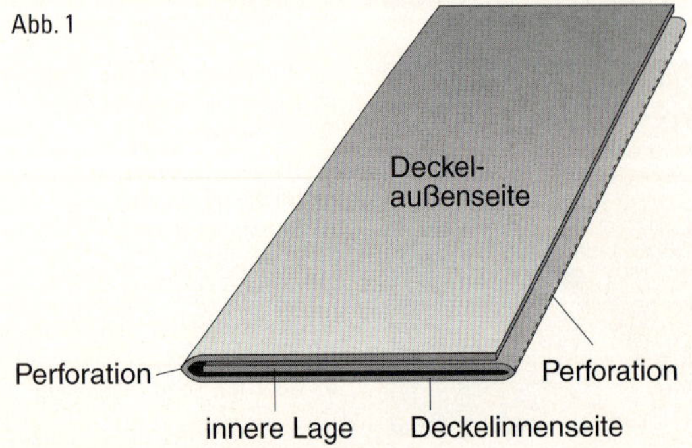

Der Deckelzuschnitt für den Einband FD 100 oder 200 besteht aus einem relativ dünnen Material, das in mehreren Lagen übereinander liegt. Das Material wird wie ein sechsseitiger Wickelfalz, der in jedem Bruch perforiert ist, kantengenau gefalzt. Selbst bei einem Karton von nur 300 g/m² erhält die Decke der Broschur eine hohe Stabilität – ähnlich der Buchdecke eines Festeinbandes.

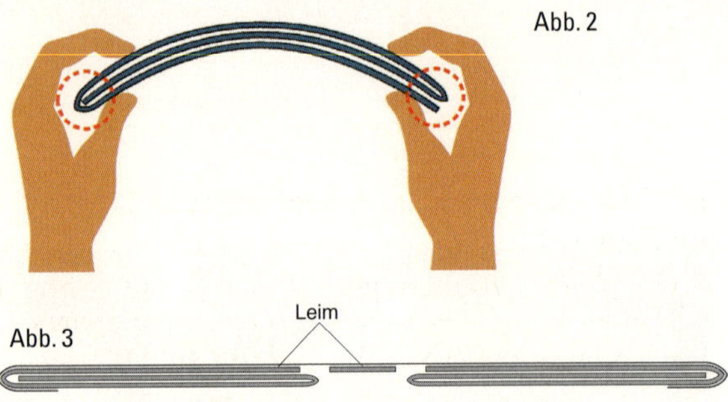

Abb. 2

Abb. 3

Die Flexibilität der etwa 1,5 mm starken Decke entsteht dadurch, dass sich beim Biegen der Decke die einzelnen Lagen gegeneinander verschieben können (Abb. 2). Sie gleiten aufeinander, da sie nur an den Kanten mit dem weitgehend elastischen Überzugsmaterial verbunden sind (Abb. 3).

Abb. 4

Die flexible Decke ist auf modernen Hochleistungsautomaten zu verarbeiten. Bei der Verarbeitung kann der Falz eingebrannt werden FD 100 (Abb. 4). Die Variante FD 200 hat keinen eingebrannten Falz, daher kann die gesamte Bezugsfläche gestaltet und bedruckt werden.

Mit dieser weichen und flexiblen Decke lassen sich nicht nur dünne und kleine, sondern auch schwere Bände herstellen. Selbst bei einer Deckelstärke von 2 bis 2,5 mm bleibt durch die Mehrlagigkeit eine sehr hohe Flexibilität erhalten (Abb. 5 und 6).

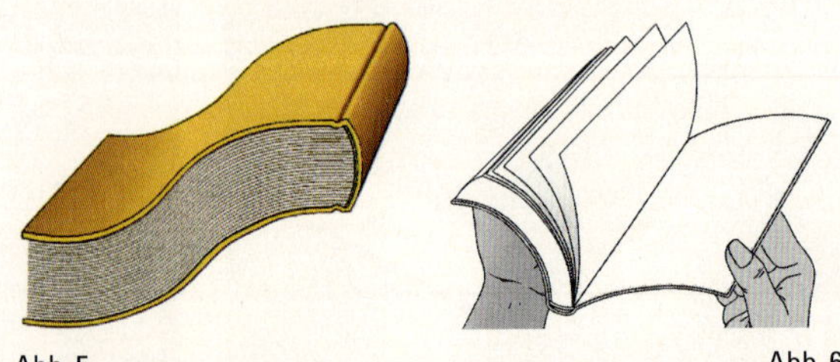

Abb. 5 Abb. 6

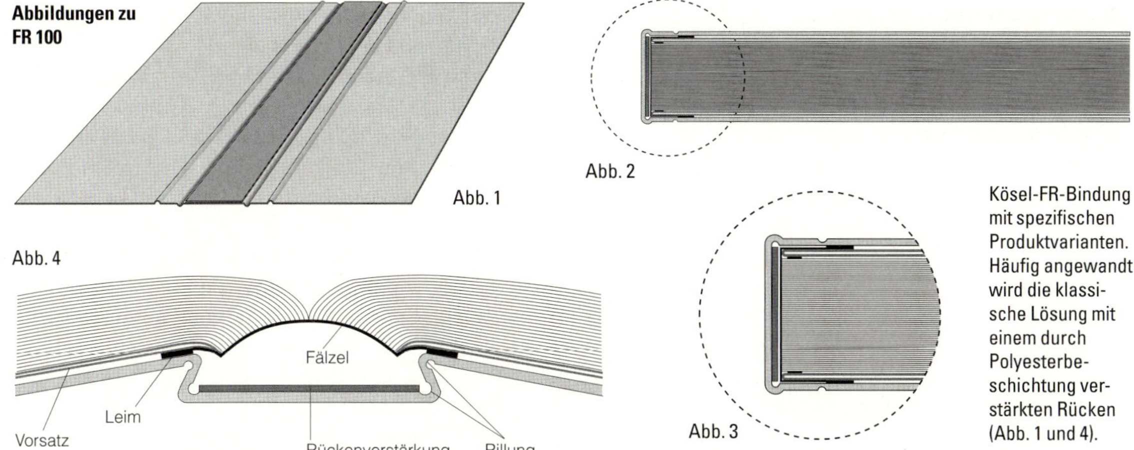

Kösel-FR-Bindung mit spezifischen Produktvarianten. Häufig angewandt wird die klassische Lösung mit einem durch Polyesterbeschichtung verstärkten Rücken (Abb. 1 und 4).

FR 100 – Broschur mit Rückenverstärkung und Vorsatz

Das Problem von Broschuren mit konventioneller Klebebindung ist das Aufschlagverhalten. Eine innovative Lösung bietet Kösel mit der FR 100: FR steht für „freier Rücken", eine besondere Bindeart, die bewirkt, dass die Broschur beim Aufschlagen offen liegen bleibt und der Rücken seine ansehnliche Form behält.

Diese Bindetechnik lässt viele Produktvarianten für einen sehr stabilen und gleichzeitig flexiblen Umschlag der Broschur zu. Häufig wird der Rücken zusätzlich durch eine Polyesterbeschichtung verstärkt.

Der Rücken des Einbandes wird nicht direkt an den klebegebundenen Broschurenblock angeklebt. Dadurch wird eine Versteifung beim Aufschlagen vermieden.

Der Broschurenblock wird lediglich wie bei einem Buch (Festband mit einer Buchdecke) abgeleimt und mit einem Fälzelstreifen versehen. Anschließend wird der mit einem Vorsatz und Nachsatz versehene Broschurenblock über ein Seitenleimwerk in den Umschlag eingehängt.

Variationen durch kundenspezifische Wünsche, z. B. ein Umschlag mit langen, überstehenden Klappen, werden ebenfalls in einem Arbeitsgang gefertigt.

FD 700 – Deckenbroschur mit langen Klappen und Kapitalband

Dieser Typ vereinigt Vorteile einer Broschur mit denen eines Buches, wie z.B. Flexibilität, allseitig überstehende stabile Kanten und Kapitalband.

Der Umschlag ist wie ein Broschurenumschlag mit langen Klappen ausgebildet. Die eingeschlagenen Klappen sind an ihren Enden angeklebt. Dadurch ist es möglich, in vorgesehenen Stanzungen Disketten, CD´s oder ähnliche Beilagen einzustecken. (Abb. 1 und 4).

Broschurenblock (Einlage) und Umschlag werden aber nicht wie sonst üblich auf einem Klebebinder miteinander verbunden. Der mit Vorsatz und Nachsatz versehene Broschurenblock wird wie ein Buch (Festeinband) auf einer Buchfertigungsstraße eingehängt. (Abb. 3). Dabei können noch ein Kapitalband angeklebt oder auch Zeichenbänder mit eingezogen werden. Das Einhängen erfolgt über eine spezielle Seitenleimeinrichtung.

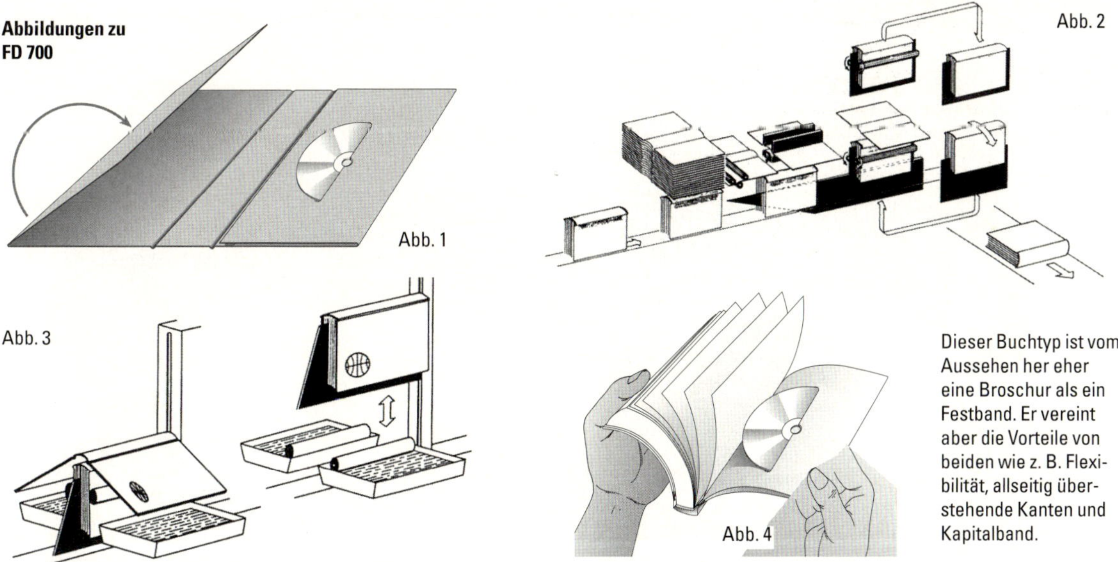

Dieser Buchtyp ist vom Aussehen her eher eine Broschur als ein Festband. Er vereint aber die Vorteile von beiden wie z. B. Flexibilität, allseitig überstehende Kanten und Kapitalband.

16.7.2 Inline-Fertigung: Produkte aus dem Druckhaus Haberbeck

Der Kunde erwartet die qualitativ und wirtschaftlich beste Umsetzung seiner Ideen und Vorstellungen zu einem bestimmten Termin in ein gewünschtes Print-Produkt. Für ein erfolgreiches Unternehmen am Markt ist eine umfassende und kompetente Kundenberatung und Projektbetreuung sowie ein optimaler Service des Unternehmens ein wesentlicher Faktor. Druckereien müssen sich als Dienstleister verstehen, demnach ihre unternehmerischen Ziele definieren und die Präsenz am Markt den Ansprüchen nach ausrichten.

Exemplarisch sollen aus dem Druckhaus Haberbeck – das mit einer umfassenden Präsentation im Internet sowie einem „Haberbeck´s Druckberater" seine Kunden und auch mögliche Interessenten informiert – Möglichkeiten der Inline-Fertigung im Rollen-Offsetdruck gezeigt werden.

Alle Produkte entstehen aus einem Stück Papier...

- In einem Arbeitsgang bei einer 16-Seiten-Rollen-Offsetdruckmaschine sind es 204 erprobte Inline-Falzarten.
- In einem Arbeitsgang bei einer 24-Seiten-Rollen-Offsetdruckmaschine sind es 48 neue Inline.Falzarten.

Beispiele für vielfältige Produktions- und Falzmöglichkeiten bei optimaler Ausnutzung

- einer Abschnittslänge von 630 mm und variabler Rollenbreite mit maximal 965 mm beim Druck auf der 16 Seiten-Rollen-Offsetdruckmaschine und
- einer Abschnittslänge von 620 mm und variabler Rollenbreite mit maximal 1460 mm (24-Seiten-Rollen-Offsetdruckmaschine)

zeigt das Unternehmen in seinen umfangreichen Präsentationen.

Exemplarisch dazu einige Beispiel aus dem vielfältigen Produktionsprogramm.

Finishing-Spezialitäten:

Die hier aufgeführten Beispiele zeigen ausgesuchte Produkte aus dem möglichen Programm des Druckhauses Haberbeck

STANZEN

AUFDOPPELN

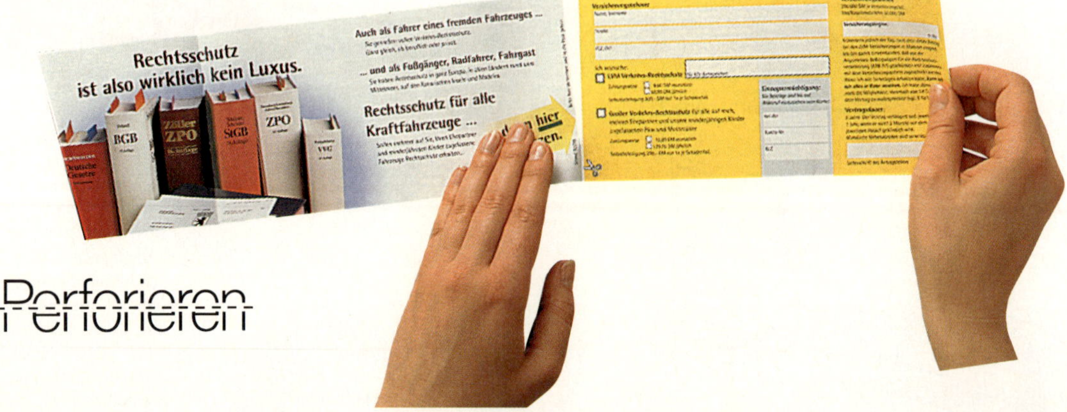

Perforieren

Inline Spezialität:
Prospekt 12 Seiten
14,8 cm x 14,8 cm,
4/4 farbig Rollen-Offsetdruck,
5-Zickzack-Stufenfalz mit nach vorne um jeweils 1 cm verkürzten Seiten.

Falzen

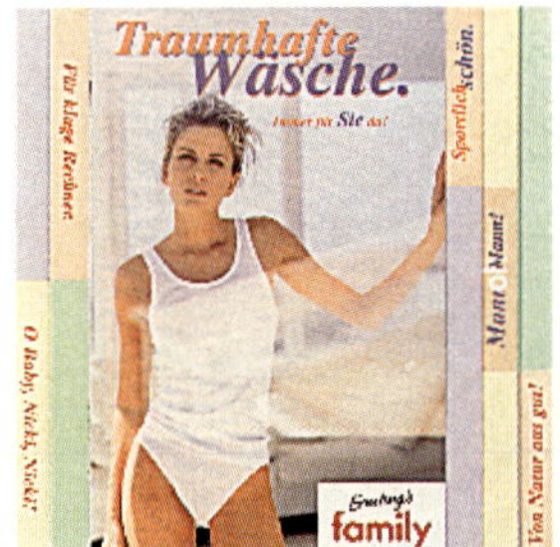

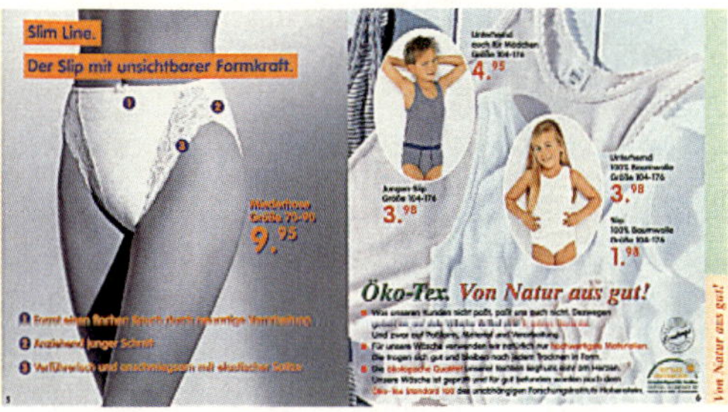

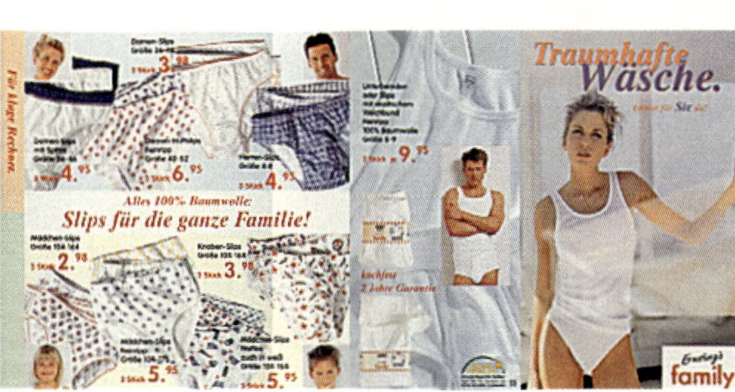

Finishing-Spezialitäten:

Hier hat das Druckhaus Haberbeck eine Pionierarbeit geleistet. Mit einem Inkjet-Aggregat lassen sich im Rollen-Offsetdruck oder in den Weiterverarbeitungsmaschinen wechselnde Zahlen- und Buchstabenkombinationen passgenau platzieren. Inkjet schafft eine preiswerte und zugleich einfache Methode, z. B. den Spieltrieb der Umworbenen durch lotterieähnliche Gewinnspiele zu wecken.

Inline-Spezialität:
Zeitungsbeilage mit 8 Seiten
21 cm x 28 cm + 8 cm breite Klappe,
4/4 farbig Rollen-Offsetdruck,
im Rücken geklebt,
auf der Klappe mit fortlaufender
Inkjet-Nummererierung,
längs- und querperforiert.

17. Informationen, Wissenswertes, Dank

Rechtlicher Hinweis:
Alle Informationen und Daten wurden sorgfältig geprüft. Eine Haftung oder Garantie für die Aktualität, Richtigkeit und Vollständigkeit aller zur Verfügung gestellter Informationen kann je doch nicht übernommen werden. Das Gleiche gilt für angegebene Websites.

Infos, Dank...

17. Informationen, Wissenswertes, Dank

Informationen und Wissenswertes sollen in diesem Anhang den fachlichen Teil dieses Buches ergänzen und Anregungen für die Leser bieten, die sich für spezielle Fragen aus der Druck- und Medientechnik, der Ausbildung und Fortbildung sowie dem Studium beschäftigen. Eindeutige Kommunikationen im nationalen und internationalen Markt erfordern eine präzise, verbindliche Terminologie. Die Basis dazu sind Normen für die Printmedienproduktion des Deutschen Institutes für Normen (DIN) bzw. der ISO.

Das wichtigste Material, das Papier, erfordert nicht nur Kenntnisse über Eigenschaften und Einsatzbereiche.

Ein wichtiger Hinweis:
Nichts ist vollständig! Fast alle dieser Informationen sind einem ständigen, aktuellen Wandel unterworfen. Eine Vollständigkeit für die verschiedenen Bereiche sowie eine Verbindlichkeit und Gewähr für die Richtigkeit der Angaben kann trotz sorgfältiger Recherche nicht gewährleistet werden.

17.1 Bildung und Beruf

Die folgende Auswahl wichtiger Anschriften soll eine Hilfe sein, Informationen über das Berufsfeld Druck und Medien, über Bildungsangebote und die berufliche Weiterbildung zu erhalten. Unabhängig davon sind auch regional Informationen durch berufliche Schulen, örtliche Bildungsträger, die Kammern, Verbände, Gewerkschaften und das Arbeitsamt zu nutzen. Aktuelle Information sind durch das Internet zu bekommen. Zu beachten sind auch Links auf den Websites der Verbände oder Institutionen.

Eine sehr ausführliche, informative Broschüre mit dem Titel „Bildung und Beruf - Papier und Druck“ wird herausgegeben von der Bundesanstalt für Arbeit im Einvernehmen mit dem Bundesverband Druck und Medien e.V., dem Hauptvorstand der Papier, Pappe und Kunststoff verarbeitenden Industrie, dem Deutschen Gewerkschaftsbund und der Industriegewerkschaft Medien.

Die folgende Reihenfolge aller Anschriften stellt keine besondere Bedeutung oder gar eine Wertung zu der Institution, der Information oder dem Bildungsangebot dar. Wo es möglich war, ist zusätzlich zu der Anschrift eine Internetadresse und/oder E-Mail-Adresse angegeben.

Zentralstellen der Sozialpartner für die Druckindustrie

Bundesverband Druck und Medien e.V.
Postfach 18 69, 65008 Wiesbaden
www.bvdm-online.de

ver.di – Vereinigte
Dienstleistungsgewerkschaft e. V.
Fachbereich 8 –
Medien, Kunst und Industrie
Potsdamer Platz 10, 10785 Berlin
www.verdi.de

Zentral-Fachausschuss f. d. Druckindustrie
Kurfürstenanlage 69, 69115 Heidelberg
www.zfamedien.de
Hinweis: Website speziell für Mediengestaltung:
www.mediengestalter2000plus.de

Hauptverband der Papier, Pappe und Kunststoffe verarbeitenden Industrie (HPV) e. V.
Strubbergstraße 70, 60489 Frankfurt
www.hpv-ev.org

Hauptverband der graphischen Unternehmen Österreichs
Grünangergasse 4, A-1010 Wien

Schweizerischer Verband Grafischer Unternehmen (SVGU),
Carmenstraße 6, CH-8030 Zürich

Landesverbände des Bundesverbandes Druck und Medien

Verband Druck und Medien in
Baden-Württemberg e.V. (vdm)
Zeppelinstraße 39,
73760 Ostfildern-Kemnat
E-Mail: info@verband-druck-bw.de

Verband Druck und Medien Bayern e.V.
Friedrichstraße 22, 80801 München
E-Mail: info@vdmb.de

Verband Druck und Medien Berlin-Brandenburg e.V.
Am Schillertheater 2, 10625 Berlin
E-Mail: druckindustrie.bb@t-online.de

Landesverband Druck Bremen e.V.
Schillerstraße 10, 28195 Bremen
E-Mail: obrauch@urhb.de

Landesverband Druck und Medien
Hessen e.V.
Klettenbergstr. 12, 60322 Frankfurt am Main
E-Mail: druckverband.hessen@t-online.de

Verband Druck und Medien Niedersachsen e.V.
Bödekerstraße 10, 30161 Hannover
E-Mail: info@vdn.de

Verband Druck und Medien Nord e.V.
Gaußstraße 190, 22765 Hamburg
E-Mail: info@vdnord.de

Verband Druck und Medien Nordrhein e.V.
Bublitzer Straße 26, 40599 Düsseldorf
E-Mail: vdmn@vdmn.org

Landesverband Druck und Medien
Rheinland-Pfalz und Saarland e.V.
Friedrich-Ebert-Straße 11-13
67433 Neustadt/Weinstraße
E-Mail: Landesverband@druckerps.de

Verband Druck und Medien
Sachsen, Thüringen, Sachsen-Anhalt e.V
Melscher Straße 1, 04299 Leipzig
E-Mail: druckverband-sta@t-online.de

Verband Papier, Druck und Medien
Südbaden e. V.
Holbeinstraße 26, 79100 Freiburg
E-Mail: infos@vpdm.de

Verband Druck und Medien
Westfalen-Lippe e.V.
An der Wethmarheide 34, 44536 Lünen
E-Mail: info@vdmwl.de

Ministerien, Institutionen und Verbände • Berufsbildung, Arbeitssicherheit

bmb+f
Bundesministerium für Bildung
und Forschung
Heinemannstraße 2
53175 Bonn-Bad Godesberg
www.bmbf.de

Bundesministerium für Wirtschaft und Technologie
Scharnhorststraße 34 - 37
10115 Berlin
Dienstbereiche Bonn:
Villemombler Straße 76,
53123 Bonn
www.bundesregierung.de (> Ministerien)

BIBB, Bundesinstitut für Berufsbildung
Hermann-Ehlers-Straße 10,
53113 Bonn
www.bibb.de

DIHT, Deutscher Industrie- und Handelstag
Postfach 1446, 53004 Bonn
ww.diht.de

IHK, Industrie- und Handelskammern in Deutschland
Hinweis: regionale Anschriften

Bildungswerk der Deutschen Papierindustrie
Postfach 12 32, 76585 Gernsbach
www.papiermacherzentrum.de

Ausbildungszentrum der österreichischen Papierindustrie
Papiermacherplatz 1,
A-4662 Steyrermühl
www.eduhi.at

Berufsgenossenschaft Druck und Papierverarbeitung
Rheinstraße 6-8, 65185 Wiesbaden
www.bgdp.de

• Wissenschaftliche Institute, Normung

FOGRA Forschungsgesellschaft Druck
Streitfeldstraße 19, 81673 München
Postfach 80 04 69, 81604 München
www.fogra.org
E-Mail: fogra@fogra.org

UGRA – Verein zur Förderung wissenschaftlicher Untersuchungen in der graphischen Industrie der Schweiz
Lerchenfeldstrasse 5, Postfach,
CH-9014 St.Gallen
www.ugra.ch

Fraunhofer-Institut für Arbeitswissenschaft und Organisation,
Medienzentrum Stuttgart
Nobelstraße 12 c, 70569 Stuttgart
www.iao.fhg.de

Fraunhofer-Institut für Graphische Datenverarbeitung
Rundeturmstraße 6, D-64283 Darmstadt
www.igd.fhg.de

Verein Forschung für das graphische Gewerbe (VFG)
Leyserstraße 6 , A-1140 Wien

Deutsches Institut für Normung e.V
Burggrafenstraße 6, 10787 Berlin
www.din.de
Hinweis: Auslieferung von Normblättern und speziellen Informationen
www.beuth.de

• Vereinigungen, Fachverbände, Institute

Arbeitskreis Digitale Fotografie e.V.
www.adf.de
AGD – Allianz deutscher Designer e.V.
Steinstraße 3, 38100 Braunschweig
www.agd.de

BDG – Bund Deutscher Grafik-Designer e.V.
BDG-Bundesgeschäftsstelle
Flurstraße 30, 22549 Hamburg
www.bdg-deutschland.de

Börsenverein des Deutschen Buchhandels e.V.
Hirschgraben 17-21, 60311 Frankfurt
www.boersenverein.de

Bundesverband Deutscher Zeitungsverleger e.V.
Postfach 580561, 10414 Berlin
www.bdzv.de

Börsenverein des Deutschen Buchhandels e.V.
Hirschgraben 17 - 21
60311 Frankfurt am Main

DFTA Deutschsprachige Flexodruck Fachgruppe e.V.
Nobelstraße 5B, 70569 Stuttgart
www.dfta-tz.de

Fachgemeinschaft Druck- und Papier-technik im VDMA
Lyoner Straße 18,
60528 Frankfurt am Main
www.vdma.org/deutsch/dup/index.htm

Fachverband Buchverstellung und Druckverarbeitung e.V.
Jessenstraße 4, 22767 Hamburg

Fachverband Reprografie e.V.
An den Drei Steinen 23
60435 Frankfurt am Main

FDI Führungskräfte der Druckindustrie und Informationsverarbeitung e.V.
Bundesgeschäftsstelle
Gräfenhauser Straße 26,
64293 Darmstadt
www.fdi-ev.de

Gesellschaft für Papierrecycling mbH
Schaumburg-Lippe-Straße 5,
53113 Bonn
www.GesPaRec.de

Gutenberg-Gesellschaft, 55116 Mainz
www.gutenberg-gesellschaft.uni-mainz.de
www.gutenberg.de

IFRA-INCA-Fiej Research Association
Internationale Vereinigung für Zeitungs- und Medientechnologie
Washingtonplatz 1,
64287 Darmstadt
www.ifra.com

IRD – Institut für rationelle Unternehmensführung in der Druckindustrie e.V.
Paul-Ehrlich-Straße 26,
60596 Frankfurt am Main
www.ird-online.de

Papiertechnische Stiftung
Heßstraße 134, 80797 München
www.pts-papertech.de

tekom Gesellschaft für technische Kommunikation e.V.
Markelstraße 34,
70193 Stuttgart
www.tekom.de

Verband deutscher Papierfabriken e.V.
Adenauerallee 55,
53113 Bonn
www.vdp.de

Verband der Druckfarbenindustrie e.V.
Karlstraße 21,
60329 Frankfurt am Main

Viscom Schweizer Verband für visuelle Kommunikation
Geschäftsstellen in verschiedenen Regionen der gesamten Schweiz
www.viscom.ch

Fachliche Studiengänge an staatlichen Berufsakademien, Fachhochschulen und Hochschulen

Berufsakademie Ravensburg
Fachbereiche
– Medien- und Kommunikationswirtschaft
– Journalismus
– Medien und Design
Marienplatz 2, 88212 Ravensburg
www.ba-ravensburg.de

Kommunikationstechnologie Druck
Universität Wuppertal
Haspeler Straße 27,
42285 Wuppertal
www.kommtech.uni-wuppertal.de

Fachhochschule München
Fachrichtung Druck und Medientechnik
Lothstraße 34,
80335 München
www.dm.fh.muenchen.de

Fachhochschule für Gestaltung
Rektor-Klaus-Straße 100
73525 Schwäbisch Gmünd
www.hfg-gmuend.de

Hochschule für Druck und Medien
Nobelstraße 10,
70569 Stuttgart
www.hdm-stuttgart.de

Hochschule für Gestaltung
Schlossstraße 31,
63065 Offenbach
www.hfg-offenbach.de

Hochschule der Künste
Fachbereich Kommunikationsdesign
Hardenbergstraße 33,
10623 Berlin
www.hdk-berlin.de

Hochschule für bildende Künste
Fachbereiche Kommunikationsdesign, Grafik-Design
Lerchenfeld 2, 22081 Hamburg
www.hfbk-360.de

Hochschule für Technik, Wirtschaft
und Kultur Leipzig (HTWKL)
Fachbereiche Polygrafische Medientechnik, Verlagsherstellung und Verpackungstechnik
Gutenbergplatz 2-4,
04103 Leipzig
www.htwk.leipzig.de

Institut für Druckmaschinen und Druckverfahren an der Technischen Universität Darmstadt
Magdalenenstraße 2,
64289 Darmstadt
www.tu-darmstadt.de/mb/fb/idd

Institut für Kommunikationsdesign
an der Fachhochschule Konstanz
Seestraße 33,
78764 Konstanz
www.fh-konstanz.de

Technische Fachhochschule Berlin,
Studiengänge Druck-, Medien- und Verpackungstechnik
Luxemburger Straße 10,
13353 Berlin
www.tfh-berlin.de

Technische Universität Dresden
Institut für Holz- und Papiertechnik
Mommsenstraße 13,
01069 Dresden
www.tu-dresden.de

Technische Universität Chemnitz
Institut für Print- und Medientechnik
Reichenhainer Straße 70,
09126 Chemnitz
www.tu-chemnitz.de/pm

Höhere Graphische Bundes-Lehr- und Versuchsanstalt
Leyserstraße 6,
A-1140 Wien
www.hgblva.ac.at

Schweizerische Ingenieurschule
für Druck und Verpackung
Rue de Geneve 63,
CH-1004 Lausanne

Berufliche Weiterbildung: Fachschulen für Drucktechnik • Technikerschulen

Albrecht-Dürer-Schule Düsseldorf
Fachschule für Druck- und Medientechnik
Fürstenwall 100,
40217 Düsseldorf
www.ads-bk.de

Berufskolleg Senne
Fachschule für Druck- und Medientechnik
An der Rosenhöhe 11,
33647 Bielefeld
www.bk-senne.de

Elektronikschule Tettnang
Fachschule für Medientechnik
Oberhofer Straße 25,
88069 Tettnang
www.elektronikschule.de

Gutenbergschule
Fachschule für Druck- und Medientechnik
Hamburger Allee 23,
60486 Frankfurt am Main
www.gutenbergschule-frankfurt.de

Johannes-Gutenberg-Schule
Fachschule für Druck- und Medientechnik
Rostocker Straße 25
70376 Stuttgart (Bad Cannstadt)
www.jgs.stuttgart.de

Kerschensteinerschule
Fachschule für Informationsdesign
Charlottenstraße 19,
72764 Reutlingen
www.kss.rt.bw.schule.de/find.htm

Rudolf-Diesel-Fachschule
Fachschule für Druck- und Medientechnik
Äußere Bayreuther Straße 8,
90317 Nürnberg
www.b6.nuernberg.de

Technikerschule für Druck- und Medientechnik, Papierverarbeitung
Pranckhstraße 2,
80335 München
www.senefelder.musin.de

Hauchler Studio GmbH + Co,
Private Fachschule für die Druck
und Medientechnik
88400 Biberach an der Riss
www.hauchler.de

Technikerschule Zürich
Rektorat – Fachbereich Druck
Jungholzstraße 43,
CH-8050 Zürich

Museen für Druck und Papier

Gutenberg-Museum
Liebfrauenplatz 5, 55116 Mainz
www.gutenberg.de

Deutsches Museum
Museumsinsel, 80538 München
www.deutsches-museum.de

Deutsches Buch- und Schriftmuseum
der Deutschen Bücherei
Deutscher Platz,
04103 Leipzig
www.ddb.de

Lichtdruck Werkstatt • Lichtdruckmuseum
im Druckhaus Dresden
Bärensteiner Straße 30,
01277 Dresden
www.druckhaus-dresden.de

Basler Papiermühle
Schweizerisches Papiermuseum und
Museum für Schrift und Druck
St. Alban-Tal 37,
CH-4052 Basel
www.papiermuseum.ch

Informationen zu branchenbezogenen Internetadressen

Druck-und-Medien Informationsdienst
Technikerarbeit an der JGS Stuttgart
www.druck-und-medien.de

publish.de
Web-Guide der grafischen Industrie.
Broschüre aus dem Verlag
Deutscher Drucker und
Publishing-Praxis

Eine kleine Auswahl weiterer interessanter Adressen im Internet • Prepress / Druckvorstufe

Adobe
www.adobe.de

Agfa
www.agfa.de/grafisch
www.agfahome.com

Apple
www.apple.de

Barco
www.barco.com/de

Best-Software
www.bestcolor.de

Canon
www.canon.de

CreoScitex
www.creoscitex.de

Digitalkamera - Infos
www.digitalkamera.de

Fujifilm
www.fujifilm.de

Heidelberg
www.heidelberg.com

Hell Gravure Systems
www.hell-gravure-systems.com

Hewlett-Packard
www.hewlett-packard.de

Infowerk AG, Mediensystemhaus
infowerk.de

Jenoptik
www.eyelike.de

Kodak
www.-Kodak.de

Kodak Polychrome Graphics
www.kpgraphics.com

Krause-Biagosch GmbH
www.krause.de

Linotype Library
www.linotypelibrary.com

Minolta
www.minolta.de

One Vision
www.onevision.de

Picture Press
www.picturepress.de

PrePress-Consulting, Stephan Jaeggi
www.prepress.ch

Presstek
www.presstek.com

Quark
www.quark.de

URW++
www.urwpp.de

• Press / Druckmaschinen

Drent-Goebel Gruppe
www.drent-goebel.com

Heidelberger Druckmaschinen AG
www.heidelberg.com

Indigo
www.indigonet.com

Karat
www.karatpress.com

KBA Koenig & Bauer Druckmaschinen AG
www.kba-print.de

MAN Roland Druckmaschinen AG
www.man-roland.de

Müller Martini
www.muellermartini.com

Nilpeter
www.nilpeter.com

Océ
www.oce.de

SCS Schwarz
www.scs.de

Tampoprint
www.tampoprint.de

Tecaprint
www.tecaprint.ch

Thieme
www.thieme-products.com

Weitmann & Konrad GmbH & Co KG
www.weko.net

Wifag
www.wifag.de
www.wifag.ch

Windmöller & Hölscher
www.wuh-lengerich.de

Xeikon
www.xeikon.de

Xerox
www.xerox.de

• Postpress / Druckweiterverarbeitung

Heidelberger Druckmaschinen
www.heidelberg.com

Kolbus
www.kolbus.com

MBO
www.mbo-folder.com

Müller Martini
www.muellermartini.com

Polar Mohr
www.polarmohr.de

Renz
www.renz.com

Schneider-Senator
www.schnellschneider.de

Wohlenberg
www.wohlenberg.de

• Messtechnik

Eltex
www.Eltex.de

GretagMacbeth
www.gretagmacbeth.de

Techkon
www.techkon.de

X-Rite
www.x-rite.de

• Material: Papier, Druckfarbe, Klebstoffe

BASF Drucksysteme
www.basf-drucksysteme.de

Gebrüder Schmidt Druckfarben
www.gs-druckfarben.de

Haindl Papier
www.haindl.de

Henkel
www.industrieklebstoffe.de

HKS®
www.hks-colour.com

Marks GmbH
www.marks-3zet.de

MD-Papier
www.mdpapier.de

Pantone
www.pantone.de

Planatol
www.planatol.de

Scheufelen Papier
www.scheufelen.de

Schneidersöhne Papier
www.schneidersoehne.com

Siegwerk Druckfarben AG
www.siegwerk.de

Vegra.de
www.vegra.de

Zanders Papier
www.zanders.de

• Kreation, Produktion

Achilles
www.achilles.de

Bernecker Mediagruppe
www.bernecker.de

ColorDruck Leimen
www.colordruck.com

Druckhaus Haberbeck
www.haberbeck.de

Eberl GmbH
www.eberl.de

Elephant Seven GmbH
www.e-7.de

Holzer Druck
www.holzer.de

infowerk ag
www.infowerk.de

Kösel GmbH
www.koeselbuch.de

Laudert – Innovative Medientechnik
www.laudert.de

Mareis Druck GmbH
www.mareis.de

Maul-Belser Medienverbund
www.maul-belser.de

PAV Card, Paul Albrecht Verlag
www.pavcard.de

Rehrmann Print & Medien GmbH
www.rehrmann.de
www.tarcom.de

Zipcon NewMedia- und Prepress Consulting
www.zipcon.de

• Consulting

Apenberg+Partner
www.apenberg.de

Argus-Häußler Beratungsgruppe
www.argus-online.de

BIOS Dr. Ing. Schaffner media consulting
www.schaffner.de

infowerk ag
www.infowerk.de

17.2 Normen für die Druckindustrie

Es folgt eine Übersicht zu wichtigen ISO-, CIE-, EN- und DIN-Normen in einer nach dem Hauptgegenstand gegliederten Aufstellung aus den Gebieten der grafischen Techniken und des Qualitätswesens. Dem Leser wird empfohlen,sich mit Hilfe von Datenbankdiensten oder des Internet über den jeweiligen aktuellen Stand der Normen und ihrer Bezugsquellen zu informieren.

Die erste Spalte der folgenden Tabellen gibt jeweils die Herkunft der Norm und ihre Nummer an, nach der sie bei dem jeweiligen Normungsinstitut bezogen werden kann. Bei mehreren Namenskürzeln – wie z.B. DIN, EN, ISO – ist die Norm in wörtlich gleichen bzw. wörtlich übersetzter Form von diesen Norminstituten angenommen worden. Zu beachten ist, dass die jeweils gültige letzte Fassung der Norm angewendet wird.

Bezieht sich eine Arbeitsanweisung auf eine Norm und wird dabei deren Erscheinungsdatum nicht ausdrücklich genannt. so ist die letzte Fassung der Norm anzuwenden.

Andere Fassungen sollten nur dann verwendet werden, wenn dies ausdrücklich durch Nennung des Erscheinungsdatums gefordert wird. Es handelt sich dann um eine sogenannte datierte Referenz.

ISO-Normen mit den Bezeichnungen ISO/DIS und ISO/FDIS sind technisch ausgereifte Entwürfe, die bereits über die nationalen Institutionen oder von der ISO zu beziehen sind. Die Nummer eines Normteils wird durch einen Bindestrich von der Normnummer getrennt, daran kann sich das Erscheinungsjahr anschließen, dazwischen steht dann ein Doppelpunkt.

Übersicht von ISO-. CIE-, EN- und DIN-Normen

Terminologie	ISO 12637-2	1997	Graphic technoloogy - Multilingual termimology of printing arts - Part 2: Screen printing terms
	DIN 6730	1996	Papier und Pappe; Begriffe
	DIN 16500	1979	Drucktechnik (Technik des Druckens), Grundbegriffe
	DIN 16500-11	1994	Drucktechnik - Teil 11: Druckweiterverarbeitung, Begriffe
	DIN 16500-2	1987	Drucktechnik Teil 2: Verfahrensübergreifende Begriffe
	DIN 16514	1982	Drucktechnik - Begriffe für den Hochdruck
	DIN 16515-2	1963	Farbbegriffe im grafischen Gewerbe, Photografie
	DIN 16544	1988	Drucktechnik, Begriffe der Reproduktionstechnik
	DIN 16609	1981	Drucktechnik, Durchdruck, Begriffe
	DIN 16610	1984	Drucktechnik, Durchbruch, Begriffe für den Siebdruck
Vorstufen-technik	ISO 10755	1992	Graphic technology Prepress digital data exchange - Colour picture data on magnetic tape
	ISO 10756	1994	Graphic technology Prepress digital data exchange Colour line art data on magnetic tape
	ISO 10758	1994	Graphic technology Prepress digital data exchange Online transfer from electronic prepress systems to colour hardcopy devices
	ISO 10759	1994	Graphic technology Prepress digital data exchange Monochrome image data on magnetic tape
	ISO 12639	1998	Graphic technology Prepress digital data excange Tag image file format for image technology (TIFF/IT)
	ISO 12640	1997	Graphic technology Prepress digital data exchange CMYK standard colour image data (CMYK/SCID)
	ISO 12642	1996	Graphic technology Prepress digital data exchange Input data for characterization of 4 colour process printing
	DIN 16507-1	1998	Drucktechnik - Schriftgrößen - Teil 1: Bleisatz und verwandte Techniken, Maße und Begriffe
	DIN 16507-2	1984	Drucktechnik - Schriftgrößen - Teil 2: Fotosatz und verwandte Techniken, Maße und Begriffe
	DIN 16507	1964	Typographische Maße
	DIN 16521	1959	Linien im graphischen Gewerbe, Arten und Dicken
	DIN 16543	1963	Aufsichts-Grauskala für die Reproduktionstechnik, 14-stufig
	DIN 16547	1983	Rasterwinkelungen bei der Farben-Rasterreproduktion
	DIN 16549-1	1996	Sinnbilder für Reproduktionstechnik - Teil 1: Korrekturzeichen
	DIN 16604	1991	Zeitungen, Papierformat, Anzeigen-Satzspiegel, Anzeigen-Spaltenbreite, Anzeigenspalten-Zwischenschlag
Druckfarbe	ISO 2836	1999	Graphic technology - Prints and printing inks - Assessment of resistanc to various agents
	ISO 2887	1996	Graphic technology Prints and printing inks Assessment of resistance to solvents
	ISO 2838	1974	Prints and printig inks - Assessment of resistance to alkalis
	ISO 2846-1	1997	Graphic technology - Colour and transparency of ink sets for four-colour-printing - Part 1: Sheet-fed and heat set web offset lithographic printing / Skalenfarben Offsetdruck
	ISO 2846-2	1998	Graphic technology - Colour and transparency of ink sets for four-colour-printing - Part 2: Coldset offset, lithographic printing / Skalenfarben Zeitungsdruck
	ISO 2846-4	1998	Graphic technology -Colour and transparency of ink sets for four-colour-printing - Part 4: Screen printing Skalenfarben Siebdruck
	DIN ISO 12040	1998	Prüfung von Drucken und Druckfarben, Bestimmung der Lichtechtheit mit gefiltertem Xenon-Bogenlicht
	DIN 16509	1965	Farbskala für den Offsetdruck, Normfarben
	DIN 16513	1993	Reintoluol als Lösungsmittel für Tiefdruckfarben
	DIN 16519	1967	Prüfung von Drucken und Druckfarben des graphischen Gewerbes, Herstellung von Norm-Druckproben

	DIN 16519-2	1985	Prüfung von Drucken und Druckfarben, Herstellung von Normdruckproben für optische Messungen
	DIN 16524-1	1994	Prüfung von Drucken und Druckfarben des graphischen Gewerbes, Widerstandsfähigkeit gegen verschiedene physikalische und chemische Einflüsse - Teil 1: Wasser-Echtheit, Lösemittel-Echtheit
	DIN 16524-2	1965	Prüfung von Drucken und Druckfarben des graphischen Gewerbes - Widerstandsfähigkeit gegen verschiedene physikalische und chemische Einflüsse - Teil 2: Alkali-Echtheit, Seifen-Echtheit, Waschmittel-Echtheit
	DIN 16524-3	1965	Prüfung von Drucken und Druckfarben des graphischen Gewerbes - Widerstandsfähigkeit gegen verschiedene physikalische und chemische Einflüsse - Teil 3: Käse-Echtheit, Speisefett-Echtheit, Paraffin- und Wachs-Echtheit, Gewürz-Echtheit
	DIN 16524-5	1998	Prüfung von Drucken und Druckfarben der Drucktechnik - Widerstandsfähigkeit gegen verschiedene physikalische und chemische Einflüsse - Teil 5: Sterilisierbeständigkeit
	DIN 16524-6	1996	Prüfung von Drucken und Druckfarben der Drucktechnik - Widerstandsfähigkeit gegen verschiedene physikalische und chemische Einflüsse - Teil 6: Verhalten von Getränkeflaschen-etiketten gegen heiße Reinigungslauge, Laugendurchdringung und Laugenbeständigkeit
	DIN 16524-7	1996	Prüfen von Drucken und Druckfarben der Drucktechnik - Widerstandsfähigkeit gegen verschiedene physikalische und chemische Einflüsse - Teil 7: Verhalten von Getränkeflaschen-etiketten gegen heiße Waschlauge, Laugenbeständigkeit
	DIN 16525	1965	Prüfung von Drucken und Druckfarben des graphischen Gewerbes - Widerstandsfähigkeit gegen verschiedene physikalische und chemische Einflüsse, Lichtechtheit
	DIN 16526	1994	Druckfarben für Drucktechnik - Kennzeichnung der Eigenschaften der Druckfarben für Hoch- und Flachdruck auf dem Etikett
	DIN 16539	1971	Europäische Farbskala für den Offsetdruck, Normfarben
	DIN 55943	1993	Farbmittel; Begriffe
	DIN 55944	1990	Farbmittel; Einteilung nach koloristischen und chemischen Gesichtspunkten
Papier und Pappe	DIN EN ISO 536	1996	Papier und Pappe - Bestimmung der flächenbezogenen Masse
	DIN EN ISO 1924-2	1995	Papier und Pappe - Bestimmung von Eigenschaften bei zugförmiger Belastung - Teil 2: Verfahren mit konstanter Dehngeschwindigkeit (ISO 1924-2: 1994); Deutscher Fassung EN ISO 1924-2; 1995
	DIN EN 644 1994	1994	Papier; Rohformate; Bestimmung der Grundreihe und der Ergänzungsreihe, Maschinenrichtung; Deutsche Fassung EN 644; 1993
	DIN EN 645	1994	Papier und Pappe vorgesehen für den Kontakt mit Lebensmitteln; Herstellung eines Kaltwasser-extraktes, Deutsche Fassung EN 645: 1993
	DIN EN 646	1994	Papier und Pappe vorgesehen für den Kontakt mit Lebensmitteln; Bestimmung der Farbechtheit von gefärbtem Papier und Pappe; Deutsche Fassung EN 646: 1993
	DIN EN 647	1994	Papier und Pappe vorgesehen für den Kontakt mit Lebensmitteln; Herstellung eines Heißwasser-extraktes; Deutsche Fassung EN 647: 1993
	DIN EN 648	1994	Papier und Pappe vorgesehen für den Kontakt mit Lebensmitteln; Bestimmung der Farbechtheit von optisch aufgehelltem Papier und Pappe; Deutsche Fassung EN 648:1993
	DIN EN 920	1995	Papier und Pappe vorgesehen für den Kontakt mit Lebensmitteln - Wasserlösliche Bestandteile; Deutsche Fassung EN 920: 1994
	DIN EN 1104	1995	Papier und Pappe, vorgesehen für den Kontakt mit Lebensmitteln - Bestimmung des Übergangs-antimikrobieller Bestandteile; Deutsche Fassung EN 1104: 1995
	DIN EN V 12281	1996	Papier - Druck- und Büropapiere - Anforderungen an Kopierpapier für Vervielfältigen mit Trockentoner; Deutsche Fassung ENV 12281: 1996
	DIN 6730	1996	Papier und Pappe - Begriffe
	DIN 43146	1993	Prüfung von Papier und Pappe; Bestimmung der Opazität
	DIN 43147	1993	Prüfung von Papier und Pappe; Bestimmung der Transparenz
	DIN 53107	1982	Prüfung von Papier und Pappe; Bestimmung der Glätte nach Bekk
	DIN 53130	1978	Prüfung von Papier und Pappe; Bestimmung der Feuchtdehnung
	DIN 53140	1992	Prüfung von Papier und Pappe; Bestimmung von Normfarbwerten nach dem Dreibereichs-verfahren
	DIN 53145-1	1992	Prüfung von Papier und Pappe; Messgrundlagen zur Bestimmung des Reflexionsfaktors; Messung von nicht fluoreszierenden Proben
	DIN 53145-2	1992	Prüfung von Papier und Pappe; Messgrundlagen zur Bestimmung des Reflexionsfaktors; Messung an fluoreszierenden Proben
Sonstige Materialien	DIN 16621	1991	Drucktechnik, Drucktücher für den direkten Flachdruck (Offsetdruck), Begriffe, Anforderungen, Prüfung, Kennzeichnung
	DIN 16553	1985	Druck und Reproduktionstechnik, Passsystem
	DIN 16620-1	1994	Drucktechnik, Druckplatten für den indirekten Flachdruck (Offsetdruck) - Teil 1: Maße
Druck-maschinen	ISO 4218-1	1979	Printing machines - Vocabulary - Part 1: Fundamental terms (Bilingual edition)
Druckweiter-verarbeitung	DIN 16500-11	1994	Drucktechnik (Technik des Druckens) - Grundbegriffe - Teil 11: Druckweiterverarbeitung; Begriffe
Qualitäts-wesen und Mess-technik	CIE 15.2	1986	Colorimetry; Second edition
	ISO/DIS 5-2	1999	Photography; Density measurements; Part 2: Geometric conditions for transmission measurements
	ISO 5-3	1995	Photography; Density measurements; Part 2: Spectral conditions
	ISO 5-4	1995	Photography; Density measurements; Part 4: Geometric conditions for reflexion measurements
	DIN EN ISO 9000-1	1994	Normen zum Qualitätsmanagement und zur Qualitätssicherung/QM-Darlegung - Teil 1: Leitfaden zur Auswahl und Anwendung
	DIN ISO 9000-2	1992	Qualitätsmanagement und zur Qualitätssicherungsnormen; Allgemeiner Leitfaden zur Anwendung von ISO 9001, ISO 9002, ISO 9003

Qualitätswesen und Messtechnik

DIN ISO 9000-3	1992	Qualitätsmanagement und zur Qualitätssicherungsnormen; Leitfaden für die Anwendung von ISO 9001 auf die Entwicklung, Lieferung und Wartung von Software
DIN ISO 9000-4	1994	Normen zum Qualitätsmanagement und zur Darlegung von Qualitätsmanagementsystemen; Leitfaden zum Management von Zuverlässigkeitsprogrammen
DIN EN ISO 9001	1994	Qualitätsmanagementsysteme - Modell zur Qualitätssicherung/QM-Darlegung in Design/Entwicklung, Produktion, Montage und Wartung
DIN EN ISO 9002	1994	Qualitätsmanagementsysteme - Modell zur Qualitätssicherung/QM-Darlegung in Produktion, Montage und Wartung
DIN EN ISO 9003	1994	Qualitätsmanagementsysteme - Modell zur Qualitätssicherung/QM- Darlegung bei Endprüfung
DIN EN ISO 9004-1	1994	Qualitätsmanagement und Elemente eines Qualitätsmanagementsystems Teil 1: Leitfaden
DIN ISO 9004-2	1992	Qualitätsmanagement und Elemente eines Qualitätsmanagementsystems - Teil 1: Leitfaden für Dienstleistungen
DIN ISO 9004-4	1992	Qualitätsmanagement und Elemente eines Qualitätsmanagementsystems - Teil 1: Leitfaden für Qualitätsverbesserungen
ISO 9004-3	1993	Qualitätsmanagement und Elemente eines Qualitätssicherungssystems - Teil 3: Leitfaden für verfahrenstechnische Produkte
ISO 9004-4	1993	Qualitätsmanagement und Elemente eines Qualitätssicherungssystems - Teil 4: Leitfaden für Qualitätsverbesserung
DIN ISO 10012-1	1996	Forderungen an die Qualitätssicherung für Meßmittel; Bestätigungssystem für Meßmittel
DIN ISO 10013	1996	Leitfaden für die Erstellung von Qualitätsmanagement-Handbüchern
DIN ISO 12647-1	1998	Graphische Technik - Prozeßkontrolle für die Herstellung von Raster-Farbauszügen, Andruck, Prüfdruck und Auflagendruck - Teil 1: Parameter und Meßmethoden
DIN ISO 12647-2	1998	Graphische Technik - Prozeßkontrolle für die Herstellung von Raster-Farbauszügen, Andruck, Prüfdruck und Auflagendruck - Teil 2: Offsetverfahren
DIN ISO 13655	1999	Graphische Technik - Spektrale Messung und farbmetrische Berechnung für Bilder der graphischen Technik
DIN 4512-7	1993	Photographische Sensitometrie; Bestimmung der optischen Dichte; Begriffe, Symbole und Kennzeichnungen (ISO 5-1: 1984)
DIN 4512-8	1993	Photographische Sensitometrie; Bestimmung der optischen Dichte; Geometrische Bedingungen für Messungen bei Transmission (ISO 5-2: 1993)
DIN 4512-9	1993	Photographische Sensitometrie; Bestimmung der optischen Dichte; Spektrale Bedingungen (ISO 5-3: 1995)
DIN 5033-1	1979	Farbmessung; Grundbegriffe der Farbmetrik
DIN 5033-2	1992	Farbmessung; Normvalenz-Systeme
DIN 5033-3	1992	Farbmessung; Farbmaßzahlen
DIN 5033-4	1992	Farbmessung; Spektralverfahren
DIN 5033-5	1981	Farbmessung; Gleichheitsverfahren
DIN 5033-6	1976	Farbmessung; Dreibereichsverfahren
DIN 5033-7	1983	Farbmessung; Messbedingungen für Körperfarben
DIN 5033-8	1982	Farbmessung; Messbedingungen für Lichtquellen
DIN 5033-9	1982	Farbmessung; Weißstandard für Farbmessung und Photometrie
DIN 5035-6	1990	Beleuchtung mit künstlichem Licht; Messung und Bewertung
DIN 6169-1	1976	Farbwiedergabe; Allgemeine Begriffe
DIN 6169-2	1976	Farbwiedergabe; Farbwiedergabe-Eigenschaften von Lichtquellen in der Beleuchtungstechnik
DIN 6169-5	1976	Farbwiedergabe; Verfahren zur Kennzeichnung der objektbezogenen Farbwiedergabe im Mehrfarbendruck
DIN 6169-8	1979	Farbwiedergabe; Verfahren zur Kennzeichnung der farbbildbezogenen Farbwiedergabe im Mehrfarbendruck
DIN 6172	1993	Metamerie-Index von Probenpaaren bei Lichtartwechsel
DIN 6173-1	1975	Farbabmusterung; Allgemeine Farbabmusterungsbedingungen
DIN 6173-2	1983	Farbabmusterung; Beleuchtungsbedingungen für künstliches mittleres Tageslicht
DIN 6174	1979	Farbmetrische Bestimmung von Farbabständen bei Körperfarben nach der CIELAB-Formel
DIN 16527-1	1993	Drucktechnik, Kontrollfeld, Kontrollbild, Kontrollmarke, Grundbegriffe
DIN 16527-3	1993	Drucktechnik - Kontrollfelder - Anwendung im Druck
DIN 16528	1988	Drucktechnik, Begriffe für den Tiefdruck
DIN 16529	1982	Drucktechnik, Begriffe für den Flachdruck
DIN 16536-1	1997	Prüfung von Drucken und Druckfarben der Drucktechnik - Farbdichtemessungen an Drucken - Teil 1: Begriffe und Durchführung der Messung
DIN 16536-2	1995	Prüfung von Drucken und Druckfarben der Drucktechnik - Farbdichtemessungen an Drucken - Teil 2: Anforderungen an die Messanordnung von Farbdichtemeßgeräten und ihre Prüfung
DIN 16537	1998	Prüfung von Drucken und Druckfarben der Drucktechnik - Bestimmung der visuellen Glanzzahl von Drucken
DIN 16620-2	1991	Drucktechnik, Druckplatten für den indirekten Flachdruck (Offsetdruck), Druckformherstellung, Begriffe und meßtechnische Zusammenhänge
DIN 16620-3	1993	Drucktechnik; Druckplatten für den indirekten Flachdruck (Offsetdruck); Einrichten und Druck; Begriffe

Größe	Einheit	Zeichen	weitere Einheiten	Zeichen	Beziehungen, Hinweise
Basisgrößen SI-System					
Länge	Meter	m			
Masse	Kilogramm	kg			
Zeit	Sekunde	s			
Stromstärke	Ampere	A			
Temperatur	Kelvin	K	Grad Celsius,	°C	0 °C = 273,15 K
Stoffmenge	Mol	mol			
Lichtstärke	Candela	cd			
Abgeleitete Einheiten					
Länge	Inch	Inch			1 Inch = 25,4 mm
Fläche	Quadratmeter	m^2	Ar	a	1 a = 100 m^2
			Hektar	ha	1 ha = 100 a = 10 000 m^2
			Quadratkilometer	km^2	1 km^2 = 1 000 000 m^2
Volumen	Kubikmeter	km^3	Liter	l	1 l = 1 dm^3 = 10^{-3} m^3
Mechanik					
Kraft	Newton	N			1 N = 1 kg ms^{-2}
Druck, Druckspannung	Pascal	Pa			1 Pa = 1 Nm^{-2}
			Bar	bar	1 bar = 10^5 Pa
Drehmoment	Newtonmeter	N x m			
Geschwindigkeit	Meter/Sekunde	m/s			
Beschleunigung	Meter/Sekunde²	m/s^2			
Arbeit, Energie	Joule	J			1 J = 1 Nm = 1 Ws
Leistung	Watt	W			1 W = 1 Js^{-1} = 1 Nms^{-1}
Dichte	Dichte	kg/m^3		kg/dm^3	
Drehzahl	Umdrehung/Sekunde	s^{-1}		1/s	
Frequenz	Hertz	Hz			s^{-1}, Schwingungen/Sekunde
Elektrotechnik					
Spannung	Volt	V			1 V = WA^{-1}
Widerstand	Ohm	Ω			1 Ω = 1 VA^{-1}
Ladung, Elektrizitätsmenge	Coulomb	C			
Leitwert	Siemems	S			1 S = Ω^{-1} = VA^{-1}
Optik					
Lichtstrom	Lumen	lm			1 lm = 1 cd x sr
Beleuchtungsstärke	Lux	lx			1 lx = 1 lm/m^2
Räumlicher Winkel	Steradiant	sr			1 sr = 1 m^2/m^2
Informationstechnik					
Informationsmenge	Bit	Bit			1 Bit = 2^1 = 2 Elemente
					2 Bit = 2^2 = 4 Elemente
					3 Bit = 2^3 = 8 Elemente
					4 Bit = 2^4 = 16 Elemente
					8 Bit = 2^8 = 256 Elemente
	Byte	Byte (B)			1 Byte = 8 Bit
			Kilobyte	KB	1 KB = 2^{10} Byte = 1024 Byte
			Megabyte	MB	1 MB = 2^{10} KB = 1024 KB
			Gigabyte	GB	1 GB = 2^{10} MB = 1024 MB
			Terabyte	TB	1 TB = 2^{10} GB = 1024 GB
Schrittgeschwindigkeit, Übertragungsmenge, Datentransferrate	Baud Baudrate	Bit/s			1 Baud = 1 Bit/s

Drucktechnische Größen	Einheit – Beziehungen – Hinweise
Druckvorstufe, Mediengestaltung	
Typografisches Maßsystem	• Bleisatz (Didot-System): 1 Punkt (p) = 0,376 mm 12 p = 4,51 mm • Didot-System gerundet: 1 p = 0,375 mm 12 p = 4,500 mm • DTP-Point-System (heute überwiegend verwendet): 1 Point (pt) = 0,35278 mm 12 pt = 4,233 mm
Anzahl der Druckseiten	(Buchstabenzahl/Manuskript x Zeilenzahl/Manuskriptseite x Manuskriptseiten) : (Buchstabenzahl/Druckzeile x Zeilenzahl/Druckseite)
Satzspiegel – Goldener Schnitt	Lamésche Zahlenreihe: 3 : 5 : 8 : 13 : 21 usw. Seitenverhältnisse: 3 : 5, 5 : 8 usw.
– Zeilenanzahl auf Satzspiegelhöhe	(Höhe des Satzspiegels – 1 Versalhöhe) + 1 : Zeilenabstand
Seitenverhältnis der DIN-Formate	$1 : \sqrt{2} = 1 : 1{,}414$
Scannerauflösung in Pixel/Inch [ppi] – Strichvorlage	Scannerauflösung = Auflösungsfeinheit des Ausgabesystems (max.)
– Graustufenvorlage	Scannerauflösung = Rasterweite [lpi] • 2 (QF) • Skalierungsfaktor oder Rasterweite [lpi] • √2 (QF) • Skalierungsfaktor (QF = Qualitätsfaktor)
Datentiefe – Strichvorlage	1 Bit Datentiefe = 2^1 = 2 Tonwertstufen
– Graustufenvorlage, Seitenbeschreibungssprache PostScript	8 Bit Datentiefe = 2^8 = 256 Tonwertstufen
– Graustufen-Farbbildvorlage (RGB-Abtastung)	8 Bit Datentiefe/Farbe = 3 x 24 Bit = 16 777 216 Farbtonwerte
Bildgrößenberechnung	Bildgröße [Bit oder Byte] = (Auflösung [ppi] ^{2}) x Vorlagenbreite [inch] x Vorlagenhöhe [inch] x Farb-/Datentiefe
Kompression der Datenmenge bei Bildern	Angabe der Verringerung in % oder Angabe eines Verhältniswertes, z. B. 1 : 10
Rasterwinkelungen bei AM-Raster (nach DIN 16547), – einfarbiger Offsetdruck	45°
– zweifarbiger Offsetdruck, Duplexdruck	75° bzw. 15°, helle Druckfarbe (Tonfarbe) 45° (bzw. 135°), dunklere Farbe (z.B. Schwarz)
– vierfarbiger Offsetdruck	0° Gelb (Y), hellste Druckfarbe, 15° (z.B. Schwarz), 45° (bzw. 135°) bildwichtigste Druckfarbe (z.B. Magenta); 75° (z.B. Cyan) Hinweis: Die Winkelgrade sind genormt, ebenso die Winkellage der hellsten Druckfarbe

Drucktechnische Größen	Einheit – Beziehungen – Hinweise
Rasterpunktschlüsse beim Kettenraster (elliptischer Punkt)	1. Punktschluss bei 42,5 %, 2. Punktschluss bei 57,5 %
Rasterweiten /Rasterfrequenzen im Offsetdruck: Anhaltswerte für unterschiedliche Papierqualitäten	34 - 40 L/cm Zeitungspapiere 40 - 54 L/cm Satinierte Papiere 54 - 60 L/cm Bilderdruckpapiere 60 - 80 L/cm Kunstdruckpapiere, gussgestrichene Papiere 60 L/cm Empfehlung (BVDM) für gute Bedruckstoffe 70 - 80 L/cm hochwertige Arbeiten > 80 L/cm Spezialdruckarbeiten auf hochwertigsten Papieren
Normlicht zur Betrachtung von – Durchsichtsvorlagen	D 50 (5000 Kelvin)
– Aufsichtsvorlagen	D 50 (5000 Kelvin)
Druckpraxis	
Feuchtmittel – Alkoholzusatz	8 - 12 %, 3 - 4 % bei Einsatz spezieller Keramikwalzen
– Feuchtmittelkühlung	10 - 12 °C
– pH-Wert des Feuchtmittels	pH 4,8 - 5,3
– elektrischer Leitwert des Feuchtmittels	800 - 1500 Millisiemens (bei Alkoholfeuchtung) 1000 - 2500 Millisiemens (ohne Alkoholzusatz) < 500 Millisiemens (bei Einsatz von Keramikwalzen)
– Härtegrad des Feuchtwassers	5 - 15 °dH (dH 8 gilt als optimal). Hinweis: Härtegrade > 18 °dH verursachen Druckschwierigkeiten.
– Farbwerkstemperierung	4 °C > Raumtemperatur Praxiswert: 24 - 28 °C +/-1 °C. Wasserlos druckende Silikon-Druckplatten erfordern eine konstante Temperatur der Druckplatte durch Druckplattenkühlung (z.B. Gebläse) auf ca. 25 °C. Hinweis: Bei > 30 - 33 °C Probleme durch erhebliche Druckschwierigkeiten.
Messtechnik: Densitometrie	
Farbdichte D	Bezeichnung für die Reflektionsdichte. Negativer dekadischer Logarithmus des Reflektionsfaktors R: D = -lg R
Farbdichte des Rastertons D_R	Farbdichte einer Rasterfläche, wenn das Messgerät auf Papierweiß genullt ist.
Farbdichte des Volltons D_V	Farbdichte eines Volltons, wenn das Messgerät auf Papierweiß genullt ist.
Tonwert, Rasterton	Murray-Davies-Formel: $A = \frac{1 - 10^{-DR}}{1 - 10^{-DV}} \cdot 100\,\%$ A = Tonwert eines Rastertons einer Primärfarbe D_V = Farbdichte im Vollton D_R = Farbdichte im Raster

Drucktechnische Größen	Einheit – Beziehungen – Hinweise
Tonwertzunahme ΔA	$\Delta A = A - A_F$ A = Tonwert des Drucks A_F = zugehörender Tonwert des Films Einheit: %
Papierklassen	Typ 1 glänzend gestrichen, holzfrei ca.115 g/m² Typ 2 matt gestrichen, holzfrei, ca. 115 g/m² Typ 3 glänzend gestrichen, LWC, ca. 65 g/m² Typ 4 ungestrichen, weiß, Offset, ca.115 g/m² Typ 5 ungestrichen, gelblich, Offset, ca.115 g/m²

Tonwertzunahmen (Positivkopie, 60 L/cm)

A_F (%)	Tonwertzunahme ΔA (%)			Tonwert A_D (%)		
	Papiertypen:					
Messfeld	1, 2	3	4, 5	1, 2	3	4, 5
40	13	16	19	53	56	59
50	14	17	20	64	67	70
70	13	16	17	83	86	87
75	12	14	15	87	89	90
80	11	12	13	91	92	93

A_F (%) Tonwert auf dem Kontrollfeld des Positivfilms
A_D (%) Tonwert im Druck
ΔA_D (%) Tonwertzunahme, $A_D - A_F$

Richtwertwerte
– Volltondichte DV und TZ Messfeld 40 % / 80 % im Vierfarbdruck bei der Papierklasse 1

	DV	TZ 40%	TZ 80 %
Schwarz (K)	1.90	16 % ± 3 %	10 % ± 2 %
Cyan (C)	1.60	14 % ± 3 %	8 % ± 2 %
Magenta (M)	1.55	14 % ± 3 %	8 % ± 2 %
Gelb (Y)	1.50	14 % ± 3 %	8 % ± 2 %

Drucktechnische Größen	Einheit – Beziehungen – Hinweise
– Nassfarbdichte	Gemessen bis 30 Sekunden nach dem Druck
– Trockenfarbdichte	Gemessen ab 30 Minuten nach dem Druck
– Schieben und Dublieren	Ab einer Dichtedifferenz von D log. 0.05 zwischen den Linienrastern
Farbbalance für Buntfarben im Mittelton	• Andruck maximal 4 % • Fortdruck maximal 5 %
Farbannahme FA %: (Trapping)	$FA\% = \frac{D_{1+2} - D_1}{D_2} \cdot 100\ \%$ D_1 = Volltondichte der zuerst gedruckten Farbe D_2 = Volltondichte der aufgedruckten Farbe D_{1+2} = Volltondichte des Übereinanderdrucks gemessen werden alle Farben mit dem Filter für die zweite Druckfarbe
Densitometrische Toleranzen	Gleiche Geräte +/- D log 0.3 Fremdgeräte +/- D log 0.5
Andruck: fortdruckgerechte Korrektur	Druckfarbe verschneiden = max. 19 % Tonwertzunahme Druckspannung erhöhen = max. 9 % Tonwertzunahme Weicheres Drucktuch = max. 6 % Tonwertzunahme Kopie 1 Stufe voller = max. 2 % Tonwertzunahme
Farbreihenfolgen im Offsetdruck	
– Vierfarbendruck, Standard	Schwarz (K) + Cyan (C) + Magenta (M) + Gelb (Y)
– Vierfarbendruck im Unbuntaufbau	C + M + Y + K

Drucktechnische Größen	Einheit – Beziehungen – Hinweise
Farbmengen der Europaskala im Akzidenz-Offsetdruck (ca.)	Schwarz = 0,9 – 1,3 g/m² C – M – Y = 0,7 – 1,1 g/m²

Farbmesstechnik

Wellenlänge der sichtbaren Energiestrahlung (Licht) Normlichtarten	380 - 780 nm (allgemein gerundet: 400 - 700 nm) D 50 = Tageslicht (5000 K) D 65 = Tageslicht mit UV-Anteil (6500 K) A = Glühlampenlicht (2856 K) B = Vormittagssonne (4874 K)
Normfarbwerte	Normspektralwerte : x = Rot, y = Grün, z = Blau Normfarbwerte: X (Rot-), Y (Grün-), Z (Blauanteil)
CIE-LAB-Farbenraum-System	L = Helligkeit a+ / - = Rot + Grün - Achse b+ / - = Gelb + Blau -Achse
CIE-LCH-Farbenraum-System	L = Helligkeit (vgl. CIE-LAB) C = Buntheit (Chroma) h° = Bunttonwinkel (Hue = h, auch Farbtonwinkel)
Farbabstände	Angabe der Differenz: Δ = Delta
– Farbabstand (ΔL^*)	Differenz der Helligkeit + = heller, - = dunkler
– Farbabstand (Δa^*)	Differenz auf der Rot-/Grün-Achse + = rötlicher, - = grünlicher
– Farbabstand (Δb^*)	Differenz auf der Gelb-/Blau-Achse + = gelblicher, - = bläulicher
– Farbabstand (ΔC^*)	Differenz in der Buntheit + = brillanter, - = blasser
– Farbabstand (ΔH^*)	Differenz im Farbton
– Farbabstände (ΔE^*)	Gesamtwert der Farbdifferenz
– Farbabstände (ΔE^*) Vollton	≤ 1,5 = eng ≤ 2,0 = mittel ≤ 2,5 = weit (heutige Qualitätsgrenze)
– Farbabstände (ΔE^*) Graufeld	≤ 2,0 = eng ≤ 3,5 = mittel ≤ 5,0 = weit
Spektralfotometrische Toleranzen	Gleiche Geräte = ΔE^* 0,2 Fremdgeräte > ΔE^* 0,2

Bedruckstoffe, Druckweiterverarbeitung

DIN Formate	Basisseitenverhältnis: 1 : √2 = 1 : 1,414 Basisfläche: 1 m² Basisformat: DIN A0 = 841 mm • 1189 mm
Raumklima (Standard)	20 °C (+/- 2 °C), 55 % rL (+/- 5 %) rL = relative Luftfeuchtigkeit
Gleichgewichtsfeuchte des Papiers	9 g/m² absolute Feuchte im Papier bei 55 % rL und 20 °C
Riesmaße	1000 Bogen unter 90 g/m² 500 Bogen ab 90 g/m² 250 Bogen ab 150 g/m² 100 Bogen ab 250 g/m²
Greiffalz beim Sammelhefter	5 - 8 mm (Abstimmung mit Druckweiterverarbeitung)
Richtwerte zum Falzen bei einfachem Volumen	Einbruchfalz bis 180–250 g/m² Zweibruchfalz bis 150 g/m² Dreibruchfalz bis 120–130 g/m² Vierbruchfalz bis 80–100 g/m²

17.4 Berechnungen in der Medienvorstufe (Print-Medien)

17.4.1 Berechnungen in der Satzherstellung und Seitengestaltung

• 1. Typografische Maßsysteme
Neben dem metrischen System werden in der Druckvorstufe Schriftgrößen und Zeilenabstände immer noch in typografischen Maßeinheiten angegeben. Im Gebrauch sind folgende Einheiten:

System	Einheiten	Umrechnung in mm
Didot	1 Punkt (p)	1 p = 0,375 mm
	1 Cicero (c)	1 c = 4,5 mm
Point	1 Point (pt)	1 pt = 1/72 inch = 25,4 mm / 72 = 0,353 mm
PostScript	1 Pica (pc)	1 pc = 12 pt = 25,4 mm / 6 = 4,233 mm

Die originären Didot-Werte (1 p = 0,376 mm, Bleisatz) und Pica-Werte (1 pt = 0,351 mm) werden heute in der Praxis nicht mehr verwendet.
Umrechnungen zwischen den Maßsystemen siehe Tabelle auf der folgenden Seite.

• 1.1 Relative Maßeinheiten
Zusätzlich zu diesen absoluten typografischen Maßsystemen gibt es noch relative Maßsysteme, die auf einer Teilung des Schriftgrößengevierts (Standard-Geviert aus dem Bleisatz oder DTP-Geviert) beruhen und sich jeweils mit der gewählten Schriftgröße ändern (daher relative Maßsysteme). Diese relativen Maße werden bei der Festlegung bzw. Veränderungen von Größen innerhalb einer Schriftzeile (Zeichen-, Wortabstände, Laufweite) benutzt. Hierzu finden sich bei den Schriftenherstellern und Programmentwicklern unterschiedliche Teilungsvorgaben (z.B.: QuarkXPress arbeitet mit einem Geviert, das 200 Einheiten hat).

• 2. Satzspiegelgröße und Ränder
• 2.1 Satzspiegelgröße
Die Berechnungen zur Satzspiegelgröße unterscheiden zwischen dem vertikalen Raumbedarf (Satzspiegelhöhe) und der Zeilenbreite bzw. Satzspiegelbreite.
Für die Berechnung der optisch wirksamen Satzspiegelhöhe gilt folgende Regel:
Optisch wirksame
Satzspiegelhöhe = (Anzahl der Zeilen - 1) • ZAB+1 SG

bei Angabe des Zeilenabstandes in Prozent gilt:

$$\text{optisch wirksame Satzspiegelhöhe} = \frac{(\text{Anzahl der Zeilen} - 1) \cdot \text{SG} \cdot \text{Prozentwert} + 1\ \text{SG}}{100\%}$$

ZAB = Zeilenabstand / SG= Schriftgröße

Diese Rechenregeln berücksichtigen die Tatsache, dass in einem Satzspiegel die erste Zeile keinen Durchschuss aufweist.

Bei der Berechnung der Satzspiegelbreite ist nur von besonderen Interesse die Veränderung der Zeilenbreite, die sich durch eine Abänderung der Laufweite ergeben könnte. Wird die Laufweite geändert, ändern sich gleichzeitig die Zeichenabstände: Entweder die Zeile wird länger oder kürzer oder die Anzahl der Zeilen bei einer vorgegebenen Zeilenbreite/Satzbreite wird größer oder geringer. Da bekanntermaßen im Gegensatz zur Schreibmaschine nicht mit dicktengleichen Zeichen gearbeitet wird, wird die Laufweite einer Schrift für eine bestimmte Menge von Zeichen als Durchschnittswert angegeben z.B.: 60 Zeichen auf 100 mm. Damit lassen sich bei entsprechenden Breitenvorgaben die resultierenden Zeilenanzahlen sehr leicht berechnen.

2.2 Berechnung der Seitenränder
Das Seitenformat wie auch der Satzspiegel sollten ein harmonisches Seitenverhältnis aufweisen und in ihren Proportionen übereinstimmen. Für das Seitenformat finden sich verschiedene Teilungsverhältnisse, die sich bewährt haben:
1 : 2; 5 : 9; 1 : √3 ; 1 : √2 ; 3 : 4;
und Verhältnisse aus der Laméschen Zahlenreihe (Annäherung an den Goldenen Schnitt):
2 : 3; 3 : 5; 5 : 8; 8 : 13; 13 : 21
mit einem gerundeten Seitenverhältnis von 1 : 1,618.

Liegt nun das Seitenverhältnis fest, können die Seitenränder auf verschiedene Weise berechnet werden.

a) 6er, 9er und 12er Teilung der Seite
Bei dieser Methode werden Seitenbreite und Seitenhöhe jeweils durch 6, 9 oder 12 geteilt. Danach werden dem Bundsteg 1/6, 1/9 oder 1/12 und dem Außensteg 2/6, 2/9 oder 2/12 zugewiesen.
In der Höhe verfährt man genauso:
Kopfsteg = einfacher Wert,
Fußsteg = doppelter Wert.

b) Festgelegte Satzspiegelgröße
Ist der Satzspiegel festgelegt, werden die Ränder entsprechend den vorgegebenen Teilungsverhältnissen (z.B. Goldener Schnitt) berechnet. In der Regel werden Bund- und Kopfsteg kleiner gehalten als Außen- und Fußsteg. Der verbleibende Raum zwischen Satzspiegelhöhe und Seitenhöhe bzw. Satzspiegelbreite und Seitenbreite wird dann entsprechend aufgeteilt.

Beispiel:	Satzspiegelhöhe 180 mm, Seitenhöhe: 210 mm
Verhältnis	Kopfsteg zu Fußsteg: 3 : 5
Rechnung:	Kopfsteg= (210 mm - 180 mm) • 3/8 = 11,25 mm
	Fußsteg = (210 mm - 180 mm) • 5/8 = 18,75 mm

c) Gestaltungsraster
Durch den Einsatz eines Gestaltungsrasters werden die Informationselemente einer Seite systematisch geordnet und gegliedert, erhalten dadurch ein einheitliches System. Auch leere Flächen werden mit in die Gestaltung einer Seite einbezogen.
In der Berechnung eines Gestaltungsrasters, der den Satzspiegel sowohl horizontal als auch vertikal gliedert, verfährt man folgendermaßen:
Man teilt die Anzahl der Zeilen, die sich im Satzspiegel befinden durch die erwünschte Zahl der vertikalen Rasterzellen, wobei man zuvor die Blindzeilen, die zwischen diesen Zellen liegen, abzieht. Diese Blindzeilen sind notwendig, um die einzelnen Abbildungen auseinander zu halten.

Beispiel:
Ein Satzspiegel hat 59 Textzeilen, dann lassen sich folgende Rasterzellengrößen (beispielsweise) berechnen:
12 Rasterzellen mit je 4 Zeilen
(59 Zeilen - 11 Blindzeilen = 48 Zeilen ; 48 Zeilen : 12 Rasterzellen = 4 Zeilen)

10 Rasterzellen mit je 5 Zeilen
(59 Zeilen - 9 Blindzeilen = 50 Zeilen ; 50 Zeilen : 10 Rasterzellen = 5 Zeilen)

6 Rasterzellen mit je 9 Zeilen
(59 Zeilen - 5 Blindzeilen = 54 Zeilen ; 54 Zeilen : 6 Rasterzellen = 9 Zeilen)

Die einzelne Rasterzellenbreite ergibt sich aus der gegebenen Spaltenbreite des Grundtextes. Gängige Rastersysteme arbeiten mit 39, 49 und 59 Textzeilen.

• 2.3 Manuskript- und Satzumfangsberechnungen
Die Manuskript- und Satzumfangsberechnungen sind der Versuch, ausgehend von einer vorgegebenen Textmenge (einschließlich Abbildungen) den zu erwartenden Werkumfang zu berechnen. Grundlage der Umfangsberechnung ist die Feststellung, dass die Anzahl der Zeichen im Manuskript genau der Anzahl der Zeichen im gedruckten Werk entsprechen muss.
Damit gilt folgende Beziehung:

B/MZ • Z/MS • MS = B/DZ • Z/DS • DS
(B= Buchstaben; MZ = Manuskriptzeile; Z = Zeilenzahl; MS = Manuskriptseite; DS = Druckseite; DZ = Druckzeile)

Diese formelmäßige Beziehung lässt sich je nach gesuchten Wert umstellen.
Beispiel:
Anzahl der Druckseiten = (B/MZ • Z/MS • MS) / (B/DZ • Z/DS)

Sind in einem Werk Abbildungen vorhanden, wird versucht, den Raumbedarf als Teil einer Seite abzuschätzen, um ihn dann entsprechend zu addieren.
Fußnoten und Anmerkungen werden rechnerisch zusammengefasst und in entsprechende Druckseiten umgerechnet. Berechnungsgrundlage aller Werkumfangsberechnungen ist eine bereits gesetzte Musterseite, der man durch Auszählen der Buchstaben die durchschnittliche Buchstabenzahl/Druckzeile entnehmen kann.
Eine andere Methode besteht darin, eine entsprechende Anzahl von Manuskriptzeilen im Verhältnis zu Druckzeilen abzusetzen.
Von Vorteil ist die Tatsache, dass die resultierende Anzahl von Druckseiten immer mit einer entsprechenden Anzahl von Falzbogen korrespondieren muss, somit eine genaue Berechnung der Seitenzahl nicht immer unbedingt notwendig ist.

• 2.4 Tabellensatzberechnungen

Es lassen sich bei Tabellen die Spalten- bzw. Tabellenbreite und die Tabellenhöhe (Kopfteil und Fußteil) berechnen. Es wird davon ausgegangen, dass die Zahlen in Tabellen mit Halbgeviertziffern gesetzt werden. Damit die Breite einer Zahlenspalte berechnet werden kann, müssen Stellenzahl, Schriftgrad und die Abstände zu den Spaltenlinien bekannt sein.
Spaltenbreite =
(Anzahl der Zahlenstellen) • Halbgeviert + (Anzahl der Gliederungsabstände • Gliederungsabstand) + 2 Abstände zu den Längslinien

Hinweis: Bei der linken und rechten äußeren Spalte einer offenen bzw. halboffenen Tabelle entfallen die Abstände zu den Randlinien.

Gesamtbreite einer Tabelle =
Breiten der Einzelspalten + Raumbedarf der verwendeten Längslinien

Bei der Berechnung der Tabellenhöhe geht man von folgenden Überlegungen aus:
Tabellenkopf =
(Anzahl der Zeilen im Kopf + 1) • Zeilenabstand

Tabellenfuß =
(Anzahl der Fußzeilen - 1) • Zeilenabstand + 1 Schriftgrad + Raum nach der Halslinie (i.d.R. 1 Schriftgrad) + Raum vor der Fußlinie (<Schriftgrad)

Gesamthöhe =
Tabellenkopf + Tabellenfuß + Raumbedarf der Linien

• 2.5 Anzeigenberechnungen

Die Größe von Anzeigen in Zeitungen und Zeitschriften wird unterschiedlich angegeben:
- Teil einer Seite mit Spaltenzahlangabe
- Anzeigenhöhe in mm und Spaltenanzahl
- Anzahl der Wörter, Zeichen etc. im Wortanzeigen- bzw. Kleinanzeigenteil

Hieraus ergeben sich dann die entsprechenden Anzeigenpreise.

a) Berechnung als Teil einer Seite
Diese Berechnungsart ist in der heutigen Praxis wenig üblich. Bei der Angabe einer Anzeigengröße wie z. B. 1/2-Seite, 3-spaltig, ist zu beachten, dass die Anzeigenfläche genau der Hälfte der Satzspiegelfläche (und nicht der Satzspiegelhöhe) entsprechen soll. Die Flächenaufteilung selbst wird dann mit der Angabe „3-spaltig" genauer beschrieben.
Bei einer dreispaltigen Zeitschriftenseite muss so die Höhe des gesamten Satzspiegels unter Berücksichtigung des Zwischenschlags halbiert werden.
Die Anzeigenbreite entspricht dann genau der Satzspiegelbreite. Der Anzeigenpreis ergibt sich dann aus dem Grundpreis der 1/1-Seite.

b) Anzeigenhöhe in mm und Spaltenanzahl
Die Berechnung der Anzeigengröße ist hier sehr einfach, da bereits die Höhe vorgegeben ist. Für die Anzeigenbreite gilt:
Anzeigenbreite =
(Spaltenzahl • Spaltenbreite) + (Spaltenzahl - 1) • Spaltenabstand

Der Preis berechnet sich wie folgt:
Anzeigenpreis = Anzeigenhöhe in mm • Spaltenzahl • mm-Preis

Vergleichstabellen zu Maßsystemen in der Mediengestaltung/Druckvorstufe

mm	Didot-Punkt (p)	DTP-Point (pt)	DTP-Point (pt)	mm	Ditot-Punkt (p)
1,00	2,6667	2,8347	1	0,35277	0,9407
1,10	2,933	3,118	2	0,706	1,88
1,20	3,200	3,402	3	1,058	2,82
1,30	3,467	3,685	4	1,411	3,76
1,40	3,733	3,969	5	1,764	4,70
1,50	4,000	4,252	6	2,117	5,64
1,60	4,267	4,536	7	2,469	6,58
1,70	4,533	4,819	8	2,822	7,53
1,80	4,800	5,102	9	3,175	8,47
1,90	5,067	5,386	10	3,528	9,41
2,00	5,333	5,669	11	3,880	10,35
2,25	6,000	6,378	12	4,233	11,29
2,50	6,667	7,087	13	4,586	12,23
2,75	7,333	7,795	14	4,939	13,17
3,00	8,000	8,504	15	5,292	14,11
3,25	8,667	9,213	16	5,644	15,05
3,50	9,333	9,921	17	5,997	15,99
3,75	10,000	10,630	18	6,350	16,93
4,00	10,667	11,339	19	6,703	17,87
4,25	11,333	12,047	20	7,055	18,81
4,50	12,000	12,756	21	7,408	19,75
4,75	12,667	13,465	22	7,761	20,70
5,00	13,333	14,174	23	8,114	21,64
5,25	14,000	14,882	24	8,466	22,58
5,50	14,667	15,591	25	8,819	23,52
5,75	15,333	16,300	26	9,172	24,46
6,00	16,000	17,008	27	9,525	25,40
6,25	16,667	17,717	28	9,878	26,34
6,50	17,333	18,426	29	10,230	27,28
6,75	18,000	19,134	30	10,583	28,22
7,00	18,667	19,843	31	10,936	29,16
7,25	19,333	20,552	32	11,289	30,10
7,50	20,000	21,260	33	11,641	31,04
7,75	20,667	21,969	34	11,994	31,98
8,00	21,333	22,678	35	12,347	32,92
8,25	22,000	23,386	36	12,700	33,87
8,50	22,667	24,095	40	14,11	37,62
8,75	23,333	24,804	48	16,93	45,16
9,00	24,000	25,512	50	17,64	47,04
9,25	24,667	26,221	60	21,17	56.44
9,50	25,333	26,930	70	24,68	65,84
9,75	26,000	27,638	72	25,399	67,73

Oft werden bei Zeitungen und Zeitschriften unterschiedliche Spaltenbreiten im Text- und im Anzeigenteil verwendet. Hierdurch ergeben sich dann unterschiedliche Anzeigengrößen und -preise.

c) Wort- bzw. Fließsatzanzeige
Diese erfolgen in der Regel als einspaltige Wortanzeigen, eine Berechnung der Anzeigengröße entfällt. Der Anzeigenpreis richtet sich entweder nach Anzahl der Wörter oder Zeichen. Zwischenräume zählen als Zeichen.

17.4.2 Berechnungen in der Bilderfassung und -bearbeitung

• 2.1 Vergrößern und Verkleinern, Maßstabsberechnungen
Allgemein ist bei Formatangaben für Vorlagen und Reproduktionen darauf zu achten, dass als erster Wert immer die Breite und als zweiter Wert immer die Höhe angegeben werden.
Das gewünschte Maß der Reproduktion kann auf unterschiedliche Weise angegeben werden:
– Angabe des Reproduktionsformates
– Verkleinerung/Vergrößerung auf ein bestimmtes Vielfaches der Vorlage
– Verkleinerung/Vergrößerung um ein bestimmtes Vielfaches der Vorlage
- Angabe eines Maßstabs (Verhältnisangabe, Prozentangabe)

• 2.2 Vergrößerung bzw. Verkleinerung mit einem konstanten Seitenverhältnis
Hier erfolgt die Berechnung in der Weise, dass eine Verhältnisgleichung aufgestellt wird.

BV : HV = BR : HR

BV= Breite der Vorlage, HV = Höhe der Vorlage, BR = Breite der Reproduktion, HR = Höhe der Reproduktion

Diese Gleichung lässt sich dann für alle Anwendungsfälle umstellen, z.B.:
BR(?) = (BV • HR) / HV

BR(?) = gesuchte Reproduktionsbreite

• 2.3 Vergrößerung bzw. Verkleinerung mit einem veränderten Seitenverhältnis
Bei dieser Rechnung wird davon ausgegangen, dass die Seitenproportionen von Vorlage und Reproduktion nicht übereinstimmen, damit die Vorlage oder die Reproduktion beschnitten werden muss. Ausgangspunkt ist wiederum die Aufstellung einer Verhältnisgleichnis, wobei eine Seite der Gleichung ein feststehendes Verhältnis (Beschnittverbot!) hat.

Rechenbeispiel:
Die Vorlage darf nicht beschnitten werden.
BV : HV = BR(?) : HR

Ist nun der Wert für BR(?) größer als die gewünschte Reproduktionsbreite, erfolgt hier der Beschnitt:
Beschnitt = BR(?) - BR(vorgegeben)
Trifft dieses nicht zu, dann wird die Höhe beschnitten:
BV : HV = BR : HR(?); Beschnitt = HR(?) - HR(vorgegeben)

• 2.4 Maßstabsangabe bei Formatänderungen
Der Maßstab einer Reproduktion kann unterschiedlich angegeben werden:
– nummerisch wie 1/4 oder 0,25
– Verhältnisangabe wie 1 : 4 oder 4 : 1
– prozentual wie 50% oder 200%
Für die Maßstabsangabe gilt folgende Beziehung:
m = Bildgröße [B]) / (Gegenstandsgröße [G]
oder
m = Reprogröße [R]) / (Vorlagengröße [V]

Hierzu werden die gleichen Seiten der Vorlage und der Reproduktion im Verhältnis zueinander betrachtet.
Dieses Verhältnis kann auch prozentual angegeben werden:
m = (Bildgröße / Gegenstandsgröße) • 100%

Wird der Maßstab als Zahlenverhältnis angegeben, sollte dies mit rationalen Zahlen erfolgen.

• 2.5 Berechnungen in der Bilderfassung
Die Bilderfassung mit Hilfe eines Scanners kennt verschiedene Größen, die berechnet werden können:
– Scannerauflösung [dpi],
– Datentiefe [Bit/Pixel] und
– Dateigröße [KB, MB]

• 2..5.1 Scannerauflösung
Bei der Scannerauflösung ist zu unterscheiden zwischen Strichvorlagen und Halbtonvorlagen. Da Strichvorlagen pixelweise in die Bitmap des Ausgabegerätes umgesetzt werden sollen, gilt folgende allgemeine Regel:
Scannerauflösung (Strich) = max. Auflösung (Ausgabegerät)

Beträgt die Auflösung des Ausgabegerätes mehr als 1200 dpi, empfehlen die Scannerhersteller eine Begrenzung der Scannerauflösung auf 1200 dpi.

Halbtonvorlagen werden in Printmedien gerastert ausgegeben, damit muss die Rasterfrequenz (Rasterweite), mit der die Vorlage gedruckt werden soll, bereits beim Scannen bekannt sein. Ausgehend vom sog. Nyquist - Theorem wird die Bildinformation von 2 bzw. 4 Abtastpixeln (Qualitätsfaktor √2 bzw. 2,0) für die Berechnung der Flächendeckung eines Rasterpunktes in der Ausgabe herangezogen.
Scannerauflösung (Halbton) =
Rasterweite [lpi] • Qualitätsfaktor [QF] • Skalierungsfaktor [SF]

Der Qualitätsfaktor [QF] hat als minimalsten Wert √2, als maximalsten Wert 2 und wird betrieblich festgelegt. Der Einfachheit halber wird in der Regel mit 2 gerechnet, dies erfordert jedoch einen höheren Speicherbedarf.
Der Skalierungsfaktor [SF] berücksichtigt bereits eine spätere Verkleinerung (Wert unter 1) bzw. Vergrößerung (Wert über 1) der Vorlage und wird wie folgt berechnet:
Skalierungsfaktor [SF] = Reprogröße / Vorlagengröße

• 2.5.2 Datentiefe
Die Berechnung der Datentiefe ist abhängig von der Vorlage und dem verwendeten Bildbearbeitungsprogramm bzw. der Seitenbeschreibungssprache. Bei Strichvorlagen werden nur zwei Tonwerte (schwarz + weiß) pro Pixel benötigt, damit ergibt sich als Datentiefe 1 Bit/Pixel. Halbtonvorlagen werden pro Pixel mit unterschiedlicher Datentiefe je nach Scannertyp und Bildbearbeitungsprogramm abgetastet bzw. gespeichert.
Datentiefe =
Anzahl der Tonwertstufen/Pixel • Anzahl der Farb- /Abtastkanäle

In PostScript sind z.Z. 256 Tonwertstufen/Pixel zu realisieren, damit gilt:

Datentiefe (RGB)	= 8 Bit/Pixel • 3 Kanäle	= 24 Bit/Pixel
Datentiefe (CMYK)	= 8 Bit/Pixel • 4 Kanäle	= 32 Bit/Pixel
Datentiefe (s/w)	= 8 Bit/Pixel • 1 Kanal	= 8 Bit/Pixel

• 2.5.3 Dateigröße
Die Größe einer gespeicherten Bilddatei ergibt sich aus der Größe des Datei-Headers (Vorspann) und den eigentlichen Bilddaten. Da der Datei-Header in der Regel nur wenige Byte groß ist, kann er eigentlich vernachlässigt werden.
Dateigröße =
(Auflösung [ppi] / 25,4) • Vorlagenbreite [mm] • Vorlagenhöhe [mm] • Datentiefe [Bit/Pixel]

Hinweis: Die Umrechnung in Byte, KB , MB und ggf. GB wurde in dieser Formel nicht berücksichtigt.
Das Ergebnis muss dann durch 8 (Byte) und 1024 (KB) bzw. 1024 • 1024 (MB) geteilt werden.

• 2.5.4 Datenkompression
Bei der Speicherung von Bilddaten kommen unterschiedliche Kompressionsverfahren zum Einsatz: verlustfreie (non-lossy) und verlustbehaftete (lossy) Verfahren. Die Angabe der bei diesen Verfahren jeweils erzielbaren Kompressionswerte erfolgt auf verschiedene Weise:
– als Kompressionswert (prozentualer Wert der Dateiänderung)
Kompressionswert [%] =
[(Komprimierte Datei • 100%) / Unkomprimierte Datei] - 100%

– als Kompressionsfaktor
Kompressionsfaktor = Komprimierte Datei / Unkomprimierte Datei

Die Dateigröße ist dann entsprechend dem Kompressionswert zu verändern.

• 2.5.5 Tonwertveränderungen
Die Tonwertkorrekturen in Bildbearbeitungsprogrammen lassen sich unterscheiden in
– lineare Tonwertveränderungen (Helligkeitskorrektur)
– globale Kontraständerungen
– exponentielle Tonwertänderungen (Gammakorrektur)

a) Helligkeitskorrektur
Bei dieser Tonwertkorrektur wird die Gradationskurve linear nach oben oder unten verschoben, damit alle Pixelwerte einer Vorlage um einen bestimmten Wert erhöht oder verringert werden. Hierbei entfallen alle Werte über 255 (PostScript) bzw. entsprechende Tiefenwerte in der Vorlage werden nicht mehr berücksichtigt. Rechnerisch gesehen, wird zu einem gegebenen Pixelwert der Vorlage der eingestellte Helligkeitswert addiert.

b) Kontraständerung
Bei dieser Form der Tonwertveränderung erfolgt eine Drehung der Gradationskurve um ihren Mittelpunkt, so dass sie dann steiler oder flacher verläuft. Hier gilt folgende Beziehung:
Kontrast [k] = (GA - GM) / (GE - GM)

GA = Grauwert Ausgabe; GM = Grauwert Mittelwert;
GE = Grauwert Eingabe

damit:
GA = [(GE - GM) • k] + GM

Theoretisch liegt der Kontrastwert zwischen 0 und ∞, typischerweise aber zwischen 0 und 6.

c) Exponentielle Änderung
Die meisten Bildbearbeitungsprogramme bieten eine sogenannte Gammakorrektur an. Hierbei werden die Tonwerte in den Mitteltönen angehoben oder verringert, damit der Kurvenverlauf insgesamt verändert. Ausgehend von der allgemeinen Gammafunktion bei Monitoren gilt für eine Gammakorrektur folgende Beziehung:
(GE / GM) γ = GA / GM

GE = Grauwert Eingabe ; GM = Grauwert maximal;
GA = Grauwert Ausgabe
damit:
γ = (lg GA / GM) / (lg GE / GM)

Beispiel:
Grauwert Eingabe = 50%; Grauwert Ausgabe = 25%
γ = (lg 25/100) / (lg 50 /100) = -0,60 / -0,30 = 2

17.4.3 Datenausgabe

In der Datenausgabe auf Druckern und Belichtern lassen sich folgende Werte rechnerisch sehr einfach ermitteln:
– Belichterauflösung
– Rasterweite in der Ausgabe
– Anzahl der Tonwertstufen
– Breite der Rasterzelle
– Spotgröße
– Recorderelementgröße/Pixelgröße
– Rastertonwert

• 1. Belichterauflösung
Die Belichterauflösung ist
– abhängig von der Anzahl der angestrebten Tonwerte und
– von der Rasterweite.

Belichterauflösung [dpi] =
√Anzahl der Tonwerte - (1) • Rasterweite [lpi]

Hinweis: Die Reduzierung der Anzahl der Tonwertstufen um 1 bezieht sich auf die theoretische Annahme, dass eine unbelichtete Rasterzelle kein belichtetes Pixel enthält.
Allgemein entsprechen die Anzahl der Tonwertstufen den Wert einer 2er Potenz z. B. 256 für 2^8 (PostScript). In diesem Fall erfolgt kein Abzug.

• 1.1 Rasterweite und Anzahl der Tonwertstufen
Aus einer gegebenen Auflösung eines Ausgabegerätes / -prozesses kann entweder die Anzahl der Tonwertstufen oder die maximale Rasterweite / -frequenz berechnet werden:
Anzahl der Tonwerte =
[Belichterauflösung [dpi]) / (Rasterfrequenz [lpi])] + (1)

Rasterfrequenz [lpi] =
Belichterauflösung [dpi] / √ (Anzahl der Tonwerte - (1))

Rasterweite [L/cm] =
Belichterauflösung [dpi] / [((Anzahl der Tonwerte - (1) • 2,54)]

• 1.2 Breite der Rasterzelle
Jedem einzelnen Rasterpunkt ist in der Belichtung / Druck eine quadratische Rasterzelle zugeordnet, die entsprechend dem angestrebten Tonwert mit belichteten Pixeln gefüllt wird. Die Seitenlänge / Größe dieser Rasterzelle ergibt sich aus der Belichterauflösung und der Rasterfrequenz:
Seitenlänge der Rasterzelle [Pixel] =
Belichterauflösung [dpi] / Rasterfrequenz [lpi]

ausgedrückt in mm:
– Seitenlänge der Rasterzelle [mm] = 25,4 mm / Rasterfrequenz [lpi]

– Seitenlänge der Rasterzelle [mm] = 10 mm / Rasterweite [L/cm]

• 1.3 Pixel- bzw. Recorderelementgröße und Spotgröße
Kleinste Elemente in der Belichtung/Druck sind das Pixel und der Spot (Belichtungspunkt).
Pixel- bzw. Recorderelementgröße [µm] =
25400 µm / Belichterauflösung [dpi]

Pixel- bzw. Recorderelementgröße [µm] =
10000 µm / Belichterauflösung [ppcm]

Um eine ausreichende Flächendeckung in der Belichtung zu erzielen, entspricht der Spotdurchmesser, vereinfacht angenommen, der Diagonalen des Recorderelements.
Spotgröße [µm] =
(25400 µm • (√2) / Belichterauflösung [dpi]

Spotgröße [µm] = (10000 µm • (√2) / Belichterauflösung [ppcm]

• 1.4 Rastertonwert
Jede Rasterzelle besteht aus einer maximalen Anzahl von Pixeln, die einzelnen angesteuert und belichtet werden können. Aus dem Verhältnis der maximal belichtbaren Pixelzahl (= 100 %) und den tatsächlich belichteten Pixel in einer Rasterzelle ergibt sich der theoretische Rastertonwert:

Rastertonwert [%] =
(Anzahl der belichteten Pixel / max. Anzahl der Pixel) • 100 %

Diese Formel berücksichtigt nicht die notwendige Überlappung der einzelnen Belichtungspunkte und die hierdurch entstehende Tonwertzunahme (zu berücksichtigen bei der Kalibration).

17.5 Papier: Maße, Berechnungen

Die heute gebräuchlichen Papierformate basieren zum Großteil auf den unter DIN 476 genormten Formatreihen, die folgende Vorraussetzungen erfüllen.

1. Das Urformat der Reihe A = Rechteck von 1m² Größe.
2. Jedes benachbarte Format ergibt sich durch ein Halbieren oder Verdoppeln.
3. Jedes Format ist dem anderen in geometrischem Sinne ähnlich. Seitenverhältnis aller Formate = 1 : √2

Aus der DIN-Reihe A sind die DIN-Reihen B, C und D abgeleitet, von denen aber nur wenige Formate handelsübliche Bedeutung haben. Wichtiger sind die zur beschnittenen DIN A-Reihe passenden (nicht genormten) unbeschnittenen Rohformate:

Papier- und Nutzenberechnung bei DIN-Formaten
Druckbogenformate sind nach DIN 476 genormt. Ein Bogen DIN A 0 hat ein Seitenverhältnis 1 : √2 und eine Fläche von 1 m².
Die fortlaufende Teilung eines Bogens im DIN-Format durch das Halbieren der jeweils längeren Seite ergibt aus einem Bogen 2, 4, 8, 16, 32 usw. Bogen (bzw. Blatt bei kleineren Formaten ab DIN A 3) mit dem gleichen Seitenverhältnis. Das heißt: Die Anzahl der erhaltenen Bogen verdoppelt sich jeweils. Danach kann das Teilungsprodukt durch Potenzen zur Basis 2 dargestellt werden. Der Exponent, die Hochzahl, steht dabei stellvertretend für das entsprechende DIN-Format. In der Praxis werden die einzelnen, sich dabei ergebenden Bogen (Blatt) Nutzen genannt.
Die rechnerischen Zusammenhänge der Nutzenberechnung bei DIN-Formaten zeigt die folgende Übersicht:

Anzahl der Teilungen	0	1	2	3	4	5	6
Potenzen zur Basis 2	2^0	2^1	2^2	2^3	2^4	2^5	2^6
Nutzen = Blatt	1	2	4	8	16	32	64

Das Prinzip der fortlaufenden Teilung ermöglicht ein sicheres und rasches Berechnen der Nutzen aus beliebigen DIN-Formaten.

Hinweis zur Nutzenrechnung:
Ein Format DIN A 4 (entsprechend: 2^4) ist aus einem Bogen DIN A 0 (entsprechend: 2^0) zu schneiden. Die Differenz der Exponenten (Hochzahlen) ergibt die Nutzenzahl.

Beispiele:

1. Aus einem Bogen im Format DIN A 0 sind Blätter im Format DIN A 4 zu schneiden. Wieviel Nutzen erhält man?
Rechnung: $2^{4-0} = 2^4 = 2 \times 2 \times 2 \times 2 = 16$ Nutzen
2. Wieviel Nutzen DIN A 5 sind aus einem Bogen DIN A 2 zu schneiden?
Rechnung: $2^{5-2} = 2^3 = 2 \times 2 \times 2 = 8$ Nutzen

DIN-A0-Bogen (841 mm x 1189 mm)

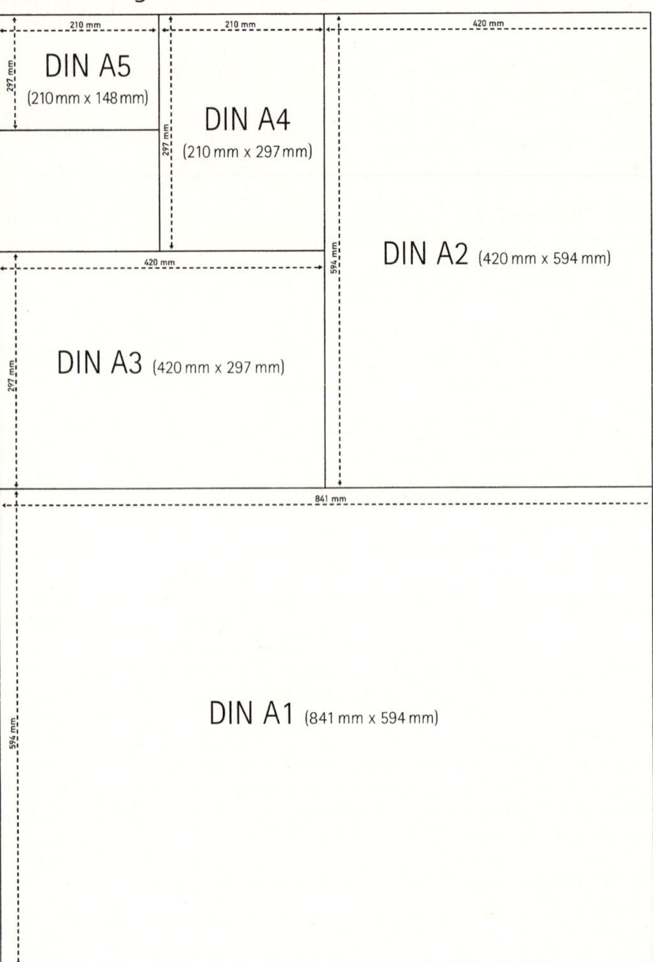

DIN A-Formate	= Roh-Format	DIN B-Formate	DIN C-Formate
A0 841 x 1189 mm	= 860x1220 mm	B0 1000 x 1414 mm	C0 917 x 1297 mm
A1 594 x 841 mm	= 610 x 860 mm	B1 707 x 1000 mm	C1 648 x 917 mm
A2 420 x 594 mm	= 430 x 610 mm	B2 500 x 707 mm	C2 458 x 648 mm
A3 297 x 420 mm	= 305 x 430 mm	B3 353 x 500 mm	C3 324 x 458 mm
A4 210 x 297 mm	= 215 x 305 mm	*B4 250 x 353 mm	*C4 229 x 324 mm
A5 148 x 210 mm		B5 176 x 250 mm	C5 162 x 229 mm
A6 105 x 148 mm	unbeschnitten	*B6 125 x 176 mm	*C6 114 x 162 mm
A7 74 x 105 mm		B7 88 x 125 mm	C7 81 x 114 mm

DIN lang (DL = 110 x 220 mm

*Briefhüllen/Versandtaschen-Formate

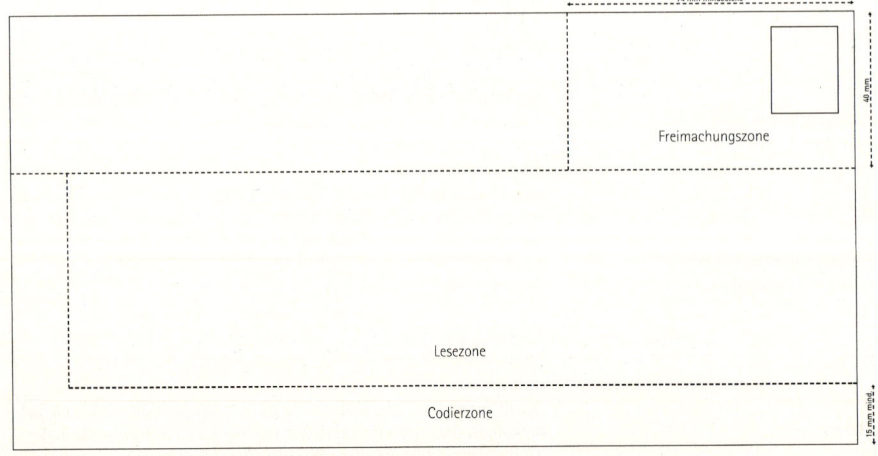

Briefumschläge:
Postalische Vorgaben für die Gestaltung.

Seit Briefe bei der Deutschen Post mit moderner Anlagentechnik bearbeitet werden, sind Briefumschläge in 3 Zonen unterteilt, die nicht bedruckt (gestaltet) werden dürfen. Freimachungs-, Lese- und Codierzone sollten frei bleiben, um reibungslose maschinelle Bearbeitung zu gewährleisten

Beispiel zur Vermaßung eines Umschlages im Format DIN lang.

Briefbogen nach DIN 676

Bei aller kreativen Freiheit in der Gestaltung von Briefbogen: Ohne gewisse Regeln und Normen geht es leider nicht.
Es ist erforderlich, bei Layout und Reinzeichnung die DIN 676 zu berücksichtigen.
Hier sind alle Maße so festgelegt, dass ein Briefbogen sauber gefalzt, gelocht und in einem Fensterbriefumschlag verschickt werden kann.

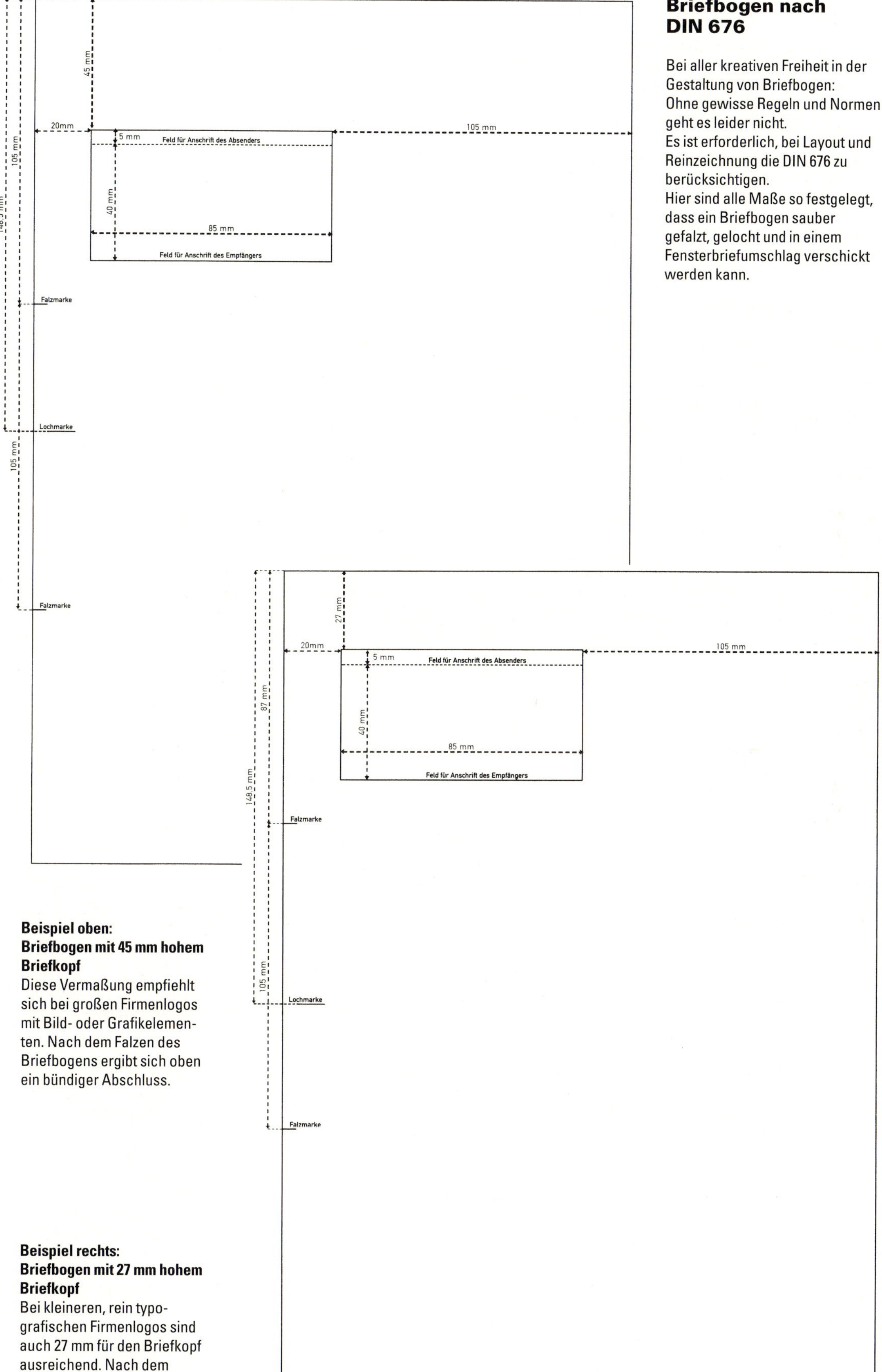

Beispiel oben: Briefbogen mit 45 mm hohem Briefkopf
Diese Vermaßung empfiehlt sich bei großen Firmenlogos mit Bild- oder Grafikelementen. Nach dem Falzen des Briefbogens ergibt sich oben ein bündiger Abschluss.

Beispiel rechts: Briefbogen mit 27 mm hohem Briefkopf
Bei kleineren, rein typografischen Firmenlogos sind auch 27 mm für den Briefkopf ausreichend. Nach dem Falzen des Briefbogens ist das obere Drittel verkürzt und bildet einen kleinen Versatz.

Nutzenberechnungen bei nicht genormten Formaten

Bei nicht genormten Formaten sind die Nutzen mit der Vertikaldivision zu berechnen. Dabei werden das Vertikaldivision zu berechnen. Dabei werden das Bogenformat und das Nutzenformat untereinander geschrieben und die Breite und die Länge jeweils vertikal dividiert. Ist die Laufrichtung des Bedruckstoffes zu berücksichtigen, gibt man jeweils an der parallelen Seite zur Laufrichtung ein „M" (= Maschinenrichtung oder Laufrichtung) an. Diese Seiten müssen zur Berechnung untereinander stehen. Ist die Laufrichtung nicht zu beachten, sind zwei Rechnungen mit unterschiedlicher Nutzanlage durchzuführen. Dabei ist in der größtmöglichen Nutzenzahl zu schneiden. Eine Ausnahme bilden jedoch zu falzende Produkte.
Hierbei ist zu beachten: Das Nutzenprodukt muss zu falzen sein. Demnach sind nur zwei, 4, 8 und 16 sowie 6 und 12 Blatt (nach Abstimmung mit der Druckweiterverarbeitung) zu verarbeiten!

Die Grundformel lautet: $\text{Nutzenzahl pro Bogen} = \dfrac{\text{Bogenformat}}{\text{Nutzenformat}}$

Beispiele:

1. Wieviel Nutzen im Format 24 cm x 33 cm sind aus einem Bogen 70 cm x 100 cm zu schneiden?

Rechnung 1:

Bogenformat	70 cm x 100 cm	
Nutzenformat	24 cm x 33 cm	
Nutzenzahl =	2 x 3	= 6 Nutzen /Bogen

Rechnung 2:

Bogenformat	70 cm x 100 cm	
Nutzenformat	33 cm x 24 cm	
Nutzenzahl =	2 x 4	= 8 Nutzen /Bogen

Die Rechnung 2 ergibt die günstigere Ausnutzung des Bogenformats: **8 Nutzen pro Bogen**

2. Aus einem Bogen im Format 68 cm M x 100 cm sind Schutzumschläge im Format 22 cm M x 48 cm zu schneiden (M = Laufrichtung).
Wieviel Bogen werden für 31 500 Schutzumschläge benötigt?

Bogenformat	68 cm M x 100 cm	
Nutzenformat	22 cm M x 48 cm	
Nutzenzahl =	2 x 3	= 6 Nutzen /Bogen

$\text{Bogenbedarf} = \dfrac{\text{31500 Exemplare}}{\text{6 Nutzen/Bogen}} = \text{5250 Bogen}$

Es werden 5250 Bogen benötigt.

1000-Bogen-Gewicht in kg (branchenüblich gerundet auf ganze bzw. halbe kg)

Gewicht in g/m²	Papier-Formate in cm 61x86	63x88	64x96	65x100	70x100	75x100	86x122	87x126	88x124	88x126	89x124	90x90	100x140
50	26,0	27,5	31,0	32,5	35,0	37,5	52,5	55,0	54,5	55,5	55,0	40,5	70,0
60	31,5	33,5	37,0	39,0	42,0	45,0	63,0	66,0	65,5	66,5	66,0	48,5	84,0
65	34,0	36,0	40,0	42,0	45,5	49,0	68,0	71,5	71,0	72,0	72,0	52,5	91,0
70	37,0	39,0	43,0	45,5	49,0	52,5	73,5	76,5	76,5	77,5	77,0	56,5	98,0
80	42,0	44,5	49,0	52,0	56,0	60,0	84,0	87,5	87,5	88,5	88,5	65,0	112,0
90	47,0	50,0	55,0	58,5	63,0	67,5	94,5	98,5	98,0	100,0	99,5	73,5	126,0
95	50,0	52,5	58,0	61,5	66,5	71,5	99,5	104,0	103,5	105,5	105,0	77,0	133,0
100	52,5	55,5	62,0	65,0	70,0	75,0	105,0	109,5	109,0	111,0	110,5	81,0	140,0
110	57,5	61,0	67,5	71,5	77,0	82,5	115,5	120,5	120,0	122,0	121,5	89,0	154,0
115	60,5	64,0	70,0	74,5	80,5	86,5	120,5	126,0	125,5	127,5	127,0	93,0	161,0
120	63,0	66,5	74,0	78,0	84,0	90,0	126,0	131,5	131,0	133,0	132,5	97,0	168,0
130	68,0	72,0	80,0	84,5	91,0	97,5	136,5	142,5	142,0	144,0	143,5	105,5	182,0
140	73,5	77,5	86,0	91,0	98,0	105,0	147,0	153,5	153,0	155,0	154,5	113,5	196,0
150	78,5	83,0	92,0	97,5	105,0	112,5	157,5	164,5	163,5	166,5	165,5	121,5	210,0
160	84,0	88,5	98,0	104,0	112,0	120,0	168,0	175,5	174,5	177.5	176,5	129,5	224,0
165	86,5	91,5	101,5	107,0	115,5	124,0	173,0	181,0	180,0	183,0	182,0	133,5	231,0
170	89,0	94,0	104,5	110,5	119,0	127,5	178,5	186,5	185,5	188,5	187,5	137,5	238,0
180	94,5	100,0	110,5	117,0	126,0	135,0	189,0	197,5	196,5	199,5	198,5	146,0	152,0
190	99,5	105,5	116,5	123,5	133,0	142,5	199,5	208,5	207,5	210,5	209,5	154,0	266,0
200	105,0	111,0	123,0	130,0	140,0	150,0	210,0	219,0	218,0	222,0	220,5	162,0	280,0
250	131,0	138,5	153,5	162,5	175,0	187,5	262,5	274,0	273,0	277,0	276,0	202,5	350,0
300	157,5	166,5	184,0	195,0	210,0	225,0	315,0	329,0	327,5	332,5	331,0	243,0	420,0
350	183,5	194,0	215,0	227,5	245,0	262.5	367,0	383,5	382,0	388,0	386,5	283,5	490,0
400	210,0	222,0	245,5	260,0	280,0	300,0	419,5	438,5	436,5	443,5	441,5	324,0	560,0

Gebrauchsanleitung: Die Vorspalte gibt gängige Flächengewichte an. Hier wird das bestimmte Flächengewicht aufgesucht. In der gleichen Zeile ist danach unter dem entsprechenden Bogenformat das 1000-Bogen-Gewicht in kg abzulesen.

Beispiel:
Wieviel kg wiegen (branchenüblich gerundet) 1000 Bogen im Format 63 cm x 88 cm bei einem Flächengewicht von 90 g/m²?
Lösung: 50 kg/1000 Bogen

Papier berechnen – aber wie?

	gesucht	gegeben	Formel	Beispiel
1.1	F = Fläche (m²)	L = Länge (cm) B = Breite (cm)	$F = \dfrac{L \times B}{10.000}$	$F = \dfrac{61\text{ cm} \times 86\text{ cm}}{10.000}$ $= 0{,}5246\text{ m}^2$
1.2	Q = Quadratmetergewicht (g/m²)	G = Bogengewicht (g) L = Länge (cm) B = Breite (cm)	$Q = \dfrac{G \times 10.000}{L \times B}$	$F = \dfrac{42\text{ g} \times 10.000}{81\text{ cm} \times 86\text{ cm}}$ $= 80{,}06\text{ g/m}^2 \approx 80\text{ g/m}^2$
1.3	G = Bogengewicht (g)	L = Länge (cm) B = Breite (cm) Q = Quadratmetergewicht g/m²	$G = \dfrac{L \times B \times Q}{10.000}$	$G = \dfrac{61\text{ cm} \times 86\text{ cm} \times 80\text{ g/m}^2}{10.000}$ $= 41{,}968\text{ g/m}^2 \approx 42\text{ g/m}^2$
1.3.1	K = Bogengewicht (kg)	L = Länge (cm) B = Breite (cm) Q = Quadratmetergewicht g/m²	$K = \dfrac{L \times B \times Q}{10.000}$	$K = \dfrac{61\text{ cm} \times 86\text{ cm} \times 80\text{ g/m}^2}{10.000}$ $= 41{,}968\text{ kg} \approx 42\text{ kg}$
2.1	G_R = Bogengewicht (kg) (ohne Hülse)	B = Länge (cm) L_R = Rollenlänge (m) Q = Quadratmetergewicht g/m²	$G_R = \dfrac{B \times L_R \times Q}{100.000}$	$G_R = \dfrac{63\text{ cm} \times \times 6.400\text{ m} \times 80\text{ g/m}^2}{100.000}$ $= 322\text{ kg}$

2.1.1	G_R = Rollengewicht (kg)	L_R = Rollenlänge (m) G_M = Gewicht für 1 Laufmeter (g)	$G_R = \frac{L_R \times G_M}{1.000}$	$G_R = \frac{6.400\,m \times 50,4\,g}{1.000}$ = 322 kg
2.2	Q = Quadratmetergewicht (g/m²)	G_R = Rollengewicht (kg) L_R = Rollenlänge (m) B = Breite (cm)	$Q = \frac{G_R \times 100.000}{L_R \times B}$	$Q = \frac{322\,kg \times 100.000}{6.400\,m \times 63\,cm}$ = 80 g/m²
2.3	L_R = Rollenlänge (m)	G_R = Rollengewicht (kg) B = Breite (cm) Q = Quadratmetergewicht (g/m²)	$L_R = \frac{G_R \times 100.000}{B \times Q}$	$L_R = \frac{322\,kg \times 100.000}{63\,cm \times 80\,g/m^2}$ ≈ 6.400 m
2.3.1	L_R = Rollenlänge (m)	G_R = Rollengewicht (kg) G_M = Gewicht für 1 Laufmeter (g)	$L_R = \frac{G_R \times 1.000}{G_M}$	$L_R = \frac{322\,kg \times 1.000}{50,4\,g}$ ≈ 6.400 m
2.4	L_R = Rollenlänge (m)	R = Rollen-Halbdurchmesser (cm) r = Hülsen-Halbdurchmesser (cm) D = Bogendicke (mm)	$L_R = \frac{(R^2 - r^2) \times 3,14}{D \times 10}$	$L_R \approx \frac{(50^2\,cm - 4,5^2\,cm) \times 3,14}{0,088\,mm \times 10}$ $L_R \approx$ 8.850 m
			Achtung: Die Rollen ist nur annähernd zu errechnen, weil die Rollenwicklung unterschiedlich straff sein kann.	
3.1	V = Volumen des Papieres (x-fach)	D = Bogendicke (mm) Q = Quadratmetergewicht (g/m²)	$V = \frac{D \times 1.000}{Q}$	$V = \frac{0,16\,mm \times 1.000}{80\,g/m^2}$ = 2-faches Volumen
3.2	D = Bogendicke (mm)	Q = Quadratmetergewicht (g/m²) V = Volumen des Papiers (x-fach)	$D = \frac{Q \times V}{1.000}$	$D = \frac{80\,g/m^2 \times 2\text{-fach}}{1.000}$ = 0,16 mm
3.3	D_B = Dicke des Buchblockes mm	Z = Blattzahl Q = Quadratmetergewicht (g/m²) V = Volumen des Papiers (-fach)	$D_B = \frac{Z \times Q \times V}{1.000}$	$D = \frac{160 \times 80\,g/m^2 \times 2\text{-fach}}{1.000}$ = 25,6 mm
3.3.1	V = Volumen des Papieres (x-fach)	D_B = Dicke des Buchblockes (mm) Z = Blattzahl Q = Quadratmetergewicht (g/m²)	$V = \frac{D_B \times 1.000}{Z \times Q}$	$V = \frac{25,6\,mm \times 1.000}{160 \times 80\,g/m^2}$ = 2-faches Volumen

Gewicht einer Zeitschrift oder eines Kataloges, Format DIN A 4

Heftinhalt DIN A 4	Seiten-anzahl	Blatt-anzahl	bei einem Lehrgewicht*) von 48 g/m²	51 g/m²	54 g/m²	60 g/m²	65 g/m²	70 g/m²	80 g/m²	90 g/m²	4 c Farbauftrag
	240	120	359,3	381,7	404,2	449,1	486,5	523,9	598,8	673,6	+ 15
	224	112	335,3	356,3	377,3	419,1	454,1	489,0	558,9	628,7	+ 14
	208	104	311,4	330,9	350,3	389,2	421,6	454,1	519,0	583,8	+ 13
	192	96	287,4	305,4	323,4	359,3	389,2	412,2	479,0	538,9	+ 12
	176	88	263,5	280,0	296,4	329,3	356,8	384,2	439,1	494,6	+ 11
	160	80^	239,5	254,5	269,5	299,4	324,3	349,3	399,2	449,1	+ 10
	144	72	215,6	229,1	242,5	269,5	291,9	314,4	359,3	404,2	+ 9
	128	64	191,6	203,6	215,6	239,5	259,5	279,4	319,4	359,3	+ 8
	112	56	167,7	178,2	188,6	209,6	227,1	244,5	279,5	314,4	+ 7
	96	48	143,7	152,7	161,7	179,6	194,6	209,6	239,5	269,5	+ 6
	80	40	119,8	127,3	134,8	149,7	162,2	174,7	199,6	224,6	+ 5
	64	32	95,8	101,8	107,8	119,8	129,8	139,7	159,7	179,7	+ 4
	48	24	71,9	76,4	80,9	89,8	97,3	104,8	119,8	134,8	+ 3
	32	16	47,9	50,9	53,9	59,8	64,9	69,9	79,8	89,9	+ 2
	16	8	24,0	25,5	27,0	30,0	32,4	34,9	39,9	44,9	+ 1
	8	4	12,0	12,8	13,5	15,0	16,2	17,5	20,0	22,5	+ 0,5
	4	2	6,0	6,4	6,8	7,5	8,1	8,7	10,0	11,3	+ 0,3
	2	1	3,0	3,2	3,4	3,8	4,1	4,4	5,0	5,6	+ 0,2

*) Die Angaben basieren auf den Papier-Sollgewichten.
Schwankungen von bis zu ±4 % sind laut den Geschäftsbedingungen der Papierindustrie zulässig.

Heftumschlag DIN A 4	Seiten-anzahl	Blatt-anzahl	bei einem Papiergewicht von 100 g/m²	115 g/m²	135 g/m²	150 g/m²	170 g/m²	200 g/m²	250 g/m²	300 g/m²	4 c Farbauftrag
	8	4	25,0	28,7	33,7	37,4	42,5	49,9	62,4	74,9	+0,5
	6	3	18,7	21,6	25,3	28,1	31,8	37,5	46,8	56,2	+0,4
	4	2	12,5	14,4	16,9	18,7	21,3	25,0	31,2	37,5	+0,3
	2	1	6,3	7,2	8,5	9,4	10,6	12,5	15,6	18,8	+0,2

Versand-umschlag	Format mm	bei einem Papiergewicht von 60 g/m²	70g/m²	80 g/m²	100 g/m²	120 g/m²	Anschriften-Etikett
DIN C 4	229 x 324	11,0	12,5	14,2	17,6	21,4	+2 g
DIN B 4	250 x 353	12,0	13,5	15,5	19,0	23,2	+2 g
PE-Folienschweißung je Exemplar		7,0					+2 g

Rechenbeispiele: (Musterrechnung)

Heftinhalt 64 Seiten, 70 g/m²	=	139,7 g
Heftumschlag 4 Seiten, 115 g/m²	=	14,4 g
PE-Folienschweißung + Etikett	=	9,0 g
Farbauftrag Inhalt + Umschlag	=	4,3 g
	=	167,4 g = Zu berücksichtigendes Gewicht für das Porto

Anzahl der Bogen pro 100 kg

Papier-Flächenbezog. Masse in g/m²	Bogenformat in cm 61 x 86	63 x 88	65 x 92	70 x 100	72 x 102	88 x 126
40	4765	4509	4180	3571	3404	2254
50	3810	3607	3344	2855	2723	1803
60	3175	3006	2787	2381	2269	1503
70	2720	2576	2389	2040	1945	1288
80	2380	2254	2090	1785	1702	1127
90	2115	2004	1858	1587	1513	1002
100	1905	1803	1672	1428	1361	901
110	1733	1639	1520	1298	1237	819
115	1655	1568	1454	1242	1184	784
120	1585	1503	1393	1190	1134	751
135	1410	1336	1238	1058	1008	668
150	1270	1202	1114	952	907	601
170	1120	1061	983	840	801	530
200	950	901	836	714	680	451
250	760	721	668	571	544	360
300	635	601	557	476	453	300
350	544	515	477	408	389	257
400	476	450	418	357	340	225

Die Tabelle gibt die annähernde Bogenzahl an. Produktionsbedingte Toleranzen in der flächenbezogenen Masse (g/m²) ergeben geringfügige Unterschiede.

Durchschnittsstärke eines Buchblocks

Papier Flächen-bezogene Masse in g/m²	Naturpapier/Werkdruck satiniert	m'gl	Volumen 1,5	1,75	2,0	gestrichene Papiere glänzend	matt
	Durchschnittsstärke eines 16seitigen Bogens (8 Blatt) in mm						
50	0,40	0,52	–	–	–	–	–
60	0,48	0,57	–	–	–	0,40	0,50
70	0,56	0,66	0,83	0,90	1,02	0,48	0,58
80	0,64	0,77	0,95	1,03	1,18	0,51	0,63
90	0,72	0,86	1,05	1,18	1,29	0,57	0,67
100	0,80	0,96	1,17	1,29	1,49	0.61	0,75
110	0,88	1,06	–	–	–	–	–
115	0,92	1,08	–	–	–	0,73	0,85
120	0,95	1,17	1,45	1,54	1,78	–	–
135	1,06	1,27	–	–	–	0,83	1,00
150	1,18	1,38	–	–	–	0,93	1,17
170	1,35	1,62	–	–	–	1,04	1,33

Die Tabelle dient nur zu einer überschlägigen Berechnung.Produktionsbedingte Toleranzen in der flächenbezogenen Masse (g/m²), der Art und Menge der Faser- und Füllstoffe sowie der Stärke der Satinage ergeben Unterschiede. Ein genaues Maß, z. B. für die Rückenbeschriftung und die Verpackung, ist nur durch ein Blindband (Musterband) zu ermitteln.Bei einem Deckenband kommen je nach Stärke der Pappen und des Überzugsmaterials für die Buchdecke 3,5 mm bis 6,5 mm dazu.
Die gesamte Flächenbreite hängt u.a. von der Art der Bindung, der Anzahl der Heftlagen und der Papiersorte ab.

Papier und Gewicht (Informationen die beim Versand ins Gewicht fallen)

Was wiegt eine Werbesendung mit 4 Seiten DIN A4 (2 Blatt) à 100 g/m², einem Umschlag DIN lang, 120 g/m², sowie einer Antwortkarte, 200 g/m², DIN lang? Mit den nachfolgenden Tabellen sind solche Fragen ohne langes Rechnen einfach beantworten.
Falls in den Übersichten ein Gewicht fehlt, gelten für die Berechnung folgende Faustformeln:

Für Briefbögen und Karten: $\frac{\text{Breite mm x Höhe mm x g/m}^2}{1.000.000} = \text{x g}$ Beispiel: $\frac{\text{210 mm x 297 mm x 90 g/m}^2}{1.000.000} = 5{,}6\text{ g}$

Für Briefumschläge und Versandtaschen: $\frac{\text{Breite mm x Höhe mm x g/m}^2\text{ x 2,25}}{1.000.000} = \text{x g}$ Beispiel: $\frac{\text{110 mm x 220 mm x 120 g/m}^2\text{ x 2,25}}{1.000.000} = 6{,}5\text{ g}$

Was wiegt eine Drucksache (DIN A 4)?

Flächen-gewicht	1 Blatt (2 Seiten)	2 Blatt (4 Seiten)	3 Blatt (6 Seiten)	4 Blatt (8 Seiten)	8 Blatt (16 Seiten)	16 Blatt (32 Seiten)
70 g/m²	4,4 g	8,7 g	13,1 g	17,5 g	35,0 g	70,0 g
80 g/m²	5,0 g	10,0 g	15,0 g	20,0 g	40,0 g	80,0 g
90 g/m²	5,6 g	11,2 g	16,8 g	22,5 g	45,0 g	90,0 g
100 g/m²	6,2 g	12,5 g	18,7 g	25,0 g	50,0 g	100,0 g
110 g/m²	6,8 g	13,7 g	20,5 g	27,5 g	55,0 g	110,0 g
120 g/m²	7,3 g	15,0 g	22,4 g	30,0 g	60,0 g	120,0 g
130 g/m²	8,1 g	16,2 g	24,3 g	32,5 g	65,0 g	130,0 g
150 g/m²	9,4 g	18,7 g	28,2 g	37,5 g	75,0 g	150,0 g
160 g/m²	10,0 g	20,0 g	30,0 g	40,0 g	80.0 g	160,0 g
170 g/m²	10,6 g	21,2 g	31,8 g	42,5 g	85,0 g	170,0 g

Berechnungen der reinen Papiergewichte ohne Druckfarbe, Klebstoff und Klammern. Anfertigungsbedingte Toleranzen sind nicht auszuschließen.

Briefumschläge und Versandtaschen

Flächengewicht	DIN C 6 114 x 162 mm	DIN lang 110 x 220 mm	DIN C 5 162 x 229 mm	DIN C 4 229 x 324 mm
70 g/m²	2,9 g	3,8 g	5,8 g	11,7 g
80 g/m²	3,3 g	4,3 g	6,7 g	13,4 g
90 g/m²	3,7 g	4,9 g	7,5 g	15,0 g
100 g/m²	4,1 g	5,4 g	8,4 g	16,7 g
110 g/m²	4,6 g	6,0 g	9,2 g	18,4 g
120 g/m²	5,0 g	6,5 g	10,0 g	20,0 g

Die Angaben können je nach Schnittform geringfügig abweichen.

Seiten		Seiten		Seiten		Seiten	
1	2	97	98	193	194	289	290
4	3	100	99	196	195	292	291
5	6	101	102	197	198	293	294
8	7	104	103	200	199	296	295
9	10	105	106	201	202	297	298
12	11	108	107	204	203	300	299
13	14	109	110	205	206	301	302
16	15	112	111	208	207	304	303
17	18	113	114	209	210	305	306
20	19	116	115	212	211	308	307
21	22	117	118	213	214	309	310
24	23	120	119	216	215	312	311
25	26	121	122	217	218	313	314
28	27	124	123	220	219	316	315
29	30	125	126	221	222	317	318
32	31	128	127	224	223	320	319
33	34	129	130	225	226	321	322
36	35	132	131	228	227	324	323
37	38	133	134	229	230	325	326
40	39	136	135	232	231	328	327
41	42	137	138	233	234	329	330
44	43	140	139	236	235	332	331
45	46	141	142	237	238	333	334
48	47	144	143	240	239	336	335
49	50	145	146	241	242	337	338
52	51	148	147	244	243	340	339
53	54	149	150	245	246	341	342
56	55	152	151	248	247	344	343
57	58	153	154	249	250	345	346
60	59	156	155	252	251	348	347
61	62	157	158	253	254	349	350
64	63	160	159	256	255	352	351
65	66	161	162	257	258	353	354
68	67	164	163	260	259	356	355
69	70	165	166	261	262	357	358
72	71	168	167	264	263	360	359
73	74	169	170	265	266	361	362
76	75	172	171	268	267	364	363
77	78	173	174	269	270	365	366
80	79	176	175	272	271	368	367
81	82	177	178	273	274	369	370
84	83	180	179	276	275	372	371
85	86	181	182	277	278	373	374
88	87	184	183	280	279	376	375
89	90	185	186	281	282	377	378
92	91	188	187	284	283	380	379
93	94	189	190	285	286	381	382
96	95	192	191	288	287	383	384

Hinweise und Beispiele zur Anwendung der Tabelle siehe folgende Seite.

Beispiele für den Einsatz der Tabelle

Aufgaben:

1. Druck von 32 Seiten in zwei Druckformen zu je 16 Seiten.
Welche Seiten gehören zur äußeren und welche zur inneren Druckform?
Lösung: Zur äußeren Druckform gehören die Seiten in der Spalte links (1, 4, 5, 8, usw.), zur inneren Druckform gehören die Seiten in der Spalte rechts (2, 3, 6, 7, usw.).
Vergleiche: Feine senkrechte Linie.

2. Druck von 32 Seiten zu je 8 Seiten zum Umschlagen in einer Druckform:
Welche Seiten gehören zu jedem Druckbogen?
Lösung: Zum ersten Druckbogen gehören die Seiten 1 bis 8, zum zweiten die Seiten 9 bis 16, zum dritten die Seiten 17 bis 24 und zum vierten Druckbogen die Seiten 25 bis 32.
Vergleiche: Feine waagrechte Linien.

3. Druck von 32 Seiten zum Ineinanderstecken (Sammeln).
Gedruckt wird zu 16 Seiten in je einer Druckform zum Umschlagen.
Lösung: Zu einem Druckbogen gehören die ersten 8 Seiten und gleichzeitig die letzten 8 Seiten = 16 Seiten.
Von der Doppelreihe gehören die ersten 4 Zeilen (= 8 Seiten) und von der Seite 32 an rückwärts die letzten 4 Zeilen zu dem äußeren Falzbogen (Heftlage).
Die Seiten von Seite 9 an 8 Zeilen weiter bis zur Seite 24 zum inneren Falzbogen.
Äußerer Falzbogen: 1, 2, 3, 4, 5, 6, 7, 8, 25, 26, 27, 28, 29, 30, 31, 32.
Innerer Falzbogen: 9, 10, 11, 12, 13, 14, 15, 16, 17, 18, 19, 20, 21, 22, 23, 24.
Vergleiche: Feine Linien in dem Tabellenauszug.

Zu Aufgabe 1:

Seiten	(Auszug)
1	2
4	3
5	6
8	7
9	10
12	11
13	14
16	15
17	18
20	19
21	22
24	23
25	26
28	27
29	30
32	31

Zu Aufgabe 2:

Seiten	(Auszug)
1	2
4	3
5	6
8	7
9	10
12	11
13	14
16	15
17	18
20	19
21	22
24	23
25	26
28	27
29	30
32	31

Zu Aufgabe 3:

Seiten	(Auszug)
1	2
4	3
5	6
8	7
9	10
12	11
13	14
16	15
17	18
20	19
21	22
24	23
25	26
28	27
29	30
32	31

Seitenzahl und Heftlage

Heft-lage	Falzbogen bzw. Heftlage zu 8 Seiten	12 Seiten	16 Seiten	24 Seiten	32 Seiten
1	1 - 8	1 - 12	1 - 16	1 - 24	1 - 32
2	9 - 16	13 - 24	17 - 32	25 - 48	33 - 64
3	17 - 24	25 - 36	33 - 48	49 - 72	65 - 96
4	25 - 32	37 - 48	49 - 64	73 - 96	97 - 128
5	33 - 40	49 - 60	65 - 80	97 - 144	129 - 160
6	41 - 48	61 - 72	81 - 96	121 - 144	161 - 192
7	49 - 56	73 - 84	97 - 112	145 - 168	193 - 224
8	57 - 64	85 - 96	113 - 128	169 - 192	225 - 256
9	65 - 72	97 - 108	129 - 144	193 - 216	257 - 288
10	73 - 80	109 - 120	145 - 160	217 - 240	289 - 320
11	81 - 88	121 - 132	161 - 176	241 - 264	321 - 352
12	89 - 96	133 - 144	177 - 192	265 - 288	353 - 384
13	97 - 104	145 - 156	193 - 208	289 - 312	385 - 416
14	105 - 112	157 - 168	209- 224	313 - 336	417 - 448
15	113 - 120	169 - 180	225 - 240	337 - 360	449 - 480
16	121 - 128	181 - 192	241 - 256	361 - 384	481 - 512
17	129 - 136	193 - 204	257 - 272	385 - 408	513 - 544
18	137 - 144	205 - 216	273 - 288	409 - 432	545 - 576
19	145 - 152	217 - 228	289 - 304	433 - 456	577 - 608
20	153 - 160	229 - 240	305 - 320	457 - 480	609 - 640
21	161 - 168	241 - 252	321 - 336	481 - 504	641 - 672
22	169 - 176	253 - 264	337 - 352	505 - 528	673 - 704
23	177 - 184	265 - 276	353 - 368	529 - 552	705 - 736
24	185 - 192	277 - 288	369 - 384	553 - 576	737 - 768
25	193 - 200	289 - 300	385 - 400	577 - 600	769 - 800
26	201 - 208	301 - 312	401 - 416	601 - 624	801 - 832
27	209 - 216	313 - 324	417 - 432	625 - 648	833 - 864
28	217 - 224	325 - 336	433 - 448	649 - 672	865 - 896
29	225 - 232	337 - 348	449 - 464	673 - 696	897 - 928
30	233 - 240	349 - 360	465 - 480	697 - 720	829 - 960
31	241 - 248	361 - 372	481 - 496	721 - 744	961 - 992
32	249 - 256	373 - 384	497 - 512	745 - 768	993 - 1024
33	257 - 264	385 - 396	513 - 528	769 - 792	1025 - 1056
34	265 - 272	397 - 408	529 - 544	793 - 816	1057 - 1088
35	273 - 280	409 - 420	545 - 560	817 - 840	1089 - 1120
36	281 - 288	421 - 432	561 - 576	841 - 864	1121 - 1152
37	289 - 296	433 - 444	577 - 592	865 - 888	1153 - 1184
38	297 - 304	445 - 456	593 - 608	889 - 912	1185 - 1216
39	305 - 312	457 - 468	609 - 624	913 - 936	1217 - 1248
40	313 - 320	469 - 480	625 - 640	937 - 960	1249 - 1280
41	321 - 328	481 - 492	641 - 656	961 - 984	1281 - 1312
42	329 - 336	493 - 504	657 - 672	985 - 1008	1313 - 1344
43	337 - 344	505 - 516	673 - 688	1009 - 1032	1345 - 1376
44	345 - 352	517 - 528	689 - 704	1033 - 1056	1377 - 1408
45	353 - 360	529 - 540	705 - 720	1057 - 1080	1409 - 1440
46	361 - 368	541 - 552	721 - 736	1081 - 1104	1441 - 1472
47	369 - 376	553 - 564	737 - 752	1105 - 1128	1473 - 1504
48	377 - 384	565 - 576	753 - 768	1129 - 1152	1505 - 1536
49	385 - 392	577 - 588	769 - 784	1153 - 1176	1537 - 1568
50	393 - 400	589 - 600	769 - 800	1177 - 1200	1569 - 1600
51	401 - 408	601 - 612	801 - 816	1201 - 1224	1601 - 1632
52	409 - 416	613 - 624	817 - 832	1225 - 1248	1633 - 1664
53	417 - 424	625 - 636	833 - 848	1249 - 1272	1665 - 1696
54	425 - 432	637 - 648	849 - 864	1273 - 1296	1697 - 1728
55	433 - 440	649 - 660	865 - 880	1297 - 1320	1739 - 1760
56	441 - 448	661 - 672	881 - 896	1321 - 1344	1761 - 1792
57	449 - 456	673 - 684	897 - 912	1345 - 1368	1793 - 1824
58	457 - 464	685 - 696	913 - 928	1369 - 1392	1825 - 1856
59	465 - 472	697 - 708	929 - 944	1393 - 1416	1857 - 1888
60	473 - 480	709 - 720	945 - 960	1417 - 1440	1889 - 1920
61	481 - 488	721 - 732	961 - 976	1441 - 1464	1921 - 1952
62	489 - 496	733 - 744	977 - 992	1465 - 1488	1953 - 1984
63	497 - 504	745 - 756	993 - 1008	1489 - 1512	1985 - 2016
64	505 - 512	757 - 768	1009 - 1024	1513 - 1536	2017 - 2048
65	513 - 520	769 - 780	1025 - 1040	1537 - 1560	2049 - 2080

17.6 Abkürzungen

A

A Amperé
A/D-Wandler Analog-/Digital-Wandler
AIDA Attention Interest Desire Action
AM Amplitudenmodulation
ANSI American National Standards Institute
API Application Programming Interface
ASCII American Standard Code for Information Interchange
AOL America On Line
APS Advances Photo System
ATM Adobe Type Manager
AT-PC Advanced Technology Personal Computer
Atypi Association Typographique Internationale
A/UX Apple Unix
AV Arbeitsvorbereitung

B

BASIC Beginners All-purpose Symbolic Instruction Code
Bd Baud
BIFF Binary Interchange File Format
BIOS Basic-Input-Output-System
Bit Binary digit
BIT Binary digit
BMBF Bundesministerium für Bildung und Forschung
BMP Windows Bitmap Format
BMWi Bundesministerium für Wirtschaft und Technologie
bps Bits per second
BVDM Bundesverband Druck und Medien e.V.
Byte Binärwert aus 8 Bit

C

c Typografische Maßeinheit: Cicero (auch. Cic.), 12 p
C Chroma, Buntheit, auch Sättigung (Farbmesstechnik)
C Cyan
C Hochstehende Programmiersprache
CAD Computer Aided Design
CAP Computer Aided Publishing
CAP Computer Aided Publishing
CAP Computer Aided Planning
CBT Computer Based Teaching
CCD Charge-Coupled Device
CCITT Comité Consultatif Internationale de Télégrafie et Téléphonie
CD Compact Disc
CD Corporate Design
CD-I Compact Disc-Interactive
CD-ROM Compact Disc Read Only Memory
CD-RW Compact Disc Rewriteable
CEP Coporate Electronic Publishing
CGA Computer Graphics Adapter
CGI Computer Graphics Interface
CGI Common Gateway Interface
CGM Computer Graphics Metafile
CI Corporate Identity
CIE Commision Internationale de l´Eclairage, Internationale Beleuchtungskommission
CIELAB Farbraummodell der CIE
CIELUV Farbraummodell der CIE
CIM Computer Integrated Manufacturing
CIP3 Cooperation for Integration of Prepress, Press and Postpress
CIP4 Cooperation for Integration of Process in Prepress, Press and Postpress
CISC Complex Instruction Set Computer
CLUT Color-Look-up-Tables
CMM Color Matching Methode
CMS Color Management System
CMY Cyan, Magenta, Yellow
CMYK Cyan, Magenta, Yellow, Schwarz (Black, internationale Abk.: K)
com commercial (Abk. für Firmen)
CP Corporate Publishing
CPU Central Processing Unit
CPC Computer Print Control
CRD Color Rendering Dictionary
CRT Cathode Ray Tube
CSS Cascading Stylesheets
CtF Computer to Film
CtP Computer to Plate

D

D Dichte = log O
D50 Normlichtart mit 5000 K
D65 Normlichtart mit 6500 K
DAT Digital Audio Tape
dB Dezibel
DBMS Data Base Management System
DCA Document Content Architecture
DCS Document Color Separation
DDE Dynamic Data Exchange
DDL Data Defintion Language
Delta E ΔE, Differenz, Bezeichnung für den Farbabstand
DES Data Encryption Standard
DFÜ DatenfernÜbertragung
DI Direct Imaging
DIN Deutsche Industrie Norm
DIN Deutsches Institut für Normung e. V.

DKL	Druckkontrolleiste
DKL-E	Druckkontrollei ste- Endlosdruck
DKL-S	Druckkontrolleiste-Siebdruck
DKL-Z	Druckkontrolleiste-Zeitungsdruck
DLL	Dynamic Link Library
DMMV	Deutscher Multimedia Verband
DNS	Domain Name Server
DOC	Dateiendung für Textdokumente
DOS	Disc Operating System
dpi	dots per inch
DSC	Document Structuring Conventions
DSD	Direct Stream Digital
DTP	Desktop Publishing
DVD	Digital Versatile Disc
DV-I	Digital Vidio-Interactive
DXF	Drawing Interchange Format

E

E/A	Eingabe/Ausgabe (vgl. I/O-Unit)
EBV	Elektronische Bildverarbeitung
E-Mail	Electronic Mail
EAN	Europäische Artikel Numerierung
EBCDIC	Extended Binary Coded Decimal Interchange Code
E-Book	Electronic Book
EBU	European Broadcasting Union
ECP	Electronic Corporate Publishing
edu	education (Abk. für Bildungseinrichtungen im Internet)
EGA	Enhanced Graphics Adapter
E-DIE	Enhanced Integrated Drive Electronic
EIS	Executiv Information Systems
EISA	Extended Industry Standard Architecture
EP	Electronic Publishing
EPS	Encapsulated PostScript
EPSF	Encapsulated PostScript Fileformat
ESDI	Enhanced Small Device Interface
ETP	Electronic Technical Publication
ETRM	Early Token Release Method

F

FAQ	Frequently Asked Questions
FAT	File Allocation Table
FDDI	Fibre Distributed Data Interface
FIF	Fractal Image Format
FM	Frequenzmodulation
FOGRA	Forschungsgesellschaft Druck e. V.
fps	Frames pro Sekunde
FTP	File Transfer Protocol

G

GAN	Global Area Network
GATF	Graphic Arts Technical Foundation
GB	Gigabyte (= 2^{10} Megabyte = 2^{20} Kilobyte = 2^{30} Byte); siehe auch Gbyte
Gbyte	Gigabyte (= 2^{10} = 1024 Megabyte)
GCR	Gray Component Replacement
GEM	Graphics Environment Manager
GEMA	Gesellschaft für musikalische Aufführungs- und mechanische Vervielfältigungsrechte
GIF	Grafics Interchange Format
GML	General Markup Language

H

H	Hue, Farbton
HD	High Density
HiRes	High Resolution
HKS	Warenzeichen der Unternehmen Hostmann-Steinberg, BASF Kast+Ehinger, Schmincke für ein Farbmischsystem
HLS	Hue, Lightness, Saturation
HQS	High Quality Screening
HSB	Hue, Saturation, Brightness
HSV	Hue Saturation Value
HTML	Hypertext Markup Language
HTTP	Hypertext Transfer Protocol
Hz	Hertz

I

I/0	Intput/Output
ICC	International Color Consortium
ID	Image Data
IDE	Integrated Device Electronics
IEEE	Institute of Electrical and Electronical Engineers
IFD	Image File Directory
IFIP	International Federation of Information Processing
IFRA	INCA-FIEJ Research Association
IMAP	Internet Message Access Protocol
INCA	International Newspaper and Color Association
I/O-Unit	Input-/Output-Unit
IP	Internet Protocol
IR	Infrarot
IRC	Internet Relay Chat
IRD	Institut für Rationale Unternehmensführung in der Druckindustrie e.V.
IS	Irrational Screening
ISA-Bus	Industrial Standard Architecture Bus
ISBN	International Standard Book Number
ISDN	Integrated Services Digital Network

ISO	International Organisation for Standardization
ISO 9000	Normen für Qualitätssicherung
ISO 9660	Normen für CD-ROM
ISO/OSI	International Standardization Organisation/Open System Interconnection
ISSN	International Standard Serial Number

J

JPEG	Joint Photographers Expert Group

K

k	Vorsatz für Kilo (allg. =1000)
K	Kelvin
K	International:Druckfarbe Schwarz
K	Vorsatz für Kilo (in der Datentechnik = 1024)
KB	Kilobyte (2^{10} Byte = 1024 Bytes)
Kbit	Kilobit (1024 Bit)
kbit/s	Kilobits pro Sekunde (auch: kbps)
kbps	Kilobits per second
kHz	Kilohertz = 1000 Hz
KKS	Kontaktkontrollstreifen

L

L	Luminanz, Helligkeit
L*a*b*	Farbenraum sichtbarer Farben
LAB-Modus	Farbaufbau eines digitalen Bildes (24 Bit Farbtiefe)
LAN	Local Area Network
LCD	Liquid Cristal Display
LCH	Lightness, Chroma, Hue (Helligkeit, Buntheit, Buntton)
LED	Light Emitting Diode
LoRes	Low Resolution
Lpi	Lines per Inch
LWL	Lichtwellenleiter (Glasfaserkabel)
LZW	Kompressionsverfahren nach Lempel, Ziv, Welch

M

m	Meter
M	Magenta
MacOS	Macintosh Operating System
Mb	Megabit (1048576 Bit)
Mbit	Megabit (1048576 Bit)
MB	Megabyte (1048576 Byte)
MByte	Megabyte
MFS	Macintosh File System
MAN	Metropolitan Area Network
m´gl	maschinenglattes Papier
MHz	Megahertz
MIDI	Musical Intrument Digital Interface
MIME	Multipurpose Internet Mail Extension
MIPS	Million of instructions per second
MIS	Management Information Systems
MIT	Massachussetts Institute of Technology
MMU	Memory Mangement Unit
MOD	Magnetic Optical Disk
MP3	Digitales Musikdatenformat, Audiokompression und Codierung für Sounds
MPEG	Motion Picture Expert Group
MS-DOS	Microsoft Disc Operating System

N

NLQ	Near Letter Quality
ns	Nanosekunde
NTIFS	Windows NT File System
NTSC	National Television System Comitee

O

O	Opazität
OCR	Optical Character Recognition
OD	Optical Disc
ODBC	Open Database Connectivity
OEM	Original Equipment Manufacturer
OLE	Object Linking and Embedding
OP	Office Publishing
OPI	Open Prepress Interface
org	organisation
OS	Operating System (Betriebssystem)

P

p	typografischer Punkt (1 p = 0,375 mm, 1 mm = 2666 p)
PAL	Phase Alternating Line
PC	Personal Computer
PCI-Bus	Peripheral Component Interconnect
PCL	Printer Control Language
PCM	Puls Code Modulation
PCMCIA	Personal Computer Memory Card International Association
PCT	Macintosh Picture Format
PDF	Portable Document Format
PDL	Page Description Language
Photo CD	Photo Compact Disc
PGA	Professional Graphics Adapter
PICT	Apple Macintosh Bitmap-Grafikformat
PIN	Personal Identification Number
PLZ	Postleitzahl
PMS	Pantone Matching System
PMS	Präzisionsmess-Streifen (FOGRA)
PMS-Z	Präzisionsmess-Streifen (FOGRA) für Zeitungsdruck

PMT	Photomultiplier-Tubes
POD	Printing on Demand
POP	Post Office Protocol
POS	Point Of Sale
PPD	Printer Page Description
PPF	Print Production Format von CIP3
ppi	Pixel per inch (Scanauflösung)
PPM	Page Per Minute
PS	PostScript
pt	DTP-Point (1 pt = 0,35277 mm, 1 mm = 2,8347 pt)

R

Raid	Redundant Array of Inexpensive Discs
RAL	Farbenstandard der Industrie und Bauwirtschaft
RAM	Random Access Memory
REL	Recorderelement, kleinstes Element in einem Ausgabesysten
Res	Resolution
RGB	Rot, Grün, Blau (additive Grundfarben)
RGB-TIFF	Rot, Grün, Blau Tag Image File Format
RIP	Raster Image Processor
RISC	Reduced Instruction Set Computing
ROM	Read Only Memory
R.O.O.M.	Rip once, output many (Workflow Konzept)
RTF	Rich Text Fileformat
R/W	Read/Write

S

s	Sekunde
S	Sättigung
sat.	satiniertes Papier
SCSI	Small Computer System Interface
SGML	Standard Generalized Markup Language
SIMM	Single Inline Memory Modul
SMTP	Simple Mail Transfer Protocol
SNA	System Networks Architecture
SQL	Structured Query Language
sRGB	Standard-RGB-Farbraum
S-VHS	Super Video Home System
S/W	Abk. für schwarzweiß
SWOP	Specification for Web Offset Publications

T

T	Farbton
T	Transparenz
T	Periodendauer in Sekunde
TA	Technische Anleitung
TCF	Totally Chlorine Free
TCO	Total Cost of Ownership
TCP	Transmission Control Protocol
TCP/IP	Transmission Control Protocol/Internet Protocol
TFT	Thin Film Technology, Dünnschichttransistor
TIFF	Tag Image File Format
TXT	Dateianhang für Textdateiformat

U

UCA	Under Color Addition
UCR	Under Color Removal
UGRA	Verein zur Förderung wissenschaftlicher Untersuchungen in der graphischen Industrie (St. Gallen, Schweiz)
URL	Uniform Resource Locator
USB	Universal Serial Bus
UV	Ultraviolett

V

VDT	Video Display Terminal
VGA	Video Graphics Array
VR	Virtual Reality
VRML	Virtual Reality Modelling Language

W

WAN	Wide Area Network
WORM	Write Once, Read Many
WS	Wollskala zur Bestimmung der Lichtechtheit
WWW	World Wide Web
WYSIWYG	What You See Is What You Get

X

XML	Extended Markup Language
xyz	Normfarbwertanteile
X, Y, Z	Farbmaßzahlen

Y

Y	Helligkeit, Hellbezugswert (Farbmetrik)
Y	Yellow (Gelb als Prozessfarbe)
YCC	Farbsystem für Photo-CD, Kodak

Z

ZFA	Zentral-Fachausschuss Berufsbildung Druck und Medien
.zip	Dateiformatendung eines Datenkompressionsprogramms
ZIP	Diskettenähnlicher Datenträger mit 100 bzw. 200 MB
ZIP-Drive	System zur Speicherung von Daten auf einem ZIP-Datenträger

17.7 Mein besonderer Dank an Personen und Unternehmen, die meine Arbeit an diesem Buch aktiv unterstützten

• Mitarbeitende Kollegen

Peter Best, OStR
Johannes-Gutenberg-Schule Frankfurt/Main
– Grafiken Arbeitsabläufe zu Kapitel 16

Eberhard Höngen, TL
Alfons Neumeyer, TL
Kerschensteinerschule Reutlingen
– Textbeitrag zu Kapitel 05

Wilfried Kusterka, OStR
Gewerbliche Schule Neumünster
– Autor Kapitel 08

Hans Jürgen Scheper, OStR
Gewerbliche Schule Heilbronn
– Kapitel 17.4

Hans Walk, StD
Johannes-Gutenberg-Schule Stuttgart
– Autor / Mitarbeit zu den Kapiteln 03, 06, 07

• Mitarbeitende Damen und Herren

Dr. Guido Leidig
c/o Bundesverband Druck und Medien e.V.
Wiesbaden

Claudia Mönnig
c/o Laudert – Innovative Medientechnik
Vreden

Gaby Schermuly-Wunderlich
c/o Going PublicRelation
Weilburg

Wolfgang Mach
Martin Rehm
c/o Mach Werbeagentur GmbH
Bad Waldsee

Dr. Jakob Frauchiger
Dr. Guido Hennig
c/o MDC Max Dätwyler AG
CH-Bleienbach

• Personen, denen ich für Ihre freundliche Unterstützung besonders danken möchte

Dr. Friedrich Dolezalek
c/o FOGRA – Forschungsgesellschaft Druck e.V.
München

Dr. Gerd Goldmann
c/o Océ Printing Systems GmbH
Poing

Dr. Harro Haberbeck
c/o Druckhaus Haberbeck GmbH
Lage/Lippe

Dipl.-Ing. (FH) Wolfgang Hergl
c/o FOGRA – Forschungsgesellschaft Druck e.V.
München

Horst Hügle
c/o Bundesverband Druck und Medien e.V.
Wiesbaden

Dipl.-Ing. (FH) Angelika Keck
Dr. Andreas Paul
c/o FOGRA – Forschungsgesellschaft Druck e.V.
München

Dipl.-Ing. Ulrich Krzyminski
c/o Techkon GmbH
Königstein

Eric Kurtz
c/o KöselBuch GmbH
Altusried - Kempten

Lothar Mareis
c/o Mareis Druck
Ulm/Donau und Weißenhorn

Lothar Michael
c/o Heidelberger Druckmaschinen
Vertrieb Deutschland GmbH, Heidelberg

Winfried Gaber
c/o infowerk ag
Nürnberg

Dipl.-Ing. Rainer Pietzsch
c/o FOGRA – Forschungsgesellschaft Druck e.V.
München

Dr. Karl Münger
c/o Ugra/EMPA
CH – St. Gallen

Erik Rehmann
c/o Koenig & Bauer Aktiengesellschaft
Frankenthal

Klaus Jürgen Schiller, Jürgen Weiß
c/o MAN Roland Druckmaschinen AG
Offenbach am Main

Dipl.-Ing. Dirk Exner
c/o X-Rite GmbH
Köln

• Dank für ihre freundliche Unterstützung: Verlage, Institute, Unternehmen

Druck & Medien-Verlag GmbH
• Druck & Medien Magazin •
70736 Fellbach

Agfa Deutschland Vertriebsgesellschaft mbH
Vertriebsbereich Grafische Systeme
50441 Köln

Werner Achilles GmbH & Co. KG
29221 Celle

Argus-Häußler Beratungsgruppe
60431 Frankfurt/Main

Berufsgenossenschaft Druck und Papierverarbeitung
65185 Wiesbaden

Bundesverband Druck und Medien e.V.
65008 Wiesbaden

Contitech GmbH
37154 Northeim

CreoScitex GmbH
81829 München

Carl Edelmann GmbH & Co KG
High Q Packaging
89522 Heidenheim

FOGRA
Forschungsgesellschaft Druck e.V.
81673 München

Drent-Goebel-Gruppe
64293 Darmstadt

eder repros
73760 Ostfildern

Gebrüder Schmidt GmbH Druckfarbenfabrik
60489 Frankfurt/Main

GretagMacbeth GmbH
63263 Neu-Isenburg

Gesellschaft für Papierrecycling – GesPaRec
53113 Bonn

Gutenberg Gesellschaft
55116 Mainz

Hartmann Druckfarben GmbH
65527 Niedernhausen

Heidelberger Druckmaschinen AG
69019 Heidelberg

Druckfarbenfabrik Michael Huber GmbH
85541 Kirchheim

infowerk ag
Werkstatt für grafische Informationsverarbeitung
90263 Nürnberg

Koenig & Bauer Druckmaschinen AG
97080 Würzburg
01445 Radebeul
67227 Frankenthal

Kolbus GmbH & Co KG
32369 Rhaden

KöselBuch GmbH
87452 Altusried - Kempten

Krause-Biagosch GmbH
33649 Bielefeld

Laudert GmbH + Co. KG
Innovative Medientechnik
48691 Vreden

Lichtdruckwerkstatt • Druckhaus Dresden
01277 Dresden

Linotype Library GmbH
61352 Bad Homburg

LTG Mailänder GmbH
70405 Stuttgart

Lüscher AG Maschinenbau
CH-5725 Leutwil

Druckhaus Maack GmbH
58507 Lüdenscheid

MAN Roland Druckmaschinen AG
63012 Offenbach am Main

Mareis Druck GmbH
89264 Weißenhorn

MD Papier GmbH & Co KG
85221 Dachau

Minolta Europe GmbH
22923 Ahrensburg

Müller Martini Marketing AG
CH-4800 Zofingen

Océ Printing Systems GmbH
8558 Poing

OneVision Vertriebsgesellschaft mbH
93053 Regensburg

Polar Mohr Schneidsysteme
65702 Hofheim/Taunus

Purup-Eskofot GmbH
47877 Willich

Rehrman • Print & Medien GmbH
45821 Gelsenkirchen

Rotronic Messgeräte GmbH
76275 Ettlingen

Saueressig GmbH
486911 Vreden

Siegwerk Druckfarben AG
53721 Siegburg

Scheufelen Papierfabrik GmbH & Co KG
73250 Lenningen

Stürtz AG
97080 Würzburg

Techkon GmbH
61462 Königstein/Taunus

Ugra
c/o EMPA
CH-9014 St. Gallen

Verband Deutscher Papierfabriken e.V.
53113 Bonn

Voith Papiertechnik
Dienstleistungsgesellschaft mbH
89509 Heidenheim

Windmöller & Hölscher KG
49516 Lengerich

Dr. Wirth Grafische Technik GmbH & Co. KG
Hell-Gravure Systems
60437 Frankfurt am Main

Weitmann & Konrad
70751 Leinfelden-Echterdingen

Xeikon
SCS Schwarz & Co
70771 Leinfelden-Echterdingen

Xerox GmbH
41460 Neuss

X-Rite GmbH
51149 Köln

Zanders Feinpapiere AG
51439 Bergisch Gladbach

17.8 Literaturverzeichnis, weiterführende Literatur

ottl aicher, typographie
edition druckhaus maack, Lüdenscheid, 1992

Agfa Fortbildungsbroschüren
- Eine Einführung in die digitale Farbe
- Eine Einführung in die digitale Farbseparation
- Zusammenarbeit mit Druck und Druckvorstufe
- Eine Einführung in das digitale Scannen
- Eine Einführung in die digitale Bildverarbeitung
- Eine Einführung in die digitale Fotografie
- Eine Einführung in den digitalen Farbdruck
- Computer-to-Plate

Agfa Deutschland Vertriebsgesellschaft mbH
Vertriebsbereich Grafische Systeme, 50441 Köln

Agfa Fortbildungs-CD
- Geheimnisse des Farbmanagements

Agfa Deutschland Vertriebsgesellschaft mbH
Vertriebsbereich Grafische Systeme, 50441 Köln

bvdm.Publikationen
Bundesverband Druck und Medien e.V., Wiesbaden
- Toebe-Albrecht: Die Gestaltung verständlicher Formulare
- Controlling-Handbuch Druckindustrie
- Erfolgsfaktor Kundenzufriedenheit
- Informationsmaterialien zu: print & media Congress 1999 und 2000
- Multimedia - Kalkulations-Systematik Druckindustrie
- S. Jaeggi, Übernahme digitaler Daten
- Referatemappen zu: Woche der Druckindustrie
- Technische Richtlinien: Offset-Reproduktion
- MedienStandard Druck – Technische Richtlinien für Daten und Prüfdrucke
- Dolezalek, Einfluss der Farbannahme auf die Bildwirkung im Offsetdruck
- Stanger/Dammköhler, Drucken - Schneiden - Falzen - Binden
- Handbuch zur Anwendung einheitlicher Falzbezeichnungen (Falzartenkatalog)
- Umweltschutz in der Druckindustrie Umwelthandbuch Band 1 und 2

Bundesverband Druck und Medien e.V., Wiesbaden
FOGRA • Forschungsgesellschaft München
- ProzessStandard Offsetdruck, 2002

ZFA – Zentral-Fachausschuss Berufsbildung Druck und Medien
- Druck - Medien ABC, Mediengestalter 2000plus

Heidelberg (ab 2003: Kassel)

Carsten Belling
4C-DTP
Verlag Beruf + Schule, Itzehoe, 1998

Böhringer, Bühler u. a.
Mediengestaltung für Digital- und Printmedien
X - media press, Springer Verlag, Heidelberg, 2000

CreoScitex
Guidline to CTP
München, Ohne Jahr

FOGRA • Forschungsgesellschaft München
aus: Forschungsberichte, Aktuell, Praxis Report u.a.
• Angelika Keck
Printing-on-Demand mit digitalen Druckverfahren
Forschungsbericht Nr. 30.021, 2000
• Thomas Schnitzler, Dr. Michael Haas
Qualitätsmanagement in der Druckvorstufe
Forschungsbericht Nr. 69.001, 1997
• Christian Luidl, Thomas Hecht
Flexible Produktion mit Mediendatenbanken
FOGRA Mitteilungen, 48. Jahrg., Nr. 158, 2000
• Ulrich Schmitt
Rationeller Einsatz von qualitätssichernden Werkzeugen in Produktion und Archivierung von Medienprodukten
Praxis-Report 68, München 2000

Prof. Gerd Finkbeiner, Prof. Bernd Jürgen Matt
Waypoints
Internationale Senefelder Stiftung, Offenbach, 2000

GDP Autorenkollektiv
Satztechnik und Typografie – Band 1 bis 5
Gewerkschaft Druck und Papier CH-Bern, 2000

Gerd Goldmann
Das Druckerbuch
Océ Printing Systems GmbH, Poing, 2000

Jürgen Gulbins, Christine Kahrmann
Mut zur Typographie
Edition Page – Springer Verlag Heidelberg, 1993

Heinz-Josef Homann
Lehrbuch Siebdruck – Druckformherstellung
Ursula Homann, Emmendingen, 1995

Jan-Peter Homann
Digitales Colomanagement
Edition Page – Springer Verlag, Heidelberg, 1998

Peter Karow
Schrifttechnologie – Methoden und Werkzeuge
URW – Springer-Verlag Heidelberg, 1992

KBA, Illustrationsrollentiefdruck
Koenig & Bauer AG, Werk Frankenthal, 2000

Cyrus Dominik Khazaeli
Crashkurs Typo und Layout
rororo – Rowohlt Taschenbuch Verlag GmbH, Reinbeck bei Hamburg, 1998/2001

Helmut Kipphan (Hrsg.)
Handbuch der Printmedien – Technologien und Produktionsverfahren
Springer, Heidelberg, 2000

Dr. Stephanie Mair
Erfolgsfaktoren mittelständischer Druckereiunternehmen
Fachverlag für das Graphische Gewerbe GmbH, München, 1991

Thomas Merz
Die PostScript-und Acrobat-Bibel,
dpunkt.verlag Heidelberg, 2001

Purup-Eskofot
– CTP – eine filmlose Zukunft
– Ein Ratgeber für Computer-to-Plate
DK – Ballerup

Manfred Siemoneit
Von Overheat bis Internet
asp Infomedia, Schwedeneck, ohne Jahr

Helmut Teschner
Fachwörterbuch visuelle Kommunikation und Drucktechnik
Teschner Verlag Bad Waldsee, 1995/2002

Wilfried Kusterka, Peter Guth
Farbenlehre (CD)
Christiani Konstanz/BIBB Bonn 2004

Ralf Turtschi
• Desktop Publishing – Praktische Typografie
• Mediendesign
Verlag Niggli AG,
CH-8583 Sulgen, 2000/2002

Ugra c/o EMPA
Qualität entscheidet
CH-St. Gallen, 2000

Wolfgang Walenski
Der Rollenoffsetdruck
Fachschriften-Verlag Fellbach, 1996/2002

Hans Walk
Lexikon Electronic Publishing
Verlag Beruf + Schule Itzehoe, 1996/2000

Hans Peter Wilberg • Friedrich Forssmann
Erste Hilfe in der Typografie
Verlag Hermann Schmidt, Mainz, 2000

X-Rite
Die Sprache der Farbe
Köln, 2000

18. Fachwortlexikon

Das kleine Fachlexikon erläutert kurz einen Teil wichtiger Fachbegriffe. Weitere, vertiefendere Informationen sind im Fachbuchteil der vorhergehenden Kapitel nachzulesen. Eine rasche Orientierung zum Auffinden wichtiger Begriffe zu Informationen bietet das Stichwortregister am Ende des Buches.

A

Abbildung
Zeichnung, grafische Darstellung oder fotografisches Bild, das vielfach auch zur Ergänzung, Veranschaulichung oder Erläuterung eines Textes eingesetzt wird.

Abbildungsmaßstab
Lineares Größenverhältnis der (Repro-)Vorlage zur Reproduktion. Die Angabe erfolgt im allgemeinen in Prozent.

Abbreviatur
Abkürzung. Einheitliche Abkürzung nach den amtlichen Richtlinien der deutschen Rechtschreibung, z. B. nach Duden.
Nach bestimmten Abkürzungen steht ein Punkt: Dr. (für: Doktor), z. B. (für: zum Beispiel), i.V. (für: in Vertretung).
Steht eine Abkürzung mit Punkt am Satzende, dann ist der Abkürzungspunkt zugleich der Schlusspunkt dieses Satzes.
Kein Punkt steht dagegen bei sogenannten Initialwörtern und Kürzeln: BGB (für: Bürgerliches Gesetzbuch), DGB (für: Deutscher Gewerkschaftsbund), TÜV (für: Technischer Überwachungs-Verein).

abdecken
Schützen bestimmter Stellen z. B. in einem Bild, durch geeignete Mittel vor Lichteinwirkung oder Einwirkung von Chemikalien.

abfallend
Auch: randabfallend. In einem Endformat eines Druckproduktes angeschnittene Flächen oder Bilder.

Ablenkeinheit
Bei der Farbmonitortechnik ein variables Magnetfeld zur horizontalen und vertikalen Ablenkung des Elektronenstrahls in der Bildröhre. Dadurch läuft der Elektronenstrahl zeilenweise über den Bildschirm.

Ablenkfrequenz
Bei einem Farbmonitor die > Frequenz, mit der der Elektronenstrahl eine ganze Zeile auf dem Bildschirm darstellt.

Abmusterung
> abstimmen. Vergleich von einer Druckvorlage mit dem Druckprodukt. Bei der Abmusterung farbiger Vorlagen und Druckprodukte ist die > Farbtemperatur der Lichtquelle in > Kelvin (K) entscheidend für eine optimale Beurteilung. Zur Abmusterung von Durchsichtsvorlagen und Aufsichtsvorlagen schreibt die ISO-Norm 3446 Normlicht D 50 (5 000 Kelvin) verbindlich vor.

abliegen
Abfärben frischer Drucke auf der Rückseite des darüber liegenden Bogens.

Abrieb
Durch mechanische Reibung entstehender Oberflächenverschleiß.

Absatz
Ein zusammengehörendes Textstück in einem Satzbild, gekennzeichnet mit einer Unterbrechung des laufenden Textes durch eine Leerzeile, einen Einzug oder einen größeren Zeilenabstand. Bei einem Textverarbeitungs- oder DTP-Programm entsteht ein Absatz durch das Betätigen der Return-Taste. Dieser Absatz bleibt auch bei einem Umformatieren des Textes bestehen.

Abschnitt
Abgeschlossener Textabschnitt, der von dem folgenden Text durch einen > Absatz getrennt ist. Die folgende Zeile des nächsten Abschnitts beginnt am Zeilenanfang oder mit einem > Einzug. Jeder Abschnitt hat normalerweise die gleiche Ausrichtung, gleiche Grundschrift und gleichen Schriftgrad.

Abschwächer
Verringern der Schwärzung einer fotografischen Schicht, entfernen von Schleiern auf Reproduktionsfilmen durch Chemikalien, z.B. Blutlaugensalz.

absolut
Vollständig, uneingeschränkt, vollkommen. Beispiel: Absolute Luftfeuchtigkeit: Tatsächlich in der Luft enthaltene Menge an Wasserdampf in g/m^3.

absorbieren
Aufsaugen, verschlucken.

Absorption
1. Lösung von Gasen in Flüssigkeiten.
2. Verschlucken oder zurückhalten von Lichtstrahlen, z. B. durch das Vorschalten eines Filters.

abstimmen
Beurteilen und Angleichen von Ton- und Farbwerten der Bildvorlage zu Kopiervorlage, Andruck und/oder Fortdruck.

Abstimmbogen
Abgezeichneter Druckbogen, der die Soll-Vorgabe für die Druckproduktion (Auflagendruck) ist. Heute auch: „OK-Bogen".

abstimmen
Drucktechnik: Anpassen, vergleichen, auswählen, laufende Qualitätskontrolle. Auch > Abmusterung.
1. Qualitativer Vergleich von Ton- und Farbwerten zwischen Vorlage , Andruck oder Proof und Fortdruck sowie dem zum Druck freigegebenen Abstimmbogen („Gut zum Druck", OK-Bogen oder Gutbogen,) und dem Druckbogen aus der laufenden Produktion.
2. Auswahl von Druckfarben, um einen bestimmten Farbton zu erreichen.
3. Anpassen der Druckfarbe an einen bestimmten Bedruckstoff für den > Andruck und > Fortdruck.

Abstimmexemplar
Druckexemplar, das als sogenannter OK-Bogen im Auflagendruck als Vorgabe für den Druck der restlichen Auflage ausgewählt wird.

Abstimmungslicht
Genormtes Licht für (Vorlagen-) und Druckbeurteilung. Vorgabe: Lichtart D 50 (5000 K).

abstoßen
Vorher gedruckte Farbe nimmt die folgende Farbe nicht an.

Abszisse
(lat.) Waagerechte bzw. x-Achse im rechtwinkligen Koordinationssystem.

Abtastauflösung
Aufzeichnungsfeinheit beim Scannen von analogen (Halbton-)Bildvorlagen.
Formel: Abtastauflösung in ppi = Rasterweite (L/cm) · 2 · Vergrößerungsfaktor · 2,54 (für die Umrechnung von cm in inch).

Abtastempfehlung
Eine Empfehlung aus der Praxis für die Bilddatenerfassung. Für die Digitalisierung gilt danach eine optimale Abtastfeinheit, die dem doppelten der > Rasterweite (bzw. Rasterfrequenz) entsprechen soll. > Abtastauflösung.

abtasten
Engl.: scan. Das Erfassen von Bilddaten (Strich- oder Halbtonabbildung) durch das Sensorsystem eines Scanners und das Übertragen dieser Informationen in den Rechner.

Abtastsysteme
1. Flachbettscanner: Zeilenförmiges Abtasten der Bildvorlage mit sehr eng nebeneinander stehenden CCD-Elementen. Es wird jeweils eine ganze Zeile erfasst und jeweils elektronisch „eingelesen". Die Bildvorlage wird beleuchtet und in sehr kleinen Schritten an dem optischen System vorbeigeführt.
2. Trommelscanner: Punktförmiges Abtasten der Bildvorlage mit einer Fotodiode bzw. einem Fotomultiplier. Das Fotoelement erfasst nur einen winzigen Punkt auf der Bildvorlage in seinem Tonwert (Helligkeit) und seinem Farbwert (Buntton, Buntheit). Durch die Rotation der Trommel erfolgt ein punktweises, schraubenlinienförmiges Abtasten der Bildelemente. Die erfassten einzelnen Bildpunkte werden elektronisch verstärkt und dem Rechner zugeführt.

Abwasser
Schmutz- oder Brauchwasser.

Abwicklung
Rotationsdruckmaschine: Das Abrollen der Zylinder im Teilkreisbereich.

Accelerator
Zusatzkarte bzw. -platine mit eigener Intel-

ligenz im Rechner, die die Leistung des PCs beschleunigt. Dabei wird die > CPU von komplexen Rechenvorgängen entlastet.

access
> Zugriff

access-time
Zugriffszeit. > Zugriff.

Acrobat
> Adobe Acrobat

achromatische Farbe
Eine neutrale, unbunte Farbe (weiß, grau oder schwarz), die keine farbige Tönung besitzt.

Adapter
Hardwareelement. Ein Zwischenstück als Anpassungselement für eine mechanische oder elektrische Verbindung zwischen verschiedenartigen Geräten, die über unterschiedliche Anschlussmöglichkeiten verfügen. Der Begriff wird teilweise auch für ein Interface, also eine Schnittstelle, verwendet.

Adaption
> Anpassung

ADB
Abkürzung für den Apple Desktop Bus, einer Schnittstelle an Apple-Computern, die den Anschluss von verschiedenen Eingabegeräten (z. B. Tastatur, Maus) ermöglicht.

Adaption
Anpassung.

Additions
Zusätzliche Programm-Module, die die Leistungsfähigkeit bzw. Funktionalität einer Software erhöhen.

Additive
Zusätze zur Verbesserung der Produkteigenschaften für einen bestimmten Einsatzbereich, z. B. zur Druckfarbe als Druckhilfsmittel.

additives Farbsystem, additive Farben
Mischung von Lichtfarben, optische Mischung von Farben. Mischung der drei spektralen Grundfarben Rot, Grün und Blau (RGB). Die Mischungen von Farben am Farbmonitor oder dem Farbfernsehgerät folgen dem Gesetz eines additiven Farbsystems.

additive Grundfarben
Lichtfarben. Die spektralen Grundfarben Rot, Grün und Blau (RGB), die sich in einem additiven Farbmischsystem nicht aus anderen Farben mischen lassen.
Wird ein roter, grüner und blauer Lichtkegel gleicher Intensität an einer weißen Fläche (z. B. einer Wand) übereinander projiziert, so entsteht der Farbeindruck Weiß als Ergebnis der Addition der drei spektralen Grundfarben. Weißes Licht ist umgekehrt mit Hilfe eines Glasprismas in die drei additiven Grundfarben zu zerlegen. Gelb, Cyan und Magenta entstehen bei diesem Farbsystem als Mischfarben (Sekundärfarben).

Adobe ™
Warenzeichen des Unternehmens Adobe Systems, USA, einem Hersteller von Software und digitalisierten Schriften. Softwareprodukte u. a.: Pagemaker, InDesign, Photoshop, Illustrator, Acrobat, Seitenbeschreibungssprache PostScript™.

Adobe Acrobat
Programm-Module, die den Austausch von komplexen Dokumenten, unabhängig von dem eingesetzten Betriebssystem des Rechners, den verwendeten Schriften oder dem Anwendungsprogramm ermöglichen. Mit dem Acrobat Distiller lassen sich PostScript-Dateien in das universelle PDF-Format (Portable Document Format) konvertieren. Basis dazu können alle Programme sein, die PostScript-Dateien erzeugen können. Mit dem Acrobat Reader lassen sich diese Dateien von allen Plattformen (Rechner-Betriebssystemen) aus lesen und ausdrucken. Der Acrobat-Reader ist kostenlos zu erhalten (Freeware).

Adobe Dimensions
Programm zur dreidimensionalen Gestaltung von Dokumenten aus den Programmen Illustrator und Freehand.

Adobe Illustrator
Professionelles Grafikprogramm, welches für die Beschreibung von Linien und beliebigen Konturen > Vektoren und Bézier-Funktionen verwendet.

Adobe Pagemaker
Professionelles Layoutprogramm zur Gestaltung von Dokumenten (Druckseiten) mit Texten, Bildern und Grafiken.

Adobe Persuasion
Präsentationssoftware von Adobe.

Adobe Photoshop
Professionelles Bildbearbeitungsprogramm, das als Standard in allen Bereichen der Medientechnik eingesetzt wird.

Adobe Premiere
Multimedia-Programm, mit dem Video, Ton, Grafiken, Farbbilder und Animationen miteinander verbunden werden können.

Adobe-Type-1-Schriften
Bezeichnung für digitale Schriftzeichen mit einer Konturenbeschreibung (Vektoren). Das Schriftzeichenformat basiert auf der Seitenbeschreibungssprache PostScript.

Adduktion
(lat.) Heranführen, anziehen, ausrichten eines Teiles zur Körperachse.

Adhäsion
Anhangskraft durch Anziehung zwischen Molekülen verschiedener Stoffe.

Adresse
In der Datenverarbeitung die Nummer einer Ein- und Ausgabeleitung oder die Nummer einer Speicherzelle.

Adsorber
Adsorbierender Stoff mit spezifischen Eigenschaften. > adsorbieren, > Aktivkohle.

adsorbieren
Anlagern von Gasen oder gelösten Stoffen an der Oberfläche eines festen Stoffes. Beispiel: Im Tiefdruck die Rückgewinnung von Lösemitteln aus der verdunsteten Tiefdruckfarbe in einem Adsorber, der mit > Aktivkohle gefüllt ist,

Adsorption
Anlagerung, Bindung von Gasen, Dämpfen oder gelösten Stoffen an der Oberfläche fester Körper durch Adhäsion. > adsorbieren.

Aerosole
In einem Gas, z. B. Luft, vorhandene Schwebstoffe.

Affiche
Ältere Bezeichnung für Plakate, Anschlag (Zettel), Aushang.

affin
Allgemeine chemische Bezeichnung für: Miteinander verwandt.

Affinität.
(lat.) Bezeichnung für die Eigenschaft chemischer Elemente oder Verbindungen, sich untereinander besser oder schlechter zu binden.

Agglomeration, Agglomerat
(lat.) Allgemein: Aus groben, im engeren Sinn vulkanischen Gesteinsbruchstücken locker zusammengeballte Gesteinsmasse. In der Physik die Zusammenballung von Stoffteilchen.

Aggregat
Maschinelle Anlage, die aus mehreren Baugruppen (Einzelmaschinen) besteht.

Akklimatisation
Anpassung. Beispiel: Anpassen des Bedruckstoffes an das Klima im Drucksaal.

Akkumulator
Speicher für elektrische Energie durch elektrochemische Vorgänge. Ein Akkumulator (Akku) kann aufgeladen werden. Dabei wird elektrische Energie in elektrochemische Energie umgewandelt, die beim Entladen wieder in elektrische Energie umgesetzt wird. Der Akku liefert Gleichstrom.

aktinische Strahlung
Fotochemische Wirkung einer Lichtquelle auf lichtempfindliche Schichten. Die Aktinität ist abhängig von der Farbtemperatur der Lichtquelle und der spektralen Empfindlichkeit der lichtempfindlichen Schicht (z. B. Kopierschicht). Sie wird im Vergleich zu einer Normlichtquelle als dimensionslose Zahl angegeben.

aktivieren
Ein Macintosh-Volume für die Verwendung auf dem Schreibtisch verfügbar machen. Wenn ein Volume aktiviert wird, wird sein Symbol auf dem Schreibtisch angezeigt und es kann auf die Daten zugegriffen werden.

Aktivkohle
Adsorbierender Stoff mit besonders hoher

Adhäsionskraft (Anziehung) durch feinst verteilte und poröse Struktur. > adsorbieren.

Aktoren
Bauelemente, die z. B. von einem Mikrocomputer verarbeitete Daten (allgemein: Signale) in Aktionen umsetzen und betätigen, z. B. Stellmotore, Regler, Ventile. > Aktorik.

Aktorik
Signalverarbeitung und -speicherung sowie Signalumsetzung innerhalb eines Sensorsystems.

Akzidenzdruck
Druck von > Akzidenzen. Vielfach in kleinerem Umfang gedruckte, typografisch anspruchsvolle Gelegenheitsdrucksachen.

Akzidenzen
Privat-, Geschäfts- und Werbedrucksachen. Grundsätzlich alle Drucksachen für Privatpersonen, Betriebe, Verwaltungen usw. Nicht zu Akzidenzen gehören Zeitungen, Zeitschriften, Werke (Bücher), Verpackungen.

Akzidenz-Rollen-Offsetdruckmaschine
Rollen-Offsetdruckmaschine, die mit speziellen Aggregaten für den > Akzidenzdruck ausgerüstet ist.
Dazu gehören beispielsweise:
1. für den Druck mit Heat-Set-Druckfarben: Heißlufttrockner.
2. ein Falzapparat mit vielfältigsten Falzmöglichkeiten.
3. ein fliegendes Eindruckwerk für unterschiedliche Firmen- bzw. Adresseneindrucke oder sonstiges Informationen (Angebotszeiten, Preise, Anschriften) bei Prospekten und Katalogen.

Akzidenzsatz
Typografisch besonders gestaltete, nicht periodisch erscheinende „Gelegenheitsdrucksachen", die in der Regel höhere Anforderungen an den Schriftsatz stellen, z. B. Geschäftsdrucksachen (Briefbogen, Rechnungen u. ä.), Werbedrucksachen (Prospekte, Hausmitteilungen, Kataloge u. a.) und Buchumschläge. Besondere Druckprodukte gestaltet ein Typograf oder Grafikdesigner, nach dessen > Layout der Satz (Satzspiegel, Schrift usw.) hergestellt wird.

Akzidenzschrift
Druckschriften für hochwertigen Satz und Auszeichnungen im > Akzidenzsatz. > Schriftfamilie. Gegensatz dazu: Sogenannte Brotschriften; d. h. > Grundschriften für den fließenden Text im Werksatz.

Alarm
Bei dem Einsatz eines Antivirus-Programms (z. B. Norton-Antivirus) ein Dialogfenster, das den Nutzer warnt, wenn ein Virus oder eine virusähnliche Aktivität gefunden wurde.

Algorithmus
Mathematisch definierbares Verfahren, das nach festen Regeln abläuft und deshalb mechanisierbar ist. Solche systematischen, folgerichtigen Abläufe sind die mathematische Grundlage aller Steuerungs- und Regelungsvorgänge sowie der elektronischen Datenverarbeitung.

Alias
Stellvertreterobjekt für ein Originalobjekt, z. B. Programm, Datei oder Ordner. Ein Klicken in das Alias öffnet das Original.

Aliasing
Treppen- oder Sägezahneffekt, der durch Digitalisierung vor allem bei zu niedriger Auflösung an den Rändern linearer Abbildungen, bei Schriften und Strichzeichnungen entsteht. Die rechnerische Korrektur erfolgt elektronisch durch > Anti-Aliasing.

alkaliecht
Eigenschaft von Druckfarben: Die Unempfindlichkeit gegenüber alkalischen Stoffen. Wichtig bei Waschmittelverpackungen.

Alkohol
Kohlenwasserstoffe, in denen ein oder mehrere Wasserstoffatome durch OH-Gruppen (Hydroxyl-Gruppen) ersetzt sind.

Alkoholfeuchtung
Feuchtmittel im Offsetdruck mit einem Zusatz von Isopropanol-Alkohol. Alkohol verdunstet sehr rasch und verringert die Oberflächenspannung des Wassers. In der Regel reicht ein Zusatz von weniger als 8 % bis maximal 12 % aus, um die Oberflächenspannung des Wasser soweit herabzusetzen, dass die Druckplatte mit einer unbezogenen Feuchtauftragswalze gefeuchtet werden kann und dadurch eine optimale Benetzung der Nichtbildstellen möglich ist.

Altpapier
Allgemein: Papier, Karton oder Pappe, die bei der Produktion oder der Verarbeitung als Abfall anfallen oder um bereits gebrauchte Stoffe, z. B. Druckprodukte.
Sekundär-Faserrohstoff für die Produktion. Altpapier ist der Menge nach der wichtigste Faserstoff bei der Papier-, Karton- und Pappenherstellung, sein Anteil beträgt ca. 45 %. Für eine (relativ) gute Qualität in der Wiederverwertung sind insbesondere sortenrein gesammelte Papiere ohne starke Verunreinigungen erforderlich. Druckfarben sind durch De-inking-Verfahren, Klebstoffe durch chemische Zusätze zu entfernen.

Alpha-Kanal
Bei der elektronischen Bildbearbeitung mit einem Bildverarbeitungsprogramm, z. B. Adobe Photoshop, ein zusätzlicher Kanal in Pixelbildern zur Speicherung von Masken, Auswahlen u. a.

Aluminium
Leichtmetall, das auf elektrolytischem Wege aus Bauxit (Tonerde) gewonnen wird. Einmetallische Offsetdruckplatten sind heute ausschließlich aus Aluminium.

Ammoniak
Chemische Verbindung zwischen Stickstoff und Wasserstoff. Farbloses, stechend riechendes Gas, leicht wasserlöslich. Die Lösung ist der Salmiakgeist.

Ampere
SI-Maßeinheit (A) der Stromstärke.

Amplitude
Elektromagnetik, Farbenlehre: Auslenkung einer Welle. In der Farbenphysik entspricht die Amplitude der Helligkeit.

amplituden-modulierte Rasterung
> AM-Rasterung

AM-Rasterung
Amplituden-modulierte bzw. autotypische (konventionelle) Rasterungstechnik: Flächenvariable Rasterpunkte, deren Mittelpunkte entlang der Rasterwinkellage (Vorzugsrichtung) bei einer bestimmten Rasterfrequenz (bzw. Rasterweite) in L/cm gleich weit auseinander stehen. > autotypische Rasterung, > FM-Rasterung = frequenzmodulierte Rasterung.

analog
Prinzip der Darstellung von Werten durch entsprechende Größen, z. B. das Anzeigen der Temperatur durch die Höhe der Quecksilbersäule in einem Thermometer oder das Ablesen der Uhrzeit durch die Stellung der Zeiger einer Uhr. (> digital)

Analog-System
Jedes System, das Berechnungen und Messungen oder die Verarbeitung von Informationen ohne diskrete, digitale Daten (z. B. Ziffern) ausführt.

Analyse
Zerlegung chemischer Verbindungen und Gemenge in ihre Bestandteile.

Andruck
Druck auf einer Druckpresse in geringer Auflage, der das Ergebnis der Reproduktion sichtbar macht: für die Reprotechnik zur Kontrolle der Ton- und Farbwerte und zum Abstimmen mit der Bildvorlage, Druckmuster für den Kunden, Arbeitsvorlage mit Vorgaben für den Auflagendruck. > Proof.

Andruckskala
Bei einem Andruck hergestellte Einzel- und Zusammendrucke der verschiedenen Prozessfarben. In den meisten Fällen besteht eine Andruckskala aus 4 einzelnen Bilddarstellungen sowie drei Zusammendrucken. Je ein einzelner Farbauszug:
Cyan (C), Magenta (M), Gelb (Y) und Schwarz (K)
Zusammendruck C + M,
Zusammendruck C + M + Y,
Zusammendruck C + M + Y + K.

Anfasser
In Layout-, Grafik- oder Bildverarbeitungsprogrammen kann ein Begrenzungsrahmen einer Bearbeitungsfläche aktiviert werden. Markante Punkte sind durch Anklicken zu aktivieren und ermöglichen danach eine Veränderung der Dimension (z. B. Größe) oder des Standes der aktivierten Fläche.

angeschnitten
auch: > abfallend, randabfallend, > angeschnittene Bilder.

angeschnittene Bilder
Auch: abfallend oder randabfallend. Typografische Gestaltung, bei der Bilder, Flächen oder auch Linien, die über den Papierrand laufen und am Rand des Druckproduktes angeschnitten werden, d. h. es verbleibt

nach dem Beschnitt kein weißer Rand (Blitzer). Durch den Wegfall des weißen Randes erscheint die Bildfläche optisch größer. Für den Beschnitt sind reproduktionstechnisch grundsätzlich 3 mm an den anzuschneidenden Bildseiten, Flächen oder Linien zu berücksichtigen. Bilder, die bis in den > Bund laufen, sind an dieser Seite nur bis zu 1 mm breiter zu reproduzieren.

Anhaltskopie
Auch Farbfolien-, Blau- oder Rotkopie genannt. Bei einer manuellen Montage für einen Farbdruck eine positive oder negative Kopie der Grundmontage. Diese dient zum exakten manuellen Einpassen der Kopiervorlagen der einzelnen Farben.

Anilindruck
Veraltete Bezeichnung für den Flexodruck.

Anilox
Kurzfarbwerk: Einfärbetechnik für dünnflüssige Druckfarben mit einer Rasterwalze.

Animation
Grafische Bilder mit bewegten Darstellungen auf dem Bildschirm. Eine Serie von einzelnen Bildern in realer oder perspektivischer Darstellung, die in schneller Folge präsentiert werden, erweckt den Eindruck einer ablaufenden Bewegung. In einer virtuellen Welt lassen sich Gegenstände und Räume mehrdimensional darstellen. Mit bestimmten technischen Hilfsmitteln kann sich zum Beispiel auch ein Mensch in dieser virtuellen Welt bewegen und interaktiv mit dieser kommunizieren. > virtuelle Realität, virtuelle Welt.

Anlage
Drucktechnik, Druckweiterverarbeitung: Marken (Anschläge), an denen im Bogendruck jeder einzelne Druckbogen pass- und registergenau ausgerichtet wird.

Anlegemarken
Im Bogendruck mitgedruckte Markierungen als Vorder- und Seitenmarken, die dem Drucker optisch eine Kontrolle des gleichmäßigen Anlegens (> Anlage) ermöglichen. Der Buchbinder erhält dadurch eine sichtbare Angabe, an welchem Winkel des gedruckten Bogens beim Schneiden oder Falzen anzulegen ist, um ein standrichtiges Endprodukt herzustellen.

Anmutung der Schrift
Eine psychische Wirkung, die eine Schrift durch ihre charakteristischen Form und ihren Ausdruck bei einem Leser hervorruft.

anorganisch
Chemische Verbindungen ohne Kohlenstoff. Frühere Definition: Verbindungen aus der unbelebten Natur, z. B. Erden, Metalle.

anorganische Farben
Erd- und Mineralpigmente (heute ohne Bedeutung für die Druckindustrie), Metallbronzen.

Anpressdruck
Flächenbezogene Kraft, die in der Drucktechnik für ein Ausdrucken aller Bildstellen erforderlich ist.

Anschnitt
Randabfallende, > angeschnittene Bilder und Flächen in einem Druckprodukt.

ANSI
Engl. Abkürzung für: American National Standards Institute. Standardisierungsinstitut der USA, das dem Deutschen Institut für Normen (DIN) entspricht.

Anti-Aliasing
Mit dem Begriff Aliasing bezeichnet man Mängel in der Darstellung von Schriften und digitalisierten Grafiken im Ausgabesystem (z. B. Bildschirm, Drucker) eines Computers. An Strichelementen, schrägen Linien, Kurven u. ä. sind störende Treppeneffekte sichtbar, die durch Anti-Aliasing elektronisch durch rechnerisch ermittelte, zusätzlich eingefügte Zwischenwerte (Pixel) verringert oder sogar beseitigt werden.

Antike
(lat.) Die gesamte griechisch-römische Kulturwelt von der kretisch-mykenischen Zeit bis zum Ende Westroms, die eine der Grundlagen der abendländischen Kultur ist.

Antiqua
Schriftklassifikation: Alle runden Schriften, mit Ausnahme der Schreibschriften.

Antislip-Lack
Dispersionslack auf wässriger Basis, der den veredelten Flächen eine Bremswirkung gegen Metall oder andere Lackflächen verleiht. Damit kann die Oberflächeneigenschaft den besonderen Bedingungen in Füll- und Verpackungsmaschinen angepasst werden.

Anwenderprogramme
Programme für bestimmte Einsatzgebiete und Aufgabenbereiche, z.B. zur Textverarbeitung, Grafik-Erstellung, Bildbearbeitung, Text-/Bild-Integration mit Layoutprogrammen), Tabellenkalkulation, Arbeitsvorbereitung, Auftragsbearbeitung, Kalkulation, Betriebsdatenerfassung, CAD, Konstruktion, Betriebsabrechnung.

Anwendersoftware
> Anwenderprogramm

AOX-Wert
Umweltschutz: Im Abwasser , z. B. bei der Papierherstellung, die Gesamtheit der mit Wasser auswaschbaren und absorbierbaren organischen Halogene (A = absorbierbar, O = organisch, X = Chlor).

AP-Papiere
Papiersorten, die zu mindestens 70 % aus Altpapier bestehen. Dazu zählen die für Verpackungszwecke bestimmten Papier-, Karton- und Pappesorten sowie ein großer Teil der in der Bundesrepublik erzeugten Zeitungsdruck- und Hygienepapiere.

Apple ™
Warenzeichen des Unternehmens Apple-Computer, USA. Hersteller von Computern, die vor allem im Grafik- und Multimediabereich eingesetzt werden. Das charakteristische Merkmal war die grafische Benutzeroberfläche.

AppleShare
Eine Erweiterung, mit der Sie auf gemeinsam genutzte Dateien zugreifen können, die sich auf einem Macintosh im Netzwerk oder auf AppleShare File Servern befinden.

Applet
In Webseiten (Pages) eingebettete Java-Programme, die auf dem Rechner des Nutzers durch den Web-Browser ausgeführt werden.

AppleTalk
Netzwerk-Protokoll von Apple zum Aufbau eines Bus-Netzwerkes. Die entsprechende Netzwerkverkabelung wird LocalTalk genannt.

Applikation
Engl. Bezeichnung: > Anwenderprogramme

Aräometer
Senkwaage. Gerät zur Messung der Dichte von Flüssigkeiten. Beispiel: Alkoholkonzentration im Wasser des Feuchtmittels. Je tiefer das Aräometer einsinkt, desto geringer ist die Dichte (vgl. dazu den Auftrieb).

Arbeit (mechan.)
Arbeit ist physikalisch messbar. Ihre Größe hängt ab von der aufgewendeten Kraft und der Länge des Weges, während diese Kraft wirkt (siehe dazu auch: Leistung). Formel: Arbeit = Kraft · Kraftweg. $W = F \cdot s$
SI-Einheit der Arbeit ist das Joule (J) = Newtonmeter (Nm).

Arbeitsspeicher
Abkürzung: RAM (Random Access Memory). Zentraler Speicher in einem EDV-System, in den Programme und Daten z.B. von der Festplatte geladen werden. Die Kapazität wird in Megabyte (MB) angegeben. Je größer der Arbeitsspeicher ist, desto mehr Programme oder Dateien können gleichzeitig geladen sein und um so schneller arbeitet der Computer. Für einfache, textorientierte Arbeiten reicht vielfach ein Arbeitsspeicher mit 8 MB, anspruchsvolle Arbeiten erfordern 128 und mehr MB.

Arbeitsvorbereitung
Die Arbeitsvorbereitung (Abkürzung: AV) in einem Unternehmen umfasst alle Maßnahmen, die die Voraussetzungen für einen wirtschaftlichen und technisch optimalen Arbeitsablauf schaffen.
Die AV-Mitarbeiter sind das kommunikative Bindeglied zwischen dem Kunden und den technischen Abteilungen des Unternehmens. Sie sind entweder Spezialisten für bestimmte Produktionsstufen oder – heute mehr und mehr – kompetente Auftragsbetreuer im Verkaufsinnendienst, die den gesamten Auftrag vom Eingang bis zur Auslieferung und sogar der Rechnungsstellung betreuen. Sie sind ständige kompetente Ansprechpartner für den Kunden.
Im engeren Sinne gehören zur AV die Prüfung und Beurteilung der vom Kunden gelieferten Text- und Bildvorlagen, der Datenträger sowie des Layouts, das Erfassen sämtlicher Auftragsdaten (konventionelle oder „digitale" Auftragstasche), die Planung und Steuerung der Produktion, das Festlegen technischer Verarbeitungsdaten

(z. B. Maßstab und Größen bei Abbildungen, Rasterweite, Farben; bei Texten: einheitliche Rechtschreibung; bei Datenträgern: Konvertierung, Datenformate).

Argon
(gr.) Chemisches Element, chem. Zeichen Ar. Edelgas; physikalische Eigenschaften: farb- und geruchloses, einatomiges Gas, chemische Eigenschaften: bildet keine chemische Verbindungen mit anderen Stoffen; Vorkommen: Erdatmosphäre; Verwendung: Füllung für Glühlampen, Leuchtröhren und Laser.

ASA
Abkürzung von American Standards Association. Verwendet als Bezeichnung für die allgemeine Lichtempfindlichkeit fotografischer (lichtempfindlicher) Schichten.

Aschegehalt
Anorganische Bestandteile im Papier, die nicht verbrennen oder beim Glühen nicht verflüchtigen. Der Aschegehalt ist ein Maß für den Anteil an > Füllstoffen im Papier.

ASCII
American Standard Code for Information Interchance. Standard-format zur Darstellung von digitalen Daten mit 8-Bit, z. B. Schriftzeichen. Ausgangspunkt für die Normung war ein 7-Bit-Code aus dem Jahre 1968.

Association Typographique Internationale
> ATYPI

Ästhetik
Die (wissenschaftliche) Lehre des Schönen, der Harmonie in Natur und Kunst als Wahrnehmung des Menschen. Ästhetisch bedeutet demnach schön, geschmackvoll, ansprechend, stilvoll, formvollendet, wohlgestaltet, harmonisch.

Ästhetikprogramm
Programm bzw. Modul, dass typografische Gesetzmäßigkeiten (Schönheitsgesetze) selbsttätig berücksichtigt. Das Programm berücksichtigt, dass sich bei bestimmten Buchstaben- und Zeichenkombinationen durch > Unterschneiden ein harmonischeres, ausgeglicheneres Schriftbild ergibt. Kritische Kombinationen sind insbesondere beim Satz von Versalien als optisch zu groß wirkender Abstand zwischen bestimmten Buchstaben störend zu bemerken, z. B. AT, AV, LT, WO. Erweiterte Module gleichen optisch u.a. auch den seitlichen Rand des Satzspiegels bei Schriftzeichen mit Serifen und bei Satzzeichen aus.

asymetrisch
Unregelmäßige, nicht spiegelbildliche Darstellung.

asymetrische Textanordnung
Links- oder rechtsbündiger Satz als Flattersatz oder Satz des Textes auf Mittelachse.

ATM
1. Abk. für Adobe Type Manager. Software: Schriftenmanager von Adobe, der PostScript-Schriften auf dem Bildschirm und auf nicht-postscriptfähigen Druckern ausgibt. Bildschirmanzeige und Ausgabe sind dadurch gleich. > Wysiwyg.
2. Abkürzung für Asynchronous Transfer Mode. Ein asynchroner Übertragungsstandard, auf den sich fünf europäische Netzbetreiber für ein Breitband-ISDN geeinigt haben.Es lassen sich damit Sprache, Daten und Bilder übertragen

Attribut
In der farbmetrischen Meßtechnik eine charakteristische Eigenschaft eines Reizes, einer Empfindung oder einer Erscheinungsart.

atro
In der Papiertechnik die Abkürzung für absolut trocken. Maßstab (auf der Basis von Null Prozent Wassergehalt) für die Messung des Trockengehalts von Papier und Zellstoff, der dann in Prozent atro angegeben wird. Neuerdings ersetzt durch otro, d. h. ofentrocken. Das ist der Zustand eines Stoffes nach Trocknung unter festgelegten Bedingungen.

ATYPI
Abkürzung für Association Typographique Internationale, eine 1957 gegründete internationale Vereinigung von Typografen, Schriftdesignern, Schriftherstellern und Unternehmen der Druckindustrie. Ziel ist die Pflege der Schriftkultur und der Rechtsschutz von Originalschriften von unberechtigter Nachahmung und Verwendung durch Gesetze und internationale Abkommen.

Audio
Vorsilbe für alle Begriffe, die im Zusammenhang mit dem Hören verwendet werden.

auditive Medien
Kommunikationssystem für Tonaufnahmen, Informationsträger für die Speicherung und Wiedergabe von Ton, z. B. Schallplatte, Magnetband.

audiovisuell
Das Hören (auditiver Reiz) und Sehen (visueller, optischer Reiz) betreffend.

audiovisuelle Medien
Kommunikationssysteme mit Ton und Bild, z. B. Tonbildschau, Tonfilm, Fernsehen, Multivision.

Audit
Prüfung, Prüfverfahren. Systematische und unabhängige Untersuchung, um festzustellen, ob die qualitätsbezogenen Tätigkeiten und die damit zusammenhängenden Ergebnisse den geplanten Vorgaben entsprechen und ob die Vorgaben effizient zu verwirklichen und geeignet sind, die Ziele zu erreichen. Beispiele: Prüfung der Wirtschaftlichkeit, der Genauigkeit, der Vollständigkeit, der Dokumentation. Im engeren Sinne die Prüfung auf Einhaltung von Verarbeitungsvorschriften und der Vorgaben. > Qualitätsaudit, Qualitätsmanagement.

auditive Medien
Kommunikationsmedien für eine einseitige Informationsübertragung, die mit dem Gehör aufgenommen werden, z.B. Telefon, Schallplatte, Rundfunk, Tonband.

Auditor
Prüfer. > Audit, Qualitätsaudit.

aufbauen
Durch unzureichende Farbübertragung erfolgt ein fehlerhaftes Ansammeln (= pelzen) von Druckfarbe auf Druckwalzen oder Gummitüchern.

Aufbereitung von Faserstoffen
Nach der Faserstoffgewinnung die erste Stufe der eigentlichen Papierherstellung. Dabei werden zunächst die als Halbstoffe angelieferten Faserstoffe mit viel Wasser aufgeschlämmt, d. h. in einen dünnen Brei verwandelt. Nach oft mehrstufiger Reinigung und Mahlung des Faserbreis werden die Hilfsstoffe zugegeben. Durch eine nochmalige Verdünnung erhält der Faserbrei dann die richtige Konsistenz (bis zu 99 % Wasser) für die Papierproduktion in der Papiermaschine. Das fertige Produkt ist das sogenannte Ganzzeug.

aufentwickeln
Ablösen der nichtbelichteten Kopierschicht bei der Positivkopie.

Auflage
Anzahl der zu druckenden Exemplare eines bestimmten Druckproduktes.

Auflösung
Aufzeichnungs- oder Wiedergabefeinheit.
1. Abtastauflösung:
   Sie gibt an, wie detailgenau der Scanner einzelne Elemente sieht (erfassen kann). Ein > Flachbettscanner mit 600 dpi teilt ein Quadrat von 1 inch Kantenlänge in 600 · 600 Zellen (d.h. Bildpixel) auf.
   Für einen Quadratzentimeter sind das 236 · 236 = 55696 Bildpixel.
2. Grauwertauflösung/Farbwertauflösung/ Datentiefe
   Sie gibt an, welche Helligkeitsunterschiede bzw. Farbwertunterschiede (= wie „farbig" der Scanner) sieht. Jeder Grauwert wird einer bestimmten Stufe zugeordnet und erhält einen „Wert". Jede bestimmte Farbe erhält einen entsprechenden „Grauwert" pro Farbe. Werden beispielsweise 8 Bit Auflösung pro Farbe erfasst, so sind dies (bei drei Farben RGB) 256 · 256 · 256 = ca. 16,7 Mio. Farbnuancen.
3. Ausgabeauflösung
   Feinheit der Wiedergabe einzelner Tonstufen bzw. Graustufen der erfassten und verarbeiteten Bildelemente. > Belichter, Pixel, Rasterelement, Tonstufen.
4. Auflösung in der Druckformherstellung: Mikrolinienanzeige auf einem bei der Informationsübertragung mit übertragenen Messelement, die bei korrekter, gleicher Belichtung eine übereinstimmende Anzeige bei positiven und negativen Linien ergibt. Die Auflösung wird in Mikrometer (μm) angegeben.

Auflösungsvermögen
Wiedergabefähigkeit feinster Linien pro mm, die eine lichtempfindliche Schicht oder ein Ausgabesystem (z. B. Drucker, Laserbelichter) getrennt darstellt.

Aufsichtsbild
Reprovorlage auf Papier, Karton oder ande-

rem nicht oder nur gering lichtdurchlässigem Material, das im Auflicht (Licht fällt auf die Oberfläche der Vorlage) betrachtet wird.

Aufsichtsdensitometer
Ein Dichtemessgerät für die von einer > Aufsichtsvorlage reflektierte Lichtmenge. > Densitometer.

Aufsichtsvorlage
Zweidimensionale Bildvorlage für die Reproduktion auf Papier, Karton oder anderem nicht oder nur gering lichtdurchlässigem Material, z. B. Schwarzweiß- oder Farbfotografie auf einem Papierabzug, Reinzeichnung, Gemälde.

Auftrag
Rechtliche Vereinbarung zwischen einem Auftraggeber (aus der Sicht der Druckerei der Kunde) und einem Auftragnehmer (z. B. die Druckerei) zur Herstellung einer Ware, eines Produktes, einer Dienstleistung u. ä. nach vorgegebenen oder vereinbarten Bedingungen.

Aufzug
Fachbegriff aus der Drucktechnik:
1. Notwendiger Bezug eines starren Druckkörpers (Druckfundament, Druckzylinder), um die zum Druck erforderliche Elastizität zwischen starrer Druckform und starrem Druckkörper zu erreichen.
2. Druckform bzw. Gummituch im Offsetdruck sowie die zu einer korrekten Druckabwicklung erforderlichen Unterlagen (kalibrierte Papiere und Kartons).

Aufzugdicke
Drucktechnik: In der Druckmaschine die Gesamtstärke des Aufzuges (mm), z. B. Druckplatte mit den erforderlichen Unterlagebogen. zur Erreichung einer bestimmten Dicke.

Ausgabe
1. Informationsübertragung vom Mikroprozessor des Computers an externe Geräte, z. B. Monitor, Laufwerk, Drucker.
2. Baustein eines Computer-Publishing-Systems, welcher die verarbeiteten Text-/Bilddaten separat oder als Ganzseite(n) auf Film, Fotopapier, eine Druckplatte oder anderen Informationsspeicher überträgt.

Aushänger
Qualitätsprüfung durch den Kunden: Ein Druckbogen, der vor Beginn des Fortdrucks (Auflagendruck) der Produktion entnommen wird. Zur Prüfung der Druckqualität wurde ein solcher Bogen früher zur Begutachtung ausgehängt. Heute ein Druckbogen aus der laufenden Produktion, der dem Kunden zur Prüfung und Druckerlaubnis zugestellt wird.

Auslaufbecher
Messgerät zur Feststellung der Viskosität flüssiger Druckfarben, z. B. Tiefdruckfarben. Beispiel für einen Auslaufbecher: Frikmar-Becher.

ausrüsten
Begriff aus der Papierherstellung für verschiedene, im allgemeinen zusätzliche Arbeiten zum Veredeln oder verarbeitungsreifes Fertigstellen von Bedruckstoffen.
1. Veredeln von Papieren oder Kartons:
 – mechanisch durch satinieren, granulieren und ähnlichen Oberflächenbehandlungen.
 – beschichten der Papieroberfläche durch streichen > Bilderdruckpapiere, > Kunstdruckpapiere.
2. Fertigstellen von Bedruckstoffen für die Auslieferung:
 – Schneiden von Rollenpapieren oder Formatpapieren
 – Sortieren, zählen und verpacken.

ausschießen
Anordnen der Druckseiten (Kolumnen) oder Kopiervorlagen zu einer Druckform, dass nach dem Falzen des Druckbogens die einzelnen Seiten in richtiger Reihenfolge liegen.

Ausschießprogramm
Software für die digitale Bogenmontage einzelner Druckseiten zu einer Druckform.

Außensteg
Auf einer Druckseite die Bezeichnung für den Randbereich (in der Bleisatzzeit ein sogenannter Steg) neben dem Satzspiegel, der dem Bund (Falz) gegenüber liegt.

Aussparung
Nicht gedeckter Teil einer Fläche oder einer Abbildung, der beim Druck auf Papier frei (unbedruckt) bleibt. In die ausgesparte Fläche wird dann meist eine andersfarbige Schrift, Fläche oder Abbildung gedruckt.

ausstatten
Innere und äußere Gestaltung eines Buches. Beispiele: Satzspiegel, Schriftart, Illustrationen, Papier, Einband, Schutzumschlag.

Auswaschreliefdruckplatte
Original-Hochdruckplatte für den Strich- und Rasterdruck. Nach der Belichtung durch einen Negativfilm (Polymerisation) werden nichtbelichtete Partien ausgewaschen und damit entfernt. Druckplatten dieser Art sind z. B. Nyloprint, Nyloflex.

auszeichnen
1. Manuskriptbearbeitung, bei der Schrift- und Satzanweisungen in das Manuskript eingetragen werden, z. B. Schriftart, Schriftgrad, Laufweite, Zeilenabstand, Spaltenanzahl, Spaltenbreite.
2. Hervorhebungen eines Textes in einer Grundschrift, z. B. kursiv, fett.

Auszeichnungsschrift
Der normale Text wird in einer Grundschrift gesetzt. Sollen darin eine Textgruppe, eine Textzeile oder einzelne Wörter hervorgehoben werden, werden diese Elemente durch einen anderen Schriftschnitt, Modifikationen oder eine andere Farbe ausgezeichnet. Beispiele: kursiv, fett, gesperrt, Kapitälchen, andere Schriftart, Druckfarbe.

Automatik
Selbststeuerung eines > Systems.

Automation
Der aus mehreren Einzelfunktionen bestehende Produktionsablauf wird ohne manuelles Eingreifen durch Maschinen erledigt. Die Automation umfasst einzelne Produktionsstufen oder sogar ganze Fertigungsbereiche. Ziele der Automation sind:
– Entlastung des Menschen von gleichbleibenden Arbeiten,
– Einsparen von Arbeitskräften,
– Erhöhung der Produktionsleistung,
– Verbesserung der Produktionsqualität,
– Einsparen von Kosten.

automatisch
Selbsttätig, selbsttätig ablaufend, z. B. nach dem Einschalten des Computers wird ein vollständiges Starten des Betriebssystems programmgesteuert durchgeführt.

Automatisierung
Technische Verfahren, die durch Steuerungs- und Regelungstechnik Aufgaben ohne menschliches Eingreifen erledigen. Dabei werden Daten größtenteils durch Rechner verarbeitet.

Authoring-Tool
Ein Multimedia-Programm zur Verknüpfung unterschiedlicher digitalisierter Daten und Medien (Text, Grafik, Bild, Sprache, Ton) mit Animationen. Bei einer Präsentation kann der Nutzer interaktiv eingreifen und den Ablauf bestimmen.

Autopaster
Anlage an Rollendruckmaschinen für einen automatischen Rollenwechsel bei laufender Druckmaschine.

Autor
Verfasser eines Werkes.

Autorenkorrektur
Korrektur des Verfassers eines Werkes.

Autorisierung
Berechtigung, Zugangsberechtigung.

Autotypie
Original-Hochdruckplatte mit flächenvariablen Rasterpunkten. Die Mittelpunkte der Rasterpunkte sind immer gleich weit voneinander entfernt, die Rasterpunkte sind jedoch unterschiedlich groß.

autotypische Farbmischung
Optische Mischung verschiedener Farbreize z. B. beim Betrachten eines Farbdrucks oder eines Bildes am Farbmonitor. Die Wirkung additiver und subtraktiver Reaktionen, die als Farbreize im Auge erfasst und im Gehirn als Farbeindruck verarbeitet werden.

autotypischer Druck
Drucktechnische Wiedergabe von reprotechnisch aufgerasterten Farbauszügen nach einer Farbvorlage. Ton- und Farbwerte werden im Mehrfarbendruck durch flächenvariable Rastertonwerte erzeugt. Diese liegen teilweise nebeneinander, teilweise übereinander oder separat auf dem Bedruckstoff.

autotypische Rasterung
Flächenvariable Rasterung von Bildvorlagen durch Amplituden-Modulation, das zur Zeit überwiegend eingesetzt wird. Die verschiedenen Bildhelligkeiten (Tonwerte) ergeben

sich durch flächenmäßig unterschiedlich große Rasterpunkte, die mehr oder weniger eine bestimmte Fläche (Flächendeckung auf Film oder Druckpapier) bedecken. Die Mittelpunkte der einzelnen Rasterpunkte sind hierbei entlang der Rasterwinkellage (Vorzugsrichtung) gleich weit voneinander entfernt (> AM-Raster).

axial
1. Satztechnik: Auf eine (nicht vorhandene, gedachte) Mittellinie bezogen, von der aus alle Teile symmetrisch angeordnet sind.
2. Mechanik, Drucktechnik: Richtung der Zylinderachse (Gegensatz zu radial, d. h. den Zylinderumfang betreffend).

Azidität
Allg.: Säuregehalt. Maß für die Stärke einer Säure. > pH- Wert.

Azoverbindungen
Organische Verbindungen mit der Azogruppe -N=N-, aus der u. a. eine Vielzahl von Farbstoffen und lichtempfindliche Substanzen für die Kopiertechnik (Diazoverbindungen) gewonnen werden.

AV-Rechner
Audio-/Video-Rechner, der für Multimedia-Anwendungen besonders ausgestattet ist.

B

BA
Farbreproduktion: Abkürzung für > Buntfarben-Addition.

background
Engl.: Hintergrund

backslash
Sonderzeichen als schräger, nach links geneigter Strich (\ ), der zur Abtrennung von einzelnen Bezeichnungen in einem gesamten Verzeichnis statt eines sonst üblichen Schrägstrichs (/) verwendet wird.

backup
Engl.: Datensicherung. Sicherungskopie eines Datenbestandes auf einem gesonderten Datenträger.

backup-copy
Datensicherungskopie.

Backup-Programme
Sicherungsprogramme.Bezeichnung für Programme zur Erstellung von Datensicherungskopien, die die Aufteilung großer Dateien auf mehrere Datenträger und das Komprimieren der Daten ermöglichen.

Bahn
Kurzbezeichnung für Rollenpapier.

Bahn-Bahn-Vergleich
Regelung des Passers an Rollen-Rotationsdruckmaschinen, bei denen mitgedruckte Passmarken je Druckfarbe auf der bedruckten Bahn fortlaufend elektronisch abgetastet und miteinander im Stand verglichen werden. Der Ist-Wert wird automatisch an den Soll-Wert (Standvorgabe) angeglichen.

Bahn-Zylinder-Vergleich
Regelung des Passers an Rollen-Rotationsdruckmaschinen, bei denen eine Passmarke auf der Papierbahn mit einer Passmarke auf dem folgenden Druckformzylinder verglichen und der Ist-Wert automatisch an den Soll-Wert (Standvorgabe) angeglichen wird.

Bakelit
Der erste vollsynthetische Kunststoff, vielfach eine allgemeine Bezeichnung für eine Pressmasse aus Phenolharzen (bezeichnet nach dem belgischen Erfinder Baekeland, erfunden 1907).

Balancefeld
Messfeld in einem Kontrollstreifen, das unmittelbar neben einem 80 %igen Rasterfeld der Druckfarbe Schwarz steht. Im optimalen Fall sollen beide Felder visuell den gleichen optischen Eindruck ergeben.

Ballard
Französischer Chemiker (1802-1876). Erfinder der abziehbaren Kupferhaut auf Tiefdruckzylindern.

Ballard-Verfahren
Galvanisches Verfahren zum Aufbringen einer Kupferhaut zum einmaligen Ätzen eines Tiefdruckzylinders. Nach dem Ausdrucken ist die Kupferhaut von dem Zylinder abzulösen, der Zylinder wird neu verkupfert und behält so einen konstanten Zylinderumfang. Ein anderes, häufig eingesetztes Verfahren ist die > Massivaufkupferung.

Bandbreite
In der Netzwerktechnik gibt die Bandbreite an, welcher Frequenzbereich auf einem elektronischen Übertragungsweg übermittelt werden kann. Je größer die Bandbreite für die Übertragung ist, desto mehr Informationen können in einer bestimmten Zeiteinheit transportiert werden.

Banding
Bezeichnung für einen sichtbaren, stufigen Übergang von Farbtönen in einem Farbverlauf.

Barcode
> Strichcode

Barometer
Messgerät zur Bestimmung des Luftdrucks, angegeben in Hektopascal (hPa). Einheit bis 1984 in Millibar (1 mbar = 1 hPa).

Barytpapier
Ein weitgehend strukturloses Papier, das einseitig mit Bariumsulfat (Barytweiß) beschichtet ist. Verwendung z. B. für Zeichnungen und früher auch als Trägerpapier bei Konversionsverfahren von Schriftabzügen, Buchdruckformen, die reproduziert werden sollten, eingesetzt.

Basen
Chemische Verbindungen, die in wässriger Form OH-Ionen abspalten. Sie färben Universalindikatoren blau.

Basic
Abkürzung von: Beginners All Purpose Symbolic Instruction Code. Einfache, leicht zu erlernende Programmiersprache.

Batch-Datei
Eine Stapeldatei, die verschiedene Makros (gleichartige, wiederkehrende Abläufe in der Datenverarbeitung) und Befehle zusammenfasst.

Batch-Verarbeitung
EDV-Technik: Stapelverarbeitung, d. h. Programme und Daten werden dem Rechner als Einheit übergeben und durch Steuerung des Betriebssystems nacheinander abgearbeitet.

Baud, Baudrate
Abgekürzt: Baud (Bd). Maßeinheit als Bezeichnung für die Geschwindigkeit, mit der digitale Daten über eine Datenleitung gesendet bzw. übertragen werden. Benannt nach Jean Maurice Baudot (1845 - 1903), einem Inspektor des französischen Telegrafenwesens. Die sogenannte Baudrate misst die Anzahl der Signaländerungen, die in einer Sekunde stattfinden: 1 Baud = 1 Signal/Sekunde. Bezeichnung auch: Datenrate in bps = bits per second (bit/sec).

Baumé, Antoine
Französischer Chemiker, geb. 1728, gest. 1804; stellte die Bauméskala auf. Heute ein veraltetes Maßsystem für das spezifische Gewicht bzw. die Dichte von Flüssigkeiten und Lösungen.

Baumé-Grade
Maß für die Dichte einer Flüssigkeit. Messgerät ist das Aräometer.

BBS
Abkürzung für Bulletin Board Service. Ein Online-Service, der die Übermittlung von Nachrichten, elektronischer Post und Dateien zwischen Computern mit Hilfe eines Modems ermöglicht.

Bedruckbarkeit
Oberflächeneigenschaften von Papieren wie Glätte, Saugfähigkeit, Farbannahmefähigkeit.

Bedruckstoff
Allgemeine Bezeichnung für alle zu bedruckenden Materialien (Papier, Karton, Folien, Pappe, Blech, Stoffe, Holz usw.).

Befehl
Vorschrift; kleinste, exakt definierte Funktionseinheit eines EDV-Programmes.

begazen
In der Buchfertigung das Anbringen eines Gazestreifens am Rücken eines Buchblocks zur Erhöhung der Festigkeit und Steifheit.

Beihefter
Prospekte und andere Druckerzeugnisse, die fest (z. B. in einer Zeitschrift) eingeheftet werden.

Beleuchtungsart
Eine einfallende Lichtstrahlung, deren spektrale Zusammensetzung bekannt ist.

Beleuchtungsstärke
Die Beleuchtungsstärke ist abhängig von der Lichtstärke, der Entfernung der Lichtquelle sowie der Richtung des Lichtes zur beleuchteten Fläche. Die Einheit der Beleuchtungsstärke ist das Lux (lx). Wichtig: Die Beleuchtungsstärke nimmt im Quadrat der Entfernung ab.

Belichter
Auch: Recorder. Bei früher eingesetzten Kathodenstrahlbelichtern wurde in der Regel jedes einzelne Zeichen (z. B. ein Buchstabe) aus vertikalen Belichter- bzw. Scanlinien aufgebaut. Alle Laserbelichter (Imagesetter) zeichnen seitenorientiert mit horizontalen Scanlinien (in der Regel) auf. Dabei wird jedoch jede einzelne Scanlinie vom Raster-Image-Prozessor (RIP) aus mikroskopisch feinen Pixeln in kleinsten Einheiten aufgebaut. Ein Laser-Belichter arbeitet z. B. mit 1000 Pixel/cm bzw. 3600 Pixel/cm. Bei einer Auflösung oder Adressierung mit 1000 Pixel/cm wird ein Quadratzentimeter aus 1000000 Pixel und eine Seite DIN A4 aus ca. 630 Millionen Pixel aufgebaut. Der Pixeldurchmesser beträgt bei dieser Auflösung (Adressierung) mit 1000 Pixel/mm nur 1 mm : 1000 = 0,001 mm = 10 µm. Maßangaben in Belichtern: Pixel/cm, dots per inch (dpi).
Die Auflösung von 1000 Pixel/ cm gewährleistet nicht nur die Wiedergabe aller Graustufen der Bildvorlage, sondern optimiert auch die Rasterpunktform. (> Rasterlinien, Rasterzellen, > Laserstrahl bei Belichtern.

Belichterauflösung
> Auflösung, Rasterelement, Tonstufen.

Belichtung
Einwirken von Strahlung (Licht) auf lichtempfindliche Schichten (Reproduktionsfotografie, Kopie u. a.).

Benutzeroberfläche
Bezeichnung für vereinfachte Funktionen, die Art und Weise der Befehlseingabe in einen Rechner mit grafischen Symbolen.

Beschnitt
1. Beschneiden: Das Zuschneiden eines gedruckten und verarbeitetenden Produktes auf das Endformat.
2. Zugabe in der Größe von Abbildungen, deren Endformat an einer oder an mehreren Seiten bis an den Rand eines Produkts positioniert ist. Die Abbildung (z. B. Strich, Raster sowie auch Flächen) ist in der Regel 3 mm an der anzuschneidenden Seite größer als das Endformat. Der Beschnitt gewährleistet einen Überstand, so dass das Fertigprodukt an den Rändern einwandfrei ohne blitzende (unbedruckte) Kanten erscheint. Der erforderliche Beschnitt muss ggf. schon in einer Reinzeichnung angelegt werden.

Beschnittmarken, -zeichen
Feine Linien außerhalb des Endformates, die die Positionen für das Beschneiden markieren. > Beschnitt.

Betriebsstoffe
Alle bei der Produktion verbrauchten Stoffe oder Güter, die nicht in das Produkt eingehen, z. B. Schmiermittel, Reinigungsmittel. > Hilfsstoffe.

Betriebssystem
Sammelbezeichnung für die spezielle (Betriebs-)Software zur Steuerung aller Rechenvorgänge in einem EDV-System.

Bezier-Funktion
Bezier-Kurve, > Vektor. Von dem französischen Mathematiker P. Bezier entwickeltes Verfahren zur exakten Beschreibung von beliebig dimensionalen Kurven durch n+1-Punkte. Das Verfahren hat eine große Bedeutung bei CAD-Systemen und in der rechnergestützten Grafikverarbeitung. Mathematische Kurvenfunktion bei objektorientiert arbeitenden Grafikprogrammen für die exakte Definition von beliebig geformten Umrisslinien bei Objekten (grafischen Darstellungen) zu deren digitaler Beschreibung. Durch diese Funktion werden bei einer Strichgrafik (gerade Linien oder gebogene Linien, z. B. ein Kreis oder eine beliebige unregelmäßige Form) nur Anfangs-, Kurven- oder Eckpunkte definiert und gespeichert. Im Gegensatz zu einer Pixel-orientiert gespeicherten Darstellung, bei der alle erfassten Punkte gespeichert werden, ist bei Vektor-orientierter Darstellung die erforderliche Speichermenge gering. Das Objekt ist ohne Qualitätsverlust durch diese Definition einzelner Punkte beliebig zu skalieren, d. h. konturenscharf zu vergrößern oder zu verkleinern.

Bezier-Kurve
In objektorientierten Grafik- und Zeichenprogrammen eine dargestellte Kurve oder Krümmung, deren Form durch Tangentenpunkte (Ankerpunkte, Anfasser) zu beschreiben ist. Aus Bezier-Kurven und Vektoren bestehen die Outline-Formen der PostScript-Schriften.

Bezugsrichtung eines Bildes
Richtung, die dem Endverbraucher horizontal erscheint, d. h. das Bild ist so dargestellt, wie es der Betrachter sieht; es liegt dann seitenrichtig.

Bild
Allgemeine Bezeichnung für grafische und fotografische Informationen auf einem beliebigen „Datenträger" (Papier, Fotopapier, Film). > Bildvorlagen

Bildausschnitt
Teilbereich eines Bildes, der zum Beispiel reproduziert und gedruckt oder in Kombination mit anderen Bildern oder Bildausschnitten zu einem neuen Bild manuell oder elektronisch zusammengefügt (montiert) werden soll.

Bildbearbeitung
Allgemein: Das Bearbeiten von Bildern zu einer reproduktionsreifen, verarbeitungsfertigen Vorlage. > Bildbearbeitungsprogramm.

Bildbearbeitungsprogramm
Die elektronische Bildbearbeitung ermöglicht nach dem Digitalisieren der Bildinformationen (Bilddaten) programmgestützte Bearbeitungsmöglichkeiten zur Gestaltung und Retusche des Bildes sowie zu einer speziellen, druckverfahrensbezogenen Verarbeitung. Bildgestaltende Möglichkeiten sind u. a. Änderung des Maßstabes, einpassen in Flächen, Kombinationen von Bildern, Änderung der Gradation, Strichumsetzungen. Zu retuschierenden Arbeiten gehören Ton- und Farbwertkorrekturen, Korrekturen der Lichter- und Tiefenzeichnung

Bilddaten
Informationen eines Bildes, die technisch mit einem System erfasst, gespeichert und rechnergestützt weiterverarbeitet werden können.

Bilddatenbank
Datenspeicher, auf dem nach einem Datenverzeichnis alle Bild- und Verwaltungsdaten archiviert sind. Das Datenformat der gespeicherten Bilder sollte die weitere Verarbeitung auf verschiedenen Medien gestatten.

Bilddigitalisierung
Technische Wiedergabe von Bildinformationen durch einen Punktraster. > Bildelement, > Bildpunkt.

Bildelement
Bildpunkt, Zeichnungselement. Kleinstes definierbares Teilchen eines Bildes. Auch: > Rasterelement, > Pixel.

Bilderdruckpapier
Beidseitig gestrichene Papiersorten in unterschiedlichen Qualitäten mit einer Strichmenge von 5 bis maximal 20 g/m² und Seite. Das Streichen der Papieroberflächen erfolgte früher innerhalb der Trockenpartie der Papiermaschine. Deshalb nannte man die einfachste Sorten des Bilderdruckpapiers früher „maschinengestrichen".
Qualitätsklassen der Bilderdruckpapiere:
1. Konsum,
2. Standard,
3. spezialgestrichen.
Während die Sorte Konsum vor allem für sehr hohe Auflagen von Massendrucksachen eingesetzt wird, ist die Qualität der Sorte spezialgestrichen bereits sehr nahe der Top-Qualität gestrichener Papiere, dem > Original-Kunstdruckpapier.

Bildkompression
Verfahren zur Verringerung der Datenmenge bei digital gespeicherten Bildern. Die meisten Verfahren komprimieren die Daten jedoch nicht verlustfrei. Dies führt zu einer mehr oder weniger starken Verringerung der Bildqualität bei der weiteren Verarbeitung.

Bildlegende
Erläuternder Text zu einem Bild, z. B. als Bildunterschrift in kleinerer Schrift als die Grundschrift gesetzt.

Bildpunkt
1. In der elektronisches Reproduktion die technische Wiedergabe von Bildinformationen durch einzelne Elemente, d. h. > Pixel.
2. Bei der Wiedergabe von Bildinformationen auf einem Monitor die optisch kleinste Einheit, d. h. ein technisch zu erzeugendes Bildsignal.

Bildqualität
Foto- und reproduktionstechnische Kriterien wie Format, Bildschärfe, Kontrast, , Dichteumfang, Detailzeichnung in den Schatten, Farbwiedergabe, Farbbrillanz.
Für die Bildqualität eines zu scannenden Bildes sind zwei Programmeinstellungen entscheidend, die > Auflösung und die > Farbtiefe. Die Auflösung gibt die Anzahl der Bildpunkte auf einer bestimmten Strecke an. Je höher die Auflösung ist. Desto genauer werden die Informationen des Bildes erfasst und digitalisiert. Die Farbtiefe gibt an, wieviele Farben dargestellt werden können.

Bildschirm
Elektronisch gesteuertes Datensichtgerät. Monochrome Bildschirme geben sämtliche Information in Graustufen wieder. Farbbildschirme verfügen über drei phosphorisierende Bildschirmelemente (Blau, Grün, Rot), die durch Mischung und unterschiedliche Intensität die Wiedergabe von Farben ermöglichen. Die Größe eines Bildschirmsystems ergibt sich aus der Diagonale des Bildschirms in Zoll.

Bildschirmgröße
Die Angabe der Bildschirmdiagonalen allgemein in Zoll (seltener in Zentimeter) gibt die Bildschirmgröße an.

Bildschirmschrift
Engl.: screen fonts. Bestandteil einer PostScript-Schrift. Diese wird für die Darstellung auf dem Bildschirm benötigt. Technisch handelt es sich um eine Bitmap-Schrift, da die digitale Darstellung durch Pixel oder Punkte erfolgt.

Bildschirmterminal
Datensichtgerät.

Bildstellen, Bildelemente
Druckelemente auf Druckformen aller Art. Bildstellen und Nichtbildstellen ergeben die drucktechnisch zu verarbeitenden Informationen.

Bildtelefon
Kommunikationsart, bei der die Teilnehmer nicht nur akustisch miteinander kommunizieren, sondern auch in direktem Blickkontakt miteinander stehen. Bildtelefonverbindungen werden im ISDN über Videokonferenzsysteme oder über einen PC und entsprechende Software realisiert.

Bildvorlage
Bezeichnung für alle Arten von Bildern, die für einen Produktionsprozess geeignet sind. Zweidimensionale, manuell, fotografisch oder elektronisch hergestellte zeichnerische, grafische oder fotografische Vorlage für einen Print- oder Nonprint-Auftrag.
Zur Klassifizierung unterscheidet man verschiedene Bildvorlagen jeweils nach technischen und optischen Gegensatzpaaren: Aufsicht oder Durchsicht, Strich oder Graustufen (Halbton), einfarbig oder mehrfarbig, positiv oder negativ, seitenrichtig oder seitenverkehrt.
Danach ist beispielsweise ein Farbdiapositiv eindeutig zu charakterisieren: Durchsicht, Graustufen (bzw. Halbton), farbig, positiv, seitenverkehrt (evtl auch seitenrichtig).

Bildzeile
In der Monitortechnik die technische Wiedergabe einer Bildzeile, die der Elektronenstrahl jeweils von links nach rechts in einem Durchgang auf dem Monitor darstellt.

Bimetall, Bimetallstreifen
Verbindung zweier Metallstreifen verschieden großer Wärmeausdehnung. Die beiden gleich großen Metallstreifen (z. B. Silber, Gold, Kupfer, Messing, Zink, Eisen u. a.) werden entweder aufeinander genietet, aufeinander geschweißt, aufeinander gelötet oder aufeinander geklebt. Bei Wärmeeinwirkung krümmt sich der Bimetallstreifen immer in die Richtung, wo der am wenigsten wärmeempfindliche, d. h. der am wenigsten, ausdehnungsfähige Metallstreifen ist. Diese Krümmungsbewegung kann zu Mess- und Schaltzwecken genutzt werden.

Bimetallplatte
Früher eingesetzte Offsetdruckplatte für sehr hohe Auflagen, die aus einem hydrophil (Chrom) und einem hydrophob (Kupfer, Messing) reagierenden Metall besteht.

binäres System
Ein aus nur zwei Zeichen bzw. Zuständen aufgebautes Darstellungssystem für Informationen. Das wichtigste binäre Zahlensystem ist das Dualsystem, das auf den Ziffern 0 und 1 aufbaut (im Gegensatz zum Dezimalsystem, das auf den Ziffern 0 bis 9 basiert). Im Grundsatz ist auch die Bildübertragung, z.B. im Offsetdruck, ein binäres System: Sie besteht aus druckenden Bildelementen und nichtdruckenden Nichtbildelementen.

Bindequote
Teilaufbindung. Bestimmte Menge eines Druckproduktes, z. B. eines Buches, die zu einem bestimmten Zeitpunkt gebunden werden muss. Der Rest der Druck- oder Falzbogen wird vorübergehend gelagert.

Bit
(Abk. für: Binary digit) Kleinste Informationseinheit eines digitalen binären Systems; einzelner Ja/Nein- bzw. 0/1-Zustand.

Bit/s
Maßeinheit für die Übertragungsgeschwindigkeit von Daten in Bits pro Sekunde.

Bitmap
Allg.: Rasterfeld. Ein digitalisiertes Bild wird technisch in einen Raster von Pixeln umgesetzt. Ein Bildaufbau basiert so auf einzeln ansteuerbare Pixelelemente in Vertikal-/Horizontal-Koordinaten. In diesen Dateien ist jedem Pixel ein Datenbit zugeordnet; es schaltet entweder EIN (= belichtet bzw. schwarze Druckfarbe = Bildstelle) oder AUS (= nicht belichtet bzw. keine Bildstelle). Das aus einem rechtwinkligen Raster von Pixeln bestehende Bild ist im Aufbau sehr datenintensiv. Der Computer weist jedem Pixel einen Wert zu, und zwar zwischen einem Datenbit und bis zu 32 Bit pro Pixel für Farbbilder.

Bit-Tiefe, Farbtiefe
Maß für die Fähigkeit z. B. eines Monitors, verschiedene Farben bzw. Tonwerte gleichzeitig darzustellen. Ein Monochrom-Monitor hat eine Bit-Tiefe von 1, ein 24-Bit-Farbmonitor stellt dagegen über 16 Millionen Farben (2^{24}) dar.

black
1. Englisch: Schwarz.
2. Englische Bezeichnung für eine extra fette Schrift.

Blackbox
Engl.: Schwarzer Kasten. Denkmodell für unbekannte Prozesse. Bezeichnung für einen Vorgang, Ablauf o. ä. als ein Modell, dessen Eingaben und Ausgaben bekannt, dessen Funktionsweisen oder Wechselwirkungen jedoch unbekannt sind.

blanklaufen
Abstoßen der Druckfarbe von Metallwalzen. Im Offsetdruck bei Verwendung von (hydrophilen) Stahlreibern. Reiber sind deshalb heute verkupfert oder mit Kunststoff bezogen.

blankschlagen
Das Aussparen einer Fläche im Satzspiegel, z. B. Text, in der später ein Bild, eine Grafik oder eine Tabelle eingefügt werden soll.

blanko
(span.: weiß) leer, unbedruckt.

Blatt
Ungefalzter Bedruckstoff aus Papier oder Karton in den Formaten DIN A3 und kleiner. Ein größerer Bedruckstoff wird Bogen genannt.

Blaukopie
Kunststofffolienkopie mit blauer Einfärbung, die für die manuelle Montage für farbige Druckprodukte in der Druckformherstellung eingesetzt wird.

Blaupause
Früher eine einfache Lichtpause oder heute eine elektronisch hergestellte Kopie („digitale Blaupause") als Produkt zur Montagekontrolle, z.B. für Stand, Korrektur, Revision.

Blechdruck
Indirektes, rotatives Flachdruckverfahren für das Bedrucken von Blechtafeln, die in der Weiterverarbeitung zu Dosen, Behältern, Tafeln u. ä. verarbeitet werden.

Bleisatz
Manuelle und maschinelle > Satzherstellungsverfahren, die mit Bleilettern (Einzelbuchstaben, Zeilen) arbeiten. Der Bleisatz war speziell für den Buchdruck, ein Hochdruckverfahren, das geeignete Satzherstellungsverfahren, da von diesem Bleisatz im Druckprinzip Fläche-Fläche (Tiegel-Druckmaschinen) und Zylinder-Fläche (Flachform-Zylinder-Druckmaschinen) direkt gedruckt werden konnte. Die Technik wird nur noch für spezielle kleinere Druckaufträge im Buchdruckverfahren genutzt.

Bleistereo
Hochdruckplatten-Nachformung. Abprägung einer starren Druckform in eine Mater (Pappe oder Kunststoff) und Ausgießen in einer Bleilegierung. Diese Technik wurde früher z. B. zur Herstellung einer halbrunden

Druckform für den von Zeitungen im Rollen-Rotationsdruck eingesetzt.

Blindmuster
Muster eines Buches, Kataloges o. ä., das im Format, im Umfang, dem Papier, der Verarbeitung und dem Einband dem späteren Endprodukt entspricht. Alle Seiten sind jedoch normalerweise unbedruckt.

Blindtext
Beliebiger Text für ein Layout, der dem endgültig verwendeten Text in allen typografischen Merkmalen wie Schriftart, Schriftgrad und Zeilenabstand entspricht. Der Text charakterisiert dabei lediglich das optische Erscheinungsbild.

Blindzeile
Leerzeile, die bei der Texterfassung durch die Zeilenumschalttaste (Return) erzeugt wurde.

Blisterlack
Eine Lacksorte, mit der Blisterhauben durch Druck und Wärme mit dem bedruckten und lackierten Kartonteil verbunden werden. Unter Wärme entwickelt der Lack einen Heißklebeeffekt.

Blisterpackungen
Einseitig offene Hauben aus Kunststoff, die auf einen bedruckten Träger aus Karton aufgeklebt sind.

Blitzer
Differenzen (Weißstellen) im Passer mehrfarbiger Druckprodukte und bei Schneidefehlern an angeschnittenen Flächen oder Bildern. > Überfüllung.

Block
1. EDV: Datenblock (engl. frame) als physische Grundeinheit gespeicherter Daten.
2. Kurzbezeichnung in der Buchbinderei: Aus gefalzten Druckbogen oder einzelnen Blättern zusammengetragene, miteinander gebundene Blätter.

Blockklebebindung
Klebebindeverfahren in der Buchbinderei, bei der der gesamte Broschuren- bzw. Buchblock (Innenteil) im Rücken feststehend aufgefräst und danach an dieser Stirnfläche (Blattkanten) geklebt wird.

Blocksatz
Symetrische Textanordnung: Links- und rechtsbündiger Satz, d. h. Zeilenanfänge und Zeilenenden stimmen in der senkrechten Ausrichtung überein. Im „erzwungenen Blocksatz" werden auch einzelne Wörter auf die volle Zeilenbreite „ausgetrieben", d. h. nicht nur die Abstand zwischen den Wörtern sondern auch sogar zwischen den Buchstaben werden unschön erweitert.

Blooming
Fehlerscheinung bei der Bilddatenerfassung durch CCD-Elemente mit Digitalkameras sowie in der Reproduktion mit Flachbettscannern, die durch ein Überlaufen elektrischer Ladungen zwischen einzelnen CCD-Elementen (Sensoren) entstehen. Die Erscheinung zeigt sich als Streifen oder weiße Löcher durch Überstrahlung.

Blue box
Ein aus der Medien- bzw. Fernsehtechnik bekanntes Verfahren, bei dem ein Schauspieler vor einer (meist) blauen Wand agiert, die technisch durch einen anderen, beliebigen Hintergrund ersetzt werden kann. Somit ist eine totale Bildmanipulation auch bei Bewegtbildern möglich.
Beispiel: Es wird eine virtuelle Konferenz durchgeführt, bei der die Teilnehmer sich in der realen Situation an verschiedenen Orten (z. B. in Studios) aufhalten. Der Zuschauer bekommt jedoch auf dem Bildschirm den Eindruck, als säßen alleTeilnehmer der Diskussionrunde an einem Tisch.

Blutlaugensalz
Rotes Blutlaugensalz (Kaliumferricyanid), dass in der Fotografie als Abschwächer verwendet wird.

Boards
Englische Bezeichnung für Pappen.

Bogen
Bedruckstoffe, Druckweiterverarbeitung.
1. Papier oder Karton mit einem Mindest-Format von DIN A3. Kleinere Formatgrößen werden allgemein Blatt genannt.
2. Maßeinheit für den Umfang einer Broschur oder eines Buches. Im allgemeinen umfasst ein (Falz-)Bogen 16 Seiten.

Bogenbremse
Vakuum-Einrichtung in der Auslage bei Bogen-Druckmaschinen, mit der der Bogen je nach Druckgeschwindigkeit abgebremst werden kann, um eine einwandfreie Auslage zu erreichen.

Bogenmontage
Das Zusammenstellen und standgerechte Positionieren aller Bildelemente (Text, Grafik, Bild, Hilfszeichen u.a.) für die Druckformherstellung im gewünschten Druckbogenformat. Die Bogenmontage kann manuell auf transparente Montagefolien ausgeführt werden. Montiert werden geeignete Kopiervorlagen mit bestimmten technischen Eigenschaften für das Kopierverfahren

Bogennorm
Am Fuß, im Rücken oder im Beschnitt der ersten Seite eines jeden Druckbogens angebrachte Kurzangabe des Titels eines Werkes. > Bogensignatur.

Bogensignatur
Kennzeichnung eines jeden Druckbogens im Werkdruck durch die fortlaufende Bogenzahl im Fuß der ersten Seite. Die Bogenzahl wird häufig mit einem Stern auf der dritten Seite wiederholt.

bold
Engl. Bezeichnung für eine fette Schrift.

Book
Englischer Begriff für das Buch; dementsprechend werden geeignete Werksatzschriften bezeichnet, z. B. BookAntiqua.

Bookmark
Engl.: Lesezeichen. Sie werden in Web-Browsern genutzt, um Internet-Adressen (URL) zu speichern und rasch aufzurufen.

booten
Das Laden und Starten des Betriebssystems (Betriebssoftware) eines Computers.

bpi
Abkürzung für bits per Inch (Bits pro Zoll). Maßeinheit für die Zeichendichte auf magnetischen Datenträgern.

bps
Abkürzung für bits per second, Bits pro Sekunde (Bit/s). Maßeinheit für die theoretische Geschwindigkeit der Datenübertragung (Datentransfer, Übertragungsrate) bei einer seriellen Übertragung in einem Netzwerk.

Braille, Louis
Französischer Erfinder (geb. 1809, gest. 1852), der heute gebräuchlichen Blindenschrift. Braille war selbst blind.

Braunschliff
Holzschliffart, für die hauptsächlich Kiefernholz eingesetzt wird. Das Holz wird vor dem Schleifen gedämpft oder gekocht, um beim Schleifvorgang die Lockerung und Herauslösung der Fasern zu erleichtern.

brechen der Druckfarbe
Mischen einer Druckfarbe mit der > Komplementärfarbe.

Breitbahn
Abkürzung: BB. Kennzeichnung eines Druckbogens, der aus der Breite der Papierbahn geschnitten wurde. Die kürzere Seite des Bogens liegt parallel zur > Laufrichtung bzw. Maschinenrichtung (M). Beispiel für Formatangaben: 61 cm x 86 cm BB; 61 M x 86.

Brennprobe
1. Prüfverfahren zur Erkennung von Kunststoffen.
2. Prüfverfahren für das Erkennen von geklebten Kartons: Beim Anbrennen einer Ecke spaltet sich der Karton in einzelne Lagen.

Brinellhärte
Nach Johann August Brinell benanntes Härtemaß. Durch den Druck einer Stahlkugel auf das Prüfstück entsteht bei Überschreitung der Elastizitätsgrenze eine Eindruckstelle, deren Durchmesser das Maß der Brinellhärte angibt.

Bromsilberdruck
Kein Druckverfahren, sondern maschinelles Kopier- und Entwicklungsverfahren auf Fotopapiere. Früher fertigte man in diesem Verfahren u.a. einfarbige Ansichtkarten mit der Bezeichnung „Echt Photo" an.

Bronzedruck
Der Druck von Gold-, Silber- und anderen Metallfarben durch Verwenden von Metallpulver und Spezialfirnissen, die in der Druckerei angerieben werden.

bronzieren
Auf vorgedruckte, klebrige Bronzeunterdruckfarbe wird manuell oder maschinell Bronzepulver aufgestäubt. Damit ist ein sehr starker Bronzeauftrag an > Bildelementen

zu erzielen. Durch Abbürsten wird die Bronze von unbedruckten Stellen entfernt.

Broschur
Broschuren sind mehrseitige, geheftete Druckprodukte mit und ohne Umschlag. Im Gegensatz zu einem Buch besteht der Umschlag einer Broschur aus gleichartigem Material wie der Innenteil oder aus Karton. In der Regel ist der Umschlag bedruckt.
Ziele der Bindetechnik: rationelle Fertigung, maschinelle Produktion, wirtschaftlich.
Grundsätzlich unterscheidet man zwischen
– Einzelblattbroschuren
– einlagige Broschuren
– mehrlagige Broschuren.
Einzelne Blätter bilden den Innenteil von Einzelblattbroschuren.
Bei einlagigen Broschuren sind alle (Doppel-) Blätter des Innenteils ineinandergesteckt bzw. gesammelt und durch eine Rückstichheftung mit Draht oder Faden geheftet. > Rückstichbroschur
Bei mehrlagigen Broschuren werden einzelne Falzbogen, sogenannte Lagen, hintereinander in richtiger Reihenfolge zusammengetragen. Nur noch bei einfachen Produkten wird mit Draht durch den Rücken geheftet. Alle anderen Produkte werden mit Faden, durch Fadensiegeln (beim Falzen) oder vor allem mit der Klebebindung geheftet.
Der Umschlag mehrlagiger Broschuren ist in der Regel zwei- oder vierfach gerillt. > englische Broschur, > Schweizer Broschur, > Spiralbroschur.

Broschüre
Eine nicht periodisch erscheinende Publikation von 5 und nicht mehr als 48 Seiten mit einem einteiligen Papier- oder Kartonumschlag. Umgangssprachlich die allgemeine Bezeichnung für eine > Broschur.

Brotschrift
Alte Bezeichnung für Werksatzschriften (Bücher, Broschuren), mit denen der Schriftsetzer im Bleisatz hauptsächlich sein Geld und damit sein Brot verdiente. Heute: Grundschrift in entsprechenden Publikationen.

Browser
Internet-Software, mit der sich der Nutzer im Datenbestand des World Wide Web bewegen (surfen) kann.Die bekanntesten Browser sind Netscape® Navigator und Microsoft® Internet Explorer.

Bruch
> Falz.

Bruchholz
Bruchholz entsteht, wenn ein Unwetter den Forst verwüstet, Äste oder ganze Bäume abbricht (Windbruch). Die sehr kostspieligen Aufräumungsarbeiten – als Voraussetzung zur Wiederaufforstung – sind nur zu finanzieren, wenn sich Käufer für Abfallholz finden. Verwertet wird das Bruchholz praktisch nur in der Zellstoff- und Papierindustrie sowie in der Spanplattenherstellung. Diese leisten damit einen wertvollen Beitrag zur Erhaltung des Waldes.

Buch
Nach der Definition der UNESCO aus dem Jahre 1964: Eine nicht periodisch erscheinende Publikation mit mindestens 48 Seiten. Das Buch besitzt im Gegensatz zur Broschur anstelle eines Umschlags eine aus mehreren (Material-)Teilen bestehende > Buchdecke.

Buchbinderei
Fertigungsbereich bei der Herstellung von Druckprodukten. Bezeichnung für alle Arbeiten, die nach dem Druckprozess zur Fertigstellung eines Endproduktes erforderlich sind, z. B. die Herstellung von Broschuren und Büchern. > Druckweiterverarbeitung.

Buchblock
Gefalzte, zusammengetragene und geheftete Druckbogen. Der Buchblock kann je nach Anforderungen gerundet und im Schnitt gefärbt sein. Er wird nach seiner Fertigstellung durch Vorsatzpapiere in eine Buchdecke „eingehängt" geklebt).

Buchblockrücken
Die geheftete Seite eines Buchblocks.

Buchdecke
Aus mehreren Werkstoffteilen bestehender Einband für Bücher. Er besteht prinzipiell aus zwei Buchdeckeln (starke Pappe), einer Rückeneinlage (dünne Pappe, Schrenz genannt) und einem Bezugsstoff (Papier, Gewebe, Leder u.v.a.

Buchdruck
Ältestes Hochdruckverfahren. Es wird direkt in allen Druckprinzipien (Fläche-Fläche, Fläche-Zylinder, Zylinder-Zylinder) gedruckt. Der Buchdruck hat große Druckkapazitäten an den Offsetdruck abgeben müssen. Diese Entwicklung ist noch nicht abgeschlossen.

Bubblejet-Verfahren
Sinngemäß: Blasen-Düsen-Verfahren. Eine in Tintenstrahldruckern eingesetztes Drucktechnik, bei der Tinte durch Heizelemente erhitzt wird. Es bilden sich Dampfblasen (bubbles), die durch ihren Druck kleine Tintentröpfchen durch Düsen auf das Papier schleudern. Nach dem Aussetzen der Hitze entsteht ein Unterdruck, der frische Tinte aus einem Speicher ansaugt. Die Qualität der Bildwiedergabe ist bei dieser Technik nicht optimal, sie hängt entscheidend von der verwendeten Tinte ab.

Bund
Die verbindende (Falz-)Linie zwischen zu falzenden bzw. gefalzten Blättern eines mehrseitigen Produktes (Prospekt, Broschur, Buch). Im Bund erfolgt die Heftung der Seiten zu einem Endprodukt. > gerade Seite, > ungerade Seite. In der Regel ist der innere Seitenrand vom Satzspiegel zum Bund schmaler als der Seitenrand außen.

Bundsteg
Bezeichnung aus der Bleisatzzeit für den Steg (Randbereich) einer Druckseite, der vom äußeren Satzspiegelbereich bis an den Falz reicht.

Buntaufbau
Reprotechnischer Fachbegriff für ein Verfahren zur Herstellungvon Farbsätzen. Alle Ton- und Farbwerte entstehen prinzipiell durch Teilmengen der subtraktiven Grundfarben Cyan (C), Magenta (M) und Gelb (Y = Yellow). Eine beliebige Mischung aller drei Grundfarben ergibt Tertiärfarben. Bei gleichem Mischungsverhältnis neutralisieren sich die Grundfarben zu Unbuntwerten vom hellem Grau bis zum Schwarz. Zur Unterstützung der Unbuntwerte ist bei realen Druckfarben zusätzlich die Druckfarbe Schwarz zu drucken, um die notwendige Bildtiefe zu erreichen. Um eine höhere Stabilität in der Farbführung (Graubalance) zu erreichen, wird der reine Buntaufbau modifiziert. > UCR, > Unbuntaufbau.

Buntfarben-Addition
Abkürzung: BA. Reprotechnischer Fachbegriff bei unbunt aufgebauten Farbsätzen. In neutralen Bildtiefen und Dreivierteltönen werden Teilmengen von Buntfarben reprotechnisch addiert (hinterlegt), weil die Druckfarbe Schwarz nicht die erforderliche Dichte erreicht. Dadurch ist eine notwendige Bildtiefe bei unbunt aufgebauten Farbsätzen zu erreichen.

Buntheit
Merkmal einer Farbe, das den Grad der Farbigkeit bezeichnet. Es gibt an, ob diese Farbe leuchtend (rein), gedeckt (schmutzig), unbunt o.ä. erscheint. > Farbe.

Buntton
Früher: Farbton. Allgemeines Merkmal einer Farbe, z.B. Rot, Grün, Blau u.ä. > Farbe.

Büttenpapier
Büttenpapiere wurden ursprünglich von Hand mit einem Sieb aus der „Bütte" (Bottich) geschöpft. Typisches Merkmal dieses handgeschöpften Büttenpapiers ist der faserig ausgedünnte Rand, der am Außenrand des Siebes entsteht. Das Handschöpfen wird allerdings kaum noch betrieben. Büttenpapier wird – ebenfalls mit dem faserig ausgedünnten Büttenrand – auf einer Rundsiebpapiermaschine hergestellt. Daneben gibt es Maschinenbüttenpapier, das auf Langsiebmaschinen hergestellt wird. Diesem fehlt der natürliche ausgedünnte Rand, der häufig durch Quetschen, Stanzen oder unregelmäßiges Beschneiden nachgeahmt wird.

Bullock,William
Erbauer der ersten Rotationsmaschine für den Buchdruck im Jahre 1862.

Bus
Elektronischer Leiter, Verbindungsträger für den Datentransport im Computer. Das ganze System besteht aus einem Adress-, einem Daten- und einem Steuerbus.

Button
Engl. Bezeichnung für eine Schaltfläche.

Byte
EDV: Zusammenfassung von 8 Bits als kleinste adressierbare Speichereinheit.
Mit 8 Bits oder 1 Byte sind 2^8 = 256 alphanumerische Zeichen darzustellen.
Weitere Größen:
2^{10} (1024) Byte = 1 Kilobyte (KB)
2^{10} (1024) Kilobyte = 1 Megabyte (MB)
2^{10} (1024) Megabyte = 1 Gigabyte (GB)
2^{10} (1024) Gigabyte = 1 Terabyte (TB).

C

c
Kurzzeichen für die typografische Maßeinheit > Cicero, die offiziell 1978 durch einheitliche SI-Einheiten abgeschafft worden ist. 1 Cicero = 12 Punkt (p), ca. 4,5 mm.

C
Hexadezimale Zahl für die Dezimalzahl 12.

Cache
Pufferspeicher. Ein sehr schneller Hintergrund- bzw. Zwischenspeicher, der die Leistungsfähigkeit erhöht. Aus diesem übernimmt der Prozessor eines Rechnersystems direkt häufig benötigte Programmteile bzw. Daten zur Bearbeitung, ohne z.B. den langsameren Weg über den Arbeitsspeicher nutzen zu müssen.

CAD
Abkürzung für Computer Aided Design. Computergestütztes Entwerfen, Konstruieren, Zeichnen, d. h. ein elektronisches Konstruktionssystem. In der Druckindustrie eingesetzt als Maskenschneidesystem in der Reproduktion und im Siebdruck.

CAE
Computer Aided Engineering. Rechnerunterstützte Verfahren in allen Ingenieurbereichen.

camera obscura
Lochkamera, die Leonardo da Vinci erfand.

Cameron
Buchproduktionsstraße, die im rotativen Buchdruckverfahren arbeitet. Fotopolymere Druckplatten werden für den Schön- und Widerdruck auf je einem endlos laufenden Belt (ein Gurt aus festem Gewebe) standgerecht montiert. Ein Belt kann stufenlos in der Länge variiert werden und ermöglicht es dadurch, unterschiedliche Seitenumfänge zu produzieren. Nach dem beidseitigen Bedrucken wird die Bahn geschnitten, zusammengeführt, gefalzt und klebegebunden. Bei Taschenbüchern (die buchbinderisch korrekte Bezeichnung: > Broschur) erfolgt in der gleichen Anlage das Einhängen in den Umschlag, das dreiseitige Beschneiden und ggf. das Verpacken.

Candela
Basiseinheit des SI-Einheitensystems für die Lichtstärke. Abkürzung: cd. Die Einheit bezieht sich auf die abgestrahlte Lichtintensität der Lichtquelle, abgeleitet von der Lichtstärke einer Stearinkerze (1 cd).

CCD
Engl. Abkürzung: charge-coupled device = ladungsgekoppelter Halbleiterbaustein. Optoelektronische Sensoren in (Flachbett-)Scannern, Digitalkameras und Video-Kameras, die Licht in elektrische Ladungen um-wandeln und in einem bestimmten Takt auslesen. Man unterscheidet bei Digitalkameras zwischen Zeilen- und Flächensensoren.

CCR
Abkürzung von Complementary Color Reduction. In der Scannertechnik ursprünglich von Siemens-Hell eingeführte Bezeichnung für alle Reproduktionsvarianten eines Farbsatzes zwischen dem > Buntaufbau und dem > Unbuntaufbau.

CD
Abkürzung für Compact Disc. Digitales Speichersystem, dass nicht durch mechanische Berührung mit einem Abtastkopf, sondern berührungslos durch einen Laserstrahl abgetastet wird.

CD-ROM
Abkürzung: Compact Disk Read Only Memory. Datenspeicher auf Laser-optischer Basis (> Optical Disk).

changieren
Von links nach rechts bewegen und umgekehrt. Beispiel: Bewegung der Verreibewalzen im Farbwerk einer Druckmaschine.

Checkliste
Systematisch aufgebaute Kontrolliste, z. B. zur Erfassung bestimmter Arbeitsabläufe in einzelnen Teilschritten.

Chemigrafie
Arbeitsbereich zur Herstellung von Original-Hochdruckformen durch Ätzung, Auswaschung und elektronische Gravur. Heute sind die Ätzung und die elektronische Gravur verfahrenstechnisch überholt.

chemischer Druck
Bezeichnung Senefelders für das von ihm erfundene Flachdruckverfahren, den Steindruck. > Lithografie, > Senefelder.

Chemieschliff
Papierherstellung: Chemieschliff entsteht durch das Schleifen von Faserholzknüppeln, die zuvor mit warmen Lösungen von Natriumverbindungen behandelt wurden: Dadurch lassen sich die Fasern leichter aufschließen.

China Clay
Kaolin, Porzellanerde. Silikat, das als Füllstoff und als Streichpigment bei der Papierherstellung eingesetzt wird.

Chip
Bauteil eines Computers mit einer vollständigen integrierten Schaltung.

Chlor
Papierindustrie: Einsatz in der Papierindustrie. Chemische Substanz, als Elementarchlor bezeichnet, zur Entfernung von Lignin bei der Zellstoffherstellung und Bleichung. Dabei entstehen umweltbelastende, organische Chlorverbindungen (unter Umständen sogenannte Dioxine), die in der Natur schwer abzubauen und hochgiftig sind. Heute wird bereits überwiegend auf den Einsatz von (Elementar-) Chlor verzichtet. Elementar-Chlor arbeitet im Bleichprozess allerdings äußerst effektiv und faserschonend, es verbessert die Bleichbarkeit in den Folgestufen und ist preiswert. Seit vielen Jahren arbeitet man intensiv an neuen Verfahren des Faseraufschlusses sowie der Bleiche und sucht dazu technisch geeignete Ersatzstoffe. Fast ausschließlich kommen umweltfreundliche, sauerstoffhaltige Bleichmittel wie Sauerstoff, Wasserstoffperoxid und Ozon zum Einsatz.

chlorarm, chlorfrei
Papierindustrie: Die Bezeichnung trifft den Bleichvorgang bei der Faserstoffherstellung. Chlorarme Papiere (CFA): Reduzierte Abwasserbelastung, da beim Bleichvorgang weitgehend auf Chlorgas (Elementarchlor) verzichtet und stattdessen mit Chlordioxid gebleicht wird. Zusätzlich wird oftmals z. B. mit Wasserstoffperoxid vorgebleicht, AOX-Wert < 0,5 kg/1000 kg Papier. Chlorfreie Papiere (> TCF) sind absolut chlorfrei verarbeitet, d. h. der AOX-Wert ist 0,0.

Chrom
Cr (griech.: Farbe). Silberglänzendes sehr hartes Metall, das in der Druckindustrie insbesondere früher für Bi- und Trimetallplatten (hydrophiles Metall) und heute für das Verchromen von Tiefdruckzylindern verwendet wird.

Chromopapier und -karton
Holzhaltiges oder holzfreies Papier, das einseitig gestrichen ist. Der stets wasserfeste Strich entspricht grundsätzlich dem eines Bilderdruckpapiers; die Streichmasse ist aber wegen anderer Anforderungen an das Produkt (gute Offsetdruck-Eignung sowie Präge-, Lackier- und Bronzierfähigkeit) anders zusammengesetzt. Chromopapier wird überwiegend für Etiketten, Einwickler- und Bezugspapiere eingesetzt, Chromokarton für Faltschachteln, Schaukartons (Displays), Dekoration, Schallplattenhüllen oder Buch- und Broschüreneinbände. Es ist ein mehrschichtiger Faltschachtelkarton, der ein- oder beidseitig holzfrei gedeckt und einseitig glatt ist. Zwischen zwei Decklagen, von denen mindestens eine aus gebleichtem (weißem) Zellstoff besteht, befinden sich Zwischenlagen und Einlagen aus Holzstoff (Holzschliff).

Cicero
Wichtige typografische Maßeinheit auf der Basis des Didot-Punktsystems, ursprünglich nur im Bleisatz eingesetzt, heute modifiziert. Danach ist 1 Cicero (c) = 12 Punkt (p).
Die Umrechnung zum metrischen System ergab: 1 p = 0, 375 mm, 1 c = 4,5 mm (ca.). Heute wird diese Maßeinheit immer noch in computergesteuerten Systemen verwendet. Basis ist jedoch das Point-System.

CIE
Commission Internationale de l'Eclairage. Internationale Vereinigung, die eine Reihe von Standards für eine exakte Farbdefinition und -kommunikation entwickelt hat.

CIE-Farbenraum
Farbsystem der > CIE (1976) mit einem annähernd empfindungsgemäß gleichabständigen, dreidimensionalen Farbenraum, der durch das rechtwinklige Auftragen der Koordinaten L*a*b* definiert worden ist. Heute bedeutender geräteunabhängiger Farbraum, d.h. Bilddaten von Farbbildern werden in diesem Farbenraum unabhängig vom Eingabesystem (z. B. Scanner) oder den verschiedenen Ausgabesystemen farbneutral zur weiteren Verarbeitung gespeichert.

CIE-Lab
Farbenraum mit den Größen Helligkeit (L), Rot-Grün-Achse (a) und Gelb-Blau-Achse (b).

CIE-L*a*b*-Farbraum
Ein einheitlicher Farbraum mit einer annähernd empfindungsgemäß gleichabständigen, dreidimensionalen Darstellung, der durch rechtwinklige Auftragung der Koordinaten L*a*b* definiert ist. Er wird eingesetzt z. B. zur Messung kleiner Farbunterschiede. Die Bezeichnung „empfindungsgemäß gleichabständig" bezieht sich auf das Sehen des Menschen. Die Definition des Farbraums wurde 1976 nach der Adams-Nickerson-Formel eingeführt. Das L*a*b*-System wird überwiegend in der Druckindustrie eingesetzt. Die Größen sind definiert durch die Helligkeit (L), die Rot-Grün-Achse (a) und die Gelb-Blau-Achse (b)

CIE-L*u*v*-Farbraum
Ein 1976 eingeführter einheitlicher Farbraum, der bei additiver Farbmischung, z. B. Farbfernsehen und Farbbildschirmdarstellung verwendet wird.

CICS
Abkürzung für Complex Instruction Computer Set. Elektronischer Rechner mit einer umfassenden Anzahl von Befehlen. > RISC.

CIM
Englische Abkürzung für Computer Integrated Manufacturing = computergestützte bzw. computerintegrierte Fertigungstechnik.

CKW
Oberbegriff für Chlorkohlenwasserstoffe, wobei die chlorierten Dioxine und Furane einbezogen sind.

CMS
> Color Management System.

CMYK
Engl. Abkürzung für Cyan, Magenta, Yellow, Key (für Schwarz). Genormte Prozessfarben für den subtraktiven Farbaufbau im herkömmlichen Vierfarbdruck.

CNC
Abk. für Computerized Numerical Control. Produktionstechnik mit mikrocomputergesteuerten Maschinen und speziellen Fertigungsprogrammen.

Code
Verschlüsselungssystem. Umsetzung einer Informationseinheit durch einen bestimmten Zeichenvorrat in einen anderen. Beispiel: Umwandlung von Buchstaben, Zeichen und Ziffern in das binäre (zweiwertige) Zeichensystem.

Coldset-Offsetdruck
Offsetdruck mit Druckfarben, die im wesentlichen durch wegschlagen verfestigen. Die Bezeichnung bezieht sich in der Regel auf Rollen-Offsetdruckmaschinen für den Zeitungsdruck und ähnliche Produkte.

Collage
Klebebild. Verschiedene (Teil-)Bilder aus Papier oder anderen Materialien, die zu einer Gesamtvorlage zusammengefügt wurden.

Color Management System (CMS)
Farbkalibrierungssystem zur Abstimmung sämtlicher Eingabe-, Bildbearbeitungs- und Ausgabesysteme, z. B. Scanner, Farbmonitor, Rechnersystem, Bildbearbeitungsprogramme, Digitalproof, Ausgabesysteme wie Belichter und Computer-to-plate-Systeme, Direct-Imaging, Digitaldruck u. a.

Compiler
EDV: System zur Übersetzung einer beliebigen Programmiersprache in einen rechnerverständlichen Binärcode.

Complementary Color Reduction
Abkürzung: > CCR

Computer
Eine programmierbare elektronische Rechen- und Datenverarbeitungsanlage, die eingegebene Daten nach gespeicherten Programmen zu vorgegebenen (Ziel-)Ergebnissen verarbeitet und diese in der gewünschten Form ausgibt. Mindestbestandteile des Systems sind: Rechenwerk, Steuerwerk, Arbeitsspeicher und Ein- und Ausgabesteuerung für angeschlossene Geräte.

Computer-to...Technologien
Bezeichnung für digitale Ausgabetechnologien und -systeme, d. h. sämtliche Technologien für die Ausgabe digitaler Informationen (gestalteter Druckseiten mit Texten, Bildern, Grafiken u. a.) aus der Druckvorstufe.

1. Computer-to-Film: Produkte sind Seiten bzw. Farbauszüge als einzelne Seiten oder ausgeschossen im Druckbogenformat. Von diesen Produkten werden Druckplatten kopiert.
2. Computer-to-Plate: Produkte sind Druckplatten, die außerhalb der Druckmaschine bebildert werden. Direkte digitale Informationsübertragung auf eine Druckplatte bei der Datenausgabe. Für die Druckformherstellung entfallen somit alle Zwischenstufen wie das Herstellen von Filmen, das Montieren, das Belichten und Entwickeln der Druckplatten.
3. Computer-to-Press: Produkte sind Druckplatten oder Druckfolien, die digital direkt in der Druckmaschine bebildert werden.
4. Computer-to-Print: > Digitaldruck, bei dem wiederbeschreibbare Bildträgertrommeln permanent aus dem digitalen Datenbestand bebildert werden. Es entsteht damit vor jedem Druck ein dynamisches Druckbild auf der Druckform (bzw. der Bildträgertrommel).

Condensed
Englische Bezeichnung für eine schmallaufende Schrift.

Copyright
Urheberrecht, Zeichen ©. Der Text enthält Angaben zum Autor, Verlag u.a. als Schutz vor unberechtigter Nutzung bzw. unberechtigtem Nachdruck eines geschützten Werkes.

Corporate Identity
Optisches Erscheinungsbild eines Unternehmens. Beispiel: Das gesamte Erscheinungsbild im Print- und Nonprintbereich der Werbung des Unternehmens mit gleicher Gestaltung, gleichem Logo, gleichen Schriften und Farben. Im weiteren Sinne gehören auch die Gestaltung von Anlagen (Gebäude, Werbetafeln, Infostände u.a.) sowie hausinterne Informationen dazu.

Cover
Englische Bezeichnung für Buchumschlag, Bucheinband.

CPC
Heidelberg Kontroll- und Steuersystem an modernen Offsetdruckmaschinen.

CPData
Produktions- und Informationssystem für systematische Organisation in den verschiedenen Bereichen der Druckerei.

CPTronic
Volldigitalisierte Steuer-, Kontroll- und Diagnoseelektronik an Heidelberger Druckmaschinen.

CPU
Central Processing Unit. Rechen- und Steuerwerk (Mikroprozessor) in der Zentraleinheit eines Computers.

Cromalin
Farbprüfverfahren von DuPont. Andruckersatz als analoges und digitales Proofsystem.

Cursor
Beweglicher Lichtpunkt (Anzeigemarke) zur Ansteuerung einzelner Zeichen auf dem Bildschirm.

Cyan
Bezeichnung für eine genormte Prozessfarbe der subtraktiven Farbmischung (ein blaugrüner Buntton, früher Blau genannt).

D

D
1. Kurzzeichen für die fotografische Dichte.
2. Hexadezimales Symbol für die dezimale Zahl 13.

DAT
Englische Kurzbezeichnung für Digital Audio Tape. Kostengünstige Magnetbandkassette (DAT-Streamer) zur digitalen Datenspeicherung mit sehr hoher Speicherkapazität (bis zu 1,2 Gigabyte).

Database-Publishing
Das Gestalten und Aufbereiten von medienneutralen Daten für z.B. interaktive Kataloge, Printprodukte, CD-ROM-Produktion u.a.

Datei
Engl.: File. Zusammenfassung von systematisch geordneten, verarbeiteten Computerdaten unter einem bestimmten Namen in einer Datenverarbeitungsanlage bzw. auf einen Datenträger. Dateien lassen sich unter dem Namen (Bezeichnung) aufrufen,

speichern, verarbeiten, korrigieren, ergänzen, neu zusammenstellen, übertragen und ausgeben.

Dateiformate
Struktur, mit der die Daten in einer Dateigespeichert sind. Jedes Programm bearbeitet und speichert Daten in einem speziellen Dateiformat. Vielfach ist diese für ein Programm erforderliche Struktur an der Endung (Erweiterung) des Dateinamens zu erkennen. > Datenformat.

Dateityp
Ein vier Zeichen langer Code, der den Dateityp kennzeichnet und zusammen mit dem Datei-Creator-Kennzeichen in der Datei gespeichert wird. Anwendungen erkennen an diesem Code, ob die Datei in einem Format geschrieben ist, das sie lesen können. Datenzweig. Der Teil einer Macintosh-Datei, der die Daten enthält. So wird z. B. der mit einer Textverarbeitung geschriebene Text im Datenzweig einer Dokumentdatei gespeichert.

Daten
Vereinbarte Zeichen oder Funktionen, die eine Information darstellen. Diese können in analoger oder digitaler Form vorliegen. Allgemein: Informationen aus Buchstaben, Zeichen oder Ziffern.

Datenbank
Zentrales Archiv für elektronisch gespeicherte Daten, das logisch organisiert nach Sachgebieten einen optimalen Zugriff zu den gespeicherten Inhalten nach Suchbegriffen ermöglicht. Vergleiche früher eingesetzter Karteikasten.

Datenformat
Codierte Struktur und Anweisungen für die Behandlung von Dateien. Beispiele für Datenformate: ASCII-Datenformat für Text, TIFF-Datenformat für Halbtonvorlagen, EPS-Datenformat für Grafiken.

Datenkompression
Eine Verdichtung von gespeicherten Datenpaketen, z. B. großen Bilddateien, die durch bestimmte Algorithmen zum Zweck der Verringerung der Übertragungszeiten und zur Einsparung von Speicherplatz komprimiert werden. Durch diesen Prozess können Datenpakete von unwichtigen, unnötigen oder sich wiederholenden Daten befreit und später wieder als mehr oder weniger verlustfreie Datei rekonstruiert werden. > Bildkompression.

Datenspeicher
Magnetische, magnetisch-optische oder sonstige Speicher für elektronisch aufbereitete Informationen. Im weitesten Sinne alle Träger von Informationen, z. B. auch Papier.

Datentiefe
Anzahl der Graustufen, die ein Scanner bzw. Computersystem bei der Aufzeichnung einer Halbtonvorlage erfasst. Datentiefe ist der maximale Raum (Menge) der erfassbaren Bilddaten eines bestimmten Punktes, zum Beispiel ein Bereich von 0 bis 255. Jeder abgetastete Bildpunkt erhält beim Abtasten und Speichern einen dem Tonwert (Helligkeit in der Bildstelle) entsprechenden, spezifischen Wert. Dieser Wert ist die Graustufe.

Datenträger
1. Allgemein: Verschiedenste Speichermedien, auf denen Daten (Informationen) in visuell oder maschinen- bzw. computerlesbarer Form festgehalten werden.
2. Speichermedium für elektronische Daten. Alle Medien, die geeignet sind, kodierte Informationen (Computerdaten) aufzunehmen und zu speichern. Hierzu gehören: Disketten, Festplatten, Magnetbänder, CD-ROM, Laserbildplatten (optische Speicher) sowie Mikroelektronikspeicher wie RAM, ROM.

Decke
Kurzbezeichnung für eine > Buchdecke, den Einband eines Buches.

Deckenband
Endprodukt buchbinderischer Verarbeitung: Buchblock, der in eine aus mehreren Teilen bestehende > Buchdecke eingehangen ist.

Decker
Manuell oder fotografisch hergestellte Schablone für die Bearbeitung (Lithografie, freistellen usw.) von Bildern oder Bildteilen.

Deckfarbe
Druckfarben, die den Untergrund mehr oder weniger stark abdecken. Man unterscheidet grob zwischen deckenden und leicht deckenden Druckfarben. Nur im Siebdruck ist ein absolut deckender Farbauftrag möglich. Im Gegensatz dazu lassen lasierende Druckfarben den Untergrund durchscheinen.

Deckung
1. Reproduktion: Die Dichte von Kopiervorlagen.
2. Dichte des Farbauftrages im Druck.

Deformation
(lat.) Verunstaltung, Missbildung, Formveränderung (an lebender und toter Materie).

Dehnrichtung
> Laufrichtung.

De-inking
Aufbereitung von Altpapier: Druckfarbenentfernung.

Deleatur
Korrekturzeichen : Es werde getilgt, d. h. ein einzelner Buchstabe, ein Wort oder eine größere Textmenge sollen im gesetzten Text entfernt werden.

Delta
Mathematisches Symbol für Differenz (Δ).

Delta E
Farbmetrik: Farbabstand ΔE zwischen zwei Farben bei spektralfotometrischer Messung. Gerade noch erkennbare Farbunterschiede besitzen den Farbabstand $\Delta E = 1$.

Densitometer
Dichtemessgerät für Auflicht und Durchlicht in der Reproduktion und im Druck. Messwert: Dichte (= lg. Wert der Opazität bzw. der Absorption).

Desktop Publishing
Abk.: DTP; heute treffender Computer- bzw. Electronic Publishing genannt, bedeutet sinngemäß „Drucken auf dem Schreibtisch".
Die Möglichkeit zur Text-, Grafik- und Bildverarbeitung mit geeigneten Personalcomputern und Programmen (Software), einem Scanner zur Eingabe von Bildern sowie zur (einfachen) Ausgabe einen Laserdrucker. Komplette Druckseiten (Ganzseiten) sind am Bildschirm mit vorhandenen Texten (erfaßt mit einem Textverarbeitungsprogramm), mit Grafiken (elektronisch gezeichnet mit einem Paintprogramm oder über Scanner eingelesen) und Bildern (erfaßt im Scanner und mit Bildbearbeitungsprogrammen bearbeitet) zu gestalten. Dazu werden Layoutprogramme eingesetzt. Professionelle Systeme setzen zur Ausgabe Belichter und andere High-End-Systeme in verschiedenen Technologien (Computer-to-Film, Computer-to-Plate, Computer-to-Press u. a.) ein.

dezentrales Drucken
Das Drucken von Dokumenten (Aufträgen) an verschiedenen Orten, wobei die digitalisierten Dateien über ein Netzwerk an den Rechner des jeweiligen Druckortes übertragen werden.

dH-Wert
Bezeichnung für die deutsche Härte, Härtegrade des Wassers.

Dia
Kurzbezeichnung für positive Durchsichtsvorlagen.

Diagramm
(griech.: Schaubild). Eine zeichnerische Darstellung von Abhängigkeiten zweier oder auch mehrerer Größen in einem rechtwinkligen Koordinatensystem.

Diapositiv
Positives, fotografisches Bild, ein- oder mehrfarbig, auf einem durchsichtigen Schichtträger. Das Diapositiv ist im Durchlicht zu betrachten und zu verarbeiten.

Diazoverbindungen
Organische Stickstoffverbindungen.
Im Offsetdruck eingesetzt als Sensibilisator für die meisten vorbeschichteten Druckplatten. Dabei ist je nach Art der Verbindung die Positiv- oder die Negativkopie möglich.

Dichte
1. Physikalische Größe: Massendichte. Die in der Volumeneinheit (cm^3, m^3) enthaltene Masse einer Substanz in Gramm (g bzw. kg). Dimension der Dichte: g/cm^3, g/cm^3; Beispiele: Wasser (bei 4 °C) = 1 g/cm^3; Aluminium = 2,69 g/cm^3; Eisen = 7,6 g/cm^3; Blei = 11,35 g/cm^3.
2. Optische Dichte: Logarithmus der Opazität bzw. der Absorption.

digital
Darstellung von Informationen durch Ziffern. Bei der digitalen Informationsverarbeitung besteht ein Signal nur aus zwei physikali-

schen Zuständen, z. B. Strom fließt oder Strom fließt nicht. Die digitale Informationsübertragung ist weniger störanfällig und erheblich leistungsfähiger als die > analoge Technik.

Digitaldruck
Non-Impact-Verfahren, die Informationen ohne eine statische Druckform auf den Bedruckstoff übertragen. Die verschiedene Verfahren basieren u.a. auf dem Prinzip Elektrofotografie, Thermografie, Inkjet. Verfahrenstechnik: Computer-to-Print, elektrofotografische Systeme zur Übertragung von Farbtoner auf einen Bedruckstoff, ein- und mehrfarbiger, ein- und beidseitiger Druck. Wesentliche Charakteristik: Die drucktechnische Informationsübertragung erfolgt durch eine dynamische Druckform (Bildträgertrommel) bei ständigen Datenfluss. Wichtigste Voraussetzungen für ein qualitativ gutes, wirtschaftliches Drucken: Einwandfreie digitale Dateien für einen Druckauftrag. > Computer-to-Technologien.

digitale Fotografie
Fotografierte Bildinformationen werden nicht auf Filmmaterial, sondern auf lichtempfindlichen Chips (CCD) erfasst. Dabei werden optische in digitale Bildinformationen umgewandelt und gespeichert. Diese Daten sind ohne weitere Bearbeitung auf einen Computer zu übertragen und mit entsprechender Bildbearbeitungssoftware zu bearbeiten. Eine Digitalisierung der Bildinformationen mit Scanner ist für die weitere Bearbeitung der Daten nicht erforderlich.

digitalisieren
Umsetzen von Informationen (z. B. Zeichen) in codierte, zahlenmäßig eindeutig definierte Daten.

Digital-System
System, das zur Verarbeitung von Daten nur mit 2 Signalen (Ziffern 0 und 1) arbeitet, z. B. digitale Messtechnik, Digitalrechner, digitale Speicher, digitale Zeichenspeicherung, digitales Fernsprechen.

diffus
Zerstreut, ohne genaue Abgrenzung, Streulicht.

Di-Litho-Druck
Direkter Flachdruck. Ein früher vereinzelt eingesetztes Verfahren in umgerüsteten Buchdruck-Rotationsmaschinen für den Zeitungsdruck.

Dimensionsstabilität
Maßbeständigkeit in allen Ausdehnungen, z. B. bei Bedruckstoffen.

DIN
Deutsche Industrie Norm. Das DIN-Institut in Berlin legt Begriffe, Maße, Anwendungen, eindeutig fest. Wichtige DIN-Normen für den Druck:
DIN 467 Papierformate
DIN 5033 Farbmessung
DIN 16511 Korrekturzeichen
DIN 16514 Begriffe Hochdruck
DIN 16528 Begriffe Tiefdruck
DIN 16529 Begriffe Flachdruck
DIN 16539 Europa-Skala (Prozessfarben für den Offsetdruck).
DIN 16544 Begriffe Reproduktionstechnik
DIN 16610 Begriffe Siebdruck

DIN-Formate
Genormte Papiergrößen der im Geschäfts- und Behördenverkehr benutzten Papiere und Kartons. Mathematische Basis ist das Seitenverhältnisses: $1 : \sqrt{2}$, 1 : 1,414. Durch das Halbieren der längeren Seite des Ausgangsformats entsteht das nächst kleinere Format. Das Ausgangsformat ist ein Bogen DIN A 0 (841 mm x 1189 mm) mit einer Fläche von ca. 1 m^2.

Dioxine
Eine Vielzahl von ca. 210 verschiedenen Chlorverbindungen, von denen einige zu hochgiftigen Stoffen zählen. Sie entstehen bei allen Verbrennungsvorgängen in der Industrie und in Haushalten in Gegenwart von Chlorverbindungen. Dioxine werden vom Menschen über die Nahrung, Atmung oder Berührung aufgenommen. Alle Dioxine (und Furane) sind unter Umweltbedingungen stabil, sie bauen sich in der Natur nur sehr langsam ab. Eine Zersetzung ist erst bei Temperaturen ab 600 °C möglich. > Chlor, > Bleiche.

Diptychon
(gr.) Zusammenklappbares Paar von Täfelchen aus Holz, Elfenbein oder Metall, deren Innenseiten in der Antike mit Wachs zum Einritzen der Schrift überzogen waren, seit dem 4. Jahrhundert n. Chr. außen mit Reliefs geschmückt, so auch in der frühchristlichen Kunst. Später häufig Wiederverwendung der Reliefs als Bucheinbände. Im Mittelalter Bezeichnung für zweiflügeliges Altärchen. Triptychon = 3flügelig, Polyptychon = mehrflügelig.

Direct-Mailing
In der Regel personalisierte Werbesendungen. Produkte werden in Spezialdruckereien, heute fast ausschließlich im Digitaldruck vielfarbig bedruckt und ggf. mit zusätzlichen Effekten oder Zusätzen versehen, z. B. Rubbelfelder, Sichtfenster, Lose, Wertmarken, Bestellkarten.

Diskette
Kostengünstiger Datenträger in der EDV, auch FloppyDisk genannt. Flexible, elektromagnetische Kunststoffplatte zur Speicherung von Daten in Personalcomputern. Ein direkter Zugriff ermöglicht mit Hilfe einer > Adresse das unmittelbare Auffinden gesuchter Daten (< Dateien). Eine Hülle aus Pappe oder Kunststoff schützt die Diskette vor Berührungen und Staub.

Dispersion
1. Auffächerung weißen Lichtes in ein farbiges Spektrum beim Durchgang durch die Grenzfläche zweier optischer Medien.
2. Mischung zweier Stoffe, der eine dient als Dispersionsmittel (Dispergenz), der andere befindet sich in der sogenannten dispersen Phase darin fein, aber nicht molekular verteilt.

Dispersionslack
Lackart zur In- und Offline-Veredelung mit Wasser als Bindemittel. Verarbeitung mit Lackwerk, Lackiereinheit oder Lackiereinrichtung. Festkörpergehalt ca. 40 bis 45 %. Die Trocknung erfolgt rein physikalisch. Nach dem Wegschlagen und Verdunsten des Wassers bildet sich der Lackfilm. Nach ca. 30 Sekunden nach dem Auftragen ist der Lack berührungstrocken.

Display
1. In der Werbung ein Aufsteller als Verkaufshilfe.
2. Bildschirm (Monitor) zur visuelle Anzeige der eingegebene Daten.

Dissoziation
Zerfall von Molekülen in elektrisch verschieden geladene Bestandteile (Ionen) in Lösungen, der Dissoziationsgrad (Anteil der dissoziierten zu den undissoziierten Bestandteilen) wächst mit der Verdünnung der Lösung.

Divergenz
Allgemein: Auseinandergehen. In der Optik das Abweichen von Lichtstrahlen von einer Geraden.

dpi
dots per inch. Engl. Bezeichnung für die Auflösungsfeinheit in Punkten pro Inch von verschiedenen Ausgabesystemen, z. B. Belichtern, Druckern (1 Inch = 1 Zoll = 2,54 cm). > Auflösung

draw back
Drucktechnisches Problem: Ein partieller Glanzrückgang, der auftreten kann, wenn konventionelle Offsetdruckfarben inline mit UV-Lack veredelt werden.

Dreimesserautomat
Schneidemaschine für dreiseitig zu beschneidende Produkte, die mit drei Messer ausgerüstet ist. Gleichzeitig wird durch zwei Messer der Kopf- und der Fußbeschnitt ausgeführt, anschließende erfolgt mit dem dritten Messer der Seiten-(Vorderkanten-, Außen-)beschnitt. In der Regel werden die zu beschneidenden Produkte automatisch der Schneidestation zugeführt. > Fließdreischneider.

Druck
1. Physik: Druck ist der Quotient aus einer Kraft- und einer Flächeneinheit. Druck = Kraft : Fläche.
2. Vervielfältigung, Drucktechnik: Im allgemeinen das Produkt eines Druckprozesses, z.B. Briefbogen, Prospekt, (druck-) technische Wiedergabe eines Originals (Handschrift, Gemälde u.a.). > Druckbild, Druckbildspeicher, drucken.

Druckbild
Information, bestehend aus der Gesamtheit aller > Druckbildelemente (Text, Grafik, Bild) in allen Arbeitsstufen einer durch Drucken anzufertigenden Darstellung.

Druckbildelement
Bildstelle, d. h. Druckfarbe tragende bzw. übertragende Einzelstelle (z. B. Buchstabe, Linie, Rasterpunkt, Rasternäpfchen) sowie analoge Stellen in allen Arbeitsstufen einer durch Drucken anzufertigenden Darstellung.

Druckbildspeicher
Speicher (z. B. eine Druckform), der für die Wiedergabe von Bild und/oder Text durch Drucken alle zur Aufbringung der Druckfarbe auf dem Bedruckstoff erforderlichen Informationen enthält.

drucken
Vervielfältigen, bei dem zur Wiedergabe von Informationen (Bild und/oder Text) Druckfarbe auf einen Bedruckstoff unter Verwendung eines Druckbildspeichers (z. B. Druckform) aufgebracht wird.

Drucker
1. Ausbildungsberuf im Berufsfeld Druck und Medien mit den Fachrichtungen Flachdruck, Hochdruck, Tiefdruck und Digitaldruck; neugeordnet seit August 2000.
2. EDV: Baustein zur Datenausgabe von einem Computer-Publishing-System. Man unterscheidet grundsätzlich dabei zwischen Impact- (Kontakt-, Anschlag-) und Non-Impact-Druckern. > Laserdrucker.

Druckfarbe
Substanz, die beim Drucken Informationen (Texte, Grafiken, Bilder) als > Druckbildelemente auf den Bedruckstoff überträgt.

Druckform
Druckbildspeicher. Der materielle, verfahrenstechnisch erforderliche Informationsträger (z. B. Druckplatte, Druckzylinder) zur Übertragung der Bildstellen durch Drucken auf einen Bedruckstoff (z. B. Papier, Karton, Folie). Man unterscheidet prinzipiell zwischen statischen und dynamischen Druckformen. Die auf eine statische Druckform übertragenen Bildinformationen bleiben unverändert und eignen sich für den Druck einer bestimmten Auflage (Druckmenge) in den konventionellen > Druckverfahren (z. B. Offsetdruck, Tiefdruck, Flexodruck, Siebdruck). Dagegen können bei dynamischen Druckformen die Bildinformationen variabel während des Druckens geändert werden. > Digitaldruck.

Druckformenherstellung
Teilbereich der Drucktechnik, in dem die für das Drucken erforderliche Druckform hergestellt wird.

Druckkennlinie
Die Druckkennlinie sagt aus, wie weit der gedruckte Rasterpunkt von dem Punkt auf einem Film bzw. einer Druckplatte in seiner Größe abweicht. Sie ist nur für ein bestimmtes System gültig und abhängig von vielen Faktoren, wie z. B. Bedruckstoff, Druckfarbe, Druckmaschine (Ein- bzw. Mehrfarben, Druckwerk, Gummituch, Druckspannung). Die Druckkennlinie ist ein wichtiges Kommunikationsmittel zwischen der Bilddatenerfassung und -verarbeitung (Reproduktion) und Druckprozess (Andruck, Auflagendruck).
Ermittelt wird die Druckkennlinie mit Hilfe einer Raster-Grauskala. Die Rasterdeckung in den einzelnen Stufen ist bekannt. Mit Hilfe der Murray- Davies- Formel wird die Rasterdeckung im Druck errechnet. Die Werte werden in ein Koordinatensystem eingetragen und mit einer Kurve verbunden. Diese zeichnerische Darstellung ergibt eine bauchige Kurve, da eine dem Film entsprechende 100 %ige Übertragung nicht möglich ist. Der sogenannte > Lichtfang verhindert u.a. eine optimale Übertragung der Bildinformationen.

Druckkontrast
Zur Ermittlung einer Normalfärbung (nur für eine bestimmten Bedruckstoff-Druckfarben-Kombination bei einfarbigem Druck) ist es sinnvoll, eine Messgröße zu haben, die eine objektive Beurteilung der optimalen Farbgebung erlaubt. Diese ist der Druckkontrast (K). Die Normalfärbung ist dann erreicht, wenn der Druckkontrast bei einer bestimmten Dichte im Vollton (D_V) und im Rasterton (D_R) am höchsten ist. Der Kontrast errechnet sich nach der Formel: $K = (D_V - D_R) : D_V$

Drucklack
In Druckmaschinen zu verarbeitende Lacksorte. Der Aufbau ist mit einer Offsetdruckfarbe zu vergleichen, es fehlen jedoch die Farbpigmente. Die Verarbeitung erfolgt über das Farbwerk. Festkörpergehalt des Lacks: 50 bis 60 %. Die Trocknung erfolgt durch chemische Reaktion, d. h. Polymerisation durch Sauerstoff, Dauer ca. 2 Stunden.

Druckmaschine
Maschine, in der der Vorgang des Druckens ausgeübt wird. Grundlegende technische Unterscheidungsmerkmale der Druckmaschinen:
- Druckverfahren
- Bogen- oder Rollendruck
- Druckprinzip
- Anzahl der zu druckenden Farben
- ein- oder beidseitiger Druck
- Zusatzbauelemente

Druck mit variablen Daten
Die technische Möglichkeit der Digitaldruckmaschinen, einzelne Seiten bei einem Druckdurchgang mit Hilfe von variablen Text- und Bildelementen individuell und zielgruppengerecht zu gestalten bzw. jeweils zu ändern. Dieses Verfahren bezeichnet man auch als Personalisieren.

Drucknutzen
Die aus einem Druckbogen zu schneidenden einzelnen Exemplare. Beispiel: Es wird ein Druckbogen zu mehreren (Druck-)Nutzen, z. B. Etiketten, Verpackungen, gedruckt.

Druckperforation
Strichperforation, die in der Druckmaschine inline ausgeführt wird.

Druckprinzip
Vorgang des Druckens, der sich durch die Form der Druckform und des Presskörpers (Druckkraft ausübender Körper) ergibt.
1. Fläche-Fläche Tiegelprinzip, z. B. im Buchdruck
2. Fläche-Zylinder (Flachformzylinderprinzip) bzw. sogenannte Schnellpressen im Buchdruck; Andruckpressen im Flachdruck und anderen Druckverfahren
3. Zylinder-Zylinder Rotationsmaschinen für direkten Druck, z. B. Flexo-, Tiefdruck, und für indirekten Druck, z. B. Offset-, Blechdruck.

Druckspannung
Der für die Informationsübertragung erforderliche > Anpressdruck im Druckprozess.

Druckstreifen
Der Streifen in Flachformzylinder-Druckmaschinen und Rotations-Druckmaschinen, der bei dem Druckvorgang zwischen Druckform und Druckzylinder die Kontaktzone zur Informationsübertragung bildet.

Drucktechnik
Gesamtgebiet der Wiedergabe von Informationen durch Drucken (Herstellung von Druckerzeugnissen). Umfasst die Teilbereiche Druckvorstufe mit der Druckformenherstellung, Drucken und Druckweiterverarbeitung (z. B. Buchbinderei).

Drucktuch
Ein aus speziellen Schichten aufgebautes Gummituch, aufgezogen auf einem Zylinder, für die indirekte Informationsübertragung der Bildinformationen, z. B. im Offsetdruck.

Druckverfahren
Die sich in technologischer Funktion unterscheidenden Arten des Druckens. Nach der Funktion der Druckform werden folgende Hauptdruckverfahren unterschieden: Hochdruck, Flachdruck , Tiefdruck, Durchdruck. Neuerdings wird der > Digitaldruck als weiteres Hauptdruckverfahren (Non-Impact-Druck) dazu gerechnet.

Druckweiterverarbeitung
Druckverarbeitung, industrielle Buchbinderei. Für den Druck erforderliche Materialien (Papier, Karton) werden auf das zu verarbeitende Format geschnitten. Gedruckte Produkte (z. B. Bogen) werden zu einem Endprodukt (z. B. Prospekt, Mailing, Broschur, Buch) durch Falzen, Schneiden, Heften, Verpacken u. ä. Arbeiten verarbeitet.

Dualsystem
Binäres Zahlensystem, das zur Darstellung beliebiger Zahlen nur zwei Zeichen (z. B. 0 und 1) benötigt. Das Dualsystem hat mit der Entwicklung elektronischer Datenverarbeitungsanlagen eine sehr große Bedeutung erhalten.

dublieren
Druckfehler: Rasterpunkte und auch andere Zeichnungselemente erhalten einen nicht passergenauen zusätzlichen schwächeren Abdruck. Das Papier, die Druckmaschine oder das Gummituch können die Ursachen für das Dublieren sein.

dunkeln der Druckfarbe
Mischen einer Druckfarbe mit Schwarz. Dadurch wird die Helligkeit verringert.

Duplex
Bezeichnung für: doppelt

Duplexdruck
Ein zweifarbiger Druck nach einer einfarbigen Bildvorlage.
1. Unechter Duplexdruck: Farbiger Druck von einer Druckplatte in zwei Durchgängen mit zwei Farben, der Stand des Bildes wird beim zweiten Druckgang minimal diagonal verschoben.

2. Echter Duplexdruck: Farbiger Druck von zwei Druckplatten, die sich in den Tonwerten und Tonabstufungen sowie der Rasterwinkelung unterscheiden.

Eine einfarbige Bildvorlage kann im Duplexdruck wesentlich plastischer als im einfarbigen Druck wiedergegeben werden. Heute ist dieses Verfahren zwar weitgehend technisch durch Farbdrucke überholt, trotzdem wird das Verfahren von der Werbung als interessantes Gestaltungsmittel von Bildern inzwischen wiederentdeckt.

Durchdruck
Hauptdruckverfahren. Oberbegriff für alle Druckverfahren, bei denen Bildinformationen durch Druckfarbe mit Hilfe von farbdurchlässigen Schablonen (hier: Druckform) auf den Bedruckstoff übertragen wird.

durchscheinen
Durch zu hohe Transparenz (geringe Opazität) des Bedruckstoffes ist das Druckbild auf der Rückseite sichtbar.

durchschlagen
Bestandteile der Druckfarbe durchdringen den Bedruckstoff und sind dadurch auf der Rückseite schwach sichtbar.

Durchschuss
Begriff aus der Bleisatzzeit: Aneinander stehende Kegel (Metallklötzchen) einer Bleiletter ergeben den minimalsten Abstand der Buchstaben zwischen zwei Zeilen. Durch Blindmaterial, sogenannte Regletten, vergrößert man den Abstand der Zeilen. Das Maß der Reglettendicke wird auch Durchschuss genannt. Beispiel: Es wird eine Schrift mit der Angabe 10/12 p eingesetzt. Dies bedeutet, dass zwischen den Zeilen einer 10 p-Schrift ein Durchschuss von 2 p als Reglette eingefügt werden muss. > Zeilenabstand.

Durchsichtsvorlage
Bildvorlage auf einem transparenten Trägermaterial. Das durch die Vorlage hindurchtretende Licht erzeugt das sichtbare Bild.

Duroplaste
Kunststoffe, die räumlich vernetzt sind. Die (Aus-) Härtung ist nicht mehr zu beseitigen.

DVD
Abkürzung für Digital Versatile Disc. Spezifische Speichermedien für unterschiedliche Einsatzbereiche. Die DVD entspricht in ihrem Aussehen und ihrer Größe mit 12 cm Durchmesser einer „normalen" CD. Sie besitzt aber eine bis zu 25fach größere Speicherkapazität. Die zu übertragenen Daten (Informationen) werden jedoch als winzige Vertiefungen, sogenannte Pits, in die Aluminiumschicht der DVD übertragen.

dynamisches Drucken
Typisches Merkmal des > Digitaldrucks: Bei jeder Umdrehung des Druckformzylinders wird die Druckform (Bildträgertrommel) mit sämtlichen Druckbildelementen der Druckseiten (Texte, Bilder, Grafiken) neu bebildert. Durch dieses Verfahren ist es möglich, einzelne Druckbildelemente (z. B. zu einer Personalisierung des Druckproduktes) oder die gesamten Druckseiten zu ändern.

E

EAN-Code
Europäische Artikel-Nummerierung. Maschinenlesbarer europäischer Strichcode aus hellen und dunklen Balken.
Die einzelnen Balken stehen in Gruppen für Länderkennzeichen, Betriebs- und Artikelnummern.

EBV
Abk. für Elektronische Bildverarbeitung. Professionelle Systeme mit hochwertigster Qualität in der Druckvorstufe zur Bildbearbeitung, Bildkombination bzw. -integration, Text-/ Bild-Integration und die (Ganz-)Seitengestaltung nach Layout. Die Erfassung von zu verarbeitenden Bilddaten erfolgt im Scanner. Texte werden in Textverarbeitungssystemen erfasst, typografisch bearbeitet und über ein Netzwerk bzw. einen Datenträger in das EBV-System zur Integration übertragen. Die Ausgabe erfolgt auf einem separaten Ausgabesystem, z. B. Belichter. Produkt: Professionelle Qualität.

Echtzeit-Verarbeitung
EDV: Sofortige Verarbeitung von Daten durch die Zentraleinheit direkt nach der Eingabe. Auch Realtime bzw. Real time processing genannt.

Egoutteur
Wasserzeichenwalze in einer Papiermaschine. > Wasserzeichen.

einbrennen
Druckformherstellung im Offsetdruck: Das thermische Härten der nach dem Entwickeln auf der Druckplatte als Druckschicht verbliebenen (Rest-)Kopierschicht. Das Verfahren ist nur bei diazobeschichteten Druckplatten in einem Einbrenngerät (z.B. einem Thermodurschrank) bei etwa 200 °C möglich.

einrichten
Produktion: Alle vorbereitenden Arbeiten (= rüsten) der Maschinen für die Produktion. Beispiel: Im Offsetdruck alle Arbeiten vom Einspannen der Druckplatte bis zur Druckfreigabe zum Auflagendruck.

Einrichtemitte
Formatmitte auf Filmen und Kopiervorlagen, die durch Passzeichen festgelegt ist.

einstecken
Buchbinderischer Fachbegriff (auch sammeln genannt) für das Ineinanderlegen mehrerer Falzbogen zu einer gesamten Lage, die durch den Rücken mit Draht geheftet wird. Es entsteht ein einlagiges Produkt. Bei einer industriellen Produktion erfolgt das Ineinanderlegen einzelner Falzbogen und Heften automatisch in Sammelheftmaschinen.

Einstich
Auch: Unterschnitt. Messtechnisch die Differenz zwischen dem Messring und der Zylinderoberfläche im Druckwerk einer Offsetdruckmaschine.

Einteilungsbogen
Gezeichnete Vorlage für den genauen Stand von Texten und Bildern bei der Montage, aus der außerdem Angaben für den Druck und die Druckverarbeitung zu ersehen sind.

Einzug
Das Einrücken der ersten Zeile eines jeden Absatzes nach rechts um etwa ein Geviert (= Quadrat der Schriftgröße). Dadurch ist ein neuer Absatz leichter zu erkennen.

Einzugwerk
Aggregat in Rollen-Rotationsdruckmaschinen vor den Druckwerken, dass eine gleichmäßige Bahnführung und Bahnspannung regelt.

Eisen(III)chlorid
Salz. Ätzmittel für Kupfer, z. B. für Tiefdruckformen; früher auch bei Mehrmetalldruckplatten für den Offsetdruck verwendet.

Elastizität
Bestreben bestimmter Materialien, nach dem Einwirken von Kräften aufgetretene Deformationen rückgängig zu machen.

Elektrochemie
Verfahrenstechnik, die sich mit den Wirkungen zwischen elektrischen und chemischen Vorgängen befasst (z. B. Elektrolyse, Galvanoplastik).

Elektroden
Elektrische Leiter, die Strom in Flüssigkeiten, festen Körpern oder Gasen in einem Vakuum zu- und abführen.

Elektrofotografie
Ein fotografisches Verfahren, bei dem auf einer elektrostatisch aufgeladenen Fotohalbleiterschicht durch Strahlung ein latentes, elektrostatisches Bild erzeugt wird, das in einer weiteren Prozess-Stufe durch Anlagerung gegenpolig elektrisch geladener Teilchen (Toner) sichtbar gemacht wird.

Elektrolyse
Verfahren der Elektrochemie, mit dem durch elektrischen Strom Stoffe in einem Elektrolyten (stromleitender Stoff) chemisch zerlegt oder chemisch umgesetzt werden. Zwei mit einer Gleichstromquelle verbundenen Elektroden (Kathode und Anode) werden in einen Elektrolyten eingetaucht. Negative und positive Ionen wandern zu ihren gegenpoligen Elektroden, wo sie sich entladen und als neutrale Moleküle (Gase, Metalle) abscheiden. Durch die Elektrolyse kann man Leichtmetalle gewinnen (z. B. Aluminium), Metalle reinigen oder galvanisch überziehen (verchromen, vernickeln). Im Offsetdruck bildet sich durch Elektrolyse auf Aluminiumplatten eine sehr fein-poröse, harte Schicht von Aluminiumoxid, das sehr gute drucktechnische Eigenschaften (u. a. Kapillarkraft) hat.

Elektronik
Wissenschaft vom Verhalten und der physikalischen Nutzanwendung freier Elektronen im Vakuum, in Gasen und in Halbleitern.

elektronische Gravur
Druckformherstellung: Gravieren von Tiefdruckzylindern, es entstehen tiefen- und flächenvariable Näpfchen. Die Informationsübertragung erfolgt heute direkt vom

Rechner, auf dem alle Druckseiten ausgeschossen vorliegen, in die Gravurstation.

Emission
Physik: Ausstrahlung.

Emulsion
1. Physikalisch: Mischen von zwei sich nicht ineinander auflösenden Flüssigkeiten. Beispiel: Milch, Fetttröpfchen in Wasser.
2. Fotografie: Bezeichnung für lichtempfindliche Schicht, die jedoch physikalisch eine Silberhalogenid-Gelatine-Suspension ist.

Endfilm
Reprotechnisch hergestellter, kopierfertiger Film mit bestimmten Eigenschaften: randscharf, schleierfrei, optimale Deckung (z.B. Dichte der Bildstellen) bzw. Transparenz (z.B. der Nichtbildstellen).

Endformat
Beschnittenes Format eines Druckproduktes.

Endlosdruck
Formulardruck in Rotationsmaschinen, die die bedruckten Papierbahnen stanzen, lochen und perforieren und aufgerollt in Zickzackfalzung oder in Bogen auslegen. Es wird dabei in verschiedenen Druckverfahren gedruckt.

entrinden
Der erste Arbeitsgang bei der Herstellung von Faserstoff aus Holz. Da die Baumrinden für die Papierherstellung unbrauchbar sind, werden sie zuvor maschinell entfernt.

EPS
Engl. Abkürzung für Encapsulated PostScript. Datenformat zum Austausch von PostScript-Bilddaten zwischen verschiedenen Programmen. Die Datei enthält PostScript-Code und ein Pict-Bild mit niedriger Auflösung. Geeignet ist das Datenformat insbesondere für Strichabbildungen und Grafiken wegen der vektor-orientierten Struktur. > vektororientiert.

Erfassung
Eingabe von Daten in EDV-Systeme.

Espartogras
Verschiedene Gräser des westlichen Mittelmeergebietes, die als Flechtstoff und Papierrohstoff dienen.

Ethernet
Lokales Netzwerk, Verbindung zwischen Computern innerhalb eines geringen Bereiches.

Europa-Skala DIN 16539
Farbskala für den Offsetdruck (1956), die den Farbort der Prozessfarben Cyan, Gelb und Magenta festlegt.

Exlibris
Früher gebräuchliches, meist künstlerisch gestaltetes Bucheigentumszeichen.

Exponent
(lat.), bei Potenzen die Hochzahl, die angibt, wie oft eine Zahl als Faktor zu setzen ist; z. B. $2^3 = 2 \cdot 2 \cdot 2$ („hoch 3" ist der Exponent).

Extended
Englische Bezeichnung für eine breitlaufende Schrift.

Extension
Dateierweiterung als durch einen Punkt vom Dateinamen getrennte Endung zur Erkennung des Anwenderprogramms. Auch Suffix genannt.

externe Speicher
Datenspeicher außerhalb der Zentraleinheit (Arbeitsspeicher) einer EDV-Anlage, z. B. Magnetbandstation, FloppyDisk, Zip- oder Jaz-Datenspeicher.

F

Fadenheftung
Qualitativ hochwertigste Bindetechnik zur Herstellung von Buchblocks für Bücher, vereinzelt auch für Broschuren. Einzelne Falzbogen werden im Rücken durch Fäden mit den folgenden Bogen zu einem Buchblock vernäht. Zur höheren Stabilität wird der Buchblockrücken beleimt und gefälzelt, das heißt, es wird ein Fälzelstreifen aufgeklebt.

Fahrplan
Druckformherstellung: Steuerungsdaten für die Druckplattenbelichtung in Montage-Kopiermaschinen mit Auftragsbezeichnung und -beschreibung, Seitenanzahl, Druckplattengröße, Papierformat, unbeschnittenes Format, beschnittenes Format, Nutzenstellung (Stand) usw. Einzelne Belichtungspositionen (Angabe mit Koordinaten) und die Belichtungsreihenfolge sind auf einem Datenträger zu speichern und zur Steuerung der Kopiermaschine zu verwenden.

Faksimile
Bezeichnung für eine originalgetreue Wiedergabe, z. B. einer Handschrift, einer Urkunde, eines Drucks oder Gemäldes.

Faltschachteln
Verpackungen aus speziellem Faltschachtelkarton. Ist die Faltschachtel verarbeitungstechnisch fertig, wird sie flach liegend an den Kunden versandt. Erst vor dem Abpacken des Füllgutes wird die Faltschachtel aufgerichtet und zu einem Behälter geformt.

Faltschachtelkarton
Für die Herstellung von Faltschachteln geeigneter ungestrichener oder gestrichener Karton, der gut zu falzen, ritzen, rillen und nuten sowie zu bedrucken ist.

Falz
In der Buchbinderei ein scharfer Bruch bei Papieren. Die Seiten bei mehrseitig bedruckten Bogen sind so angeordnet, dass durch das Falzen ein Produkt (z. B. Prospekt, Werk) mit fortlaufenden Seitennummern entsteht. Gefalzt wird im allgemeinen mit > Falzmaschinen. Die > Laufrichtung des Papiers sollte mit dem letzten Falz parallel laufen. Man unterscheidet prinzipiell Kreuzfalze und Parallelfalze.
Bei einem Kreuzfalz erfolgt der weitere Falz immer im rechten Winkel, bei einem Parallelfalz immer parallel zum vorher gehenden Falz.

Falzanlage
Buchbinderische Anlage. Winkel an Druckbogen, an denen der Buchbinder zu falzende Druckbogen in Falzmaschinen anlegt, damit standgerecht und registergenau gefalzt wird.

Falzmaschine
Anlage zum automatischen Falzen bedruckter Bogen. Man unterscheidet >Taschenfalzmaschinen und > Schwertfalzmaschinen.

Falzschema
Grafische Darstellung der Falzreihenfolge in der Falzmaschine.

Farbabfall
Im Offsetdruck das Nachlassen der Farbschichtstärke (Farbdichte) vom Druckanfang zum Druckende.

Farbabstand
In der Farbmetrik die Entfernung und damit der messtechnisch ermittelte Unterschied zwischen zwei > Farborten in einem Farbraum, z. B. CIE-Lab.

Farbannahmeverhalten (FA)
Engl.: Trapping. Eine prozentuale Kenngröße für Übertragung einer Druckfarbe auf einen bereits bedruckten Bedruckstoff.
Für die Messung bei zwei Druckfarben eignen sich drei nebeneinander liegende Volltonfelder, die die folgenden Informationen liefern:

D_{V1} Volltondichte der zuerst gedruckten Farbe
D_{V2} Volltondichte der zuletzt gedruckten Farbe
D_{V1+2} Volltondichte des Übereinanderdrucks der Farbe 1 und der Farbe 2

$$FA = \frac{(D_{V1+2}) - D_{V1}}{D_{V2}} \times 100\,\%$$

Farbauszug
Teilfarbenbild einer farbigen Vorlage (DIN 16620-2). Durch reproduktionstechnische Aufnahme mit einem entsprechenden Farbauszugsfilter gewonnenes Negativ oder Diapositiv. Durch den Druck der entsprechenden Farbauszüge mit den subtraktiven Grundfarben und allgemein (z. B. im Offsetdruck) einer Schwarzplatte ist eine nahezu originalgleiche Wiedergabe der Bildvorlage prinzipiell möglich.

Farbbezeichnungen
Für den Vierfarbdruck mit Prozessfarben gelten nach DIN 16549 die Farbbezeichnungen S = Schwarz, C = Cyan, M = Magenta und Y = Yellow (Gelb). Sonderfarben sind auszuschreiben.
In der Praxis ist durch die aus dem Englischen kommenden DTP- und Bildbearbeitungsprogramme die Abkürzung CMYK eingeführt. Dabei wird anstelle der Abkürzung S für das Schwarz das K (Key = Schlüssel, „Schlüsselfarbe") verwendet. Damit ist eine Verwechslung zwischen den Abkürzungen für Blue und Black zu vermeiden.

Farbdichte
Drucktechnische Abkürzung: D. Messung von Drucken mit einem Auflichtdensitometer: Logarithmische Maßzahlen für den Anteil des nicht zurückgeworfenen Lichts. Beim Durchlichtdensitometer zur Messung von Filmen: Logarithmische Maßzahl für den Anteil des nicht zurückgeworfenen Lichts.

$$D = \log \frac{I_0}{I_1}$$

I_0 = Intensität des auffallenden Lichtes
I_1 = Intensität des zurückgeworfenen bzw. durchgelassenen Lichtes

Farbdiapositiv
Farbige > Durchsichtsvorlage.

Farbe
Allgemein: Empfindung, die beim Menschen bei der Betrachtung z.B. eines Objektes ausgelöst wird. Der Begriff Farbe beschreibt also das, was man mit den Augen sieht und im Gehirn als Eindruck empfindet. Dieses Sehen steht im Gegensatz zu Begriffen wie z.B. Druckfarbe, Wasser- und Malfarben, die Substanzen kennzeichnen.
Farben lassen sich verbal ohne konkrete Zahlenangaben (Werte) nicht eindeutig beschreiben, es ist nur eine ungefähre Vorstellung zu vermitteln.
Eine systematische Betrachtung der Farben führt zu einer ersten Unterscheidung nach dem Buntton (früher: Farbton). Sortiert man verschiedene Farben nach dem Buntton, so gelangt man bei differenziertem Anordnen wieder zum Beginn der Reihe. Demzufolge sind alle Bunttöne auf einem Kreis anzuordnen. Der Abstand von einem zu einem anderen Buntton ist demnach durch den Bunttonwinkel zu beschreiben. Die Farben liegen auf dem äußeren Rand des Farbkörpers.
Farben mit gleichem Buntton können sich jedoch ebenfalls unterscheiden: Sie können sehr leuchtend und rein oder stumpf und gräulich sein. Es gibt z.B. ein knalliges, brillantes Rot und ebenso ein schmutziges, verschwärzlichtes Rot. Dieses Merkmal einer Farbe wird als Buntheit (auch Sättigung) bezeichnet. Entsprechend der Buntheit liegen die Farben in einer bestimmten Helligkeitsebene in einem Abstand zur Grauachse. Der Farbe wird ein Grau mit gleicher Helligkeit zugefügt.
Die > Helligkeit ist auf der senkrechten Achse in der Mitte des Farbkörpers angeordnet; sie geht von Schwarz zu Weiß und bildet demnach eine sogenannte Grauachse. Eine Sonderstellung nehmen die Farben Schwarz, Grau und Weiß ein, denen die Buntheit Null („unbunt") zugeordnet wird. Ausgehend von einem unbunten (neutralem) Grau im Mittelpunkt eines (Farb-)Körpers weisen Farben nach außen hin eine immer höhere Buntheit auf.
Entsprechend der Buntheit sind Farben bei gleichem Buntton in ihrer Helligkeit zu unterscheiden.
Unterscheidungsmerkmale:
– Buntton: Rot, Grün, Blau, Gelb, ...
– Buntheit: leuchtend rein, schmutzig, unbunt, ...
– Helligkeit: hell, dunkel ....

Farbempfindung
Sinneseindruck, der durch Nervenreize hervorgerufen wird. Eine Lichtquelle sendet sichtbare Strahlungen aus, die mit dem Auge visuell wahrgenommen werden und durch Nervenleitungen an das Gehirn weitergeleitet eine Farbempfindung bewirken. > Farbe

Farbempfindlichkeit
Empfindlichkeit lichtempfindlicher Schichten (Fotografie) gegenüber verschiedenen Spektralfarben.

Farbenkreis
Auch: Farbkreis. Kreisförmige Anordnung von Farben (> Bunttönen). Bei dem bekannten sechsteiligen Farbenkreis liegen folgende Farben im Kreis nebeneinander:
Gelb – Rot – Magenta – Blau – Cyan – Grün.
Bei dieser Anordnung bleiben die Buntheit und die Helligkeit unberücksichtigt.
Die im Farbenkreis jeweils gegenüber liegenden Farben nennt man Komplementärfarben. Diese ergänzen sich jeweils in der additiven Farbmischung zu Weiß, in der subtraktiven Farbmischung zu Schwarz.

Farbfolienkopie
Hilfsmittel für die manuelle Montage von Farbdruckarbeiten : Kunststoffolie mit farbiger, lichtempfindlicher (Diazo-)Beschichtung. Das Produkt wird auch Anhaltskopie genannt. Es ist die Kopie der > Grundmontage auf eine farbige Folie. Durch den Farbkontrast ist ein exaktes Einpassen der weiteren Farbsätze je Druckfarben-Montage leichter möglich.

Farbkreis
> Farbenkreis

Farbkorrektur
Gezielte Veränderung der Bildinformationen an Farbauszügen der Reproduktion durch manuelle, chemische oder moderne elektronische Verfahren, ggf. mit Hilfe von Masken, zur Erreichung der originalgetreuen Wiedergabe der Bildvorlage. Die erforderlichen Korrekturen können technische Ursachen haben (Mängel in der Bildvorlage, Fehler im Scan- oder Ausgabesystem) oder durch den Kunden gefordert sein.

Farbmessung
Spektralfotometrische Bestimmung der Größen einer Farbe, zum Beispiel im > CIE-Lab-System, > Farbmetrik.

Farbmetrik
Lehre zu einer eindeutigen messtechnischen Bestimmung und Definition von Farben und deren Beziehung zwischen den verschiedenen farbmetrischen Größen.

Farbmittel
Sammelbegriff für alle farbgebenden Bestandteile von Farben, z. B. Druckfarben.

Farbmodus
Der Farbmodus beschreibt das Farbsystem, in dem ein digitales Bild gespeichert ist, z.B. RGB-Modus.

Farbprüfverfahren
Engl.: Proof. Alle Verfahren, die als Andruckersatz zur Überprüfung von reproduktionstechnisch hergestellten Farbauszügen und/ oder einer Ton- und Farbwertkorrektur eingesetzt werden.

Farbreihenfolge
Im standardisierten Offsetdruck eine festgelegte Reihenfolge im Druck: Schwarz (K), Cyan (C), Magenta (M) und Gelb (Y).

Farbsatz
Reproduktionstechnisch mit Hilfe von Farbauszugsfilter hergestellte Teilfarbenbilder als Negativ- oder Positivfilme oder als digitaler Datensatz von einer Farbvorlage. Einzelne Farbauszüge für die Druckfarben Cyan, Gelb, Magenta und Schwarz geben im Zusammendruck die Farbvorlage wieder.

Farbskala
1. Druckfarbe: Genormte Druckfarben für einen Farbdruck, z. B. Europa-Skala nach DIN 16 53 9.
2. Andruck: Druck der einzelnen Farben und der Zusammendrucke für die korrekte Farbführung im Auflagendruck; auch: Andruckskala.

Farbstoffe
Farbmittel, die in einem Bindemittel oder einen ähnlichen Stoff völlig löslich sind.

Farbtemperatur
Ein schwarzer Körper sendet beim Erhitzen Strahlen aus, die sich mit steigender Temperatur über Rot und Blau zu Weiß verändern. Die Farbe einer Lichtquelle wird messtechnisch mit der Farbe des schwarzen Körpers verglichen. Der Farbe der Lichtquelle ordnet man die entsprechende Temperatur des Körpers in Kelvin (K) zu.

Farbtiefe
Anzahl möglicher Bunttöne in unterschiedlicher Buntheit (Sättigung) und Helligkeit, die mit einem Scanner erfasst oder von einem Farbmonitor mit dazugehörender Videokarte wiedergegeben werden können.

Farbton
Heute: Buntheit. Die charakteristische Eigenschaft, die eine bunte Farbe von einer unbunten Farbe unterscheidet. Diese Eigenschaft ist eine der drei Größen, mit denen eine > Farbe genau gekennzeichnet werden kann. Sie gibt die Art der Buntheit an, die (umgangssprachlich) mit Farbnamen wie Blau, Grün, Gelb u. ä. benannt wird.

Färbung
Allgemeiner Ausdruck für die von der Schichtdicke abhängige Farbsättigung im Druck.

Faserholz
Im Sinne der Papierindustrie jede Holzart, die Faserstoffe (> Holz) für die Papierherstellung liefert. Bevorzugt werden Nadelhölzer, die u.a. längere Fasern als Laubhölzer liefern, für die Papierherstellung eingesetzt.

Faserstoffe
Faserstoffe sind Rohmaterialien der Papierherstellung. Dazu zählen nicht nur Holzschliff und Zellstoff, sondern auch Altpapier, Hadern und Stroh-Zellstoff sowie Faserstoffe aus anderen einjährigen Pflanzen oder synthetische bzw. mineralische Faserstoffe.

Feinpapier
Feinpapiere sind nicht etwa besonders dünne Papiere. „Fein“ bezieht sich auf die verwendeten Rohstoffe, wie besonders hochwertige Zellstoffe oder sogar Hadern.

Festmeter
Maßeinheit für Holz. 1 Festmeter (fm) entspricht 1 m^3 fester Holzmasse, d. h. ohne Zwischenräume in der Schichtung gedacht. Eine andere Messeinheit ist > Raummeter.

fette Schrift
Bezeichnung für eine breitere Strichstärke einer Schrift im Vergleich zu der (normalen) Grundschrift.

Feuchtigkeitsmesser
Messgeräte zur Ermittlung der relativen Feuchtigkeit. > Hygrometer, Psychrometer.

File
Engl.: Bezeichnung für eine > Datei in der elektronischen Datenverarbeitung.

Flächenbezogene Masse
Flächengewicht von Bedruckstoffen in g/m^2.

Flächendeckung
Flächensumme der Bildelemente einer in Bild- und Nichtbildelemente zerlegten Fläche (nach DIN 16620-2).

Flächendeckungsgrad (FD)
Verhältnis der Flächendeckung zur Gesamtfläche. Der Flächendeckungsgrad kann in Prozent oder als Dezimalbruch angegeben werden. Man unterscheidet bei Aufsichtsvorlagen (einschließlich Drucken) den aus optischen Messungen bestimmten wirksamen Flächendeckungsgrad (Tonwert) von dem aus Flächenmessungen bestimmten geometrischen Flächendeckungsgrad.

Flächengewichte
Die flächenbezogene Masse bezeichnet die Gewichte von Papieren, Kartons und Pappen. Gemessen werden sie in Gramm pro Quadratmeter (g/m^2). Papiererzeugnisse bis etwa 150 g/m^2 bezeichnet man als Papier, zwischen 150 und 600 g/m^2 als Kartons und darüber als Pappen.

Flattermarke
Beim Werkdruck zwischen der ersten und letzten Seite eines jeden Bogens mitgedruckte Linie, die bei dem jeweils folgenden Bogen um ein bestimmtes Stück nach unten versetzt wird. Sie ermöglicht eine sichere optische Kontrolle der richtigen Reihenfolge der gefalzten und zusammengetragenen Bogen.

Flattersatz
Satz mit gleichen Wortzwischenräumen und ungleich langen Zeilen, der links oder auch rechts bündig ist.

Fließdreischneider
In buchbinderischen Fertigungsstraßen integrierte Schneidemaschine. > Trimmer.

Fließtext
Text, der ohne Unterbrechung durch einen Zeilen- oder Absatzwechsel geschrieben oder in ein System eingegeben ist.

Floppy Disk
Diskette. Flexibler, magnetischer Datenspeicher aus Kunststoff.

FM-Rasterung
Kurzbezeichnung für: Frequenzmodulierte Rasterung, die auf Stochastiken (Stochastik = Zufall, Wahrscheinlichkeit) beruht. Gleichgroße Rasterelemente (Punkte, Druckelemente) werden danach bei der Stochastik ersten Grades (theoretisch) vollkommen zufällig auf der Fläche entsprechend den Tonwerten der Bildvorlage platziert. In den Lichtern von Bildern ist die Anzahl der Punkte gering, der Abstand zueinander ist groß. In Bildtiefen steigt die Zahl der Rasterpunkte bei immer geringer werdendem Abstand. Bei der Stochastik zweiten Grades werden demgegenüber durch „Spotverknüpfungen“ kleine Punktmengen durch mathematische Berechnungen so nebeneinander positioniert, dass unterschiedliche Spotgrößen entstehen. Dies führt zu einer sicheren Informationsübertragung auf die Druckform und zu einer verringerten Tonwertzunahme im Druck. > AM-Rasterung.

Format
Zweidimensionale Größe z. B. eines Blattes, eines Bogens, einer Druckseite, einer Reproduktionsvorlage. Bei einem Seitenformat unterscheidet man zwischen Hochformat und Querformat. Grundsätzlich wird zuerst die Basislänge genannt, die parallel zur Schrift bzw. der Betrachtungsrichtung läuft. Beispiele:
Hochformat 210 mm x 297 mm,
Querformat 297 mm x 210 mm.

Formatpapier
Papier, das überwiegend für grafische Zwecke, z. B. in Druckereien eingesetzt wird. Im Gegensatz zum Rollenpapier ist das Formatpapier bereits „ab Werk“ auf das vom Auftraggeber bestimmte Format zugeschnitten. Dazu wird die Papierbahn auf einem > Rollenschneider der Länge nach und auf einem > Querschneider in der Querrichtung rechtwinklig geschnitten. Die fertigen Bogen werden anschließend in bestimmten Stückzahlen in Riese abgepackt.

Fortdruck
Auflagendruck. Druck der > Auflage nach dem Einrichten der Druckmaschine und der Druckfreigabe.

Fotomultiplier
Fotomultiplier wandeln Lichtenergie in elektrischen Strom um und verstärken diesen um den Faktor 10^2 bis 10^5.

Fotopolymere
Kunststoffe, die durch Einwirken wirksamer Strahlen, sogenanntes aktinisches Licht, (z. B. UV-Licht) polymerisieren.

Fotosatz
Bezeichnung für manuelle, maschinelle und automatische Satzherstellungsverfahren, die Texte auf Fotopapier oder Film belichteten. Der Fotosatz wurde von computergesteuerten Systemen abgelöst.

Fraktur
Gebrochene Schrift.

frequenzmodulierte Rasterung
> FM-Rasterung.

Friktion
Reibung. Eine Friktionskupplung ist im Maschinenbau eine Reibungskupplung.

Füllstoffe
Füllstoffe werden der Papiermasse beigegeben, um bestimmte Eigenschaften zu erzielen. Sie dienen dazu, winzige Zwischenräume zwischen den verfilzten Fasern auszufüllen. Als Füllstoffe werden in der Regel Mineralstoffe wie z. B. Kaolin eingesetzt.
Der Gehalt an Füllstoffen kann bis zu 30 % ausmachen. Neben einer glatteren, dichteren Oberfläche bewirken sie u. a. auch eine höhere > Opazität (Undurchsichtigkeit) und Weiße des Papiers.

Fusion
(lat.), Verschmelzung.

Fußnote
Erläuternder Text bzw. Anmerkung in kleinerem Schriftgrad als die Grundschrift, der meistens im Fuß einer Seite gesetzt ist.

G

Galvani, Luigi
Italienischer Arzt (geb. 1737, gest. 1798). Entdecker der galvanischen Elektrizität, die durch Umwandlung chemischer Energie entsteht. Galvani beobachtete, dass ein Froschschenkel zuckte, wenn Nerven- und Muskelenden durch zwei verschiedene, miteinander verbundene Metalle berührt werden. Man bezeichnet diese Erscheinung als Galvanismus, wobei es sich um die Umwandlung chemischer Energie in elektrische handelt. Elektrische Stromquellen, die darauf beruhen, nennt man galvanische Elemente.

galvanisieren
Elektrolytische Verfahren zur Metallabscheidung, in der Druckindustrie früher für die Herstellung von Galvanos (Hochdruckplatten-Nachformung), Offsetdruckplatten (Bi- und Trimetallplatten) und heute für Tiefdruckzylinder zum Verkupfern, Vernickeln oder Verchromen eingesetzt.

Gamma-Korrektur
Korrektur der Tonwertabstufungen zwischen Licht und Tiefe bei der Bildverarbeitung; auch zum Ausgleich der Tonwertzunahme im Druckprozess eingesetzt.

Gamut
Farbraumumfang, der in einem System (z.B. Monitor) dargestellt werden kann.

Ganzseite
Produktionsfertige Druckseite mit allen Texten, Grafiken, Bildern und sonstigen Elementen als Kopiervorlage (Film) oder elektronisch gespeicherter Datei.

Ganzseitenmontage
Zusammenstellen einzelner Texte, Grafiken und Bilder zu einer > Ganzseite. Bei elektro-

nischem Umbruch erfolgt die Arbeit am Bildschirm. Gespeicherte Texte und Bildelemente werden nach einem Umbruchschema positioniert und wieder elektronisch abgespeichert. Die Ganzseite ist direkt in einem Computer-to...-System (z. B. Film, Druckform, Digitaldruck) auszugeben. Eine manuelle Seitenmontage entfällt.

Ganzstoff, Ganzzeug
Papierherstellung: Das verarbeitungsfertige Stoffgemisch (Suspension) aus Wasser, verschiedenen Halbstoffen, Füllstoffen, Leimen und sonstigen Zusätzen.

gautschen
Ursprünglich die Bezeichnung für das Ablegen des noch nassen Papierblattes vom Handsieb auf einen Filz. Heute versteht man darunter das Pressen des Papiers am Ende der Siebpartie (> Papiermaschine) oder auch das Verbinden noch nasser Papierbahnen durch Aufeinanderpressen, wobei die Fasern miteinander verfilzen.

Gel
Gallertartig ausgeflockter Niederschlag aus kolloider Lösung.

Gemeine
Bezeichnung für Kleinbuchstaben.

gerade Seite
Druckseite mit einer Seitenzahl, die durch 2 teilbar ist. Eine gerade Seite steht in einem Endprodukt immer rechts von einem > Bund.

gesperrt
Eine > Auszeichnung im laufenden Text. In der Grundschrift die Hervorhebung eines Wortes durch einen vergrößerten Zeichenabstand (Abstand zwischen den Buchstaben und sonstigen Zeichen).

Gestaltungsraster
Layout, Typografie: Der geplante Satzspiegel ist in seiner Fläche durch horizontale und vertikale Linien in ein Rasterfeld eingeteilt. Größere Rasterfelder können wiederum in kleinere Rasterfelder unterteilt werden. In die entsprechenden Rasterfelder werden alle Textblöcke, Grafiken, Bilder und sonstigen Elemente systematisch angeordnet. Schriften aller Spalten werden registerhaltig angeordnet. > Register.

gestrichen
Oberflächenveredelung bei der Papierherstellung. Gestrichen werden Papiere und Kartons, um ihnen eine geschlossenere Oberfläche zu geben, sie glänzender oder matter und besser bedruckbar zu machen. Zu diesem Zweck wird in Streichmaschinen eine Streichmasse aus Pigmenten (z. B. China-Clay, Kreide, Satinweiß) und Bindemitteln (wie Kunststoff-Dispersionen, Stärke oder Kasein) aufgebracht, gleichmäßig verstrichen, getrocknet und satiniert.

Geviert
1. Quadratische Fläche; Seitenlänge ist die Schriftgröße (bzw. Kegelgröße im Bleisatz).
2. Quadratisches Ausschlussstück im Bleisatz in Kegelgröße.

Gigantographie
Rasterprojektion mit starker Vergrößerung der Rasterpunkte, z. B. für Plakate.

Glanz
Eigenschaft von Stoffen, an ihrer Oberfläche auftretende Lichtstrahlen überwiegend gerichtet zu reflektieren.

Glanzüberdrucklacke, -firnisse, -pasten
Filmbildende Stoffe, die in einem Druckverfahren auf einen Bedruckstoff zur Erhöhung des Glanzes oder zum Schutz des Druckbildes aufgedruckt werden.

glatter Satz
Fortlaufend gesetzter Text aus der gleichen Schrift, d.h. ohne Auszeichnungen.

Goldener Schnitt
Schönheitsgesetz für die Harmonie der Proportionen, das bei der Flächen- und Raumaufteilung sowohl in der Kunst, der Typografie und anderen gestalterischen Bereichen eine besondere Bedeutung besitzt. Mathematische Seitenverhältnisse sind z. B. 5 : 8 bzw. 8 : 13.

Gradation
Allgemein: Das Verhältnis der Tonwerte von (Bild-)Vorlagen zu den Tonwerten der (Bild-) Wiedergabe.
Fotografie: Die Wiedergabefähigkeit einer lichtempfindlichen Schicht für Tonwertabstufungen einer (Bild-)Vorlage bei entsprechender Belichtung. Man unterscheidet Gradationsstufen zwischen weich und ultrasteil. Filmmaterialien mit ultrasteiler (sehr harter) Gradation geben nur die Tonwerte weiß und schwarz wieder, sie sind daher für Strich- und Rasterreproduktionen unentbehrlich. Je weicher die Gradation ist, desto mehr Helligkeitswerte liegen zwischen Weiß und Schwarz, die auf dem Informationsträger (z. B. Fotomaterial) wiedergegeben werden.

Graubalance
Begriff aus der Qualitätsbeurteilung von gedruckten Farbsätzen: Bestimmte Tonwerte von Kontrollfeldern in den Prozessfarben Cyan, Magenta und Gelb ergeben auf einem nach festgelegten Druckbedingungen erstellten Druck unter festgelegten Betrachtungsbedingungen eine unbunte Farbe. Allgemein: neutrales Grau.

Graukeil
Halbton- bzw. Graustufenvorlage auf Fotopapier oder Film, dessen Dichte von Weiß bis Schwarz stufenlos ansteigt.

Grauskala
Halbton- bzw. Graustufenvorlage auf Fotopapier oder Film, dessen Dichten in bestimmten Stufen von Weiß bis Schwarz ansteigen.

Graustufe
Ein bestimmter, fotografisch oder elektronisch erfasster oder gespeicherter Wiedergabewert von Bild-Informationen zwischen Schwarz und Weiß. Beispiel: Tonwertabstufungen in einer Halbton-Bildvorlage (analoge Bildinformationen), die digital gespeichert werden. > Tonstufen.

Greifer
Im Bogendruck eingesetztes System zum Bogentransport durch die Druckmaschine. Greifer erfassen den Bogen am Anlegetisch an seiner Vorderkante und führen ihn zum Greifersystem des Druckwerks. Weitere Greifersysteme transportieren den Bogen bis zur Auslage.

Greiferrand
Fläche bei Papieren, die nicht bedruckt werden kann. Im Bogendruck wird jeder einzelne Druckbogen an der Vorderkante durch Greifer eines Greifersystems erfasst und durch die Druckmaschine geführt.

Greiffalz
Vorstehender Bogenteil eines gefalzten Bogens, der ein leichtes Öffnen bei automatischem Sammeln (> Einstecken) zur Herstellung einlagiger Produkte ermöglicht. Breite des Greiffalzes ca. 8 mm. Eine präzise Absprache mit der Druckweiterverarbeitung zur genauen Breite ist immer erforderlich!

Grundfarben
Elementare, nicht zu ermischende Farben in einem System.
1. Additive Grundfarben = Lichtfarben: Blau (B), Grün (G), Rot (R).
2. Subtraktive Grundfarben = Körperfarben: Cyan (C), Magenta (M), Gelb (Y).

Grundlinie
Waagerechte Basislinie bei der Herstellung eines Einteilungsbogens. Sie ist identisch mit dem Abstand Plattenkante zu Papierbeginn. Auf der Grundlinie und der darauf rechtwinklig errichteten Mittelsenkrechten baut sich der Einteilungsbogen auf. Alle Maße werden von diesen Linien aus abgetragen.

Grundmontage
Druckformherstellung für den Offsetdruck: Die manuelle Montage der Kopiervorlagen mit der deutlichsten, bildbestimmenden Zeichnung, die für Herstellung einer Farbfolienkopie (auch: Anhaltskopie) verwendet wird.

Grundschrift
Schriftart und -größe, in der der allgemeine Text eines Druckproduktes (Werke, Zeitungen, Zeitschriften, Akzidenzen u. a.) gesetzt ist.

Gummiarabikum
Aus den Rinden verschiedener Akazienarten, besonders der Gummiakazie gewonnene meist selbstaustretende Ca-, Mg- und K-Salze der Arabinsäure. Gummiarabikum wurde schon im Altertum als Klebemittel verwendet. > gummieren.

gummieren
Aufbringen einer Gummiarabicumlösung oder anderer geeigneter Stoffe auf eine Offsetdruckplatte. Die Gummierung schützt die Druckplatte vor sogenannter Oxidbildung (korrekter sind dies chemisch-physikalisch wirkende Ablagerungen, die hydrophob wirken) und verbessert die Feuchtigkeitsführung zeichnungsfreier Partien der Druckplatte durch stark hydrophil wirksame Reste in den Kapillaren der Druckplatte.

gussgestrichene Bedruckstoffe
Gussgestrichene Papiere und Kartons erhalten ihren Glanz nicht durch Satinieren, sondern durch ein Abformen der noch oder wieder feuchten Strichoberfläche am Mantel eines hochpolierten, verchromten Trockenzylinders.

Gut-zum-Druck
Druckfreigabe durch den Kunden oder seinen Beauftragten. Fachbegriff: Imprimatur („Es werde gedruckt".) Auch: OK-Bogen.

H

Hadern
Hadern (Lumpen pflanzlicher Fasern) waren bis weit ins 18. Jahrhundert hinein das einzige Rohstoffmaterial für die Papierherstellung. Heute stellen solche Textilfasern kaum mehr 2 % des gesamten Rohstoffverbrauchs. Eingesetzt werden Hadern vor allem für Papiere, an die besondere Ansprüche gestellt werden, wie Banknoten- und hochwertige Dokumentenpapiere (z.B. für Urkunden) oder Dünn- und Bibeldruckpapiere.

Halbband
Bezeichnung für einen Einband: Die Buchdecke ist dabei nur über den Rücken (durch übergreifende Teile) mit Gewebe, Leder oder Pergament überzogen. Die Deckel erhalten einen Überzug aus Papier oder einem anderen, geringerwertigen Material.

Halbton
Engl.: continuous tone. Der Ton (Helligkeit) einer nicht in Bild- und Nichtbildelemente zerlegten Fläche. Gegensatz: Rasterton.

Halbtonvorlage
Ein- oder mehrfarbige Bildvorlage (Graustufenvorlage) mit kontinuierlich verlaufenden Helligkeitsstufen von Weiß bis Schwarz bzw. Hell bis Dunkel. Drucktechnik: Halbtonvorlagen sind zum Beispiel im Offsetdruck nur durch reprotechnisches Rastern, das heißt ein Zerlegen in Bildelemente (Rasterpunkte) und Nichtbildelemente, zu drucken.

Halbzellstoff
Ähnlich wie Braunschliff, Chemieschliff und > TMP ein Mittelding zwischen Holzschliff und Zellstoff. Durch ein teilweises chemisches Aufschließen (auflösen) werden die unerwünschten Bestandteile des Holzes (Lignin, Harz) zum Teil herausgelöst. Daran schließt sich eine mechanische Nachbehandlung an. Halbzellstoff ist wesentlicher Halbstoff für die Produktion der Wellenpapiere für Wellpappen.

Halogen
Salzbildner. Chemische Elemente, die mit Metallen sehr leicht reagieren und ein Salz bilden. Halogen sind Fluor, Chlor, Brom, Jod und Astat. Verbindungen von Halogenen und Silber werden z. B. für fotografische Schichten sowie als Beimengungen in Halogenidlampen benötigt.

hängender Einzug
Satztechnik, Gestaltung: Nur die erste Zeile eines Absatzes beginnt an der linken Satzspiegelkante, der Rest des Absatzes um eine bestimmte Breite nach rechts eingerückt. Somit sind wichtige Informationen im Text leichter zu finden.

Hardcopy
In der EDV das Ausdrucken der Bildschirmdarstellung durch einen Drucker.

Hard Disk
Engl. Bezeichnung für einen Festplattenspeicher. Magnetisches Speichermedium. Zu einer höheren Speicherkapazität kann mit mehreren Platten gearbeitet werden.

Hardware
Sammelbegriff für Bauteile und Geräte eines Computersystems.

Hauskorrektur
Die erste Korrektur nach dem Herstellen des Satzes. Nach dem Lesen und der Ausführung dieser Korrektur folgt eventuell noch eine zusätzliche Autoren- oder Bestellerkorrektur.

Headline
Titelzeile in einem Satz.

Heat-set-Druckfarben
Spezielle Druckfarben für den Akzidenz-Rollen-Offsetdruck. Unter Hitzeeinwirkung im Trockner verdunsten leicht flüchtige Mineralöle der Druckfarbe.

Heft
Buchbinderei: Einlagiges, durch den Rücken (Falz) mit Draht oder Faden geheftetes Produkt ohne oder mit einem leichten Umschlag. Im Gegensatz zu einem > Buch hat ein Heft nie eine aus mehreren Teilen bestehende Decke.

heften
Bindeverfahren in der Buchbinderei. Gefalzte Bogen oder Einzelblätter werden miteinander durch Faden, Draht oder Klebstoffe zu einem Produkt oder Produktteil verbunden.

Helligkeit
Im optischen Sinn ist die Helligkeit die Stärke der Lichtempfindung, wie sie mit einer beliebigen Farbempfindung unmittelbar verbunden ist (hell – dunkel).

1. Farbmetrik allgemein:
   Die Helligkeit wird bei farbmetrischer Bestimmung von Körperfarben durch den Hellbezugswert (Normfarbwert Y in der CIE-Normfarbtafel; siehe auch DIN 5033) angegeben. Mit der Helligkeit Y und den Farbwertanteilen x und y sind bestimmte Farborte auf der sogenannten „Schuhsohle", der zweidimensionalen Darstellung der Farbtafel, zu definieren.
   Der Farbkörper nach DIN 6164 kennzeichnet eine Farbe durch Buntton (T), Sättigung* (S) und Dunkelstufe (D).
   (*Der Begriff Sättigung sollte nur für Farbtafeln verwendet werden, bei denen die Helligkeit der Farben unberücksichtigt bleibt, z. B. „Schuhsohle". Bei visuell gleichabständigen Systemen ist der Begriff > Buntheit zu verwenden.)
2. CIE-Lab-System:
   Im > CIE-Lab-Farbordnungssystem ist die Helligkeit (Luminanz), abgekürzt L, jeweils eine bestimmte Ebene im Farbkörper.

Hertz
Einheitenzeichen: Hz; Einheit der Frequenz eines periodischen Vorgangs, benannt nach dem deutschen Physiker Hertz.
Basis der Einheit: 1 Schwingung/Sekunde.

Hickethier-Farbmischsystem
Alfred Hickethier (1903 – 1967) ordnete in einen bereits bestehenden Farbwürfel von Charpentier (1885) ein Zahlensystem ein, um Farbtöne mit einem einfachen System bezeichnen zu können. Das Farbmischsystem basiert auf Rasterung von drei sogenannten „Normalfarben" ohne farbmetrische Beziehung. Diese drei Grundfarben sind in einem auf die Spitze gestellten Würfel angeordnet. Dabei liegen Weiß und Schwarz unten bzw. oben. An den Ecken sind die Grundfarben und die drei Sekundärfarben. Dieses Zahlensystem gestattet es, 1000 Farbnuancen durch dreistellige Zahlen zu bezeichnen.

hieratisch
Priesterlich, priesterliche Form. Epoche der Entwicklung bei Hieroglyphen.

Hilfsstoffe
Unmittelbar in ein Produkt eingehende Nebenbestandteile des späteren Fertigproduktes, die bestimmte Eigenschaften bewirken oder verbessern sollen.

hinterkleben
Das Aufkleben eines Materialstreifen aus Papier, Krepppapier oder leichtem Gewebe auf den Buchblockrücken zur Verstärkung und Versteifung.

Histogramm
Grafische Darstellung der Tonwertverteilung eines Bildes bei elektronischen Bildverarbeitungssystemen.

HKS-Farben
Die Abkürzung der Anfangsbuchstaben der drei Unternehmen Hostmann-Steinberg, Kast+Ehinger und Schmincke. Die gemeinsam entwickelten Farben können in gleichem Farbton als Schmuckfarben für grafische Entwürfe und als Sonderdruckfarben im Offsetdruck verwendet werden. Farbmischfächer auf Natur- und gestrichenem Papier ermöglichen ein genaues Mischen verschiedenster Farbtöne nach Mischrezepten aus bestimmten Grundfarben.

Hochformat
> Format.

Hochlicht
Hellste Stellen in einem Bild. Im Offsetdruck sind in einem gerasterten Bild diese hellsten Bildteile ggf. ohne Rasterpunkte.

Hochzeit
Fachausdruck für ein fehlerhaft doppelt gesetztes Wort in einem Text.

Holz für die Papierindustrie
Holz wurde erst 1843 als Grundstoff für die Papierindustrie entdeckt. Heute ist es der

wichtigste Faserrohstoff für die Papierherstellung. Bevorzugt wird für diesen Zweck Nadelholz, weil es längere Fasern liefert als Laubholz. Die kürzere Laubholzfaser wird teilweise für grafische Papiere sowie für Chemie- und Kunstfaserzellstoff eingesetzt.

holzfreie Papiere
Korrektere Bezeichnung: holzstofffreie Papiere. Abkürzung im Papierhandel: h'fr. Hochwertige Papiere aus reinem Zellstoff (mindestens 95 %), also ohne andere, negativ wirkende Holzbestandteile (z. B. Lignin) hergestellte Feinpapiere.

holzhaltige Papiere
Korrektere Bezeichnung: holzstoffhaltige Papiere. Abkürzung im Papierhandel: h'h. Diese Papiersorten bestehen zu 10 bis 100 % aus > Holzschliff.

Holzschliff, Holzstoff
Holzschliff stellt rund ein Fünftel des Faserstoffeinsatzes der Papierindustrie. Hergestellt wird er auf mechanischem Wege durch Schleifen (auf Schleifsteinen) hauptsächlich von entrindeten Nadelhölzern unter Zusatz von Wasser. Je nach dem angewandten Verfahren entsteht dabei Weißschliff, Braunschliff, Chemieschliff oder TMP. Außer den Zellstoff-Fasern bleiben auch die Holzbestandteile Lignin und Harz in der Fasermasse enthalten. Wegen des Lignins vergilbt Papier aus Holzschliff relativ schnell. Es wird daher vor allem für eine kurzlebige Verwendung eingesetzt, z. B. als Zeitungspapier.

Hotmelt
Lösemittelfreier, thermoplastischer Schmelzklebstoff, der bei bestimmten Temperaturen fließend ist und verarbeitet werden kann, eingesetzt in Klebebindemaschinen und bei Verpackungen.

HSB
Farbmodell, das auf den drei Koordinaten Farbton (Hue), Farbsättigung (Saturation) und Helligkeit (Brightness) aufgebaut ist. Basis ist die menschliche Farbwahrnehmung. Das HSB-System wird zur Definition von Farbe in Programmen wie z. B. Adobe Photoshop, Adobe Illustrator eingesetzt.

Hurenkind
Fachausdruck: Letzte Zeile eines Absatzes im Kopf der folgenden Seite oder Textspalte. Ein Hurenkind gilt als schwerer Verstoß gegen die typografischen Regeln des Seitenumbruchs. > Schusterjunge

Hybridsystem
Ein aus mindestens zwei verschiedenartigen Teilen oder Verfahren bestehendes System. Beispiel eines Hybridsystems aus der Druckindustrie: Die Kombination der Druckverfahren Offsetdruck und Flexodruck in einer Druckmaschine.

hydraulisch
Technisches System, das mit Flüssigkeitsdruck arbeitet.

hydrophil
Physikalische Reaktion: Feuchtigkeits-(Wasser-)freundlich.

hydrophob
Reaktion: Feuchtigkeitsabweisend.

Hygrometer
Feuchtigkeitsmessgerät für die relative Luftfeuchtigkeit.

hygroskopisch
Feuchtigkeitsanziehend, z. B. Wirkung an Materialien, Stoffen oder Verbindungen, die Feuchtigkeit aus der umgebenden Luft aufnehmen und auch an diese bei geringeren Umgebungsfeuchte wieder abgeben.

Hz
Abk. für die Einheit der Frequenz. > Hertz.

I

ICC-Profile
ICC ist die englische Abkürzung für das International Color Consortium. Diese Vereinigung der weltweit wichtigsten Hersteller von Betriebssystemen und Anwenderprogrammen einigte sich auf Standards für > Color Management Systeme. Dies sind die sogenannten ICC-Profile.

IC-Technik
Engl. Abk. für: Integrated Circuit (Integrierte Schaltung)

Icon
Ikone. Bezeichnung für ein > Piktogramm, das eine Software auf dem Bildschirm anzeigt. Ein bestimmtes Piktogramm ist das Erkennungszeichen dieses Programms oder es weist auf bestimmte Funktionen der Software hin, die nach dem Anklicken als eine interne Befehlsfolge ablaufen.

Ideenskizzen
Auch Schmierskizze genannt. Erste flüchtige Skizzen als Vorstufe für einen grafischen Entwurf bzw. ein Layout.

Ideogramm
Grafisches Begriffszeichen: Wortbildschrift. Zeichen für einen bestimmten Begriff, der jedoch – im Gegensatz zu Piktogrammen – keine Assoziation zu einem Bild oder einem Vorgang besitzt.

Immission
Der Austritt luftverunreinigender Stoffe aus der offenen Atmosphäre zu einem Akzeptor (Empfänger). Vergleiche: „Technische Anleitung zur Reinhaltung der Luft" (TAL) sowie VDI-Richtlinie 2450.

Impressum
Vorgeschriebene Nennung der Verantwortlichen für den Druck und den Inhalt von Zeitungen, Zeitschriften, Werken.

Imprimatur
„Es werde gedruckt." Druckreiferklärung des Auftraggebers, Kunden oder Korrektors.

Inch
Maßeinheit für die Länge im angelsächsischen Raum. Umgerechnet entspricht dabei 1 Inch (= 1 Zoll) = 2,54 cm.

Indikatoren
(lat.) Anzeiger. Farbstoffe, die bei einer Änderung des pH-Wertes sich farblich verändern und dadurch eine Messung des pH-Wertes von Flüssigkeiten (z. B. Feuchtmittel), Bedruckstoffen u. a. colorimetrisch optisch anzeigen. Besonders eignen sich Universalindikatorpapiere, die aus mehreren Farbstoffen hergestellt werden und für relativ genaue Messungen auf einen bestimmten pH-Wertbereich abgestimmt sind.

indirekter Hochdruck
Rotatives Hochdruckverfahren Die erhaben stehenden Druckelemente geben die Druckfarbe zunächst an einen Gummizylinder ab und von hier auf den Bedruckstoff. Das Verfahren wird Lettersetdruck genannt.

Informatik
Wissenschaft der Computertechnik und Datenverarbeitung.

Information
Daten wie Zeichen, Buchstaben, Ziffern, Steuerinformationen, Helligkeits- und Farbwerte u. a. in einer festgelegten Verschlüsselung.
Beispiele für verschiedene Arten von Informationen in der Druckvorstufe:
1. Bildinformationen (Helligkeiten, Farbwerte),
2. geometrische Informationen (Größen, Form, Stand/Position auf der Druckseite, Kombinationen mit Bildern und Texten),
3. technische Informationen (Prozessablauf, technische Daten für Teilprozesse, z. B. Soll-Werte, Zeiten, Dichte).

Infrarot
(lat. infra =unterhalb). Spektrale Strahlung, die das menschliche Auge nicht als Farbe sehen kann. Sie liegt außerhalb des sichtbaren Spektralbereiches unterhalb der Wellenlänge von Rot (über 780 nm).

Initiale
Großer, verzierter Anfangsbuchstabe.

Inkunabeln
Auch: Wiegendrucke. Bezeichnung für ein Druckwerk, welches bis zum Jahre 1500 entstanden ist.

integrierte Schaltung
Integration: Verbindung einzelner Teile zu einem geschlossenen Bauelement. Eine Schaltung, bei der in elektronischen Minibauteilen (Chip) kompakte Funktionseinheiten zusammengeschlossen sind.

Interface
In der elektronischen Datenverarbeitung eine Schnittstelle zum Austausch von Daten oder Funktionen, zum Beispiel Anschluss von Ein- und Ausgabegeräten an den Computer.

Interpolation
Math.: Das Bestimmen von Zwischenwerten. Bilddatenerfassung: Das Hinzufügen neuer Pixel zum Bild, um die physikalische Auflösung zu erhöhen. Dazu werden Werte der Nachbarpixel hochgerechnet.

Ionen
(gr.), elektrisch geladene Teilchen, von atomarer oder molekularer Größe, die elektrische Aufladung wird erzielt, indem man dem neutralen Gebilde ein oder mehrere Elektronen entreißt (z. B. durch einen Stoß in einer Gasentladung). Es entstehen dann positive Ionen; durch Anlagerung von Elektronen an neutrale Teilchen bilden sich negative Ionen. Ionenbildung tritt aber auch durch elektrolytische Dissoziation ein bei Lösungen von Säuren, Basen und Salzen in Wasser (Elektrolyse). Den Vorgang der Ionenbildung bezeichnet man als Ionisation. Organische Substanzen (Ionenaustauscher), die an sich unlöslich sind, tauschen gern die positiven (Kationen) und negativen (Anionen) Ionen in wässriger Lösung gegen andere aus (angewandt z. B. zur Entsalzung von Wasser).

Irisdruck
Farbiger Druck, bei dem mehrere im Farbkasten nebeneinander liegende Farben auf den Farbwalzen ineinander verlaufen und die Druckplatte in Streifen mehrfarbig einfärben.

ISBN
Internationale Standardbuchnummer mit Angabe der Sprachgruppe, der Nummer des Verlages, der verlagsinternen Titelnummer und einer Prüfziffer.

ISDN
Abkürzung für: Integrated Services Digital Network. Digitales Kommunikationsnetz, mit dem Sprache, Texte, Grafiken und Bilder in optimaler Qualität zu übertragen sind.
Das konventionelle Telefonnetz mit zweiaderigem Kupferdraht war ausschließlich für die Übertragung von Sprache konzipiert. Zum Zweck der Datenübertragung, z. B. Telefax, wurde es so gut wie möglich adaptiert. Durch ISDN, ein Glasfasernetz, wird das analoge Telefonnetz zu einem digitalen Datennetz mit einer einfachen, sicheren und sehr schnellen Datenübertragung. ISDN bietet universelle, individuelle Kommunikationsmöglichkeiten für jeden Teilnehmer. Möglich ist auch eine parallele Kommunikation über einen Anschluss, d. h. Kanäle können gleichzeitig und unabhängig voneinander genutzt werden, z. B. für unterschiedliche Dienste mit dem gleichen Partner. Damit sind Kommunikationen von PC-Bildschirm zu PC-Bildschirm möglich, gleichzeitig können die Partner über Telefon die Ergebnisse abstimmen und ggf. Änderungen veranlassen. Das Bildtelefon ist damit technisch einsetzbar.

ISO
Abkürzung für: International Organisation for Standardization. Der Internationale Standard Organisation mit Sitz in Genf gehören die nationalen Normenausschüsse von über 50 Ländern an, z. B. DIN (Deutschland), ANSI (USA), AFNOR (Frankreich).

ISO 9000
Qualitätsmanagement- und Qualitätssicherungsnormen. ISO 9000 ist der Leitfaden zur Auswahl und Anwendung der DIN ISO 9001 bis 9004. Die deutsche Fassung dieser Norm ist zwischen der Bundesrepublik Deutschland, Österreich und der Schweiz abgestimmt.

Ist-Wert
Bei einer Produktion ein tatsächlicher, momentan gemessener Wert. Beispiel: Bei der Farbdichtemessung während der Druckproduktion ist die Vorgabe bzw. der Soll-Wert für die Farbführung der abgezeichnete verbindliche Druckbogen. Der bei jeder Prüfung gemessene Druckbogen ergibt jeweils den aktuellen Ist-Wert. Ziel einer Regelung der Produktion ist das Angleichen des Ist-Wertes an den Soll-Wert.

Italic
Englische Bezeichnung für eine kursive Schrift.

IT8-Kontrollchart
Messfeldtableau nach ISO 12642 mit einer umfangreichen Anzahl von Primär-, Sekundär- und Tertiärfarbfeldern, die zur Profilherstellung der Color-Management-Systeme verwendet werden.

IWT
Satztechnische Abkürzung für: Immer wiederkehrender Text. Häufig auftretende schwierige Textteile oder Befehlsfolgen (z. B. zur Satzgestaltung) lassen sich bei entsprechender Programmierung durch wenige Tastenanschläge abrufen.

J

Jato
Abkürzung für Jahrestonnen (genauer: Tonnen pro Jahr). Damit wird die Kapazität (Produktion) z. B. einer Papiermaschine bzw. einer Papierfabrik angegeben.

Java
Objektorientierte Programmiersprache für multimediale Anwendungen. Software, die es ermöglicht, HTML-Dokumente mit zusätzlichen Funktionen (interaktive Animation, 3-D-Modelle u. a.) auszustatten

Jaz-Laufwerk
Ein spezielles Laufwerk für einen elektronischen, externen Datenspeicher (Wechselmedium) mit 1 Gigabyte oder in der neuen Version mit 2 Gigabyte Kapazität. Das Laufwerk hat eine sehr hohe Leistungsfähigkeit, die nahe an die Festplattengeschwindigkeit heranreicht.

Job
1. Allgemein: Arbeit, Auftrag
2. Textverarbeitung: Text, der als einheitliche Datei gespeichert ist.
3. Computertechnik: Zusammengestellte Kette von Programmen bzw. Modulen, die nacheinander im System ablaufen.

JPEG
Abkürzung für Joint Photographic Experts Group (Vereinigte Fotoexperten Gruppe). Diese Gruppe entwickelte eine Kompressionsmethode für digitale Bilder und Grafiken. Die Kompressionsmethode eignet sich für Farb- und Graustufenbilder, erzeugt aber immer einen bestimmten Informationsverlust. Der Kompressionsgrad kann in Stufen eingestellt werden. Bei der Speicherung erhalten die Dateien die Endung „.jpg".
Das Verfahren ist neben dem GIF-Bildformat das typische Grafikformat für Bilder (Fotos) im Internet.

Jungfer
Fachwort für eine fehlerfrei gesetzte Seite.

justieren
Genaues Abstimmen auf eine bestimmte Höhe oder sonstige Einstellung. Beispiel aus der Druckpraxis: Justieren der Farbautragswalzen zu den Farbverreibern und dem Druckplattenzylinder.

K

Kalander
Maschine mit einer Walzenkombination zum Glätten (satinieren) von Papieren. Produkt: satiniertes Papier.

kalibriert
Bedruckstoff, der durch starkes Satinieren eine optimal gleichmäßige Dicke über die gesamte Bogenfläche aufweist. Kalibrierte Papiere und Kartons eignen sich besonders gut als Unterlagematerial für Aufzüge.

Kalibrierung
Einstellung von Geräten oder Maschinen auf Standardwerte zur Erzielung zuverlässiger Ergebnisse. Beispiel: Die Einstellung der Farbwiedergabe eines Bildschirms, damit die angewählten bzw. angezeigten Farben dem Druck mit genormten Skalendruckfarben entsprechen.

Kanal
Bogen- oder Rollen-Offsetdruckmaschine: Nicht als Druckfläche dienender Teil des Zylinderumfanges, der zum Einspannen der Druckplatten bzw. des Gummituches dient.

Kapillare
Haarröhrchen.

Kapillarwirkung
Stark wirksame Adhäsion durch Haarröhrchen.

Kapitalband
Gewebtes, schmales Stoffbändchen, das die obere und die unterer Seite im Rücken des Buchblocks verziert und die Bindung verdeckt. Es verstärkt zudem die Lagenkanten der Falzbogen im Bund.

Kapitälchen
Typografie, Satztechnik: Der erste Buchstabe eines Wortes hat die normale Höhe, die weiteren Buchstaben sind Großbuchstaben auf Höhe der Kleinbuchstaben. Kapitälchen werden zur > Auszeichnung in einem Text (Satz) eingesetzt.

Kartografie
Entwurf und Herstellung von Landkarten und Atlanten aller Art.

Karton
Erzeugnis, das im Flächengewicht zwischen Papier und Pappe liegt. Man unterscheidet einlagigen und mehrlagigen Karton, der gegautscht oder geklebt sein kann. Mehrlagiger gegautschter Karton besteht aus mehreren – nicht unbedingt gleichartigen – Faserschichten, die auf Rund- und Langsiebmaschinen bzw. kombinierten Rund-/Langsiebmaschinen einzeln gebildet und nass zusammengeführt werden. Dabei verfilzen die Fasern der einzelnen Schichten miteinander (Gautschen), um dann als eine Endlosbahn weiterbearbeitet, d. h.gepresst und getrocknet zu werden.

Kartonagen
Allgemeine Bezeichnung für Verpackungen (Faltschachteln) aus Karton und Pappe.

Katalysator
Stoff, der eine chemische Reaktion auslöst oder beschleunigt, ohne sich dabei selbst zu verändern.

kaschieren
Überziehen von Pappen und Kartons mit Papieren, Geweben oder Folien.

Kaschierungen
Alternativ zu einer Beschichtung von Druckprodukten eingesetzt. Hierbei werden zwei fertige Flächen aufeinander geklebt. Papiere und Pappen können z. B. mit Aluminiumfolie (lichtundurchlässig), Zellglas, Kunststoff-Folien oder Textilien kaschiert werden.

Kasein
(lat.: Casein) Wichtigster Eiweißbestandteil in der Milch; kein einheitlicher Stoff, sondern kompliziertes Gemisch, z. B. als Bindemittel für Streichdispersionen zur Oberflächenveredelung von Papier eingesetzt.

Kathode
Negative Elektrode in Batterien, Elektronenröhren, Gasentladungsröhren, bei der Elektrolyse u. a.

Kelvin
Maßeinheit für die Farbtemperatur. Der Nullpunkt dieser Skala ist der absolute Nullpunkt (-273,16 °C).

Kennlinie
Grafische Darstellung physikalischer Zusammenhänge in einem Koordinatensystem, z. B. eine > Druckkennlinie.

Kerning
Engl. Bezeichnung für das Unterschneiden (Reduzieren) der normalen, vom Schriftdesigner vorgegebenen Abstände von Buchstaben, Ziffern und Zeichen. Durch ein > Ästhetikprogramm erfolgt das Reduzieren der > Laufweite bestimmter Buchstaben- und Zeichenkombinationen automatisch.

Kinetik
(auch: Kinematik) Lehre von der Bewegung verschiedenster Körper, z. B.: Bewegungsabläufe durch Zusammenwirken von Getrieben.

Klebebindung
Bindeverfahren mit Klebstoffen (ohne Faden), bei denen der Buchblock aus einzelnen Blättern besteht. Bei der Blockklebebindung wird der feststehende Buchblock, bei der Fächerklebebindung (Lumbeck-Verfahren) der nach beiden Seiten aufgefächerte Buchblock klebegebunden.

Klebeumbruch
Bei schwierig aufgebauten Seiten von Werken oder Akzidenzen das standrichtige Kleben von Texten, Grafiken, Tabellen, Bildunterschriften und Bildern (Fotopapier) als Gestaltungsgrundlage und Basis für die Seitenmontage (manuelle oder elektronische Text- und Bildverarbeitung zu einer Druckseite).

Klima
Umweltbedingungen, die durch die Temperatur und die Luftfeuchtigkeit bestimmt sind. Für die Druckindustrie günstig ist eine Temperatur von 18-22°C und eine relative Luftfeuchtigkeit zwischen 50 und 65 %.

Klimatisierung
Anpassen von Werkstoffen, z. B. Bedruckstoffen, an das vorgegebene Klima. Beispiel: Anpassen der Gleichgewichtsfeuchte des Papiers an das Klima im Drucksaal.

Kohäsion
Zusammenhangskraft gleicher Moleküle durch Molekularkräfte.

kollationieren
In der Weiterverarbeitung das Überprüfen der gefalzten Bogen eines Buchblocks auf Vollständigkeit und richtige Reihenfolge anhand der Flattermarke.

Kolloide
(griech.: kolla = Leim). Kleinste Stoffteilchen mit einem Durchmesser zwischen 10^{-9} m bis 10^{-6} m. Kolloide Lösungen sind klar, bei schräger Beleuchtung erscheinen sie jedoch trübe (Tyndall-Phänomen). Teilchengrößen unter 10^{-9} m bilden echte Lösungen, Teilchengrößen über etwa 10^{-6} m Suspensionen bzw. Emulsionen. Kolloide Stoffe werden für alle Kopierverfahren benötigt. In Verbindung mit einem Sensibilisator lassen sich diese Schichten durch geeignetes Licht härten, sie verlieren dadurch ihre Quellfähigkeit in Wasser. Die natürlichen kolloidalen Stoffe, Eiweiß, Gummiarabicum, Fischleim, Gelatine u. a. wurden früher für selbst zu beschichtenden Druckplatten eingesetzt. Sie sind in der Offsetdruckplattenkopie durch das synthetische Kolloid Polyvinylalkohol ersetzt.

Kolophonium
Rückstand bei der Kiefernharzdestillation; besteht hauptsächlich aus Abietinsäure, zur Herstellung von Lack, Seifen, Sikkativen, Geigenharz und anderem verwendet.

Kolumne
Eine aus der Bleisatzzeit stammende fachliche Bezeichnung für eine produktionsfertige Druckseite mit Texten und Bildern.

Kolumnentitel
1. Lebender Kolumnentitel: Seitenzahl und (inhaltliche) Vermerke zur Druckseite oder des Buches. Er steht in der Regel im Kopf der Kolumne und zählt zur Fläche des Satzspiegels.
2. Toter Kolumnentitel: Seitenziffer, die im Kopf oder im Fuß steht. Der tote Kolumnentitel wird nicht zur Fläche des Satzspiegels gezählt.

Kompatibilität
Verträglichkeit. Bauweise, die einen problemlosen Austausch von Daten zwischen Geräten erlaubt.

Komplementärfarbe
In einem Farbenkreis gegenüberliegende Farbenpaare, die sich bei additiver Farbmischung (Lichtfarbenmischung) zu Weiß und bei subtraktiver Mischung (Körperfarben, Druckfarben) zu Schwarz ergänzen.

kompress gesetzt
Begriff aus der Bleisatzzeit: Die Zeilen stehen ohne einen zusätzlichen Durchschuss untereinander. Durch den geringen Zeilenabstand ist die Lesbarkeit unzureichend.

Komprimierung
Verringern der Größe einer Bilddatei für die Speicherung durch verschiedene Techniken. Die originale Bilddatei in hoher Auflösung ist dann zur Ausgabe, z. B. auf Film oder eine Druckform, wieder zu rekonstruieren. > Datenkompression, OPI.

konditionieren
Angleichen der Bedruckstoffe an das Klima (Temperatur, Luftfeuchtigkeit) im Drucksaal bzw. Verarbeitungsraum.

Konsistenz
Sammelbezeichnung für verschiedene rheologische Eigenschaften (Fließverhalten) der Druckfarben. Dazu gehören u. a. die Thixotropie, die Viskosität, die Zügigkeit, die Oberflächenspannung, Kohäsion, Adhäsion.

Kontaktkopie
Direktes Übertragen von Bildstellen einer Vorlage im Maßstab 1: 1. Beispiel: Vorlage (Filmnegativ) und zu belichtendes Material (z. B. ein Linefilm) liegen in direktem Kontakt Schicht-auf-Schicht.

Kontaktraster
Früher in der Reproduktion eingesetzter Folienraster, der im Kontakt mit dem zu belichtenden Film Halbtöne der Vorlage in verschieden große, autotypische Rasterpunkte zerlegte.

kontern
Änderung der Bildstellung: Seitenrichtig (z. B. Kopiervorlagen, Filme) in seitenverkehrt und umgekehrt.

Kontrast
Gegensatz. Helligkeitsumfang zwischen hellen und dunklen Bildstellen. In der Drucktechnik ist der relative Druckkontrast für den Andruck und Fortdruck zur Festlegung der sogenannten Normalfärbung wesentlich.

Konversionsverfahren
Übertragungsverfahren, z. B. Informationsübertragung von einem System zu einem anderen bzw. von einem Medium oder System auf ein anderes.

Konvertierung
Übertragung von einem in ein anderes Medium oder System.

Koordinaten
Größen, die die Lage von Punkten, Kurven oder Flächen in einer Ebene oder in einem Raum exakt bestimmen.

kopieren
Übertragen von geeigneten Kopiervorlagen durch Strahlung (z. B. mit Kopierlampen) auf einen lichtempfindlich beschichteten Träger (z. B. Offsetdruckplatte, Siebdruckform).

Kopierlampe
Lichtquelle, die geeignet ist, eine Kopierschicht zu belichten und damit chemisch zu verändern. In der Offsetdruckkopie wurden bzw. werden eingesetzt: Kohlebogenlampen (veraltet), Quecksilberdampflampen, Metall-Halogenid-Lampen.

Kopiermaschine
Montage-Kopiermaschine, Repetiermaschine. Manuell, halbautomatisch oder vollautomatisch zu bedienende Maschine für die Kopie mehrerer Nutzen auf eine Offsetdruckplatte. Als Kopiervorlage wird ein einzelnes Diapositiv oder ein Sammeldiapositiv (Zusammenstellung mehrerer Diapositive) mit der Kopiermaschine nach einem Fahrplan in beliebiger Anzahl positionsgenau auf die Druckplatte kopiert.

Kopiervorlagen
Für die Druckplattenkopie geeignete positive oder negative Durchsichtsvorlagen. Für den Offsetdruck sind Kopiervorlagen mit vollständig gedeckten und schleierfrei transparenten Partien notwendig, alle Kopiervorlagen müssen seitenverkehrt sein.

Korn
Struktur. Beispiel: Oberflächenstruktur einer Druckplatte, bei einmetallischen Offsetdruckplatten zur Feuchtigkeitsführung notwendig.

Korona
(lat.) Strahlenkranz der Sonne; es werden freie Elektronen und Ionen sichtbar.

Korrektur
1. Prüfverfahren für gesetzte Texte: Lesen eines Abzuges, anstreichen von Fehlern oder Mängeln, beseitigen der Fehler oder Mängel.
2. Prüfverfahren der Reproduktionstechnik: Prüfen und beurteilen der Ton- und Farbwerte von Reproduktionsprodukten nach Farbprüfverfahren (Proof) oder Andruck.
3. Ton- und Farbwertänderungen an Reproduktionsprodukten durch manuelle, chemische, fotografische oder elektronische Verfahren.

Korrekturzeichen
Genormte Zeichen nach DIN 16511 für die Angabe von auszuführenden Korrekturen bei Texten und Bildern.

Korrosion
(lat.) Zerstörende Veränderungen an der Oberfläche fester Körper (Metallen, Gesteinen u. a.) durch chemische oder physikalisch-chemische Vorgänge, z. B. durch Oxidation, Wasser- und Kohlensäureeinwirkung, Salzbildung und elektrochemische Vorgänge. Begünstigt wird dieser Vorgang durch Strahleneinwirkung (Sonnenlicht, UV-Strahlung) und wechselnde Temperaturen.

Kunstdruckpapiere
Original-Kunstdruckpapiere sind sehr hochwertig gestrichene Papiere, die durch Beschichtung in einer besonderen Streichanlage eine gleichmäßige und geschlossene Oberfläche erhalten haben. Durch ein zusätzliches Satinieren wird die matte Oberfläche glänzend. Kunstdruckpapiere dieser Spitzenklasse eignen sich speziell für den Druck von Bildern mit feinstem Raster.

Kunststoffe
Synthetisch (chemisch) hergestellte organische Werkstoffe mit makromolekularem Aufbau, den verschiedensten chemischen Strukturen und unterschiedlichsten Eigenschaften. „Werkstoffe nach Maß". Basis zur Herstellung von Kunststoffen ist grundsätzlich das Erdöl.

Kunststofffolienkopie
Kopie auf eine angefärbte oder anzufärbende transparente Kunststoffolie, die die Kopiervorlage nach der Verarbeitung farbig auf transparenter Unterlage wiedergibt. Daher geeignet als Anhaltskopie für Farbmontagen, in der Kartographie zur Herstellung von Teilfarbenplatten und dergleichen.

kursive Schrift
Schräglaufende Schrift. Dabei ist qualitativ zu unterscheiden zwischen einer originalen, d.h. durch den Schriftkünstler entworfenen, und einer lediglich elektronisch schräg gestellten Kursivschrift.

kurze Skala
Eine aus den drei subtraktiven Grundfarben und Schwarz bestehende Farbskala für den Farbdruck, z. B. Europa-Skala DIN 16539.

Küvette
Früher eingesetzter Entwicklungsbehälter für vorbeschichtete Offsetdruckplatten.

L

Label
Engl. Bezeichnung für Etikett.

Lackier-Echtheit
Hierunter ist neben der Lösemittel-Echtheit das Gesamtverhalten eines lackierten Druckes in bezug auf Weichmacherwirkung, Verlauffehler, Zusammenkleben oder Verspröden zu verstehen (nach DIN 16544).

lackieren
Drucke durch aufgetragene Lackschichten (farblos) zu schützen und durch Oberflächenglanz zu veredeln, erfolgt in speziellen Lackiermaschinen oder – heute fast ausschließlich – in Zusatzaggregaten von Offsetdruckmaschinen (Inlinelackierung).

Lackmus
Ältester Farbstoff, der als Indikator für Säuren und Basen im Handel ist; er wird aus dem ausgepressten Saft verschiedener Farbflechten gewonnen. Heute vollständig ersetzt durch Universalindikatoren.

laminare Strömung
In die gleiche Richtung parallel und ohne Wirbelbildung aneinander vorbei gleitende Gas-(Luft-) oder Flüssigkeitsschichten. Beispiel: laminare Luftströme in Heißlufttrocknern. Gegensatz: turbulent.

laminieren
Auch: kaschieren. Mit transparenten Kunststoff-Folien überziehen.

Langsiebpapiermaschine
Papiermaschine, in der die Siebpartie aus einer endlos umlaufenden flachen (Bronze- oder Kunststoff-) Siebbahn besteht, die von einer Reihe von Walzen oder Stützleisten getragen wird. Die Langsiebpapiermaschine – erfunden 1799 von dem Franzosen Louis Robert – ist heute der Standard bei Papiermaschinen. Herzustellen sind sämtliche Papier- und Kartonsorten, die je nach Anforderungen weiter veredelt werden.

Lärm
Lärm ist ein störendes oder sogar schädigendes Schallereignis und eine besondere Art der Umweltverschmutzung. Lärm ist ein subjektiver und kein physikalischer Begriff. > Lärmemission, Schall.

Lärmemission
Druckereien: Druckmaschinen und Druckweiterverarbeitungsmaschinen erzeugen Lärm. Der Lärm in der Umgebung kann für den Menschen störend, belästigend oder sogar gesundheitsschädigend sein. Die Lärmempfindung hängt von der Einstellung des jeweils betroffenen Menschen ab. Das Maß für den Schall ist der Schallpegel. Er wird angegeben und gemessen in Dezibel (dB). Um dieses Maß dem von der Tonhöhe abhängigen Hörempfinden des Menschen anzupassen, wird in dem Meßgerät eine bestimmte Korrektur durch ein Frequenzfilter „A" vorgenommen. Die Messgröße ist daher das dB (A). Ab 85 dB (A) muss ein Gehörschutz zur Verfügung gestellt werden, ab 90 dB (A) besteht für den Arbeitnehmer die Pflicht, diesen Gehörschutz zu tragen. Vorschriften hierzu u. a.: Arbeitsstättenverordnung, Unfallverhütungsvorschrift „Lärm", Technische Anleitung zum Schutz gegen Lärm (TA Lärm).

Laser
Engl. Abkürzung: Light Amplification by Stimulated Emission of Radiation, d.h. Lichtverstärkung durch angeregte (stimulierte) Emission von Strahlung. Ein physikalisch-mechanischer Prozess, der einen extrem scharf gebündelten Lichtstrahl von sehr hoher Intensität mit spezifischer, gleichbleibender Frequenz (monochromatisch, farbrein) bei geringster Streuung erzeugt. Die Emission (Aussendung) der Lichtquanten wird bei diesem Vorgang von außen beeinflusst. Diese Lichterzeugung und Lichtverstärkung ist durch Zuführung von Energie (z. B. Lichteinwirkung, Elektro-

nenstoß) zu beeinflussen. Mit den so erzeugten monochromatischen, scharfgebündelten Lichtpunkten sind exakte Informationen zu übertragen.

Laserbelichter
Ausgabesystem für digitale Daten (z. B. Text, Bild, Grafik) durch einen Laser auf ein auf die Emission des Lasers abgestimmtes sensibles Material, z. B. Fotomaterial, Druckformen. Ist eine digital gespeicherte Seite für die Ausgabe fertig umbrochen, ermittelt ein Raster-ImageProzessor (RIP) die Bildwerte der schwarzen und weißen Belichtungsteilstücke einer einzigen waagerechten Bildlinie. Die ermittelten Werte steuern den Laserstrahl. Somit werden komplette Seiten mit allen Elementen (Text, Bild, Grafik) jeweils durch horizontale Bildlinien (vereinzelt auch vertikale Bildlinien) in der vollen Breite der Arbeitsfläche nacheinander von oben nach unten aufgezeichnet. Dabei sind bei den meisten Laserbelichtern verschiedene Auflösungsstufen nach Anforderung einzustellen, z.B. 250, 500 oder 1000 Linien/cm.

Laserdiode
Abkürzung: LED. Laserdioden sind Halbleiterlaser, die in Belichtern eingesetzt werden können. Im Unterschied zu den üblichen Gaslasern ist bei der Belichtung kein Modulator zur Ablenkung des Laserstrahls erforderlich, sie ist selbst zu modulieren. Üblicherweise besitzen Laserdioden eine Emission von 780 nm. Deshalb ist in Belichtern infrarot-empfindliches Druckplatten- oder Filmmaterial zu verwenden.

Laserdot
Belichterpixel bei Laserbelichtern.

Laserdrucker
Lasertechnologie mit LED-Laser für mittlere bis hohe Druckqualität. Der Laserstrahl erzeugt ein statisches Bild auf einer magnetisierten Trommel, die dann ionisierte Farbpartikel (Toner) auf das durchlaufende Papier überträgt. Durch Hitze wird der aktive Toner auf das Papier verankert.

Laser-Imagesetter
Bezeichnung für einen > Laserbelichter.

lasierend
Durchscheinend.

latentes Bild
Latent = verborgen. Belichtete fotografische Schicht, auf der das reproduzierte (fotografische) Bild nicht sichtbar ist Es wird erst durch die Entwicklung sichtbar.

Laufrichtung
Bezeichnung für die Produktionsrichtung, in der das Papier durch die Papiermaschine läuft. Dadurch ist sie in der Regel auch die bevorzugte Faserrichtung im Papier. Die Laufrichtung spielt insbesondere bei der Verarbeitung des Papiers oder Kartons eine Rolle, da das Material in dieser Richtung meist eine größere Festigkeit bzw. Steifigkeit aufweist. Die Beachtung der Laufrichtung (M) ist für den Druck, die Druckverarbeitung und für den Gebrauchszweck vieler Druckprodukte von Bedeutung.
Hinweis: „M" = Maschinenrichtung.
Breitbahn:
Der Papierbogen liegt breit in der Papierbahn, d. h. die kurze Seite läuft parallel zur Laufrichtung der Papierbahn in der Papiermaschine. Kennzeichnung nach DIN 6725, z. B. 61 M x 86, früher: 61 x 86.
Schmalbahn:
Der Papierbogen liegt schmal in der Papierbahn, d. h. die lange Seite des Papierbogens verläuft parallel zur Laufrichtung der Papierbahn in der Papiermaschine. Kennzeichnung: z. B. 61 x 86 M, früher 61 x 86 (nach DIN 16544).

Laufweite
Seitliche Ausdehnung, die das Alphabet bzw. einzelne Buchstaben in einer bestimmten Schrift einnehmen. Im Bleisatz waren die Dickten der Buchstaben durch den metallischen Kegel festgelegt. Die Laufweite konnte nur durch Sperren erweitert werden. Dagegen war bereits im Fotosatz und ist heute in computergesteuerten Systemen ein Erweitern und ein Verringern (auch: Unterschneiden) möglich.

Laugen
Wässrige Lösungen von Basen sind Laugen, pH-Wert größer als 7.
In der Druckindustrie bei der Papierherstellung (Aufschließen des Holzstoffes) und als Wasch- und Reinigungsmittel verwendet.

Layout
Entwurf. Verbindliche Anordnung für den Stand von Texten und Bildern zur Herstellung von Drucksachen.

L/cm
Abkürzung für Linien pro Zentimeter. Angabe für die Rasterweite bzw. Rasterfrequenz (neue Bezeichnung) oder die Auflösungsstufen bei Laserbelichtern.

Leckwalze
Walze, die Druckfarbe vom Duktor (Farbkastenwalze) an das Farbwerk überträgt, ohne direkten Kontakt mit diesem. Einsatz in heberlosen Farbwerken.

LED
Abk. für Light-Emitting Diode; Laserdioden.

Leim
Der Einsatz von Leim in der Papierproduktion dient dazu, das Papier beschreibbar zu machen und besondere Eigenschaften zu erzielen. Meist wird der Leim der Papiermasse bereits vor der Verarbeitung beigegeben (Stoffleimung). Für spezielle Papiersorten gibt es jedoch auch eine zusätzliche Oberflächenleimung innerhalb der Trockenpartie der Papiermaschine. Durch Leimung wird Papier mit Tinte beschreibfähig. Vollgeleimte Papiere sind kaum saugfähig, daher tintenfest. Mit abnehmendem Leimungsgrad verringert sich diese Eigenschaft, das Papier wird saugfähiger. Durch eine zusätzliche Oberflächenleimung wird die Festigkeit und Dimensionsstabilität verbessert, solche Papiere sind insbesondere für den Offsetdruck sowie als Zeichenpapiere und Dokumentenpapiere geeignet.

Leistung
Physik: Leistung = Arbeit : Zeiteinheit.
Je mehr Arbeit in einer bestimmten Zeit geleistet wird, desto größer ist die Leistung.

Leporellofalz
Bezeichnung für einen Zickzackfalz. Jeder folgende Falz wird in entgegensetzte Richtung wie der vorhergehende gefalzt.

Lesbarkeit
Ein wesentliches Kriterium in der typografischen Gestaltung ist die Lesbarkeit der Informationen. Sie wird beeinflusst durch Satzspiegel (Zeilenlänge, Spaltenbreite), Schriftart, Schriftschnitt, Schriftgröße, Zeilenanordnung, Zeilenabstand, Wortabstand sowie dem Bedruckstoff.

Lettersetdruck
Indirektes Hochdruckverfahren im Rotationsprinzip. Heute eingesetzt z.B. für den Becherdruck (konische Formen).

Licht
Bestimmte Form der Energie. Es besteht aus elektromagnetischen Schwingungen, die nach Wellenlänge und Frequenz zu unterscheiden sind; aus der Gesamtheit der elektromagnetischen Schwingungen ist nur ein sehr kleiner Teil als Licht sichtbar.

Lichtdosiergerät
Belichtungssteuerungsgerät, bei dem eine Fotozelle auftreffendes Licht in Strom umwandelt, der ein Zählwerk steuert. Ist der eingestellte Zählerstand erreicht, so schaltet die Belichtung über ein Relais ab. Auftretende Schwankungen in der Lichtintensität werden somit ausgeglichen.

Lichtdruck
Direktes Flachdruckverfahren, das heute nur noch sehr wenig eingesetzt wird. Druckform ist eine Glasplatte (auch schon Kunststoffplatten) mit einer Chromatgelatine-Kopierschicht. Bei der Belichtung unter einem Halbtonfilm entstehen unterschiedliche Härtungsstufen, die beim späteren Feuchten dementsprechend Feuchtigkeit aufnehmen und abgestuft quellen. Höchste Wiedergabequalität feinster Halbtonvorlagen ohne Rasterung. Geringe Druckleistung, 50 - 70 Drucke in der Stunde. Erkennungsmerkmal: madenartiges, feines Runzelkorn.

Lichtechtheit
Widerstandsfähigkeit von Druckfarben gegen die Einwirkung von Tageslicht ohne direkten Einfluss der Witterung (DIN 16525). Einteilung der Lichtechtheit in 8 Klassen nach der Wollskala (WS) 1 = geringste, 8 = höchste Lichtechtheit.
Farbmischungen zwischen Farben in gleichem Mengenverhältnis aber mit unterschiedlicher Lichtechtheit ergeben eine Mischfarbe mit der jeweils geringeren Lichtechtheit (Beispiel: Mischung gleicher Mengen von WS 8 und WS 5 ergibt WS 5.

Lichtfang
Zusätzliche Absorption des einfallenden Lichtes im Rasterdruck. Die Größe des Lichtfanges ist abhängig vom Streuverhalten des Druckpapiers, von der Färbung, (Farbschichtdicke), von der Rasterweite, von der Rasterwinkelung und von der Messgeometrie.

Lichtjahr
Ein Lichtjahr entspricht einer Entfernung von rund 9,46 Billionen km. Beispiel: Ein Satellit, der die Erde in 90 Minuten umrundet, müsste ca. 40 410 Jahre um die Erde kreisen, bis er die Strecke eines Lichtjahres zurückgelegt hätte.
Ein weiteres Beispiel als Zahlenspiel: Würde ein Personenkraftwagen diese Strecke bei ununterbrochener Fahrt, d. h. Tag und Nacht mit einem Durchschnitt von 120 km pro Stunde, zurücklegen, so würde er dazu ca. 8999238 Jahre benötigen. Läge der Benzinverbrauch bei 10 Litern pro 100 km, dann würden ca. 94,6 Milliarden Liter Benzin verbraucht. Diese Menge Treibstoff entspricht einem Volumen von rund 94,6 Millionen Kubikmetern oder etwa einem Kubikkilometer. Mit dieser Treibstoffmenge könnte man im Auto bei 120 km/h am Äquator 236 Millionen Mal die Erde umrunden.

Lichtquelle
Eine Lichtquelle ist der Körper, der Licht aussendet. Erzeugt eine Lichtquelle selbst das Licht, so ist es ein Selbstleuchter oder Primärstrahler. Ein beleuchtetes Objekt, das auftreffende Lichtstrahlen reflektiert, ist ein Sekundärstrahler. Dem Licht, das von einem Sekundärstrahler (z. B. bedruckte Fläche) reflektiert wird, sind im allgemeinen Teile des gesamten Spektralbereiches entzogen. Farbreize, die über unser Auge in das Gehirn gelangen, signalisieren eine Farbempfindung, die wir als Farbe dieses Objekts (Druckbogen) oder eines Körpers empfinden. Wir nennen diese Farbe Körperfarbe. Lichtquellen senden im allgemeinen ein Gemisch verschiedener Wellenlängen aus. Steckbrief für diese unterschiedliche spektrale Energieverteilung (auch: Strahldichteverteilung) ist ein Diagramm, in dem die jeweiligen Intensitäten eingetragen werden. In der Druckindustrie sind besonders Lichtquellen für die Reprotechnik, für die Druckformherstellung und die Beleuchtung von Bedeutung.

Lichtsatz
Bezeichnung für den (früher eingesetzten) Fotosatz.

Lichtstärke
Einheit ist 1 Candela (1 cd), diese entspricht ungefähr einer Kerze mit einer 4 cm hohen Flamme. Genaue Messungen mit Eichlichtquellen.

Lignin
Eine harzähnliche Gerüstsubstanz, die neben der Zellulose und weiteren Bestandteilen im Holz enthalten ist. Es bewirkt dort die zusätzliche Versteifung der Fasern. Im Papier ist es eine unerwünschte Beigabe, die dafür sorgt, dass das Papier schnell vergilbt. Bei der Zellstoff-Gewinnung werden Lignin und auch andere Baustoffe des Holzes chemisch von der Zellulose getrennt.

Line-Film
Film mit steiler Gradation für Strich- und Rasteraufnahmen; vor allem für die Kontaktkopie und Laserbelichtungen eingesetzt. Relativ unempfindlich gegen Oxidation des Entwicklers durch Aufnahme von Luftsauerstoff.

Linotype
Bezeichnung der ersten Zeilensetz- und -gießmaschine für den Bleisatz, 1886 erfunden von dem Deutsch-Amerikaner Ottmar Mergenthaler. Die > Satzherstellung wurde damit erstmals mechanisiert. Das Produkt war eine komplette Zeile aus einer Bleilegierung, die nach dem Druck wieder eingeschmolzen wurde.

Linters
Bezeichnung für die dem Baumwollsamen nach der Bearbeitung noch anhaftenden kurzen Samenhaare. Linters werden für Papiere von besonderer Weichheit, hoher Dauerhaftigkeit und Saugfähigkeit eingesetzt.

lipoid
fettähnlich.

lipophil
fettannehmend, fettfreundlich reagierend.

Lith-Film
Ultrasteil arbeitender Film für Strich- und Rasteraufnahmen mit hohem Kontrast, größter Schärfe und sehr hoher Dichte. Lith-Filme wurden vor allem für Rasterreproduktionen in der Reprokamera eingesetzt. Die notwendige Verarbeitungschemie ist sehr empfindlich gegen Oxidation, daher geringe Haltbarkeit bei offener Schalenentwicklung.

Lithographie
Aus dem griechischen: lithos = Stein, graphein = schreiben, zeichnen. Druckformherstellung für das von Alois Senefelder (1798) erfundene erste Flachdruckverfahren, den > Steindruck. Senefelder erfand dazu verschiedene Techniken zur Bildübertragung, z.B. die Kreide-, Feder-, Spritz-, Graviermanier. Der Druck von dem Lithographiestein erfolgte im Steindruck in Handpressen und auch speziellen Steindruck-Schnellpressen. Heute wird das Verfahren der Lithographie und des Steindrucks nur noch für Künstlerdrucke eingesetzt.

Lithographiestein
Kohlensaurer, feinporige Kalkschiefer, der in Solnhofen im Fränkischen Jura (Bayern) vorkommt. Er besitzt nach dem Schleifen und Polieren die Eigenschaft, in seinen Kapillaren Fett und Wasser zu halten. Je nach Lithographietechnik werden Steine mit verschiedener Härte verwendet. Die Härte ist sichtbar durch unterschiedliche Färbung der Steine von blaugrau bis hellgelb.

Logo
1. Ein grafisches Zeichen (z.B. Signet) mit einem kurzen Text, das eine Institution, einen Verein u.ä. charakterisiert.
2. Früher eingesetzte, einfache Programmiersprache.

Lösungen
Homogene Gemische von zwei oder mehreren Stoffen, die je nach Teilchengröße der gelösten Stoffe in
1. echte Lösungen (Teilchen optisch nicht erkennbar),
2. kolloidale Lösungen (Teilchen unter Ultramikroskop bzw. Tyndall-Effekt sichtbar) und
3. Suspensionen (Teilchen unter dem Mikroskop oder mit bloßem Auge zu erkennen) unterteilt werden. Suspensionen gehören im engeren Sinn nicht zu Lösungen, sondern zu grobdispersen Systemen.

lpi
Lines per inch. Englische Bezeichnung für die > Rasterweite bzw. Rasterfrequenz.

Luftfeuchtigkeit
1. absolute Luftfeuchtigkeit Wasserdampfgehalt, der in 1 m^3 Luft tatsächlich enthalten ist; Angabe in g/m^3;
2. relative Luftfeuchtigkeit (rL). Prozentuales Verhältnis zwischen der absoluten (in der Luft tatsächlich vorhandenen) zu der größtmöglich aufgenommenen Luftfeuchtigkeit bei gleicher Temperatur. Beispiel für „normale" Luftfeuchtigkeit: 55% rL.

Lumbeck-Verfahren
Fadenlose Klebebindung für hochwertige Broschüren und Bücher. Der Bund des Buchblocks wird abgeschnitten. Nach Einklemmen des Buchblocks wird der herausragende Bund jeweils nach beiden Seite aufgefächert und mit Klebstoffen bestrichen.

lutro
Technische Abkürzung für lufttrocken. Maßstab für Angabe des Trockengehalts von Papier oder Zellstoff. Im Gegensatz zu atro (absolut trocken, das heißt 0 % Feuchtigkeit) wird hierbei ein normaler (für das Papier grundsätzlich notwendiger) Feuchtigkeitsgehalt als Basis der Berechnung eingesetzt.

LWC-Papier
Bezeichnung aus dem Englischen für light weight coated, d.h. ein leichtgewichtiges, zweiseitig gestrichenes, holzhaltiges Rollendruckpapier mit einer Flächenmasse unter 72 g/m^2. Es wird vor allem für Zeitschriften, Versandhauskataloge u. ä. Produkte im Rollen-Offsetdruck und (Rakel-)Tiefdruck eingesetzt.

M

M
Abkürzung in der Mathematik und der EDV für Mega = 10^6.
Faktor in der Mathematik: 1.000.000.
Für die datentechnischen Maßeinheiten Bit und Byte entspricht der Vorsatz M genauer einem Faktor von 1.048.576.

Mac
Umgangssprachliche kurze Bezeichnung für Apple Macintosh-Computer. Der „Mac" ist nach wie vor ein Standardsystem in den im grafischen Bereich tätigen Unternehmen.

Macintosh-Oberfläche
Komfortable grafische Benutzeroberfläche, die bereits lange vor Rechnern mit anderen Betriebssystemen eine Mausbedienung, Menütechnik, Drag and Drop u. a. Funktionen besaß.

Magenta
Neben Cyan und Gelb (Yellow) die dritte subtraktive Grundfarbe. Die Bezeichnung wurde mit der Europa-Farbskala anstelle von Purpur (griech. = hochrot) eingeführt. Fälschlicherweise wird die Druckfarbe Magenta aus der Europa-Farbskala immer noch von Druckern Rot genannt. Diese Bezeichnung steht jedoch im Gegensatz zu der Mischfarbe aus Magenta und Gelb, die ebenfalls Rot genannt wird, und der additiven Grundfarbe Rot.

Magnetbandlaufwerk
Datenspeicher auf magnetisiertem Kunststoffband.

Magnetplatte
EDV: Magnetischer Datenspeicher mit sehr schnellem Zugriff. Häufig als Magnetplattenstapel mit mehreren übereinander angeordneten Magnetplatten eingesetzt, bei denen jeweils die Ober- und Unterseite zu beschreiben sind.

Mailing
Engl.: Werbesendung

Majuskeln
Veraltete Bezeichnung für Großbuchstaben; heute allgemein Versalien genannt.

Makro
Folge von einzelnen Befehlen in der EDV, die zu einem Gesamtbefehl zusammengefasst sind.

Makromoleküle
Großmoleküle, die durch chemische Prozesse entstanden sind. > Monomere.

Makulatur
Fehlerhafte Drucke aller Art.

MAK-Wert
Maximale Arbeitsplatz-Konzentration von gesundheitsschädlichen Lösemitteldämpfen in der Luft. Angabe in cm^3/m^3. Tests durch Prüfröhrchen, die durch Farbumschlag den MAK-Wert anzeigen.

Manometer
Gerät zur Messung des Drucks von Gasen und Flüssigkeiten.

Mantisse
(lat.) Ziffern des Logarithmus hinter dem Beistrich (Komma).

Manuskript
Ursprünglich (griech.): Von Hand geschrieben. Vorlage für Texte einer Druckarbeit.

Marginalien
Neben dem Satzspiegel stehende Randbemerkungen, in Fachbüchern, Fachartikeln u. ä. zum raschen Auffinden wichtiger Textstellen.

maschinengestrichenes Papier
Ursprünglich direkt in der Papiermaschine leicht gestrichenes Papier. Heute vielfach als ungenauer Sammelbegriff für gestrichene Massendruckpapiere verwendet, die jedoch fast ausschließlich in separaten Streichmaschinen gestrichen werden.

maschinenglatt
Papiere, die nur das Glättwerk der Papiermaschine durchlaufen haben. Genügt die Oberflächenqualität nicht, so können sie nachträglich noch satiniert und/oder gestrichen werden.

Maschinenpappe
Spezielle Pappe, die in Endlosbahnen auf einer Kartonmaschine wie Karton gefertigt wird. Gegensatz: Wickelpappen.

maskieren
Abdecken bestimmter Bereiche einer Bildvorlage zu Ton- und Farbwertkorrekturen bei Reproarbeiten. Dies geschieht durch spezielle Maskenfilme oder elektronisch erstellte Masken (Abdecker).

mattgestrichene Papiere
Gestrichene Papiere, die auftreffendes Licht an der Papieroberfläche mehr oder weniger stark streuen. Diese Papiere werden im allgemeinen nicht oder nur sehr gering satiniert.

Maus
EDV: Frei bewegliches elektronisches Steuergerät zur Befehlseingabe bei bestimmten Programmen, eingesetzt bei Personalcomputern. > Menü.

Medium
(lat. = das Mittlere): Träger physikalischer oder chemischer Vorgänge, z. B. Luft als Träger von Schallwellen.

Mega
Vorsatz zu mathematischen und physikalischen Einheiten: > M

Menü
Benutzerführung durch das Programm durch am Bildschirm angezeigte Auswahlmöglichkeiten, die durch Tastendruck, Mausklick zu steuern sind.

Messing
Metalllegierung aus Kupfer und Zink, heute in der Druckindustrie in Bronzen eingesetzt, früher bei Mehrmetall-Offsetdruckplatten anstelle des hydrophoben Kupfers (Messing ist kostengünstiger) verwendet.

Mess-Schraube
Dickenmessgerät mit einer Genauigkeit von 0,01 mm. Die Messfläche ist für den Offsetdruck vielfach durch sogenannte Teller vergrößert, damit Papiere, Kartons sowie Gummitücher und Aufzüge exakt gemessen werden können.

Metall-Halogenid-Lampen
In der Offsetdruckkopie eingesetzte Gasentladungslampen, deren spektrale Energieverteilung sehr gut auf die höchste Empfindlichkeit der Diazo-Kopierschichten abgestimmt ist und dadurch kurze Belichtungszeiten ermöglicht.

Metamerie
Ein Phänomen: Spektral unterschiedliche Farbreize lösen ein gleiches Farbempfinden aus. Farbtonabweichung beim Betrachten von Farben unter verschiedenen Lichtarten bei sogenannten bedingt-gleichen Farben.

Migration, migrieren
(lat.) Wanderung, wandern.

Mikrocomputer
Computer, dessen Rechen- und Steuerwerk in einem Mikroprozessor vereinigt sind.

Mikrometerschraube
Fälschlich verwendete Bezeichnung für eine > Mess-Schraube.

Mikroprozessor
Universell verwendbarer programmierbarer Standardbaustein, der das vollständige Rechen- und Steuerwerk eines Mikrocomputers enthält.

Minuskeln
Frühere Bezeichnung für Kleinbuchstaben; heute: Gemeine.

Mittelachsensatz
Zentrierter Satz, bei dem sämtliche Textzeilen auf Mitte des Satzspiegels ausgerichtet sind.

mittelfeines Papier
Wenig konkrete Bezeichnung für verschiedene Papiere mit einer beliebigen Mischung aus Zellstoff und Holzstoff. Beispiel: Leicht holzhaltige Druck- und Schreibpapiere.

Modul
Allgemein eingesetzter Begriff für einen Baustein in einem System, z. B. Hardwaremodul, Textmodul, Ausbildungsmodul.

Moire
(frz., gesprochen: Moare) Störende Musterbildung, die vor allem durch ungünstige Rasterwinkelung im Farbdruck erscheint.

Molekül
Kleinste Teilchen einer chemischen Verbindung, die aus zwei oder mehreren miteinander verbundenen Atomen bestehen.

Molette, molettieren
(fr.) Rändelrad, Rasterwalze, Prägewalze, Stempel.

Molton
Beidseitig geraute Baumwollware in Leinwand- oder Köperbindung; die Bindung ist nicht sichtbar. Früher eingesetzter Bezugsstoff bei textilbezogenen Feuchtwalzen in einer Offsetdruckmaschine.

Monomere
Bausteine der Materie: Einzelne Moleküle eines Grundstoffes. > Makromoleküle.

Montage
Das optische Einpassen und manuelle Befestigen der Kopiervorlagen (fertige Druckseiten mit Texten, Bildern und Grafiken) mit Hilfsmitteln aller Art auf einer transparenten Unterlage (Montagefolie) zu einer kopierfähigen Form für die Druckplattenkopie in allen Druckverfahren. Als Vorlage für standgenaue Montage der Kopiervorlagen wird ein Einteilungsbogen, eine Millimeterfolie oder vorgedruckte Standformen verwendet. Heute wird die Montage elektronisch am Bildschirm ausgeführt.

Mottling
(engl., mottled = gefleckt, gesprenkelt) Fleckiges Aufliegen der Druckfarbe im Farbdruck. Diese Erscheinung tritt beim Nass-in-Nass-Druck in Bogen- und Rollen-Offsetdruckmaschinen durch ungleichmäßiges Wegschlagen der Druckfarbe in den Bedruckstoff und damit verbundener ungleichmäßiger Rückspaltung auf die folgenden Gummitücher auf.

Multimedia
Elektronische Medientechnologien zur Information, Präsentation, Werbung u. a. mit einer Kombination von Standbild mit Text, Bild, Grafik, Bewegtbild und Ton.

multipel
(lat.), vielfältig.

N

N
1. Chemie: Chemisches Zeichen f. Stickstoff
2. Physik: Newton, SI-Einheitenzeichen für die Kraft.

n
Mathematik, Physik: Vorsatzzeichen für Nano mit dem Faktor 10^{-9}. Beispiel: 1 Nanometer (nm) = 10^{-9} m = 1 Milliardstel Meter

Nachhaltigkeit
Umweltwissenschaft: Erhaltung entnommener (nachwachsender) Rohstoffe. Beispiel aus der Papierindustrie: Es darf nicht mehr Holz dem Wald entnommen werden, als nachwächst. Dabei sind außerdem Schutz-, Nutz- und Erholungsfunktionen des Waldes zu berücksichtigen.

Nano
Abk. n, Vorsatz für mathematische und physikalische Einheiten, er bedeutet den Faktor 10^{-9}. Beispiel:
1 nm = 10^{-9} m = 0,000000001 m
= 1 Milliardstel Meter.

nassfeste Papiere
Die Herstellung erfordert die Zugabe bestimmter Zusätze zur Papiermasse in der Ganzstoffaufbereitung.

Nass-auf-Trocken-Druck
Abkürzung: N-a-T-Druck. Ein mehrfarbiger Druck, bei dem die vorhergehende Druckfarbe bereits getrocknet ist, bevor die folgende gedruckt wird. Beispiel: Farbdruck auf einer Einfarben-Druckmaschine.

Nass-in-Nass-Druck
Abkürzung: N-i-N-Druck. Druck in Mehrfarben-Druckmaschinen mit zwei oder mehreren Druckfarben, bei dem die vorher gedruckte Farbe noch nicht getrocknet ist.

N-a-T-Druck
> Nass-auf-Trocken-Druck

Naturpapier
Bezeichnung für sämtliche ungestrichenen Papiere, die maschinenglatt oder satiniert sein können.

Nebenwirkungsfreiheit
Einstellungen einer bestimmten Funktion (z. B. Farbzone im Farbkasten zur Dosierung der Farbmenge) beeinflusst die benachbarten Zonen nicht.

Negativkopie
Kopierverfahren, mit einer Kopierschicht, die die Tonwerte der Kopiervorlage entgegengesetzt (= negativ) wiedergibt. Negative Kopiervorlagen ergeben bei der Negativkopie auf der fertigen Druckplatte ein positives Druckbild.

Netzmittel
Stoffe, die die Oberflächen- bzw. Grenzflächenspannung verringern und die Benetzung der mit der Flüssigkeit in Berührung kommenden Materialien verbessern. Diese Stoffe bestehen prinzipiell aus einem hydrophilen und einem hydrophoben Teil, an denen sich gleichartige Teilchen anlagern. Anwendung in der Drucktechnik in fotografischen Bädern, zur Vermeidung von Wasserflecken auf Filmen, in galvanischen Bädern, in bestimmten Druckfarben und Klebstoffen, als Zusatz zu Feuchtmittel im Offsetdruck.

Newton, Sir Isaac
1643-1727, englischer Physiker, Mathematiker und Astronom. Er ist der Begründer der klassischen theoretischen Physik und der Himmelsmechanik, Entdecker des Gravitationsgesetzes. Newton entwickelte unabhängig von Leibniz die Fluxionsrechnung, eine Form der Differential- und Integralrechnung. Er entdeckte die Zerlegung des Lichtes in Spektralfarben, stellte die Emissionstheorie des Lichtes auf und entwickelte ein Spiegelteleskop. Darüber hinaus führten seine Forschungen zu grundlegenden Erkenntnisse auf vielen anderen Gebieten der Physik, Mathematik und Astronomie.

N-i-N-Druck
> Nass-in-Nass-Druck

Non-Impact-Printing
Englische Bezeichnung für anschlagfreies Drucken. Die Vervielfältigungstechnik berührungslos arbeitender Ausgabegeräte. Bildinformationen werden ohne Kontakt zwischen der Druckform und dem Bedruckstoff durch den Einsatz der Elektrostatik (Elektronik) übertragen. Zu diesen Verfahren gehören Laserstrahldruck, Tintenstrahldruck, Thermodruck und Elektrofotografie.

Normlicht
Die Lichtart und die Umgebungsbeleuchtung spielt bei dem Farbempfinden eine entscheidende Rolle. Zu einer qualifizierten visuellen Beurteilung von farbigen Bildvorlagen und Druckprodukten ist deshalb immer ein gleichmäßiges, neutrales Licht erforderlich. Dabei wird ein genormtes Licht mit den Bezeichnungen Daylight D 50 (5000 K) und Daylight D 65 (6500 K) in blendfreier, neutraler Umgebung eingesetzt.

Nonpareille
Typografischer Schriftgrad in der Größe von 6 p (Punkt), das entspricht ca. 2,25 mm.

nuten
In der Druckverarbeitung das Heraustrennen eines Materialspans aus einem dicken Karton (z. B. Faltschachtelkarton) oder aus einer Pappe, um dadurch ein Umlegen bzw. Biegen des Werkstoffes zu ermöglichen.

Nutzen
Anzahl gleicher Exemplare, z. B. Anzahl der aus einem Druckbogen zu schneidenden einzelnen Exemplare oder mehrfach von derselben Vorlage angefertigte Kopiervorlagen (Nutzenfilme).

Nutzenfilme
Mehrfach angefertigte Kopiervorlage nach der gleichen Vorlage für den Druck zu mehreren Nutzen.

Nyloprint
Lichtempfindliche Fotopolymerplatte der BASF zur Herstellung von Auswaschdruckplatten für den Hochdruck.

O

Oberlänge
Bei Schriften die Bezeichnung für die Länge der Kleinbuchstaben, die über die Mittellänge hinausragt, z.B. bei b, d, f, h, k.

Oberflächenspannung
Molekulare Kräfte an der Oberfläche von Flüssigkeiten, die die Oberfläche der Flüssigkeit wie eine elastische Haut zusammenziehen. Die Oberflächenspannung hängt ab von der Kohäsion der Moleküle und ist somit bei verschiedenen Flüssigkeiten unterschiedlich. In engem Zusammenhang mit der Oberflächenspannung steht die Benetzung.

oblique
Engl. Bezeichnung für kursive Schriften.

Objekt
Allgemein der Gegenstand einer Betrachtung, einer Untersuchung, Messung u. a.

Objektiv
Kombination bestimmter Linsen in optischen Geräten. Verschiedene Abbildungsfehler einfacher Objektive sind bei hochwertigen Objektiven (Fotografie, Reproduktionsfotografie) korrigiert, daher ergeben sie scharfe, verzeichnungsfreie Bilder.

OEM
Abkürzung für: Original Equipment Manufacturer. Ein Hersteller von Produkten, der Geräteteile für bestimmte eigene Produkte, Geräte oder komplette Systeme von einem anderen Unternehmen übernimmt und diese unter eigenem Namen verkauft.

Offizin
(lat. officina = Werkstätte) Alte Bezeichnung für Druckereibetrieb.

Offline-Verarbeitung
Indirekte Verarbeitung; d. h. einzelne Komponenten (Geräte) eines Systems stehen

nicht in direkter, unmittelbarer Verbindung.
> Online-Verarbeitung.

Ohm
Nach dem Physiker Georg Simon Ohm benannte Einheit des elektrischen Widerstandes. Ein Widerstand besitzt 1 Ohm, wenn bei einer Spannung von 1 Volt ein Strom von 1 Ampere fließt.

Öko-Audit
Seit 1995 geltendes Umwelt-Audit-Gesetz, nach dem sich Unternehmen einer freiwilligen Umweltprüfung unterziehen können und daraufhin ein Zertifikat erwerben. Ziel ist es, den Umweltschutz in den Unternehmen laufend zu verbessern.
Durchführungsphasen sind:
1. Ist-Soll-Vorgaben des Unternehmens. Unternehmensinterne Prüfung, ob alle betreffenden Umweltvorschriften eingehalten werden. Es wird ein Umweltmanagementsystem entwickelt und dokumentiert. Dabei werden konkrete Ziele, die Organisation und Handlungsgrundsätze definiert.
2. Zertifizierung. Ein zugelassener Gutachter kontrolliert die internen Prüfungen sowie das Umweltmanagementsystem und erteilt ggf. das Zertifikat.
3. Veröffentlichung: Die Zertifizierung kann veröffentlicht werden.

Ökologie
Ökologie (griech.: Haushaltung), ist die Lehre von den Wechselbeziehungen, die ein Organismus zu seiner organischen und anorganischen Umwelt unterhält.

Ökonomie
Wirtschaftlichkeitsprinzip, d.h. das Streben, mit einer gegebenen Menge an Produktionsfaktoren den größtmöglichen Gütererertrag zu erwirtschaften oder für einen gegebenen Güterertrag die geringstmöglichste Menge an Produktionsfaktoren einzusetzen.

OLE
Abkürzung für Object Linking and Embedding. Objektverknüpfung und -einbettung von z. B. Bildern, Grafiken, Tabellen mit Texten aus unterschiedlichen Programmen. Beispiel: Einfügen eines Diagramms aus einem Tabellenkalkulationsprogramm (z. B. Excel) in ein Textverarbeitungsprogramm (z.B. Word). Änderungen an dem Diagramm können direkt aus dem Textverarbeitungsprogramm heraus korrigiert werden. Das Textverarbeitungsprogramm übernimmt die Änderungen danach automatisch.

Oktav
Ältere Bezeichnung für einen Druckbogen mit 8 Blättern = 16 Seiten.

Okular
(lat.), Linsensystem eines optischen Instrumentes, das dem Beobachtungsorgan (z. B. Auge) zugewandt ist.

Online-Verarbeitung
Direkte Verarbeitung; d. h. einzelne Komponenten (Geräte) eines Systems stehen in direkter Verbindung. Beispiel: Peripheriegeräte eines EDV- Systems sind mit der Zentraleinheit durch Datenkabel verbunden.

Opazität
Fachwort für die Undurchsichtigkeit bei Papieren, Filmen u. a. Eine hohe Opazität ist vor allem für grafische Papiere wichtig, die beidseitig bedruckt werden. Die Opazität kann dadurch erhöht werden, dass man der Papiermasse mehr Holzschliff oder Füllstoffe wie Kaolin, Talkum oder Titandioxid zusetzt. Dadurch entsteht gleichzeitig auch eine glattere Oberfläche.

Operation
In der EDV: Anweisung, Befehl.

OPI
Abkürzung für Open Prepress Interface. Schnittstellensystem zum Einsatz von OPI-Servern. Ein hochaufgelöstes Bild wird in einem leistungsfähigen Rechner eingelesen und gespeichert, eine niedrig aufgelöste Kopie an die Arbeitsstation weitergegeben und dort positioniert. Für die Ausgabe ersetzt der OPI-Server automatisch dieses Bild durch die hochaufgelösten Feindaten.

Optical Character Recognition
Software zur optischen Zeichenerkennung.
> OCR

Optical Disk
Optische Speicherplatte mit sehr hoher Speicherkapazität. Für mittlere und langfristige Datenspeicherung geeignet.

Optik
Lehre vom Licht bzw. elektromagnetischen Wellen.

Optimalfarben
Nach DIN 16515 ideale Körperfarben, deren spektraler Remissionsgrad oder Transmissionsgrad entweder 0 oder 1 beträgt und höchstens zwei Sprungstellen von 0 auf 1 oder umgekehrt aufweist.

Option
Wahlmöglichkeit, Auswahl

Ordinate
(lat.) Vertikale bzw. y-Achse in einem rechtwinkligen Koordinationssystem.

organische Chemie
Chemie der Kohlenstoffverbindungen.

Original
Werk eines Urhebers, das Urbild, z. B. Gemälde, Kupferstich, Reinzeichnung. Im Gegensatz dazu ist die > Vorlage ein Abbild (z. B. Diapositiv) des Originals, welches für die Reproduktion verwendet wird.

orthochromatisch
Farbempfindlichkeit eines Reprofilmes für alle Farben des sichtbaren Spektrums außer Rot.

Oxidation
Vereinigung eines Elementes oder einer Verbindung mit Sauerstoff (z. B. Verbrennung), heute allgemein: Entzug von Elektronen durch neutrale Atome oder Ionen.

oxidative Trocknung
Chemisches Trocknungsverfahren bei Druckfarben.
Beispiele:
1. Trocknende Öle, z. B. pflanzliche oder dementsprechend aufgebaute synthetische Öle) reagieren chemisch durch Aufnahme von Luftsauerstoff.
2. UV-Druckfarben trocknen durch Bestrahlen mit UV-Licht.

Ozalid-Kopie
Auch Blaukopie genannt. Eine Kopie auf das Lichtpauspapier Ozalid zur Kontrolle der Montage (Anordnung, Stand, letzte Korrektur vor dem Auflagendruck).

P

p
Abkürzung für > typografischer Punkt.

Pagina
Seitenzahl, Kolumnenziffer in einem Druckprodukt.

Paginierung
Fachbegriff für die Seitenzahlen in einem Druckprodukt.

panchromatisch
Sensibilisierung fotografischer Emulsionen mit Farbstoffen, daher für alle Farben des sichtbaren Lichts empfindlich. Verwendung als Aufnahmematerial für farbige Vorlagen und zur Herstellung von Farbauszügen in der fotografischen Reproduktion.

Panoramadruck
Das Drucken von Doppelseiten über den Bund hinweg, so dass der weiße, unbedruckte Mittelstreifen entfällt. Bei Tageszeitungen oder Illustrierten erscheint eine Werbung dadurch auf zwei Seiten.

Pantone-Matching-System (PMS)
International weit verbreitetes System aus Farben, Grafikmaterialien wie Papiere, Marker, Folien u.a. Basis ist eine Skala von über 1000 Schmuckfarben, die für grafische Entwürfe oder als Sonderdruckfarben im Offsetdruck verwendet werden.
Die Mischungsverhältnisse sind genau festgelegt, sie können z. T. auch mit CMYK-Farben und mit HKS-Farben oder ähnlichen Farbmischsystemen nachgemischt werden. Zur Farbauswahl für bestimmte Farbtöne werden entsprechende Referenzbücher angeboten. Hersteller ist die Pantone, Inc. aus New Jersey, USA.

Papier
Erzeugnis aus mechanisch oder chemisch freigelegten Pflanzenfasern, die in wässriger Suspension miteinander verfilzen und unter Zusatz von > Hilfsstoffen wie > Füllstoffen, > Farbstoffen oder Leim zu einer Blattform verarbeitet werden. Laut DIN 6730: Ein flächiger, im wesentlichen aus Fasern meist pflanzlicher Herkunft bestehender Werkstoff, der durch Entwässerung einer Faserstoffaufschwemmung auf einem Sieb gebildet wird.

Papierdicke
Stärke des Papiers in mm.

Papiermaschine
Die zentrale Produktionsstätte jeder Papierfabrik: Auf bis zu 10 Metern Breite und bis zu 200 Metern Länge sind unter dem Sammelbegriff Papiermaschine sehr unterschiedliche Aggregate hintereinander geschaltet: Stoffauflauf, Siebpartie, Pressenpartie, Trockenpartie und Aufrollung sind – bei sehr variablen Konstruktionsmöglichkeiten – die Standardelemente. Im Stoffauflauf wird mittels einer Düse der Faserbrei (mit bis zu 99 Prozent Wasser aus der Aufbereitung) gleichmäßig auf ein äußerst feines, endloses Sieb aufgebracht, das sich ständig fortbewegt und - außer bei sehr schnellen Maschinen - auch seitlich geschüttelt wird. Hier verfilzen sich die Fasern zu einer einheitlichen, noch nassen Papierbahn (Phase der Blattbildung). In dieser Siebpartie läuft überschüssiges Wasser durch das Sieb ab, am Ende liegt der Wassergehalt noch bei etwa 80 Prozent. Die Bahn ist dann bereits fest genug, um sie vom Sieb abzunehmen und mit Hilfe von Filzbändern in die anschließenden Nasspressen zu leiten. Nach dieser weiteren Entwässerung, die den Wassergehalt auf gut 50 Prozent reduziert, beginnt der längste Teil der Papiermaschine, die Trockenpartie. Auf bis zu 100 dampfbeheizten Trockenzylindern wird der Papierbahn der Rest der Feuchtigkeit entzogen. Daran können sich bis zum Aufrollen der Bahn auf einen Tambour noch verschiedene, nicht obligatorische Arbeitsgänge anschließen. So kann ein Streichwerk eingeschaltet sein, in dem die Papierbahn auf halbem Weg zur endgültigen Trocknung noch > gestrichen wird. Für bestimmte Verwendungszwecke wird das Papier außerhalb der Papiermaschine noch besonders geglättet bzw. veredelt (> satiniert). Beachtlich sind die Geschwindigkeiten, mit denen moderne Papiermaschinen arbeiten. So kann eine Zeitungsdruck-Papiermaschine mit einer Arbeitsbreite von 9 Metern Geschwindigkeiten von 900 Meter pro Minute (ca. 54 km/h) und mehr erreichen und so in 24 Stunden 600 Tonnen Papier mit einem Flächengewicht von 52 g/m^2 erzeugen. Zum Vergleich: Ein mittelalterlicher Papiermacher fertigte mit 24 Arbeitern in 16 Stunden etwa 100 kg Büttenpapier.
Je nach Technik und Art des Papiers laufen Papiermaschinen mit Geschwindigkeiten bis zu 2000 m/min.

Papiermontage
Früher eingesetzte Montage von Texten und Bildern auf Fotopapier zu einer Seite. Einfach, schnell und kostengünstig z. B. für Zeitungsseiten. Korrekturen ganzer Absätze waren dabei durch einfaches Überkleben möglich.

Pappe
Werkstoff mit höherem Flächengewicht als Karton, größere Festigkeit. Je nach dem Produktionsverfahren werden Maschinenpappen und Wickelpappen unterschieden.

Papyrus
Vorläufer des Papiers, der diesem den Namen gegeben hat. Hergestellt wurde es aus einem schilfartigen Sumpfgewächs (Papyrus), dessen Stengel in Streifen geschnitten, kreuzweise übereinandergelegt und dann gepresst, gehämmert, geglättet und getrocknet wurden.

Parallaxe
Abweichung bei Betrachten eines Punktes von verschiedenen Standorten bzw. Blickpunkten. Diese Problematik ist bei der manuellen (optischen) Farbmontage von besonderer Bedeutung. Bei nicht genau senkrechtem Blick beim Einpassen der folgenden Farbe nach der Grundmontage oder der Farbfolie ergibt jeder Blickwinkel ein anderes Einpassen. Diese Erscheinung wird verstärkt, wenn der Abstand zwischen den Schichtseiten über das Minimum vergrößert wird.

Parameter
(griech.), Variable, die für eine bestimmte Betrachtung (z. B. in der Technik) als charakteristische Konstante angesehen wird. Allgemein für: Einflussfaktoren.

Passer
Beim Mehrfarbendruck der (stand-)genaue Über- oder Nebeneinanderdruck der einzelnen Druckfarben.

Passkreuze
Feine Fadenkreuze o. ä. auf Farbauszügen und Druckplatten zum Einpassen bei der Montage und beim Einrichten der Druckplatten (genaues Einpassen „nach Bild"!) und zur laufenden Passerkontrolle im Fortdruck. Bei Verwendung eines Registersystems werden Filme oder Druckplatten mit einer Passkreuzlochstanze (Registerstanze) gelocht, sie können exakt montiert und ebenso in der Druckmaschine eingerichtet werden.

PDF
Englische Abkürzung für Portable Document Format. Plattformunabhängiges Datenformat. PDF-Dateien können mit einem (kostenlos gelieferten) Reader des Softwareunternehmens Adobe gelesen werden. Erzeugt werden PDF-Dateien mit der Software Adobe-Distiller.

PECOM
Prozess-Elektronik. Eine Leitstandtechnik für Druckmaschinen der MAN-Roland AG mit verschiedenen Systemkomponenten. PECOM steht für:
Process Electronic-Control,
Process Electronic-Organisation,
Process Electronic-Management.

PEL
Engl. Abkürzung für: Picture Element. Kleinstes ansteuerbares Bildelement bei einem Scanner. Das PEL ist abhängig von der Auflösungsfeinheit des Scanners. Durch das Belichtungssystem eines Ausgabesystems anzusteuernde Fläche in einem Rasterelement (> REL). Diese Fläche wird mit einem oder mehreren Belichterspots „ausgefüllt".

penetrieren
durchdringen, durchsetzen.

perforieren
Loch- oder Schlitzstanzung in Papier oder Karton zum Abtrennen eines Blattes oder eines Blatt-Teiles. Herzustellen in Perforiermaschinen, in Endlosdruckmaschinen oder in Buchdruckmaschinen, seltener auch in Offsetdruckmaschinen.

Pergament
Zum Beschreiben zubereitetes, geglättetes, haarfreies, ungegerbtes Ziegen-, Schafs- oder Kalbsleder. Wichtigster Beschreibstoff im Altertum und im Mittelalter.
Heute wird echtes Pergament nur noch für besonders wertvolle Schriftstücke (Urkunden, Diplome o. ä.) oder Einbände von Büchern verwendet.

Pergamentersatz
Ein fettdichtes Papier (vgl. das „Butterbrot"-Papier). Seine Dichtigkeit erhält es dadurch, dass die Zellstoff-Fasern auf besondere Art vermahlen werden. Die einzelnen Fasern werden dabei stark gequetscht. Pergamentersatz ist aber im Gegensatz zum > Pergamentpapier nicht wasserdicht und kochfest.

Pergamentpapier
(Korrekter genannt: Echt Pergament). Ein kochfestes, fett- und wasserdichtes Papier. Das Ausgangsprodukt ist ein saugfähiges Rohpapier, das in einem Schwefelsäurebad behandelt wird, um die Papieroberfläche abzudichten. Pergamentpapier wird vor allem zum Verpacken von Fettprodukten (Butter, Margarine) sowie für technische Zwecke eingesetzt.

Pergamin
Spezielles Papier, ähnlich erzeugt wie Pergamentersatz. Durch intensives Satinieren wird Pergamin aber hochtransparent bis glasig. Verwendet wird es zum Beispiel als Schokoladeneinschlag, als Drachenpapier oder Bucheinschlag.

Peripherie
Alle Systembausteine eines Computer-Arbeitsplatzes ohne den eigentlichen Rechner, im engeren Sinne also die Zentraleinheit. Zur Peripherie gehören u. a. Bildschirm, Drucker, Scanner, externe Speicher.

perlen
Die Druckfarbe liegt bei Flächendrucken nicht gleichmäßig glatt, sondern zieht sich perlenförmig zusammen. Die Ursache liegt häufig in zu dünner Farbe oder ungünstiger Oberfläche (Oberflächenspannung) des Bedruckstoffes.

Personalcomputer
Persönlicher Computer, kurz: PC, d. h. ein System für eine ursprünglich geringere Leistungsklasse für den privaten Bereich. Heute ist der Computer der Standard für vielfältige Einsatzbereiche im privaten Bereich und auch in Unternehmen.

Phloroglucin
Lösung, die zur Feststellung des Holzstoffs im Papier geeignet ist, färbt Holzstoff rot. Je stärker die Rotfärbung, desto höher der Holzstoffanteil.

Photolithographie
Ältere Bezeichnung für das Herstellen von Kopiervorlagen für den Offsetdruck und die Korrektur der Ton- und Farbwerte.

pH-Skala
lateinisch: potentia Hydrogenii, d.h. Wirksamkeit des Wasserstoffes. Maßzahl für die Konzentration an Wasserstoffionen in einer Lösung. Allgemein das Maß für die Stärke einer Säure oder Lauge. Messung kolorimetrisch mit Indikatoren oder elektrochemisch. Beispiele: pH 1 = stark sauer, pH 7 = neutral, pH 14 = stark alkalisch. In der Druckindustrie insbesondere bei der Papierherstellung und im Offsetdruck von Bedeutung.

Pigment
Farbmittel. Ein praktisch unlöslicher Farbkörper, pulverförmiger färbender Bestandteil der Druckfarbe.

Pigmentkopie, Pigmentpapierkopie
Früher eingesetztes Verfahren für den tiefenvariablen Tiefdruck zum Kopieren der Montage und des Tiefdruckrasters auf Pigmentpapier bzw. -Folien. Das belichtete Pigmentpapier wird auf den Tiefdruckzylinder übertragen und danach entwickelt. Das stehengebliebene Relief entspricht den Tonwerten der Kopiervorlagen, es ergibt beim Ätzen die unterschiedlichen Näpfchentiefen bei gelicher Näpfchenfläche.

Piktogramm
Grafisches Bildzeichen, dessen Bedeutung international durch Assoziation zu einem Gegenstand, einem Vorgang, einem Hinweis o.ä. verständlich ist.
Beispiele: Hinweiszeichen (Bahn, Flughafen u. a.), Sportlerfigur als Kennzeichen für eine bestimmte Sportart.

PIV-Getriebe
Abkürzung für Parallel-Ideal-Verstellbar. Stufenlos regelbares Getriebe.

Pixel
EDV: Kleinster, darstellbarer Bildpunkt (Mikroelement) auf dem Bildschirm, dem Drucker oder einem elektronisch angesteuertem Ausgabesystem (z. B. Druckformbelichter)

Plagiat
Geistiger Diebstahl eines literarischen, bildnerischen oder musikalischen Werkes durch unberechtigte Nutzung, z. B. Veröffentlichung unter eigenem Namen.

Planimetrie
Ebene Geometrie. Lehre von den in einer Ebene liegenden Figuren.

Planobogen
Flachliegender, ungefalzter Bogen.

Plattenkorrektur
Vielfach verkürzt verwendete Bezeichnung für Änderungen an fertigen Druckplatten. Im Offsetdruck z. B. das Korrigieren (Entfernen) von mitkopierten Filmrändern oder Fehlstellen auf der verarbeiteten Druckplatte.

Platzhalter
Bei der elektronischen Montage ein niedrig aufgelöstes Bild, das in einem Dokument entsprechend dem Layout positioniert wird. Es gibt an, wo und wie in dem endgültigen Dokument das hochaufgelöste (HighRes = High Resolution) Bild positioniert wird.

Plotter
Tischzeichner. Ein durch einen Computer gesteuertes Zeichen- oder Maskenschneidegerät.

pneumatisch
Durch Luftdruck bewegt oder gesteuert.

Polarität
Gegensätzlichkeit in bedingter Abhängigkeit, z. B. verschiedene Ausbildung entgegengesetzter Pole, z. B. einer Zelle, eines Gewebes, eines Organismus oder bei Elektrizität.

Polyaddition
Molekulare Reaktion zwischen verschiedenen niedermolekularen Verbindungen ohne Doppelbindung zu Makromolekülen (Kunststoffe).

Polykondensation
Reaktionen, die auch in der Natur sehr häufig vorkommen (Eiweiß-Aufbau, Gelatine). Reaktion zwischen gleichen oder verschiedenen Stoffen ohne Doppelbindung unter Freigabe niedermolekularer Stoffe (z. B. Wasser). Polykondensate sind Nyloprint und die maßhaltigen Schichtträger Cronar und Estar bei Filmmaterial.

Polymerisation
Molekulare Reaktionen zwischen gewöhnlich gleichartigen niedermolekularen Verbindungen (Monomeren) zu makromolekularen Stoffen (Polymeren; Kunststoffe). Voraussetzung ist das Vorhandensein von reaktionsfähigen Doppelbindungen. Reines Polymerisat ist das Polyethylen, durch Abänderung der Grundbausteine lassen sich Mischpolymerisate herstellen: Polyvinylalkohol, Polyvinylchlorid, Astralon.

Polyvinylalkohol
Synthetisches Kolloid, das in der Offsetdruckkopie und (früher) der Chemigrafie in Kopierschichten verwendet wird.

Positiv
In der Bildreproduktion die Wiedergabe einer Vorlage in gleichen Helligkeits- und Farbwerten.

Positiv-Kopierverfahren
Kopierverfahren, die die Kopiervorlage in gleichen Tonwerten auf der fertigen Druckplatte wiedergibt, d.h. eine positive Kopiervorlage ergibt eine Bildwiedergabe auf der Druckplatte und einen Druck in gleichen Helligkeitswerten.

Positivretusche
In der Bildreproduktion das Ausbessern an Positiven. Korrigieren von positiven Auf- und Durchsichtsvorlagen sowie von positiven Reproduktionsfilmen.

PostScript
Seitenbeschreibungssprache (Programmiersprache) im Desktop- bzw. Computer-Publishing-Bereich, die inzwischen ein inoffizieller Standard geworden ist.

Potentiometer
Kontinuierlich einstellbarer Spannungsteiler.

Potenz
(lat.), Produkt gleicher Faktoren, z. B. $a \cdot a \cdot a \cdot a = a^4$.

ppi
Abkürzung für Pixel per inch. Englische Bezeichnung für die Abtast- bzw. Scanauflösung, die kleinste Bildinformation, die das System erfassen kann.

PPD-Datei
Abk. für PostScript Printer Description. Datei, die den Funktionsumfang eines bestimmten Ausgabegerätes mit einem PostScript-Interpreter beschreibt. Dazu gehören z. B.: Seitenformate, Art des Ausgabemediums (Papier, Film, Druckplatte), Verfügbarkeit von Schriften.

ppm
Abkürzung für parts per million; 1 ppm = 1 Millionstel des Volumens oder der Masse. Beispiel: Anteil von Lösungsmitteldämpfen in der Raumluft. (Beachte hierzu die Unfallverhütungsvorschriften u. a.):

Preflight, Preflighting
Simulation des Ausgabeprozesses am Computer durch eine Software. Bei diesem Check in der Druckvorstufe wird eine Datei vor allem auf das Vorhandensein aller Seitenelemente wie benötigte Fonts (Schriften) und der geeigneten Abbildungen geprüft.

Presseur
Druckzylinder des Tiefdrucks. Druckkörper, der den notwendigen Anpressdruck erzeugt und den Bedruckstoff gegen den Formenzylinder presst.

Primer
Werkstoff zur Grundierung von verschiedenen Materialien. Beispiel aus der Druckindustrie:
1. Drucklackierung: Grundierungslack, der beispielsweise zur Vorbereitung einer Veredelung mit UV-Lack aufgetragen wird.
2. Druckweiterverarbeitung: Dünnflüssige Klebstoffe, die bei der Klebebindung die Benetzung verbessern und die Einzelblatthaftung erhöhen.

Prisma
Ein von gegeneinander geneigten ebenen Flächen für den Lichtdurchtritt begrenzter Körper aus einem lichtbrechenden Stoff (allg. Glas). Der Winkel zwischen den Flächen heißt brechender Winkel, die Schnittgerade der Flächen brechende Kante. Je nach Verwendungszweck unterscheidet man: Dispersionsprisma zur Erzeugung eines Spektrums; Reflexionsprisma für eine Richtungsänderung von Lichtstrahlen bzw. für eine Seitenvertauschung. > seitenrichtig

Programm
Nach den Regeln einer Programmiersprache festgelegte Folge von Befehlen und Definitionen zur Ausführung einer Aufgabe.

Proof
Prüfverfahren in verschiedenen Qualitäten in der Druckvorstufe, z. B.
1. Softproof: Kontrolle der verarbeiteten Informationen am Bildschirm

2. Standproof: Wiedergabe einzelner oder ausgeschossener Seiten einfarbig bzw. ohne Farbverbindlichkeit beim Farbdruck
3. Farbproof: Farbprüfverfahren für Farbreproduktionen als interne Kontrolle für die Reproduktion, als externe Qualitätskontrolle für den Kunden und ggf. als Muster für den Auflagendruck.

Hergestellt werden Proofs mit verschiedenen analogen und digitalen Techniken mit unterschiedlichen Qualitäten. Entscheidend ist bei einem Farbprüfverfahren eine fortdruckgerechte Bilddarstellung, die die meisten Proofsysteme inzwischen erreichen.
Man unterscheidet prinzipiell zwischen analogen (fotomechanischen) Proofsystemen, die zur Herstellung Kopiervorlagen (Filme als Farbauszüge) benötigen und digitalen Proofsystemen, die direkt aus dem Datenbestand der EDV gefertigt werden.
Ein Proof wird heute mehr und mehr auch von Kunden als Ersatz für einen Andruck akzeptiert. Vorteil: schneller und kostengünstiger herzustellen.

Proportionen
(lat.), Verhältnisgleichung; ist das Verhältnis der Zahl a und b gleich dem Verhältnis der Zahlen c und d, so liegt die Proportion a: b = c : d vor, dabei sind a und d die Außen-, b und c die Innenglieder. Sowohl die Innenglieder als auch die Außenglieder dürfen jeweils unter sich vertauscht werden.
Das Produkt der Innenglieder ist gleich dem Produkt der Außenglieder, aus $a : b = c : d$ folgt $a \cdot d = b \cdot c$.

Prozess
Nach DIN die Gesamtheit von aufeinander einwirkenden Vorgängen in einem System, durch das Materie, Energie oder Information umgeformt, transportiert oder gespeichert wird.
Grundsätze eines technischen Prozesses:
1. Ein Prozess besteht oft aus mehreren gleichzeitig ablaufenden und logisch miteinander verknüpften Vorgängen.
2. Jeder Prozess hat einen optimalen Zustand. Er besitzt jedoch die Eigenschaft, sich zu verschlechtern. Deshalb muss rechtzeitig eingegriffen werden.
3. Gleichzeitig ablaufende Vorgänge haben oft eine unterschiedliche Wichtigkeit, die von der jeweiligen Situation abhängt.
4. Zur Beurteilung eines Prozesses ist sein Zustand ständig zu messen, es ist der Ist-Wert zu erfassen. Zur Korrektur bzw. zum Eingreifen sind Stellglieder erforderlich.
5. Der optimale Prozesszustand (Soll-Wert) ist einer mehr oder weniger intelligenten „Einheit" bekannt, die die Mess- und Stellmöglichkeiten einsetzt.

Prozessdatenverarbeitung
Computereinsatz, um technische Prozesse zu erfassen, zu steuern oder zu regeln.

Prozessfarben
Druckfarbenskala für den Vierfarbdruck mit Cyan, Gelb (Yellow), Magenta und Schwarz (Key). Mit dieser Farbmischung ist eine Vielzahl aller vorkommenden Farben drucktechnisch wiederzugeben. Das Farbsystem wird CMYK-System genannt.

Prozesssteuerung
Die Steuerung technischer Prozesse durch einen Computer, der mit dem ablaufenden Prozess direkt verbunden ist. Sensoren übermitteln Daten einzelner Prozessfunktionen, der gespeicherte > Soll-Wert wird im Computer mit dem ermittelten Ist-Wert verglichen. Bei Abweichungen greift das System steuernd in den Prozess ein. Da bei diesem System eine Rückmeldung auf den vorgegeben Soll-Wert erfolgt, handelt es sich korrekterweise um eine > Regelung.

Pull-down-Menü
Engl.: pull = ziehen, down = nach unten. Wichtiger Bestandteil der grafischen Benutzeroberfläche. Eine Menüführung in einem Computer, die bei der Anwahl eines Oberbegriffes in der Menüleiste eine Reihe von Unterbegriffen erscheinen lässt, die weitere Funktionen durch einfaches Anklicken mit der Maus zugänglich macht.

Punkt
Typografisches Maß. Ursprung: der Didot-Punkt im Bleisatz. Ursprüngliche Umrechnung (Bleisatzzeit): 1 m = 2660 p, 1 p = 0,376 mm. Gerundete Umrechnung seit Einführung des Fotosatzes: 1 p = 0,375 mm.

Punktzuwachs
Korrekter: > Tonwertzuwachs. Bezeichnung für die Abweichung zwischen Rastertonwert im Film und Rastertonwert im Druck, Rasterpunktverbreiterung im Druck.

Q

QM-System
Die Organisationsstruktur, Verantwortlichkeiten, Verfahren, Prozesse und erforderlichen Mittel für die Verwirklichung des Qualitätsmanagements. > Qualitätsmanagementsystem (nach FOGRA-Forschungsbericht Nr. 69.001).

Quadratmetergewicht
Flächengewicht, umgangssprachliche Bezeichnung für die flächenbezogene Masse bei Bedruckstoffen in g/m².

Qualität
Die Gesamtheit von Merkmalen einer Einheit bezüglich ihrer Eignung, festgelegte und vorausgesetzte Erfordernisse zu erfüllen (nach DIN EN 9000 ff). Qualität ist nichts Absolutes, sondern immer nur auf die Forderungen des Kunden (Auftraggeber) bezogen, d. h. Qualität ist die Zweckeignung eines Produktes (nach FOGRA-Forschungsbericht 69.001).

Qualitätsmanagementsystem
Abkürzung: QM-System. Eine festgelegte Aufbau- und Ablauforganisation zur Durchführung der Qualitätssicherung. Das Qualitätsmanagement hat im Rahmen des QM-Systems die Aufgabe, alle Tätigkeiten, Führungsaufgaben, Ziele und Verantwortungen festzulegen sowie diese durch Mittel wie Qualitätsplanung, Qualitätslenkung, Qualitätssicherung und Qualitätsverbesserung im QM-System darzulegen.

Qualitätssicherung
Alle geplanten und systematischen Tätigkeiten, die innerhalb des Qualitätsmanagementsystems verwirklicht sind und die wie erforderlich dargelegt werden, um angemessenes Vertrauen zu schaffen, dass eine Einheit die Qualitätsanforderungen erfüllen wird.

QuarkXPress ™
Bekannte Seitengestaltungs-Software, ein Layoutprogramm, für computergesteuerte Informationsverarbeitung von Texten, Grafiken und Bildern zu kompletten (Druck-) Seiten des amerikanischen Softwareherstellers Quark.

Quart
Früher gebräuchliche Bezeichnung für einen Falzbogen mit 4 Blättern = 8 Seiten.

Quellreliefdruckform
Druckform für den > Lichtdruck, die mit quellfähiger Gelatine beschichtet ist und je nach Tonwerten der Halbtonkopiervorlage ein aufgequollenes Relief ergibt.

Querformat
Druckprodukt, bei dem Schriftzeilen parallel zur langen Seite des Papierformates laufen. Bei der Angabe des Formates wird grundsätzlich die waagerechte Länge (Breite) und dann die senkrechte Länge (Höhe) angegeben. Beispiel für eine Formatangabe im Querformat: 297 mm x 210 mm.

Querschneider
In der Papierfabrik eingesetzte Schneidesysteme, um Papierbahnen vorbestimmter Breite in Bogen zu schneiden. Dabei laufen die Papierbahnen in einer oder mehreren Schichten übereinander unter einem Schlagmesser hindurch, das genau auf das gewünschte Maß eingestellt ist.

Quotient
Das Ergebnis einer Division, auch Bezeichnung für eine unausgerechnete Divisionsaufgabe in Form eines Bruches.

R

Radierung
Eine im 16. Jahrhundert bekannt gewordene Tiefdrucktechnik. In eine ätzfeste Schicht (säurefestes Harz) mit der eine Kupferplatte beschichtet ist, wird mit einer feinen Nadel eine Zeichnung eingeritzt. Freigelegte Kupferpartien werden anschließend tiefgeätzt. Mit dieser Technik ist eine wesentlich feinere Strichführung als beim Kupferstich möglich.

Rakel
Abstreifer unterschiedlicher Art.
1. Im Tiefdruck eine scharf geschliffene Metallrakel zum Abstreifen der überschüssigen Druckfarbe von nichtdruckenden Elementen der Druckform, z. B. auf dem Tiefdruckformzylinder.
2. Im Siebdruck eine relativ weiche Gummirakel zum Auftragen der Druckfarbe durch die Siebdruckform auf den Bedruckstoff.

3. In Offsetdruckmaschinen eine relativ weiche Gummirakel in einer Walzenwaschanlage für Druckfarben.

Rakeltiefdruck
Industrielles Tiefdruckverfahren im Bogen- und Rollen-Rotationsdruck. Bogen-Druckmaschinen werden vor allem für Spezialaufträge, z. B. hochwertige Verpackungen und Bronzedruck eingesetzt. In großformatigen Rollen-Rotationsdruckmaschinen werden vor allem Großauflagen von Illustrierten, Katalogen u. ä. Produkten hergestellt.

RAM
Abkürzung für: Random Access Memory. In der Computertechnik ein Schreib- und Lesespeicher. Daten können beliebig eingegeben, gelesen und gelöscht werden. Der Inhalt geht beim Abschalten des Gerätes verloren, deshalb müssen Daten vorher gesichert sein!

randabfallend
Bezeichnung für anzuschneidende bzw. angeschnittene Bilder oder Flächen.

Raster
1. Druckverfahren allgemein: Elemente (Punkte, Linien u.a.) zur Zerlegung von Halbton- bzw. Graustufenvorlagen in binäre Druckelemente bei (fast) allen Druckverfahren.
2. Rakeltiefdruck: Im konventionellen, tiefenvariablen Tiefdruck wird mit einem geeigneten Tiefdruckraster das zur Rakelführung notwendige Stegnetz erzeugt.

Rasterätzung
Autotypie. Hochdruckplatte, die ein Halbtonbild durch unterschiedlich große Rasterpunkte (Druckelemente) auf einer Metallplatte wiedergibt.

Rasterdichte
Integrale Dichte. An Rastermessfeldern gemessene Dichte (D) als Verhältnis von Farbstärke, Weißfläche und gedeckter (bedruckter) Fläche.

Rasterelement
Auch: Recorderelement > Rel. Größe des einzeln ansteuerbaren Belichtungselementes = Belichtungspixel. Seine Größe ergibt sich aus der Belichterauflösung. Sie entspricht dem Durchmesser des Laserspots. Je höher die Belichterauflösung, um so kleiner die Rel's. Beispiel: Belichterauflösung 2400 dpi = 945 L/cm. Das heißt: Auf 1 cm werden von dem Belichter 945 Pixel (dot) nebeneinander gesetzt.

Rasterfrequenz
Anzahl der Rasterlinien pro Zentimeter (auch: pro inch) bei amplitudenmodulierter (autotypischer) Rasterung. > Rasterweite.

Rasterfeinheit
Rasterfrequenz: Anzahl von Druckbildelementen (z. B. Rasterpunkte) pro Länge in jene Richtung, die den höchsten Wert ergibt. Angabe in Linien pro Zentimeter (L/cm). In fachlicher Umgangssprache: > Rasterweite.

Raster Image Processor (RIP)
Computerbaustein, der sämtliche PostScript-Befehle ausführt, konvertiert und dabei eine digitalisierte Seite elektronisch in eine Bitmap (Bitmuster) „rastert" und in gerätespezifische Steuerdaten für das jeweilige Ausgabegerät übersetzt. Der RIP empfängt die Daten einer am Mac oder PC gestalteten Seite. Diese setzen sich aus den verschiedenen Elementen, z. B. Text, Grafik und Bild, zusammen. Der RIP bereitet diese verschiedenen Daten für die Ausgabe auf. Dazu übersetzt er Zeile für Zeile die auf der Seite enthaltenen Buchstaben, Grafiken und Bildercodes in ein Rasternetz von Punkten (Pixeln), wie sie für die Steuerung des Lasers in dem Ausgabesystem erforderlich sind.

Rasterprojektion
Vergrößerung aber auch Verkleinerung von Rasterdiapositiven oder -negativen in Projektionsgeräten. Verwendet zur Herstellung großformatiger Druckarbeiten, im allgemeinen bei Plakaten. Der dabei stark vergrößerte Raster wirkt bei einem entsprechenden Betrachtungsabstand nicht störend.

Rasterpunkte
Bildelemente (z. B. kreis-, ellipsen- oder rautenförmig), die eine Halbton- bzw. Graustufenvorlage in Schwarz-Weiß-Informationen (binäre Darstellung) umsetzen.
Man unterscheidet prinzipiell zwei Rastertechniken:
1. autotypische Rasterung: flächenvariable Rasterpunkte, deren Mittelpunkte in Richtung der Rasterwinkellage (Vorzugsrichtung) alle gleich weit auseinander liegen, ergeben unterschiedliche Tonwerte (Graustufen). Je größer ein Rasterpunkt ist, desto größer ist die bedeckte Fläche (Flächendeckung in %), desto dunkler erscheint optisch diese Bildstelle. Mit der Bezeichnung Rasterweite oder Rasterfrequenz wird die Anzahl der (Rasterpunkt) Linien pro Zentimeter (L/cm) angegeben. Gezählt wird in Richtung der geringsten Abstände der Rastermittelpunkte (Vorzugsrichtung).
2. frequenzmodulierte (stochastische) Rasterung: gleich große Rasterpunkte in unterschiedlicher Anhäufung ergeben unterschiedliche Tonwerte.

Rastersteg
Im Tiefdruck der die Rakel führende bzw. tragende Steg zwischen den mit Druckfarbe gefüllten Näpfchen.

Rasterweite
Bei einem > autotypischen Raster die Anzahl der Rasterlinien pro cm. > Rasterpunkte. Daraus ergibt sich die Feinheit in der Wiedergabe der Bildinformationen durch Raster.

Rasterwinkelung
Verändern der Rasterlineatur von der senkrecht-waagrechten Stellung durch Drehen des Rasters, gemessen in Grad.

Raummeter
Maßeinheit für Schichtholz. 1 Raummeter (rm, Ster) ist ein mit Holzstücken ausgelegter Raum von 1 m³ (einschließlich der Zwischenräume). 1 rm entspricht etwa 0,75 Festmeter.

Recycling
Im weitesten Sinne die Wiederverwendung schon gebrauchter Materialien. Recyclingverfahren sind ein wesentlicher Bestandteil sowohl des Umweltschutzes als auch der Rohstoffökonomie.

Reflexion
Zurückwerfen, zurückstrahlen auftreffenden Lichtes von einem Medium. Man unterscheidet zwischen einer regelmäßigen, gerichteten Reflexion (Reflexionsgesetz) und einer unregelmäßigen, gestreuten Reflexion (> Remission).

Regelung
In der Technik das Vergleichen und Angleichen einer vorgegebenen physikalischen Größe (Soll-Wert) an eine zu regelnde Größe in der laufenden Produktion (Ist-Wert). Beispiele: Einrichtungen für das Konstanthalten einer bestimmten Temperatur und Luftfeuchtigkeit, automatisches Regulieren der Passer im Mehrfarbendruck, Konstanthalten der Bahnspannung in Rollen-Rotationsdruckmaschinen u.a. durch permanenten Soll-/Ist-Wert-Vergleich und die entsprechende Anpassung an den Soll-Wert.

Register
Bezeichnung für unterschiedliche Bereiche:
1. Typografie, Satztechnik: Das deckungsgleiche Aufeinanderstehen des Vorder- und Rückseitendrucks z. B. bei Büchern, Broschüren, Zeitschriften.
2. Stichwortverzeichnis als Ergänzung eines Inhaltsverzeichnis im allgemeinen am Ende einer Publikation (z. B. Fachbuch). Die alphabetische Reihenfolge wichtiger Fundstellen und Begriffe mit Angabe der Seitenzahl ermöglicht ein einfaches und schnelles Auffinden.

Registerregelung
Fachlich unkorrekte Bezeichnung für Passerregelung: Automatisches Einhalten des Passers durch laufenden Soll-Ist-Vergl. und Korrektur bei Abweichungen. Sollwert = Vorgabe für den Passer (z. B. Stand einer Passmarke). Ist-Wert = tatsächlich erreichter Passer (Stand der folgenden Passmarke).

REL
Abkürzung für: Recorder-(Belichter-) element. > Rasterelement.

relative Luftfeuchtigkeit
Abk.: rL. Verhältnis der tatsächlich vorhandenen Luftfeuchtigkeit zu der bei einer bestimmten Temperatur maximal möglichen Luftfeuchtigkeit.

$$rL = \frac{\text{absolute Luftfeuchtigkeit x 100}}{\text{maximal mögliche Luftfeuchtigkeit}}$$

Remission
Diffuse Reflexion des Lichtes an undurchsichtigen Flächen, bei polierten Flächen tritt eine bevorzugte Glanzrichtung auf, die etwa der regelmäßigen Reflexion entspricht.

Rendering
Verfahren zur Umwandlung von grafischen Strukturmodellen am Bildschirm, mit dem dreidimensionale, fotografieähnliche Abbildungen am Computer berechnet und „erzeugt" werden. Beispiel: Das Anlegen einer Weltkugel, einzelne Linien oder Strukturen werden unsichtbar, Felder mit Grautönen oder Farben angelegt, Schatten eingefügt.

Reproduktion
1. Wiedergabe von Reproduktionsvorlagen (Aufsichts- oder Durchsichtsvorlagen) durch verschiedene reprotechnische Verfahren mit dem Zweck, Bilddaten für die Druckformherstellung zu erfassen.
2. Im weiteren Sinne auch alle Nachbildungen einer Vorlage in beliebiger Anzahl.

Retusche
Verbessern der reprotechnischen Wiedergabe durch vorherige Bearbeiten einer Bildvorlage und das Bearbeiten positiven oder negativen Filmen bzw. elektronischen Informationen am Bildschirm.

reversibel
Umkehrbar.

Revision
Nach einer durchgeführten Korrektur oder vor dem Auflagendruck das nochmalige, abschließende Prüfen.

RGB
Abkürzung für die additiven Grundfarben Rot, Grün und Blau. Farbaufbau, wie er beispielsweise für die Monitordarstellung von Farben benötigt wird. Für den Druck ist eine Umrechnung in > CMYK erforderlich.

Rheologie
Fließlehre, Wissenschaft von Fließen und Verformen der Materie. Beispiel: Gesamtbezeichnung für alle Fließeigenschaften von Druckfarben

Ries
Arabisch rizma = Ballen, Mz.: Riese. Variable Mengeneinheit für > Formatpapiere. Diese werden z. B. in Riesen (Paketen) von je 100, 200, 250 oder 500 Bogen geliefert.

rillen
Starkes Eindrücken einer linienförmigen Vertiefung in Karton, Papier u. a. Materialien ohne Herausnahme eines Spans (fälschlich oft > nuten genannt). Das Rillen verhindert das Brechen oder Platzen des Werkstoffes beim Umbiegen oder Aufschlagen.

RIP
> Raster Image Processor

RISC
Engl. Abk. für Reduced Instruction Set Computer. Durch Reduktion von Instruktionsabläufen in dezidierten Mikrochips können Rechnerleistungen und -geschwindigkeiten bei hohen Datenbeständen erheblich gesteigert werden. Wichtig ist diese neue Technologie vor allem für die Bildbearbeitung.

ritzen
Bei der Verarbeitung zu Verpackungen ein leichtes Einschneiden an Biegestellen schwerer Kartons oder Pappen, z. B. bei der Faltschachtel-Produktion.

Rohbogen
Unbeschnittener Druckbogen, der etwa 5 % größer als ein DIN-Bogen ist, um ein Beschneiden nach der Druckverarbeitung (z. B. falzen) zu ermöglichen. Beispiel: Format eines Rohbogens DIN A 2: 43 cm x 61 cm, Format des Bogens DIN A 2: 42 cm x 59,4 cm.

rösche Mahlung
Bei der Aufbereitung der Halbstoffe nur geschnittene, nicht in ihrem Volumen veränderte Faserstoffe für weiche, elastische Papiere, z. B. Löschpapier, Druckpapier.

Rollenschneider
Rollenschneider dienen dazu, die endlos und in Papiermaschinenbreite hergestellte Papierbahn in Längsrichtung ein- oder mehrmals zu teilen. Zu diesem Zweck läuft die Bahn mit hoher Geschwindigkeit über scharfe Messerrollen (Tellermesser), die genau auf die gewünschten Bahnbreiten eingestellt sind. Will man Formatpapiere erzeugen, so werden die Bahnen noch über einen > Querschneider geführt.

ROM
Abkürzung für: Read Only Memory. In der EDV ein nicht zu verändernder Festwertspeicher mit Programmen des Herstellers. Beispiel: Startfunktionen. Der Inhalt bleibt auch beim Abschalten des Gerätes erhalten.

Rotationsdruck
Druckprinzip mit einer zylindrischen Druckform und einem Druckzylinder (vielfach „Gegendruck" genannt). Beispiel: Eine Offsetdruckmaschine druckt im indirekten Rotationsdruck mit Druckplatten-(Druckform), Gummituch- und Druckzylinder.

Rundsieb-Papiermaschinen
Rundsiebmaschinen arbeiten nicht wie > Langsieb-Papiermaschinen mit flachen Siebbahnen, sondern mit Siebzylindern. Diese Rundsiebe rotieren meist in mit Faserbrei gefüllten Trögen. Dabei setzt sich der Papierstoff auf dem Sieb ab, das Wasser läuft nach innen ab. Das so gebildete Papierblatt wird dann mit einer Filzbahn vom Rundsieb abgehoben und durchläuft die gleichen Stationen wie auf den Langsieb-Papiermaschinen. Rundsieb-Papiermaschinen haben den Vorteil, dass sich mehrere Zylinder so hintereinander aufstellen lassen, dass verschiedene Papierbahnen nass zusammengeführt und zu einer stärkeren Bahn vereinigt werden können. Deshalb setzt man die Maschinen vorwiegend zur Herstellung von sehr starkem Karton, vor allem zur Herstellung von Pappen ein.

Runzelkorn
Charakteristisches Erkennungsmerkmal des Lichtdrucks, das durch den Trockenprozess der beschichteten Lichtdruckplatte in der Gelatineschicht entsteht. > Lichtdruck

rupfen
Herausreißen von kleineren oder größeren Teilchen aus der Oberfläche des Bedruckstoffes durch zu geringe Oberflächenfestigkeit oder zu starkem Zug der Druckfarbe.

Runen
Älteste germanische Schriftzeichen, die von allen germanischen Stämmen verwendet wurden. Kultschrift für Inschriften, Symbole.

Ruß
Reiner Kohlenstoff, der durch unvollkommene Verbrennung entsteht und zur Herstellung von schwarzen Druckfarben verwendet wird. Beste Rußart ist der Gasruß.

S

Säuren
Chemische Verbindungen, deren Moleküle in Wasser aufbrechen (dissoziieren) und dabei Wasserstoff-Ionen (H^+) freisetzen. Ihre Stärke hängt vom Dissoziationsgrad ab.

Sammeldiapositiv
Zusammenkopiertes Diapositiv mehrerer standgerecht montierter Kopiervorlagen zum schnelleren Belichten einer Druckplatte in der Kopiermaschine.

Sammelheftmaschinen, Sammelhefter
Gefalzte Bogen werden in mehreren Stationen im Sammelhefter maschinell ineinander gesteckt und geheftet. Produktbezeichnung: einlagige Broschuren.

Salze
Ionenverbindung zwischen Säuren und Basen; Metall + Nichtmetall; Wasserstoff einer Säure wird durch ein Metall ersetzt.

Satinage
Glätten von Bedruckstoffen durch Druck, Reibung und Wärme in einem > Kalander.

satiniert
Papiere, für deren Verwendungszweck (z. B. bedrucken mit feinem Raster) die Oberflächenqualität aus dem Glättwerk der > Papiermaschine nicht ausreicht. Die Satinage erfolgt in einem Kalander, einem System übereinander liegender, meist beheizter Hartpapier- und Stahlgusswalzen, durch die das leicht gefeuchtete Papier schlangenlinienförmig hindurch geführt wird.

Satz
Historische Bezeichnung für den Textteil in einem Druckprodukt.

Satzherstellung
Ältere Bezeichnung aus der früheren Druckformherstellung: Der Teilbereich, in dem durch Setzverfahren (Bleisatz, Fotosatz) von einem Manuskript eine Druckform und/oder eine Textkopiervorlage gefertigt wurde. Heute ist dieser Arbeitsbereich ein integrierter Teil der computergesteuerten Print-Medienproduktion (Druckvorstufe).

Satzspiegel
Bedruckte Fläche einer Druckseite entsprechend dem Gestaltungsraster.
Der > tote Kolumnentitel (Seitenzahl) und die > Marginalien (Randbemerkungen) zählen nicht zum Satzspiegel.

Saxa loquuntur
Lateinischer Text im Lithografie-Wappen: „Steine werden reden". Hinweis auf die Druckformen im Steindruck.

Scanner
Opto-elektronisch arbeitende Reproduktionsgeräte oder -systeme zur Bilddatenerfassung geeigneter Bildvorlagen (Aufsichts- und Durchsichtsvorlagen), die nach Vorgaben computergesteuert digitalisiert und gespeichert werden. Wichtigste Leistungsmerkmale sind: > Auflösung und > Farbtiefe. > Flachbettscanner, > Trommelscanner.

Schall
Physikalischer Begriff: Schall ist die von einem schwingenden Körper ausgehende Druckschwankung des übertragenden Stoffes, meistens in der Luft. Nur Schallwellen von gleichmäßiger Schwingungsform empfinden Menschen als Ton, in anderen Fällen hören wir Schallwellen als Geräusch (z. B. Fahrzeug-, Druckmaschinengeräusch). Ein störend empfundener Schall wird als Lärm bezeichnet. Das Lautstärkeempfinden des Menschen reicht von ganz leise bis schmerzhaft laut. Um diese riesige Bandbreite zu erfassen, wurde der Begriff Schallpegel eingeführt. (Mathematisch ausgedrückt ist dies der Zehnerlogarithmus des Verhältnisses von vorhandener Schallintensität zu derjenigen bei der Hörschwelle.) Das Maß für den Schallpegel ist das Dezibel (dB). Beispiele: absolute Stille = 0 dB (A), normale Radiomusik, Sprechen in 1 m Entfernungen = 60 dB (A), Vorbeifahrt schwerer LKW's mit 80 km/h in 5 m Entfernung = 90 dB (A), Beatschuppen = 110 dB (A). > Lärm.

Schatten
Bildvorlagen: Dunkle Tonwerte in einer Vorlage oder einem Diapositiv, die in einem Negativ nur gering geschwärzt sind.

Schattierung
Leichtes Einpressen der harten Druckelemente beim Buchdruck in den Bedruckstoff, auf der Rückseite des Druckbogens im Schräglicht leicht reliefartig zu erkennen. Erkennungsmerkmal des Buchdrucks.

Schmalbahn
Die lange Seite des Druckbogens verläuft parallel zur > Laufrichtung der Papierbahn, beim Druck laufen also die Fasern parallel zur Zylinderachse. Bei mehrfarbigen Druckarbeiten sollte möglichst Schmalbahnpapier im Bogen-Offsetdruck verwendet werden, um bei einem Papierverzug in der Dehnrichtung durch Verändern des Plattenzylinderaufzugs einen einwandfreien Passer zu ermöglichen. Für die Wahl der Laufrichtung sind jedoch die Anforderungen der Druckweiterverarbeitung bzw. Buchbinderei. Kennzeichnung: Die Laufrichtung wird mit „M" (Abk. für die Maschinenrichtung) gekennzeichnet, z. B. 61 x 86 M, in einer EG-Norm ist das zweite Maß parallel zur Laufrichtung, 610 mm x 860 mm (Schmalbahn).

schmierige Mahlung
Bei der Papierherstellung eine quetschende, fibrillierende Mahlung von Faserstoffen Aus diesem Stoff entstehen feste, zähe, relativ transparente Papiere.

Schmitz
Unscharfe Wiedergabe von Druckelementen auf dem Bedruckstoff.

Schnellpresse
Flachform-Zylinder-Druckmaschine; Druckmaschine mit einer flachen Druckform und einem Druckzylinder. Die weltweit bekannteste Schnellpresse ist der Heidelberger Zylinderautomat (OHZ), eine Buchdruckmaschine (Produktion der Druckmaschine ist eingestellt). Technisches System: Eintourenmaschine mit einem doppeltgroßen Druckzylinder. Dabei macht der Druckzylinder eine Umdrehung, während die Druckform vor und zurück läuft. Es wird nur beim Vorlauf der Druckform gedruckt, der Rückweg der Druckform ist unproduktiv.

Schnittkante
Fehlstelle bei der Kopie einer Druckplatte, z. B. für den Offsetdruck. Kanten von Kopiervorlagen oder Klebefilmen sind auf der kopierten Druckplatte (auch beim Kopieren auf Reproduktionsfilmen) sichtbar. Sie müssen manuell durch Abdecken entfernt werden.

Schöndruck
Der erste Druck auf einem zweiseitig zu bedruckenden Bogen.

Schön- und Widerdruck
Druck der Vorder- und Rückseite eines Bogens mit zwei verschiedenen Druckplatten, z. B. für einen 16seitigen Druckauftrag werden zwei Druckplatten zu je 8 Seiten kopiert, auf einer Platte sind die Seiten 1, 4, 5, 8, 9, 12, 13 und 16, auf der anderen Druckplatte die Seiten 2, 3, 6, 7, 10, 11, 14 und 15.

Schön- und Widerdruckmaschinen
Maschinen, die in einem Bogendurchlauf den Druckbogen beidseitig bedrucken.

Schönseite
> Siebseite.

Schreibsatz
Eine früher kurzzeitig eingesetzte Form der Satzherstellung für einfache Produkte. Satz wurde in Schreibsetzmaschinen mit Typenrad o. ä. auf Barytpapier oder Folie als Informationsträger „gesetzt".

Schrenzpapier
Einfachstes > AP-Papier, das ausschließlich aus unsortiertem Altpapier hergestellt wird. Es ist meistens grau, manchmal bräunlich eingefärbt und hat ein Flächengewicht von 80 g/m² und mehr. Es dient vorwiegend als Ausgangsstoff für verschiedene Wellpappen und bei der Buchdeckenherstellung als Einlagematerial im Rücken.

Schüttelmarke
Passerkontrollmarke, die beim Schütteln der Bogen sichtbar wird.

schütteln
Glattstoßen der Bogen von Hand oder mit speziellen Rüttelmaschinen.

Schusterjunge
Fachwort für typografisch unzulässigen Umbruch: Die (eingezogene) erste Zeile eines neuen Absatzes steht als unterste Zeile einer Satzseite bzw. Spalte. Die folgende Seite beginnt demnach mit der zweiten Zeile.

Schutzlack
Druckveredelung mit Dispersionslack auf wässriger Basis in geringer Schichtdicke. Der Lack wird hauptsächlich zur Erhöhung des Scheuerschutzes und zur Reduzierung der Pudermenge in der Bogenauslage eingesetzt.

Schweizerdegen
Veraltete Bezeichnung für einen Facharbeiter mit einer Ausbildung als Schriftsetzer und Drucker.

SD-Papier
Abkürzung für selbstdurchschreibende Papiere. In Mikrokapseln eingebettete Farbstoffe werden durch Druck zerstört und bewirken auf einer chemisch behandelten „Nehmerschicht" eine farbige Reaktion. Man unterscheidet drei unterschiedliche Papierarten:
CB = coated backside (Oberblatt),
CFB = coated front and back (Mittelblatt),
CF = coated front (Unterblatt).

Seidenpapier
Unabhängig vom eingesetzten Faserstoff, alle Papiere bis zu einem Flächengewicht von 30 g/m².

seitenrichtig
Ein Bild heißt seitenrichtig, wenn es bei direkter Betrachtung der Schichtseite (bzw. Oberseite) die Druckbildelemente in horizontal gleicher Reihenfolge und Anordnung wie die Vorlage zeigt.

seitenverkehrt
Ein Bild heißt seitenverkehrt, wenn es bei direkter Betrachtung der Schichtseite (bzw. Oberseite) die Druckbildelemente in horizontal spiegelbildlicher Reihenfolge und Anordnung wie die Vorlage zeigt.

Sekundärfarben
Mischung von zwei bunten Druckfarben einer Farbskala, z. B. Cyan + Gelb = Grün, Magenta + Gelb = Rot, Cyan + Magenta = Blau. Bei der Mischung der ersten Ordnung sind die Mischungsanteile beider Druckfarben gleich. Alle anderen Mischungen zählen zu Sekundärfarben der zweiten Ordnung.

Selected-commercial, Semicommercial
Drucktechnik: Produktionsbereich des Rollen-Offsetdrucks, der qualitativ zwischen dem Zeitungsdruck und dem Illustrationsdruck (Akzidenzdruck) liegt. Für diesen Aufgabenbereich sind die Zeitungs-Rollen-Offsetdruckmaschinen mit zusätzlichen Aggregaten und Einrichtungen ausgestattet.

Selenzelle
> Fotozelle. Selen ist ein chemisches Element, Zeichen Se. Physikalische Eigenschaften: Nichtmetall mit mehreren Modifikationen, darunter eine metallische. Die metallähnliche kristalline Modifikation ist ein Halbleiter und ändert bei Belichtung ihre elektrische Leitfähigkeit. Das heißt: Bei Lichteinfall wird Selen elektrisch leitend.

Sensibilisatoren
Farbstoffe, die lichtempfindliche Schichten, z. B. der fotografischen Aufnahmematerialien, für bestimmte Strahlungen (Lichtfarben) empfindlich machen.

Sensitometrie
Allg.: Messung der Lichtempfindlichkeit fotografischer Schichten.

Sensor
Sensoren sind Bauelemente, die nichtelektrische Größen (Informationen) aus der Umwelt aufnehmen und in elektrische

Größen umwandeln. Die von einem Computer verarbeiteten Informationen werden als Ausgangssignale zur Steuerung von Aktoren (z. B. Stellmotoren) weitergeleitet.

Serigraphie
Künstlerischer Siebdruck.

Server
Spezieller (dezidierter) Computer im Netzwerk. Beispiele für den Einsatz:
1. Printserver: Abwickler zur Steuerung von Dateien an den Drucker.
2. Fileserver: Bereitstellung von Programmen u. Daten in einem Netzwerk zur Entlastung angeschlossener Computer.

SGML
Abk. für Standard Generalized Mark-up. Internationaler Standard (ISO) für Auszeichnungen in technischen Dokumentationen.

Shore-Härte
Härteprüfung von Gummi nach DIN 53505. Messwerte: 0 = geringste, 100 = größte Härte.

Siebdruck
Eines der ältesten Druckverfahren mit Siebschablonen, das in den letzten Jahrzehnten in speziellen Druckbereichen (z. B. Druck von Schildern, Skalen, Großplakaten, Displays, Werbetafeln, Textilien) eine große Bedeutung erlangt hat. In diesem sehr variabel einzusetzenden Druckverfahren sind nicht nur plan liegende Bedruckstoffe, sondern auch beliebige Körper zu bedrucken.

Siebseite
Die Seite des Papiers, die bei der Blattbildung in der Papiermaschine auf dem Sieb aufliegt. Sie ist, vor allem bei Faserstoffen niedrigerer Qualität, häufig an einem sehr leichten Abdruck des Metallgewebes auf der Papieroberfläche zu erkennen. Die Siebseite enthält zudem weniger Füllstoffe, weil diese zum Teil mit dem Wasser vom Sieb abgesogen werden. Die dem Sieb abgewandte Seite wird wegen der glatteren Oberfläche und des höheren Füllstoffgehalts als Schönseite oder Schöndruckseite bezeichnet. Für diese Verschiedenheit der beiden Oberflächen haben die Papiermacher den Begriff Zweiseitigkeit geprägt.

Signale
Physikalische (z. B. optische, elektronische, akustische) Darstellung einer Nachricht; sie sind das technisch-physikalische Abbild. Eine Folge von Signalen ermöglicht Information und Kommunikation. Je nach Art der Signale sind zwei Arten von Signalen zu unterscheiden: 1. Analoge Signale, 2. Digitale Signale. Ein analoges Signal liegt vor, wenn ein kontinuierlicher Vorgang (z. B. Sprache, Musik, Messwerte) auf ein entsprechendes physikalisches Signal (z. B. Wellenzug, Zeigerstellung) abgebildet wird. Solche Signale sind relativ empfindlich gegenüber von außen einwirkenden Störungen. Bei digitalen Signalen besteht die physikalische Abbildung aus einer Anzahl von Elementen, z. B. Schrift, Noten, elektrische Impulse. Im extremsten Fall treten nur zwei verschiedene Signalwerte auf, Null oder Eins. In diesem Fall handelt es sich um ein Binärsignal. > analog, > binär, dual.

Sikkative
Trockenstoff. Flüssige Hilfsstoffe, die oxidativ trocknenden Druckfarben beigemischt werden, um die Trockendauer zu verkürzen.

Silikone
Wichtige Gruppe organischer Verbindungen, die neben Kohlenstoff, Sauerstoff und Wasserstoff Silizium enthalten; sie sind gasförmig, flüssig oder fest, bilden Öle, Fette, gummi- oder harzartige Stoffe, sind wärmebeständig, ungiftig und wasserabweisend. Einige Silikonöle behalten unabhängig von der Temperatur ihre Viskosität unverändert bei (z.B. Getriebeöl, Hydrauliköl, Bremsflüssigkeit). Silikongummi sind besonders temperaturbeständig. Silikonharze werden als Lack zum Isolieren von Elektromotorenwicklungen eingesetzt. In der Druckindustrie werden Silikone (hydrophob) bei wasserlos arbeitenden Offsetdruckplatten eingesetzt.

Silizium
Chemisches Element, in seinen Eigenschaften zwischen Metall und Nichtmetall stehend; physikalische Eigenschaften: stark metallisch glänzende, dunkelgraue bis schwarze Oktaeder (Diamanttypus), sehr spröde, härter als Glas; chemische Eigenschaften: verbrennt bei großer Hitze zu SiO_2; löst sich in einigen Metallen, bildet teilweise Silicide (Metallverbindungen, z. B. Siliziumeisen und Siliziumlegierungen, Siliziumbronze), tritt fast nur vierwertig auf und verhält sich ähnlich wie Kohlenstoff in seinen Verbindungen.
Vorkommen: Silizium ist nach Sauerstoff das zweithäufigste Element der Erde und das wichtigste Element des Mineralreiches.
Es wird verwendet als Legierungsbestandteil für Spezialstähle u. a., für die Elektrotechnik (Halbleiter), für Sonnenbatterien, zur Herstellung der > Silikone.

SM-Papier
Abkürzung für Schreibmaschinenpapier.

Software
Sammelbegriff für belieb. EDV-Programme.

Sol
Chemie: Eine kolloidale Lösung mit frei beweglichen Teilchen.

Solarisation
Fotografie, Belichtung: Bei extrem starker Überbelichtung erfolgt keine weitere Schwärzung des Fotomaterials, sondern eine Aufhellung (Umkehrung).

Solnhofener Kalkschiefer
Lithografiestein, der in Steinbrüchen in Solnhofen, einer mittelfränkischen Gemeinde (fränk. Jura, Altmühltal), abgebaut wird.

Spannung
1. Mechanik: In einem Körper auftretende Kräfte bei äußerer Einwirkung.
2. Elektrische Spannung: Ursache für das Fließen des elektrischen Stroms, Einheit ist das Volt (V).

Spannungsreihe
Elektrochemische Spannung zwischen zwei in einen Elektrolyten eingetauchte Metalle; die Größe der Spannung ist abhängig von der Tendenz der Reaktionspartner, Elektronen aufzunehmen oder abzugeben. Dementsprechend werden Metalle und Nichtmetalle sowie als Bezugsbasis der Wasserstoff (H) in einer Tabelle angeordnet.

Speicher-Rollenwechsler
Anlage an Rollen-Druckmaschinen, durch die ein Rollenwechsel von der auslaufenden Rolle an eine neue Rolle bei laufender Produktion und stillstehenden Rollen erfolgt. Während dieser kurzen Zeit des Anklebens wird der Druckmaschine Papier aus einem Speicher dieses Systems zugeführt.

Spektralfarben
Spektral: Das > Spektrum betreffend. Die Farbe der Strahlung einzelner Wellenlängen im Bereich von 380 nm bis 780 nm. Bei einem bestimmten Farbton (> Buntton) besitzen Spektralfarben die höchste > Sättigung.

Spektralfarbenzug
In einer Normfarbtafel der geometrische Ort der Farbvalenz (= das Verhältnis der auf der Netzhaut wirkenden drei Teilreize zueinander).

Spektrum
Bereich sichtbarer Strahlung. Das durch Lichtbrechung erzeugte regenbogenfarbige Band aus dem weißen Tageslicht. Für das menschliche Auge ist der Wellenbereich von 380 nm (Blau) bis 780 nm (Rot) sichtbar. Bei einer allgemeinen Betrachtung wird der Bereich gerundet auf 400 nm bis 700 nm. Mit der Spektralanalyse lassen sich die farbigen Bestandteile beliebiger Lichtquellen (z. B. Kopierlampen) bestimmen.

spitz werden
Das Hellerwerden von feineren Tonwerten auf der Offsetdruckplatte im Fortdruck. Ursachen sind u. a.: Zu saures Feuchtmittel, zu saurer Bedruckstoff, kratzende Bestandteile auf der Druckform, Puderablagerungen, zu starkes Ätzen der Druckplatte.

spritzen
Drucktechnik: Loslösen und Zerstäuben von Farbpartikeln von den Walzen beim Druck.

Stabilität
Beständigkeit, Dauerhaftigkeit, (Stand-) Festigkeit.

Stahlstichprägung
Tiefdruckverfahren mit gravierter oder geätzter Stahldruckform. Heute besonders verwendet für Banknoten, Wertpapiere und wertvolle Geschäftsdrucksachen.

Standard Generalized Mark-up
> SGML

Standardisierung
Vereinheitlichung von Verfahren, Fertigungsprozessen, Erzeugnissen, Begriffen usw.

Standbogen
Druckbogen, der zur Prüfung des genauen Standes aller Druckseiten oder Bildelemente ausliniert wird bzw. ausliniert worden ist.

Statik
Ruhe, Stillstand, ohne Bewegung. Das

messtechnische Erfassen von Zug-, Druck-, Biegungs- oder Drehungskräften und ihre Wirkungen auf ruhende Körper.

statische Elektrizität
Elektrische Aufladung verschiedener Stoffe (z. B. Papier, Kunststofffolien) durch ungünstige Klimaverhältnisse und Bedingungen, d.h. vor allem geringe Luftfeuchtigkeit, elektrische Leitfähigkeit der Materialien, Materialart, Trenngeschwindigkeit und Oberflächenbeschaffenheit der Materialien. Auswirkungen im Druck: Bogen „kleben" aneinander oder auf dem Anlagetisch, unsaubere Auslage u.a. Abhilfe durch eine anpassende Klimatisierung des Papiers an den Drucksaal. Erhöhen der Luftfeuchtigkeit, Antielektrat-Spray oder Entelektrisatoren verwenden.

Stauchfalzmaschinen
> Taschenfalzmaschinen, die ohne ein mechanisch arbeitendes Falzschwert bzw. Falzmesser Bogen falzen.

Stechhygrometer
Feuchtigkeitsmessgerät, mit dem die Gleichgewichtsfeuchte in Papierstapeln oder -rollen (entsprechend der relativen Luftfeuchtigkeit) gemessen werden kann.

Steindruck
Erstes, von Alois Senefelder 1798 erfundenes Flachdruckverfahren. Druckform ist ein kohlensaurer Kalkschiefer, z. B. Solnhofener Kalkschiefer, der lithografisch durch manuelle Techniken für den Druck präpariert wird. Druckformherstellung: > Lithografie.

Stereo, Stereotypie
Hochdruckplatten-Nachformung aus Bleilegierungen (früher verwendet im Zeitungs-Rotationsbuchdruck), aus Kunststoff, Gummi oder Metall-Gummi-Kombinationen. Heute nur noch bei geringeren Qualitätsanforderungen im Flexodruck sowie für Stempel verwendet. Fertigungbereich: Stereotypie.

Steuerung
Technik: Vorgang in einem > System, bei dem eine oder mehrere Eingangsgrößen (Steuerbefehl) über eine Kette von Übertragungsgliedern (Steuerkette) eine oder mehrere Ausgangsgrößen (Steuerwirkung) beeinflussen. Beispiel: Nach dem Rüsten (Einrichten) das Starten der Druckmaschine für den Auflagendruck. Im Gegensatz zu einer Regelung laufen Steuerungen nicht in einem geschlossenen System ab.

Stochastische Rasterung
> FM Rasterung

Streamer
Für die Datensicherung und -speicherung (Backup) verwendetes internes oder externes Laufwerk mit Magnetbandkassetten, die eine sehr hohe Speicherkapazität besitzen.

Streckgang
Früher übliche Bedruckstoffvorbereitung für unzureichend klimatisierte Papiere. Um den Papierverzug beim Drucken in Ein- oder Zwei- oder Vierfarben-Offsetdruckmaschinen geringer zu halten, wird bei Druckarbeiten mit hohen Passeransprüchen in großen Formaten das Papier ohne Farbe aber mit Druck und geringer Wasserführung gestreckt. Der zusätzliche Streckgang wird aus Kostengründen unterlassen, daher ist eine ausreichende Klimatisierung der Bedruckstoffe bei Passerarbeiten im Druckprozess und für eine optimale Bedruckbarkeit eine unbedingte Voraussetzung.

Strichätzung
Veraltetes Verfahren der Druckformherstellung für den Buchdruck: Ätztechnisch hergestellte Original-Hochdruckplatte aus Metall nach einer Strichvorlage.

Strichvorlage
Ein- oder mehrfarbige Vorlage mit gleichmäßig gedeckten, scharf begrenzten Tonwerten. Bildelemente und Nichtbildelemente entsprechen binären Informationen.

Stroboskop
Beobachtungsgerät für periodische Vorgänge bzw. deren Geschwindigkeiten, z.B. zur Kontrolle des Druckbildes bei laufenden Rollen-Rotationsdruckmaschinen.

Strohzellstoff
Durch Häckseln, mechanische Behandlung und chemisches Aufschließen (> Zellstoff) des Strohs gewonnen. Sein Anteil am Rohstoffverbrauch der deutschen Papierindustrie macht höchstens noch 0,2 % aus.

Sublimation, sublimieren
(lat.) Chemie: Unmittelbarer Übergang eines festen Stoffes in den Gaszustand oder umgekehrt. Das Verfahren wird z. T. in Proofsystemen zur Farbübertragung eingesetzt.

subtraktive Farben
Körperfarben, materielle Farben aller nicht selbst leuchtender Stoffe. Der Farbeindruck entsteht durch auffallendes Licht, das zum einen Teil absorbiert (verschluckt) und zum anderen Teil reflektiert (zurückgestrahlt) wird. Die reflektierte Strahlung verursacht Farbreize, die im Gehirn einen Farbeindruck ergeben. Daraus folgt: Ohne Licht ist keine Körperfarbe sichtbar.

subtraktive Farbmischung
Mischung von Körperfarben.

subtraktive Primärfarben
Primärfarben sind Cyan, Gelb (Yellow) und Magenta. Theoretisch ergibt die Mischung der subtraktiven Primär- oder Grundfarben Schwarz. Da keine Optimalfarben vorhanden sind, ist für den Vierfarbdruck zusätzlich die Druckfarbe Schwarz erforderlich.

Substrat
Allgemein eine Unterlage oder ein Träger eines anderen Stoffes.

Sulfatzellstoff
Auch: Natronzellstoff. Der Zellstoff entsteht durch Kochen von Holzschnitzeln, meist Kiefer, in Ätznatronlauge mit Schwefelnatriumgehalt. Die alkalische Kochung ermöglicht es, auch harzhaltige Hölzer einzusetzen, da das Harz beim Kochen verseift wird. So wird es möglich, die für die Papierfestigkeit günstigen langen Fasern der Kiefer aufzuschließen (Zellstoff). Das Sulfatverfahren bringt einen sehr festen, zähen Zellstoff hervor. Sulfatzellstoff ist jedoch schwieriger zu bleichen als Sulfitzellstoff.

Sulfitzellstoff
In Schnitzel zerhacktes Fichten- oder Laubholz, das in einer Lösung aus Kalzium- oder Magnesiumsulfit und schwefliger Säure gekocht wird. Sulfitzellstoff hat gegenüber dem Sulfatzellstoff den Nachteil kürzerer Fasern, gleichbedeutend mit geringerer Festigkeit im Papier, er ist aber leichter zu bleichen.

Suspension
Aufschwemmung sehr kleiner, unlöslicher Teilchen in Flüssigkeiten; mit bloßem Auge bzw. unter dem Mikroskop zu erkennen. Im Gegensatz zu den echten Losungen und den kolloidalen Lösungen werden die Teilchen der Suspensionen von Papierfiltern zurückgehalten.

Symbol
Sinnbild, Zeichen, Wahrzeichen, Zeichen für einen übersinnlichen Begriff.

Symmetrie
Gleichheit, Ebenmaß, Spiegelungsgleichheit, Figur mit zwei spiegelgleichen Teilen.

synchron
Gleichzeitig, zeitgleich laufend.

Syntax
Griech.: Zusammenstellung.
1. Satzlehre: Ein Teilbereich der Grammatik, der den Bau und die Gliederung eines Satzes behandelt.
2. Computertechnik: Regeln zur Bildung einwandfreier, datenverarbeitungsgerechter Befehle.

Synthese
1. Zusammenführung einzelner Teile zu einem Ganzen.
2. Aufbau komplizierter Substanzen aus einfacheren Stoffen oder Verfahren zur künstlichen Darstellung anorganischer oder organischer Verbindungen.

System
Allgemein: Gliederung, Aufbau, Ordnungsprinzip, einheitliches Ganze.
Ein in sich geschlossener Fertigungsbereich, eine Funktionseinheit oder auch eine technische Anlage, die aus mehreren Bauelementen (Aggregaten, Modulen) besteht, die gemeinsam eine bestimmte Funktion erfüllen bzw. Aufgabe ausführen.
Zu unterscheiden ist dabei zwischen komplexen Großsystemen über Kleinsysteme bis zu miniaturisierten Mikrosystemen.
Beispielhafte Hinweise:
1. Großsystem: Gesamter Workflow in einem Druckereiunternehmen
2. System: Computergesteuerte Technik zur Datenerfassung, Datenbearbeitung und Datenausgabe in der Druckvorstufe, z. B. Computer mit entsprechender Software, Datenspeicher, Laserdrucker, und weiterer Peripherie, ggf. auch Netzwerk
3. Kleinsystem: Ein einzelner Computer.

Systematik
Planmäßige Darstellung, einheitliche Gestaltung.

T

Tabelle
Systematische, übersichtliche Zusammenstellung von Daten aller Art auf einer Fläche in Zeilen und Spalten, z. B. als Formular.

Tableau, Gesamtvorlage
Mehrere, im gleichen Maßstab zu reproduzierende Vorlagen werden zu einer Gesamtvorlage zusammengestellt.

Tack
Messwert für die Zügigkeit der Druckfarbe.

Tagesleuchtfarben
Fluoreszenzfarben, die auch unsichtbare Strahlungen sichtbar erscheinen lassen und somit eine wesentlich höhere Reflexion (Strahlkraft) bei einer Beleuchtung bewirken. Gedruckt wird im Offsetdruck, insbesondere aber im Siebdruck mit stärkerer Farbschichtdicke.

Tageslichtfilm
Besser: Raumlichtfilm; Kontaktfilm, der bei Raumlicht außerhalb der üblichen Dunkelkammer verarbeitet werden kann. Der Film ist für UV-Licht empfindlich u. muss mit entsprechender Lichtquelle belichtet werden.

Tambour
Walze bzw. große, breite Rolle, auf der die Papierbahn am Ende ihres Laufes durch die Papiermaschine aufgewickelt wird.

Taschenfalzmaschinen
Stauchfalzmaschinen. Im Gegensatz zu Schwertfalzmaschinen wird ein zu falzender Bogen nicht mit einem Schwert (Falzmesser), sondern durch Stauchen gefalzt.

TCF
Kurzbezeichnung für totally chlorine free, > chlorfrei, d.h. ohne den Einsatz von Elementarchlor oder Chlorverbindungen gebleichten Zellstoff. > chlorarm, chlorfrei.

Technologie
Gesamtheit der Arbeitsvorgänge und das Zusammenwirken von Komponenten.

Teerfarbstoffe
Lösliche Farbstoffe, auf weiße Farbkörper (Substrate) gefällt, ergeben Farblacke, ein Grundstoff zur Druckfarbenherstellung.

Teilfarbenbild
Teil eines Farbsatzes. Das einem bunten Bild ausgesonderte Teilbild eines Farbsatzes für den Druck einer bestimmten (Grund-)Farbe.

Teilkreis
Messtechnisch bedeutende Mittellinie zwischen Zahnkopf und Zahnfuß bei einem Zahnrad, sie ist die ideale Eingriffslinie beim gegenseitigen Abrollen von Zahnrädern. Im Offsetdruck: Ausgangsbasis für die Stellung der Zylinder zueinander, die Druckbeistellung (Anpressdruck), und die Aufzugstärken (Abwicklung der Zylinder).

Terminal
1. Bildschirmgerät.
2. Computergestützer Arbeitsplatz

Terminator
Engl. Bezeichnung für einen Abschluss. Zusatzteil an einem Computersystem, z.B. zum Schließen der SCSI-Schnittstelle am Ende einer Kette von Peripheriegeräten. Zum Teil ist dieser Abschluss bereits in einem Gerät (z. B. Wechselplattenlaufwerk) eingebaut.

Terminologie
Zusammenfassung der in einem Wissengebiet gebräuchlichen Fachausdrücke.

Tertiärfarben
Mischung von drei bunten Druckfarben einer Farbskala oder die Mischung einer bunten Druckfarbe mit Schwarz in beliebigem Mischungsverhältnis.

Tesatest
Test zur Qualität einer Lackierung. Bei einer Druckveredelung darf der getrocknete Lackfilm nicht durch selbstklebende Etiketten oder Folien beschädigt werden.

Thermische Nachverbrennung
Chemische Reinigung von Abgasen durch Hitze. Die in der Abluft des Trockners einer Rollen-Offsetdruckmaschine enthaltene Ölkonzentration wird vor dem Austritt in die Atmosphäre auf ca. 750 °C erhitzt. Die in der Abluft enthaltenen Schadstoffe reagieren mit Sauerstoff und werden dabei in CO_2 und H_2O umgewandelt.

Thermoplaste
Feste Kunststoffe, die durch Wärme jedoch wieder verformbar sind. Gegensatz: Duroplaste.

thermoplastische Farben
Druckfarben, die bei höheren Temperaturen verdruckt werden und auf dem Bedruckstoff sehr rasch verfestigen. Anwendung im Siebdruck.

Thermostat
Temperaturregler.

Thermosublimation
Farbübertragungsverfahren für Halbtonbilder, z. B. in computergesteuerten Thermosublimationsdruckern. Dabei werden durch Heizeelemente Farbstoffe von einer Trägerfolie abgelöst und ton- und farbwertgerecht auf einen Bildträger (z. B. Papier, Folie) übertragen

Thixotropie
Eigenschaft bei höherviskosen (zähflüssigen) Stoffen, durch mechanische Einwirkungen dünnflüssiger und im Ruhezustand wieder höherviskos zu werden.Durch thixotropische Eigenschaften der Druckfarben ist ein > Nass-in-Nass-Druck möglich. Beim Auflagendruck in der Druckmaschine wird die Druckfarbe im Farbwerk leichter flüssig, nach dem Druck ist die Druckfarbe auf dem Bedruckstoff, unabhängig vom eigentlichen Trockenvorgang, wieder fester. Dieses rasche Verfestigen ist beim Druck in Mehrfarben-Offsetdruckmaschinen (Nass-in-Nass-Druck) eine wesentliche Voraussetzung für einen randscharfen, schmierfreien Druck. Außerdem können Druckbogen ohne bzw. mit geringem Bestäuben in größeren Stapeln ausgelegt werden.

Thumbnail
Kleines, sehr niedrig aufgelöstes Übersichtsbild, z. B. zur Auswahl eines Bildes aus einer Datenbank. Dokumentenseiten im PDF-Format können ebenso verkleinert zur Übersicht und Auswahl dargestellt werden. > Adobe Acrobat.

Tiefdruck
Hauptdruckverfahren, zu dem künstlerische Drucktechniken des Kupferdrucks (Kupferstich, Radierung u.a.), Rakeltiefdruck, Tampondruck, Stahlstichdruck, Stichtiefdruck gehören. Druckverfahren, bei denen druckende Elemente vertieft liegen. Im > Rakeltiefdruck mit niederviskosen (leichter flüssigen) Druckfarben gedruckt, manuelle, künstlerische Druckverfahren, der Tampondruck u.a. arbeiten mit pastösen Druckfarben, die eine höhere Viskosität haben. Vor dem Druck ist von der Oberfläche der Druckform manuell oder mechanisch mit einer Rakel die Druckfarbe zu entfernen.

Tiefe
Dunkle Bereiche, Schatten in einem Bild.

Tiefenzeichnung
Die differenzierung von Tonwerten in dunklen Partien bei positiven Bildern.

Tiefgefrierlack
Ein spezieller Dispersionslack zur Druckveredelung auf wässriger Basis, der den besonderen Beanspruchungen der Tiefkühlung von z. B. Lebensmittelverpackungen (Einwirken von Feuchtigkeit, Zusammenfrieren, Ausdehnung usw.) gewachsen ist.

Tiegeldruckmaschinen
Druckprinzip: Fläche gegen Fläche. Beispiel: Buchdruckmaschinen im Format DIN A 4 und DIN A3. Bekanntester „Tiegel" ist der Heidelberger Tiegel (OHT), der immer noch im Einsatz ist. Die Produktion ist eingestellt.

Tiefdruckpapier
Für Illustrationsdruck besonders geeignetes, meist holzhaltiges, satiniertes Druckpapier, das gleichmäßig saugfähig ist und eine sehr gute Farbannahmefähigkeit hat.

TIFF
Tagged Image File Format. Plattformunabhängiges Bilddatenformat für DTP-Systeme: Bildinformationen von ein- und mehrfarbigen Strich- und Halbtonvorlagen werden eingescannt, elektronisch bearbeitet und im TIFF-Datenformat (Pixelstruktur) gespeichert. Im Gegensatz zu EPS-Bildern sind-TIFF-Bilder zu bearbeiten und zu komprimieren. Aufgrund der Pixelstruktur ist allerdings eine Vergrößerung nur begrenzt möglich.

Tintenstrahldrucker
Informationsübertragung mit flüssiger Tinte.

Tissue
Besonders dünnes, weiches, holzfreies Rohmaterial für Hygienepapiere. Das Papier wird - meist mehrlagig - beispielsweise zu Toilettenpapier, Papiertaschentüchern oder Kosmetiktüchern verarbeitet.

Titelei
Vorspann eines Buches mit allen Seiten vor dem eigentlichen Text. Dazu gehören insgesamt: Schmutztitel, Haupttitel, Impressum, Widmung, Vorwort, Inhaltsverzeichnis, Einleitung sowie Vakatseiten (unbedruckt).

Titelsetzgeräte
Früher eingesetzte, manuell zu bedienende einfache Fotosetzgeräte, geeignet für geringere Mengen Satz in größeren Schriftgraden. Im allgemeinen nach dem Prinzip der Vergrößerungsgeräte gebaut: Schriftbildträger waren negative Schriftlineale oder Schriftscheiben.

TMP
Abkürzung für Thermo Mechanical Pulp. Thermomechanischer Holzstoff wird durch Mahlung von vorgewärmten Holzschnitzeln bei Temperaturen um 130 °C hergestellt. Das TMP-Verfahren ermöglicht eine schonendere Zerlegung des Holzes in Einzelfasern als beim konventionellen Holzschliffverfahren.

Toleranz
Unterschied zwischen Größt- und Kleinstmaß als eine zulässige Abweichung.

Toluol
Wichtiger, aus Erdöl und aus Steinkohlenteer gewonnener aromatischer Kohlenwasserstoff, verwendet u. a. als Lösemittel im Rakeltiefdruck für den Illustrationsdruck.

Ton
Visueller Eindruck einer einheitlich aussehenden Fläche, z. B. auf einer Bildvorlage. Der Wert des Tons kann in der Drucktechnik durch die Schwärzung, die Dichte, den Transmissionsgrad oder den Remissionsgrad (Strahldichtefaktor) angegeben werden. Bei gerasterten Bildvorlagen wird der Rastertonwert angegeben.

tonen
Druckfehler im Offsetdruck und Tiefdruck: Das partielle Mitdrucken außerhalb des Druckbildes liegender Stellen der Druckform.

Toner
Farbige, elektrisch geladene Teilchen, mit denen elekstrostatische Ladungsbilder in Laser- und LED-Druckern sichtbar gemacht werden.

Tonfarbe
Eine stark mit weißer Druckfarbe (z. B. ein Transparent-, Misch- oder Deckweiß) aufgehellte farbige Druckfarbe.

Tonwert
1. Helligkeitswert. Optisch wirksame Grauwerte zwischen Lichtern und Tiefen von Bildern.
2. Rastertonwert: Prozentuales Verhältnis der mit Rasterpunkten gedeckten Fläche zur unbedruckten Gesamtfläche.

Ton- und Farbwertkorrekturen
Manuelle (Retusche/Lithografie), fotomechanische (Maskierverfahren) und elektronische Korrekturen an Farbauszügen, insbesondere um die Wiedergabequalität der Bildvorlage zu verbessern oder durch den Kunden gewünschte Änderungen vorzunehmen.

Tonstufen, Graustufen
Wiedergabe einer analogen (Halbton-)Bildvorlage in unterschiedlichen Graustufen. Die Berechnung der möglichen Tonstufen ergibt die folgende Formel:
Tonstufenzahl = Pixel/cm^2 : Rasterzellen/cm^2.
Beispiel für die Berechnung der Tonstufen in deinem Ausgabesystem: Belichterauflösung 1000 Pixel/cm = 1000 000 Pixel/cm^2
Rasterlinien 60 L/cm = 3600 Rasterzellen/cm^2
Tonstufen = 1000 000 : 3 600 = 277,8 = ca. 278 Tonstufen.
Weitere Beispiele:
1. Laserdrucker mit 300 dpi kann bei einer Rasterweite von 60 lpi (= 24 L/cm) 25 Graustufen wiedergeben.
2. Laserbelichter mit 2540 dpi kann bei einer Rasterweite von 158 lpi (ca. 62 L/cm) ca. 256 Graustufen wiedergeben.

Tonunterdruck
Druck einer Farbfläche, allgemein in einer hellen Tonfarbe, unter Schriften oder Bildern.

Tonwertzunahme
Vollerwerden, Punktverbreiterung bei der Wiedergabe von Rastern.
1. Drucktechnik: Optische und/oder mechanische Punktverbreiterung bei autotypischer Rasterung. Sie ist u. a. abhängig von dem Bedruckstoff (Lichtfang) und der Rasterweite (Rasterfrequenz).
2. Laserbelichtung: Geometrische Punktverbreiterung durch Größe des Laserspots.

Topografie
Orts-, Geländebeschreibung. Kartografische Landaufnahme in großmaßstäbliche Karten.

Transmission
(lat.) Durchgang von Strahlen (Licht) durch ein Medium ohne Frequenzänderung.

Transparenz
Durchscheinend, lichtdurchlässig. Die Eigenschaft eines Materials, Strahlung (z. B. Licht) durchzulassen. Bedeutung in der Druckindustrie u. a. bei Papieren, Druckfarben und Reproduktionsfilmen.

Trapping
Ein unterschiedlich verwendeter Begriff für
1. Farbannahmefähigkeit beim Übereinanderdruck mehrerer Druckfarben.
2. Überfüllung zwischen zwei aneinander stoßender Farben, um bei der Produktion weiße Randstellen (Blitzer) zu vermeiden.

Trimetallplatte
Früher eingesetzte Mehrmetall-Offsetdruckplatten. Grundplatte mit zwei aufgebrachten Metallschichten, von denen eine hydrophob (wasserabstoßend), die andere hydrophil (wasserfreundlich) reagiert.

Trimmer
In buchbinderische Fertigungsstraßen integrierter Fließdreischneider für den Kopf-/ Fußbeschnitt sowie den Außenbeschnitt von Zeitschriften, Broschüren u. ä. Produkten in zwei Stationen.

„Trockenoffsetdruck"
Fachlich unkorrekte Bezeichnung für ein indirektes Hochdruckverfahren im Rotationsdruckprinzip, den > Lettersetdruck.

Trockenstoffe
Metallverbindungen, die das Heranführen von Luftsauerstoff an die trocknenden Öle der Druckfarbe fördern. Mit Kombinationen von Kobalt, Mangan und anderen Trocknermetallen wird eine gleichmäßige und zügige Durchtrocknung des Farbfilms erreicht. Kobalt bewirkt allein schärfste Oberflächentrocknung. Mangan fördert mehr die Trocknung innerhalb der Farbschichten.

Typografie
Gestaltung von Drucksachen mit Texten, Grafiken und Bildern nach ästhetischen und zweckmäßigen Gesichtspunkten. Typografische Gestaltungsmittel: Schrift, Linie, (Ton-) Flächen, Farbe, Kontrast, Flächeneinteilung.

typografische Maßsystem
Ursprüngliches Maßsystem im Bleisatz, das auf dem typografischen Punkt basiert.
1 Punkt (p) = 0,376 mm. 1 m = 2660 p.
Heute in der Typografie und Setztechnik immer aktuell im Einsatz, obwohl es ab Ende 1977 (nach SI-Einheiten) nicht mehr zugelassen ist. Nach der Neuregelung des Messwesens muss das typografische Maßsystem durch das metrische System ersetzt werden. Zur einfacheren Umrechnung gilt:
1 p = 0,375 mm; 1 m = 2666 p.

U

Überfüllung, überfüllen
1. Aneinanderstoßende Farbflächen o. ä. werden in der Reproduktion minimal verbreitert, um sichtbare Passerschwierigkeiten (Blitzen) zu vermeiden.
2. Etwa 3 mm breitere Bildflächen bei angeschnittenen Bild- und Flächenseiten, die nach dem Verarbeiten und Beschneiden des Produktes einwandfrei angeschnittene Bildränder ermöglichen.

UCA
Abkürzung für Under Color Addition (Buntfarbenaddition). Bei unbunt aufgebauten Farbsätzen das Erhöhen der Sättigung in neutralen Bildstellen (Grautöne) durch eine geringe Zugabe bunter Farben.

UCR
Abkürzung für Under Color Removel (Unterfarbenentfernung). Ein reprotechnisches Verfahren bei der Herstellung von bunt aufgebauten Farbsätzen. In neutralen Bildtiefen und Dreivierteltönen werden dabei bunte Druckfarben reduziert, um Druckschwierigkeiten (z. B. ablegen durch zu hohe Farbschichtdicke) zu vermeiden, das Wegschlageverhalten und die Farbannahme zu verbessern.

umbrechen
Zusammenstellen von Texten, Grafiken und Bildern zu einer Druckseite (Kolumne) nach einem Gestaltungsraster bzw. einem Layout.

umdrehen
Einen Druckbogen so wenden, dass Vorder- und Seitenanlage im Bogendruck wechseln. Es wird die gleiche Bogenseite nochmals bedruckt.

umkehren
Reproduktionstechnik: Das Umwandeln eines Negativ in ein Positiv und umgekehrt.

umschlagen
Einen Druckbogen so wenden, dass die Seitenmarke wechselt, die gleiche Seite jedoch an den Vordermarken bleibt. Nach dem Umschlagen liegt die Rückseite des Bogens oben.

Umkehrosmose
Physikalisches Verfahren der Wasseraufbereitung zur Entsalzung durch Membrantechnologie. Dazu werden einseitig durchlässige Membranen verwendet, die wie Filter im Molekularbereich arbeiten. Bei diesem Verfahren wird ein höherer Druck – als er dem osmostischen Druck der Wasserlösung entspricht – angewandt, um das Lösungsmittel Wasser von der konzentrierten Lösung durch die Membran in die weniger konzentrierte Lösung zu transportieren. Für das Verfahren sind keine chemischen Regenerationen und keine Regenerierungsmittel erforderlich (vgl. hierzu allgemein Verfahren der Wasseraufbereitung).

umstülpen
Einen Druckbogen so wenden, dass die gleiche Seite an der Seitenmarke bleibt, die Vordermarke jedoch wechselt. Nach dem Umstülpen liegt die Rückseite des Bogens oben.

Umweltaudit
Die Umweltbetriebsprüfung bzw. das Umweltaudit dient im Rahmen der Umsetzung eines Umweltmanagements nach EG-ÖKO-Audit-Verordnung bzw. ISO 14001 als übergeordnetes Kontrollinstrument des Umweltmanagements. Das gesamte System umfasst systematische, dokumentierte, regelmäßige und objektive Bewertungen der Leistung der Organisation, des Managements und der Abläufe zum Schutz der Umwelt.

unbeschnitten
Druckbogen oder sonstiges buchbinderisches Teil- oder Fertigprodukt, dass größer ist als das gewünschte Endformat.

Unbuntaufbau
Reproduktionstechnisches Verfahren zur elektronischen Herstellung von Farbsätzen. Prinzipiell entstehen Primär- und Sekundärfarben wie beim Buntaufbau eines Farbsatzes. Neutrale Bildtiefen entstehen durch die Druckfarbe Schwarz. Tertiärfarben entstehen immer nur aus drei Druckfarben; nämlich Schwarz und zwei Buntfarben. Schwarz dient dabei (wie die dritte Buntfarbe bei bunt aufgebauten Farbsätzen) zur Verschwärzlichung und der Schatten- und Tiefenzeichnung.

unbunte Farbe
Farbempfindung ohne Buntton. Neutrale Farben von Weiß über verschiedenste Graustufen bis zum Schwarz.

ungerade Seite
Rechts vom Bund stehende Seite mit ungerader (nicht durch zwei teilbarer) Seitenzahl.

Unix
Betriebssystem für unterschiedliche Prozessoren.

unsensibilisiert
Filmmaterial, das ohne zusätzliche Sensibilisierung nur für den Blau-Bereich des Lichts empfindlich ist. Verwendung im allgemeinen für Repro-Kontaktarbeiten, z. B. Nutzenfilme.

Update
Aktualisierung von Programmen auf den neuesten Stand.

Utility
Werkzeug. Zusätzliches Programm, das mit verschiedenen Hilfen das Arbeiten mit dem Computer erleichtert.

UV-Lack
Lack zur Druckveredelung, der zu 100 % aus Festkörpern besteht. Das Wegschlagverhalten ist gering. Trocknung: Die Moleküle des UV-Lacks verbinden sich beim Einwirken energiereicher UV-Strahlung schlagartig innerhalb eines Sekundenbruchteils zu einem ausgehärteten Lackfilm. Niedrigviskoser (dünnflüssiger) UV-Lack kann über Lackwerk, Lackiereinheit oder Lackiereinrichtung verarbeitet werden. Hochviskoser (zähflüssiger) UV-Lack ist über ein Farbwerk aufzutragen.

UV-Licht
Für die Druckplattenkopie, z. B. für den Offsetdruck, benötigtes Licht der Kopierlampen im Bereich unter 400 nm.

V

Validierung
Qualitätssicherung: Bestätigung aufgrund einer Untersuchung und Führung eines Nachweises, dass die besonderen Forderungen für einen speziellen vorgesehenen Gebrauch erfüllt worden sind.

Vakat
Leer; unbedruckte Seite.

Vakuum
Nahezu luftleerer Raum. Dieser Begriff wird heute auch für Räume mit erheblich niedrigerem Gasdruck als dem atmosphärischen Luftdruck verwendet. In der Druckindustrie u. a. bei der direkten Informationsübertragung in Kontaktkopiergeräten, Kopierrahmen sowie an Saugwänden von Bedeutung.

Valenz
Chemie: Wertigkeit. Fähigkeit zur chemischen Bindung durch Außenelektronen.

variabel
Wandelbar, veränderlich, verschieden zu gestalten.

Vektor
In der Mathematik, Physik und Technik verwendete geometrische Größe. Vektoren sind durch Zahlenwerte (Länge des Vektors), Richtung und Richtungssinn bestimmte mathematische Größen, die durch einen Pfeil dargestellt werden. Sie geben eine bestimmte Richtung bei einer Strecke an.

Vektor-Daten,vektor-orientierte Grafik
Mathematisch definierte Text- und Grafikdaten-Aufbaustruktur im Computer. Exakt definierte Punkte im Bild von Zeichnungen und Grafiken (z. B. Eckpunkte eines Buchstaben- oder grafischen Zeichens) werden direkt verbunden und ergeben erst bei der Ausgabe das „ausgefüllte", vollständige Zeichen als Bitmuster (Bitmap). Durch diese Darstellung wird ein geringer Speicherplatz benötigt. Gegensatz: Bitmap-Grafik, pixelorientierte Grafikprogramme.

Verbindung
Chemische Verbindungen entstehen aus Elementen durch chemische Reaktionen. Es entsteht ein neuer Stoff mit anderen Eigenschaften.

verchromen
Auf galvanischem Weg erzeugte Chromschicht auf Metallen, z. B. das Verchromen des Kupfers auf einem Tiefdruckzylinder.

Verdruckbarkeit
Sämtliche Eigenschaften der Bedruckstoffe, die den Transport in der Druckmaschine und das störungsfreie Verhalten beim Druckprozess betreffen, z. B. Planlage, Stabilität, Rupffestigkeit, Staubfreiheit.

Vergütung
Oberflächenbehandlung von Objektiven (Linsen) mit Leichtmetallfluoriden im Hochvakuum. Vorteile: Verhüten von Reflexen, Verbessern der Lichtstärke, der Brillanz und. Schärfe.

Verlauf
Kontinuierliches Verringern eines > Tons oder eines Bildrasters, z. B. stufenlos von Schwarz bis zum Papierweiß verlaufend.

Verifizierung
Qualitätssicherung: Bestätigung aufgrund einer Untersuchung und Führung eines Nachweises, dass die festgelegten Forderungen erfüllt worden sind.

Vernis mou
Künstlerisches Tiefdruckverfahren: Weichgrundradierung.

Versalien
Bezeichnung für Großbuchstaben.

verstärken
Steigerung der Tonwerte (optische Dichte) durch chemische Mittel in der Reproretusche oder durch elektronische Bearbeitung am Bildschirm.

Vertikalkamera
Reproduktionskamera mit waagerechtem Vorlagenhalter. Lichtstrahlen der beleuchteten Vorlagen reflektieren vertikal von der Vorlage zum Objektiv. Raumsparende Konstruktion, Vergrößerungs- und Verkleinerungsmaßstab begrenzt.

Vervielfältigung
Allgemein die Wiedergabe einer Vorlage in mehr oder weniger großer Anzahl.

Vierfarbdruck
Ton- und farbwertrichtige drucktechnische Wiedergabe einer Farbvorlage durch die subtraktiven Prozessfarben Cyan, Gelb, Magenta sowie Schwarz mit je einer Druckform (Teilfarbenbilder). > Farbauszug.

virtuelles Bild
Computertechnisch erzeugtes, scheinbares Bild, das nicht real vorhanden ist.

Virus
Daten und Programme zerstörende destruktive Kommandostrukturen, die über Software, Netzwerke oder Datenträger in ein Computersystem eingebracht werden. Der Virus multipliziert sich sehr rasch im System und richtet große Schäden an. Inzwischen sind verschiedene Schutzprogramme, sogenannte Virenscanner, auf dem Markt.

Viskosimeter
Gerät zur Messung des Flüssigkeitsgrades von Druckfarben u. a.

Viskosität
Grad der Zähflüssigkeit von Flüssigkeiten, die auf innere Reibung der Moleküle beruht. Die Viskosität nimmt mit steigender Temperatur ab und mit geringerer Temperatur zu. Messung für den Offsetdruck bzw. aller pastösen Druckfarben mit einem Viskosimeter. Im Tiefdruck wird die Viskosität durch die Zugabe von Lösemitteln dosiert. Die Messung erfolgt mit einem Auslaufbecher (Frikmar-Becher).

vollerwerden
Druckschwierigkeit: > Tonwertzunahme. Flächenmäßige Verbreiterung, z.B. von Rasterpunkten, durch die Erhöhung der wirksamen gedeckten Fläche im Druck.

Vollton
Volle Fläche in Bildvorlagen, bei Reproduktionsprodukten oder im Druckbild.

Volltondichte
Abkürzung: DV (Dichte Vollton). Densitometrisches Maß für die Farbschichtdicke und relative Farbsättigung im Offsetdruck.

Vordermarken
An einer Bogen-Druckmaschine die Anlegemarken zur exakten Ausrichtung des Druckbogens an der Greiferseite.

vorbeschichtete Druckplatten
Druckplatten, die mit einer lichtempfindlichen Kopierschicht geliefert werden.

Vorgreifer
Schwinggreifer. Greifer, die Bogen aus den Vordermarken übernehmen, auf Druckzylindergeschwindigkeit beschleunigen und an die Greifer des Druckzylinders übergeben.

Vorlage
Kurzbezeichnung für Bildvorlagen: ein- und mehrfarbige Auf- und Durchsichtsvorlagen als Fotos, Zeichnungen oder grafische Bilder. Aber auch Texte sind Vorlagen, sie werden jedoch speziell > Manuskripte genannt.

Vorsatz
Zähes, reißfestes Doppelblatt, das für die Verbindung zwischen dem Buchblock und der Buchdecke eingesetzt wird. Eine Seite des Vorsatzpapiers wird auf den inneren Buchdeckel angeklebt, man nennt diese Spiegel. Die andere Hälfte, das fliegende Blatt, ist frei aufzuschlagen.

Vorspannung
1. Bestimmte Kraft, mit dem die Schmitzringe innerhalb des Druckwerkes gegeneinander gepresst sind. Dadurch wird ein gleichmäßiges Abrollen der Zylinder im Druckprozess gewährleistet.
2. Anpressdruck der Greifer an ihre Auflagefläche, je nach Art der Greifer ein bis zwei Zehntel Millimeter.

W

Wässerung
Reproduktionstechnik: Notwendiges Ausspülen der Fotoaufnahmematerialien nach dem Fixieren in fließendem Wasser, um Chemikalienreste auszuwaschen.

Wasser
Papierherstellung: Der wichtigste Hilfsstoff bei der Papierproduktion. Der Wasserbedarf beträgt im Durchschnitt 35 Liter je Kilogramm Papier bzw. 150 Liter je Kilogramm Zellstoff. Wirklich verbraucht werden davon allerdings nur etwa 20 Prozent; das Wasser wird zum größten Teil wieder aufbereitet in einem innerbetrieblichen Kreislauf gehalten. Für die Papierfabrikation lässt sich nicht jedes Wasser verwenden; es muss möglichst weich und frei von Verunreinigungen sein.Im Offsetdruck: der Hauptbestandteil des Feuchtmittels. Das Wasser ist prozessgerecht aufzubereiten. > Wasserhärte.

Wasserhärte
Wasser, das aus Urgesteinen entspringt, Regenwasser und Kondenswasser ist weich. Härtebildner sind Calcium- und Magnesiumsalze (Ionen). Je mehr davon in weichem Wasser aufgenommen werden, desto härter ist es. Gemessen wird die Wasserhärte in Grad deutscher Härte (°dH).

Wasserzeichen
Gemeinhin als Merkmal für Papiere besonderer Qualität angesehen, sind schon seit dem Mittelalter bekannt. Wasserzeichen sind Zeichnungen im Papier, die durch unterschiedliche Papierstärke hervorgerufen werden. Das echte Wasserzeichen entsteht durch Verdrängung („Licht"-Wasserzeichen) oder Anreicherung der Fasermasse („Schatten"-Wasserzeichen) schon in der Siebpartie (Papiermaschine) mit Hilfe einer Wasserzeichenwalze (Egoutteur). Halbechte Wasserzeichen (Molette-Wasserzeichen) werden nach dem Verlassen der Siebpartie in das immer noch nasse Papier eingeprägt. Die sogenannten „unechten" Wasserzeichen entstehen außerhalb der Papiermaschine durch Bedrucken mit farblosem Lack oder durch Prägen.

Watt
Maßeinheit für elektrische Leistung.

Wechselbahn
Papiere ohne einheitliche Laufrichtung.

wegschlagen
Physikalische Trocknung, bei der Binde- oder Lösungsmittel der Druckfarbe in das Papier eindringen, dagegen die Harzanteile mit den Pigmenten an der Oberfläche bleiben und verfestigen.

Weichmacher
Druckweiterverarbeitung: Mittel, mit dem spröde Klebstofffilme plastifiziert werden können.

Weißschliff
Fast ausschließlich aus Fichtenholz hergestellt und oft auch gebleicht verwendeter > Holzschliff. Kiefernholz ist wegen des hohen Harzgehaltes für diese Art des Holzschliffs weniger geeignet. Weißschliff ist ein wichtiger Rohstoff hauptsächlich für holzhaltige Schreib- und Druckpapiere.

Wendetrommel
Mechanische Vorrichtung zum Wenden des Bogens im Druckprozess: Einrichtung in umstellbaren Mehrfarben- bzw. Schön- und Widerdruckmaschinen.

Werkdruck
Druck von Büchern und Broschüren, die überwiegend Text enthalten.

Werksatz
Satz für den Text von Broschuren und Büchern. Der Satzspiegel (bedruckte Fläche einer Druckseite) hat in der Regel den gleichen Aufbau. Vielfach wird Blocksatz eingesetzt, je nach Produkt werden Texte ein- oder mehrspaltig angeordnet. Wesentliches Ziel im Werksatz: Die überwiegend verwendete Grundschrift und die verwendeten Auszeichnungsschriften sowie eine gute typografische Gestaltung sollen insbesondere ein ästhetisches Gesamtbild mit guter Lesbarkeit ergeben.

Wickelplatte
Spezielle Bezeichnung für eine flexible Ganzform-Druckplatte, z. B. für den rotativen Hochdruck.

Widerdruck
Druck der Rückseite eines Druckbogens.

Widerstand
Wirksame Kraft eines elektrischen Leiters gegen einen fließenden Strom. Gemessen in Ohm.

Wiederholfrequenz
Auch: Bildwiederholfrequenz. Einheit: Angabe in Hertz (Hz). Anzahl der in einer Sekunde erzeugten Bilder auf einem Bildschirm (Monitor). Grundsätzlich gilt: Je höher die Wiederholfrequenz ist, desto ruhiger, flimmerfreier erscheint das Bild auf dem Monitor. Gefordert wird eine Frequenz von mindestens 70 Hz.

Wiegendrucke
Fachausdruck auch: Inkunabeln. Allgemein alle Frühdrucke bis 1500.

Windows ™
Fenstertechnik. Von Microsoft entwickelte Bedieneroberfläche an Personalcomputern mit dem MS-DOS-Betriebssystem. Diese Menüsteuerung ist der Apple-Macintosh-Bedieneroberfläche sehr ähnlich. Sie ermöglicht ein einfacheres Arbeiten am PC.

Winkelschnitt
Rechtwinkeliges Anschneiden von Druckbogen um eine gleichmäßige Anlage (Passer) in der Druckmaschine zu ermöglichen. Beim Umschlagen, der häufigsten Wendeart des Bogens, ist mindestens ein Winkelschnitt an der Anlage (Vordermarken und Seitenmarke) notwendig.

Wischwalzen
Alte Bezeichnung für Feuchtauftragswalzen im Offsetdruck, die mit Molton, Plüsch oder ähnlichen Stoffen bezogen sind und dadurch nicht exakt auf der Druckplatte abwickeln bzw. abrollen, sondern leicht wischen.

Workstation
Kompakte Hochleistungs-Rechnersysteme mit höherwertiger Software, sehr hoher Rechnerkapazität, hochauflösendem Bildschirm, Netzwerk-Hardware, Plattenspeicher, Multitasking-Fähigkeit u. a.

wysiwyg
Abkürzung in der EDV von: What you see is what you get. Sinngemäß übersetzt: Was ich als Bildschirmdarstellung sehe, bekomme ich ausgedruckt. Wichtige Eigenschaft, die bei Desktop-Publishing-Systemen bei elektronischer Seitengestaltung mit Text und Bild am Bildschirm unbedingte Voraussetzung für die Arbeit ist.

X

Xenon-Hochdrucklampen
Impulslicht für Druckplattenkopie u. Reproaufnahmegeräte, das der spektralen Energie-verteilung des Tageslichts sehr ähnlich ist. Durch eine sehr rasche Folge von Impulsblitzen in einer gewendelten Quarzglasröhre erscheint ein gleichmäßiges Punktlicht. Die abgestrahlte Energie der Xenon-Hochdrucklampen erreicht jedoch im allgemeinen nicht die maximale Empfindlichkeit der Kopierschichten vorbeschichteter Offsetdruckplatten. Günstiger für moderne Druckplatten dieser Art ist die Metall-Halogenid-Lampe (MH-Lampe), die bei gleicher Lampenstärke erheblich kürzere Belichtungszeiten erfordert.

Xerografie
Elektrostatische Kopier- u. Druckverfahren.

X-Y-Koordinaten
Auf einer Fläche definierte Punkte in der Breite (x-Achse = waagerechte, horizontale Anordnung) und Höhe (y-Achse = senkrechte, vertikale Anordnung). Beispiele: Arbeitsvorbereitung von Satzarbeiten zur Positionierung; grafische Darstellung von zwei voneinander abhängigen Messwerten.

Z

ZAB
Abkürzung für > Zeilenabstand.

Zeilenabstand
Abstand von Schriftlinie zu Schriftlinie. Die Schriftlinie ist die Unterkante von Versalien (Großbuchstaben) bzw. Gemeinen (Kleinbuchstaben) ohne Unterlängen. Bei der Veränderungen des Abstandes zwischen Bleisatzzeilen wurde die Bezeichnung Durchschuss verwendet, diese wird fälschlicherweise auch heute noch für den Zeilenabstand verwendet.

Zellstoff
Aus pflanzlichen Rohstoffen, in Deutschland im wesentlichen Nadelhölzern, durch chemischen Aufschluss erhaltener Halbstoff, bei dem die nichtfaserigen Bestandteile zum größten Teil herausgelöst sind, ohne dass es dazu im allgemeinen einer mechanischen Nachbehandlung bedarf (DIN 6730). > Lignin. Zellstoff ist der Faserrohstoff bei der Herstellung von „holzfreien" Papieren.

Zellulose
Cellulose, Zellstoff, Grundsubstanz fast aller Pflanzen; Zellulose ist die weitaus häufigste organische Verbindung. Chemisch ist natürliche Zellulose ein makromolekulares Kohlehydrat aus mehr als 10 000 Glukosemolekülen, die zu fadenförmigen Makromolekülen zusammengeschlossen sind. Aus Holz, Schilf, Stroh, Kartoffelkraut u. a. gewinnt man reine Zellulose durch chemischen Aufschluss in der Hitze und unter Druck mit Wasser und Calciumbisulfat oder Natronlauge, Natriumsulfat, Soda und Natriumsulfid. Dabei gehen Harze, Lignin und Eiweiße in Lösung, die zurückbleibende Zellulose wird gebleicht und geschnitten. Größte Mengen werden zu Papier, Zellwolle und anderen Kunstfasern verarbeitet, beträchtliche Mengen werden chemisch um-gewandelt zu Zelluloseäther, Zelluloseester, Acetylzellulose und deren Folgeprodukten.

Zeitungsdruckpapier
Stark holz- oder altpapierhaltiges, > maschinenglattes Papier mit einem Flächengewicht von 40 bis 57 g/m². Da das Papier für den Rotationsdruck mit wegschlagenden Druckfarben bestimmt ist, muss es die Druckfarbe schnell aufnehmen, also gut saugfähig sein.

Zentraleinheit
> CPU. Zentraler Baustein einer EDV-Anlage mit Rechen-, Steuer- und Speicherwerk.

Zeolithe
(gr.), Gruppe wasserhaltiger, feldspatähnlicher Silikate; hydrothermal gebildet; der Wassergehalt wird mit steigender Temperatur fortlaufend abgegeben und kann nachher wieder aufgenommen werden. Zeolithe können ihre Alkaliionen (z. B. gegen Calciumionen) austauschen und eignen sich wegen dieses Basenaustausches zur Wasserenthärtung.

.zip
Endung für das Dateiformat eines Datenkompressionsprogramms.

ZIP-Drive
Diskettenähnlicher Datenspeicher mit einer Speicherkapazität von zur Zeit 100 MB.

Zoll
Engl.: Inch. Maßeinheit für die Länge. 1 Zoll = 1 Inch = 2,54 cm.

ZP-Papiere
Sulfitzellstoffpapiere, für deren Herstellung mindestens 65 % Frischfaserstoff (> Sulfitzellstoff und > Holzschliff) und höchstens 30 % > Altpapier eingesetzt werden.

Zug
1. Drucktechnik: Die Klebkraft von Druckfarben (Zügigkeit) > Viskosität.
2. physikalischer Begriff für die Beanspruchung eines Werkstückes mit einer axial entgegengesetzten, gerichteten Kraft.

Zugriff
In der Datenverarbeitung das Suchen und Lesen von gespeicherten Informationen mit bestimmten > Adressen.

Zurichtung
Ausgleichen, anpassen.
1. Eine früher sehr wesentliche Arbeit beim Einrichten einer Buchdruckform um Höhendifferenzen auszugleichen und die erforderliche Druckspannung entsprechend der verschiedenen Druckelemente zu erreichen.
2. Offsetdruck: Ausgleich des Gummituches mit dünnen Seidenpapieren oder anderen Verfahren um ein gleichmäßiges Ausdrucken zu erreichen.

zusammentragen
Manuelles oder vor allem maschinelles Hintereinanderlegen gefalzter Bogen, die zu einem Buchblock gehören. Eingesetzt werden allg. Zusammentragmaschinen.

Zuschuss
Die über die Druckbogenzahl hinausgehende Papiermenge für eine Auflage, die zum Einrichten, für den Fortdruck und die Druckverarbeitung notwendig ist.

zusetzen der Druckform
Druckfarbe und/oder Papierstaub verunreinigen druckende und nichtdruckende Teile der Druckform und verursachen Tonwertveränderungen vor allem in Dreivierteltönen und Tiefen. Gerasterte Bildstellen verlieren eine klare Zeichnung und Tonwerttrennung und drucken unsauber aus.

Zuverlässigkeit
Sammelbegriff zur Beschreibung der Leistung bezüglich Verfügbarkeit und ihrer Einflussfaktoren. Im engeren Sinne die Leistung bezüglich ihrer Funktionsfähigkeit, Instandhaltung und Instanthaltungsunterstützung. > Qualitätsmanagementsystem

19. Stichwortregister

A

B

C

D

E

Q

R

S

T

U

V

W

X

Y

Z